福建联合石化公司新厂区

海南炼油化工

海西不夜城

中海油惠州炼油化工

青岛石油化工

海南炼油化工夜景

武汉石化

中心控制室

中化泉州石化有限公司

青兰山 30 万吨级原油码头

普光天然气净化厂

湛江石化

安庆石化改扩建工程总变电所

“十二五”国家重点图书出版规划项目

石油炼制工程师手册(第Ⅳ卷)

石油炼制常用设计标准与规范

刘家明 主编

中国石化出版社

内　容　提　要

《石油炼制常用设计标准与规范》为石油炼制工程师手册丛书之一。本书着重介绍了中国标准体制以及国外典型区域和国家标准体制、国内外标准代号，工程建设标准的使用原则。为满足工程设计要求，选登了有关现行国家标准和石化标准文献，并列出了在炼油厂工程建设中各专业常用的现行国家标准、行业标准和国外标准目录。

本书可供从事炼油厂技术开发、工程设计、生产操作和管理的相关人员以及高等院校相关专业的师生阅读与参考，是广大炼油行业工作者不可多得的具有实用价值的专业必备读物。

图书在版编目（CIP）数据

石油炼制常用设计标准与规范/刘家明主编．—北京：中国石化出版社，2015.1

ISBN 978－7－5114－2517－1

Ⅰ．①石…　Ⅱ．①刘…　Ⅲ．①石油炼制－设计规范－中国　Ⅳ．①TE62－65

中国版本图书馆 CIP 数据核字（2014）第 294260 号

中国石化出版社出版发行

地址：北京市东城区安定门外大街 58 号

邮编：100011　电话：(010)84271850

读者服务部电话：(010)84289974

http://www.sinopec-press.com

E-mail:press@sinopec.com

北京科信印刷有限公司印刷

全国各地新华书店经销

*

787×1092 毫米 16 开本 107.25 印张 4 彩页 3303 千字

2015 年 1 月第 1 版　2015 年 1 月第 1 次印刷

定价：480.00 元

《石油炼制工程师手册》
《石油炼制常用设计标准与规范》编委会

序

中国炼油工业是国民经济的基础工业之一，担负着为社会提供燃动能源的重任，具有其他能源工业难以替代的作用，对国家能源安全、社会经济发展和建设节约型社会有重要影响。

我国炼油工业经过60多年的发展，已形成较为完整的工业体系，基本满足国民经济发展的需要。经过近年来的高速发展，2011年我国原油加工能力已经达到5.7亿吨/年，居世界第二位；乙烯生产能力仅次于美国，达到1531万吨/年，乙烯原料主要由炼油厂提供。我国已经能够依靠自主技术设计和建设具有先进水平的千万吨级炼油厂和百万吨级乙烯装置。

在我国炼油工业的发展中，工程设计发挥了极为重要的作用。设计单位与科研院所、生产企业联合攻关，积极开展工程技术开发，充分发挥“桥梁”作用，努力将科研成果转为现实生产力，推动了我国炼油技术快速发展并达到较高水平。

炼油厂和炼油装置的工程设计，涉及众多学科和专业，是极为复杂的系统工程。设计单位组织广大设计人员创新设计理念、工程技术和设计方法，开展项目管理创新，大力开展基础工作，全面提升了设计水平和设计质量，取得了骄人的成绩，也积累了极其丰富的设计经验。

目前，我国炼油工业正面临石油资源不足、炼油厂大幅节能减排、油品质量快速升级、多产运输燃料与化工原料需求之间存在矛盾等系列挑战，为了提高炼油厂的国际竞争力，必须大力创新设计技术，进行规范化、程序化、标准化设计，使我国炼油厂、石油化工企业的生产运行符合“安全、高效、低碳”要求。

由长期从事石油化工工程设计与管理工作的中国石化集团(股份)公司副总工程师、中石化炼化工程(集团)股份有限公司总经理刘家明主编的《石油炼制工程师手册》(共四卷)，是我国第一套全面、系统反映炼油厂及其工艺装置设计与工程、工艺设计基础数据和标准规范的手册，是一套炼油厂设计专著，内容丰富，涵盖面广，集中体现了我国炼油工程技术与工程设计的成果。该套手册具有很强的科学性、理论性、创新性、系统性和实用性。

炼油工业界一直期盼有一套炼油厂设计手册。这套手册的出版不仅是我国炼油设计界的大事，也是我国炼油工业发展的大事，值得庆贺。它对推动我国炼油技术的发展和进步，提升炼油厂的设计水平，增强炼油厂的竞争力，提高炼油工业人才的技术素质，必将起到十分积极的作用。

袁晴棠

前　言

根据中国石化集团公司的指示精神，受中国石化出版社委托编写的这套《石油炼制工程师手册》为Ⅳ卷成套书。第Ⅰ卷《炼油厂设计与工程》，第Ⅱ卷《炼油装置工艺与工程》，第Ⅲ卷《石油炼制工艺基础数据与图表》，第Ⅳ卷《石油炼制常用设计标准与规范》。本册为第Ⅳ卷，即《石油炼制常用设计标准与规范》。

炼油工业是国民经济的支柱产业之一，我国炼油工业依靠独立自主、自力更生，不断创新和发展，目前总体技术处于世界先进水平，并仍在蓬勃发展中。据统计，2011年我国的原油一次加工能力已达到5.5亿吨，居世界第二位。我国炼油企业和炼油厂的发展步伐明显加快，炼油厂的规模不断扩大，炼化一体化程度不断提高，炼油基地化发展迅速，在国际炼油业中的地位不断提升。截至2011年底，我国加工规模在1000万吨/年以上的炼油厂有17家，新建和改扩建至千万吨级原油加工基地20座。炼油行业正坚定地走在装置大型化、炼化一体化、发展集约化的道路上。

我国炼油厂的设计经历了50余年的发展，迄今已积累了一套比较完整的技术和比较成熟的经验，尤其是近十年来，炼油业经过产业结构调整，自主创新和在引进、消化、吸收国外先进技术的基础上，积极进行科技开发，形成一批拥有自主知识产权的核心技术和专有技术并应用于设计、生产中，同时又充分考虑了原油劣质化、产品清洁化、资源利用最大化、能量消耗最小化的资源节约和环境友好的现代化炼油厂的设计和建设问题，促进了我国炼油工业的发展。一批新设计和改扩建的大型化的炼油厂和装置相继投产，如加氢型的海南炼油厂，加工重(劣)质原油的青岛炼油厂，炼化一体化的福建炼油厂和加工高酸原油的惠州炼油厂等。

本书第Ⅰ卷《炼油厂设计与工程》是在近年来新建和改扩建炼油厂的设计过程及与国外公司合作、提高炼油厂设计水平的经验总结基础上编写的。内容包括：国内外主要原油的性质及根据原油(特别是劣质原油)的特点优化全厂总工艺加工方案，优化产品质量，降低加工损失，保证环境友好，满足现代化炼油厂的要求；炼油厂厂址选择、公用工程设置、高度自动化和信息化管理；炼油厂建设的经济分析及其可行性研究等。内容起点高，涵盖面广，理论结合实际，比较全面地反映了国内外炼油厂设计的工艺与工程的最新成果。

第Ⅱ卷《炼油装置工艺与工程》结合近年来炼油装置工艺与工程技术的发展及其工业应用的最新成果，详细阐述了各种炼油装置加工工艺技术，包括最新工业应用案例、工艺与工程技术改进、国内外新工艺技术介绍以及产品清洁化与节能措施、新设备选型及设计、装置平面布置和管线布局等。对于从事或想了解目前乃至今后很长一段时间我国炼油厂装置设计的科研、技术、工程设计、生产操作和管理等相关人员，具有较高的参考价值，是广大炼油专业工作者不可多得的颇具实用价值的专业著作。

第Ⅲ卷《石油炼制工艺基础数据和图表》是《石油化工工艺计算图表》(1985)的修订版。内容包括纯烃及常用物质的基础性质、烃类和石油馏分的物性数据、临界性质、蒸气压、密度、热性质、气液相平衡常数、溶解度、黏度、导热系数、表面张力和界面张力、扩散系数、吸附平衡等。基本涵盖了烃类和石油馏分工艺计算常用的基础数据与图表。在尽可能收集最新资料的基础上，对原版内容进行了较大的更新和增减。本卷手册以手工计算公式和图表作为主要编制对象，可作为读者的工具书。

第Ⅳ卷《石油炼制常用设计标准与规范》着重阐述了中国标准体制(包括强制标准和推荐标准)，国内外标准代号，标准使用原则，并列出了在炼油厂工程建设中各专业常用的现行国家标准、行业标准和国外标准目录。为满足工程设计要求，还入选了有关的国家法律、行政法规和规范性文件，以及现行国家标准和石化标准。近年来许多国标、行标进行了修订更新，在选编时，力求反映石油化工发展的目标和行业的最新标准。

本书编著工作由一批长期工作在炼油厂设计一线的技术骨干和专家共同完成，他们具有较高的理论水平和丰富的实践经验，因而本书内容贴近设计和生产实际，不仅具有新颖性，而且具有实用价值。

本书在编写过程中得到了中国石化工程建设公司、中国石油化工股份有限公司石油化工科学研究院、中国石油化工集团公司经济技术研究院和中国石化出版社的大力支持。中国工程院袁晴棠院士为本书作序，中国工程院徐承恩院士对本书做了大量指导工作，谨在此表示感谢。

由于参于编写的专业面广，编写人员较多，在编制内容上会出现重复或遗漏，不妥之处请各位读者批评指正。

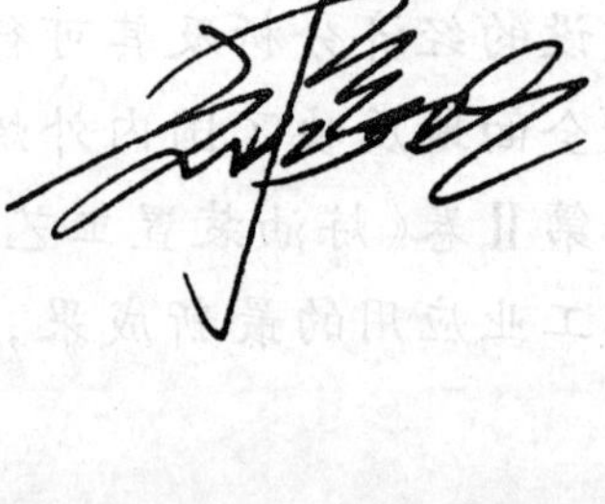

目录

第四章　炼油厂工程建设常用标准文本选登 ……………………………… (22)

第一章 标准体制

当今世界，经济全球化日益加深，国际经济竞争更趋激烈，标准已成为国家核心竞争力的基本要素，成为人类经济活动和社会生活所普遍遵循的技术规则。标准化作为一种技术制度，是管理和规范国民经济与社会发展的技术保障。在推动技术进步、提高产品质量、规范市场秩序和促进国际贸易等方面发挥了重要的作用。

标准和标准化的解释各国定义的不同，我国对标准和标准化的定义如下[1]：

标准：为了在一定的范围内获得最佳秩序，经协商一致制定并由公认机构批准，共同使用的和重复使用的一种规范性文件。标准亦以科学、技术和经验综合成果为基础，以促进最佳的共同效益为目的。

标准化：为了在一定的范围内获得最佳秩序，对现实问题或潜在问题制定共同使用和重复使用的条款的活动。上述活动主要包括编制、发布和实施标准的过程。标准化的主要作用在于为了其预期目的改进产品、过程或服务的适用性，防止贸易壁垒，并促进技术合作。

第一节 中国标准体制

一、标准属性[2,3]

（一）国家、行业标准

《中华人民共和国标准化法》最初规定的标准属性只有强制性和推荐性标准，但近年来还出现了指导性文件。目前国家、行业标准的属性分为三类：

——强制性标准：强制性国家标准、强制性行业标准；

——推荐性标准：推荐性国家标准、推荐性行业标准；

——指导性文件：国家标准化指导性技术文件、行业标准化指导性技术文件。

保障人体健康、人身、财产安全的标准和法律、行政法规规定强制执行的标准是强制性标准，其他标准是推荐性标准。

在我国强制性标准包括要求全文强制执行或部分条文强制执行的强制性国家标准、强制性行业标准和强制性地方标准[4]。全文强制是指在一项标准中所有规范性要素都是强制性条文。部分条文强制是指在一项标准中有一些规范性要素是强制性的，其余是推荐性条文。

（二）地方标准

法律、法规规定的强制执行的地方标准，为强制性标准；规定非强制执行的地方标准，为推荐性标准。

（三）企业标准

企业内部使用的标准，不分强制性还是推荐性，都应按标准的规定执行。

二、标准分级

我国标准分为四级标准：

——国家标准；

——行业标准；

——地方标准；

——企业标准。

对需要在全国范围内统一的技术要求，应当制定国家标准。对没有国家标准而又需要在全国某个行业范围内统一的技术要求，可以制定行业标准。对没有国家标准和行业标准而又需要在省、自治区、直辖市范围内统一的工业产品的安全、卫生要求，可以制定地方标准。企业生产的产品没有国家标准、行业标准和地方标准的，应当制定相应的企业标准，企业制定企业标准作为组织内部生产、活动的依据。对已有国家标准、行业标准或地方标准的，国家鼓励企业制定严于国家标准、行业标准或地方标准要求的企业标准。另外，对于技术尚在发展中，需要有相应的标准文件引导其发展或具有标准化价值，尚不能制定为标准的项目，或者采用国际标准化组织、国际电工委员会、国际电信联盟及其他国际组织（包括区域性国际组织）的技术报告的项目，可以制定国家标准化指导性技术文件、行业标准化指导性技术文件。这类文件不宜由标准引用使其具有强制性或行政约束力。

面对国际和国内发展对标准化工作提出的挑战与要求，我国提出了适应我国国民经济和社会发展需要的"人才、专利和技术标准"三大战略，并开展了以"重要技术标准研究"为主题的多项研究。

郑卫华等在对标准体系建设研究中，就我国未来标准体制提出了新的建议[5]。

根据我国经济社会和我国标准化事业的发展趋势，经过研究分析，我国未来标准层次结构将由企业标准、协会标准、国家标准三个层次构成。但是，未来的标准体制结构不是一步到位形成的，而是有我国现行的标准体制逐步转变形成的。与我国经济社会发展和标准化主体的成熟程度相对应，在过渡期间，由于我国标准化主体——企业的代表"行业协会"还处于逐步完善和成熟的阶段，协会标准组织处于培育阶段；行业标准、地方标准的发布和管理部门的职能调整需要一段时间，为了保持标准化活动的连续性和稳定性，在过渡阶段，我国标准体制将由企业标准、地方标准、协会标准、行业标准和国家标准构成。

新型的国家标准体系应满足社会主义市场经济体制的需要；促进国际贸易、维护国家安全的需要；促进科技进步和技术创新的需要；完善我国法律法规体系的需要；深化管理体制改革的需要。新型的国家标准体系应实现技术法规和标准完全分离，建立由国家标准、行业（协会）和企业标准构成的自愿性标准体系。

三、标准类别

按照标准化对象和作用，我国标准主要分为：

（1）产品标准：

——产品质量标准；

——产品方法标准；

——产品安全标准；

——产品基础标准；

——产品卫生标准；

——产品其他标准。

（2）通用安全标准；

（3）通用基础标准；

(4)通用卫生标准;

(5)通用方法标准;

(6)环境保护标准;

(7)管理标准;

(8)工程标准:

——建筑工业标准;

——其他工程标准。

四、标准形式

主要有两种,即为正式标准和标准化指导性技术文件。

五、采用国际标准[6]

(一)定义

采用国际标准是指将国际标准的内容,经过分析研究和试验验证,等同或修改转化为我国标准(包括国家标准、行业标准、地方标准和企业标准),并按我国标准审批发布程序进行审批和发布。

国际标准是指国际标准化组织(ISO)、国际电工委员会(IEC)和国际电信联盟(ITU)制定的标准,以及国际标准化组织确认并公布的其他国际组织制定的标准。

(二)国家鼓励积极采用国际标准,其主要采用原则:

(1)采用国际标准,应当符合我国有关法律、法规,遵循国际惯例,做到技术先进、经济合理、安全可靠。

(2)制定(包括修订)我国标准应当以相应国际标准(包括即将制定完成的国际标准)为基础。

(3)对于国际标准中通用的基础性标准、试验方法标准应当优先采用。

(4)采用国际标准中的安全标准、卫生标准、环保标准制定我国标准时,应当以保障国家安全、防止欺骗、保障人体健康和人身财产安全、保护动植物的生命和健康、保护环境为正当目标;除非这些国际标准由于基本气候、地理因素或者基本的技术问题等原因而对我国无效或者不适用。

(5)采用国际标准时,应当尽可能等同采用国际标准。由于基本气候、地理因素或者基本的技术问题等原因对国际标准进行修改时,应当将与国际标准的差异控制在合理的、必要的并且是最小的范围之内。

(6)企业为了提高产品质量和技术水平,提高产品在国际市场上的竞争力,对于贸易需要的产品标准,如果没有相应的国际标准或者国际标准不适用时,可以采用国外先进标准。

(三)采用国际标准程度

我国标准采用国际标准的程度,分为等同采用和修改采用。

等同采用,指与国际标准在技术内容和文本结构上相同,或者与国际标准在技术内容上相同,只存在少量编辑性修改。

修改采用,指与国际标准之间存在技术性差异,并清楚地标明这些差异以及解释其产生的原因,允许包含编辑性修改。修改采用不包括只保留国际标准中少量或者不重要的条款的情况。修改采用时,我国标准与国际标准在文本结构上应当对应,只有在不影响与国际标准的内容和文本结构进行比较的情况下才允许改变文本结构。

我国标准采用国际标准的程度代号为：

IDT：等同采用(identical)；

MOD：修改采用(modified)。

我国标准与国际标准的对应关系除等同、修改外，还包括非等效。非等效不属于采用国际标准，只表明我国标准与相应国际标准有对应关系。

非等效指与相应国际标准在技术内容和文本结构上不同，它们之间的差异没有被清楚地标明。非等效还包括在我国标准中只保留了少量或者不重要的国际标准条款的情况。

非等效(not equivalent)代号为 NEQ。

第二节　国外典型区域和国家标准体制

标准体系，有人称为标准体制。国外典型区域和国家标准体制由自愿性标准体系和技术法规体系组成[7]。

一、自愿性标准体系

美国、欧洲和日本长期在市场经济体制的运行下，形成了完善的自愿性标准体系和技术法规体系。自愿性标准体系包括国家标准、行业(协会)标准和企业标准三个层次，或称为三级。每个层次的标准自成体系。俄罗斯2002年发布新的标准化法以来正在建立自愿性标准体系和技术法规体系，其自愿性标准包括国家标准、全俄技术经济和社会信息分类、组织(协会)标准以及企业标准。

市场经济发达国家自愿性标准的水平和质量由下面四个方面得到控制和保证：

(1)以技术委员会为组织形式的标准制定体制，对标准感兴趣的企业、用户、消费者、贸易团体、科学技术机构、政府部门和机构以及标准化专家都可以参加技术委员会，最大限度地让企业、消费者利益各方参与制定标准，体现企业为制定标准的主体。

(2)标准项目来自市场，任何人都可以向技术委员会提出立项。

(3)制定标准的程序是科学公正的，制定过程是公开、透明，充分协商的，不受行政干预。

(4)完善的合格评定机制。

(一)欧盟及其成员国自愿性标准体系

我们通常所说的欧盟标准是指欧洲标准，但从欧盟及其成员国自愿性标准体系来说，它由三级标准组成，即欧洲标准、国家标准和企业标准。

(1)欧洲标准，即欧洲标准化委员会组织制定的欧洲标准，由欧盟标准化机构管理。

欧洲标准包括：欧洲标准(EN)、欧洲标准草案(prEN)、技术规范(CEN/TS)、技术报告(CEN/TR)、工作协议(CWA)、工作导则(CEN Guide)。

(2)国家标准，即欧盟所属国家的国家标准化机构制定的国家标准，由各国家标准化机构自行管理，但受欧盟标准化方针政策和战略所约束。欧洲是标准化最为发展的地区之一，英国的BS标准，德国的DIN标准和法国的FN标准都是世界上比较有权威的国家标准。

(3)企业标准，即欧洲各国企业根据市场需求制定的本企业使用的标准。

(二)美国自愿性标准体系

美国的自愿性标准体系有三个层次：国家标准、协会标准和公司标准。

(1)国家标准是最高层次的自愿性标准，代表美国国家经济和技术发展的整体水平。国家标准是由政府委托民间组织美国国家标准学会(ANSI)组织协调,由其认可的标准制定组织(行业协会)和委员会按照公正的程序进行制定的。

(2)协(学)会标准,由各种协(学)会组织所有感兴趣的生产者、用户、消费者以及政府和学术界的代表参加通过协商程序而制定出来的标准。美国被 ANSI 认可的可以制定国家标准的协会就有 267 个,而参加 ANSI 的协会和组织达 750 多个。因而协会组织众多而分散。但是每个协会标准体现了每个行业技术水平,有一些协会标准不但在美国市场起着重要作用,而且在国际市场上也有非常大的影响力,如我们经常使用的美国机械工程师学会(ASME)、美国试验与材料学会(ASTM)、美国石油学会(API)、[美国]电气及电子工程师学会(IEEE)等。

(3)公司标准,也是企业标准,即由公司本身按照市场需要和用户要求制定的本公司使用的标准。公司标准,特别是领先的公司标准往往代表了所在行业的先进水平。

(三)日本自愿性标准体系

日本自愿性标准体系由国家标准、行业协会(团体)标准和企业标准三个层次组成。

(1)日本的国家标准是日本工业标准(JIS)。根据日本工业标准化法的规定指定的 JIS 标准,是关于工业产品的种类、形式、形状、尺寸、结构、质量或产品的生产方法、设计方法、使用方法、检测方法等的技术文件。制定 JIS 标准的目的是为了提高工业产品质量和生产效率,实现生产的合理化、交易的简单公正化、使用和消费的合理化。

(2)日本有 196 个专业团体和行业协会从事标准化工作,除了接受日本工业调查会的委托制定国家标准外,其任务就是制定各行业的协会标准。此外,还大约有 200 个行业团体也自行制定少量的行业标准,供本行业使用。

(3)日本标准的特点是条件、要求规定的较为详细,尤其是企业标准,体现了当前行业发展状况和技术水平。

(四)俄罗斯自愿性标准体系

俄罗斯的国家标准正在由强制性向自愿性过渡。旧版《俄罗斯联邦标准化法》的规定,标准设四级,即国家标准、行业标准、企业标准和科技技术与工程协会标准。除标准外,还有技术规范。

(1)国家标准,即俄罗斯联邦国家标委或俄罗斯联邦国家住宅与建筑政策委员会(俄罗斯联邦国家建委)通过的标准。

(2)行业标准,即由国家管理机构在其权限范围内通过的标准。

(3)企业标准,即企业自行制定并批准的标准。

(4)科学技术与工程协会标准,即科学技术与工程协会或其他社会团体通过的标准。

老法规定,标准是强制性的。

2002 年 12 月 27 日俄罗斯颁布了《俄罗斯联邦法》(以下称为新法),新法从 2003 年 6 月 27 日开始生效。新法规定俄罗斯建立技术法规体系和标准体系,标准包括国家标准(含全俄技术经济和社会信息分类)、组织(协会)标准和企业标准三个层次组成,且是公平自愿地被采用,取消了强制性标准。

二、技术法规体系

市场经济实际上是法治经济。美、欧、日建立了完整的标准化法律法规和健全的技术法规体系、管理体制、制定体制和运行机制。政府是市场的管理者,因此法律法规和技术法规由政府或权力机构制定与管理,目的在于保护本国和本地区人民的生命安全、卫生、环境,提高生活质量;同时构筑非贸易技术壁垒维护本国和本地区企业在国际市场上的竞争力,控制已经占据的市场份额。

(一)欧洲技术法规体系

欧盟技术法规由欧盟的权力机构制定。欧盟的主要权力机构,亦即制定法规的机构:欧盟委员会负责起草法规的建议草案,提交欧洲议会和欧盟理事会审议通过后负责执行。欧洲议会与欧洲经济和社会委员会共同对法规的建议草案进行研究,提出意见。欧洲经济和社会委员会商议有关经济和社会政策,对其认为重要的事务发表意见。欧盟理事会审议法规建议草案并通过而成为法律。在某些情况下,这一权力可由欧盟委员会行使。

(二)美国技术法规体系

美国技术法规,包括政府采购标准和法规,具有强制性执行的属性,由美国政府部门及机构制定和管理。美国联邦政府规定政府标准应按照美国宪法行政卷有关行政程序的规定制定。

制定政府法规和标准的部门和机构有:美国商业部、国家标准技术研究院、美国国防部、美国能源部、美国劳动部、美国运输部(FAA)、FAA 操作管理局、美国环境保护局(EPA)、EPA 软件公司、科学技术局、EPA 出版公司、国家航天航空管理局、联邦通信委员会、美国食品和药品管理局、总服务局、美国网络法律代表机构(THOMAS)美国网络委员会。美国政府法规和标准的数量约 4.4 万个。另外,美国职业安全与健康管理局、消费者产品安全委员会、环境保护局、联邦贸易委员会、商业部、能源效率标准局等都各自颁布法规。

技术法规制定体制与国家标准制定体制之间也是相互紧密联系的。美国国家标准学会(ANSI)协助政府部门或机构制定技术法规,而政府部门或机构可以派官员参加国家标准的制定。为了避免重复劳动,政府规定尽可能少制定政府标准。可以直接采用已经制定好的国家标准。如美国国家技术转让与发展条例第 12 条规定“所有联邦机构在承担采购任务或制定政策目标时必须使用标准组织制定或转化采用的技术标准;只有当标准与现行法律不一致的情况下方可不使用标准制定组织的标准;联邦机构相关部门应与标准制定组织密切合作,并派员参与技术标准制定工作。”该条例颁布后节省以前因制定标准所花经费。政府部门越来越少自己制定标准,政府官员参加制定标准,应用非政府制定的标准。比如环保篇中引用涉及有关防止污染标准约有 600 多个。建筑规范参照了自愿性标准组织制定的几百个标准。自愿性的国家标准一经政府法规所采用,即赋予强制性执行的属性。

(三)日本技术法规体系

日本技术法规由政府各部门根据法律赋予的行政职责范围分别制定,经济产业省负责工商领域的技术法规。政府各部门由于业务交叉,为避免各自制定的技术法规可能出现的交叉,由内阁标准化委员会负责统一协调。日本技术法规根据重要程度不同,分为两类:一类是由政府有关部门制定,内阁标准化委员会负责统一协调,国会审查、批准发布;另一类由国会授权有关的政府部门制定,内阁标准化委员会负责统一协调,各制定部门颁布实施。

政府的职责是根据法律赋予的行政职责范围,对设计产品安全、环境保护和人员健康的产品制定相应的技术法规,提出基本安全和环境保护要求,指定相应机构对技术法规所涉及的产品进行监督检验,依法对不符合技术法规要求的产品及其制造商进行处罚。

国家政府部门在制定技术法规和实施技术法规过程中的作用如下:

——根据法律赋予的行政职责范围提出技术法规项目;

——组织编制技术法规；

——按法律规定的程序通过技术法规；

——颁发技术法规；

——指定相关机构进行产品的监督检验；

——对违规者进行调查和处罚。

值得注意的是，以往日本的技术法规主要是政府部门根据需要制定法律赋予的行政职责范围的技术法规，对相关的技术标准的引用较少，由此带来了政府投入较多，难以体现技术进步和市场的变化。经过不断地总结和改革，近年来总的趋势是政府颁布的技术法规尽量采用满足技术法规基本要求的自愿性标准。

(四)俄罗斯技术法规体系

俄罗斯新的《俄罗斯联邦法》规定在俄罗斯健全强制性技术法规体系。俄罗斯技术法规分为通用技术法规和特殊技术法规两类。通用技术法规包含机械和设备的安全操作和使用规程；建筑、结构、施工的安全操作规程，以及建筑物所用土地的安全使用规范；防火安全规程。特殊技术法规是指通用技术法规包括不了的产品、生产工艺、操作、储藏、运输、销售和使用的规程。

第三节 技术法规与标准的关系

标准管理的体制、运行机制是与国家的政治体制和经济体制相适应的。国外市场经济国家采用技术法规与自愿性技术标准体制，我国采用强制性标准与推荐性标准体制。相互间关系如下。

一、国外自愿性标准体系与技术法规体系之间的关系

WTO(世界贸易组织)和ISO(国际标准化组织)都规定，标准是自愿性的，技术法规是强制性的。WTO/TBT 协议对技术法规的制定、采纳和实施提出以下要求：

(1)严格限制使用范围。技术法规仅限于保护国家安全、防止欺诈行为、保护人生健康或安全、保护动植物的生命和健康、保护环境五个方面。

(2)强调以国际标准为基础。各成员国在需要制定技术法规，而有关的国际标准已经存在或即将完成时，应使用这些国际标准或采用其有关部分，作为制定其技术法规的基础，除非由于气候、地理因素或基本技术问题实现其合理的目标来说，这些国际标准或有关部分显得无效或不适当。

(3)提倡采用积极务实的处理方法。如果导致采用有关技术法规的环境或目标已不复存在，或者如果环境或目标发生变化后，能采用更少的贸易限制的方式时，则这些技术法规应予取消。

国外市场经济的工业国家技术法规与标准的关系是：自愿性标准是产品进入市场的通行证，技术法规是管理市场的手段，两者都以市场为导向。政府是市场的管理者，因此技术法规由政府制定和控制，是政府行为，是强制性的。自愿性标准是为市场和用户服务的，由民间标准机构组织制定，企业是主体力量，是专家行为，自愿性的被采用。由于自愿性标准具有科学性、技术先进性、适时性、适用性和权威性，往往被政府在制定技术法规时所采用，一旦被政府采用为技术法规，就被赋予强制性的属性[8]。

二、我国强制性标准与推荐性标准之间的关系

1988年颁布的《中华人民共和国标准化法》中规定[2]，“国家标准、行业标准分为强制性标准和推荐性标准。保障人体健康，人身、财产安全的标准和法律、行政法规规定强制执行的标准是强制性标准，其他标准是推荐性标准。省、自治区、直辖市标准化行政主管部门制定的工业产品的安全、卫生要求的地方标准，在本行政区域内是强制性标准”。“强制性标准，必须执行。不符合强制性标准的产品，禁止生产、销售和进口。推荐性标准，国家鼓励企业自愿采用。”

强制性标准可以引用推荐性标准；强制性标准引用的推荐性标准在强制性标准适用的范围内必须执行。

三、我国标准与国外技术法规及标准的关系

我国强制性标准与国外技术法规的属性相同，具有法律法规属性的特点，具有强制性，必须执行。

我国推荐性标准与国外自愿性标准的属性相同，自愿采用。还应当指出的是，我国推荐性标准和(或)国外自愿性标准一经被采用，或各方商定同意纳入了经济合同中，就成为各方必须共同遵守的技术依据，具有法律上的约束性。

参 考 文 献

[1] GB/T 20000.1—2002. 标准化工作指南 第1部分：标准化和相关活动的通用词汇. 北京：中国标准出版社，2002

[2] 中华人民共和国标准化法. 1988

[3] 国家标准化指导性技术文件管理规定. 1998年12月14日. 国家质量技术监督局标发[1998]181号

[4] 关于印发《关于加强强制性标准管理的若干规定》的通知. 国家标准化管理委员会 2002-03-24

[5] 郑卫华，房庆，于欣丽，白殿一. 中国标准化发展研究丛书. 国家标准体系建设研究. 北京：中国标准出版社，2007

[6] 采用国际标准管理办法 国家质量技术监督局令第10号(2001年12月4日发布)

[7] 郑卫华，房庆，于欣丽，白殿一. 中国标准化发展研究丛书. 国内外标准化现状及发展趋势研究. 北京：中国标准出版社，2007

[8] 王忠敏. 标准就是技术法规吗？中国标准化，2012，04：34~35

第二章　标准代号

第一节　中国标准代号

一、国家标准代号

各种标准的编号都由标准代号、顺序号和批准发布年号三部分组成[1]。例如：

GB 11120 – 2011

批准发布年号

顺序号

国家标准代号

国家标准的代号：

强制性标准代号为 GB，推荐性标准代号为 GB/T；

指导性文件的代号为 GB/Z；

国家军用标准代号为 GJB，只有强制性标准；

国家职业卫生标准，强制性标准代号为 GBZ，推荐性标准代号 GBZ/T。

二、行业标准代号

行业标准的标准代号由国务院标准化行政主管部门规定。例如，强制性石油化工行业标准的标准代号为 SH，推荐性石油化工行业标准的标准代号为 SH/T，相关行业的标准代号见表 2 – 1 – 1。

表 2 – 1 – 1　行业标准代号[2]

标准代号	行业名称	标准代号	行业名称	标准代号	行业名称
AQ	安全生产	JC	建材	SJ	电子
BB	包装	JG	建筑工业	SL	水利
CB	船舶	JR	金融	SN	商检
CH	测绘	JT	交通	SY	石油天然气
CJ	城镇建设	JY	教育	SY(>10000)	海洋石油天然气
CY	新闻出版	LB	旅游	TB	铁路运输
DA	档案	LD	劳动和劳动安全	TD	土地管理
DB	地震	LS	粮食	TY	体育
DL	电力	LY	林业	WB	物资管理
DZ	地质矿产	MH	民用航空	WH	文化
EJ	核工业	MT	煤炭	WJ	兵工民品
FZ	纺织	MZ	民政	WM	外经贸
GA	公共安全	NB	能源	WS	卫生

续表

标准代号	行业名称	标准代号	行业名称	标准代号	行业名称
GH	供销	NY	农业	XB	稀土
GY	广播电影电视	QB	轻工	YB	黑色冶金
HB	航空	QC	汽车	YC	烟草
HG	化工	QJ	航天	YD	通信
HJ	环境保护	QX	气象	YS	有色冶金
HS	海关	SB	商业	YY	医药
HY	海洋	SC	水产	YZ	邮政
JB	机械	SH	石油化工	ZY	中医药

有些行业将标准分为产品标准和工程建设标准，产品标准用表2－1－1中的代号，工程建设标准用代号如：CJJ、JGJ、JTG、JTJ、JTS等。

三、地方标准代号

地方标准的标准代号为DB加上省、自治区或直辖市的行政区划代码前两位数字。例如，辽宁省的代码为210000，其强制性地方标准的标准代号为DB21/，其推荐性标准的标准代号为DB21/T。各省、自治区和直辖市的代码见表2－1－2。

表2－1－2 省、自治区、直辖市代码[3]

名称	代码	强制性标准代号	推荐性标准代号	名称	代码	强制性标准代号	推荐性标准代号
北京	110000	DB11/	DB11/T	湖北	420000	DB42/	DB42/T
天津	120000	DB12/	DB12/T	湖南	430000	DB43/	DB43/T
河北	130000	DB13/	DB13/T	广东	440000	DB44/	DB44/T
山西	140000	DB14/	DB14/T	广西	450000	DB45/	DB45/T
内蒙古	150000	DB15/	DB15/T	海南	460000	DB46/	DB46/T
辽宁	210000	DB21/	DB21/T	重庆	500000	DB50/	DB50/T
吉林	220000	DB22/	DB22/T	四川	510000	DB51/	DB51/T
黑龙江	230000	DB23/	DB23/T	贵州	520000	DB52/	DB52/T
上海	310000	DB31/	DB31/T	云南	530000	DB53/	DB53/T
江苏	320000	DB32/	DB32/T	西藏	540000	DB54/	DB54/T
浙江	330000	DB33/	DB33/T	陕西	610000	DB61/	DB61/T
安徽	340000	DB34/	DB34/T	甘肃	620000	DB62/	DB62/T
福建	350000	DB35/	DB35/T	青海	630000	DB63/	DB63/T
江西	360000	DB36/	DB36/T	宁夏	640000	DB64/	DB64/T
山东	370000	DB37/	DB37/T	新疆	650000	DB65/	DB65/T
河南	410000	DB41/	DB41/T	台湾	710000	DB71/	DB71/T

四、企业标准代号

企业标准的标准代号由Q/加上企业代号组成[4]。企业代号由企业自己规定。例如，中国石油化工集团公司企业标准Q/SH 0359－2010《原油生产能源消耗指标要求》。

第二节　国外标准代号

一、国际标准代号

国际标准是指国际标准化组织(ISO)、国际电工委员会(IEC)和国际电信联盟(ITU)所制定的标准,以及ISO为促进《关贸总协定——贸易技术壁垒协议》即标准守则的贯彻实施所出版的《国际标准题内关键词索引(KWIC Index)》中收录的其他国际组织制定的标准。ISO希望该索引能作为执行[贸易技术壁垒协议(GATT/TBT)]标准守则的国际标准的权威性目录予以接受,尽可能接受该目录作为成员国本国国家标准和技术法规的基础。所列国际组织,根据ISO第2号指南的定义,均属于国际标准化机构,但它们所发布的文件并不一定都可作为国际标准,只有经ISO认可并收入(KWIC Index)索引中的标准文件才被确认为国际标准。

ISO确认并公布的其他国际组织的名称和代号见表2－2－1所列。

表2－2－1　国际组织的名称和代号[5]

代号	中文名称	英文名称
BIPM	国际计量局	[法] Bureau International des Poid et Mesures = International Bureau of Weights and Measures
BISFN	国际人造纤维标准化局	[法] Bureau International Pour ta Standardization de la Rayonne et des Fibres Synthe'tiques = International Bureau for the Standatrdization of Rayon and Synthetic Fibres
CAC	食品法典委员会	Codex Alimentarius Commission
CCSDS	时空系统咨询委员会	Consultative Committee for Space Data Systems
CIB	国际建筑研究实验与文献委员会	[法] Conseil International de Batiment Pour ta Recherche. l'Etrdeet la Documentaion = International Council for Building Research. Surdies and Documentaion
CIE	国际照明委员会	[法] Commission International de l'E'clairage = International Commission OnIllunination
CIMAC	国际内燃机委员会	[法] Congrés International des Machines ά Combustion = International Congress on Combustion
FDI	国际牙科联合会	Fe'de'tation Dentaire DInternationale = International Dental Federation
FID	国际信息与文献联合会	[法] Féderation Internationale de Documentaion = International Federation for Documentation
IAEA	国际原子能机构	International Atomic Energy Agency
IATA	国际航空运输协会	International Air Transport Association
ICAO	国际民航组织	International Civil Aviation Organization
ICC	国际谷类加工食品科学技术协会	International Association for Cereal Chemistry
ICID	国际排灌研究委员会	International Commission on Irrigation and Drainage
ICRP	国际辐射防护委员会	International Commission on Radiological Protection
ICRU	国际辐射单位和测试委员会	International Commission on Radiological Units and Measurements
IDF	国际制酪业联合会	International Dairy Federation

续表

代号	中文名称	英文名称
IETF	万维网特别工作组	The internet Engineering Task Force
IFTA	国际图书馆协会与学会联合会	International Fuel Tax Agreement
IFOAM	国际有机农业运动联合会	International Federation of Organic Agriculture Morements
IGU	国际煤气工业联合会	International Gas Union
IIR	国际制冷学会	International Institute of Refrigeration
ILO	国际劳工组织	International Labour Organization
IMO	国际海底组织	InternationalMarutime Organization
ISTA	国际种子检验协会	International Seed Testing Association
IUPAC	国际理论与应用化学联合会	International Union of Pure and Applied Chemistry
IWTO	国际毛纺组织	International Wool Secretariat
OIE	国际动物流行病学局	[法]Office International des Épizooties = International Office or Epizooties
OIML	国际法制计量组织	[法]Organisation Internationale de Métrologie Légale = International Organization of Legal Metrology
OIV	国际葡萄与葡萄酒局	[法]Office International de la Vigne et du Vin = International Vine and Wine Office
RILEM	材料与结构研究实验所国际联合会	[法]Réunion Internationale des Laboratoires d'Essais et de Recherches Sur les Matér, aux et les Constructions = International Union of Research and Testing Laboratories for Materials and Structures
TraFIX	贸易信息交流促进委员会	Trade Facilitation Information Exchange
UIC	国际铁路联盟	[法]Union Internationale des Chemins de Fer = International Union of Railways
UN/CEFACT	经营、交易和运输程序和实施促进中心(联合国贸易简化与电子业务委员会)	The United Nations Centre for Trade Facilitation and Eletronic Business
UNESCO	联合国教科文组织	United Nations Educational, Scientific and Cultural Organization
WCO	国际海关组织	World Customs Organiazation
WHO	世界卫生组织	World Health Organization
WIPO	世界知识产权组织	World Intellectual Property Organization
WMO	世界气象组织	World Meterological Organization

二、区域标准代号

国际上有权威的区域性标准主要有:欧洲标准化委员会(CEN);欧洲电工标准化委员会(CENELEC);欧洲广播联盟(EBU);亚洲大洋洲开放系统互联研讨会(AOW);亚洲电子数据交换理事会(ASEB)等制定的标准。常见的欧洲区域标准名称和代号见表2-2-2。

表2-2-2 欧洲区域标准名称和代号

代号	中文名称	英文名称
AECMA	欧洲宇航工业协会标准	[法]Association Européenne des Constructeurs de Meteriel Aérospatial
CECC	欧洲电子元器件协会标准	Electronic Components Committee

续表

代号	中文名称	英文名称
CEN	欧洲标准化委员会标准	[法]Comite'Européen de Normalisation = European Committee for Atandardization
CENEL	欧洲电气标准化委员会标准	[法]Comite'Européen de Coordination des Normes E'lectriques = European Electrical Standards Coordinating Committee
CEPT	欧洲邮政与通讯管理协商会标准	[法] Committee Européenne des Administrations des Postes et des Télécommunications = Conference of European Postal and Telecommunications Administrations
EAAP	欧洲畜产品标准	European Association for Animal Production [法]Fédération Européenne de Zootechnie
ECMA	欧洲计算机制造商协会标准	EuropeanComputer Manufacturers Association
ETRTO	欧洲轮胎轮辋标准	European Tyre and Rim Technical Organization
ETSI	欧洲通讯标准学会标准	European Telecommunications Sdandards Institute
EU/EC	欧盟法规	Statutes of European Union
PREN	欧洲标准草案	Europäischert Norm – Entwurf

三、国家标准代号

一些国家的国家标准名称和代号见表2-2-3。

表2-2-3 一些国家的国家标准名称和代号

代号	中文名称	英文名称
ANSI	美国国家标准	American National Standards Committee
AS	澳大利亚国家标准	Australian Standard
BDSI	孟加拉国国家标准	Bangladesh Standards Institution
BGC	保加利亚国家标准	Bulgarias Standard
BS	英国国家标准	British Standard
CAN	加拿大国家标准	National Standard of Canada
CAS	津巴布韦国家标准	Central Africa Specification
CYS	塞普路斯国家标准	Cyprus Organization for Standards and Control of Quality
DGN	墨西哥官方标准	[西]Dirección General de Normas
DGNT	玻利维亚国家标准	[西]Dirección General de Normas y Tecnologia
DIN	德国国家标准	[德]Deutsche Normen
DS	丹麦国家标准	[丹]Dansk Standard
ELOT	希腊国家标准	Hellenic Standard
EOS	埃及国家标准	Egyptian Organization for Standardization
ES	埃塞俄比亚国家标准	Ethiopian Standard
GS	加纳国家标准	Ghana Standards
I. S	爱尔兰国家标准	Irish Standard
ICONTEC	哥伦比亚国家标准	[西]Institute Colombiano de Normas Tecnicas

续表

代号	中文名称	英文名称
INAPI	阿尔及利亚国家标准	[法]Institut Algérien de Mormalisation
IOS	伊拉克国家标准	Iragi Organization for Standardization Standard
IRAM	阿根廷国家标准	Instituto Argention de Racionalización de Materiales
IS	印度国家标准	Indian Standard
ISIRI	伊朗国家标准	Institute of Standards and Industrial Research of Iran
JIS	日本工业标准	Japanese Industrial Standard
JS	牙买加标准	Janaican Standard
J. S. S	约旦标准	Jordan Standard Society
KS	韩国国家标准	Korean Standard
KS	肯尼亚国家标准	Kenya Standard
KSS	科威特国家标准	Kuwait Standard Specification
L. S.	黎巴嫩国家标准	Lebanese Standards
LS	利比亚国家标准	Libyan Standards
MS	马来西亚国家标准	Malaysian Standards
MSZ	匈牙利国家标准	[匈]Magyar Szabvány
NB	巴西国家标准	[葡]Normas Brasileiras
NBN	比利时国家标准	[法]Norme Belge
NC	古巴国家标准	[西]Norma Cubana
NCh	智利国家标准	[西]Normas Chilenas
NEN	荷兰国家标准	[荷]Nederlands Norm
NF	法国国家标准	[法]Normes Francises = French Norms
NHS	希腊国家标准	National Hellenic Standards
NI	印度尼西亚国家标准	[印尼]Norm Indonesia
NIS	尼日利亚国家标准	Nigerian Standards
NM	马达加斯加国家标准	Norma Madagascar
NOP	秘鲁国家标准	[西]Norma Official Peruano
NORVEN	委内瑞拉国家标准	[西]Una Norma Venezolana
NP	巴拉圭国家标准	[西]Norma Paraguaya
NP	葡萄牙国家标准	[葡]Norma Portuguesa
NS	挪威国家标准	[挪]Norsk Standard
NSO	尼日利亚标准	Nigerian Stanadards Organization
NZS	新西兰国家标准	New Zealand Standard Institute
ONORM;ÖNORM	奥地利国家标准	[德] Österreichische Norm
PN	波兰国家标准	[波]Polska Norma = Polish Standards
PS	巴基斯坦国家标准	Pakistan Standard
SANS	南非国家标准	South African National Standard
SAO	菲律宾国家标准	Prodict Standards Agency

续表

代号	中文名称	英文名称
SASO	沙特阿拉伯国家标准	Saudi Arabian Standards Organization
SFS	芬兰国家标准	[芬]Suomen Standardisoimisliitte r. y. Standardi
SI	以色列国家标准	Israel Standard
SIS	瑞典国家标准	[瑞]Sveriges Standardiserings Kommission
SLS	斯里兰卡国家标准	Sri Lanka Standards
SNIMA	摩洛哥国家标准	[法]Service de Normalisation Industrielle Marocaine
SNS	叙利亚标准	Syrian National Standard
SNV	瑞士国家标准	[德]Schweizerische Normenvereinigung
S. S.	新加坡国家标准	Singapore Standard
SS	苏丹国家标准	Sudan Standards
TCVN	越南国家标准	[越]Tiêu Chuän Nhùnúöc(Viêt Nam)
TIS	泰国国家标准	Thai Industrial Standards
TS	土耳其国家标准	[土]Trük Standardlari
TZS	坦桑尼亚国家标准	Tanzania Standards
UBS	缅甸联邦国家标准	Union of Burma Standard
UNE	西班牙国家标准	[西]Una Norma Española
UNI	意大利国家标准	[意]Unificazione Italiana
UNIT	乌拉圭国家标准	[西]Instituto Uruguayo de Normas Técnicas
ZS	赞比亚国家标准	Zambian Standard
ГОСТ Р	俄罗斯国家标准	ГОСуДАРСТВЕННЫЙ СТАНДАРТ РОССИЙСКОЙ ФЕДЕРАЦИИ

四、国外先进标准代号

国外先进标准是指国际上有权威的区域性标准、世界上主要经济发达国家的国家标准和通行的团体(学会、协会)标准,包括知名跨国企业标准在内的其他国际上公认先进的标准。

(一)美国行业性团体标准名称和代号见表2-2-4。

表2-2-4 美国行业性团体标准名称和代号

代号	中文名称	英文名称
A2LA	美国实验室认证协会标准	American Association for Laboratory Accreditation
AA	[美国]铝协会标准	The Aluminum Association
AACC	美国污染控制协会标准	American Association of Contamination Control
AAMA	[美国]建筑用铝制造商协会标准	Architectural Aluminum Manu Factruers Association
AAR	美国铁路协会标准	Association of American Railroads
AASHTO	[美国]国家公路与运输员工协会标准	American Association of State Highway and Transportation Officials
AASM	美国钢铁制造商协会标准	Association of American Steel Manufacturers
ABMA	美国锅炉制造商协会标准	American Boiler Manufacturers Association
ABS	美国船舶局标准	American Bureau of Shipping

续表

代号	中文名称	英文名称
ACI	美国混凝土学会标准	American Concrete Institute
ACM	[美国]计算机协会标准	Association for Computing Machinery
ACR	美国放射学会标准	American College of Radiology
ACS	美国化学学会标准	American Chemical Society
AES	美国音频工程协会标准	Audio Engineering Society
AFS	美国铸工学会标准	American Foundrymen's Society
AGA	美国煤气协会标准	American Gas Association
AGMA	美国齿轮制造商协会标准	American Gear Manufacturers' Association
AI	美国沥青学会标准	Asphalt Institute
AIChE	美国化学工程师学会标准	American Institute of Chemical Engineers
AISC	美国钢结构学会标准	American Institute of Steel Construction
AISE	[美国]钢铁工程师协会标准	Association of Iron and steel Engineers
AISI	美国钢铁协会标准	American Iron and Steel Institute
AITC	美国木结构学会标准	American Institute of Timber Construction
AMCA	[美国]通风与空调协会标准	Air Moving and Conditioning Association
AOCS	美国油料化学家协会标准	American Oil Chemists Society
APA	美国天然气处理协会标准	American Gas Association
APHA	美国公共卫生协会标准	American Public Health Association
API	美国石油学会标准	American Petroleum Institute
AREA	美国铁路工程协会标准	American Railway Engineering Association
ARI	美国耐火材料学会标准	American Refractories Institute
ASA	美国声学协会标准	Acoustical Society of America
ASCE	美国土木工程师学会标准	American Society of Civil Engineers
ASEP	美国电镀塑料学会标准	American Society of Electroplated Plasties
ASHRAE	美国采暖、制冷与空调工程师协会标准	American Society of Heating ,Refrigerating and Air - conditioning Engineers
ASM	美国金属学会标准	American Society for Matals
ASME	美国机械工程师学会标准	American Society of Mechanical Engineers
ASME/BPVC	美国机械工程师学会锅炉与压力容器规范标准	ASME Boiler Pressure Vessels Codes
ASNT	美国无损试验协会标准	American Society for Nondestructive
ASSE/SAFE	美国安全工程师学会标准	American Society of Safety Engineers
ASTM	美国材料与试验学会标准	American Society for Testing and Materials
AWS	美国焊接学会标准	American Welding Society
AWWA	美国水处理协会标准	American Water Works Association
BHMA	[美国]建筑小五金制造商协会标准	Builders' Hardware Manufactures' Association
CIMA	美国建筑工业制造商协会标准	Construction Industry Manufactures Association
CTI	[美国]冷却塔学会标准	Cooling Tower Institute

续表

代号	中文名称	英文名称
EJMA	美国膨胀节制造商协会标准	The Expansion Joint Manufactures' Association
FCI	［美国］流体控制学会标准	Fluid Controls Institute
HEI	［美国］热交换学会标准	Heat Exchange Institute
ICEA	美国绝缘电缆工程师协会标准	Insulated Cable Engineers Association
IEEE	美国电气及电子工程师学会标准	The Institute of Electrical and Electronic Engineers
IES	［美国］照明工程学会标准	Illuminating Engineering Society
IFI	［美国］工业用紧固件学会标准	Industrial Fasteners Institute
ISA	美国仪器、系统与自动化学会标准	Instrument Society of America
MSS	［美国］阀门及配件工业制造商标准化协会标准	Manufacturers' Standardization Society of the Valve and Fittings Industry
NACE	美国全国腐蚀工程师协会标准	National Association of Corrosion Engineers
NAPHCC	［美国］全国管道供热、供冷承包商协会标准	National Association of Plumbing – Heating – Cooling Contractors
NEMA	［美国］全国电气制造商协会标准	National Electric Motor Association
NFPA	［美国］全国消防协会标准	National Fire Protection Association
NGPA	［美国］全国天然气加工商协会标准	National Gas Processors Assoiation
NIOSH	［美国职业安全与卫生标准	National Institute for Occupational Safety and Health
NPRA	［美国全国石油炼制商协会标准	National Petroleum Refiners Association
OHSIS	美国职业健康与安全信息服务标准	Occupational Health &Safety Information Service
PFI	［美国］制管协会标准	Pipe Fabrication Institute
PIP	［美国］工业过程标准	Process Industry Practices
PPI	美国塑料管道学会标准	Plastics Pipe Institute
SAE	［美国］动力机械工程师协会标准	Society of Auromotive Engineers
SMACNA	［美国］全国金属片与空调承包商协会标准	Sheet Metal and Air Conditioning Contractors' National Association
SSPC	［美国］钢结构油漆委员会标准	Steel Structures Painting Council
TEMA	［美国］管式热交换器制造商协会标准	Tubular Exchanger Manufactures Association

（二）日本行业性团体标准名称和代号见表2－2－5。

表2－2－5　日本行业性团体标准名称和代号

代号	中文名称	英文名称
AIJ	日本建筑学会	Architectural Institute of Japan
BAS	日本轴承工业会	The Japan Bearing Industrial Association Standard
CPSA	日本消费品安全标准	Consumer Product Safety Association
DCS	日本压铸件协会	Die Casting Standards
HPIS	日本高压技术协会	High Pressure Institute of Japan Staudard
JACA	日本空气净化协会标准	Japan Air Cleaning Association

续表

代号	中文名称	英文名称
JASO	日本汽车标准化组织	Japanese Automobile Standard Organtzation
JATMA	日本机动车轮胎制造商协会标准	The Japan Automobile Tire Manufacturers' Association
JCS	日本电线工业会标准	Japanese Cable Makers'Association Standard
JEC	日本电气学会标准	Japan Electric Association Code
JHS	日本金属热处理工业会	Japan Heat Treatment Standard
JLPA	日本液化石油气协会	Japan Liquefied petroleum Gas Association
JRA	日本冷冻空调工业会标准	Japan Refrigeration and Air Conditioning Industry Association Standard
JPI	日本石油学会	The Japan Petroleum Institute
JV	日本阀门工业会	Japan Valve Manufacturers'Association Standard
JWES	日本焊接协会	Japan Welding Society
JWWA	日本给水协会标准	Japan Water Works Association
NDIS	[日本]无损检验协会标准	Non－destructive Inspection Standard
WES	日本焊接协会标准	Welding Engineering Standard

(三)德国行业性团体标准名称和代号见表2－2－6。

表2－2－6　德国行业性团体标准名称和代号

代号	中文名称	英文名称
AD	[德国]压力容器工作委员会标准	Arbeitsgemeinschaft Druckbehälter
DIN	德国国家标准学会标准	Deutsches Institut für Normung
DVS	德国焊接学会标准	German Welding Association
FDBR	[德国]蒸汽锅炉、容器与管道制造协会	Fachverband Dampfkessel－,Behälter－und Rohrleitungsbau
FES	[德国]钢铁标准委员会	Fachnormenausschuβ für Eisen und stahl
FNM	[德国]材料检验标准委员会	Fachnormenausschuβ Materialprüfung
FNS	[德国]焊接技术专业标准委员会	Fachnormenausschuβ Schweiβtechnik
PTB	德国工程物理研究所标准	Physikalisch－Technische Bundesanstalt
SEL. E	[德国]钢材手册	Stahl－Eisen－Liste
SEL. L	[德国]钢铁供货条件	Stahl－Eisen－Lisfer－Dedingungen
SEP. P	[德国]钢铁工程师协会钢铁试验标准	Stahl － Eisen － Prüfblättedes Vereins Deutscher Eisen － Hüttenleute
VDE	德国电气工程师协会标准	Association of German Electrical Engineers
VDI	德国工程师协会标准	Association of German Engineers
VDMA	德国机械制造商协会	Verein Deutscher Maschinenbau Anstalten
VGB	[德国]大型锅炉制造商联合会	Vereinigung der Groβkesselbetreiber

(四)英国行业性团体标准名称和代号见表2－2－7。

表 2-2-7　英国行业性团体标准名称和代号

代号	中文名称	英文名称
AU	英国汽车标准	Automobile Series
IP	英国石油学会标准	Institute of Petroleum
LR	英国劳氏船级社标准	Lloyd's Register of Shipping
WI	［英国］焊接学会	Welding Institute

（五）法国行业性团体标准名称和代号见表 2-2-8。

表 2-2-8　法国行业性团体标准名称和代号

代号	中文名称	英文名称
BNF	［法国］铸造工业标准化局	Bureau de Normalisation des Industries de la Fonderie
SNCT. SNCTTI	［法国］全国锅炉、压力容器及管道工业协会	Syndicat National de la chaudronnerie, de la Tölerieet de la Tuyauterie Industrielle
UTE	法国电气技术会标准	Union Technique deí Electricité

参考文献

［1］　国家标准管理办法．国家技术监督局令第 10 号(1990 年 8 月 24 日发布)

［2］　行业标准管理办法．国家技术监督局令第 11 号(1990 年 8 月 24 日发布)

［3］　地方标准管理办法．国家技术监督局令第 15 号(1990 年 9 月 6 日发布)

［4］　企业标准化管理办法．国家技术监督局令第 13 号(1990 年 8 月 24 日发布)

［5］　采用国际标准管理办法．国家质量技术监督局令第 10 号(2001 年 12 月 4 日发布)

第三章　工程建设标准的使用原则

在我国社会主义市场经济中,工程建设标准是工程建设中设计、采购、制造和施工等的重要依据,是实施科学管理的重要组成部分。工程建设标准对规范建设市场行为,促进建设工程技术进步,保证工程质量,加快建设速度,节约原料、能源,合理使用建设用地和资金,提高投资效益,保护环境,保护人身健康和人民生命财产安全,共建和谐社会,起着至关重要的作用。

第一节　工程建设项目用标准的组成

在我国国内建设的石油炼制、石化建设工程项目,项目采用的标准必须首先严格遵守中国的相关法律法规。项目采用标准一般为项目标准(为该项目编写的标准)、国家标准、行业标准、地方标准、国际标准和国外先进标准。

项目标准一般分为技术和管理两类,技术类一般为项目技术规定,通常包括:设计规定,设备、材料采购技术规定,安装及检验规定,施工及验收规定等。

第二节　标准规范采用原则及方法

一、项目标准的采用

(一)业主标准

有的业主有自己的建设标准,是业主对其所要建设的项目提出要使用的标准要求。如中国石化集团公司就有自己的工程建设标准。在项目建设中,一般通过合同条款的形式强制要求执行这些标准。

(二)项目标准

项目标准一般是根据项目总体建设水平要求,按照国家标准、行业标准、地方标准、业主标准(企业标准)、国际标准和国外标准,结合项目实际,专门编写的针对该项目建设中需执行的的项目规定。

项目标准经业主或其授权的管理机构批准发布后才能在项目建设中执行。

二、外部标准规范的使用

在一个工程项目中,相对于项目标准,把其他标准称之为外部标准规范。这些标准规范,包括:国家标准、行业标准、协会标准、地方标准、国际标准、国外先进标准。当一个外部标准规范完全适用于项目时,一般可直接用于工程建设。

(一)标准目录

一般在项目的基础工程设计(或初步设计)阶段列出设计采用的标准规范目录,以规范项目设计、采购、施工工作,使项目各单元、主项,各专业采用标准规范协调一致。设计采用的标准规范目录需要经过业主或其授权的管理机构的批准。

标准规范目录除列出标准规范名称、编号外,还要标注版本号或年号。

标准规范目录中所列标准规范应被合同、项目规定、设计文件等具体引用才能在项目中实施。

项目的所有相关方要根据确定的工程项目设计采用标准规范目录及其有关规定使用外部标准规范。如果对于某项事物，国家的标准规范、不同的行业标准规范、国际标准等有不同的要求，要在设计采用标准规范目录中明确表明该项目执行的标准规范。

（二）标准规范采用原则

尽管不同的工程建设项目，采用的标准规范不同，但其采用的原则一般可包括：

（1）在国内建设项目必须符合中国国家颁布的相关法律法规，同时还应执行工程建设项目所在地的地方法规。

（2）应符合相关的国家标准规范或行业标准规范。对有些标准由于地区自然、地理、气候环境等条件不同有不同的地方标准时，如某些建筑、结构、材料标准，应考虑采用工程建设项目所在地的地方标准。

（3）在中国境内采购、制造的设备、材料原则上按照我国的国家或行业标准规范执行。

（4）在工程项目的施工原则上，应按照中国国家或行业标准规范执行。

（5）购买国外专利技术建设的工程项目，与专利技术有关部分可按照国外专利商提供的标准；在国外采购、制造的设备、材料，原则上可采用有关的国际标准、国外先进标准如 IEC、API、ASME、DIN 等，但同时均应满足中国国家法律、法规和强制性标准的要求。

第三节　工程建设项目中采用标准规范的变更

由于工程建设项目范围、条件或时空的变化，项目需要采用的标准规范在执行过程中可能增加、减少或替换另外的标准规范。

标准规范的变更可能对工程项目建设带来较大的影响。因此，业主（或其授权的管理机构）应明确变更的职责，变更程序等。

在项目建设期间原来采用的外部标准升级有了新的版本，应根据不同的情况考虑项目采用标准规范的变更。

在工程项目建设过程中有相关的新颁布实施的强制性中国国家标准、行业标准时，要组织研究在建工程与新版标准的符合性，提出实施新版标准的措施。一般由业主或其授权的管理机构最终确定实施方案。

在工程项目建设过程中有相关的新颁布实施的推荐性中国国家标准、行业标准以及国际标准和国外先进标准时，应组织研究、评估执行新版标准对效益、工程修改所需费用、工期等方面的影响，并由业主或其授权的管理机构最终确定是否执行新版标准。

第四章　炼油厂工程建设常用标准文本选登

自2000年以来,国家新编、修编并发布实施了一大批国家标准和行业标准。为适应炼油工业发展的需要,推进炼油工程建设工作实现全面规范化,为满足广大炼油设计人员了解和正确使用标准的需求,特选登以下几个方面的国家标准(GB、GB/T)、石油化工行业标准(SH、SH/T)和石油天然气行业标准(SY、SY/T)的内容:

一、防火与防爆;

二、工艺与节能;

三、总图运输;

四、配管;

五、设备;

六、电气、仪表与信息;

七、环境保护;

八、安全与职业卫生;

九、建筑与结构。

鉴于选登的标准发布年代不同,标准中所涉及的有关引用标准、表示方式等可能存在差异,由于他们仍均为现行标准,故正文部分仍保留原样。**有的标准中以黑体字标志的条文为强制性条文,必须严格执行。**由于篇幅所限,大部分条文说明都删略了。读者在使用这些国家标准或行业标准时要核实其有效性(现行标准)。需要查阅条文说明时,请读者自行查阅原标准中的条文说明。

一、防火与防爆

1. 建筑设计防火规范

（GB 50016—2006
代替 GBJ 16—87）

目 录

1 总则

1.0.1 为了防止和减少建筑火灾危害，保护人身和财产安全，制定本规范。

1.0.2 本规范适用于下列新建、扩建和改建的建筑：

1 9层及9层以下的居住建筑(包括设置商业服务网点的居住建筑)；

2 建筑高度小于等于24m的公共建筑；

3 建筑高度大于24m的单层公共建筑；

4 地下、半地下建筑(包括建筑附属的地下室、半地下室)；

5 厂房；

6 仓库；

7 甲、乙、丙类液体储罐(区)；

8 可燃、助燃气体储罐(区)；

9 可燃材料堆场；

10 城市交通隧道。

注：1 建筑高度的计算：当为坡屋面时，应为建筑物室外设计地面到其檐口的高度；当为平屋面(包括有女儿墙的平屋面)时，应为建筑物室外设计地面到其屋面面层的高度；当同一座建筑物有多种屋面形式时，建筑高度应按上述方法分别计算后取其中最大值。局部突出屋顶的瞭望塔、冷却塔、水箱间、微波天线间或设施、电梯机房、排风和排烟机房以及楼梯出口小间等，可不计入建筑高度内。

2 建筑层数的计算：建筑的地下室、半地下室的顶板面高出室外设计地面的高度小于等于1.5m者，建筑底部设置的高度不超过2.2m的自行车库、储藏室、敞开空间，以及建筑屋顶上突出的局部设备用房、出屋面的楼梯间等，可不计入建筑层数内。住宅顶部为2层一套的跃层，可按1层计，其他部位的跃层以及顶部多于2层一套的跃层，应计入层数。

1.0.3 本规范不适用于炸药厂房(仓库)、花炮厂房(仓库)的建筑防火设计。

人民防空工程、石油和天然气工程、石油化工企业、火力发电厂与变电站等的建筑防火设计，当有专门的国家现行标准时，宜从其规定。

1.0.4 建筑防火设计应遵循国家的有关方针政策，从全局出发，统筹兼顾，做到安全适用、技术先进、经济合理。

1.0.5 建筑防火设计除应符合本规范的规定外，尚应符合国家现行有关标准的规定。

2 术语

2.0.1 耐火极限 fire resistance rating

在标准耐火试验条件下，建筑构件、配件或结构从受到火的作用时起，到失去稳定性、完整性或隔热性时止的这段时间，用小时表示。

2.0.2 不燃烧体 non - combustible component

用不燃材料做成的建筑构件。

2.0.3 难燃烧体 difficult - combustible component

用难燃材料做成的建筑构件或用可燃材料做成而用不燃材料做保护层的建筑构件。

2.0.4 燃烧体 combustible component

用可燃材料做成的建筑构件。

2.0.5 闪点 flash point

在规定的试验条件下，液体挥发的蒸气与空气形成的混合物，遇火源能够闪燃的液体最低温度(采用闭杯法测定)。

2.0.6 爆炸下限 lower explosion limit

可燃的蒸气、气体或粉尘与空气组成的混合物，遇火源即能发生爆炸的最低浓度(可燃蒸气、气体的浓度，按体积比计算)。

2.0.7 沸溢性油品 boiling spill oil

含水并在燃烧时可产生热波作用的油品，如原油、渣油、重油等。

2.0.8 半地下室 semi – basement

房间地面低于室外设计地面的平均高度大于该房间平均净高1/3，且小于等于1/2者。

2.0.9 地下室 basement

房间地面低于室外设计地面的平均高度大于该房间平均净高1/2者。

2.0.10 多层厂房(仓库) multi – storied industrial building

2层及2层以上，且建筑高度不超过24m的厂房(仓库)。

2.0.11 高层厂房(仓库) high – rise industrial building

2层及2层以上，且建筑高度超过24m的厂房(仓库)。

2.0.12 高架仓库 high rack storage

货架高度超过7m且机械化操作或自动化控制的货架仓库。

2.0.13 重要公共建筑 important public building

人员密集、发生火灾后伤亡大、损失大、影响大的公共建筑。

2.0.14 商业服务网点 commercial service facilities

居住建筑的首层或首层及二层设置的百货店、副食店、粮店、邮政所、储蓄所、理发店等小型营业性用房。该用房建筑面积不超过300m^2，采用耐火极限不低于1.50h的楼板和耐火极限不低于2.00h且无门窗洞口的隔墙与居住部分及其他用房完全分隔，其安全出口、疏散楼梯与居住部分的安全出口、疏散楼梯分别独立设置。

2.0.15 明火地点 open flame site

室内外有外露火焰或赤热表面的固定地点(民用建筑内的灶具、电磁炉等除外)。

2.0.16 散发火花地点 sparking site

有飞火的烟囱或室外的砂轮、电焊、气焊(割)等固定地点。

2.0.17 安全出口 safety exit

供人员安全疏散用的楼梯间、室外楼梯的出入口或直通室内外安全区域的出口。

2.0.18 封闭楼梯间 enclosed staircase

用建筑构配件分隔，能防止烟和热气进入的楼梯间。

2.0.19 防烟楼梯间 smoke – proof staircase

在楼梯间入口处设有防烟前室，或设有专供排烟用的阳台、凹廊等，且通向前室和楼梯间的门均为乙级防火门的楼梯间。

2.0.20 防火分区 fire compartment

在建筑内部采用防火墙、耐火楼板及其他防火分隔设施分隔而成，能在一定时间内防止火灾向同一建筑的其余部分蔓延的局部空间。

2.0.21 防火间距 fire separation distance

防止着火建筑的辐射热在一定时间内引燃相邻建筑，且便于消防扑救的间隔距离。

2.0.22 防烟分区 smoke bay

在建筑内部屋顶或顶板、吊顶下采用具有挡烟功能的构配件进行分隔所形成的，具有一定蓄烟能力的空间。

2.0.23　充实水柱　full water spout

由水枪喷嘴起到射流90%的水柱水量穿过直径380mm圆孔处的一段射流长度。

3　厂房(仓库)

3.1　火灾危险性分类

3.1.1　生产的火灾危险性应根据生产中使用或产生的物质性质及其数量等因素，分为甲、乙、丙、丁、戊类，并应符合表3.1.1的规定。

表3.1.1　生产的火灾危险性分类

生产类别	使用或产生下列物质生产的火灾危险性特征
甲	1. 闪点小于28℃的液体； 2. 爆炸下限小于10%的气体； 3. 常温下能自行分解或在空气中氧化能导致迅速自燃或爆炸的物质； 4. 常温下受到水或空气中水蒸气的作用，能产生可燃气体并引起燃烧或爆炸的物质； 5. 遇酸、受热、撞击、摩擦、催化以及遇有机物或硫磺等易燃的无机物，极易引起燃烧或爆炸的强氧化剂； 6. 受撞击、摩擦或与氧化剂、有机物接触时能引起燃烧或爆炸的物质； 7. 在密闭设备内操作温度大于等于物质本身自燃点的生产
乙	1. 闪点大于等于28℃，但小于60℃的液体； 2. 爆炸下限大于等于10%的气体； 3. 不属于甲类的氧化剂； 4. 不属于甲类的化学易燃危险固体； 5. 助燃气体； 6. 能与空气形成爆炸性混合物的浮游状态的粉尘、纤维、闪点大于等于60℃的液体雾滴
丙	1. 闪点大于等于60℃的液体； 2. 可燃固体
丁	1. 对不燃烧物质进行加工，并在高温或熔化状态下经常产生强辐射热、火花或火焰的生产； 2. 利用气体、液体、固体作为燃料或将气体、液体进行燃烧作其他用的各种生产； 3. 常温下使用或加工难燃烧物质的生产
戊	常温下使用或加工不燃烧物质的生产

3.1.2　同一座厂房或厂房的任一防火分区内有不同火灾危险性生产时，该厂房或防火分区内的生产火灾危险性分类应按火灾危险性较大的部分确定。当符合下述条件之一时．可按火灾危险性较小的部分确定：

1　火灾危险性较大的生产部分占本层或本防火分区面积的比例小于5%或丁、戊类厂房内的油漆工段小于10%．且发生火灾事故时不足以蔓延到其他部位或火灾危险性较大的生产部分采取了有效的防火措施；

2　丁、戊类厂房内的油漆工段，当采用封闭喷漆工艺．封闭喷漆空间内保持负压、油漆工段设置可燃气体自动报警系统或自动抑爆系统，且油漆工段占其所在防火分区面积的比例小于等于20%。

3.1.3　储存物品的火灾危险性应根据储存物品的性质和储存物品中的可燃物数量等因素，分为甲、乙、丙、丁、戊类，并应符合表3.1.3的规定。

表 3.1.3　储存物品的火灾危险性分类

仓库类别	储存物品的火灾危险性特征
甲	1. 闪点小于 28℃的液体； 2. 爆炸下限小于 10% 的气体，以及受到水或空气中水蒸气的作用，能产生爆炸下限小于 10% 气体的固体物质； 3. 常温下能自行分解或在空气中氧化能导致迅速自燃或爆炸的物质； 4. 常温下受到水或空气中水蒸气的作用，能产生可燃气体并引起燃烧或爆炸的物质； 5. 遇酸、受热、撞击、摩擦以及遇有机物或硫磺等易燃的无机物，极易引起燃烧或爆炸的强氧化剂； 6. 受撞击、摩擦或与氧化剂、有机物接触时能引起燃烧或爆炸的物质
乙	1. 闪点大于等于 28℃，但小于 60℃的液体； 2. 爆炸下限大于等于 10% 的气体； 3. 不属于甲类的氧化剂； 4. 不属于甲类的化学易燃危险固体； 5. 助燃气体； 6. 常温下与空气接触能缓慢氧化，积热不散引起自燃的物品
丙	1. 闪点大于等于 60℃的液体； 2. 可燃固体
丁	难燃烧物品
戊	不燃烧物品

3.1.4　同一座仓库或仓库的任一防火分区内储存不同火灾危险性物品时，该仓库或防火分区的火灾危险性应按其中火灾危险性最大的类别确定。

3.1.5　丁、戊类储存物品的可燃包装重量大于物品本身重量 1/4 的仓库，其火灾危险性应按丙类确定。

3.2　厂房（仓库）的耐火等级与构件的耐火极限

3.2.1　厂房（仓库）的耐火等级可分为一、二、三、四级。其构件的燃烧性能和耐火极限除本规范另有规定者外，不应低于表 3.2.1 的规定。

表 3.2.1　厂房（仓库）建筑构件的燃烧性能和耐火极限（h）

构件名称		耐火等级			
		一级	二级	三级	四级
墙	防火墙	不燃烧体 3.00	不燃烧体 3.00	不燃烧体 3.00	不燃烧体 3.00
	承重墙	不燃烧体 3.00	不燃烧体 2.50	不燃烧体 2.00	难燃烧体 0.50
	楼梯间和电梯井的墙	不燃烧体 2.00	不燃烧体 2.00	不燃烧体 1.50	难燃烧体 0.50
	疏散走道两侧的隔墙	不燃烧体 1.00	不燃烧体 1.00	不燃烧体 0.50	难燃烧体 0.25
	非承重外墙	不燃烧体 0.75	不燃烧体 0.50	难燃烧体 0.50	难燃烧体 0.25
	房间隔墙	不燃烧体 0.75	不燃烧体 0.50	难燃烧体 0.50	难燃烧体 0.25
柱		不燃烧体 3.00	不燃烧体 2.50	不燃烧体 2.00	难燃烧体 0.50
梁		不燃烧体 2.00	不燃烧体 1.50	不燃烧体 1.00	难燃烧体 0.50
楼板		不燃烧体 1.50	不燃烧体 1.00	不燃烧体 0.75	难燃烧体 0.50
屋顶承重构件		不燃烧体 1.50	不燃烧体 1.00	难燃烧体 0.50	燃烧体
疏散楼梯		不燃烧体 1.50	不燃烧体 1.00	不燃烧体 0.75	燃烧体
吊顶（包括吊顶搁栅）		不燃烧体 0.25	难燃烧体 0.25	难燃烧体 0.15	燃烧体
注：二级耐火等级建筑的吊顶采用不燃烧体时，其耐火极限不限。					

3.2.2　下列建筑中的防火墙，其耐火极限应按本规范表 3.2.1 的规定提高 1.00h：

1　甲、乙类厂房；

2　甲、乙、丙类仓库。

3.2.3　一、二级耐火等级的单层厂房（仓库）的柱，其耐火极限可按本规范表 3.2.1 的规定降低 0.50h。

3.2.4　下列二级耐火等级建筑的梁、柱可采用无防火保护的金属结构，其中能受到甲、乙、丙类液体或可燃气体火焰影响的部位，应采取外包敷不燃材料或其他防火隔热保护措施：

1　设置自动灭火系统的单层丙类厂房；

2　丁、戊类厂房（仓库）。

3.2.5　一、二级耐火等级建筑的非承重外墙应符合下列规定：

1　除甲、乙类仓库和高层仓库外，当非承重外墙采用不燃烧体时，其耐火极限不应低于 0.25h；当采用难燃烧体时，不应低于 0.50h；

2　4 层及 4 层以下的丁、戊类地上厂房（仓库），当非承重外墙采用不燃烧体时，其耐火极限不限；当非承重外墙采用难燃烧体的轻质复合墙体时，其表面材料应为不燃材料，内填充材料的燃烧性能不应低于 B2 级。B1、B2 级材料应符合现行国家标准《建筑材料燃烧性能分级方法》GB 8624 的有关要求。

3.2.6　二级耐火等级厂房（仓库）中的房间隔墙，当采用难燃烧体时，其耐火极限应提高 0.25h。

3.2.7　二级耐火等级的多层厂房或多层仓库中的楼板，当采用预应力和预制钢筋混凝土楼板时，其耐火极限不应低于 0.75h。

3.2.8　一、二级耐火等级厂房（仓库）的上人平屋顶．其屋面板的耐火极限分别不应低于 1.50h 和 1.00h。

一级耐火等级的单层、多层厂房（仓库）中采用自动喷水灭火系统进行全保护时，其屋顶承重构件的耐火极限不应低于 1.00h。

二级耐火等级厂房的屋顶承重构件可采用无保护层的金属构件，其中能受到甲、乙、丙类液体火焰影响的部位应采取防火隔热保护措施。

3.2.9　一、二级耐火等级厂房（仓库）的屋面板应采用不燃烧材料，但其屋面防水层和绝热层可采用可燃材料；当丁、戊类厂房（仓库）不超过 4 层时，其屋面可采用难燃烧体的轻质复合屋面板，但该板材的表面材料应为不燃烧材料，内填充材料的燃烧性能不应低于 B2 级。

3.2.10　除本规范另有规定者外，以木柱承重且以不燃烧材料作为墙体的厂房（仓库），其耐火等级应按四级确定。

3.2.11　预制钢筋混凝土构件的节点外露部位，应采取防火保护措施，且该节点的耐火极限不应低于相应构件的规定。

3.3　厂房（仓库）的耐火等级、层数、面积和平面布置

3.3.1　厂房的耐火等级、层数和每个防火分区的最大允许建筑面积除本规范另有规定者外，应符合表 3.3.1 的规定。

表 3.3.1　厂房的耐火等级、层数和每个防火分区的最大允许建筑面积

生产类别	厂房的耐火等级	最多允许层数	每个防火分区的最大允许建筑面积/m^2			
			单层厂房	多层厂房	高层厂房	地下、半地下厂房，厂房的地下室、半地下室
甲	一级	除生产必须采用多层者外，宜采用单层	4000	3000	—	—
	二级		3000	2000	—	—
乙	一级	不限	5000	4000	2000	—
	二级	6	4000	3000	1500	—

续表

生产类别	厂房的耐火等级	最多允许层数	每个防火分区的最大允许建筑面积/m^2			
			单层厂房	多层厂房	高层厂房	地下、半地下厂房，厂房的地下室、半地下室
丙	一级	不限	不限	6000	3000	500
	二级	不限	8000	4000	2000	500
	三级	2	3000	2000	—	—
丁	一、二级	不限	不限	不限	4000	1000
	三级	3	4000	2000	—	—
	四级	1	1000	—	—	—
戊	一、二级	不限	不限	不限	6000	1000
	三级	3	5000	3000	—	—
	四级	1	1500	—	—	—

注：1. 防火分区之间应采用防火墙分隔。除甲类厂房外的一、二级耐火等级单层厂房，当其防火分区的建筑面积大于本表规定，且设置防火墙确有困难时，可采用防火卷帘或防火分隔水幕分隔。采用防火卷帘时应符合本规范第7.5.3条的规定；采用防火分隔水幕时，应符合现行国家标准《自动喷水灭火系统设计规范》GB 50084的有关规定。

2. 除麻纺厂房外，一级耐火等级的多层纺织厂房和二级耐火等级的单层、多层纺织厂房，其每个防火分区的最大允许建筑面积可按本表的规定增加0.5倍，但厂房内的原棉开包、清花车间均应采用防火墙分隔。

3. 一、二级耐火等级的单层、多层造纸生产联合厂房，其每个防火分区的最大允许建筑面积可按本表的规定增加1.5倍。一、二级耐火等级的湿式造纸联合厂房，当纸机烘缸罩内设置自动灭火系统，完成工段设置有效灭火设施保护时，其每个防火分区的最大允许建筑面积可按工艺要求确定。

4. 一、二级耐火等级的谷物筒仓工作塔，当每层工作人数不超过2人时，其层数不限。

5. 一、二级耐火等级卷烟生产联合厂房内的原料、备料及成组配方、制丝、储丝和卷接包、辅料周转、成品暂存、二氧化碳膨胀烟丝等生产用房应划分独立的防火分隔单元，当工艺条件许可时，应采用防火墙进行分隔。其中制丝、储丝和卷接包车间可划分为一个防火分区，且每个防火分区的最大允许建筑面积可按工艺要求确定。但制丝、储丝及卷接包车间之间应采用耐火极限不低于2.00h的墙体和1.00h的楼板进行分隔。厂房内各水平和竖向分隔间的开口应采取防止火灾蔓延的措施。

6. 本表中"—"表示不允许。

3.3.2　仓库的耐火等级、层数和面积除本规范另有规定者外，应符合表3.3.2的规定。

表3.3.2　仓库的耐火等级、层数和面积

储存物品类别		仓库的耐火等级	最多允许层数	每座仓库的最大允许占地面积和每个防火分区的最大允许建筑面积/m^2						
				单层仓库		多层仓库		高层仓库		地下、半地下仓库或仓库的地下室、半地下室
				每座仓库	防火分区	每座仓库	防火分区	每座仓库	防火分区	防火分区
甲	3、4项	一级	1	180	60	—	—	—	—	—
	1、2、5、6项	一、二级	1	750	250	—	—	—	—	—
乙	1、3、4项	一、二级	3	2000	500	900	300	—	—	—
		三级	1	500	250	—	—	—	—	—
	2、5、6项	一、二级	5	2800	700	1500	500	—	—	—
		三级	1	900	300	—	—	—	—	—

续表

储存物品类别		仓库的耐火等级	最多允许层数	每座仓库的最大允许占地面积和每个防火分区的最大允许建筑面积/m^2						
				单层仓库		多层仓库		高层仓库		地下、半地下仓库或仓库的地下室、半地下室
				每座仓库	防火分区	每座仓库	防火分区	每座仓库	防火分区	防火分区
丙	1项	一、二级	5	4000	1000	2800	700	—	—	150
		三级	1	1200	400	—	—	—	—	—
	2项	一、二级	不限	6000	1500	4800	1200	4000	1000	300
		三级	3	2100	700	1200	400	—	—	—
丁		一、二级	不限	不限	3000	不限	1500	4800	1200	500
		三级	3	3000	1000	1500	500	—	—	—
		四级	1	2100	700	—	—	—	—	—
戊		一、二级	不限	不限	不限	不限	2000	6000	1500	1000
		三级	3	3000	1000	2100	700	—	—	—
		四级	1	2100	700	—	—	—	—	—

注：1. 仓库中的防火分区之间必须采用防火墙分隔。

2. 石油库内桶装油品仓库应按现行国家标准《石油库设计规范》GB 50074 的有关规定执行。

3. 一、二级耐火等级的煤均化库，每个防火分区的最大允许建筑面积不应大于 12000m^2。

4. 独立建造的硝酸铵仓库，电石仓库、聚乙烯等高分子制品仓库、尿素仓库、配煤仓库、造纸厂的独立成品仓库以及车站、码头、机场内的中转仓库，当建筑的耐火等级不低于二级时，每座仓库的最大允许占地面积和每个防火分区的最大允许建筑面积可按本表的规定增加 1.0 倍。

5. 一、二级耐火等级粮食平房仓的最大允许占地面积不应大于 12000m^2，每个防火分区的最大允许建筑面积不应大于 3000m^2；三级耐火等级粮食平房仓的最大允许占地面积不应大于 3000m^2，每个防火分区的最大允许建筑面积不应大于 1000m^2。

6. 一、二级耐火等级冷库的最大允许占地面积和防火分区的最大允许建筑面积，应按现行国家标准《冷库设计规范》GB 50072 的有关规定执行。

7. 酒精度为 50%（V/V）以上的白酒仓库不宜超过 3 层。

8. 本表中"—"表示不允许。

3.3.3 厂房内设置自动灭火系统时，每个防火分区的最大允许建筑面积可按本规范第 3.3.1 条的规定增加 1.0 倍。当丁、戊类的地上厂房内设置自动灭火系统时．每个防火分区的最大允许建筑面积不限。

仓库内设置自动灭火系统时，每座仓库最大允许占地面积和每个防火分区最大允许建筑面积可按本规范第 3.3.2 条的规定增加 1.0 倍。

厂房内局部设置自动灭火系统时，其防火分区增加面积可按该局部面积的 1.0 倍计算。

3.3.4 使用或储存特殊贵重的机器、仪表、仪器等设备或物品的建筑，其耐火等级应为一级。

3.3.5 建筑面积小于等于 300m^2 的独立甲、乙类单层厂房，可采用三级耐火等级的建筑。

3.3.6 使用或产生丙类液体的厂房和有火花、赤热表面、明火的丁类厂房，均应采用一、二级耐火等级建筑，当上述丙类厂房的建筑面积小于等于 500m^2，丁类厂房的建筑面积小于等于 1000m^2 时，也可采用三级耐火等级的单层建筑。

3.3.7　**甲、乙类生产场所不应设置在地下或半地下。甲、乙类仓库不应设置在地下或半地下。**

3.3.8　**厂房内严禁设置员工宿舍。**

办公室、休息室等不应设置在甲、乙类厂房内，当必须与本厂房贴邻建造时，其耐火等级不应低于二级，并应采用耐火极限不低于3.00h的不燃烧体防爆墙隔开和设置独立的安全出口。

在丙类厂房内设置的办公室、休息室，应采用耐火极限不低于2.50h的不燃烧体隔墙和不低于1.00h的楼板与厂房隔开，并应至少设置1个独立的安全出口。如隔墙上需开设相互连通的门时，应采用乙级防火门。

3.3.9　厂房内设置甲、乙类中间仓库时，其储量不宜超过1昼夜的需要量。

中间仓库应靠外墙布置，并应采用防火墙和耐火极限不低于1.50h的不燃烧体楼板与其他部分隔开。

3.3.10　**厂房内设置丙类仓库时，必须采用防火墙和耐火极限不低于1.50h的楼板与厂房隔开，设置丁、戊类仓库时，必须采用耐火极限不低于2.50h的不燃烧体隔墙和不低于1.00h的楼板与厂房隔开。仓库的耐火等级和面积应符合本规范第3.3.2条和第3.3.3条的规定。**

3.3.11　**厂房中的丙类液体中间储罐应设置在单独房间内，其容积不应大于1m³。设置该中间储罐的房间，其围护构件的耐火极限不应低于二级耐火等级建筑的相应要求，房间的门应采用甲级防火门。**

3.3.12　除锅炉的总蒸发量小于等于4t/h的燃煤锅炉房可采用三级耐火等级的建筑外，其他锅炉房均应采用一、二级耐火等级的建筑。

3.3.13　**油浸变压器室、高压配电装置室的耐火等级不应低于二级，其他防火设计应按现行国家标准《火力发电厂和变电所设计防火规范》GB 50229等规范的有关规定执行。**

3.3.14　**变、配电所不应设置在甲、乙类厂房内或贴邻建造，且不应设置在爆炸性气体、粉尘环境的危险区域内。供甲、乙类厂房专用的10kV及以下的变、配电所，当采用无门窗洞口的防火墙隔开时，可一面贴邻建造，并应符合现行国家标准《爆炸和火灾危险环境电力装置设计规范》GB 50058等规范的有关规定。**

乙类厂房的配电所必须在防火墙上开窗时，应设置密封固定的甲级防火窗。

3.3.15　**仓库内严禁设置员工宿舍。**

甲、乙类仓库内严禁设置办公室、休息室等，并不应贴邻建造。

在丙、丁类仓库内设置的办公室、休息室，应采用耐火极限不低于2.50h的不燃烧体隔墙和不低于1.00h的楼板与库房隔开，并应设置独立的安全出口。如隔墙上需开设相互连通的门时，应采用乙级防火门。

3.3.16　**高架仓库的耐火等级不应低于二级。**

3.3.17　粮食筒仓的耐火等级不应低于二级；二级耐火等级的粮食筒仓可采用钢板仓。

粮食平房仓的耐火等级不应低于三级；二级耐火等级的散装粮食平房仓可采用无防火保护的金属承重构件。

3.3.18　**甲、乙类厂房(仓库)内不应设置铁路线。**

丙、丁、戊类厂房(仓库)，当需要出入蒸汽机车和内燃机车时，其屋顶应采用不燃烧体或采取其他防火保护措施。

3.4　厂房的防火间距

3.4.1　**除本规范另有规定者外，厂房之间及其与乙、丙、丁、戊类仓库、民用建筑等之间的防火间距不应小于表3.4.1的规定。**

3.4.2　**甲类厂房与重要公共建筑之间的防火间距不应小于50m，与明火或散发火花地点之间的防火间距不应小于30m，与架空电力线的最小水平距离应符合本规范第11.2.1条的规定，与甲、乙、丙类液体储罐，可燃、助燃气体储罐，液化石油气储罐，可燃材料堆场的防火间距，应符合本规范第4章的有关规定。**

3.4.3　**散发可燃气体、可燃蒸气的甲类厂房与铁路、道路等的防火间距不应小于表3.4.3的规定，但甲类厂房所属厂内铁路装卸线当有安全措施时，其间距可不受表3.4.3规定的限制。**

表 3.4.1 厂房之间及其与乙、丙、丁、戊类仓库、民用建筑等之间的防火间距(m)

名称		甲类厂房	单层、多层乙类厂房(仓库)	单层、多层丙、丁、戊类厂房(仓库) 耐火等级			高层厂房(仓库)	民用建筑 耐火等级		
				一、二级	三级	四级		一、二级	三级	四级
甲类厂房		12	12	12	14	16	13	25		
单层、多层乙类厂房		12	10	10	12	14	13	25		
单层、多层丙、丁类厂房	耐火等级 一、二级	12	10	10	12	14	13	10	12	14
	三级	14	12	12	14	16	15	12	14	16
	四级	16	14	14	16	18	17	14	16	18
单层、多层戊类厂房	耐火等级 一、二级	12	10	10	12	14	13	6	7	9
	三级	14	12	12	14	16	15	7	8	10
	四级	16	14	14	16	18	17	9	10	12
高层厂房		13	13	13	15	17	13	13	15	17
室外变、配电站变压器总油量/t	≥5,≤10	25	25	12	15	20	12	15	20	25
	>10,≤50			15	20	25	15	20	25	30
	>50			20	25	30	20	25	30	35

注:1. 建筑之间的防火间距应按相邻建筑外墙的最近距离计算,如外墙有凸出的燃烧构件,应从其凸出部分外缘算起。

2. 乙类厂房与重要公共建筑之间的防火间距不宜小于50m。单层、多层戊类厂房之间及其与戊类仓库之间的防火间距,可按本表的规定减少2m。为丙、丁、戊类厂房服务而单独设立的生活用房应按民用建筑确定,与所属厂房之间的防火间距不应小于6m。必须相邻建造时,应符合本表注3、4的规定。

3. 两座厂房相邻较高一面的外墙为防火墙时,其防火间距不限,但甲类厂房之间不应小于4m。两座丙、丁、戊类厂房相邻两面的外墙均为不燃烧体,当无外露的燃烧体屋檐,每面外墙上的门窗洞口面积之和各小于等于该外墙面积的5%,且门窗洞口不正对开设时,其防火间距可按本表的规定减少25%。

4. 两座一、二级耐火等级的厂房,当相邻较低一面外墙为防火墙且较低一座厂房的屋顶耐火极限不低于1.00h,或相邻较高一面外墙的门窗等开口部位设置甲级防火门窗或防火分隔水幕或按本规范第7.5.3条的规定设置防火卷帘时,甲、乙类厂房之间的防火间距不应小于6m;丙、丁、戊类厂房之间的防火间距不应小于4m。

5. 变压器与建筑之间的防火间距应从距建筑最近的变压器外壁算起。发电厂内的主变压器,其油量可按单台确定。

6. 耐火等级低于四级的原有厂房,其耐火等级应按四级确定。

表 3.4.3 甲类厂房与铁路、道路等的防火间距(m)

名称	厂外铁路线中心线	厂内铁路线中心线	厂外道路路边	厂内道路路边	
				主要	次要
甲类厂房	30	20	15	10	5

注:厂房与道路路边的防火间距按建筑距道路最近一侧路边的最小距离计算。

3.4.4 高层厂房与甲、乙、丙类液体储罐,可燃、助燃气体储罐,液化石油气储罐,可燃材料堆场(煤和焦炭场除外)的防火间距,应符合本规范第4章的有关规定,且不应小于13m。

3.4.5 当丙、丁、戊类厂房与公共建筑的耐火等级均为一、二级时,其防火间距可按下列规定执行:

1. 当较高一面外墙为不开设门窗洞口的防火墙,或比相邻较低一座建筑屋面高15m及以下范围内的外墙为不开设门窗洞口的防火墙时,其防火间距可不限;

2. 相邻较低一面外墙为防火墙，且屋顶不设天窗，屋顶耐火极限不低于1.00h，或相邻较高一面外墙为防火墙，且墙上开口部位采取了防火保护措施，其防火间距可适当减小，但不应小于4m。

3.4.6 厂房外附设有化学易燃物品的设备时，其室外设备外壁与相邻厂房室外附设设备外壁或相邻厂房外墙之间的距离，不应小于本规范第3.4.1条的规定。用不燃烧材料制作的室外设备，可按一、二级耐火等级建筑确定。

总储量小于等于15m³的丙类液体储罐，当直埋于厂房外墙外，且面向储罐一面4.0m范围内的外墙为防火墙时，其防火间距可不限。

3.4.7 同一座U形或山形厂房中相邻两翼之间的防火间距，不宜小于本规范第3.4.1条的规定，但当该厂房的占地面积小于本规范第3.3.1条规定的每个防火分区的最大允许建筑面积时，其防火间距可为6m。

3.4.8 除高层厂房和甲类厂房外，其他类别的数座厂房占地面积之和小于本规范第3.3.1条规定的防火分区最大允许建筑面积(按其中较小者确定，但防火分区的最大允许建筑面积不限者，不应超过10000 m²)时，可成组布置。当厂房建筑高度小于等于7m时，组内厂房之间的防火间距不应小于4m；当厂房建筑高度大于7m时，组内厂房之间的防火间距不应小于6m。

组与组或组与相邻建筑之间的防火间距，应根据相邻两座耐火等级较低的建筑，按本规范第3.4.1条的规定确定。

3.4.9 一级汽车加油站、一级汽车液化石油气加气站和一级汽车加油加气合建站不应建在城市建成区内。

3.4.10 汽车加油、加气站和加油加气合建站的分级，汽车加油、加气站和加油加气合建站及其加油(气)机、储油(气)罐等与站外明火或散发火花地点、建筑、铁路、道路之间的防火间距，以及站内各建筑或设施之间的防火间距，应符合现行国家标准《汽车加油加气站设计与施工规范》GB 50156的有关规定。

3.4.11 电力系统电压为35~500kV且每台变压器容量在10MV·A以上的室外变、配电站以及工业企业的变压器总油量大于5t的室外降压变电站，与建筑之间的防火间距不应小于本规范第3.4.1条和第3.5.1条的规定。

3.4.12 厂区围墙与厂内建筑之间的间距不宜小于5m，且围墙两侧的建筑之间还应满足相应的防火间距要求。

3.5 仓库的防火间距

3.5.1 甲类仓库之间及其与其他建筑、明火或散发火花地点、铁路、道路等的防火间距不应小于表3.5.1的规定，与架空电力线的最小水平距离应符合本规范第11.2.1条的规定。厂内铁路装卸线与设置装卸站台的甲类仓库的防火间距，可不受表3.5.1规定的限制。

表3.5.1 甲类仓库之间及其与其他建筑、明火或散发火花地点、铁路、道路等的防火间距(m)

名称		甲类仓库及其储量/t			
		甲类储存物品第3、4项		甲类储存物品第1、2、5、6项	
		≤5	>5	≤10	>10
重要公共建筑		50			
甲类仓库		20			
民用建筑、明火或散发火花地点		30	40	25	30
其他建筑	一、二级耐火等级	15	20	12	15
	三级耐火等级	20	25	15	20
	四级耐火等级	25	30	20	25
电力系统电压为35~500kV且每台变压器容量在10MV·A以上的室外变、配电站工业企业的变压器总油量大于5t的室外降压变电站		30	40	25	30

续表

名称		甲类仓库及其储量/t			
		甲类储存物品第 3、4 项		甲类储存物品第 1、2、5、6 项	
		≤5	>5	≤10	>10
厂外铁路线中心线		40			
厂内铁路线中心线		30			
厂外道路路边		20			
厂内道路路边	主要	10			
	次要	5			

注：甲类仓库之间的防火间距，当第 3、4 项物品储量小于等于 2t，第 1、2、5、6 项物品储量小于等于 5t 时，不应小于 12m，甲类仓库与高层仓库之间的防火间距不应小于 13m。

3.5.2 除本规范另有规定者外，乙、丙、丁、戊类仓库之间及其与民用建筑之间的防火间距，不应小于表 3.5.2 的规定。

表 3.5.2 乙、丙、丁、戊类仓库之间及其与民用建筑之间的防火间距(m)

建筑类型		单层、多层乙、丙、丁、戊类仓库						高层仓库	甲类厂房
		单层、多层乙、丙、丁类仓库			单层、多层戊类仓库				
	耐火等级	一、二级	三级	四级	一、二级	三级	四级	一、二级	一、二级
单层、多层乙、丙、丁、戊类仓库	一、二级	10	12	14	10	12	14	13	12
	三级	12	14	16	12	14	16	15	14
	四级	14	16	18	14	16	18	17	16
高层仓库	一、二级	13	15	17	13	15	17	13	13
民用建筑	一、二级	10	12	14	6	7	9	13	25
	三级	12	14	16	7	8	10	15	
	四级	14	16	18	9	10	12	17	

注：1. 单层、多层戊类仓库之间的防火间距，可按本表减少 2m。

2. 两座仓库相邻较高一面外墙为防火墙，且总占地面积小于等于本规范第 3.3.2 条 1 座仓库的最大允许占地面积规定时，其防火间距不限。

3. 除乙类第 6 项物品外的乙类仓库，与民用建筑之间的防火间距不宜小于 25m，与重要公共建筑之间的防火间距不宜小于 30m，与铁路、道路等的防火间距不宜小于表 3.5.1 中甲类仓库与铁路、道路等的防火间距。

3.5.3 当丁、戊类仓库与公共建筑的耐火等级均为一、二级时，其防火间距可按下列规定执行：

1. 当较高一面外墙为不开设门窗洞口的防火墙，或比相邻较低一座建筑屋面高 15m 及以下范围内的外墙为不开设门窗洞口的防火墙时，其防火间距可不限；

2. 相邻较低一面外墙为防火墙，且屋顶不设天窗，屋顶耐火极限不低于 1.00h，或相邻较高一面外墙为防火墙，且墙上开口部位采取了防火保护措施，其防火间距可适当减小，但不应小于 4m。

3.5.4 粮食筒仓与其他建筑之间及粮食筒仓组与组之间的防火间距，不应小于表 3.5.4 的规定。

表 3.5.4　粮食筒仓与其他建筑之间及粮食筒仓组与组之间的防火间距(m)

名称	粮食总储量 W/t	粮食立筒仓			粮食浅圆仓		建筑的耐火等级		
		$W \leq 40000$	$40000 < W \leq 50000$	$W > 50000$	$W \leq 50000$	$W > 50000$	一、二级	三级	四级
粮食立筒仓	$500 < W \leq 10000$	15	20	25	20	25	10	15	20
	$10000 < W \leq 40000$						15	20	25
	$40000 < W \leq 50000$	20					20	25	30
	$W > 50000$	25					25	30	—
粮食浅圆仓	$W \leq 50000$	20	20	25	20	25	20	25	—
	$W > 50000$	25					25	30	—

注：1. 当粮食立筒仓、粮食浅圆仓与工作塔、接收塔、发放站为一个完整工艺单元的组群时，组内各建筑之间的防火间距不受本表限制。
2. 粮食浅圆仓组内每个独立仓的储量不应大于 10000t。

3.5.5　库区围墙与库区内建筑之间的间距不宜小于 5m，且围墙两侧的建筑之间还应满足相应的防火间距要求。

3.6　厂房(仓库)的防爆

3.6.1　有爆炸危险的甲、乙类厂房宜独立设置，并宜采用敞开或半敞开式。其承重结构宜采用钢筋混凝土或钢框架、排架结构。

3.6.2　有爆炸危险的甲、乙类厂房应设置泄压设施。

3.6.3　有爆炸危险的甲、乙类厂房，其泄压面积宜按下式计算，但当厂房的长径比大于 3 时，宜将该建筑划分为长径比小于等于 3 的多个计算段，各计算段中的公共截面不得作为泄压面积：

$$A = 10CV^{2/3} \tag{3.6.3}$$

式中　A——泄压面积，m^2；

V——厂房的容积，m^3；

C——厂房容积为 $1000m^3$ 时的泄压比，可按表 3.6.3 选取，m^2/m^3。

表 3.6.3　厂房内爆炸性危险物质的类别与泄压比值(m^2/m^3)

厂房内爆炸性危险物质的类别	C 值
氨以及粮食、纸、皮革、铅、铬、铜等 $K_{尘} < 10MPa \cdot m \cdot s^{-1}$ 的粉尘	≥0.030
木屑、炭屑、煤粉、锑、锡等 $10MPa \cdot m \cdot s^{-1} \leq K_{尘} \leq 30MPa \cdot m \cdot s^{-1}$ 的粉尘	≥0.055
丙酮、汽油、甲醇、液化石油气、甲烷、喷漆间或干燥室以及苯酚树脂、铝、镁、锆等 $K_{尘} > 30MPa \cdot m \cdot s^{-1}$ 的粉尘	≥0.110
乙烯	≥0.160
乙炔	≥0.200
氢	≥0.250

注：长径比为建筑平面几何外形尺寸中的最长尺寸与其横截面周长的积和 4.0 倍的该建筑横截面面积之比。

3.6.4　泄压设施宜采用轻质屋面板、轻质墙体和易于泄压的门、窗等，不应采用普通玻璃。

泄压设施的设置应避开人员密集场所和主要交通道路，并宜靠近有爆炸危险的部位。

作为泄压设施的轻质屋面板和轻质墙体的单位质量不宜超过60kg/m²。

屋顶上的泄压设施应采取防冰雪积聚措施。

3.6.5 散发较空气轻的可燃气体、可燃蒸气的甲类厂房，宜采用轻质屋面板的全部或局部作为泄压面积。顶棚应尽量平整、避免死角，厂房上部空间应通风良好。

3.6.6 散发较空气重的可燃气体、可燃蒸气的甲类厂房以及有粉尘、纤维爆炸危险的乙类厂房，应采用不发火花的地面。采用绝缘材料作整体面层时，应采取防静电措施。

散发可燃粉尘、纤维的厂房内表面应平整、光滑，并易于清扫。

厂房内不宜设置地沟，必须设置时，其盖板应严密，地沟应采取防止可燃气体、可燃蒸气及粉尘、纤维在地沟积聚的有效措施，且与相邻厂房连通处应采用防火材料密封。

3.6.7 有爆炸危险的甲、乙类生产部位，宜设置在单层厂房靠外墙的泄压设施或多层厂房顶层靠外墙的泄压设施附近。

有爆炸危险的设备宜避开厂房的梁、柱等主要承重构件布置。

3.6.8 有爆炸危险的甲、乙类厂房的总控制室应独立设置。

3.6.9 有爆炸危险的甲、乙类厂房的分控制室宜独立设置，当贴邻外墙设置时。应采用耐火极限不低于3.00h的不燃烧体墙体与其他部分隔开。

3.6.10 使用和生产甲、乙、丙类液体厂房的管、沟不应和相邻厂房的管、沟相通，该厂房的下水道应设置隔油设施。

3.6.11 甲、乙、丙类液体仓库应设置防止液体流散的设施。遇湿会发生燃烧爆炸的物品仓库应设置防止水浸渍的措施。

3.6.12 有粉尘爆炸危险的筒仓，其顶部盖板应设置必要的泄压设施。

粮食筒仓的工作塔、上通廊的泄压面积应按本规范第3.6.3条的规定执行。有粉尘爆炸危险的其他粮食储存设施应采取防爆措施。

3.6.13 有爆炸危险的甲、乙类仓库，宜按本节规定采取防爆措施、设置泄压设施。

3.7 厂房的安全疏散

3.7.1 厂房的安全出口应分散布置。每个防火分区、一个防火分区的每个楼层，其相邻2个安全出口最近边缘之间的水平距离不应小于5m。

3.7.2 厂房的每个防火分区、一个防火分区内的每个楼层，其安全出口的数量应经计算确定，且不应少于2个；当符合下列条件时，可设置1个安全出口：

1. 甲类厂房，每层建筑面积小于等于100m²，且同一时间的生产人数不超过5人；

2. 乙类厂房，每层建筑面积小于等于150m²，且同一时间的生产人数不超过10人；

3. 丙类厂房，每层建筑面积小于等于250m²，且同一时间的生产人数不超过20人；

4. 丁、戊类厂房，每层建筑面积小于等于400m²，且同一时间的生产人数不超过30人；

5. 地下、半地下厂房或厂房的地下室、半地下室，其建筑面积小于等于50m²，经常停留人数不超过15人。

3.7.3 地下、半地下厂房或厂房的地下室、半地下室，当有多个防火分区相邻布置，并采用防火墙分隔时，每个防火分区可利用防火墙上通向相邻防火分区的甲级防火门作为第二安全出口，但每个防火分区必须至少有1个直通室外的安全出口。

3.7.4 厂房内任一点到最近安全出口的距离不应大干表3.7.4的规定。

3.7.5 厂房内的疏散楼梯、走道、门的各自总净宽度应根据疏散人数，按表3.7.5的规定经计算确定。但疏散楼梯的最小净宽度不宜小于1.1m，疏散走道的最小净宽度不宜小于1.4m，门的最小净宽度不宜小于0.9m。当每层人数不相等时，疏散楼梯的总净宽度应分层计算，下层楼梯总净宽度应按该层或该层以上人数最多的一层计算。

首层外门的总净宽度应按该层或该层以上人数最多的一层计算，且该门的最小净宽度不应小于1.2m。

表 3.7.4　厂房内任一点到最近安全出口的距离(m)

生产类别	耐火等级	单层厂房	多层厂房	高层厂房	地下、半地下厂房或厂房的地下室、半地下室
甲	一、二级	30	25	—	—
乙	一、二级	75	50	30	—
丙	一、二级	80	60	40	30
	三级	60	40	—	—
丁	一、二级	不限	不限	50	45
	三级	60	50	—	—
	四级	50	—	—	—
戊	一、二级	不限	不限	75	60
	三级	100	75	—	—
	四级	60	—	—	—

表 3.7.5　厂房疏散楼梯、走道和门的净宽度指标(m/百人)

厂房层数	一、二层	三层	≥四层
宽度指标	0.6	0.8	1.0

3.7.6　高层厂房和甲、乙、丙类多层厂房应设置封闭楼梯间或室外楼梯。建筑高度大于 32m 且任一层人数超过 10 人的高层厂房，应设置防烟楼梯间或室外楼梯。

室外楼梯、封闭楼梯间、防烟楼梯间的设计，应符合本规范第 7.4 节的有关规定。

3.7.7　建筑高度大于 32m 且设置电梯的高层厂房，每个防火分区内宜设置一部消防电梯。消防电梯可与客、货梯兼用，消防电梯的防火设计应符合本规范第 7.4.10 条的规定。

符合下列条件的建筑可不设置消防电梯：

1 高度大于 32m 且设置电梯，任一层工作平台人数不超过 2 人的高层塔架；

2 局部建筑高度大于 32m，且升起部分的每层建筑面积小于等于 $50m^2$ 的丁、戊类厂房。

3.8　仓库的安全疏散

3.8.1　仓库的安全出口应分散布置。每个防火分区、一个防火分区的每个楼层，其相邻 2 个安全出口最近边缘之间的水平距离不应小于 5m。

3.8.2　每座仓库的安全出口不应少于 2 个，当一座仓库的占地面积小于等于 $300m^2$ 时，可设置 1 个安全出口。仓库内每个防火分区通向疏散走道、楼梯或室外的出口不宜少于 2 个，当防火分区的建筑面积小于等于 $100m^2$ 时，可设置 1 个。通向疏散走道或楼梯的门应为乙级防火门。

3.8.3　地下、半地下仓库或仓库的地下室、半地下室的安全出口不应少于 2 个；当建筑面积小于等于 $100m^2$ 时，可设置 1 个安全出口。

地下、半地下仓库或仓库的地下室、半地下室当有多个防火分区相邻布置，并采用防火墙分隔时，每个防火分区可利用防火墙上通向相邻防火分区的甲级防火门作为第二安全出口，但每个防火分区必须至少有 1 个直通室外的安全出口。

3.8.4　粮食筒仓、冷库、金库的安全疏散设计应分别符合现行国家标准《冷库设计规范》GB 50072 和《粮食钢板筒仓设计规范》GB 50322 等的有关规定。

3.8.5　粮食筒仓上层面积小于 $1000m^2$，且该层作业人数不超过 2 人时，可设置 1 个安全出口。

3.8.6　仓库、筒仓的室外金属梯，当符合本规范第 7.4.5 条的规定时可作为疏散楼梯，但筒仓室外楼梯平台的耐火极限不应低于0.25h。

3.8.7 高层仓库应设置封闭楼梯间。

3.8.8 除一、二级耐火等级的多层戊类仓库外，其他仓库中供垂直运输物品的提升设施宜设置在仓库外，当必须设置在仓库内时，应设置在井壁的耐火极限不低于2.00h的井筒内。室内外提升设施通向仓库入口上的门应采用乙级防火门或防火卷帘。

3.8.9 建筑高度大于32m且设置电梯的高层仓库，每个防火分区内宜设置一台消防电梯。消防电梯可与客、货梯兼用，消防电梯的防火设计应符合本规范第7.4.10条的规定。

4 甲、乙、丙类液体、气体储罐(区)与可燃材料堆场

4.1 一般规定

4.1.1 甲、乙、丙类液体储罐区，液化石油气储罐区，可燃、助燃气体储罐区，可燃材料堆场等，应设置在城市(区域)的边缘或相对独立的安全地带，并宜设置在城市(区域)全年最小频率风向的上风侧。

甲、乙、丙类液体储罐(区)宜布置在地势较低的地带。当布置在地势较高的地带时，应采取安全防护设施。

液化石油气储罐(区)宜布置在地势平坦、开阔等不易积存液化石油气的地带。

4.1.2 桶装、瓶装甲类液体不应露天存放。

4.1.3 液化石油气储罐组或储罐区四周应设置高度不小于1.0m的不燃烧体实体防护墙。

4.1.4 甲、乙、丙类液体储罐区。液化石油气储罐区，可燃、助燃气体储罐区，可燃材料堆场，应与装卸区、辅助生产区及办公区分开布置。

4.1.5 甲、乙、丙类液体储罐，液化石油气储罐，可燃、助燃气体储罐，可燃材料堆垛与架空电力线的最近水平距离应符合本规范第11.2.1条的规定。

4.2 甲、乙、丙类液体储罐(区)的防火间距

4.2.1 甲、乙、丙类液体储罐(区)及乙、丙类液体桶装堆场与建筑物的防火间距，不应小于表4.2.1的规定。

表4.2.1 甲、乙、丙类液体储罐(区)及乙、丙类液体桶装堆场与建筑物的防火间距(m)

项目			建筑物的耐火等级			室外变、配电站
			一、二级	三级	四级	
甲、乙类液体	一个罐区或堆场的总储量 V/m^3	$1 \leq V < 50$	12	15	20	30
		$50 \leq V < 200$	15	20	25	35
		$200 \leq V < 1000$	20	25	30	40
		$1000 \leq V < 5000$	25	30	40	50
丙类液体		$5 \leq V < 250$	12	15	20	24
		$250 \leq V < 1000$	15	20	25	28
		$1000 \leq V < 5000$	20	25	30	32
		$5000 \leq V < 25000$	25	30	40	40

注：1. 当甲、乙类液体和丙类液体储罐布置在同一储罐区时，其总储量可按$1m^3$甲、乙类液体相当于$5m^3$丙类液体折算。

2. 防火间距应从距建筑物最近的储罐外壁、堆垛外缘算起，但储罐防火堤外侧基脚线至建筑物的距离不应小于10m。

3. 甲、乙、丙类液体的固定顶储罐区或半露天堆场和乙、丙类液体桶装堆场与甲类厂房(仓库)、民用建筑的防火间距，应按本表的规定增加25%，且甲、乙类液体的固定顶储罐区或半露天堆场及乙、丙类液体桶装堆场与甲类厂房(仓库)、民用建筑的防火间距不应小于25m，与明火或散发火花地点的防火间距，应按本表四级耐火等级建筑的规定增加25%。

4. 浮顶储罐区或闪点大于120℃的液体储罐区与建筑物的防火间距，可按本表的规定减少25%。

续表

5. 当数个储罐区布置在同一库区内时，储罐区之间的防火间距不应小于本表相应储量的储罐区与四级耐火等级建筑之间防火间距的较大值。

6. 直埋地下的甲、乙、丙类液体卧式罐，当单罐容积小于等于 $50m^3$，总容积小于等于 $200m^3$ 时，与建筑物之间的防火间距可按本表规定减少 50%。

7. 室外变、配电站指电力系统电压为 35～500kV 且每台变压器容量在 10MV · A 以上的室外变、配电站以及工业企业的变压器总油量大于 5t 的室外降压变电站。

4.2.2　甲、乙、丙类液体储罐之间的防火间距不应小于表 4.2.2 的规定。

表 4.2.2　甲、乙、丙类液体储罐之间的防火间距(m)

类别			储罐形式				
			固定顶罐			浮顶储罐	卧式储罐
			地上式	半地下式	地下式		
甲、乙类液体	单罐容量 V/m^3	$V \leq 1000$	0.75D	0.5D	0.4D	0.4D	不小于 0.8m
甲、乙类液体	单罐容量 V/m^3	$V > 1000$	0.6D	0.5D	0.4D	0.4D	不小于 0.8m
丙类液体	单罐容量 V/m^3	不论容量大小	0.4D	不限	不限	—	不小于 0.8m

注：1. D 为相邻较大立式储罐的直径(m)；矩形储罐的直径为长边与短边之和的一半。

2. 不同液体、不同形式储罐之间的防火间距不应小于本表规定的较大值。

3. 两排卧式储罐之间的防火间距不应小于 3m。

4. 设置充氮保护设备的液体储罐之间的防火间距可按浮顶储罐的间距确定。

5. 当单罐容量小于等于 $1000m^3$ 且采用固定冷却消防方式时，甲、乙类液体的地上式固定顶罐之间的防火间距不应小于 0.6D。

6. 同时设有液下喷射泡沫灭火设备、固定冷却水设备和扑救防火堤内液体火灾的泡沫灭火设备时，储罐之间的防火间距可适当减小，但地上式储罐不宜小于 0.4D。

7. 闪点大于 120℃的液体，当储罐容量大于 $1000m^3$ 时，其储罐之间的防火间距不应小于 5m；当储罐容量小于等于 $1000m^3$ 时。其储罐之间的防火间距不应小于 2m。

4.2.3　甲、乙、丙类液体储罐成组布置时，应符合下列规定：

1. 组内储罐的单罐储量和总储量不应大于表 4.2.3 的规定；

2. 组内储罐的布置不应超过两排。甲、乙类液体立式储罐之间的防火间距不应小于 2m，卧式储罐之间的防火间距不应小于 0.8m；丙类液体储罐之间的防火间距不限；

3. 储罐组之间的防火间距应根据组内储罐的形式和总储量折算为相同类别的标准单罐，并应按本规范第 4.2.2 条的规定确定。

表 4.2.3　甲、乙、丙类液体储罐分组布置的限量

名　称	单罐最大储量/m^3	一组罐最大储量/m^3
甲、乙类液体	200	1000
丙类液体	500	3000

4.2.4　甲、乙、丙类液体的地上式、半地下式储罐区的每个防火堤内，宜布置火灾危险性类别相同或相近的储罐。沸溢性液体储罐与非沸溢性液体储罐不应布置在同一防火堤内。地上式、半地下式储罐与地下式储罐，不应布置在同一防火堤内，且地上式、半地下式储罐应分别布置在不同的防火堤内。

4.2.5　甲、乙、丙类液体的地上式、半地下式储罐或储罐组。其四周应设置不燃烧体防火堤。防火堤

的设置应符合下列规定：

1. 防火堤内的储罐布置不宜超过2排，单罐容量小于等于1000m³且闪点大于120℃的液体储罐不宜超过4排；

2. 防火堤的有效容量不应小于其中最大储罐的容量。对于浮顶罐，防火堤的有效容量可为其中最大储罐容量的一半；

3. 防火堤内侧基脚线至立式储罐外壁的水平距离不应小于罐壁高度的一半。防火堤内侧基脚线至卧式储罐的水平距离不应小于3m；

4. 防火堤的设计高度应比计算高度高出0.2m. 且其高度应为1.0～2.2m，并应在防火堤的适当位置设置灭火时便于消防队员进出防火堤的踏步；

5. 沸溢性液体地上式、半地下式储罐，每个储罐应设置一个防火堤或防火隔堤；

6. 含油污水排水管应在防火堤的出口处设置水封设施，雨水排水管应设置阀门等封闭、隔离装置。

4.2.6 甲类液体半露天堆场，乙、丙类液体桶装堆场和闪点大于120℃的液体储罐（区），当采取了防止液体流散的设施时，可不设置防火堤。

4.2.7 甲、乙、丙类液体储罐与其泵房、装卸鹤管的防火间距不应小于表4.2.7的规定。

表4.2.7 甲、乙、丙类液体储罐与其泵房、装卸鹤管的防火间距(m)

液体类别和储罐形式		泵房	铁路装卸鹤管、汽车装卸鹤管
甲、乙类液体储罐	拱顶罐	15	20
	浮顶罐	12	15
丙类液体储罐		10	12

注：1. 总储量小于等于1000m³的甲、乙类液体储罐，总储量小于等于5000m³的丙类液体储罐，其防火间距可按本表的规定减少25%。
2. 泵房、装卸鹤管与储罐防火堤外侧基脚线的距离不应小于5m。

4.2.8 甲、乙、丙类液体装卸鹤管与建筑物、厂内铁路线的防火间距不应小于表4.2.8的规定。

表4.2.8 甲、乙、丙类液体装卸鹤管与建筑物、厂内铁路线的防火间距(m)

名称	建筑物的耐火等级			厂内铁路线	泵房
	一、二级	三级	四级		
甲、乙类液体装卸鹤管	14	16	18	20	8
丙类液体装卸鹤管	10	12	14	10	

注：装卸鹤管与其直接装卸用的甲、乙、丙类液体装卸铁路线的防火间距不限。

4.2.9 甲、乙、丙类液体储罐与铁路、道路的防火间距不应小于表4.2.9的规定。

表4.2.9 甲、乙、丙类液体储罐与铁路、道路的防火间距(m)

名称	厂外铁路线中心线	厂内铁路线中心线	厂外道路路边	厂内道路路边	
				主要	次要
甲、乙类液体储罐	35	25	20	15	10
丙类液体储罐	30	20	15	10	5

4.2.10　零位罐与所属铁路装卸线的距离不应小于6m。

4.2.11　石油库的储罐(区)与建筑物的防火间距，石油库内的储罐布置和防火间距以及储罐与泵房、装卸鹤管等库内建筑物的防火间距，应按现行国家标准《石油库设计规范》GB 50074 的有关规定执行。

4.3　可燃、助燃气体储罐(区)的防火间距

4.3.1　可燃气体储罐与建筑物、储罐、堆场的防火间距应符合下列规定：

1 湿式可燃气体储罐与建筑物、储罐、堆场的防火间距不应小于表 4.3.1 的规定；

2 干式可燃气体储罐与建筑物、储罐、堆场的防火间距：当可燃气体的密度比空气大时，应按表 4.3.1 的规定增加 25%；当可燃气体的密度比空气小时，可按表 4.3.1 的规定确定；

3 湿式或干式可燃气体储罐的水封井、油泵房和电梯间等附属设施与该储罐的防火间距，可按工艺要求布置；

4 容积小于等于 $20m^3$ 的可燃气体储罐与其使用厂房的防火间距不限；

5 固定容积的可燃气体储罐与建筑物、储罐、堆场的防火间距不应小于表 4.3.1 的规定。

表 4.3.1　湿式可燃气体储罐与建筑物、储罐、堆场的防火间距(m)

名称			湿式可燃气体储罐的总容积 V/m^3			
			$V<1000$	$1000\leq V<10000$	$10000\leq V<50000$	$50000\leq V<100000$
甲类物品仓库 明火或散发火花的地点 甲、乙、丙类液体储罐 可燃材料堆场 室外变、配电站			20	25	30	35
民用建筑			18	20	25	30
其他建筑	耐火等级	一、二级	12	15	20	25
		三级	15	20	25	30
		四级	20	25	30	35

注：固定容积可燃气体储罐的总容积按储罐几何容积(m^3)和设计储存压力(绝对压力，10^5 Pa)的乘积计算。

4.3.2 可燃气体储罐或罐区之间的防火间距应符合下列规定：

1. 湿式可燃气体储罐之间、干式可燃气体储罐之间以及湿式与干式可燃气体储罐之间的防火间距，不应小于相邻较大罐直径的 1/2；

2. 固定容积的可燃气体储罐之间的防火间距不应小于相邻较大罐直径的 2/3；

3. 固定容积的可燃气体储罐与湿式或干式可燃气体储罐之间的防火间距，不应小于相邻较大罐直径的 1/2；

4. 数个固定容积的可燃气体储罐的总容积大于 $200000m^3$ 时，应分组布置。卧式储罐组与组之间的防火间距不应小于相邻较大罐长度的一半；球形储罐组与组之间的防火间距不应小于相邻较大罐直径，且不应小于 20m。

4.3.3　氧气储罐与建筑物、储罐、堆场的防火间距应符合下列规定：

1. 湿式氧气储罐与建筑物、储罐、堆场的防火间距不应小于表 4.3.3 的规定；

2. 氧气储罐之间的防火间距不应小于相邻较大罐直径的 1/2；

3. 氧气储罐与可燃气体储罐之间的防火间距，不应小于相邻较大罐的直径；

4. 氧气储罐与其制氧厂房的防火间距可按工艺布置要求确定；

5. 容积小于等于 $50m^3$ 的氧气储罐与其使用厂房的防火间距不限；

6. 固定容积的氧气储罐与建筑物、储罐、堆场的防火间距不应小于表 4.3.3 的规定。

表 4.3.3 湿式氧气储罐与建筑物、储罐、堆场的防火间距(m)

<table>
<tr><td colspan="3" rowspan="2">名 称</td><td colspan="3">湿式氧气储罐的总容积 V/m^3</td></tr>
<tr><td>$V \leq 1000$</td><td>$1000 < V \leq 50000$</td><td>$V > 50000$</td></tr>
<tr><td colspan="3">甲、乙、丙类液体储罐
可燃材料堆场
甲类物品仓库
室外变、配电站</td><td>20</td><td>25</td><td>30</td></tr>
<tr><td colspan="3">民用建筑</td><td>18</td><td>20</td><td>25</td></tr>
<tr><td rowspan="3">其他建筑</td><td rowspan="3">耐火等级</td><td>一、二级</td><td>10</td><td>12</td><td>14</td></tr>
<tr><td>三级</td><td>12</td><td>14</td><td>16</td></tr>
<tr><td>四级</td><td>14</td><td>16</td><td>18</td></tr>
<tr><td colspan="6">注：固定容积氧气储罐的总容积按储罐几何容积(m^3)和设计储存压力(绝对压力，10^5Pa)的乘积计算。</td></tr>
</table>

4.3.4 液氧储罐与建筑物、储罐、堆场的防火间距应符合本规范第4.3.3条相应储量湿式氧气储罐防火间距的规定。液氧储罐与其泵房的间距不宜小于3m。总容积小于等于3m^3的液氧储罐与其使用建筑的防火间距应符合下列规定：

1. 当设置在独立的一、二级耐火等级的专用建筑物内时，其防火间距不应小于10m；

2. 当设置在独立的一、二级耐火等级的专用建筑物内，且面向使用建筑物一侧采用无门窗洞口的防火墙隔开时，其防火间距不限；

3. 当低温储存的液氧储罐采取了防火措施时，其防火间距不应小于5m。

注：1m^3 液氧折合标准状态下800m^3 气态氧。

4.3.5 液氧储罐周围5.0m范围内不应有可燃物和设置沥青路面。

4.3.6 可燃、助燃气体储罐与铁路、道路的防火间距不应小于表4.3.6的规定。

表 4.3.6 可燃、助燃气体储罐与铁路、道路的防火间距(m)

<table>
<tr><td rowspan="2">名称</td><td rowspan="2">厂外铁路线中心线</td><td rowspan="2">厂内铁路线中心线</td><td rowspan="2">厂外道路路边</td><td colspan="2">厂内道路路边</td></tr>
<tr><td>主要</td><td>次要</td></tr>
<tr><td>可燃、助燃气体储罐</td><td>25</td><td>20</td><td>15</td><td>10</td><td>5</td></tr>
</table>

4.3.7 液氢储罐与建筑物、储罐、堆场的防火间距可按本规范4.4.1条相应储量液化石油气储罐防火间距的规定减少25%确定。

4.4 液化石油气储罐(区)的防火间距

4.4.1 液化石油气供应基地的全压式和半冷冻式储罐或罐区与明火、散发火花地点和基地外建筑物之间的防火间距，不应小于表4.4.1的规定。

4.4.2 液化石油气储罐之间的防火间距不应小于相邻较大罐的直径。

数个储罐的总容积大于3000m^3时，应分组布置，组内储罐宜采用单排布置。组与组相邻储罐之间的防火间距，不应小于20m。

4.4.3 液化石油气储罐与所属泵房的距离不应小于15m。当泵房面向储罐一侧的外墙采用无门窗洞口的防火墙时，其防火间距可减少至6m。液化石油气泵露天设置在储罐区内时，泵与储罐之间的距离不限。

4.4.4 全冷冻式液化石油气储罐与周围建筑物之间的防火间距，应按现行国家标准《城镇燃气设计规范》GB 50028的有关规定执行。

4.4.5 液化石油气气化站、混气站的储罐与周围建筑物之间的防火间距，应按现行国家标准《城镇燃

气设计规范》GB 50028 的有关规定执行。

表 4.4.1　液化石油气供应基地的全压式和半冷冻式储罐(区)与明火、散发火花地点和基地外建构筑物之间的防火间距(m)

总容积 V/m^3	$30<V\leqslant50$	$50<V\leqslant200$	$200<V\leqslant500$	$500<V\leqslant1000$	$1000<V\leqslant2500$	$2500<V\leqslant5000$	$V>5000$
单罐容量 V/m^3	$V\leqslant20$	$V\leqslant50$	$V\leqslant100$	$V\leqslant200$	$V\leqslant400$	$V\leqslant1000$	$V>1000$
居住区、村镇和学校、影剧院、体育馆等重要公共建筑(最外侧建筑物外墙)	45	50	70	90	110	130	150
工业企业(最外侧建筑物外墙)	27	30	35	40	50	60	75
明火或散发火花地点,室外变、配电站	45	50	55	60	70	80	120
民用建筑,甲、乙类液体储罐,甲、乙类仓库(厂房)稻草、麦秸、芦苇、打包废纸等材料堆场	40	45	50	55	65	75	100
丙类液体储罐、可燃气体储罐,丙、丁类厂房(仓库)	32	35	40	45	55	65	80
助燃气体储罐、木材等材料堆场	27	30	35	40	50	60	75
其他建筑 耐火等级 一、二级	18	20	22	25	30	40	50
其他建筑 耐火等级 三级	22	25	27	30	40	50	60
其他建筑 耐火等级 四级	27	30	35	40	50	60	75
公路(路边) 高速、Ⅰ、Ⅱ级	20			25			30
公路(路边) Ⅲ、Ⅳ级	15			20			25
架空电力线(中心线)	应符合本规范第 11.2.1 条的规定						
架空通信线(中心线) Ⅰ、Ⅱ级	30		40				
架空通信线(中心线) Ⅲ、Ⅳ级	1.5 倍杆高						
铁路(中心线) 国家线	60	70		80		100	
铁路(中心线) 企业专用线	25	30		35		40	

注:1. 防火间距应按本表储罐总容积或单罐容积较大者确定,并应从距建筑最近的储罐外壁、堆垛外缘算起。

2. 当地下液化石油气储罐的单罐容积小于等于 $50m^3$,总容积小于等于 $400m^3$ 时,其防火间距可按本表减少 50%。

3. 居住区、村镇系指 1000 人或 300 户以上者,以下者按本表民用建筑执行。

4. 与本表规定以外的其他建筑物的防火间距,应按现行国家标准《城镇燃气设计规范》GB 50028 的有关规定执行。

工业企业内总容积小于等于 $10m^3$ 的液化石油气气化站、混气站的储罐,当设置在专用的独立建筑内时,其外墙与相邻厂房及其附属设备之间的防火间距可按甲类厂房有关防火间距的规定执行。当露天设置时，与建筑物、储罐、堆场的防火间距应按现行国家标准《城镇燃气设计规范》GB 50028 的有关规定执行。

4.4.6 Ⅰ、Ⅱ级瓶装液化石油气供应站瓶库与站外建筑之间的防火间距不应小于表 4.4.6 的规定。

表 4.4.6 Ⅰ、Ⅱ级瓶装液化石油气供应站瓶库与站外建筑之间的防火间距(m)

名称	Ⅰ级		Ⅱ级	
瓶库的总存瓶容积 V/m^3	$6<V\leqslant10$	$10<V\leqslant20$	$1<V\leqslant3$	$3<V\leqslant6$
明火、散发火花地点	30	35	20	25
重要公共建筑	20	25	12	15
民用建筑	10	15	6	8
主要道路路边	10	10	8	8
次要道路路边	5	5	5	5

注：1. 总存瓶容积应按实瓶个数与单瓶几何容积的乘积计算。
2. 瓶装液化石油气供应站的分级及总存瓶容积小于等于 $1m^3$ 的瓶装供应站瓶库的设置应符合现行国家标准《城镇燃气设计规范》GB 50028 的有关规定。

4.4.7 Ⅰ级瓶装液化石油气供应站的四周宜设置不燃烧体的实体围墙，但面向出入口一侧可设置不燃烧体非实体围墙。

Ⅱ级瓶装液化石油气供应站的四周宜设置不燃烧体的实体围墙，或其底部实体部分高度不应低于 0.6m 的围墙。

4.5 可燃材料堆场的防火间距

4.5.1 露天、半露天可燃材料堆场与建筑物的防火间距不应小于表 4.5.1 的规定。

表 4.5.1 露天、半露天可燃材料堆场与建筑物的防火间距(m)

名称	一个堆场的总储量	建筑物的耐火等级		
		一、二级	三级	四级
粮食席穴囤 W/t	$10\leqslant W<5000$	15	20	25
	$5000\leqslant W<20000$	20	25	30
粮食土圆仓 W/t	$500\leqslant W<10000$	10	15	20
	$10000\leqslant W<20000$	15	20	25
棉、麻、毛、化纤、百货 W/t	$10\leqslant W<500$	10	15	20
	$500\leqslant W<1000$	15	20	25
	$1000\leqslant W<5000$	20	25	30
稻草、麦秸、芦苇、打包废纸等 W/t	$10\leqslant W<5000$	15	20	25
	$5000\leqslant W<10000$	20	25	30
	$W\geqslant10000$	25	30	40
木材等 V/m^3	$50\leqslant V<1000$	10	15	20
	$1000\leqslant V<10000$	15	20	25
	$V\geqslant10000$	20	25	30
煤和焦炭 W/t	$100\leqslant W<5000$	6	8	10
	$W\geqslant5000$	8	10	12

注：露天、半露天稻草、麦秸、芦苇、打包废纸等材料堆场与甲类厂房(仓库)以及民用建筑的防火间距，应根据建筑物的耐火等级分别按本表的规定增加25%，且不应小于25m；与室外变、配电站的防火间距不应小于50m；与明火或散发火花地点的防火间距，应按本表四级耐火等级建筑的相应规定增加25%。

当一个木材堆场的总储量大于25000m^3或一个稻草、麦秸、芦苇、打包废纸等材料堆场的总储量大于20000t时，宜分设堆场。各堆场之间的防火间距不应小于相邻较大堆场与四级耐火等级建筑的间距。

不同性质物品堆场之间的防火间距，不应小于本表相应储量堆场与四级耐火等级建筑之间防火间距的较大值。

4.5.2　露天、半露天可燃材料堆场与甲、乙、丙类液体储罐的防火间距，不应小于本规范表4.2.1和表4.5.1中相应储量的堆场与四级耐火等级建筑之间防火间距的较大值。

4.5.3　露天、半露天可燃材料堆场与铁路、道路的防火间距不应小于表4.5.3的规定。

表4.5.3　露天、半露天可燃材料堆场与铁路、道路的防火间距(m)

名　　称	厂外铁路线中心线	厂内铁路线中心线	厂外道路路边	厂内道路路边	
				主要	次要
稻草、麦秸、芦苇、打包废纸等材料堆场	30	20	15	10	5
注：未列入本表的可燃材料堆场与铁路、道路的防火间距，可根据储存物品的火灾危险性按类比原则确定。					

5　民用建筑

5.1　民用建筑的耐火等级、层数和建筑面积

5.1.1　民用建筑的耐火等级应分为一、二、三、四级。除本规范另有规定者外，不同耐火等级建筑物相应构件的燃烧性能和耐火极限不应低于表5.1.1的规定。

表5.1.1　建筑物构件的燃烧性能和耐火极限(h)

构件名称		耐火等级			
		一级	二级	三级	四级
墙	防火墙	不燃烧体 3.00	不燃烧体 3.00	不燃烧体 3.00	不燃烧体 3.00
	承重墙	不燃烧体 3.00	不燃烧体 2.50	不燃烧体 2.00	难燃烧体 0.50
	非承重外墙	不燃烧体 1.00	不燃烧体 1.00	不燃烧体 0.50	燃烧体
	楼梯间的墙 电梯井的墙 住宅单元之间的墙 住宅分户墙	不燃烧体 2.00	不燃烧体 2.00	不燃烧体 1.50	难燃烧体 0.50
	疏散走道两侧的隔墙	不燃烧体 1.00	不燃烧体 1.00	不燃烧体 0.50	难燃烧体 0.25
	房间隔墙	不燃烧体 0.75	不燃烧体 0.50	难燃烧体 0.50	难燃烧体 0.25
柱		不燃烧体 3.00	不燃烧体 2.50	不燃烧体 2.00	难燃烧体 0.50
梁		不燃烧体 2.00	不燃烧体 1.50	不燃烧体 1.00	难燃烧体 0.50
楼板		不燃烧体 1.50	不燃烧体 1.00	不燃烧体 0.50	燃烧体
屋顶承重构件		不燃烧体 1.50	不燃烧体 1.00	燃烧体	燃烧体
疏散楼梯		不燃烧体 1.50	不燃烧体 1.00	不燃烧体 0.50	燃烧体
吊顶(包括吊顶搁栅)		不燃烧体 0.25	难燃烧体 0.25	难燃烧体 0.15	燃烧体

注：1. 除本规范另有规定者外，以木柱承重且以不燃烧材料作为墙体的建筑物，其耐火等级应按四级确定。

2. 二级耐火等级建筑的吊顶采用不燃烧体时，其耐火极限不限。

3. 在二级耐火等级的建筑中，面积不超过100m^2的房间隔墙，如执行本表的规定确有困难时，可采用耐火极限不低于0.30h的不燃烧体。

4. 一、二级耐火等级建筑疏散走道两侧的隔墙，按本表规定执行确有困难时，可采用耐火极限不低于0.75h的不燃烧体。

5. 住宅建筑构件的耐火极限和燃烧性能可按现行国家标准《住宅建筑规范》GB 50368的规定执行。

5.1.2 二级耐火等级的建筑，当房间隔墙采用难燃烧体时，其耐火极限应提高 0.25h。

5.1.3 一、二级耐火等级建筑的上人平屋顶，其屋面板的耐火极限分别不应低于 1.50h 和 1.00h。

5.1.4 一、二级耐火等级建筑的屋面板应采用不燃烧材料，但其屋面防水层和绝热层可采用可燃材料。

5.1.5 二级耐火等级住宅的楼板采用预应力钢筋混凝土楼板时，该楼板的耐火极限不应低于 0.75h。

5.1.6 三级耐火等级的下列建筑或部位的吊顶，应采用不燃烧体或耐火极限不低于 0.25h 的难燃烧体：

1. 医院、疗养院、中小学校、老年人建筑及托儿所、幼儿园的儿童用房和儿童游乐厅等儿童活动场所；

2. 3 层及 3 层以上建筑中的门厅、走道。

5.1.7 民用建筑的耐火等级、最多允许层数和防火分区最大允许建筑面积应符合表 5.1.7 的规定。

表 5.1.7 民用建筑的耐火等级、最多允许层数和防火分区最大允许建筑面积

耐火等级	最多允许层数	防火分区的最大允许建筑面积/m^2	备注
一、二级	按本规范第 1.0.2 条规定	2500	1. 体育馆、剧院的观众厅，展览建筑的展厅，其防火分区最大允许建筑面积可适当放宽； 2. 托儿所、幼儿园的儿童用房和儿童游乐厅等儿童活动场所不应超过 3 层或设置在四层及四层以上楼层或地下、半地下建筑（室）内
三级	5 层	1200	1. 托儿所、幼儿园的儿童用房和儿童游乐厅等儿童活动场所、老年人建筑和医院、疗养院的住院部分不应超过 2 层或设置在三层及三层以上楼层或地下、半地下建筑（室）内； 2. 商店、学校、电影院、剧院、礼堂、食堂、菜市场不应超过 2 层或设置在三层及三层以上楼层
四级	2 层	600	学校、食堂、菜市场、托儿所、幼儿园、老年人建筑、医院等不应设置在二层
地下、半地下建筑（室）		500	—

注：建筑内设置自动灭火系统时，该防火分区的最大允许建筑面积可按本表的规定增加 1.0 倍。局部设置时，增加面积可按该局部面积的 1.0 倍计算。

5.1.8 地下、半地下建筑（室）的耐火等级应为一级；重要公共建筑的耐火等级不应低于二级。

5.1.9 当多层建筑物内设置自动扶梯、敞开楼梯等上下层相连通的开口时。其防火分区面积应按上下层相连通的面积叠加计算；当其建筑面积之和大于本规范第 5.1.7 条的规定时，应划分防火分区。

5.1.10 建筑物内设置中庭时，其防火分区面积应按上下层相连通的面积叠加计算；当超过一个防火分区最大允许建筑面积时，应符合下列规定：

1. 房间与中庭相通的开口部位应设置能自行关闭的甲级防火门窗；

2. 与中庭相通的过厅、通道等处应设置甲级防火门或防火卷帘；防火门或防火卷帘应能在火灾时自动关闭或降落。防火卷帘的设置应符合本规范第 7.5.3 条的规定；

3. 中庭应按本规范第 9 章的规定设置排烟设施。

5.1.11 防火分区之间应采用防火墙分隔。当采用防火墙确有困难时，可采用防火卷帘等防火分隔设

施分隔。采用防火卷帘时应符合本规范第 7.5.3 条的规定。

5.1.12　地上商店营业厅、展览建筑的展览厅符合下列条件时，其每个防火分区的最大允许建筑面积不应大于 10000m²：

1. 设置在一、二级耐火等级的单层建筑内或多层建筑的首层；

2. 按本规范第 8、9、11 章的规定设置有自动喷水灭火系统、排烟设施和火灾自动报警系统；

3. 内部装修设计符合现行国家标准《建筑内部装修设计防火规范》GB 50222 的有关规定。

5.1.13　地下商店应符合下列规定：

1. 营业厅不应设置在地下三层及三层以下；

2. 不应经营和储存火灾危险性为甲、乙类储存物品属性的商品；

3. 当设有火灾自动报警系统和自动灭火系统，且建筑内部装修符合现行国家标准《建筑内部装修设计防火规范》GB 50222 的有关规定时，其营业厅每个防火分区的最大允许建筑面积可增加到 2000m²；

4. 应设置防烟与排烟设施；

5. 当地下商店总建筑面积大于 20000m² 时，应采用不开设门窗洞口的防火墙分隔。相邻区域确需局部连通时，应选择采取下列措施进行防火分隔：

1）下沉式广场等室外开敞空间。该室外开敞空间的设置应能防止相邻区域的火灾蔓延和便于安全疏散；

2）防火隔间。该防火隔间的墙应为实体防火墙，在隔间的相邻区域分别设置火灾时能自行关闭的常开式甲级防火门；

3）避难走道。该避难走道除应符合现行国家标准《人民防空工程设计防火规范》GB 50098 的有关规定外，其两侧的墙应为实体防火墙，且在局部连通处的墙上应分别设置火灾时能自行关闭的常开式甲级防火门；

4）防烟楼梯间。该防烟楼梯间及前室的门应为火灾时能自行关闭的常开式甲级防火门。

5.1.14　歌舞厅、录像厅、夜总会、放映厅、卡拉 OK 厅（含具有卡拉 OK 功能的餐厅）、游艺厅（含电子游艺厅）、桑拿浴室（不包括洗浴部分）、网吧等歌舞娱乐放映游艺场所，宜设置在一、二级耐火等级建筑物内的首层、二层或三层的靠外墙部位，不宜布置在袋形走道的两侧或尽端。

5.1.15　当歌舞厅、录像厅、夜总会、放映厅、卡拉 OK 厅（含具有卡拉 OK 功能的餐厅）、游艺厅（含电子游艺厅）、桑拿浴室（不包括洗浴部分）、网吧等歌舞娱乐放映游艺场所必须布置在袋形走道的两侧或尽端时，最远房间的疏散门至最近安全出口的距离不应大于 9m。当必须布置在建筑物内首层、二层或三层以外的其他楼层时，尚应符合下列规定：

1. 不应布置在地下二层及二层以下。当布置在地下一层时，地下一层地面与室外出入口地坪的高差不应大于 10m；

2. 一个厅、室的建筑面积不应大于 200m²，并应采用耐火极限不低于 2.00h 的不燃烧体隔墙和不低于 1.00h 的不燃烧体楼板与其他部位隔开，厅、室的疏散门应设置乙级防火门；

3. 应按本规范第 9 章设置防烟与排烟设施。

5.2　民用建筑的防火间距

5.2.1　民用建筑之间的防火间距不应小于表 5.2.1 的规定，与其他建筑物之间的防火间距应按本规范第 3 章和第 4 章的有关规定执行。

5.2.2　民用建筑与单独建造的终端变电所、单台蒸汽锅炉的蒸发量小于等于 4t/h 或单台热水锅炉的额定热功率小于等于 2.8MW 的燃煤锅炉房，其防火间距可按本规范第 5.2.1 条的规定执行。

民用建筑与单独建造的其他变电所、燃油或燃气锅炉房及蒸发量或额定热功率大于上述规定的燃煤锅炉房，其防火间距应按本规范第 3.4.1 条有关室外变、配电站和丁类厂房的规定执行。10kV 以下的箱式变压器与建筑物的防火间距不应小于 3m。

5.2.3　数座一、二级耐火等级的多层住宅或办公楼，当建筑物的占地面积的总和小于等于 2500m² 时，可成组布置，但组内建筑物之间的间距不宜小于4m。组与组或组与相邻建筑物之间的防火间距不应小于本规范第5.2.1条的规定。

表5.2.1　民用建筑之间的防火间距(m)

耐火等级	一、二级	三级	四级
一、二级	6	7	9
三级	7	8	10
四级	9	10	12

注：1. 两座建筑物相邻较高一面外墙为防火墙或高出相邻较低一座一、二级耐火等级建筑物的屋面15m范围内的外墙为防火墙且不开设门窗洞口时，其防火间距可不限。

2. 相邻的两座建筑物，当较低一座的耐火等级不低于二级、屋顶不设置天窗、屋顶承重构件及屋面板的耐火极限不低于1.00h，且相邻的较低一面外墙为防火墙时，其防火间距不应小于3.5m。

3. 相邻的两座建筑物，当较低一座的耐火等级不低于二级，相邻较高一面外墙的开口部位设置甲级防火门窗，或设置符合现行国家标准《自动喷水灭火系统设计规范》GB 50084规定的防火分隔水幕或本规范第7.5.3条规定的防火卷帘时，其防火间距不应小于3.5m。

4. 相邻两座建筑物，当相邻外墙为不燃烧体且无外露的燃烧体屋檐，每面外墙上未设置防火保护措施的门窗洞口不正对开设，且面积之和小于等于该外墙面积的5%时，其防火间距可按本表规定减少25%。

5. 耐火等级低于四级的原有建筑物，其耐火等级可按四级确定；以木柱承重且以不燃烧材料作为墙体的建筑，其耐火等级应按四级确定。

6. 防火间距应按相邻建筑物外墙的最近距离计算，当外墙有凸出的燃烧构件时，应从其凸出部分外缘算起。

5.3　民用建筑的安全疏散

5.3.1　民用建筑的安全出口应分散布置。每个防火分区、一个防火分区的每个楼层，其相邻2个安全出口最近边缘之间的水平距离不应小于5m。

5.3.2　公共建筑内的每个防火分区、一个防火分区内的每个楼层，其安全出口的数量应经计算确定，且不应少于2个。当符合下列条件之一时，可设一个安全出口或疏散楼梯：

1. 除托儿所、幼儿园外，建筑面积小于等于200m² 且人数不超过50人的单层公共建筑；

2. 除医院、疗养院、老年人建筑及托儿所、幼儿园的儿童用房和儿童游乐厅等儿童活动场所等外，符合表5.3.2规定的2、3层公共建筑。

表5.3.2　公共建筑可设置1个疏散楼梯的条件

耐火等级	最多层数	每层最大建筑面积/m²	人　数
一、二级	3层	500	第二层和第三层的人数之和不超过100人
三级	3层	200	第二层和第三层的人数之和不超过50人
四级	2层	200	第二层人数不超过30人

5.3.3　老年人建筑及托儿所、幼儿园的儿童用房和儿童游乐厅等儿童活动场所宜设置在独立的建筑内。当必须设置在其他民用建筑内时，宜设置独立的安全出口，并应符合本规范第5.1.7条的规定。

5.3.4　一、二级耐火等级的公共建筑，当设置不少于2部疏散楼梯且顶层局部升高部位的层数不超过2层、人数之和不超过50人、每层建筑面积小于等于200m² 时，该局部高出部位可设置1部与下部主体建筑楼梯间直接连通的疏散楼梯，但至少应另外设置1个直通主体建筑上人平屋面的安全出口，该上人屋面应符合人员安全疏散要求。

5.3.5　下列公共建筑的疏散楼梯应采用室内封闭楼梯间(包括首层扩大封闭楼梯间)或室外疏散楼梯：

1. 医院、疗养院的病房楼；

2. 旅馆；

3. 超过 **2** 层的商店等人员密集的公共建筑；

4. 设置有歌舞娱乐放映游艺场所且建筑层数超过 **2** 层的建筑；

5. 超过 **5** 层的其他公共建筑。

5.3.6　自动扶梯和电梯不应作为安全疏散设施。

5.3.7　公共建筑中的客、货电梯宜设置独立的电梯间，不宜直接设置在营业厅、展览厅、多功能厅等场所内。

5.3.8　公共建筑和通廊式非住宅类居住建筑中各房间疏散门的数量应经计算确定，且不应少于 **2** 个，该房间相邻 **2** 个疏散门最近边缘之间的水平距离不应小于 **5m**。当符合下列条件之一时，可设置 **1** 个：

1. 房间位于 **2** 个安全出口之间，且建筑面积小于等于 **120**m^2，疏散门的净宽度不小于 **0.9m**；

2. 除托儿所、幼儿园、老年人建筑外，房间位于走道尽端，且由房间内任一点到疏散门的直线距离小于等于 **15m**、其疏散门的净宽度不小于 **1.4m**；

3. 歌舞娱乐放映游艺场所内建筑面积小于等于 **50**m^2 的房间。

5.3.9　剧院、电影院和礼堂的观众厅，其疏散门的数量应经计算确定，且不应少于 **2** 个。每个疏散门的平均疏散人数不应超过 **250** 人；当容纳人数超过 **2000** 人时，其超过 **2000** 人的部分，每个疏散门的平均疏散人数不应超过 **400** 人。

5.3.10　体育馆的观众厅，其疏散门的数量应经计算确定，且不应少于 2 个，每个疏散门的平均疏散人数不宜超过 400 ~ 700 人。

5.3.11　居住建筑单元任一层建筑面积大于 **650**m^2，或任一住户的户门至安全出口的距离大于 **15m** 时，该建筑单元每层安全出口不应少于 **2** 个。当通廊式非住宅类居住建筑超过表 **5.3.11** 规定时，安全出口不应少于 **2** 个。居住建筑的楼梯间设置形式应符合下列规定：

1. 通廊式居住建筑当建筑层数超过 **2** 层时应设封闭楼梯间；当户门采用乙级防火门时，可不设置封闭楼梯间；

2. 其他形式的居住建筑当建筑层数超过 **6** 层或任一层建筑面积大于 **500**m^2 时，应设置封闭楼梯间；当户门或通向疏散走道、楼梯间的门、窗为乙级防火门、窗时，可不设置封闭楼梯间。

居住建筑的楼梯间宜通至屋顶，通向平屋面的门或窗应向外开启。

当住宅中的电梯井与疏散楼梯相邻布置时，应设置封闭楼梯间，当户门采用乙级防火门时，可不设置封闭楼梯间。当电梯直通住宅楼层下部的汽车库时，应设置电梯候梯厅并采用防火分隔措施。

表 5.3.11　通廊式非住宅类居住建筑可设置 1 个疏散楼梯的条件

耐火等级	最多层数	每层最大建筑面积/m^2	人　数
一、二级	3 层	500	第二层和第三层的人数之和不超过 100 人
三级	3 层	200	第二层和第三层的人数之和不超过 50 人
四级	2 层	200	第二层人数不超过 30 人

5.3.12　地下、半地下建筑(室)安全出口和房间疏散门的设置应符合下列规定：

1. 每个防火分区的安全出口数量应经计算确定，且不应少于 **2** 个。当平面上有 **2** 个或 **2** 个以上防火分区相邻布置时，每个防火分区可利用防火墙上 **1** 个通向相邻分区的防火门作为第二安全出口，但必须有 **1** 个直通室外的安全出口；

2. 使用人数不超过 **30** 人且建筑面积小于等于 **500**m^2 的地下、半地下建筑(室)，其直通室外的金属竖向梯可作为第二安全出口；

3. 房间建筑面积小于等于 **50**m^2，且经常停留人数不超过 **15** 人时，可设置 **1** 个疏散门；

4. 歌舞娱乐放映游艺场所的安全出口不应少于 **2** 个，其中每个厅室或房间的疏散门不应少于 **2** 个。当其建筑面积小于等于 $50m^2$ 且经常停留人数不超过 15 人时，可设置 1 个疏散门；

5. 地下商店和设置歌舞娱乐放映游艺场所的地下建筑(室)，当地下层数为 3 层及 3 层以上或地下室内地面与室外出入口地坪高差大于 10m 时，应设置防烟楼梯间；其他地下商店和设置歌舞娱乐放映游艺场所的地下建筑，应设置封闭楼梯间；

6. 地下、半地下建筑的疏散楼梯间应符合本规范第 7.4.4 条的规定。

5.3.13 民用建筑的安全疏散距离应符合下列规定：

1. 直接通向疏散走道的房间疏散门至最近安全出口的距离应符合表 5.3.13 的规定；

2. 直接通向疏散走道的房间疏散门至最近非封闭楼梯间的距离，当房间位于两个楼梯间之间时，应按表 5.3.13 的规定减少 5m；当房间位于袋形走道两侧或尽端时，应按表 5.3.13 的规定减少 2m；

3. 楼梯间的首层应设置直通室外的安全出口或在首层采用扩大封闭楼梯间。当层数不超过 4 层时，可将直通室外的安全出口设置在离楼梯间小于等于 15m 处；

4. 房间内任一点到该房间直接通向疏散走道的疏散门的距离，不应大于表 5.3.13 中规定的袋形走道两侧或尽端的疏散门至安全出口的最大距离。

表 5.3.13 直接通向疏散走道的房间疏散门至最近安全出口的最大距离(m)

名 称	位于两个安全出口之间的疏散门			位于袋形走道两侧或尽端的疏散门		
	耐火等级			耐火等级		
	一、二级	三级	四级	一、二级	三级	四级
托儿所、幼儿园	25	20	—	20	15	—
医院、疗养院	35	30	—	20	15	—
学校	35	30	—	22	20	—
其他民用建筑	40	35	25	22	20	15

注：1. 一、二级耐火等级的建筑物内的观众厅、展览厅、多功能厅、餐厅、营业厅和阅览室等，其室内任何一点至最近安全出口的直线距离不宜大于 30m。
2. 敞开式外廊建筑的房间疏散门至安全出口的最大距离可按本表增加 5m。
3. 建筑物内全部设置自动喷水灭火系统时，其安全疏散距离可按本表和本表注 1 的规定增加 25%。
4. 房间内任一点到该房间直接通向疏散走道的疏散门的距离计算：住宅应为最远房间内任一点到户门的距离，跃层式住宅内的户内楼梯的距离可按其梯段总长度的水平投影尺寸计算。

5.3.14 除本规范另有规定者外，建筑中的疏散走道、安全出口、疏散楼梯以及房间疏散门的各自总宽度应经计算确定。

安全出口、房间疏散门的净宽度不应小于 0.9m，疏散走道和疏散楼梯的净宽度不应小于 1.1m；不超过 6 层的单元式住宅，当疏散楼梯的一边设置栏杆时，最小净宽度不宜小于 1m。

5.3.15 人员密集的公共场所、观众厅的疏散门不应设置门槛，其净宽度不应小于 1.4m，且紧靠门口内外各 1.4m 范围内不应设置踏步。

剧院、电影院、礼堂的疏散门应符合本规范第 7.4.12 条的规定。

人员密集的公共场所的室外疏散小巷的净宽度不应小于 3m，并应直接通向宽敞地带。

5.3.16 剧院、电影院、礼堂、体育馆等人员密集场所的疏散走道、疏散楼梯、疏散门、安全出口的各自总宽度，应根据其通过人数和疏散净宽度指标计算确定，并应符合下列规定：

1. 观众厅内疏散走道的净宽度应按每 100 人不小于 0.6m 的净宽度计算，且不应小于 1m；边走道的净宽度不宜小于 0.8m。

在布置疏散走道时，横走道之间的座位排数不宜超过 20 排；纵走道之间的座位数：剧院、电影院、礼堂等，每排不宜超过 22 个；体育馆，每排不宜超过 26 个；前后排座椅的排距不小于 0.9m 时，可增加 1 倍，但不得超过 50 个；仅一侧有纵走道时，座位数应减少一半；

2. 剧院、电影院、礼堂等场所供观众疏散的所有内门、外门、楼梯和走道的各自总宽度，应按表5.3.16－1的规定计算确定；

3. 体育馆供观众疏散的所有内门、外门、楼梯和走道的各自总宽度，应按表5.3.16－2的规定计算确定；

4. 有等场需要的入场门不应作为观众厅的疏散门。

表5.3.16－1　剧院、电影院、礼堂等场所每100人所需最小疏散净宽度(m)

观众厅座位数(座)			≤2500	≤1200
耐火等级			一、二级	三级
疏散部位	门和走道	平坡地面	0.65	0.85
		阶梯地面	0.75	1.00
	楼梯		0.75	1.00

表5.3.16－2　体育馆每100人所需最小疏散净宽度(m)

观众厅座位数档次(座)			3000～5000	5001～10000	10001～20000
疏散部位	门和走道	平坡地面	0.43	0.37	0.32
		阶梯地面	0.50	0.43	0.37
	楼梯		0.50	0.43	0.37
注：表5.3.16－2中较大座位数档次按规定计算的疏散总宽度，不应小于相邻较小座位数档次按其最多座位数计算的疏散总宽度。					

5.3.17　学校、商店、办公楼、候车(船)室、民航候机厅、展览厅及歌舞娱乐放映游艺场所等民用建筑中的疏散走道、安全出口、疏散楼梯以及房间疏散门的各自总宽度，应按下列规定经计算确定：

1. 每层疏散走道、安全出口、疏散楼梯以及房间疏散门的每100人净宽度不应小于表5.3.17－1的规定；当每层人数不等时，疏散楼梯的总宽度可分层计算，地上建筑中下层楼梯的总宽度应按其上层人数最多一层的人数计算；地下建筑中上层楼梯的总宽度应按其下层人数最多一层的人数计算；

2. 当人员密集的厅、室以及歌舞娱乐放映游艺场所设置在地下或半地下时，其疏散走道、安全出口、疏散楼梯以及房间疏散门的各自总宽度，应按其通过人数每100人不小于1m计算确定；

3. 首层外门的总宽度应按该层或该层以上人数最多的一层人数计算确定，不供楼上人员疏散的外门，可按本层人数计算确定；

4. 录像厅、放映厅的疏散人数应按该场所的建筑面积1人/m^2计算确定；其他歌舞娱乐放映游艺场所的疏散人数应按该场所的建筑面积0.5人/m^2计算确定；

5. 商店的疏散人数应按每层营业厅建筑面积乘以面积折算值和疏散人数换算系数计算。地上商店的面积折算值宜为50%～70%，地下商店的面积折算值不应小于70%。疏散人数的换算系数可按表5.3.17－2确定。

表5.3.17－1　疏散走道、安全出口、疏散楼梯和房间疏散门每100人的净宽度(m)

楼层位置	耐火等级		
	一、二级	三级	四级
地上一、二层	0.65	0.75	1.00
地上三层	0.75	1.00	—
地上四层及四层以上各层	1.00	1.25	—
与地面出入口地面的高差不超过10m的地下建筑	0.75	—	—
与地面出入口地面的高差超过10m的地下建筑	1.00	—	—

表 5.3.17-2 商店营业厅内的疏散人数换算系数(人/m^2)

楼层位置	地下二层	地下一层、地上第一、二层	地上第三层	地上第四层及四层以上各层
换算系数	0.80	0.85	0.77	0.60

5.3.18 人员密集的公共建筑不宜在窗口、阳台等部位设置金属栅栏，当必须设置时，应有从内部易于开启的装置。窗口、阳台等部位宜设置辅助疏散逃生设施。

5.4 其他

5.4.1 燃煤、燃油或燃气锅炉、油浸电力变压器、充有可燃油的高压电容器和多油开关等用房宜独立建造。当确有困难时可贴邻民用建筑布置，但应采用防火墙隔开，且不应贴邻人员密集场所。

5.4.2 燃油或燃气锅炉、油浸电力变压器、充有可燃油的高压电容器和多油开关等用房受条件限制必须布置在民用建筑内时，不应布置在人员密集场所的上一层、下一层或贴邻，并应符合下列规定：

1 燃油和燃气锅炉房、变压器室应设置在首层或地下一层靠外墙部位，但常(负)压燃油、燃气锅炉可设置在地下二层，当常(负)压燃气锅炉距安全出口的距离大于6m时，可设置在屋顶上；

采用相对密度(与空气密度的比值)大于等于0.75的可燃气体为燃料的锅炉，不得设置在地下或半地下建筑(室)内；

2 锅炉房、变压器室的门均应直通室外或直通安全出口；外墙开口部位的上方应设置宽度不小于1m的不燃烧体防火挑檐或高度不小于1.2m的窗槛墙；

3 锅炉房、变压器室与其他部位之间应采用耐火极限不低于2.00h的不燃烧体隔墙和1.50h的不燃烧体楼板隔开。在隔墙和楼板上不应开设洞口，当必须在隔墙上开设门窗时，应设置甲级防火门窗；

4 当锅炉房内设置储油间时，其总储存量不应大于1m^3，且储油间应采用防火墙与锅炉间隔开；当必须在防火墙上开门时，应设置甲级防火门；

5 变压器室之间、变压器室与配电室之间，应采用耐火极限不低于2.00h的不燃烧体墙隔开；

6 油浸电力变压器、多油开关室、高压电容器室，应设置防止油品流散的设施。油浸电力变压器下面应设置储存变压器全部油量的事故储油设施；

7 锅炉的容量应符合现行国家标准《锅炉房设计规范》GB 50041的有关规定。油浸电力变压器的总容量不应大于1260kV·A，单台容量不应大于630kV·A；

8 应设置火灾报警装置；

9 应设置与锅炉、油浸变压器容量和建筑规模相适应的灭火设施；

10 燃气锅炉房应设置防爆泄压设施，燃气、燃油锅炉房应设置独立的通风系统，并应符合本规范第10章的有关规定。

5.4.3 柴油发电机房布置在民用建筑内时应符合下列规定：

1 宜布置在建筑物的首层及地下一、二层；

2 应采用耐火极限不低于2.00h的不燃烧体隔墙和不低于1.50h的不燃烧体楼板与其他部位隔开，门应采用甲级防火门；

3 机房内应设置储油间，其总储存量不应大于8.0h的需要量，且储油间应采用防火墙与发电机间隔开；当必须在防火墙上开门时，应设置甲级防火门；

4 应设置火灾报警装置；

5 应设置与柴油发电机容量和建筑规模相适应的灭火设施。

5.4.4 设置在建筑物内的锅炉、柴油发电机，其进入建筑物内的燃料供给管道应符合下列规定：

1. 应在进入建筑物前和设备间内，设置自动和手动切断阀；

2. 储油间的油箱应密闭且应设置通向室外的通气管，通气管应设置带阻火器的呼吸阀，油箱的下部应设置防止油品流散的设施；

3. 燃气供给管道的敷设应符合现行国家标准《城镇燃气设计规范》GB 50028 的有关规定；

4. 供锅炉及柴油发电机使用的柴油等液体燃料储罐，其布置应符合本规范第 3.4 节或第 4.2 节的有关规定。

5.4.5　经营、存放和使用甲、乙类物品的商店、作坊和储藏间，严禁设置在民用建筑内。

5.4.6　住宅与其他功能空间处于同一建筑内时，应符合下列规定：

1. 住宅部分与非住宅部分之间应采用不开设门窗洞口的耐火极限不低于 1.50h 的不燃烧体楼板和不低于 2.00h 的不燃烧体隔墙与居住部分完全分隔，且居住部分的安全出口和疏散楼梯应独立设置；

2. 其他功能场所和居住部分的安全疏散，消防设施等防火设计，应分别按照本规范中住宅建筑和公共建筑的有关规定执行，其中居住部分的层数确定应包括其他功能部分的层数。

5.5　木结构民用建筑

5.5.1　当木结构建筑构件的燃烧性能和耐火极限满足表 5.5.1 的规定时，木结构可按本节的规定进行建筑防火设计。

表 5.5.1　木结构建筑中构件的燃烧性能和耐火极限(h)

构件名称	燃烧性能和耐火极限
防火墙	不燃烧体 3.00
承重墙、住宅单元之间的墙、住宅分户墙、楼梯间和电楼井墙体	难燃烧体 1.00
非承重外墙、疏散走道两侧的隔墙	难燃烧体 1.00
房间隔墙	难燃烧体 0.50
多层承重柱	难燃烧体 1.00
单层承重柱	难燃烧体 1.00
梁	难燃烧体 1.00
楼板	难燃烧体 1.00
屋顶承重构件	难燃烧体 1.00
疏散楼梯	难燃烧体 0.50
室内吊顶	难燃烧体 0.25

注：1. 屋顶表层应采用不可燃材料。
2. 当同一座木结构建筑由不同高度组成，较低部分的屋顶承重构件不得采用燃烧体；采用难燃烧体时，其耐火极限不应低于 1.00h。

5.5.2　木结构建筑不应超过 3 层。不同层数建筑最大允许长度和防火分区面积不应超过表 5.5.2 的规定。

表 5.5.2　木结构建筑的层数、长度和面积

层　数	最大允许长度/m	每层最大允许面积/m^2
1 层	100	1200
2 层	80	900
3 层	60	600

注：安装有自动喷水灭火系统的木结构建筑，每层楼最大允许长度、面积可按本表规定增加 1.0 倍，局部设置时，增加面积可按该局部面积的 1.0 倍计算。

5.5.3　木结构建筑之间及其与其他耐火等级的民用建筑之间的防火间距不应小于表 5.5.3 的规定。

表 5.5.3 木结构建筑之间及其与其他耐火等级的民用建筑之间的防火间距(m)

建筑耐火等级或类别	一、二级	三级	木结构建筑	四级
木结构建筑	8	9	10	11
注：防火间距应按相邻建筑外墙的最近距离计算，当外墙有凸出的可燃构件时，应从凸出部分的外缘算起。				

5.5.4 两座木结构建筑之间及其与相邻其他结构民用建筑之间的外墙均无任何门窗洞口时，其防火间距不应小于4m。

5.5.5 两座木结构建筑之间及其与其他耐火等级的民用建筑之间，外墙的门窗洞口面积之和不超过该外墙面积的10%时，其防火间距不应小于表5.5.5的规定。

表 5.5.5 外墙开口率小于10%时的防火间距(m)

建筑耐火等级或类别	一、二、三级	木结构建筑	四级
木结构建筑	5	6	7

6 消防车道

6.0.1 街区内的道路应考虑消防车的通行，其道路中心线间的距离不宜大于160m。当建筑物沿街道部分的长度大于150m或总长度大于220m时，应设置穿过建筑物的消防车道。当确有困难时，应设置环形消防车道。

6.0.2 有封闭内院或天井的建筑物，当其短边长度大于24m时，宜设置进入内院或天井的消防车道。

6.0.3 有封闭内院或天井的建筑物沿街时，应设置连通街道和内院的人行通道(可利用楼梯间)，其间距不宜大于80m。

6.0.4 在穿过建筑物或进入建筑物内院的消防车道两侧，不应设置影响消防车通行或人员安全疏散的设施。

6.0.5 超过3000个座位的体育馆、超过2000个座位的会堂和占地面积大于3000m² 的展览馆等公共建筑，宜设置环形消防车道。

6.0.6 工厂、仓库区内应设置消防车道。

占地面积大于3000m² 的甲、乙、丙类厂房或占地面积大于1500m² 的乙、丙类仓库，应设置环形消防车道。确有困难时，应沿建筑物的两个长边设置消防车道。

6.0.7 可燃材料露天堆场区，液化石油气储罐区，甲、乙、丙类液体储罐区和可燃气体储罐区，应设置消防车道。消防车道的设置应符合下列规定：

1. 储量大于表6.0.7规定的堆场、储罐区，宜设置环形消防车道；

表 6.0.7 堆场、储罐区的储量

名称	棉、麻、毛、化纤/t	稻草、麦秸、芦苇/t	木材/m³	甲、乙、丙类液体储罐/m³	液化石油气储罐/m³	可燃气体储罐/m³
储量	1000	5000	5000	1500	500	30000

2. 占地面积大于30000m² 的可燃材料堆场，应设置与环形消防车道相连的中间消防车道，消防车道的间距不宜大于150m。液化石油气储罐区，甲、乙、丙类液体储罐区，可燃气体储罐区，区内的环形消防车道之间宜设置连通的消防车道；

3. 消防车道与材料堆场堆垛的最小距离不应小于5m；

4. 中间消防车道与环形消防车道交接处应满足消防车转弯半径的要求。

6.0.8　供消防车取水的天然水源和消防水池应设置消防车道。

6.0.9　消防车道的净宽度和净空高度均不应小于4.0m。供消防车停留的空地，其坡度不宜大于3%。

消防车道与厂房(仓库)、民用建筑之间不应设置妨碍消防车作业的障碍物。

6.0.10　环形消防车道至少应有两处与其他车道连通。尽头式消防车道应设置回车道或回车场，回车场的面积不应小于12m×12m；供大型消防车使用时，不宜小于18m×18m。

消防车道路面、扑救作业场地及其下面的管道和暗沟等应能承受大型消防车的压力。

消防车道可利用交通道路，但应满足消防车通行与停靠的要求。

6.0.11　消防车道不宜与铁路正线平交。如必须平交，应设置备用车道，且两车道之间的间距不应小于一列火车的长度。

7　建筑构造

7.1　防火墙

7.1.1　防火墙应直接设置在建筑物的基础或钢筋混凝土框架、梁等承重结构上，轻质防火墙体可不受此限。

防火墙应从楼地面基层隔断至顶板底面基层。当屋顶承重结构和屋面板的耐火极限低于0.50h，高层厂房(仓库)屋面板的耐火极限低于1.00h时，防火墙应高出不燃烧体屋面0.4m以上，高出燃烧体或难燃烧体屋面0.5m以上。其他情况时，防火墙可不高出屋面，但应砌至屋面结构层的底面。

7.1.2　防火墙横截面中心线距天窗端面的水平距离小于4m，且天窗端面为燃烧体时，应采取防止火势蔓延的措施。

7.1.3　当建筑物的外墙为难燃烧体时，防火墙应凸出墙的外表面0.4m以上，且在防火墙两侧的外墙应为宽度不小于2m的不燃烧体，其耐火极限不应低于该外墙的耐火极限。

当建筑物的外墙为不燃烧体时，防火墙可不凸出墙的外表面。紧靠防火墙两侧的门、窗洞口之间最近边缘的水平距离不应小于2m；但装有固定窗扇或火灾时可自动关闭的乙级防火窗时，该距离可不限。

7.1.4　建筑物内的防火墙不宜设置在转角处。如设置在转角附近，内转角两侧墙上的门、窗洞口之间最近边缘的水平距离不应小于4m。

7.1.5　防火墙上不应开设门窗洞口，当必须开设时，应设置固定的或火灾时能自动关闭的甲级防火门窗。

可燃气体和甲、乙、丙类液体的管道严禁穿过防火墙。其他管道不宜穿过防火墙，当必须穿过时，应采用防火封堵材料将墙与管道之间的空隙紧密填实；当管道为难燃及可燃材质时，应在防火墙两侧的管道上采取防火措施。

防火墙内不应设置排气道。

7.1.6　防火墙的构造应使防火墙任意一侧的屋架、梁、楼板等受到火灾的影响而破坏时，不致使防火墙倒塌。

7.2　建筑构件和管道井

7.2.1　剧院等建筑的舞台与观众厅之间的隔墙应采用耐火极限不低于3.00h的不燃烧体。

舞台上部与观众厅闷顶之间的隔墙可采用耐火极限不低于1.50h的不燃烧体，隔墙上的门应采用乙级防火门。

舞台下面的灯光操作室和可燃物储藏室应采用耐火极限不低于2.00h的不燃烧体墙与其他部位隔开。

电影放映室、卷片室应采用耐火极限不低于1.50h的不燃烧体隔墙与其他部分隔开。观察孔和放映孔应采取防火分隔措施。

7.2.2　医院中的洁净手术室或洁净手术部、附设在建筑中的歌舞娱乐放映游艺场所以及附设在居住建筑中的托儿所、幼儿园的儿童用房和儿童游乐厅等儿童活动场所、老年人建筑，应采用耐火极限不低于2.00h的不燃烧体墙和不低于1.00h的楼板与其他场所或部位隔开，当墙上必须开门时应设置乙级防火门。

7.2.3　下列建筑或部位的隔墙应采用耐火极限不低于2.00h的不燃烧体，隔墙上的门窗应为乙级防火门窗：

1. 甲、乙类厂房和使用丙类液体的厂房；

2. 有明火和高温的厂房；

3. 剧院后台的辅助用房；

4. 一、二级耐火等级建筑的门厅；

5. 除住宅外，其他建筑内的厨房；

6. 甲、乙、丙类厂房或甲、乙、丙类仓库内布置有不同类别火灾危险性的房间。

7.2.4　建筑内的隔墙应从楼地面基层隔断至顶板底面基层。

住宅分户墙和单元之间的墙应砌至屋面板底部，屋面板的耐火极限不应低于0.50h。

7.2.5　附设在建筑物内的消防控制室、固定灭火系统的设备室、消防水泵房和通风空气调节机房等，应采用耐火极限不低于2.00h的隔墙和不低于1.50h的楼板与其他部位隔开。设置在丁、戊类厂房中的通风机房应采用耐火极限不低于1.00h的隔墙和不低于0.50h的楼板与其他部位隔开。隔墙上的门除本规范另有规定者外，均应采用乙级防火门。

7.2.6　冷库采用泡沫塑料、稻壳等可燃材料作墙体内的绝热层时，宜采用不燃烧绝热材料在每层楼板处做水平防火分隔。防火分隔部位的耐火极限应与楼板的相同。

冷库阁楼层和墙体的可燃绝热层宜采用不燃烧体墙分隔。

7.2.7　建筑幕墙的防火设计应符合下列规定：

1 窗槛墙、窗间墙的填充材料应采用不燃材料。当外墙面采用耐火极限不低于1.00h的不燃烧体时，其墙内填充材料可采用难燃材料；

2 无窗间墙和窗槛墙的幕墙，应在每层楼板外沿设置耐火极限不低于1.00h、高度不低于0.8m的不燃烧实体裙墙；

3 幕墙与每层楼板、隔墙处的缝隙应采用防火封堵材料封堵。

7.2.8　建筑中受高温或火焰作用易变形的管道，在其贯穿楼板部位和穿越耐火极限不低于2.00h的墙体两侧宜采取阻火措施。

7.2.9　电梯井应独立设置，井内严禁敷设可燃气体和甲、乙、丙类液体管道，并不应敷设与电梯无关的电缆、电线等。电梯井的井壁除开设电梯门洞和通气孔洞外，不应开设其他洞口。电梯门不应采用栅栏门。

电缆井、管道井、排烟道、排气道、垃圾道等竖向管道井，应分别独立设置；其井壁应为耐火极限不低于1.00h的不燃烧体；井壁上的检查门应采用丙级防火门。

7.2.10　建筑内的电缆井、管道井应在每层楼板处采用不低于楼板耐火极限的不燃烧体或防火封堵材料封堵。

建筑内的电缆井、管道井与房间、走道等相连通的孔洞应采用防火封堵材料封堵。

7.2.11　位于墙、楼板两侧的防火阀、排烟防火阀之间的风管外壁应采取防火保护措施。

7.3　屋顶、闷顶和建筑缝隙

7.3.1　在三、四级耐火等级建筑的闷顶内采用锯末等可燃材料作绝热层时，其屋顶不应采用冷摊瓦。

闷顶内的非金属烟囱周围0.5m、金属烟囱0.7m范围内，应采用不燃材料作绝热层。

7.3.2 建筑层数超过2层的三级耐火等级建筑，当设置有闷顶时，应在每个防火隔断范围内设置老虎窗，且老虎窗的间距不宜大于50m。

7.3.3　闷顶内有可燃物的建筑，应在每个防火隔断范围内设置不小于0.7m×0.7m的闷顶入口，且公共建筑的每个防火隔断范围内的闷顶入口不宜少于2个。闷顶入口宜布置在走廊中靠近楼梯间的部位。

7.3.4　电线电缆、可燃气体和甲、乙、丙类液体的管道不宜穿过建筑内的变形缝；当必须穿过时，应在穿过处加设不燃材料制作的套管或采取其他防变形措施，并应采用防火封堵材料封堵。

7.3.5 防烟、排烟、采暖、通风和空气调节系统中的管道，在穿越隔墙、楼板及防火分区处的缝隙应采用防火封堵材料封堵。

7.4 楼梯间、楼梯和门

7.4.1 疏散用的楼梯间应符合下列规定：

1. 楼梯间应能天然采光和自然通风，并宜靠外墙设置；

2. 楼梯间内不应设置烧水间、可燃材料储藏室、垃圾道；

3. 楼梯间内不应有影响疏散的凸出物或其他障碍物；

4. 楼梯间内不应敷设甲、乙、丙类液体管道；

5. 公共建筑的楼梯间内不应敷设可燃气体管道；

6. 居住建筑的楼梯间内不应敷设可燃气体管道和设置可燃气体计量表。当住宅建筑必须设置时，应采用金属套管和设置切断气源的装置等保护措施。

7.4.2 封闭楼梯间除应符合本规范第7.4.1条的规定外，尚应符合下列规定：

1. 当不能天然采光和自然通风时，应按防烟楼梯间的要求设置；

2. 楼梯间的首层可将走道和门厅等包括在楼梯间内，形成扩大的封闭楼梯间，但应采用乙级防火门等措施与其他走道和房间隔开；

3. 除楼梯间的门之外，楼梯间的内墙上不应开设其他门窗洞口；

4. 高层厂房(仓库)、人员密集的公共建筑、人员密集的多层丙类厂房设置封闭楼梯间时，通向楼梯间的门应采用乙级防火门，并应向疏散方向开启；

5. 其他建筑封闭楼梯间的门可采用双向弹簧门。

7.4.3 防烟楼梯间除应符合本规范第7.4.1条的有关规定外，尚应符合下列规定：

1. 当不能天然采光和自然通风时，楼梯间应按本规范第9章的规定设置防烟或排烟设施，应按本规范第11章的规定设置消防应急照明设施；

2. 在楼梯间入口处应设置防烟前室、开敞式阳台或凹廊等。防烟前室可与消防电梯间前室合用；

3. 前室的使用面积：公共建筑不应小于6.0m^2，居住建筑不应小于4.5m^2；合用前室的使用面积：公共建筑、高层厂房以及高层仓库不应小于10.0m^2，居住建筑不应小于6.0m^2；

4. 疏散走道通向前室以及前室通向楼梯间的门应采用乙级防火门；

5. 除楼梯间门和前室门外，防烟楼梯间及其前室的内墙上不应开设其他门窗洞口(住宅的楼梯间前室除外)；

6. 楼梯间的首层可将走道和门厅等包括在楼梯间前室内，形成扩大的防烟前室，但应采用乙级防火门等措施与其他走道和房间隔开。

7.4.4 建筑物中的疏散楼梯间在各层的平面位置不应改变。

地下室、半地下室的楼梯间，在首层应采用耐火极限不低于2.00h的不燃烧体隔墙与其他部位隔开并应直通室外，当必须在隔墙上开门时、应采用乙级防火门。

地下室、半地下室与地上层不应共用楼梯间，当必须共用楼梯间时，在首层应采用耐火极限不低于2.00h的不燃烧体隔墙和乙级防火门将地下、半地下部分与地上部分的连通部位完全隔开，并应有明显标志。

7.4.5 室外楼梯符合下列规定时可作为疏散楼梯：

1. 栏杆扶手的高度不应小于1.1m，楼梯的净宽度不应小于0.9m；

2. 倾斜角度不应大于45°；

3. 楼梯段和平台均应采取不燃材料制作。平台的耐火极限不应低于1.00h，楼梯段的耐火极限不应低于0.25h；

4. 通向室外楼梯的门宜采用乙级防火门，并应向室外开启；

5. 除疏散门外，楼梯周围2m内的墙面上不应设置门窗洞口。疏散门不应正对楼梯段。

7.4.6 用作丁、戊类厂房内第二安全出口的楼梯可采用金属梯，但其净宽度不应小于0.9m，倾斜角度不应大于45°。

丁、戊类高层厂房，当每层工作平台人数不超过2人且各层工作平台上同时生产人数总和不超过10人时，可采用敞开楼梯，或采用净宽度不小于0.9m、倾斜角度小于等于60°的金属梯兼作疏散梯。

7.4.7 疏散用楼梯和疏散通道上的阶梯不宜采用螺旋楼梯和扇形踏步。当必须采用时，踏步上下两级所形成的平面角度不应大于10°，且每级离扶手250mm处的踏步深度不应小于220mm。

7.4.8 公共建筑的室内疏散楼梯两梯段扶手间的水平净距不宜小于150mm。

7.4.9 高度大于10m的三级耐火等级建筑应设置通至屋顶的室外消防梯。室外消防梯不应面对老虎窗，宽度不应小于0.6m，且宜从离地面3.0m高处设置。

7.4.10 消防电梯的设置应符合下列规定：

1. 消防电梯间应设置前室。前室的使用面积应符合本规范第7.4.3条的规定，前室的门应采用乙级防火门；

注：设置在仓库连廊、冷库穿堂或谷物筒仓工作塔内的消防电梯，可不设置前室。

2. 前室宜靠外墙设置，在首层应设置直通室外的安全出口或经过长度小于等于**30m**的通道通向室外；

3. 消防电梯井、机房与相邻电梯井、机房之间，应采用耐火极限不低于**2.00h**的不燃烧体隔墙隔开；当在隔墙上开门时，应设置甲级防火门；

4. 在首层的消防电梯井外壁上应设置供消防队员专用的操作按钮，消防电梯轿厢的内装修应采用不燃烧材料且其内部应设置专用消防对讲电话；

5. 消防电梯的井底应设置排水设施，排水井的容量不应小于**2m³**，排水泵的排水量不应小于**10L/s**。消防电梯间前室门口宜设置挡水设施；

6. 消防电梯的载重量不应小于**800kg**；

7. 消防电梯的行驶速度，应按从首层到顶层的运行时间不超过**60s**计算确定；

8. 消防电梯的动力与控制电缆、电线应采取防水措施。

7.4.11 建筑中的封闭楼梯间、防烟楼梯间、消防电梯间前室及合用前室，不应设置卷帘门。

疏散走道在防火分区处应设置甲级常开防火门。

7.4.12 建筑中的疏散用门应符合下列规定：

1. 民用建筑和厂房的疏散用门应向疏散方向开启。除甲、乙类生产房间外，人数不超过60人的房间且每樘门的平均疏散人数不超过30人时，其门的开启方向不限；

2. 民用建筑及厂房的疏散用门应采用平开门，不应采用推拉门、卷帘门、吊门、转门；

3. 仓库的疏散用门应为向疏散方向开启的平开门，首层靠墙的外侧可设推拉门或卷帘门，但甲、乙类仓库不应采用推拉门或卷帘门；

4. 人员密集场所平时需要控制人员随意出入的疏散用门，或设有门禁系统的居住建筑外门，应保证火灾时不需使用钥匙等任何工具即能从内部易于打开，并应在显著位置设置标识和使用提示。

7.5 防火门和防火卷帘

7.5.1 防火门按其耐火极限可分为甲级、乙级和丙级防火门，其耐火极限分别不应低于1.20h、0.90h和0.60h。

7.5.2 防火门的设置应符合下列规定：

1. 应具有自闭功能。双扇防火门应具有按顺序关闭的功能；

2. 常开防火门应能在火灾时自行关闭，并应有信号反馈的功能；

3. 防火门内外两侧应能手动开启(本规范第7.4.12条第4款规定除外)；

4. 设置在变形缝附近时，防火门开启后，其门扇不应跨越变形缝，并应设置在楼层较多的一侧。

7.5.3 防火分区间采用防火卷帘分隔时，应符合下列规定：

1. 防火卷帘的耐火极限不应低于3.00h。当防火卷帘的耐火极限符合现行国家标准《门和卷帘耐火试验

方法》GB 7633 有关背火面温升的判定条件时，可不设置自动喷水灭火系统保护；符合现行国家标准《门和卷帘耐火试验方法》GB 7633 有关背火面辐射热的判定条件时，应设置自动喷水灭火系统保护。自动喷水灭火系统的设计应符合现行国家标准《自动喷水灭火系统设计规范》GB 50084 的有关规定，但其火灾延续时间不应小于 3.0h。

2. 防火卷帘应具有防烟性能，与楼板、梁和墙、柱之间的空隙应采用防火封堵材料封堵。

7.6 天桥、栈桥和管沟

7.6.1 天桥、跨越房屋的栈桥，供输送可燃气体和甲、乙、丙类液体及可燃材料的栈桥，均应采用不燃烧体。

7.6.2 输送有火灾、爆炸危险物质的栈桥不应兼作疏散通道。

7.6.3 封闭天桥、栈桥与建筑物连接处的门洞以及敷设甲、乙、丙类液体管道的封闭管沟(廊)，均宜设置防止火势蔓延的保护设施。

7.6.4 连接两座建筑物的天桥，当天桥采用不燃烧体且通向天桥的出口符合安全出口的设置要求时，该出口可作为建筑物的安全出口。

8 消防给水和灭火设施

8.1 一般规定

8.1.1 消防给水和灭火设施的设计应根据建筑用途及其重要性、火灾特性和火灾危险性等综合因素进行。

8.1.2 在城市、居住区、工厂、仓库等的规划和建筑设计时，必须同时设计消防给水系统。城市、居住区应设市政消火栓。民用建筑、厂房(仓库)、储罐(区)、堆场应设室外消火栓。民用建筑、厂房(仓库)应设室内消火栓，并应符合本规范第 8.3.1 条的规定。

消防用水可由城市给水管网、天然水源或消防水池供给。利用天然水源时，其保证率不应小于 97%，且应设置可靠的取水设施。

耐火等级不低于二级，且建筑物体积小于等于 $3000m^3$ 的戊类厂房或居住区人数不超过 500 人且建筑物层数不超过两层的居住区，可不设置消防给水。

8.1.3 室外消防给水当采用高压或临时高压给水系统时，管道的供水压力应能保证用水总量达到最大且水枪在任何建筑物的最高处时，水枪的充实水柱仍不小于 10m；当采用低压给水系统时，室外消火栓栓口处的水压从室外设计地面算起不应小于 0.1MPa。

注：1. 在计算水压时，应采用喷嘴口径 19mm 的水枪和直径 65mm、长度 120m 的有衬里消防水带的参数，每支水枪的计算流量不应小于 5L/s。

2. 高层厂房(仓库)的高压或临时高压给水系统的压力应满足室内最不利点消防设备水压的要求。

3. 消火栓给水管道的设计流速不宜大于 2.5m/s。

8.1.4 建筑的低压室外消防给水系统可与生产、生活给水管道系统合并。合并的给水管道系统，当生产、生活用水达到最大小时用水量时(淋浴用水量可按 15% 计算，浇洒及洗刷用水量可不计算在内)，仍应保证全部消防用水量。如不引起生产事故，生产用水可作为消防用水，但生产用水转为消防用水的阀门不应超过 2 个。该阀门应设置在易于操作的场所，并应有明显标志。

8.1.5 建筑的全部消防用水量应为其室内、室外消防用水量之和。

室外消防用水量应为民用建筑、厂房(仓库)、储罐(区)、堆场室外设置的消火栓、水喷雾、水幕、泡沫等灭火、冷却系统等需要同时开启的用水量之和。

室内消防用水量应为民用建筑、厂房(仓库)室内设置的消火栓、自动喷水、泡沫等灭火系统需要同时开启的用水量之和。

8.1.6 除住宅外的民用建筑、厂房(仓库)、储罐(区)、堆场应设置灭火器；住宅宜设置灭火器或轻便消防水龙。灭火器的配置设计应符合现行国家标准《建筑灭火器配置设计规范》GB 50140 的有关规定。

8.2 室外消防用水量、消防给水管道和消火栓

8.2.1 城市、居住区的室外消防用水量应按同一时间内的火灾次数和一次灭火用水量确定。同一时间内的火灾次数和一次灭火用水量不应小于表8.2.1的规定。

表8.2.1 城市、居住区同一时间内的火灾次数和一次灭火用水量

人数 N/万人	同一时间内的火灾次数/次	一次灭火用水量/(L/s)
$N \leq 1$	1	10
$1 < N \leq 2.5$	1	15
$2 < N \leq 5$	2	25
$5 < N \leq 10$	2	35
$10 < N \leq 20$	2	45
$20 < N \leq 30$	2	55
$30 < N \leq 40$	2	65
$40 < N \leq 50$	3	75
$50 < N \leq 60$	3	85
$60 < N \leq 70$	3	90
$70 < N \leq 80$	3	95
$80 < N \leq 100$	3	100

注：城市的室外消防用水量应包括居住区、工厂、仓库、堆场、储罐(区)和民用建筑的室外消火栓用水量。当工厂、仓库和民用建筑的室外消火栓用水量按本规范表8.2.2－2的规定计算，其值与按本表计算不一致时，应取较大值。

8.2.2 工厂、仓库、堆场、储罐(区)和民用建筑的室外消防用水量，应按同一时间内的火灾次数和一次灭火用水量确定：

1. 工厂、仓库、堆场、储罐(区)和民用建筑在同一时间内的火灾次数不应小于表8.2.2－1的规定；

2. 工厂、仓库和民用建筑一次灭火的室外消火栓用水量不应小于表8.2.2－2的规定；

3. 一个单位内有泡沫灭火设备、带架水枪、自动喷水灭火系统以及其他室外消防用水设备时，其室外消防用水量应按上述同时使用的设备所需的全部消防用水量加上表8.2.2－2规定的室外消火栓用水量的50%计算确定，且不应小于表8.2.2－2的规定。

表8.2.2－1 工厂、仓库、堆场、储罐(区)和民用建筑在同一时间内的火灾次数

名 称	基地面积/ha	附有居住区人数/万人	同一时间内的火灾次数/次	备 注
工厂	≤100	≤1.5	1	按需水量最大的一座建筑物(或堆场、储罐)计算
		>1.5	2	工厂、居住区各一次
	>100	不限	2	按需水量最大的两座建筑物(或堆场、储罐)之和计算
仓库、民用建筑	不限	不限	1	按需水量最大的一座建筑物(或堆场、储罐)计算

注：1. 采矿、选矿等工业企业当各分散基地有单独的消防给水系统时，可分别计算。
2. $1ha = 10000m^2$。

表 8.2.2－2　工厂、仓库和民用建筑一次灭火的室外消火栓用水量(L/s)

耐火等级	建筑物类别		建筑物体积 V/m^3					
			$V≤1500$	$1500<V≤3000$	$3000<V≤5000$	$5000<V≤20000$	$20000<V≤50000$	$V>50000$
一、二级	厂房	甲、乙类	10	15	20	25	30	35
		丙类	10	15	20	25	30	40
		丁、戊类	10	10	10	15	15	20
	仓库	甲、乙类	15	15	25	25	—	—
		丙类	15	15	25	25	35	45
		丁、戊类	10	10	10	15	15	20
	民用建筑		10	15	15	20	25	30
三级	厂房(仓库)	乙、丙类	15	20	30	40	45	—
		丁、戊类	10	10	15	20	25	35
	民用建筑		10	15	20	25	30	—
四级	丁、戊类厂房(仓库)		10	15	20	25	—	—
	民用建筑		10	15	20	25	—	—

注：1. 室外消火栓用水量应按消防用水量最大的一座建筑物计算。成组布置的建筑物应按消防用水量较大的相邻两座计算。

2. 国家级文物保护单位的重点砖木或木结构的建筑物，其室外消火栓用水量应按三级耐火等级民用建筑的消防用水量确定。

3. 铁路车站、码头和机场的中转仓库其室外消火栓用水量可按丙类仓库确定。

8.2.3　可燃材料堆场、可燃气体储罐(区)的室外消防用水量，不应小于表 8.2.3 的规定。

8.2.4　甲、乙、丙类液体储罐(区)的室外消防用水量应按灭火用水量和冷却用水量之和计算。

1. 灭火用水量应按罐区内最大罐泡沫灭火系统、泡沫炮和泡沫管枪灭火所需的灭火用水量之和确定，并应按现行国家标准《低倍数泡沫灭火系统设计规范》GB 50151、《高倍数、中倍数泡沫灭火系统设计规范》GB 50196 或《固定消防炮灭火系统设计规范》GB 50338 的有关规定计算；

2. 冷却用水量应按储罐区一次灭火最大需水量计算。距着火罐罐壁 1.5 倍直径范围内的相邻储罐应进行冷却，其冷却水的供给范围和供给强度不应小于表 8.2.4 的规定；

表 8.2.3　可燃材料堆场、可燃气体储罐(区)的室外消防用水量(L/s)

名　称		总储量或总容量	消防用水量
粮食 W/t	土圆囤	$30<W≤500$	15
		$500<W≤5000$	25
		$5000<W≤20000$	40
		$W>20000$	45
	席穴囤	$30<W≤500$	20
		$500<W≤5000$	35
		$5000<W≤20000$	50
棉、麻、毛、化纤百货 W(t)		$10<W≤500$	20
		$500<W≤1000$	35
		$1000<W≤5000$	50
稻草、麦秸、芦苇等易燃材料 W(t)		$50<W≤500$	20
		$500<W≤5000$	35
		$5000<W≤10000$	50
		$W>10000$	60

续表

名　称	总储量或总容量	消防用水量
木材等可燃材料 V/m^3	$50 < V \leqslant 1000$	20
	$1000 < V \leqslant 5000$	30
	$5000 < V \leqslant 10000$	45
	$V > 10000$	55
煤和焦炭 W/t	$100 < W \leqslant 5000$	15
	$W > 5000$	20
可燃气体储罐(区) V/m^3	$500 < V \leqslant 10000$	15
	$10000 < V \leqslant 50000$	20
	$50000 < V \leqslant 100000$	25
	$100000 < V \leqslant 200000$	30
	$V > 200000$	35

注：固定容积的可燃气体储罐的总容积按其几何容积(m^3)和设计工作压力(绝对压力，10^5Pa)的乘积计算。

3. 覆土保护的地下油罐应设置冷却用水设施。冷却用水量应按最大着火罐罐顶的表面积(卧式罐按其投影面积)和冷却水供给强度等计算确定。冷却水的供给强度不应小于0.10L/(s·m^2)。当计算水量小于15L/s时，仍应采用15L/s。

8.2.5　液化石油气储罐(区)的消防用水量应按储罐固定喷水冷却装置用水量和水枪用水量之和计算，其设计应符合下列规定：

1. 总容积大于50m^3的储罐区或单罐容积大于20m^3的储罐应设置固定喷水冷却装置。

固定喷水冷却装置的用水量应按储罐的保护面积与冷却水的供水强度等经计算确定。冷却水的供水强度不应小于0.15L/(s·m^2)，着火罐的保护面积按其全表面积计算，距着火罐直径(卧式罐按其直径和长度之和的一半)1.5倍范围内的相邻储罐的保护面积按其表面积的一半计算。

2. 水枪用水量不应小于表8.2.5的规定；

表 8.2.4　甲、乙、丙类液体储罐冷却水的供给范围和供给强度

设备类型	储罐名称			供给范围	供给强度
移动式水枪	着火罐	固定顶立式罐(包括保温罐)		罐周长	0.60[L/(s·m)]
		浮顶罐(包括保温罐)		罐周长	0.45[L/(s·m)]
		卧式罐		罐壁表面积	0.10[L/(s·m^2)]
		地下立式罐、半地下和地下卧式罐		无覆土罐壁表面积	0.10[L/(s·m^2)]
移动式水枪	相邻罐	固定顶立式罐	不保温罐	罐周长的一半	0.35[L/(s·m)]
			保温罐		0.20[L/(s·m)]
		卧式罐		罐壁表面积的一半	0.10[L/(s·m^2)]
		半地下、地下罐		无覆土罐壁表面积的一半	0.10[L/(s·m^2)]
固定式设备	着火罐		立式罐	罐周长	0.50[L/(s·m)]
			卧式罐	罐壁表面积	0.10[L/(s·m^2)]
	相邻罐		立式罐	罐周长的一半	0.50[L/(s·m)]
			卧式罐	罐壁表面积的一半	0.10[L/(s·m^2)]

注：1. 冷却水的供给强度还应根据实地灭火战术所使用的消防设备进行校核。

2. 当相邻罐采用不燃材料作绝热层时，其冷却水供给强度可按本表减少50%。

3. 储罐可采用移动式水枪或固定式设备进行冷却。当采用移动式水枪进行冷却时，无覆土保护的卧式罐的消防用水量，当计算出的水量小于15L/s时，仍应采用15L/s。

4. 地上储罐的高度大于15m或单罐容积大于2000m^3时，宜采用固定式冷却水设施。

5. 当相邻储罐超过4个时，冷却用水量可按4个计算。

表 8.2.5 液化石油气储罐(区)的水枪用水量

总容积 V/m^3	$V \leqslant 500$	$500 < V \leqslant 2500$	$V > 2500$
单罐容积 V/m^3	$V \leqslant 100$	$V \leqslant 400$	$V > 400$
水枪用水量/(L/s)	20	30	45

注：1. 水枪用水量应按本表总容积和单罐容积较大者确定。
2. 总容积小于 $50m^3$ 的储罐区或单罐容积小于等于 $20m^3$ 的储罐，可单独设置固定喷水冷却装置或移动式水枪，其消防用水量应按水枪用水量计算。

3 埋地的液化石油气储罐可不设固定喷水冷却装置。

8.2.6 室外油浸电力变压器设置水喷雾灭火系统保护时，其消防用水量应按现行国家标准《水喷雾灭火系统设计规范》GB 50219 的有关规定确定。

8.2.7 室外消防给水管道的布置应符合下列规定：

1. 室外消防给水管网应布置成环状，当室外消防用水量小于等于 15 L/s 时，可布置成枝状；

2. 向环状管网输水的进水管不应少于 2 条，当其中 1 条发生故障时，其余的进水管应能满足消防用水总量的供给要求；

3. 环状管道应采用阀门分成若干独立段，每段内室外消火栓的数量不宜超过 5 个；

4. 室外消防给水管道的直径不应小于 *DN*100；

5. 室外消防给水管道设置的其他要求应符合现行国家标准《室外给水设计规范》GB 50013 的有关规定。

8.2.8 室外消火栓的布置应符合下列规定：

1. 室外消火栓应沿道路设置。当道路宽度大于 60m 时，宜在道路两边设置消火栓，并宜靠近十字路口；

2. 甲、乙、丙类液体储罐区和液化石油气储罐区的消火栓应设置在防火堤或防护墙外。距罐壁 15m 范围内的消火栓，不应计算在该罐可使用的数量内；

3. 室外消火栓的间距不应大于 120m；

4. 室外消火栓的保护半径不应大于 150m；在市政消火栓保护半径 150m 以内，当室外消防用水量小于等于 15L/s 时，可不设置室外消火栓；

5. 室外消火栓的数量应按其保护半径和室外消防用水量等综合计算确定，每个室外消火栓的用水量应按 10～15L/s 计算；与保护对象的距离在 5～40m 范围内的市政消火栓，可计入室外消火栓的数量内；

6. 室外消火栓宜采用地上式消火栓。地上式消火栓应有 1 个 *DN*150 或 *DN*100 和 2 个 *DN*65 的栓口。采用室外地下式消火栓时，应有 *DN*100 和 *DN*65 的栓口各 1 个。寒冷地区设置的室外消火栓应有防冻措施；

7. 消火栓距路边不应大于 2m，距房屋外墙不宜小于 5m；

8. 工艺装置区内的消火栓应设置在工艺装置的周围，其间距不宜大于 60m。当工艺装置区宽度大于 120m 时，宜在该装置区内的道路边设置消火栓。

8.2.9 建筑的室外消火栓、阀门、消防水泵接合器等设置地点应设置相应的永久性固定标识。

8.2.10 寒冷地区设置市政消火栓、室外消火栓确有困难的，可设置水鹤等为消防车加水的设施，其保护范围可根据需要确定。

8.3 室内消火栓等的设置场所

8.3.1 除符合本规范第 8.3.4 条规定外，下列建筑应设置 *DN*65 的室内消火栓：

1. 建筑占地面积大于 $300m^2$ 的厂房(仓库)；

2. 体积大于 $5000m^3$ 的车站、码头、机场的候车(船、机)楼、展览建筑、商店、旅馆建筑、病房楼、门诊楼、图书馆建筑等；

3. 特等、甲等剧场，超过 800 个座位的其他等级的剧场和电影院等，超过 1200 个座位的礼堂、体育馆等；

4. 超过 5 层或体积大于 $10000m^3$ 的办公楼、教学楼、非住宅类居住建筑等其他民用建筑；

5. 超过 7 层的住宅应设置室内消火栓系统，当确有困难时，可只设置干式消防竖管和不带消火栓箱的 *DN*65 的室内消火栓。消防竖管的直径不应小于 *DN*65。

注：耐火等级为一、二级且可燃物较少的单层、多层丁、戊类厂房(仓库)，耐火等级为三、四级且建筑体积小于等于 **3000**m^3 的丁类厂房和建筑体积小于等于 **5000**m^3 的戊类厂房(仓库)，粮食仓库、金库可不设置室内消火栓。

8.3.2　国家级文物保护单位的重点砖木或木结构的古建筑，宜设置室内消火栓。

8.3.3　设有室内消火栓的人员密集公共建筑以及低于本规范第 8.3.1 条规定规模的其他公共建筑宜设置消防软管卷盘；建筑面积大于 200m^2 的商业服务网点应设置消防软管卷盘或轻便消防水龙。

8.3.4　存有与水接触能引起燃烧爆炸的物品的建筑物和室内没有生产、生活给水管道，室外消防用水取自储水池且建筑体积小于等于 5000m^3 的其他建筑可不设置室内消火栓。

8.4　室内消防用水量及消防给水管道、消火栓和消防水箱

8.4.1　室内消防用水量应按下列规定经计算确定：

1. 建筑物内同时设置室内消火栓系统、自动喷水灭火系统、水喷雾灭火系统、泡沫灭火系统或固定消防炮灭火系统时，其室内消防用水量应按需要同时开启的上述系统用水量之和计算；当上述多种消防系统需要同时开启时，室内消火栓用水量可减少 50%，但不得小于 10L/s；

2. 室内消火栓用水量应根据水枪充实水柱长度和同时使用水枪数量经计算确定，且不应小于表 8.4.1 的规定；

3. 水喷雾灭火系统的用水量应按现行国家标准《水喷雾灭火系统设计规范》GB 50219 的有关规定确定；自动喷水灭火系统的用水量应按现行国家标准《自动喷水灭火系统设计规范》GB 50084 的有关规定确定；泡沫灭火系统的用水量应按现行国家标准《低倍数泡沫灭火系统设计规范》GB 50151、《高倍数、中倍数泡沫灭火系统设计规范》GB 50196 的有关规定确定；固定消防炮灭火系统的用水量应按现行国家标准《固定消防炮灭火系统设计规范》GB 50338 的有关规定确定。

表 8.4.1　室内消火栓用水量

建筑物名称	高度 h(m)、层数、体积 V(m^3)或座位数 N(个)		消火栓用水量/(L/s)	同时使用水枪数量/支	每根竖管最小流量/(L/s)
厂房	$h \leqslant 24$	$V \leqslant 10000$	5	2	5
		$V > 10000$	10	2	10
	$24 < h \leqslant 50$		25	5	15
	$h > 50$		30	6	15
仓库	$h \leqslant 24$	$V \leqslant 5000$	5	1	5
		$V > 5000$	10	2	10
	$24 < h \leqslant 50$		30	6	15
	$h > 50$		40	8	15
科研楼、试验楼	$H \leqslant 24$，$V \leqslant 10000$		10	2	10
	$H \leqslant 24$，$V > 10000$		15	3	10
车站、码头、机场的候车(船、机)楼和展览建筑等	$5000 < V \leqslant 25000$		10	2	10
	$25000 < V \leqslant 50000$		15	3	10
	$V > 50000$		20	4	15
剧院、电影院、会堂、礼堂、体育馆等	$800 < n \leqslant 1200$		10	2	10
	$1200 < n \leqslant 5000$		15	3	10
	$5000 < n \leqslant 10000$		20	4	15
	$n > 10000$		30	6	15
商店、旅馆等	$5000 < V \leqslant 10000$		10	2	10
	$10000 < V \leqslant 25000$		15	3	10
	$V > 25000$		20	4	15

续表

建筑物名称	高度 h(m)、层数、体积 V(m^3)或座位数 N(个)	消火栓用水量/(L/s)	同时使用水枪数量/支	每根竖管最小流量/(L/s)
病房楼、门诊楼等	$5000<V\leqslant10000$	5	2	5
	$10000<V\leqslant25000$	10	2	10
	$V>25000$	15	3	10
办公楼、教学楼等其他民用建筑	层数≥6 层或 $V>10000$	15	3	10
国家级文物保护单位的重点砖木或木结构的古建筑	$V\leqslant10000$	20	4	10
	$V>10000$	25	5	15
住宅	层数≥8	5	2	5

注：1. 丁、戊类高层厂房(仓库)室内消火栓的用水量可按本表减少 10L/s，同时使用水枪数量可按本表减少 2 支。

2. 消防软管卷盘或轻便消防水龙及住宅楼梯间中的干式消防竖管上设置的消火栓，其消防用水量可不计入室内消防用水量。

8.4.2　室内消防给水管道的布置应符合下列规定：

1. 室内消火栓超过 10 个且室外消防用水量大于 15L/s 时，其消防给水管道应连成环状，且至少应有 2 条进水管与室外管网或消防水泵连接。当其中 1 条进水管发生事故时，其余的进水管应仍能供应全部消防用水量。

2. 高层厂房(仓库)应设置独立的消防给水系统。室内消防竖管应连成环状。

3. 室内消防竖管直径不应小于 *DN*100。

4. 室内消火栓给水管网宜与自动喷水灭火系统的管网分开设置；当合用消防泵时，供水管路应在报警阀前分开设置。

5. 高层厂房(仓库)、设置室内消火栓且层数超过 4 层的厂房(仓库)、设置室内消火栓且层数超过 5 层的公共建筑，其室内消火栓给水系统应设置消防水泵接合器。

消防水泵接合器应设置在室外便于消防车使用的地点，与室外消火栓或消防水池取水口的距离宜为15～40m。

消防水泵接合器的数量应按室内消防用水量计算确定，每个消防水泵接合器的流量宜按 10～15L/s 计算。

6. 室内消防给水管道应采用阀门分成若干独立段。对于单层厂房(仓库)和公共建筑，检修停止使用的消火栓不应超过 5 个。对于多层民用建筑和其他厂房(仓库)，室内消防给水管道上阀门的布置应保证检修管道时关闭的竖管不超过 1 根，但设置的竖管超过 3 根时，可关闭 2 根。

阀门应保持常开，并应有明显的启闭标志或信号。

7. 消防用水与其他用水合用的室内管道，当其他用水达到最大小时流量时，应仍能保证供应全部消防用水量。

8. 允许直接吸水的市政给水管网，当生产、生活用水量达到最大且仍能满足室内外消防用水量时，消防泵宜直接从市政给水管网吸水。

9. 严寒和寒冷地区非采暖的厂房(仓库)及其他建筑的室内消火栓系统，可采用干式系统，但在进水管上应设置快速启闭装置，管道最高处应设置自动排气阀。

8.4.3　室内消火栓的布置应符合下列规定：

1. 除无可燃物的设备层外，设置室内消火栓的建筑物，其各层均应设置消火栓。

单元式、塔式住宅的消火栓宜设置在楼梯间的首层和各层楼层休息平台上，当设 2 根消防竖管确有困难时，可设 1 根消防竖管，但必须采用双口双阀型消火栓。干式消火栓竖管应在首层靠出口部位设置便于消防车供水的快速接口和止回阀。

2. 消防电梯间前室内应设置消火栓。

3. 室内消火栓应设置在位置明显且易于操作的部位。栓口离地面或操作基面高度宜为 1.1m，其出水方向宜向下或与设置消火栓的墙面成 90°角；栓口与消火栓箱内边缘的距离不应影响消防水带的连接。

4. 冷库内的消火栓应设置在常温穿堂或楼梯间内。

5. 室内消火栓的间距应由计算确定。高层厂房(仓库)、高架仓库和甲、乙类厂房中室内消火栓的间距不应大于 30m；其他单层和多层建筑中室内消火栓的间距不应大于 50m。

6. 同一建筑物内应采用统一规格的消火栓、水枪和水带。每条水带的长度不应大于 25m。

7. 室内消火栓的布置应保证每一个防火分区同层有两支水枪的充实水柱同时到达任何部位。建筑高度小于等于 24m 且体积小于等于 5000m³ 的多层仓库，可采用 1 支水枪充实水柱到达室内任何部位。

水枪的充实水柱应经计算确定，甲、乙类厂房、层数超过 6 层的公共建筑和层数超过 4 层的厂房(仓库)，不应小于 10m；高层厂房(仓库)、高架仓库和体积大于 25000m³ 的商店、体育馆、影剧院、会堂、展览建筑，车站、码头、机场建筑等，不应小于 13m；其他建筑，不宜小于 7m。

8. 高层厂房(仓库)和高位消防水箱静压不能满足最不利点消火栓水压要求的其他建筑，应在每个室内消火栓处设置直接启动消防水泵的按钮，并应有保护设施。

9. 室内消火栓栓口处的出水压力大于 0.5MPa 时，应设置减压设施；静水压力大于 1.0MPa 时，应采用分区给水系统。

10. 设有室内消火栓的建筑，如为平屋顶时，宜在平屋顶上设置试验和检查用的消火栓。

8.4.4 设置常高压给水系统并能保证最不利点消火栓和自动喷水灭火系统等的水量和水压的建筑物，或设置干式消防竖管的建筑物，可不设置消防水箱。

设置临时高压给水系统的建筑物应设置消防水箱(包括气压水罐、水塔、分区给水系统的分区水箱)。消防水箱的设置应符合下列规定：

1. 重力自流的消防水箱应设置在建筑的最高部位；

2. 消防水箱应储存 10min 的消防用水量。当室内消防用水量小于等于 25L/s，经计算消防水箱所需消防储水量大于 12m³ 时，仍可采用 12m³；当室内消防用水量大于 25L/s，经计算消防水箱所需消防储水量大于 18m³ 时，仍可采用 18m³；

3. 消防用水与其他用水合用的水箱应采取消防用水不作他用的技术措施；

4. 发生火灾后，由消防水泵供给的消防用水不应进入消防水箱；

5. 消防水箱可分区设置。

8.4.5 建筑的室内消火栓、阀门等设置地点应设置永久性固定标识。

8.5 自动灭火系统的设置场所

8.5.1 下列场所应设置自动灭火系统，除不宜用水保护或灭火者以及本规范另有规定者外，宜采用自动喷水灭火系统：

1. 大于等于 50000 纱锭的棉纺厂的开包、清花车间；大于等于 5000 锭的麻纺厂的分级、梳麻车间；火柴厂的烤梗、筛选部位；泡沫塑料厂的预发、成型、切片、压花部位；占地面积大于 1500m² 的木器厂房；占地面积大于 1500m² 或总建筑面积大于 3000m² 的单层、多层制鞋、制衣、玩具及电子等厂房；高层丙类厂房；飞机发动机试验台的准备部位；建筑面积大于 500m² 的丙类地下厂房；

2. 每座占地面积大于 1000m² 的棉、毛、丝、麻、化纤、毛皮及其制品的仓库；每座占地面积大于 600m² 的火柴仓库；邮政楼中建筑面积大于 500m² 的空邮袋库；建筑面积大于 500m² 的可燃物品地下仓库；可燃、难燃物品的高架仓库和高层仓库(冷库除外)；

3. 特等、甲等或超过 1500 个座位的其他等级的剧院；超过 2000 个座位的会堂或礼堂；超过 3000 个座位的体育馆；超过 5000 人的体育场的室内人员休息室与器材间等；

4. 任一楼层建筑面积大于1500m² 或总建筑面积大于3000m² 的展览建筑、商店、旅馆建筑，以及医院中同样建筑规模的病房楼、门诊楼、手术部；建筑面积大于500m² 的地下商店；

5. 设置有送回风道(管)的集中空气调节系统且总建筑面积大于3000m² 的办公楼等；

6. 设置在地下、半地下或地上四层及四层以上或设置在建筑的首层、二层和三层且任一层建筑面积大于300m² 的地上歌舞娱乐放映游艺场所(游泳场所除外)；

7. 藏书量超过50 万册的图书馆。

8.5.2　下列部位宜设置水幕系统：

1. 特等、甲等或超过1500 个座位的其他等级的剧院和超过2000 个座位的会堂或礼堂的舞台口，以及与舞台相连的侧台，后台的门窗洞口；

2. 应设防火墙等防火分隔物而无法设置的局部开口部位；

3. 需要冷却保护的防火卷帘或防火幕的上部。

8.5.3　下列场所应设置雨淋喷水灭火系统：

1. 火柴厂的氯酸钾压碾厂房；建筑面积大于100m² 生产、使用硝化棉、喷漆棉、火胶棉、赛璐珞胶片、硝化纤维的厂房；

2. 建筑面积超过60m² 或储存量超过2t 的硝化棉、喷漆棉、火胶棉、赛璐珞胶片、硝化纤维的仓库；

3. 日装瓶数量超过3000 瓶的液化石油气储配站的灌瓶间、实瓶库；

4. 特等、甲等或超过1500 个座位的其他等级的剧院和超过2000 个座位的会堂或礼堂的舞台的葡萄架下部；

5. 建筑面积大于等于400m² 的演播室，建筑面积大于等于500m² 的电影摄影棚；

6. 乒乓球厂的轧坯、切片、磨球、分球检验部位。

8.5.4　下列场所应设置自动灭火系统，且宜采用水喷雾灭火系统：

1. 单台容量在40MV·A 及以上的厂矿企业油浸电力变压器、单台容量在90MV·A 及以上的电厂油浸电力变压器，或单台容量在125MV·A 及以上的独立变电所油浸电力变压器；

2. 飞机发动机试验台的试车部位。

8.5.5　下列场所应设置自动灭火系统，且宜采用气体灭火系统：

1. 国家、省级或人口超过100 万的城市广播电视发射塔楼内的微波机房、分米波机房、米波机房、变配电室和不间断电源(UPS)室；

2. 国际电信局、大区中心、省中心和1 万路以上的地区中心内的长途程控交换机房、控制室和信令转接点室；

3.　2 万线以上的市话汇接局和6 万门以上的市话端局内的程控交换机房、控制室和信令转接点室；

4. 中央及省级治安、防灾和网局级及以上的电力等调度指挥中心内的通信机房和控制室；

5. 主机房建筑面积大于等于140m² 的电子计算机房内的主机房和基本工作间的已记录磁(纸)介质库；

6. 中央和省级广播电视中心内建筑面积不小于120m² 的音像制品仓库；

7. 国家、省级或藏书量超过100 万册的图书馆内的特藏库；中央和省级档案馆内的珍藏库和非纸质档案库；大、中型博物馆内的珍品仓库；一级纸(绢)质文物的陈列室；

8. 其他特殊重要设备室。

注：当有备用主机和备用已记录磁(纸)介质，且设置在不同建筑中或同一建筑中的不同防火分区内时，本条第**5** 款规定的部位亦可采用预作用自动喷水灭火系统。

8.5.6　甲、乙、丙类液体储罐等泡沫灭火系统的设置场所应符合现行国家标准《石油库设计规范》GB 50074、《石油化工企业设计防火规范》GB 50160、《石油天然气工程设计防火规范》GB 50183 等的有关规定。

8.5.7　建筑面积大于3000m² 且无法采用自动喷水灭火系统的展览厅、体育馆观众厅等人员密集场所，建筑面积大于 5000m^2 且无法采用自动喷水灭火系统的丙类厂房，宜设置固定消防炮等灭火系统。

8.5.8　公共建筑中营业面积大于 500m^2 的餐饮场所，其烹饪操作间的排油烟罩及烹饪部位宜设置自动灭火装置，且应在燃气或燃油管道上设置紧急事故自动切断装置。

8.6　消防水池与消防水泵房

8.6.1　符合下列规定之一的，应设置消防水池：

1. 当生产、生活用水量达到最大时，市政给水管道、进水管或天然水源不能满足室内外消防用水量；

2. 市政给水管道为枝状或只有 1 条进水管，且室内外消防用水量之和大于 25L/s。

8.6.2　消防水池应符合下列规定：

1. 当室外给水管网能保证室外消防用水量时，消防水池的有效容量应满足在火灾延续时间内室内消防用水量的要求。当室外给水管网不能保证室外消防用水量时，消防水池的有效容量应满足在火灾延续时间内室内消防用水量与室外消防用水量不足部分之和的要求。

当室外给水管网供水充足且在火灾情况下能保证连续补水时，消防水池的容量可减去火灾延续时间内补充的水量。

2. 补水量应经计算确定，且补水管的设计流速不宜大于 2.5m/s。

3. 消防水池的补水时间不宜超过 48h；对于缺水地区或独立的石油库区，不应超过 96h。

4. 容量大于 500m^3 的消防水池，应分设成两个能独立使用的消防水池。

5. 供消防车取水的消防水池应设置取水口或取水井，且吸水高度不应大于 6.0m。取水口或取水井与建筑物（水泵房除外）的距离不宜小于 15m；与甲、乙、丙类液体储罐的距离不宜小于 40m；与液化石油气储罐的距离不宜小于 60m，如采取防止辐射热的保护措施时，可减为 40m。

6. 供消防车取水的消防水池，其保护半径不应大于 150m。

7. 消防用水与生产、生活用水合并的水池，应采取确保消防用水不作他用的技术措施。

8. 严寒和寒冷地区的消防水池应采取防冻保护设施。

8.6.3　不同场所的火灾延续时间不应小于表 8.6.3 的规定：

表 8.6.3　不同场所的火灾延续时间（h）

<table>
<tr><th>建筑类别</th><th>场所名称</th><th>火灾延续时间/h</th></tr>
<tr><td rowspan="4">甲、乙、丙类液体储罐</td><td>浮顶罐</td><td rowspan="3">4.0</td></tr>
<tr><td>地下和半地下固定顶立式罐、覆土储罐</td></tr>
<tr><td>直径小于等于 20m 的地上固定顶立式罐</td></tr>
<tr><td>直径大于 20m 的地上固定顶立式罐</td><td rowspan="2">6.0</td></tr>
<tr><td rowspan="2">液化石油气储罐</td><td>总容积大于 220m^3 的储罐区或单罐容积大于 50m^3 的储罐</td></tr>
<tr><td>总容积小于等于 220m^3 的储罐区且单罐容积小于等于 50m^3 的储罐</td><td rowspan="5">3.0</td></tr>
<tr><td rowspan="3">可燃气体储罐</td><td>湿式储罐</td></tr>
<tr><td>干式储罐</td></tr>
<tr><td>固定容积储罐</td></tr>
<tr><td rowspan="2">可燃材料堆场</td><td>煤、焦炭露天堆场</td></tr>
<tr><td>其他可燃材料露天、半露天堆场</td><td>6.0</td></tr>
<tr><td rowspan="2">仓库</td><td>甲、乙、丙类仓库</td><td>3.0</td></tr>
<tr><td>丁、戊类仓库</td><td>2.0</td></tr>
<tr><td rowspan="2">厂房</td><td>甲、乙、丙类厂房</td><td>3.0</td></tr>
<tr><td>丁、戊类厂房</td><td>2.0</td></tr>
<tr><td rowspan="2">民用建筑</td><td>公共建筑</td><td rowspan="2">2.0</td></tr>
<tr><td>居住建筑</td></tr>
<tr><td rowspan="3">灭火系统</td><td>自动喷水灭火系统</td><td rowspan="3">应按相应现行国家标准确定</td></tr>
<tr><td>泡沫灭火系统</td></tr>
<tr><td>防火分隔水幕</td></tr>
</table>

8.6.4　独立建造的消防水泵房，其耐火等级不应低于二级。附设在建筑中的消防水泵房应按本规范第7.2.5条的规定与其他部位隔开。

消防水泵房设置在首层时，其疏散门宜直通室外；设置在地下层或楼层上时，其疏散门应靠近安全出口。消防水泵房的门应采用甲级防火门。

8.6.5　消防水泵房应有不少于2条的出水管直接与环状消防给水管网连接。当其中1条出水管关闭时，其余的出水管应仍能通过全部用水量。

出水管上应设置试验和检查用的压力表和*DN*65的放水阀门。当存在超压可能时，出水管上应设置防超压设施。

8.6.6　一组消防水泵的吸水管不应少于2条。当其中1条关闭时，其余的吸水管应仍能通过全部用水量。

消防水泵应采用自灌式吸水，并应在吸水管上设置检修阀门。

8.6.7　当消防水泵直接从环状市政给水管网吸水时，消防水泵的扬程应按市政给水管网的最低压力计算，并以市政给水管网的最高水压校核。

8.6.8　消防水泵应设置备用泵，其工作能力不应小于最大一台消防工作泵。当工厂、仓库、堆场和储罐的室外消防用水量小于等于25L/s或建筑的室内消防用水量小于等于10L/s时，可不设置备用泵。

8.6.9　消防水泵应保证在火警后30s内启动。

消防水泵与动力机械应直接连接。

9　防烟与排烟

9.1　一般规定

9.1.1　建筑中的防烟可采用机械加压送风防烟方式或可开启外窗的自然排烟方式。

建筑中的排烟可采用机械排烟方式或可开启外窗的自然排烟方式。

9.1.2　防烟楼梯间及其前室、消防电梯间前室或合用前室应设置防烟设施。

9.1.3　下列场所应设置排烟设施：

1. 丙类厂房中建筑面积大于300m^2的地上房间；人员、可燃物较多的丙类厂房或高度大于32m的高层厂房中长度大于20m的内走道；任一层建筑面积大于5000m^2的丁类厂房；

2. 占地面积大于1000m^2的丙类仓库；

3. 公共建筑中经常有人停留或可燃物较多，且建筑面积大于300m^2的地上房间；公共建筑中长度大于20m的内走道；

4. 中庭；

5. 设置在一、二、三层且房间建筑面积大于200m^2或设置在四层及四层以上或地下、半地下的歌舞娱乐放映游艺场所；

6. 总建筑面积大于200m^2或一个房间建筑面积大于50m^2且经常有人停留或可燃物较多的地下、半地下建筑或地下室、半地下室；

7. 其他建筑中地上长度大于40m的疏散走道。

9.1.4　机械排烟系统与通风、空气调节系统宜分开设置。当合用时，必须采取可靠的防火安全措施，并应符合机械排烟系统的有关要求。

9.1.5　防烟与排烟系统中的管道、风口及阀门等必须采用不燃材料制作。排烟管道应采取隔热防火措施或与可燃物保持不小于150mm的距离。

排烟管道的厚度应按现行国家标准《通风与空调工程施工质量验收规范》GB 50243的有关规定执行。

9.1.6　机械加压送风管道、排烟管道和补风管道内的风速应符合下列规定：

1. 采用金属管道时，不宜大于20m/s；

2. 采用非金属管道时，不宜大于15m/s。

9.2 自然排烟

9.2.1 下列场所宜设置自然排烟设施：

1. 按本规范第 9.1.3 条规定应设置排烟设施且具备自然排烟条件的场所；

2. 除建筑高度超过 50m 的厂房(仓库)外，按第 9.1.2 条规定应设置防烟设施且具备自然排烟条件的场所。

9.2.2 设置自然排烟设施的场所，其自然排烟口的净面积应符合下列规定；

1. 防烟楼梯间前室、消防电梯间前室．不应小于 2.0m²；合用前室，不应小于 3.0m²；

2. 靠外墙的防烟楼梯间，每 5 层内可开启排烟窗的总面积不应小于 2.0m²；

3. 中庭、剧场舞台，不应小于该中庭、剧场舞台接地面面积的 5%；

4. 其他场所，宜取该场所建筑面积的 2% ~5%。

9.2.3 当防烟楼梯间前室、合用前室采用敞开的阳台、凹廊进行防烟，或前室、合用前室内有不同朝向且开口面积符合本规范第 9.2.2 条规定的可开启外窗时，该防烟楼梯间可不设置防烟设施。

9.2.4 作为自然排烟的窗口宜设置在房间的外墙上方或屋顶上，并应有方便开启的装置。自然排烟口距该防烟分区最远点的水平距离不应超过 30m。

9.3 机械防烟

9.3.1 下列场所应设置机械加压送风防烟设施：

1. 不具备自然排烟条件的防烟楼梯间；

2. 不具备自然排烟条件的消防电梯间前室或合用前室；

3. 设置自然排烟设施的防烟楼梯间，其不具备自然排烟条件的前室。

9.3.2 机械加压送风防烟系统的加压送风量应经计算确定。当计算结果与表 9.3.2 的规定不一致时，应采用较大值。

表 9.3.2 最小机械加压送风量

条件和部位		加压送风量/(m^3/h)
前室不送风的防烟楼梯间		25000
防烟楼梯间及其合用前室分别加压送风	防烟楼梯间	16000
	合用前室	13000
消防电梯间前室		15000
防烟楼梯间采用自然排烟，前室或合用前室加压送风		22000

注：表内风量数值系按开启宽×高 = 1.5m×2.1m 的双扇门为基础的计算值。当采用单扇门时，其风量宜按表列数值乘以 0.75 确定；当前室有 2 个或 2 个以上门时，其风量应按表列数值乘以 1.50 ~1.75 确定。开启门时，通过门的风速不应小于 0.70m/s。

9.3.3 防烟楼梯间内机械加压送风防烟系统的余压值应为 40 ~50Pa；前室、合用前室应为 25 ~30Pa。

9.3.4 防烟楼梯间和合用前室的机械加压送风防烟系统宜分别独立设置。

9.3.5 防烟楼梯间的前室或合用前室的加压送风口应每层设置 1 个。防烟楼梯间的加压送风口宜每隔 2 ~3 层设置 1 个。

9.3.6 机械加压送风防烟系统中送风口的风速不宜大于 7m/s。

9.3.7 高层厂房(仓库)的机械防烟系统的其他设计要求应按现行国家标准《高层民用建筑设计防火规范》GB 50045 的有关规定执行。

9.4 机械排烟

9.4.1 设置排烟设施的场所当不具备自然排烟条件时，应设置机械排烟设施。

9.4.2 需设置机械排烟设施且室内净高小于等于 6m 的场所应划分防烟分区；每个防烟分区的建筑面积不宜超过 500m²，防烟分区不应跨越防火分区。

防烟分区宜采用隔墙、顶棚下凸出不小于 500mm 的结构梁以及顶棚或吊顶下凸出不小于 500mm 的不燃烧体等进行分隔。

9.4.3　机械排烟系统的设置应符合下列规定：

1. 横向宜按防火分区设置；

2. 竖向穿越防火分区时，垂直排烟管道宜设置在管井内；

3. 穿越防火分区的排烟管道应在穿越处设置排烟防火阀。排烟防火阀应符合现行国家标准《排烟防火阀的试验方法》GB 15931 的有关规定。

9.4.4　在地下建筑和地上密闭场所中设置机械排烟系统时，应同时设置补风系统。当设置机械补风系统时，其补风量不宜小于排烟量的50%。

9.4.5　机械排烟系统的排烟量不应小于表9.4.5的规定。

表9.4.5　机械排烟系统的最小排烟量

<table>
<tr><th colspan="2">条件和部位</th><th>单位排烟量/[m³/(h·m²)]</th><th>换气次数/(次/h)</th><th>备注</th></tr>
<tr><td colspan="2">担负1个防烟分区</td><td rowspan="2">60</td><td rowspan="2">—</td><td rowspan="2">单台风机排烟量不应小于7200m³/h</td></tr>
<tr><td colspan="2">室内净高大于6m且不划分防烟分区的空间</td></tr>
<tr><td colspan="2">担负2个及2个以上防烟分区</td><td>120</td><td>—</td><td>应按最大的防烟分区面积确定</td></tr>
<tr><td rowspan="2">中庭</td><td>体积小于等于17000m³</td><td>—</td><td>6</td><td rowspan="2">体积大于17000m³时，排烟量不应小于102000m³/h</td></tr>
<tr><td>体积大于17000m³</td><td>—</td><td>4</td></tr>
</table>

9.4.6　机械排烟系统中的排烟口、排烟阀和排烟防火阀的设置应符合下列规定：

1. 排烟口或排烟阀应按防烟分区设置。排烟口或排烟阀应与排烟风机连锁，当任一排烟口或排烟阀开启时，排烟风机应能自行启动；

2. 排烟口或排烟阀平时为关闭时，应设置手动和自动开启装置；

3. 排烟口应设置在顶棚或靠近顶棚的墙面上，且与附近安全出口沿走道方向相邻边缘之间的最小水平距离不应小于**1.5m**。设在顶棚上的排烟口，距可燃构件或可燃物的距离不应小于**1.0m**；

4. 设置机械排烟系统的地下、半地下场所，除歌舞娱乐放映游艺场所和建筑面积大于**50m²**的房间外，排烟口可设置在疏散走道；

5. 防烟分区内的排烟口距最远点的水平距离不应超过**30m**；排烟支管上应设置当烟气温度超过**280℃**时能自行关闭的排烟防火阀；

6. 排烟口的风速不宜大于**10m/s**。

9.4.7　机械加压送风防烟系统和排烟补风系统的室外进风口宜布置在室外排烟口的下方，且高差不宜小于**3.0m**；当水平布置时，水平距离不宜小于**10m**。

9.4.8　排烟风机的设置应符合下列规定：

1. 排烟风机的全压应满足排烟系统最不利环路的要求，其排烟量应考虑**10%～20%**的漏风量；

2. 排烟风机可采用离心风机或排烟专用的轴流风机；

3. 排烟风机应能在**280℃**的环境条件下连续工作不少于**30min**；

4. 在排烟风机入口处的总管上应设置当烟气温度超过**280℃**时能自行关闭的排烟防火阀，该阀应与排烟风机连锁，当该阀关闭时，排烟风机应能停止运转。

9.4.9　当排烟风机及系统中设置有软接头时，该软接头应能在**280℃**的环境条件下连续工作不少于**30min**。排烟风机和用于排烟补风的送风风机宜设置在通风机房内。

10　采暖、通风和空气调节

10.1　一般规定

10.1.1　通风、空气调节系统应采取防火安全措施。

10.1.2　甲、乙类厂房中的空气不应循环使用。

含有燃烧或爆炸危险粉尘、纤维的丙类厂房中的空气，在循环使用前应经净化处理，并应使空气中的含尘浓度低于其爆炸下限的25%。

10.1.3 甲、乙类厂房用的送风设备与排风设备不应布置在同一通风机房内，且排风设备不应和其他房间的送、排风设备布置在同一通风机房内。

10.1.4 民用建筑内空气中含有容易起火或爆炸危险物质的房间，应有良好的自然通风或独立的机械通风设施，且其空气不应循环使用。

10.1.5 排除含有比空气轻的可燃气体与空气的混合物时，其排风水平管全长应顺气流方向向上坡度敷设。

10.1.6 可燃气体管道和甲、乙、丙类液体管道不应穿过通风机房和通风管道，且不应紧贴通风管道的外壁敷设。

10.2 采暖

10.2.1 在散发可燃粉尘、纤维的厂房内，散热器表面平均温度不应超过82.5℃。输煤廊的采暖散热器表面温度不应超过130℃。

10.2.2 甲、乙类厂房和甲、乙类仓库内严禁采用明火和电热散热器采暖。

10.2.3 下列厂房应采用不循环使用的热风采暖：

1. 生产过程中散发的可燃气体、可燃蒸气、可燃粉尘、可燃纤维与采暖管道、散热器表面接触能引起燃烧的厂房；

2. 生产过程中散发的粉尘受到水、水蒸气的作用能引起自燃、爆炸或产生爆炸性气体的厂房。

10.2.4 存在与采暖管道接触能引起燃烧爆炸的气体、蒸气或粉尘的房间内不应穿过采暖管道，当必须穿过时，应采用不燃材料隔热。

10.2.5 采暖管道与可燃物之间应保持一定距离。当温度大于100℃时，不应小于100mm或采用不燃材料隔热。当温度小于等于100℃时，不应小于50mm。

10.2.6 建筑内采暖管道和设备的绝热材料应符合下列规定：

1. 对于甲、乙类厂房或甲、乙类仓库，应采用不燃材料；

2. 对于其他建筑，宜采用不燃材料，不得采用可燃材料。

10.3 通风和空气调节

10.3.1 通风和空气调节系统的管道布置，横向宜按防火分区设置，竖向不宜超过5层。当管道设置防止回流设施或防火阀时，其管道布置可不受此限制。垂直风管应设置在管井内。

10.3.2 有爆炸危险的厂房内的排风管道，严禁穿过防火墙和有爆炸危险的车间隔墙。

10.3.3 甲、乙、丙类厂房中的送、排风管道宜分层设置。当水平或垂直送风管在进入生产车间处设置防火阀时，各层的水平或垂直送风管可合用一个送风系统。

10.3.4 空气中含有易燃易爆危险物质的房间，其送、排风系统应采用防爆型的通风设备。当送风机设置在单独隔开的通风机房内且送风干管上设置了止回阀门时，可采用普通型的通风设备。

10.3.5 含有燃烧和爆炸危险粉尘的空气，在进入排风机前应采用不产生火花的除尘器进行处理。对于遇水可能形成爆炸的粉尘，严禁采用湿式除尘器。

10.3.6 处理有爆炸危险粉尘的除尘器、排风机的设置应符合下列规定：

1. 应与其他普通型的风机、除尘器分开设置；

2. 宜按单一粉尘分组布置。

10.3.7 处理有爆炸危险粉尘的干式除尘器和过滤器宜布置在厂房外的独立建筑中。该建筑与所属厂房的防火间距不应小于10m。

符合下列规定之一的干式除尘器和过滤器，可布置在厂房内的单独房间内，但应采用耐火极限分别不低于3.00h的隔墙和1.50h的楼板与其他部位分隔：

1. 有连续清灰设备；

2. 定期清灰的除尘器和过滤器，且其风量不超过15000m^3/h、集尘斗的储尘量小于60kg。

10.3.8　处理有爆炸危险粉尘和碎屑的除尘器、过滤器、管道，均应设置泄压装置。

净化有爆炸危险粉尘的干式除尘器和过滤器应布置在系统的负压段上。

10.3.9　排除、输送有燃烧或爆炸危险气体、蒸气和粉尘的排风系统，均应设置导除静电的接地装置，且排风设备不应布置在地下、半地下建筑(室)中。

10.3.10　排除有爆炸或燃烧危险气体、蒸气和粉尘的排风管应采用金属管道，并应直接通到室外的安全处，不应暗设。

10.3.11　排除和输送温度超过80℃的空气或其他气体以及易燃碎屑的管道，与可燃或难燃物体之间应保持不小于150mm的间隙，或采用厚度不小于50mm的不燃材料隔热。当管道互为上下布置时，表面温度较高者应布置在上面。

10.3.12　下列情况之一的通风、空气调节系统的风管上应设置防火阀：

1. 穿越防火分区处；

2. 穿越通风、空气调节机房的房间隔墙和楼板处；

3. 穿越重要的或火灾危险性大的房间隔墙和楼板处；

4. 穿越防火分隔处的变形缝两侧；

5. 垂直风管与每层水平风管交接处的水平管段上，但当建筑内每个防火分区的通风、空气调节系统均独立设置时，该防火分区内的水平风管与垂直总管的交接处可不设置防火阀。

10.3.13　公共建筑的浴室、卫生间和厨房的垂直排风管，应采取防回流措施或在支管上设置防火阀。公共建筑的厨房的排油烟管道宜按防火分区设置，且在与垂直排风管连接的支管处应设置动作温度为150℃的防火阀。

10.3.14　防火阀的设置应符合下列规定：

1. 除本规范另有规定者外，动作温度应为70℃；
2. 防火阀宜靠近防火分隔处设置；
3. 防火阀暗装时，应在安装部位设置方便检修的检修口；
4. 在防火阀两侧各2.0m范围内的风管及其绝热材料应采用不燃材料；
5. 防火阀应符合现行国家标准《防火阀试验方法》GB 15930的有关规定。

10.3.15　通风、空气调节系统的风管应采用不燃材料，但下列情况除外：

1. 接触腐蚀性介质的风管和柔性接头可采用难燃材料；
2. 体育馆、展览馆、候机(车、船)楼(厅)等大空间建筑、办公楼和丙、丁、戊类厂房内的通风、空气调节系统，当风管按防火分区设置且设置了防烟防火阀时，可采用燃烧产物毒性较小且烟密度等级小于等于25的难燃材料。

10.3.16　设备和风管的绝热材料、用于加湿器的加湿材料、消声材料及其黏结剂，宜采用不燃材料，当确有困难时，可采用燃烧产物毒性较小且烟密度等级小于等于50的难燃材料。

风管内设置电加热器时，电加热器的开关应与风机的启停联锁控制。电加热器前后各0.8m范围内的风管和穿过设置有火源等容易起火房间的风管，均应采用不燃材料。

10.3.17　燃油、燃气锅炉房应有良好的自然通风或机械通风设施。燃气锅炉房应选用防爆型的事故排风机。当设置机械通风设施时，该机械通风设施应设置导除静电的接地装置，通风量应符合下列规定：

1. 燃油锅炉房的正常通风量按换气次数不少于3次/h确定；

2. 燃气锅炉房的正常通风量按换气次数不少于6次/h确定；

3. 燃气锅炉房的事故排风量按换气次数不少于12次/h确定。

11　电气

11.1　消防电源及其配电

11.1.1　建筑物、储罐(区)、堆场的消防用电设备，其电源应符合下列规定：

1. 除粮食仓库及粮食筒仓工作塔外，建筑高度大于50m的乙、丙类厂房和丙类仓库的消防用电应按一级负荷供电；

2. 下列建筑物、储罐(区)和堆场的消防用电应按二级负荷供电：

1)室外消防用水量大于30L/s的工厂、仓库；

2)室外消防用水量大于35L/s的可燃材料堆场、可燃气体储罐(区)和甲、乙类液体储罐(区)；

3)座位数超过1500个的电影院、剧院，座位数超过3000个的体育馆、任一层建筑面积大于$3000m^2$的商店、展览建筑、省(市)级及以上的广播电视楼、电信楼和财贸金融楼，室外消防用水量大于25L/s的其他公共建筑；

3. 除本条第1、2款外的建筑物、储罐(区)和堆场等的消防用电可采用三级负荷供电；

4. 消防电源的负荷分级应符合现行国家标准《供配电系统设计规范》GB 50052的有关规定。

11.1.2　一级负荷供电的建筑，当采用自备发电设备作备用电源时，自备发电设备应设置自动和手动启动装置，且自动启动方式应能在30s内供电。

11.1.3　消防应急照明灯具和灯光疏散指示标志的备用电源的连续供电时间不应少于30min。

11.1.4　消防用电设备应采用专用的供电回路，当生产、生活用电被切断时，应仍能保证消防用电。其配电设备应有明显标志。

11.1.5　消防控制室、消防水泵房、防烟与排烟风机房的消防用电设备及消防电梯等的供电，应在其配电线路的最末一级配电箱处设置自动切换装置。

11.1.6　消防用电设备的配电线路应满足火灾时连续供电的需要，其敷设应符合下列规定：

1. 暗敷时，应穿管并应敷设在不燃烧体结构内且保护层厚度不应小于30mm。明敷时(包括敷设在吊顶内)，应穿金属管或封闭式金属线槽，并应采取防火保护措施；

2. 当采用阻燃或耐火电缆时，敷设在电缆井、电缆沟内可不采取防火保护措施；

3. 当采用矿物绝缘类不燃性电缆时，可直接明敷；

4. 宜与其他配电线路分开敷设；当敷设在同一井沟内时，宜分别布置在井沟的两侧。

11.2　电力线路及电器装置

11.2.1　甲类厂房、甲类仓库，可燃材料堆垛，甲、乙类液体储罐，液化石油气储罐，可燃、助燃气体储罐与架空电力线的最近水平距离不应小于电杆(塔)高度的1.5倍，丙类液体储罐与架空电力线的最近水平距离不应小于电杆(塔)高度的1.2倍。

35kV以上的架空电力线与单罐容积大于$200m^3$或总容积大于$1000m^3$的液化石油气储罐(区)的最近水平距离不应小于40m；当储罐为地下直埋式时，架空电力线与储罐的最近水平距离可减小50%。

11.2.2　电力电缆不应和输送甲、乙、丙类液体管道、可燃气体管道、热力管道敷设在同一管沟内。

配电线路不得穿越通风管道内腔或敷设在通风管道外壁上，穿金属管保护的配电线路可紧贴通风管道外壁敷设。

11.2.3　配电线路敷设在有可燃物的闷顶内时，应采取穿金属管等防火保护措施；敷设在有可燃物的吊顶内时，宜采取穿金属管、采用封闭式金属线槽或难燃材料的塑料管等防火保护措施。

11.2.4　开关、插座和照明灯具靠近可燃物时，应采取隔热、散热等防火保护措施。

卤钨灯和额定功率大于等于100W的白炽灯泡的吸顶灯、槽灯、嵌入式灯，其引入线应采用瓷管、矿棉等不燃材料作隔热保护。

大于60W的白炽灯、卤钨灯、高压钠灯、金属卤灯光源、荧光高压汞灯(包括电感镇流器)等不应直接安装在可燃装修材料或可燃构件上。

11.2.5　可燃材料仓库内宜使用低温照明灯具，并应对灯具的发热部件采取隔热等防火保护措施；不应设置卤钨灯等高温照明灯具。

配电箱及开关宜设置在仓库外。

11.2.6　爆炸和火灾危险环境电力装置的设计应按现行国家标准《爆炸和火灾危险环境电力装置设计

规范》GB 50058 的有关规定执行。

11.2.7　下列场所宜设置漏电火灾报警系统：

1. 按一级负荷供电且建筑高度大于 50m 的乙、丙类厂房和丙类仓库；

2. 按二级负荷供电且室外消防用水量大于 30L/s 的厂房(仓库)；

3. 按二级负荷供电的剧院、电影院、商店、展览馆、广播电视楼、电信楼、财贸金融楼和室外消防用水量大于 25L/s 的其他公共建筑；

4. 国家级文物保护单位的重点砖木或木结构的古建筑；

5. 按一、二级负荷供电的消防用电设备。

11.3　消防应急照明和消防疏散指示标志

11.3.1　除住宅外的民用建筑、厂房和丙类仓库的下列部位，应设置消防应急照明灯具：

1. 封闭楼梯间、防烟楼梯间及其前室、消防电梯间的前室或合用前室；

2. 消防控制室、消防水泵房、自备发电机房、配电室、防烟与排烟机房以及发生火灾时仍需正常工作的其他房间；

3. 观众厅，建筑面积大于 $400m^2$ 的展览厅、营业厅、多功能厅、餐厅，建筑面积大于 $200m^2$ 的演播室；

4. 建筑面积大于 $300m^2$ 的地下、半地下建筑或地下室、半地下室中的公共活动房间；

5. 公共建筑中的疏散走道。

11.3.2　建筑内消防应急照明灯具的照度应符合下列规定：

1. 疏散走道的地面最低水平照度不应低于 0.5lx；

2. 人员密集场所内的地面最低水平照度不应低于 1.0lx；

3. 楼梯间内的地面最低水平照度不应低于 5.0lx；

4. 消防控制室、消防水泵房、自备发电机房、配电室、防烟与排烟机房以及发生火灾时仍需正常工作的其他房间的消防应急照明，仍应保证正常照明的照度。

11.3.3　消防应急照明灯具宜设置在墙面的上部、顶棚上或出口的顶部。

11.3.4　公共建筑、高层厂房(仓库)及甲、乙、丙类厂房应沿疏散走道和在安全出口、人员密集场所的疏散门的正上方设置灯光疏散指示标志，并应符合下列规定：

1. 安全出口和疏散门的正上方应采用“安全出口”作为指示标志；

2. 沿疏散走道设置的灯光疏散指示标志，应设置在疏散走道及其转角处距地面高度 1.0m 以下的墙面上，且灯光疏散指示标志间距不应大于 20m；对于袋形走道，不应大于 10m；在走道转角区，不应大于 1.0m，其指示标志应符合现行国家标准《消防安全标志》GB 13495 的有关规定。

11.3.5　下列建筑或场所应在其内疏散走道和主要疏散路线的地面上增设能保持视觉连续的灯光疏散指示标志或蓄光疏散指示标志：

1. 总建筑面积超过 $8000m^2$ 的展览建筑；

2. 总建筑面积超过 $5000m^2$ 的地上商店；

3. 总建筑面积超过 $500m^2$ 的地下、半地下商店；

4. 歌舞娱乐放映游艺场所；

5. 座位数超过 1500 个的电影院、剧院，座位数超过 3000 个的体育馆、会堂或礼堂。

11.3.6　建筑内设置的消防疏散指示标志和消防应急照明灯具，除应符合本规范的规定外，还应符合现行国家标准《消防安全标志》GB 13495 和《消防应急灯具》GB 17945 的有关规定。

11.4　火灾自动报警系统和消防控制室

11.4.1　下列场所应设置火灾自动报警系统：

1. 大中型电子计算机房及其控制室、记录介质库，特殊贵重或火灾危险性大的机器、仪表、仪器设备室、贵重物品库房，设有气体灭火系统的房间；

2. 每座占地面积大于 $1000m^2$ 的棉、毛、丝、麻、化纤及其织物的库房，占地面积超过 $500m^2$ 或总建

筑面积超过 $1000m^2$ 的卷烟库房；

3. 任一层建筑面积大于 $1500m^2$ 或总建筑面积大于 $3000m^2$ 的制鞋、制衣、玩具等厂房；

4. 任一层建筑面积大于 $3000m^2$ 或总建筑面积大于 $6000m^2$ 的商店、展览建筑、财贸金融建筑、客运和货运建筑等；

5. 图书、文物珍藏库，每座藏书超过 100 万册的图书馆，重要的档案馆；

6. 地市级及以上广播电视建筑、邮政楼、电信楼，城市或区域性电力、交通和防灾救灾指挥调度等建筑；

7. 特等、甲等剧院或座位数超过 1500 个的其他等级的剧院、电影院，座位数超过 2000 个的会堂或礼堂，座位数超过 3000 个的体育馆；

8. 老年人建筑、任一楼层建筑面积大于 $1500m^2$ 或总建筑面积大于 $3000m^2$ 的旅馆建筑、疗养院的病房楼、儿童活动场所和大于等于 200 床位的医院的门诊楼、病房楼、手术部等；

9. 建筑面积大于 $500m^2$ 的地下、半地下商店；

10. 设置在地下、半地下或建筑的地上四层及四层以上的歌舞娱乐放映游艺场所；

11. 净高大于 2.6m 且可燃物较多的技术夹层，净高大于 0.8m 且有可燃物的闷顶或吊顶内。

11.4.2 建筑内可能散发可燃气体、可燃蒸气的场所应设可燃气体报警装置。

11.4.3 设有火灾自动报警系统和自动灭火系统或设有火灾自动报警系统和机械防(排)烟设施的建筑，应设置消防控制室。

11.4.4 消防控制室的设置应符合下列规定：

1. 单独建造的消防控制室，其耐火等级不应低于二级；

2. 附设在建筑物内的消防控制室，宜设置在建筑物内首层的靠外墙部位，亦可设置在建筑物的地下一层，但应按本规范第 7.2.5 条的规定与其他部位隔开，并应设置直通室外的安全出口；

3. 严禁与消防控制室无关的电气线路和管路穿过；

4. 不应设置在电磁场干扰较强及其他可能影响消防控制设备工作的设备用房附近。

11.4.5 火灾自动报警系统的设计，应符合现行国家标准《火灾自动报警系统设计规范》GB 50116 的有关规定。

12 城市交通隧道

12.1 一般规定

12.1.1 城市交通隧道(以下简称隧道)的防火设计应综合考虑隧道内的交通组成、隧道的用途、自然条件、长度等因素进行。

12.1.2 单孔和双孔隧道应按其封闭段长度及交通情况分为一、二、三、四类，并应符合表 12.1.2 的规定。

表 12.1.2 隧道分类

用途	隧道封闭段长度 L/m			
	一类	二类	三类	四类
可通行危险化学品等机动车	$L>1500$	$500<L\leqslant1500$	$L\leqslant500$	—
仅限通行非危险化学品等机动车	$L>3000$	$1500<L\leqslant3000$	$500<L\leqslant1500$	$L\leqslant500$
仅限人行或通行非机动车	—	—	$L>1500$	$L\leqslant1500$

12.1.3 一类隧道内承重结构体的耐火极限不应低于 2.00h；二类不应低于 1.50h；三类不应低于 2.00h；四类隧道的耐火极限不限。

水底隧道的顶部应设置抗热冲击、耐高温的防火衬砌，其耐火极限应按相应隧道类别确定。

注：1. 一、二类隧道内承重结构体的耐火极限应采用 RABT 标准升温曲线测试，通行机动车的三类隧道的耐火极限

应采用 HC 标准升温曲线测试，并应符合本规范附录 A 的规定。

2. 通行机动车的四类隧道和仅限人行或通行非机动车的三类隧道，其耐火极限试验可采用标准升温曲线和判定标准。

12. 1. 4　隧道内装修材料除嵌缝材料外，应采用不燃材料。

12. 1. 5　一、二、三类通行机动车的双孔隧道，其车行横通道或车行疏散通道应按下列规定设置：

1. 水底隧道宜设置车行横通道或车行疏散通道。车行横通道间隔及隧道通向车行疏散通道的入口间隔，宜为 500 ~ 1500m；

2. 非水底隧道应设置车行横通道或车行疏散通道。车行横通道间隔及隧道通向车行疏散通道的入口间隔，宜为 200 ~ 500m；

3. 车行横通道应沿垂直隧道长度方向设置，并应通向相邻隧道；车行疏散通道应沿隧道长度方向在双孔中间设置，并应直通隧道外；

4. 车行横通道和车行疏散通道的净宽度不应小于 4. 0m，净高度不应小于 4. 5m；

5. 隧道与车行横通道或车行疏散通道的连通处，应采取防火分隔措施。

12. 1. 6　一、二、三类通行机动车的双孔隧道，其人行横通道或人行疏散通道应按下列规定设置：

1. 隧道应设置人行横通道或人行疏散通道。人行横通道间隔及隧道通向人行疏散通道的入口间隔，宜为 250 ~ 300m；

2. 人行疏散横通道应沿垂直双孔隧道长度方向设置，并应通向相邻隧道。人行疏散通道应在双孔中间沿隧道长度方向设置，并应直通隧道外；

3. 双孔隧道内的人行横通道可利用车行横通道；

4. 人行横通道或人行疏散通道的净宽度不应小于 2. 0m，净高度不应小于 2. 2m；

5. 隧道与人行横通道或人行疏散通道的连通处，应采取防火分隔措施。

12. 1. 7　一、二、三类采用纵向通风方式的单孔隧道或一、二类水底隧道，应根据实际情况设置直通室外的人员疏散出口或独立避难所等避难设施。

12. 1. 8　隧道内的变电所、管廊、专用疏散通道、通风机房及其他辅助用房等，与车行隧道之间应采取防火分隔措施。

12. 2　消防给水与灭火设施

12. 2. 1　在进行城市交通隧道的规划与设计时，应同时设计消防给水系统。四类隧道和行人或通行非机动车辆的三类隧道，可不设置消防给水系统。

12. 2. 2　消防给水系统的设置应符合下列规定：

1. 消防水源应符合本规范第 8. 1. 2 的规定，供水管网应符合本规范第 8. 2. 7 条的规定。

2. 消防用水量应按其火灾延续时间和隧道全线同一时间内发生一次火灾，经计算确定。二类隧道的火灾延续时间不应小于 3. 0h；三类隧道不应小于 2. 0h。

3. 隧道内宜设置独立的消防给水系统。严寒和寒冷地区的消防给水管道及室外消火栓应采取防冻措施；当采用干管系统时，应在管网最高部位设置自动排气阀，管道充水时间不应大于 90s。

4. 隧道内的消火栓用水量不应小于 20L/s，隧道洞口外的消火栓用水量不应小于 30L/s。长度小于 1000m 的三类隧道，隧道内和隧道洞口外的消火栓用水量可分别为 10L/s 和 20L/s。

5. 管道内的消防供水压力应保证用水量达到最大时，最不利点水枪充实水柱不应小于 10. 0m。消火栓栓口处的出水压力超过 0. 5MPa 时，应设置减压设施。

6. 在隧道出入口处应设置消防水泵接合器及室外消火栓。

7. 消火栓的间距不应大于 50m。消火栓的栓口距地面高度宜为 1. 1m。

8. 设置有消防水泵供水设施的隧道，应在消火栓箱内设置消防水泵启动按钮。

9. 应在隧道单侧设置室内消火栓，消火栓箱内应配置 1 支喷嘴口径 19mm 的水枪、1 盘长 25m、直径 65mm 的水带，宜附设消防软管卷盘。

12.2.3　除四类隧道外，隧道内应设置排水设施。排水设施除应考虑排除渗水、雨水、隧道清洗等水量外，还应考虑灭火时的消防用水量，并应采取防止事故时可燃液体或有害液体沿隧道漫流的措施。

12.2.4　灭火器的设置应符合下列规定：

1. 二类隧道应在隧道两侧设置ABC类灭火器。每个设置点不应少于4具。

2. 通行机动车的四类隧道和人行或通行非机动车的三类隧道，应在隧道一侧设置ABC类灭火器。每个设置点不应少于2具。

3. 灭火器设置点的间距不应大于100m。

12.3　通风和排烟系统

12.3.1　通行机动车的一、二、三类隧道应设置机械排烟系统，通行机动车的四类隧道可采取自然排烟方式。

12.3.2　机械排烟系统可与隧道的通风系统合用，且通风系统应符合机械排烟系统的有关要求，并应符合下列规定：

1. 采用全横向和半横向通风方式时，可通过排风管道排烟；采用纵向通风方式时，应能迅速组织气流有效地排烟；

2. 采用纵向通风方式的隧道，其排烟风速应根据隧道内的最不利火灾规模确定；

3. 排烟风机必须能在250℃环境条件下连续正常运行不小于1.0h。排烟管道的耐火极限不应低于1.00h。

12.3.3　隧道火灾避难设施内应设置独立的机械加压送风系统，其送风的余压值应为30～50Pa。

12.4　火灾自动报警系统

12.4.1　隧道入口外100～150m处，应设置火灾事故发生后提示车辆禁入隧道的报警信号装置。

12.4.2　一、二类通行机动车辆的隧道应设置火灾自动报警系统，其设置应符合下列规定：

1. 应设置自动火灾探测装置；

2. 隧道出入口以及隧道内每隔100～150m处，应设置报警电话和报警按钮；

3. 隧道封闭段长度超过1000m时，应设置消防控制中心；

4. 应设置火灾应急广播。未设置火灾应急广播的隧道，每隔100～150m处，应设置发光警报装置。

12.4.3　通行机动车辆的三类隧道宜设置火灾自动报警系统。

12.4.4　隧道用电缆通道和主要设备用房内应设置火灾自动报警装置。

12.4.5　对于可能产生屏蔽的隧道，应采取能保证灭火时通信联络畅通的措施，宜设置无线通信设施。

12.4.6　隧道内火灾自动报警系统的设计应符合现行国家标准《火灾自动报警系统设计规范》GB 50116的有关规定。

12.5　供电及其他

12.5.1　一、二类隧道的消防用电应按一级负荷要求供电；三类隧道的消防用电应按二级负荷要求供电。

12.5.2　隧道的消防电源及其供电、配电线路等的设计应按本规范第11章的有关规定执行。

12.5.3　隧道两侧应设置消防应急照明灯具和疏散指示标志，其高度不宜大于1.5m。一、二类隧道内消防应急照明灯具和疏散指示标志的连续供电时间不应小于3.0h，三类隧道，不应小于1.5h。其他要求可按本规范第11章的有关规定执行。

12.5.4　隧道内严禁设置高压电线电缆和可燃气体管道；电缆线槽应与其他管道分开埋设。

12.5.5　隧道内设置的各类消防设施均应采取与隧道内环境条件相适应的保护措施，并应设置明显的发光消防疏散指示标志。

附录 A 隧道内承重结构体的耐火极限试验升温曲线和相应的判定标准

A. 0. 1 RABT 标准升温曲线（见图 A. 0. 1）。

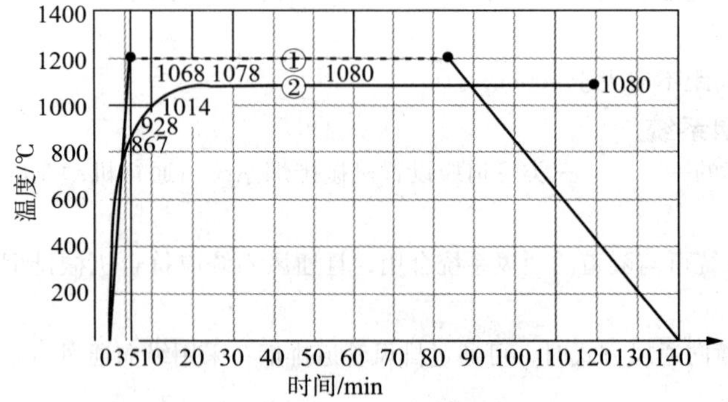

图 A. 0. 1 RABT 标准升温曲线

①—RABT 曲线；②—碳氢化合物曲线

A. 0. 2 HC 标准升温曲线（见表 A. 0. 2）。

表 A. 0. 2 碳氢化合物升温曲线表

时间/min	3	5	10	30
炉内温升/℃	887	948	982	1110
时间/min	60	90	120	120 以后
炉内温升/℃	1150	1150	1150	1150

A. 0. 3 耐火极限判定标准。

1 当采用 HC 标准升温曲线测试时，其耐火极限的判定标准为：受火后，当距离混凝土底表面 25mm 处钢筋的温度超过 250℃，或者混凝土表面的温度超过 380℃时，则判定为达到耐火极限。

2 当采用 RABT 标准升温曲线测试时，其耐火极限的判定标准为：受火后，当距离混凝土底表面 25mm 处钢筋的温度超过 300℃，或者混凝土表面的温度超过 380℃时，则判定为达到耐火极限。

本规范用词说明

1 为便于在执行本规范条文时区别对待，对要求严格程度不同的用词说明如下：

1)表示很严格，非这样做不可的用词：

正面词采用“必须”，反面词采用“严禁”。

2)表示严格，在正常情况下均应这样做的用词：

正面词采用“应”；反面词采用“不应”或“不得”。

3)表示允许稍有选择，在条件许可时首先应这样做的用词：

正面词采用“宜”；反面词采用“不宜”；

表示有选择，在一定条件下可以这样做的用词，采用“可”。

2 本规范中指明应按其他有关标准、规范执行的写法为“应符合……的规定”或“应按……执行”。

2. 爆炸危险环境电力装置设计规范

（GB 50058—2014
代替 GB 50058—92）

目　录

1 总则

1.0.1 为了规范爆炸危险环境电力装置的设计，使爆炸危险环境电力装置设计贯彻预防为主的方针，保障人身和财产的安全，因地制宜地采取防范措施，制定本规范。

1.0.2 本规范适用于在生产、加工、处理、转运或贮存过程中出现或可能出现爆炸危险环境的新建、扩建和改建工程的爆炸危险区域划分及电力装置设计。

本规范不适用于下列环境：

1 矿井井下；

2 制造、使用或贮存火药、炸药和起爆药、引信及火工品生产等的环境；

3 利用电能进行生产并与生产工艺过程直接关联的电解、电镀等电力装置区域；

4 使用强氧化剂以及不用外来点火源就能自行起火的物质的环境；

5 水、陆、空交通运输工具及海上和陆地油井平台；

6 以加味天然气作燃料进行采暖、空调、烹饪、洗衣以及类似的管线系统；

7 医疗室内；

8 灾难性事故。

1.0.3 本规范不考虑间接危害对于爆炸危险区域划分及相关电力装置设计的影响。

1.0.4 爆炸危险区域的划允应由负责生产工艺加工介质性能、设备和工艺性能的专业人员和安全、电气专业的工程技术人员共同商议完成。

1.0.5 爆炸危险环境的电力装置设计除应符合本规范外，尚应符合国家现行有关标准的规定。

2 术语

2.0.1 闪点 flash point

在标准条件下，使液体变成蒸气的数量能够形成可燃性气体或空气混合物的最低液体温度。

2.0.2 引燃温度 ignition temperature

可燃性气体或蒸气与空气形成的混合物，在规定条件下被热表面引燃的最低温度。

2.0.3 环境温度 ambient temperature

指所划区域内历年最热月平均最高温度。

2.0.4 可燃性物质 flammable material

指物质本身是可燃性的，能够产生可燃性气体、蒸气或薄雾。

2.0.5 可燃性气体或蒸气 flammable gas or vapor

以一定比例与空气混合后，将会形成爆炸性气体环境的气体或蒸气。

2.0.6 可燃液体 flammable liquid

在可预见的使用条件下能产生可燃蒸气或薄雾的液体。

2.0.7 可燃薄雾 flammable mist

在空气中挥发能形成爆炸性环境的可燃性液体微滴。

2.0.8 爆炸性气体混合物 explosive gas mixture

在大气条件下，气体、蒸气、薄雾状的可燃物质与空气的混合物，引燃后燃烧将在全范围内传播。

2.0.9 高挥发性液体 highly volatile liquid

高挥发性液体是指在37.8℃的条件下，蒸气绝压超过276kPa的液体，这些液体包括丁烷、乙烷、乙烯、丙烷、丙烯等液体，液化天然气，天然气凝液及它们的混合物。

2.0.10 爆炸性气体环境 explosive gas atmosphere

在大气条件下，气体或蒸气可燃物质与空气的混合物引燃后，能够保持燃烧自行传播的环境。

2.0.11 爆炸极限 explosive limit

1　爆炸下限(LEL)lower explosive limit

可燃气体、蒸气或薄雾在空气中形成爆炸性气体混合物的最低浓度。空气中的可燃性气体或蒸气的浓度低于该浓度，则气体环境就不能形成爆炸。

2　爆炸上限(UEL) upper explosive limit

可燃气体、蒸气或薄雾在空气中形成爆炸性气体混合物的最高浓度。空气中的可燃性气体或蒸气的浓度高于该浓度，则气体环境就不能形成爆炸。

2.0.12　爆炸危险区域 hazardous area

爆炸性混合物出现的或预期可能出现的数量达到足以要求对电气设备的结构、安装和使用采取预防措施的区域。

2.0.13　非爆炸危险区域 non - hazardous area

爆炸性混合物出现的数量不足以要求对电气设备的结构、安装和使用采取预防措施的区域。

2.0.14　区 zone

爆炸危险区域的全部或一部分。按照爆炸性混合物出现的频率和持续时间可分为不同危险程度的若干区。

2.0.15　释放源 source of release

可释放出能形成爆炸性混合物的物质所在的部位或地点。

2.0.16　自然通风环境 natural ventilation atmosphere

由于天然风力或温差的作用能使新鲜空气置换原有混合物的区域。

2.0.17　机械通风环境 artificial ventilation atmosphere

用风扇、排风机等装置使新鲜空气置换原有混合物的区域。

2.0.18　正常运行 normal operation

指设备在其设计参数范围内的运行状况。

2.0.19　粉尘 dust

在大气中依其自身重量可沉淀下来，但也可持续悬浮在空气中一段时间的固体微小颗粒，包括纤维和飞絮及现行国家标准《袋式除尘器技术要求》GB/T 6719 中定义的粉尘和细颗粒。

2.0.20　可燃性粉尘 combustible dust

在空气中能燃烧或无焰燃烧并在大气压和正常温度下能与空气形成爆炸性混合物的粉尘、纤维或飞絮。

2.0.21　可燃性飞絮 conductive flyings

标称尺寸大于500μm，可悬浮在空气中，也可依靠自身重量沉淀下来的包括纤维在内的固体颗粒。

2.0.22　导电性粉尘 conductive dust

电阻率等于或小于$1\times10^3\Omega\cdot m$的粉尘。

2.0.23　非导电性粉尘 non - conductive dust

电阻率大于$1\times10^3\Omega\cdot m$的粉尘。

2.0.24　爆炸性粉尘环境 explosive dust atmosphere

在大气环境条件下，可燃性粉尘与空气形成的混合物被点燃后，能够保持燃烧自行传播的环境。

2.0.25　重于空气的气体或蒸气 heavier - than - air gases or vapors

相对密度大于1.2的气体或蒸气。

2.0.26　轻于空气的气体或蒸气 lighter - than - air gases or va - pors

相对密度小于0.8的气体或蒸气。

2.0.27　粉尘层的引燃温度 ignition temperature of dust laver

规定厚度的粉尘层在热表面上发生引燃的热表面的最低温度。

2.0.28　粉尘云的引燃温度 ignition temperature of dust cloud

炉内空气中所含粉尘云发生点燃时炉子内壁的最低温度。

2.0.29 爆炸性环境 explosive atmospheres

在大气条件下，气体、蒸气、粉尘、薄雾、纤维或飞絮的形式与空气形成的混合物引燃后，能够保持燃烧自行传播的环境。

2.0.30 设备保护级别(EPL) equipment protection level

根据设备成为引燃源的可能性和爆炸性气体环境及爆炸性粉尘环境所具有的不同特征而对设备规定的保护级别。

3 爆炸性气体环境

3.1 一般规定

3.1.1 在生产、加工、处理、转运或贮存过程中出现或可能出现下列爆炸性气体混合物环境之一时，应进行爆炸性气体环境的电力装置设计：

1 在大气条件下，可燃气体与空气混合形成爆炸性气体混合物；

2 闪点低于或等于环境温度的可燃液体的蒸气或薄雾与空气混合形成爆炸性气体混合物；

3 在物料操作温度高于可燃液体闪点的情况下，当可燃液体有可能泄漏时，可燃液体的蒸气或薄雾与空气混合形成爆炸性气体混合物。

3.1.2 在爆炸性气体环境中发生爆炸应符合下列条件：

1 存在可燃气体、可燃液体的蒸气或薄雾，浓度在爆炸极限以内；

2 存在足以点燃爆炸性气体混合物的火花、电弧或高温。

3.1.3 在爆炸性气体环境中应采取下列防止爆炸的措施：

1 产生爆炸的条件同时出现的可能性应减到最小程度。

2 工艺设计中应采取下列消除或减少可燃物质的释放及积聚的措施：

1) 工艺流程中宜采取较低的压力和温度，将可燃物质限制在密闭容器内；

2) 工艺布置应限制和缩小爆炸危险区域的范围，并宜将不同等级的爆炸危险区或爆炸危险区与非爆炸危险区分隔在各自的厂房或界区内；

3) 在设备内可采用以氮气或其他惰性气体覆盖的措施；

4) 宜采取安全连锁或发生事故时加入聚合反应阻聚剂等化学药品的措施。

3 防止爆炸性气体混合物的形成或缩短爆炸性气体混合物的滞留时间可采取下列措施：

1)工艺装置宜采取露天或开敞式布置；

2)设置机械通风装置；

3)在爆炸危险环境内设置正压室；

4)对区域内易形成和积聚爆炸性气体混合物的地点应设置自动测量仪器装置，当气体或蒸气浓度接近爆炸下限值的50%时，应能可靠地发出信号或切断电源。

4 在区域内应采取消除或控制设备线路产生火花、电弧或高温的措施。

3.2 爆炸性气体环境危险区域划分

3.2.1 爆炸性气体环境应根据爆炸性气体混合物出现的频繁程度和持续时间分为0区、1区、2区，分区应符合下列规定：

1 0区应为连续出现或长期出现爆炸性气体混合物的环境；

2 1区应为在正常运行时可能出现爆炸性气体混合物的环境；

3 2区应为在正常运行时不太可能出现爆炸性气体混合物的环境，或即使出现也仅是短时存在的爆炸性气体混合物的环境。

3.2.2 符合下列条件之一时，可划为非爆炸危险区域：

1 没有释放源且不可能有可燃物质侵入的区域；

2 可燃物质可能出现的最高浓度不超过爆炸下限值的10%；

3 在生产过程中使用明火的设备附近，或炽热部件的表面温度超过区域内可燃物质引燃温度的设备附近；

4 在生产装置区外，露天或开敞设置的输送可燃物质的架空管道地带，但其阀门处按具体情况确定。

3.2.3 释放源应按可燃物质的释放频繁程度和持续时间长短分为连续级释放源、一级释放源、二级释放源，释放源分级应符合下列规定：

1 连续级释放源应为连续释放或预计长期释放的释放源。下列情况可划为连续级释放源：

1)没有用惰性气体覆盖的固定顶盖贮罐中的可燃液体的表面；

2)油、水分离器等直接与空间接触的可燃液体的表面；

3)经常或长期向空间释放可燃气体或可燃液体的蒸气的排气孔和其他孔口。

2 一级释放源应为在正常运行时，预计可能周期性或偶尔释放的释放源。下列情况可划为一级释放源：

1)在正常运行时，会释放可燃物质的泵、压缩机和阀门等的密封处；

2)贮有可燃液体的容器上的排水口处，在正常运行中，当水排掉时，该处可能会向空间释放可燃物质；

3)正常运行时，会向空间释放可燃物质的取样点；

4)正常运行时，会向空间释放可燃物质的泄压阀、排气口和其他孔口。

3 二级释放源应为在正常运行时，预计不可能释放，当出现释放时，仅是偶尔和短期释放的释放源。下列情况可划为二级释放源：

1)正常运行时，不能出现释放可燃物质的泵、压缩机和阀门的密封处；

2)正常运行时，不能释放可燃物质的法兰、连接件和管道接头；

3)正常运行时，不能向空间释放可燃物质的安全阀、排气孔和其他孔口处；

4)正常运行时，不能向空间释放可燃物质的取样点。

3.2.4 当爆炸危险区域内通风的空气流量能使可燃物质很快稀释到爆炸下限值的25%以下时，可定为通风良好，并应符合下列规定：

1 下列场所可定为通风良好场所：

1)露天场所；

2)敞开式建筑物，在建筑物的壁、屋顶开口，其尺寸和位置保证建筑物内部通风效果等效于露天场所；

3)非敞开建筑物，建有永久性的开口，使其具有自然通风的条件；

4)对于封闭区域，每平方米地板面积每分钟至少提供0.3m^3的空气或至少1h换气6次。

2 当采用机械通风时，下列情况可不计机械通风故障的影响：

1)封闭式或半封闭式的建筑物设置备用的独立通风系统；

2)当通风设备发生故障时，设置自动报警或停止工艺流程等确保能阻止可燃物质释放的预防措施，或使设备断电的预防措施。

3.2.5 爆炸危险区域的划分应按释放源级别和通风条件确定，存在连续级释放源的区域可划为0区，存在一级释放源的区域可划为1区，存在二级释放源的区域可划为2区，并应根据通风条件按下列规定调整区域划分：

1 当通风良好时，可降低爆炸危险区域等级；当通风不良时，应提高爆炸危险区域等级。

2 局部机械通风在降低爆炸性气体混合物浓度方面比自然通风和一般机械通风更为有效时，可采用局部机械通风降低爆炸危险区域等级。

3 在障碍物、凹坑和死角处，应局部提高爆炸危险区域等级。

4 利用堤或墙等障碍物，限制比空气重的爆炸性气体混合物的扩散，可缩小爆炸危险区域的范围。

3.2.6 使用于特殊环境中的设备和系统可不按照爆炸危险性环境考虑，但应符合下列相应的条件之一：

1 采取措施确保不形成爆炸危险性环境。

2 确保设备在出现爆炸性危险环境时断电，此时应防止热元件引起点燃。

3 采取措施确保人和环境不受试验燃烧或爆炸带来的危害。

4 应由具备下述条件的人员书面写出所采取的措施：

1)熟悉所采取措施的要求和国家现行有关标准以及危险环境用电气设备和系统的使用要求；

2)熟悉进行评估所需的资料。

3.3 爆炸性气体环境危险区域范围

3.3.1 爆炸性气体环境危险区域范围应按下列要求确定：

1 爆炸危险区域的范围应根据释放源的级别和位置、可燃物质的性质、通风条件、障碍物及生产条件、运行经验，经技术经济比较综合确定。

2 建筑物内部宜以厂房为单位划定爆炸危险区域的范围。当厂房内空间大时，应根据生产的具体情况划分，释放源释放的可燃物质量少时，可将厂房内部按空间划定爆炸危险的区域范围，并应符合下列规定：

1)当厂房内具有比空气重的可燃物质时，厂房内通风换气次数不应少于每小时两次，且换气不受阻碍，厂房地面上高度1m以内容积的空气与释放至厂房内的可燃物质所形成的爆炸性气体混合浓度应小于爆炸下限；

2)当厂房内具有比空气轻的可燃物质时，厂房平屋顶平面以下1m高度内，或圆顶、斜顶的最高点以下2m高度内的容积的空气与释放至厂房内的可燃物质所形成的爆炸性气体混合物的浓度应小于爆炸下限；

3)释放至厂房内的可燃物质的最大量应按一小时释放量的三倍计算，但不包括由于灾难性事故引起破裂时的释放量。

3 当高挥发性液体可能大量释放并扩散到15m以外时，爆炸危险区域的范围应划分为附加2区。

4 当可燃液体闪点高于或等于60℃时，在物料操作温度高于可燃液体闪点的情况下，可燃液体可能泄漏时，其爆炸危险区域的范围宜适当缩小，但不宜小于4.5m。

3.3.2 爆炸危险区域的等级和范围可按本规范附录A的规定，并根据可燃物质的释放量、释放速率、沸点、温度、闪点、相对密度、爆炸下限、障碍等条件，结合实践经验确定。

3.3.3 爆炸性气体环境内的车间采用正压或连续通风稀释措施后，不能形成爆炸性气体环境时，车间可降为非爆炸危险环境。通风引入的气源应安全可靠，且无可燃物质、腐蚀介质及机械杂质，进气口应设在高出所划爆炸性危险区域范围的1.5m以上处。

3.3.4 爆炸性气体环境电力装置设计应有爆炸危险区域划分图，对于简单或小型厂房，可采用文字说明表达。

爆炸性气体环境危险区域范围典型示例图应符合本规范附录B的规定。

3.4 爆炸性气体混合物的分级、分组

3.4.1 爆炸性气体混合物应按其最大试验安全间隙(MESG)或最小点燃电流比(MICR)分级。爆炸性气体混合物分级应符合表3.4.1的规定。

表3.4.1 爆炸性气体混合物分级

级别	最大试验安全间隙(MESG)/mm	最小点燃电流比(MICR)
ⅡA	≥0.9	>0.8
ⅡB	0.5<MESG<0.9	0.45≤MICR≤0 8
ⅡC	≤0.5	<0.45

注：1. 分级的级别应符合现行国家标准《爆炸性环境 第12部分：气体或蒸气混合物按照其最大试验安全间隙和最小点燃电流的分级》GB 3836.12的有关规定。

2. 最小点燃电流比(MICR)为各种可燃物质的最小点燃电流值与实验室甲烷的最小点燃电流值之比。

3.4.2 爆炸性气体混合物应按引燃温度分组，引燃温度分组应符合表3.4.2的规定。

表 3.4.2 引燃温度分组

组 别	引燃温度 t/℃
T1	$450 < t$
T2	$300 < t \leqslant 450$
T3	$200 < t \leqslant 300$
T4	$135 < t \leqslant 200$
T5	$100 < t \leqslant 135$
T6	$85 < t \leqslant 100$

注：可燃性气体或蒸气爆炸性混合物分级、分组可按本规范附录C采用。

4 爆炸性粉尘环境

4.1 一般规定

4.1.1 当在生产、加工、处理、转运或贮存过程中出现或可能出现可燃性粉尘与空气形成的爆炸性粉尘混合物环境时，应进行爆炸性粉尘环境的电力装置设计。

4.1.2 在爆炸性粉尘环境中粉尘可分为下列三级：

1 ⅢA级为可燃性飞絮；

2 ⅢB级为非导电性粉尘；

3 ⅢC级为导电性粉尘。

4.1.3 在爆炸性粉尘环境中，产生爆炸应符合下列条件：

1 存在爆炸性粉尘混合物，其浓度在爆炸极限以内；

2 存在足以点燃爆炸性粉尘混合物的火花、电弧、高温、静电放电或能量辐射。

4.1.4 在爆炸性粉尘环境中应采取下列防止爆炸的措施：

1 防止产生爆炸的基本措施，应是使产生爆炸的条件同时出现的可能性减小到最小程度。

2 防止爆炸危险，应按照爆炸性粉尘混合物的特征采取相应的措施。

3 在工程设计中应先采取下列消除或减少爆炸性粉尘混合物产生和积聚的措施：

1)工艺设备宜将危险物料密封在防止粉尘泄漏的容器内。

2)宜采用露天或开敞式布置，或采用机械除尘措施。

3)宜限制和缩小爆炸危险区域的范围，并将可能释放爆炸性粉尘的设备单独集中布置。

4)提高自动化水平，可采用必要的安全联锁。

5)爆炸危险区域应设有两个以上出入口，其中至少有一个通向非爆炸危险区域，其出入口的门应向爆炸危险性较小的区域侧开启。

6)应对沉积的粉尘进行有效地清除。

7)应限制产生危险温度及火花，特别是由电气设备或线路产生的过热及火花。应防止粉尘进入产生电火花或高温部件的外壳内。应选用粉尘防爆类型的电气设备及线路。

8)可适当增加物料的湿度，降低空气中粉尘的悬浮量。

4.2 爆炸性粉尘环境危险区域划分

4.2.1 粉尘释放源应按爆炸性粉尘释放频繁程度和持续时间长短分为连续级释放源、一级释放源、二级释放源，释放源应符合下列规定：

1 连续级释放源应为粉尘云持续存在或预计长期或短期经常出现的部位。

2 一级释放源应为在正常运行时预计可能周期性的或偶尔释放的释放源。

3 二级释放源应为在正常运行时，预计不可能释放，如果释放也仅是不经常地并且是短期地释放。

4 下列三项不应被视为释放源：

1)压力容器外壳主体结构及其封闭的管口和人孔；

2)全部焊接的输送管和溜槽；

3)在设计和结构方面对防粉尘泄露进行了适当考虑的阀门压盖和法兰接合面。

4.2.2 爆炸危险区域应根据爆炸性粉尘环境出现的频繁程度和持续时间分为20区、21区、22区，分区应符合下列规定：

1 20区应为空气中的可燃性粉尘云持续地或长期地或频繁地出现于爆炸性环境中的区域；

2 21区应为在正常运行时，空气中的可燃性粉尘云很可能偶尔出现于爆炸性环境中的区域；

3 22区应为在正常运行时，空气中的可燃粉尘云一般不可能出现于爆炸性粉尘环境中的区域，即使出现，持续时间也是短暂的。

4.2.3 爆炸危险区域的划分应按爆炸性粉尘的量、爆炸极限和通风条件确定。

4.2.4 符合下列条件之一时，可划为非爆炸危险区域：

1 装有良好除尘效果的除尘装置，当该除尘装置停车时，工艺机组能联锁停车；

2 设有为爆炸性粉尘环境服务，并用墙隔绝的送风机室，其通向爆炸性粉尘环境的风道设有能防止爆炸性粉尘混合物侵入的安全装置。

3 区域内使用爆炸性粉尘的量不大，且在排风柜内或风罩下进行操作。

4.2.5 为爆炸性粉尘环境服务的排风机室，应与被排风区域的爆炸危险区域等级相同。

4.3 爆炸性粉尘环境危险区域范围

4.3.1 一般情况下，区域的范围应通过评价涉及该环境的释放源的级别引起爆炸性粉尘环境的可能来规定。

4.3.2 20区范围主要包括粉尘云连续生成的管道、生产和处理设备的内部区域。当粉尘容器外部持续存在爆炸性粉尘环境时，可划分为20区。

4.3.3 21区的范围应与一级释放源相关联，并应按下列规定确定：

1 含有一级释放源的粉尘处理设备的内部可划分为21区。

2 由一级释放源形成的设备外部场所，其区域的范围应受到粉尘量、释放速率、颗粒大小和物料湿度等粉尘参数的限制，并应考虑引起释放的条件。对于受气候影响的建筑物外部场所可减小21区范围。21区的范围应按照释放源周围1m的距离确定。

3 当粉尘的扩散受到实体结构的限制时，实体结构的表面可作为该区域的边界。

4 一个位于内部不受实体结构限制的21区应被一个22区包围。

5 可结合同类企业相似厂房的实践经验和实际因素将整个厂房划为21区。

4.3.4 22区的范围应按下列规定确定：

1 由二级释放源形成的场所，其区域的范围应受到粉尘量、释放速率、颗粒大小和物料湿度等粉尘参数的限制，并应考虑引起释放的条件。对于受气候影响的建筑物外部场所可减小22区范围。22区的范围应按超出21区3m及二级释放源周围3m的距离确定。

2 当粉尘的扩散受到实体结构的限制时，实体结构的表面可作为该区域的边界。

3 可结合同类企业相似厂房的实践经验和实际的因素将整个厂房划为22区。

4.3.5 爆炸性粉尘环境危险区域范围典型示例图应符合本规范附录D的规定。

4.3.6 可燃性粉尘举例应符合本规范附录E的规定。

5 爆炸性环境的电力装置设计

5.1 一般规定

5.1.1 爆炸性环境的电力装置设计应符合下列规定：

1 爆炸性环境的电力装置设计宜将设备和线路，特别是正常运行时能发生火花的设备布置在爆炸性环境以外。当需设在爆炸性环境内时，应布置在爆炸危险性较小的地点。

2 在满足工艺生产及安全的前提下，应减少防爆电气设备的数量。

3 爆炸性环境内的电气设备和线路应符合周围环境内化学、机械、热、霉菌以及风沙等不同环境条件对电气设备的要求。

4 在爆炸性粉尘环境内，不宜采用携带式电气设备。

5 爆炸性粉尘环境内的事故排风用电动机应在生产发生事故的情况下，在便于操作的地方设置事故启动按钮等控制设备。

6 在爆炸性粉尘环境内，应尽量减少插座和局部照明灯具的数量。如需采用时，插座宜布置在爆炸性粉尘不易积聚的地点，局部照明灯宜布置在事故时气流不易冲击的位置。

粉尘环境中安装的插座开口的一面应朝下，且与垂直面的角度不应大于60°。

7 爆炸性环境内设置的防爆电气设备应符合现行国家标准《爆炸性环境 第1部分：设备 通用要求》GB 3836.1的有关规定。

5.2 爆炸性环境电气设备的选择

5.2.1 在爆炸性环境内，电气设备应根据下列因素进行选择：

1 爆炸危险区域的分区；

2 可燃性物质和可燃性粉尘的分级；

3 可燃性物质的引燃温度；

4 可燃性粉尘云、可燃性粉尘层的最低引燃温度。

5.2.2 危险区域划分与电气设备保护级别的关系应符合下列规定：

1 爆炸性环境内电气设备保护级别的选择应符合表5.2.2-1的规定。

表5.2.2-1 爆炸性环境内电气设备保护级别的选择

危险区域	设备保护级别(EPL)
0区	Ga
1区	Ga或Gb
2区	Ga、Gb或Gc
20区	Da
21区	Da或Db
22区	Da、Db或Dc

2 电气设备保护级别(EPL)与电气设备防爆结构的关系应符合表5.2.2-2的规定。

表5.2.2-2 电气设备保护级别(EPL)与电气设备防爆结构的关系

设备保护级别(EPL)	电气设备防爆结构	防爆形式
Ga	本质安全型	“ia”
	浇封型	“ma”
	由两种独立的防爆类型组成的设备，每一种类型达到保护级别“Gb”的要求	—
	光辐射式设备和传输系统的保护	“op is”

续表

设备保护级别(EPL)	电气设备防爆结构	防爆形式
Gb	隔爆型	"d"
	增安型	"e"①
	本质安全型	"ib"
	浇封型	"mb"
	油浸型	"o"
	正压型	"px"、"py"
	充砂型	"q"
	本质安全现场总线概念(FISCO)	—
	光辐射式设备和传输系统的保护	"op pr"
Gc	本质安全型	"ic"
	浇封型	"mc"
	无火花	"n"、"nA"
	限制呼吸	"nR"
	限能	"nL"
	火花保护	"nC"
	正压型	"pz"
	非可燃现场总线概念(FNICO)	—
	光辐射式设备和传输系统的保护	"op sh"
Da	本质安全型	"iD"
	浇封型	"mD"
	外壳保护型	"tD"
Db	本质安全型	"iD"
	浇封型	"mD"
	外壳保护型	"tD"
	正压型	"pD"
Dc	本质安全型	"iD"
	浇封型	"mD"
	外壳保护型	"tD"
	正压型	"pD"

① 在1区中使用的增安型"e"电气设备仅限于下列电气设备：在正常运行中不产生火花、电弧或危险温度的接线盒和接线箱，包括主体为"d'或"m"型，接线部分为"e"型的电气产品；按现行国家标准《爆炸性环境 第3部分：由增安型"e"保护的设备》GB 3836.3—2010附录D配置的合适热保护装置的"e"型低压异步电动机，启动频繁和环境条件恶劣者除外；"e"型荧光灯；"e"型测量仪表和仪表用电流互感器。

5.2.3 防爆电气设备的级别和组别不应低于该爆炸性气体环境内爆炸性气体混合物的级别和组别，并应符合下列规定：

1 气体、蒸气或粉尘分级与电气设备类别的关系应符合表5.2.3-1的规定。当存在有两种以上可燃性物质形成的爆炸性混合物时，应按照混合后的爆炸性混合物的级别和组别选用防爆设备，无据可查又不可能进行试验时，可按危险程度较高的级别和组别选用防爆电气设备。

对于标有适用于特定的气体、蒸气的环境的防爆设备，没有经过鉴定，不得使用于其他的气体环境内。

表 5.2.3－1　气体、蒸气或粉尘分级与电气设备类别的关系

气体、蒸气或粉尘分级	设备类别
ⅡA	ⅡA、ⅡB 或ⅡC
ⅡB	ⅡB 或ⅡC
ⅡC	ⅡC
ⅢA	ⅢA、ⅢB 或ⅢC
ⅢB	ⅢB 或ⅢC
ⅢC	ⅢC

2　Ⅱ类电气设备的温度组别、最高表面温度和气体、蒸气引燃温度之间的关系符合表 5.2.3－2 的规定。

表 5.2.3－2　Ⅱ类电气设备的温度组别、最高表面温度和气体、蒸气引燃温度之间的关系

电气设备温度组别	电气设备允许最高表面温度/℃	气体/蒸气的引燃温度/℃	适用的设备温度级别
T1	450	>450	T1～T6
T2	300	>300	T2～T6
T3	200	>200	T3～T6
T4	135	>135	T4～T6
T5	100	>100	T5～T6
T6	85	>85	T6

3　安装在爆炸性粉尘环境中的电气设备应采取措施防止热表面点可燃性粉尘层引起的火灾危险。Ⅲ类电气设备的最高表面温度应按国家现行有关标准的规定进行选择。电气设备结构应满足电气设备在规定的运行条件下不降低防爆性能的要求。

5.2.4　当选用正压型电气设备及通风系统时，应符合下列规定：

1　通风系统应采用非燃性材料制成，其结构应坚固，连接应严密，并不得有产生气体滞留的死角。

2　电气设备应与通风系统联锁。运行前应先通风，并应在通风量大于电气设备及其通风系统管道容积的 5 倍时，接通设备的主电源。

3　在运行中，进入电气设备及其通风系统内的气体不应含有可燃物质或其他有害物质。

4　在电气设备及其通风系统运行中，对于 px、py 或 pD 型设备，其风压不应低于 50Pa；对于 pz 型设备，其风压不应低于 25Pa。当风压低于上述值时，应自动断开设备的主电源或发出信号。

5　通风过程排出的气体不宜排入爆炸危险环境；当采取有效地防止火花和炽热颗粒从设备及其通风系统吹出的措施时，可排入 2 区空间。

6　对闭路通风的正压型设备及其通风系统应供给清洁气体。

7　电气设备外壳及通风系统的门或盖子应采取联锁装置或加警告标志等安全措施。

5.3　爆炸性环境电气设备的安装

5.3.1　油浸型设备应在没有振动、不倾斜和固定安装的条件下采用。

5.3.2　在采用非防爆型设备作隔墙机械传动时，应符合下列规定：

1　安装电气设备的房间应用非燃烧体的实体墙与爆炸危险区域隔开；

2　传动轴传动通过隔墙处，应采用填料函密封或有同等效果的密封措施；

3　安装电气设备房间的出口应通向非爆炸危险区域的环境；当安装设备的房间必须与爆炸性环境相通时，应对爆炸性环境保持相对的正压。

5.3.3　除本质安全电路外，爆炸性环境的电气线路和设备应装设过载、短路和接地保护，不可能产生

过载的电气设备可不装设过载保护。爆炸性环境的电动机除按国家现行有关标准的要求装设必要的保护之外，均应装设断相保护。如果电气设备的自动断电可能引起比引燃危险造成的危险更大时，应采用报警装置代替自动断电装置。

5.3.4 紧急情况下，在危险场所外合适的地点或位置应采取一种或多种措施对危险场所设备断电。连续运行的设备不应包括在紧急断电回路中，而应安装在单独的回路上，防止附加危险产生。

5.3.5 变电所、配电所和控制室的设计应符合下列规定：

1 变电所、配电所(包括配电室，下同)和控制室应布置在爆炸性环境以外，当为正压室时，可布置在1区、2区内。

2 对于可燃物质比空气重的爆炸性气体环境，位于爆炸危险区附加2区的变电所、配电所和控制室的电气和仪表的设备层地面应高出室外地面0.6m。

5.4 爆炸性环境电气线路的设计

5.4.1 爆炸性环境电缆和导线的选择应符合下列规定：

1 在爆炸性环境内，低压电力、照明线路采用的绝缘导线和电缆的额定电压应高于或等于工作电压，且 U_o/U 不应低于工作电压。中性线的额定电压应与相线电压相等，并应在同一护套或保护管内敷设。

2 在爆炸危险区内，除在配电盘、接线箱或采用金属导管配线系统内，无护套的电线不应作为供配电线路。

3 在1区内应采用铜芯电缆；除本质安全电路外，在2区内宜采用铜芯电缆，当采用铝芯电缆时，其截面不得小于 $16mm^2$，且与电气设备的连接应采用铜－铝过渡接头。敷设在爆炸性粉尘环境20区、21区以及在22区内有剧烈振动区域的回路，均应采用铜芯绝缘导线或电缆。

4 除本质安全系统的电路外，爆炸性环境电缆配线的技术要求应符合表5.4.1－1的规定。

表5.4.1－1 爆炸性环境电缆配线的技术要求

项目 技术要求 爆炸危险区域	电缆明设或在沟内敷设时的最小截面			移动电缆
	电力	照明	控制	
1区、20区、21区	铜芯2 5mm² 及以上	铜芯2.5mm² 及以上	铜芯1.0mm² 及以上	重型
2区、22区	铜芯1.5mm² 及以上，铝芯16mm² 及以上	铜芯1.5mm² 及以上	铜芯1.0mm² 及以上	中型

5 除本质安全系统的电路外，在爆炸性环境内电压为1000V以下的钢管配线的技术要求应符合表5.4.1－2的规定。

表5.4.1－2 爆炸性环境内电压为1000V以下的钢管配线的技术要求

项目 技术要求 爆炸危险区域	钢管配线用绝缘导线的最小截面			管子连接要求
	电力	照明	控制	
1区、20区、21区	铜芯2.5mm² 及以上	铜芯2.5mm² 及以上	铜芯2.5mm² 及以上	钢管螺纹旋合不应少于5扣
2区、22区	铜芯2.5mm² 及以上	铜芯1.5mm² 及以上	铜芯1.5mm² 及以上	钢管螺纹旋合不应少于5扣

6　在爆炸性环境内，绝缘导线和电缆截面的选择除应满足表 5.4.1－1 和表 5.4.1－2 的规定外，还应符合下列规定：

1）导体允许载流量不应小于熔断器熔体额定电流的 1.25 倍及断路器长延时过电流脱扣器整定电流的 1.25 倍，本款第 2 项的情况除外；

2）引向电压为 1000V 以下鼠笼型感应电动机支线的长期允许载流量不应小于电动机额定电流的 1.25 倍。

7　在架空、桥架敷设时电缆宜采用阻燃电缆。当敷设方式采用能防止机械损伤的桥架方式时，塑料护套电缆可采用非铠装电缆。当不存在会受鼠、虫等损害情形时，在 2 区、22 区电缆沟内敷设的电缆可采用非铠装电缆。

5.4.2　爆炸性环境线路的保护应符合下列规定：

1　在 1 区内单相网络中的相线及中性线均应装设短路保护，并采取适当开关同时断开相线和中性线。

2　对 3～10kV 电缆线路宜装设零序电流保护，在 1 区、21 区内保护装置宜动作于跳闸。

5.4.3　爆炸性环境电气线路的安装应符合下列规定：

1　电气线路宜在爆炸危险性较小的环境或远离释放源的地方敷设，并应符合下列规定：

1）当可燃物质比空气重时，电气线路宜在较高处敷设或直接埋地；架空敷设时宜采用电缆桥架；电缆沟敷设时沟内应充砂，并宜设置排水措施。

2）电气线路宜在有爆炸危险的建筑物、构筑物的墙外敷设。

3）在爆炸粉尘环境，电缆应沿粉尘不易堆积并且易于粉尘清除的位置敷设。

2　敷设电气线路的沟道、电缆桥架或导管，所穿过的不同区域之间墙或楼板处的孔洞应采用非燃性材料严密堵塞。

3　敷设电气线路时宜避开可能受到机械损伤、振动、腐蚀、紫外线照射以及可能受热的地方，不能避开时，应采取预防措施。

4　钢管配线可采用无护套的绝缘单芯或多芯导线。当钢管中含有三根或多根导线时，导线包括绝缘层的总截面不宜超过钢管截面的 40%。钢管应采用低压流体输送用镀锌焊接钢管。钢管连接的螺纹部分应涂以铅油或磷化膏。在可能凝结冷凝水的地方，管线上应装设排除冷凝水的密封接头。

5　在爆炸性气体环境内钢管配线的电气线路应做好隔离密封，且应符合下列规定：

1）在正常运行时，所有点燃源外壳的 450mm 范围内应做隔离密封。

2）直径 50mm 以上钢管距引入的接线箱 450mm 以内处应做隔离密封。

3）相邻的爆炸性环境之间以及爆炸性环境与相邻的其他危险环境或非危险环境之间应进行隔离密封。进行密封时，密封内部应用纤维作填充层的底层或隔层，填充层的有效厚度不应小于钢管的内径，且不得小于 16mm。

4）供隔离密封用的连接部件，不应作为导线的连接或分线用。

6 在 1 区内电缆线路严禁有中间接头，在 2 区、20 区、21 区内不应有中间接头。

7　当电缆或导线的终端连接时，电缆内部的导线如果为绞线，其终端应采用定型端子或接线鼻子进行连接。

铝芯绝缘导线或电缆的接与封端应采用压接、熔焊或钎焊，当与设备（照明灯具除外）连接时，应采用铜－铝过渡接头。

8　架空电力线路不得跨越爆炸性气体环境，架空线路与爆炸性气体环境的水平距离不应小于杆塔高度的 1.5 倍。在特殊情况下，采取有效措施后，可适当减少距离。

5.5　爆炸性环境接地设计

5.5.1　当爆炸性环境电力系统接地设计时。1000V 交流/1500V 直流以下的电源系统的接地应符合下列规定：

1　爆炸性环境中的 TN 系统应采用 TN－S 型：

2 危险区中的 TT 型电源系统应采用剩余电流动作的保护电器；

3 爆炸性环境中的 IT 型电源系统应设置绝缘监测装置。

5.5.2 爆炸性气体环境中应设置等电位联结，所有裸露的装置外部可导电部件应接入等电位系统。本质安全型设备的金属外壳可不与等电位系统连接，制造厂有特殊要求的除外。具有阴极保护的设备不应与等电位系统连接，专门为阴极保护设计的接地系统除外。

5.5.3 爆炸性环境内设备的保护接地应符合下列规定：

1 按照现行国家标准《交流电气装置的接地设计规范》GB/T 50065 的有关规定，下列不需要接地的部分，在爆炸性环境内仍应进行接地：

1)在不良导电地面处，交流额定电压为 1000V 以下和直流额定电压为 1500V 及以下的设备正常不带电的金属外壳；

2)在干燥环境，交流额定电压为 127V 及以下，直流电压为 110V 及以下的设备正常不带电的金属外壳；

3)安装在已接地的金属结构上的设备。

2 在爆炸危险环境内，设备的外露可导电部分应可靠接地。爆炸性环境 1 区、20 区、21 区内的所有设备以及爆炸性环境 2 区、22 区内除照明灯具以外的其他设备应采用专用的接地线。该接地线若与相线敷设在同一保护管内时，应具有与相线相等的绝缘。爆炸性环境 2 区、22 区内的照明灯具，可利用有可靠电气连接的金属管线系统作为接地线，但不得利用输送可燃物质的管道。

3 在爆炸危险区域不同方向，接地干线应不少于两处与接地体连接。

5.5.4 设备的接地装置与防止直接雷击的独立避雷针的接地装置应分开设置，与装设在建筑物上防止直接雷击的避雷针的接地装置可合并设置，与防雷电感应的接地装置亦可合并设置。接地电阻值应取其中最低值。

5.5.5 0 区、20 区场所的金属部件不宜采用阴极保护，当采用阴极保护时，应采取特殊的设计。阴极保护所要求的绝缘元件应安装在爆炸性环境之外。

附录 A　爆炸危险区域划分示例图及爆炸危险区域划分条件

A. 0. 1 爆炸危险区域划分应按图 A. 0. 1 划分。

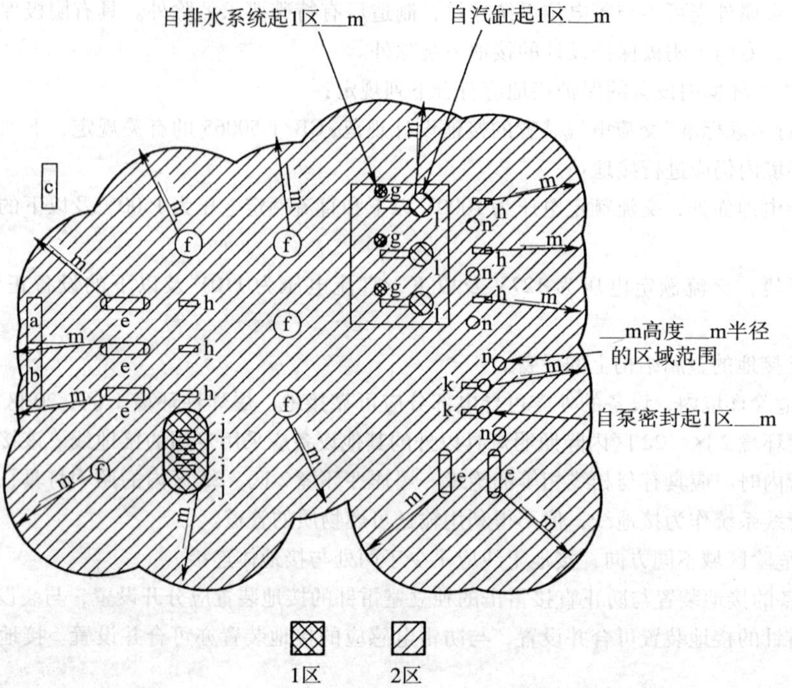

（a）平面图

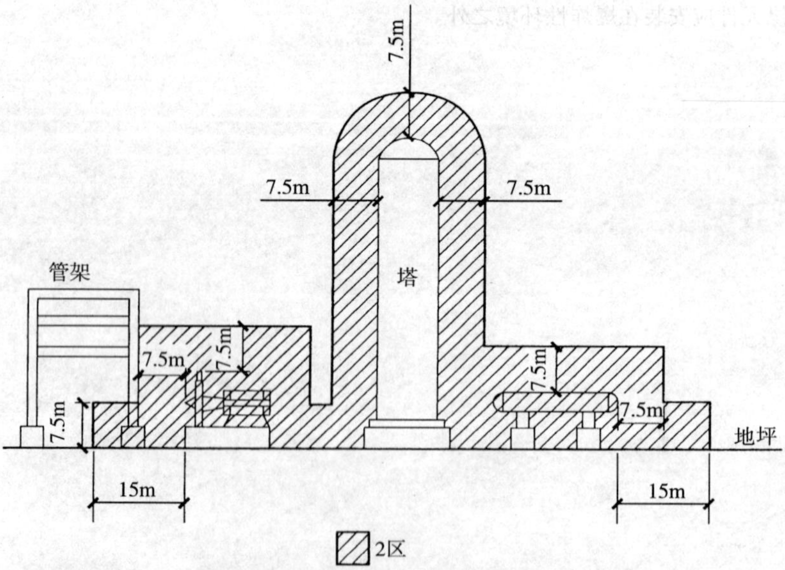

（b）立面图

图 A. 0. 1　爆炸危险区域划分示例图

a—正压控制室；b—正压配电室；c—车间；e—容器；f—蒸馏塔；g—分析室（正压或吹净）；h—泵（正常运行时不可能释放的密封）；j—泵（正常运行时有可能释放的密封）；k—泵（正常运行时有可能释放的密封）；l—往复式压缩机；m—压缩机房（开敞式建筑）；n—放空口（高处或低处）

A. 0. 2 爆炸危险区域划分条件应符合表 A. 0. 2 的规定。

表 A. 0. 2　爆炸危险区域划分条件

工艺设备项目			易燃物质	工艺温度和压力	易燃物质容器的说明	通风	释放源		水平距离从释放源至*			根据	备注
编号	种类	地点					说明	级别	0区的界限	1区的界限	2区的界限		
E52	氢容器	户外	氢	30℃ 2500kPa	具有阀门和向外放空阀的密闭系统	自然（开敞式）	法兰和阀密封（见备注栏）	二级	—		— m	—	由于法兰密封垫或阀门密封故障引起的释放（不正常）
J29	二甲苯泵	户外	二甲苯	60℃ 3000kPa	具有阀门和排水设备的密闭系统，机械密封盒节流阀	自然（开敞式）	法兰和阀密封（见备注栏）	二级	—	—	— m	—	由于法兰密封垫或阀门密封故障引起的释放（不正常）
							机械密封（见备注栏）	一级/二级（多级别）	—	— m	— m	—	正常运行时少量的释放，密封故障造成较大的释放（不正常）
J94	乙烯压缩机（往复式）	开敞式建筑物	乙烯	70℃ 2000kPa	具有密封压盖的放空口和冷却排水点的密闭系统	自然（相当于开敞式）	法兰、密封压盖和阀密封（见备注栏）	二级	—		— m		由于法兰密封垫、密封压盖或阀门密封故障造成的释放（不正常）
							放空口和排水点（见备注栏）	一级/二级（多级别）	—	— m	— m	××规定第×条	正常运行时少量的释放，由于不正常操作可能出现的大量释放（不正常）
132	固定顶盖罐	户外	汽油	周围环境	除用于真空压力阀外的密闭系统	自然（开敞式）	罐的放空口（见备注栏）	连续级/一级/二级（多级别）	在蒸气空间内为0区	— m	— m		正常加料时放空的蒸气，可能在不正常情况下加过物料

附录 B　爆炸性气体环境危险区域范围典型示例图

B. 0. 1　在结合具体情况，充分分析影响区域的等级和范围的各项因素包括可燃物质的释放量、释放速度、沸点、温度、闪点、相对密度、爆炸下限、障碍等及生产条件，运用实践经验加以分析判断时，可使用下列示例来确定范围，图中释放源除注明外均为第二级释放源。

1　可燃物质重于空气、通风良好且为第二级释放源的主要生产装置区（图 B. 0. 1 – 1 和图 B. 0. 1 – 2），爆炸危险区域的范围划分宜符合下列规定：

1）在爆炸危险区域内，地坪下的坑、沟可划为 1 区；

2）与释放源的距离为 7. 5m 的范围内可划为 2 区；

3）以释放源为中心，总半径为 30m，地坪上的高度为 0. 6m，且在 2 区以外的范围内可划为附加 2 区。

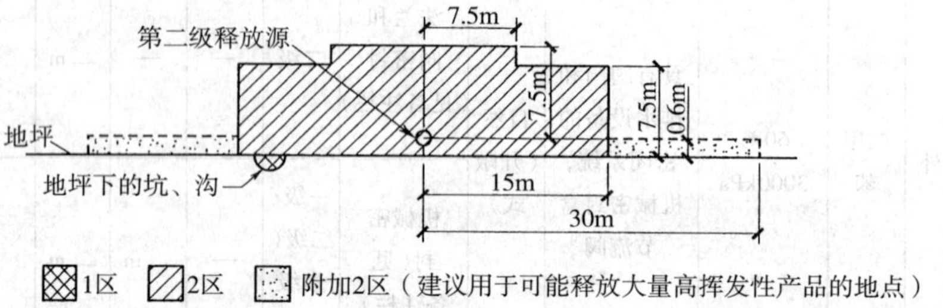

B. 0. 1 – 1　释放源接近地坪时可燃物质重于空气、通风良好的生产装置区

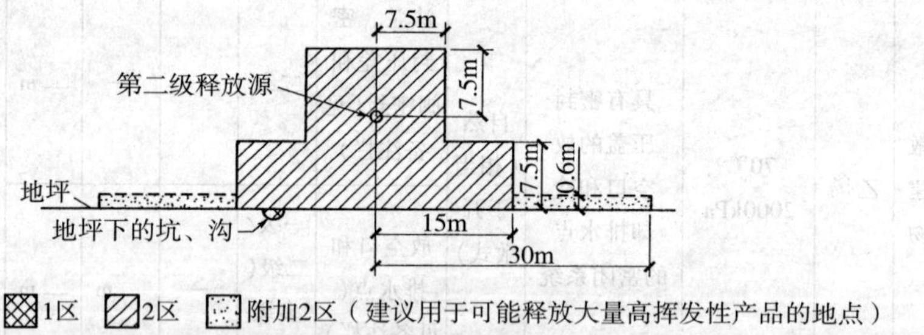

图 B. 0. 1 – 2　释放源在地坪以上时可燃物质重于空气、通风良好的生产装置区

2　可燃物质重于空气，释放源在封闭建筑物内，通风不良且为第二级释放源的主要生产装置区（图 B. 0. 1 – 3），爆炸危险区域的范围划分宜符合下列规定：

1）封闭建筑物内和在爆炸危险区域内地坪下的坑、沟可划为 1 区；

2）以释放源为中心，半径为 15m，高度为 7. 5m 的范围内可划为 2 区，但封闭建筑物的外墙和顶部距 2 区的界限不得小于 3m，如为无孔洞实体墙，则墙外为非危险区；

3）以释放源为中心，总半径为 30m，地坪上的高度为 0. 6m，且在 2 区以外的范围内可划为附加 2 区。

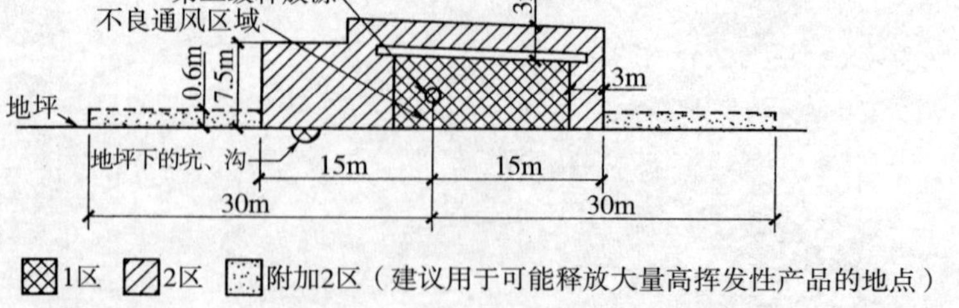

图 B. 0. 1 – 3　可燃物质重于空气、释放源在封闭建筑物内通风不良的生产装置区

注：用于距释放源在水平方向 15m 的距离。或在建筑物周边 3m 范围，取两者中较大者。

3　对于可燃物质重于空气的贮罐(图 B. 0. 1 –4 和图 B. 0. 1 –5)，爆炸危险区域的范围划分宜符合下列规定：

1)固定式贮罐，在罐体内部未充惰性气体的液体表面以上的空间可划为 0 区，浮顶式贮罐在浮顶移动范围内的空间可划为 1 区；

2)以放空口为中心，半径为 1. 5m 的空间和爆炸危险区域内地坪下的坑、沟可划为 1 区；

3)距离贮罐的外壁和顶部 3m 的范围内可划为 2 区；

4)当贮罐周围设围堤时，贮罐外壁至围堤，其高度为堤顶高度的范围内可划为 2 区。

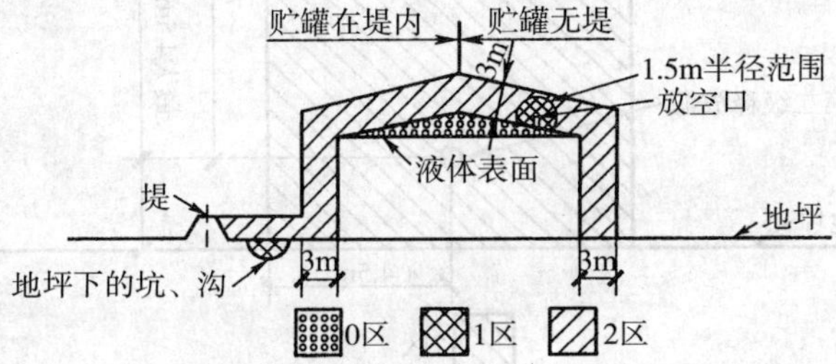

图 B. 0. 1 –4　可燃物质重于空气、设在户外地坪上的固定式贮罐

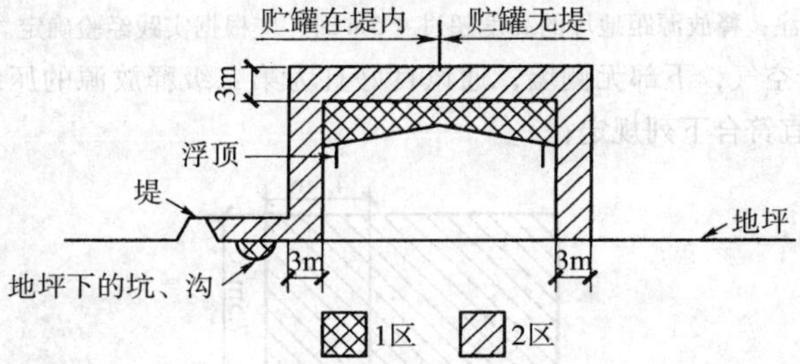

图 B. 0. 1 –5　可燃物质重于空气、设在户外地坪上的浮顶式贮罐

4　可燃液体、液化气、压缩气体、低温度液体装载槽车及槽车注送口处(图 B. 0. 1 –6)，爆炸危险区域的范围划分宜符合下列规定：

1)以槽车密闭式注送口为中心，半径为 1. 5m 的空间或以非密闭式注送口为中心，半径为 3m 的空间和爆炸危险区域内地坪下的坑、沟可划为 1 区；

2)以槽车密闭式注送口为中心，半径为 4. 5m 的空间或以非密闭式注送口为中心，半径为 7. 5m 的空间以及至地坪以上的范围内可划为 2 区。

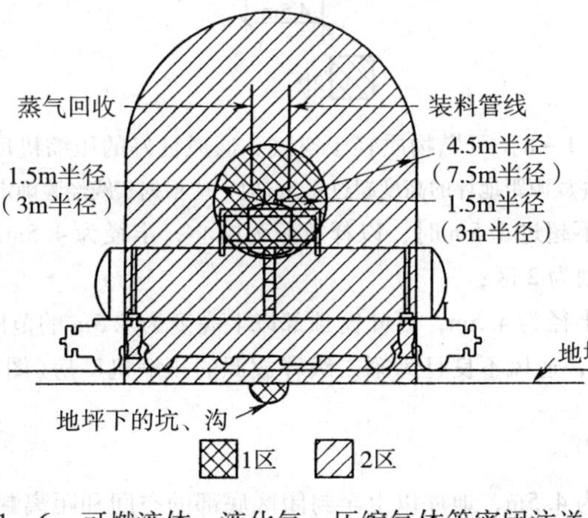

图 B. 0. 1 –6　可燃液体、液化气，压缩气体等密闭注送系统的槽车

注：可燃液体为非密闭注送时采用括号内数值。

5　对于可燃物质轻于空气，通风良好且为第二级释放源的主要生产装置区（图 B.0.1－7），当释放源距地坪的高度不超过 4.5m 时，以释放源为中心，半径为 4.5m，顶部与释放源的距离为 4.5m，及释放源至地坪以上的范围内可划为 2 区。

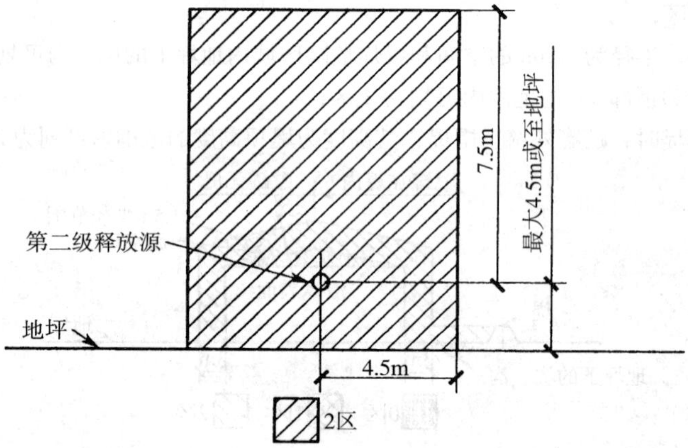

图 B.0.1－7　可燃物质轻于空气、通风良好的生产装置区

注：释放源距地坪的高度超过 4.5m 时，应根据实践经验确定。

6　对于可燃物质轻于空气，下部无侧墙，通风良好且为第二级释放源的压缩机厂房（图 B.0.1－8），爆炸危险区域的范围划分宜符合下列规定：

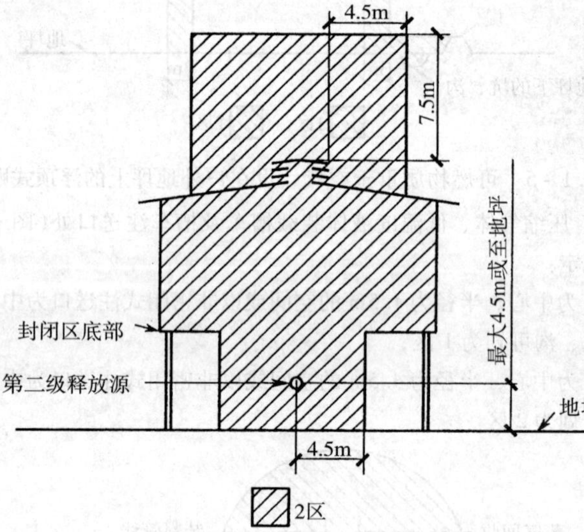

图 B.0.1－8　可燃物质轻于空气、通风良好的压缩机厂房

注：释放源距地坪的高度超过 4.5m 时，应根据实践经验确定。

1）当释放源距地坪的高度不超过 4.5m 时，以释放源为中心，半径为 4.5m，地坪以上至封闭区底部的空间和封闭区内部的范围内可划为 2 区；

2）屋顶上方百叶窗边外，半径为 4.5m，百叶窗顶部以上高度为 7.5m 的范围内可划为 2 区。

7　对于可燃物质轻于空气，通风不良且为第二级释放源的压缩机厂房（图 B.0.1－9），爆炸危险区域的范围划分宜符合下列规定：

1）封闭区内部可划为 1 区；

2）以释放源为中心，半径为 4.5m，地坪以上至封闭区底部的空间和距离封闭区外壁 3m，顶部的垂直高度为 4.5m 的范围内可划为 2 区。

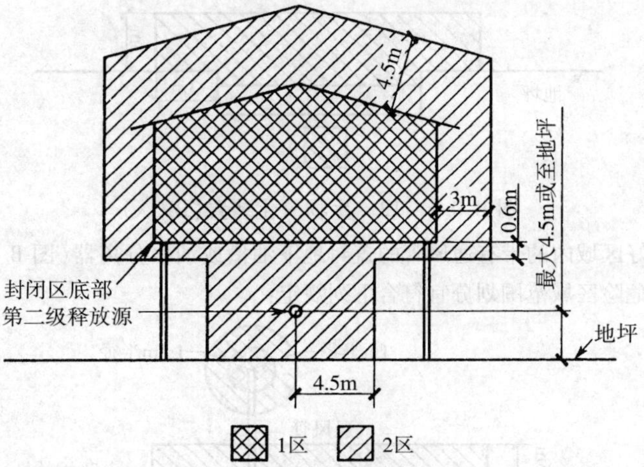

图 B.0.1－9　可燃物质轻于空气、通风不良的压缩机厂房

注：释放源距地坪的高度超过4.5m时，应根据实践经验确定。

8　对于开顶贮罐或池的单元分离器、预分离器和分离器(图 B.0.1－10)，当液体表面为连续级释放源时，爆炸危险区域的范围划分宜符合下列规定：

1)单元分离器和预分离器的池壁外，半径为7.5m，地坪上高度为7.5m，及至液体表面以上的范围内可划为1区；

2)分离器的池壁外，半径为3m，地坪上高度为3m，及至液体表面以上的范围内可划为1区；

3)1区外水平距离半径为3m，垂直上方3m，水平距离半径为7.5m，地坪上高度为3m以及1区外水平距离半径为22.5m，地坪上高度为0.6m的范围内可划为2区。

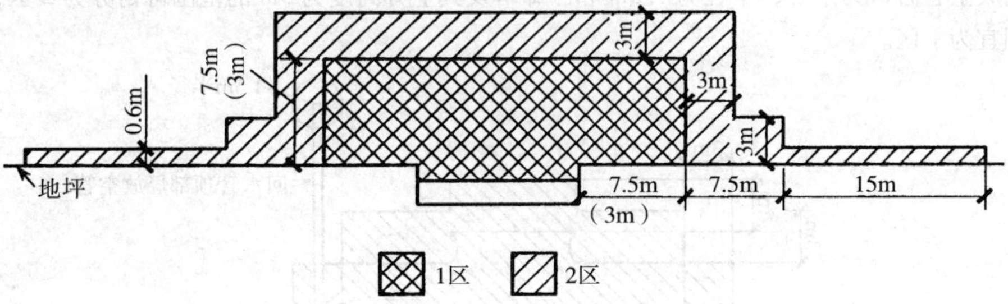

图 B.0.1－10　单元分离器、预分离器和分离器

9　对于开顶贮罐或池的溶解气游离装置(溶气浮选装置)(图 B.0.1－11)，当液体表面处为连续级释源时，爆炸危险区域的范围划分宜符合下列规定：

1)液体表面至地坪的范围可划为1区；

2)1区外及池壁外水平距离半径为3m，地坪上高度为3m的范围内可划为2区。

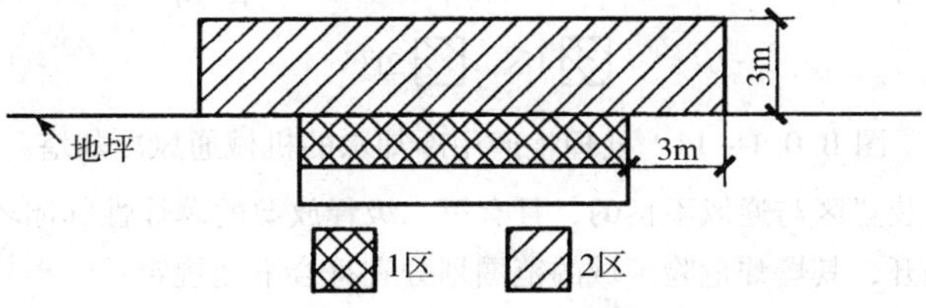

图 B.0.1－11　溶解气游离装置(溶气浮选装置)(DAF)

10　对于开顶贮罐或池的生物氧化装置(图 B.0.1－12)，当液体表面处为连续级释放源时，开顶贮罐或池壁外水平距离半径为3m，液体表面上方至地坪上高度为3m的范围内宜划为2区。

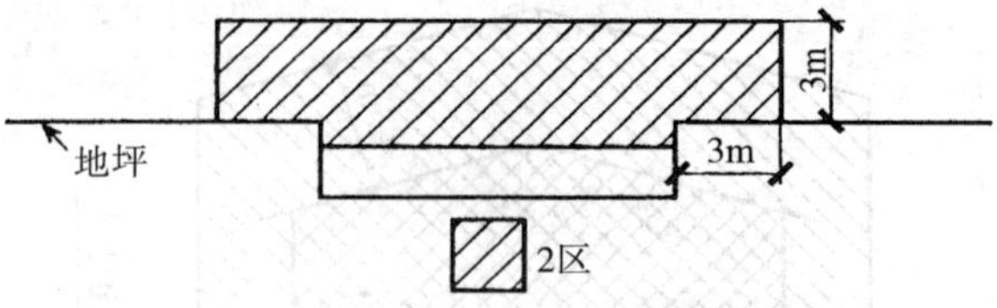

图 B.0.1－12　生物氧化装置（BIOX）

11　对于在通风良好区域内的带有通风管的盖封地下油槽或油水分离器（图 B.0.1－13），当液体表面为连续释放源时，爆炸危险区域范围划分宜符合下列规定：

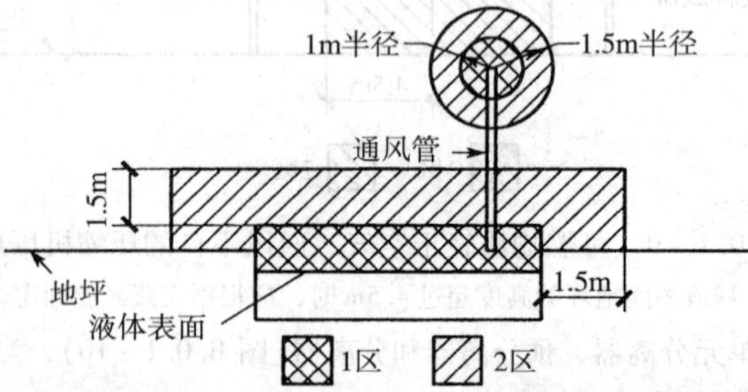

图 B.0.1－13　在通风良好区域内的带有通风管的盖封地下油槽或油水分离器

1）液体表面至盖底及以通风管管口为中心，半径为 1m 的范围可划为 1 区；

2）槽壁外水平距离 1.5m，盖子上部高度为 1.5m，及以通风管管口为中心，半径为 1.5m 的范围可划为 2 区。

12　对于处理生产装置用冷却水的机械通风冷却塔（图 B.0.1－14），当划分为爆炸危险区域时，以回水管顶部烃放空管管口为中心，半径为 1.5m 和冷却塔及其上方高度为 3m 的范围可划分为 2 区，地坪下的泵坑的范围宜为 1 区。

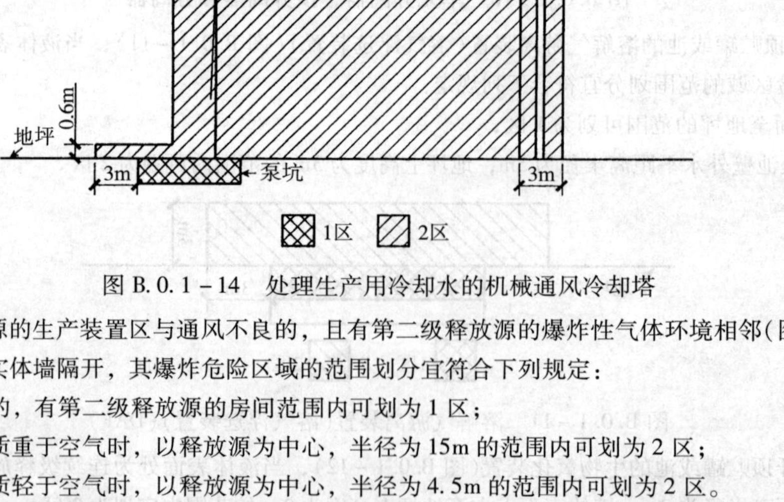

图 B.0.1－14　处理生产用冷却水的机械通风冷却塔

13　无释放源的生产装置区与通风不良的，且有第二级释放源的爆炸性气体环境相邻（图 B.0.1－15），并用非燃烧体的实体墙隔开，其爆炸危险区域的范围划分宜符合下列规定：

1）通风不良的，有第二级释放源的房间范围内可划为 1 区；

2）当可燃物质重于空气时，以释放源为中心，半径为 15m 的范围内可划为 2 区；

3）当可燃物质轻于空气时，以释放源为中心，半径为 4.5m 的范围内可划为 2 区。

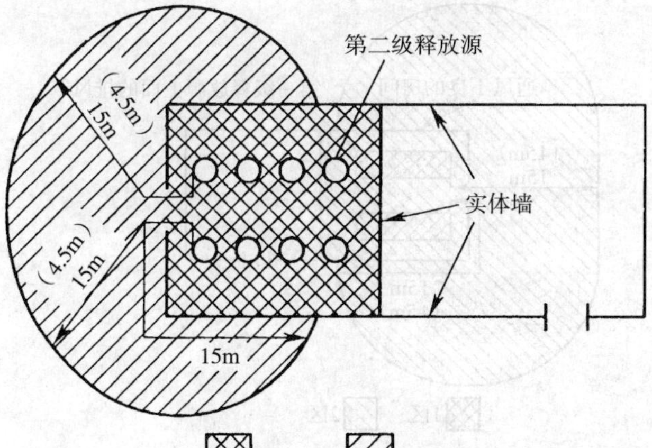

图 B.0.1－15 与通风不良的房间相邻

14 无释放源的生产装置区与有顶无墙建筑物且有第二级释放源的爆炸性气体环境相邻(图 B.0.1－16)，并用非燃烧体的实体墙隔开，其爆炸危险区域的范围划分宜符合下列规定；

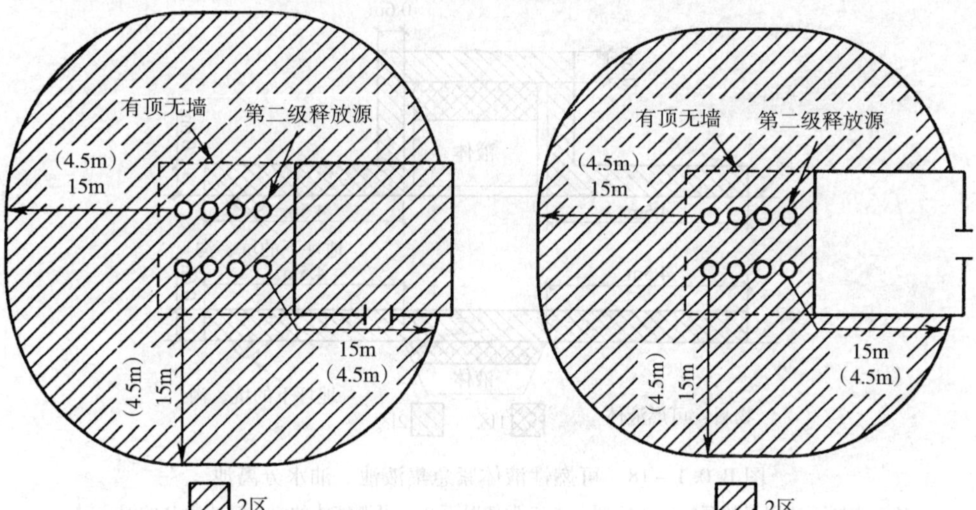

(a) 门窗位于爆炸危险区域内 (b) 门窗位于爆炸危险区域外

图 B.0.1－16 与有顶无墙建筑物相邻

1) 当可燃物质重于空气时，以释放源为中心，半径为 15m 的范围内可划为 2 区；

2) 当可燃物质轻于空气时，以释放源为中心，半径为 4.5m 的范围内可划为 2 区；

3) 与爆炸危险区域相邻，用非燃烧体的实体墙隔开的无释放源的生产装置区，门窗位于爆炸危险区域内时可划为 2 区，门窗位于爆炸危险区域外时可划为非危险区。

15 无释放源的生产装置区与通风不良的且有第一级释放源的爆炸性气体环境相邻(图 B.0.1－17)，并用非燃烧体的实体墙隔开，其爆炸危险区域的范围划分宜符合下列规定：

1) 第一级释放源上方排风罩内的范围可划为 1 区；

2) 当可燃物质重于空气时，1 区外半径为 15m 的范围内可划为 2 区；

3) 当可燃物质轻于空气时，1 区外半径为 4.5m 的范围内可或为 2 区。

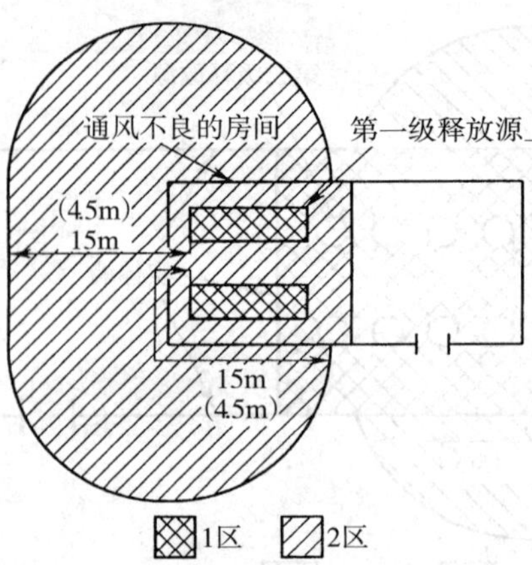

图 B. 0. 1 - 17　释放源上面有排风罩时的爆炸危险区域范围

16　可燃性液体紧急集液池、油水分离池(图 B. 0. 1 - 18)的危险区域的范围划分家符合下列规定：

1)集游 池或分离池内液面至池顶部或地坪部分的区域可划为 1 区；

2)池壁水平方向半径为 4. 5m 的范围内可划为 2 区。

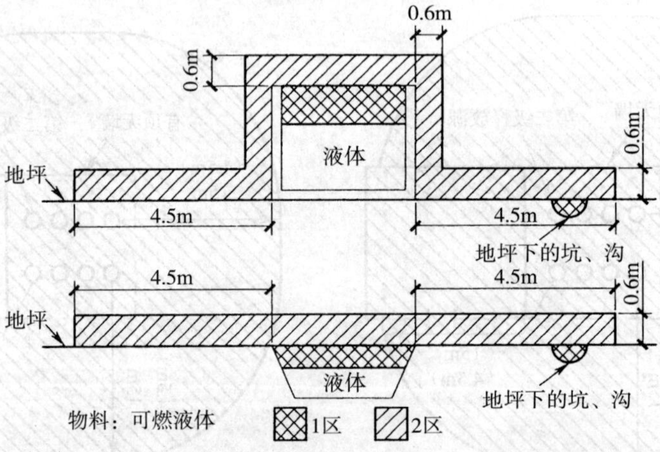

图 B. 0. 1 - 18　可燃性液体紧急集液池、油水分离池

注：本图不适用于敞开的坑或容器，如正常情况下装有可燃液体的浸式罐或敞开的混合罐。

17　液氢储存装置位于通风良好的户内或户外(图 B. 0. 1 - 19)的危险区域划分宜符合下列规定：

1)释放源高于地面 7. 5m 以上时以释放源为中心，半径为 1m 的范围内可划为 1 区，以释放源为中心，半径为 7. 5m 的范围内可划为 2 区；

2)释放源与地坪的距离小于 7. 5m 时，以释放源为中心，半径为 7. 5m 的范围内可划为 2 区。

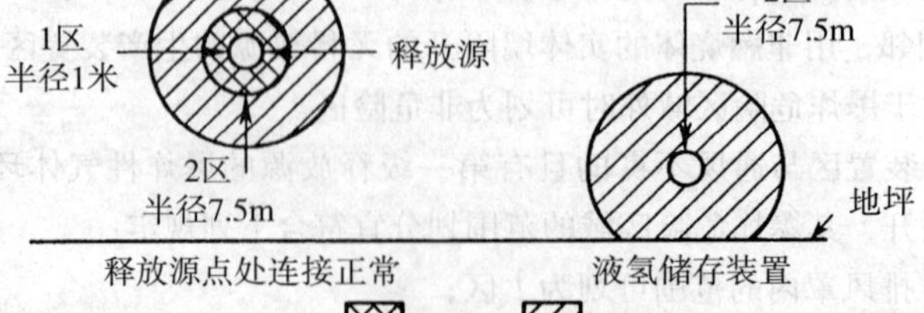

图 B. 0. 1 - 19　通风良好的户内或户外液氢储存装置

18　气态氢气储存装置位于通风良好的户内或户外(图 B. 0. 1 - 20)的危险区域划分宜符合下列规定：

1)户外情况时，以释放源为中心，半径为7.5m的范围内可划为2区；

2)户内情况时，以释放源为中心，半径为1.5m的范围内可划为2区。

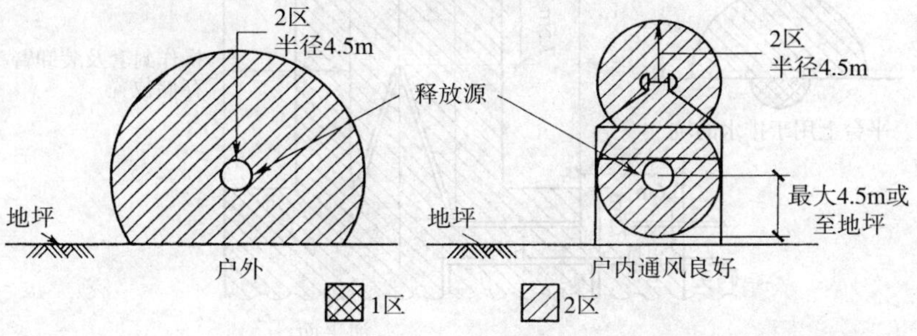

图 B.0.1－20　通风良好的户内或户外气态氢储存装置

19　低温液化气体贮罐的危险区域划分宜符合下列规定(图 B.0.1－21)：

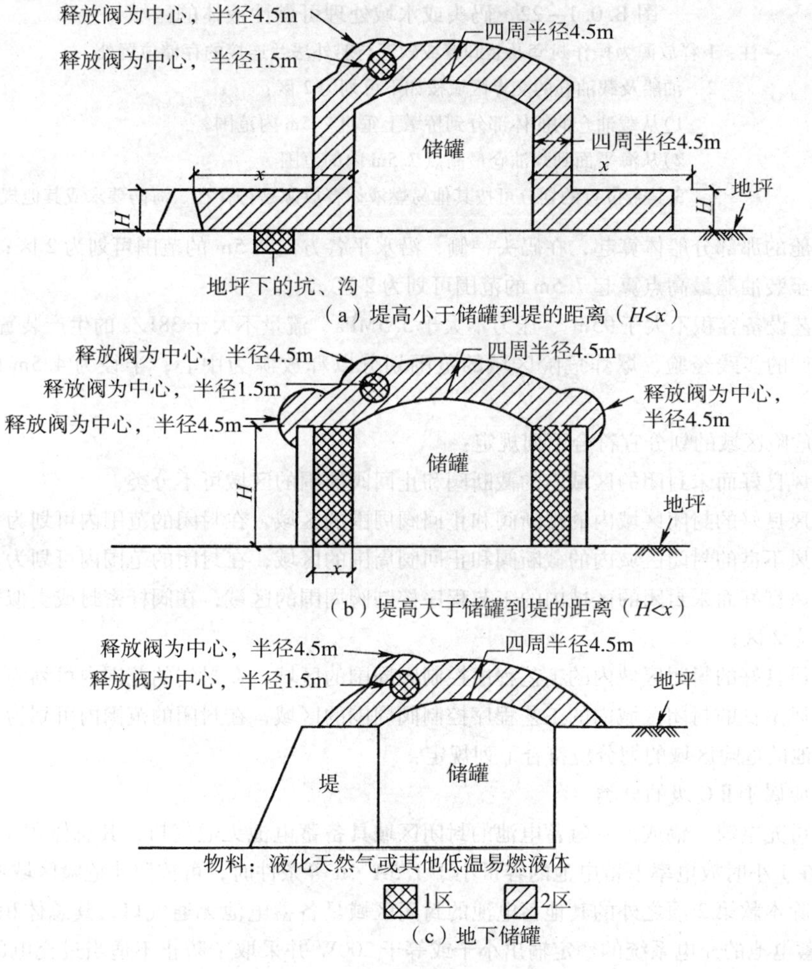

图 B.0.1－21　低温液化气体贮罐

1)以释放阀为中心，半径为1.5m的范围可划分为1区；

2)储罐外壁4.5m半径的范围可划为2区。

20　码头或水域处理可燃性液体的区域(图 B.0.1－22)，危险区域划分宜符合下列规定：

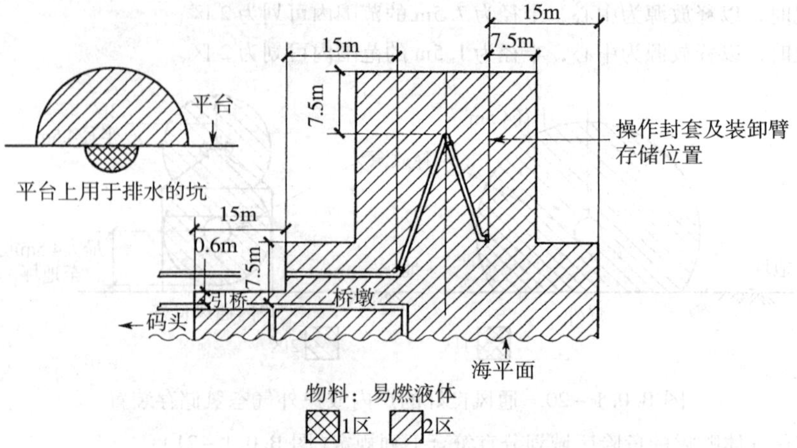

图 B.0.1－22　码头或水域处理可燃性液体的区域

注：1 释放源为操作封套及装卸臂或软管与船外法兰连接的存储位置处。

2　油船及载油仓的交界区域按如下可划为2区：

1）从载油仓的船体部分到桥墩上垂直7.5m内范围；

2）从海平面到载油仓最高点7.5m内的范围。

3 其余位置的划分可按其他易燃液体释放源是否存在、海防要求或其他规定来确定。

1）从载油舱的那部分船体算起，在码头一侧，沿水平各方向7.5m的范围可划为2区；

2）从水面至装油舱最高点算起7.5m的范围可划为2区。

21　对工艺设备容积不大于95m^3、压力不大于3.5MPa、流量不大于38L/s的生产装置，且为第二级释放源，按照生产的实践经验，爆炸危险区域的范围划分以释放源为中心，半径为4.5m的范围内可划为2区。

22　阀门危险区域的划分宜符合下列规定：

1）位于通风良好而未封闭的区域内的截断阀和止回阀周围的区域可不分类；

2）位于通风良好的封闭区域内的截断阀和止回阀周围的区域，在封闭的范围内可划为2区；

3）位于通风不良的封闭区域内的截断阀和止回阀周围的区域，在封闭的范围内可划为1区；

4）位于通风良好而未封闭的区域内的工艺程序控制阀周围的区域，在阀杆密封或类似密封周围的0.5m的范围内可划为2区；

5）位于通风良好的封闭区域内的工艺程序控制阀周围的区域，在封闭的范围内可划为2区；

6）位于通风不良的封闭区域内的工艺程序控制阀周围的区域，在封闭的范围内可划为2区。

23　蓄电池的危险区域的划分应符合下列规定：

1）蓄电池应属于ⅡC级的分类。

2）当含有可充电镍－镉或镍－氢蓄电池的封闭区域具备蓄电池无通气口，其总体积小于该封闭区域容积的1%，并在1小时放电率下蓄电池的容量小于1.5A·h等条件时，可按照非危险区域考虑；

3）当含有除本款第2项之外的其他蓄电池的封闭区域具备蓄电池无通气口，其总体积小于该封闭区域容积的1%或蓄电池的充电系统的额定输出小于或等于200W并采取了防止不适当过充电的措施等条件时，可按照非危险区域考虑；

4）含有可充电蓄电池的非封闭区域，通风良好，该区域可划为非危险区域；

5）当所有的蓄电池都能直接或者间接地向封闭区域的外部排气，该区域可划为非危险区域考虑；

6）当配有蓄电池、通风较差的封闭区域具备至少能保证该区域的通风情况不低于满足通风良好条件的25%及蓄电池的充电系统有防止过充电的设计时，可划为2区；当不满足此条件时，可划为1区。

附录 C 可燃性气体或蒸气爆炸性混合物分级、分组

附录 C 可燃性气体或蒸气爆炸性混合物分级、分组

序号	物质名称	分子式	级别	引燃温度组别	引燃温度/℃	闪点/℃	爆炸极限 V/%		相对密度
							下限	上限	
ⅡA 级 一、烃类									
	链烷类								
1	甲烷	CH_4	ⅡA	T1	537	气态	5.00	15.00	0.60
2	乙烷	C_2H_6	ⅡA	T1	472	气态	3.00	12.50	1.00
3	丙烷	C_3H_6	ⅡA	T2	432	气态	2.00	11.10	1.50
4	丁烷	C_4H_{10}	ⅡA	T2	365	-60	1.90	8.50	2.00
5	戊烷	C_5H_{12}	ⅡA	T3	260	< -40	1.50	7.80	2.50
6	己烷	C_6H_{14}	ⅡA	T3	225	-22	1.10	7.50	3.00
7	庚烷	C_7H_{16}	ⅡA	T3	204	-4	1.05	6.70	3.50
8	辛烷	C_8H_{18}	ⅡA	T3	206	13	1.00	6.50	3.90
9	壬烷	C_9H_{20}	ⅡA	T3	205	31	0.80	2.90	4.40
10	癸烷	$C_{10}H_{22}$	ⅡA	T3	210	46	0.80	5.40	4.90
11	环丁烷	$CH_2(CH_2)_2CH_2$	ⅡA	—		气态	1.80	—	1.90
12	环戊烷	$CH_2(CH_2)_3CH_2$	ⅡA	T2	380	< -7	1.50	—	2.40
13	环己烷	$CH_2(CH_2)_4CH_2$	ⅡA	T3	245	-20	1.30	8.00	2.90
14	环庚烷	$CH_2(CH_2)_5CH_2$	ⅡA	—	—	<21	1.10	6.70	3.39
15	甲基环丁烷	$CH_3CH(CH_2)_2CH_2$	ⅡA	—	—	—	—	—	—
16	甲基环戊烷	$CH_3CH(CH_2)_3CH_2$	ⅡA	T3	258	< -10	1.00	8.35	2.90
17	甲基环己烷	$CH_3CH(CH_2)_4CH_2$	ⅡA	T3	250	-4	1.20	6.70	3.40
18	乙基环丁烷	$C_2H_5CH(CH_2)_2CH_2$	ⅡA	T3	210	< -16	1.20	7.70	2.90
19	乙基环戊烷	$C_2H_5CH(CH_2)_3CH_2$	ⅡA	T3	260	< -21	1.10	6.70	3.40

续表

序号	物质名称	分子式	级别	引燃温度组别	引燃温度/℃	闪点/℃	爆炸极限 V/%		相对密度
							下限	上限	
20	乙基环己烷	$C_2H_5CH(CH_2)_4CH_2$	ⅡA	T3	238	35	0.90	6.60	3.90
21	萘烷（十氢化萘）	$CH_2(CH_2)_3CHCH(CH_2)_3CH_2$	ⅡA	T3	250	54	0.70	4.90	4.80
22	丙烯	$CH_2=CHCH_3$	ⅡA	T2	455	气态	2.00	11.10	1.50
	芳烃类								
23	苯乙烯	$C_6H_5CH=CH_2$	ⅡA	T1	490	31	0.90	6.80	3.60
24	异丙烯基苯（甲基苯乙烯）	$C_6H_5C(CH_3)=CH_2$	ⅡA	T2	442	36	0.90	6.50	4.10
	苯类								
25	苯	C_6H_6	ⅡA	T1	498	-11	1.20	7.80	2.80
26	甲苯	$C_6H_5CH_3$	ⅡA	T1	480	4	1.10	7.10	3.10
27	二甲苯	$C_6H_4(CH_3)_2$	ⅡA	T1	464	30	1.10	6.40	3.66
28	乙苯	$C_6H_5C_2H_5$	ⅡA	T2	432	21	0.80	6.70	3.70
29	三甲苯	$C_6H_3(CH_3)_3$	ⅡA	T1	—	—	—	—	—
30	萘	$C_{10}H_8$	ⅡA	T1	526	79	0.90	5.90	4.40
31	异丙苯（异丙基苯）	$C_6H_5CH(CH_3)_2$	ⅡA	T2	424	36	0.90	6.50	4.10
32	异丙基甲苯	$(CH_3)_2CHC_6H_4CH_3$	ⅡA	T2	436	47	0.70	5.60	4.60
	混合烃类								
33	甲烷（工业用）	CH_4	ⅡA	T1	537	—	5.00	15.00	0.55
34	松节油		ⅡA	T3	253	35	0.80	—	<1
35	石脑油		ⅡA	T3	288	< -18	1.10	5.90	2.50
36	煤焦油石脑油		ⅡA	T3	272	—	—	—	—
37	石油（包括车用汽油）		ⅡA	T3	288	< -18	1.10	5.90	2.50
38	洗涤汽油		ⅡA	T3	288	< -18	1.10	5.90	2.50
39	燃料油		ⅡA	T3	220 ~ 300	>55	0.70	50.00	<1.00
40	煤油		ⅡA	T3	210	38	0.60	6.50	4.50
41	柴油		ⅡA	T3	220	43 ~ 87	0.60	6.50	7.00
42	动力苯		ⅡA	T1	>450	<0	1.50	80.00	5.00
	二、含氧化合物								
	醇类和酚类								
43	甲醇	CH_3OH	ⅡA	T2	385	11	6.00	36.00	1.10
44	乙醇	C_2H_5OH	ⅡA	T2	363	13	3.30	19.00	1.60

续表

序号	物质名称	分子式	级别	引燃温度组别	引燃温度/℃	闪点/℃	爆炸极限 V/%		相对密度
							下限	上限	
45	丙醇	C_3H_7OH	ⅡA	T2	412	23	2.20	13.70	2.10
46	丁醇	C_4H_9OH	ⅡA	T2	343	37	1.40	11.20	2.6
47	戊醇	$C_5H_{11}OH$	ⅡA	T3	300	34	1.10	10.50	3.04
48	己醇	$C_6H_{13}OH$	ⅡA	T3	293	63	1.20	—	3.50
49	庚醇	$C_7H_{15}OH$	ⅡA	—	—	60	—	—	4.03
50	辛醇	$C_8H_{17}OH$	ⅡA	—	270	81	1.10	7.40	4.50
51	壬醇	$C_9H_{19}OH$	ⅡA	—	—	75	0.80	6.10	4.97
52	环己醇	$CH_2(CH_2)_4CHOH$	ⅡA	T3	300	68	1.20	—	3.50
53	甲基环己醇	$C_7H_{13}OH$	ⅡA	T3	295	68	—	—	3.93
54	苯酚	C_6H_5OH	ⅡA	T1	715	79	1.80	8.6	3.2
55	苯酚	$CH_3C_6H_4OH$	ⅡA	T1	599	81	1.40	—	3.70
56	4－羟基－4－甲基戊酮（双丙酮醇）	$(CH_3)_2C(OH)CH_2COCH_3$	ⅡA	T1	603	64	1.80	6.90	4.00
	醛类		ⅡA						
57	乙醛	CH_3CHO	ⅡA	T4	175	－39	4.00	60.00	1.50
58	聚乙醛	$(CH_3CHO)_n$	ⅡA	—	—	36	—	—	6.10
	酮类		ⅡA						
59	丙醛	$(CH_3)_2CO$	ⅡA	T1	465	－20	2.50	12.80	2.00
60	2－丁酮（乙基甲基酮）	$C_2H_3COCH_3$	ⅡA	T2	404	－9	1.90	10.00	2.50
61	2－戊酮（甲基·丙基甲酮）	$C_3H_7COCH_3$	ⅡA	T1	452	7	1.50	8.20	3.00
62	2－己酮（甲基·丁基甲酮）	$C_4H_9COCH_3$	ⅡA	T1	457	16	1.20	8.00	3.45
63	戊基甲基甲酮	$C_5H_{11}COCH_3$	ⅡA	—	—	—	—	—	—
64	戊间二酮（乙酰丙酮）	$CH_3COCH_2COCH_3$	ⅡA	T2	340	34	1.80	6.90	4.00
65	环己酮（乙酰丙酮）	$CH_2(CH_2)_4CO$（环）	ⅡA	T2	419	43	1.10	9.40	3.38
	酯类								
66	甲酸甲酯	$HCOOCH_3$	ⅡA	T2	449	－19	4.50	23.00	2.10
67	甲酸乙酯	$HCOOC_2H_6$	ⅡA	T2	455	－20	2.80	16.00	2.60
68	醋酸甲酯	CH_3COOCH_3	ⅡA	T1	454	－10	3.10	16.00	2.80

续表

序号	物质名称	分子式	级别	引燃温度组别	引燃温度/℃	闪点/℃	爆炸极限 V/%		相对密度
							下限	上限	
69	醋酸乙酯	$CH_3COOC_2H_5$	ⅡA	T2	426	-4	2.00	11.50	3.00
70	醋酸丙酯	$CH_3COOC_3H_7$	ⅡA	T2	450	13	1.70	8.00	3.50
71	醋酸丁酯	$CH_3COOC_4H_9$	ⅡA	T2	—	31	1.70	9.80	4.00
72	醋酸戊酯	$CH_3COOC_5H_{11}$	ⅡA	T2	360	25	1.00	7.10	4.48
73	甲基丙烯酸甲酯(异丁烯酸甲酯)	$CH_3=CCH_3COOCH_3$	ⅡA	T2	421	10	1.70	8.20	3.45
74	甲基丙烯酸乙酯	$CH_3=CCH_3COOC_2H_5$	ⅡA	—	—	20	1.80	—	3.9
75	醋酸乙烯酯	$CH_3COOCH=CH_2$	ⅡA	T2	402	-8	2.60	13.40	3.00
76	乙酰基醋酸乙酯	$CH_3COCH_2COOC_2H_5$	ⅡA	T3	295	57	1.40	9.50	4.50
	酸类								
77	醋酸	CH_3COOH	ⅡA	T1	464	40	5.40	17.00	2.07
	三、含卤化合物								
	无氧化合物								
78	氯甲烷	CH_3Cl	ⅡA	T1	632	-50	8.10	17.40	1.80
79	氯乙烷	C_2H_5Cl	ⅡA	T1	519	-50	3.80	15.40	2.20
80	溴乙烷	C_2H_5Br	ⅡA	T1	511	—	6.80	8.00	3.80
81	氯丙烷	C_3H_7Cl	ⅡA	T1	520	-32	2.40	11.10	2.70
82	氯丁烷	C_4H_9Cl	ⅡA	T1	250	-9	1.80	10.00	3.20
83	溴丁烷	C_4H_9Br	ⅡA	T1	265	18	2.50	6.60	4.72
84	二氯乙烷	$C_2H_4Cl_2$	ⅡA	T2	412	-6	5.60	15.00	3.42
85	二氯丙烷	$C_3H_6Cl_2$	ⅡA	T1	557	15	3.40	14.50	3.9
86	氯苯	C_6H_5Cl	ⅡA	T1	593	28	1.30	9.60	3.90
87	苄基苯	$C_6H_5CH_2Cl$	ⅡA	T1	585	60	1.20	—	4.36
88	二氯苯	$C_6H_4Cl_2$	ⅡA	T1	648	66	2.20	9.20	5.07
89	烯丙基氯	$CH_2=CHCH_2Cl$	ⅡA	T1	485	-32	2.90	11.10	2.60
90	二氯乙烯	$CHCl=CHCl$	ⅡA	T1	460	-10	9.70	12.80	3.34
91	氯乙烯	$CH_2=CHCl$	ⅡA	T2	413	-78	3.60	33.00	2.20
92	三氟甲苯	$C_6H_5CF_3$	ⅡA	T1	620	12	—	—	5.00
	含氧化合物								
93	二氯甲烷(甲叉二氯)	CH_2Cl_2	ⅡA	T1	556	—	13.00	23.00	2.90
94	乙酰氯	CH_3COCl	ⅡA	T2	390	4	—	—	2.70

续表

序号	物质名称	分子式	级别	引燃温度组别	引燃温度/℃	闪点/℃	爆炸极限 V/%		相对密度
							下限	上限	
95	氯乙醇	CH_2ClCH_2OH	ⅡA	T_2	425	60	4.90	15.90	2.80
四、含硫化合物									
96	乙硫醇	C_2H_5SH	ⅡA	T3	300	< -18	2.80	18.00	2.10
97	丙硫醇-1	—	ⅡA	T4	—	—	—	—	—
98	噻吩	$CHCHCH=CHS$	ⅡA	T2	395	-1	1.50	12.50	2.90
99	四氢噻吩	$CH_2(CH_2)_2CH_2S$	ⅡA	T3	—	—	—	—	—
五、含氮化合物									
100	氨	NH_3	ⅡA	T1	651	气态	15.00	28.00	0.60
101	乙腈	CH_3CN	ⅡA	T1	524	6	3.00	16.00	1.40
102	亚硝酸乙酯	CH_3CH_2ONO	ⅡA	T6	90	-35	4.00	50.00	2.60
103	硝基甲烷	CH_3NO_2	ⅡA	T2	418	35	7.30	—	2.10
104	硝基乙烷	$C_2H_5NO_2$	ⅡA	T2	414	28	3.40	—	2.60
	胺类								
105	甲胺	CH_3NH_2	ⅡA	T2	430	气态	4.90	20.70	1.00
106	二甲胺	$(CH_3)_2NH$	ⅡA	T2	400	气态	2.80	14.40	1.60
107	三甲胺	$(CH_3)_3N$	ⅡA	T4	190	气态	2.00	11.60	2.00
108	二乙胺	$(C_2H_5)_2NH$	ⅡA	T2	312	-23	1.80	10.10	2.50
109	三乙胺	$(C_2H_5)_3N$	ⅡA	T3	249	-7	1.20	8.00	3.50
110	正丙胺	$C_3H_7NH_2$	ⅡA	T2	318	-37	2.00	10.40	2.04
111	正丁胺	$C_4H_9NH_2$	ⅡA	T2	312	-12	1.70	9.80	2.50
112	环己胺	$CH_2(CH_2)_4CHNH_2$	ⅡA	T3	293	32	1.60	9.40	3.42
113	2-乙醇胺	$NH_2CH_2CH_2OH$	ⅡA	T2	410	90	—	—	2.10
114	2-二甲胺基乙醇	$(CH_3)_2NC_2H_4OH$	ⅡA	T3	220	39	—	—	3.03
115	二氨基乙烷	$NH_2CH_2CH_2NH_2$	ⅡA	T2	385	34	2.70	16.50	2.07
116	苯胺	$C_6H_5NH_2$	ⅡA	T1	615	75	1.20	8.30	3.22
117	NN-二甲基苯胺	$C_6H_5N(CH_3)_2$	ⅡA	T2	370	96	1.20	7.00	4.17
118	苯胺基丙烷	$C_6H_5CH_2CH(NH_2)CH_2$	ⅡA	—	—	< 100	—	—	4.67
119	甲苯胺	$CH_3C_6H_4NH_2$	ⅡA	T1	482	85	—	—	3.70
120	吡啶	C_5H_5N	ⅡA	T1	482	20	1.80	12.40	2.70
ⅢB级一、烃类									
121	丙炔	$CH_3C\equiv CH$	ⅡB	T1	—	气态	1.70	—	1.40

续表

序号	物质名称	分子式	级别	引燃温度组别	引燃温度/℃	闪点/℃	爆炸极限 $V/\%$		相对密度
							下限	上限	
122	乙烯	C_2H_4	ⅡB	T2	450	气态	2.70	36.00	1.00
123	环丙烷	$CH_2CH_2CH_2$（环）	ⅡB	T1	498	气态	2.40	10.40	1.50
124	1，3－丁二烯	$CH_2=CHCH=CH_2$	ⅡB	T2	420	气态	2.00	12.00	1.90
二、含氮化合物									
125	丙烯腈	$CH_2=CHCN$	ⅡB	T1	481	0	3.00	17.00	1.80
126	异硝酸丙酯	$(CH_3)_2CHONO_2$	ⅡB	T4	175	11	2.00	100.00	—
127	氰化氢	HCN	ⅡB	T1	538	－18	5.60	40.00	0.90
三、含氧化合物									
128	一氧化碳**	CO	ⅡA	T1	—	气态	12.50	74.00	1.00
129	二甲醚	$(CH_3)_2O$	ⅡB	T3	240	气态	3.40	27.00	1.60
130	乙基甲基醚	$CH_3OC_2H_5$	ⅡB	T4	190	—	2.00	10.10	2.10
131	二乙醚	$(C_2H_5)_2O$	ⅡB	T4	180	－45	1.90	36.00	2.60
132	二丙醚	$(C_3H_7)_2O$	ⅡA	T4	188	21	1.30	7.00	3.53
133	二丁醚	$(C_4H_9)_2O$	ⅡB	T4	194	25	1.50	7.60	4.50
134	环氧乙烷	CH_2CH_2O（环）	ⅡB	T2	429	＜－18	3.50	100.00	1.52
135	1，2－环氧丙烷	CH_3CHCH_2O（环）	ⅡB	T2	430	－37	2.80	37.00	2.00
136	1，3－二噁戊烷	$CH_2CH_2OCH_2O$（环）	ⅡB	—	—	2.0	—	—	2.55
137	1，4－二噁烷	$CH_2CH_2OCH_2CH_2O$（环）	ⅡB	T2	379	11	2.00	22.00	3.03
138	1，3，5－三噁烷	$CH_2OCH_2OCH_2O$（环）	ⅡB	T2	410	45	3.20	29.00	3.11
139	羧基醋酸丁酯	$HOCH_2COOC_4H_9$	ⅡB	—	—	61	—	—	3.52
140	四氢糠醇	$CH_2CH_2CH_2OCHCH_2OH$（环）	ⅡB	T3	218	70	1.50	9.70	3.52
141	丙烯酸甲酯	$CH_2=CHCOOCH_3$	ⅡB	T1	468	－3	2.80	25.00	3.00
142	丙烯酸乙酯	$CH_2=CHCOOC_2H_5$	ⅡB	T2	372	10	1.40	14.00	3.50
143	呋喃	$CH=CHCH=CHO$（环）	ⅡB	T2	390	＜－20	2.30	14.30	2.30
144	丁烯醛（巴豆醛）	$CH_3CH=CHCHO$	ⅡB	T3	280	13	2.10	16.00	2.41
145	丙烯醛	$CH_2=CHCHO$	ⅡB	T3	220	－26	2.80	31.00	1.90

续表

序号	物质名称	分子式	级别	引燃温度组别	引燃温度/℃	闪点/℃	爆炸极限 V/%		相对密度
							下限	上限	
146	四氢呋喃	$CH_2(CH_2)_2CH_2O$	ⅡB	T3	321	-14	2.00	11.80	2.50
四、混合气									
147	焦炉煤气		ⅡB	T1	560	—	4.00	40.00	0.40~0.50
五、含卤化合物									
148	四氟乙烯	C_2F_4	ⅡB	T4	200	气态	10.00	50.00	3.87
149	1氯-2,3-环氧丙烷	OCH_2CHCH_2Cl	ⅡB	T~	41	32	3.8	21.00	3.30
150	硫化氢	H_2S	ⅡB	T3	260	气态	4.00	44.00	1.20
ⅡC级									
151	氢	H_2	ⅡC	T1	500	气态	4.00	75.00	0.10
152	乙炔	C_2H_2	ⅡC	T2	305	气态	2.50	100.00	0.90
153	二硫化碳	CS_2	ⅡC	T5	102	-30	1.30	50.00	2.64
154	硝酸乙酯	$C_2H_5ONO_2$	ⅡC	T6	85	10	4.00	—	3.14
155	水煤气	—	ⅡC	T1	—	1	—	—	—
其他物质									
156	醋酸酐	$(CH_3CO)_2O$	ⅡA	T2	334	49	2.70	10.00	3.52
157	苯甲醛	C_6H_5CHO	ⅡA	T4	192	64	1.40	—	3.66
158	异丁醇	$(CH_3)_2CHCH_2OH$	ⅡA	T2	—	28	1.70	9.80	2.55
159	丁烯-1	$CH_2=CHCH_2CH_3$	ⅡA	T2	385	-80	1.60	10.00	1.95
160	丁醛	$CH_3CH_2CH_2CHO$	ⅡA	T3	230	<-5	2.50	12.50	2.48
161	异氯丙烷	$(CH_3)_2CHCl$	ⅡA	T1	529	-18	2.80	10.70	2.70
162	枯烯	$C_6H_5CH(CH_3)_2$	ⅡA	T2	424	36	0.88	6.50	4.13
163	环己烯	$CH_2(CH_2)_3CH=CH$	ⅡA	T3	244	<-20	1.20	—	2.83
164	二乙酰醇	$CH_3COCH_2C(CH_3)_2OH$	ⅡA	T1	680	58	1.80	6.90	4.00
165	二戊醚	$(C_5H_{11})_2O$	ⅡA	T4	171	57	—	—	5.45
166	二异丙醚	$[(CH_3)_2CH]_2O$	ⅡA	T2	443	-28	1.40	7.90	3.25
167	二异丁烯	$C_2H_5CHCH_3CHCH_3C_2H_5$	ⅡA	T2	420	-5	0..80	4.80	3.87
168	二戊烯	$C_{10}H_{16}$	ⅡA	T3	237	42	0.75	6.10	4.66
169	乙氧基乙酸乙醚	$CH_3COCCH_2CH_2OC_2H_5$	ⅡA	T2	380	47	1.70	12.70	4.60
170	二甲基甲酰胺	$HCON(CH_3)_2$	ⅡA	T2	440	58	1.80	14.00	2.51
171	甲酸	$HCOOH$	ⅡA	T1	540	68	18.00	57.00	1.60
172	甲基戊基醚	$CH_3CO(CH_2)_4CH_3$	ⅡA	T1	533	39	1.10	7.90	3.94
173	甲基戊基甲酮	$CH_3CO(CH_2)_3CH_3$	ⅡA	T1	533	23	1.20	8.00	3.46

续表

序号	物质名称	分子式	级别	引燃温度组别	引燃温度/℃	闪点/℃	爆炸极限 V/%		相对密度
							下限	上限	
174	吗啉	$OCH_2CH_2NHCH_2CH_2$（环状）	ⅡA	T2	310	38	2.00	11.20	3.00
175	硝基苯	$C_6H_5NO_2$	ⅡA	T1	480	88	1.80	40.00	4.25
176	异辛烷	$(CH_3)_2CHCH_2(CH_3)$	ⅡA	T2	411	4	1.00	6.00	3.90
177	仲(乙)醛	$(CH_3CHO)_3$	ⅡA	T3	235	36	1.30	—	4.56
178	异戊烷	$(CH_3)_2CHCH_2CH_3$	ⅡA	T2	420	< -51	1.40	8.00	2.50
179	异丙醇	$(CH_3)_2CHOH$	ⅡA	T2	399	12	2.00	12.70	2.07
180	三乙苯	$C_6H_3(CH_3)_3$	ⅡA	T1	550	—	—	—	4.15
181	二乙醇胺	$(HOCH_2CH_2)_2NH$	ⅡA	T1	622	146	—	—	3.62
182	三乙醇胺	$(HOCH_2CH_2)_3N$	ⅡA	T1	—	190	—	—	5.14
183	25#变压器油	—	ⅡA	T2	350	135	—	—	—
184	重柴油	—	ⅡA	T3	300	>120	0.50	5.00	—
185	溶剂油	—	ⅡA	T2	385	33	1.10	7.20	—
186	1-硝基丙烷	$C_3H_7NO_2$	ⅡB	T2	420	36	2.20	—	3.10
187	甲氧基乙醇	$CH_3OCH_2CH_2OH$	ⅡB	T3	285	39	2.50	19.80	2.63
188	石蜡	poly(CH_2O)	ⅡB	T3	300	70	7.00	73.00	—
189	甲醛	HCHO	ⅡB	T2	425	—	7.00	73.00	1.03
190	2-乙氧基基醇	$C_2H_5OCH_2CH_2OH$	ⅡB	T3	135	43	1.80	15.70	3.10
191	二叔丁过氧化物	$(CH_3)_3COOC(CH_3)_3$	ⅡB	T4	170	18	—	—	5.00
192	二丙醚	$(C_3H_7)_2O$	ⅡB	T3	215	21	—	—	3.53
193	烯丙醛	$CH_2=CHCH_2OH$	ⅡB	T2	378	21	2.50	18.00	2.00
194	甲基叔丁基醚(MTBE)	$C_5H_{12}O$	ⅡB	T1	460	-28			3.04
195	糠醛	C_4H_3OCHO	ⅡB	T2	392	60	2.10	19.30	3.31
196	N-甲基二乙醇胺(MDEA)	$CH_3N(CH_2CH_2OH)_2$ 或 $C_5H_{13}NO_2$	ⅡB	T3	—	260	—	—	4.10
197	乙二醇	$HOCH_2CH_2OH$	ⅡB	T2	413	116	32.00	53.00	3.10
198	二甲基二硫醚(DMDS)	CH_3SSCH_3	ⅡB	T3	—	7	1.10	16.10	—
199	环丁砜	$C_4H_8SO_2$	—	—	—	166	—	—	4.14

注：* 指包括含15%以下（按体积计）氢气的甲烷混合气。

** 指一氧化碳在异常环境温度下可以含有使它与空气混合物饱和的水分。

附录D 爆炸性粉尘环境危险区域范围典型示例图

D.0.1 分区示例：

1 20区：

可能产生20区的场所示例：

粉尘容器内部场所；

贮料槽、筒仓等，旋风集尘器和过滤器；

粉料传送系统等，但不包括皮带和链式输送机的某些部分；

搅拌机，研磨机，干燥机和包装设备等。

2 21区：

可能产生21区的场所示例：

当粉尘容器内部出现爆炸性粉尘环境，为了操作而需频繁移出或打开盖/隔膜阀时，粉尘容器外部靠近盖/隔膜阀周围的场所；

当未采取防止爆炸性粉尘环境形成的措施时，在粉尘容器装料和卸料点附近的外部场所、送料皮带、取样点、卡车卸载站、皮带卸载点等场所；

如果粉尘堆积且由于工艺操作，粉尘层可能被扰动而形成爆炸性粉尘环境时，粉尘容器外部场所；

可能出现爆炸性粉尘云，但既非持续，也不长期，又不经常时，粉尘容器的内部场所，如自清扫间隔长的料仓(如果仅偶尔装料和/或出料)和过滤器污秽的一侧。

3 22区：

可能产生22区的场所示例：

袋式过滤器通风孔的排气口，一旦出现故障，可能逸散出爆炸性混合物；

非频繁打开的设备附近，或凭经验粉尘被吹出而易形成泄漏的设备附近，如气动设备或可能被损坏的挠性连接等；

袋装粉料的存储间。在操作期间，包装袋可能破损，引起粉尘扩散；

通常被划分为21区的场所，当采取措施时，包括排气通风，防止爆炸性粉尘环境形成时，可以降为22区场所。这些措施应该在下列点附近执行；装袋料和倒空点、送料皮带、取样点、卡车卸载站、皮带卸载点等；

能形成可控的粉尘层且很可能被扰动而产生爆炸性粉尘环境的场所。仅当危险粉尘形成之前，粉尘层被清理的时候，该区域才可被定为非危险场所。这是良好现场清理的主要目的。

D.0.2 建筑物内无抽气通风设施的倒袋站(图D.0.2)；

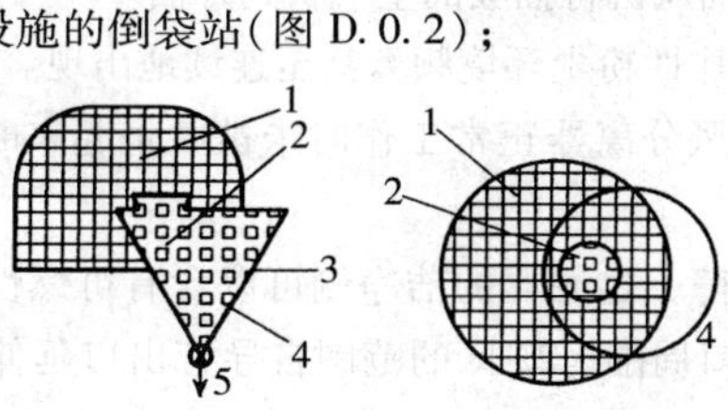

图D.0.2 建筑物内无抽气通风设施的倒袋站

1—21区，通常为1m半径，见正文4.3.3条；2—20区，见正文4.3.2条；3—地板；4—袋子排料斗；5—到后续处理

注：1 相关尺寸只用于图例说明。实际中可能要求其他一些距离尺寸。

2 附加措施，像泄爆或隔爆等可能是必要的，但超出了本规范范围，因此未列出。

在本示例中，袋子经常性地用手工排空到料斗中，从该料斗靠气动把排出的物料输送到工厂的其他部分。料斗部分总是装满物料。

20 区：料斗内部，因为爆炸性粉尘/空气混合物经常性地存在乃至持续存在。

21 区：敞开的人孔是一级释放源。因此，在人孔周围规定为 21 区，范围从人孔边缘延伸一段距离并且向下延伸到地板上。

注：如果粉尘屋堆积，则考虑了粉尘层的范围以及扰动该粉尘层产生粉尘云的情况和现场的清理水平(见附录 D)后，可以要求更进一步的细分类。如果在粉尘袋子放空期间因空气的流动可能偶尔携带粉尘云超出了 21 区范围，则划为 22 区。

D. 0. 3 建筑物内配置抽气通风设施的倒袋站(图 D. 0. 3)；

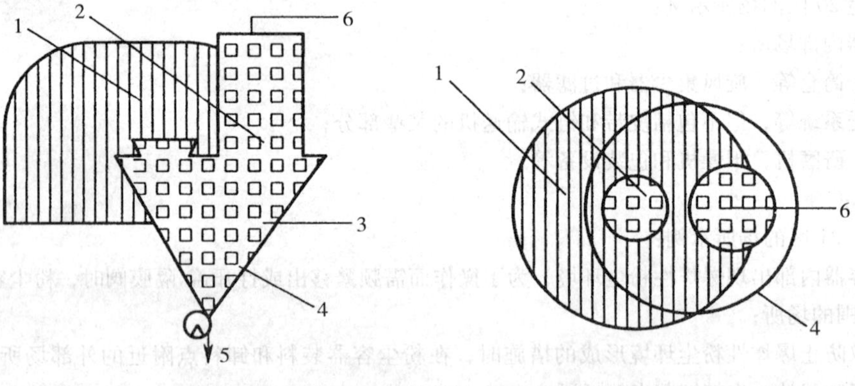

图 D. 0. 3 建筑物内配置抽气通风设施的倒袋站

1—22 区，通常为 3m 半径，见本规范第 4. 3. 4 条；2—20 区，见本规范第 4. 3. 2 条；3—地板；4—袋子排料斗；5—到后续处理；6—在容器内抽吸

注：1 相关尺寸只用于图例说明。实际中可能要求其他一些距离尺寸。

2 附加措施，像泄爆或隔爆等可能是必需的，但超出了本规范范围，因此未列出。

本条给出了与第 D. 0. 2 条相似的示例，但是在这种情况下，该系统有抽气通风。用这种方法粉尘尽可能被限制在该系统内。

20 区：料斗内，因为爆炸性粉尘/空气混合物经常性地存在乃至持续存在。

22 区：敞口人孔是 2 级释放源。在正常情况下，因为抽吸系统的作用没有粉尘泄漏。在设计良好的抽吸系统中，释放的任何粉尘将被吸入内部。因此，在该人孔周围仅规定为 22 区，范围从人孔的边缘延伸一段距离并且延伸到地板上。准确的 22 区范围需要以工艺和粉尘特性为基础来确定。

D. 0. 4 建筑物外的旋风分离器和过滤器(图 D. 0. 4)：

本例中的旋风分离器和过滤器是抽吸系统的一部分，被抽吸的产品通过连续运行的旋转阀门落入密封料箱内，粉料量很小，因此自清理的时间间隔很长。鉴于这个理由，在正常运行时，内部仅偶尔有一些可燃性粉尘云。位于过滤器单元上的抽风机将抽吸的空气吹到外面。

20 区：旋风分离器内部，因爆炸性粉尘环境频繁甚至连续地出现。

21 区：如果只有少量粉尘在旋风分离器正常工作时未被收集起来时，在过滤器的污秽侧为 21 区，否则为 20 区。

22 区：如果过滤器元件出现故障，过滤器的洁净侧可以含有可燃性粉尘云，这适用于过滤器的内部、过滤件和抽吸管的下游及抽吸管出口周围。22 区的范围自导管出口延伸一段距离，并向下延伸至地面(图 D. 0. 4 中未表示)。准确的 22 区范围需要以工艺和粉尘特性为基础来确定。

注：如果粉尘聚集在工厂设备外面，在考虑了粉尘层的范围和粉尘层受扰产生粉尘云的情况后，可要求进一步的分类。此外，还要考虑外部条件的影响，如风、雨或潮湿可能阻止可燃性粉尘层的堆积。

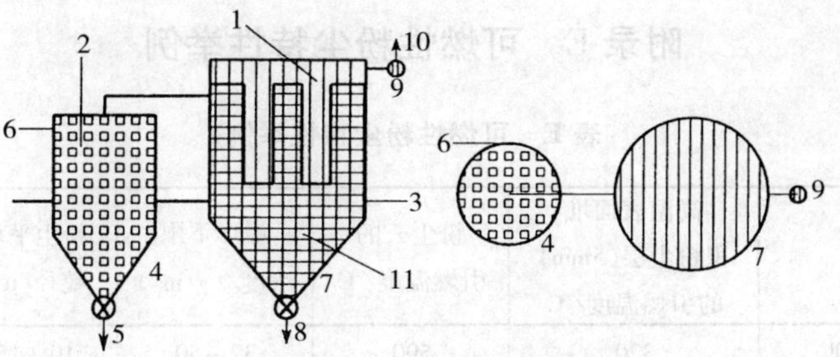

图 D.0.4 建筑物外的旋风分离器和过滤器

1—22 区，通常为 3m 半径，见本规范第 4.3.4 条；2—20 区，见本规范第 4.3.2 条；3—地面；4—旋风分离器；5—到产品筒仓；6—入口；7—过滤器；8—至粉料箱；9—排风扇；10—至出口；11—21 区，见本规范第 4.3.3 条

注：1. 相关尺寸只用于图例说明。实际中可能要求其他一些距离尺寸。

2. 附加措施，像泄爆或隔爆等可能是必需的，但超出了本规范范围，因此未列出。

D.0.5　建筑物内的无抽气排风设施的圆筒翻斗装置（图 D.0.5）：

在本例中，200L 圆筒内粉料被倒入料斗并通过螺旋输送机运至相邻车间。一个装满粉料的圆筒被置于平台上，打开筒盖，并用液压气缸将圆筒与一个关闭的隔膜阀夹紧。打开料斗盖，圆筒搬运器将圆筒翻转使隔膜阀位于料斗顶部。然后打开隔膜阀，螺旋输送机将粉料运走，经过一段时间后，直至圆筒排空。

当又一圆筒要卸料时，关闭隔膜阀，圆筒搬运器将其翻转至原来位置，关闭料斗盖，液压气缸放下原来的圆筒，更换圆筒盖后移走原圆筒。

20 区：圆筒内部，料斗和螺旋形传送装置经常性地含有粉尘云，并且时间很长，因此划为 20 区。

21 区：当筒盖和料斗盖被打开，并且当隔膜阀被放在料斗顶部或从料斗顶部移开时，将发生以粉尘云的形式释放粉尘。因此，该圆筒顶部、料斗顶部和隔膜阀等周围一段距离的区域被定为 21 区。准确的 21 区范围需要以工艺和粉尘特性为基础来确定。

22 区：因可能偶尔泄漏和扰动大量粉尘，整个房间的其余部分划为 22 区。

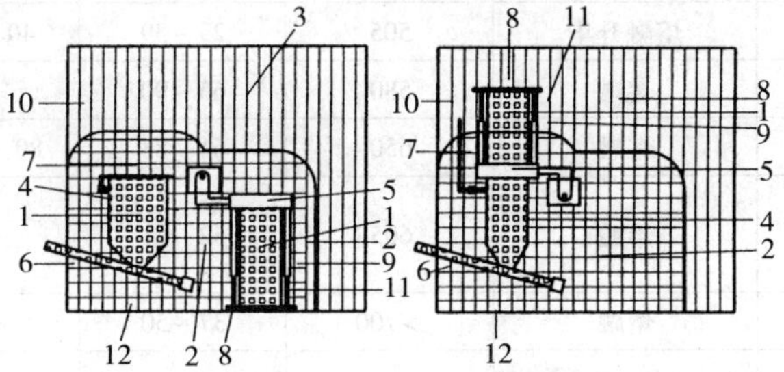

图 D.0.5 建筑物内的无抽气排风设施的圆筒翻斗装置

1—20 区，见本规范第 4.3.2 条；2—21 区，通常为 1m 半径，见本规范第 4.3.3 条；3—22 区，通常为 3m 半径。见本规范第 4.3.4 条；4—料斗；5—隔膜阀；6—螺旋输送装置；7—料斗盖；8—圆筒平台；9—液压汽缸；10—墙壁；11—圆筒；12—地面

注：1. 相关尺寸只用于图例说明。实际中可能要求其他一些距离尺寸。

2. 附加措施，像泄爆或隔爆等可能是必需的，但超出了本规范范围，因此未列出。

附录E　可燃性粉尘特性举例

表E　可燃性粉尘特性举例

粉尘种类	粉尘名称	高温表面堆积粉尘层(5mm)的引燃温度/℃	粉尘云的引燃温度/℃	爆炸下限浓度/(g/m^3)	粉尘平均粒径/μm	危险性质	粉尘分级
金属	铝(表面处理)	320	590	37~50	10~15	导	ⅢC
	铝(含脂)	230	400	37~50	10~20	导	ⅢC
	铁	240	430	153~204	100~150	导	ⅢC
	镁	340	470	44~59	5~10	导	ⅢC
	红磷	305	360	48~64	30~50	非	ⅢB
	炭黑	535	>600	36~45	10~20	导	ⅢC
	钛	290	375	—	—	导	ⅢC
	锌	430	530	212~284	10~15	导	ⅢC
	电石	325	555	—	<200	非	ⅢB
	钙硅铝合金(8%钙，30%硅，55%铝)	290	465	—	—	导	ⅢC
	硅铁合金(45%硅)	>450	640	—	—	导	ⅢC
	黄铁矿	445	555	—	<90	导	ⅢC
	锆石	305	360	92~123	5~10	导	ⅢC
化学药品	硬脂酸锌	熔融	315	—	8~15	非	ⅢB
	萘	熔融	575	28~38	30~100	非	ⅢB
	蒽	熔融升华	505	29~39	40~50	非	ⅢB
	己二酸	熔融	580	65~90	—	非	ⅢB
	苯二(甲)酸	熔融	650	61~83	80~100	非	ⅢB
	无水苯二(甲)酸(粗制品)	熔融	605	52~71	—	非	ⅢB
	苯二甲酸腈	熔融	>700	37~50	—	非	ⅢB
	无水马来酸(粗制品)	熔融	500	82~113	—	非	ⅢB
	醋酸钠酯	熔融	520	51~70	5~8	非	ⅢB
	结晶紫	熔融	475	46~70	15~30	非	ⅢB
	四硝基咔唑	熔融	395	92~123	—	非	ⅢB
	二硝基甲酚	熔融	340	—	40~60	非	ⅢB
	阿司匹林	熔融	405	31~41	60	非	ⅢB
	肥皂粉	熔融	575	—	80~100	非	ⅢB
	青色燃料	350	465	—	300~500	非	ⅢB
	萘酚燃料	395	415	133~184	—	非	ⅢB

续表

粉尘种类	粉尘名称	高温表面堆积粉尘层(5mm)的引燃温度/℃	粉尘云的引燃温度/℃	爆炸下限浓度/(g/m^3)	粉尘平均粒径/μm	危险性质	粉尘分级
合成树脂	聚乙烯	熔融	410	26~35	30~50	非	ⅢB
	聚丙烯	熔融	430	25~35	—	非	ⅢB
	聚苯乙烯	熔融	475	27~37	40~60	非	ⅢB
	苯乙烯(70%)与丁二烯(30%)粉状聚合物	熔融	420	27~37	—	非	ⅢB
	聚乙烯醇	熔融	450	42~55	5~10	非	ⅢB
	聚丙烯腈	熔融炭化	505	35~55	5~7	非	ⅢB
	聚氨酯(类)	熔融	425	46~63	50~100	非	ⅢB
	聚乙烯四肽	熔融	480	52~71	<200	非	ⅢB
	聚乙烯氮戊环酮	熔融	465	42~58	10~15	非	ⅢB
	聚氯乙烯	熔融炭化	595	63~86	4~5	非	ⅢB
	氯乙烯(70%)与苯乙烯(30%)粉状聚合物	熔融炭化	520	44~60	30~40	非	ⅢB
	酚醛树脂(酚醛清漆)	熔融炭化	520	36~40	10~20	非	ⅢB
	有机玻璃粉	熔融炭化	485	—	—	非	ⅢB
天然树脂	骨胶(虫胶)	沸腾	475	—	20~50	非	ⅢB
	硬质橡胶	沸腾	360	36~49	20~30	非	ⅢB
	软质橡胶	沸腾	425	—	80~100	非	ⅢB
	天然树脂	熔融	370	38~52	20~30	非	ⅢB
	蛄钯树脂	熔融	330	30~41	20~50	非	ⅢB
	松香	熔融	325	—	50~80	非	ⅢB
沥青蜡类	硬蜡	熔融	400	26~36	80~50	非	ⅢB
	绕组沥青	熔融	620	—	50~80	非	ⅢB
	硬沥青	熔融	620	—	50~150	非	ⅢB
	煤焦油沥青	熔融	580	—	—	非	ⅢB
农产品	裸麦粉	325	415	67~93	30~50	非	ⅢB
	裸麦谷物粉(未处理)	305	430	—	50~100	非	ⅢB
	裸麦筛落粉(粉碎品)	305	415	—	30~40	非	ⅢB
	小麦粉	炭化	410	—	20~40	非	ⅢB
	小麦谷物粉	290	420	—	15~30	非	ⅢB
	小麦筛落粉(粉碎品)	290	410	—	3~5	非	ⅢB
	乌麦、大麦谷物粉	270	440	—	50~150	非	ⅢB
	筛米糠	270	420	—	50~100	非	ⅢB

续表

粉尘种类	粉尘名称	高温表面堆积粉尘层(5mm)的引燃温度/℃	粉尘云的引燃温度/℃	爆炸下限浓度/(g/m^3)	粉尘平均粒径/μm	危险性质	粉尘分级
农产品	玉米淀粉	炭化	410	—	2~30	非	ⅢB
	马铃薯淀粉	炭化	430	—	60~80	非	ⅢB
	布丁粉	炭化	395	—	10~20	非	ⅢB
	糊精粉		400	71~99	20~30	非	ⅢB
	砂糖粉	熔融	360	77~107	20~40	非	ⅢB
	乳糖	熔融	450	83~115	—	非	ⅢB
纤维鱼粉	可可子粉(脱脂品)	245	460	—	30~40	非	ⅢB
	咖啡粉(精制品)	收缩	600	—	40~80	非	ⅢB
	啤酒麦芽粉	285	405	—	100~500	非	ⅢB
	紫芷蓿	280	480	—	200~500	非	ⅢB
	亚麻粕粉	285	470	—	—	非	ⅢB
	菜种渣粉	炭化	465	—	400~600	非	ⅢB
	鱼粉	炭化	485	—	80~100	非	ⅢB
	烟草纤维	290	485	—	50~100	非	ⅢA
	木棉纤维	385	—	—	—	非	ⅢA
	人造短纤维	305	—	—	—	非	ⅢA
	亚硫酸盐纤维	380	—	—	—	非	ⅢA
	木质纤维	250	445	—	40~80	非	ⅢA
	纸纤维	360	—	—	—	非	ⅢA
	椰子粉	280	450	—	100~200	非	ⅢB
	软木粉	325	460	44~59	30~40	非	ⅢB
燃料	针叶树(松粉)	325	440	—	70~150	非	ⅢB
	硬木(丁钠橡胶)粉	315	420	—	70~100	非	ⅢB
	泥煤粉(堆积)	260	450	—	60~90	导	ⅢC
	褐煤粉(生褐煤)	260	450	49~68	2~3	非	ⅢB
	褐煤粉	230	185	—	3~7	导	ⅢC
	有烟煤粉	235	595	41~57	5~11	导	ⅢC
	瓦斯煤粉	225	580	35~48	5~10	导	ⅢC
	焦炭用煤粉	280	610	33~45	5~10	导	ⅢC
	贫煤粉	285	680	34~45	5~7	导	ⅢC
	无烟煤粉	>430	>600	—	100~130	导	ⅢC
	木炭粉(硬质)	340	595	39~52	1~2	导	ⅢC
	泥煤焦炭粉	360	615	40~54	1~2	导	ⅢC
	褐煤焦炭粉	235	—	—	4~5	导	ⅢC
	煤焦炭粉	430	>750	37~50	4~5	导	ⅢC

注：危险性质栏中，用“导”表示导电性粉尘，用“非”表示非导电性粉尘。

本规范用词说明

1　为便于在执行本规范条文时区别对待，对要求严格程度不同的用词说明如下：

1)表示很严格，非这样做不可的：

正面词采用“必须”，反面词采用“严禁”；

2)表示严格，在正常情况下均应这样做的：

正面词采用“应”，反面词采用“不应”或“不得”；

3)表示允许稍有选择，在条件许可时首先应这样做的：

正面词采用“宜”，反面词采用“不宜”；

4)表示有选择，在一定条件下可以这样做的，采用“可”。

2　条文中指明应按其他有关标准执行的写法为：“应符合……的规定”或“应按……执行”。

引用标准名录

《交流电气装置的接地设计规范》GB 50065

《爆炸性环境 第12部分：气体或蒸气混合物按照其最大试验安全间隙和最小点燃电流的分级》GB 3836.12

《爆炸性环境 第1部分：设备 通用要求》GB 3836.1

《爆炸性环境 第3部分：由增安型“e”保护的设备》GB 3836.3

《袋式除尘器技术要求》GB/T 6719

3. 石油化工企业设计防火规范

GB 50160—2008

代替 GB 50160—92(1999 年版)

目　次

1　总则

1.0.1　为了防止和减少石油化工企业火灾危害，保护人身和财产的安全，制定本规范。

1.0.2　本规范适用于石油化工企业新建、扩建或改建工程的防火设计。

1.0.3　石油化工企业的防火设计除应执行本规范外，尚应符合国家现行的有关标准的规定。

2　术语

2.0.1　石油化工企业 petrochemical enterprise

以石油、天然气及其产品为原料，生产、储运各种石油化工产品的炼油厂、石油化工厂、石油化纤厂或其联合组成的工厂。

2.0.2　厂区 plant area

工厂围墙或边界内由生产区、公用和辅助生产设施区及生产管理区组成的区域。

2.0.3　生产区 production area

由使用、产生可燃物质和可能散发可燃气体的工艺装置和/或设施组成的区域。

2.0.4　公用和辅助生产设施 utility&auxiliary：facility

不直接参加石油化工生产过程，在石油化工生产过程中对生产起辅助作用的必要设施。

2.0.5　全厂性重要设施 overall major facility

发生火灾时，影响全厂生产或可能造成重大人身伤亡的设施。全厂性重要设施可分为以下两类：

第一类全厂性重要设施：发生火灾时可能造成重大人身伤亡的设施。

第二类全厂性重要设施：发生火灾时影响全厂生产的设施。

2.0.6　区域性重要设施 regional major facility

发生火灾时影响部分装置生产或可能造成局部区域人身伤亡的设施。

2.0.7　明火地点 fired site

室内外有外露火焰、赤热表面的固定地点。

2.0.8　明火设备 fired equipment

燃烧室与大气连通，非正常情况下有火焰外露的加热设备和废气焚烧设备。

2.0.9　散发火花地点 sparking site

有飞火的烟囱、室外的砂轮、电焊、气焊(割)、室外非防爆的电气开关等固定地点。

2.0.10　装置区 process plant area

由一个或一个以上的独立石油化工装置或联合装置组成的区域。

2.0.11　联合装置 multiple process plants

由两个或两个以上独立装置集中紧凑布置，且装置间直接进料，无供大修设置的中间原料储罐，其开工或停工检修等均同步进行，视为一套装置。

2.0.12　装置 process plant

一个或一个以上相互关联的工艺单元的组合。

2.0.13　装置内单元 process unit

按生产流程完成一个工艺操作过程的设备、管道及仪表等的组合体。

2.0.14　工艺设备 process equipment

为实现工艺过程所需的反应器、塔、换热器、容器、加热炉、机泵等。

2.0.15　封闭式厂房(仓库) enclosed industrial building(warehouse)

设有屋顶，建筑外围护结构全部采用封闭式墙体(含门、窗)构造的生产性(储存性)建筑物。

2.0.16　半敞开式厂房 semi－enclosed industrial building

设有屋顶，建筑外围护结构局部采用封闭式墙体，所占面积不超过该建筑外围护体表面面积的二分之一(不含屋顶的面积)的生产性建筑物。

2.0.17 敞开式厂房 opened industrial building

设有屋顶，不设建筑外围护结构的生产性建筑物。

2.0.18 装置储罐(组) process storage tanks within process plant

在装置正常生产过程中，不直接参加工艺过程，但工艺要求，为了平衡生产、产品质量检测或一次投入等需要在装置内布置的储罐(组)。

2.0.19 液化烃 liquefied hydrocarbon

在15℃时，蒸气压大于0.1 MPa的烃类液体及其他类似的液体，不包括液化天然气。

2.0.20 液化石油气 liquefied petroleum gas(LPG)

在常温常压下为气态，经压缩或冷却后为液态的C_3、C_4及其混合物。

2.0.21 沸溢性液体 boil - over liquid

当罐内储存介质温度升高时，由于热传递作用，使罐底水层急速汽化，而会发生沸溢现象的黏性烃类混合物。

2.0.22 防火堤 dike

可燃液态物料储罐发生泄漏事故时，防止液体外流和火灾蔓延的构筑物。

2.0.23 隔堤 intermediate dike

用于减少防火堤内储罐发生少量泄漏事故时的影响范围，而将一个储罐组分隔成多个分区的构筑物。

2.0.24 罐组 a group of storage tanks

布置在一个防火堤内的一个或多个储罐。

2.0.25 罐区 tank farm

一个或多个罐组构成的区域。

2.0.26 浮顶罐 floating roof tank(external floating roof tank)

在敞开的储罐内安装浮舱顶的储罐，又称为外浮顶罐。

2.0.27 常压储罐 atmospheric storage tank

设计压力小于或等于6.9kPa(罐顶表压)的储罐。

2.0.28 低压储罐 low - pressure storage tank

设计压力大于6.9kPa且小于0.1 MPa(罐顶表压)的储罐。

2.0.29 压力储罐 pressurized storage tank

设计压力大于或等于0.1 MPa(罐顶表压)的储罐。

2.0.30 单防罐 single containment storage tank

带隔热层的单壁储罐或由内罐和外罐组成的储罐。其内罐能适应储存低温冷冻液体的要求，外罐主要是支撑和保护隔热层，并能承受气体吹扫的压力，但不能储存内罐泄漏出的低温冷冻液体。

2.0.31 双防罐 double containment storage tank

由内罐和外罐组成的储罐。其内罐和外罐都能适应储存低温冷冻液体，在正常操作条件下，内罐储存低温冷冻液体，外罐能够储存内罐泄漏出来的冷冻液体，但不能限制内罐泄漏的冷冻液体所产生的气体排放。

2.0.32 全防罐 full containment storage tank

由内罐和外罐组成的储罐。其内罐和外罐都能适应储存低温冷冻液体，内外罐之间的距离为1~2m，罐顶由外罐支撑，在正常操作条件下内罐储存低温冷冻液体，外罐既能储存冷冻液体，又能限制内罐泄漏液体所产生的气体排放。

2.0.33　火炬系统 flare systems

通过燃烧方式处理排放可燃气体的一种设施，分高架火炬、地面火炬等。由排放管道、分液设备、阻火设备、火炬燃烧器、点火系统、火炬筒及其他部件等组成。

2.0.34　稳高压消防水系统 stabilized high pressure fire water systems

采用稳压泵维持管网的消防水压力大于或等于 0.7MPa 的消防水系统。

3　火灾危险性分类

3.0.1　可燃气体的火灾危险性应按表 3.0.1 分类。

表 3.0.1　可燃气体的火灾危险性分类

类别	可燃气体与空气混合物的爆炸下限	类别	可燃气体与空气混合物的爆炸下限
甲	<10%（体积）	乙	≥10%（体积）

3.0.2　液化烃、可燃液体的火灾危险性分类应按表 3.0.2 分类，并应符合下列规定：

1　操作温度超过其闪点的乙类液体应视为甲$_B$类液体；

2　操作温度超过其闪点的丙$_A$类液体应视为乙$_A$类液体；

3　操作温度超过其闪点的丙$_B$类液体应视为乙$_B$类液体；操作温度超过其沸点的丙$_B$类液体应视为乙$_A$类液体。

表 3.0.2　液化烃、可燃液体的火灾危险性分类

名　称	类　别		特　　征
液化烃	甲	A	15℃时的蒸气压力 >0.1 MPa 的烃类液体及其他类似的液体
可燃液体		B	甲$_A$类以外，闪点 <28℃
	乙	A	28℃ ≤闪点≤45℃
		B	45℃ <闪点 45℃ <60℃
	丙	A	60℃ ≤闪点 60℃ ≤120℃
		B	闪点 >120℃

3.0.3　固体的火灾危险性分类应按现行国家标准《建筑设计防火规范》GB 50016 的有关规定执行。

3.0.4　设备的火灾危险类别应按其处理、储存或输送介质的火灾危险性类别确定。

3.0.5　房间的火灾危险性类别应按房间内设备的火灾危险性类别确定。当同一房间内，布置有不同火灾危险性类别设备时，房间的火灾危险性类别应按其中火灾危险性类别最高的设备确定。但当火灾危险类别最高的设备所占面积比例小于 5%，且发生事故时，不足以蔓延到其他部位或采取防火措施能防止火灾蔓延时，可按火灾危险性类别较低的设备确定。

4　区域规划与工厂总平面布置

4.1　区域规划

4.1.1　在进行区域规划时，应根据石油化工企业及其相邻工厂或设施的特点和火灾危险性，结合地形、风向等条件，合理布置。

4.1.2　石油化工企业的生产区宜位于邻近城镇或居民区全年最小频率风向的上风侧。

4.1.3　在山区或丘陵地区，石油化工企业的生产区应避免布置在窝风地带。

4.1.4　石油化工企业的生产区沿江河岸布置时，宜位于邻近江河的城镇、重要桥梁、大型锚地、船厂等重要建筑物或构筑物的下游。

4.1.5　石油化工企业应采取防止泄漏的可燃液体和受污染的消防水排出厂外的措施。

4.1.6　公路和地区架空电力线路严禁穿越生产区。

4.1.7　当区域排洪沟通过厂区时：

1　不宜通过生产区；

2　应采取防止泄漏的可燃液体和受污染的消防水流入区域排洪沟的措施。

4.1.8　地区输油(输气)管道不应穿越厂区。

4.1.9　石油化工企业与相邻工厂或设施的防火间距不应小于表4.1.9的规定。

高架火炬的防火间距应根据人或设备允许的辐射热强度计算确定，对可能携带可燃液体的高架火炬的防火间距不应小于表4.1.9的规定。

表4.1.9　石油化工企业与相邻工厂或设施的防火间距

相邻工厂或设施		防火间距/m				
		液化烃罐组(罐外壁)	甲、乙类液体罐组(罐外壁)	可能携带可燃液体的高架火炬(火炬筒中心)	甲、乙类工艺装置或设施(最外侧设备外缘或建筑物的最外轴线)	全厂性或区域性重要设施(最外侧设备外缘或建筑物的最外轴线)
	居民区、公共福利设施、村庄	**150**	**100**	**120**	**100**	**25**
	相邻工厂(围墙或用地边界线)	**120**	**70**	**120**	**50**	**70**
厂外铁路	国家铁路线(中心线)	**55**	**45**	**80**	**35**	**—**
厂外铁路	厂外企业铁路线(中心线)	**45**	**35**	**80**	**30**	**—**
	国家或工业区铁路编组站(铁路中心线或建筑物)	**55**	**45**	**80**	**35**	**25**
厂外公路	高速公路、一级公路(路边)	**35**	**30**	**80**	**30**	**—**
厂外公路	其他公路(路边)	**25**	**20**	**60**	**20**	**—**
	变配电站(围墙)	**80**	**50**	**120**	**40**	**25**
	架空电力线路(中心线)	**1.5倍塔杆高度**	**1.5倍塔杆高度**	**80**	**1.5倍塔杆高度**	**—**
	Ⅰ、Ⅱ国家架空通信线路(中心线)	**50**	**40**	**80**	**40**	**—**

续表

通航江、河、海岸边		25	25	80	20	—
地区埋地输油管道	原油及成品油（管道中心）	30	30	60	30	30
	液化烃（管道中心）	60	60	80	60	60
地区埋地输气管道（管道中心）		30	30	60	30	30
装卸油品码头（码头前沿）		70	60	120	60	60

注：1. 本表中相邻工厂指除石油化工企业和油库以外的工厂；
2. 括号内指防火间距起止点；
3. 当相邻设施为港区陆域、重要物品仓库和堆场、军事设施、机场等，对石油化工企业的安全距离有特殊要求时，应按有关规定执行；
4. 丙类可燃液体罐组的防火距离，可按甲、乙类可燃液体罐组的规定减少25%；
5. 丙类工艺装置或设施的防火距离，可按甲、乙类工艺装置或设施的规定减少25%；
6. 地面敷设的地区输油（输气）管道的防火距离，可按地区埋地输油（输气）管道的规定增加50%；
7. 当相邻工厂围墙内为非火灾危险性设施时，其与全厂性或区域性重要设施防火间距最小可为25m；
8. 表中"—"表示无防火间距要求或执行相关规范。

4.1.10　石油化工企业与同类企业及油库的防火间距不应小于表4.1.10的规定。

高架火炬的防火间距应根据人或设备允许的辐射热强度计算确定，对可能携带可燃液体的高架火炬的防火距离不应小于表4.1.10的规定。

表4.1.10　石油化工企业与同类企业及油库的防火间距

项　目	防火间距/m				
	液化烃罐组（罐外壁）	可燃液体罐组（罐外壁）	可能携带可燃液体的高架火炬（火炬筒中心）	甲、乙类工艺装置或设施（最外侧设备外缘或建筑物的最外轴线）	全厂性或区域性重要设备（最外侧设备外缘或建筑物的最外轴线）
液化烃罐组（罐外壁）	60	60	90	70	90
可燃液体罐组（罐外壁）	60	1.5D（见注2）	90	50	60
可能携带可燃液体的高架火炬（火炬筒中心）	90	90	（见注4）	90	90
甲、乙类工艺装置或设施（最外侧设备外缘或建筑物的最外轴线）	70	50	90	40	40
全厂性或区域性重要设施（最外侧设备外缘或建筑物的最外轴线）	90	60	90	40	20
明火地点	70	40	60	40	20

续表

注：1. 括号内指防火间距起止点； 2. 表中 D 为较大罐的直径。当 $1.5D$ 小于 30m 时，取 30m；当 $1.5D$ 大于 60m 时，可取 60m；当丙类可燃液体罐相邻布置时，防火间距可取 30m； 3. 与散发火花地点的防火间距，可按与明火地点的防火间距减少 50%，但散发火花地点应布置在火灾爆炸危险区域之外； 4. 辐射热不应影响相邻火炬的检修和运行； 5. 丙类工艺装置或设施的防火间距，可按甲、乙类工艺装置或设施的规定减少 10m（火炬除外），但不应小于 30m； 6. 石油化工工业园区内公用的输油（气）管道，可布置在石油化工企业围墙或用地边界线外。

4.2 工厂总平面布置

4.2.1 工厂总平面应根据工厂的生产流程及各组成部分的生产特点和火灾危险性，结合地形、风向等条件，按功能分区集中布置。

4.2.2 可能散发可燃气体的工艺装置、罐组、装卸区或全厂性污水处理场等设施宜布置在人员集中场所及明火或散发火花地点的全年最小频率风向的上风侧。

4.2.3 液化烃罐组或可燃液体罐组不应毗邻布置在高于工艺装置、全厂性重要设施或人员集中场所的阶梯上。但受条件限制或有工艺要求时，可燃液体原料储罐可毗邻布置在高于工艺装置的阶梯上，但应采取防止泄漏的可燃液体流入工艺装置、全厂性重要设施或人员集中场所的措施。

4.2.4 液化烃罐组或可燃液体罐组不宜紧靠排洪沟布置。

4.2.5 空分站应布置在空气清洁地段，并宜位于散发乙炔及其他可燃气体、粉尘等场所的全年最小频率风向的下风侧。

4.2.6 全厂性的高架火炬宜位于生产区全年最小频率风向的上风侧。

4.2.7 汽车装卸设施、液化烃灌装站及各类物品仓库等机动车辆频繁进出的设施应布置在厂区边缘或厂区外，并宜设围墙独立成区。

4.2.8 罐区泡沫站应布置在罐组防火堤外的非防爆区，与可燃液体罐的防火间距不宜小于 20m。

4.2.9 采用架空电力线路进出厂区的总变电所应布置在厂区边缘。

4.2.10 消防站的位置应符合下列规定：

1 消防站的服务范围应按行车路程计，行车路程不宜大于 2.5km，并且接火警后消防车到达火场的时间不宜超过 5min。对丁、戊类的局部场所，消防站的服务范围可加大到 4km；

2 应便于消防车迅速通往工艺装置区和罐区；

3 宜避开工厂主要人流道路；

4 宜远离噪声场所；

5 宜位于生产区全年最小频率风向的下风侧。

4.2.11 厂区的绿化应符合下列规定：

1 生产区不应种植含油脂较多的树木，宜选择含水分较多的树种；

2 工艺装置或可燃气体、液化烃、可燃液体的罐组与周围消防车道之间不宜种植绿篱或茂密的灌木丛；

3 在可燃液体罐组防火堤内可种植生长高度不超过 15cm、含水分多的四季常青的草皮；

4 液化烃罐组防火堤内严禁绿化；

5 厂区的绿化不应妨碍消防操作。

4.2.12 石油化工企业总平面布置的防火间距除本规范另有规定外，不应小于表 4.2.12 的规定。工艺装置或设施（罐组除外）之间的防火距离应按相邻最近的设备、建筑物或构筑物确定，其防火间距起止点应符合本规范附录 A 的规定。高架火炬的防火间距应根据人或设备允许的安全辐射热强度计算确定，对可能携带可燃液体的高架火炬的防火间距不应小于表 4.2.12 规定。

项目			灌装站		甲类物品仓库（库棚）或堆场	罐区甲、乙类泵（房）、全冷冻式液化烃储存的压缩机（包括添加剂设施及其专用变配电室、控制室）	污水处理场（隔油池、污油罐）	铁路走行线（中心线）、原料及产品运输道路（路面边）	备注
			液化烃	甲$_B$、乙类液体及可燃与助燃气体					
工艺装置（单元）		甲	30	25	30	20	25	15	
工艺装置（单元）		乙	25	20	25	15	20	10	注1、2
工艺装置（单元）		丙	20	15	20	10	15	10	
全厂重要设施		一类	45	40	45	30	35	—	注3
全厂重要设施		二类	35	30	35	20	25	—	
明火地点			30	25	30	15	25	—	注4
地上可燃液体储罐	甲$_B$、乙类固定顶	$>5000m^3$	35	30	35	20	25	20	
地上可燃液体储罐	甲$_B$、乙类固定顶	$>1000\sim5000m^3$	30	25	30	15	20	15	
地上可燃液体储罐	甲$_B$、乙类固定顶	$>500\sim1000m^3$	25	20	25	12	15	12	
地上可燃液体储罐	甲$_B$、乙类固定顶	≤500或卧式罐	20	15	20	10	15	10	
地上可燃液体储罐	浮顶、内浮顶或丙$_A$类固定顶	$>20000m^3$	30	25	30	20	25	20	
地上可燃液体储罐	浮顶、内浮顶或丙$_A$类固定顶	$>5000\sim2000m^3$	25	20	25	15	20	15	
地上可燃液体储罐	浮顶、内浮顶或丙$_A$类固定顶	$>1000\sim5000m^3$	20	15	20	12	15	12	
地上可燃液体储罐	浮顶、内浮顶或丙$_A$类固定顶	$>500\sim1000m^3$	17	12	15	10	15	10	注5、2
地上可燃液体储罐	浮顶、内浮顶或丙$_A$类固定顶	$\leq500m^3$或卧式罐	15	10	10	8	15	10	
沸点低于45℃的甲$_B$类液体全压力储存			30	25	30	20	20	20	
液化烃储罐	全压力式和半冷冻式储存	$>1000m^3$	45	40	60	35	30	25	
液化烃储罐	全压力式和半冷冻式储存	$>100\sim1000m^3$	40	35	50	30	25	20	
液化烃储罐	全压力式和半冷冻式储存	$\leq100m^3$	35	30	40	25	25	15	
液化烃储罐	全冷冻式储存	$>1000m^3$	55	50	70	45	40	25	
液化烃储罐	全冷冻式储存	$\leq100m^3$	45	40	60	35	30	25	
可燃气体储罐		$>1000\sim50000m^3$	20	15	20	15	20	10	注6、2
液化烃及甲$_B$、乙类液体		码头装卸区	30	25	35	15	30	10	
液化烃及甲$_B$、乙类液体		汽车装卸站	20	15	20	15	25	10	20
液化烃及甲$_B$、乙类液体		铁路装卸设施、槽车洗罐站	25	20	30	12	25	15（10）	注7、2
灌装站		液化烃	—	—	30	25	25	10	
灌装站		甲$_B$、乙类液体及可燃与助燃气体	—	—	25	20	20	10	
甲类物品仓库（库棚）或堆场			30	25	—	20	25	10	注8、2
罐区甲、乙类泵（房）、全冷冻式液化烃储存的压缩机（包括添加剂设施及其专用变配电室、控制室）			25	20	20	—	15	10	注9、2
污水处理场（隔油池、污油罐）			25	20	25	15	—	10	注9、2
铁路走行线（中心线）、原料及产品运输道路（路面边）			10	10	10	10	10	—	注11
可能携带可燃液体的高架火炬			90	90	90	60	90	50	—
厂区围墙（中心线）或用地边界线			30	25	30	15	30	—	—

注：1. 分子适用于石油化工装置，分母适用于炼油装置；

2. 工艺装置或可能散发可燃气体的设施与工艺装置明火

3. 工厂消防站与甲类工艺装置的防火间距不应小于50m

4. 与散发火花地点的防火间距，可按与明火地点的防火间

5. 罐组与其他设施的防火间距按相邻最大罐容积确定；坦

6. 单罐容积等于或小于$1000m^3$，防火距可减少25%（火炬

7. 丙类液体，防火距可减少25%（火炬除外）。当甲$_B$、乙

8. 本项包括可燃气体、助燃 气体的实瓶库。乙、丙类物品

9. 丙类泵（房），可减少25%（火炬除外），但当地上可燃液

10. 污油泵的防火间距可按隔油池的防火间距减少25%（

11. 铁路走行线和原料产品运输道路应布置在火灾爆炸危

12. 表中“—”表示无防火间距要求或执行相关规范。

表5.2.1 设备、建筑物平面布置的防火间距(m)

项目	控制室、机柜间、变配电所、化验室、办公室	明火设备	可燃气体压缩机或压缩机房 甲	可燃气体压缩机或压缩机房 乙	装置储罐(总容积) 可燃气体 200~1000m³ 甲	装置储罐(总容积) 可燃气体 200~1000m³ 乙	装置储罐(总容积) 液化烃 50~100m³ 甲A	装置储罐(总容积) 可燃液体 100~1000m³ 甲B、乙A	装置储罐(总容积) 可燃液体 100~1000m³ 乙B、丙A	其他工艺设备或房间 可燃气体 甲	其他工艺设备或房间 可燃气体 乙	其他工艺设备或房间 液化烃 甲A	其他工艺设备或房间 可燃液体 甲B、乙A	其他工艺设备或房间 可燃液体 乙B、丙A	操作温度等于或高于自燃点的工艺设备	含可燃液体的污水池、隔油池、酸性污水罐、含油污水罐	丙类物品仓库乙类物品储存间	备注
控制室、机柜间、变配电所、化验室、办公室	—	15	15	9	15	9	22.5	15	9	15	9	15	15	9	15	15	15	—
明火设备	15	—	22.5	9	15	9	22.5	15	9	15	9	22.5	15	9	4.5	15	15	—
操作温度低于自燃点的工艺设备 可燃气体压缩机或压缩机房 甲	15	22.5	—	—	9	7.5	15	9	7.5	9	7.5	9	9	7.5	9	9	15	注1
操作温度低于自燃点的工艺设备 可燃气体压缩机或压缩机房 乙	9	9	—	—	7.5	7.5	9	7.5	7.5	—	—	7.5	—	—	4.5	—	9	注1
操作温度低于自燃点的工艺设备 装置储罐(总容积) 可燃气体 200~1000m³ 甲	15	15	9	7.5	—	—	—	—	—	9	7.5	9	9	7.5	9	9	15	注2
操作温度低于自燃点的工艺设备 装置储罐(总容积) 可燃气体 200~1000m³ 乙	9	9	7.5	7.5	—	—	—	—	—	7.5	—	7.5	7.5	—	9	7.5	9	注2
操作温度低于自燃点的工艺设备 装置储罐(总容积) 液化烃 50~100m³ 甲A	22.5	22.5	15	9	—	—	—	—	—	9	7.5	9	9	7.5	15	9	15	注2
操作温度低于自燃点的工艺设备 装置储罐(总容积) 可燃液体 100~1000m³ 甲B、乙A	15	15	9	7.5	—	—	—	—	—	9	7.5	9	9	7.5	9	9	15	注2
操作温度低于自燃点的工艺设备 装置储罐(总容积) 可燃液体 100~1000m³ 乙B、丙A	9	9	7.5	7.5	—	—	—	—	—	7.5	—	7.5	7.5	—	9	7.5	9	注2
操作温度低于自燃点的工艺设备 其他工艺设备或房间 可燃气体 甲	15	15	9	—	9	7.5	9	9	7.5	—	—	—	—	—	4.5	—	9	—
操作温度低于自燃点的工艺设备 其他工艺设备或房间 可燃气体 乙	9	9	7.5	—	7.5	—	7.5	7.5	—	—	—	—	—	—	—	—	9	
操作温度低于自燃点的工艺设备 其他工艺设备或房间 液化烃 甲A	15	22.5	9	7.5	9	7.5	9	9	7.5	—	—	—	—	—	7.5	—	15	
操作温度低于自燃点的工艺设备 其他工艺设备或房间 可燃液体 甲B、乙A	15	15	9	—	9	7.5	9	9	7.5	—	—	—	—	—	4.5	—	9	
操作温度低于自燃点的工艺设备 其他工艺设备或房间 可燃液体 乙B、丙A	9	9	7.5	—	7.5	—	7.5	7.5	—	—	—	—	—	—	—	—	9	
操作温度等于或高于自燃点的工艺设备	15	4.5	9	4.5	9	9	15	9	9	4.5	—	7.5	4.5	—	—	4.5	15	注3
含可燃液体的污水池、隔油池、酸性污水罐、含油污水罐	15	15	9	—	9	7.5	9	9	7.5	—	—	—	—	—	4.5	—	9	—

续表

项目				控制室、机柜间、变配电所、化验室、办公室	明火设备	操作温度低于自燃点的工艺设备												操作温度等于或高于自燃点的工艺设备	含可燃液体的污水池、隔油池、酸性污水罐、含油污水罐	丙类物品仓库乙类物品储存间	备注
						可燃气体压缩机或压缩机房		装置储罐(总容积)					其他工艺设备或房间								
								可燃气体 200～1000m³		液化烃 50～100m³	可燃液体 100～1000m³		可燃气体		液化烃	可燃液体					
						甲	乙	甲	乙	$甲_A$	$甲_B、乙_A$	$乙_B、丙_A$	甲	乙	$甲_A$	$甲_B、乙_A$	$乙_B、丙_A$				
丙类物品仓库、乙类物品储存间				15	15	15	9	15	9	15	15	9	9	9	15	9	9	15	9	—	—
装置储罐组(总容积)	可燃气体	>1000～5000m³	甲、乙	20	20	15	15	*	*	20	15	15	15	15	20	15	15	15	15	15	—
	液化烃	>100～500m³	$甲_A$	30	30	30	25	25	20	*	25	20	25	20	30	25	20	30	25	25	
	可燃液体	>1000～5000m³	$甲_B、乙_A$	25	25	25	20	20	15	25	*	*	20	15	25	20	15	25	20	20	注4
			$乙_B、丙_A$	20	20	20	15	15	15	20	*	*	15	15	20	15	15	20	15	15	

注:1. 单机驱动功率小于150kW的可燃气体压缩机,可按操作温度低于自燃点的“其他工艺设备”确定其防火间距;

2. 装置储罐(组)的总容积应符合本规范第5.2.22条的规定。当装置储罐的总容积:液化烃储罐小于50m³、可燃液体储罐小于100m³、可燃气体储罐小于200m³时,可按操作温度低于自燃点的“其他工艺设备”确定其防火间距;

3. 查不到自燃点时,可取250℃;

4. 装置储罐组的防火设计应符合本规范第6章的有关规定;

5. $丙_B$类液体设备的防火间距不限;

6. 散发火花地点与其他设备防火间距同明火设备;

7. 表中“—”表示无防火间距要求或执行相关规范,“*”装置储罐集中成组布置。

5.2.16 装置的控制室、机柜间、变配电所、化验室、办公室等不得与设有甲、$乙_A$类设备的房间布置在同一建筑物内。装置的控制室与其他建筑物合建时，应设置独立的防火分区。

5.2.17 装置的控制室、化验室、办公室等宜布置在装置外，并宜全厂性或区域性统一设置。当装置的控制室、机柜间、变配电所、化验室、办公室等布置在装置内时，应布置在装置的一侧，位于爆炸危险区范围以外，并宜位于可燃气体、液化烃和$甲_B$、$乙_A$类设备全年最小频率风向的下风侧。

5.2.18 布置在装置内的控制室、机柜间、变配电所、化验室、办公室等的布置应符合下列规定：

1 控制室宜设在建筑物的底层；

2 平面布置位于附加2区的办公室、化验室室内地面及控制室、机柜间、变配电所的设备层地面应高于室外地面，且高差不应小于0.6m；

3 控制室、机柜间面向有火灾危险性设备侧的外墙应为无门窗洞口、耐火极限不低于3h的不燃烧材料实体墙；

4 化验室、办公室等面向有火灾危险性设备侧的外墙宜为无门窗洞口不燃烧材料实体墙。当确需设置门窗时，应采用防火门窗；

5 控制室或化验室的室内不得安装可燃气体、液化烃和可燃液体的在线分析仪器。

5.2.19 高压和超高压的压力设备宜布置在装置的一端或一侧；有爆炸危险的超高压反应设备宜布置在防爆构筑物内。

5.2.20 装置的可燃气体、液化烃和可燃液体设备采用多层构架布置时，除工艺要求外，其构架不宜超过四层。

5.2.21 空气冷却器不宜布置在操作温度等于或高于自燃点的可燃液体设备上方；若布置在其上方，应用不燃烧材料的隔板隔离保护。

5.2.22 装置储罐(组)的布置应符合下列规定：

1 当装置储罐总容积：液化烃罐小于或等于$100m^3$、可燃气体或可燃液体罐小于或等于$1000m^3$时，可布置在装置内，装置储罐与设备、建筑物的防火间距不应小于表5.2.1的规定。

2 当装置储罐组总容积：液化烃罐大于$100m^3$小于或等于$500m^3$、可燃液体罐或可燃气体罐大于$1000m^3$小于或等于$5000m^3$时，应成组集中布置在装置边缘；但液化烃单罐容积不应大于$300m^3$，可燃液体单罐容积不应大于$3000m^3$。装置储罐组的防火设计应符合本规范第6章的有关规定，与储罐相关的机泵应布置在防火堤外。装置储罐组与装置内其他设备、建筑物的防火间距不应小于表5.2.1的规定。

5.2.23 甲、乙类物品仓库不应布置在装置内。若工艺需要，储量不大于5t的乙类物品储存间和丙类物品仓库可布置在装置内，并位于装置边缘。丙类物品仓库的总储量应符合本规范第6章的有关规定。

5.2.24 可燃气体和助燃气体的钢瓶(含实瓶和空瓶)，应分别存放在位于装置边缘的敞棚内。可燃气体的钢瓶距明火或操作温度等于或高于自燃点的设备防火间距不应小于15m。分析专用的钢瓶储存间可靠近分析室布置，钢瓶储存间的建筑设计应满足泄压要求。

5.2.25 建筑物的安全疏散门应向外开启。甲、乙、丙类房间的安全疏散门，不应少于2个；面积小于等于$100m^2$的房间可只设1个。

5.2.26 设备的构架或平台的安全疏散通道应符合下列规定：

1 可燃气体、液化烃和可燃液体的塔区平台或其他设备的构架平台应设置不少于2个通往地面的梯子，作为安全疏散通道，但长度不大于8m的甲类气体和甲、$乙_A$类液体设备的平台或长度不大于15m的$乙_B$、丙类液体设备的平台，可只设一个梯子；

2 相邻的构架、平台宜用走桥连通，与相邻平台连通的走桥可作为一个安全疏散通道；

3 相邻安全疏散通道之间的距离不应大于50m。

5.2.27 装置内地坪竖向和排污系统的设计应减少可能泄漏的可燃液体在工艺设备附近的滞留时间和

扩散范围。火灾事故状态下，受污染的消防水应有效收集和排放。

5.2.28 凡在开停工、检修过程中，可能有可燃液体泄漏、漫流的设备区周围应设置不低于150mm的围堰和导液设施。

5.3 泵和压缩机

5.3.1 可燃气体压缩机的布置及其厂房的设计应符合下列规定：

1 可燃气体压缩机宜布置在敞开或半敞开式厂房内；

2 单机驱动功率等于或大于150kW的甲类气体压缩机厂房不宜与其他甲、乙和丙类房间共用一幢建筑物；

3 压缩机的上方不得布置甲、乙和丙类工艺设备，但自用的高位润滑油箱不受此限；

4 比空气轻的可燃气体压缩机半敞开式或封闭式厂房的顶部应采取通风措施；

5 比空气轻的可燃气体压缩机厂房的楼板宜部分采用钢格板；

6 比空气重的可燃气体压缩机厂房的地面不宜设地坑或地沟；厂房内应有防止可燃气体积聚的措施。

5.3.2 液化烃泵、可燃液体泵宜露天或半露天布置。液化烃、操作温度等于或高于自燃点的可燃液体的泵上方，不宜布置甲、乙、丙类工艺设备；若在其上方布置甲、乙、丙类工艺设备，应用不燃烧材料的隔板隔离保护。

5.3.3 液化烃泵、可燃液体泵在泵房内布置时，其设计应符合下列规定：

1 液化烃泵、操作温度等于或高于自燃点的可燃液体泵、操作温度低于自燃点的可燃液体泵应分别布置在不同房间内。各房间之间的隔墙应为防火墙；

2 操作温度等于或高于自燃点的可燃液体泵房的门窗与操作温度低于自燃点的甲$_B$、乙$_A$类液体泵房的门窗或液化烃泵房的门窗的距离不应小于4.5m；

3 甲、乙$_A$类液体泵房的地面不宜设地坑或地沟，泵房内应有防止可燃气体积聚的措施；

4 在液化烃、操作温度等于或高于自燃点的可燃液体泵房的上方，不宜布置甲、乙、丙类工艺设备；

5 液化烃泵不超过2台时，可与操作温度低于自燃点的可燃液体泵同房间布置。

5.3.4 气柜或全冷冻式液化烃储存设施内，泵和压缩机等旋转设备或其房间与储罐的防火间距不应小于15m。其他设备之间及非旋转设备与储罐的防火间距应按本规范表5.2.1执行。

5.3.5 罐组的专用泵区应布置在防火堤外，与储罐的防火间距应符合下列规定：

1 距甲$_A$类储罐不应小于15m；

2 距甲$_B$、乙类固定顶储罐不应小于12m，距小于或等于500m^{3}的甲$_B$、乙类固定顶储罐不应小于10m；

3 距浮顶及内浮顶储罐、丙$_A$类固定顶储罐不应小于10m，距小于或等于500m^{3}的内浮顶储罐、丙$_A$类固定顶储罐不应小于8m。

5.3.6 除甲$_A$类以外的可燃液体储罐的专用泵单独布置时，应布置在防火堤外，与可燃液体储罐的防火间距不限。

5.3.7 压缩机或泵等的专用控制室或不大于10kV的专用变配电所，可与该压缩机房或泵房等共用一幢建筑物，但专用控制室或变配电所的门窗应位于爆炸危险区范围之外，且专用控制室或变配电所与压缩机房或泵房等的中间隔墙应为无门窗洞口的防火墙。

5.4 污水处理场和循环水场

5.4.1 隔油池的保护高度不应小于400mm。隔油池应设难燃烧材料的盖板。

5.4.2 隔油池的进出水管道应设水封。距隔油池池壁5m以内的水封井、检查井的井盖与盖座接缝处应密封，且井盖不得有孔洞。

5.4.3 污水处理场内的设备、建(构)筑物平面布置防火间距不应小于表5.4.3的规定。

表 5.4.3 污水处理场内的设备、建(构)筑物平面布置的防火间距(m)

类别	变配电所、化验室、办公室等	含可燃液体的隔油池、污水池等	集中布置的水泵房	污油罐、含油污水调节罐	焚烧炉	污油泵房
变配电所、化验室、办公室等	—	15	—	15	15	15
含可燃液体的隔油池、污水池等	15	—	15	15	15	—
集中布置的水泵房	—	15		15		
污油罐、含油污水调节罐	15	15	15	—	15	—
焚烧炉	15	15	—	15	—	15
污油泵房	15	—	—	—	15	—

注：表中“—”表示无防火间距要求或执行相关规范。

5.4.4 循环水场冷却塔应采用阻燃型的填料、收水器和风筒，其氧指数不应小于30。

5.5 泄压排放和火炬系统

5.5.1 在非正常条件下，可能超压的下列设备应设安全阀：

1 顶部最高操作压力大于等于0.1MPa的压力容器；

2 顶部最高操作压力大于0.03MPa的蒸馏塔、蒸发塔和汽提塔(汽提塔顶蒸汽通入另一蒸馏塔者除外)；

3 往复式压缩机各段出口或电动往复泵、齿轮泵、螺杆泵等容积式泵的出口(设备本身已有安全阀者除外)；

4 凡与鼓风机、离心式压缩机、离心泵或蒸汽往复泵出口连接的设备不能承受其最高压力时，鼓风机、离心式压缩机、离心泵或蒸汽往复泵的出口；

5 可燃气体或液体受热膨胀，可能超过设计压力的设备；

6 顶部最高操作压力为0.03～0.1MPa的设备应根据工艺要求设置。

5.5.2 单个安全阀的开启压力(定压)，不应大于设备的设计压力。当一台设备安装多个安全阀时，其中一个安全阀的开启压力(定压)不应大于设备的设计压力；其他安全阀的开启压力可以提高，但不应大于设备设计压力的1.05倍。

5.5.3 下列的工艺设备不宜设安全阀：

1 加热炉炉管；

2 在同一压力系统中，压力来源处已有安全阀，则其余设备可不设安全阀；

3 对扫线蒸汽不宜作为压力来源。

5.5.4 可燃气体、可燃液体设备的安全阀出口连接应符合下列规定：

1 可燃液体设备的安全阀出口泄放管应接入储罐或其他容器，泵的安全阀出口泄放管宜接至泵的入口管道、塔或其他容器；

2 可燃气体设备的安全阀出口泄放管应接至火炬系统或其他安全泄放设施；

3 泄放后可能立即燃烧的可燃气体或可燃液体应经冷却后接至放空设施；

4 泄放可能携带液滴的可燃气体应经分液罐后接至火炬系统。

5.5.5 有可能被物料堵塞或腐蚀的安全阀，在安全阀前应设爆破片或在其出入口管道上采取吹扫、加热或保温等防堵措施。

5.5.6 两端阀门关闭且因外界影响可能造成介质压力升高的液化烃、甲$_B$、乙$_A$类液体管道应采取泄压安全措施。

5.5.7　甲、乙、丙类的设备应有事故紧急排放设施，并应符合下列规定：

1　对液化烃或可燃液体设备，应能将设备内的液化烃或可燃液体排放至安全地点，剩余的液化烃应排入火炬；

2　对可燃气体设备，应能将设备内的可燃气体排入火炬或安全放空系统。

5.5.8　常减压蒸馏装置的初馏塔顶、常压塔顶、减压塔顶的不凝气不应直接排入大气。

5.5.9　较高浓度环氧乙烷设备的安全阀前应设爆破片。爆破片入口管道应设氮封，且安全阀的出口管道应充氮。

5.5.10　氨的安全阀排放气应经处理后放空。

5.5.11　受工艺条件或介质特性所限，无法排入火炬或装置处理排放系统的可燃气体，当通过排气筒、放空管直接向大气排放时，排气筒、放空管的高度应符合下列规定：

1　连续排放的排气筒顶或放空管口应高出20m范围内的平台或建筑物顶3.5m以上，位于排放口水平20m以外斜上45°的范围内不宜布置平台或建筑物(图5.5.11)；

2　间歇排放的排气筒顶或放空管口应高出10m范围内的平台或建筑物顶3.5m以上，位于排放口水平10m以外斜上45°的范围内不宜布置平台或建筑物(图5.5.11)；

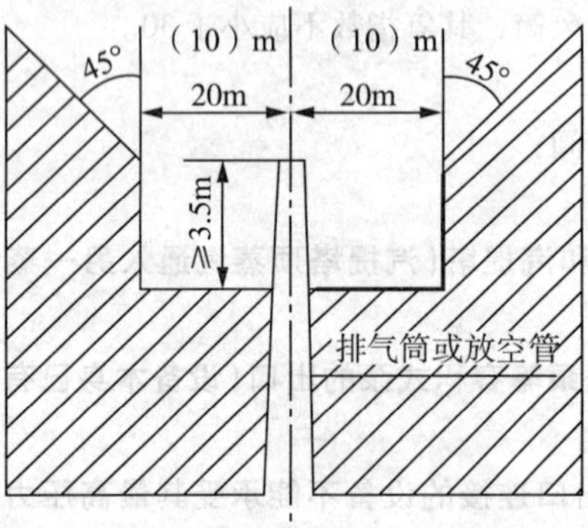

图5.5.11　可燃气体排气筒、放空管高度示意图

注：阴影部分为平台或建筑物的设置范围。

3　安全阀排放管口不得朝向邻近设备或有人通过的地方，排放管口应高出8m范围内的平台或建筑物顶3m以上。

5.5.12　有突然超压或发生瞬时分解爆炸危险物料的反应设备，如设安全阀不能满足要求时，应装爆破片或爆破片和导爆管，导爆管口必须朝向无火源的安全方向；必要时应采取防止二次爆炸、火灾的措施。

5.5.13　因物料爆聚、分解造成超温、超压，可能引起火灾、爆炸的反应设备应设报警信号和泄压排放设施，以及自动或手动遥控的紧急切断进料设施。

5.5.14　严禁将混合后可能发生化学反应并形成爆炸性混合气体的几种气体混合排放。

5.5.15　液体、低热值可燃气体、含氧气或卤元素及其化合物的可燃气体、毒性为极度和高度危害的可燃气体、惰性气体、酸性气体及其他腐蚀性气体不得排入全厂性火炬系统，应设独立的排放系统或处理排放系统。

5.5.16　可燃气体放空管道在接入火炬前，应设置分液和阻火等设备。

5.5.17　可燃气体放空管道内的凝结液应密闭回收，不得随地排放。

5.5.18　携带可燃液体的低温可燃气体排放系统应设置气化器，低温火炬管道选材应考虑事故排放时可能出现的最低温度。

5.5.19　装置的主要泄压排放设备宜采用适当的措施，以降低事故工况下可燃气体瞬间排放负荷。

5.5.20　火炬应设长明灯和可靠的点火系统。

5.5.21　装置内高架火炬的设置应符合下列规定：

1　严禁排入火炬的可燃气体携带可燃液体；

2　火炬的辐射热不应影响人身及设备的安全；

3　距火炬筒30m范围内，不应设置可燃气体放空。

5.5.22　封闭式地面火炬的设置除按明火设备考虑外，还应符合下列规定：

1　排入火炬的可燃气体不应携带可燃液体；

2　火炬的辐射热不应影响人身及设备的安全；

3　火炬应采取有效的消烟措施。

5.5.23　火炬设施的附属设备可靠近火炬布置。

5.6　钢结构耐火保护

5.6.1　下列承重钢结构，应采取耐火保护措施。

1　单个容积等于或大于 $5m^3$ 的甲、$乙_A$ 类液体设备的承重钢构架、支架、裙座；

2　在爆炸危险区范围内，且毒性为极度和高度危害的物料设备的承重钢构架、支架、裙座；

3　操作温度等于或高于自燃点的单个容积等于或大于 $5m^3$ 的$乙_B$、丙类液体设备承重钢构架、支架、裙座；

4　加热炉炉底钢支架；

5　在爆炸危险区范围内的主管廊的钢管架；

6　在爆炸危险区范围内的高径比等于或大于 8，且总重量等于或大于 25t 的非可燃介质设备的承重钢构架、支架和裙座。

5.6.2　第 5.6.1 条所述的承重钢结构的下列部位应覆盖耐火层，覆盖耐火层的钢构件，其耐火极限不应低于 1.5h：

1　支承设备钢构架：

1）单层构架的梁、柱；

2）多层构架的楼板为透空的钢格板时，地面以上 10m 范围的梁、柱；

3）多层构架的楼板为封闭式楼板时，地面至该层楼板面及其以上 10m 范围的梁、柱；

2　支承设备钢支架；

3　钢裙座外侧未保温部分及直径大于 1.2m 的裙座内侧；

4　钢管架：

1）底层支撑管道的梁、柱；地面以上 4.5m 内的支撑管道的梁、柱；

2）上部设有空气冷却器的管架，其全部梁、柱及承重斜撑；

3）下部设有液化烃或可燃液体泵的管架，地面以上 10m 范围的梁、柱；

5　加热炉从钢柱柱脚板到炉底板下表面 50mm 范围内的主要支撑构件应覆盖耐火层，与炉底板连续接触的横梁不覆盖耐火层；

6　液化烃球罐支腿从地面到支腿与球体交叉处以下 0.2m 的部位。

5.7　其他要求

5.7.1　甲、乙、丙类设备或有爆炸危险性粉尘、可燃纤维的封闭式厂房和控制室等其他建筑物的耐火等级、内部装修及空调系统等设计均应按现行国家标准《建筑设计防火规范》GB 50016、《建筑内部装修设计防火规范》GB 50222 和《采暖通风与空气调节设计规范》GB 50019 中的有关规定执行。

5.7.2　散发爆炸危险性粉尘或可燃纤维的场所，其火灾危险性类别和爆炸危险区范围的划分应按现行国家标准《建筑设计防火规范》（GB 50016）和《爆炸和火灾危险环境电力装置设计规范》GB 50058 的规定执行。

5.7.3　散发爆炸危险性粉尘或可燃纤维的场所应采取防止粉尘、纤维扩散、飞扬和积聚的措施。

5.7.4　散发比空气重的甲类气体、有爆炸危险性粉尘或可燃纤维的封闭厂房应采用不发生火花的地面。

5.7.5　有可燃液体设备的多层建筑物或构筑物的楼板应采取防止可燃液体泄漏至下层的措施。

5.7.6　生产或储存不稳定的烯烃、二烯烃等物质时应采取防止生成过氧化物、自聚物的措施。

5.7.7　可燃气体压缩机、液化烃、可燃液体泵不得使用皮带传动；在爆炸危险区范围内的其他转动设备若必须使用皮带传动时，应采用防静电皮带。

5.7.8　烧燃料气的加热炉应设长明灯，并宜设置火焰监测器。

5.7.9　除加热炉以外的有隔热衬里设备，其外壁应涂刷超温显示剂或设置测温点。

5.7.10　可燃气体的电除尘、电除雾等电滤器系统，应有防止产生负压和控制含氧量超过规定指标的设施。

5.7.11　正压通风设施的取风口宜位于可燃气体、液化烃和$甲_B$、$乙_A$ 类设备的全年最小频率风向的下风侧，且取风口高度应高出地面 9m 以上或爆炸危险区 1.5m 以上，两者中取较大值。取风质量应按现行国家标准《采暖通风与空气调节设计规范》GB 50019 的有关规定执行。

6　储运设施

6.1　一般规定

6.1.1　可燃气体、助燃气体、液化烃和可燃液体的储罐基础、防火堤、隔堤及管架(墩)等，均应采用不燃烧材料。防火堤的耐火极限不得小于 3h。

6.1.2　液化烃、可燃液体储罐的保温层应采用不燃烧材料。当保冷层采用阻燃型泡沫塑料制品时，其氧指数不应小于 30。

6.1.3　储运设施内储罐与其他设备及建构筑物之间的防火间距应按本规范第 5 章的有关规定执行。

6.2　可燃液体的地上储罐

6.2.1　储罐应采用钢罐。

6.2.2　储存甲$_B$、乙$_A$类的液体应选用金属浮舱式的浮顶或内浮顶罐。对于有特殊要求的物料，可选用其他型式的储罐。

6.2.3　储存沸点低于 45℃的甲$_B$类液体宜选用压力或低压储罐。

6.2.4　甲$_B$类液体固定顶罐或低压储罐应采取减少日晒升温的措施。

6.2.5　储罐应成组布置，并应符合下列规定：

1　在同一罐组内，宜布置火灾危险性类别相同或相近的储罐；当单罐容积小于或等于 1000m^3 时，火灾危险性类别不同的储罐也可同组布置；

2　沸溢性液体的储罐不应与非沸溢性液体储罐同组布置；

3　可燃液体的压力储罐可与液化烃的全压力储罐同组布置；

4　可燃液体的低压储罐可与常压储罐同组布置。

6.2.6　罐组的总容积应符合下列规定：

1　固定顶罐组的总容积不应大于 120000m^3；

2　浮顶、内浮顶罐组的总容积不应大于 600000m^3；

3　固定顶罐和浮顶、内浮顶罐的混合罐组的总容积不应大于 120000m^3；其中浮顶、内浮顶罐的容积可折半计算。

6.2.7　罐组内单罐容积大于或等于 10000m^3 的储罐个数不应多于 12 个；单罐容积小于 10000m^3 的储罐个数不应多于 16 个；但单罐容积均小于 1000m^3 储罐以及丙$_B$类液体储罐的个数不受此限。

6.2.8　罐组内相邻可燃液体地上储罐的防火间距不应小于表 6.2.8 的规定。

表 6.2.8　罐组内相邻可燃液体地上储罐的防火间距

<table>
<tr><th rowspan="3">液体类别</th><th colspan="4">储罐型式</th></tr>
<tr><th colspan="2">固定顶罐</th><th rowspan="2">浮顶、内浮顶罐</th><th rowspan="2">卧罐</th></tr>
<tr><th>≤1000m³</th><th>>1000m³</th></tr>
<tr><td>甲$_B$、乙类</td><td>0.75D</td><td>0.6D</td><td rowspan="3">0.4D</td><td rowspan="3">0.8m</td></tr>
<tr><td>丙$_A$类</td><td colspan="2">0.4D</td></tr>
<tr><td>丙$_B$类</td><td>2m</td><td>5m</td></tr>
</table>

注：1. 表中 D 为相邻较大罐的直径，单罐容积大于 1000m^3 的储罐取直径或高度的较大值；

2. 储存不同类别液体的或不同型式的相邻储罐的防火间距应采用本表规定的较大值；

3. 现有浅盘式内浮顶罐的防火间距同固定顶罐；

4. 可燃液体的低压储罐，其防火间距按固定顶罐考虑；

5. 储存丙$_B$类可燃液体的浮顶、内浮顶罐，其防火间距大于 15m 时，可取 15m。

6.2.9 罐组内的储罐不应超过2排；但单罐容积小于或等于1000m^3 的丙$_B$类的储罐不应超过4排，其中润滑油罐的单罐容积和排数不限。

6.2.10 两排立式储罐的间距应符合表6.2.8的规定，且不应小于5m；两排直径小于5m的立式储罐及卧式储罐的间距不应小于3m。

6.2.11 罐组应设防火堤。

6.2.12 防火堤及隔堤内的有效容积应符合下列规定：

1 防火堤内的有效容积不应小于罐组内1个最大储罐的容积，当浮顶、内浮顶罐组不能满足此要求时，应设置事故存液池储存剩余部分，但罐组防火堤内的有效容积不应小于罐组内1个最大储罐容积的一半；

2 隔堤内有效容积不应小于隔堤内1个最大储罐容积的10%。

6.2.13 立式储罐至防火堤内堤脚线的距离不应小于罐壁高度的一半，卧式储罐至防火堤内堤脚线的距离不应小于3m。

6.2.14 相邻罐组防火堤的外堤脚线之间应留有宽度不小于7m的消防空地。

6.2.15 设有防火堤的罐组内应按下列要求设置隔堤：

1 单罐容积小于或等于5000m^3。时，隔堤所分隔的储罐容积之和不应大于20000m^3；

2 单罐容积大于5000m^3 至20000m^3 时，隔堤内的储罐不应超过4个；

3 单罐容积大于20000m^3 至50000m^3 时，隔堤内的储罐不应超过2个；

4 单罐容积大于50000m^3 时，应每1个罐一隔；

5 隔堤所分隔的沸溢性液体储罐不应超过2个。

6.2.16 多品种的液体罐组内应按下列要求设置隔堤：

1 甲$_B$、乙$_A$类液体与其他类可燃液体储罐之间；

2 水溶性与非水溶性可燃液体储罐之间；

3 相互接触能引起化学反应的可燃液体储罐之间；

4 助燃剂、强氧化剂及具有腐蚀性液体储罐与可燃液体储罐之间。

6.2.17 防火堤及隔堤应符合下列规定：

1 防火堤及隔堤应能承受所容纳液体的静压，且不应渗漏；

2 立式储罐防火堤的高度应为计算高度加0.2m，但不应低于1.0m(以堤内设计地坪标高为准)，且不宜高于2.2m(以堤外3m范围内设计地坪标高为准)；卧式储罐防火堤的高度不应低于0.5m(以堤内设计地坪标高为准)；

3 立式储罐组内隔堤的高度不应低于0.5m；卧式储罐组内隔堤的高度不应低于0.3m；

4 管道穿堤处应采用不燃烧材料严密封闭；

5 在防火堤内雨水沟穿堤处应采取防止可燃液体流出堤外的措施；

6 在防火堤的不同方位上应设置人行台阶或坡道，同一方位上两相邻人行台阶或坡道之间距离不宜大于60m；隔堤应设置人行台阶。

6.2.18 事故存液池的设置应符合下列规定：

1 设有事故存液池的罐组应设导液管(沟)，使溢漏液体能顺利地流出罐组并自流入存液池内；

2 事故存液池距防火堤的距离不应小于7m；

3 事故存液池和导液沟距明火地点不应小于30m；

4 事故存液池应有排水设施。

6.2.19 甲$_B$、乙类液体的固定顶罐应设阻火器和呼吸阀；对于采用氮气或其他气体气封的甲$_B$、乙类液体的储罐还应设置事故泄压设备。

6.2.20 常压固定顶罐顶板与包边角钢之间的连接应采用弱顶结构。

6.2.21 储存温度高于100℃的丙$_B$类液体储罐应设专用扫线罐。

6.2.22　设有蒸汽加热器的储罐应采取防止液体超温的措施。

6.2.23　可燃液体的储罐，应设液位计和高液位报警器，必要时可设自动联锁切断进料设施；并宜设自动脱水器

6.2.24　储罐的进料管应从罐体下部接入；若必须从上部接入，宜延伸至距罐底200mm处。

6.2.25　储罐的进出口管道应采用柔性连接。

6.3　液化烃、可燃气体、助燃气体的地上储罐

6.3.1　液化烃储罐、可燃气体储罐和助燃气体储罐应分别成组布置。

6.3.2　液化烃储罐成组布置时应符合下列规定：

1　液化烃罐组内的储罐不应超过2排；

2　每组全压力式或半冷冻式储罐的个数不应多于12个；

3　全冷冻式储罐的个数不宜多于2个；

4　全冷冻式储罐应单独成组布置；

5　储罐材质不能适应该罐组介质最低温度时，不应布置在同一罐组内。

6.3.3　液化烃、可燃气体、助燃气体的罐组内，储罐的防火间距不应小于表6.3.3的规定。

表6.3.3　液化烃、可燃气体、助燃气体的罐组内储罐的防火间距

介质	储存方式或储罐型式		球罐	卧(立)罐	全冷冻式储罐(容积) ≤100m³	全冷冻式储罐(容积) >100m³	水槽式气柜	干式气柜
液化烃	全压力式或半冷冻式储罐	有事故排放至火炬的措施	0.5D	1.0D	*	*	*	*
		无事故排放至火炬的措施	1.0D		*	*	*	*
	全冷冻式储罐	≤100m³	*	*	1.5m	0.5D	*	*
		>100m³	*	*	0.5D	0.5D	*	*
助燃气体	球罐		0.5D	0.65D	*	*	*	*
	卧(立)罐		0.65D	0.65D	*	*	*	*
可燃气体	水槽式气柜		*	*	*	*	0.5D	0.65D
	干式气柜		*	*	*	*	0.65D	0.65D
	球罐		0.5D	*	*	*	0.65D	0.65D

注：1. D为相邻较大储罐的直径；

2. 液氨储罐间的防火间距要求应与液化烃储罐相同：液氧储罐间的防火间距应按《建筑设计防火规范》GB 50016的要求执行；

3. 沸点低于45℃的甲$_B$类液体压力储罐。按全压力式液化烃储罐的防火间距执行；

4. 液化烃单罐容积≤200m³的卧(立)罐之间的防火间距超过1.5m时，可取1.5m；

5. 助燃气体卧(立)罐之间的防火间距超过1.5m时，可取1.5m；

6. "*"表示不应同组布置。

6.3.4　两排卧罐的间距不应小于3m。

6.3.5　防火堤及隔堤的设置应符合下列规定：

1　液化烃全压力式或半冷冻式储罐组宜设不高于0.6m的防火堤，防火堤内堤脚线距储罐不应小于3m，堤内应采用现浇混凝土地面，并应坡向外侧，防火堤内的隔堤不宜高于0.3m；

2　全压力式储罐组的总容积大于8000m³时，罐组内应设隔堤，隔堤内各储罐容积之和不宜大于

8000m³。单罐容积等于或大于 5000m³ 时应每 1 个罐一隔；

3 全冷冻式储罐组的总容积不应大于 200000m³，单防罐应每 1 个罐一隔，隔堤应低于防火堤 0.2m；

4 沸点低于 45℃甲$_B$类液体压力储罐组的总容积不宜大于 60000m³；隔堤内各储罐容积之和不宜大于 8000m³，单罐容积等于或大于 5000m³ 时应每 1 个罐一隔；

5 沸点低于 45℃的甲$_B$类液体的压力储罐，防火堤内有效容积不应小于 1 个最大储罐的容积。当其与液化烃压力储罐同组布置时，防火堤及隔堤的高度尚应满足液化烃压力储罐组的要求，且二者之间应设隔堤；当其独立成组时，防火堤距储罐不应小于 3m，防火堤及隔堤的高度设置尚应符合第 6.2.17 条的要求；

6 全压力式、半冷冻式液氨储罐的防火堤和隔堤的设置同液化烃储罐的要求。

6.3.6 液化烃全冷冻式单防罐罐组应设防火堤，并应符合下列规定：

1 防火堤内的有效容积不应小于 1 个最大储罐的容积；

2 单防罐至防火堤内顶角线的距离 x 不应小于最高液位与防火堤堤顶的高度之差 y 加上液面上气相当量压头的和(图 6.3.6)；当防火堤的高度等于或大于最高液位时，单防罐至防火堤内顶角线的距离不限；

3 应在防火堤的不同方位上设置不少于 2 个人行台阶或梯子；

4 防火堤及隔堤应为不燃烧实体防护结构，能承受所容纳液体的静压及温度变化的影响，且不渗漏。

6.3.7 液化烃全冷冻式双防或全防罐罐组可不设防火堤。

6.3.8 全冷冻式液氨储罐应设防火堤，堤内有效容积应不小于 1 个最大储罐容积的 60%。

6.3.9 液化烃、液氨等储罐的储存系数不应大于 0.9。

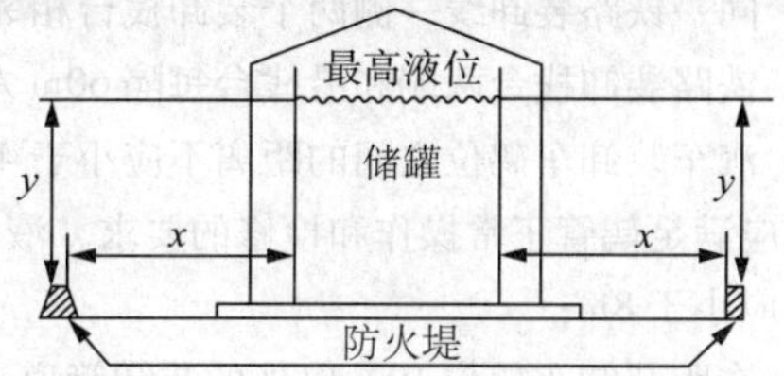

图 6.3.6 单防罐至防火堤内顶角线的距离

6.3.10 液氨的储罐，应设液位计、压力表和安全阀；低温液氨储罐尚应设温度指示仪。

6.3.11 液化烃的储罐应设液位计、温度计、压力表、安全阀，以及高液位报警和高、低液位自动联锁切断进料措施。对于全冷冻式液化烃储罐还应设真空泄放设施和高、低温度检测，并应与自动控制系统相联。

6.3.12 气柜应设上、下限位报警装置，并宜设进出管道自动联锁切断装置。

6.3.13 液化烃储罐的安全阀出口管应接至火炬系统。确有困难时，可就地放空，但其排气管口应高出 8m 范围内储罐罐顶平台 3m 以上。

6.3.14 全压力式液化烃储罐宜采用有防冻措施的二次脱水系统，储罐根部宜设紧急切断阀。

6.3.15 液化烃蒸发器的气相部分应设压力表和安全阀。

6.3.16 液化烃储罐开口接管的阀门及管件的管道等级不应低于 2.0MPa，其垫片应采用缠绕式垫片。阀门压盖的密封填料应采用难燃烧材料。全压力式储罐应采取防止液化烃泄漏的注水措施。

6.3.17 全冷冻卧式液化烃储罐不应多层布置。

6.4 可燃液体、液化烃的装卸设施

6.4.1 可燃液体的铁路装卸设施应符合下列规定：

1 装卸栈台两端和沿栈台每隔 60m 左右应设梯子；

2 甲$_B$、乙、丙$_A$类的液体严禁采用沟槽卸车系统；

3 顶部敞口装车的甲$_B$、乙、丙$_A$类的液体应采用液下装车鹤管；

4 在距装车栈台边缘 10m 以外的可燃液体(润滑油除外)输入管道上应设便于操作的紧急切断阀；

5 丙$_B$类液体装卸栈台宜单独设置；

6 零位罐至罐车装卸线不应小于 6m；

7 甲$_B$、乙$_A$类液体装卸鹤管与集中布置的泵的距离不应小于 8m；

8 同一铁路装卸线一侧两个装卸栈台相邻鹤位之间的距离不应小于 24m。

6.4.2 可燃液体的汽车装卸站应符合下列规定：

1 装卸站的进、出口宜分开设置；当进、出口合用时，站内应设回车场；

2 装卸车场应采用现浇混凝土地面；

3 装卸车鹤位与缓冲罐之间的距离不应小于5m，高架罐之间的距离不应小于0.6m；

4 甲$_B$、乙$_A$类液体装卸车鹤位与集中布置的泵的距离不应小于8m；

5 站内无缓冲罐时，在距装卸车鹤位10m以外的装卸管道上应设便于操作的紧急切断阀；

6 甲$_B$、乙、丙$_A$类液体的装卸车应采用液下装卸车鹤管；

7 甲$_B$、乙、丙$_A$类液体与其他类液体的两个装卸车栈台相邻鹤位之间的距离不应小于8m；

8 装卸车鹤位之间的距离不应小于4m；双侧装卸车栈台相邻鹤位之间或同一鹤位相邻鹤管之间的距离应满足鹤管正常操作和检修的要求。

6.4.3 液化烃铁路和汽车的装卸设施应符合下列规定：

1 液化烃严禁就地排放；

2 低温液化烃装卸鹤位应单独设置；

3 铁路装卸栈台宜单独设置，当不同时作业时，可与可燃液体铁路装卸共台设置；

4 同一铁路装卸线一侧两个装卸栈台相邻鹤位之间的距离不应小于24m；

5 铁路装卸栈台两端和沿栈台每隔60m左右应设梯子；

6 汽车装卸车鹤位之间的距离不应小于4m；双侧装卸车栈台相邻鹤位之间或同一鹤位相邻鹤管之间的距离应满足鹤管正常操作和检修的要求，液化烃汽车装卸栈台与可燃液体汽车装卸栈台相邻鹤位之间的距离不应小于8m；

7 在距装卸车鹤位10m以外的装卸管道上应设便于操作的紧急切断阀；

8 汽车装卸车场应采用现浇混凝土地面；

9 装卸车鹤位与集中布置的泵的距离不应小于10m。

6.4.4 可燃液体码头、液化烃码头应符合下列规定：

1 除船舶在码头泊位内外挡停靠外，码头相邻泊位的船舶间的防火间距不应小于表6.4.4的规定：

表6.4.4 码头相邻泊位的船舶间的防火间距(m)

船 长	279~236	235~183	182~151	150~110	<110
防火间距	55	50	40	35	25

2 液化烃泊位宜单独设置，当不同时作业时，可与其他可燃液体共用一个泊位；

3 可燃液体和液化烃的码头与其他码头或建筑物、构筑物的安全距离应按有关规定执行；

4 在距泊位20m以外或岸边处的装卸船管道上应设便于操作的紧急切断阀；

5 液化烃的装卸应采用装卸臂或金属软管，并应采取安全放空措施。

6.5 灌装站

6.5.1 液化石油气的灌装站应符合下列规定：

1 液化石油气的灌瓶间和储瓶库宜为敞开式或半敞开式建筑物，半敞开式建筑物下部应采取防止油气积聚的措施；

2 液化石油气的残液应密闭回收，严禁就地排放；

3 灌装站应设不燃烧材料隔离墙。如采用实体围墙，其下部应设通风口；

4 灌瓶间和储瓶库的室内应采用不发生火花的地面，室内地面应高于室外地坪，其高差不应小于0.6m；

5 液化石油气缓冲罐与灌瓶间的距离不应小于10m；

6 灌装站内应设有宽度不小于4m的环形消防车道，车道内缘转弯半径不宜小于6m。

6.5.2 氢气灌瓶间的顶部应采取通风措施。

6.5.3 液氨和液氯等的灌装间宜为敞开式建筑物。

6.5.4 实瓶(桶)库与灌装间可设在同一建筑物内，但宜用实体墙隔开，并各设出入口。

6.5.5 液化石油气、液氨或液氯等的实瓶不应露天堆放。

6.6 厂内仓库

6.6.1 石油化工企业应设置独立的化学品和危险品库区。甲、乙、丙类物品仓库，距其他设施的防火间距见表4.2.12，并应符合下列规定：

1 甲类物品仓库宜单独设置；当其储量小于5t时，可与乙、丙类物品仓库共用一栋建筑物，但应设独立的防火分区；

2 乙、丙类产品的储量宜按装置2~15d的产量计算确定；

3 化学品应按其化学物理特性分类储存，当物料性质不允许同库储存时，应用实体墙隔开，并各设出入口；

4 仓库应通风良好；

5 可能产生爆炸性混合气体或在空气中能形成粉尘、纤维等爆炸性混合物的仓库，应采用不发生火花的地面，需要时应设防水层。

6.6.2 单层仓库跨度不应大于150m。每座合成纤维、合成橡胶、合成树脂及塑料单层仓库的占地面积不应大于24000m^2，每个防火分区的建筑面积不应大于6000m^2；当企业设有消防站和专职消防队且仓库设有工业电视监视系统时，每座合成树脂及塑料单层仓库的占地面积可扩大至48000m^2。

6.6.3 合成纤维、合成树脂及塑料等产品的高架仓库应符合下列规定：

1 仓库的耐火等级不应低于二级；

2 货架应采用不燃烧材料。

6.6.4 占地面积大于1000m^{2}的丙类仓库应设置排烟设施，占地面积大于6000m^{2}的丙类仓库宜采用自然排烟，排烟口净面积宜为仓库建筑面积的5%。

6.6.5 袋装硝酸铵仓库的耐火等级不应低于二级。仓库内严禁存放其他物品。

6.6.6 盛装甲、乙类液体的容器存放在室外时应设防晒降温设施。

7 管道布置

7.1 厂内管线综合

7.1.1 全厂性工艺及热力管道宜地上敷设；沿地面或低支架敷设的管道不应环绕工艺装置或罐组布置，并不应妨碍消防车的通行。

7.1.2 管道及其桁架跨越厂内铁路线的净空高度不应小于5.5m；跨越厂内道路的净空高度不应小于5m。在跨越铁路或道路的可燃气体、液化烃和可燃液体管道上不应设置阀门及易发生泄漏的管道附件。

7.1.3 可燃气体、液化烃、可燃液体的管道横穿铁路线或道路时应敷设在管涵或套管内。

7.1.4 永久性的地上、地下管道不得穿越或跨越与其无关的工艺装置、系统单元或储罐组；在跨越罐区泵房的可燃气体、液化烃和可燃液体的管道上不应设置阀门及易发生泄漏的管道附件。

7.1.5 距散发比空气重的可燃气体设备30m以内的管沟应采取防止可燃气体窜入和积聚的措施。

7.1.6 各种工艺管道及含可燃液体的污水管道不应沿道路敷设在路面下或路肩上下。

7.2 工艺及公用物料管道

7.2.1 可燃气体、液化烃和可燃液体的金属管道除需要采用法兰连接外，均应采用焊接连接。公称直径等于或小于25mm的可燃气体、液化烃和可燃液体的金属管道和阀门采用锥管螺纹连接时，除能产生缝隙腐蚀的介质管道外，应在螺纹处采用密封焊。

7.2.2 可燃气体、液化烃和可燃液体的管道不得穿过与其无关的建筑物。

7.2.3 可燃气体、液化烃和可燃液体的采样管道不应引入化验室。

7.2.4　可燃气体、液化烃和可燃液体的管道应架空或沿地敷设。必须采用管沟敷设时，应采取防止可燃气体、液化烃和可燃液体在管沟内积聚的措施，并在进、出装置及厂房处密封隔断；管沟内的污水应经水封井排入生产污水管道。

7.2.5　工艺和公用工程管道共架多层敷设时宜将介质操作温度等于或高于250℃的管道布置在上层，液化烃及腐蚀性介质管道布置在下层；必须布置在下层的介质操作温度等于或高于250℃的管道可布置在外侧，但不应与液化烃管道相邻。

7.2.6　氧气管道与可燃气体、液化烃和可燃液体的管道共架敷设时应布置在一侧，且平行布置时净距不应小于500mm，交叉布置时净距不应小于250mm。氧气管道与可燃气体、液化烃和可燃液体管道之间宜用公用工程管道隔开。

7.2.7　公用工程管道与可燃气体、液化烃和可燃液体的管道或设备连接时应符合下列规定：

1　连续使用的公用工程管道上应设止回阀，并在其根部设切断阀；

2　在间歇使用的公用工程管道上应设止回阀和一道切断阀或设两道切断阀，并在两切断阀间设检查阀；

3　仅在设备停用时使用的公用工程管道应设盲板或断开。

7.2.8　连续操作的可燃气体管道的低点应设两道排液阀，排出的液体应排放至密闭系统；仅在开停工时使用的排液阀，可设一道阀门并加丝堵、管帽、盲板或法兰盖。

7.2.9　甲、$乙_A$类设备和管道应有惰性气体置换设施。

7.2.10　可燃气体压缩机的吸入管道应有防止产生负压的措施。

7.2.11　离心式可燃气体压缩机和可燃液体泵应在其出口管道上安装止回阀。

7.2.12　加热炉燃料气调节阀前的管道压力等于或小于0.4MPa(表)，且无低压自动保护仪表时，应在每个燃料气调节阀与加热炉之间设置阻火器。

7.2.13　加热炉燃料气管道上的分液罐的凝液不应敞开排放。

7.2.14　当可燃液体容器内可能存在空气时，其入口管应从容器下部接入；若必须从上部接入，宜延伸至距容器底200mm处。

7.2.15　液化烃设备抽出管道应在靠近设备根部设置切断阀。容积超过50m^{3}的液化烃设备与其抽出泵的间距小于15m时，该切断阀应为带手动功能的遥控阀，遥控阀就地操作按钮距抽出泵的间距不应小于15m。

7.2.16　进、出装置的可燃气体、液化烃和可燃液体的管道，在装置的边界处应设隔断阀和8字盲板，在隔断阀处应设平台，长度等于或大于8m的平台应在两个方向设梯子。

7.3　含可燃液体的生产污水管道

7.3.1　含可燃液体的污水及被严重污染的雨水应排入生产污水管道，但可燃气体的凝结液和下列水不得直接排入生产污水管道：

1　与排水点管道中的污水混合后，温度超过40℃的水；

2　混合时产生化学反应能引起火灾或爆炸的污水。

7.3.2　生产污水排放应采用暗管或覆土厚度不小于200mm的暗沟。设施内部若必须采用明沟排水时，应分段设置，每段长度不宜超过30m，相邻两段之间的距离不宜小于2m。

7.3.3　生产污水管道的下列部位应设水封，水封高度不得小于250mm：

1　工艺装置内的塔、加热炉、泵、冷换设备等区围堰的排水出口；

2　工艺装置、罐组或其他设施及建筑物、构筑物、管沟等的排水出口；

3　全厂性的支干管与干管交汇处的支干管上；

4　全厂性支干管、干管的管段长度超过300m时，应用水封井隔开。

7.3.4　重力流循环回水管道在工艺装置总出口处应设水封。

7.3.5　当建筑物用防火墙分隔成多个防火分区时，每个防火分区的生产污水管道应有独立的排出口并设水封。

7.3.6 罐组内的生产污水管道应有独立的排出口，且应在防火堤外设置水封，并应在防火堤与水封之间的管道上设置易开关的隔断阀。

7.3.7 甲、乙类工艺装置内生产污水管道的支干管、干管的最高处检查井宜设排气管。排气管的设置应符合下列规定：

1 管径不宜小于100mm；

2 排气管的出口应高出地面2.5m以上，并应高出距排气管3m范围内的操作平台、空气冷却器2.5m以上；

3 距明火、散发火花地点15m半径范围内不应设排气管。

7.3.8 甲、乙类工艺装置内，生产污水管道的下水井井盖与盖座接缝处应密封，且井盖不得有孔洞。

7.3.9 工艺装置内生产污水系统的隔油池应符合本规范第5.4.1、5.4.2条的规定。

7.3.10 接纳消防废水的排水系统应按最大消防水量校核排水系统能力，并应设有防止受污染的消防水排出厂外的措施。

8 消防

8.1 一般规定

8.1.1 石油化工企业应设置与生产、储存、运输的物料和操作条件相适应的消防设施，供专职消防人员和岗位操作人员使用。

8.1.2 当大型石油化工装置的设备、建筑物区占地面积大于10000m^2小于20000m^2时，应加强消防设施的设置。

8.2 消防站

8.2.1 大中型石油化工企业应设消防站。消防站的规模应根据石油化工企业的规模、火灾危险性、固定消防设施的设置情况，以及邻近单位消防协作条件等因素确定。

8.2.2 石油化工企业消防车辆的车型应根据被保护对象选择，以大型泡沫消防车为主，且应配备干粉或干粉-泡沫联用车；大型石油化工企业尚宜配备高喷车和通讯指挥车。

8.2.3 消防站宜设置向消防车快速灌装泡沫液的设施，并宜设置泡沫液运输车，车上应配备向消防车输送泡沫液的设施。

8.2.4 消防站应由车库、通信室、办公室、值勤宿舍、药剂库、器材库、干燥室(寒冷或多雨地区)、培训学习室及训练场、训练塔，以及其他必要的生活设施等组成。

8.2.5 消防车库的耐火等级不应低于二级；车库室内温度不宜低于12℃，并宜设机械排风设施。

8.2.6 车库、值勤宿舍必须设置警铃，并应在车库前场地一侧安装车辆出动的警灯和警铃。通信室、车库、值勤宿舍以及公共通道等处应设事故照明。

8.2.7 车库大门应面向道路，距道路边不应小于15m。车库前场地应采用混凝土或沥青地面，并应有不小于2%的坡度坡向道路。

8.3 消防水源及泵房

8.3.1 当消防用水由工厂水源直接供给时，工厂给水管网的进水管不应少于2条。当其中1条发生事故时，另1条应能满足100%的消防用水和70%的生产、生活用水总量的要求。消防用水由消防水池(罐)供给时，工厂给水管网的进水管，应能满足消防水池(罐)的补充水和100%的生产、生活用水总量的要求。

8.3.2 当工厂水源直接供给不能满足消防用水量、水压和火灾延续时间内消防用水总量要求时，应建消防水池(罐)，并应符合下列规定：

1 水池(罐)的容量，应满足火灾延续时间内消防用水总量的要求。当发生火灾能保证向水池(罐)连续补水时，其容量可减去火灾延续时间内的补充水量；

2　水池(罐)的总容量大于 $1000m^3$ 时，应分隔成 2 个，并设带切断阀的连通管；

3　水池(罐)的补水时间，不宜超过 48h；

4　当消防水池(罐)与生活或生产水池(罐)合建时，应有消防用水不作他用的措施；

5　寒冷地区应设防冻措施；

6　消防水池(罐)应设液位检测、高低液位报警及自动补水设施。

8.3.3　消防水泵房宜与生活或生产水泵房合建，其耐火等级不应低于二级。

8.3.4　消防水泵应采用自灌式引水系统。当消防水池处于低液位不能保证消防水泵再次自灌启动时，应设辅助引水系统。

8.3.5　消防水泵的吸水管、出水管应符合下列规定：

1　每台消防水泵宜有独立的吸水管；2 台以上成组布置时，其吸水管不应少于 2 条，当其中 1 条检修时，其余吸水管应能确保吸取全部消防用水量；

2　成组布置的水泵，至少应有 2 条出水管与环状消防水管道连接，两连接点间应设阀门。当 1 条出水管检修时，其余出水管应能输送全部消防用水量；

3　泵的出水管道应设防止超压的安全设施；

4　出水管道上，直径大于：300mm 的阀门不应选用手动阀门，阀门的启闭应有明显标志。

8.3.6　消防水泵、稳压泵应分别设置备用泵；备用泵的能力不得小于最大一台泵的能力。

8.3.7　消防水泵应在接到报警后 2min 以内投入运行。稳高压消防给水系统的消防水泵应能依靠管网压降信号自动启动。

8.3.8　消防水泵应设双动力源；当采用柴油机作为动力源时，柴油机的油料储备量应能满足机组连续运转 6h 的要求。

8.4　消防用水量

8.4.1　厂区的消防用水量应按同一时间内的火灾处数和相应处的一次灭火用水量确定。

8.4.2　厂区同一时间内的火灾处数应按表 8.4.2 确定。

表 8.4.2　厂区同一时间内的火灾处数

厂区占地面积/m^2	同一时间内火灾处数
≤1000000	1 处：厂区消防用水量最大处
>1000000	2 处：一处为厂区消防用水量最大处，另一处为厂区辅助生产设施

8.4.3　工艺装置、辅助生产设施及建筑物的消防用水量计算应符合下列规定：

1　工艺装置的消防用水量应根据其规模、火灾危险类别及消防设施的设置情况等综合考虑确定。当确定有困难时，可按表 8.4.3 选定；火灾延续供水时间不应小于 3h；

2　辅助生产设施的消防用水量可按 50L/s 计算。火灾延续供水时间，不宜小于 2h；

3　建筑物的消防用水量应根据相关国家标准规范的要求进行计算；

4　可燃液体、液化烃的装卸栈台应设置消防给水系统，消防用水量不应小于 60L/s；空分站的消防用水量宜为 90～120L/s，火灾延续供水时间不宜小于 3h。

表 8.4.3　工艺装置消防用水量表(L/s)

装置类型	装置规模	
	中　型	大　型
石油化工	150～300	300～600
炼　油	150～230	230～450
合成氨及氨加工	90～120	120～200

8.4.4 可燃液体罐区的消防用水量计算应符合下列规定：

1 应按火灾时消防用水量最大的罐组计算，其水量应为配置泡沫混合液用水及着火罐和邻近罐的冷却用水量之和；

2 当着火罐为立式储罐时，距着火罐罐壁1.5倍着火罐直径范围内的相邻罐应进行冷却；当着火罐为卧式储罐时，着火罐直径与长度之和的一半范围内的邻近地上罐应进行冷却；

3 当邻近立式储罐超过3个时，冷却水量可按3个罐的消防用水量计算；当着火罐为浮顶、内浮顶罐（浮盘用易熔材料制作的储罐除外）时，其邻近罐可不考虑冷却。

8.4.5 可燃液体地上立式储罐应设固定或移动式消防冷却水系统，其供水范围、供水强度和设置方式应符合下列规定：

1 供水范围、供水强度不应小于表8.4.5的规定；

2 罐壁高于17m储罐、容积等于或大于10000m^{3}储罐、容积等于或大于2000m^{3}低压储罐应设置固定式消防冷却水系统；

3 润滑油罐可采用移动式消防冷却水系统；

4 储罐固定式冷却水系统应有确保达到冷却水强度的调节设施；

5 控制阀应设在防火堤外，并距被保护罐壁不宜小于15m。控制阀后及储罐上设置的消防冷却水管道应采用镀锌钢管。

表8.4.5 消防冷却水的供水范围和供水强度

项目	储罐型式		供水范围	供水强度	附注
移动式水枪冷却	着火罐	固定顶罐	罐周全长	0.8L/s·m	—
		浮顶罐、内浮顶罐	罐周全长	0.6L/s·m	注1、2
	邻近罐		罐周半长	0.7L/s·m	—
固定式冷却	着火罐	固定顶罐	罐壁表面积	2.5L/min·m^2	—
		浮顶罐、内浮顶罐	罐壁表面积	2.0L/min·m^2	注1、2
	邻近罐		罐壁表面积的1/2	2.5L/min·m^2	注3

注：1. 浮盘用易熔材料制作的内浮顶罐按固定顶罐计算；
2. 浅盘式内浮顶罐按固定顶罐计算；
3. 按实际冷却面积计算，但不得小于罐壁表面积的1/2。

8.4.6 可燃液体地上卧式罐宜采用移动式水枪冷却。冷却面积应按罐表面积计算。供水强度：着火罐不应小于**6L/min·m^2**；邻近罐不应小于**3L/min·m^2**。

8.4.7 可燃液体储罐消防冷却用水的延续时间：直径大于**20m**的固定顶罐和直径大于**20m**浮盘用易熔材料制作的内浮顶罐应为**6h**；其他储罐可为**4h**。

8.5 消防给水管道及消火栓

8.5.1 大型石油化工企业的工艺装置区、罐区等，应设独立的稳高压消防给水系统，其压力宜为**0.7~1.2MPa**。其他场所采用低压消防给水系统时，其压力应确保灭火时最不利点消火栓的水压不低于**0.15MPa**(自地面算起)。消防给水系统不应与循环冷却水系统合并，且不应用于其他用途。

8.5.2 消防给水管道应环状布置，并应符合下列规定：

1 环状管道的进水管不应少于**2**条；

2 环状管道应用阀门分成若干独立管段，每段消火栓的数量不宜超过**5**个；

3 当某个环段发生事故时，独立的消防给水管道的其余环段应能满足**100%**的消防用水量的要求；与生产、生活合用的消防给水管道应能满足**100%**的消防用水和**70%**的生产、生活用水的总量的要求；

4　生产、生活用水量应按 **70%** 最大小时用水量计算；消防用水量应按最大秒流量计算。

8.5.3　消防给水管道应保持充水状态。地下独立的消防给水管道应埋设在冰冻线以下，管顶距冰冻线不应小于 **150mm**。

8.5.4　工艺装置区或罐区的消防给水干管的管径应经计算确定。独立的消防给水管道的流速不宜大于 **3.5m/s**。

8.5.5　消火栓的设置应符合下列规定：

1　宜选用地上式消火栓；

2　消火栓宜沿道路敷设；

3　消火栓距路面边不宜大于 **5m**；距建筑物外墙不宜小于 **5m**；

4　地上式消火栓距城市型道路路边不宜小于 **1m**；距公路型双车道路肩边不宜小于 **1m**；

5　地上式消火栓的大口径出水口应面向道路。当其设置场所有可能受到车辆冲撞时，应在其周围设置防护设施；

6　地下式消火栓应有明显标志。

8.5.6　消火栓的数量及位置，应按其保护半径及被保护对象的消防用水量等综合计算确定，并应符合下列规定：

1　消火栓的保护半径不应超过 **120m**；

2　高压消防给水管道上消火栓的出水量应根据管道内的水压及消火栓出口要求的水压计算确定，低压消防给水管道上公称直径为 **100mm**、**150mm** 消火栓的出水量可分别取 **15L/s**、**30L/s**。

8.5.7　罐区及工艺装置区的消火栓应在其四周道路边设置，消火栓的间距不宜超过 **60m**。当装置内设有消防道路时，应在道路边设置消火栓。距被保护对象 **15m** 以内的消火栓不应计算在该保护对象可使用的数量之内。

8.5.8　与生产或生活合用的消防给水管道上的消火栓应设切断阀。

8.6　消防水炮、水喷淋和水喷雾

8.6.1　甲、乙类可燃气体、可燃液体设备的高大构架和设备群应设置水炮保护。

8.6.2　固定式水炮的布置应根据水炮的设计流量和有效射程确定其保护范围。消防水炮距被保护对象不宜小于 **15m**。消防水炮的出水量宜为 **30～50L/s**，水炮应具有直流和水雾两种喷射方式。

8.6.3　工艺装置内固定水炮不能有效保护的特殊危险设备及场所宜设水喷淋或水喷雾系统，其设计应符合下列规定：

1　系统供水的持续时间、响应时间及控制方式等应根据被保护对象的性质、操作需要确定；

2　系统的控制阀可露天设置，距被保护对象不宜小于 **15m**；

3　系统的报警信号及工作状态应在控制室控制盘上显示；

4　本规范未作规定者，应按现行国家标准《水喷雾灭火系统设计规范》**GB 50219** 的有关规定执行。

8.6.4　工艺装置内加热炉、甲类气体压缩机、介质温度超过自燃点的泵及换热设备、长度小于 **30m** 的油泵房附近等宜设消防软管卷盘，其保护半径宜为 **20m**。

8.6.5　工艺装置内的甲、乙类设备的构架平台高出其所处地面 **15m** 时，宜沿梯子敷设半固定式消防给水竖管，并应符合下列规定：

1　按各层需要设置带阀门的管牙接口；

2　平台面积小于或等于 **$50m^2$** 时，管径不宜小于 **80mm**；大于 **$50m^2$** 时，管径不宜小于 **100mm**；

3　构架平台长度大于 **25m** 时，宜在另一侧梯子处增设消防给水竖管，且消防给水竖管的间距不宜大于 **50m**。

8.6.6　液化烃泵、操作温度等于或高于自燃点的可燃液体泵，当布置在管廊、可燃液体设备、空冷器等下方时，应设置水喷雾（水喷淋）系统或用消防水炮保护泵，喷淋强度不低于 **$9L/m^2min$**。

8.6.7　在寒冷地区设置的消防软管卷盘、消防水炮、水喷淋或水喷雾等消防设施应采取防冻措施。

8.7 低倍数泡沫灭火系统

8.7.1 可能发生可燃液体火灾的场所宜采用低倍数泡沫灭火系统。

8.7.2 下列场所应采用固定式泡沫灭火系统：

1 甲、乙类和闪点等于或小于90℃的丙类可燃液体的固定顶罐及浮盘为易熔材料的内浮顶罐：

1）单罐容积等于或大于10000m³ 的非水溶性可燃液体储罐；

2）单罐容积等于或大于500m³ 的水溶性可燃液体储罐；

2 甲、乙类和闪点等于或小于90℃的丙类可燃液体的浮顶罐及浮盘为非易熔材料的内浮顶罐：单罐容积等于或大于50000m³ 的非水溶性可燃液体储罐；

3 移动消防设施不能进行有效保护的可燃液体储罐。

8.7.3 下列场所可采用移动式泡沫灭火系统：

1 罐壁高度小于7m或容积等于或小于200m³ 的非水溶性可燃液体储罐；

2 润滑油储罐；

3 可燃液体地面流淌火灾、油池火灾。

8.7.4 除本规范第8.7.2条及第8.7.3条规定外的可燃液体罐宜采用半固定式泡沫灭火系统。

8.7.5 泡沫灭火系统控制方式应符合下列规定：

1 单罐容积等于或大于20000m³ 的固定顶罐及浮盘为易熔材料的内浮顶罐应采用远程手动启动的程序控制；

2 单罐容积等于或大于100000m³ 的浮顶罐及内浮顶罐应采用远程手动启动的程序控制；

3 单罐容积等于或大于50000m³ 并小于100000m³ 的浮顶罐及内浮顶罐宜采用远程手动启动的程序控制。

8.8 蒸汽灭火系统

8.8.1 工艺装置有蒸汽供给系统时，宜设固定式或半固定式蒸汽灭火系统，但在使用蒸汽可能造成事故的部位不得采用蒸汽灭火。

8.8.2 灭火蒸汽管应从主管上方引出，蒸汽压力不宜大于1 MPa。

8.8.3 半固定式灭火蒸汽快速接头（简称半固定式接头）的公称直径应为20mm；与其连接的耐热胶管长度宜为15～20m。

8.8.4 灭火蒸汽管道的布置应符合下列规定：

1 加热炉的炉膛及输送腐蚀性可燃介质或带堵头的回弯头箱内应设固定式蒸汽灭火筛孔管（简称固定式筛孔管）。筛孔管的蒸汽管道应从蒸汽分配管引出。蒸汽分配管距加热炉不宜小于7.5m，并至少应预留2个半固定式接头；

2 室内空间小于500m³ 的封闭式甲、乙、丙类泵房或甲类气体压缩机房内应沿一侧墙高出地面150～200mm处设固定式筛孔管，并沿另一侧墙壁适当设置半固定式接头，在其他甲、乙、丙类泵房或可燃气体压缩机房内应设半固定式接头；

3 在甲、乙、丙类设备区附近宜设半固定式接头。在操作温度等于或高于自燃点的气体或液体设备附近宜设固定式蒸汽筛孔管，其阀门距设备不宜小于7.5m；

4 在甲、乙、丙类设备的多层构架或塔类联合平台的每层或隔一层宜设半固定式接头；

5 甲、乙、丙类设备附近设置软管站时，可不另设半固定式灭火蒸汽快速接头；

6 固定式筛孔管或半固定式接头的阀门应安装在明显、安全和开启方便的地点。

8.8.5 固定式筛孔管灭火系统的蒸汽供给强度应符合下列规定：

1 封闭式厂房或加热炉炉膛不宜小于0.003kg/s·m³；

2 加热炉管回弯头箱不宜小于0.0015kg/s·m³。

8.9 灭火器设置

8.9.1 生产区内宜设置干粉型或泡沫型灭火器，控制室、机柜间、计算机室、电信站、化验室等宜设置气体型灭火器。

8.9.2　生产区内设置的单个灭火器的规格宜按表8.9.2选用。

表8.9.2　灭火器的规格

灭火器类型		干粉型(碳酸氢钠)		泡沫型		二氧化碳	
		手提式	推车式	手提式	推车式	手提式	推车式
灭火剂充装量	容量/L	—	—	9	60	—	—
	重量/kg	6或8	20或50	—	—	5或7	30

8.9.3　工艺装置内手提式干粉型灭火器的选型及配置应符合下列规定：

1　扑救可燃气体、可燃液体火灾宜选用钠盐干粉灭火剂，扑救可燃固体表面火灾应采用磷酸铵盐干粉灭火剂，扑救烷基铝类火灾宜采用D类干粉灭火剂；

2　甲类装置灭火器的最大保护距离不宜超过9m，乙、丙类装置不宜超过12m；

3　每一配置点的灭火器数量不应少于2个，多层构架应分层配置；

4　危险的重要场所宜增设推车式灭火器。

8.9.4　可燃气体、液化烃和可燃液体的铁路装卸栈台应沿栈台每12m处上下各分别设置2个手提式干粉型灭火器。

8.9.5　可燃气体、液化烃和可燃液体的地上罐组宜按防火堤内面积每400m² 配置1个手提式灭火器，但每个储罐配置的数量不宜超过3个。

8.9.6　灭火器的配置，本规范未作规定者，应按现行国家标准《建筑灭火器配置设计规范》GB 50140的有关规定执行。

8.10　液化烃罐区消防

8.10.1　液化烃罐区应设置消防冷却水系统，并应配置移动式干粉等灭火设施。

8.10.2　全压力式及半冷冻式液化烃储罐采用的消防设施应符合下列规定：

1　当单罐容积等于或大于1000m³ 时，应采用固定式水喷雾(水喷淋)系统及移动消防冷却水系统；

2　当单罐容积大于100m³，且小于1000m³ 时，应采用固定式水喷雾(水喷淋)系统或固定式水炮及移动式消防冷却系统；当采用固定式水炮作为固定消防冷却设施时，其冷却用水量不宜小于水量计算值的1.3倍，消防水炮保护范围应覆盖每个液化烃罐；

3　当单罐容积小于或等于100m³ 时，可采用移动式消防冷却水系统，其罐区消防冷却用水量不得低于100L/s。

8.10.3　液化烃罐区的消防冷却总用水量应按储罐固定式消防冷却用水量与移动消防冷却用水量之和计算。

8.10.4　全压力式及半冷冻式液化烃储罐固定式消防冷却水系统的用水量计算应符合下列规定：

1　着火罐冷却水供给强度不应小于9L/min·m²；

2　距着火罐罐壁1.5倍着火罐直径范围内的邻近罐冷却水供给强度不应小于9L/min·m²；

3　着火罐冷却面积应按其罐体表面积计算；邻近罐冷却面积应按其半个罐体表面积计算；

4　距着火罐罐壁1.5倍着火罐直径范围的邻罐超过3个时，冷却水量可按3个罐的用水量计算。

8.10.5　移动消防冷却用水量应按罐组内最大一个储罐用水量确定，并应符合下列规定：

1　储罐容积小于400m³ 时，不应小于30L/s；大于或等于400m³ 小于1000m³ 时，不应小于45L/s；大于或等于1000m³ 时，不应小于80L/s；

2　当罐组只有一个储罐时，计算用水量可减半。

8.10.6　全冷冻式液化烃储罐的固定消防冷却供水系统的设置应符合下列规定：

1　当单防罐外壁为钢制时，其消防用水量按着火罐和距着火罐1.5倍直径范围内邻近罐的固定消防冷却用水量及移动消防用水量之和计算。罐壁冷却水供给强度不小于2.5L/min·m^2，邻近罐冷却面积按半个罐壁考虑，罐顶冷却水强度不小于4L/min·m^2；

2 当双防罐、全防罐外壁为钢筋混凝土结构时，管道进出口等局部危险处设置水喷雾系统，冷却水供给强度为20L/min·m^2，罐顶和罐壁可不考虑冷却；

3 储罐四周应设固定水炮及消火栓。

8.10.7 液化烃罐区的消防用水延续时间按6h计算。

8.10.8 全压力式、半冷冻式液化烃储罐固定式消防冷却水系统可采用水喷雾或水喷淋系统等型式；但当储罐储存的物料燃烧，在罐壁可能生成炭沉积时，应设水喷雾系统。

8.10.9 当储罐采用固定式消防冷却水系统时，对储罐的阀门、液位计、安全阀等宜设水喷雾或水喷淋喷头保护。

8.10.10 全压力式、半冷冻式液化烃储罐固定式消防冷却水管道的设置应符合下列规定：

1 储罐容积大于400m^3时，供水竖管应采用2条，并对称布置。采用固定水喷雾系统时，罐体管道设置宜分为上半球和下半球2个独立供水系统；

2 消防冷却水系统可采用手动或遥控控制阀，当储罐容积等于或大于1000m^3时，应采用遥控控制阀；

3 控制阀应设在防火堤外，距被保护罐壁不宜小于15m；

4 控制阀前应设置带旁通阀的过滤器，控制阀后及储罐上设置的管道，应采用镀锌管。

8.10.11 移动式消防冷却水系统可采用水枪或移动式消防水炮。

8.10.12 沸点低于45℃甲$_B$类液体压力球罐的消防冷却应按液化烃全压力式储罐要求设置。

8.10.13 全压力式及半冷冻式液氨储罐宜采用固定式水喷雾系统和移动式消防冷却水系统，冷却水供给强度不宜小于6L/min·m^2，其他消防要求与全压力式及半冷冻式液化烃储罐相同。

全冷冻式液氨储罐的消防冷却水系统按照全冷冻式液化烃储罐外壁为钢制单防罐的要求设置。

8.11 建筑物内消防

8.11.1 建筑物内消防系统的设置应根据其火灾危险性、操作条件、建筑物特点和外部消防设施等情况，综合考虑确定。

8.11.2 室内消火栓的设置应符合下列要求：

1 甲、乙、丙类厂房(仓库)、高层厂房及高架仓库应在各层设置室内消火栓，当单层厂房长度小于30m时，可不设；

2 甲、乙类厂房(仓库)、高层厂房及高架仓库的室内消火栓间距不应超过30m，其他建筑物的室内消火栓间距不应超过50m；

3 多层甲、乙类厂房和高层厂房应在楼梯间设置半固定式消防竖管，各层设置消防水带接口；消防竖管的管径不小于100mm，其接口应设在室外便于操作的地点；

4 室内消火栓给水管网与自动喷水灭火系统的管网可引自同一消防给水系统，但应在报警阀前分开设置；

5 消火栓配置的水枪应为直流－水雾两用枪，当室内消火栓栓口处的压力大于0.50MPa时，应设置减压设施。

8.11.3 控制室、机柜间、变配电所的消防设施应符合下列规定：

1 建筑物的耐火等级、防火分区、内部装修及空调系统设计等应符合国家相关规范的有关规定；

2 应设置火灾自动报警系统，且报警信号盘应设在24h有人值班场所；

3 当电缆沟进口处有可能形成可燃气体积聚时，应设可燃气体报警器；

4 按现行国家标准《建筑灭火器配置设计规范》GB 50140的要求设置手提式和推车式气体灭火器。

8.11.4 单层仓库的消防设计应符合下列规定：

1 占地面积超过3000m^2的合成橡胶、合成树脂及塑料等产品的仓库及占地面积超过1000m^2的合成纤维仓库，应设自动喷水灭火系统且应由厂区稳高压消防给水系统供水；

2　高架仓库的货架间运输通道宜设置遥控式高架水炮；

3　应设置火灾自动报警系统；

4　设有自动喷水灭火系统的仓库宜设置消防排水设施。

8.11.5　挤压造粒厂房的消防设计应满足下列要求：

1　各层应设置室内消火栓，并应配置消防软管卷盘或轻便消防水龙；

2　在楼梯间应设置室内消火栓系统，并在室外设置水泵结合器；

3　应设置火灾自动报警系统；

4　按照现行国家标准《建筑灭火器配置设计规范》GB 50140 的要求设置手提式和推车式干粉灭火器。

8.11.6　烷基铝类催化剂配制区的消防设计应符合下列规定：

1　储罐应设置在有钢筋混凝土隔墙的独立半敞开式建筑物内，并宜设有烷基铝泄漏的收集设施；

2　应设置火灾自动报警系统；

3　配制区宜设置局部喷射式 D 类干粉灭火系统，其控制方式应采用手动遥控启动；

4　应配置干砂等灭火设施。

8.11.7　烷基铝类储存仓库应设置火灾自动报警系统，并配置干砂、蛭石、D 类干粉灭火器等灭火设施。

8.11.8　建筑物内消防设计，本规范未作规定者，应按现行国家标准《建筑设计防火规范》GB 50016 的有关规定执行。

8.12　火灾报警系统

8.12.1　石油化工企业的生产区、公用及辅助生产设施、全厂性重要设施和区域性重要设施的火灾危险场所应设置火灾自动报警系统和火灾电话报警。

8.12.2　火灾电话报警的设计应符合下列规定：

1　消防站应设置可受理不少于 2 处同时报警的火灾受警录音电话，且应设置无线通信设备；

2　在生产调度中心、消防水泵站、中央控制室、总变配电所等重要场所应设置与消防站直通的专用电话。

8.12.3　火灾自动报警系统的设计应符合下列规定：

1　生产区、公用工程及辅助生产设施、全厂性重要设施和区域性重要设施等火灾危险性场所应设置区域性火灾自动报警系统；

2　2 套及 2 套以上的区域性火灾自动报警系统宜通过网络集成为全厂性火灾自动报警系统；

3　火灾自动报警系统应设置警报装置。当生产区有扩音对讲系统时，可兼作为警报装置；当生产区无扩音对讲系统时，应设置声光警报器；

4　区域性火灾报警控制器应设置在该区域的控制室内；当该区域无控制室时，应设置在 24h 有人值班的场所，其全部信息应通过网络传输到中央控制室；

5　火灾自动报警系统可接收电视监视系统（CCTV）的报警信息，重要的火灾报警点应同时设置电视监视系统；

6　重要的火灾危险场所应设置消防应急广播。当使用扩音对讲系统作为消防应急广播时，应能切换至消防应急广播状态；

7　全厂性消防控制中心宜设置在中央控制室或生产调度中心，宜配置可显示全厂消防报警平面图的终端。

8.12.4　甲、乙类装置区周围和罐组四周道路边应设置手动火灾报警按钮，其间距不宜大于 100m。

8.12.5　单罐容积大于或等于 $30000m^3$ 的浮顶罐的密封圈处应设置火灾自动报警系统；单罐容积大于或等于 $10000m^3$ 并小于 $30000m^3$ 的浮顶罐的密封圈处宜设置火灾自动报警系统。

8.12.6　火灾自动报警系统的 220V AC 主电源应优先选择不间断电源（UPS）供电。直流备用电源应采用火灾报警控制器的专用蓄电池，应保证在主电源事故时持续供电时间不少于 8h。

8.12.7　火灾报警系统的设计，本规范未作规定者，应按现行国家标准《火灾自动报警系统设计规范》GB 50116 的有关规定执行。

9 电气

9.1 消防电源、配电及一般要求

9.1.1 当仅采用电源作为消防水泵房设备动力源时，应满足现行国家标准《供配电系统设计规范》GB 50052 所规定的一级负荷供电要求。

9.1.2 消防水泵房及其配电室应设消防应急照明，照明可采用蓄电池作备用电源，其连续供电时间不应少于 30min。

9.1.3 重要消防低压用电设备的供电应在最末一级配电装置或配电箱处实现自动切换。其配电线路宜采用耐火电缆。

9.1.4 装置内的电缆沟应有防止可燃气体积聚或含有可燃液体的污水进入沟内的措施。电缆沟通入变配电所、控制室的墙洞处，应填实、密封。

9.1.5 距散发比空气重的可燃气体设备 30m 以内的电缆沟、电缆隧道应采取防止可燃气体窜入和积聚的措施。

9.1.6 在可能散发比空气重的甲类气体装置内的电缆应采用阻燃型，并宜架空敷设。

9.2 防雷

9.2.1 工艺装置内建筑物、构筑物的防雷分类及防雷措施应按现行国家标准《建筑物防雷设计规范》GB 50057 的有关规定执行。

9.2.2 工艺装置内露天布置的塔、容器等，当顶板厚度等于或大于 4mm 时，可不设避雷针、线保护，但必须设防雷接地。

9.2.3 可燃气体、液化烃、可燃液体的钢罐必须设防雷接地，并应符合下列规定：

1 甲$_B$、乙类可燃液体地上固定顶罐，当顶板厚度小于 4mm 时，应装设避雷针、线，其保护范围应包括整个储罐；

2 丙类液体储罐可不设避雷针、线，但应设防感应雷接地；

3 浮顶罐及内浮顶罐可不设避雷针、线，但应将浮顶与罐体用两根截面不小于 25mm^2 的软铜线作电气连接；

4 压力储罐不设避雷针、线，但应作接地。

9.2.4 可燃液体储罐的温度、液位等测量装置应采用铠装电缆或钢管配线，电缆外皮或配线钢管与罐体应作电气连接。

9.2.5 防雷接地装置的电阻要求应按现行国家标准《石油库设计规范》GB 50074、《建筑物防雷设计规范》GB 50057 的有关规定执行。

9.3 静电接地

9.3.1 对爆炸、火灾危险场所内可能产生静电危险的设备和管道，均应采取静电接地措施。

9.3.2 在聚烯烃树脂处理系统、输送系统和料仓区应设置静电接地系统，不得出现不接地的孤立导体。

9.3.3 可燃气体、液化烃、可燃液体、可燃固体的管道在下列部位应设静电接地设施：

1 进出装置或设施处；

2 爆炸危险场所的边界；

3 管道泵及泵入口永久过滤器、缓冲器等。

9.3.4 可燃液体、液化烃的装卸栈台和码头的管道、设备、建筑物、构筑物的金属构件和铁路钢轨等（作阴极保护者除外），均应作电气连接并接地。

9.3.5 汽车罐车、铁路罐车和装卸栈台应设静电专用接地线。

9.3.6 每组专设的静电接地体的接地电阻值宜小于 100Ω。

9.3.7 除第一类防雷系统的独立避雷针装置的接地体外，其他用途的接地体，均可用于静电接地。

9.3.8 静电接地的设计，本规范未作规定者，尚应符合现行有关标准、规范的规定。

附录 A　防火间距起止点

A. 0. 1 区域规划、工厂总平面布置，以及工艺装置或设施内平面布置的防火间距起止点为：

设备—设备外缘；

建筑物(敞开或半敞开式厂房除外)—最外侧轴线；

敞开式厂房—设备外缘；

半敞开式厂房—根据物料特性和厂房结构型式确定；

铁路—中心线；

道路—路边；

码头—输油臂中心及泊位；

铁路装卸鹤管—铁路中心线；

汽车装卸鹤位—鹤管立管中心线；

储罐或罐组—罐外壁；

高架火炬—火炬筒中心；

架空通信、电力线—线路中心线；

工艺装置—最外侧的设备外缘或建筑物的最外侧轴线。

本规范用词说明

1 为便于在执行本规范条文时区别对待，对要求严格程度不同的用词说明如下：

1)表示很严格，非这样做不可的用词：

正面词采用“必须”，反面词采用“严禁”。

2)表示严格，在正常情况下均应这样做的用词：

正面词采用“应”，反面词采用“不应”或“不得”。

3)表示允许稍有选择，在条件许可时首先应这样做的用词：

正面词采用“宜”，反面词采用“不宜”；

表示有选择，在一定条件下可以这样做的，采用“可”。

2 本规范中指明应按其他有关标准、规范执行的写法为“应符合……的规定”或“应按……执行”。

石油化工企业设计防火规范

GB 50160—2008

条文说明

目　次

1 总则

1.0.1 本条体现了在石油化工企业防火设计过程中“以人为本”、“预防为主、防消结合”的理念，做到设计本质安全。要求设计、建设、生产管理和消防监督部门人员密切结合，防止和减少石油化工企业火灾危害，保护人身和财产安全。

1.0.2 本条规定了本规范的适用范围。规范内容主要是针对石油化工企业加工物料及产品易燃、易爆的特性和操作条件高温、高压的特点制定的。

新建石油化工工程的防火设计应严格遵守本规范。以煤为原料的煤化工工程，除煤的运输、储存、处理等外，后续加工过程与石油化工相同，可参照执行本规范。就地扩建或改建的石油化工工程的防火设计应首先按本规范执行，当执行本规范某些条款确有困难时，在采取有效的防火措施后，可适当放宽要求，但应进行风险分析和评估，并得到有关主管部门的认可。

组成石油化工企业的工艺装置或装置内单元参见本规范4.2.12条文说明。

1.0.3 本规范编制过程中，先后调查了多个石油化工企业，了解和收集了原规范执行情况，总结了石油化工企业防火设计的经验和教训，对有些技术问题进行了专题研究；同时，吸收了国外石油化工防火规范中先进的技术和理念，并与国内相关的标准规范相协调。

另外，石油化工企业防火设计涉及专业较多，对于一些专业性较强，本规范已有明确规定的均应按本规范执行，本规范未作规定者应执行国家现行的有关标准规范。

2 术语

2.0.3 本术语的设施包括罐组、装卸设施、灌装站、泵或泵房、原料(成品)仓库、污水处理场、火炬等。

2.0.4 石油化工企业内的公用和辅助生产设施主要指锅炉房和自备电站、变电所、电信站、空压站、空分站、消防水泵房(站)、循环水场、环保监测站、中心化验室、备品备件库、机修厂房、汽车库等。

2.0.5 第一类全厂性重要设施主要指全厂性的办公楼、中央控制室、化验室、消防站、电信站等。

第二类全厂性重要设施主要指全厂性的锅炉房和自备电站、变电所、空压站、空分站、消防水泵房(站)、循环水场的冷却塔等。

2.0.6 区域性重要设施主要指区域性的办公楼、控制室、变配电所等。

2.0.8 明火设备主要指明火加热炉、废气焚烧炉、乙烯裂解炉等。

2.0.13 装置内单元，如催化裂化装置的反应单元、分馏单元；乙烯装置的裂解单元、压缩单元等。

2.0.21 沸溢性液体主要指原油、渣油、重油等。

2.0.33 地面火炬分为封闭式和敞开式。

3 火灾危险性分类

3.0.1 与现行国家标准《建筑设计防火规范》GB 50016对可燃气体的分类(分级)相协调，本规范对可燃气体也采用以爆炸下限作为分类指标，将其分为甲、乙两类。可燃气体的火灾危险性分类举例见表1。

表1 可燃气体的火灾危险性分类举例

类别	名 称
甲	乙炔，环氧乙烷，氢气，合成气，硫化氢，乙烯，氰化氢，丙烯，丁烯，丁二烯，顺丁烯，反丁烯，甲烷，乙烷，丙烷，丁烷，丙二烯，环丙烷，甲胺，环丁烷，甲醛，甲醚(二甲醚)，氯甲烷，氯乙烯，异丁烷，异丁烯
乙	一氧化碳，氨，溴甲烷

3.0.2 可燃液体的火灾危险性分类：

1 规定可燃液体的火灾危险性的最直接的指标是蒸气压。蒸气压越高，危险性越大。但可燃液体的蒸气压较低，很难测量。所以，世界各国都是根据可燃液体的闪点(闭杯法)确定其火灾危险性。闪点越低，危险性越大。

在具体分类方面与现行国家标准《石油库设计规范》GB 50074、《建筑设计防火规范》GB 50016 是协调的。

考虑到应用于石油化工企业时，需要确定可能释放出形成爆炸性混合物的可燃气体所在的位置或点(释放源)，以便据之确定火灾和爆炸危险场所的范围，故将乙类又细分为$乙_A$(闪点≥28℃至≤45℃)、$乙_B$(闪点>45℃至<60℃)两小类。

将丙类又细分为$丙_A$(闪点60℃至120℃)、$丙_B$(闪点>120℃)两小类。与现行国家标准《石油库设计规范》(GB 50074)是协调一致的。

2 关于液化烃的火灾危险性分类问题。

液化烃在石油化工企业中是加工和储存的重要物料之一，因其蒸气压大于“闪点<28℃的可燃液体”，故其火灾危险性大于“闪点<28℃”的其他可燃液体。

液化烃泄漏而引起的火灾、爆炸事故，在我国石油化工企业的火灾、爆炸事故中所占比例也较大。

法国、荷兰及英国等国家的有关标准在其可燃液体的火灾危险性分类中，都将液化烃列为第Ⅰ类，美国、德国、意大利等国都单独制定液化烃储存和运输规范。

结合我国国家标准《石油库设计规范》GB 50074、《建筑设计防火规范》GB 50016 对油品生产的火灾危险性分类的具体情况，本规范将液化烃和其他可燃液体合并在一起统一进行分类，将甲类又细分为$甲_A$(液化烃)、$甲_B$(除$甲_A$类以外，闪点<28℃)两小类。

3 操作温度对乙、丙类可燃液体火灾危险性的影响问题。

各国在其可燃液体的危险性分类、有关石油化工企业的安全防火规范及爆炸危险场所划分的规范中，都有关于操作温度对乙、丙类液体的火灾危险性的影响的规定。我国的生产管理人员对此也有明确的意见和要求。因为乙、丙类液体的操作温度高于其闪点时，气体挥发量增加，危险性也随之而增加。故本规范在这方面也做了类似的、相应的规定。

$丙_B$类液体的操作温度高于其闪点时，气体挥发量增加，危险性也随之而增加，将其危险性升至$乙_A$类又太高，实际上由于泄漏扩散时周围环境温度的影响，其危险性又有所降低。故本次修改火灾危险性升至$乙_B$类。但$丙_B$类液体的操作温度高于其沸点时，一旦发生泄漏，危险性较大，此种情况下$丙_B$类液体火灾危险性升至$乙_A$。

4 关于“液化烃”、“可燃液体”的名称问题。

1)因为液化石油气专指以C_3、C_4或由其为主所组成的混合物。而本规范所涉及的不仅是液化石油气，还涉及乙烯、乙烷、丙烯等单组分液化烃类，故统称为“液化烃”。

2)在国内外的有关规范中，对烃类液体和醇、醚、醛、酮、酸、酯类及氨、硫、卤素化合物的称谓有两种：有的按闪点细分为“易燃液体和可燃液体”；有的统称为“可燃液体”。本规范采用后者，统称为“可燃液体”。

5 液化烃、可燃液体的火灾危险性分类举例见表2。

6 闪点小于60℃且大于或等于55℃的轻柴油，如果储罐操作温度小于或等于40℃时，其火灾危险性可视为$丙_A$类。其原因如下：随着轻柴油标准和国际标准接轨，柴油闪点由60℃降至45～55℃，柴油的火灾危险性分类就由原来的$丙_A$类变成$乙_B$类。根据有关研究表明：柴油闪点降低以后，其发生火灾的几率增加了，但其危害性后果没有增加，特别是当其操作温度小于或等于40℃时，其发生火灾的几率和火灾事故后果的严重性都没有增加。因此，当闪点小于60℃且大于或等于55℃的轻柴油，如果储罐操作温度小于或等于40℃时，其火灾危险性可视为$丙_A$类。由于石油化工企业生产过程中，轻柴油的操作温度一般大于40℃，此时，轻柴油仍应按$乙_B$类。

3.0.3 甲、乙、丙类固体的火灾危险性分类举例见表3。

表2 液化烃、可燃液体的火灾危险性分类举例

类别		名称
甲	A	液化氯甲烷，液化顺式-2-丁烯，液化乙烯，液化乙烷，液化反式-2-丁烯，液化环丙烷，液化丙烯，液化丙烷，液化环丁烷，液化新戊烷，液化丁烯，液化丁烷，液化氯乙烯，液化环氧乙烷，液化丁二烯，液化异丁烷，液化异丁烯，液化石油气，液化二甲胺，液化三甲胺，液化二甲基亚硫，液化甲醚(二甲醚)
甲	B	异戊二烯，异戊烷，汽油，戊烷，二硫化碳，异己烷，己烷，石油醚，异庚烷，环戊烷，环己烷，辛烷，异辛烷，苯，庚烷，石脑油，原油，甲苯，乙苯，邻二甲苯，间、对二甲苯，异丁醇，乙醚，乙醛，环氧丙烷，甲酸甲酯，乙胺，二乙胺，丙酮，丁醛，三乙胺，醋酸乙烯，甲乙酮，丙烯腈，醋酸乙酯，醋酸异丙酯、二氯乙烯、甲醇、异丙醇、乙醇、醋酸丙酯、丙醇、醋酸异丁酯，甲酸丁酯，吡啶，二氯乙烷，醋酸丁酯，醋酸异戊酯，甲酸戊酯，丙烯酸甲酯，甲基叔丁基醚，液态有机过氧化物
乙	A	丙苯，环氧氯丙烷，苯乙烯，喷气燃料，煤油，丁醇，氯苯，乙二胺，戊醇，环己酮，冰醋酸，异戊醇，异丙苯，液氨
乙	B	轻柴油，硅酸乙酯，氯乙醇，氯丙醇，二甲基甲酰胺，二乙基苯
丙	A	重柴油，苯胺，锭子油，酚，甲酚，糠醛，20号重油，苯甲醛，环己醇，甲基丙烯酸，甲酸，乙二醇丁醚，甲醛，糠醇，辛醇，单乙醇胺，丙二醇，乙二醇，二甲基乙酰胺
丙	B	蜡油，100号重油，渣油，变压器油，润滑油，二乙二醇醚，三乙二醇醚，邻苯二甲酸二丁酯，甘油，联苯-联苯醚混合物，二氯甲烷，二乙醇胺，三乙醇胺，二乙二醇，三乙二醇，液体沥青，液硫

表3 甲、乙、丙类固体的火灾危险性分类举例

类别	名称
甲	黄磷，硝化棉，硝化纤维胶片，喷漆棉，火胶棉，赛璐珞棉，锂，钠，钾，钙，锶，铷，铯，氢化锂，氢化钾，氢化钠，磷化钙，碳化钙，四氢化锂铝，钠汞齐，碳化铝，过氧化钾，过氧化钠，过氧化钡，过氧化锶，过氧化钙，高氯酸钾，高氯酸钠，高氯酸钡，高氯酸铵，高氯酸镁，高锰酸钾，高锰酸钠，硝酸钾，硝酸钠，硝酸铵，硝酸钡，氯酸钾，氯酸钠，氯酸铵，次亚氯酸钙，过氧化二乙酰，过氧化二苯甲酰，过氧化二异丙苯，过氧化氢苯甲酰，（邻、间、对）二硝基苯，2-二硝基苯酚，二硝基甲苯，二硝基萘，三硫化四磷，五硫化二磷，赤磷，氨基化钠
乙	硝酸镁，硝酸钙，亚硝酸钾，过硫酸钾，过硫酸钠，过硫酸铵，过硼酸钠，重铬酸钾，重铬酸钠，高锰酸钙，高氯酸银，高碘酸钾，溴酸钠，碘酸钠，亚氯酸钠，五氧化二碘，三氧化铬，五氧化二磷，萘，蒽，菲，樟脑，铁粉，铝粉，锰粉，钛粉，咔唑，三聚甲醛，松香，均四甲苯，聚合甲醛偶氮二异丁腈，赛璐珞片，联苯胺，噻吩，苯磺酸钠，环氧树脂，酚醛树脂，聚丙烯腈，季戊四醇，己二酸，炭黑，聚氨酯，硫磺(颗粒度小于2mm)
丙	石蜡，沥青，苯二甲酸，聚酯，有机玻璃，橡胶及其制品，玻璃钢，聚乙烯醇，ABS塑料，SAN塑料，乙烯树脂，聚碳酸酯，聚丙烯酰胺，己内酰胺，尼龙6，尼龙66，丙仑纤维，蒽醌，（邻、间、对）苯二酚，聚苯乙烯，聚乙烯，聚丙烯，聚氯乙烯，精对苯二甲酸，双酚A，硫磺(工业成型颗粒度大于等于2mm)，过氯乙烯，偏氯乙烯，三聚氰胺，聚醚，聚苯硫醚，硬脂酸钙，苯酐，顺酐

3.0.4 设备的火灾危险性类别是以设备的操作介质的火灾危险性类别确定的。例如汽油为甲$_{B}$类，汽

油泵的火灾危险性类别定为甲$_B$。

3.0.5 厂房的火灾危险性类别是以布置在厂房内设备的火灾危险性类别确定的。例如布置甲$_B$类汽油泵的厂房，其火灾危险性类别为甲类，确切的说为甲$_B$类，但现行国家标准《建筑设计防火规范》GB 50016统定为甲类。

布置有不同火灾危险类别设备的同一房间，当火灾危险类别最高的设备所占面积比例小于5%时，即使发生火灾事故，其不足以蔓延到其他部位或采取防火措施能防止火灾蔓延，故可按火灾危险类别较低的设备确定。

4 区域规划与工厂总平面布置

4.1 区域规划

4.1.3 石油化工企业生产区应避免布置在通风不良的地段，以防止可燃气体积聚，增加火灾爆炸危险。

4.1.4 江河内通航的船只大小不一，尤其是民用船经常在船上使用明火，生产区泄漏的可燃液体一旦流入水域，很可能与上述明火接触而发生火灾爆炸事故，从而可能对下游的重要设施或建筑物、构筑物带来威胁。

4.1.5 石油化工企业泄漏的可燃液体一旦流出厂区，有可能与明火接触而引发火灾爆炸事故，造成人员伤亡和财产损失；泄漏的可燃液体和受污染的消防水未经处理直接排放，会对居住区、水域及土壤造成重大环境污染。例如：2005年11月13日吉林石化公司双苯厂苯胺装置发生爆炸，爆炸事故中受污染的消防水排入松花江，形成了80公里长的污染带，污染带沿江而下，不仅给下游居民的饮水安全、渔业生产等构成了威胁，而且殃及中俄边界的水源。但本条所要求采用的措施不含罐组应设的防火堤。为了防止泄漏的可燃液体和受污染的消防水流出厂区，需另外增设有效设施。如设置路堤道路、事故存液池、受污染的消防水池(罐)、雨水监控池、排水总出口设置切断阀等设施，确保泄漏的可燃液体和受污染的消防水不直接排至厂外。

4.1.6 公路系指国家、地区、城市以及除厂内道路以外的公用道路，这些公路均有公共车辆通行，甚至工厂专用的厂外道路，也会有厂外的汽车、拖拉机、行人等通行。如果公路穿行生产区，会给防火、安全管理、保卫工作带来很大隐患。

地区架空电力线电压等级一般为35kV以上，若穿越生产区，一旦发生倒杆、断线或导线打火等意外事故，便有可能影响生产并引发火灾造成人员伤亡和财产损失。反之，生产区内一旦发生火灾或爆炸事故，对架空电力线也有威胁。

4.1.7 建在山区的石油化工企业，由于受地形限制，区域性排洪沟往往可能通过厂区。甚至贯穿生产区，若发生事故，可燃气体和液体流入排洪沟内，一旦遇明火即可能被引燃，燃烧的水面顺流而下，会对下游邻近设施带来威胁。区域性排洪沟一般会汇入下游某一水体，泄漏的可燃液体和受污染的消防水一旦流入区域排洪沟，会对下游水体造成重大环境污染。例如，某厂排水沟(实际是排洪沟)因沟内积聚大量油气，检修时遇明火而燃烧，致使长达200多米的排洪沟起火，所以当区域排洪沟通过厂区时应采取防止泄漏的可燃液体和受污染的消防水流入区域排洪沟的措施。

4.1.8 地区输油(输气)管道系指与本企业生产无关的输油管道、输气管道。此类管道若穿越厂区，其生产管理与石油化工企业的生产管理相互影响，且一旦泄漏或发生火灾会对石油化工企业造成威胁。同样，石油化工企业生产区发生火灾爆炸事故也会对输油、输气管道造成影响。

4.1.9

1 高架火炬的防火间距应根据人或设备允许的辐射热强度计算确定。

1)根据美国石油协会标准 API RP521 Guide for Pressure - Relieving and Depressuring Systems《泄压和降压系统导则》和一些国外工程公司关于火炬设计布置原则，可以考虑在火炬辐射热强度大于1.58kW/m^{2}的区域内布置一些设备和设施，但应按照表4的要求检查操作人员工作条件，以采取适当的防护措施确保操作人员的安全。

表4　火炬辐射热对人员影响(不包括太阳辐射)

辐射热强度 $q/(kW/m^2)$	裸露皮肤达到痛感的时间/s	条　件
1.58		人员穿有适当衣服可长期停留的地点
1.74	60	—
2.33	40	—
2.90	30	
4.73	16	无热辐射屏蔽设施，操作人员穿有适当防护衣时，可停留几分钟的地点
6.31	8(20s起泡)	无热辐射屏蔽设施，操作人员穿有适当防护衣时，最多可停留1min的地点
9.46	6	在火炬设计流量排放燃烧时，操作人员有可能进入的区域，如火炬塔架根部或火炬附近高耸设备的操作平台处，但暴露时间应限于几秒钟，并应有充分的逃离通道
11.67	4	—

注：太阳的辐射热强度一般为0.79～1.04kW/m²。

2)厂外居民区、公共福利设施、村庄等公众人员活动的区域，火炬辐射热强度应控制在不大于1.58kW/m²。

3)设备能够安全地承受比对人体高得多的热辐射强度。在热辐射强度1.58～3.20kW/m²的区域可布置设备，如果在此区域布置的设备为低熔点材料(如铝、塑料)设备、热敏性介质设备等时，需要考虑热辐射所造成的影响；在热辐射强度大于3.20kW/m²的区域布置设备时，需要对热辐射的影响作出安全评估。

4)不仅要考虑火炬辐射热对地面人员的安全影响，也要考虑对在高塔和构架上操作人员的安全影响。在可能受到火炬热辐射强度达到4.73kW/m²区域的高塔和构架平台的梯子应设置在背离火炬的一侧，以便在火炬气突然排放时操作人员可迅速安全撤离。

5)当火炬排放的可燃气体中携带可燃液体时，可能因不完全燃烧而产生火雨。据调查，火炬火雨洒落范围为60～90m。因此，为了确保安全，对可能携带可燃液体的高架火炬的防火距离作了特别规定。

2　居民区、公共福利设施及村庄都是人员集中的场所，为了确保人身安全和减少与石油化工企业相互间的影响，规定了较大的防火间距，其中液化烃罐组至居民区、公共福利设施及村庄的防火间距采用了现行国家标准《建筑设计防火规范》GB 50016的规定。

3　至相邻工厂防火间距：表中相邻工厂指除石油化工企业和油库以外的工厂。由于相邻工厂围墙内的规划与实施不可预见，故防火间距的计算从石油化工企业内距相邻工厂最近的设备、建(构)筑物起至相邻工厂围墙止。当相邻工厂围墙内的设施已经建设或规划并批准，防火间距可算至相邻工厂围墙内已经建设或规划并批准的设施，但应与相邻工厂达成一致意见，并经安全主管部门批准。

4　与厂外铁路线、厂外公路、变配电站的防火间距，参照现行国家标准《建筑设计防火规范》GB 50016的规定。为了确保国家铁路线、国家或工业区编组站、高等级公路的安全，对此适当增加防火间距。

5　甲、乙类可燃液体罐组的火灾规模、扑救难度均大于生产装置，且发生泄漏后造成的危害更大。因此“甲、乙类可燃液体罐组与相邻工厂或设施之间规定了较大的防火间距”。

6　石油化工企业的重要设施一旦受火灾影响，会影响生产并可能造成人员伤亡。为了减少相邻工厂或设施发生火灾时对石油化工企业重要设施的影响，规定了重要设施与相邻工厂或设施的防火间距。但当相邻工厂的设施不生产或储存可燃物质时，防火间距可减少。

7　石油化工企业与地区输油(输气)管道的防火间距参照现行国家标准《输油管道工程设计规范》GB 50253、《输气管道工程设计规范》GB 50251的规定。

8　装卸油品码头系指非本企业专用的装卸油品码头。为了减少装卸油品码头和石油化工企业发生火灾时相互的影响，规定了“与装卸油品码头的防火间距”。

4.1.10 目前，全国各地出现不少石油化工工业区，在石油化工工业区内各企业生产性质类同，企业间不设围墙或共用围墙现象较多，这些企业生产性质、管理水平、人员素质、消防设施的配备等类似，执行的防火规范相同或相近，因此在满足安全、节约用地的前提下，规定了石油化工企业与同类企业及油库的防火间距。

4.2 工厂总平面布置

4.2.1 石油化工企业的生产特点：

1 工厂的原料、成品或半成品大多是可燃气体、液化烃和可燃液体。

2 生产大多是在高温、高压条件下进行的，可燃物质可能泄漏的几率高，火灾危险性较大。

3 工艺装置和全厂储运设施占地面积较大，可燃气体散发较多，是全厂防火的重点；水、电、蒸气、压缩空气等公用设施，需靠近工艺装置布置；工厂管理是全厂生产指挥中心，人员集中，要求安全、环保等。

根据上述石油化工企业的生产特点，为了安全生产，满足各类设施的不同要求，防止或减少火灾的发生及相互间的影响，在总平面布置时，应结合地形、风向等条件，将上述工艺装置、各类设施等划分为不同的功能区，既有利于安全防火，也便于操作和管理。

4.2.3 在山丘地区建厂，由于地形起伏较大，为减少土石方工程量，厂区大多采用阶梯式竖向布置。若液化烃罐组或可燃液体罐组，布置在高于工艺装置、全厂性重要设施或人员集中场所的阶梯上，则可能泄漏的可燃气体或液体若漫流到下一个阶梯，易发生火灾事故。因此，储存液化烃或可燃液体的储罐应尽量布置在较低的阶梯上。如因受地形限制或有工艺要求时，可燃液体原料罐也可布置在比受油装置高的阶梯上，但为了确保安全，应采取防止泄漏的可燃液体流入工艺装置、全厂性重要设施或人员集中场所的措施。如：阶梯上的可燃液体原料罐组可设钢筋混凝土防火堤或土堤；防火堤内有效容积不小于一台最大储罐的容量；罐区周围可采用路堤式道路等措施。

4.2.4 若将液化烃或可燃液体储罐紧靠排洪沟布置，储罐一旦泄漏，泄漏的可燃气体或液体易进入排洪沟；而排洪沟顺厂区延伸，难免会因明火或火花落入沟内，引起火灾。因此，规定对储存大量液化烃或可燃液体的储罐不宜紧靠排洪沟布置。

4.2.5 空分站要求吸入的空气应洁净，若空气中含有乙炔及其他可燃气体等，一旦被吸入空分装置，则有可能引起设备爆炸等事故。如1997年我国某石油化工企业空分站因吸入甲烷等可燃气体，引起主蒸发器发生粉碎性爆炸造成重大人员伤亡和财产损失。因此，要求将空分站布置在不受上述气体污染的地段，若确有困难，也可将吸风口用管道延伸到空气较清洁的地段。

4.2.6 全厂性高架火炬在事故排放时可能产生“火雨”，且在燃烧过程中，还会产生大量的热、烟雾、噪声和有害气体等。尤其在风的作用下，如吹向生产区，对生产区的安全有很大威胁。为了安全生产，故规定全厂性高架火炬宜位于生产区全年最小频率风向的上风侧。

4.2.7 汽车装卸设施、液化烃灌装站和全厂性仓库等，由于汽车来往频繁，汽车排气管可能喷出火花，若穿行生产区极不安全；而且，随车人员大多是外单位的，情况比较复杂。为了厂区的安全与防火，上述设施应靠厂区边缘布置，设围墙与厂区隔开，并设独立出入口直接对外，或远离厂区独立设置。

4.2.8 泡沫站应布置在非防爆区，为避免罐区发生火灾产生的辐射热使泡沫站失去消防作用，并与现行国家标准《低倍数泡沫灭火系统设计规范》GB 50151 相协调，规定“与可燃液体罐的防火间距不宜小于20m”。

4.2.9 由厂外引入的架空电力线路的电压一般在35kV以上，若架空伸入厂区，一是需留有高压走廊，占地面积大，二是一旦发生火灾损坏高压架空电力线，影响全厂生产。若采用埋地敷设，技术比较复杂也不经济。为了既有利于安全防火，又比较经济合理，故规定总变电所应布置在厂区边缘，但宜尽量靠近负荷中心。距负荷中心过远，由总变电所向各用电设施引线过多过长也不经济。

4.2.10 消防站服务半径以行车距离和行车时间表示，对现行国家标准《建筑设计防火规范》GB 50016

规定的丁、戊类火灾危险性较小的场所则放宽要求，以便区别对待。

行车车速按每小时30km考虑，5min的行车距离即为2.5km。当前我国石油化工厂主要依靠移动消防设备扑救火灾，故要求消防车的行车时间比较严格，若主要依靠固定消防设施灭火，行车时间可适当放宽。故执行本条时，尚应考虑固定消防设施的设置情况。为使消防站能满足迅速、安全、及时扑救火灾的要求，故对消防站的位置做出具体规定。

4.2.11　绿化是工厂的重要组成部分，合理的绿化设计既可美化环境，改善小气候，又可防止火灾蔓延，减少空气污染。但绿化设计必须紧密结合各功能区的生产特点，在火灾危险性较大的生产区，应选择含水分较多的树种，以利防火。如某厂在道路一侧的油罐起火，道路另一侧的油罐未加水喷淋冷却保护，只因有行道树隔离，仅树被大火烤黄烤焦但未起火，油罐未受威胁。可见绿化的防火作用。假如行道树是含油脂较多的针叶树等，其效果就会完全相反，不仅不能起隔离保护作用，甚至会引燃树木而扩大火势。因此，选择有利防火的树种是非常重要的。但在人员集中的生产管理区，进行绿化设计则以美化环境、净化空气为主。

在绿化布置形式上还应注意，在可能散发可燃气体的工艺装置、罐组、装卸区等周围地段，不得种植绿篱或茂密的连续式的绿化带，以免可燃气体积聚，且不利于消防。

可燃液体罐组内植草皮是南方某些厂多年实践经验的结果，由于罐组内植草皮，有利于降低环境温度，减少可燃液体挥发损失，有利于防火。但生长高度不得超过15cm，而且应能保持四季常绿，否则，冬季枯黄反而对防火不利。

为避免泄漏的气体就地积聚，液化烃罐组内严禁任何绿化。否则，不利于泄漏的可燃气体扩散，一旦遇明火引燃，危及储罐安全。

4.2.12

1　制定防火间距的原则和依据：

1)防止或减少火灾的发生及发生火灾时工艺装置或设施间的相互影响。参考国外有关火灾爆炸危险范围的规定，将可燃液体敞口设备的危险范围定为22.5m，密闭设备定为15m。

2)辐射热影响范围。根据天津消防研究所有关油罐灭火实验资料：5000m^{3}油罐火灾，距罐壁D(22.86m)、距地面H(13.63m)的测点，辐射热强度最大值为4.92kW/m^2，平均值为3.21kW/m^2；100m^{3}油罐火灾，距罐壁D(5.42m)、距地面H(5.51m)的测点，辐射热强度最大值为12.79kW/m^2，平均值为8.28kW/m^2。

3)火灾几率及其影响范围。根据1954～1984年炼油厂较大火灾事例的统计分析，各类设施的火灾比例：工艺装置为69%、储罐为10%、铁路装卸站台为5%、隔油池为3%、其他为13%。其中火灾比例较大的装置火灾影响范围约10m。1996～2002年石油化工企业较大火灾事例的统计分析，各类设施的火灾比例：工艺装置为66%、储罐为19%、铁路装卸站台为7%、隔油池为3%、其他为5%。国外调研装置火灾影响范围约50ft(15m)。

4)重要设施重点保护。对发生火灾可能造成全厂停产或重大人身伤亡的设施，均应重点保护，即使该设施火灾危险性较小，也需远离火灾危险性较大的场所，以确保其安全。在本次修订中，为了突出对人员的保护，贯彻“以人为本”的理念，将重要设施分为两类。发生火灾时可能造成重大人身伤亡的设施为第一类重要设施，制定了更大的防火间距。如：全厂性办公楼、中央控制室、化验室、消防站、电信站等；发生火灾时影响全厂生产的设施为第二类重要设施，也制定了较大的防火间距。如：全厂性锅炉房和自备电站、变电所、空压站、空分站、消防水泵房、新鲜水加压泵房、循环水场冷却塔等。

5)减少对厂外公共环境的影响。国外石油化工企业非常重视在事故状态下对社会公共环境的影响，厂内危险设备距厂区围墙(边界)的间距一般较大，将火灾事故状态下一定强度的辐射热控制在厂区围墙内。在本次修订中，适当加大了厂内危险设备与厂区围墙的间距，可以使爆炸危险区范围控制在厂区围墙内，并将厂内的火灾影响范围有效控制在厂区围墙内，也可降低厂外明火及火花对厂内危险设备的威胁。

6)消防能力及水平。石油化工企业在长期生产实践过程中，总结了丰富的消防经验，扑救工艺装置火灾有得力措施，尤其是油罐消防技术比较成熟，消防设备也更加先进，在设计上也提高了企业的整体消防能力和水平。防火间距的制定结合目前的消防能力和水平，并为扑救火灾创造条件。

7)扑救火灾的难易程度。一般情况下，油罐的火灾、工艺装置重大火灾爆炸事故扑救较困难，其他设施的火灾比较容易扑救。

8)节约用地。在满足防火安全要求的前提下，尽可能减少工程占地。

9)与国际接轨。在结合我国国情、满足安全生产要求的基础上，参考国外有关标准，吸取先进技术和成功经验。

2 制定防火间距的基本方法。组成石油化工企业的设施种类繁多，各有其特点，因此，在制定防火间距时，首先对主要设施(如工艺装置、储罐、明火及重要设施)之间进行分析研究，确定其防火间距，然后以此为基础对其他设施进行对照，再综合分析比较，逐一制定防火间距。其中，对建筑物之间的防火间距，本规范未作规定的均按现行国家标准《建筑设计防火规范》CB 50016 执行。

3 执行本规范表 4. 2. 12 时，需注意以下问题：

1)工厂内工艺装置、设施之间防火间距按此表执行，工艺装置或设施内防火间距不按此表执行。

2)工艺装置、设施之间的防火距离，无论相互间有无围墙，均以装置或设施相邻最近的设备或建筑物作为起止点(装置储罐组以防火堤中心线作为起止点)。防火间距起止点的规定见本规范附录 A。

3)工艺装置的防火间距：①工艺装置均以装置或装置内生产单元的火灾危险性确定与相邻装置或设施的防火间距。②炼油装置以装置的火灾危险性确定与相邻装置或设施的防火间距；但对于联合装置应以联合装置内各装置的火灾危险性确定与相邻装置或设施的防火间距，联合装置内重要的设施(如：控制室、变配电所、办公楼等)均比照甲类火灾危险性装置确定与相邻装置或设施的防火间距；当两套装置的控制室、变配电所、办公室相邻布置时，其防火间距可执行现行国家标准《建筑设计防火规范》GB 50016。焦化装置的焦炭池和硫磺回收装置的硫磺仓库可按丙类装置确定与相邻装置或设施的防火间距。③石油化工装置以装置内生产单元的火灾危险性确定与相邻装置或设施的防火间距；装置内重要的设施(如：控制室、变配电所、办公楼等)均比照甲类火灾危险性单元确定与相邻装置或设施的防火间距；当两套装置的控制室、变配电所、办公室相邻布置时，其防火间距可执行现行国家标准《建筑设计防火规范》GB 50016。

4)与可燃气体、液化烃或可燃液体罐组的防火间距，均以相邻最大容积的单罐确定。因罐组内火灾的影响范围取决于单罐容积的大小，大者影响范围大，小者影响范围小。国外标准也以单罐为准。含可燃液体的酸性水罐、废碱液等储罐，与相邻设施的防火间距按其所含可燃液体的最大量确定。

5)与码头装卸设施的防火间距，均以相邻最近的装卸油臂或油轮停靠的泊位确定。

6)与液化烃或可燃液体铁路装卸设施的防火间距，均以相邻最近的铁路装卸线(中心线)、泵房或零位罐等确定。

7)与液化烃或可燃液体汽车装卸台的防火间距无论相互间有无围墙，均以相邻最近的装卸鹤管、泵房或计量罐等确定。

8)与高架火炬的防火间距，即使火炬筒附近设有分液罐等，均以火炬筒中心确定。火炬之间的防火间距要保证辐射热不影响相邻火炬的检修和运行，同时考虑风向、火焰长度等因素，其他要求详见第 4. 1. 9 条文说明。

9)与污水处理场的防火间距，指与污水处理场内隔油池、污油罐的防火间距，与污水处理场内其他设备或建(构)筑物的防火间距，见表 4. 2. 12 注 10、注 2。

10)当石油化工企业与同类企业相邻布置时，石油化工企业内的设施与厂区围墙(同类企业相邻侧)的间距，满足消防操作、检修、管线敷设等要求即可。

11)对于石油化工企业内已建装置或设施改扩建工程，已建装置或设施与厂区围墙的间距不能满足本规范要求时，可结合历史原因及周边现状考虑。

12)消防站作为消防的重要设施必须考虑自身人员和设备的安全。消防站内 24h 有人值班，与一些重大危险区域应保持一定的安全间距，故规定与甲类装置的防火间距不小于 50m。

4　可燃液体储罐采用氮气密封，既能防止油气与空气接触，又能避免油气向外扩散，对安全防火有利，其效果类似浮顶罐。

可燃液体采用密闭装卸，设油气密闭回收系统，可防止或减少油气就地散发，极大地减少火灾爆炸事故发生的可能性。

5　当为本石油化工企业设置的输油首末站布置在石油化工企业厂区内时，执行石油化工企业总平面布置的防火间距。

6　工艺装置或装置内单元的火灾危险性分类举例见表5～表7。

表5　工艺装置或装置内单元的火灾危险性分类举例（炼油部分）

类别	装置（单元）名称
甲	加氢裂化，加氢精制，制氢，催化重整，催化裂化，气体分馏，烷基化，叠合，丙烷脱沥青，气体脱硫，液化石油气硫醇氧化，液化石油气化学精制，喷雾蜡脱油，延迟焦化，常减压蒸馏，汽油再蒸馏，汽油电化学精制，酮苯脱蜡脱油，汽油硫醇氧化，减黏裂化，硫磺回收
乙	轻柴油电化学精制，酚精制，煤油电化学精制，煤油硫醇氧化，空气分离，煤油尿素脱蜡，煤油分子筛脱蜡，轻柴油分子筛脱蜡
丙	糠醛精制，润滑油和蜡的白土精制，蜡成型，石蜡氧化，沥青氧化

表6　工艺装置或装置内单元的火灾危险性分类举例（石油化工部分）

类别	装置（单元）名称
	Ⅰ基本有机化工原料及产品
甲	管式炉（含卧式、立式，毫秒炉等各型炉）蒸汽裂解制乙烯、丙烯装置，裂解汽油加氢装置；芳烃抽提装置；对二甲苯装置；对二甲苯二甲酯装置；环氧乙烷装置；石脑油催化重整装置；制氢装置；环己烷装置；丙烯腈装置；苯乙烯装置；碳四抽提丁二烯装置；丁烯氧化脱氢制丁二烯装置；甲烷部分氧化制乙炔装置；乙烯直接法制乙醛装置；苯酚丙酮装置；乙烯氧化法制氯乙烯装置；乙烯直接水合法制乙醇装置；对苯二甲酸装置（精对苯二甲酸装置）；合成甲醇装置；乙醛氧化制乙酸（醋酸）装置的乙醛储罐、乙醛氧化单元；环氧氯丙烷装置的丙烯储罐组和丙烯压缩、氯化、精馏、次氯酸化单元；羰基合成制丁醇装置的一氧化碳、氢气、丙烯储罐组和压缩、合成、蒸馏缩合、丁醛加氢单元；羰基合成制异辛醇装置的一氧化碳、氢气、丙烯储罐组和压缩、合成丁醛、缩合脱水、2－乙基己烯醛加氢单元；烷基苯装置的煤油加氢、分子筛脱蜡（正戊烷，异辛烷，对二甲苯脱附）、正构烷烃（C_{10}～C_{13}）催化脱氢、单烯烃（C_{10}～C_{13}）与苯用HF催化烷基化和苯、氢、脱附剂、液化石油气，轻质油等储运单元；双酚A装置的原料预制及回收、反应及脱水、反应物精制单元；MTBE装置；二甲醚装置；1－4丁烯二醇装置
乙	乙醛氧化制乙酸（醋酸）装置的乙酸精馏单元和乙酸、氧气储罐组；乙酸裂解制醋酐装置；环氧氯丙烷装置的中和环化单元、环氧氯丙烷储罐组；羰基合成制丁醇装置的蒸馏精制单元和丁醇储罐组；烷基苯装置的原料煤油、脱蜡煤油、轻蜡、燃料油储运单元；合成洗衣粉装置的烷基苯与SO_3磺化单元；合成洗衣粉装置的硫磺储运单元；双酚A装置的造粒包装单元
丙	乙二醇装置的乙二醇蒸发脱水精制单元和乙二醇储罐组；羰基合成制异辛醇装置的异辛醇蒸馏精制单元和异辛醇储罐组；烷基苯装置的热油（联苯＋联苯醚）系统、含HF物质中和处理系统单元；合成洗衣粉装置的烷基苯硫酸与苛性钠中和、烷基苯硫酸钠与添加剂（羧甲基纤维素、三聚磷酸钠等）合成单元
	Ⅱ合成橡胶
甲	丁苯橡胶和丁腈橡胶装置的单体、化学品储存、聚合、单体回收单元；乙丙橡胶、异戊橡胶和顺丁橡胶装置的单体、催化剂、化学品储存和配置、聚合，胶乳储存混合、凝聚、单体与溶剂回收单元；氯丁橡胶装置的乙炔催化合成乙烯基乙炔、催化加成或丁二烯氯化成氯丁二烯，聚合、胶乳储存混合、凝聚单元；丁基橡胶装置的丙烯乙烯冷却、聚合凝聚、溶剂回收单元

续表

类别	装置(单元)名称
	Ⅱ合成橡胶
丙	丁苯橡胶和丁腈橡胶装置的化学品配制、胶乳混合、后处理(凝聚、干燥、包装)、储运单元；乙丙橡胶、顺丁橡胶、氯丁橡胶和异戊橡胶装置的后处理(脱水、干燥、包装)、储运单元；丁基橡胶装置的后处理单元
	Ⅲ合成树脂及塑料
甲	高压聚乙烯装置的乙烯储罐、乙烯压缩、催化剂配制、聚合、分离、造粒单元；气相法聚乙烯装置的烷基铝储运、原料精制、催化剂配制、聚合、脱气、尾气回收单元；液相法(淤浆法)聚乙烯装置的原料精制、烷基铝储运、催化剂配制、聚合、分离、干燥、溶剂回收单元；高压聚乙烯装置的乙烯储罐、乙烯压缩、催化剂配制、聚合、造粒单元；低密度聚乙烯装置的丁二烯、H_2、丁基铝储运、净化、催化剂配制、聚合、溶剂回收单元；低压聚乙烯装置的乙烯、化学品储运、配料、聚合、醇解、过滤、溶剂回收单元；聚氯乙烯装置的氯乙烯储运、聚合单元；聚乙烯醇装置的乙炔、甲醇储运、配料、合成醋酸乙烯、聚合、精馏、回收单元；本体法连续制聚苯乙烯装置的通用型聚苯乙烯的乙苯储运、脱氢、配料、聚合、脱气及高抗冲聚苯乙烯的橡胶溶解配料、其余单元同通用型ABS塑料装置的丙烯腈，丁二烯、苯乙烯储运、预处理、配料、聚合、凝聚单元；SAN塑料装置的苯乙烯，丙烯腈储运、配料、聚合脱气、凝聚单元；聚丙烯装置的本体法连续聚合的丙烯储运、催化剂配制、聚合，闪蒸、干燥、单体精制与回收及溶剂法的丙烯储运、催化剂配制、聚合、醇解、洗涤、过滤、溶剂回收单元；聚甲醛装置；聚醚装置；聚苯硫醚装置；环氧树脂装置；酚醛树脂装置
乙	聚乙烯醇装置的醋酸储运单元
丙	高压聚乙烯装置的掺合、包装、储运单元 气相法聚乙烯装置的后处理(挤压造粒、料仓、包装)、储运单元 液相法(淤浆法)聚乙烯装置的后处理(挤压造粒、料仓、包装)、储运单元 聚氯乙烯装置的过滤、干燥、包装、储运单元 聚乙烯醇装置的干燥、包装、储运单元 聚丙烯装置的挤压造粒、料仓、包装单元 本体法连续制聚苯乙烯装置的造粒、包装、储运单元 ABS塑料和SAN塑料装置的干燥、造粒、料仓、包装、储运单元 聚苯乙烯装置的本体法连续聚合的造粒、料仓、包装、储运及溶剂法的干燥、掺和、包装、储运单元
	Ⅳ合成氨及氨加工产品
甲	合成氨装置的烃类蒸气转化或部分氧化法制合成气(N_2+H_2+CO)、脱硫、变换、脱CO_2、铜洗、甲烷化、压缩、合成、原料烃类单元和煤气储罐组 硝酸铵装置的结晶或造粒、输送、包装、储运单元
乙	合成氨装置的氨冷冻、吸收单元和液氨储罐 合成尿素装置的氨储罐组和尿素合成、气提、分解、吸收、液氨泵、甲胺泵单元硝酸装置 硝酸铵装置的中和、浓缩、氨储运单元
丙	合成尿素装置的蒸发、造粒、包装、储运单元

表7 工艺装置或装置内单元的火灾危险性分类举例(石油化纤部分)

类别	装置(单元)名称
甲	涤纶装置(DMT法)的催化剂、助剂的储存、配制、对苯二甲酸二甲酯与乙二醇的酯交换、甲醇回收单元;锦纶装置(尼龙6)的环己烷氧化、环己醇与环己酮分馏、环己醇脱氢、己内酰胺用苯萃取精制、环己烷储运单元;尼纶装置(尼龙66)的环己烷储运、环己烷氧化、环己醇与环己酮氧化制己二酸、己二腈加氢制己胺单元;腈纶装置的丙烯腈、丙烯酸甲酯、醋酸乙烯、二甲胺、异丙醚、异丙醇储运和聚合单元;硫氰酸钠(NaSCN)回收的萃取单元,二甲基乙酰胺(DMAC)的制造单元;维尼纶装置的原料中间产品储罐组和乙炔或乙烯与乙酸催化合成乙酸乙烯、甲醇醇解生产聚乙烯醇、甲醇氧化生产甲醛、缩合为聚乙烯醇缩甲醛单元;聚酯装置的催化剂、助剂的储存、配制、己二腈加氢制己二胺单元
乙	锦纶装置(尼龙6)的环己酮肟化,贝克曼重排单元 尼纶装置(尼龙66)的己二酸氨化,脱水制己二腈单元 煤油、次氯酸钠库
丙	涤纶装置(DMT)的对苯二甲酸乙二酯缩聚、造粒、熔融、纺丝、长丝加工、料仓、中间库、成品库单元; 涤纶装置(PTA法)的酯化、聚合单元;锦纶装置(尼龙6)的聚合、切片、料仓、熔融、纺丝、长丝加工、储运单元; 尼纶装置(尼龙66)的成盐(己二胺己二酸盐)、结晶、料仓、熔融、纺丝、长丝加工、包装、储运单元 腈纶装置的纺丝(NaSCN为溶剂除外)、后干燥、长丝加工、毛条、打包、储运单元 维尼纶装置的聚乙烯醇熔融抽丝、长丝加工、包装、储运单元 维尼纶装置的丝束干燥及干热拉伸、长丝加工、包装、储运单元 聚酯装置的酯化、缩聚、造粒、纺丝、长丝加工、料仓、中间库、成品库单元

4.3 厂内道路

4.3.2 最长列车长度,是根据走行线在该区间的牵引定数和调车线或装卸线上允许的最大装卸车的数量确定的,应避免最长列车同时切断工厂主要出入口道路。

4.3.3 厂区主干道是通过人流、车流最多的道路,因此宜避免与厂内铁路线平交。如某厂渣油、柴油铁路装车线与工厂主干道在厂内平交,多次发生撞车事故。

4.3.4 环形道路便于消防车从不同方向迅速接近火场,并有利于消防车的调度。API RP 2001 Fire Protection in Refineries《炼油厂防火》中规定:足够的交通和运输道路的设置在防火中十分重要。应当保证炼油厂区的道路足够宽,满足应急车辆进出和停放。道路转弯半径应当允许机动设备有足够空间,不至于碰到管道支架和设备。

但对于布置在山丘地区的小容积可燃液体的储罐区及装卸区、化学危险品仓库区,因受地形条件限制,全部设置环形道路需开挖大量土石方,很不经济。因此,在局部困难地段,也可设能满足消防车辆回车用的尽头式消防车道。

4.3.5 因为消火栓的保护半径不宜超过120m,故规定,从任何储罐中心距至少两条消防道路的距离不应超过120m;目前某些大型油罐的布置无法满足该规定,但为了满足安全需要,特采取以下措施:

1 减少储罐中心至消防车道的距离,由最大120m变为最大80m,因为只有一条道路可供消防,为了满足消防用水量的要求,需有较多消火栓;

2 最近消防车道的路面宽度不应小于9m,有利于消防车的调度和错车。

4.4 厂内铁路

4.4.1 铁路机车或列车在启动、走行或刹车时,均可能从排气筒、钢轨与车轮摩擦或闸瓦处散发火花。若厂内铁路线穿行于散发可燃气体较多的地段,有可能被上述火花引燃。因此,铁路线应尽量靠厂区边缘集中布置。这样布置也利于减少与道路的平交,缩短铁路长度,减少占地。

4.4.2 工艺装置的固体产品铁路装卸线可以靠近该装置的边缘布置，其原因是：

1 生产过程要求装卸线必须靠近；

2 装卸的固体物料火灾危险性相对较小，多年来从未发生过由于机车靠近而引起的火灾事故。

4.4.3 液化烃和可燃液体的装卸栈台，都是火灾危险性较大的场所，但性质不尽相同，液化烃火灾危险性较大。但如均采用密闭装车，亦较安全。因此，液化烃装卸栈台可与可燃液体装卸栈台同区布置。但由于液化烃一旦泄漏被引燃，比可燃液体对周围影响更大，故应将液化烃装卸栈台布置在装卸区的一侧。

4.4.5 对尽头式线路规定停车车位至车挡应有20m是因为：

1 当车辆发生火灾时，便于将其他车辆与着火车辆分离，减少火灾影响及损失；

2 作为列车进行调车作业时的缓冲段，有利于安全。

4.4.6 液化烃和可燃液体在装卸过程中，经常散发可燃气体，在装卸作业完成后，可能仍有可燃气体积聚在装卸栈台附近或装卸鹤管内，若机车利用装卸线走行，机车一旦散发火花，是很危险的。

4.4.7 液化烃、可燃液体和甲、乙类固体的铁路装卸线停放车辆的线段为平直段时，其优点为：①有利于调车时司机的瞭望、引导列车进出站台和调对鹤位，有利于车辆的挂钩连接；②在平直段对罐车内油品的计量较准确，卸油较净；③平坡不致发生溜车事故。

某公司工业站，有一货车停在2.5%纵坡的站线上，由于风大和制动器失灵而发生溜车。

当在地形复杂地区建厂时，若满足上述要求，可能需开挖大量土石方，很不经济。在这种情况下亦可将装卸线放在半径不小于500m的平坡曲线上。但若设在半径过小的平坡曲线上，则列车自动挂钩、脱钩困难。

5 工艺装置和系统单元

5.1 一般规定

5.1.1 本条第2款所述设备、管道的保冷层材料，目前可供选用的不燃烧材料很少，故允许用阻燃型泡沫塑料制品，但其氧指数不应小于30。

5.1.2 本条是为保证设备和管道的工艺安全，根据实际情况而提出的几项原则要求。

5.1.3 本条是根据国外经验和国内石油化工企业的事故教训制定的。例如：某厂催化车间气分装置的丙烷抽出线焊口开裂，造成特大爆炸火灾事故；某厂液化石油气罐区管道泄漏出大量液化石油气，直到天亮才被发觉，因附近无明火，未酿成更大事故；某厂液化石油气球罐区因在脱水时违反操作规程，造成大量液化石油气进入污水池而酿成火灾爆炸和人身伤亡事故。这些事故若能及早发现并采取措施，就可能避免火灾和爆炸，减小事故的危害程度。因此，在可能泄漏可燃气体的设备区，设置可燃气体报警系统，可及时得到危险信号并采取措施，以防止火灾爆炸事故的发生。

可燃气体报警系统一般由探测器和报警器组成，也可以是专用的数据采集系统与探测器组成。可燃气体报警信号不仅要送到控制室，也应该在现场就地发出声/光报警信号，以警告现场人员和车辆及时采取必要的措施，防止事态扩大。

5.2 装置内布置

5.2.1 确定本规范表5.2.1的项目和防火间距的主要原则和依据如下：

1 与本规范第3章“火灾危险性分类”相协调。

2 与现行国家标准《爆炸和火灾危险环境电力装置设计规范》GB 50058的下列规定相协调：

1)释放源，即可能释放出形成爆炸性混合物的物质所在的位置或地点；

2)爆炸危险场所范围为15m。

3 吸取国外有关标准的适用部分。本规范表5.2.1的项目和防火间距，与大部分国外工程公司的有关防火和装置平面布置规定基本一致。

4 充分考虑装置内火灾的影响距离和可燃气体的扩散范围(可能形成爆炸性气体混合物的范围)。

1)装置内火灾的影响距离约10m。

2)可燃气体的扩散范围：

(1)正常操作时，甲、乙$_A$类工艺设备周围3m左右；

(2)液化烃泄漏后，可燃气体的扩散范围一般为10～30m；

(3)甲$_B$、乙$_A$类液体泄漏后，可燃气体的扩散范围为10～15m；

(4)操作温度等于或高于其闪点的乙$_B$、丙类液体泄漏后，可燃气体的扩散范围一般不超过10m；

(5)氢气的水平扩散距离一般不超过4.5m。

3)《英国石油工业防火规范的报告》：汽油风洞试验，油气向下风侧的扩散距离为12m。

5 确定项目的依据：

1)点火源。点火源主要有明火、赤热表面、电气火花、静电火花、冲击和摩擦、化学反应及发热自燃等。根据石油化工企业工艺装置的实际情况，在确定规范表5.2.1的项目时，主要考虑明火、赤热表面和电气火花，故在表中列入下列设备或建筑物：

(1)明火设备；

(2)控制室、机柜间、变配电所、化验室、办公室等建筑物是装置内重要设施，同时又是产生明火及火花的地点，有些还是人员集中场所，其防火要求相同，故合并为一项；

(3)操作温度等于或高于自燃点的设备。

2)释放源。

根据现行国家标准《爆炸和火灾危险环境电力装置设计规范》GB 50058中对于释放源的规定，结合石油化工企业工艺装置的实际情况，根据不同的防火要求，将释放源分成四项：

(1)可燃气体压缩机或压缩机房；

(2)装置储罐；

(3)其他工艺设备或房间；

(4)含可燃液体的隔油池、污水池(有盖)、酸性污水罐、含油污水罐。

6 表5.2.1的可燃物质类别和防火间距补充说明如下：

1)甲$_B$、乙$_A$类液体和甲类气体及操作温度等于或高于其闪点的乙$_B$、丙$_A$类液体设备是释放源，其与明火或与有电火花的地点的最小防火间距，与爆炸危险场所范围相协调，定为15m；

2)甲$_A$类液体，即液化烃，其蒸气压高于甲$_B$、乙$_A$类液体，事故分析也证明，其危险性也较甲$_B$、乙$_A$类液体大，其设备与明火设备的最小防火间距定为22.5m(15m的1.5倍)；

3)乙$_B$、丙$_A$类液体和乙类气体设备不是释放源，但因易受外界影响而形成释放源，其与明火或有电火花的地点的最小防火间距为9m；

4)丙$_B$类液体，闪点高于120℃，既不是释放源，也不易受外界影响而超过其闪点，故未规定这类设备的防火间距。在设计上，可只考虑其他方面的间距要求；

5)操作温度等于或高于自燃点的工艺设备，一旦泄漏，立即燃烧，故不作为释放源，其与明火设备的间距只考虑消防的要求，本规范规定其与明火设备的最小间距为4.5m。

6)确定明火加热炉与其他设施防火间距时，自明火加热炉本体最外缘算起。

7 某些石油化工装置根据其生产特点需在装置内设置丙类仓库或乙类物品储存间，本次修订补充了丙类仓库或乙类物品储存间与其他设施的防火间距。

8 装置储罐组为工艺装置的一部分，故本次修改将99版规定表4.2.8与表4.2.1合并组成表5.2.1。

9 部分装置内设有含油污水预处理设施，故表5.2.1中增加含可燃液体的隔油池、污水池(有盖)一项；硫磺回收装置中的酸性污水罐，焦化装置除焦含油污水罐也具备分油作用，因此与其同列在一项。

5.2.2 本条主要指与明火设备密切相关，联系紧密的设备。例如：

1 催化裂化装置的反应器与再生器及其辅助燃烧室可靠近布置。反应器是正压密闭的，再生器及其辅助燃烧室都属内部燃烧设备，没有外露火焰，同时辅助燃烧室只在开工初期点火，此时，反应设备还没有进油，影响不大，所以防火间距可不限。

2 减压蒸馏塔与其加热炉的防火间距，应按转油线的工艺设计的最小长度确定；该管道生产要求散热少、压降小，管道过长或过短都对蒸馏效果不利，故不受防火间距限制。

3 加氢裂化、加氢精制装置等的反应加热炉与反应器，因其加热炉的转油线生产要求温降和压降应尽量小，且该管道材质是不锈钢或合金钢，价格昂贵，所以反应加热炉与反应器的防火间距不限。反应器一般位于反应产物换热器和反应加热炉之间，反应产物换热器一般紧靠反应器布置，所以反应产物换热器与反应加热炉之间防火间距也不限。

4 硫磺回收装置的酸性气燃烧炉属内部燃烧设备，没有外露火焰。液体硫磺的凝点约为117℃，在生产过程中，硫磺不断转化，需要几次冷凝、捕集。为防止设备间的管道被硫磺堵塞，要求酸性气燃烧炉与其相关设备布置紧凑，故对酸性气燃烧炉与其相关设备之间的防火间距，可不加限制。

5.2.4 燃料气分液罐、燃料气加热器等为加热炉附属设备，但又存在火灾危险，故规定了6m的最小间距。

5.2.5 以甲$_B$、乙$_A$类液体为溶剂的溶液法聚合液，如以加氢汽油为溶剂的溶液法聚合工艺的顺丁橡胶的胶液，含胶浓度为20%，有80%左右是加氢汽油或抽余油，虽火灾危险性较大，但因黏度大，易堵塞管道，输送过程中压降大。因此，既要求有较小的间距，又要满足消防的需要。溶液法聚合胶液的掺和罐、储存罐与相邻设备应有一定间距。当掺和罐、储存罐总容积大于800m^{3}时，防火间距不宜小于7.5m；小于或等于800m^{3}的不作规定，可根据实际情况确定。

5.2.8 露天或半露天布置设备，不仅是为了节省投资，更重要的是为了安全。因为露天或半露天，可燃气体便于扩散。“受自然条件限制”系指建厂地区是属于风沙大、雨雪多的严寒地区。工艺装置的转动机械、设备，例如套管结晶机、真空过滤机、压缩机、泵等因受自然条件限制的设备，可布置在室内。

“工艺特点”系指生产过程的需要，例如化纤设备不能露天或半露天布置。“半露天布置”包括敞开或半敞开式厂房布置。

5.2.9 考虑到联合装置内各装置或单元同开同停，同时检修。因此，各装置或单元之间的距离以同一装置相邻设备间的防火间距而定，不按装置与装置之间的防火间距确定。这样，既保证安全又节约了占地。

5.2.10 在大型联合装置或装置发生火灾事故时，消防车在必要时需进入装置进行扑救，考虑消防车进入装置后不必倒车，比较安全，装置内消防道路要求两端贯通。道路应有不少于2个出入口与装置四周的环形消防道路相连，且2个出入口宜位于不同方位，便于消防作业。在小型装置中，消防车救火时一般不进入装置内，在装置外两侧有消防道路且两道路间距不大于120m时，装置内可不设贯通式道路，并控制设备、建筑物区占地面积不大于10000m^2。

规定路面内缘转弯半径是为了方便消防车通行。

对大型石油化工装置，道路路面宽度、净空高度及路面内缘转弯半径可根据需要适当增加。

5.2.11 各种石油化工工艺装置占地面积有很大不同，由数千平方米到数万平方米。例如某石油化工企业200万吨/年连续重整装置占地面积为32200m^2。某石油化工企业90kt/a乙烯装置占地面积为98300m^2。考虑到检修、消防要求，防止火灾蔓延，减少财产损失等因素，大型装置用道路将装置内设备、建筑物区进行分割是必要的。

《石油化工企业设计防火规范》GB 50160发布实施以来，“用道路将装置分割成为占地面积不大于10000m^{2}的设备、建筑物区”，满足了大多数装置的布置需要。伴随装置规模大型化，有的大型石油化工装置用道路将装置分割成为占地面积不大于10000m^{2}的设备、建筑物区已经难以做到。将防火分区面积扩大到20000m^2，其理由如下：

1 本条文中的大型石油化工装置指的是单系列原油加工能力大于或等于1000kt/a石油化工厂中的主要炼油工艺装置、80kt/a及其以上的乙烯装置、20kt/a及其以上的高压聚乙烯装置、45kt/a及其以上的对苯二甲酸装置等。

2 同一工艺单元的设备必须连为一体布置。如：某石油化工企业100kt/a乙烯装置的裂解炉及其炉前管廊，无法分隔，裂解炉区(含炉前管廊)的长度为180m，宽度为70m，面积为12600m^2；某石油化工企业90kt/a乙烯装置的压缩区长度为164m，宽度为103m，面积为16892m^2。

3 因工艺要求，在两个工艺单元之间不允许用道路分隔。如：某石油化工企业高压聚乙烯装置中的反应区和压缩区，两工艺单元之间有超高压管道相连，超高压管道必须沿地敷设，从而使两单元之间无法设置消防道路，两工艺单元总占地面积为15500m^2。

考虑现有的消防水平，在增加部分消防设施情况下，限制用道路分割的设备、建筑物区宽度不大于120m，且在设备、建筑物区四周设环形道路，同时对道路宽度加以规定时，可适当扩大设备、建筑物区块面积至20000m^2。为减少事故情况下设备、建筑物区块间的相互影响，方便消防作业，对区块间防火间距规定不小于15m。当两相邻设备、建筑物区块占地面积总和不大于20000m^2，两相邻设备、建筑物区块的防火间距可小于15m。

装置设备、建筑物区占地面积指装置内道路间或装置内道路与装置边界间占地面积。

在装置平面布置中，每一设备、建筑物区块面积首先按10000m^2 进行控制。

5.2.12 工艺装置(含联合装置)内的地坪在通常情况下标高差不大，但是在山区或丘陵地区建厂，当工程土石方量过大，经技术经济比较，必须阶梯式布置，即整个装置布置在两阶或两阶以上的平面时，应将控制室、变配电所、化验室、办公室等布置在较高一阶平面上，将工艺设备、装置储罐等布置在较低的地平面上，以减少可燃气体侵入或可燃液体漫流的可能性。

5.2.13 一般加热炉属于明火设备，在正常情况下火焰不外露，烟囱不冒火，加热炉的火焰不可能被风吹走。但是，可燃气体或可燃液体设备如大量泄漏，可燃气体有可能扩散至加热炉而引起火灾或爆炸。因此，明火加热炉宜布置在可燃气体、可燃液体设备的全年最小频率风向的下风侧。

明火加热炉在不正常情况下可能向炉外喷射火焰，也可能发生爆炸和火灾，如将其分散布置，必然增加发生事故的几率；另明火加热炉距可燃气体、液化烃和甲$_B$、乙$_A$ 类设备均要求有较大的防火间距，如将其分散布置必然会增加装置占地，所以宜将加热炉集中布置在装置的边缘。

5.2.14 不燃烧材料实体墙可以有效地阻隔比空气重的可燃气体或火焰。因此当明火加热炉与露天液化烃设备或甲类气体压缩机之间若设置不燃烧材料的实体墙，其防火间距可小于表5.2.1的规定，但考虑到明火加热炉仍必须位于爆炸危险场所范围之外，故其防火间距仍不得小于15m，且对实体墙长度有明确要求便于实施，有利于安全。

同理，当液化烃设备的厂房、甲类气体压缩机房面向明火加热炉一侧为无门窗洞口的不燃烧材料实体墙时，其防火间距可小于表5.2.1的规定，但其防火间距仍不得小于15m。

5.2.15 在同一幢建筑物内当房间的火灾危险类别不同时，其着火或爆炸的危险性就有差异，为了减少损失，避免相互影响，其中间隔墙应为防火墙。人员集中的房间应重点保护，应布置在火灾危险性较小的建筑物一端。

5.2.16 装置的控制室、机柜间、变配电所、化验室、办公室等为装置内人员集中场所或重要设施，且又可能是点火源，因此其与发生火灾爆炸事故几率较高的甲、乙$_A$ 类设备的房间不应布置在同一建筑物内，应独立设置。

5.2.17 装置的控制室、化验室、办公室是装置的重要设施，是人员集中场所，为保护人员安全，要求将其集中布置在装置外，从集中控制管理理念出发，提倡全厂或区域统一考虑设置。若生产要求，上述设施必须布置在装置内时，也应布置在装置内相对安全的位置。

5.2.18 本条第2款规定的“高差不应小于0.6m”是爆炸危险场所附加2区的高度范围，附加2区的水平范围是距释放源15~30m的范围。

第3款是为了防止装置发生事故时能有效地保护室内设备及人员安全。耐火极限不低于3h的不燃烧材料实体墙是按照现行防火墙的定义要求。

第4款的化验室、办公室是人员集中工作的场所，由于布置在装置区内，一旦周围设备发生火灾事故就有可能危及人员生命。为了保护室内人员安全，面向有火灾危险性设备侧的外墙应尽量采用无门窗洞口的不燃烧材料实体墙。

第5款的制定是因为，在人员集中的房间设置可燃介质的设备和管道存在安全隐患。

5.2.19　高压设备是指表压为10～100MPa的设备，超高压设备是指表压超过100MPa的设备。尽可能将高压和超高压设备布置在装置的一端或一侧，是为了减小可能发生事故对装置的波及范围，以减少损失。

有爆炸危险的超高压甲、乙类反应设备，尤其是放热反应设备和反应物料有可能分解、爆炸的反应设备，宜布置在防爆构筑物内，可与工艺流程中其前后过程的设备、建筑物、构筑物联合集中布置，有利于安全生产，节约占地，减少管道投资。

超高压聚乙烯装置的釜式或管式聚合反应器布置在防爆构筑物内，并与工艺流程中其前后处理过程的设备联合集中布置。

5.2.20　可燃气体、液化烃和可燃液体设备火灾危险性大，采用构架式布置时增加了火灾危险程度，对消防、检修等均带来一定困难，装置内设备优先考虑地面布置。

当装置占地受限制等其他制约因素存在时，装置内设备可采用构架式布置，但构架层数不宜超过四层(含地面层)。当工艺对设备布置有特殊要求(如重力流要求)时，构架层数可不受此限。

5.2.21　空气冷却器是比较脆弱的设备，等于或高于自燃点的可燃液体设备是潜在的火源。为了保护空冷器，故作此规定。

5.2.22　工艺装置是石油化工企业生产的核心，生产条件苛刻，危险性较大。装置储罐是为了平衡生产、产品质量检测或一次投入而需要在装置内设置的原料、产品或其他专用储罐。为尽可能地减少影响装置生产的不安全因素，减小灾害程度，故即使是为满足工艺要求，平衡生产而需要在装置内设置装置储罐，其储量也不应过大。

作为装置储罐，液化烃储罐的总容积小于或等于100m^3；可燃气体或可燃液体储罐的总容积小于或等于1000m^{3}时，可布置在装置内。当装置储罐超过上述总容积且液化烃罐大于100m^{3}小于或等于500m^3、可燃气体罐或可燃液体罐大于1000m^{3}小于或等于5000m^{3}时，可在装置边缘集中布置，形成装置储罐组。但对液化烃和可燃液体单罐容积加以限制，主要是为确保安全，方便生产管理。装置储罐组属于装置的一部分。

伴随装置规模的大型化，在装置边缘集中布置的装置储罐组总容积液化烃储罐由300m^{3}扩大为500m^3、可燃液体罐由3000m^{3}扩大为5000m^3。

考虑到对装置储罐组总容积已有所限制，装置储罐组的专用泵仅要求布置在防火堤外，其与装置储罐的防火间距可不执行5.3.5条的规定。

5.2.23　甲、乙类物品仓库火灾危险性大，其发生火灾事故后影响大，不应布置在装置内。为保证连续稳定生产，工艺需要的少量乙类物品储存间、丙类物品仓库布置在装置内时，为减少影响装置生产的不安全因素，要求位于装置的边缘。

5.2.24　可燃气体的钢瓶是释放源，明火或操作温度等于或高于自燃点的设备是点火源，释放源与点火源应有防火间距。分析专用的钢瓶储存间可靠近分析室布置，但钢瓶储存间的建筑设计应满足泄压要求，以保证分析室内人员安全。

5.2.25　危险性较大且面积较大的房间只设1个门是不利于安全疏散的。

5.2.26　各装置设备、构筑物的平台一般都有2个以上的梯子通往地面，直梯斜梯均可。有的平台虽只有1个梯子通往地面，但另一端与邻近平台用走桥连通，实际上仍有2个安全出口。一般来说，只有1个梯子是不安全的。例如某厂热裂化装置柴油汽提塔着火，起火时就封住下塔的直梯，造成3人伤亡。事后，增设了1m长的走桥使汽提塔与邻近的分馏塔连接起来。

5.2.27　为控制可燃液体泄漏引发火灾影响的范围，对装置内地坪竖向设计和含可燃液体的污水收集和排污系统设计提出原则要求。同时，对受污染的消防水收集和排放提出原则要求。

5.3　泵和压缩机

5.3.1　本条第1款：可燃气体压缩机是容易泄漏的旋转设备，为避免可燃气体积聚，故推荐布置在敞开或半敞开厂房内。

第 2 款：单机驱动功率等于或大于 150kW 的甲类气体压缩机是贵重设备，其压缩机房是危险性较大的厂房，单独布置便于重点保护并避免相互影响，减少损失。其他甲、乙和丙类房间指非压缩机类厂房。同一装置的多台甲、乙类气体压缩机可布置在同一厂房内。

第 3 款：本款针对所有压缩机而言。

第 4 款、第 5 款、第 6 款强调防止可燃气体积聚。

5.3.2　为避免可燃气体积聚，工艺设备尽量采用露天、半露天布置，半露天布置包括敞开式或半敞开式厂房布置。液化烃泵、操作温度等于或高于自燃点的可燃液体泵发生火灾事故的几率较高，应尽量避免在其上方布置甲、乙、丙类工艺设备。

5.3.3　本条第 1 款：操作温度等于或高于自燃点的可燃液体泵发生火灾事故的几率较高，液体泄漏后自燃是“潜在的点火源”；液化烃泵泄漏的可能性及泄漏后挥发的可燃气体量都大于操作温度低于自燃点的可燃液体泵，故规定应分别布置在不同房间内。

5.3.4　API 2510 Design and Construction of Liquefied Petroleum Gas(LPG) Installations《液化石油气(LPG)设施的设计和建造》第 5.1.2.5 条规定旋转设备与储罐的防火间距为 15m(50ft)。

5.3.5　一般情况下，罐组防火堤内布置有多台罐，如将罐组的专用泵区布置在防火堤内，一旦某一储罐发生罐体破裂，泄漏的可燃液体会影响罐组的专用泵的使用。罐组的专用泵区通常集中布置了多个品种可燃液体的输送泵，为了避免发生事故时，泵与储罐之间及不同品种可燃液体系统之间的相互影响，故规定了泵与储罐之间的防火间距。泵区包括泵棚、泵房及露天布置的泵组。

5.3.6　当可燃液体储罐的专用泵单独布置时，其与该储罐是一个独立的系统，无论哪一部分出现问题，只影响自身系统本身。储罐的专用泵是指专罐专用的泵，单独布置是指与其他泵不在同一个爆炸危险区内。因此，当可燃液体储罐的专用泵单独布置时，其与该储罐的防火间距不做限制。甲$_A$类可燃液体的危险性较大，无论其专用泵是否单独布置，均应与储罐之间保持一定的防火间距。

5.3.7　本条规定与现行国家标准《建筑设计防火规范》GB 50016 基本一致。该规范规定“变、配电所不应设置在爆炸性气体、粉尘环境的危险区域内。供甲、乙类厂房专用的 10kV 及以下的变、配电所，当采用无门窗洞口的防火墙隔开时，可一面贴邻建造，并应符合现行国家标准《爆炸和火灾危险场所电力装置设计规范》GB 50058 等规范的有关规定”。本条规定专用控制室、配电所的门窗应位于爆炸危险区之外，是为了保证控制室、配电所位于爆炸危险场所范围之外。

5.4　污水处理场和循环水场

5.4.1　本条规定主要考虑以下因素：

1　保护高度规定是为了防止隔油池超负荷运行时污油外溢，导致发生火灾或造成环境污染。例如，某石油化工厂由于下大雨致使隔油池负荷过大，油品自顶部溢出，遇蒸汽管道油气大量挥发，又遇电火花引起大火，蔓延 1500m^2，火灾持续 2h。

2　隔油池设置难燃烧材料盖板可以防止可燃液体大量挥发，减少火灾危险。

5.4.2　要求距隔油池 5m 以内的水封井、检查井的井盖密封，是防止排水管道着火不致蔓延至隔油池，隔油池着火也不致蔓延到排水管道。

5.4.3　污水处理场内设备、建筑物、构筑物平面布置防火间距的确定依据是：

1　需要经常操作和维修的“集中布置的水泵房”；有明火或火花的“焚烧炉、变配电所”及人员集中场所的“办公室、化验室”应位于爆炸危险区范围之外。

2　根据现行国家标准《爆炸和火灾危险场所电力装置设计规范》GB 50058 的规定，爆炸危险场所范围为 15m。故本规范规定上述设备和建筑物距隔油池、污油罐的最小距离为 15m。

5.4.4　循环水场的冷却塔填料等近年来大量采用聚氯乙烯、玻璃钢等材料制造。发生过多起施工安装过程中在塔顶上动火，由于焊渣掉入塔内，引起火灾的情况。由于这些部件都很薄，表面积大，遇赤热焊渣很易引起燃烧，故制定本条规定。此外，石油化工企业也要加强安全动火措施的管理，避免同类事故发生。

5.5 泄压排放和火炬系统

5.5.1 需要设置安全阀的设备如下：

1 根据国家现行法规规定，操作压力大于等于0.1MPa(表)的设备属于压力容器，因此应设置安全阀。

2 气液传质的塔绝大部分是有安全阀的，因为停电、停水、停回流、气提量过大、原料带水(或轻组分)过多等原因，都可能促使气相负荷突增，引起设备超压，所以塔顶操作压力大于0.03MPa(表)者，都应设安全阀。

3 压缩机和泵的出口都设有安全阀，有的安全阀附设在机体上，有的则安装在管道上，是因为机泵出口管道可能因故堵塞，造成系统超压，出口阀可能因误操作而关闭。

5.5.2 本条规定与《压力容器安全技术监察规程》第146条“固定式压力容器上只安装一个安全阀时，安全阀的开启压力不应大于压力容器的设计压力。”和“固定式压力容器上安装多个安全阀时，其中一个安全阀的开启压力不应大于压力容器的设计压力，其余安全阀的开启压力可适当提高，但不得超过设计压力的1.05倍。”相协调。

5.5.3 一般不需要设置安全阀的设备如下：

1 加热炉出口管道如设置安全阀容易结焦堵塞，而且热油一旦泄放出来也不好处理。入口管道如设置安全阀则泄放时可能造成炉管进料中断，引起其他事故。关于预防加热炉超压事故一般采用加强管理来解决。

2 同一压力系统中，如分馏塔顶油气冷却系统，分馏塔的顶部已设安全阀，则分馏塔顶油气换热器、油气冷却器、油气分离器等设备可不再设安全阀。

3 工艺装置中，常用蒸汽作为设备和管道的吹扫介质，虽然有时蒸汽压力高于被吹扫的设备和管道的设计压力，但在吹扫过程中由于蒸汽降温、冷凝、压力降低，且扫线的后部系统为开放式的，不会产生超压现象，因此扫线蒸汽不作为压力来源。

5.5.4 本条为安全阀出口连接的规定。

1 安全阀出口流体的放空：

1)应密闭泄放。安全阀起跳后，若就地排放，易引起火灾事故。例如：某厂常减压装置初馏塔顶安全阀起跳后，轻汽油随油气冲出并喷洒落下，在塔周围引起火灾。

2)应安全放空。安全放空应满足本规范第5.5.11条的规定。

2 安全阀出口接入管道或容器的理由如下：

1)可燃气体如就地排放，既不安全，又污染周围环境。

2)延迟焦化装置的焦炭塔、减黏裂化装置的反应塔等的高温可燃介质泄放后可能立即燃烧，因此，泄放时需排至专门设备并紧急冷却。

3)氢气在室内泄放可能发生爆炸事故，大量氢气泄放排至火炬，少量氢气泄放应接至压缩机厂房外的上空，以便于气体扩散。

4)安全阀出口的放空管可不设阻火器。

5)当可燃气体安全阀泄放有可能携带少量可燃液体时，可不增加气液分离设施(如旋风分离器)。

6)大量可燃液体的泄放管，一般先接入储罐回收或者排入带加热设施的储罐、气化器或分液罐，这些设备宜远离工艺设备密集区，经气化或分液后再去火炬系统，以尽量减少液体的排放量。

5.5.5 有压力的聚合反应器或类似压力设备内的液体物料中，有的含有固体淤浆液或悬浮液，有的是高黏度和易凝固的可燃液体，有的物料易自聚，在正常情况下会堵塞安全阀，导致在超压事故时安全阀超过定压而不能开启。根据调查，有些引进装置的设备，在安全阀前安装爆破片，或者用惰性气体或蒸汽吹扫。对于易凝物料设备上的安全阀应采取保温措施或带有保温套的安全阀。

5.5.6 对轻质油品而言，一般封闭管段的液体接近或达到其闪点时，每上升1℃，则压力增加0.07～

0.08MPa 以上。所以，对不排空的液化烃、汽油、煤油等管道均需考虑停用后的安全措施，如设置管道排空阀或管道安全阀。

5.5.7　当发生事故时，为防止事故的进一步扩大，应将事故区域内甲、乙、丙类设备内的可燃气体、可燃液体紧急泄放。

1　大量液化烃、可燃液体的泄放管，一般先排至远离事故区域的储罐回收或经分液罐分液后气体排放至火炬。低温液体（如液化乙烯、液化丙烯等）经气化器气化后再排入火炬系统，以尽量减少液体的排放量。

2　将可燃气体设备内的可燃气体排入火炬或安全放空系统，安全放空应满足本规范第 5.5.11 条的规定。

5.5.8　塔顶不凝气直接排向大气很不安全，目前多排入不凝气回收系统回收。

5.5.9　在紧急排放环氧乙烷的地方，为防止环氧乙烷聚合，安全阀前应设爆破片。爆破片入口管道设氮封，以防止其自聚堵塞管道；安全阀出口管道上设氮气，以稀释所排出环氧乙烷的浓度，使其低于爆炸极限。

5.5.10　氨气就地排放达到一定浓度易发生燃烧爆炸，并使人员中毒，故应经处理后再排放。常见氨排放气处理措施有：用水或稀酸吸收以降低排放气浓度。

5.5.11　原则上可燃气体不允许就地放空，应排入火炬系统或装置的处理排放系统。条文中连续排放的可燃气体、间歇排放的可燃气体是指受工艺条件或介质特性所限，无法排入火炬或装置的处理排放系统的可燃气体，可直接向大气排放。如低热值可燃气体、由惰性气体置换出的可燃气体、停工时轻污油罐排放的可燃气体等。含氧气、卤元素及其化合物或极度危害、高度危害的介质（如丙烯腈）的可燃气体不允许排入火炬系统，其排放气应接入本装置的处理排放系统。只有在工艺条件不允许接入火炬系统或装置的处理排放系统时，可燃气体才能直接向大气排放。

5.5.12　可能突然超压的反应设备主要有：设备内的可燃液体因温度升高而压力急剧升高；放热反应的反应设备，因在事故时不能全部撤出反应热，突然超压；反应物料有分解爆炸危险的反应设备，在高温、高压下因催化剂存在会发生分解放热，压力突然升高不可控制。上述这些设备设有安全阀是不可能安全泄压排放的，应装设爆破片并装导爆筒来解决突然超压或分解爆炸超压事故时的安全泄压排放。

5.5.15　低热值可燃气体排入火炬系统会破坏火炬稳定燃烧状态或导致火炬熄火；含氧气的可燃气体排入火炬系统会使火炬系统和火炬设施内形成爆炸性气体，易导致回火引起爆炸，损坏管道或设备；酸性气体及其他腐蚀性气体会造成大气污染、管道和设备的腐蚀，宜设独立的酸性气火炬。毒性为极度和高度危害或含有腐蚀性介质的气体独立设置处理和排放系统，有助于安全生产。毒性分级应根据现行国家标准《职业性接触毒物危害程度分级》GB 5044 和《高毒物品目录》（卫法监发[2003]142 号）确定。但是，石油化工企业中排放的苯、一氧化碳经过火炬系统充分燃烧后失去毒性，因此上述介质或含此类介质的可燃气体仍允许排至公用火炬系统。

5.5.18　液化烃全冷冻或半冷冻式储存时，储存温度较低。液化乙烯储存温度为 -104℃，事故排放时，液化乙烯由液体转变为气体时大量吸热，因此，设置能力足够的气化器使液体完全气化，防止进入火炬的气体带液。

5.5.19　据国内外经验，限制火炬气体瞬间排放负荷的主要措施有：

1　在主要泄压设备上设置紧急切断热源联锁，减少安全阀的排放或采用分级排放，如：在主要塔器等设备上设置高安全级别的联锁，在安全阀启跳前快速切断重沸器热源，防止设备继续超压，减缓安全阀的排放；

2　与减少火炬气事故排放负荷措施相关的系统应具有较高的安全可靠性；

3　设置必要的其他联锁，减少发生紧急泄放的可能性或降低火炬气紧急泄放量的可能性。

5.5.21　据调查，引进的石油化工装置内火炬的设置情况是：兰化石油化工厂砂子裂解炉制乙烯装置的裂解反应系统，装置内火炬高出框架上部砂子储斗 10m 以上；上海石化总厂乙醛装置的装置内火炬高出最高设备5m以上；辽阳石油化纤公司悬浮法聚乙烯装置的装置内火炬设在厂房上部，高出厂房10m以上。这些装置内火炬燃烧可燃气体量较小，有足够高度，辐射热对人身及设备影响较小。装置内火炬系统应有气液分离设备、"长明灯"或可靠的电点火措施。在装置内距火炬30m范围内，不应有可燃气体放空。

据调查，曾有一个装置内火炬因"下火雨"而引起火灾事故，因此，装置内火炬必须有非常可靠的分液设施。

火炬的辐射热影响见4.1.9条条文说明。

5.5.22　封闭式地面火炬（或称地面燃烧器）在国内已开始应用，与高架火炬所不同的是排放的可燃气体在地面燃烧，设备平面布置时应按明火设施考虑；并要充分考虑燃烧时排放的高温烟气的辐射热对人体及设备的影响，还要考虑重组分易沉积的影响。

5.5.23　火炬设施的附属设备如分液罐、水封罐等是火炬系统的必备设备，靠近火炬布置有利于火炬系统的安全操作，其位置应根据人或设备允许的辐射热强度确定，以保证人和设备的安全。在事故放空时，操作人员可及时撤离，且在短时间内可承受较高的辐射热强度。火炬设施的附属设备可承受比人更高的辐射热强度。

5.6　钢结构耐火保护

5.6.1　无耐火保护层的钢柱，其构件的耐火极限只有0.25h左右，在火灾中很容易丧失强度而坍塌。因此，为避免产生二次灾害，使承重钢结构能在一般火灾事故中，在一定时间内，仍保持必需的强度，故规定应采取耐火保护措施。

此条中"承重"的概念为直接承受设备或管道重量，"非承重"的概念为仅承受人员操作平台或承受和传递水平荷载，不直接承受设备或管道重量。

爆炸危险区范围内的高径比等于或大于8的设备承重钢构架一旦倒塌会造成较大范围的次生危害。

在爆炸危险区范围内，毒性为极度或高度危害的物料设备的承重钢构架、支架、裙座，一旦倒塌会造成环境污染、人员中毒。

5.6.2　耐火层包括：水泥砂浆、保温砖、耐火涂料等。标准火灾（即建筑火灾）与烃类火灾的主要区别是升温曲线不同，标准火灾的升温曲线，在30分钟时的火焰温度约700～800℃；而烃类火灾的升温曲线，在10分钟时的火焰温度便达到1000℃。石油化工企业的火灾绝大多数是烃类火灾。因此，耐火层选用应适用于烃类火灾，且其耐火极限不应低于1.5h。建筑物的钢构件耐火极限执行相关规范。耐火层的覆盖范围是根据我国的生产实践，结合API Publ 2218 Fireproofing Practices in Petroleum and Petrochemical Processing Plants《炼油和石油化工厂的防火》确定的。钢结构所覆盖耐火层的范围举例如下：

1　支承设备钢构架：

1）单层构架见图1；

2）多层构架的楼板为透空的钢格板时，见图2；

3）多层构架的楼板为封闭式楼板时，见图3；

2　支承设备钢支架见图4；

3　钢裙座外侧未保温部分及直径大于1.2m的裙座见图5；

4　钢管架，见图6、图7及图8。

上述举例中除另有要求外，承重钢构架、支架及管架的下列部位，可不覆盖耐火层：

1）不直接承受或传递设备、管道垂直荷载的次梁、联系梁；

2）用于支承楼板、钢格板的梁；

3）仅用于抵抗风和地震荷载的支撑；

4）卧式设备和换热器的鞍座。

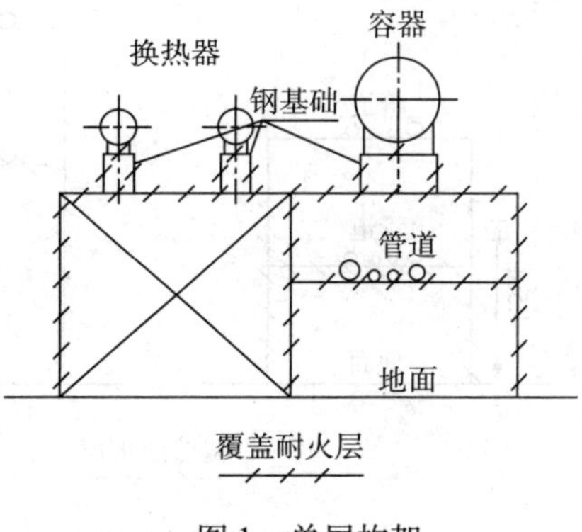

图1　单层构架

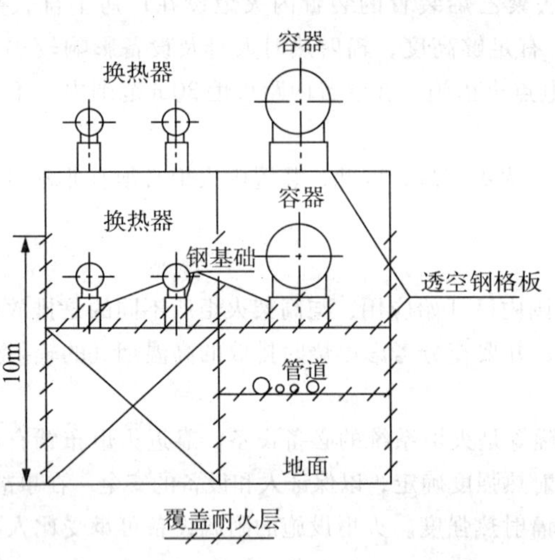

图2　多层构架（楼板为透空的钢格板）

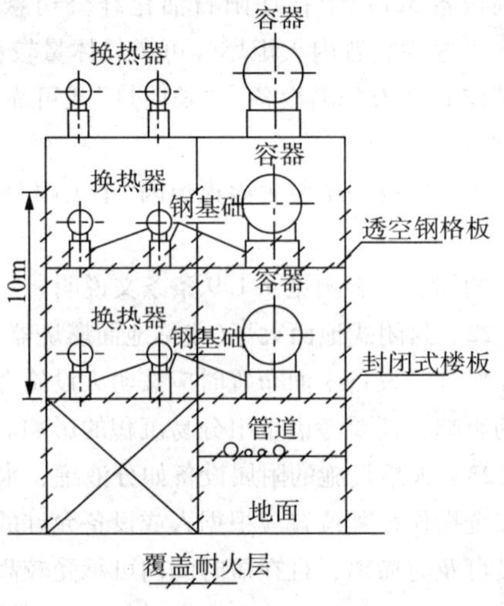

图3　多层构架（楼板为封闭式楼板）

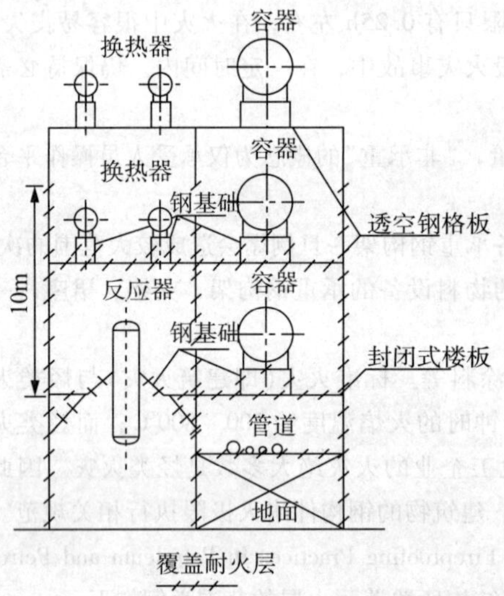

图4　支承设备钢支架

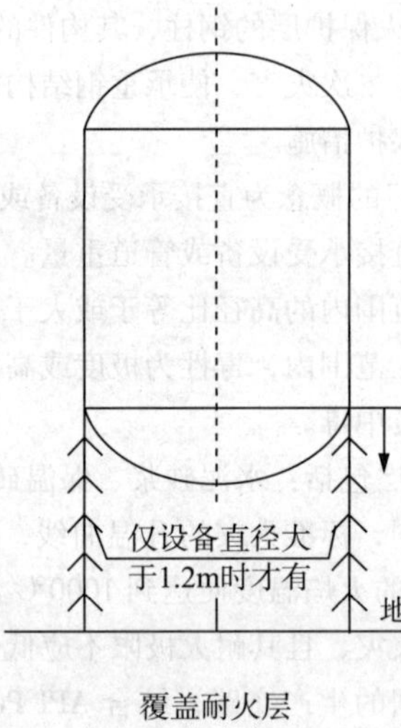

图5　钢裙座

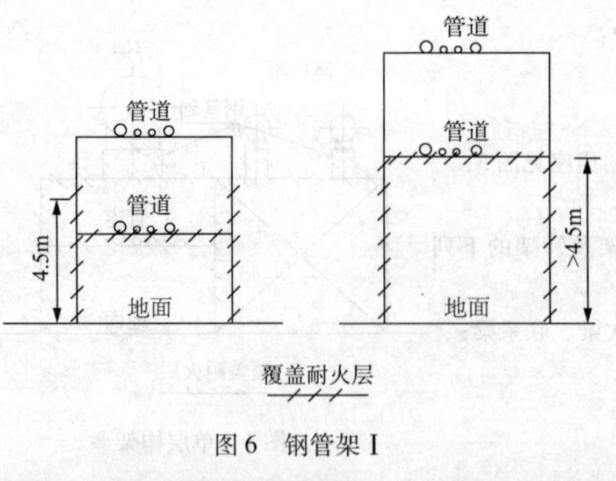

图6　钢管架Ⅰ

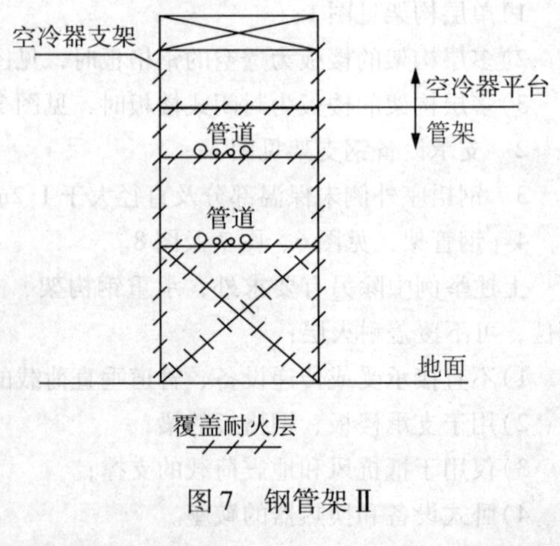

图7　钢管架Ⅱ

5　加热炉及乙烯裂解炉见图9。

加热炉的钢结构不宜做整体耐火保护，是由于加热炉炉膛内的温度较高，且钢结构有一部分热量需要散出。如果将加热炉的钢结构包严进行耐火保护处理，热量散发不出去，会造成钢结构温度升高，在钢结构上将产生附加的温度应力，不利于安全。参照美国 API Publ 2218《炼油和石油化工厂的防火》的规定，以及国外加热炉专业公司防火的通用做法，故对本条进行修改。

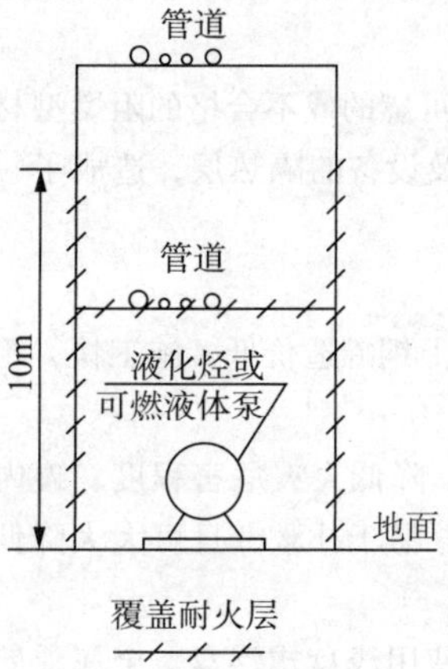

图 8 钢管架Ⅲ

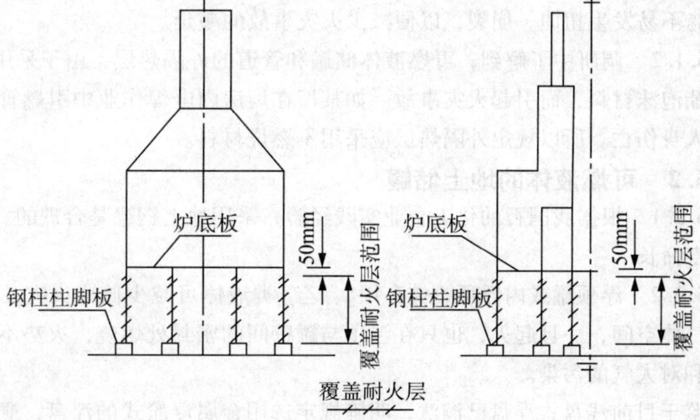

图 9 加热炉及乙烯裂解炉

5.7 其他要求

5.7.6 二烯烃，如丁二烯、异戊二烯、氯丁二烯等在有空气、氧气或其他催化剂的存在下能产生有分解爆炸危险的聚合过氧化物。苯乙烯、丙烯、氰氢酸等也是不稳定的化合物，在有空气或氧气的存在下，储存时间过长，易自聚放出热量，造成超压而爆破设备。在丁二烯生产中，为防止生成过氧化物而采取的措施有：

1 生产丁二烯的精馏、储存过程中加入抗氧剂如叔丁基邻苯二酚（TBC）、对苯二酚等。

2 回收丁二烯宜有除氧过程。为防止精馏塔底部积聚和聚合过氧化物，宜加芳烃油稀释。

3 用大于或等于 20% 的苛性钠溶液与丁二烯单体混合，在高于 49℃ 温度下能破坏过氧化物及聚合过氧化物。

4 丁二烯储存温度要低于 27℃，储存时间不宜过长。现国内丁二烯储罐一般采用硫酸亚铁蒸煮后再清洗，大约每周清洗 1 次。

5 生产、储存过程中严禁与空气、氧化氮和含氧的氮气长时间接触。一般控制丁二烯气相中含氧量小于 0.3%。例如，某厂丁苯橡胶生产、储存过程中，发生过几次丁二烯氧化物的分解爆炸事故。

总之，对于烯烃和二烯烃等生产和储存，应控制含氧量和加相应的抗氧化剂、阻聚剂，防止因生成过氧化物或自聚物而发生爆炸、火灾事故。

5.7.7 平皮带传动易积聚静电，可能会产生火花。据北京劳动保护研究所在某厂测定，三角皮带传动积聚的静电压可达 2500～7000V，这是很危险的，所以本条规定可燃气体压缩机、液化烃、可燃液体泵不得使用皮带。如果其他转动设备确实需要采用时，应采用防静电皮带。空气冷却器安装在高处，有强制通风，可采用防静电的三角皮带传动。

5.7.10 可燃气体的电除尘、电除雾等的电滤器是释放源，与点火源处于同一设备中，危险性比较大，一旦空气渗入达到可燃气体爆炸极限就有爆炸的危险。有几个化肥厂都发生过电除尘设施爆炸。设计时应根据各生产工艺的要求来确定允许含氧量，设置防止负压和含氧量超过指标都能自动切断电源、并能放空的安全措施。

5.7.11 本条规定的取风口高度系参照美国凯洛格公司标准的规定：“正压通风建筑物的空气吸入管口的高度取以下两者中较大值：

1 高出地面 9m 以上；

2　在爆炸危险区范围垂直向上的高度 1.5m 以上。

6　储运设施

6.1　一般规定

6.1.1　增加防火堤的耐火极限的要求，是为了防止油罐区一旦发生池火时，防火堤能够承受一定的高温烘烤不易发生扭曲、崩裂，以便减少火灾事故的蔓延。

6.1.2　调研中了解到，可燃液体储罐和管道的外隔热层，由于采用了可燃的或不合格的阻燃型材料如聚胺酯泡沫材料，而引起火灾事故。如某厂在厂房内电焊作业中引燃管道及设备的隔热层，造成了一场火灾和人身伤亡。所以规定外隔热层应采用不燃烧材料。

6.2　可燃液体的地上储罐

6.2.1　根据我国石油化工企业实践经验，采用地上钢罐是合理的。地上钢罐造价低，施工快，检修方便，寿命长。

6.2.2　浮顶罐或内浮顶罐储存甲$_B$、乙$_A$类液体可减少储罐火灾几率，降低火灾危害程度。罐内基本没有气体空间，一旦起火，也只在浮顶与罐壁间的密封处燃烧，火势不大，易于扑救，且可大大降低油气损耗和对大气的污染。

鉴于目前浅盘式浮盘已淘汰，明确规定选用金属浮舱式的浮盘，避免使用浅盘式浮盘。金属浮舱式浮盘包括钢浮盘、铝浮盘和不锈钢浮盘等。

对于有特殊要求的甲$_B$、乙$_A$液体物料，如苯乙烯、酯类、加氢原料等易聚合或易氧化的液体物料，选用固定顶储罐加氮封储存也是可行的；对于拔头油、轻石脑油等饱和蒸气压较高的物料，可通过降温采用固定顶罐储存或采用低压固定顶罐储存。

6.2.3　储存沸点低于45℃的甲$_B$类液体，除了采用压力储罐储存外，还可采用冷冻式储罐储存或采用低压固定顶罐储存，故将原条文中的“应”改为“宜”。

6.2.4　采用固定顶罐或低压储罐储存甲$_B$类液体时，为了防止油气大量挥发和改善储罐的安全状况，应采取减少日晒升温的措施。其措施主要包括固定式冷却水喷淋(雾)系统、气体放空或气体冷凝回流、加氮封或涂刷合格的隔热涂料等。对设有保温层或保冷层的储罐，日晒对储罐影响较小，没有必要再采取防日晒措施。

6.2.5　本条为可燃液体的地上储罐成组布置的规定。

第1款：火灾危险性类别相同或相近的储罐布置在一个罐组内，有利于油罐之间相互调配和统一考虑消防设施，既节约占地，又便于管理。考虑到石油化工企业进行改扩建的过程中，有些储罐可能改作储存其他物料，从而造成同一罐组内物料的火灾危险性类别不同，但从其危险性来看，由于其容量比较小，不会造成大的危害，因此，规定“单罐容积小于或等于1000m^{3}时，火灾危险性类别不同的储罐也可同组布置在一起。”

第2款：沸溢性液体在发生火灾等事故时可能从储罐中溢出，导致火灾蔓延，影响非沸溢性液体储罐安全，故沸溢性液体储罐不应与非沸溢性液体储罐布置在同一罐组内。

第3款：可燃液体的压力储罐的储存形式、发生火灾时的表现形态、采取的消防措施等与液化烃全压力储罐相似，因此，可以与液化烃全压力储罐同组布置。

第4款：可燃液体的低压储罐的储存形式、采取的消防冷却措施等与可燃液体的常压储罐相似；可燃液体采用低压储罐储存时，减少了油气挥发损耗，比常压储罐储存更安全。因此，可与可燃液体的常压储罐同组布置。

6.2.6　罐组的总容积是根据我国目前石油化工企业多年的实际情况确定的，随着企业规模的扩大及原油进口量的增加，由50000m^3、100000m^3、150000m^{3}的浮顶油罐组成的罐组已建成使用，且罐组自动控制水平及消防设施亦有很大提高，同时考虑罐组平面的合理布置，减少占地，故规定不应大于600000m^3。

混合罐组在设计中经常出现，由于浮顶、内浮顶油罐发生整个罐内表面火灾事故的几率极小，据国外有关机构统计：浮顶、内浮顶油罐发生整个罐内表面火灾事故的频率为 1.2×10^{-4}/罐·年，目前还没有着火的浮顶、内浮顶油罐引燃邻近油罐的案例。所以浮顶、内浮顶油罐比固定顶油罐安全性高，故规定浮顶、内浮顶油罐的容积可折半计算。

6.2.7 储罐组内的储罐个数愈多，发生火灾的几率愈大。为了控制火灾范围和减少火灾造成的损失，本条对储罐组内的储罐个数作了限制。但容积小于 $1000m^3$ 的储罐在发生火灾时较易扑救，$丙_B$ 类液体储罐不易发生火灾，所以，对这两种情况的储罐个数不加限制。

6.2.8 储罐区占地大，管道长，故在保证安全的前提下罐间距宜尽可能小，以节约占地和投资。储罐的间距主要根据下列因素确定：

1 储罐着火几率。根据过去油罐火灾的统计资料，建国后至1976年8月，储罐年火灾几率仅为0.47‰。1982年2月调查统计的油罐年火灾几率0.448‰。多数火灾事故是在操作中不遵守安全规定或违反操作规程造成的。因此，只要提高管理水平，严格遵守各项安全制度和操作规程，就可以减少事故的发生。

2 储罐起火后，能否引燃相邻储罐爆炸起火，是由该罐的破裂状况和液体溢出或淌出情况而定的。如果火灾中储罐顶盖掀开但罐体完好，且可燃液体未流出罐外，则一般不会引燃邻罐。如：东北某厂一个轻柴油罐着火历时5h才扑灭，相距约2m的邻罐并未引燃：上海某厂一个油罐起火后烧了20min，与其相距2.3m的油罐也未被引燃。实践证明，只要采取有效的冷却保护措施，因辐射热而烤爆或引燃邻罐的可能性不大。

3 消防操作要求。考虑对着火罐的扑救和对着火罐或邻罐的冷却保护等消防操作场地要求，不能将相邻罐靠得很近。消防人员用水枪冷却油罐时，水枪喷射仰角一般为50°~60°，冷却保护范围为8~10m。泡沫发生器破坏时，消防人员需往着火罐上挂泡沫钩管。因此，只要不小于0.4*D*的防火间距就能满足消防操作要求。对于小于等于 $1000m^3$ 的固定顶罐，如果操作人员站的位置避开两个储罐之间最小间距的地方，0.4~0.6*D*的间距也能满足上述操作要求。

4 0.4~0.6*D*的罐间距在国内石油化工企业中已执行多年，证明是安全经济的。

5 储罐类型。浮顶罐罐内几乎不存在油气空间，散发出的可燃气体很少，火灾几率小，国内的生产实践和消防实验均证明，浮顶罐引燃后火焰不大，一般只在浮顶周围密封圈处燃烧，热辐射强度不高，无需冷却相邻储罐，对扑救人员在罐平台上的操作基本无威胁。例如：某厂曾有一个 $5000m^3$ 和一个 $10000m^3$ 浮顶罐着火，都是工人用手提泡沫灭火器扑灭的。所以，浮顶罐的防火间距可比固定顶罐适当缩小。

6 近年来，某些石油化工企业在改、扩建工程中，为了减少占地，储罐采用了细高的罐型，占地虽然有所减少，但不利于消防，为此提出用罐高与直径的较大值确定其防火间距。日本防火法规中也有类似的规定。

7 丙类液体也有采用浮顶罐、内浮顶罐储存方式，所以增加丙类浮顶罐、内浮顶罐的防火间距。

6.2.9 可燃液体储罐的布置不允许超过2排，主要是考虑在储罐起火时便于扑救。如超过2排，当中间一个罐起火时，由于四周都有储罐，会给灭火操作和对相邻储罐的冷却保护带来困难。但考虑到石油化工企业$丙_B$类液体储罐区储存的品种多，单罐容积小，总容积不大的特点，可不超过四排布置。$丙_B$类液体储罐不易起火，且扑救容易，尤其是润滑油储罐从未发生过火灾，因此润滑油罐可集中布置成多排。

6.2.10 增加2排立式储罐的最小间距要求，主要是为了满足发生火灾事故时消防、操作便利和安全，是对本规范表6.2.8的储罐之间的防火间距作出最小要求的补充。

6.2.11 地上可燃液体储罐一旦发生破裂事故，可燃液体便会流到储罐外，若无防火堤，流出的液体即会蔓流。为避免此类事故，故规定罐组应设防火堤。

6.2.12 本条为防火堤及隔堤内有效容积的规定：

防火堤内有效容积：日本规范规定为防火堤内最大储罐容积的110%，美国规范 NFPA 30 Flammable & Commbustible Liquids Code《易燃和可燃液体规范》规定为防火堤内最大储罐容积的100%。99版规范规定固定顶罐为防火堤内最大储罐容积的100%，浮顶、内浮顶罐为防火堤内最大储罐容积的50%。与国外规范相比，99 版规范对浮顶、内浮顶罐组防火堤内有效容积的要求偏小。虽然国内外爆炸火灾事故事例中，尚未出现过浮顶罐罐底炸裂的事故，但一旦发生此类重大事故，产生的大量泄漏可燃液体不仅会对周围设施产生火灾事故威胁，对周围环境也将产生重大污染及影响。因此，本次修订将浮顶、内浮顶罐防火堤内有效容积改为防火堤内最大储罐容积的 100%，以将可能泄漏的大量可燃液体控制在防火堤内。当不能满足此要求时，可以设事故存液池，但仍规定浮顶、内浮顶罐组防火堤内有效容积不小于罐组内一个最大储罐容积的一半。

油罐破裂，存油全部流出的情况虽然罕见，但一旦发生破裂，其产生的后果是非常严重的。例如：20 世纪 50 年代，英国一台 20000m^3 油罐在上水试压时发生脆性破裂，水在瞬间流出油罐，冲毁防火堤并冲入泵房，造成灾害；1974 年，日本三菱石油水岛炼厂一台 50000m^3 油罐，由于不均匀沉降，在罐体底部角焊缝处发生破裂，沿罐壁撕开，罐中油品瞬时冲出将防火堤冲毁，油品四处蔓流；1997 年，某石化厂 4#原油罐由于罐底搭接焊缝开裂 24.5m，造成大量原油泄漏，1500t 原油流入污油池，5500t 原油流入水库；1998 年，该石化厂 1#原油罐由于罐基础局部下沉，罐底搭接焊缝开裂，造成大量原油泄漏，1000t 原油流入隔油池，400t 原油流入污油池，3000t 原油流入水库。以上示例表明，油罐罐底发生破裂的可能性是存在的。因此规定：防火堤内的有效容积不应小于罐组内 1 个最大储罐的容积；这包括了浮顶罐、内浮顶罐组。但考虑到现有的浮顶罐、内浮顶罐组的布置现状及个别项目用地的情况，允许设置事故存液池。

在罐组外设事故存液池，其作用与设防火堤是一样的，是把流出的液体引至罐组外的事故存液池暂存。罐附近残存可燃液体愈少，着火罐及相邻罐受威胁愈小，有利于灭火和保护相邻储罐。

事故存液池正常情况下是空的，而石油化工企业的事故仅考虑一处，所以全厂的浮顶罐、内浮顶罐组可共用一个事故存液池。

隔堤内有效容积：设置隔堤的目的是减少可燃液体少量泄漏时的污染范围，并不是储存大量油品的，美国规范 NFPA 30《易燃可燃液体规范》规定隔堤内有效容积为最大储罐容量的 10%，这样规定是合适的。

6.2.13 立式储罐至防火堤内堤脚线的距离采用罐壁高度的一半的理由是：

1 当油罐罐壁某处破裂或穿孔时，其最大喷散水平距离等于罐壁高度的一半，所以留出罐壁高度一半的空地，即使储罐破损，罐内液体也不会喷散到防火堤外。

2 留出罐壁高度一半的空地也可满足灭火操作要求。

3 日本对小罐要求放宽，规定罐壁高度的三分之一，所以取罐壁高度的一半还是较安全的。

6.2.14 相邻罐组防火堤的外堤脚线之间应留有宽度不小于 7m 的消防空地的要求，主要是为了满足油罐区发生火灾时，方便消防人员及消防设备操作，实施消防救援。该空地也可与消防道路合并考虑。

6.2.15 虽然油罐破裂极为罕见，但冒罐、管道破裂泄漏难免发生，为了将溢漏油品控制在较小范围内，以减小事故影响，增设隔堤是必要的。容积每 20000m^3 一隔是根据我国石油化工企业油罐过去多以中小型罐为主，1000～5000m^3 的罐较多，而现在汽、柴油罐大多在 5000～20000m^3 之间，故每 4 个罐用隔堤隔开是较合适的。

单罐容积 20000～50000m^3 的罐主要是浮顶罐，破裂和溢漏机会比固定顶罐少得多，虽总容积大，但每 2 个罐一隔，还是合理的。

单罐容积大于 50000m^3 的罐基本上是浮顶罐，虽然破裂和溢漏机会比固定顶罐少得多，但一旦发生泄漏，影响范围较大，因此，每 1 个罐一隔是合理的。

沸溢性可燃液体储罐，在着火时可能向罐外沸溢出泡沫状油品，为了限制其影响范围，不管储罐容量大小，规定每一隔堤内不超过 2 个罐。

6.2.16 本条是根据石油化工企业内各装置的原料、中间产品和成品储罐布置情况而制定的。石油化工企业中间罐区和成品罐区内原料、产品品种较多而容积较小，故单罐容积小于或等于 1000m^3 的火灾危险性类别不同的可燃液体储罐可布置在同一罐组内，这样可节约占地并易于管理。为了防止泄漏的水溶性液体、相互接触能起化学反应的液体或腐蚀性液体流入其他储罐附近而发生意外事故，故对设置隔堤作出规定。

6.2.17 本条为可燃液体罐组防火堤及隔堤设置规定。

第2款：防火堤过高对操作、检修以及消防十分不利，若因地形限制，防火堤局部高于2.2m时，可做台阶便于消防及操作。考虑到防火堤内可燃液体着火时用泡沫枪灭火易冲击造成喷溅，故防火堤最好不低于1m；为了消防方便，又不宜高于2.2m。最低高度限制主要是为了防范泡沫喷溅，故从防火堤内侧设计地坪算起，最高高度限制主要是为了方便消防操作，故从防火堤外侧设计地坪算起。注明起算点，便于设计执行。

第3款：根据美国规范 NFPA 30《易燃和可燃液体规范》规定，可燃液体立式储罐组隔堤的高度不应低于0.45m，据此将隔堤的高度规定为不应低于0.5m，既能将少量泄漏的可燃液体限制在隔堤内，又方便操作人员通行。

第4款：管道穿越防火堤的开洞处用不燃烧材料严密封闭，以防止事故状态下可燃液体到处流散。

第5款：防火堤内雨水可以排出堤外，但事故溢出的可燃液体不应排走，故必须要采取排水阻油措施，可以采用安装有切断阀的排水井，也可采用排水阻油器等。

第6款：防火堤内人行踏步是供操作人员进出防火堤之用，考虑平时工作方便和事故时能及时逃生，故不应少于2处，两相邻人行台阶或坡道之间距离不宜大于60m，且应处于不同方位上。

6.2.18 本条是事故存液池的设置规定。

第2款：事故存液池与防火堤的作用相同，故其要求与防火堤相一致，即规定其与防火堤间留有7m的消防空地。

6.2.19 对于采用氮气或其他气体气封的甲$_B$、乙类液体的固定顶罐，设置事故泄压设备，如卸压人孔、呼吸人孔等以确保罐的安全。

6.2.20 常压固定顶罐不论何种原因发生爆炸起火或突沸，应使罐顶先被炸开，以确保罐体不被破坏。所以规定凡使用固定顶罐，均应采用弱顶结构。

6.2.21 本条规定是为了防止将水(水蒸气凝结液)扫入热油罐内而造成突沸事故。

6.2.22 设有加热器的储罐，若加热温度超过罐内液体的闪点或100℃时，便会产生火灾危险或冒罐事故。如：某厂蜡油罐长期加温，使油温达115℃造成冒罐事故；有两个厂的蜡油罐加温后，不检查油温，致使油温达到113～130℃而发生突沸，造成油罐撕裂跑油事故。故规定应设置防止油温超过规定储存温度的措施。

6.2.23 自动脱水器是近年来经生产实践证明比较成熟的新产品，能防止和减少油罐脱水时的油品损失和油气散发，有利于安全防火、节能、环保，减少操作人员的劳动强度。

6.2.24 储罐进料管要求从储罐下部接入，主要是为了安全和减少损耗。可燃液体从上部进入储罐，如不采取有效措施，会使可燃液体喷溅，这样除增加物料损耗外，同时增加了液流和空气摩擦，产生大量静电，达到一定电位，便会放电而发生爆炸起火。例如，某厂一个罐从上部进油而发生爆炸起火；某厂的一个500m^3的柴油罐，因为油品从扫线管进入油罐，落差5m，产生静电引起爆炸；某厂添加剂车间400m^3的煤油罐，也是因进油管从上部接入，油品落差6.1m，进油时产生静电引起爆炸，并引燃周围油罐，造成较大损失。所以要求进油管从油罐下部接入。当工艺要求需从上部接入时，应将其延伸到储罐下部。对于个别储罐，如催化油浆罐，进料管距罐底太近容易被催化剂堵塞，可适当抬高。因为其产生静电的危害性较小，故将原条文中“应”改为“宜”。

6.2.25 此规定是为了防止储罐与管道之间产生的不均匀沉降引起破坏。

6.3 液化烃、可燃气体、助燃气体的地上储罐

6.3.2 本条为液化烃储罐成组布置的规定：

1 液化烃罐组包括全压力式罐组、全冷冻式罐组和半冷冻式罐组，液化烃储罐的布置不允许超过2排，主要是考虑在储罐起火时便于扑救。如超过2排，中间一个罐起火，由于四周都有储罐，会给灭火操作和对相邻储罐的冷却保护带来一些困难。全压力式罐组、全冷冻式罐组和半冷冻式罐组的命名与现行国家标准《城镇燃气设计规范》GB 50028一致。

2　对液化烃罐组内储罐个数限制的根据：

1)罐组内液化烃泄漏的几率，主要取决于储罐数量，数量越多，泄漏的几率越高，与单罐容积大小无关，故液化烃罐组内储罐个数需加以限制；

2)全压力式或半冷冻式储罐：目前，国内引进的大型石油化工企业内液化烃罐组的储罐个数均在10个以上，如某石油化工企业液化烃罐组内1000m^3罐有12个、乙烯装置中间储罐组内有13个储罐。某石油化工厂新建液化烃罐组内设有9个2000m^3储罐。为了减少和限制液化烃储罐泄漏后影响范围，规定每组全压力式或半冷冻式储罐的个数不应多于12台是合适的。

3　API Std 2510 Design and Construction of LPG Installations《液化石油气(LPG)设施的设计和建造》对全冷冻式储罐的规定："两个具有相同基本结构的储罐可置于同一围堤内。在两个储罐间设隔堤，隔堤的高度应比周围的围堤低1ft。围堤内的容积应考虑该围堤内扣除其他容器或储罐占有的容积后，至少为最大储罐容积的100%"。本规范按此要求规定全冷冻式储罐的个数不宜多于2个。

4　不同储存介质的储罐选材不同。当储存某一介质的储罐发生泄漏后，在常压下的介质温度很低，如果储存其他介质储罐的罐体材质不能适应其温度，就会对这些储罐的罐体产生不利影响，从而影响这些储罐的安全。

5　液化烃的储存方式包括全压力式、半冷冻式和全冷冻式；全压力式储存方式是指在常温和较高压力下储存液化烃或其他类似可燃液体的方式，半冷冻式储存方式是指在较低温度和较低压力下储存液化烃或其他类似可燃液体的方式，全冷冻式储存方式是指在低温和常压下储存液化烃或其他类似可燃液体的方式。NFPA 58 Liquefied Petroleum Gas Code(液化石油气规范)规定"冷藏液化石油气容器，不能放置在易燃液体储罐的防火堤内，也不应放置在非冷藏加压的液化石油气容器的防火堤或拦蓄墙内"。API Std 2510《液化石油气(LPG)设施的设计和建造》规定："低温液化石油气储罐不应布置在建筑物内，不应在NFPA 30《易燃可燃液体规范》规定的其他易燃或可燃液体储罐流出物防护区域内，且不应在压力储罐的流出物防护区域内。"

6.3.3　储罐的防火间距主要根据下列因素确定：

1　液化烃压力储罐比常压甲$_B$类液体储罐安全。例如，某厂液化乙烯卧罐的接管处泄漏，漏出的液化乙烯气化后，扩散至加热炉而燃烧并回火在泄漏部位燃烧。经打开放空火炬阀后，虽然燃烧一直持续到罐内乙烯全部烧光为止，但相邻1.5m处的储罐在水喷淋保护下却安全无事。又如，某厂动火检修液化石油气罐安全阀，由于切断阀不严，漏出液化石油气被引燃，火焰2m多高，只在泄漏处燃烧，没有引起储罐爆炸。可见：①液化石油气罐因漏气而着火的火焰并不大；②罐内为正压，空气不能进入，火焰不会窜入罐内而引起爆炸；③对邻罐只要有冷却水保护就不会使事故扩大。

2　全冷冻式储罐防火间距参照NFPA 58《液化石油气规范》规定："若容积大于或等于265m^3，其储罐间的间距至少为大罐直径的一半"；API Std 2510《液化石油气(LPG)设施的设计和建造》规定："低温储罐间距取较大罐直径的一半"。

3　可燃气体干式气柜的防火间距，与现行国家标准《建筑设计防火规范》(GB 50016)一致。

4　大型卧式储罐在国外已有应用，国内引进项目中也开始使用。防火间距按1.0D要求，可以满足生产和检修的要求。对于小容积的卧罐，仍按原规范的要求是合适的。

6.3.4　两排卧罐的最小间距要求，主要是为了满足发生火灾事故时消防、操作便利和安全。

6.3.5　本条为防火堤及隔堤的设置规定：

第1款：液化烃罐组设置防火堤的目的是：①作为限界防止无关人员进入罐组；②防火堤较低，对少量泄漏的液化烃气体便于扩散；③一旦泄漏量较多，堤内必有部分液化烃积聚，可由堤内设置的可燃气体浓度报警器报警，有利于及时发现，及时处理；④其竖向布置坡向外侧是为了防止泄漏的液化烃在储罐附近滞留。

第5款：沸点低于45℃的甲$_B$类液体的压力储罐，此类储罐的液体泄漏后，短期会有一定量挥发，但大部分仍以液态形式存在于堤内，因此防火堤应考虑其储存容积。

第6款：执行此款时，应注意液氨储罐与液化烃储罐的储存方式相对应。即全压力式液氨储罐的防火堤和隔堤要求与全压力式液化烃的防火堤和隔堤要求一致，全冷冻式液氨储罐的防火堤和隔堤要求与全冷冻式液化烃的防火堤和隔堤要求一致。

6.3.6　此条规定是按 NFPA59A Standard for the Production，Sroeage，and Handling of Liquefled Natural Gas(LNG)《液化天然气(LNG)的生产、储存和运输》的规定确定的，用图示能够明确表达对单防罐的要求。

API Std 2510《液化石油气(LPG)设施的设计和建造》规定："低温常压储罐应设置围堤，围堤内的容积应至少为储罐容积的100%"；"围堤最低高度为1.5ft，且应从堤内测量；当围堤高6ft时，应设置平时和紧急出入围堤的设施；当围堤必须高于12ft或利用围堤限制通风时，应设不需要进入围堤即可对阀门进行一般操作和接近罐顶的设施。所有堤顶的宽度至少为2ft。

6.3.7　全冷冻双防式或全防式液化烃储罐，一旦储存液化烃内罐发生泄漏，泄漏出的液化烃能100%被外罐所容纳，不会发生液化烃蔓延而造成事态扩大，外罐已具备防火堤作用，不需另设防火堤。

6.3.8　参考美国凯洛格公司标准的规定。石油化工企业引进合成氨厂低温液氨储罐的防火堤内容积取最大储罐容积的60%，经多年的实践，已证明此规定是安全经济的。

6.3.9　"储存系数不应大于0.9"，是为了避免在储存过程中，因环境温度上升、膨胀、升压而危及储罐安全所采取的必要措施。

6.3.11　NFPA 58《液化石油气规范》中规定："冷藏液化石油气容器上应设置高液位报警器"。"冷藏液化石油气容器上应装备高液位流量切断设施，该装置应与所有仪表无关。"即使常温储罐，这样规定也更加安全。高液位自动联锁切断进料装置是避免油罐冒罐的最后有效手段，目前比较普遍使用，是合理的设置。API Std 2510《液化石油气(LPG)设施的设计和建造》规定："全冷冻式液化烃储罐需设置真空泄放装置。"对于全冷冻式液化烃储罐增设高、低温度检测，并应与自动开停机系统相联的要求是为了确保全冷冻式液化烃储罐的安全。

6.3.13　若液化烃罐组离厂区较远，无共用的火炬系统可利用，一般不单独设置火炬。在正常情况下，偶然超压致使安全阀放空，其排放量极少，因远离厂区，其他火灾对此影响较小，故对此类罐组规定可不排放至火炬而就地排放。

6.3.14　液化烃储罐脱水跑气(和可燃液体脱水跑油一样)时有发生。储罐根部设紧急切断阀可以减少管道系统发生事故时损失。目前有些石油化工企业对液化烃罐区进行了类似的改造。根据目前国内情况，规定采用二次脱水系统，即另设一个脱水容器，将储罐内底部的水先放至脱水容器内，再把罐上脱水阀关闭，待气水分离后，再打开脱水容器的排水阀把水放掉。但脱水容器的设计压力应与液化烃储罐的设计压力一致，若液化烃中不含水时，可不设二次脱水系统。

6.3.16　本条是对液化烃储罐阀门、管件、垫片等的规定。

1　由储灌站及石油化工企业液化烃罐区引出液化烃时，因阀门、法兰、垫片选用不当而引发的事故常有发生。例如，某液化烃储灌站的管道上因为垫片选用不当，引起较大火灾事故。

2　生产实践证明：当全压力式储罐发生泄漏时，向储罐注水使液化烃液面升高，将破损点置于水面以下，可减少液化烃泄漏。

6.3.17　全冷冻卧式液化烃储罐多层布置时，一旦某一层的储罐发生泄漏，直接影响布置在其他层的液态烃储罐的操作及安全，易造成更大的事故。为了方便操作及安全，参照 NFPA 58 的有关规定，本规范规定"全冷冻卧式液化烃储罐，不应多层布置"。

6.4　可燃液体、液化烃的装卸设施

6.4.1　本条为可燃液体铁路装卸设施的规定。

第2款：采用明沟卸可燃液体易引起火灾事故。例如，某厂采用明沟卸原油，由于电火花而引起着火，沿明沟烧至2000m^3的混凝土零位罐，造成油罐爆炸起火，并烧毁距罐壁10m远的泵房和油罐车5辆；又如，某厂采用有盖板明沟卸原油，一次动火检修栈台，焊渣落入沟内发生爆炸起火。以上两例说明，明沟卸原油极不安全。丙$_B$类油品不易着火，较安全。如电厂等企业所用燃料油多采用明沟卸车，实践多年，

未发生过重大事故。

第 3 款：我国目前装车鹤管有三种：喷溅式、液下式(浸没式)和密闭式。对于轻质油品或原油，应采用液下式(浸没式)装车鹤管。这是为了降低液面静电位，减少油气损耗，以达到避免静电引燃油气事故和节约能源，减少大气污染。

第 4 款：为了防止和控制罐车火灾的蔓延与扩大，当罐车起火时，立即切断进料非常重要。如，某厂装车时着火，由于未能及时关闭操作台上切断阀，致使大量汽油溢出车外，加大了火势；直到关闭紧急切断阀、切断油源，才控制了火势。紧急切断阀设在地面较好，如放在阀井中，井内易积存油水，不利于紧急操作。

第 8 款：在石油化工企业的改造过程中，充分利用现有铁路装卸线资源，同一铁路装卸线一侧布置两个装卸栈台的情况时有出现，国外工厂也有类似情况。为了减少一个栈台发生事故时对另一栈台的影响，在两个栈台之间至少要保持一个事故隔离车的位置，因此，规定同一铁路装卸线一侧两个装卸栈台相邻鹤位之间的距离不应小于 24m。

6.4.2　本条为可燃液体汽车装卸站的规定。

第 4 款：泵区的泵较多，一旦发生事故，对装车作业的影响较大，故对其间距做出规定。当泵区只有一台泵时，因其影响较小，可不受此限。

第 7 款：这里的其他类可燃液体是指甲$_A$、丙$_B$ 类可燃液体，甲$_A$ 类可燃液体的危险性较高，丙$_B$ 类可燃液体，有些操作温度较高，有些黏度较大，易造成污染，为减少其影响，故规定了甲$_B$、乙、丙$_A$ 类可燃液体装车鹤位与其他类液体装车鹤位的间距要求。

6.4.3　液化烃装卸作业已有成熟操作管理经验，当与可燃液体装卸共台布置而不同时作业时，对安全防火无影响。

第 1 款：液化烃罐车装车过程中，其排气管应采用气相平衡式或接至低压燃料气或火炬放空系统，若就地排放极不安全。例如，某厂液化石油气装车台在装 1 辆 25t 罐车时，将排空阀打开直排大气，排出的大量液化石油气沉滞于罐车附近并向四周扩散，在离装车点 15m 处的更衣室内，一工人违规点火吸烟，将火柴杆扔到地上时，引起室外空间爆炸，罐车排空阀处立即着火，同时引燃在栈台堆放的航空润滑油桶及附近房屋和沥青堆场。又如，某厂在充装汽车罐车时，因就地排放的液化烃气被另一辆罐车起动时打火引燃，将两台罐车烧坏。所以规定液化烃装卸应采用密闭系统，不得向大气直接排放。

第 2 款：低温液化烃装卸设施的材质要求严格，独立成系统会更加安全，不会对其他系统构成威胁。

6.4.4　本条是对可燃液体码头、液化烃码头的规定。

第 2 款：液化烃泊位火灾危险性较大，若与其他可燃液体泊位合用，会因相互影响而增加火灾危险性，故有条件时宜单独设置。近年来沿海、沿河建设了不少液化石油气基地和石油化工企业的液化石油气装卸泊位，有先进成熟的工艺及设备，管理水平及自动控制水平也较高。为节约水域资源和充分利用泊位的吞吐能力，共用一个泊位在国内已有实践，但严格要求不能同时作业。日本水岛气体加工厂也是多种危险品共用一个泊位，但严格控制不能同时作业。因此，规定当不同时作业时，液化烃泊位可与其他可燃液体共用一个泊位。

第 3 款：本款按国家现行标准《装卸油品码头防火设计规范》JTJ 237 的规定执行。

6.5　灌装站

6.5.1　本条为液化石油气的灌装站规定。

第 1 款：为了安全操作，有利于油气扩散，推荐在敞开式或半敞开式建筑物内进行灌装作业。但半敞开式建筑四周下部有墙，容易产生油气积聚，故要求下部应设通风设施，即自然通风或机械排风。

第 2 款：液化石油气钢瓶内残液随便就地倾倒所造成的灾害时有发生。如，某厂灌瓶站曾发生两次火灾事故，都是对残液处理不当引起的。一次是残液窜入下水井，油气散到托儿所内，遇明火引燃；一次是残液顺下水管排至河内，因小孩玩火引燃。又如，某厂装瓶站投用时，残液回收设备暂未投用，而把几百瓶残液倒入厂内一个坑里，造成液化石油气四处扩散至 20m 左右的工棚内；由于有人吸烟引燃草棚，火焰很快烧回坑内，大火冲天，结果把其中29个钢瓶烧爆，烧毁高压线并烧伤11人。因此，规定灌装站残液应密闭回收。

第6款：该条款参考了现行国家标准《液化石油气瓶充装站安全技术条件》GB 17267的规定，并结合石油化工企业的特点制定的。

6.6 厂内仓库

6.6.1 化学品和危险品存在潜在火灾爆炸危险，不宜在石油化工企业内分散储存。因此，石油化工企业应设置独立的化学品和危险品库区。

第1款：目前，随着石油化工装置规模的大型化，工艺生产过程需要的催化剂、添加剂等用量和产品储存量也大大增加。为了满足生产需要，又要保证安全生产，本次修订取消了甲类物品仓库储存量的限制，其主要理由如下：

1 由于各工艺装置所需的甲类催化剂和添加剂等化学物品的类别和数量不同，且供货来源不同（有国外和国内），故无法对储存周期作出统一规定；

2 现行国家标准《建筑设计防火规范》GB 50016对甲类物品仓库的耐火等级、层数、每座仓库的最大允许建筑面积、防火分区的最大允许建筑面积及防火间距有明确规定，但对甲类物品储量未明确规定；

3 本规范对甲类物品仓库设计未做规定，其防火设计应执行现行国家标准《建筑设计防火规范》GB 50016的相关规定。

第5款：根据储存物品的物理性质及当地水文地质情况确定是否设防水层。

6.6.2 石油化工装置规模的大型化，使合成纤维、合成橡胶、合成树脂及塑料类的产品仓库面积大幅增加。由于产品储量增加，需要使用机械化运输和机械化堆垛，小型仓库已无法满足装置规模大型化的需要，因此，当丙类的合成纤维、合成橡胶、合成树脂及塑料固体产品仓库面积超过现行国家标准《建筑设计防火规范》GB 50016要求时，应满足本条款的规定和对仓库占地面积及防火分区面积的限值。考虑到合成纤维、合成橡胶固体产品燃烧性质复杂，故将其与合成树脂及塑料仓库分别对待。

6.6.3 为了节省占地面积，石油化工企业合成纤维、合成树脂及塑料可采用高架仓库。根据国内目前正在使用的几个高架仓库情况，考虑到我国石化工业的发展需要，本次修订明确规定了高架仓库消防设施的要求，详见本规范第8.11.4条。

6.6.4 大型仓库应优先采用自然排烟方式，并按照现行国家标准《建筑设计防火规范》GB 50016要求，规定大型仓库自然排烟口净面积宜为建筑面积的5%。易熔采光带可作为自然排烟措施之一。

6.6.5 铁道部及有关单位曾对硝铵性能进行了试验，试验项目有高空坠落、车辆轧压、碰撞、明火点燃及雷管引爆等。试验结果证明：纯硝铵并不易燃易爆。各大型化肥厂多年来的生产实践也证明，硝铵仓库储量可不限，但在硝铵中若掺入其他物质，则极易引起火灾爆炸事故。因此，需要确保仓库内无其他物品混放。

7 管道布置

7.1 厂内管线综合

7.1.1 工艺管沟是火灾隐患，易渗水、积油，不好清扫，不便检修，一旦沟内充有油气，遇明火则爆炸起火，沿沟蔓延，且不好扑救。例如，某厂管沟曾发生过多次重大火灾爆炸事故。有一次一个小油罐着火，着火油垢飞溅引燃14m外积有柴油的管沟，火焰高达60m，使消防队无法冷却邻罐，致使邻罐被烤爆起火，造成重大火灾事故。又如，某厂装油栈台附近管沟内管道腐蚀漏油，沟内积存大量油气，检修动火时被引燃，使130m长管沟着火，形成火龙，对周围威胁极大。该厂有许多埋地工艺管道，腐蚀渗漏不易查找，形成火灾隐患。因此，工艺管道及热力管道应尽量避免管沟或埋地敷设，若非采用管沟不可，则在管沟进入泵房、罐组处应妥善封闭，防止油或油气窜入，一旦管沟起火也可起到隔火作用。

沿地面或低支架敷设的管带，对消防作业有较大影响，因此规定此类管带不应环绕工艺装置或罐组四周布置。尤其在老厂改扩建时，应予足够重视。

7.1.2、7.1.4 条 中易发生泄漏的管道附件是指金属波纹管或套筒补偿器、法兰和螺纹连接等。

7.1.4 外部管道通过工艺装置或罐组，操作、检修相互影响，管理不便，因此，凡与工艺装置或罐组无关的管道均不得穿越装置或罐组。

7.1.5 比空气重的可燃气体一般扩散的范围在30m以内，这类气体少量泄漏扩散被稀释后无大危险，一旦在管沟内积聚与空气混合易达到爆炸极限浓度，遇明火即可引起燃烧或爆炸。所以，应有防止可燃气体窜入管沟内积聚的措施，一般采用填砂。

7.1.6 各种工艺管道或含可燃液体的污水管道内输送的大多是可燃物料，检修更换较多，为此而开挖道路必然影响车辆正常通行，尤其发生火灾时，影响消防车通行，危害更大。公路型道路路肩也是可行车部分，因此，也不允许敷设上述管道。

7.2 工艺及公用物料管道

7.2.1 本条规定应采用法兰连接的地方为：

1 与设备管嘴法兰的连接、与法兰阀门的连接等；

2 高黏度、易粘结的聚合淤浆液和悬浮液等易堵塞的管道；

3 凝固点高的液体石蜡、沥青、硫磺等管道；

4 停工检修需拆卸的管道等。

管道采用焊接连接，不论从强度上、密封性能上都是好的。但是，等于或小于 *DN*25 的管道，其焊接强度不佳且易将焊渣落入管内引起管道堵塞，因此多采用承插焊管件连接，也可采用锥管螺纹连接。当采用锥管螺纹连接时，有强腐蚀性介质，尤其像含 HF 等易产生缝隙腐蚀性的介质，不得在螺纹连接处施以密封焊，否则一旦泄漏，后果严重。

7.2.3 化验室内有非防爆电气设备，还有电烘箱、电炉等明火设备，所以不应将可燃气体，液化烃和可燃液体的取样管引入化验室内，以防止因泄漏而发生火灾事故。某厂将合成氨反应后的气体管道引入化验室内，因泄漏发生了爆炸。

7.2.4 新建的工艺装置，采用管沟和埋地敷设管道已越来越少。因为架空敷设的管道的施工、日常检查、检修各方面都比较方便，而管沟和埋地敷设恰好相反，破损不易被及时发现。例如某厂循环氢压缩机入口埋地管道破裂，没有检查出来，引起一场大爆炸。管沟敷设管道，在沟内容易积存污油和可燃气体，成为火灾和爆炸事故的隐患。例如某厂蜡油管沟曾四次自燃着火。现在管沟和埋地敷设的工艺管道主要是泵的入口管道，必须按本条规定采取安全措施。

管沟在进出厂房及装置处应妥善隔断，是为了阻止火灾蔓延和可燃气体或可燃液体流窜。

7.2.5 大多数塔底泵的介质操作温度等于或高于250℃，当塔底泵布置在管廊(桥)下时，为尽可能降低塔的液面高度，并能满足泵的有效气蚀余量的要求，本条规定其管道可布置在管廊下层外侧。

7.2.6 氧气管道与可燃介质管道共架敷设时，两管道平行布置的净距本次修订改为不小于500mm，与现行国家标准《工业金属管道设计规范》GB 50316 的规定相一致。但当管道采用焊接连接结构并无阀门时，其平行布置的净距可取上述净距的50%，即250mm。

7.2.7 止回阀是重要的安全设施，但只能防止大量气体、液体倒流，不能阻止小量泄漏。本条主要是使用经验的综合。

公用工程管道在工艺装置中是经常与可燃气体、液化烃、可燃液体的设备和管道相连接的。当公用工程管道压力因故降低时，大量可燃液体可能倒流入公用工程管道内，容易引发事故。如大量可燃液体倒流入蒸汽管道内，当用蒸汽灭火时起了“火上浇油的作用”。防止的方法有以下三种：

1 连续使用时，应在公用工程管道上设止回阀，并在其根部设切断阀，两阀次序不得颠倒，否则一旦止回阀坏了无法更换或检修；

2 间歇使用(例如停工吹扫)时，一般在公用工程管道上设止回阀和一道切断阀或设两道切断阀，并在两道切断阀中间设常开的检查阀；

3 为减少对公用工程系统的污染，对供冲洗、吹扫、催化剂再生和烧焦等仅在设备停工时使用的蒸汽、空气、水、惰性气体等公用工程管道有安全断开的措施。

7.2.8 连续操作的可燃气体管道的低点设两道排液阀，第一道(靠近管道侧)阀门为常开阀，第二道阀门为经常操作阀。当发现第二道阀门泄漏时，关闭第一道阀门，更换第二道阀门。

7.2.9 甲、$乙_A$类设备和管道停工时应用惰性气体置换，以防检修动火时发生火灾爆炸事故。

7.2.10 可燃气体压缩机，要特别注意防止产生负压，以免渗进空气形成爆炸性混合气体。多级压缩的可燃气体压缩机各段间应设冷却和气液分离设备，防止气体带液体进汽缸内而发生超压爆炸事故。当由高压段的气液分离器减压排液至低压段的分离器内或排油水到低压油水槽时，应有防止串压、超压爆破的安全措施。

据调查，有些厂因安全技术措施不当或误操作而发生爆炸事故。例如：某厂石油气车间，由于裂解气浮顶气柜的滑轨卡住了，浮顶落不下来，抽成负压进入空气，裂解气四段出口发生爆鸣。某厂冷冻车间，氨压缩机段间冷却分离不好，大量液氨带进汽缸，发生汽缸爆破。某厂氯丁橡胶车间，乙烯基乙炔合成工段，用水环式压缩机压缩乙炔气，吸入管阻力大，造成负压渗入空气形成爆炸性混合物，因过氧化物分解或静电火花引起出口管爆炸。

7.2.11 因停电、停汽或操作不正常，离心式可燃气体压缩机和可燃液体泵出口管道介质倒流，由于未装止回阀或止回阀失灵，曾发生过一些火灾、爆炸事故。例如：某厂加氢裂化原料油泵氢气倒流引起大爆炸；某厂催化裂化的高温待生催化剂倒流入主风机，烧坏了主风机及邻近设备。

7.2.12 加热炉低压(等于或小于0.4MPa)燃料气管道如不设低压自动保护仪表(压力降低到0.05MPa，发出声光警报；降低到0.03MPa，调节阀自动关闭)，则应设阻火器。

某石油化工企业常减压装置加热炉点火，因燃料气体管道空气未排净，发生回火爆炸。

阻火器中的金属网能够降低回火温度，起冷却作用；同时金属网的窄小通道能够减少燃烧反应自由基的产生，使火焰迅速熄灭。阻火器的结构并不复杂，是通用的安全措施。

燃料气管道压力大于0.4MPa(表)，而且比较稳定，不波动，没有回火危险，可不设阻火器。

7.2.13 燃料气中往往携带少量可燃液滴及冷凝水，当操作不正常时，还可能从某些回流油罐带来较多的可燃液体，使加热炉火嘴熄灭。例如，某石油化工企业加氢裂化装置燃料气管道窜油，从火嘴喷洒到圆筒炉底部，引起一场火灾。因此加热炉的燃料气管道应有加热设施或分液罐。分液罐的冷凝液，不得任意敞开排放，以防火灾发生。例如，某石油化工企业催化裂化装置加热炉分液罐的冷凝液排至附近下水道，因油气回窜至加热炉，引起一场大火。

7.2.14 从容器上部向下喷射输入容器内时，液体可能形成很高的静电压，据北京劳动保护研究所测定，汽油和航空煤油喷射输入形成的静电压高达数千伏，甚至在万伏以上，这是很危险的。因为带电荷的液体被喷射输入其他容器时，液体内同符号的电荷将互相排斥而趋向液体的表面，这种电荷称为“表面电荷”。表面电荷与器壁接触，并与吸引在器壁上的异符号电荷再结合，电荷即逐渐消失，所需时间称为“中和时间”。中和时间主要决定于液体的电阻，可能是几分之一秒至几分钟。当液体表面与金属器壁的电压差达到相当高并足以使空气电离时，就可能产生电击穿，并有火花跳向器壁，这就是点火源。容器的任何接地都不能迅速消除这种液体内部的电荷。若必须从上部接入，应将入口管延伸至容器底部200mm处。

7.2.15 本条规定是为了当与罐直接相连接的下游设备发生火灾时，能及时切断物料。如某厂产品精制装置液化烃罐下游泵发生事故着火，人员无法靠近泵、关闭切断阀，且在泵和罐间靠近罐根部管道上无切断阀，使罐中液化烃烧光后火才熄灭，造成重大损失。

API Std 2510《液化石油气(LPG)设施的设计和建造》规定：液化烃管道上的切断阀应尽可能靠近罐布置，最好位于罐壁嘴子上。为便于操作和维修，切断阀安装位置应易于迅速接近。当液化烃罐容积超过10000gal(~38m^3)时，在火灾发生15min内，所有位于罐最高液面下管道上的切断阀应能自动关闭或遥控操作。切断阀控制系统应耐火保护，切断阀应能手动操作。

7.2.16 长度等于或大于8m的平台应从两个方面设梯子，以利迅速关闭阀门。

根据安全需要，除工艺管道在装置的边界处应设隔断阀和8字盲板外，公用工程管道也应在装置边界处设隔断阀，但因不属于本规范范围，故本条未列入。

7.3 含可燃液体的生产污水管道

7.3.1 从防止环境污染考虑，对排放含有可燃液体的雨水比防火的要求严格得多，故此条只对被严重污染的雨水作了规定。严重污染的雨水指工艺装置内的塔、泵、冷换设备围堰内及可燃液体装卸栈台区等的初期雨水。

可燃气体凝结液，例如加热炉区设置的燃料气分液罐脱出的凝结液及液化烃罐的脱出水都含 C_4、C_5 烃类，排出后极易挥发，遇明火会造成火灾。某石化公司炼油厂由于液化烃脱出水带大量液化烃类，排入下水道挥发为可燃气体向外蔓延，结果造成大爆炸。本条规定“不得直接排入生产污水管道”，要求排出的凝结液再进行二次脱水，从而可使脱出水在最大限度地减少液化烃类后，再排入生产污水管道，以减少发生火灾的危险。

第 1 款：高温污水和蒸汽排入下水道，造成污水温度升高油气蒸发，增加了火灾危险。例如，某公司合成橡胶厂的厂外排水管道爆炸，11 个下水井盖飞起，分析原因是排水中带有可燃液体，遇食堂排出的热水，油气加速挥发遇明火(可能是烟头)引起爆炸。某石化公司也曾多次发生过因井盖小孔排出油气遇明火而爆炸。例如，在下水道井盖上修汽车，发动机尾气把下水道引爆；小孩在井盖小孔上放爆竹，引爆了下水道。事故多发生于冬季，分析其原因是由于蒸汽及冷凝水排入，污水温度升高促使产生大量油气，故从防火角度对排水温度提出了限制的要求。

第 2 款：石油化工厂中，有时会遇到由于排放的多种污水含有两种或多种能够产生化学反应而引起爆炸及着火的物质。例如某化工厂、某电化厂都曾多次发生过乙炔气和次氯酸钠在下水道中起化学反应引起爆炸事故。所以本条要求含有上述物质的污水，在未消除引起爆炸、火灾的危险性之前，不得直接混合排到同一生产污水系统中。

7.3.2 明沟或只有盖板而无覆土的沟槽(盖板经常被搬开而易被破坏)，受外来因素的影响容易与火源接触，起火的机会多，且着火时火势大，蔓延快，火灾的破坏性大，扑救困难，且常因火灾爆炸而使盖板崩开，造成二次破坏。

某炼油厂蒸馏车间检修，在距排水沟 3m 处切割槽钢，火星落入排水沟引燃油气，使 960m 排水沟相继起火，600m 地沟盖不同程度破坏，着火历时 4h。

某炼油厂检修时，火星落入明沟，沟内油气被点燃，窜到污油池燃烧了 2h。

某石化公司炼油厂重整原料罐放水，所带油气放人排水沟，被下游施工人员点火引燃。200m 排水沟相继起火。

上述事例都说明了用明沟或带盖板而无覆土的沟槽排放生产污水有较高的火灾危险性。

暗沟指有覆土的沟槽，密封性能好，可防止可燃气体窜出，又能保证盖板不会被搬动或破坏，从而减少外来因素的影响。

设施内部往往还需要在局部采用明沟，当物料泄漏发生火灾时，可能导致沿沟蔓延。为了控制着火蔓延范围，要求限制每段的长度不超过 30m，各段分别排入生产污水管道。

7.3.3 本条对生产污水管道设水封作出规定。

1 水封高度，我国过去采用 250mm，美、法、德等国都采用 150mm。考虑施工误差，且不增加较多工程量，却增加了安全度，故本条文仍定为 250mm。

2 生产污水管道的火灾事故各厂都曾多次发生，有的沿下水道蔓延几百米甚至上千米，数个井盖崩起，且难于扑救。所以对设置水封要求较严。过去对不太重要的地方，如管沟或一般的建筑物等往往忽视，由于下水道出口不设水封，曾发生过几次事故。例如，某炼厂在工艺阀井中进行管道补焊，阀井的排水管无水封，火星自阀井的排水管窜入下水管，400 多米管道相继起火，多个井盖被崩开。又如有多个石油化工厂发生过由于厕所的排水排至生产污水管道，在其出口处没有设置水封，可燃气体自外部下水道窜入厕所内，遇有人吸烟，而引起爆炸。

3 排水管道在各区之间用水封隔开，确保某区的排水管道发生火灾爆炸事故后，不致窜入另一区。

7.3.4 对重力流循环热水排水管道，由于热水中含微量可燃液体，长时间积聚遇火源也曾发生过爆炸事故。国外有关标准也有类似规定，故提出在装置排出口设置水封，将装置与系统管道隔开。

7.3.7 为了防止火灾蔓延，排水管道中多处设置了水封，若不设排气管，污水中挥发出的可燃气体无法排出，只能通过井盖处外溢，遇火源可能引起爆炸着火。可燃气体无组织排放是引起排水管道着火的重要因素之一，支干管、干管均设排气管，可使水封井隔开的每一管段中的可燃气体都能得到有组织排放，从而避免或减少可燃气体与明火接触，减少火灾事故。

本条是参考国外标准制定的。近年来引进的石油化工装置中，生产污水管道中设了排气管。实践表明，这种措施的防火效果非常有效。

参考国外的有关标准，对排气管的设计作出了具体规定。

7.3.8 本条是参考国外标准制定的，与第7.3.7条配合使用。第7.3.7条解决排水管道中挥发出的可燃气体的出路，本条是限制可燃气体从下水井盖处溢出，可以有效地减少排水管道的火灾爆炸事故。经在某化纤厂实施，效果较好。

7.3.10 本条是吸取国内发生的火灾爆炸事故引发的重大环境污染的事故教训而修订的。应急措施和手段可根据现场具体情况采用事故池、排水监控池、利用现有的与外界隔开的池塘、河渠等进行排水监控、在排水管总出口处安装切断阀等方法来确保泄漏的物料或被污染的排水不会直接排出厂外。

8 消防

8.1 一般规定

8.1.1 “设置与生产储存、运输的物料和操作条件相适应的消防设施”，是指石油化工企业中，生产和储存、运输具有不同特点和性质的物料(如物理、化学性质的不同，气态、液态、固态的不同，储存方式不同，露天或室内的场合不同等)，必须采用不同的灭火手段和不同的灭火药剂。

设置消防设施时，既要设置大型消防设备，又要配备扑灭初期火灾用的小型灭火器材。岗位操作人员使用的小型灭火器及灭火蒸汽快速接头，在扑救初起火灾上起着十分重要的作用，具有便于操作人员掌握、灵活机动、及时扑救的特点。

8.1.2 当装置的设备、建筑物区占地面积大于10000m² 小于20000m² 时，为了防止可能发生的火灾造成的大面积重大损失，应加强消防设施的设置，主要措施有：增设消防水炮、设置高架水炮、水喷雾(水喷淋)系统、配备高喷车、加强火灾自动报警和可燃气体探测报警系统设置等。

8.2 消防站

8.2.1 设计中确定消防站的规模时，应考虑的几个主要因素：

1 企业的大小和火灾危险性；

2 企业内固定消防设施的设置情况，当固定消防设施比较完善时，消防站的规模可减小；

3 邻近有关单位有无消防协作条件，主要的协作条件指：

1)协作单位能提供适用于扑救石油化工火灾的消防车；

2)赶到火场的行车时间不超过10~20min(其中，装置火灾按10min、罐区火灾按20min)。装置火灾应尽快扑救，以防蔓延。罐区灭火一般先进行控制冷却，然后组织扑灭。据介绍，钢结构、钢储罐的一般抗烧能力在8~15min，因此只要控制冷却及时，在10~20min内协作单位消防车到达是可以的。

4 工业园区内的石油化工企业或小型石油化工企业距所在地区的公用消防站的车程不超过8min时，且公用消防站配备的车辆、灭火剂储量及特性符合企业的消防要求，可不单独设置消防站。

8.2.2 大型泡沫车是指泡沫混合液的供给能力大于或等于60L/s、压力大于或等于1MPa的消防车辆。

8.2.3 消防站内储存泡沫液多时，不宜用桶装。因桶装泡沫液向消防车灌装时间长且劳动量大，往往不能满足火场灭火要求。宜将泡沫液储存于高位罐中，依靠重力直接装入消防车，或从低位罐中用泡沫液泵将泡沫液提升到消防车内，保证消防车连续灭火。在泡沫液运输车的协助下，消防车无需回站装泡沫液，可在火场更有效地发挥作用。

8.2.4　消防站的组成，应视消防站的车辆多少、规模大小以及当地的具体情况考虑确定。各部分的具体要求，可参照《城市消防站建设标准》(建标[2006]42号文)的有关规定进行设计。

8.2.5　车库室内温度不低于12℃，有利于消防车迅速发动。车库在冬季时门窗关闭，为使消防车每天试车时排出的大量烟气迅速排出室外，故提出消防站宜设机械排风设施。

8.2.7　车库大门面向道路便于消防车出动。距道路边15m的要求高于城镇消防站，是因为石油化工企业多设置大型消防车，车身长。车库前的场地要求铺砌并有坡度，是为便于消防车迅速出车。

8.3　消防水源及泵房

8.3.1　当消防用水由工厂水源直接供给，工厂给水管网的进水管的其中一条发生事故时，另一条应能在火灾延续时间内满足100%的消防水量的要求，并且同时在火灾延续时间内能满足生活、生产用水70%的水量要求。

8.3.2　为保证消防水池(罐)储存满足需求的水量，同时也便于人员操作，对消防水池(罐)要求增设液位检测、高低液位报警及自动补水设施。

8.3.3　消防水泵房与生产或生活水泵房合建主要是能减少操作人员，并能保证消防水泵经常处于完好状态，火灾时能及时投入运转。据调查，一些厂的独立消防水泵房虽有专人值班，但由于水泵经常不投用，操作不熟练，致使投用时出现问题。

8.3.4　为了保证启动快，要求水泵采用自灌式引水。在灭火过程中有时停泵后还需再启动，在此情况下为了满足再启动，消防泵应有可靠的引水设备。若采用自灌式引水有困难时，应有可靠迅速的充水设备，如同步排吸式消防水泵等。

8.3.5　为避免消防水泵启动后，水压过高，在泵出口管道应设置回流管或其他防止超压的安全设施。

泵出口管道直径大于300mm的阀门人工操作比较费力、费时，可采用电动阀门、液动阀门、气动阀门或多功能水泵控制阀。

8.3.8　消防水泵应设双动力源，是指消防水泵的供电方式应满足现行国家标准《供配电系统设计规范》GB 50052所规定的一级负荷供电要求。当不能满足一级负荷供电要求时，应设置柴油机作为第二动力源。消防泵不宜全部采用柴油机作为消防动力源。

8.4　消防用水量

8.4.2　对厂区占地面积小于或等于1000000m^{2}的规定与现行国家标准《建筑设计防火规范》GB 50016相同。关于大于1000000m^{2}的规定，通过对7个大型厂调查，只有某石油化工企业曾发生过由于雷击同时引燃非金属的15000m^{3}地下罐及相邻5000m^{3}半地下罐，且二者发生于同一地点，可以认为是一处火灾，两处同时发生大火尚无实例。所以本条规定按两处计算时，一处考虑发生于消防用水量最大的地点，另一处按火灾发生于辅助生产设施考虑。

8.4.3　本条对工艺装置、辅助生产设施及建筑物的消防用水量作出规定。

1　根据与美国消防协会NFPA及美国石油学会API及一些国外工程公司等单位交流，不能简单地按照装置规模去确定消防水量。

由于各公司的经验和要求不同，同样的生产装置消防水量相差很大，有的差别高达数倍。国外的一般做法是，首先，对工艺装置进行火灾危险分析，识别可能发生的主要火灾危险事故；然后，确定可能发生的火灾规模和影响范围，针对每种火灾事故分别确定需要同时使用的消防设施和所需水量，并将可能发生的最不利火灾事故所需的消防水量作为该装置的消防设计水量。

同时使用的消防设施包括：固定式消防设施、消防水炮和消火栓等设施。当所考虑的火灾区域被固定式水喷雾，自动喷水或泡沫系统全部或部分保护时，消防水量应为需要操作的固定消防水系统所需水量之和，再加上同时操作水炮和水枪的用水量。当火灾区域内有多个固定式消防水系统时，消防水量计算应考虑相邻系统是否需要同时操作。

2　API RP 2001《炼油厂防火》关于装置消防用水量确定方法如下：

1)消防水供给应能满足装置内任一处火灾区域所需的最大计算流量的要求，具体流量取决于工厂的设计、布置及工艺危险性、实际设计等，可根据火灾事故预案、应急响应时间，装置构筑物、设备布置等，对火灾区域提供4.1~20.4L/min·m^2 的水量；

2)参考类似装置的历史经验估算；

3)当消防水系统仅采用水炮和水枪等移动设施进行手动消防时，消防水量范围可参考表8。

表8 消防水量参考表

	场　所	消防水流量范围/(L/s)	根据保护面积计算的单位面积消防水量/(L/min·m^2)
1	辐射热保护区	250~633	4.1
2	易燃液体、高压易燃气体工艺装置区		冷却：8.2~12.3 熄火：12.3~20.4
3	气体、可燃液体工艺装置区	183~316	8.2~12.3

3　因为装置消防水量不是简单地根据装置规模确定，国外也没有工艺装置的消防用水量表。考虑近年来装置大型化、合理化集中布置，且设置了比较完善的固定消防设施，并参考国外工程公司经验及API RP 2001《炼油厂防火》给出的消防水流量范围，本次修订将大型石油化工装置的水量由450L/s调整为600L/s，大型炼油装置的水量由300L/s调整为450L/s，大型合成氨及氨装置调整为200L/s。

由于国家对大中型装置的划分无明确规定，只能参照国内生产装置规模的现状，根据消防水量确定原则确定消防水量，而不应简单地套用表8.4.3中的数值。

8.4.4　着火储罐的罐壁直接受到火焰威胁，对于地上的钢储罐火灾，一般情况下5min内可以使罐壁温度达到500℃，使钢板强度降低一半，8~10min以后钢板会失去支持能力。为控制火灾蔓延、降低火焰辐射热，保证邻近罐的安全，应对着火罐及邻近罐进行冷却。

浮顶罐着火，火势较小，如某石油化工企业发生的两起浮顶罐火灾，其中10000m^3轻柴油浮顶罐着火，15min后扑灭，而密封圈只着了3处，最大处仅为7m长，因此不需要考虑对邻近罐冷却。浮盘用易熔材料(铝、玻璃钢等)制作的内浮顶罐消防冷却按固定顶罐考虑。

8.4.5　本条对可燃液体地上立式储罐设固定或移动式消防冷却水系统作出规定。

1　移动式水枪冷却按手持消防水枪考虑，每支水枪按操作要求能保护罐壁周长8~10m，其冷却水强度是根据操作需要确定的，采用不同口径的水枪冷却水强度也不同。采用ϕ19mm水枪进口压力为0.35MPa时，一个体力好的人操作水枪已感吃力，此时可满足罐壁高17m的冷却要求，若再增高水枪进口压力，加大水枪射高操作有困难。大容量罐采用移动式冷却需要人员多。条文中固定式冷却水强度是根据天津消防科研所5000m^3罐，壁高13m的固定顶罐灭火实验反算推出的。冷却水强度以周长计算为0.5L/s·m，此时单位罐壁表面积的冷却水强为：$0.5\times60\div13=2.3$L/min·m^2，条文中取2.5L/min·m^2。对邻罐计算出的冷却水强度为：$0.2\times60\div13=0.92$L/min·m^2，但用此值冷却系统无法操作，故按实际固定式冷却系统进行校核后，规定为2L/min·m^2。

2　润滑油罐火灾我国尚未发生过，故规定采用移动式消防冷却。

3　冷却水强度的调节设施在设计中应予考虑。比较简易的方法是在罐的供水总管的防火堤外控制阀后装设压力表，系统调试标定时辅以超声波流量计，调节阀门开启度，分别标出着火罐及邻罐冷却时压力表的刻度，作出永久标记，以确保火灾时调节阀门达到冷却水的供水强度。

4　经调查，地上立式罐消防冷却水系统的喷头，常发生被管道内部锈蚀物堵塞现象，故要求控制阀后及储罐上设置的消防冷却水管道采用镀锌管。

8.4.7　储罐火灾冷却水供给时间为自开始对储罐冷却起至储罐不会复燃止的时间。据17例地上钢储罐火灾统计，燃烧时间最长的3次分别为4.5h、1.5h、1h，其余均小于40min。燃烧4.5h的是储罐爆炸将泡沫液管道拉断，又因有防护墙使扑救及冷却较困难，以致最后烧光，此为特例。据统计，一般燃烧时间均不大于1h。

本条规定直径大于20m的固定顶罐冷却水供给时间，按6h计；对直径小于20m的罐，沿用过去的规定，按4h计。浮盘用铝等易熔材料制造的内浮顶罐，着火时浮盘易被破坏，故应按固定顶储罐考虑。其他型式浮顶罐着火时，火势易于扑救，国内扑救实践表明一般不超过1 h，故冷却水供给时间也规定为4h。

8.5 消防给水管道及消火栓

8.5.1 低压消防给水系统的压力，本条规定不低于0.15MPa，主要考虑石油化工企业的消防供水管道压力均较高，压力是有保证的，从而使消火栓的出水量可相应加大，满足供水量的要求，减少消火栓的设置数量。

近年来大型石油化工企业相继建成投产，工艺装置、储罐也向大型化发展，要求消防用水量加大。若低压消防给水系统采用消防车加压供水，需车辆及消防人员较多。另外，大型现代化工艺装置也相应增加了固定式的消防设备，如消防水炮、水喷淋等，也要求设置稳高压消防给水系统。

消防给水管道若与循环水管道合并，消防时大量用水，将引起循环水水压下降而导致二次灾害。

稳高压消防给水系统，平时采用稳压设施维持管网的消防水压力，但不能满足消防时的用水量要求。当发生火灾启动消防水设施时，管网系统压力下降，靠管网压力联锁自动启动消防水泵。设置稳高压消防给水系统，比临时高压系统供水速度快，能及时向火场供水，尽快地将火灾在初期阶段扑灭或有效控制。

稳压泵的设计水量要考虑消防水管网系统泄漏量和一支水枪出水量(5L/s)。

8.5.2 对与生产、生活合用的消防水管网的要求是为了在局部管网发生事故时，供水总量除能满足100%的消防水量外，还要满足70%的生产、生活用水量，即要求发生火灾时，全厂仍能维持生产运行，避免由于全厂紧急停产而再次发生火灾事故造成更大损失。

8.5.4 考虑消防水系统管网的安全及消防设备操作，同时参考国外有关标准，将消防水流速由5m/s调小至3.5m/s。

8.5.5 对地上式消火栓的布置，增加了距路边的最小距离要求，主要防止消火栓被车撞坏，地上式消火栓被车辆撞毁时有发生，尤其在施工和检修中，常常将消火栓撞坏，为保护消火栓，可在消火栓周围设置三根短桩，形成三角形的保护围栏。

消火栓选用时宜选用具有调压、防撞功能型式的消火栓，调压功能是考虑稳高压消防水系统的压力较高，为了在各种情况下方便安全的使用消火栓，防撞功能是考虑即使消火栓被撞，也只是影响被撞消火栓，不至于影响消防系统的使用。

8.5.6 消火栓的保护半径，本条定为不应超过120m。根据石油化工企业生产特点，火灾事故多且蔓延快，要求扑救及时，出水带以不多于7根为好。若以7根为计算依据，则：$(20m \times 7 - 10m) \times 0.9 = 117m$，规定保护长度为120m。上式的计算中，10m为消防队员使用水带的自由长度；0.9为敷设水带长度系数。

8.5.7 随着装置的大型化、联合化，一套装置的占地面积大大增加，装置内有时布置多条消防道路，装置发生火灾时，消防车需进入装置扑救，故要求在装置的消防道路边也设置消火栓。

8.6 消防水炮、水喷雾和水喷淋

8.6.1 固定消防水炮亦属岗位应急消防设施，一人可操作，能够及时向火场提供较大量的消防水，达到对初期火灾控火、灭火的目的。

8.6.2 消防水炮有效射程的确定应考虑灭火条件下可能受到的风向、风力及辐射热等因素影响。

要求水炮可按两种工况使用：喷雾状水，覆盖面积大、射程短，用于保护地面上的危险设备群；喷直流水，射程远，可用于保护高的危险设备。

8.6.3 本条对工艺装置内设水喷淋或水喷雾系统的设计作出规定。

1 消防炮不能有效覆盖，人员又难以靠近的特殊危险设备及场所指着火后若不及时给予水冷却保护会造成重大的事故或损失，例如，无隔热层的可燃气体设备，若自身无安全泄压设施，受到火灾烘烤时，可能因内压升高、设备金属强度降低而造成设备爆炸，导致灾害扩大。

2 对于不属于上述的特殊危险设备(如高塔、高脱气仓等)，可不设水喷雾(水喷淋)系统的原因如下：

1)高塔顶部泄漏而导致火灾的可能性较小，因其位置较高而受其他着火设备影响较小；

2)高塔顶部一般设有安全阀，当高塔发生火灾时，可对塔进行泄压保护，切断物料使火熄灭，同时对塔底部和周围设备进行冷却保护；

3)塔器的支撑裙座进行了耐火保护，并在高塔周围设置消防水炮和消火栓，可在发生火灾事故时保护塔体不会坍塌。

3 水喷雾(水喷淋)系统的控制阀可采用符合消防要求的雨淋阀、电动或气动控制阀，并能满足远程手动控制和现场手动控制要求。

8.6.4 消防软管卷盘可由一人操作用于控制局部小火，辅以工艺操作进行应急处理，能够扑灭小泄漏的初期火灾或达到控火目的，国外装置中设置比较多。设置于泄漏、火灾多发的危险场所，能提高应急防护能力。

消防软管卷盘性能指标如下：

1)软管内径为25mm或32mm，长度不小于25m；

2)喷嘴为直流喷雾混合型；

3)压力等级不低于1.6MPa。

8.6.5 扑救火灾常用ϕ19mm手持水枪，水枪进口压力一般控制在0.35MPa，可由一人操作，若水压再高则操作困难。在0.35MPa水压下水枪充实水柱射高约为17m，故要求火灾危险性大的构架(设备布置在构架上的构架平台)高于15m时，需设置半固定式消防竖管。竖管一般供专职消防人员使用，由消防车供水或供泡沫混合液，设置简单、便于使用，可加快控火、灭火速度。

竖管接水带枪可对水炮作用不到的地方进行保护。

消防竖管的管径，应根据所需供给的水量计算，ϕ19mm的水枪每支水枪控制面积可按$50m^2$考虑。

8.6.6 液化烃、操作温度等于或高于自燃点的可燃液体泵为火灾多发设备，尽量不要将这些泵布置在管架、可燃液体设备、空冷器等下方，如确实需要这样布置时，应采取保护措施。

8.7 低倍数泡沫灭火系统

8.7.2 增加闪点等于或小于90℃的丙类可燃液体采用固定式泡沫灭火系统是考虑到，目前发生的几起丙类火灾的情况，并参考NFPA 30《易燃可燃液体规范》关于可燃液体的分类确定的。

机动消防设施不能进行有效保护系指消防站距罐区远或消防车配备不足等，需注意后者是针对装储保护对象所用灭火剂的车辆，例如，有水溶性可燃液体储罐时，应注意核算装储抗溶性泡沫灭火剂的车辆灭火能力。当储罐组建于山区，地形复杂，消防道路环行设置有困难，移动消防不能有效保护时，故需考虑设置固定泡沫灭火系统。

8.7.3 国外及国内有关标准均有相似的规定。润滑油罐火灾危险性小，国内尚未发生过润滑油罐火灾。而可燃液体储罐的容量小于$200m^3$、壁高小于7m时，燃烧面积不大，7m壁高可以将泡沫钩管与消防拉梯二者配合使用进行扑救，操作亦比较简单，故其泡沫灭火系统可以采用移动式灭火系统。

8.7.5 对容量大的储罐，若火灾蔓延则损失巨大，故要求可在控制室启动的远程手动控制的泡沫灭火系统，以便尽快在火灾初期将火扑灭。

8.8 蒸汽灭火系统

工艺装置设置固定式蒸汽灭火系统简单易行，对于初期火灾灭火效果好。例如，某炼厂裂化车间泵房着火，利用固定式灭火蒸汽，迅速将火扑灭；又如某炼油厂液化石油气泵房着火也用蒸汽灭掉。

使用蒸汽系统时，当蒸汽流速过高时会产生静电，应在设计和使用时引起注意，防止静电产生火花。

固定式蒸汽灭火管道的筛孔管，长期不用，可能生锈堵塞，故亦可按照范围大小，设置若干半固定式蒸汽灭火接头。

固定式蒸汽筛孔管排汽孔径可取3~5mm，孔心间距30~80mm，孔径宜从进汽端开始由小逐渐增大。开孔方向应能使蒸汽水平方向喷射。

蒸汽幕排汽管孔径可取 3 ~ 5mm，孔心间距 100 ~ 150mm。蒸汽灭火和蒸汽幕配汽管截面积应大于或等于所有开孔面积之和。

8.9 灭火器设置

8.9.2 结合石油化工企业火灾危险性大的特点，根据现行灭火器产品规格及人员操作方便，经归类分析，对石油化工企业配置的灭火器类型、灭火能力提出了推荐性要求，以方便选用、维护和检修。

8.9.3 干粉灭火剂对扑救石油化工厂的初期火灾，尤其是用于气体火灾是一种灭火效果好、速度快的有效灭火剂，但扑救后易于复燃，故宜与氟蛋白泡沫灭火系统联用。大型干粉灭火设备普遍设置为移动式干粉车，用于扑救工艺装置的初期火灾及液化烃罐区火灾效果较好。

固定式系统一般用于某些物质的储存、装卸等的封闭场所及室外需重点保护的场所。干粉灭火系统的设计按现行国家标准《干粉灭火系统设计规范》GB 50347 的有关规定执行。

8.9.4 铁路装卸栈台易起火部位是装卸口，尤其是在装车时产生静电，槽车罐口起火曾多次发生。灭火方法可用干粉或盖上罐口。槽车长度一般为 12m，故提出每隔 12m 栈台上下各设灭火器。在停工检修管道时有可能发生小火，一般只在检修地点临时配置灭火器。

8.9.5 储罐区很少发生小火，现各厂大多不配置灭火器或配置数量较少。在停工检修管道时有可能发生小火，一般只在检修地点临时配置灭火器。考虑罐区泄漏点多发生在阀组附近，故提出灭火器的配置总量还应按储罐个数进行核算，每个储罐配置灭火器的数量不宜超过 3 个。

8.9.6 据统计，14 个石油化工企业 12 年期间共发生装置火灾事故 167 起，从扑救手段分析，使用蒸汽灭火占 31%，切断油源自灭 16%，消防车出动灭火 13%，小型灭火器灭火 40%，又据某石化公司 2 年期间统计 69 起火灾事故中，使用小型灭火器成功扑救的 16 起，约占 23%，说明小型灭火器的重要作用。

8.10 液化烃罐区消防

8.10.1 液化烃罐包括全压力式、半冷冻式、全冷冻式储罐。

8.10.2 大多数石油化工企业设有消防站，配置一定数量的消防车，可以满足容量小于或等于 $100m^3$ 液化烃储罐的消防冷却要求。

8.10.3 ~ 8.10.5

1 消防冷却水的作用：

液化烃储罐火灾的根本灭火措施是切断气源。在气源无法切断时，要维持其稳定燃烧，同时对储罐进行水冷却，确保罐壁温度不致过高，从而使罐壁强度不降低，罐内压力也不升高，可使事故不扩大。

2 火焰烘烤下，储罐的罐壁受热状态：

对湿罐壁（即储罐内液面以下罐壁部分）的影响：湿壁受热后，热量可通过罐壁传到罐内液体，使液体蒸发带走传人的热量，液体温度将维持在与其压力相对应的饱和温度。湿壁本身只有较小的温升，一般不会导致金属强度的降低而造成储罐被破坏。

对干罐壁（罐内液面以上罐壁部分）的影响：干壁受热后罐内为气体，不能及时将热量传出，将导致罐壁温度升高、金属强度降低而使储罐遭到破坏。火焰烘烤下，干壁被破坏的危险性比湿壁更大。

3 国内对液化烃储罐火灾受热喷水保护试验的结论：

1）储罐火灾喷水冷却，对应喷水强度 5.5 ~ $10L/min \cdot m^2$ 湿壁热通量比不喷水降低约 70% ~ 85%；

2）储罐被火焰包围，喷水冷却干壁强度在 $6L/min \cdot m^2$ 时，可以控制壁温不超过 100℃；

3）喷水强度取 $10L/min \cdot m^2$ 较为稳妥可靠。

4 国外有关标准的规定：

国外液化烃储罐固定消防冷却水的设置情况一般为：冷却水供给强度除法国标准规定较低外，其余均在 6 ~ $10L/min \cdot m^2$。美国某工程公司规定，有辅助水枪供水，其强度可降低到 $4.07L/min \cdot m^2$。

关于连续供水时间。美国规定要持续几小时，日本规定至少 20min，其他无明确规定。日本之所以规定 20min，是考虑 20min 后消防队已到火场，有消防供水可用。

对着火邻罐的冷却及冷却范围除法国有所规定外，其他国家多未述及。

8.10.6　单防罐罐顶部的安全阀及进出罐管道易泄漏发生火灾，同时考虑罐顶受到的辐射热较大，参考 API Std 2510A Fire Protection Considerations for the Design and Operation of Liquefied Petroleurn Gas(LPG) Storage Facilities《液化石油气储存设施设计和操作的防火条件》标准，冷却水强度取 4L/min·m^2。罐壁冷却主要是为了保护罐外壁在着火时不被破坏，保护隔热材料，使罐内的介质稳定气化，不至于引起更大的破坏。按照单防罐着火的情形，罐壁的消防冷却水供给强度按一般立式罐考虑。

对于双防罐、全防罐由于外部为混凝土结构，一般不需设置固定消防喷水冷却水系统，只是在易发生火灾的安全阀及沿进出罐管道处设置水喷雾系统进行冷却保护。在罐组周围设置消火栓和消防炮，既可用于加强保护管架及罐顶部的阀组，又可根据需要对罐壁进行冷却。

美国《石油化工厂防火手册》曾介绍一例储罐火灾：A 罐装丙烷 8000m^3，B 罐装丙烷 8900m^3，C 罐装丁烷 4400m^3，A 罐超压，顶壁结合处开裂 180°，大量蒸气外溢、5s 后遇火点燃。A 罐烧了 35.5h 后损坏；B、C 罐顶部阀件烧坏，造成气体泄漏燃烧，B 罐切断阀无法关闭烧 6 天，C 罐充 N_2 并抽料，3 天后关闭切断阀火灭。B、C 罐罐壁损坏较小，隔热层损坏大。该案例中仅由消防车供水冷却即控制了火灾，推算供水量小于 200L/s。

8.10.8　丁二烯或比丁烷分子量高的碳氢化合物燃烧时，会在钢的表面形成抗湿的炭沉积，应采用具有冲击作用的水喷雾系统。

8.10.10　本条对全压力式、半冷冻式液化烃储罐固定式消防冷却水管道设置作出规定。

第 1 款：供水竖管采用两条对称布置，以保证水压均衡，罐表面积的冷却水强度相同。

第 3 款：阀门设于防火堤外距罐壁 15m 以外的地点，火灾时不影响开阀供冷却水。罐区面积大或罐多时，手动操作阀门需时间长，此种情况下可采用遥控。当储罐容积大于等于 1000m^3 时，考虑到罐容积大，若不及时冷却，造成后果严重，要求控制阀为遥控操作。

第 4 款：控制阀后的管道长期不充水，易受腐蚀。若用普通钢管，多年后管内部锈蚀成片脱落堵塞管道，故要求用镀锌管。

8.10.13　本条规定的冷却水供给强度不宜小于 6L/min·m^2，是根据现行国家标准《水喷雾灭火系统设计规范》GB 50219 的规定，全压力式及半冷冻式液氨储罐属于该规范中表 3.1.2 规定的甲乙丙类液体储罐。

8.11　建筑物内消防

8.11.1　本条是参照现行国家标准《建筑设计防火规范》GB 50016 有关条款并结合石油化工企业的厂房、仓库、控制室、办公楼等的特点，提出了建筑物消防设施的设置原则。

8.11.2　室内消火栓是主要的室内消防设备，其设置合理与否直接影响灭火效果，为此本条提出了室内消火栓的设置要求。

第 1 款：可燃液体、气体一旦发生泄漏火灾，火势猛烈，对小厂房，着火后人员无法进入室内使用消火栓扑救，故当厂房长度小于 30m 时可不设。

第 3 款：为了便于消防人员火灾时使用，要求多层厂房和高层厂房楼梯间应设半固定式消防竖管。

第 4 款：要求室内消火栓给水系统与自动喷水系统应在报警阀前分开设置，是为了防止消火栓用水影响自动喷水灭火设备用水或防止消火栓漏水引起自动喷水灭火系统误报警、误动作。

第 5 款：由于石油化工厂一般均采用稳高压消防给水系统，为了便于室内人员安全操作水枪，要求消火栓口处压力大于 0.50MPa 时需设置减压设施。为防止热设备受到直流水柱冲击后急冷受损，扩大泄漏事故，故要求水枪具有喷射雾化水流功能。为了便于人员安全操作宜选用带消防软管卷盘的型式的室内消火栓。

8.11.3　石油化工企业控制室、机柜间、变配电所与一般计算机房相比具有其特殊性，不要求设置固定自动气体灭火装置理由如下：

1　石油化工厂控制室 24h 有人值班，出现火情，值班人员能及时发现，尽快扑救；

2　各建筑物均按照国家有关规范要求设有火灾自动报警系统，如变配电所、机柜间和电缆夹层等空间发生火情，火灾探测系统能及时向 24h 有人值班的场所报警，使相关人员及时采取措施；

3　固定的气体灭火设施一旦启动，需要控制室内值班人员立即撤离，可能导致装置控制系统因无人监护而瘫痪，引发二次火灾或造成更大事故；

4　本规范对控制室、机柜室、变配电所的建筑防火、平面布置、设备选用等均提出了明确的防火要求，加强了建筑物的自身安全性。

8.11.4　石油化工企业大型化致使合成纤维、合成橡胶、合成树脂及塑料仓库面积大幅增加，该类产品的火灾危险性属丙类可燃固体。为了及时扑灭可能发生的初期火灾，宜采用早期抑制快速响应喷头的自动喷水灭火系统，并应采取防冻措施，确保冬季系统的可靠运行。

要求自动喷水灭火系统应由厂区稳高压消防给水系统供水，是因为石化企业设置的独立稳高压消防给水系统具有可靠的水量水压保证。

为了节省占地，某些企业采用高架仓库，这相对增加了火灾危险性。考虑石油化工行业发展的需要，保证安全生产，参照国内外相关规范及实际的做法，提出了本条要求。

8.11.5　聚乙烯，聚丙烯等聚烯烃装置的挤压造粒厂房一般为封闭式高层厂房。通常上层为固体添加剂加料器，往下依次经计量、螺杆加料、与树脂掺混后进入到布置在一层的挤压造粒机，经熔融挤压切粒后变为塑料颗粒产品。添加剂的加料口设有防止粉尘逸散的设施。整个生产过程都是密闭操作，并设有氮封系统。挤压造粒机模头通常用高压蒸汽加热。根据需要，有时采用丙$_B$类重油作为热油加热介质。

挤压造粒厂房的生产物料主要是属于火灾危险性丙类的聚烯烃类塑料产品，由于整个生产过程都是在设备内密闭操作，不会接触到点火源，多年来该类厂房也从未发生过火灾事故。此类厂房不属于劳动密集型或生产人员集中场所，厂房内空间体积大，易于发现火情和疏散与扑救。因此，要求厂房内设置火灾自动报警系统，并设置室内消火栓、消防软管卷盘或轻便消防水龙和灭火器等消防设施可满足消防要求。

8.11.6　烷基铝(烷基锂)是聚丙烯、低压聚乙烯、全密度聚乙烯、橡胶等装置的助催化剂，具有遇空气自燃、遇水激烈燃烧或爆炸特性。以前，在配制间曾不止一次发生因阀门操作不当引发火灾的事故。经试验，该物质应采用D类干粉扑救。国内引进的多套装置目前均设有局部喷射式D类干粉灭火装置，故本条作此规定。

在启动局部喷射式D类干粉灭火装置前，应首先关闭烷基铝设备的紧急切断阀。

8.11.7　烷基铝储存仓库只是作为储存场所，不需要进行开关阀门等生产操作，发生烷基铝泄漏引发火灾的几率很小。因此，可采用干砂、蛭石、D类干粉灭火器等灭火设施。

8.12　火灾报警系统

8.12.1　在石油化工企业的火灾危险场所设置火灾报警系统可及时发现和通报初期火灾，防止火灾蔓延和重大火灾事故的发生。火灾自动报警系统和火灾电话报警，以及可燃和有毒气体检测报警系统、电视监视系统(CCTV)等均属于石油化工企业安全防范和消防监测的手段和设施，在系统设置、功能配置、联动控制等方面应有机结合，综合考虑，以增强安全防范和消防监测的效果。

8.12.2　本条规定了火灾电话报警的设计原则：

1　设置无线通信设备，是因为随着无线通信技术的发展，其所具有可移动的优点，已经成为石油化工企业内对于火灾受警、确认和扑救指挥有效的通信工具。

2　“直通的专用电话”是指在两个工作岗位之间成对设置的电话机，摘机即通，专门用于两个或多个工作岗位之间的电话通讯联系，一般通过程控交换机的热线功能实现。因为当石化企业发生火灾时，尤其是工艺装置火灾，需要从生产工艺角度采取切断物料及卸料等紧急措施，需要生产操作人员与消防人员及时电话通信联系，密切配合，以防止火灾的蔓延与次生灾害的发生。

8.12.3　本条规定了火灾自动报警系统的设计原则：

第1款和第2款：对于石油化工企业内火灾自动报警系统的设计应全盘考虑，各个石油化工装置、辅助生产设施、全厂性重要设施和区域性重要设施所设置的区域性火灾自动报警系统宜通过光纤通信网络连接到全厂性消防控制中心，使其构成一套全厂性的火灾自动报警系统。

强调火灾自动报警系统的网络集成功能是因为现代化石油化工企业的特点是高度集成的流程工业，局部的火灾危险往往会造成大面积的灾害，而集成化的火灾自动报警系统能很好地指挥和调动消防的力量和及时有效地扑救。

第5款："重要的火灾报警点"主要是指大型的液化烃及可燃液体罐区、加热炉、可燃气体压缩机及火炬头等场所。

第6款："重要的火灾危险场所"是指当发生火灾时，有可能造成重大人身伤亡和需要进行人员紧急疏散和统一指挥的场所。在工艺生产装置区内，火灾自动报警系统的警报设施可采用生产扩音对讲系统来替代，因为生产扩音对讲系统具有在确认火灾后能够切换到消防应急广播状态的功能。

8.12.4 装置及储运设施多已采用DCS控制，且伴随着石油化工装置的大型化，中央控制室距离所控制的装置及储运设施越来越远，现场值班的人员很少，为发现火灾时能及时报警，要求在甲乙类装置区四周道路边、罐区四周道路边等场所设置手动火灾报警按钮。

8.12.5 在罐区浮顶罐的密封圈处推荐设置无电型的线型光纤光栅感温火灾探测器或其他类型的线型感温火灾探测器，既可以监视密封圈处的温度值又可设定超温火灾报警，该类型的线型感温火灾探测器目前在石油化工企业已取得了较好的应用业绩。

储罐上的光纤型感温探测器应设置在储罐浮顶的二次密封圈处。当采用光纤光栅型感温探测器时，光栅探测器的间距不应大于3m。储罐的光纤感温探测器应根据消防灭火系统的要求进行报警分区，每台储罐至少应设置一个报警分区。

9 电气

9.1 消防电源、配电及一般要求

9.1.4 某石油化工企业石油气车间压缩厂房内的电缆沟未填砂，裂解气通过电缆沟窜进配电室遇电火花而引起配电室爆炸。事故后在电缆沟内填满了砂，并且将电缆沟通向配电室的孔洞密封住，这类事故没有再发生过。某氮肥厂合成车间发生爆炸事故时，与厂房相邻的地区总变电所墙被炸倒，因通向变电所的电缆沟未填砂，爆炸发生时，气浪由地沟窜进变压器室，将地沟盖板炸翻，站在盖板上的3人受伤。某化工厂氮氢压缩机厂房外有盖的电缆沟，沟最低点排水管接到污水下水井内，因压缩机段间分油罐的油水也排入污水井内，氢气窜进电缆沟内由电火花引起电缆沟爆炸。所以要求有防止可燃气体沉积和污水流渗沟内的措施。一般做法是：电缆沟填满砂，沟盖用水泥抹死，管沟设有高出地坪的防水台以及加水封设施，防止污水井可燃气体窜进电缆沟内等。在电缆沟进入变配电所前设沉砂井，井内黄砂下沉后再补充新砂，效果较好。

9.3 静电接地

9.3.2 过去聚烯烃树脂处理、输送、掺混储存系统由于静电接地系统不完善，发生过料仓静电燃爆事故。因此在物料处理系统和料仓内严禁出现不接地的孤立导体，如排风过滤器的紧固件、管道或软连接管的紧固件、振动筛的软连接、临时接料的手推车或器具等。料仓内若有金属突出物，必须作防静电处理。

4. 石油天然气工程设计防火规范

（GB 50183—2004
代替 GB 50183—93）

目　录

1 总 则

1.0.1 为了在石油天然气工程设计中贯彻“预防为主，防消结合”的方针，规范设计要求，防止和减少火灾损失，保障人身和财产安全，制定本规范。

1.0.2 本规范适用于新建、扩建、改建的陆上油气田工程、管道站场工程和海洋油气田陆上终端工程的防火设计。

1.0.3 石油天然气工程防火设计，必须遵守国家有关方针政策，结合实际，正确处理生产和安全的关系，积极采用先进的防火和灭火技术，做到保障安全生产，经济实用。

1.0.4 石油天然气工程防火设计除执行本规范外，尚应符合国家现行的有关强制性标准的规定。

2 术 语

2.1 石油天然气及火灾危险性术语

2.1.1 油品 oil

系指原油、石油产品（汽油、煤油、柴油、石脑油等）、稳定轻烃和稳定凝析油。

2.1.2 原油 crude oil

油井采出的以烃类为主的液态混合物。

2.1.3 天然气凝液 natural gas liquids(NGL)

从天然气中回收的且未经稳定处理的液体烃类混合物的总称，一般包括乙烷、液化石油气和稳定轻烃成分。也称混合轻烃。

2.1.4 液化石油气 liquefied petroleum gas(LPG)

常温常压下为气态，经压缩或冷却后为液态的丙烷、丁烷及其混合物。

2.1.5 稳定轻烃 natural gasoline

从天然气凝液中提取的，以戊烷及更重的烃类为主要成分的油品，其终沸点不高于190℃，在规定的蒸气压下，允许含有少量丁烷。也称天然汽油。

2.1.6 未稳定凝析油 gas condensate

从凝析气中分离出的未经稳定的烃类液体。

2.1.7 稳定凝析油 stabilized gas condensate

从未稳定凝析油中提取的，以戊烷及更重的烃类为主要成分的油品。

2.1.8 液化天然气 liquefied natural gas(LNG)

主要由甲烷组成的液态流体，并且包含少量的乙烷、丙烷、氮和其他成分。

2.1.9 沸溢性油品 boil over

含水并在燃烧时具有热波特性的油品，如原油、渣油、重油等。

2.2 消防冷却水和灭火系统术语

2.2.1 固定式消防冷却水系统 fixed water cooling fire systems

由固定消防水池（罐）、消防水泵、消防给水管网及储罐上设置的固定冷却水喷淋装置组成的消防冷却水系统。

2.2.2 半固定式消防冷却水系统 semi - fixed water cooling fire systems

站场设置固定消防给水管网和消火栓，火灾时由消防车或消防泵加压，通过水带和水枪喷水冷却的消防冷却水系统。

2.2.3 移动式消防冷却水系统 mobile water cooling fire systems

站场不设消防水源，火灾时消防车由其他水源取水，通过车载水龙带和水枪喷水冷却的消防冷却水系统。

2.2.4 低倍数泡沫灭火系统 low - expansion foam fire extinguishing systems

发泡倍数不大于20的泡沫灭火系统。

2.2.5 固定式低倍数泡沫灭火系统 fixed low - expansion foam fire extinguishing systems

由固定泡沫消防泵、泡沫比例混合器、泡沫混合液管道以及储罐上设置的固定空气泡沫产生器组成的低倍数泡沫灭火系统。

2.2.6 半固定式低倍数泡沫灭火系统 semi - fixed low - expansion foam fire extinguishing systems

储罐上设置固定的空气泡沫产生器，灭火时由泡沫消防车或机动泵通过水龙带供给泡沫混合液的低倍数泡沫灭火系统。

2.2.7 移动式低倍数泡沫灭火系统 mobile low - expansion foam fire extinguishing systems

灭火时由泡沫消防车通过车载水龙带和泡沫产生装置供应泡沫的低倍数泡沫灭火系统。

2.2.8 烟雾灭火系统 smoke fire extinguishing systems

由烟雾产生器、探测引燃装置、喷射装置等组成，在发生火灾后，能自动向储罐内喷射灭火烟雾的灭火系统。

2.2.9 干粉灭火系统 dry - powder fire extinguishing systems

由干粉储存装置、驱动装置、管道、喷射装置、火灾报警及联动控制装置等组成，能自动或手动向被保护对象喷射干粉灭火剂的灭火系统。

2.3 油气生产设施术语

2.3.1 石油天然气站场 petroleum and gas station

具有石油天然气收集、净化处理、储运功能的站、库、厂、场、油气井的统称，简称油气站场或站场。

2.3.2 油品站场 oil station。

具有原油收集、净化处理和储运功能的站场或天然汽油、稳定凝析油储运功能的站场以及具有成品油管输功能的站场。

2.3.3 天然气站场 natural gas station

具有天然气收集、输送。净化处理功能的站场。

2.3.4 液化石油气和天然气凝液站场 LPG and NGL station

具有液化石油气、天然气凝液和凝析油生产与储运功能的站场。

2.3.5 液化天然气站场 liquefied natural gas(LNG)station

用于储存液化天然气，并能处理、液化或气化天然气的站场。

2.3.6 油罐组 a group of tanks

由一条闭合防火堤围成的一个或几个油罐组成的储罐单元。

2.3.7 油罐区 tank farm

由一个或若干个油罐组组成的储油罐区域。

2.3.8 浅盘式内浮顶油罐 internal floating roof tank with shallow plate

钢制浮盘不设浮舱且边缘板高度不大于0.5m的内浮顶油罐。

2.3.9 常压储罐 atmospheric tank

设计压力从大气压力到6.9kPa(表压，在罐顶计)的储罐。

2.3.10 低压储罐 low - pressure tank

设计承受内压力大于6.9kPa到103.4kPa(表压，在罐顶计)的储罐。

2.3.11 压力储罐 pressure tank

设计承受内压力大于等于0.1MPa(表压，在罐顶计)的储罐。

2.3.12 防火堤 dike

油罐组在油罐发生泄漏事故时防止油品外流的构筑物。

2.3.13 隔堤 dividing dike

为减少油罐发生少量泄漏(如冒顶)事故时的污染范围，而将一个油罐组的多个油罐分成若干分区的构筑物。

2.3.14 集中控制室 control centre

站场中集中安装显示、打印、测控设备的房间。

2.3.15 仪表控制间 instrument control room

站场中各单元装置安装测控设备的房间。

2.3.16 油罐容量 nominal volume of tank

经计算并圆整后的油罐公称容量。

2.3.17 天然气处理厂 natural gas treating plant

对天然气进行脱水、凝液回收和产品分馏的工厂。

2.3.18 天然气净化厂 natural gas conditioning plant

对天然气进行脱硫、脱水、硫磺回收、尾气处理的工厂。

2.3.19 天然气脱硫站 natural gas sulphur removal station

在油气田分散设置对天然气进行脱硫的站场。

2.3.20 天然气脱水站 natural gas dehydration station

在油气田分散设置对天然气进行脱水的站场。

3 基本规定

3.1 石油天然气火灾危险性分类

3.1.1 石油天然气火灾危险性分类应符合下列规定：

1 石油天然气火灾危险性应按表 3.1.1 分类。

表 3.1.1 石油天然气火灾危险性分类

类别		特征
甲	A	37.8℃时蒸气压力 >200kPa 的液态烃
	B	1. 闪点 <28℃的液体(甲$_A$ 类和液化天然气除外) 2. 爆炸下限 <10%(体积百分比)的气体
乙	A	1. 闪点≥28℃至 <45℃的液体 2. 爆炸下限≥10%的气体
	B	闪点≥45℃至 <60℃的液体
丙	A	闪点≥60℃至≤120℃的液体
	B	闪点 >120℃的液体

2 操作温度超过其闪点的乙类液体应视为甲$_B$ 类液体。

3 操作温度超过其闪点的丙类液体应视为乙$_A$ 类液体。

4 在原油储运系统中，闪点等于或大于 60℃、且初馏点等于或大于 180℃的原油，宜划为丙类。

注：石油天然气火灾危险性分类举例见附录 A。

3.2 石油天然气站场等级划分

3.2.1 石油天然气站场内同时储存或生产油品、液化石油气和天然气凝液、天然气等两类以上石油天然气产品时，应按其中等级较高者确定。

3.2.2 油品、液化石油气、天然气凝液站场按储罐总容量划分等级时，应符合表 3.2.2 的规定。

表 3.2.2 油品、液化石油气、天然气凝液站场分级

等级	油品储存总容量 V_p/m^3	液化石油气、天然气凝液储存总容量 V_1/m^3
一级	$V_p \geqslant 100000$	$V_1 > 5000$
二级	$30000 \leqslant V_p < 100000$	$2500 < V_1 \leqslant 5000$
三级	$4000 < V_p < 30000$	$1000 < V_1 \leqslant 2500$
四级	$500 < V_p \leqslant 4000$	$200 < V_1 \leqslant 1000$
五级	$V_p \leqslant 500$	$V_1 \leqslant 200$

注：油品储存总容量包括油品储罐、不稳定原油作业罐和原油事故罐的容量，不包括零位罐、污油罐、自用油罐以及污水沉降罐的容量。

3.2.3 天然气站场按生产规模划分等级时，应符合下列规定：

1 生产规模大于或等于 $100\times10^4m^3/d$ 的天然气净化厂、天然气处理厂和生产规模大于或等于 $400\times10^4m^3/d$ 的天然气脱硫站、脱水站定为三级站场。

2 生产规模小于 $100\times10^4m^3/d$，大于或等于 $50\times10^4m^3/d$ 的天然气净化厂、天然气处理厂和生产规模小于 $400\times10^4m^3/d$，大于或等于 $200\times10^4m^3/d$ 的天然气脱硫站、脱水站及生产规模大于 $50\times10^4m^3/d$ 的天然气压气站、注气站定为四级站场。

3 生产规模小于 $50\times10^4m^3/d$ 的天然气净化厂、天然气处理厂和生产规模小于 $200\times10^4m^3/d$ 的天然气脱硫站、脱水站及生产规模小于或等于 $50\times10^4m^3/d$ 的天然气压气站、注气站定为五级站场。

集气、输气工程中任何生产规模的集气站、计量站、输气站(压气站除外)、清管站、配气站等定为五级站场。

4 区域布置

4.0.1 区域布置应根据石油天然气站场、相邻企业和设施的特点及火灾危险性，结合地形与风向等因素，合理布置。

4.0.2 石油天然气站场宜布置在城镇和居住区的全年最小频率风向的上风侧。在山区、丘陵地区建设站场，宜避开窝风地段。

4.0.3 油品、液化石油气、天然气凝液站场的生产区沿江河岸布置时，宜位于邻近江河的城镇、重要桥梁、大型锚地、船厂等重要建筑物或构筑物的下游。

4.0.4 石油天然气站场与周围居住区、相邻厂矿企业、交通线等的防火间距，不应小于表 4.0.4 的规定。

火炬的防火间距应经辐射热计算确定，对可能携带可燃液体的火炬的防火间距，尚不应小于表 4.0.4 的规定。

4.0.5 石油天然气站场与相邻厂矿企业的石油天然气站场毗邻建设时，其防火间距可按本规范表 5.2.1、表 5.2.3 的规定执行。

4.0.6 为钻井和采输服务的机修厂、管子站、供应站、运输站、仓库等辅助生产厂、站应按相邻厂矿企业确定防火间距。

4.0.7 油气井与周围建(构)筑物、设施的防火间距应按表 4.0.7 的规定执行，自喷油井应在一、二、三、四级石油天然气站场围墙以外。

4.0.8 火炬和放空管宜位于石油天然气站场生产区最小频率风向的上风侧，且宜布置在站场外地势较高处。火炬和放空管与石油天然气站场的间距：火炬由本规范第 5.2.1 条确定；放空管放空量等于或小于 $1.2\times10^4m^3/h$ 时，不应小于 10m；放空量大于 $1.2\times10^4m^3/h$ 且等于或小于 $4\times10^4m^3/h$ 时，不应小于 40m。

表 4.0.4 石油天然气站场区域布置防火间距(m)

序号		1	2	3	4	5	6	7	8	9	10	11	12	13
名称		100 人以上的居住区、村镇、公共福利设施	100 人以下的散居房屋	相邻厂矿企业	铁路		公路		5kV 及以上独立变电所	架空电力线路		架空通信线路		爆炸作业场地(如采石场)
					国家铁路线	工业企业铁路线	高速公路	其他公路		35kV 及以上	35kV 以下	国家Ⅰ、Ⅱ级	其他通信线路	
油品站场、天然气站场	一级	100	75	70	50	40	35	25	60	1.5 倍杆高且不小于 30m	1.5 倍杆高	40	1.5 倍杆高	300
	二级	80	60	60	45	35	30	20	50					
	三级	60	45	50	40	30	25	15	40					
	四级	40	35	40	35	25	20	15	40					
	五级	30	30	30	30	20	20	10	30	1.5 倍杆高		1.5 倍杆高		
液化石油气和天然气凝液站场	一级	120	90	120	60	55	40	30	80	40	1.5 倍杆高	40	1.5 倍杆高	300
	二级	100	75	100	60	50	40	30	80					
	三级	80	60	80	50	45	35	25	70					
	四级	60	50	60	50	40	35	25	60	1.5 倍杆高且不小于 30m				
	五级	50	45	50	40	35	30	20	50	1.5 倍杆高				
可能携带可燃液体的火炬		120	120	120	80	80	80	60	120	80	80	80	60	300

注:1 表中数值系指石油天然气站场内甲、乙类储罐外壁与周围居住区、相邻厂矿企业、交通线等的防火间距,油气处理设备、装卸区、容器、厂房与序号 1 ~ 8 的防火间距可按本表减少 25%。单罐容量小于或等于 50m³ 的直埋卧式油罐与序号 1 ~ 12 的防火间距可减少 50%,但不得小于 15m(五级油品站场与其他公路的距离除外)。

2 油品站场当仅储存丙$_A$ 或丙$_A$ 和丙$_B$ 类油晶时,序号 1、2、3 的距离可减少 25%,当仅储存丙$_B$ 类油品时,可不受本表限制。

3 表中 35kV 及以上独立变电所系指变电所内单台变压器容量在 10000kV · A 及以上的变电所,小于 10000kV · A 的 35kV 变电所防火间距可按本表减少 25%。

4 注 1 ~ 注 3 所述折减不得迭加。

5 放空管可按本表中可能携带可燃液体的火炬间距减少 50%。

6 当油罐区按本规范 8.4.10 规定采用烟雾灭火时,四级油品站场的油罐区与 100 人以上的居住区、村镇、公共福利设施的防火间距不应小于 50m。

7 防火间距的起算点应按本规范附录 B 执行。

表 4.0.7 油气井与周围建(构)筑物、设施的防火间距(m)

名称		自喷油井、气井、注气井	机械采油井
一、二、三、四级石油天然气站场储罐及甲、乙类容器		40	20
100人以上的居住区、村镇、公共福利设施		45	25
相邻厂矿企业		40	20
铁路	国家铁路线	40	20
	工业企业铁路线	30	15
公路	高速公路	30	20
	其他公路	15	10
架空通信线	国家一、二级	40	20
	其他通信线	15	10
35kV及以上独立变电所		40	20
架空电力线	35kV以下	1.5倍杆高	
	35kV及以上		

注:1. 当气井关井压力或注气井注气压力超过25MPa时,与100人以上的居住区、村镇、公共福利设施及相邻厂矿企业的防火间距,应按本表规定增加50%。

2. 无自喷能力且井场没有储罐和工艺容器的油井按本表执行有困难时,防火间距可适当缩小,但应满足修井作业要求。

5 石油天然气站场总平面布置

5.1 一般规定

5.1.1 石油天然气站场总平面布置,应根据其生产工艺特点、火灾危险性等级、功能要求,结合地形、风向等条件,经技术经济比较确定。

5.1.2 石油天然气站场总平面布置应符合下列规定:

1 可能散发可燃气体的场所和设施,宜布置在人员集中场所及明火或散发火花地点的全年最小频率风向的上风侧。

2 甲、乙类液体储罐,宜布置在站场地势较低处。当受条件限制或有特殊工艺要求时,可布置在地势较高处,但应采取有效的防止液体流散的措施。

3 当站场采用阶梯式竖向设计时,阶梯间应有防止泄漏可燃液体漫流的措施。

4 天然气凝液,甲、乙类油品储罐组,不宜紧靠排洪沟布置。

5.1.3 石油天然气站场内的锅炉房、35kV及以上的变(配)电所、加热炉、水套炉等有明火或散发火花的地点,宜布置在站场或油气生产区边缘。

5.1.4 空气分离装置,应布置在空气清洁地段并位于散发油气、粉尘等场所全年最小频率风向的下风侧。

5.1.5 汽车运输油品、天然气凝液、液化石油气和硫磺的装卸车场及硫磺仓库等,应布置在站场的边缘,独立成区,并宜设单独的出入口。

5.1.6 石油天然气站场内的油气管道,宜地上敷设。

5.1.7 一、二、三、四级石油天然气站场四周宜设不低于2.2m的非燃烧材料围墙或围栏。站场内变配电站(大于或等于35kV)应设不低于1.5m的围栏。

道路与围墙(栏)的间距不应小于1.5m;一、二、三级油气站场内甲、乙类设备、容器及生产建(构)筑物至围墙(栏)的间距不应小于5m。

5.1.8 石油天然气站场内的绿化,应符合下列规定:

1 生产区不应种植含油脂多的树木,宜选择含水分较多的树种。

2 工艺装置区或甲、乙类油品储罐组与其周围的消防车道之间,不应种植树木。

3　在油品储罐组内地面及土筑防火堤坡面可植生长高度不超过 0.15m、四季常绿的草皮。

4　液化石油气罐组防火堤或防护墙内严禁绿化。

5　站场内的绿化不应妨碍消防操作。

5.2　站场内部防火间距

5.2.1　一、二、三、四级石油天然气站场内总平面布置的防火间距除另有规定外．应不小于表 5.2.1 的规定。火炬的防火间距应经辐射热计算确定，对可能携带可燃液体的高架火炬还应满足表 5.2.1 的规定。

5.2.2　石油天然气站场内的甲、乙类工艺装置、联合工艺装置的防火间距，应符合下列规定：

1　装置与其外部的防火间距应按本规范表 5.2.1 中甲、乙类厂房和密闭工艺设备的规定执行。

2　装置间的防火间距应符合表 5.2.2－1 的规定。

3　装置内部的设备、建（构）筑物间的防火间距，应符合表 5.2.2－2 的规定。

表 5.2.2－1　装置间的防火间距（m）

火灾危险类别	甲$_A$类	甲$_B$、乙$_A$类	乙$_B$、丙类
甲$_A$类	25		
甲$_B$、乙$_A$类	20	20	
乙$_B$、丙类	15	15	10

注：表中数字为装置相邻面工艺设备或建（构）筑物的净距。工艺装置与工艺装置的明火加热炉相邻布置时，其防火间距应按与明火的防火间距确定。

表 5.2.2－2　装置内部的防火间距（m）

名　称		明火或散发火花的设备或场所	仪表控制间、10kV 及以下的变配电室、化验室、办公室	可燃气体压缩机或其厂房	中间储罐		
					甲$_A$类	甲$_B$、乙$_A$类	乙$_B$、丙类
仪表控制间、10kV 及以下的变配电室、化验室、办公室		15					
可燃气体压缩机或其厂房		15	15				
其他工艺设备及厂房	甲$_A$类	22.5	15	9	9	9	7.5
	甲$_B$、乙$_A$类	15	15	9	9	9	7.5
	乙$_B$、丙类	9	9	7.5	7.5	7.5	
中间储罐	甲$_A$类	22.5	22.5	15			
	甲$_B$、乙$_A$类	15	15	9			
	乙$_B$、丙类	9	9	7.5			

注：1. 由燃气轮机或天然气发动机直接拖动的天然气压缩机对明火或散发火花的设备或场所、仪表控制间等的防火间距按本表可燃气体压缩机或其厂房确定；对其他工艺设备及厂房、中间储罐的防火间距按本表明火或散发火花的设备或场所确定。

2. 加热炉与分离器组成的合一设备、三甘醇火焰加热再生釜、溶液脱硫的直接火焰加热重沸器等带有直接火焰加热的设备，应按明火或散发火花的设备或场所确定防火间距。

3. 克劳斯硫磺回收工艺的燃烧炉、再热炉、在线燃烧器等正压燃烧炉。其防火间距按其他工艺设备和厂房确定。

4. 表中的中间储罐的总容量：全压力式天然气凝液、液化石油气储罐应小于或等于 $100m^3$；甲$_B$、乙类液体储罐应小于或等于 $1000m^3$。当单个全压力式天然气凝液、液化石油气储罐小于 $50m^3$、甲$_B$、乙类液体储罐小于 $100m^3$ 时。可按其他工艺设备对待。

5. 含可燃液体的水池、隔油池等．可按本表其他工艺设备对待。

6. 缓冲罐与泵、零位罐与泵，除油池与污油提升泵，塔与塔底泵、回流泵，压缩机与其直接相关的附属设备，泵与密封漏油回收容器的防火间距可不受本表限制。

5.2.3　五级石油天然气站场总平面布置的防火间距。不应小于表 5.2.3 的规定。

表 5.2.1 一、二、三、四级油气站场总平面布置防火间距(m)

名称		地上油罐单罐容量/m³									全压力式天然气凝液、液化石油气储罐单罐容量/m³					全冷冻式液化石油气储罐	天然气储罐总容量/m³		甲、乙类厂房和密闭工艺装置(设备)	有明火的密闭工艺设备及加热炉	有明火或散发火花地点(含锅炉房)	敞口容器和除油池/m³		全厂性重要设施	液化石油气灌装站	火车装卸鹤管	汽车装卸鹤管	码头装卸油臂及泊位	辅助生产厂房及辅助生产设施	10kV及以下户外变压器
		甲$_B$、乙类固定顶				浮顶或丙类固定顶																								
		>10000	≤10000	≤1000	≤500或卧式罐	≥50000	<50000	≤10000	≤1000	≤500或卧式罐	>1000	≤1000	≤400	≤100	≤50		≤10000	≤50000				≤30	>30							
全压力式天然气凝液、液化石油气储罐单罐容量/m³	>1000	60	50	40	30		45	37	30	22																				
	≤1000	55	45	35	25		41	34	26	19																				
	≤400	50	40	30	25	*	37	30	22	19	见6.6节																			
	≤100	40	30	25	20		30	22	19	15																				
	≤50	35	25	20	20		26	19	15	15																				
全冷冻式液化石油气储罐		30	30	30	30	*	30	30	30	30	30	30	30	30	30															
天然气储罐总容量/m³	≤10000	30	25	20	15	35	30	25	20	15	55	50	45	40	35	40														
	≤50000	35	30	25	20	40	35	30	25	20	65	60	55	50	45	50														
甲、乙类厂房和密闭工艺装置(设备)		25	20	15	15/12	25	20	15	15/12		60	50	45	40	35	60	25	30												
有明火的密闭工艺设备及加热炉		40	35	30	25	35	30	26	22	19	85	75	65	55	45	60	30	35	20											
有明火或散发火花地点(含锅炉房)		45	40	35	30	40	35	30	26	22	100	80	70	60	50	60	30	35	25/20	20										
敞口容器和除油池/m³	≤30	28	24	20	16	24	20	18	16	12	44	40	36	32	30	40	25	30	—	25	25									
	>30	35	30	25	20	30	26	22	20	15	55	50	45	40	35	40	25	30	20	30	35									
全厂性重要设施		40	35	30	25	35	30	26	22	20	85	75	65	55	45	70	30	35	25	25	—	25	30							
液化石油气灌装站		35	30	25	20	30	26	22	20	15	50	40	30	25	20	45	20	25	25	30	30	25	30	50						
火车装卸鹤管		30	25	20	15	30	25	20	15	15	45	40	35	30	25	50	20	25	20	30	30	20	25	30	30					
汽车装卸鹤管		25	20	15	15	25	22	20	15	12	40	35	30	25	20	45	15	20	25/15	20	20	20	20	25	25	20				
码头装卸油臂及泊位		50	40	35	30	45	40	35	30	25	55	50	45	40	35	55	25	30	35	35	35	30	40	40	30	25	20			
辅助生产厂房及辅助生产设施		30	25	20	15	30	26	22	18	15	60	50	40	30	25	60	30	30	15	15	—	20	20	—	30	25	15	30		
10kV及以下户外变压器		30	25	20	15	30	26	22	18	15	65	60	50	40	40	60	30	35	15	15	—	25	25	—	35	30	20	30	—	
仓库	硫磺及其他甲、乙类物品	35	30	25	20	40	35	30	25	20	60	50	40	30	30	60	20	25	20	25	30	25	25	25	35	30	20	30	20	25
	丙类物品	30	25	20	15	35	30	25	20	15	50	40	30	25	25	50	20	25	15	20	25	15	20	20	30	20	15	20	15	20

续表

名称	地上油罐单罐容量/m^3									全压力式天然气凝液、液化石油气储罐单罐容量/m^3					全冷冻式液化石油气储罐	天然气储罐总容量/m^3		甲、乙类厂房和密闭工艺装置(设备)	有明火的密闭工艺设备及加热炉	有明火或散发火花地点(含锅炉房)	敞口容器和除油池/m^3		全厂性重要设施	液化石油气灌装站	火车装卸鹤管	汽车装卸鹤管	码头装卸油臂及泊位	辅助生产厂房及辅助生产设施	10kV及以下户外变压器
	甲$_B$、乙类固定顶				浮顶或丙类固定顶																								
	>10000	≤10000	≤1000	≤500或卧式罐	≥50000	<50000	≤10000	≤1000	≤500或卧式罐	>1000	≤1000	≤400	≤100	≤50		≤10000	≤50000				≤30	>30							
可能携带可燃液体的高架火炬	90	90	90	90	90	90	90	90	90	90	90	90	90	90	90	90	90	90	60	60	90	90	90	90	90	90	90	90	90

注:1. 两个丙类液体生产设施之间的防火间距,可按甲、乙类生产设施的防火间距减少25%。

2. 油田采出水处理设施内除油罐(沉降罐)、污油罐可按小于或等于$500m^3$的甲$_B$、乙类固定顶地上油罐的防火间距减少25%,污油泵(或泵房)的防火间距可按甲、乙类厂房和密闭工艺装置(设备)减少25%。

3. 缓冲罐与泵,零位罐与泵,除油池与污油提升泵,塔与塔底泵、回流泵,压缩机与其直接相关的附属设备,泵与密封漏油回收容器的防火间距不限。

4. 全厂性重要设施系指集中控制室、马达控制中心、消防泵房和消防器材间、35kV及以上的变电所、自备电站、化验室、总机房和厂部办公室,空压站和空分装置。

5. 辅助生产厂房及辅助生产设施系指维修间、车间办公室、工具间、换热站、供注水泵房、深井泵房、排涝泵房、仪表控制间、应急发电设施、阴极保护间、循环水泵房、给水处理与污水处理等使用非防爆电气设备的厂房和设施。

6. 天然气储罐总容量按标准体积计算。大于$50000m^3$时,防火间距应按本表增加25%。

7. 可能携带可燃液体的高架火炬与相关设施的防火间距不得折减。

8. 表中数字分子表示甲$_A$类,分母表示甲$_B$、乙类厂房和密闭工艺装置(设备)防火间距。

9. 液化石油气灌装站系指进行液化石油气灌瓶、加压及其有关的附属生产设施;灌装站内部防火间距应按本规范6.7节执行;灌装站防火间距起算点,按灌装站内相邻面的设备、容器、建(构)筑物外缘算起。

10. 事故存液池的防火间距,可按敞口容器和除油池的规定执行。

11. 表中"—"表示设施之间的防火间距应符合现行国家标准《建筑设计防火规范》的规定或设施间距只需满足安装、操作及维修要求;表中"*"表示本规范未涉及的内容。

表 5.2.3　五级油气站场防火间距/m

名称	油气井	露天油气密闭设备及阀组	可燃气体压缩机及压缩机房	天然气凝液泵、油泵及其泵房、阀组间	水套炉	加热炉、锅炉房	10kV及以下户外变压器、配电间	隔油池、事故污油池(罐)、卸油池/m^3		≤$500m^3$油罐(除甲$_A$类外)及装卸车鹤管	天然气凝液、液化石油气储罐/m^3			计量仪表间、值班室或配水间	辅助生产厂房及辅助生产设施	硫磺仓库
								≤30	>30		单罐且罐容量<50时	总容量≤100	100<总容量≤200,单罐容量≤100			
油气井																
露天油气密闭设备及阀组	5															

续表

名称	油气井	露天油气密闭设备及阀组	可燃气体压缩机及压缩机房	天然气凝液泵、油泵及其泵房、阀组间	水套炉	加热炉、锅炉房	10kV及以下户外变压器、配电间	隔油池、事故污油池(罐)、卸油池/m^3		≤500m^3油罐(除甲$_A$类外)及装卸车鹤管	天然气凝液、液化石油气储罐/m^3			计量仪表间、值班室或配水间	辅助生产厂房及辅助生产设施	硫磺仓库
								≤30	>30		单罐且罐容量<50时	总容量≤100	100<总容量≤200,单罐容量≤100			
可燃气体压缩机及压缩机房	20															
天然气凝液泵、油泵及其泵房、阀组间	20															
水套炉	9	5	15	15/10												
加热炉、锅炉房	20	10	15	22.5/15												
10kV及以下户外变压器、配电间	15	10	12	22.5/15	—	—										
隔油池、事故污油池(罐)、卸油池/m^3 ≤30	20	—	9	—	15	15	15									
隔油池、事故污油池(罐)、卸油池/m^3 >30		12	15	15	22.5	22.5	15									
≤500m^3油罐(除甲$_A$类外)及装卸车鹤管	15	10	15	10	15	20	15	15	15							
天然气凝液、液化石油气储罐/m^3 单罐且罐容量<50时	*	—	9	—	22.5	22.5	15	15	30	25						
天然气凝液、液化石油气储罐/m^3 总容量≤100		10	15	10	30	30	22.5	15	30	25						
天然气凝液、液化石油气储罐/m^3 100<总容量≤200,单罐容量≤100		30	30	30	40	40	40	30	30	30						
计量仪表间、值班室或配水间	9	5	10	10	10	10	—	10	15	15	22.5	22.5	40			
辅助生产厂房及辅助生产设施	20	12	15	15/10	—	—	—	15	22.5	15	22.5	30	40	—		
硫磺仓库	15	10	15	15	15	15	10	15	15	15	*			10	15	
污水池	5	5	5	5	5	5	5	5	5	5				10	10	5

注:1. 油罐与装车鹤管之间的防火间距。当采用自流装车时不受本表的限制。当采用压力装车时不应小于15m。

2. 加热炉与分离器组成的台一设备、三甘醇火焰加热再生釜、溶液脱硫的直接火焰加热重沸器等带有直接火焰加热的设备,应按水套炉确定防火间距。

3. 克劳斯硫磺回收工艺的燃烧炉、再热炉、在线燃烧器等正压燃烧炉。其防火间距可按露天油气密闭设备确定。

4. 35kV及以上的变配电所应按本规范表5.2.1的规定执行。

5. 辅助生产厂房系指发电机房及使用非防爆电气的厂房和设施,如:站内的维修间、化验间、工具间、供注水泵房、办公室、会议室、仪表控制间、药剂泵房、掺水泵房及掺水计量间、注汽设备、库房、空压机房、循环水泵房、空冷装置、污水泵房、卸药台等。

6. 计量仪表间系指油气井分井计量用计量仪表间。

7. 缓冲罐与泵、零位罐与泵、除油池与污油提升泵、压缩机与直接相关的附属设备、泵与密封漏油回收容器的防火间距不限。

8. 表中数字分子表示甲$_A$类,分母表示甲$_B$、乙类设施的防火间距。

9. 油田采出水处理设施内除油罐(沉降罐),污油罐的防火间距(油气井除外)可按≤500m^3油罐及装卸车鹤管的间距减少25%,污油泵(或泵房)的防火间距可按油泵及油泵房间距减少25%,但不应小于9m。

10. 表中"—"表示设施之间的防火间距应符合现行国家标准《建筑设计防火规范》的规定或者设施间距仅需满足安装、操作及维修要求;表中"*"表示本规范未涉及的内容。

5.2.4 五级油品站场和天然气站场值班休息室（宿舍、厨房、餐厅）距甲、乙类油品储罐不应小于30m，距甲、乙类工艺设备、容器、厂房、汽车装卸设施不应小于22.5m；当值班休息室朝向甲、乙类工艺设备、容器、厂房、汽车装卸设施的墙壁为耐火等级不低于二级的防火墙时，防火间距可减小。（储罐除外），但不应小于15m。并应方便人员在紧急情况下安全疏散。

5.2.5 天然气密闭隔氧水罐和天然气放空管排放口与明火或散发火花地点的防火间距不应小于25m，与非防爆厂房之间的防火间距不应小于12m。

5.2.6 加热炉附属的燃料气分液包、燃料气加热器等与加热炉的防火距离不限；燃料气分液包采用开式排放时，排放口距加热炉的防火间距应不小于15m。

5.3 站场内部道路

5.3.1 一、二、三级油气站场，至少应有两个通向外部道路的出入口。

5.3.2 油气站场内消防车道布置应符合下列要求：

1 油气站场储罐组宜设环形消防车道。四、五级油气站场或受地形等条件限制的一、二、三级油气站场内的油罐组，可设有回车场的尽头式消防车道，回车场的面积应按当地所配消防车辆车型确定，但不宜小于15m×15m。

2 储罐组消防车道与防火堤的外坡脚线之间的距离不应小于3m。储罐中心与最近的消防车道之间的距离不应大于80m。

3 铁路装卸设施应设消防车道，消防车道应与站场内道路构成环形，受条件限制的，可设有回车场的尽头车道，消防车道与装卸栈桥的距离不应大于80m且不应小于15m。

4 甲、乙类液体厂房及油气密闭工艺设备距消防车道的间距不宜小于5m。

5 消防车道的净空高度不应小于5m；一、二、三级油气站场消防车道转弯半径不应小于12m，纵向坡度不宜大于8%。

6 消防车道与站场内铁路平面相交时，交叉点应在铁路机车停车限界之外；平交的角度宜为90°，困难时，不应小于45°。

5.3.3 一级站场内消防车道的路面宽度不宜小于6m，若为单车道时，应有往返车辆错车通行的措施。

5.3.4 当道路高出附近地面2.5m以上，且在距道路边缘15m范围内有工艺装置或可燃气体、可燃液体储罐及管道时，应在该段道路的边缘设护墩、矮墙等防护设施。

6 石油天然气站场生产设施

6.1 一般规定

6.1.1 进出天然气站场的天然气管道应设截断阀，并应能在事故状况下易于接近且便于操作。三、四级站场的截断阀应有自动切断功能。当站场内有两套及两套以上天然气处理装置时，每套装置的天然气进出口管道均应设置截断阀。进站场天然气管道上的截断阀前应设泄压放空阀。

6.1.2 集中控制室设置非防爆仪表及电气设备时，应符合下列要求：

1 应位于爆炸危险范围以外。

2 含有甲、乙类油品、可燃气体的仪表引线不得直接引入室内。

6.1.3 仪表控制间设置非防爆仪表及电气设备时，应符合下列要求：

1 在使用或生产天然气凝液和液化石油气的场所，仪表控制间室内地坪宜比室外地坪高0.6m。

2 含有甲、乙类油品和可燃气体的仪表引线不宜直接引入室内。

3 当与甲、乙类生产厂房毗邻时，应采用无门窗洞口的防火墙隔开。当必须在防火墙上开窗时，应设固定甲级防火窗。

6.1.4 石油天然气的人工采样管道不得引入中心化验室。

6.1.5 石油天然气管道不得穿过与其无关的建筑物。

6.1.6 天然气凝液和液化石油气厂房、可燃气体压缩机厂房和其他建筑面积大于或等于150m² 的甲类火灾危险性厂房内，应设可燃气体检测报警装置。天然气凝液和液化石油气罐区、天然气凝液和凝析油回收装置的工艺设备区应设可燃气体检测报警装置。其他露天或棚式布置的甲类生产设施可不设可燃气体检测报警装置。

6.1.7 甲、乙类油品储罐、容器、工艺设备和甲、乙类地面管道当需要保温时，应采用非燃烧保温材料；低温保冷可采用泡沫塑料，但其保护层外壳应采用不燃烧材料。

6.1.8 甲、乙类油品储罐、容器、工艺设备的基础；甲、乙类地面管道的支、吊架和基础应采用非燃烧材料，但储罐底板垫层可采用沥青砂。

6.1.9 站场生产设备宜露天或棚式布置，受生产工艺或自然条件限制的设备可布置在建筑物内。

6.1.10 油品储罐应设液位计和高液位报警装置，必要时可设自动联锁切断进液装置。油品储罐宜设自动截油排水器。

6.1.11 含油污水应排入含油污水管道或工业下水道，其连接处应设水封井，并应采取防冻措施。含油污水管道在通过油气站场围墙处应设置水封井，水封井与围墙之间的排水管道应采用暗渠或暗管。

6.1.12 油品储罐进液管宜从罐体下部接入，若必须从上部接入，应延伸至距罐底200mm处。

6.1.13 总变(配)电所，变(配)电间的室内地坪应比室外地坪高0.6m。

6.1.14 站场内的电缆沟，应有防止可燃气体积聚及防止含可燃液体的污水进入沟内的措施。电缆沟通入变(配)电室、控制室的墙洞处，应填实、密封。

6.1.15 加热炉以天然气为燃料时，供气系统应符合下列要求：

1 宜烧干气，配气管网的设计压力不宜大于0.5MPa(表压)。

2 当使用有凝液析出的天然气作燃料时，管道上宜设置分液包。

3 加热炉炉膛内宜设常明灯，其气源可从燃料气调节阀前的管道上引向炉膛。

6.2 油气处理及增压设施

6.2.1 加热炉或锅炉燃料油的供油系统应符合下列要求：

1 燃料油泵和被加热的油气进、出口阀不应布置在烧火间内；当燃料油泵与烧火间毗邻布置时，应设防火墙。

2 当燃料油储罐总容积不大于20m^{3}时，与加热炉的防火间距不应小于8m；当大于20m^{3}至30m^{3}时，不应小于15m。燃料油储罐与燃料油泵的间距不限。

加热炉烧火口或防爆门不应直接朝向燃料油储罐。

6.2.2 输送甲、乙类液体的泵，可燃气体压缩机不得与空气压缩机同室布置。空气管道不得与可燃气体，甲、乙类液体管道固定相联。

6.2.3 甲、乙类液体泵房与变配电室或控制室相毗邻时，变配电室或控制室的门、窗应位于爆炸危险区范围之外。

6.2.4 甲、乙类油品泵宜露天或棚式布置。若在室内布置时，应符合下列要求：

1 液化石油气泵和天然气凝液泵超过2台时，与甲、乙类油品泵应分别布置在不同的房间内，各房间之间的隔墙应为防火墙。

2 甲、乙类油品泵房的地面不宜设地坑或地沟。泵房内应有防止可燃气体积聚的措施。

6.2.5 电动往复泵、齿轮泵或螺杆泵的出口管道上应设安全阀；安全阀放空管应接至泵入口管道上，并宜设事故停车联锁装置。

6.2.6 甲、乙类油品离心泵，天然气压缩机在停电、停气或操作不正常工作情况下，介质倒流有可能造成事故时，应在出口管道上安装止回阀。

6.2.7 负压原油稳定装置的负压系统应有防止空气进入系统的措施。

6.3 天然气处理及增压设施

6.3.1 可燃气体压缩机的布置及其厂房设计应符合下列规定：

1 可燃气体压缩机宜露天或棚式布置。

2 单机驱动功率等于或大于150kW的甲类气体压缩机厂房，不宜与其他甲、乙、丙类房间共用一幢建筑物；该压缩机的上方不得布置含甲、乙、丙类介质的设备，但自用的高位润滑油箱不受此限。

3 比空气轻的可燃气体压缩机棚或封闭式厂房的顶部应采取通风措施。

4 比空气轻的可燃气体压缩机厂房的楼板，宜部分采用箅子板。

5 比空气重的可燃气体压缩机厂房内，不宜设地坑或地沟，厂房内应有防止气体积聚的措施。

6.3.2 油气站场内，当使用内燃机驱动泵和天然气压缩机时，应符合下列要求：

1 内燃机排气管应有隔热层，出口处应设防火罩。当排气管穿过屋顶时，其管口应高出屋顶2m；当穿过侧墙时，排气方向应避开散发油气或有爆炸危险的场所。

2 内燃机的燃料油储罐宜露天设置。内燃机供油管道不应架空引至内燃机油箱。在靠近燃料油储罐出口和内燃机油箱进口处应分别设切断阀。

6.3.3 明火设备(不包括硫磺回收装置的主燃烧炉、再热炉等正压燃烧设备)应尽量靠近装置边缘集中布置，并应位于散发可燃气体的容器、机泵和其他设备的全年最小频率风向的下风侧。

6.3.4 石油天然气在线分析一次仪表间与工艺设备的防火间距不限。

6.3.5 布置在爆炸危险区内的非防爆型在线分析一次仪表间(箱)，应正压通风。

6.3.6 与反应炉等高温燃烧设备连接的非工艺用燃料气管道，应在进炉前设两个截断阀，两阀间应设检查阀。

6.3.7 进出装置的可燃气体、液化石油气、可燃液体的管道，在装置边界处应设截断阀和8字盲板或其他截断设施，确保装置检修安全。

6.3.8 可燃气体压缩机的吸入管道，应有防止产生负压的措施。多级压缩的可燃气体压缩机各段间，应设冷却和气液分离设备，防止气体带液进入气缸。

6.3.9 正压通风设施的取风口，宜位于含甲、乙类介质设备的全年最小频率风向的下风侧。取风口应高出爆炸危险区1.5m以上，并应高出地面9m。

6.3.10 硫磺成型装置的除尘设施严禁使用电除尘器，宜采用袋滤器。

6.3.11 液体硫磺储罐四周应设闭合的不燃烧材料防护墙，墙高应为1m。墙内容积不应小于一个最大液体硫磺储罐的容量；墙内侧至罐的净距不宜小于2m。

6.3.12 液体硫磺储罐与硫磺成型厂房之间应设有消防通道。

6.3.13 固体硫磺仓库的设计应符合下列要求：

1 宜为单层建筑。

2 每座仓库的总面积不应超过2000m²，且仓库内应设防火墙隔开，防火墙间的面积不应超过500m²。

3 仓库可与硫磺成型厂房毗邻布置，但必须设置防火隔墙。

6.4 油田采出水处理设施

6.4.1 沉降罐顶部积油厚度不应超过0.8m。

6.4.2 采用天然气密封工艺的采出水处理设施，区域布置应按四级站场确定防火间距。其他采出水处理设施区域布置应按五级站场确定防火间距。

6.4.3 采用天然气密封工艺的采出水处理设施，平面布置应符合本规范第5.2.1条的规定。其他采出水处理设施平面布置应符合本规范第5.2.3条的规定。

6.4.4 污油罐及污水沉降罐顶部应设呼吸阀、阻火器及液压安全阀。

6.4.5 采用收油槽自动回收污油，顶部积油厚度不超过0.8m的沉降罐可不设防火堤。

6.4.6 容积小于或等于200m²，并且单独布置的污油罐，可不设防火堤。

6.4.7 半地下式污油污水泵房应配置机械通风设施。

6.4.8 采用天然气密封的罐应满足下列规定：

1 罐顶必须设置液压安全阀。同时配备阻火器。

2 罐顶部透光孔不得采用活动盖板，气体置换孔必须加设阀门。

3　储罐应设高、低液位报警和液位显示装置，并将报警及液位显示信号传至值班室。

4　罐上经常与大气相通的管道应设阻火器及水封装置，水封高度应根据密闭系统工作压力确定。不得小于250mm。水封装置应有补水设施。

5　多座水罐共用一条干管调压时，每座罐的支管上应设截断阀和阻火器。

6.5　油罐区

6.5.1　油品储罐应为地上式钢罐。

6.5.2　油品储罐应分组布置并符合下列规定：

1　在同一罐组内，宜布置火灾危险性类别相同或相近的储罐。

2　常压油品储罐不应与液化石油气、天然气凝液储罐同组布置。

3　沸溢性的油品储罐，不应与非沸溢性油品储罐同组布置。

4　地上立式油罐同高位罐、卧式罐不宜布置在同一罐组内。

6.5.3　稳定原油、甲$_B$、乙$_A$类油品储罐宜采用浮顶油罐。不稳定原油用的作业罐应采用固定顶油罐。稳定轻烃可根据相关标准的要求，选用内浮顶罐或压力储罐。钢油罐建造应符合国家现行油罐设计规范的要求。

6.5.4　油罐组内的油罐总容量应符合下列规定：

1　固定顶油罐组不应大于120000m^3。

2　浮顶油罐组不应大于600000m^3。

6.5.5　油罐组内的油罐数量应符合下列要求：

1　当单罐容量不小于1000m^{3}时，不应多于12座。

2　当单罐容量小于1000m^{3}或者仅储存丙$_B$类油品时，数量不限。

6.5.6　地上油罐组内的布置应符合下列规定：

1　油罐不应超过两排，但单罐容量小于1000m^{3}的储存丙$_B$类油品的储罐不应超过4排。

2　立式油罐排与排之间的防火距离，不应小于5m，卧式油罐的排与排之间的防火距离，不应小于3m。

6.5.7　油罐之间的防火距离不应小于表6.5.7的规定。

表6.5.7　油罐之间的防火距离

油品类别		固定顶油罐	浮顶油罐	卧式油罐
甲、乙类		1000m^{3}以上的罐：0.6D	0.4D	0.8m
		1000m^{3}及以下的罐，当采用固定式消防冷却时：0.6.D，采用移动式消防冷却时：0.75D		
丙类	A	0.4D	—	0.8m
	B	>1000m^{3}的罐：5m　≤1000m^{3}的罐：2m	—	

注：1. 浅盘式和浮舱用易熔材料制作的内浮顶油罐按固定顶油罐确定罐间距。

2. 表中D为相邻较大罐的直径。单罐容积大于1000m^{3}的油罐取直径或高度的较大值。

3. 储存不同油品的油罐、不同型式的油罐之间的防火间距。应采用较大值。

4. 高架(位)罐的防火间距，不应小于0.6m。

5. 单罐容量不大于300m^3。罐组总容量不大于1500m^{3}的立式油罐闻距，可按施工和操作要求确定。

6. 丙$_A$类油品固定顶油罐之间的防火距离按0.4D计算大于15m时，最小可取15m。

6.5.8　地上立式油罐组应设防火堤，位于丘陵地区的油罐组，当有可利用地形条件设置导油沟和事故存油池时可不设防火堤。卧式油罐组应设防护墙。

6.5.9　油罐组防火堤应符合下列规定：

1　防火堤应是闭合的，能够承受所容纳油品的静压力和地震引起的破坏力，保证其坚固和稳定。

2　防火堤应使用不燃烧材料建造，首选土堤，当土源有困难时，可用砖石、钢筋混凝土等不燃烧材料砌筑，但内侧应培土或涂抹有效的防火涂料。土筑防火堤的堤顶宽度不小于0.5m。

3　立式油罐组防火堤的计算高度应保证堤内的有效容积需要。防火堤实际高度应比计算高度高出0.2m。防火堤实际高度不应低于1.0m，且不应高于2.2m（均以防火堤外侧路面或地坪算起）。卧式油罐组围堰高度不应低于0.5m。

4　管道穿越防火堤处，应采用非燃烧材料封实。严禁在防火堤上开孔留洞。

5　防火堤内场地可不做铺砌，但湿陷性黄土、盐渍土、膨胀土等地区的罐组内场地应有防止雨水和喷淋水浸害罐基础的措施。

6　油罐组内场地应有不小于0.5%的地面设计坡度，排雨水管应从防火堤内设计地面以下通向堤外，并应采取排水阻油措施。年降雨量不大于200mm或降雨在24h内可以渗完时，油罐组内可不设雨水排除系统。

7　油罐组防火堤上的人行踏步不应少于两处，且应处于不同方位。隔堤均应设置人行踏步。

6.5.10　地上立式油罐的罐壁至防火堤内坡脚线的距离，不应小于罐壁高度的一半。卧式油罐的罐壁至围堰内坡脚线的距离，不应小于3m。建在山边的油罐，靠山的一面，罐壁至挖坡坡脚线距离不得小于3m。

6.5.11　防火堤内有效容量，应符合下列规定：

1　对固定顶油罐组，不应小于储罐组内最大一个储罐有效容量。

2　对浮顶油罐组，不应小于储罐组内一个最大罐有效容量的一半。

3　当固定顶和浮顶油罐布置在同一油罐组内，防火堤内有效容量应取上两款规定的较大者。

6.5.12　立式油罐罐组内隔堤的设置，应符合国家现行防火堤设计规范的规定。

6.5.13　事故存液池的设置，应符合下列规定：

1　设有事故存液池的油罐或罐组四周应设导油沟，使溢漏油品能顺利地流出罐组并自流入事故存液池内。

2　事故存液池距离储罐不应小于30m。

3　事故存液池和导油沟距离明火地点不应小于30m。

4　事故存液池应有排水设施。

5　事故存液池的容量应符合6.5.11条的规定。

6.5.14　五级站内，小于等于$500m^3$的丙类油罐，可不设防火堤，但应设高度不低于1.0m的防护墙。

6.5.15　油罐组之间应设置宽度不小于4m的消防车道。受地形条件限制时，两个罐组防火堤外侧坡脚线之间应留有不小于7m的空地。

6.6　天然气凝液及液化石油气罐区

6.6.1　天然气凝液和液化石油气罐区宜布置在站场常年最小频率风向的上风侧，并应避开不良通风或窝风地段。天然气凝液储罐和全压力式液化石油气储罐周围宜设置高度不低于0.6m的不燃烧体防护墙。在地广人稀地区，当条件允许时，可不设防护墙，但应有必要的导流设施，将泄漏的液化石油气集中引导到站外安全处。全冷冻式液化石油气储罐周围应设置防火堤。

6.6.2　天然气凝液和液化石油气储罐成组布置时，天然气凝液和全压力式液化石油气储罐或全冷冻式液化石油气储罐组内的储罐不应超过两排，罐组周围应设环行消防车道。

6.6.3　天然气凝液和全压力式液化石油气储罐组内的储罐个数不应超过12个，总容积不应超过$20000m^3$；全冷冻式液化石油气储罐组内的储罐个数不应超过2个。

6.6.4　天然气凝液和全压力式液化石油气储罐组内的储罐总容量大于$6000m^3$时，罐组内应设隔墙，单罐容量等于或大于$5000m^3$时应每个罐一隔，隔墙高度应低于防护墙0.2m。全冷冻式液化石油气储罐组内储罐应设隔堤，且每个罐一隔，隔堤高度应低于防火堤0.2m。

6.6.5　不同储存方式的液化石油气储罐不得布置在同一个储罐组内。

6.6.6 成组布置的天然气凝液和液化石油气储罐到防火堤(或防护墙)的距离应满足如下要求：

1 全压力式球罐到防护墙的距离应为储罐直径的一半，卧式储罐到防护墙的距离不应小于3m。

2 全冷冻式液化石油气储罐至防火堤内堤脚线的距离，应为储罐高度与防火堤高度之差，防火堤内有效容积应为一个最大储罐的容量。

6.6.7 防护墙、防火堤及隔堤应采用不燃烧实体结构，并应能承受所容纳液体的静压及温度的影响。在防火堤或防护墙的不同方位上应设置不少于两处的人行踏步或台阶。

6.6.8 成组布置的天然气凝液和液化石油气罐区，相邻组与组之间的防火距离(罐壁至罐壁)不应小于20m。

6.6.9 天然气凝液和液化石油气储罐组内储罐之间的防火距离应不小于表6.6.9的规定。

表6.6.9 储罐组内储罐之间的防火间距

储罐型式 / 防火间距 / 介质类别	全压力式储罐		全冷冻式储罐
	球罐	卧罐	
天然气凝液或液化石油气	1.0D	1.0D 且不宜大于1.5m。两排卧罐的间距，不应小于3m	
液化石油气			0.5D

注：1. D 为相邻较大罐直径。

2. 不同型式储罐之间的防火距离，应采用较大值。

6.6.10 防火堤或防护墙内地面应有由储罐基脚线向防火堤或防护墙方向的不小于1%的排水坡度，排水出口应设有可控制开启的设施。

6.6.11 天然气凝液及液化石油气罐区内应设可燃气体检测报警装置，并在四周设置手动报警按钮，探测和报警信号引入值班室。

6.6.12 天然气凝液储罐及液化石油气储罐的进料管管口宜从储罐底部接入，当从顶部接入时，应将管口接至罐底处。全压力式储罐罐底应安装为储罐注水用的管道、阀门及管道接头。天然气凝液储罐及液化石油气储罐宜采用有防冻措施的二次脱水系统。

6.6.13 天然气凝液储罐及液化石油气储罐应设液位计、温度计、压力表、安全阀，以及高液位报警装置或高液位自动联锁切断进料装置。对于全冷冻式液化石油气储罐还应设真空泄放设施。天然气凝液储罐及液化石油气储罐容积大于或等于50m^3 时，其液相出口管线上宜设远程操纵阀和自动关闭阀，液相进口应设单向阀。

6.6.14 全压力式天然气凝液储罐及液化石油气储罐进、出口阀门及管件的压力等级不应低于2.5MPa，且不应选用铸铁阀门。

6.6.15 全冷冻式储罐的地基应考虑温差影响，并采取必要措施。

6.6.16 天然气凝液储罐及液化石油气储罐的安全阀出口管应接至火炬系统。确有困难时，单罐容积等于或小于100m^3 的天然气凝液储罐及液化石油气储罐安全阀可接入放散管，其安装高度应高出储罐操作平台2m以上，且应高出所在地面5m以上。

6.6.17 天然气凝液储罐及液化石油气罐区内的管道宜地上布置，不应地沟敷设。

6.6.18 露天布置的泵或泵棚与天然气凝液储罐和全压力式液化石油气储罐之间的距离不限，但宜布置在防护墙外。

6.6.19 压力储存的稳定轻烃储罐与全压力式液化石油气储罐同组布置时，其防火间距不应小于本规范第6.6.9条的规定。

6.7 装卸设施

6.7.1 油品的铁路装卸设施应符合下列要求：

1　装卸栈桥两端和沿栈桥每隔60～80m，应设安全斜梯。

2　顶部敞口装车的甲$_B$、乙类油品，应采用液下装车鹤管。

3　装卸泵房至铁路装卸线的距离．不应小于8m。

4　在距装车栈桥边缘10m以外的油品输入管道上，应设便于操作的紧急切断阀。

5　零位油罐不应采用敞口容器，零位罐至铁路装卸线距离，不应小于6m。

6.7.2　油品铁路装卸栈桥至站场内其他铁路、道路间距应符合下列要求：

1　至其他铁路线不应小于20m。

2　至主要道路不应小于15m。

6.7.3　油品的汽车装卸站，应符合下列要求：

1　装卸站的进出口，宜分开设置；当进、出口合用时，站内应设回车场。

2　装卸车场宜采用现浇混凝土地面。

3　装卸车鹤管之间的距离，不应小于4m；装卸车鹤管与缓冲罐之间的距离，不应小于5m。

4　甲$_B$、乙类液体的装卸车，严禁采用明沟(槽)卸车系统。

5　在距装卸鹤管10m以外的装卸管道上，应设便于操作的紧急切断阀。

6　甲$_B$、乙类油品装卸鹤管(受油口)与相邻生产设施的防火间距，应符合表6.7.3的规定。

表6.7.3　鹤管与相邻生产设施之间的防火距离(m)

生产设施	装卸油泵房	生产厂房及密闭工艺设备		
		液化石油气	甲$_B$、乙类	丙类
甲$_B$、乙类油品装卸鹤管	8	25	15	10

6.7.4　液化石油气铁路和汽车的装卸设施，应符合下列要求：

1　铁路装卸栈台宜单独设置；若不同时作业，也可与油品装卸鹤管共台设置。

2　罐车装车过程中，排气管宜采用气相平衡式，也可接至低压燃料气或火炬放空系统，不得就地排放。

3　汽车装卸鹤管之间的距离不应小于4m。

4　汽车装卸车场应采用现浇混凝土地面。

5　铁路装卸设施尚应符合本规范第6.7.1条第1、4款和第6.7.2条的规定。

6.7.5　液化石油气灌装站的灌瓶间和瓶库，应符合下列要求：

1　液化石油气的灌瓶间和瓶库，宜为敞开式或半敞开式建筑物；当为封闭式或半敞开式建筑物时，应采取通风措施。

2　灌瓶间、倒瓶间、泵房的地沟不应与其他房间连通；其通风管道应单独设置。

3　灌瓶间和储瓶库的地面，应采用不发生火花的表层。

4　实瓶不得露天存放。

5　液化石油气缓冲罐与灌瓶间的距离，不应小于10m。

6　残液必须密闭回收，严禁就地排放。

7　气瓶库的液化石油气瓶装总容量不宜超过10m^3。

8　灌瓶间与储瓶库的室内地面，应比室外地坪高0.6m。

9　灌装站应设非燃烧材料建造的，高度不低于2.5m的实体围墙。

6.7.6　灌瓶间与储瓶库可设在同一建筑物内，但宜用实体墙隔开，并各设出入口。

6.7.7　液化石油气灌装站的厂房与其所属的配电间、仪表控制间的防火间距不宜小于15m。若毗邻布置时，应采用无门窗洞口防火墙隔开；当必须在防火墙上开窗时，应设甲级耐火材料的密封固定窗。

6.7.8　液化石油气、天然气凝液储罐和汽车装卸台，宜布置在油气站场的边缘部位。

6.7.9 液化石油气灌装站内储罐与有关设施的防火间距，不应小于表6.7.9的规定。

表6.7.9 灌装站内储罐与有关设施的防火间距(m)

间距 / 单罐容量/m^3 / 设施名称	≤50	≤100	≤400	≤1000	>1000
压缩机房、灌瓶间、倒残液间	20	25	30	40	50
汽车槽车装卸接头	20	25	30	30	40
仪表控制间、10kV及以下变配电间	20	25	30	40	50
注：液化石油气储罐与其泵房的防火间距不应小于15m，露天及棚式布置的泵不受此限制，但宜布置在防护墙外。					

6.8 泄压和放空设施

6.8.1 可能超压的下列设备及管道应设安全阀：

1 顶部操作压力大于0.07MPa的压力容器；

2 顶部操作压力大于0.03MPa的蒸馏塔、蒸发塔和汽提塔(汽提塔顶蒸汽直接通入另一蒸馏塔者除外)；

3 与鼓风机、离心式压缩机、离心泵或蒸汽往复泵出口连接的设备不能承受其最高压力时，上述机泵的出口；

4 可燃气体或液体受热膨胀时，可能超过设计压力的设备及管道。

6.8.2 在同一压力系统中，压力来源处已有安全阀，则其余设备可不设安全阀。扫线蒸汽不宜作为压力来源。

6.8.3 安全阀、爆破片的选择和安装，应符合国家现行标准《压力容器安全监察规程》的规定。

6.8.4 单罐容量等于或大于100m^3的液化石油气和天然气凝液储罐应设置2个或2个以上安全阀，每个安全阀担负经计算确定的全部放空量。

6.8.5 克劳斯硫回收装置反应炉、再热炉等，宜采用提高设备设计压力的方法防止超压破坏。

6.8.6 放空管道必须保持畅通，并应符合下列要求：

1 高压、低压放空管宜分别设置，并应直接与火炬或放空总管连接；

2 不同排放压力的可燃气体放空管接入同一排放系统时，应确保不同压力的放空点能同时安全排放。

6.8.7 火炬设置应符合下列要求：

1 火炬的高度，应经辐射热计算确定，确保火炬下部及周围人员和设备的安全。

2 进入火炬的可燃气体应经凝液分离罐分离出气体中直径大于300μm的液滴；分离出的凝液应密闭回收或送至焚烧坑焚烧。

3 应有防止回火的措施。

4 火炬应有可靠的点火设施。

5 距火炬筒30m范围内，严禁可燃气体放空。

6 液体、低热值可燃气体、空气和惰性气体，不得排入火炬系统。

6.8.8 可燃气体放空应符合下列要求：

1 可能存在点火源的区域内不应形成爆炸性气体混合物。

2 有害物质的浓度及排放量应符合有关污染物排放标准的规定。

3 放空时形成的噪声应符合有关卫生标准。

4 连续排放的可燃气体排气筒顶或放空管口，应高出20m范围内的平台或建筑物顶2.0m以上。对位于20m以外的平台或建筑物顶，应满足图6.8.8的要求，并应高出所在地面5m。

5 间歇排放的可燃气体排气筒顶或放空管口，应高出10m范围内的平台或建筑物顶2.0m以上。对位

10m 以外的平台或建筑物顶，应满足图 6. 8. 8 的要求，并应高出所在地面 5m。

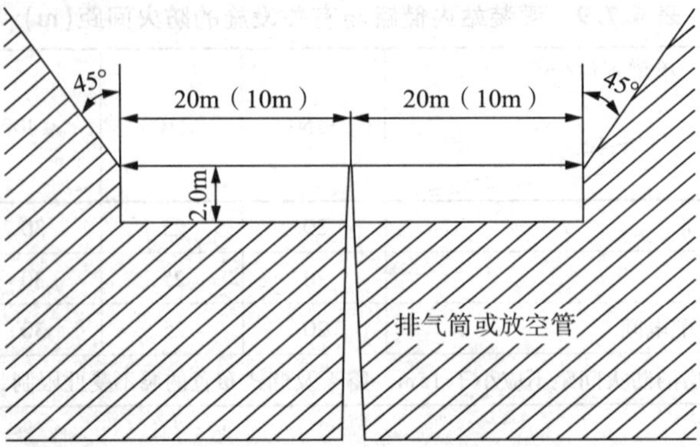

图 6. 8. 8　可燃气体排气筒顶或放空管允许最低高度示意图

注：阴影部分为平台或建筑物的设置范围

6. 8. 9　甲、乙类液体排放应符合下列要求：

1　排放时可能释放出大量气体或蒸汽的液体，不得直接排入大气，应引入分离设备，分出的气体引入可燃气体放空系统，液体引入有关储罐或污油系统。

2　设备或容器内残存的甲、乙类液体，不得排入边沟或下水道，可集中排入有关储罐或污油系统。

6. 8. 10　对存在硫化铁的设备、管道，排污口应设喷水冷却设施。

6. 8. 11　原油管道清管器收发筒的污油排放，应符合下列要求：

1　清管器收发筒应设清扫系统和污油接收系统；

2　污油池中的污油应引入污油系统。

6. 8. 12　天然气管道清管作业排出的液态污物若不含甲、乙类可燃液体，可排入就近设置的排污池；若含有甲、乙类可燃液体，应密闭回收可燃液体或在安全位置设置凝液焚烧坑。

6. 9　建(构)筑物

6. 9. 1　生产和储存甲、乙类物品的建(构)筑物耐火等级不宜低于二级，生产和储存丙类物品的建(构)筑物耐火等级不宜低于三级。当甲、乙类火灾危险性的厂房采用轻质钢结构时，应符合下列要求：

1　所有的建筑构件必须采用非燃烧材料。

2　除天然气压缩机厂房外，宜为单层建筑。

3　与其他厂房的防火间距应按现行国家标准《建筑设计防火规范》GBJ 16 中的三级耐火等级的建筑物确定。

6. 9. 2　散发油气的生产设备，宜为露天布置或棚式建筑内布置。甲、乙类火灾危险性生产厂房泄压面积、泄压措施应按现行国家标准《建筑设计防火规范》GBJ 16 的有关规定执行。

6. 9. 3　当不同火灾危险性类别的房间布置在同一栋建筑物内时，其隔墙应采用非燃烧材料的实体墙。天然气压缩机房或油泵房宜布置在建筑物的一端，将人员集中的房间布置在火灾危险性较小的一端。

6. 9. 4　甲、乙类火灾危险性生产厂房应设向外开启的门，且不宜少于两个，其中一个应能满足最大设备(或拆开最大部件)的进出要求，建筑面积小于或等于 $100m^2$ 时，可设一个向外开启的门。

6. 9. 5　变、配电所不应与有爆炸危险的甲、乙类厂房毗邻布置。但供上述甲、乙类生产厂房专用的 10kV 及以下的变、配电间，当采用无门窗洞口防火墙隔开时，可毗邻布置。当必须在防火墙上开窗时，应设非燃烧材料的固定甲级防火窗。变压器与配电间之间应设防火墙。

6. 9. 6　甲、乙类工艺设备平台、操作平台，宜设 2 个通向地面的梯子。长度小于 8m 的甲类设备平台和长度小于 15m 的乙类设备平台，可设 1 个梯子。

相邻的平台和框架可根据疏散要求设走桥连通。

6. 9. 7　火车、汽车装卸油栈台、操作平台均应采用非燃烧材料建造。

6.9.8 立式圆筒油品加热炉、液化石油气和天然气凝液储罐的钢柱、梁、支撑，塔的框架钢支柱，罐组砖、石、钢筋混凝土防火堤无培土的内侧和顶部，均应涂抹保护层，其耐火极限不应小于2h。

7 油气田内部集输管道

7.1 一般规定

7.1.1 油气田内部集输管道宜埋地敷设。

7.1.2 管线穿跨越铁路、公路、河流时，其设计应符合《原油和天然气输送管道穿跨越工程设计规范 穿越工程》SY/T 0015.1、《原油和天然气输送管道穿跨越工程设计规范 跨越工程》SY/T 0015.2及油气集输设计等国家现行标准的有关规定。

7.1.3 当管道沿线有重要水工建筑、重要物资仓库、军事设施、易燃易爆仓库、机场、海（河）港码头、国家重点文物保护单位时，管道设计除应遵守本规定外，尚应服从相关设施的设计要求。

7.1.4 埋地集输管道与其他地下管道、通信电缆、电力系统的各种接地装置等平行或交叉敷设时，其间距应符合国家现行标准《钢质管道及储罐腐蚀控制工程设计规范》SY 0007的有关规定。

7.1.5 集输管道与架空输电线路平行敷设时，安全距离应符合下列要求：

1 管道埋地敷设时，安全距离不应小于表7.1.5的规定。

表7.1.5 埋地集输管道与架空输电线路安全距离

名　称	3kV以下	3～10kV	35～66kV	110kV	220kV
开阔地区	最高杆（塔）高				
路径受限制地区/m	1.5	2.0	4.0	4.0	5.0

注：1. 表中距离为边导线至管道任何部分的水平距离。
2. 对路径受限制地区的最小水平距离的要求，应计及架空电力线路导线的最大风偏。

2 当管道地面敷设时，其间距不应小于本段最高杆（塔）高度。

7.1.6 原油和天然气埋地集输管道同铁路平行敷设时，应距铁路用地范围边界3m以外。当必须通过铁路用地范围内时，应征得相关铁路部门的同意，并采取加强措施。对相邻电气化铁路的管道还应增加交流电干扰防护措施。

管道同公路平行敷设时，宜敷设在公路用地范围外。对于油田公路，集输管道可敷设在其路肩下。

7.2 原油、天然气凝液集输管道

7.2.1 油田内部埋地敷设的原油、稳定轻烃、20℃时饱和蒸气压力小于0.1MPa的天然气凝液、压力小于或等于0.6MPa的油田气集输管道与居民区、村镇、公共福利设施、工矿企业等的距离不宜小于10m。当管道局部管段不能满足上述距离要求时，可降低设计系数，提高局部管道的设计强度，将距离缩短到5m；地面敷设的上述管道与相应建（构）筑物的距离应增加50%。

7.2.2 20℃时饱和蒸气压力大于或等于0.1MPa、管径小于或等于*DN*200的埋地天然气凝液管道，应按现行国家标准《输油管道工程设计规范》GB 50253中的液态液化石油气管道确定强度设计系数。管道同地面建（构）筑物的最小间距应符合下列规定：

1 与居民区、村镇、重要公共建筑物不应小于30m；一般建（构）筑物不应小于10m。

2 与高速公路和一、二级公路平行敷设时，其管道中心线距公路用地范围边界不应小于10m，三级及以下公路不宜小于5m。

3 与铁路平行敷设时，管道中心线距铁路中心线的距离不应小于10m，并应满足本规范第7.1.6条的要求。

7.3 天然气集输管道

7.3.1 埋地天然气集输管道的线路设计应根据管道沿线居民户数及建（构）筑物密集程度采用相应的强度设计系数进行设计。管道地区等级划分及强度设计系数取值应按现行国家标准《输气管道工程设计规范》GB 50251中有关规定执行。当输送含硫化氢天然气时，应采取安全防护措施。

7.3.2　天然气集输管道输送湿天然气，天然气中的硫化氢分压等于或大于0.0003MPa(绝压)或输送其他酸性天然气时，集输管道及相应的系统设施必须采取防腐蚀措施。

7.3.3　天然气集输管道输送酸性干天然气时，集输管道建成投产前的干燥及管输气质的脱水深度必须达到现行国家标准《输气管道工程设计规范》GB 50251 中的相关规定。

7.3.4　天然气集输管道应根据输送介质的腐蚀程度，增加管道计算壁厚的腐蚀余量。腐蚀余量取值应按油气集输设计国家现行标准的有关规定执行。

7.3.5　集气管道应设线路截断阀，线路截断阀的设置应按现行国家标准《输气管道工程设计规范》GB 50251 的有关规定执行。当输送含硫化氢天然气时，截断阀设置宜适当加密，符合油气集输设计国家现行标准的规定，截断阀应配置自动关闭装置。

7.3.6　集输管道宜设清管设施。清管设施设计应按现行国家标准《输气管道工程设计规范》GB 50251 的有关规定执行。

8　消防设施

8.1　一般规定

8.1.1　石油天然气站场消防设施的设置，应根据其规模、油品性质、存储方式、储存容量、储存温度、火灾危险性及所在区域消防站布局、消防站装备情况及外部协作条件等综合因素确定。

8.1.2　集输油工程中的井场、计量站等五级站，集输气工程中的集气站、配气站、输气站、清管站、计量站及五级压气站、注气站，采出水处理站可不设消防给水设施。

8.1.3　火灾自动报警系统的设计，应按现行国家标准《火灾自动报警系统设计规范》GB 50116 执行。当选用带闭式喷头的传动管传递火灾信号时，传动管的长度不应大于300m，公称直径宜为15～25mm，传动管上闭式喷头的布置间距不宜大于2.5m。

8.1.4　单罐容量大于或等于500m³ 的油田采出水立式沉降罐宜采用移动式灭火设备。

8.1.5　固定和半固定消防系统中的设备及材料应符合下列规定：

1　应选用消防专用设备。

2　油罐防火堤内冷却水和泡沫混合液管道宜采用热镀锌钢管。油罐上泡沫混合液管道设计应采取防爆炸破坏的措施。

8.1.6　钢制单盘式和双盘式内浮顶油罐的消防设施应按浮顶油罐确定，浅盘式内浮顶和浮盘用易熔材料制作的内浮顶油罐消防设施应按固定顶油罐确定。

8.2　消防站

8.2.1　消防站及消防车的设置应符合下列规定：

1　油气田消防站应根据区域规划设置，并应结合油气站场火灾危险性大小、邻近的消防协作条件和所处地理环境划分责任区。一、二、三级油气站场集中地区应设置等级不低于二级的消防站。

2　油气田三级及以上油气站场内设置固定消防系统时，可不设消防站，如果邻近消防协作力量不能在30min 内到达(在人烟稀少、条件困难地区，邻近消防协作力量的到达时间可酌情延长，但不得超过消防冷却水连续供给时间)，可按下列要求设置消防车：

1)油田三级及以上的油气站场应配2 台单车泡沫罐容量不小于3000L 的消防车。

2)气田三级天然气净化厂配2 台重型消防车。

3　输油管道及油田储运工程的站场设置固定消防系统时，可不设消防站，如果邻近消防协作力量不能在30min 内到达，可按下列要求设置消防车或消防站：

1)油品储罐总容量等于或大于50000m³ 的二级站场中，固定顶罐单罐容量不小于5000m³ 或浮顶罐单罐容量不小于20000m³ 时，应配备1 辆泡沫消防车。

2)油品储罐总容量大于或等于100000m³ 的一级站场中，固定顶罐单罐容量不小于5000m³ 或浮顶油罐单罐容量不小于20000m³ 时，应配备2 台泡沫消防车。

3）油品储罐总容量大于 600000m³ 的站场应设消防站。

4 输气管道的四级压气站设置固定消防系统时，可不设消防站和消防车。

5 油田三级油气站场未设置固定消防系统时，如果邻近消防协作力量不能在 30min 内到达，应设三级消防站或配备 1 台单车泡沫罐容量不小于 3000L 的消防车及 2 台重型水罐消防车。

6 消防站的设计应符合本规范第 8.2.2 条 ~ 第 8.2.6 条的要求。站内消防车可由生产岗位人员兼管，并参照消防泵房确定站内消防车库与油气生产设施的距离。

8.2.2 消防站的选址应符合下列要求：

1 消防站的选址应位于重点保护对象全年最小频率风向的下风侧，交通方便、靠近公路。与油气站场甲、乙类储罐区的距离不应小于 200m。与甲、乙类生产厂房、库房的距离不应小于 100m。

2 主体建筑距医院、学校、幼儿园、托儿所、影剧院、商场、娱乐活动中心等容纳人员较多的公共建筑的主要疏散口应大于 50m，且便于车辆迅速出动的地段。

3 消防车库大门应朝向道路。从车库大门墙基至城镇道路规划红线的距离：二、三级消防站不应小于 15m；一级消防站不应小于 25m；加强消防站、特勤消防站不应小于 30m。

8.2.3 消防站建筑设计应符合下列要求：

1 消防站的建筑面积，应根据所设站的类别、级别、使用功能和有利于执勤战备、方便生活、安全使用等原则合理确定。消防站建筑物的耐火等级应不小于 2 级。

2 消防车库应设置备用车位及修理间、检车地沟。修理间与其他房间应用防火墙隔开，且不应与火警调度室毗邻。

3 消防车库应有排除发动机废气的设施。滑杆室通向车库的出口处应有废气阻隔装置。

4 消防车库应设有供消防车补水用的室内消火栓或室外水鹤。

5 消防车库大门开启后，应有自动锁定装置。

6 消防站的供电负荷等级不宜低于二级，并应设配电室。有人员活动的场所应设紧急事故照明。

7 消防站车库门前公共道路两侧 50m，应安装提醒过往车辆注意，避让消防车辆出动的警灯和警铃。

8.2.4 消防站的装备应符合下列要求：

1 消防车辆的配备，应根据被保护对象的实际需要计算确定，并按表 8.2.4 选配。

表 8.2.4 消防站的消防车辆配置

种类 \ 消防站类别		普通消防站			加强消防站	特勤消防站
		一级站	二级站	三级站		
车辆配备数（台）		6 ~ 8	4 ~ 6	3 ~ 6	8 ~ 10	10 ~ 12
消防车种类	通讯指挥车	√	√		√	√
	中型泡沫消防车	√	√	√	√	√
	重型水罐消防车	√	√	√	√	√
	重型泡沫消防车	√	√		√	√
	泡沫运输罐车				√	√
	干粉消防车	√	√	√	√	√
	举高云梯消防车				√	√
	高喷消防车	√			√	√
	抢险救援工具车	√			√	√
	照明车	√			√	√

注：1. 表中"√"表示可选配的设备。
2. 北方高寒地区，可根据实际需要配备解冻锅炉消防车。
3. 为气田服务的消防站必须配备干粉消防车。

2 消防站主要消防车的技术性能应符合下列要求：

1) 重型消防车应为大功率、远射程炮车。

2) 消防车应采用双动式取力器，重型消防车应带自保系统。

3) 泡沫比例混合器应为3%、6%两档，或无级可调。

4) 泡沫罐应有防止泡沫液沉降装置。

5) 根据东、西部和南、北方油气田自然条件的不同及消防保卫的特殊需要，可在现行标准基础上增减功能。

3　支队、大队级消防指挥中心的装备配备，可根据实际需要选配。

4　油气田地形复杂，地面交通工具难以跨越或难以作出快速反应时，可配备消防专用直升飞机及与之配套的地面指挥设施。

5　消防站兼有水上责任区的，应加配消防艇或轻便实用的小型消防船、卸载式消防舟，并有供其停泊、装卸的专用码头。

6　消防站灭火器材、抢险救援器材、人员防护器材等的配备应符合国家现行有关标准的规定。

8.2.5　灭火剂配备应符合下列要求：

1　消防站一次车载灭火剂最低总量应符合表8.2.5的规定。

表8.2.5　消防站一次车载灭火剂最低总量(t)

灭火剂 \ 消防站类别	普通消防站			加强消防站	特勤消防站
	一级站	二级站	三级站		
水	32	30	26	32	36
泡沫灭火剂	7	5	2	12	18
干粉灭火剂	2	2	2	4	6

2　应按照一次车载灭火剂总量1:1的比例保持储备量，若邻近消防协作力量不能在30min内到达，储备量应增加1倍。

8.2.6　消防站通信装备的配置，应符合现行国家标准《消防通信指挥系统设计规范》GB 50313的规定。支队级消防指挥中心，可按Ⅰ类标准配置；大队级消防指挥中心，可按Ⅱ类标准配置；其他消防站，可参照Ⅲ类标准，根据实际需要增、减配置。

8.3　消防给水

8.3.1　消防用水可由给水管道、消防水池或天然水源供给，应满足水质、水量、水压、水温要求。当利用天然水源时，应确保枯水期最低水位时消防用水量的要求，并设置可靠的取水设施。处理达标的油田采出水能满足消防水质、水温的要求时，可用于消防给水。

8.3.2　消防用水可与生产、生活给水合用一个给水系统，系统供水量应为100%消防用水量与70%生产、生活用水量之和。

8.3.3　储罐区和天然气处理厂装置区的消防给水管网应布置成环状，并应采用易识别启闭状态的阀将管网分成若干独立段，每段内消火栓的数量不宜超过5个。从消防泵房至环状管网的供水干管不应少于两条。其他部位可设支状管道。寒冷地区的消火栓井、阀井和管道等应有可靠的防冻措施。采用半固定低压制消防供水的站场，如条件允许宜设2条站外消防供水管道。

8.3.4　消防水池(罐)的设置应符合下列规定：

1　水池(罐)的容量应同时满足最大一次火灾灭火和冷却用水要求。在火灾情况下能保证连续补水时，消防水池(罐)的容量可减去火灾延续时间内补充的水量。

2　当消防水池(罐)和生产、生活用水水池(罐)合并设置时，应采取确保消防用水不作它用的技术措施，在寒冷地区专用的消防水池(罐)应采取防冻措施。

3 当水池(罐)的容量超过 $1000m^3$ 时应分设成两座，水池(罐)的补水时间，不应超过 96h。

4 供消防车取水的消防水池(罐)的保护半径不应大于 150m。

8.3.5 消火栓的设置应符合下列规定：

1 采用高压消防供水时，消火栓的出口水压应满足最不利点消防供水要求；采用低压消防供水时，消火栓的出口压力不应小于 0.1MPa。

2 消火栓应沿道路布置，油罐区的消火栓应设在防火堤与消防道路之间，距路边宜为 1~5m，并应有明显标志。

3 消火栓的设置数量应根据消防方式和消防用水量计算确定。每个消火栓的出水量按 10~15L/s 计算。当油罐采用固定式冷却系统时，在罐区四周应设置备用消火栓，其数量不应少于 4 个，间距不应大于 60m。当采用半固定冷却系统时，消火栓的使用数量应由计算确定，但距罐壁 15m 以内的消火栓不应计算在该储罐可使用的数量内，2 个消火栓的间距不宜小于 10m。

4 消火栓的栓口应符合下列要求：

1)给水枪供水时，室外地上式消火栓应有 3 个出口，其中 1 个直径为 150mm 或 100mm，其他 2 个直径为 65mm；室外地下式消火栓应有 2 个直径为 65mm 的栓口。

2)给消防车供水时，室外地上式消火栓的栓口与给水枪供水时相同；室外地下式消火栓应有直径为 100mm 和 65mm 的栓口各 1 个。

5 给水枪供水时，消火栓旁应设水带箱，箱内应配备 2~6 盘直径 65mm、每盘长度 20m 的带快速接口的水带和 2 支入口直径 65mm、喷嘴直径 19mm 水枪及一把消火栓钥匙。水带箱距消火栓不宜大于 5m。

6 采用固定式灭火时，泡沫栓旁应设水带箱，箱内应配备 2~5 盘直径 65mm、每盘长度 20m 的带快速接口的水带和 PQ8 或 PQ4 型泡沫管枪 1 支及泡沫栓钥匙。水带箱距泡沫栓不宜大于 5m。

8.4 油罐区消防设施

8.4.1 除本规范另有规定外，油罐区应设置灭火系统和消防冷却水系统，且灭火系统宜为低倍数泡沫灭火系统。

8.4.2 油罐区低倍数泡沫灭火系统的设置，应符合下列规定：

1 单罐容量不小于 $10000m^3$ 的固定顶罐、单罐容量不小于 $50000m^3$ 的浮顶罐、机动消防设施不能进行保护或地形复杂消防车扑救困难的储罐区，应设置固定式低倍数泡沫灭火系统。

2 罐壁高度小于 7m 或容积不大于 $200m^3$ 的立式油罐、卧式油罐可采用移动式泡沫灭火系统。

3 除 1 与 2 款规定外的油罐区宜采用半固定式泡沫灭火系统。

8.4.3 单罐容量不小于 $20000m^3$ 的固定顶油罐、其泡沫灭火系统与消防冷却水系统应具备连锁程序操纵功能。单罐容量不小于 $50000m^3$ 的浮顶油罐应设置火灾自动报警系统。单罐容量不小于 $100000m^3$ 的浮顶油罐，其泡沫灭火系统与消防冷却水系统应具备自动操纵功能。

8.4.4 储罐区低倍数泡沫灭火系统的设计，应按现行国家标准《低倍数泡沫灭火系统设计规范》GB 50151 的规定执行。

8.4.5 油罐区消防冷却水系统设置形式应符合下列规定：

1 单罐容量不小于 $10000m^3$ 的固定顶油罐、单罐容量不小于 $50000m^3$ 的浮顶油罐。应设置固定式消防冷却水系统。

2 单罐容量小于 $10000m^3$、大于 $500m^3$ 的固定顶油罐与单罐容量小于 $50000m^3$ 的浮顶油罐。可设置半固定式消防冷却水系统。

3 单罐容量不大于 $500m^3$ 的固定顶油罐、卧式油罐，可设置移动式消防冷却水系统。

8.4.6 油罐区消防水冷却范围应符合下列规定：

1 着火的地上固定顶油罐及距着火油罐罐壁 1.5 倍直径范围内的相邻地上油罐，应同时冷却；当相邻地上油罐超过 3 座时，可按 3 座较大的相邻油罐计算消防冷却水用量。

2　着火的浮顶罐应冷却。其相邻油罐可不冷却。

3　着火的地上卧式油罐及距着火油罐直径与长度之和的一半范围内的相邻油罐应冷却。

8.4.7　油罐的消防冷却水供给范围和供给强度应符合下列规定：

1　地上立式油罐消防冷却水供给范围和供给强度不应小于表 8.4.7 的规定。

2　着火的地上卧式油罐冷却水供给强度不应小于 6.0L/min · m²，相邻油罐冷却水供给强度不应小于 3.0L/min · m²。冷却面积应按油罐投影面积计算。总消防水量不应小于 50m³/h。

3　设置固定式消防冷却水系统时，相邻罐的冷却面积可按实际需要冷却部位的面积计算。但不得小于罐壁表面积的 1/2。油罐消防冷却水供给强度应根据设计所选的设备进行校核。

表 8.4.7　消防冷却水供给范围和供给强度

<table>
<tr><th colspan="3" rowspan="2">油罐形式</th><th rowspan="2">供给范围</th><th colspan="2">供给强度</th></tr>
<tr><th>φ16mm 水枪</th><th>φ19mm 水枪</th></tr>
<tr><td rowspan="4">移动、半固定式冷却</td><td rowspan="2">着火罐</td><td>固定顶罐</td><td>罐周全长</td><td>0.6L/s · m</td><td>0.8L/s · m</td></tr>
<tr><td>浮顶罐</td><td>罐周全长</td><td>0.45L/s · m</td><td>0.6L/s · m</td></tr>
<tr><td rowspan="2">相邻罐</td><td>不保温罐</td><td>罐周半长</td><td>0.35L/s · m</td><td>0.5L/s · m</td></tr>
<tr><td>保温罐</td><td>罐周半长</td><td colspan="2">0.2L/s · m</td></tr>
<tr><td rowspan="3">固定式冷却</td><td rowspan="2">着火罐</td><td>固定顶罐</td><td>罐壁表面</td><td colspan="2">2.5L/min · m²</td></tr>
<tr><td>浮顶罐</td><td>罐壁表面</td><td colspan="2">2.0L/min · m²</td></tr>
<tr><td colspan="2">相邻罐</td><td>罐壁表面积的 1/2</td><td colspan="2">2.0L/min · m²</td></tr>
<tr><td colspan="6">注：φ16mm 水枪保护范围为 8 ~ 10m，φ19mm 水枪保护范围为 9 ~ 11m。</td></tr>
</table>

8.4.8　直径大于 20m 的地上固定顶油罐的消防冷却水连续供给时间，不应小于 6h；其他立式油罐的消防冷却水连续供给时间。不应小于 4h；地上卧式油罐的消防冷却水连续供给时间不应小于 1h。

8.4.9　油罐固定式消防冷却水系统的设置，应符合下列规定：

1　应设置冷却喷头，喷头的喷水方向与罐壁的夹角应在 30° ~ 60°。

2　油罐抗风圈或加强圈无导流设施时，其下面应设冷却喷水圈管。

3　当储罐上的环形冷却水管分割成两个或两个以上弧形管段时，各弧形管段间不应连通，并应分别从防火堤外连接水管；且应分别在防火堤外的进水管道上设置能识别启闭状态的控制阀。

4　冷却水立管应用管卡固定在罐壁上，其间距不宜大于 3m。立管下端应设锈渣清扫口，锈渣清扫口距罐基础顶面应大于 300mm，且集锈渣的管段长度不宜小于 300mm。

5　在防火堤外消防冷却水管道的最低处应设置放空阀。

6　当消防冷却水水源为地面水时，宜设置过滤器。

8.4.10　偏远缺水处总容量不大于 4000m³、且储罐直径不大于 12m 的原油罐区（凝析油罐区除外），可设置烟雾灭火系统，且可不设消防冷却水系统。

8.4.11　总容量不大于 200m³、且单罐容量不大于 100m³ 的立式油罐区或总容量不大于 500m³、且单罐容量不大于 100m³ 的井场卧式油罐区，可不设灭火系统和消防冷却水系统。

8.5　天然气凝液、液化石油气罐区消防设施

8.5.1　天然气凝液、液化石油气罐区应设置消防冷却水系统，并应配置移动式干粉等灭火设施。

8.5.2　天然气凝液、液化石油气罐区总容量大于 50m³。或单罐容量大于 20m³ 时，应设置固定式水喷雾或水喷淋系统和辅助水枪（水炮）；总容量不大于 50m³ 或单罐容量不大于 20m³ 时，可设置半固定式消防冷却水系统。

8.5.3　天然气凝液、液化石油气罐区设置固定式消防冷却水系统时，其消防用水量应按储罐固定式消防冷却用水量与移动式水枪用水量之和计算；设置半固定式消防冷却水系统时，消防用水量不应小于 20 L/s。

8.5.4 固定式消防冷却水系统的用水量计算，应符合下列规定：

1 着火罐冷却水供给强度不应小于 0.15L/s·m²，保护面积按其表面积计算。

2 距着火罐直径(卧式罐按罐直径和长度之和的一半)1.5 倍范围内的邻近罐冷却水供给强度不应小于 0.15L/s·m²。保护面积按其表面积的一半计算。

8.5.5 全冷冻式液化石油气储罐固定式消防冷却水系统的冷却水供给强度与冷却面积，应满足下列规定：

1 着火罐及邻罐罐顶的冷却水供给强度不宜小于 4L/min·m²，冷却面积按罐顶全表面积计算。

2 着火罐及邻罐罐壁的冷却水供给强度不宜小于 2L/min·m²，着火罐冷却面积按罐全表面积计算，邻罐冷却面积按罐表面积的一半计算。

8.5.6 辅助水枪或水炮用水量应按罐区内最大一个储罐用水量确定．且不应小于表 8.5.6 的规定。

表 8.5.6 水枪用水量

罐区总容量/m³	<500	500~2500	>2500
单罐容量/m³	≤100	<400	≥400
水量/(L/s)	20	30	45

注：水枪用水量应按本表罐区总容量和单罐容量较大者确定。

8.5.7 总容量小于 220m³ 或单罐容量不大于 50m³ 的储罐或储罐区，连续供水时间可为 3h；其他储罐或储罐区应为 6h。

8.5.8 储罐采用水喷雾固定式消防冷却水系统时，喷头应按储罐的全表面积布置，储罐的支撑、阀门、液位计等，均宜设喷头保护。

8.5.9 固定式消防冷却水管道的设置，应符合下列规定：

1 储罐容量大于 400m³ 时，供水竖管不宜少于两条，均匀布置。

2 消防冷却水系统的控制阀应设于防火堤外且距罐壁不小于 15m 的地点。

3 控制阀至储罐间的冷却水管道应设过滤器。

8.6 装置区及厂房消防设施

8.6.1 石油天然气生产装置区的消防用水量应根据油气、站场设计规模、火灾危险类别及固定消防设施的设置情况等综合考虑确定。但不应小于表 8.6.1 的规定。火灾延续供水时按按 3h 计算。

表 8.6.1 装置区的消防用水量

场站等级	消防用水量(L/s)
三级	45
四级	30
五级	20

注：五级站场专指生产规模小于 50×10⁴m³/d 的天然气净化厂和五级天然气处理厂。

8.6.2 三级天然气净化厂生产装置区的高大塔架及其设备群宜设置固定水炮；三级天然气凝液装置区，有条件时可设固定泡沫炮保护；其设置位置距离保护对象不宜小于 15m，水炮的水量不宜小于 30L/s。

8.6.3 液体硫磺储罐应设置固定式蒸汽灭火系统；灭火蒸汽应从饱和蒸汽主管顶部引出，蒸汽压力宜为 0.4~1.0MPa，灭火蒸汽用量按储罐容量和灭火蒸汽供给强度计算确定，供给强度为 0.0015kg/m³·s，灭火蒸汽控制阀应设在围堰外。

8.6.4 油气站场建筑物消防给水应符合下列规定：

1 本规范第 8.1.2 条规定范围之外的站场宜设置消防给水设施。

2　建筑物室内消防给水设施应符合本规范第8.6.5条的规定。

3　建筑物室内外消防用水量应符合现行国家标准《建筑设计防火规范》GBJ 16的规定。

8.6.5　石油天然气生产厂房、库房内消防设施的设置应根据物料性质、操作条件、火灾危险性、建筑物体积及外部消防设施的设置情况等综合考虑确定。室外设有消防给水系统且建筑物体积不超过5000m^3的建筑物，可不设室内消防给水。

8.6.6　天然气四级压气站和注气站的压缩机厂房内宜设置气体、干粉等灭火设施，其设置数量应符合现行国家标准规范的有关规定；站内宜设置消防给水系统，其水量按本规范第8.6.1条确定。

8.6.7　石油天然气生产装置采用计算机控制的集中控制室和仪表控制间，应设置火灾报警系统和手提式、推车式气体灭火器。

8.6.8　天然气、液化石油气和天然气凝液生产装置区及厂房内宜设置火灾自动报警设施，并宜在装置区和巡检通道及厂房出入口设置手动报警按钮。

8.7　装卸栈台消防设施

8.7.1　火车和一、二、三、四级站场的汽车油品装卸栈台，附近有消防车的，宜设置半固定消防给水系统，供水压力不应小于0.15MPa，消火栓间距不应大于60m。

8.7.2　火车和一、二、三、四级站场的汽车油品装卸栈台，附近有固定消防设施可利用的，宜设置消防给水及泡沫灭火设施，并应符合下列规定：

1　有顶盖的火车装卸油品栈台消防冷却水量不应小于45L/s。

2　无顶盖的火车装卸油品栈台消防冷却水量不应小于30L/s。

3　火车装卸油品栈台的泡沫混合液量不应小于30L/s。

4　有顶盖的汽车装卸油品栈台消防冷却水量不应小于20L/s。

5　无顶盖的汽车装卸油品栈台消防冷却水量不应小于16L/s。

6　汽车装卸油品栈台泡沫混合液量不应小于8L/s。

7　消防栓及泡沫栓间距不应大于60m，消防冷却水连续供给时间不应小于1h，泡沫混合液连续供给时间不应小于30min。

8.7.3　火车、汽车装卸液化石油气栈台宜设置消防给水系统和干粉灭火设施，并应符合下列规定：

1　火车装卸液化石油气栈台消防冷却水量不应小于45L/s，冷却水连续供水时间不应小于3h。

2　汽车装卸液化石油气栈台冷却水量不应小于15L/s，冷却水连续供水时间不应小于3h。

8.8　消防泵房

8.8.1　消防冷却供水泵房和泡沫供水泵房宜合建，其规模应满足所在站场一次最大火灾的需要。一、二、三级站场消防冷却供水泵和泡沫供水泵均应设备用泵，消防冷却供水泵和泡沫供水泵的备用泵性能应与各自最大一台操作泵相同。

8.8.2　消防泵房的位置应保证启泵后5min内，将泡沫混合液和冷却水送到任何一个着火点。

8.8.3　消防泵房的位置宜设在油罐区全年最小频率风向的下风侧，其地坪宜高于油罐区地坪标高，并应避开油罐破裂可能波及到的部位。

8.8.4　消防泵房应采用耐火等级不低于二级的建筑，并应设直通室外的出口。

8.8.5　消防泵组的安装应符合下列要求：

1　一组水泵的吸水管不宜少于2条，当其中一条发生故障时，其余的应能通过全部水量。

2　一组水泵宜采用自灌式引水，当采用负压上水时，每台消防泵应有单独的吸水管。

3　消防泵应设置自动回流管。

4　公称直径大于300mm经常启闭的阀门，宜采用电动阀或气动阀，并能手动操作。

8.8.6　消防泵房值班室应设置对外联络的通信设施。

8.9　灭火器配置

8.9.1　油气站场内建(构)筑物应配置灭火器，其配置类型和数量按现行国家标准《建筑灭火器配置设计规范》GBJ 140 的规定确定。

8.9.2 甲、乙、丙类液体储罐区及露天生产装置区灭火器配置，应符合下列规定：

1 油气站场的甲、乙、丙类液体储罐区当设有固定式或半固定式消防系统时，固定顶罐配置灭火器可按应配置数量的10%设置，浮顶罐按应配置数量的5%设置。当储罐组内储罐数量超过2座时，灭火器配置数量应按其中2个较大储罐计算确定；但每个储罐配置的数量不宜多于3个，少于1个手提式灭火器，所配灭火器应分组布置。

2 露天生产装置当设有固定式或半固定式消防系统时，按应配置数量的30%设置。手提灭火器的保护距离不宜大于9m。

8.9.3 同一场所应选用灭火剂相容的灭火器，选用灭火器时还应考虑灭火剂与当地消防车采用的灭火剂相容。

8.9.4 天然气压缩机厂房应配置推车式灭火器。

9 电气

9.1 消防电源及配电

9.1.1 石油天然气工程一、二、三级站场消防泵房用电设备的电源，宜满足现行国家标准《供配电系统设计规范》GB 50052 所规定的一级负荷供电要求。当只能采用二级负荷供电时，应设柴油机或其他内燃机直接驱动的备用消防泵，并应设蓄电池满足自控通讯要求。当条件受限制或技术、经济合理时，也可全部采用柴油机或其他内燃机直接驱动消防泵。

9.1.2 消防泵房及其配电室应设应急照明，其连续供电时间不应少于20min。

9.1.3 重要消防用电设备当采用一级负荷或二级负荷双回路供电时，应在最末一级配电装置或配电箱处实现自动切换。其配电线路宜采用耐火电缆。

9.2 防雷

9.2.1 站场内建筑物、构筑物的防雷分类及防雷措施，应按现行国家标准《建筑物防雷设计规范》GB 50057 的有关规定执行。

9.2.2 工艺装置内露天布置的塔、容器等，当顶板厚度等于或大于4mm 时．可不设避雷针保护。但必须设防雷接地。

9.2.3 可燃气体、油品、液化石油气、天然气凝液的钢罐。必须设防雷接地，并应符合下列规定：

1 避雷针(线)的保护范围，应包括整个储罐。

2 装有阻火器的甲$_B$、乙类油品地上固定顶罐，当顶板厚度等于或大于4mm 时。不应装设避雷针(线)。但必须设防雷接地。

3 压力储罐、丙类油品钢制储罐不应装设避雷针(线)，但必须设防感应雷接地。

4 浮顶罐、内浮顶罐不应装设避雷针(线)，但应将浮顶与罐体用2根导线作电气连接。浮顶罐连接导线应选用截面积不小于25mm^2 的软铜复绞线。对于内浮顶罐。钢质浮盘的连接导线应选用截面积不小于16mm^2 的软铜复绞线；铝质浮盘的连接导线应选用直径不小于1.8mm 的不锈钢钢丝绳。

9.2.4 钢储罐防雷接地引下线不应少于2根，并应沿罐周均匀或对称布置，其间距不宜大于30m。

9.2.5 防雷接地装置冲击接地电阻不应大于10Ω，当钢罐仅做防感应雷接地时，冲击接地电阻不应大于30Ω。

9.2.6 装于钢储罐上的信息系统装置，其金属外壳应与罐体做电气连接，配线电缆宜采用铠装屏蔽电缆，电缆外皮及所穿钢管应与罐体做电气连接。

9.2.7 甲、乙类厂房(棚)的防雷，应符合下列规定：

1 厂房(棚)应采用避雷带(网)。其引下线不应少于2根，并应沿建筑物四周均匀对称布置，间距不应大于18m。网格不应大于10m×10m 或12m×8m。

2 进出厂房(棚)的金属管道、电缆的金属外皮、所穿钢管或架空电缆金属槽，在厂房(棚)外侧应做一处接地，接地装置应与保护接地装置及避雷带(网)接地装置合用。

9.2.8　丙类厂房(棚)的防雷，应符合下列规定：

1　在平均雷暴日大于40d/a的地区，厂房(棚)宜装设避雷带(网)。其引下线不应少于2根，间距不应大于18m。

2　进出厂房(棚)的金属管道、电缆的金属外皮、所穿钢管或架空电缆金属槽，在厂房(棚)外侧应做一处接地，接地装置应与保护接地装置及避雷带(网)接地装置合用。

9.2.9　装卸甲$_B$、乙类油品、液化石油气、天然气凝液的鹤管和装卸栈桥的防雷，应符合下列规定：

1　露天装卸作业的，可不装设避雷针(带)。

2　在棚内进行装卸作业的，应装设避雷针(带)。避雷针(带)的保护范围应为爆炸危险1区。

3　进入装卸区的油品、液化石油气、天然气凝液输送管道在进入点应接地，冲击接地电阻不应大于10Ω。

9.3　防静电

9.3.1　对爆炸、火灾危险场所内可能产生静电危险的设备和管道，均应采取防静电措施。

9.3.2　地上或管沟内敷设的石油天然气管道，在下列部位应设防静电接地装置：

1　进出装置或设施处。

2　爆炸危险场所的边界。

3　管道泵及其过滤器、缓冲器等。

4　管道分支处以及直线段每隔200~300m处。

9.3.3　油品、液化石油气、天然气凝液的装卸栈台和码头的管道、设备、建筑物与构筑物的金属构件和铁路钢轨等(做阴极保护者除外)，均应做电气连接并接地。

9.3.4　汽车罐车、铁路罐车和装卸场所，应设防静电专用接地线。

9.3.5　油品装卸码头，应设置与油船跨接的防静电接地装置。此接地装置应与码头上油品装卸设备的防静电接地装置合用。

9.3.6　下列甲、乙、丙$_A$类油品(原油除外)、液化石油气、天然气凝液作业场所，应设消除人体静电装置：

1　泵房的门外。

2　储罐的上罐扶梯入口处。

3　装卸作业区内操作平台的扶梯入口处。

4　码头上下船的出入口处。

9.3.7　每组专设的防静电接地装置的接地电阻不宜大于100Ω。

9.3.8　当金属导体与防雷接地(不包括独立避雷针防雷接地系统)、电气保护接地(零)、信息系统接地等接地系统相连接时，可不设专用的防静电接地装置。

10　液化天然气站场

10.1　一般规定

10.1.1　本章适用于下列液化天然气站场的工程设计：

1　液化天然气供气站；

2　小型天然气液化站。

10.1.2　液化天然气站场内的液化天然气、制冷剂的火灾危险性应划为甲$_A$类。

10.1.3　液化天然气站场爆炸危险区域等级范围，应根据释放物质的相态、温度、密度变化、释放量和障碍等条件按国家现行标准的有关规定确定。

10.1.4　所有组件应按现行相关标准设计和建造，物理、化学、热力学性能应满足在相应设计温度下最高允许工作压力的要求，其结构应在事故极端温度条件下保持安全、可靠。

10.2 区域布置

10.2.1 站址应选在人口密度较低且受自然灾害影响小的地区。

10.2.2 站址应远离下列设施：

1 大型危险设施（例如，化学品、炸药生产厂及仓库等）；

2 大型机场（包括军用机场、空中实弹靶场等）；

3 与本工程无关的输送易燃气体或其他危险流体的管线；

4 运载危险物品的运输线路（水路、陆路和空路）。

10.2.3 液化天然气罐区邻近江河、海岸布置时，应采取措施防止泄漏液体流入水域。

10.2.4 建站地区及与站场间应有全天候的陆上通道，以确保消防车辆和人员随时进入和站内人员在必要时安全撤离。

10.2.5 液化天然气站场的区域布置应按以下原则确定：

1 液化天然气储存总容量不大于 $3000m^3$ 时，可按本规范表 3.2.2 和表 4.0.4 中的液化石油气站场确定。

2 液化天然气储存总容量大于或等于 $30000m^3$ 时，与居住区、公共福利设施的距离应大于 0.5km。

3 液化天然气储存总容量介于第 1 款和第 2 款之间时，应根据对现场条件、设施安全防护程度的评价确定，且不应小于本条第 1 款确定的距离。

4 本条 1～3 款确定的防火间距，尚应按本规范第 10.3.4 条和第 10.3.5 条规定进行校核。

10.3 站场内部布置

10.3.1 站场总平面，应根据站的生产流程及各组成部分的生产特点和火灾危险性，结合地形、风向等条件，按功能分区集中布置。

10.3.2 单罐容量等于或小于 $265m^3$ 的液化天然气罐成组布置时，罐组内的储罐不应超过两排，每组个数不宜多于 12 个，罐组总容量不应超过 $3000m^3$。易燃液体储罐不得布置在液化天然气罐组内。

10.3.3 液化天然气设施应设围堰，并应符合下列规定：

1 操作压力小于或等于 100kPa 的储罐，当围堰与储罐分开设置时，储罐至围堰最近边沿的距离，应为储罐最高液位高度加上储罐气相空间压力的当量压头之和与围堰高度之差；当罐组内的储罐已采取了防低温或火灾的影响措施时，围堰区内的有效容积应不小于罐组内一个最大储罐的容积；当储罐未采取防低温和火灾的影响措施时，围堰区内的有效容积应为罐组内储罐的总容积。

2 操作压力小于或等于 100kPa 的储罐，当混凝土外罐围堰与储罐布置在一起，组成带预应力混凝土外罐的双层罐时，从储罐罐壁至混凝土外罐围堰的距离由设计确定。

3 在低温设备和易泄漏部位应设置液化天然气液体收集系统；其容积对于装车设施不应小于最大罐车的罐容量，其他为某单一事故泄漏源在 10min 内最大可能的泄漏量。

4 除第 2 款之外，围堰区均应配有集液池。

5 围堰必须能够承受所包容液化天然气的全部静压头，所圈闭液体引起的快速冷却、火灾的影响、自然力（如地震、风雨等）的影响，且不渗漏。

6 储罐与工艺设备的支架必须耐火和耐低温。

10.3.4 围堰和集液池至室外活动场所、建（构）筑物的隔热距离（作业者的设施除外），应按下列要求确定：

1 围堰区至室外活动场所、建（构）筑物的距离，可按国际公认的液化天然气燃烧的热辐射计算模型确定，也可使用管理部门认可的其他方法计算确定。

2 室外活动场所、建（构）筑物允许接受的热辐射量，在风速为 0 级、温度 21℃及相对湿度为 50% 条件下，不应大于下述规定值：

1）热辐射量达 $4000W/m^2$ 界线以内，不得有 50 人以上的室外活动场所；

2）热辐射量达 $9000W/m^2$ 界线以内，不得有活动场所、学校、医院、监狱、拘留所和居民区等在用建筑物；

3)热辐射量达30000W/m^2 界线以内，不得有即使是能耐火且提供热辐射保护的在用构筑物。

3　燃烧面积应分别按下列要求确定：

1)储罐围堰内全部容积(不包括储罐)的表面着火；

2)集液池内全部容积(不包括设备)的表面着火。

10.3.5　本规范第10.3.4条2款1)、2)项中的室外活动场所、建筑物，以及站内重要设施不得设置在天然气蒸气云扩散隔离区内。扩散隔离区的边界应按下列要求确定：

1　扩散隔离区的边界应按国际公认的高浓度气体扩散模型进行计算，也可使用管理部门认可的其他方法计算确定。

2　扩散隔离区边界的空气中甲烷气体平均浓度不应超过2.5%；

3　设计泄漏量应按下列要求确定：

1)液化天然气储罐围堰区内，储罐液位以下有未装内置关闭阀的接管情况，其设计泄漏量应按照假设敞开流动及流通面积等于液位以下接管管口面积，产生以储罐充满时流出的最大流量，并连续流动到0压差时为止。储罐成组布置时，按可能产生最大流量的储罐计算；

2)管道从罐顶进出的储罐围堰区，设计泄漏量按一条管道连续输送10min的最大流量考虑；

3)储罐液位以下配有内置关闭阀的围堰区，设计泄漏量应按照假设敞开流动及流通面积等于液位以下接管管口面积，储罐充满时持续流出1h的最大量考虑。

10.3.6　地上液化天然气储罐间距应符合下列要求：

1　储存总容量小于或等于265m^3 时，储罐间距可按表10.3.6确定。储存总容量大于265m^3 时，储罐间距可按表10.3.6确定，并应满足本规范第10.3.4条和第10.3.5条的规定。

表10.3.6　储罐间距

储罐单罐容量/m^3	围堰区边沿或储罐排放系统至建筑物或建筑界线的最小距离/m	储罐之间的最小距离/m
0.5	0	0
0.5~1.9	3	1
1.9~7.6	4.6	1.5
7.6~56.8	7.6	1.5
56.8~114	15	1.5
114~265	23	相邻储罐直径之和的1/4(最小为1.5)
大于265	容器直径的0.7倍，但不小于30	

2　多台储罐并联安装时，为便于接近所有隔断阀，必须留有至少0.9m的净距。

3　容量超过0.5m^3 的储罐不应设置在建筑物内。

10.3.7　气化器距建筑界线应大于30m，整体式加热气化器距围堰区、导液沟、工艺设备应大于15m；间接加热气化器和环境式气化器可设在按规定容量设计的围堰区内。其他设备间距可参照本规范表5.2.1的有关规定。

10.3.8　液化天然气放空系统的汇集总管，应经过带电热器的气液分离罐，将排放物加热成比空气轻的气体后方可排入放空系统。

禁止将液化天然气排入封闭的排水沟内。

10.4　消防及安全

10.4.1　液化天然气设施应配置防火设施。其防护程度应根据防火工程原理、现场条件、设施内的危险性，结合站界内外相邻设施综合考虑确定。

10.4.2 液化天然气储罐，应设双套带高液位报警和记录的液位计、显示和记录罐内不同液相高度的温度计、带高低压力报警和记录的压力计、安全阀和真空泄放设施。储罐必须配备一套与高液位报警联锁的进罐流体切断装置。液位计应能在储罐运行情况下进行维修或更换，选型时必须考虑密度变化因素，必要时增加密度计，监视罐内液体分层，避免罐内“翻混”现象发生。

10.4.3 火灾和气体泄漏检测装置，应按以下原则配置：

1 装置区、罐区以及其他存在潜在危险需要经常观测处，应设火焰探测报警装置。相应配置适量的现场手动报警按钮。

2 装置区、罐区以及其他存在潜在危险需要经常观测处，应设连续检测可燃气体浓度的探测报警装置。

3 装置区、罐区、集液池以及其他存在潜在危险需要经常观测处，应设连续检测液化天然气泄漏的低温检测报警装置。

4 探测器和报警器的信号盘应设置在其保护区的控制室或操作室内。

10.4.4 容量大于或等于30000m^3的站场应配有遥控摄像、录像系统，并将关键部位的图像传送给控制室的监控器上。

10.4.5 液化天然气站场的消防水系统，应按如下原则配置：

1 储存总容量大于或等于265m^3的液化天然气罐组应设固定供水系统。

2 采用混凝土外罐的双层壳罐，当管道进出口在罐顶时，应在罐顶泵平台处设置固定水喷雾系统，供水强度不小于20.4$L/min \cdot m^2$。

3 固定消防水系统的消防水量应以最大可能出现单一事故设计水量，并考虑200m^3/h余量后确定。移动式消防冷却水系统应能满足消防冷却水总用水量的要求。

4 罐区以外的其他设施的消防水和消火栓设置见本规范消防部分。

10.4.6 液化天然气站场应配有移动式高倍数泡沫灭火系统。液化天然气储罐总容量大于或等于3000m^3的站场，集液池应配固定式全淹没高倍数泡沫灭火系统，并应与低温探测报警装置联锁。系统的设计应符合现行国家标准《高倍数、中倍数泡沫灭火系统设计规范》GB 50196的有关规定。

10.4.7 扑救液化天然气储罐区和工艺装置内可燃气体、可燃液体的泄漏火灾，宜采用干粉灭火。需要重点保护的液化天然气储罐通向大气的安全阀出口管应设置固定干粉灭火系统。

10.4.8 液化天然气设施应配有紧急停机系统。通过该系统可切断液化天然气、可燃液体、可燃冷却剂或可燃气体源，能停止导致事故扩大的运行设备。该系统应能手动或自动操作，当设自动操作系统时应同时具有手动操作功能。

10.4.9 站内必须有书面的应急程序，明确在不同事故情况下操作人员应采取的措施和如何应对，而且必须备有一定数量的防护服和至少2个手持可燃气体探测器。

附录A　石油天然气火灾危险性分类举例

表A　石油天然气火灾危险性分类举例

火灾危险性类别		石油天然气举例
甲	A	液化石油气、天然气凝液、未稳定凝析油、液化天然气
	B	原油、稳定轻烃、汽油、天然气、稳定凝析油、甲醇、硫化氢
乙	A	原油、氨气、煤油
	B	原油、轻柴油、硫磺
丙	A	原油、重柴油、乙醇胺、乙二醇
	B	原油、二甘醇、三甘醇

注：石油产品的火灾危险性分类应以产品标准中确定的闪点指标为依据。经过技术经济论证，有些炼厂生产的轻柴油闪点若大于或等于60℃，这种轻柴油在储运过程中的火灾危险性可视为丙类。闪点小于60℃并且大于或等于55℃的轻柴油，如果储运设施的操作温度不超过40℃，其火灾危险性可视为丙类。

附录 B 防火间距起算点的规定

1 公路从路边算起。

2 铁路从中心算起。

3 建(构)筑物从外墙壁算起。

4 油罐及各种容器从外壁算起。

5 管道从管壁外缘算起。

6 各种机泵、变压器等设备从外缘算起。

7 火车、汽车装卸油鹤管从中心线算起。

8 火炬、放空管从中心算起。

9 架空电力线、架空通信线从杆、塔的中心线算起。

10 加热炉、水套炉、锅炉从烧火口或烟囱算起。

11 油气井从井口中心算起。

12 居住区、村镇、公共福利设施和散居房屋从邻近建筑物的外壁算起。

13 相邻厂矿企业从围墙算起。

本规范用词说明

1　为便于在执行本规范条文时区别对待，对要求严格程度不同的用词说明如下：

1）表示很严格，非这样做不可的用词：

正面词采用“必须”，反面词采用“严禁”。

2）表示严格，在正常情况下均应这样做的用词：

正面词采用“应”，反面词采用“不应”或“不得”。

3）表示允许稍有选择，在条件许可时首先应这样做的用词：正面词采用“宜”，反面词采用“不宜”；表示有选择，在一定条件下可以这样做的用词，采用“可”。

2　本规范中指明应按其他有关标准，规范执行的写法为“应符合……的规定”或“应按……执行”。

5. 石油化工可燃气体和有毒气体检测报警设计规范

（GB 50493—2009

本规范为首次发布）

目　录

1 总则

1.0.1 为预防人身伤害以及火灾与爆炸事故的发生，保障石油化工企业的安全，制定本规范。

1.0.2 本规范适用于石油化工企业新建、扩建及改建工程中可燃气体和有毒气体检测报警的设计。

1.0.3 石油化工可燃气体和有毒气体检测报警的设计，除执行本规范的规定外，尚应符合现行国家有关标准的规定。

2 术语

2.0.1 可燃气体 combustible gas

指甲类可燃气体或甲、乙$_A$类可燃液体气化后形成的可燃气体。

2.0.2 有毒气体 toxic gas

指劳动者在职业活动过程中通过机体接触可引起急性或慢性有害健康的气体。本规范中有毒气体的范围是《高毒物品目录》(卫法监发[2003]142 号)中所列的有毒蒸气或有毒气体。常见的有：二氧化氮、硫化氢、苯、氰化氢、氨、氯气、一氧化碳、丙烯腈、氯乙烯、光气(碳酰氯)等。

2.0.3 释放源 source of release

指可释放能形成爆炸性气体混合物或有毒气体的位置或地点。

2.0.4 检(探)测器 detector

指由传感器和转换器组成，将可燃气体和有毒气体浓度转换为电信号的电子单元。

2.0.5 指示报警设备 indication apparatus

指接收检(探)测器的输出信号，发出指示、报警、控制信号的电子设备。

2.0.6 检测范围 sensible range

指检(探)测器在试验条件下能够检测出被测气体浓度的范围。

2.0.7 报警设定值 alarm set point

指报警器预先设定的报警浓度值。

2.0.8 响应时间 response time

指在试验条件下，从检(探)测器接触被测气体到达到稳定指示值的时间。通常，达到稳定指示值 90% 的时间作为响应时间；恢复到稳定指示值 10% 的时间作为恢复时间。

2.0.9 安装高度 vertical height

指检(探)测器检测口到指定参照物的垂直距离。

2.0.10 爆炸下限 Lower Explosion Limit(LEL)

指可燃气体爆炸下限浓度(V%)值。

2.0.11 爆炸上限 Upper Explosion Limit(UEL)

指可燃气体爆炸上限浓度(V%)值。

2.0.12 最高容许浓度 Maximum Allowable Concentration(MAC)

指工作地点在一个工作日内、任何时间均不应超过的有毒化学物质的浓度。

2.0.13 短时间接触容许浓度 Permissible Concentration - Short Term Exposure Limit(PC - STEL)

指一个工作日内，任何一次接触不得超过的 15min 时间加权平均的容许接触浓度。

2.0.14 时间加权平均容许浓度 Permissible Concentration - Time Weighted Average(PC - TWA)

指以时间为权数规定的 8h 工作日的平均容许接触水平。

2.0.15 直接致害浓度 Immediately Dangerous to Life or Health concentration(IDLH)

指环境中空气污染物浓度达到某种危险水平，如可致命或永久损害健康，或使人立即丧失逃生能力。

3 一般规定

3.0.1 在生产或使用可燃气体及有毒气体的工艺装置和储运设施的区域内，对可能发生可燃气体和有毒气体的泄漏进行检测时，应按下列规定设置可燃气体检(探)测器和有毒气体检(探)测器:

1 可燃气体或含有毒气体的可燃气体泄漏时，可燃气体浓度可能达到25%爆炸下限，但有毒气体不能达到最高容许浓度时，应设置可燃气体检(探)测器;

2 有毒气体或含有可燃气体的有毒气体泄漏时，有毒气体浓度可能达到最高容许浓度，但可燃气体浓度不能达到25%爆炸下限时.应设置有毒气体检(探)测器;

3 可燃气体与有毒气体同时存在的场所，可燃气体浓度可能达到25%爆炸下限，有毒气体的浓度也可能达到最高容许浓度时，应分别设置可燃气体和有毒气体检(探)测器;

4 同一种气体，既属可燃气体又属有毒气体时，应只设置有毒气体检(探)测器。

3.0.2 可燃气体和有毒气体的检测系统应采用两级报警。同一检测区域内的有毒气体、可燃气体检(探)测器同时报警时，应遵循下列原则:

1 同一级别的报警中，有毒气体的报警优先;

2 二级报警优先于一级报警。

3.0.3 工艺有特殊需要或在正常运行时人员不得进入的危险场所，宜对可燃气体和有毒气体释放源进行连续检测、指示、报警，并对报警进行记录或打印。

3.0.4 报警信号应发送至现场报警器和有人值守的控制室或现场操作室的指示报警设备，并且进行声光报警。

3.0.5 装置区域内现场报警器的布置应根据装置区的面积、设备及建构筑物的布置、释放源的理化性质和现场空气流动特点等综合确定。现场报警器可选用音响器或报警灯。

3.0.6 可燃气体检(探)测器应采用经国家指定机构或其授权检验单位的计量器具制造认证、防爆性能认证和消防认证的产品。

3.0.7 国家法规有要求的有毒气体检(探)测器应采用经国家指定机构或其授权检验单位的计量器具制造认证的产品。其中，防爆型有毒气体检(探)测器还应采用经国家指定机构或其授权检验单位的防爆性能认证的产品。

3.0.8 可燃气体或有毒气体场所的检(探)测器，应采用固定式。

3.0.9 可燃气体、有毒气体检测报警系统宜独立设置。

3.0.10 便携式可燃气体或有毒气体检测报警器的配备，应根据生产装置的场地条件、工艺介质的易燃易爆特性及毒性和操作人员的数量等综合确定。

3.0.11 工艺装置和储运设施现场固定安装的可燃气体及有毒气体检测报警系统，宜采用不间断电源(UPS)供电。加油站、加气站、分散或独立的有毒及易燃易爆品的经营设施，其可燃气体及有毒气体检测报警系统可采用普通电源供电。

3.0.12 常用可燃气体、蒸气特性见附录A；常用有毒气体、蒸气特性见附录B。

4 检(探)测点的确定

4.1 一般原则

4.1.1 可燃气体和有毒气体检(探)测器的检(探)测点，应根据气体的理化性质、释放源的特性、生产场地布置、地理条件、环境气候、操作巡检路线等条件，并选择气体易于积累和便于采样检测之处布置。

4.1.2 下列可能泄漏可燃气体、有毒气体的主要释放源应布置检(探)测点:

1 气体压缩机和液体泵的密封处;

2 液体采样口和气体采样口;

3　液体排液(水)口和放空口;

4　设备和管道的法兰和阀门组。

4.2　工艺装置

4.2.1　释放源处于露天或敞开式厂房布置的设备区域内，检(探)测点与释放源的距离宜符合下列规定:

1　当检(探)测点位于释放源的全年最小频率风向的上风侧时，可燃气体检(探)测点与释放源的距离不宜大于15m，有毒气体检(探)测点与释放源的距离不宜大于2m;

2　当检(探)测点位于释放源的全年最小频率风向的下风侧时，可燃气体检(探)测点与释放源的距离不宜大于5m，有毒气体检(探)测点与释放源的距离不宜大于1m。

4.2.2　可燃气体释放源处于封闭或局部通风不良的半敞开厂房内，每隔15m可设一台检(探)测器，且检(探)测器距其所覆盖范围内的任一释放源不宜大于7.5m。有毒气体检(探)测器距释放源不宜大于1m。

4.2.3　比空气轻的可燃气体或有毒气体释放源处于封闭或局部通风不良的半敞开厂房内，除应在释放源上方设置检(探)测器外，还应在厂房内最高点气体易于积聚处设置可燃气体或有毒气体检(探)测器。

4.3　储运设施

4.3.1　液化烃、甲$_B$、乙$_A$类液体等产生可燃气体的液体储罐的防火堤内，应设检(探)测器，并符合下列规定:

1　当检(探)测点位于释放源的全年最小频率风向的上风侧时，可燃气体检(探)测点与释放源的距离不宜大于15m，有毒气体检(探)测点与释放源的距离不宜大于2m;

2　当检(探)测点位于释放源的全年最小频率风向的下风侧时，可燃气体检(探)测点与释放源的距离不宜大于5m，有毒气体检(探)测点与释放源的距离不宜大于1m。

4.3.2　液化烃、甲$_B$、乙$_A$类液体的装卸设施，检(探)测器的设置应符合下列要求:

1　小鹤管铁路装卸栈台，在地面上每隔一个车位宜设一台检(探)测器，且检(探)测器与装卸车口的水平距离不应大于15m;

2　大鹤管铁路装卸栈台，宜设一台检(探)测器;

3　汽车装卸站的装卸车鹤位与检(探)测器的水平距离，不应大于15m。当汽车装卸站内设有缓冲罐时，检(探)测器的设置应符合本规范第4.2.1条的规定。

4.3.3　装卸设施的泵或压缩机的检(探)测器设置，应符合本规范第4.2节的规定。

4.3.4　液化烃灌装站的检(探)测器设置，应符合下列要求:

1　封闭或半敞开的灌瓶间，灌装口与检(探)测器的距离宜为5~7.5m;

2　封闭或半敞开式储瓶库，应符合本规范第4.2.2条规定;敞开式储瓶库房沿四周每隔15~30m应设一台检(探)测器，当四周边长总和小于15m时，应设一台检(探)测器;

3　缓冲罐排水口或阀组与检(探)测器的距离，宜为5~7.5m。

4.3.5　封闭或半敞开氢气灌瓶间，应在灌装口上方的室内最高点且易于滞留气体处设检(探)测器。

4.3.6　可能散发可燃气体的装卸码头，距输油臂水平平面15m范围内，应设一台检(探)测器。

4.3.7　储存、运输有毒气体、有毒液体的储运设施，有毒气体检(探)测器应按本规范第4.2节和第3.0.10条的规定设置。

4.4　其他有可燃气体、有毒气体的扩散与积聚场所

4.4.1　明火加热炉与可燃气体释放源之间，距加热炉炉边5m处应设检(探)测器。当明火加热炉与可燃气体释放源之间设有不燃烧材料实体墙时，实体墙靠近释放源的一侧应设检(探)测器。

4.4.2　设在爆炸危险区域2区范围内的在线分析仪表间，应设可燃气体检(探)测器。

4.4.3　控制室、机柜间、变配电所的空调引风口、电缆沟和电缆桥架进人建筑物的洞口处，且可燃气

体和有毒气体有可能进入时，宜设置检(探)测器。

4.4.4 工艺阀井、地坑及排污沟等场所，且可能积聚比重大于空气的可燃气体、液化烃或有毒气体时，应设检(探)测器。

5 可燃气体和有毒气体检测报警系统

5.1 系统的技术性能

5.1.1 检(探)测器的输出信号宜选用数字信号、触点信号、毫安信号或毫伏信号。

5.1.2 报警系统应具有历史事件记录功能。

5.1.3 系统的技术性能，应符合现行国家标准《作业环境气体检测报警仪通用技术要求》GB 12358、《可燃气体探测器》GB 15322 和《可燃气体报警控制器技术要求和试验方法》GB 16808 的有关规定；系统的防爆性能应符合现行国家标准《爆炸性气体环境用电器设备》GB 3836 的要求。

5.2 检(探)测器的选用

5.2.1 可燃气体及有毒气体检(探)测器的选用，应根据检(探)测器的技术性能、被测气体的理化性质和生产环境特点确定。

5.2.2 常用气体的检(探)测器选用应符合下列规定：

1 烃类可燃气体可选用催化燃烧型或红外气体检(探)测器。当使用场所的空气中含有能使催化燃烧型检测元件中毒的硫、磷、硅、铅、卤素化合物等介质时。应选用抗毒性催化燃烧型检(探)测器；

2 在缺氧或高腐蚀性等场所，宜选用红外气体检(探)测器；

3 氢气检测可选用催化燃烧型、电化学型、热传导型或半导体型检(探)测器；

4 检测组分单一的可燃气体，宜选用热传导型检(探)测器；

5 硫化氢、氯气、氨气、丙烯腈气体、一氧化碳气体可选用电化学型或半导体型检(探)测器；

6 氯乙烯气体可选用半导体型或光致电离型检(探)测器；

7 氰化氢气体宜选用电化学型检(探)测器；

8 苯气体可选用半导体型或光致电离型检(探)测器；

9 碳酰氯(光气)可选用电化学型或红外气体检(探)测器。

5.2.3 检(探)测器防爆类型和级别，应按现行国家标准《爆炸和火灾危险环境电力装置设计规范》GB 50058 的有关规定选用，并应符合使用场所爆炸危险区域以及被检测气体性质的要求。

5.2.4 常用检(探)测器的采样方式，应根据使用场所确定。可燃气体和有毒气体的检测宜采用扩散式检(探)测器；受安装条件和环境条件的限制，无法使用扩散式检(探)测器的场所，宜采用吸入式检(探)测器。

5.2.5 常用气体检(探)测器的技术性能可按附录 C 选择。

5.3 指示报警设备的选用

5.3.1 指示报警设备应具有以下基本功能：

1 能为可燃气体或有毒气体检(探)测器及所连接的其他部件供电；

2 能直接或间接地接收可燃气体和有毒气体检(探)测器及其他报警触发部件的报警信号，发出声光报警信号，并予以保持。声光报警信号应能手动消除，再次有报警信号输入时仍能发出报警；

3 可燃气体的测量范围：0～100%爆炸下限；

4 有毒气体的测量范围宜为 0～300%最高容许浓度或 0～300%短时间接触容许浓度；当现有检(探)测器的测量范围不能满足上述要求时，有毒气体的测量范围可为 0～30%直接致害浓度；

5 指示报警设备(报警控制器)应具有开关量输出功能；

6 多点式指示报警设备应具有相对独立、互不影响的报警功能，并能区分和识别报警场所位号；

7 指示报警设备发出报警后，即使安装场所被测气体浓度发生变化恢复到正常水平，仍应持续报警。

只有经确认并采取措施后，才能停止报警；

8　在下列情况下，指示报警设备应能发出与可燃气体或有毒气体浓度报警信号有明显区别的声、光故障报警信号：

1)指示报警设备与检(探)测器之间连线断路；

2)检(探)测器内部元件失效；

3)指示报警设备主电源欠压；

4)指示报警设备与电源之间连接线路的短路与断路。

9　指示报警设备应具有以下记录功能：

1)能记录可燃气体和有毒气体报警时间，且日计时误差不超过30s；

2)能显示当前报警点总数；

3)能区分最先报警点。

5.3.2　根据工厂(装置)的规模和特点，指示报警设备可按下列方式设置：

1　可燃气体和有毒气体检测报警系统与火灾检测报警系统合并设置；

2　指示报警设备采用独立的工业程序控制器、可编程控制器等；

3　指示报警设备采用常规的模拟仪表；

4　当可燃气体和有毒气体检测报警系统与生产过程控制系统合并设计时，输入/输出卡件应独立设置。

5.3.3　报警设定值应符合下列规定：

1　可燃气体的一级报警设定值小于或等于2 5%爆炸下限；

2　可燃气体的二级报警设定值小于或等于50%爆炸下限；

3　有毒气体的报警设定值宜小于或等于100%最高容许浓度/短时间接触容许浓度，当试验用标准气调制困难时，报警设定值可为200%最高容许浓度/短时间接触容许浓度以下。当现有检(探)测器的测量范围不能满足测量要求时，有毒气体的测量范围可为0～30%直接致害浓度；有毒气体的二级报警设定值不得超过10%直接致害浓度值。

6　检(探)测器和指示报警设备的安装

6.1　检(探)测器的安装

6.1.1　检测比重大于空气的可燃气体检(探)测器，其安装高度应距地坪(或楼地板)0.3～0.6m。检测比重大于空气的有毒气体的检(探)测器，应靠近泄漏点，其安装高度应距地坪(或楼地板)0.3～0.6m。

6.1.2　检测比重小于空气的可燃气体或有毒气体的检(探)测器，其安装高度应高出释放源0.5～2m。

6.1.3　检(探)测器应安装在无冲击、无振动、元强电磁场干扰、易于检修的场所，安装探头的地点与周边管线或设备之间应留有不小于0.5m的净空和出入通道。

6.1.4　检(探)测器的安装与接线技术要求应符合制造厂的规定，并应符合现行国家标准《爆炸和火灾危险环境电力装置设计规范》GB 50058的规定。

6.2　指示报警设备和现场报警器的安装

6.2.1　指示报警设备应安装在有人值守的控制室、现场操作室等内部。

6.2.2　现场报警器应就近安装在检(探)测器所在的区域。

附录A 常用可燃气体、蒸气特性

表A 常用可燃气体、蒸气特性表

序号	物质名称	引燃温度(℃)/组别	沸点/℃	闪点/℃	爆炸浓度(V)/%		火灾危险性分类	蒸气密度/(kg/m^3)	备注
					下限	上限			
1	甲烷	540/T1	-161.5	—	5.0	15.0	甲	0.77	液化后为甲$_A$
2	乙烷	515/T1	-88.9	—	3.0	15.5	甲	1.34	液化后为甲$_A$
3	丙烷	466/T1	-42.1	—	2.1	9.5	甲	2.07	液化后为甲$_A$
4	丁烷	405/T2	-0.5	—	1.9	8.5	甲	2.59	液化后为甲$_A$
5	戊烷	260/T3	36.07	<-40.0	1.4	7.8	甲$_B$	3.22	—
6	己烷	225/T3	68.9	-22.8	1.1	7.5	甲$_B$	3.88	—
7	庚烷	215/T3	98.3	-3.9	1.1	6.7	甲$_B$	4.53	—
8	辛烷	220/T3	125.67	13.3	1.0	6.5	甲$_B$	5.09	—
9	壬烷	205/T3	150.77	31.0	0.7	5.6	乙$_A$	5.73	—
10	环丙烷	500/T1	-33.9	—	2.4	10.4	甲	1.94	液化后为甲$_A$
11	环戊烷	380/T2	469.4	<-6.7	1.4	—	甲$_B$	3.10	—
12	异丁烷	460/T1	-11.7	—	1.8	8.4	甲	2.59	液化后为甲$_A$
13	环己烷	245/T3	81.7	-20.0	1.3	8.0	甲$_B$	3.75	—
14	异戊烷	420/T2	27.8	<-51.1	1.4	7.6	甲$_B$	3.21	—
15	异辛烷	410/T2	99.24	-12.0	1.0	6.0	甲$_B$	5.09	—
16	乙基环丁烷	210/T3	71.1	<-15.6	1.2	7.7	甲$_B$	3.75	—
17	乙基环戊烷	260/T3	103.3	<21	1.1	6.7	甲$_B$	4.40	—
18	乙基环己烷	262/T3	131.7	35	0.9	6.6	乙$_A$	5.04	—
19	甲基环己烷	250/T3	101.1	-3.9	1.2	6.7	甲$_B$	4.40	—
20	乙烯	425/T2	-103.7	—	2.7	36	甲	1.29	液化后为甲$_A$
21	丙烯	460/T1	-47.2	—	2.0	11.1	甲	1.94	液化后为甲$_A$
22	1-丁烯	385/T2	-6.1	—	1.6	10.0	甲	2.46	液化后为甲$_A$
23	2-丁烯(顺)	325/T2	3.7	—	1.7	9.0	甲	2.46	液化后为甲$_A$
24	2-丁烯(反)	324/T2	1.1	—	1.8	9.7	甲	2.46	液化后为甲$_A$
25	丁二烯	420/T2	-4.44	—	2.0	12	甲	2.42	液化后为甲$_A$
26	异丁烯	465/T1	-6.7	—	1.8	9.6	甲	2.46	液化后为甲$_A$
27	乙炔	305/T2	-84	—	2.5	100	甲	1.6	液化后为甲$_A$
28	丙炔	/T1	-2.3	—	1.7	—	甲	1.81	液化后为甲$_A$
29	苯	560/T1	80.1	-11.1	1.3	7.1	甲$_B$	3.62	—
30	甲苯	480/T1	110.6	4.4	1.2	7.1	甲$_B$	4.01	—
31	乙苯	430/T2	136.2	15	1.0	6.7	甲$_B$	4.73	—
32	邻-二甲苯	465/T1	144.4	17	1.0	6.0	甲$_B$	4.78	—
33	间-二甲苯	530/T1	138.9	25	1.1	7.0	甲$_B$	4.78	—

续表

序号	物质名称	引燃温度(℃)组别	沸点/℃	闪点/℃	爆炸浓度(V)/%		火灾危险性分类	蒸气密度/(kg/m³)	备注
					下限	上限			
34	对-二甲苯	530/T1	138.3	25	1.1	7.0	甲$_B$	4.78	—
35	苯乙烯	490/T1	146.1	32	1.1	6.1	乙$_A$	4.64	—
36	环氧乙烷	429/T2	10.56	<-17.8	3.6	100	甲$_A$	1.94	—
37	环氧丙烷	430/T2	33.9	-37.2	2.8	37	甲$_B$	2.59	—
38	甲基醚	350/T2	-23.9	—	3.4	27	甲	2.07	液化后为甲$_A$
39	乙醚	170/T4	35	-45	1.9	36	甲$_B$	3.36	—
40	乙基甲基醚	190/T4	10.6	-37.2	2.0	10.1	甲$_A$	2.72	—
41	二甲醚	240/T3	-23.7	—	3.4	27	甲	2.06	液化后为甲$_A$
42	二丁醚	194/T4	141.1	25	1.5	7.6	甲$_B$	5.82	—
43	甲醇	385/T2	63.9	11	6.7	36	甲$_B$	1.42	—
44	乙醇	422/T2	78.3	12.8	3.3	19	甲$_B$	2.06	—
45	丙醇	440/T2	97.2	25	2.1	13.5	甲$_B$	2.72	—
46	丁醇	365/T2	117.0	28.9	1.4	11.2	乙$_A$	3.36	—
47	戊醇	300/T3	138.0	32.7	1.2	10	乙$_A$	3.88	—
48	异丙醇	399/T2	82.8	11.7	2.0	12	甲$_B$	2.72	—
49	异丁醇	426/T2	108.0	31.6	1.7	19.0	乙$_A$	3.30	—
50	甲醛	430/T2	-19.4	—	7.0	73	甲	1.29	液化后为甲$_A$
51	乙醛	175/T4	21.1	-37.8	4.0	60	甲$_B$	1.94	—
52	丙醛	207/T3	48.9	-9.4~7.2	2.9	17	甲$_B$	2.59	—
53	丙烯醛	235/T3	51.7	-26.1	2.8	31	甲$_B$	2.46	—
54	丙酮	465/T1	56.7	-17.8	2.6	12.8	甲$_B$	2.59	—
55	丁醛	230/T3	76	-6.7	2.5	12.5	甲$_B$	3.23	—
56	甲乙酮	515/T1	79.6	-6.1	1.8	10	甲$_B$	3.23	—
57	环已酮	420/T2	156.1	43.9	1.1	8.1	乙$_A$	4.40	—
58	乙酸	465	118.3	42.8	5.4	16	乙$_A$	2.72	—
59	甲酸甲酯	465/T1	32.2	-18.9	5.0	23	甲$_B$	2.72	—
60	甲酸乙酯	455	54.4	-20	2.8	16	甲$_B$	3.37	—
61	醋酸甲酯	501	60	-10	3.1	16	甲$_B$	3.62	—
62	醋酸乙酯	427/T2	77.2	-4.4	2.2	11.0	甲$_B$	3.88	—
63	醋酸丙酯	450	101.7	14.4	2.0	3.0	甲$_B$	4.53	—
64	醋酸丁酯	425/T2	127	22	1.7	7.3	甲$_B$	5.17	—
65	醋酸丁烯酯	427/T2	717.7	7.0	2.6	—	甲$_B$	3.88	—
66	丙烯酸甲酯	415/T2	79.7	-2.9	2.8	25	甲$_B$	3.88	—
67	呋喃	390	31.1	<0	2.3	14.3	甲$_B$	2.97	—
68	四氢呋喃	321/T2	66.1	-14.4	2.0	11.8	甲$_B$	3.23	—

续表

序号	物质名称	引燃温度(℃)/组别	沸点/℃	闪点/℃	爆炸浓度(V)/%		火灾危险性分类	蒸气密度/(kg/m^3)	备注
					下限	上限			
69	氯代甲烷	623/T1	-23.9	—	10.7	17.4	甲	2.33	液化后为甲$_A$
70	氯乙烷	519	12.2	-50	3.8	15.4	甲$_A$	2.84	—
71	溴乙烷	511/T1	37.8	<-20	6.7	11.3	甲$_B$	4.91	—
72	氯丙烷	520/T2	46.1	<-17.8	2.6	11.1	甲$_B$	3.49	—
73	氯丁烷	245/T2	76.6	-9.4	1.8	10.1	甲$_B$	4.14	液化后为甲$_A$
74	溴丁烷	265/T2	102	18.9	2.6	6.6	甲$_B$	6.08	—
75	氯乙烯	413/T2	-13.9	—	3.6	33	甲$_B$	2.84	液化后为甲$_A$
76	烯丙基氯	485/T1	45	-32	2.9	11.1	甲$_B$	3.36	—
77	氯苯	640/T1	132.2	28.9	1.3	7.1	乙$_A$	5.04	—
78	1,2-二氯乙烷	412/T2	83.9	13.3	6.2	16	甲$_B$	4.40	—
79	1,1-二氯乙烯	570/T1	37.2	-17.8	7.3	16	甲$_B$	4.40	—
80	硫化氢	260/T3	-60.4	—	4.3	45.5	甲$_B$	1.54	—
81	二硫化碳	90/T6	46.2	-30	1.3	5.0	甲$_B$	3.36	—
82	乙硫醇	300/T3	35.0	<26.7	2.8	10.0	甲$_B$	2.72	—
83	乙腈	524/T1	81.6	5.6	4.4	16.0	甲$_B$	1.81	—
84	丙烯腈	481/T1	77.2	0	3.0	17.0	甲$_B$	2.33	—
85	硝基甲烷	418/T2	101.1	35.0	7.3	63	乙$_A$	2.72	—
86	硝基乙烷	414/T2	113.8	27.8	3.4	5.0	甲$_B$	3.36	—
87	亚硝酸乙酯	90/T6	17.2	-35	3.0	50	甲$_B$	3.36	—
88	氰化氢	538/T1	26.1	-17.8	5.6	40	甲$_B$	1.16	—
89	甲胺	430/T2	-6.5	—	4.9	20.1	甲	2.72	液化后为甲$_A$
90	二甲胺	400/T2	7.2	—	2.8	14.4	甲	2.07	—
91	吡啶	550/T2	115.5	<2.8	1.7	12	甲$_B$	3.53	—
92	氢	510/T1	-253	—	4.0	75	甲	0.09	—
93	天然气	484/T1	—	—	3.8	13	甲	—	—
94	城市煤气	520/T1	<-50	—	4.0	—	甲	10.65	—
95	液化石油气	—	—	—	1.0	1.5	甲$_A$	—	气化后为甲类气体,上下限按国际海协数据
96	轻石脑油	285/T3	36~68	<-20.0	1.2	—	甲$_B$	≥3.22	—
97	重石脑油	233/T3	65~177	-22~20	0.6	—	甲$_B$	≥3.61	—
98	汽油	280/T3	50~150	<-20	1.1	5.9	甲$_B$	4.14	—
99	喷气燃料	200/T3	80~250	<28	0.6	—	乙$_A$	6.47	闪点按GB 1788—79的数据
100	煤油	223/T3	150~300	≤45	0.6	—	乙$_A$	6.47	—
101	原油	—	—	—	—	—	甲$_B$	—	—

注:“蒸气密度”一栏是在原“蒸气比重”数值上乘以1.293,为标准状态下的密度。

附录B 常用有毒气体、蒸气特性

表B 常用有毒气体、蒸气特性表

序号	物质名称	相对密度（气体）	熔点/℃	沸点/℃	时间加权平均容许浓度/（mg/m^3）	短时间接触容许浓度/（mg/m^3）	最高容许浓度/（mg/m^3）	直接致害浓度/（mg/m^3）
1	一氧化碳	0.97	-199.1	-191.4	20	30	—	1700
2	氯乙烯	2.15	-160	-13.9	10	25	—	—
3	硫化氢	1.19	-85.5	-60.4	—	—	10	430
4	氯	2.48	-101	-34.5	—	—	1	88
5	氰化氢	0.93	-13.2	25.7	—	—	1	56
6	丙烯腈	1.83	-83.6	77.3	1	2	—	1100
7	二氧化氮	1.58	-11.2	21.2	5	10	—	96
8	苯	2.7	5.5	80	6	10	—	9800
9	氨	0.77	-78	-33	20	30	—	360
10	碳酰氯	1.38	-104	8.3	—	—	0.5	8

附录C 常用气体检(探)测器的技术性能表

表C 常用气体检(探)测器的技术性能表

项目	催化燃烧型检(探)测器	热传导型检(探)测器	红外气体检(探)测器	半导体型检(探)测器	电化学型检(探)测器	光致电离型检(探)测器
被测气的含氧要求	需要 $O_2 > 10\%$	无	无	无	无	无
可燃气测量范围	≤爆炸下限	爆炸下限~100%	0~100%	≤爆炸下限	≤爆炸下限	<爆炸下限
不适用的被测气体	大分子有机物	—	H_2	—	烷烃	H_2，CO，$CH_4$①
相对响应时间	与被测介质有关	中等	较短	与被测介质有关	中等	较短
检测干扰气体	无	CO_2，氟利昂	有	SO_2，NO_x，HO_2	SO_2，NO_x	②
使检测元件中毒的介质	Si，Pb 卤素、H_2S	无	无	Si，SO_2 卤素	CO_2	无
辅助气体要求	无	无	无	无	无	无

①为离子化能级高于所用紫外灯的能级的被测物。
②为离子化能级低于所用紫外灯的能级的被测物。

本规范用词说明

1　为便于在执行本规范条文时区别对待，对要求严格程度不同的用词说明如下：

1）表示很严格，非这样做不可的：

正面词采用“必须”，反面词采用“严禁”；

2）表示严格，在正常情况下均应这样做的：

正面词采用“应”，反面词采用“不应”或“不得”；

3）表示允许稍有选择，在条件许可时首先应这样做的：

正面词采用“宜”，反面词采用“不宜”；

4）表示有选择，在一定条件下可以这样做的，采用“可”。

2　条文中指明应按其他有关标准执行的写法为：“应符合……的规定”或“应按……执行”。

二、工艺与节能

1. 石油化工设计能耗计算标准

（GB/T 50441—2007
本标准为首次发布）

目 录

1 总则

1.0.1 为统一石油化工建设项目设计能源消耗(以下简称“能耗”)计算方法,制定本标准。

1.0.2 本标准适用于以石油、天然气及其产品为主要原料的炼油厂、石油化工厂、化肥厂和化纤厂的全厂、装置和公用工程系统的新建和改造工程的设计能耗计算以及项目投产验收的实测能耗计算。

1.0.3 石油化工设计能耗计算,除应符合本标准外,尚应符合国家现行的有关标准的规定。

2 术语

2.0.1 耗能Ⅰ质 energy transfer medium

在生产过程中所使用的不作为原料、也不进入产品,制取时又需要消耗能源的载能介质。

2.0.2 能源折算值 equivalent coefficient of primary energy consumption

将单位数量的一次能源及生产单位数量的电和耗能工质所消耗的一次能源,折算为标准燃料的数值。

2.0.3 统一能源折算值 specified equivalent coefficient of primary energy consumption

根据全国或石油化工行业平均用能水平分析确定的能源折算值。

2.0.4 设计能源折算值 estimated equivalent coefficient of primary energy consumption

根据设计条件计算的能源折算值。

2.0.5 实际能源折算值 actual equivalent coefficient of primary energy consumption

根据企业生产实际计算的能源折算值。

2.0.6 能耗 energy consumption

耗能体系在生产过程中所消耗的各种燃料、电和耗能工质,按规定的计算方法和单位折算为一次能源量(标准燃料)的总和。

2.0.7 单位能耗 unit energy consumption

耗能体系加工单位原料或生产单化合格产品的能耗。

2.0.8 设计能耗 design energy consumption

按燃料、电及耗能工质的设计消耗量计算的能耗。

2.0.9 实测能耗 practical energy consumption

按燃料、电及耗能工质的实测消耗量计算的能耗。

3 一般规定

3.0.1 能耗应按一次能源消耗计算,能耗单位宜采用千克(kg)标准油或吨(t)标准油,1kg 标准油的低发热量为41.868MJ。上报国家或地方政府的能耗统计数据应采用 t 标准煤表示。

3.0.2 炼油、石油化工、化纤厂(装置)的原料不应计入能耗,化肥厂(装置)的原料应计入能耗。

3.0.3 能耗宜采用单位原料或单位合格产品为基准计算,也可按单位时间为基准计算。

3.0.4 设计能耗应按正常运行工况计算,开工、停工、事故、消防、临时吹扫等工况下的消耗不应计入能耗。正常生产过程中的间断消耗或输出应折算为平均值后再计入能耗。

3.0.5 生产过程中所消耗的压缩空气、氧气、氮气、二氧化碳(气)等各种气体介质和产生的污水均应计入能耗。

3.0.6 全厂能耗计算宜采用设计能源折算值或实际能源折算值,也可采用统一能源折算值。装置能耗计算应采用统一能源折算值。

3.0.7 考核设计能耗时,宜采用实测能耗。

3.0.8 燃料、电及耗能工质的统一能源折算值应按表 3.0.8 选取。耗能体系之间交换的热量。应按本标准第 4.2.3 条规定计入能耗。

表 3.0.8 燃料、电及耗能工质的统一能源折算值

序号	类别	单位	能量折算值/MJ	能源折算值/kg 标准油	备注
1	电	kW·h	10.89	0.26	
2	标准油①	t	41868	1000	
3	标准煤	t	29308	700	
4	汽油	t	13124	1030	
5	煤油	t	43124	1030	
6	柴油	t	42705	1020	
7	催化烧焦	t	39775	950	
8	工业焦炭	t	33494	800	
9	甲醇	t	19678	470	
10	氢	t	125604	3000	仅适用于化肥装置
11	10.0MPa 级蒸汽	t	3852	92	7.0MPa≤P②
12	5.0MPa 级蒸汽	t	3768	90	4.5MPa≤P<7.0MPa
13	3.5MPa 级蒸汽	t	3684	88	3.0MPa≤P<4.5MPa
14	2.5MPa 级蒸汽	t	3559	85	2.0MPa≤P<3.0MPa
15	1.5MPa 级蒸汽	t	3349	80	1.2MPa≤P<2.0MPa
16	1.0MPa 级蒸汽	t	3182	76	0.8MPa≤P<1.2MPa
17	0.7MPa 级蒸汽	t	3014	72	0.6MPa≤P<0.8MPa
18	0.3MPa 级蒸汽	t	2763	66	0.3MPa≤P<0.6MPa
19	<0.3MPa 级蒸汽	t	2303	55	
20	10~16℃冷量	MJ	0.42	0.010	显热冷量
21	5℃冷量	MJ	0.67	0.016	相变冷量
22	0℃冷量	MJ	0.75	0.018	相变冷量
23	−5℃冷量	MJ	0.80	0.019	相变冷量
24	−10℃冷量	MJ	0.88	0.021	相变冷量
25	−15℃冷量	MJ	1.00	0.024	相变冷量
26	−20℃冷量	MJ	1.17	0.028	相变冷量
27	−25℃冷量	MJ	1.42	0.034	相变冷量
28	−30℃冷量	MJ	1.76	0.042	相变冷量
29	−35℃冷量	MJ	2.00	0.048	相变冷量
30	−40℃冷量	MJ	2.26	0.054	相变冷量
31	−45℃冷量	MJ	2.55	0.061	相变冷量
32	−50℃冷量	MJ	2.93	0.070	相变冷量
33	新鲜水	t	6.28	0.15	
34	循环水	t	4.19	0.10	
35	软化水	t	10.47	0.25	
36	除盐水	t	96.30	2.30	
37	除氧水	t	385.19	9.20	
38	凝汽机凝结水	t	152.81	3.65	
39	加热设备凝结水	t	320.29	7.65	
40	污水③	t	46.05	1.10	
41	净化压缩空气	$m^3$④	1.59	0.038	
42	非净化压缩空气	$m^3$④	1.17	0.028	
43	氧气	$m^3$④	6.28	0.15	
44	氮气	$m^3$④	6.28	0.15	
45	二氧化碳(气)	$m^3$④	6.28	0.15	

①燃料应按其低发热量折算成标准油；

②蒸汽压力指表压；

③作为耗能工质的污水，指生产过程排出的需耗能才能处理合格排放的污水；

④指 0℃和 0.101325MPa 状态下的体积。

3.0.9　气体燃料的能源折算值可根据气体组成按低发热值计算。

4　能耗计算

4.1　计算通式

4.1.1　耗能体系的能耗应按下式计算：

$$E_P = \sum(G_i C_i) + \sum Q_j \tag{4.1.1}$$

式中　E_P——耗能体系的能耗(kg/h)；

G_i——燃料、电及耗能工质 i 消耗量(t/h,kW,m^3/h)；

C_i——燃料、电及耗能工质 i 的能源折算值(kg/t,kg/kW·h,kg/m^3)；

Q_j——耗能体系与外界交换热量所折成的一次能源量(kg/h),输入时计为正值,输出时计为负值。

4.1.2　单位能耗应按下式计算：

$$e_P = E_P / G_P \tag{4.1.2}$$

式中　e_P——单位能耗(kg/t)；

G_P——耗能体系的进料量或合格产品量(t/h)。

4.2　计算规定

4.2.1　各耗能体系的能耗计算可采用表 4.2.1 汇总,表中的项目可根据实际情况增减。

4.2.2　消耗的燃料应包括外部供入的燃料和各种副产燃料,但已计算原料的体系除外。

4.2.3　耗能体系与外界交换的热量应按下列规定计算：

1　油品的热进料、热出料：热进料或热出料热量的温度等于或大于 120℃时,全部计入能耗；油品规定温度与 120℃之间的热量折半计入能耗；油品规定温度以下的热量不计入能耗。

2　热量交换：热用户物流通过热交换得到热量后,温度升至 120℃以上的中高温位热量全部计入能耗；60～120℃之间的低温位热量折半计入能耗；60℃以下的低温位热量不计入能耗。

注：油品的规定温度：汽油为 60℃。柴油为 70℃。蜡油(催化裂化原料)为 80℃,渣油(燃料油或焦化、沥青原料等)为 120℃：

表 4.2.1　能耗计算汇总表

装置或单元名称：　　　公称处理量：　　kt(Mt)/a　　　进料(产品)量：　　t/h

序号	项目	消耗量		能源折算值		设计能耗/(kg/h)	单位能耗/(kg/t)	备注
		单位	数量	单位	数量			
1	电	kW		kg/kW·h				
2	燃料							
	燃料油	t/h		kg/t				
	燃料气	t/h		kg/t				
	煤	t/h		kg/t				
	催化烧焦	t/h		kg/t				
	工业焦炭	t/h		kg/t				
3	蒸汽							
	10.0MPa	t/h		kg/t				
	3.5MPa	t/h		kg/t				

续表

序号	项目	消耗量		能源折算值		设计能耗/(kg/h)	单位能耗/(kg/t)	备注
		单位	数量	单位	数量			
	1.0MPa	t/h		kg/t				
	0.3MPa	t/h		kg/t				
	<0.3MPa	t/h		kg/t				
4	冷量交换							
	10～16℃	kW						
	-15℃	kW						
	-30℃	kW						
	-50℃	kW						
5	水							
	新鲜水	t/h		kg/t				
	循环水	t/h		kg/t				
	软化水	t/h		kg/t				
	除盐水	t/h		kg/t				
	除氧水	t/h		kg/t				
	凝汽机凝结水	t/h		kg/t				
	加热设备凝结水	t/h		kg/t				
	污水	t/h		kg/t				
6	热交换							
	热进料	kW						
	热出料	kW						
	中高温位热量	kW						
	低温余热	kW						
7	气体							
	净化压缩空气	m^3/h		kg/m^3				
	非净化压缩空气	m^3/h		kg/m^3				
	氧气	m^3/h		kg/m^3				
	氮气	m^3/h		kg/m^3				
	二氧化碳(气)	m^3/h		kg/m^3				
8	合计							

4.2.4 用于采暖、制冷等季节性的热量输出或输入,应折算为年平均值计入能耗。

4.2.5 输变电系统电损失应按现行行业标准《炼油厂用电负荷设计计算方法》SH/T 3116 计算。

本标准用词说明

1　为便于在执行本标准条文时区别对待，对要求严格程度不同的用词说明如下：

1）表示很严格，非这样做不可的用词：

正面词采用“必须”，反面词采用“严禁”。

2）表示严格，在正常情况下均应这样做的用词：

正面词采用“应”，反面词采用“不应”或“不得”。

3）表示允许稍有选择，在条件许可时首先应这样做的用词：

正面词采用“宜”，反面词采用“不宜”；

表示有选择，在一定条件下可以这样做的用词，采用“可”。

2　本标准中指明应按其他有关标准、规范执行的写法为“应符合……的规定”或“应按……执行”。

2. 石油化工合理利用能源设计导则

（SH/T 3003—2000
代替 SHJ3—88）

目　　录

1 总则

1.0.1 为保证在石油化工设计中贯彻《中华人民共和国节约能源法》,特制定本导则。

1.0.2 本导则适用于石油化工新建、扩建和改建工程的设计。

1.0.3 在技术经济合理的前提下,石油化工设计应采用节能的先进工艺和设备,以降低能耗、提高效益。

1.0.4 执行本导则时,尚应符合现行有关强制性标准规范的规定。

2 术语

2.0.1 能源 Energy sources

能源指产生各种能量的物质,或从这些物质中经过加工制造出的具有能量的物质。

2.0.2 节能 Energy conservation

节能是指加强用能管理,采取技术上可行、经济上合理以及环境和社会可以承受的措施,减少从能源生产到消费各个环节中的损失和浪费,更加有效、合理地利用能源。

2.0.3 先进控制 Advanced process control(APC)

先进控制是指在动态环境中,基于模型、借助计算机的充分计算能力,为工厂获得最大利润而实施的运行和技术控制策略。

2.0.4 热泵精馏 Heat pump distillation

热泵精馏就是把塔顶蒸汽加压升温,使其返回用作本身的再沸热源,回收其冷凝潜热。

2.0.5 浓缩倍数 Cycle of concentration

循环冷却水的含盐浓度与补充水的含盐浓度之比值。

2.0.6 污垢热阻 Fouling resistance

表示换热设备传热面上因沉积物而导致传热效率下降程度的数值,单位为 $m^2 \cdot K/W$。

3 一般规定

3.0.1 石油化工设计的前期工作、基础设计(初步设计)和详细设计(施工图设计)的各个环节,均应重视合理利用能源和节约能量。在可行性研究和基础设计(初步设计)文件中,必须有合理利用能源的专门篇(章)论述。

3.0.2 在自动控制方案设计中,除满足一般生产要求外,还应根据节能的要求,合理配置各种监控、调节、检测及计量等仪表装置及控制系统。有条件、且效益明显时,宜考虑配置先进控制系统。

3.0.3 在输送能源的下列处所应设置检测计量仪表:

1 进出工厂处;

2 进出各个生产装置处;

3 进出生产和消耗能源的主要设备处。

3.0.4 根据能量平衡计算的需要,设置必要的仪表测试接口。

3.0.5 应选用高效节能的机、泵。严禁选用国家已公布属于淘汰的机、泵产品。在正常负荷下,机、泵运行工况应处于性能曲线的高效区,并应采取合理的调节方式予以保证。

3.0.6 驱动机应与机、泵的负荷相匹配。电动机所需功率的安全系数应按表 3.0.6 选取。若选用汽轮机作原动机时,汽轮机应满足泵在额定工况下所需的功率,并留有 10% 的安全余量。

3.0.7 在考虑工艺流程和设备布置方案时,应合理利用物料的压力能或位能输送物料。

3.0.8 应合理选择各种管道的管径。石油化工企业工艺装置内管道的管径应根据《石油化工企业工艺装置管径选择导则》SH 3035—1991 确定,炼油装置和储运系统管道的管径应根据《炼油厂全厂性工艺及热力管道设计规范》SH/T 3108—2000 确定。

3.0.9 在满足生产及安装要求的前提下,应选用管道阻力小的阀门、管件等。

表 3.0.6 电动机所需功率的安全系数

名　称	轴功率/kW	安全系数
一般离心泵	≥75	1.10
一般离心泵	21～74	1.15
一般离心泵	3～20	1.25～1.30
一般离心泵	<3	1.50
开式漩涡泵		1.60～2.50
闭式漩涡泵		2.20～3.30
容积式泵		1.10～1.25

3.0.10 应选用结构先进、质量可靠的蒸汽疏水阀。

3.0.11 应重视各种设备、管道及其附件的保温、保冷工程设计，合理确定保温、保冷材料的结构和经济厚度。

3.0.12 应合理进行管道的伴热设计。伴热介质应考虑就近利用回收的蒸汽凝结水、热水及有余热的物料，尽量节省蒸汽。在满足工艺需要和经济合理的前提下，可考虑采用电伴热。

3.0.13 水、电、气、蒸汽等公用工程设施应尽可能根据联合装置的布置和要求统一设置。

4 工厂设计

4.0.1 确定新建石油化工厂产品方案时，除应考虑市场需求和发展趋势外，还应慎重考虑与能耗直接相关的装置或单系列设备的生产能力，使其达到经济规模。

4.0.2 需要分期建设的石油化工厂，应做好总体规划，协调好分期建设的产品方案、物料平衡和能量平衡，实现综合利用，避免发生中间产品或最终产品的放空或焚烧。

4.0.3 工厂设计的工艺路线和技术方案选择，应符合下列要求：

1 工艺路线的选择应进行技术经济和能耗比较。

2 工厂最终产品和中间产品应以用户对产品质量的要求为前提，根据不同用途慎重确定不同的质量指标。

3 采用对环境友好的清洁生产工艺，以减少"三废"排放量。在满足环保排放达标要求的前提下，应采用低能耗的"三废"处理工艺。

4.0.4 在全厂总流程设计中，应尽量搞好原料的优化和综合利用。副产物料应充分回收用于生产石油化工产品或作燃料，尽可能减少排放。

4.0.5 在进行工厂总平面布置时，应进行多方案比选。在符合有关规范的要求下，生产装置宜采用联合布置。

4.0.6 在工厂总图运输设计中，应根据当地条件和物料情况选定能耗低的运输方式。厂内的铁路、道路和厂门等的设置，应兼顾货物运输，使其运输功耗尽可能小。

4.0.7 在工厂总体规划和分期建没中，应注意从全局出发搞好地区性协作。应合理确定每期建设的水、电、气、蒸汽来源、参数及本厂的自建规模。

4.0.8 工厂燃料系统设计应对工厂副产可燃物料通过平衡充分利用，合理确定工厂燃料管网系统。

4.0.9 工厂生产过程中产生的反应热及其他余热，应根据其能量品位用于物料加热或产生相应参数的蒸汽。对于低品位热能宜统筹考虑，建立全厂低品位热能的利用系统。

4.0.10 根据工艺生产的要求以及全厂热力、动力平衡的合理性，对大功率的机泵宜选用汽轮机驱动。汽轮机型式的选择，应根据全厂蒸汽平衡确定，尽量多选背压式汽轮机，并适当设置抽汽凝汽式或纯凝汽式汽轮机，以适应负荷变化的调节。

4.0.11 在进行供水系统的划分和水平衡设计时，应力求做到重复利用、循环使用、一水多用。

4.0.12 原材料、中间产品和产品的储运系统设计，应在设备能力和结构、储存温度、操作方式等方面综合考虑并合理安排，以求得较佳的节能效果。

4.0.13 工厂的集中采暖系统，宜采用热水作热媒 。

5 生产装置

5.0.1 生产装置内各设备的生产能力和操作制度（年操作时数、间断或连续操作方式等）应相适应。

5.0.2 生产装置的设计应做好装置物料和能量平衡，合理地按品位高低分级利用各种能量。

5.0.3 生产装置的设备布置设计，应有利于热能和位能的充分利用。

5.0.4 应选择合理的工艺操作条件（温度、压力、物料配比、浓度等），并对减压过程释放的能量合理利用。

5.0.5 反应单元操作的设计应符合下列要求：

1 选择高效催化剂，合理确定反应配方，采用先进的反应器；

2 充分利用反应热加热工艺物料、副产蒸汽或预热锅炉给水等；

3 合理选择反应器的供热方式和介质；

4 反应过程宜采用计算机控制；

5 技术可行时，应将反应和其他过程（也包括其他反应过程）组合起来。

5.0.6 分馏、吸收、萃取等单元操作的设计应符合下列要求：

1 确定方案时，应进行能耗比较，合理确定分离顺序、操作条件、产品收率和质量；

2 应积极采用新型、高效塔盘和填料；

3 塔系统宜采用热进料、中间再沸器、中间冷凝器等措施；

4 采用最佳回流比；

5 合理选择吸收剂、萃取剂，并确定适宜的溶剂比；

6 对于沸点相近的物系分离如无合适的低品位热能可用时，宜采用热泵精馏。

5.0.7 传热单元操作的设计应符合下列要求：

1 换热系统的设计应采用先进技术和软件进行优化集成；

2 合理确定传热介质的流速，特别是控制传热一侧的流速，合理选择热端和冷端的温差；

3 传热系统中的冷却和加热介质，应按能量品位合理选用；

4 传热面积不宜有过大的预留系数；

5 宜采用新型、高效的换热设备；

6 采用先进的换热器防垢技术和清洗技术。

5.0.8 生产装置应考虑全过程的系统节能（含排放尾气能量的综合利用）。

5.0.9 生产装置（单元）之间应尽可能考虑热联合。

5.0.10 大型压缩机的驱动机选型，应结合厂区的汽源和电源等条件统筹考虑。

6 工业炉

6.0.1 确定工业炉燃料时，应在满足工业炉要求的前提下，根据炉型特点尽量采用从工艺装置回收的可作为燃料的油和气。

6.0.2 在经济合理与技术可行的前提下，工业炉的烟气余热应充分利用，尽可能地降低排烟温度。

6.0.3 工业炉燃烧器的类型，应根据炉型、燃料种类和燃烧方式选择，宜选用新型节能燃烧器。

6.0.4 在设计过剩空气系数下，燃烧器的最大放热量不应低于表6.0.4的规定：

表 6.0.4 燃烧器的最大放热量

燃烧器数量	最大放热量与正常放热量之比/%
≤3	150
4~5	125
6~7	120
≥8	115

最大燃烧能力和最小燃烧能力的调节比，对液体燃料为≥3:1；对气体燃料为≥5:1。

6.0.5 燃烧器的空气过剩系数应按表 6.0.5 选用。

表 6.0.5 空气过剩系数

燃烧器类型	空气过剩系数
自然给风的油燃烧器	不大于 1.25
自然给风的气体燃烧器	不大于 1.20
自然给风的引射式燃烧器	不大于 1.10
强制给风的油燃烧器	不大于 1.20
强制给风的气体燃烧器	不大于 1.15

6.0.6 工业炉砌体外部均应安装表面钢板。在保证安全操作的前提下，应严格控制炉体上各种门、孔的数量，减少漏风并保护炉墙。

6.0.7 炉墙结构材料和厚度应经济合理。在环境温度为 25℃ 和无风的条件下，工业炉本体和空气预热系统的外表面的设计温度不得大于 80℃。无余热回收系统的工业炉散热损失应控制在 2% 以下，有余热回收系统时散热损失应控制在 3% 以下。

注：①《化学工业炉结构设计规定》HG 20541—92 规定：炉体外表面的设计温度应不大于 100℃，以 60~80℃ 为宜；

②《评价企业合理用热技术导则》GB/T 3486—93 规定：在环境温度为 20℃ 时，工业炉炉内温度若大于 900℃，炉体外表面（侧墙）最高温度不得大于 80℃；

③美国石油协会标准《炼油厂常用火焰加热炉》API 560 规定：辐射和对流段外壁表面的设计温度，在无风条件下，环境温度为 27℃ 时，不得超过 82℃。当采用预热空气系统时，热烟气和热空气管道的设计条件应和上述相同。

6.0.8 按长年连续运转设计的管式炉，当燃料中的含硫量等于或小于 0.1%（重量）时，管式炉的热效率值不应低于表 6.0.8 所列的指标。

表 6.0.8 燃料基本不含硫的管式炉热效率指标

炉别	一般管式炉设计热负荷/MW							转化炉或裂解炉
	<1	1~2	>2~3	>3~6	>6~12	>12~24	>24	
热效率/%	55	65	75	80	84	88	90	≥91

注：1. 管式炉的保证热效率一般可比设计热效率低 1%~2%；

2. 如要求热效率指标大于表 6.0.8 的规定时，对增加设施的费用应进行经济评价，增加投资的回收年限一般不应超过三年。

7 储运

7.0.1 储运系统油品损耗量较大。为降低损耗，可采用如下措施：

1 闪点小于 28℃ 的油品储罐应选用浮顶罐或内浮顶罐，闪点大于或等于 28℃ 至小于 45℃ 的油品储罐宜选用浮顶罐或内浮顶罐；

2 当选用固定顶罐时，应设置呼吸阀及呼吸阀挡板，必要时可设置氮封系统或油气回收装置；

3 在一个油罐区内，应把同一种油品的固定顶油罐的气相空间用管线连通在一起；

4 罐内油品脱水，应采用技术成熟、安全可靠的脱水技术；

5 因气温较高或地区气压较低，致使轻油罐车上部卸油有困难时，宜采用新型高效节能泵代替真空辅助系统。

7.0.2 应根据油品的性质和工艺要求合理确定泵的类型。在选用泵的型号时，应使泵的运行经常处于高放区范围内。

7.0.3 电动离心泵应采取低能耗的调节方式调节流量。在具备条件时，应采用电动机调速代替阀门控制。

7.0.4 油品不应在罐内加热至较高温度后储存。需要升温输送的油品，输送时可采用罐内局部加热或管道加热。油品的加热应根据工艺操作要求，充分利用低品位的蒸汽和热水。

7.0.5 应合理选择油品的储存温度。油品的最低储存温度应比凝固点高 3～15℃，原油的储存温度不得高于初馏点。

8 供热

8.0.1 新建工厂应充分利用工艺装置余热产生的蒸汽来满足工厂的供热需要。不足部分应考虑由区域热电站供应。当区域热电站无法满足时，可在厂内新建热源。

8.0.2 工厂内需新建独立的热源时，应把节能作为选择方案的重要因素，并根据多方案的技术经济比较，确定最佳的供热方案。

8.0.3 蒸汽系统的设计容量应根据全厂蒸汽平衡计算确定，并符合下列原则：

1 对所有热用户（包括动力用户）的用汽量、用汽参数、用汽性质应认真核实，并进行负荷分析；

2 工艺生产、采暖通风及生活用汽按最大负荷计算时应计入同时使用系数；

3 对工艺生产中的间断用汽应根据具体情况分别确定，不应简单叠加；

4 对于全厂生活用汽应进行控制；

5 蒸汽管网的热损失不应超过总热负荷的 5%；

6 生产装置的副产蒸汽应按正常产汽量计入。

8.0.4 应根据工厂的动力和热力负荷的要求，结合生产装置余热品位，选择合理的蒸汽参数。

8.0.5 确定蒸汽系统参数等级时，应对用户要求的各种参数适当归并，尽量减少系统压力等级，对大型系统不宜超过四级。

8.0.6 做好热功联产。工厂正常生产所需的中、低压蒸汽，应尽量由汽轮机的抽、排汽提供，不宜采用减温减压方式供汽。

8.0.7 燃煤锅炉燃烧设备类型的选择必须适合所定煤种及满足环境保护等的具体要求，并应优先选用新型的高效节煤锅炉。

8.0.8 工厂内蒸汽锅炉用软化水或脱盐水装置的设计，应结合工艺生产的用水要求以及蒸汽凝结水回收情况，做好全厂软化水及脱盐水的平衡，统一确定生产规模及供水方案。

8.0.9 全厂的蒸汽凝结水应充分回收。对利用蒸汽间接加热的生产设备，凝缩水回收率应达 80% 以上。对于可能被污染的凝结水，有回收价值的应设置水质检测及净化装置予以回收，确实不能回收的也应设法利用余热。

8.0.10 软化水和脱盐水的质量应符合有关标准的要求。

锅炉给水采用软水或脱盐水时，锅炉正常排污率不应大于下列指标：

1 以化学软水为补给水的供热式发电锅炉和中压工业锅炉为 5%；

2 以化学软水为补给水的凝汽式发电锅炉为 2%；

3 以化学软水为补给水的低压工业锅炉为 10%；

4 以化学脱盐水为补给水的供热式发电锅炉和高压工业锅炉为2%；

5 以化学脱盐水为补给水的凝汽式发电锅炉为1%。

8.0.11 水处理系统的设计，在满足用户对水质要求的前提下，应选用再生剂耗量低、节能效果好的工艺方案。

9 给水排水

9.0.1 工厂给水水源的设计，应最大限度地减少取水，净化与输水的能耗。

9.0.2 给水处理的设计应符合下列要求：

1 当水源含泥砂量较大时，净水构筑物宜靠近取水泵站；

2 应选用效率高、能耗低的净化工艺和设施；

3 尽量降低沉淀池和澄清池排泥水的含水率，必要时回收滤池冲洗用水，减少自用水量。

9.0.3 工厂供水系统的划分与水平衡设计，应按下列要求做到一水多用，提高重复利用率。

1 不应采用直流冷却水系统(使用海水除外)，当必须采用时，应回收利用；

2 易挥发液体的储罐需要夏季喷淋冷却时，冷却水应回收利用；

3 制备软化水或除盐水所需要的原水，可采用未受污染的间接冷却新鲜水；

4 水力输送灰渣用水和对水质无严格要求的生产用水，宜利用经过处理的工业废水，或在本系统内循环使用。

9.0.4 循环冷却水系统的设计应符合下列要求：

1 冷却塔的设计应采用效率高、能耗低的结构、填料和风机。大、中型冷却塔的风机，有条件时可采用变频调速装置。

2 循环冷却水系统应设置水质处理与水质监控设施。循环水的浓缩倍数应符合表9.0.4的规定。

表9.0.4 循环水浓缩倍数

装置类别	浓缩倍数
大化肥装置	≥3.5
化工、化纤类装置	≥3.0
炼油、中型化肥装置	≥2.5

3 敞开式循环冷却水系统的污垢热阻宜小于$2.7\times10^{-4}m^2\cdot K/W$。

4 循环冷却水系统的压力回水设计应考虑余压上塔，以降低能耗。

9.0.5 当工厂各生产装置要求供水压力差别较大时，应考虑采用不同压力的供水方案。当个别装置要求供水压力较高时，宜在装置内单独设加压泵。

9.0.6 污水处理系统的设计应符合下列要求：

1 清污分离；

2 进行预处理，满足有关标准要求后进污水处理场；

3 严格控制进入污水处理场的污水量和水质；

4 污水处理应采用低能耗工艺。

9.0.7 加强废水回用，提高回用水比例。

10 供电

10.1 供配电系统

10.1.1 供电电源和配电系统的设计应进行多方案比较，做到安全可靠、节约能源、技术先进、经济合理。

10.1.2 生产装置应经技术经济比较，选用较高的供配电电压，减少变压层次和变电设备重复容量；对大容量用电设备,可采用供电电压直降配电。

10.1.3 生产装置变配电所的位置应尽量接近负荷中心,缩短供配电距离,减少线路损耗。

10.1.4 变压器台数及容量的选择,除满足负荷性质、用电容量、运行方式及电动机自启动要求外,还应对其运行效率进行比较,使投运的变压器效率高,损耗小。

10.1.5 最大负荷利用小时数大于5000小时且长度超过20米或35kV及以上等级电力电缆的截面,应按经济电流密度选择或校验,以降低电缆运行电能损耗。

10.1.6 在生产装置中,宜采用热电联产和废气(热)发电技术。

10.1.7 应合理选用电动机,提高其负载率。对负载变化大的机泵宜采用变频调速装置。

10.1.8 变配电设备应选用效率高、能耗低、性能先进经国家认证的合格产品。

10.1.9 生产装置用电设备所产生的谐波引起电网电压正弦波形畸变率,当超过《电能质量公用电网谐波》GB/T 14549—93规定值,应采取下述抑制高次谐波的措施:

1 对谐波电流影响较严重的三相四线供电回路,其中性线截面应按200%相线截面选择;

2 用户与电网连接点的总电压正弦波畸变率超过规定的极限值的75%;或用户向电网注入的谐波电流超过规定的允许值时,或作为用户的换流设备总容量规定值时,经由电力部门核算,应装设就地交流滤波装置。

10.1.10 生产装置的自然功率因数较低时,应设并联无功补偿装置使功率因数不低于0.90。无功补偿设计应符合下列要求:

1 可调式无功补偿装置,应按无功功率最大需要设计。在负荷变动大的变电所,宜采用集中自动补偿控制装置进行无功补偿。

2 非可调式无功补偿装置,不宜大于网络的最小无功负荷。

3 对距供电点较远的大、中容量连续运行的电气负荷;宜采用就地无功补偿装置。

10.2 照明

10.2.1 照明设计应在保证生产视觉要求、照明质量和满足照度标准的前提下,做到节约能源。

10.2.2 光源选择应符合下列规定:

1 高大厂房中宜采用高光效长寿命强气体放电的金属卤化物灯、高压钠灯;

2 一般场所优先选用高效节能荧光灯,在显色要求较高的场所宜采用三基色荧光灯、稀土节能荧光灯、小功率高显钠灯。

10.2.3 灯具选择应符合下列规定:

1 除有装饰需要外,应优先选用直射光通比例高、控光性能合理的高效灯具;

2 宜采用功率损耗低、性能稳定的灯具附件(如电子触发器)。

10.2.4 照明设计应符合下列规定:

1 对局部环境要求较高的场所,可采用分区或局部提高照度的照明方式;

2 大面积使用气体放电灯的场所宜装设补偿电容器,功率因数不应低于0.85;

3 在条件允许时宜设专用照明变压器;

4 宜采用各种类型的节电开关,近窗灯具宜单设分回路和灯开关;

5 道路照明、户外装置照明,宜采用光电开关自动控制或集中管理控制。楼梯照明宜用节能声控开关控制。

用词说明

对本导则条文中要求执行严格程度不同的用词,说明如下:

1. 表示很严格,非这样做不可的用词

正面词采用“必须”;

反面词采用“严禁“。

2. 表示严格,在正常情况下应这样做的用词

正面词采用“应”;

反面词采用“不应”或“不得”。

3. 表示允许稍有选择,在条件许可时,首先应这样做的用词

正面词采用“宜”;

反面词采用“不宜”。

表示有选择,在一定条件下可以这样做,采用“可”。

3. 石油化工管式炉热效率设计计算

（SH/T 3045—2003
代替 SH/T 3045—1992）

目　　录

1 范围

本标准规定了燃气、燃油的石油化工管式炉热效率的设计计算方法,本标准适用于燃气、燃油的石油化工管式炉热效率的设计计算。

2 术语和定义

下列术语和定义适用于本标准:

2.1 热效率 thermal efficiency

总吸热量除以总供热量,或总供热量减去总热损失之差除以总供热量。

2.2 体系 system

通过热平衡对其进行热效率计算的对象。体系边界以外的物体均称为外界。

2.3 总吸热量 total heat absorbed

体系向外界输出的已被利用热量的总和。

2.4 总供热量 total heat input

外界供给体系热量的总和。

2.5 总热损失 total heat loss

外界向体系供给热量中未被利用部分的总和。

2.6 低发热量 lower heating value

燃料完全燃烧后,其燃烧产物中的水蒸汽仍以气态存在时的反应热,以15℃为基准。

2.7 显热 sensible heat

物质发生温度变化时所吸收或放出的热量。一般是指定压条件下的显热。

2.8 基准温度 darum temperature

衡量越过体系边界,进入体系或离开体系的物体所带入或带出热量大小的参照温度,假设所有物体在该参照温度下的焓值为零。

3 热效率设计计算

3.1 热效率应按公式(1)、(2)计算:

$$e=\frac{3.6\times10^{3}Q_{\mathrm{d}}}{B(h_{\mathrm{L}}+\Delta h_{\alpha}+\Delta h_{\mathrm{f}}+\Delta h_{\mathrm{m}})}\times100 \tag{1}$$

或

$$e=\left(1-\frac{h_{\mathrm{u}}+h_{\mathrm{s}}+h_{\mathrm{L}}\cdot\eta_{\mathrm{r}}}{h_{\mathrm{L}}+\Delta h_{\mathrm{a}}+\Delta h_{\mathrm{f}}+\Delta h_{\mathrm{m}}}\right)\times100 \tag{2}$$

式中 e——热效率,%;

Q_{d}——设计热负荷,kW;

B——燃料量,kg/h;

h_{L}——燃料低发热量。可按附录 A 表 A.1 计算确定,kJ/kg 燃料;

Δh_{α}——由单位燃料量所需的燃烧用空气带入体系的热量,可按附录 A 表 A.2 计算确定,kJ/kg 燃料;

Δh_{f}——由单位燃料量带入体系的显热,可按附录 A 表 A.2 计算确定,kJ/kg 燃料;

Δh_{m}——由雾化单位燃料油所需雾化剂带入体系的显热,可按附录 A 表 A.2 计算确定,kJ/kg 燃料。当雾化剂为水蒸气时,雾化蒸汽带入的热量应等于雾化蒸汽在进入体系时的焓与等量的水蒸气在基准温度下的焓之差。在基准温度下的水蒸气的焓为2530kJ/kg。雾化蒸汽的焓值可从附录 A 表 A.6 查得;

h_{s}——按单位燃料量计算的排烟损失,可按附录 A 表 A.3 计算确定,kJ/kg 燃料;

h_u——按单位燃料量计算的不完全燃烧损失，kJ/kg 燃料；

η_r——散热损失占燃料低发热量的百分数。

3.2　管式炉体系一般可分为以下三类：

a）无预热燃烧用空气体系，体系内仅有管式炉本体（图 1）；

b）用外界热源预热燃烧用空气体系，体系内仅有管式炉本体（图 2）；

c）　用自身热源预热燃烧用空气体系，体系内除了管式炉本体外，还包括用烟气直接或间接预热燃烧用空气的换热设备，或用进料预热燃烧用空气的换热设备（图 3）。

3.3　有效热量应采用设计热负荷。

3.4　供给热量应包括燃料的低发热量、燃料的显热、空气的显热及雾化剂带入的热量。

3.5　损失热量应等于排烟损失、燃料不完全燃烧损失及散热损失之和。

3.6　排烟损失应等于烟气离开最后换热面时的焓。

3.7　燃料不完全燃烧损失应根据燃料低发热量 h_L 的百分数确定，一般取不大于 h_L 的 0.5%。对于气体燃料和轻质燃料油可不考虑此项损失。

3.8　加热炉的散热损失，无空气预热系统时，不应大于燃料低发热量的 1.5%；有空气预热系统时，不应大于 2.5%。此外，还应考虑炉型和设计热负荷大小的影响。纯辐射型管式炉应取较小的百分数；辐射对流型管式炉应取较大的百分数。设计热负荷较大时，应取较小的百分数；反之，应取较大的百分数。

3.9　基准温度应采用 15℃。

3.10　燃烧用空气组成（按质量分数计）可采用：氧气（O_2）23.2%，氮气（N_2）76.8%。

3.11　空气湿度的影响可忽略不计。

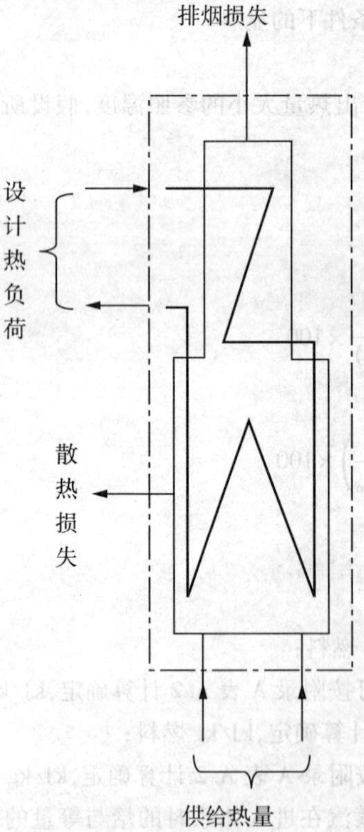

注：—·—·—· 体系边界。

图 1　无预热燃烧用空气体系

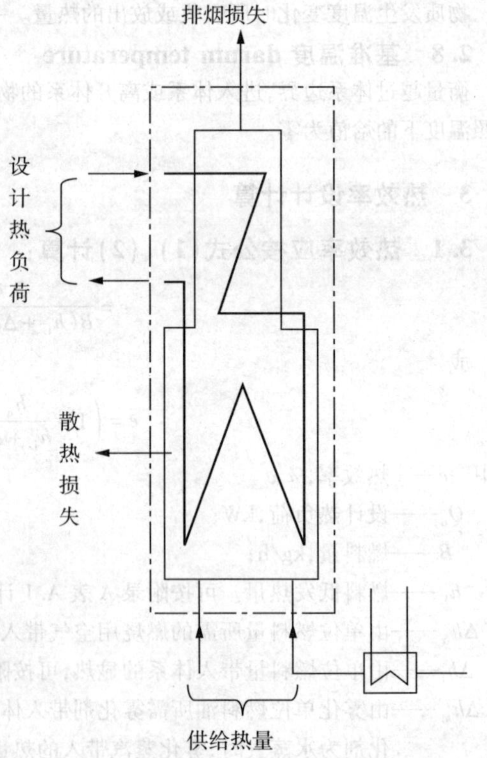

注：—·—·—· 体系边界。

图 2　用外界热源预热燃烧用空气体系

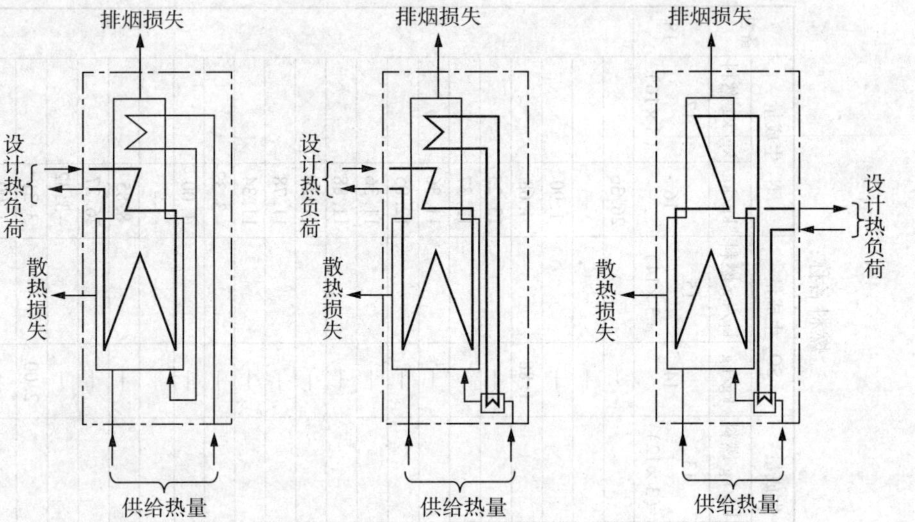

（a）烟气直接预热燃烧用空气 （b）循环热载体间接预热燃烧用空气 （c）进料预热燃烧用空气

注：—·—·— 体系边界。

图 3　用自身热源预热燃烧用空气体系

附录 A
（资料性附录）
设计计算图表

表 A.1　燃料燃烧计算

燃料名称：

燃料	组分或元素	体积分数	分子量或原子量	质量分数 kg/kg 燃料	低发热量 h_L		理论空气量 L_0		CO_2 生成量		H_2O 生成量		SO_2 生成量		N_2 生成量		备注
					kJ/kg	kJ/kg 燃料	kg/kg	kg/kg 燃料	kg/kg	kg/kg 燃料	kg/kg	kg/kg 燃料	kg/kg	kg/kg 燃料	kg/kg	kg/kg 燃料	
1	2	3	4	5 (3×4)/Σ(3×4)	6	7 (5×6)	8	9 (5×8)	10	11(3×10)	12	13 (3×12)	14	15 (3×14)	16	17 (3×16)	18
燃料气	氢气(H_2)		2.016		120000		34.29		—		8.94		—		26.36		
	二氧化碳(CO_2)		44.0		—		—		1.00		—		—		—		
	一氧化碳(CO)		28.0		10100		2.47		1.57		—		—		1.90		
	硫化氢(H_2S)		34.1		15240		6.08		—		0.53		1.88		4.68		
	甲烷(CH_4)		16.0		50000		17.24		2.74		2.25		—		13.25		
	乙烷(C_2H_6)		30.1		47490		16.09		2.93		1.80		—		12.37		
	乙烯(C_2H_4)		28.1		47190		14.79		3.14		1.28		—		11.36		
	丙烷(C_3H_8)		44.1		46360		15.68		2.99		1.63		—		12.05		
	丙烯(C_3H_6)		42.1		45800		14.79		3.14		1.28		—		11.36		
	丁烷(C_4H_{10})		58.1		45750		15.46		3.03		1.55		—		11.88		
	丁烯(C_4H_8)		56.1		45170		14.79		3.14		1.28		—		11.36		
	戊烷(C_5H_{12})		72.1		45360		15.33		3.05		1.50		—		11.78		
	戊烯(C_5H_{10})		70.1		44909		14.76		3.14		1.28		—		11.34		
	氧气(O_2)		32.0		—		-4.32		—		—		—		-3.32		
	氮气(N_2)		28.0		—		—		—		—		—		1.00		
	总计	1.00	—	1.00	—		—		—		—		—		—		
燃料油	碳(C)	—	12.0		33913		11.51		3.66		—		—		8.85		
	氢(H)	—	1.008		102995		34.29		—		8.94		—		26.27		
	氧(O)	—	16.0		-10886		-4.32		—		—		—		-3.32		
	硫(S)	—	32.1		10886		4.31		—		—		2.00		3.31		
	氮(N)	—	14.0		—		—		—		—		—		1.00		
	水(H_2O)	—	18.0		-2512		—		—		1.00		—		—		
	总计	—	—	1.00	—		—		—		—		—		—		

表 A.2 Δh_f、Δh_m、Δh_α 计算

燃料名称：　　过剩空气系数 α：　　设计雾化蒸汽压力 P_m：　　MPa

设计雾化蒸汽用量 W：　　kg/kg 燃料

燃料	组分	kg/kg 燃料	入炉温度/℃	在入炉温度下的焓	
				kJ/kg	kJ/kg 燃料
1	2	3(表 A.1 第 5 项)	4	5(表 A.4、A.5、附图 A.1、A.2)	6(3×5)
燃料气	氢气(H_2)				
	二氧化碳(CO_2)				
	一氧化碳(CO)				
	硫化氢(H_2S)				
	甲烷(CH_4)				
	乙烷(C_2H_6)				
	乙烯(C_2H_4)				
	丙烷(C_3H_8)				
	丙烯(C_3H_6)				
	丁烷(C_4H_{10})				
	丁烯(C_4H_8)				
	戊烷(C_5H_{12})				
	戊烯(C_5H_{10})				
	氧 气(O_2)				
	氮气(N_2)				
	总计	1.00		—	Δh_f =
燃料油					Δh_f =
雾化蒸汽					Δh_m =
空气		aL_0 =			Δh_α =

注：1. L_0 取表 A.1 第 9 项总计值。

2. 计算 Δh_m 时，雾化蒸汽焓查 附表 A.6。

3. 过剩空气系数 α 值按 SH/T 3036《一般炼油装置用火焰加热炉》的规定选取。

4. 设计雾化蒸汽用量 W 按所选燃烧器的性能要求确定。

表 A.3 h_s 计算

燃料名称：　　排烟温度 T_e：　　℃

烟气组分	在烟气中的含量	在温度 T_e 时的焓	
	kg/kg 燃料	kJ/kg	kJ/kg 燃料
1	2	2	4(2×3)
二氧化碳(CO_2)			
水(H_2O)			
氮气(N_2)			
二氧化硫(SO_2)			
空气	$L_0(\alpha-1)$ =		
雾化蒸汽	W =		
总计		—	h_s =

注：1. CO_2、H_2O、SO_2、H_2 在烟气中含量分别为表 A.1 中第 11、13、15、17 项的总计值。

2. L_0 为表 A.1 中第 9 项的总计值。

3. α 及 W 值均见表 A.2。

4. 计算 h_s 时，烟气各组分焓值均见表 A.1、A.2。

表 A.4　氢及饨烃理想气体在不同温度下的焓　　kJ/kg

气体	温度/℃							
	0	20	50	100	150	200	250	300
氢气(H_2)	-226.3	63.8	498.1	1220.8	1942.9	2665.3	3388.4	4112.8
甲烷(CH_4)	-35.9	10.3	82.2	208.4	342.6	484.4	633.6	790.2
乙烷(C_2H_6)	-27.2	7.9	63.9	165.6	277.4	398.7	529.2	668.5
乙烯(C_2H_4)	-25.6	7.4	60.4	157.6	265.3	382.8	510.0	646.2
丙烷(C_3H_8)	-25.4	7.3	60.1	156.6	263.6	380.4	506.5	641.6
丙烯(C_3H_6)	-25.4	7.3	59.9	155.9	262.2	378.2	503.4	637.4
丁烷(C_4H_{10})	-24.6	7.1	57.3	147.7	245.9	351.7	464.5	584.2
丁烯(C_4H_8)	-22.8	6.6	53.8	140.1	235.4	339.1	450.9	570.2
戊烷(C_5H_{12})	-23.4	6.8	55.2	143.4	240.8	346.8	461.0	583.0
戊烯(C_5H_{10})	-24.0	6.9	56.3	146.3	245.4	353.2	469.1	593.0
硫化氢(H_2S)	-13.9	3.9	31.1	77.3	124.5	172.5	221.3	270.9

注:焓的基准温度为15℃,气体。

表 A.5　燃料油在不同温度下的焓　　kJ/kg

相对密度 ρ_{20}	温度/℃											
	80	100	120	140	160	180	200	220	240	260	280	300
0.90	117.0	156.7	198.1	241.1	285.7	331.9	379.8	429.2	480.3	533.1	587.4	643.4
0.91	116.1	155.5	196.6	239.3	283.6	329.5	377.0	426.1	476.9	529.2	583.2	638.8
0.92	115.2	154.4	195.2	237.5	281.5	327.1	374.3	423.0	473.4	525.4	579.0	634.2
0.93	114.3	153.2	193.7	235.8	279.4	324.7	371.5	419.9	470.0	521.6	574.8	629.6
0.94	113.5	152.1	192.2	234.0	277.3	322.2	368.8	416.9	466.5	517.8	570.6	625.1
0.95	112.6	150.9	190.8	232.2	275.2	319.8	366.0	413.8	463.1	514.0	566.5	620.5
0.96	111.7	149.7	189.3	230.4	273.1	317.4	363.3	410.7	459.6	510.2	562.3	615.9
0.97	110.9	148.6	187.8	228.7	271.1	315.0	360.5	407.6	456.2	506.3	558.1	611.4
0.98	110.0	147.4	186.4	226.9	269.0	312.6	357.8	404.5	452.7	502.5	553.9	606.8
0.99	109.1	146.2	184.9	225.1	266.9	310.2	355.0	401.4	449.3	498.7	549.7	602.2

注:焓的基准温度为15℃,液体。

表 A.6　过热蒸汽在不同压力不同温度下的焓 kJ/kg

温度/℃	压力/MPa											
	0.10	0.15	0.20	0.25	0.30	0.40	0.50	0.60	0.70	0.80	0.90	1.00
120	2650.2	2646.1	2637.7	—	—	—	—	—	—	—	—	—
140	2690.0	2686.7	2682.5	2678.3	2674.5	—	—	—	—	—	—	—
160	2730.2	2726.9	2723.5	2720.2	2716.8	2709.7	2702.2	2695.0	—	—	—	—
170	2750.3	2747.0	2744.0	2741.1	2737.7	2731.5	2724.8	2718.1	2711.0	2704.3	—	—
180	2770.0	2767.1	2764.5	2761.6	2758.7	2752.8	2747.0	2740.7	2734.4	2728.1	2721.0	2713.9
190	2789.7	2787.2	2784.6	2782.1	2779.6	2774.2	2768.7	2763.3	2757.4	2751.7	2745.3	2739.0
200	2809.3	2807.2	2804.7	2802.6	2800.1	2795.1	2790.5	Z785.5	2780.0	2774.6	2769.1	2763.7
220	2848.7	2847.0	2844.9	2842.8	2841.2	2837.0	2832.8	2828.6	2824.0	2819.8	2815.2	2810.6
240	2888.5	2886.8	2885.1	2883.4	2881.8	2878.4	2874.4	2870.9	2867.6	2863.8	2860.0	2856.2
260	2928.2	2927.0	2925.3	2923.6	2922.4	2919.5	2916.1	2913.2	2909.8	2906.5	2903.5	2899.8
280	2968.4	2967.2	2965.5	2964.3	2963.0	2960.5	2957.6	2955.0	2952.1	2949.2	2946.3	2943.3
300	3008.6	3007.4	3006.5	3005.3	3003.6	3001.5	2990.0	2996.5	2994.0	2991.5	2989.0	2986.4
400	3212.5	3211.7	3210.9	3210.4	3209.6	3207.9	3206.6	3205.0	3203.3	3202.1	3200.4	3198.7

注：1. 焓的基准温度为15℃，水。

2. 水蒸气在基准温度下的焓值为2530kJ/kg。

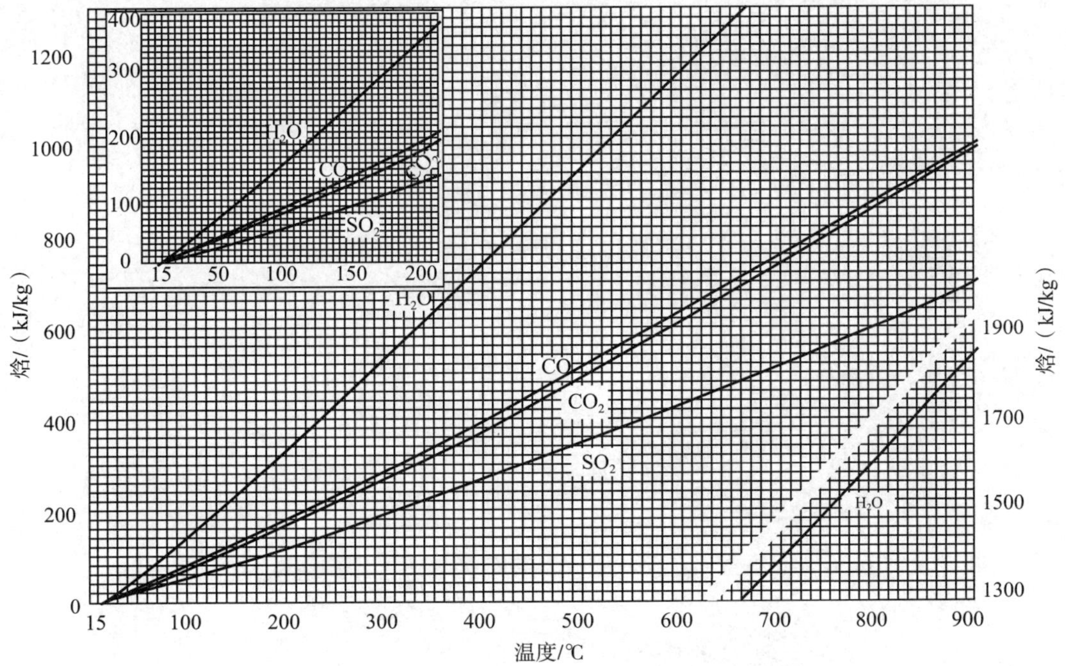

图 A.1　烟气中 H_2O、CO、CO_2 和 SO_2 的焓（焓的基准温度 15℃，气体）

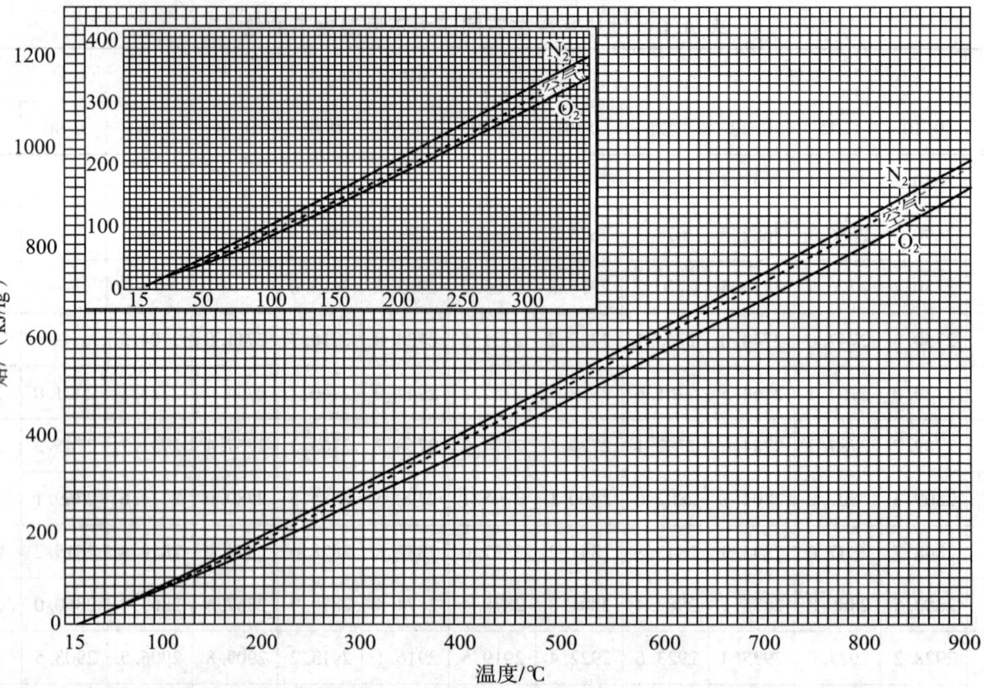

图 A.2　空气、O_2 和 N_2 的焓（焓的基准温度 15℃，气体）

用词说明

对本标准条文中要求执行严格程度不同的用词,说明如下:

(一)表示要求很严格、非这样做不可并具有法定责任时,用词为"必须"(must):

(二)表示要准确地符合标准而应严格遵守时。用词为:

正面词采用"应"(shall);

反面词采用"不应"或"不得"(shall not)。

(三)表示在几种可能性中推荐特别合适的一种,不提及也不排除其他可能性,或表示是首选的但未必是所要求的,或表示不赞成但也不禁止某种可能性时,用词为:

正面词采用"宜"(should);

反面词采用"不宜"(should not)。

(四)表示在标准的界限内所允许的行动步骤时,用词为:

正面词采用"可"(may);

反面词采用"不必"(need not)。

4. 石油化工中心化验室设计规范

（SH/T 3103—2009
代替 SH/T 3103—2000）

目　录

1 范围

本规范规定了石油化工中心化验室设计的一般规定、化验室的组成及布置、分析仪器和设备配置原则、化验室管道设计以及中心化验室的土建、采暖通风及空气调节、给排水、电气、电信及信息管理系统、仪表等方面的设计要求。

本规范适用于新建石油化工中心化验室的设计。改建、扩建的中心化验室及装置化验室可参照执行。

2 规范性引用文件

下列文件中的条款通过本规范的引用而成为本规范的条款。凡是注日期的引用文件,其随后所有的修改单(不包括勘误的内容)或修订版均不适用于本规范,然而,鼓励根据本规范达成协议的各方研究是否可使用这些文件的最新版本。凡是不注日期的引用文件,其最新版本适用于本规范。

GB 50016 建筑设计防火规范

GB 50019 采暖通风与空气调节设计规范

GB 50140 建筑灭火器配置设计规范

GB 50160 石油化工企业设计防火规范

SH 3004 石油化工采暖通风与空气调节设计规范

SH 3017 石油化工生产建筑设计规范

SH/T 3042 合成纤维厂采暖通风与空气调节设计规范

3 术语和定义

下列术语和定义适用于本规范。

3.1 中心化验室 central laboratory

承担石油化工厂各生产装置的原料及辅助原材料规格分析、生产装置中间产品质量控制分析和产品质量分析、公用工程的介质指标分析、对出厂产品的质量进行监督检查以及其他辅助任务的全厂性化验室。

3.2 装置化验室 plant laboratory

在装置内设置的负责该装置中间产品质量控制分析的小型化验室。

3.3 分析房间 analytical room

进行化验分析的房间及与之紧密相关的样品处理、试剂配制等房间。

3.4 辅助房间 auxiliary room

不进行化验分析,为化验提供服务的必要房间。

3.5 洗涤室 washing room

对被油品或有机试剂污染的化验用器具及器皿进行清洗的专用房间。

3.6 化验室家具 laboratory furniture

分析化验用的成套化验台、设备台、天平台、通风柜、试剂柜(架)等的总称。

3.7 工艺管道 process pipe

为将化验分析所需工艺介质输送到化验室各使用点而敷设的管道。

3.8 使用面积 useable area

用于化验分析的实际有效使用的面积,不包括走廊、厕所、门厅、楼梯间等的面积。

3.9 钢瓶气管道 cylinder gas piping

从钢瓶间的高压钢瓶引到中心化验室的高纯气体或其他气体管道,如氢气、氮气、氦气、氩气、氧气、氧化亚氮气、乙炔气等管道。

4 一般规定

4.1 工厂宜设一个中心化验室,性质相同或相似的化验分析项目宜统筹考虑,避免重复设计,必要时,可设置装置化验室。

4.2 中心化验室的功能设计应以工厂的工艺装置组成、产品结构方案以及下列任务为主要依据：

a)进厂原料、辅助材料、添加剂、催化剂及化学药品质量规格分析；

b)工艺装置生产控制分析；

c)出厂产品的质量检验和监督检查；

d)公用工程的介质指标分析；

e)分析用标准溶液和试剂的配制；

f)分析仪器设备的日常维护。

4.3 中心化验室的布置应符合 GB 50160 有关化验室的布置要求，且应远离振动、电磁干扰的场所。

4.4 中心化验室建筑物宜南北朝向。

4.5 中心化验室的使用面积应根据石油化工厂的分析工作内容、仪器设备配置、人员生活必需和辅助需要等因素而确定。

4.6 中心化验室内应安装感温感烟器和火灾报警装置；应按 GB 50016 和 GB 50140 的规定设置消火栓和二氧化碳型灭火器。

4.7 中心化验室的特殊排放物，如废液及废弃的油样，应集中收集进行处理。

5 化验室的组成及布置

5.1 中心化验室的组成

中心化验室由化验分析房间及辅助房间组成：

a)化验分析房间的设置应根据分析测试内容、分析频率及配置的仪器设备确定，通常宜设化学分析室、仪器分析室、色谱室、物性检验室、生物分析室、天平室、高温室等；

b)辅助房间宜设：洗涤室、试剂库、器材库、样品贮存间、配电室、钢瓶间、交接班室、办公室、更衣室、资料室、数据处理室等；

c)除偏远地区外，不宜设玻璃细工室。

5.2 中心化验室的布置

5.2.1 房间布置

5.2.1.1 化验室分析房间宜设大开间，特殊分析项目宜设专用分析房间。

5.2.1.2 气相色谱分析室、仪器分析室、热值测定室、试剂配制室、试剂库、样品贮存间及天平室应避免阳光直射。

5.2.1.3 对温度、湿度有严格要求的化纤物性检验室及塑料、橡胶物性测试室，应将其空调机房布置于附近。

5.2.1.4 配电室的上方不宜布置仪器分析室，其上层房间不应设置给排水点。

5.2.1.5 使用钢瓶气的房间宜布置在靠近钢瓶间的一侧。

5.2.1.6 当上下房间都需要布置通风柜时，通风柜的布置应考虑风管和风机布置的合理性；风机室宜集中布置在建筑物的屋顶。

5.2.2 化验室内部布置

5.2.2.1 化验分析房间内应根据需要设置化验台、设备台、洗涤盆及通风柜。各房间内的布置应考虑统一性和灵活性。

5.2.2.2 化验分析房间的化验台、设备台宜布置在房间的中央或两侧，通风柜宜布置在房间的两侧。

5.2.2.3 使用钢瓶气管道的设备台应离墙布置，留出的维修空间不宜小于 600mm。

5.2.2.4 台、柜的选型和布置应满足各种管道安装、使用和检修的要求。

5.2.2.5 化验室内各种台、柜之间的间距应符合人体工程学的要求，并满足操作要求。

5.2.3 分析仪器布置

5.2.3.1　对分析精度要求较高的分析仪器,宜布置在不受磁场、振动、噪音等干扰的房间内。

5.2.3.2　大型精密仪器或有振动的仪器宜布置在建筑物的底层。大型塑料橡胶制样设备宜单独布置在底层的制样间内。辛烷值和十六烷值测定机宜布置在独立的单层分析室内,当条件所限位于化验楼内时,应独立设置辛烷值和十六烷值测定机的基础。

6　分析仪器和设备配置

6.1　分析仪器和设备的选型应以技术先进,质量可靠,经济实用,满足工艺生产的需求为原则。

6.2　应根据工厂设计规模、进厂原材料性质、工艺装置的组成及其分析项目、控制指标、分析频率、分析方法以及工厂产品结构方案、产品标准等确定主要分析仪器、设备配备的种类及数量。

6.3　应根据分析样品、分析方法、分析频率等因素综合优化分析仪器的配备。

6.4　中心化验室应配备与其功能相匹配的化验室家具,如化验台、设备台、天平台、通风柜等。

6.5　宜配备仪器设备日常维护的工具。

7　管道设计

7.1　中心化验室的工艺管道有以下两个系统:

a)由系统管网引入中心化验室的公用工程管道系统,包括净化压缩空气、低压氮气、低压蒸汽、除盐水、低压蒸汽凝结水等管道;

b)由钢瓶间引入中心化验室的高压钢瓶气管道系统,包括氢气、氮气、氦气、氩气、氧气、乙炔气等管道。

7.2　中心化验室所有管道应统筹规划、集中布置,以便于安装、操作和检修为布置原则。

7.3　引入中心化验室的所有工艺管道总管应设切断阀,并根据需要设置压力表、温度计、流量计、过滤器和减压器等。阀门或仪表宜设置在便于操作、易于观察和检修的位置。

7.4　可燃易爆气体如氢气、氧气、乙炔等宜明线敷设。

7.5　中心化验室内的公用工程管道宜集中布置并沿墙明设,且方便安装及检修。若分析室内有吊顶时,进入分析房间的管道宜从走廊吊顶内接入室内吊顶。

7.6　蒸汽管道及其凝结水管道不应穿过仪器分析室以及对温度、湿度要求严格的物性检验室和天平室等房间。

7.7　严禁将可燃气体、液化烃、可燃液体的采样管道引入中心化验室内。

7.8　化验分析宜采用电加热,室内不宜敷设燃料气管道。

7.9　氢气、乙炔等可燃易爆气体管道不得穿越与其无关的房间。

7.10　当气体工艺管道穿过墙体或楼板时,应从预埋套管内穿过,经过套管的部位不应有焊缝。管道与套管之间应采用非燃烧材料严密封堵。

7.11　净化压缩空气、低压氮气等管道应按以下原则设计:

a)管道直径应根据实际用气点的数量确定,总管管径宜采用 *DN*20 至 *DN*40,支管管径宜采用 *DN*15,管道终端配 *DN*15 气源球阀,外接外径 1/4in 不锈钢管或紫铜管;

b)管道管材可根据需要选用低压流体输送用镀锌焊接钢管或不锈钢管。

7.12　当分析仪器要求使用高纯度气体而工厂系统管网未能提供时。可采用高压钢瓶供气。这些气体钢瓶应集中放置在钢瓶间内。钢瓶气管道按以下原则设计:

a)钢瓶气体输送主管宜采用外径 3/8in(视仪器数量而定)的管道,支管采用外径 1/4in 的管道,支管终端设不锈钢截止阀;截止阀后宜用外径 1/8in 的管道与气相色谱仪等仪器连接;或视连接仪器的要求而定;

b)引至仪器台的管道应固定在仪器台附近;

c)氢气、氧气、乙炔气管道所用管件和仪表应是适用于该介质的专用产品,不得代用;

d)氢气管道宜采用焊接连接,不应采用螺纹连接和使用闸阀;

e)钢瓶气管道宜采用不锈钢管或紫铜管,其中乙炔气管道不应采用紫铜管。

8 土建设计

8.1 中心化验室的土建设计应符合 GB 50016 和 SH 3017 的规定,建筑物的耐火等级不应低于二级。

8.2 中心化验室建筑物不宜超过三层,层高不应低于 3.6m;房间单面设置时,走廊宽度不应小于 1.8m,房间双面布置时,走廊宽度不应小于 2.4m。如果室内设有吊顶。房间净高不应低于 2.8m。塑料及橡胶制样间的层高应根据设备所需的操作空间来确定。

8.3 在可能散发比空气重的可燃气体装置内的装置化验室,室内地面至少应比室外地坪高出 600mm。

8.4 化验室门应向外开启并设观察窗。

8.5 天平室、热值分析室和无菌室宜设前室、双层活动窗及纱窗。

8.6 布置大型分析设备的房间门的宽度应方便最大设备的进出。

8.7 对温度、湿度要求严格的塑料及橡胶物性测试室宜设前室,当房间有窗时应设为双层窗:对温度、湿度要求严格的化纤物性检验室不应设窗户,长丝物性检验室宜采用双向开启的门,墙面均应做保温处理。

8.8 分析房间内地面应根据需要满足耐酸、耐碱、耐油的要求。

8.9 室内面积超过 $40m^2$ 的房间应至少设置两个门,因条件限制只能设置一个门时,应加大门的宽度。

8.10 洗涤室应采用防滑地面及瓷砖墙裙。

8.11 建筑物为多层布置时,楼面计算活荷载不宜小于 $3.0kN/m^2$,楼板垫层厚度不应小于 40mm。

8.12 钢瓶间的设计应满足如下要求:

a)宜设在中心化验室非主入口侧,并应采取遮阳防晒措施,当钢瓶间与建筑物建为一体时,隔墙应为钢筋混凝土防爆墙;

b)通风良好,并具有足够的泄爆面积,室内地面应有防火花、防静电措施;

c)可燃气体钢瓶与助燃气体钢瓶应隔开布置。

8.13 布置有振动或噪声设备的房间,应考虑减振和降噪措施。

8.14 中心化验室安全出口不宜少于两个,安全出口应有明显标志。

9 采暖通风及空气调节设计

9.1 中心化验室的采暖通风和空气调节设计应符合 GB 50019、SH 3004 和 SH/T 3042 的规定。

9.2 位于累年日平均温度稳定低于或等于 5℃的日数大于或等于 90 天的地区时,应设集中采暖;位于其他地区时,如果厂区有余热可利用,经主管部门批准,可设置集中采暖。

9.3 集中采暖系统的热媒宜采用热水,当无热水供给时,可采用蒸汽。

9.4 采暖管道宜采用无缝钢管,并宜明装。

9.5 采暖管道不应穿过放散与之接触能引起燃烧或爆炸的危险物质的房间、宜避免穿越风机室,穿越分析房间的采暖管道应采取必要的密封措施。

9.6 散发腐蚀性气体的房间,采暖设施应加强防腐措施。

9.7 产生较多有毒、异味、有腐蚀性或易爆的气体、粉尘等物质的分析应在通风柜内进行,或者采用排气罩。钢瓶间宜采用自然通风。

9.8 散发少量油气、有毒有异味气体的分析房间,当不设通风柜时,宜设轴流风机或排气罩对外排气。

9.9 排出气体性质相同或相近的几个通风柜,可合用一个排风系统。同一排风系统每台通风柜应与该系统排风机实行电气联锁控制。

9.10 中心化验室宜设置补风系统,并应根据需要对补风进行加热或冷却处理,补风口应布置合理,补风气流不应影响排风装置的排风效果,补风系统应与排风系统实行电气联锁控制。

9.11 产生有毒有害气体的分析房间换气次数不应小于 7 次/小时。

9.12 对于放散腐蚀性气体的通风柜,应考虑防腐措施,风机和风道材质应有较好的耐腐蚀性。

9.13 排出含有浓度较高的爆炸危险性物质的通风柜，应采用防爆风机。当排出的气体含有极度危害、高度危害物质或极难闻气味物质且浓度超过规定的允许排放标准时，应采取净化处理措施，排放口高度应符合国家相关规定。

9.14 风机宜集中布置且应有减振措施，风机应选用低噪声风机。

9.15 通风柜的选型与布置应符合以下规定：

a)通风柜宜采用常风型通风柜；在散发比空气重的有毒气体房间内宜采用下侧抽风式通风柜；

b)通风柜宜布置在分析房间内气流稳定的区域。

9.16 对室内温度、湿度及洁净度有特殊要求的分析仪器房间，应设置空气调节设施，室内空气的温度、湿度应符合仪器生产商提出的要求，或满足下列要求：

a)一般分析房间内的温度：冬季为18~24℃，夏季为22~28℃；相对湿度：冬季为30%~60%，夏季为40%~70%；

b)化纤物性检验室应恒温、恒湿，温度为20℃±2℃，相对湿度为65%±3%；

c)塑料及橡胶物性测试室应按照测试标准要求的试样状态调节和试验环境，设置恒温恒湿空调；

d)化纤物性检验室和塑料及橡胶物性测试室应设独立的空调系统。

10 给排水设计

10.1 中心化验室应设生活水，当有化验设备需要冷却或其他原因需用冷却水时，应引入循环冷却水。

10.2 给排水管道的设置应满足化验分析和洗涤的要求。

10.3 化验台、通风柜的排水管应设水封。

10.4 中心化验室的所有地漏均应带水封。

10.5 分析化验污水应排入工厂的生产污水管道，且应设水封井。排水管道应选用耐腐蚀、耐有机溶剂的材质。

10.6 进入中心化验室的给水总管应设阀门和计量设施。阀门应布置在便于操作、检修的位置。

10.7 配电室及其上层不应有给排水管道穿过。

10.8 使用腐蚀性物质或其他有毒试剂的分析房间，应设置应急洗眼器及喷淋冲洗器。

11 电控设计

11.1 电气设计

11.1.1 中心化验室应设置220V/380V配电室。

11.1.2 动力、照明、电信线路应分别配线并宜暗设。

11.1.3 每间分析房间均宜设动力配电箱；每个化验台应设置电源插座箱。动力配电箱、电源插座箱的进线开关应设带漏电保护的开关。

11.1.4 中心化验室的所有用电仪器，均应有安全接地措施。

11.1.5 液化烃气分析房间、钢瓶间、试剂库、产生易燃易爆介质的洗涤室与样品储存间的开关、插座、灯具应防爆，其配电线路穿越隔墙处应隔离密封。

11.1.6 在确定化验室设备用电负荷时，应按照设备的同时使用系数考虑。

11.1.7 分析房间照明宜采用荧光照明，一般分析房间最低照度宜下低于200lx，天平室、化纤长丝物性检验室及作为滴定、比色的工作场所最低照度直为300lx，化纤短丝物性检验室最低照度宜为400lx。

11.1.8 通风柜内应设置照明灯具。

11.1.9 中心化验室应设置应急照明、疏散照明。

11.2 电信及信息管理系统设计

11.2.1 中心化验室应配备行政电话、生产调度电话。

11.2.2 中心化验室宜设置化验室信息管理系统（LIMS），分析化验的数据处理及管理实现网络化，并与全厂性的主网络联网。

11.2.3　当中心化验室设置化验室信息管理系统(LIMS)时,应在实验区和办公区设置网络数据接口,其数量应满足各类仪器需要。

11.2.4　化验室信息管理系统(LIMS)宜配备不间断电源。

11.3　仪表设计

11.3.1　化验分析操作中可能散发可燃气体或蒸汽的岗位应安装可燃气体检测报警器,当操作中有可能散发有害气体的岗位时,可安装有毒气体检测报警器。

11.3.2　使用氢气、乙炔气等可燃易爆气体管道的房间应设可燃气体检测报警器。

用词说明

对本规范条文中要求执行严格程度用的助动词，说明如下：

（一）表示要求很严格、非这样做不可并具有法定责任时，用的助动词为“必须”（must）。

（二）表示要准确地符合规范而应严格遵守时，用的助动词为：

正面词采用“应”（shall）；

反面词采用“不应”或“不得”（shall not）。

（三）表示在几种可能性中推荐特别合适的一种，不提及也不排除其他可能性，或表示是首选的但未必是所要求的，或表示不赞成但也不禁止某种可能性时，用的助动词为：

正面词采用“宜”（should）；

反面词采用“不宜”（should not）。

（四）表示在规范的界限内所允许的行动步骤时，用的助动词为：

正面词采用“可”（may）；

反面词采用“不必”（need not）。

5. 炼油厂全厂性工艺及热力管道设计规范

（SH/T 3108—2000
代替 SYJ 1024—83）

目　　录

1 总则

1.0.1 本规范适用于新建炼油厂全厂性工艺及热力管道的设计。炼油厂的改、扩建设计可参照执行。

1.0.2 执行本规范时,尚应符合现行有关强制性标准规范的规定。

2 术语

2.0.1 全厂性工艺及热力管道——指装置(单元)以外的工艺及热力管道。

2.0.2 工艺管道——指油品、添加剂,液化石油气、燃料气、放空油气、氢气、氮气和化学药剂等管道。

2.0.3 热力管道——指蒸汽、凝结水、热水、软化水、除盐水、脱氧水和压缩空气等管道。

2.0.4 储运系统——指炼油厂的原油、中间原料和液态、气态的石油产品的储存和运输的系统。

2.0.5 轻污油——闪点等于或低于65℃及轻柴油的不合格油品。

2.0.6 重污油——闪点高于65℃(轻柴油除外)的不合格油品、装置停工吹扫重油、储运系统重油管道的扫线油、污水处理场的回收油、催化油浆和焦化暖塔凝缩油等。

2.0.7 工厂自用燃料——各装置(单元)使用的燃料油和燃料气。

3 工艺管道流程设计

3.1 一般规定

3.1.1 工艺管道流程的设计必须符合下列要求:

1 应根据项目的建设要求统一规划,并应按项目分期建设的要求进行设计;

2 应符合全厂总工艺流程的要求;

3 应符合装置(单元)的正常生产、事故处理和开、停工的要求;

4 在满足生产要求的前提下,力求简化,减少油品的周转;

5 应充分利用地形条件,实现油品自流输送。

3.1.2 装置之间的原料油宜采取直接进料。当采取直接进料并且上下游装置又不同时停工检修时,流程设计应符合下列要求:

1 在受料装置停工期间。供料装置生产的原料油应进入储运系统储罐;

2 在供料装置停工检修期间,受料装置的原料油应由储运系统的储罐供给。

3.1.3 由装置(单元)进入储运系统油品储罐的油品温度应符合下列要求:

1 进冷油罐的油品温度不得高于95℃;

2 进热油罐的油品温度宜在120~250℃之间,但应低于油品的自燃点。

3.1.4 成品油系统工艺管道流程应符合下列要求:

1 在装置停工检修时,应有措施保证产品质量;

2 成品油的调合宜采用管道调合工艺。当采用罐内搅拌调合工艺时,对于需严格控制水分或需防止氧化的油品,不得采用压缩空气调和;

3 普通成品油的输送可一管多用,但应符合现行《石油产品包装、储运及交货验收规则》SH 0164 的规定。对含有添加剂的润滑油,在一管多用时,不得因混油带入油品的添加剂而影响产品的质量;

4 航空油品的组份油与成品油管道应专管专用;

5 喷气燃料在进组份罐、调合成品罐前及出厂前,均应进行精密过滤,保证过滤后的喷气燃料中机械杂质含量低于0.26mg/l,游离水的含量低于15ppm,纤维含量低于10根/l。

3.1.5 工厂自用燃料系统流程应符合下列要求:

1 自用燃料油为常减压装置减压渣油时,减压渣油管道宜直接接至各用户,在该装置检修期间,应由储运系统向各用户供应燃料油。当减压渣油不能直接作为燃料油时,应由储运系统向各用户供应自用燃料油;

2 在不影响加热炉燃烧的情况下,自用燃料油中可调入不能作为商品燃料油组份的各种重质油;

3　燃料气系统应按现行《石油化工企业燃料气系统和可燃性气体排放系统设计规范》SHJ 9 执行；

4　在有天然气供应条件时，可用天然气作为工厂自用燃料。

3.1.6　污油系统流程应符合下列要求：

1　轻、重污油系统应分别设置；

2　轻污油应送回装置回炼；

3　重污油宜用作自用燃料油。在不影响商品燃料油质量时可调入商品燃料油；

4　轻污油中的不合格汽油和不合格柴油宜分别设置管道和储罐，必要时可互相借用；

5　成品油罐区的不合格油，在不影响成品油质量的条件下，可调入成品油中，但流程设计应能使其送往污油罐或装置原料罐；

6　催化油浆和焦化暖塔凝缩油应以专用管道送入储运系统储罐，其他的重污油管道均可共用。

3.1.7　装置开工用油可借用已有的相应管道输送。

3.2　管径及流速的确定

3.2.1　除泵的吸入管道、自流管道、气体管道和对流速有特殊要求的管道可按工艺要求确定管径外，其余工艺管道的管径宜按经济流速选择，工艺管道内介质的推荐经济流速见表 3.2.1。

表 3.2.1　工艺管道内介质的推荐经济流速

运动黏度/($10^{-6}m^2/s$)	经济流速/(m/s)
1~2	2.0~3.0
2~28	1.5~2.5
28~72	1.0~2.0
72~146	0.9~1.5
146~438	0.8~1.4

3.2.2　工艺管道的设计流量应根据全厂总工艺流程和作业要求确定。

3.2.3　工艺管道的设计流速应符合下列规定：

1　为防止静电引起火灾或爆炸，当油品的电导率小于 50Ps/m 时，油品管道的设计流速应符合下列规定：

a 轻质油品油罐入口管道的流速应小于 4m/s；

b 轻质油品的汽车油罐车装车管道流速，应符合式 3.2.3-1 的要求，且最大流速不得大于 7m/s；

$$VD \leqslant 0.5 \qquad (3.2.3-1)$$

式中　V——油品的流速，m/s；

D——管道的直径，m。

c 轻质油品的铁路油罐车装车管道流速，应符合式 3.2.3-2 的要求，且最大流速不得大于 7m/s；

$$VD \leqslant 0.8 \qquad (3.2.3-2)$$

d 添加了抗静电添加剂的油品，当其电导率大于 50Ps/m 时，或在管道出口附近安装了静电消除器的情况下，可提高流速，但不得大于 10m/s；

e 管道出口前有过滤网（网的目数大于 100 目）或过滤器（过滤精度高于 30μm）时，应使过滤器出口至管道出口的流动时间大于 30s；

f 轻质油中的游离水或污染物含量较高时，流速应小于 1m/s。

2　工艺管道内介质的流速应低于按附录 A 计算所得的水击安全流速。

3　为控制噪声污染，工艺管道内介质的流速应符合下列要求：

a 对于液体，应小于 9m/s；

b 对于气体。应小于或等于 52m/s。

4 对输送催化油浆等含有固体颗粒的液体管道，介质流速不宜小于 0.9m/s。

4 热力管道流程设计

4.0.1 热力管道宜采用枝状布置，其主干线应通过主要的和负荷大的用户所在区域或用户集中的区域。

4.0.2 热力系统的各类介质应单独设置管网，当管网的介质参数不能符合用户的特殊要求时，可专管输送。

4.0.3 蒸汽压力的分级应根据各类用户的需要，按逐级利用、供汽平衡的原则确定。

4.0.4 装置内所需蒸汽首先应利用本装置自产蒸汽，汽量不足时再由系统供给，装置自产的饱和蒸汽宜过热后再并入系统管网。

4.0.5 厂内应设凝结水回收管网，凝结水不宜就地排放。其回收原则如下：

1 应在凝结水集中的区域设凝结水收集站；

2 污染凝结水与洁净凝结水应分别设置管网集输；

3 凝结水回收宜采用压力式回收系统。

4.0.6 对于压力高于或等于3.4MPa(G)的蒸汽管道，必须进行温降计算：对于压力低于3.4MPa(G)的蒸汽管道，当对蒸汽温度有特殊要求时，也应进行温降计算。

4.0.7 热力管道应按下列原则进行压力降计算。

1 管道的计算流量应为该管道的连续负荷、间断负荷的折算负荷和管网损失之和，连续负荷、间断负荷的折算负荷和的计算，应按现行《炼油厂设计热力工质消耗量计算方法》SH/T 3117 的规定进行。

2 管道的计算长度应为管道的直管段长度与局部阻力的当量长度之和。

4.0.8 热力管道内介质的推荐流速见表4.0.8。

表4.0.8 热力管道内介质的推荐流速

介 质	管道种类	推荐流速/(m/s)
蒸汽	高中压蒸汽管道(3.4~90MPa)	40~52
	低压蒸汽管道(1.0MPa)	30~50
	饱和蒸汽管道	20~40
除氧水软化水	压力管道	1.5~3
热水	热水管道	1~2
凝结水	自流凝结水管道	0.5
	余压凝结水管道	0.5~1
	泵送凝结水管道	1~2
压缩空气	压缩空气管道	8~15

5 工艺及热力管道安装设计

5.1 一般规定

5.1.1 管道的设计温度和设计压力的取值、管道器材的选用应符合现行行业标准《石油化工企业管道设计器材选用通则》SH 3059 的规定。

5.1.2 管道布置应结合平面布置和竖向设计，在满足生产、施工、检修和安全运行的条件下，力求降低管道工程建设费用，并应符合下列要求：

1 分期施工的管道应统一规划，并应使管道在分期施工时互不影响，当分期界限明显，且后期施工的管道较多时，宜单独预留管带。前期工程的管道不宜穿越预留发展用地；

2 管架或管墩上(包括相应的穿越涵洞)应留有10%~30%不可预见管道敷设的空位；

3 布置地上敷设的管道时，不宜使管墩或管架所受的垂直荷载和水平荷载集中在一端；

4 布置腐蚀性或有毒介质的管道时，应采取避免由于管内介质泄漏而对外界造成危害的措施；

5 工艺及热力管道应共架、共墩布置,管道较多时应多层布置,但不宜多于三层;

6 管道布置,不应妨碍消防车的通行。

5.1.3 管道的连接,除因设排空口、预留接头、安装阀门、仪表或与设备连接等需要采用法兰或螺纹连接外,均应采用焊接。

5.1.4 蒸汽及气体管道支管应从主管上部引出。热力管道和燃料气管道的支管上应在靠近主管处安装阀门。

5.1.5 管道宜地上敷设,不宜埋地或管沟敷设。当管道埋地敷设时,管道的埋设深度应保证管道不因外力作用而发生破坏,且应避免最大冻土深度和地下水位等的影响。在一般情况下,管项距地面不宜小于0.5m。

5.1.6 管墩、管架的高度应符合下列要求:

1 管墩顶距地面不宜小于0.4m;

2 管带下方需要通行时,管底与地面的净空不得小于2.1m;

3 多层管架的层间距不宜小于1.2m。

5.1.7 管带上的阀门应集中布置。便于操作。在管架上的管道阀组处应设操作平台及梯子。

5.1.8 有隔热层的管道,在管墩、管架处应设管托;不设隔热层的管道应不设管托。

5.1.9 管道支吊架的设置应符合下列要求:

1 允许管道有轴向位移,而对径向位移需要加以限制时,应设导向支架,导向支架不宜靠近弯头和支管;

2 对于立弯管应采取措施使管道能吸收自身所产生的竖向位移。若竖向位移的作用可能使管道产生的应力超过许用应力或使管道脱离支架,则应设弹簧支吊架;

3 高温管道、低温管道、振动管道和高中压蒸汽管道不得用来支撑其他管道;

4 有隔热层的管道宜采取措施减少支吊架处热(冷)量损失;

5 支吊架边缘与管道焊缝的净距不应小于50mm,与需要热处理的管道焊缝的间距应大于焊缝宽度的5倍,且不应小于100mm;

6 支吊架或管托不应与保冷管道、浓碱液管道和介质温度等于或高于400℃的碳素钢管道直接焊接。

5.1.10 管道焊缝的设置,应符合下列要求:

1 管道对接焊缝的中心与弯管起弯点的距离不应小于管子外径,且不应小于100 mm;

2 不宜在管道焊缝及其边缘上开孔。

5.1.11 输送易燃、易爆物料的管道应按现行的《石油库设计规范》GBJ 74 的有关规定采取防静电和防感应雷的措施。

5.1.12 管道跨越铁路和道路时,铁路和道路两侧管道或管架的最突出部分距铁路中心线不得小于3.0m;距公路型道路路肩不得小于1.0m。距城市型道路路面边缘不得小于1.0m。桁架底(无桁架者为吊架底或管底)与路面之间的净空高度应符合下列要求:

1 距行驶机车的铁路轨顶不得小于5.5m;

2 距主要道路路面不得小于5.5m;

3 距一般道路路面不得小于5.0m。

5.1.13 管带与铁路或道路平行布置时,其最突出部分距铁路中心线不应小于3.5m(铁路装卸台或洗罐台的管道除外),距公路型道路的路肩不得小于1.0m,距城市型道路的路面边缘不得小于1.0m。

5.1.14 管道穿越铁路及主要道路时,应符合下列规定:

1 管道与铁路或道路的交角不宜小于60°。管道应敷设在涵洞或套管内。亦可采取其他防护措施;

2 套管的两端伸出路基边坡不得小于2.0m,路边有排水沟时,伸出水沟边不应小于1.0m。套管顶距铁路轨顶不应小于1.2m,距道路路面不应小于0.8m,否则应核算套管强度。

5.1.15 全厂性工艺及热力管道应有坡度,并宜与地面坡度一致。管道的最小坡度不宜小于2‰,管道变坡点宜设在转弯处或固定点处。

5.1.16 管道安装设计应满足管道抗震的要求。

5.2 管道的吹扫和放空

5.2.1 全厂性工艺管道应设有停工检修或停输后的吹扫接头，对于易凝油品管道，应设固定式吹扫接头，对于非易凝油品管道，宜设半固定式吹扫接头。

5.2.2 各种管道的扫线方向规定如下：

1 进出装置（单元）的工艺管道应从装置（单元）扫向储运系统罐区，但第2、第3款的管道除外；

2 工厂自用燃料油和放空油气进出装置（单元）的支管应从装置（单元）外扫向装置（单元）；干线应由全厂性工艺管道扫向供油罐或火炬；

3 化学药剂管道应由化学药剂设施扫向装置（单元）；

4 装卸车管道宜由装卸台扫向罐区。

5.2.3 扫线管直径可按附录B计算确定，扫线管公称直径不应小于25mm。

5.2.4 扫线介质的选用应符合下列要求：

1 闪点低于或等于45℃的油品、燃料气、液化石油气和放空油气管道不得用压缩空气扫线；

2 严格控制水分的油品、添加剂和酸类管道不得用水扫线，扫线介质宜用净化压缩空气或氮气；

3 对受热后易大量挥发的介质，其输送管道不宜用蒸汽扫线；对受热后易使管道腐蚀加剧的介质，其输送管道不得用蒸汽扫线；

4 设计温度高于120℃的重质油管道可用轻柴油顶线；

5 在氮气供给充足的情况下，宜用氮气扫线。对易氧化及易燃易爆介质的管道宜用氮气扫线。

5.2.5 全厂性工艺及热力管道的低点放空应符合下列规定：

1 蒸汽管道应设低点放空，当流向与敷设坡度方向相反时，尚应在翻越处设低点放空；

2 有毒气体和可燃气体的管道、含有有毒物质的液体、腐蚀性液体的管道和自燃点高出设计温度之值不足10℃的液体管道，以及不产生凝结液的气体管道均不得设低点放空；

3 非净化压缩空气管道宜设低点放空。

5.2.6 无隔热层并且在使用后不排空的地上甲、乙类液体管道的每对切断阀之间。应有泄压措施。

5.3 管道的跨度和间距

5.3.1 管架上连续敷设的直管道的最大允许跨度应按均布荷载作用下的水平多跨连续梁进行计算，计算公式应采用附录C第C.0.1条所列公式。

计算时，应同时符合正常操作状态下的刚度和强度条件。

5.3.2 按强度条件计算管道跨度时，连续敷设的直管道末段的最大允许跨度应取第5.3.1条强度条件计算值的0.8倍；水平弯管在紧靠弯头处的最大允许跨度则应取0.67倍；在计算立弯管的跨度时，应视立管重量为集中载荷。计算公式见附录C第C.0.2条。

5.3.3 当两支架间有集中荷载时，应核算管道跨度，以满足强度和刚度条件。

5.3.4 在管墩、管架上，管道之间的净距不宜大于100mm，但法兰外缘与相邻管道之间的净距不得小于25mm。

5.3.5 管子或隔热层距管架梁或管墩端部的净距应符合下列要求：

1 无隔热层管道，不应小于150mm；

2 有隔热层管道，不应小于120mm。

5.4 管道的热补偿

5.4.1 补偿器的设计和选型应符合下列规定：

1 管道的热补偿应优先利用自然补偿；

2 直管道宜采用Π形补偿器。Π形补偿器的布置应符合下列要求：

a 两个固定点间宜设一个Π形补偿器。补偿器与固定点的距离不宜小于固定点间距的三分之一；

b 油气放空管道的Π形补偿器宜水平布置；

3　在采用Ⅱ形补偿器的条件受到限制或不经济时，可采用波纹管补偿器。有毒或易燃、易爆介质的管道不应采用套筒式补偿器；

4　对埋地敷设的管道产生热位移的管段应考虑热补偿，在管道强度允许的条件下可设置挡墩。热位移计算公式见附录D。

5.4.2　管道固定点的设置应符合下列规定：

1　应充分利用管道的自然补偿；

2　固定点宜靠近需要限制支管位移的地方；

3　多根水平敷设的管道在转弯处的横向位移量应小于该处的管间净距；

4　固定点应设置在需要承受管道振动、冲击荷载或需要限制管道多方向位移处。

附录 A 防止水击破坏的控制流速的确定

A.0.1 管内液体产生水击分直接水击和间接水击两种。

当 $\tau \leqslant \frac{2L_h}{U}$ 时，为直接水击；

当 $\tau > \frac{2L_h}{U}$ 时，为间接水击。

式中 τ——管道末端阀的关闭时间，s；

L_h——传播水击波的管道长度，m；

U——水击波在液体中的传播速度，m/s。

$$U=\sqrt{\frac{K}{\rho\left(1+\frac{K\cdot d_i}{E\cdot\delta}\right)}} \tag{A.0.1-1}$$

式中 K——液体的体积弹性模数（Pa），对于油品可取 1.35×10^9Pa；

E——管材在操作温度下的弹性模量，Pa；

ρ——液体密度，kg/m^3；

d_i——管子内径，m；

δ——管子壁厚，m。

1 防止直接水击的控制流速，可按下式计算：

$$V_c=\frac{\Delta P\cdot10^6}{\rho\cdot U} \tag{A.0.1-2}$$

2 防止间接水击的控制流速，可按下式计算：

$$V_c=\frac{\Delta P\cdot\tau\cdot10^6}{2L_h\cdot\rho} \tag{A.0.1-3}$$

式中 V_c——控制流速，m/s；

ΔP——管子允许的水击增压，MPa。

附录B　扫线管内径的确定

B.0.1　扫线管内径可按下式计算：

$$d_{bi}=0.142\left(\frac{L_b\cdot d_i^{\,4}V^2\cdot\gamma_b}{\Delta P_b\cdot g}\right)^{0.19} \tag{B.0.1-1}$$

$$\Delta P_b=P_b-10^{-6}(\Delta H_1+\Delta H_2)\gamma-P_e \tag{B.0.1-2}$$

式中　d_{bi}——扫线管内径，mm；

L_b——扫线管计算长度（包括直管长度和局部阻力当量长度），m；

d_i——被扫线管内径，mm；

V——扫线时被扫介质流速（按被扫管线的长度和预定扫线时间确定），m/s；

γ_b——扫线介质重度，N/m^3；

g——重力加速度，取 $9.81m/s^2$；

ΔP_b——扫线时扫线管两端的压力差，MPa；

P_b——扫线介质的压力，MPa；

H_1——被扫管道在扫线时沿程摩擦损失，m；

H_2——被扫管道两端位差，m；

γ——被扫介质重度，N/m^3；

P_e——被扫管道出口处背压，MPa。

附录 C　管道最大允许跨度的确定

C.0.1　连续敷设的直管道最大允许跨度

1　按刚度条件计算的公式

$$L_c = 0.00916\sqrt[3]{\frac{E_w I_c}{W}} \quad (C.0.1-1)$$

2　按强度条件计算的公式

$$L_c = 0.1095\sqrt{\frac{Z_c \sigma_s \varphi}{W}} \quad (C.0.1-2)$$

式中　L_c——连续敷设的直管道最大允许跨度,m;

E_w——管材在计算温度下的弹性模量,MPa;

I_c——扣除安全裕量 C 后的管子抗弯惯性矩,mm^4;

Z_c——扣除安全裕量 C 后的管子抗截面系数,mm^3;

W——管道单位长度重量(N/m)。对于液体管道,W 为管子自重、充液重和隔热结构重量之和;对于气体管道,W 为管子自重、凝液重和隔热结构重量之和。其中,对于一般气体管道,凝液重取充液重的5%;对于催化富气或相当于富气组成的其他气体的放空管道,当无隔热层时,取充液重的20%;

σ_s——管线持续外载许用应力,MPa;

$$\sigma_s = \sigma - \frac{P_w(d_o - \delta_c)}{4\delta_c}$$

σ——管材在计算温度下的基本许用应力,MPa;

P_w——管道在计算温度下的操作压力,MPa;

d_o——管子外径,mm;

δ_c——扣除安全裕量 C 后的管壁厚度,mm;

φ——环向缝系数,取0.7。

安全裕量 C:

对于无缝钢管

$$C = \frac{1}{2}(C_1 + C_2) \quad (C.0.1-3)$$

对于螺旋焊缝钢管

$$C = \frac{1}{2}C_1 + C_2 \quad (C.0.1-4)$$

式中　C_1——腐蚀裕量,mm;

C_2——管子壁厚负偏差,mm。

C.0.2　末段直管、水平弯管、立弯管的最大允许跨度,可按强度条件计算公式计算,但应超过连续敷设的直管道最大允许跨度。

1　末段直管

$$L_e = 0.0894\sqrt{\frac{Z_c \sigma_s \varphi}{W}} \quad (C.0.2-1)$$

式中　L_e——末段直管最大允许跨度(m)。

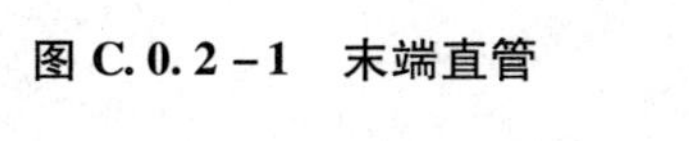

图 C.0.2-1　末端直管

2 水平弯管

$$L_h = 0.073\sqrt{\frac{Z_c\sigma_s\varphi}{W}} \tag{C.0.2-2}$$

式中 L_h——水平弯管最大允许跨度(指水平弯管的展开长度),m。

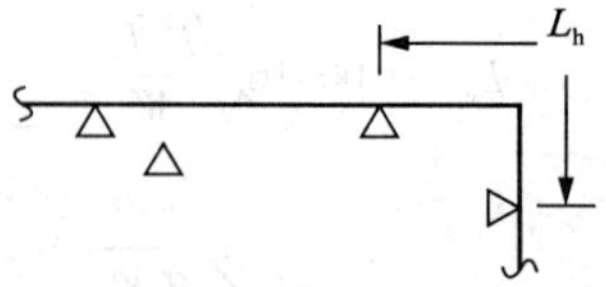

图 C.0.2-2 水平弯管

3 立弯管

$$L_v = \sqrt{h^2 + \frac{0.008Z_c\sigma_s\varphi}{W}} - h \tag{C.0.2-3}$$

式中 L_v——立弯管最大允许跨度,m;

h——竖管的高度,m。

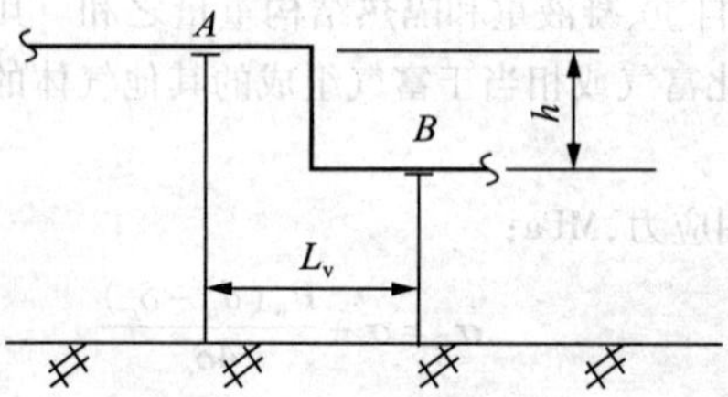

图 C.0.2-3 立弯管

附录 D 埋地管道热位移计算

D. 0. 1 埋地管道出土端或转向点至不动点间长度,可按下式计算:

$$L_g = \frac{1500\alpha E_w(t-t_i)\delta}{m\gamma_e h_g \mu} \quad (D.0.1-1)$$

埋地管道热位移按下式计算:

$$\Delta L_g = \frac{1}{2}\alpha L_g(t-t_i) \quad (D.0.1-2)$$

式中 L_g——埋地管道出土端或转向点至不动点间长度,m;

ΔL_g——埋地管道线热位移量,m;

α——管材的线膨胀系数,m/m·℃;

t——管内介质的操作温度,℃;

t_i——管道安装温度,℃;

γ_e——土壤平均容重,N/m³;

h_g——地面到管中心的深度,m;

μ——土壤对管子的摩擦系数;

m——管径系数。当管道不保温时,取 $m=1$;当保温管道的保温层与管子表面间的附着力强时,取 $m=D_o/d_o$,D_o、d_o 分别为保温层外径和管外径,mm。

用词说明

对本标准条文中要求执行严格程度不同的用词,说明如下:

(一)表示很严格。非这样做不可的用词:

正面词采用“必须”;

反面词采用“严禁”。

(二)表示严格,在正常情况下应这样做的用词:

正面词采用“应”;

反面词采用“不应”或“不得”。

(三)表示允许稍有选择,在条件许可时首先应这样做的用词:

正面词采用“宜”;

反面词采用“不宜”。

表示有选择,在一定条件下可以这样做,采用“可”。

6. 石油化工设计热力工质消耗量计算方法

（SH/T 3117—2013
代替 SH/T 3117—2000）

目　录

1 范围

本标准规定了石油化工企业全厂、工艺装置、辅助系统和公用工程系统的新建、改建和扩建工程设计中热力工质消耗量的计算方法。

本标准适用于蒸汽、软化水、脱盐水、除氧水(锅炉给水)、凝结水、氮气、仪表空气、工厂空气等热力工质消耗量的计算。

2 规范性引用文件

下列文件对于本标准的应用是必不可少的。凡是注日期的引用文件，仅注日期的版本适用于本标准。凡理不注日期的引用文件，其最新版本(包括所有的修改单)适用于本标准。

SH/T 3020　石油化工仪表供气设计规范

SH/T 3106　石油化工企业氮氧系统设计规范

3 术语和定义

下列术语和定义适用于本标准。

3.1 热力工质　thermal medium

指在生产过程中不作原料使用，并与生产过程相关的工作介质。包括蒸汽、软化水、脱盐水、除氧水(锅炉给水)、凝结水、氮气、仪表空气、工厂空气。

3.2 汽轮机凝结水　turbine condensate

指发电或工业汽轮机凝汽产生的凝结水。

3.3 洁净工艺凝结水　clean process condensate

指用于工艺用途，产生过程中没有带入工艺介质的凝结水。

3.4 疑似污染工艺凝结水　suspect process condensate

指用于工艺用途，产生过程中有可能带入了工艺介质的凝结水。

3.5 连续消耗　continuous consumption

指正常生产过程中一直都需要的消耗。

3.6 间断消耗　intermittent consumption

指正常生产过程中不是一直都需要的消耗。

4 一般规定

4.1　蒸汽系统管网的压力等级应根据工艺过程的需要和能量综合利用的要求确定，其常用参数范围见表4.1-1和表4.1-2。

表4.1-1　炼油工程蒸汽管网常用参数

序号	压力等级/MPa(G)	压力范围/MPa(G)	温度范围/℃	主要用途
1	9.8	9.0~9.8	500~540	汽轮机及特殊工艺加热
2	3.5	3.1~4.1	370~425	汽轮机及特殊工艺加热
3	1.0	0.8~1.3	饱和(注)~300	汽轮机、加热、燃料油雾化、抽空、吹扫等
4	0.4	0.3~0.6	饱和(注)~250	汽提、加热、罐车清洗、伴热等
注：正常情况下，蒸汽温度下限宜比饱和温度高15℃。				

表4.1-2 化工工程蒸汽管网常用参数

序号	压力等级/MPa(G)	压力范围/MPa(G)	温度范围/℃	主要用途
1	12.0	10.5~12.5	500~540	汽轮机及特殊工艺加热
2	4.0	3.5~4.4	370~425	汽轮机及特殊工艺加热
3	4.6	1.0~1.8	饱和(注)~300	汽轮机、燃料油雾化、抽空、加热、吹扫等
4	0.4	0.3~0.6	饱和(注)~250	汽提、加热、罐车清洗、伴热等
注：正常情况下，蒸汽温度下限宜比饱和温度高15℃。				

4.2 装置内利用余热产生的蒸汽，若等级适宜应首先供本装置自用，不足或多余的蒸汽由全厂热力管网平衡。送入全厂热力管网的蒸汽宜为过热蒸汽，且蒸汽过热度不宜小于15℃。

4.3 全厂内各种压力等级的蒸汽应综合平衡，逐级利用，经过蒸汽综合平衡后在正常工况下不应有蒸汽放空现象。采用热电联产时，其热电比、总热效率等指标应符合国家有关规定。

4.4 蒸汽凝结水宜进行回收。汽轮机凝结水、洁净工艺凝结水、疑似污染工艺凝结水宜分别进行回收与处理。凝结水扩容应根据蒸汽管网情况，逐级扩容，产生的二次蒸汽应加以利用。

4.5 软化水、脱盐水和除氧水(锅炉给水)管网常用参数范围见表4.5

表4.5 软化水、脱盐水和除氧水(锅炉给水)管网常用参数

项目	压力范围/MPa(G)	温度范围/℃
软化水	0.35~0.8	常温
低温脱盐水	0.35~0.8	常温~42
高温脱盐水	0.35~0.8	70~130
低压除氧水(锅炉给水)	1.6~2.5	104
中压除氧水(锅炉给水)	4.5~6.0	104~158
高压除氧水(锅炉给水)	11.0~16.0	104~158
注：利用装置余热进行换热的软化水、脱盐水和除氧水(锅炉给水)，其压力与温度可根据实际需要确定。		

4.6 全厂仪表和工厂空气系统管网压力范围宜为0.5MPa~0.8MPa，温度宜小于等于40℃。仪表空气压力露点温度应符合SH/T 3020《石油化工仪表供气设计规范》的有关规定。

4.7 氮气系统管网的参数范围应符合SH/T 3106《石油化工企业氮氧系统设计规范》的规定。

4.8 各种热力工质消耗量按正值计，产生量按负值计。

4.9 连续负荷应分单元小计，并进行全装置总计。间断负荷不作总计，但需不注明使用特点(间隔时间和使用时间等)。当冬、夏两季负荷差异较大时，应按不同季节分别统计。

5 装置热力工质消耗量的计算

5.1 装置热力工质消耗量的计算应按照正常运行工况计算，对于能按多种方案进行生产的装置，应选择代表性方案进行计算。

5.2 开、停工热力工质量消耗按装置单独提出，不作为间断负荷计入，但需综合分析其对相应的热力工质生产源(锅炉房、热电装置、化学水处理站、凝结水站、空压站、氮气站)规模和运行的影响。

5.3 蒸汽消耗量统计宜符合下列要求：

a)装置内蒸汽消耗量和蒸汽产生量，宜按不同的蒸汽参数分单元(部分)逐台设备或逐项填入表5.3；

b)对于独立设置的锅炉房或热电装置，在表5.3中只填入自用蒸汽量；

c)消防及事故用蒸汽负荷可不计入。

表 5.3 蒸汽消耗量统计表

t/h

序号	项目	连续	间断	备注
一	×MPa 蒸汽			
1	××单元(部分)			
(1)	×××	××		
(2)	×××		××	
……	……	××		
	小计	××		
2	××单元(部分)			
(1)	×××	××		
(2)	×××		××	
……	……			
	小计	××		
	连续消耗量总计	××		
二	……			
注：间断负荷在备注栏内填每次间隔时间和使用时间。				

5.4 软化水、脱盐水、除氧化(锅炉给水)和凝结水消耗量统计宜符合下列要求：

a) 装置内消耗的软化水、脱盐水、除氧化(锅炉给水)以及回收的凝结水，宜分单元(部分)逐台设备或逐项填入表 5.4；

b) 凝结水宜区分不同种类分别统计。

表 5.4 软化水、脱盐水、除氧化(锅炉给水)和凝结水消耗量统计表

t/h

序号	项目	连续	间断	备注
一	×水			
1	××单元(部分)			
(1)	×××	××		
(2)	×××		××	
……	……	××		
	小计	××		
2	××单元(部分)			
(1)	×××	××		
(2)	×××		××	
……	……	××		
	小计	××		
	连续消耗量总计	××		
二	……			
注：间断负荷在备注栏内填每次间隔时间和使用时间。				

5.5 装置内仪表空气与工厂空气的消耗量，宜分单元(部分)逐台设备或逐项填入表 5.5。

表 5.5 仪表空气、工厂空气消耗量统计表

Nm³/h

序号	项目	连续	间断	备注
一	仪表空气			
1	×单元(部分)			
(1)	×××	××		
(2)	×××		××	
……	……	××		
	小计	××		
2	××单元(部分)			
(1)	×××	××		
(2)	×××		××	
……	……	××		
	小计	××		
	连续消耗量总计	××		
二	工厂空气			
……	……			
注：间断负荷在备注栏内填每次间隔时间和使用时间。				

5.6 装置内氮气的消耗量，宜分单元(部分)逐台设备或逐项填入表5.6。

表 5.6 氮气消耗量统计表

Nm³/h

序号	项目	连续	间断	备注
1	××单元(部分)			
(1)	×××	××		
(2)	×××		××	
……	……	××		
	小计	××		
2	××单元(部分)			
(1)	×××	××		
(2)	×××		××	
……	……	××		
	小计	××		
	连续消耗量总计	××		
注：间断负荷在备注栏内填每次间隔时间和使用时间。				

6 全厂热力工质消耗量的计算

6.1 全厂热力工质消耗量为各装置各种热力工质的连续负荷、间断负荷的折算负荷和管网损失的总和。间断负荷的折算负荷宜按两个可能同时出现的最大间断负荷之和取值。蒸汽管网损失可按各装置连续负荷和间断负荷的折算负荷总和的1% ~3%计算，仪表空气、工厂空气和氮气管网损失可按各装置连续负荷和间断负荷的折算负荷总和的5% ~8%计算。

6.2 凝结水回收宜区分不同种类凝结水，分别统计回收量。回收的凝结水应根据其品质与回用用途确定处理工艺。

6.3 各装置的热力工质消耗量应分别填入表6.3－1、表6.3－2、表6.3－3和表6.3－4，并计算小计、折算负荷、损失及总计。

表6.3－1 全厂蒸汽消耗量汇总表

t/h

单元号	装置名称	蒸汽								备注
		××MPa		××MPa		××MPa		××MPa		
		连续	间断	连续	间断	连续	间断	连续	间断	
××	××	××	××	××	××	××	××	××	××	
××	××	××		××		××		××		
××	××							××		
	连续负荷小计	××		××		××		××		
	间断负荷的折算负荷		××		××		××		××	
	合计	××		××		××		××		
	管网损失(按合计的1% ~3%计算)	××		××		××		××		
	总计	××		××		××		××		

表6.3－2 全厂凝结水、除氧水(锅炉给水)、脱盐水和软化水消耗量汇总表

t/h

单元号	装置名称	凝结水			除氧水	脱盐水	软化水	说明
		汽轮机凝结水	洁净工艺凝结水	疑似污染工艺凝结水				
××	××							
××	××	－××	－××	－××	××	××	××	
××	××	××						
……	……	－××	－××	－××	××	××	××	
……	连续负荷小计	－××	－××	－××	××	××	××	
……	……							
	间断负荷的折算负荷				××	××	××	
	总计	××	××	××	××	××	××	

注：各装置所需的软化水或除盐水负荷中如果有间断负荷，则用分子/分母形式填入表内。分子为该装置连续负荷的总计，分母为该装置间断负荷最大值。

表 6.3－3　全厂仪表空气、工厂空气消耗量汇总表

Nm³/h

单元号	装置名称	仪表空气		工厂空气		备注
		连续	间断	连续	间断	
××	××	××	××	××	××	
××	××	××	××	××	××	
××	××	××	××	××	××	
	连续负荷小计	××		××		
	间断负荷的折算负荷		××		××	
	合计	××		××		
	管网损失(按合计的5% ~8%计)	××		××		
	总计	××		××		

表 6.3－4　全厂氮气消耗量汇总表

Nm³/h

单元号	装置名称	连续	间断	备注
××	××	××	××	
××	××	××	××	
××	××	××		
	连续负荷小计	××		
	间断负荷的折算负荷		××	
	合计	××		
	管网损失(按合计的5% ~8%计)	××		
	总计			

本标准用词说明

1　为便于在执行本标准条文时区别对待，对要求严格程度不同的用词说明如下：

1）表示很严格，非这样做不可的：

正面词采用“必须”；反面词采用“严禁”。

2）表示严格，在正常情况下均应这样做的：

正面词采用“应”；反面词采用“不应”或“不得”。

3）表示允许稍有选择，在条件许可时，首先应这样做的：

正面词采用“宜”；反面词采用“不宜”。

4）表示有选择，在一定条件下可以这样做，采用“可”。

2　条文中指明应按其他有关标准执行的写法为“应符合……的规定”或“应按……执行”。

7. 炼油装置工艺设计规范

（SH/T 3121—2000
代替 SHJ 1076—86）

目　录

1　总则

1.0.1　本规范适用于新建炼油装置的工艺设计，扩建或改建工程可参照执行。

1.0.2　执行本规范时，尚应符合现行有关强制性标准规范的要求。

2　基本要求

2.0.1　进行炼油装置设计时，应具备下列条件：

1　符合基本建设程序的批准文件，其中明确规定工程项目的性质(新建、改建或扩建)、装置规模、原料及产品方案；

2　完整的工艺技术数据，如试验数据、生产数据或经验数据等；

3　水、电、蒸汽、燃料、化学药剂、催化剂、压缩空气等的供应条件及有关参数；

4　建设地区的地形、地质、地震、水文及气象资料；

5　环境影响评价报告；

6　装置在工厂总图中的具体位置及其与相邻装置、罐区、系统管带的关系。

2.0.2　工艺方案、环境保护方法及主要设备的选择应有技术和经济方面的比较。

2.0.3　在装置工艺设计中，应根据工艺过程的特点，选用成熟可靠的新工艺、新技术、新设备、新催化剂、新溶剂，以减少工艺过程的用能及提高能量转换效率，减少“三废”排放，减轻环境污染。若有几种不同的工艺过程可供选择时，应在符合工艺要求的前提下，优先选用低污染的工艺过程。

2.0.4　若装置的产品为工厂的最终产品(即商品)时，该产品必须符合国家或企业的产品质量标准。若装置的产品为工厂最终产品的组分时，该产品应符合产品调和对该组分的质量要求。

2.0.5　对装置开停工或操作失常时的不合格产品，应采取措施进行处理。

3　年开工时数和设计负荷

3.0.1　除腐蚀、结焦严重及受催化剂寿命限制外，炼油装置每年正常开工时数不应低于8400h(两年检修一次)。

3.0.2　装置的正常负荷必须按批准文件规定的装置规模设计，其下限负荷不宜低于设计负荷的60%，上限负荷不宜高于设计负荷的110%。

4　催化剂、溶剂和化学药剂的耗量

4.0.1　装置设计应力求减少催化剂、溶剂和化学药剂的消耗量。

典型装置的催化剂消耗量应不大于表4.0.1－1的数值。典型装置的溶剂和化学药剂消耗量应不大于表4.0.1－2的数值。

表4.0.1－1　典型装置的催化剂消耗量

装置名称	催化剂名称	单位	消耗量	备注
催化裂化	分子筛	kg/t原料	蜡油0.4 渣油0.8	指从烟囱跑损加油浆带出之和
硫酸烷基化	硫酸	kg/t产品	80	废酸浓度90%
氢氟酸烷基化	氢氟酸	kg/t产品	0.6	
甲基叔丁基醚	离子交换树脂	kg/t产品	0.45	炼油型

表 4.0.1－2 典型装置的溶剂、化学药剂消耗量

装置名称	溶剂或化学药剂名称	单 位	消耗量
芳烃抽提	四乙二醇醚	kg/t 抽提进料	0.45
	环丁砜	kg/t 抽提进料	0.40
气体脱硫	甲基二乙醇胺	kg/t 进料	0.20
溶剂脱蜡	酮、苯混合溶剂，每种溶剂的耗量按其组成计算	kg/t 原料	脱蜡型 0.8 脱蜡脱油型 1.2
糠醛精制	糠醛	kg/t 原料	1.0
丙烷脱沥青	丙烷	kg/t 原料	2.5

5 能耗值及节能措施

5.0.1 炼油装置的能耗计算应按《石油化工设计能量消耗计算方法》SH/T 3110—2000 执行。影响装置能耗的因素很多，应根据工厂的实际情况，通过经济比较确定合理的装置能耗值。典型的炼油装置能耗值应不大于表 5.0.1 中的能耗值。

表 5.0.1 典型的炼油装置能耗值

装置名称	装置类型			单 位	能耗值	备 注
常减压蒸馏	燃料型			MJ/t 进料	460	装置规模大于 350×10^4 t/a
					545	装置规模小于 350×10^4 t/a
	润滑油型			同上	525	装置规模大于 350×10^4 t/a
					585	装置规模小于 350×10^4 t/a
催化裂化	石蜡基原油	全蜡油	带烟机	同上	2300	
			不带烟机	同上	2470	
		全常渣	带烟机	同上	2600	
			不带烟机	同上	2760	
		全减渣	带烟机	同上	2890	
			不带烟机	同上	3060	
		掺渣油①	带烟机	{55 +7[ATB% +2VTB% +0.5(DAO% +CGO%)]} ×41.868		
			不带烟机	{59 +7[ATB% +2VTB% +0.5(DAO% +CGO%)]} ×41.868		
	中间基原油	全蜡油	带烟机	同上	2390	
			不带烟机	同上	2550	
		全常渣	带烟机	同上	2760	
			不带烟机	同上	2930	
		掺渣油①	带烟机	{57 +9[ATB% +2VTB% +0.7(DAO% +CGO%)]} ×41.868		
			不带烟机	{61 +9[ATB% +2VTB% +0.7(DAO% +CGO%)]} ×41.868		
	环烷基、中间基原油	全蜡油	带烟机	同上	2470	
			不带烟机	同上	2640	
		全常渣	带烟机	同上	2930	
			不带烟机	同上	3100	
		掺渣油①	带烟机	{59 +11[ATB% +2VTB% +0.8(DAO% +CGO%)]} ×41.868		
			不带烟机	{63 +11[ATB% +2VTB% +0.8(DAO% +CGO%)]} ×41.868		
催化重整	连续	外送高压氢气(2.0MPa)		MJ/t 进料	5200	戊烷和液化气分离在装置内
		外送低压氢气(0.85MPa)		同上	4240	戊烷和液化气分离不在装置内
	半再生			同上	3900	含再接触、氨冷冻、高压吸附、背压透平

续表

装置名称	装置类型			单　位	能耗值	备　注
芳烃抽提（环丁砜法）	炼油型	生产三苯和溶剂油		MJ/t 进料	5200	含脱重组分塔
		生产三苯		同上	2690	
		单苯抽提，含溶剂油		同上	1740	含脱重组分塔
	化工型(芳烃含量 90%)			同上	6880	生产三苯
加氢裂化	全循环	轻油型		同上	3770	
		中馏分油型		同上	3180	
	一次通过	轻油型		同上	2720	
		中馏分油型		同上	1720	
加氢精制	一次加工油			同上	1050	
	二次加工油			同上	1470	
制氢	气体原料	常规法		$MJ/1000m^3 H_2$②	16500	系指综合能耗(原料＋公用工程消耗)
		PSA 法		同上	15500	同上
	轻石脑油	常规法		同上	18200	同上
		PSA 法		同上	16500	同上
延迟焦化				MJ/t 进料	1000	
减黏裂化				同上	500	
气体分馏	常规流程			同上	4500	四塔流程，蒸汽加热
	热泵流程			同上	2600	四塔流程，背压透平
甲基叔丁基醚	深度转化			MJ/t 产品	4700	异丁烯浓度 21%
	常规转化	混相床		同上	5000	异丁烯浓度 18%
		外循环		同上	6000	异丁烯浓度 18%
丙烷脱沥青				MJ/t 进料	1550	
氧化沥青				同上	960	
糠醛精制	轻油型			同上	1200	
	重油型			同上	1400	
溶剂脱蜡，脱油	轻油型			MJ/t 进料	2300	
	重油型			同上	2700	
	脱蜡、脱油联合型			同上	3770	
白土精制				同上	960	

①ATB 代表常渣；VTB 代表减渣；DAO 代表脱沥青油；CGO 代表焦化蜡油。

②指标准状态下的纯氢体积。

5.0.2　在冷进料或冷出料的情况下，原料或产品进出装置的温度宜按照表 5.0.2 确定。

5.0.3　热进料或热出料时，原料或产品进出装置的温度应根据工艺过程和设备要求，并参照上下游装置的热平衡计算确定。在可能的条件下，装置间宜选用热联合。

5.0.4　炼油装置内加热炉的热效率不宜低于表 5.0.4 中规定值。当装置内设有多台热负荷较小的加热炉时，可采用联合余热回收系统，以提高加热炉的热效率。

表 5.0.2 冷料进出装置的温度

原料或产品名称	进出装置的温度/℃
原 油	不高于 50
氢 气	不高于 45
干 气	不高于 45
液化石油气	不高于 40
汽油馏分	不高于 40
煤油馏分	不高于 45
轻柴油馏分	不高于 60
重柴油馏分	不高于 70
蜡油馏分	不高于 90
润滑油组分	不高于 60
石蜡或地蜡(管道输送)	比熔点高 50
渣油或燃料油	不高于 90①
沥青(管道输送)	比软化点高 100
①进热罐或长距离输送的渣油或燃料油不受此温度的限制。	

表 5.0.4 加热炉的热效率

热负荷/MW	热效率/%
<1	55
1~2	65
>2~3	75
>3~6	80
>6~12	84
>12~24	88
>24	90

5.0.5 装置内压力较高的蒸汽宜采取逐级利用方案，不宜采用降温降压设施将高压蒸汽作为低压蒸汽使用。

5.0.6 工艺介质进冷却器的温度不宜高于 120℃。在经济合理的条件下，宜采用低温热能利用设施。

5.0.7 机泵的原动机功率应按本规范第 6.4.6 条的规定选用。

5.0.8 在经济合理条件下，应采取各种有效措施，例如催化裂化装置的烟气能量回收系统、常减压装置的优化换热网络系统、气体分馏装置的热泵系统及高压加氢回收高压差能量的液力透平等，尽可能多地回收装置的能量。

5.0.9 应加强设备和管线的隔热设施，采用导热系数小、容重小的隔热材料。隔热材料种类及厚度的选用按现行的《石油化工设备和管道隔热技术规范》SH 3010—2000 执行。

5.0.10 对负荷变化较大的电机，在经济合理的条件下，宜采用变频调速技术。

6 设备

6.1 工作压力和工作温度

6.1.1 确定最高工作压力和最高或最低工作温度时应考虑正常操作、开停工、再生、装置进料变化及预期工厂实际操作数据可能波动等多种工况。最高工作压力和最高工作温度不同时出现在一种工况的情况下，不应把所有的最高工作条件组合在一起用以确定设计条件。

6.2　塔

6.2.1　应根据介质性质、通量大小、允许压力降等要求通过技术经济比较合理选择塔内件。并尽可能采用经工业装置验证过的高通量、高效、节能的塔内件。

6.2.2　根据通量选择塔内件时，可通过比较流动参数来选择板式塔或是填料塔。

$$F_p = (L/V)(\rho_g/\rho_l)^{1/2} \tag{6.2.2}$$

式中　F_p——流动参数；

L——液相质量通量，kg/m² · s；

V——气相质量通量，kg/m² · s；

ρ_g——气相密度，kg/m³；

ρ_l——液相密度，kg/m³。

当 F_p 在 0.01 ~ 0.1 时宜首选规整填料；当 F_p 在 0.1 ~ 0.2 时宜选用塔板或规整填料；当 $F_p > 0.2$ 时宜首选塔板。

6.2.3　对具有不结垢、不结焦和不含固体粉末的介质，在压力降是关键因素时，可选用填料塔，网孔板塔或高开孔率筛板塔；在压力降不是关键因素时，而负荷弹性范围要求大于 3:1 时，宜选用浮阀塔，弹性负荷要求小于 3:1 时，可选用浮阀塔、舌型塔或筛板塔。

6.2.4　对具有中等程度结垢或结焦的介质，在压力降是关键因素时，宜选用无堰大孔径筛板塔；在压力降不是关键因素时，宜选用大孔径筛板塔、固舌板塔、泡帽板塔或 V – Grid 板塔。

6.2.5　对具有严重结垢、严重结焦的介质或含有固体粉末的介质，宜选用挡板塔。

6.2.6　在绝对压力小于 13.3kPa 下操作的塔，宜选用填料或格栅，也可选用网孔、浮舌等塔板。当填料段上、下部气液负荷相差较大时，宜选用组合填料。

6.2.7　塔内径小于 0.8m 时，宜选用填料塔。

6.2.8　根据工艺需要或技术经济比较的结果，塔内结构可由几种不同型式的塔板或填料组成，但类型不宜过多。

6.2.9　理论塔板数（或理论段数）及平均板效率（或等板高度），应根据介质的组成、介质性质及工艺要求进行计算。冷凝换热段应按相应的工艺计算方法，求取其所需换热板数或填料高度。对组成复杂的油品分馏塔的实际塔板数可按经验值选定。原油常压蒸馏塔的塔板数可按下列数值选取：

塔顶 ~ 一线	8 ~ 12 块
一线 ~ 二线	6 ~ 9 块
二线 ~ 三线	6 ~ 9 块
三线 ~ 四线	4 ~ 6 块
四线 ~ 进料	2 ~ 4 块
进料以下汽提段	4 ~ 6 块
回流换热塔板	2 ~ 3 块

6.2.10　塔的回流比应慎重确定。对已知组成的混合物分馏塔，应根据介质的性质及工艺过程要求计算并确定适宜回流比。

6.2.11　对设有中段回流的油品分馏塔，在确保分离精度的前提下，应多从中、下部取出热量，以获得较高品位的热源。

6.2.12　降液管内液体停留时间不宜小于 5s，液体在降液管内的流速不宜大于 0.1m/s，液体在降液管底隙处的流速不宜大于 0.3m/s。

6.2.13　液体在塔板上的流动形式可根据表 6.2.13 推荐的数据进行初选，再根据塔板水力计算结果最终确定（不包括喷射型塔板）。

表 6.2.13 在不同塔径的塔板上液体流量与流动型式的关系

塔径/m	液体流量/(m^3/h)			
	U 型流	单流	双流	多流和阶梯流
0.8	<7	8~50		
1.2	<9	10~70		
1.8	<12	13~90	90~160	
2.4		13~120	120~180	
3.0			120~200	200~320
3.6			120~230	230~360
4.6			120~250	250~410
6.0			120~250	250~440
6.4			120~280	
6.8				860~1155①

①系实际四溢流设计数据，已经现场操作验证。

6.3 换热器

6.3.1 换热器的结构型式应根据工艺条件和介质性质按下列原则确定：

1 一般宜选用浮头式换热器；

2 当操作压力较高或管壳程介质相混合会导致产品变质或影响安全操作时，宜选用 U 型管换热器；

3 当壳程介质为洁净流体时，且冷流进口和热流进口之间介质的温差小于 110℃时，宜选用固定管板换热器。当冷流进口和热流进口之间介质的温差大于 110℃时，如选用固定管板换热器，应根据结构计算要求考虑是否设置膨胀节；

4 当洁净介质的流率较小、操作温度和操作压力均较低时，宜选用板式换热器；

5 当介质流率较小、传热面积较小、且操作温度和操作压力较高或介质含有固体颗粒时，宜选用套管式换热器。

6.3.2 一般情况下，重沸器宜选用热虹吸式。当重沸器内介质汽化率要求大于 30% 时，应选用循环式重沸器或罐式重沸器。当介质为高黏度、易结垢的流体或该循环系统的阻力较大时，应选用强制循环式重沸器。

6.3.3 一般情况下，冷凝冷却器宜选用空气冷却器(以下简称空冷器)或空冷和水冷却组合式冷凝冷却器。

空冷器的选用按下列条件确定：

1 当热流出口温度与计算气温(空气入口温度)之差大于 15℃时，宜选用干式空冷器；否则，宜选用湿式空冷器；

2 当空冷器管内侧膜传热系数大于 1163W/(m^2·K)时，宜选用高翅片空冷器；当管内侧膜传热系数为 116.3~1163W/(m^2·K)时，宜选用低翅片空冷器；当管内侧膜传热系数小于 116.3W/(m^2·K)时，宜选用光管空冷器。

6.3.4 空冷器的空气计算温度应采用建厂地区的保证率为每年不超过 5 天(即最热 3 个月内有 5 天不保证)的气温(干球温度)并加上 1℃。

6.3.5 管壳式换热器管子外径宜选用 25mm 或 19mm 的无缝钢管。当介质结垢严重或要求压力降较低时，可选用公称直径为 40mm 的无缝钢管。

6.3.6 管壳式换热器的折流板间距和型式应根据传热效率、允许压力降和防振要求确定。折流板间距最大不宜超过壳体内径，最小不宜小于壳体内径的 16%。对两相流换热器，折流板的型式和间距应满足两相流的要求。

6.3.7　在换热器系列满足使用要求的前提下，宜选用传热面积较大的单台换热器，而不宜选用传热面积较小的多台换热器并联使用。

6.3.8　在经济合理的条件下，应根据不同的工况采用各种管内外强化传热技术。

6.3.9　确定介质走管程或壳程的选择原则是：能提高传热系数、合理的压力降及便于维修，下列流体宜走管程：

1　普通冷却水；

2　有腐蚀性、有毒性或有沉淀物生成的流体；

3　易结垢的流体；

4　黏度较小的流体；

5　高压流体。

6.3.10　换热网络应采用窄点设计法。

6.3.11　换热器冷热端介质的温差及温差校正系数宜满足下列原则：

1　采用换热网络时，冷、热端介质温差应按窄点设计法确定；

2　单台换热器的冷热端介质温差，应通过换热量和换热面积的技术经济比较后确定。初选的原则是冷热端介质温差均不宜小于20℃；若热流需进一步冷却，冷流需进一步加热时，热端介质温差不宜小于20℃，冷端介质温差不宜小于15℃；

3　对水冷却器，冷端介质温差不宜小于5℃；

4　温差校正系数不宜小于0.8。

6.3.12　管壳式换热器管内液体介质的流速不宜大于3m/s；冷却水在管内的流速不宜小于0.8m/s。

6.4　泵和压缩机

6.4.1　泵应根据被输送介质的物性和工艺参数来选型。在一般情况下，对流量较大、扬程相对较低、黏度小于650mm²/s、溶解或夹带的气体小于5%(体)的液体介质，宜选用离心泵。对小流量、高扬程的液体介质宜选用高速离心泵，对流量较小、扬程相对较高、黏度小于35mm²/s、温度小于110℃的液体介质，宜选用旋涡泵。对流量小、扬程高、黏度大的液体介质，宜选用容积式泵。

6.4.2　泵的备用率应根据工艺要求、液体性质、泵的质量和价格、操作周期及故障所导致的后果等因素进行综合考虑。一般可按表6.4.2确定泵的备用率。

表6.4.2　泵备用原则

序号	项目	备用率/%	典型实例
1	较大地降低全厂或重要装置的处理量的泵	100	常减压、催化裂化装置的原料泵及塔顶回流泵
2	较大地降低一般装置的处理量的泵	50	一般装置的原料泵
3	较大地降低产品的产量的泵	50	常减压装置的侧线泵
4	较大地降低次要产品的产量的泵	0	催化裂化装置的澄清油泵
5	操作条件苛刻的泵	100	高温油泵、油浆泵、液化气泵、白土溶液泵
6	质量要求严格的产品泵	100	航空煤油泵、芳烃产品泵
7	中段循环回流泵	50	常减压塔中段回流泵
8	机泵的封油泵和润滑油泵	100	催化裂化装置气压机封油泵
9	燃料油系统泵	100	燃料油泵
10	装置自设冷却水泵	100	塔顶冷凝器冷水泵
11	间断操作泵	0	污油罐抽出泵
12	联合装置各部分间有关联的泵	100	减压馏分油供催化裂化做原料的泵
13	质量可靠，价格昂贵的泵	0	焦化装置加热炉进料泵

6.4.3 当两种液体的性质相近、操作条件的差别不大、且允许少量液体互混时，可共用一台备用泵。备用泵应按条件苛刻者选用。

6.4.4 在一般情况下，排气量大的压缩机宜选用离心式或轴流式；高压或超高压的压缩机宜选用往复式；压力较低、排气量较小的压缩机可选用往复式或螺杆式。连续运行的大型离心式、轴流式和螺杆式压缩机不宜设置备用机组。连续运行的往复式压缩机宜设置一台备用机组。

6.4.5 炼油装置内的泵和中小型压缩机的原动机宜选用交流异步电动机，个别功率较大或转速较低对全厂功率因数补偿有利的原动机宜选用同步电动机。对大中型离心式或轴流式压缩机的原动机，在全厂蒸汽合理利用的条件下，宜选用汽轮机。

6.4.6 为确保泵的安全运转，在确定泵的原动机功率时，应按设计条件计算泵的轴功率，再乘以功率安全系数。当介质比重远小于水时，除按设计条件计算泵的轴功率外，尚应按照泵的最小连续流量或按额定流量的30% ~40% 水运条件计算泵的轴功率，取两者较大值作为原动机所需的功率。当原动机为电动机时，其功率安全系数见表6.4.6。若选用汽轮机作原动机时，汽轮机应满足泵在额定工况下所需功率，并留有10% 的安全余量。

表6.4.6 电动机所需功率的安全系数

名　称	轴功率/kW	安全系数
一般离心泵	≥75	1.10
一般离心泵	21 ~74	1.15
一般离心泵	3 ~20	1.25 ~1.30
一般离心泵	<3	1.50
开式旋涡泵		1.60 ~2.50
闭式旋涡泵		2.20 ~3.30
容积式泵		1.10 ~1.25

6.4.7 电动机电压应按功率大小选用。当功率大于或等于 160kW 时，宜用 6000V；当功率小于160kW，宜用 380V。

6.4.8 当电动机用于有爆炸或有火灾危险的场所时，应按《爆炸和火灾危险环境电力装置设计规范》GB50058 中有关规定，选用适当的电动机或采取可靠的防爆措施。

6.5 辅助容器

6.5.1 同时开工、停工、检修的装置(包括联合装置各部分)有原料供求关系的，可在接受原料的装置(或部分)设置一台原料缓冲罐，其缓冲容积(高低限液位间容积)可按原料在罐内停留 15 ~30min 确定。

6.5.2 需要经分析化验证明其符合产品标准后才能送到成品罐的特殊产品，例如催化重整装置的苯和甲苯应设产品中间罐。每种产品应设置两个中间罐，每罐的容积可按产品在罐内停留 8h 确定，装满系数为0.8。

6.5.3 在重油加工装置内宜设置污油罐，以便收集取样和设备、管线残存油品放空等排出的少量油品。

6.5.4 装置内有独立的燃料油系统时，燃料油系统宜设置两个燃料油罐，每个油罐的容积按照装置8 ~24h 的燃料油消耗量计算，装满系数按0.8 计，且每罐的容积不宜小于 $10m^3$。

6.5.5 当油品或溶剂不允许与空气接触时(例如芳烃抽提装置的原料、产品、溶剂，加氢装置进料等)，其油品或溶剂的储罐应采用氮封措施。

7　安全

7.1　安全阀

7.1.1　安全阀的设置应符合下列原则：

1　在生产过程中，由于火灾、动力故障和操作故障等原因，可能导致设备内压超过设计压力时，该设备应设置安全阀；

2　对容积式压缩机和容积式泵：当机(或泵)的失控压力可能超过机体(或泵体)所能承受的压力时(机体或泵体本身带有安全阀者除外)或当机(或泵)的压力超高对下游设备安全操作有较大影响时，其出口应设置安全阀；

3　对于凝汽式汽轮机，应在复水器前设置安全阀。对背压式汽轮机，应在蒸汽出口管上设置安全阀；

4　有几个容器组成的一个压力系统，如中间设有隔断阀时，应视为几个独立的容器，每个容器均应按要求设置安全阀；如中间无隔断阀时，上游容器上已设安全阀，下游容器可不设；

5　顶部操作压力大于0.07MPa(表)的压力容器，顶部操作压力大于0.03MPa(表)的蒸馏塔、蒸发塔、汽提塔(汽提塔顶部蒸汽通入另一蒸馏塔者除外)，塔顶或塔顶馏出线上应设安全阀；

6　减压阀后的设备或管道不能承受减压阀前的压力时，在设备或管道上应设置安全阀；

7　安全阀的设置应满足安全阀一般每年至少校验一次的要求。

7.1.2　安全阀的泄放量应按火灾、动力故障或操作故障等事故中的最大一种情况考虑。事故泄放量可按表7.1.2所列基准确定。

表7.1.2　几种选定条件泄放量基准

序号	条件	液体泄放	气体泄放
1	容器出口关闭	最大液体进入量	进入的气体和水蒸汽总量加正常条件下产生的气体量
2	冷凝器供水中断	—	进入的气体和水蒸汽总量加正常条件下产生的气体量减去中段回流冷凝的蒸气量
3	塔顶回流中断	—	塔顶冷凝器蒸气进入总量
4	中段回流中断	—	该换热段应被中段回流冷凝的蒸气量
5	储罐或缓冲罐过满	最大液体进入量	
6	自动控制故障	必须逐个对各种情况作分析	必须逐个对各种情况作分析
7	不正常的热量或蒸汽输入	—	所计算的最大蒸气产生量，包括因过热产生的不凝气
8	换热器管子破裂	—	从两倍于一根管子的横截面积进入蒸气或水蒸汽的质量
9	火灾	—	按国家技术监督局[1999]154号文关于《压力容器安全技术监察规程》中有关规定确定

7.1.3　安全阀的泄放压力(即定压Ps)不应高于设备的设计压力。

7.1.4　安全阀的选用及连接应符合下列要求：

1　在一般情况下，应选用弹簧非平衡全启式安全阀，当背压大于0.1Ps时，可选用波纹管(平衡型)安全阀，当背压大于0.3Ps时，可选用先导式安全阀；

2　选用的安全阀喷嘴面积应大于计算面积。当一个安全阀不能满足要求时，可选用多个安全阀并联使用；

3　安全阀进口或出口的接管直径不得小于安全阀进口或出口的直径。当几个安全阀并联安装时，进出口主管截面积应等于或大于各支管截面积之和；

4 单独排入大气的安全阀，其出口管径应按管线压力降不大于0.1Ps确定；

5 安全阀排放介质在常温下为固体时，应采取防凝防堵措施。

7.2 可燃气体或可燃液体的排出和放空

7.2.1 可燃气体或可燃液体的排出、放空的原则规定如下：

1 装置停工大检修时，装置内的油品应能完全排出；

2 对于放空的气体或液体(包括安全阀排放)均应采取必要的安全措施，不得任意排放；

3 放空的可燃气体应排入全厂性油气放空系统。同一装置的放空气体可排入同一个集合管，然后接入全厂性油气放空系统；

4 放空物流为气液两相或携带有凝结液的可燃气体出装置之前，应设置分液罐分液。

7.2.2 可燃液体的放空还应符合下列规定：

1 放空物流大量或全部为液体时，应排入有关储罐或装置内大型设备(塔或容器)中。严禁直接排入大气或全厂性油气放空系统中；

2 设备内残存的少量可燃液体应排往有关储罐或污油罐内，不得排入边沟或下水道；

3 高温油品需经停工冷却器(塔)冷至安全温度后，方可排入冷油储罐；

4 紧急放空管应附有吹扫设施；

5 泵的安全阀出口可直接连到泵的入口管线上。

7.2.3 非可燃气体或非可燃液体放空可能携带可燃介质时，应按可燃气体或可燃液体放空处理，不得任意排放。

7.3 危险介质的安全防护

7.3.1 生产上采用对人体有较大危害的介质(如强酸、强碱)时，应采取必要的安全防护措施。对剧毒介质(如氢氟酸)应有特别的防护措施。

7.3.2 无论是单一的危险性介质，还是在其流体中含有足以造成危害的危险介质，有关设备、管线、管件、阀门、垫片、仪表等均应根据危险介质的危害程度选用材质和类型。

7.3.3 装置中排放的气体如混有强腐蚀性介质(如强酸)，应先送到单独的安全密闭系统，经处理才能送到全厂性油气放空系统。

7.3.4 液相危险性介质不得直接排入污水系统，应集中处理后才能排放。

7.3.5 对有危险性介质的装置应设有安全设施(如冲洗龙头)。

7.4 其他安全设施

7.4.1 在有火灾危险的区域内，有关设备或管道的大中型钢结构(或管架)下部应涂防火防热保护层。保护层的设计应执行现行《石油化工企业设计防火规范》GB 50160中有关规定。

7.4.2 在有毒或可燃气体的装置或区域内，应根据《石油化工企业可燃气体和有毒气体检测报警设计规范》SH 3063设置毒物或可燃气体检测报警器和必要的自保设施。

7.4.3 为防止静电积聚，运行中可能产生静电的设备和管道应采取完善的消除静电积聚的措施(如接地)。

7.4.4 炼油装置内的金属管道应依据所输送介质的物性按照有关规范进行分级。

8 环境保护和劳动安全卫生

8.0.1 炼油装置内环境保护应按照下列现行标准、规定进行设计：

《建设项目环境保护设计规定》(87)国环字002号文

《石油化工企业环境保护设计规范》(SH 3024)

《污水综合排放标准》(GB 8978)

《大气污染物综合排放标准》(GB 16297)

《工业企业厂界噪声标准》(GB 12348)

8.0.2　炼油装置内劳动安全卫生应按照下列现行标准、规定进行设计：

《建设项目(工程)劳动安全卫生监察规定》劳动部1996第3号令

《工业企业设计卫生标准》(TJ 36)

《石油化工企业设计防火规范》(GB 50160)

《建筑设计防火规范》(GBJ 16)

《石油化工采暖通风与空气调节设计规范》(SH 3004)

《工业企业噪声控制设计规范》(GBJ 87)

《爆炸和火灾危险环境电力装置设计规范》(GB 50058)

《石油化工企业职业安全卫生设计规范》(SH 3047)

《建筑物防雷设计规范》(GB 50057)

《工业与民用电力装置接地设计规范》(GBJ 65)

《工业企业照明设计标准》(GB 50034)

《石油化工企业可燃气体和有毒气体检测报警设计规范》(SH 3063)

《职业性接触毒物危害程度分级》(GB 5044)

8.0.3　执行本规定时，尚应遵守建设单位所在地的地方法规。

9　取样和分析

9.1　取样

9.1.1　介质取样位置应按下列要求选择：

1　所取样品必须具有代表性；

2　在可能条件下，应在较低温度下取样。除特殊要求外，取样点宜设在有关管线上；

3　尽量避免在有振动的部位取样。

9.1.2　流体取样宜采用循环方式。在满足第9.1.1条要求的条件下亦可采用直接取样方式。取样时应避免对周围环境的污染。

9.1.3　取样点的介质温度宜不高于表9.1.3的数值，否则，宜设置取样冷却器。

表9.1.3　取样点介质温度

序号	名称	温度/℃
1	汽油馏分	40
2	煤油馏分	45
3	柴油馏分	70
4	润滑油组分	60
5	蜡油馏分	90
6	渣油或燃料油	90

9.2　分析

9.2.1　符合下列情况之一者应设置控制分析项目：

1　装置原料的性质及组成可能影响装置产品质量、收率及主要工艺参数时；

2　装置中间产品的质量可能影响下游装置的产品质量、收率及主要工艺参数时；

3　主要工艺参数的变化可能影响装置产品的质量、收率时；

4　催化剂、溶剂和化学药剂的性质可能影响装置产品质量、收率及主要工艺参数时。

9.2.2　标定分析数据除按第9.2.1条要求控制分析外，尚应安排相应的标定分析项目：

1 装置的原材料和产品（包括中间产品）的性质或组成；

2 装置主体设备进出物料的性质和组成。

9.2.3 下列情况下宜设置在线分析仪：

1 对安全生产影响重大的场合；

2 对工艺控制有重大影响的场合；

3 与先进控制系统联用时。

用 词 说 明

本规范条文中要求严格程度的用词，在执行中按下述说明区别对待：

（一）表示很严格，非这样做不可的用词：

正面词采用“必须”；

反面词采用“严禁”。

（二）表示严格，在正常情况下均应这样做的用词：

正面词采用“应”；

反面词采用“不应”或“不得”。

（三）表示允许稍有选择，在条件许可时，首先应这样做的用词：

正面词采用“宜”；

反面词采用“不宜”。

表示有选择，在一定条件下可以这样做，采用“可”。

8. 天然气净化厂设计规范

（SY/T 0011—2007 代替 SY/T 0011—1996）

目　录

1　范围

本标准对天然气净化厂的设计作了规定。

本标准适用于陆上天然气净化厂新建、扩建和改建工程的设计。天然气净化站设计可参照本标准执行。

2　规范性引用文件

下列文件中的条款通过本标准的引用而成为本标准的条款。凡是注明日期的引用文件，其随后所有的修改单(不包括勘误的内容)或修订版均不适用于本标准，然而，鼓励根据本标准达成协议的各方研究是否可使用这些文件的最新版本。凡是不注明日期的引用文件，其最新版本适用于本标准。

GB 150　钢制压力容器

GB 5310　高压锅炉用无缝钢管

GB 5749　生活饮用水卫生标准

GB 6479　高压化肥设备用无缝钢管

GB/T 8163　输送流体用无缝钢管

GB/T 9711.1　石油天然气工业输送钢管交货技术条件 第1部分 A级钢管

GB/T 9711.2　石油天然气工业输送钢管交货技术条件 第2部分 B级钢管

GB/T 9711.3　石油天然气工业输送钢管交货技术条件 第3部分 C级钢管

GB 12348　工业企业厂界噪声标准

GB 14554　恶臭污染物排放标准

GB 16297　大气污染物综合排放标准

GB/T 18604　用气体超声波流量计测量天然气流量

GB 50009　建筑结构荷载规范

GB 50013　室外给水设计规范

GB 50014　室外排水设计规范

GB 50019　采暖通风与空气调节设计规范

GB 50034　建筑照明设计标准

GB 50040　动力机器基础设计规范

GB 50050　工业循环冷却水处理设计规范

GB 50057　建筑物防雷设计规范

GB 50058　爆炸和火灾危险环境电力装置设计规范

GB 50067　汽车库、修车库、停车场设计防火规范

GB 50183　石油天然气工程设计防火规范

GB 50187　工业企业总平面设计规范

GB 50316　工业金属管道设计规范

GB 50343　建筑物电子信息系统防雷技术规范

GBJ 22　厂矿道路设计规范

GBJ 87　工业企业噪声控制设计规范

GBZ 1　工业企业设计卫生标准

SH 3030　石油化工塔型设备基础设计规范

SH 3055　石油化工企业管架设计规范

SH 3063　石油化工可燃气体和有毒气体检测报警设计规范

SHJ 29　石油化工企业排气筒和火炬塔架设计规范

SY/T 0025　石油设施电气装置场所分类

SY/T 0076 天然气脱水设计规范
SY/T 0599 天然气地面设施抗硫化物应力开裂和抗应力腐蚀开裂的金属材料要求
SY/T 6137 含硫化氢的油气生产和天然气处理装置作业的推荐作法
SY/T 6143 用标准孔板流量计测量天然气流量
SY/T 6276 石油天然气工业、健康、安全与环境管理体系
SY/T 6331 气田地面工程设计节能技术规范
质技监局锅发[1999]154号 压力容器安全技术监察规程

3 术语和定义

下列术语和定义适用于本标准。

3.1 天然气净化 natural gas conditioning

对天然气进行脱硫(碳)、脱水并对酸气进行处理的工艺过程。

3.2 天然气净化厂 natural gas conditioning plant

对天然气进行脱硫(碳)、脱水并对酸气进行处理的工厂。

3.3 天然气净化站 natural gas conditioning station

工艺过程单一，在油气田上分散设置的独立的天然气净化设施。

3.4 工艺装置 process unit

按生产流程至少完成一项产品或中间产品的生产单元与储存设备、建(构)筑物等组成的组合体，如脱硫(碳)装置、脱水装置、硫磺回收装置、尾气处理装置。

3.5 联合工艺装置 combined process unit

两个或两个以上的工艺装置组成的组合体。

3.6 原料气 feed gas

从天然气净化厂界区外进入厂内、待处理的天然气。

3.7 酸气 acid gas

从酸性天然气中脱出的酸性气体混合物。其主要成分为硫化氢和二氧化碳，并含有少量烃类。

3.8 净化天然气 purified natural gas

经脱除硫化氢、二氧化碳、水分或其他有害杂质后符合产品技术要求的天然气。

3.9 富液 rich solution

在脱硫(碳)吸收塔中吸收了硫化氢、二氧化碳等组分后的脱硫(碳)溶液。

3.10 贫液 lean solution

将富液中吸收的硫化氢、二氧化碳等组分去除后供脱硫(碳)塔循环使用的脱硫(碳)溶液。

3.11 过程气 process-gas

硫磺回收装置中，从主燃烧炉至最后一级硫磺捕集器之间的工艺气体。

还原吸收法尾气处理装置中，从还原气发生炉(或再热炉)至吸收塔塔顶之间的工艺气体。

3.12 尾气 tail-gas

指硫磺回收装置中离开该装置最后一级硫磺捕集器的气体。

3.13 还原气 reduction gas

还原吸收法尾气处理装置中，为还原尾气中的二氧化硫等而引入的氢或含有氢和一氧化碳的气体。

3.14 排放气 off gas

尾气处理装置吸收塔塔顶出口的气体，或不需进一步处理，经焚烧后即可排放的脱硫(碳)装置排出的酸性气体或硫磺回收装置尾气。

4 基本规定

4.1 天然气净化厂设计应按照设计委托(或任务)书所规定的内容、范围和要求进行。

4.2 应根据资源条件、开发方案和集气系统总工艺流程所确定的原则以及净化天然气管网的连接状况，处理好天然气净化厂和集气、输气或用户之间的关系，合理地确定厂址、规模、同类装置套数和单套装置的设计处理能力。

4.3 天然气净化厂设计压力应由集气、输气系统总工艺流程确定。

4.4 原料气进脱硫(碳、脱水)装置至净化天然气出厂的整个天然气系统中，若没有增压和节流过程，宜采用同一设计压力。

4.5 天然气净化厂的设计处理能力(按标准状态下气体体积计)为每开工日处理原料气量。

4.6 各工艺装置的年开工日数不应少于330d。

4.7 各工艺装置、辅助生产设施、公用设施的设计能力，应以全厂物料和能量综合平衡的结果为依据，做到协调与均衡。

4.8 当天然气净化厂分期建设时，其辅助生产设施、公用设施除经技术经济论证一次建成合理者外，宜随工艺装置分期建设，但应留有续建场地并兼顾各期工程的衔接。

4.9 应积极采用先进、节能技术，努力吸收新的科研成果。在设计中所采用的新工艺、新技术应是经过中型试验并通过鉴定或在生产实践中证明是行之有效的。

4.10 应根据原料气的组成、产品质量标准、综合利用、节约能源和保护环境等要求，合理地选择天然气净化工艺方法，确定天然气净化厂总工艺流程，使天然气净化厂投产后保持良好的运行状态，以获得最佳的经济效益。

4.11 产品设计质量标准应符合国家现行的产品标准。在特殊情况下，允许与用户以合同方式规定其他规格的产品。

4.12 自动控制设计应根据天然气净化厂设计处理能力、装置套数、工艺特点和生产要求，合理确定自动化水平。对关系到产品质量、硫磺回收率、安全和环境保护等的重要控制参数，宜设置在线分析仪表对生产过程进行监控。

4.13 宜集中设置分析化验室，负责全厂工艺装置、辅助生产设施和公用设施的分析化验工作。

4.14 环境保护设计的内容、深度应符合国家现行的有关规定。

4.15 “三废”防治应立足于合理选择工艺流程和设备，以减少废气、废水、废渣的产生并做好综合治理，尽可能提高回收利用率，使天然气净化厂在正常生产状况下，符合国家或当地政府规定的“三废”排放标准。

4.16 应合理地进行平面布置，选用低噪声设备，采取有效措施控制环境噪声。天然气净化厂厂内及厂界的噪声控制应符合GBJ 87和GB 12348的有关规定。

4.17 职业安全卫生设计应符合GBZ 1及SY/T 6137的规定。应采取有效措施防止中毒、摔伤、烧伤、触电等事故发生。天然气净化厂应配备防毒设施，并应有专门的存放场所。

4.18 天然气净化厂防火等级划分、区域布置和总平面布置应符合GB 50183的有关规定。

4.19 应采取下列措施防止腐蚀：

a)选择合适的工艺参数；

b)确定合理的设备结构和制造、验收要求；

c)正确选用材料；

d)有完善的防腐技术设施。

4.20 凡暴露在SY/T 0599所定义的酸性环境中的设备、管道等，其选用材料应符合SY/T 0599的有关规定。

4.21 凡与醇胺(包括二异丙醇胺、甲基二乙醇胺、环丁砜－二异丙醇胺、环丁砜－甲基二乙醇胺等)溶液相接触的设备、管线等，当金属壁温高于90℃时，在选材、制造和施工技术要求中应有防止碱性应力腐蚀开裂的措施。

4.22 凡与高温硫化氢、硫蒸气相接触的设备、管道等，应采取措施防止高温硫化腐蚀；与含二氧化硫等介质相接触的设备、管道，应控制金属壁温，防止酸凝结腐蚀。

4.23　天然气净化厂应设置氮气系统。

4.24　天然气净化厂外部工程设计应与油气田的相应系统相互协调一致。

4.25　天然气净化厂的设计除应符合本标准外，尚应符合国家现行的有关强制性标准的规定。

5　厂址选择及总平面布置

5.1　厂址选择

5.1.1　应符合气田地面建设总体规划，宜靠近气源。

5.1.2　应根据原料气集气干线和净化天然气输送管道的走向合理确定。

5.1.3　应选择大气扩散条件良好的地段；在山区和丘陵地区，应避开窝风地段。

5.1.4　宜具有方便、畅通和经济的交通运输条件。

5.1.5　应具有充足、可靠、符合生产和生活要求、满足企业发展需要的水源和电源。

5.1.6　应位于城镇和居住区全年最小频率风向的上风侧，宜具有良好的社会依托条件。

5.1.7　宜少占良田，尽量利用荒地、劣地。

5.1.8　不应位于下列地段或地区：

a)地震断裂带或地震基本烈度高于9度的地震区；

b)工程地质严重不良的地段；

c)具有开采价值的矿藏区或采矿陷落(错动)区界限内；

d)国家规定的风景区、森林、自然保护区及历史文物古迹保护区；

e)飞行器起飞降落、电台通信、电视转播、雷达导航和天文、气象、地震观测及重要军事设施等规定的影响范围内；

f)水库堤坝溃决后可能淹没的地区；

g)爆破危险范围内；

h)严重放射性物质污染地区；

i)供水水源卫生防护地带；

j)全年静风频率超过60%的地区。

5.1.9　应避开受洪水威胁地区，防洪标准应根据天然气净化厂的规模确定。三级、四级天然气净化厂采用的防洪设计重现期不应低于50年，五级天然气净化厂采用防洪设计重现期不应低于25年。

5.1.10　区域布置的防火间距应符合GB 50183的规定。

5.2　总平面布置

5.2.1　应根据规模、工艺流程、交通运输、环境保护、防火、安全、卫生、施工、检修、生产、经营管理及发展要求，结合当地自然条件进行布置。

5.2.2　应节约用地，并应符合下列要求：

a)工艺装置应露天化联合集中布置；

b)在满足工艺流程、防火、安全和卫生要求的前提下，可合并生产及辅助生产建筑；

c)在满足生产、防火、安全及卫生要求的前提下，硫磺仓库及其他物料仓库宜集中布置在一个区域内；

d)宜按功能分区布置。功能分区宜分为生产区、辅助生产区、仓储区和厂前区。部分辅助生产设施可布置在生产区。

5.2.3　应统一规划，预留发展用地。预留发展用地应符合下列要求：

a)应根据工艺流程、生产管理、交通运输等因素进行布置；

b)宜预留在厂外或厂区边缘；当预留在厂区边缘时，应充分考虑对后期工程的施工、运输、生产等的影响；

c)应全面考虑，除满足生产设施的发展用地外，还应考虑辅助生产设施、公用工程、交通运输、仓储设施和管线敷设等相应的发展用地；

d) 预留发展用地内不应修建永久性设施。

5.2.4　厂区通道宽度应根据下列因素计算确定：

a) 通道两侧建筑物、构筑物、露天设备对防火、消防、安全、卫生的间距要求；

b) 管线、管廊、运输线路及设施、竖向设计、绿化等的布置要求；

c) 施工、安装及检修要求。

5.2.5　工艺装置区宜一侧靠近厂区边缘，尽量缩短原料天然气进厂管道长度。辅助生产区宜靠近工艺装置区布置，尽量缩短物料管道。

5.2.6　应充分利用地形，结合工程地质及水文地质、风向等自然条件紧凑布置。

5.2.7　应防止或减少有害气体(如烟、雾、粉尘、振动、噪声等)对周围环境的污染。污染大的设施应远离对污染敏感的设施，避免对环境的重复污染。

5.2.8　产生噪声污染的生产设施，宜相对集中布置，应远离厂前区和要求安静的场所。

5.2.9　应根据地理位置和气象条件进行布置，使建筑物具有良好的朝向。

5.2.10　运输道路的布置，应使物流顺畅、短捷，人流、货流组织合理，避免运输繁忙的道路与人流交叉。

5.2.11　建筑群体的平面布置宜与空间景观相协调，与厂外环境相适应。

5.2.12　竖向设计采用阶梯式布置时，工艺装置宜布置在同一台阶或相邻台阶上。

5.2.13　可能散发可燃气体的生产、储存、装卸设施，应布置在人员集中场所、明火或散发火花地点的全年最小频率风向的上风侧。在山区和丘陵地区，应避免布置在窝风地段。

5.2.14　中央控制室的布置应符合下列要求：

a) 宜位于工艺装置区全年最小频率风向的下风侧；

b) 周围不应有造成控制室内地面振幅为 0.1mm、频率为 25Hz 以上的连续性振动源和造成控制室内仪表 400A/m 以上经常性的电磁干扰源；

c) 与主要运输道路的距离不宜小于 15m。

5.2.15　总变(配)电所的布置应符合下列要求：

a) 宜靠近负荷中心，并位于厂区边缘；

b) 不应布置在有强烈振动、散发水雾及有爆炸危险场所附近；

c) 变(配)电装置的最外构架边缘与散发腐蚀性气体、粉尘的生产、储存和装卸设施边缘之间的间距宜大于 60m；

d) 宜布置在易泄漏、散发液化烃及较重的可燃气体、腐蚀性气体和粉尘的生产、储存设施全年最小频率风向的下风侧。

5.2.16　装置变电所的布置应符合下列要求：

a) 宜靠近负荷中心；

b) 不应布置在有强烈振动设施的附近；

c) 不宜与有可能泄漏、散发液化烃及较重的可燃气体、腐蚀性气体和粉尘的生产、储存和装卸设施毗邻布置。宜位于工艺装置的全年最小频率风向的下风侧。

5.2.17　锅炉房的布置应符合下列要求：

a) 宜布置在全厂全年最小频率风向的上风侧；

b) 宜靠近负荷中心；

c) 不宜布置在窝风地段。

5.2.18　空氮站的布置应符合下列要求：

a) 宜布置在空气洁净的地段，宜位于散发爆炸性、腐蚀性、有毒有害气体及粉尘的场所的全年最小频率风向的下风侧；

b)与对噪声、振动有防护要求的设施的间距应符合 GB 50187 的规定。

5.2.19 给水处理设施宜布置在厂区边缘，靠近水源。应避免粉尘、有毒气体、污水对水质的影响。

5.2.20 循环水冷却设施的布置应符合下列要求：

a)宜靠近负荷中心；

b)宜布置在总变(配)电所、装置变电所、主干道路、工艺装置冬季最小频率风向的上风侧；

c)循环水冷却塔宜布置在通风良好的开阔地段，避免粉尘、可溶性有害气体、化学物质影响水质。

5.2.21 污水处理设施的布置应符合下列要求：

a)宜布置在厂区边缘；

b)宜布置在全厂地势最低处；

c)宜位于全厂全年最小频率风向的上风侧。

5.2.22 机修、电修、仪修间的布置应符合下列要求：

a)宜集中布置在厂区边缘或厂前区，并应具有较为方便的交通运输条件；

b)宜位于散发毒性和腐蚀性气体、粉尘的生产、储存和装卸设施全年最小频率风向的下风侧；

c)应避免机修间的噪声、振动、粉尘等对周围设施的影响，并应符合 GB 50187 的规定。

5.2.23 分析化验室的布置应符合下列要求：

a)宜布置在厂前区，位于散发毒性和腐蚀性气体、粉尘的生产、储存和装卸设施全年最小频率风向的下风侧；

b)宜位于循环水冷却塔等产生大量水雾设施的全年最小频率风向的下风侧；

c)宜有良好的朝向；

d)与振源的最小间距应符合 GB 50187 的规定。

5.2.24 放空火炬宜位于全厂全年最小风频风向的上风侧，与周围设施的防火间距应符合 GB 50183 的要求。

5.2.25 硫磺仓库应靠近硫磺成型及包装车间和工厂主要进出运输道路布置，防火间距应符合 GB 50183的要求。

5.2.26 汽车库、停车场的布置应符合下列要求：

a)宜靠近工厂主要货流出入口；

b)宜避开生产区和主要人流出入口；

c)生产管理及生活用车独立设置汽车库时，宜布置在厂前区车辆出入方便的地段；

d)停车场场地面积应根据停车车型、停放形式和停放数量确定；

e)停车场或车库的回车场，不应用于停车；

f)应符合 GB 50067 和 GBJ 22 的规定。

5.2.27 厂前区的布置应符合下列要求：

a)应布置在主要人流出入口处；

b)宜位于全厂全年最小频率风向的下风侧，处于环境洁净的地段。

5.2.28 厂区应设置围墙(围栏)，围墙(围栏)上应有醒目的警示文字。

5.2.29 除厂区主要出入口外的三侧围墙(围栏)上，应在厂外地势较高、处于全厂全年最小频率风向的下风侧至少设置一个安全出入口。

5.2.30 宜在厂区每个出入口附近设置风向标。

6 工艺装置

6.1 一般规定

6.1.1 装置设计应采用先进、合理、成熟、可靠的工艺方法和完善的配套设施，确保在规定的运转期内安全正常运行、能耗水平低，并达到设计任务书中规定的各项要求。

6.1.2 装置设计应满足正常开工、停工及紧急事故处理的需要。

6.1.3　各工艺装置宜按联合装置设计。

6.1.4　工艺设备应以装置设计操作上限的物料平衡、热平衡为设计依据，选择合理的在生产实践中所能达到的设计参数进行计算。

6.1.5　采用溶剂脱硫(碳)、脱水、尾气处理的装置应设钢质立式溶剂罐，罐的个数宜为两个，单罐容量应能储存检修时装置排出的全部溶液。罐的充满系数宜按0.85计。在环境温度下储存的溶剂，在环境温度下溶液黏度较大影响抽出或会凝固时，罐内应设加热设施。对于接触空气易于氧化变质的溶剂，其储罐应设氮气保护设施。

6.1.6　对桶装环丁砜、二异丙醇胺及其他化学药剂，在环境温度下存放会变稠或凝固时，应设置专门的加热设施。

6.1.7　采用溶剂脱硫(碳)、脱水、尾气处理的装置，应设溶液低位放空管线和低位罐。

6.1.8　工艺装置用泵宜选用离心泵。选泵时所需的流量、扬程参数均应按物料平衡及水力计算的结果增加5%～10%确定。小流量、高扬程的工艺装置用泵可选用容积式泵；在吸收系统和再生系统压差较大且溶液循环量较大的脱硫(碳)装置中，溶液循环泵可采用水力透平回收富液的部分能量。

6.1.9　机泵原动机的额定功率不应小于式(1)的计算值：

$$P = K_1 \cdot K_2^{-1} \cdot P_s \qquad (1)$$

式中　P——原动机所需功率计算值，kW；

P_s——机泵计算轴功率，按6.1.8所确定的流量、扬程(压头)和机泵效率计算确定，kW；

K_1——原动机功率安全系数，按表1选定；

K_2——传动系数，按表2选定。

表1　原动机功率安全系数 K_1

泵别		安全系数
一般离心泵	轴功率≥75kW	1.10
	轴功率为22～55kW	1.15
	轴功率为3～18.5kW	1.25～1.30
	轴功率<3kW	1.50
闭式旋涡泵		2.00～3.30
开式旋涡泵		1.60～2.50
容积式泵		1.10～1.25

注：气体压缩机(或鼓风机)如为系列产品供应由制造厂配套供应原动机，当需要核算原动机功率是否满足工艺要求时，可按轴功率大小自本表中选取相应的安全系数。

表2　传动系数 K_2

传动方式	直联	皮带	齿轮	涡轮
泵类	1.00	0.90～0.95	0.90～0.97	0.70～0.75
往复式压缩机	1.00	0.96～0.99	0.97～0.99	—
离心式压缩机	1.00	—	0.93～0.98	—

6.1.10　在有高压、中压蒸汽系统的天然气净化厂中，风机、泵宜用背压式汽轮机作原动机，备用的风机、泵应采用电动机作原动机。

6.1.11　连续运转的泵应设置备用泵；液硫泵无论是否连续操作，均应设置备用。

6.1.12　进出装置的管线应与天然气净化厂系统管线协调一致，并符合工厂总工艺流程的流向。

6.1.13　进入装置的蒸汽主管上应设隔断阀，从蒸汽主管上引出的分支管线上亦应设隔断阀，隔断阀的位置应靠近蒸汽引出点。

6.1.14 汽轮机、蒸汽喷射器、重沸器等重要设备所用蒸汽和灭火蒸汽均应从蒸汽主管单独引出。

6.1.15 循环水出入冷却设备的温度不宜超过45℃。装置内循环水的压力损失不宜大于0.2MPa。

6.1.16 装置停工检修时设备冲洗水的总用水量不宜大于被冲洗系统管线和设备实际容积的3倍，并应尽量降低冲洗排水的溶剂含量。

6.1.17 在不正常条件下，可能超压的下列部位应设安全阀：

a)顶部操作压力大于0.07MPa的容器。

b)往复式压缩机各段出口或电动往复泵、齿轮泵、螺杆泵等容积式泵的出口(设备本身已有安全阀者除外)。

c)凡与鼓风机、离心式压缩机、离心泵或蒸汽往复泵出口连接的设备不能承受其最高压力时，上述机泵的出口。

d)可燃的气体或液体受热膨胀，可能超过设计压力的设备及管道。

6.1.18 在同一压力系统中，压力来源处已有安全阀，在压力来源与设备之间无阀门隔断时，则其余设备可不设安全阀。对扫线蒸汽不宜作为压力来源。

6.1.19 进出天然气净化厂的天然气管道应设截断阀，并应能在事故状况下易于接近且便于操作。三级、四级站场的天然气净化厂的截断阀应有自动切断功能。当天然气净化厂内有两套及两套以上天然气净化装置时，每套装置的天然气进出口管道均应设置截断阀。进入天然气净化厂的天然气管道上的截断阀前应设置安全阀和泄压放空阀，泄放量均应为原料气全量。

6.1.20 安全阀的开启压力(定压)应符合下列要求：

a)安全阀的开启压力不应高于设备的设计压力；

b)烟管式余热锅炉安全阀的开启压力应按《压力容器安全技术监察规程》的规定确定；

c)其他安全阀的开启压力应按表3确定。

表3 安全阀的开启压力 MPa(g)

最高操作压力	安全阀开启压力
$p \leqslant 1.8$	$p+0.18$
$1.8<p \leqslant 7.5$	$1.1p$
$p>7.5$	$1.05p$

6.1.21 闪蒸罐安全阀的泄放量，宜为吸收塔底液位调节阀全开时的阀芯面积及操作条件下调节阀前后的压差计算的气体通过量。脱硫(碳)装置再生塔(或酸气分离器)安全阀的泄放量，应为回流中断时塔顶最大的气体量。

6.1.22 安全阀应按计算所得的喷嘴面积，结合定型产品系列选用，重要位置的安全阀可设置备用。

6.1.23 安全阀泄放的可燃、有毒气体应密闭排放至火炬。少量可燃气体可排入大气，泄放管宜垂直向上，管口应高出10m范围内的建(构)筑物顶2m以上，并应高出所在地面5m。

6.1.24 安全阀泄放管线直径应按下列要求计算确定：

a)单个安全阀泄放管直径，应按背压不大于该阀开启压力的10%确定，且不应小于安全阀出口直径；

b)连接多个安全阀的泄放管直径应按在这些安全阀中由同一原因引起可能同时泄放所产生的背压，不大于可能同时泄放的任何安全阀开启压力的10%确定，且汇管的截面积不应小于各支管线截面积之和。

6.1.25 安全泄放时，可能使泄放介质的温度低于水的冰点或烃类水合物的形成温度的安全泄放管线应设置防堵设施。

6.1.26 对克劳斯硫磺回收装置的主燃烧炉、再热炉及尾气处理装置的还原气发生炉等设备，不应设防爆膜。应提高设计压力，使之能承受由于设备内部介质发生爆炸时所产生的最大压力。

6.1.27 对于可能产生凝液并导致冰堵的管道应设置防堵设施。对于收集易于冻结液体的容器应设置保温或伴热措施。

6.2　净化工艺方法及参数的选用原则

6.2.1　天然气净化工艺[包括脱硫(碳)、脱水、硫磺回收、尾气处理]方法繁多且各有其适应条件。根据国内生产实践，考虑到当前净化技术的发展方向，仅对几种工艺方法及其若干重要设计参数的选用原则作出规定。本标准不限制在工程设计中选用其他工艺方法。

6.2.2　原料气中硫含量低、处理规模较小的脱硫装置，可采用吸附法脱硫。

6.2.3　当采用湿法脱硫(碳)时，宜优先采用甲基二乙醇胺法。

6.2.4　凡符合下列条件之一者，可选用环丁砜—二异丙醇胺或环丁砜—甲基二乙醇胺法(简称砜—胺法)脱硫(碳)。

a)原料气中酸气(包括硫化氢和二氧化碳)分压较高。

b)需要部分脱除原料气中的有机硫化物。

6.2.5　原料气中二氧化碳与硫化氢的摩尔比值较大，需要限制二氧化碳脱除率时，宜选用甲基二乙醇胺法选择性脱硫。

6.2.6　原料气中二氧化碳与硫化氢的摩尔比值较大，需要提高二氧化碳脱除率时，宜选用混合胺法脱硫(碳)。

6.2.7　天然气脱水设计应符合 SY/T 0076 的规定。

6.2.8　克劳斯硫磺回收工艺流程应按下列原则选定：

a)酸气中硫化氢浓度较高，能在主燃烧炉中维持稳定燃烧时，应采用全部酸气进入主燃烧炉的直流式流程；

b)酸气中的硫化氢浓度较低，在主燃烧炉中不能维持稳定燃烧对，应采用部分酸气进入主燃烧炉的分流式流程。在分流式流程中，进入主燃烧炉的酸气量可不限定为总酸气量的三分之一，在能维持主燃烧炉稳定燃烧的前提下，应尽量提高进入主燃烧炉的酸气量。

6.2.9　尾气处理方法的选择应以环境保护法规及相关环境保护标准的要求为依据。当采用常规克劳斯法尾气直接焚烧排放不能满足环保要求时，可采用克劳斯延伸类工艺(如低温克劳斯法、超级克劳斯法等)；当仍不能满足环保要求时，可采用还原吸收法或直接氧化法处理尾气。对于尾气量大的装置，宜采用还原吸收法。

6.2.10　排放气应经焚烧后排入大气。

6.2.11　甲基二乙醇胺法溶液的浓度和酸气(包括硫化氢和二氧化碳)负荷应符合下列要求：

a)甲基二乙醇胺溶液的质量分数不宜大于 50%；

b)溶液的酸气负荷应根据吸收塔的操作条件、原料气组成计算确定。当采用碳钢设备时，酸气负荷不宜超过 0.6mol/mol(酸气/胺)。

6.2.12　甲基二乙醇胺法脱硫(碳)主要温度参数应符合下列要求：

a)贫液进入吸收塔温度不宜高于 50℃；

b)再生塔底重沸器中的溶液温度不宜超过 127℃。当重沸器用蒸汽加热时，宜用压力不高于 0.3MPa 的饱和水蒸气；当采用火管加热器加热时，火管的平均热流密度不得大于 $35kW/m^2$。

6.2.13　甲基二乙醇胺法的吸收塔和再生塔设计应符合下列要求：

a)吸收塔、再生塔宜采用浮阀塔，当塔径小于 0.8m 时，可采用填料塔。吸收塔应有良好的除雾设施；

b)当采用浮阀塔时，塔板数应根据净化天然气质量标准和对 CO_2 吸收率的要求经计算确定，吸收塔和再生塔的板间距宜取 0.6m；

c)当采用填料塔时，填料塔的设计空塔气速不宜大于泛点流速的 60%；填料高度由所需理论板数确定；

d)再生塔回流比不宜大于 2。

6.2.14　采用甲基二乙醇胺法脱硫(碳)工艺，当酸气中烃含量大于 2%(体积分数)时，应按 6.2.17 的要求设置富液闪蒸罐。

6.2.15 砜—胺法脱硫(碳)溶液组成应根据不同的原料气体组成，经计算或实验确定。

6.2.16 砜—胺法脱硫吸收塔、再生塔的设计应按6.2.13的规定执行。当要求脱除较多的有机硫化物时，应增加吸收塔塔板层数或填料高度。

6.2.17 采用砜—胺法脱硫(碳)时，出吸收塔富液应降压闪蒸。闪蒸罐的设计应确保进入硫磺回收装置的酸气中烃含量不大于4%(体积分数)。当原料气中含有天然气凝液时，闪蒸罐应设撇油口。当闪蒸气气质条件符合燃料气系统要求时，闪蒸气宜进入燃料气系统，闪蒸罐的操作压力应满足工艺流程需要，并与全厂燃料系统压力协调。

6.2.18 当采用溶液法脱硫(碳)时，应根据天然气中可能夹带的杂质情况，在天然气进入脱硫(碳)吸收塔前设置天然气重力分离器、过滤分离器或聚结式过滤器。三种分离器可以组合使用。

6.2.19 脱硫(碳)溶液系统应设活性碳过滤器，并应在其后设置机械过滤器防止炭粉进入系统，溶液的过滤量不宜小于溶液循环量的25%。

6.2.20 采用甲基二乙醇胺溶液或用甲基二乙醇胺与环丁砜组成的砜—胺溶液脱硫(碳)时，可不设溶液复活设施。

6.2.21 胺法脱硫(碳)溶液在碳钢管道内的流速应符合下列要求：

a)甲基二乙醇胺法脱硫(碳)，所有胺液管道内溶液流速应低于1m/s，吸收塔至换热器管程的富液流速宜为0.6~0.8m/s，富液自换热器至再生塔管线直径还应适当放大。

b)砜—胺法脱硫(碳)，富液管线流速宜为0.8~1.0m/s，最大不得超过1.5m/s。

6.2.22 硫磺回收装置应有良好的酸气/空气比率控制系统，宜设置尾气在线分析反馈控制系统。

6.2.23 主燃烧炉的燃烧器应有良好的结构，过程气在燃烧炉中的停留时间不宜大于3s。

6.2.24 转化器级数宜为两级。当增加一级，其尾气经焚烧后排放能符合环境保护标准对，可为三级。转化器内催化剂装入量应根据所选催化剂的性能计算确定。采用合成催化剂时，催化剂装入量可按$1m^3$催化剂每小时通过1000~$1400m^3$过程气计算。

6.2.25 硫磺冷凝冷却器应有良好的捕雾设施，卧式硫磺冷凝冷却器应有1°的倾角坡向液硫出口侧。

6.2.26 液硫应进行脱气，并应符合下列要求：

a)当硫磺产品采用液态罐车(火车罐车或汽车罐车)运输时，脱气后每千克液硫中硫化氢含量不应大于10mg。

b)当硫磺产品采用固体运输时，脱气后每千克液硫中硫化氢含量不宜大于50mg。

6.2.27 硫磺回收主燃烧炉出口余热锅炉的蒸汽压力，应按8.4.6规定执行。其他蒸汽发生器的蒸汽压力，应按工艺条件和充分利用余热的原则确定；

6.2.28 液硫管线宜用蒸汽夹套保温，自流的液硫管线坡度不宜小于2%，并坡向硫磺池、储罐或液硫泵进口。

6.2.29 还原吸收法尾气处理装置宜采用还原气体发生炉产生还原气并预热尾气。

6.2.30 还原气体发生炉设计应符合下列要求：

a)还原气体发生量宜按尾气中全部元素硫和除硫化氢以外的其他硫化物转化为硫化氢所需氢当量的1.7倍计算确定；

b)设计供风量与燃料气理论燃烧所需风量之比宜为0.75~0.95；

c)燃烧段应设蒸汽注入口；

d)燃烧器结构应满足工艺需要，保证预混合良好。

6.2.31 加氢转化器设计应符合下列要求：

a)宜选用钴—钼型催化剂；

b)床层设计温度应根据催化剂性能决定，一般为300~340℃，最高不超过400℃；

c)转化器内催化剂装入量宜按$1m^3$催化剂每小时通过1300~$1600m^3$过程气计算确定。

6.2.32　还原吸收法尾气处理装置出余热锅炉的过程气，宜采用急冷塔直接水冷。冷却水应经过滤并循环使用，当急冷塔材质选用碳钢时，其 pH 值应控制在 6.5～7 范围内，急冷塔排放水应经汽提处理。

6.2.33　还原吸收法尾气处理装置过程气净化应选用对硫化氢选择吸收性能好的吸收剂，如甲基二乙醇胺。

6.2.34　还原吸收法尾气处理装置吸收塔设计应符合下列要求：

a）塔板设计应具有较短的气液接触时间；

b）塔板层数应根据净化要求由计算确定；

c）塔上应设置 2～3 个贫液进口，以便在负荷变化时调节溶液对二氧化碳的共吸收量。

6.3　设备、管道材料选用及防腐

6.3.1　应根据工艺条件、材料的加工性能、焊接性能、制造工艺以及经济合理性等因素确定设备、管道材料。

6.3.2　压力容器受压元件材料选用应符合《压力容器安全技术监察规程》及 GB 150 等现行国家法规、标准的规定。

6.3.3　厂内管道强度设计应满足 GB 50316 的要求。

6.3.4　工艺管道用钢管应符合 GB/T 9711.1，GB/T 9711.2，GB/T 9711.3，GB 5310，GB 6479，GB/T 8163 等的规定。

6.3.5　工艺管道用管道附件的管体严禁使用铸铁件，应采用锻钢、钢板、无缝钢管或焊接钢管制作。

6.3.6　对处于酸性环境中设备和工艺管道用钢管、管道附件的选材范围应符合 SY/T 0599 的规定。

6.3.7　处于酸性环境中设备受压元件和管道、管件的材料应是纯净度高的细晶粒全镇静钢，应具有抗硫化物应力腐蚀开裂、应力腐蚀开裂和氢致开裂的性能，并应耐均匀腐蚀。

6.3.8　处于非酸性环境中，材料为碳钢和低合金钢的设备的腐蚀裕量宜取 1.0～2.0mm。处于酸性环境中，材料为碳钢和低合金钢的设备的腐蚀裕量宜取 4.0～4.5mm。处于非酸性环境中，材料为碳钢和低合金钢的管道的腐蚀裕量宜取 1.5mm。处于酸性环境中，材料为碳钢和低合金钢的管道的腐蚀裕量宜取 3.0mm。材料为不锈钢的设备和管道不考虑腐蚀裕量。

6.3.9　在预计腐蚀严重的主要部位宜设置腐蚀监测设备的监测点和探头。

6.3.10　在酸性环境中使用的碳钢工艺管道及设备应进行焊后热处理，并应对热处理后的焊缝的硬度进行检查，检查结果应满足硬度不大于 200HB。

6.4　装置布置

6.4.1　工艺装置或联合工艺装置的布置应符合安全防火要求，并为施工、操作、维修和消防创造必要的条件。

6.4.2　工艺装置布置时，对地下管线（管沟）、电缆（电缆沟）和其他地下构筑物应统一安排合理布置。

6.4.3　大型的设备和管线的检修吊装宜采用机动设备。对于不能使用机动设备的部位，宜设置固定的吊装设施。

6.4.4　当利用厂内道路作为机动设备吊装检修通道有困难时，装置内部应设检修通道。

6.4.5　装置内部的设备及建（构）筑物的间距，除应符合 GB 50183 的有关规定并满足设备检修所需的场地和通道外，尚应符合下列要求：

a）操作频繁或经常有人通行处，净距不应小于 1.2m；

b）操作不频繁处，净距不宜小于 0.8m。

6.4.6　布置在单条设备线上的塔式容器或立式容器，宜在同一中心线上；人孔或手孔宜布置在同一方向，并朝向检修通道或空地。

6.4.7　集中布置的卧式容器，宜将一端布置成一条设备线。当卧式容器一端有人孔时，人孔宜布置在离管廊远的一端。

6.4.8　管壳式冷换设备除因工艺需要或布置在平台上有明显优点者外，宜布置在地面上，并应符合下列要求：

a)重叠布置时，不宜超过两层。

b)浮头式冷换设备的管箱端应有抽芯场地，抽芯场地的长度应为管束长加1.5m；浮头端应留有净空不小于1.2m的场地。

c)管壳式冷换设备周围的管线不得妨碍设备的吊装或检修。

6.4.9 需要布置在平台上的管壳式换热器、重沸器应符合下列要求：

a)冷换设备可重叠布置但不宜超过两层，重沸器应单层布置；

b)当使用机动设备吊装检修时，平台的设置应为吊装设备提供良好的工作条件，使之能将这些设备或部件吊到地面；

c)当不能使用机动设备吊装检修时，应设置固定吊装设施；平台应留有临时存放可拆卸部件的位置。

6.4.10 空冷器布置应符合下列要求：

a)应避免吸入热空气，并防止热空气循环；

b)空冷器下不得有散发腐蚀性气体或容易发生火灾危险的设备；

c)当空冷器布置在管架上时，应为管束、风机和电机的拆卸及更换留有足够的通道；

d)空冷器的一侧应有将其吊至地面进行检修的场地。

6.4.11 明火设备(不包括硫磺回收装置的主燃烧炉、再热炉等正压燃烧设备)应尽量靠近装置边缘集中布置，并应位于散发可燃气体的容器、机泵和其他设备的年最小频率风向的下风侧。

6.4.12 泵宜露天布置，当环境温度影响设备运行或操作时宜采用室内布置。原动机选型应符合环境条件。

6.4.13 泵吸入条件要求严格时，宜靠近吸入端的设备布置。

6.4.14 应为泵、风机及其原动机的检修留有足够的场地和空间。

6.4.15 装置内工艺管道、蒸汽管道、空气管道及电缆或仪表管缆宜架空布置。新鲜水管道、循环水管道宜埋地敷设。

6.4.16 装置内主管廊上管道可多层布置。上下两层管道的管底标高差不宜小于1.2m。管廊下层管道的管底与地面间净距不得小于2.2m。

6.4.17 装置区主管廊下的适当位置，有人孔的塔平台上和其他必要地点应设置*DN*20mm蒸汽、空气和水接管，并配有15~20m耐热橡胶软管。

6.4.18 装置内操作频繁的阀宜布置在地面上或平台上便于操作的高度，阀的手轮宜离地面或平台面1.2m。

6.4.19 安放溶剂低位罐的地坑应设围栏。坑底应有排水管与生产污水管道直接相通，如果坑底标高低于当地的生产污水管道，宜设置抽水设备抽吸坑底污水或雨水，不宜为了坑底排水而降低生产污水管道的标高。

6.4.20 应在装置区的合适部位设置洗眼器。

7 自动控制

7.1 一般规定

7.1.1 自动控制设计应满足天然气净化厂工艺过程安全、经济运行的需要，做到技术先进、经济合理、生产安全可靠。

7.1.2 应根据天然气净化厂的处理规模、工艺特点及生产要求，合理确定自动化水平，尽量减少现场手动操作。

7.1.3 检测和控制设备选型应统筹考虑、合理安排，保持设计项目整体的协调性和一致性。

7.1.4 根据工厂爆炸危险环境区域的划分，现场自动控制设备及仪表应具有相应等级的防爆结构。

7.1.5 主要工艺装置、辅助生产装置及公用工程的生产过程，宜在一个中央控制室集中监控；对操作独立性较强，且安排有现场操作值班人员的装置可设置分控制室。

7.1.6　严禁选用放射性仪器和含汞等有害物质的仪器。

7.2　过程控制系统

7.2.1　控制系统对生产过程的监视与控制应能满足下列要求：

a)实现主要工艺过程及设备的启停；

b)正常运行工况下，实现对生产过程的监视与调控；

c)在异常工况时，实现异常部位的报警。

7.2.2　过程控制系统设计宜与油气田内部集输及净化天然气外输的控制系统相互兼顾、协调一致。

7.2.3　具有独立操作运行功能的成套工艺装置和设备，宜设置独立的数据检测和控制装置，且通过数据和信息的连接接受全厂控制系统的监视。

7.2.4　控制系统的供电属有特殊供电要求的用电负荷，应通过不间断电源装置(UPS)供电，UPS 的电池后备时间，在额定负荷下不宜小于 1h。

7.2.5　控制系统及现场电子设备的供电及信息接口，应根据当地的雷暴频度和强度，合理设置防电涌保护装置。防电涌保护装置的设置应符合 GB 50343 的有关规定。

7.3　安全保护系统

7.3.1　天然气净化厂宜设置紧急停车系统(ESD)和气体泄漏及火灾检测系统(FGS)。ESD 和 FGS 系统应与全厂控制系统有效连接，统一监控。

7.3.2　ESD 系统的设计应遵循以下原则：

a)ESD 控制器宜独立设置；

b)检测仪表及执行器宜独立设置；

c)中间环节最少；

d)系统应是故障安全型。

7.3.3　ESD 外部负载电源应是 UPS 电源，系统内部电源应是带电池后备的冗余电源。

7.3.4　ESD 系统的安全级别应根据工艺过程的特点和安全要求确定。

7.3.5　在可燃气体可能泄漏，并可能达到爆炸下限的场所，应设置可燃气体检测报警装置。可燃气体检测报警装置的设置应符合 GB 50183 和 SH 3063 的有关规定。

7.3.6　在有毒气体可能泄漏，并可能达到最高允许浓度的场所，应设置有毒气体检测报警装置。有毒气体检测报警装置的设置，应符合 SH 3063 的有关规定。

7.3.7　火灾检测报警和消防联动控制应根据全厂消防系统的要求统一考虑设置。

7.4　在线分析仪

7.4.1　天然气净化厂在线分析仪应根据工厂生产过程特点和自动控制水平合理设置，主要应用于下列场合：

a)产品气质量监测；

b)提高生产装置的效率；

c)对大气污染物和污水排放的监测。

7.4.2　在线分析仪应配套设置完整的采样、样气处理和样气返回系统。

7.5　计量

7.5.1　进出工厂的原料气和净化天然气应设置计量装置。天然气计量采用标准孔板节流装置时，其设计、安装和流量计算应符合 SY/T 6143 的有关规定；当采用气体超声流量计时，其设计、安装和流量计算应符合 GB/T 18604 的有关规定。

7.5.2　进出装置的水、蒸汽和燃料气等物料宜设置计量装置。

8　辅助生产设施及公用工程

8.1 硫磺成型、包装和储存

8.1.1 硫磺成型、包装设施设计应符合下列要求：

a)全厂硫磺产品的成型、包装和储存设施宜集中设置；

b)硫磺成型机及其配套的包装设备台数应按硫磺日产量计算确定，但不宜少于两台。

8.1.2 硫磺成品宜采用袋装，每袋硫磺质量不宜超过50kg。

8.1.3 硫磺储存设施的容量，应根据硫磺产量和运输条件综合考虑，对以汽车运输为主的天然气净化厂，硫磺储存设施的总容量宜大于20d硫磺产量。

8.1.4 硫磺储存方式应符合下列要求：

a)硫磺产量小的天然气净化厂采用固体袋装仓库存放；

b)硫磺产量大的天然气净化厂采用液硫罐储存和固体袋装仓库存放相结合的方式。

8.1.5 液硫储罐采用钢质立式储罐，其设计应符合下列要求：

a)充满系数按0.85计；

b)储罐外壁及顶部应设隔热层，顶部外侧应设蒸汽伴热管；

c)储罐内部设便于检修更换的加热盘管，盘管应分组设置并可单独切断，当其中一组盘管停止使用时，其他盘管应能供给储罐所需的全部热量；加热蒸汽宜用压力为0.4MPa的饱和蒸汽；

d)储罐顶部应设通气管，管口加防雨罩；

e)储罐顶部应设置人工测量液位的开口或观察孔。

f)应设置固定式蒸汽灭火系统。灭火蒸汽应从饱和蒸汽主管顶部引出，蒸汽压力宜为0.4~1.0MPa，灭火蒸汽用量按储罐容量和灭火蒸汽供给强度计算确定，供给强度为0.0015kg/(m^3·s)。灭火蒸汽控制阀应设在围堰外。

8.1.6 液硫储罐四周应设闭合的不燃烧材料防护墙，墙高应为1m。墙内的容积不应小于一个最大液体硫磺储罐的容量；墙内侧至罐的净距不宜小于2m。

8.1.7 液体硫磺储罐与硫磺成型厂房之间应设有消防通道。

8.1.8 固体硫磺仓库的设计应符合下列要求：

a)宜为单层建筑；

b)每座仓库的总面积不应超过2000m^2，且仓库内应设防火墙隔开，防火墙间的面积不应超过500m^2；

c)仓库可与硫磺成型厂房毗邻布置，但应设置防火隔墙。

8.2 维修

8.2.1 应配备一定的维修力量和设备，负责全厂的工艺装置、辅助生产设施和公用设施的设备、管线、机泵、电气设备及仪表的日常维修，保证工厂正常生产。大修、中修宜依托专业维修力量。

8.2.2 维修所需的机械加工设备的配置，应只考虑解决日常维修中所需的零星配件的加工。标准件和专用配件应外购解决。

8.3 给排水及消防

8.3.1 水源的选择应符合下列原则：

a)天然气净化厂所在区域附近有条件时，应充分利用当地已有给水系统作为拟建天然气净化厂的给水水源，尽量避免重复建设；

b)水源选择时，应进行水资源的勘察，并通过技术经济比较后确定；

c)用地表水作为天然气净化厂供水水源时，应合理选择取水点，确保供水安全可靠；

d)地下水储量充沛、补给条件好、水质符合要求时，宜优先选择地下水；

e)地下水作为天然气净化厂水源时，应根据设计规模按单井产水量确定井数，并符合GB 50013的有关规定。

8.3.2 给水方案应在确保生产和安全的基础上，根据天然气净化厂用水要求，水源条件、输水管线及工程的发展等因素综合比较确定。

8.3.3 当天然气净化厂外部设一条输水管线时，天然气净化厂应设安全调节水池(罐)，安全调节水

池(罐)的设置应符合下列要求:

a)安全调节水池(罐)的位置，应根据天然气净化厂对给水的要求、厂区地形、地质条件、与装置的距离等进行综合比较确定；应充分利用地形设置高位水池(罐)，池(罐)底标高应通过水力计算确定；

b)安全调节水池(罐)的有效容量，应为安全储量与调节容量之和。安全储量宜按天然气净化厂12h ~24h的最高日平均时用水量计算；当安全调节水池(罐)同时储存天然气净化厂生产用水、生活用水和消防用水时，安全储量不应小于消防用水储量，调节容量应由计算确定；应有消防用水不作它用的技术措施；

c)安全调节水池(罐)的个数或分格数不应少于两个，并能单独工作和分别泄空；

d)安全调节水池宜加盖，并设置人孔、爬梯、水位指示器、溢流管和带有网罩的通风管；溢流管的排水量应为该水池的最大进水量。安全调节水罐罐顶应设置通气管，罐底设置排污口，其余设置与调节水池相同；

e)储存生活饮用水的水池(罐)应有保证水的流动、避免死角、防止污染、便于清洗和透气等措施；

f)寒冷地区的安全调节水池(罐)应考虑防冻措施。

8.3.4　输配水系统的设计应满足下列要求:

a)允许间断停水或有安全调节池(罐)以及多水源给水系统，宜设一条输水管道；不间断供水的供水工程不宜少于两条输水管道；

b)输水管道设计流量，当有安全调节水池(罐)时，应按最高日平均时水量确定；当无安全调节水池(罐)时，应按最高日最高时供水量确定；

c)输配水管道材料的选择应根据水压、外部荷载、土壤性质、施工维护、材料供应等条件确定；

d)向高处输水的管道和满流输水管道，应采取防止水锤破坏的措施；

e)埋地敷设的输配水管道应埋设在冰冻线深度以下。寒冷地区露天敷设的管道应采取防冻措施。

8.3.5　新鲜水设计供水量应根据下列各项用水量计算确定:

a)生产用水量(不包括工艺装置检修时的清洗用水量)；

b)厂内职工生活用水量和淋浴用水量；

c)绿化和浇洒道路用水量；

d)生活区生活用水量(由天然气净化厂供水时)；

e)未预见水量(按上述四项用水量总和的10% ~15%计)；

f)消防补充水量。

8.3.6　生产用新鲜水最高日用水量，应为最高日连续用水量与同期使用的间断用水量之和。最高时用水量按最高日平均时用水量乘以1.2 ~1.3变化系数确定。生产用水的水质、水压应根据工艺要求确定。

8.3.7　厂内人员生活用水量标准及小时变化系数、淋浴用水量标准、生活区生活用水量标准及小时变化系数，应按GB 50013和GB 50014的规定执行。生活饮用水水质应符合GB 5749的规定。

8.3.8　新鲜给水管道宜与消防给水管道合并设置，并应符合GB 50183的有关规定；当生产用新鲜水达到最高日平均时用水量时，应能确保消防用水量。新鲜水与消防给水合并的管线应布置成环状；新鲜水管线与消防给水管线分别设置时，可短时停水的独立辅助装置，新鲜水管线可布置成枝状。

8.3.9　生活饮用水管线不得与非生活饮用水给水管线连接。

8.3.10　天然气净化厂的新鲜水、生活用水应分别设置总计量仪表。

8.3.11　循环冷却水系统设计应符合下列要求:

a)循环冷却水设计水量应按全厂最大小时循环水用量乘以1.1 ~1.2安全系数确定；

b)循环冷却水设计压力应满足天然气净化厂用水设备的水压要求。当个别用水设备要求供水压力较高，全面提高给水系统压力不经济时，应由该设备所在装置或系统局部升压；

c)循环冷却水系统宜采用压力回水；

d)循环冷却水的水质和处理应符合GB 50050的规定；

e)循环冷却水系统水质应满足天然气净化厂用水设备的要求。当个别用水设备水质要求较严格，全面提高系统冷却水水质标准不经济时，宜对该设备单独设置循环冷却水系统；

f)循环冷却水应设置总流量计量仪表和供、回水温度、压力测量仪表。

8.3.12 排水设计应满足下列要求：

a)排水系统的设计应符合安全可靠、清污分流、减少污染、保护环境、节约用水的原则；

b)当油气田有回注条件时，天然气净化厂的污水宜采用回注；

c)当油气田无回注条件时，天然气净化厂污水应处理并达到标准后重复利用或排放；

d)污水处理工艺流程应根据污水量、污水性质、排放、回用或回注要求、污水系统的投资及自动控制水平等因素，通过技术经济比较确定；

e)对排放量较小，统一处理会增加处理难度的污水，宜就地预处理；

f)生产装置宜有控制排放污水水质、水量的措施。

8.3.13 排水系统宜划分为下列类别：

a)生产污水系统(包括辅助生产设施和公用设施排放的污水)；

b)检修污水系统；

c)气田产出水系统；

d)生活污水系统；

e)雨水系统；

f)事故水收集系统。

8.3.14 天然气净化厂含硫污水宜按下列原则处理：

a)当天然气净化厂设还原吸收法尾气处理装置时，全厂含硫污水应在该装置内进行汽提处理，汽提后的污水排入检修污水系统，送至全厂污水处理装置处理；

b)当天然气净化厂不设还原吸收法尾气处理装置时，含硫污水应集中进行脱气处理；如污水量甚少，有害气体含量不高，且能满足污水处理装置要求时，可不进行脱气处理；

c)未经脱气处理的含硫污水宜采用密闭系统输送。

8.3.15 当原料气含有液态烃时，容器及设备排出的含油污水，宜经除油处理后排入检修污水系统，除油设施宜靠近排放点。

8.3.16 含可燃液体污水的排放设施设计应符合下列要求：

a)含可燃液体污水及被可燃液体严重污染的雨水，应排入检修污水管道；

b)下列水不得直接排入生产污水或检修污水管道：

1)可燃气体的凝液与排水点管道中的污水混合后，温度超过40℃的水；

2)混合时产生化学反应能引起火灾或爆炸的污水。

c)生产污水排放应采用暗管或覆土厚度不小于0.2m的暗沟。设施内部若应采用明沟排水时，应分段设置，每段长度不宜超过30m。相邻两段之间的距离不宜小于2m；

d)生产污水及检修污水管道的下列部位应设水封，水封高度不得小于0.25m，并采取防冻措施。

1)工艺装置内的塔、炉、泵、冷换设备等区围堰的排水出口；

2)工艺装置、罐组或其他设施及建(构)筑物、管沟等的排水出口；

3)全厂性支干管、干管的管段长度超过300m时，应用水封井隔开。

e)罐组内的生产污水管道应有独立的排出口，且应在防火堤外设置水封，并宜在防火堤与水封之间的管道上设置易开关的隔断阀。

8.3.17 生活污水系统的设置应符合下列要求：

a)当天然气净化厂所在地区设有生活污水系统时，天然气净化厂生活污水可先经化粪池进行预处理后，再排入地区生活污水系统；

b)当天然气净化厂所在地区无生活污水系统，且生活污水与生产污水合并处理不增加污水处理的困难时，生活污水系统可与生产污水系统合并；

c) 当生产污水与生活污水合并处理，增加生产污水处理困难或经济上不合理时，生活污水应单独进行处理。

8.3.18　污水管道系统设计小时排水量应为最高日最高时排水量。最高时排水量按最高日平均时排水量乘以 1.2 ~ 1.3 变化系数确定。生产污水最高日排水量应为连续排水量与同期间断排水量之和。

8.3.19　露天设备区围堰内的地面冲洗水和前期雨水应排入检修污水系统。围堰内雨水设计流量应按 GB 50014 的规定确定。

8.3.20　各生产装置的每种排水系统宜设单独的出口，以利水量计量和水质监测。

8.3.21　全厂性生产污水管道不得穿越工艺装置、罐组和其他设施或居住区。

8.3.22　一幢建筑物用防火墙分隔成多个房间时，每个房间的生产污水管道应有独立的排出口并设水封。

8.3.23　污水处理设计应符合下列要求：

a) 应根据污水处理后的最终去向合理选择污水处理工艺；

b) 以胺法脱硫(碳)为主体工艺装置的天然气净化厂，污水处理工艺宜选用生物氧化法，在有条件时也可选用活性碳吸附法或其他处理方法；

c) 污水处理装置设计处理规模，应按全厂最高日平均时污水量确定。

8.3.24　处理后污水的回用设计应符合下列要求：

a) 依据生产污水处理工艺流程能达到的水质指标确定污水回用用水对象及回用水量；

b) 应有用水对象因季节或气候条件变化而不能回用的储水或外排措施；

c) 回用水管道应采用独立系统，严禁与新鲜水及其他管道连接；

d) 回用水应补充消毒并有水质水量监测设施。

8.3.25　天然气净化厂内消防设计应符合 GB 50183 的有关规定。

8.4　蒸汽、凝结水和软化(除盐)水

8.4.1　天然气净化厂蒸汽宜按压力分为以下三级：

a) 压力大于 2.5MPa 为高压蒸汽；

b) 压力大于 0.8MPa，小于或等于 2.5MPa 为中压蒸汽；

c) 压力小于或等于 0.8MPa 为低压蒸汽。

和上述压力等级相应的蒸汽管网，分别为高压、中压和低压蒸汽管网。

8.4.2　全厂蒸汽量平衡应按不同压力等级分别进行，蒸汽量平衡应包括以下部分：

a) 工艺装置及其他用热设施的最大蒸汽耗量(有间断负荷时应计入同时使用系数)；

b) 锅炉、余热锅炉、蒸汽发生器的自用蒸汽；

c) 全厂蒸汽管网的损失；

d) 工艺装置的自产蒸汽。

8.4.3　全厂锅炉总蒸发量应满足下列情况中蒸汽需要量的较大值：

a) 根据全厂蒸汽平衡所确定的最大蒸汽用量；

b) 天然气净化厂开工时所需的蒸汽量。

8.4.4　锅炉选择应符合下列要求：

a) 热效率高，锅炉的出力、台数和其他性能，均能有效地适应天然气净化厂开工、停工和各种运转情况下热负荷变化的需要；

b) 应设置备用锅炉，当一台锅炉因事故停止运行时，其余锅炉的总蒸汽量应能满足正常运行时最大蒸汽量的要求；

c) 锅炉宜选择相同型号，且不应少于 2 台，不宜多于 5 台。

8.4.5　锅炉的压力参数应根据单台锅炉的额定蒸发量按下述原则确定：

a)蒸发量大于或等于10t/h时，宜为2.5～3.9MPa；

b)蒸发量小于10t/h，工艺用汽压力小于0.8MPa时，宜为0.8～1.3MPa；

c)蒸发量小于10t/h，工艺用汽压力大于或等于1.3MPa时，宜为2.5～3.9MPa。

8.4.6 余热锅炉的蒸汽压力设计值应按下列原则确定：

a)当锅炉压力大于或等于2.5MPa时，余热锅炉蒸汽压力宜与锅炉压力相同；

b)当锅炉压力小于2.5MPa，但余热锅炉的总蒸发量大于或等于4t/h时，余热锅炉的蒸汽压力可为2.5MPa。

8.4.7 排放气焚烧烟气的余热应进行技术经济比较后确定是否回收利用。

8.4.8 不同压力等级蒸汽管网应分别设置压力调节系统以确保管网压力稳定。在考虑压力调节方案时，应以锅炉负荷的调节作为最终调节手段。不同压力等级的蒸汽管网之间应设连通管，连通管直径按事故情况下的最大蒸汽流量确定，并应按工艺要求设置减温减压器。

8.4.9 当工厂有多余蒸汽热量无法利用时，宜设置空冷型蒸汽冷凝器，冷凝器的传热面积应根据最大蒸汽放空量确定。

8.4.10 各主要蒸汽发生设备和用汽设备宜单独设置蒸汽计量仪表。

8.4.11 天然气净化厂多余的热水、乏汽应首先满足厂内用热设施和采暖的需要，如有富余，在经济合理的情况下可送往生活区利用。

8.4.12 锅炉、余热锅炉和蒸汽发生器宜集中设置给水系统，当采用不同压力等级的蒸汽发生设备时，应作技术经济比较确定是否选择不同扬程的给水泵。给水箱有效容积应满足全系统20～60min的额定给水量。当额定给水量小于或等于2t/h时，给水箱有效容积应适当加大。

8.4.13 当锅炉、余热锅炉和蒸汽发生器的给水泵为一级用电负荷，或停电后给水泵停止给水不会发生缺水事故时，电动给水泵可作为唯一给水设备，而不设汽动给水泵。当采用汽动给水泵作备用泵时，汽动给水泵的流量应满足因停电可能造成缺水事故的所有蒸汽发生设备额定给水量的20%～40%。

8.4.14 蒸汽的凝结水应回收，对分散且量小的凝结水是否回收，应经技术经济比较确定。凝结水回收系统宜采用余压回水方式。凝结水回收站应根据全厂用热设备分布情况集中或分区集中设置。凝结水箱内二次蒸汽宜加以利用。

8.4.15 连续回水的压力式凝结水箱总有效容积应能容纳20～40min最大凝结水回收量。凝结水泵间断工作的开式凝结水箱其总有效容积应能容纳60min最大凝结水回收量。

8.4.16 在凝结水返回其回收站或锅炉房之前的凝结水管道上应设检查排放口，排放水应进入厂区生产污水系统。

8.4.17 锅炉、余热锅炉和蒸汽发生器的补给水系统宜集中设置。补给水的水质应按天然气净化厂内蒸汽参数最高的蒸汽发生设备或工艺设备对水质的要求确定。

8.4.18 软化(除盐)水处理设备的设计能力，应根据天然气净化厂开工和正常运转时软化(除盐)水消耗量确定，宜为下列各项之和：

a)工艺装置及其他用热设施的凝结水损失；

b)蒸汽发生设备自用蒸汽的凝结水损失；

c)蒸汽发生设备的排污损失；

d)厂区蒸汽系统和凝结水系统的损失(包括蒸汽漏损和放空以及二次蒸汽不能利用造成的凝结水损失)；

e)其他用途的软化(除盐)水量。

8.4.19 软化(除盐)水箱的有效容积应由全部用软化(除盐)水设备1～2h的正常补充水量和一台(套)水处理设备再生时所需用水量的较大值决定。当只设一台(套)水处理设备时，软化(除盐)水箱的有效容积尚应满足水处理设备短时(一般不超过4h)检修正常供水的要求。

8.4.20 水处理系统的酸、碱、盐废水应经中和处理后排入全厂生产污水系统。

8.5　燃料气系统

8.5.1　天然气净化厂所需的燃料气，应首先使用本厂或所在油气田的低压天然气。

8.5.2　天然气净化厂应设专用的燃料气系统，统一供应全厂的燃料气。在某些设备所需燃料气质量要求较高，厂内燃料气系统所提供燃料气质量不能满足要求且用量较大时，可以在全厂燃料气系统外单独设置燃料气系统为其供气。

8.5.3　燃料气、燃料气配气管网的设计应符合下列要求：

a) 凡天然气净化厂内应纳入燃料气系统的低压气，均应接入燃料气管网，不得就地或就近接至用气设备；

b) 燃料气配气管网宜按枝状设计；

c) 燃料气配气管网的设计压力不宜大于0.5MPa；

d) 燃料气管网应有压力控制或调节手段，以保持系统压力的稳定；

e) 燃料气管网的始端应设分离器、安全泄放和计量设施；

f) 燃料气管网应有排液和防冻措施，保持通畅；

g) 当工业用燃料气的气质符合生活用气标准时，生活用燃料气可由天然气净化厂燃料气管网接出，但应单独设置调压设备和计量仪表。

8.6　供电

8.6.1　天然气净化厂的供电系统应满足其负荷等级的要求，天然气净化厂的负荷等级按其规模划分如下：

a) 处理能力大于或等于$400\times10^4m^3/d$的天然气净化厂，为一级负荷；

b) 处理能力小于$400\times10^4m^3/d$的天然气净化厂，为二级负荷；

c) 专为重要用户提供原料或燃料气的天然气净化厂，不论论处理能力大小，其负荷等级应与该用户一致。

8.6.2　天然气净化厂用电设备的负荷等级按表4规定划分，凡未列入该表的用电设备属于三级负荷。

表4　天然气净化厂主要用电设备负荷等级

用电设备名称		负荷等级		备注
		$400\times10^4m^3/d$及以上的天然气净化厂	$400\times10^4m^3/d$以下的天然气净化厂	
脱硫(碳)脱水装置	溶液循环泵	一	二	
	空冷器风机	一	二	
	回流泵	一	二	
	其他连续运转泵	二	二	
硫磺回收装置	主风机	一	二	
	主风机启动油泵	一	二	
	液硫泵	二	三	
供风系统	工业用风空压机	三	三	
	仪表用风压缩机及其干燥设备用电	一	二	
	制氮设备	二	二	
循环水装置	循环水泵	一	二	
	冷却塔风机	二	二	
	加药装置	二	三	
锅炉房	引风机	一	二	
	鼓风机	一	二	
	给水泵	一	二	
	凝结水泵	二	二	
	软水泵	二	二	
	生水泵	二	二	

续表

用电设备名称		负荷等级		备注
		$400\times10^4m^3/d$ 及以上的天然气净化厂	$400\times10^4m^3/d$ 以下的天然气净化厂	
硫磺成型装置	液硫泵	二	三	
	硫磺成型机	三	三	
	输送机	三	三	
	包装机	三	三	
尾气处理装置	急冷塔循环泵	一	二	
	溶液泵	一	二	
	再生塔回流泵	一	二	
	溶液配制泵	三	三	
	鼓风机	一	二	
供水系统	取水泵	二	二	
	加压泵	二	二	
	水处理器	二	二	
污水处理装置	液下泵	二	二	
	污水提升泵	二	二	
	污泥脱水机	三	三	
	鼓风机	二	二	
仪表控制电源		一	一	
通信系统电源		一	一	
应急照明		一	一	

注：1. 消防用电设备负荷等级按 GB 50183 的规定执行。

2. 在二级负荷供电的天然气净化厂中，当只有一回电源时，消防泵的备用泵应设置其他类型的动力源或设置能满足要求的其他类别消防设施。

3. 当仪表电源失去主电源供电时，可从不间断供电装置获得供电(时间为 1h ~ 2h)。

8.6.3 各装置(或单元)及建筑物的用电负荷宜按以下方法进行计算：

a)装置(或单元)最大计算负荷采用轴功率法计算，见式(2)。

$$P_{m1}=K_3\cdot\Sigma P_{s1}+P_1 \tag{2}$$

式中 P_{m1}——装置(或单元)最大计算负荷的有功功率，kW；

P_{s1}——装置(或单元)中单台运转机泵的轴功率[在计算 ΣP_{s1} 时，不包括总变(配)电所直馈的电机、备用机泵电机、电动阀、检修动力箱、动力插座等；当装置(或单元)内部分设备的电机是以配套方式提供，难以取得轴功率数值时，电机的计算负荷按额定功率的 80% ~95% 计，辅助设备的电机按额定功率的 75% 计]，kW；

P_1——装置(或单元)照明计算有功功率(当照明三相负荷不平衡时，按单相最大不平衡功率值的 3 倍计算)，kW；

K_3——综合系数，可取为 0.95 ~1。

装置(或单元)视在功率按式(3)计算：

$$S_{m1}=\frac{K_3\cdot\Sigma P_{s1}}{\cos\varphi_{s1}}+\frac{P_1}{\cos\varphi_1} \tag{3}$$

式中 S_{m1}——装置(或单元)视在功率，kV·A；

$\cos\varphi_1$——装置(或单元)照明的平均功率因数，取值范围为0.9～1；

$\cos\varphi_{s1}$——装置(或单元)运转机泵电机的平均功率因数，取值见表5。

表5　平均功率因数

利用系数 K_d/%	50	60	70	80	90	同步机
$\cos\varphi_{s1}$	0.82	0.83	0.85	0.86	0.87	0.90

$$K_d = \frac{K_3 \cdot \Sigma P_{s1}}{\Sigma P_e} \tag{4}$$

式中　P_e——装置(或单元)单台运转电机额定功率，kW；

K_d——装置(或单元)的利用系数，用百分数表示。

b)维修、化验、办公室、生活区等单元最大计算负荷采用需要系数法计算，见式(5)。

$$P_{m2} = K_{x1} \cdot \Sigma P_{e1} + K_{x2} \cdot \Sigma P_{e2} + K_{x3} \cdot \Sigma P_{e3} + K_{x4} \cdot \Sigma P_{e4} \tag{5}$$

式中　P_{m2}——维修、化验、办公室、生活区等单元最大计算负荷有功功率之和，kW；

ΣP_{e1}，ΣP_{e2}，ΣP_{e3}，ΣP_{e4}——维修、化验、办公室、生活区等单元用电设备的额定功率之和，kW；

K_x——按单元划分的需要系数，下角标1，2，3，4分别为维修、化验、办公室、生活区；

K_{x1}——取0.1～0.4，$\cos\varphi_1$ 取0.6～0.75；

K_{x2}——取0.3～0.5，$\cos\varphi_2$ 取0.8；

K_{x3}——取0.75～0.85，$\cos\varphi_3$ 取0.6～0.9；

K_{x4}——取0.6～0.7，$\cos\varphi_4$ 取0.9。

c)变电所最大计算负荷计算公式见式(6)：

$$P_1 = K_4 \cdot (\Sigma P_{m1} + P_{m2}) \tag{6}$$

式中　P_1——变电所最大计算负荷，kW；

K_4——同时系数，取0.95。

d)总变(配)电所馈出电动机最大计算负荷采用轴功率法计算，见式(7)。

$$P_{m3} = K_s \cdot \Sigma \cdot P_{s2} \tag{7}$$

式中　P_{m3}——由总变(配)电所馈出的全部电动机最大计算负荷有功功率，kW；

P_{s2}——由总变(配)电所馈出的单台运转机泵的轴功率，kW；

K_s——综合系数，可取为1。

e)天然气净化厂最大计算负荷应从供配电系统分支馈电线逐级向总变(配)电所推算，计算公式见式(8)。

$$P_2 = K_6 \cdot (\Sigma P_1 + P_{m3}) \tag{8}$$

式中　P_2——天然气净化厂最大计算功率，kW；

P_1——变电所最大计算负荷，kW；

P_{m3}——由总变(配)电所馈出的全部电动机最大计算负荷的有功功率，kW；

K_6——同时系数，包括线路损耗和变压器损耗，取0.85～0.9。

8.6.4　供电电源应符合下列要求：

a)一级负荷的供电措施：应有两个独立电源供电，当一个电源发生故障时，另一个电源不应同时受到破坏，电源供电线路的负荷能力应与总变(配)电所变压器后期容量相适应；总变(配)电所高压侧宜设置备用电源自动投入装置。

b)二级负荷的供电措施：宜由两回线路供电，当取得两回线路有困难时，允许由一回6kV及以上专用架空线路供电；由两回线路供电且母线分断运行的二级负荷的总变(配)电所，在技术经济合理时，可设电源自动切换装置。

8.6.5　供电电压等级应根据净化厂的用电容量，结合当地供电条件综合考虑确定，并应符合下列要求：

a)供电电压宜为35kV。当天然气净化厂距地区变电所或发电厂较近、用电负荷较小或有明显经济效益时，可选用10kV电压供电。配电电压宜为10kV，380V/220V；

b)当电源电压为35kV时，若天然气净化厂全部为380V低压负荷，可选用35kV/0.4kV变压器供天然气净化厂用电；若需向气田供10kV电源，可另设35kV/10kV变压器供气田用电。

8.6.6 对特别重要的负荷，如自动控制系统、通信系统、应急照明及需要连续供电的工艺设备等负荷，应设应急电源装置确保供电，并严禁将其他负荷接入应急供电系统。应急电源装置的容量应能满足连接于本系统的全部设备在应急运行时的额定值。可根据允许中断电源的时间分别选择下列应急电源：

a)蓄电池静止型不间断供电装置；

b)带有自动投入装置的外引独立交流电源；

c)独立于正常电源的快速自启动发电机组。

8.6.7 天然气净化厂内变(配)电的设计除应满足现行国家规范外，尚应符合以下要求：

a)由两个电源供电的总变(配)电所宜采用两回电源分段同时供电的运行方式；

b)由两个电源供电的总变(配)电所10kV配电装置，应采用单母线分段接线；当10kV专向气田供电时，可采用单母线接线；

c)天然气净化厂总变电所变压器的台数和容量，应根据地区电力系统情况、负荷性质、负荷容量和运行方式等条件综合考虑。总变电所变压器宜设置两台，对于二级用电负荷的天然气净化厂只有一回路专线供电时可设一台；

d)当总变电所电源进线为两回，供给两台变压器时，每台变压器应能承担全部计算负荷的70%，且应保证全部一级负荷及二级负荷用电。当只有一台变压器时，其容量应能承担100%的计算负荷；

e)当变(配)电所有两个电源时，宜选用两台变压器，每台容量应能承担全部计算负荷的70%~80%，且应保证全部一级负荷及二级负荷用电。当变(配)电所仅有一个电源时，宜选用一台变压器，变压器容量应能承担100%的计算负荷；单台变压器容量不宜大于1250kV·A；确定变压器容量时，尚应校验启动和自启动容量；

f)配电系统应简单可靠，同一电压供电系统的配电级数不宜多于两级，并应符合下列要求：

1)配电系统应与生产装置相适应。

2)宜采用放射式配电。

3)在具有腐蚀、粉尘和爆炸、火灾危险环境内设置的电气设备，应符合环境特性的要求。

g)变(配)电所的设置，应根据负荷分布、开关分断容量、配电柜数量及电缆的截面、长度、敷设方式和土建投资等因素，经技术经济比较确定；

h)由两回线路供电的变(配)电所，每一回线路应能承担变(配)电间计算负荷的100%；

i)天然气净化厂内配电线路应采用电缆，厂外配电线路宜采用架空线路。厂内电缆敷设宜采用电缆桥架的敷设方式，桥架的安装应尽量利用工艺管架；无管架或无其他支架可利用时，经技术经济比较，也可采用其他敷设方式；

j)当变(配)电所按生产装置设置时，应装设电能表；

k)变电所操作电源宜采用免维护蓄电池或其他性能可靠的电源。

8.6.8 电动机启动应符合下列要求：

a)天然气净化厂内电动机宜采用直接启动，当电动机容量较大，影响变压器容量或母线电压时，经技术经济比较也可采用降压启动；

b)天然气净化厂内电动机可不设自启动装置，对于处理能力较大的天然气净化厂，经技术经济比较合理时，对必要的电动机可采用自启动。

8.6.9 照明设计应符合下列要求。

a)天然气净化厂内建(构)筑物的照明应满足GB 50034的要求；

b)一级负荷天然气净化厂的主要生产装置和重要建筑物的正常照明配电，应分别引自两段母线；

c) 天然气净化厂在正常照明发生事故时，对可能引起操作紊乱而发生危险的地点应设应急照明。应急照明的持续时间不应小于30min，主要工作面上的照度应能维持原有正常照明照度的10%。

8.6.10 防爆、防雷、接地设计应符合下列要求：

a) 天然气净化厂内建(构)筑物的爆炸危险区域划分应符合SY/T 0025的要求。爆炸危险区域内的电气设计及设备选择应符合GB 50058的规定；

b) 天然气净化厂内建筑物的防雷分类及防雷措施应符合GB 50057的规定。露天布置的罐和容器等的防雷、防静电设计应符合GB 50183的有关规定；

c) 天然气净化厂中的钢质火炬放空管的管顶可不装接闪器，但放空管底部(包括金属构架、固定绳等)应作接地，接地电阻R≤10Ω。

8.7 通信

8.7.1 天然气净化厂的通信系统应满足生产调度和行政管理的需要，采用技术先进、经济合理的通信方案。

8.7.2 天然气净化厂应单独设置厂区电话站，并应有单独的机房和辅助用房。电话站的设置应符合下列要求：

a) 电话站宜选用调度行政合二为一的数字程控调度交换机。该机应具有调度员优先呼叫用户和插入功能、各个用户的操作呼叫键及用户忙闲状态显示信号；

b) 交换机应与专用通信网和/或公用通信建立中继联系，并与上级主管生产部门建立可靠的通信电路；

c) 电话站应设置具有过压过流保护的配线箱或配线架。

8.7.3 应根据生产调度和行政管理的需要，确定天然气净化厂电话分机的安装地点，并应考虑将来发展扩容的需要。

8.7.4 安装于爆炸危险区域内的电话、广播、工业电视监控设备及用于爆炸危险区域内的对讲机，应符合该危险区的防爆要求。

8.7.5 生产装置区内的生产调度通信可采用扩音对讲通信设备或便携式移动通信设备。扩音对讲设备宜选用集中式的设备，在操作台或经常巡视的各用户点，扬声器的输出声压级应比环境噪声级大10dB。

8.7.6 对于天然气净化厂的主要建筑物内应设置建筑与建筑群的综合布线系统。

8.7.7 天然气净化厂宜设置工业电视闭路监视系统，以监视生产装置区和厂区围墙，并符合下列要求：

a) 工业电视闭路监视应包含事件自动即时录像设备；

b) 工业电视闭路监视可与周界防范系统实行联动。

8.7.8 天然气净化厂内的电话线路、工业电视闭路监视线路等通信线路的设计应符合下列要求：

a) 厂区内通信线路可以采用管道、直埋、管架电缆槽、电缆沟、沿墙、架空等敷设方式；

b) 电话配线系统可采用直接配线或复接配线方式；

c) 工业电视闭路监视线路传输距离较近，可采用同轴电缆传输视频基带信号的视频传输方式。长距离传输或需避免强电磁场干扰的传输，宜采用传输光调制信号的光缆传输方式。当有防雷要求时，应采用无金属光缆。

9 建筑与结构

9.1 建筑物的造型宜简洁，门窗布置应有利于自然通风，外门应向外开启，内门应向疏散方向开启；屋面板不宜采用薄钢板或镀锌薄钢板；外墙宜抹面。

9.2 生产和存储甲乙类物品的建(构)筑物耐火等级不宜低于二级，生产和存储丙类物品的建(构)筑物耐火等级不宜低于三级。

9.3 天然气压缩机厂房等有爆炸危险的甲类、乙类生产厂房不得采用地下或半地下厂房，宜采用敞开式或半敞开式的厂房。如采用封闭式厂房，厂房应有防爆泄压措施。厂房的安全出口不应少于两处，且门应向外开启。

9.4　天然气压缩机厂房的仪表控制室不应设在厂房内，当毗邻设置时，应采用耐火极限不低于3h的非燃烧体墙隔开；如需设观察窗时，应采用密闭防爆窗，并应设置直通室外或疏散楼梯的安全出口。仪表控制室应有防噪声措施。

9.5　天然气净化厂内应设有急救室和防护用品存放间，其建筑面积各为15~20m²。

9.6　当无特殊要求时，各类建筑的室内地坪标高及室内净高等应符合下列要求：

a)位于爆炸危险区的变(配)电间、控制室的室内地坪高出室外地面不宜小于0.6m，其余情况不应小于0.3m；

b)天然气凝液泵房的室内净高不宜小于3.6m；

c)中央控制室的室内净高：有空调时宜为3~3.3m；无空调时宜为3.3~3.9m，且应采取隔声措施。中央控制室面向有爆炸危险的甲类、乙类工艺装置一侧，应采取防爆措施；

d)变压器室的室内净高不宜小于4.5m；当变压器有抽芯要求时，室内净高应根据抽芯起吊的高度确定；

e)高压配电室的室内净高：电缆进线时不宜小于4m，架空进线时不宜小于4.5m；

f)低压配电室的室内净高：电缆进线时不宜小于3.6m，架空进线时根据进线高度确定；

g)急救室、防护用品存放间和阴保间的室内净高不宜小于3m；

h)化验室室内净高不宜小于3.5m，室内地坪高出室外地面不宜小于0.6m；

i)硫磺成型间及包装间的室内净高应满足硫磺成型机的起吊和包装工艺要求；硫磺仓库宜为半敞开式的单层建筑，室内净高不宜小于4m；

j)空压机房的室内净高应满足设备的起吊要求，且不宜小于4.5m。

9.7　建筑物屋面均布活荷载标准值应符合GB 50009的规定。

9.8　建筑物楼面均布活荷载标准值应按实际情况采用，但不宜小于以下荷载值：

中央控制室	4.0kN/m²
化验室	2.5kN/m²
低压配电间	5.5 ~7.5kN/m²
高压配电间	8.0 ~10.0kN/m²
压缩机厂房、主风机厂房、动力站	10.0kN/m²
硫磺成型厂房	6.0kN/m²

9.9　平台的均布活荷载标准值应按实际情况采用，但不宜小于以下荷载值：

走道及一般操作平台	2.0kN/m²
塔平台及容器平台	3.0kN/m²
可能放置较重部件、工具的操作平台	4.0kN/m²

9.10　钢筋混凝土楼、屋面板宜采用现浇结构。

9.11　钢筋混凝土结构构件其混凝土强度等级不应低于C25，预应力混凝土构件不应低于C35，素混凝土强度等级不应低于C20(垫层除外)。寒冷地区露天环境钢筋混凝土结构构件其混凝土强度等级不应低于C30，预应力混凝土构件不应低于C40，素混凝土强度等级不应低于C25。

9.12　框架平台的设计应符合以下要求：

a)宜采用现浇钢筋混凝土或钢结构；

b)甲类、乙类工艺装置的框架平台，宜设两个通向地面的梯子。当甲类工艺装置的框架平台长度小于8m或乙类工艺装置的框架平台长度小于15m时，可设一个梯子；

c)当设斜梯时，坡度不宜大于60°，经常上下的斜梯，坡度不宜大于50°；梯宽宜为0.7m，不宜大于1.1m，也不宜小于0.6m；斜梯的垂直高度超过5m时，应设中间休息平台；

d)平台四周应设栏杆，栏杆高度不应低于1m；

e)相邻平台根据疏散要求可设连廊相通。

9.13　塔平台的设计应符合以下要求：

a)塔平台宜采用钢结构，净宽不应小于0.8m，栏杆高度不应低于1m。平台高度大于20m时，栏杆高度不应低于1.2m，并应采用两排横杆；

b)上下两层平台之间的净空不宜小于2.2m，塔人孔中心线高出平台宜为0.6～1.0m；

c)塔平台离地面高度超过3m时，直梯应设护笼，护笼下端距基准面2.0～2.4m；直梯高度超过9m时，应设中间休息平台；上下两层平台的直梯应错开布置。直梯宽度宜为0.5m，直梯高度在5m以下时，梯宽不应小于0.3m。斜梯布置要求同框架平台。

9.14　室外钢平台的铺板宜采用镀锌钢格栅板，在寒冷地区应采用镀锌钢格栅板。

9.15　桁架、柱、主梁等重要钢构件不应采用薄壁型钢，也不宜采用轻型钢结构和格构式钢结构；构件截面选择时，应考虑1～2mm腐蚀裕量。

9.16　放空火炬、尾气烟囱塔架、管架宜采用钢结构。

9.17　钢结构应涂刷耐酸腐蚀的涂料，对火炬筒的上部应同时考虑高温和腐蚀的影响。

9.18　甲类、乙类工艺装置的承重钢框架及在爆炸危险区范围内的主管廊钢管架的梁、柱应覆盖耐火层，其耐火极限柱不小于2h，梁不小于1.5h。

9.19　钢结构材料可采用Q235A，位于寒冷地区或有振动的主要钢构件，宜采用Q235B以上的碳素结构钢、优质碳素结构钢或低合金高强度结构钢。

9.20　放空火炬、尾气烟囱塔架设计可按SHJ 29的规定执行。

9.21　管架设计可按SH 3055的规定执行。

9.22　冷换设备基础应根据受力情况采用混凝土或钢筋混凝土结构，在钢框架平台上的宜采用钢支座。

9.23　圆筒(柱)式塔基础设计可按SH 3030的规定执行。

9.24　动力机器基础设计按GB 50040的规定执行。

9.25　污水池、污水坑应采用现浇钢筋混凝土，其混凝土强度等级不应低于C25，抗渗等级不应小于S6，池、坑内壁宜涂抹防渗、防腐涂料。

9.26　砌体结构采用的砖、砌块，其强度等级不应低于MU10，石材的强度等级不应低于MU30，砌筑砂浆的强度等级不应低于M5。

10　暖通及空气调节

10.1　采暖设计应符合GB 50019的有关规定。

10.2　天然气净化厂内各类房间冬季室内采暖计算温度宜按表6确定。

表6　各类房间冬季室内采暖计算温度

序号	名　称		温度/℃
1	控制室		18～20
2	化验室		18～20
3	总(变)配电所	(1)控制室、值班室	18～20
		(2)配电间、维修间	16
4	电话站	(1)通信机房、传输室	18～20
		(2)值班室	18～20
5	蓄电池室		5～8
6	维修间		16～18

续表

序号	名称		温度/℃
7	空气压缩机房		5~8
8	鼓风机房		5~8
9	溶液循环泵房(包括甲基二乙醇胺、环丁砜、二异丙醇胺、甘醇等溶液)		10~12
10	水泵房(经常巡回检查)		10~12
11	锅炉房	(1)控制室	18~20
		(2)主厂房	12
		(3)水处理间	15
		(4)水箱间、风机间、水泵间	5
12	油料库发放间		10
13	汽车库		5
14	消防汽车库		8~10
15	值班室、休息室、办公室		18~20
16	医务室		20~22

10.3 集中采暖热媒选择原则如下:

a)宜首先采用生产余热(乏汽、热水等);

b)无余热可利用时,热媒应首先采用热水或高温热水,特别情况下,可采用不大于0.5MPa的饱和蒸汽。

10.4 散发余热、余湿和有害气体的生产房间,应首先采用自然通风,当自然通风不能满足要求时,可采用机械通风。散发有害气体、蒸气、粉尘或大量余热的房间,其机械通风方式应按下列原则确定:

a)首先采用局部排风,当局部排风仍不能满足要求时,可同时采用全面排风;

b)设置局部排风时,应首先考虑密闭排风设施,当生产不允许密闭时,可采用其他形式的排风罩或吸风口。

10.5 同时散发有害气体、余热、余湿的房间,全面通风量应按其中所需最大的空气量计算。当散入房间的有害气体数量不能确定时,全面通风量可按房间的换气次数确定。各类房间的换气次数见表7。

表7 各类房间通风换气次数

序号	名称		换气次数次/h
1	化验室	(1)化学分析室、硫磺分析室	6
		(2)电化学室、色谱室	6
		(3)火焰光度室、微库仑室	6
2	蓄电池室		8
3	维修间		10
4	溶液循环泵房(包括甲基二乙醇胺、环丁砜、二异丙醇胺、甘醇等)		6
5	化学药品库、危险品库		5
6	轻质油品桶装库		5
7	硫磺成型间		10
8	水处理加氯间		15

10.6　在可能积聚有毒或爆炸性气体的地下、半地下建筑物内，应设置可供随时使用的通风换气设施，换气次数不小于8次/h。

10.7　对发生事故时有可能突然产生大量有害气体的房间，应设事故排风装置。事故排风量应由事故排风装置和经常运行的排风系统共同负担，换气次数不少于15次/h。每台事故排风机应设两个控制开关，分别安装在室内和室外便于操作处。

10.8　当采用一般采暖通风措施不能满足生产或设备、仪表对室内温度和湿度的要求时，可按需要设置空气调节装置。

10.9　硫磺成型间(包括成型机间和装袋间)除应设置局部排风系统外，还应考虑自然或机械的全面通风换气。

10.10　硫磺成型间设置局部排风设施应符合下列要求：

a)在硫磺成型机散发有害气体和硫蒸气的部位设置排风罩，罩口吸风速度宜为2m/s，排风设备应选用防爆型；

b)在装袋口处设置排风罩，罩口吸风速度宜为8~10m/s；排风设备应选用防爆型；

c)装袋口排风应经过滤方可排入大气，滤尘器宜选用袋式，排风机应选用防爆型，且安装在滤尘器之后；

d)排尘风管应有防静电措施。

11　节能节水

11.1　节能

11.1.1　设计中应采用以下节能措施：

a)采用能量利用合理、能耗低和经济效益高的先进工艺；

b)选取最佳操作条件，降低能耗；

c)采用新型高效节能设备，严禁使用国家公布淘汰的产品；

d)适当提高自控水平，减少能耗；

e)合理利用天然气净化过程中的压力能；

f)合理回收工艺过程中的余热；

g)对高温位的介质宜梯级利用、按质用能；

h)合理回收蒸汽凝结水，提高回收率；

i)尽量减少天然气放空损失，充分利用生产过程中产生的低压烃类气体作燃料，减少自耗气量；

j)冷凝冷却设备宜选用空冷式或空冷—水冷组合式冷凝冷却器，以节约能量和冷却水量；

k)做好设备和管路隔热设计，减少热损失；

l)采用高性能蒸汽疏水器，减少蒸汽泄漏损失；

m)负荷变化范围大的电驱动设备宜采用变频控制。

11.1.2　引进国外先进技术和设备的项目，应综合考虑技术条件、经济效益和能耗水平。在技术条件相似的情况下，应优先引进能量利用合理、能耗低的技术和设备。

11.1.3　脱硫(碳)装置采用溶剂吸收法脱硫(碳)时，宜优先选用溶液酸气负荷高的溶剂，以降低溶液循环量。对含二氧化碳与硫化氢比例高的原料气，且二氧化碳含量符合产品气要求，宜选用对硫化氢具有选择性的溶剂，如甲基二乙醇胺(MDEA)及配方溶液等。

11.1.4　脱硫(碳)装置在贫液再生质量达到要求的前提下，再生塔回流比宜取中下限，以节约能量。

11.1.5　在全厂中压、高压蒸汽系统平衡有富裕时，脱硫(碳)装置溶液循环泵宜采用背压式汽轮机驱动。汽轮机用的4.0MPa或2.5MPa的中压、高压过热蒸汽，由全厂中压、高压蒸汽系统供应。汽轮机排出的背压蒸汽经减温后进入低压蒸汽系统，向重沸器及其他需热点供热。

11.1.6　脱硫(碳)装置进再生塔底重沸器的蒸汽流量，宜采取蒸汽流量和再生塔顶气体温度串级调节的控制方案。

11.1.7　脱硫(碳)装置贫液冷却器和酸气冷却器宜优先采用空气冷却器。为减少在气温低或负荷减少时的能耗，宜采用停开部分空冷器风机或采用调频电机的措施。

11.1.8　脱硫(碳)装置在吸收塔底富液量较大和吸收塔与闪蒸罐两者间的压力差较大的情况下，应采用水力透平回收富液的压力能，作为带动溶液循环泵的一部分动力。

11.1.9　天然气脱水装置应采用造价低、能耗低、操作费用低的脱水工艺。当天然气管输脱水深度要求不高且烃露点符合要求时，宜采用甘醇吸收法脱水工艺。

11.1.10　甘醇吸收法脱水工艺中，采用气提再生时，若气提气用量较大，应根据技术经济比较结果确定是否将含水气提气回收利用。

11.1.11　甘醇脱水装置应设置贫/富甘醇换热器，最大限度地回收贫甘醇热量，降低富甘醇再生热负荷。

11.1.12　当有中压、高压蒸汽可利用时，脱水装置富甘醇再生应采用蒸汽加热。

11.1.13　当采用火管式重沸器加热再生富甘醇时，其热效率不应低于70%。

11.1.14　分子筛脱水装置的再生气和冷吹气宜用干气，再生气和冷吹气都应回收利用。

11.1.15　宜合理利用分子筛脱水装置冷吹气和富再生气的热量。

11.1.16　当工厂有4.0MPa及以上压力等级蒸汽时，硫磺回收装置过程气再热宜采用蒸汽加热。

11.1.17　还原吸收法尾气处理装置应采用下列主要节能措施：

a)不宜单独设置向还原气体发生炉供风的鼓风机(不包括开工用风机)，而由硫磺回收装置的燃烧炉鼓风机统一供风；

b)利用加氢反应器后过程气的余热，在余热锅炉中发生低压蒸汽，进入全厂低压蒸汽系统；

c)当过程气脱硫与天然气脱硫(碳)所用溶剂相同时，宜将两者的溶液再生系统合并设计。

11.1.18　尾气焚烧温度宜为550~600℃，有条件时可采用尾气催化焚烧工艺，降低焚烧温度，以减少燃料气耗量。

11.1.19　供电电压等级应根据用电负荷容量、电网状况及供电距离等因素确定。不宜采用6kV电压等级。

11.1.20　变(配)电所和自备电厂的位置应接近负荷中心，供电距离宜按负荷矩确定，减少变(配)电级数，简化接线，缩短供电半径。

11.1.21　根据受电端至用电设备的变压级数，供电总线损率应符合下列要求：

一级	≤3.5%
二级	≤5.5%
三级	≤7%

11.1.22　供电系统宜按经济电流密度选择导线截面，减少线路损耗。

11.1.23　应选择合理的照明方式，在保证照明质量前提下，应优先采用光效高、能耗低、寿命长、显色性好及配光合理、安全高效的光源和节能灯具。

11.1.24　锅炉的选择应符合下列要求：

a)在满足供汽参数要求并达到逐级平衡的条件下，应按最高压力等级选择锅炉；

b)燃油、燃气供热锅炉热效率不应低于85%；

c)每台锅炉的负荷率不宜低于80%。

11.1.25　蒸汽凝结水的回收应符合下列要求：

a)回收率不得低于90%；

b)宜采用压力回水闭式系统；

c)扩容后的二次蒸汽宜加以利用。

11.1.26　消防供水宜采用低压或临时高压供水系统，对有特殊要求的用户，可采用常高压或稳高压供水系统。

11.1.27　节能设计应符合 SY/T 6331 的规定。

11.2　节水

11.2.1　生产用冷却水，除用水量很小，通过技术经济比较，可采用直流冷却外，均应循环使用。

11.2.2　循环冷却水系统在满足循环水水质的情况下，应尽量提高浓缩倍数，减少补充水量。

11.2.3　处理后的生产(生活)污水应尽量回用，减少排放。

11.2.4　绿化或浇洒道路等，应充分利用处理后的生产(生活)污水。

11.2.5　还原吸收法尾气处理装置产生的酸水经处理后宜作为循环冷却水系统的补充水。

12　健康、安全与环境(HSE)

12.1　天然气净化厂的设计应符合公众健康、安全与环境保护的要求。

12.2　天然气净化厂厂址的选择应避开居民区、水源保护区、名胜古迹、风景游览区、自然保护区、重点保护的地下文物遗址等。对在建设中造成土壤、植被等原始地貌的破坏，应采取有效措施加以恢复。应做好厂内的绿化设计。

12.3　天然气净化厂的劳动安全卫生设计应遵循《中华人民共和国安全生产法》、中华人民共和国劳动部《建设项目(工程)劳动安全卫生监察规定》、《压力管道安全管理与监察规定》、GB 50183，GBZ 1 及 SY/T 6276，SY/T 6137 等相关规定。

12.4　劳动安全卫生的设计应针对工程特点进行，并应包括下列内容：

a)确定建设项目(工程)主要危险、有害因素和职业危害；

b)对自然环境、工程建设和生产运行中的危险、有害因素及职业危害进行定性和定量分析；

c)提出相应的劳动安全卫生对策和防护措施；

d)劳动安全卫生设施和费用。

12.5　天然气净化厂的设计应贯彻《中华人民共和国环境保护法》、《中华人民共和国水污染防治法》、《中华人民共和国大气污染防治法》、《中华人民共和国固体物污染环境防治法》和《中华人民共和国噪声污染防治法》，并应符合现行国家、地方和石油天然气行业有关环境保护的规定。

12.6　天然气净化厂产生的废水、废气及废渣等物质的处理或处置应符合下列要求：

a)污水外排时，应符合 8.3.12 的规定；

b)废气外排时，应符合 GB 16297 及 GB 14554 的有关规定；

c)废渣应经过妥善的预处理后进行填埋处理或交专业机构处理。

12.7　天然气净化厂噪声防治应符合 GB 12348 的规定。

12.8　天然气净化厂消防设计应符合 GB 50183 的规定。

附录 A

（资料性附录）（略）

条文说明（略）

9. 天然气脱水设计规范

（SY/T 0076—2008
代替 SY/T 0076—2003）

目　　录

1 范围

本标准规定了油气田地面建设中天然气脱水工程的脱水方法、工艺计算、设备选型、防腐蚀等方面的要求。

本标准适用于天然气脱水装置新建、扩建和改建工程的设计。甘醇吸收法、吸附法和低温法脱水的设计及主要参数的选用可执行本标准。

天然气脱水设计除应符合本标准外，尚应符合国家现行的有关强制性标准规范的规定。

2 规范性引用文件

下列文件中的条款通过本标准的引用而成为本标准的条款。凡是注日期的引用文件，其随后所有的修改单(不包括勘误的内容)或修订版均不适用于本标准，然而，鼓励根据本标准达成协议的各方研究是否可使用这些文件的最新版本。凡是不注日期的引用文件，其最新版本适用于本标准。

GB 150 钢制压力容器
GB 151 管壳式换热器
GB/T 8770 分子筛动态水吸附测定方法
GB 8978 污水综合排放标准
GB/T 10504 3A 分子筛
GB 18047 车用压缩天然气
GB 12348 工业企业厂界噪声标准
GB 20426 煤炭工业污染物排放标准
GB 50183 石油天然气工程设计防火规范
GB 50251 输气管道工程设计规范
HG/T 2765.2 C 型硅胶(粗孔硅胶)
JB/T 4710 钢制塔式容器
SY 0031 石油工业加热炉安全规程
SY/T 0059 控制钢制设备焊缝硬度防止硫化物应力开裂技术规范
SY/T 0077 天然气凝液回收设计规范
SY/T 0538 管式加热炉规范
SY/T 0540 石油工业加热炉型式与基本参数
SY/T 0599 天然气地面设施抗硫化物应力开裂和抗应力腐蚀开裂的金属材料要求
SY/T 6276 石油天然气工业健康、安全与环境管理体系
SY/T 6331 气田地面工程设计节能集输规定
中华人民共和国环境保护法 中华人民共和国主席令第二十二号
中华人民共和国安全生产法 中华人民共和国主席令第七十号
中华人民共和国节约能源法 中华人民共和国主席令第七十七号
压力管道安全管理与监察规程 劳动部颁发
建设项目(工程)劳动安全卫生监察规程 劳动部令第 2 号
压力容器安全技术监察规程 质技监局发[1999]154 号

3 术语和定义

下列术语和定义适用于本标准。

3.1 伴生气 associated gas

伴随原油共生，与原油同时被采出的天然气。

3.2 气井气 well gas

纯气田和凝析气田采出的天然气。

3.3 水露点 water dew point

天然气在一定的压力下析出第一滴水时的温度。

3.4 露点降 dew point depression

天然气脱水前后的露点温度差。

3.5 吸收法 absorption method

用甘醇化合物或金属氯化物盐溶液等液体吸收剂吸收天然气中水蒸气的方法。

3.6 吸附法 adsorption method

用固体吸附剂吸附气流中水蒸气的方法。

3.7 低温法 low temperature method

用空冷法、膨胀法和冷剂制冷直接冷却天然气，使天然气中的饱和水随温度降低而减少的方法。

3.8 汽提气 stripping gas

用于天然气或惰性气通过正在再生的甘醇，脱除仅靠蒸馏过程除不掉的水分，这样的气体叫汽提气。

3.9 富甘醇 rich glycol

吸收了水的甘醇。

3.10 贫甘醇 lean glycol

经再生提浓后的甘醇。

3.11 再生气 regeneration gas

用来加热吸附剂使其脱除水分的气体。

3.12 冷吹气 blow gas

用来冷却吸附剂的气体。

3.13 水合物抑制剂 hydrate inhibitor

防止水合物生成的化学药剂。

3.14 吸收剂 absorbent

用于吸收过程中吸收水分的液体。

3.15 吸附剂 adsorbent

用于吸附水分的固体物质，如硅胶、氧化铝或分子筛等。

3.16 甜气 sweet gas

不需净化的，硫化氢含量符合产品标准中民用规定的天然气。

3.17 酸性天然气 sour gas

硫化氢或二氧化碳含量超过产品标准中民用规定的天然气。

4 基本规定

4.1 天然气脱水方法应根据油气田开发方案、油气集输工艺、天然气的压力、组成、气源状况、地区条件、用户要求、脱水深度等进行技术、经济综合比较后确定，统一规划，合理布局。

注1：本标准中的压力，除注明外均为绝压。

注2：本标准中采用的标准状态，除注明外均为0℃，101.325kPa。

4.2 本标准中的吸收法和吸附法主要应用于天然气水露点的控制。低温法脱水可用于同时控制天然气的水露点和烃露点。

4.3 管输天然气脱水深度应满足GB 50251中关于管输天然气水露点的要求。进行深冷处理的天然气，宜与下游处理工艺相结合，确定合理的脱水深度。

4.4 天然气含水量及水合物形成条件见附录A。

4.5　原料气进脱水器之前应设置进口分离器，除去直径10μm以上的所有液滴。进口分离器可按附录B计算。含有沥青胶质颗粒、粉尘或其他固体杂质的天然气，应设置过滤分离器。寒冷地区分离器应设防冻设施。

4.6　寒冷地区回收含水液体的管线、阀门和集液包应伴热保温，管线安装宜有一定的坡度。

4.7　汽车用压缩天然气增压后的水露点应符合GB 18047的规定，CNG加气站脱水装置宜采用吸附法脱水。

4.8　脱水装置的设置应与天然气集输处理系统统筹考虑，符合产能建设的总体要求。应充分利用原料气的压力能，包括气井气的井口压力和伴生气分离器压力。分散的小气量宜集中脱水。压力低的天然气可根据供气压力及处理工艺需要，增压集气后再脱水。

4.9　脱水装置的处理能力按任务书或合同规定的日处理量计算。脱水装置年工作时间应考虑下游用户要求及装置检修需要，宜按350天计，与天然气凝液回收装置配套的可按年工作时间8000h计算。

4.10　生产中产生的废水、废气、废渣应进行处理，搞好综合利用。"三废"排放应符合国家现行法律、法规及有关标准规定的要求。

4.11　小型脱水装置宜采用整体或分块橇装。滑橇载荷宜按所有设备及部件净重的150%做设计，其挠度不宜超过滑橇长度的1/400。

5　甘醇吸收法脱水

5.1　工艺方法

5.1.1　甘醇吸收法脱水宜用于脱水后天然气水露点不低于－15℃的场合。

5.1.2　甘醇吸收法脱水主要使用二甘醇或三甘醇做吸收剂，应根据脱水深度的要求进行综合经济比较选择吸收剂。

5.1.3　甘醇吸收法脱水的工艺计算见附录C。

5.1.4　甘醇脱水装置分为吸收与甘醇再生两部分，一般包括进口分离器、甘醇－气体吸收塔、气体－贫甘醇换热器、甘醇再生塔及重沸器、甘醇循环泵、过滤器、贫富甘醇换热器和甘醇闪蒸分离器等。

5.1.5　贫甘醇进入甘醇—气体吸收塔之前宜用脱水后的气体进行冷却。

5.1.6　甘醇闪蒸分离器的设置宜符合下列要求：

a) 富甘醇中有值得回收的烃类，或存在酸性气体能引起严重腐蚀时，或使用气动泵作为甘醇循环泵时，宜设甘醇闪蒸分离器；

b) 甘醇闪蒸分离器可设置在贫富甘醇换热器的上游或下游，闪蒸出的天然气可作燃料，含硫化氢的闪蒸气宜去火炬或废气焚烧炉。

5.1.7　重沸器可采用燃料气直接燃烧加热、热媒加热、电加热或其他热源。设置在处理厂内的脱水装置的重沸器热源宜与厂内供热系统统一考虑。

5.1.8　富甘醇进甘醇再生塔前应设置颗粒过滤器和活性炭过滤器，活性炭过滤器宜设置在颗粒过滤器之后。

5.1.9　要求得到高浓度的贫甘醇而达不到要求时，根据工艺需要和经济比较进行选取，较常用的甘醇再生方法有汽提再生法和减压再生法。

5.1.10　汽提再生法的设计应符合下列要求：

a) 汽提气宜用干燥过的天然气在贫液精馏柱下方通入，汽提气应预热；

b) 三甘醇再生汽提气量可参考图C.1估算；

c) 甘醇再生塔顶应设回流冷凝器。利用甘醇—气体吸收塔底来的富甘醇冷却塔顶的蒸汽流，富甘醇进出口宜设旁路控制塔顶温度。回流冷凝器的热负荷可取重沸器内甘醇吸收的水全部汽化所需热负荷的25%。只在冬季运行的小型装置可在塔顶装散热翅片产生回流。

5.1.11　减压再生法适用于处理规模较大，且不适合汽提的场合。

5.2 工艺参数

5.2.1 进吸收塔的天然气温度宜维持在15～48℃，如果大于48℃，宜在进口分离器之前设置冷却设施；如果低于15℃，宜在分离器后设置加热设施。

5.2.2 进入吸收塔顶层塔板的贫甘醇温度宜冷却到比气流温度高6～16℃，且贫甘醇进塔温度宜低于60℃。

5.2.3 甘醇循环量的确定应考虑吸收塔进口处甘醇的浓度、塔盘数(或填料高度)和要求的露点降。每吸收1kg水所需甘醇的循环量；三甘醇为0.02～0.03m^3，二甘醇为0.04～0.1m^3。

5.2.4 吸收塔的操作压力一般宜大于或等于2.5MPa，但一般不宜超过10.0MPa。

5.2.5 甘醇闪蒸分离器操作压力宜为0.27～0.62MPa，宜先换热后闪蒸，或在闪蒸分离器内设加热盘管。分离器液相停留时间宜为10～20min。

5.2.6 常压再生时，重沸器内三甘醇溶液温度不应超过204℃．二甘醇溶液温度不应超过162℃。

5.2.7 正常操作期间．三甘醇损耗量宜小于15mg/m^3(天然气)。二甘醇损耗量宜小于22mg/m^3(天然气)。

5.3 设备

5.3.1 进口分离器应紧靠吸收塔。如果来气较清洁，且含液很少，进口分离器宜与吸收塔一体，且直径应与吸收塔相同。分离器至吸收塔的升气管管口高度应超过甘醇在停工或操作不正常时出现最高的液位，并应有防止甘醇溢入分离器的措施。分离器液相停留时间宜为10～20min。

5.3.2 吸收塔的设计应符合下列要求：

a)吸收塔宜采用泡帽塔板或填料，如选用填料塔宜选用规整填料；

b)塔顶应设置捕雾器，应除去大于或等于5μm的甘醇液滴；

c)吸收塔直径除按式(C.1)计算外，尚应对塔板进行水力计算并调整计算塔径。实际塔板数或填料高度应根据露点降、甘醇循环量及贫甘醇浓度确定；

d)板式塔的板间距不应小于0.45m，捕雾器到气出口的间距不宜小于塔内径的0.35倍。顶层塔板到捕雾器的间距不应小于塔板间距的1.5倍；

e)填料塔进料口处应设有进料分布设施，保证甘醇和进气均匀分布，避免壁流和沟流。

5.3.3 甘醇闪蒸分离器可按式(C.3)计算。用于两相(气相、甘醇)分离时，宜采用立式分离器；用于三相(气相、甘醇和液烃)分离时，宜采用卧式分离器。

5.3.4 甘醇循环泵应根据具体情况选用电动泵或气动泵。采用往复式泵时，泵出口应设防止脉动的缓冲设施。

5.3.5 颗粒过滤器应除去5μm以上的固体杂质，使甘醇中固体杂质的质量分数低于0.01%。活性炭过滤器筒筒体长度与直径比宜为3～5，甘醇流速宜为2～3m^3/(h·m^2)。

5.3.6 重沸器的设计压力不应小于0.1103MPa或其充满水的静压中之较大值，平底封头的变形应限制在直径的1/500范围内。

5.3.7 采用三甘醇脱水时，重沸器火管表面平均热通量的正常范围是18～25kW/m^2，最高不超过31kW/m^2。燃烧器火焰形状和火焰长度的设计应避免在火管处产生热斑，管壁温度宜在甘醇分解温度以下，最高不超过221℃。重沸器内应设堰板，甘醇溶液液位至少应比火管顶部传热管高150mm。

5.3.8 通过火管横截面积释放的热量由燃烧器调节。自然通风式燃烧器的火管横截面热流密度不宜大于6800kW/m^2。

5.3.9 火管的最小壁厚不应小于6mm(包括腐蚀裕量)，并应考虑甘醇对火管的浮力。

5.3.10 烟囱抽力应大于烟气流程总阻力的1.2倍，计算时应考虑当地海拔高度。

5.3.11 甘醇再生塔的设计应符合下列要求：

a)甘醇再生塔宜采用不锈钢填料，其塔径应按填料塔的操作气速度选取，喷淋密度按8m^3/(h·m^2)～12m^3/(h·m^2)计算；

b) 中小型装置的甘醇再生塔宜与回流冷却器、重沸器、贫液精馏柱和缓冲罐用法兰连接成一体；

c) 塔顶回流冷却器应确保不会泄漏。塔顶的蒸汽排出管线安装时应有一定的坡度，并宜保温；

d) 对于连接一体的再生塔，宜安装两个吊耳，以便在维修、更换、运输和安装过程中，由提升机械吊装；

e) 贫液精馏柱应装填料，宜根据喷淋密度的大小进行设计。

5.3.12 甘醇缓冲罐的设计应符合下列要求：

a) 甘醇缓冲罐可与贫富甘醇换热器合为一体，经冷却后的热贫甘醇应满足泵允许吸入的温度条件；

b) 甘醇缓冲罐宜采用卧式容器，应有足够的容积处理在开工、正常操作和停工时的液量波动；

c) 甘醇缓冲罐的液位高度应能保证甘醇泵所需要的液体压头。

5.3.13 气体一贫甘醇换热器宜设在吸收塔的外部。

6 吸附法脱水

6.1 工艺方法

6.1.1 吸附法脱水适用于要求水露点较低的场合。

6.1.2 吸附法脱水常采用的吸附剂有氧化铝、硅胶和分子筛。应根据工艺要求做经济比较，选择合适的吸附剂。吸附剂的选择符合以下原则：

a) 分子筛脱水宜用于要求深度干燥的场合，分子筛宜采用4A型或3A型；

b) 酸性天然气应采用抗酸分子筛，氧化铝不宜处理酸性天然气；

c) 当天然气要求的露点不很低时，宜采用氧化铝或硅胶脱水；

d) 低压气脱水，宜用硅胶或氧化铝与分子筛复合床层联合脱水。

6.1.3 吸附剂应按 GB/T 8770，GB/T 10504 及 HG/T 2765.2 中的有关参数选取。

6.1.4 典型的吸附法脱水装置包括进口分离器、脱水器、粉尘过滤器、再生气加热器、再生气冷却器和水分离器等。需要时还可设再生气压缩机。吸附法脱水装置主要设备参数可按式(D.1) ~ 式(D.16)计算确定。

6.1.5 进口分离器是单独设置的，应能分离出微小的杂质、游离水滴和除去直径10μm以上的所有液滴。进口分离器应尽量靠近脱水器，寒冷地区管线应保温。

6.1.6 进脱水器的原料气宜上进下出，再生气和冷吹气宜下进上出。

6.1.7 脱水后的天然气应进行过滤，脱水器进出口天然气管线上应设取样口，定期测定天然气含水量。

6.1.8 再生气加热方式应根据站内供热系统情况，经综合比较后确定。

6.1.9 吸附周期应根据装置规模、切换频率及用户要求确定。

6.1.10 对自动切换床层的装置增压或降压应设孔板或其他阻力元件控制气流速度，孔板和阻力元件的尺寸应经计算后确定。

6.1.11 被加热的再生气管线和阀门应保温。出脱水器含有水蒸气的再生气管线最低管段处应设排水阀。

6.1.12 再生气、冷吹气和燃料气宜计量。

6.1.13 再生气和冷吹气宜用净化后的干天然气。再生气和冷吹气宜回收。

6.2 工艺参数

6.2.1 脱水器床层吸附周期应根据原料气中含水量、空塔流速、床层高径比(不应小于1.6)、再生能耗与吸附剂寿命等做技术、经济比较后确定。

6.2.2 进床层的原料气温度不宜高于50℃。

6.2.3 对于两塔流程，冷吹气流量一般宜与再生气流量相近，冷吹完成以后，冷吹气出脱水器的温度宜低于50℃。

6.2.4 吸附时气体通过床层的压降宜小于或等于0.035MPa，不宜高于0.055MPa，压降计算方法见式(D.15)。

6.2.5 对于两塔流程，吸附剂加热时间宜为总再生时间的1/2～5/8，总再生时间包括冷却时间。对8h的吸附周期，再生时间分配如下：

——加热时间：4.5h；

——冷却时间：3h；

——备用与切换时间：0.5h。

6.2.6 再生气的入口温度应根据脱水深度确定，不同吸附剂的再生气入口温度上限如下：

——分子筛：315℃；

——氧化铝：300℃；

——硅胶：245℃。

6.2.7 吸附与再生进行切换时，降压与升压速度宜小于0.3MPa/min。

6.3 设备

6.3.1 脱水器内应用栅板支撑床层，床顶有防护网罩。床层下部用瓷球和不锈钢丝网铺设在栅板上再装填吸附剂，床层上面可根据筒体直径大小用不固定的不锈钢丝网和瓷球覆盖。支撑结构应有利于气流均匀分布和更换吸附剂。

6.3.2 宜选用高强度瓷球，装填瓷球高度：床层上部为150mm，下部为150～200mm。

6.3.3 人孔应根据脱水器筒体直径和高度设置，保证吸附剂装卸方便，确保床层装填水平。

6.3.4 粉尘过滤器对过滤介质粒径大小的要求应根据下游工艺需要确定。

6.3.5 当采用加热炉直接加热再生气时，应符合SY/T 0540和SY/T 0538的有关规定。

6.3.6 再生气分水罐宜用两相分离器，分离器内应设捕雾网，冷凝水应设排放阀，严防已冷凝的水再串入原料气中。冷凝水管线出口处宜设检查阀，寒冷地区排水管线宜保温和伴热，安装要有0.3%～0.5%的坡度。

7 低温法脱水

7.1 水合物抑制剂的应用

7.1.1 天然气低温法脱水应防止水合物的形成，通常在气流中注入甲醇、乙二醇(EG)或二甘醇(DEG)作为水合物抑制剂，降低水溶液的冰点。

7.1.2 应根据不同的脱水方法和工艺要求选用水合物抑制剂，抑制剂的适用范围：

a)甲醇适用于气流温度低于-40℃，且压力较高的场合，也可用于季节性或临时性局部解堵。如果甲醇用量较大，则应予以回收；

b)当气流温度不低于-25℃时，宜用乙二醇；

c)当气流温度介于-25～-40℃之间时，根据原料气组成、压力等具体情况选择抑制剂。

7.1.3 水合物抑制剂应以雾状喷注到能形成水合物以前的气流中，与天然气均匀混合。

7.1.4 甲醇与甘醇最小注入量可用式(1)和式(2)近似计算：

$$\Delta t=(K_H\cdot R)/(100M-M\cdot R) \tag{1}$$

$$R=\frac{\text{抑制剂质量}}{\text{抑制剂质量}+\text{液态水质量}}\times 100\% \tag{2}$$

式中 Δt——气体脱水前后水合物生成点的温度差，℃；

R——水合物抑制剂富液(稀释液)的最小质量分数，单位用百分数表示；

M——注入水合物抑制剂的相对分子质量；

K_H——常数(甲醇 $K_H=1297$，甘醇类 $K_H=2220$)。

7.1.5 注入甲醇时，总注入量为计算的最小注入量，甲醇的蒸发损失及甲醇在液态烃中的损失量之和。

7.1.6　注乙二醇和二甘醇时，质量分数宜为80%～85%，吸水后甘醇溶液的冰点应低于系统最低温度，吸水后的质量分数宜为50%～60%。

7.1.7　天然气、凝液与甘醇水溶液宜用卧式三相分离器分离，并回收甘醇。甘醇与凝液分离的沉降时间宜为20～60min。分离器底部宜设加热盘管。

7.1.8　水合物抑制剂宜回收。甘醇再生方法见第5章甘醇脱水的有关内容，但精馏柱可根据要求的甘醇浓度加以简化。甘醇用量较少的还可以采用间歇蒸馏。

7.1.9　乙二醇的损失量按4mg/m^3(天然气)计算。乙二醇的溶解损失一般为0.12～0.38L/m^3(凝液)。对酸性气体，损失量约为非酸性气体的3倍。

7.2　空冷法脱水

7.2.1　寒冷地区在较长时间内冬季气温比埋地管线处土壤温度低10℃以上时，可使用空冷法直接对含饱和水天然气进行部分冷凝脱水。必要时在空冷器前通过混合器注入水合物抑制剂。

7.2.2　空冷器应根据天然气的处理规模、供电情况、集输系统要求、维修及管理条件做综合经济比较后选用。

7.2.3　温度较高的低压天然气可先冷却至高于形成水合物温度5～7℃，分出凝液后再进行处理。

7.2.4　应将分出的油、水冷凝液进行回收集中处理。

7.2.5　对采用空冷法脱水的天然气集输管线宜设通球设施及注抑制剂设施。

7.3　冷剂制冷脱水

7.3.1　冷剂制冷脱水适用于天然气无压差可利用的场合。

7.3.2　冷剂制冷脱水装置包括进气分离器、预冷器、蒸发器、低温分离器、制冷和凝液稳定设备等。

7.3.3　冷剂制冷脱水装置宜与联合站建在一起，水、电、仪表用风、污水处理等辅助系统可共用。

7.3.4　制冷系统设计应符合SY/T 0077的有关规定。

7.3.5　预冷器宜采用板翅式换热器、绕管式换热器或其他高效逆流换热器，热端设计温差一般取3℃～5℃。

7.3.6　蒸发器宜采用具有蒸发空间的管壳式换热器。

7.4　膨胀法脱水

7.4.1　膨胀法脱水宜用于气源有多余压力可利用，膨胀后不需为之再增压的场合。

7.4.2　在气源压力很高时，应首先考虑采用节流阀制冷脱水，节流阀前可注水合物抑制剂。如不注水合物抑制剂，节流阀应紧靠分离器进口法兰，使水合物直接喷入分离器内，分离器底部设加热盘管。

7.4.3　膨胀法脱水装置一般包括进气分离器、换热器、节流阀和低温分离器等。如回收水合物抑制剂，还应设有再生设备。

7.4.4　脱水后的冷气体冷量宜考虑回收，低温分离器分出的凝液及其冷量均宜考虑回收。

7.4.5　气源压力会逐渐递减的场合、应预留辅助制冷设施的接口。

8　腐蚀及其控制

8.1　酸性天然气宜先脱硫、脱碳，后脱水。对于距净化厂较远的酸性天然气在管输中可能有游离水产生时，也可先脱水。

8.2　对二氧化碳分压大于或等于0.021MPa的湿天然气，且会引起电化学腐蚀时，设备应采取防腐措施。

8.3　对甘醇吸收法脱水，当气相中的二氧化碳分压小于0.021 MPa时，不需要腐蚀控制；二氧化碳分压在0.021～0.21MPa时，宜采用腐蚀控制，可控制富甘醇溶液pH值或注入缓蚀剂，也可采用耐腐蚀材料；二氧化碳分压大于0.21MPa时，设备宜采取防腐措施。对吸附法脱水，再生气中二氧化碳分压大于0.21MPa时，再生气冷却器宜采取防腐措施。

8.4 硫化氢在极低浓度下就会产生腐蚀，还可导致应力开裂，应按照 SY/T 0599 选择材料。

8.5 贫甘醇环境（包括内装贫甘醇的甘醇缓冲罐）可认为是非腐蚀的，对 pH 值非常低的贫甘醇宜考虑提高 pH 值的措施。

8.6 富甘醇溶液 pH 值宜为 7.0 ~7.5，最大不应超过 8.0。pH 值偏低会产生腐蚀，pH 值过高会导致起泡和甘醇损失过多，宜根据实际情况采取相应的措施。

8.7 再生塔和塔顶管线属于腐蚀环境，宜采取防腐措施；再生塔中的填料应选择耐腐蚀材料。

8.8 严禁氧气串入脱水系统。甘醇储罐的上部空间应用微正压干燥的天然气或氮气密封。

9 材料

9.1 脱水过程中使用的受压容器的壳体、受压元件使用的钢材及焊接材料，应符合《压力容器安全技术监察规程》和 GB 150 的规定。高度大于 10m，且高度与直径之比大于 5 的裙座自支承的受压容器壳体、受压元件使用的钢材及焊接材料，应符合 JB/T 4710 的规定。

9.2 脱水过程中使用的管壳式换热器应符合 GB 150 和 GB 151 的规定。

9.3 加热设备的壳体及受压元件使用的钢材应符合 SY/T 0031 的有关规定。

9.4 在腐蚀环境中使用的脱水设备，应考虑金属材料的电化学腐蚀和应力腐蚀，正确选用材料，保证设备设计使用寿命。设备内腐蚀环境应符合第 8 章的规定。

9.5 脱水设备抗硫化物应力腐蚀金属材料应符合 SY/T 0599 的规定。暴露于含硫化氢酸性油气环境中的压力容器、储罐、配管等焊缝硬度应符合 SY/T 0059 的规定。

9.6 脱水设备的管材、管道附件及阀门在湿气环境中，根据环境苛刻程度，可采用内涂层、衬里或耐蚀金属等措施。

10 安全与泄放

10.1 脱水装置的安全、防火、泄压、放空设计应执行 GB 50183 及《压力容器安全技术监察规程》有关规定。

10.2 容积式压缩机和泵的出口管线上，截断阀前应设置安全阀。

10.3 吸附脱水器本身可不设安全阀，应在原料气进脱水器之前，截断阀之后的管线上设安全阀。

10.4 两端都有隔断阀，且充满液体的容器或管段，如停用后压力可能上升，应设置安全阀。

10.5 脱水装置中气体介质宜选用弹簧封闭全启式安全阀，液体介质宜选用弹簧封闭微启式安全阀。

10.6 安全阀的泄放量应按操作故障、火灾事故以及其他可能发生的危险情况中最大的一种考虑。安全阀后管线材质选择应考虑节流后的温度。

10.7 低温系统放空的安全阀出口管线阀门应有防止冻堵的措施。

11 节能、环保、职业安全卫生

11.1 节能

11.1.1 工程设计应遵循《中华人民共和国节约能源法》、SY/T 6331 及国家其他现行相关标准的规定。

11.1.2 应充分利用工艺过程中各流体的压力能，充分回收各流体的余热和冷量。

11.1.3 对采用吸附法的脱水装置，应根据脱水深度的要求，合理确定分子筛再生温度。

11.1.4 对采用吸收法和低温法的脱水装置宜分别回收醇液和烃液。

11.1.5 脱水工艺流程设计应提高自控水平，尽量减少气体放空。应选用结构密封性能好的管道附件、阀门和设备，避免漏损。

11.1.6 应选用高效节能的机、电、热设备和产品，不应选用国家淘汰的产品。

11.1.7 热介质及冷介质设备、管道均应采用良好的保温和保冷措施，减少热量和冷量损失。

11.1.8 使用油、气、水、电、汽的地方，宜安装计量仪表。

11.1.9 应对工程设计进行能耗分析和用能优化。

11.2 环境保护

11.2.1 工程设计应符合公众健康、安全和环境保护的要求。

11.2.2 工程设计应贯彻《中华人民共和国环境保护法》，应符合现行国家、地方和石油天然气行业有关环境保护的规定。

11.2.3 脱水装置的站址选择应避开居民区、水源保护区、名胜古迹、风景游览区、自然保护区、重点保护的地下文物遗址等。对造成土壤、植被等原始地貌的破坏，应采取有效措施加以恢复。做好站场绿化设计。

11.2.4 工程设计中应选用先进的工艺及设备，消除或减少有害源。

11.2.5 脱水装置的生产污水外排前应进行无害化处理，处理后的污水应符合 GB 8978 的要求。

11.2.6 脱水装置内宜设置可燃气体探测器，及时发现气体泄露，减少环境污染。

11.2.7 脱水装置开、停工置换及事故时排放的可燃介质宜通过密闭放空至火炬系统，并应符合 GB 20426 的有关规定。

11.2.8 脱水装置所产废弃物(渣)应经过妥善的预处理后，采用深埋处理。

11.2.9 脱水装置宜选用低噪声设备及降噪材料，在站内宜设置隔音墙、绿化隔声带等噪声防治措施，使噪声值符合 GB 12348 的有关规定。

11.2.10 脱水装置的站场应有环保设施费用。

11.3 职业安全卫生

11.3.1 工程设计必须严格遵循《中华人民共和国安全生产法》、《建设项目(工程)劳动安全卫生监察规定》、SY/T 6276、《压力容器安全技术监察规程》、《压力管道安全管理与监察规定》及 GB 50183 等的相关规定。

11.3.2 劳动安全卫生的设计应针对工程特点进行，主要包括下述内容：

a)确定建设项目(工程)主要危险、有害因素和职业危害；

b)对自然环境、工程建设和生产运行中的危险、有害因素、职业危害进行定性和定量分析；

c)提出相应切实可行、经济合理的劳动安全卫生对策和防护措施；

d)职业安全卫生设施和费用。

11.3.3 总图布置考虑当地风向、日照、气候、外部交通依托等条件，将站场重要设施和人员活动较多的建筑物等布置在脱水装置区全年最小频率风向的下风侧。

11.3.4 脱水装置生产过程应处于密闭状态，管道及设备强度、严密性和耐腐蚀性的设计应符合国家的设计规范。

11.3.5 爆炸危险区域内的仪表及电器设备选用隔爆型仪表及防爆电器，电气设备设漏电保护。容器设有防雷、防静电接地装置。管线、机泵设防静电接地。

11.3.6 对高温设备、管道设有隔热保温层；对生产中表面温度超过60℃的不保温设备、管道，操作人员可能接触到的部位均设置防烫隔离层。

11.3.7 甲醇注入系统应采用密闭工艺，该系统操作时应配备防毒面具和胶皮手套。

11.3.8 若原料气中含有 H_2S 等有毒物质，在站场内应配置 H_2S 检测仪及防毒面具，应在厂区显著位置设置风向标和逃生路线图。

11.3.9 宜在站场内设置消除静电的触摸装置。

附 录 A
（规范性附录）
天然气含水量有关图表

A.1　天然气含水量可按以下方法估算。

A.1.1　甲烷摩尔分数大于 70% 和含少量重烃的甜气可用图 A.1 或图 A.2 估算含水量。

A.1.2　硫化氢加二氧化碳总摩尔分数小于 40% 的天然气含水量可用式（A.1）计算：

$$W_R = Y_1 W_1 + Y_2 W_2 + Y_3 W_3 \tag{A.1}$$

式中　W_R——天然气中总含水量，g/m^3；

Y_1——天然气中烃的摩尔分数；

W_1——烃实际含水量，查图 A.1 或图 A.2，g/m^3；

Y_2——天然气中二氧化碳的摩尔分数；

W_2——二氧化碳有效含水量，查图 A.3，g/m^3；

Y_3——天然气中含硫化氢的摩尔分数；

W_3——硫化氢有效含水量，查图 A.4，g/m^3。

A.1.3　硫化氢加二氧化碳的当量浓度为 5% ~55% 时，可用图 A.1 及图 A.5 求含水量。计算方法如下：

a）将酸性天然气中的 CO_2 摩尔数乘 0.75，求出相当于 H_2S 的摩尔数，再加上气体中已有的 H_2S 摩尔数，求得酸性天然气中 H_2S 当量浓度；

b）已知温度和压力查图 A.5 求得 H_2S 当量浓度下含水量的比值；

c）用甜气的含水量乘含水量比值求得酸性气的含水量。

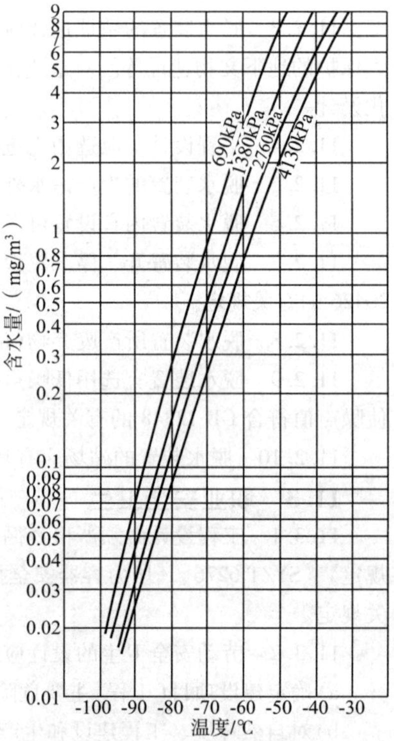

图 A.2　天然气含水量图

A.2　气体形成水合物的温度可用图 A.6 预测，也可用计算机计算。在输送过程中有游离水产生的天然气、处于水合物形成温度以下的天然气、用水合物抑制剂不适宜或不可行的天然气，均应进行脱水。

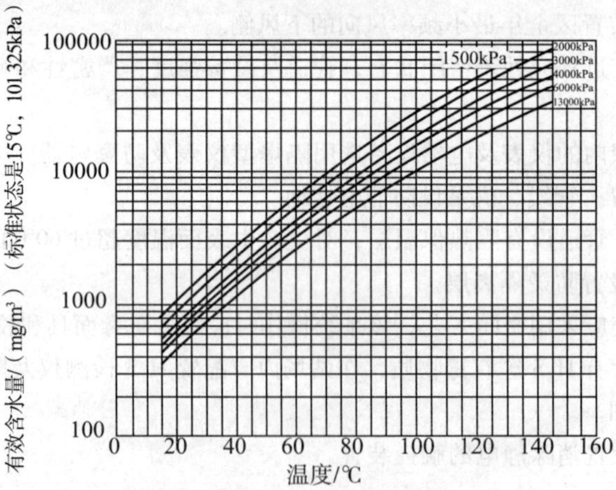

图 A.3　天然气中 CO_2 的有效含水量图

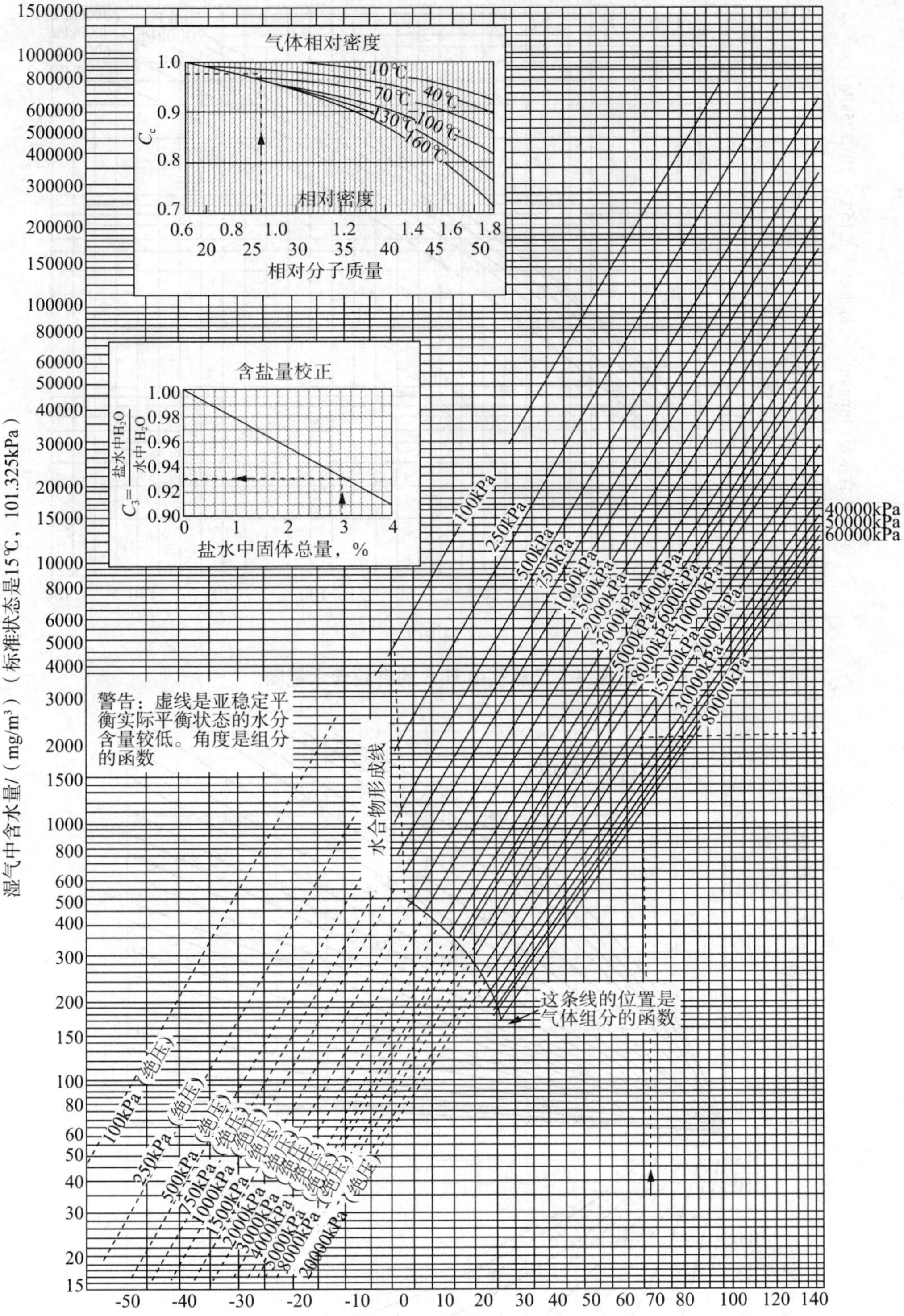
气体相对密度
10℃
40℃
70℃
100℃
130℃
160℃
相对密度
相对分子质量
含盐量校正
$C_3=\frac{盐水中H_2O}{水中H_2O}$
盐水中固体总量，%
警告：虚线是亚稳定平衡实际平衡状态的水分含量较低。角度是组分的函数
水含物形成线
这条线的位置是气体组分的函数
100kPa
250kPa
500kPa
750kPa
1000kPa
1500kPa
2000kPa
3000kPa
4000kPa
5000kPa
6000kPa
8000kPa
10000kPa
15000kPa
20000kPa
30000kPa
40000kPa
50000kPa
60000kPa
80000kPa
100kPa（绝压）
250kPa（绝压）
500kPa（绝压）
750kPa（绝压）
1000kPa（绝压）
1500kPa（绝压）
2000kPa（绝压）
3000kPa（绝压）
4000kPa（绝压）
5000kPa（绝压）
8000kPa（绝压）
20000kPa（绝压）
湿气中含水量/（mg/m³）（标准状态是15℃，101.325kPa）
温度/℃

图 A.1　天然气含水量图

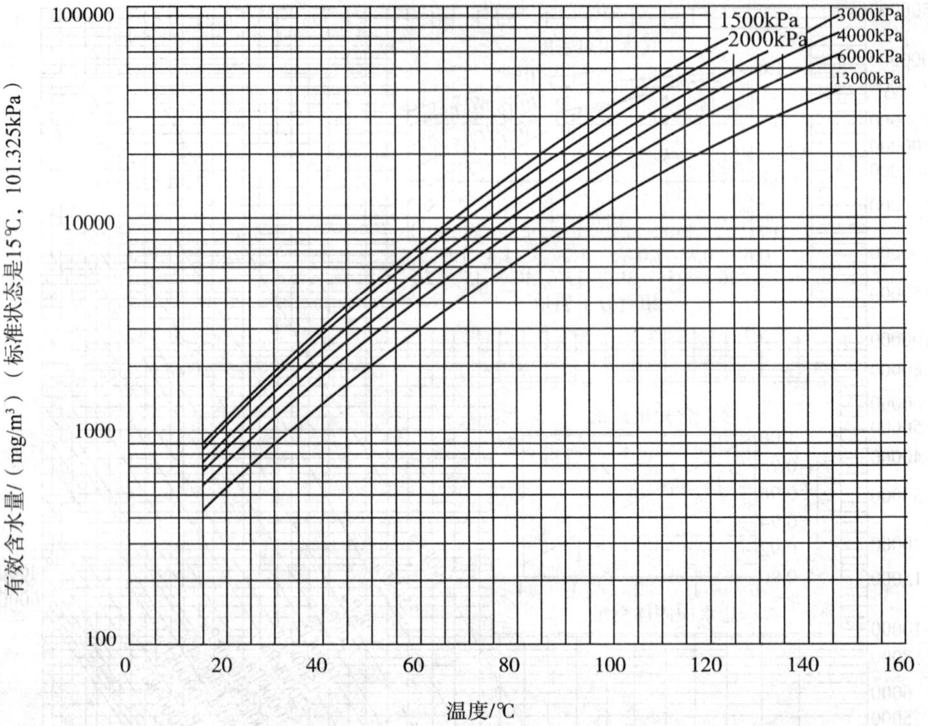

图 A.4　天然气中 H_2S 的有效含水量图

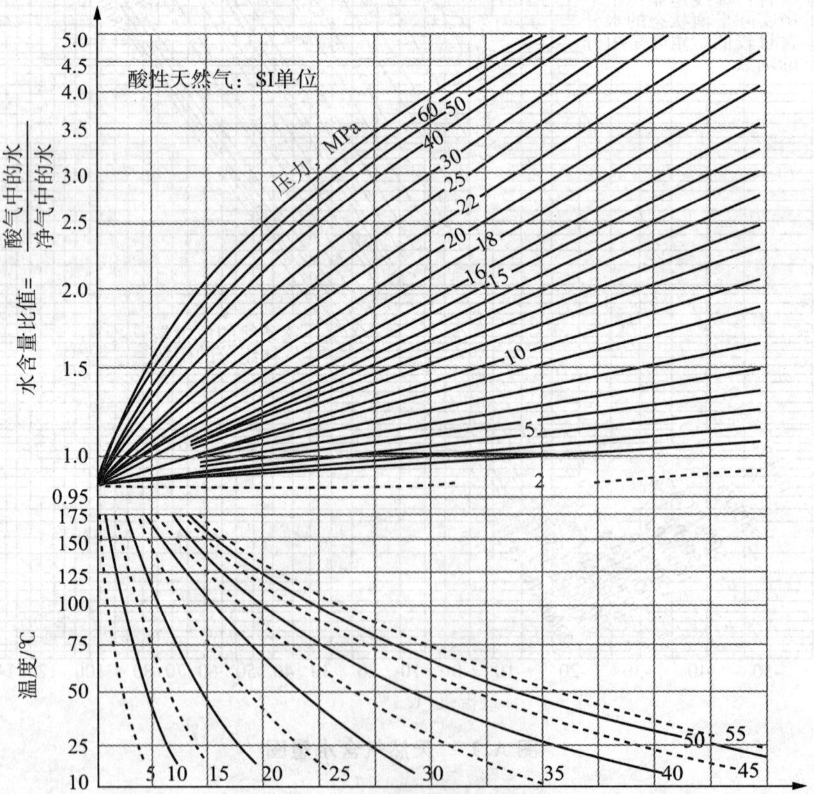

图 A.5　酸性天然气含水量比值图

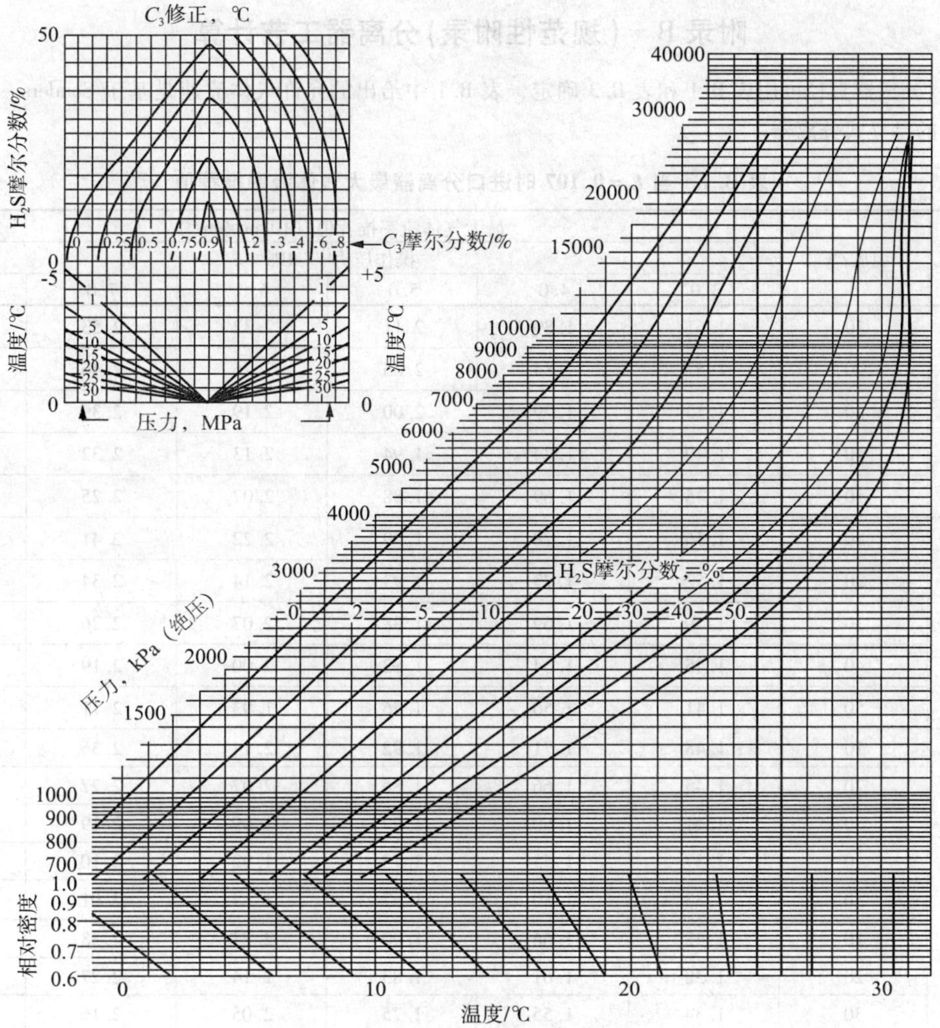

图 A.6 酸性天然气水合物图

附录 B （规范性附录）分离器工艺计算

B.1 分离器直径可用表 B.1 和表 B.3 确定，表 B.1 中给出的允许气体流速是基于 Souders – Brown 公式，采用的是立式分离器。

表 B.1 当 $K=0.107$ 时进口分离器最大气体流率推荐值

相对密度	温度/℃	最大气体流率推荐值/($10^6m^3/dm^2$) 操作压力①/MPa					
		3.0	4.0	5.0	6.0	7.0	8.0
0.6	10	1.61	1.89	2.11	2.32	2.53	2.75
	20	1.57	1.84	2.05	2.26	2.46	2.67
	30	1.53	1.79	2.00	2.19	2.39	2.59
	40	1.49	1.74	1.94	2.13	2.32	2.51
	50	1.45	1.69	1.88	2.07	2.25	2.43
0.7	10	1.56	1.78	1.99	2.22	2.41	2.62
	20	1.52	1.73	1.93	2.14	2.34	2.54
	30	1.49	1.69	1.88	2.07	2.26	2.45
	40	1.45	1.64	1.82	2.00	2.19	2.67
	50	1.41	1.56	1.76	1.93	2.11	2.28
0.8	10	1.48	1.71	1.92	2.14	2.36	2.57
	20	1.45	1.66	1.86	2.07	2.27	2.47
	30	1.41	1.60	1.79	1.99	2.19	2.38
	40	1.37	1.55	1.73	1.92	2.10	2.28
	50	1.33	1.50	1.67	1.84	2.01	2.18
0.9	10	1.42	1.66	1.90	2.23	2.38	2.62
	20	1.38	1.61	1.83	2.14	2.27	2.49
	30	1.34	1.55	1.75	2.05	2.16	2.37
	40	1.30	1.49	1.68	1.96	2.05	2.24
	50	1.26	1.43	1.61	1.87	1.94	2.11
①操作压力均为表压。							

$$v_s = K[(\rho_l - \rho_g)/\rho_g]^{0.5} \tag{B.1}$$

式中 v_s——允许气体流速，m/s；

ρ_l——液体在操作状态下密度，kg/m^3；

ρ_g——气体在操作状态下密度，kg/m^3；

K——经验常数，对于立式分离器为 0.037～0.107，其他见表 B.2。

表 B.2 经验常数 K 的量值

分离器型式	分离器长度或高度/m	K 的范围
立式分离器	1.5	0.037～0.072
	3.0	0.055～0.107
卧式分离器	3.0	0.122～0.152
	其他	0.122～0.152
球形分离器	—	0.061～0.107

表 B.3 分离器横截面积

公称直径 DN/mm	分离器横截面积/m² 设计压力①/MPa			
	4.0	5.0	8.0	10.0
150	0.0174	0.0172	0.0162	0.0156
200	0.0336	0.0330	0.0317	0.0305
250	0.0526	0.0518	0.0490	0.0482
300	0.0754	0.0744	0.0701	0.0683
350	0.1017	0.1000	0.0950	0.0918
400	0.1300	0.1281	0.1218	0.1169
500	0.1963	0.1963	0.1963	0.1963
600	0.2827	0.2827	0.2827	0.2827
800	0.5026	0.5026	0.5026	0.5026
900	0.6361	0.6361	0.6361	0.6361
1000	0.7854	0.7854	0.7854	0.7854
1200	1.1309	1.1309	1.1309	1.1307
1400	1.539	1.539	1.539	1.539
1500	1.767	1.767	1.767	1.767

①设计压力均为表压。

B.2 与甘醇吸收塔一体的分离器其直径同吸收塔的直径，最小直径由吸收塔内允许气体流速决定。

附录 C
（规范性附录）
甘醇脱水工艺计算

C. 1　天然气甘醇脱水装置工艺计算需要下列工艺数据：

——进气流量；

——操作压力；

——进气温度；

——进气组分；

——出口气露点要求。

C. 2　吸收塔直径用表 C. 1 和表 C. 2 确定，表 C. 2 给出的允许气体流速是基于 Souders – Brown 公式。

表 C. 1　经验常数 *K* 的量值

塔盘间距/mm	*K* 值
600	0.0488
560	0.0457
450	0.0366

表 C. 2　当 *K* = 0.0488 时吸收塔最大气体流率推荐值

相对密度	温度/℃	最大气体流率推荐值/($10^6 m^3/dm^2$) 操作压力①/MPa 3.0	4.0	5.0	6.0	7.0	8.0
0.6	10	0.96	1.09	1.22	1.35	1.48	1.60
	20	0.94	1.07	1.19	1.31	1.44	1.56
	30	0.92	1.04	1.16	1.28	1.40	1.52
	40	0.90	1.02	1.13	1.24	1.36	1.46
	50	0.88	0.99	1.10	1.21	1.32	1.43
0.7	10	0.90	1.03	1.16	1.28	1.41	1.54
	20	0.88	1.01	1.13	1.25	1.37	1.49
	30	0.86	0.98	1.10	1.21	1.33	1.45
	40	0.84	0.95	1.06	1.17	1.29	1.40
	50	0.82	0.92	1.03	1.14	1.24	1.35
0.8	10	0.85	0.99	1.12	1.25	1.39	1.52
	20	0.83	0.96	1.09	1.21	1.34	1.47
	30	0.81	0.94	1.05	1.17	1.29	1.41
	40	0.80	0.91	1.02	1.13	1.24	1.35
	50	0.78	0.88	0.98	1.09	1.19	1.29
0.9	10	0.82	0.96	1.11	1.26	1.43	1.58
	20	0.80	0.93	1.07	1.21	1.36	1.50
	30	0.78	0.90	1.03	1.16	1.29	1.42
	40	0.76	0.87	0.99	1.11	1.22	1.34
	50	0.74	0.84	0.95	1.05	1.15	1.26

注：表中操作压力均为表压。

①本表适用于操作压力大于或等于 3.0MPa 的情况。

$$v_c = K[(\rho_t - \rho_k)/\rho_g]^{0.5} \quad (C.1)$$

式中 v_c——允许气体速度，m/s；

ρ_t——甘醇在操作状态下的密度，kg/m^3；

ρ_g——气体在操作状态下的密度，kg/m^3；

K——经验常数。见表 C.1。

C.3 甘醇循环流率计算公式如下：

$$V_L = L_W \cdot G_L \quad (C.2)$$

式中 V_L——甘醇循环量(甘醇循环流率)，m^3/h；

L_W——每吸收 1kg 水所需甘醇循环量，m^3/kg；

G_L——吸收塔每小时的脱水量，kg/h。

C.4 甘醇闪蒸分离器根据液体停留时间确定尺寸大小，见式(C.3)。

$$V = V_L \cdot t/60 \quad (C.3)$$

式中 V——闪蒸分离器中要求的沉降容积，m^3；

t——停留时间，对两相分离器停留时间为 5～10min，对三相分离器为 10～20min，min。

表 C.3 和表 C.4 中给出了典型闪蒸分离器的尺寸和沉降容积。

表 C.3 常用立式两相甘醇闪蒸分离器尺寸

公称直径①DN/mm	长度 L/mm	沉降容积② V/m^3
325	1200	0.028
426	1200	0.052
500	1200	0.080
600	1200	0.120

①甘醇闪蒸分离器公称直径 $DN \geq 500$mm，以内径计；$DN < 500$mm，以外径计。

②沉降容积是指从底封头环焊缝以上至 300mm 高以下部分的容积。

表 C.4 常用卧式三相甘醇闪蒸分离器尺寸表

公称直径 DN/mm	长度①L/mm	沉降容积② V/m^3	
		1/2 直径高	2/3 直径高
600	1200	0.1660	0.2409
	1800	0.2507	0.3609
800	2000	0.6050	0.7000
1000	2400	0.8016	1.2659
	3000	1.1941	2.4949

①甘醇闪蒸分离器两端封头焊缝之间的距离为闪蒸分离器的长度 L。

②沉降部分的长度为 L 减去溢流堰到出口端焊缝的距离(150mm)。

C.5 重沸器所要求的热负荷可用式(C.4)估算。

$$Q_R = V_L \cdot Q_C \quad (C.4)$$

式中 Q_R——重沸器所需要的热负荷，kJ/h；

V_L——甘醇循环量(甘醇循环流率)，m^3/h；

Q_C——循环 $1m^3$ 甘醇需用的供热量，kJ/m^3。

C.6 采用汽提气法再生三甘醇，可采用图 C.1 估算汽提气量。

C.7　脱水装置燃料气的耗量按式(C.5)估算。

$$燃料气耗量=\frac{热负荷}{燃烧效率\times热值} \tag{C.5}$$

燃烧效率用图 C.2 估算。图 C.2 假设烟道气中的残余燃料气量低于 0.1%，这是安全有效操作的最大燃烧极限。图 C.2 也可用于其他燃料气。

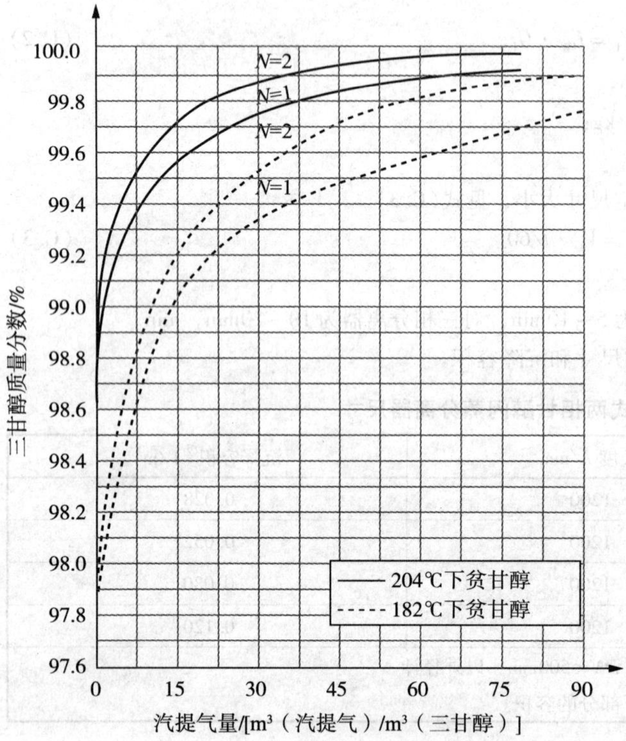

图 C.1　汽提气对三甘醇浓度的影响

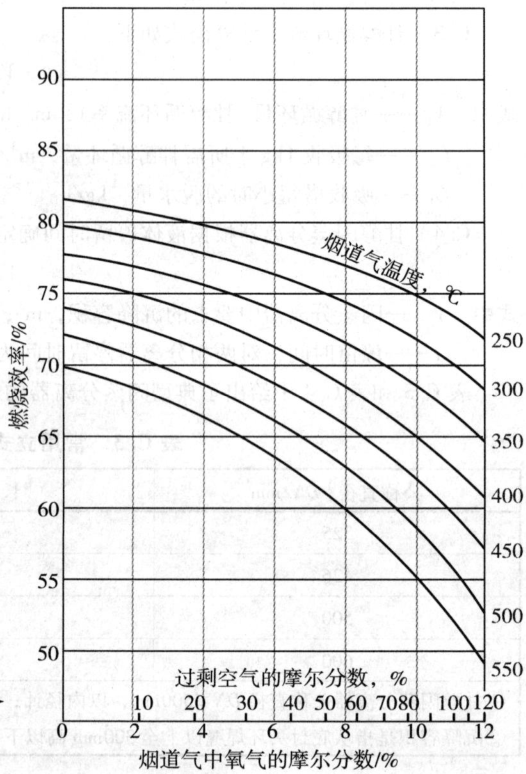

图 C.2　天然气甘醇脱水装置燃烧效率近似值（高发热值 38530kJ/m³）

附录 D
（规范性附录）
吸附脱水工艺计算

D.1　脱水器工艺计算。

D.1.1　塔径初选公式，见式(D.1)、式(D.2)和式(D.3)。

$$D_1 = [v_1/(v_2 \times 60 \times 0.785)]^{0.5} \tag{D.1}$$

式中　v_1——气体在操作状态下的流率，m^3/h；

v_2——允许空塔流速，见表 D.1 或图 D.1，m/min。

表 D.1　20℃下 4 目 ~6 目硅胶允许空塔流速表

吸附操作压力/MPa	2.6	3.4	4.1	4.8	5.5	6.2	6.9	7.6	8.3
允许空塔流速/(m/min)	12 ~16	11 ~15	10 ~13	9 ~13	8 ~12	8 ~11	8 ~10	7 ~10	7 ~9

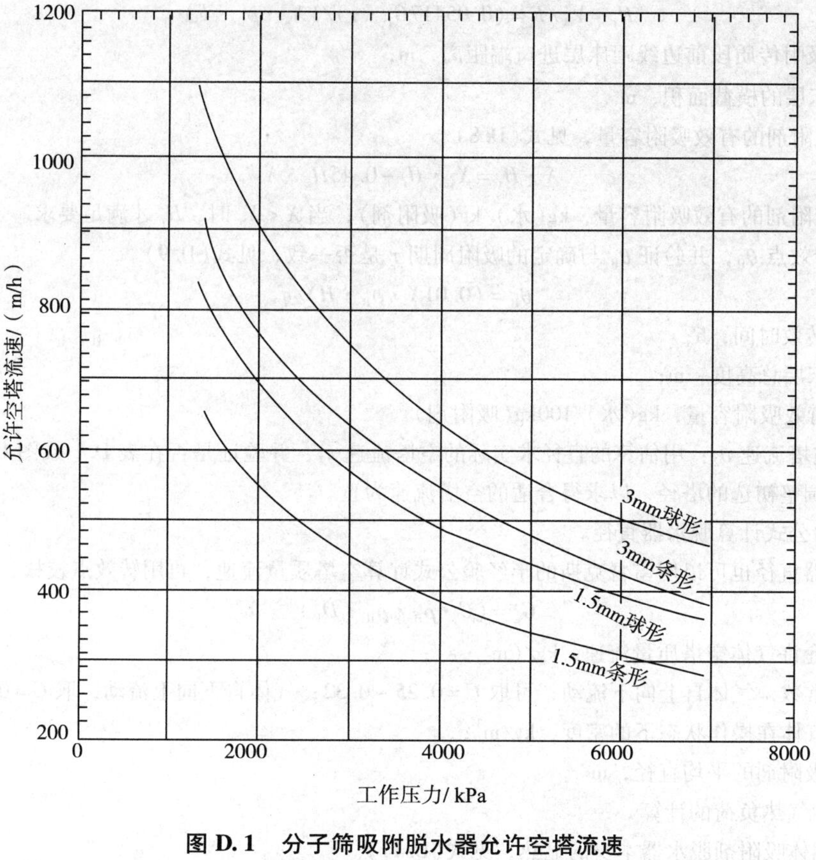

图 D.1　分子筛吸附脱水器允许空塔流速

$$D_2 = (0.5092958 V_W)^{1/3} \tag{D.2}$$

式中　V_W——每吸附周期的含水总量被吸附剂饱和吸附所需要的吸附剂量，m^3。

$$D = (D_1 + D_2)/2 \tag{D.3}$$

式中　D——估算的塔径初值，m。

D.1.2　吸附剂的用量计算，见式(D.4)。

$$V_W = 1.3[(G_1 \cdot \tau)/(24 X_s \cdot \rho_B)] \tag{D.4}$$

式中　G_1——吸附剂脱除的水量，kg/d；

τ——所选用的吸附周期，h；

X_s——吸附剂的动态饱和吸附量，kg(水)/kg(吸附剂)；

ρ_B——吸附剂的堆积密度，kg/m³。

D.1.3 传质区长度计算式．见式(D.5)和式(D.6)。

$$H_z=(1.41q^{0.7895})/(v_2{}^{0.5506}R_s{}^{0.2646}) \tag{D.5}$$

式中 H_z——吸附剂为硅胶时的传质长度，m；

q——床层截面积水负荷，kg/(h·m²)；

v_2——允许空塔流速，见表D.1或图D.1，m/min；

R_s——相对湿度，用百分数表示。

床层截面积水负荷：

$$q=0.05305G_1/D_2 \tag{D.6}$$

若吸附剂为分子筛或氧化铝，其传质区长度分别为硅胶的60%和80%。

D.1.4 床层高度的计算，见式(D.7)。

$$H_t=V_W/F=(0.05417G_1\cdot\tau)/(X_s\cdot\rho_B\cdot F) \tag{D.7}$$

式中 H_t——吸附传质段前边线距床层进口端距离，m；

F——床层的横截面积，m²。

D.1.5 吸附剂的有效吸附容量，见式(D.8)。

$$X\cdot H_t=X_s\cdot H_t-0.45H_z\cdot X_s \tag{D.8}$$

式中 X——吸附剂的有效吸附容量，kg(水)/kg(吸附剂)；当 $X<X_s$ 时，H_t 才满足要求。

D.2 求转效点 θ_B，并验证 θ_B 与确定的吸附周期 τ 是否一致，见式(D.9)。

$$\theta_B=(0.01X\cdot\rho_B\cdot H)/q \tag{D.9}$$

式中 θ_B——转效时间，h；

H——床层总高度，m；

X——有效吸附容量，kg(水)/100kg(吸附剂)。

D.3 求空塔流速 v_2：用估算的直径求实际的空塔流速 v_2，并验证是否在表D.1或图D.1的允许速度以内；否则应调整初选的塔径，以求得合适的空塔流速为止。

D.4 经验公式计算脱水器直径。

计算脱水器直径也可以用雷督克斯的半经验公式计算空塔质量流速，再用转效点校核，见式(D.10)。

$$G_g=(C\cdot\rho_B\cdot\rho_R\cdot D_P)^{0.5} \tag{D.10}$$

式中 G_g——允许气体空塔质量流速，kg/(m²·s)；

C——常数，气体自上向下流动，可取 $C=0.25\sim0.32$；气体自下向上流动，取 $C=0.167$；

ρ_R——气体在操作状态下的密度，kg/m³；

D_P——吸附剂的平均直径，m。

D.5 再生气热负荷的计算。

D.5.1 固体吸附剂脱水器本身的显热，见式(D.11)。

$$Q_1=G\cdot C_1(t_2-t_1) \tag{D.11}$$

$$t_2=(t_c+t_u)/2$$

式中 Q_1——塔体本身的显热，kJ；

G——塔体的质量，kg；

C_1——钢的平均比热，kJ/(kg·℃)；

t_1——再生的初始温度，℃；

t_2——再生加热的平均温度，℃；

t_c——再生气进塔温度,℃;

t_u——再生气出塔温度,℃。

D. 5. 2　吸附剂的显热，见式(D. 12)。

$$Q_2 = G_s \cdot C_2(t_2 - t_1) \tag{D. 12}$$

式中　Q_2——吸附剂显热，kJ;

C_2——吸附剂的平均比热，kJ/(kg · ℃);

G_s——吸附剂质量，kg。

D. 5. 3　水的脱附热，见式(D. 13)。

$$Q_3 = G_2 \cdot \Delta H \tag{D. 13}$$

式中　Q_3——水的脱附热，kJ;

G_2——每周期的吸附水量，kg;

ΔH——水的脱附热，取 $\Delta H = 4186.8$kJ/kg。

D. 5. 4　瓷球的显热，见式(D. 14)。

$$Q_4 = G_Z \cdot C_4(t_2 - t_1) \tag{D. 14}$$

式中　Q_4——瓷球的显热，kJ;

G_Z——瓷球的质量，kg;

C_4——瓷球的比热，kJ/(kg · ℃)。

D. 5. 5　考虑热损失为再生吸附剂总热量的10%。

D. 6　床层压降计算，见式(D. 15)。

$$\frac{\Delta p}{H} = B \cdot \mu \cdot v_2 + C \cdot \rho_R \cdot v_2{}^2 \tag{D. 15}$$

式中　Δp——脱水器床层压降，kPa;

μ——气体黏度，Pa · s;

B，C——常数，查表 D. 2。

表 D. 2　吸附剂粒子类型常数表

粒子类型	常数 B	常数 C
直径 3. 2mm 球形	4. 155	0. 00135
当量直径 3. 2mm 条形	5. 357	0. 00188
直径 1. 6mm 球形	11. 278	0. 00207
当量直径 1. 6mm 条形	17. 660	0. 00319

条形当量直径的计算公式见式(D. 16):

$$条形当量直径 = d_0/[(2/3) + (d_0/3l_0)] \tag{D. 16}$$

式中　d_0——圆柱(条)直径，mm;

l_0——条长度，mm。

D. 7　如果再生气量和再生温度一定，应由热平衡确定再生加热时间。

附 录E

(资料性附录)
条文说明(略)

参考文献

[1] GB 17820 天然气
[2] SY/T 0602 甘醇型天然气脱水装置规范
[3] SY/T 5262 火筒式加热炉规范
[4] 徐文渊、蒋长安编. 天然气利用手册. 北京：中国石化出版社，2006
[5] 油田油气集输设计手册编写组. 油田油气集输设计手册. 北京：石油工业出版社，1994
[6] 四川石油管理局编. 天然气工程手册. 北京：石油工业出版社，1984
[7] Campkell. J. M. 天然气预处理和加工，1991

10. 天然气凝液回收设计规范

（SY/T 0077—2008
代替 SY/T 0077—2003）

目　录

1 范围

本标准规定了天然气凝液回收的一般规定、工艺方法、设备及管线安装、节能和健康、安全与环境的基本要求。

本标准适用于陆上采用冷凝分离法和冷油吸收法回收天然气凝液装置的工艺设计。

2 规范性引用文件

下列文件中的条款通过本标准的引用而成为本标准的条款。凡是注日期的引用文件，其随后所有的修改单(不包括勘误的内容)或修订版均不适用于本标准，然而，鼓励根据本标准达成协议的各方研究是否可使用这些文件的最新版本。凡是不注日期的引用文件，其最新版本适用于本标准。

GB 150 钢制压力容器

GB/T 9052.1 油气田液化石油气

GB 9053 稳定轻烃

GB 12348 工业企业厂界噪声标准

GB 17820 天然气

GB 50034 建筑照明设计标准

GB 50183 石油天然气工程设计防火规范

GBZ 1 工业企业设计卫生标准

SY/T 0048 石油天然气工程总图设计规范

SY/T 0076 天然气脱水设计规范

SY/T 0090 油气田及管道仪表控制系统设计规范

SY/T 6276 石油天然气工业健康、安全与环境管理体系

SY/T 6420 油田地面工程设计节能技术规范

SY/T 6671 石油设施电气设备安装区域一级、0 区、1 区和 2 区区域划分推荐作法

HG/T 20586 化工企业照明设计技术规定

中华人民共和国环境保护法 中华人民共和国主席令第 22 号

中华人民共和国固体废弃物污染环境防治法 中华人民共和国主席令第 31 号

中华人民共和国大气污染防治法 中华人民共和国主席令第 32 号

中华人民共和国噪声污染防治法 中华人民共和国主席令第 77 号

中华人民共和国水污染防治法 中华人民共和国主席令第 87 号

建设项目环境保护管理办法的规定 国家环境保护委员会 国家计划委员会 国家经济委员会发布

建设项目环境保护设计规定 国家计划委员会 国务院环境保护委员会发布

建设项目(工程)劳动安全卫生监察规定 1996 年 10 月 17 日中华人民共和国劳动部令(第 2 号)

石油天然气管道安全监督与管理规定 2000 年 4 月 24 日中华人民共和国国家经济贸易委员会(第 17 号)

压力容器安全技术监察规程 1996 年 6 月 25 日国家质量技术监督局发布[质技监局锅发(1999)154 号]

3 术语和定义

下列术语和定义适用于本标准。

3.1 天然气凝液 natural gas liquid

从天然气中回收的且未经稳定处理的液态烃类混合物的总称，一般包括乙烷、液化石油气和稳定轻烃成分，也称为混合轻烃。

3.2　天然气凝液回收装置 natural gas liquid recovery unit

采用特定的工艺方法从天然气中回收凝液的装置。

3.3　冷凝分离 condensate separation

采用某种制冷工艺，使天然气组分中部分冷凝和分离出天然气凝液的过程。

3.4　凝液分馏 liquid fractionation

根据被分离组分的相对挥发度的差异，按产品技术要求对天然气凝液进行分离的过程。

3.5　冷剂制冷工艺 cryogen refrigeration

利用液态冷剂相变时的吸热效应产生冷量，使天然气降温后部分冷凝，从而回收凝液的工艺。

3.6　膨胀制冷工艺 expansion refrigeration

具有一定压力的天然气作绝热膨胀，使其降温后部分冷凝，从而回收凝液的工艺。采用J－T阀完成等焓膨胀过程的称为节流制冷，采用膨胀机完成多变膨胀过程的称为膨胀机制冷，采用热分离机完成多变膨胀过程的称为热分离机制冷。

3.7　直接换热工艺（DHX工艺）directly heat－exchanger process

DHX采用了低温吸收制冷工艺，脱乙烷塔顶冷凝液与低温分离器的气相在塔内逆流接触，同时进行传热和传质，将低温分离器气相中的绝大部分 C_3 组分冷凝下来。由于凝液中 C_1，C_2 等轻组分的气化制玲，DHX塔塔顶气相和塔底液相的温度均比进料温度低，充分利用了冷量。

3.8　冷油吸收工艺 cold condensate absorb

用制冷剂将装置自产稳定轻烃冷冻后作为吸收剂的凝液回收方法。

3.9　冷凝率 condensation rate

天然气物流降低温度后冷凝的凝液的数量与物流的总量的比值，以摩尔分数表示。

3.10　收率 recovery rate

回收的某产品中的某组分与原料气中该组分的数量之比值，通常以摩尔分数表示。

4　一般规定

4.1　天然气凝液回收装置应按照批准的设计任务书或设计合同书所规定的内容和要求进行设计。

4.2　根据天然气的实际情况和用户对产品的要求，通过技术经济对比选择合适的工艺方法、积极慎重地采用新工艺、新技术、新设备和新材料。

4.3　装置的操作范围除设计任务书另有规定外，一般取设计处理量的80%～120%。若原料气的组成波动较大，应对关键参数进行核算。

4.4　装置年累计设计开工时数按8000h计算。

4.5　根据具体，情况经济合理地确定装置的收率。回收乙烷及更重烃类的装置，乙烷的收率宜为50%～85%。回收丙烷及更重烃类的装置，其丙烷收率宜为50%～90%。

4.6　装置的投资回收年限，应按现行的经济评价规定计算。方案比较过程中，可参照附录A给出的公式计算。

4.7　工艺设计应取得下列主要基础参数与资料：

a)原料气的组成、压力、温度、气量及波动范围；

b)某组分的收率或某产品的产率保证值；

c)外输气的热值、露点、组分和压力等的要求；

d)产品的技术要求；

e)建设地点的水、电、信、交通、消防等公用工程及工程地质、水文地质、地震烈度和气象资料；

f)建设地点的地理位置、周边环境情况及地形地貌资料。

4.8　原料气、外输气和产品及外界供给的蒸汽、循环水、电和燃料等均应符合本行业现行的计量规定。

4.9 天然气的组分分析，应分析到最末一个组分的摩尔分数小于或等于0.1%。气样可按下列方法取得：

a)设计工况与取样现场工况(包括温度、压力和油气比等)相同时，可取实际气样分析；

b)如实际取样工况与设计工况不一致，应在稳定工况下同时取油样及气样并实测气油比。设计可按分析和实际气油比数据加权出混合组成，再推算出在设计工况下的气体组成；

c)新油田可采用开发方案提供的井流组成进行推算；

d)有多个气源时，应逐个进行分析，再按处理量的比例配样推算。

4.10 二氧化碳在低温系统中形成固体物质的条件，可查图B.1估算。如果从图B.1中查出，处于形成固体物质的边缘条件，则应采取改变工艺的措施或部分脱除CO_2。

4.11 进入凝液回收装置的天然气中H_2S的含量不宜超过$20mg/m^3$；对于不合格的天然气，应在脱水工段前进行脱硫。

4.12 做好装置内部的压力能、热能、电能的综合平衡，做到合理利用，降低能耗。能耗的计算参见附录C。

4.13 设计工艺流程时应综合权衡各因素，论证各操作单元匹配的协调性及经济性，提高制冷和低温冷凝过程的热力学效率。工艺流程既要满足正常生产的需要，同时也要适应装置试压、吹扫、试车、启动、停车、事故处理和维修的需要，一般应符合下列规定：

a)原料气入口应设缓冲罐，可与入口分离器合并；

b)当装置检修或有故障仍需要继续输气时，应设计可以直接通过旁路或输气压缩机向外继续供气的辅助流程；

c)宜设置不合格产品返回装置重新处理的辅助流程；

d)在经济效益较差的装置中，在保证安全的前提下应力求工艺流程简单，可不设备用设备，做到经济合理。

4.14 自控设计应符合SY/T 0090的规定。根据规模、工艺特点和生产要求，在安全经济合理的前提下配置自控仪表。

4.15 装置的设计应按工艺流程的顺序研究每一个生产单元的设备、配管和控制方案，分析所有的操作工况(包括试车、启动、停车等)、可能的故障状况等，制定紧急停车措施。

4.16 产品指标应符合下列规定：

a)天然气凝液应符合设计任务书或合同书的规定；

b)外输气应符合GB 17820的规定；

c)液化石油气(包括商品丙烷、商品丁烷和商品丙丁烷混合物)，应符合GB/T 9052.1的规定；

d)稳定轻烃应符合GB 9053的规定；

e)商品乙烷的技术要求应符合设计任务书或合同书的规定。

5 工艺方法

5.1 原料气压缩

5.1.1 原料气的压力低于适宜的冷凝分离压力时，应设原料气压缩机。

5.1.2 原料气增压后的压力，应结合适宜的冷凝分离压力和外输压力，综合进行经济及能耗的比较后确定。

5.1.3 在设计范围内，原料气压缩单元应能适应气体组成和气量的波动。

5.1.4 应充分利用气源压力，在来气管线上不宜设置节流阀。所选压缩机应允许入口压力有一定的波动范围。天然气入口压力不宜低于0.15MPa(绝对压力)，并应尽量提高。

5.1.5 压缩机的进气管线上应设置气液分离器，如果气体中含有常规分离器难以分出的重质液滴或固体颗粒时，应采取净化分离措施。该分离器应设高液位报警设施。对于大型压缩机，其分离器还应设液位超限停机设施。

5.1.6　压缩机的各级出口气体中若含有润滑油，宜在冷却器前设置润滑油分离器。

5.1.7　各级分离器都应有自动排液措施，凝液应回收，不得就地排放。凝液的处理方法可以是降压后加热闪蒸法、逐级返回闪蒸法、提馏法或打入脱丁烷塔等，应通过技术经济比较后选用。

5.2　原料气脱水

5.2.1　原料气脱水工艺的设计应符合 SY/T 0076 的规定。

5.2.2　脱水单元应设在气体可能产生水合物之前。流程中有原料气压缩机时，可根据具体情况设在压缩机末级之后或级间，但应做技术和经济比较。

5.2.3　采用吸附法脱水的装置，应符合下列规定：

a)再生气的压力与吸附脱水的原料气基本相同，而且采用了自动切换控制时，脱水后的气体在进换热器之前应设温度联锁，当气体温度达到或超过板翅式换热器的设计温度时报警并采取相应措施；

b)再生气和冷吹气宜就地作燃料，如果并入外输气中，必须保证掺合后的气体露点达到外输要求；

c)在进板翅式换热器之前应设过滤器。

5.3　冷凝分离

5.3.1　制冷工艺选择：工业上常用的制冷方法有冷剂制冷、膨胀制冷和冷剂与膨胀联合制冷。应根据具体条件，对各种可能采用的方法进行技术和经济指标的对比，选定最佳的制冷工艺。

5.3.2　冷凝分离压力及温度选择：适宜的冷凝分离压力及温度，应在冷凝计算的基础上，根据原料气的组成及压力、工艺流程的组织及外输压力、收率及产品要求、装置的投资、运行费用等因素确定。

5.3.3　冷剂制冷工艺。

5.3.3.1　下列工况可采用冷剂制冷工艺：

a)以控制输气露点为主并同时回收部分凝液的装置。计算的烃露点温度应低于要求的露点温度5℃以上；

b)原料气较富，气源和外输气之间没有足够的压差可供利用，或为回收凝液必须适当增压，所增压力和外输压力之间没有压差可供利用，而且采用冷剂制冷可经济地达到要求的收率。

5.3.3.2　冷剂选用的主要依据是冷冻温度和单位制冷量所耗的功率，可根据下列情况选用：

a)氨适用于冷凝温度高于 -26℃的工况；

b)丙烷适用于冷凝温度高于 -35℃的工况；

c)乙烷和丙烷为主的混合冷剂适用于冷凝温度低于 -35℃的工况；

d)能使用凝液作为冷剂的场合应优先使用凝液。

5.3.3.3　冷剂制冷的工艺参数可根据下列情况确定：

a)冷剂的蒸发温度应根据工艺要求和所选蒸发器的型式确定；

b)板翅式蒸发器的冷端温差宜取3~5℃，而管壳式则宜取5~7℃；

c)对数平均温差宜在10℃以下，不宜超过15℃；

d)平均温差偏大时，应采用分级压缩分级制冷提供冷量。丙烷冷剂可分2~3级；

e)冷剂的蒸发压力宜高于当地大气压，宜在较低的压力下闪蒸；

f)确定制冷负荷时应考虑散热及其他原因，可取5%~10%的裕量。

5.3.3.4　其他单元或邻近站厂有富裕的热量或足够的低温水可供利用时，宜采用氨吸收制冷。

5.3.4　节流阀制冷。

5.3.4.1　压力很高的气层气(一般为10MPa或更高)，特别是气源压力会随开采过程递减时，应首先考虑采用节流阀制冷。节流后的压力应能满足外输压力的要求，不宜另设增压压缩机。

5.3.4.2　气源压力较高或适宜的分离压力高于外输压力，单靠节流能产生所需的低温，或气量较小不适合用膨胀机时，可采用节流阀制冷。

5.3.4.3　有压差可供利用，但天然气较贫、回收价值不大时，可采用节流阀制冷。

5.3.5 热分离机/气波机制冷。

5.3.5.1 规模不大，有压差可供利用，但靠节流达不到需要的温度时，可用热分离机代替节流阀制冷。热分离机的出口压力应能满足外输要求，不应再进行增压。膨胀比宜为3~5，不宜超过7。如果气体中重组分较多，可用冷剂预冷。

5.3.5.2 热分离机的处理能力宜小于$1\times10^4m^3/d$(以进气状态计)。处理量较大时，宜回收机组产生的热量。

5.3.5.3 宜选用转动喷嘴式热分离机。但在某些边远地区或环境较差的场所，可采用简单可靠的静止喷嘴式热分离机或气波机。

5.3.6 膨胀机制冷。

5.3.6.1 当节流膨胀达不到要求的收率时，可采用膨胀机制冷。下列工况宜采用膨胀机制冷工艺：

a)原料气压力及气量比较稳定的工况；

b)原料气压力高于外输压力，有足够的压差可供利用；

c)气体较贫及收率的要求较高；

d)膨胀后的气体不需要增压或仅部分气体需要增压。

5.3.6.2 膨胀机的膨胀比宜为2~4，不宜大于7。如果膨胀比大于7时，可考虑采用两级膨胀。是否采用两级膨胀，必须做出详细的经济分析，以及评估操作上的难易后确定。

5.3.6.3 气组分较富宜采用冷剂预冷+膨胀机制冷工艺。预冷的温度宜为-20~-37℃，冷剂可采用氨、丙烷或适宜的凝液。

5.3.6.4 处理量较大、原料气较富时，是否采用多级冷凝与分离使原料气按不同的温度等级析出冷凝液，应在经济比较后确定。

5.3.6.5 膨胀机的进口物流温度宜为-30~-70℃。进口物流气液分离器的顶部，应安装捕雾器。如果分出的凝液中含有较多的应脱除的轻组分，而且全部都到分馏塔中脱除不经济时，应预先脱除一部分轻组分。

5.3.6.6 膨胀机的出口是否设分离器，应按凝液量的多少及后部流程的组织，通过经济技术比较后确定。

5.3.6.7 低温换热网络应经济合理，组织流程时应符合下列规定：

a)冷流和热流的换热温度比较接近；

b)对数平均温差宜低于15℃，不宜超过20℃；

c)换热过程中冷热流的温差应避免出现小于3℃的窄点；

d)原料气物流需要与多股物流换热时，原料气物流的分股不宜超过两股。

5.3.6.8 工艺气体不需要增压的，膨胀机的制动端宜采用发电机。一般情况下，应采用增压机，而且符合下列规定：

a)增压机的进出口应设置防止喘振的旁通线；

b)增压机的出口气量应计量，根据气量的大小来调节防喘自动调节阀；膨胀机的功率很小和效益较差的装置，增压机的出口气量可不计量，防喘旁通线为手动调节。

5.3.6.9 增压机在流程中的位置，应根据气源压力、外输压力和适宜的冷凝分离压力及操作的难易，综合考虑后经济合理地确定。

5.3.6.10 膨胀机及其增压机的进口管线上，应安装管道过滤器，用80目或100目的细格滤网除去机械杂质。

5.3.6.11 膨胀机的密封气必须干净、无凝液、干燥和无腐蚀性，且应保持具有一定的进口压力和进出口压差。宜取膨胀机进口气流的一部分，复热到20℃左右后作密封气使用，排出膨胀机的低压气可作为燃料气或少量进入原料气压缩机的入口。

5.3.6.12 膨胀机的转速应允许在装置处理能力范围内浮动。当膨胀机超过允许转速时，进口阀应自动关闭，并通过旁路压力调节阀维持装置继续运行。此外还可根据具体条件采取以下控制措施：

a)有可调喷嘴的膨胀机，应通过转动喷嘴角度保持进气压力。气源压力恒定，要求保持外输压力满足外输气量波动时，可由外输压力调节喷嘴角度。

b)无可调喷嘴的膨胀机，可通过改变同轴制动压缩机的回流量来控制转速。

5.3.6.13　对于处理规模变化较大的装置，可以采用两台膨胀机并联操作的方式。

5.3.7　解冻设施的设置：装置的低温部分应设有解冻设施，而且应对换热器的低温通道进行压降监视。

5.3.8　DXH 工艺的应用：为提高 C_3 的收率，对于较贫的天然气，冷凝分离部分宜采用 DHX 工艺。

5.3.8.1　直接换热法一般用于原料气中 C_3 组分含量小于 8%、气体流量较大的气体处理装置。C_3 收率提高幅度主要取决于原料气中 C_1/C_2 的比值。原料气中 C_1/C_2 的比值越小，脱乙烷塔塔顶气相中低温凝液率越高，DHX 工艺 C_3 收率提高幅度越大，一般要求原料气中 C_1/C_2 小于或等于 7。

5.3.8.2　DHX 工艺的关键是 DHX 塔，采用吸收气化制冷，该塔设计一般选取 4 块 ~6 块理论板。

5.3.8.3　当采用膨胀机制冷工艺，且增压机设在膨胀机之后的装置，DHX 塔的最高操作压力应不小于工艺气经增压后的压力，以保证膨胀机停机时外输气的压力。

5.4　冷油吸收

5.4.1　为提高 C_3 的收率，对于原料气较富、C_3 含量大于 10% 的气体且要求 C_3 收率较高时，可采用以装置自产稳定轻烃为吸收剂的冷油吸收工艺。

5.4.2　采用冷油吸收工艺时，宜采用吸收与脱乙烷在同一个塔内完成的工艺。吸收剂宜设置缓冲罐。

5.4.3　吸收剂宜采用预饱和措施，即将脱乙烷塔顶气与吸收剂混合后进入蒸发器，冷冻至 -25 ~ -20℃、分出的凝液作为吸收剂打入脱乙烷塔顶，分出的气体作为干气复热后外输。

5.4.4　在贫富气换热器后原料气的冷冻温度宜为 -20 ~ -25℃，分出的凝液在贫富气换热器富热后进入脱乙烷塔底部，分出的气相进入脱乙烷塔上部。

5.5　凝液分馏

5.5.1　流程中的第一个塔必须与冷凝分离单元一起考虑。回收乙烷及更重组分的装置，应先从凝液中脱除甲烷；需要生产乙烷时，再从剩余凝液中分出乙烷。回收丙烷及更重组分的装置，先脱除甲烷及乙烷。剩余的凝液需要进一步分馏时，可根据产品的要求、凝液的组成，进行技术经济比较后确定。

5.5.2　脱甲烷塔的流程设计，应符合下列规定：

a)采用多股凝液按不同浓度及温度分别在与塔内浓度及温度分布相对应的部位进料。

b)应适当设置 1 ~2 台侧重沸器。

c)应利用塔底物流的冷量，冷却原料气或冷剂。

5.5.3　脱乙烷塔的流程设计，应符合下列规定：

a)乙烷不作为产品的脱乙烷塔，宜采用无回流脱乙烷塔。如果采用了有回流的脱乙烷塔，应保证精馏段有足够的内回流；

b)乙烷作为产品的脱乙烷塔，必须要有回流。操作压力应根据装置是否出商品丙烷及冷却介质的温度来确定。

5.5.4　脱丙烷塔、脱丁烷塔等的流程设计，应符合下列规定：

a)塔底物流的热量应尽量利用，宜用来加热塔的进料物流；

b)塔顶冷凝器宜采用水冷器或空冷器。塔顶的温度宜比冷却介质的温度高 10 ~20℃，物流的冷凝温度最高不宜超过 55℃；

c)塔的工作压力应根据塔顶产品的冷凝温度、泡点压力和压降确定。

5.5.5　分馏塔的控制，应按以下要求进行设计：

a)塔底温度及液位和塔顶压力均应自动调节；

b)塔顶用泵提供回流时，应通过自动方式或手动方式保持回流量基本稳定；

c)塔顶用分凝器产生回流时，应保持提供的冷量基本稳定。如果冷却介质的温度波动不大，可采用手动调节冷却介质的流量；

d)脱丙烷塔等由泵提供回流时，塔的压力控制可采用热旁路调节；

e)塔顶出气相产品，且无回流罐时，可通过塔顶出口管线控制压力。当有回流罐时，可通过回流罐气相出口管线控制压力。

5.5.6　分馏塔的塔顶产品能自流进产品储罐时，宜在塔顶内设分凝器，塔外只设全凝器。可在塔顶出口气相管线上进行塔的压力调节，但应有防止塔和产品储罐之间压差波动变大的措施。

6　设备

6.1　设计压力和设计温度

6.1.1　压力容器(包括塔类、分离器和热交换器等设备)的设计压力，应符合现行的《压力容器安全技术监察规程》和GB 150的规定，且不宜低于0.35MPa。

6.1.2　设备的最高工作压力和温度应取系统运行波动时的最高值。在不同压力和温度下运行的设备，应取运行中对应的压力和温度值。

6.1.3　同一压力控制区间的设备，最高工作压力应取上限值。

6.1.4　工作温度低于50℃的冷剂或积有烃类凝液的设备，设计压力取介质在50℃时的饱和蒸气压，否则应采取不会超压的措施。

6.2　原料气压缩机

6.2.1　原料气压缩机宜采用活塞式、离心式，可按下列原则选择：

a)气源比较稳定，气量大于15m^3/min(以排气状态计量)或轴功率在2000kW(特殊情况下，可为500kW)以上的原料气压缩机，宜选用单机组运行的离心式压缩机；

b)气源不稳定或气量小于15m^3/min(以排气状态计量)的原料气压缩，宜采用活塞式压缩机。

6.2.2　压缩机台数选择，应符合下列规定：

a)离心式压缩机应设置1台，气量较大时可设置2台。不宜设置备用机组；

b)活塞式压缩机宜设置2~4台，其中1台备用；

c)外输气用户不允许装置间断供气时，可适当备用。

6.2.3　压缩机的技术要求和参数，考虑的因素比较多，可按以下要求确定：

a)排量、工作压力和压缩比，应能满足运行的要求，且按预计的可能留有发展的裕量；

b)运行安全可靠，操作灵活，调节方便，可调范围大，便于维护。辅助系统应简单可靠，容易实现自动控制；

c)冷却的方式应根据具体情况，可采用水冷方式、空冷方式或水冷与空冷结合方式；

d)设备牢固、寿命长久、单位功率的造价低廉。年累计运行时间能达到8000h。活塞式压缩机的平均无故障连续运行时间间隔应大于2000h；

e)单位功率的能耗要小，来源方便。大型活塞式压缩机的多变效率应达到80%以上，离心式压缩机应达到70%以上；

f)压缩级数的选择，应使压缩机的耗功最小，排气温度在允许的范围内。各级的压缩比应基本相等，首级和末缓的压缩比可略小；

g)各级的排气温度宜在135℃以下，最大不宜超过150℃；

h)压缩机气量的调节，宜符合下列规定：

1)允许进气压力在一定的范围内波动；

2)对于活塞式压缩机，若采用燃气发动机驱动时，宜调节转速；若采用电动机驱动时，宜采用部分行程压开吸气阀；

3)对于离心式压缩机，宜采用转速调节。

6.2.4　驱动机的选型，应考虑能源的供应情况及压缩机对转速的要求。离心式压缩机宜选用燃气轮机驱动，活塞式压缩机可选用电动机和燃气发动机驱动。

6.2.5　提供生产厂家的技术文件，可采用技术要求明细表的型式。

6.2.6　做安装设计时，应从设备生产厂取得包括下列内容的技术文件：

a)包括主要部件的性能和结构材质、润滑及密封、机组安装及试验、机组的运转及维护等内容的使用说明；

b)设备的特殊要求(如设备布置、振动，噪声、离心式压缩机的防喘等方面的要求)；

c)机组尺寸、配管尺寸等安装必需参数均齐全的装配总图；

d)基础振幅、荷重分布、活塞式压缩机的垂直扰力及土建基础建议图；

e)工艺及辅助系统自控流程图；

f)机组所需水、电、仪表风等公用工程表和消耗定额；

g)仪表控制、电气控制原理流程图及接线图；

h)质量合格证书及辅机、备件等的明细表。

6.3　膨胀机组

6.3.1　处理量为 $5m^3/min$(以进气状态计量)以上时，宜选用配可调喷嘴的膨胀机。喷嘴的调节宜采用气动调节方式；气源稳定时，可采用手动机械调节方式。

6.3.2　膨胀机的主要技术条件和参数，可按以下要求确定：

a)膨胀机宜设 1 台，不宜设备用；

b)膨胀机的入口压力不宜高于 6.3MPa；

c)膨胀机的等熵效率宜大于75%，不宜低于65%。增压机的等熵效率宜大于65%；

d)结构简单，可靠性好，维修方便。年累计运行时间应大于 8000h，无故障连续运行时间平均在 40000h 以上；

e)油润滑轴承的膨胀机，宜安装两台油泵。机组应以橇装的型式供货。

6.3.3　根据实际情况设置以下监测、报警和自动停车等安全措施：

a)设置转速超限报警停车系统；

b)设置润滑油联锁自控系统：

1)工作油泵事故停运时，自动启动备用油泵；

2)油压过低或停电时，应使膨胀机停车。停车后仍应出润滑油蓄能器供油 30s 以上；

3)处理量较大及经济效益较好的装置，可设置轴承温度超限报警及停车设施。

6.3.4　提供生产厂家的技术文件，可采用技术要求明细表的型式。

6.3.5　安装设计时，应从设备生产厂取得包括下列内容的技术文件：

a)包括主要部件的性能和结构材质、润滑及密封、机组安装及试验、机组的运转及维护等内容的使用说明；

b)设备的特殊要求(如设备布置、振动、噪声等方面的要求)；

c)机组尺寸、配管尺寸等安装必需参数均齐全的装配总图；

d)基础振幅、荷重分布及土建基础建议图；

e)工艺及辅助系统自控流程图；

f)机组所需水、电、仪表风等公用工程表和消耗定额；

g)仪表控制、电气控制原理流程图及接线图；

h)质量合格证书及辅机、备件等的明细表。

6.4　分馏塔

6.4.1　塔型的选择应根据生产能力、操作范围、塔板效率、造价和压力降等主要因素，经技术经济比较确定，一般选用填料塔或板式塔盘。

6.4.2 选用填料塔时，填料宜选用规整填料，如金属板波纹填料。

a)采用金属板波纹填料时，应符合下列规定：

1)喷淋密度不宜小于$5m^3/(m^2 \cdot h)$，气相动能因子宜为$0.7 \sim 2.0(m/s) \cdot (kg/m^3)^{0.5}$；

2)液体的初始分布应均匀，每平方米塔截面积可设40~100个喷淋点；

3)液体分布装置下面的填料层，应在计算的填料层高度的基础上，增加适当高度；

4)在每段填料层中间，应设流体再分布装置，防止流体沿塔壁流。

b)选用散装填料时，应符合下列规定：

1)对于一定的塔径，满足塔内径与填料公称直径的比值下限的填料可能有几种规格，应按经济因素确定填料的尺寸；

2)采用金属填料时，在每段填料层的上面，应安装固定在塔壁上的填料限制板；

3)采用陶瓷填料时，必须安装与塔壁不固定的填料压板；

4)在每段填料层中，应适当设置液体再分布装置。

6.4.3 宜选用浮阀塔，且宜采用高效塔盘，塔盘规格应按水力计算确定。浮阀塔降液管内液体的停留时间不宜大于3.5s，可取3s左右。

6.4.4 根据塔径、填料(或塔盘)的规格和液体负荷等参数，正确设计液体分布装置，确保在大液量下和在小液量下液体的初始分布均匀。

6.5 凝液泵

6.5.1 凝液、天然气油和液化石油气等的输送泵，宜选用离心泵。排量很小时，可选用容积式泵。

6.5.2 选型的依据是泵送凝液的特性及操作条件、流量和扬程等。扬程应留有裕量，与泵出口管线上调节阀的适应范围协调，宜取系统最大压力的1.05~1.10倍，但计算裕量不应超过0.2MPa。泵的排量可根据发展的可能情况，考虑留有合适的裕量，满足最大量和最小量的输送。

6.5.3 泵的流量调节，离心泵的设计运行工况，必须考虑泵安全运行的最小排量。可采用下列方式：

a)离心泵的流量调节，可采用调节出口阀的开度或旁路调节；

b)容积式泵可采用转速调节、行程调节或旁路调节。

6.5.4 连续运行的泵，应设一台备用泵。间歇运行的泵，不宜设备用泵。介质性能相近时，可公用备用泵。

6.5.5 泵的原动机的功率取最大轴功率，并考虑适当的裕量。对于离心泵，尚应按泵的最小连续流量或按额定流量的30%水运结果计算泵的轴功率，与按设计条件计算的轴功率比较，取两者较大值作为计算原动机功率所需的最大轴功率。

6.6 热交换器

6.6.1 天然气与天然气、天然气与低温凝液的换冷宜选用紧凑高效换热器；

a)压力较低时，宜选用板翅式换热器；

b)压力较低、温度较高时，可选用螺旋板式换热器；

c)压力较高时，可选用绕管式换热器。

6.6.2 原料气、凝液、冷剂用水冷凝冷却时，应采用易清垢的换热器。如果用密闭循环水冷却，采用化学清垢或不结垢时，可不受此限制。

6.6.3 凝液与凝液的换热，宜选用板翅式换热器、螺旋板式换热器或板式换热器。

6.6.4 冷剂蒸发器，宜选用管壳式蒸发器、螺旋板式蒸发器、板翅式蒸发器或绕管式蒸发器。

6.6.5 重沸器宜选用管壳式或螺旋板式，负荷波动大时宜采用釜式结构。温度较低时，可采用板翅式或绕管式。小型重沸器宜与塔合成一体。

6.6.6 换热的适宜温差可按下列情况取值：

a)板翅式换热器和绕管式换热器的热端温差可取3℃左右；

b)螺旋板式换热器的热端温差最低可取5℃；

c)管壳式换热器的热端温差不宜小于7℃，采用单管程时可取5℃。

7　设备及管线安装

7.1　设备平面布置

7.1.1　平面布置应符合 SY/T 0048，GB 50183 和 SY/T 6671 的规定。

7.1.2　设备的平面布置，应根据规模、生产特点，充分考虑操作检修的需要，兼顾供电、供水和仪控等系统的要求，采用按工艺流程单元和按设备分类集中布置相结合的原则，低温部分要求紧凑。

7.2　设备安装

7.2.1　压缩机。

7.2.1.1　首先应满足压缩机制造厂对工艺流程及管线安装的特殊要求。

7.2.1.2　布置压缩机时，应尽可能使压缩机与相关的主要工艺设备紧凑。机组的布置及管线的安装，应考虑检修的要求(如取活塞或叶轮等)。

7.2.1.3　自然条件恶劣的地区，可布置在符合防爆要求的封闭式厂房内；一般地区，宜露天式或半露天式布置。

7.2.1.4　压缩机的进出口管线均应设置切断阀，每一级的出口管线上均应安装手动放空阀，可与安全阀并联安装。多台压缩机并联时，每台压缩机的末级出口管线上应设置止回阀。末级出口阀之前，应设泄压放空管线。在大型压缩机第一级进口管线及末级出口管线上应设自动放空流程。

7.2.1.5　在寒冷地区，压缩机的进口分离器和各级分离器的排液管线，应采取防冻措施。吸入管线可能产生凝液时，宜保温或伴热，或在管线的低点处设置排凝措施。

7.2.1.6　压缩后的气体去脱水单元前，末级分离器的顶部应设高效除油设施，且宜紧靠脱水装置。

7.2.1.7　活塞式压缩机的安装，还应符合下列一般原则：

a)安装设计要防止共振，尽可能地减轻振动。进出口的缓冲罐或气液分离器应尽量靠近压缩机，管线要求短和少用弯头。宜使用弯曲半径不小于1.5*D*(*D*为管线公称直径，下同)的弯头；

b)在进出口管线的合适位置，宜设置有减振措施的支架，且不宜与屋架接触；

c)对较大型活塞式压缩机，宜进行脉动分析。

7.2.1.8　离心式压缩机的安装，还应符合下列要求：

a)应设防止喘振的措施，即压缩冷却后的气体部分返回压缩机的入口分离器，且应接在出口切断阀之前；

b)处理量较大，需要多台压缩机并联时，应注意进口汇管压降要小，达到两机气量的分配基本相同；

c)一般宜采用弯曲半径为4*D*的弯头。管线的变径应缓慢；

d)管线中的气体流速应根据允许的压降计算，不宜大于15m/s。

7.2.1.9　当采用室内布置时，厂房应根据压缩机机型、外形尺寸、设备检修方式等进行布置，且满足操作及检修要求。

7.2.1.10　厂房的高度决定于压缩机机组本身的高度和起重设备的高度，并应保证起吊物最低点距固定部件留有0.5m间距。

7.2.1.11　活动式整装机组不安排进行现场大修，在满足操作条件下尽量减小厂房尺寸且不设固定的起吊设备。室内布置的活动式整装机组，应留有机组进出通道。

7.2.1.12　室内和半露天安装的固定式压缩机，宜按下列要求配备起重设备：

a)最大部件起重量大于或等于10t时，宜配备电动防爆桥式起重机；

b)最大部件起重量小于10t且大于或等于3t时，宜设手动梁式起重设备。安装的压缩机为1～2台时，可配置手动起重机；

c)最大部件起重量小于3t时，可设移动式起重设备，在厂房内应留有移动式吊车或三角架回转起吊场地。

7.2.2 膨胀机。

7.2.2.1 膨胀机的安装设计，首先应满足制造厂对工艺流程及管线安装的特殊要求。

7.2.2.2 膨胀机的出口管线上，宜安装补偿器。工艺管线加给膨胀机连接法兰的载荷，应在所规定的范围内。

7.2.2.3 出口管线可能产生液体倒流时，宜安装止回阀或采取其他防止液体倒流的措施。

7.2.2.4 进出口接管的安装，应便于机组的检修。对于检修有妨碍的管段，应能拆卸。

7.2.2.5 膨胀机和增压机的进出口管线上，应设切断阀及防止喘振和反飞动措施。增压机的出口应设止回阀。

7.2.2.6 膨胀机宜设节流旁路阀。

7.2.3 凝液泵。

7.2.3.1 在泵的进出口管线的高点处，应安装放气阀，可装在压力表切断阀的根部。低温凝液泵，尤其是离心泵，放气阀的出口管线宜接入放空系统。

7.2.3.2 吸入管线的安装，还应符合下列一般要求：

a)泵的安装应尽可能地靠近供液容器，而且具有足够的吸入安装高度。吸入管线应短而直，避免形成气囊和尽量少用弯头；

b)吸入管线宜安装全通径阀，不宜采用截面收缩的阀；

c)水平进口管线需要缩径时，应使用偏心大小头，当管道从下向上水平进泵时，大小头应取顶平；当管道从上向下水平进泵时，大小头应取底平。并应考虑泵入口过滤器、输送介质中是否含有杂质、泵的吸入速度的影响；

d)吸入管线的管径应通过压降计算确定；

e)应安装不小于40目管道过滤器。

7.2.3.3 排出管线的安装，还应符合下列原则：

a)在排出管线上应安装切断阀；

b)在排出管线上应安装止回阀；

c)设计的旁通管线，应从管线上的止回阀之前接出，且使液体回到供液容器，不宜接入吸入管线；

d)出口若有调节阀，应根据管线的阻力降计算确定其压差。

7.2.4 热交换器。

7.2.4.1 水冷却器和水冷凝器的水管线流程，应考虑冬季防冻问题。

7.2.4.2 板翅式换热器、绕管式换热器和螺旋板式换热器的安装，不能有超限的管道应力作用在其连接法兰上，且应符合压力管道设计的相关要求。

7.2.4.3 管壳式换热器、蒸发器和重沸器等的安装、要留有抽吊管束的场地。

7.2.4.4 换热器的进出口管线上不宜设置切断阀，但对于需要隔断操作或不停产维修时，应在进出口管线上设置切断阀和吹扫放空接管。

7.2.4.5 空冷器宜布置在通风良好区，而且宜布置在其他散热设备夏季最小频率风向的下风向或侧风向。

7.2.5 分馏塔。

7.2.5.1 分馏塔宜集中布置，可采用公用平台。塔和平台周围应留有检修设备使用的场地。

7.2.5.2 塔的接管口径宜与连接管线同径。进塔介质为气液两相时，选用适宜的流速。

7.2.5.3 塔和回流罐的顶部，宜设置开停工吹扫放空和事故放空用的排气阀，阀门应直接连在塔和回流罐的开口处，可与安全阀并联安装。

7.2.6 低温设备隔冷设施：低温设备与支撑面(或基础、平台、框架和支架等)接触时，应设置隔冷设施。

7.2.7 分子筛干燥器布置要求：分子筛干燥器应集中布置，宜在设备的一侧进行配管，另一侧留有更换分子筛的场地，顶部应设置操作平台。

7.2.8 仪表保护箱：设备的安装应考虑布置仪表保护箱的位置，并应留有设备和仪表维修的空间。

7.3 阀门安装

7.3.1 低温阀门：同一条低温(指低于环境温度)凝液管线上，不宜设置串联的切断阀。

7.3.2 调节阀。

7.3.2.1 调节阀宜安装在水平管线上，前后切断阀可选闸阀或球阀，旁通阀宜选用截止阀。

7.3.2.2 低温调节阀不宜设置旁通阀。

7.3.2.3 旁通管线安装在调节阀的顶上时，其净距不应影响检修和维护。

7.3.2.4 阀前可能产生凝液的气相调节阀，阀前管线的安装应避免积聚凝液。

7.3.3 疏水器。

7.3.3.1 热动力式疏水器宜装在水平管线上，也可装在垂直管线上。脉冲式疏水器应安装在水平管线上。

7.3.3.2 疏水器的安装位置应比凝结水出口管线低，在凝结水出口管线的最低点应设置排污阀。出口管线应装设检查阀。

7.3.3.3 不宜设旁通线。

7.3.4 一般阀门的设置。

7.3.4.1 阀门的安装位置应首先考虑便于操作，并不妨碍机泵、热交换器、塔、容器及阀门本身的检修。

7.3.4.2 塔和容器类设备与热交换器等其他工艺设备之间的连接管线，如因维修需要隔断时，应设切断阀。

7.3.4.3 天然气、凝液产品、仪表风、蒸汽和冷却水等，在其进出装置的管线上，均应安装切断阀。

7.3.4.4 油气系统管线的压力等级为4.0MPa及以上时，放空、排液(污)管线均应安装两个阀门。内侧的阀门应作为切断阀，外侧的阀门为放空、排液(污)阀。

7.3.4.5 压力等级不同的油气系统，液体排放到同一汇管中，各排放支管均应安装止回阀。

7.4 管线安装及其他

7.4.1 管线安装。

7.4.1.1 工艺管线的安装应综合热力、供排水、仪表风、采暖通风等管线和电缆线，进行全面规划，统一布置。

7.4.1.2 不妨碍设备、阀门的检修维护。

7.4.1.3 应避免形成物料滞流段。

7.4.1.4 低温管线应尽量短。

7.4.1.5 非低温管线与低温管线相连时，切断阀应尽量靠近低温管线，阀及阀前管线均应做保冷处理。

7.4.1.6 管线呈气袋或液袋的地方，需设置高点放空阀和低点排液阀。

7.4.2 管架安装。

7.4.2.1 管架上管线的布置应符合下列规定：

a)较重的管线宜靠近管架支柱；

b)按重量比例对称地布置管线，尽量避免一边重、一边轻的情况；

c)管线的间距应按其突出部分之间的净距确定；

d)管线变径时，宜选用偏心大小头，而且管底取平；

e)凝液和液化石油气管线、低温管线的布置，宜避免与蒸汽等热管线相邻；

f)管线的阀门和法兰等，宜靠近管架。

7.4.2.2 管架间距应根据管架上多数管子的允许跨度而定。其中少数跨度较小的管线，可与大管线相邻布置，并支撑在大管线上。

7.4.2.3 保温(冷)管线与管架的接触处，应设置管托。管托的高度，应根据保温(冷)层的厚度确定。管托的设置应符合下列规定：

a)碳钢管线的安装，其管托应焊在管线上；

b)不锈钢管线、低合金钢管线和低温管线，应使用管卡把管线固定在管托上。管托和管线之间使用绝热材料相隔。

7.4.2.4 操作温度高于60℃和低于0℃的管线安装，应考虑热胀冷缩及其补偿。设置固定支架时应符合下列规定：

a)应充分利用管系的自然补偿；

b)使两固定点之间的热(冷)管的几何形状具有一定的弹性，足以补偿管线的位移量；

c)两固定点之间管线的位移量不宜超过管托长度的一半；

d)管线的位移不应影响相邻管线。

7.4.3 下列设备和管线(包括管线上的阀门、法兰等)应有隔热措施：

a)在工艺上要求防止冷量或热量损失的设备和管线；

b)由于热量损失或环境温度变化将影响操作和安全的设备和管线；

c)原料气脱水干燥之前可能冻堵的排液及排污管线；

d)工艺上要求散热和不回收热量，但有可能使人烫伤的设备和管线。

7.4.4 流量计量：天然气、凝液产品、蒸汽和冷却水等，在其进出装置的管线和其他需要计量的管线上，均应安装流量计量仪表。流量计量仪表应安装在工况比较稳定的管线上。

7.4.5 油气取样管线的安装应符合下列规定：

a)油气的取样宜在压力管线上密闭进行；

b)取样管线应尽可能短，取样口应设在容易接近的位置，不应设在物料滞流段；

c)取样管线应安装两个阀门，内侧的阀门应作为切断阀，外侧的阀门为取样阀。取样阀宜为*DN*10mm或*DN*8mm，切断阀宜为*DN*15mm；

d)水平管中取样，气体取样口应在管线的顶部，液体取样口应在管线的侧面。

7.4.6 设计温度的确定：

a)工作温度高于0℃时，最高设计温度宜取比最高工作温度高30℃的数值，且不应低于50℃；

b)工作温度低于0℃时，应规定最低设计温度。

7.4.7 管子、管路附件及隔热材料等的选取应符合相关标准的要求。

7.5 模块设计

7.5.1 原料气脱水、冷凝分离和凝液分馏等单元可按模块化的要求设计，原料气压缩单元可根据压缩机组的类型及尺寸而定。

7.5.2 模块的分割、数量、配置应结合运输条件确定。模块之间的连接管线应尽量少。

7.5.3 应在充分考虑投资及用户的要求后，确定模块的型式，宜采用框架型式。

7.5.4 根据道路运输情况，合理确定各组模块的几何尺寸，推荐模块尺寸为长12.02m、宽2.35m、高2.38m或长5.90m、宽2.35m、高2.38m，模块尺寸进行详细调研后再确定。

7.5.5 每组模块的最大重量，应根据运输车辆及道路的最大荷载确定。

7.5.6 模块的配管设计，应便于制作和检修。

7.5.7 应充分利用开停工和正常操作的管线来清扫整个装置，尽量减少扫线口的设置。

8 节能

8.1 工艺节能

8.1.1 应提高装置的自动化水平，减少天然气排放与事故放空。

8.1.2 应优化换热流程，梯级利用热能及冷量。

8.1.3 应根据脱水深度的要求，合理确定脱水工艺。

8.1.4 应选择高效制冷设备。当采用膨胀机制冷工艺时，膨胀机等熵效率不宜低于75%。

8.1.5 宜根据产品收率与能耗的关系曲线，合理确定轻烃回收装置的产品收率。

8.1.6 对于回收C_3及以上组分的装置，冷凝分离部分宜采用直接换热工艺(DHX)技术或冷凝吸收技术。

8.1.7 积极推广应用先进高效的节能工艺技术和设备率。

8.2 电气节能

8.2.1 电力网各级电压的网损率应按SY/T 6420的规定执行。

8.2.2 35kV及以下变电所和自备电厂的所(厂)址宜靠近负荷中心，减少线路损耗，提高供配电系统的自然功率因数。

8.2.3 变压器在正常运行方式下负荷率应接近经济负荷率运行。

8.2.4 合理选用机电产品：

a)根据工艺流程需求，采用电动机调速节电和电力节能技术；

b)应优先采用效率高、能耗低、性能好的机电产品；

c)照明功率密度值应满足GB 50034及HG/T 20586的规定。

8.3 建筑节能

8.3.1 建筑应通过合理选择体形、朝向和窗墙面积比，增强维护结构的保温、隔热性能，降低能耗。

8.3.2 建筑设计与建造应与地区气候相适应，充分利用节能措施达到节能效果。

9 健康、安全与环境

9.1 安全阀的设置

压力容器和设备的安全设计，应符合《压力容器安全技术监察规程》和GB 150的规定。安全阀的选用和安装应符合下列要求：

a)气体的泄放宜选用封闭全启式安全阀，液相管路上可采用微启型。排放面积应大于或等于计算值。一套安全阀不能满足时，可多套并联安装；

b)阀体应垂直安装，并靠近被保护的设备和管线，进出口管线的管径不应小于阀的进出口直径。多套并联安装时，进出口总管的截面积不应小于各支管截面积之和；

c)进口管线上应装设切断阀。如果出口管线接入放空管网时，阀的出口也应装设切断阀；

d)低温设备上安全阀的安装，必须采取防冻措施，如阀前留有一定长度的入口管段；

e)内部设有捕雾网的设备，安全阀的进口管线应安装在捕雾网的下方；

f)由于减压而使介质温度低于0℃时的液态烃，安全阀及出口管线的材质选择应满足相关的要求；

g)其他按照规定应安装安全阀的设备应安装安全阀。

9.2 排放

9.2.1 天然气排放系统的设计应符合GB 50183的有关规定。

9.2.2 处理量较大或经济效益较好的装置，低温凝液和气体的泄放宜单独设置放空收集管网。先排入放空分液罐，经容器内的加热盘管加热到常温，分出的气体接入正常的放空管网，烃类凝液应回收。

9.3 紧急关断(ESD)系统的设置

紧急关断(ESD)系统应采用冗余、容错的控制系统，达到对设备、人员、环境的有效保护，将事故的损失限制到最小。

紧急关断(ESD)系统宜分为四级或三级。一级关断应用于带有全站泄压的紧急关断。二级关断应用于不泄压的全厂关断，三级关断应用于主要单体生产装置或局部工艺流程的紧急关断，四级关断应用于单体工艺设备的紧急关断。一级紧急关断事故源宜为来自于控制室内的手动关断盘上的一级关断按钮(唯一的)。二级事故源为来自于该盘上的二级手动按钮和其他的现场的自动检测信号，如仪表风储罐的压力低、燃烧火炬熄火、变电所主供电事故等。三级和四级的事故源主要为来自现场的自动检测仪表和 ESD 手动控制盘上的三级关断按钮和部分设备的四级关断按钮。紧急停车宜符合下列规定：

a) 一级关断应用于带有全站泄压的紧急关断；

b) 二级关断应用于不泄压的全厂关断；

c) 三级关断应用于主要单体生产装置或局部工艺流程的紧急关断；

d) 四级关断应用于单体工艺设备的紧急关断。

9.4 健康与环保

9.4.1 凝液回收装置的劳动安全卫生设计，必须严格遵循《石油天然气管道安全监督与管理规定》、《建设项目(工程)劳动安全卫生监察规定》及 GBZ 1，SY/T 6276 等相关规定。

9.4.2 凝液回收装置的环境保护设计应贯彻《中华人民共和国环境保护法》、《中华人民共和国水污染防治法》、《中华人民共和国大气污染防治法》、《中华人民共和国固体废弃物污染环境防治法》和《中华人民共和国噪声污染防治法》，应符合《建设项目环境保护管理办法的规定》、《建设项目环境保护设计规定》以及现行国家、地方和石油行业有关环境保护的规定。

9.4.3 设计中应选用先进的工艺及设备，消除或减少有害源，提高生产过程的安全性。

9.4.4 对具有危险和有害因素的生产过程，应合理采用机械化、自动化和计算机等技术，实现遥控或隔离操作。

9.4.5 对具有危险和有害因素的生产过程，应设计可靠的监测仪器、仪表，并设计必要的自动报警、自动联锁系统以及泄放等措施，同时配备必要的救护、消防设施，防止和降低危害。

9.4.6 生产工艺安全卫生设计应提高机械化、自动化水平，改善劳动条件，最大限度地减少操作者的劳动强度以及精神紧张状态。

9.4.7 生产过程中排放的有毒、有害废气、废液和废渣应首先考虑综合利用，不能综合利用时，应进行无害化处理或处置，并符合国家、地方和行业相关标准。

9.4.8 凝液回收装置的噪声防治设计、应符合 GB 12348 的规定。

9.4.9 对于可能发生大量液体泄漏的工艺装置，装置区周围应设置高度不低于 150mm 的围堰和导流设施，防止易燃、可燃及对环境有污染的液体漫流到其他区域。围堰内的有效容积不应小于该装置区内最大工艺设备的有效容积，同时应计算火灾延续时间内的消防水量。围堰应为非燃烧实体防护结构，能承受所容纳液体的静压及温度变化的影响，且不渗漏。

9.4.10 围堰内地面应采用不发火花的水泥混凝土地面，并应设置积液槽、排水沟。

9.4.11 围堰外应设置阀门井，初期含有污染物的雨水应进入污水处理系统，洁净雨水进入雨水排放系统。

9.4.12 为满足设备维修需要，应做好道路与围堰连接处的竖向设计。

附录 A
(资料性附录)
投资回收年限的计算

方案比较时，投资回收年限的计算公式见式(A.1)~式(A.4)：

$$C=\Sigma(P_i \cdot J_{pi}) \tag{A.1}$$

$$B=\Sigma(H_i \cdot J_{Hi})+Q \cdot J_q+Z+E+G+S \tag{A.2}$$

$$N=C-B \tag{A.3}$$

$$Y=T/N \tag{A.4}$$

式中　C——年生产产值，单位为元；

P_i——第 i 种产品的年产量，单位为吨(t)；

J_{pi}——第 i 种产品的单价，单位为元每吨(元/t)；

B——年生产成本，单位为元；

H_i——第 i 种能耗工质(如蒸汽、水、电、仪表风和燃料油等)的年消耗量，单位为吨、立方米或千瓦时(t，m^3 或 kW · h)；

J_{Hi}——第 i 种能耗工质的单价，单位为元每吨、元每立方米或元每千瓦时[元/t、元/m^3 或元/(kW · h)]；

Q——天然气的年体积减量，单位为立方米(m^3)；

J_q——天然气的单价，单位为元每立方米(元/m^3)；

Z——年人工工资，单位为元；

E——设备的每年折旧费，单位为元；

G——每年管理维修费，单位为元；

S——年生产税金，单位为元；

N——年纯利润，单位为元；

Y——投资回收年限，单位为年；

T——投资值，单位为元。

附录 B
（资料性附录）
有关图表

形成固体 CO_2 的近似条件参见图 B.1。

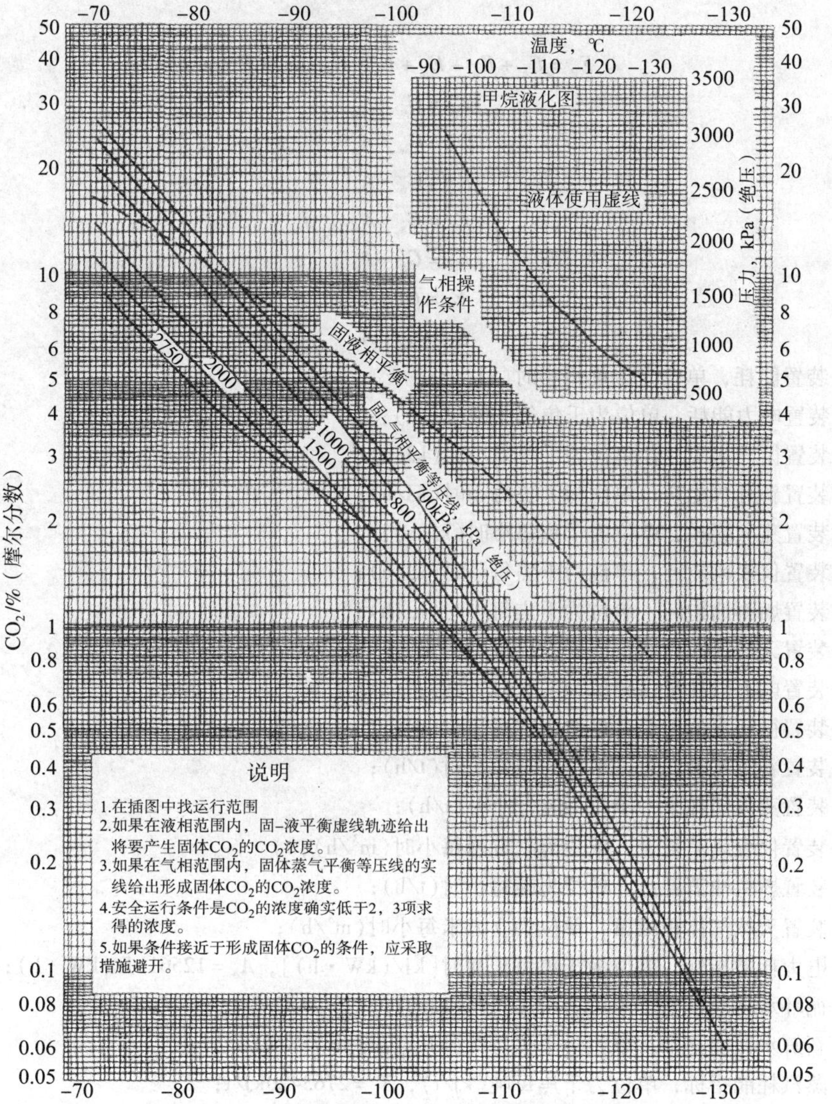

图 B.1 形成固体 CO_2 的近似条件

附录 C
(资料性附录)
能耗计算

C.1 天然气凝液回收装置所消耗的能量称为装置能耗，是在生产过程中所消耗的蒸汽、电力、能耗工质(各种水、仪表风和燃料等)及天然气减量，追源到能量的数量的总和。能耗的计算公式见式(C.1)~式(C.8)：

$$E_P = E_e + E_w + E_n + E_s + E_a + E_f + E_g \quad (C.1)$$

$$E_e = G_e \cdot A_e \quad (C.2)$$

$$E_w = G_w \cdot A_w \quad (C.3)$$

$$E_n = G_n \cdot A_n \quad (C.4)$$

$$E_s = G_s \cdot A_s \quad (C.5)$$

$$E_a = G_a \cdot A_a \quad (C.6)$$

$$E_f = G_f \cdot A_f \quad (C.7)$$

$$E_g = G_g \cdot A_g \quad (C.8)$$

式中 E_P——装置能耗，单位为千焦每小时(kJ/h)；

E_e——装置电力能耗，单位为千焦每小时(kJ/h)；

E_w——装置循环水能耗，单位为千焦每小时(kJ/h)；

E_n——装置新鲜水能耗，单位为千焦每小时(kJ/h)；

E_s——装置蒸汽能耗，单位为千焦每小时(kJ/h)；

E_a——装置仪表风能耗，单位为千焦每小时(kJ/h)；

E_f——装置燃料油能耗，单位为千焦每小时(kJ/h)；

E_g——装置天然气体积减量能耗，单位为千焦每小时(kJ/h)；

G_e——装置电力消耗量，单位为千瓦(kW)；

G_w——装置循环水消耗量，单位为吨每小时(t/h)；

G_n——装置新鲜水消耗量，单位为吨每小时(t/h)；

G_s——装置蒸汽消耗量，单位为吨每小时(t/h)；

G_a——装置仪表风消耗量，单位为立方米每小时(m^3/h)；

G_f——装置燃料油消耗量，单位为吨每小时(t/h)；

G_g——装置天然气体积减量，单位为立方米每小时(m^3/h)；

A_e——电力耗能指标，单位为千焦每千瓦时[kJ/(kW·h)]，$A_e = 12561$kJ/(kW·h)；

A_w——循环水耗能指标，单位为千焦每吨(kJ/t)，$A_w = 4187$kJ/t；

A_n——新鲜水耗能指标，单位为千焦每吨(kJ/t)，$A_n = 7537$kJ/t；

A_s——蒸汽耗能指标，单位为千焦每吨(kJ/t)，$A_s = 2763420$kJ/t；

A_a——仪表风耗能指标，单位为千焦每立方米(kJ/m^3)，$A_a = 1675kJ/m^3$；

A_f——燃料油的实际低发热值，单位为千焦每吨(kJ/t)；

A_g——天然气的实际低发热值，单位为千焦每立方米(kJ/m^3)。

C.2 回收1kg凝液所消耗的能量称为单位产品能耗，计算公式见式(C.9)：

$$E_r = E_P / W \quad (C.9)$$

式中 E_r——装置的单位能耗，单位为千焦每千克(kJ/kg)；

W——装置的凝液产量，单位为千焦每小时(kJ/h)。

附录 D
(资料性附录)
条文说明(略)

参考文献

[1] GB 3095—1996 环境空气质量标准
[2] GB 8978—1996 污水综合排放标准
[3] GB 20322—2006 石油及天然气工业用往复压缩机
[4] GB 50350 油气集输设计规范
[5] SY/T 0011 天然气净化厂设计规范
[6] SYJ 4039 石油工程建设基本术语
[7] SY/T 6269 石油企业常用节能节水词汇
[8] SY/T 6651 石油、化学和气体工业用轴流和离心压缩机及膨胀机 压缩机
[9] SH/T 3110 石油化工设计能量消耗计算方法
[10] 冷剂制冷和透平膨胀制冷循环的热力学分析比较．油田地面工程，No.6，2
[11] 张德姜．石油化工装置工艺管道安装设计手册．第一篇．北京：中国石化出版社，2005

三、总图运输

1. 防洪标准

（GB 50201—94

本标准为首次发布）

目　　录

1 总 则

1.0.1 为适应国民经济各部门、各地区的防洪要求和防洪建设的需要，维护人民生命财产的防洪安全，根据我国的社会经济条件，制订本标准。

1.0.2 本标准适用于城市，乡村、工矿企业、交通运输设施、水利水电工程、动力设施、通信设施、文物古迹和旅游设施等防护对象，防御暴雨洪水，融雪洪水、雨雪混合洪水和海岸、河口地区防御潮水的规划、设计、施工和运行管理工作。

1.0.3 防护对象的防洪标准应以防御的洪水或潮水的重现期表示；对特别重要的防护对象，可采用可能最大洪水表示。根据防护对象的不同需要，其防洪标准可采用设计一级或设计、校核两级。

1.0.4 各类防护对象的防洪标准，应根据防洪安全的要求，并考虑经济，政治、社会、环境等因素，综合论证确定。有条件时，应进行不同防洪标准所可能减免的洪灾经济损失与所需的防洪费用的对比分析，合理确定。

1.0.5 下述的防护对象，其防洪标准应按下列的规定确定：

1.0.5.1 当防护区内有两种以上的防护对象，又不能分别进行防护时，该防护区的防洪标准，应按防护区和主要防护对象两者要求的防洪标准中较高者确定。

1.0.5.2 对于影响公共防洪安全的防护对象，应按自身和公共防洪安全两者要求的防洪标准中较高者确定。

1.0.5.3 兼有防洪作用的路基、围墙等建筑物、构筑物，其防洪标准应按防护区和该建筑物、构筑物的防洪标准中较高者确定。

1.0.6 下列的防护对象，经论证，其防洪标准可适当提高或降低：

1.0.6.1 遭受洪灾或失事后损失巨大、影响十分严重的防护对象，可采用高于本标准规定的防洪标准。

1.0.6.2 遭受洪灾或失事后损失及影响均较小或使用期限较短及临时性的防护对象，可采用低于本标准规定的防洪标准。

采用高于或低于本标准规定的防洪标准时，不影响公共防洪安全的，应报行业主管部门批准；影响公共防洪安全的，尚应同时报水行政主管部门批准。

1.0.7 各类防护对象现有的防洪标准低于本标准规定的，应积极采取措施，尽快达到。确有困难，经论证，并报行业主管部门批准，可适当降低或分期达到。

1.0.8 按本标准规定的防洪标准进行防洪建设，若需要的工程量大，费用多，一时难以实现时，经报行业主管部门批准，可分期实施，逐步达到。

1.0.9 各类防护对象的防洪标准确定后，相应的设计洪水或潮位、校核洪水或潮位，应根据防护对象所在地区实测和调查的暴雨、洪水、潮位等资料分析研究确定，并应符合下列的要求：

1.0.9.1 对实测的水文资料进行审查，并检查资料的一致性和分析计算系列的代表性。对调查资料应进行复核。

1.0.9.2 根据暴雨资料计算设计洪水，对产流、汇流计算方法和参数，应采用实测的暴雨洪水资料进行检验。

1.0.9.3 对暴雨、洪水的统计参数和采用成果，应进行合理性分析。

1.0.10 各类防护对象的防洪标准，除应符合本标准外，尚应符合国家现行有关标准、规范的规定。

2 城 市

2.0.1 城市应根据其社会经济地位的重要性或非农业人口的数量分为四个等级。各等级的防洪标准按表2.0.1的规定确定。

表 2.0.1 城市的等级和防洪标准

等 级	重要性	非农业人口(万人)	防洪标准[重现期(年)]
Ⅰ	特别重要的城市	>150	>200
Ⅱ	重要的城市	150~50	200~100
Ⅲ	中等城市	50~20	100~50
Ⅳ	一般城镇	<20	50~20

2.0.2 城市可以分为几部分单独进行防护的，各防护区的防洪标准，应根据其重要性、洪水危害程度和防护区非农业人口的数量，按表 2.0.1 的规定分别确定。

2.0.3 位于山丘区的城市，当城区分布高程相差较大时，应分析不同量级洪水可能淹没的范围，并根据淹没区非农业人口和损失的大小，按表 2.0.1 的规定确定其防洪标准。

2.0.4 位于平原、湖洼地区的城市，当需要防御持续时间较长的江河洪水或湖泊高水位时，其防洪标准可取表 2.0.1 规定中的较高者。

2.0.5 位于滨海地区中等及以上城市，当按表 2.0.1 的防洪标准确定的设计高潮位低于当地历史最高潮位时，应采用当地历史最高潮位进行校核。

3 乡村

3.0.1 以乡村为主的防护区(简称乡村防护区)，应根据其人口或耕地面积分为四个等级，各等级的防洪标准按表 3.0.1 的规定确定。

表 3.0.1 乡村防护区的等级和防洪标准

等 级	防护区人口(万人)	防护区耕地面积(万亩)	防洪标准[重现期(年)]
Ⅰ	>150	>300	100~50
Ⅱ	150~50	300~100	50~30
Ⅲ	50~20	100~30	30~20
Ⅳ	<20	<30	20~10

3.0.2 人口密集、乡镇企业较发达或农作物高产的乡村防护区，其防洪标准可适当提高。地广人稀或淹没损失较小的乡村防护区，其防洪标准可适当降低。

3.0.3 蓄、滞洪区的防洪标准，应根据批准的江河流域规划的要求分析确定。

4 工矿企业

4.0.1 冶金、煤炭、石油、化工、林业、建材、机械、轻工、纺织、商业等工矿企业，应根据其规模分为四个等级，各等级的防洪标准按表 4.0.1 的规定确定。

表 4.0.1 工矿企业的等级和防洪标准

等 级	工矿企业规模	防洪标准[重现期(年)]
Ⅰ	特大型	200~100
Ⅱ	大型	100~50
Ⅲ	中型	50~20
Ⅳ	小型	20~10

注：1. 各类工矿企业的规模，按国家现行规定划分。

2. 如辅助厂区(或车间)和生活区单独进行防护的，其防洪标准可适当降低。

4.0.2 滨海的中型及以上的工矿企业，当按表4.0.1的防洪标准确定的设计高潮位低于当地历史最高潮位时，应采用当地历史最高潮位进行校核。

4.0.3 当工矿企业遭受洪水淹没后，损失巨大，影响严重，恢复生产所需时间较长的，其防洪标准可取表4.0.1规定的上限或提高一等。

工矿企业遭受洪灾后，其损失和影响较小，很快可恢复生产的，其防洪标准可按表4.0.1规定的下限确定。

地下采矿业的坑口、井口等重要部位，应按表4.0.1规定的防洪标准提高一等进行校核，或采取专门的防护措施。

4.0.4 当工矿企业遭受洪水淹没后，可能引起爆炸或会导致毒液、毒气、放射性等有害物质大量泄漏、扩散时，其防洪标准应符合下列的规定：

4.0.4.1 对于中、小型工矿企业，其规模应提高两等后，按表4.0.1的规定确定其防洪标准。

4.0.4.2 对于特大、大型工矿企业，除采用表4.0.1中Ⅰ等的最高防洪标准外，尚应采取专门的防护措施。

4.0.4.3 对于核工业与核安全有关的厂区、车间及专门设施，应采用高于200年一遇的防洪标准。对于核污染危害严重的，应采用可能最大洪水校核。

4.0.5 工矿企业的尾矿坝或尾矿库，应根据库容或坝高的规模分为五个等级，各等级的防洪标准按表4.0.5的规定确定。

表4.0.5 尾矿坝或尾矿库的等级和防洪标准

等级	工程规模		防洪标准[重现期(年)]	
	库容/$10^8 m^3$	坝高/m	设计	校核
Ⅰ	具备提高等级条件的Ⅱ、Ⅲ等工程			2000~1000
Ⅱ	>1	>100	200~100	1000~500
Ⅲ	1~0.10	100~60	100~50	500~200
Ⅳ	0.10~0.01	60~30	50~30	200~100
Ⅴ	<0.01	<30	30~20	100~50

4.0.6 当尾矿坝或尾矿库一旦失事，对下游的城镇、工矿企业、交通运输等设施会造成严重危害，或有害物质会大量扩散的，应按表4.0.5的规定确定的防洪标准提高一等或二等。对于特别重要的尾矿坝或尾矿库，除采用表4.0.5中Ⅰ等的最高防洪标准外，尚应采取专门的防护措施。

5 交通运输设施

5.1 铁路

5.1.1 国家标准轨距铁路的各类建筑物、构筑物，应根据其重要程度或运输能力分为三个等级，各等级的防洪标准按表5.1.1的规定，并结合所在河段、地区的行洪和蓄、滞洪的要求确定。

表5.1.1 国家标准轨距铁路各类建筑物、构筑物的等级和防洪标准

等级	重要程度	运输能力/(10^4t/a)	防洪标准[重现期(年)]			
			设计			校核
			路基	涵洞	桥梁	技术复杂、修复困难或重要的大桥和特大桥
Ⅰ	骨干铁路和准高速铁路	>1500	100	50	100	300
Ⅱ	次要骨干铁路和联络铁路	1500~750	100	50	100	300
Ⅲ	地区(包括地方)铁路	<750	50	50	50	100

注：1. 运输能力为重车方向的运量；
2. 每对旅客列车上下行各按每年70×10^4t折算；
3. 经过蓄、滞洪区的铁路，不得影响蓄、滞洪区的正常运用。

5.1.2 工矿企业专用标准轨距铁路的防洪标准，应根据工矿企业的防洪要求确定。

5.2 公路

5.2.1 汽车专用公路的各类建筑物、构筑物，应根据其重要性和交通量分为高速、Ⅰ、Ⅱ三个等级，各等级的防洪标准按表5.2.1的规定确定。

表5.2.1 汽车专用公路各类建筑物、构筑物的等级和防洪标准

等级	重要性	防洪标准[重现期(年)]				
		路基	特大桥	大、中桥	小桥	涵洞及小型排水构筑物
高速	政治、经济意义特别重要的，专供汽车分道高速行驶，并全部控制出入的公路	100	300	100	100	100
Ⅰ	连接重要的政治、经济中心，通往重点工矿区、港口、机场等地，专供汽车分道行驶，并部分控制出入的公路	100	300	100	100	100
Ⅱ	连接重要的政治。经济中心或大工矿区、港口、机场等地：专供汽车行驶的公路	50	100	50	50	50
注：经过蓄、滞洪区的公路，不得影响蓄、滞洪区的正常运用。						

5.2.2 一般公路的各类建筑物、构筑物，应根据其重要性和交通量分为Ⅱ~Ⅳ三个等级，各等级的防洪标准按表5.2.2的规定确定。

表5.2.2 一般公路各类建筑物、构筑物的等级和防洪标准

等级	重要性	防洪标准[重现期(年)]				
		路基	特大桥	大、中桥	小桥	涵洞及小型排水构筑物
Ⅱ	连接重要的政治、经济中心或大工矿区、港口、机场等地的公路	50	100	100	50	50
Ⅲ	沟通县城以上等地的公路	25	100	50	25	25
Ⅳ	沟通县、乡(镇)、村等地的公路		100	50	25	
注：1. Ⅳ级公路的路基、涵洞及小型排水构筑物的防洪标准，可视具体情况确定。 2. 经过蓄、滞洪区的公路，不得影响蓄、滞洪区的正常运用。						

5.3 航运

5.3.1 江河港口主要港区的陆域，应根据所在城镇的重要性和受淹损失程度分为三个等级，各等级主要港区陆域的防洪标准按表5.3.1的规定确定。

表5.3.1 江河港口主要港区陆域的等级和防洪标准

等级	重要性和受淹损失程度	防洪标准[重现期(年)]	
		河网、平原河流	山区河流
Ⅰ	直辖市、省会、首府和重要的城市的主要港区陆域、受淹后损失巨大	100~50	50~20
Ⅱ	中等城市的主要港区陆域，受淹后损失较大	50~20	20~10
Ⅲ	一般城镇的主要港区陆域，受淹后损失较小	20~10	10~5

5.3.2 当港区陆域的防洪工程是城镇防洪工程的组成部分时，其防洪标准应与该城镇的防洪标准相适应。

5.3.3 天然，渠化河流和人工运河上的船闸的防洪标准，应根据其等级和所在河流以及船闸在枢纽建筑物中的地位，按表5.3.3的规定确定。

表5.3.3 船闸的等级和防洪标准

等 级	Ⅰ	Ⅱ	Ⅲ、Ⅳ	Ⅴ、Ⅵ、Ⅶ
防洪标准[重现期(年)]	100～50	50～20	20～10	10～5

5.3.4 海港主要港区的陆域，应根据港口的重要性和受淹损失程度分为三个等级，各等级主要港区陆域的防洪标准按表5.3.4的规定确定。

表5.3.4 海港主要港区陆域的等级和防洪标准

等 级	重要性和受淹损失程度	防洪标准[重现期(年)]
Ⅰ	重要的港区陆域，受淹后损失巨大	200～100
Ⅱ	中等港区陆域，受淹后损失较大	100～50
Ⅲ	一般港区陆域，受淹后损失较小	50～20

注：海港的安全主要是防潮水，为统一起见，本标准将防潮标准统称防洪标准。

5.3.5 当按表5.3.4的防洪标准确定的海港主要港区陆域的设计高潮位低于当地历史最高潮位时，应采用当地历史最高潮位进行校核。有掩护的Ⅲ等海港主要港区陆域的防洪标准，可按50年一遇的高潮位进行校核。

5.4 民用机场

5.4.1 民用机场应根据其重要程度分为三个等级，各等级的防洪标准按表5.4.1的规定确定。

表5.4.1 民用机场的等级和防洪标准

等 级	重要程度	防洪标准[重现期(年)]
Ⅰ	特别重要的国际机场	200～100
Ⅱ	重要的国内干线机场及一般的国际机场	100～50
Ⅲ	一般的国内支线机场	50～20

5.4.2 当跑道和机场的重要设施可分开单独防护时，跑道的防洪标准可适当降低。

5.5 管道工程

5.5.1 跨越水域(江河、湖泊)的输水、输油、输气等管道工程，应根据其工程规模分为三个等级，各等级的防洪标准按表5.5.1的规定和所跨越水域的防洪要求确定。

表5.5.1 输水、输油、输气等管道工程的等级和防洪标准

等 级	工程规模	防洪标准[重现期(年)]
Ⅰ	大 型	100
Ⅱ	中 型	50
Ⅲ	小 型	20

注：经过蓄、滞洪区的管道工程，不得影响蓄，滞洪区的正常运用。

5.5.2　从洪水期冲刷较剧烈的水域(江河、湖泊)底部穿过的输水、输油、输气等管道工程，其埋深应在相应的防洪标准洪水的冲刷深度以下。

5.6　木材水运工程

5.6.1　木材水运工程各类建筑物、构筑物，应根据其工程类别和工程规模分为二个或三个等级，各等级的防洪标准按表5.6.1的规定确定。

表5.6.1　木材水运工程各类建筑物、构筑物的等级和防洪标准

工程类别	等级	工程规模		防洪标准[重现期(年)]	
				设计	校核
收漂工程	Ⅰ	设计容材量/10^4m^3	>7	50	100
	Ⅱ		7~2	20	50
	Ⅲ		<2	10	20
木材流送闸坝	Ⅰ	坝高/m	>15	50	100
	Ⅱ		15~5	20	50
	Ⅲ		<5	10	20
水上作业场	Ⅰ	年作业量/10^4m^3	>20	50	100
	Ⅱ		20~10	20	50
	Ⅲ		<10	10	20
木材出河码头	Ⅰ	年出河量/10^4m^3	>20	50	100
	Ⅱ		20~10	20	50
	Ⅲ		<10	10	20
推河场	Ⅰ	年推河量/10^4m^3	>5	20	
	Ⅱ		≤5	10	

6　水利水电工程

6.1　水利水电枢纽工程的等别和级别

6.1.1　水利水电枢纽工程，应根据其工程规模、效益和在国民经济中的重要性分为五等，其等别按表6.1.1的规定确定。

表6.1.1　水利水电枢纽工程的等别

工程等别	水库		防洪		治涝	灌溉	供水	水电站
	工程规模	总库容/10^8m^3	城镇及工矿企业的重要性	保护农田/万亩	治涝面积/万亩	灌溉面积/万亩	城镇及工矿企业的重要性	装机容量/10^4kW
Ⅰ	大(1)型	>10	特别重要	>500	>200	>150	特别重要	>120
Ⅱ	大(2)型	10~1.0	重要	500~100	200~60	150~50	重要	120~30
Ⅲ	中型	1.0~0.10	中等	100~30	60~15	50~5	中等	30~5
Ⅳ	小(1)型	0.10~0.01	一般	30~5	15~3	5~0.5	一般	5~1
Ⅴ	小(2)型	0.01~0.001		<5	<3	<0.5		<1

6.1.2 水利水电枢纽工程的水工建筑物，应根据其所属枢纽工程的等别、作用和重要性分为五级，其级别按表6.1.2的规定确定。

表6.1.2 水工建筑物的级别

工程等别	永久性水工建筑物级别		临时性水工建筑物级别
	主要建筑物	次要建筑物	
Ⅰ	1	3	4
Ⅱ	2	3	4
Ⅲ	3	4	5
Ⅳ	4	5	5
Ⅴ	5	5	

6.2 水库和水电站工程

6.2.1 水库工程水工建筑物的防洪标准，应根据其级别按表6.2.1的规定确定。

表6.2.1 水库工程水工建筑物的防洪标准

水工建筑物级别	防洪标准[重现期(年)]				
	山区，丘陵区			平原区、滨海区	
	设计	校核		设计	校核
		混凝土坝、浆砌石坝及其他承工建筑物	土坝，堆石坝		
1	1000 ~ 500	5000 ~ 2000	可能最大洪水(PMF)或10000 ~ 5000	300 ~ 100	2000 ~ 1000
2	500 ~ 100	2000 ~ 1000	5000 ~ 2000	100 ~ 50	1000 ~ 300
3	100 ~ 50	1000 ~ 500	2000 ~ 1000	50 ~ 20	300 ~ 100
4	50 ~ 30	500 ~ 200	1000 ~ 300	20 ~ 10	100 ~ 50
5	30 ~ 20	200 ~ 100	300 ~ 200	10	50 ~ 20

注：当山区、丘陵区的水库枢纽工程挡水建筑物的挡水高度低于15m，上下游水头差小于10m时，其防洪标准可按平原区、滨海区栏的规定确定；当平原区、滨海区的水库枢纽工程挡水建筑物的挡水高度高于15m，上下游水头差大于10m时。其防洪标准可按山区、丘陵区栏的规定确定。

6.2.2 土石坝一旦失事将对下游造成特别重大的灾害时，1级建筑物的校核防洪标准，应采用可能最大洪水(PMF)或10000年一遇；2~4级建筑物的校核防洪标准，可提高一级。

6.2.3 混凝土坝和浆砌石坝，如果洪水漫顶可能造成极其严重的损失时，1级建筑物的校核防洪标准，经过专门论证，并报主管部门批准，可采用可能最大洪水(PMF)或10000年一遇。

6.2.4 低水头或失事后损失不大的水库枢纽工程的挡水和泄水建筑物，经过专门论证。并报主管部门批准，其校核防洪标准可降低一级。

6.2.5 水电站厂房的防洪标准，应根据其级别按表6.2.5的规定确定。河床式水电站厂房作为挡水建筑物时，其防洪标准应与挡水建筑物的防洪标准相一致。

6.2.6 抽水蓄能电站的上下调节池，若容积较小，失事后对下游的危害不大，修复较容易的，其水工建筑物的防洪标准，可根据其级别按表6.2.5的规定确定。

表 6.2.5　水电站厂房的防洪标准

水工建筑物级别	防洪标准[重现期(年)]	
	设　计	校　核
1	>200	1000
2	200~100	500
3	100	200
4	50	100
5	30	50

6.3　灌溉、治涝和供水工程

6.3.1　灌溉、治涝和供水工程主要建筑物的防洪标准，应根据其级别分别按表 6.3.1–1 和表 6.3.1–2 的规定确定。

表 6.3.1–1　灌溉和治涝工程主要建筑物的防洪标准

水工建筑物级别	防洪标准[重现期(年)]
1	100~50
2	50~30
3	30~20
4	20~10
5	10

注：灌溉和治涝工程主要建筑物的校核防洪标准，可视具体情况和需要研究确定。

表 6.3.1–2　供水工程主要建筑物的防洪标准

水工建筑物级别	防洪标准[重现期(年)]	
	设 计	校 核
1	100~50	300~200
2	50~30	200~100
3	30~20	100~50
4	20~10	50~30

6.3.2　灌溉、治涝和供水工程系统中的次要建筑物及其管网、渠系等的防洪标准，可根据其级别按表 6.3.1–1和表 6.3.1–2 的规定适当降低。

6.4　堤防工程

6.4.1　江、河、湖、海及蓄、滞洪区堤防工程的防洪标准，应根据防护对象的重要程度和受灾后损失的大小，以及江河流域规划或流域防洪规划的要求分析确定。

6.4.2　堤防上的闸、涵，泵站等建筑物、构筑物的设计防洪标准，不应低于堤防工程的防洪标准，并应留有适当的安全裕度。

6.4.3　潮汐河口挡潮枢纽工程主要建筑物的防洪标准，应根据水工建筑物的级别按表 6.4.3 的规定确定。

表 6.4.3 潮汐河口挡潮枢纽工程主要建筑物的防洪标准

水工建筑物级别	1	2	3	4、5
防洪标准[重现期(年)]	>100	100~50	50~20	20~10
注：潮汐河口挡潮枢纽工程的安全主要是防潮水，为统一起见，本标准将防潮标准统称防洪标准。				

6.4.4 对于保护重要防护对象的挡潮枢纽工程，如确定的设计高潮位低于当地历史最高潮位时，应采用当地历史最高潮位进行校核。

7 动力设施

7.0.1 火电厂应根据其装机容量分为四个等级。各等级的防洪标准按表 7.0.1 的规定确定。

表 7.0.1 火电厂的等级和防洪标准

等级	电厂规模	装机容量/10^4kW	防洪标准[重现期(年)]
Ⅰ	特大型	>300	>100
Ⅱ	大型	300~120	100
Ⅲ	中型	120~25	100~50
Ⅳ	小型	<25	50

7.0.2 在电力系统中占主导地位的火电厂，其防洪标准可适当提高。

7.0.3 工矿企业自备火电厂的防洪标准，应与该工矿企业的防洪标准相适应。

7.0.4 核电站核岛部分的防洪标准，必须采用可能最大洪水或可能最大潮位进行校核。

7.0.5 35kV 及以上的高压和超高压输配电设施，应根据其电压分为四个等级，各等级的防洪标准按表 7.0.5 的规定确定。

表 7.0.5 高压和超高压输配电设施的等级和防洪标准

等 级	电压/kV	防洪标准[重现期(年)]
Ⅰ	>500	>100
Ⅱ	500~110	100
Ⅲ	110~35	100~50
Ⅳ	35	50
注：±500kV 及以上的直流输电设施的防洪标准按Ⅰ等采用。		

7.0.6 工矿企业专用高压输配电设施的防洪标准，应与该工矿企业的防洪标准相适应。

7.0.7 35kV 以下的中、低压配电设施的防洪标准，应根据所在地区和主要用户的防洪标准确定。

7.0.8 火电厂灰坝或灰库的防洪标准，应根据其工程规模按本标准第 4.0.5 条和第 4.0.6 条的规定确定。

8 通信设施

8.0.1 公用长途通信线路，应根据其重要程度和设施内容分为三个等级，各等级的防洪标准按表 8.0.1的规定确定。

表 8.0.1 公用长途通信线路的等级和防洪标准

等级	重要程度和设施内容	防洪标准[重现期(年)]
Ⅰ	国际干线，首都至各省会(首府、直辖市)的线路，省会(首府，直辖市)之间的线路	100
Ⅱ	省会(首府、直辖市)至各地(市)的线路，各地(市)之间的重要线路	50
Ⅲ	各地(市)之间的一般线路，地(市)至各县的线路。各县之间的线路	30

8.0.2 公用通信局、所，应根据其重要程度和设施内容分为两个等级，各等级的防洪标准按表 8.0.2 的规定确定。

表 8.0.2 公用通信局、所的等级和防洪标准

等级	重要程度和设施内容	防洪标准[重现期(年)]
Ⅰ	省会(首府、直辖市)及省会以上城市的电信枢纽楼，重要市内电话局，长途干线郊外站。海缆登陆局	100
Ⅱ	省会(首府、直辖市)以下城市的电信枢纽楼，一般市内电话局	50

8.0.3 公用无线电通信台、站，应根据其重要程度和设施内容分为两个等级，各等级的防洪标准按表 8.0.3 的规定确定。

表 8.0.3 公用无线电通信台、站的等级和防洪标准

等级	重要程度和设施内容	防洪标准[重现期(年)]
Ⅰ	国际通信短波无线电台，大型和中型卫星通信地球站，1 级和 2 级微波通信干线链路接力站(包括终端站、中继站、郊外站等)	100
Ⅱ	国内通信短波无线电台、小型卫星通信地球站、微波通信支线链路接力站	50

8.0.4 交通运输、水利水电工程及动力设施等专用的通信设施，其防洪标准可根据服务对象的要求确定。

9 文物古迹和旅游设施

9.0.1 不耐淹的文物古迹，应根据其文物保护的级别分为三个等级，各等级的防洪标准按表 9.0.1 的规定确定。对于特别重要的文物古迹，其防洪标准可适当提高。

表 9.0.1 文物古迹的等级和防洪标准

等级	文物保护的级别	防洪标准[重现期(年)]
Ⅰ	国家级	>100
Ⅱ	省(自治区、直辖市)级	100 ~ 50
Ⅲ	县(市)级	50 ~ 20

9.0.2 受洪灾威胁的旅游设施，应根据其旅游价值、知名度和受淹损失程度分为三个等级，各等级的防洪标准按表 9.0.2 的规定确定。

表 9.0.2 旅游设施的等级和防洪标准

等级	旅游价值、知名度和受淹损失程度	防洪标准[重现期(年)]
Ⅰ	国线景点，知名度高，受淹后损失巨大	100～50
Ⅱ	国线相关景点，知名度较高，受淹后损失较大	50～30
Ⅲ	一般旅游设施，知名度较低，受淹后损失较小	30～10

9.0.3 供游览的文物古迹的防洪标准，应根据其等级按表 9.0.1 和表 9.0.2 中较高者确定。

附录A　本标准用词说明

A. 0. 1　为便于在执行本标准条文时区别对待，对要求严格程度不同的用词说明如下：

(1)表示很严格，非这样做不可的：

正面词采用“必须”；

反面词采用“严禁”。

(2)表示严格，在正常情况均应这样做的：

正面词采用“应”；

反面词采用“不应”或“不得”。

(3)表示允许稍有选择，在条件许可时首先应这样做的：

正面词采用“宜”或“可”；

反面词采用“不宜”。

A. 0. 2　条文中指定应按其他有关标准、规范执行时，写法为“应符合……的规定”或“应按……执行”。

2. 石油化工厂区管线综合技术规范

（GB 50542—2009
本规范为首次发布）

目　录

1　总　则

1.0.1　为统一石油化工厂区管线综合的规划、设计、施工和地下管线普查的技术要求，做到布置合理、安全可靠、技术先进、经济合理、管理方便，制定本规范。

1.0.2　本规范适用于石油化工厂区新建、改建或扩建的系统性公用工程管线与工艺管道综合的规划、设计、施工和地下管线探测，管线综合信息管理系统建立与应用，也适用于油气田和油气输送工程站场内部的管线综合。不适用于工艺装置、系统单元、储运设施等内部的管线综合设计与施工。

1.0.3　本规范规定了石油化工厂区管线综合的基本技术要求。当本规范与国家法律、行政法规的规定相抵触时，应按国家法律、行政法规的规定执行。

1.0.4　石油化工厂区管线综合的规划、设计、施工和地下管线探测、管线综合信息管理系统建立与应用除执行本规范外，尚应符合国家现行有关标准的规定。

2　术　语

2.0.1　管线　pipelines

各类介质的管道、电力电缆、控制与电信电缆或光缆等的总称。

2.0.2　地上管线　above ground pipelines

敷设在地面以上的管道和电力线路、控制与电信线路等。通常用管架、管墩、建(构)筑物、杆柱或铁塔等作支撑。

2.0.3　地下管线　underground pipelines

敷设在地面以下的管道和电力线路、控制与电信线路等。有直接埋地和采用管沟、防护管道或防护套管等敷设方式。

2.0.4　管线综合　pipelines coordination

统筹安排厂区地上和地下各类系统性管线的空间位置，综合协调管线与管线之间以及管线与其他工程设施之间的关系，将敷设在地上和地下的管线按相关规定合理布局。

2.0.5　管线带　piping belt

用以集中布置地上、地下管线的地带。

2.0.6　管线埋设深度　depth between pipe bottom and ground

地面到管道底内壁的距离。

2.0.7　管线覆土厚度　depth bet ween pipe top and surface

地面到管道外壁顶部的垂直距离。

2.0.8　水平净距　net level distance between pipe & trench wall

管道外壁(含保护层)、管沟外壁或电缆、光缆外边缘之间的水平尺寸，或指管道外壁(含保护层)、管沟外壁或电缆线、光缆外边缘与建(构)筑物、设备之间的水平距离。

2.0.9　垂直净距　vertical clearance

管道、电缆、光缆或管沟上下敷设时，上层管道外壁(含保护层)、电缆、光缆外边缘最低点或管沟基础底与下层管道外壁(含保护层)、电缆、光缆外边缘最高点或管沟外顶面之间的垂直距离，或架空管线(含保护层)及其桁架最低点至道路或铁路钢轨顶面的高度尺寸。

2.0.10　地下管线普查　general survey of underground pipeline

利用经济合理、安全有效的技术和方法，全面、系统地查明厂区内的地下管线以及管线附属设施的现状．获取准确的地下管线现状有关资料，编绘管线图。建立、更新或完善管线数据库和管线综合信息管理系统，实施管线信息资料计算机动态管理的全过程。

2.0.11　地下管线探测　underground pipeline exploration(detecting and surveying)

利用物理探查与测量(简称探测)等技术和方法确定地下管线以及管线附属设施的属性及空间位置，查明地下管线以及管线附属设施的属性数据、空间数据、拓扑关系和逻辑关系，获取准确的地下管线现状有关资料的过程。

2.0.12 管线属性数据 property data of pipeline

描述管线以及管线附属设施的性质、特征等本质方面信息的数据。

2.0.13 管线空间数据 spatial data of pipeline

描述管线以及管线附属设施的空间位置、形状、分布特征、空间关系、拓扑关系和逻辑关系的数据。

2.0.14 管线信息 information of pipeline

管线属性数据和管线空间数据的统称。

2.0.15 数字地形图 digital topographic map

将地形信息按一定的规则与方法，采用计算机生成和计算机数据格式存储的地形图。

2.0.16 地下管线特征点 characleristic point of unnderground pipeline

地下管线的起止点、转折点、分支点、交叉点，变坡点、变深点、变径点、变材点、出地点、入地点、上杆点、下杆点、出室点、入室点、窨井(包括雨水井、污水井、检查井、检修井，阀门井、仪表井等)等以及管线附属设施等统称为管线特征点。地下管线特征点按其在地面上的出露情况分为明显管线点和隐蔽管线点。

2.0.17 地下管线点 exploration point of underground pipeline

地下管线在竣工测量或在地下管线探测工作过程中，为准确描述地下管线的位置与走向特征，查明地下管线的属性数据、空间数据和拓扑关系及逻辑关系，在地下管线以及管线附属设施上设立的探测点统称为地下管线点。地下管线特征点应视为地下管线点。

2.0.18 偏距 setover offset

地下管线点与地下管线中心线的地面投影之间的水平距离。

2.0.19 现状调绘 actuality survey and drawing

在对所收集的资料进行整理、分类、分析的基础上，依据管线设计图、竣工图或探测图所示坐标及尺寸，结合现场踏勘情况，将管线位置展绘到地形图上编制成现状调绘图，为野外探测作业提供参考和有关地下管线属性依据的过程。

2.0.20 管线综合信息管理系统 information management system for pipelines

在计算机硬件、软件、数据库和网络的支持下，利用地理信息系统(GIS)技术，以现状地形图为背景，实现对管线属性数据和宅间数据进行输入、编辑、存储、分析、查询、统计、编绘图件、维护、更新和输出的计算机管理系统。

2.0.21 图形无缝拼接 seamless jointing of map pieces

对两侧原本相连的图形作精确衔接，使其在逻辑和几何关系上融成连续一致的数据体的过程。

2.0.22 极大值法 maximum detection method

即用管线探查仪器两垂直线圈测定水平分量之差$\triangle Hx$的极大值位置定位；当管线探查仪器不能观测$\triangle Hx$时，宜采用单垂直线圈测定水平分量Hx的极大值位置定位。

2.0.23 极小值法 minimum detection method

即采用水平线圈测定垂直分量Hz的极小值位置定位。

3 基本规定

3.0.1 在管线综合的规划、设计、施工和生产管理的过程中，应对厂区管线进行统筹规划、合理布置、科学施工、规范管理，实现厂区管线综合管理的信息化与数据共享。

3.0.2 管线综合应与厂区的总平面布置、竖向布置、道路布置、铁路布置和绿化布置相结合，统一规划、合理布局。使管线与管线之间以及管线与建(构)筑物、道路、铁路、工艺装置、系统单元、储运设施等之间，在平面布置及竖向布置上相互协调、紧凑合理、有利厂容。管线综合布置并应符合现行国家标准

《石油化工企业设计防火规范》GB 50160 的规定。

3.0.3 管线的布置和敷设方式，应根据工艺要求、管道内介质性质、生产安全、环保卫生、交通运输、厂区地形、工程地质、水文地质、气象、施工、检维修和生产管理等因素确定。

3.0.4 管线综合应在满足工艺、生产、安全、施工和检维修的条件下，合理与节约用地。当技术经济比较合理时，应采用共沟、共架、多层等方式敷设或以同槽方式施工，充分利用地上、地下空间。但对安全、环保、卫生、防干扰等方面产生相互影响的管线不应共架、共沟敷设。

3.0.5 管线综合应注重企业近期建设规划，并应结合企业现状和发展需要，充分考虑中远期建设，预留和保护好建设与发展用地，合理利用企业建设用地。分期建设的工厂，管线带的布置应全面规划，并应满足下列要求：

1 近期管线集中，且结合中远期；

2 近期管线必需穿越中远期用地时，应布置在中远期用地的边缘，并不得影响中远期用地的使用；

3 新建厂区的管线带内，应预留中远期管线的用地，余量宜为10% ~20%或根据规划确定。

3.0.6 石油化工厂区管线类别可分为给水管道、循环水管道、消防管道、排水管道、热力管道、公用或工艺管道、燃气管道、化学药剂与催化剂管道、电力线路、控制与电信线路、其他管道等。

石油化工厂区常用管线类别应符合附录A的要求；管续附属设施应符合附录B的要求；常用管线代码和颜色应符合附录C中表C.0.1的规定；常用管线附属物代码应符合附录C中表C.0.2的规定。

3.0.7 管线综合设计应包括下列主要内容：

1 确定管线的敷设方式；

2 确定管线在地上和地下敷设的排列顺序与位置；

3 确定地上、地下管线与建(构)筑物、道路、铁路、工艺装置、系统单元、储运设施等之间的水平净距；

4 确定地上管线跨越建(构)筑物、道路、铁路等的净空高度；

5 确定相邻地下管线间的水平净距、垂直净距。

3.0.8 管线综合设计应符合下列要求：

1 满足工艺要求，符合流程顺畅、有利生产、保证安全、环保卫生、降低能耗、方便管理、提高效益的需要；

2 满足交通运输、消防、施工、检维修和自然条件等方面的需要；

3 管线应布置在规划的管线带范围内。管线带的布置应短捷顺畅，并与所在通道内的道路、铁路、建筑红线或工艺装置、系统单元、储运设施等边界线平行；

4 不同类别的干管宜分类布置在道路两侧，地下干管宜布置在其用户较多的道路一侧；

5 减少管线与道路、铁路及其他干管的交叉，当管线与道路或铁路必需交叉时宜为正交叉，在困难情况下，其交叉角不应小于45°；

6 进出工艺装置、系统单元、储运设施等的管廊和地下管线应与厂区主管廊及地下管线在平面布置及竖向布置上合理连接。

3.0.9 管线综合布置宜按下列顺序，自建筑红线或工艺装置、系统单元、储运设施等的边界线向道路方向布置：

1 控制与电信电缆或光缆；

2 电力电缆；

3 热力管道；

4 压缩空气、氧气、氮气、燃气、化学药剂与催化剂及各种工艺管道或管廊；

5 生活及生产给水管道、循环水管道；

6 工业废水(生产废水及生产污水)管道；

7 生活污水管道；

8 消防管道；

9 雨水排水管道；

10 照明及控制与电信杆柱。

3.0.10 **永久性的地上、地下管线不得穿越或跨越与其无关的工艺装置、系统单元或储罐组。具有可燃性、爆炸危险性及有毒介质的管道，不应穿越或跨越与其无关的工艺装置、系统单元、储罐组、建筑物及仓储设施等。**

3.0.11 各种工艺管道和含可燃液体的污水管道不应沿道路敷设在路面或路肩上下。

3.0.12 平行于道路布置的管线带或管线不宜从道路一侧转到另一侧布置。

3.0.13 位于山区的厂区，管线敷设应充分利用地形。应避免由洪、泥石流及其他不良地质灾害造成损害。

3.0.14 改建或扩建工程中的管线综合，不应妨碍原有管线的正常使用。

3.0.15 当管线间距不能满足本规范的规定时，在采取有效安全技术措施后可适当减小，但应保证生产安全，满足施工及检维修要求。

3.0.16 工程项目设计、施工前应查明地上、地下原有管线或其他设施的现状情况。施工过程中应按设计文件要求和相关规定进行作业，并应对地上、地下原有管线或其他设施采取安全保护措施。

3.0.17 企业应根据其工程项目的规划、设计、施工和生产管理的实际情况，对厂区地下管线现状进行普查，并应适时对地下管线现状进行修测。

3.0.18 管线竣工测量或地下管线探测时，应查明地下管线以及管线附属设施的属性数据、空间数据和拓扑关系与逻辑关系．并应查明地下管线与地上管线或设施的连接关系。

3.0.19 管线综合设计、管线竣工测量和地下管线探测时，管线的平面位置和高程均应采用统一的坐标系统(建筑坐标系统或城市坐标系统)与高程系统。当采用建筑坐标系统时应与城市坐标系统建立换算关系。

3.0.20 厂区管线竣工测量、地下管线探测以及与其相应的管线综合竣工图和地下管线探测图编绘应建立在厂区现状基本比例尺地形图的基础上，并应符合下列要求：

1 厂区管线综合竣工图和地下管线探测图编绘时，专业管线图及管线综合图的比例尺、图幅规格及分幅应与基本比例尺地形图一致；

2 当采用计算机成图或建立管线综合信息管理系统时，基本比例尺地形图应采用数字地形图；

3 厂区管线竣工测量与探测的基本比例尺地形图比例尺宜选为1：500；

4 施工场地管线竣工测量与探测地形图比例尺可按实际情况确定，宜选为(1：200)~(1：500)。

3.0.21 地下管线竣工测量或地下管线探测时，管线点宜设置在管线特征点在地面的正投影位置上。在没有特征点或特征点间距较大的管线段上，应加密管线点。管线点设置应符合下列规定：

1 管线竣工测量时，管线直线段上管线点间距不宜大于30m；

2 地下管线探测时，当管线直线段上两相邻特征点距离大于50m时，应加密管线点；

3 地下管线竣工测量或地下管线探测时，在管线进出工艺装置、系统单元、储运设施等区域边界线处宜设置管线点；在管线进出建筑物和工艺设备等处应设置管线点；

4 地下管线竣工测量或地下管线探测时，在地形地貌特征明显变化处宜设置管线点；

5 当管线弯曲时，管线点的设置应能反映管线弯曲特征，且不宜少于3个点；

6 对管线点均应设置易识别的木桩、铁钉、油漆等临时性地面标志或预制水泥桩或块、刻石等永久性地面标志；当管线穿越道路、铁路时，宜在道路、铁路两侧设永久性地面标志。地面标志宜标明管线的名称、走向或流向。永久性地面标志不得影响管线的正常使用、检维修、安全和交通等要求。

3.0.22 地下管线探测的精度应符合下列规定：

1 隐蔽管线点的探查精度：平面位置限差 δ_{1S}(cm)：$0.10h$；埋深限差 δ_{th}(cm)：$0.15h$；

注：式中 h 为地下管线的中心埋深，以厘米计，当 $h \leqslant 100$cm 时则以100cm代入计算；对探查精度有特殊要求时，可根据工程需要确定。

2 在明显管线点上应实地量测地下管线的埋深，误差不得大于±5cm；

3 管线点的测量精度：平面位置中误差 m_s，不得大于 ±5cm（相对于邻近控制点），高程中误差 m_h，不得大于 ±3cm（相对于邻近高程控制点）；

4 管缐图测绘精度：管线点与邻近的建（构）筑物、设备、相邻管线以及道路、铁路等中心线的间距中误差 m_c，不得大于图上 ±0.5mm；

5 本规范中以中误差作为衡量探测精度的标准，二倍中误差作为极限误差。

3.0.23 地下管线探测时，作业单位应建立质量管理体系，应实行“三检”的质检制度，并提交各工序质量检查报告。

3.0.24 管线综合管理的数字化和信息化宜与管线综合设计、管线竣工测量或地下管线现状探测工作同步进行。管线综合设计、管线竣工测量或地下管线现状探测的资料成果应满足建立、更新或完善管线综合信息管理系统的要求。

4 地上管线综合设计

4.0.1 地上管线的敷设方式应根据介质性质、生产安全、厂区地形、用地条件、施工、检维修、交通运输、生产管理和厂容等因素综合比较后确定。

4.0.2 全厂性工艺及热力管道宜地上敷设，液化烃、可燃气体的管道应架空或沿地敷设。

4.0.3 沿地面或低支架敷设的管道不应环绕工艺装置或罐组布置，并不应妨碍消防车的通行。

4.0.4 地上管线布置应符合下列要求：

1 管架的净空高度及基础位置不得影响交通运输、消防和检维修；

2 敷设在地面以上的液化烃、可燃气体和可燃液体等管道，与火灾危险性大和腐蚀性强的生产、贮存、装卸设施以及有明火作业的设施，应保持一定的安全距离，并减少与铁路交叉；

3 不宜妨碍建筑物的自然采光和通风。

4.0.5 架空管线及其桁架跨越铁路、道路的最小净空高度，应符合表4.0.5的规定。有大件运输要求或在检修期间有大型起吊设备通过的道路，应根据需要确定净空高度。在跨越铁路或道路的液化烃、可燃气体和可燃液体管道上不应设置阀门及易发生泄漏的管道附件。

表4.0.5 架空管线及其桁架跨越铁路、道路的最小净空高度

名称		最小净空高度/m
铁路（从轨顶算起）	液化烃、可燃气体和可燃液体的管道	6.0
	其他一般管线	5.5
道路（从路拱算起）	主要道路	5.0
	装置道路	4.5
人行道（从路面算起）	街区外	2.5
	街区内	2.2

注：1. 表中最小净空高度：管线自防护设施的外缘算起；管架自最低部位算起；
2. 铁路一栏的数字，不适用于电力牵引机车的铁路线路。

4.0.6 液化烃、可燃气体、可燃液体、腐蚀性及有毒介质的管道，除使用该管道的建（构）筑物外。均不得采用建筑物支撑式的敷设方式。

4.0.7 除敷设液化烃、可燃气体，可燃液体、腐蚀性及有毒介质管道外的其他管架与建（构）筑物之间的最小水平净距，应符合表4.0.7的规定。

4.0.8 引入厂区的35kV及以上的架空电力线路，应沿厂区的边缘布置，并应缩短其在厂区内的长度。

4.0.9 架空电力线路不应跨越生产火灾危险性属于甲、乙、丙类的工艺装置、建（构）筑物以及储存可燃性、爆炸危险性物料的储罐区和仓储区，并不应跨越用可燃材料建造的屋顶。

4.0.10 架空电力线路与厂区工艺装置或设施，罐组、厂房、仓库、堆场等的间距应符合现行国家标准《石油化工企业设计防火规范》GB 50160的有关规定。

表 4.0.7 管架与建(构)筑物之间的最小水平净距

建(构)筑物的名称	最小水平净距/m
建筑物有门窗的墙壁外边或突出部分外边(建筑物耐火等级为一、二级，无泄压门窗)	3.0
建筑物无门窗的墙壁外边或突出部分外边(建筑物耐火等级为一、二级，无泄压门窗)	1.5
铁路(中心线)	3.75 或建筑限界
道路	1.0
人行道外沿	0.5
厂区围墙(中心线)	1.0
照明、控制与电信杆柱中心	1.0

注：1. 表中最小水平净距除注明者外，管架自最外边缘起；城市型道路自路面边缘算起；公路型道路自路肩边缘算起。

2. 本表不适用于铺地式、管墩式、低架式及建筑物支撑式。

4.0.11 除甲、乙、丙类的工艺装置或设施、罐组、厂房、仓库、堆场等外，架空电力线路与建(构)筑物、道路、铁路及其他管道等之间的最小水平净距和最小垂直净距应符合国家现行有关架空送(配)电线路设计标准的相关规定。

4.0.12 地上管线与道路平行敷设时，不应敷设在公路型道路路肩范围内。照明电杆、跨越道路的地上管线的支架，可敷设在公路型道路路肩上，但应满足交通运输和安全的要求。布置在公路型道路路肩上的管架支柱、照明电杆、行道树或标志杆等，应符合下列规定：

1 至双车道路面边缘不应小于 0.5m；

2 至单车道中心线不应小于 3.0m。

5 地下管线综合设计

5.1 一般规定

5.1.1 给水管道、循环水管道、消防管道、排水管道等宜采用地下敷设，电力电缆，控制与电信电缆或光缆可采用地下敷设。

5.1.2 地下管线的布置应符合下列要求：

1 地下管线宜按其埋深，自建(构)筑物、工艺设备、储罐等向道路方向宜由浅至深布置；

2 未采取保护措施的地下管线和管沟，不宜布置在建(构)筑物、工艺设备、储罐、道路、铁路等基础压力影响范围内；

3 管线施工沟槽的开挖宽度与深度，不应对建(构)筑物、工艺设备、储罐、道路、铁路及原有管线产生影响；

4 铁路下面严禁平行敷设地下管线、管沟；

5 道路路面下不宜平行道路敷设地下管线、管沟，当必需敷设时，可敷设检维修少或检维修时对路面损坏小的管线；

6 直埋式地下管线不应平行重叠敷设；

7 生活饮用水管道与排水、含酸、含碱以及其他有毒介质管道并列布置时应满足安全卫生的要求；

8 直埋电力电缆，不宜靠近其他金属管道敷设。

5.1.3 地下管线应按管线类别相同和埋深相近的原则，分别合理地集中布置。

5.1.4 地下管线综合设计中管线位置应符合下列避让原则：

1 新建管线让原有管线；

2 压力管道让自流管道；

3 管径小的管线让管径大的管线；

4 易弯曲的管线让不易弯曲的管线；

5 临时性的管线让永久性的管线；

6 分支管线让主干管线；

7 工程量小的让工程量大的；

8 技术、安全要求低的让技术、安全要求高的。

5.1.5 地下管线交叉布置时，应符合下列要求：

1 给水管道、循环水管道应在排水管道上面；

2 热力管道应在给水管道、循环水管道上面；

3 电力电缆、控制与电信电缆或光缆应在热力管道下面，其他管道上面；

4 可燃气体、可燃液体管道应在热力管道下面，其他管道上面；

5 氧气管道应在可燃气体管道下面，其他管道上面；

6 腐蚀性介质的管道及含酸、含碱的排水管道应在其他管线下面。

5.1.6 全厂性生产污水管道，不得穿越与其无关的工艺装置、罐组或其他设施。

5.1.7 生产污水管道的排气口和水封井的设置应符合现行国家标准《石油化工企业设计防火规范》GB 50160 的有关规定。

5.1.8 液化烃、可燃气体和可燃液体的管道横穿铁路线或道路时应敷设在防护套管或管沟内．防护套管或管沟的设置应符合本规范第 5.2.3 条的规定。

5.1.9 地上式消火栓距城市型道路路边不宜小于 1.0m；距公路型双车道路肩边不宜小于 1.0m，距单车道中心线不应小于 3.0m。

5.2 直埋敷设

5.2.1 地下管线的最小覆土厚度应根据管线介质性质、管材强度、土壤性质、地面承受荷载的大小与分布、土壤冻土深度等条件综合确定。敷设在车行道下的管线的最小覆土厚度不宜小于表 5.2.1 的规定。

表 5.2.1 敷设车行道下的管线的最小覆土厚度(m)

管线名称	电力电缆		控制与电信电缆或光缆		热力管道		燃气管道	给水、循环水、消防管道	排水管道
	直埋	管沟	直埋	管道	直埋	管沟			
车行道下	0.70	0.60	0.80	0.70	0.70	0.20	0.80	0.70	0.70

注：1. 车行道下是指路面结构层底。

2. 10kV 以上的直埋电力电缆的覆土厚度不宜小于 1.0m。

5.2.2 在严寒地区，除热力管道、电力电缆、控制与电信电缆或光缆等管线外、给水管道、循环水管道、消防管道、燃气管道等应埋设在冰冻线以下，管顶距冰冻线不应小于 0.15m。

5.2.3 地下管线或管沟穿越铁路、道路时，应符合下列要求：

1 管顶或管沟盖板顶至铁路轨底的垂直净距，不应小于 1.2m；管顶至道路路面结构层底的垂直净距．不应小于 0.5m；

2 当直埋管线不能满足上述要求时，应加防护套管或设管沟。在保障路基稳定的条件下，防护套管或管沟两端应伸出铁路路肩或路堤坡脚、城市型道路路面、公路型道路路肩或路堤坡脚以外，且不得小于 1.0m。当铁路路基或道路路边有排水沟时，其防护套管或管沟应延伸出排水沟沟边 1.0m。

5.2.4 地下管线不应敷设在有腐蚀性物料的包装或罐装、堆存及装卸场地的下面，且距上述场地边界的水平距离不应小于 2.0m。当管线布置在上述场地排水的下游时，距上述场地边界水平距离不应小于 4.0m，但应尽量避免敷设在下游方向。

5.2.5 地下直埋管线之间的最小水平净距，不应小于表 5.2.5 的规定。

5.2.6 地下直埋管线与建(构)筑物、工艺设备、储罐等之间的最小水平净距，不宜小于表 5.2.6 的规定。

5.2.7 对于埋深大于建(构)筑物、工艺设备、储罐等基础的管线，管线与建(构)筑物、工艺设备、储罐之间的最小水平距离，应按下式计算，并折算成水平净距 L(图 5.2.7)后与表 5.2.6 的数值比较，采用其较大值。

表 5.2.5 地下管线之间的最小水平净距表

m

类别			给水、循环水、消防管道/mm				排水管道/mm						热力管道(沟)	燃气管道/MPa					压缩空气管	乙炔管	氧气管	电力电缆/kV			电缆沟	控制与电信电缆或光缆	
							生产废水管与雨水管			生产与生活污水管																	
			<75	75~150	200~400	>400	<800	800~1500	>1500	<300	400~600	>600		P<0.005	0.005<P<0.2	0.2<P<0.4	0.4<P<0.8	0.8<P<1.6				<1	1~10	<35		直埋电缆	电缆管道
给水、循环水、消防管道/mm		<75	—	—	—	—	0.7	0.8	1.0	0.7	0.8	1.0	0.8	0.8	0.8	0.8	1.0	1.2	0.8	0.8	0.8	0.6	0.8	1.0	0.8	0.5	0.5
		75~150	—	—	—	—	0.8	1.0	1.2	0.8	1.0	1.2	1.0	0.8	1.0	1.0	1.2	1.2	1.0	1.0	1.0	0.6	0.8	1.0	1.0	0.5	0.5
		200~400	—	—	—	—	1.0	1.2	1.5	1.0	1.2	1.5	1.2	0.8	1.0	1.2	1.2	1.5	1.2	1.2	1.2	0.8	1.0	1.0	1.2	1.0	1.0
		>400	—	—	—	—	1.0	1.2	1.5	1.2	1.5	2.0	1.5	1.0	1.2	1.2	1.5	2.0	1.5	1.5	1.5	0.8	1.0	1.0	1.5	1.2	1.2
排水管道/mm	生产废水管与雨水管	<800	0.7	0.8	1.0	1.0	—	—	—	—	—	—	1.0	0.8	0.8	0.8	1.0	1.2	0.8	0.8	0.8	0.6	0.8	1.0	1.0	0.8	0.8
		800~1500	0.8	1.0	1.2	1.2	—	—	—	—	—	—	1.2	0.8	1.0	1.0	1.2	1.5	1.0	1.0	1.0	0.8	1.0	1.0	1.2	1.0	1.0
		>1500	1.0	1.2	1.5	1.5	—	—	—	—	—	—	1.5	1.0	1.2	1.2	1.5	2.0	1.2	1.2	1.2	1.0	1.0	1.0	1.5	1.0	1.0
	生产与生活污水管	<300	0.7	0.8	1.0	1.2	—	—	—	—	—	—	1.0	0.8	0.8	0.8	1.0	1.2	0.8	0.8	0.8	0.6	0.8	1.0	1.0	0.8	0.8
		400~600	0.8	1.0	1.2	1.5	—	—	—	—	—	—	1.2	0.8	1.0	1.0	1.2	1.5	1.0	1.0	1.0	0.8	1.0	1.0	1.2	1.0	1.0
		>600	1.0	1.2	1.5	2.0	—	—	—	—	—	—	1.5	1.0	1.2	1.2	1.5	2.0	1.2	1.2	1.2	1.0	1.0	1.0	1.5	1.0	1.0
热力管道(沟)			0.8	1.0	1.2	1.5	1.0	1.2	1.5	1.0	1.2	1.5	—	1.0	1.2	1.2	1.5	2.0	1.0	1.5	1.5	1.0	1.0	1.0	2.0	0.8	0.6
燃气管道/MPa		P<0.005	0.8	0.8	0.8	1.0	0.8	0.8	1.0	0.8	0.8	1.0	1.0	—	—	—	—	—	1.0	1.0	1.0	0.8	1.0	1.2	1.2	0.8	1.0
		0.005<P<0.2	0.8	1.0	1.0	1.2	0.8	1.0	1.2	0.8	1.0	1.2	1.2	—	—	—	—	—	1.0	1.0	1.2	0.8	1.0	1.2	1.2	0.8	1.0
		0.2<P<0.4	0.8	1.0	1.2	1.2	0.8	1.0	1.2	0.8	1.0	1.2	1.2	—	—	—	—	—	1.0	1.0	1.5	0.8	1.0	1.2	1.5	0.8	1.0
		0.4<P<0.8	1.0	1.2	1.2	1.5	1.0	1.2	1.5	1.0	1.2	1.5	1.5	—	—	—	—	—	1.2	1.2	2.0	0.8	1.0	1.2	1.5	0.8	1.0
		0.8<P<1.6	1.2	1.2	1.5	2.0	1.2	1.5	2.0	1.2	1.5	2.0	2.0	—	—	—	—	—	1.5	2.0	2.5	1.0	1.2	1.5	2.0	1.2	1.5
压缩空气管			0.8	1.0	1.2	1.5	0.8	1.0	1.2	0.8	1.0	1.2	1.0	1.0	1.0	1.0	1.2	1.5	—	1.5	1.5	0.8	0.8	1.0	1.0	0.8	1.0
乙炔管			0.8	1.0	1.2	1.5	0.8	1.0	1.2	0.8	1.0	1.2	1.5	1.0	1.0	1.0	1.2	2.0	1.5	—	1.5	0.8	0.8	1.0	1.5	0.8	1.0

续表

类别		给水、循环水、消防管道/mm				排水管道/mm 生产废水管与雨水管			排水管道/mm 生产与生活污水管			热力管道（沟）	燃气管道/MPa					压缩空气管	乙炔管	氧气管	电力电缆/kV			电缆沟	控制与电信电缆或光缆	
		<75	75～150	200～400	>400	<800	800～1500	>1500	<300	400～600	>600		$P<0.005$	$0.005<P<0.2$	$0.2<P<0.4$	$0.4<P<0.8$	$0.8<P<1.6$				<1	1～10	<35		直埋电缆	电缆管道
氧气管		0.8	1.0	1.2	1.5	0.8	1.0	1.2	0.8	1.0	1.2	1.5	1.0	1.2	1.5	2.0	2.5	1.5	1.5	—	0.8	0.8	1.0	1.5	0.8	1.0
电力电缆/kV	<1	0.6	0.6	0.8	0.8	0.6	0.8	1.0	0.6	0.8	1.0	1.0	0.8	0.8	0.8	0.8	1.0	0.8	08	0.8	—	—	—	0.5	0.5	0.5
	1～10	0.8	0.8	1.0	10	0.8	1.0	1.0	0.8	1.0	1.0	1.0	1.0	1.0	1.0	1.0	1.2	0.8	0.8	0.8	—	—	—	0.5	0.5	0.5
	<35	1.0	1.0	1.0	1.0	1.0	1.0	1.0	1.0	1.0	1.0	1.0	1.2	1.2	1.2	1.2	1.5	1.0	1.0	1.0	—	—	—	0.5	0.5	0.5
电缆沟		0.8	1.0	1.2	1.5	1.0	1.2	1.5	1.0	1.2	1.5	2.0	1.2	1.2	1.5	1.5	2.0	1.0	1.5	1.5	0.5	0.5	0.5	—	0.5	0.5
控制与电信电缆或光缆	直埋电缆	0.5	0.5	1.0	1.2	0.8	1.0	1.0	0.8	1.0	1.0	0.8	0.8	0.8	0.8	0.8	1.2	0.8	0.8	0.8	0.5	0.5	0.5	0.5	—	—
	电缆管道	0.5	0.5	1.0	1.2	0.8	1.0	1.0	0.8	1.0	1.0	0.6	1.0	1.0	1.0	1.0	1.5	1.0	1.0	1.0	0.5	0.5	0.5	0.5	—	—

注：1. 表中最小间距均自管壁、沟壁或防护设施的外缘或最外一根电缆算起。管道系指公称直径。

2. 当热力管道（沟）与电力电缆间距不能满足表列间距时，可采取隔热措施：以防电缆过热。

3. 局部地段电力电缆穿管保护或加隔板后与给水管道、循环水管道、消防管道，排水管道、压缩空气管道的间距，可减少到0.5m，与穿管控制与电信电缆或光缆的间距，可减少到0.1m。

4. 表中数值系按给水管道、循环水管道、消防管道敷设在污水管上方制定的，生活饮用水给水管与污水管之间间距应按表列数值增加50%；生产废水管与雨水沟（渠）和给水管道、循环水管道之间的间距，可减少20%，与控制、电信、电力电缆之间的间距可减少20%，但不得小于0.5m。

5. 当给水管道、循环水管道、消防管道与排水管共同埋设在砂土类土壤中，且给水管道、循环水管道、消防管道的材质为非金属或非合成塑料时，给水管、循环水管道、消防管道与排水管道间距不应小于1.5m。

6. 仅供采暖用的热力管沟与电力电缆、控制与电信电缆或光缆及电缆沟之间的间距，可减少20%，但不得小于0.5m。

7. 110kV级的电力电缆与本表中各类管线的间距，可按35kV的数值增加50%。电力电缆排管（即电力电缆管道）间距要求与电缆沟相同。

8. 氧气管道与同一使用目的的乙炔管道同一水平敷设时，其间距可减少至0.25m，但管道上部0.3m高度范围内，应用沙类土、松散土填实后再回填土。

9. 煤气管道与生产废水管道及雨水管道的间距系指非满流管：当为满流管时可减少10%。与盖板式排水沟（渠）的间距宜增加10%。

10. 天燃气管道与本表各类管线的间距同煤气管道。

表 5.2.6 地下直埋管线与建(构)筑物、工艺设备、储罐等之间的最小水平净距(m)

类别	给水、循环水、消防管道/mm				排水管道/mm 生产废水管与雨水管			排水管道/mm 生产与生活污水管			热力管道(沟)	燃气管道/MPa					压缩空气管	乙炔管	氧气管	电力电缆/kV		电缆沟	控制与电信线路
	<75	75~150	200~400	>400	<800	800~1500	>1500	<300	400~600	>600		<0.005	0.005<P<0.2	0.2<P<0.4	0.4<P<0.8	0.8<P<1.6				<10	10~35		
建(构)筑物、工艺设备、储罐等基础外缘	2.0	2.0	2.5	3.0	1.5	2.0	2.5	1.5	2.0	2.5	1.5	1.0	1.0	1.5	4.0	6.0	1.5	注4	注5	0.5	0.6	1.5	0.5
铁路(中心)	3.3	3.3	3.8	3.8	3.8	4.3	4.8	3.8	4.3	4.8	3.8	4.0	4.0	5.0	5.0	6.0	2.5	2.5		2.5	3.0	2.5	2.5
道路(路边)	0.8	0.8	1.0	1.0	0.8	1.0	1.0	0.8	0.8	1.0	0.8	0.6	0.6	0.6	1.0	1.0	0.8	0.8		0.8	1.0	0.8	0.8
管架基础外缘	0.8	0.8	1.0	1.0	0.8	0.8	1.2	0.8	1.0	1.2	0.8	0.8	0.8	1.0	1.0	2.0	0.8	0.8		0.5	0.5	0.8	0.5
照明、控制与电信杆柱	0.8	0.8	1.0	1.0	0.8	1.0	1.2	0.8	1.0	1.2	0.8	0.6	0.6	0.6	1.0	1.5	0.8	0.8		0.5	0.5	0.8	0.5
围墙基础外缘	1.0	1.0	1.0	1.0	1.0	1.0	1.0	1.0	1.0	1.0	1.0	0.6	0.6	0.6	1.0	1.0	1.0	1.0		0.5	0.5	1.0	0.5
排水沟外缘	0.8	0.8	0.8	1.0	0.8	0.8	1.0	0.8	0.8	1.0	0.8	0.6	0.6	0.6	1.0	1.0	0.8	0.8		0.8	1.0	1.0	0.8

注：1. 表列间距除注明者外，管线均自管壁、沟壁或防护设施外缘或最外一根电缆算起；道路为城市型时，自路面边缘算起；为公路型时，自路肩边缘算起。

2. 当排水管道为压力管时，与建(构)筑物、工艺设备、储罐等基础外缘的间距，应按表列数值增加一倍。

3. 给水、循环水、消防管道至铁路路堤坡脚的间距，不宜小于路堤高度，且不得小于5.0m；至铁路路堑坡顶的间距，不宜小于路堑高度，并不得小于10m；排水管道至铁路路堤坡脚或路堑坡顶的间距，不宜小于路堤或路堑高度，并不得小于5.0m。

4. 氧气管道距有地下室的建筑物基础外缘和通行沟道的外缘的间距为：氧气压力≤1.6MPa时，采用3.0m；氧气压力>1.6MPa时，采用5.0m；距无地下室的建筑物基础外缘净距为：氧气压力≤1.6MPa时，采用1.5m，氧气压力>1.6MPa时，采用2.5m。

5. 乙炔管道，距有地下室及火灾危险性为甲类的建(构)筑物、工艺设备、储罐等基础外缘和通行沟道的外缘的间距为3.0m；距无地下室的建筑物基础外缘的间距为2.0m。

6. 控制与电信电缆或光缆管道与建(构)筑物基础外缘的间距．应为1.2m；电力电缆排管(即电力电缆管道)间距要求与电缆沟相同。

7. 表列埋地管道与建(构)筑物工艺设备、储罐等基础的间距，均指埋地管道与建(构)筑物、工艺设备、储罐等基础在同一标高或在其上，当埋地管道深度大于建(构)筑物、工艺设备、储罐等基础的深度时，应按土壤性质计算确定，但不得小于表列数值。

8. 高压电力杆柱或铁塔(基础外边缘)距本表中各类管线的间距，应按表列照明及控制与电信杆柱间距增加50%。

9. 当双柱式管架分别设基础时，可在管架基础之间敷设管线，但应满足本表要求。

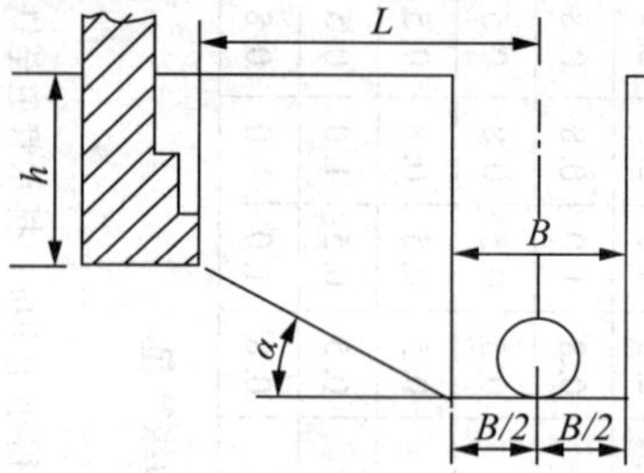

图 5.2.7

$$L=\frac{(H-h)}{\text{tg}\alpha}+\frac{B}{2} \tag{5.2.7}$$

式中 L——管线中心至建(构)筑物、工艺设备、储罐等基础最外边缘水平距离，m；

H——管线敷设深度，m；

h——建(构)筑物、工艺设备、储罐等基础底砌置深度，m；

B——沟槽开挖宽度，m。

5.2.8 地下管线交叉时，各种管线之间的最小垂直净距，应符合表 5.2.8 的规定。

表 5.2.8 各种管线之间的最小垂直净距(m)

管道名称		给水、循环水、消防管道	排水管道	热力管道(沟)	燃气管道	压缩空气管道	乙炔管道	氧气管道	电力电缆		控制与电信电缆或光缆	
									直埋	管沟	直埋	管道
给水、循环水、消防管道		—										
排水管道		0.15	—									
热力管道(沟)		0.15	0.15	—								
燃气管道		0.15	0.15	0.15	—							
压缩空气管道		0.15	0.15	0.15	0.15	—						
乙炔管道		0.25	0.25	0.25	0.25	0.25	—					
氧气管道		0.25	0.25	0.25	0.25	0.25	0.25	—				
电力电缆	直埋	0.50	0.50	0.50	0.50	0.50	0.50	0.50	—			
	管沟	0.15	0.15	0.50	0.15	0.15	0.25	0.25	0.15	—		
控制与电信电缆或光缆	直埋	0.50	0.50	0.50	0.50	0.50	0.50	0.50	0.50	0.50	—	
	管道	0.15	0.15	0.25	0.15	0.15	0.15	0.15	0.50	0.50	—	—
排水明沟底		0.50	0.50	0.50	0.50	0.50	0.50	0.50	0.50	0.50	0.50	0.25
涵洞(基础底)		0.15	0.15	0.15	0.15	0.15	0.15	0.15	0.50	0.50	0.20	0.25

注：1. 含有酸，碱性和其他腐蚀性的污水排水管道与其他管道(耐腐蚀管道除外)交叉时，其净距不应小于 0.5m，当设防护套管时可按表列数值执行。

2. 本表中 0.15m 为生产给水、循环水管道与污水排水管道交叉时的垂直净距，如为生活给水管道与污水排水管道交叉，当生活给水管道在污水排水管道上方时，垂直净距不应小于 0.4m，且不应有接口重叠。

3. 当污水排水管道在生活给水等其他钢管道或铸铁管道上方时，给水等管道应加防护钢套管或管沟。防护套管的内径或管沟的净宽，不应小于管道结构的外缘宽度加 300mm；防护套管或管沟的长度不宜小于上方排水管道基础宽度加管道交叉高差的 3 倍，且不宜小于基础宽度加 1.0m；防护套管或管沟两端与管道之间的孔隙应采用防水材料密封；管沟可采用砖砌或其他材料砌筑的混合结构。

4. 控制与电信电缆或光缆与燃气、乙炔、氧气管道在交叉处，上述管道如有接口时，控制与电信电缆或光缆应加包封。

5. 易燃可燃气体、液体管道与其他管道交叉时，其净距可参照乙炔管道间距采用。

6. 大于 35kV 直埋电力电缆与热力管线最小垂直净距应为 1.0m。

7. 表列“—”表示未作规定，可根据具体情况确定。

5.2.9 地下管线与树木的最小水平净距，应符合表5.2.9的规定。

表5.2.9 地下管线与树木的最小水平净距

地下管线名称		最小水平净距/m	
		至乔木中心	至灌木中心
给水、循环水、消防管道		1.5	—
排水管道		1.5	—
热力管道		2.0	2.0
燃气管道		1.5	1.5
压缩空气、乙炔、氧气管道		1.5	1.0
电力电缆	直埋	2.0	0.5
	管沟	1.5	—
控制与电信电缆或光缆	直埋	2.0	0.5
	管道	1.5	—
注：表中间距除注明者外，管线自管壁或防护设施外缘算起；电缆按最外一根算起。			

5.2.10 直埋非金属管线，宜沿管线顶部外壁设置采取防腐措施的金属示踪线。

5.3 管沟敷设

5.3.1 地下管线敷设遇到下列情况之一时，管线宜采用管沟集中敷设。

1 交通运输繁忙或管线设施较多的道路；

2 不易开挖路面的路段；

3 需同时敷设两种以上管道及多回路电缆或光缆的道路；

4 通道宽度难以满足直埋敷设多种管线的地段。

5.3.2 管线共沟敷设应遵循下列原则：

1 管沟内管线上下排列顺序可参照本规范第5.1.3条规定执行；

2 管径小、检维修量多的应布置在上方；

3 管线之间的水平和垂直净距应考虑安全、卫生、安装、维护和检维修的要求。

5.3.3 低压电力电缆、控制与电信电缆或光缆、给水管道、循环水管道、消防管道、排水管道宜共沟敷设。

5.3.4 下列管道不宜共沟敷设：

1 液化烃、可燃气体、可燃液体、毒性气体、毒性液体以及腐蚀性介质管道，不宜共沟敷设．并严禁与消防管道共沟敷设；

2 给水、循环水和消防管道不应与化学药剂与催化剂、高压电缆共沟敷设；

3 电力电缆，控制与电信电缆或光缆不应与液化烃、可燃气体、可燃液体，热力管道共沟敷设；

4 氧气管道不应与液化烃、可燃气体、可燃液体管道共沟敷设；

5 生活饮用水管道不宜与生产污水，生活污水、含酸碱以及其他有毒介质管道共沟敷设；

6 相互产生有害影响的管线不应共沟敷设，限于条件不得不共沟敷设时应采取隔离措施。

5.3.5 当管沟与散发比空气重的可燃气体设备间距小于30m时，应采取防止可燃气体窜入管沟和积聚的措施。

5.3.6 液化烃、可燃气体和可燃液体的管道必须采用管沟敷设时，应采取防止液化烃、可燃气体和可燃液体在管沟内积聚的措施，并在进、出装置及厂房处密封隔断；管沟内的污水应经水封井排入生产污水管道。

5.4 特殊工程地质条件下地下管线综合设计

5.4.1 拟建在湿陷性黄土场地上的建(构)筑物、工艺设备，应根据其重要性、地基受水浸湿可能性的大小和在使用期间对不均匀沉降限制的严格程度，分为甲、乙、丙、丁四类，并应符合表5.4.1的规定。

表5.4.1 建(构)筑物、工艺设备分类

分类	各类建(构)筑物、工艺设备划分
甲	1. 全厂性重要设施； 2. 高度等于或大于24m的火灾危险性属于甲、乙、丙类的工艺设备、生产厂房和火灾危险性属于甲、乙类的库房； 3. 跨度等于或大于24m、小于36m的生产厂房，库房； 4. 高度等于或大于50m的放空火炬； 5. 有剧毒或有放射污染的建(构)筑物、库房、工艺设备； 6. 高度等于或大于30m的筒仓
乙	1. 高度小于24m的火灾危险性属于甲、乙、丙类的工艺设备，生产厂房和火灾危险性属于甲、乙类的库房； 2. 跨度小于24m的火灾危险性不属于甲、乙类的生产厂房、库房； 3. 高度小于50m的放空火炬； 4. 高度小于30m的筒仓
丙	高度等于或小于24m的普通建筑和辅助性厂房
丁	1~2层的简易建筑，除建筑类别为甲、乙类以外的小型车间和库房

注：全厂性重要设施和火灾危险性分类应符合现行国家标准《石油化工企业设计防火规范》GB 50160的有关规定。

5.4.2 在湿陷性黄土地区，埋地管道、排水沟、雨水明沟和水池等与建(构)筑物、工艺设备之间的防护距离，不宜小于表5.4.2的规定。当不能满足要求时，应采取与建(构)筑物、工艺设备相应的防水措施。

表5.4.2 埋地管道、排水沟、雨水明沟和水池等与建(构)筑物、工艺设备之间的防护距离

建筑类别	地基湿陷性等级/m			
	Ⅰ	Ⅱ	Ⅲ	Ⅳ
甲	—		8~9	11~12
乙	5	6~7	8~9	10~12
丙	4	5	6~7	8~9
丁		5	6	7

注：1. 防护距离的计算，对建筑物，自外墙轴线算起；对高耸结构、工艺设备，自基础外缘算起；对水池，宜自池壁边缘(喷水池等宜自回水坡边缘)算起；对管道、排水沟，宜自其外壁算起。
2. 陇西地区和陇东—陕北—晋西地区，当湿陷性土层的厚度大于12m时，压力管道与各类建(构)筑物、工艺设备之间的防护距离，不宜小于湿陷性黄土层的厚度。
3. 当湿陷性土层内有碎石土、砂土夹层时，防护距离可大于表中数值。
4. 在建(构)筑物和工艺设备等布置、场地排水、屋面排水、地面防水、散水、排水沟、管道敷设、管道材料和接口等方面，采取措施防止雨水或生产、生活用水等渗漏的基本防水措施后，其防护距离不得小于一般地区的规定。
5. 地基湿陷性等级应按现行国家标准《湿陷性黄土地区建筑规范》GB 50025划分。

5.4.3 在湿陷性黄土地区，建(构)筑物、工艺设备防护范围内的给水管道、循环水管道、消防管道、排水管道、热力管道等水介质管道应设检漏管沟和检漏井。

5.4.4　在湿陷性黄土地区，地下管线的综合管沟内含有给水管道、循环水管道、消防管道、排水管道、热力管道时，宜采用半通行或通行管沟。管沟的盖板不宜明设，当明设和在人孔处，应采取防止地面水流入管沟内的措施。

5.4.5　在膨胀土和盐渍土地区，地下排水管道接口部位应防止渗漏，管道与建(构)筑物、工艺设备的基础外缘的净距不得小于3.0m。

6　管线综合设计图编绘(略)

7　管线施工(略)

8　地下管线探查(略)

9　地下管线测量(略)

10　管线综合现状图编绘(略)

11　管线竣工测量与地下管线探测报告(略)

12　管线综合信息管理系统(略)

附录 A　管线类别

表 A　管线类别

管线类别	举　例
给水管道	新鲜水、生活给水、生产给水、再生水(中水)等管道
循环水管道	循环冷水、循环热水、自流循环热水等
消防管道	消防给水、消防泡沫混合液等管道
排水管道	雨水、生活污水、生产废水、生产污水、雨污合流等管道以及排水沟渠等
热力管道	蒸汽、热水给水、热水回水、凝结水等管道
公用或工艺管道	净化风、非净化风、氧气、氢气、氮气及液化烃、可燃气体、可燃液体和甲、乙、丙类固体、注水、注聚等管道
燃气管道	天然气、液化气、煤气、瓦斯等管道
化学药剂与催化剂管道	酸溶液、碱溶液、氨溶液、催化剂等管道
电力线路	高压、低压、照明等线路
控制与电信	控制、电信、有线电视等线路
其他管道	排灰、排渣等管道

附录B 管线附属设施

表B 管线附属设施

管线类别	建(构)筑物	附属物
给水、循环水、消防管道	水源井、给水泵站、水塔、清水池、净化池、安全水池、消防泡沫站等	阀门、法兰、水表、弯头、三通、大小头、排气阀、排泥阀、预留接头、消火栓(炮)、阀门井、水表井等
排水管道(雨水、污水)	排水泵站、沉淀池、化粪池、净化构筑物、暗沟地面出口等	阀门、法兰、雨水口、进水口、出水口、排污装置、雨水井、污水井、跌水井、水封井、沉泥井、检查井、各种窨井等
热力、工艺、燃气管道	热交换站、调压房、煤气站、锅炉房、动力站、储气柜、冷却塔等	阀门、法兰、安全阀、伸缩器、排气(排水、排污)装置、凝水井、阀门井、检修井、各种窨井等
电力线路	变电所(站)、配电室、电缆井检修井、各种杆柱(塔)等	杆上变压器、露天地面变压器、照明设备、检修井、各种窨井等
控制与电信线路	变换站、控制室、电缆检修井,各种杆柱(塔)、增音站等	交接箱、分线箱(盒)、放大器、检修井等
其他管道	泵站、沉淀池、净化构筑物、地面出口等	阀门、法兰、伸缩器、排气(排水、排污)装置、凝水井、阀门井,检查井,各种窨井等

附录 C　常用管线及其附属物类别、代码和颜色

表 C. 0. 1　常用管线类别、代码和颜色

管线类别	管线名称	英文代码	中文代码	颜　色
给水 Water Supply	给水 Water Supply	WS	J	蓝色
	原水 Raw Water	RW	YUS	
	新鲜水 Fresh Water	FRW	S	
	生活给水 Domestic Water	DW	HS	
	生产给水 Production Water	PW	CS	
	海水给水 Sea Water Supply	SWS	HAS	
	软化水 Softened Water	SFW	RHS	
	除盐水 Desalted Water	DSW	CYS	
	脱氧水 Deaerated Water	DEW	CAS	
	低硅给水 Low Silica Water	LSW	DGS	
	再生水 Recyling Water	RECW	ZSS	
	中水 Reclaimed Water	REW	ZS	
循环水 Circulation Water	循环水 Circulation Water	CW	XHS	深绿色
	循环冷却给水(循环冷水) Cooling Water Supply	CWS	XI	
	循环冷却回水(循环热水) Cooling Water Return	CWR	XR	
消防 Fire Protection	消防 Fire Protection	FP	XF	大红色
	消防水 Fire Fighting Water	FW	XF	
	泡沫混合液 Foam Solution	FS	XFY	

续表

管线类别	管线名称	英文代码	中文代码	颜色
排水 Drainage	排水 Drainage	DR	P	褐色
	生活污水 Sanitary Drainage	SD	HW	
	生产污水 Production Drainage	PD	CW	
	含油污水 Oily Drainage	OD	UW	
	含盐污水 Salt Drainage	SAD	YW	
	含酸污水 Acid Drainage	AD	SW	
	含碱污水 Alkaline Drainage	ALD	JW	
	含硫污水 Sulphide Drainage	SUD	LW	
	生产废水 Production Waste Water	PWW	FES	
	清净废水(无污染废水) Non - Polluted Water	ND	QFS	
	处理后排水 Treated Drainage	TD	CPS	
	污水回用水 Reused Drainage	RUD	WHS	
	雨水 Rain Drainage	RD	YS	
	雨污合流 Rainwater&Sewage	RS	YW	
	循环冷却水排污 Cooling Water Drainage	CWD	XHW	
	海水回水 Sea Water Return	SWR	HHS	
热力 Heating	热力 Heating	HE	R	橘黄
	蒸汽 Steam	ST	ZQ	
	凝结水 Condensed Water	CDW	NJS	
	热水给水 Hot Water Supply	HWS	RJS	
	热水回水 Hot Water Return	HWR	RHS	

续表

管线类别	管线名称	英文代码	中文代码	颜　色
工艺 Petrochemical Process	工艺流体 Process fluid	P	GL	天酞蓝
	净化压缩空气(净化风) Instrument Air	IA	JHF	
	非净化压缩空气(非净化风) Plant Air	PA	FJHF	
	氧气 Oxygen	O_2	YQ	
	氢气 Hydrogen	H_2	QQ	
	氮气 Nitrogen	N_2	DQ	淡黄色
	液化烃 Liquid Hydrocarbon	LH	YHT	紫色
	可燃气体 Combustible Gas	CG	KRQT	
	可燃液体 Combustible Liquid	CL	KRYT	
	固体(甲、乙、丙类) Solid	SOI	GT	
	排灰 Process Dust	PD	PH	
	排渣 Process Residue	PR	PZ	
燃气 Fuel Gas	燃料气 Fuel Gas	FG	RLQ	
	天然气 Natural Gas	NG	TRQ	
	压缩天然气 Compressed Natural Gas	CNG	STRQ	
	液化天然气 Liquefied Natural Gas	LNG	YTRQ	
	液化石油气 Liquefied Petroleum Gas	LPG	YHQ	
	煤气(瓦斯) Coal Gas	COG	MQ	

续表

管线类别	管线名称	英文代码	中文代码	颜 色
化学药剂 Chemical Agent 催化剂 Catalyst	化学药剂 Chemical Agent	CH	HXYJ	粉红色
	液碱 Caustic Solution	CS	YJ	
	碱液 Alkaline Solution	QH	JY	
	氨水 Ammonia Water	AW	AS	
	液氨 Liquid Ammonia	LA	YA	
	酸液 Acid Solution	AS	SY	
	催化剂 Catalyst	CAT	CHJ	
电力 Electric Power	电力 Electric Power	EP	DL	红色
	动力电缆 Power Cable	PC	D	
	高压电缆 High Power Cable	HPC	GYD	
	低压电缆 Low Power Cable	LPC	DYD	
	照明电缆 Lighting Cable	LGC	ZMD	
电信 Telecommunication 控制电缆 Control Cable	电信 Telecommunication	TE	DX	
	控制(仪表)电缆 Control(Meter)Cable	CNC	KD	
	通讯电缆 Communication Cable	CMC	TD	
	有线电视 CATV Cable	TV	DSD	
	光缆 Optical Fiber Cable	OC	GL	
其他 Others	其他 Others	OT	QT	黑色
	综合管沟 General Pipeline	GP	ZHGG	
	未知管道 Unknown Pipeline	UP	WZ	
	废弃管道 Disused Pipeline	DP	FQ	

注：对表中未列管道，可按其介质的汉语拼音名称和英文名称的缩写，分别编制管道的中文代码和英文代码。

表 C. 0. 2　常用管线附属物代码

管线类别	附属物名称	英文代码	中文代码
给水、循环、水消防	阀门井 Valve Manhole	VM	FMJ
	消防栓 Fire Hydrant	FH	XFS
	消防炮 Fire Monitor	FM	XFP
	排气阀 Relieve Valve	RV	PQF
	排污阀 Bleed Valve	BV	PWF
	泵站 Pump Station	PS	BZ
	水表 Water Meter	WM	SB
排水	雨水口 Catch Rasin	CB	YSK
	雨水井 Rainwater Manhole	RM	YSJ
	污水井 Sewage Manhole	SM	WSJ
	跌水井 Drop Manhole	DM	DSJ
	水封井 Seal Manhole	SM	SFJ
	冲洗井 Blushing Manhole	BM	CXJ
	检查井 Inspect Manhole	IM	JCJ
热力、工艺、燃气、化学药剂、催化剂	伸缩器膨胀节 Expansion Joint	EJ	SSQ
	排气(水、污)装置 Exhaust	EX	PQ(PS, PW)
	凝水井 Condensed Water Manhole	CWM	XSJ
	阀门 Valve	V	FM
	调压箱 Pressure Regulating Box	PB	TYX
	检修井 Manhole	MH	JXJ

续表

管线类别	附属物名称	英文代码	中文代码
电力电信	变压器 Transformer	TR	BYQ
	变电站 Transformer Substation	TS	BDZ
	配电房 Distribution Station	DS	PDF
	控制箱 Control Box	CB	KZX
	分线箱 Distribution Box	DB	FXX
	交接箱 Junction Box	JB	JJX
	杆柱(塔) Tower	TW	GT
	灯杆 Lamp Pole	LP	DG

附录 D 管线综合竣工成果(略)

附录 E 地下管线探测(略)

附录 F 地下管线数据库基本结构(略)

本规范用词说明

1　为便于在执行本规范条文时区别对待，对要求严格程度不同的用词说明如下：

1）表示很严格，非这样做不可的：

正面词采用“必须”；反面词采用“严禁”。

2）表示严格，在正常情况下均应这样做的：

正面词采用“应”；反面词采用“不应”或“不得”。

3）表示允许稍有选择，在条件许可时首先应这样做的：

正面词采用“宜”；反面词采用“不宜”。

4）表示有选择，在一定条件下可以这样做的，采用“可”。

2　条文中指明应按其他有关标准执行的写法为：“应符合……的规定”或“应按……执行”。

引用标准名录

下列标准中的条款通过本规范的引用而成为本规范的条款。

凡是注明日期的引用文件，其随后所有的修改单(不包括勘误的内容)或修订版均不适用于本规范。然而，鼓励根据本规范达成协议的各方研究是否使用这些文件的最新版本。凡是不注明日期的引用文件，其最新版本适用于本规范。

《石油化工企业设计防火规范》GB 50160

《湿陷性黄土地区建筑规范》GB 50025

《工程测量规范》GB 50026

《建筑地基基础工程施工质量验收规范》GB 50202

《建设工程监理规范》GB 50319

《建筑边坡工程技术规范》GB 50330

《信息技术软件生存周期过程》GB/T 8565

《石油化工总图运输设计图例》SH 3084

《石油化工工程测量规范》SH 3100

《石油化工企业现状图图式》SH/T 3133

《石油化工给水排水管道工程施工及验收规范》SH 3533

《建筑基坑支护技术规程》JGJ 120

《全球定位系统城市测量技术规程》CJJ 73

3. 石油化工厂区绿化设计规范

（SH 3008—2000
代替 SHJ 8—89）

目　　录

1 总 则

1.0.1 本规范适用于新建石油化工企业厂区绿化设计，扩建、改建工程可参照执行。

1.0.2 厂区绿化设计，应贯彻因地制宜、有利生产、保障安全、美化环境、节约用地、经济合理的原则。

1.0.3 执行本规范时，尚应符合现行有关强制性标准规范的规定。

2 术 语

2.0.1 厂区 plant areas

由工艺装置、储运设施、公用设施、辅助生产设施和行政管理及福利设施等组成的区域。

2.0.2 绿化 green areas

种植植物(树木、花卉、草皮等)，以改善自然环境和人类生存条件。

2.0.3 乔木 arbor trees

树干高大、主干与分枝有明显区别的木本植物，如松、柏、杨、白桦等。

2.0.4 灌木 bushes

无明显主干、矮小而丛生的木本植物，如荆、玫瑰、茉莉等。

2.0.5 常绿树 evergreen trees

终年具有绿叶的乔木或灌木。

2.0.6 落叶树 deciduous trees

秋、冬季节或旱季树叶全部脱落的乔木或灌木。

2.0.7 速生树 fast-growing trees

生长快的树木，早期绿化效果好，容易成荫。但有的寿命较短，如杨、桦等，往往三十年后衰老，需要及时更新、补充。

2.0.8 慢生树 slow-growing trees

生长慢的树木。如樟、柏、银杏等，要三、四十年时间见效，寿命长，一般在百年以上。

2.0.9 绿篱 green fences

将植物成行密植．用以代替篱笆、栏杆和墙垣的绿化形式。

2.0.10 草坪 lawns

人工铺植草皮或播种草子而培植成的整片绿色地面。

2.0.11 地被植物 short vegetation

覆盖在最接近地表面的木本或多年生草本植物．

2.0.12 垂直绿化 vines

利用攀缘植物装饰建筑物墙面、棚架或栏杆的绿化形式。

2.0.13 行道树 trees along roads

种植在道路或公路两旁的树木。

2.0.14 观赏性植物 decorative plants

供人们欣赏其姿态，色彩、花朵或果实的树木及花草。

2.0.15 乡土植物 local vegetation

在本乡本土生长的植物。

2.0.16 花圃 flower nursery

栽培花草的园地。

2.0.17 苗圃 plant nursery

栽培苗木的园地。

3 基本规定

3.1 一般规定

3.1.1 厂区绿化设计。应根据工厂的总图布置、生产特点、消防安全、环境特征，以及当地的土壤情况、气候条件、植物习性等因素综合考虑，合理布置和选择绿化植物。

3.1.2 厂区绿化布置，应符合下列要求：

1 与总平面布置、竖向布置、管线综合相适应，并与周围环境和建(构)筑物相协调；

2 不得妨碍工艺装置、储运设施等散发的有害气体的扩散；

3 不得妨碍道路和铁路的行车安全；

4 不得妨碍生产操作、设备检修、消防作业和物料运输；

5 充分利用通道、零星空地及预留地。

3.1.3 厂区绿化植物的选择，应符合下列要求：

1 根据工艺装置、生产厂房或设施的生产特点、污染状况和环保要求，选择相应的抗污、挣化、减噪或滞尘力强的植物；

2 根据工艺装置、生产厂房或设施的防火、防爆和卫生要求，选择有利于安全生产和职业卫生的植物；

3 根据美化环境的要求，选择观赏性植物；

4 选择易于成活、病虫害少及养护管理方便的植物；

5 根据当地土壤、气候条件和植物习性。选择乡土植物和苗木来源可靠、产地近、价格适宜的植物。

3.1.4 厂区绿化设计，应根据环境特点、美化要求、植物习性等因素．常绿树与落叶树、乔木与灌木、速生树与慢生树、花卉与草皮适当搭配、合理布置，并可根据厂区用地的具体情况，设置小型花圃和苗圃。

3.1.5 厂区绿化设计指标，应以厂区绿化用地系数表示．并应符合下列要求：

1 位子一般地区的企业，不应小于12%；

2 位于沙漠、盐碱地等特殊地区的企业，可根据具体情况确定；

3 厂区绿化用地系数应按附录A计算确定。

3.1.6 厂区绿化应配置必要的绿化技术人员。

3.2 工艺装置区

3.2.1 工艺装置区周围．不得种植飞扬毛絮、含油脂的树木。

3.2.2 散发有害气体的工艺装置周围，宜广植地被植物和草皮，稀植矮小乔木、灌木。

3.2.3 散发粉尘的工艺装置周围，宜种植枝叶繁茂、滞尘能力强的树木，并配置草皮或其他地被植物。

3.2.4 有强噪声的工艺装置周围，宜种植减噪声效果好的绿篱或分枝低、枝叶茂密的常绿乔木、灌木。

3.2.5 仪表控制室和其他人员比较集中的建筑物以及工艺装置出入口等处的周围，宜适当配置观赏性植物。

3.2.6 工艺装置与周围消防道之间不宜种植绿篱或茂密的灌木丛。

3.3 罐区和装卸设施区

3.3.1 可燃液体罐组防火堤内的场地，不得种植树木。气候适宜的地区，可种植生长高度小于15cm、含水分多的常绿的草皮或其他地被植物。

3.3.2 可燃液体罐组防火堤周围的绿化，应符合下列要求：

1 树木与相邻储罐的距离，应大于其成树高度的1.1倍；

2 树木的成树高度应矮于与其相邻的储罐高度；

3 罐组与其相邻的消防道之间，不宜种植绿篱或茂密的灌木丛；

4 不得妨碍消防作业和安全检查。

3.3.3 可燃气体、液化烃罐组防火堤内严禁绿化；防火堤与周围消防道之间不宜绿化。

3.3.4 铁路和汽车装卸设施区的绿化，不应妨碍安全行车视线、信号及照明：不得种植含油脂的树种。

3.3.5 可燃液体罐区、液化烃的罐区、铁路及汽车装卸设施区与工艺装置区、公用设施区和辅助生产设施区相邻的一侧，宜种植易吸附油汽的树种；靠厂区边缘的一侧，宜稀植含水分多的阔叶乔木。

3.4 公用设施及辅助生产设施区

3.4.1 化验室、冷冻站、氮(氧)气站和压缩空气站周围，宜混合种植常绿乔、灌木；树木与建筑物之间的空地可种植草皮、花卉，但不得种植飞扬毛絮的植物。

3.4.2 动力站周围的绿化，宜以减噪声为主，宜种植树冠低垂的阔叶乔木及灌木。锅炉房堆煤场周围，宜种植对二氧化硫、氮氧化合物和烟尘抗性强、净化力强的植物。

3.4.3 变电站内，宜种植低矮常绿灌木、花卉和草皮，不得种植飞扬毛絮的植物。

3.4.4 机修车间周围的绿化，宜以减噪、净化、防尘为主，种植阔叶乔木和灌木；电修、仪修车间周围的绿化，宜合理配置常绿树、花卉和草皮，但不得种植飞扬毛絮的植物。

3.4.5 给水处理设施的周围，宜种植乔木和灌木。并配以草皮和花卉，但不得种植飞扬毛絮的植物。

3.4.6 循环水场周围的绿化。不应妨碍冷却塔进风口的通风，并应符合下列要求。

1 冷却塔周围不应成排种植大乔木；

2 冷却塔附近宜种植耐荫、耐湿，耐油汽的成丛灌木、单株小乔木及草皮；

3 不得种植飞扬毛絮的植物。

3.4.7 污水处理场沉淀池和氧化塘周围，宜种植抗污力强的高大常绿树；曝气池周围，宜种植不影响通风的抗污力强的植物，并宜多种植芳香植物。

3.4.8 埋地管线的地面及其附近，宜种植草皮、花卉或根系小于70cm的灌木；架空管线和管廊的附近，宜种植耐修剪的灌木以及草皮、花卉。

3.4.9 全厂性仓库周围，宜种植树干直、分叉点高、病虫害少的乔木和灌木；易燃、易爆物品库棚周围，宜种植生长高度不超过15cm、含水分多的常绿草皮；电气、仪器设备库的周围，不得种植飞扬毛絮的植物。

3.4.10 火炬设施周围，不宜绿化。

3.5 行政管理及福利设施区

3.5.1 行政管理及生活福利设施区与其他区相邻的一侧，宜种植绿篱或种植乔木、灌木，组成多层次的绿地。

3.5.2 行政管理及生活福利设施的周围和工厂大门出入口附近的绿化，宜注重景观效果，合理布置常绿树、落叶树、草皮和花卉；建筑物可垂直绿化。

3.5.3 汽车库、消防车库的露天停车场有遮阴要求时，可在场地周围种植高大、挺直、树冠大的阔叶乔木。

3.6 道路和铁路

3.6.1 主干道的行道树，宜种植树干挺直、树冠开张、枝叶繁茂、分枝点高的抗污、净化力强的阔叶树，并宜常绿树与落叶树适当搭配。

3.6.2 工艺装置区、公用设施区和辅助生产设施区的次干道，应根据各区的污染情况，种植抗污和净化力强的行道树。

3.6.3 人行道一侧或两侧，可适当配置绿篱、草皮和花卉。

3.6.4 消防车道两侧的绿化。必须符合消防车安全行驶和消防作业的要求。

3.6.5 在道路弯道的横净距和交叉口的视距三角形范围内的绿化，应符台现行《厂矿道路设计规范》GBJ 22的视距要求。

3.6.6 在铁路线路两侧以及道路与铁路平交道附近的绿化，应符合现行《工业企业标准轨距铁路设计规范》GBJ 12的视距要求。

3.7 树木与有关设施的距离

3.7.1 绿化布置的树木与建(构)筑物的最小水平间距，应符合表3.7.1的规定。

表 3.7.1 树木与建(构)筑物的最小水平间距(m)

序 号	建(构)筑物	乔木中心	灌木中心
1	测量控制点	2.0	1.0
2	有窗建筑物外墙	3.0~5.0	1.5
3	无窗建筑物外墙	2.0	1.5
4	道路路面缘石外缘	1.0	0.5
5	挡土墙脚外缘	2.0	0.5
6	人行道边缘	0.5	0.5
7	围墙(高度≥2m)外缘	2.0	1.0
8	围墙(高度<2m)外缘	1.0	0.5
9	管架及管廊外缘	2.0	1.0
10	天桥、栈桥外缘及照明电杆中心	3.0	不限
11	冷却塔外缘	淋水装置高度的1.5倍	不限
12	排水明沟外缘	1.0	0.5
13	厂内铁路中心线	5.0	3.5

注：1. 树木中心至公路型单车道路面缘石外缘的距离，不应小于2m；
2. 树木中心至建(构)筑物基础外侧的最小距离。在非自重湿陷性黄土地区为5m，在自重湿陷性黄土地区为7m；
3. 树木中心至有窗建筑物外墙的最小距离，小乔木取小值，大乔木取大值。

3.7.2 绿化布置的树木与地下管线的最小水平间距，应符合表3.7.2的规定。

表 3.7.2 树木与地下管线的最小水平间距(m)

序号	地下管线名称	乔木中心	灌木中心
1	给水管道	1.5	不限
2	排水管道	1.5	不限
3	热力管道	2.0	1.5
4	煤气管道(低中压)	2.0	1.5
5	乙炔、氧气管道	2.0	1.5
6	压缩空气管道	2.0	1.5
7	石油管道	2.0	1.5
8	天然气管道	2.0	1.5
9	液化石油气管道	2.0	1.5
10	10kV以下电力电缆	1.5	0.5
11	照明、通讯、仪表电缆	1.0	0.5
12	电力及工艺热力管沟外壁	1.5	0.5

注：1. 树木与地下管线的距离是指树木中心与管线外缘的净距；
2. 高大乔木与给水管道，污水管道最小水平间距为2m。

3.7.3 绿化布置的树木与架空电力线路的最小垂直及水平净距，应符合表3.7.3的规定。

表3.7.3 树木与架空电力线路的最小净距(m)

序号	名称	最小垂直净距	最小水平净距
1	1kV以下	1.0	1.0(3.0)
2	1～10kV	1.5	2.0(3.0)
3	35～110kV	3.0	3.0(3.5)

注：1. 水平净距系指最大计算风偏情况下外侧导线至树梢的距离；
2. 垂直净距系指最大计算孤垂情况下导线至树梢的距离；
3. 水平净距栏内．无括号的数字为行道树与架空电力线路的距离，有括号的数字为绿化区树木与架空电力线路的距离。

附录A 厂区绿化用地系数的计算

A.0.1 厂区绿化用地系数应按下列公式计算：

$$Q = \frac{W}{M} \cdot 100\%$$

式中 Q——厂区绿化用地系数(%)；

W——厂区绿化用地计算面积(m^2)，按表A.0.1计算；

M——厂区占地面积(m^2)，按厂区围墙坐标计算。

表A.0.1 厂区绿化用地计算面积(m^2)

序号	植物类别	用地计算面积	备注
1	单株乔木	2.25	
2	单行乔木	$1.50 \times L$	
3	多行乔木	$(B+1.50) \times L$	
4	单株大灌木	1.00	
5	单株小灌木	0.25	
6	单行绿篱	$0.50 \times L$	
7	多行绿篱	$(B+0.50) \times L$	
8	草坪、花坛	按实有面积	在草坪中的乔、灌木不另计用地面积
9	花圃、苗圃	按实有面积	

注：1. 厂区占地面积不包括厂区预留地的面积，厂区绿化用地计算面积不包括厂区预留地的绿化用地计算面积；

2. 表中B为多行乔木或绿篱的总行距(m)，L为多行乔木或绿篱的行长(m)。

用词说明

对本规范条文中要求执行严格程度不同的用词，说明如下：

(一)表示很严格，非这样做不可的用词：

正面词采用“必须”；

反面词采用“严禁”。

(二)表示严格，在正常情况下均应这样做的用词：

正面词采用“应”；

反面词采用“不应”或“不得”。

(三)表示允许稍有选择，在条件许可时首先应这样做的用词：

正面词采用“宜”；

反面词采用“不宜”。

表示有选择，在一定条件下可以这样做，采用“可”。

附资料 防污染绿化植物简介

选择防污染绿化植物时，可参考《防污绿化植物》(科学出版社1978年版)、《石油化工总图运输设计参考资料》第3册(化工部总图运输设计技术中心站1976年出版)、《化工企业绿化》(化工出版社1982年版)、《城市园林绿化手册》(北京出版社1983年版)。但是，有些植物。因种植地的不同，其防污性能会呈现差异；随着科学技术的发展，防污植物的种类及其适种范围也会有所变化。因此，选择厂区绿化防污植物时，最好咨询当地园林部门。为方便石油化工厂区绿化设计，现将部分防污绿化植物摘录如下，仅供参考。

附表-1 我国北部(华北、东北、西北)地区的防污绿化树种

抗有害气体的绿化树种		
所抗气体	抗性特征	植物名称
二氧化硫	抗性强	构树、皂荚、华北卫矛、榆树、白蜡、沙枣、柽柳、臭椿、旱柳、侧柏、瓜子黄杨、紫穗槐，加拿大白杨、枣、刺槐
	抗性较强	梧桐、丝棉木、槐树、合欢、麻栎、紫藤、板栗、衫松，柿、山楂、桧柏、白皮松、华山松、云衫、杜松
氯气	抗性强	构树、皂荚、榆树、白蜡、沙枣、柽柳、臭椿、侧柏、杜松 、枣、五叶地锦、地锦、紫藤
	抗性较强	梧桐、丝棉木、槐树、合欢、板栗、刺槐、银杏、华北卫矛、衫松、桧柏、云杉
氟化氢	抗性强	构树、皂荚、华北卫矛、榆树、白蜡、沙枣，柽柳 、臭椿、云杉、侧柏、杜松、枣、五叶地锦
	抗性较强	梧桐、丝木棉、槐树、刺槐、衫松、山楂、桧柏
氯化氢		紫藤、构树、臭椿、华北卫矛、榆树、沙枣、柽柳、槐树、丝棉木、刺槐
臭 氧		银杏
净化空气的绿化树种		
净化功能		植物名称
吸收有害气体		银杏、桑树，构树、加拿大白杨、毛白杨、刺槐、梧桐、板栗、紫穗槐、沙枣、榆树、皂荚、华北卫矛、山楂、瓜子黄杨、侧柏、垂柳、旱柳、槐树、桧柏
吸滞粉尘		刺槐、沙枣、槐树、榆树、核桃、构树、侧柏、桧柏、梧桐
注：本表资料录自《防污绿化植物》。		

附表-2 我国中部地区的防污绿化树种

抗有害气体的绿化树种		
所抗气体	抗性特征	植物名称
二氧化硫	抗性强	大叶黄杨、海桐、蚊母、棕榈、青冈栎、夹竹桃、瓜子黄杨、石栎、绵槠、无花果、风尾兰、枸橘、构树、枳橙、蟹橙、柑橘、金橘、大叶冬青、山茶、厚皮香、冬青、枸骨、胡颓子、樟叶槭、女贞、小叶女贞、丝绵木、广玉兰
	抗性较强	珊瑚树、梧桐、臭椿、朴树、桑树，槐树、玉兰、木槿、鹅掌楸、紫穗槐、刺槐，紫薇，麻栎、合欢、泡桐、樟树、梓树、楸树、紫藤、板栗、石楠、石榴、柿、罗汉松、侧柏、楝、白蜡、乌桕、榆树、桂花、桅子、龙柏、皂荚、枣
氯气	抗性强	大叶黄杨、青冈栎、龙柏、蚊母、棕榈、枸橘、枳橙、夹竹桃、瓜子黄杨、山茶、木槿，海桐、凤尾兰、构树、无花果、丝绵木、胡颓子、柑橘、枸骨、广玉兰
	抗性较强	珊瑚树、梧桐、臭椿、女贞、小叶女贞、桑树、麻栎、板栗、玉兰、紫薇、朴树、楸树、梓树、石榴、合欢、罗汉松、榆树、皂荚、刺槐、白蜡、栀子、槐树、泡桐

续表

抗有害气体的绿化树种		
所抗气体	抗性特征	植物名称
氟化氢	抗性强	大叶黄杨、蚊母、海桐、棕榈、构树、夹竹桃、枸橘、枳橙、广玉兰、青冈栎、无花果、柑橘、风尾兰、山茶、油茶、茶树、瓜子黄杨、丝绵木
	抗性较强	珊瑚树、女贞、小叶女贞、紫薇、臭椿、龙柏、朴树、桑树、皂荚、樟树、榆树、楸树、梓树、玉兰、刺槐、石楠、泡桐、梧桐、垂柳、乌桕、石榴、白蜡
氯化氢		瓜子黄杨、无花果、大叶黄杨、构树、凤尾兰
硫化氢		构树、桑树、无花果、瓜子黄杨、海桐、泡桐
二氧化氮		构树、桑树、无花果、泡桐、石榴
臭　氧		樟树
净化空气的绿化树种		
净化功能		植物名称
吸收有害气体		构树、桑树、枸桔、棕榈、珊瑚树、大叶黄杨、刺槐、臭椿、乌柏、女贞、垂柳、加拿大白杨、悬铃木、山茶、柑桔、厚皮香、紫薇、槐树、海桐、梧桐、紫穗槐、板栗、榆树、樟树、丝绵木
吸滞粉尘		板栗、朴树、木槿、梧桐、泡桐、悬铃木、女贞、广玉兰、臭椿、龙柏、桧柏、楸树、刺槐、樟树、构树、桑树、夹竹桃、、丝绵木、紫薇、乌桕

注：1. 我国中部地区包括华东、华中、西南部分地区以及陕西、甘肃南部地区；
2. 本表资料录自《防污绿化植物》。

附表－3　我国南部(华南及西南部分)地区的防污绿化树种

抗有害气体的绿化树种		
所抗气体	抗性特征	植物名称
二氧化硫	抗性强	夹竹桃、棕榈、构树，印度榕、高山榕、樟叶槭、楝树、扁桃、盆架子、红背桂、松叶牡丹、芒果、广玉兰、小叶驳骨丹、细叶榕
	抗性较强	菩提树、桑树、鹰爪、番石榴、银桦、人心果、蝴蝶果、木麻黄、兰桉、黄槿、蒲桃、阿珍榄仁、黄葛榕、红果仔、米仔兰、树菠萝、石栗、樟树、海桐
氯气	抗性强	夹竹桃、构树、棕榈、樟叶槭、盆架子、印度榕、松叶牡丹、小叶驳骨丹、广玉兰
	抗性较强	高山榕、细叶榕、菩提树、桑树、黄槿、蒲桃、石栗、人心果、番石榴、木麻黄、米仔兰、兰桉、蒲葵、蝴蝶果，黄葛榕、鹰爪、扁桃、芒果、银桦、桂花
氟化氢		夹竹桃、棕榈、构树、广玉兰、桑树、银桦、兰桉
硫化氢		构树
二硫化炭		构树
净化空气的绿化树种		
净化功能		植物名称
吸收有害气体		构树、桑树、枸桔、棕榈、大叶黄杨、兰桉、银桦、樟叶槭、红背桂、番石榴、小叶驳骨丹、夹竹桃、阿珍榄仁、红果仔、树菠萝、黄槿、人心果、蝴蝶果、木麻黄、盆架子、菩提树、蒲桃、石栗、樟树
吸滞粉尘		构树、桑树、广玉兰、刺槐、兰桉，银桦、菩提树、印度榕、高山榕、黄葛榕

注：本表资料录自《防污绿化植物》。

附表 -4　对乙烯、苯、醛等有害物质的防污植物

防污植物	防污范围	防污植物	防污范围
樟树	乙烯	乌桕	乙烯
皂荚	铅蒸气	石粟	盐酸雾
紫藤	乙烯	番石榴	盐酸雾
刺槐	化学光烟雾、铅蒸气	石榴	铅蒸气、汞蒸气
二球悬铃木	苯、苯酚、乙醚、乙烯	大叶黄杨	汞蒸气
加拿大白杨	醛、酮、醇、醚、安息香、砒啉	沙枣	醛、酮、醇、醚、安息香、砒啉
毛白杨	苯	臭椿	铅蒸气
旱柳	苯、酚	白蜡	汞蒸气
构树	乙炔、苯	女贞	铅蒸气、乙烯
无花果	硝酸雾、苯	桂花	汞蒸气
银桦	煤烟	夹竹桃	乙烯
木槿	硝酸雾	包泡桐	硝酸雾
珊瑚树	汞蒸气	棕榈	汞蒸气

注：本表资料录自《化工企业绿化》。

附表 -5　对有害气体抗性较强的常见草本植物

防污植物	防污范围	防污植物	防污范围
蜀葵	二氧化硫、三氧化硫、氯化氢	狗牙根	二氧化硫
金鱼草	二氧化硫、氟化氢	石竹	二氧化硫、三氧化硫
耧斗菜	二氧化硫	钓钟柳	二氧化硫
蜘蛛抱蛋	氟化氢	假俭草	二氧化硫
野牛草	二氧化硫	京大戟	氟化氢
金盏菊	二氧化硫、三氧化硫	唐菖蒲	二氧化硫
美人蕉	二氧化硫、三氧化硫、氟化氢、氯化氢	萱草	氟化氢
朝天椒	二氧化硫、氯化氢	凤仙花	二氧化硫、三氧化硫
羊胡子草	二氧化硫	金光菊	二氧化硫
鸡冠花	氯化氢	鸢尾	二氧化硫
仙人掌类	二氧化硫、氯化氢	地肤	二氧化硫
菊花	二氧化硫、氟化氢、氯化氢	香豌豆	氟化氢
大花金鸡菊	二氧化硫	金银花	氟化氢、二氧化硫
紫罗兰	二氧化硫	水仙	氟化氢
紫茉莉	二氧化硫、氯化氢	母菊	二氧化硫
七叶一枝花	氟化氢	蓖麻	二氧化硫、氟化氢
天竺葵	氯气	一串红	氯化氢
虎耳草	氟化氧	景天三七	氟化氢、二氧化硫

续表

防污植物	防污范围	防污植物	防污范围
牵牛	二氧化硫	葱兰	氟化氢、氯化氢
晚香玉	二氧化硫	加拿大一枝黄花	二氧化硫
半枝蓬	二氧化硫	万寿菊	二氧化硫
仙客来	二氧化硫	结缕草	二氧化硫
注：1. 本表包括花卉、草皮及药用植物； 2. 本表资料录自《防污绿化植物》。			

附表 -6 耐烟尘、耐旱、耐湿、防火树种

特性	用途	树种
耐烟尘	行道树	臭椿、槐、苦楝、皂荚、洋槐、榆、麻栎，白杨、柳，香樟，悬铃木，榕树、凤凰木
	庭院树	海桐、黄杨、榧、粗榧、槠、青冈栎、楠、菠萝树、女贞、朴、冬青、广玉兰、珊瑚树、石楠、夹竹桃、厚皮香、构骨、榉、山樱、银杏
耐旱	行道树	木麻黄、臭椿、洋槐、栾、槐、榆、台湾相思
耐湿	行道树	楝、枫杨、枫香、白杨、黑杨、重杨木、乌桕、柳、小叶桉、木麻黄、梧桐、榆、香樟、木棉、水松、落叶松、水杉、水曲柳、白蜡、榉、悬铃木、无患子、三角枫、七叶树
	庭院树	桦木、垂柳
耐盐碱	行道树	椰子、油棕、木麻黄、台湾相思、楝、榆、小叶杨、臭椿、洋槐、槐、柳、侧柏、加拿大白杨、黑松、水曲柳
防火	行道树	麻栎、臭椿、苦木、构骨、棕榈、金钱松、槐、洋槐、柳、白杨、悬铃木
	庭院树	珊瑚树，银杏、厚皮香、山茶、油茶、罗汉松、海桐、冬青、女贞、槠、青冈栎、黄杨、楠、槲、泡桐
注:本表资料录自《石油化工总图运输设计参考资料》第3册。		

附表 -7 地被植物

名称	返青枯黄期	特性
野牛草	4月中旬返青,10月下旬枯黄,绿色期为180~190天	抗寒、抗旱、耐践踏、杂草不易侵入
羊胡子草	3月中旬返青,11月下旬枯黄,绿色期为240~250天	抗寒、抗旱、不耐践踏、耐修剪
结缕草	4月中旬返青,10月下旬枯黄,绿色期为170~180天	抗寒、抗旱、耐践踏
地椒(百里香)		北京地区可露地越冬
半枝莲(牙刷草)		耐寒冷
半边莲(半边花)		耐寒冷,北京地区可露地越冬
金钱草(莲钱草)		耐寒冷
垂盆草		耐寒冷,北京地区可盖草帘越冬
知母		耐寒冷．北京地区不用防寒物
蛇莓(宝珠草)		可越冬
注:1. 本表资料录自《城市园林绿化手册》; 2. 另有羊矛草(禾本科,多年生,耐寒,耐旱、耐盐碱,在南方冬季也不枯黄)、早熟禾(禾本科,两年生,耐荫、耐寒,冬季常绿,能在 -10℃温度下生长)、草地早熟禾(禾本科,多年生,抗寒力极强,耐旱、耐践踏,冬季常绿, -9℃低温下不枯黄)、黑麦草(禾本科,多年生,抗霜、耐寒、耐荫、耐湿,适应性强)。		

4. 石油化工厂区竖向布置设计规范

（SH/T 3013—2000
代替 SHJ 13—89）

目　　录

1 总 则

1.0.1 本规范适用于石油化工厂区新建、扩建及改建工程的竖向布置设计。

1.0.2 执行本规范时，尚应符合现行有关强制性标准规范的规定。

2 术 语

2.0.1 连续式平土 Continuous levelling

在整块场地上连续进行平整工程。

2.0.2 重点式平土 Special levelling

在建(构)筑物、运输线路等设施的用地范围内及附近的局部场地进行平整工程，其他地段保留原有地形，以节省填挖方工程量。

2.0.3 平坡式 Vertical layout with slight slope

是把场地处理成接近于自然地形的一个或几个坡向的整平面，整平面之间的连接平缓，无显著高差变化。

2.0.4 阶梯式 Venical layout with terrace

是把场地处理成由几个标高差较大的不同整平面(台阶)相连接而成，相邻整平面(台阶)间以陡坡或挡土墙连接。

2.0.5 土壤等级 Soil class

按照土质的压缩性(或土壤含砂率)进行分类的土的级别。

3 竖向布置原则

3.0.1 厂区竖向布置应综合考虑下列要求：

1 应与区域总体布置和总平面布置相协调，并充分利用和合理改造自然地形，为全厂各区提供合理高程的用地；

2 应适应工厂工艺流程、厂内外运输装卸及管道敷设对坡向、坡度、高程的要求；

3 应使厂区不受洪水、潮水及内涝的威胁；

受洪水、潮水威胁的厂区，场地最低设计标高应高于设计频率水位0.5m，当有波浪侵袭或壅水现象时，尚应加上波浪侵袭或壅水高度。当厂区设有有效和可靠的防洪排涝设施时，可不受此限；

4 应避免深挖高填，并应依据地形、地质条件和结合地基处理方案合理确定填挖高度；

5 应力求场地平整土石方量最小，经济合理，使填挖接近平衡，调运路程短捷方便；

6 分期建设的厂区，应统一考虑厂区竖向布置。

3.0.2 厂区竖向布置宜优先考虑连续式平土方式。山区建厂时可根据地形、总平面布置、交通运输及管网密度等因素合理选择连续式或重点式。

3.0.3 膨胀土地区、湿陷性黄土地区等特殊地质地区的竖向布置，尚应符合有关现行的国家标准规范的规定。

4 竖向布置方式

4.0.1 竖向布置应根据厂区地形特征、装置布置及街区(单元)与铁路和道路的连接条件，采用平坡式或阶梯式。

4.0.2 以下地形条件的厂区布置宜采用平坡式：

1 场地自然坡度不大于1.0%的厂区；

2 场地自然坡度为1.1%~2.0%，其宽度不大于500m的厂区；

3 地形为破碎的微丘地区的厂区。

4.0.3 根据自然地形和总平面布置，工厂场地宜划分为一个或几个整平面，整平面沿工艺装置主管廊或铁路方向宜采用较小的坡度，液体物料储运区整平面的坡向宜与重力流管线的坡向一致。

4.0.4 当自然地形坡度小于0.2%时，厂区宜分块起拱。

4.0.5 场地的设计坡度宜采用0.5%，在困难情况下，最小设计坡度不宜小于0.2%，最大设计坡度不宜大于4.0%。当设计地面径流速度大于土壤的允许流速时，坡面应予加固。

4.0.6 场地自然地形坡度大于0.2%时，竖向布置宜采用阶梯式。

台阶的宽度和高度，应结合地形、生产特点、交通运输等因素综合考虑，其最小宽度应满足街区(单元)的合理布置及管线、运输、消防、检修等的用地需要，台阶高度不宜大于4m。

4.0.7 划分台阶时，宜将主要设备区及建(构)筑物布置在挖方或低填方地段。

4.0.8 台阶坡顶至建(构)筑物和道路的距离应考虑基础侧压力对护坡或挡土墙的影响；确定台阶坡脚至临近的建(构)筑物的距离时应考虑自然采光、通风和排水等要求。

5 场地排雨水

5.0.1 厂区应有完整和有效的排雨水系统，在场地不形成或仅局部形成地面径流时，可不设或局部设置排雨水系统。

5.0.2 厂区排雨水应结合总平面布置、竖向布置及道路形式选用暗管或明沟排雨水系统。

5.0.3 排洪沟不宜穿过厂区；当必须穿过时，应采取必要的安全措施。

6 土石方工程

6.0.1 厂区土石方平衡应包括场地平整土石方量和铁路、道路、管线沟槽、设备基础及建(构)筑物的工程土方余缺量以及耕土、沟渠、塘池等的表土清除量。

当有条件时，厂区土石方平衡与厂外铁路和道路等工程一并考虑。

土石方平衡尚应考虑土壤的松散与压缩系数，取值应符合附录A的规定。

注：装置(单元)余缺土量应经计算确定，当缺乏资料时，炼油厂单元余缺土量可参照附录B。

6.0.2 厂区平土土方计算方法应根据场地地形进行选择，方格网法的格网边长和横断面法的断面间距应根据地形特点及计算精度等要求确定。

6.0.3 场地平土的填方高度在装置设备布置密集区不宜大于2m；在地下或半地下构筑物较多的街区(单元)不宜大于4m。

6.0.4 厂区平土范围宜符合下列要求：

1 小于1m的低填方地段，平整至工厂围墙中心线；大于或等于1m的填方地段，平整到填方放坡坡顶线或挡土墙外侧壁距工厂围墙中心0.5~2.0m处；

2 挖方地段，按场地使用的具体要求确定。

6.0.5 厂区挖、填方边坡设置，应根据用地情况、填挖高度、地质条件、降雨强度、外部载荷等因素，合理选用自然放坡、植被、护砌或挡土墙。

7 街区(单元)竖向布置

7.1 一般规定

7.1.1 街区(单元)竖向布置应综合考虑生产、操作及检修的要求，使街区(单元)内外的地坪标高相互协调、排水沟(管)及道路的连接合理。

7.1.2 街区(单元)竖向布置应使场地雨水排除顺畅.

7.2 工艺装置竖向布置

7.2.1 工艺装置的地坪标高可高出临近地坪0.15~0.3m，并根据需要设置围堰、排水沟。

7.2.2 生产操作、检修、消防或运输等场地宜铺砌。

7.2.3 建筑物散水坡脚标高应与临近地坪标高相协调。

7.2.4 装置内场地的雨水应避免进入电缆沟。

7.3 储运设施竖向布置

7.3.1 油罐组内的竖向布置应符合下列要求：

1 油罐组内场地除人行道外可不铺砌；

2 油罐组内地面坡向宜与主要的重力流油品管线坡向一致，地面坡度宜为0.3%～1.0%，但不得大于2.0%，当油罐组所在地段沿主管带方向的地面坡度较大时，其地面可做成阶梯式，并在台阶处设防火堤。

7.3.2 酸类储罐场地和酸坛露天堆场的排水坡度不应小于1.0%，并在其四周修筑排水设施，地上液氯储罐的地坪应低于周围地坪0.3～0.5m或在储罐周围设置高于地坪0.3～0.5m的围堰。

7.3.3 铁路装卸区的竖向布置应与线路布置相协调，沿线路方向的场地坡度宜与线路纵坡一致，横向坡度可结合断面型式采用0.5%～2.0%，散装物料露天堆场宜采用0.5%～1.0%的横坡，并不宜坡向铁路一侧。

7.3.4 可燃液体，桶装或固体物料汽车装卸场地的地面应根据使用要求铺砌，同时应采取防污染措施。地面坡度宜采用0.5%～2.0%，油品装卸车处的地面污染水应就近收集，排入相应的污水系统。

7.4 建筑物和构筑物竖向布置

7.4.1 生产管理区建筑物场地的竖向布置应与全厂竖向布置及地形相协调，并合理布置排雨水系统，其坡度不宜小于0.2%。

7.4.2 建筑物的室内外地坪高差除有特殊要求者外，宜为0.15～0.3m。

7.4.3 装卸作业站台高度应符合以下要求：

1 准轨铁路站台高度为轨顶面以上1.1m；

2 汽车站台高度应按汽车车厢底板高度确定，一般采用0.8～1.3m；

3 根据物料装卸要求，汽车和铁路均可设置高站台低货位或低站台高货位；

4 当道路和铁路引入建筑物时，室内外地坪高差应考虑道路和铁路连接的技术要求。

附录A　土壤松散与压缩系数

表A　土壤松散与压缩系数

土壤		土壤名称	系数		备注
等级	种类		最初	最后	
第一级	松土	砂、亚黏土、泥炭	1.08～1.17	1.01～1.03	松散
		植物性土壤	1.20～1.30	1.03～1.04	
		轻型的及黄土质砂黏土，潮湿的及松散的黄土，软的重、轻盐土，15mm以下中、小圆砾，密实的含草根的种植土，含直径小于30mm的树根的泥炭及种植土，夹有砂、卵石及碎木片的砂及种植土，混有碎、卵石及工程废料的杂填土	1.14～1.28	1.02～1.05	
第二级	普通土	轻腴的黏土，重砂黏土，粒径15～40mm的大圆砾，干燥黄土，含圆砾或卵石的天然含水量的黄土，含直径不小于30mm的树根的泥炭及种植土，混有碎、卵石及工程废料的杂填土	1.24～1.30	1.04～1.07	
第三级	硬土	除泥炭石、软石灰石以外的各种硬土	1.26～1.32	1.06～1.09	
		泥灰石、软石灰石	1.33～1.37	1.11～1.15	
第四级	软土	软土	1.30～1.45	1.10～1.20	
第五、六级	次坚石、坚石	次坚石、坚石	1.45～1.50	1.20～1.30	
		湿陷性黄土(机械夯实)		0.83～0.91	压缩

注：1. 第一至六级土壤，挖方转化为虚方时乘以最初松散系数，挖方转化为填方时乘以最后松散系数；

2. 机械夯实的湿陷性黄土，挖方转化为填方时乘以压缩系数。

附录B 单元工程土方控制指标

表B 炼油厂单元单位面积工程余缺土量

序号	自然特征	余缺土量/(m^3/m^2)
1	既无大型地下建(构)筑物，又无大面积固体装卸站台的工艺装置	0.30~0.50
2	有大型地下建筑物、构筑物的工艺装置	0.70~1.00
3	油罐组	-0.20~-0.10
4	全厂性仓库(多数库房有站台)	-0.20
5	循环水场	0.60
6	污水处理场	0.90
7	无地下室或设备基础的建筑物	0.10~0.20
8	有地下室或设备基础的建筑物	0.40~0.60

注：1. 表中负值为缺土量；
2. 油罐组缺土量系防火堤为圬工砌体时的缺土量，若为土堤，应另加土堤用土量；
3. 表中未列的单元，可按其特征参照类似单元选用余缺土量；
4. 本表适用于一般工程地质条件的地基，不适用岩石类和软土类地基。

用词说明

本规范条文中要求执行严格程度不同的用词。说明如下：

(一)表示很严格，非这样做不可的用词：

正面词采用“必须”；

反面词采用“严禁”。

(二)表示严格，在正常情况下应这样做的用词：

正面词采用“应”；

反面词采用“不应”或“不得”。

(三)表示允许稍有选择。在条件许可时，首先应这样做的用词：

正面词采用“宜”；

反面词采用“不宜”。

表示有选择，在一定条件下可以这样做，采用“可”。

5. 石油化工企业总体布置设计规范

（SH/T 3032—2002
代替 SH 3032—1992）

目　录

1　范　围

1. 1　本规范适用于新建石油化工企业的总体布置设计。改建、扩建工程的总体布置设计可参照使用。

1. 2　执行本规范时，尚应符合现行有关强制性标准规范的规定。

2　规范性引用文件

下列文件中的条款通过本标准的引用而成为本标准的条款。凡是注日期的引用文件，其随后所有的修改单(不包括勘误的内容)或修订版均不适用于本标准，然而，鼓励根据本标准达成协议的各方研究是否可使用这些文件的最新版本。凡是不注日期的引用文件，其最新版本适用于本标准。

GB 3093　石油化工企业卫生防护距离

GB 50160　石油化工企业设计防火规范

GB 50201　防洪标准

JTJ 237　装卸油品码头防火设计规范

3　术语和定义

下列术语和定义适用于本标准：

3. 1　总体布置　site planning

在已选定的拟建企业场地上，对厂区(功能区)、居住区、相邻企业、水源、电源、渣场、运输、平面竖向、防洪排水、外部管线、发展预留、施工用地等进行全面规划。

3. 2　石油化工企业　petrochemical enterprise

以石油、天然气及其产品为原料的工厂，如炼油厂、石油化工厂、石油化纤厂等或由上述工厂联合组成的企业。

3. 3　生产区　process area

工厂围墙内，由工艺装置、罐组、装卸设施、灌装站、泵或泵房、仓库、循环水场、污水处理场、火炬等可能散发可燃气体及使用、产生可燃物质的工艺装置和设施组成的区域；或由罐组、灌装站、污水处理场等设施独立形成的区域。

3. 4　居住区　residence area

指具有一定人口和用地规模，人们日常生活居住的地方。

3. 5　施工用地　construction area

指为建设工厂所需的施工用地，包括各种预制场和施工单位的行政管理及生活用地等，不包括工厂围墙内临时用地。

4　一般规定

4. 1　石油化工企业总体布置，应对近期和远期工程项目进行全面考虑和统一安排。

4. 2　石油化工企业总体布置应符合以下原则：

a)当地城市(镇)规划、区域规划、工业区规划的要求；

b)环境保护的有关规定，保护附近城市(镇)和居住区的环境质量，有利于人身和生产安全；

c)节约土地，不占或少占良田，有条件时应开拓新的土地资源，减少拆迁；

d)满足生产要求，有利于物料输送和节约能源；

e)因地制宜，充分适应气象、地形、工程水文地质等自然条件；

f)近期应与远期相结合，应考虑企业远景发展的可能性；

g)统一布置厂外运输系统。采用水运方式时，应合理配置水运设施；铁路运输系统应结合国家路网规划和铁路管理体制，合理配置铁路站场和铁路专用线；有长输管道时，应合理布置首(末)站的位置；厂外道路系统，应满足货物运输、职工工作和生活的需要；

h)厂外管道宜沿道路敷设，高压架空输电线路的布置可与绿化带的规划相结合；

i)宜保留原有绿地，合理布置防护林带和新的绿地。

4.3 石油化工企业位于军事禁区、机场等重要设施附近时，应符合相应的规范、标准对布置的要求。

4.4 建在受江河、湖、海洪水(潮水)或山洪威胁地方的石油化工企业，其防洪设计应执行国家GB 50201《防洪标准》的有关规定。

5 布置要求

5.1 石油化工企业各功能区的位置应结合自然条件、生产性质、防火、环境保护和安全卫生标准等因素统一安排，合理布置。

5.2 石油化工企业与居住区在总体布置中应符合以下原则：

a)石油化工企业应布置在居住区全年最小频率风向的上风侧；

b)石油化工企业与居住区之间应设卫生防护带，其间距应符合国家标准 GB 3093《石油化工企业卫生防护距离》的规定；

c)石油化工企业与居住区之间的防火距离应符合国家标准GB 50160《石油化工企业设计防火规范》的规定。

5.3 石油化工企业与其相邻企业应符合以下原则：

a)石油化工企业与其相邻企业防火距离应符合国家标准GB 50160《石油化工企业设计防火规范》的规定；

b)石油化工企业与其相邻企业的距离应符合相邻企业对石油化工企业安全卫生防护距离的要求；

c)石油化工企业与其相邻企业之间有物流关系时，应符合物流原理，并宜在消防、运输等公用设施方面进行协作。

5.4 沿江取水的水源地应布置在污染源的上游及河床稳定的地段。取水设施不得影响航运并有利于泥沙的排放。

5.5 污水排出口必须位于水源地下游，当排污口位于河口范围时，还应考虑回水不污染水源。

5.6 公路和地区架空电力线路，严禁穿越生产区。区域排洪沟不宜通过厂区。

5.7 废料场的位置，应选择对周围环境污染影响较小的沟谷地、荒地、劣地，保持自然水体和地下水源免受污染，严禁将河、湖、海等水域作为废料场。

5.8 石油化工企业中产生有毒有害可燃气体和粉尘的生产区，应布置在工厂管理区和人员集中场所全年最小频率风向的上风侧，避免布置在窝风地段。

5.9 石油化工企业在布置时，应综合考虑，合理规划，利用地形、建筑物、风向等因素，阻挡和隔离噪声源，减小对人员和敏感区的影响。

5.10 石油化工企业所需要的消防、运输、维修、后勤保障等设施，在有条件时，可依托社会。

5.11 根据工艺流程、节能、环保、检修等要求，石油化工企业生产装置宜联合布置。

5.12 石油化工企业中功能及火灾危险等级相近的辅助生产设施，宜集中布置。

5.13 行政服务设施宜集中布置。

5.14 石油化工企业中需要较大汽车运输量的设施，宜布置在工厂主要货运出入口附近。

5.15 人员集中的场所应布置在工厂主要人流出入口附近。

5.16 采用架空电力线路进出厂区的总变配电所，应布置在方便进线的厂区边缘。

5.17 石油化工企业的污水处理场位置应综合考虑下列要求：

a)位于企业全年最小频率风向的上风侧；

b)位于企业最低处，并靠近排污水体。

5.18 在符合防排洪、厂内外运输要求的前提下，竖向布置应减少土石方工程量。

5.19 荷载大的生产装置或设施，宜布置在地质条件好的地段。

5.20 企业内不宜设置整块预留地。在石油化工企业总体布置中，应根据企业远期发展规划，合理确定企业发展端。发展端应能满足企业发展的需要。

5.21 企业内热电厂宜靠近负荷中心，并应便于出线连网，燃煤热电厂尚应便于供煤、排渣。

5.22 施工用地宜靠近企业区，并有良好的运输条件。

6 交通运输

6.1 企业主要人流与物流出入口宜分别设立．出入口道路不宜与铁路交叉，必须交叉时，应设置护栏看守道口或立体交叉。

6.2 企业铁路专用线应在路网的车站咽喉区接轨，并避免与正线交叉。

新设计的工业企业铁路，需在区间接轨时，应取得铁路局同意，若与铁路专用线接轨时，需取得铁路局及使用单位的同意。

6.3 运输作业由铁路局统一管理时，宜在装卸线上办理货物交接，当由工厂自行管理时，宜在接轨站或工业编组站办理车辆交接。

6.4 工业编组站宜靠近运输量大或调车作业频繁的作业区。

6.5 石油化工区的道路应与城(镇)、有关铁路车站、码头以及临近的协作企业相通，并具有良好的运输条件。

6.6 石油化工企业的竖向布置必须符合企业铁路和道路对坡度的要求。

6.7 工业码头距厂区较远时，应合理规划工业码头与厂区之间的道路和管道。陆域部分的布置宜利用荒地、劣地，有条件时，可利用疏浚土方就近取土造地。防洪应符合国家现行 GB 50201《防洪标准》的有关规定。

6.8 石油化工码头的布置，应符合 JTJ 237《装卸油品码头防火设计规范》的要求。

6. 石油化工企业厂区总平面布置设计规范

（SH/T 3053—2002
代替　SH 3053—1993）

目　录

1 范 围

1.1 本规范统一了石油化工企业厂区总平面布置的设计原则和技术要求。

1.2 本规范适用于新建、改建和扩建的石油化工企业厂区总平面布置设计。

1.3 执行本规范时．尚应符合国家现行有关强制性标准规范的规定。

2 术语和定义

下列术语适用于本规范。

2.1 厂区 works area

由工艺装置、辅助生产设施、公用工程设施、仓储设施、运输设施和生产管理及生活服务设施等组成的区域。

2.2 工艺装置 process plant

按工艺流程完成一个完整的生产过程的组合体，包括主生产区(含若干个生产单元)，中间储罐及棚库，控制配电室，污水预处理等设施。

2.3 辅助生产设施 support facilities

配合主要工艺装置完成其生产过程而必需的设施。如罐区、中央化验室、污水处理场、维修间、火炬等。

2.4 公用工程设施 utility facilities

指水、电、气、汽、冷冻水等设施的统称，如循环水系统、变配电所、锅炉房、空压站、冷冻站等。

2.5 通道 passage

通道是连接街区、供设置全厂系统性的道路、管廊、管线和进行绿化的地带。

2.6 街区 block

指用通道分隔、完成其特定功能的独立区域。如工艺装置区、辅助生产区、公用工程设施区、储运区和生产管理区等。

2.7 仓储设施 storage facilities

供储存原料及产品的仓库、堆场、储罐等。

2.8 运输设施 transportation facilities

为完成特定物流而设置的专用铁路线、道路、码头等及相关的设施及装卸机具。

2.9 生产管理及生活服务设施 manage facilities for produce and serve

为全厂进行统一管理和调度而设置的办公室、IT中心、急救站、餐厅、车库及停车场等设施。

2.10 联合装置 unite plant

由两个或两个以上的独立装置集中、紧凑布置，其开工或停车检修同步进行，在工厂总平面布置时，视为一套装置。

2.11 主生产区 main produce area

指工艺装置在完成生产过程中的设备、管道、框架等集中布置的区域。

2.12 罐组 tank group

用同一防火堤围起的一个或多个集中布置的储罐。

2.13 罐区 tanks area

由两个或两个以上的罐组集中布置的区域。

3 一般规定

3.1 石油化工企业厂区总图运输设计，必须贯彻“十分珍惜和合理利用每寸土地，切实保护耕地”的基本国策，因地制宜，节约用地，提高土地利用率。

3.2　石油化工企业厂区总平面设计应作到：符合国情，布置合理，生产安全，技术先进，保护环境，节省投资，运营费低．有利于提高企业的经济效益、社会效益和环境效益。

3.3　厂区总平面布置，应在总体布置的基础上，根据工厂的性质、规模、生产流程、交通运输、环境保护、防火、防爆、安全、卫生、施工、检修、生产、经营管理等要求，结合场地自然条件、厂外设施、远期发展等因素，紧凑、合理地布置，经方案比较后择优确定。

3.4　总平面布置，应符合下列要求：

a)工艺装置，在满足生产、操作、安全和环保的要求许可时。应联合集中布置，集中控制，其建筑物宜合并布置；

b)合理划分街区和确定厂区通道宽度，街区及建筑物、构筑物的布置宜规整；

c)各类仓库，宜按储存货物的性质和要求，宜合并设计为大体量或多层仓库，并提高机械化装卸作业程度，有效地利用空间；

d)生产管理及生活服务设施，宜按使用功能合理组合，设计为多功能综合性建筑；

e)铁路线路、装卸及仓储设施的布置，应根据其性质及使用功能，相对集中，避免或减少铁路进线在厂区内形成的扇形地带。

3.5　厂区应合理地划分为面积较大的街区。

3.6　厂区总平面应按功能分区布置，并符合下列要求：

a)各功能区之间具有经济合理的物料输送、动力供应和交通运输等条件，并便于经营管理；

b)各功能区内部布置紧凑、合理并与相邻功能区相协调；

c)辅助生产和公用工程设施按具体条件，可布置在工艺装置生产区内，也可自成一区布置。

3.7　厂区通道宽度，应按以下因素经计算确定：

a)通道两侧街区内的建筑物、构筑物及露天设施对防火、防爆和卫生防护的间距要求；

b)各种管廊、管线、运输线路、竖向设计、绿化等的布置要求；

c)施工、安装和检修的要求；

d)处理不良地质条件的要求；

e)在一条通道内，可按需要分段布置为不同宽度的通道；

f)厂区通道的预留宽度，应为该通道计算宽度的10%～20%。

3.8　总平面布置，应结合竖向设计，合理利用地形，并符合下列要求：

a)力求为工艺装置和其他设施的液体物料输送、装卸的重力流和固体物料的高站台低货位等创造条件；

b)建筑物或构筑物的型体，应结合地形合理布局。当地形坡度较陡时，街区(含建筑物、构筑物)的长边，宜平行地形等高线布置；

c)排水设施应结合地形合理布局，宜使排水坡向及出口与地形坡向及低点相符合。

3.9　总平面布置应结合场地的地质条件进行设计，并符合下列要求：

a)对地基沉降控制严格或对沉降敏感及基础荷载较大的设备、建筑物和构筑物应布置在地质均匀、地基承载力较大的地段；

b)液化烃储罐和大型储罐，宜布置在土质均匀的地段；

c)地下构筑物和有地下室的建筑物，宜布置在地下水位较低、填方高度与地下构筑物埋深相适应的填方地段；

d)有可能造成污染地下水的生产、储存和装卸设施的布置，应考虑地下水位及其流向，宜将其布置在可能受影响地段的下游。

3.10　总平面布置，应结合地理位置和气象条件等，选择合理的朝向，使人员集中的建筑物有良好的采光及自然通风条件。

3.11　U形、山形的建筑物布置，宜将开口方向面向全年最大频率风向；其开口方向与全年最大频率风向的夹角不宜大于45°。建筑体形成的半封闭内院的宽度不宜小于内院两翼建筑物较高屋檐的高度，且不得小于12m；当可能有有害气体进入内院时，内院宽度不得小于15m。

散发有害气体和粉尘的厂房，其建筑形体不得设计成U形、山形。

3.12　总平面布置。应防止和减少有害气体、烟、雾、粉尘、振动、噪音对周围环境的污染，污染大的设施应远离对污染敏感的设施，并避免对环境重复污染。

3.13　产生噪音污染的设施，宜相对集中布置，并应远离生产管理设施和有安静要求的场所。噪音控制尚应符合现行国家标准GBJ 87《工业企业噪音控制设计规范》。

3.14　总平面布置，应使建筑群体的平面布置与空间景观相协调，并与厂外环境相适应。

3.15　运输线路的布置应符合下列要求：

a)运输线路布置应与铁路进线方位、码头的位置和厂外道路相适应，作到内外协调。使物流顺畅、短捷，避免或减少折返迂回运输；

b)合理组织人流、货流，避免运输繁忙的线路与人流交叉和运输繁忙的铁路与道路平面交叉；

c)铁路线路应布置在厂区边缘地带，可作为铁路货位用的沿铁路线的场地，不宜布置与铁路运输作业无关的建筑物和构筑物；

d)厂区内道路宜为环形布置，方便生产联系，满足工厂交通运输、消防、安装、检修和雨水排除等要求；

e)厂外专用码头的陆域部分应满足工厂运输要求，并与厂区运输线路具有良好的衔接；

f)厂区道路设计应考虑基建、检修期间大件设备的运输与吊装要求，同时兼顾与厂外公路的运输衔接。

3.16　总平面布置预留发展用地时，应符合下列要求：

a)分期建设的工厂，前后期工程应统筹安排，全面规划，使前期建设的项目集中、紧凑，布置合理，并与后期工程合理衔接；

b)后期工程用地宜预留在厂区外：当在厂内或在街区内预留发展用地时，应有可靠的依据；

c)预留发展用地除满足工艺装置的发展用地外，还应考虑辅助生产设施、公用工程设施，仓储设施和管线敷设等相应的发展用地；

d)运输线路应近期、远期结合，根据货物的品种和运量统一规划，分期建设，合理预留。使近期布置集中，远期发展方便；

e)一次建成的工厂，应根据工厂的发展趋势和当地建设条件及城镇规划要求，在布置上应考虑允许的工厂发展端；

f)在预留发展用地内，不得修建永久性设施。

3.17　厂区总平面布置设计，应计算下列主要技术经济指标：

a)厂区用地面积，m^2；

b)铁路长度，m；

c)道路长度(按不同的宽度分列)，m；

d)道路及广场用地面积m^2；

e)通道用地系数，%；

f)绿化用地面积，m^2；

g)绿地率，%；

h)土石方量，m^3：

1)总挖方量，m^3；

2)总填方量，m^3；

3)单位面积挖方量(挖方系数)，m^3/m^2；

4)单位面积填方量(填方系数)，m^3/m^2；

5)厂区平整土(石)方系数，m^3/m^2。

4 工艺装置

4.1 工艺装置在厂区内的布置，应符合以下要求：

a)工艺装置应相对集中，形成一个或几个装置街区；

b)工艺生产流程顺畅，布置紧凑合理，衔接短捷，与相邻设施协调；

c)有利于生产管理和安全防护；

d)便于施工、安装和检修；

e)生产上有联系的建筑物、构筑物和露天设施，应布置在同一街区或相邻的街区内；当采用阶梯式布置时，宜将其布置在同一台地或相邻的台地上；

f)宜布置在人员集中场所全年最小频率风向的上风侧，并位于散发可燃气体的储运设施全年最小频率风向的下风侧。

4.2 同开同停的工艺装置，宜按火灾危险性类别、污染程度、物料运输方式和生产联系的紧密程度等条件，合理地联合布置。

4.3 可能散发可燃气体的工艺装置，宜布置在明火或散发火花地点全年最小频率风向的上风侧，在山区或丘陵地区应避免布置在窝风地带。

4.4 可能泄漏、散发有毒或腐蚀性气体或粉尘的装置或设施，应避开人员集中场所，并宜布置在其他主要生产设备区全年最小频率风向的上风侧。

4.5 工艺装置内的布置，应符合下列要求：

a)装置区的管廊和设备布置，应与相关的厂区管廊、运输线路等相互协调、衔接顺畅短捷，装置内的建筑物、构筑物、设备及其基础等，不应超越装置区边界线；

b)工艺装置街区内预留地的位置，应根据工厂总平面布置的要求、生产性质及特点等因素确定；

c)装置的控制室、变配电室、化验室、办公室，应成组布置在装置区的一侧，并应位于爆炸危险区范围以外，且宜位于甲类生产设备区全年最小频率风向的下风侧；

d)工艺装置生产中所使用的化学品的装卸和储存设施，应布置在装置区的边缘、便于运输和消防的地带；

e)明火加热炉，宜集中布置在装置区的一侧，且应位于可燃气体、液化烃和可燃液体设备区全年最小频率风向的下风侧。

4.6 控制室的位置，应符合下列要求：

a)应靠近主要工艺装置或主要控制设备；

b)控制室朝向高压或有爆炸危险的生产设备区一侧的外墙，应为密闭式或控制室整体采用抗爆型结构；

c)控制室应避免噪音、振动及电磁干扰较大的场所对其干扰。

4.7 装置区内的液化烃、可燃液体和可燃气体中间储罐或装置储罐的布置，应符合下列要求：

a)宜布置在装置区单独的地段内，毗邻主要服务对象；

b)宜布置在明火或散发火花地点全年最小频率风向的上风侧；

c)满足防火、防爆要求并为操作、管理创造有利条件。

4.8 装置区内道路布置，应符合下列要求：

a)在满足生产操作、物料运输、设备检修、消防安全和事故急救等的要求下，应力求减少道路的面积；

b)工艺装置的内部道路，应与街区外的厂区道路连通；当受到限制时，也可采用设有回车场的尽头式道路。

4.9 工艺装置的主生产区不宜进行绿化。

5 辅助生产及公用工程设施

5.1 总变电所的布置，应符合下列要求：

a) 便于输电线路进出、不妨碍工厂的扩建和发展的独立地段。当采用架空输电线时，应布置在厂区边缘地带；

b) 宜布置在易泄漏、散发液化烃及较重的可燃气体、腐蚀性气体及粉尘的生产、储存和装卸设施全年最小频率风向的下风侧和有水雾场所冬季盛行风向的上风侧；

c) 应远离强振源，并宜布置在地势较高的地段；

d) 总变电所的边缘与易泄漏、散发腐蚀性气体和粉尘的生产、贮存和装卸设施边缘之间的间距宜大于60m。

5.2 给水净化及化学水处理设施，应布置在靠近水源或主要用户，并注意粉尘、毒性气体及污水对水质的影响。

5.3 循环水场的位置，应符合下列要求：

a) 应靠近主要用户，避免布置在工艺装置的爆炸危险区范围内；

b) 避免靠近火炬、加热炉、焦碳塔等热源体；

c) 冷却塔宜布置在通风良好的开阔地带。并避免粉尘和可溶于水的化学物质影响其水质；

d) 冷却塔不宜布置在邻近的变配电所、露天工艺设备、铁路、主要运输道路冬季最大频率风向的上风侧，并不应布置在受水雾影响而产生危害的设施的全年最大频率风向上风侧；

e) 机械通风冷却塔的长边，不宜与夏季最大频率风向垂直，同时宜远离对噪音敏感的设施。

5.4 燃煤锅炉房的布置，应符合下列要求：

a) 宜布置在厂区边缘地带，便于燃料和灰渣的输送和贮存；应靠近高压蒸汽用户；

b) 宜布置在厂区全年最小频率风向的上风侧，避免其有害气体、烟尘、灰渣和噪音对周围环境的污染；

c) 锅炉房宜布置在贮煤场和中转灰渣场的全年最小频率风向的上风侧。

5.5 冷冻站的位置应符合下列要求：

a) 靠近负荷中心；

b) 宜布置在通风良好的地段，避免靠近热源和人员集中场所；

c) 宜位于散发腐蚀性气体、粉尘的生产、储存和装卸设施全年最小频率风向的下风侧；

d) 附有湿式空冷器的冷冻站，不应布置在受水雾影响而产生危害设施的全年最大频率风向的上风侧。

5.6 空分装置、压缩空气站的布置，应符合下列要求：

a) 宜布置在空气洁净地段，靠近主要负荷中心；

b) 空分设备的吸风口，宜位于乙炔站、电石渣场和散发烃类及尘埃等设施的全年最小频率风向的下风侧；

c) 压缩空气站宜有良好的通风和采光，避免西晒，储气罐宜布置在厂房的北侧；

d) 压缩空气站和空分装置，宜布置在同一街区内；

e) 不应布置在对噪音和振动有防护要求的场所附近，距有防振要求的设施的间距，应符合现行国家标准 GB 50187《工业企业总平面设计规范》的规定。

5.7 中心化验室、仪修车间的布置，应符合下列要求：

a) 宜布置在生产管理区内，不应布置在散发毒性、腐蚀性及其它有害气体、粉尘以及循环水冷却塔等产生大量水雾设施的全年最大频率风向下风侧；

b) 远离振源，宜有良好的朝向，避免西晒。

5.8 机修、电修车间宜集中布置在厂区的一侧、靠近人流出入口的地段，并有较方便的交通运输条件：宜位于散发毒性、腐蚀性气体、粉尘的生产、储存和装卸设施全年最小频率风向的上风侧；同时应避免机、电修车间的噪音、振动对周围设施的影响。

5.9 全厂性高架火炬的布置，应符合下列要求：

a) 宜位于生产区、全厂性重要设施全年最小频率风向的上风侧，并应符合环保要求；

b) 在符合人身与生产安全要求的前提下，宜靠近火炬气的主要排放源；

c) 火炬的防护距离应符合 GB 50160《石油化工企业设计防火规范》和 SH 3009《石油化工企业燃料气系统和可燃性气体排放系统设计规范》的规定。

5.10 污水处理场宜位于厂区边缘或厂区外的单独地段、且地势及地下水位较低处；并应布置在厂区全年最大频率风向的下风侧，且应注意其对周围环境的影响。

6 仓储设施

6.1 原料、燃料、材料、成品及半成品的仓库、堆场及储罐，应按其储存物料的性质、数量、包装及运输方式等条件，按不同类别，相对集中布置，并宜靠近相关装置和运输线路，且应符合防火、防爆、安全、卫生的规定，为管理创造有利条件。

6.2 散装固体原料、燃料仓库或堆场的布置，应符合下列要求：

a) 宜邻近主要用户，方便运输并适应机械化装卸作业；

b) 堆场应根据物料性质和操作要求，铺砌地坪并设有良好的排水设施；

c) 易散发粉尘的仓库或堆场，宜布置在厂区边缘地带，且位于厂区全年最小频率风向的上风侧。

6.3 罐区的布置，应符合下列要求：

a) 罐区应按物料性质、隶属关系、操作和物料输送条件，分别布置为原料罐区和成品罐区，其位置应满足工艺生产、储运装卸和安全防护要求，同时应留有必要的发展用地；

b) 液化烃储罐，宜布置在厂区边缘地带；

c) 液化烃和可燃液体的罐组，宜布置在人员集中场所和明火或散发火花地点全年最小频率风向的上风侧，并应避免布置在窝风地带；

d) 液化烃和可燃液体罐组，不宜布置在高于相邻的装置、全厂性重要设施及人员集中场所的场地上；

e) 液化烃、可燃液体罐组，不宜紧靠排洪沟布置；

f) 与罐区无关的管线，输电线均不得穿越罐区。

6.4 酸、碱类罐组及其装卸设施，应布置在厂区全年最小频率风向的上风侧。不宜布置在人流较多的道路和主要生产设施的附近，且应考虑对地下水的影响。

6.5 液氯储罐、实瓶库及灌装站布置，应符合下列要求：

a) 应布置在厂区全年最小频率风向的上风侧及地势较低的开阔地带；

b) 应远离厂区主干道、易燃和易爆的生产、储存和装卸设施，与人员集中场所的距离不应小于 50m；

c) 地上液氯储罐的地坪应低于周围地面 0.3～0.5m，或在储罐周围作高出地坪的挡水；

d) 实瓶库应有装卸站台及便于运输的道路。

6.6 液氨储罐、实瓶库及灌装站布置，应符合下列要求：

a) 应布置在厂区或所在街区全年最小频率风向的上风侧；

b) 大型液氨储罐的外壁、实瓶库及灌装站的边缘与人员集中场边缘的距离不宜小于 50m：小型液氨储罐、实瓶库及灌装站其距离不宜小于 25m；

c) 常压低温液氨储罐应设防护堤，防护堤内的有效容积应为所围一个最大储罐容积的 60%。堤内应铺砌地坪；

d) 实瓶库应有装车站台及便于运输的道路。

6.7 全厂性的公用仓库，应按储存物品的性质分类储存，并宜合并建筑，集中布置在运输方便的地段。

6.8 化学危险物品仓库应布置在厂区边缘的安全地带，有条件时可集中布置在厂区外运输方便的地段，应符合国家现行的《化学危险物品安全管理条例》和《化学危险物品安全管理条例实施细则》的规定。

6.9 厂区内应设有废弃设备与材料的临时堆场，其位置应靠近厂区边缘且不影响厂容的地方。

7 运输设施

7.1 液化烃、可燃液体的铁路装卸区及汽车装卸场，宜按品种分类，集中布置在厂区全年最小频率风向的上风侧，并应位于厂区边缘地带；

7.2 液化烃、可燃液体铁路装卸线的布置，应符合下列要求：

a)厂内液体铁路装卸线，应集中布置成一个装卸区或站场，当有充分的技术经济依据时，可分散布置；

b)装卸区内的铁道线路的布置，应符合车辆取送、装卸、计量、洗罐等作业程序的要求，避免迂回运行，缩短车辆停留时间；

c)应按品种设计成专用的尽头式平直线路，当物料性质相近且每种货物年运量小于20kt时，可合用一条装卸线，但一装卸线上不宜超过三个品种。液化烃、丙$_B$类可燃液体的装卸线宜单独布置；

d)液化烃、可燃液体装卸线不得兼作走行线；

e)装卸线不宜与仓库出入口和运输繁忙的道路平交；

f)轨道衡的布置，宜位于装卸点的进出线路上，应符合车辆称重流水作业的要求。

7.3 机车库应位于机车出入方便的地点，当设有企业车站时，应布置在企业车站附近。

7.4 铁路槽车洗罐站的布置，应符合下列要求：

a)便于铁路线的引入和车辆取送，宜靠近液体装卸站场的咽喉区；

b)宜位于厂区全年最小频率风向的上风侧。且有利于污水的处理及排除。

7.5 液化烃、可燃液体汽车装卸设施的布置，应符合下列要求：

a)位于厂区边缘、空气流通的地段或布置在厂区外。远离人员集中的场所、明火和散发火花的地点及厂区主要人流出入口和人流较多的道路；

b)宜设置围墙独立成区，并分设进、出口，直接与厂区外道路顺畅连接；当进、出口合用时，装卸站内应设置回车道及安全疏散口；

c)汽车衡的布置，宜位于称重方便的地带，且不影响其他车辆的正常行驶；

d)汽车液体装卸场外应设置汽车停车场。

7.6 汽车库、停车场的布置应符合下列要求：

a)应靠近主要货流出入口或仓库区布置，减少空车行程；

b)应避开主要生产区、储罐区、主要人流出入口和运输繁忙的铁路；

c)汽车停车场的面积应根据车型、停放型式及数量确定。停车间前的回车场，不应作为停车用；

d)洗车设施宜布置在汽车库入口附近，并便于排水除泥，注意对周围环境的影响；

e)生产管理及生活用车单独设置车库时，宜布置在生产管理区。

7.7 叉车库和电瓶车库宜靠近用车的库房或设施布置，并宜与库房或用车装置区的建筑物合并成一体。

8 生产管理及生活服务设施

8.1 生产管理区及生活服务设施应根据工厂规模，按其性质和使用功能，宜布置在厂前区。

8.2 厂前区的布置，应符合下列要求：

a)应布置在厂区主要人流出入口处、与居住区和城镇联系方便的地点；

b)宜位于厂区全年最小频率风向的下风侧，且环境洁净的地段；

c)建筑群体的组合及空间景观应与周围的环境相协调；

d)应设置相应的绿化、美化设施，处理好建筑、道路、绿地和建筑小品之间的关系。

8.3 工厂食堂宜布置在厂前区，其服务半径不宜大于500m，当食堂送饭到生产岗位就餐时，不受

500m 半径的限制。

8.4 自行车棚应布置在职工存取车方便的地方，自行车棚面积的大小应根据工厂最大班职工人数及当地交通运输条件确定。

8.5 厂前区宜设置必要的停车场，满足工厂及职工用车停放的需要。

8.6 厂区出入口的位置及数量，应符合下列要求：

a)出入口不宜少于2个；

b)人流、货流出入口应分开布置；

c)主要人流出入口，应设在工厂主干道通往居住区和城镇的一侧；主要货流出入口，应位于主要货流方向，靠近运输繁忙的仓库、堆场，并与厂外运输线路连接方便；

d)液化烃、可燃液体汽车装卸站的出入口，宜单独设置；

e)主要出入口，应设置门卫室；

f)铁路出入口，应具备良好的瞭望条件，且不得兼作其他出入口。

8.7 厂区应设置围墙，其结构形式和高度，应根据工厂性质、规模和所在地区的环境条件确定。围墙与建筑物、构筑物的最小间距，应符合表1的规定。

表1 围墙与建筑物、构筑物的最小间距 m

名称	间距
建筑物	5.0
道路	1.0
准轨铁路中心线	5.0
排水明沟边缘	1.5

注：1. 表中间距除注明者外，围墙自墙轴线算起；建筑物、构筑物自最外边轴线算起；道路为城市型时，自路面边缘算起；为公路型时，自路肩边缘算起。

2. 当条件困难时，围墙至建筑物的间距可适当减少，当其间设有消防道时，其间距不应小于6m。

3. 门卫室、自行车棚与围墙的间距不限。

4. 在条件困难时，准轨铁路至围墙的间距：有调车作业者可为3.5m；无调车作业者可为3.0m。

8.8 消防站的布置，应符合下列要求：

a)消防站的位置应使消防车能迅速、方便地通往厂区内各街区，并能顺畅通往厂外有关设施和居住区；

b)消防站的服务范围：至甲、乙、丙类火灾危险场所最远点行车路程不宜大于2.5km，并且接到火警后消防车到达火场的时间不宜超过5min；对丁、戊类火灾危险的局部场所最远点可加大到4.0km。超出服务半径的场所，应设消防分站或采取其他有效的灭火措施。消防分站的服务范围与消防站相同；

c)消防站布置，宜避开厂区主要人流道路，应远离噪音源。其边界距人员集中场所的边缘，不应小于50m。距生产、储存和装卸可燃液体、液化烃、易燃及易爆物品和有害气体的设施边缘，不宜小于200m，并宜位于其全年最小频率风向的下风侧；

d)消防站车库的大门应面向道路，距道路边缘的距离不应小于15m；门前应避开管廊、栈桥或其他障碍物，其地面应用混凝土或沥青等材料铺筑，并向道路方向设1%～2%的坡度。

附录 A
（规范性附录）
主要技术经济指标的计算方法

A.1　厂区用地面积：系指厂区围墙内用地面积，按围墙中心线计算。若厂区围墙内有预留用地时，厂区用地面积应扣除预留面积。

A.2　建筑物、构筑物用地面积按下列规定计算：

a)新设计的，按建筑物、构筑物最外轴线计算；

b)现有的，按建筑物、构筑物外墙尺寸计算；

c)园形构筑物及挡土墙按实际投影面积计算；

d)储罐区，按防火堤轴线计算；

e)火炬按防护对象允许的辐射热强度的防护半径内的面积计算；

f)栈桥及管架按其投影长宽乘积计算。

A.3　铁路长度：为专用铁路总延长长度，厂内、外铁路长度以厂区围墙为界分别计算。

A.4　道路用地面积：道路长度乘以道路用地宽度。城市型道路用地宽度，按路面宽度计算；公路型道路用地宽度，计算至道路路肩（或排水沟）边缘。

A.5　广场用地面积（包括停车场、回车场）：按设计用地面积计算。

A.6　通道用地面积：街区红线之外全部通道的面积之和。

A.7　通道用地系数：

$$通道用地系数 = \frac{厂区通道用地面之和}{厂区用地面积} \times 100\%$$

A.8　绿地率：

$$绿地率 = \frac{绿化用地面积之和}{厂区用地面积} \times 100\%$$

A.9　厂区平整土（石）方系数：

$$厂区平整土(石)方系数 = \frac{厂区平整土石方总量(填、挖量之和)}{厂区用地面积}(m^3/m^2)$$

或采用下式：

厂区平整土（石）方系数 = 厂区挖方系数（单位面积控方量）+ 厂区填方系数（单位面积填方量）(m^3/m^2)

附录 A
（规范性附录）
主要技术经济指标的计算方法
（条文说明）

A.1、A.2　是参照 GB 50187《工业企业总平面设计规范》制定的。当需要时，按此原则计算面积。对于以露天设备为主的石油化工厂而言，计算"建筑系数"的指导意义不大，故本规范在技术经济指标中，未列入此项指标。

A.4　道路面积只包括厂区通道内的道路面积，不计算转弯处的扇形面积。不包括引向街区的道路和街区内的道路。

A.7　通道用地系数，是衡量总平面布置优劣的一个重要指标，应计算列出。

A.9　厂区平整土（石）方系数，即单位面积上的土（石）方量。可以衡量竖向设计的优劣或地形的复杂程度。

炼油厂设计在公司级的工程标准中给出了土（石）方系数指标，如表 A.1，此处列出，供设计时估算参考。

表 A.1　土（石）方系数表

序号	单元特征	每 m^2 用地的余（缺）土方量/m^3
1	无大型池类或大面积固体装卸站台的工艺装置	0.30～0.50
2	有大型池类的工艺装置	0.70～1.00
3	油罐区	0.20/0.31①②
4	全厂性仓库（有站台的库房为主时）	0.20①
5	循环水场	0.60①
6	污水处理场（以地下水池为主时）	0.90
7	独立建筑物（无地下室或设备基础时）	0.10～0.20
8	独立建筑物（有室内设备基础时）	0.40～0.60
9	通道内工程管线	0.03

①数字指缺土量。

②分母指灌区采用土防火堤，堤身平均高度按 1.2m 计；分子指采用砌体防火堤。

用词说明

对本规范条文中要求执行严格程度不同的用词，说明如下：

(一)表示很严格，非这样做不可的用词

正面词采用“必须”；

反面词采用“严禁”。

(二)表示严格，在正常情况下应这样做的用词

正面词采用“应”；

反面词采用“不应”或“不得”。

(三)表示允许稍有选择，在条件许可时，首先应这样做的用词

正面词采用“宜”；

反面词采用“不宜”。

表示有选择，在一定条件下可以这样做，采用“可”。

7. 石油化工厂区管线综合设计规范

（SH/T 3054—2005
代替 SH 3054—1993）

目 录

1　范　围

1.1　本规范适用于新建、扩建或改建工程的石油化工厂区管线综合设计。不适用于各生产单元内的管线综合设计。本规范不适用于湿陷性黄土地区。

1.2　执行本规范时，尚应符合国家现行有关强制性标准规范的规定。

2　规范性引用文件

下列文件中的条款通过本规范的引用而成为本标准的条款。凡是注日期的引用文件，其随后所有的修改单(不包括勘误的内容)或修订版均不适用于本规范，凡是不注日期的引用文件，其最新版本适用于本规范。

GB 50061　66kV 及以下架空电力线路设计规范

GB 50160　石油化工企业设计防火规范

GB 50187　工业企业总平面设计规范

HG/T 20649　化工企业总图运输设计规范

3　术语和定义

下列术语和定义适用于本规范。

3.1　厂区　plant

由工艺装置、辅助生产设施、公用工程设施、仓储设施、运输设施和生产管理及生活服务设施等组成的区域。

3.2　管线　pipelines

各种材质的管道、电力电缆、电信电缆和光缆等的总称。

3.3　管线综合　pipelines coordination

将敷设在地面上的管架、管墩和地面下的管道、地沟、电缆、光缆等按照相关规定合理布局。

3.4　地下管线　underground pipelines

敷设在地面以下的所有管道、电缆、光缆等。有直接埋地和架设在地沟内两种敷设方式。

3.5　地上管线　ground pipelines

敷设在地面以上的管道、电缆和光缆等。通常用管架、管墩或建筑物作支撑。

3.6　管线带　pipelines area

用以集中布置管架和地下管道、地沟、电缆及光缆的地带。

3.7　管架　piperack

为敷设管道或电缆而设置的距地面有一定高度、由柱和梁组成的构筑物。

3.8　管墩　piping sleeper

为敷设管道而沿地面设置的圬工实体。

3.9　管沟　piping trench

为敷设管道或电缆而设置的加盖板的槽沟。

3.10　水平净距　plane clearance

指管道(含保护层)外壁或电缆线外边缘之间的水平尺寸。

3.11　垂直净距　vertical clearance

指管道防护设施的外缘或管架最低部位至道路或钢轨顶面的高度尺寸。

4　一般规定

4.1　管线综合设计，应与厂区的平面布置、竖向和绿化设计相结合，统一规划。使管线之间、管线与建筑物、构筑物、道路、铁路之间，在平面及竖向上相互协调、紧凑合理、有利于厂容。

4.2 管线的敷设方式，应根据管道内介质的性质、厂区地形、生产安全、交通运输、施工、检修等因素综合考虑确定。

a)管线应尽量架空、共架、共沟、多层敷设；

b)有可燃性、爆炸危险性、毒性及腐蚀性介质的管道，应采用地上敷设。

4.3 具有可燃性、爆炸危险性及有毒介质的管道，不应穿越与其无关的生产装置、建筑物、构筑物、辅助生产及仓储设施等。

4.4 管线综合布置应符合下列要求：

a)应满足生产、安全、施工和检修的要求；

b)管线应敷设在规划的管线带内，管线带应与所在通道内的道路和建筑红线平行；

c)地下干管应布置在其用户较多的道路一侧，或将干管分类布置在道路两侧；

d)减少管线与铁路、道路交叉，必须交叉时，交叉角不宜小于45°；

e)厂区主管廊及地下干管应与进出生产装置(单元)的管廊和地下管线在平面及竖向上合理连接。

4.5 分期建设的工厂，管线带的布置应全面规划，近期管线集中，并中远期结合。

a)当近期管线穿越远期用地时，不得影响中远期用地的使用；

b)新建厂区的管线带内，应预留中远期管线的用地，余量一般宜为10%~20%。

4.6 位于山区的工厂，管线敷设应充分利用地形。应避免山洪、泥石流及其他不良地质危害造成损害。

4.7 埋地管线宜按以下顺序，自建筑物向道路方向布置：

a)电信电缆；

b)电力电缆；

c)热力管道；

d)各种工艺管道及压缩空气、氧气、氮气、乙炔气、煤气等管道、管廊或管架；

e)生产及生活给水管道；

f)工业废水(生产废水及生产污水)管道；

g)生活污水管道；

h)消防水管道；

i)雨水排水管道；

j)照明及电信杆柱。

4.8 改建或扩建工程中的管线综合布置，不应妨碍现有管线的正常使用。

4.9 当管线间距不能满足本规范的规定时，在采取有效措施后可适当减小，但必须保证生产安全，满足施工及检修要求。

5 地下管线

5.1 地下管线的布置应符合下列要求：

a)**应按管线的埋深，自建筑物向道路由浅至深布置；**

b)**管线和管沟，未采取保护措施者，不得布置在建、构筑物的基础压力影响范围内；**

c)**铁路下面严禁平行敷设地下管线、管沟；**

d)道路路面下面，不宜平行敷设地下管线、管沟。当必须敷设时，可将检修少或检修时对路面损坏小的管线敷设在路面下；

e)直埋式地下管线不得平行重叠敷设。

5.2 地下管线综合布置的原则：

a)管径小的让管径大的；

b)压力管让自流管；

c)易弯曲的让不易弯曲的；

d)临时性的让永久性的；

e)工程量小的让工程量大的；

f)新建的让现有的；

g)检修方便或次数少的让检修不方便或次数多的；

h)安全级别高的让安全级别低的。

5.3　地下管线交叉布置时，在垂直方向应符合下列要求规定：

a)给水管道在排水管道上面；

b)可燃气体管道，应在除热力管道外的其他管道上面；

c)电力电缆应在热力管道下面，在其他管道的上面；

d)氧气管道在可燃气体管道下面，在其他管道上面；

e)有腐蚀性介质的管道及酸性、碱性介质的排水管道，应在其他管道下面；

f)热力管道应在可燃气体管道和给水管道的上面。

5.4　地下管线穿越铁路、道路时，管顶的覆土厚度应根据其上部荷载的大小及分布，管材强度及土壤冻结深度等综合条件确定，并应符合下列要求：

a)管顶至铁路轨底垂直净距，不应小于1.2m；

b)管顶至道路路面结构层底的垂直净距，不应小于0.5m；

c)当直埋管道不能满足上述要求及液化烃、可燃液体和可燃气体的管道穿越铁路或道路时，应加防护套管或设管沟，在保证路基稳定的条件下，套管或管沟两端应伸出铁路路肩或路堤坡脚线、城市型道路路面、公路型道路路肩或路堤坡脚线、铁路或道路旁边排水沟沟边以外至少1.0m。

5.5　地下管线不应敷设在有腐蚀性物料的包装或灌装、堆存及装卸场地的下面，且距上述场地边界的水平距离不应小于2m，当管线布置在上述场地地下水的下游时，其距离不应小于4m，但应尽量避免设在下游方向。

5.6　管线共沟敷设，应符合下列要求：

a)热力管道，不应与电力、电信电缆和压力管道共沟；

b)排水管道，应布置在沟底，当沟内有腐蚀性介质管道时，排水管道应位于其上方；

c)有腐蚀性介质的管道的标高，应低于沟内其他管线；

d)凡有可能相互产生有害影响的管线，不应同沟敷设。

5.7　管沟沟外壁距建筑物、构筑物基础外缘的水平距离，应满足施工要求。

5.8　地下管线之间的最小水平净距，不应小于表1的规定。

5.9　地下管线与建、构筑物之间的最小水平净距，不宜小于表2的规定。

6　地上管线

6.1　地上管线的敷设方式，主要有高架式、低架式、地面式及建筑物支撑式。敷设方式应根据介质性质、生产操作、安全、维修管理、交通运输和厂容等因素，综合考虑确定。

6.2　管架布置，应符合下列要求：

a)管架基础的位置和净空高度不得影响交通运输、消防和检修；

b)沿地面或低支架式敷设的管道，不应环绕工艺装置或罐区的四周布置；

c)不宜妨碍建筑物的自然采光和通风。

6.3　有甲、乙类火灾等级、腐蚀性及有毒介质的管道，除使用该管道的建筑物、构筑物外，均不得采用建筑物支撑式的敷设方式。

6.4　架空电力线路，不应跨越用可燃材料建造的屋顶及生产火灾等级属于甲、乙类的生产装置和建筑物、构筑物以及储存可燃性、爆炸危险性物料的储罐区和仓库区。

表 1　地下管线之间的最小水平净距表

m

类别			给水管/mm				排水管/mm						热力管（沟）	燃气管					压缩空气管	乙炔管	氧气管	电力电缆/kV			电缆沟	电信电缆	
							生产废水管与雨水管			生产与生活污水管				压力 P/MPa													
			<75	75~150	200~400	>400	<800	800~1500	>1500	<300	400~600	>600		<0.005	0.005<P<0.2	0.2<P<0.4	0.4<P<0.8	0.8<P<1.6				<1	1~10	<35		直埋电缆	电缆管道
给水管/mm		<75	—	—	—	—	0.7	0.8	1.0	0.7	0.8	1.0	0.8	0.8	0.8	0.8	1.0	1.2	0.8	0.8	0.8	0.6	0.8	1.0	0.8	0.5	0.5
		75~150	—	—	—	—	0.8	1.0	1.2	0.8	1.0	1.2	1.0	0.8	1.0	1.0	1.2	1.2	1.0	1.0	1.0	0.6	0.8	1.0	1.0	0.5	0.5
		200~400	—	—	—	—	1.0	1.2	1.5	1.0	1.2	1.5	1.2	0.8	1.0	1.2	1.2	1.5	1.2	1.2	1.2	0.8	1.0	1.0	1.2	1.0	1.0
		>400	—	—	—	—	1.0	1.2	1.5	1.2	1.5	2.0	1.5	1.0	1.2	1.2	1.5	2.0	1.5	1.5	1.5	0.8	1.0	1.0	1.5	1.2	1.2
排水管/mm	生产废水管与雨水管	<800	0.7	0.8	1.0	1.0	—	—	—	—	—	—	1.0	0.8	0.8	0.8	1.0	1.2	0.8	0.8	0.8	0.6	0.8	1.0	1.0	0.8	0.8
		800~1500	0.8	1.0	1.2	1.2	—	—	—	—	—	—	1.2	0.8	1.0	1.0	1.2	1.5	1.0	1.0	1.0	0.8	1.0	1.0	1.2	1.0	1.0
		>1500	1.0	1.2	1.5	1.5	—	—	—	—	—	—	1.5	1.0	1.2	1.2	1.5	2.0	1.2	1.2	1.2	1.0	1.0	1.0	1.5	1.0	1.0
	生产与生活污水管	<300	0.7	0.8	1.0	1.2	—	—	—	—	—	—	1.0	0.8	0.8	0.8	1.0	1.2	0.8	0.8	0.8	0.6	0.8	1.0	1.0	0.8	0.8
		400~600	0.8	1.0	1.2	1.5	—	—	—	—	—	—	1.2	0.8	1.0	1.0	1.2	1.5	1.0	1.0	1.0	0.8	1.0	1.0	1.2	1.0	1.0
		>600	1.0	1.2	1.5	2.0	—	—	—	—	—	—	1.5	1.0	1.2	1.2	1.5	2.0	1.2	1.2	1.2	1.0	1.0	1.0	1.5	1.0	1.0
热力管（沟）			0.8	1.0	1.2	1.5	1.0	1.2	1.5	1.0	1.2	1.5	—	1.0	1.2	1.2	1.5	2.0	1.0	1.5	1.5	1.0	1.0	1.0	2.0	0.8	0.6
燃气管压力 P/MPa		P<0.005	0.8	0.8	0.8	1.0	0.8	0.8	1.0	0.8	0.8	1.0	1.0	—	—	—	—	—	1.0	1.0	1.0	0.8	1.0	1.2	1.2	0.8	1.0
		0.005<P<0.2	0.8	1.0	1.0	1.2	0.8	1.0	1.2	0.8	1.0	1.2	1.2	—	—	—	—	—	1.0	1.0	1.2	0.8	1.0	1.2	1.2	0.8	1.0
		0.2<P<0.4	0.8	1.0	1.2	1.2	0.8	1.0	1.2	0.8	1.0	1.2	1.2	—	—	—	—	—	1.0	1.0	1.5	0.8	1.0	1.2	1.5	0.8	1.0
		0.4<P<0.8	1.0	1.2	1.2	1.5	1.0	1.2	1.5	1.0	1.2	1.5	1.5	—	—	—	—	—	1.2	1.2	2.0	0.8	1.0	1.2	1.5	0.8	1.0
		0.8<P<1.6	1.2	1.2	1.5	2.0	1.2	1.5	2.0	1.2	1.5	2.0	2.0	—	—	—	—	—	1.5	2.0	2.5	1.0	1.2	1.5	2.0	1.2	1.5
压缩空气管			0.8	1.0	1.2	1.5	0.8	1.0	1.2	0.8	1.0	1.2	1.0	1.0	1.0	1.0	1.2	1.5	—	1.5	1.5	0.8	0.8	1.0	1.0	0.8	1.0
乙炔管			0.8	1.0	1.2	1.5	0.8	1.0	1.2	0.8	1.0	1.2	1.5	1.0	1.0	1.0	1.2	2.0	1.5	—	1.5	0.8	0.8	1.0	1.5	0.8	1.0

续表

类别		给水管/mm <75	给水管/mm 75~150	给水管/mm 200~400	给水管/mm >400	排水管/mm 生产废水管与雨水管 <800	排水管/mm 生产废水管与雨水管 800~1500	排水管/mm 生产废水管与雨水管 >1500	排水管/mm 生产与生活污水管 <300	排水管/mm 生产与生活污水管 400~600	排水管/mm 生产与生活污水管 >600	热力管(沟)	燃气管 压力P/MPa <0.005	燃气管 压力P/MPa 0.005<P<0.2	燃气管 压力P/MPa 0.2<P<0.4	燃气管 压力P/MPa 0.4<P<0.8	燃气管 压力P/MPa 0.8<P<1.6	压缩空气管	乙炔管	氧气管	电力电缆/kV <1	电力电缆/kV 1~10	电力电缆/kV <35	电缆沟	电信电缆 直埋电缆	电信电缆 电缆管道
氧气管		0.8	1.0	1.2	1.5	0.8	1.0	1.2	0.8	1.0	1.2	1.5	1.0	1.2	1.5	2.0	2.5	1.5	1.5	—	0.8	0.8	1.0	1.5	0.8	1.0
电力电缆/kV	<1	0.6	0.6	0.8	0.8	0.6	0.8	1.0	0.6	0.8	1.0	1.0	0.8	0.8	0.8	0.8	1.0	0.8	0.8	0.8	—	—	—	0.5	0.5	0.5
	1~10	0.8	0.8	1.0	1.0	0.8	1.0	1.0	0.8	1.0	1.0	1.0	1.0	1.0	1.0	1.0	1.2	0.8	0.8	0.8	—	—	—	0.5	0.5	0.5
	<35	1.0	1.0	1.0	1.0	1.0	1.0	1.0	1.0	1.0	1.0	1.0	1.2	1.2	1.2	1.2	1.5	1.0	1.0	1.0	—	—	—	0.5	0.5	0.5
电缆沟		0.8	1.0	1.2	1.5	1.0	1.2	1.5	1.0	1.2	1.5	2.0	1.2	1.2	1.5	1.5	2.0	1.0	1.5	1.5	0.5	0.5	0.5	—	0.5	0.5
电信电缆	直埋电缆	0.5	0.5	1.0	1.2	0.8	1.0	1.0	0.8	1.0	1.0	0.8	0.8	0.8	0.8	0.8	1.2	0.8	0.8	0.8	0.5	0.5	0.5	0.5	—	—
	电缆管道	0.5	0.5	1.0	1.2	0.8	1.0	1.0	0.8	1.0	1.0	0.6	1.0	1.0	1.0	1.0	1.5	1.0	1.0	1.0	0.5	0.5	0.5	0.5	—	—

注：1. 表中最小间距均自管壁、沟壁或防护设施的外缘或最外一根电缆算起。

2. 当热力管道(沟)与电力电缆间距不能满足表列间距时，可采取隔热措施，以防电缆过热。

3. 局部地段电力电缆穿管保护或加隔板后与给水管道、排水管道、压缩空气管道的间距，可减少到0.5m，与穿管通信电缆的间距，可减少到0.1m。

4. 表中数值系按给水管敷设在污水管上方制定的，生活饮用水给水管与污水管之间间距应按表列数值增加50%；生产废水管与雨水沟(渠)和给水管之间的间距，可减少20%，和通信电缆、电力电缆之间的间距可减少20%，但不得小于0.5m。

5. 当给水管与排水管共同埋设在砂土类土壤中，且给水管的材质为非金属或非合成塑料时，给水管与排水管间距不应小于1.5m。

6. 仅供采暖用的热力管沟与电力电缆、通信电缆及电缆沟之间的间距，可减少20%，但不得小于0.5m。

7. 110kV 级的电力电缆与本表中各类管线的间距，可按35kV 的数值增加50%。电力电缆排管(即电力电缆管道)间距要求与与缆沟相同。

8. 氧气管与同一使用目的的乙炔管道同一水平敷设时，其间距可减少至0.25m，但管道上部0.3m 高度范围内，应用沙类土、松散土填实后再回填土。

9. 煤气管与生产废水管及雨水管的间距系指非满流管；当为满流管时可减少10%。与盖板式排水沟(渠)的间距宜增加10%。

10. 天燃气管与本表各类管线的间距同煤气管。

11. 管道系指公称直径。

表 2 地下管线与建筑物、构筑物之间的最小水平净距表

m

类别	给水管/mm				排水管/mm						热力沟(管)	煤气管压力 P/MPa					压缩空气管	乙炔管	氧气管	电力电缆/kV		电缆沟	通信电缆
					生产废水管与雨水管			生产与生活污水管															
	<75	75~150	200~400	>400	<800	800~1500	>1500	<300	400~600	>600		<0.005	0.005<P<0.2	0.2<P<0.4	0.4<P<0.8	0.8<P<1.6				<10	10~35		
建筑物、构筑物基础外缘	2.0	2.0	2.5	3.0	1.5	2.0	2.5	1.5	2.0	2.5	1.5	1.0	1.0	1.5	4.0	6.0	1.5	注4	注5	0.5	0.6	1.5	0.5
铁路(中心)	3.3	3.3	3.8	3.8	3.8	4.3	4.8	3.8	4.3	4.8	3.8	4.0	4.0	5.0	5.0	6.0	2.5	2.5		2.5	3.0	2.5	2.5
道路(路边)	0.8	0.8	1.0	1.0	0.8	1.0	1.0	0.8	0.8	1.0	0.8	0.6	0.6	0.6	1.0	1.0	0.8	0.8		0.8	1.0	0.8	0.8
管架基础外缘	0.8	0.8	1.0	1.0	0.8	0.8	1.2	0.8	1.0	1.2	0.8	0.8	0.8	1.0	1.0	2.0	0.8	0.8		0.5	0.5	0.8	0.5
照明、通信杆柱	0.8	0.8	1.0	1.0	0.8	1.0	1.2	0.8	1.0	1.2	0.8	0.6	0.6	0.6	1.0	1.5	0.8	0.8		0.5	0.5	0.8	0.5
围墙基础外缘	1.0	1.0	1.0	1.0	1.0	1.0	1.0	1.0	1.0	1.0	1.0	0.6	0.6	0.6	1.0	1.0	1.0	1.0		0.5	0.5	1.0	0.5
排水沟外缘	0.8	0.8	0.8	1.0	0.8	0.8	1.0	0.8	0.8	1.0	0.8	0.6	0.6	0.6	1.0	1.0	0.8	0.8		0.8	1.0	1.0	0.8

注：1. 表列间距除注明者外，管线均自管壁、沟壁或防护设施外缘或最外一根电缆算起；道路为城市型时，自路面边缘算起，为公路型时，自路肩边缘算起。

2. 当排水管道为压力管时，与建、构筑物基础外缘的间距，应按表列数值增加一倍。

3. 给水管道至铁路路堤坡脚的间距，不宜小于路堤高度，且不得小于5.0m；至铁路路堑坡项的间距，不宜小于路堑高度，并不得小于10m；排水管道至铁路路堤坡脚或路堑坡项的间距，不宜小于路堤或路堑高度，并不得小于5.0m。

4. 氧气管道距有地下室的建筑物基础外缘和通行沟道的外缘的间距为：氧气压力≤1.6MPa时，采用3.0m；氧气压力>1.6MPa时，采用5.0m。距无地下室的建筑物基础外缘净距为：氧气压力≤1.6MPa时，采用1.5m；氧气压力>1.6MPa时，采用2.5m。

5. 乙炔管道，距有地下室及火灾危险性为甲类的建、构筑物的基础外缘和通行沟道的外缘的间距为3.0m；距无地下室的建筑物基础外缘的间距为2.0m。

6. 通信电缆管道与建、构筑物基础外缘的间距，应为1.0m；电力电缆排管(即电力电缆管道)间距要求与电缆沟相同。

7. 表列埋地管道与建、构筑物基础的间距，均指埋地管道与建、构筑物基础在同一标高或在其上，当埋地管道深度大于建、构筑物基础的深度时，应按土壤性质计算确定，但不得小于表列数值。

8. 高压电力杆柱或铁塔(基础外边缘)距本表中各类管线的间距，应按表列照明及通信杆柱间距增加50%。

9. 当双柱式管架分别设基础时，可在管架基础之间敷设管线，但应满足本表要求。

6.5 引入厂区的35kV及以上的架空高压输电线路，应沿厂区的边缘布置，并尽量缩短其在厂区内的长度。

6.6 架空管线、管架跨越铁路、道路的最小净空高度，应符合表3的规定。

表3 管线、管架跨越铁路、道路的最小净空高度 m

名称		最小净空高度
铁路(从轨顶算起)	液化烃、可燃液体和可燃气体管道	6.0
	其他一般管线	5.5
道路(从路拱算起)	主要道路	5.0
	装置道路	4.5
人行道(从路面算起)	街区外	2.5
	街区内	2.2

注:1. 表中最小净空高度:管线自防护设施的外缘算起;管架自最低部位算起。

2. 铁路一栏的数字,不适用于电力牵引机车的铁路线路。

3. 有大件运输要求或在检修期间有大型起吊设备通过的道路,应根据需要确定净空高度。

用词说明

对本规范条文中要求执行严格程度用的助动词，说明如下：

（一）表示要求很严格、非这样做不可并具有法定责任时．用词为“必须”（must）；

（二）表示要准确地符合规范而应严格遵守时，用词为：

正面词采用“应”（shall）；

反面词采用“不应”或“不得”（shall not）。

（三）表示在几种可能性中推荐特别合适的一种，不提及也不排除其他可能性，或表示是首选但未必是所要求的，或表示不赞成但也不禁止某种可能性时，用词为：

正面词采用“宜”（should）；

反面词采用“不宜”（should not）。

（四）表示在规范的界限内所允许的行动步骤时，用词为：

正面词采用“可”（may）；

反面词采用“不必”（need not）。

8. 石油化工装置(单元)竖向设计规范

(SH/T 3168—2011
本规范为首次发布)

目　录

1 范 围

本规范规定了石油化工装置(单元)竖向设计基本原则和技术要求。

本规范适用于石油化工企业的新建、改建和扩建工程中工艺装置、储运设施、辅助生产设施等单元的竖向设计。

2 规范性引用文件

下列文件中的条款通过本规范的引用而成为本规范的条款。凡是注日期的引用文件,其随后所有的修改单(不包括勘误的内容)或修订版均不适用于本规范,然而,鼓励根据本规范达成协议的各方研究是否可使用这些文件的最新版本。凡是不注日期的引用文件,其最新版本适用于本规范。

SH 3094 石油化工排雨水明沟设计规范

3 术语和定义

下列术语和定义适用于本规范。

3.1 装置(单元) process plant

一个或一个以上相互关联的工艺单元的组合。

3.2 装置内单元 process unit

按生产流程完成一个工艺操作过程的设备、管道及仪表等的组合体。

3.3 罐组 tank group

布置在一个防火堤或防护墙内的一个或多个储罐。

3.4 地坪 ground plane

经过人工修整后的地面。

3.5 车行铺装 vehicle pavement

能够承受汽车荷载,供汽车通行的地坪铺砌结构。

3.6 人行铺装 side walk pavement

供人员通行的地坪铺砌结构。

3.7 引道 access way

用于连接单元与厂区之间的道路。

3.8 辅助生产设施 auxiliary facility

不直接参加石油化工生产过程,在石油化工生产过程中对生产起辅助作用的必要设施。如:中间罐区、中央化验室、污水处理场、循环水场、维修间、火炬等。

4 装置(单元)竖向布置

4.1 一般规定

4.1.1 装置(单元)竖向布置应根据生产特点,充分考虑运输、操作、检修等要求,结合单元的平面布置,并与厂区竖向相协调。

4.1.2 装置(单元)竖向布置应有利于单元内场地雨水排放,避免单元外地面雨水流入。

4.1.3 装置(单元)竖向宜采用平坡式布置,当受地形条件限制时,也可采用阶梯式布置。

4.1.4 土石方工程量应计算确定。当缺乏计算资料或进行工程前期工作时可参照表1进行估算。

表1　装置(单元)单位面积工程余缺土估算表

序号	装置(单元)特征	余缺土量/(m^3/m^2)
1	无大型地下建构筑物和大面积固体装卸站台的工艺装置	0.3~0.5
2	有大型地下建构筑物的工艺装置	0.7~1.0
3	油罐区(不包括地下和半地下罐区)	-0.2~-0.1
4	有大面积库房装卸站台的全厂性仓库	-0.2
5	循环水场和给水处理场	0.6
6	污水处理场	0.9
7	独立建筑物(无地下室和设备基础)	0.1~0.2
8	独立建筑物(有室内设备基础)	0.4~0.6

注:1. 表中负值为缺土量。
2. 油罐组防火堤若为土堤时:应另加土堤用土量。

4.2　装置(单元)地坪设计标高

4.2.1　对于改建、扩建项目,装置(单元)地坪标高应与原有设施地坪标高相协调。

4.2.2　装置(单元)地坪标高应满足引道的衔接,其引道坡度不宜大于8%。

4.3　建筑物室内外高差

4.3.1　平面布置位于附加2区的办公室、化验室室内地坪及控制室、机柜间、变电所的设备层地坪应高于室外地坪,且高差不应小于0.6m。

4.3.2　一般性建筑物的室内地坪应高出室外地坪且不宜小于0.2m;生产管理及生活服务设施建筑物的室内外地坪高差不宜小于0.3m。泵房、泵棚和露天泵站内地坪宜高出周围地坪0.2m(地下或半地下泵房除外)。

对地基可能出现沉降或排水不良的地段和有特殊要求或受淹后损失较大的建筑物,应根据需要加大室内外地坪高差。

4.3.3　有道路和铁路引入建筑物时,建筑物室内外地坪高差应满足道路和铁路连接的技术要求。

4.4　装卸作业站台高度

4.4.1　准轨铁路普通货物站台由轨顶至站台顶面的高度宜采用1.0~1.1m。

4.4.2　汽车装卸站台的高度可根据具体车型确定,宜采用0.8~1.3m。

4.5　装置(单元)地坪坡度及排雨水

4.5.1　地坪设计坡度宜采用双面坡或多面坡。当装置(单元)占地面积小于0.3ha时,可采用单面坡。

4.5.2　设计地坪坡度不宜小于5‰。在特殊情况下,最小坡度不宜小于3‰,最大坡度不宜大30‰。

4.5.3　各类场地设计地坪的适宜坡度,宜按表2选用。

表2　各类地坪的适宜坡度

场地类型	地面铺砌形式	适宜坡度/‰
室外场地	自然土壤	3~10
	草坪	5~20
	简易面层	5~25
	沥青或水泥混凝土面层	3~40
物料堆场	自然土壤	5~6
	碎石土壤	5~10
	沥青或水泥混凝土面层	5~15
	酸类装卸场地及堆场	≥10
汽车停车场	沥青或水泥混凝土面层	5~20

注:具体设计时可根据当地的降雨量、土壤类型、自然地形等综合考虑确定。

4.5.4 装置(单元)内的清净雨水排放宜采用下列三种方式:

a)自然排水方式;

b)明沟排水方式;

c)暗管排水方式。

4.5.5 排水明沟的设计要求如下:

a)雨水明沟宜沿道路、管廊或建筑物的散水布置,不宜与装置内电缆沟交叉,应避免穿越主要设备区;

b)明沟的设计流量及水力计算应执行 SH 3094 的有关规定;

c)明沟的断面形式宜采用矩形;

d)雨水明沟的起点沟深不宜小于 0.3m,沟底宽度不宜小于 0.3m。沟底纵坡不宜小于 3‰,在困难地段,不宜小于 2‰;

e)雨水明沟宜采用混凝土浇筑,并根据需要加设盖板。

4.6 车行道路、人行道及地坪铺装

4.6.1 车行道路应符合下列要求:

a)车行道应与厂区道路衔接良好;

b)车行引道与厂区排雨水明沟交叉时,交叉处的排雨水明沟宜设置涵洞。

4.6.2 人行道应符合下列要求:

a)沿车行道设置的人行道宜高出路面 0.1~0.2m;

b)人行道纵坡超过 8% 时宜设置踏步;

c)人行道与厂区排雨水明沟交叉时,交叉处的排雨水明沟应设置盖板。

4.6.3 装置(单元)内地坪铺装应符合下列要求:

a)地坪铺装分为车行铺装和人行铺装,车行铺装可根据使用要求采用车行结构或与道路结构相同。人行铺装宜采用现浇混凝土铺装结构;

b)车行铺装与人行铺装应有明显标识。

4.7 装置(单元)地坪内外连接

4.7.1 装置(单元)地坪与其四周地坪的连接宜采用自然放坡、护坡或挡土墙。

4.7.2 当内外地坪高差小于 0.5m 时,宜采用自然放坡。当内外高差大于 0.5m 小于 1.8m 时,宜采用护坡或挡土墙。若内外高差大于 1.8m 时,宜采用挡土墙,并在挡土墙顶边缘设置护栏。

5 罐组竖向布置

5.1 一般规定

5.1.1 罐组竖向布置应与厂区(或罐区)竖向布置相协调。

5.1.2 罐组竖向布置应有利于罐组内的地面雨水排放,宜采用平坡式竖向布置方式。

5.1.3 罐组内雨水宜采用明沟收集,通过截油排水设施排出罐组并与厂区(或罐区)雨水系统连接。

5.2 罐组内地坪设计标高

5.2.1 地坪标高不宜低于其泵房(或泵棚)的地坪标高。

5.2.2 液氯罐组内地坪应低于周围地坪 0.3~0.5m,或在罐组周围作高出地坪 0.3~0.5m 的围堰。

5.3 罐组内地坪坡度、坡向及排雨水

5.3.1 地坪坡向宜与主要的自流液体管线坡向一致,地面坡度宜为 3‰~10‰,最大不应大于 20‰。

5.3.2 地坪宜采用单面坡或双面坡。当罐组占地面积较小仅一侧布置雨水明沟时,可采用单面坡。当罐组占地面积较大双侧均布置雨水明沟时,可采用双面坡,采用双面坡时,脊线宜位于罐组或管带中心线。

5.3.3 液化烃全压力式或半冷式储罐组内地坪应坡向四周。

5.3.4 排水明沟的设计应符合下列要求:

a)雨水明沟宜沿防火堤内堤脚线、隔堤堤脚线布置,且沟外壁距防火堤、隔堤内堤脚线的距离不应小

于 0.5m；

b）明沟的设计流量及水力计算应执行 SH 3094 的有关规定；

c）明沟宜采用矩形断面形式。

5.4　罐组内地坪铺装

5.4.1　罐组内地坪铺装可遵循下列原则：

a）根据巡检和操作要求设置混凝土人行铺装；

b）液化烃罐组内应作现浇混凝土地坪铺装；

c）如有进车检修要求的罐组，可按要求设置车行铺装；

d）酸、碱罐组内地坪应采取防腐蚀措施；

e）液体化工产品储罐组内宜设置混凝土铺装。

6　油品、液体化工品装卸设施竖向布置

6.1　铁路装卸设施的竖向布置应与铁路设计相协调，装卸线附近的场地坡度，沿铁路方向不宜大于 3‰，垂直铁路线路方向宜采用 3‰～15‰。

6.2　汽车装、卸设施的地面坡度宜采用 3‰～20‰，并应采用现浇混凝土车行铺装。

6.3　汽车装、卸酸碱设施的地面坡度宜采用 3‰～20‰，并应采用耐酸、碱地面。

6.4　装卸场地的污染雨水，不应进入排雨水系统。

7　其他辅助设施竖向布置

7.1　污水处理场、循环水场的露天设备区，应根据需要设置围堰或排水沟。泵房和冷却塔的四周应铺砌，并设检修道、巡回道等，其余空地宜绿化或铺设石子等。

7.2　露天堆放场地的竖向应防止场外的地面雨水流入场内。地面坡度宜采用 5‰～20‰坡向场外，堆放松散物料时，宜采用 3‰～10‰的坡度。

7.3　露天装卸场、堆放场的地面不宜坡向铁路线路。

7.4　装卸焦炭等散装物料的铁路线路宜采用整体道床，平行铁路线路方向宜设置排水明沟。

7.5　堆放场的地坪，应根据物料性质和操作要求进行铺装，场地应有配套的排水设施。

7.6　建筑群院落内地面坡度宜为 3‰～20‰，并应使雨水迅速排出。

用词说明

对本规范条文中要求执行严格程度用的助动词,说明如下:

(一)表示要求很严格、非这样做不可并具有法定责任时。用词为“必须”(must);

(二)表示要准确地符合规范而应严格遵守时,用词为:

正面词采用“应”(shall);

反面词采用“不应”或“不得”(shall not)。

(三)表示在几种可能性中推荐特别合适的一种,不提及也不排除其他可能性,或表示是首选但未必是所要求的,或表示不赞成但也不禁止某种可能性时,用词为:

正面词采用“宜”(should);

反面词采用“不宜”(should not)。

(四)表示在规范的界限内所允许的行动步骤时,用词为:

正面词采用“可”(may);

反面词采用“不必”(need not)。

9. 石油天然气工程总图设计规范

（SY/T 0048—2009
代替 SY/T 0048—2000）

目　　录

1 范 围

本标准规定了油气田及油气输送管道工程站场总图设计的一般原则和要求。

本标准适应于陆上、滩海陆采油气田及油气输送管道工程总体布置和各类站场新建、扩建和改建工程的总图设计。

2 规范性引用文件

下列文件中的条款通过本标准的引用而成为本标准的条款。凡是注日期的引用文件,其随后所有的修改单(不包括勘误的内容)或修订版均不适用于本标准．然而,鼓励根据本标准达成协议的各方研究是否可适用这些文件的最新版本。凡是不注日期的引用文件,其最新版本适用于本标准。

GBJ 12 工业企业标准轨距铁路设计规范

GBJ 22 厂矿道路设计规范

GB 50016 建筑设计防火规范

GB 50029 压缩空气站设计规范

GB 50041 锅炉房设计规范

GB 50053 10kV及以下变电所设计规范

GB 50058 爆炸和火灾危险环境电力装置设计规范

GB 50059 35~110kV变电所设计规范

GB 50183—2004 石油天然气工程设计防火规范

GB 50459 油气输送管道跨越工程设计规范

SY/T 0011 天然气净化厂设计规范

3 术语和定义

下列术语和定义适用于本标准。

3.1 总体布置 totality layout

对油气田(区块)及其外部工程总体关系的协调定位。

3.2 总平面布置 general layout

根据站场生产流程、交通运输、环境保护及防火安全等要求对装置、建(构)筑物及系统工程相对关系的协调定位。

3.3 竖向设计 vertical layout

根据站场的生产工艺、运输、管线敷设及排水等要求,结合自然地形对场地标高的设计。

3.4 站场 station

各类油气井场和各种功能站的总称。

3.5 场址选择 site selection

对站、库、厂、场位置方案,经过踏勘、勘测,进行技术经济比较。加以确定的工作过程。

3.6 线路选择 route selection

对经过踏勘或勘测的管线、道路、电力线、通信线等各种线路走向位置方案,进行技术经济比较后确定的工作过程。

3.7 大型油气站场 large oil and gas station

集中处理站(联合站)、天然气处理厂、矿场油库、长输油气管道首末站、压缩机站。

3.8 分井计量站(简称计量站)well－testing station

油田内完成分井计量油、气、水的站。

3.9　交接计量站　lease custody metering station

对外销售石油、天然气与用户进行交接计量的站。

3.10　接转站　pumping station

油气收集系统中，主要担负原油增压输送的泵站。

3.11　矿场油库　lease oil tank farms

油田内部储存和外输（运）原油的油库。

3.12　集中处理站　central gathering station

油田内部主要对原油、天然气、采出水进行集中处理的站。

3.13　集气站　gas gathering station

对油气田产天然气进行收集、调压、分离、计量等作业的站。

3.14　配气站　gas distribution station

在矿场或输气管道上，将商品天然气分配给用户的站。

3.15　天然气净化厂　natural gas conditioning plant

对天然气进行脱硫、脱水、硫磺回收、尾气处理的工厂。

3.16　压气站　compressor station

在矿场或输气管道上用压缩机对天然气（油田气）增压的站。

3.17　注水站　water - injection station

向注水井供给注入水和洗井水的站。

3.18　采出水处理站　produced water treatment station

为使油气田采出水符合注水水质标准或排放标准，对其进行回收和处理的站。

3.19　输油站　oil transport station

输油管道工程中各类工艺站场的统称。一般包括首站、末站、清管站和分输站。

3.20　输气站　gas transmission station

输气管道工程中各类工艺站场的总称。一般包括输气首站、末站、压气站、气体接收站和分输站。

3.21　管网　pipe network

在同一地区输送同一种流体的多条相连通的管线的总称，如油管网、气管网、水管网。

3.22　管廊　piping lane

多条管线平行敷设在一起的地带。

4　油气田（区块）总体布置

4.1　一般规定

4.1.1　新增产能建设工程的油气田（区块），应根据批准的油气田（区块）开发方案和周围地区勘探成果，进行油气田（区块）地面建设的总体布置设计。

4.1.2　油气田（区块）地面建设总体布置应以油气集输系统为主体，根据采油（气）工艺要求，统筹考虑注水、注气、采出水处理、供排水及消防、供配电、通信与自控、道路、生产维护与生活基地等配套工程。

4.1.3　新开发油气田（区块）的总体布置设计，应综合考虑周边油气田建设现状和规划。

4.1.4　应对油气田（区块）所处位置的地理环境、自然条件、地方因素、油气产品需求等条件进行调查了解，掌握工程地质和水文地质等工程建设必备的资料。宜具有足够范围的1：10000和1：50000的地形图。

4.1.5　油气田（区块）总体布置在满足油气田生产的同时，还应兼顾当地工农业的发展，协调作好水土保持、防洪排涝、绿化和环境保护工作。

4.1.6　油气田工程建设用地，应符合土地利用总体规划，尽量利用荒地、劣地，少占或不占耕地，特别是基本农田和经济效益高的土地。

4.2 总体布置

4.2.1 地面工艺设施和配套工程的各类站场应根据油气田(区块)开发设计、采油(气)工艺设计和对产品的要求,结合地形条件统一规划布置。站场宜联合布置。

4.2.2 采用聚合物驱开发且面积较大的油田,应采用集中配制、分散注入的布局模式。对于开发面积较小的油田,可建成配制、注入合一的配注站。

4.2.3 聚合物集中配制站在建设上应与注聚工程开发规划统一安排;站址宜按照其服务范围尽可能布置在区域中心位置。

4.2.4 油气田油气输送管道的首站宜与相应的矿场油库、集中处理站、天然气处理厂联合布置,其位置应满足原油、天然气外输方向的要求。

4.2.5 铁路外运原油库宜布置在油气区边缘,其位置应有利于铁路专用线和接轨站相接,距接轨站宜大于1km。

4.2.6 需在油气田内建设的其他大型系统工程,如石化厂、发电厂等,应布置在油气藏区域之外。

4.2.7 油气田水源建设应根据油气田(区块)地面生产和生活用水水质、水量要求,在掌握地下水储量分布或江河湖泊、人工水库地面水文资料的基础上确定水源、水厂、供水泵站的位置,并同时根据需求确定供水干、支管网的走向。

4.2.8 防洪排涝方式和防洪堤、干渠走向应根据油气田(区块)所处地区的洪涝历史和自然环境条件,在符合所在江河流域防洪规划前提下,结合油气田内部道路布置综合确定。

4.2.9 新建变配电所和自备电站的数量、规模,应根据油气田(区块)用电需求,结合周边电源现状和发展规划,确定其位置及电网分布和走向。

4.2.10 油气田通信站(局)应根据油气田(区块)的开发布局进行设置,通信中心站应与油气田管理机构布置在一起。

4.2.11 油气田(区块)专用道路等级和路网应根据油气田(区块)油气水井、站场的布置及生产管理和生活区建设的要求,结合地方道路现状及规划确定。

4.2.12 新成立的油气田(区块)的一级管理机构、生活基地应离开油田布井范围,宜设在油田附近人口聚居的城镇,相对集中配套建设。生活基地宜位于排放有害气体站场全年最小频率风向的下风侧。

4.2.13 油气田(区块)内绿化设计,应与国家和地方绿化工程协调一致。

4.3 线路布置

4.3.1 各种管道、供配电线路、通信线路(包括埋地电缆、光缆),宜以道路为骨架形成线路走廊带。

4.3.2 原油和天然气埋地集输管道同铁路平行敷设时,距铁路用地范围边界应符合 GB 50183 中 7.1.6 的规定。

4.3.3 油田内部埋地敷设的原油、稳定轻烃、20℃时饱和蒸气压力小于 0.1MPa 的天然气凝析液、压力小于或等于 0.6MPa 的油田气集输管道与居民区、村镇、公共福利设施、工矿企业等的距离应符合 GB 50183 中 7.2.1 的规定。

4.3.4 20℃时饱和蒸气压力大于或等于 0.1MPa、管径小于或等于 *DN*200 的埋地天然气凝液管道与地面建(构)筑物的最小间距应符合 GB 50183 中 7.2.2 的规定。

4.3.5 管线跨越油田区域内人行通道、公路、铁路和电气化铁路时,其架空结构的最下缘净空高度应符合 GB 50459 的规定。

5 场址选择

5.1 一般规定

5.1.1 各类站场的选址工作,应根据主管部门批准的设计任务书,或批准的油气田地面建设总体规划设计,按照国家对工程建设的有关规定进行。大型站场应有选址报告。

5.1.2 大型油气站场选址，应考虑交通运输、水源、电源、公用设施和生活基地等依托条件。生活基地宜靠近生产管理机构或城镇，站场区与生活基地之间应有方便的通勤条件。

5.1.3 站场址选择应合理使用土地，符合国家土地管理的有关规定。应尽量利用荒地、劣地，少占或不占耕地。

5.1.4 站场址选择应符合现行环境保护的有关规定。充分考虑产生的废气、含油污水对大气和水体的污染。产生噪声的站场，应远离居民区、学校和医疗区。站场址与相邻企业和建(构)筑物的防火间距应符合GB 50183的有关规定。

5.1.5 油气站场场址宜远离江、河、湖泊。当确需相邻建设时，应采取相应措施，防止事故状态下对水体的污染。

5.2 场址选择

5.2.1 油气输送管道首、末站选址应符合下列规定：

a)原油和天然气输送管道首站的选址宜与集中处理站、天然气处理厂和矿场油库的位置相协调，其位置应根据油气管网和外输方向等因素，综合确定；

b)原油输送管道末站的选址宜与炼油厂原油库、铁路转运库、港口原油库的位置相协调；

c)成品油输送管道首站的选址宜与供应源油库的位置相结合；

d)成品油输送管道末站的选址宜与商业油库的位置相结合；

e)天然气输送管道末站的选址宜与用户门站的位置相结合。

5.2.2 铁路外运矿场油库选址，应按4.2.5执行。

5.2.3 油气输送管道分输站宜根据用户情况合理选址。

5.2.4 站场址应具有满足建设需要的工程地质条件和水文地质条件。

5.2.5 站场址宜选在易于排除地面水的地段。

5.2.6 站场址应满足该站所必需的场地面积，并应根据站场的发展要求留出必要的发展用地。在山区采用开山填沟营造人工场地时，应避开山洪流经的沟谷。

5.2.7 散发油气的站场场址，宜位于城镇、居住区全年最小频率风向的上风侧，并不应位于窝风地段。

5.2.8 各类站场不应在下列区域内选址：

a)发震断层和基本烈度高于9度的地震区；

b)Ⅳ级自重湿陷性黄土、新近堆积黄土，Ⅲ级膨胀土等工程地质恶劣地区；

c)有泥石流、滑坡、流沙、溶洞等直接危害的地段；

d)重要的供水水源卫生保护区；

e)国家级自然保护区；

f)对飞机起落、电台通信、电视转播、雷达导航、天文观察等设施有影响的地区；

g)重要军事设施的防护区；

h)历史文物、名胜古迹保护区；

i)具有开采价值的矿藏区；采矿陷落(错动)区；

j)对站场环境、劳动安全卫生有威胁的区域，如有严重放射性物质或大量有害气体的地域，传染病和地方病流行区域；有爆破作业的危险区；

k)堤、坝决溃后可能淹没的地区。

当不可避免确需在上述地区选址时，应采取有效措施，并取得主管部门的同意。

6 总平面布置

6.1 一般规定

6.1.1 站场总平面布置在满足工艺流程要求的基础上，应结合场地地形、工程地质、风向等因素因地制宜进行布置，做到安全、环保、紧凑。

6.1.2 各类油气站场（含采出水处理站场）总平面布置的防火间距应符合 GB 50183 的规定。

6.1.3 油气站场总平面布置应与工艺流程相适应，宜根据不同生产功能和特点分别相对集中布置，功能分区明确。

6.1.4 各类站场总平面布置应紧凑合理，节约用地。站场的生产设施宜采取联合装置，对生产联系密切、性质相近的单体建筑，在满足生产要求、符合安全环保的前提下，宜合并建设联合厂房和多层厂房。

6.1.5 中小型站场（接转站、集气站、油气输送管道中间站等），其土地利用系数应不小于45%。大型油气站场的土地利用系数应不小于60%。土地利用系数的计算见附录A。

6.1.6 油气站场总平面布置应根据当地气象资料，为建筑物尽量创造良好的自然采光和通风条件，

6.1.7 散发有害气体或易燃、易爆气体的生产设施，宜布置在人员集中场所及明火或散发火花地点的全年最小频率风向的上风侧。

6.1.8 油罐区（组）宜布置在站场边缘地势较低处，且宜位于站场全年最小频率风向的上风侧。

6.1.9 加热炉宜布置在站区边缘，并宜位于散发油气生产场所的全年最小频率风向的下风侧。

6.1.10 产生噪声的生产设施，宜相对集中布置，应远离人员集中和要求安静的场所。

6.1.11 全站场的天然气放空管或火炬，应远离人员集中的场所和全站性重要设施，其距离应符合 GB 50183的有关规定，并应位于站场外地势较高处和场区全年最小频率风向的上风侧。

6.1.12 油气站场防洪排涝应与所在区域的防洪排涝统筹考虑。当区域无防洪排涝设施时，油气站场的场区地面设计标高应比按防洪设计重现期计算的设计水位（包括壅水和风浪袭击高度）高0.5m，在技术经济合理的条件下，也可采用提高主要设备和建筑物标高的方法。防洪设计重现期按表1规定值采用。

表1 防洪设计标准

站场名称	设计重现期/年
采油井、采气井、注气井、注水井	5～10
分井计量站、接转站、放水站、集气站、配气站、增压站、计量站、配水间	10～25
集中处理站、原油稳定站、原油脱水站、矿场油库、天然气凝液回收工厂、注气站、天然气处理厂、输送油气管道的各类站场	25～50

6.1.13 在山区或山前建站时，可根据地形情况设置截洪沟、拦洪坝，截洪沟不宜穿过场区。

6.1.14 站场总平面布置应适当考虑场区的绿化。一般地区的大型站场的绿地率不宜小于15%。绿地率的计算见附录B。

6.1.15 油气站场总平面布置设计，初步设计阶段应列出下列常用主要技术指标：

a）站场用地面积（m^2）；

b）建筑物、构筑物用地面积（m^2）；

c）道路及广场用地面积（m^2）；

d）绿化用地面积（m^2）；

e）土地利用系数（%）；

f）绿地率（%）。

6.2 油田生产设施布置

6.2.1 油气生产设施布置：

a）同一生产区内，在满足生产、施工、检修和防火要求的条件下，应尽量缩小工艺设施之间的距离和道路宽度，工艺装置宜联合设置；

b）进出站场的油气管线阀组应靠近站场边缘；

c）大型油气站场的中心控制室的布置应符合下列规定：

1）应布置在油气生产工艺装置、储油罐区和油品装卸区全年最小频率风向的下风侧；

2）周围不应有造成地面产生振幅为0.1mm、频率为25Hz以上的连续性振源；

3）控制室外墙距主干道边缘不应小于10m；

4）控制室不应与高压配电室、压缩机室、鼓风机室和化学药品库毗邻布置。

6.2.2 水处理及注水设施布置：

a）油田采出水处理设施宜与油田注水、原油脱水设施相毗邻，且宜布置在油气生产设施全年最小频率风向的下风侧和人员相对集中场所全年最小频率风向的上风侧；

b）注水泵房、脱氧水泵房、水处理操作间、聚合物配制注入厂房和其他设施，其建筑防火距离应符合GB 50016的有关规定；

c）含油污水罐宜与原油脱水系统的含水原油罐相毗邻。以电为动力的水处理泵房宜与电动注水泵房相联合，且宜与该系统的值班、配电、水质化验室组成联合的建筑；

d）除油罐及过滤罐宜分组布置，过滤罐距除油罐和清水罐的净距不应小于4m。两个过滤罐或两个除油罐共用一个阀室时，在满足管线安装要求的情况下，应尽量缩短两罐间的净距；

e）在真空脱氧塔一侧布置缓冲水罐、循环水罐和脱氧水泵房时，应在塔架另一侧留有检修场地。

6.2.3 储存设施布置：

a）储罐区的平面布置应符合GB 50183的有关规定。有油品灌装作业的站场，油罐区宜靠近装油设施。当有条件时，应充分利用地形高差自流灌装；

b）液化石油气储罐和天然气凝液、稳定轻烃压力储罐组，应布置在站场的边缘地带，远离人员集中的场所和明火地点，并应位于站场常年最小频率风向的上风侧，且避开窝风地段；

c）液化石油气压力储罐和天然气凝液、稳定轻烃压力储罐不应与常压油品储罐同组布置。

6.2.4 装卸设施布置：

a）油品和液化石油气装卸设施的平面布置应符合GB 50183的有关规定；

b）铁路中心线至建（构）筑物的距离，不应小于2.44m，装油栈桥第一个鹤管距铁路大门，不应小于20m；

c）铁路装卸场不考虑机车通行，只允许在铁路作业线的一侧设置装卸油品的栈桥，铁路中心线至装卸油品栈桥边缘的距离，在高出轨面1.1~3.0m范围的空间内不应小于2.0m；在高出轨面3.0m以上不应小于1.85m。在铁路无栈桥的一侧，其中心线与其他建（构）筑物的距离不应小于3.5m；

d）在一座装卸油品栈桥的两侧分别建设两条铁路作业线时，两条铁路作业线的中心距离不宜大于6m；

e）卸油零位罐距铁路作业线中心线不应小于6m，零位罐的排气孔与卸油鹤管的距离不应小于10m；

f）液化石油气汽车装卸台宜布置在场区边部。在操作区周围应设高度不低于2.5m的非燃烧体实体围墙，车辆进出口宜分别设置。

6.3 气田生产设施布置

6.3.1 仪表值班室、值班休息室、工具间、阴极保护间等宜合并为综合值班室建设。高含硫气田内部集输站场的综合值班室应在站外选址建设，应位于站外地势较高处，方便交通运输，且位于站场全年最小频率风向的下风侧。

6.3.2 综合值班室应布置在站场主要进出口附近。山墙宜面对工艺装置区或井口装置区，工艺装置区、进（出）站阀组区、水套炉，放空分液罐、可燃气体压缩机及压缩机房等建构筑物应布置在远离站场主要进出口处。

6.3.3 进、出站阀组区应布置在站区边缘。

6.3.4 站场除主要出入口一侧的围墙外，在另外三侧围墙选择合适的位置宜至少设置一座逃生门。逃生门宜选择在站外地势较高，方便出入处。逃生门宜位于站场全年最小频率风向的下风侧。

6.3.5 天然气净化厂的总平面布置应符合SY/T 0011要求。

6.4 输油输气管道生产设施布置

6.4.1 生产设施的布置应与油气管道进出站场的位置协调一致,保障进出站管道的顺畅。

6.4.2 原油输送管道站场的阀组区宜靠近站场边缘;泵房(区、棚)的布置应满足工艺流程要求,宜靠近动力源。

6.4.3 成品油输送管道站场混油处理区宜布置在站场边部地势较低处,宜独立成区,且位于站场全年最小频率风向的上风侧。

6.4.4 天然气输送管道站场主要设施布置宜符合下列要求:

a)进出站安全切断阀布置在工艺操作区附近的侧面,位于能够方便紧急切断进出站场管线的地段。

b)工艺操作区应布置在进出管线方便、地势平坦的位置,且位于站场全年最小频率风向的上风侧。

c)加压站的压缩机厂房及其系统的布置,既要保持与工艺操作区的紧密联系,又要防止噪声对操作人员及生活区的干扰。

6.5 辅助生产设施布置

6.5.1 35kV 及以上的变电所布置应符合 GB 50059 的有关规定;应布置在有利于高压架空线、电缆线进出的场区边部,宜靠近负荷中心;应远离散发水雾、蒸汽、粉尘、腐蚀性气体的场所;并应布置在散发油气生产设施的全年最小频率风向的下风侧。

6.5.2 10kV 及以下的变电所和配电室的布置,应符合 GB 50053 及 GB 50183 的有关规定。当与有爆炸或火灾危险环境的建筑物毗邻时,应符合 GB 50058 的有关规定。

6.5.3 热动力设施和锅炉房宜靠近负荷中心,布置在场区边部,位于散发油气生产设施的全年最小频率风向的下风侧。锅炉房的布置尚应符合 GB 50041 的有关规定。

6.5.4 压缩空气站的布置,应符合 GB 50029 的有关规定。

6.5.5 通信微波塔应靠近微波机房,并应远离变电所、发电机房、压缩机房、输油泵房等干扰源。

6.5.6 消防水泵房宜与消防泡沫泵房合建,其位置宜布置在储油罐区全年最小频率风向的下风侧,与各建(构)筑物的距离应符合 GB 50183 的有关规定。

6.5.7 化学药剂储存及卸车作业设施宜靠近其使用地点设置;应远离人员集中的场所和重要设施,并位于其全年最小频率风向的上风侧。

6.5.8 循环水设施应布置在中心控制室、化验室、变配电所及其他对防潮、防水要求严格设施的全年最小频率风向的上风侧,并位于酸性气体排放口全年最小频率风向的下风侧。

6.5.9 机械通风凉水塔的进风面宜与夏季最大频率风向平行。天然气处理厂的循环水设施与外部建(构)筑物的最小距离应符合表 2 的规定。

表 2 机械通风凉水塔、循环水设施与外部建(构)筑物的最小距离

序 号	建(构)筑物名称	最小距离/m
1	变电所(至设计边界线)	40/60
2	变配电装置	30/45
3	生产及辅助生产建筑物	25
4	场区内道路(至路边缘)	15
5	站场围墙	15

注:1. 表列最小距离:凉水塔自塔外缘起算;建筑物除注明者外,均自外墙轴线起算。

2. 本表同一栏内列有两个数值者,分母为变、配电站位于凉水塔的冬季最大频率风向的下风侧时的要求;分子为变、配电站位于凉水塔的冬季最大频率风向的上风侧时的要求。

3. 表列最小距离不包括处理能力在 50~100m^3/h 及以下的机械通风凉水塔或小型玻璃钢凉水塔。

6.5.10 历年最冷月平均气温的平均值在 -10℃以下的地区，凉水塔宜布置在邻近主要道路的冬季最小频率风向的上风侧。

6.6 道路、围墙及出入口布置

6.6.1 场区内道路的布置应与竖向设计及管线布置相结合，并应与场外道路有顺畅方便的连接。大型油气站场宜环形布置，中小型站场和受地形条件限制的站场，可设有回车场的尽头式道路，回车场的面积不宜小于 15m×15m。

6.6.2 在满足生产、维修、消防等通车要求的情况下，应减少场区内部道路的设置。人流和车流较集中的主干道和消防道路，应避免与场区内部铁路交叉。

6.6.3 场区内的道路交叉时，宜采用正交；斜交时，交叉角不应小于45°。

6.6.4 一级站场内消防车道的路面宽度不宜小于6m；一、二、三级油气站场消防车道转弯半径不应小于12m，纵向坡度不宜大于8%。

6.6.5 甲、乙类液体厂房及油气密闭工艺设备距消防车道的间距不宜小于5m。

6.6.6 油罐区消防道路边缘与防火堤坡脚线之间的距离不应小于3m，两组油罐防火堤之间无消防道路时，应设净宽不小于7m的平坦隔离空地。

6.6.7 道路边缘至相邻建（构）筑物的净距应符合表3的规定值。

6.6.8 人行道边缘至屋面为无组织排水的建筑物外墙不应小于1.5m，至屋面为有组织排水的建筑物外墙净距应根据具体情况确定。

6.6.9 一、二、三级油气站场，至少应有两个通向外部道路的出入口。

6.6.10 一、二、三、四级石油天然气站场四周宜设不低于2.2m的非燃烧材料围墙或围栏。站场内变配电站（大于或等于35kV）应设不低于1.5m的围栏。

表3 道路边缘至相邻建（构）筑物的距离

建（构）筑物名称			最小距离/m
建筑物外墙面	当建筑物面向道路一侧无出入口时		1.5
	当建筑物面向道路一侧有出入口但不通行汽车时		3.0
	当建筑物面向道路一侧有出入口且通行汽车时	连接引道的路面为单车道时	8.0
		连接引道的路面为双车道时	6.0
		连接引道为电瓶搬运车行道时	4.5
各类管线支架			1.0~1.5
围 墙			1.5

注：1. 城市型道路自路面边缘起算，公路型道路自路肩外边缘起算。

2. 车间引道的宽度应与大门宽度相适应，转弯半径不应小于6.0m。

7 竖向设计

7.1 一般规定

7.1.1 油气站场的竖向设计应与总平面布置同时进行，并应与场区外周围地形标高、道路及防洪排水条件相协调。地处复杂地形、复杂地质区内的站场，其竖向设计应进行综合技术经济评价后确定。

7.1.2 站场分期建设时，应统一考虑竖向设计，确保近远期工程协调衔接；站场扩建、改建时的竖向设计，应与已建部分相协调。

7.1.3 竖向设计应满足下列要求：

a）合理利用地形，选择适宜的竖向设计方式；

b）满足生产、运输要求；

c)组织场地雨水迅速排除；

d)满足站场内铁路和道路的设计要求；

e)根据地形高差条件，满足自流装卸、自流排放和灌注头(包括泵吸入管的敷设)等工艺的要求；

f)根据主要建(构)筑物和重型设备基础的埋深、正常受力情况，结合工程地质条件、水文条件，确定填挖高度，确保填挖方边坡的稳定。山区建站时，应注意对周围山坡的加固和植被保护；

g)填挖方工程应防止滑坡、塌方，尽量减少土石方、护坡和挡土墙等工程，保证建(构)筑物基础稳定可靠；尽量使填挖方量接近平衡。

7.1.4 特殊地质条件的竖向设计要求：

a)膨胀土地区，应注意保持原生覆盖土表层。露头地段应根据当地经验因地制宜地进行处理；

b)自重湿陷性黄土区，应有能迅速排除雨水的地面坡度和排水系统。湿陷性黄土地区场地平土应避免造成人为的湿陷性差异；

c)岩石地基地区、软土地区和地下水位高的地区不宜挖方；

d)盐渍土地区，采用自然排水的场地设计坡度不得小于1%。

7.2 平坡式竖向设计

7.2.1 平坡式竖向设计适用于下列地区的站场：

a)自然地形坡度不大于2.0%的地区；

b)自然地形坡度为2.1%~3.0%，且宽度不大于500m的地区；

c)处于地形破碎的微丘地区。

7.2.2 场地设计整平坡度宜采用0.5%~2.0%；在大面积地形平坦的地区，采用单向连续式平坡时，不宜小于0.2%；在局部高差较大的地段，不宜大于5.0%。若场地设计地面排水径流速度大于土壤的允许流速时，地面应植被或铺砌，防止冲刷。

7.2.3 油气站场的场区地面设计应符合下列要求：

a)露天布置的工艺装置区设计边界线内，除绿化地外，其余的检修和露天操作场地宜铺砌，且宜高于边界线外场地；

b)循环水和污水处理区内，除人行道、车行道和操作场地应铺砌外，其他场地宜植草皮或铺石子，且宜高于外部场区0.1m；

c)汽车装卸油场地的混凝土地面，宜高于场地外部0.2m，且宜设0.5%~1.0%的坡度；

d)人行道应高于其附近场区地面0.05m~0.10m，宜采用混凝土预制块铺砌。

7.2.4 建筑物室内设计地坪标高，宜高出室外场地设计整平标高0.2m。在有可能沉陷的软土地段和有特殊要求的建筑物，应适当加大室内外高差。

7.2.5 油气站场内外铁路、道路、排水沟渠的标高应统一考虑。主要出入口的道路路面标高宜高于场区外部路面的标高。

7.3 阶梯式竖向设计

7.3.1 台阶的划分应满足下列要求：

a)根据自然地形和总平面布置划分台阶。生产联系密切的建(构)筑物宜布置在同一台阶或相邻台阶上；

b)台阶的长边宜与自然地形的等高线平行；

c)台阶的宽度和面积除应能满足生产设施、道路、管线和绿化美化的布置外，还应满足施工安装、生产操作、设备检修和消防的用地需要；

d)台阶高度应按自然地面坡度和地质条件，结合生产流程、运输联系等因素综合考虑。台阶推荐高度宜为1~4m，不宜大于6m。

7.3.2 阶梯布置中，在台阶的边缘处应有防止油品或雨水从高台面漫流到低台面的措施。在台阶高度大于2m，且人员经常活动的台阶边缘处，应设防护栏。

7.3.3 相邻台阶之间可采用自然放坡、护坡或挡土墙等连接方式，设计时应根据场地条件、地质条件、气象条件、台阶高度、荷载和卫生要求等因素，综合考虑确定。

7.3.4 阶梯式布置的人行道纵向坡度大于8%或跨越台阶时，应设人行阶梯。人行阶梯每级高度为0.15~0.20m，宽度不应小于0.25m。台阶高度大于3.0m时，人行阶梯应设休息平台和栏杆。

7.3.5 上台阶坡脚至下台阶建(构)筑物的距离应考虑采光、通风、排水及开挖基槽时对边坡或挡土墙的稳定性要求，且不应小于2.0m。台阶坡顶至建(构)筑物的距离，应考虑建(构)筑物基础侧压力对边坡或挡土墙的影响；位于稳定土边坡坡顶上的建(构)筑物基础宽度 B 小于3.0m时，其基础底面外边缘至坡顶的水平距离S(见图1)，应符合式(1)和式(2)要求，且不得小于2.5m。

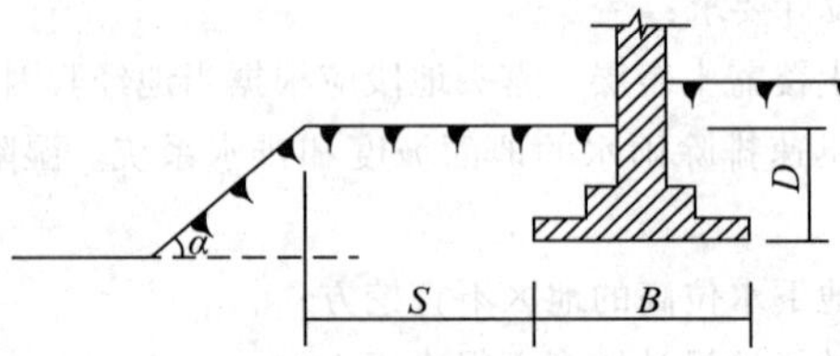

图1 基础与边坡位置关系示意图

条形基础：

$$S \geqslant 3.5B - \frac{D}{\mathrm{tg}\alpha} \tag{1}$$

矩形基础：

$$S \geqslant 2.5B - \frac{D}{\mathrm{tg}\alpha} \tag{2}$$

式中 S——基础底面外边缘至坡顶的水平距离，m；

B——垂直于坡顶边缘的基础底面边长，m；

D——基础埋置深度，m；

α——边坡坡角，(°)。

当边坡采用挡土墙加固，并考虑了侧压力时，可适当减小距离。

7.3.6 在山坡稳定情况下，开挖边坡的允许坡度值应根据工程地质、水文资料、设计边坡高度和拟采用的施工方法，综合考虑确定。当地质条件良好，土(岩)质比较均匀时，其开挖边坡的允许坡度可按表4、表5确定。

表4 开挖岩石边坡允许坡度值

岩石类别	风化程度	允许坡度值(高宽比)	
		坡高在8m以内	坡高为8~15m
硬质岩石	微风化	(1:0.10~1:0.20)	(1:0.20~1:0.35)
	中等风化	(1:0.20~1:0.35)	(1:0.35~1:0.50)
	强风化	(1:0.35~1:0.50)	(1:0.50~1:0.75)
软质岩石	微风化	(1:0.35~1:0.50)	(1:0.50~1:0.75)
	中等风化	(1:0.50~1:0.75)	(1:0.75~1:1.00)
	强风化	(1:0.75~1:1.00)	(1:1.00~1:1.25)

表5 开挖土质边坡允许坡度值

土的类别	密实度或黏性土的状态	允许坡度值(高宽比)	
		坡高在5m以内	坡高为5~10m
碎石土	密实	(1:0.35~1:0.50)	(1:0.50~1:0.75)
	中实	(1:0.50~1:0.75)	(1:0.75~1:1.00)
	稍密	(1:0.75~1:1.00)	(1:1.00~1:1.25)
粉土	$S_r \leq 50$	(1:1.00~1:1.25)	(1:1.25~1:1.50)
一般黏土	坚硬	(1:0.75~1:1.00)	(1:1.00~1:1.25)
	硬塑	(1:1.00~1:1.25)	(1:1.25~1:1.50)
黄土(坡高在20m以内)	老黄土	(1:0.30~1:0.75)	
	新黄土	(1:0.75~1:1.25)	

注:1. 表中碎石土是粒径大于2mm的颗粒含量超过全重50%的块石、卵石、碎石类土,其充填物为坚硬或硬塑状态的黏性土。
2. 对于砂土或充填物为砂土的碎石土,其边坡允许坡度值均按自然休止角确定。
3. 开挖黄土边坡,如垂直高度小于或等于12m时,可采用一个坡度到顶。如垂直高度大于12m时,应在边坡中部设平台。
4. S_r 为饱和度,%。

7.3.7 在基底地质良好的情况下,填方边坡允许坡度值可按表6确定。

表6 填方边坡允许坡度值

填土类别	边坡允许坡度值(高宽比)	
	坡高在8m以内	坡高为8~15m
碎石、卵石	(1:1.25~1:1.50)	(1:1.50~1:1.75)
砂夹石(其中碎石、卵石占全重30%~50%)	(1:1.25~1:1.50)	(1:1.50~1:1.75)
土夹石(其中碎石、卵石占全重30%~50%)	(1:1.25~1:1.50)	(1:1.50~1:2.00)
黏性土($8 < I_p < 14$)	(1:1.50~1:1.75)	(1:1.75~1:2.25)

注:1. 用大于20cm的石块砌筑的填方边坡,其边坡坡度视具体情况确定。
2. 如需在坡顶上大量弃土或作堆场时,应进行坡体稳定性验算。
3. 铁路、道路路堤边坡,应分别按GBJ 12,GBJ 22执行。
4. I_p 为塑性指数。

7.4 场地排水

7.4.1 场区的排水方式,应根据地形和地质条件结合建(构)筑物密度、场区环境卫生和美化绿化要求等因素,合理选择明沟、暗管(沟)或地面自然排渗等方式。

7.4.2 当采用明沟方式排除场地雨水时,应满足下列要求:

a)明沟宜沿铁路、道路两侧布置,尽量减少与铁路、道路的交叉。排水沟出口应作好处理,避免对其他工程设施或农田造成危害。

b)场地排水明沟宜采用矩形或梯形断面,起点深度不宜小于0.2m;矩形断面沟底宽不宜小于0.4m,梯形断面沟底宽不宜小于0.3m;场区内的明沟宜铺砌。

c)排水明沟纵坡不应小于0.3%,在地形平坦地段最小纵坡坡度不应小于0.2%。

d)按流量计算的排水明沟,沟顶应高出计算水位0.2m。

7.4.3 雨水口应位于集水方便并与雨水管道有良好连接条件的地段。雨水口间距宜为20~50m,当道路纵坡大于2%时,雨水口间距应根据具体情况经计算确定,允许大于50m。道路坡段较短时,可在最低点处集中收水,其雨水口的数量可适当增加。

7.4.4 在山坡地带建设站场时,应在场区外部上方设置截洪措施,确保场区不受水害。

7.5 土(石)方工程

7.5.1 场地平整土(石)方计算方法应根据场地条件进行选择。方格网法的网格边长和横断面法的断面间距应根据地形特点和计算精度等要求确定。

7.5.2 场区平土范围应符合下列规定:

a)边界填挖方高度低于1m的地段,宜平整到站场围墙中心线外2m。

b)边界填方高于1m的地段,坡脚位置视具体情况而定。采用边界放坡时的坡度不应小于1:1.5,整平坡顶为围墙中心线外2m;采用边界挡土墙时,围墙可位于挡土墙墙顶,挡土墙应进行核算。当围墙中心线到挡土墙墙趾的水平距离小于2m时,平整到围墙中心线外2m,如果大于2m,平整到挡土墙墙趾外1m。

c)深挖方地段,按具体情况确定。

7.5.3 场地填土应分层压(夯)实,每层厚度不超过30cm,其压(夯)密实度为85%~90%。

7.5.4 站场的场地平整填(挖)土(石)方总量控制指标见表7。

表7 场地平整填(挖)土(石)方总量控制指标

序号	自然地形特征	指标/($m^3/10^4m^2$)
1	自然地形平坦,坡度≤3%,起伏高差<3m	不超过4000
2	自然地形平坦,坡度≤3%,起伏高差<4m	不超过6000
3	自然地形平坦,坡度≤3%,起伏高差<5m	不超过8000
4	微丘地带,主导坡度<5%,起伏高差<10m	不超过10000(15000)
5	微丘地带,主导坡度<5%、起伏高差10m~20m	不超过15000(20000)
6	微丘地带,主导坡度<5%,起伏高差21m~30m	不超过20000(30000)

注:1. 序号4、5、6,条件不利时用括号内数字。
2. 条件特殊的厂区(如围海造地、丘陵、山岳、地下水位高、地面积水高的地区等)应按具体情况确定填挖方量,不受本表限制。

7.5.5 土方平衡时,除场地平整的土方量外,还应考虑单项工程的土方余缺量,包括建(构)筑物和设备的基础、管沟基槽、油罐基础(包括防火堤)、有站台的仓库、铁路和道路路基的余缺土量,以及稻田、水塘表土清除量与回填利用量。当缺少计算资料时,单项工程的余缺土量可参照表8计算。

表8 单项工程单位面积工程余缺土量

序号	自然特征	余缺土量/(m^3/m^2)
1	既无大型地下建(构)筑物,又无大面积固体装卸站台的工艺装置	0.30~0.50
2	有大型地下建(构)筑物的工艺装置	1.00~1.50
3	油罐组	-0.20~-0.10

续表

序号	自然特征	余缺土量/(m^3/m^2)
4	全厂性仓库(多数库房带站台)	-0.20
5	循环水场	0.60
6	污水处理场	0.90
7	独立建筑物(无地下室或设备基础)	0.10~0.20
8	独立建筑物(有室内设备基础)	0.40~0.60

注:1. 表中负值为缺土量。
2. 油罐组缺土量,系防火堤为圬工砌体时的缺土量,若为土堤,应另加土堤用土量。
3. 表中未列的单元,可按其特征参照类似单元选用余缺土量。
4. 本表适用于一般工程地质条件的地基,不适用于岩石类和软土类地基。

7.5.6 土(石)方平衡量的计算,应考虑土壤的松散性质,不同种类土壤的松散系数见表9。

表9 土壤松散系数

土壤		土壤名称	系数	
等级	种类		最初	最后
第一级	松土	粉质黏土	1.08~1.17	1.0~1.03
		植物性土壤	1.20~1.30	1.03~1.04
		轻型及黄土质的砂黏土,潮湿及松散的黄土,软的重轻盐土,含粒径小于15mm以下的中和小圆砾、密实的含草根的种植土。含粒径小于30mm的树根的泥炭及种植土,夹有砂、卵石及工程废料的杂黄土	1.14~1.28	1.02~1.05
第二级	普通土	轻腴的黏土、重砂土、粒径15~40mm的圆砾,干燥黄土,含直径小于30mm的树根的泥炭及种植土,圆砾或卵石的天然含水量的黄土,混有碎、卵石及工程废料的杂黄土	1.24~1.30	1.04~1.07
第三级	硬土	除泥炭石、软石灰石以外的各种硬土	1.20~1.32	1.03~1.09
		泥炭石、软石灰石	1.33~1.37	1.11~1.15
第四级	软土	软土	1.30~1.45	1.10~1.20
第五、六级	次坚石、坚石	次坚石、坚石	1.45~1.50	1.20~1.30

注:一到六级土壤,挖方转化为虚方时,乘以最初松散系数,挖方转化为填方时,乘以最后松散系数。

8 管线综合

8.1 一般规定

8.1.1 管线综合应与总平面布置、竖向布置统一考虑. 各类管线的线路力求短捷,并应使管线之间,管线与建(构)筑物之间在平面及竖向上相互协调,紧凑合理,有利厂容美观。

8.1.2 在满足生产安全、维修方便、经济合理的条件下,压力、油、气、热水、风管线宜共架共墩敷设;油罐区至泵房的管线宜采用地面管墩敷设;给排水管线和设备排污管线宜埋地敷设。

8.1.3 地上、埋地管线宜集中沿道路敷设,应避免地上管线包围工艺装置和建(构)筑物。应减少管线与铁路、道路的交叉,若交叉宜正交,斜交时,其交角不应小于45°。

8.1.4　架空敷设的输配电线路不应跨越工艺装置区、储罐区、油品装卸区等甲、乙、丙类火灾危险性场所。

8.1.5　除通往装卸栈桥的管线外，其他地上、埋地管线不应穿越铁路车站、装卸站场和道岔咽喉区。

8.1.6　干管应布置在用户较多的一侧。管线综合布置宜按下列顺序，自建筑物或装置向道路方向布置：

a)电信自控电缆；

b)电力电缆；

c)热力管道；

d)油气工艺管道、压缩空气、氮气、燃料气等管道或管廊；

e)生产及生活给水管道；

f)工业废水(生产废水及生产污水)管道；

g)生活污水管道；

h)消防水管道；

i)雨水排水管道；

j)照明杆柱。

8.1.7　综合布置地下管线产生矛盾时，应遵守以下原则：

a)临时性的让永久性的；

b)压力管让自流管；

c)管径小的让管径大的；

d)易弯曲的让不易弯曲的；

e)工程量小的让工程量大的；

f)新建的让现有的；

g)检修次数少的、方便的让检修次数多的、不方便的。

8.1.8　分期建设的管线应统一规划布置。

8.1.9　天然气管道不应穿越人流集中的出入口。

8.1.10　油气管道不应穿越无关的装置、罐区。

8.2　地下管线布置

8.2.1　地下管线的管顶覆土厚度，应根据外部荷载、管材强度及土壤冻结深度等条件确定。

8.2.2　地下管线(或管沟)穿越铁路、道路时，应符合下列要求：

a)管顶至铁路轨底的垂直净距，不应小于1.2m；

b)管顶至道路路面结构层底的垂直净距，不应小于0.5m。

c)穿越铁路、道路的管线不能满足上述要求时，应加防护套管(或管沟)。其两端应伸出铁路路肩或路堤坡脚、城市型道路路面、公路型道路路肩或路堤坡脚以外，且不得小于1m。当铁路路基或道路路边有排水沟时，其套管应延伸出排水沟沟边1m。

8.2.3　地下管线，不应敷设在腐蚀性物料的包装、堆存及装卸场地的下面。距上述场地的边界水平间距，不应小于2m。

8.2.4　直埋式地下管线，不应在垂直方向上重叠敷设。

8.2.5　地下管线与建(构)筑物之间的水平净距和地下管线之间水平及垂直净距的确定应考虑下列因素：

a)输送介质与管线材质的特性；

b)彼此靠近或介质泄漏后的危害程度；

c)管线附属构筑物(如阀井、固定管墩)的结构型式及尺寸；

d)工程地质、水文地质条件；

e)生产、施工、维修的安全和操作要求。

8.2.6　地下管线至建(构)筑物最小水平净距应符合表10的规定。

表10　地下管线至建(构)筑物的最小水平净距　m

序号	项目		压力流给水、排水管 公称直径/mm		自流给水、排水管线	热力管线	易燃和可燃液(气)体管线	≤10kV电力电缆	照明、通信、仪表控制电缆
			≤200	>200					
1	建筑物基础外缘		2.5	3.0	2.0	1.5	3.0	0.5	0.5
2	铁路中心线		3.3	3.8	3.8	3.8	3.8	2.5	2.5
3	道路	路面或路沿边缘	1.5	1.5	1.5	1.5	1.5	1.5	0.5
		排水沟外壁	1.0	1.0	1.0	1.0	1.0	1.0	0.5
4	管架基础外缘		1.0	1.0	1.0	1.0	1.0	0.5	0.5
5	围墙基础外缘		1.0	1.0	1.0	1.0	1.0	0.5	0.5
6	照明电线杆柱		1.0	1.0	1.0	1.0	1.0	0.5	0.5
7	灌木		不限	不限	不限	1.5	2.0	0.5	0.5
8	乔木(中心)		1.5	1.5	1.5	1.5	2.0	1.5	1.0

注:1. 各种管线与建(构)筑物基础外缘的净距,除按表中规定外,管线埋深超过建(构)筑物基础底面埋深0.5m以上时,应按土壤性质进行核算。

2. 表中净距除注明者外,均自管壁、沟壁、防护设施的外缘或最外一根电缆算起。

3. 本表不适用于湿陷性黄土地区及膨胀土等特殊地区。

4. 对于管径大于或等于700mm的压力流给水排水管线,其间距应适当增加。

5. 注水管线距建(构)筑物的最小水平净距不应小于5m;否则,应采取相应的安全措施。

6. 当排水管线埋深超过建筑物基础埋深时,净距应不小于3.0m,并应布置在基础外缘压力影响范围以外。

7. 管线埋深如超过管架基础埋深时。净距应经计算确定,或将管架基础加深。

8. 对于温度较低的管线(包括循环水管),净距可适当缩小。

8.2.7　对于埋置深度低于建(构)筑物基础底面的管线,其与建(构)筑物之间的最小水平距离(如图2所示),应按式(3)计算,并与表10的数值比较,采用较大值。

$$L = \frac{H - h}{\mathrm{tg}\phi} + \frac{b}{2} \tag{3}$$

式中　L——管线与建(构)筑物之间的水平净距,m;

H——管线埋设深度,m;

h——建(构)筑物基础砌置深度,m;

ϕ——土壤内摩擦角,(°);

b——开挖管沟宽度,m。

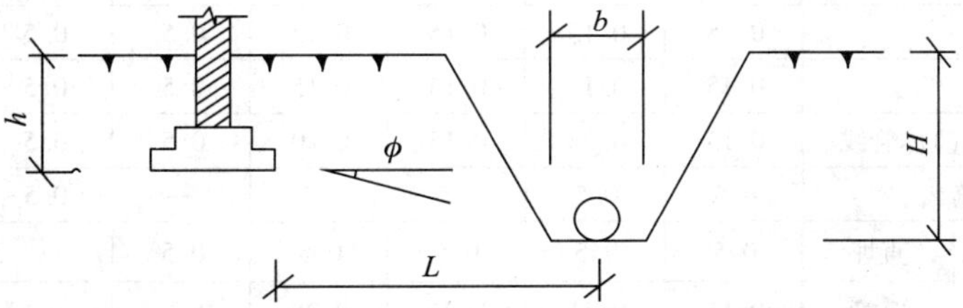

图2　地下管线埋设方式示意图

8.2.8　地下管线之间的最小水平净距应符合表 11 的规定。

表 11　地下管线之间的最小水平净距　　m

<table>
<tr><th rowspan="4">序号</th><th rowspan="4" colspan="4">项　目</th><th colspan="3">给水排水管线</th><th rowspan="4">热力管线</th><th rowspan="4">易燃和可燃液（气）体管线</th><th rowspan="4">≤10kV 电力电缆</th><th rowspan="4">照明、通信、仪表控制电缆</th></tr>
<tr><th colspan="2">无阀井</th><th rowspan="3">有阀井</th></tr>
<tr><th colspan="2">公称直径/mm</th></tr>
<tr><th>≤200</th><th>>200</th></tr>
<tr><td rowspan="3">1</td><td rowspan="3">给水排水管线</td><td rowspan="2">无阀井</td><td rowspan="2">管径/mm</td><td>≤200</td><td>0.5</td><td>0.6 ~ 1.0</td><td rowspan="2">管外壁与阀井外壁 0.2</td><td>1.0</td><td>1.0</td><td>0.8</td><td>0.5</td></tr>
<tr><td>>200</td><td>0.6 ~ 1.0</td><td>0.6 ~ 1.0</td><td>1.5</td><td>1.2</td><td>1.0</td><td>1.0</td></tr>
<tr><td colspan="3">有阀井</td><td colspan="3">管外壁与阀井外壁 0.2</td><td>1.0</td><td>1.5</td><td>0.8</td><td>0.5</td></tr>
<tr><td>2</td><td colspan="4">热力管线</td><td>1.0</td><td>1.5</td><td>1.0</td><td>—</td><td>1.0</td><td>1.5/1.0</td><td>1.0/0.5</td></tr>
<tr><td>3</td><td colspan="4">易燃和可燃液（气）体管线</td><td>1.0</td><td>1.2</td><td>1.5</td><td>1.0</td><td>—</td><td>1.0</td><td>1.0</td></tr>
<tr><td>4</td><td colspan="4">≤10kV 电力电缆</td><td>0.8</td><td>1.0</td><td>0.8</td><td>1.5/1.0</td><td>1.0</td><td>—</td><td>0.5</td></tr>
<tr><td>5</td><td colspan="4">照明、通信、仪表控制电缆</td><td>0.5</td><td>1.0</td><td>0.5</td><td>1.0/0.5</td><td>1.0</td><td>0.5</td><td>—</td></tr>
</table>

注：1. 两相邻管线埋深高差 >0.5m，净距 ≤1.0m 者，或两相邻管线埋深高差 >1.0m 时，净距 ≤1.5m 者，尚应进行验算。
2. 本表不适用于湿陷性黄土地区及膨胀土等特殊地区。
3. 两平行相邻给水排水管线管底标高差大于或等于两管中心距时，深埋管线应在浅埋管线外壁或基础底面边缘的 45°休止角以外。
4. 热力管线在管沟内敷设对，采用分母数字。
5. 当利用热力管道为工艺管道伴热时，间距不限。

8.2.9　平行敷设在同一条埋地管线带内的油气管线，除伴热管线外，一般管线的管底均应设在同一标高上；管线与管线之间的最小水平净距应符合下列规定：

a）当管线公称直径 ≤200mm 时，净距为 100mm ~ 200mm。

b）管线公称直径为 250 ~ 400mm 时，净距为 300mm。

c）当管线公称直径 >400mm 时，净距不小于 400mm。

8.2.10　地下管线交叉布置，自上向下的排列顺序宜为：电力电缆、热力管线、油气管线、给水管线、雨水排水管线、污水排水管线。

8.2.11　地下管线之间的最小垂直净距应符合表 12 的规定。

表 12　地下管线之间的最小垂直净距　　m

<table>
<tr><th rowspan="2">序号</th><th rowspan="2" colspan="2">管线名称</th><th rowspan="2">给水管线</th><th rowspan="2">排水管线</th><th rowspan="2">热力管线</th><th rowspan="2">易燃和可燃液（气）体管线</th><th rowspan="2">≤10kV 电力电缆</th><th colspan="2">通信、仪表、控制电缆</th><th rowspan="2">排水明沟底</th></tr>
<tr><th>直埋</th><th>穿管</th></tr>
<tr><td>1</td><td colspan="2">给水管线</td><td>0.15</td><td>0.15</td><td>0.15</td><td>0.15</td><td>0.5</td><td>0.5</td><td>0.15</td><td>0.5</td></tr>
<tr><td>2</td><td colspan="2">排水管线</td><td>0.15</td><td>0.15</td><td>0.15</td><td>0.25</td><td>0.5</td><td>0.5</td><td>0.15</td><td>0.5</td></tr>
<tr><td>3</td><td colspan="2">热力管线</td><td>0.15</td><td>0.15</td><td>0.15</td><td>0.15</td><td>0.5</td><td>0.5</td><td>0.25</td><td>0.5</td></tr>
<tr><td>4</td><td colspan="2">易燃和可燃液（气）体管线</td><td>0.15</td><td>0.25</td><td>0.15</td><td>0.10</td><td>0.5</td><td>0.5</td><td>0.25</td><td>0.5</td></tr>
<tr><td>5</td><td colspan="2">≤10kV 电力电缆</td><td>0.5</td><td>0.5</td><td>0.5</td><td>0.5</td><td>—</td><td>0.5</td><td>0.25</td><td>0.5</td></tr>
<tr><td rowspan="2">6</td><td rowspan="2">通信、仪表、控制电缆</td><td>直埋</td><td>0.5</td><td>0.5</td><td>0.5</td><td>0.5</td><td>0.5</td><td>—</td><td>—</td><td>0.5</td></tr>
<tr><td>穿管</td><td>0.15</td><td>0.15</td><td>0.25</td><td>0.25</td><td>0.25</td><td>—</td><td>—</td><td>0.5</td></tr>
<tr><td>7</td><td colspan="2">排水明沟底</td><td>0.5</td><td>0.5</td><td>0.5</td><td>0.5</td><td>0.5</td><td>0.5</td><td>0.5</td><td>—</td></tr>
</table>

续表

序号	管线名称	给水管线	排水管线	热力管线	易燃和可燃液(气)体管线	≤10kV电力电缆	通信、仪表、控制电缆		排水明沟底
							直埋	穿管	

注:1. 垂直净距系指下方管线管顶与上方管线管底或基础底间的净距。
2. 含酸碱或有毒介质的污水管与其他管线交叉时,应将其敷设在下面,垂直净距不应小于0.5m,如在交叉处有一方管线采用了套管,垂直净距可为0.15m
3. 排水管线与生活给水管交叉时,排水管应在下方,其垂直净距不应小于0.4m,否则应加套管或其他加固措施。
4. 电力电缆与通信电缆,仪表电缆交叉时,电力电缆应在下方,如在交叉点前后各1.0m范围内用隔板隔开或采用了套管时,净距可为0.25m。
5. 若各种管线、电缆均加套管,排水明沟的基础经过加强,净距可适当减少,套管应伸出明沟沟壁1.0m。

8.2.12 管线采用综合管沟敷设时,应符合以下原则:

a)腐蚀性介质管道的标高应低于沟内其他管线的标高;

b)排水管道应布置在沟底。当沟内有腐蚀性介质管道时,排水管道应位于其上面;

c)火灾危险性属于甲、乙、丙类的液体,液化石油气,可燃气体,毒性气体和液体以及腐蚀性介质管道,不应共沟敷设,并严禁与消防水管共沟敷设;

d)凡有可能产生互相影响的管线,不应共沟敷设。

8.3 地上管线布置

8.3.1 地上管线的布置应以不妨碍交通运输、消防车辆通行为原则,且应考虑行人和维护的要求,并不应影响生产厂房等建筑物的采光和通风。

8.3.2 地上管线与铁路平行布置时,距铁路中心线净距不应小于3.5m;与道路平行布置时,包括补偿器等突出部分不应设在路肩范围内,距城市型路面边缘不应小于1.0m。

8.3.3 地上管线的安装高度,应符合下列规定:

a)管墩敷设的管线,管底距地面净高可为0.3~0.5m;

b)管架敷设的管线,管底距地面净高可为2.2m;多层管架的层间距宜为1.2m;

c)当管架带下面设有泵或换热器时,管底距地面高度应满足机泵、换热器设备安装和检修时的要求。

8.3.4 管线跨越铁路或道路时,桁架底或管底与铁路、道路的最小垂直距离应满足下列规定:

a)火灾危险性属于甲、乙、丙类的液体、可燃气体与液化石油气管道距铁路轨顶不应低于6.0m;其他管线距铁路轨顶不应低于5.5m;

b)距道路路面(从路面中心算起)不应低于5.0m;

c)距人行道路路面不应低于2.2m。

8.3.5 在管墩、管架上敷设的管线间距应符合下列规定:

a)无隔热层管线之间的净距不宜大于100mm,但法兰外缘与相邻管线之间的净距不应小于25mm;

b)有隔热层管线之间和有隔热层与无隔热层管线之间的净距不宜小于100mm。

8.3.6 管墩、管架长度的确定除按8.3.5规定的间距外,且应符合下列规定:

a)管墩或管架上宜留有10%~30%不可预见的预留空位;

b)无隔热层管线外壁距管架梁或管墩端部的净距不应小于150mm;

c)有隔热层的管线外壁距管架梁或管墩端部的净距不应小于120mm。

8.3.7 管架与建筑物、构筑物之间的最小水平间距,应符合表13的规定。

表13 管架与建筑物、构筑物之间的最小水平间距 m

序号	项目名称	最小水平间距
1	建筑物有门窗的墙壁外缘或突出部分外缘	3.0
	建筑物无门窗的墙壁外缘或突出部分外缘	1.5
2	铁路(中心线)	3.5
3	道路	1.0
4	人行道外缘	0.5
5	场区围墙(中心线)	1.0
6	照明杆柱中心	1.0

注:1. 表中间距除注明者外,管架从最外边线算起;道路为城市型时,自路面边缘算起,为公路型时,自路肩边缘算起。

2. 上表不适应于低架式、地面式及建筑物支撑式管架。

3. 易燃及可燃液体、可燃气体和液化石油气管道的管架与建筑物、构筑物之间最小水平净距,应符合有关安全、防火等规范的规定。

附录 A
（规范性附录）
油气站场总平面设计主要技术指标的计算规定

A.1　站场用地面积

系指站场围墙内用地面积，按围墙中心线计算。

A.2　建筑物、构筑物用地面积

建筑物、构筑物用地面积按下列规定计算：

a）建筑物：以散水外边线计算；

b）构筑物：按最大外边投影面积计算；

c）储罐区：设防火堤的按防火堤外坡脚线计算，不设防火堤的按成组设备最外边缘计算；

d）球罐：周围有铺砌场地时，按铺砌面积计算；

e）生产装置及操作场地：以设计边界线计算；

f）露天堆场：以设计边界线计算；

g）站区围墙：中心线以内基础宽 × 围墙长。

A.3　管线用地面积

管线用地面积按下列规定计算：

a）架空电线：横担长 × 线路长；

b）地上管线：管线（墩）基础外缘宽 × 管线长；

c）管沟及电缆沟：基础外缘宽 × 沟长；

d）埋地管线：地下管线带宽 × 管线长。

A.4　道路及场地面积

道路及场地面积按下列规定计算：

a）场区铁路（围墙内）：路基宽（包括边沟）× 路长；

b）场区道路（围墙内）：路基宽（包括边沟）× 路长；

c）人行道：路面宽 × 路长；

d）检修场地及回车场：以设计边界线计算。

A.5　土地利用系数

土地利用系数按式（A.1）计算：

$$\text{土地利用系数} = \frac{\text{建、构筑物用地面积} + \text{管线用地面积} + \text{道路及场地面积}}{\text{站场用地面积}} \times 100\% \qquad (A.1)$$

附录 B
（规范性附录）
绿化用地面积及绿地率的计算规定

B. 1 绿化用地面积

绿化用地面积按下列规定计算：

a）乔木、花卉、草坪混植的大块绿地及单独的草坪绿地：按绿地周边界限所包围的面积计算；

b）花坛：按花坛用地面积计算；

c）乔木、灌木绿化用地面积，按表 B. 1 规定计算。

表 B. 1 绿化用地面积计算表

序号	植物类别	用地计算面积/m^2
1	单株乔木	2. 25
2	单行乔木	1. 5L
3	多行乔木	$(B+1.5)L$
4	单株大灌木	1. 0
5	成株小灌木	0. 25
6	单行绿篱	0. 5L
7	多行绿篱	$(B+0.5)L$

注：L——绿化带长度，m；B——总行距，m。

B. 2 绿地率

绿地率按式（B. 1）计算：

$$绿地率 = \frac{绿化用地面积}{站场用地面积} \times 100\% \tag{B. 1}$$

附录C （资料性附录）条文说明（略）

参考文献

[1]GB 50187 工业企业总平面设计规范
[2]GB 50251 输气管道工程设计规范
[3]GB 50253 输油管道工程设计规范
[4]GB 50350 油气集输设计规范

10. 高含硫化氢天然气净化厂公众安全防护距离

（SY/T 6781—2010
本规范为首次发布）

目　录

1 范 围

本标准规定了含硫化氢天然气净化厂的公众安全距离。

本标准适用于新建天然气中硫化氢含量为13%(体积分数)~15%(体积分数)的净化厂的选址及安全规划。

2 术语和定义

下列术语和定义适用于本标准。

2.1 搬迁距离 remove distance

含硫化氢天然气净化厂最大阀间容积的天然气发生泄漏时,空气中硫化氢浓度可能达到1500mg/m^3 的距离。

2.2 应急撤离距离 emergency evacuate distance

含硫化氢天然气净化厂最大阀间容积的天然气发生泄漏时,空气中硫化氢浓度可能达到150mg/m^3,需要进行人员疏散的距离。

2.3 公众安全防护距离 public safety protection distance

系指搬迁距离和应急撤离区。

3 公众安全防护距离

3.1 硫化氢平均含量为13%(体积分数)~15%(体积分数)、单列脱硫装置处理能力为300×$10^4 m^3$/D级的天然气净化厂搬迁距离,距最外脱硫装置边缘宜不小于400m,应急撤离距离宜不小于1500m。

3.2 天然气中硫化氢平均含量低于13%(体积分数)或高于15%(体积分数)、单列脱硫装置处理能力小于或大于300×$10^4 m^3$/D级的天然气净化厂,建设单位参考3.1的规定,在组织专家技术论证后,可适当减小或增大搬迁距离和应急撤离距离。

3.3 确因工艺需要,建设单位应组织专家进行技术论证,在技术、设备和管理中采取与实地环境相适应的可靠措施后,参考3.1的规定,可适当减小搬迁距离和应急撤离距离。

附录 A
(资料性附录)
硫化氢的理化性状及毒理数据

A.1　理化性状

硫化氢:Hydrogen sulfide,CAS(Chemical Abstracts Service):7783-06-4,分子式 H_2S,为无色、有臭蛋气味的有毒气体,相对分子质量 34.08,熔点:82.9℃,沸点:-60.2℃,相对密度(空气=1):1.19,饱和蒸气压:2026.5kPa(25.5℃),临界温度;100.4℃,临界压力:9.01MPa,爆炸下限:4.3%,爆炸上限 45.5%,自燃温度:260℃,最小点火能:0.077mJ,最大爆炸压力:0.490MPa,与空气混合能形成爆炸性混合物,遇明火、高温能引起燃烧爆炸。与浓硝酸、发烟硝酸或其他强氧化剂剧烈反应,发生爆炸。硫化氢比空气重,能在较低处扩散至相当远的地方,遇明火迅速引着回燃。另外,它易溶于水,易溶于甲醇、乙醇类和石油溶剂以及原油中。

A.2　毒理数据

硫化氢是强烈的神经毒物,侵入人体的主要途径是吸入,而且经人体的黏膜吸收比皮肤吸收造成的中毒更为迅速。硫化氢对黏膜的局部刺激作用系由接触湿润黏膜后分解形成的硫化钠以及本身的酸性所引起。对机体的全身作用为硫化氢与机体的细胞色素氧化酶及这类酶中的二硫键(S—S—)作用后,影响细胞色素氧化过程,阻断细胞内呼吸,导致全身性缺氧,由于中枢神经系统对缺氧最敏感,因而首先受到损害,但硫化氢作用于血红蛋白,产生硫化血红蛋白而引起化学窒息,仍认为是主要的发病机理。

CAS:7783-06-4 中对硫化氢毒理学简介如下:人吸入 LCLo(Lowest published lethal concentration):600ppm/30min,800ppm/5min。人(男性)吸入 LCLo:5700μg/kg。大鼠吸入 LC50(半数致死浓度):444ppm/h,小鼠吸入 LC50:634ppm/h,属中等毒。硫化氢主要经呼吸道吸收,进入体内一部分很快氧化为无毒的硫酸盐和硫代硫酸盐等经尿排出,一部分游离的硫化氢则经肺排出,无体内蓄积作用。硫化氢的急性毒作用靶器官和中毒机制可因其不同的浓度和接触时间而异。浓度越高则中枢神经抑制作用越明显,浓度相对较低时黏膜刺激作用明显,人吸入(70~150)mg/m^3/(1~2)h,出现呼吸道及眼刺激症状,吸入 2~5min 后嗅觉疲劳,不再闻到臭气。吸入 300mg/m^3/h,6~8min 出现眼急性刺激症状,稍长时间接触引起肺水肿。吸入 760mg/m^3/(15~60)min,发生肺水肿、支气管炎及肺炎,头痛、头昏、步态不稳、恶心、呕吐。吸入 1000mg/m^3/数秒钟,很快出现急性中毒,呼吸加快后呼吸麻痹而死亡。根据硫化氢的毒理学特性可以发现,硫化氢并不是所有浓度都是瞬间致人死亡,其每个浓度致死时间是不同的。硫化氢毒性见表 A.1。

表 A.1　硫化氢毒性

在空气中的浓度				暴露于硫化氢的典型特性
体积分数/%	ppm	每 100 标准立方英尺的格令数	mg/m^3	
0.000013	0.13	0.008	0.18	通常,在大气中含景为 0.195mg/m^3(0.13ppm)时,有明显和令人讨厌的气味,在大气中含量为 6.9mg/m^3(4.6ppm)时就相当显而易见,随着浓度的增加,嗅觉就会疲劳,气体不再能通过气味来辨别
0.001	10	0.63	14.41	有令人讨厌的气味。眼睛可能受刺激。美国政府工业卫生专家公会推荐的阈限值(8h 加权平均值)
0.0015	15	0.94	21.61	美国政府工业卫生专家公会推荐的 15min 短期暴露范围平均值
0.002	20	1.26	28.83	在暴露 1h 或更长时间后,眼睛有烧灼感,呼吸道受到刺激,美国职业安令和健康局的可接受上限值

续表

<table>
<tr><th colspan="4">在空气中的浓度</th><th rowspan="2">暴露于硫化氢的典型特性</th></tr>
<tr><th>体积分数/%</th><th>ppm</th><th>每100标准立方英尺的格令数</th><th>mg/m³</th></tr>
<tr><td>0.005</td><td>50</td><td>3.15</td><td>72.07</td><td>暴露15min或15min以上的时间后嗅觉就会丧失，如果时间超过1h，可能导致头痛、头晕和/或摇晃。超过75mg/m³(50ppm)将会出现肺浮肿，也会对人员的眼睛产生严重刺激或伤害</td></tr>
<tr><td>0.01</td><td>100</td><td>6.30</td><td>144.14</td><td>3min～15min就会出现咳嗽、眼睛受刺激和失去嗅觉。在5min～20min过后，呼吸就会变样、眼睛就会疼痛并昏昏欲睡，在1h后就会刺激喉道。延长暴露时间将逐渐加重这些症状</td></tr>
<tr><td>0.03</td><td>300</td><td>18.90</td><td>432.40</td><td>明显的结膜炎和呼吸道刺激。
注：考虑此浓度为立即危害生命或健康，参见美国国家职业安全和健康学会DHHS No85－114《化学危险袖珍指南》</td></tr>
<tr><td>0.05</td><td>500</td><td>31.49</td><td>720.49</td><td>短期暴露后就会不省人事，如不迅速处理就会停止呼吸，头晕、失去理智和平衡感。患者需要迅速进行人工呼吸和/或心肺复苏技术</td></tr>
<tr><td>0.07</td><td>700</td><td>44.08</td><td>1008.55</td><td>意识快速丧失，如果不迅速营救，呼吸就会停止并导致死亡。必须立即采取人工呼吸和/或心肺复苏技术</td></tr>
<tr><td>0.10－</td><td>1000＋</td><td>62.98＋</td><td>1440.98＋</td><td>立即丧失知觉，结果将会产生永久性的脑伤害或脑死亡。必须迅速进行营救，应用人工呼吸和/或心肺复苏</td></tr>
<tr><td colspan="5">注：1. 表A.1中的数据只作为指导的近似值，公布的数据会稍为不同。
2. 资料来源于SY/T 5087—2005[1]。</td></tr>
</table>

参考文献

[1] SY/T 5087—2005 含硫化氢油气井安全钻井推荐作法

四、配管

1. 石油化工可燃性气体排放系统设计规范

（SH 3009—2013

代替 SH 3009—2001）

目　录

1　范围

本规范规定了石油化工可燃性气体排放系统的设计要求。

本规范适用于石油化工企业可燃性气体排放系统新建、扩建和改建工程的设计。

2　规范性引用文件

下列文件对于本规范的应用是必不可少的。凡是注日期的引用文件，仅注日期的版本适用于本规范。凡是不注日期的引用文件，其最新版本（包括所有的修改单）适用于本规范。

GB 150　钢制压力容器

GB/T 3840　制定地方大气污染物标准的技术方法

GB 50160　石油化工企业设计防火规范

3　术语和定义

下列术语和定义适用于本规范

3.1　可燃性气体排放系统　combustible gas discharge system

装置和单元边界线以外，用于可燃性气体排放的管道、分液罐、水封罐及火炬或放散塔等设施的总称。

3.2　背压　back pressure

排放系统内的压力导致的压力泄放装置出口处的压力。

3.3　高架火炬　elevated flare

为减少热辐射强度和有助于扩散将火炬头安装在地面之上一定高度的火炬。

3.4　开放式地面火炬　multi－burner staged flare

在透风式围栏内阵列排布多个燃烧器并分级燃烧的火炬。

3.5　封闭式地面火炬　enclosed ground flare

具有燃烧室和烟囱，燃烧室内设置一个或多个燃烧器的火炬。

3.6　操作火炬　operating flare

仅用于处理正常生产排放的可燃性气体的火炬。

3.7　长明灯　pilot burner

安装在火炬出口，为火炬排放气提供点火能量的连续操作的小燃烧器。

3.8　速度密封器　velocity seal

通过减小局部流通面积及改变空气渗入流向的方法，使用于防止空气由火炬头出口渗入的吹扫气体量减至最少的一种干气密封。

3.9　分子密封器　buoyancy seal

利用圈闭在反向空间内的轻气体阻止空气置换火炬中的较轻气体，使用于防止空气由火炬头出口渗入的吹扫气体量减至最少的一种干气密封。

3.10　分液罐　knockout drum

可燃性气体排放系统中用于分离和储存液体的容器。

3.11　水封　water seal

用于防止空气渗入可燃性气体排放系统发生爆炸、或转移流量、或为排放系统建立背压，而设置的火炬与排放系统干管隔离的液体（通常为水）隔离设施。

3.12　吹扫气体　purge gas

为避免空气进入火炬系统发生爆炸而注入火炬总管的燃料气或不凝惰性气体。

3.13　闷烧 burnback

可燃气体在火炬头内燃烧。

3.14 回火 flashback

当可燃性气体中氧含量处于爆炸限范围内时,如果气体的流动速度低于火焰的传播速度,火焰将沿气体流动的反方向传播,导致火炬或系统干管发生爆炸事故。

4 一般规定

4.1 可燃气体排放系统的设计不宜考虑不可抗力引起事故的影响。

4.2 当装置采用自动控制联锁减排系统时,应至少考虑一个最大排放量连锁失效对排放系统排放能力的影响。

4.3 **各类液体不得排入全厂可燃性气体排放系统。**

4.4 含有沥青、渣油、粉末或固体颗粒的可燃性气体排放前,应在装置内分离处理。

4.5 含有 C_5 及以上烃类或水蒸气的可燃性气体排出装置之前,应经分液罐分液,除去大于或等于600μm 的液滴。

4.6 装置内应有自行吹扫可燃性气体和排放的措施;可燃性气体排出装置前应设切断阀并铅封开。

4.7 设计全厂可燃性气体排放系统时,装置内外宜统一进行水力、热力及应力计算。

4.8 全厂可燃性气体排放系统宜在下列各处设置取样点:

a)装置可燃性排放气体进入排放总管前;

b)可燃性排放气体进入火炬前;

c)可燃性排放气体进入气柜前。

4.9 装置可燃性排放气体进入排放总管前宜设压力监控。

4.10 高架火炬筒体应设氮气快速置换设施,置换时间不宜超过10min,快速置换宜采用遥控阀控制。

5 全厂可燃性气体排放系统的设置

5.1 全厂可燃性气体排放系统的设置原则

5.1.1 应保证工艺装置、压力储罐等设施发生各种事故时可燃性气体能安全排放。

5.1.2 应保证可燃性气体排放系统本身能安全运行。

5.1.3 正常生产条件下排放的可燃性气体宜回收利用。

5.1.4 **应单独设置酸性气体排放系统。**

5.2 可排入全厂可燃性气体排放系统的气体

5.2.1 下列不同来源的气体可排入全厂可燃性气体排放系统:

a)生产装置无法利用而必须排出的可燃性气体;

b)事故泄压或安全阀排出的可燃性气体;

c)开停工及检修时排出的可燃性气体;

d)液化石油气泵等短时间间断排出的可燃性气体;

e)生产装置、容器等排出的有毒有害可燃性气体。

5.2.2 热值低于7880kJ/Nm^3 的气体,在排入全厂可燃性气体排放系统前,应进行热值调整。

5.3 不应排入全厂可燃性气体排放系统的气体

5.3.1 下列气体不应排入全厂可燃性气体排放系统,应排入专用的排放系统或另行处理:

a)能与可燃性气体排放系统内的介质发生化学反应的气体;

b)易聚合、对排放系统管道的通过能力有不利影响的可燃性气体;

c)氧气含量大于2%(v%)的可燃性气体;

d)剧毒介质(如氢氰酸)或腐蚀性介质(如酸性气)的气体;

e)在装置内处理比排入全厂可燃性气体排放系统更经济、更有利于安全的可燃性气体;

f)最大允许排放背压较低,排入全厂可燃性气体排放系统存在安全隐患的气体。

5.3.2　全厂只有个别装置排放少量剧毒介质或腐蚀性介质的气体时，宜在装置内设处理设施。

5.4　全厂可燃性气体排放系统管网的设置要求

5.4.1　低温可燃性气体排入全厂可燃性气体排放系统时，应确保含有水分的可燃性气体排放系统管网不产生冰冻。

5.4.2　酸性气体应单独设置一个排放系统管网。

5.4.3　排放可燃性气体的装置多、排放量大、排放压力及温度有较大差别时，应进行技术经济比较和装置排放安全分析，在满足各种排放工况的条件下，可设置两个或多个不同压力的排放系统管网。

5.4.4　各装置在紧急事故时排入可燃性气体排放系统管网的可燃性气体，在装置边界处的压力不宜低于0.15 MPa。

5.5　火炬的设置要求

5.5.1　能同时检修的生产装置，宜共用一个火炬。

5.5.2　大型炼油、化工一体化项目可按炼油和化工区分别设置火炬，当火炬筒体采用可拆卸式设计方案时，炼油和化工火炬可共架安装。

5.5.3　大型炼油厂或石油化工厂设置的火炬不宜少于2套。

5.5.4　当全厂可燃性气体排放系统中设置的火炬气回收设施不能完全回收装置正常生产所排放的可燃性气体时，且该排放系统所对应装置组的检修周期大于2年的，可设置备用火炬或小型操作火炬。备用火炬的处理能力要能满足任何一个操作火炬检修停工的需求，小型操作火炬只处理正常生产所排放的可燃性气体。

5.5.5　在满足可燃性气体安全排放的前提下，几座火炬之间可进行切换操作；火炬之间的切换连通管道应设置在水封罐前，并应设置双切断阀及盲板。

6　设计排放条件的确定

6.1　工艺装置的可燃性气体排放条件

6.1.1　每个装置的排放条件应包括下列工况：

a）工艺装置开工、停工；

b）火灾事故；

c）停水、停电及蒸汽、仪表空气供应中断等公用工程事故；

d）其他事故。

6.1.2　每种排放工况应包括下列数据：

a）气体组成；

b）装置边界处的气体温度；

c）装置边界处的最大允许背压；

d）气体流量；

e）装置最大排放单点排放量；

f）流量－时间曲线。

6.2　多套工艺装置可燃性气体排放量叠加原则

6.2.1　同一事故引起全厂或几个装置排放时，应对各装置的排放“流量－时间曲线”进行叠加，取最大值为该事故时的最大排放量。无排放流量－时间曲线时，宜按照如下叠加原则确定各排放系统和全厂最大排放量：

a）全厂最大排放量不考虑所有装置均同时最大量排放；

b）每个排放系统在同一事故中的最大排放量，按影响系统尺寸最大的某个装置排放量的100%与其余装置排放量的30%之和计算（体积流量），但不应低于该系统中两个不同装置最大单点排放的总量；

c）按上述原则对不同的事故排放量分别叠加后，应取其中总排放量（体积流量）的最大值为该排放系统

的设计排放量;

d)排放量最大装置排放量的100%与全厂其余装置排放量的30%之和(质量流量)作为确定火炬高度及火炬安全区域的设计排放量;

e)按上述叠加原则对应的加权平均温度、加权平均分子量及加权平均组成作为火炬及管道系统工艺设计的其他设计参数。

6.2.2 不考虑同时发生两种事故。

7 全厂可燃性气体排放系统管网

7.1 管网工艺设计

7.1.1 应从火炬头开始反算全厂可燃性气体排放系统管网装置边界处的各节点的排放背压,各节点的背压应低于改点允许背压;管道摩阻损失采用式(7.1.1-1)计算。

$$\frac{fL}{d}=\frac{1}{M_a^2}\left(\frac{p_1}{p_2}\right)^2\left[1-\left(\frac{p_2}{p_1}\right)^2\right]-\ln\left(\frac{p_1}{p_2}\right)^2 \qquad (7.1.1-1)$$

式中:

f——水力摩擦系数;

L——管道当量长度,m;

d——管道内径,m;

M_a——管道出口马赫数;

p_1——管道入口压力(绝压),kPa;

p_2——管道出口压力(绝压),kPa。

水力摩擦系数按式(7.1.1-2)计算。

$$f=0.0055\left[1+\left(20000\frac{e}{d}+\frac{10^6}{\mathrm{Re}}\right)^{\frac{1}{3}}\right] \qquad (7.1.1-2)$$

式中:

e——管道绝对粗糙度,m;

Re——雷诺数。

管道出口马赫数按式(7.1.1-3)计算。

$$M_a=3.23\times10^{-5}\frac{q_m}{p_2d^2}\left(\frac{ZT}{kM}\right)^{0.5} \qquad (7.1.1-3)$$

式中:

q_m——气体质量流量,kg/h;

Z——气体压缩系数,取相对分段计算的平均值;

T——排放气体的温度,K;

k——排放气体的绝热指数:

M——排放气体平均分子量。

7.1.2 排放系统管网的马赫数不应大于0.7;可能出现凝结液的可燃性气体排放管道末端的马赫数不宜大于0.5。

7.1.3 全厂可燃性气体排放系统管网压力应保持不低于1kPa。

7.2 管道设计

7.2.1 可燃性气体排放管道的敷设应符合下列要求:

a)管道应架空敷设;

b)新建工程管道应采用自然补偿,扩建、改建工程管道宜采用自然补偿,且补偿器宜水平安装;

c)管道坡度不应小于2‰,管道应坡向分液罐、水封罐;管道沿线出现低点,应设置分液罐或集液罐;

d)管道支管应由上方接入总管,支管与总管应成45°斜接;

e)管道宜设管托或垫板;管道公称直径大于等于 *DN*800 时,滑动管托或垫板应采取减小摩擦系数的措施;

f)管道有震动、跳动可能时,应在适当位置采取径向限位措施。

7.2.2 可燃性气体排放管道应设吹扫措施。吹扫介质应优先选用氮气,无氮气时也可选用蒸汽。

7.2.3 可燃性气体排放管道应进行应力计算,应力计算温度应符合下列规定:

a)高温排放管道取各项排放条件中的最高排放温度;

b)常温排放管道采用蒸汽吹扫时取120℃;

c)低温排放管道取各项排放条件中的最低排放温度。

7.2.4 有凝结液的可燃性气体排放管道对固定管架的水平推力取值,不应小于表7.2.4的数值。当固定管架上有几根有凝结液的可燃性气体排放管道时,水平推力的作用点应分别考虑,推力值不应叠加。

表7.2.4 固定管架水平推力

管道公称直径/mm	固定管架的推力/t
200	1.9
250	2.3
300	3.2
400	5.7
500	9.0
≥600 <1000	13.0
≥1000	15.0

7.2.5 排放管道中凝结液的凝固点等于或高于该地区最冷月平均温度在10℃以内时,宜对管道进行保温;凝结液的凝固点高于该地区最冷月平均温度10℃以上时,管道应进行保温并设伴热措施。

7.2.6 分期投产的可燃性气体排放管道在前期设计时,应预留后期管道的敷设位置及有关接口。

7.2.7 当可燃性气体排放温度大于60℃时,水封罐之前的可燃性气体排放管道应按GB 150进行抗外压设计,最大外压应大于或等于30kPa。

7.2.8 水封罐前的管道设计压力不得低于分液罐的设计压力,水封罐后的管道设计压力不得低于水封罐的设计压力。

8 分液及水封

8.1 分液

8.1.1 除酸性气排放系统外,可燃性气体排放总管进入火炬前应设置分液罐。

8.1.2 含凝结液的可燃性气体(碳五及碳五以上)排放管道宜每1000~1500m进行一次分液处理。

8.1.3 凝结液应送入全厂轻污油罐或生产装置进行回收利用。

8.1.4 对于含有在环境温下呈固态或不易流动液体组分的火炬排放气的分液罐应,设置必要的加热设施。

8.1.5 计算分液罐尺寸时,被分离液滴直径宜取600μm。

8.1.6 分液罐应设液位计、液相温度计、压力表、高低压和高低液位报警。

8.1.7 凝结液输送泵宜人工启泵,并应设置低液位连锁停泵。

8.1.8 分液罐的容积应为气液分离所需的容积和火炬气连续排放20~30min所产生的凝结液所需的容积之和。

8.1.9 卧式分液罐内最高液面之上气体流动的截面积(沿罐的径向)应大于或等于入口管道横截面积

的3倍。

8.1.10 立式分液罐内气相空间的高度应大于或等于分液罐内径，且不小于1m；最高液位距入口管底应大于或等于入口管直径，且不小于0.3m。

8.1.11 分液罐的型式应依据容器及火炬气排放系统设计的经济性选择，采用卧式分液罐时其长度与直径的比值宜取2.5～6.0。

8.1.12 分液罐气体进出通道的型式可为下列之一：

a)卧式罐：气体从罐轴线垂直上部一端进入另一端排出，气体入口与排出口宜朝向邻近的罐封头端；

b)卧式罐：气体从罐轴线垂直上部两端进入中间排出，气体入口宜朝向邻近的罐封头端：

c)立式罐：气体从罐体径向进入从罐体垂直轴线顶部排出，采用挡板保证气流方向向下；

d)立式罐：气体从罐体径向切线进入从罐体垂直轴线顶部排出。

8.1.13 卧式分液罐应设置集液包，集液包结构尺寸：

a)集液包直径宜为500～800mm，不宜大于分液罐直径的1/3，但不宜小于300mm；

b)集液包高度(集液包封头切线至罐壁距离)不宜小于500mm。

8.1.14 分液罐的人孔设置应符合下列要求：

a)卧式罐筒体长度小于6000mm时，应设1个人孔；筒体长度等于或大于6000mm时，应设2个人孔；人孔宜设在罐体端部并尽量靠近罐的底部：

b)立式分液罐应在靠近底部的罐壁上设置1个人孔。

8.1.15 分液罐的设计压力不得低于350kPa，外压不得小于30kPa。

8.1.16 卧式分液罐的尺寸计算

卧式分液罐的直径应按式(8.1.16－1)通过试算确定，当满足 $D_{sk} \leq D_k$ 时，假定的 D_k 即为卧式分液罐的直径。

$$D_{sk} = 0.0115 \times \sqrt{\frac{(a-1)q_v T}{(b-1)p\varphi U_c}} \tag{8.1.16-1}$$

式中：

D_{sk}——试算的卧式分液罐直径，m；

a——罐内液面高度与罐直径比值；

q_v——入口气体流量，Nm^3/h；

b——罐内液体截面积与罐总截面积比值；

p——操作条件下的气体压力(绝压)，kPa；

φ——系数，宜取2.5～3.0；

U_c——液滴沉降速度，m/s。

卧式分液罐进出口距离按式(8.1.1 6－2)计算。

$$L_k = \varphi D_k \tag{8.1.16-2}$$

式中：

L_k——气体入口至出口的距离，m；

D_k——假定的分液罐直径，m。

液滴沉降速度按式(8.1.16－3)计算。

$$U_c = 1.15 \times \sqrt{\frac{g d_1 (\rho_e - \rho_v)}{\rho_v C}} \tag{8.1.16-3}$$

式中：

g——重力加速度，取9.81，m/s^2；

d_1——液滴直径，m；

ρ_e——操作条件下的液滴的密度，kg/m^3；

ρ_v——操作条件下的气体密度，kg/m^3；

C——液滴在气体中的阻力系数。

罐内液体截面积与罐总截面积比值 b 按式(8.1.16－4)计算。

$$b = 1.273 \times \frac{q_e}{\varphi D_k^3} \quad (8.1.16-4)$$

式中：

q_e——分液罐内储存的凝结液量，m^3。

罐内液面高度与罐直径比值 a 按式(8.1.16－5)计算。

$$a = 1.8506b^5 - 4.6265b^4 + 4.7628b^3 - 2.5177b^2 + 1.4714b + 0.0297 \quad (8.1.16-5)$$

操作条件下的气体密度按式(8.1.16－6)计算。

$$\rho_v = \frac{1000Mp}{RT} \quad (8.1.16-6)$$

式中：

R——气体常数，取8314，N·m/kg·K。

液滴在气体中的阻力系数 C 根据 $C(\mathrm{Re})^2$ 由图8.1.16－1查得，$C(\mathrm{Re})^2$ 按式(8.1.16－7)计算。

$$C(\mathrm{Re})^2 = \frac{1.307 \times 10^7 d_1^3 \rho_v (\rho_e - \rho_v)}{\mu^2} \quad (8.1.16-7)$$

式中：

μ——气体黏度，mPa·s(cP)。

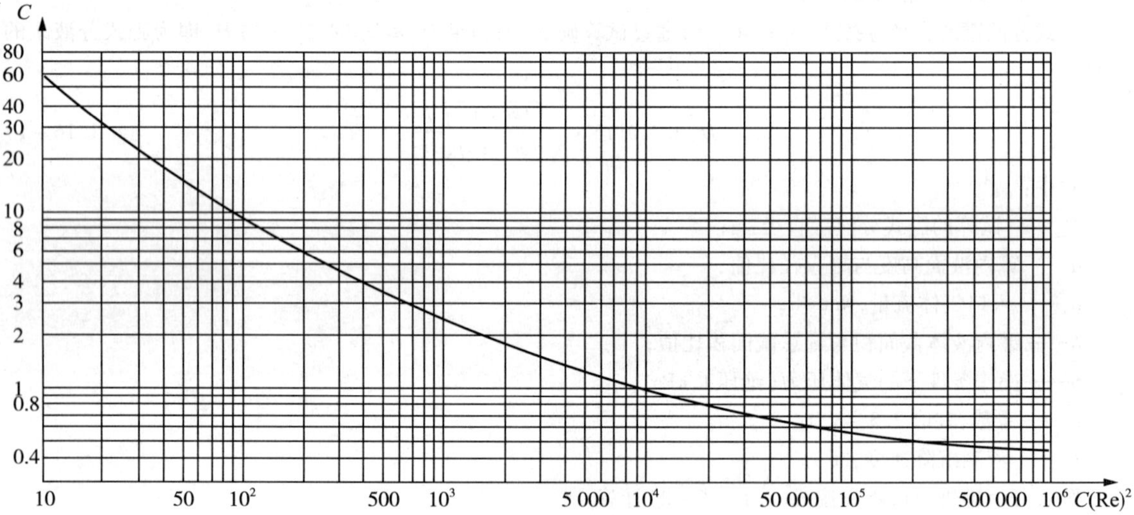

图8.1.16－1　液滴在气体中的阻力系数

8.1.17　卧式分液罐直径的核算

按式(8.1.16－1)计算出卧式分液罐的直径后，应按式(8.1.17－1)对其进行核算，分液罐的直径应满足式(8.1.17－1)核算结果及8.1.9条的规定。

$$\text{卧式分液罐直径} \geqslant 1.13 \times \sqrt{\frac{q}{V_c} + \frac{q_e}{\varphi \times D_k}} \quad (8.1.17-1)$$

式中：

q——操作状态下入口气体体积流量，m^3/s；

V_c——卧式分液罐内气体水平流动的临界流速，m/s；其值可由图8.1.17－1查得。

8.1.18　立式分液罐的直径应按式(8.1.18)计算。

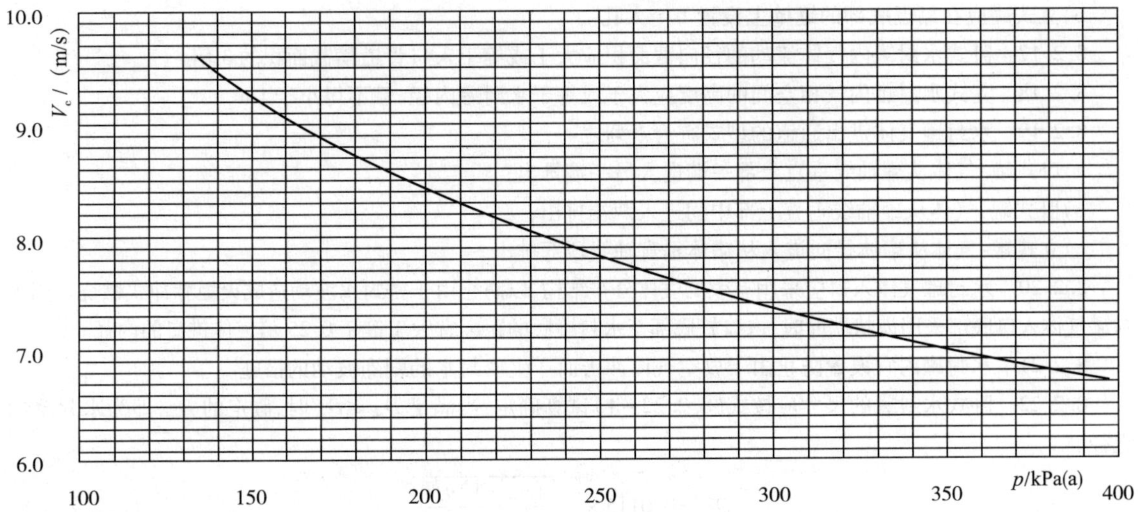

图 8.1.17－1　卧式分液罐内气体水平流动临界流速

$$D_k = 0.0128 \times \sqrt{\frac{q_v T}{p U_c}} \qquad (8.1.18)$$

8.2　水封

8.2.1　水封罐宜靠近火炬或放散塔根部设置。

8.2.2　同一个排放系统中有两个或两个以上火炬同时操作时，每个火炬均应设置水封罐，不同火炬水封罐的水封高度宜分层设置。

8.2.3 相互备用的两个火炬宜设置共用的水封罐，但应设置满足两个火炬切换操作时所需要的安全吹扫气体的补充气体设施。

8.2.4　水封罐应具有撇除水面上积聚的凝结液的功能，并应能够分离直径大于或等于600μm的水滴。

8 2.5　水封罐内的有效水封水量应至少能够在可燃性气体排放管网出现负压时，满足水封罐入口立管3m充满水量。

8.2.6　卧式水封罐内不宜采用挡液板分割空间的方式撇除水面上积聚的凝结液。若采用此结构，应确保水封罐内的水量减掉由挡液板分割开用于撇液空间的最大容积后的有效水封水量满足水封设计要求。

8.2.7　水封罐应设置U形溢流管（不得设切断阀门），溢流管的水封高度应大于等于1.75倍水封罐内气相空间的最大操作压力（表压），溢流管直径最小为*DN*50。其高点处管道下部内表面应与要求的水封液面处于同一水平高度。

8.2.8　U形溢流管高点上宜设*DN*25破真空接管，其高度宜大于等于300mm。破真空接管上不得设切断阀门。

8.2.9　U形溢流管溢流出口宜密闭接入含油或含硫污水系统，溢流管上应设置视镜。

8.2.10　水封罐溢流补水量应使用限流孔板限制，流量应不大于U形溢流管自流能力的50%。

8.2.11　水封罐的设计压力不应小于0.7MPa，不考虑负压工况。

8.2.12　最冷月平均温度低于5℃时，水封罐应采取防冻措施。

8.2.13　可燃性气体排放温度大于100℃时，水封罐应设低液位报警及自动补水措施，保持水封水量。

8.2.14　水封罐应设液位、温度、压力仪表和高液位报警。

8.2.15　水封罐宜选用卧式罐，其长度与直径的比值宜为2.5～6.0。

8.2.16　水封罐人孔的设置应符合下列要求：

a）卧式罐筒体长度小于6000 mm时，应设1个人孔；筒体长等于或大于6000mm时，应设2个人孔；人孔宜设在罐体端部并尽量靠近底部；

b）立式罐应在靠近底部的罐壁上设置1个人孔。

8.2.17　卧式水封罐内气体流动的径向截面积应大于或等于入口管道横截面积的3倍。

8.2.18　立式水封罐内气相空间的高度应大于或等于水封罐内径，且不得小于1m。

8.2.19　水封罐气体进出通道的型式宜为下列之一：

a）卧式罐：气体从罐轴线垂直上部一端进入另一端排出；

b）卧式罐：气体从罐轴线垂直上部中间进入两端排出；

c）立式罐：气体从罐体径向进入从罐体垂直轴线顶部排出。

8.2.20　水封罐气体入口应采用有效的气体分布结构，以防止由于密封水波动造成火炬脉冲式燃烧。当水封罐气体入口底部采用齿状端面时，入口管底部至水封罐底的距离宜大于等于0.25倍气体进口的内径。

8.2.21　水封罐内宜设置防止由于放空气体冲击而产生密封水的剧烈波动的措施。

8.2.22　卧式水封罐的尺寸应按式（8.2.22-1）试算确定，当满足 $D_{sw} \leqslant D_w$ 时，假定的 D_w，即为水封罐的直径。

$$D_{sw} = 0.0115 \times \sqrt{\frac{(a_w - 1) q_v T}{(b_w - 1) p \varphi U_c}} \tag{8.2.22-1}$$

式中：

D_{sw}——试算的水封罐直径，m；

a_{ω}——水封罐内液面高度与罐直径比值；

q_v——入口气体流量（对于中间进两端出的卧式罐取总流量的一半），Nm^3/h；

b_{ω}——水封罐内液体截面积与罐总截面积比值。

水封罐内液面高度与罐直径比值 a_{ω} 按式（8.2.22-2）计算。

$$a_{\omega} = h_1 / D_{\omega} \tag{8.2.22-2}$$

式中：

h_1——用于防止回火工况设置的水封液面高度，m；

D_{ω}——假定的水封罐直径，m。

水封罐内液体截面积与罐总截面积比值 b_{ω} 按式（8.2.22-3）计算。

$$b_{\omega} = -1.2305 a_{\omega}^5 + 3.0761 a_a^4 - 3.8174 a_{\omega}^3 + 2.650 a^2 \omega + 0.3294 a_{\omega} - 0.0038 \tag{8.2.22-3}$$

水封罐气体进出口距离按式（8.2.22-4）计算。

$$L_{\omega} = \varphi D_{\omega} \tag{8.2 22-4}$$

式中：

L_{ω}——气体入口至出口的距离，m。

8.2.23　卧式水封罐直径的核算

按8.2.22计算出卧式水封罐的直径后，应按式（8.1.17-1）对其进行核算（用 D_w 代替 D_k），水封罐的直径应满足式（8.1.17-1）核算结果及8.2.5和8.2.1 7条的规定。水封罐内气体水平流动的临界速度 V_c 根据MP/T的值由图8.2.23-1查取。

8 2.24　立式水封罐的直径应按式（8.2.24）计算。

$$D_{\omega} = 0.0128 \times \sqrt{\frac{q_v T}{p U_c}} \tag{8.2.24}$$

8.2.25　水封高度应满足下列要求：

a）能满足排放系统在正常生产条件下有效阻止火炬回火，并确保排放气体在事故排放时能冲破水封排入火炬；

b）对于含有大量氢气、乙炔、环氧乙烷等燃烧速度异常高的可燃性气体，水封高度应按式（8.2.25-1）计算，且不应小于300mm；

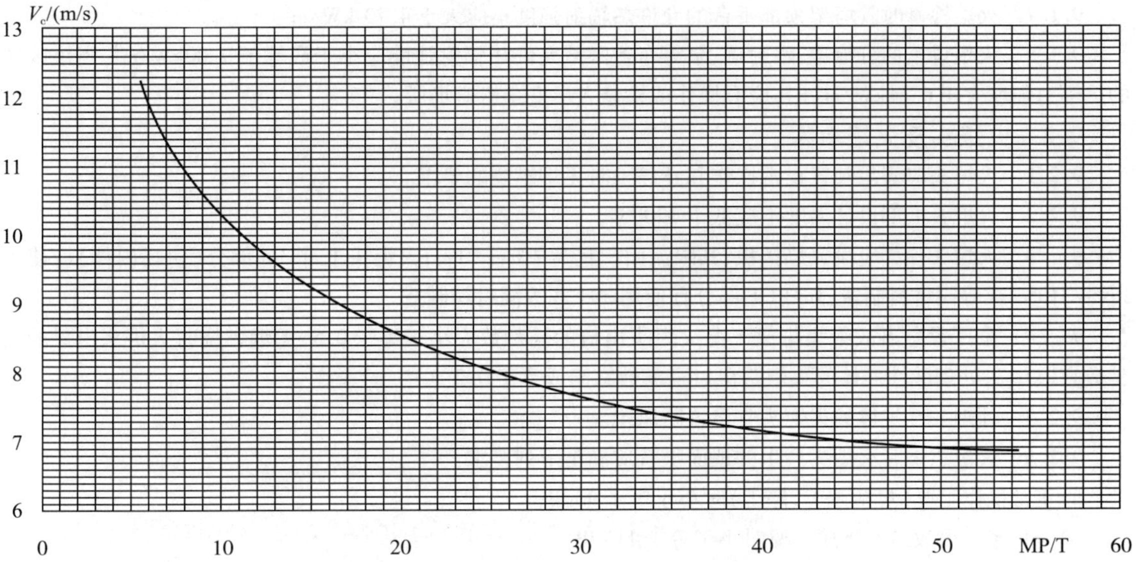

图 8.2.23－1 卧式水封罐内气体水平流动临界流速

c)对于密度小于空气的可燃性气体,水封高度应按式(8.2.25)计算,且不应小于200mm;

d)对于密度大于等于空气的可燃性气体,水封高度应大于等于150mm。

$$h_w \geq 1000\left(\frac{p_1}{g\rho_w} - \frac{F_1(F_2 - H)}{g\rho_w T_a} - \frac{phM}{\rho_w RT}\right) \tag{8.2.25}$$

式中 h_w——水封高度,m;

p_1——水封前管网需保持的压力(绝压),kPa;

ρ_w——水封液体密度,水取1000,kg/m^3;

F_1——系数,取3.30826,kPa·K/m;

F_2——系数,取8361.4,m;

H——火炬头出口至地面的垂直距离,m;

T_a——环境日平均最低温度,K;

p——火炬头出口处的压力(绝压),kPa;

h——火炬水封液面至火炬头出口的垂直距离,m。

9 高架火炬

9.1 允许热辐射强度

9.1.1 按最大排放负荷计算确定火炬设施安全区域时,允许热辐射强度不考虑太阳热辐射强度。

9.1.2 按装置开、停工的排放负荷核算火炬设施安全区域,此工况下的允许热辐射强度应考虑太阳热辐射强度。

9.1.3 厂外居民区、公共福利设施、村庄等公众人员活动的区域,允许热辐射强度应小于等于1.58kW/m^2。

9.1.4 相邻同类企业及油库的人员密集区域、石油化企业内的行政管理区域的允许热辐射强度应小于等于2.33kW/m^2。

9.1.5 相邻同类企业及油库的人员稀少区域、厂外树木等植被的允许热辐射强度应小于等于3.00kW/m^2。

9.1.6 石油化工厂内部的各生产装置的允许热辐射强度应小于等于3.20kW/m^2。

9.1.7 火炬检修时其塔架顶部平台的允许热辐射强度不应大于4.73 kW/m^2。

9.1.8 火炬设施的分液罐、水封罐、泵等布置区域允许热辐射强度应小于或等于9.00kW/m^2,当该区域的热辐射强度大于6.31kW/m^2时,应有操作或检修人员安全躲避场所。

9.2 火炬头及火炬本体

9.2.1 火炬头应满足装置正常操作和开停工时无烟燃烧的要求。

9.2.2 火炬头上部设计温度不应低于1200℃。

9.2.3 火炬头顶部应设火焰挡板,其限流面积宜为2%~10%;火炬头上部3m部分(包括内件)应使用ANSI 310SS或等同材料制造,3m以下部分宜使用304或等同材料制造。

9.2.4 全厂紧急事故最大排放工况火炬头出口的马赫数应小于等于0.5,无烟燃烧时火炬头出口的马赫数宜取0.2;处理酸性气体的火炬头出口马赫数宜于或等于0.2。

9.2.5 处理酸性气体的火炬头宜设置防风罩。

9.2.6 火炬燃烧时火炬头产生的地面噪音应满足下列要求:

a)正常操作工况(包括开工、停工)时小于等于90dB;

b)全厂紧急事故最大排放工况时小于等于115dB。

9.2.7 火炬头出口有效截面积应按式(9.2.7)计算。

$$A = 3.047 \times 10^{-6} \times \frac{q_m}{\rho_v M_a} \times \sqrt{\frac{M}{kT}} \tag{9.2.7}$$

式中 A——火炬头出口有效截面积,m^2;

M_a——火炬头出口马赫数。

9.2.8 火炬筒体直径应由压力降计算确定。不同压力的排放管道接至同一个火炬筒体时,应核算不同压力系统同时排放的工况,保证压力较低系统的排放不受阻碍。

9.2.9 除酸性气火炬外宜使用蒸汽控制烟雾生成,对酸性气火炬、寒冷地区的火炬及低温条件下使用的火炬可采用压缩空气控制烟雾生成。

9.2.10 消烟蒸汽的压力宜控制在0.7~1.0MPa,消烟压缩空气的压力不宜低于0.7MPa。

9.2.11 计算火炬的消烟蒸汽和压缩空气时,可燃性气体排放量应取装置开工、停工排放量的最大值。

9.2.12 消烟蒸汽量可按式(9.2.12)计算,压缩空气消耗量可取蒸汽量的1.2~2倍。

$$G_{st} = q_{cm} \times \left(0.68 - \frac{10.8}{M_c}\right) \tag{9.2.12}$$

式中 G_{st}——消烟水蒸汽量,kg/h。

q_{cm}——排放气体中的碳氢化合物的质量流量,kg/h;

M_c——排放气体中的碳氢化合物的平均分子量。

9.2.13 钢塔架的附属设计应满足下列要求:

a)应分节设置梯子平台。采用直梯时,每节直梯高度宜为5~10m;

b)钢塔架应按相关规范设置航空障碍灯;

c)最高层平台应有满足火炬头检修的面积及通道,并宜设置便于吊装火炬头的设施。

9.2.14 敷设于钢塔架或火炬筒体的工艺热力管道安装应符合下列要求:

a)蒸汽管道、有保温伴热的管道、引火管及燃料气管道应设计热补偿措施,并设相应的固定支架;

b)敷设于钢塔架或火炬筒体上的工艺热力管道不应存在积液点;

c)常温管道至少应设1处固定支架;

d)引火管及燃料气管道在火炬底部应使用三通与水平管道连接,并应在垂直管道的末端设法兰和法兰盖。

9.2.15 用于燃烧碳氢化合物的火炬头出口至钢塔架顶层的距离不宜小于7m,燃烧酸性气、纯氢气等低热值的火炬头出口至钢塔架顶层的距离不宜小于 5m。

9.2 16 火炬筒体底部应设有积存雨水、凝液、锈渣等空间，并设置手孔、排污孔、凝液排出口及液位计。

9.3 火炬高度的确定

9.3.1 火炬高度的确定应符合下列规定：

a）按受热点的允许热辐射强度计算火炬高度；

b）按 GB/T 3840 对按允许热辐射强度计算出的火炬高度进行核算。如不符合要求，应增加火炬高度再进行核算，直到满足大气污染物的排放标准的要求为止。

9.3.2 火焰产生的热量按式（9.3.2）计算。

$$Q_f = 2.78 \times 10^{-4} H_y q_m \tag{9.3.2}$$

式中 Q_f——火焰产生的热量，kW；

H_y——排放气体的低发热值，kJ/kg。

9.3.3 火焰长度计算。

a）当火炬头出口气体马赫数 $M_a \geqslant 0.2$ 时，按式（9.3.3－1）计算。

$$L_f = 118 D_{fl} \tag{9.3.3-1}$$

b）当火炬头出口气体马赫数 $M_a < 0.2$ 时，按式（9.3.3－2）计算。

$$L_f = 23 D_{fl} \ln(M_a) + 155 D_{fl} \tag{9.3.3-2}$$

式中 L_f——火焰长度，m；

D_{fl}——火炬头出口直径，m。

9.3.4 火炬高度按式（9.3.4－1）计算。

$$h_s = \sqrt{\frac{\varepsilon Q_f}{4\pi K} - (X - Xc)^2} - Yc \tag{9.3.4-1}$$

式中 h_s——火炬高度，m；

ε——热辐射系数；

K——允许的火炬热辐射强度，kW/m²；

X——火炬筒体中心线至计算点的水平距离，m；

Xc——在风速作用下火焰中心的水平位移，根据 $E_r^{1.3}/D_{fl}^2$ 和 $L_f/3$ 的值从图 9.3.4－1 查取，m；

Yc——在风速作用下火焰中心的垂直位移，根据 $E_r^{1.3}/D_{fl}^2$ 和 $L_f/3$ 的值从图 9.3.4－2 查取，m。

热辐射系数 ε 按式（9.3.4－2）计算：

$$\varepsilon = 5.846 \times 10^{-3} \times H_v^{0.2964} \times \left(\frac{100}{R_H}\right)^{1/16} \times \left(\frac{30}{D_R}\right)^{1/16} \tag{9.3.4-2}$$

式中 H_v——排放气体的体积低发热值，kJ/Nm³；

R_H——空气湿度百分数；

D_R——火焰中心至受热点的距离，m。

火焰中心至受热点的距离按式（9.3.4－3）计算：

$$D_R = \sqrt{\frac{\varepsilon Q_f}{4\pi K}} \tag{9.3.4-3}$$

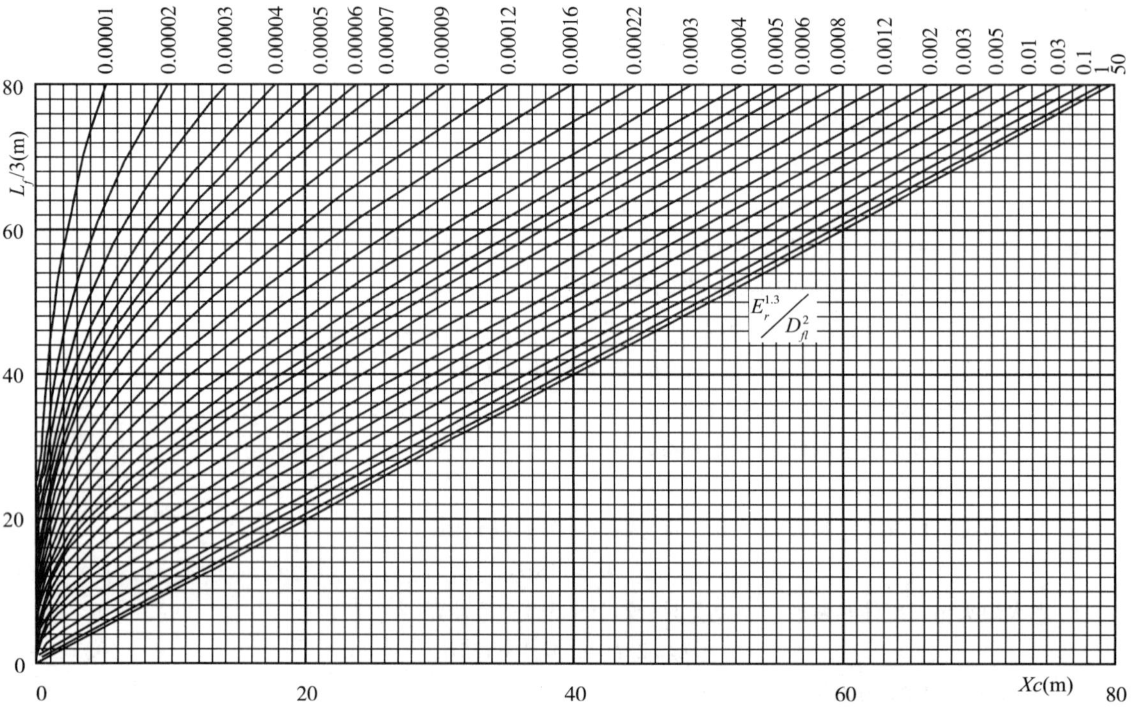

图 9.3.4－1　火焰中心的水平位移

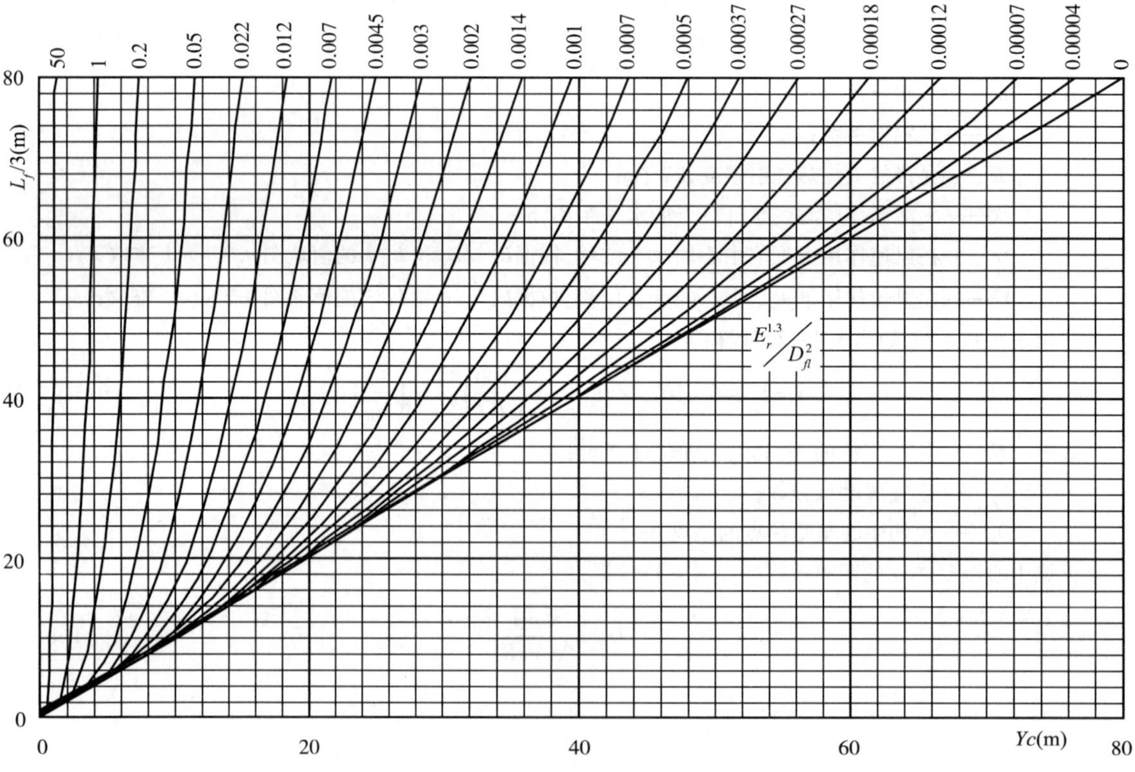

图 9.3.4－2　火焰中心的垂直位移

空气与排放气体的动量比值 E_r，按式(9.3.4－4)计算：

$$E_r = \frac{\rho_a v_w^2}{\rho_e v_e^2} \tag{9.3.4-4}$$

式中 ρ_a——空气密度，kg/m^3；

ρ_e——排放气体出口处的密度，kg/m^3；

v_w——火炬出口处风速(最大取8.9)，m/s；

v_e——排放气体出口速度，m/s。

9.4 点火设施

9.4.1 高架火炬应设置高空电点火器和地面传燃式点火器。

9.4.2 点火器应配备不间断电源。

9.4.3 高空电点火器的数量应与长明灯的数量相同；每个火炬头应设置1台地面传燃式点火器，其引火管应从点火器至每个长明灯单独设置。

9.4.4 火炬长明灯的数量应满足下列要求：

a)火炬头直径小于或等于0.5m时，不宜少于2支长明灯；

b)火炬头直径大于0.5m至小于或等于1.0m时，不宜少于3支长明灯；

c)火炬头直径大于1.0m时，不宜少于4支长明灯。

9.4.5 单支长明灯的燃料气消耗量不宜大于 $4Nm^3/h$。

9.4.6 长明灯应设温度检测仪表。

9.4.7 长明灯燃料气供气管道干管上应设压力调节阀，燃料气源的压力应大于或等于0.35MPa，压力调节阀后的压力宜稳定在0.2MPa；每支长明灯的燃料气供给管道应从火炬底部起单独接至长明灯的燃料气入口。

9.5 防止回火措施

9.5.1 **火炬系统必须采取防止回火措施。**

9.5.2 火炬系统防止回火措施宜采用水封罐加注入吹扫气体的方法，不宜使用阻火器加注入吹扫气体的方法。

9.5.3 吹扫气体宜选用氮气或燃料气，不宜使用蒸汽。吹扫气体注入点应设在水封罐可燃性气体出口管道上。

9.5.4 氢气、乙炔、环氧乙烷等介质的火炬、酸性气火炬和有毒介质的火炬，吹扫气体宜使用燃料气。对碳氢化合物可燃性气体火炬，吹扫气体宜使用氮气。

9.5.5 火炬应设置速度密封器或分子密封器，宜优选速度密封器。

9.5.6 吹扫气体量应保证火炬出口流速大于安全流速。安全流速取值应符合下列规定：

a)火炬采用速度密封器时，不应小于0.012m/s；

b)火炬采用分子密封器时，不应小于0.003m/s；

c)氢气、乙炔、环氧乙烷等介质的火炬，采用速度密封器时不应小于0.06m/s，采用分子密封器时，不应小于0.02 m/s。

9.5.7 吹扫气体供给量应使用限流孔板控制流量。

9.5.8 当采用同一个火炬处理既处理氢气、乙炔又处理烃类可燃性气体时，宜使用氮气吹扫。由限流孔板控制的吹扫氮气量宜按9.5.6中a)或b)确定，不满足9.5.6中c)要求的部分宜使用燃料气补充并使用单独的孔板控制流量。

9.5.9 速度密封器应安装在火炬头下半部靠近入口法兰处。

10 地面火炬

10.1 地面火炬的设计原则

10.1.1 地面火炬可用于处理毒性轻度危害和无毒可燃性气体，不宜用于处理毒性为中度危害的有毒可燃性气体。

10.1.2 **地面火炬不得用于处理毒性为极度或高度危害的有毒可燃性气体。**

10.1.3 地面火炬宜用于处理开停工及正常生产时排放的可燃性气体，不宜用于处理紧急事故下排放的可燃性气体。

10.1.4 应根据各分级管道前排放总管的最大允许排放背压值确定各分级管道的操作压力，分级控制阀旁路的爆破压力不得高于排放总管的最大允许排放背压。

10.1.5 分级控制阀旁路使用爆破针阀时，最大操作压力宜取排放总管最大允许排放背压的90%，分级控制阀旁路使用爆破片时，最大操作压力宜取排放总管最大允许排放背压的75%。

10.1.6 根据最大操作压力并结合可燃性气体排放条件及燃烧器的性能曲线进行合理分级，每级的操作压力应在燃烧器的最佳操作弹性范围内，避免各级之间发生跳跃。

10.1.7 各分级管道前排放总管的最大允许排放背压值及分级数量应根据排放总管、分级系统的投资及公用工程介质消耗等因素通过经济比较后确定。

10.1.8 各分级管道上的控制阀应设置爆破针阀或爆破片旁路，爆破针阀或爆破片的爆破压力不得高于各分级管道前的最大允许背压。当各分级管道前的最大允许背压值较低时，旁路上宜选用爆破针阀。

10.1.9 各分级管道的截面积之和不得小于排放总管的截面积。爆破针阀或爆破片旁路的公称直径可比分级管道小一级，但应保证各分级管道前的压力小于等于最大允许背压。

10.1.10 各分级管道上压力开关阀宜选用金属硬密封蝶阀，其开启时间不宜大于1s。

10.1.11 各分级管道上压力开关阀和旁路上爆破针阀的泄漏等级不应低于ANSI Ⅴ级。

10.1.12 控制系统除应具有逐级开启的功能外，尚应具有跨级开启的功能。

10 1.13 除前两级排放系统每个燃烧器配置一支长明灯外，其他各级长明灯的数量应不少于2支，长明灯应保持长明；蒸汽助燃型燃烧器每个燃烧器均需配置一支长明灯。

10.1.14 火炬应采取足够的消烟措施，烟气排放应符合相关环保要求。

10.1.15 地面火炬各分级压力开关阀后应设氮气吹扫系统。常燃级系统应设连续氮气吹扫系统，防止回火。

10.1.16 对于低压力级排放系统宜采用蒸汽助燃型燃烧器，蒸汽宜根据火炬气的排放量及分子量进行调节。

10.1.17 各分级压力开关阀前后应设置凝结液密闭排放设施。

10.1.18 地面火炬对周边区域的热辐射强度允许值与9.1.1～9.1.6的要求相同。

10.2 封闭式地面火炬

10.2.1 单套封闭式地面火炬的处理量不宜大于100t/h。

10.2.2 排气筒高度应满足下列要求：

a）烟气扩散后应满足环保要求；

b）不得低于燃烧器火焰高度的3倍。

10.2.3 燃烧室内的热流密度宜控制在275～335kW/Nm^3。

10.2.4 设计应选用防结焦、堵塞及高温不易产生变形型的燃烧器。

10.2.5 应避免燃烧室中心出现贫氧现象。

10.2.6 燃烧器的布置应保证其压力均衡，防止火焰爆冲，火焰窜烧。

10.2.7 燃烧室的内侧应采用耐火保护衬里，燃烧室外侧温度不应大于60℃。

10.3 开放式地面火炬

10.3.1 防热辐射金属围栏高度应高于各燃烧器火焰顶部2m。

10.3.2 低压力级燃烧器宜布置在防热辐射金属围栏的中间,高压力级燃烧器宜布置在两侧。

10.3.3 防热辐射金属围栏内的分级管道应采取防热辐射措施。

10.3.4 靠近分级控制阀的一侧应设置观火窗及检修门。

10.3.5 同级管道上的燃烧器的安装距离应能确保接力点火,不同级管道间的距离应满足无烟燃烧的要求。

10.3.6 靠防辐射金属围栏布置的燃烧器距金属围栏的距离应确保火焰不能直接烧到金属围栏上。

10.3.7 燃烧器及支撑立管应选用耐高温金属材料。

11 火炬气回收

11.1 可燃性气体排放系统宜设置可燃性气体回收设施。

11.2 回收可燃性气体的气柜宜采用干式气柜。

11.3 正常生产时工艺装置排入可燃性气体排放系统的可燃性气体排放总量小于5000 Nm^3/h时,宜选用1座15000~20000 m^3 气柜;可燃性气体排放总量等于或大于5000 Nm^3/h时,宜选用1座20000~30000 m^3 气柜。

11.4 应在回收支线阀前的火炬气排放总管上设温度和压力检测仪表。温度和压力检测仪表应与气柜进气控制阀门自动连锁,当进气柜的可燃性气体温度或压力达到限值时应自动关闭进气控制阀门。

11.5 气柜应设置高度检测仪表,该检测仪表应与气柜进口总管道控制阀门连锁和压缩机排气管道控制阀门连锁。当活塞(或活动盖顶)达到高限值时,应自动关闭气柜进气管道控制阀门;当活塞(或活动盖顶)达到低限值时,应自动停压缩机。

11.6 气柜顶部的排气管应设水封装置或安装阻火器。

11.7 可燃性气体回收设施设置的压缩机不宜少于2台,每台压缩机排气量不宜小于30 Nm^3/min。

11.8 压缩机出口管道应设单向阀和控制阀。

11.9 压缩机出口管道与气柜进气管道之间应有用于回流的连通管道。出口与进口管道上应设跨线。

11.10 可燃性气体回收设施应设凝结液回收罐,气柜内的凝结液应能自流进入凝结液回收罐。

参考文献

[1]Pressure – relieving and Depressuring Systems ANSI/API STANDARD 521 FIFTH EDITION,JANUARY 2007

[2]Flare Details for General Refinery and Petrochemical Service API STANDARD 537 FIRST EDITION,SEPTEMBER 2003

[3]G. R. KENT. Practical Design of Flare Stacks. Hydrocarbon Processing and Petroleum Refiner,1964

[4]流体力学. 清华大学热能工程系,1980

本规范用词说明

1　为便于在执行本规范条文时区别对待，对要求严格程度不同的用词说明如下：

1）表示很严格，非这样做不可的：

正面词采用"必须"；反面词采用"严禁"。

2）表示严格，在正常情况下均应这样做的：

正面词采用"应"；反面词采用"不应"或"不得"。

3）表示允许稍有选择，在条件许可时首先应这样做的：

正面词采用"宜"；反面词采用"不宜"。

4）表示有选择，在一定条件下可以这样做的，采用"可"。

2　条文中指明应按其他有关标准执行的写法为："应符合……的规定"或"应按……执行"。

2. 石油化工工艺装置布置设计规范

（SH 3011—2011 代替 SH 3011—2000）

目 录

1　范　围

本规范规定了石油化工工艺装置布置设计的要求。

本规范适用于石油化工新建、改扩建工艺装置的布置设计。

2　规范性引用文件

下列文件中的条款通过本规范的引用而成为本规范的条款。凡是注日期的引用文件，其随后所有的修改单(不包括勘误的内容)或修订版均不适用于本规范，然而，鼓励根据本规范达成协议的各方研究是否可使用这些文件的最新版本。凡是不注日期的引用文件，其最新版本适用于本规范。

GB 16297　大气污染物综合排放标准

GB 50058　爆炸和火灾危险环境电力装置设计规范

GB 50160　石油化工企业设计防火规范

SH/T 3055　石油化工管架设计规范

SH/T 3146　石油化工噪声控制设计规范

3　一般规定

3.0.1　装置布置应符合下列要求：

a)工艺流程；

b)安全生产；

c)环境保护；

d)工厂总体布置；

e)操作、维护、检修、施工和消防；

f)合理用地和减少能耗。

3.0.2　装置布置应根据装置在工厂总平面的位置，以及与其相关的装置、罐区、系统管廊、道路等相对位置确定，并与相邻装置的布置协调。

3.0.3　装置内设备、建筑物和构筑物的布置应符合下列原则：

a)根据全年频率风向条件确定设备与建筑物的相对位置；

b)受工艺特点或自然条件限制的设备可布置在建筑物内；

c)根据装置竖向布置，确定装置地面相对标高与绝对标高的关系；

d)根据地质条件，合理布置荷载大和有振动的设备；

e)设备、建筑物和构筑物宜布置在同一地平面上。当受地形限制时，应将控制室、机柜间、变配电所、化验室和办公室等布置在较高的地平面上；工艺设备和装置储罐等宜布置在较低的地平面上。

3.0.4　设备应按工艺流程顺序和同类设备适当集中相结合的原则进行布置；设备宜按流程顺序布置在管廊两侧；处理腐蚀性、有毒、黏稠物料的设备宜按物性分别集中布置。

3.0.5　设备、建筑物平面布置的防火间距应符合现行国家标准 GB 50160 的有关规定。

3.0.6　利用电力驱动的设备和电气设备的布置，应符合现行国家标准 GB 50058 的有关规定。

3.0.7　产生噪声的设备宜远离人员集中的场所布置，噪声控制应符合国家现行标准 SH/T 3146 的有关规定。

3.0.8　设备、建筑物、构筑物应按生产特点和火灾危险性类别分区布置。为防止结焦、堵塞，控制温降、压降，避免发生副反应等有工艺要求的相关设备，可靠近布置。

3.0.9　分馏塔顶冷凝器、塔底重沸器与分馏塔，压缩机的分液罐、缓冲罐、中间冷却器等与压缩机，以及其他与主体设备密切相关的设备，可直接连接或靠近布置。

3.0.10　产生有害气体、粉尘、恶臭物料和放射性物质的设备，宜远离人员集中的场所布置，并应符合环境保护的要求。

3.0.11 设备宜露天或半露天布置,并宜缩小爆炸危险区域的范围。爆炸危险区域的范围应符合现行国家标准 GB 50058 的有关规定。

3.0.12 设备的间距除应符合防火和防爆的要求外,还应符合下列要求:

a)操作、检修、装卸和吊装所需的场地和通道;

b)梯子和平台的布置;

c)设备基础、地下埋设的管道、管沟、电缆沟和排水井的布置;

d)管道和仪表的安装。

3.0.13 装置如需分期建设或预留发展用地,应根据工厂总体布置的要求、生产过程的性质和设备特点确定预留区的位置。

3.0.14 设备的竖面布置应符合下列要求:

a)工艺流程不要求架高的设备宜落地布置;

b)由泵抽吸的塔和容器以及真空、重力流、固体卸料等设备,应按工艺流程的要求,布置在合适的高层位置;

c)当装置的面积受限制或经济上更为合理时,可将设备布置在构架上。

3.0.15 设备基础标高和地下受液容器的位置及标高,应结合装置的竖向布置和管道布置确定。

3.0.16 在确定设备、建筑物和构筑物的位置时,应使其地下部分的基础不超出装置边界线。

3.0.17 塔区和多层构架等处设备的检修场地应进行铺砌。

3.0.18 在操作或检修过程中有可能被可燃液体、腐蚀性介质或有毒物料污染的区域应设围堰;处理腐蚀性介质的设备区尚应铺设防腐蚀地面。围堰的设置应符合下列要求:

a)围堰高出堰区地面的高度不应小于 150mm;

b)围堰内应有排水设施;

c)围堰内地面应坡向排水设施,坡度不宜小于 0.003。

3.0.19 围堰内的排水设施应符合下列要求:

a)对于油品污染区域,可采用地沟或地漏,将污水排入含油污水系统;

b)对于腐蚀性介质或有毒物料污染的区域,可设置收集池,以便物料的收集和转移。

3.0.20 装置内烟囱的设置应符合下列要求:

a)可燃气体及有害气体的排放要求和高度,应符合现行国家标准 GB 16297 的要求;

b)烟囱宜布置在装置的一端或边缘地区,且位于装置全年最小频率风向的上风侧;

c)烟囱顶部应高出 20m 范围内的操作平台或建筑物 3.5m 以上;位于 20m 以外的操作平台或建筑物应符合图 1 的要求。

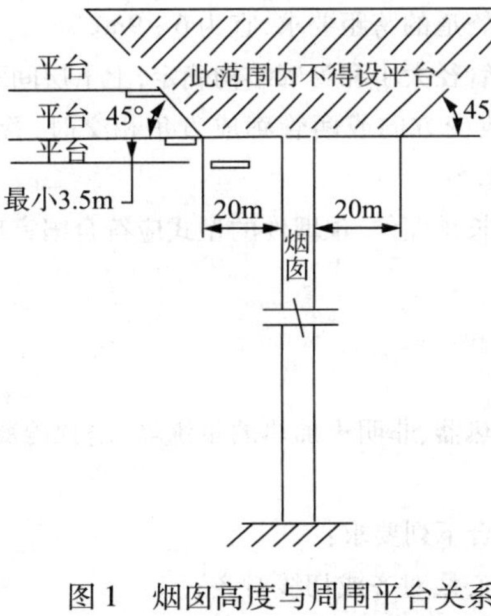

图 1 烟囱高度与周围平台关系

3.0.21　输送介质对距离、角度、高差等有特殊要求的管道以及高温、大直径管道的布置，应在设备布置时统筹规划。

4　管廊的布置

4.1　管廊的形式和位置

4.1.1　管廊的形式宜根据设备平面布置的要求，按下列原则确定：

a）设备较少的装置可采用一端式或直通式管廊；

b）设备较多的装置可根据需要采用"L"型、"T"型或"Π"型等形式的管廊；

c）联合装置可采用主管廊与支管廊组合的结构形式。

4.1.2　装置内管廊按结构形式可分为独立式和纵梁式；按材料可分为混凝土管廊、钢管廊和组合管廊。

4.1.3　管廊在装置中应处于能联系主要设备的位置。

4.1.4　管廊应布置在装置的适中位置，宜平行于装置的长边。

4.1.5　管廊的布置应缩短管廊的长度，且有效利用管廊空间。

4.1.6　管廊的布置应满足道路和消防的需要，以及与地下管道、电缆沟、建筑物、构筑物等的间距要求，并应避开设备的检修场地。

4.2　管廊的布置要求

4.2.1　管廊上方可布置空气冷却器（以下简称"空冷器"），下方可布置泵（或泵房）、换热器或其他小型设备，但应符合本规范第5.3.6条、第5.5.3条、第5.9.7条和第5.9.8条的规定。

4.2.2　管廊下作为消防通道时，管廊至地面的最小净高不应小于4.5m。

4.2.3　管廊可以布置成单层或多层，最下一层的净空应按管廊下设备高度、设备连接管道的高度和操作、检修通道要求的高度确定。

4.2.4　当管廊有桁架时，管廊的净高应按桁架底高计算。

4.2.5　管廊的宽度应符合下列要求：

a）管道的数量、管径及其间距；

b）架空敷设的仪表电缆和电气电缆的槽架所需的宽度；

c）预留管道所需的宽度；

d）管廊上布置空冷器时，空冷器构架支柱的尺寸；

e）管廊下布置泵时，泵底盘尺寸及泵所需要操作和检修通道的宽度。

4.2.6　管廊的柱距应满足大多数管道的跨距要求，宜为6～9m。

4.2.7　多层管廊的层间距应根据管径大小和管廊结构确定，上下层间距宜为1.2～2.4m；对于大型装置上下层间距可为2.5～3.0m。当管廊改变方向或两管廊成直角相交时，管廊宜错层布置，错层的高差宜为0.6～1.2m；对于大型装置可为1.25～1.5m。

4.2.8　混凝土管廊的梁顶应设通长预埋件，预埋件的型式应符合国家现行标准SH/T 3055的要求。

5　常用设备的布置

5.1　塔和立式容器的布置

5.1.1　塔与其关联设备如进料加热器、非明火加热的重沸器、塔顶冷凝冷却器、回流罐、塔底抽出泵等，宜按工艺流程顺序靠近布置。

5.1.2　塔和立式容器的布置应符合下列要求：

a）单排布置的塔和立式容器，宜中心线对齐或切线对齐；

b）直径较小、本体较高的塔和立式容器，可双排布置或成三角形布置；

c)直径小于或等于1m的塔和立式容器宜布置在构架内或构架的一侧。

5.1.3　沿管廊布置的塔和立式容器,如管廊上方无设备,宜布置在管廊的两侧;如管廊上方有设备,应在管廊的一侧留出管廊上方设备的检修场地或通道。

5.1.4　塔和立式容器的一侧宜设置检修场地或通道,人孔宜朝向检修侧。

5.1.5　塔(大型立式容器)与管廊的间距应符合下列要求:

a)在塔与管廊之间布置泵时,应满足泵的操作、检修和管道布置的要求;

b)塔与管廊之间不布置泵时,塔外壁与管廊立柱中心线之间的距离,不宜小于3m。

5.1.6　塔与塔之间或塔与其他相邻设备之间的距离,除应满足管道、平台、仪表和小型设备等布置和安装的要求外,尚应满足操作、检修等的需要。两塔之间的净距不宜小于2.5m。

5.1.7　塔和立式容器的安装高度应符合下列要求:

a)当利用内压或流体重力将物料送往其他设备或管道时,应由其内压和被送往设备或管道的压力、高度和输送管道压力降确定;

b)当用泵抽吸时,安装高度应大于泵的必需汽蚀余量$(NPSH)_r$;

c)带有非明火加热的重沸器的塔,安装高度应按塔和重沸器之间的相互关系和操作要求确定;

d)安装高度应满足塔底管道安装和操作所需要的最小净空,且塔的基础面高出地面不应小于200mm;

e)成组布置的塔采用联合平台时,为取齐平台标高,可适当调整塔的安装高度。

5.1.8　对于布置在构架上的分段塔,当无法使用机动吊装机具时,应在构架上设置检修吊装设施。

5.2　反应器的布置

5.2.1　反应器与提供反应热的加热炉之间的净距不应小于4.5m。

5.2.2　根据生产过程需要,反应器可露天、半露天或厂房布置。

5.2.3　成组的反应器宜中心线对齐,并成排布置。

5.2.4　反应器的布置应符合下列要求:

a)除采用机动吊装机具的装填催化剂外,构架内布置的反应器的顶部应设置装催化剂和检修用的平台及吊装设施;

b)厂房内布置的反应器应设置吊装设施,并在楼板上设置吊装孔,吊装孔应靠近厂房大门和通道;

c)反应器一侧应有运输催化剂所需的场地和通道;

d)对于内部装有搅拌或输送机械的反应器,应在顶部或侧面留出搅拌或输送机械安装、检修所需的空间和场地。

5.2.5　反应器的安装高度应符合下列要求:

a)卸料口在反应器正下方时,反应器安装高度应能使催化剂的运输车辆进入反应器下方,且净空高度不宜小于3m;

b)卸料口伸出反应器底座外,且允许催化剂就地卸出时,卸料口的净空高度不宜低于1.2m;

c)如废催化剂结块需要处理,安装高度应满足废催化剂的粉碎、过筛和操作的要求。

5.2.6　高压和超高压的压力设备宜布置在装置的一端或一侧;有爆炸危险的超高压反应设备宜布置在防爆构筑物内。

5.3　管壳式换热器的布置

5.3.1　与塔关联的换热器,如塔底重沸器、塔顶冷凝冷却器等,宜按工艺流程顺序布置在塔的附近。

5.3.2　两种物料进行热交换的换热器,宜布置在两种物料进出口管道最近的位置。

5.3.3　一种物料与几种不同物料进行换热的换热器宜成组布置。

5.3.4　构架上布置的换热器宜按一端支座基础中心线对齐;地面布置的换热器可按一端支座基础中心线对齐,或管程进出口中心线对齐。

5.3.5　两台换热器可根据需要重叠布置。壳体直径等于或大于1.6m的换热器不宜重叠布置。

5.3.6　操作温度等于或高于物料自燃点或超过250℃的换热器的上方和下方，如无不燃烧材料的隔板隔离保护，不应布置其他可燃介质设备。

5.3.7　换热器之间、换热器与其他设备之间的净距不宜小于0.8m。

5.3.8　换热器宜布置在地面上，但数量较多时，可布置在构架上。

5.3.9　浮头式换热器在地面上布置时，应符合下列要求：

a）浮头的两侧宜有宽度不小于0.8m的空地，浮头端前方宜有宽度不小于1.5m的空地；

b）管箱的两侧宜有宽度不小于0.8m的空地，管箱端前方应有比管束长度长1.5m的空地。

5.3.10　浮头式换热器在构架上布置时，应符合下列要求：

a）浮头的两侧宜有宽度不小于0.8m的空地，浮头端前方平台净距不宜小于1m；

b）管箱的两侧宜有宽度不小于0.8m的空地，管箱端前方平台净距不宜小于1m，并应有管束抽出的空间；

c）构架高度应能满足换热器的管箱和浮头的头盖吊装需要；

d）立式浮头式换热器布置在构架上时，应有管束抽出的空间。

5.3.11　换热器的安装高度应符合下列要求：

a）换热器的安装应保证管道距离地面或平台面的净空高度不应小于150mm，放净阀端部距离地面或平台面的净空高度不应小于100mm；

b）用泵抽出的换热器的安装高度应大于泵的必需汽蚀余量（NPSH），；

c）从塔或容器底部经换热器抽液时，换热器应靠近并位于塔或容器的下方；

d）两台不同换热介质的换热器重叠时，换热器的中心线高差应满足管道布置要求。

5.3.12　与反应器直接相关的立式换热器，可布置在反应器构架内，并应有机动吊装机具抽出管束的空间；当不能采用机动吊装机具抽出管束时，应设置吊装设施。

5.4　重沸器的布置

5.4.1　重沸器的位置和安装高度应满足工艺要求。

5.4.2　明火加热的重沸器与塔和其他设备的防火间距，应符合现行国家标准GB 50160中加热炉与塔和其他设备的防火间距的要求。

5.4.3　用蒸汽或热载体加热的卧式重沸器应靠近塔布置，二者之间的距离应满足管道布置的要求，重沸器的一端应有管束抽出的空间。

5.4.4　立式重沸器可利用塔体支撑，并布置在塔侧，与塔的高差应满足工艺的要求，其上方和下方应有检修的空间。

5.4.5　一座塔需要多台并联的立式重沸器时，重沸器的位置和安装高度，除保证工艺要求外，尚应满足管道布置的要求，并便于操作和检修。

5.5　空冷器的布置

5.5.1　空冷器宜布置在装置全年最小频率风向的下风侧。

5.5.2　空冷器宜集中布置在管廊的上方或构架的顶层，其一侧地面上应有检修场地和通道。

5.5.3　空冷器下方不宜布置下列工艺设备，否则应采用不燃烧材料的隔板隔离保护：

a）操作温度等于或高于物料自燃点、操作温度等于或高于250℃的可燃液体设备；

b）输送或储存液化烃的设备。

5.5.4　多组空冷器布置在一起时，形式应一致，宜成列式布置，也可成排式布置。

5.5.5　空冷器的布置应避免热风循环，可采取下列措施：

a）同类型空冷器应布置在同一高度；

b）同一高度的空冷器应靠近布置，当布置在不同高度时，两组空冷器之间的距离不应小于12m；

c）鼓风式空冷器与引风式空冷器宜分开布置，引风式空冷器宜布置在鼓风式空冷器的全年最小频率风向的下风侧；当引风式空冷器与鼓风式空冷器布置在一起时，应将鼓风式空冷器管束提高。

5.5.6 斜顶式空冷器的通风面不宜朝向夏季的主导风向。斜顶式空冷器宜成列布置，如成排布置时，两排之间的净距不应小于3m。

5.5.7 湿式空冷器或干湿组合空冷器并排布置时，空冷器构架支柱之间的净距不应小于3m。

5.5.8 空冷器管束两端管箱和传动机械处应设置检修平台。

5.5.9 空冷器与等于或高于空冷器管箱的建筑物之间的距离不应小于3m。

5.6 加热炉的布置

5.6.1 明火加热炉宜集中布置在装置的边缘并靠近消防通道，且位于可燃气体、液化烃、甲$_B$、乙$_A$类可燃液体设备的全年最小频率风向的下风侧。

5.6.2 加热炉与其他明火设备宜集中布置。

5.6.3 加热炉可按炉子中心线对齐，并成排布置。两座加热炉之间的净距不宜小于3m。

5.6.4 采用机动吊装机具吊装炉管时，应有机动吊装机具通行的通道和检修场地。对于水平布置炉管的加热炉，加热炉的一侧应有炉管抽出的检修场地，检修场地的长度不应小于炉管长度加2m。

5.6.5 加热炉外壁与检修道路边缘之间的距离不应小于3m。

5.6.6 设有蒸汽发生器的加热炉，汽包宜布置在加热炉的顶部或邻近的构架上。

5.6.7 明火加热炉附属的燃料气分液罐、燃料气加热器等与炉体的防火间距不应小于6m。

5.6.8 当加热炉有空气预热器、鼓风机、引风机等辅助设备时，辅助设备的布置应不妨碍其本身和加热炉的检修。

5.6.9 明火加热炉与露天布置的液化烃设备或甲类气体压缩机间的防火间距不应小于22.5m，当在加热炉与设备之间设置不燃烧材料的实体墙时，其防火间距可减少，但不得小于15m。实体墙的高度不宜小于3m，距加热炉不宜大于5m，实体墙的长度应满足由露天布置的液化烃设备或甲类气体压缩机经实体墙至加热炉的折线距离不小于22.5m。当封闭式液化烃设备的厂房或甲类气体压缩机房面向加热炉一面为无门窗洞口的不燃烧材料实体墙时，加热炉与厂房的防火间距可减少，但不得小于15m。

5.7 卧式容器的布置

5.7.1 卧式容器成组布置时，支座的基础中心线或封头顶端切线宜对齐；卧式容器之间的净距不宜小于0.8m。

5.7.2 卧式容器的安装高度应符合下列要求：

a）卧式容器的安装高度应大于泵的必需汽蚀余量（NPSH）$_r$；

b）容器下方有集液包时，应有集液包的操作和检测仪表所需的空间；

c）容器下方需设操作通道时，通道的净空高度不应小于2.2m；

d）不同直径的卧式容器设置联合平台时，容器筒体的顶部标高宜取一致；

e）布置在构架内的容器，其安装高度应考虑操作平台和阀门、仪表等操作需要的空间。

5.7.3 卧式容器平台的设置应便于人孔开启和液面计的观察。当液面计上部接口高度距地面或操作平台超过3m时，液面计应装在直梯附近或设置仪表专用直梯。

5.7.4 卧式容器在地坑内布置时，应妥善处理坑内积水和有毒、易爆、可燃介质的积聚。坑内尺寸应满足对容器的操作和检修要求。

5.8 装置储罐（组）的布置

5.8.1 液化烃储罐的总容积小于或等于100m^3、可燃气体或可燃液体储罐的总容积小于或等于1000m^3，可布置在装置内，装置储罐与设备、建筑物的防火间距不应小于现行国家标准GB 50160“设备、建筑物平面布置的防火间距”表中的有关规定。

5.8.2 液化烃储罐组的总容积大于100m^{3}小于或等于500m^3，可燃液体罐或可燃气体储罐组的总容积大于1000m^{3}小于或等于5000m^{3}时，应成组集中布置在装置边缘；但液化烃单罐容积不应大于300m^3，可燃液体单罐容积不应大于 3000m^3。装置储罐组的防火设计应符合现行国家标准 GB 50160 中第 6 章的有关规定，与储罐相关的机泵应布置在防火堤外，机泵与装置储罐的防火间距不限。

5.8.3 装置储罐组与装置内其他设备、建筑物的防火间距不应小于现行国家标准 GB 50160"设备、建筑物平面布置的防火间距"表中的有关规定。

5.9 泵的布置

5.9.1 泵宜露天或半露天布置。在严寒或多风沙地区的泵可布置在室内。

5.9.2 成排布置的泵应按防火要求、操作条件和物料特性分组布置。

5.9.3 泵成排布置时，宜将泵端进出口中心线或泵端基础边对齐。

5.9.4 泵双排布置时，宜将两排泵的动力端相对，在中间留出检修通道。

5.9.5 蒸汽往复泵的动力侧和泵侧应有抽出活塞和拉杆的空间。

5.9.6 液化烃泵、操作温度等于或高于自燃点的可燃液体泵的上方，不宜布置甲、乙、丙类工艺设备；若在其上方布置甲、乙、丙类工艺设备，应用不燃烧材料的隔板隔离，并设置水喷雾（水喷淋）系统或用消防水炮保护。

5.9.7 液化烃泵、操作温度等于或高于自燃点的可燃液体泵不宜布置在管廊的下方，否则应设置水喷雾（水喷淋）系统或用消防水炮保护。

5.9.8 液化烃泵、操作温度等于或高于自燃点的可燃液体泵的泵房不宜布置在管廊或可燃液体设备的下方，否则应对每台泵设置固定式蒸汽灭火系统或水喷雾（水喷淋）系统，并应覆盖到泵体及泵进出口管道上的易泄漏部位。

5.9.9 泵布置在管廊下方或外侧时，泵区通道的净宽和净高应符合本规范第 7.1.5 条的规定，泵端前面操作通道的宽度不应小于 1m。

5.9.10 泵布置在管廊下方或外侧时，泵和驱动机的中心线宜与管廊走向垂直。

5.9.11 泵布置在室内时，两排泵之间的净距不应小于 2m。泵端或泵侧与墙之间的净距应满足操作和检修的要求，且不宜小于 1m。

5.9.12 除安装在联合基础上的小型泵外，两台泵之间的净距不宜小于 0.8m。

5.9.13 液化烃泵、可燃液体泵在泵房内布置时，应符合下列规定：

a) 液化烃泵、操作温度等于或高于自燃点的可燃液体泵、操作温度低于自燃点的可燃液体泵应分别布置在不同房间内，各房间之间的隔墙应为防火墙；

b) 操作温度等于或高于自燃点的可燃液体泵房的门窗与操作温度低于自燃点的甲$_B$、乙$_A$ 类液体泵房的门窗或液化烃泵房的门窗的距离不应小于 4.5m；

c) 甲、乙$_A$ 类液体泵房的地面不宜设地坑或地沟，泵房内应有防止可燃气体积聚的措施；

d) 液化烃泵不超过 2 台时，可与操作温度低于自燃点的可燃液体泵同房间布置。

5.9.14 操作温度等于或高于自燃点的可燃液体泵宜集中布置，与操作温度低于自燃点的甲$_B$、乙$_A$ 可燃液体泵之间的防火间距不应小于 4.5m；与液化烃泵之间的防火间距不应小于 7.5m。

5.9.15 泵的基础面应高出地面 100mm。在泵吸入口前安装过滤器时，泵基础高度应满足过滤器滤芯的检修要求。

5.9.16 立式泵布置在管廊或构架下方时，其上方应留出泵体安装和检修所需的空间。

5.9.17 公用备用泵宜布置在相应泵的中间位置。

5.9.18 泵的布置应满足连接管道的柔性设计要求。

5.9.19 用于装卸物料的泵应满足其装卸要求。

5.10 压缩机的布置

5.10.1 压缩机及其附属设备的布置应满足制造厂的要求。

5.10.2 压缩机宜布置在被抽吸的设备附近，其附属设备宜靠近机组布置。

5.10.3 可燃气体压缩机的布置及其厂房的设计应符合下列规定:

a)可燃气体压缩机与其他设备、设施的间距,应符合现行国家标准 GB 50160 的有关规定;

b)可燃气体压缩机宜布置在敞开或半敞开式厂房内。在严寒或多风沙地区的压缩机可布置在封闭式厂房内;

c)单机驱动功率等于或大于 150kW 的甲类气体压缩机厂房不宜与其他甲、乙和丙类房间共用一幢建筑物;

d)压缩机的上方不得布置甲、乙和丙类液体工艺设备,但自用的高位润滑油箱不受此限;

e)比空气轻的可燃气体压缩机半敞开或封闭式厂房的顶部应采取通风措施;

f)比空气轻的可燃气体压缩机厂房的楼板宜部分采用钢格板;

g)比空气重的可燃气体压缩机厂房的地面不宜设地坑或地沟;厂房内应有防止可燃气体积聚的措施。

5.10.4 单层布置的压缩机,当基础较高时,宜设置操作平台。

5.10.5 压缩机的安装高度应根据其结构特点确定。进出口都在底部的压缩机的安装高度,应符合下列要求:

a)进出口管道距地面的净空要求;

b)进出口管道与管廊上管道的连接高度要求;

c)进口管道上过滤器的安装高度与尺寸的要求。

5.10.6 往复式压缩机的安装高度除满足本规范 5.10.5 条的要求外,为了减少振动,安装高度应降低。

5.10.7 压缩机的附属设备的布置应符合下列要求:

a)多级压缩机的各级气液分离罐和冷却器宜靠近压缩机布置;

b)高位油箱宜布置在压缩机厂房的构架上,并应设平台和直梯;

c)润滑油和密封油系统宜靠近压缩机布置,并应满足管道布置的要求和油冷却器的检修要求。

5.10.8 压缩机的驱动机为汽轮机时,汽轮机的附属设备的布置,应符合下列要求:

a)凝汽式汽轮机采用空冷器冷却时,空冷器的位置应靠近汽轮机;

b)凝汽式汽轮机采用冷凝冷却器冷却时,冷凝冷却器应布置在汽轮机的下方。冷凝冷却器的安装高度应大于凝结水泵的必需汽蚀余量$(NPSH)_r$。冷凝冷却器管箱侧应有管束抽出的空间。

5.10.9 压缩机布置在厂房内时,除应考虑压缩机本身的占地要求外,尚应符合下列要求:

a)机组与厂房墙壁的净距应满足压缩机或驱动机的活塞、曲轴、转子等部件的检修要求,并不应小于 2m;

b)机组一侧应有检修时放置机组部件的场地,其大小应能放置机组最大部件并能进行检修作业,多台机组可考虑合用检修场地;

c)双层布置的厂房应按机组的最大检修部件设置吊装孔和选用吊装设施;

d)压缩机和驱动机的一次仪表盘,如制造厂无特殊要求,宜布置在靠近驱动机的侧面或端部,仪表盘与驱动机之间应有检修通道;

e)厂房应考虑机组最大检修部件的进出。

5.10.10 吊装机具的选用宜符合下列要求:

a)压缩机组的最大检修部件重量超过 1t 时,宜设吊装机具:

1)起重量小于 1t,宜选用移动式三角架,配电动葫芦或手拉葫芦;

2)起重量 1~3t,宜选用手动梁式吊车;

3)起重量大于 3~10t,宜选用手动桥式吊车;

4)起重量大于 10t,宜选用电动桥式吊车。

b)按压缩机台数和用途选用吊装机具:

1)压缩机露天布置,可不设固定吊装机具;

2)压缩机布置在单层厂房内数量超过4台或虽然数量小于4台,但基础在2m以上,宜选用手动桥式吊车;

3)压缩机数量超过4台且检修次数频繁、吊运行程较长时,宜选用电动桥式吊车。

c)吊装机具的起吊高度应满足压缩机制造厂要求,设计时应按吊装机具的死点位置留出空地和确定吊装孔位置。

5.10.11　压缩机的基础应与厂房结构的基础分开。

6　建筑物和构筑物的布置

6.1　建筑物的布置

6.1.1　装置的控制室、化验室、办公室等宜布置在装置外,并宜与全厂性或区域性设施统一设置。当装置的控制室、机柜间、变配电所、化验室、办公室等布置在装置内时,应布置在装置的一侧,位于爆炸危险区范围以外,并宜位于可燃气体、液化烃和甲$_B$、乙$_A$类设备全年最小频率风向的下风侧。

6.1.2　装置的控制室、机柜间、变配电所、化验室、办公室等不得与设有甲、乙$_A$类设备的房间布置在同一建筑物内。装置的控制室与其他建筑物合建时,应设置独立的防火分区。

6.1.3　布置在装置内的控制室、机柜间、变配电所、化验室、办公室等的布置应符合下列规定:

a)控制室或机柜间可单独设置,也可与办公室、化验室毗邻;

b)控制室宜设在建筑物的底层;

c)平面布置位于附加2区的办公室、化验室室内地面及控制室、机柜间、变配电所的设备层地面应高于室外地面,且高差不应小于0.6m;

d)控制室、机柜间面向有火灾危险性设备侧的外墙应为无门窗洞口、耐火极限不低于3h的不燃烧材料实体墙;

e)化验室、办公室等面向有火灾危险性设备侧的外墙宜为无门窗洞口不燃烧材料实体墙。当确需设置门窗时,应采用防火门窗;

f)控制室或化验室的室内不得安装可燃气体、液化烃和可燃液体的在线分析仪器。

6.1.4　控制室或机柜间的布置应符合下列规定:

a)控制室或机柜间宜布置在散发粉尘、水雾和有毒介质设备的常年最小频率风向的下风侧;

b)控制室或机柜间应远离产生振动和噪音的设备,否则应采取隔振和防噪音措施;

c)控制室或机柜间应避开电磁干扰的区域,否则应采取防护措施。

6.1.5　变配电所布置应便于引接电源和电缆的敷设。

6.1.6　压缩机或泵等的专用控制室或不大于10kV的专用变配电所,可与该压缩机房或泵房等共用一幢建筑物,但专用控制室或变配电所的门窗应位于爆炸危险区范围之外,且专用控制室或变配电所与压缩机房或泵房等的中间隔墙应为无门窗洞口的防火墙。

6.1.7　在两层或两层以上的生产厂房内布置设备时,厂房结构应考虑设备吊装的要求,并应按设备检修部件的大小和吊装机具行程的死点位置设置吊装孔和通道。吊装孔的位置应设在厂房出入口附近或便于搬运的地方。多层楼面的吊装孔在各楼层的平面位置应相同。

6.1.8　当同一建筑物内分隔为不同火灾危险性类别的房间时,中间隔墙应为防火墙。人员集中的房间应布置在火灾危险性较小的建筑物一端。

6.1.9　建筑物的出入口布置应符合下列要求:

a)便于操作人员通行;

b)至少应有1个门可通过设备的最大部件;

c)有检修车辆进出的厂房出入口,其宽度和高度应能使车辆方便通过;

d)便于事故时安全疏散；

e)建筑物的安全疏散的门应向外开启。甲、乙、丙类房间的安全疏散门，不应少于2个；但面积小于或等于$100m^2$的房间可只设1个。

6.1.10 建筑物室内地面高出室外地面不应小于200mm。

6.2 构筑物的布置

6.2.1 在构架上布置设备时，应结合结构设计布置设备的支座梁，且宜将尺寸相同或相近的设备布置在同一层构架上。

6.2.2 靠近管廊的构架立柱宜与管廊立柱对齐。

6.2.3 构架的层高应符合下列要求：

a)生产过程要求设备布置的高度；

b)设备操作和检修的必要高度；

c)管道布置的高度(包括与管廊相连管道的高度)。

6.2.4 装置的可燃气体、液化烃和可燃液体设备采用多层构架布置时，除工艺要求外，其构架不宜超过4层。

6.3 平台和梯子的布置

6.3.1 在需要操作和经常检修的场所应设置平台和梯子，并按安全和疏散要求设置安全疏散梯，平台和梯子的布置应符合下列规定：

a)在设备和管道上，需要操作、检修、检查、调节和观察的地点应设置平台或梯子；

b)相邻塔和立式容器的平台标高宜一致，以便布置成联合平台；

c)设备上的平台不应妨碍设备的检修，否则应做成可拆卸的；

d)管廊进出装置切断阀处应设置操作平台。

6.3.2 平台的尺寸应符合下列规定：

a)平台宽度不应小于0.8m，平台上的净空高度不宜小于2.2m；

b)设备人孔中心线距平台的距离宜为0.8～1.0m，设备手孔中心线距平台的距离宜为1.0～1.5m；

c)设备加料口顶面距平台的距离不宜大于1m；

d)法兰连接的立式设备的平台与法兰面的距离不宜大于1.5m。

6.3.3 梯子的设置应符合下列规定：

a)厂房和构架的主要操作平台及操作频繁的平台的梯子应采用斜梯；

b)成组布置的塔的联合平台宜采用斜梯；

c)除上述场合外，宜采用直梯。

6.3.4 梯子的尺寸应符合下列规定：

a)斜梯的倾斜角度不应大于45°，经常性双向通行的倾斜角度不宜大于38°。梯高不宜大于5m，大于5m时，应设梯间平台，分段设梯；

b)斜梯净宽宜为0.6～1.1m；

c)直梯净宽宜为0.4～0.6m；

d)高度超过3m的直梯应设置安全护笼，护笼下端距地面或平台面不应小于2.1m，护笼上端高出平台面，应与栏杆高度一致。

6.3.5 设备上的直梯宜从侧面通向平台。单段梯子的高度不宜大于10m，高度大于10m时，应采用多段梯，梯段水平交错布置。

6.3.6 直梯作为安全疏散梯时，梯段高度不应大于15m。

6.3.7 平台的防护栏杆高度不应小于1.05m，距地面20m以上的平台的防护栏杆高度为不应小于1.2m。防护栏杆为固定式防护设施，影响检修的栏杆应为可拆卸的。

6.3.8　在设置平台有困难而又需要操作和检修的地方可设置直梯或活动平台。

6.3.9　操作平台(包括设备平台)的均布活荷载不应小于 $3kN/m^2$;检修平台或建筑物楼面的均布活荷载不应小于 $4kN/m^2$。大型设备检修平台的均布活荷载应按其最大检修部件的重量计算。

7　通道的布置

7.1　一般要求

7.1.1　装置内道路的设置,应符合总体布置和总平面布置的要求,且应与竖向布置、铁路设置、管道规划、厂容和绿化相协调。

7.1.2　装置布置应满足施工、检修、操作、消防和人行等的需要,并设置必要的通道和场地。

7.1.3　装置内消防通道应与工厂道路衔接。

7.1.4　装置内的消防通道和检修通道应合并设置。

7.1.5　通道的净宽和净高应根据装置规模、通行机具的规格确定。通道的尺寸应符合表1的规定。

表1　装置内通道的最小净宽和最小净高　　m

序号	通道名称	最小净宽	最小净高
1	消防道路	4①	4.5①
2	检修道路	4①	4.5①
3	管廊下泵区检修通道	2	3.2
4	操作通道	0.8	2.2
①　对于可能有大型消防车或大型通行机具通过的通道,通道的净宽和净高应加大。			

7.2　通道的设置

7.2.1　甲、乙类装置应用道路将装置分隔成占地面积不大于 $10000m^2$ 的设备、建筑物区。

7.2.2　当大型石油化工装置的设备、建筑物区占地面积大于 $10000m^2$ 小于 $20000m^2$ 时,在设备、建筑物区四周应设环形道路,道路路面宽度不应小于6m,设备、建筑物区的宽度不应大于120m,相邻两设备、建筑物区的防火间距不应小于15m,并应加强安全措施。

7.2.3　装置内消防道路的设置应符合下列规定:

a)装置内应设贯通式道路,道路应有不少于2个出入口,且2个出入口宜位于不同方向。当装置外两侧消防道路间距不大于120m时,装置内可不设贯通式道路。装置内的不贯通式道路应设有回车场地;

b)道路的路面宽度不应小于4m,管架与路面边缘的净距不应小于1m,路面内缘转弯半径不宜小于7m,路面上的净空高度不应小于4.5m。对于大型石油化工装置,道路路面宽度、净空高度及路面内缘转弯半径,可根据需要适当增加。

7.2.4　检修道路应满足检修机具对道路的宽度、转弯半径和承受荷载的要求,并能通向设备检修的吊装孔。

7.2.5　操作通道应根据生产操作、巡回检查、小型检修等频繁程度和操作点的分布设置。

7.2.6　设备的构架或平台的安全疏散通道,应符合下列规定:

a)可燃气体、液化烃和可燃液体的塔区平台、设备的构架平台或其他操作平台,应设置不少于2个通往地面的梯子,作为安全疏散通道,但长度不大于8m的甲类气体或甲、$乙_A$ 类液体设备的平台或长度不大于15m的$乙_B$、丙类液体设备的平台,可只设1个梯子;

b)相邻的构架、平台宜用走桥连通,与相邻平台连通的走桥可作为1个安全疏散通道;

c)相邻安全疏散通道之间的距离不应大于50m,且平台上任一点距疏散口的距离不应大于25m。

用词说明

对本规范条文中要求执行严格程度用的助动词,说明如下:

(一)表示要求很严格、非这样做不可并具有法定责任时,用的助动词为“必须”(must)。

(二)表示要准确地符合规范而应严格遵守时,用的助动词为:

正面词采用“应”(shall);

反面词采用“不应”或“不得”(shall not)。

(三)表示在几种可能性中推荐特别合适的一种,不提及也不排除其他可能性,或表示是首选的但未必是所要求的,或表示不赞成但也不禁止某种可能性时,用的助动词为:

正面词采用“宜”(should);

反面词采用“不宜”(should not)。

(四)表示在规范的界限内所允许的行动步骤时,用的助动词为:

正面词采用“可”(may);

反面词采用“不必”(need not)。

石油化工工艺装置布置设计规范

SH 3011—2011

（条文说明）

目　　录

1 范 围

本章规定了本规范的适用范围。规范的内容主要针对石油化工企业加工物料及产品具有可燃、易爆、有毒和腐蚀等特性,操作条件从常温到高温、从低压到高压,且装置基本都具有技术密集、加工规模大、连续化生产的特点制订的。

新建石油化工工艺装置的布置设计应严格遵守现行国家标准《石油化工企业设计防火规范》GB 50160、《爆炸和火灾危险环境电力装置设计规范》GB 50058 和本规范。就地扩建或改建的石油化工工艺装置的布置设计应首先按本规范执行,当执行本规范某些条款确有困难时,在采取有效的防火、防爆措施后,可适当放宽要求,但应进行风险分析和评估,并征得有关主管部门的认可。

2 规范性引用文件

本章引用的文件的条款通过本规范的引用而成为本规范的条款。引用文件一律使用最新版本。

3 一般规定

3.0.1 装置的生产过程是由工艺设计确定的,装置布置设计将以此为依据进行。同时石油化工企业的原料和产品大多属于可燃、易爆或有毒物质,潜在着火灾、爆炸或中毒的危险,安全生产对石油化工企业特别重要。

3.0.2 本条要求在全厂总平面布置确定装置的位置和占地之后,要了解原料、成品、半成品的储罐区,装置外系统管廊、道路及有关相邻装置等的相对位置,以便确定本装置的管廊位置和设备、建筑物的布置。使原料、产品的储运系统和公用工程系统管道的布置合理,装置与相邻装置在布置风格方面相互协调。

3.0.3 本条 a)款要求设备布置设计应考虑风向频率的影响,尽可能减少因风向而引起的火灾,以及减少因风向而造成的污染。

b)款中"工艺特点"系指生产过程的需要,例如化纤设备不能露天或半露天布置。"半露天布置"包括敞开式或半敞开式厂房布置。"受自然条件限制"系指建设地点是属于风沙大、雨雪多的严寒地区。工艺装置中的转动设备,例如套管结晶机、真空过滤机、压缩机,泵等因受自然条件限制的设备,可布置在室内。

结合所在地区的气温、降雨量、风沙等气候条件和生产过程特点以及某些设备的特殊要求,确定哪些设备可露天布置。露天布置是设备布置的趋势,它明显的优点是便于安装、检修,利于防火、防爆。然而我国幅员广阔,南北地区温差很大,所以在严寒地区,机泵等设备宜设置在厂房内;风沙较多地区,非密闭的转动设备应设置在厂房内;夏季多雨地区、机泵等须经常维护操作的设备不宜在雨淋下操作,应设雨棚。

d)款装置内设备布置应结合地质条件,一般情况下,一个装置的占地约为 10000 ~ 20000m^2,对于乙烯装置占地可达 100000m^2 左右,在此范围内地质条件有好与差的不同地段,这时应考虑将地质条件好的地段,布置重荷载设备和有振动的设备,确保其基础牢固可靠。

e)款工艺装置(含联合装置)内的地坪在通常情况下标高差不大,但是在山区或丘陵地区建设,当土石方工程量过大,经技术经济比较,必须采用阶梯式布置,即整个装置布置在两阶或两阶以上的平面时,应将控制室、机柜间、变配电所、化验室和办公室等布置在较高的地平面上,将工艺设备和装置储罐等布置在较低的地平面上,以减少可燃气体侵入或可燃液体漫流的可能性。

3.0.4 本条强调设备应按工艺流程顺序和同类设备适当集中相结合的原则进行布置,是鉴于目前机泵和空冷器相对集中布置而提出的。随着设备布置露天化、流程化的发展,设备应按工艺流程顺序布置在管廊两侧。一个工艺单元在一个街区内完成,紧凑布置,节省管道。对于处理有腐蚀性、有毒和黏稠物的设备宜按物性分别紧凑布置在一起,以便对这类特殊物料采取统一的措施,如设置围堰、敷设防腐蚀地面等。

3.0.5 石油化工企业的生产特点:

a）工厂的原料、成品或半成品大多是可燃气体、液化烃和可燃液体；

b）生产大多是在高温、高压条件下进行的，可燃物质泄漏率高，火灾危险性较大；

c）工艺装置占地面积较大，可燃气体散发较多，是防火的重点。

根据上述石油化工企业的生产特点，为了安全生产，满足各类设施的不同要求，防止或减少火灾的发生及相互间的影响，在设备、建筑物平面布置时，要严格遵守现行国家标准《石油化工企业设计防火规范》GB 50160—2008 中表 5.2.1 规定的防火间距。

当几个装置或单元组成联合装置时，考虑到联合装置内各装置或单元同开同停，同时检修。因此，各装置或单元之间的距离以同一装置相邻设备间的防火间距而定，不按装置与装置之间的防火间距确定，这样，既保证安全又节约了占地。

3.0.6　可燃、易爆物质的泄漏，可能与空气混合而成爆炸混合物，同时装置内又有许多电气设备及电气仪表。如果电气设备发生火花，则将引起已形成的爆炸混合物爆炸。此外，装置内还有明火加热炉和温度很高的炽热设备，也可成为引起爆炸的火源。本条要求在爆炸危险区域内的电气设备、电气仪表、照明灯具、电气开关和电气线路均应满足现行国家标准《爆炸和火灾危险环境电力装置设计规范》GB 50058 的防爆要求。

由于生产装置的规模不同、生产特点不同、释放易爆物质的物理、化学性质不同，释放量不同，其周围环境也不同，石油化工装置的主要爆炸危险物料为 C_2、C_3、C_4 及热 C_5 烃类。在装置布置时，应进行两方面的防爆考虑：

a）电气防爆：由于爆炸危险物料的泄漏，装置内的电气设备可引起泄漏的物料发生火灾及爆炸；

b）爆炸危险设备：如果爆炸危险设备发生爆炸，对装置内有人建筑会产生影响。

3.0.7　石油化工装置的转动设备（包括泵、压缩机等）、空冷器、加热炉以及向大气放空等都可能产生很大的噪声，应按照国家现行标准《石油化工噪声控制设计规范》SH/T 3146 进行噪声控制设计，同时把这类设备尽量远离控制室、机柜间、变配电所、化验室和办公室的人员集中的场所布置，以符合 SH/T 3146 的要求。

装置内各操作区域的噪声强度不得超过表 1 所列限值。操作人员每天接触噪声不足 8h 的场合，可根据实际接触噪声的时间，按接触时减半、噪声限制值增加 3dB 确定其噪声限制值；凡是操作人员接触区域的噪声值无论接触噪声时间长短，操作人员接触的区域噪声值均不得超过 115dB；上述噪声级，应按现行的国家标准测量方法确定。

表 1　装置内各工作区域噪声限值　　dB(A)

工作区域	噪声限值
每天连续接触噪声 8h 的生产车间及作业场所	85
化验室、办公室、变配电所、高噪声车间设置的值班室、操作室等	70①
控制室、机柜间、中央控制室、中心化验室、计算机控制室	60①

① 噪声限值为室内背景声级，系在室内无声源发声的条件下，从室外经由墙、门、窗（门窗启闭状况为常规状况）传入室内的室内平均噪声级。

3.0.8　根据施工、检修、操作和消防的需要，综合考虑设备必要的通道和场地，利用通道把不同的防火分区隔开。

本条中为防止结焦、堵塞，控制温降、压降，避免发生副反应等有工艺要求的相关设备，可靠近布置。主要指与明火设备密切相关，联系紧密的设备。此规定与现行国家标准《石油化工企业设计防火规范》GB 50160—2008 中第 5.2.2 条要求一致。

3.0.10　为贯彻执行《中华人民共和国职业病防治法》要求，体现“预防为主”的卫生工作方针，保证石油化工装置建设项目的设计符合卫生要求，控制生产过程产生的各类职业危害因素，改善劳动条件以保障职工的身体健康,促进生产发展,特制定本条规定。

3.0.11 露天或半露天布置设备,不仅是为了节省投资,更重要的是为了安全。因为露天或半露天,可燃气体便于扩散。对爆炸危险区域的范围应符合现行国家标准 GB 50058 的有关规定。因此在进行设备布置设计时应考虑以下各点:

a)将不同等级的爆炸危险介质和非爆炸危险区、明火设备分别布置在各自的界区内,以减少爆炸危险区域;

b)设备尽可能采用露天或半露天式布置。对于必须布置在厂房内的设备,应采用通风设施,使厂房内空气流通,以便将释放出的爆炸 危险物质迅速稀释到爆炸下限以下;

c)对于可能释放和容易积聚爆炸气体或蒸气的地点,设置检测和报警装置,当气体浓度接近爆炸下限的25%时,能可靠地发出报警信号,以便及时处理;

d)在爆炸危险区内的不应布置明火设备、散发火花的设备或设施。

3.0.13 根据全厂总体建设规划要求,有些装置作为第一期工程建设项目,另一些装置作为第二期工程建设项目,在装置布置设计时,既要考虑第一期工程的设施不影响第二期工程的动工,又要考虑第二期工程的施工不影响第一期工程的生产。如果一个装置内的设备或建筑物需要分期建设时,应按照装置的工艺过程、生产性质和设备特点确定预留区的位置,使后期施工的工程不影响或尽量少影响前期工程的生产。

3.0.16 为了避免与装置外系统地下管道相碰撞,特制定本条规定。

4 管廊的布置

4.1 管廊的形式和位置

4.1.1 影响管廊形式的因素很多,首先是装置所处的位置、占地面积、地形地貌,其次是周围环境,如原料罐、成品罐的位置,装置外管廊的位置,相邻装置的布置形式等。

一般石油化工装置,在管廊两侧按流程顺序布置设备。管廊的形状不能事先确定或固定不变,要根据设备的平面布置而定。对设备数量较少的装置,通常采用一端式或直通式管廊。一端式即工艺和公用工程管道从装置的一端进出;直通式是由装置的两端进出,通常是工艺管道从一端进出,公用工程管道则由另一端进出。一端式和直通式是管廊的基本形状,其他“L”型、“T”型、“Π”型及组合形管廊等,可视为几个基本形状的组合。

4.1.2 石油化工装置的管道大都采用管廊架空敷设。管廊可用型钢制作,也可用钢筋混凝土制作。根据管道的多少可以采用单层或双层布置。管廊的高度和形式要根据具体情况决定。

4.1.3~4.1.5 由于近年来设备平面布置的不断改进和联合装置的采用,管廊上集中了全装置的1/3~1/2的管道。管廊布置的走向和形式与设备的平面布置有密切关系,管廊上管道设计的好坏将影响整个装置的管道布置。一般管廊布置在长方形装置占地的适中位置且平行于装置的长边。管廊两侧布置设备时,可以缩短装置的占地长度,节约占地面积,节省投资。

4.2 管廊的布置要求

4.2.5 管廊的宽度主要由管道的数量和管径的大小确定,并考虑一定的预留宽度,一般留有10%~20%的裕量,并考虑其荷重,以便增添管道。同时要考虑管廊下设备和通道以及管廊上空冷器等设备对结构的影响。如果架空敷设仪表电缆槽架和电气电缆槽架时,还应考虑它们所需的宽度。管廊的宽度一般不大于10m。

管廊上布置空冷器时,支柱跨距宜与空冷器的间距尺寸相同,以使管廊支柱与空冷器支柱中心线对齐。管廊下布置设备时,应考虑设备的布置及其所需操作和检修通道的宽度。由于整个管廊的管道布置密度并不相同,通常在首尾段管廊的管道数量较少。因此,在必要时可以减少首尾段的管廊宽度和层数。

4.2.6 管廊的柱距是由敷设在其上的管道因垂直荷载所产生的弯曲应力和挠度决定的,通常为6~9m,中小型装置的小直径的管道较多,可在两根支柱之间设置副梁使管道的跨距缩小。另外,管廊的间距宜与设备构架的柱距取得一致,以便管道通过。

4.2.8　本条规定是指在混凝土管廊梁顶上设置预埋件的要求,混凝土管廊梁顶一般按图1中(a)图或(b)图设通长预埋件;当管廊需要设导向架时,预埋件采用图1中(b)图的形式;当管廊需要设固定架时,预埋件采用图1中(c)图的形式。

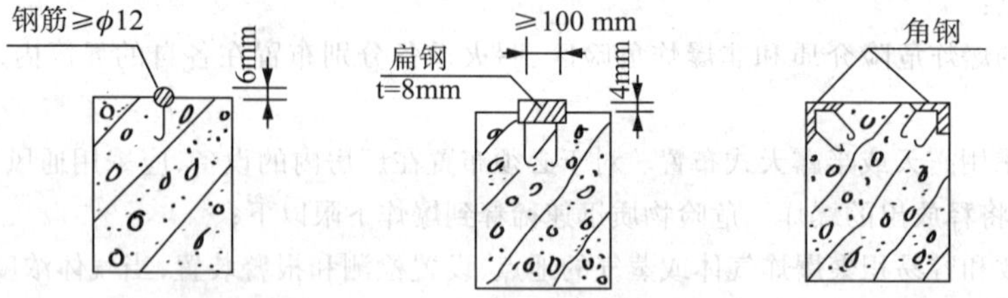

(a)管廊梁顶预埋钢筋　(b)管廊梁顶预埋扁钢　(c)管廊梁顶预埋角钢

图1　混凝土管廊梁顶预埋件

5　常用设备的布置

5.1　塔和立式容器的布置

5.1.1　塔与其关联设备如进料加热器,非明火加热的重沸器,塔顶冷凝冷却器、回流罐、塔底抽出泵等,宜按工艺流程顺序,靠近布置,必要时可形成一个独立的操作系统,设在一个区内,这样便于操作和管理。

5.1.3～5.1.6　沿管廊布置的塔应考虑以下各方面的要求:

a)管道布置在塔与管廊之间。在背向管廊的一侧设置检修通道或场地,塔的人孔、手孔朝向检修区一侧;

b)塔和管廊的间距为:

1)塔和管廊立柱之间没有布置泵时,塔外壁与管廊立柱之间的距离,一般为3～5m,不宜小于3m,一般在此范围内,设置调节阀组和排水管道与排水井等。国外某些工程公司规定塔与管廊立柱间距也不小于3m;

2)塔和管廊立柱之间布置泵时,泵的驱动机在管廊外,这时泵的基础与塔外壁的间距,应按泵的操作、检修和配管要求确定,一般情况下,不宜小于2.5m。

c)两塔之间净距不宜小于2.5m,以便敷设管道、设置平台和独立基础。如采用联合基础时也可减小,但不宜小于2m。

5.2　反应器的布置

5.2.1　反应器与提供反应热量的加热炉或取走反应热的换热器,可视为一个系统,没有防火间距的要求。本条要求"反应器与提供反应热的加热炉的净距不应小于4.5m。"基于以下两点考虑:

a)这是因为在反应器与加热炉之间只留出通道和管道布置及检修需要的空间即可。据统计国内外11个铂重整或连续重整装置的设备布置间距,反应器与加热炉之间净距大于4.5m者有8个,小于4.5m者3个。大于4.5m者往往是二者之间有管廊或有一排单柱管架;

b)按现行国家标准《石油化工企业设计防火规范》GB 50160—2008中表5.2.1"设备、建筑物平面布置的防火间距"的规定,明火设备与操作温度等于或高于自燃点的工艺设备的净距为4.5m。

5.2.3　本条规定成组的反应器宜中心线对齐,并成排布置在一条直线上,便于共用一根吊车梁。

5.2.6　高压设备是指表压为10MPa至100MPa的设备,超高压设备是指表压超过100MPa的设备。尽可能将高压和超高压设备布置在装置的一端或一侧,是为了减小可能发生事故对装置的波及范围,以减小损失。

有爆炸危险的超高压甲、乙类反应设备,尤其是放热反应设备和反应物料有可能分解、爆炸的反应设备,推荐布置在防爆构筑物内,可与工艺流程中其前后过程的设备、建筑物、构筑物联合集中布置,有利于安全生产,节约占地,减少管道投资。

超高压聚乙烯装置的釜式或管式聚合反应器布置在防爆构筑物内,并与工艺流程中其前后处理过程的设备联合集中布置。

5.3 管壳式换热器的布置

5.3.5 为了节约占地或工艺操作方便可以将两台换热器重叠在一起布置。但对于两相流介质或操作压力等于或大于4MPa的换热器,以及壳体直径等于或大于1.6m的换热器不宜重叠布置;重叠布置的管壳式换热器一般都是两个重叠在一起,个别情况下(如技术改造或技措),也可3台重叠在一起布置。这样的布置要考虑最顶上一台换热器中心线的高度不宜超过4.5m。

两个重叠布置的换热器,只给出下部换热器中心线标高即可。但是,如果两台不同换热介质的换热器重叠在一起布置,则两台中心线的高差应满足管道设计的要求。

5.3.8 本条规定"换热器宜布置在地面上,但数量较多时,可布置在构架上。"对于重质油品或污染环境的物料,换热器不宜布置在构架上。

5.4 重沸器的布置

5.5 空冷器的布置

5.5.1 本条规定是以避免腐蚀性气体或热风进入管束,从而影响空冷器的冷却效果。

5.5.2 因空冷器占地面积较大,一般不直接布置在地面上。另外为方便操作、检修和安装,在布置空冷器的管廊或构架的一侧,留有检修通道或场地。

5.5.3 空冷器是比较脆弱的设备,操作温度等于或高于自燃点的可燃液体设备是潜在的火源,为了保护空冷器,故作此规定。

5.5.9 为了保证靠近厂房的空冷器的冷却效果,故作此规定。

5.6 加热炉的布置

5.6.1 加热炉属于明火设备,在正常情况下火焰不外露,烟囱不冒火,加热炉的火焰不可能被风吹走。但是,可燃气体或可燃液体设备如大量泄漏,可燃气体有可能扩散至加热炉而引起火灾或爆炸。因此,明火加热炉宜布置在可燃气体、可燃液体设备的全年最小频率风向的下风侧。

明火加热炉在不正常情况下可能向炉外喷射火焰,也可能发生爆炸和火灾,如将其分散布置,必然增加发生事故的几率;另外明火加热炉距可燃气体、液化烃和甲$_B$、乙$_A$类设备均要求有较大的防火间距,如将其分散布置,必然会增加装置占地,所以宜将加热炉集中布置在装置的边缘。

5.6.7 燃料气分液罐、燃料气加热器等为加热炉附属设备,但又存在火灾危险,故规定了6m的最小间距。

5.6.9 不燃烧材料实体墙可以有效地阻隔比空气重的可燃气体或火焰。因此当明火加热炉与露天液化烃设备或甲类气体压缩机之间若设置不燃烧材料的实体墙,其放火间距可小于现行国家标准《石油化工企业设计防火规范》GB 50160—2008中表5.2.1的规定,但考虑到明火加热炉必须位于爆炸危险场所范围之外,故其防火间距仍不得小于15m,且对实体墙长度有明确要求便于实施,有利于安全。

同理,当液化烃设备的厂房、甲类气体压缩机房面向明火加热炉一侧为无门窗洞口的不燃烧材料实体墙时,其防火间距可小于GB 50160—2008中表5.2.1的规定,其防火间距仍不得小于15m。

5.7 卧式容器的布置

5.7.4 对于处理坑内积水和有毒、易爆、可燃介质的积聚,一般可采用以下措施:

a)对多雨地区可考虑在地坑上部设置雨棚或布置构架的底层;

b)对有毒、易燃、易爆介质可采用坑内填沙;

c)对于可燃介质可在地坑底部设有空气或蒸汽吹扫的筛孔管。

5.8 装置储罐(组)的布置

5.8.1~5.8.3 这3条规定与现行国家标准《石油化工企业设计防火规范》GB 50160—2008中第5.2.22条的要求一致。考虑到对装置储罐组总容积已有所限制,装置储罐组的专用泵仅要求布置在防火堤外,其与装置储罐的防火间距可不执行GB 50160—2008中第5.3.5条的规定。

5.9　泵的布置

5.9.1、5.9.2、5.9.7　为避免可燃气体积聚，推荐可燃液体泵采用露天或半露天布置。露天布置的泵，通风良好，操作和检修方便；半露天布置的泵适用于多雨地区，一般在泵的上方设顶棚，或将泵布置在构架的下方，以构架平台为顶棚。液化烃泵、操作温度等于或高于自燃点的可燃液体泵发生火灾事故的几率较高，应尽量避免将这些泵布置在管廊、可燃液体设备、空冷器等下方，如确实需要这样布置时，应采取保护措施。即设置水喷雾（水喷淋）系统或用消防水炮保护泵，喷淋强度不低于 $9L/m^2 \cdot min$。

5.9.8　液化烃泵、操作温度等于或高于自燃点的可燃液体泵的泵房，应尽量避免将泵房布置在管廊或可燃液体设备的下方，否则应对每台泵设置固定式蒸汽灭火系统或水喷雾（水喷淋）系统，并应覆盖到泵体及泵进出口管道上的易泄漏部位，如法兰连接处。喷淋强度不低于 $9L/m^2 \cdot min$。

5.9.13　本条 a）款：操作温度等于或高于自燃点的可燃液体泵发生火灾事故的几率较高；液体泄漏后自燃，是“潜在的点火源”；液化烃泵泄漏的可能性及泄漏后挥发的可燃气体量都大于操作温度低于自燃点的可燃液体泵，故规定应分别布置在不同房间内。当液化烃泵不超过 2 台时，可按本条 d）款的要求与操作温度低于自燃点的可燃液体泵同房间布置。

5.10　压缩机的布置

5.10.3　本条 b）款中可燃气体压缩机是易泄漏的转动设备，为避免可燃气体积聚，故推荐布置在敞开或半敞开式厂房内。

c）款为单机驱动功率等于或大于 150kW 的甲类气体压缩机是贵重设备，其压缩机房是危险性较大的厂房，单独布置便于重点保护并避免相互影响，减少损失。其他甲、乙和丙类房间指非压缩机类厂房。同一装置的多台甲、乙类气体压缩机可布置在同一厂房内。

d）款是针对所有可燃气体压缩机而言。e）款、f）款和 g）款是强调防止可燃气体积聚。

5.10.6　往复式压缩机尽可能降低其安装高度，有利于抑制振动，方便管道敷设，由于进出口管道一般沿地敷设在管墩上，而且管道与压缩机进出口之间可能还有减振系统如脉冲减振器或缓冲器等。此时压缩机的安装高度由与减振系统相接管道的所需最小净空决定。

6　建筑物和构筑物的布置

6.1　建筑物的布置

6.1.1　装置的控制室、化验室、办公室是装置的重要设施，也是人员集中场所，为保护人员安全，要求将其集中布置在装置外，从集中控制管理理念出发，提倡全厂或区域统一考虑。若生产要求，上述设施必须布置在装置内时，也应布置在装置内相对安全的位置。

6.1.2　装置的控制室、机柜间、变配电所、化验室、办公室等为装置内人员集中场所或重要设施，且又可能是点火源，因此其与发生火灾爆炸事故几率较高的甲、$乙_A$ 类设备的房间不应布置在同一建筑物内，应独立设置。

6.1.3　本条 c）款规定的“高差不应小于 0.6m”是爆炸危险场所附加 2 区的高度范围，附加 2 区的水平范围是距释放源 15m 至 30m 的范围。

d）款是为了防止装置发生事故时能有效的保护室内设备及人员安全。“耐火极限不低于 3h 的不燃材料实体墙”是按照现行防火墙要求制定的。

e）款的化验室、办公室是人员集中工作的场所，由于布置在装置区内，一旦周围设备发生火灾事故就有可能危及人员生命。为了保护室内人员安全，面向有火灾危险性设备侧的外墙应采用无门窗洞口的不燃烧材料实体墙。

f）款的制定是因为，在人员集中的房间设置可燃介质的设备和管道存在安全隐患。

6.1.6　本条规定与现行国家标准《石油化工企业设计防火规范》GB 50160—2008 中第 5.3.7 条规定一致。

6.1.8　在同一幢建筑物内当房间的火灾危险类别不同时，其着火或爆炸的危险性就有差异，为了减少损失，避免相互影响，其中间隔墙应为防火墙。人员集中的房间应重点保护，应布置在火灾危险性较小的建筑物的一端。

6.1.9　本条 e)款:危险性较大且面积较大的房间只设一个门是不利于安全疏散的,为了安全疏散,一般设 2 个门。

6.2　构筑物的布置

6.2.4　可燃气体、液化烃和可燃液体设备火灾危险性大,采用构架式布置时增加了火灾危险程度,对消防、检修等均带来一定困难,装置内设备优先考虑地面布置。

当装置占地受限制等其他制约因素存在时,装置内设备可采用构架式布置,但构架层数不宜超过 4 层(含地面层)。当工艺对设备布置有特殊要求(如重力流要求)时,构架层数可不受此限。

6.3　平台和梯子的布置

6.3.1　本条 d)款规定:"管廊进出装置切断阀处应设置操作平台",根据现行国家标准《石油化工企业设计防火规范》GB 50160—2009 第 7.2.16 条要求长度等于或大于 8m 的平台应在两个方向设梯子。

6.3.4　本条所规定的梯子(包括直梯和斜梯)尺寸是参照现行国家标准《固定式钢梯及平台安全要求第 1 部分:钢直梯》GB 4053.1—2009 及《固定式钢梯及平台安全要求第 2 部分:钢斜梯》GB4053.2—2009 的规定,并结合石油化工装置的操作特点提出。对于厂房和构架的主要操作平台、操作频繁的平台、成组布置的塔的联合平台一般设斜梯,其他场合可设直梯,并应按疏散和安全要求设置安全疏散梯。

6.3.5~6.3.6　根据现行国家标准《固定式钢梯及平台安全要求第 1 部分:钢直梯》GB 4053.1—2009 中第 5.3.1 条"单段梯及多段梯的梯高均应不大于 15m"的规定,并结合石油化工装置的特点,规定作为操作梯每段梯子的高度不宜大于 10m;作为安全疏散梯的每段梯子的高度可大于 10m,但不应大于 15m。

6.3.9　本条操作平台的均布活荷载不应小于 $3kN/m^2$,是根据现行国家标准《固定式钢梯及平台安全要求第 3 部分:工业防护栏杆及钢平台》GB 4053.3—2009 第 4.4.1 条的规定提出。

检修平台和建筑物楼面的均布活荷载不应小于 $4kN/m^2$,是与国家现行标准《石油化工企业建筑物结构设计规范》SH 3076 的规定一致。对于大型设备检修平台的均布活荷载应按其最大检修部件的重量考虑,并注明重荷载的检修区域。

7　通道的布置

7.1　一般要求

7.2　通道的设置

7.2.1~7.2.2　石油化工工艺装置占地面积有很大不同,由数千平方米到数万平方米。例如某石油化工企业 200 万吨/年连续重整装置占地面积为 $32200m^2$,某石油化工企业 90 万吨/年乙烯装置占地面积为 $98300m^2$。考虑到检修、消防要求,防止火灾蔓延,减少财产损失等因素,大型装置用道路将装置内设备、建筑物区进行分割是必要的。

首先强调甲、乙类装置在平面布置设计中,每一设备、建筑物区块的面积首先按 $10000m^2$ 进行控制。其次对于大型石油化工装置,按上述要求难以做到,装置的设备、建筑物区块的占地面积可到 $20000m^2$;但对于区块的占地面积在 $10000\sim20000m^2$ 时,为了防止可能发生的火灾造成的重大损失,结合现有的消防水平,适当增加消防设施,如增设消防水炮、高架水炮、水喷雾(水喷淋)系统,配备高喷车、加强火灾自动报警和可燃气体探测报警系统设置等,并且对区块的宽度和周围的道路提出了要求。

7.2.3　当装置发生火灾事故时,消防车需进入装置进行扑救,考虑消防车进入装置后不必倒车,比较安全,装置内消防道路要求两端贯通。道路应有不少于 2 个出入口与装置四周的环形消防道路相连,且 2 个出口宜位于不同方位,便于消防作业。对于小型装置,消防车救火时可不进入装置内,在装置外两侧有消防道路且两道路间距不大于 120m 时,装置内可不设贯通式道路,并控制设备、建筑物区占地面积不大于 $10000m^2$。

规定路面内缘转弯半径是为了方便消防车通行。对大型石油化工装置,道路路面宽度、净空高度及路面内缘转弯半径可根据需要适当增加。

7.2.6 各装置设备、构筑物的平台一般都有 2 个以上的梯子通往地面，直梯或斜梯均可。有的平台虽只有 1 个梯子通往地面，但另一端与邻近平台连通，实际上仍有 2 个安全出口。一般来说，只有 1 个梯子是不安全的。例如某厂热裂化装置柴油汽提塔着火，起火时就封住下塔的直梯，造成 3 人伤亡。事后，增设了 1m 长的走桥使汽提塔与邻近的分馏塔连接起来。

本条 c）款中还强调："平台上任一点距疏散口距离不应大于 25m。"是针对石油化工装置特点，是以人流的疏散速度为 1m/s 或允许疏散时间为 25s 确定的。与现行国家标准《建筑设计防火规范》GB 50016—2006 中甲类多层厂房的疏散要求一致。当装置发生危险时，更便于及时抢救和安全疏散。

3. 石油化工金属管道布置设计规范

（SH 3012—2011

代替　SH 3012—2000）

目　录

1 范 围

本规范规定了碳素钢、合金钢和不锈钢等金属管道布置设计的要求。

本规范适用于石油化工新建、改扩建工程的碳素钢、合金钢和不锈钢等金属管道布置设计,不适用于非金属管道及地下给排水管道的布置设计。

2 规范性引用文件

下列文件中的条款通过本规范的引用而成为本规范的条款。凡是注日期的引用文件,其随后所有的修改单(不包括勘误的内容)或修订版均不适用于本规范,然而,鼓励根据本规范达成协议的各方研究是否可使用这些文件的最新版本。凡是不注日期的引用文件,其最新版本适用于本规范。

GB/T 2624 用安装在圆形截面管道中差压装置测量满管流体流量

GB/T 15386 空冷式换热器

GB 50160 石油化工企业设计防火规范

GBZ 125 含密封源仪表的卫生防护标准

SH/T 3039 石油化工非埋地管道抗震设计通则

SH/T 3146 石油化工噪声控制设计规范

API Std 610 Centrifugal Pumps for Petroleum, Petrochemical and Natural Gas Industries

API Std 617 Centrifugal Compressors for Petroleum, Chemical and Gas Service Industries

NEAM SM23 Steam Turbine for Mechanical Driver Service

3 一般规定

3.1 管道布置的一般要求

3.1.1 管道布置设计应符合工艺、管道及仪表流程图(包括 P&ID 和 U&ID)的要求。

3.1.2 管道布置应统筹规划,做到安全可靠、经济合理、整齐美观,满足施工、操作和检修等方面的要求。

3.1.3 对于需要分期施工的工程,管道的布置设计应统一规划,做到施工、生产、检修互不影响。

3.1.4 **永久性的地上、地下管道不得穿越或跨越与其无关的工艺装置、系统单元或储罐组;在跨越罐区泵房的可燃气体、液化烃和可燃液体的管道上不应设置阀门及易发生泄漏的管道附件。**

3.1.5 进出装置或系统单元的管道方位与敷设方式应做到内外协调。

3.1.6 全厂性管道的敷设,应与厂区内的装置或系统单元、道路、建筑物、构筑物等协调;管道不应包围装置或系统单元,且应减少与铁路或道路的交叉。

3.1.7 管道宜集中成排布置;地上敷设的管道应布置在管廊或管墩上。沿地面敷设的管道,穿越人行通道时,应设置跨越桥。如确有需要,可埋地或敷设在管沟内。

3.1.8 全厂性的管道宜地上敷设;沿地面或架空敷设的管道不应环绕工艺装置、系统单元或储罐组布置,并不应妨碍消防车的通行。

3.1.9 全厂性管道的敷设应有坡度,管道的坡度不宜小于 0.002,且宜与地面坡度一致。管道变坡点宜设在管道的转弯处或固定支架附近。

3.1.10 在管廊或管墩上布置管道时,宜使管廊或管墩所受的垂直荷载、水平荷载均衡。

3.1.11 管道布置不应妨碍设备、机泵及其内部构件的安装、检修。

3.1.12 管道布置宜做到"步步高"或"步步低",减少"气袋"或"液袋"。否则应根据操作、检修要求设置放空或放净。管道布置应减少死区。

3.1.13 气体支管宜从主管的顶部引出。

3.1.14 气液两相流的管道由一路分为两路或多路时,管道宜对称布置。

3.1.15　自流水平管道顺介质流向的坡度不应小于 0.003。

3.1.16　固体介质或含固体介质的管道布置时，应使管道短，弯头数量少，并不出现死区。

3.1.17　固体介质支管与主管的连接应顺介质流向斜接，夹角不宜大于 45°。

3.1.18　含有固体介质的浆液管道和高黏度液体管道应有坡度。

3.1.19　输送介质对距离、角度、高差等有特殊要求的管道以及高温、大直径管道的布置，应符合设备布置设计的要求。

3.1.20　进、出装置的可燃气体、液化烃和可燃液体的管道，在装置的边界处应设隔断阀和 8 字盲板，在隔断阀处应设平台，长度等于或大于 8m 的平台应在两个方向设梯子。

3.1.21　可燃气体、液化烃和可燃液体的管道不得穿过与其无关的建筑物。

3.1.22　腐蚀性介质、有毒介质和高压介质管道的布置应避免由于阀门及易发生泄漏的管道附件造成对人身和设备的危害。易发生泄漏部位不应布置在人行通道或机泵上方，否则应设安全防护。

3.1.23　对于跨越、穿越厂区内铁路和道路的管道，在其跨越段或穿越段上不应设置阀门及易发生泄漏的管道附件。

3.1.24　全厂性的管道不应沿道路敷设在路面下或路肩上下。

3.1.25　管道布置应满足管道柔性及设备、机泵管口允许的作用力和力矩要求，且应使管道短，弯头数量少。

3.1.26　与转动机械设备连接的管道的布置应满足柔性及设备管口允许的作用力和力矩要求。否则可采用以下措施：

a）改变管道走向，增强自然补偿能力；

b）设置限位支吊架；

c）选用弹簧支吊架；

d）选用金属波纹管补偿器。

3.1.27　往复式压缩机、往复泵等出口易产生振动的管道的转弯处，应采用曲率半径不小于 1.5 倍公称直径的弯头。

3.1.28　振动管道上的分支管不应从弯矩大的部位引出。

3.1.29　从有可能产生振动的管道上引出公称直径小于或等于 40mm 的支管时，支管上有无阀门，连接处均应采取加强措施。

3.1.30　管道的抗震设计应符合国家现行标准 SH/T 3039 的有关规定。

3.1.31　管道布置宜利用管道的自身形状达到自然补偿。

3.1.32　管道布置和支承点设置应同时考虑。支承应可靠，不应发生管道与其支承件脱离、管道扭曲、下垂或立管不垂直等现象。

3.1.33　管道穿过建筑物的楼板、屋顶或墙面时，宜设置套管，套管与管道间的空隙宜密封。套管的直径应大于管道隔热层的外径，并不得影响管道的移动。管道上的焊缝不应布置在套管内，与套管端部的距离不应小于 150mm。套管应高出楼板或屋顶面 50mm。管道穿过屋顶时应设防雨罩。管道不应穿过防火墙。

3.1.34　安全喷淋洗眼器应根据腐蚀性介质或有毒介质的性质、操作特点和防护要求等设置，其服务半径的范围不应大于 15m。

3.1.35　软管站应根据需要设置，站内可包括蒸汽、新鲜水、装置空气和氮气，其服务半径的范围宜为 15 ~ 20m。

3.1.36　管道除与阀门、仪表、设备等需要用法兰或螺纹连接者外，应采用焊接连接。但下列场合宜采用法兰、螺纹或其他可拆卸连接：

a）检修、清洗或吹扫需拆卸的场合；

b）非金属衬里管道或夹套管道；

c)管道由两段异种材料组成且不宜用焊接连接者；

d)公称直径小于或等于80mm的镀锌管道；

e)设置盲板(包括"8"字盲板、单盲板和单垫环)的位置。

3.1.37 管道在现场弯管的曲率半径应符合表1的要求。

表1 弯管曲率半径

管道设计压力/MPa	弯管制作方式	曲率半径
<10	热弯	≥3.5D_o
	冷弯	≥4D_o
≥10	冷、热弯	≥5D_o
注：D_o为管子外径。		

3.1.38 管道焊缝的设置应符合下列规定：

a)除定型弯管外，管道对接焊口的中心与弯管起弯点的距离不应小于管子外径，且不小于100mm；

b)除定型管件外，管道上两条对接焊缝间的距离，不应小于3倍管子的厚度，需焊后热处理时，不应小于6倍管子的厚度，且应符合下列要求：

1)公称直径小于150mm的管道，焊缝间距不应小于管子外径，且不得小于50mm；

2)公称直径等于或大于150mm的管道，焊缝间距不宜小于150mm。

3.2 管道的净空高度或埋设深度

3.2.1 管道跨越厂内的铁路和道路时，管道应符合下列规定：

a)管道跨越厂区和装置区的铁路时，可燃气体、液化烃和可燃液体的管道距轨顶的净空高度不应小于6.0m，其他管道距轨顶的净空高度不应小于5.5m；

b)管道跨越厂区和装置区的道路时，管道距路面的净空高度不应小于5m；

c)管道跨越装置内的检修道路和消防道路时，管道距路面的净空高度不应小于4.5m。

3.2.2 管道与铁路或道路平行敷设时，管道的突出部分或管架边缘距铁路轨外侧不应小于3m，距道路边缘不应小于1m。

3.2.3 管道穿越厂内的铁路和道路时，应符合下列规定：

a)管道穿越铁路和道路的交角不宜小于60°，穿越的管段应敷设在管涵或套管内；

b)套管的两端伸出路基边坡不得小于2m；路边有排水沟时，伸出排水沟边不应小于1m；

c)套管顶距铁路轨底不应小于1.2m，距道路路面不应小于0.7m，否则应核算套管强度；

d)液化烃管道穿越铁路或道路时应敷设在套管内。套管上方最小覆盖厚度，从套管顶到轨底不应小于1.4m，从套管顶到道路表面不应小于1m。

3.2.4 全厂性地上敷设的管道高度应符合下列规定：

a)管道距地面的净空高度不应小于0.4m；

b)管廊下方考虑人员通行时，管道距地面的净空高度不应小于2.2m。

3.2.5 装置内管廊上管道的高度，除应满足设备接管和检修的需要外，应符合下列规定：

a)管廊下方作为消防通道时，管道距地面的净空高度不得小于4.5m；

b)管廊下方作为泵区检修通道时，管道距地面的净空高度不应小于3.2m。

3.2.6 装置内的管道距人行通道路面的净空高度不应小于2.2m，操作人行通道的宽度不宜小于0.8m。

3.2.7 装置内管架边缘距人行通道边缘的水平距离不应小于0.5m；距有门窗的建筑物外墙的水平距离不应小于3.0m；距无门窗的建筑物外墙的水平距离不应小于1.5m。

3.2.8 沿地面敷设的管道应满足阀门和管件等的安装高度要求，管道距地面的净空高度不应小于

0.15m,并应考虑管道放净、过滤器滤网抽取等的要求。

3.2.9 装置内埋地管道的埋设深度应根据最大冻土深度、地下水位和管道不受损坏等原则确定,管道的埋设深度宜符合下列规定:

a)无混凝土铺砌的区域,管道的管顶距地面不宜小于0.5m;

b)室内或室外有混凝土铺砌的区域,管道的管顶距地面不宜小于0.3m;

c)机械车辆的通行区域,管道的管顶距车行道路路面不宜小于0.7m。

3.2.10 埋地管道上如有阀门应设阀门井。阀门井应有操作与检修的空间,阀门井井壁顶面应高出地面0.1m,且应设盖板,管道距井底的净空高度不应小于0.2m,阀门井应设排水设施。

3.2.11 输送可燃气体、可燃液体的埋地管道不宜穿越电缆沟,否则应设套管。当管道介质温度超过60℃时,在套管内应充填隔热材料,使套管外壁温度不超过60℃。套管伸出电缆沟外壁的距离不应小于0.5m。

3.2.12 管沟内管道布置应符合下列规定:

a)无法架空敷设而又不宜埋地敷设的管道可在不通行管沟内敷设;

b)不通行管沟分为全封闭式管沟和敞开式管沟。全封闭式管沟适用于不需经常检查和检修的管道。敞开式管沟适用于需要经常检查和检修的管道,管沟沟壁的顶面应高出地面0.1m,且应有盖板或格栅钢板;

c)全封闭式管沟中的管道如有阀门应设阀门井,对阀门井的要求与埋地管道相同;

d)管道距沟底的净空高度不应小于0.2m;

e)管沟沟底应有不小于0.003的坡度,沟底最低点应有排水设施;

f)距散发比空气重的可燃气体设备30m以内的管沟应采取可燃气体窜入和积聚的措施;

g)可燃气体、液化烃和可燃液体的管道不宜布置在管沟内,若必须布置在管沟内时,应采取防止可燃气体、液化烃和可燃液体在管沟内积聚的措施,并在进出装置及厂房处应设密封隔断;管沟内污水应经水封井排入生产污水管道。

3.3 管道间距

3.3.1 管墩或管廊上管道的净距不应小于50mm,法兰外缘与相邻管道的净距不得小于25mm。管沟内管道的净距不应小于80mm,法兰外缘与相邻管道的净距不得小于50mm。

3.3.2 管道上装有外形尺寸较大的管件、小型设备、仪表测量元件或有侧向位移的管道应加大管道间的净距。

3.3.3 管道距管廊或构架的立柱、建筑物墙壁或管沟壁的净距不应小于100mm。

4 管廊的管道布置

4.1 一般要求

4.1.1 管廊上进出装置的管道方位和标高应与相邻装置或全厂性管廊协调。

4.1.2 对于分期建设的装置,管道布置应符合分期建设的要求。

4.1.3 全厂性管廊或管墩上(包括穿越管涵)应留有10%~30%的裕量,并考虑其荷载。装置管廊宜留有10%~20%的裕量,并考虑其荷载。

4.2 管道的布置

4.2.1 管廊的管道布置宜符合下列规定:

a)大直径管道宜靠近管廊柱子布置,小直径、气体管道和公用物料管道宜布置在管廊的中间;

b)需要热补偿的管道宜布置在管廊一侧,便于集中设置"Π"型补偿器;

c)介质操作温度等于或高于250℃的管道宜布置在上层;布置在下层的介质操作温度等于或高于250℃的管道可布置在外侧,但不应与液化烃管道相邻;

d)蒸汽、装置空气、氮气、仪表空气等公用物料管道及工艺气体管道宜布置在上层;

e)液化烃和腐蚀性介质管道宜布置在下层,但腐蚀性介质管道不应布置在电动机的正上方;

f)低温介质管道宜布置在下层;

g)低温介质管道、液化烃管道和其他应避免受热的管道不应布置在热介质管道的正上方或与不保温的热介质管道相邻布置;

h)工艺管道应根据两端所连接设备管口的标高可布置在上层或下层,以便做到“步步低”或“步步高”;

i)氢气管道与其他管道共架敷设或分层布置时,氢气管道宜布置在外侧并在上层;

j)电缆槽架和仪表槽架宜布置在上层,槽架的附近或正下方不应布置有热影响的管道。

4.2.2 氧气管道与可燃气体、可燃液体管道共架敷设时应布置在一侧,不宜布置在可燃气体、可燃液体管道的正上方或正下方;平行布置时净距不应小于500mm,交叉布置时净距不应小于250mm。当管道采用焊接连接结构并无阀门时,平行布置时净距可取250mm。两类管道之间宜用公用工程管道隔开。

4.2.3 管道上的阀门、法兰或活接头应靠近管廊梁布置。

4.2.4 管廊上有坡度要求的管道,可采取调整管托高度、管托下加型钢或钢板垫枕等措施。

4.2.5 管廊上排放系统总管的布置宜符合下列规定:

a)管道宜布置在管廊的顶层或柱子上方;

b)管道的坡度不宜小于0.003,且坡向分液罐;

c)管道宜采用自然补偿的方式;

d)公称直径等于或大于50mm的支管应顺介质流向45°斜接至排放系统总管的顶部。

5 常用设备的管道布置

5.1 塔的管道布置

5.1.1 塔的周围宜分为配管区和操作区。管道应布置在配管区,仪表、人孔和梯子应布置在操作区。

5.1.2 管道的位置应与人孔、仪表、吊柱、平台及梯子统一布置。

5.1.3 管道布置应从塔的顶部到底部进行规划,并应优先布置塔顶管道、大直径管道和有特殊要求的管道。

5.1.4 塔顶至冷换设备间的管道应布置成“步步低”,不得出现“液袋”。塔顶油气管道至多台并联的冷换设备时,宜采用对称布置。

5.1.5 塔体侧面管道上的阀门宜直接与设备管口连接。

5.1.6 塔底出口管与泵连接时,塔的安装高度应大于泵的必需汽蚀余量(NPSH)$_r$的要求;管道在满足柔性的条件下,应使管道短,弯头数量少。

5.2 反应器的管道布置

5.2.1 并联的立式反应器的管道布置应使流体分配均匀,各台反应器的压力降应符合工艺要求。管道布置除应便于催化剂的装卸要求外,还应满足催化剂的再生要求。

5.2.2 卧式反应器的管道布置应满足设备轴向位移的要求,并根据主要管道的柔性计算来确定反应器支座的固定端及滑动端的位置。

5.2.3 立式釜式反应器的管道布置不应影响搅拌器的安装与检修,并应在楼面或平台上留出拆卸反应器封头的空间及放置的位置。

5.2.4 管式反应器的管道布置应满足设备管口附加位移的要求,并应根据管道的柔性计算,选择合理的管架型式。

5.2.5 流化床反应器的催化剂管道布置应避免催化剂堆积和滞留。

5.2.6 带夹套反应器的蒸汽、冷凝水或其他热载体管道可靠近反应器的周围布置。

5.3 管壳式换热器的管道布置

5.3.1 管道布置不应妨碍管束或管壳的抽出、管箱端或封头端的拆卸,并应留出空间,便于操作和检修。

5.3.2　换热器周围管道上的阀门、仪表和调节阀组应靠近换热器的操作通道布置。

5.3.3　换热器并排布置时，冷却介质和阀门宜按相同方式布置；换热器两侧操作通道的宽度不应小于0.8m。

5.3.4　当换热器封头端或管箱端设置拆卸吊柱时，管道布置应避开吊柱的活动范围。

5.3.5　管道不宜布置在换热器轴线的正上方。

5.3.6　换热器周围的管道标高应与管廊或相邻设备的管道相协调。

5.3.7　多台并联操作的两相流换热器，进口管道无控制阀时，管道应对称布置。

5.3.8　与换热器相接的易凝介质管道或含有固体介质管道的旁路，旁路上的切断阀应布置在水平管道上，并减少管道的积液。

5.4　重沸器的管道布置

5.4.1　工艺介质的进出口管道在满足柔性的条件下，应使管道短，弯头数量少。当重沸器有2个返回口时，返回管道应对称布置。

5.4.2　立式重沸器的出口宜与塔的管口直接连接。

5.4.3　管道布置不应影响重沸器的管束抽芯。

5.4.4　并联操作的重沸器的管道应对称布置。

5.5　空冷器的管道布置

5.5.1　空冷器的进口管道不应有"液袋"。当管道无流量调节时，进口管道宜对称布置；当介质为气液两相流流体时，进出口管道应对称布置。

5.5.2　管道对空冷器管口的作用力和力矩应符合制造厂或现行国家标准GB/T 15386的要求。

5.5.3　空冷器的进出口集合管应靠近空冷器管口布置，集合管的截面积宜大于各分支管截面积之和的1.5倍。

5.6　加热炉的管道布置

5.6.1　加热炉的管道布置应根据炉管的排列方式、进出口的方位、炉管的位移方向和大小、炉管的拆卸空间和连接方式等确定。

5.6.2　加热炉的管道布置应与加热炉的炉型相适应，且应对与加热炉相关的所有管道进行统筹规划、集中布置、以达到协调和美观。

5.6.3　加热炉的进口物料管道，应保持各路流量均匀；当进口物料为气液两相时，管道应对称布置。

5.6.4　加热炉出口物料为气液两相时，管道应对称布置。

5.6.5　加热炉燃料总管上的切断阀距加热炉炉体的间距应满足工艺要求，且不应小于7.5m。

5.6.6　加热炉的蒸汽分配管宜布置在地面上，距加热炉炉体的距离不应小于7.5m。

5.7　容器的管道布置

5.7.1　容器的周围宜分为配管区和操作区。管道应布置在配管区，仪表、人孔和梯子应布置在操作区。

5.7.2　管道宜沿着立式容器外壁布置；管道上的阀门宜与设备管口直接连接。

5.7.3　卧式容器下部的管道布置若考虑人员通行时，管道距操作面的净空高度不应小于2.2m。

5.7.4　容器底部的管道沿地面敷设时，管道低点放净口距地面的净距不应小于150mm。

5.8　泵的管道布置

5.8.1　泵的进出口管道对管口的作用力和力矩应符合制造厂或API Std 610的要求。

5.8.2　泵进口管道的压力降应满足工艺要求，且不应存在"气袋"。

5.8.3　对于水平吸入的离心泵，当进口管有变径时，偏心异径管与泵的进口间宜设置一段直管段。当管道从下向上进泵时，应采用顶平安装；当管道从上向下进泵时，宜采用顶平安装，并在低点设置放净；但输送含有固体介质或浆液时，水平管段上偏心异径管应底平安装。

5.8.4　泵进口管道上的过滤器周围应有滤网抽出的空间。若在泵进口设置临时过滤器时，进口管道应设置一段带法兰的短管,并应备一个与临时过滤器同厚的垫环。

5.8.5 泵出口管道上的异径管应靠近泵的出口。

5.8.6 泵进出口管道上的管架布置应满足泵检修时支承的要求。

5.8.7 往复泵的管道布置不应妨碍活塞及拉杆的拆卸和检修。

5.8.8 往复泵出口管道的跨距应减小,并增加管架的刚度。

5.9 压缩机的管道布置

5.9.1 压缩机周围的管道布置不应影响压缩机的吊装及检修,并应留有检修空间。

5.9.2 压缩机进出口管道的布置在满足管道柔性及管口的作用力和力矩的条件下,应使管道短,弯头数量少。

5.9.3 压缩机进口管道上的过滤器宜设置在水平管道上。若设置临时过滤器,在进口管道上应设置一段可拆卸的短管,在此短管上不宜设置仪表管口和分支管。

5.9.4 往复式压缩机进出口管道应进行振动分析,并应使管道的固有频率避开管道的气柱固有频率及机器的激振频率。必要时可采取下列措施:

a)增设防振支架;

b)扩大管道直径;

c)增设脉动衰减器或孔板;

d)合理设置缓冲器,避开共振管长,并减少弯头数量。

5.9.5 往复式压缩机进口管道宜有坡度,并坡向进口分液罐或进口集合管,管道宜从集合管的顶部引出。压缩机各段间冷却器和分离罐的管道宜设坡度,并坡向分离罐。

5.9.6 往复式压缩机进出口管道宜沿地面敷设,并增加管架的刚度。

5.9.7 离心式压缩机进出口管道对管口的作用力和力矩应符合制造厂或API Std 617的要求。

5.9.8 离心式压缩机进口管道的布置应有利于流体分布均匀,进口管弯头与压缩机管口法兰之间应设置一段直管段,直管段的长度应满足制造厂的要求。

5.9.9 离心式压缩机管口为上进上出或侧进上出时,在压缩机的进出口管道上宜设置一段可拆卸短管。

5.10 蒸汽轮机的管道布置

5.10.1 蒸汽轮机与其相关连设备的管道布置应统筹规划。

5.10.2 蒸汽轮机的进出口管道布置应经柔性计算确定,管道对管口的作用力和力矩应符合制造厂或NEMA SM23的要求。

5.10.3 蒸汽轮机的蒸汽进口管道上根部切断阀宜靠近蒸汽总管布置。

5.10.4 蒸汽轮机的进口管道应有排凝设施,以防止启动时凝结水进入蒸汽轮机造成叶片的损坏。

5.10.5 背压式蒸汽轮机排汽管道上的止回阀应靠近蒸汽轮机出口。

6 特殊管道的布置

6.1 液化烃管道的布置

6.1.1 液化烃管道应地上敷设。当采用管沟敷设时,应采取防止液化烃在管沟内积聚的措施,并在进出装置及厂房处密封隔断。

6.1.2 在两端有可能关闭且因外界影响可能导致升压的液化烃管道上,应采取安全措施。

6.1.3 液化烃管道的热补偿应为自然补偿。

6.2 氢气管道的布置

6.2.1 氢气管道宜地上敷设。

6.2.2 氢气管道的连接应采用焊接,但与设备或阀门等的连接可采用法兰连接。

6.2.3 输送湿氢管道的坡度不应小于0.003,管道的低点应设放净。

6.2.4 氢气放空管上的阻火器应靠近放空口端部布置。

6.3 氧气管道的布置

6.3.1 氧气管道宜架空敷设,并敷设在不燃烧材料组成的支架上。

6.3.2 氧气管道的连接应采用焊接,但与设备或阀门的连接可采用法兰或螺纹连接。

6.3.3 氧气管道每隔80~100m处及进出厂房处应设置静电接地。

6.3.4 氧气管道的弯头或三通不应与阀门的出口直接相连,阀门出口侧宜有长度不小于5倍管子外径且不小于1.5m的直管段。

6.3.5 氧气管道不应使用异径法兰。

6.4 真空介质管道的布置

6.4.1 真空介质管道的设计应逐段进行压力计算,应使管道短,弯头数量少。

6.4.2 真空泵的止回阀应设在泵进口切断阀的上游。当有备用泵时,总管上可共用一个止回阀。

6.4.3 引入蒸汽喷射泵的蒸汽管道不得与其他用途的蒸汽管道相连,且应单独引至各喷射泵。

6.4.4 多级蒸汽喷射泵的中间冷凝器的冷凝排出管(大气腿)不宜共用,每级喷射泵应有各自的大气腿。大气腿宜垂直插入分水罐中,如不能垂直插入分水罐时,可采用小于45°的弯头改变管道走向。大气腿的高度应根据工作中可能达到的最低绝压来计算,且不得小于10m。大气腿上不应设置阀门。

6.5 低温介质管道的布置

6.5.1 低温介质管道的布置在满足管道柔性下应使管道短,弯头数量少,且应减少"液袋"。

6.5.2 低温介质管道应利用管道自然形状达到自然补偿。

6.5.3 低温介质管道间距应根据保冷后法兰、阀门、测量元件的厚度以及管道的侧向位移确定。

6.5.4 低温介质管道上的法兰不宜与弯头或三通直接焊接。

6.6 极度危害介质管道的布置

6.6.1 除有特殊需要外,极度危害介质的管道应采用焊接连接;管道不宜埋地敷设。当工艺要求埋地敷设时,应有监测泄漏、防止腐蚀、收集有害流体等的安全措施。

6.6.2 设置在安全隔墙或隔板内极度危害介质管道上的手动阀门应采用阀门伸长杆,且引至隔墙或隔板外操作。

6.6.3 极度危害介质的管道不应布置在可通行管沟内。

6.6.4 在极度危害介质的生产区和使用区内,应设置安全喷淋洗眼器。

6.7 气流输送介质管道的布置

6.7.1 气流输送介质管道的布置应使管道短,弯头数量少。水平管段不宜过长,且管道不得有死角和"袋形"出现。

6.7.2 气流输送介质管道的布置应采用大曲率半径的弯管,弯管的曲率半径应根据输送方式、物料的特性、工艺要求和流动方向确定,且应满足P&ID或风送系统制造商的要求。

6.7.3 在供料器后的气流输送介质管道应设置一段直管段,直管段的长度应满足P&ID或风送系统制造商的要求。

6.7.4 气流输送介质管道应有可靠的静电接地设施,管道上的法兰宜跨接。

6.7.5 气流输送介质管道的支架应选用卡箍型,并根据输送方式确定支架的型式和跨距。

7 取样管道的布置

7.1 一般要求

7.1.1 取样口的布置应使采集的样品具有代表性,不应布置在管道的死区。

7.1.2 取样阀应布置在便于操作的地方,设备或管道与取样阀之间的管段长度应最短。

7.1.3　样品出口管端与漏斗、地面或平台之间应有安放取样器皿的空间。

7.2　取样管的布置

7.2.1　气体管道上取样口的布置应符合下列规定：

a)水平管道上的取样口应设在管道的顶部；

b)在垂直管道上，当介质自下而上流动时取样口应设在管道的侧面向上倾斜45°，当介质自上而下流动时取样口应设在管道的侧面；

c)含有固体介质的气体管道上的取样口应设在垂直管道上，并将取样管伸入管道的中心。

7.2.2　液体管道上取样口的布置宜符合下列规定：

a)压力输送的水平管道上的取样口宜设在管道的顶部或侧面；含有固体介质的液体管道的取样口应设在管道的侧面；自流水平管道上的取样口宜设在管道的底部；

b)垂直管道上的取样口宜设在介质自下而上流动管道的侧面。介质自上而下流动时，除非能保证液体充满取样管外，不应设置取样点。

7.2.3　下列介质应采取密闭循环取样：

a)极度危害和高度危害的介质；

b)甲类可燃气体；

c)液化烃。

7.2.4　取样口不得直接设在有振动的设备或管道上，否则应采取减振措施。

7.2.5　可燃气体、液化烃和可燃液体的取样管道不得引入化验室。

8　泄放管道的布置

8.1　放空与放净管道的布置

8.1.1　管道系统中的高点或低点应根据操作、检修的要求，设置放空或放净。水压试验所需设置的放空或放净，可只设丝堵。

8.1.2　管道放空应设在管道的顶部，管道放净应设在管道的低点。

8.1.3　管道放空或放净的大小应符合P&ID或U&ID的要求。当工艺无要求时，放空或放净的公称直径宜符合表2的规定。

表2　放空或放净的公称直径　mm

管道公称直径 *DN*	放空公称直径 *DN*	放净公称直径 *DN*
≤25	—	15
40～350	20	20
400～600	20	25
>600	20	40
注：催化剂颗粒、浆液或高黏度介质管道的排液口公称直径不得小25mm。		

8.1.4　氢气管道不宜设置放空或放净。浆液管道不宜设置放空。

8.1.5　全厂性管道的放净设置宜符合下列规定：

a)蒸汽管道的低点应设置放净；

b)装置空气管道的低点宜设置放净；

c)自燃点高出操作温度不足10℃的可燃液体管道的低点不得设置放净；

d)极度危害及高度危害介质管道的低点不得设置放净；

e)腐蚀性介质管道的低点不得设置放净；

f) 不产生凝结液的气体管道的低点不得设置放净。

8.1.6 全厂性管道的放净如允许直接排放时，可在主管底部设置短管、法兰和法兰盖。

8.1.7 极度危害介质管道的放空或放净应设置双阀，并应排入密闭回收系统。

8.1.8 除极度危害介质外，有毒气体的排放口应符合环保的要求，有毒液体不应排入下水道。

8.1.9 高度危害介质管道的放空或放净宜设置双阀，当设置单阀时，应加盲板或法兰盖。

8.1.10 高压管道的放空或放净应设置双阀，当设置单阀时，应加盲板或法兰盖。

8.1.11 连续操作的可燃气体管道低点的放净应设置双阀，排出的液体应排放至密闭系统；可燃气体管道仅在开停工时使用的放净，可设一道阀门，并加丝堵、管帽或法兰盖。可燃液体及蒸汽管道上的放净设置一个切断阀时，应在端头加丝堵、管帽或法兰盖。

8.1.12 管道放空或放净上的阀门应靠近主管，对易自聚、易冻结、易凝固或含固体介质的管道上的放净不应有拐弯。

8.1.13 振动管道上公称直径小于或等于40mm的放空、放净根部接口处应采取加强措施。

8.1.14 甲、乙类工艺装置分馏塔顶可燃气体的不凝气不应直接排入大气。

8.1.15 可燃气体放空管道内的凝结液应密闭回收，不得随地排放。

8.2 泄压排放管道的布置

8.2.1 直接向大气排放的非可燃气体放空管的高度应符合下列规定：

a) 设备或管道上的放空管口应高出邻近的操作平台2.2m以上；

b) 紧靠建筑物、构筑物或其内部布置的设备或管道的放空口，应高出建筑物或构筑物顶2.2m以上。

8.2.2 受工艺条件或介质特性所限，无法排入火炬或装置处理排放系统的可燃气体，当通过排气筒、放空管直接向大气排放时，排气筒、放空管的高度应符合下列规定：

a) 连续排放的排气筒顶或放空管口应高出20m范围内的操作平台或建筑物顶3.5m以上，位于20m以外的操作平台或建筑物，应符合图1的要求；

b) 间歇排放的排气筒顶或放空管口应高出10m范围内的操作平台或建筑物顶3.5m以上，位于10m以外的操作平台或建筑物，应符合图1的要求。

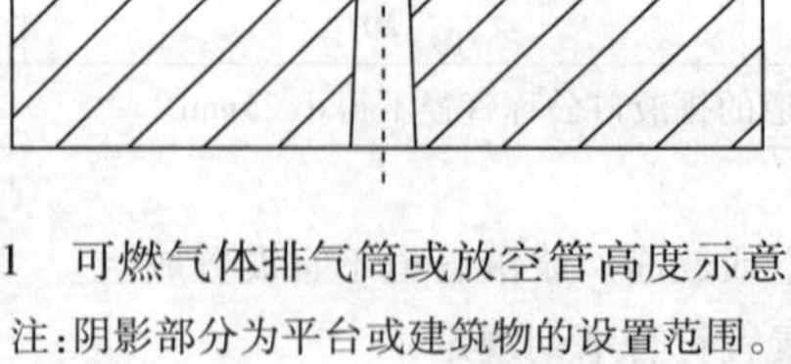

图1 可燃气体排气筒或放空管高度示意图

注：阴影部分为平台或建筑物的设置范围。

8.2.3 设备上开停工用的放空管可就地向大气排放，放空管的高度应高出操作平台2.2m以上。放空口不得朝向邻近设备或有人通过的地方。

8.2.4 设备和管道上的可燃气体安全泄压装置允许向大气排放时，应符合下列要求：

a) 排放管口不得朝向邻近设备或有人通过的地区；

b) 排放管口的高度应高出以安全泄压装置为中心，半径为8m的范围内的操作平台或建筑物顶3m

以上。

8.2.5 设备和管道上的蒸汽及其他非可燃介质安全泄压装置向大气排放时，宜符合下列要求：

a)排放管口不得朝向邻近设备或有人通过的地区；

b)操作压力大于4.0MPa蒸汽管道的排放管口的高度应高出以安全泄压装置为中心，半径为8m范围内的操作平台或建筑物顶3m以上；

c)操作压力为0.6~4.0MPa蒸汽管道的排放管口的高度宜高出以安全泄压装置为中心，半径为4m范围内的操作平台或建筑物顶3m以上；

d)操作压力小于或等于0.6MPa的蒸汽及其他非可燃介质管道排放管口高度宜高出邻近操作平台或建筑物顶2.2m以上；

e)工业用水管道上的放空管口宜就地朝下排放。

8.2.6 安全泄压装置出口管道的布置，应考虑由于泄压排放引起的反作用力，并合理设置支架。

8.2.7 装置内高架火炬的设置应符合GB 50160的有关规定，可燃气体放空不应布置在距火炬筒30m的范围内。

9 公用系统管道的布置

9.1 蒸汽管道的布置

9.1.1 蒸汽支管应从主管的顶部引出，当工艺要求支管上设置切断阀时，切断阀应布置在靠近主管的水平管段上。

9.1.2 支管不得从用汽要求很严格的蒸汽管道上引出。

9.1.3 蒸汽主管进入装置界区的切断阀上游和主管末端应设排液设施。

9.1.4 水平敷设的蒸汽主管上的排液设施的间隔宜符合下列要求：

a)在装置内，饱和蒸汽不宜大于80m，过热蒸汽不宜大于160m；

b)在装置外，顺坡时不宜大于300m，逆坡时不宜大于200m。

9.1.5 蒸汽管道的低点宜设排液设施。排液设施应根据不同情况设放净阀、分液包或疏水阀。

9.1.6 在蒸汽管道的"Π"形补偿器上，不得引出支管。在靠近"Π"形补偿器两侧的直管上引出支管时，支管不应妨碍主管的位移。因主管热胀而产生的支管引出点的位移，不应使支管承受过大的应力。

9.1.7 多根蒸汽伴热管应成组布置并设分配管，分配管的蒸汽宜就近从主管引出。

9.1.8 直接排至大气的蒸汽放空管，宜在切断阀下游开一个ϕ6mm~ϕ10mm的排液孔，并引至安全位置。

9.1.9 连续排放或经常排放乏汽的管道排放口应远离操作区布置。

9.1.10 工艺装置宜设固定式或半固定式蒸汽灭火系统，但在使用蒸汽可能造成事故的部位不得采用蒸汽灭火。

9.2 凝结水管道的布置

9.2.1 当回收凝结水时，装置内凝结水管道宜架空敷设。

9.2.2 从不同压力等级蒸汽的疏水阀出来的凝结水应分别接至各自的凝结水回收总管。

9.2.3 公称直径等于或大于50mm的支管应顺介质流向45°斜接在凝结水回收总管的顶部。

9.2.4 成组布置的蒸汽伴热管上疏水阀后的凝结水管应集中接至凝结水集合管。

9.3 空气管道的布置

9.3.1 空压机进口管道上的吸气口顶部应设防雨罩，并用金属丝网保护。

9.3.2 空压机进出口管道的支架应单独设置基础。

9.3.3 压缩空气的放空管和空压机吸气系统的噪声控制应符合国家现行标准SH/T 3146的有关规定。

9.3.4 用于吹扫或反吹的装置空气总管应布置在管廊上，支管应由总管上部引出。

9.3.5 塔、反应器及冷换设备的构架，应在入孔和设备本体连接法兰的平台上设置装置空气软管接头。

9.3.6　仪表空气支管宜从主管上部引出并在水平管段上设切断阀。

9.4　氮气管道的布置

9.4.1　当装置中需设半固定式吹扫氮气时，在软管站内应设置氮气接头，并应设置双阀。

9.4.2　催化剂系统需要的高纯度氮气，应从总管单独引出，不应与其他用途的氮气合用一根支管。

9.5　地上水管道的布置

9.5.1　冷却水管道布置应符合工艺的要求，如冷却水的种类、用途、用水设备是否间断操作及停工检修等。

9.5.2　要求室外敷设在管廊上的大直径水管道宜靠近管廊柱子布置。

9.5.3　寒冷地区埋地敷设的水管道引出地面时，管道应根据工艺要求，在冷却水进出口管道上设置切断阀、防冻排水阀、防冻循环阀和防冻长流水阀等措施，型式如图2所示：

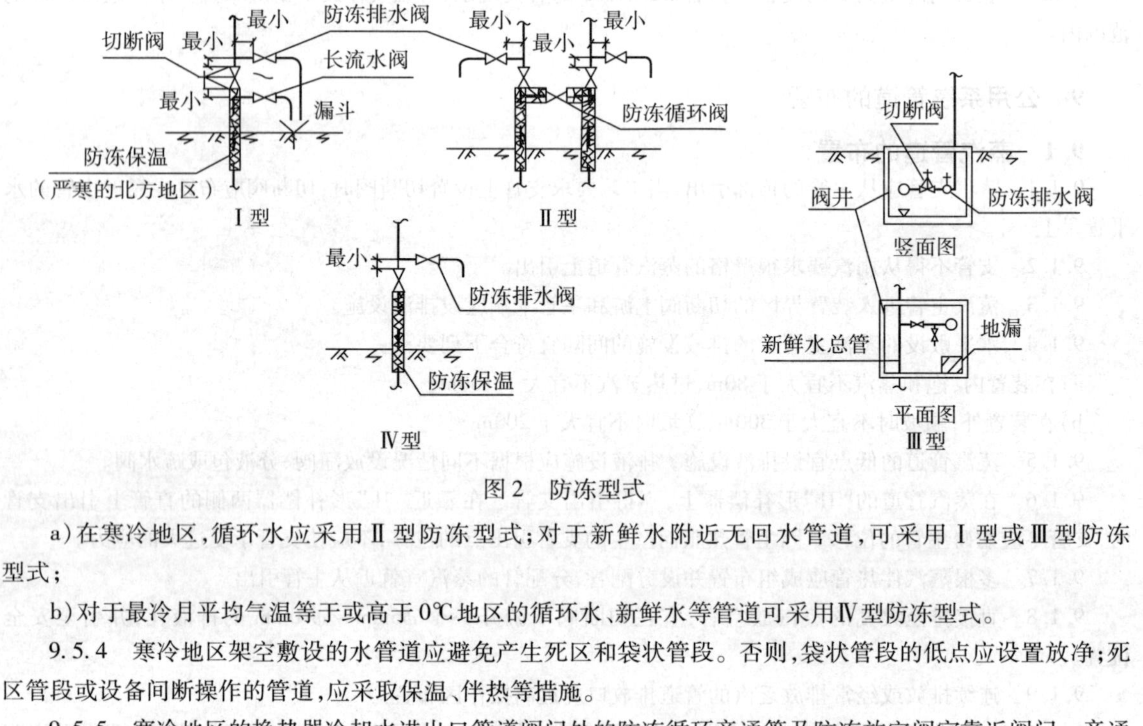

图2　防冻型式

a）在寒冷地区，循环水应采用Ⅱ型防冻型式；对于新鲜水附近无回水管道，可采用Ⅰ型或Ⅲ型防冻型式；

b）对于最冷月平均气温等于或高于0℃地区的循环水、新鲜水等管道可采用Ⅳ型防冻型式。

9.5.4　寒冷地区架空敷设的水管道应避免产生死区和袋状管段。否则，袋状管段的低点应设置放净；死区管段或设备间断操作的管道，应采取保温、伴热等措施。

9.5.5　寒冷地区的换热器冷却水进出口管道阀门处的防冻循环旁通管及防冻放空阀宜靠近阀门。旁通管和阀门也应保温。

9.5.6　装置内工艺用水和生活用水的管道，宜架空敷设在管廊上。

10　阀门的布置

10.1　一般要求

10.1.1　阀门应布置在容易接近、便于操作和检修的地方。成排管道上的阀门应集中布置，并设置操作平台及梯子。

10.1.2　垂直管道上阀门手轮中心距操作面的距离宜为1.2m，最大距离不应超过2m。

10.1.3　当阀门手轮中心的高度超过操作面2m时，可采取下列措施：

a）不经常操作的阀门可设置梯子、活动平台或链轮等；

b）经常操作的阀门或集中布置的成组阀门应设操作平台。

10.1.4　极度危害介质、强腐蚀性介质的管道和设备上的阀门不应布置在人的头部高度范围。

10.1.5 阀门宜布置在管道位移量小的位置。

10.1.6 布置在操作平台周围的阀门手轮中心距操作平台边缘不宜大于450mm,当阀杆和手轮伸入平台上方且高度小于2m时,不应妨碍操作人员的操作和通行。

10.1.7 阀杆水平安装的明杆式阀门开启时,阀杆不得妨碍通行。

10.1.8 阀门相邻布置时,手轮间的净距不应小于100mm。

10.1.9 水平管道上阀门的阀杆方向不得垂直向下,阀杆方向可按下列顺序确定:

a)垂直向上;

b)水平;

c)向上倾斜45°;

d)向下倾斜45°。

10.1.10 低温介质管道上的阀门宜安装在水平管道上,阀杆方向宜垂直向上。

10.1.11 对于带排气孔的阀门,排气孔宜朝向管道系统的高压侧布置。

10.1.12 除工艺有特殊要求外,塔、反应器或立式容器等设备底部管道上的阀门,不得布置在裙座内。

10.1.13 液化烃设备抽出管道应在靠近设备根部设置切断阀。容积超过$50m^3$的液化烃设备与其抽出泵的间距小于15m时,该切断阀应为带手动功能的遥控阀,遥控阀就地操作按钮距抽出泵的间距不应小于15m。

10.1.14 可燃液体输入管道上的紧急切断阀距铁路装卸栈台边缘不应小于10m。汽车装卸站内无缓冲罐时,装卸管道上的紧急切断阀距装卸鹤位的距离不应小于10m。

10.1.15 隔断设备用的阀门宜与设备管口直接相接或靠近设备。与极度危害介质和高度危害介质的设备相连接时,管道上的阀门应与设备管口直接相接,且该阀门不得使用链轮操作。

10.1.16 从主管上引出的水平支管的切断阀,宜设在靠近主管的水平管段上。

10.1.17 管道布置不宜使阀门承受过大的荷载。

10.1.18 地下管道上的阀门应布置在阀门井或管沟内。若工艺有要求时,可设置阀门延伸杆。

10.1.19 灭火蒸汽管道上的阀门布置宜符合下列要求:

a)蒸汽筛孔管上的阀门距操作温度等于或高于自燃点的气体或液体的被保护设备不宜小于7.5m;

b)灭火蒸汽管道上的阀门应布置在安全和便于操作的地方。

10.2 安全阀的布置

10.2.1 安全阀应直立安装并靠近被保护的设备或管道,如不能靠近布置,则从被保护的设备或管道到安全阀进口的管道总压降,不应超过安全阀定压值的3%。

10.2.2 安全阀应安装在压力比较稳定,且应距振动源有一定距离的地方。

10.2.3 安全阀宜设置检修平台。重量大的安全阀宜设吊杆或其他吊装设施。

10.2.4 安全阀进口管道应采用长半径弯头。

10.2.5 当几个安全阀并联操作时,总管的截面积不应小于各支管截面积之和。

10.2.6 安全阀出口管道的压降应满足工艺要求。

10.2.7 当排入放空总管或去火炬总管的介质带有凝液或可冷凝气体时,安全阀的出口应高于总管。

10.2.8 公称直径等于或大于50mm的安全阀出口管道排入密闭系统时,应顺介质流向45°斜接在排放总管的顶部。

10.2.9 直接向上排至大气的安全阀出口管道,应在该管下端弯头附近开一个ϕ6mm~ϕ10mm的排液孔;对于蒸汽管道上的排液孔应引至安全位置。

10.2.10 当安全阀进出口管道上设有切断阀时,应铅封开或锁开;当切断阀为闸阀时,阀杆应水平安装。当安全阀设有旁路阀时,该阀应铅封关或锁关。

10.3 气动调节阀的布置

10.3.1 调节阀的安装位置应满足 P&ID 和 U&ID 的要求,并宜靠近与其有关的一次指示仪表。

10.3.2 调节阀应布置在地面或平台上,且便于操作和检修。

10.3.3 调节阀应正立垂直安装于水平管道上,特殊情况下方可水平或倾斜安装,必要时需要设置支撑。

10.3.4 调节阀组(包括调节阀、旁路阀、切断阀和放净阀)立面安装时,调节阀应安装在旁路的下方。公称直径小于 25mm 的调节阀,也可安装在旁路的上方。

10.3.5 调节阀底距地面或平台面的净空不应小于 250mm。对于反装阀芯的单双座调节阀,宜在阀体下方留出抽阀芯的空间。

10.3.6 调节阀膜头顶部上方的净空不应小于 200mm。调节阀与旁路阀上下布置时,应错开位置。

10.3.7 切断阀宜选用闸阀;旁路阀宜选用截止阀,但旁路阀公称直径大于 150mm 时,可选用闸阀。两个切断阀与调节阀不宜布置成直线。

10.3.8 在调节阀进口侧与调节阀上游的切断阀之间管道的低点应设放净。

10.3.9 介质中含有固体介质的管道上的调节阀应与旁路阀布置在同一个平面,或将旁路阀布置在调节阀的下方。

10.3.10 低温介质或高温介质管道上调节阀组的支架,一个支架宜为固定支架或限位支架,其他支架可为滑动支架。

10.3.11 调节阀应安装在环境温度 -40 ~ 60℃的地方,并应远离振动源。

10.3.12 同一区域内有较多的调节阀组时,调节阀组的布置形式宜一致,并方便操作。

10.4 止回阀的布置

10.4.1 升降式止回阀应安装在水平管道上,立式升降式止回阀可安装在管内介质自下而上流动的垂直管道上。

10.4.2 旋启式止回阀应优先安装在水平管道上,也可安装在管内介质自下而上流动的垂直管道上。

10.4.3 底阀应安装在离心泵吸入管的立管端。

10.4.4 为降低泵出口切断阀的安装高度,可选用蝶形止回阀。泵出口与所连接管道直径不一致时,可选用异径止回阀。

10.5 减压阀的布置

10.5.1 减压阀不应布置在转动设备附近或容易受冲击的地方,且应便于检修。

10.5.2 减压阀宜安装在水平管道上,阀后宜有 $10DN \sim 15DN$ 的直管段。

10.5.3 减压阀阀后的管段应合理设置支架。

10.5.4 为避免管道中杂质引起减压阀的磨损,减压阀前应设置过滤器。

10.6 疏水阀的布置

10.6.1 疏水阀的安装位置不宜高于疏水点,且应便于操作和检修。

10.6.2 恒温型疏水阀为得到动作需要的温度差,疏水阀前应有 1m 长的不保温管段。

10.6.3 当疏水阀本体无过滤器时,疏水阀前应安装过滤器。

10.6.4 布置疏水阀的出口管道时,应采取措施降低疏水阀的背压。

10.6.5 疏水阀的布置宜符合下列要求:

a)浮球式疏水阀应水平安装,布置在室外时,应采取防冻措施;

b)双金属片式疏水阀可水平安装或直立安装;

c)热动力式疏水阀应安装在水平管道上;

d)脉冲式疏水阀宜安装在水平管道上,阀盖朝上;

e)倒吊桶式疏水阀应水平安装。

10.6.6 当凝结水回收总管高于疏水阀时,除热动力式疏水阀外,宜在疏水阀后设止回阀。

10.6.7 多个疏水阀同时使用时应并联安装。

11 管件和管道附件的布置

11.1 管件的布置

11.1.1 弯头宜选用曲率半径等于1.5倍公称直径的长半径弯头;输送气固或液固两相流物料的管道应选用大曲率半径弯管,弯管的曲率半径不宜小于管道公称直径的4倍。

11.1.2 管廊上水平管道变径时,如无特殊要求,应选用底平偏心异径管;垂直管道上宜选用同心异径管。

11.1.3 平焊法兰不应与无直管段的弯头直接连接。

11.1.4 除工艺有特殊要求外,塔、反应器或立式容器等设备裙座内的管道上不得布置法兰和螺纹接头。

11.1.5 机泵润滑油系统的管道应分段设置法兰,每段管道上的弯头数量不宜超过2个。主管的末端应设置法兰盖。

11.1.6 调节阀两侧管道上的异径管宜靠近调节阀布置。

11.1.7 采用异径法兰连接时,输送介质的流向宜自小口径流向大口径。

11.2 阻火器的布置

11.2.1 加热炉燃料气主管上的管道阻火器应靠近加热炉布置,并便于检修,管道阻火器与燃烧器距离不宜大于12m。

11.2.2 储罐用的阻火器应直接安装在储罐顶的管口上。

11.2.3 常压放空排气管道的阻火器宜布置在排气管道的末端。

11.3 过滤器的布置

11.3.1 过滤器的安装位置应靠近被保护的设备。

11.3.2 过滤器的布置应符合下列要求:

a)角式T型过滤器应安装在管道90°拐弯的场合;

b)直通式T型过滤器应安装在管道的直管上,安装在立管上时,应便于滤网的抽出;安装在水平管时,滤网抽出方向应向下或水平;

c)Y型过滤器安装在水平管道上时,滤网抽出方向应向下。

11.3.3 安装在立管上的泵进口过滤器,为降低泵进口阀门的高度,可采用异径过滤器。

11.3.4 Y型过滤器安装在介质自下向上的垂直管道上时,应选用反流式。

11.3.5 压缩机进口管道上应装过滤器或可拆卸短节,以便开车前安装临时过滤器和清扫管道。

11.4 补偿器的布置

11.4.1 管道系统的补偿能力不能满足柔性要求时,应在适当位置设置补偿器。

11.4.2 补偿器的选用和布置应符合下列要求:

a)"Π"形补偿器结构简单、运行可靠、投资少,应优先选用;

b)"Π"形补偿器宜设置在两固定支架的中部,但不应小于两固定支架间距的三分之一;

c)管道布置受限制时,在设计条件和输送介质允许情况下可选用金属波纹管补偿器。

11.4.3 无约束金属波纹管补偿器的布置应符合下列要求:

a)两个固定支架间仅能布置一个补偿器;

b)固定支架应具有足够的强度,以承受内压推力的作用;

c)靠近补偿器的部位应设置导向支架,第一个导向支架与补偿器的距离应小于或等于4倍公称直径,第二个导向支架与第一个导向支架的距离应小于或等于14倍公称直径。

11.4.4 带约束的金属波纹管补偿器的布置应符合柔性计算的要求。

11.4.5 可燃介质管道和有毒介质管道不得选用套管式补偿器或球形补偿器。

12 管道上的仪表或测量元件的布置

12.1 一般要求

12.1.1 管道上的仪表或测量元件的布置应符合 P&ID 和 U&ID 的要求。

12.1.2 管道上的仪表或测量元件的布置应便于安装、观察、操作和检修,并宜远离振动、强磁场和高温等场所。

12.1.3 仪表管口的长度应根据管道的隔热层厚度确定。

12.2 流量测量仪表的布置

12.2.1 孔板、喷嘴、文丘里管等差压式流量计的上、下游侧最短直管段长度应符合仪表专业或现行国家标准 GB/T 2624 的有关规定。

12.2.2 转子流量计应垂直安装,介质流向应由下而上。流量计的上游侧应有不小于5倍管子内径的直管段,且不应小于300mm。

12.2.3 靶式流量计可安装在水平或垂直管道上,但对于流体中含有固体介质时,靶式流量计应安装在水平管道上。当靶式流量计安装在垂直管道上时,液体流向宜由下而上;对于充满液体的管道也可由上而下。靶式流量计的上游侧应有不小于5倍管子内径的直管段,下游侧应有不小于3倍管子内径的直管段。

12.2.4 涡轮流量计宜安装在水平管道上,上、下游侧的直管段长度应满足制造厂的要求。

12.2.5 椭圆齿轮、双转子、刮板和腰轮等容积式流量计宜安装在水平管道上,表头的位置应便于观察。靠近容积式流量计的上游侧应安装过滤器,过滤器由流量计厂家提供。

12.2.6 阿纽巴、皮托管等均速管流量计宜安装在水平管道上,当测量气体或蒸汽时,也可安装在垂直管道上。上、下游侧的直管段应满足仪表专业或制造厂的要求。

12.2.7 涡街流量计可安装在水平或垂直管道上,上、下游侧的直管段应满足制造厂的要求。当涡街流量计安装在垂直管道上时,应符合以下要求:

a)测量气体时,流体可取任意流向;

b)测量液体时,流体应自下向上流动。

12.2.8 质量流量计宜安装在水平管道上;当在垂直管道上安装时,流体应自下向上流动,且出口侧应留有适当的直管段。对于 U、△、Ω 管型质量流量计在水平管道上安装,应符合下列规定:

a)测量气体时,U、△、Ω 型管应置于管道上方;

b)测量液体时,U、△、Ω 型管应置于管道下方。

12.2.9 对于插入式流量计,在流量计拔出的方向上应有安装和拆卸空间。

12.3 压力测量仪表的布置

12.3.1 压力取压点应设在直管段上,不宜设在管道弯曲或流束呈旋涡状处。

12.3.2 对于水平或倾斜管道上,压力取压点不应设在管道的底部;对于垂直管道上,压力取压点可设在任何方位。

12.3.3 泵出口的压力表应装在出口阀前并朝向操作侧。

12.3.4 塔和容器上的压力取压点应设在气相区。

12.3.5 同一处测压点上压力表和压力变送器可合用一个取压口,但当同一处测压点上有2台或2台以上压力变送器时,应分别设置取压口及根部阀。

12.3.6 现场指示压力表的安装高度宜为1.2~2.0m,当超过2.5m时,宜设平台或梯子。

12.4 温度测量仪表的布置

12.4.1 温度测量仪表的安装位置应符合 P&ID 和 U&ID 或制造厂的要求。

12.4.2 温度测量元件应设在能灵敏、准确地反映介质温度的位置,不应安装在管道的死区位置。

12.4.3 温度测量元件应布置在容易接近的地方,在温度测量元件拔出的方向上应留有拆卸空间。

12.4.4 温度测量元件安装在弯头处时,弯头处管道的公称直径不应小于80mm,且与管内流体流向成逆流接触。

12.4.5 温度测量元件可垂直安装或倾斜45°安装，倾斜45°安装时，应与管内流体流向成逆流接触。

12.4.6 对于直径较小的管道、温度测量元件应安装在扩大管径后的管道上，仪表专业无要求时，扩大的管道应符合下列规定：

a)工业水银温度计，公称直径不应小于50mm；

b)热电偶、热电阻、双金属温度计，公称直径不应小于100mm；

c)压力式温度计的扩管管径根据计算后的浸没长度决定；

d)扩大管径部分的长度不应小于250mm。

12.4.7 塔上不同标高的热电偶或热电阻宜布置在同一方位上，且位于液相区，或根据工艺要求确定安装位置；塔顶温度的测温点宜位于气相馏出管道上。

12.4.8 现场指示温度计的安装高度宜为1.2～2.0m，当超过2.5m时，宜设平台或梯子。为了便于检修，距平台的高度不宜小于300mm。

12.5 物位测量仪表的布置

12.5.1 物位测量仪表的布置应避开进入设备物流的冲击区域。塔上液面计和液面调节器的管口方位取决于受液槽与重沸器返回口之间的关系，且应避开重沸器返回管口正面的60°角范围。否则，管口处应设置挡板。

12.5.2 物位测量仪表的观测面应朝向操作侧，周围应有检修空间。物位测量仪表不应妨碍人员通行，宜布置在平台一端，或加宽平台。

12.5.3 外浮筒液位计的表头上端距地面或平台的高度不宜大于1.8m，当超过2.0m时，应设平台或梯子。

12.5.4 内浮球液位计距平台或地面的高度宜为1.0～1.5m。

12.5.5 静压式液位测量仪表的布置宜符合以下规定：

a)单法兰式液位计的管口距罐底距离应大于300mm，且处于易于维护的方位；

b)双法兰远传式差压液位计的安装高度不宜高于设备上的下取压法兰口；

c)差压变送器测液位的上下取压管口之间距离应大于所需测量范围。

12.5.6 放射性物位测量仪表的安装应按照制造厂的要求进行，并应符合现行国家标准GBZ 125的有关规定。放射源安装方位不应朝向主要操作通道。

12.5.7 对于内浮球式、音叉式、电容式或振动棒式等插入式物位开关，在拔出的方向上应有安装和拆卸空间。

13 管道支吊架的布置

13.1 一般要求

13.1.1 管道支吊架应在管道的允许跨距内设置，并应符合下列要求：

a)靠近设备；

b)设在集中荷载附近；

c)设在弯管和大直径三通式分支管附近；

d)宜利用建筑物或构筑物的梁、柱等设置支吊架的生根构件；

e)不应妨碍管道与设备的连接和检修。

13.1.2 有隔热层的管道，在管墩或管架处应设管托。无隔热层的管道，如无要求，可不设管托。当隔热层厚度小于或等于80mm时，宜选用高100mm的管托；隔热层厚度大于80mm时，宜选用高150mm的管托；隔热层厚度大于130mm时，宜选用高200mm的管托。保冷管道应选用保冷管托。

13.1.3 管道的支承点在垂直方向无位移时应采用刚性支吊架；有位移时可采用可变弹簧支吊架；位移量大时宜采用恒力弹簧支吊架。

13.1.4　水平敷设在支架上带管托的管道，当管道的位移量等于或大于 100mm 时，管托应选用加长管托或偏置安装，采用偏置安装时，偏置量及偏置方向应注明。

13.1.5　除下列情况外，管道支吊架应采用焊接型管托或管吊：

a) 管内介质温度等于或高于 400℃ 的碳素钢材质的管道；

b) 输送冷冻介质的管道；

c) 需要进行焊后热处理的管道；

d) 合金钢或不锈钢材质的管道；

e) 非金属衬里的管道；

f) 生产中需要经常拆卸检修的管道；

g) 不易焊接施工的管道和不宜与管托、管吊直接焊接的管道。

13.1.6　允许管道有轴向位移，且需限制横向位移时，管道应设置导向支架，导向支架的设置不应影响管道的自然补偿。

13.1.7　导向支架的位置应符合下列规定：

a) 安全阀出口的管道和可能产生振动的两相流管道；

b) 横向位移过大可能影响邻近管道的场合；

c) 管道距离过长，可能产生横向不稳定的场合；

d) 防止法兰和活接头泄漏要求的管道；

e) "Π"型补偿器两侧的管道，导向支架距补偿器的弯头宜为管道公称直径的 32～40 倍；

f) 柔性较大、直管段较长的管道。

13.1.8　导向支架不宜设置在靠近弯头和支管的连接处。

13.1.9　振动管道宜采用卡箍型支架，管道上不得支撑其他管道。

13.1.10　生根于建筑物、构筑物上的支吊架，支吊架的生根点宜设在立柱或主梁等承重构件上。当在钢结构上生根时，生根部位应有足够的强度。

13.1.11　支架生根件焊在钢制设备上时，所用垫板应按设备外型成型。对于整体热处理的设备需焊接支架垫板时，应向设备专业提出垫板的条件。

13.1.12　管道需要限制位移时，应设置限位支架。

13.1.13　管道的支吊架不得生根在高温介质管道、低温介质管道和蒸汽管道上。

13.1.14　低温介质管道的支架应符合下列规定：

a) 水平管道敷设时，管道的底部或支架的底部应垫置木块或硬质隔热材料块，以免管道中冷量损失；

b) 垂直管道敷设时，支架若生根在低温介质设备上时，在设备和管道上均应垫置木块或硬质隔热材料块。

13.1.15　阀门、法兰或活接头的附近宜设置支吊架；直接与设备管口相接或靠近设备管口的公称直径等于或大于 150mm 的水平安装阀门，应在阀门附近的管道上设置支架。

13.1.16　沿直立设备布置的立管应设置承重支架和导向支架。立管导向支架间的最大间距应符合表 3 的规定。承重支架应设置在靠近设备管口处，如果管道荷载过大，可增设可变弹簧支吊架。

表 3　立管支架间的最大间距

立管公称直径/mm	≤50	80	100	150	200	250	300	350	400	600	800
最大间距/m	5	7	8	9	10	11	12	13	14	16	18

13.1.17　支吊架边缘与管道焊缝的间距不应小于 50mm，需要热处理的管道焊缝与支吊架的距离应不小于焊缝宽度的 5 倍，且不得小于 100mm。

13.1.18　当支吊架或管托需与合金钢、不锈钢管道直接焊接时，连接构件的材质应与管道材质一致或相当。

13.2 管道支吊架的设置

13.2.1 泵、压缩机等敏感设备的管口附近应设置支吊架。

13.2.2 泵进出口管道的支吊架应符合下列要求：

a)支吊架的位置应靠近泵进出口处；

b)泵的水平吸入管段宜布置可调支架或弹簧支架；

c)往复式泵的出口管道应选用合适的支吊架型式和合理的跨距。第一个支架不应采用吊架。

13.2.3 往复式压缩机的管道支架，宜设在靠近集中荷载（如切断阀、安全阀、法兰等）、管道拐弯、分支以及标高有变化处。

13.2.4 往复式压缩机进出口管道支架的型式和位置宜符合下列要求：

a)采用卡箍型支架；

b)支架的间距宜通过计算确定，管道支架的位置和型式应满足柔性计算和/或振动分析的要求；

c)第一个支架应靠近压缩机，但不得设置在机壳和底座上；

d)宜设置限位支架，并控制管道位移方向和承受管道热胀时对压缩机管口的推力或力矩。

13.2.5 当离心式压缩机进出管口均向下时，靠近管口的进出口管道上宜设置弹簧支吊架。

13.2.6 大中型压缩机进出口管道支架的基础应与厂房的基础分开。

13.2.7 管道固定支架的位置应符合下列要求：

a)满足管道柔性计算的要求；

b)在能充分利用管道自然补偿处；

c)"Π"形补偿器的两侧管道；

d)靠近需要限制分支管位移处；

e)需要承受管道振动、冲击载荷或需要限制管道多方向位移处。

13.2.8 操作温度等于或大于100℃和需用蒸汽吹扫的进出装置管道，应在装置边界附近设置固定支架。固定支架的位置应与装置外的管道布置协调。

13.2.9 安全泄压装置出口管道宜设刚性支架。

用词说明

对本规范条文中要求执行严格程度用的助动词，说明如下：

（一）表示要求很严格、非这样做不可并具有法定责任时，用的助动词为“必须”（must）；

（二）表示要准确地符合规范而应严格遵守时，用的助动词为：

正面词采用“应”（shall）；

反面词采用“不应”或“不得”（shall not）。

（三）表示在几种可能性中推荐特别合适的一种，不提及也不排除其他可能性，或表示是首选的但未必是所要求的，或表示不赞成但也不禁止某种可能性时，用的助动词为：

正面词采用“宜”（should）；

反面词采用“不宜”（should not）。

（四）表示在规范的界限内所允许的行动步骤时，用的助动词为：

正面词采用“可”（may）；

反面词采用“不必”（need not）。

石油化工金属管道布置设计规范

SH 3012—2011

(条文说明)

目　　录

1 范 围

本条规定了本规范的适用范围。规范内容主要是针对石油化工企业中金属管道布置设计,对于非金属衬里管道的布置设计应符合《石油化工非金属衬里管道技术规范》SH/T 3154 的规定,对于非金属管道的布置设计应符合《石油化工非金属管道技术规范》SH/T 3161 的规定。

2 规范性引用文件

引用文件中不注明日期的文件,最新版本使用于本规范。对于现行国家标准《用安装在圆形截面管道中差压装置测量满管流体流量》GB/T 2624 是由《用安装在圆形截面管道中差压装置测量满管流体流量 第1部分:一般要求》GB/T 2624.1、《用安装在圆形截面管道中差压装置测量满管流体流量 第2部分:孔板》GB/T 2624.2、《用安装在圆形截面管道中差压装置测量满管流体流量 第3部分:喷嘴和文丘里喷嘴》GB/T 2624.3 和《用安装在圆形截面管道中差压装置测量满管流体流量 第4部分:文丘里管》GB/T 2624.4 四部分组成。

3 一般规定

3.1 管道布置的一般要求

3.1.4 外部管道通过与其无关的工艺装置、系统单元或储罐组,操作、检修相互影响,管理不便。易发生泄漏的管道附件是指金属波纹管或套筒补偿器、法兰和螺纹连接等。若阀门及易发生泄漏的管道附件布置在泵房的上方,互相影响,增加火灾事故发生的几率。

3.1.5 装置界区接点处的管道布置方式、管道标高、介质流向、坡度及坡向等做到装置内外相协调,合理布置管道。

3.1.7 管道集中成排布置,有利于集中设置管架,管道布置美观,并方便操作、检修和管理。管沟易渗水、积聚油气,埋地管道泄漏不易发现,易发生火灾事故。一旦沟内积聚油气,遇明火则爆炸起火,沿沟蔓延,且不好扑救。

3.1.8 沿地面或低支架敷设的管道环绕工艺装置或罐区布置,对消防作业有较大影响。

3.1.20 根据安全需要,在此处设置隔断阀和盲板,便于装置管理;长度等于或大于 8m 的平台应从两个方向设梯子,以利迅速关闭阀门。

3.1.21 可燃气体、液化烃和可燃液体的管道穿过与其无关的建筑物时,操作、检修相互影响,管理不便,且存在安全隐患。

3.1.22 易发生泄漏的管道附件若无法避免,必须布置在人行通道或机泵的上方时,应设安全防护,一般采用保护罩。

3.1.24 工艺管道大多是可燃物料,检修时开挖道路,必然影响车辆正常通行,尤其发生火灾事故时,影响消防车通行,危害更大。公路型道路路肩也是可行车的部分,因此,也不允许敷设上述管道。

3.1.26 管道对转动机械设备管口的作用力和力矩必须满足制造厂的要求,否则推荐采用改变管道走向、增设限位支吊架、选用弹簧支吊架等措施;只有当空间受约束和工艺有要求时,才选用金属波纹管补偿器,但需要考虑金属波纹管补偿器是易泄漏的部件,也是管道系统中的薄弱环节,价格比较昂贵等因素。

3.1.33 管道上的焊缝布置在套管内时,不便于施工和焊缝处的泄漏检查。防火墙是用于隔断火灾、烟气及其辐射热,能防止火势和烟气向其他防火区域蔓延的墙体,若管道穿越此墙,一旦管道损坏,管道内介质泄漏会影响防火墙本身安全性能及可能造成两侧空间的火灾危害。

3.1.34 对人体有灼伤、皮肤(包括粘膜和眼睛)有刺激或渗透、以及容易被皮肤组织吸收而损害内部器官组织(俗称有毒)的化学品的石油化工装置,要设置安全喷淋洗眼器。安全喷淋洗眼器设置位置与可能发生事故点的距离,与使用或生产的化学品毒性、腐蚀性及其温度等因素有关。服务半径与国家现行标准《化工企业安全卫生设计规定》HG 20571 的要求一致。

3.1.35 软管站一般是为了吹扫、置换或检修等需要设置,由管道、阀门、软管接头、软管及软管架等组成。根据需要可由蒸汽、新鲜水、装置空气、氮气等 1 ~4 种介质组成。

3.1.36　法兰或螺纹连接易发生泄漏，只有由于制造、检修等原因才考虑采用；但焊接连接的强度和密封性能好，一般都采用此形式。

3.1.38　两焊缝间最小距离既考虑了结构的技术要求，又考虑了外观及施工，且与现行国家标准《石油化工金属管道质量验收规范》GB 50517 的规定一致。

3.2　管道的净空高度或埋设深度

3.2.1　对管道跨越厂内的铁路和道路时，净空高度除了按现行国家标准《工业企业总平面设计规范》GB 50187、《石油化工企业设计防火规范》GB 50160 和《工业金属管道设计规范》GB 50316 外，还与国家现行标准《石油化工厂区管线综合设计规范》SH/T 3054 协调一致。

3.2.2　与现行国家标准《工业金属管道设计规范》GB 50316 协调一致。

3.2.3　对管道穿越厂内的铁路和道路时，埋设深度除了按现行国家标准《工业金属管道设计规范》GB 50316 外，还结合石油化工厂的特点，管道输送的大部分介质都为可燃，因此从安全考虑，提出了加设套管的要求。对于液化烃管道的损坏，易引起爆炸危险，对埋设深度提出了更严格的要求。

3.2.12　本条是管沟内管道布置的规定。

g）款中可燃气体、液化烃和可燃液体的管道敷设在管沟内时，管道破损不易及时发现，沟内易积存污油和可燃气体，成为火灾和爆炸事故的隐患。另外为了阻止管沟内火灾蔓延和可燃气体或可燃液体流窜，应采取密封隔断；在沟内采取充沙等措施，防止可燃介质窜入和积聚。

3.3　管道间距

3.3.1　架空管道的净距要求与现行国家标准《工业金属管道设计规范》GB 50316 协调一致，对于管沟内管道，为了便于施工和检修，加大了管道间净距。

4　管廊的管道布置

4.1　一般要求

4.1.2　对于分期建设的装置，管道布置应符合分期建设的要求，如管廊上总管的端点采用法兰连接或设置切断阀门。

4.2　管道布置

4.2.1　本条是管廊上管道布置的规定：

a）款中大直径管道尽量靠近管廊柱子布置，有利于管廊的结构设计，经济合理；

e）款中液化烃和腐蚀性介质管道布置在下层，一旦发生泄漏，不会影响到管廊上的其他管道，减小事故的危害。

4.2.2　本条与现行国家标准《石油化工企业设计防火规范》GB 50160 和《工业金属管道设计规范》GB 50316 协调一致。

4.2.5　本条是管廊上排放系统总管布置的规定。

d）款中考虑到两相流的特点，且有利于防振和降低压降，要求支管顺介质流向 45°斜接。

5　常用设备的管道布置

5.1　塔的管道布置

5.1.1　对塔的周围进行功能分区，有利于平台、梯子和吊柱等的布置，便于操作和检修。

5.1.2　管道的位置与人孔、仪表、吊柱、平台及梯子等密切相关，如在吊柱活动的范围内不能有任何障碍物，并且旋转时可到达平台外起点上方，以及平台内所有人孔的位置；人孔的吊柱方位与梯子的位置相关，在事故时，人孔盖关闭方向与人疏散方向一致，使之不受阻挡。

5.2　反应器的管道布置

5.2.1　管道布置避开催化剂的装卸区域，管道的柔性满足催化剂的再生工况等。

5.2.5　为了避免堆积,管道采用倾斜布置;避免滞留,选用合适的阀门、管件和大曲率半径的弯管等措施。

5.3　管壳式换热器的管道布置

5.3.1　在管束或管壳的抽出区域内,不应有管道和其他障碍物,若有栏杆,栏杆为可拆卸。检修时,需拆卸管箱或封头,因此在其周围应有足够的空间。

5.3.5　若管道布置在换热器轴线的正上方时,下方是换热器的可拆卸部分,不便于吊装;无法避免时,管道上要求设置可拆卸管段,但会增加泄漏点。

5.4　重沸器的管道布置

5.4.2　重沸器的出口与塔的管口直接连接时,可减小阻力降,若荷载条件许可,最好利用塔体支撑重沸器,既便于解决管道的柔性和重沸器管口的受力,又节约了投资。

5.5　空冷器的管道布置

5.5.1　为了使流体能从总管均匀地分配到各冷却管束,避免流体走短路,达到冷却效果,通常采用对称布置。

5.5.3　在空冷器管口所受到的作用力和力矩符合要求的前提下,空冷器的进出口集合管尽量靠近空冷器管口布置,既节省管道的材料,降低管道的阻力降,又便于管道支吊架的设置。

5.6　加热炉的管道布置

5.6.2　加热炉按结构外形分类,有圆筒炉、箱式炉、立式炉和多室箱形炉等,相关管道是指物料、燃料、灭火、吹灰、清焦等系统。

5.6.5　从安全考虑,一旦加热炉发生事故,先切断燃料,燃料总管上的切断阀距加热炉炉体需保持一定距离,便于人员靠近和操作,此要求与蒸汽分配管的规定一致。

5.7　容器的管道布置

5.7.1　对容器的周围进行功能分区,有利于平台、梯子和仪表等的布置,便于操作和检修。

5.8　泵的管道布置

5.8.3　《工业金属管道设计规范》GB 50316、《Recommended Practices for Machinery Installation and Installation Design》API RP686 和国外工程公司都要求离心泵入口处水平的偏心异径管采用顶平布置,因此,为了与其他规范协调一致,将原条文“当管道从上向下进泵时,宜采用底平安装。”的内容修改。

5.8.4　临时过滤器通常用于试车期间,当管道吹扫或冲洗干净后可拆除。为了便于拆卸,需要设置一段带法兰的短管,并备有一个与临时过滤器同厚的垫环,以置换临时过滤器。

5.9　压缩机的管道布置

5.9.8　为了流体分布均匀,离心式压缩机进口管弯头或三通与压缩机管口法兰之间需设置一段直管段,制造厂或《Recommended Practices for Machinery Installation and Installation Design》API RP686 一般都有要求,直管段的长度一般为 3 ~ 5 倍压缩机进口的管口直径。

5.9.9　离心式压缩机管口为上进上出或侧进上出时,出于压缩机检修的需要,一段都需设置可拆卸短管。

5.10　蒸汽轮机的管道布置

5.10.1　蒸汽轮机驱动压缩机时,蒸汽轮机的进出口管道和压缩机的进出口管道的布置型式需协调,且需统一规划。

6　特殊管道的布置

6.1　液化烃管道的布置

6.1.2　液化烃管道系统中前后有切断阀切断时,切断阀间的管段有一定的容积,受到太阳辐射或其他原因引起温度升高,液化烃汽化,压力增大,易发生事故。一般可采取加设安全阀或管道隔热等措施。

6.2 氢气管道的布置

6.2.3 湿氢管道有积水和排水的问题，要求坡度不小于0.003，且与现行国家标准《氢气站设计规范》GB 50177的规定一致。

6.2.4 此要求符合现行国家标准《氢气使用安全技术规程》GB 4962的规定。目的是为了避免氢气放空时，遭雷击引起燃烧爆炸事故，且阻止事故蔓延。

6.3 氧气管道的布置

6.3.5 与现行国家标准《深度冷冻法生产氧气及相关气体安全技术规程》GB 16912和《氧气站设计规范》GB 50030协调一致。

6.4 真空介质管道的布置

6.5 低温介质管道的布置

6.5.4 为了拆卸螺栓时不破坏管道或主管道上的保冷层，一般不允许弯头或三通直接焊接法兰。

6.6 极度危害介质管道的布置

6.6.1～6.6.2 与现行国家标准《工业金属管道设计规范》GB 50316协调一致。

6.7 气流输送介质管道的布置

6.7.2～6.7.3 气流输送介质管道的布置一般考虑粒子特性、散料特性、休止角、输送方式、工艺要求、流动方向等综合因素确定。P&ID或风送系统制造商一般都有要求，弯管的曲率半径一般取输料管公称直径的4～12倍。

6.7.5 输送方式有稀相悬浮流输送、密相流化床输送、密相栓流输送等。对于密相输送，振动的振幅和冲击力较大，管道的跨距一般比正常值要小。

7 取样管道的布置

7.1 一般要求

7.2 取样管的布置

7.2.5 化验室内有非防爆电气设备，还有电烘箱、电炉等明火设备，所以不应将可燃气体、液化烃和可燃液体的取样管道引入化验室内，以防止因泄漏而发生火灾事故。

8 泄放管道的布置

8.1 放空与放净管道的布置

8.1.3 管道放空或放净的大小根据P&ID、U&ID或工程规定的等要求确定。

8.1.7 出于安全考虑，避免介质泄漏，极度危害介质管道的放空或放净一般都设置双阀，放空或放净的介质不允许排入下水道及大气中。此要求与现行国家标准《工业金属管道设计规范》GB 50316协调一致。

8.1.8 与现行国家标准《工业金属管道设计规范》GB 50316协调一致。

8.1.11、8.1.15 此要求与现行国家标准《石油化工企业设计防火规范》GB 50160协调一致。

8.2 泄压排放管道的布置

8.2.2、8.2.4 此要求与现行国家标准《石油化工企业设计防火规范》GB 50160协调一致。

8.2.5 根据蒸汽的操作压力及排放时影响范围，对排放口的高度进行了细分。

9 公用系统管道的布置

9.1 蒸汽管道的布置

9.1.5 蒸汽管道的低点根据蒸汽的操作压力和操作温度来设置排液设施，如对于操作压力等于或大于10.0MPa的过热高压蒸汽，可只设阀门；对于饱和蒸汽的低点一般需要设置分液包、阀门和疏水阀等，以利于凝结水的排出。

9.1.8 为了避免打开放空管的阀门时积液烫伤人，需在低点设置排液孔，并引至安全地方。

9.1.10 固定式蒸汽灭火系统一般采用筛孔管,半固定式蒸汽灭火系统可采用软管站中的蒸汽接头。蒸汽可能与介质发生剧烈反应时不得采用蒸汽灭火,此外使用蒸汽灭火时需控制蒸汽流速,避免蒸汽流速过高会产生静电,发出火花。

9.2 凝结水管道的布置

9.2.3 为了减小阻力降,避免水锤,支管一般采用顺介质流向45°斜接在凝结水回收总管顶,国外工程公司大多数都是从公称直径等于或大于50mm时,才采用上述方式,故此将原条文修改。

9.3 空气管道的布置

9.4 氮气管道的布置

9.5 地上水管道的布置

10 阀门的布置

10.1 一般要求

10.1.4 对于极度危害介质和强腐蚀性介质,为了避免阀门本体或法兰连接处的泄漏损伤人的脸部和眼睛,故要求不布置在人的头部高度范围。

10.1.7 明杆式阀门是阀杆随阀芯开启或关闭而升降,暗杆式阀门是阀杆随阀芯开启或关闭只是旋转而使阀芯升降,阀杆位置无变化。明杆式阀门有手轮不动阀杆位置变化及手轮和阀杆位置一起变化等两类。

10.1.10 低温阀门一般是指设计温度低于-46℃工作的阀门,其特点是在主阀体与操作手轮之间装有气柱和加长阀盖结构,这种结构的作用使阀门从极低温度到工作点有一个温度梯度,等于或大于工作点时,气柱将处于某一能使液化气体不再是液态而回复为气态的温度,并且阀盖加长的长度应能使阀杆填料的材料保持在允许操作的公称温度范围内。为了避免液态介质充满气柱,阀门要求装在水平管道上,阀杆方向一般要求垂直向上。

10.1.13、10.1.14、10.1.19 此要求与现行国家标准《石油化工企业设计防火规范》GB 50160协调一致。

10.2 安全阀的布置

10.2.2 安全阀设置位置应尽量减小压力波动的影响,如《Sizing, Selection, ang Installation of Pressure - Relieving Devices In Refineries》API 520和《化工装置管道布置设计规定》HG/T 20549中对安全阀与振动源间的距离都有规定。

10.2.3 根据《安全阀安全技术监察规程》TSG ZF001的规定,安全阀需要进行定期校验和定期检查,定期校验一般每年至少一次,因此需要设置平台和吊装设施。

10.2.8 为了减小阻力降,降低冲击力和安全阀的背压,支管一般采用顺介质流向45°斜接在排放总管顶部,如《Pressure - Relieving and Depressuring Systems》API 521也是这样规定,国外工程公司大多数都是从公称直径等于或大于50mm时,才采用上述方式,故此将原条文修改。

10.2.9 对于直接向大气排放的安全阀,避免积液增加安全阀的背压及排放时烫伤人,需在低点设置排液孔。

10.3 气动调节阀的布置

10.3.10 对于低温介质或高温介质管道上调节阀组的支架设置,通常需要经管道应力分析后确定;一般按照阀组连接管道的走向,选择固定支架或限位支架,整个阀组一般只设一个固定支架或限位支架,其他为滑动支架或导向支架。

10.4 止回阀的布置

10.5 减压阀的布置

10.5.2 为了避免产生冲击,减少对弯头的磨损,要求阀后设置一段直管。

10.6 疏水阀的布置

10.6.6 为了防止凝结水倒流,要求阀后设止回阀,但对于有止回功能的疏水阀,阀后可不设。

11 管件和管道附件的布置

11.1 管件的布置

11.1.4 由于在裙座内法兰或螺纹连接处的泄漏不容易发现，存在安全隐患，另外也不便于施工和检修。

11.1.5 为了便于润滑油管道清洗及酸洗钝化，要求分段设置法兰，每段管道上的弯头数量一般不超过2个。

11.2 阻火器的布置

11.3 过滤器的布置

11.4 补偿器的布置

11.4.5 套管式补偿器或球形补偿器易泄漏，出于安全考虑，对于可燃介质管道和有毒介质管道不得选用。

12 管道上的仪表或测量元件的布置

12.1 一般要求

12.2 流量测量仪表的布置

12.2.1 对于孔板、喷嘴、文丘里管等差压式流量计的安装要求，若仪表专业无条件时，可按照现行国家标准 GB/T 2624.1 ~ GB/T 2624.4 查取。

12.3 压力测量仪表的布置

12.4 温度测量仪表的布置

12.5 物位测量仪表的布置

12.5.6 放射性物位计是一种使用于特殊场合的仪表，一般用于固体介质的物位测定，制造厂的要求各不相同，故规定要满足制造厂及相关国家标准的要求。

13 管道支吊架的布置

13.1 一般要求

13.1.12 考虑到高温介质、低温介质和蒸汽等管道的变形较大，若用上述管道支撑其他管道，互相影响，因此作上述规定。

13.2 管道支吊架的设置

13.2.1 泵、离心式压缩机、蒸汽轮机等设备管口的许用力和力矩有限制，管道的荷载尽可能的由管道自身的支吊架承担，一般需要在管口附近设置合理的支吊架，满足管口受力的要求。

13.2.5 离心式压缩机进出管口均向下时，机体和管道的热膨胀均向下，另外管道的荷载需由管道上的支吊架承担，因此，靠近管口一般都设置弹簧支吊架。

4. 石油化工给水排水管道设计规范

（SH 3034—2012
代替 SH 3034—1999）

目 录

1 范 围

本规范规定了石油化工给水排水管道设计的要求。

本规范适用于石油化工给水排水管道的设计。

2 规范性引用文件

下列文件对于本规范的应用是必不可少的。凡是注日期的引用文件，仅注日期的版本适用于本规范。凡是不注日期的引用文件，其最新版本（包括所有的修改单）适用于本规范。

GB 50011　建筑抗震设计规范

GB 50013　室外给水设计规范

GB 50014　室外排水设计规范

GB 50015　建筑给水排水设计规范

GB 50016　建筑设计防火规范

GB 50025　湿陷性黄土地区建筑规范

GB 50032　室外给水排水和燃气热力工程抗震设计规范

GB 50160　石油化工企业设计防火规范

GB 50233　建筑工程抗震设防分类标准

CECS 10　埋地给水管道水泥砂浆衬里技术标准

SH 3010　石油化工设备和管道隔热技术规范

SH 3015　石油化工企业给水排水系统设计规范

SH 3024　石油化工企业环境保护设计规范

SH/T 3073　石油化工管道支吊架设计规范

HG/T 3091　橡胶密封件给、排水管及污水管道用接口密封圈材料规范

SY 0007　钢质管道及储罐腐蚀控制工程设计规范

SY 0061　埋地钢质管道外壁有机防腐层技术规范

SY/T 0321　钢质管道水泥砂浆衬里技术标准

SY/T 0407　涂装前钢材表面预处理规范

SY 0414　钢质管道聚乙烯胶黏带防腐层技术标准

SY/T 0415　埋地钢质管道硬质聚氨酯泡沫塑料防腐保温层技术标准

SY/T 0420　埋地钢质管道石油沥青防腐层技术标准

SY/T 0447　埋地钢质管道环氧煤沥青防腐层技术标准

CJJ 101　埋地聚乙烯给水管道技术规程

CECS 17　埋地硬聚氯乙烯给水管道工程技术规程

3 术语和定义

下列术语和定义适用于本规范。

3.1　安息角　repose angle

散料（砂、土壤等）在堆放时能够保持自然稳定状态的最大角度（单边对地面的角度）。

3.2　基岩　bedrock

高温高压下形成的矿物风化作用后，被破坏而形成在常温常压下较稳定的新矿物所构成的陆壳表层风化层之下的完整的岩石。

3.3　流槽　flume

为保持流态稳定，避免水流因断面变化产生涡流现象而在检查井内部设置的弧形水槽。

3.4 清净废水 non-polluted wastewater

未受污染或受较轻污染以及水温稍有升高，不经处理即符合排放标准的废水。

3.5 卡箍 coupling

以金属加工成型的圆环状作为钢管平口接头连接件的一种连接方式。

3.6 饱和指数 saturation index(Langelier index)

用以定量预测水中碳酸钙沉淀或溶解倾向性的指数。

注：饱和指数用水的实际 pH 值减去其在碳酸钙处于平衡条件下理论计算的 pH 值之差表示。

3.7 稳定指数 stability index(Lyzner index)

用以相对定量预测水中碳酸钙沉淀或溶解倾向性的指数。

注：稳定指数用水在碳酸钙处于平衡条件下理论计算的 pH 值的两倍减去水的实际 pH 值之差表示。

3.8 覆土深度 covered depth

埋地管渠外顶至地表面的垂直距离。

3.9 埋设深度 buried depth

埋地管渠内底至地表面的垂直距离。

3.10 水锤 surge or water hammer

又称水击，压力管道中，由于流速剧烈变化而引起的压力交替升降的水力冲击现象。

3.11 防潮门 tide gate

为防止潮水倒灌在排水管出口处设置的单向启闭的阀。

3.12 倒虹管 inverted siphon

从河道、铁路等障碍物下绕过的管道敷设形式。

3.13 阴极保护 cathodic protection

借助于外加的阳极或直流电源而将金属设备作为阴极保护起来的电化学保护法。

3.14 柔性接口 gentle joint

允许连接管道在一定范围内借转的接口。

3.15 复合管 composite pipe, compos

两种或两种以上材料或由不同材质的同种材料组成管壁结构的圆管。

3.16 排气阀(进排气阀) exhaust valve

一种同时具备大、小进排气孔，当管道空管充水时实现快速排气，当管道内产生负压时又能快速进气，且在工作压力下可排出管道中集结的微量空气的阀门。

注：排气阀按结构型式可分为整体式和分体式。

3.17 防水套管 water string

管道穿墙防止地下水渗漏的防水器材。

3.18 生产污水 polluted industrial wastewater

被污染的生产废水。还包括水温过高，排放后造成热污染的工业废水。

3.19 管顶平接 pipeline to connect the top

上游管道终端和下游管道起端的管项标高相同的管道衔接方式。

4 一般规定

4.1 在地震、湿陷性黄土地区、多年冻土以及其他地质特殊地区设计给水排水管道工程时，尚应按 GB 50011、GB 50025、GB 50233 等有关规范或规定执行。

4.2 水源地至企业的输水管道设计流量，应按最高日平均小时设计用水量与给水净化场(站)的小时自用水量之和确定。

4.3 向配水管网输水的管道设计流量，应按最高日最高时设计用水量确定。当其负担消防用水时，应按

GB 50160 和 GB 50016 的有关规定执行。

4.4　厂内管道设计流量，应按 SH 3015 确定。

4.5　穿越或跨越国家铁路、公路、河流等的给水排水管道，应征得有关部门的同意。

4.6　装置或单元给水排水管道的进、出口方位，应结合全厂性给水排水管道的布置确定，并减少进、出口管道的数量。

4.7　除消防给水管道外进入装置（或单元）的压力流管道应设置计量仪表；排出装置或单元的压力流、重力流管道应设置计量仪表和取样设施，企业出水口应设置计量、检测和取样设施；计量、检测设施的设置应符合 SH 3024 的有关规定。

4.8　给水排水管道不得穿过设备基础、柱基础和建筑物的伸缩缝、沉降缝。如必需穿过时，应采取相应的技术措施。

4.9　装置或单元内管径小于等于 500mm 的给水管道、输送有腐蚀性介质的管道及压力流污水管道宜架空敷设。

4.10　给水排水管道及其附件的材质，应根据水压、水质、外部荷载、土壤性质、建设要求以及材料供应等确定。

4.11　生活给水管道应符合下列卫生防护要求：

a）严禁与非生活给水管道直接连接；

b）当生活给水管道穿过地下有污染的地段时，应采取防止生活给水受污染的措施；

c）生活给水管道的放水管、水池溢流管应有防止受污染的隔断措施。

4.12　严禁在高压消防水管道上接出非消防用水管道。

4.13　含可燃液体的污水管道的设置应符合 GB 50160 的有关规定。

4.14　埋地管道上的阀门可地下或半地下设置。当地下设置时，阀门可设在阀门井或套筒内；计量仪表应设置在仪表井内。

4.15　工厂重力流排水管道的出水口受水体洪水或潮水位顶托时，应设置防潮门、提升泵。

5　管道

5.1　管道敷设与阀门设置

5.1.1　给水排水干管的平面布置和埋深，应根据地形、工厂总平面布置、给排水负荷、道路型式、冰冻深度、工程地质、管道材质、施工条件等综合考虑确定。

5.1.2　厂区内主干管，宜靠近水负荷大的装置或单元敷设。

5.1.3　埋地给水排水管道平行敷设时的最小净距，应符合下列规定：

a）管径小于等于 200mm 时，管道间净距不宜小于 0.4m；管径在 250～600mm 时，管道间净距不宜小于 0.5m；管径大于 600mm 时，管道间净距不宜小于 0.6m；

b）管道外壁与相邻管道上的给水排水井外壁的净距不宜小于 0.2m；

c）相邻管道底标高不同时，较深管道宜敷设在较浅管道外缘或管道基础底面外缘的地基土的安息角以外。

5.1.4　室内给水排水管道不得从配电室、控制室、天秤室、色谱室等室内通过，不得布置在遇水会引起燃烧、爆炸的原料、产品和设备上面。

5.1.5　给水排水管道穿过承重墙、建筑物基础时，应预留孔洞或设置套管，管顶上部净空不应小于建筑物的沉降量，且不应小于 0.1m。

5.1.6　给水排水管道不宜在车行道下纵向敷设，如需敷设应根据道路荷载、埋设深度等因素采取相应的加固措施，生产污水管道不应敷设于车行道下。

5.1.7　埋地管道交叉时，应符合下列规定：

a)管道间净距不宜小于0.10m;

b)小管径管道宜避让大管径管道,压力流管道宜避让重力流管道;

c)采用铸铁管或非金属管道的生活给水管道应敷设于污水管道的上面,在交叉处3m范围内不得有管接头。当不能满足要求时,生活给水管道应采取相应保护措施;

d)重力流管道可采用倒虹管避让其他管道。

5.1.8 埋地管道与建、构筑物外墙之间的水平净距不宜小于3m,当不能满足时,管道应采取保护措施。

5.1.9 管道穿越厂区铁路和主要道路,当不设套管时,应符合下列规定:

a)压力流管道宜采用钢管;

b)重力流管道宜采用球墨铸铁管或预应力钢筋混凝土管;

c)给水排水管道宜同沟敷设,并应考虑防止水质污染的措施。

5.1.10 消防给水管道及其设施的设置,应符合GB 50160及GB 50016的有关规定。

5.1.11 重力流管道由缓坡变为陡坡处,其管径变换可根据水力计算确定。当管径为250~300mm时,可减小一级;大于等于350mm时,可减小两级。

5.1.12 重力流输泥管道的管径不得小于200mm。污泥含水率小于95%且间断运行的输泥管道,应设有防沉积措施。

5.1.13 设计合流制管道时,应设置防止在压力流情况下发生接户管倒灌的措施。

5.1.14 重力流管道在检查井处变化管径时,宜采取管顶平接。

5.1.15 给水管道的下列部位应设置阀门:

a)由干管接至装置或单元的管道;

b)室内给水的进户管;

c)两根及两根以上输水管道的分段和连通处;

d)厂区环状管网的分段和分区处;

e)穿越或跨越铁路和河流的管道上游侧。

5.1.16 压力流管道的隆起点和平直段的必要位置上,应设排(进)气阀;低处应设泄水阀。其数量和直径应通过计算确定。

5.1.17 管径大于等于800mm给水管道上的阀门直径可比管径小一级。

5.1.18 地面架空管道应有调节管道伸缩措施,并根据计算设置。

5.1.19 室外埋地管道的强度及刚度计算,应配合相关专业进行。

5.2 管道基础与埋深

5.2.1 埋地管道的基础处理,应根据土壤性质、管道材质、外部荷载及地下水水位等因素确定,混凝土管道及湿陷性黄土地区管道基础可按现行《给水排水标准图》04S516及04S531-1选用,也可以按当地情况经计算确定,并应符合下列规定:

a)压力流管道,当地基为原土时,可直接敷设:当为基岩时,应做150~200mm厚的砂垫层;

b)重力流排水管道采用混凝土管、钢筋混凝土管时,宜做带形混凝土基础;

c)采用塑料管及复合管时应符合CJJ 101、CECS 17标准;

d)当为回填土、淤泥、流砂软弱土质或其他承载能力达不到设计要求的地基时,应进行地基和基础处理。

5.2.2 压力流承插式管道在垂直或水平方向转弯处支(挡)墩的设置,应根据管径、转弯角度、试压标准、接口摩擦力和土壤承载力等因素,通过计算确定。

5.2.3 给水排水管道的埋设深度,应根据土壤冰冻深度、外部荷载、管径、管材、管内介质温度及管道交叉等因素确定,并应符合下列规定:

a)不考虑季节性冻土地区,车行道下管项覆土厚度不宜小于0.7m;当穿越厂区铁路时,管顶距铁路轨底

不应小于1.2m,在保证管道受外部荷载不被破坏条件下,埋设深度可酌情减小;

b)考虑季节性冻土地区管道埋深规定如下:

1)循环水管道可不受冻土深度限制,但对管径较小和间断用水可能冻结的管道应敷设在土壤冰冻线以下;

2)管径小于500mm的其他给水管道,管项不宜高于土壤冰冻线;

3)管径大于等于500mm的其他给水管道,其管底可敷设在土壤冰冻线以下0.5倍的管径处;

4)无保温措施的重力流管道(如生活污水管道、生产污水管道)的干管、支干管管底可在土壤冰冻线以上0.15m;有特殊情况的管道,管底在冰冻线以上距离可加大,其数值视该地区条件或相似地区经验值确定;

5)雨水管道敷设于土壤冰冻线以上时,应有防止土壤冻胀破坏管道及接口的措施;

6)埋地敷设的独立消防给水管道应埋设在冰冻线以下,管顶距冰冻线不应小于0.15m。

5.3 管道支吊架

5.3.1　架空管道支吊架的结构件应具有足够的强度和刚度。除选用标准支吊架零部件外,支吊架结构和连接应进行强度和刚度计算。

5.3.2　架空管道支吊架的间距应符合管道允许的跨距。

5.3.3　当有阀门等集中荷载时,支吊架宜设置在集中荷载处。

5.3.4　支吊架宜设置在直管段上,不宜设置在局部应力较高的部位。

5.3.5　管道支吊架的设置与计算应符合SH/T 3073的规定。

6　附属构筑物

6.1 给水排水井

6.1.1　井室结构材质,应符合下列规定:

a)阀门井、仪表井、消火栓井,当地下水位高于井底时,宜选用混凝土井或钢筋混凝土井,管道穿井壁处应设防水套管,井底宜设集水坑;

b)生产污水管道的检查井、水封井、跌水井应选用混凝土井或钢筋混凝土井,管道穿井壁处应设防水套管;

c)雨水管道、生产清净废水管道和生活污水管道的检查井可选用砖砌井,当兼作事故污水输送时,选用钢筋混凝土井;对地下水位高的寒冷地区,其检查井宜采用混凝土井或钢筋混凝土井;

d)给水排水井的井盖,宜采用球墨铸铁井盖、钢制井盖或复合材质井盖。寒冷地区地下式消火栓井,应设内层保温井盖。

6.1.2　井内阀门的安装尺寸应满足下列规定:

a)阀门井的选型应满足阀门安装要求,井室高度应便于操作和检修;

b)阀门法兰外缘至井内壁及井底的距离:阀门直径小于300mm时,不得小于0.4m:大于等于300mm时,不得小于0.6m;

c)带有旁通阀的阀门,旁通阀法兰外缘至井内壁或相邻阀门(或阀体)法兰外缘的距离不得小于0.4m;

d)阀门手轮距阀门井盖座的净距不得小于0.5m,当采用明杆闸阀时,全开启的阀杆顶距井内顶的净距不得小于0.2m。

6.1.3　地下式消火栓在井内的安装尺寸,应符合下列规定:

a)消火栓出水接口中心至井内壁的距离不应小于0.4m;栓口至井盖的距离宜为0.2~0.4m;

b)承插管的承口边至井内壁的距离不应小于0.4m。

6.1.4　重力流干管上的检查井,应设在管道的交汇处、转弯处、管径或坡度改变处和跌水处以及直线管段上每隔一定距离处。检查井在直线管段上的最大间距不应大于表6.1.4的规定。

表 6.1.4 检查井最大间距

管径/mm	最大间距/m	
	生活污水或生产污水管道	雨水或合流管道
200～400	40	50
500～700	60	70
800～1000	80	90
1100～1500	100	120
>1500	120	120

6.1.5 穿越铁路、河流、重要公路的管道两端的阀门井或检查井，当深度超过 4m 时，宜设工作室或操作台，其净高不宜小于 2m。

6.1.6 检查井井径应根据进、出管径及覆土厚度等因素确定，宜采用直径不小于 1m 的圆形井或 1.0m×1.0m 的方形井。

6.1.7 不设沉泥槽的检查井，井底宜设流槽，流槽顶应为管径的 0.5～0.85 倍。管道转弯处的检查井流槽中心线的转弯半径，不宜小于管道直径。

6.1.8 车行道路上的检查井，应采用重型井盖，井盖与道路取平。道路以外的非铺砌地面检查井，宜采用轻型井盖，井盖可高出周围地面 50～200mm。

6.1.9 甲、乙类工艺装置区内的生产污水检查井井盖与盖座接缝应考虑密封，且井盖不得有孔洞。

6.1.10 给水排水井距建筑物外墙的最小净距不宜小于 2m。

6.1.11 在同一标高处接入检查井的支管数不宜超过 3 条。

6.1.12 有腐蚀性污水的检查井，其内壁应根据污水性质进行防腐处理。

6.1.13 当排水管道的干管、支干管的跌水水头为 1～2m 时，宜设跌水井；跌水水头大于 2m 时，应设跌水井。管道转弯处不宜设跌水井。

6.1.14 跌水井的进、出管管径小于等于 200mm 时，一次跌水水头高度不宜大于 6m；管径为 300～400mm 时，一次跌水水头不宜大于 4m。管径大于 400mm 时，其一次跌水水头及跌水方式应按水力计算确定。跌水方式可采用竖管或矩形竖槽。

6.2 水封

6.2.1 生产污水管道的下列部位应设水封：

a）工艺装置内的塔、加热炉、泵、冷换设备等区围堰的排水出口；

b）工艺装置、罐组或其它设施及建筑物、构筑物、管沟等的排水出口管道上；

c）全厂性的支干管与干管交汇处的支干管上；

d）全厂性支干管、干管的管段长度超过 300m 的上游管道上。

6.2.2 当建筑物用防火墙分隔成多个防火分区时，每个防火分区的生产污水管道应有独立的排出口并设水封。

6.2.3 工艺装置的生产污水管道独立的排出口，应在装置内设置水封；罐组内的生产污水管道独立的排出口，应在防火堤外设置水封。

6.2.4 重力流循环冷却回水管道在工艺装置总出口处应设水封。

6.2.5 污染雨水水封设置宜符合生产污水水封设置要求。

6.2.6 雨水管道、污水管道在通过工厂和油库的围墙处应设水封。

6.2.7 事故排水收集系统水封设置应符合生产污水水封设置要求。

6.2.8　雨水系统兼顾作为事故排水收集系统时，在出装置的雨水管道上宜设置水封。

6.2.9　水封井宜采用甲、乙、丙三种型式，见图 6.2.9－1～图 6.2.9－3，排气管高度应符合 GB 50160 规定。

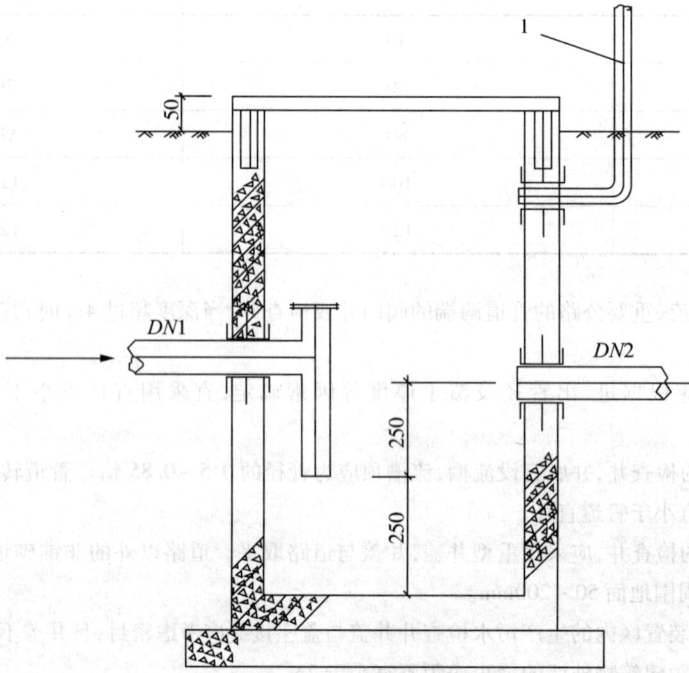

1－排气管

图 6.2.9－1　甲型水封井

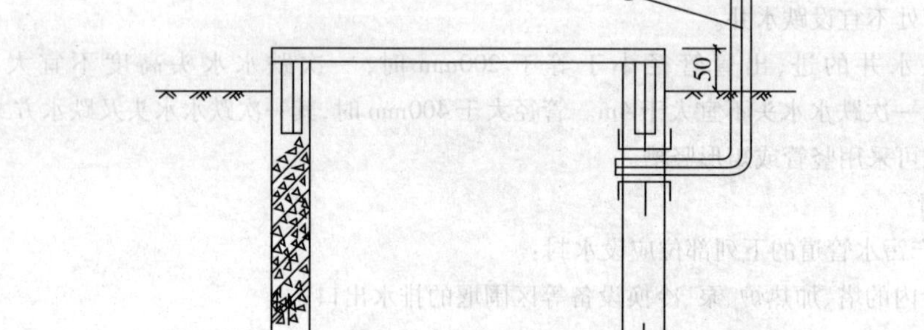

1－排气管

图 6.2.9－2　乙型水封井

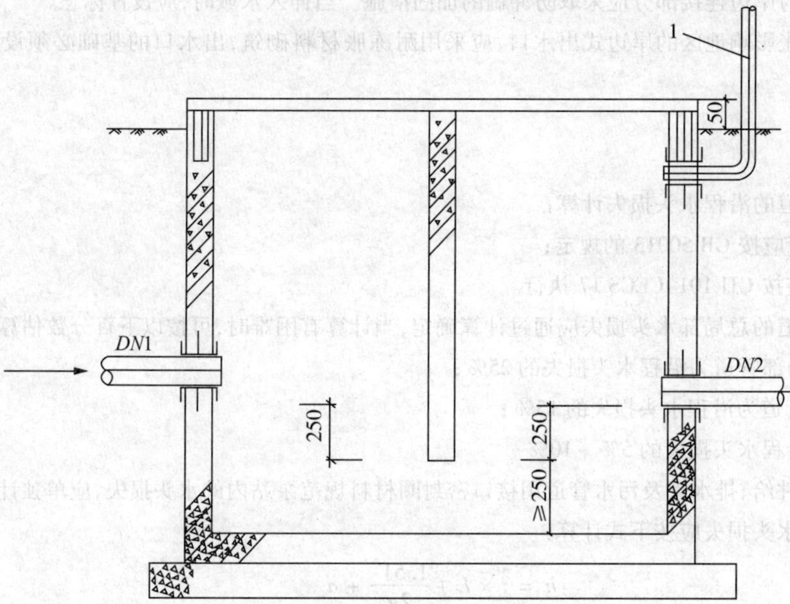

1–排气管

图 6.2.9–3 丙型水封井

甲型水封井的进、出管管径不宜大于 200mm。当采用乙型水封井时，其上游管段充水长度不宜大于 5m。

6.2.10 水封井的水封高度不应小于 250mm。水封井底部宜设置沉泥槽，其净深不宜小于 250mm。水封井的水头损失可取 0.05m。

6.2.11 水封井不得设在车行道上，并应远离可能产生明火的地点。

6.3 倒虹管

6.3.1 穿越河流、障碍物等的倒虹管，应按 GB 50014 的有关规定执行。

6.3.2 厂内倒虹管，应符合下列规定：

a）最小管径不应小于 200mm；

b）管内设计流速宜大于 0.9m/s。

6.3.3 倒虹管进水井前第一个检查井内，应设置沉泥槽。

6.4 雨水口

6.4.1 厂区雨水口的型式、数量和位置，应根据工厂的竖向布置、道路型式、汇水面积产生的流量等确定。

6.4.2 雨水口间距宜为 25～50m。连接管串联雨水口的个数不宜超过 3 个，雨水口连接管长度不宜大于 25m。雨水口连接管管径不宜小于 200mm，坡度宜为 0.01。

6.4.3 当工厂道路纵坡大于 0.02 时，雨水口的间距可适当加大。道路较短时，可在最低处集中收水，雨水口的数量可适当增加。

6.4.4 工厂的装置区、罐区、仓库区、装卸站台以及低洼和易积水的主要交通地段等，应根据需要适当增加雨水口。

6.4.5 雨水口的有效深度不宜大于 1.0m，并根据需要设置沉泥槽。如需要浅埋时，应采取加固措施。有冻胀影响地区雨水口的深度，可根据当地经验确定。

6.5 出水口

6.5.1 工厂出水口的位置、型式，应根据《环境影响评价报告》的推荐位置，并结合工程地质情况等综合因素确定。

6.5.2　出水口与岸边连接部分应采取防冲刷的加固措施。当伸入水域时，应设置标志。

6.5.3　在有冻胀影响地区的岸边式出水口，应采用耐冻胀材料砌筑，出水口的基础必须设置在冰冻线以下。

7　水力计算

7.1　压力流管道的沿程水头损失计算：

a）钢管和铸铁管应按 GB 50013 的规定；

b）非金属管道应按 CJJ 101、CECS 17 执行。

7.2　压力流管道的总局部水头损失应通过计算确定，当计算有困难时，可按以下百分数估算：

a）装置或单元内部管道为沿程水头损失的 25%；

b）全厂性给水管道为沿程水头损失的 15%；

c）输水管道为沿程水头损失的 5% ~10%。

7.3　橡胶密封件给、排水管及污水管道用接口密封圈材料规范泵站内的水头损失，应单独计算。

7.4　倒虹管的水头损失应按下式计算：

$$h = i \times L + \frac{1.5V^2}{2g} + a \tag{7.4}$$

式中　h——倒虹管道水头损失，m；

L——倒虹管道长度，m；

V——倒虹管道内流速，m/s；

g——重力加速度，取 9.8m/s²；

a——水头损失裕量，可取 0.05 ~0.08m；

i——管道单位长度水头损失，m/m。

7.5　重力流污水管道的最大设计充满度应符合表 7.5 的要求。

表 7.5　最大设计充满度

管径/mm	最大设计充满度
150 ~300	0.55
350 ~450	0.65
500 ~900	0.70
≥1000	0.75

7.6　重力流管道的设计流速，应执行 GB 50014 的规定。

7.7　室外重力流管道的最小设计坡度宜符合表 7.7 规定。

表 7.7　最小设计坡度

管径/mm	最小设计坡度
150	0.007
200	0.005
250	0.004
300	0.002

7.8　室内排水管道的设计坡度，应执行 GB 50015 的规定。

7.9 重力流管道的最小设计管径应符合下列规定：

a)装置或单元内与室内清净废水的排水管道不宜小于75mm；

b)食堂排水管道的管径不宜小于150mm；

c)浴室内、厕所大便器排水管道的管径不宜小于100mm；

d)建筑物外第一座检查井后的污水管道以及全厂性排水管道的管径，不应小于200mm；雨水管道的管径不应小于300mm。

7.10 压力流管道宜进行必要的水锤分析计算，并对管路系统采取相应的水锤防护措施。

8 管道选材及连接

8.1 管道选材

8.1.1 给水排水管道材质的选择，应根据压力、水质、管径、水温、厂区地形、地质、地下水位、施工条件、管材供应等条件，按照运行安全、经济合理、施工方便的原则确定。

8.1.2 压力流管道管材选择，宜按下列规定选用：

a)生活给水管地上敷设时，宜采用给水塑料管、塑料和金属复合管、热浸镀锌钢管等；

b)生活给水管道埋地敷设时，宜采用给水塑料管、塑料和金属复合管或热浸镀锌钢管、球墨铸铁管等；

c)生产给水(新鲜水)、循环水、消防给水管道，宜采用钢管；

d)回用水、压力流污水管道等，宜采用塑料和金属复合管等抗腐蚀管材；

e)原水输送管道宜采用钢管、非金属材料管、球墨铸铁管、预应力钢筋混凝土管等。

8.1.3 重力流管道的材质选择，宜按下列规定选用：

a)生活排水埋地管道，宜采用塑料管、承插式混凝土管、钢筋混凝土管、球墨铸铁管等；

b)生产污水、清净废水等埋地管道，宜采用球墨铸铁管、塑料管、玻璃钢管等；

c)雨水、污染雨水管道，宜采用混凝土管、钢筋混凝土管、塑料管、玻璃钢夹砂管等；

d)建筑内部排水管道宜采用建筑排水塑料管及管件、柔性接口机制排水铸铁管及相应管件。

8.1.4 输送有腐蚀性介质的管道，根据介质性质、敷设方式，应采用耐腐蚀性管材或在管道内壁采取防腐蚀措施。

8.2 管道连接

8.2.1 钢管连接，埋地敷设时应采用焊接；架空敷设时可采用焊接、法兰、螺纹、卡箍等连接型式。

8.2.2 钢管采用法兰连接时，应根据管道设计压力、设计温度、介质特性及泄漏率等要求选用。

8.2.3 塑料管及塑料复合管连接时应符合相应管道技术规程、规范的规定。

8.2.4 埋地铸铁管应采用承插式接口，接口填塞材料宜采用橡胶圈等，并应符合HG/T 3091的要求。

8.2.5 含油污水管道应采用耐油的接口材料。

8.2.6 混凝土管、钢筋混凝土管或预应力钢筋混凝土管，宜采用柔性接口管，接口填塞材料宜采用橡胶圈。有抗震要求时，应执行GB 50032的有关规定。

8.2.7 与工艺管道相连接的管道应与工艺管道专业管道一致。

9 管道防腐与隔热

9.1 外防腐

9.1.1 地上和埋地钢管外防腐处理，应执行SY 0007、SY 0061、SY 0414、SY/T 0407、SY/T 0415、SY/T 0420、SY/T 0447等的有关规定。

9.1.2 埋地钢管道穿越或平行电气化铁路以及通过有杂散电流的地段时，应做特加强级防腐蚀涂层。有特殊要求时可设阴极保护。

9.1.3 埋地铸铁管道无外防腐层时，应刷沥青漆两道。

9.2 内防腐

9.2.1 钢管及铸铁管的内防腐，应根据水的结垢、腐蚀倾向确定，并应符合下列规定：

a）当水的饱和指数小于 -0.25，稳定指数大于 7.5 时，宜做内防腐处理；

b）当水的饱和指数大于等于 -0.25，稳定指数小于等于 7.5 时，宜根据试验与水的微生物分析，或参照当地给水管的结垢、腐蚀状况综合考虑确定；

c）经水质稳定处理的循环水管道，可不做管道的内防腐蚀处理。

9.2.2 生活给水管道内的防腐涂料，严禁选用含有毒的有机溶剂与黏合剂。

9.2.3 采用水泥砂浆做内防腐涂层的管道，应符合 CECS10、SY/T 0321 的有关规定。

9.3 隔热

9.3.1 地上敷设的下列给水管道应采取隔热措施：

a）管内水温低于室内空气露点温度，且室内环境要求较高的给水管道；

b）间断用水且环境温度低于 0℃ 的管道；

c）输送热水的室外管道应采取隔热措施；室内明装或安装在吊顶内的热水管道宜采取隔热措施。

9.3.2 管道隔热层的材料、厚度、结构及其计算，应执行 SH 3010 的有关规定。

本规范用词说明

1　为便于在执行本规范条文时区别对待,对要求严格程度不同的用词说明如下:

1)表示很严格,非这样做不可的:

正面词采用"必须";反面词采用"严禁"。

2)表示严格,在正常情况下均应这样做的:

正面词采用"应";反面词采用"不应"或"不得"。

3)表示允许稍有选择,在条件许可时首先应这样做的:

正面词采用"宜";反面词采用"不宜"。

4)表示有选择,在一定条件下可以这样做的,采用"可"。

2　条文中指明应按其他有关标准执行的写法为:"应符合……的规定"或"应按……执行"。

5. 石油化工非埋地管道抗震设计通则

（SH/T 3039—2003
代替 SH 3039—1991）

目 录

1 范 围

1.1 本通则适用于抗震设防烈度为6度~9度地区、公称压力小于或等于42MPa的石油化工非埋地管道的抗震设计。

注:本规范一般略去"抗震设防烈度"字样,如"抗震设防烈度为6度、7度、8度、9度"、简称为"6度、7度、8度、9度"。

1.2 本通则不适用于长输管道的抗震设计。

2 规范性引用文件

下列文件所包含的条款通过本标准的引用而构成为本标准的条款。凡是注日期的引用文件,其随后所有的修改单(不包括勘误的内容)或修订版均不适用本标准,然而,鼓励根据本标准达成协议的各方研究是否可使用这些文件的最新版本。凡是不注日期的引用文件,其最新版本适用于本标准。

GB 18306—2001 中国地震动参数区划图

GB 50011—2001 建筑抗震设计规范

GB 50316—2000 工业金属管道设计规范

SH 3041—2003 石油化工管道柔性设计规范

SH 3048—1999 石油化工钢制设备抗震设计规范

3 主要符号

g——重力加速度;

m——管道每米长度的质量;

q——管道水平地震作用;

T——管道的自振周期;

T_g——特征周期;

v_{se}——等效剪切波速;

α——水平地震影响系数;

α_1——与管系基本自振周期相对应的水平地震影响系数;

α_{max}——水平地震影响系数最大值。

4 总则

4.1 为贯彻执行《中华人民共和国防震减灾法》并实行以预防为主的方针,使石油化工非埋地管道(以下简称为管道)经抗震设防后,减轻管道的地震破坏,避免人员伤亡,减少经济损失,特制定本通则。

按本通则进行抗震设计的管道,其抗震设防目标是:当遭受低于本地区抗震设防烈度的多遇地震影响时,一般不受损坏或不需修理可继续使用;当遭受相当于本地区抗震设防烈度的地震影响时,可能有损坏,但经一般修理后仍可继续使用:当遭受高于本地区抗震设防烈度预估的罕遇地震影响时,不致产生严重的破坏和次生灾害。

4.2 抗震设防烈度为6度及以上地区的管道,必须进行抗震设计。

4.3 抗震设防烈度必须按国家规定的权限审批、颁发的文件(图件)确定。

4.4 一般情况下,抗震设防烈度可采用中国地震动参数区划图的地震基本烈度(或与GB 50011《建筑抗震设计规范》中设计基本地震加速度值对应的烈度值)。对已编制抗震设防区划的城市,可按批准的抗震设防烈度或设计地震动参数进行抗震设防。

4.5 执行本通则时,尚应符合现行有关强制性标准的规定。

5　一般规定

5.1　管件、阀门等管道组成件宜采用钢质制品。

5.2　管道的补偿器宜采用非填料函式补偿器;在有毒及可燃介质管道中严禁采用填料函式补偿器。

5.3　管道与储罐等设备的连接应具有柔性。

5.4　管道穿过建、构筑物构件时应加套管,管道与套管之间应填塞软质不可燃材料。

5.5　自力跨越道路的拱形管道应有防止倾倒的措施。设防烈度为 8 度、9 度时,不应采用自力跨越道路的拱形管道。

5.6　管架上应设有防止管道侧向滑落的措施。

5.7　铺设在港口码头、引桥上的管道应有防止管道被水浮起、冲落的措施。

5.8　沿立式设备布置的竖直管道和采用吊架吊挂的管道应合理设置导向支架。

5.9　表 1 所列管道应进行抗震验算。

表 1　管道抗震验算条件

管道级别	公称直径/mm	介质温度/℃	设防烈度
SHA 级中毒性程度为极度危害	80～125		9
	>125		8、9
SHA 级中毒性程度为非极度危害、SHB、SHC 级	≥200 且<300	≥300	9
	≥300	≥200	
	≥500 且≥0.8 倍设备直径		
	≥800		
SHE 级	≥300	≥370	9
注:管道级别按照 SH 3059《石油化工管道设计器材选用通则》进行划分。			

6　地震作用和抗震验算

6.1　地震影响系数的确定

6.1.1　水平地震影响系数应根据设防烈度、场地类别、特征周期分区和结构自振周期,按图 1 确定。

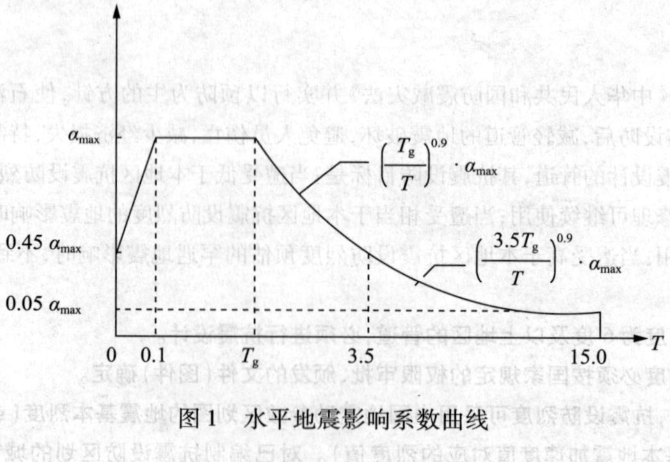

图 1　水平地震影响系数曲线

图中:

α——水平地震影响系数;

α_{max}——水平地震影响系数最大值,根据抗震设防烈度按表 2 确定;

T_g——特征周期(s),根据场地类别和特征周期分区按表3确定;

T——管道的自振周期,s。

表2 水平地震影响系数最大值

设防烈度	6度	7度	8度	9度
α_{max}	0.04	0.08(0.12)	0.16(0.24)	0.32
注:括号中数值分别用于设计基本地震加速度为0.15g和0.30g的地区。				

表3 特征周期值 s

特征周期分区	场地类别			
	Ⅰ	Ⅱ	Ⅲ	Ⅳ
1区	0.25	0.35	0.45	0.65
2区	0.30	0.40	0.55	0.75
3区	0.35	0.45	0.65	0.90

6.1.2 场地类别应根据土层等效剪切波速和场地覆盖层厚度按表4划分为四类。当有可靠的剪切波速和覆盖层厚度且其值处于表4所列场地类别的分界线附近时,按插值方法确定地震作用计算所用的设计特征周期。

表4 各类场地的覆盖层厚度 m

等效剪切波速 v_{se}(m/s)	场地类别			
	Ⅰ	Ⅱ	Ⅲ	Ⅳ
$v_{se}>500$	0			
$500\geqslant v_{se}>250$	<5	≥5		
$250\geqslant v_{se}>140$	<3	3~50	>50	
$v_{se}\leqslant 140$	<3	3~15	>15~80	>80

6.2 抗震验算

6.2.1 管道的抗震验算,仅考虑水平方向的地震作用,不考虑竖直方向的地震作用,并分别对水平面内两个主轴方向进行验算。

6.2.2 管道水平地震作用,按下式计算:

$$q = \alpha_1 mg \tag{1}$$

式中:

q——管道水平地震作用,N/m;

α_1——与管系基本自振周期相对应的水平地震影响系数;

m——管道每米长度的质量,kg/m;

g——重力加速度,m/s^2,取9.81。

6.2.3 水平地震作用与由压力、重力和其他持续荷载所引起的管道纵向应力之合,不得大于管道在计算温度下许用应力的1.33倍(对于SHA级中毒性程度为极度危害的管道,取1.2倍)。

6.2.4 进行抗震验算时,不考虑风荷载的作用。

用词说明

对本通则条文中要求执行严格程度不同的助动词,说明如下:

(一)表示要求很严格、非这样做不可并具有法定责任时,用的助动词为"必须"(must);

(二)表示要准确地符合通则而应严格遵守时,用的助动词为:

正面词采用"应"(shall);

反面词采用"不应"或"不得"(shall not)。

(三)表示在几种可能性中推荐特别合适的一种,不提及也不排除其他可能性,或表示是首选但未必是所要求的,或表示不赞成但也不禁止某种可能性时,用的助动词为:

正面词采用"宜"(should);

反面词采用"不宜"(should not)。

(四)表示在通则的界限内所允许的行动步骤时,用的助动词为;

正面词采用"可"(may);

反面词采用"不必"(need not)。

6. 石油化工管道柔性设计规范

（SH/T 3041—2002
代替 SH 3041—1991）

目　录

1 范　围

本规范规定了石油化工非埋地碳素钢、合金钢及不锈钢管道的柔性设计方法、计算参数和评定标准。

本规范适用于石油化工非埋地碳素钢、合金钢及不锈钢管道的柔性设计，不适用于长输管道、加热炉炉管及设备内部管道的柔性设计。

2 一般规定

2.1 管道柔性设计应保证管道在各种工况下具有足够的柔性，防止管道因热胀冷缩、端点附加位移、管道支承设置不当等原因造成的下列问题：

a）管道应力过大或金属疲劳引起管道破坏；

b）管道连接处产生泄漏；

c）管道推力和/或力矩过大，使与其相连接的设备产生过大的应力或变形，影响设备正常运行；

d）管道推力和/或力矩过大引起管道支架破坏。

2.2 在管道柔性设计中，除考虑管道本身的热胀冷缩外，还应考虑下列管道端点的附加位移：

a）静设备热胀冷缩时对连接管道施加的附加位移；

b）转动设备热胀冷缩在连接管口处产生的附加位移；

c）加热炉管对加热炉进出口管道施加的附加位移；

d）储罐等设备基础沉降在连接管口处产生的附加位移；

e）不和主管一起分析的支管，应将分支点处主管的位移作为支管端点的附加位移。

2.3 对于复杂管道可用固定点将其划分成几个形状较为简单的管段，如L形、Π形、Z形等管段再进行分析计算。

2.4 确定管道固定点位置时，宜使两固定点间的管段能够自然补偿。

2.5 首先应利用改变管道走向获得必要的柔性，但由于布置空间的限制或其他原因也可采用补偿器获得柔性。

2.6 在有毒及可燃介质管道中严禁采用填料函式补偿器。

2.7 采用Π形管段补偿时，宜将其设置在两固定点中部。

2.8 冷紧可降低操作时管道对连接设备或固定点的推力和力矩，但连接转动设备的管道不应采用冷紧。

2.9 管道采用冷紧时，热态冷紧有效系数取2/3，冷态取1。

2.10 在管道柔性设计中，应考虑支架摩擦力的影响，摩擦系数应按表1选取。

表1　摩擦系数μ

摩擦类型	接触面	μ
滑动摩擦	钢对混凝土	0.6
	钢对钢	0.3
	聚四氟乙烯对不锈钢	0.1
滚动摩擦	钢对钢	0.1

2.11 当采用吊杆或弹簧吊架承受管道荷载时，可不考虑摩擦力的影响。

2.12 往复式压缩机和往复泵的进出口管道除应进行柔性设计外，还应考虑流体压力脉动的影响。

3 设计方法的确定

3.1 管道柔性设计包括简化分析方法和计算机分析方法。分析方法应根据管道所连接的设备类型、管道操作温度和公称直径等设计条件确定。

3.2　下列管道宜采用计算机分析方法进行柔性设计：

a)操作温度大于400℃或小于－50℃的管道；

b)进出加热炉及蒸汽发生器的高温管道；

c)进出反应器的高温管道；

d)进出汽轮机的蒸汽管道；

e)进出离心压缩机、往复式压缩机的工艺管道；

f)与离心泵连接的管道，可根据设计要求或按图1确定柔性设计方法；

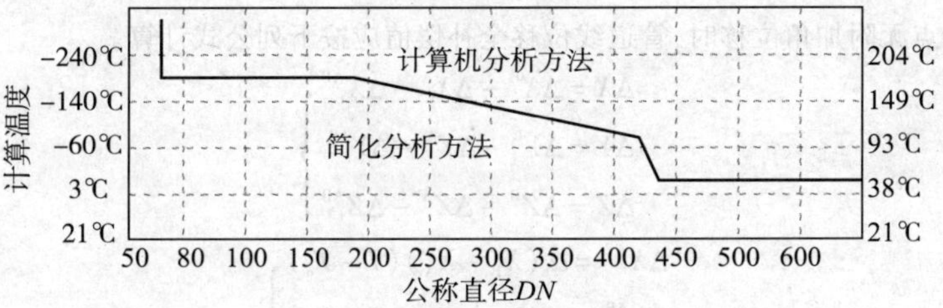

图1　离心泵柔性设计方法的选择

g)设备管口有特殊受力要求的其他管道；

h)利用简化分析方法分析后，表明需要进一步详细分析的管道。

3.3　下列管道可不进行柔性设计：

a)与运行良好的管道柔性相同或基本相当的管道；

b)和已分析的管道比较，确认有足够柔性的管道；

c)对具有同一直径、同一壁厚、无支管、两端固定、无中间约束并能满足式(1)和式(2)要求的非极度危害或非高度危害介质管道。

式(1)不适用于下列管道：

1)在剧烈循环条件下运行，有疲劳危险的管道；

2)大直径薄壁管道(管件应力增强系数 $i \geq 5$)；

3)不在连接固定点方向的端点附加位移量占总位移量大部分的管道；

4) $L/U > 2.5$ 的不等腿"U"形弯管，或近似直线的锯齿状管道。

$$\frac{D_o Y}{(L-U)^2} \leq 208.3 \tag{1}$$

$$Y = \sqrt{\Delta X^2 + \Delta Y^2 + \Delta Z^2} \tag{2}$$

式中：

D_o——管道外径，mm；

Y——管道总线位移全补偿值，mm；

ΔX、ΔY、ΔZ——管道沿坐标轴 X、Y、Z 方向的线位移全补偿值，mm；

U——管道两固定点间的直线距离，m；

L——管道在两固定点间的展开长度，m。

4　计算参数的确定

4.1　管道计算温度应根据工艺设计条件及下列要求确定：

a)对于无隔热层管道：介质温度低于65℃时，取介质温度为计算温度；介质温度等于或高于65℃时，取介质温度的95%为计算温度；

b)对于有外隔热层管道,除另有计算或经验数据外,应取介质温度为计算温度;

c)对于夹套管道应取内管或套管介质温度的较高者作为计算温度;

d) 对于外伴热管道应根据具体条件确定计算温度;

e)对于衬里管道应根据计算或经验数据确定计算温度;

f)对于安全泄压管道,应取排放时可能出现的最高或最低温度作为计算温度;

g)进行管道柔性设计时,不仅应考虑正常操作条件下的温度,还应考虑开车、停车、除焦、再生及蒸汽吹扫等工况。

4.2　除另有规定外,管道安装温度宜取20℃。

4.3　管道计算压力应取计算温度下对应的操作压力。

4.4　当管道端点无附加角位移时,管道线位移全补偿值应按下列公式计算。

$$\left.\begin{aligned}\Delta X &= \Delta X^{B} - \Delta X^{A} - \Delta X_{t}^{AB}\\ \Delta Y &= \Delta Y^{B} - \Delta Y^{A} - \Delta Y_{t}^{AB}\\ \Delta Z &= \Delta Z^{B} - \Delta Z^{A} - \Delta Z_{t}^{AB}\end{aligned}\right\} \tag{3}$$

$$\left.\begin{aligned}\Delta X_{t}^{AB} &= \alpha_{t}(X_{B} - X_{A})(T - T_{o})\\ \Delta Y_{t}^{AB} &= \alpha_{t}(Y_{B} - Y_{A})(T - T_{o})\\ \Delta Z_{t}^{AB} &= \alpha_{t}(Z_{B} - Z_{A})(T - T_{o})\end{aligned}\right\} \tag{4}$$

式中　ΔX、ΔY、ΔZ——管道沿坐标轴 X、Y、Z 方向的线位移全补偿值,mm;

ΔX^{A}、ΔY^{A}、ΔZ^{A}——管道的始端 A 沿坐标轴 X、Y、Z 方向的附加线位移,mm;

ΔX^{B}、ΔY^{B}、ΔZ^{B}——管道的末端 B 沿坐标轴 X、Y、Z 方向的附加线位移,mm;

ΔX_{t}^{AB}、ΔY_{t}^{AB}、ΔZ_{t}^{AB}——管道 AB 沿坐标轴 X、Y、Z 方向的热伸长值,mm;

α_{t}——管道材料在安装温度与计算温度间的平均线膨胀系数,mm/mm℃;

X_{A}、Y_{A}、Z_{A}——管道始端 A 的坐标值,mm;

X_{B}、Y_{B}、Z_{B}——管道末端 B 的坐标值,mm;

T——管道计算温度,℃;

T_{o}——管道安装温度,℃。

4.5　当管道沿坐标轴 X、Y、Z 方向的冷紧比不同时,每个方向的冷紧值应根据该方向的冷紧比进行计算。

当管道上有几个冷紧口时,沿坐标轴 X、Y、Z 方向的冷紧值分别为各冷紧口在相应坐标轴方向冷紧值的代数和。

4.6　钢材平均线膨胀系数可参照附录 A 选取。

4.7　钢材弹性模量可参照附录 B 选取。

4.8　计算二次应力范围时,管材的弹性模量应取安装温度下钢材的弹性模量。

5　评定标准

5.1　常用钢管材料的许用应力可参照附录 C 选取。

5.2　管道由于热胀、冷缩和其他位移受约束而产生的二次应力范围不得大于按下式计算的许用应力范围。

$$[\sigma_{r}]^{t} = f(1.25[\sigma]^{t0} + 0.25[\sigma]^{t}) \tag{5}$$

式中　$[\sigma_{r}]^{t}$——管道材料的许用应力范围,MPa;

$[\sigma]^{t0}$——管道材料在安装温度下的许用应力,MPa;

$[\sigma]^{t}$——管道材料在计算温度下的许用应力,MPa;

f——在预计寿命内,考虑循环总次数影响的许用应力范围的减小系数,按表 2 选取。

表 2 许用应力范围的减小系数 f 值

循环次数	f
≤7000	1.0
>7000 ~ 14000	0.9
>14000 ~ 22000	0.8
>22000 ~ 45000	0.7
>45000 ~ 100000	0.6
>100000 ~ 200000	0.5
>200000 ~ 700000	0.4
>700000 ~ 2000000	0.3

5.3 当计算的应力范围不能满足第 5.2 条的要求、且内压和外部持续荷载产生的一次纵向应力力 σ_L，低于$[\sigma]^t$时，允许将$[\sigma]^t$与 σ_L 的差值加在许用应力范围中，以扩大二次应力的许用范围。在此情况下，许用应力范围应按下式计算。

$$[\sigma_r]^t = f[1.25([\sigma]^{t0} + [\sigma]^t) - \sigma_L] \tag{6}$$

式中 σ_L——由内压和外部持续荷载产生的一次纵向应力，MPa。

5.4 对弯头、三通等连接处应考虑柔度系数和应力增强系数，并按附录 D 计算。三通的柔度特性与其肩部结构有关，选用三通时应予以考虑。

5.5 为保证法兰连接的可靠性，法兰设计压力不应小于按下列公式确定的数值。

$$P_{FD} = P + P_{eq} \tag{7}$$

$$P_{eq} = \frac{16M}{\pi D_G^3} + \frac{4F}{\pi D_G^2} \tag{8}$$

式中 P_{FD}——法兰设计压力，MPa；

P——管道设计压力，MPa；

P_{eq}——管道操作时，作用在法兰连接处的弯矩和轴向力的当量压力，MPa；

M——管道操作时作用在法兰连接处的弯矩，N · mm；

D_G——垫片压紧力作用中心圆直径，mm；

F——管道操作时作用在法兰连接处的轴向力(N)。在计算中只考虑使管道受拉伸时的轴向力，当轴向力使管道受压缩时，取 $F=0$。

5.6 管道作用在设备或固定点上的推力和力矩应按下列原则计算：

a)按热胀、冷缩、端点附加位移、有效冷紧、自重和支吊架反力等条件计算管道工作状态下的推力和力矩；

b)按冷紧、自重和支吊架反力等条件计算冷态下的推力和力矩；

c)对于无中间约束的两端固定的管道，其推力和力矩的瞬时最大值可按下列公式计算：

$$R_m = R\left(1 - \frac{2C}{3}\right)\frac{E_m}{E_a} \tag{9}$$

$$R_a = CR \quad 或 \quad R_a = C_1 R(取其中最大值) \tag{10}$$

$$C_1 = 1 - \frac{[\sigma]^t}{\sigma_r} \cdot \frac{E_a}{E_m} \tag{11}$$

式中 R_m——在最高或最低计算温度下的瞬时最大推力(N)或力矩(N · m)；

R——按全补偿值及 E_a，为基础计算的推力(N)或力矩(N · m)；

C——冷紧比，无冷紧时 $C=0$；100% 冷紧时 $C=1.0$；

E_a——安装温度下管道材料的弹性模量/MPa；

E_m——最高或最低计算温度下管道材料的弹性模量，MPa；

R_a——安装温度下的估计瞬时推力（N）或力矩（N·m）；

C_1——估计的自均衡系数；

σ_r——管道由于热胀冷缩和其他位移产生的二次应力，MPa。

5.7　设备管口的允许推力和力矩应由制造厂提出，当制造厂无数据时，可按下列规定进行核算。

a）离心泵管口的允许推力和力矩应符合 API 610 的规定；

b）蒸汽轮机管口的允许推力和力矩应符合 NEMA SM23 的规定；

c）离心压缩机管口的允许推力和力矩应符合 API 617 的规定；

d）空冷器管口的允许推力和力矩应符合 API 661 的推荐值。

5.8　加热炉接管的允许推力和力矩应符合下列要求：

a）加热炉接管的允许推力和力矩应由加热炉设计单位确定；

b）加热炉接管的位移应由加热炉设计单位提出。

5.9　压力容器管口的允许推力和力矩应由压力容器设计单位提出，否则，管道施加在压力容器的力和力矩应由压力容器设计单位确认。

附录 A
(资料性附录)
钢材平均线膨胀系数

表 A.1 给出了钢材平均线膨胀系数。

表 A.1 钢材平均线膨胀系数

温度/℃	在下列温度与20℃之间的平均线膨胀系数,10^{-6}mm/mm℃				
	碳素钢 碳钼钢 低铬钼钢 (至 Cr3Mo)	中铬钼钢 (Cr5Mo ~ Cr9Mo)	奥氏体不锈钢 (Cr18Ni9 ~ Cr19Ni14)	高铬钢 (Cr13 ~ Cr17)	Cr25Ni20
-196	—	—	14.67	—	—
-150	—	—	15.08	—	—
-100	9.89	—	15.45	—	—
-50	10.39	9.77	15.97	8.95	—
0	10.76	10.16	16.28	9.29	—
50	11.12	10.52	16.54	9.59	—
100	11.53	10.91	16.84	9.94	15.84
150	11.88	11.15	17.06	10.20	15.98
200	12.25	11.39	17.25	10.45	16.05
250	12.56	11.66	17.42	10.67	16.06
300	12.90	11.90	17.61	10.96	16.07
350	13.24	12.15	17.79	11.19	16.11
400	13.58	12.38	17.99	11.41	16.13
450	13.93	12.63	18.19	11.61	16.17
500	14.22	12.86	18.34	11.81	16.33
550	14.42	13.05	18.58	11.97	16.56
600	14.62	13.18	18.71	12.11	16.66
650	—	—	18.87	—	16.91
700	—	—	18.97	—	17.14

附录 B
（资料性附录）
钢材弹性模量

表 B.1 给出了钢材弹性模量。

表 B.1　钢材弹性模量

温度/℃	弹性模量/10^3 MPa				
	碳素钢（C≤0.3%）	碳钼钢 低铬钼钢（至 Cr3Mo）	中铬钼钢（Cr5Mo～Cr9Mo）	奥氏体不锈钢（至 Cr25Ni20）	高铬钢（Cr13～Cr17）
-196	—	—	—	210	—
-150	—	—	—	207	—
-100	—	—	—	205	—
-20	194	208	191	199	203
20	192	206	189	195	201
100	191	203	187	191	198
150	189	200	185	187	195
200	186	198	182	184	191
250	183	194	180	181	187
300	179	190	176	177	181
350	173	186	173	173	175
400	165	180	169	169	165
450	150	174	165	164	156
475	133	170	163	162	153
500	—	165	161	160	—
550	—	153	156	155	—
600	—	138	150	151	—
650	—	—	—	147	—
700	—	—	—	143	—

附录 C
（资料性附录）
常用钢管许用应力

C.1 表 C.1 给出了碳素钢钢管的许用应力。

表 C.1 碳素钢钢管许用应力

钢号	钢管标准	使用状态	壁厚/mm	常温强度指标		在下列温度（℃）下的许用应力/MPa																使用温度下限/℃	注
				σ_b/MPa	σ_s/MPa	≤20	100	150	200	250	300	350	400	425	450	475	500	525	550	575	600		
焊接钢管																							
Q235－A、B	GB/T 14980 GB/T 13793		≤12	375	（235）	113	113	113	105	94	86	77	—	—	—	—	—	—	—	—	—	0	a
20	GB/T 13793		≤12.7	390	（235）	130	130	125	116	104	95	86	—	—	—	—	—	—	—	—	—	－20	a、c
无缝钢管																							
10	GB 9948	热轧、正火	≤16	330	205	110	110	106	101	92	83	77	71	69	61	—	—	—	—	—	—	－29 正火状态	b
10	GB 6479 GB/T 8163	热轧、正火	≤15	335	205	112	112	108	101	92	83	77	71	69	61	—	—	—	—	—	—		
			16～40	335	195	112	110	104	98	89	79	74	68	66	61	—	—	—	—	—	—		
10	GB 3087	热轧、正火	全部	335	195	111	110	104	98	89	79	74	68	66	61	—	—	—	—	—	—		
20	GB/T 8163	热轧、正火	≤15	410	245	130	130	130	123	110	101	92	86	83	61	—	—	—	—	—	—	－20	b、c
			16～40	410	235	130	130	125	116	104	95	86	79	78	61	—	—	—	—	—	—		
20	GB 3087	热轧、正火	<15	410	245	131	130	130	123	110	101	92	86	83	61	—	—	—	—	—	—		
			≥15	410	225	131	130	124	113	101	93	84	77	75	61	—	—	—	—	—	—		
20	GB 9948	热轧、正火	≤16	410	245	137	137	132	123	110	101	92	86	83	61	—	—	—	—	—	—		
20G	GB 5310	正火	≤16	410	245	137	137	132	123	110	101	92	86	83	61	—	—	—	—	—	—		
			17～40	410	235	137	132	126	116	104	95	86	79	78	61	—	—	—	—	—	—		

注：中间温度的许用应力，按本表的应力值用内插法求得。

a GB 12771、GB 13793、GB 14980 焊接钢管的许用应力，未计入焊接接头系数，采用时应考虑。

b 使用温度的上限不宜超过粗线的界限。粗线以上的数值仅用于特殊条件或短期使用。

c 使用温度下限为－20℃的材料，宜在大于－20℃的条件下使用，不需做低温韧性试验。

C.2　表 C.2 给出了低合金钢钢管的许用应力。

表 C.2　低合金钢钢管许用应力

钢号	钢管标准	使用状态	壁厚/mm	常温强度指标 σ_b/MPa	常温强度指标 σ_s/MPa	在下列温度(℃)下的许用应力/MPa ≤20	100	150	200	250	300	350	400	425	450	475	500	525	550	575	600	使用温度下限/℃	注
16Mn	GB 6479	正火	≤15	490	320	163	163	163	159	147	135	126	119	93	66	43	—	—	—	—	—	-40	
			16～40	490	310	163	163	163	153	141	129	119	116	93	66	43	—	—	—	—	—		
15MnV	GB 6479	正火	≤16	510	350	170	170	170	170	166	153	141	129	—	—	—	—	—	—	—	—	-20	a
			17～40	510	340	170	170	170	170	159	147	135	126	—	—	—	—	—	—	—	—		
0.9MnD	—	正火	≤16	400	240	133	133	128	119	106	97	88	—	—	—	—	—	—	—	—	—	-50	b
12CrMo	GB6479	正火加回火	≤16	410	205	128	113	108	101	95	89	83	77	75	74	72	71	50	—	—	—		
12CrMoG	GB5310	正火加回火	17～40	410	195	122	110	104	98	92	86	79	74	72	71	69	68	50	—	—	—		
12CrMo	GB 9948	正火加回火	≤16	410	205	128	113	108	101	95	89	83	77	75	74	72	71	50	—	—	—		
15CrMo	GB 9948	正火加回火	≤16	440	235	147	132	123	116	110	101	95	89	87	86	84	83	58	37	—	—		
15CrMo	GB 6479	正火加回火	≤16	440	235	147	132	123	116	110	101	95	89	87	86	84	83	58	37	—	—		
15CrMoG	GB 5310	正火加回火	17～40	440	225	141	126	116	110	104	95	89	86	84	83	81	79	58	37	—	—		
12Cr1MoVG	GB 5310	正火加回火	≤16	470	255	147	144	135	126	119	110	104	98	96	95	92	89	82	57	35	—	-20	a
12Cr2Mo	GB 6479	正火加回火	≤16	450	280	150	150	150	147	144	141	138	134	131	128	119	89	61	46	37	—		
12Cr2MoG	GB 5310	正火加回火	17～40	450	270	150	150	147	141	138	134	131	128	126	123	119	89	61	46	37	—		
1Cr5Mo	GB 6479　GB 9948	退火	≤16	390	195	122	110	104	101	98	95	92	89	87	86	83	62	46	35	26	18		
	GB 6479		17～40	390	185	116	104	98	95	92	89	86	83	81	79	78	62	46	35	26	18		
10MoWVNb	GB 6479	正火加回火	≤16	470	295	157	157	157	156	153	147	141	135	130	126	121	97	—	—	—	—		
			17～40	470	285	157	157	156	150	147	141	135	129	121	119	111	97	—	—	—	—		

注:中间温度的许用应力,按本表的应力值用内插法求得。

a　使用温度下限为 -20℃的材料,宜在大于 -20℃的条件下使用,不需做低温韧性试验。

b　钢管的技术要求应符合《钢制压力容器》GB 150 附录 A 的规定。

C.3 表C.3给出了高合金钢钢管的许用应力。

表C.3 高合金钢钢管许用应力

钢号	钢管标准	使用状态	壁厚/mm	在下列温度(℃)下的许用应力/MPa																				使用温度下限/℃	注
				≤20	100	150	200	250	300	350	400	425	450	475	500	525	550	575	600	625	650	675	700		
0Cr13	GB/T 14976	退火	≤18	137	126	123	120	119	117	112	109	105	100	89	72	53	38	26	16	—	—	—	—	-20	a
0Cr18Ni9	GB/T 12771	固溶	≤13	137	137	137	130	122	114	111	107	105	103	101	100	98	91	79	64	52	42	32	27		b.c
	GB/T 14976		≤18	137	114	103	96	90	85	82	79	78	76	75	74	73	71	67	52	52	42	32	27		
0Cr18Ni10Ti	GB/T 12771	固溶或稳定化	≤13	137	137	137	130	122	114	111	108	106	105	104	103	101	83	58	44	33	25	18	13		b.c
	GB/T 14976		≤18	137	114	103	96	90	85	82	80	79	78	77	76	75	74	58	44	33	25	18	13		
0Cr17Ni12Mo2	GB/T 12771	固溶	≤13	137	137	137	134	125	118	113	111	110	109	108	107	106	105	96	81	65	50	38	30		b.c
	GB/T 14976		≤18	137	117	107	99	93	87	84	82	81	81	80	79	78	78	76	73	65	50	38	30		
0Cr18Ni12Mo2Ti	GB/T 14976	固溶	≤13	137	137	137	134	125	118	113	111	110	109	108	107	—	—	—	—	—	—	—	—		c
			≤18	137	117	107	99	93	87	84	82	81	81	80	79	—	—	—	—	—	—	—	—	-196	
0Cr19Ni13Mo3	GB/T 14976	固溶	≤13	137	137	137	134	125	118	113	111	110	109	108	107	106	105	96	81	65	50	38	30		c
			≤18	137	117	107	99	93	87	84	82	81	81	80	79	78	78	76	73	65	50	38	30		
00Cr19Ni10	GB/T 12771	固溶	≤13	118	118	118	110	103	98	94	91	89	—	—	—	—	—	—	—	—	—	—	—		b.c
	GB/T 14976		≤18	118	97	87	81	76	73	69	67	66	—	—	—	—	—	—	—	—	—	—	—		
00Cr17Ni14Mo2	GB/T 12771	固溶	≤13	118	118	117	108	100	95	90	86	85	84	—	—	—	—	—	—	—	—	—	—		b.c
	GB/T 14976		≤18	118	97	87	80	74	70	67	64	63	62	—	—	—	—	—	—	—	—	—	—		
00Cr19Ni13Mo3	GB/T 14976	固溶	≤13	118	118	118	118	118	118	113	111	110	109	—	—	—	—	—	—	—	—	—	—		c
			≤18	118	117	107	99	93	87	84	82	81	81	—	—	—	—	—	—	—	—	—	—		

注:中间温度的许用应力,按本表的应力值用内插法求得。

a 使用温度下限为-20℃的材料,宜在大于-20℃的条件下使用,不需做低温韧性试验。

b GB 12771、GB 13793、GB 14980焊接钢管的许用应力,未计入焊接接头系数,采用时应考虑。

c 该行的许用应力,仅适用于允许产生微量永久变形的元件,对于法兰或其他有微量永久变形就引起泄漏或故障的场合不能采用。

附录 D
（规范性附录）
柔度系数和应力增强系数

D.1　柔度系数和应力增强系数，见表 D.1。

表 D.1　柔度系数和应力增强系数

类　型	柔度系数 k	应力增强系数[b,c]		柔度特性 h	简　图
		平面外 i_o	平面内 i_i		
焊接弯头或弯管 [a,d~g]	$\frac{1.65}{h}$	$\frac{0.75}{h^{2/3}}$	$\frac{0.9}{h^{2/3}}$	$\frac{\overline{T}R_1}{r_2^{\ 2}}$	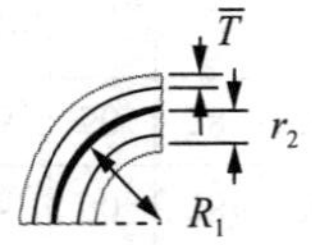
窄间距斜接弯管 $S<r_2(1+\tan\theta)$ [b,d,e,g]	$\frac{1.52}{h^{5/6}}$	$\frac{0.9}{h^{2/3}}$	$\frac{0.9}{h^{2/3}}$	$\frac{\cot\theta}{2}\left(\frac{s\overline{T}}{r_2^2}\right)$	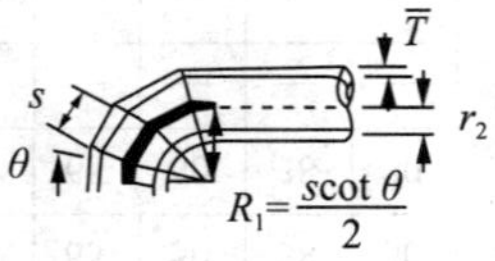
单节斜接弯管或宽间距斜接弯管 $S\geqslant r_2(1+\tan\theta)$ [b,d,g]	$\frac{1.52}{h^{5/6}}$	$\frac{0.9}{h^{2/3}}$	$\frac{0.9}{h^{2/3}}$	$\frac{1+\cot\theta}{2}\left(\frac{\overline{T}}{r_2}\right)$	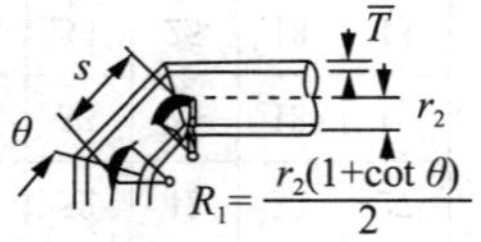
ASME B16.9 对焊三通 $r_x\geqslant 1/8D_b$　$T_c\geqslant 1.5\overline{T}$ [b,d,f,k,m]	1	$\frac{0.9}{h^{2/3}}$	$\frac{3}{4}i_o+\frac{1}{4}$	$4.4\ \frac{\overline{T}}{r_2}$	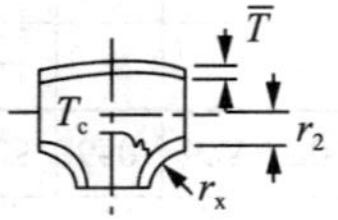
带补强板的焊制三通 [b,d,h,l,m]	1	$\frac{0.9}{h^{2/3}}$	$\frac{3}{4}i_o+\frac{1}{4}$	$\frac{\left(\overline{T}+\frac{1}{2}\overline{T}_r\right)^{5/2}}{\overline{T}^{3/2}r_2}$	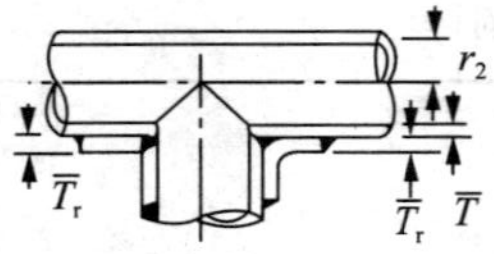

续表

类型	柔度系数 k	应力增强系数[b,c] 平面外 i_o	平面内 i_i	柔度特性 h	简图
不带补强板的焊制三通 [b,d,l,m]	1	$\frac{0.9}{h^{2/3}}$	$\frac{3}{4}i_o+\frac{1}{4}$	$\frac{\overline{T}}{r_2}$	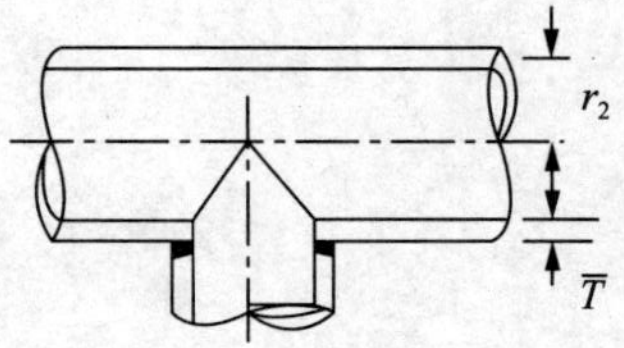
挤压成型的对焊三通 $r_x \geqslant 0.05D_b$　$T_c < 1.5\overline{T}$ [b,d,m]	1	$\frac{0.9}{h^{2/3}}$	$\frac{3}{4}i_o+\frac{1}{4}$	$\left(1+\frac{r_x}{r_2}\right)\frac{\overline{T}}{r_2}$	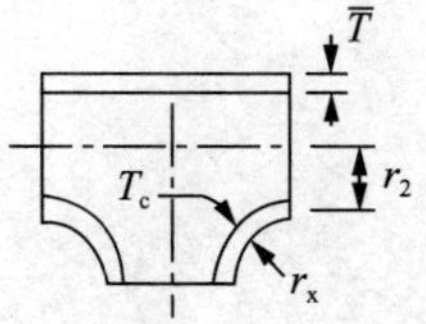
嵌入式工焊接管座 $r_x \geqslant 1/8$　D_b　$T_c \geqslant 1.5\overline{T}$ [b,d,k,m]	1	$\frac{0.9}{h^{2/3}}$	$\frac{3}{4}i_o+\frac{1}{4}$	$4.4\frac{\overline{T}}{r_2}$	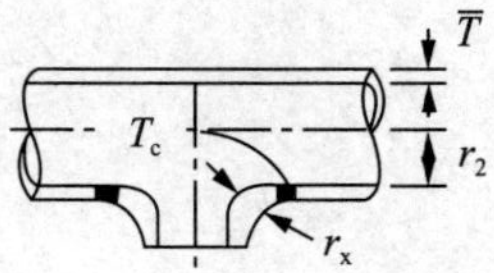
焊接支管座(整体加强) [b,d,i,l]	1	$\frac{0.9}{h^{2/3}}$	$\frac{0.9}{h^{2/3}}$	$3.3\frac{\overline{T}}{r_2}$	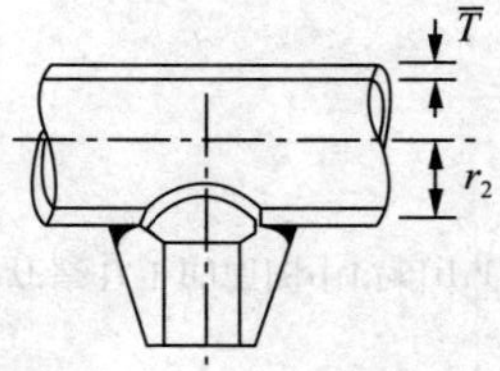

续表

a 在表 D.1 中,柔度系数和应力增强系数适用于缺少可直接使用数据,且 $D/\overline{T} \leq 100$ 的情况。

b 表 D.1 中的柔度系数 k 适用于部件在任何平面的弯曲,架度系数 k 和应力增强系数 i 不小于 1。该系数于弯管和焊接弯头用于有效弧长上(在表 D.1 的简图中以粗中心线表示),对于三通用于主管与支管的中心线交叉点上。

e 当需要时,平面内和平面外的应力增强系数均可用 $0.9/h^{2/3}$ 进行计算。

d 当给出柔度特性 h 时,可通过图 D.1 直接得到 k 和 i。符号解释如下:

$\overline{T}$——弯头和斜接弯管的公称厚度、与三通相连的管子的公称厚度;

T_c——三通圆角部(主管与支管相交处)厚度;

$\overline{T}_r$——垫板或鞍板厚度;

θ——斜接弯管相邻轴线间夹角的 1/2;

r_2——接管平均半径;

R_1——弯管或弯头的弯曲半径;

r_x——在主管和支管轴线所在的平面内,外轮廓转角处的曲率半径;

s——斜接弯管斜接段中心线上的间距;

D_b——支管外径。

e 当弯管或弯头的一端或两端与法兰连接时,表 D.1 是 k 和 i 的值需用修正系数 C_1 进行校正。当给出柔度特性 h 时,可通过图 D.2 直接得到 C_1。

f 铸造对焊弯头的厚度要比所连接管子的厚度大得多,设计者应考虑该增大的厚度造成的影响,否则会产生较大的误差。

g 对于大直径薄壁弯管和弯头,内压对柔度系数 k 和应力增强系数 i,有显著影响,应对其进行修正,将表 D.1 中的柔度系数 k 除以下式:

$$\left[1+6\left(\frac{P}{E}\right)\left(\frac{r_2}{\overline{T}}\right)^{7/3}\left(\frac{R_1}{r_2}\right)^{1/3}\right]$$

将表 D.1 中的应力增强系数 i 除以下式:

$$\left[1+3.25\left(\frac{P}{E}\right)\left(\frac{r_2}{\overline{T}}\right)^{5/2}\left(\frac{R_1}{r_2}\right)^{2/3}\right]$$

式中:

P——设计压力,MPa;

E——在安装温度下管材的弹性模量,MPa。

h 当 $\overline{T}_t > 1.5\,\overline{T}$ 时,取 $h = 4\,\overline{T}/r_2$。

i 应确定焊接支管座的压力等级与直管相同。

j 表中所示系数用于弯曲,扭转的柔度系数为 0.9。

k 当部件的半径和壁厚不能满足条件要求,且缺少可直接使用数据时,取柔度特性 $h = \overline{T}/r_2$。

l 对于异径分支管的支管与主管直径比为 $0.5 < d/D < 1.0$ 时,平面外的应力增强系数(SIF)可能是不保守的。光滑的凹形焊缝可以减小 SIF,设计者有责任选择正确的 SIF。

m 分支管的应力增强系数,是在支管中心线两侧的直管长度最少为主管直径的两倍时经试验得出的数据。当荷载更靠近支管时,需要特殊考虑。

D.2 柔度特性 h 与柔度系数 k 及应力增强系数 i 的关系，见图 D.1。

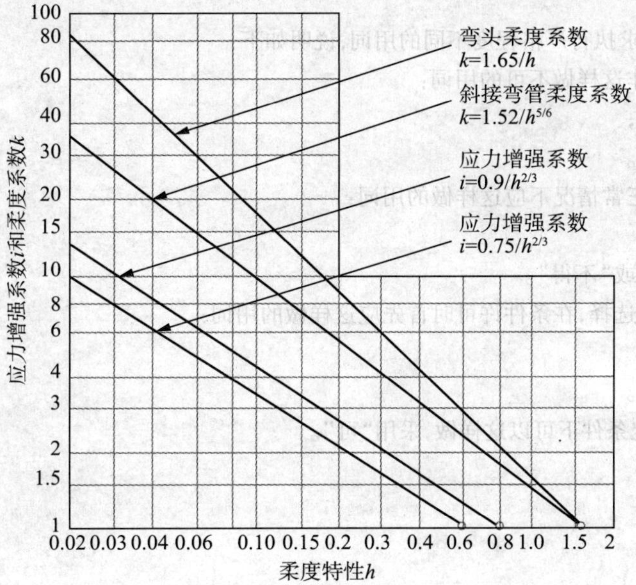

图 D.1 柔度特性与柔度系数及应力增强系数的关系

D.3 修正系数 c_1，见图 D.2。

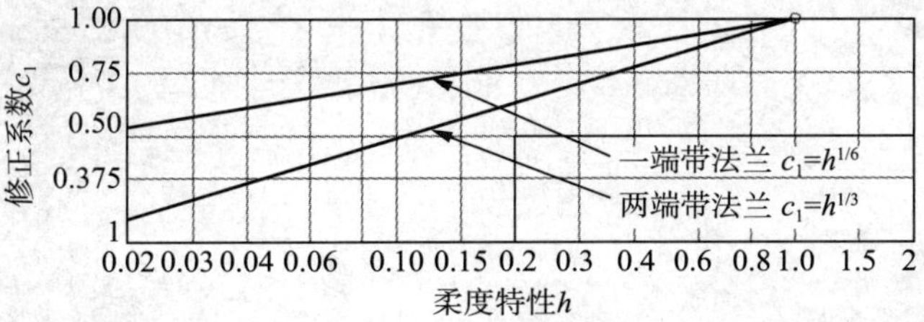

图 D.2 修正系数

用词说明

对本规范条文中要求执行严格程度不同的用词,说明如下:

(一)表示很严格、非这样做不可的用词:

正面词采用"必须";

反面词采用"严禁"。

(二)表示严格,在正常情况下应这样做的用词:

正面词采用"应";

反面词采用"不应"或"不得"。

(三)表示允许稍有选择,在条件许可时首先应这样做的用词:

正面词采用"宜";

反面词采用"不宜"。

表示有选择,在一定条件下可以这样做,采用"可"。

7. 石油化工设备管道钢结构表面色和标志规定

（SH 3043—2003
代替 SH 3043—1991）

目　录

1　范　围

本标准规定了石油化工设备、管道、钢结构的表面色和标志，便于操作、检修，促进安全生产和美化厂容。

本标准适用于新建和改扩建石油化工装置的设备、管道、钢结构的表面色和标志。对石油化工厂内的其他装置可参照本标准执行。

本标准不适用于安全色和安全标志。

2　规范性引用文件

下列文件中的条款通过本标准的引用而成为本标准的条款。凡是注日期的引用文件，其随后所有的修改单（不包括勘误的内容）或修订版均不适用于本标准，然而，鼓励根据本标准达成协议的各方研究是否可使用这些文件的最新版本。凡是不注日期的引用文件，其最新版本适用于本标准。

GB/T 3181　漆膜颜色标准

GB 7231　工业管路的基本识别和识别符号

DL/T 5072　火力发电厂保温油漆设计规程

3　术语和定义

下列术语和定义适用于本标准。

3.1　表面　surface

不隔热的设备和管道的外表面或隔热的设备和管道的保护层外表面以及钢结构的表面。

3.2　表面色　surface color

涂于上述表面的颜色。

3.3　标志　mark

在设备、管道外表面局部范围所刷或采用挂牌形式的关于设备位号、管号、介质名称或代号、流向箭头等信息的标识。

4　一般规定

4.1　采用有色金属、不锈钢、陶瓷、塑料（含玻璃钢）等材料制成或表面已采用搪瓷、镀锌等处理的设备和管道宜保持材料本色，不应再刷表面色，但仍应有标志。

4.2　已刷变色漆的设备和管道（部位）表面严禁再刷表面色，但应有标志，且标志不得妨碍对变色漆的观察。

4.3　厚型防火涂料外不宜刷表面色，如因防腐等需要进行涂装时，应参考第7章规定采用与钢结构涂色相协调的颜色。

4.4　隔热材料金属外保护层不刷色，但应有标志。

4.5　当有两种表面色可供选择时，在同一工厂内表面色应一致。

4.6　在外径或保护层外径小于或等于50mm的管道上刷标志有困难时，可采用标志牌。

4.7　起重运输机械和机修、电修、仪修中的设备宜保持出厂色。

4.8　塔、烟囱、火炬等高耸设备及钢结构，必须根据航空管理部门的要求，设置飞行障碍警示标志。

4.9　表面色与标志所使用的颜色应与附录A一致。标志字体应为印刷体，位置尺寸适宜，排列规整。

4.10　建筑物表面色的设计应与设备、管道的表面色相协调。

4.11　石油化工企业中自备电厂设备、管道和钢结构的表面色和标志可按DL/T 5072《火力发电厂保温油漆设计规程》规定执行。

5 设 备

5.1 石油化工设备的表面色和标志色应符合表1规定。

表1 石油化工设备、机械表面色和标志色

序 号	设备类别	表面色	标志色	备 注
1	静止设备 一般容器、反应器,换热器 重质物料罐 其他	 银 中灰 银	 大红 大红 大红	
2	工业炉	银	大红	
3	锅炉	银	大红	
4	机械设备 泵 电机 压缩机、离心机 风机	 出厂色或银 出厂色或苹果绿 出厂色或苹果绿 出厂色或天酞蓝	 大红	
5	鹤管	银	大红	
6	钢烟囱	银	大红	
7	火炬	银	大红	
8	联轴器防护罩	淡黄		
9	消防设备	大红	白	

5.2 电气、仪表设备的表面色和标志色应符合表2规定。

表2 电气、仪表设备的表面色和标志色

序号	名 称	表面色	标志色	备 注
1	开关柜、配电盘	海灰或苹果绿	大红	内表面象牙色
2	变压器	海灰	大红	
3	配电箱	海灰	大红	
4	操作台	海灰或苹果绿		内表面象牙色
5	仪表盘	海灰或苹果绿	大红	内表面象牙色
6	现场仪表箱	海灰或苹果绿	大红	
7	盘装仪表	海灰	大红	
8	就地仪表	海灰	大红	
9	电缆桥架、电缆槽	海灰		镀锌或铝合金表面不涂漆

5.3 表1和表2中未包括的设备,其表面色宜为出厂色或银色,标志色应为大红。

5.4 设备标志的设置应符合下列要求:

a)标志以位号表示;

b)标志应刷在设备主视方向一侧的醒目部位或基础上。

5.5 设备订货时可向制造商提出表面色要求。

6 管道

6.1 地上管道的表面色和标志色应符合表3规定。

表3 管道表面色和标志色

序　号	名称	表面色	标志色
1	物料管道 　一般物料 　酸、碱	 银 管道紫	 大红 大红
2	公用物料管道 　水 　污水 　蒸汽 　空气及氧 　氮 　氨	 艳绿 黑 银 天酞蓝 淡黄 中黄	 白 白 大红 大红 大红 大红
3	紧急放空管(管口)	大红	淡黄
4	消防管道	大红	白
5	电气、仪表保护管	黑	
6	仪表管道 　仪表风管 　气动信号管、导压管	 天酞蓝 银	

6.2 管道标志的设置应符合下列要求:

a)管道及其分支、设备进出口处和跨越装置边界处应刷字样和箭头;

b)字样表示应采用下列方法之一。同一装置或单元内的字样表示应一致:

1)介质的中文名称;

2)介质的英文名称、缩写或代号;

3)管号。

c)当介质为双向流动时,应采用双向箭头表示。

6.3 管道上的阀门、小型设备表面色应符合表4规定。

表4 管道上的阀门、小型设备表面色

序号	名　　称	表面色	备　　注
1	阀门阀体 　灰铸铁、可锻铸铁 　球墨铸铁 　碳素钢 　耐酸钢 　合金钢	 黑 银 中灰 海蓝 中酞蓝	或出厂色
2	阀门手轮、手柄 　钢阀门 　铸铁阀门	 海蓝 大红	

续表

序号	名　称	表面色	备　注
3	小型设备	银	
4	调节阀 铸铁阀体 铸钢阀体 锻钢阀体 膜头	 黑 中灰 银 大红	或出厂色
5	安全阀	大红	

7 钢结构

7.1 构架、平台、梯子的表面色应符合表5规定。

表5 构架、平台、梯子表面色

序号	名称	表面色
1	梁、柱、支撑、吊柱、管架、管道支吊架	蓝灰或中酞蓝
2	铺板、踏板	蓝灰或中酞蓝
3	栏杆(含立柱)、护栏、扶手	淡黄
4	栏杆挡板	蓝灰或中酞蓝

7.2 放空管塔架、避雷针和投光灯架、火炬架等应刷银色。

7.3 其他钢结构的表面色应与设备和管道的表面色相协调。

附 录 A
（规范性附录）
色 卡

银		天酞蓝PB09	
白		蓝灰PB08	
黑		海蓝PB05	
管道紫		中酞蓝PB04	
象牙Y04		苹果绿G01	
淡黄Y06		艳绿G03	
中黄Y07		海灰B05	
桔黄YR04		中灰B02	
大红R03			

注：1.表中凡列出编号的色样均根据国家标准GB/T 3181《漆膜颜色标准》制定。

2.管道紫的色样根据国家标准GB 7231《工业管路的基本识别色和识别符号》制定。

3.色样颜色仅供参考对比，具体实施应以有关国标为准。

用词说明

对本标准条文中要求执行严格程度不同的用词，说明如下：

（一）表示要求很严格、非这样做不可并具有法定责任时，用词为“必须”（must）。

（二）表示要准确地符合标准而应严格遵守时，用词为：

正面词采用“应”（shall）；

反面词采用“不应”或“不得”（shall not）。

（三）表示在几种可能性中推荐特别合适的一种，不提及也不排除其他可能性，或表示是首选但未必是所要求的，或表示不赞成但也不禁止某种可能性时，用词为：

正面词采用“宜”（should）；

反面词采用“不宜”（should not）。

（四）表示在标准的界限内所允许的行动步骤时，用词为：

正面词采用“可”（may）；

反面词采用“不必”（need not）。

8. 石油化工管道设计器材选用规范

（SH/T 3059—2012
代替 SH 3059—2001）

目　　录

1 范 围

本规范规定了石油化工管道材料的选用、管道组成件的选用要求和计算方法。

本规范适用于石油化工装置中公称压力不大于 *PN*420（CL2500）、设计温度不超过材料允许使用温度范围的管道组成件的选用。本规范不适用于非金属管道。

2 规范性引用文件

下列文件对于本规范的应用是必不可少的。凡是注日期的引用文件，仅注日期的版本适用于本规范。凡是不注日期的引用文件，其最新版本（包括所有的修改单）适用于本规范。

GB 150 钢制压力容器

GB/T 699 优质碳素结构钢

GB/T 710 优质碳素结构钢热轧薄钢板和钢带

GB/T 1220 不锈钢棒

GB/T 2040 铜及铜合金板材

GB/T 2518 连续热镀锌钢板及钢带

GB/T 3280 不锈钢冷轧钢板和钢带

GB/T 3880 一般工业用铝及铝合金板、带材

GB/T 4334 金属和合金的腐蚀 不锈钢晶间腐蚀试验方法

GB 5310 高压锅炉用无缝钢管

GB 6479 高压化肥设备用无缝钢管

GB/T 7306.1 55°密封管螺纹 第1部分：圆柱内螺纹与圆锥外螺纹

GB/T 7306.2 55°密封管螺纹 第2部分：圆锥内螺纹与圆锥外螺纹

GB/T 9711 石油天然气工业 管线输送系统用钢管

GB 9948 石油裂化用无缝钢管

GB/T 9971 原料纯铁

GB/T 12232 通用阀门 法兰连接铁制闸阀

GB/T 12233 通用阀门 铁制截止阀与升降式止回阀

GB/T 12234 石油、天然气工业用螺柱连接阀盖的钢制闸阀

GB/T 12235 石油、石化及相关工业用钢制截止阀和升降式止回阀

GB/T 12236 石油、石化及相关工业用钢制旋启式止回阀

GB/T 12237 石油、石化及相关工业用钢制球阀

GB/T 12238 法兰和对夹连接弹性密封蝶阀

GB/T 12239 工业阀门 金属隔膜阀

GB/T 12240 铁制旋塞阀

GB/T 12241 安全阀一般要求

GB/T 12243 弹簧直接载荷式安全阀

GB/T 12244 减压阀一般要求

GB/T 12246 先导式减压阀

GB/T 12716 60°密封管螺纹

GB/T 12771 流体输送用不锈钢焊接钢管

GB/T 14976 流体输送用不锈钢无缝钢管

GB/T 19066.1～3 柔性石墨金属波齿复合垫片

GB/T 19326 钢制承插焊、螺纹和对焊支管座

GB 50517—2010 石油化工金属管道工程施工质量验收规范。

HG/T 20630 钢制管法兰用金属包覆垫片(Class 系列)

HG/T 20632 钢制管法兰用具有覆盖层的齿形组合垫(Class 系列)

JB/T 4730.3 承压设备无损检测第3部分:超声检测

JB/T 9092 阀门的检验与试验

NB/T 47008 承压设备用碳素钢和合金钢锻件

NB/T 47010 承压设备用不锈钢和耐热钢锻件

SH/T 3039 石油化工非埋地管道抗震设计通则

SH/T 3041 石油化工管道柔性设计规范

SH/T 3401 石油化工钢制管法兰用非金属平垫片

SH/T 3402 石油化工钢制管法兰用聚四氟乙烯包覆垫片

SH/T 3403 石油化工钢制管法兰用金属环垫

SH/T 3404 石油化工钢制管法兰用紧固件

SH/T 3405 石油化工钢管尺寸系列

SH/T 3406 石油化工钢制管法兰

SH/T 3407 石油化工钢制管法兰用缠绕式垫片

SH/T 3408 石油化工钢制对焊管件

SH/T 3410 石油化工锻钢制承插焊和螺纹管件

TSG D0001 压力管道安全技术监察规程-工业管道

API 6D Specification for pipeline valves

API 526 Flanged steel pressure relief valves

API 527 Seat tightness of pressure relief valves

API 593 Ductile iron plug valves

API 594 Check valves: Flanged, lug, wafer and butt-welding

API 598 Valve inspection and testing

API 599 Metal plug valves - flanged, threaded and welding ends

API 600 Steel gate valves - flanged and butt - welding ends, bolted bonnets

API 602 Steel gate, globe and check valves for sizes DN 100 and smaller for the petroleum and natural gas industries

API 603 Corrosion - resistant, bolted bonnet gate valves - flanged and butt - welding ends

API 608 Metal ball valves - flanged, threaded and welding ends

API 609 Butterfly valves: double - flanged, lug and wafer type

API 941 Steel for hydrogen service at elevated temperatures and pressures in petrileum refineries and petrochemical plants

ASME B 16.10 Face - to - face and end - to - end dimensions of valves

ASME B16.34 Valves - flanged, threaded, and welding end

ASME B31.3 Process piping

BS 1868 Specification for steel check valves (flanged and butt-welding ends) for the petroleum, petrochemical and allied industries

BS 1873 Specification for steel globe and globe stop and check valves (flanged and butt - welding ends) for the petroleum, petrochemical and allied industries

BS 5146　Inspection and test of steel valves

BS 5155　Butterfly valves

BS 5352　Specification for steel wedge gate, globe and check valves 50 mm and smaller for petroleum, petrochemical and allied industries

BS 6364　Vallves for cryogenic service

BS EN ISO 17292　Metal ball valves for petroleum, petrochemical and allied industries

3　管道分级

3.1　石油化工管道级别，应根据管道输送介质的危险程度和设计条件划分。输送介质中常用的毒性介质、可燃介质的分类可参见本规范附录A。

3.2　石油化工管道分级应符合表3.2的规定。

3.3　石油化工管道分级除应符合本规范第3.2条的规定外，尚应符合下列规定：

a)输送氧气介质管道级别应根据设计条件按本规范表3.2中乙类可燃气体确定；

b)输送毒性或可燃性不同的混合介质管道级别应按其危害程度及含量确定；

c)输送同时具有毒性和可燃性介质管道级别应按本规范表3.2中高级别管道确定。

表3.2　管道分级

<table>
<tr><th rowspan="2">序号</th><th rowspan="2">管道级别</th><th rowspan="2">输送介质</th><th colspan="2">设计条件</th></tr>
<tr><th>设计压力/MPa</th><th>设计温度/℃</th></tr>
<tr><td rowspan="4">1</td><td rowspan="4">SHA1</td><td>(1)极度危害介质(苯除外)、高度危害丙烯腈、光气介质</td><td>—</td><td>—</td></tr>
<tr><td rowspan="3">(2)苯介质、高度危害介质(丙烯腈、光气除外)、中度危害介质、轻度危害介质</td><td>$P \geqslant 10$</td><td>—</td></tr>
<tr><td>$4 \leqslant P < 10$</td><td>$t \geqslant 400$</td></tr>
<tr><td>—</td><td>$t < -29$</td></tr>
<tr><td rowspan="2">2</td><td rowspan="2">SHA2</td><td rowspan="2">(3)苯介质、高度危害介质(丙烯腈、光气除外)</td><td>$4 \leqslant P < 10$</td><td>$-29 \leqslant t < 400$</td></tr>
<tr><td>$P < 4$</td><td>$t \geqslant -29$</td></tr>
<tr><td rowspan="3">3</td><td rowspan="3">SHA3</td><td>(4)中度危害介质、轻度危害介质</td><td>$4 \leqslant P < 10$</td><td>$-29 \leqslant t < 400$</td></tr>
<tr><td>(5)中度危害介质</td><td>$P < 4$</td><td>$t \geqslant 29$</td></tr>
<tr><td>(6)轻度危害介质</td><td>$P < 4$</td><td>$t \geqslant 400$</td></tr>
<tr><td>4</td><td>SHA4</td><td>(7)轻度危害介质</td><td>$P < 4$</td><td>$-29 \leqslant t < 400$</td></tr>
<tr><td rowspan="3">5</td><td rowspan="3">SHB1</td><td rowspan="3">(8)甲类、乙类可燃气体介质和甲类、乙类、丙类可燃液体介质</td><td>$P \geqslant 10$</td><td></td></tr>
<tr><td>$4 \leqslant P < 10$</td><td>$t \geqslant 400$</td></tr>
<tr><td>—</td><td>$t < -29$</td></tr>
<tr><td rowspan="2">6</td><td rowspan="2">SHB2</td><td>(9)甲类、乙类可燃气体介质和甲$_A$类、甲$_B$类可燃液体介质</td><td>$4 \leqslant P < 10$</td><td>$-29 \leqslant t < 400$</td></tr>
<tr><td>(10)甲$_A$类可燃液体介质</td><td>$P < 4$</td><td>$t \geqslant -29$</td></tr>
<tr><td rowspan="3">7</td><td rowspan="3">SHB3</td><td>(11)甲类、乙类可燃气体介质，甲$_B$类、乙类可燃液体介质</td><td>$P < 4$</td><td>$t \geqslant -29$</td></tr>
<tr><td>(12)乙类、丙类可燃液体介质</td><td>$4 \leqslant P < 10$</td><td>$-29 \leqslant t < 400$</td></tr>
<tr><td>(13)丙类可燃液体介质</td><td>$P < 4$</td><td>$t \geqslant 400$</td></tr>
</table>

续表

序号	管道级别	输送介质	设计条件	
			设计压力/MPa	设计温度/℃
8	SHB4	(14)丙类可燃液体介质	$P<4$	$-29\leqslant t<400$
9	SHC1	(15)无毒、非可燃介质	$P\geqslant 10$	—
			—	$t<-29$
10	SHC2	(16)无毒、非可燃介质	$4\leqslant P<10$	$t\geqslant 400$
11	SHC3	(17)无毒、非可燃介质	$4\leqslant P<10$	$-29\leqslant t<400$
			$1<P<4$	$t\geqslant 400$
12	SHC4	(18)无毒、非可燃介质	$1<P<4$	$-29\leqslant t<400$
			$P\leqslant 1$	$t\geqslant 185$
			$P\leqslant 1$	$-29\leqslant t\leqslant -20$
13	SHC5	(19)无毒、非可燃介质	$P\leqslant 1$	$-20<t<185$

3.4　本规范表3.2中所列管道的检查等级，除应符合相应管道级别的要求外，尚应符合下列规定：

a)钛及钛合金、锆及锆合金、镍及镍基合金、高铬镍钼奥氏体不锈钢管道以及设计明确规定为剧烈循环工况管道的检查等级不得低于GB 50517—2010表9.3.1中1级；

b)铬钼合金钢、双相不锈钢、管道的检查等级不得低于GB 50517—2010表9.3.1中2级；

c)奥氏体不锈钢、设计要求冲击试验的碳钢管道的检查等级不得低于GB 50517—2010表9.3.1中3级。

3.5　管道级别应在管道表和单管图或相关的技术文件上逐根管道加以注明，作为设计、施工和检验的依据。

4　管道设计条件

4.1　设计压力

4.1.1　管道组成件的设计压力，不应低于操作过程中，由内压或外压与温度构成的最苛刻工况下的压力，但本规范第5.1.2条规定的情况除外。最苛刻工况是指导致管道组成件最大壁厚或最高压力等级的条件。

4.1.2　设计压力的确定应符合下列规定：

a)装有安全泄压装置的管道，其设计压力不应小于安全泄压装置的设定压力；

b)未设置安全泄压装置或可能发生与安全泄压装置隔离、堵塞的管道，其设计压力不应小于可能由此产生的最大压力；

c)离心泵出口管道的设计压力不应小于泵的关闭压力；

d)管道与设备直接连接成为一个压力系统时，其设计压力不应小于设备的设计压力；

e)输送制冷剂、液化烃等低沸点介质的管道，其设计压力不应小于阀门关闭时或介质不流动时在最高环境温度下气化所能达到的最高压力；

f)真空管道应按受外压设计，当装有安全控制装置时，设计压力应取最大内外压差的1.25倍或0.1MPa两者中的较小值；无安全控制装置时，设计压力应取0.1MPa。

4.2　设计温度

4.2.1　管道组成件的设计温度，不应低于操作过程中，由压力与温度构成的最苛刻工况下的温度。同一管道中的不同管道组成件的设计温度可以不同。

4.2.2　设计温度的确定应符合下列规定：

a）无绝热层的管道，介质温度小于65℃时，管道组成件的设计温度应与介质温度相同，但应考虑阳光辐射或其他可能导致介质温度升高的因素；

b）无绝热层的管道，介质温度等于或大于65℃时，可按下列原则确定：

1）阀门、管子、对焊管件和壁厚与管子相近的其他管道组成件，设计温度不应低于介质温度的95%；

2）除松套法兰外，法兰的设计温度不应低于介质温度的90%；

3）松套法兰的设计温度不应低于介质温度的85%；

4）螺栓和螺母等紧固件的设计温度不应低于介质温度的80%；

c）带外绝热层管道，除经传热计算或实测确定的平均壁温外，宜取介质温度作为设计温度；

d）带衬里或内隔热层管道的设计温度，应经传热计算或实测确定；

e）带夹套或外伴热的管道，当工艺介质温度高于伴热介质温度时，应取工艺介质温度作为设计温度；当工艺介质温度低于伴热介质温度时，带夹套管道应取伴热介质温度作为设计温度，带外伴热管道应取伴热介质温度减10℃与工艺介质温度二者中较高值作为设计温度；

f）安全泄压排放管道，应取排放时可能出现的最高或最低温度作为设计温度；

g）需吹扫管道的设计温度，应根据具体条件确定。

4.3　环境因素

4.3.1　当环境影响造成管道内气体或蒸气被冷却产生真空时，管道应有耐真空能力或防止产生真空的措施。

4.3.2　管道组成件应能承受或消除因静态流体受热膨胀而导致的压力升高或采取预防措施。

4.3.3　设计温度低于0℃时，应防止阀门、泄压装置和其他管道组成件的活动部件外表面结冰。

4.3.4　金属管道外壁受大气环境影响时，管道设计应考虑最低环境工况。

4.4　动力荷载

4.4.1　管道应能承受外部或内部条件引起的水力冲击、液体或固体物料的撞击等的冲击荷载。

4.4.2　室外架空管道应能承受风荷载。

4.4.3　对于抗震设防烈度为6度到9度的非埋地管道，应符合SH/T 3039的有关规定。

4.4.4　管道应能承受机械振动、压力脉动等振动产生的荷载。

4.4.5　管道应能承受介质泄压或排放产生的反作用力。

4.5　重力荷载

4.5.1　管道应能承受输送介质、试验介质及冰雪等产生的荷载。

4.5.2　管道应能承受管道组成件、绝热材料以及由管道支承的其他永久性荷载。

4.6　温差荷载

4.6.1　管道设计应能承受管道被约束或固定因热膨胀或收缩而产生的作用力和力矩。

4.6.2　管道设计应能承受由于管壁温度急剧变化或温度分布不均匀而产生的管壁应力及荷载。

4.6.3　管道设计应能承受由于管道材料的热膨胀性能不同而产生的荷载，如复合钢管、夹套管、非金属衬里管等。

4.7　支架及管口位移

管道设计应考虑管道支架及与管口相连接的设备的位移，如设备或支架的热膨胀、基础沉降或其他外部因素等产生的位移。

4.8　材料韧性的降低

管道设计应考虑如焊接、热处理、加工成形、弯曲以及低温或高挥发性流体突然减压而产生的急冷所造成的材料韧性降低的因素。

4.9　循环工况

管道设计应考虑由于压力循环、热循环和其他周期性荷载而产生的疲劳。

5 管道设计基准

5.1 管道组成件的压力、温度设计基准

5.1.1 管道组成件的压力－温度额定值应符合下列规定：

a)除本规范另有规定外，对国家现行标准中已规定了压力－温度额定值及公称压力的管道组成件，选用管道组成件时，该组成件标准中规定的额定值不应低于管道的设计压力和设计温度；

b)对国家现行标准中未规定压力－温度额定值及公称压力的管道组成件以钢管壁厚系列(包括壁厚、表号或重量级别)表示的无缝管道组成件的压力－温度额定值应根据与其许用应力相同材料的无缝钢管的有效厚度确定。焊制管道组成件的压力－温度额定值应根据上述方法确定，并考虑焊缝系数及焊缝接头强度降低系数；

c)不同流体工况的管道连接时，分界处阀门的压力－温度额定值应按最苛刻工况确定。

5.1.2 管道系统中压力和温度的允许变动范围应符合下列规定，否则设计条件应以最苛刻的压力和温度组合来确定：

a)管道系统中压力、温度或两者可能发生偶然变化，且同时满足下列要求时，其压力和温度允许的变动应符合本条b)款的规定：

1)没有铸铁或其他非塑性金属材料的受压管道组成件；

2)公称压力产生的应力不应超过材料在设计温度下的屈服强度；

3)合成纵向应力不应大于本规范第5.2.4条规定的允许值；

4)在管道设计寿命内，超过设计条件的压力和温度变化的总次数不应超过1000次；

5)在任何情况下，管道压力升高值不得超过管道的系统试验压力；

6)阀门及管道连接点处的密封元件，不得由于压力、温度的变化，降低或失去其应有的密封性能；

7)持续和周期性的变动不应改变管道系统中所有管道组成件的操作安全性能；

8)温度变动的下限值不应低于相关国家现行标准规定的材料最低使用温度。

b)符合本条a)款要求的管道，其超出设计条件的非经常性的压力、温度变动所产生的应力值，应符合下列要求：

1)当任何一次压力、温度变化持续时间不超过10h，且每年累计不超过100h时，不得超过材料许用应力的33%；

2)当任何一次压力、温度变化持续时间不超过50h，且每年累计不超过500h时，不得超过材料许用应力的20%。

c)对于压力泄放等的自限波动情况，一次变动持续时间不超过50h，且每年累计不超过500h时，压力变动不得超过材料许用应力的20%。

5.2 许用应力

5.2.1 金属材料许用应力的确定基准应符合相关国家现行标准的要求。

5.2.2 管道组成件材料的许用应力，中国标准材料应符合现行国家标准的有关规定：美国标准材料应符合ASME B31.3的有关规定。

5.2.3 管道柔性设计的应力限制应符合SH/T 3041的有关规定。

5.2.4 偶然荷载引起的纵向应力之和应符合下列要求：

a)当在操作条件下的压力、重力及其他持续荷载产生的纵向应力与风荷载或地震荷载等临时荷载产生的应力组合时，不应大于现行国家标准规定的材料许用应力1.33倍；进行应力组合时，风荷载和地震荷载不应同时考虑；

b)除另有规定外，在系统压力试验下管道中产生的应力，不应超过管道在该试验温度下许用应力的1.5倍，并不考虑风荷载、地震荷载等临时荷载的影响。

5.3　管道设计寿命

管道设计寿命宜为15年。

6　管道材料

6.1　一般规定

6.1.1　管道材料应根据管道级别、设计温度、设计压力和介质特殊要求等设计条件，以及材料的耐腐蚀性能、加工工艺性能、焊接性能和经济合理性等选用。

6.1.2　受压元件（螺栓除外）用材料应有足够的强度、塑性和韧性，在最低使用温度下应具备足够的抗脆性断裂能力。当采用延伸率低于14%的脆性材料时，应采取必要的安全防护措施。

6.1.3　选用的材料应具有足够的稳定性，包括化学性能、物理性能、耐蚀和耐磨性能、抗疲劳性能和组织稳定性等。

6.1.4　标准管道组成件的压力－温度额定值应符合管道设计温度和设计压力的要求。

6.1.5　在设计条件下，非标准管道组成件的计算应力，不应超过管道设计温度下材料的许用应力。

6.1.6　当管道在操作过程中存在压力和/或温度波动时，管道组成件的压力和/或温度允许变动范围，应符合本规范第5.1.2条的规定。

6.1.7　管道受压元件用钢材的技术要求应符合现行国家标准和有关技术条件的规定。

6.1.8　受压元件以及直接与受压元件焊接的非受压元件用钢材，应有钢厂的质量证明文件。

6.1.9　采用未形成国家或行业标准的新材料时，应经过适当级别的技术鉴定和国家质检总局委托进行的技术评审，并根据设计条件核对材料的各项性能指标。

6.1.10　管道受压元件采用国外材料时，应选用国外规范允许使用的材料，其使用范围应符合相应规范的规定，并有该材料的质量证明文件。

6.1.11　输送极度危害介质、高度危害介质及液化烃的压力管道应采用优质钢制造。

6.1.12　用于焊接的碳钢或低合金钢的含碳量不应大于0.3%。

6.1.13　选择材料时，应考虑不同材料间相互连接或接触，在工艺过程中可能产生的有害影响。

6.1.14　输送腐蚀性介质管道用材料应有耐腐蚀能力。除应力腐蚀和局部腐蚀需按具体情况考虑外，管道用材料可根据介质对金属材料的腐蚀速率选用。

6.1.15　管道金属材料的耐腐蚀能力应根据介质对金属材料的腐蚀速率确定，其分类宜符合下列要求：

a）年腐蚀速率小于或等于0.05mm的材料为充分耐腐蚀材料；

b）年腐蚀速率大于0.05mm且小于或等于0.1mm的材料为耐腐蚀材料；

c）年腐蚀速率大于0.1mm且小于或等于0.5mm的材料为尚耐腐蚀材料；

d）年腐蚀速率大于0.5mm的材料为不耐腐蚀材料。

6.1.16　对于尚耐腐蚀材料可根据技术经济比较确定，按较大腐蚀裕量的条件选用或选用较高级别的耐腐蚀材料。

6.1.17　金属材料的高温氧化年腐蚀率可参见本规范附录B中的表B。

6.1.18　常用钢材使用温度宜符合表6.1.18的规定。

表6.1.18　常用钢材使用温度

材料	材料牌号	使用温度/℃
碳素结构钢	Q235A · F	0～200
	Q235A Q235B	－10～350
	Q235C	－10～400

续表

材料	材料牌号	使用温度/℃
优质碳素结构钢	10	-29~425
	20	-20~425
	20G	-20~450
	Q245R	-20~450
低合金钢	Q345R	-40~450
	16MnD	-40~350
	09MnD	-50~350
	09Mn2VD	-50~100
	09MnNiD	-70~350
	12CrMo	-20~525
	15CrMo	-20~550
	12Cr1MoVG	-20~575
	12Cr2Mo	-20~575
	12Cr5Mo(1Cr5Mo)	-20~600
高合金钢	06Cr13(0Cr13)	-20~400
	06Cr19Ni10(0Cr18Ni9)	-196~700
	06Cr18Ni11Ti(0Cr18Ni10Ti)	-196~700
	06Cr17Ni12Mo2(0Cr17Ni12Mo2)	-196~700
	0Cr18Ni12Mo2Ti	-196~500
	06Cr19Ni13Mo3(0Cr19Ni13Mo3)	-196~700
	022Cr19Ni10(00Cr19Ni10)	-196~425
	022Cr17Ni12Mo2(00Cr17Ni14Mo2)	-196~450
	022Cr19Ni13Mo3(00Cr19Ni13Mo3)	-196~450

注:括弧内材料为旧牌号。

6.2 材料选用

6.2.1 碳素结构钢及铸铁类材料适用范围应符合 TSG D0001 的有关规定。

6.2.2 高温条件下材料的选用应符合下列规定:

a)受压元件的钢材使用温度不应超过现行国家标准的有关规定;

b)确定材料的使用温度上限时应考虑腐蚀性介质的影响;

c)非受压元件的钢材使用温度不应超过钢材的极限氧化温度;

d)在高温条件下长期使用时,碳素钢、碳锰钢、低温用镍钢的使用温度不应高于 425℃,碳钼钢的使用温度不应高于 470℃;

e)铁素体不锈钢受压元件的使用温度高于 370℃时,应考虑室温下的材料脆性;

f)奥氏体不锈钢的使用温度高于 525℃时,钢中含碳量不应小于 0.04%,并且在固溶状态下使用;

g)双相不锈钢的使用温度不宜高于 300℃;

h)钛及钛合金的使用温度不宜高于 300℃;

i)镍及镍基合金的使用温度应符合表 6.2.2 的规定。

表 6.2.2　镍及镍合金的使用温度　　℃

材料	不含硫的环境			蒸汽	含硫环境	
	氧化	H_2 还原	CO 还原		氧化	还原
镍(N4、N6)	≤1040	≤1260	≤1260	≤425	≤315	≤260
镍-铜(NCu30)	≤540	≤1100	≤815	≤370	≤315	≤260
镍-铬-铁(NS312)	≤1100	≤1150	≤1150	≤815	≤815	≤540
镍铁铬(NS111、NS112)	≤1100	≤260	≤1150	≤980	≤815	≤540

6.2.3　低温条件下材料的选用应符合下列规定：

a)碳素钢、低温碳钢、铬钼合金钢、不锈钢的最低使用温度及低温冲击试验免除条件应符合现行国家标准的有关规定；

b)低温管道用钢应采用镇静钢；

c)管道设计温度低于或等于-20℃的碳素钢、低温碳钢、低合金钢、中合金钢和铁素体高合金钢，母材及其焊缝金属和热影响区应按现行国家标准的有关规定进行低温冲击试验；

d)铬镍奥氏体不锈钢母材在设计温度等于或高于-196℃，且满足下列各项要求时，可免做低温冲击试验：

1)材料含碳量应小于或等于0.10%；

2)材料应为固溶热处理状态。

e)铬镍奥氏体不锈钢焊缝金属及热影响区在满足下列各项要求时，可免做低温冲击试验：

1)含碳量小于或等于0.10%的奥氏体不锈钢母材，不加填充金属焊接，设计温度不应低于-101℃；

2)焊缝金属含碳量小于或等于0.10%，焊接使用的填充金属符合相应标准，设计温度不应低于-101℃；焊缝金属含碳量大于0.10%，焊接使用的填充金属符合相应标准，设计温度不应低于-48℃。

6.2.4　除抗拉强度下限值大于540MPa的钢材及螺栓材料外，使用的材料在低温低应力工况下，若设计温度加50℃后，高于-20℃时，管道材料可免做低温冲击试验。

6.3　腐蚀环境条件下材料的选用

6.3.1　奥氏体不锈钢使用于可能引起晶间腐蚀的环境时，应按GB/T 4334进行晶间腐蚀倾向性试验。奥氏体不锈钢除下列情况外，应以供货状态的试样进行晶间腐蚀倾向试验：

a)焊接结构(包括焊缝金属)用钢材应以供货状态经敏化处理的试样进行试验，焊接接头以焊态试样进行试验；

b)除固溶处理和稳定化热处理外，凡在制造和使用过程中需经历400℃以上温度加热的奥氏体不锈钢，应以供货状态经敏化处理的试样进行试验。敏化处理的温度宜为650℃，保温时间为0.5~2h；双相不锈钢宜为650℃，保温时间不应小于0.5h。

6.3.2　介质中含有硫和环烷酸的管道材料选用，应根据正常操作条件下原油中的酸值和含硫量为依据，并应考虑最苛刻操作条件下可能达到的最大酸值、酸与硫的组合共同作用以及介质流动状态、介质流速等因素。材料的选用应符合下列规定：

a)对操作温度等于或高于240℃，介质中含活性硫化物腐蚀介质的管道，应根据管道操作温度和介质中的含硫量，并参见本规范附录C中图C.1的规定选用；

b)高温硫化物和环烷酸共存管道的材料选用应符合下列要求：

1)对操作温度低于240℃，材料可用碳钢、15CrMo、12Cr5Mo(1Cr5Mo)或06Cr13(0Cr13)；

2)对操作温度等于或高于240℃，材料可选用12Cr5Mo(1Cr5Mo)、Cr9Mo、06Cr19Ni10(0Cr18Ni9)或022Cr17Ni12Mo2(00Cr17Ni14Mo2)；

3）对管道介质流速等于或大于30m/s，材料应选用06Cr17Ni12Mo2（0Cr17Ni12Mo2）、06Cr19Ni13Mo3（0Cr19Ni13Mo3）、022Cr17Ni12Mo2（00Cr17Ni14Mo2）及其金属复合板制品。

6.3.3 对操作温度等于或高于200℃，介质中含有氢气的碳钢及合金钢管道，应根据管道最高操作温度加20～40℃的裕量和介质中氢气的分压，参见本规范附录C中图C.2 Nelson曲线选择合适的抗氢钢材。

6.3.4 对操作温度等于或高于250℃，介质中含有H_2S和H_2的管道材料选用，应根据管道操作温度和介质中H_2S的含量，参见本规范附录C中图C.3 Couper曲线确定。

6.3.5 在湿H_2S应力腐蚀环境中，管道选用的材料应符合下列要求：

a）材料标准规定的屈服强度σ_s小于或等于355MPa；

b）材料实测的抗拉强度σ_b小于或等于630MPa；

c）材料适用状态应为正火、正火+回火、退火或调质状态；

d）对于低碳钢和碳锰钢，碳当量C_E应小于或等于0.40%；对于低合金钢（包括低温镍钢）碳当量C_E应小于或等于0.45%；

e）管道需经焊后热处理，热处理后焊缝（含热影响区）的硬度不应大于HB200；

f）厚度大于20mm的钢板应按JB/T 4730.3进行超声检测，质量等级不应低于Ⅱ级；

g）材料应选用镇静钢，如20、Q245R、Q345R等。

6.3.6 碱应力腐蚀环境（碱脆）下，管道选用的材料应符合下列要求：

a）管道的材料选用可参见本规范附录D中图D的要求；

b）碳素钢和低合金钢制管道的操作温度和碱液溶液位于附录D中图D上的B区时，焊后或冷加工后应进行消除应力热处理。热处理温度宜为600～650℃，保温时间2.4min/mm，且不应少于1h；

c）当碱液浓度低但可能产生浓缩时，材料的选用可参见本规范附录D的要求；

d）当操作温度和碱液浓度位于附录D中图D上的A区时，碳素钢和低合金钢制的管道焊后不需进行消除应力热处理，开停工或检修期间应采取水冲洗，不得进行蒸汽吹扫；

e）当操作温度和碱液浓度位于附录D中图D上的C区时，材料应选用镍基合金。

6.3.7 液氨应力腐蚀环境下，管道选用的材料应符合下列要求：

a）对于20、Q345等钢应符合下列项之一：

1）焊后应进行消除应力热处理；

2）焊接接头（包括热影响区）的硬度值应小于或等于HB185；

3）液氨的含水量应大于0.2%（质量分数）；

b）对于15MnV、18MnMoNb等低合金钢，焊后应进行消除应力热处理。

6.3.8 连多硫酸应力腐蚀环境下，可能产生连多硫酸应力腐蚀开裂，奥氏体不锈钢应选用超低碳或稳定化型不锈钢。

6.3.9 氧气管道材料的选用应符合下列要求：

a）氧气管道材料的选用应根据管道的压力、温度和流速不同选用碳钢、不锈钢和镍基合金等材料；

b）管子宜采用无缝钢管；管件宜选用无缝对焊管件；

c）阀门采用全通径阀门，但其操作状态应为全开或全关状态，不得使其处于半开半关状态；并且切断阀操作过程中两端压差不能过大，阀门宜采用法兰连接；

d）垫片宜采用带内环的聚四氟乙烯缠绕式垫片；

e）阀门填料不应采用易脱落碎屑、纤维的材料或可燃的材料制成，宜采用聚四氟乙烯材料；

f）三通宜采用等径三通；

g）氧气管子、管件、阀门等应进行脱脂处理。

6.3.10 常用金属材料易产生应力腐蚀破裂的环境组合可参见本规范附录E。

7　管道组成件

7.1　管子

7.1.1　钢管规格宜符合 SH/T 3405 的有关规定。

7.1.2　管子公称直径宜按下列系列选用：

*DN*15、*DN*20、*DN*25、*DN*40, *DN*50、*DN*80、*DN*100、*DN*150、*DN*200、*DN*250、*DN*300、*DN*350、*DN*400、*DN*450、*DN*500、*DN*600、*DN*700、*DN*750、*DN*800、*DN*900、*DN*1000、*DN*1050、*DN*1200；公称直径大于 *DN*1200 时，可按 200 递增。

7.1.3　除仪表连接管、蒸汽伴管和特殊要求者外，管子最小公称直径应为 *DN*15，且管子内径不应小于 6mm。

7.1.4　管子壁厚不应小于以下三项中的最大值：

a）按本规范第 8.2 条规定计算的壁厚；

b）按 $D_0/150$ 确定的管子壁厚，D_0 为管子外径，单位为 mm；

c）最小选用壁厚应符合表 7.1.4 的规定。

表 7.1.4　管子最小壁厚　mm

材料	不同公称直径管子的最小壁厚			
	≤*DN*100	*DN*150 ~ *DN*200	*DN*250 ~ *DN*300	≥*DN*350
碳素钢、低合金钢	2.4	3.2	4.0	4.8
高合金钢、奥氏体不锈钢	1.5	2.3		

7.1.5　输送极度危害介质、高度危害介质、可燃介质或压力、温度参数较高或承受机械振动、压力脉动及温度剧烈变化的管道，宜选用无缝钢管。

7.1.6　无缝钢管用于设计压力等于或大于 10MPa 时，制造及检验应符合 GB 5310、GB 9948 或 GB 6479 的规定，不锈钢管的检验不应低于 GB/T 14976 的规定。

7.1.7　夹套管的内管应采用无缝钢管。

7.1.8　除产品标准明确规定，并经设计确认可用于压力、温度参数较高或特定条件外，焊接钢管宜按下列规定选用：

a）碳钢电阻焊直缝钢管，可用于设计温度低于或等于 200℃的无毒介质管道；

b）碳钢埋弧焊螺旋缝钢管可用于设计温度低于或等于 300℃的非极度危害介质和非高度危害介质管道；

c）碳钢电弧焊直缝钢管的使用温度不宜高于 425℃，奥氏体不锈钢电弧焊直缝钢管的使用温度不宜高于 600℃；

d）焊接钢管应符合 GB/T 9711 和 GB/T 12771 的有关规定。

7.2　管件

7.2.1　弯头、三通、异径管、管帽等管件的材质、压力等级或壁厚规格应与所连接管子一致或相当，并应符合下列要求：

a）钢制对焊管件应符合 SH/T 3408 或与其相当的标准规定；

b）锻钢制管件应符合 SH/T 3410 或与其相当的标准规定。

7.2.2　弯头宜选用长半径弯头，当采用短半径弯头时，其最高工作压力不宜超过同规格长半径弯头的 0.8 倍。

7.2.3　斜接弯头应符合下列规定：

a）斜接弯头的曲率半径不宜小于同规格长半径弯头的曲率半径；

b)斜接角度大于45°的斜接弯头，不宜用于极度危害介质、高度危害介质、可燃介质管道或可能承受由于机械振动、压力脉动及温度变化产生交变荷载的部位；

c)剧烈循环工况下的管道中采用斜接弯管时，其1条焊缝方向改变的角度不应大于22.5°，设计压力应小于或等于2.0MPa。

7.3 法兰

7.3.1 法兰的选用应符合下列规定：

a)法兰型式、结构尺寸应符合SH/T 3406或与其相当的标准规定；

b)法兰许用工作压力应根据法兰标准中所列的压力–温度额定值确定；

c)有毒、可燃介质管道不得采用板式平焊法兰；

d)承插焊和螺纹法兰不得使用在可能发生缝隙腐蚀或严重腐蚀处；

e)公称压力小于或等于*PN*20(Class 150)的管法兰采用缠绕式垫片或金属环垫时，宜选用对焊式或松套式法兰；

f)在剧烈循环工况下，应选用对焊式法兰。

7.3.2 当连接尺寸、压力等级相同而法兰压力–温度额定值不同的法兰相连接时，其使用条件应以较低压力–温度额定值的法兰为准。

7.3.3 当金属法兰与非金属或脆性材料法兰相连时，两者均应选用全平面(FF)法兰。突面法兰与全平面法兰匹配时，应采取防止法兰过载的措施。

7.3.4 对于剧烈循环工况和极度危害介质的管道，当管道法兰连接承受较大附加外荷载时，应校核法兰的承载能力。

7.3.5 以法兰盖作异径法兰时，开孔直径宜符合表7.3.5的规定。

表7.3.5 法兰盖开孔直径 mm

法兰盖公称直径 DN_1	最大开孔公称直径 DN_2
25、40	15
50	25
80、100	40
150、200	80
≥250	100

7.4 垫片

7.4.1 垫片的选用应符合下列规定：

a)垫片选用应根据垫片的密封性能、设计条件、工作介质特性及密封要求等因素确定；

b)垫片材料性能应符合下列要求：

1)具有较好的物理机械性能；

2)耐介质腐蚀，并不污染介质，不腐蚀密封表面；

3)具有良好的压缩、回弹性能；

4)具有较小的应力松弛率；

5)泄漏率低。

7.4.2 非金属平垫片的选用应符合下列规定：

a)无机纤维非石棉纤维橡胶板的公称压力不应超过*PN*50(Class 300)，最高使用温度不应大于290℃，最低使用温度不应低于–40℃；有机纤维非石棉纤维橡胶板的最高公称压力不应超过*PN*50(Class 300)，最高使用温度不应大于200℃，最低使用温度不应低于–40℃；

b)增强柔性石墨垫片的公称压力不应超过 *PN*110(Class 600),使用温度的范围取决于金属芯板材料;

c)垫片应符合 SH/T 3401 与其相当标准的规定。

7.4.3　聚四氟乙烯包覆垫片的选用应符合下列规定:

a)适用于耐腐蚀、防粘结和要求清洁度高的管道;

b)聚四氟乙烯包覆垫片的公称压力不应超过 *PN*50(Class 300),最高使用温度不应大于 150℃;

c)垫片应符合 SH/T 3402 或与其相当标准的规定。

7.4.4　缠绕式垫片的选用应符合下列规定:

a)缠绕式垫片选用应符合下列要求:

1)突面法兰应采用带外环型缠绕式垫片;

2)凹凸面法兰应采用带内环型缠绕式垫片;

3)榫槽面法兰应采用基本型缠绕式垫片;

4)公称压力等于或大于 *PN*150(Class 900)的突面法兰应采用带内外环型缠绕式垫片;

b)缠绕式垫片的使用条件应符合表 7.4.4 的规定;

c)垫片应符合 SH/T 3407 或与其相当标准的规定。

表 7.4.4　缠绕式垫片的使用条件

垫片材料	法兰公称压力 *PN*	温度范围/℃
06Cr19Ni10(0Cr18Ni9)/特制石棉	≤260	-50 ~ 500
06Cr19Ni10(0Cr18Ni9)、06Cr18Ni11Ti(0Cr18Ni10Ti)、06Cr17Ni12Mo2(0Cr17Ni12Mo2)/柔性石墨	≤260	-196 ~ 650[a]
022Cr19Ni10(00Cr19Ni10)、022Cr17Ni12Mo2(00Cr17Ni14Mo2)/柔性石墨	≤260	-196 ~ 450
06Cr19Ni10(0Cr18Ni9)、06Cr17Ni12Mo2(0Cr17Ni12Mo2)、022Cr19Ni10(00Cr19Ni10)、022Cr17Ni12Mo2(00Cr17Ni14Mo2)/聚四氟乙烯	≤110	-196 ~ 200

a　柔性石墨带用于氧化性介质时,最高使用温度为 450℃。

7.4.5　齿形组合垫的选用应符合下列规定:

a)垫片应符合 HG/T 20632 或与其相当标准的规定;

b)垫片的最高使用温度应符合表 7.4.5 的规定。

7.4.6　柔性石墨金属波齿复合垫片的选用应符合下列规定:

a)垫片应符合 GB/T 19066.1 ~ 3 或与其相当标准的规定;

b)垫片的最高使用温度应符合表 7.4.6 的规定。

表 7.4.5　齿形组合垫的最高使用温度

金属齿形环材料	覆盖层材料	最高使用温度/℃
10 或 08	柔性石墨	450
06Cr13(0Cr13)	柔性石墨	540[a]

续表

金属齿形环材料	覆盖层材料	最高使用温度/℃
06Cr19Ni10(0Cr18Ni9) 06Cr17Ni12Mo2(0Cr17Ni12Mo2)	柔性石墨	650[a]
	聚四氟乙烯	200
a 柔性石墨带用于氧化性介质时,最高使用温度为450℃。		

表7.4.6 柔性石墨金属波齿复合垫片的最高使用温度

金属骨架材料	覆盖层材料	最高使用温度/℃
10或08	柔性石墨	450
06Cr13(0Cr13)	柔性石墨	540[a]
06Cr19Ni10(0Cr18Ni9)、06Cr17Ni12Mo2(0Cr17Ni12Mo2)	柔性石墨	650[a]
a 柔性石墨带用于氧化性介质时,最高使用温度为450℃。		

7.4.7 金属环垫的选用应符合下列规定:

a)适用于高温、高压管道,垫片的使用条件应符合表7.4.7的规定;

表7.4.7 金属环垫的使用条件

材料		最高使用温度/℃	最大硬度值HB
钢号	标准		
软铁	GB/T 9971	450	90
10	GB/T 699	450	120
12Cr5Mo(1Cr5Mo)	NB/T 47008	650	130
06Cr13(0Cr13)	NB/T 47010 GB/T 1220	540	140
06Cr19Ni10(0Cr18Ni9)		700	160
06Cr18Ni11Ti(0Cr18Ni10Ti)		700	160
06Cr18Ni11Nb(0Cr18Ni11Nb)		700	160
06Cr17Ni12Mo2(0Cr17Ni12Mo2)		700	160
022Cr19Ni10(00Cr19Ni10)		450	150
022Cr17Ni12Mo2(00Cr17Ni14Mo2)		450	150

b)垫片应符合SH/T 3403或与其相当标准的规定;

c)金属环垫材料硬度值宜比法兰材料硬度值低HB30~HB40。

7.4.8 金属包覆垫片的选用应符合下列规定:

a)适用于温度较高的介质及形状复杂的垫片;

b)垫片的包覆金属材料的使用温度应符合表7.4.8-1的规定,填充材料的使用温度应符合表7.4.8-2的规定:

表 7.4.8-1 包覆金属材料的最高使用温度

包覆金属材料		最高使用温度/℃
名称	标准	
纯铝板 L3	GB/T 3880	200
纯铜板 T3	GB/T 2040	300
镀锌钢板	GB/T 2518	400
08F	GB/T 710	400
06Cr13(0Cr13)	GB/T 3280	500
06Cr19Ni10(0Cr18Ni9) 06Cr18Ni11Ti(0Cr18Ni10Ti) 022Cr17Ni12Mo2(00Cr17Ni14Mo2) 022Cr19Ni13Mo3(00Cr19Ni13Mo3)	GB/T 3280	600

表 7.4.8-2 填充材料的最高使用温度

填充材料		最高使用温度/℃
柔性石墨板		650①
石棉橡胶板		300
非石棉纤维橡胶板	有机纤维	200
	无机纤维	290

① 柔性石墨带用于氧化性介质时，最高使用温度为450℃。

c)金属包覆垫的最高使用温度应低于包覆金属材料和填充材料的最高使用温度的较低值；

d)垫片应符合 HG/T 20630 或与其相当标准的规定。

7.5 紧固件

7.5.1 法兰连接用紧固件，应能保证垫片达到初始密封条件，并在整个操作过程中保持垫片的密封性。

7.5.2 紧固件材料应根据法兰连接的设计条件和选用的垫片种类决定。

7.5.3 六角头螺栓宜用于公称压力小于或等于 *PN*20(Class150)的法兰连接。公称压力大于 *PN*20(Class150)或高温条件下应采用全螺纹螺柱或等长双头螺柱。

7.5.4 屈服强度不超过 235MPa 的低强度紧固件，仅使用于公称压力小于或等于 *PN*20(Class150)非金属垫片的法兰连接，并不得应用于剧烈循环工况；碳钢低强度紧固件使用温度范围宜为 -20 ~200℃。

7.5.5 经变形硬化的奥氏体不锈钢紧固件用于非软质垫片法兰连接时，应校核紧固件的承载能力，且使用温度不得高于 500℃。

7.5.6 紧固件应符合 SH/T 3404 或与其相当标准的规定。

7.6 法兰、垫片和紧固件的选配

7.6.1 在法兰连接中，法兰、垫片和紧固件材料的选配宜按表 7.6.1 的规定选取，螺母可选用有使用经验的其他材料。

7.6.2 调质状态使用的螺母材料的回火温度应高于配套使用的螺栓材料的回火温度。

7.6.3 铸铁法兰及与其相连接的钢制法兰的密封面应选用全平面(FF)型式，预紧比压 y 小于或等于 31.0MPa 的软质垫片，紧固件应采用常温屈服强度不大于 235MPa 的低强度螺栓。

表 7.6.1 法兰、垫片和紧固件选配

公称压力	垫片	温度/℃												
		-196 ~ -101	-100 ~ -41	-40 ~ -21	-20 ~ 100	101 ~ 150	151 ~ 200	201 ~ 300	301 ~ 350	351 ~ 400	401 ~ 500	501 ~ 550	551 ~ 650	651 ~ 700
		紧固件材料 螺栓/螺母												
PN20	石棉橡胶板	—	—	—	Q235A/Q235A			35CrMoA/35		—		—	—	—
	聚四氟乙烯包覆垫片	—	—	35CrMoA/30CrMoA			—			—				—
	缠绕式垫片	0Cr19Ni9/0Cr19Ni9	35CrMoA/30CrMoA		35CrMoA/35					35CrMoA/30CrMoA		25Cr2MoVA/35CrMoA	0Cr19Ni9/0Cr19Ni9	0Cr15Ni25Ti2MoA1VB/0Cr15Ni25Ti2MoA1VB
	金属环垫													
	柔性石墨复合垫片													—
PN50	石棉橡胶板	—	—		35CrMoA/35					—		—	—	—
	聚四氟乙烯包覆垫片	—					—							
	缠绕式垫片	0Cr19Ni9/0Cr19Ni9	35CrMoA/30CrMoA		35CrMoA/35					35CrMoA/30CrMoA		25Cr2MoVA/35CrMoA	0Cr19Ni9/0Cr19Ni9	0Cr15Ni25Ti2MoA1VB/0Cr15Ni25Ti2MoA1VB
	金属环垫													
	柔性石墨复合垫片													—
	齿形组合垫													
	金属包覆垫片											—	—	
PN68	缠绕式垫片	—	35CrMoA/30CrMoA		35CrMoA/35					35CrMoA/30CrMoA		25Cr2MoVA/35CrMoA	0Cr19Ni9/0Cr19Ni9	0Cr15Ni25Ti2MoA1VB/0Cr15Ni25T12MoA1VB
	金属环垫													
	柔性石墨复合垫片													—
	齿形组合垫													
	金属包覆垫片											—	—	

续表

公称压力	垫片	温度/℃												
		-196 ~ -101	-100 ~ -41	-40 ~ -21	-20 ~ 100	101 ~ 150	151 ~ 200	201 ~ 300	301 ~ 350	351 ~ 400	401 ~ 500	501 ~ 550	551 ~ 650	651 ~ 700
		紧固件材料　螺栓/螺母												
*PN*110	缠绕式垫片	—	35CrMoA/30CrMoA		35CrMoA/35					35CrMoA/30CrMoA		25Cr2MoVA/35CrMoA	0Cr19Ni9/0Cr19N19	0Cr15Ni25Ti2MoA1VB/0Cr15Ni25Ti2MoA1VB
	金属环垫													
	柔性石墨复合垫片													—
	齿形组合垫													
	金属包覆垫片											—	—	
*PN*150	缠绕式垫片	—	35CrMoA/30CrMoA		35CrMoA/35					35CrMoA/30CrMoA		25Cr2MoVA/35CrMoA	0Cr19Ni9/0Cr19Ni9	—
	金属环垫													
	齿形组合垫													
	金属包覆垫片											—	—	
*PN*260	缠绕式垫片	—	35CrMoA/30CrMoA		35CrMoA/35					35CrMoA/30CrMoA		25Cr2MoVA/35CrMoA	0Cr19Ni9/0Cr19Ni9	—
	金属环垫													
	齿形组合垫													
*PN*420	金属环垫	—	35CrMoA/30CrMoA		35CrMoA/35					35CrMoA/30CrMoA		25Cr2MoVA/35CrMoA	0Cr19Ni9/0Cr19Ni9	—
	齿形组合垫													

注:斜线上方为螺柱和螺栓材料,下方为螺母材料。

7.7 阀门

7.7.1 除另有规定外，工艺物料及有毒、可燃介质管道用阀门的选用应符合表7.7.1-1或表7.7.1-2的规定。

表7.7.1-1 国家和行业阀门标准

序号	标准号	标准名称
1	GB/T 12232	通用阀门 法兰连接铁制闸阀
2	GB/T 12233	通用阀门 铁制截止阀与升降式止回阀
3	GB/T 12234	石油、天然气工业用螺柱连接阀盖的钢制闸阀
4	GB/T 12235	石油、石化及相关工业用钢制截止阀和升降式止回阀
5	GB/T 12236	石油、石化及相关工业用钢制旋启式止回阀
6	GB/T 12237	石油、石化及相关工业用钢制球阀
7	GB/T 12238	法兰和对夹连接弹性密封蝶阀
8	GB/T 12239	工业阀门 金属隔膜阀
9	GB/T 12240	铁制旋塞阀
10	GB/T 12241	安全阀 一般要求
11	GB/T 12243	弹簧直接载荷式安全阀
12	GB/T 12244	减压阀 一般要求
13	GB/T 12246	先导式减压阀
14	JB/T 9092	阀门的检验与试验

表7.7.1-2 常用国外阀门标准

序号	标准号	标准名称
1	API 6D	Specification for Pipeline Valves
2	API 526	Flanged Steel Pressure Relief Valves
3	API 527	Seat Tightness of Pressure Relief Valves
4	API 593	Ductile Iron Plug Valves
5	API 594	Check Valves: Flanged, Lug, Waer and Butt - welding
6	API 598	Valve inspection and Testing
7	API 599	Metal Plug Valves - Flanged, Threaded and Welding Ends
8	API 600	Steel Gate Valves - F1anged and Butt - Welding Ends, Bolted Bonnets
9	API 602	Steel Gate, Globe and Check Valves for Sizes *DN* 100 and Smaller for the Petroleum and Natural Gas Industries
10	API 603	Corrosion - Resistant, Bolted Bonnet Gate Valves - Flanged and Butt - Welding Ends
11	API 608	Metal Ball Valyes - Flanged, Threaded and Welding Ends
12	API 609	Butterfly Valves: Double - flanged, Lug and Wafer type
13	API 941	Steel for Hydrogen Service at Elevated Temperatures and Pressures in Petrileum Refineries and Petrochemical Plants
14	ASME B16.10	Face - to - Face and End - to - End Dimensions of Valves
15	ASME B16.34	Valves - Flanged, Threaded, and Welding End

续表

序号	标准号	标准名称
16	BS 1868	Specification for Steel Check Valves(Flanged and Butt - welding Ends) for the Petroleum, Petrochemical and Allied Industries
17	BS 1873	Specification for Steel Globe and Globe Stop and Check Valves(Flanged and Butt - welding Ends) for the Petroleum, Petrochemical and Allied Industries
18	BS 5146	Inspection and Test of Steel Valves
19	BS 5155	Butterfly Valves
20	BS 5352	Specification for Steel wedge gate, globe and check valves 50 mm and smaller for petroleum, petrochemical and allied industries
21	BS EN ISO 17292	Metal Ball Valves for Petroleum, Petrochemical and Allied Industries
22	BS 6364	Valves for Cryogenic Service

7.7.2　用于工艺物料、极度危害介质、高度危害介质、可燃介质管道的软质密封球阀、旋塞阀、蝶阀及其他类似结构的特种阀门，应有防火和防静电结构。

7.7.3　软质密封阀门的密封件的压力 - 温度额定值应符合管道设计条件的要求。

7.7.4　除止回阀外，设计温度低于 -45℃的管道宜选用加长阀盖结构的阀门。

7.7.5　低温系统的弹性闸板闸阀应在高压侧的闸板上开一个泄压孔；低温系统的球阀在高压侧应有泄压结构或泄压孔。

7.7.6　带螺纹阀盖的阀门不应用于极度危害介质、高度危害介质和液化烃管道。

7.8　管道连接

7.8.1　除安装、维护、检修需拆卸处外，管道应采用焊接连接，并应符合下列规定：

a) 公称直径小于或等于 *DN*40 的管道，宜采用承插焊连接，承插焊连接不应用于发生缝隙腐蚀介质的管道；

b) 公称直径等于或大于 *DN*50 的管道宜采用对焊连接。

7.8.2　除镀锌管道外，螺纹连接宜用于公称直径小于或等于 *DN*40 的管道，并应符合下列规定：

a) 管螺纹应符合 GB/T 12716 或 GB/T 7306.1 和 GB/T 7306.2 的规定；

b) 螺纹连接的内外管螺纹应采用锥管螺纹，锥管螺纹密封的接头不宜用于设计温度大于 200℃ 的工况。SHB 类管道公称直径不应大于 *DN*20，且应采用密封焊。SHC 类管道，当管道公称直径为 *DN*32 ~ *DN*50 时，设计压力不应大于 4MPa；公称直径为 *DN*25 时，设计压力不应大于 8MPa；公称直径小于或等于 *DN*20 时，设计压力不应大于 10MPa；高于上述压力应采用密封焊；

c) 圆锥外螺纹与圆柱内螺纹配合仅适用于 SHC5 级管道；

d) 对水、低压蒸汽和空气系统管道螺纹连接，可采用密封剂或密封带；

e) 对工艺介质及介质渗透性较强或对泄漏率控制较严的管道，应采用密封焊；

f) 发生缝隙应力腐蚀、冲蚀或由于振动、压力脉动及温度变化等可能产生交变荷载的部位，不宜采用螺纹连接；

g) 除温度计套管外，SHA 类管道和剧烈循环工况不应采用螺纹连接。

7.8.3　法兰连接应根据管道设计压力、设计温度、介质特性及泄漏率等要求选用。

7.8.4　扩口、卡箍及其他特种管道连接，应按管接头标准规定的压力、温度等使用条件及所连接管子材料、规格要求选用。但当用于极度危害介质、高度危害介质、可燃介质或承受剧烈循环工况的管道时，应经过类似工况条件的性能试验或实际使用证明安全可靠方可采用。

7.8.5　连接不同压力等级管道的阀门、法兰等管道组成件，应按苛刻条件选用。

7.9 管道分支

7.9.1 支管直接焊接在主管上的支管连接,除下列情况外,应进行开孔补强校核,并根据校核结果采取相应的补强措施:

a)支管通过加强管接头与主管连接;

b)支管连接处作为一个整体受压元件设计、制造并经检验合格。

7.9.2 直接焊接在主管上的支管连接应符合下列要求:

a)不应用于有机械振动、压力脉动和温度急剧变化的部位的管道;

b)不宜用于设计温度超过425℃的管道;

c)当支管连接处承受由于支管热变形、外荷载及支架位移等引起的应力时,应对附加荷载在支管连接处产生的影响进行分析并采取必要的加强措施。

7.9.3 下列工况的支管连接应采用三通、45°斜三通或四通:

a)设计压力等于或大于2.0MPa、设计温度超过250℃以及支管外径与主管外径之比大于0.8;

b)承受机械振动、压力脉动和温度急剧变化的管道分支。

8 管道受压元件强度设计

8.1 一般规定

8.1.1 管道受压元件的设计应符合本规范的规定。

8.1.2 管道受压元件的壁厚选用应符合下列要求:

a)管道受压元件的最小壁厚应考虑腐蚀、浸蚀、磨损、负偏差及螺纹或开槽深度裕量;

b)按强度计算管道受压元件的壁厚时,应考虑由于支撑、结冰、回填土等附加荷载的影响,当由此增加的壁厚产生过大的局部应力和在结构上无法解决时,应通过增设支撑、拉杆等不增加壁厚的措施来保证其强度。

8.2 金属直管

8.2.1 受内压直管的壁厚计算应符合下列规定:

a)当直管的计算壁厚t小于管子外径D_o的1/6时,直管的计算壁厚应按式(8.2.1-1)计算,管子的名义壁厚应按式(8.2.1-2)计算:

$$t = \frac{PD_o}{2[\sigma]^t \phi W + 2PY} \quad (8.2.1-1)$$

$$\overline{T} = t + C_1 + C_2 + C_3 + C_4 \quad (8.2.1-2)$$

式中 t——直管的计算壁厚,mm;

P——设计压力,MPa;

D_o——管子外径,mm;

$[\sigma]^t$——设计温度下管子材料的许用应力,MPa;

ϕ——焊缝系数,对无缝钢管取1;

W——焊缝接头强度降低系数;

Y——温度对计算直管壁厚公式的修正系数;

$\overline{T}$——名义厚度,标准规定的厚度,mm;

C_1——材料厚度负偏差,按材料标准规定,mm;

C_2——腐蚀、冲蚀裕量,mm;

C_3——机械加工深度。对带螺纹的管道组成件,取公称螺纹深度;对未规定公差的机械加工表面或槽,取规定切削深度加0.5mm;

C_4——厚度圆整值,mm。

b)焊接钢管的焊缝系数应按表8.2.1-1的规定取值;

表 8.2.1－1　焊接钢管的焊缝系数

<table>
<tr><th>序号</th><th>焊接方法</th><th>接头型式</th><th>焊缝形式</th><th>检验要求</th><th>焊缝系数 φ</th></tr>
<tr><td>1</td><td>锻焊(炉焊)</td><td>对焊</td><td>直焊缝</td><td>按标准要求</td><td>0.6</td></tr>
<tr><td>2</td><td>电阻焊</td><td>对焊</td><td>直焊缝或螺旋焊缝</td><td>按标准要求</td><td>0.85</td></tr>
<tr><td rowspan="6">3</td><td rowspan="6">电弧焊</td><td rowspan="3">单面对焊</td><td rowspan="3">直焊缝或螺旋焊缝</td><td>无 X 射线探伤</td><td>0.8</td></tr>
<tr><td>10% X 射线探伤</td><td>0.9</td></tr>
<tr><td>100% X 射线探伤</td><td>1.0</td></tr>
<tr><td rowspan="3">双面对焊</td><td rowspan="3">直焊缝或螺旋焊缝</td><td>无 X 射线探伤</td><td>0.85</td></tr>
<tr><td>10% X 射线探伤</td><td>0.90</td></tr>
<tr><td>100% X 射线探伤</td><td>1.0</td></tr>
</table>

c) 焊缝接头强度降低系数，应按表 8.2.1－2 的规定取值。当温度高于 816℃时，由设计者确定：

表 8.2.1－2　焊缝接头强度降低系数

材料	设计温度/℃														
	427	454	482	510	538	566	593	621	649	677	704	732	760	788	816
铬钼合金钢	1	0.95	0.91	0.86	0.82	0.77	0.73	0.68	0.64	—	—	—	—	—	—
不带填充金属的奥氏体钢①	—	—	—	1	1	1	1	1	1	1	1	1	1	1	1
带填充金属的奥氏体钢	—	—	—	1	0.95	0.91	0.86	0.82	0.77	0.73	0.68	0.64	0.59	0.55	0.5

①成品进行固溶化热处理且焊缝进行 100% 射线检验。

d) 温度对计算直管壁厚公式的修正系数应按表 8.2.1－3 的规定取值；

表 8.2.1－3　温度对计算直管壁厚公式的修正系数

材料	温度/℃					
	≤482	510	538	566	593	≥621
铁素体钢	0.4	0.5	0.7	0.7	0.7	0.7
奥氏体钢	0.4	0.4	0.4	0.4	0.5	0.7

e) 当直管的计算壁厚 t 等于或大于管子外径 D_o 的 1/6 时，或设计压力 P 与在设计温度下材料的许用应力 $[\sigma]^t$ 和焊缝系数 ϕ 乘积之比 $\{P/([\sigma]^t\phi)\}$ 大于 0.385 时，直管的计算壁厚应根据断裂理论、疲劳、热应力及材料特性等因素综合考虑确定。

8.2.2　受外压直管的壁厚和加强圈计算，应符合 GB 150 的有关规定。

8.3　弯管和斜接弯头

8.3.1　受内压弯管的壁厚计算应符合下列规定：

a) 弯管的计算壁厚 t_w 应按式(8.3.1－1)计算；当弯管计算内侧壁厚时，计算系数 I 按式(8.3.1－2)计算；当弯管计算外侧壁厚时，计算系数 I 按式(8.3.1－3)计算；当弯管计算中心线处壁厚时，计算系数 I 取 1.0；

$$t_w = \frac{PD_o}{2[\sigma]^t\phi W/I + 2PY} \tag{8.3.1-1}$$

$$I = \frac{4(R/D_o) - 1}{4(R/D_o) - 2} \tag{8.3.1-2}$$

$$I = \frac{4(R/D_o) + 1}{4(R/D_o) + 2} \tag{8.3.1-3}$$

式中 t_w——弯管在内侧、外侧或弯管中心线处的计算壁厚,mm;

I——计算系数;

R——弯管曲率半径,mm;

D_o——管子外径,mm;

b)弯管弯曲后的最小厚度不应小于相连直管扣除壁厚负偏差后的壁厚值;

c)当弯管的壁厚无法计算时,也可采用验证性试验决定最大许用工作压力;

d)采用爆破法验证最大许用工作压力时,爆破压力可按式(8.3.1-4)和式(8.3.1-5)计算:

$$P_2 = P_1\sigma_b^a/\sigma_b^n \tag{8.3.1-4}$$

$$P_1 = 2\sigma_b \overline{T}/D_o \tag{8.3.1-5}$$

式中 P_2——管件的爆破试验压力,MPa;

P_1——管件的计算爆破压力,MPa;

σ_b——直管材料的规定抗拉强度,MPa;

$\overline{T}$——直管名义壁厚,mm;

σ_b^a——试验管件材料的实际抗拉强度,MPa;

σ_b^n——试验管件材料的规定抗拉强度,MPa。

8.3.2 斜接弯头的外形见图8.3.2,斜接角度α大于3°且小于或等于45°斜接弯头的最大许用内压力应符合下列规定:

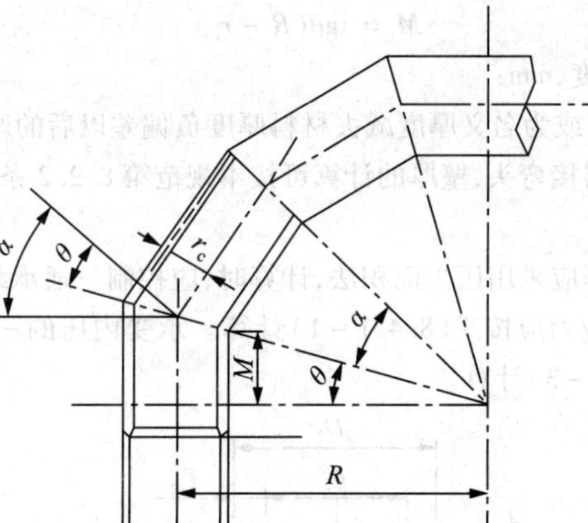

图8.3.2 斜接弯头

a)斜接角度α小于或等于3°时按直管计算;

b)角度θ不大于22.5°的多接缝斜接弯头,最大许用内压力应按式(8.3.2-1)和式(8.3.2-2)计算,并取两者计算结果的较小值,其中弯头曲率半径R应按式(8.3.2-3)计算;

$$P_m = \frac{[\sigma]^t\phi W T_e}{r_c}\left(\frac{T_e}{T_e + 0.643\text{tg}\theta\sqrt{r_c T_e}}\right) \tag{8.3.2-1}$$

$$P_m = \frac{[\sigma]^t \phi W T_e}{r_c}\left(\frac{R - r_c}{R - 0.5r_c}\right) \tag{8.3.2-2}$$

$$R \geqslant \frac{A}{\text{tg}\theta} + \frac{D_o}{2} \tag{8.3.2-3}$$

式中　P_m——斜接弯头最大许用内压力，MPa；

T_e——有效厚度，为名义厚度减去腐蚀、冲蚀裕量和材料厚度负偏差，以及机械加工深度以后的厚度，mm；

R——弯头曲率半径，mm；

r_c——管子平均半径，mm；

A——经验值，按表8.3.2的规定查取。

表8.3.2　经验值A

斜接弯头的有效厚度 T_e/mm	经验值 A
≤13	25
$13 < T_e < 22$	$2T_e$
≥22	$[2T_e/3] + 30$

c）单接缝斜接弯头的最大许用内压力的计算应符合下列要求：

1）角度 θ 小于或等于22.5°的单接缝斜接弯头的最大许用内压力应按式（8.3.2-1）计算；

2）角度 θ 大于22.5°的单接缝斜接弯头的最大许用内压力应按式（8.3.2-4）计算；

$$P_m = \frac{[\sigma]^t \phi W T_e}{r_c}\left(\frac{T_e}{T_e + 1.25\text{tg}\theta\sqrt{r_c T_e}}\right) \tag{8.3.2-4}$$

d）图中斜接弯头切线段长度 M 应取下列两式计算结果的较大值；斜接弯头的斜接角 α 取 θ 的2倍。

$$M = 2.5\sqrt{r_c \cdot T_w} \tag{8.3.2-5}$$

$$M = \text{tg}\theta(R - r_c) \tag{8.3.2-6}$$

式中　M——斜接弯头切线段长度，mm；

T_w——最小厚度，实测厚度或为名义厚度减去材料厚度负偏差以后的厚度，mm。

8.3.3　承受外压的弯管和斜接弯头，壁厚的计算可按本规范第8.2.2条的规定。

8.4　三通

8.4.1　挤压三通的壁厚计算应采用压力面积法，计算时，应控制三通承载截面上的一次应力不超过材料在工作温度下的许用应力，许用应力应按式（8.4.1-1）计算。承受内压的三通外形见图8.4.1，承载区的尺寸应按式（8.4.1-2）和式（8.4.1-3）计算。

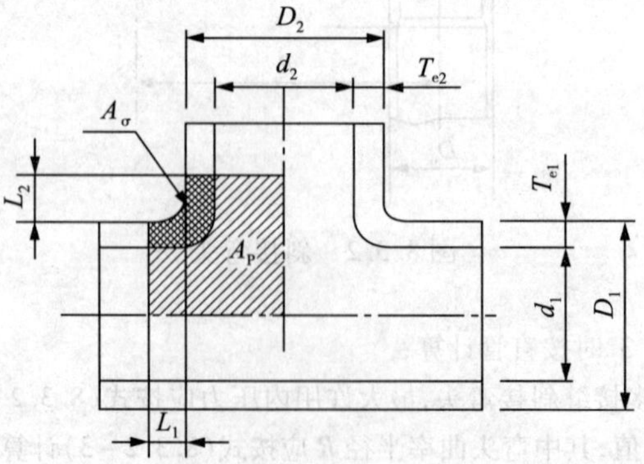

图8.4.1　承受内压三通

$$[\sigma]^{t} \geqslant P\left(\frac{A_p}{A_\sigma}+\frac{1}{2}\right) \quad (8.4.1-1)$$

$$L_1=\sqrt{(d_1+T_{e1})T_{e1}} \quad (8.4.1-2)$$

$$L_2=\sqrt{(d_2+T_{e2})T_{e2}} \quad (8.4.1-3)$$

式中 A_p——通过主管、支管中心线的纵向截面在最大承载范围内的承压面积，mm^2；

A_σ——通过主管、支管中心线的纵向截面在最大承载范围内的钢材承载面积，mm^2；

L_1——主管最大承载长度，mm；

L_2——支管最大承载长度，mm；

d_1——主管内径，mm；

d_2——支管内径，mm；

T_{e1}——主管有效厚度，mm；

T_{e2}——支管有效厚度，mm。

8.4.2 挤压三通主管最小壁厚 T_t 应按式(8.4.2-1)和式(8.4.2-2)计算。

$$T_t=\frac{Pd_1+2[\sigma]^{t}E_jC_2+2PYC_2}{2[\sigma]^{t}E_j-2P(1-Y)} \quad (8.4.2-1)$$

$$E_j=\frac{d_1A_\sigma}{2T_{e1}A_p}\leqslant 1 \quad (8.4.2-2)$$

式中 T_t——最小厚度，实测厚度或为名义厚度减去材料厚度负偏差以后的厚度，mm；

E_j——三通强度减弱系数。

8.4.3 三通的最大许用工作压力，也可采用验证性试验确定。

8.5 盲板与平盖

8.5.1 夹在法兰间的盲板外形见图8.5.1，盲板的计算厚度应按式(8.5.1-1)计算，盲板的设计厚度应按式(8.5.1-2)计算。

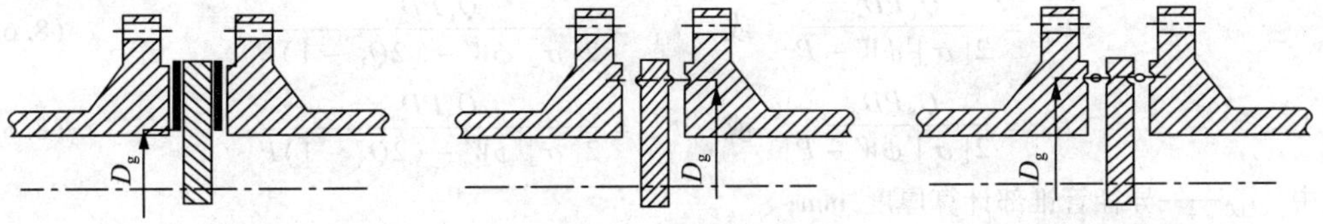

（a）密封面为FF或RF的盲板　（b）密封面为MRJ的盲板　（c）密封面为FRJ的盲板

图8.5.1 法兰间的盲板

$$t_m=D_g\sqrt{\frac{3P}{16[\sigma]^{t}W\phi}} \quad (8.5.1-1)$$

$$T_{pd}=t_m+C \quad (8.5.1-2)$$

式中 t_m——盲板的计算厚度，mm；

D_g——对于突面、凹凸面或平面法兰，为垫片内径；对于环连接面和榫槽面法兰，为垫片的平均直径，mm；

P——设计压力，MPa；

$[\sigma]^{t}$——在设计温度下材料的许用应力，MPa；

W——焊缝接头强度降低系数；

ϕ——焊缝系数，对整体成型盲板，ϕ 取1.0；

T_{pd}——盲板的设计厚度，mm

C——厚度附加量，为腐蚀、冲蚀裕量(C_2)和机械加工深度(C_3)的总和，mm。

8.5.2　平盖的厚度计算应符合 GB 150 的有关规定。

8.6　非标准异径管

8.6.1　无折边的非标准异径管外形见图 8.6.1,无折边非标准异径管的设计应符合下列规定:

a)无折边的非标准异径管可采用钢板卷焊,对偏心异径管的焊缝宜位于图 8.6.1 中(b)所示位置;

b)无折边异径管的设计压力不宜超过 2.5MPa;

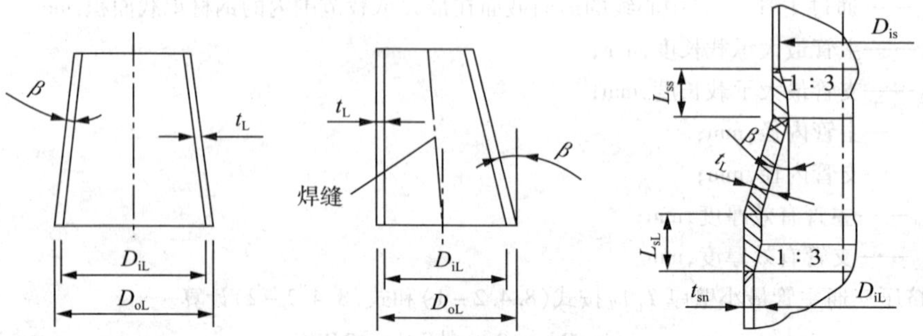

（a）同心异径管　　（b）偏心异径管　　（c）两端带直加强段的异径管

图 8.6.1　无折边的异径管

c)同心异径管,斜边与轴线的夹角 β 不宜大于 15°。偏心异径管斜边与端部轴线的夹角 β 不宜大于 30°。

8.6.2　受内压无折边异径管的厚度计算应符合下列要求:

a)应按设定的斜边与轴线的夹角β,并按式(8.6.2-1)、式(8.6.2-2)和式(8.6.2-3)计算异径管各部的厚度,取三者中的厚度最大值;

$$t_{LC} = \frac{PD_{oL}}{2([\sigma]^t\phi W + PY)\cos\beta} \tag{8.6.2-1}$$

$$t_{LL} = \frac{Q_L PD_{iL}}{2[\sigma]^t\phi W - P} \quad 或 \quad t_{LL} = \frac{Q_L PD_{oL}}{2[\sigma]^t\phi W - (2Q_L - 1)P} \tag{8.6.2-2}$$

$$t_{LS} = \frac{Q_S PD_{iS}}{2[\sigma]^t\phi W - P} \quad 或 \quad t_{LS} = \frac{Q_S PD_{oS}}{2[\sigma]^t\phi W - (2Q_S - 1)P} \tag{8.6.2-3}$$

式中　t_{LC}——异径管锥部计算厚度,mm;

t_{LL}——异径管大端计算厚度,mm;

t_{LS}——异径管小端计算厚度,mm;

D_{oL}——异径管大端外径,mm;

D_{oS}——异径管小端外径,mm;

D_{iL}——异径管大端内径,mm;

D_{iS}——异径管小端内径,mm;

β——异径管斜边与轴线的夹角;

Q_L——异径管大端与直管连接的应力增值系数,按图 8.6.2-1 选取;

Q_S——异径管小端与直管连接的应力增值系数,按图 8.6.2-2 选取。

b)异径管厚度的选取应符合下列规定:

1)当计算的厚度最大值小于或等于大端连接的直管有效厚度时,异径管的名义厚度可取与直管相同的名义厚度;

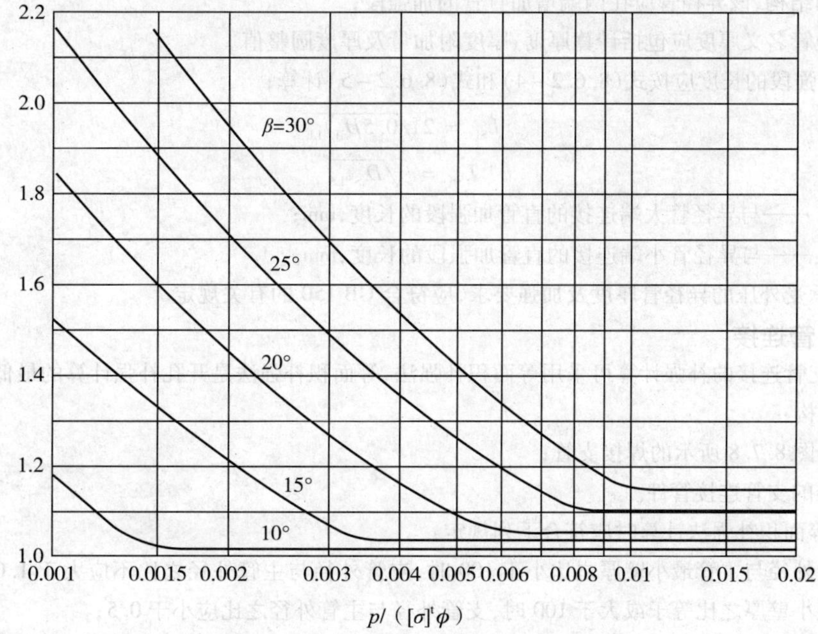

注：曲线系按最大应力强度（主要为轴向弯曲应力）绘制，控制值为 $3[\sigma]^t$。

图 8.6.2－1　异径管大端与直管连接处 Q_L 值

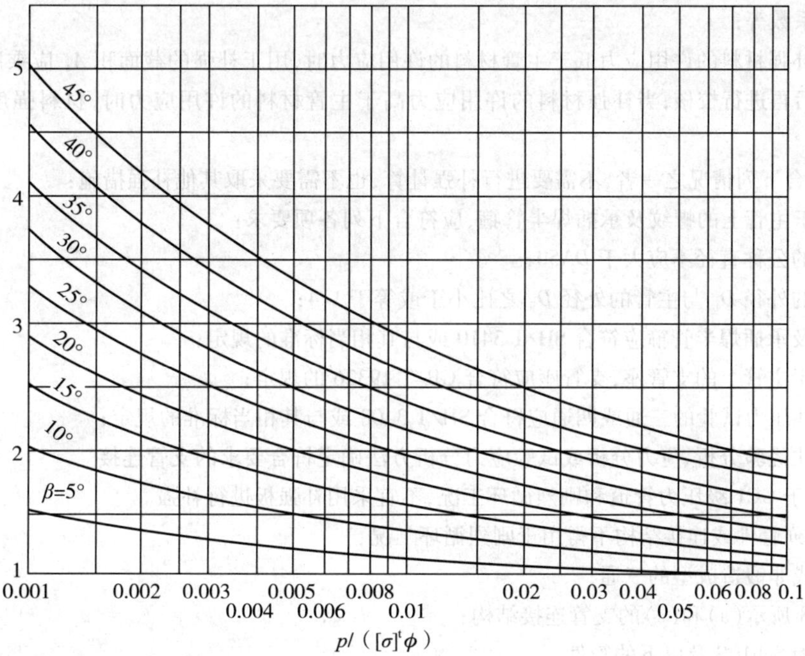

注：曲线系按连接处每侧 $0.25\sqrt{0.5D_{is}t_{LS}}$ 范围内的薄膜应力强度（由平均环向拉应力和平均径向压应力计算所得）绘制，控制值为 $1.1[\sigma]^t$。

图 8.6.2－2　异径管小端与直管连接处 Q_S 值

2）当计算的厚度最大值大于大端连接的直管有效厚度时，允许减小斜边与轴线夹角时，可重新计算；当不能减小斜边与轴线夹角时，可采用本条中 a）项计算的厚度最大值，并采用图 8.6.1 中

c）的结构，该异径管应在两端增加直管的加强段；

3）异径管名义厚度应包括计算厚度、厚度附加量及厚度圆整值。

c）直管加强段的长度应按式（8.6.2－4）和式（8.6.2－5）计算；

$$L_{SL} = 2\sqrt{0.5D_{iL}t_{LL}} \qquad (8.6.2-4)$$

$$L_{SS} = \sqrt{D_{iS}t_{LS}} \qquad (8.6.2-5)$$

式中　L_{SL}——与异径管大端连接的直管加强段的长度，mm；

L_{SS}——与异径管小端连接的直管加强段的长度，mm。

8.6.3　承受外压的异径管厚度及加强要求，应符合 GB 150 的有关规定。

8.7　支管连接

8.7.1　支管连接的补强计算可采用等面积补强法，等面积补强法是开孔补强计算的最低要求，适用于以下支管连接结构：

a）本规范图 8.7.8 所示的焊接支管；

b）非标准的支管连接管件。

8.7.2　等面积补强法计算时应符合下列规定：

a）当主管外径与主管最小壁厚之比小于 100 时，支管外径与主管外径之比不应大于 1.0；当主管外径与主管最小壁厚之比等于或大于 100 时，支管外径与主管外径之比应小于 0.5；

b）支管轴线和主管轴线相交，其夹角 β 不应小于 45°。

8.7.3　外加补强材料应符合以下规定：

a）外加补强材料可不同于主管材料，但应和主管、支管材料具有相似的焊接性能、热处理要求、电位差和热膨胀系数等；

b）当外加补强材料的许用应力低于主管材料的许用应力时，用于补强的截面积 A_4 应乘以二者许用应力的比值后再进行校核；当补强材料的许用应力高于主管材料的许用应力时，材料强度的影响可不予考虑。

8.7.4　符合下列情况之一者，不需要进行补强计算，也不需要采取其他补强措施：

a）直接焊于主管上的螺纹及承插焊半管箍，应符合下列各项要求：

1）支管的公称直径不应大于 *DN*50；

2）支管的外径 D_b 与主管的外径 D_h 之比小于或等于 1/4；

3）螺纹及承插焊半管箍应符合 SH/T 3410 或与其相当标准的规定；

b）直接焊于主管上的支管座，支管座应符合 GB/T 19326 的规定；

c）经验证性压力试验的三通或四通应符合 SH/T 3408 或与其相当标准的规定；

d）采用对比经验分析、应力分析或试验应力分析方法确定符合要求的支管连接。

8.7.5　对于 GC1 级压力管道和剧烈循环工况，不宜采用补强板进行补强。

8.7.6　下列管件或连接结构不得用于剧烈循环工况：

a）非轧制或非锻造成型的三通；

b）图 8.7.8 所示（a）和（c）的支管连接结构；

c）管表号为 Sch10S 及以下的管件。

8.7.7　多个支管连接的补强计算应符合下列规定：

a）如果任意两相邻支管的中心距等于或大于该支管平均直径的 2 倍，则每个支管应分别符合规定的补强计算要求；

b）如果任意两相邻支管的中心距小于该支管平均直径的 2 倍，则两个支管的补强设计应符合下列要求：

1）任意两相邻支管的中心距不应小于该两支管平均直径的 1.5 倍；

2）两支管补强范围内相互重叠的面积不能重复计入，且两支管之间的补强面积不应小于该两支管所需补强面积总和的50%；

3）相邻两支管应分别符合规定的补强计算要求。

8.7.8 支管与主管的焊接连接结构设计应符合图8.7.8的要求，当用于剧烈循环工况时，应采用图8.7.8中(b)或(d)的结构；补强圈上应设排气孔。

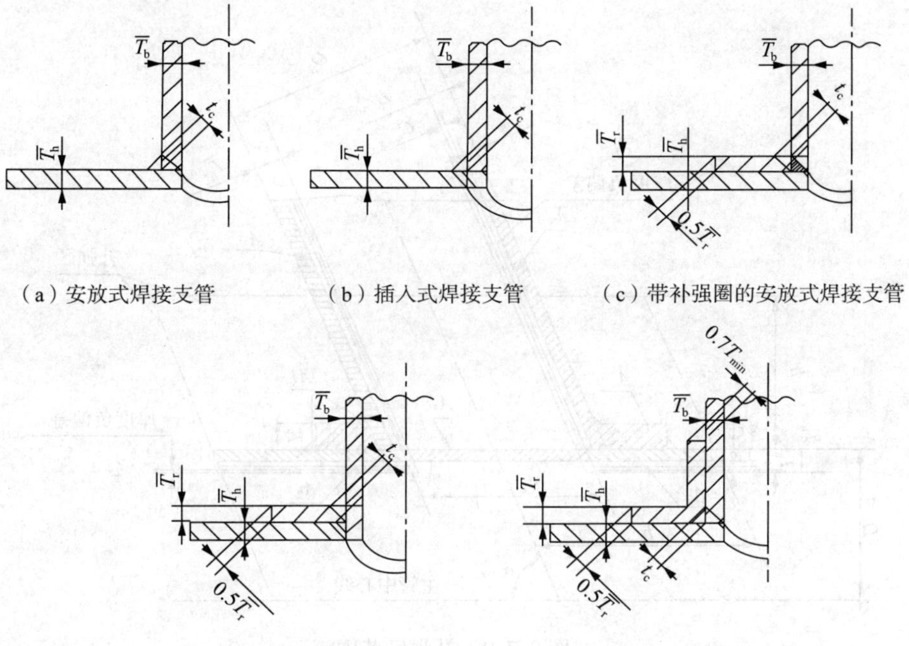

（a）安放式焊接支管　（b）插入式焊接支管　（c）带补强圈的安放式焊接支管

（d）带补强圈的安放式焊接支管　（e）带鞍形补强件的焊接支管

注：$\overline{T}_r$——补强圈或鞍形补强件的名义厚度，mm；

$\overline{T}_h$——主管名义壁厚，mm；

$\overline{T}_b$——支管名义壁厚，mm；

t_c——角焊缝有效厚度，取$0.7\overline{T}_b$或6.4mm两者中的较小者；

T_{min}——取$\overline{T}_b$或$\overline{T}_r$两者中的较小者。

图8.7.8 支管连接的焊接接头形式

8.7.9 补强圈的补强计算应符合下列规定：

a）焊接支管补强区范围见图8.7.9；

b）补强计算应符合下列要求：

1）主管外侧补强范围的有效高度应按式(8.7.9-1)和式(8.7.9-2)计算，并取两者中的较小值；补强区有效宽度的一半应按式(8.7.9-3)和式(8.7.9-4)计算，并取两者中的较大值，但不得大于主管外径D_h；

$$h = 2.5(T_h - C) \tag{8.7.9-1}$$

$$h = 2.5(T_b - c) + T_r \tag{8.7.9-2}$$

$$b = d_1 = [D_b - 2(T_b - C)]/\sin\alpha \tag{8.7.9-3}$$

$$b = d_1/2 + (T_h - C) + (T_b - C) \tag{8.7.9-4}$$

式中 h——主管外表面补强区高度，mm；

b——补强区宽度的一半，mm；

T_h——主管的最小厚度，为名义厚度减去钢材厚度负偏差的主管壁厚，mm；

T_b——支管的最小厚度，为名义厚度减去钢材厚度负偏差的主管壁厚，mm；

T_r——最小厚度，为名义厚度减去钢材厚度负偏差的补强圈厚度，mm；

C——厚度附加量，为腐蚀、冲蚀裕量(C_2)和机械加工深度(C_3)的总和，mm；

d_1——在支管处从主管上切除的有效长度，mm；

α——支管轴线与主管轴线间夹角；

D_b——支管外径，mm。

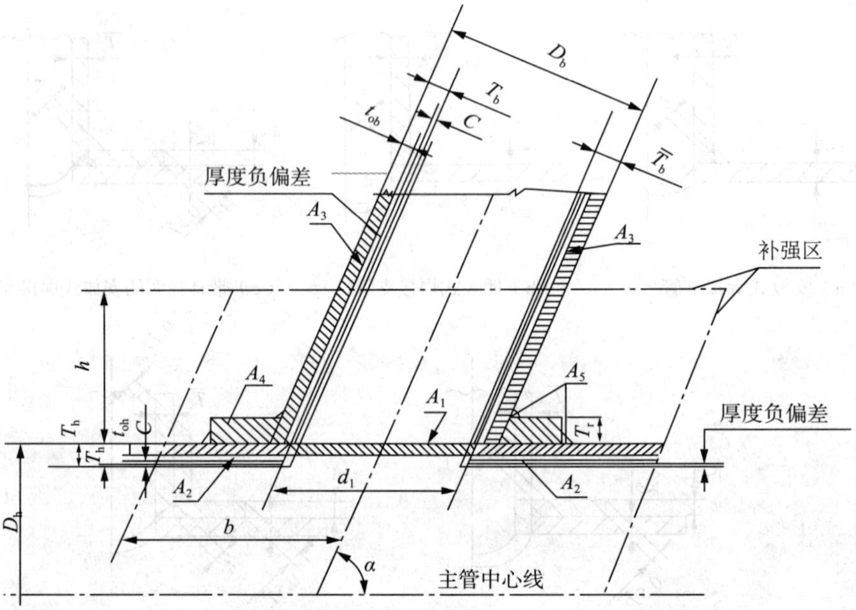

图 8.7.9　补强区范围

2)承受内压主管开孔需补强的面积 A_1 应按式(8.7.9－5)计算，承受外压主管开孔需补强的面积 A_1 应按式(8.7.9－6)计算；

$$A_1 = t_{oh} d_1 (2 - \sin\alpha) \tag{8.7.9-5}$$

$$A_1 = t_{oh} d_1 (2 - \sin\alpha)/2 \tag{8.7.9-6}$$

式中　A_1——主管开孔而需补强的面积，mm^2；

t_{oh}——主管计算壁厚，mm。

3)补强区内主管壁多余部分形成的面积 A_2 应按式(8.7.9－7)计算；补强区内支管管壁多余部分形成的面积 A_3 应按式(8.7.9－8)计算；补强圈面积 A_4 应按式(8.7.9－9)和式(8.7.9－10)计算，并取两者中的较小值；焊缝面积 A_5 应按实际焊缝尺寸计算，焊缝最小尺寸应符合本规范第 8.7.8 条的规定。

$$A_2 = (2b - d_1)(T_h - t_{oh} - C) \tag{8.7.9-7}$$

$$A_3 = 2h(T_b - t_{ob} - C)/\sin\alpha \tag{8.7.9-8}$$

$$A_4 = (D_r - D_b/\sin\alpha) T_r \tag{8.7.9-9}$$

$$A_4 = (2b - D_b/\sin\alpha) T_r \tag{8.7.9-10}$$

式中　A_2——补强区内主管管壁超厚部分形成的面积，mm^2；

A_3——补强区内支管管壁超厚部分形成的面积，mm^2；

A_4——补强圈面积，mm^2；

D_r——补强圈外径，mm；

t_{ob}——支管计算壁厚，mm。

4）若补强面积计算结果符合式（8.7.9－11）的要求，主管开孔不需补强；若不符合，主管开孔需补强，补强的面积A应按式（8.7.9－12）计算。

$$A_2 + A_3 + A_5 \geqslant A_1 \quad (8.7.9-11)$$

$$A = A_1 - (A_2 + A_3 + A_5) \quad (8.7.9-12)$$

式中 A_5——焊缝面积，mm^2；

A——补强面积，mm^2。

附录 A
(资料性附录)
常用毒性介质、可燃介质

A.1 常用毒性介质危害程度的分级

石油化工常用毒性介质危害程度的分级可按表 A.1 的规定确定。

表 A.1 常用毒性介质

级别	名称
极度危害	汞及其化合物、砷及其无机化合物、氯乙烯、铬酸盐、重铬酸盐、黄磷、铍及其化合物、对硫磷、羰基镍、八氟异丁烯、锰及其无机化合物、氰化物、苯、氯甲醚
高度危害	三硝基甲苯、铅及其化合物、二硫化碳、氯、丙烯腈、四氯化碳、硫化氢、甲醛、苯胺、氟化氢、五氯酚及其钠盐、镉及其化合物、敌百虫、氯丙烯、钒及其化合物、溴甲烷、硫酸二甲酯、金属镍、甲苯二异氰酸酯、环氧氯丙烷、砷化氢、敌敌畏、光气、氯丁二烯、一氧化碳、硝基苯
中度危害	二甲苯、三氯乙烯、二甲基甲酰胺、六氟丙烯、苯酚、氮氧化物、苯乙烯、甲醇、硝酸、硫酸、盐酸、甲苯
轻度危害	溶剂汽油、丙酮、氢氧化钠、四氟乙烯、氨

A.2 常用可燃气体火灾危险性分类

常用可燃气体的火灾危险性分类可按表 A.2 的规定确定。

表 A.2 常用可燃气体的火灾危险性分类

类别	名称
甲	乙炔,环氧乙烷,氢气,合成气,硫化氢,乙烯,氰化氢,丙烯,丁烯,丁二烯,顺丁烯,反丁烯,甲烷,乙烷,丙烷,丁烷,丙二烯,环丙烷,甲胺,环丁烷,甲醛,甲醚(二甲醚),氯甲烷,氯乙烯,异丁烷,异丁烯
乙	一氧化碳,氨,溴甲烷

A.3 常用液化烃和可燃液体火灾危险性分类

常用液化烃和可燃液体的火灾危险性分类可按表 A.3 的规定确定。

表 A.3 常用液化烃和可燃液体的火灾危险性分类

类别		名称
甲	A	液化氯甲烷,液化顺式 2-丁烯,液化乙烯,液化乙烷,液化反式 2-丁烯,液化环丙烷,液化丙烯,液化丙烷,液化环丁烷,液化新戊烷,液化丁烯,液化丁烷,液化氯乙烯,液化环氧乙烷,液化丁二烯,液化异丁烷,液化异丁烯,液化石油气,二甲胺,三甲胺,二甲基亚硫,液化甲醚(二甲醚)
	B	异戊二烯,异戊烷,汽油,戊烷,二硫化碳,异己烷,己烷,石油醚,异庚烷,环己烷,辛烷,异辛烷,苯,庚烷,石脑油,原油,甲苯,乙苯,邻二甲苯,间、对二甲苯,异丁醇,乙醚,乙醛,环氧丙烷,甲酸甲酯,乙胺,二乙胺,丙酮,丁醛,三乙胺,醋酸乙烯,甲乙酮,丙烯腈,醋酸乙酯,醋酸异丙酯,二氯乙烯,甲醇,异丙醇,乙醇,醋酸丙酯,丙醇,醋酸异丁酯,甲酸丁酯,吡啶,二氯乙烷,醋酸丁酯,醋酸异戊酯,甲酸戊酯,丙烯酸甲酯,甲基叔丁基醚,液态有机过氧化物
乙	A	丙苯,环氧氯丙烷,苯乙烯,喷气燃料,煤油,丁醇,氯苯,乙二胺,戊醇,环己酮,冰醋酸,异戊醇,异丙苯,液氨
	B	轻柴油,环戊烷,硅酸乙酯,氯乙醇,氯丙醇,二甲基甲酰胺,二乙基苯
丙	A	重柴油,苯胺,锭子油,酚,甲酚,糠醛,20 号重油,苯甲醛,环己醇,甲基丙烯酸,甲酸,乙二醇丁醚,甲醛,糠醇,辛醇,单乙醇胺,丙二醇,乙二醇,二甲基乙酰胺
	B	蜡油,100 号重油,渣油,变压器油,润滑油,二乙二醇醚,三乙二醇醚,邻苯二甲酸二丁酯,甘油,联苯-联苯醚混合物,二氯甲烷,二乙醇胺,三乙醇胺,二乙二醇,三乙二醇,液体沥青,液硫

注:闪点小于 60℃且大于或等于 55℃的轻柴油,如果储罐操作温度小于或等于 40℃时,其火灾危险性可视为丙$_A$类。

附录 B
(资料性附录)
金属材料的高温氧化年腐蚀率

金属材料的高温氧化年腐蚀率可按表 B 的规定确定。

表 B　金属材料的高温氧化年腐蚀率　mm/a

材质	最大金属温度/℃											
	496	524	552	579	607	635	663	691	718	746	774	802
CS	0.05	0.1	0.15	0.23	0.36	0.56	0.84	1.22	—	—	—	—
$1\frac{1}{4}$Cr	0.05	0.08	0.1	0.18	0.3	0.46	0.76	1.17	—	—	—	—
$2\frac{1}{4}$Cr	0.03	0.03	0.05	0.1	0.23	0.36	0.61	1.04	—	—	—	—
5Cr	0.03	0.03	0.03	0.05	0.1	0.15	0.38	0.89	1.65	—	—	—
7Cr	0.03	0.03	0.03	0.03	0.03	0.05	0.08	0.15	0.43	0.94	1.52	—
9Cr	0.03	0.03	0.03	0.03	0.03	0.03	0.03	0.05	0.13	0.28	0.58	1.02
12Cr	0.03	0.03	0.03	0.03	0.03	0.03	0.03	0.03	0.08	0.2	0.38	0.76
304SS	0.03	0.03	0.03	0.03	0.03	0.03	0.03	0.03	0.03	0.05	0.08	0.1
309SS	0.03	0.03	0.03	0.03	0.03	0.03	0.03	0.03	0.03	0.03	0.05	0.08
310SS/HK	0.03	0.03	0.03	0.03	0.03	0.03	0.03	0.03	0.03	0.03	0.03	0.05
800H/HP	0.03	0.03	0.03	0.03	0.03	0.03	0.03	0.03	0.03	0.03	0.03	0.05

表 B　金属材料的高温氧化年腐蚀率(续)　mm/a

材质	最大金属温度/℃											
	829	857	885	913	941	968	996	1024	1052	1079	1107	1135
CS	—	—	—	—	—	—	—	—	—	—	—	—
$1\frac{1}{4}$Cr	—	—	—	—	—	—	—	—	—	—	—	—
$2\frac{1}{4}$Cr	—	—	—	—	—	—	—	—	—	—	—	—
5Cr	—	—	—	—	—	—	—	—	—	—	—	—
7Cr	—	—	—	—	—	—	—	—	—	—	—	—
9Cr	1.52	—	—	—	—	—	—	—	—	—	—	—
12Cr	1.27	—	—	—	—	—	—	—	—	—	—	—
304SS	0.15	0.23	0.33	0.46	0.64	0.89	1.22	—	—	—	—	—
309SS	0.1	0.15	0.2	0.25	0.33	0.41	0.51	0.76	1.02	1.27	—	—
310SS/HK	0.08	0.1	0.13	0.18	0.2	0.25	0.33	0.38	0.48	0.58	0.69	0.79
800H/HP	0.08	0.1	0.15	0.2	0.25	0.33	0.43	0.53	0.69	0.84	1.04	1.27

附录 C
（资料性附录）
腐蚀曲线图

C.1　各种钢在高温硫中的腐蚀曲线

各种钢在高温硫中的腐蚀曲线见图 C.1。

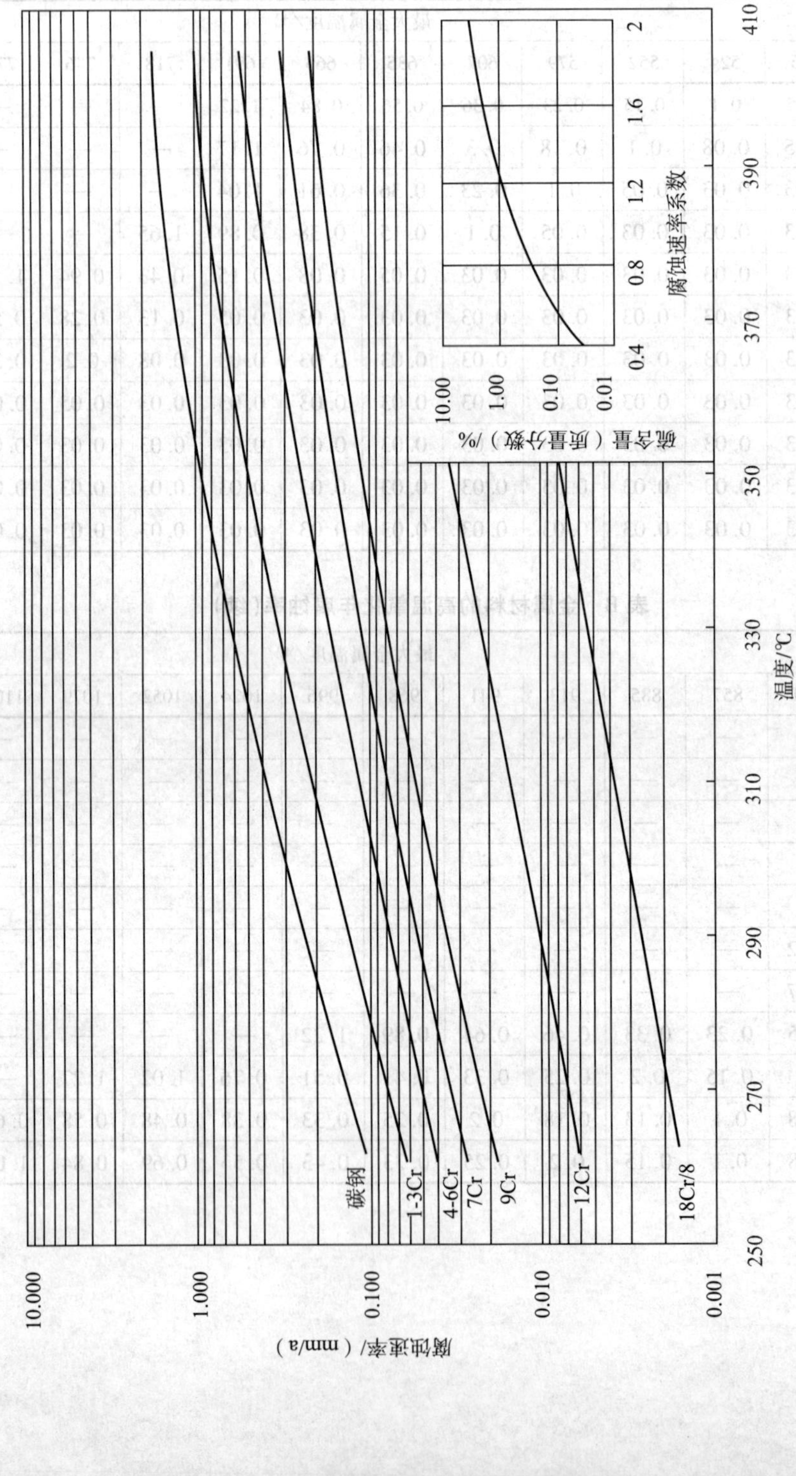

图C.1　各种钢在高温硫中的腐蚀率与温度的关系及腐蚀速率系数

C.2 临氢作业用钢防止脱碳和微裂的操作极限

临氢作业用钢防止脱碳和微裂的操作极限见图 C.2。

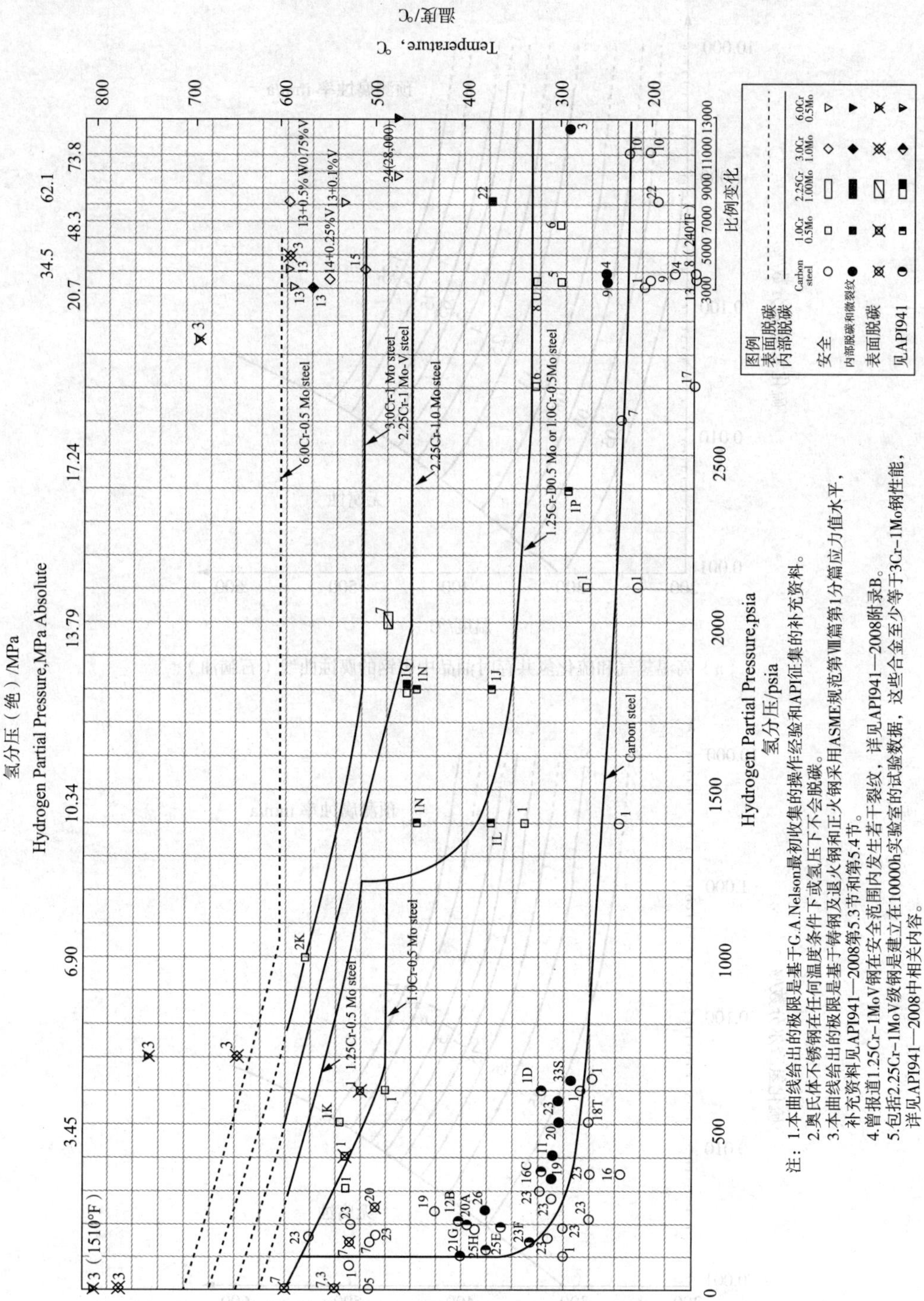

注：1.本曲线给出的极限是基于G.A.Nelson最初收集的操作经验和API征集的补充资料。
2.奥氏体不锈钢在任何温度条件下或氢压下不会脱碳。
3.本曲线给出的极限是基于铸钢及退火钢和正火钢采用ASME规范第Ⅷ篇第1分篇应力值水平，补充资料见API941—2008第5.3节和第5.4节。
4.曾报道1.25Cr-1MoV钢在安全范围内发生若干裂纹，详见API941—2008附录B。
5.包括2.25Cr-1MoV级钢是建立在10000h实验室的试验数据，这些合金至少等于3Cr-1Mo钢性能，详见API941—2008中相关内容。

图C.2 临氢作业用钢防止脱碳和微裂的操作极限

C. 3　高温氢气和硫化氢共存时油品中各种钢材的腐蚀曲线

高温氢气和硫化氢共存时油品中各种钢材的腐蚀曲线见图 C. 3。

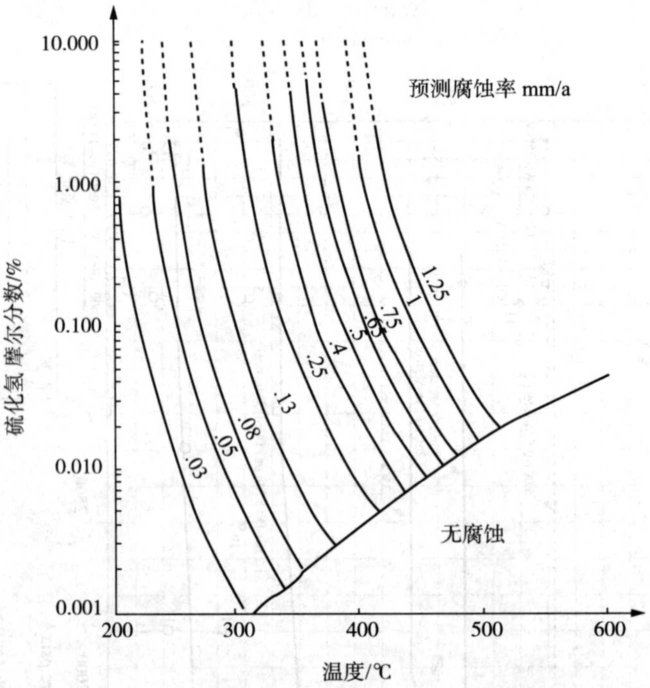

（a）高温氢气和硫化氢共存时油品中碳钢的腐蚀曲线（石脑油）

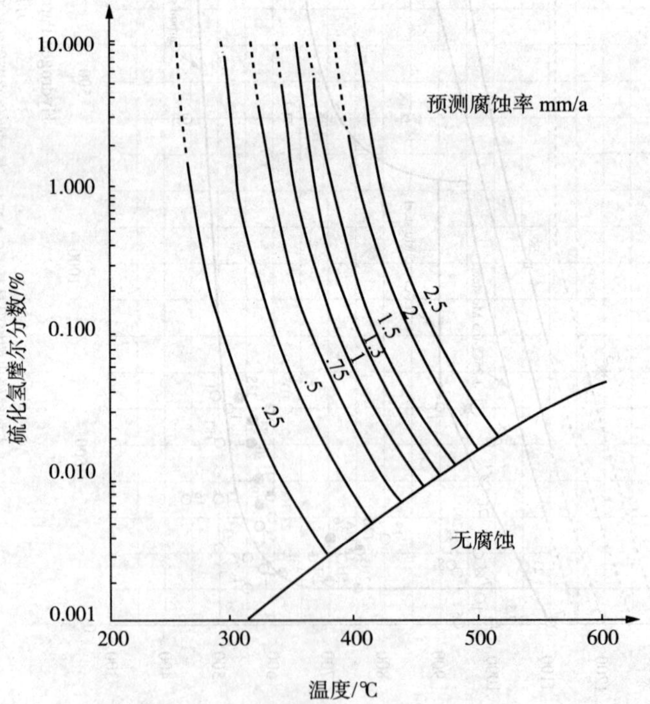

（b）高温氢气和硫化氢共存时油品中碳钢的腐蚀曲线（瓦斯油）

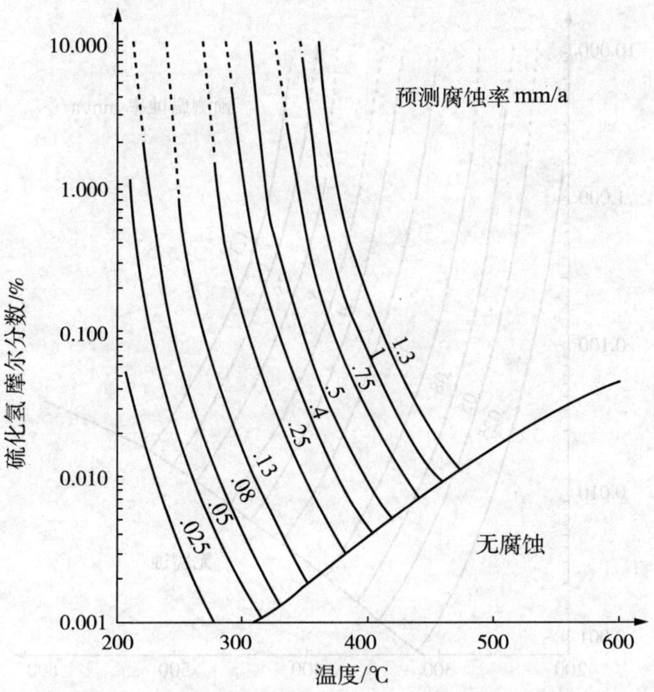

（c）高温氢气和硫化氢共存时油品中1.25Cr钢的腐蚀曲线（石脑油）

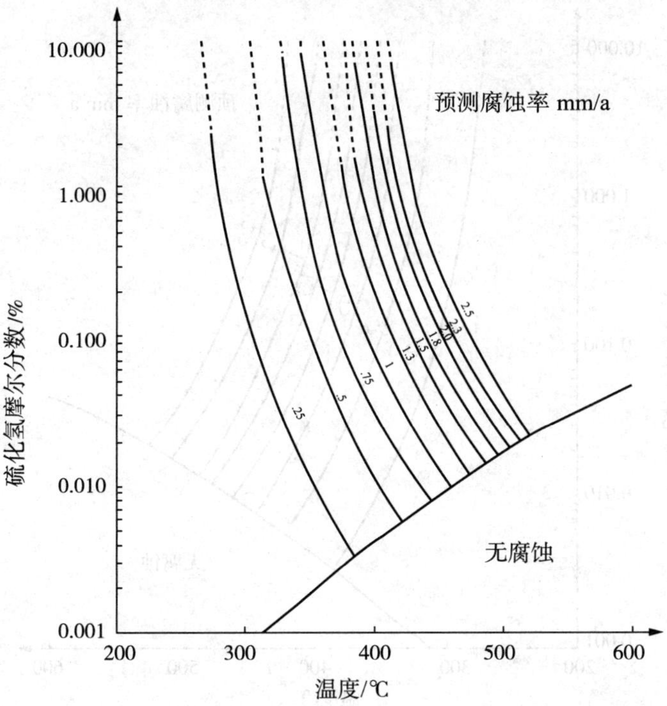

（d）高温氢气和硫化氢共存时油品中1.25Cr钢的腐蚀曲线（瓦斯油）

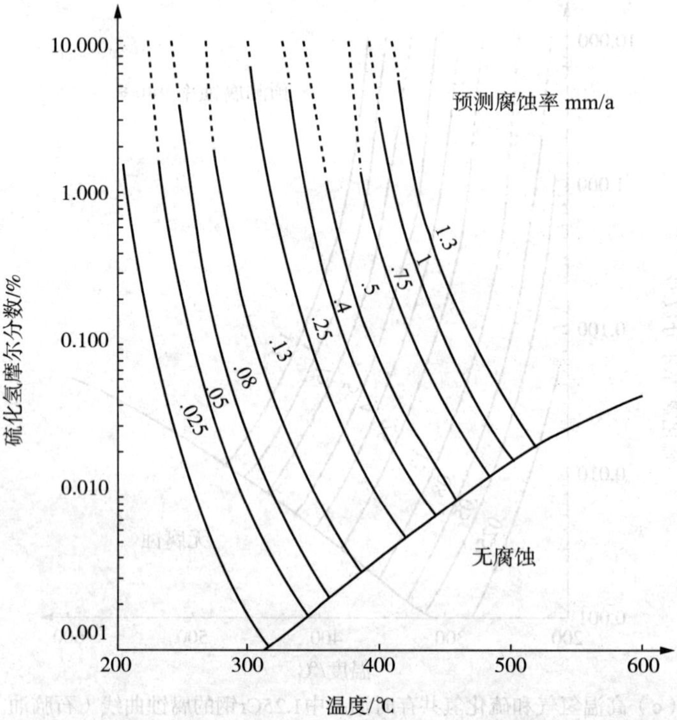

（e）高温氢气和硫化氢共存时油品中2.25Cr钢的腐蚀曲线（石脑油）

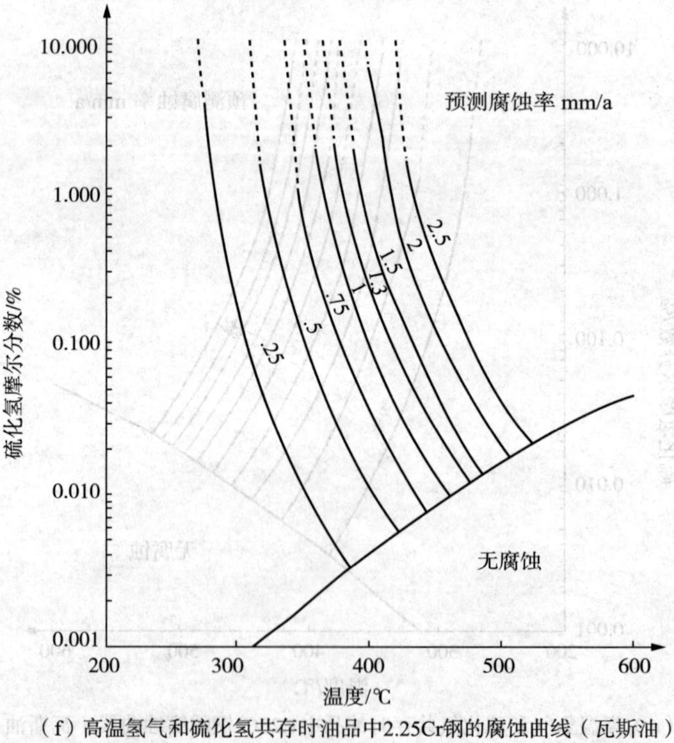

（f）高温氢气和硫化氢共存时油品中2.25Cr钢的腐蚀曲线（瓦斯油）

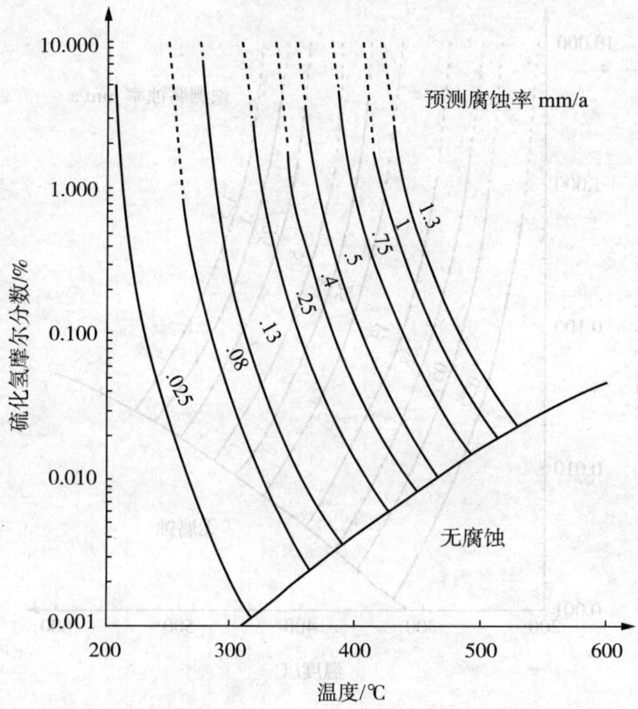

（g）高温氢气和硫化氢共存时油品中5Cr钢的腐蚀曲线（石脑油）

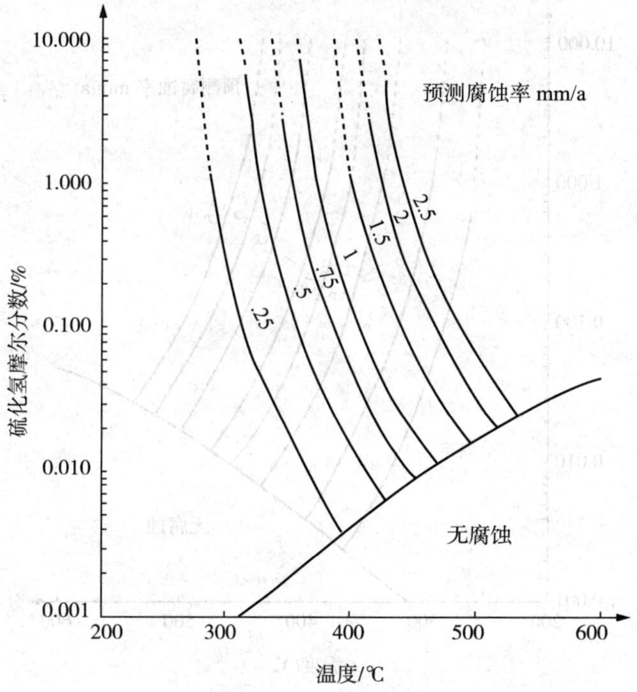

（h）高温氢气和硫化氢共存时油品中5Cr钢的腐蚀曲线（瓦斯油）

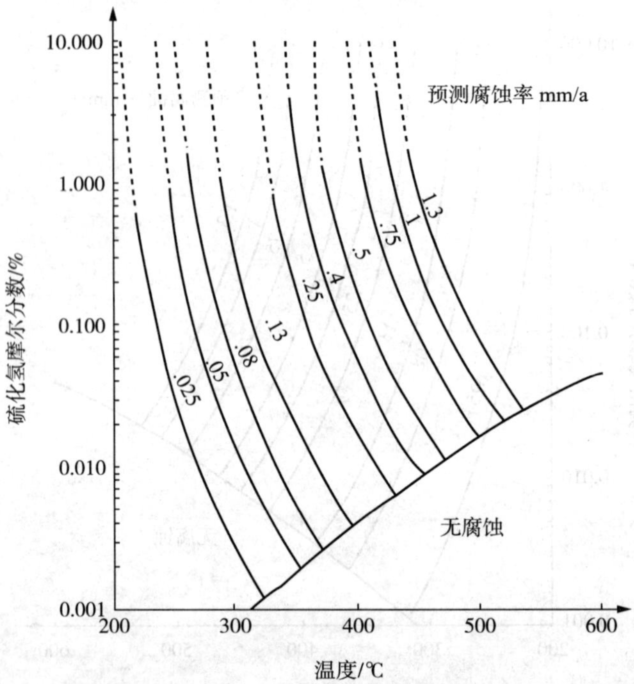

（i）高温氢气和硫化氢共存时油品中7Cr钢的腐蚀曲线（石脑油）

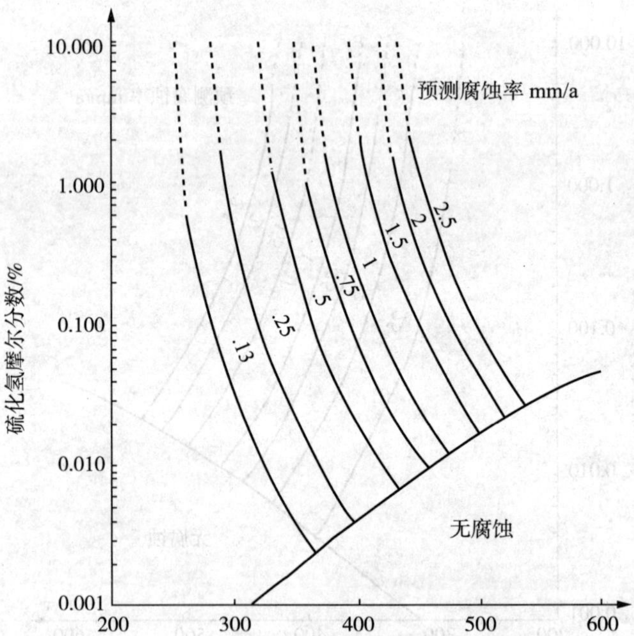

（j）高温氢气和硫化氢共存时油品中7Cr钢的腐蚀曲线（瓦斯油）

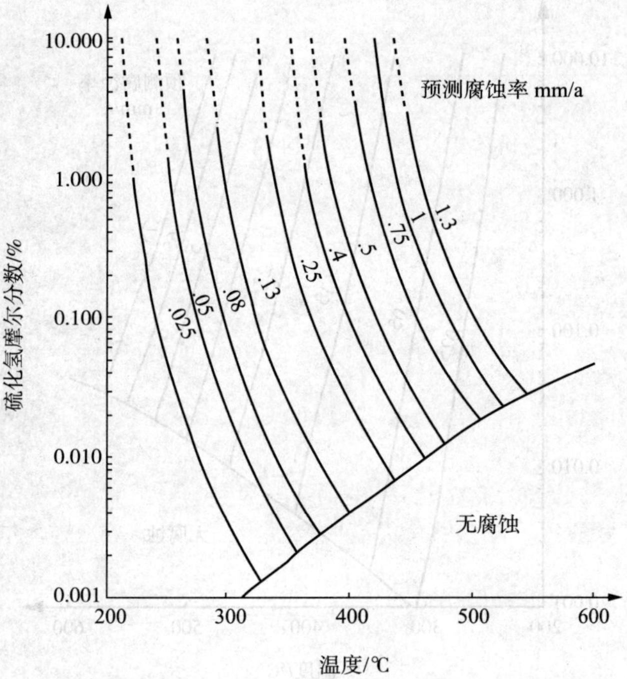

（k）高温氢气和硫化氢共存时油品中9Cr钢的腐蚀曲线（石脑油）

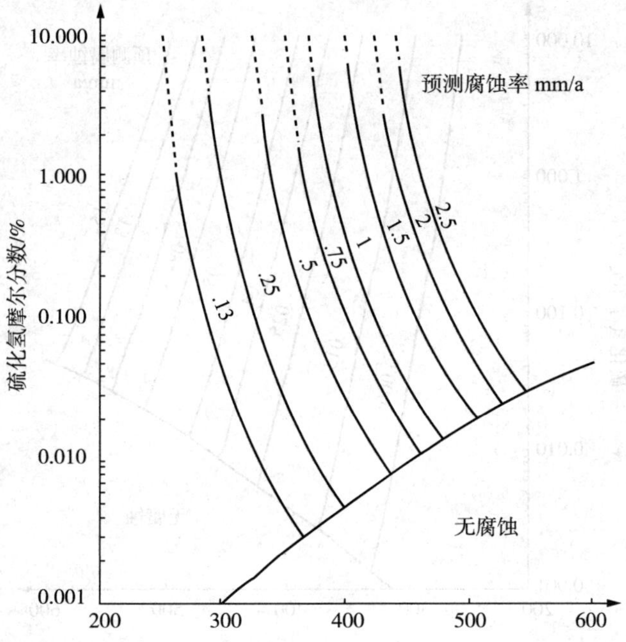

（l）高温氢气和硫化氢共存时油品中9Cr钢的腐蚀曲线（瓦斯油）

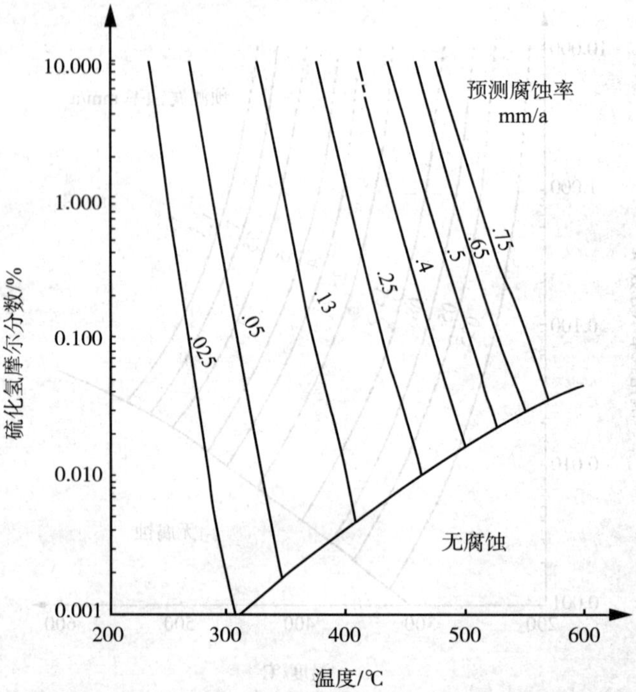

（m）高温氢气和硫化氢共存时油品中12Cr钢的腐蚀曲线（石脑油、瓦斯油）

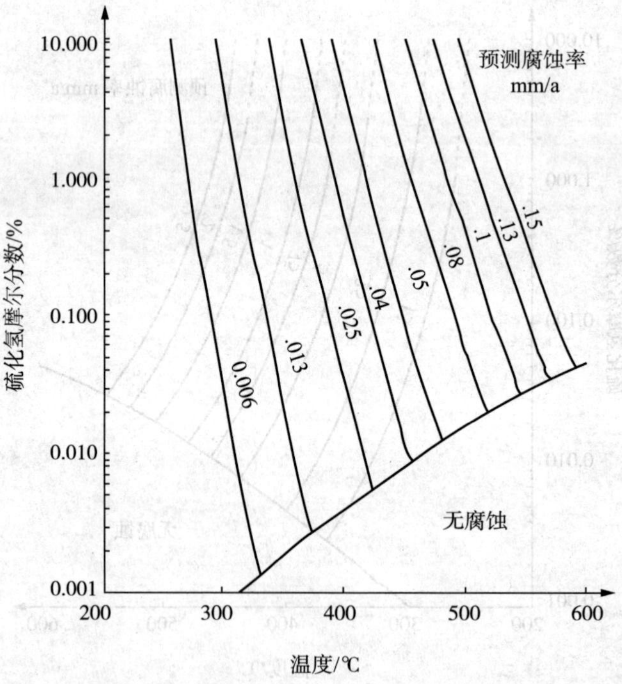

（n）高温氢气和硫化氢共存时油品中18Cr钢的腐蚀曲线（石脑油、瓦斯油）

图 C.3　高温氢气和硫化氢共存时油品中各种钢材的腐蚀曲线

附录 D
(资料性附录)
碳素钢和低合金钢在碱液中的使用温度与浓度极限

碳素钢和低合金钢在碱液中的使用温度与浓度极限见图 D。

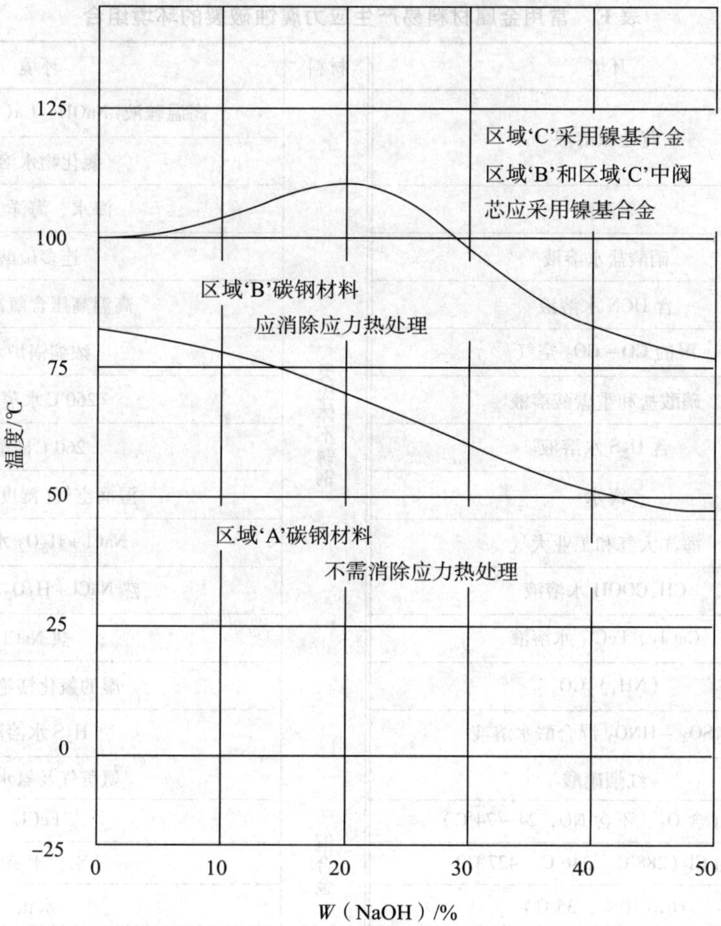

图 D 碳素钢和低合金钢在碱液中的使用温度与浓度极限

附录E
（资料性附录）
常用金属材料易产生应力腐蚀破裂的环境组合

常用金属材料易产生应力腐蚀破裂的环境组合见表E。

表E　常用金属材料易产生应力腐蚀破裂的环境组合

材料	环境	材料	环境
碳钢及低合金钢	苛性碱溶液	奥氏体不锈钢	高温碱液[NaOH、$Ca(OH)_2$、LiOH]
			氯化物水溶液
	氨溶液		海水、海洋大气
	硝酸盐水溶液		连多硫酸
	含HCN水溶液		高温高压含氧高纯水
	湿的$CO-CO_2$空气		浓缩锅炉水
	硝酸盐和重碳酸溶液		260℃水蒸气
	含H_2S水溶液		260℃硫酸
	海水		湿润空气（湿度90%）
	海洋大气和工业大气		$NaCl+H_2O_2$水溶液
	CH_3COOH水溶液		热$NaCl+H_2O_2$水溶液
	$CaCl_2$、$FeCl_3$水溶液		热NaCl
	$(NH_4)_2CO_3$		湿的氯化镁绝缘物
	$H_2SO_4-HNO_3$混合酸水溶液		H_2S水溶液
钛及钛合金	红烟硝酸	铜合金	氨蒸气及氨水溶液
	N_2O_4（含O_2、不含NO，24～74℃）		$FeCl_3$
	湿的Cl_2（288℃、346℃、427℃）		水，水蒸气
	HCl（10%，35℃）		水银
	硫酸（7%～60%）		$AgNO_3$
	甲醇，甲醇蒸气	铝合金	NaCl水溶液
	海水		海水
	CCl_4		$CaCl_2+NH_4Cl$水溶液
	氟里昂		水银

本规范用词说明

1 为便于在执行本规范条文时区别对待，对要求严格程度不同的用词说明如下：

1)表示很严格，非这样做不可的：

正面词采用“必须”，反面词采用“严禁”；

2)表示严格，在正常情况下均应这样做的：

正面词采用“应”，反面词采用“不应”或“不得”；

3)表示允许稍有选择，在条件许可时首先应这样做的：

正面词采用“宜”，反面词采用“不宜”；

4)表示有选择，在一定条件下可以这样做的，采用“可”。

2 条文中指明应按其他有关标准执行的写法为：“应符合……的规定”或“应按……执行”。

石油化工管道设计器材选用规范

SH/T 3059—2012

（条文说明）

目　　录

3 管道分级

3.2 石油化工管道分级有利于在设计和施工中贯彻执行《建设工程质量管理条例》、《特种设备安全监察条例》对压力管道的施工质量和安全监察的要求；石油化工管道分级有利工程建设的质量控制和生产运行的管理；石油化工管道进行分级控制和管理是保证工程质量和安全生产的管理措施。

按《特种设备安全监察条例》对"用于输送气体或者液体的管状设备，其范围规定为最高工作压力大于或等于0.1MPa的气体、液化气体或者可燃、易爆、有毒、有腐蚀性、最高工作温度高于或等于标准沸点的液体介质，且公称直径大于*DN*25的管道"的安全监察要求；按输送介质、设计压力、设计温度和施工质量检查的要求将石油化工管道划分为13级：

a)与相关标准协调：

1)石油化工管道分级符合TSG D0001《压力管道安全技术监察规程—工业管道》的规定，见表1；

表1 石油化工管道分级与压力管道安全技术监察规程——工业管道分级对照

序号	管道级别	输送介质	设计条件		TSG DZ001条款
			设计压力/MPa	设计温度/℃	
1	SHA1	(1)极度危害介质(苯除外)、高度危害的丙烯腈、光气、二硫化碳、氟化氢介质	—	—	第八条(一)、1 GC1
		(2)苯介质、高度危害介质(丙烯腈、光气、二硫化碳、氟化氢除外)、中度危害、轻度危害介质	$P\geq10$ $4\leq P<10$ —	— $t\geq400$ $t<-29$	第八条(一)、1、4 GC1
2	SHA2	(3)苯介质、高度危害介质(丙烯腈、光气、二硫化碳、氟化氢除外)	$4\leq P<10$ $P<4$	$-29\leq t<400$ $t<-29$	第八条(一)、1、2 GC1
3	SHA3	(4)中度危害、轻度危害介质	$4\leq P<10$	$-29\leq t<400$	第八条(二) GC2
		(5)中度危害介质	$P<4$	$t\geq-29$	
		(6)轻度危害介质	$P<4$	$t\geq400$	
4	SHA4	(7)轻度危害介质	$P<4$	$-29\leq t<400$	第八条(二) GC2
5	SHB1	(8)甲类、乙类可燃气体介质和甲类、乙类、丙类可燃液体介质	$P\geq10$ $4\leq P<10$ —	 $t\geq400$ $t<-29$	第八条(一)、3、4 GC1
6	SHB2	(9)甲类、乙类可燃气体介质和$甲_A$类、$甲_B$类可燃液体介质	$4\leq P<10$	$-29\leq t<400$	第八条(一)、3、4 GC1
		(10)$甲_A$类可燃液体介质	$P<4$	$t\geq-29$	第八条(二) GC2
7	SHB3	(11)甲类、乙类可燃气体介质、$甲_B$类可燃液体介质、乙类可燃液体介质	$P<4$	$t\geq-29$	第八条(二) GC2
		(12)乙类、丙类可燃液体介质	$4\leq P<10$	$-29\leq t<400$	第八条(二) GC2
		(13)丙类可燃液体介质	$P<4$	$t\geq400$	第八条(二) GC2
8	SHB4	(14)丙类可燃液体介质	$P<4$	$-29\leq t<400$	第八条(二) GC2
9	SHC1	(15)无毒、非可燃介质	$P\geq10$ —	— $t<-29$	第八条(一)、4 GC1
10	SHC2	(16)无毒、非可燃介质	$4\leq P<10$	$t\geq400$	第八条(二)、4 GC1

续表

序号	管道级别	输送介质	设计条件		TSG DZ001 条款
			设计压力/MPa	设计温度/℃	
11	SHC3	(17)无毒、非可燃介质	$4 \leqslant P < 10$	$-29 \leqslant t < 400$	第八条(二) GC2
			$1 < P < 4$	$t \geqslant 400$	
12	SHC4	(18)无毒、非可燃介质	$1 < P < 4$	$-29 \leqslant t < 400$	第八条(二) GC2
			$P \leqslant 1$	$t \geqslant 185$	
			$P \leqslant 1$	$-29 \leqslant t \leqslant -20$	
13	SHC5	(19)无毒、非可燃介质	$P \leqslant 1$	$-20 < t < 185$	第八条(三) GC3

2)石油化工管道分级与 GB/T 20801.1—2006 ~ GB/T 20801.6—2006《压力管道规范　工业管道》、GB 50235—97《工业金属管道工程施工及验收规范》及 SH 3501—2002《石油化工有毒、可燃介质管道工程施工及验收规范》等相关标准的规定协调；

b)根据石油化工长周期连续运行的生产工艺的需要不仅控制和管理《特种设备安全监察条例》进行安全监察范围的管道，而对未纳入安全监察范围的管道也同样纳入控制和管理，石油化工管道分级纳入了这部分管道：

1)设计压力小于 0.1MPa 的管道；

2)公称直径小于或等于 *DN*25 的管道；

3)输送工作温度低于标准沸点的无毒、非可燃液体介质管道；

c)石油化工管道分级中对下列项目的处理符合工程的实际，更有利于实施：

1)输送高度危害介质不分气体介质和液体介质管道，均为 GC1 级；

2)设计温度低于 -29℃的管道和输送轻度危害介质管道单列；

d)石油化工管道分级编码由下列三个单元组成；

1)编码一单元为汉语拼音字母 SH;

2)编码二单元为英文字母 A、B、C；

3)编码三单元为阿拉伯数字 1、2、3、4、5；

e)石油化工管道分级各编码单元所代表的内容见表 2。

表 2　石油化工管道分级编码

编码单元	编码符号	编码内容
一单元	SH	石油化工行业标准
二单元	A	输送毒性介质管道
	B	输送可燃介质管道
	C	输送无毒、非可燃介质管道
三单元	1	检查等级 1 级、焊接接头 100% 无损检测的管道
	2	检查等级 2 级、焊接接头 20% 无损检测的管道
	3	检查等级 3 级、焊接接头 10% 无损检测的管道
	4	检查等级 4 级、焊接接头 5% 无损检测的管道
	5	检查等级 5 级、焊接接头可不进行无损检测的管道

3.3.3.4 根据石油化工管道工艺条件、输送介质复杂的工况，为有利工程建设的质量控制，为生产运行的管理和实现安全生产的需要作出此规定，在本规范第3.3条明确了输送氧气介质、毒性介质或可燃性不同的混合介质、同时具有毒性和可燃性介质管道的分级；在本规范第3.4条明确了采用钛及钛合金、锆及锆合金、镍及镍合金、高铬镍钼奥氏体不锈钢、铬钼台金钢、双相不锈钢、铝及铝合金、奥氏体不锈钢材料管道和设计文件要求冲击试验的碳钢管道的检查等级，以及设计文件规定为剧烈循环工况管道的检查等级。

6 管道材料

6.2.4 低温低应力工况为设计温度低于或等于－20℃的受压的管道组成件，其环向应力小于或等于钢材标准常温屈服点的1/6，且不大于50MPa的工况、低温低应力工况不适用于钢材标准抗拉强度下限值大于540MPa的低温管道。

6.3.6 碱应力腐蚀环境(碱脆)下的材料选用，碱脆是应力腐蚀开裂的一种，其敏感性与碱液(NaOH、KOH等)浓度、金属温度及应力水平有关。

6.3.7 液氨应力腐蚀环境下的材料选用，当管道中介质为液氨，并符合下列条件之一时，则为液氨应力腐蚀环境：

a)介质为液态氨，含水量小于或等于0.2%(质量分数)，且有可能受空气(O_2或CO_2)污染的场合；

b)介质温度高于－5℃。

6.3.8 连多硫酸应力腐蚀环境及材料选用：

a)连多硫酸($H_2S_xO_y$)应力腐蚀开裂通常发生在停工期间，或在操作期间有空气和水分出现时。开裂是由于硫化物、空气和水分作用在敏化的奥氏体不锈钢(敏化温度约为370～815℃)上而形成连多硫酸造成的。开裂通常发生在与焊缝、高应力区相邻的部位，并沿着元件壁厚方向扩展；

b)对于有可能产生奥氏体不锈钢连多硫酸应力腐蚀开裂的部位，停工期间应采取下列措施：

1)采用干空气保护，隔绝水分；

2)采用氮气保护，隔绝氧气和水分；

3)用碱溶液中和表面硫化层。

7 管道组成件

7.3 法兰

7.3.4 当法兰除承受内压外，还承受较大附加外荷载(如重力荷载、位移荷载等)时，可采用法兰的当量压力校核法兰的承载能力，法兰的当量压力不宜大于法兰的许用工作压力。法兰的当量压力按下列公式确定：

$$P_{FD} = P + P_{eq} \tag{1}$$

$$P_{eq} = \frac{16M}{\pi D_g^3} + \frac{4F}{\pi D_g^2} \tag{2}$$

式中 P_{FD}——法兰当量压力，MPa；

P——介质工作压力，MPa；

P_{eq}——由附加外载产生的当量压力，MPa；

M——附加在法兰连接处的弯矩，N·mm；

D_g——垫片压紧力作用中心圆直径，mm；

F——附加在法兰连接处的轴向力，N。

本条文的当量压力源于经验公式。外力矩 M 产生的轴向力为 $4M/D_g$，将此轴向力按相当于在 D_g 直径范围内的内压产生的轴向力折算成内压，即为 $16M/\pi D_g^3$。同样，对于轴向力 F 按相当于在 D_g 直径范围内的内压产生的轴向力折算成内压，即为 $4F/\pi D_g^2$，加上管道的介质工作压力 P，即得出法兰设计压力 P_{FD}。为安全考虑，当管道的轴向力为拉力时计入，为压缩力时，对法兰连接的密封有利，故不考虑。

正文中对剧烈循环工况和极度危害介质管道特别指明校核法兰承载能力，主要考虑工况条件变化大，介质危害程度高。其他需进行应力分析的甲类可燃气体和甲类可燃液体高温管道，当附加外载荷较大时，应考虑可能引起法兰泄漏的问题。

本条文引入的当量压力，大大简化了计算过程，但计算结果偏于保守，当量压力只是校核法兰承载能力的方法之一，设计人员也可采用其他方法进行法兰校核。

7.4　垫片

7.4.2　介质为环氧乙烷时，不采用含石棉的垫片；真空下操作时，不使用石棉橡胶板垫片；在介质不允许微量纤维混入场合，如航空汽油或航空煤油等，不选用石棉橡胶板和其他纤维质垫片。

7.4.5　齿形组合垫兼有软质垫片的压紧比压小和金属垫片的强度高、弹性好等优点，在具有同样的密封效果时，螺栓荷载较小，适用于中、高压及高温管道法兰的密封。

7.4.6　柔性石墨复合垫片是一种新型的垫片，可用于高温450~650℃，根据金属芯板材料不同，可在-196~650℃之间选用。柔性石墨复合垫片适用于水、油品、溶剂、酸、碱、氢气、油气、高温烟气、蒸汽等各种强腐蚀性、渗透性介质。

7.4.8　金属包覆垫片是一种由非金属材料用软而薄的金属包覆起来形成的垫片。可用于某些液体和气体在较高温度和压力下密封，使用较广泛的是平形金属包覆垫片。这种半金属垫片的优点是较金属垫易压紧，且复原性也好。金属包覆的材质常为低碳钢、铜、铝、蒙乃尔合金及不锈钢等。非金属材料多为非石棉橡胶板。

8　管道受压元件强度设计

8.2　金属直管

8.2.1　受内压直管的壁厚计算，采用《Process Piping》ASME B31.3—2010推荐的计算公式，该计算公式中增加了焊缝接头强度降低系数；由于目前国内其他相关标准中的计算公式没有引入此系数，设计者在工程设计中应根据所采用的标准，选用的相应计算公式。

8.3　弯管和斜接弯头

8.3.1　弯管和斜接弯头计算方法采用《Process Piping》ASME. B31.3—2010中规定的方法。

8.3.2　斜接弯头(虾米弯)是常见的一种弯管型式，由于其形状的不连续，因此承受内压时实际的变形及应力，以及对它的力学分析，均比光滑弯管复杂得多。计算方法采用《Process Piping》ASME B31.3—2010中规定的方法。

对虾米弯的使用范围及结构上的要求，各国亦不太一致。国内以往考虑在材料及制造上的一些因素，通常要求虾米弯使用在温度及压力不太高的情况下。《Process Piping》ASME B31.3中虽没有总的限制虾米弯的使用范围，但充分考虑了虾米弯结构的不连续对承受波动或循环荷载(温度、压力)的不利影响，因而规定斜接角大于22.5°时，不得使用于剧烈循环工况；斜接角大于45°时，则不得用于输送可燃或有毒的介质，设计压力不得大于1.033MPa及设计温度不得低于-29℃和高于186℃。规范还规定了虾米弯的最小有效半径，θ 为弯管切割角，即斜接角的一半。而 A 则为内侧环焊缝间距的一半，它规定 A 等于或大于25mm。

$$R \geqslant \frac{A}{\mathrm{tg}\theta} + \frac{D_o}{2} \tag{3}$$

8.4 三通

8.4.1 通常三通强度的计算，普遍采用原西德锅炉规范 TRD 301 中的压力面积法计算公式。这种计算方法是在实验基础上(爆破试验等)通过理论分析推导而得，并经工程实践验证，因此是可靠的。三通产品标准，主要选用美国国家标准 ASME B16.9 和石化行业标准《钢制对焊管件》标准。《ProcessPiping》ASME B31.3 对各种三通、焊接支管的应力增强系数做出了规定，这对于管道系统应力分析是非常必要的。

8.7 支管连接

8.7.1 焊接支管连接结构设计参照《Process Piping》ASME B31.3—2008 编写。

8.7.2 本条 a)项中的主管最小壁厚为名义厚度减去材料壁厚负偏差。

9. 高硫原油加工装置设备和管道设计选材导则

（SH/T 3096—2012
代替 SH/T 3096—2001，SH/T 3129—2002）

目 录

1 范围

本导则规定了高硫原油加工装置设备和管道的材料选用原则。

本导则适用于石油化工加工高硫原油且以硫腐蚀为主的新建和改、扩建工程项目重点装置主要设备和管道的设计选材。

2 规范性引用文件

下列文件对于本导则的应用是必不可少的。凡是注日期的引用文件，仅注日期的版本适用于本导则。凡是不注日期的引用文件，其最新版本(包括所有的修改单)适用于本导则。

GB 264—1983 石油产品酸值测定方法

GB 9948 石油裂化用无缝钢管

SH/T 3037 炼油厂加热炉炉管壁厚计算

SH/T 3074 石油化工钢制压力容器

3 术语和定义

下列术语和定义适用于本导则。

3.1 高硫低酸原油 high sulfide and low acid content crude oil

总硫含量(质量分数)大于或等于1.0%，且按照GB 264—1983规定的方法测定的酸值小于0.5mgKOH/g的原油。

3.2 设备主材 main equipment materials

与工艺介质直接接触的容器壳体、换热器壳体和管子、空冷器管箱壳体和管子、加热炉炉管及设备内构件的塔盘、填料等材料。

3.3 管道主材 main piping materials

管道组成件中与工艺介质直接接触的管子材料。

4 选材原则

4.1 设备和管道选材是在生产装置合理采用工艺防腐措施，且达到规定的工艺技术指标并加强现场腐蚀监测和生产管理的基础上确定的。

4.2 设备和管道材料应根据设备和管道的操作温度、操作压力、介质特性等条件，以及材料的加工工艺性能、焊接性能等因素进行选用。

4.3 在执行本导则时应根据不同工艺的特点和不同原油的腐蚀性选择不同的材料，力求选材经济、合理。

5 一般规定

5.1 设计选材应以装置正常操作条件下介质中的含硫量为依据，并应考虑最苛刻操作条件下可能达到的最大含硫量对设备和管道的腐蚀所产生的影响。

5.2 设备的设计寿命应符合SH/T 3074的规定；炉管的设计寿命应符合SH/T 3037的规定；管道的设计寿命宜为10~15年。

5.3 选择设备主材、加热炉炉管和管道主材时，应根据材料的腐蚀速率和设计寿命确定腐蚀裕量，且应符合下列规定，否则应选用耐蚀性能更好的材料：

a)设备：腐蚀裕量小于或等于6.0mm；

b)加热炉炉管：碳钢腐蚀裕量小于或等于3.0mm、铬钼钢腐蚀裕量小于或等于2.0mm、高合金钢腐蚀裕量小于或等于1.5mm；

c)管道：碳钢和铬钼钢腐蚀裕量小于或等于6.0mm，高合金钢和有色金属腐蚀裕量小于或等于1.5mm。

5.4 在选用设备和管道材料时，尚应根据介质的状态、流速、流态以及是否处于相变部位等因素，对设备和管道局部部位的材料和结构设计进行特殊处理，采取必要的防腐蚀措施。

5.5 对于与设备和管道直接焊接的元件，不宜选用异种钢；在可能引起严重电偶腐蚀的环境下，不应选用异种钢。

5.6 当下游加工过程对物料的铁离子或其他成分有特殊要求时，应根据需要调整设备和管道的设计选材。

5.7 卷制钢管用复合材料的各项性能应按压力容器用材料制造和验收。

5.8 设备壳体(包括复合钢板的基层)采用的碳钢应是碳素钢或碳锰钢。

5.9 与壳体直接相焊的塔盘固定件等材料应与壳体材料(或复合钢板的复层材料)相一致。

5.10 各种钢在高温硫中的腐蚀速率参见附录A图A.1。

5.11 在高温临氢环境下操作的设备和管道参照附录A图A.2进行选材。

5.12 在高温氢气和硫化氢环境下操作的设备和管道腐蚀速率应根据所用材料、操作温度和硫化氢含量参照附录A图A.3确定。

5.13 碳钢在碱液中的使用温度、浓度极限和热处理要求参见附录A图A.4。

5.14 金属材料的高温氧化腐蚀率参见附录A表A.5。

5.15 部分金属材料的牌号对照参见附录B。

6 高硫原油加工装置设备和管道设计选材

6.1 原油蒸馏装置

6.1.1 加工高硫低酸原油蒸馏装置主要设备推荐用材见表6.1.1。

6.1.2 加工高硫低酸原油蒸馏装置主要管道推荐用材见表6.1.2。

表6.1.1 加工高硫低酸原油蒸馏装置主要设备推荐用材

类别	设备名称	设备部位	设备主材推荐材料	备注
塔器	闪蒸塔	壳体	碳钢	介质温度<240℃
			碳钢+06Cr13	介质温度≥240℃
	初馏塔	顶封头	碳钢+06Cr13(06Cr13Al)[a]	
		筒体、底封头	碳钢	介质温度<240℃
			碳钢+06Cr13	介质温度≥240℃
		塔盘	06Cr13	

续表

类别	设备名称	设备部位		设备主材推荐材料	备　注
塔器	常压塔	顶封头、顶部筒体		碳钢 + NCu30[a,b]	含项部 4 层 ~5 层塔盘以上塔体
		其他筒体、底封头		碳钢 + 06Cr13[c]	介质温度≤350℃
				碳钢 + 022Cr19Ni10[d]	介质温度 >350℃
		塔盘		NiCu30[a,b]	顶部 4 层 ~5 层塔盘
				06Cr13	介质温度≤350℃
				022Cr19Ni10[d]	介质温度 >350℃
		填料		022Cr19Ni10[d]	
	常压汽提塔 减压汽提塔	壳体		碳钢	介质温度 <240℃
				碳钢 + 06Cr13	介质温度 240 ~350℃
				碳钢 + 022Cr19Ni10[d]	介质温度 >350℃
		塔盘		06Cr13	介质温度≤350℃
				022Cr19Ni10[d]	介质温度 >350℃
	减压塔	壳体		碳钢 + 06Cr13[c]	介质温度≤350℃
				碳钢 + 022Cr19Ni10[d]	介质温度 >350℃
		塔盘		06Cr13	介质温度≤350℃
				022Cr19Ni10[d]	介质温度 >350℃
		填料		022Cr19Ni10[d,e]	
容器	电脱盐罐	壳体		碳钢	
	塔顶油气回流罐、塔顶油气分离器	壳体		碳钢[f]	可内涂防腐涂料
	其他容器	壳体		碳钢	油气温度 <240℃
				碳钢 + 06Cr13[g]	介质温度 240 ~350℃
				碳钢 + 022Cr19Ni10[d]	介质温度 >350℃
空冷器	初馏塔顶空冷器、常压塔顶空冷器、减压抽空空冷器	进口温度高于露点	管箱	碳钢 + 022Cr23Ni5Mo3N 或碳钢 + 022Cr25Ni7Mo4N[h]	
			管子	022Cr23Ni5Mo3N 或 022Cr25Ni7Mo4N[h]	
		其他	管箱	碳钢[f]	
			管子	碳钢[f]	可内涂防腐涂料
	产品空冷器	管箱		碳钢	
		管子		碳钢	

续表

类别	设备名称	设备部位		设备主材推荐材料	备注
换热器	初馏塔顶冷却器、常压塔顶冷却器、减压抽空冷却器	进口温度高于露点	壳体	碳钢+022Cr23Ni5Mo3N 或碳钢+022Cr25Ni7Mo4N[h]	指油气侧
			管子	022Cr23Ni5Mo3N 或022Cr25Ni7Mo4N[h]	
		其他	壳体	碳钢[f]	指油气侧
			管子	碳钢[f,i]	油气侧可涂防腐涂料
	其他油气换热器、其他油气冷却器	壳体		碳钢	油气温度<240℃
				碳钢+06Cr13[g]	介质温度240~350℃
				碳钢+022Cr19Ni10[d]	介质温度>350℃
		管子		碳钢[i]	油气温度<240℃
				022Cr19Ni10[d,j]	油气温度≥240℃
加热炉	常压炉	炉管	对流段	碳钢	管壁温度<240℃
				12Cr5Mo	
			辐射段	12Cr5Mo/1Cr9Mo	
	减压炉	炉管	对流段	12Cr5Mo	
			辐射段	1Cr9Mo	
				06Cr18Ni11Ti	出口几排炉管，由腐蚀速率的计算确定

a 当能确保初馏塔或常压塔的塔顶为热回流，塔顶温度在介质的露点以上时，初馏塔的顶封头可采用碳钢，常压塔的顶封头和顶部筒体可采用碳钢+06Cr13(06Cr13Al)复合板，顶部塔盘可采用06Cr13。

b 常压塔顶封头和顶部筒体复合板的复层及顶部塔盘也可采用双相钢(022Cr23Ni5Mo3N或022Cr25Ni7Mo4N)、钛材或06Cr13(06Cr13Al)，当采用氨作缓蚀剂且常压塔顶为冷回流时，不宜采用NCu30(N04400)合金，宜采用N08367(Al-6XN)替代。

c 对于常压塔(顶封头和顶部筒体除外)和减压塔的塔体，当介质温度小于240℃且腐蚀不严重时可采用碳钢。

d 采用022Cr19Ni10时可由06Cr19Ni10或06Cr18Ni11Ti替代。

e 常压渣油馏分中的酸值大于0.3mgKOH/g时，减压塔下部1~2段的规整填料可升级至06Cr17Ni12Mo2或022Cr17Ni12Mo2。

f 湿硫化氢腐蚀环境，腐蚀严重时可采用抗HIC钢。

g 当介质温度小于288℃且馏分中的硫含量小于2%时，容器或换热器的壳体可采用碳钢，但应根据腐蚀速率和设计寿命确定腐蚀裕量。

h 塔顶空冷器或冷却器的管子可采用钛材替代双相钢(022Cr23Ni5Mo3N或022Cr25Ni7Mo4N)；管板的耐腐蚀性能应与管子匹配；管箱的其他构件可根据结构特点采用双相钢(钛材)或其复合材料，也可采用碳钢，但应加大腐蚀裕量。

i 对于水冷却器，水侧可涂防腐涂料。

j 介质温度为240~350℃的换热器管子也可根据需要采用碳钢渗铝管或12Cr5Mo钢管，管板及其他构件的耐腐蚀性能应与之匹配。

表 6.1.2 加工高硫低酸原油蒸馏装置主要管道推荐用材

管道位置	管道名称	管道主材推荐材料	备注
初馏塔	塔顶油气管道	碳钢	
	塔底油管道	碳钢	介质温度 < 240℃
		12Cr5Mo	介质温度≥240℃
初馏塔顶分液罐	罐顶不凝气管道	碳钢	
	罐底污水管道	碳钢	
常压塔	塔顶油气管道	碳钢/碳钢 + 06Cr13	湿硫化氢腐蚀环境
	塔底渣油管道	12Cr5Mo[a]	
减压塔	塔顶油气管道	碳钢/碳钢 + 06Cr13	湿硫化氢腐蚀环境
	塔底渣油管道	12Cr5Mo/022Cr19Ni10[a、b]	
常压塔顶分液罐、减压塔顶分液罐	罐顶不凝气管道	碳钢	湿硫化氢腐蚀环境
	罐底污水管道	碳钢	
常压炉进口	介质温度≥240℃工艺管道	12Cr5Mo	
常压炉出口	转油线高速段	12Cr5Mo/022Cr19Ni10[a、b]	
	转油线低速段	12Cr5Mo/022Cr19Ni10[a、b]	
		碳钢 + 022Cr19Ni10	
减压炉进口	介质温度≥240℃工艺管道	12Cr5Mo	
减压炉出口	转油线高速段	022Cr19Ni10[b]	
	转油线低速段	12Cr5Mo/022Cr19Ni10	
		碳钢 + 022Cr19Ni10	
其他	介质温度 < 240℃ 含硫油品、油气管道	碳钢	
	240≤介质温度 < 288℃ 含硫油品、油气管道	碳钢/12Cr5Mo	
	介质温度≥288℃ 含硫油品、油气管道	12Cr5Mo[a]	

a 介质温度大于或等于 288℃时，宜根据操作条件和同类装置管道腐蚀状况，从 12Cr5Mo、022Cr19Ni10 或 06Cr19Ni10 中选用合适的材料。

b 采用 022Cr19Ni10 时可由 06Cr19Ni10 或 06Cr18Ni11Ti 替代。

6.2 催化裂化装置

6.2.1 加工高硫低酸原油催化裂化装置主要设备推荐用材见表6.2.1。

6.2.2 加工高硫低酸原油催化裂化装置主要管道推荐用材见表6.2.2。

表6.2.1 加工高硫低酸原油催化裂化装置主要设备推荐用材

类别	设备名称	设备部位	设备主材推荐材料	备注
反应再生系统设备	提升管反应器、反应沉降器、待生斜管等	壳体	碳钢	内衬隔热耐磨衬里
		旋风分离器壳体	15CrMoR	
		料腿、拉杆	碳钢	
		翼阀	15CrMoR	
		汽提段壳体	15CrMoR	无内衬里
			碳钢	内衬隔热耐磨衬里
		一般内构件	碳钢	
	再生器、三旋、再生斜管等	壳体	碳钢[a]	内衬隔热耐磨衬里
		内构件	07Cr19Ni10[b,c]	
	外取热器（催化剂冷却器）	壳体	碳钢[a]	内衬隔热耐磨衬里
		蒸发管	15CrMo[d]	指基管，含内取热器
		过热管	12Cr5Mo[d]	
		其他内构件	07Cr19Ni10[b]	
塔器	催化分馏塔	顶封头、顶部筒体	碳钢 +06Cr13(06Cr13Al)	含顶部4层~5层塔盘以上塔体
		其他筒体、底封头[e]	碳钢 +06Cr13[f]	介质温度≤350℃
			碳钢 +022Cr19Ni10[g]	介质温度>350℃
		塔盘	06Cr13	介质温度≤350℃
			022Cr19Ni10[g]	介质温度>350℃
	汽提塔	壳体	碳钢	介质温度<240℃
		壳体	碳钢 +06Cr13	介质温度≥240℃
		塔盘	06Cr13	
	吸收塔、解吸塔	壳体	碳钢 +06Cr13(06Cr13Al)	
		塔盘	06Cr13	
	再吸收塔	壳体	碳钢[h]	
		塔盘	06Cr13	
	稳定塔	顶封头、顶部筒体	碳钢 +06Cr13(06Cr13Al)	含顶部4~5层塔盘以上塔体
		其他筒体、底封头	碳钢[h]	
		塔盘	06Cr13	

续表

类别	设备名称	设备部位	设备主材推荐材料	备注
容器	塔顶油气回流罐、塔顶油气分离器、压缩富气分离器	壳体	碳钢[h]	可内涂防腐涂料
	其他容器	壳体	碳钢	油气温度<240℃
			碳钢+06Cr13[i]	油气温度≥240℃
空冷器	塔顶油气空冷器、压缩富气空冷器	管箱	碳钢[h]	
		管子	碳钢[h,j]	采用碳钢时可内涂防腐涂料
	其他空冷器	管箱	碳钢[k]	
		管子	碳钢	
换热器	塔顶油气冷却器、压缩富气冷却器	壳体	碳钢[h]	指油气侧
		管子	碳钢[h,j,l]	采用碳钢时油气侧可涂防腐涂料
	油浆蒸汽发生器、油浆冷却器	壳体	碳钢	
		管子	碳钢[l]	
	解吸塔底重沸器	壳体	碳钢	
		管子	022Cr19Ni10[g]	
	稳定塔底重沸器、其他油气换热器、其他油气冷却器	壳体	碳钢[k]	油气温度<240℃
			碳钢+06Cr13[i]	油气温度≥240℃
		管子	碳钢[l]	油气温度<240℃
			022Cr19Ni10[g,m]	油气温度≥240℃
余热锅炉	管束	对流段	碳钢	
		辐射段	15CrMo、12Cr1MoVG 或 12Cr5Mo	
		省煤器	碳钢	
			09CrCuSb	

a 当考虑再生烟气应力腐蚀开裂时应采用 Q245R。

b 再生器、三旋和外取热器等设备的内构件应考虑高温氧化腐蚀，参见附录 A 表 A.5。

c 当再生器的操作温度大于 750℃时，其重要内构件(集气室壳体、旋风分离器壳体及吊挂等)的材质也可采用 06Cr25Ni20。

d 内外取热器的蒸发管可根据管壁温度和结构特点选择 15CrMo 或碳钢等钢管，过热管可根据管壁温度和结构特点选择 15CrMo、12Cr1MoVG、12Cr5Mo 或 1Cr9Mo 等钢管。

e 催化分馏塔的油气入口温度一般在 500℃ ~550℃左右，如结构上不能确保油气入口附近设备壳体的壁温不超过 450℃，则该部位附近的设备壳体应采用 15CrMoR(采用复合板时指基层)或不锈钢。

f 对于催化分馏塔的塔体(顶封头和顶部筒体除外)，当介质温度小于 240℃且腐蚀不严重时可采用碳钢。

g 采用 022Cr19Ni10 时可由 06Cr19Ni10 或 06Cr18Ni11Ti 替代。

续表

h $H_2O+H_2S+CO_2+HCN$ 腐蚀环境，腐蚀严重时可采用抗 HIC 钢。

i 当介质温度小于 288℃且馏分中的硫含量小于 2% 时，容器或换热器的壳体可采用碳钢，但应根据腐蚀速率和设计寿命确定腐蚀裕量。

j 对于催化分馏塔顶油气和压缩富气的空冷器或换热器(冷却器)，当腐蚀严重时管子可采用 022Cr19Ni10 或 06Cr18Ni11Ti，空冷器管箱或换热器(冷却器)管板及其他构件的耐腐蚀性能应与之相匹配。

k 当介质为吸收塔或解吸塔中段油、再吸收塔塔底油(富吸收油)时，与此介质接触的空冷器管箱或换热器壳体应考虑 $H_2O+H_2S+CO_2+HCN$ 腐蚀。

l 对于水冷却器，管束采用碳钢时水侧可涂防腐涂料。

m 介质温度为 240～350℃的换热器管子也可根据需要采用碳钢渗铝管(含催化剂颗粒的介质除外)或 12Cr5Mo 钢管，管板及其他构件的耐腐蚀性能应与之相匹配。

表 6.2.2 加工高硫低酸原油催化裂化装置主要管道推荐用材

管道位置	管道名称	管道主材推荐用材	备　注
原料系统	进料管道	碳钢	
反应系统	冷壁壳体油气管道	碳钢	内衬隔热耐磨衬里
	热壁壳体油气管道	15CrMo	
再生系统	冷壁壳体烟气管道	碳钢[a]	内衬隔热耐磨衬里
	热壁壳体烟气管道	07Cr19Ni10/07Cr17Ni12Mo2	
	波纹管膨胀节	NS1402/NS3306	
分馏系统	塔顶油气管道	碳钢	湿硫化氢腐蚀环境
	塔侧回炼油管道	碳钢	介质温度＜288℃
		12Cr5Mo	介质温度≥288℃
	油浆管道(至反应器)	12Cr5Mo	
	循环油浆线 蒸汽发生器前	12Cr5Mo	
	循环油浆线 蒸汽发生器后	碳钢	介质温度＜288℃
		12Cr5Mo	介质温度≥288℃
吸收稳定系统	塔顶冷凝管道	碳钢	湿硫化氢腐蚀环境
富气压缩机系统	进出口管道	碳钢	湿硫化氢腐蚀环境
其他	介质温度＜288℃ 含硫油品油气管道	碳钢	
	288℃≤介质温度＜340℃ 含硫油品油气管道	碳钢/12Cr5Mo[b]	
	介质温度≥340℃ 含硫油品油气管道	12Cr5Mo	

a 应考虑再生烟气应力腐蚀开裂的防范措施。

b 可根据操作条件计算腐蚀裕量，从碳钢、12Cr5Mo 中选用合适的材料。

6.3 延迟焦化装置

6.3.1 加工高硫低酸原油延迟焦化装置主要设备推荐用材见表6.3.1。

6.3.2 加工高硫低酸原油延迟焦化装置主要管道推荐用材见表6.3.2。

表6.3.1 加工高硫低酸原油延迟焦化装置主要设备推荐用材

类别	设备名称	设备部位	设备主材推荐材料	备注
塔器	焦炭塔	上部壳体	铬钼钢+06Cr13	由顶部到泡沫层底面以下1500~2000mm处
		下部壳体	铬铝钢	
	焦化分馏塔	顶封头、顶部筒体	碳钢+06Cr13(06Cr13Al)	含顶部4~5层塔盘以上塔体
		其他筒体、底封头	碳钢+06Cr13[a]	介质温度≤350℃
			碳钢+022Cr19Ni10[b]	介质温度>350℃
		塔盘	06Cr13	介质温度≤350℃
			022Cr19Ni10[b]	介质温度>350℃
	蜡油汽提塔	壳体	碳钢	介质温度<240℃
			碳钢+06Cr13	介质温度240~350℃
			碳钢+022Cr19Ni10[b]	介质温度>350℃
		塔盘	06Cr13	介质温度≤350℃
			022Cr19Ni10[b]	介质温度>350℃
	接触冷却塔（放空塔）	壳体	碳钢+06Cr13	
		塔盘（挡板）	06Cr13	
	吸收塔、解吸塔	壳体	碳钢+06Cr13(06Cr13Al)	
		塔盘	06Cr13	
	再吸收塔	壳体	碳钢[c]	
		塔盘	06Cr13	
	稳定塔	顶封头、顶部筒体	碳钢+06Cr13(06Cr13Al)	含顶部4~5层塔盘以上塔体
		其他筒体、底封头	碳钢[c]	
		塔盘	06Cr13	
容器	塔顶油气回流罐、塔顶油气分离器、压缩富气分离器	壳体	碳钢[c]	可内涂防腐涂料
	其他容器	壳体	碳钢	油气温度<240℃
			碳钢+06Cr13[d]	油气温度≥240℃
	储罐	壳体	碳钢	可内涂防腐涂料

续表

类别	设备名称	设备部位	设备主材推荐材料	备　注
空冷器	塔顶油气空冷器、压缩富气空冷器	管箱	碳钢[c]	
		管子	碳钢[c,e]	采用碳钢时可内涂防腐涂料
	其他空冷器	管箱	碳钢[f]	
		管子	碳钢	
换热器	塔顶油气冷却器、压缩富气冷却器	壳体	碳钢[c]	指油气侧
		管子	碳钢[c,e,g]	采用碳钢时油气侧可涂防腐涂料
	解吸塔底重沸器	壳体	碳钢	
		管子	022Cr19Ni10[b]	
	其他油气换热器、其他油气冷却器	壳体	碳钢[f]	油气温度＜240℃
			碳钢＋06Cr13[d]	介质温度240～350℃
			碳钢＋022Cr19Ni10[b]	介质温度＞350℃
		管子	碳钢[g]	油气温度＜240℃
			022Cr19Ni10[h,b]	油气温度≥240℃
加热炉	炉管	对流段	12Cr5Mo	
		辐射段	1Cr9Mo	

a　对于焦化分馏塔的塔体(顶封头和顶部筒体除外)，当介质温度小于240℃且腐蚀不严重时可采用碳钢。

b　采用022Cr19Ni10时可由06Cr19Ni10或06Cr18Ni11Ti替代。

c　湿硫化氢腐蚀环境，腐蚀严重时可采用抗HIC钢。

d　当介质温度小于288℃且馏分中的硫含量小于2%时，容器或换热器的壳体可采用碳钢，但应根据腐蚀速率和设计寿命确定腐蚀裕量。

e　对于焦化分馏塔顶油气和压缩富气的空冷器或换热器(冷却器)，当腐蚀严重时管子可采用022Cr19Ni10或06Cr18Ni11Ti，空冷器管箱或换热器(冷却器)管板及其他构件的耐腐蚀性能应与之相匹配。

f　当介质为吸收塔或解吸塔中段油、再吸收塔塔底油(富吸收油)时，与此介质接触的空冷器管箱或换热器壳体应考虑湿硫化氢腐蚀。

g　对于水冷却器，管束采用碳钢时水侧可涂防腐涂料。

h　介质温度为240～350℃的换热器管子也可根据需要采用碳钢渗铝管或12Cr5Mo钢管，管板及其他构件的耐腐蚀性能应与之匹配。

表 6.3.2 加工高硫低酸原油延迟焦化装置主要管道推荐用材

管道位置	管道名称	管道主材推荐材料	备 注
分馏塔	塔顶油气管道	碳钢	湿硫化氢腐蚀环境
分馏塔底	塔底重油至加热炉管道	12Cr5Mo	
	循环油管道	12Cr5Mo	
焦炭塔	塔底高温进料管道	12Cr5Mo/1Cr9Mo	
	塔顶高温油气管道	12Cr5Mo/15CrMoR + 06Cr13	
加热炉	进口管道	12Cr5Mo	
	出口管道	12Cr5Mo/1Cr9Mo	
分馏塔顶油气分液罐	罐顶冷凝管道	碳钢	湿硫化氢腐蚀环境
吸收稳定各塔	塔顶冷凝管道	碳钢	湿硫化氢腐蚀环境
其他	介质温度<288℃ 含硫油品油气管道	碳钢	
	288℃≤介质温度<340℃ 含硫油品油气管道	碳钢/12Cr5Mo[a]	
	介质温度≥340℃ 含硫油品油气管道	12Cr5Mo	

a 可根据操作条件计算腐蚀裕量，从碳钢、12Cr5Mo 中选用合适的材料。

6.4 加氢裂化装置

6.4.1 加工高硫低酸原油加氢裂化装置主要设备推荐用材见表 6.4.1。

6.4.2 加工高硫低酸原油加氢裂化装置主要管道推荐用材见表 6.4.2。

6.4.3 渣油加氢、加氢处理装置可参照加氢裂化装置设备和管道选材原则执行。

表 6.4.1 加工高硫低酸原油加氢裂化装置主要设备推荐用材

类别	设备名称	设备部位	设备主材推荐材料	备 注
反应器	加氢反应器	壳体	2.25Cr-1Mo	根据操作条件参照附录 A 图 A.2 选材
			2.25Cr-1Mo-0.25V	
			3Cr-1Mo-0.25V	
			1.25Cr-0.5Mo[a]	
		复层	双层堆焊 TP309L + TP347	
			单层堆焊 TP347	
		内构件	06Cr18Ni11Ti 或 06Cr18Ni11Nb	

续表

类别	设备名称	设备部位	设备主材推荐材料	备 注
塔器	脱硫化氢汽提塔	壳体	碳钢+06Cr13(06Cr13Al)	进料口以上壳体及以下1m范围壳体
			碳钢	其他壳体
		塔盘	06Cr13	
	分馏塔	壳体	碳钢[b]	
		塔盘	碳钢	
			06Cr13	介质温度≥288℃
	脱乙烷塔	壳体	碳钢+06Cr13(06Cr13Al)	顶部5层塔盘以上塔体
			碳钢	其他塔体
		塔盘	06Cr13	顶部5层塔盘
			碳钢	其他塔盘
	脱丁烷塔	壳体	碳钢+06Cr13(06Cr13Al)	进料段以上塔体
			碳钢	其他塔体
		塔盘	06Cr13	进料段以上塔盘
			碳钢	其他塔盘
	溶剂再生塔	壳体	碳钢+022Cr19Ni10	
		塔盘	06Cr19Ni10	
	循环氢脱硫塔	壳体	抗HIC钢[c]	
		塔盘	06Cr13	
	其他塔	壳体	碳钢	
		塔盘	碳钢	
容器	热高压分离器	壳体	2.25Cr-1Mo	根据操作条件参照附录A图A.2选材
			1.25Cr-0.5Mo[a]	
		堆焊层[d]	双层堆焊TP309L+TP347	
			单层堆焊TP347	
		内构件	06Cr18Ni11Ti	
	冷高压分离器	壳体	抗HIC钢[c]	
		内构件	06Cr13	
		金属丝网	022Cr17Ni12Mo2[i]	
	热低压分离器	壳体	15CrMoR	腐蚀裕量≤6mm
			15CrMoR+022Cr19Ni10[i]	
		内构件	022Cr19Ni10[i]	
		金属丝网	022Cr17Ni12Mo2[i]	
	冷低压分离器	壳体	抗HIC钢	
		内构件	06Cr13	
		金属丝网	022Cr17Ni12Mo2[i]	
	塔顶回流罐	壳体	碳钢[e]	可内涂防腐涂料
	其他容器	壳体	碳钢	

续表

类别	设备名称	设备部位		设备主材推荐材料	备注
空冷器	反应流出物空冷器	管箱		NS1402	当管子采用 022Cr23Ni5Mo3N 或 022Cr25Ni7Mo4N 时，管箱可采用抗 HIC 钢；当管子采用 NS1402 时，管箱应采用 NS1402 板材或复合材料
				022Cr23Ni5Mo3N 或 022Cr25Ni7Mo4N	
				15CrMoR	
				抗 HIC 钢	
		管子		NS1402	
				022Cr23Ni5Mo3N 或 022Cr25Ni7Mo4N	
				15CrMo	
				碳钢[e]	
	脱硫化氢汽提塔顶空冷器	管箱		碳钢[e]	可内涂防腐涂料
		管子		碳钢[e]	
	再生塔顶空冷器	管箱		碳钢 + 022Cr19Ni10[i]	
		管子		022Cr19Ni10 或 022Cr17Ni12Mo2	
	其他中低压空冷器	管箱		碳钢	
		管子		碳钢	
换热器	反应流出物/原料油，氢气或馏出物换热器	壳体	管程 壳程	碳钢	根据操作条件参照附录 A 图 A. 2 选材
				15CrMoR	
				1. 25Cr - 0. 5Mo[a]	
				2. 25Cr - 1Mo	
			复层[d]	双层堆焊 TP309L + TP347	
				单层堆焊 06Cr18Ni11Ti/TP347	
		管子		06Cr18Ni11Ti 或 06Cr18Ni11Nb	
	热高分气/原料油，氢气或低分油换热器	壳体	管程 壳程	碳钢	根据操作条件参照附录 A 图 A. 2 选材
				15CrMoR	
				1. 25Cr - 0. 5Mo[a]	
				2. 25Cr - 1Mo	
			复层[d]	双层堆焊 TP309L + TP347	
				单层堆焊 06Cr18Ni11Ti/TP347	
		管子[g]		NS1402	
				022Cr23Ni5Mo3N 或 022Cr25Ni7Mo4N	
				06Cr18Ni11Ti	
				15CrMo/14Cr1Mo	
	热低分气/冷低分液换热器	壳体	管程	碳钢 + 022Cr19Ni10[i]	指热低分气侧
				15CrMoR	
			壳程	碳钢	指冷低分液侧
		管子		15CrMo	
	脱硫化氢/脱乙烷塔顶冷凝器再生塔顶冷凝器	壳体		碳钢[e]	指油气侧，可涂防腐涂料
		管子		碳钢[e、h]	
	其他换热器	壳体		碳钢	
		管子		碳钢	

续表

类别	设备名称	设备部位	设备主材推荐材料	备　注
加热炉	反应进料加热炉 分馏塔进料炉	炉管	TP321H	
			TP347H	
			12Cr5Mo[f]	

a　1.25Cr－0.5Mo 壳体名义厚度应控制在 80mm 以内。

b　根据装置具体工艺流程和实际生产运行情况，其下段壳体可选择碳钢＋06Cr18Ni11Ti 复合材料。

c　湿硫化氢腐蚀更严重时，壳体可选择碳钢＋022Cr19Ni10 复合材料。

d　应根据选用的壳体材料按照附录 A 图 A.3 计算壳体的腐蚀裕量。

e　湿硫化氢腐蚀环境，采用碳钢腐蚀严重时可采用抗 HIC 钢。

f　根据装置具体工艺流程和实际生产情况，也可选择 06Cr18Ni11Ti。

g　如果本台换热器上游管道设置注水点，管子材料宜选用 NS1402（N08825）、022Cr23Ni5Mo3N 或 022Cr25Ni7Mo4N、15CrMo/14Cr1Mo。

h　对于水冷却器，水侧可涂防腐涂料。

i　采用 022Cr19Ni10 时可由 06Cr19Ni10 或 06Cr18Ni11Ti 替代，采用 022Cr17Ni12Mo2 时可由 06Cr17Ni12Mo2 替代。

表 6.4.2　加工高硫低酸原油加氢裂化装置主要管道推荐用材

管道位置	管道名称	管道主材推荐用材	备　注
原料线[a]	介质温度≥240℃的原料油管道	碳钢/12Cr5Mo[b]	
	介质温度≥200℃的循环氢管道	1.25Cr－0.5Mo/2.25Cr－1Mo/TP321/TP347[c]	
	介质温度≥200℃的混氢管道	1.25Cr－0.5Mo/2.25Cr－1Mo/5Cr－0.5Mo/TP321/TP347[c]	
加氢反应器	进料管道	TP321/TP347[c]	
	反应流出物系统管道	1Cr－0.5Mo/1.25Cr－0.5Mo/2.25Cr－1Mo/5Cr－0.5Mo/TP321/TP347[c]	
空冷器至高压分离器	管道	碳钢	可加大腐蚀裕量或选用合适的耐蚀材料
脱乙烷、丁烷塔	塔顶油气管道、塔底循环油管道	碳钢	湿硫化氢腐蚀环境(塔顶)
分馏塔	塔底循环油管道	碳钢/12Cr5Mo[b]	
	进料管道	碳钢/12Cr5Mo[d]	

a　系指原料油经过原料油泵、混氢后经换热器一直到加热炉进口之前的管道系统。

b　介质温度大于或等于 240℃时，可根据操作条件从碳钢、12Cr5Mo 中计算腐蚀余量选用合适的材料。

c　高温氢气和硫化氢共同存在腐蚀环境下的选材：

——对于介质温度大于或等于 200℃的含有氢气与硫化氢的管道，应考虑高温氢腐蚀以及氢加硫化氢腐蚀，按附录 A 图 A.2、图 A.3 进行选材；

——所选材料的腐蚀速率不宜超过 0.25mm/a；

——当选用铬钼钢时，应考虑材料可能发生的回火脆性问题。

d　根据装置具体工艺流程和实际生产情况，可选择 06Cr18Ni11Ti。

6.5 加氢精制装置

6.5.1 加工高硫低酸原油加氢精制装置主要设备推荐用材见表6.5.1。

6.5.2 加工高硫低酸原油加氢精制装置主要管道推荐用材见表6.5.2。

表6.5.1 加工高硫低酸原油加氢精制装置主要设备推荐用材

类别	设备名称	设备部位	设备主材推荐材料	备 注
反应器	加氢反应器	壳体	2.25Cr-1Mo	根据操作条件参照附录A图A.2选材
			2.25Cr-1Mo-0.25V	
			3Cr-1Mo-0.25V	
			1.25Cr-0.5Mo[a]	
		复层	双层堆焊TP309L+TP347	
			单层堆焊TP347	
		内构件	06Cr18Ni11Ti或06Cr18Ni11Nb	
塔器	脱硫化氢汽提塔	壳体	碳钢+06Cr13(06Cr13Al)	进料口以上壳体及以下1m范围壳体
			碳钢	其他壳体
		塔盘	06Cr13	
	分馏塔	壳体	碳钢[b]	
		塔盘	碳钢	
			06Cr13	介质温度≥288℃
	脱乙烷塔	壳体	碳钢+06Cr13(06Cr13Al)	顶部5层塔盘以上塔体
			碳钢	其他塔体
		塔盘	06Cr13	顶部5层塔盘
			碳钢	其他塔盘
	脱丁烷塔	壳体	碳钢+06Cr13(06Cr13Al)	进料段以上塔体
			碳钢	其他塔体
		塔盘	06Cr13	进料段以上塔盘
			碳钢	其他塔盘
	溶剂再生塔	壳体	碳钢+022Cr19Ni10[c]	
		塔盘	022Cr19Ni10[c]	
	循环氢脱硫塔	壳体	抗HIC钢[d]	
		塔盘	06Cr13	
	其他塔	壳体	碳钢	
		塔盘	碳钢	

续表

类别	设备名称	设备部位	设备主材推荐材料	备　注
容器	热高压分离器	壳体	2.25Cr－1Mo	根据操作条件参照附录A图A.2选材
			1.25Cr－0.5Mo[a]	
			15CrMoR	
		堆焊层[e]	双层堆焊 TP309L＋TP347	
			单层堆焊 TP347	
		内构件	06Cr18Ni11Ti	
	冷高压分离器	壳体	抗 HIC 钢[d]	
		内构件	06Cr13	
		金属丝网	022Cr17Ni12Mo2[c]	
	热低压分离器	壳体	15CrMoR	腐蚀裕量≤6mm
			15CrMoR＋022Cr19Ni10[c]	
		内构件	022Cr19Ni10[c]	
		金属丝网	022Cr17Ni12Mo2[c]	
	冷低压分离器	壳体	抗 HIC 钢	
		内构件	06Cr13	
		金属丝网	022Cr17Ni12Mo2[c]	
	塔顶回流罐	壳体	碳钢[f]	可内涂防腐涂料
	其他容器	壳体	碳钢	
空冷器	反应流出物空冷器	管箱	022Cr23Ni5Mo3N 或 022Cr25Ni7Mo4N	当管子采用022Cr23Ni5Mo3N或022Cr25Ni7Mo4N，管箱可采用抗HIC钢
			15CrMoR	
			抗 HIC 钢	
		管子	022Cr23Ni5Mo3N 或 022Cr25Ni7Mo4N	
			15CrMo	
			碳钢[f]	
	脱硫化氢汽提塔顶空冷器	管箱	碳钢[f]	可内涂防腐涂料
		管子	碳钢[f]	
	再生塔顶空冷器	管箱	碳钢＋022Cr19Ni10[c]	
		管子	022Cr19Ni10 或 022Cr17Ni12Mo2[c]	
	其他中低压空冷器	管箱	碳钢	
		管子	碳钢	

续表

类别	设备名称	设备部位		设备主材推荐材料	备注
换热器	反应流出物/原料油，氢气或馏出物换热器	壳体	管程、壳程	碳钢	根据操作条件参照附录A图A.2选材
				15CrMoR	
				1.25Cr－0.5Mo[a]	
				2.25Cr－1Mo	
			复层[d]	双层堆焊TP309L＋TP347	
				单层堆焊06Cr18Ni11Ti/TP347	
		管子		06Cr18Ni11Ti	
	热高分气/原料油，氢气或低分油换热器（热高分气水冷器）	壳体	管程、壳程	碳钢	根据操作条件参照附录A图A.2选材
				15CrMoR	
				1.25Cr－0.5Mo[a]	
				2.25Cr－1Mo	
			复层[d]	双层堆焊TP309L＋TP347	
				单层堆焊06Cr18Ni11Ti/TP347	
		管子[g]		NS1402	
				022Cr23Ni5Mo3N或022Cr25Ni7Mo4N	
				06Cr18Ni11Ti	
				15CrMo/14Cr1Mo	
	热低分气/冷低分液换热器	壳体	管程	碳钢＋022Cr19Ni10[c]	指热低分气侧
				15CrMoR	
			壳程	碳钢	指冷低分液侧
		管子		15CrMo	
	脱硫化氢/脱乙烷塔顶冷凝器再生塔顶冷凝器	壳体		碳钢[f]	指油气侧，可内涂防腐涂料
		管子		碳钢[f,h]	
	其他换热器	壳体		碳钢	
		管子		碳钢	
加热炉	反应进料加热炉	炉管		TP321H	
				TP347H	
	分馏塔进料炉	炉管		碳钢	管壁温度≤300℃
				12Cr5Mo[i]	

a 1.25Cr－0.5Mo壳体名义厚度应控制在80mm以内。

b 根据装置具体工艺流程和实际生产运行情况，其下段壳体可选择碳钢＋06Cr18Ni11Ti复合材料。

c 采用022Cr19Ni10时可由06Cr19Ni10或06Cr18Ni11Ti替代，采用022Cr17Ni12Mo2时可由06Cr17Ni12Mo2替代。

续表

d 湿硫化氢腐蚀环境，腐蚀严重时壳体可选择碳钢 + 022Cr19Ni10 复合材料。

e 应根据选用的壳体材料按照附录 A 图 A. 3 计算壳体的腐蚀裕量。

f 湿硫化氢腐蚀环境，腐蚀严重时可采用抗 HIC 钢。

g 根据装置具体工艺流程和实际生产情况，也可选择 06Cr18Ni11Ti。

h 对于水冷却器，水侧可涂防腐涂料。

i 如果本台换热器上游管道设置注水点，管子材料宜选用 NS1402（N08825）、022Cr23Ni5Mo3N 或 022Cr25Ni7Mo4N 和 15CrMo/14Cr1Mo。

表 6. 5. 2 加工高硫低酸原油加氢精制装置主要管道推荐用材

管道位置	管道名称	推荐用材	备 注
原料线[a]	介质温度≥240℃的原料油管道	碳钢/12Cr5Mo[b]	
	介质温度≥200℃的循环氢管道	15CrMo/1Cr－0. 5Mo/1. 25Cr－0. 5Mo/2. 25Cr－1Mo/06Cr18Ni11Ti/TP321/TP347[c]	
	混氢管道	碳钢/15CrMo/1Cr－0. 5Mo/1. 25Cr－0. 5Mo/2. 25Cr－1Mo/5Cr－0. 5Mo/06Cr18Ni11Ti/TP321/TP347[c]	
加氢反应器	进料管道	06Cr18Ni11Ti/TP321/TP347	
	反应流出物系统管道	15CrMo/1Cr－0. 5Mo/1. 25Cr－0. 5Mo/2. 25Cr－1Mo/5Cr－0. 5Mo/06Cr18Ni11Ti/TP321/TP347[c]	
热高压分离器罐顶	热高分管道至换热器	15CrMo/1. 25Cr－0. 5Mo/5Cr－0. 5Mo/TP321[c]	
	空冷器后至冷高分管道	碳钢	湿硫化氢腐蚀环境
脱硫化氢汽提塔顶空冷器	冷凝管道	碳钢	湿硫化氢腐蚀环境
脱硫化氢汽提塔顶回流罐	罐顶冷凝管道	碳钢/022Cr19Ni10/022Cr17Ni12Mo2[d]	湿硫化氢腐蚀环境
	罐底循环管道	碳钢	

a 装置的原料应包括原料油和氢气（循环氢）两种。根据工艺的不同，应注意原料加热系统有炉前混氢和炉后混氢之分。

b 介质温度大于或等于 240℃时，可根据操作条件从碳钢、12Cr5Mo 中计算腐蚀余量选用合适的材料。

c 高温氢气和硫化氢共同存在腐蚀环境下的选材：

——对于介质温度大于或等于 200℃的含有氢气与硫化氢的管道，应考虑高温氢腐蚀以及氢加硫化氢腐蚀，按附录 A 图 A. 2、图 A. 3 进行选材；

——所选材料的腐蚀速率不宜超过 0. 25mm/a；

——当选用铬钼钢时，应考虑材料可能发生的回火脆性问题。

d 当所选材料的均匀腐蚀速率大于 0. 25mm/a 时，宜考虑提高材料等级，选择碳钢、022Cr19Ni10、022Cr17Ni12Mo2 应根据生产的实际情况确定。

6.6 气体脱硫装置

6.6.1 气体脱硫装置主要设备推荐用材见表6.6.1。

6.6.2 气体脱硫装置管道材料均选用碳钢，并根据工艺操作条件考虑湿硫化氢腐蚀环境的影响。

表6.6.1 气体脱硫装置主要设备推荐用材

类别	设备名称	设备部位	设备主材推荐材料	备 注
塔器	干气脱硫塔、液化石油气脱硫抽提塔	壳体	碳钢[a]	
		塔盘	06Cr13	
		填料(金属)	022Cr19Ni10[b]	
	液化石油气脱硫醇抽提塔、液化石油气砂滤塔、氧化塔[d]	壳体	碳钢[c]	
		塔盘	06Cr13	
		填料(金属)	022Cr19Ni10[b]	
容器	干气分液罐、液化石油气缓冲罐、胺液回收器	壳体	碳钢[a]	
	二硫化物分离罐	壳体	碳钢+022Cr19Ni10[b]	
		填料(金属)	022Cr19Ni10[b]	
	其他容器	壳体	碳钢[c]	
换热器	干气冷却器	壳体	碳钢[a]	
		管子	碳钢[a,e]	
	碱液加热器、碱液冷却器	壳体	碳钢[c]	
		管子	碳钢[e]	

a 湿硫化氢腐蚀环境，腐蚀严重时可采用抗HIC钢。

b 采用022Cr19Ni10时可由06Cr19Ni10或06Cr18Ni11Ti替代。

c 当介质为碱液时，碳钢设备应注意碱应力腐蚀破坏，参见附录A图A.4。

d 当氧化塔顶部设分离段时，分离段的壳体应采用碳钢+022Cr19Ni10复合板，内构件应采用022Cr19Ni10。

e 对于水冷却器，水侧可涂防腐涂料。

6.7 硫磺回收装置

6.7.1 硫磺回收装置主要设备推荐用材见表6.7.1。

6.7.2 硫磺回收装置管道材料均选用碳钢，并根据工艺操作条件考虑湿硫化氢腐蚀环境的影响。

表6.7.1 硫磺回收装置主要设备推荐用材

类别	设备名称	设备部位	设备主材推荐材料	备 注
反应器	反应器	壳体	碳钢	内衬隔热耐酸衬里
		内构件	06Cr13[a]	
塔器	急冷塔	壳体	碳钢+022Cr17Ni12Mo2[b]	
		塔盘	022Cr17Ni12Mo2[b]	
	尾气吸收塔	壳体	碳钢[c]	
		塔盘	06Cr13	
		填料(金属)	022Cr19Ni10[b]	

续表

类别	设备名称	设备部位	设备主材推荐材料	备 注
容器	酸性气分液罐	壳体	碳钢[c]	
	硫池	槽体	碳钢	内衬隔热耐酸衬里
		加热器	022Cr19Ni10[b]	
	其他容器	壳体	碳钢	
空冷器	急冷水空冷器	管箱	碳钢+022Cr17Ni12Mo2[b,d]	
		管子	022Cr17Ni12Mo2[b,d]	
	其他空冷器	管箱	碳钢	
		管子	碳钢	
换热器	硫冷凝器	壳体	碳钢	
		管子	碳钢	
			09CrCuSb	介质温度低于露点温度
	过程气加热器	壳体	碳钢	
			碳钢+06Cr13	指过程气侧，介质温度≥310℃
		管子	碳钢	
			022Cr19Ni10[b]	指过程气侧，介质温度≥310℃
	急冷水冷却器	壳体	碳钢+022Cr17Ni12Mo2[b,d]	指急冷水侧
		管子	022Cr17Ni12Mo2[b,d]	
	其他换热器	壳体	碳钢	
		管子	碳钢	
加热炉	酸性气燃烧炉	壳体	碳钢	内衬耐火耐酸衬里
		内构件	不锈钢、铬镍合金	
	尾气加热炉、尾气焚烧炉	壳体	碳钢	内衬耐火耐酸衬里
		内构件	不锈钢	
废热锅炉	燃烧炉废热锅炉	壳体 管程	碳钢	内衬耐火耐酸衬里
		壳体 壳程	碳钢	
		管子	碳钢	入口加保护套管
	尾气废热锅炉、焚烧炉废热锅炉	壳体 管程	碳钢	内衬耐火耐酸衬里
		壳体 壳程	碳钢	
		管子	碳钢	
	中压蒸汽过热器	壳体	碳钢	内衬耐火耐酸衬里
		管子	12Cr1MoVG	
	汽包	壳体、内构件	碳钢	
烟囱		壳体	碳钢	内衬耐火耐酸衬里，上部应考虑耐稀硫酸腐蚀的材料

续表

a 反应器内构件根据需要也可采用06Cr19Ni10、022Cr19Ni10或06Cr18Ni11Ti等材料。
b 采用022Cr19Ni10时可由06Cr19Ni10或06Cr18Ni11Ti替代，采用022Cr17Ni12Mo2时可由06Cr17Ni12Mo2替代。
c 湿硫化氢腐蚀环境，腐蚀严重时可采用抗HIC钢。
d 急冷水注氨后的空冷器或冷却器可采用碳钢。

6.8 溶剂再生装置

6.8.1 溶剂再生装置主要设备推荐用材见表6.8.1。

6.8.2 溶剂再生装置主要管道推荐用材见表6.8.2。当管道选用碳钢时，应根据工艺操作条件考虑湿硫化氢腐蚀环境的影响。

表6.8.1 溶剂再生装置主要设备推荐用材

类别	设备名称	设备部位		设备主材推荐材料	备注
塔器	再生塔	壳体		碳钢+022Cr19Ni10[a]	
		塔盘		022Cr19Ni10[a]	
容器	富液闪蒸罐、酸性气分液罐	壳体		碳钢[b]	
	其他容器	壳体		碳钢	
空冷器	再生塔顶空冷器	管箱		碳钢+022Cr17Ni12Mo2[a]	
		管子		022Cr17Ni14Mo2[a]	
	贫液空冷器	管箱		碳钢[c]	
		管子		碳钢	
冷换设备	贫富液换热器	壳体	贫液侧	碳钢[c]	
			富液侧	碳钢[b]	
				碳钢+022Cr19Ni10[a]	富液温度≥90℃
		管子		碳钢[b]	
				022Cr19Ni10[a]	富液温度≥90℃
	贫液冷却器	壳体		碳钢[c]	
		管子		碳钢[d]	
	再生塔顶冷却器	壳体	热侧	碳钢[b]	入口介质温度低于露点
				碳钢+022Cr17Ni12Mo2[a]	
			冷侧	碳钢	
		管子		022Cr17Ni12Mo2[a]	
	重沸器	壳体	管程	碳钢	
			壳程	碳钢+022Cr19Ni10[a、e]	
		管子		022Cr19Ni10[a、e]	

续表

a 采用022Cr19Ni10时可由06Cr19Ni10或06Cr18Ni11Ti替代，采用022Cr17Ni12Mo2时可由06Cr17Ni12Mo2替代。

b 湿硫化氢腐蚀环境，腐蚀严重时可采用抗HIC钢。

c 当操作温度达到一定值(如MDEA溶液：82℃)时应注意胺液的应力腐蚀开裂。

d 对于水冷却器，水侧可涂防腐涂料。

e 对于重沸器，当腐蚀严重时管子可采用022Cr17Ni12Mo2，壳程壳体及其他构件的耐腐蚀性能应与之匹配。

表6.8.2 溶剂再生装置主要管道推荐用材

管道位置	管道名称	推荐用材	备 注
富液闪蒸罐	入口富溶剂管道	碳钢	
	出口富溶剂管道	碳钢	
溶剂再生塔	入口富溶剂管道	碳钢/022Cr19Ni10/022Cr17Ni12Mo2[a]	
	塔顶酸性气管道	022Cr19Ni10/022Cr17Ni12Mo2[a]	
	塔底贫溶剂管道	碳钢	
再生塔顶空冷器	进口管道	022Cr19Ni10/022Cr17Ni12Mo2[a]	
	出口管道	022Cr19Ni10/022Cr17Ni12Mo2[a]	
塔底重沸器	进口管道	碳钢	
	出口管道	022Cr19Ni10/022Cr17Ni12Mo2[a,b]	
贫液空冷器	进出口管道	碳钢	
酸性气分液罐	进出口管道	碳钢	

a 采用022Cr19Ni10时可由06Cr19Ni10或06Cr18Ni11Ti替代，采用022Cr17Ni12Mo2时可由06Cr17Ni12Mo2替代。

b 当塔底重沸器结构形式有挥发空间时，出口管道可选用碳钢。

附录 A
(资料性附录)
腐蚀曲线图表

A.1 各种钢在高温硫中的腐蚀速率与温度的关系及腐蚀速率系数见图 A.1。

A.2 临氢作业用钢防止脱碳和微裂的操作极限见图 A.2。

A.3 高温氢气和硫化氢共存时油品中各种钢材的腐蚀曲线见图 A.3。

A.4 碳钢在碱液中的使用温度与浓度极限见图 A.4。

A.5 金属材料的高温氧化年腐蚀率见表 A.5。

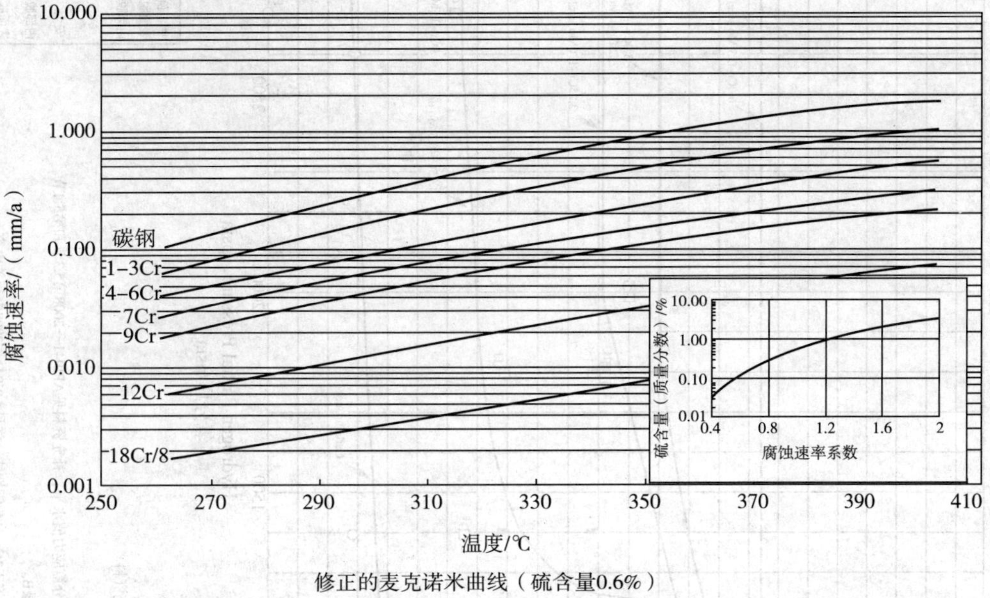

图 A.1 各种钢在高温硫中的腐蚀速率与温度的关系及腐蚀速率系数

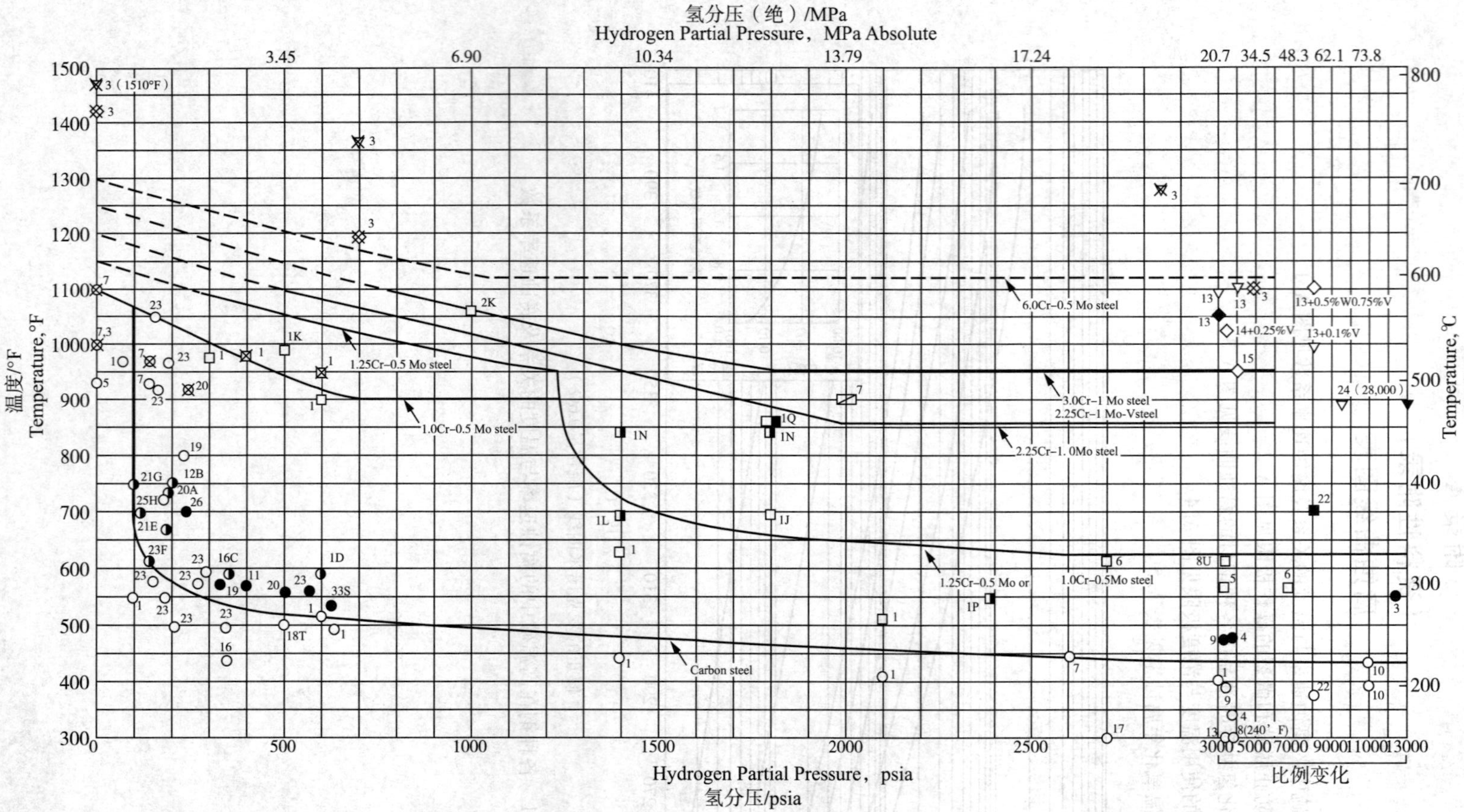

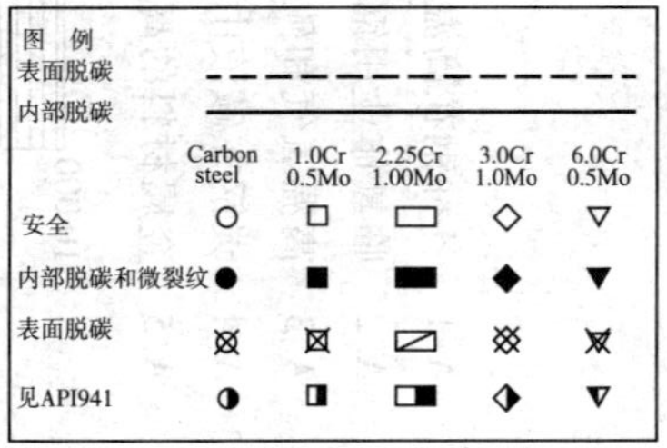

注：1.本曲线给出的极限是基于G.A.Nelson 最初收集的操作经验和API征集的补充资料。

2.奥氏体不锈钢在任何温度条件下或氢压下不会脱碳。

3.本曲线给出的极限是基于铸钢及退火钢和正火钢采用ASME规范第Ⅷ篇第1分篇应力值水平，补充资料见API941—2008第5.3节和第5.4节。

4.曾报道1.25Cr–1MoV钢在安全范围内发生若干裂纹，详见API941—2008附录B。

5.包括2.25Cr–1MoV级钢是建立 在10 000h实验室的试验数据，这些合金至少等于3Cr–1Mo钢性能，详见API941—2008中相关内容。

图A.2　临氢作业用钢防止脱碳和微裂的操作极限

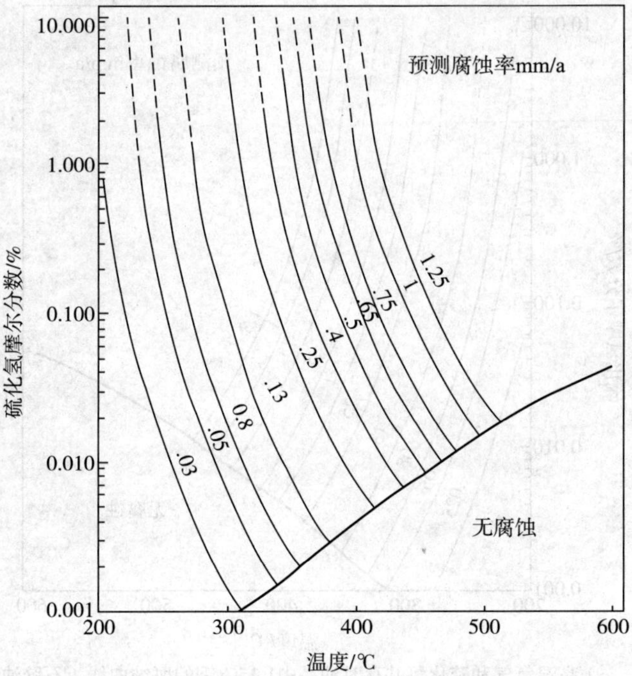

a）高温氢气和硫化氢共存时油品中碳钢的腐蚀曲线（石脑油）

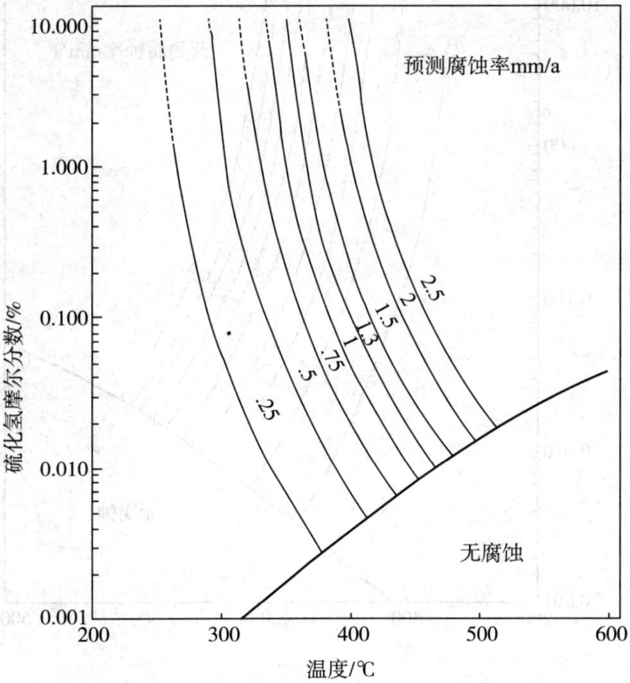

b）高温氢气和硫化氢共存时油品中碳钢的腐蚀曲线（瓦斯油）

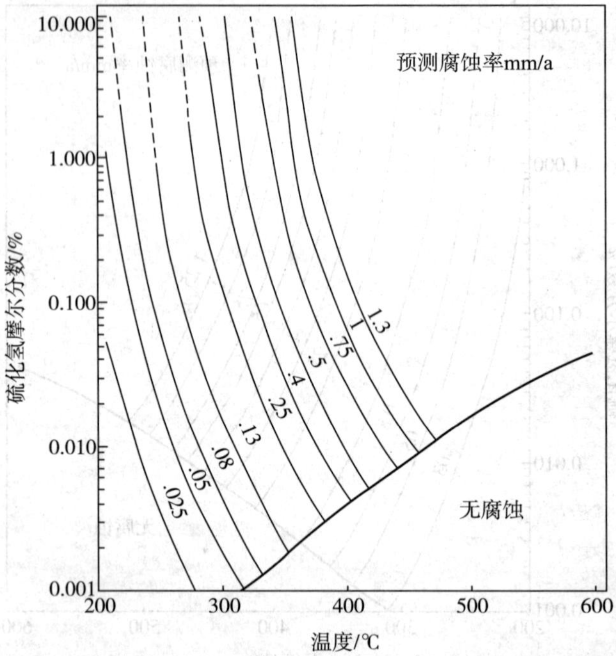

c）高温氢气和硫化氢共存时油品中1.25Cr钢的腐蚀曲线（石脑油）

d）高温氢气和硫化氢共存时油品中1.25Cr钢的腐蚀曲线（瓦斯油）

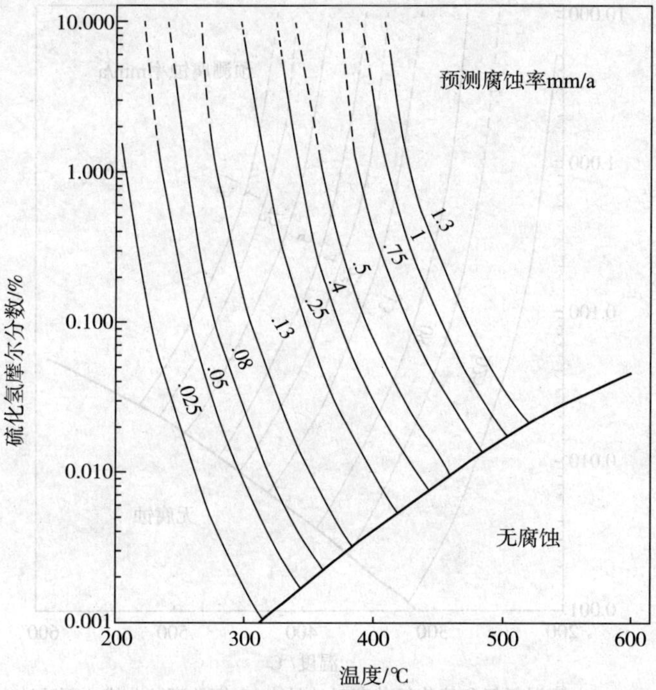

e）高温氢气和硫化氢共存时油品中2.25Cr钢的腐蚀曲线（石脑油）

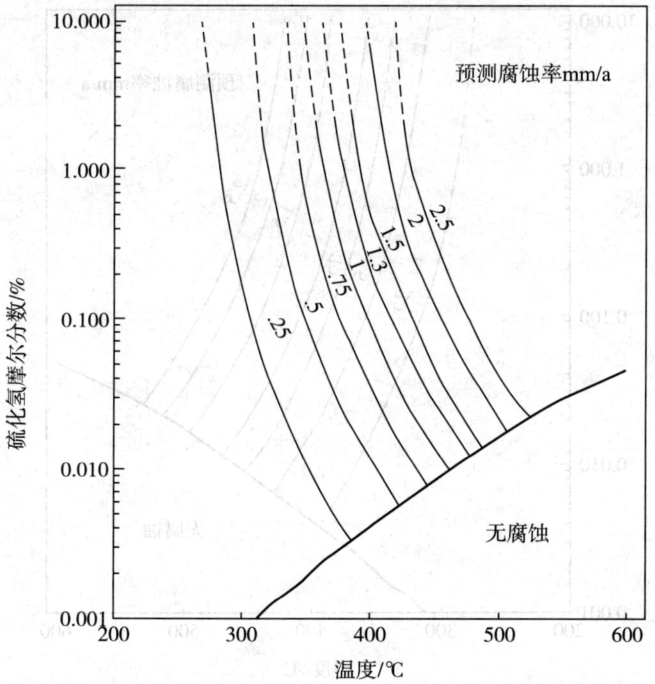

f）高温氢气和硫化氢共存时油品中2.25Cr钢的腐蚀曲线（瓦斯油）

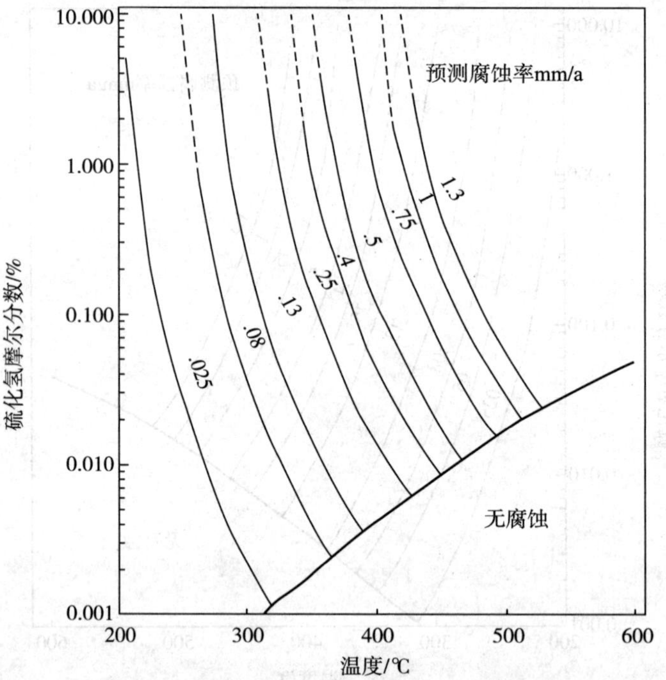

g）高温氢气和硫化氢共存时油品中5Cr钢的腐蚀曲线（石脑油）

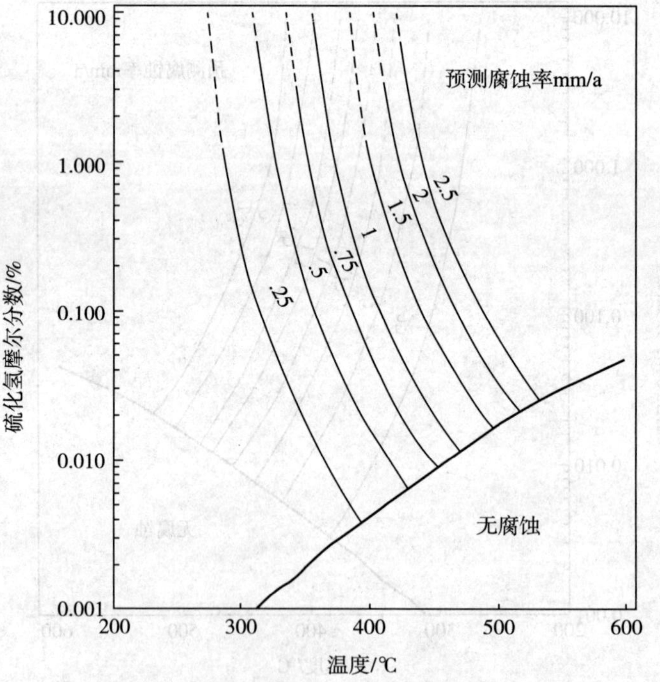

h）高温氢气和硫化氢共存时油品中5Cr钢的腐蚀曲线（瓦斯油）

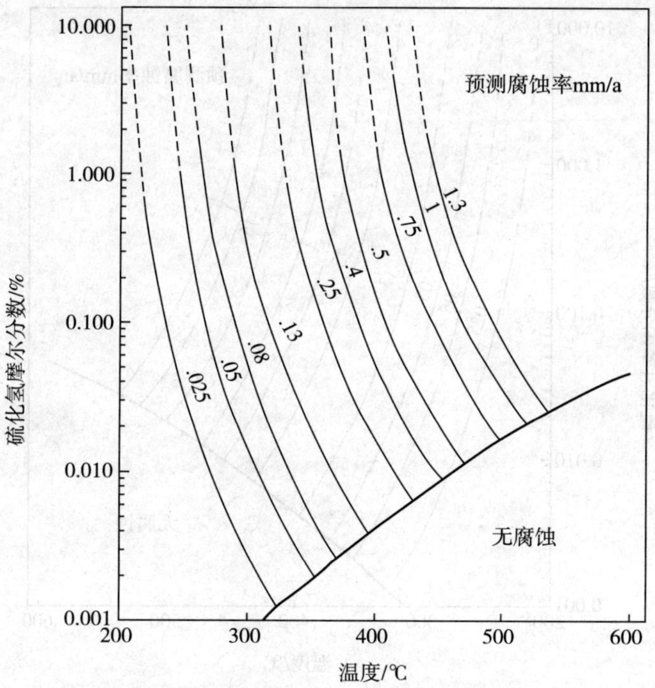

i）高温氢气和硫化氢共存时油品中7Cr钢的腐蚀曲线（石脑油）

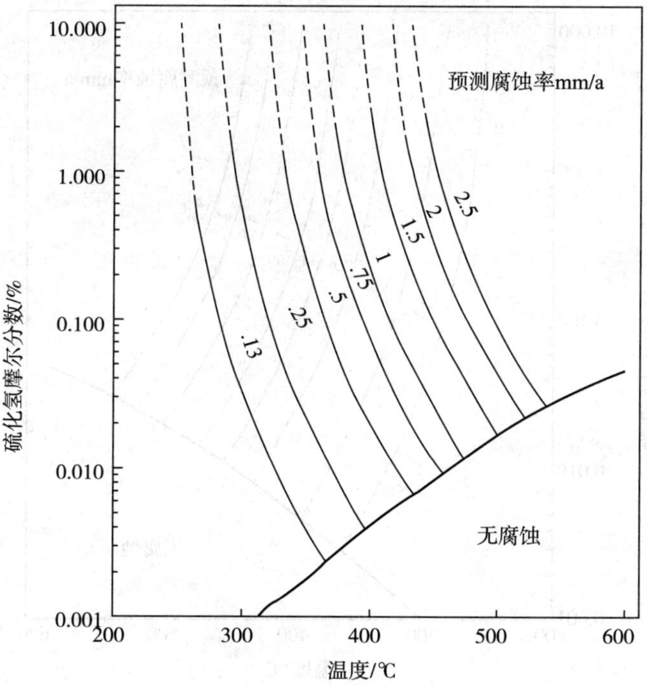

j）高温氢气和硫化氢共存时油品中7Cr钢的腐蚀曲线（瓦斯油）

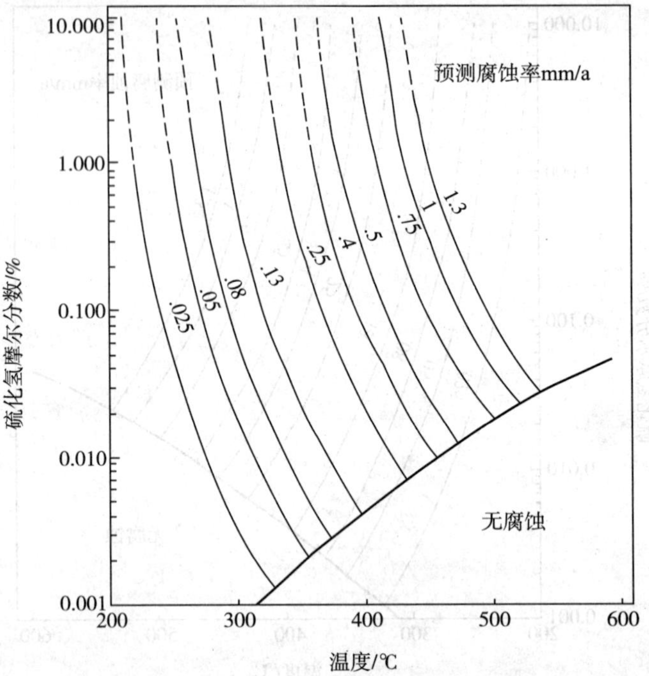

k）高温氢气和硫化氢共存时油品中9Cr钢的腐蚀曲线（石脑油）

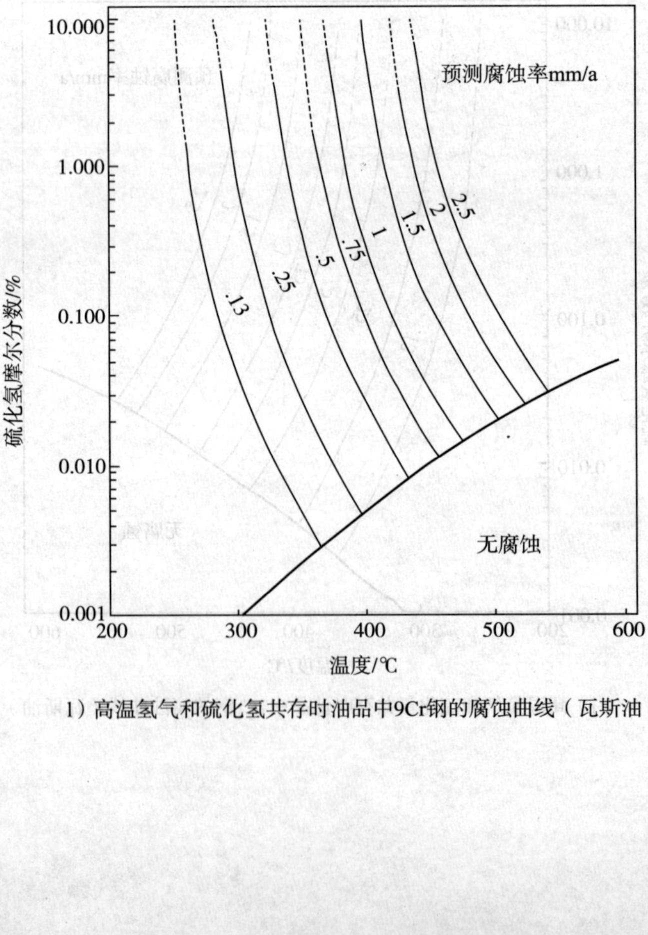

l）高温氢气和硫化氢共存时油品中9Cr钢的腐蚀曲线（瓦斯油）

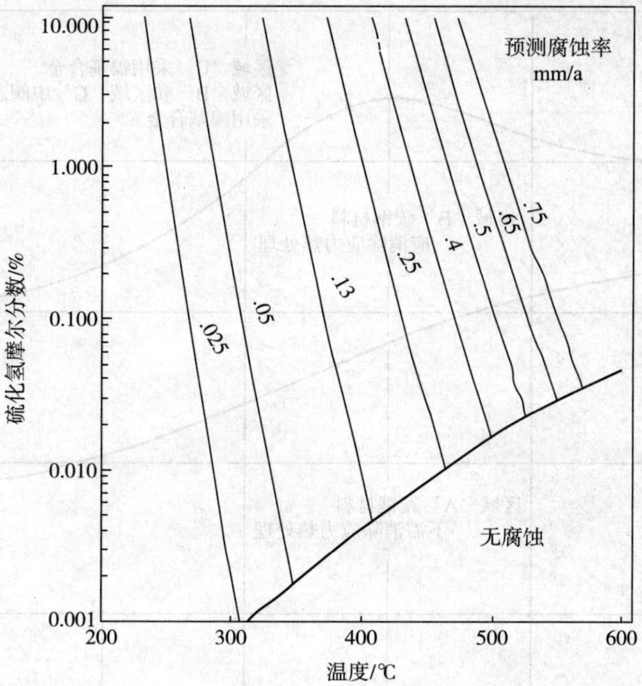

m）高温氢气和硫化氢共存时油品中12Cr钢的腐蚀曲线（石脑油、瓦斯油）

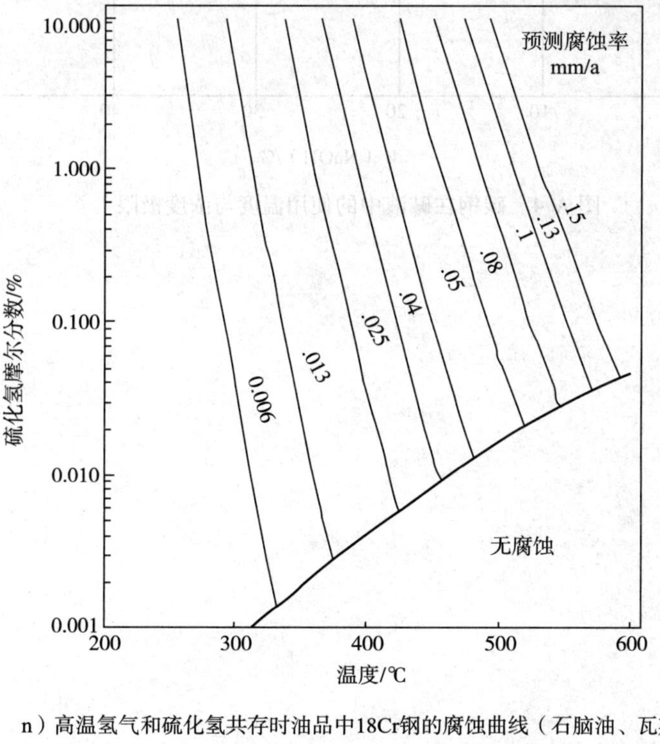

n）高温氢气和硫化氢共存时油品中18Cr钢的腐蚀曲线（石脑油、瓦斯油）

图 A.3　高温氢气和硫化氢共存时油品中各种钢材的腐蚀曲线

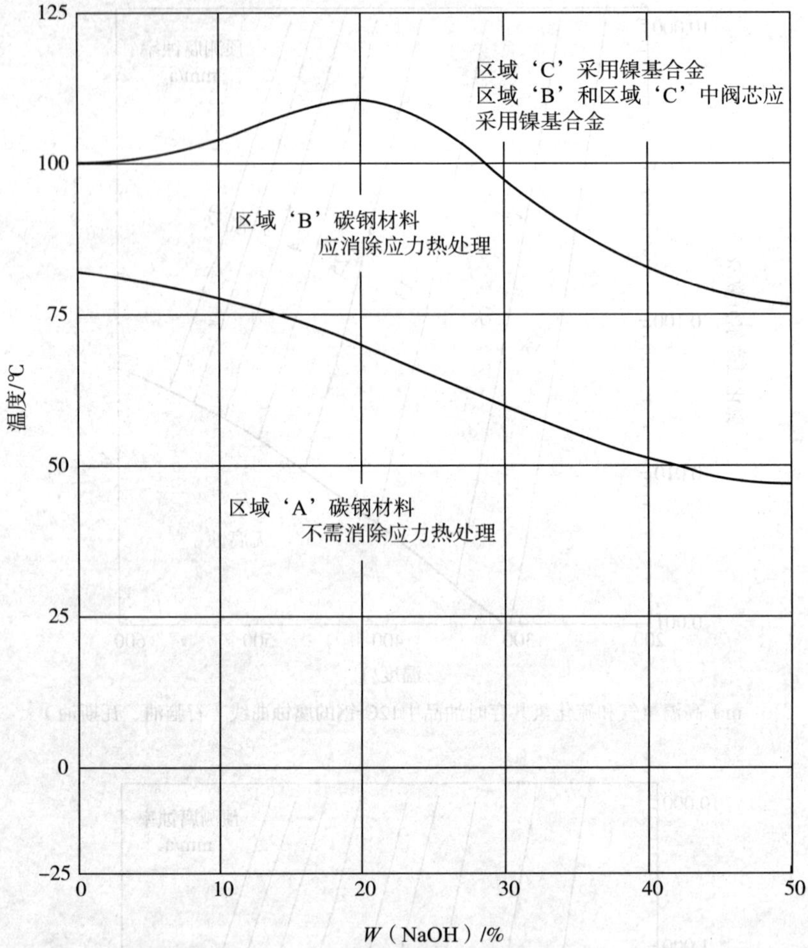

图 A.4　碳钢在碱液中的使用温度与浓度极限

表 A.5　金属材料的高温氧化年腐蚀率

mm/a

公称成分	最大金属温度/℃																							
	496	524	552	579	607	635	663	691	718	746	774	802	829	857	885	913	941	968	996	1024	1052	1079	1107	1135
碳钢	0.05	0.10	0.15	0.23	0.36	0.56	0.84	1.22																
1.25Cr	0.05	0.08	0.10	0.18	0.3	0.46	0.76	1.17																
2.25Cr	0.03	0.03	0.05	0.10	0.23	0.36	0.61	1.04																
5Cr	0.03	0.03	0.03	0.05	0.10	0.15	0.38	0.89	1.65															
7Cr	0.03	0.03	0.03	0.03	0.03	0.05	0.08	0.15	0.43	0.94	1.52													
9Cr	0.03	0.03	0.03	0.03	0.03	0.03	0.03	0.05	0.13	0.28	0.58	1.02	1.52											
12Cr	0.03	0.03	0.03	0.03	0.03	0.03	0.03	0.03	0.08	0.20	0.38	0.76	1.27											
18Cr-8Ni	0.03	0.03	0.03	0.03	0.03	0.03	0.03	0.03	0.03	0.05	0.08	0.10	0.15	0.23	0.33	0.46	0.64	0.89	1.22					
23Cr-12Ni	0.03	0.03	0.03	0.03	0.03	0.03	0.03	0.03	0.03	0.03	0.05	0.08	0.10	0.15	0.20	0.25	0.33	0.41	0.51	0.76	1.02	1.27		
25Cr-20Ni	0.03	0.03	0.03	0.03	0.03	0.03	0.03	0.03	0.03	0.03	0.03	0.05	0.08	0.10	0.13	0.18	0.20	0.25	0.33	0.38	0.48	0.58	0.69	0.79
21Cr-33Ni(N08810)	0.03	0.03	0.03	0.03	0.03	0.03	0.03	0.03	0.03	0.03	0.03	0.05	0.08	0.10	0.15	0.20	0.25	0.33	0.43	0.53	0.69	0.84	1.04	1.27

附录 B
（资料性附录）
部分金属材料的牌号对照

部分金属材料的牌号对照见表 B。

表 B　部分金属材料的牌号对照

公称成分	统一数字代号[a]	统一牌号[b]	板材[c]	管材[d]	ASTM/（ASME）
12Cr－Al	S11348	06Cr13Al	06Cr13Al		405/S40500
13Cr	S41008[e]	06Cr13	06Cr13	0Cr13	410S/S41008
18Cr－8Ni	S30408	06Cr19Ni10	06Cr19Ni10	0Cr18Ni9	304/S30400
18Cr－8Ni	S30403	022Cr19Ni10	022Cr19Ni10	00Cr19Ni10	304L/S30403
18Cr－8Ni	S30409	07Cr19Ni10	07Cr19Ni10		304H/S30409
18Cr－10Ni－Ti	S32168	06Cr18Ni11Ti	06Cr18Ni11Ti	0Cr18Ni10Ti	321/S32100
18Cr－10Ni－Nb	S34778	06Cr18Ni11Nb	06Cr18Ni11Nb	0Cr18Ni11Nb	347/S34700
16Cr－12Ni－2Mo	S31608	06Cr17Ni12Mo2	06Cr17Ni12Mo2	0Cr17Ni12Mo2	316/S31600
16Cr－12Ni－2Mo	S31603	022Cr17Ni12Mo2	022Cr17Ni12Mo2	00Cr17Ni14Mo2	316L/S31603
16Cr－12Ni－2Mo	S31609	07Cr17Ni12Mo2			316H/S31609
18Cr－13Ni－3Mo	S31708	06Cr19Ni13Mo3	06Cr19Ni13Mo3	0Cr19Ni13Mo3	317/S31700
18Cr－13Ni－3Mo	S31703	022Cr19Ni13Mo3	022Cr19Ni13Mo3	00Cr19Ni13Mo3	317L/S31703
23Cr－12Ni	S30908	06Cr23Ni13	06Cr23Ni13	0Cr23Ni13	309S/S30908
25Cr－20Ni	S31008	06Cr25Ni20	06Cr25Ni20	0Cr25Ni20	310S/S31008
22Cr－5Ni－3Mo－N	S22253	022Cr22Ni5Mo3N	022Cr22Ni5Mo3N	022Cr22Ni5Mo3N	S31803
22Cr－5Ni－3Mo－N	S22053	022Cr23Ni5Mo3N	022Cr23Ni5Mo3N	022Cr23Ni5Mo3N	2205/S32205
25Cr－7Ni－4Mo－N	S25073	022Cr25Ni7Mo4N	022Cr25Ni7Mo4N	022Cr25Ni7Mo4N	2507/S32750
24Ni－21Cr－6Mo－Cu－N					N08367
42Ni－21.5Cr－3Mo－2.3Cu		NS1402			N08825
60Ni－22Cr－9Mo－3.5Cb		NS3306			N06625
67Ni－30Cu		NiCu30	NiCu30		N04400

a　国产材料的统一数字代号见 GB/T 20878—2007《不锈钢和耐热钢　牌号及化学成分》。

b　国产材料的统一牌号见 GB/T 5235—2007《加工镍及镍合金化学成分和产品形状》、GB/T 15007—2008《耐蚀合金牌号》、GB/T 20878—2007《不锈钢和耐热钢　牌号及化学成分》等标准，采用国外材料时见相应的国外标准规范。

c　板材牌号见 GB/T 3280—2007《不锈钢冷轧钢板和钢带》、GB/T 4237—2007《不锈钢热轧钢板和钢带》、GB/T 4238—2007《耐热钢钢板和钢带》、GB/T 2054—2005《镍及镍合金板》、GB 24511—2009《承压设备用不锈钢钢板和钢带》等标准。

d　管材牌号见 GB 13296—2007《锅炉、热交换器用不锈钢无缝钢管》、GB/T 14976—2012《流体输送用不锈钢无缝钢管》、GB/T 21832—2008《奥氏体－铁素体型双相不锈钢焊接钢管》、GB/T 21833—2008《奥氏体－铁素体型双相不锈钢无缝钢管》等标准，GB/T 12771—2008《流体输送用不锈钢焊接钢管》的牌号采用 GB/T 20878—2007《不锈钢和耐热钢　牌号及化学成分》中的统一牌号。

e　在 GB 24511—2009《承压设备用不锈钢钢板和钢带》中，06Cr13 的统一数字代号为 S11306。

本导则用词说明

1 为便于在执行本导则条文时区别对待，对要求严格程度不同的用词说明如下：

1） 表示很严格，非这样做不可的：

正面词采用“必须”，反面词采用“严禁”；

2） 表示严格，在正常情况下均应这样做的：

正面词采用“应”，反面词采用“不应”或“不得”；

3） 表示允许稍有选择，在条件许可时首先应这样做的：

正面词采用“宜”，反面词采用“不宜”；

4） 表示有选择，在一定条件下可以这样做的，采用“可”。

2 条文中指明应按其他有关标准执行的写法为：“应符合……的规定”或“应按……执行”。

高硫原油加工装置设备和管道设计选材导则

SH/T 3096—2012

（条文说明）

目　录

1　范围

本导则适用范围中“加工高硫原油且以硫腐蚀为主”是指加工按本导则所定义的高硫低酸原油，且造成设备和管道的均匀腐蚀和局部腐蚀破坏的腐蚀介质是以硫或硫的化合物为主的腐蚀环境。

3　术语和定义

3.1　酸值采用 GB 264—1983《石油产品酸值测定方法》测定是基于加工高酸低硫原油的均匀腐蚀速率的数据均以中和法估算的。

4　选材原则

4.1　本条是指设备和管道选材是建立在生产装置合理采用脱盐和注水、注缓蚀剂、注胺且达到设计文件要求的前提下，而且在有条件的情况下可采用腐蚀监测等措施的基础上确定的。

5　一般规定

5.2　管道元件的设计寿命原则上不应低于10年，在考虑管道元件设计寿命时，应根据操作条件下的介质参数、材料的腐蚀速率和设计寿命确定的腐蚀裕量综合考虑，以保证材料在设计寿命期内其腐蚀裕量不超过本导则5.3c)的规定。

5.4　在选用设备和管道材料时，应根据介质的状态、流速、流态以及是否处于相变部位等因素，对设备和管道局部部位的材料和结构设计进行如加大流通面积、降低流速、适当增加壁厚、增设挡板以及局部材料升级等，以防止局部产生严重腐蚀。

5.8　设备壳体采用的碳钢应是 GB 150《压力容器》、GB 713《锅炉和压力容器用钢板》等相关国家和行业标准规定的碳素钢和碳锰钢。

6　高硫原油加工装置设备和管道设计选材

6.1　原油蒸馏装置

表6.1.1 脚注 c：常压塔、减压塔在操作温度小于240℃时，当用户在这些部位有成熟的使用经验时其塔体可采用碳钢。

表6.1.1 脚注 f：“湿硫化氢腐蚀环境”的定义和分类参见 SH/T 3075—2009《石油化工钢制压力容器材料选用规范》附录 G。

表6.1.1 脚注 i：管壳式水冷却器在水侧涂防腐涂料目前仍然是较好的选择，国内研制的 TH－847、TH－901和 SHY－99 等涂料已有长期的使用经验。目前影响涂层换热器使用寿命的主要因素是在检修、开停工中采用蒸汽吹扫，高流速的蒸汽吹扫易损坏涂层，影响换热器在其后的使用。只要在采购、制造、安装、使用的各阶段采取有利于保证涂层质量、保护涂层完好的措施，就可以提高涂层换热器的使用寿命。

表6.1.1 脚注 j：渗铝钢抗高温硫腐蚀及抗高温氧化的性能比较好，作为高温部位的塔盘材质是可行的，但用于换热管束等承压部件时，建议选用者充分考虑到由于高温渗铝过程对材料力学性能可能发生的不良影响，同时应对其制造、焊接、检验进行严格控制，以达到规定的材料力学性能要求。

6.2　催化裂化装置

催化分馏塔：考虑到与加工高硫原油相适应的催化裂化装置进料的硫含量较高，塔顶部的 H_2S 浓度较高，腐蚀严重和下部温度较高，存在高温硫的腐蚀，本次修订将催化分馏塔材料选择进行了温度分段，顶部4～5层塔盘以上及封头采用碳钢＋06Cr13(06Cr13Al)，其他部位：小于或等于350℃，选用碳钢＋06Cr13；大于350℃，选用碳钢＋022Cr19Ni10。

表6.2.1 脚注 i：当介质温度小于288℃且馏分油中的硫含量小于2%时，容器和换热器的壳体可采用碳钢。这一条主要基于馏分油中硫在不同的馏分中分布是不一样的，设计者应根据工艺计算的硫含量和现

场的实际腐蚀情况确定选择的材料。

换热器：根据现场实际运行情况，虽然高温油浆的硫含量比较高，但因其硫化物的分子量大，活性低，腐蚀并不严重，换热器管束材料可选用碳钢，但需注意油浆系统固体颗粒（催化剂）的磨损和堵塞；解析塔底重沸器管子腐蚀比较严重，本次修订管子材料调整为022Cr19Ni10，其他油气换热器和重沸器按温度区域进行材料选择。

6.3　延迟焦化装置

当前，随着延迟焦化装置向大型化发展，焦炭塔的尺寸也不断增大。焦炭塔的选材，应充分考虑经济合理、大型化及抗低频疲劳破坏等。故本次修订焦炭塔取消了碳钢材料选项，只规定了采用铬钼钢，具体采用何种铬钼钢由设计者确定。

6.4　加氢裂化装置

（1）加氢反应器：目前的加氢裂化装置反应器都采用热壁式结构，反应器基体材料的选用除应符合附录A的曲线外，尚应根据反应器的尺寸、重量以及运输条件等综合考虑确定，本次修订增加了1.25Cr－0.5Mo材料，但由于该材料壳体厚度超过100mm后，其低温冲击功并不稳定，因此，根据国内外对该材料的使用限制结合国内钢厂具体生产情况，该材料的使用厚度限制到80mm以下。加氢裂化反应器的复层目前一般采用堆焊TP309L＋TP347，进口的加氢裂化反应器的复层也有采用单层堆焊的，因此本次修订堆焊给出两种选择。

（2）分馏塔：从近几年来加工高硫原油的加氢装置的分馏塔腐蚀情况来看，有部分用户在役使用的分馏塔其下部高温部分（超过288℃，包括底封头）腐蚀比较严重，也有部分用户的分馏塔下部高温区域没有腐蚀，因此，本次修订在壳体材料选择上，其下部高温区域（原则上大于288℃）可选用奥氏体复合板材料。

（3）反应流出物空冷器：目前国内加氢裂化装置反应流出物空冷器大多采用碳钢，但近年来炼油厂加工高硫原油以来，采用碳钢材料的高压空冷器频繁出现泄漏事故，由于反应流出物空冷器操作条件比较复杂，主要产生NH_4Cl、NH_4HS腐蚀及流体的冲蚀、磨蚀，影响因素比较多，为了进一步提高反应流出物空冷器的使用安全性，本次修订建议在考虑投资的前提下，可优选高等级材料。

6.8　溶剂再生装置

重沸器：溶剂再生装置处理的介质中含有多种腐蚀介质时，其腐蚀性可能比单一腐蚀介质严重，因此重沸器的管束可根据实际运行情况和使用经验选用022Cr19Ni10或022Cr17Ni12Mo2。

附录A
(资料性附录)
腐蚀曲线图表

A.1 图A.1各种钢材在高温硫腐蚀环境中的腐蚀速率为API RP939－C—2009《Guidelines for Avoiding Sulfidation(sulfidic) Corrosion Failures in Oil Refineries》图B.2修正的McConomy曲线，使用此曲线时应注意该图为硫含量为0.6%时的腐蚀速率，当硫含量为0.4%～2.0%时应乘以腐蚀速率系数。当硫含量超过2%时，可参考API RP581—2008表2.B.3.2M～表2.B.3.2.10M中高硫低酸的腐蚀速率数据。

A.2 图A.2取自API RP941—2008《Steel For Hydrogen Service Elevated Temperatures and Pressures in Petroleum Refineries and Petrochemical Plants》图1，其中温度取最高操作温度加28℃，压力取最高操作氢分压。

A.3 图A.3取自API RP939－C—2009《Guidelines for Avoiding Sulfidation(sulfide) Corrosion Failures in Oil Refineries》图B.3～图B.10。图中的瓦斯油(gas oil)为常压塔蒸馏出的200～380℃馏分，用作生产航空煤油、轻柴油和重柴油(简称VGO)，以及减压塔蒸馏出的200～500℃馏分，用作生产润滑油或催化裂化、加氢裂化的原料。石脑油(naphtha)为初镏点至220℃左右的馏分，主要用作重整和化工原料(轻、重石脑油)。

A.4 图A.4取自API RP581—2008图7.1M。本图来自API RP581《Risk－Based Inspection Technology》。

A.5 表A.5取自API RP581—2008表2.B.9.2M～表2.B.9.3M。

10. 高酸原油加工装置设备和管道设计选材导则

（SH/T 3129—2012
代替 SH/T 3096—2001，SH/T 3129—2012）

目　录

1 范围

本导则规定了高酸原油加工装置设备和管道的材料选用原则。

本导则适用于石油化工加工高酸原油且以酸腐蚀为主的新建和改、扩建工程项目重点装置主要设备和管道的设计选材。

2 规范性引用文件

下列文件对于本导则的应用是必不可少的。凡是注日期的引用文件，仅注日期的版本适用于本导则。凡是不注日期的引用文件，其最新版本(包括所有的修改单)适用于本导则。

GB 264—1983 石油产品酸值测定法

SH/T 3037 炼油厂加热炉炉管壁厚计算

SH/T 3074 石油化工钢制压力容器

SH/T 3096 高硫原油加工装置设备和管道设计选材导则

3 术语和定义

下列术语和定义适用于本导则。

3.1 酸值 total acid number(TAN)

中和1克石油产品所需的氢氧化钾毫克数。

3.2 高酸高硫原油 high acid number and high sulfide content crude oil

按GB 264—1983规定的方法测定的原油酸值大于或等于0.5mgKOH/g，且总硫含量(质量分数)大于或等于1.0%的原油。

3.3 高酸低硫原油 high acid number and low sulfide content crude oil

按GB 264—1983规定的方法测定的原油酸值大于或等于0.5mgKOH/g，且总硫含量(质量分数)小于1.0%的原油。

3.4 设备主材 main equipment materials

与工艺介质直接接触的容器壳体、换热器壳体和管子、空冷器管箱壳体和管子、加热炉炉管及设备内构件的塔盘、填料等材料。

3.5 管道主材 main piping materials

管道组成件中与工艺介质直接接触的管子材料。

4 选材原则

4.1 设备和管道选材是在生产装置合理采用工艺防腐措施，且达到规定的工艺技术指标并加强现场腐蚀监测和生产管理的基础上确定的。

4.2 设备和管道材料应根据设备和管道的操作温度、操作压力、介质特性等条件，以及材料的加工工艺性能、焊接性能等因素进行选用。

4.3 在执行本导则时应根据不同工艺的特点和不同原油的腐蚀性选择不同的材料，力求选材经济、合理。

5 一般规定

5.1 设计选材应以装置正常操作条件下原油中的酸值和含硫量为依据，并应考虑操作条件下可能达到的最大酸值、酸与硫的组合共同作用以及介质流动状态、流体速度等对设备和管道腐蚀所产生的影响。

5.2　设备的设计寿命应符合 SH/T 3074 的规定；炉管的设计寿命应符合 SH/T 3037 的规定；管道的设计寿命宜为 10～15 年。

5.3　选择设备主材、加热炉炉管和管道主材时，应根据材料的腐蚀速率和设计寿命确定腐蚀裕量，且应符合下列规定，否则应选用耐蚀性能更好的材料：

a）设备：腐蚀裕量小于或等于 6.0mm；

b）加热炉炉管：碳钢腐蚀裕量小于或等于 3.0mm、铬钼钢腐蚀裕量小于或等于 2.0mm、高合金钢腐蚀裕量小于或等于 1.5mm；

c）管道：碳钢和铬钼钢腐蚀裕量小于或等于 6.0mm，高合金钢和有色金属腐蚀裕量小于或等于 1.5mm。

5.4　在选用设备和管道材料时，尚应根据介质的状态、流速、流态以及是否处于相变部位等因素，对设备和管道局部部位的材料和结构设计进行特殊处理，采取必要的防腐蚀措施。

5.5　对于原油蒸馏装置的设备和管道、延迟焦化装置焦炭塔之前的设备和管道以及加氢裂化、加氢精制和渣油加氢装置原料油侧的管道按照以下要求进行选材：

a）介质温度小于 240℃时，宜选用碳钢；

b）介质温度大于或等于 240℃且小于 288℃、介质为液相且流速小于 3m/s 时，宜选用 12Cr5Mo 或 022Cr19Ni10（包括 06Cr18Ni11Ti、06Cr19Ni10 等）；流速大于或等于 3m/s 或介质为气液两相时，宜选用 022Cr19Ni10（包括 06Cr18Ni11Ti、06Cr19Ni10 等）；

c）介质温度大于或等于 288℃且流速小于 30m/s 时，宜选用 022Cr19Ni10（包括 06Cr18Ni11Ti、06Cr19Ni10 等）或 022Cr17Ni12Mo2（包括 06Cr17Ni12Mo2）；

d）介质的温度大于或等于 240℃且流速大于或等于 30m/s 时，宜选用 022Cr17Ni12Mo2（包括 06Cr17Ni12Mo2，材料的 Mo 含量不小于 2.5%）或 022Cr19Ni13Mo3（包括 06Cr19Ni13Mo3）。

5.6　催化裂化、硫磺回收、气体脱硫和溶剂再生等装置的设备和管道的设计选材可按 SH/T 3096 的推荐选用。

5.7　对于与设备和管道直接焊接的元件，不宜选用异种钢；在可能引起严重电偶腐蚀的环境下，不应选用异种钢。

5.8　当下游加工过程对物料的铁离子或其他成分有特殊要求时，应根据需要调整设备和管道的设计选材。

5.9　卷制钢管用复合材料的各项性能应按压力容器用材料制造和验收。

5.10　设备壳体（包括复合钢板的基层）采用的碳钢应是碳素钢或碳锰钢。

5.11　与壳体直接相焊的塔盘固定件等材料应与壳体材料（或复合钢板的复层材料）相一致。

5.12　各种钢在高温硫中的腐蚀速率参见附录 A 图 A.1。

5.13　在高温临氢环境下操作的设备和管道参照附录 A 图 A.2 进行选材。

5.14　在高温氢气和硫化氢环境下操作的设备和管道腐蚀速率应根据所用材料、操作温度和硫化氢含量参照附录 A 图 A.3 确定。

5.15　碳钢在碱液中的使用温度、浓度极限和热处理要求参见附录 A 图 A.4。

5.16　金属材料在高温氧化腐蚀率参见附录 A 表 A.5。

5.17　部分金属材料的牌号对照参见附录 B。

6　高酸原油加工装置设备和管道设计选材

6.1　原油蒸馏装置

6.1.1　加工高酸低硫和高酸高硫原油蒸馏装置主要设备推荐用材见表 6.1.1。

6.1.2 加工高酸低硫和高酸高硫原油蒸馏装置主要管道推荐用材见表 6.1.2。

表 6.1.1 加工高酸低硫和高酸高硫原油蒸馏装置主要设备推荐用材

类别	设备名称	设备部位	设备主材推荐材料	备 注
塔器	闪蒸塔	壳体	碳钢	介质温度<240℃
			碳钢+022Cr19Ni10[a]	介质温度≥240℃
	初馏塔	顶封头	碳钢+06Cr13(06Cr13Al)[b]	
		筒体、底封头	碳钢	介质温度<240℃
			碳钢+022Cr19Ni10[a]	介质温度≥240℃
		塔盘	06Cr13	介质温度<240℃
			022Cr19Ni10[a]	介质温度≥240℃
	常压塔	顶封头、顶部筒体	碳钢+NCu30[b,c]	含顶部4~5层塔盘以上塔体
		其他筒体、底封头	碳钢+06Cr13[d]	介质温度<240℃
			碳钢+0022Cr19Ni10[a]	介质温度240~288℃
			碳钢+022Cr17Ni12Mo2[a]	介质温度≥288℃
		塔盘	NiCu30[b,c]	顶部4~5层塔盘
			06Cr13	介质温度<240℃
			022Cr19Ni10[a]	介质温度240~288℃
			022Cr17Ni12Mo2[a]	介质温度≥288℃
		填料	022Cr19Ni10[a,e]	介质温度<288℃
			022Cr17Ni12Mo2[a,e]	介质温度≥288℃
	常压汽提塔 减压汽提塔	壳体	碳钢	介质温度<240℃
			碳钢+022Cr19Ni10[a]	介质温度240~288℃
			碳钢+022Cr17Ni12Mo2[a]	介质温度≥288℃
		塔盘	06Cr13	介质温度<240℃
			022Cr19Ni10[a]	介质温度240~288℃
			022Cr17Ni12Mo2[a]	介质温度≥288℃

续表

类别	设备名称	设备部位	设备主材推荐材料	备　注
塔器	减压塔	壳体	碳钢 + 06Cr13[d]	介质温度 < 240℃
			碳钢 + 022Cr19Ni10[a]	介质温度 240 ~ 288℃
			碳钢 + 022Cr17Ni12Mo2[a]	介质温度≥288℃
		塔盘	06Cr13	介质温度 < 240℃
			022Cr19Ni10[a]	介质温度≥240℃
			022Cr17Ni12Mo2[a]	介质温度≥288℃
		集油箱、分配器、填料支撑等其他内构件	06Cr13	介质温度 < 240℃
			022Cr19Ni10[a、e]	介质温度 240 ~ 288℃
			022Cr17Ni12Mo2[a、e]	介质温度≥288℃
		填料	022Cr19Ni10[a]	介质温度 < 240℃
			022Cr17Ni12Mo2[a、e]	介质温度 240 ~ 288℃
			022Cr19Ni13Mo3[a]	介质温度≥288℃
容器	电脱盐罐	壳体	碳钢	
	塔顶油气回流罐、塔顶油气分离器		碳钢[f]	可内涂防腐涂料
	容器	壳体	碳钢	介质温度 < 240℃
			碳钢 + 022Cr19Ni10[a]	介质温度 240 ~ 288℃
			碳钢 + 022Cr17Ni12Mo2[a]	介质温度≥288℃
空冷器	初馏塔顶空冷器、常压塔顶空冷器、减压抽空空冷器	进口温度高于露点　管箱	碳钢 + 022Cr23Ni5Mo3N 或碳钢 + 022Cr25Ni7Mo4N[g]	
		进口温度高于露点　管子	022Cr23Ni5Mo3N 或 022Cr25Ni7Mo4N[g]	
		其他　管箱	碳钢[f]	
		其他　管子	碳钢[f]	可内涂防腐涂料
	产品空冷器	管箱	碳钢	
		管子	碳钢	
换热器	初馏塔顶冷却器、常压塔顶冷却器、减压抽空冷却器	进口温度高于露点　壳体	碳钢 + 022Cr23Ni5Mo3N 或碳钢 + 022Cr25Ni7Mo4N[g]	指油气侧
		进口温度高于露点　管子	022Cr23Ni5Mo3N 或 022Cr25Ni7Mo4N[g]	
		其他　壳体	碳钢[f]	指油气侧
		其他　管子	碳钢[h,f]	油气侧可涂防腐涂料

续表

类别	设备名称	设备部位		设备主材推荐材料	备注
换热器	其他油气换热器、其他油气冷却器	壳体		碳钢	介质温度<240℃
				碳钢+022Cr19Ni10[a]	介质温度240~288℃
				碳钢+022Cr17Ni12Mo2[a]	介质温度≥288℃
		管子		碳钢[h]	油气温度<240℃
				022Cr19Ni10[a,i]	油气温度240~288℃
				022Cr17Ni12Mo2[a,i]	油气温度≥288℃
加热炉	常压炉	炉管	对流段	12Cr5Mo	
				06Cr18Ni10Ti	
			辐射段	022Cr17Ni12Mo2[j]	
	减压炉	炉管	对流段	06Cr18Ni11Ti	
			辐射段	022Cr17Ni12Mo2[j]	

a 采用022Cr19Ni10时可由06Cr19Ni10或06Cr18Ni11Ti替代，采用022Cr17Ni12Mo2时可由06Cr17Ni12Mo2替代，采用022Cr19Ni13Mo3时可由06Cr19Ni13Mo3替代。

b 当能确保初馏塔或常压塔的塔顶为热回流、塔顶温度在介质的露点以上时，初馏塔的顶封头可采用碳钢，常压塔的顶封头和顶部筒体可采用碳钢+06Cr13(06Cr13A1)复合板，顶部塔盘可采用06Cr13。

c 常压塔顶封头和顶部筒体复合板的复层及顶部塔盘也可采用双相钢(022Cr23Ni5Mo3N或022Cr25Ni7Mo4N)、钛材或06Cr13(06Cr13A1)，当采用氨作缓蚀剂且常压塔顶为冷回流时，不宜采用NiCu30(N04400)合金，宜采用N08367(A1-6XN)替代。

d 对于常压塔(顶封头和顶部筒体除外)和减压塔的塔体，当介质温度小于240℃且腐蚀不严重时可采用碳钢。

e 腐蚀严重时介质温度为240~288℃的常压塔填料和减压塔填料支撑构件可采用06Cr17Ni12Mo2或022Cr17Ni12Mo2，介质温度大于或等于288℃的常压塔填料和减压塔填料支撑构件及介质温度为240~288℃的减压塔填料可采用06Cr19Ni13Mo3或022Cr19Ni13Mo3。

f 湿硫化氢腐蚀环境，腐蚀严重可采用抗HIC钢。

g 塔顶空冷器或冷却器的管子可采用钛材替代双相钢(022Cr23Ni5Mo3N或022Cr25Ni7Mo4N)；管板的耐腐蚀性能应与管子匹配；管箱的其他构件可根据结构特点采用双相钢(钛材)或其复合材料，也可采用碳钢，但应加大腐蚀裕量。

h 对于水冷却器，水侧可涂防腐涂料。

i 介质温度为240~350℃的换热器管子也可根据需要采用碳钢渗铝管，但不应降低管板及其他构件的耐腐蚀性能。

j 流速大于或等于30m/s的常压炉和减压炉炉管采用022Cr17Ni12Mo2时，材料中的钼含量应不小于2.5%，或采用022Cr19Ni13Mo3。

表 6.1.2　加工高酸低硫和高酸高硫原油蒸馏装置主要管道推荐用材

管道位置	管道名称	管道主材推荐用材	备　注
初馏塔	塔顶油气管道	碳钢	
	塔底油管道	碳钢	介质温度＜240℃
		12Cr5Mo[a]	介质温度≥240℃
初馏塔顶分液罐	罐顶不凝气管道	碳钢	
	罐底污水管道	碳钢	
常压塔	塔顶油气管道	碳钢/碳钢＋06Cr13	
	塔底渣油管道	022Cr19Ni10/022Cr17Ni12Mo2[a,b,c]	
减压塔	塔顶油气管道	碳钢/碳钢＋06Cr13	
	塔底渣油管道	022Cr19Ni10/022Cr17Ni12Mo2[a,b,c]	
常压塔顶分液罐、减压塔顶分液罐	罐顶不凝气管道	碳钢	
	罐底污水管道	碳钢	
常压炉进口	介质温度≥240℃工艺管道	12Cr5Mo/022Cr19Ni10/002Cr17Ni12Mo2[a,c]	
常压炉进口	转油线高速段	022Cr19Ni10/022Cr17Ni12Mo2[a,b,c]	
	转油线低速段	022Cr19Ni10/022Cr17Ni12Mo2[a,b,c]	
		碳钢＋022Cr19Ni10/碳钢＋022Cr17Ni12Mo2[a,c]	
减压炉进口	工艺管道	022Cr19Ni10/022Cr17Ni12Mo2[a,b,c]	
减压炉出口	转油线高速段	022Cr17Ni12Mo2/022Cr19Ni13Mo3[b]	
	转油线低速段	022Cr17Ni12Mo2/022Cr19Ni13Mo3[b]	
		碳钢＋022Cr17Ni12Mo2/碳钢＋022Cr19Ni13Mo3[b]	
其他	介质温度＜240℃含酸油品、油气管道	碳钢	
	240℃≤介质温度＜288℃含酸油品、油气管道	12Cr5Mo/022Cr19Ni10[a,c]	
	介质温度≥288℃含酸油品、油气管道	022Cr19Ni10/022Cr17Ni12Mo2[b,c]	

a　介质温度大于或等于240℃小于288℃时，可根据操作条件从12Cr5Mo、022Cr19Ni10中计算腐蚀余量选用合适的材料，但在此温度范围内如果流速大于或等于30m/s时，宜选用022Cr17Ni12Mo2且材料的Mo含量不小于2.5%，或选用022Cr19Ni13Mo3。

b　介质温度大于或等于288℃时，可根据操作条件从022Cr19Ni10、022Cr17Ni12Mo2中计算腐蚀余量选用合适的材料，但在此温度范围内如果流速大于或等于30m/s时，宜选用022Cr17Ni12Mo2且材料的Mo含量不小于2.5%，或选用022Cr19Ni13Mo3。

c　采用022Cr19Ni10时可由06Cr19Ni10或06Cr18Ni11Ti替代，采用022Cr17Ni12Mo2时可由06Cr17Ni12Mo2替代，采用022Cr19Ni13Mo3可由06Cr19Ni13Mo3替代。

6.2 延迟焦化装置

6.2.1 加工高酸低硫和高酸高硫原油延迟焦化装置主要设备推荐用材分别见表6.2.1－1和表6.2.1－2。

表6.2.1－1 加工高酸低硫原油延迟焦化装置主要设备推荐用材

类别	设备名称	设备部位	设备主材推荐材料	备注
塔器	焦炭塔	壳体	铬钼钢	
塔器	焦化分馏塔	顶封头、顶部筒体	碳钢＋06Cr13(06Cr13A1)	含顶部4～5层塔盘以上塔体
塔器	焦化分馏塔	其他筒体、底封头	碳钢	
塔器	焦化分馏塔	塔盘	06Cr13	
塔器	蜡油汽提塔、接触冷却塔(放空塔)	壳体	碳钢	
塔器	蜡油汽提塔、接触冷却塔(放空塔)	塔盘	06Cr13	
塔器	吸收塔、解吸塔、再吸收塔、稳定塔	壳体	碳钢[a]	
塔器	吸收塔、解吸塔、再吸收塔、稳定塔	塔盘	06Cr13	
容器	塔顶油气回流罐、塔顶油气分离器、压缩富气分离器	壳体	碳钢[a]	可内涂防腐涂料
容器	原料油缓冲罐、加热炉进料缓冲罐	壳体	碳钢	油气温度＜240℃
容器	原料油缓冲罐、加热炉进料缓冲罐	壳体	碳钢＋022Cr19Ni10[b]	油气温度≥240℃
容器	其他容器	壳体	碳钢	
容器	储罐	壳体	碳钢	可内涂防腐涂料
空冷器	塔顶油气空冷器、压缩富气空冷器	管箱	碳钢[a]	可内涂防腐涂料
空冷器	塔顶油气空冷器、压缩富气空冷器	管子	碳钢[a]	可内涂防腐涂料
空冷器	一般空冷器	管箱	碳钢[c]	
空冷器	一般空冷器	管子	碳钢	
换热器	原料油换热器	壳体 原料油侧	碳钢	原料油温度＜240℃
换热器	原料油换热器	壳体 原料油侧	碳钢＋022Cr19Ni10[b,d]	原料油温度≥240℃
换热器	原料油换热器	壳体 馏分油(油气)侧	碳钢	
换热器	原料油换热器	管子(指原料油侧)	碳钢	原料油温度＜240℃
换热器	原料油换热器	管子(指原料油侧)	022Cr19Ni10[b,d,e]	原料油温度≥240℃
换热器	塔顶油气冷却器、压缩富气冷却器	壳体	碳钢[a]	指油气侧
换热器	塔顶油气冷却器、压缩富气冷却器	管子	碳钢[a,f]	油气侧可涂防腐涂料
换热器	其他油气换热器、其他油气冷却器	壳体	碳钢[c]	
换热器	其他油气换热器、其他油气冷却器	管子	碳钢[a,f]	
加热炉	炉管	对流段	12Cr5Mo	
加热炉	炉管	对流段	06Cr18Ni11Ti	
加热炉	炉管	辐射段	1Cr9Mo/06Cr18Ni11Ti	
加热炉	炉管	辐射段	07Cr17Ni12Mo2[g]	

续表

a　湿硫化氢腐蚀环境，腐蚀严重可采用抗 HIC 钢。

b　采用 022Cr19Ni10 不锈钢可由 06Cr19Ni10 或 06Cr18Ni11Ti 替代，采用 022Cr17Ni12Mo2 可由 06Cr17Ni12Mo2 替代。

c　当介质为吸收塔或解吸塔中段油、再吸收塔塔底油（富吸收油）时，与此介质接触的空冷器管箱或换热器壳体应考虑湿硫化氢腐蚀。

d　当原料油的温度为 240～288℃且酸值（TAN 值）小于 1.5mgKOH/g 时，换热器管子也可采用 12Cr5Mo 钢管，壳体采用碳钢 +06Cr13 复合板；温度大于或等于 288℃且酸值（TAN 值）大于或等于 1.5mgKOH/g 时，换热器管子也可采用 022Cr17Ni12Mo2 钢管，壳体采用碳钢 +022Cr17Ni12Mo2 复合板。

e　介质温度为 240～350℃的换热器管子也可采用碳钢渗铝管，管板及其他构件的耐腐蚀性能应与之匹配。

f　对于水冷却器，水侧可涂防腐涂料。

g　流速大于或等于 30m/s 的炉管采用 07Cr17Ni12Mo2 时，材料中的钼含量应不小于 2.5%。

表 6.2.1-2　加工高酸高硫原油延迟焦化装置主要设备推荐用材

类别	设备名称	设备部位	设备主材推荐材料	备　注
塔器	焦炭塔	上部	铬钼钢 +06Cr13	由顶部到泡沫层底面以下 1500～2000mm 处
		下部	铬钼钢	
	焦化分馏塔	顶封头、顶部筒体	碳钢 +06Cr13（06Cr13Al）	含顶部 4～5 层塔盘以上塔体
		其他筒体、底封头	碳钢 +06Cr13[a]	介质温度≤350℃
			碳钢 +022Cr19Ni10[b]	介质温度 >350℃
		塔盘	06Cr13	介质温度≤350℃
			022Cr19Ni10[b]	介质温度 >350℃
	蜡油汽提塔	壳体	碳钢	介质温度 <240℃
			碳钢 +06Cr13	介质温度 240～350℃
			碳钢 +022Cr19Ni10[b]	介质温度 >350℃
		塔盘	06Cr13	介质温度≤350℃
			022Cr19Ni10[b]	介质温度 >350℃
	接触冷却塔（放空塔）	壳体	碳钢 +06Cr13	
		塔盘	06Cr13	
	吸收塔、解吸塔	壳体	碳钢 +06Cr13（06Cr13Al）	
		塔盘	06Cr13	
	再吸收塔	壳体	碳钢[c]	
		塔盘	06Cr13	
	稳定塔	顶封头、顶部筒体	碳钢 +06Cr13（06Cr13Al）	含顶部 4～5 层塔盘以上塔体
		其他筒体、底封头	碳钢[c]	
		塔盘	06Cr13	

续表

类别	设备名称	设备部位		设备主材推荐材料	备注
容器	塔顶油气回流罐、塔顶油气分离器、压缩富气分离器	壳体		碳钢[c]	可内涂防腐涂料
	原料油缓冲罐、加热炉进料缓冲罐	壳体		碳钢	介质温度＜240℃
				碳钢＋022Cr19Ni10[b]	介质温度≥240℃
	其他容器	壳体		碳钢	油气温度＜240℃
				碳钢＋06Cr13[d]	油气温度≥240℃
	储罐	壳体		碳钢	可内涂防腐涂料
空冷器	塔顶油气空冷器、压缩富气空冷器	管箱		碳钢[c]	
		管子		碳钢[c、e]	采用碳钢时可内涂防腐涂料
	一般空冷器	管箱		碳钢[f]	
		管子		碳钢	
换热器	原料油换热器	壳体	原料油侧	碳钢	原料油温度＜240℃
				碳钢＋022Cr19Ni10[b、g]	原料油温度≥240℃
			馏分油（油气）侧	碳钢	介质温度＜240℃
				碳钢＋06Cr13[d]	介质温度240～350℃
				碳钢＋022Cr19Ni10[b]	介质温度＞350℃
		管子	原料油侧	碳钢	原料油温度＜240℃
				022Cr19Ni10[b、g、h]	原料油温度≥240℃
			馏分油（油气）侧	碳钢	油气温度＜240℃
				022Cr19Ni10[b、i]	油气温度≥240℃
	塔顶油气冷却器、压缩富气冷却器	壳体		碳钢[c]	指油气侧
		管子		碳钢[e、j]	采用碳钢时油气侧可涂防腐涂料
	解吸塔底重沸器	壳体		碳钢	
		管子		022Cr19Ni10[b]	
	其他油气换热器、其他油气冷却器	壳体		碳钢[f]	油气温度＜240℃
				碳钢＋06Cr13[d]	介质温度240～350℃
				碳钢＋022Cr19Ni10[b]	介质温度＞350℃
		管子		碳钢[j]	油气温度＜240℃
				022Cr19Ni10[b、i]	油气温度≥240℃
加热炉	炉管	对流段		12Cr5Mo	
				06Cr18Ni11Ti	
		辐射段		1Cr9Mo 或 06Cr18Ni11Ti	
				022Cr17Ni12Mo2[k]	

续表

a 对于焦化分馏塔的塔体(顶封头和顶部筒体除外)，当介质温度小于240℃且腐蚀不严重时可采用碳钢。

b 采用022Cr19Ni10时可由06Cr19Ni10或06Cr18Ni11Ti替代。

c 湿硫化氢腐蚀环境，如果腐蚀严重可采用抗HIC钢。

d 当介质温度小于288℃且馏分中的硫含量小于2%时，容器或换热器的壳体可采用碳钢，但应根据腐蚀速率和设计寿命取足够的腐蚀裕量。

e 对于焦化分馏塔顶油气和压缩富气的空冷器或换热器(冷却器)，当腐蚀严重时管子可采用022Cr19Ni10或06Cr18Ni11Ti，空冷器管箱或换热器(冷却器)管板及其他构件的耐腐蚀性能应与之相匹配。

f 当介质为吸收塔或解吸塔中段油、再吸收塔塔底油(富吸收油)时，与此介质接触的空冷器管箱或换热器壳体应考虑湿硫化氢腐蚀。

g 当原料油的温度为240~288℃且酸值(TAN值)小于1.5mgKOH/g时，换热器管子也可采用12Cr5Mo钢管，壳体采用碳钢+06Cr13复合板；温度大于或等于288℃且酸值(TAN值)大于或等于1.5mgKOH/g时，换热器管子也可采用022Cr17Ni12Mo2钢管，壳体采用碳钢+022Cr17Ni12Mo2复合板。

h 介质温度为240℃~350℃的换热器管子也可采用碳钢渗铝管，但不应降低管板及其他构件的耐腐蚀性能。

i 介质温度为240℃~350℃的换热器管子也可采用碳钢渗铝管或12Cr5Mo钢管，但不应降低管板及其他构件的耐腐蚀性能。

j 对于水冷却器，管子采用碳钢时水侧可涂防腐涂料。

k 流速大于或等于30m/s的炉管采用022Cr17Ni12Mo2时，材料中的钼含量应不小于2.5%。

6.2.2 加工高酸低硫和高酸高硫原油延迟焦化装置主要管道推荐用材见表6.2.2。

6.2.3 加工高酸低硫和高酸高硫原油延迟焦化装置设备和管道的推荐用材与装置的流程有关，表6.2.1-1、表6.2.1-2和表6.2.2中的推荐用材是基于经换热流程加热的原料油与焦化分馏塔底油在加热炉进料缓冲罐中混合，然后进入加热炉进一步加热，再进入焦炭塔进行反应。如果原料油先进焦化分馏塔，然后进加热炉工艺流程，其相关设备、加热炉炉管和管道的材料选择可根据本导则有关原则确定。

表6.2.2 加工高酸低硫和高酸高硫延迟焦化装置主要管道推荐用材

管道位置	管道名称	管道主材推荐用材	备注
焦化分馏塔	塔顶油气管道	碳钢	
焦化分馏塔底	重油至加热炉管道	12Cr5Mo/1Cr9Mo/022Cr19Ni10[a,c]	
	循环油管道	12Cr5Mo/1Cr9Mo/022Cr19Ni10[a,c]	
焦炭塔	塔底高温进料管道	12Cr5Mo/1Cr9Mo/022Cr19Ni10[a,c]	
	塔顶高温油气管道	12Cr5Mo/15CrMoR+06Cr13	
加热炉	进口管道	12Cr5Mo/1Cr9Mo/022Cr19Ni10/022Cr17Ni12Mo2[a,b,c]	
	出口管道	12Cr5Mo/1Cr9Mo[a]	
焦化分馏塔顶油气分液罐	罐顶冷凝管道	碳钢	
吸收稳定各塔	塔顶冷凝管道	碳钢	

续表

管道位置	管道名称	管道主材推荐用材	备　注
其他	介质温度＜240℃ 含酸油品油气管道	碳钢	
	240℃≤介质温度＜288℃ 含酸油品油气管道	12Cr5Mo/1Cr9Mo[a]	
	介质温度≥288℃ 含酸油品油气管道	1Cr9Mo/022Cr19Ni10/ 022Cr17Ni12Mo2[b,c]	

a　介质温度大于或等于240℃小于288℃时，可根据操作条件从12Cr5Mo、1Cr9Mo、022Cr19Ni10中计算腐蚀余量选用合适的材料，但在此温度范围内如果流速大于或等于30m/s时，宜选用022Cr17Ni14Mo2。

b　介质温度大于或等于288℃时，可根据操作条件从1Cr9Mo、022Cr19Ni10、022Cr17Ni14Mo2中计算腐蚀余量选用合适的材料，但在此温度范围内如果流速超过30m/s时，宜选用022Cr17Ni14Mo2。

c　采用022Cr19Ni10时可由06cr19Ni10或06Cr18Ni11Ti替代，采用022Cr17Ni12Mo2时可由06Cr17Ni12Mo2替代。

6.3　加氢裂化装置

6.3.1　加工高酸低硫和高酸高硫原油加氢裂化装置主要设备推荐用材见表6.3.1，表6.3.1未规定的设备主材可按照SH/T 3096的推荐选用。

6.3.2　加工高酸低硫和高酸高硫原油加氢裂化装置主要管道主材推荐用材见SH/T 3096，且应符合下列要求：

a）　原料油侧的管道选材应符合本导则5.5条的要求；

b）　注氢点以前的管道应考虑环烷酸的腐蚀。

6.3.3　渣油加氢、加氢处理装置可按照加氢裂化装置设备和管道选材原则执行。

表6.3.1　加工高酸低硫和高酸高硫原油加氢裂化装置主要设备推荐用材

类别	设备名称	设备部位	设备主材推荐材料	备　注
反应器	加氢反应器	壳体	2.25Cr－1Mo	根据操作条件参照附录A图A.2选材
			2.25Cr－1Mo－0.25V	
			3Cr－1Mo－0.25V	
			1.25Cr－0.5Mo[a]	
		复层	双层堆焊TP309L＋TP347 或TP309L＋316L	
			单层堆焊TP347	
		内件	022Cr17Ni12Mo2或 06Cr18Ni11Ti或06Cr18Ni11Nb	

续表

类别	设备名称	设备部位		设备主材推荐材料	备注
换热器	反应流出物/原料油，氢气或馏出物换热器	壳体	管程、壳程	碳钢	根据操作条件参照附录 A 图 A. 2 选材
				15CrMoR	
				1. 25Cr - 0. 5Mo[a]	
				2. 25Cr - 1Mo	
			复层[b]	单层堆焊 316L 或 TP347	
				堆焊层 TP309L + TP347	
				堆焊层 TP309L + 316L	
		管子[c]		06Cr18Ni11Ti 或 06Cr18Ni11Nb 或 022Cr17Ni14Mo2	
	热高分气/原料油，氢气或馏出物换热器	壳体	管程、壳程	碳钢	根据操作条件参照附录 A 图 A. 2 选材
				15CrMoR	
				1. 25Cr - 0. 5Mo[a]	
				2. 25Cr - 1Mo	
			复层[b]	单层堆焊 316L 或 TP347	
				堆焊层 TP309L + TP347	
				堆焊层 TP309L + 316L	
		管子[c]		NS1402	
				022Cr23Ni5Mo3N 或 022Cr25Ni7Mo4N	
				06Cr18Ni11Ti 或 06Cr18Ni11Nb 或 022Cr17Ni14Mo2	
				15CrMo/14Cr1Mo	
加热炉	反应进料加热炉	炉管		TP321H 或 TP347H	
	分馏塔进料炉	炉管		碳钢	炉管壁温≤300℃
				12Cr5Mo[d]	

a　1. 25Cr - 1Mo 壳体名义厚度应控制在小于或等于 80mm 以内。

b　应根据选用的壳体材料参照附录 A 图 A. 3 计算壳体的腐蚀裕量。

c　注氢点以前的设备选材应考虑环烷酸的腐蚀。

d　根据具体工艺流程和实际生产情况，也可选用 06Cr18Ni11Ti。

6. 4　加氢精制装置

6. 4. 1　加工高酸低硫和高酸高硫原油加氢精制装置主要设备推荐用材见表 6. 4. 1，表 6. 4. 1 未规定的设备主材可按照 SH/T 3096 的推荐选用。

6. 4. 2　加工高酸低硫和高酸高硫原油加氢精制装置主要管道推荐用材见 SH/T 3096，且应符合下列要求：

a)　原料油侧的管道选材应符合本导则 5. 5 条的要求；

b） 注氢点以前的管道应考虑环烷酸的腐蚀。

表 6.4.1 加工高酸低硫和高酸高硫原油加氢精制装置主要设备推荐用材

类别	设备名称	设备部位		设备主材推荐材料	备注
反应器	加氢反应器	壳体		2.25Cr-1Mo	根据操作条件参照附录 A 图 A.2 曲线选材
				2.25Cr-1Mo-0.25V	
				3Cr-1Mo-0.25V	
				1.25Cr-0.5Mo①	
		复层		双层堆焊 TP309L+TP347 或 TP309L+316L 单层堆焊 TP347 或 TP316L	
		内件		06Cr18Ni11Ti 或 022Cr17Ni12Mo2	
换热器	反应流出物/原料油，氢气或馏出物换热器	壳体	管程、壳程	碳钢	根据操作条件参照附录 A 图 A.2 曲线选材
				15CrMoR	
				1.25Cr-0.5Mo①	
				2.25Cr-1Mo	
			复层[b]	单层堆焊 316L 或 TP347	
				堆焊层 TP309L+TP347	
				堆焊层 TP309L+316L	
		管子[c]		06Cr18Ni11Ti 或 06Cr18Ni11Nb 或 022Cr17Ni12Mo2	
	热高分气/原料油，氢气或馏出物换热器	壳体	管程、壳程	碳钢	根据操作条件参照附录 A 图 A.2 曲线选材
				15CrMoR	
				1.25Cr-0.5Mo①	
				2.25Cr-1Mo	
			复层②	单层堆焊 316L 或 TP347	
				堆焊层 TP309L+TP347	
				堆焊层 TP309L+316L	
		管子③		NS1402	
				022Cr23Ni5Mo3N 或 022Cr25Ni7Mo4N	
				06Cr18Ni11Ti 或 06Cr18Ni11Nb 或 022Cr17Ni12Mo2	
				15CrMo/14Cr1Mo	

续表

类别	设备名称	设备部位	设备主材推荐材料	备　注
加热炉	反应进料加热炉	炉管	TP316H	
			TP321H 或 TP347H	
	分馏塔进料炉	炉管	碳钢	炉管壁温≤300℃
			12Cr5Mo④	

① 1.25Cr－1Mo 壳体名义厚度应控制在小于或等于 80mm 以内。
② 应根据选用的壳体材料参照附录 A 图 A.3 计算壳体的腐蚀裕量。
③ 对注氢点以前的设备选材应考虑环烷酸的腐蚀。
④ 根据具体工艺流程和实际生产情况，也可选用 06Cr18Ni11Ti。

附录 A
(资料性附录)
腐蚀曲线图表

A.1 各种钢在高温硫中的腐蚀速率与温度的关系及腐蚀速率系数见图 A.1。

A.2 临氢作业用钢防止脱碳和微裂的操作极限见图 A.2。

A.3 高温氢气和硫化氢共存时油品中各种钢材的腐蚀曲线见图 A.3。

A.4 碳钢在碱液中的使用温度与浓度极限见图 A.4。

A.5 金属材料的高温氧化年腐蚀率见表 A.5。

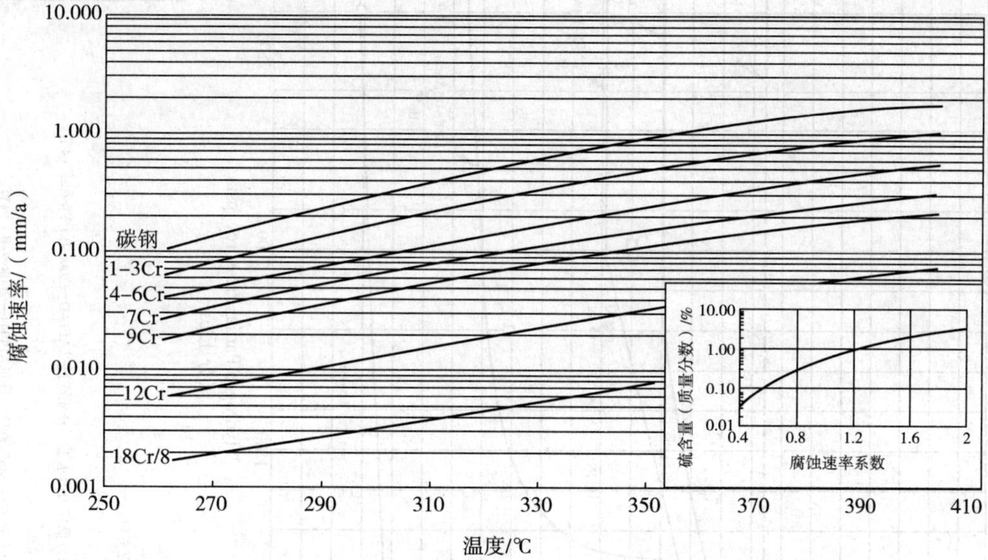

图 A.1 各种钢在高温硫中的腐蚀速率与温度的关系及腐蚀速率系数

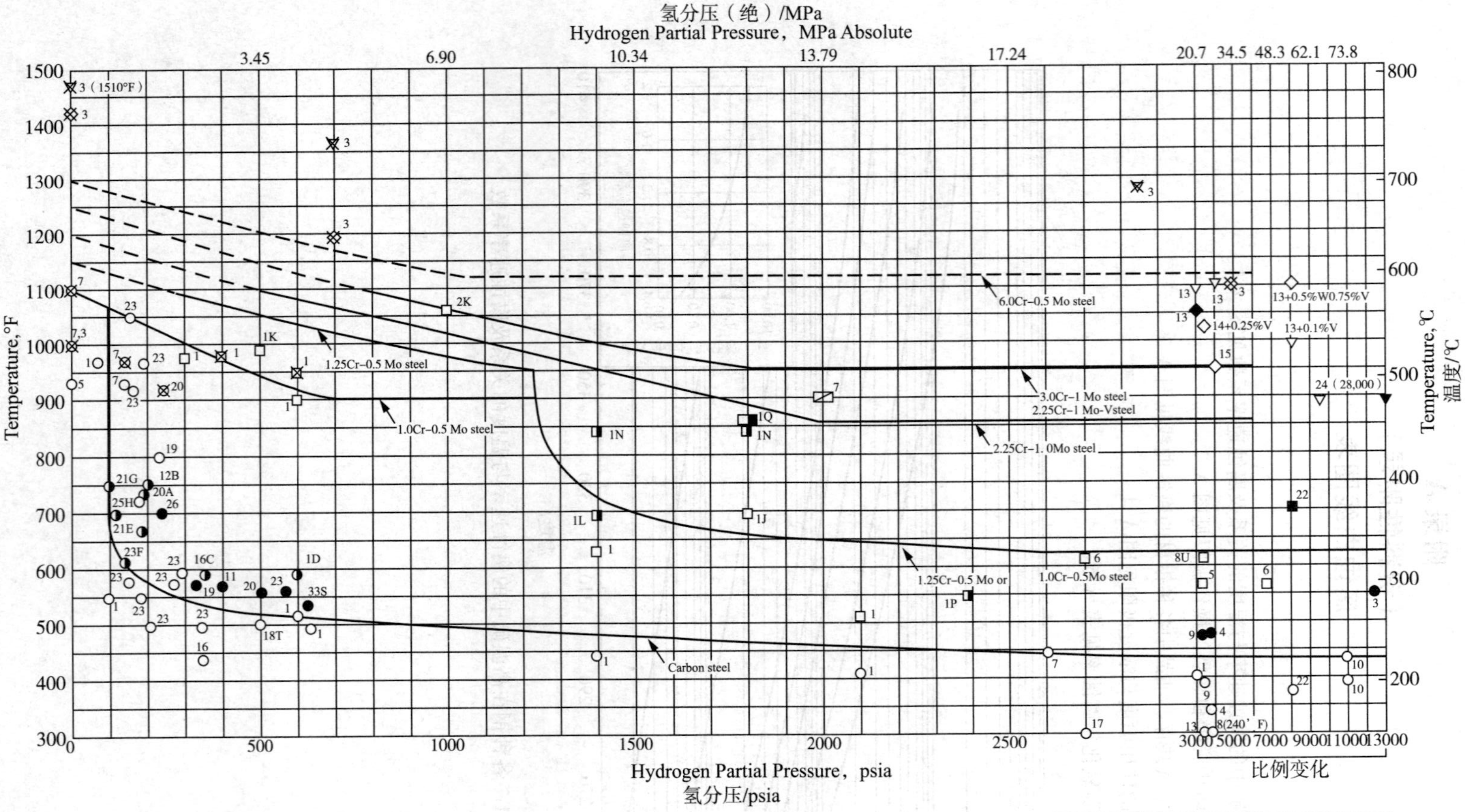

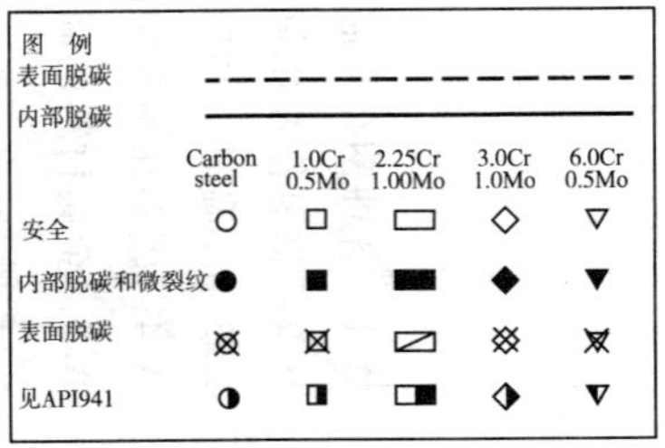

注：1.本曲线给出的极限是基于G.A.Nelson 最初收集的操作经验和API征集的补充资料。

2.奥氏体不锈钢在任何温度条件下或氢压下不会脱碳。

3.本曲线给出的极限是基于铸钢及退火钢和正火钢采用ASME规范第Ⅷ篇第1分篇应力值水平，补充资料见API941—2008第5.3节和第5.4节。

4.曾报道1.25Cr–1MoV钢在安全范围内发生若干裂纹，详见API941—2008附录B。

5.包括2.25Cr–1MoV级钢是建立 在10 000h实验室的试验数据，这些合金至少等于3Cr–1Mo钢性能，详见API941—2008中相关内容。

图A.2　临氢作业用钢防止脱碳和微裂的操作极限

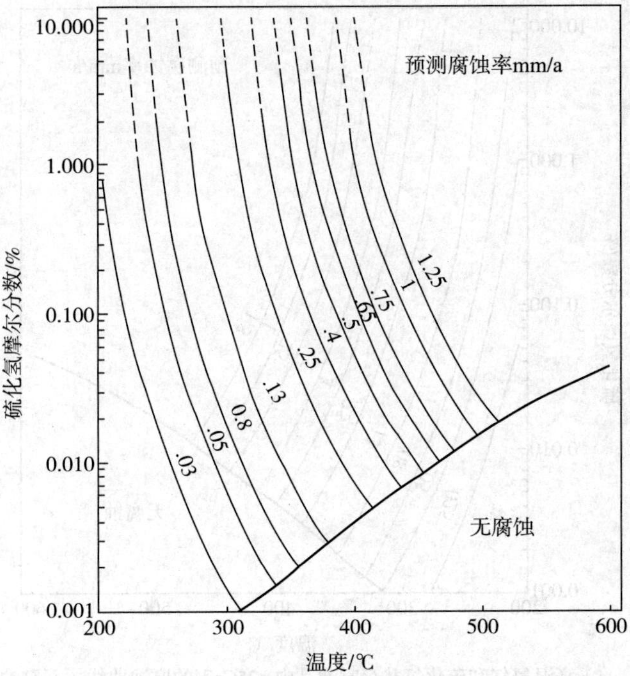

a）高温氢气和硫化氢共存时油品中碳钢的腐蚀曲线（石脑油）

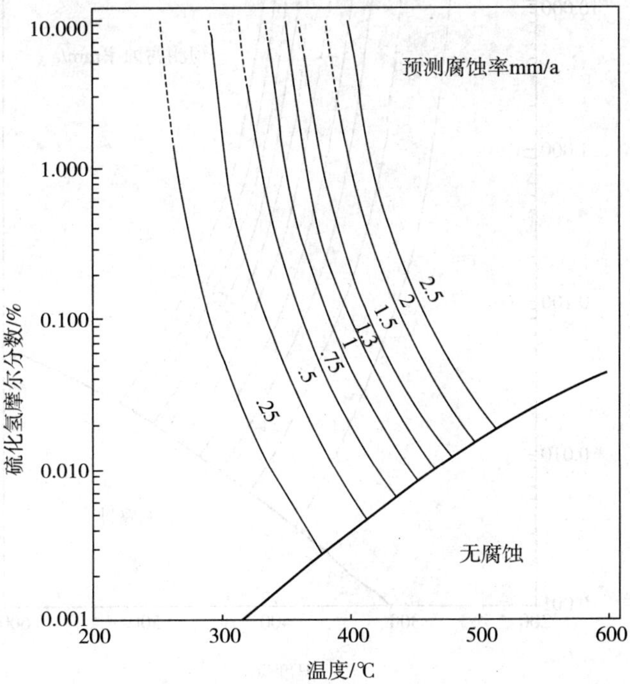

b）高温氢气和硫化氢共存时油品中碳钢的腐蚀曲线（瓦斯油）

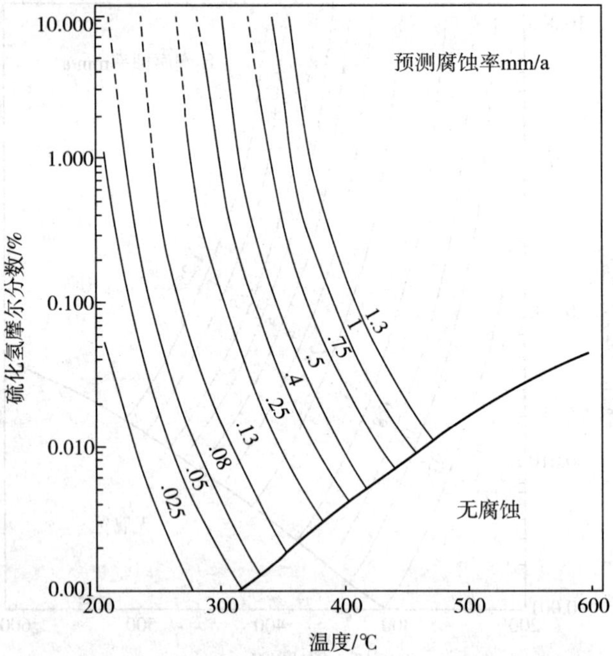

c）高温氢气和硫化氢共存时油品中1.25Cr钢的腐蚀曲线（石脑油）

d）高温氢气和硫化氢共存时油品中1.25Cr钢的腐蚀曲线（瓦斯油）

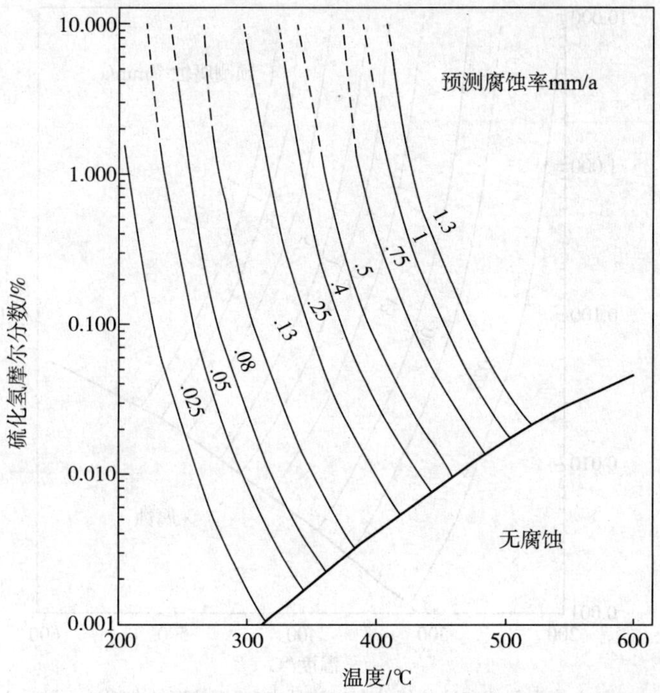

e）高温氢气和硫化氢共存时油品中2.25Cr钢的腐蚀曲线（石脑油）

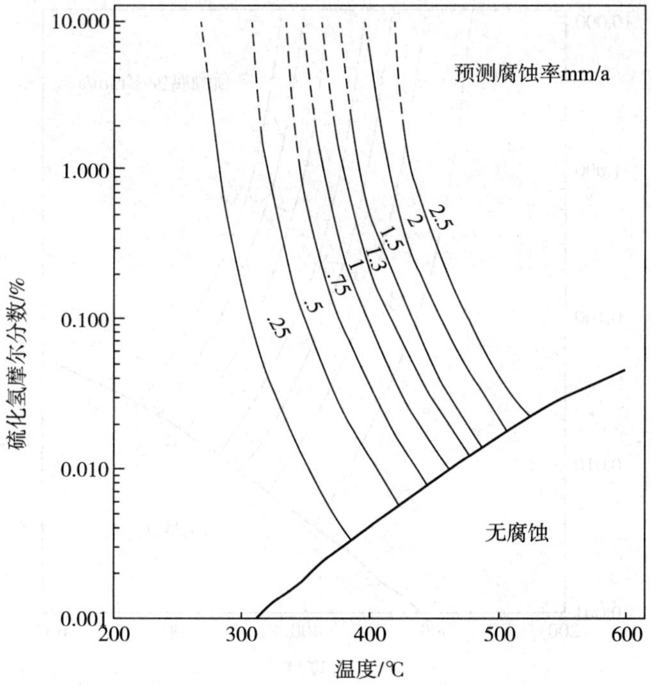

f）高温氢气和硫化氢共存时油品中2.25Cr钢的腐蚀曲线（瓦斯油）

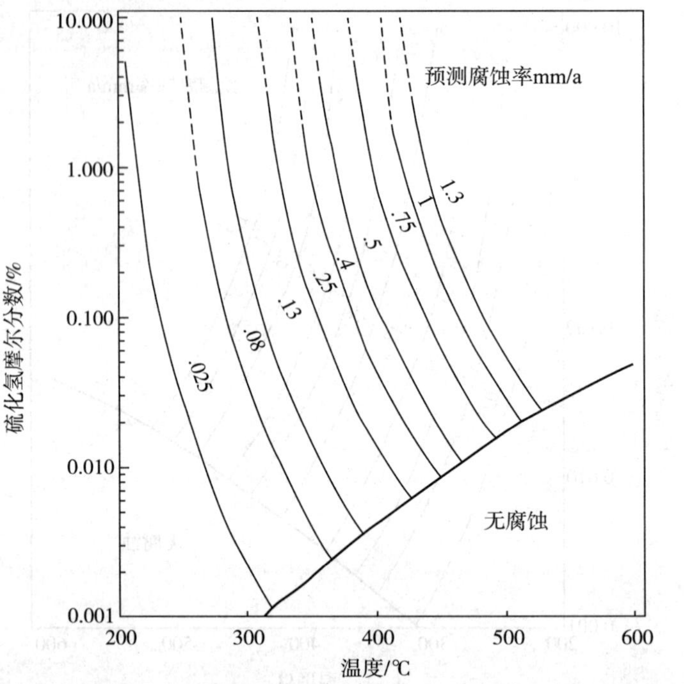

g）高温氢气和硫化氢共存时油品中5Cr钢的腐蚀曲线（石脑油）

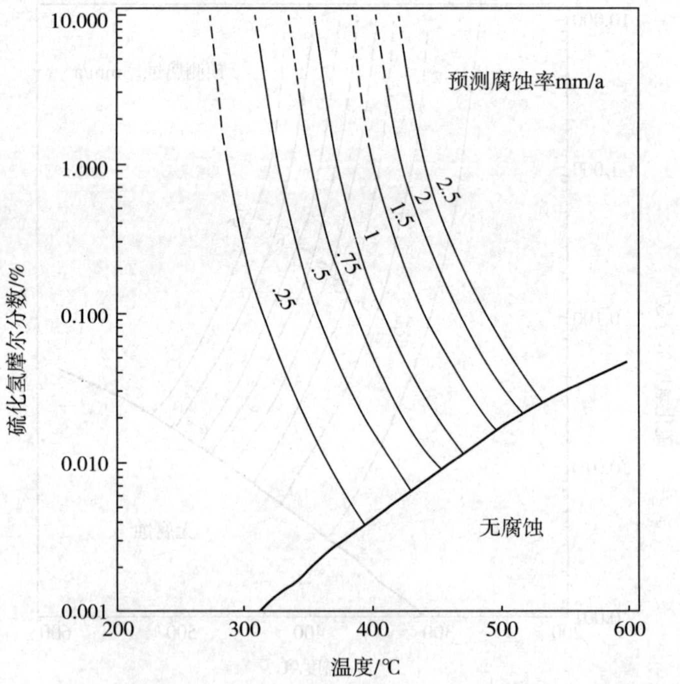

h）高温氢气和硫化氢共存时油品中5Cr钢的腐蚀曲线（瓦斯油）

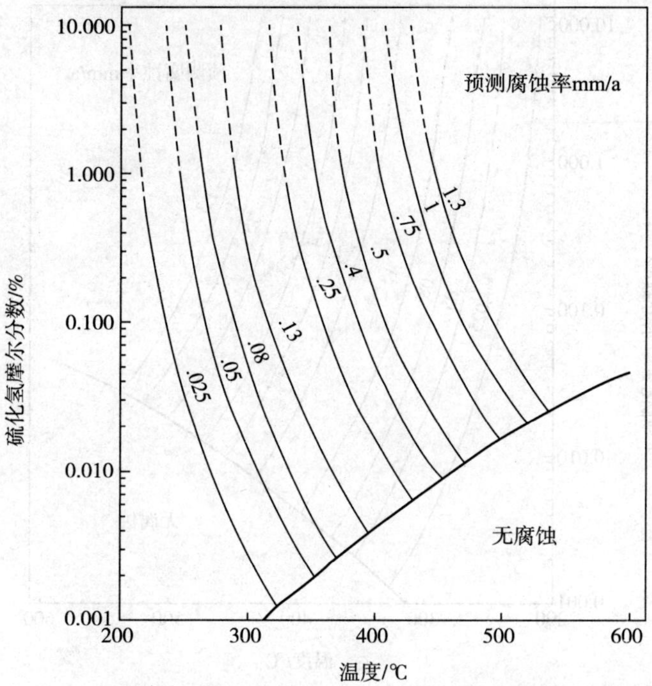

i）高温氢气和硫化氢共存时油品中7Cr钢的腐蚀曲线（石脑油）

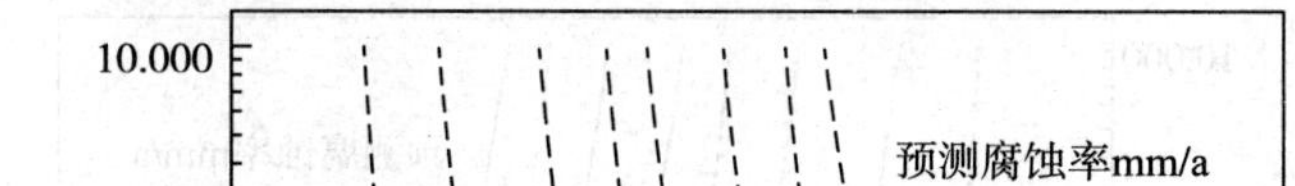

j）高温氢气和硫化氢共存时油品中7Cr钢的腐蚀曲线（瓦斯油）

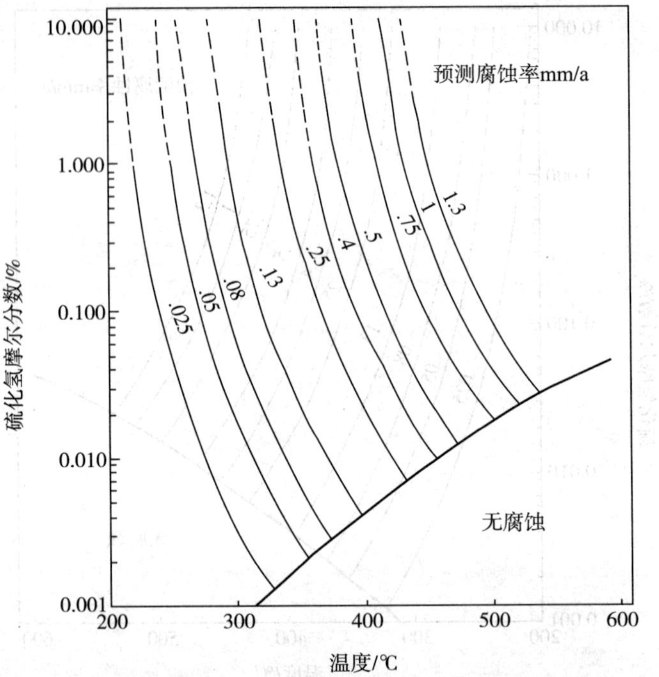

k）高温氢气和硫化氢共存时油品中9Cr钢的腐蚀曲线（石脑油）

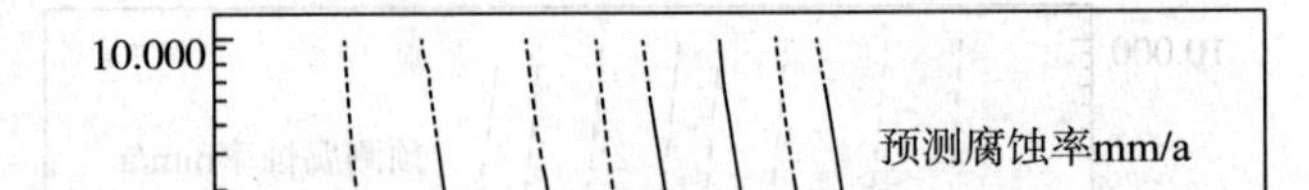

l）高温氢气和硫化氢共存时油品中9Cr钢的腐蚀曲线（瓦斯油）

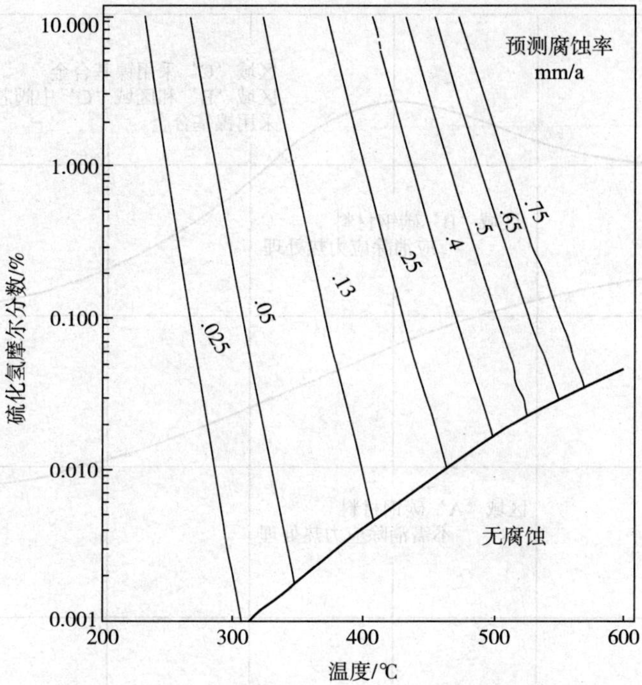

m）高温氢气和硫化氢共存时油品中12Cr钢的腐蚀曲线（石脑油、瓦斯油）

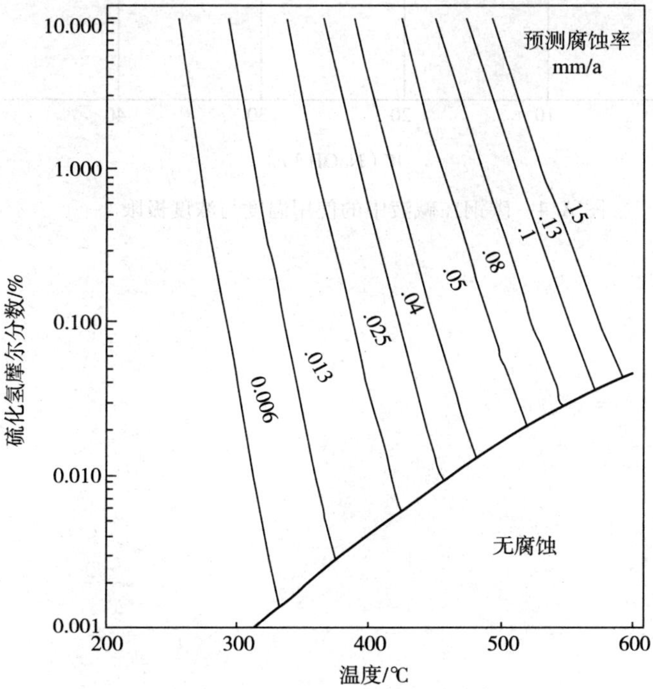

n）高温氢气和硫化氢共存时油品中18Cr钢的腐蚀曲线（石脑油、瓦斯油）

图 A.3 高温氢气和硫化氢共存时油品中各种钢材的腐蚀曲线

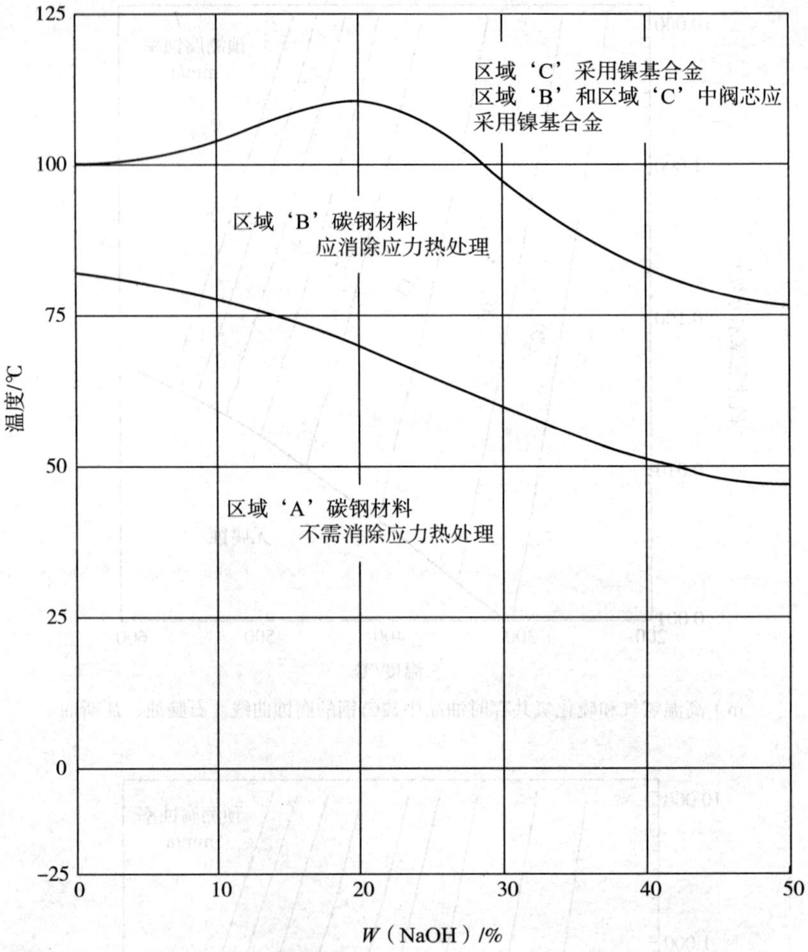

图 A. 4　碳钢在碱液中的使用温度与浓度极限

表 A.5 金属材料的高温氧化年腐蚀率

mm/a

公称成分	最大金属温度/℃																							
	496	524	552	579	607	635	663	691	718	746	774	802	829	857	885	913	941	968	996	1024	1052	1079	1107	1135
碳钢	0.05	0.10	0.15	0.23	0.36	0.56	0.84	1.22																
1.25Cr	0.05	0.08	0.10	0.18	0.3	0.46	0.76	1.17																
2.25Cr	0.03	0.03	0.05	0.10	0.23	0.36	0.61	1.04																
5Cr	0.03	0.03	0.03	0.05	0.10	0.15	0.38	0.89	1.65															
7Cr	0.03	0.03	0.03	0.03	0.03	0.05	0.08	0.15	0.43	0.94	1.52													
9Cr	0.03	0.03	0.03	0.03	0.03	0.03	0.03	0.05	0.13	0.28	0.58	1.02	1.52											
12Cr	0.03	0.03	0.03	0.03	0.03	0.03	0.03	0.03	0.08	0.20	0.38	0.76	1.27											
18Cr－8Ni	0.03	0.03	0.03	0.03	0.03	0.03	0.03	0.03	0.03	0.05	0.08	0.10	0.15	0.23	0.33	0.46	0.64	0.89	1.22					
23Cr－12Ni	0.03	0.03	0.03	0.03	0.03	0.03	0.03	0.03	0.03	0.03	0.05	0.08	0.10	0.15	0.20	0.25	0.33	0.41	0.51	0.76	1.02	1.27		
25Cr－20Ni	0.03	0.03	0.03	0.03	0.03	0.03	0.03	0.03	0.03	0.03	0.03	0.05	0.08	0.10	0.13	0.18	0.20	0.25	0.33	0.38	0.48	0.58	0.69	0.79
21Cr－33Ni(N08810)	0.03	0.03	0.03	0.03	0.03	0.03	0.03	0.03	0.03	0.03	0.03	0.05	0.08	0.10	0.15	0.20	0.25	0.33	0.43	0.53	0.69	0.84	1.04	1.27

附录 B
(资料性附录)
部分金属材料的牌号对照

部分金属材料的牌号对照见表 B。

表 B　部分金属材料的牌号对照

公称成分	统一数字代号[a]	统一牌号[b]	板材[c]	管材[d]	ASTM/(ASME)
12Cr - Al	S11348	06Cr13Al	06Cr13Al		405/S40500
13Cr	S41008[e]	06Cr13	06Cr13	0Cr13	410S/S41008
18Cr - 8Ni	S30408	06Cr19Ni10	06Cr19Ni10	0Cr18Ni9	304/S30400
18Cr - 8Ni	S30403	022Cr19Ni10	022Cr19Ni10	00Cr19Ni10	304L/S30403
18Cr - 8Ni	S30409	07Cr19Ni10	07Cr19Ni10		304H/S30409
18Cr - 10Ni - Ti	S32168	06Cr18Ni11Ti	06Cr18Ni11Ti	0Cr18Ni10Ti	321/S32100
18Cr - 10Ni - Nb	S34778	06Cr18Ni11Nb	06Cr18Ni11Nb	0Cr18Ni11Nb	347/S34700
16Cr - 12Ni - 2Mo	S31608	06Cr17Ni12Mo2	06Cr17Ni12Mo2	0Cr17Ni12Mo2	316/S31600
16Cr - 12Ni - 2Mo	S31603	022Cr17Ni12Mo2	022Cr17Ni12Mo2	00Cr17Ni14Mo2	316L/S31603
16Cr - 12Ni - 2Mo	S31609	07Cr17Ni12Mo2			316H/S31609
18Cr - 13Ni - 3Mo	S31708	06Cr19Ni13Mo3	06Cr19Ni13Mo3	0Cr19Ni13Mo3	317/S31700
18Cr - 13Ni - 3Mo	S31703	022Cr19Ni13Mo3	022Cr19Ni13Mo3	00Cr19Ni13Mo3	317L/S31703
23Cr - 12Ni	S30908	06Cr23Ni13	06Cr23Ni13	0Cr23Ni13	309S/S30908
25Cr - 20Ni	S31008	06Cr25Ni20	06Cr25Ni20	0Cr25Ni20	310S/S31008
22Cr - 5Ni - 3Mo - N	S22253	022Cr22Ni5Mo3N	022Cr22Ni5Mo3N	022Cr22Ni5Mo3N	S31803
22Cr - 5Ni - 3Mo - N	S22053	022Cr23Ni5Mo3N	022Cr23Ni5Mo3N	022Cr23Ni5Mo3N	2205/S32205
25Cr - 7Ni - 4Mo - N	S25073	022Cr25Ni7Mo4N	022Cr25Ni7Mo4N	022Cr25Ni7Mo4N	2507/S32750
24Ni - 21Cr - 6Mo - Cu - N					N08367
42Ni - 21.5Cr - 3Mo - 2.3Cu		NS1402			N08825
60Ni - 22Cr - 9Mo - 3.5Cb		NS3306			N06625
67Ni - 30Cu		NiCu30	NiCu30		N04400

a　国产材料的统一数字代号见 GB/T 20878—2007《不锈钢和耐热钢　牌号及化学成分》。

b　国产材料的统一牌号见 GB/T 5235—2007《加工镍及镍合金化学成分和产品形状》、GB/T 15007—2008《耐蚀合金牌号》、GB/T 20878—2007《不锈钢和耐热钢　牌号及化学成分》等标准，采用国外材料时见相应的国外标准规范。

c　板材牌号见 GB/T 3280—2007《不锈钢冷轧钢板和钢带》、GB/T 4237—2007《不锈钢热轧钢板和钢带》、GB/T 4238—2007《耐热钢钢板和钢带》、GB/T 2054—2005《镍及镍合金板》、GB 24511—2009《承压设备用不锈钢钢板和钢带》等标准。

d　管材牌号见 GB 13296—2007《锅炉、热交换器用不锈钢无缝钢管》、GB/T 14976—2002《流体输送用不锈钢无缝钢管》、GB/T 21832—2008《奥氏体 - 铁素体型双相不锈钢焊接钢管》、GB/T 21833—2008《奥氏体 - 铁素体型双相不锈钢无缝钢管》等标准，GB/T 12771—2008《流体输送用不锈钢焊接钢管》的牌号采用 GB/T 20878—2007《不锈钢和耐热钢　牌号及化学成分》中的统一牌号。

e　在 GB 24511—2009《承压设备用不锈钢钢板和钢带》中，06Cr13 的统一数字代号为 S11306。

本导则用词说明

1 为便于在执行本导则条文时区别对待，对要求严格程度不同的用词说明如下：

1） 表示很严格，非这样做不可的：

正面词采用，“必须”，反面词采用“严禁”；

2） 表示严格，在正常情况下均应这样做的：

正面词采用“应”，反面词采用“不应”或“不得”；

3） 表示允许稍有选择，在条件许可时首先应这样做的：

正面词采用“宜”，反面词采用“小宜”；

4） 表示有选择，在一定条件下可以这样做的，采用“可”。

2 条文中指明应按其他有关标准执行的写法为：“应符合……的规定”或“应按……执行”。

高硫原油加工装置设备和管道设计选材导则

SH/T 3129—2012

（条文说明）

目　　录

1　范围

本导则适用范围中“加工高酸原油且以酸腐蚀为主”是指加工按本导则所定义的高酸低硫、高酸高硫原油，且造成设备和管道的均匀腐蚀和局部腐蚀破坏的腐蚀介质是以酸或酸的化合物为主的腐蚀环境。

3　术语和定义

3.2～3.3　酸值采用GB 264—1983《石油产品酸值测定方法》测定是基于加工高酸低硫原油的均匀腐蚀速率的数据均以中和法而估算的。

4　选材原则

4.1　本条是指设备和管道选材是建立在生产装置合理采用脱盐和注水、注缓蚀剂、注胺且达到设计文件要求的前提下，而且在有条件的情况下可采用腐蚀监测等措施的基础上确定的。

5　一般规定

5.1　对于高硫高酸、高酸低硫原油加工过程中产生的腐蚀形式和控制因素由于没有权威性的腐蚀数据及图表可查，本导则仅根据API RP581—2008中表2.B.3.2M～表2.B.3.10M和有关炼油装置的实际选材经验确定。在此环境下，由于环烷酸与金属发生反应而生成的腐蚀产物能溶于油品中，因此金属的腐蚀界面上不易形成保护膜，而流动的介质会不断形成更新鲜的腐蚀界面，使得腐蚀速率较快地增加。因此，流速较高的部位或涡流区，其腐蚀速率明显增加。设计选材时应关注这些腐蚀环境的材料选择。

加工高硫高酸原油在低温下主要是湿硫化氢腐蚀环境，其选材的具体要求可参看SH/T 3096中的具体规定。

对于二次加工装置馏分油中环烷酸腐蚀起始酸值，应根据实验室确定的酸的分布和实际装置设备和管道的腐蚀数据确定，参考国外工程公司的设计经验建议馏分油中环烷酸腐蚀起始酸值(TAN值)按1.2～1.5考虑。

5.2　管道元件的设计寿命原则上不应低于10年，在考虑管道元件设计寿命时，应根据操作条件下介质参数、材料的腐蚀速率和设计寿命确定的腐蚀裕量综合考虑，以保证材料在设计寿命期内其腐蚀裕量不超过本导则5.3 c)的规定。

5.4　在选用设备和管道材料时，应根据介质的状态、流速、流态以及是否处于相变部位等因素，对设备和管道局部部位的材料和结构设计进行如加大流通面积、降低流速、适当增加壁厚、增设挡板以及局部材料升级等，以防止局部产生严重腐蚀。

5.6　催化裂化、气体脱硫、硫磺回收和溶剂再生等装置的设备、管道和炉管在高酸高硫原油加工条件下主要是硫的腐蚀环境，因此，上述装置的选材参照SH/T 3096。

5.10　设备壳体采用的碳钢应是GB 150《压力容器》、GB 713《锅炉和压力容器用钢板》等相关国家和行业标准规定的碳素钢和碳锰钢。

6　高酸原油加工装置设备和管道设计选材

6.1　原油蒸馏装置

(1)常压塔、减压塔推荐用材原则上是按温度进行分界。根据近年来国内加工高酸低硫和高酸高硫原油的选材经验以及国内引进工艺包建设的千万吨级常减压装置的选材情况，240～288℃之间壳体采用碳钢加06Cr18Ni11Ti或022Cr19Ni10复合板，大于或等于288℃采用碳钢加022Cr17Ni12Mo2复合板。但对于减压塔内的规整填料由于厚度较薄、腐蚀速率较高，材料相应提高一个等级。

(2)常压塔、减压塔的塔顶部位选材是建立在装置采取有效的工艺防腐蚀措施(如一脱三注)、有效的现场腐蚀监测和严格的生产管理基础上的。实际选材时应根据塔顶系统的工艺防腐和电脱盐的操作效果，采用相应的耐腐蚀材料。

(3)管壳式水冷却器：在水侧涂防腐涂料目前仍然是较好的选择，国内研制的 TH－847、TH－901 和 SHY－99 等涂料已有长期的使用经验。目前影响涂层换热器使用寿命的主要因素是在检修、开停工中采用蒸汽吹扫，高流速的蒸汽吹扫易损坏涂层，影响换热器在其后的使用。只要在采购、制造、安装、使用的各阶段采取有利于保证涂层质量、保护涂层完好的措施，就可以提高涂层换热器的使用寿命。

(4)常压塔顶空冷器和冷却器、初馏塔顶空冷器和冷却器、减顶抽空空冷器和冷却器，由于该部位氯离子含量较高，管束腐蚀严重。本次修订时参照国外经验，材料选择以双相不锈钢为主，亦可根据市场情况选用钛材。

(5)对于管壳式换热器，考虑到换热器壳体具有较厚的壁厚，本着经济合理的选材原则，本次修订时将常压塔、减压塔(进料、侧线以及渣油)管壳式换热器壳体的材料按照温度进行了更为详细的分类，分类原则参见本导则。并且当介质温度在 240～350℃时，增加了碳钢渗铝管和 1Cr5Mo 材料选项。

(6)渗铝钢抗高温硫腐蚀及抗高温氧化的性能比较好，作为高温部位的塔盘是可行的，但用于换热管束等承压部件时，选用者需要充分考虑到由于高温渗铝过程对材料力学性能可能发生的不良影响，同时应对其制造、焊接、检验进行严格控制，以达到规定的材料力学性能要求。

6.2　延迟焦化装置

对于延迟焦化装置，本次修订将加工高酸高硫和高酸低硫装置的设备选材分别编制，其原因是焦炭塔以后的高温设备主要以硫的腐蚀为主，在设备选材上区别比较大。

由于延迟焦化装置的工艺流程不同(见本导则 6.2.3)，加热炉、焦化分馏塔等设备和管道的选材应根据具体设计流程确定。

6.3～6.4　加氢装置

加氢装置(加氢裂化、渣油加氢和加氢精制装置等)在设备、管道和加热炉炉管选材要求中应考虑注氢可减弱环烷酸腐蚀的作用，根据国内外装置实际操作经验，对注氢点以后的设备、管道和加热炉炉管可不考虑环烷酸的腐蚀。

附录 A
(资料性附录)
腐蚀曲线图表

A.1　图 A.1 各种钢材在高温硫腐蚀环境中的腐蚀速率为 API RP939—C—2009《Guidelines for Avoidin Sulfidation(sulfidic)Corrosion Failures in Oil Refineries》图 B.2 修正的 McConomy 曲线，使用此曲线时应注意该图为硫含量为 0.6% 时的腐蚀速率，当硫含量为 0.4% ~2.0% 时应乘以腐蚀速率系数。当硫含量超过 2% 时，可参考 API RP581—2008 表 2.B.3.2M ~ 表 2.B.3.2—10M 中高硫低酸的腐蚀速率数据。

A.2　图 A.2 取自 API RP94 1—2008《Steel For Hydrogen Service Elevated Temperatures and Pressures in Petroleum Refneries and Petrochemical Plants》图 1，其中温度取最高操作温度加 28℃，压力取最高操作氢分压。

A.3　图 A.3 取自 API RP939—C—2009《Guidelines for Avoiding Sulfidation(sulfidic)Corrosion Failures in Oil Refineries》图 B.3 ~ 图 B.10。图中的瓦斯油(gas oil)为常压塔蒸馏出的 200℃ ~380℃馏分，用作生产航空煤油、轻柴油和重柴油(简称 VGO)，以及减压塔蒸馏出的 200 ~500℃馏分，用作生产润滑油或催化裂化、加氢裂化的原料。石脑油(naphtha)为初馏点至 220℃左右的馏分，主要用作重整和化工原料(轻、重石脑油)。

A.4　图 A.4 取自 API RP581—2008 图 7.1M。本图来自 API RP581《Risk - Based Inspection Technology》。

A.5　表 A.5 取自 API RP581—2008 表 2.B.9.2M ~ 表 2.B.9.3M。

五、设　备

1. 压力容器　第1部分:通用要求

(GB 150.1—2011
部分代替 GB 150—1998)

目　录

1　范围

1.1　本标准规定了金属制压力容器(以下简称容器)的建造要求。本部分规定了金属制压力容器(以下简称容器)材料、设计、制造、检验和验收的通用要求。

1.2　本标准适用的设计压力

1.2.1　钢制容器不大于35 MPa。

1.2.2　其他金属材料制容器按相应引用标准确定。

1.3　本标准适用的设计温度范围

1.3.1　设计温度范围：－269～900℃。

1.3.2　钢制容器不得超过按GB 150.2中列入材料的允许使用温度范围。

1.3.3　其他金属材料制容器按本部分相应引用标准中列入的材料允许使用温度确定。

1.4　本标准适用的结构形式

1.4.1　本标准适用钢制容器的结构形式按本部分以及GB 150.2～150.4的相应规定。

1.4.2　本标准适用范围内的特定结构容器以及铝、钛、铜、镍及镍合金、锆制容器，其结构形式和适用范围还应满足下述标准的相应要求：

a)GB 151《管壳式换热器》；

b)GB 12337《钢制球形储罐》；

c)JB/T 4731《卧式容器》；

d)JB/T 4710《塔式容器》；

e)JB/T 4734《铝制焊接容器》；

f)JB/T 4745《钛制焊接容器》；

g)JB/T 4755《铜制焊接容器》；

h)JB/T 4756《镍及镍合金焊接容器》；

i)NB/T 47011《锆制压力容器》。

1.5　下列容器不在本标准的适用范围内：

a)设计压力低于0.1 MPa且真空度低于0.02 MPa的容器；

b)《移动式压力容器安全监察规程》管辖的容器；

c)旋转或往复运动机械设备中自成整体或作为部件的受压器室(如泵壳、压缩机外壳、涡轮机外壳、液压缸等)；

d)核能装置中存在中子辐射损伤失效风险的容器；

e)直接火焰加热的容器；

f)内直径(对非圆形截面，指截面内边界的最大几何尺寸，如：矩形为对角线，椭圆为长轴)小于150 mm的容器；

g)搪玻璃容器和制冷空调行业中另有国家标准或行业标准的容器。

1.6　容器界定范围

1.6.1　容器与外部管道连接：

a)焊接连接的第一道环向接头坡口端面；

b)螺纹连接的第一个螺纹接头端面；

c)法兰连接的第一个法兰密封面；

d)专用连接件或管件连接的第一个密封面。

1.6.2　接管、人孔、手孔等的承压封头、平盖及其紧固件。

1.6.3　非受压元件与受压元件的连接焊缝。

1.6.4　直接连接在容器上的非受压元件如支座、裙座等。

1.6.5　容器的超压泄放装置(见附录B)。

2　规范性引用文件

下列文件对于本文件的应用是必不可少的。凡是注日期的引用文件，仅注日期的版本适用于本文件。凡是不注日期的引用文件，其最新版本(包括所有的修改单)适用于本文件。

GB 150.2　压力容器　第2部分：材料

GB 150.3—2011　压力容器　第3部分：设计

GB 150.4　压力容器　第4部分：制造、检验和验收

GB 151　管壳式换热器

GB 567(所有部分)爆破片安全装置

GB/T 12241　安全阀　一般要求

GB 12337　钢制球形储罐

GB/T 26929　压力容器术语

JB/T 4710　钢制塔式容器

JB/T 4731　钢制卧式容器

JB 4732—1995　钢制压力容器——分析设计标准(2005年确认)

JB/T 4734　铝制焊接容器

JB/T 4745　钛制焊接容器

JB/T 4755　铜制压力容器

JB/T 4756　镍及镍合金制压力容器

NB/T 47002(所有部分)压力容器用爆炸焊接复合板

NB/T 47011　锆制压力容器

TSG R0004　固定式压力容器安全技术监察规程

3　术语与符号

3.1　术语和定义

GB/T 26929中界定的以及下列术语和定义适用于本文件。

3.1.1　压力 pressure

垂直作用在容器单位表面积上的力。在本标准中，除注明者外，压力均指表压力。

3.1.2　工作压力　operating pressure

在正常工作情况下，容器顶部可能达到的最高压力。

3.1.3　设计压力 design pressure

设定的容器顶部的最高压力，与相应的设计温度一起作为容器的基本设计载荷条件，其值不低于工作压力。

3.1.4　计算压力　calculation pressure

在相应设计温度下，用以确定元件厚度的压力，包括液柱静压力等附加载荷。

3.1.5　试验压力 test pressure

进行耐压试验或泄漏试验时，容器顶部的压力。

3.1.6　最高允许工作压力　maximum allowable working pressure(MAWP)

在指定的相应温度下，容器顶部所允许承受的最大压力。该压力是根据容器各受压元件的有效厚度，考虑了该元件承受的所有载荷而计算得到的，且取最小值。

注：当压力容器的设计文件没有给出最高允许工作压力时，则可以认为该容器的设计压力即是最高允许工作压力。

3.1.7　设计温度　design temperature

容器在正常工作情况下，设定的元件的金属温度(沿元件金属截面的温度平均值)。设计温度与设计压力一起作为设计载荷条件。

3.1.8　试验温度 test temperature

进行耐压试验或泄漏试验时，容器壳体的金属温度。

3.1.9　最低设计金属温度　minimum design metal temperature

设计时，容器在运行过程中预期的各种可能条件下各元件金属温度的最低值。

3.1.10　计算厚度　required thickness

按本标准相应公式计算得到的厚度。需要时，尚应计入其他载荷(见4.3.2)所需厚度。对于外压元件，系指满足稳定性要求的最小厚度。

3.1.11　设计厚度 design thickness

计算厚度与腐蚀裕量之和。

3.1.12　名义厚度　nominal thickness

设计厚度加上材料厚度负偏差后向上圆整至材料标准规格的厚度。

3.1.13　有效厚度　effective thickness

名义厚度减去腐蚀裕量和材料厚度负偏差。

3.1.14　最小成形厚度　minimum required fabrication thickness

受压元件成形后保证设计要求的最小厚度。

3.1.15　低温容器　low - temperature pressure vessel

设计温度低于 -20℃的碳素钢、低合金钢、双相不锈钢和铁素体不锈钢制容器，以及设计温度低于 -196℃的奥氏体不锈钢制容器。

3.2　符号

C——厚度附加量，mm；

C_1——材料厚度负偏差，按4.3.6.1，mm；

C_2——腐蚀裕量，按4.3.6.2，mm；

D_i——圆筒或球壳的内直径，mm；

E_t——材料在设计温度下的弹性模量，MPa；

p——设计压力，MPa；

p_T——试验压力最低值，MPa；

R_o——圆筒的外半径，mm；

R_m——材料标准抗拉强度下限值，MPa；

R_{eL}($R_{p0.2}$、$R_{p1.0}$)——材料标准室温下的屈服强度(或0.2%、1.0%非比例延伸强度)，MPa；

R^t_{eL}($R^t_{p0.2}$、$R^t_{p1.0}$)——材料在设计温度下的屈服强度(或0.2%、1.0%非比例延伸强度)，MPa；

R^t_D——材料在设计温度下经10万小时断裂的持久强度的平均值，MPa；

R^t_n——材料在设计温度下经10万小时蠕变率为1%的蠕变极限平均值，MPa；

σ_T——试验压力下受压元件的应力，MPa；

$[\sigma]$——容器元件材料在耐压试验温度下的许用应力，MPa；

$[\sigma]^t$——容器元件材料在设计温度下的许用应力，MPa；

$[\sigma]^t_1$——设计温度下基层材料的许用应力，MPa；

$[\sigma]^t_2$——设计温度下覆层材料的许用应力，MPa；

$[\sigma]^t_{cr}$——设计温度下圆筒许用轴向压缩应力，MPa；

δ_1——基层材料的名义厚度，mm；

δ_2——覆层材料的厚度，不计入腐蚀裕量，mm；

δ_e——圆筒或球壳的有效厚度，mm；

ϕ——焊接接头系数。

4 通用要求

4.1 通则

4.1.1 钢制容器的设计、制造、检验和验收除应符合本标准所有部分的规定外，还应遵守国家颁布的有关法律、法规和安全技术规范。

4.1.2 特定结构容器以及铝、钛、铜、镍及镍合金、锆制容器，其设计、制造、检验和验收除应符合4.1.1的规定外，还应满足下述标准的相应要求：

a)GB 151《管壳式换热器》；

b)GB 12337《钢制球形储罐》；

c)JB/T 4731《卧式容器》；

d)JB/T 4710《塔式容器》；

e)JB/T 4734《铝制焊接容器》；

f)JB/T 4745《钛制焊接容器》；

g)JB/T 4755《铜制焊接容器》；

h)JB/T 4756《镍及镍合金焊接容器》；

i)NB/T 47011《锆制压力容器》。

4.1.3 容器的设计、制造单位应建立健全的质量管理体系并有效运行。

4.1.4 《固定式压力容器安全技术监察规程》管辖范围内的压力容器设计和制造应接受特种设备安全监察机构的监察。

4.1.5 容器类别按《固定式压力容器安全技术监察规程》的规定确定。

4.1.6 对不能按GB 150.3确定结构尺寸的容器或受压元件，可以采用以下方法进行设计：

a)验证性实验分析，如实验应力分析、验证性液压试验，具体要求按附录C的规定；

b)利用可比的已投入使用的结构进行对比经验设计，具体要求按附录D的规定；

c)采用包括有限元法在内的应力分析计算和评定，具体要求按附录E的规定。

4.2 资格与职责

4.2.1 资格

a)《固定式压力容器安全技术监察规程》管辖范围内压力容器的设计单位应持有相应的持种设备设计许可证；

b)《固定式压力容器安全技术监察规程》管辖范围内压力容器的制造单位应持有相应的特种设备制造许可证。

4.2.2 职责

4.2.2.1 用户或设计委托方的职责

容器的用户或设计委托方应当以正式书面形式向设计单位提出容器设计条件（UDS—User's Design Specification），其中至少包含以下内容：

a)容器设计所依据的主要标准和规范；

b)操作参数（包括工作压力、工作温度范围、液位高度、接管载荷等）；

c)压力容器使用地及其自然条件（包括环境温度、抗震设防烈度、风和雪载荷等）；

d)介质组分与特性；

e)预期使用年限；

f)几何参数和管口方位；

g)设计需要的其他必要条件。

4.2.2.2　设计单位的职责

a)设计单位应对设计文件的正确性和完整性负责；

b)容器的设计文件至少应包括强度计算书、设计图样、制造技术条件、风险评估报告(相关法规或设计委托方要求时)，必要时还应当包括安装与使用维修说明；

c)《固定式压力容器安全技术监察规程》管辖范围内压力容器的设计总图应盖有特种设备设计许可印章；

d)设计单位向容器用户出具的风险评估报告应符合附录F的要求；

e)设计单位应在容器设计使用年限内保存全部容器设计文件。

4.2.2.3　制造单位的职责

a)制造单位应按照设计文件的要求进行制造，如需要对原设计进行修改，应当取得原设计单位同意修改的书面文件，并且对改动部位作出详细记载；

b)制造单位在容器制造前应制定完善的质量计划，其内容至少应包括容器或元件的制造工艺控制点、检验项目和合格指标；

c)制造单位的检查部门在容器制造过程中和完工后，应按本标准、图样规定和质量计划的规定对容器进行各项检验和试验，出具相应报告，并对报告的正确性和完整性负责；

d)制造单位在检验合格后，出具产品质量合格证；

e)制造单位对其制造的每台容器产品应在容器设计使用年限内至少保存下列技术文件备查：

1)质量计划；

2)制造工艺图或制造工艺卡；

3)产品质量证明文件；

4)容器的焊接工艺和热处理工艺文件；

5)标准中允许制造厂选择的检验、试验项目记录；

6)容器制造过程中及完工后的检查、检验、试验记录；

7)容器的原设计图和竣工图。

4.3　设计一般规定

4.3.1　容器设计单位(设计人员)应严格依据用户或设计委托方所提供的容器设计条件进行容器设计，应考虑容器在使用中可能出现的所有失效模式，提出防止失效的措施。容器受压元件的强度、刚度和稳定性计算按GB 150.3或规范性引用文件的规定。

对于有成功使用经验的承受循环载荷的容器，经设计单位技术负责人批准，可按本标准进行设计，并按JB 4732附录C补充疲劳分析和评定，同时满足其相关制造要求。

4.3.2　载荷

设计时应考虑以下载荷：

a)内压、外压或最大压差；

b)液柱静压力，当液柱静压力小于设计压力的5%时，可忽略不计；

需要时，还应考虑下列载荷：

c)容器的自重(包括内件和填料等)，以及正常工作条件下或耐压试验状态下内装介质的重力载荷；

d)附属设备及隔热材料、衬里、管道、扶梯、平台等的重力载荷；

e)风载荷、地震载荷、雪载荷；

f)支座、底座圈、支耳及其他型式支承件的反作用力；

g)连接管道和其他部件的作用力；

h)温度梯度或热膨胀量不同引起的作用力；

i)冲击载荷，包括压力急剧波动引起的冲击载荷、流体冲击引起的反力等；

j)运输或吊装时的作用力。

4.3.3 确定设计压力或计算压力时，应考虑：

a)容器上装有超压泄放装置时，应按附录 B 的规定确定设计压力；

b)对于盛装液化气体的容器，如果具有可靠的保冷设施，在规定的装量系数范围内，设计压力应根据工作条件下容器内介质可能达到的最高温度确定；否则按相关法规确定；

c)对于外压容器(例如真空容器、液下容器和埋地容器)，确定计算压力时应考虑在正常工作情况下可能出现的最大内外压力差；

d)确定真空容器的壳体厚度时，设计压力按承受外压考虑；当装有安全控制装置(如真空泄放阀)时，设计压力取 1.25 倍最大内外压力差或 0.1MPa 两者中的低值；当无安全控制装置时，取 0.1MPa；

e)由 2 个或 2 个以上压力室组成的容器，如夹套容器，应分别确定各压力室的设计压力；确定公用元件的计算压力时，应考虑相邻室之间的最大压力差。

4.3.4 设计温度的确定

a)设计温度不得低于元件金属在工作状态可能达到的最高温度。对于 0℃以下的金属温度，设计温度不得高于元件金属可能达到的最低温度。

b)容器各部分在工作状态下的金属温度不同时，可分别设定每部分的设计温度。

c)元件的金属温度通过以下方法确定：

1)传热计算求得；

2)在已使用的同类容器上测定；

3)根据容器内部介质温度并结合外部条件确定。

d)在确定最低设计金属温度时，应当充分考虑在运行过程中，大气环境低温条件对容器壳体金属温度的影响。大气环境低温条件系指历年来月平均最低气温(指当月各天的最低气温值之和除以当月天数)的最低值。

4.3.5 对有不同工况的容器，应按最苛刻的工况设计，必要时还需考虑不同工况的组合，并在图样或相应技术文件中注明各工况操作条件和设计条件下的压力和温度值。

4.3.6 厚度附加量

厚度附加量按式(1)确定：

$$C = C_1 + C_2 \tag{1}$$

4.3.6.1 材料厚度负偏差

板材或管材的厚度负偏差按材料标准的规定。

4.3.6.2 腐蚀裕量

为防止容器受压元件由于腐蚀、机械磨损而导致厚度削弱减薄，应考虑腐蚀裕量，具体规定如下：

a)对有均匀腐蚀或磨损的元件，应根据预期的容器设计使用年限和介质对金属材料的腐蚀速率(及磨蚀速率)确定腐蚀裕量；

b)容器各元件受到的腐蚀程度不同时，可采用不同的腐蚀裕量；

c)介质为压缩空气、水蒸气或水的碳素钢或低合金钢制容器，腐蚀裕量不小于 1mm。

4.3.7 壳体加工成形后不包括腐蚀裕量的最小厚度：

a)碳素钢、低合金钢制容器，不小于 3mm；

b)高合金钢制容器，一般应不小于 2mm。

4.3.8 容器元件的名义厚度和最小成形厚度一般应标注在设计图样上。

4.4 许用应力

4.4.1 本标准中材料的许用应力按 GB 150.2 和相应引用标准选取。按表 1 的规定确定钢材(螺栓材料除外)许用应力，按表 2 的规定确定钢制螺栓材料许用应力。

表1　钢材(螺栓材料除外)许用应力的取值

材　料	许用应力/MPa 取下列各值中的最小值
碳素钢、低合金钢	$\frac{R_m}{2.7}$, $\frac{R_{eL}}{1.5}$, $\frac{R_{eL}^t}{1.5}$, $\frac{R_D^t}{1.5}$, $\frac{R_n^t}{1.0}$
高合金钢	$\frac{R_m}{2.7}$, $\frac{R_{eL}(R_{p0.2})}{1.5}$, $\frac{R_{eL}^t(R_{p0.2}^t)}{1.5}$, $\frac{R_D^t}{1.5}$, $\frac{R_n^t}{1.0}$
钛及钛合金	$\frac{R_m}{2.7}$, $\frac{R_{p0.2}}{1.5}$, $\frac{R_{p0.2}^t}{1.5}$, $\frac{R_D^t}{1.5}$, $\frac{R_n^t}{1.0}$
镍及镍合金	$\frac{R_m}{2.7}$, $\frac{R_{p0.2}}{1.5}$, $\frac{R_{p0.2}^t}{1.5}$, $\frac{R_D^t}{1.5}$, $\frac{R_n^t}{1.0}$
铝及铝合金	$\frac{R_m}{3.0}$, $\frac{R_{p0.2}}{1.5}$, $\frac{R_{p0.2}^t}{1.5}$
铜及铜合金	$\frac{R_m}{3.0}$, $\frac{R_{p0.2}}{1.5}$, $\frac{R_{p0.2}^t}{1.5}$

注：1. 对奥氏体高合金钢制受压元件，当设计温度低于蠕变范围，且允许有微量的永久变形时，可适当提高许用应力至$0.9R_{p0.2}^t$，但不超过$R_{p0.2}/1.5$。此规定不适用于法兰或其他有微量永久变形就产生泄漏或故障的场合；

2. 如果引用标准规定了$R_{p1.0}$或$R_{p1.0}^t$，则可以选用该值计算其许用应力；

3. 根据设计使用年限选用1.0×10^5h、1.5×10^5h、2.0×10^5h等持久强度极限值。

表2　钢制螺栓材料许用应力的取值

材料	螺栓直径/mm	热处理状态	许用应力/MPa 取下列各值中的最小值	
碳素钢	≤M22	热轧、正火	$\frac{R_{eL}^t}{2.7}$	$\frac{R_D^t}{1.5}$
	M24 ~ M48		$\frac{R_{eL}^t}{2.5}$	
低合金钢、马氏体高合金钢	≤M22	调质	$\frac{R_{eL}^t(R_{p0.2}^t)}{3.5}$	
	M24 ~ M48		$\frac{R_{eL}^t(R_{p0.2}^t)}{3.0}$	
	≥M52		$\frac{R_{eL}^t(R_{p0.2}^t)}{2.7}$	
奥氏体高合金钢	≤M22	固溶	$\frac{R_{eL}^t(R_{p0.2}^t)}{1.6}$	
	M24 ~ M48		$\frac{R_{eL}^t(R_{p0.2}^t)}{1.5}$	

4.4.2　设计温度低于20℃时，取20℃时的许用应力。

4.4.3　复合钢板的许用应力

对于覆层与基层结合率达到NB/T 47002标准中B2级板以上的复合钢板，在设计计算中，如需计入覆层材料的强度时，其设计温度下的许用应力按式(2)确定：

$$[\sigma]^t = \frac{[\sigma]_1^t\delta_1 + [\sigma]_2^t\delta_2}{\delta_1 + \delta_2} \tag{2}$$

4.4.4　当地震载荷或风载荷与4.3.2中其他载荷相组合时，允许元件的设计应力不超过许用应力的1.2倍，其组合要求按相应标准规定。

4.4.5　圆筒许用轴向压缩应力：

a) 根据圆筒外半径 R_o 和有效厚度 δ_e，按式(3)计算 A 值；

$$A = 0.094\delta_e / R_o \tag{3}$$

b) 按圆筒材料选用相应的外压应力系数曲线图(GB150.3 第 4 章)，根据其温度线得到 B 值，在弹性范围内(图中的直线段或其左侧)，可用式(4)计算 B 值；

$$B = 2AE^t/3 \tag{4}$$

c) 许用轴向压缩应力 $[\sigma]^t_{cr}$ 取 B 值，且不得大于 $[\sigma]^t$。

4.5　焊接接头分类和焊接接头系数

4.5.1　焊接接头分类

4.5.1.1　容器受压元件之间的焊接接头分为 A、B、C、D 四类，如图 1 所示。

a) 圆筒部分(包括接管)和锥壳部分的纵向接头(多层包扎容器层板层纵向接头除外)、球形封头与圆筒连接的环向接头、各类凸形封头和平封头中的所有拼焊接头以及嵌入式的接管或凸缘与壳体对接连接的接头，均属 A 类焊接接头；

b) 壳体部分的环向接头、锥形封头小端与接管连接的接头、长颈法兰与壳体或接管连接的接头、平盖或管板与圆筒对接连接的接头以及接管间的对接环向接头，均属 B 类焊接接头，但已规定为 A 类的焊接接头除外；

c) 球冠形封头、平盖、管板与圆筒非对接连接的接头，法兰与壳体或接管连接的接头，内封头与圆筒的搭接接头以及多层包扎容器层板层纵向接头，均属 C 类焊接接头，但已规定为 A、B 类的焊接接头除外；

d) 接管(包括人孔圆筒)、凸缘、补强圈等与壳体连接的接头，均属 D 类焊接接头，但已规定为 A、B、C 类的焊接接头除外。

4.5.1.2　非受压元件与受压元件的连接接头为 E 类焊接接头，如图 1 所示。

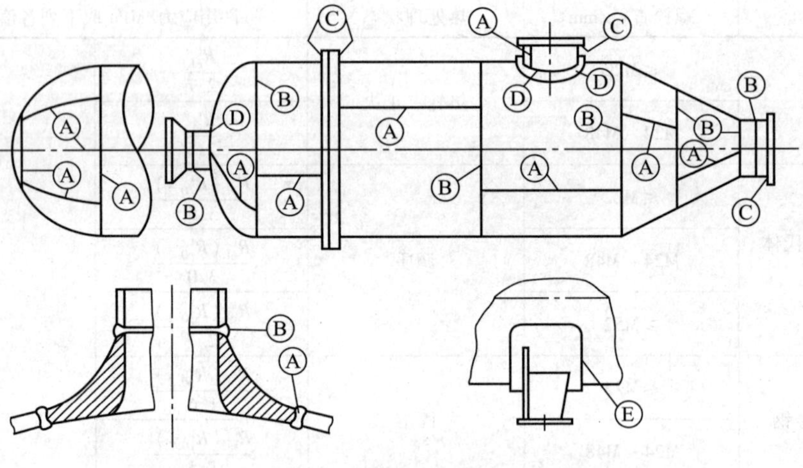

图 1　焊接接头分类

4.5.2　焊接接头系数

4.5.2.1　焊接接头系数 ϕ 应根据对接接头的焊缝形式及无损检测的长度比例确定。

4.5.2.2　钢制压力容器的焊接接头系数规定如下：

a) 双面焊对接接头和相当于双面焊的全焊透对接接头：

1) 全部无损检测，取 $\phi = 1.0$；

2) 局部无损检测，取 $\phi = 0.85$。

b) 单面焊对接接头(沿焊缝根部全长有紧贴基本金属的垫板)：

1) 全部无损检测，取 $\phi = 0.9$；

2）局部无损检测，取 $\phi = 0.8$。

4.5.2.3　其他金属材料的焊接接头系数按相应引用标准的规定。

4.6　耐压试验

4.6.1　通用要求

4.6.1.1　耐压试验包括：液压试验、气压试验和气液组合试验。

4.6.1.2　容器制成后应经耐压试验，试验的种类、要求和试验压力值应在图样上注明。

4.6.1.3　耐压试验一般采用液压试验，试验液体应符合 GB 150.4 或相关标准的要求。

4.6.1.4　对于不适宜进行液压试验的容器，可采用气压试验或气液组合试验。进行气压试验或气液组合试验的容器应满足 GB 150.4 或相关标准的要求。

4.6.1.5　采用气液组合试验时，试验用液体和气体应分别满足 4.6.1.3 和 4.6.1.4 的要求，试验压力按气压试验的规定。

4.6.1.6　外压容器以内压进行耐压试验，试验压力按 4.6.2.3 的规定。

4.6.1.7　对于由 2 个或 2 个以上压力室组成的多腔容器，每个压力室的试验压力按其设计压力确定，各压力室分别进行耐压试验。

a）校核公用元件在试验压力下的稳定性；

b）如不能满足稳定性要求，则应先进行泄漏检查，合格后进行耐压试验。在进行耐压试验时，相邻压力室内应保持一定压力，以使整个试验过程（包括升压、保压和卸压）中的任一时刻，各压力室的压力差不超过允许压差，图样上应注明这一要求和允许压差值；

c）如需提高某腔试验压力，应满足 4.6.3 的规定。

4.6.2　耐压试验压力

4.6.2.1　耐压试验压力的最低值按 4.6.2.2 和 4.6.2.3 的规定，并考虑：

a）对于立式容器采用卧置进行液压试验时，试验压力应计入立置试验时的液柱静压力；

b）工作条件下内装介质的液柱静压力大于液压试验的液柱静压力时，应适当考虑相应增加试验压力。

4.6.2.2　内压容器

a）液压试验：

$$p_T = 1.25p\frac{[\sigma]}{[\sigma]^t} \tag{5}$$

b）气压试验或气液组合试验：

$$p_T = 1.1p\frac{[\sigma]}{[\sigma]^t} \tag{6}$$

注1：容器铭牌上规定有最高允许工作压力时，公式中应以最高允许工作压力代替设计压力 p；

注2：容器各主要受压元件，如圆筒、封头、接管、设备法兰（或人手孔法兰）及其紧固件等所用材料不同时，应取各元件材料的 $[\sigma]/[\sigma]^t$ 比值中最小者；

注3：$[\sigma]^t$ 不应低于材料受抗拉强度和屈服强度控制的许用应力最小值。

4.6.2.3　外压容器

a）液压试验：

$$p_T = 1.25p \tag{7}$$

b）气压试验或气液组合试验：

$$p_T = 1.1p \tag{8}$$

4.6.3　耐压试验应力校核

如果采用大于 4.6.2.2、4.6.2.3 所规定的试验压力，在耐压试验前，应校核各受压元件在试验条件下的应力水平，例如对壳体元件应校核最大总体薄膜应力 σ_T。

a）液压试验时，$\sigma_T \leqslant 0.9R_{eL}\phi$；

b) 气压试验或气液组合试验时，$\sigma_T \leqslant 0.8 R_{eL} \phi$。

式中：

R_{eL}——壳体材料在试验温度下的屈服强度(或0.2%非比例延伸强度)，MPa。

4.6.4　耐压试验的免除

不能按上述规定进行耐压试验的容器，设计单位应提出在确保容器安全运行的前提下免除耐压试验所应采取的安全措施，经设计单位技术负责人批准后在图样上注明。

4.7　泄漏试验

4.7.1　泄漏试验包括气密性试验以及氨检漏试验、卤素检漏试验和氦检漏试验等。

4.7.2　介质毒性程度为极度、高度危害或者不允许有微量泄漏的容器，应在耐压试验合格后进行泄漏试验。

注：介质毒性程度按《固定式压力容器安全技术监察规程》的相关规定确定。

4.7.3　设计单位应当提出容器泄漏试验的方法和技术要求。

4.7.4　需进行泄漏试验时，试验压力、试验介质和相应的检验要求应在图样上和设计文件中注明。

4.7.5　气密性试验压力等于设计压力。

4.8　焊接接头结构设计要求

4.8.1　对于钢制容器，焊接接头的结构设计参照 GB 150.3—2011 附录 D 的要求。

4.8.2　对于其他金属制容器，焊接接头的结构设计参照引用标准的要求。

4.9　超压泄放装置

本标准适用范围内的容器，在操作过程中有可能出现超压时，应按附录 B 的要求设置超压泄放装置。

附录 A
(规范性附录)
标准的符合性声明及修订

A.1　本标准所有部分的制定遵循了国家颁布的压力容器安全法规所规定的基本安全要求，其设计准则、材料要求、制造检验技术要求和验收标准均符合《固定式压力容器安全技术监察规程》的相应规定。本标准所有部分均为协调标准，即按本标准所有部分要求建造的压力容器可以满足《固定式压力容器安全技术监察规程》的基本安全要求。

A.2　标准的修订采用提案审查制度。任何单位和个人均有权利对本标准的修订提出建议，修订建议应采用“表 A.1　标准提案/问询表”的方式提交全国锅炉压力容器标准化技术委员会(以下简称“委员会”)。委员会对收到的标准修订提案进行审查，根据审查结果，将采纳的技术内容纳入下一版标准。

表 A.1　标准提案/问询表

总第　号

<table>
<tr><td colspan="2">□标准提案　□标准问询</td><td>标准名称</td><td></td></tr>
<tr><td>单位</td><td></td><td>姓名</td><td></td></tr>
<tr><td>联系地址</td><td></td><td>邮政编码</td><td></td></tr>
<tr><td>电话/传真</td><td></td><td>电子信箱</td><td></td></tr>
<tr><td>标准条款</td><td colspan="3"></td></tr>
<tr><td colspan="4">提案/问询内容(可另附页)</td></tr>
<tr><td colspan="4"></td></tr>
<tr><td colspan="4">技术依据与相关资料(可另附页)</td></tr>
<tr><td colspan="4"></td></tr>
<tr><td colspan="4">附加说明：</td></tr>
<tr><td colspan="3">单位图章或提案(问询)人签字：</td><td>提交日期：
年　月　日</td></tr>
</table>

全国锅炉压力容器标准化技术委员会

地址：北京市朝阳区和平街西苑2号楼D座三层　邮政编码：100013

电子邮箱：GB150@cscbpv.org

附录 B
（规范性附录）
超压泄放装置

B.1　范围

B.1.1　容器在操作过程中可能出现超压时，应按本附录的要求配备超压泄放装置（以下简称“泄放装置”）。

B.1.2　本附录适用于容器上的泄放装置，包括安全阀、爆破片安全装置、安全阀与爆破片安全装置的组合装置。安装在容器连接管线上的泄放装置可参照本附录。

B.1.3　本附录不适用于操作过程中可能产生压力剧增，反应速度达到爆轰状态的容器。

注：爆轰（detonation）系指物质的燃烧速度极快，达到 1000m/s 以上时，产生与通常的爆燃根本不同的现象。

B.2　定义

B.2.1　动作压力

本附录中指安全阀的整定压力或爆破片的设计爆破压力。

B.2.2　整定压力

安全阀在运行条件下开始开启的设定压力，是在阀门进口处测量的表压力。在该压力下，在规定的运行条件下由介质压力产生的使阀门开启的力同使阀瓣保持在阀座上的力相互平衡。

B.2.3　设计爆破压力

根据容器的工作条件和相应的安全技术规范设定的，在设计爆破温度下爆破片的爆破压力值。

B.2.4　标定爆破压力

标注在爆破片铭牌上的，在规定的设计（或许可试验）爆破温度下，同一批次爆破片抽样爆破试验时，实测爆破压力的算术平均值。

B.2.5　制造范围

一个批次爆破片标定爆破压力相对于设计爆破压力差值的允许分布范围。当爆破片取零制造范围时，标定爆破压力为设计爆破压力。

B.2.6　最低标定爆破压力

设计爆破压力与制造范围下偏差的代数和。

B.3　一般规定

B.3.1　容器装有泄放装置时，一般以容器的设计压力作为超压限度的起始压力。

设计图样及铭牌上标注有最高允许工作压力时，可用容器最高允许工作压力代替设计压力，以下同。

B.3.2　当容器上装有泄放装置时，泄放装置的动作压力与容器的超压限度应满足如下规定。

B.3.2.1　当容器上仅安装一个泄放装置时，泄放装置的动作压力应不大于设计压力，容器的超压限度应不大于设计压力的 10% 或 20 kPa 中的较大值。

B.3.2.2　当容器上安装多个泄放装置时，其中一个泄放装置的动作压力应不大于设计压力，其他泄放装置的动作压力可提高至设计压力的 1.05 倍；容器的超压限度应不大于设计压力的 16% 或 30 kPa 中的较大值。

B.3.2.3　当考虑容器在遇到火灾或接近不能预料的外来热源而可能酿成危险时，容器的超压限度应不大于设计压力的 21%；如 B.3.2.1 或 B.3.2.2 中泄放装置不能满足这一超压限度要求时，应安装辅助的泄放装置，辅助泄放装置动作压力不大于设计压力的 1.1 倍。

B.3.3　有以下情况之一者，可看成是一个容器，只需在危险的空间（容器或管道上）设置一个泄放装置，但在计算泄放装置的泄放量时，应把容器间的连接管道包括在内：

a）与压力源相连接、本身不产生压力的容器，且该容器的设计压力达到压力源的压力；

b)多个压力容器的设计压力相同或稍有差异，容器之间采用口径足够大的管道连接，且中间无阀门隔断或虽采用截断阀但有足够措施确保在容器正常工作期间截断阀处于全开的位置并铅封。

B.3.4 容器内的压力若有可能小于大气压力，而该容器不能承受此负压条件时，应装设防负压的泄放装置。

B.3.5 换热器等压力容器，若高温介质有可能泄漏到低温介质而产生蒸气时，应在低温空间设置泄放装置。

B.3.6 当容器需要安装泄放装置且没有特殊要求时，应优先选用安全阀。

B.3.7 符合下列条件之一者，应采用爆破片安全装置：

a)压力快速增长(如增加分子量的化学反应、化学爆炸、爆燃等)；

b)对密封有较高要求；

c)容器内物料会导致安全阀失效；

d)安全阀不能适用的其他情况。

B.3.8 为了最大限度减少贵重介质、有毒介质或其他危害性介质通过安全阀向外泄漏，或为了防止来自泄放管线的腐蚀性气体进入安全阀内部，可以把安全阀与爆破片安全装置串联使用。

B.3.9 属于下列情况之一的容器，可设置一个或多个爆破片安全装置与安全阀并联使用：

a)防止在异常工况下压力快速增长的；

b)作为辅助泄放装置，考虑在有可能遇到火灾或接近不能预料的外来热源需要增加泄放面积的。

B.3.10 对盛装易爆介质或者毒性程度为极度、高度或者中度危害介质的容器，应在泄放装置的排出口装设导管，将泄放介质引至安全地点，并且进行妥善处理，不得直接排入大气。

B.4 安全阀

B.4.1 安全阀适用于清洁、不含固体颗粒、黏度低的介质。

B.4.2 安全阀不能单独用于压力快速增长的场合。

B.4.3 安全阀不宜单独用于阀座与阀瓣密封面可能被介质粘连或介质可能生成结晶体的场合，但可以将爆破片安全装置串联在安全阀入口侧组合使用。

B.4.4 安全阀的型式通常采用弹簧直接载荷式安全阀，阀型有全启式和微启式。全启式安全阀适用于泄放气体、蒸气及液化气介质，微启式安全阀一般适用于泄放液体介质。也可采用自激式非直接载荷安全阀，即先导式安全阀。

B.4.5 用于液体的安全阀公称通径至少为15 mm。

B.4.6 安全阀整定压力偏差不应超过±3%整定压力或±0.015 MPa的较大值。

B.4.7 装有安全阀时，容器的设计压力按以下步骤确定：

a)根据容器的工作压力p_w，确定安全阀的整定压力p_z，一般取$p_z=(1.05\sim1.1)p_w$；当$p_z<0.18$MPa时，可适当提高p_z相对于p_w的比值；

b)取容器的设计压力p等于或稍大于整定压力p_z，即$p\geqslant p_z$。

B.4.8 安全阀相关技术要求应符合GB/T 12241。

B.5 爆破片安全装置

B.5.1 爆破片安全装置主要由爆破片和夹持器组成。常见的爆破片形式有正拱形、反拱形和平板形。

B.5.2 爆破片安全装置适用于压力快速增长的场合，也常用于保护安全阀的性能而与之串联使用。

B.5.3 爆破片安全装置不能单独用于排放介质毒性程度为极度、高度危害或易爆及液化石油气等场合，在这些场合可以和安全阀组合使用。

B.5.4 用于排放液体介质时，应选择适合于全液相的爆破片安全装置。

B.5.5 压力容器装有爆破片安全装置时，容器的设计压力按以下步骤确定。

a)确定爆破片的最低标定爆破压力p_{smin} 根据不同形式的拱形金属爆破片，推荐的p_{smin}值参见表B.1；

表 B.1　最低标定爆破压力 p_{smin}

爆破片型式	载荷性质	p_{smin}/MPa
普通正拱型	静载荷	≥1.43p_w
开缝正拱型	静载荷	≥1.25p_w
正拱型	脉动载荷	≥1.7p_w
反拱型	静载荷、脉动载荷	≥1.1p_w

注：设计者若有成熟的经验或可靠数据，亦可不按表 B.1 的规定。

b)选定爆破片的制造范围　爆破片的制造范围见表 B.2；

c)计算爆破片的设计爆破压力 p_b　p_b 等于 p_{smin}，加上所选爆破片制造范围的下限(取绝对值)；

d)确定容器的设计压力 p　p 不小于 p_b 加上所选爆破片制造范围的上限。

表 B.2　爆破片的制造范围　MPa

爆破片类别	设计爆破压力	全范围		1/2 范围		1/4 范围		0 范围	
		上限(正)	下限(负)	上限(正)	下限(负)	上限(正)	下限(负)	上限	下限
正拱形	>0.30~0.40	0.045	0.025	0.025	0.015	0.010	0.010	0	0
	>0.40~0.70	0.065	0.035	0.030	0.020	0.020	0.010	0	0
	>0.70~1.00	0.085	0.045	0.040	0.020	0.020	0.010	0	0
	>1.00~1.40	0.110	0.065	0.060	0.040	0.040	0.020	0	0
	>1.40~2.50	0.160	0.085	0.080	0.040	0.040	0.020	0	0
	>2.50~3.50	0.210	0.105	0.100	0.050	0.040	0.025	0	0
	>3.50	6%	3%	3%	1.5%	1.5%	0.8%	0	0
反拱形	≥0.1	0	10%	0	5%	—	—	0	0

注：对于正拱形爆破片，当设计爆破压力小于 0.3 MPa 时，可由制造单位和使用单位(或设计单位)协商商定一个双方都能接受的较大的制造范围。

B.5.6　爆破片安全装置的材料

B.5.6.1　爆破片材料不受 GB 150.2 中关于材料牌号的限制，爆破片材料应与介质相容，应根据使用条件与供应商或用户协商确定。爆破片常用材料及其最高适用温度见表 B.3。

表 B.3　爆破片的最高适用温度

爆破片材料	最高适用温度/℃
纯铝	100
纯银	120
纯镍	400
奥氏体不锈钢	400
镍铜合金(蒙乃尔)	430

续表

爆破片材料	最高适用温度/℃
镍铬合金(因康镍)	480
镍钼铬合金(哈氏合金)	480
石墨	200
注：当爆破片表面覆盖密封膜或保护膜时，应考虑该覆盖材料对最高适用温度的影响。	

B.5.6.2　用于腐蚀性介质或腐蚀性环境，且有可能导致提前失效的爆破片安全装置，可采用在爆破片表面进行电镀、喷涂或衬膜等防腐蚀措施。

B.5.6.3　夹持器常用材料有碳钢、奥氏体不锈钢、镍铜合金及镍铁铬合金等受压容器用材。材料性能应与介质相容。

B.5.7　爆破片安全装置的选用及相关技术要求应符合 GB 567 的规定。

B.6　安全阀与爆破片安全装置的组合装置

B.6.1　爆破片安全装置串联在安全阀入口侧时，爆破片爆破时不允许有碎片。爆破片安全装置与安全阀之间的腔体应设置压力表、排气口及报警指示器等。

B.6.2　爆破片安全装置串联在安全阀出口侧时，安全阀应采用特殊结构型式(如平衡式安全阀)以保证安全阀与爆破片安全装置之间出现累积背压时安全阀仍能在整定压力下开启。同时，爆破片安全装置与安全阀之间的腔体应设置排气口或排液口。

B.6.3　安全阀与爆破片安全装置串联组合时，单个泄放装置的动作压力及容器超压限度应符合 B.3.2.1 的要求。

B.6.4　安全阀与爆破片安全装置并联组合时，泄放装置的动作压力及容器的超压限度应满足 B.3.2.2 要求，其中安全阀的动作压力应不大于设计压力，爆破片的动作压力应不大于1.05倍设计压力。当考虑在有可能遇到火灾或接近不能预料的外来热源产生超压时，泄放装置的动作压力及容器的超压限度应满足 B.3.2.3 要求。

B.7　容器安全泄放量的计算

B.7.1　符号

A_r——容器受热面积，m^2；

　　半球形封头的卧式容器 $A_r = 3.14D_oL$；

　　椭圆形封头的卧式容器 $A_r = 3.14D_o(L + 0.3D_o)$；

　　立式容器 $A_r = 3.14D_oh_1$；

　　球形容器 $A_r = 1.57D_o^2$ 或从地面起到7.5m高度以下所包括的外表面积，取两者中较大值；

D_o——容器外直径，m；

d——容器进料管内直径，mm；

F——系数，

　　容器置于地面以下用砂土覆盖时，$F = 0.3$；

　　容器置于地面上时，$F = 1.0$；

　　容器置于大于 10L/(m^2·min)喷淋装置下时，$F = 0.6$；

H——输入热量，kJ/h；

h_1——容器最高液位，m；

L——容器总长，m；

q——在泄放压力下，液体的汽化潜热，kJ/kg；

v——容器进料管内的流速，m/s；

t——泄放压力下介质的饱和温度，℃；

W_s——容器的安全泄放量，kg/h；

δ——容器保温层厚度，m；

λ——常温下绝热材料的导热系数，kJ/(m·h·℃)；

ρ——泄放条件(设定温度与设定压力)下的介质密度，kg/m³。

B.7.2　盛装压缩气体或水蒸气的容器安全泄放量

a)对压缩机贮气罐和蒸气罐等容器的安全泄放量，分别取该压缩机和蒸汽发生器在单位时间内的最大产气(汽)量；

b)气体贮罐等的安全泄放量，按式(B.1)计算：

$$W_s = 2.83 \times 10^{-3} \rho v d^2 \tag{B.1}$$

B.7.3　换热设备等产生蒸汽时，安全泄放量按式(B.2)计算：

$$W_s = H/q \tag{B.2}$$

B.7.4　盛装液化气体的容器安全泄放量

B.7.4.1　介质为易爆液化气体或位于有可能发生火灾环境下工作的非易爆液化气体的容器，分有、无绝热保温层计算其安全泄放量：

a)无绝热保温层时，安全泄放量按式(B.3)计算：

$$W_s = \frac{2.55 \times 10^5 F A_r^{0.82}}{q} \tag{B.3}$$

b)有完整的绝热保温层时(例如在火灾条件下，保温层不被破坏)，安全泄放量按式(B.4)计算：

$$W_s = \frac{2.61 \times (650 - t) \lambda A_r^{0.82}}{\delta q} \tag{B.4}$$

B.7.4.2　介质为非易爆液化气体的容器，置于无火灾危险的环境下工作时，安全泄放量可根据有、无绝热保温层，分别参照式(B.3)或式(B.4)计算，取不低于计算值的30%。

B.7.5　因化学反应使气体体积增大的容器，其安全泄放量应根据容器内化学反应可能生成的最大气量及反应时间来确定。

B.8　泄放装置泄放面积计算

B.8.1　适用范围

本节适用于单一相介质通过泄放装置时泄放面积的计算。当介质为液相，在排放时应不发生闪蒸。

B.8.2　符号

A——安全阀或爆破片的最小泄放面积，mm²；

C——气体特性系数，可查表B.4或按下式求取：

$$C = 520\sqrt{k\left(\frac{2}{k+1}\right)^{\frac{k+1}{k-1}}}$$

K——泄放装置的泄放系数；

对于安全阀，K取额定泄放系数(额定泄放系数通常由安全阀制造厂提供)；

对于爆破片，K为与爆破片装置入口管道形状有关的系数，可查表B.5确定，但同时应满足a)～d)条件：

a)直接向大气排放；

b)爆破片安全装置离容器本体的距离不超过8倍管径；

c)爆破片安全装置泄放管长度不超过5倍管径；

d)爆破片安全装置上、下游接管的公称直径不小于爆破片安全装置的泄放口公称直径。

当入口管道形状不易确定或不满足a)～d)时，可取$K=0.62$；对于液体介质，取0.62或按有关安全技术规范的规定；

k——气体绝热指数，查表B.6；

M——气体的摩尔质量，kg/kmol；

p_o——泄放装置出口侧压力(绝压)，MPa；

p_f——泄放装置的泄放压力(绝压)，包括设计压力和超压限度两部分，MPa；

Δp——泄放装置泄放时内、外侧的压力差，MPa；

R——通用气体常数，J/(kmol·K)，$R=8314$；

Re——雷诺数，$Re=0.3134\dfrac{W}{\mu\sqrt{A}}$；

T_f——泄放装置泄放温度，K；

W——泄放装置泄放量，kg/h；

W_s——容器的安全泄放量，kg/h；

Z——气体的压缩系数，见图B.1，对于空气$Z=1.0$；

ζ——液体动力黏度校正系数，见图B.2，当液体的黏度不大于20℃水的黏度时，取$\zeta=1.0$；

μ——液体动力黏度，Pa·s；

ρ——泄放条件(设定温度与设定压力)下的介质密度，kg/m³。

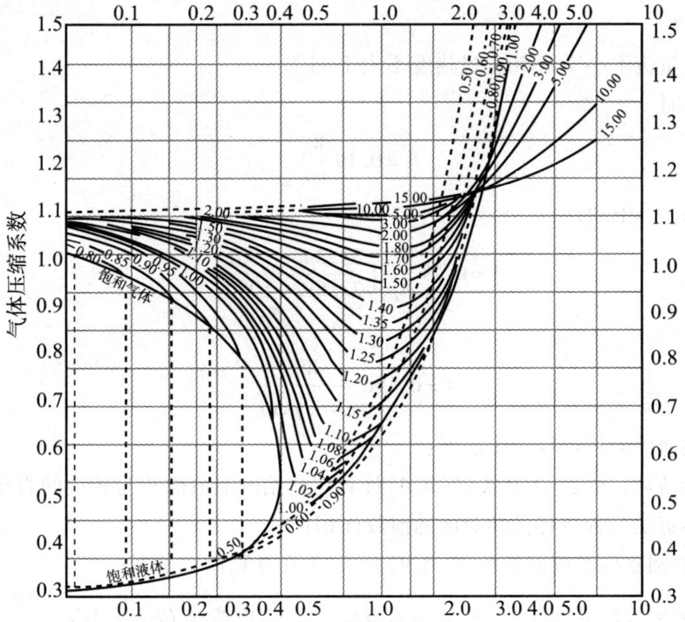

对比温度$T_r=\dfrac{\text{介质的泄放温度（K）}}{\text{介质的临界温度（K）}}$　对比压力$p_r=\dfrac{\text{介质的泄放压力（MPa）}}{\text{介质的临界压力（MPa）}}$（绝压）

图B.1　气体压缩系数

B.8.3　单个泄放装置泄放面积的计算

B.8.3.1　气体

a)临界条件，即$p_o/p_f\leqslant\left(\dfrac{2}{k+1}\right)^{\frac{k}{k-1}}$时，

$$A=13.16\frac{W_s}{CK_{p_f}}\sqrt{\frac{ZT_f}{M}} \tag{B.5}$$

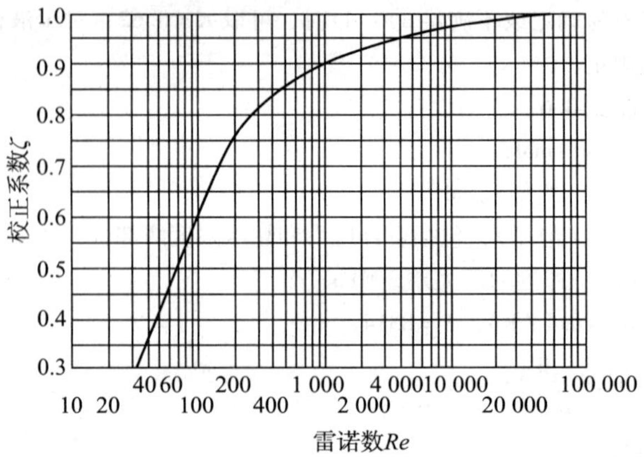

图 B.2　液体动力黏度校正系数 ζ

b）亚临界条件，即 $p_o/p_f > \left(\frac{2}{k+1}\right)^{\frac{k}{k-1}}$ 时，

$$A = 1.79 \times 10^{-2} \frac{W_s}{Kp_f\sqrt{\frac{k}{k-1}\left[\left(\frac{p_o}{p_f}\right)^{\frac{2}{k}} - \left(\frac{p_o}{p_f}\right)^{\frac{k+1}{k}}\right]}}\sqrt{\frac{ZT_f}{M}} \tag{B.6}$$

B.8.3.2　饱和蒸汽

饱和蒸汽中蒸汽含量应不小于98%，过热度不大于11℃。

a）当 $p_f \leqslant 10$　MPa 时

$$A = 0.19\frac{W_s}{kp_f} \tag{B.7}$$

b）当 10 MPa $< p_f \leqslant 22$ MPa 时

$$A = 0.19\frac{W_s}{Kp_f}\left(\frac{33.2p_f - 1061}{27.6p_f - 1000}\right) \tag{B.8}$$

B.8.3.3　液体

$$A = 0.196\frac{W_s}{\zeta K\sqrt{\rho\Delta p}} \tag{B.9}$$

对于黏滞性流体的泄放面积计算程序如下：

a）假设为非黏滞性流体，取 $\zeta = 1.0$ 按式（B.9）计算出初始的泄放面积与相应的直径，并向上圆整到产品系列化规格最近的公称直径及相对应的泄放面积；

b）根据 a）计算出的圆整后泄放面积按式（B.9）及 $\zeta = 1.0$ 计算泄放量 W；

c）根据 b）计算出的泄放量 W 及 a）计算出的圆整后泄放面积按式 $Re = 0.3134\frac{W}{\mu\sqrt{A}}$ 计算雷诺数，由图 B.2 查得 ζ 值，并以查得的 ζ 值按式（B.9）重新计算泄放量 W；

d）若 $W \geqslant W_s$，则该直径（面积）即为所求；若 $W < W_s$ 则采用大一档的产品公称直径相对应的泄放面积代替 a）计算出的圆整后泄放面积重复 b）～d）的计算，直至 $W \geqslant W_s$。

B.8.4　选用的安全泄放装置实际泄放面积应不小于按 B.8.3 计算的最小泄放面积 A。

表 B.4　气体特性系数 C

k	C	k	C	k	C	k	C
1.00	315	1.20	337	1.40	356	1.60	372
1.02	318	1.22	339	1.42	358	1.62	374
1.04	320	1.24	341	1.44	359	1.64	376

续表

k	*C*	*k*	*C*	*k*	*C*	*k*	*C*
1.06	322	1.26	343	1.46	361	1.66	377
1.08	324	1.28	345	1.48	363	1.68	379
1.10	327	1.30	347	1.50	365	1.70	380
1.12	329	1.32	349	1.52	366	2.00	400
1.14	331	1.34	351	1.54	368	2.20	412
1.16	333	1.36	352	1.56	369	—	—
1.18	335	1.38	354	1.58	371	—	—

表 B.5　爆破片安全装置泄放系数

编号	接管示意图	接管形状	泄放系数 *K*
1	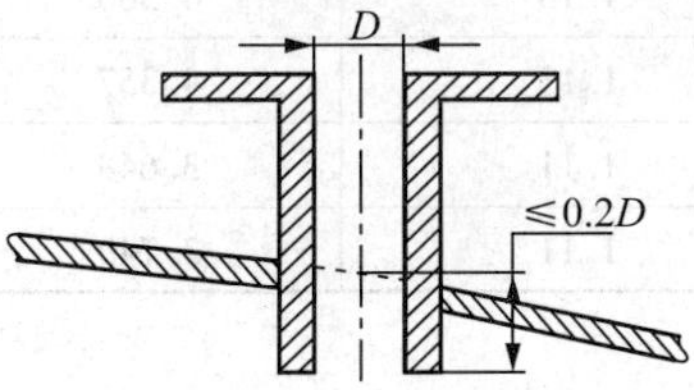	插入式接管	0.68
2	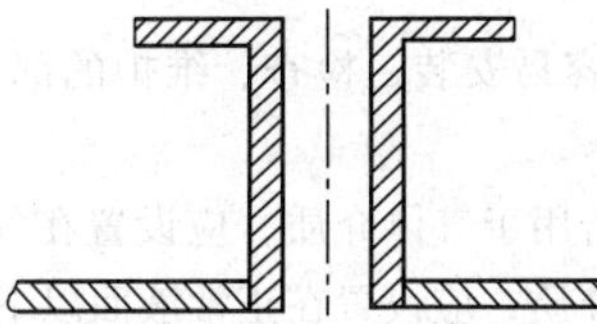	平齐式接管	0.73
3	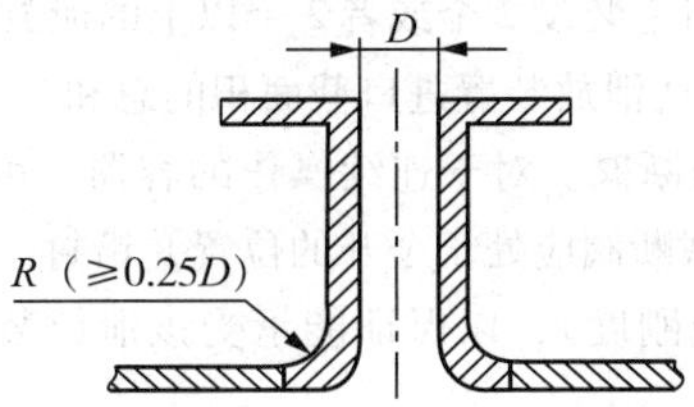	带过渡圆角接管	0.80

表 B.6　部分气体的性质

气体	分子式	摩尔质量 *M*/（kg/kmol）	绝热指数 *k*（0.013MPa，15℃时）	临界压力 P_c/MPa(绝压)	临界温度 T_c/K
空气	—	28.97	1.40	3.769	132.45
氮气	N_2	28.01	1.40	3.394	126.05
氧气	O_2	32.00	1.40	5.036	154.35
氢气	H_2	2.02	1.41	1.297	33.25
氯气	Cl_2	70.91	1.35	7.711	417.15
一氧化碳	CO	28.01	1.40	3.546	134.15
二氧化碳	CO_2	44.01	1.30	7.397	304.25
氨	NH_3	17.03	1.31	11.298	405.55
氯化氢	HCl	36.46	1.41	8.268	324.55

续表

气体	分子式	摩尔质量 M/(kg/kmol)	绝热指数 k (0.013MPa，15℃时)	临界压力 P_c/MPa(绝压)	临界温度 T_c/K
硫化氢	H_2S	34.08	1.32	9.008	373.55
一氧化二氮	N_2O	44.01	1.30	7.265	309.65
二氧化硫	SO_2	64.06	1.29	7.873	430.35
甲烷	CH_4	16.04	1.31	4.641	190.65
乙炔	C_2H_2	26.02	1.26	6.282	309.15
乙烯	C_2H_4	28.05	1.25	5.157	282.85
乙烷	C_2H_6	30.05	1.22	4.945	305.25
丙烯	C_3H_6	42.08	1.15	4.560	365.45
丙烷	C_3H_8	44.10	1.13	4.357	368.75
正丁烷	C_4H_{10}	58.12	1.11	3.648	426.15
异丁烷	$CH(CH_3)_3$	58.12	1.11	3.749	407.15

B.9 泄放装置的设置

B.9.1 泄放装置应设置在容器本体或其连接管线上容易安装、检查、维护的部位。安全阀的阀体应在容器或管线顶部并垂直向上。

B.9.2 泄放装置应设置在靠近容器压力源的位置。若用于气体介质，应设置在气相空间(包括液体上方的气相空间)或与该空间相连通的管线上；若用于液体介质，应设置在正常液面以下。

B.9.3 容器和泄放装置之间的所有管道、管件的截面积应不小于泄放装置的泄放面积，其接管应尽可能短而直，以免产生过大的压力损失。若一个连接口上装设2个或者2个以上的泄放装置(不包括备用安全阀)时，则该连接口入口的截面积，应当至少等于这些泄放装置进口截面积的总和。

B.9.4 容器与泄放装置之间一般不宜设置中间截断阀。对于连续操作的容器，可在容器与泄放装置之间设置截断阀专供检修用。容器在正常工作期间，截断阀应处于全开的位置并铅封。

B.9.5 泄放装置的支撑结构应有足够的强度(或刚度)，以保证能承受该泄放装置泄放时所产生的反力。

B.10 泄放管

B.10.1 泄放管应尽可能设计成垂直方向，其口径应不小于泄放装置的出口直径。若多个泄放装置采用泄放总管时，总管的截面积应不小于各泄放装置泄放口截面积总和。

B.10.2 当泄放管中可能有易爆介质排放时，应根据相应规范要求采取装设阻火器等措施，以防止回火的危险。

B.10.3 在泄放管的适当部位开设排泄孔，用以防止雨、雪及冷凝液等积聚在泄放管内。

B.10.4 在安装爆破片安全装置的泄放管线时，其中心线应与爆破片安全装置的中心线对齐，以避免爆破片受力不均。

附录C
(规范性附录)
以验证性爆破试验确定容器设计压力

C.1　总则

C.1.1　本附录规定了采用验证性爆破试验确定容器设计压力的基本要求。

C.1.2　本附录适用于无法按照GB 150.3进行结构设计计算的压力容器或受压元件。凡能够按GB 150.3要求准确确定其计算厚度的受压元件，其结构强度设计应满足GB 150.3的要求，不得采用本附录的方法。

C.1.3　容器与试验容器(或元件与试验元件)应满足以下要求：

a)相同的设计结构和形状；

b)相同的材料，即对应的材料标准、牌号、热处理状态应一致；

c)相同的名义厚度和结构尺寸。对于截面尺寸相同的结构，其长度不能大于验证试验件；

d)相同的热处理要求；

e)制造偏差应符合GB 150.4的要求。

C.1.4　如果容器中仅部分受压元件的最高允许工作压力采用验证性爆破试验确定，则容器的设计压力应根据所有受压元件的要求确定。

C.1.5　本附录不得用于盛装介质毒性程度为极度或高度危害的容器的设计。

C.2　管理与职责

C.2.1　验证性爆破试验的试验件应由该容器或受压元件的制造单位完成，试验可由该容器或受压元件的制造单位或委托第三方实施。

C.2.2　验证性爆破试验的实施过程应充分考虑试验人员和场地的安全，试验程序和试验场地安全防护措施应经实施试验的单位技术负责人批准。

C.2.3　参照容器耐压试验的监督检验要求，整个试验过程应当接受检验机构人员见证，验证性爆破试验报告应经检验机构人员签字认可。

C.2.4　技术评审

C.2.4.1　以验证性爆破试验确定容器设计压力或受压元件最高允许工作压力的技术文件应按《固定式压力容器安全技术监察规程》1.9条进行技术评审。

C.2.4.2　技术文件要求

C.2.4.2.1　试验件设计和制造文件，至少应包含以下内容：

a)试验件的结构设计图样；

b)材料质量证明文件；

c)制造过程工艺文件；

d)检验记录；

e)其他相关文件。

C.2.4.2.2　验证性爆破试验报告，至少应包含以下内容：

a)试验、测试设备；

b)试验程序；

c)试验过程记录；

d)试验结论。

C.3　试验要求

C.3.1　验证性爆破试验一般以水作为试验介质，试验介质和温度应符合GB 150.4的规定。

C. 3. 2　试验容器在进行验证性爆破试验前，耐压试验压力不得超过预期设计压力的 1. 25 倍。

C. 3. 3　验证性爆破试验的加压应缓慢进行，首先逐渐加压至预期设计压力的 0. 5 倍，保压观察后以 1/10 预期设计压力的增量逐步加压至预期设计压力，进行不少于 10 min 的保压观察后继续以 1/10 预期设计压力的增量加压至爆破或设定的停止点。

C. 3. 4　验证性爆破试验可选择适当的压力作为停止点，只要采用该停止点压力计算得到的设计压力满足预期的设计压力要求即可。

C. 4　设计压力的确定

C. 4. 1　试验温度下最高允许工作压力

a) 按 C. 4. 4 确定 R_{mave}时，按式(C. 1)计算试验温度下的最高允许工作压力 p''，否则按式(C. 2)计算：

$$p''=\frac{p_b R_m \phi}{4R_{mave}} \tag{C. 1}$$

$$p''=\frac{p_b R_m \phi}{4R_{mh}} \tag{C. 2}$$

式中　p''——试验温度下的最高允许工作压力，MPa；

p_b——爆破试验压力或试验停止点压力，MPa；

ϕ——焊接接头系数；

R_m——材料标准抗拉强度下限值，MPa；

R_{mave}——室温下试样的平均抗拉强度，MPa，按 C. 4. 4 确定；

R_{mh}——材料标准抗拉强度上限值，MPa。

b) 考虑腐蚀裕量后试验温度下的最高允许工作压力 p'按式(C. 3)确定：

$$p'=p''\frac{(t-C_2)^n}{t^n} \tag{C. 3}$$

式中　p'——考虑腐蚀裕量后试验温度下的最高允许工作压力，MPa；

t——强度最薄弱处的材料厚度，mm；

C_2——腐蚀裕量，mm；

n——结构形状系数。对于圆筒、球壳、半顶角 $\alpha \leqslant 60°$ 的锥壳等，以及弯曲应力不大于 2/3 总应力的受压元件时，$n=1$；对于平面或近似平面，如平盖板、法兰或半顶角 $\alpha > 60°$ 的锥体等，以及弯曲应力大于 2/3 总应力的受压元件时，$n=2$。

C. 4. 2　设计温度下的最高允许工作压力

设计温度下的最高允许工作压力 p_{max}按式(C. 4)计算：

$$p_{max}=p'\frac{[\sigma]^t}{[\sigma]} \tag{C. 4}$$

式中　p_{max}——设计温度下的最高允许工作压力，MPa；

$[\sigma]^t$——材料设计温度下的许用应力，MPa；

$[\sigma]$——材料试验温度下的许用应力，MPa。

C. 4. 3　采用 C. 4. 1 ~ C. 4. 2 得到的最高允许工作压力作为确定容器设计压力 p 的依据。

C. 4. 4　试样的平均抗拉强度 R_{mave}确定

C. 4. 4. 1　试样应从与试验容器相同的材料上用机械方法截取。

C. 4. 4. 2　取 3 个试样抗拉强度的平均值作为平均抗拉强度。

附录 D
(规范性附录)
对比经验设计方法

D.1　总则

D.1.1　本附录规定了采用对比经验设计的基本要求。

D.1.2　本附录适用于容器的对比经验设计，对比经验设计容器与参照容器应具有相同或相近结构和设计条件。

D.1.3　同时满足以下要求的容器可采用本附录规定的对比经验设计方法：

a)不能按 GB 150.3 进行设计的压力容器；

b)材料标准抗拉强度下限值小于 540 MPa；

c)盛装介质毒性程度为中度危害及以下的容器。

D.1.4　设计单位应取得用户提供的参照容器安全使用的证明文件和设计文件。

D.1.5　采用本方法设计应按《固定式压力容器安全技术监察规程》1.9 条通过技术评审。

D.2　使用经验要求

D.2.1　参照容器应为已投入实际生产运行的容器，其安全运行期限不得少于 5 年。

D.2.2　参照容器的实际运行条件不得低于其设计条件的 80%。

D.3　设计条件

D.3.1　与参照容器结构相同、介质相同。

D.3.2　设计温度不得高于参照容器的设计温度；对于设计温度低于 0℃的容器，容器设计温度不得低于参照容器的设计温度。

D.3.3　设计压力不得高于参照容器的设计压力。

D.4　结构

D.4.1　对比经验设计容器应与参照容器具有相同或相似的结构，主要结构尺寸的结构相似比应在 0.85 ~ 1.15 之间。

D.4.2　在保证对比经验设计容器使用功能前提下，应考虑结构优化，减小总体结构不连续和局部结构不连续所引起的二次应力和峰值应力的影响。

D.5　材料

D.5.1　对比经验设计容器的材料设计温度下的力学性能不得低于参照容器材料的相应要求。

D.5.2　对比经验设计容器的材料耐腐蚀性能不得低于参照容器材料的相应要求。

D.6　设计

D.6.1　容器的对比经验设计应满足以上要求，其结构尺寸可按结构相似原则确定。

D.6.2　设计单位应提供设计说明书。

D.6.3　对于按 JB 4732—1995 的 3.10.2 和 3.10.3 要求需进行疲劳分析的容器，根据本附录的要求进行对比经验设计时，设计说明书中还应补充容器的疲劳分析内容。

附录 E
（规范性附录）
局部结构应力分析和评定

E. 1 总则

E. 1. 1 本附录规定了容器局部结构采用应力分析方法（容器总体按 GB 150 设计）作为设计依据的基本要求。

E. 1. 2 本附录仅适用于按 GB 150. 3 无法进行设计计算的容器局部结构。

E. 2 设计管理

E. 2. 1 按本附录进行容器局部结构应力分析的设计单位和设计者一般不要求具备分析设计资格。

E. 2. 2 设计单位应对局部结构分析的正确性负责，分析报告应作为对应局部结构的强度计算书。

E. 3 强度评定要求

E. 3. 1 应力分类及应力分析结果的评定方法应符合 JB 4732 的规定。

E. 3. 2 材料的设应力强度按 GB 150. 2 对应材料的许用应力确定。

E. 4 局部结构的制造、检验和验收要求应满足 JB 4732 的相应规定。

附录F
（规范性附录）
风险评估报告

F.1　总则

F.1.1　本附录规定了风险评估报告的基本要求。

F.1.2　容器设计者应根据相关法规或设计委托方要求编制针对容器预期使用状况的风险评估报告。

F.1.3　设计者应充分考虑容器在各种工况条件下可能产生的失效模式，在材料选择、结构设计、制造检验要求等方面提出安全措施，防止可能发生的失效。

F.1.4　设计者应向容器用户提供制定容器事故应急预案所需要的信息。

F.2　制定原则和程序

F.2.1　设计阶段风险评估主要针对危害识别和风险控制。

F.2.2　设计阶段风险评估按以下程序进行：

a)根据用户设计条件和其他设计输入信息，确定容器的各种使用工况；

b)根据各使用工况的介质、操作条件、环境因素进行危害识别，确定可能发生的危害及其后果；

c)针对所有危害和相应的失效模式，说明应采取的安全防护措施和依据；

d)对于可能发生的失效模式，给出制定事故应急预案所需要的信息；

e)形成完整的风险评估报告。

F.3　风险评估报告内容

风险评估报告应至少包括：

a)压力容器的基本设计参数：压力、温度、材料、介质性质和外载荷等；

b)操作工况条件的描述；

c)所有操作、设计条件下可能发生的危害，如：爆炸、泄漏、破损、变形等；

d)对于标准已经有规定的失效模式，说明采用标准的条款；

e)对于标准没有规定的失效模式，说明设计中载荷、安全系数和相应计算方法的选取依据；

f)对介质少量泄漏、大量涌出和爆炸状况下如何处置的措施；

g)根据周围人员的可能伤及情况，规定合适的人员防护设备和措施；

h)风险评估报告应具有与设计图纸一致的签署。

2. 压力容器　第 2 部分：材料

（GB 150.2—2011
部分代替 GB 150—1998）

目　　录

1　范围

GB 150的本部分规定了压力容器受压元件用钢材允许使用的钢号及其标准，钢材的附加技术要求，钢材的使用范围（温度和压力）和许用应力。

本部分适用于设计温度 -253~800℃、设计压力不大于35 MPa的压力容器。

本部分不适用的范围为：GB 150.1规定的不适用范围；制冷、造纸行业的容器，搪玻璃容器和简单压力容器；TSG R0004中1.4条所规定的范围。

2　规范性引用文件

下列文件对于本文件的应用是必不可少的。凡是注日期的引用文件，仅注日期的版本适用于本文件。凡是不注日期的引用文件，其最新版本（包括所有的修改单）适用于本文件。

GB 150.1—2011　压力容器　第1部分：通用要求

GB 150.3—2011　压力容器　第3部分：设计

GB/T 228　金属材料　室温拉伸试验方法

GB/T 229　金属材料　夏比摆锤冲击试验方法

GB/T 699　优质碳素结构钢

GB 713　锅炉和压力容器用钢板

GB/T 1220　不锈钢棒

GB/T 1221　耐热钢棒

GB/T 3077　合金结构钢

GB 3531　低温压力容器用低合金钢钢板

GB/T 4226　不锈钢冷加工钢棒

GB/T 4334　金属和合金的腐蚀　不锈钢晶间腐蚀试验方法

GB 5310　高压锅炉用无缝钢管

GB 6479—2000　高压化肥设备用无缝钢管

GB/T 6803　铁素体钢的无塑性转变温度落锤试验方法

GB/T 7735　钢管涡流探伤检验方法

GB/T 8163　输送流体用无缝钢管

GB 9948　石油裂化用无缝钢管

GB/T 12771　流体输送用不锈钢焊接钢管

GB 13296　锅炉、热交换器用不锈钢无缝钢管

GB/T 14976　流体输送用不锈钢无缝钢管

GB 19189　压力容器用调质高强度钢板

GB/T 20878　不锈钢和耐热钢　牌号及化学成分

GB/T 21832　奥氏体-铁素体型双相不锈钢焊接钢管

GB/T 21833　奥氏体-铁素体型双相不锈钢无缝钢管

GB 24511　承压设备用不锈钢钢板及钢带

GB/T 24593　锅炉和热交换器用奥氏体不锈钢焊接钢管

NB/T 47002.1　压力容器用爆炸焊接复合板　第1部分：不锈钢-钢复合板

NB/T 47002.2　压力容器用爆炸焊接复合板　第2部分：镍-钢复合板

NB/T 47002.3　压力容器用爆炸焊接复合板　第3部分：钛-钢复合板

NB/T 47002.4　压力容器用爆炸焊接复合板　第4部分：铜-钢复合板

NB/T 47008　承压设备用碳素钢和合金钢锻件

NB/T 47009　低温承压设备用低合金钢锻件

NB/T 47010　承压设备用不锈钢和耐热钢锻件

JB/T 4730.3　承压设备无损检测　第3部分：超声检测

JB/T 4756　镍及镍合金制压力容器

TSG R0004　固定式压力容器安全技术监察规程

ISO 9328－2：2004　承压设备用钢板及钢带　供货技术条件　第2部分：规定高温性能的非合金钢和合金钢（Steel flat products for pressure purposes—Technical delivery conditions—Part 2：Non－alloy and alloy steels with specified elevated temperature properties）

3　总则

3.1　本标准对压力容器受压元件所采用的钢板、钢管、钢锻件和螺柱（含螺栓）用钢材做出了相关规定。与受压元件相焊接的非受压元件用钢应是焊接性良好的钢材。

3.2　采用本标准未列入钢号的钢材时，除奥氏体型钢材外均应符合附录A的有关规定。允许采用已列入国家标准中的奥氏体型钢材，但其技术要求（如磷、硫含量，强度指标）不应低于本标准所列入相应钢材标准中化学成分相近钢号的规定。

3.3　压力容器受压元件用钢应附有钢材生产单位的钢材质量证明书原件，容器制造单位应按质量证明书对钢材进行验收。如无钢材生产单位的钢材质量证明书原件时，则应按TSG R0004中2.1的规定。对符合TSG R0004中2.11所规定的情况，压力容器制造单位应对钢材进行复验。

3.4　选择压力容器受压元件用钢时应考虑容器的使用条件（如设计温度、设计压力、介质特性和操作特点等）、材料的性能（力学性能、工艺性能、化学性能和物理性能）、容器的制造工艺以及经济合理性。

3.5　压力容器受压元件用钢应当是氧气转炉或者电炉冶炼的镇静钢。对标准抗拉强度下限值大于或者等于540 MPa的低合金钢钢板和奥氏体－铁素体型不锈钢钢板，以及用于使用温度低于－20℃的低温钢板和低温钢锻件，还应当采用炉外精炼工艺。

3.6　压力容器受压元件用钢材的使用温度上限

3.6.1　钢材的使用温度上限（相应受压元件的最高设计温度）为本标准各许用应力表中各钢号许用应力所对应的最高温度。如在工艺过程中，钢材需短时在高于使用温度上限操作时，由设计文件规定。许用应力表中粗线右侧的许用应力系由钢材10万小时的高温持久强度极限所确定。

3.6.2　碳素钢和碳锰钢钢材在高于425℃温度下长期使用时，应考虑钢中碳化物相的石墨化倾向。

3.6.3　奥氏体型钢材的使用温度高于525℃时，钢中含碳量应不小于0.04%。

3.7　压力容器受压元件用钢材的使用温度下限

3.7.1　钢材（奥氏体型钢材除外）的使用温度下限（相应受压元件的最低设计温度）按第4章至第7章相关条文的规定。

3.7.2　奥氏体型钢材的使用温度高于或等于－196℃时，可免做冲击试验。低于－196～－253℃，由设计文件规定冲击试验要求。

3.7.3　对用于低温低应力工况的钢材，其使用温度下限按GB 150.3—2011附录E的规定。

3.8　碳素钢和低合金钢钢材的冲击试验要求

3.8.1　碳素钢和低合金钢钢材（钢板、钢管、钢锻件及其焊接接头）的冲击功最低值按表1的规定。

表1　碳素钢和低合金钢钢材的冲击功最低值

钢材标准抗拉强度下限值 R_m/MPa	3个标准试样冲击功平均值 KV_2/J
≤450	≥20
>450～510	≥24
>510～570	≥31

续表

钢材标准抗拉强度下限值 R_m/MPa	3个标准试样冲击功平均值 KV_2/J
>570~630	≥34
>630~690	≥38
注：对 R_m 随厚度增大而降低的钢材，按该钢材最小厚度范围的 R_m 确定冲击功指标。	

3.8.2　夏比V型缺口冲击试样的取样部位和试样方向应符合相应钢材标准的规定。冲击试验每组取3个标准试样，允许1个试样的冲击功数值低于表1的规定值，但不得低于表1规定值的70%。当钢材尺寸无法制备标准试样时，则应依次制备宽度为7.5mm或5mm的小尺寸冲击试样，其冲击功指标分别为标准试样冲击功指标的75%或50%。

3.8.3　钢板的冲击试验要求分别按GB 713、GB 3531和GB 19189的规定。如需提高冲击功指标，应在设计文件中注明。对Q245R、Q345R和13MnNiMoR钢板，如需规定进行-20℃冲击试验时，应在设计文件中注明。

3.8.4　钢管的冲击试验要求按第5章相关条文的规定。

3.8.5　钢锻件的冲击试验要求分别按NB/T 47008和NB/T 47009的规定。如需提高冲击功指标，应在设计文件中注明。对20、16Mn和20MnMo钢锻件，如需规定进行-20℃冲击试验时，应在设计文件中注明。

3.8.6　低合金钢螺柱的冲击试验要求按7.1.3和7.1.4的规定。

3.9　根据设计文件要求，钢材可按GB/T 4334进行晶间腐蚀试验，也可按有关标准进行应力腐蚀试验、点腐蚀试验，具体试验方法和合格指标在设计文件中规定。

3.10　对钢材有特殊技术要求时(如特殊冶炼方法、严格的化学成分、较高的冲击功指标、附加保证高温屈服强度、提高无损检测合格等级、增加力学性能检验率等)，应在设计文件中规定。

3.11　对已列入本标准的标准抗拉强度下限值大于或等于540 MPa的和用于压力容器设计温度低于-40℃的低合金钢钢板，如钢板制造单位无该钢板在压力容器中的应用业绩，则钢板制造单位仍应按TSG R0004的规定通过技术评审。

3.12　钢材的高温屈服强度、持久强度极限、弹性模量和平均线膨胀系数参考值参见附录B。

3.13　高合金钢钢号近似对照参见附录C。

3.14　压力容器制造或现场组焊单位对受压元件用钢材的代用，应事先取得原设计单位的书面批准，并在竣工图上做详细记录。

3.15　本标准中各钢材的许用应力按GB 150.1的原则确定，各钢材许用应力表中中间温度的许用应力可用内插法求得。

4　钢板

4.1　碳素钢和低合金钢钢板

4.1.1　钢板的标准、使用状态及许用应力按表2的规定。

4.1.2　表2中所有用连铸坯轧制的钢板，压缩比应不小于3。

4.1.3　对容器制造过程中需进行正火、正火加回火或调质热处理的碳素钢和低合金钢钢板，钢板制造单位的交货状态可不同于表2中的使用状态。钢板制造单位出厂检验和容器制造单位复验钢板力学性能时，应从热处理的样坯上取样进行试验。样坯厚度为钢板厚度，样坯长度和宽度均不小于3倍钢板厚度。试样的轴线应位于离样坯表面1/4厚度处，试样所处的位置离样坯各个侧面的距离应不小于样坯厚度，但拉伸试样的头部(或夹持部位)不受此限制。

4.1.4　下列碳素钢和低合金钢钢板，应在正火状态下使用：

a)用于多层容器内筒的Q245R和Q345R；

b)用于壳体的厚度大于36mm的Q245R和Q345R；

c)用于其他受压元件(法兰、管板、平盖等)的厚度大于50mm的Q245R和Q345R。

表2　碳素钢和低合金钢钢板许用应力

钢号	钢板标准	使用状态	厚度/mm	室温强度指标 R_m/MPa	室温强度指标 R_{eL}/MPa	在下列温度(℃)下的许用应力/MPa ≤20	100	150	200	250	300	350	400	425	450	475	500	525	550	575	600	注
Q245R	GB 713	热轧，控轧，正火	3～16	400	245	148	147	140	131	117	108	98	91	85	61	41						
			>16～36	400	235	148	140	133	124	111	102	93	86	84	61	41						
			>36～60	400	225	148	133	127	119	107	98	89	82	80	61	41						
			>60～100	390	205	137	123	117	109	98	90	82	75	73	61	41						
			>100～150	380	185	123	112	107	100	90	80	73	70	67	61	41						
Q345R	GB 713	热轧，控轧，正火	3～16	510	345	189	189	189	183	167	153	143	125	93	66	43						
			>16～36	500	325	185	185	183	170	157	143	133	125	93	66	43						
			>36～60	490	315	181	181	173	160	147	133	123	117	93	66	43						
			>60～100	490	305	181	181	167	150	137	123	117	110	93	66	43						
			>100～150	480	285	178	173	160	147	133	120	113	107	93	66	43						
			>150～200	470	265	174	163	153	143	130	117	110	103	93	66	43						
Q370R	GB 713	正火	10～16	530	370	196	196	196	196	190	180	170										
			>16～36	530	360	196	196	196	193	183	173	163										
			>36～60	520	340	193	193	193	180	170	160	150										
18MnMoNbR	GB 713	正火加回火	30～60	570	400	211	211	211	211	211	211	211	207	195	177	117						
			>60～100	570	390	211	211	211	211	211	211	211	203	192	177	117						
13MnNiMoR	GB 713	正火加回火	30～100	570	390	211	211	211	211	211	211	211	203									
			>100～150	570	380	211	211	211	211	211	211	211	200									
15CrMoR	GB 713	正火加回火	6～60	450	295	167	167	167	160	150	140	133	126	122	119	117	88	58	37			
			>60～100	450	275	167	167	157	147	140	131	124	117	114	111	109	88	58	37			
			>100～150	440	255	163	157	147	140	133	123	117	110	107	104	102	88	58	37			

续表

钢号	钢板标准	使用状态	厚度/mm	室温强度指标		在下列温度(℃)下的许用应力/MPa																注
				R_m/MPa	R_{eL}/MPa	≤20	100	150	200	250	300	350	400	425	450	475	500	525	550	575	600	
14Cr1MoR	GB 713	正火加回火	6～100	520	310	193	187	180	170	163	153	147	140	135	130	123	80	54	33			
			>100～150	510	300	189	180	173	163	157	147	140	133	130	127	121	80	54	33			
12Cr2Mo1R	GB 713	正火加回火	6～150	520	310	193	187	180	173	170	167	163	160	157	147	119	89	61	46	37		
12Cr1MoVR	GB 713	正火加回火	6～60	440	245	163	150	140	133	127	117	111	105	103	100	98	95	82	59	41		
			>60～100	430	235	157	147	140	133	127	117	111	105	103	100	98	95	82	59	41		
12Cr2Mo1VR	—	正火加回火	30～120	590	415	219	219	219	219	219	219	219	219	219	193	163	134	104	72			1
16MnDR	GB 3531	正火，正火加回火	6～16	490	315	181	181	180	167	153	140	130										
			>16～36	470	295	174	174	167	157	143	130	120										
			>36～60	460	285	170	170	160	150	137	123	117										
			>60～100	450	275	167	167	157	147	133	120	113										
			>100～120	440	265	163	163	153	143	130	117	110										
15MnNiDR	GB 3531	正火，正火加回火	6～16	490	325	181	181	181	173													
			>16～36	480	315	178	178	178	167													
			>36～60	470	305	174	174	173	160													
15MnNiNbDR	—	正火，正火加回火	10～16	530	370	196	196	196	196													1
			>16～36	530	360	196	196	196	193													
			>36～60	520	350	193	193	193	187													
09MnNiDR	GB 3531	正火，正火加回火	6～16	440	300	163	163	163	160	153	147	137										
			>16～36	430	280	159	159	157	150	143	137	127										
			>36～60	430	270	159	159	150	143	137	130	120										
			>60～120	420	260	156	156	147	140	133	127	117										

续表

钢号	钢板标准	使用状态	厚度/mm	室温强度指标		在下列温度(℃)下的许用应力/MPa																注
				R_m/MPa	R_{eL}/MPa	≤20	100	150	200	250	300	350	400	425	450	475	500	525	550	575	600	
08Ni3DR	—	正火，正火加回火，调质	6~60	490	320	181	181															1
			>60~100	480	300	178	178															
06Ni9DR	—	调质	6~30	680	560	252	252															1
			>30~40	680	550	252	252															
07MnMoVR	GB 19189	调质	10~60	610	490	226	226	226	226													
07MnNiVDR	GB 19189	调质	10~60	610	490	226	226	226	226													
07MnNiMoDR	GB 19189	调质	10~50	610	490	226	226	226	226													
12MnNiVR	GB 19189	调质	10~60	610	490	226	226	226	226													

注1：该钢板的技术要求见附录A。

4.1.5　下列碳素钢和低合金钢钢板，应每张热处理钢板（热处理后钢板被切割成数张时仍按1张考虑）进行拉伸和V型缺口冲击试验：

a）调质热处理钢板；

b）多层容器的内筒钢板；

c）壳体厚度大于60 mm的钢板。

4.1.6　根据设计文件要求，对厚度大于36mm的调质状态使用的钢板和厚度大于80mm的正火或正火加回火状态使用的钢板，可增加一组在钢板厚度1/2处取样的冲击试验，其冲击功指标在设计文件中规定。

4.1.7　根据设计文件要求，对厚度大于36mm的标准抗拉强度下限值大于或等于540MPa的钢板和用于设计温度低于-40℃的钢板，可附加进行落锤试验。试验按GB/T 6803进行，采用P-2型试样，无塑性转变（NDT）温度的合格指标在设计文件中规定。

4.1.8　壳体用钢板（不包括多层容器的层板）应按表3的规定逐张进行超声检测，钢板超声检测方法和质量等级按JB/T 4730.3的规定。

4.1.9　公称容积大于或等于50m^3的球形储罐，其球壳板厚度不宜大于50mm。

4.1.10　用于设计温度高于200℃的Q370R钢板，以及用于设计温度高于300℃的18MnMoNbR、13MnNiMoR和12Cr2MolVR钢板，应在设计文件中要求钢板按批进行设计温度下的高温拉伸试验，其屈服强度值参见附录B。

4.1.11　受压元件用钢板，其使用温度下限按表4的规定，表4中Q245R和Q345R钢板的使用状态还应符合4.1.4的规定。对厚度大于100 mm的壳体用钢板及其焊接接头，应规定较严格的冲击试验要求，设计单位可选用下列方法：

a）冲击试验温度按最低设计温度，但冲击功指标高于表1的规定；

b）冲击试验温度低于最低设计温度，冲击功指标按表1的规定。

表3　壳体用钢板超声检测要求

钢　号	钢板厚度/mm	容器使用条件	质量等级
Q245R Q345R	>30~36	—	不低于Ⅲ级
	>36	—	不低于Ⅱ级
Q370R Mn-Mo系 Cr-Mo系 Cr-Mo-V系	>25	—	不低于Ⅱ级
16MnDR Ni系低温钢 （调质状态除外）	>20	—	不低于Ⅱ级
调质状态 使用的钢号	>16	—	Ⅰ级
多层容器内筒钢板	≥12	—	Ⅰ级
—	≥12	介质毒性程度为极度或高度危害；在湿H_2S环境中使用；设计压力大于或等于10MPa	不低于Ⅱ级

表4　钢板的使用温度下限

钢号	钢板厚度/mm	使用状态	冲击试验要求	使用温度下限/℃
中常温用钢板				
Q245R	<6	热轧、控轧、正火	免做冲击	-20
	6~12		0℃冲击	-20
	>12~16			-10
	>16~150			0
	>12~20	热轧、控轧	-20℃冲击(协议)	-20
	>12~150	正火		-20
Q345R	<6	热轧、控轧、正火	免做冲击	-20
	6~20		0℃冲击	-20
	>20~25			-10
	>25~200			0
	>20~30	热轧、控轧	-20℃冲击(协议)	-20
	>20~200	正火		-20
Q370R	10~60	正火	-20℃冲击	-20
18MnMoNbR	30~100	正火加回火	0℃冲击	0
			-10℃冲击(协议)	-10
13MnNiMoR	30~150	正火加回火	0℃冲击	0
			-20℃冲击(协议)	-20
07MnMoVR	10~60	调质	-20℃冲击	-20
12MnNiVR	10~60	调质	-20℃冲击	-20
低温用钢板				
16MnDR	6~60	正火，正火加回火	-40℃冲击	-40
	>60~120		-30℃冲击	-30
15MnNiDR	6~60	正火，正火加回火	-45℃冲击	-45
15MnNiNbDR	10~60	正火，正火加回火	-50℃冲击	-50
09MnNiDR	6~120	正火，正火加回火	-70℃冲击	-70
08Ni3DR	6~100	正火，正火加回火，调质	-100℃冲击	-100

续表

钢号	钢板厚度/mm	使用状态	冲击试验要求	使用温度下限/℃
06Ni9DR	6~40 (6~12)	调质(或两次正火加回火)	-196℃冲击	-196
07MnNiVDR	10~60	调质	-40℃冲击	-40
07MnNiMoDR	10~50	调质	-50℃冲击	-50

4.1.12　允许使用ISO 9328-2中的P265GH和P355GH钢板，其使用状态、厚度和使用温度范围、以及许用应力分别按Q245R和Q345R钢板的相应规定。当钢板按4.1.11的规定需进行-20℃冲击试验时，P265GH和P355GH钢板的冲击功指标(3个标准试伴冲击功的平均值)应分别提高到31J和34J。

4.1.13　Q235系列钢板(Q235B和Q235C)的使用规定见附录D。

4.2　高合金钢钢板

4.2.1　钢板的标准、厚度范围及许用应力按表5的规定。

4.2.2　表5中的所有钢板均应由经炉外精炼的钢轧制而成。用连铸坯轧制的钢板其压缩比应不小于3。

4.2.3　钢板的交货状态应按GB 24511的相应规定，铁素体型(S1××××)钢板以退火状态交货，奥氏体-铁素体型(S2××××)钢板和奥氏体型(S3××××)钢板以固溶热处理状态交货。

4.2.4　GB 24511标准中热轧厚钢板、热轧钢板及钢带的厚度允许偏差分为普通精度和较高精度两个等级，压力容器一般采用普通精度，如需采用较高精度(代号PT)时，应在设计文件中规定。

4.2.5　GB 24511标准中钢板的表面加工类型，热轧产品分为1E级(热轧、热处理、机械除氧化皮)和1D级(热轧、热处理、酸洗)，冷轧产品分为2D级(冷轧、热处理、酸洗或除鳞)和2B级(冷轧、热处理、酸洗或除鳞、光亮加工)，设计文件中应规定表面加工类型。压力容器中热轧产品一般采用1D级，冷轧产品一般采用2B级。

4.2.6　受压元件用钢板，使用温度下限按下列规定：

a)铁素体型钢板为0℃；

b)奥氏体-铁素体型钢饭为-20℃；

c)奥氏体型钢板按3.7.2规定。

4.2.7　设计文件可按GB 24511标准提出对奥氏体型钢饭附加检验$R_{p1.0}$的要求，并用标准规定值按GB 150.1—2011中4.4确定钢板的许用应力。

表 5　高合金钢钢板许用应力

钢号	钢板标准	厚度/mm	在下列温度(℃)下的许用应力/MPa																						注
			≤20	100	150	200	250	300	350	400	450	500	525	550	575	600	625	650	675	700	725	750	775	800	
S11306	GB 24511	1.5～25	137	126	123	120	119	117	112	109															
S11348	GB 24511	1.5～25	113	104	101	100	99	97	95	90															
S11972	GB 24511	1.5～8	154	154	149	142	136	131	125																
S21953	GB 24511	1.5～80	233	233	223	217	210	203																	
S22253	GB 24511	1.5～80	230	230	230	230	223	217																	
S22053	GB 24511	1.5～80	230	230	230	230	223	217																	
S30408	GB 24511	1.5～80	137	137	137	130	122	114	111	107	103	100	98	91	79	64	52	42	32	27					1
			137	114	103	96	90	85	82	79	76	74	73	71	67	62	52	42	32	27					
S30403	GB 24511	1.5～80	20	120	118	110	103	98	94	91	88														1
			120	98	87	81	76	73	69	67	65														
S30409	GB 24511	1.5～80	137	137	137	130	122	114	111	107	103	100	98	91	79	64	52	42	32	27					1
			137	114	103	96	90	85	82	79	76	74	73	71	67	62	52	42	32	27					
S31008	GB 24511	1.5～80	137	137	137	137	134	130	125	122	119	115	113	105	84	61	43	31	23	19	15	12	10	8	1
			137	121	111	105	99	96	93	90	88	85	84	83	81	61	43	31	23	19	15	12	10	8	
S31608	GB 24511	1.5～80	137	137	137	134	125	118	113	111	109	107	106	105	96	81	65	50	38	30					1
			137	117	107	99	93	87	84	82	81	79	78	78	76	73	65	50	38	30					
S31603	GB 24511	1.5～80	120	120	117	108	100	95	90	86	84														1
			120	98	87	80	74	70	67	64	62														
S31668	GB 24511	1.5～80	137	137	137	134	125	118	113	111	109	107													1
			137	117	107	99	93	87	84	82	81	79													

续表

钢号	钢板标准	厚度/mm	在下列温度(℃)下的许用应力/MPa																						注
			≤20	100	150	200	250	300	350	400	450	500	525	550	575	600	625	650	675	700	725	750	775	800	
S31708	GB 24511	1.5～80	137	137	137	134	125	118	113	111	109	107	106	105	96	81	65	50	38	30					1
			137	117	107	99	93	87	84	82	81	79	78	78	76	73	65	50	38	30					
S31703	GB 24511	1.5～80	137	137	137	134	125	118	113	111	109														1
			137	117	107	99	93	87	84	82	81														
S32168	GB 24511	1.5～80	137	137	137	130	122	114	111	108	105	103	101	83	58	44	33	25	18	13					1
			137	114	103	96	90	85	82	80	78	76	75	74	58	44	33	25	18	13					
S39042	GB 24511	1.5～80	147	147	147	147	144	131	122																1
			147	137	127	117	107	97	90																

注1：该行许用应力仅适用于允许产生微量永久变形之元件，对于法兰或其他有微量永久变形就引起泄漏或故障的场合不能采用。

4.3　复合钢板

4.3.1　不锈钢－钢复合板

a)不锈钢－钢复合板的技术要求应符合 NB/T 47002.1 的规定。对不计入强度计算的奥氏体型不锈钢覆材，可选用 GB 24511 以外的国家标准中的钢号，该覆材钢号的技术要求(如磷、硫含量，强度指标等)允许低于 GB 24511 相应钢号的规定；

b)复合板的未结合率不应大于5%，设计文件中应规定复合板的级别；

c)不锈钢－钢复合板的使用温度范围应同时符合本标准对基材和覆材使用温度范围的规定；

d)设计文件也可选用其他复合钢板标准，但其技术要求和使用温度范围应符合 a)～c)的规定，其中复合界面的结合剪切强度应不小于 210MPa。

4.3.2　镍－钢复合板

a)镍－钢复合板的技术要求应符合 NB/T 47002.2 的规定；

b)复合板的未结合率不应大于5%，设计文件中应规定复合板的级别；

c)镍－钢复合板的使用温度范围应同时符合基材和覆材使用温度范围的规定，其中基材的使用温度范围应符合本标准的规定，覆材的使用温度范围应符合 JB/T 4756 的规定；

d)设计文件也可选用其他复合钢板标准，但其技术要求和使用温度范围应符合 a)～c)的规定，其中复合界面的结合剪切强度应不小于 210MPa。

4.3.3　钛－钢复合板

a)钛－钢复合板的技术要求应符合 NB/T 47002.3 的规定；

b)复合板的未结合率不应大于5%，设计文件中应规定复合板的级别；

c)钛－钢复合板的使用温度下限按本标准对基材的规定，使用温度上限为 350℃；

d)设计文件也可选用其他复合钢板标准，但其技术要求和使用温度范围应符合 a)～c)的规定，其中复合界面的结合剪切强度应不小于 140 MPa。

4.3.4　铜－钢复合板

a)铜－钢复合板的技术要求应符合 NB/T 47002.4 的规定；

b)复合板的未结合率不应大于5%，设计文件中应规定复合板的级别；

c)铜－钢复合板的使用温度下限按本标准对基材的规定，使用温度上限为 200℃；

d)设计文件也可选用其他复合钢板标准，但其技术要求和使用温度范围应符合 a)～c)的规定，其中复合界面的结合剪切强度应不小于 100MPa。

5　钢管

5.1　碳素钢和低合金钢钢管

5.1.1　钢管的标准、使用状态及许用应力按表 6 的规定。对壁厚大于 30mm 的钢管和使用温度低于－20℃的钢管，表中的正火不允许用终轧温度符合正火温度的热轧来代替。

5.1.2　表 6 中用于设计温度低于－40℃的钢管用钢均应经炉外精炼。

表6 碳素钢和低合金钢钢管许用应力

钢号	钢管标准	使用状态	厚度/mm	室温强度指标		在下列温度(℃)下的许用应力/MPa																注
				R_m/MPa	R_{eL}/MPa	≤20	100	150	200	250	300	350	400	425	450	475	500	525	550	575	600	
10	GB/T 8163	热轧	≤10	335	205	124	121	115	108	98	89	82	75	70	61	41						
20	GB/T 8163	热轧	≤10	410	245	152	147	140	131	117	108	98	88	83	61	41						
Q345D	GB/T 8163	正火	≤10	470	345	174	174	174	174	167	153	143	125	93	66	43						
10	GB 9948	正火	≤16	335	205	124	121	115	108	98	89	82	75	70	61	41						
			>16~30	335	195	124	117	111	105	95	85	79	73	67	61	41						
20	GB 9948	正火	≤16	410	245	152	147	140	131	117	108	98	88	83	61	41						
			>16~30	410	235	152	140	133	124	111	102	93	83	78	61	41						
20	GB 6479	正火	≤16	410	245	152	147	140	131	117	108	98	88	83	61	41						
			>16~30	410	235	152	140	133	124	111	102	93	83	78	61	41						
16Mn	GB 6479	正火	≤16	490	320	181	181	180	167	153	140	130	123	93	66	43						
			>16~40	490	310	181	181	173	160	147	133	123	117	93	66	43						
12CrMo	GB 9948	正火加回火	≤16	410	205	137	121	115	108	101	95	88	82	80	79	77	74	50				
			>16~30	410	195	130	117	111	105	98	91	85	79	77	75	74	72	50				
15CrMo	GB 9948	正火加回火	≤16	440	235	157	140	131	124	117	108	101	95	93	91	90	88	58	37			
			>16~30	440	225	150	133	124	117	111	103	97	91	89	87	86	85	58	37			
			>30~50	440	215	143	127	117	111	105	97	92	87	85	84	83	81	58	37			
12Cr2Mo1	—	正火加回火	≤30	450	280	167	167	163	157	153	150	147	143	140	137	119	89	61	46	37		1
1Cr5Mo	GB 9948	退火	≤16	390	195	130	117	111	108	105	101	98	95	93	91	83	62	46	35	26	18	
			>16~30	390	185	123	111	105	101	98	95	91	88	86	85	82	62	46	35	26	18	
12Cr1MoVG	GB 5310	正火加回火	≤30	470	255	170	153	143	133	127	117	111	105	103	100	98	95	82	59	41		
09MnD	—	正火	≤8	420	270	156	156	150	143	130	120	110										1
09MnNiD	—	正火	≤8	440	280	163	163	157	150	143	137	127										1
08Cr2AlMo	—	正火加回火	≤8	400	250	148	148	140	130	123	117											1
09CrCuSb	—	正火	≤8	390	245	144	144	137	127													1

注1：该钢管的技术要求见附录A。

5.1.3　GB/T 8163 中 10、20 钢和 Q345D 钢管的使用规定如下：

a)不得用于换热管；

b)设计压力不大于 4.0MPa；

c)10、20 和 Q345D 钢管的使用温度下限相应为 -10℃、0℃和 -20℃；

d)钢管壁厚不大于 10 mm；

e)不得用于毒性程度为极度或高度危害的介质。

5.1.4　GB 9948 中各钢号钢管的使用规定如下：

a)换热管应选用冷拔或冷轧钢管，钢管的尺寸精度应选用高级精度；

b)外径不小于 70mm，且壁厚不小于 6.5mm 的 10 和 20 钢管，应分别进行 -20℃和 0℃的冲击试验，3 个纵向标准试样的冲击功平均值应不小于 31 J。1 个试样的最低值以及小尺寸试样的冲击功指标按 3.8.2 的规定。10 和 20 钢管的使用温度下限分别为 -20℃和 0℃。

5.1.5　GB 6479 中各钢号钢管的使用规定如下：

a)钢中含硫量应不大于 0.020%；

b)换热管应选用冷拔或冷轧钢管，钢管尺寸精度应选用高级精度；

c)外径不小于 70mm，且壁厚不小于 6.5mm 的 20 和 16Mn 钢管，应分别进行 0℃和 -20℃的冲击试验，3 个纵向标准试样的冲击功平均值应分别不小于 31J 和 34J。1 个试样的最低值以及小尺寸试样的冲击功指标按 3.8.2 的规定。20 和 16Mn 钢管的使用温度下限分别为 0℃和 -20℃。

5.1.6　GB5310 中的 12Cr1MoVG 钢管用作换热管时，应选用冷拔或冷轧钢管。

5.1.7　使用温度低于 -20℃的钢管，其钢号、使用状态和冲击试验温度(即钢管的使用温度下限)按表 7 的规定。表中 16Mn 钢的化学成分应符合 P≤0.025%、S≤0.012% 的规定，外径不小于 70mm，且壁厚不小于 6.5mm 的钢管进行 -40℃的冲击试验，3 个纵向标准试样的冲击功平均值应不小于 34J。1 个试样的最低值以及小尺寸度样的冲击功指标按 3.8.2 的规定。09MnD 和 09MnNiD 钢管的相关规见附录 A。

5.1.8　允许选用 GB/T 699 中直径不大于 50mm 的 10 钢和 20 钢钢棒制造接管，其使用规定如下：

a)接管壁厚不大于 8mm，且应经正火热处理后使用；

b)10 钢和 20 钢接管的许用应力可选用表 6 中 GB 9948 相应钢号和壁厚的许用应力；

c)10 钢和 20 钢接管的使用温度下限相应为 -10℃和 0℃；当 10 钢接管的 P≤0.030%、S≤0.020% 时，其使用温度下限为 -20℃；

d)接管免做冲击试验。硬度(或拉伸)试验和无损检测要求在设计文件中规定。

表 7　低温用钢管的使用温度下限

钢号	钢管标准	使用状态	壁厚/mm	冲击试验温度/℃
16Mn	GB 6479	正火	≤40	-40
09MnD	附录 A	正火	≤8	-50
09MnNiD	附录 A	正火	≤8	-70

5.2　高合金钢钢管

5.2.1　钢管的标准、壁厚范围及许用应力按表 8 的规定。钢管的交货状态应按表 8 中相应钢管标准的规定。表 8 中 GB 13296 和 GB/T 14976 钢号中的统一数字代号系按 GB/T 20878 的规定。

5.2.2　GB/T 14976 中的钢管不得用于换热管。

5.2.3　GB/T 21833 中的钢管如用于换热管时，应选用冷拔或冷轧钢管，钢管的尺寸精度应选用高级精度。

5.2.4　GB/T 12771 中的Ⅰ类～Ⅳ类钢管允许使用，但不得用于换热管，图样上应注明所选用的钢管类别。Ⅰ类钢管的许用应力可选用 GB/T 14976 中相应钢号无缝钢管的许用应力。Ⅲ类和Ⅳ类钢管使用规定如下：

a)设计压力小于 10.0MPa；

b)不得用于毒性程度为极度或高度危害的介质。

5.2.5　GB/T 24593 中的钢管使用规定如下：

a)钢管应逐根进行涡流检测，对比样管人工缺陷应符合 GB/T 7735 中验收等级 B 的规定；

b)设计压力小于 10.0 MPa；

c)不得用于毒性程度为极度或高度危害的介质。

5.2.6　GB/T 21832 中的Ⅰ类和Ⅱ类钢管允许使用，但不得用于换热管。图样应上注明所选用的钢管类别。Ⅰ类钢管的许用应力可选用 GB/T 21833 中相应钢号无缝钢管的许用应力。

5.2.7　GB/T 21832 中的Ⅵ类钢管仅用于换热管。图样上应注明钢管类别(Ⅵ类)。钢管的外径允许偏差应按高级精度交货。该类钢管的使用规定如下：

a)钢管应逐根进行涡流检测，对比样管人工缺陷应符合 GB/T 7735 中验收等级 B 的规定；

b)设计压力小于 10.0MPa；

c)不得用于毒性程度为极度或高度危害介质。

5.2.8　钢管的使用温度下限应按下列规定：

a)GB/T 21832 和 GB/T 21833 各钢号钢管为 -20℃；

b)GB 13296、GB/T 14976、GB/T 12771 和 GB/T 24593 各钢号钢管按 3.7.2 的规定。

5.2.9　允许选用 GB/T 1220 中直径不大于 50mm 的 S30408、S30403、S32168、S31608、S31603、S31703 和 S31008 钢棒制造接管。

a)接管壁厚不大于 8mm，且应在固溶(或稳定化)处理状态下使用；

b)各钢号钢管的许用应力可选用表 8 中 GB/T 14976 相应钢号的许用应力；

c)各钢号接管的使用温度下限按 3.7.2 的规定；

d)接管的硬度(或拉伸)试验和无损检测要求在设计文件中规定。

表 8　高合金钢钢管许用应力

钢　号	钢管标准	厚度/mm	在下列温度(℃)下的许用应力/MPa																						注
			≤20	100	150	200	250	300	350	400	450	500	525	550	575	600	625	650	675	700	725	750	775	800	
0Cr18Ni9 (S30408)	GB 13296	≤14	137	137	137	130	122	114	111	107	103	100	98	91	79	64	52	42	32	27					1
			137	114	103	96	90	85	82	79	76	74	73	71	67	62	52	42	32	27					
0Cr18Ni9 (S30408)	GB/T 14976	≤28	137	137	137	130	122	114	111	107	103	100	98	91	79	64	52	42	32	27					1
			137	114	103	96	90	85	82	79	76	74	73	71	67	62	52	42	32	27					
00Cr19Ni10 (S30403)	GB 13296	≤14	117	117	117	110	103	98	94	91	88														1
			117	97	87	81	76	73	69	67	65														
00Cr19Ni10 (S30403)	GB/T 14976	≤28	117	117	117	110	103	98	94	91	88														1
			117	97	87	81	76	73	69	67	65														
0Cr18Ni10Ti (S32168)	GB 13296	≤14	137	137	137	130	122	114	111	108	105	103	101	83	58	44	33	25	18	13					1
			137	114	103	96	90	85	82	80	78	76	75	74	58	44	33	25	18	13					
0Cr18Ni10Ti (S32168)	GB/T 14976	≤28	137	137	137	130	122	114	111	108	105	103	101	83	58	44	33	25	18	13					1
			137	114	103	96	90	85	82	80	78	76	75	74	58	44	33	25	18	13					
0Cr17Ni12Mo2 (S31608)	GB 13296	≤14	137	137	137	134	125	118	113	111	109	107	106	105	96	81	65	50	38	30					1
			137	117	107	99	93	87	84	82	81	79	78	78	76	73	65	50	38	30					
0Cr17Ni12Mo2 (S31608)	GB/T 14976	≤28	137	137	137	134	125	118	113	111	109	107	106	105	96	81	65	50	38	30					1
			137	117	107	99	93	87	84	82	81	79	78	78	76	73	65	50	38	30					
00Cr17Ni14Mo2 (S31603)	GB 13296	≤14	117	117	117	108	100	95	920	86	84														
			117	97	87	80	74	70	67	64	62														
00Cr17Ni14Mo2 (S31603)	GB/T 14976	≤28	117	117	117	108	100	95	90	86	84														1
			117	97	87	80	74	70	67	64	62														

续表

钢号	钢管标准	厚度/mm	在下列温度(℃)下的许用应力/MPa ≤20	100	150	200	250	300	350	400	450	500	525	550	575	600	625	650	675	700	725	750	775	800	注
0Cr18Ni12Mo2Ti (S31668)	GB 13296	≤14	137	137	137	134	125	118	113	111	109	107													1
			137	117	107	99	93	87	84	82	81	79													
0Cr18Ni12Mo2Ti (S31668)	GB/T 14976	≤28	137	137	137	134	125	118	113	111	109	107													1
			137	117	107	99	93	87	84	82	81	79													
0Cr19Ni3Mo3 (S31708)	GB 13296	≤14	137	137	137	134	125	118	113	111	109	107	106	105	96	81	65	50	38	30					1
			137	117	107	99	93	87	84	82	81	79	78	78	76	73	65	50	38	30					
0Cr19Ni13Mo3 (S31708)	GB/T 14976	≤28	137	137	137	134	125	118	113	111	109	107	106	105	96	81	65	50	38	30					1
			137	117	107	99	93	87	84	82	81	79	78	78	76	73	65	50	38	30					
00Cr19Ni13Mo3 (S31703)	GB 13296	≤14	117	117	117	117	117	117	113	111	109														1
			117	117	107	99	93	87	84	82	81														
00Cr19Ni13Mo3 (S31703)	GB/T 14976	≤28	117	117	117	117	117	117	113	111	109														1
			117	117	107	99	93	87	84	82	81														
0Cr25Ni20 (S31008)	GB 13296	≤14	137	137	137	137	134	130	125	122	119	115	113	105	84	61	43	31	23	19	15	12	10	8	1
			137	121	111	105	99	96	93	90	88	85	84	83	81	61	43	31	23	19	15	12	10	8	
0Cr25Ni20 (S31008)	GB/T 14976	≤28	137	137	137	137	134	130	125	122	119	115	113	105	84	61	43	31	23	19	15	12	10	8	1
			137	121	111	105	99	96	93	90	88	85	84	83	81	61	43	31	23	19	15	12	10	8	
1Cr19Ni9 (S30409)	GB 13296	≤14	137	137	137	130	122	114	111	107	103	100	98	91	79	64	52	42	32	27					1
			137	114	103	96	90	85	82	79	76	74	73	71	67	62	52	42	32	27					
S21953	GB/T 21833	≤12	233	233	223	217	210	203																	
S22253	GB/T 21833	≤12	230	230	230	230	223	217																	

续表

钢号	钢管标准	厚度/mm	在下列温度(℃)下的许用应力/MPa																						注
			≤20	100	150	200	250	300	350	400	450	500	525	550	575	600	625	650	675	700	725	750	775	800	
S22053	GB/T 21833	≤12	243	243	243	243	240	233																	
S25073	GB/T 21833	≤12	296	296	296	280	267	257																	
S30408	GB/T 12771	≤28	116	116	116	111	104	97	94	91	88	85	83	77	67	54	44	36	27	23					1，2
			116	97	88	82	77	72	70	67	65	63	62	60	57	53	44	36	27	23					2
S30403	GB/T 12771	≤28	99	99	99	94	88	83	80	77	75														1，2
			99	82	74	69	65	62	59	57	55														2
S31608	GB/T 12771	≤28	116	116	116	114	106	100	96	94	93	91	90	89	82	69	55	43	32	26					1，2
			116	99	91	84	79	74	71	70	69	67	66	66	65	62	55	43	32	26					2
S31603	GB/T 12771	≤28	99	99	99	92	85	81	77	73	71														1，2
			99	82	74	68	63	60	57	54	53														2
S32168	GB/T 12771	≤28	116	116	116	111	104	97	94	92	89	88	86	71	49	37	28	21	15	11					1，2
			116	97	88	82	77	72	70	68	66	65	64	63	49	37	28	21	15	11					2
S30408	GB/T 24593	≤4	116	116	116	111	104	97	94	91	88	85	83	77	67	54	44	36	27	23					1，2
			116	97	88	82	77	72	70	67	65	63	62	60	57	53	44	36	27	23					2
S30403	GB/T 24593	≤4	99	99	99	94	88	83	80	77	75														1，2
			99	82	74	69	65	62	59	57	55														2
S31608	GB/T 24593	≤4	116	116	116	114	106	100	96	94	93	91	90	89	82	69	55	43	32	26					1，2
			116	99	91	84	79	74	71	70	69	67	66	66	65	62	55	43	32	26					2
S31603	GB/T 24593	≤4	99	99	99	92	85	81	77	73	71														1，2
			99	82	74	68	63	60	57	54	53														2

续表

钢　号	钢管标准	厚度/mm	在下列温度(℃)下的许用应力/MPa																						注
			≤20	100	150	200	250	300	350	400	450	500	525	550	575	600	625	650	675	700	725	750	775	800	
S32168	GB/T 24593	≤4	116	116	116	111	104	97	94	92	89	88	86	71	49	37	28	21	15	11					1，2
			116	97	88	82	77	72	70	68	66	65	64	63	49	37	28	21	15	11					2
S21953	GB/T 21832	≤20	198	198	190	185	179	173																	2
S22253	GB/T 21832	≤20	196	196	196	196	190	185																	2
S22053	GB/T 21832	≤20	207	207	207	207	204	198																	2

注1：该行许用应力仅适用于允许产生微量永久变形之元件，对于法兰或其他有微量永久变形就引起泄漏或故障的场合不能采用。

注2：该行许用应力已乘焊接接头系数0.85。

6　钢锻件

6.1　碳素钢和低合金钢钢锻件

6.1.1　钢锻件的标准、使用状态及许用应力按表 9 的规定。

6.1.2　20MnNiMo、12Cr2Mo1V 和 12Cr3Mo1V 钢锻件以及 NB/T 47009 中所有低温用钢锻件，均应由经炉外精炼的钢锻制而成。

6.1.3　钢锻件的级别由设计文件规定，并应在图样上注明(在钢号后附上级别符号，如 16MnⅡ、09MnNiDⅢ)。下列钢锻件应选用Ⅲ级或Ⅳ级：

a)用作容器筒体和封头的筒形、环形、碗形锻件；

b)公称厚度大于 300mm 的低合金钢锻件；

c)标准抗拉强度下限值等于或大于 540MPa 且公称厚度大于 200mm 的低合金钢锻件；

d)使用温度低于 -20℃且公称厚度大于 200mm 的低温用钢锻件。

6.1.4　用于设计温度高于 300℃的 20MnMoNb、20MnNiMo、12Cr2Mo1V 和 12Cr3Mo1VⅢ级或Ⅳ级钢锻件，设计文件中应规定钢锻件按批(Ⅲ级)或逐件(Ⅳ级)进行设计温度下的高温拉伸试验，其屈服强度值参见附录 B。

6.1.5　用于抗回火脆化要求的 12Cr2Mo1、12Cr2Mo1V 和 12Cr3Mo1V 钢锻件，技术文件中应注明其化学成分和力学性能的特殊要求。

6.1.6　钢锻件的使用温度下限按表 10 的规定。

表9　碳素钢和低合金钢钢锻件许用应力

钢　号	钢锻件标准	使用状态	公称厚度/mm	室温强度指标		在下列温度(℃)下的许用应力/MPa																注
				R_m/MPa	R_{eL}/MPa	≤20	100	150	200	250	300	350	400	425	450	475	500	525	550	575	600	
20	NB/T 47008	正火、正火加回火	≤100	410	235	152	140	133	124	111	102	93	86	84	61	41						
			>100~200	400	225	148	133	127	119	107	98	89	82	80	61	41						
			>200~300	380	205	137	123	117	109	98	90	82	75	73	61	41						
35	NB/T 47008	正火、正火加回火	≤100	510	265	177	157	150	137	124	115	105	98	85	61	41						1
			>100~300	490	245	163	150	143	133	121	111	101	95	85	61	41						
16Mn	NB/T 47008	正火、正火加回火，调质	≤100	480	305	178	178	167	150	137	123	117	110	93	66	43						
			>100~200	470	295	174	174	163	147	133	120	113	107	93	66	43						
			>200~300	450	275	167	167	157	143	130	117	110	103	93	66	43						
20MnMo	NB/T 47008	调质	≤300	530	370	196	196	196	196	196	190	183	173	167	131	84	49					
			>300~500	510	350	189	189	189	189	187	180	173	163	157	131	84	49					
			>500~700	490	330	181	181	181	181	180	173	167	157	150	131	84	49					
20MnMoNb	NB/T 47008	调质	≤300	620	470	230	230	230	230	230	230	230	230	230	177	117						
			>300~500	610	460	226	226	226	226	226	226	226	226	226	177	117						

续表

钢号	钢锻件标准	使用状态	公称厚度/mm	室温强度指标 R_m/MPa	室温强度指标 R_{eL}/MPa	在下列温度（℃）下的许用应力/MPa ≤20	100	150	200	250	300	350	400	425	450	475	500	525	550	575	600	注
20MnNiMo	NB/T 47008	调质	≤500	620	450	230	230	230	230	230	230	230	230									
35CrMo	NB/T 47008	调质	≤300	620	440	230	230	230	230	230	230	223	213	197	150	111	79	50				1
			>300~500	610	430	226	226	226	226	226	226	223	213	197	150	111	79	50				
15CrMo	NB/T 47008	正火加回火，调质	≤300	480	280	178	170	160	150	143	133	127	120	117	113	110	88	58	37			
			>300~500	470	270	174	163	153	143	137	127	120	113	110	107	103	88	58	37			
14Cr1Mo	NB/T 47008	正火加回火，调质	≤300	490	290	181	180	170	160	153	147	140	133	130	127	122	80	54	33			
			>300~500	480	280	178	173	163	153	147	140	133	127	123	120	117	80	54	33			

续表

钢 号	钢锻件标准	使用状态	公称厚度/mm	室温强度指标 R_m/MPa	室温强度指标 R_{eL}/MPa	在下列温度(℃)下的许用应力/MPa ≤20	100	150	200	250	300	350	400	425	450	475	500	525	550	575	600	注
12Cr2Mo1	NB/T 47008	正火加回火，调质	≤300	510	310	189	187	180	173	170	167	163	160	157	147	119	89	61	46	37		
			>300～500	500	300	185	183	177	170	167	163	160	157	153	147	119	89	61	46	37		
12Cr1MoV	NB/T 47008	正火加回火，调质	≤300	470	280	174	170	160	153	147	140	133	127	123	120	117	113	82	59	41		
			>300～500	460	270	170	163	153	147	140	133	127	120	117	113	110	107	82	59	41		
12Cr2Mo1V	NB/T 47008	正火加回火，调质	≤300	590	420	219	219	219	219	219	219	219	219	219	193	163	134	104	72			
			>300～500	580	410	215	215	215	215	215	215	215	215	215	193	163	134	104	72			
12Cr3Mo1V	NB/T 47008	正火加回火，调质	≤300	590	420	219	219	219	219	219	219	219	219	219	193							
			>300～500	580	410	215	215	215	215	215	215	215	215	215	193							
1Cr5Mo	NB/T 47008	正火加回火，调质	≤500	590	390	219	219	219	219	217	213	210	190	136	107	83	62	46	35	26	18	
16MnD	NB/T 47009	调质	≤100	480	305	178	178	167	150	137	123	117										
			>100～200	470	295	174	174	163	147	133	120	113										
			>200～300	450	275	167	167	157	143	130	117	110										
20MnMoD	NB/T 47009	调质	≤300	530	370	196	196	196	196	196	190	183										
			>300～500	510	350	189	189	189	189	187	180	173										
			>500～700	490	330	181	181	181	181	180	173	167										
08MnNiMoVD	NB/T 47009	调质	≤300	600	480	222	222	222	222													
10Ni3MoVD	NB/T 47009	调质	≤300	600	480	222	222	222	222													
09MnNiD	NB/T 47009	调质	≤200	440	280	163	163	157	150	143	137	127										
			>200～300	430	270	159	159	150	143	137	130	120										
08Ni3D	NB/T 47009	调质	≤300	460	260	170																

注1：该钢锻件不得用于焊接结构。

表 10　钢锻件的使用温度下限

钢　号	公称厚度/mm	冲击试验要求	使用温度下限/℃
中常温用钢锻件			
20	≤300	0℃冲击	0
		-20℃冲击	-20
35	≤100	20℃冲击	0
	>100~300		20
16Mn	≤300	0℃冲击	0
		-20℃冲击	-20
20MnMo	≤700	0℃冲击	0
		-20℃冲击	-20
20MnMoNb	≤500	0℃冲击	0
20MnNiMo	≤500	-20℃冲击	-20
35CrMo	≤500	0℃冲击	-20
低温用钢锻件			
16MnD	≤100	-45℃冲击	-45
	>100~300	-40℃冲击	-40
20MnMoD	≤300	-40℃冲击	-40
	>300~700	-30℃冲击	-30
08MnNiMoVD	≤300	-40℃冲击	-40
10Ni3MoVD	≤300	-50℃冲击	-50
09MnNiD	≤300	-70℃冲击	-70
08Ni3D	≤300	-100℃冲击	-100
注：20、16Mn 和 20MnMo 钢锻件如进行 -20℃冲击试验，应在设计文件中注明。			

6.2　高合金钢钢锻件

6.2.1　钢锻件的标准、公称厚度范围及许用应力按表 11 的规定。钢锻件的交货状态应按 NB/T 47010 的规定。

6.2.2　高合金钢钢锻件均应由经炉外精炼的钢锻制而成。

6.2.3　钢锻件的级别由设计文件规定，并应在图样上注明（在钢号后附上级别符号，如 S30408 Ⅱ）。用作容器筒体和封头的筒形、环形、碗形锻件应选用Ⅲ级或Ⅳ级。

6.2.4　钢锻件的使用温度下限应按下列规定：

a）铁素体型 S11306 钢锻件为 0℃；

b）奥氏体 - 铁素体型 S21953、S22253 和 S22053 钢锻件为 -20℃；

c）奥氏体型钢锻件按 3.7.2 的规定。

表 11　高合金钢钢锻件许用应力

钢号	钢锻件标准	公称厚度/mm	在下列温度(℃)下的许用应力/MPa																						注
			≤20	100	150	200	250	300	350	400	450	500	525	550	575	600	625	650	675	700	725	750	775	800	
S11306	NB/T 47010	≤150	137	126	123	120	119	117	112	109															
S30408	NB/T 47010	≤300	137	137	137	130	122	114	111	107	103	100	98	91	79	64	52	42	32	27					1
			137	114	103	96	90	85	82	79	76	74	73	71	67	62	52	42	32	27					
S30403	NB/T 47010	≤300	117	117	117	110	103	98	94	91	88														1
			117	98	87	81	76	73	69	67	65														
S30409	NB/T 47010	≤300	137	137	137	130	122	114	111	107	103	100	98	91	79	64	52	42	32	27					1
			137	114	103	96	90	85	82	79	76	74	73	71	67	62	52	42	32	27					
S31008	NB/T 47010	≤300	137	137	137	137	134	130	125	122	119	115	113	105	84	61	43	31	23	19	15	12	10	8	1
			137	121	111	105	99	96	93	90	88	85	84	83	81	61	43	31	23	19	15	12	10	8	
S31608	NB/T 47010	≤300	137	137	137	134	125	118	113	111	109	107	106	105	96	81	65	50	38	30					1
			137	117	107	99	93	87	84	82	81	79	78	78	76	73	65	50	38	30					
S31603	NB/T 47010	≤300	117	117	117	108	100	95	90	86	84														1
			117	98	87	80	74	70	67	64	62														
S31668	NB/T 47010	≤300	137	137	137	134	125	118	113	111	109	107													1
			137	117	107	99	93	87	84	82	81	79													
S31703	NB/T47010	≤300	130	130	130	130	125	118	113	111	109														1
			130	117	107	99	93	87	84	82	81														
S32168	NB/T 47010	≤300	137	137	137	130	122	114	111	108	105	103	101	83	58	44	33	25	18	13					1
			137	114	103	96	90	85	82	80	78	76	75	74	58	44	33	25	18	13					
S39042	NB/T 47010	≤300	147	147	147	147	144	131	122																1
			147	137	127	117	107	97	90																
S21953	NB/T 47010	≤150	219	210	200	193	187	180																	
S22253	NB/T 47010	≤150	230	230	230	230	223	217																	
S22053	NB/T 47010	≤150	230	230	230	230	223	217																	

注：该行许用应力仅适用于允许产生微量永久变形之元件，对于法兰或其他有微量永久变形就引起泄漏或故障的场合不能采用。

7　螺柱(含螺栓)和螺母用钢棒

7.1　碳素钢和低合金钢钢棒

7.1.1　钢棒的标准、螺柱的使用状态及许用应力按表 12 的规定。

7.1.2　碳素钢螺柱用毛坯应进行正火热处理，低合金钢螺柱用毛坯按表 13 的规定进行调质热处理。

7.1.3　碳素钢和低合金钢螺柱用毛坯经热处理后进行力学性能试验，具体要求如下：

a) 同一钢号、同一冶炼炉号、同一断面尺寸、同一热处理制度、同期制造的螺柱毛坯组成一批，每批抽取一件毛坯进行试验。

b) 试样取样方向为纵向。直径不大于 40mm 的毛坯，试样的纵轴应位于毛坯中心；直径大于 40mm 的毛坯，试样的纵轴应位于毛坯半径的 1/2 处。试样距毛坯端部的距离不应小于毛坯的半径，但拉伸试样的头部(或夹持部分)不受此限制。

c) 碳素钢螺柱毛坯每件取一个拉伸试样。低合金钢螺柱毛坯每件取 1 个拉伸试样、3 个冲击试样。拉伸试验方法按 GB/T 228 的规定，拉伸试样采用 R4 号($d=10$mm，$L_0=50$mm)试样。冲击试验方法按 GB/T 229 的规定，冲击试样采用标准尺寸 V 型缺口试样。

d) 碳素钢螺柱毛坯拉伸试验结果中，抗拉强度和屈服强度应符合表 12 的规定，断后伸长率指标为：20 钢 $A\geqslant25\%$，35 钢 $A\geqslant20\%$。低合金钢螺柱毛坯的拉伸和冲击试验结果应符合表 13 的规定，表中冲击功的规定值系 3 个试样试验结果的平均值，允许有 1 个试样的试验结果小于规定值，但不得小于规定值的 70%。

e) 拉伸试验结果不合格时，应从同一毛坯上再取 2 个拉伸试样进行复验，测定全部 3 项性能。试验结果中只要有 1 个数据不合格，则该批毛坯判为不合格。

f) 冲击试验结果不合格时，应从同一毛坯上再取 3 个冲击试样进行复验。前后两组 6 个试样的冲击功平均值不得小于表 13 的规定，允许有 2 个试样的冲击功小于规定值，但其中小于规定值 70% 的只允许有 1 个。否则该批毛坯判为不合格。

g) 被判为不合格的整批毛坯可按 7.1.2 的规定重新热处理，然后按上述程序重新取样进行试验。

表 12　碳素钢和低合金钢螺柱许用应力

钢　号	钢棒标准	使用状态	螺柱规格/mm	室温强度指标		在下列温度下(℃)下的许用应力/MPa															
				R_m/MPa	R_{eL}/MPa	≤20	100	150	200	250	300	350	400	425	450	475	500	525	550	575	600
20	GB/T 699	正火	≤M22	410	245	91	81	78	73	65	60	54									
			M24 ~ M27	400	235	94	84	80	74	67	61	56									
35	GB/T 699	正火	≤M22	530	315	117	105	98	91	82	74	69									
			M24 ~ M27	510	295	118	106	100	92	84	76	70									
40MnB	GB/T 3077	调质	≤M22	805	685	196	176	171	165	162	154	143	126								
			M24 ~ M36	765	635	212	189	183	180	176	167	154	137								
40MnVB	GB/T 3077	调质	≤M22	835	735	210	190	185	179	176	168	157	140								
			M24 ~ M36	805	685	228	206	199	196	198	183	170	154								
40Cr	GB/T 3077	调质	≤M22	805	685	196	176	171	165	162	157	148	134								
			M24 ~ M36	765	635	212	189	183	180	176	170	160	147								
30CrMoA	GB/T 3077	调质	≤M22	700	550	157	141	137	134	131	129	124	116	111	107	103	79				
			M24 ~ M48	660	500	167	150	145	142	140	137	132	123	118	113	108	79				
			M52 ~ M56	660	500	185	167	161	157	156	152	146	137	131	126	111	79				

续表

钢号	钢棒标准	使用状态	螺柱规格/mm	室温强度指标		在下列温度下(℃)下的许用应力/MPa															
				R_m/MPa	R_{eL}/MPa	≤20	100	150	200	250	300	350	400	425	450	475	500	525	550	575	600
35CrMoA	GB/T 3077	调质	≤M22	835	735	210	190	185	179	176	174	165	154	147	140	111	79				
			M24 ~ M48	805	685	228	206	199	196	193	189	180	170	162	150	111	79				
			M52 ~ M80	805	685	254	229	221	218	214	210	200	189	180	150	111	79				
			M85 ~ M105	735	590	219	196	189	185	181	178	171	160	153	145	111	79				
35CrMoVA	GB/T 3077	调质	M52 ~ M105	835	735	272	247	240	232	229	225	218	207	201							
			M110 ~ M140	785	665	246	221	214	210	207	203	196	189	183							
25Cr2MoVA	GB/T 3077	调质	≤M22	835	735	210	190	185	179	176	174	168	160	156	151	141	131	72	39		
			M24 ~ M48	835	735	245	222	216	209	206	203	196	186	181	176	168	131	72	39		
			M52 ~ M105	805	685	254	229	221	218	214	210	203	196	191	185	176	131	72	39		
			M110 ~ M140	735	590	219	196	189	185	181	178	174	167	164	160	153	131	72	39		
40CrNiMoA	GB/T 3077	调质	M52 ~ M140	930	825	306	291	281	274	267	257	244									
S45110 (1Cr5Mo)	GB/T 1221	调质	≤M22	590	390	111	101	97	94	92	91	90	87	84	81	77	62	46	35	26	18
			M24 ~ M48	590	390	130	118	113	109	108	106	105	101	98	95	83	62	46	35	26	18

注：括号中为旧钢号。

表13　低合金钢螺柱的力学性能

钢　号	调质回火温度/℃	规格/mm	R_m/MPa	R_{eL}($R_{p0.2}$)/MPa	A/%	0℃ KV_2/J
40MnB	≥550	≤M22	≥805	≥685	≥14	≥41
		M24～M36	≥765	≥635		
40MnVB	≥550	≤M22	≥835	≥735	≥13	≥41
		M24～M36	≥805	≥685		
40Cr	≥550	≤M22	≥805	≥685	≥14	≥41
		M24～M36	≥765	≥635		
30CrMoA	≥600	≤M22	≥700	≥550	≥16	≥60
		M24～M56	≥660	≥500		
35CrMoA	≥560	≤M22	≥835	≥735	≥14	≥54
		M24～M80	≥805	≥685		
		M85～M105	≥735	≥590		≥47
35CrMoVA	≥600	M52～M105	≥835	≥735	≥13	≥47
		M110～M140	≥785	≥665		
25Cr2MoVA	≥620	≤M48	≥835	≥735	≥14	≥47
		M52～M105	≥805	≥685		
		M110～M140	≥735	≥590		
40CrNiMoA	≥520	M52～M140	≥930	≥825	≥13	≥60
S45110(1Cr5Mo)	≥650	≥M48	≥590	≥390	≥18	≥47

注：括号中为旧钢号。

7.1.4　碳素钢和低合金钢螺柱的使用温度下限及相关技术要求应按下列规定：

a) 20钢螺柱为－20℃；35、40MnB、40MnVB和40Cr钢螺柱为0℃；其他钢号螺柱为－20℃。

b) 30CrMoA、35CrMoA和40CrNiMoA钢螺柱使用温度低于－20℃时，应进行使用温度下的低温冲击试验，此时表13中的冲击试验温度由0℃改为使用温度，低温冲击功指标按表14的规定。

c) 使用温度低于－40～－70℃的30CrMoA和35CrMoA螺柱用钢，其化学成分(熔炼分析)中磷、硫含量应为P≤0.020%、S≤0.010%；40CrNiMoA螺柱用钢和使用温度低于－70～－100℃的30CrMoA螺柱用钢，其化学成分(熔炼分析)中磷、硫含量应为P≤0.015%、S≤0.008%。

表 14　低温用螺柱的冲击功

钢号	螺柱规格/mm	最低冲击试验温度/℃	KV_2/J
30CrMoA	≤M56	-100	≥41
35CrMoA	≤M56	-70	≥41
40CrNiMoA	M52 ~ M64	-50	≥47

7.1.5　与螺柱用钢组合使用的螺母用钢可按表 15 选取，也可选用有使用经验的其他螺母用钢。调质状态使用的螺母用钢，其回火温度应高于组合使用的螺柱用钢的回火温度。

表 15　碳素钢和低合金钢螺母用钢

螺柱钢号	螺母用钢			
	钢号	钢材标准	使用状态	使用温度范围/℃
20	10、15	GB/T 699	正火	-20 ~ 350
35	20、25	GB/T 699	正火	0 ~ 350
40MnB	40Mn、45	GB/T 699	正火	0 ~ 400
40MnVB	40Mn、45	GB/T 699	正火	0 ~ 400
40Cr	40Mn、45	GB/T 699	正火	0 ~ 400
30CrMoA	40Mn、45	GB/T 699	正火	-10 ~ 400
	30CrMoA	GB/T 3077	调质	-100 ~ 500
35CrMoA	40Mn、45	GB/T 699	正火	-10 ~ 400
	30CrMoA、35CrMoA	GB/T 3077	调质	-70 ~ 500
35CrMoVA	35CrMoA、35CrMoVA	GB/T 3077	调质	-20 ~ 425
25Cr2MoVA	30CrMoA、35CrMoA	GB/T 3077	调质	-20 ~ 500
	25Cr2MoVA	GB/T 3077	调质	-20 ~ 550
40CrNiMoA	35CrMoA、40CrNiMoA	GB/T 3077	调质	-50 ~ 350
S45110(1Cr5Mo)	S45110(1Cr5Mo)	GB/T 1221	调质	-20 ~ 600

注：括号中为旧钢号。

7.2　高合金钢钢棒

7.2.1　钢棒的标准，螺柱的使用状态及许用应力按表 16 的规定。

7.2.2　各钢号螺柱用毛坯应进行拉伸试验，试验要求和结果应符合 GB/T 1220 的规定。

7.2.3　高合金钢螺柱的使用温度下限按下列规定：

a) S42020 钢螺柱为 0℃；

b) 奥氏体钢螺柱的使用温度按 3.7.2 的规定。

7.2.4　与螺柱用钢组合使用的螺母用钢可按表 17 选取，也可选用有使用经验的其他螺母用钢。调质状态使用的螺母用钢，其回火温度应高于组合使用的螺柱用钢的回火温度。

表 16 高合金钢螺柱许用应力

钢 号	钢棒标准	使用状态	螺柱规格/mm	室温强度指标 R_m/MPa	室温强度指标 $R_{p0.2}$/MPa	在下列温度(℃)下的许用应力/MPa ≤20	100	150	200	250	300	350	400	450	500	550	600	650	700	750	800
S42020 (2Cr13)	GB/T 1220	调质	≤M22	640	440	126	117	111	106	103	100	97	91								
			M24～M27	640	440	147	137	130	123	120	117	113	107								
S30408	GB/T 1220	固溶	≤M22	520	205	128	107	97	90	84	79	77	74	71	69	66	58	42	27		
			M24～M48	520	205	137	114	103	96	90	85	82	79	76	74	71	62	42	27		
S31008	GB/T 1220	固溶	≤M22	520	205	128	113	104	98	93	90	87	84	83	80	78	61	31	19	12	8
			M24～M48	520	205	137	121	111	105	99	96	93	90	88	85	83	61	31	19	12	8
S31608	GB/T 1220	固溶	≤M22	520	205	128	109	101	93	87	82	79	77	76	75	73	68	50	30		
			M24～M48	520	205	137	117	107	99	93	87	84	82	81	79	78	73	50	30		
S32168	GB/T 1220	固溶	≤M22	520	205	128	107	97	90	84	79	77	75	73	71	69	44	25	13		
			M24～M48	520	205	137	114	103	96	90	85	82	80	78	76	74	44	25	13		

注：括号中为旧钢号。

表 17 高合金钢螺母用钢

螺柱钢号	螺母用钢			
	钢　号	钢材标准	使用状态	使用温度范围/℃
S42020	S42020	GB/T 1220	调质	0～400
S30408	S30408	GB/T 1220	固溶	-253～700
S31008	S31008	GB/T 1220	固溶	-253～800
S31608	S31608	GB/T 1220	固溶	-253～700
S32168	S32168	GB/T 1220	固溶	-253～700

7.2.5 固溶处理后经应变强化处理的 S30408 螺柱用钢棒应按 GB/T 4226 选用。同一冶炼炉号、同一断面尺寸、同一固溶处理制度、同一应变强化工艺的螺柱毛坯组成一批，每批抽取一件毛坯进行试验。每件毛坯上取一个拉伸试样，3 个冲击试样(当需要时)。试样取样方向为纵向，试样的纵轴应尽量靠近螺柱毛坯半径的 1/2 处。螺柱毛坯的力学性能应符合下列规定：

a)螺柱毛坯的拉伸性能和螺柱的许用应力按表 18 的规定；

表 18 应变强化处理的螺柱用钢

钢　号	螺柱规格/mm	R_m/MPa	$R_{p0.2}$/MPa	A/%	≤50℃的许用应力/MPa
S30408	≤M22	≥800	≥600	≥13	171
	M24～M27	≥750	≥510	≥15	170

b)使用温度低于 -100℃时，螺柱毛坯应进行使用温度下的低温冲击试验，低温冲击功指标 KV_2≥41J；

c)拉伸和冲击试验的其他要求参照 7.1.3 的规定。

附录 A
（规范性附录）
材料的补充规定

A.1　总则

A.1.1　本附录作为标准正文的补充，对选用下列钢材提出了要求：

a）已列入本标准但尚未列入材料标准（国家标准或行业标准）的钢材。

b）未列入本标准的钢材。

A.1.2　选用钢材除应符合本附录的规定外，尚应符合本标准的有关规定。

A.1.3　选用未列入本标准的钢材，钢材制造单位在试用前应按 TSG R0004 的规定通过技术评审。

A.1.4　选用境外牌号的钢材，应按 TSG R0004 的规定。

A.2　低合金钢钢板

A.2.1　12Cr2Mo1VR 钢板的技术要求如下：

a）钢的化学成分（熔炼分析）按表 A.1 的规定。

表 A.1

化学成分/%						
C	Si	Mn	P	S	Cr	Mo
0.11～0.15	≤0.10	0.30～0.60	≤0.010	≤0.005	2.00～2.50	0.90～1.10
化学成分/%						
V	Cu	Ni	Nb	Ti	B	Ca
0.25～0.35	≤0.20	≤0.25	≤0.07	≤0.030	≤0.002 0	≤0.015

b）钢板的成品化学分析允许偏差：P＋0.003%，S＋0.002%，其他元素按 GB/T 222 中表 2 的规定或按供需双方协议。

c）钢板以正火（允许水冷加速冷却）加回火热处理状态交货，回火温度不低于 675℃。

d）钢板应逐热处理张进行力学性能试验，其结果按表 A.2 的规定。

表 A.2

公称厚度/mm	拉伸试验（横向）			冲击试验（横向）	
	R_m/MPa	R_{eL}/MPa	A/%	试验温度/℃	KV_2/J
30～120	590～760	≥415	≥17	－20	≥60

e）根据需方要求，钢板可进行弯曲试验，弯心直径为 3 倍试样厚度，弯曲角度为 180°。弯曲试验后，试样弯曲外表面无肉眼可见裂纹。

f）钢板在化学成分和力学性能等方面的特殊要求由供需双方协议。

g）本条未规定事项均按 GB 713 的相关规定。

A.2.2　15MnNiNbDR 钢板的技术要求如下：

a）钢的化学成分（熔炼分析）按表 A.3 的规定。

表 A.3

化学成分/%						
C	Si	Mn	P	S	Ni	Nb
≤0.18	0.15～0.50	1.20～1.60	≤0.020	≤0.010	0.30～0.70	0.015～0.040

b)钢板以正火或正火加回火热处理状态交货。

c)钢板的力学性能试验结果按表 A.4 的规定。

表 A.4

公称厚度/mm	拉伸试验(横向)			冲击试验(横向)	
	R_m/MPa	R_{eL}/MPa	A/%	试验温度/℃	KV_2/J
10～16	530～630	≥370	≥20	-50	≥60
>16～36	530～630	≥360			
>36～60	520～620	≥350			

d)根据需方要求，钢板可进行弯曲试验，弯心直径为 3 倍试样厚度，弯曲角度为 180°。弯曲试验后，试样弯曲外表面无肉眼可见裂纹。

e)本条未规定事项均按 GB 3531 的相关规定。

A.2.3　08Ni3DR 钢板的技术要求如下：

a)钢的化学成分(熔炼分析)按表 A.5 的规定。

表 A.5

化学成分/%							
C	Si	Mn	P	S	Ni	Mo	V
≤0.10	0.15～0.35	0.30～0.80	≤0.015	≤0.010	3.25～3.70	≤0.12	≤0.05

b)钢板以正火、正火(允许水冷加速冷却)加回火、离线淬火加回火热处理状态交货，回火温度不低于 600℃。

c)钢板的力学性能试验结果按表 A.6 的规定。以正火(水冷加速冷却)加回火和离线淬火加回火状态交货的钢板，应逐热处理张进行力学性能试验。

表 A.6

公称厚度/mm	拉伸试验(横向)			冲击试验(横向)	
	R_m/MPa	R_{eL}/MPa	A/%	试验温度/℃	KV_2/J
6～60	490～620	≥320	≥21	-1.0	≥47
>60～100	480～610	≥300			

d)根据需方要求，钢板可进行弯曲试验，弯心直径为 3 倍试样厚度，弯曲角度为 180°。弯曲试验后，试样弯曲外表面无肉眼可见裂纹。

e)本条未规定事项均按 GB 3531 的相关规定。

A.2.4　06Ni9DR 钢板的技术要求如下：

a)钢的化学成分(熔炼分析)按表 A.7 的规定。

表 A.7

化学成分/%							
C	Si	Mn	P	S	Ni	Mo	V
≤0.08	≤0.35	0.30～0.80	≤0.008	≤0.004	8.50～10.00	≤0.10	≤0.01
注：Cr+Cu+Mo≤0.50%。							

b)钢板的成品化学成分允许偏差：P+0.003%，S+0.002%，其他元素按 GB/T 222 中表 2 的规定。

c)钢板以离线淬火加回火的调质热处理状态交货，对厚度不大于12 mm的钢板也可两次正火加回火状态交货。钢板的回火温度不低于540℃。

d)钢板应逐热处理张进行力学性能试验，其结果按表A.8的规定。

表A.8

公称厚度/mm	拉伸试验(横向)			冲击试验(横向)	
	R_m/MPa	R_{eL}/MPa	A/%	试验温度/℃	KV_2/J
6~30	680~820	≥560	≥18	-196	≥100
>30~40		≥550			

e)根据需方要求，钢板可进行弯曲试验，弯心直径为3倍试样厚度，弯曲角度为180°。弯曲试验后，试样弯曲外表面无肉眼可见裂纹。

f)本条未规定事项均按GB 3531的相关规定。

A.3　低合金钢钢管

A.3.1　12Cr2Mo1钢管的技术要求如下：

a)钢的化学成分(熔炼分析)按表A.9的规定。

表A.9

化学成分/%						
C	Si	Mn	P	S	Cr	Mo
0.08~0.15	≤0.50	0.40~0.60	≤0.025	≤0.015	2.00~2.50	0.90~1.10

b)钢管以正火加回火热处理状态交货，回火温度不低于700℃。

c)钢管的力学性能按表A.10的规定。

表A.10

公称厚度/mm	拉伸试验(纵向)			冲击试验(纵向)	
	R_m/MPa	R_{eL}/MPa	A/%	试验温度/℃	KV_2/J
≤30	450~600	≥280	≥22	20	≥40

d)本条未规定事项均按GB 9948的相关规定。

A.3.2　09MnD钢管的技术要求如下：

a)钢的化学成分(熔炼分析)按表A.11的规定。

表A.11

化学成分/%					
C	Si	Mn	P	S	Als
≤0.12	0.15~0.35	1.15~1.50	≤0.020	≤0.010	≥0.015

b)钢管以正火热处理状态交货。

c)钢管的力学性能按表A.12的规定。冲击试样取自管坯，纵向试样，正火热处理。

表A.12

公称厚度/mm	拉伸试验(纵向)			冲击试验(纵向)	
	R_m/MPa	R_{eL}/MPa	A/%	试验温度/℃	KV_2/J
≤8	420~560	≥270	≥25	-50	≥47

d）本条未规定事项均按 GB 9948 的相关规定。

A. 3. 3　09MnNiD 钢管的技术要求如下：

a）钢的化学成分（熔炼分析）按表 A. 1 3 的规定。

表 A. 13

化学成分/%							
C	Si	Mn	P	S	Ni	Nb	Al
≤0. 12	0. 1 5 ~ 0. 50	1. 20 ~ 1. 60	≤0. 020	≤0. 010	0. 30 ~ 0. 80	≤0. 04	≥0. 015

b）钢管以正火热处理状态交货。

c）钢管的力学性能按表 A. 14 的规定。冲击试样取自管坯，纵向试样，正火热处理。

表 A. 14

公称厚度/mm	拉伸试验（纵向）			冲击试验（纵向）	
	R_m/MPa	R_{eL}/MPa	A/%	试验温度/℃	KV_2/J
≤8	440 ~ 580	≥280	≥24	－70	≥47

d）本条未规定事项均按 GB 9948 的相关规定。

A. 3. 4　08Cr2AlMo 钢管的技术要求如下：

a）钢的化学成分（熔炼分析）按表 A. 15 的规定。

表 A. 15

化学成分/%							
C	Si	Mn	P	S	Cr	Al	Mo
0. 05 ~ 0. 10	0. 15 ~ 0. 40	0. 20 ~ 0. 50	≤0. 025	≤0. 015	2. 00 ~ 2. 50	0. 30 ~ 0. 70	0. 30 ~ 0. 40

b）钢管以正火加回火热处理状态交货，回火温度不低于 680℃。

c）钢管的力学性能按表 A. 16 的规定。

表 A. 16

公称厚度/mm	拉伸试验（纵向）		
	R_m/MPa	R_{eL}/MPa	A/%
≤8	400 ~ 540	≥250	≥25

d）本条未规定的事项均按 GB 9948 的相关规定。

A. 3. 5　09CrCuSb 钢管的技术要求如下：

a）钢的化学成分（熔炼分析）按表 A. 17 的规定。

表 A. 17

化学成分/%							
C	Si	Mn	P	S	Cr	Cu	Sb
≤0. 12	0. 20 ~ 0. 40	0. 35 ~ 0. 65	≤0. 030	≤0. 020	0. 70 ~ 1. 10	0. 25 ~ 0. 45	0. 04 ~ 0. 10

b）钢管以正火热处理状态交货。

c）钢管的力学性能按表 A. 18 的规定。

表 A.18

公称厚度/mm	拉伸试验(纵向)		
	R_m/MPa	R_{eL}/MPa	A/%
≤8	390 ~ 550	≥245	≥25

d) 钢管应进行耐腐蚀性能试验，每批在 2 根钢管上各取 1 个试样，每个试样为长 10 mm 的管段。在质量分数为 50% 的 H_2SO_4 溶液中，70℃ ±2℃的恒温条件下浸泡 24h。2 个试样腐蚀速率的平均值不大于 80g/m^2 · h 或 140g/m^2 · h，具体指标在订货合同中注明。

e) 本条未规定事项均按 GB 9948 的相关规定。

附录 B

(资料性附录)

钢材高温性能参考值

表 B.1　碳素钢和低合金钢钢板高温屈服强度

钢号	板厚/mm	在下列温度(℃)下的 $R_{p0.2}(R_{eL})$/MPa									
		20	100	150	200	250	300	350	400	450	500
Q245R	3~16	245	220	210	196	176	162	147	137	127	
	>16~36	235	210	200	186	167	153	139	129	121	
	>36~60	225	200	191	178	161	147	133	123	116	
	>60~100	205	184	176	164	147	135	123	113	106	
	>100~150	185	168	160	150	135	120	110	105	95	
Q345R	3~16	345	315	295	275	250	230	215	200	190	
	>16~36	325	295	275	255	235	215	200	190	180	
	>36~60	315	285	260	240	220	200	185	175	165	
	>60~100	305	275	250	225	205	185	175	165	155	
	>100~150	285	260	240	220	200	180	170	160	150	
	>150~200	265	245	230	215	195	175	165	155	145	
Q370R	10~16	370	340	320	300	285	270	255	240		
	>16~36	360	330	310	290	275	260	245	230		
	>36~60	340	310	290	270	255	240	225	210		
18MnMoNbR	30~60	400	375	365	360	355	350	340	310	275	
	>60~100	390	370	360	355	350	345	335	305	270	
13MnNiMoR	30~100	390	370	360	355	350	345	335	305		
	>100~150	380	360	350	345	340	335	325	300		
15Cr1MoR	6~60	295	270	255	240	225	210	200	189	179	174
	>60~100	275	250	235	220	210	196	186	176	167	162
	>100~150	255	235	220	210	199	185	175	165	156	150
14Cr1MoR	6~100	310	280	270	255	245	230	220	210	195	176
	>100~150	300	270	260	245	235	220	210	200	190	172
12Cr2Mo1R	6~150	310	280	270	260	255	250	245	240	230	215
12Cr1MoVR	6~60	245	225	210	200	190	176	167	157	150	142
	>60~100	235	220	210	200	190	176	167	157	150	142
12Cr2Mo1VR	30~120	415	395	380	370	365	360	355	350	340	325
16MnDR	6~16	315	290	270	250	230	210	195			
	>16~36	295	270	250	235	215	195	180			
	>36~60	285	260	240	225	205	185	175			
	>60~100	275	250	235	220	200	180	170			
	>100~120	265	245	230	215	195	175	165			
15 MnNiDR	6~16	325	300	280	260						
	>16~36	315	290	270	250						
	>36~60	305	280	260	240						

续表

钢　号	板厚/mm	在下列温度(℃)下的 $R_{p0.2}(R_{eL})$/MPa									
		20	100	150	200	250	300	350	400	450	500
15MnNiNbDR	10～16	370	340	320	300						
	>16～36	360	330	310	290						
	>36～50	350	320	300	280						
09MnNiDR	6～16	300	275	255	240	230	220	205			
	>16～36	280	255	235	225	215	205	190			
	>36～60	270	245	225	215	205	195	180			
	>60～120	260	240	220	210	200	190	175			
07MnMoVR	12～60	490	465	450	435						
07MnNiVDR	12～60	490	465	450	435						
07MnNiMoDR	12～50	490	465	450	435						
12MnNiVR	12～60	490	465	450	435						

表 B.2　高合金钢钢板高温屈服强度

钢号	板厚/mm	在下列温度(℃)下的 $R_{p0.2}$/MPa										
		20	100	150	200	250	300	350	400	450	500	550
S11306	≤25	205	189	184	180	178	175	168	163			
S11348	≤25	170	156	152	150	149	146	142	135			
S11972	≤8	275	238	223	213	204	196	187	178			
S30408	≤80	205	171	155	144	135	127	123	119	114	111	106
S30403	≤80	180	147	131	122	114	109	104	101	98		
S30409	≤80	205	171	155	144	135	127	123	119	114	111	106
S31008	≤80	205	181	167	157	149	144	139	135	132	128	124
S31608	≤80	205	175	161	149	139	131	126	123	121	119	117
S31603	≤80	180	147	130	120	111	105	100	96	93		
S31668	≤80	205	175	161	149	139	131	126	123	121	119	117
S31708	≤80	205	175	161	149	139	131	126	123	121	119	117
S31703	≤80	205	175	161	149	139	131	126	123	121		
S32168	≤80	205	171	155	144	135	127	123	120	117	114	111
S39042	≤80	220	205	190	175	160	145	135				
S21953	≤80	440	355	335	325	315	305					
S22253	≤80	450	395	370	350	335	325					
S22053	≤80	450	395	370	350	335	325					

表 B.3　碳素钢和低合金钢钢管高温屈服强度

钢号	壁厚/mm	在下列温度(℃)下的 $R_{p0.2}(R_{eL})$/MPa									
		20	100	150	200	250	300	350	400	450	500
10	≤16	205	181	172	162	147	133	123	113	98	
	>16～30	195	176	167	157	142	128	118	108	93	
20	≤16	245	220	210	196	176	162	147	132	117	
	>16～40	235	210	200	186	167	153	139	124	110	
16Mn	≤16	320	290	270	250	230	210	195	185	175	
	>16～40	310	280	260	240	220	200	185	175	165	
12CrMo	≤16	205	181	172	162	152	142	132	123	118	113
	>16～30	195	176	167	157	147	137	127	118	113	108

续表

钢号	壁厚/mm	在下列温度(℃)下的 $R_{p0.2}(R_{eL})$/MPa									
		20	100	150	200	250	300	350	400	450	500
15CrMo	≤16	235	210	196	186	176	162	152	142	137	132
	>16~30	225	200	186	176	167	154	145	136	131	127
	>30~50	215	190	176	167	158	146	138	130	126	122
12Cr2Mo1	≤30	280	255	245	235	230	225	220	215	205	194
1Cr5Mo	≤16	195	176	167	162	157	152	147	142	137	127
	>16~30	185	167	157	152	147	142	137	132	127	118
12Cr1MoVG	≤30	255	230	215	200	190	176	167	157	150	142
08Cr2AlMo	≤8	250	225	210	195	185	175				
09CrCuSb	≤8	245	220	205	190						

表 B.4 高合金钢钢管高温屈服强度

序号	钢号	在下列温度(℃)下的 $R_{p0.2}$/MPa										
		20	100	150	200	250	300	350	400	450	500	550
1	0Cr18Ni9	205	171	155	144	135	127	123	119	114	111	106
2	00Cr19Ni10	175	145	131	122	114	109	104	101	98		
3	0Cr18Ni10Ti	205	171	155	144	135	127	123	120	117	114	111
4	0Cr17Ni12Mo2	205	175	161	149	139	131	126	123	121	119	117
5	00Cr17Ni14Mo2	175	145	130	120	111	105	100	96	93		
6	0Cr18Ni12Mo2Ti	205	175	161	149	139	131	126	123	121	119	117
7	0Cr19Ni13Mo3	205	175	161	149	139	131	126	123	121	119	117
8	00Cr19Ni13Mo3	175	175	161	149	139	131	126	123	121		
9	0Cr25Ni20	205	181	167	157	149	144	139	135	132	128	124
10	1Cr19Ni9	205	171	155	144	135	127	123	119	114	111	106
11	S21953	440	355	335	325	315	305					
12	S22253	450	395	370	350	335	325					
13	S22053	485	425	400	375	360	350					
14	S25073	550	480	445	420	400	385					
15	S30408	210	174	156	144	135	127	123	119	114	111	106
16	S30403	180	147	131	122	114	109	104	101	98		
17	S31608	210	178	162	149	139	131	126	123	121	119	117
18	S31603	180	147	130	120	111	105	100	96	93		
19	S32168	210	174	156	144	135	127	123	120	117	114	111

注：序号1~9为GB 13296和GB/T 14976的参考值，序号10为GB 9948和GB 13296的参考值，序号11~14为GB/T 21833的参考值，序号15~19为GB/T 12771的参考值。

表 B.5 碳素钢和低合金钢锻件高温屈服强度

钢号	公称厚度/mm	在下列温度(℃)下的 $R_{p0.2}(R_{eL})$/MPa									
		20	100	150	200	250	300	350	400	450	500
20	≤100	235	210	200	186	167	153	139	129	121	
	>100~200	225	200	191	178	161	147	133	123	116	
	>200~300	205	184	176	164	147	135	123	113	106	

续表

钢号	公称厚度/mm	在下列温度(℃)下的 $R_{p0.2}(R_{eL})$/MPa									
		20	100	150	200	250	300	350	400	450	500
35	≤100	265	235	225	205	186	172	157	147	137	
	>100~300	245	225	215	200	181	167	152	142	132	
16Mn	≤100	305	275	250	225	205	185	175	165	155	
	>100~200	295	265	245	220	200	180	170	160	150	
	>200~300	275	250	235	215	195	175	165	155	145	
20MnMo	≤300	370	340	320	305	295	285	275	260	240	
	>300~500	350	325	305	290	280	270	260	245	225	
	>500~700	330	310	295	280	270	260	250	235	215	
20MnMoNb	≤300	470	435	420	405	395	385	370	355	335	
	>300~500	460	430	415	405	395	385	370	355	335	
20 MnNiMo	≤500	450	420	405	395	385	380	370	355	335	
35CrMo	≤300	440	400	380	370	360	350	335	320	295	
	>300~500	430	395	380	370	360	350	335	320	295	
15CrMo	≤300	280	255	240	225	215	200	190	180	170	160
	>300~500	270	245	230	215	205	190	180	170	160	150
14Cr1Mo	≤300	290	270	255	240	230	220	210	200	190	175
	>300~500	280	260	245	230	220	210	200	190	180	170
12Cr2Mo1	≤300	310	280	270	260	255	250	245	240	230	215
	>300~500	300	275	265	255	250	245	240	235	225	215
12Cr1MoV	≤300	280	255	240	230	220	210	200	190	180	170
	>300~500	270	245	230	220	210	200	190	180	170	160
12Cr2Mo1V	≤300	420	395	380	370	365	360	355	350	340	325
	>300~500	410	390	375	365	360	355	350	345	335	320
12Cr3Mo1V	≤300	420	395	380	370	365	360	355	350	340	325
	>300~500	410	390	375	365	360	355	350	345	335	320
1Cr5Mo	≤500	390	355	340	330	325	320	315	305	285	255
16MnD	≤100	305	275	250	225	205	185	175			
	>100~200	295	265	245	220	200	180	170			
	>200~300	275	250	235	215	195	175	165			
20MnMoD	≤300	370	340	320	305	295	285	275			
	>300~500	350	325	305	290	280	270	260			
	>500~700	330	310	295	280	270	260	250			
08MnNiMoVD	≤300	480	455	440	425						
10Ni3MoVD	≤300	480	455	440	425						
09MnNiD	≤200	280	255	235	225	215	205	190			
	>200~300	270	245	225	215	205	190	180			
08Ni3D	≤300	260									

表 B.6　高合金钢锻件高温度屈服强度

钢号	公称厚度/mm	在下列温度(℃)下的 $R_{p0.2}$/MPa										
		20	100	150	200	250	300	350	400	450	500	550
S11306	≤150	205	189	184	180	178	175	168	163			
S30408	≤300	205	171	155	144	135	127	123	119	114	111	106
S30403	≤300	175	147	131	122	114	109	104	101	98		
S30409	≤300	205	171	155	144	135	127	123	119	114	111	106
S31008	≤300	205	181	167	157	149	144	139	135	132	128	124
S31608	≤300	205	175	161	149	139	131	126	123	121	119	117
S31603	≤300	175	147	130	120	111	105	100	96	93		
S31668	≤300	205	175	161	149	139	131	126	123	121	119	117
S31703	≤300	195	175	161	149	139	131	126	123	121		
S32168	≤300	205	171	155	144	135	127	123	120	117	114	111
S39042	≤300	220	205	190	175	160	145	135				
S21953	≤150	390	315	300	290	280	270					
S22253	≤150	450	395	370	350	335	325					
S22053	≤150	450	395	370	350	335	325					

表 B.7　碳素钢和低合金钢螺柱高温屈服强度

钢号	螺栓规格/mm	在下列温度(℃)下的 $R_{p0.2}$(R_{eL})/MPa									
		20	100	150	200	250	300	350	400	450	500
20	≤M22	245	220	210	196	176	162	147			
	M24 ~ M27	235	210	200	186	167	153	139			
35	≤M22	315	285	265	245	220	200	186			
	M24 ~ M27	295	265	250	230	210	191	176			
40MnB	≤M22	685	620	600	580	570	540	500	440		
	M24 ~ M36	635	570	550	540	530	500	460	410		
40MnVB	≤M22	735	665	645	625	615	590	550	490		
	M24 ~ M36	685	615	600	585	575	550	510	460		
40Cr	≤M22	685	620	600	580	570	550	520	470		
	M24 ~ M36	635	570	550	540	530	510	480	440		
30CrMoA	≤M22	550	495	480	470	460	450	435	405	375	
	M24 ~ M56	500	450	435	425	420	410	395	370	340	
35CrMoA	≤M22	735	665	645	625	615	605	580	540	490	
	M24 ~ M80	685	620	600	585	575	565	540	510	460	
	M85 ~ M105	590	530	510	500	490	480	460	430	390	
35CrMOVA	M52 ~ M105	735	665	645	625	615	605	590	560	530	
	M110 ~ M140	665	600	580	570	560	550	535	510	480	

续表

钢号	螺栓规格/mm	在下列温度(℃)下的 $R_{p0.2}(R_{eL})$/MPa									
		20	100	150	200	250	300	350	400	450	500
25Cr2MoVA	≤M48	735	665	645	625	615	605	590	560	530	480
	M52 ~ M105	685	620	600	590	580	570	555	530	500	450
	M110 ~ M140	590	530	510	500	490	480	470	450	430	390
40CrNiMoA	M52 ~ M140	825	785	760	740	720	695	660			
S45110(1Cr5Mo)	≤M48	390	355	340	330	325	320	315	305	285	255

表 B.8　高合金钢螺柱高温屈服强度

钢号	螺柱规格/mm	在下列温度(℃)下的 $R_{p0.2}$/MPa										
		20	100	150	200	250	300	350	100	450	500	550
S42020	≤M27	400	410	390	370	360	350	340	320			
S30408	≤M48	205	171	155	144	135	127	123	119	114	111	106
S31008	≤M48	205	181	167	157	149	144	139	135	132	128	124
S31608	≤M48	205	175	161	149	139	131	126	123	121	119	117
S32168	≤M48	205	171	155	144	135	127	123	120	117	114	111

表 B.9　碳素钢和低合金钢钢板高温持久强度极限平均值

钢号	在下列温度(℃)下的 10 万 hR_D/MPa								
	400	425	450	475	500	525	550	575	600
Q245R	170	127	91	61					
0345R	187	140	99	64					
18MnMoNbR			265	176					
15CrMoR				201	132	87	56		
14Cr1MoR				185	120	81	49		
12Cr2Mo1R			221	179	133	91	69	56	
12Cr1MoVR					170	123	88	62	
12Cr2Mo1VR			290	244	201	156	108		

表 B.10　碳素钢和低合金钢钢管高温持久强度极限平均值

钢号	在下列温度(℃)下的 10 万 hR_D/MPa								
	400	425	450	475	500	525	550	575	600
10	170	127	91	61					
20	170	127	91	61					
16Mn	187	140	99	64					
12CrMo					111	75			

续表

钢号	在下列温度(℃)下的 10 万 hR_D/MPa								
	400	425	450	475	500	525	550	575	600
15CrMo				201	132	87	56		
12Cr2Mo1			221	179	133	91	69	56	
1Cr5Mo			160	125	93	69	53	39	27
12Cr1MoVG					170	123	88	62	

表 B. 11　碳素钢和低合金钢钢锻件高温持久强度极限平均值

钢号	在下列温度(℃)下的 10 万 hR_D/MPa								
	400	425	450	475	500	525	550	575	600
20	170	127	91	61					
35	170	127	91	61					
16Mn	187	140	99	64					
20MnMo			196	126	74				
20MnMoNb			265	176					
35CrMo			225	167	118	75			
15CrMo				201	132	87	56		
14Cr1Mo				185	120	81	49		
12Cr2Mo1			221	179	133	91	69	56	
12Cr1MoV					170	123	88	62	
12Cr2Mo1V			290	244	201	156	108		
1Cr5Mo			160	125	93	69	53	39	27

表 B. 12　低合金钢螺柱高温持久强度极限平均值

钢号	在下列温度(℃)下的 10 万 hR_D/MPa								
	400	425	450	475	500	525	550	575	600
30CrMoA			225	167	118				
35CrMoA			225	167	118				
25Cr2MoVA					196	108	59		
S45110(1Cr5Mo)			160	125	93	69	53	39	27

表 B.13　钢材弹性模量

钢　类	在下列温度下(℃)下的弹性模量 $E/10^3$MPa																
	-196	-100	-40	20	100	150	200	250	300	350	400	450	500	550	600	650	700
碳素钢、碳锰钢			205	201	197	194	191	188	183	178	170	160	149				
锰钼钢、镍钢	214	209	205	200	196	193	190	187	183	178	170	160	149				
铬(0.5% ~2%)钼(0.2% ~0.5%)钢			208	204	200	197	193	190	186	183	179	174	169	164			
铬(2.25% ~3%)钼(1.0%)钢			215	210	206	202	199	196	192	188	184	180	175	169	162		
铬(5% ~9%)钼(0.5% ~1.0%)钢			218	213	208	205	201	198	195	191	187	183	179	174	168	161	
铬钢(12% ~17%)			206	201	195	192	189	186	182	178	173	166	157	145	131		
奥氏体钢(Cr18Ni8 ~ Cr25Ni20)	209	203	199	195	189	186	183	179	176	172	169	165	160	156	151	146	140
奥氏体 - 铁素体钢(Cr18Ni5 ~ Cr25Ni7)				200	194	190	186	183	180								

表 B.14　钢材平均线膨胀系数

钢　类	在下列温度(℃)与20℃之间的平均线膨胀系数 $\alpha/(10^{-6}$mm/mm·℃)																		
	-196	-100	-50	0	50	100	150	200	250	300	350	400	450	500	550	600	650	700
碳素钢、碳锰钢、锰钼钢、低铬钼钢		9.89	10.39	10.76	11.12	11.53	11.88	12.25	12.56	12.90	13.24	13.58	13.93	14.22	14.42	14.62		
中铬钼钢(Cr5Mo ~ Cr9Mo)			9.77	10.16	10.52	10.91	11.15	11.39	11.66	11.90	12.15	12.38	12.63	12.86	13.05	13.18		
高铬钢(Cr12 ~ Cr17)			8.95	9.29	9.59	9.94	10.20	10.45	10.67	10.96	11.19	11.41	11.61	11.81	11.97	12.11		
奥氏体钢(Cr18Ni8 ~ Cr19Ni14)	14.67	15.45	15.97	16.28	16.54	16.84	17.06	17.25	17.42	17.61	17.79	17.99	18.19	18.34	18.58	18.71	18.87	18.97
奥氏体钢(Cr25Ni20)						15.84	15.98	16.05	16.06	16.07	16.11	16.13	16.17	16.33	16.56	16.66	16.91	17.14
奥氏体 - 铁素体钢(Cr18Ni5 ~ Cr25Ni7)						13.10	13.40	13.70	13.90	14.10								

附录 C
（资料性附录）
高合金钢钢号近似对照

表 C.1　高合金钢钢板的钢号近似对照

序　号	GB 24511—2009		GB/T 4237—1992	ASME(2007)SA240		EN 10028－7:2007	
	统一数字代号	新牌号	旧牌号	UNS 代号	型　号	数字代号	牌　号
1	S11306	06Cr13	0Cr13	S41008	410S	—	—
2	S11348	06Cr13Al	0Cr13Al	S40500	405	—	—
3	S11972	019Cr19Mo2NbTi	00Cr18Mo2	S44400	444	1.4521	X2CrMoTi18－2
4	S30408	06Cr19Ni10	0Cr18Ni9	S30400	304	1.4301	X5CrNi18－10
5	S30403	022Cr19Ni10	00Cr19Ni10	S30403	304L	1.4306	X2CrNi19－11
6	S30409	07Cr19Ni10	—	S30409	304H	1.4948	X6CrNi18－10
7	S31008	06Cr25Ni20	0Cr25Ni20	S31008	310S	1.4951	X6CrNi25－20
8	S31608	06Cr17Ni12Mo2	0Cr17Ni12Mo2	S31600	316	1.4401	X5CrNiMc17－12－2
9	S31603	022Cr17Ni12Mo2	00Cr17Ni14Mo2	S31603	316L	1.4404	X2CrNiMo17－12－2
10	S31668	06Cr17Ni12Mo2Ti	0Cr18Ni12Mo2Ti	S31635	316Ti	1.4571	X6CrNiMoTi17－12－2
11	S31708	06Cr19Ni13Mo3	0Cr19Ni13Mo3	S31700	317	—	—
12	S31703	022Cr19Ni13Mo3	00Cr19Ni13Mo3	S31703	317L	1.4438	X2CrNiMo18－15－4
13	S32168	06Cr18Ni11Ti	0Cr18Ni10Ti	S32100	321	1.4541	X6CrNiTi18－10
14	S39042	015Cr21Ni26Mo5Cu2	—	N08904	904L	1.4539	X1NiCrMoCu25－20－5
15	S21953	022Cr19Ni5Mo3Si2N	00Cr18Ni5Mo3Si2	—	—	—	—
16	S22253	022Cr22Ni5Mo3N	—	S31803	—	1.4462	X2CrNiMoN22－5－3
17	S22053	022Cr23Ni5Mo3N	—	S32205	2205	—	—

表 C.2　高合金钢焊接管的钢号近似对照

序号	GB/T 12771—2008		GB/T 12771—2000	ASME(2007)SA312	
	统一数字代号	新牌号	旧牌号	UNS 代号	型号
1	S30408	06Cr19Ni10	0Cr18Ni9	S30400	TP304
2	S30403	022Cr19Ni10	00Cr19Ni10	S30403	TP304L
3	S31608	06Cr17Ni12Mo2	0Cr17Ni12Mo2	S31600	TP316
4	S31603	022Cr17Ni12Mo2	00Cr17Ni14Mo2	S31603	TP316L
5	S32168	06Cr18Ni11Ti	0Cr18Ni10Ti	S32100	TP321

表 C.3　双相钢无缝管的钢号近似对照

序号	GB/T 21833—2008		GB/T 14976—2002	ASME(2007)SA789 SA790	
	统一数字代号	新牌号	旧牌号	UNS 代号	型号
1	S21953	022Cr19Ni5Mo3Si2N	00Cr18Ni5Mo3Si2	S31500	—
2	S22253	022Cr22Ni5Mo3N	—	S31803	—
3	S22053	022Cr23Ni5Mo3N	—	S32205	—
4	S25073	022Cr25Ni7Mo4N	—	S32750	—

表 C.4　高合金钢钢锻件的钢号近似对照

序号	NB/T 47010—2010	NB/T 47010—2010	ASME(2007)SA182	ASME(2007)SA336
1	S11306	0Cr13	—	—
2	S30408	0Cr18Ni9	S30400(F304)	F304
3	S30403	00Cr19Ni10	S30403(F304L)	F304L
4	S30409	—	S30409(F304H)	F304H
5	S31008	—	S31009(F310H)	F310H
6	S31608	0Cr17Ni12Mo2	S31600(F316)	F316
7	S31603	00Cr17Ni14Mo2	S31603(F316L)	F316L
8	S31668	0Cr18Ni12Mo2Ti	—	—
9	S31703	—	S31703(F317L)	—
10	S32168	0Cr18Ni10Ti	S32100(F321)	F321
11	S39042	—	N08904(F904L)	—
12	S21953	00Cr18Ni5Mo3Si2	—	—
13	S22253	—	S31803(F51)	—
14	S22053	—	S32205(F60)	—

附录 D
(规范性附录)
Q235 系列钢板的使用规定

D.1　GB/T 3274—2007《碳素结构钢和低合金结构钢热轧厚钢板和钢带》中的 Q235B 和 Q235C 钢板使用规定如下:

a)钢的化学成分(熔炼分析)应符合 GB/T 700—2006《碳素结构钢》的规定,但钢板质量证明书中的磷、硫含量应符合 P≤0.035%、S≤0.035%的要求。

b)厚度等于或大于 6 mm 的钢板应进行冲击试验,试验结果应符合 GB/T 700 的规定。对用于使用温度低于 20℃至 0℃、厚度等于或大于 6mm 的 Q235C 钢板,容器制造单位应附加进行横向试样的 0℃冲击试验,3 个标准冲击试样的冲击功平均值 $KV_2 \geqslant 27J$,1 个试样的冲击功最低值以及小尺寸冲击试样的冲击功数值按 GB/T 700 的相应规定。

c)钢板应进行冷弯试验,冷弯合格标准按 GB/T 700 的规定。

d)容器的设计压力小于 1.6MPa。

e)钢板的使用温度:Q235B 钢板为 20~300℃;Q235C 钢板为 0~300℃。

f)用于容器壳体的钢板厚度:Q235B 和 Q235C 不大于 16mm。用于其他受压元件的钢板厚度:Q235B 不大于 30mm,Q235C 不大于 40mm。

g)不得用于毒性程度为极度或高度危害的介质。

D.2　钢板的许用应力按表 D.1 的规定。

表 D.1

钢号	厚度/mm	在下列温度(℃)下的许用应力/MPa					
		≤20	100	150	200	250	300
Q235B	3~16	116	113	108	99	88	81
	>16~30	116	108	102	94	82	75
Q235C	3~16	123	120	114	105	94	86
	>16~40	123	114	108	100	87	79
注:Q235B 所列许用应力已乘质量系数 0.85,Q235C 所列许用应力已乘质量系数 0.90。							

D.3　钢板的厚度负偏差按 GB/T 3274 的相应规定。

3. 压力容器　第3部分:设计

(GB 150.3—2011
部分代替 GB 150—1998)

目　录

1　范围

GB 150.3 规定了压力容器基本受压元件的设计要求。

本部分适用于内压圆筒和内压球壳、外压圆筒和外压球壳、封头、开孔和开孔补强以及法兰的设计计算。

本部分给出了非圆形截面容器(规范性附录A)、钢带错绕筒体(规范性附录B)、常用密封结构(资料性附录C)和焊接接头结构(资料性附录D)的基本设计要求。

本部分还给出了关于低温压力容器的基本设计要求(规范性附录E)。

2　规范性引用文件

下列文件对于本文件的应用是必不可少的。凡是注日期的引用文件，仅注日期的版本适用于本文件。凡是不注日期的引用文件，其最新版本(包括所有的修改单)适用于本文件。

GB 150.1—2011　压力容器，第1部分：通用要求

GB 150.2　压力容器　第2部分：材料

GB 150.4　压力容器　第4部分：制造、检验和验收

GB/T 985.1　气焊、焊条电弧焊、气体保护焊和高能束焊的推荐坡口

GB/T 985.2　埋弧焊的推荐坡口

JB/T 4700　压力容器法兰与技术条件

JB/T 4701　甲型平焊法兰

JB/T 4702　乙型平焊法兰

JB/T 4703　长颈对焊法兰

JB/T 4704　非金属软垫片

JB/T 4705　缠绕垫片

JB/T 4706　金属包垫片

JB/T 4707　等长双头螺柱

JB/T 4736　补强圈

3　内压圆筒和内压球壳

3.1　本章计算公式适用于单层、多层包扎、套合圆筒和球壳的计算。钢带错绕筒体设计计算按附录B进行。

3.2　术语、定义和符号

3.2.1　GB 150.1 中的术语和定义适用于本部分。

3.2.2　符号

C——厚度附加量(按GB 150.1)，mm；对多层包扎圆筒和套合圆筒只考虑内筒的C值；

D_i——圆筒或球壳的内直径，mm；

D_o——圆筒或球壳的外直径($D_o = D_i + 2\delta_n$)，mm；

p_c——计算压力，MPa；

$[p_w]$——圆筒或球壳的最大允许工作压力，MPa；

δ——圆筒或球壳的计算厚度，mm；

δ_e——圆筒或球壳的有效厚度，mm；

δ_i——多层包扎圆筒内筒或套合圆筒内筒的名义厚度，mm；

δ_n——圆筒或球壳的名义厚度，mm；

δ_o——多层包扎圆筒层板层和套合圆筒套合层总厚度，mm；

σ^t——设计温度下圆筒或球壳的计算应力，MPa；

$[\sigma]^t$——设计温度下圆筒或球壳材料的许用应力(按 GB 150.2)，MPa；

$[\sigma_i]^t$——设计温度下多层包扎圆筒内筒或套合圆筒内筒材料的许用应力(按 GB 150.2)，MPa；

$[\sigma_o]^t$——设计温度下多层包扎圆筒层板层或套合圆筒套合层材料的许用应力，MPa；

ϕ——焊接接头系数；

ϕ_i——多层包扎圆筒和套合圆筒内筒的焊接接头系数；

ϕ_o——多层包扎圆筒层板层和套合圆筒套合层的焊接接头系数。

3.3　圆筒计算

本节公式的适用范围为 $p_c \leqslant 0.4[\sigma]^t\phi$。设计温度下圆筒的计算厚度按式(3-1)或式(3-2)计算：

$$\delta = \frac{p_c D_i}{2[\sigma]^t\phi - p_c} \tag{3-1}$$

$$\delta = \frac{p_c D_o}{2[\sigma]^t\phi + p_c} \tag{3-2}$$

圆筒的计算应力按式(3-3)或式(3-4)计算：

$$\sigma^t = \frac{p_c(D_i + \delta_e)}{2\delta_e} \tag{3-3}$$

$$\sigma^t = \frac{p_c(D_o - \delta_e)}{2\delta_e} \tag{3-4}$$

σ^t 值应小于或等于$[\sigma]^t\phi$。

多层包扎圆筒及套合圆筒的$[\sigma]^t\phi$ 值按式(3-5)计算：

$$[\sigma]^t\phi = \frac{\delta_i}{\delta_n}[\sigma_i]^t\phi_i + \frac{\delta_o}{\delta_n}[\sigma_o]^t\phi_o \tag{3-5}$$

公式中 $\phi_i = 1.0$，$\phi_o = 0.95$。

设计温度下圆筒的最大允许工作压力按式(3-6)或式(3-7)计算：

$$[p_w] = \frac{2\delta_e[\sigma]^t\phi}{D_i + \delta_e} \tag{3-6}$$

$$[p_w] = \frac{2\delta_e[\sigma]^t\phi}{D_o - \delta_e} \tag{3-7}$$

3.4　球壳计算

本节公式的适用范围为 $p_c \leqslant 0.6[\sigma]^t\phi$。设计温度下球壳的计算厚度按式(3-8)或式(3-9)计算：

$$\delta = \frac{p_c D_i}{4[\sigma]^t\phi - p_c} \tag{3-8}$$

$$\delta = \frac{p_c D_o}{4[\sigma]^t\phi - p_c} \tag{3-9}$$

球壳的计算应力按式(3-10)或式(3-11)计算：

$$\sigma^t = \frac{p_c(D_i + \delta_e)}{4\delta_e} \tag{3-10}$$

$$\sigma^t = \frac{p_c(D_o - \delta_e)}{4\delta_e} \tag{3-11}$$

σ^t 值应小于或等于$[\sigma]^t\phi$。

设计温度下球壳的最大允许工作压力按式(3-12)或式(3-13)计算：

$$[p_w] = \frac{4\delta_e[\sigma]^t\phi}{D_i + \delta_e} \tag{3-12}$$

$$[p_w] = \frac{4\delta_e[\sigma]^t\phi}{D_o - \delta_e} \tag{3-13}$$

4　外压圆筒和外压球壳

4.1　本章规定适用于外压圆筒（包括管子）和外压球壳的设计。

4.2　术语、定义和符号

4.2.1　GB 150.1 中的术语和定义适用于本章。

4.2.2　符号

A——外压应变系数；

A_s——加强圈的横截面积，mm^2；

B——外压应力系数，MPa；

C——厚度附加量（按 GB 150.1），mm；

D_i——圆筒内直径，mm；

D_o——圆筒外直径（$D_o = D_i + 2\delta_n$），mm；

E^t——设计温度下材料的弹性模量，MPa；

h_i——封头曲面深度，mm；

I——加强圈与圆筒组合段所需惯性矩，mm^4；

I_s——加强圈与圆筒起加强作用的有效段的组合截面对通过与圆筒轴线平行的该截面形心轴的惯性矩，mm^4；

L——圆筒计算长度，应取圆筒两相邻支撑线之间的距离（见图 4－1），mm；

p_c——计算外压力（按 GB 150.1 的通用要求），MPa；

$[p]$——许用外压力，MPa；

R_o——球壳外半径，mm；

δ_n——圆筒或球壳的名义厚度，mm；

δ_e——圆筒或球壳的有效厚度，mm；

$[\sigma]^t$——圆筒或管子材料在设计温度下的许用应力（按 GB 150.2 材料），MPa；

R_{eL}（$R_{p0.2}$）——圆筒或管子材料标准在室温下的屈服强度（或 0.2% 非比例延伸强度），MPa；

R_{eL}^t（$R_{p0.2}^t$）——圆筒或管子材料在设计温度下的屈服强度（或 0.2% 非比例延伸强度），MPa。

4.3　外压圆筒的稳定性校核

4.3.1　计算长度的确定

圆筒计算长度，应取圆筒上两相邻支撑线之间的距离，见图 4－1。其中应满足：图 a－2）和图 c－2）中锥壳或折边段的有效厚度不得小于相连接圆筒的有效厚度；图 b）、e）和 f）中锥壳与圆筒的连接处的惯性矩，按 5.6.6 的规定；计算时应采用图示的 L、各段直径和相应的厚度。

a）如图 4－1a）所示。当圆筒部分没有加强圈（或可作为加强的构件）时，取圆筒的总长度加上每个凸形封头曲面深度的 1/3；

b）如图 4－1c）所示。当圆筒部分有加强圈（或可作为加强的构件）时，取相邻加强圈中心线间的最大距离；

c）如图 4－1d）所示，取圆筒第一个加强圈中心线与凸形封头切线间的距离加凸形封头曲面深度的 1/3；

d）如图 4－1b）、e）、f）所示，当圆筒与锥壳相连接，若连接处可作为支撑线时，取此连接处与相邻支撑线之间的最大距离；图 4－1f）中的 L_X 系指锥壳段的轴向长度，其外压计算长度取当量长度 L_e 见 5.6.6；

e）如图 4－1g）所示，对带夹套的圆筒，则取承受外压的圆筒长度；若带有凸形封头，还应加上封头曲面深度的 1/3；若有加强圈（或可作为加强的构件）时，则按图 4－1c）、d）计算。

注：支撑线系指该处的截面有足够的惯性矩，以确保外压作用下该处不出现失稳现象。

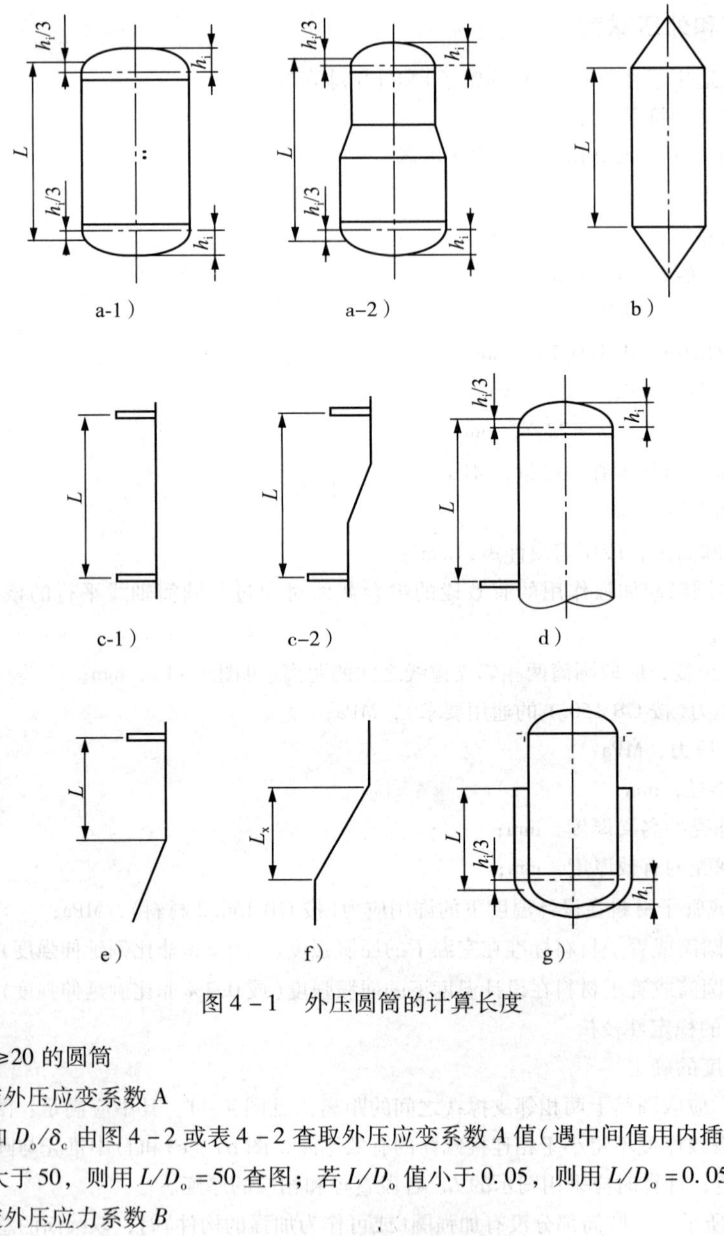

图 4－1　外压圆筒的计算长度

4.3.2　$D_o/\delta_e \geqslant 20$ 的圆筒

4.3.2.1　确定外压应变系数 A

a) 根据 L/D_o 和 D_o/δ_e 由图 4－2 或表 4－2 查取外压应变系数 A 值（遇中间值用内插法）；

b) 若 L/D_o 值大于 50，则用 $L/D_o = 50$ 查图；若 L/D_o 值小于 0.05，则用 $L/D_o = 0.05$ 查图。

4.3.2.2　确定外压应力系数 B

a) 按所用材料，查表 4－1 确定对应的外压应力系数 B 曲线图（图 4－3～图 4－11），由 A 值查取 B 值（遇中间值用内插法）；

b) 若 A 值超出设计温度曲线的最大值，则取对应温度曲线右端点的纵坐标值为 B 值；

c) 若 A 值小于设计温度曲线的最小值，则按式（4－1）计算 B 值：

$$B = \frac{2AE^t}{3} \tag{4-1}$$

表 4－1　外压应力系数 B 曲线图选用表

序号	钢号	$R_{eL}(R_{p0.2})$/MPa	设计温度范围/℃	适用 B 曲线图
1	10	205	≤475	图 4－3
2	20	245	≤475	图 4－5

续表

序号	钢号	$R_{eL}(R_{p0.2})$/MPa	设计温度范围/℃	适用 B 曲线图
3	Q245R	245	≤475	图4-5
4	Q345R，Q345D	345	≤475	图4-4
5	Q370R	370	≤150 150~350	图4-6 图4-5
6	12CrMo	205	≤475	图4-3
7	12Cr1MoVG 12Cr1MoVR	225	≤475	图4-5
8	15CrMo	235	≤475	图4-5
9	15CrMoR	295	≤150 150~400	图4-6 图4-5
10	1Cr5Mo	195	≤475	图4-3
11	09MoD	270	≤150	图4-6
12	09MnNiD	280	≤150	图4-6
13	08Cr2AlMo	250	≤300	图4-5
14	09CrCuSb	245	≤200	图4-5
15	18MnMoNbR	390	≤150 150~475	图4-6 图4-5
16	13MnNiMoR	390	≤150 150~400	图4-6 图4-5
17	14Cr1MoR	300	≤150 150~475	图4-6 图4-5
18	12Cr2Mo1	280	≤150 150~475	图4-6 图4-5
19	12Cr2Mo1R	310	≤150 150~475	图4-6 图4-5
20	12Cr2Mo1VR	415	≤150 150~475	图4-6 图4-5
21	16Mn，16MnDR	315	≤150 150~350	图4-6 图4-5
22	15MnNiDR	325	≤150 150~200	图4-6 图4-5
23	15MnNiNbDR	370	≤150 150~200	图4-6 图4-5
24	09MnNiDR	300	≤150 150~350	图4-6 图4-5
25	08Ni3DR	320	≤100	图4-6
26	06Ni9DR	575	≤100	图4-7
27	07MnMoVR	490	≤200	图4-7
28	07MnNiVDR	490	≤200	图4-7
29	12MnNiVR	490	≤200	图4-7
30	07MnNiMoDR	490	≤200	图4-7

续表

序号	钢号	$R_{eL}(R_{p0.2})$/MPa	设计温度范围/℃	适用 *B* 曲线图
31	S11348	170	≤400	图 4-3
32	S11306	205	≤400	图 4-5
33	S11972	275	≤350	图 4-5
34	S30403 00Cr19Ni10	180	≤425	图 4-10
35	S30408 0Cr18Ni9	205	≤650	图 4-8
36	S30409	205	≤650	图 4-8
37	S31608 0Cr17Ni12Mo2	205	≤650	图 4-9
38	S31603 00Cr17Ni14Mo2	180	≤425	图 4-11
39	S31668 0Cr18Ni12Mo2Ti	205	≤450	图 4-9
40	S31008 0Cr25Ni20	205	≤650	图 4-9
41	S31708 0Cr19Ni13Mo3	205	≤650	图 4-9
42	S31703 00Cr19Ni13Mo3	205	≤425	图 4-11
43	S32168 0Cr18Ni10Ti	205	≤650	图 4-9
44	S39042	220	≤650	图 4-9
45	S21953	440	≤300	图 4-12
46	S22253	450	≤300	图 4-12
47	S22053	450	≤300	图 4-12
48	S25073	550	≤300	图 4-12
49	1Cr19Ni9	205	≤650	图 4-8

4.3.2.3　确定许用外压力[*p*]

根据 *B* 值，按式(4-2)计算许用外压力[*p*]：

$$[p]=\frac{B}{D_o/\delta_e} \tag{4-2}$$

计算得到的[*p*]应大于或等于 p_c，否则须调整设计参数，重复上述计算，直到满足设计要求。

4.3.3　$D_o/\delta_e<20$ 的圆筒

4.3.3.1　确定外压应变系数 *A*

a) 对 $D_o/\delta_e\geqslant4.0$ 的圆筒，用与 4.3.2.1 相同的步骤得到系数 *A* 值；

b) 对 $D_o/\delta_e<4.0$ 的圆筒，按式(4-3)计算系数 *A* 值：

$$A=\frac{1.1}{(D_o/\delta_e)^2} \tag{4-3}$$

系数 $A>0.1$ 时，取 $A=0.1$。

4.3.3.2　确定外压应力系数 B

用与4.3.2.2相同的步骤得到系数 B 值。

4.3.3.3　确定许用外压力[p]

按式(4-4)计算许用外压力[p]值：

$$[p]=\min\left\{\left(\frac{2.25}{D_o/\delta_e}-0.0625\right)B,\ \frac{2\sigma_0}{D_o/\delta_e}\left(1-\frac{1}{D_o/\delta_e}\right)\right\} \tag{4-4}$$

式中，σ_0 应力，取以下两值中的较小值：

$\sigma_0=2[\sigma]^t$

$\sigma_0=0.9R_{eL}^t$ 或 $0.9R_{p0.2}^t$

计算得到的[p]应大于或等于 p_c，否则须调整设计参数，重复上述计算，直到满足设计要求。

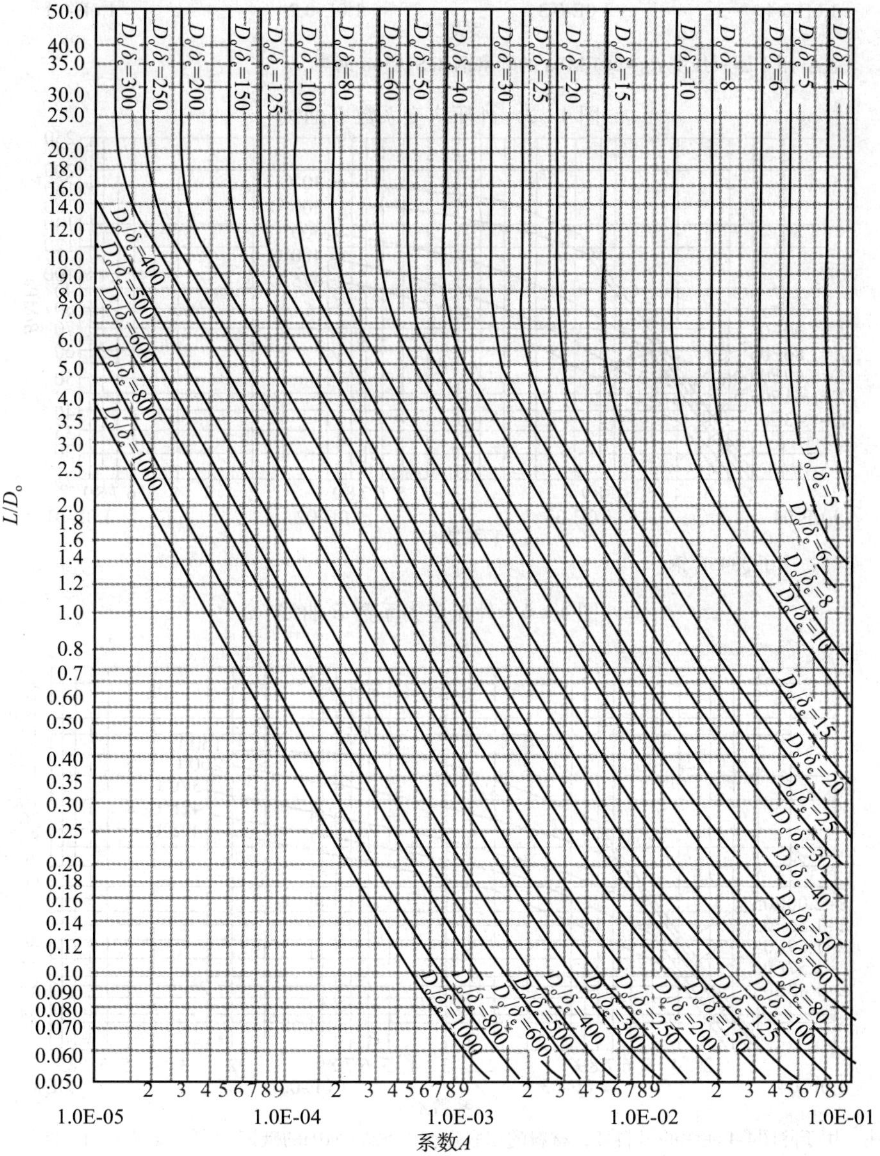

图4-2　外压应变系数 A 曲线

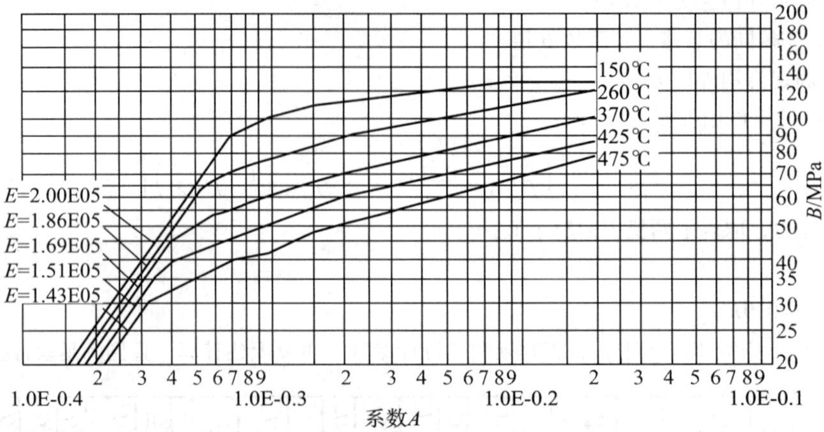

注：用于屈服强度 R_{eL}<207 MPa 的碳素钢和 S11348 钢等。

图 4－3　外压应变系数 *B* 曲线

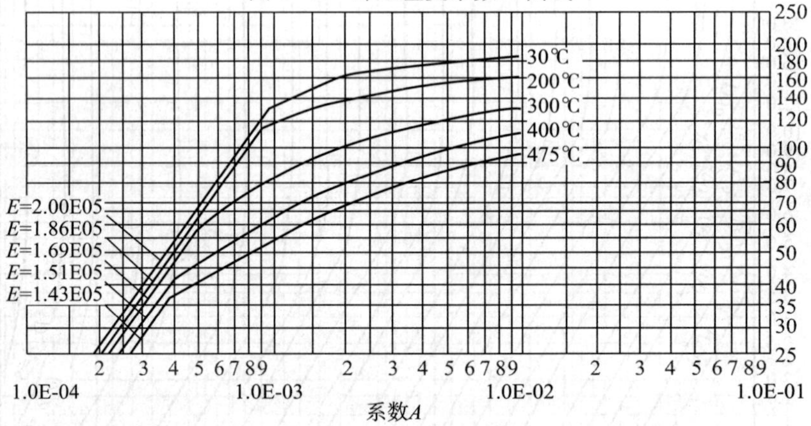

注：用于Q345R 钢。

图 4－4　外压应力系数 *B* 曲线

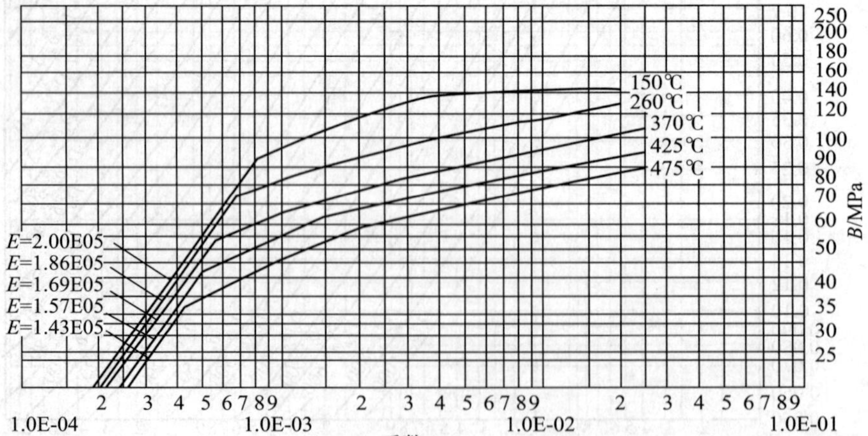

注：用于除图4-4 注明的材料外，材料的屈服强度 R_{eL}>207 MPa的碳钢 、低合金钢和S11306钢等。

图 4－5　外压应力系数 *B* 曲线

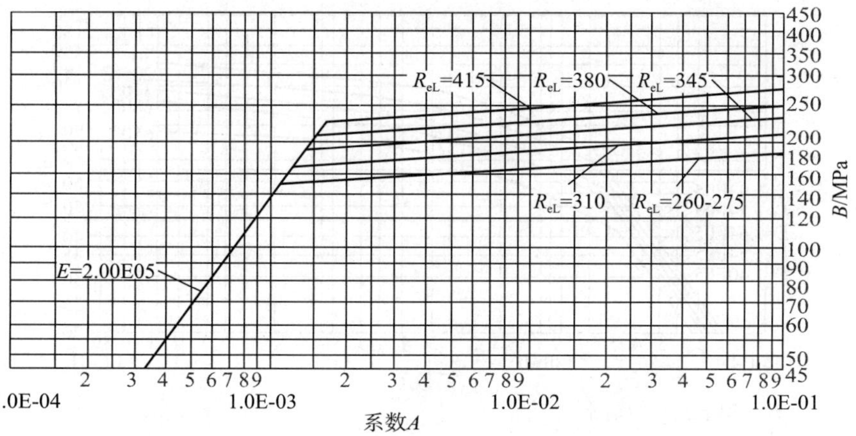

注：用于除图4-4 注明的材料外，材料的屈服强度R_{eL}>250 MPa的碳钢 、低合金钢等。

图 4－6　外压应力系数 B 曲线

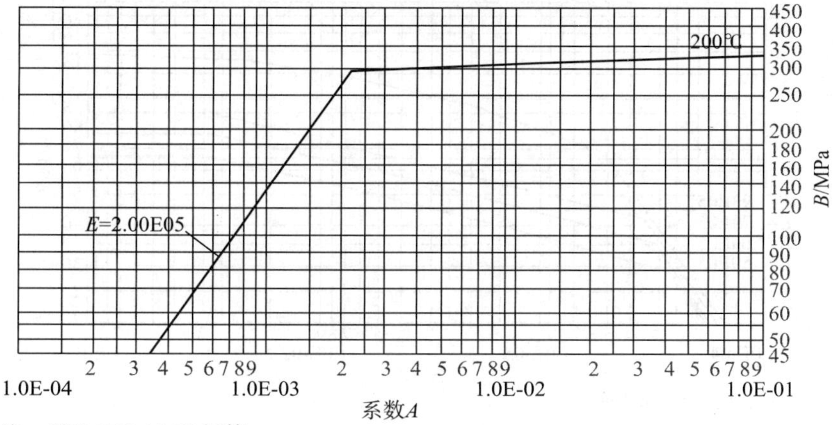

注：用于 07MnMoVR钢等。

图 4－7　外压应力系数 B 曲线

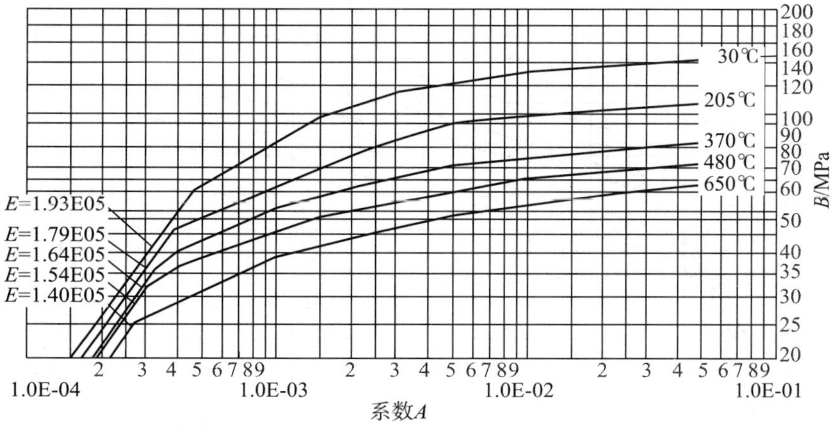

注：用于 S30408钢等。

图 4－8　外压应力系数 B 曲线

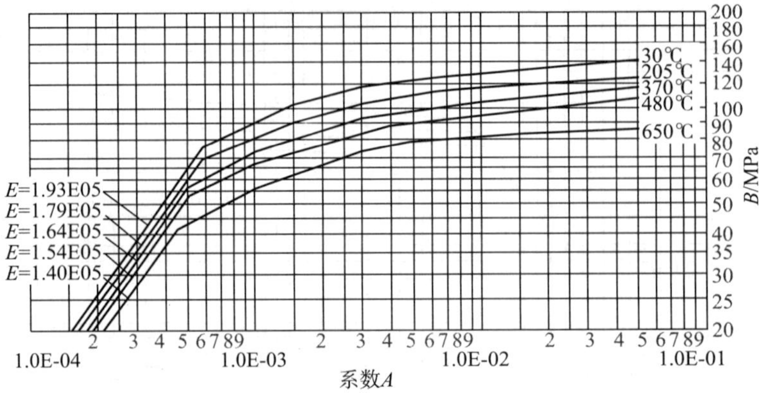

注：用于 S31608钢等。

图 4－9　外压应力系数 B 曲线

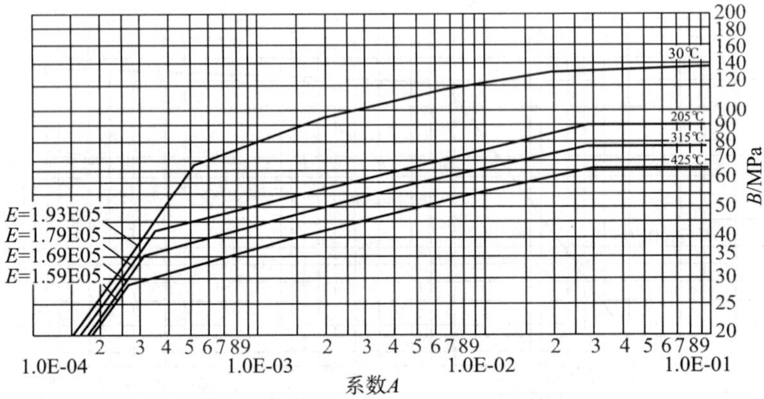

注：用于 S30403钢等。

图 4－10　外压应力系数 B 曲线

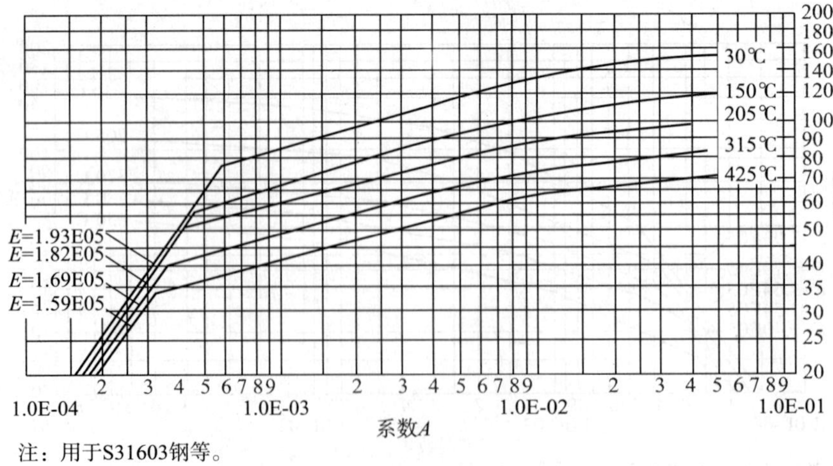

注：用于S31603钢等。

图 4－11　外压应力系数 B 曲线

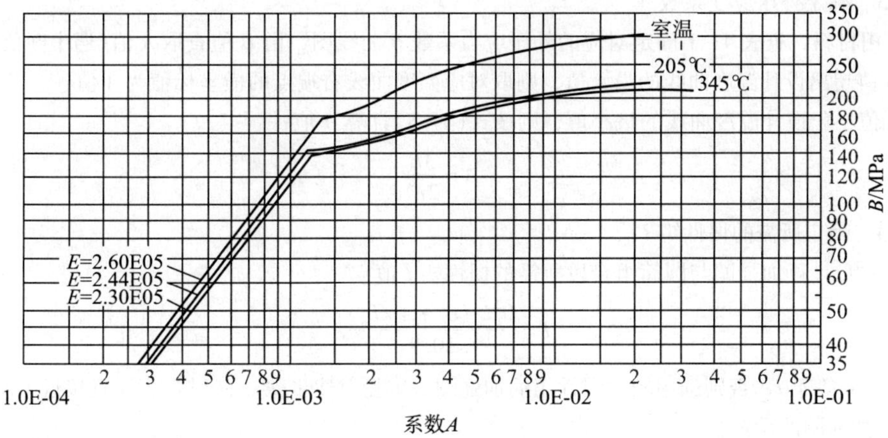

注：用于S21953钢等。

图 4－12　外压应力系数 B 曲线

4.4　外压球壳的计算

4.4.1　确定外压应变系数 A

根据 R_o/δ_e，用式(4－5)计算系数 A 值：

$$A=\frac{0.125}{(R_o/\delta_e)} \tag{4-5}$$

4.4.2　确定外压应力系数 B

a)按所用材料，查表 4－1 确定对应的外压应力系数 B 曲线图，由 A 值查取 B 值(遇中间值用内插法)；

b)若 A 值超出设计温度曲线的最大值，则取对应温度曲线右端点的纵坐标值为 B 值；

c)若 A 值小于设计温度曲线的最小值，则按式(4－1)计算 B 值。

4.4.3　确定许用外压力[p]

根据 B 值，按式(4－6)计算许用外压力[p]值：

$$[p]=\frac{B}{(R_o/\delta_e)} \tag{4-6}$$

计算得到的[p]应大于或等于 p_c，否则须调整设计参数，重复上述计算，直到满足设计要求。

4.5　外压圆筒加强圈的设计

4.5.1　加强圈的计算

4.5.1.1　惯性矩计算

选定加强圈材料与截面尺寸，计算其横截面积 A_s 和加强圈与圆筒有效段组合截面的惯性矩 I_s，圆筒有效段系指在加强圈中心线两侧有效宽度各为 $0.55\sqrt{D_o\delta_e}$ 的壳体。

若加强圈中心线两侧圆筒有效宽度与相邻加强圈的圆筒有效宽度相重叠，则该圆筒的有效宽度中相重叠部分每侧按一半计算。

4.5.1.2　确定外压应力系数 B

按式(4－7)计算 B 值：

$$B=\frac{p_cD_o}{\delta_e+(A_s/L_s)} \tag{4-7}$$

式中：

L_s——从加强圈中心线到相邻两侧加强圈中心线距离之和的一半，若与凸形封头相邻，在长度中还应计入封头曲面深度的 1/3，mm。

4.5.1.3　确定外压应变系数 A

a)按所用材料，查表 4－1 确定对应的外压应力系数 B 曲线图，由 B 值查取 A 值(遇中间值用内插法)；

b)若 B 值超出设计温度曲线的最大值，则取对应温度曲线右端点的横坐标值为 A 值；

c)若 B 值小于设计温度曲线的最小值，则按式(4－8)计算 A 值：

$$A=\frac{3B}{2E^{t}} \tag{4-8}$$

4.5.1.4　确定所需的惯性矩 I

按式(4－9)计算加强圈与圆筒组合段所需的惯性矩 I 值：

$$I=\frac{D_o^2 L_s(\delta_e + A_s/L_s)}{10.9}A \tag{4-9}$$

I_s 应大于或等于 I，否则选用较大惯性矩的加强圈，重复上述步骤，直到 I_s 大于且接近 I 为止。

4.5.2　加强圈的设置

4.5.2.1　加强圈可设置在容器的内部或外部，应整圈围绕在圆筒的圆周上。加强圈两端的接合形式应按图 4－13 中 A、B 所示。

4.5.2.2　容器内部的加强圈，若布置成图 4－13 中 C、D、E 或 F 所示的结构时，则应取具有最小惯性矩的截面进行计算。

4.5.2.3　在加强圈上需要留出如图 4－13 中 D、E 及 F 所示的间隙时，则不应超过图 4－14 规定的弧长，否则须将容器内部和外部的加强圈相邻两部分之间接合起来，采用如图 4－13 中 C 所示的结构。但若能同时满足以下条件者可以除外：

a)每圈只允许一处无支撑的壳体弧长；

b)无支撑的壳体弧长不超过 90°圆周；

c)相邻两加强圈的不受支撑的圆筒弧长相互交错 180°；

d)圆筒计算长度 L 应取下列数值中的较大者：

——相间隔加强圈之间的最大距离；

——从封头切线至第二个加强圈中心的距离再加上 1/3 封头曲面深度。

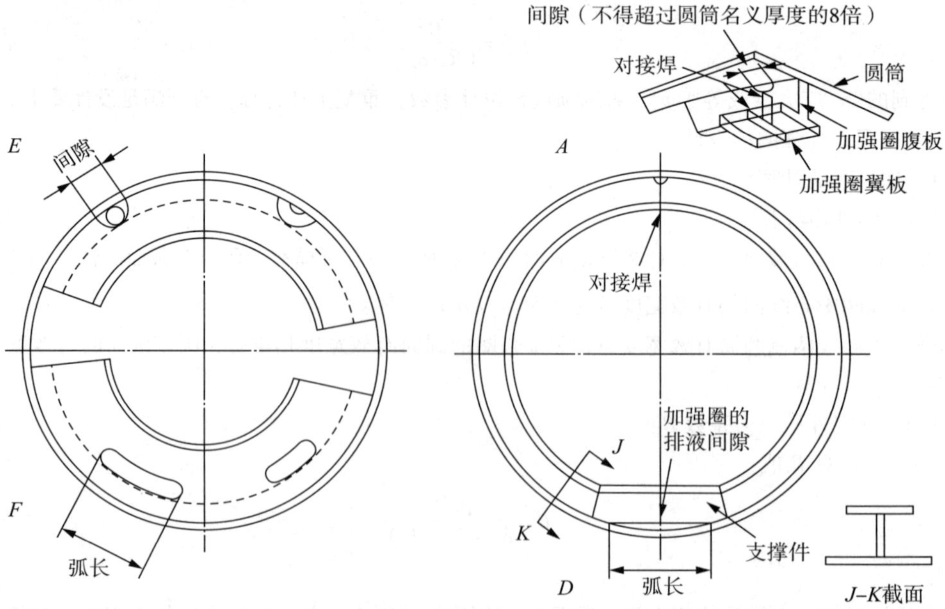

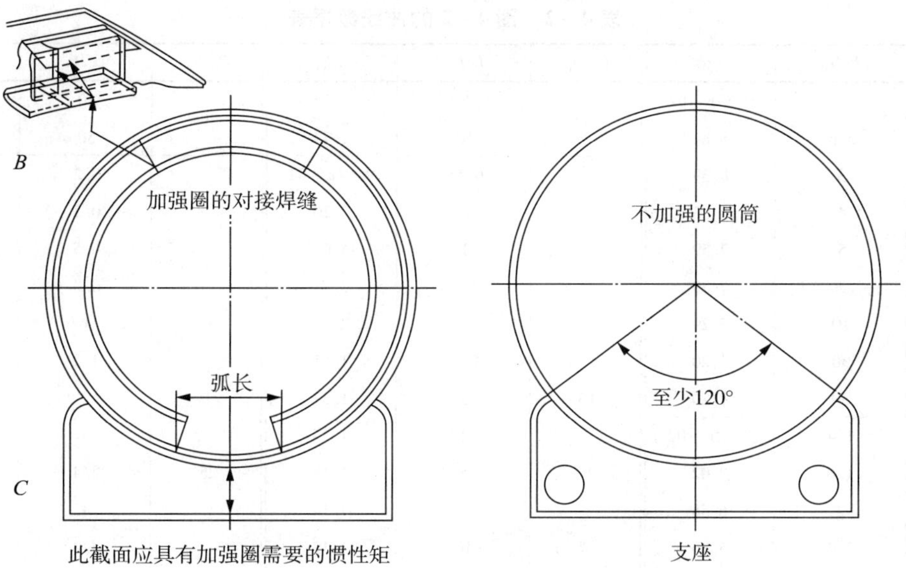

图 4－13　外压容器加强圈的各种布置图

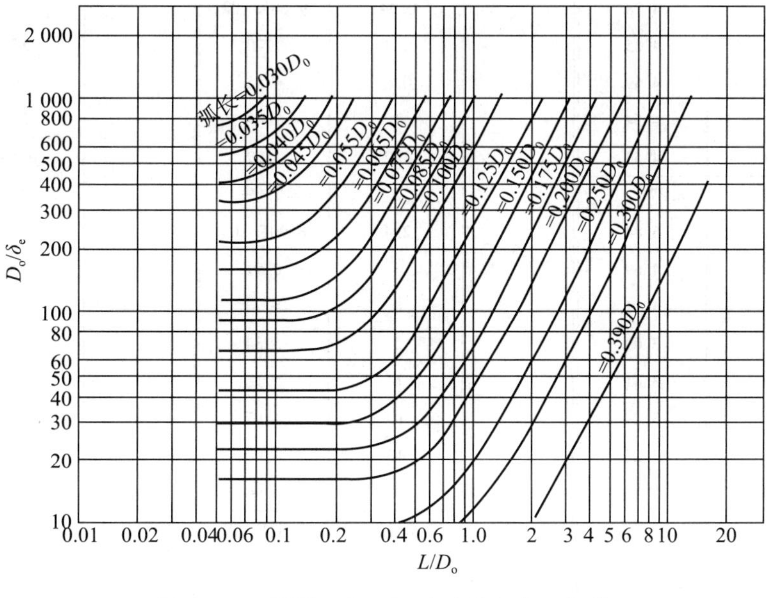

图 4－14　圆筒上加强圈允许的间断弧长值

4. 5. 2. 4　容器内部的构件如塔盘等，若设计成起加强作用时，也可作加强圈用。

4. 5. 2. 5　加强圈与圆筒之间可采用连续或间断的焊接，当加强圈设置在容器外面时，加强圈每侧间断焊接的总长，应不少于圆筒外圆周长的 1/2，当设置在容器里面时，应不少于圆筒内圆周长的 1/3。焊脚尺寸不得小于相焊件中较薄件的厚度。

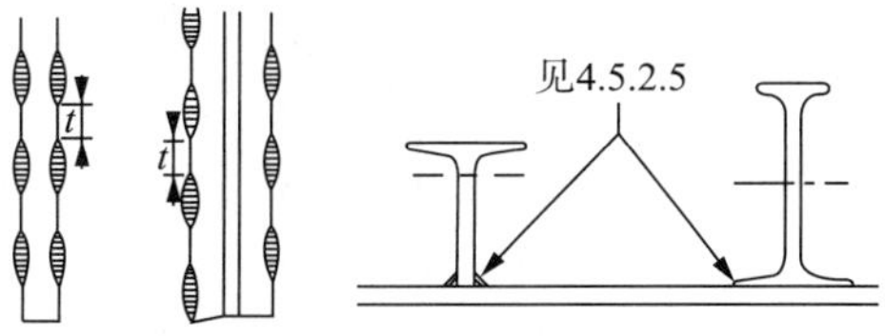

图 4－15　加强圈与圆筒的连接

间断焊缝的布置与间距可参照图 4－15 所示的型式，间断焊缝可以相互错开或并排布置。最大间隙 t，对外加强圈为 $8\delta_n$，对内加强圈为 $12\delta_n$。

表 4－2　图 4－2 的曲线数据表

D_o/δ_e	L/D_o	A 值	D_o/δ_e	L/D_o	A 值	D_o/δ_e	L/D_o	A 值
4	2.2	9.59E-02	8	20	1.74	20	40	2.75
	2.6	8.84		50	1.74		50	2.75
	3	8.39	10	0.56	9.64E-02	25	0.2	8.77E-02
	4	7.83		0.7	7.20		0.3	4.84
	5	7.59		1	4.63		0.5	2.50
	7	7.39		1.2	3.71		0.8	1.43
	10	7.29		2	2.01		1	1.11
	30	7.20		2.4	1.65		1.2	9.02E-03
	50	7.20		3	1.39		2	5.08
5	1.4	9.29E-02		4	1.24		3	3.23
	1.6	8.02		5	1.18		3.4	2.78
	2	6.58		7	1.14		4	2.35
	2.4	5.86		10	1.12		4.4	2.19
	3	5.32		16	1.11		5	2.04
	4	4.94		50	1.11		6	1.91
	5	4.78	15	0.34	9.68E-02		7	1.86
	7	4.65		0.4	7.70		10	1.80
	10	4.59		0.6	4.53		30	1.76
	30	4.54		1	2.44		50	1.76
	50	4.53		1.2	1.97	30	0.16	9.04E-02
6	1.2	8.37E-02		2	1.09		2	6.35
	1.6	5.84		2.4	8.90E-03		0.3	3.57
	2	4.69		3	6.91		0.4	2.46
	2.4	4.11		4	5.73		0.6	1.50
	3	3.69		5	5.34		0.8	1.08
	4	3.41		6	5.16		1	8.38E-03
	5	3.29		10	4.97		1.2	6.83
	7	3.20		40	4.90		2	3.88
	10	3.16		50	4.90		3	2.46
	30	3.12	20	0.24	9.82E-02		4	1.77
	50	3.12		0.4	4.77		4.4	1.61
8	0.74	9.68E-02		0.6	2.86		5	1.47
	0.8	8.75		0.8	2.03		6	1.36
	1	6.60		1	1.56		7	1.30
	1.6	3.72		1.2	1.27		10	1.25
	2	2.85		2	7.13E-03		30	1.22
	2.4	2.42		3	4.46		50	1.22
	3	2.12		3.4	3.88	40	0.12	8.64E-02
	4	1.92		4	3.42		0.2	3.85
	5	1.84		5	3.08		0.3	2.22
	7	1.79		7	2.87		0.4	1.55
	10	1.76		10	2.80		0.6	9.58E-03

续表

D_o/δ_e	L/D_o	A值	D_o/δ_e	L/D_o	A值	D_o/δ_e	L/D_o	A值
40	0.8	6.91	60	4	6.45	100	25	1.10
	1	5.39		6	4.09		50	1.10
	1.2	4.41		7	3.64	125	0.05	4.80E-02
	2	2.52		8	3.41		0.06	3.44
	4	1.17		10	3.22		0.08	2.10
	5	9.12E-04		14	3.10		0.1	1.48
	6	8.04		40	3.06		0.14	9.17 E-03
	7	7.56		50	3.06		0.2	5.78
	8	7.31	80	0.054	9.90E-02		0.4	2.57
	10	7.08		0.07	6.08		0.6	1.65
	16	6.92		0.09	3.91		0.8	1.21
	40	6.88		0.1	3.28		1	9.55E-04
	50	6.88		0.14	1.96		2	4.59
50	0.088	9.30E-02		0.2	1.20		4	2.20
	0.1	7.82		0.24	9.50E-03		6	1.41
	0.2	2.63		0.4	5.16		9	9.04E-05
	0.3	1.54		0.6	3.28		10	8.37
	0.4	1.08		0.8	2.39		12	7.70
	0.6	6.77E-03		1	1.88		14	7.40
	0.8	4.90		2	8.95E-04		20	7.13
	1	3.84		4	4.24		40	7.04
	2	1.71		6.6	2.41		50	7.04
	4	8.42E-04		8	2.05	150	0.05	3.38E-02
	5	6.52		10	1.86		0.06	2.44
	6	5.48		14	1.76		0.08	1.51
	7	5.02		30	1.72		0.1	1.08
	8	4.78		50	1.72		0.12	8.33E-03
	10	4.58	100	0.05	7.41E-02		0.16	5.69
	12	4.49		0.07	3.98		0.2	4.31
	16	4.44		0.1	2.20		0.4	1.94
	40	4.40		0.14	1.33		0.6	1.25
	50	4.40		0.2	8.31E-03		1	7.26E-05
60	0.074	9.54E-02		0.4	3.64		2	3.49
	0.1	5.56		0.5	2.83		4	1.68
	0.14	3.23		0.8	1.70		6	1.08
	0.2	1.93		1	1.34		8	7.87E-05
	0.4	8.12E-03		2	6.41E-04		10	6.19
	0.6	5.10		4	3.05		12	5.53
	0.8	3.71		6	1.95		16	5.10
	1	2.91		8	1.42		20	4.98
	2	1.38		10	1.24		40	4.89
	3	8.86E-04		14	1.14		50	4.89

续表

D_o/δ_e	L/D_o	A 值
200	0.05	1.96E-02
	0.06	1.43
	0.08	9.09E-03
	0.1	6.59
	0.14	4.21
	0.2	2.72
	0.3	1.71
	0.5	9.76E-04
	0.8	5.92
	1	4.69
	2	2.27
	4	1.10
	6	7.11E-05
	8	5.20
	10	4.03
	12	3.38
	14	3.09
	16	2.95
	20	2.83
	40	2.75
	50	2.75
250	0.05	1.29E-02
	0.06	9.55E-03
	0.08	6.17
	0.1	4.52
	0.14	2.93
	0.2	1.91
	0.4	8.81E-04
	0.6	5.72
	0.8	4.22
	1	3.35
	2	1.63
	4	7.89E-05
	6	5.13
	8	3.77
	10	2.93
	12	2.38
	14	2.10
	16	1.96
	20	1.84
	40	1.76
	50	1.76

D_o/δ_e	L/D_o	A 值
300	0.05	9.23E-03
	0.06	6.90
	0.08	4.52
	0.1	3.34
	0.12	2.64
	0.2	1.43
	0.4	6.66E-04
	0.6	4.33
	0.8	3.21
	1	2.54
	2	1.24
	4	6.02 E-05
	6	3.93
	8	2.87
	10	2.25
	14	1.56
	16	1.42
	20	1.30
	40	1.23
	50	1.22
400	0.05	5.49E-03
	0.06	4.17
	0.08	2.78
	0.1	2.08
	0.12	1.66
	0.16	1.18
	0.2	9.14E-04
	0.4	4.29
	0.6	2.80
	0.8	2.07
	1	1.65
	2	8.08E-05
	4	3.93
	6	2.57
	8	1.89
	10	1.48
	14	1.02
	16	8.82E-06
500	0.05	3.70E-03
	0.06	2.84
	0.08	1.92
	0.1	1.45
	0.12	1.16

D_o/δ_e	L/D_o	A 值
500	0.16	8.30E-04
	0.2	6.45
	0.4	3.05
	0.6	1.99
	0.8	1.48
	1	1.18
	2	5.79E-05
	4	2.82
	6	1.85
	8	1.37
	10	1.07
	12	8.80E-06
600	0.05	2.70E-03
	0.06	2.08
	0.08	1.42
	0.1	1.08
	0.12	8.68E-04
	0.16	6.24
	0.2	4.86
	0.4	2.31
	0.6	1.51
	0.8	1.12
	1	8.94E-05
	2	4.39
	4	2.16
	6	1.41
	8	1.04
	8.4	9.88E-06
800	0.05	1.65E-03
	0.06	1.29
	0.08	8.92E-04
	0.1	6.82
	0.12	5.51
	0.16	3.98
	0.2	3.12
	0.4	1.49
	0.6	9.80E-05
	0.8	7.28
	1	5.80
	2	2.86
	4	1.40
	5	1.12
	5.6	9.92E-06
1 000	0.05	1.13E-03
	0.06	8.91E-04
	0.07	7.33
	0.09	5.41
	0.12	3.88
	0.16	2.82
	0.2	2.21
	0.4	1.06
	0.7	5.96E-05
	1	4.14
	2	2.04
	4	1.01
	4.2	9.57 E-06

表4－3　图4－3的曲线数据表

温度/℃	*A* 值	*B* 值/MPa	温度/℃	*A* 值	*B* 值/MPa	温度/℃	*A* 值	*B* 值/MPa
150	1.00E－05	1.33	260	2.00E－02	120	425	5.00	42.7
	6.20E－04	82.7		1.00E－01	120		6.00	45.3
	7.00	92.0	370	1.00E－05	1.14		7.00	47.0
	8.00	96.0		4.09E－04	46.7		1.00E－03	52.0
	9.00	100		5.00	50.7		1.50	56.0
	1.00E－03	103		6.00	54.7		2.00	60.0
	1.50	111		7.00	56.0		2.00E－02	86.0
	2.00	113		8.00	58.7		1.00E－01	86.0
	9.00	128		9.00	60.0	475	1.00E－05	0.956
	1.00E－01	128		1.00E－03	61.3		3.25E－04	31.0
260	1.00E－05	1.24		1.50	66.7		5.00	36.0
	5.08E－04	62.7		2.00	70.7		7.00	40.0
	6.00	68.0		2.00E－02	101		1.00E－03	42.7
	8.00	74.7		1.00E－01	105		1.50	48.0
	1.00E－03	77.3	425	1.00E－05	1.05		2.50	53.3
	1.50	85.3		3.54E－04	37.3		2.00E－02	78.0
	2.50	93.3		4.00	40.0		1.00 E－01	78.0

表4－4　图4－4的曲线数据表

温度/℃	*A* 值	*B* 值/MPa	温度/℃	*A* 值	*B* 值/MPa	温度/℃	*A* 值	*B* 值/MPa
30	1.00E－05	1.33	300	1.00E－03	82.4	400	5.00	99.2
	1.00E－03	133		1.50	94.4		7.00	106
	1.50	151		2.00	101		8.00	108
	2.00	163		3.00	111		1.00E－02	110
	3.00	171		4.00	117	475	1.00E－05	0.977
	1.00E－02	183		5.00	122		3.90E－04	37.2
200	1.00E－05	1.24		8.00	129		5.00	41.3
	9.30E－04	115		1.00E－02	130		6.00	44.3
	1.00E－03	118	400	1.00E－05	1.05		7.00	47.1
	1.50	132		4.00E－04	42.1		8.00	49.4
	2.00	138		5.00	46.8		9.00	51.8
	2.50	142		6.00	51.2		1.00E－03	54.1
	3.00	146		7.00	54.4		1.50	62.9
	4.00	151		8.00	57.2		2.00	68.6
	1.00E－02	161		9.00	60.0		3.00	77.0
300	1.00E－05	1.17		1.00E－03	62.8		4.00	82.6
	5.00E－04	58.7		1.50	73.2		5.00	86.3
	6.00	65.6		2.00	80.0		6.00	88.7
	7.00	71.2		3.00	88.8		8.00	92.6
	8.00	75.7		4.00	95.2		1.00E－02	94.7

表 4-5　图 4-5 的曲线数据表

温度/℃	A 值	B 值/MPa	温度/℃	A 值	B 值/MPa	温度/℃	A 值	B 值/MPa
150	1.00E-05	1.33	260	3.00	114	425	1.00 E-03	65.3
	7.65E-04	101		8.00	132		1.50	73.3
	8.00	105		1.00E-02	135		2.00	77.3
	9.00	109		1.50	143		3.00	82.7
	1.00E-03	113		2.00	149		3.00E-02	113
	2.00	137		2.72	156		1.00E-01	113
	3.00	149		1.00E-01	156	475	1.00E-05	0.956
	4.00	156	370	1.00E-05	1.39		4.27E-04	41.3
	5.00	159		5.59E-04	62.7		1.00E-03	56.0
	2.50E-02	164		1.00 E-03	74.7		1.50	62.7
	1.00801	164		3.00	93.3		2.00	68.0
260	1.00E-05	1.24		1.00E-02	112		3.00	73.3
	6.63E-04	82.2		2.50	128		8.00	85.3
	9.00	89.0		1.00E-01	128		3.00E-02	102
	1.00E-03	93.3	425	1.00E-05	1.05		1.00E-01	102
	2.50	111		5.00E-04	52.0			

表 4-6　图 4-6 的曲线数据表

屈服强度/MPa	A 值	B 值/MPa	屈服强度/MPa	A 值	B 值/MPa	屈服强度/MPa	A 值	B 值/MPa
415 MPa	4.00E-05	5.33	380 MPa	1.00E-01	248	310 MPa	1.24	165
	1.00E-03	133	345 MPa	4.00E-05	5.33		1.00E-01	207
	1.66	220		1.00E-03	133	260-275 MPa	4.00E-05	5.33
	1.00E-01	276		1.38	184		1.00E-03	133
380 MPa	4.00E-05	5.33		1.00E-01	229		1.10	147
	1.00E-03	133	310MPa	4.00E-05	5.33		1.00E-01	184
	1.52	207		1.00E-03	133			

表 4-7　图 4-7 的曲线数据表

A 值	B 值/MPa	A 值	B 值/MPa	A 值	B 值/MPa
4.00E-04	53.3	1.00E-03	133	3.00E-02	303
6.00	80.0	2.00	266	6.00	313
8.00	106	2.20	293	1.00E-01	327

表 4-8 图 4-8 的曲线数据表

温度/℃	A 值	B 值/MPa	温度/℃	A 值	B 值/MPa	温度/℃	A 值	B 值/MPa
	1.00E-05	1.29		1.00E-05	1.07		1.50E-03	50.7
	4.63E-04	60.0		3.34 E-04	36.0		3.00	56.0
	1.50E-03	97.3		4.00	40.0		1.00E-02	65.3
30	2.00	105		5.00	42.7	480	2.00	68.0
	3.00	115		6.00	45.3		7.00	73.3
	1.00E-02	131	370	1.00E-03	53.3		1.00E-01	73.3
	1.00E-01	147		2.00	61.3		1.00E-05	0.933
	1.00E-05	1.20		5.00	70.7		2.78E-04	25.3
	3.86E-04	46.4		6.00	72.0		1.00E-03	38.7
	2.00E-03	76.0		1.00E-02	74.7		2.00	44.0
	3.00	84.0		5.00	82.7	650	5.00	50.7
205	4.00	89.3		1.00E-01	82.7		1.00E-02	54.7
	5.00	93.3		1.00E-05	1.07		2.00	58.7
	1.00E-02	98.7	480	3.09E-04	32.0		5.00	62.7
	5.00	107		4.00	36.0		1.00E-01	62.7
	1.00E-01	107		5.00	38.7			

表 4-9 图 4-9 的曲线数据表

温度/℃	A 值	B 值/MPa	温度/℃	A 值	B 值/MPa	温度/℃	A 值	B 值/MPa
	1.00E-05	1.29		3.00	104		6.00	56.0
	5.88E-04	75.7		4.00	108		1.00E-03	66.7
	1.50E-03	103		5.00	111		3.00	84.0
	2.00	109	205	6.00	113	480	4.00	88.0
	2.50	113		1.00E-02	117		1.00E-02	96.0
	3.00	117		5.00	126		5.00	108
30	4.00	120		1.00E-01	126		1.00E-01	108
	5.00	123		1.00E-05	1.07		1.00E-05	0.933
	7.00	128		5.07E-04	57.3		4.50 E-04	42.0
	1.00E-02	129		1.00E-03	73.3		1.00 E-03	56.0
	2.00	136		3.00	93.3		2.00	66.7
	7.00	144	370	4.00	96.0		3.00	73.3
	1.00E-01	144		1.00E-02	105	650	4.00	76.0
	1.00E-05	1.20		5.00	117		5.00	78.7
	5.75E-04	68.6		6.00	120		1.00E-02	82.3
205	1.00E-03	81.3		1.00E-01	120		7.00	87.1
	1.50	90.7		1.00E-05	1.07			
	2.00	96.0	480	5.19E-04	53.3			

表 4－10　图 4－10 的曲线数据表

温度/℃	A 值	B 值/MPa	温度/℃	A 值	B 值/MPa	温度/℃	A 值	B 值/MPa
30	1.00E-05	1.29	205	1.00E-03	50.1	315	1.00 E-01	77.7
	5.24E-04	67.4		1.00E-02	74.9	42 5	1.00E-05	1.06
	2.00E-03	94.7		2.83	89.6		2.70E-04	28.6
	6.00	115		1.00E-01	89.6		1.50E-03	40.0
	2.00 E-02	132	315	1.00E-05	1.13		1.00E-02	56.0
	1.00E-01	140		3.13E-04	35.3		1.00E-01	66.2
205	1.00E-05	1.20		1.00E-03	44.0			
	3.52E-04	42.0		1.00E-02	66.7			

表 4－11　图 4－11 的曲线数据表

温度/℃	A 值	B 值/MPa	温度/℃	A 值	B 值/MPa	温度/℃	A 值	B 值/MPa
30	1.00E-05	1.29	150	1.00E-02	103	315	5.00E-03	66.2
	5.87E-04	75.5		5.00	119		1.00E-02	72.6
	7.00E-03	124		1.00E-01	119		4.56	82.7
	1.00E-02	132	205	1.00E-05	1.2		1.00E-01	86.7
	2.00	143		4.02E-04	50.7	425	1.00E-05	1.06
	5.00	152		7.00E-03	84.0		3.06E-04	33.5
	1.00E-01	152		1.00E-02	88.0		5.00 E-03	56.0
150	1.00E-05	1.20		4.00	98.7		1.00E-02	62.7
	4.46E-04	56.5		1.00E-01	98.7		5.00	70.8
	5.00E-03	93.3	315	1.00E-05	1.13		1.00E-01	70.8
	6.00	96.0		3.55E-04	40.0			

表 4－12　图 4－12 的曲线数据表

温度/℃	A 值	B 值/MPa	温度/℃	A 值	B 值/MPa	温度/℃	A 值	B 值/MPa
室温	1.41E-04	18.4	205	1.51E-04	8.4	345	1.60E-04	18.4
	1.34E-03	175		1.17E-03	142		1.20E-03	138
	1.50	177		1.50	145		1.50	143
	2.00	189		2.00	152		2.00	149
	2.50	207		2.50	161		2.50	156
	3.00	219		3.00	168		3.00	164
	4.00	239		4.00	179		4.00	175
	6.00	260		6.00	193		6.00	187
	1.00E-02	280		1.00E-02	207		1.00E-02	201
	1.50	289		1.50	214		1.50	207
	2.10	300		2.30	221		3.40	210

5　封头

5.1　范围

本章规定了受内压或外压的凸形封头、平盖、锥形封头(含偏心锥壳)、变径段、紧缩口以及内压元件的拉撑结构设计方法。其中，凸形封头包括椭圆形封头、碟形封头、球冠形封头(见图5－1、图5－2、图5－3)和半球形封头。

半球形封头按第3章或第4章计算。

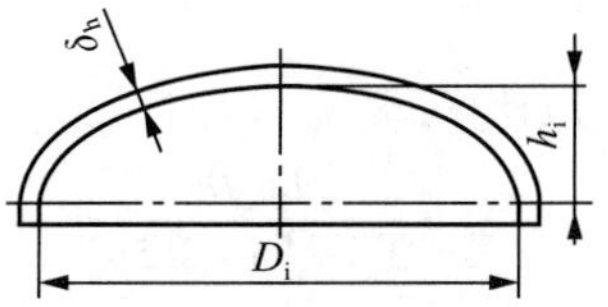

图5－1　椭圆形封头

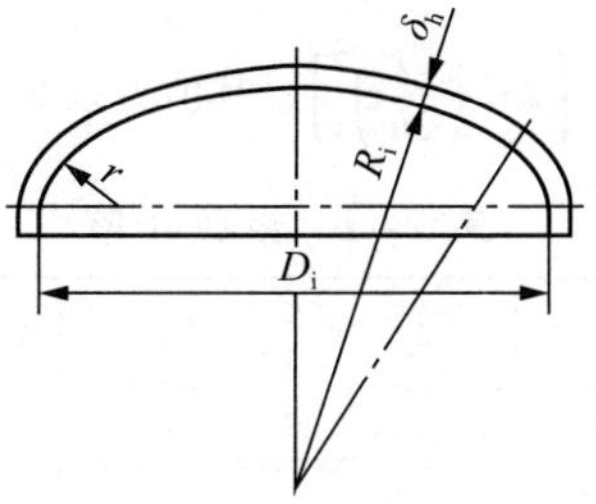

图5－2　碟形封头

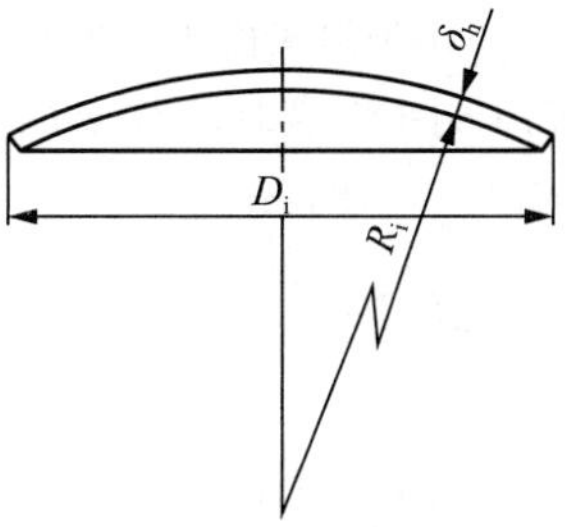

图5－3　球冠形封头

5.2　术语、定义和符号

5.2.1　GB 150.1中界定的术语和定义适用于本章。

5.2.2　符号

D_i——封头内径或与其连接的圆筒内直径，mm；

D_o——封头外径或与其连接的圆筒外直径，mm；

h_i——凸形封头内曲面深度，mm；

p_c——计算压力，MPa；

$[p_w]$——封头的最大允许工作压力，MPa；

δ——与封头连接的圆筒计算厚度，mm；

δ_e——与封头连接的圆筒有效厚度，mm；

δ_{eh}——凸形封头有效厚度，mm；

δ_h——凸形封头计算厚度，mm；

δ_n——与封头连接的圆筒名义厚度，mm；

δ_{nh}——凸形封头名义厚度，mm；

δ_r——与封头和圆筒连接的加强段或过渡段计算厚度，mm；

$[\sigma]^t$——设计温度下封头材料的许用应力(按 GB 150.2)，MPa；

ϕ——焊接接头系数(按 GB 150.1)。

5.3　椭圆形封头

5.3.1　椭圆形封头一般采用长短轴比值为 2 的标准型。

5.3.2　受内压(凹面受压)椭圆形封头

封头计算厚度按式(5－1)或式(5－2)计算：

$$\delta_h = \frac{Kp_cD_i}{2[\sigma]^t\phi - 0.5p_c} \tag{5-1}$$

$$\delta_h = \frac{Kp_cD_o}{2[\sigma]^t\phi + (2K - 0.5)p_c} \tag{5-2}$$

式中：

K——椭圆形封头形状系数，$K = \frac{1}{6}\left[2 + \left(\frac{D_i}{2h_i}\right)^2\right]$，其值见表 5－1。

表 5－1　系数 *K* 值

$\frac{D_i}{2h_i}$	2.6	2.5	2.4	2.3	2.2	2.1	2.0	1.9	1.8
K	1.46	1.37	1.29	1.21	1.14	1.07	1.00	0.93	0.87
$\frac{D_i}{2h_i}$	1.7	1.6	1.5	1.4	1.3	1.2	1.1	1.0	
K	0.81	0.76	0.71	0.66	0.61	0.57	0.53	0.50	

$D_i/2h_i \leqslant 2$ 的椭圆形封头的有效厚度应不小于封头内直径的 0.15%，$D_i/2h_i > 2$ 的椭圆形封头的有效厚度应不小于封头内直径的 0.30%。但当确定封头厚度时已考虑了内压下的弹性失稳问题，可不受此限制。

椭圆形封头的最大允许工作压力按式(5－3)计算：

$$[p_w] = \frac{2[\sigma]^t\phi\delta_{eh}}{KD_i + 0.5\delta_{eh}} \tag{5-3}$$

5.3.3　受外压(凸面受压)椭圆形封头

凸面受压椭圆形封头的厚度计算应采用本部分第 4 章外压球壳设计方法，其中 R_o 为椭圆形封头的当量球壳外半径，$R_o = K_1D_o$。

K_1——由椭圆形长短轴比值决定的系数，见表 5－2。

表 5－2　系数 K_1 值

$\frac{D_o}{2h_o}$	2.6	2.4	2.2	2.0	1.8	1.6	1.4	1.2	1.0
K_1	1.18	1.08	0.99	0.90	0.81	0.73	0.65	0.57	0.50

注：1. 中间值用内插法求得；
2. $K_1 = 0.9$ 为标准椭圆形封头；
3. $h_o = h_i + \delta_{nh}$。

5.4　碟形封头

5.4.1　碟形封头球面部分的内半径应不大于封头的内直径，通常取 0.9 倍的封头内直径。封头转角内半径应不小于封头内直径的 10%，且不得小于 3 倍的名义厚度 δ_{nh}。

5.4.2　受内压(凹面受压)碟形封头

封头计算厚度按式(5-4)或式(5-5)计算：

$$\delta_h = \frac{Mp_c R_i}{2[\sigma]^t \phi - 0.5p_c} \tag{5-4}$$

$$\delta_h = \frac{Mp_c R_o}{2[\sigma]^t \phi + (M-0.5)p_c} \tag{5-5}$$

式中：

R_i——碟形封头球面部分内半径，mm；

R_o——碟形封头球面部分外半径，$R_o = R_i + \delta_{nh}$，mm；

M——碟形封头形状系数，$M = \frac{1}{4}\left(3+\sqrt{\frac{R_i}{r}}\right)$，其值见表5-3；

r——碟形封头过渡段转角内半径，mm。

表5-3　系数 *M* 值

$\frac{R_i}{r}$	1.0	1.25	1.50	1.75	2.0	2.25	2.50	2.75
M	1.00	1.03	1.06	1.08	1.10	1.13	1.15	1.17
$\frac{R_i}{r}$	3.0	3.25	3.50	4.0	4.5	5.0	5.5	6.0
M	1.18	1.20	1.22	1.25	1.28	1.31	1.34	1.36
$\frac{R_i}{r}$	6.5	7.0	7.5	8.0	8.5	9.0	9.5	10.0
M	1.39	1.41	1.44	1.46	1.48	1.50	1.52	1.54

对于 $R_i/r \leqslant 5.5$ 的碟形封头，其有效厚度应不小于封头内直径的0.15%，其他碟形封头的有效厚度应不小于封头内直径的0.30%。但当确定封头厚度时已考虑了内压下的弹性失稳问题，可不受此限制。

碟形封头的最大允许工作压力按式(5-6)计算：

$$[p_w] = \frac{2[\sigma]^t \phi \delta_{eh}}{MR_i + 0.5\delta_{eh}} \tag{5-6}$$

5.4.3　受外压(凸面受压)碟形封头

凸面受压碟形封头的厚度计算应采用本部分第4章外压球壳设计方法，其中 R_o 为碟形封头球面部分外半径。

5.5　球冠形封头

5.5.1　球冠形封头可用作端封头，也可用作容器中两独立受压室的中间封头，如采用加强段结构，其形式如图5-4所示。

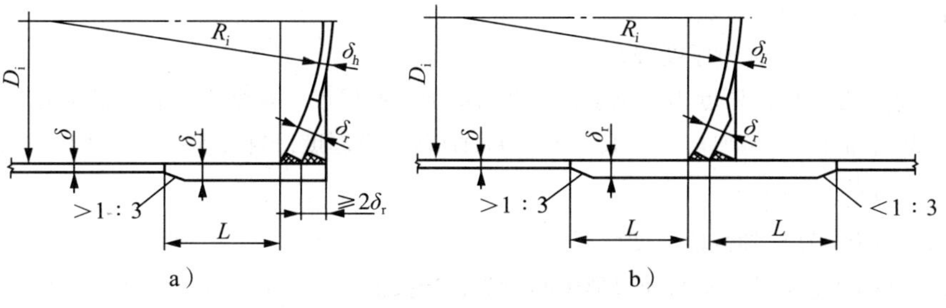

注：1.图中 R_i—球冠形封头内半径，mm；
2.封头与圆筒连接的T形接头为全焊透结构。

图5-4　球冠形封头

5.5.2　球冠形封头的计算厚度

受内压（凹面受压）球冠形封头的计算厚度 δ_h 按第3章内压球壳计算；受外压（凸面受压）球冠形封头的计算厚度 δ_h 按第4章外压球壳计算。对于中间封头，应考虑封头两侧最苛刻的压力组合工况。如能保证在任何情况下封头两侧的压力同时作用，可以按封头两侧的压力差进行计算。

5.5.3　球冠形端封头加强段厚度

封头加强段的计算厚度按式（5－7）计算：

$$\delta_r = Q\delta \tag{5-7}$$

式中：

δ——圆筒的计算厚度，按式（3－1）计算；

Q——系数，由图5－5查取。

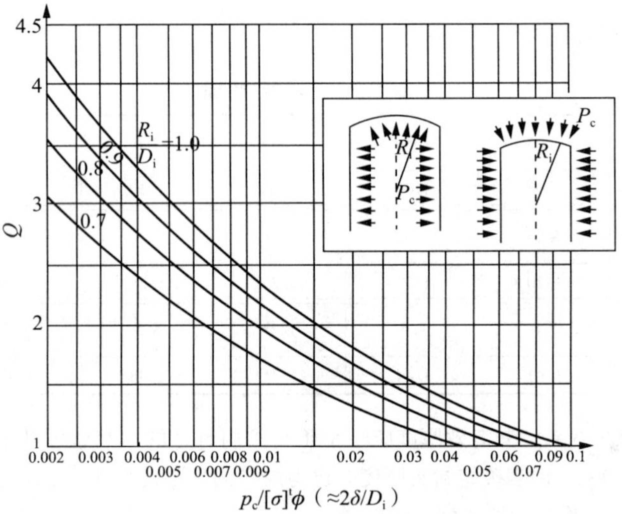

图5－5　球冠形端封头 Q 值图

凸面受压时，封头加强段的厚度应同时不小于按5.5.2（即按第4章外压球壳计算）确定的球壳厚度。

当 $2\delta/D_i < 0.002$ 时，加强段厚度按5.5.5计算。

要求与封头连接的圆筒端部厚度不得小于球冠形封头加强段厚度，否则应在圆筒端部设置加强段过渡连接。圆筒加强段计算厚度一般取封头加强段计算厚度，封头加强段长度和圆筒加强段长度均应不小于 $\sqrt{2D_i\delta_r}$。

5.5.4　球冠形中间封头加强段厚度

球冠形中间封头加强段厚度的计算应考虑封头两侧最苛刻的压力组合工况，按式（5－7）确定。如果凹面侧受压，Q 值由图5－6查取。如果凸面侧受压，Q 值由图5－7查取，此外还应不小于按5.5.2（即按第4章外压球壳计算）确定的球壳厚度。

当 $2\delta/D_i < 0.002$ 时，加强段厚度按5.5.5计算。

要求与封头连接处的圆筒厚度不得小于球冠形封头加强段厚度，否则应设置圆筒加强段过渡连接。如图5－4所示。圆筒加强段计算厚度一般取等于封头加强段计算厚度，封头加强段长度和两侧圆筒加强段长度均应不小于 $\sqrt{2D_i\delta_r}$。

5.5.5　$2\delta/D_i < 0.002$ 时加强段厚度计算

对于需要加强的球冠形端封头与球冠形中间封头，当按照式（3－1）计算得到的 δ，使得 $2\delta/D_i < 0.002$ 时，按以下步骤计算加强段厚度：

a）取 $\delta = 0.001D_i$；

b）由 $p_c/([\sigma]^t\phi) = 0.002$ 分别查图5－5（或图5－6、图5－7）得到 Q 值；

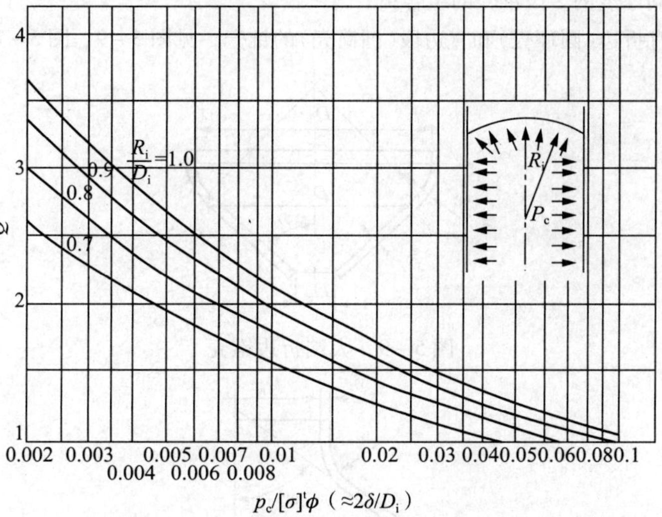

图 5－6　球冠形中间封头 Q 值图

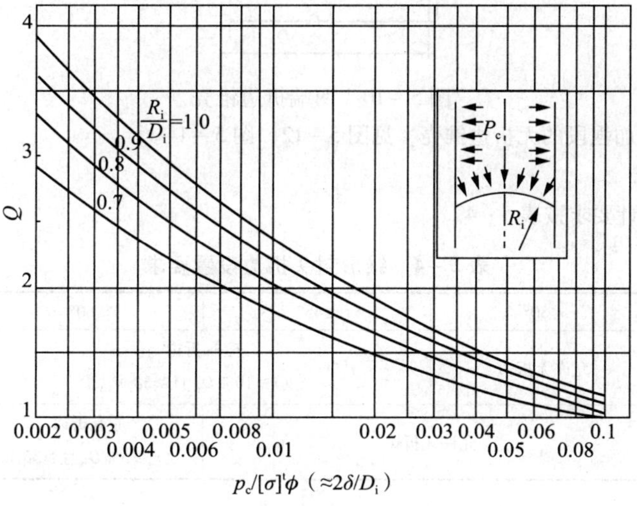

图 5－7　球冠形中间封头 Q 值图

c)将 a)、b)得到的 δ、Q 代入式(5－7)(即 $\delta_r = Q\delta$)计算加强段厚度。

5.6　锥形封头

5.6.1　一般要求

5.6.1.1　本节规定仅适用于锥壳半顶角 $\alpha \leqslant 60°$ 的轴对称无折边或折边锥形封头，锥形封头可以有以下几种形式：

a)单一厚度的锥壳，见图 5－8；

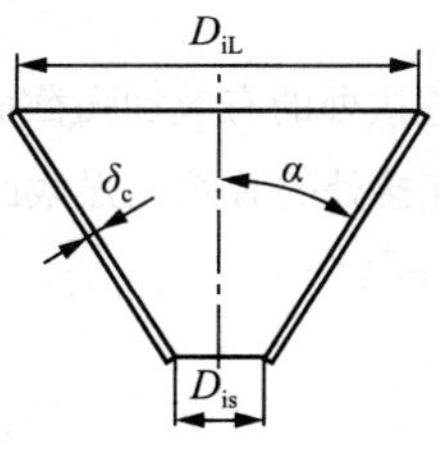

图 5－8　无折边锥壳

b)同一半顶角不同厚度的多段锥壳的组合；

c)大端或小端带有折边(圆环壳)和直边段(圆筒壳)的锥壳，见图5-9、图5-10；

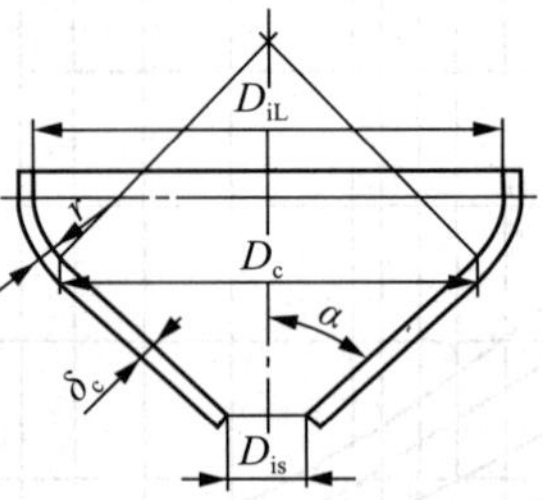

图5-9　大端折边锥壳

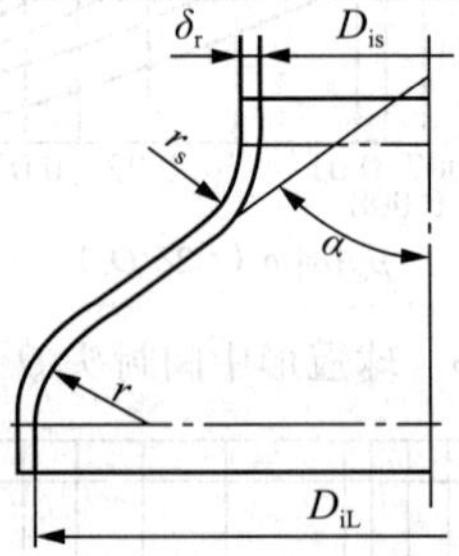

图5-10　两端折边锥壳

d)大端或小端带有加强段的无折边锥壳，见图5-12、图5-14。

5.6.1.2　结构要求

锥形封头的结构设计要求按表5-4。

表5-4　锥形封头折边设置要求

锥封头半顶角α	≤30°	≤45°	≤60°	>60°
锥壳大端	允许无折边	应有折边 ($r\geq10\%D_{iL}$且$\geq3\delta_r$)		按平盖 (或应力分析)
锥壳小端	允许无折边		应有折边 ($r_s\geq5\%D_{is}$且$\geq3\delta_r$)	

5.6.1.3　锥形封头的厚度

当锥壳大端或大、小端同时具有加强段或过渡段时，应按5.6.3、5.6.4、5.6.5分别确定锥形封头各部分厚度。若考虑只由一种厚度组成时，则应取上述各部分厚度中的最大值作为锥形封头的厚度。

在任何情况下，过渡段或加强段的厚度不得小于与其连接的锥壳厚度并不小于圆筒内直径的0.3%。

对于承受外压的锥形封头应首先满足该设计条件下的强度要求。

5.6.1.4　锥壳与圆筒的连接应采用全焊透结构。

5.6.2　符号

A——外压计算应变系数；

A_{eL}——外压计算时，锥壳大端与圆筒连接处的有效加强截面积，mm^2；

A_{es}——外压计算时，锥壳小端与圆筒连接处的有效加强截面积，mm^2；

A_{rL}——锥壳大端需要加强的截面积，mm^2；

A_{rs}——锥壳小端需要加强的截面积，mm^2；

A_s——加强圈横截面积，mm^2；

A_T——圆筒、锥壳和加强圈的当量截面积，大端为A_{TL}见式(5-26)，小端为A_{Ts}见式(5-31)，mm^2；

B——外压计算应力系数，MPa；

C——厚度附加量(按 GB 150.1)，mm；

D_c——锥壳计算内直径，mm；

D_i——圆筒内直径，mm；

D_{iL}——锥壳大端直边段内直径，mm；

D_{is}——锥壳小端直边段内直径，mm；

D_L——外压计算时，所考虑锥壳段大端外直径(见图5-16)，mm；

D_{oL}——锥壳大端直边段外直径，mm；

D_{os}——锥壳小端直边段外直径，mm；

D_s——外压计算时，所考虑锥壳段小端外直径(见图5-16)，mm；

E_c、E_r、E_s——材料在设计温度下的弹性模量，下标c、r、s分别表示锥壳、加强圈及圆筒，MPa；

f_1——除压力载荷外，由外载荷在锥壳大端产生的单位圆周长度上轴向力，N/mm；

f_2——除压力载荷外，由外载荷在锥壳小端产生的单位圆周长度上轴向力，N/mm；

I——圆筒-锥壳或加强圈-圆筒-锥壳组合段所需的惯性矩，mm^4；

I_s——圆筒-锥壳或加强圈-圆筒-锥壳组合段有效横截面对平行于壳体轴线的形心轴的惯性矩，mm^4；

k——系数，见式(5-13)；

L_c——沿锥壳表面度量的锥壳上两加强圈之间的长度，mn；

L_e——锥壳当量长度，mm；

L_L——与锥壳大端相连圆筒的计算长度，mm；

L_{sm}——与锥壳小端相连圆筒的计算长度，mm；

L_x——锥壳段轴向长度(见图5-16)，mm；

Q_L——$\frac{1}{4}p_cD_L$ 和 f_1 的代数和，N/mm；

Q_s——$\frac{1}{4}p_cD_s$ 和 f_2 的代数和，N/mm；

R——圆筒中面半径，mm；

R_L——锥壳大端直边段中面半径，mm；

R_{oL}——锥壳大端直边段外半径，mm；

R_{os}——锥壳小端直边段外半径，mm；

R_s——锥壳小端直边段中面半径，mm；

r——折边锥壳大端过渡段转角半径(见图5-10)，mm；

r_s——折边锥壳小端过渡段转角半径(见图5-10)，mm；

α——锥壳半顶角，(°)；

Δ——锥壳端部与圆筒连接处需要加强的指数值，当 $\Delta \geqslant \alpha$ 时，该连接处不需要加强(见表5-5，表5-8)，(°)；

δ_c——锥壳计算厚度，mm；

δ_{ec}——锥壳当量有效厚度，mm；

δ_{nc}——锥壳名义厚度，mm；

$[\sigma]_c^t$——设计温度下锥壳所用材料的许用应力(按 GB 150.2)，MPa；

$[\sigma]_r^t$——设计温度下加强圈所用材料的许用应力(按 GB 150.2)，MPa；

$[\sigma]_s^t$——设计温度下圆筒所用材料的许用应力(按 GB 150.2)，MPa；

ϕ——焊接接头系数(按 GB 150.1)。

5.6.3　受内压锥壳厚度

锥壳的计算厚度按式(5-8)计算：

$$\delta_c = \frac{p_c D_c}{2[\sigma]_c^t \phi - p_c} \cdot \frac{1}{\cos\alpha} \tag{5-8}$$

当锥壳由同一半顶角的几个不同厚度的锥壳段组成时，式中 D_c 分别为各锥壳段大端内直径。

5.6.4　受内压无折边锥壳

5.6.4.1　受内压无折边锥壳大端厚度

无折边锥壳大端与圆筒连接时，应按以下步骤确定连接处锥壳大端的厚度：

按图5-11确定是否需要在连接处进行加强；

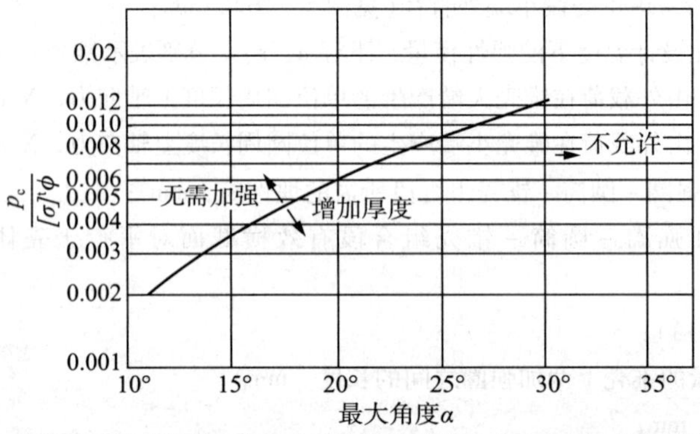

注：曲线系按最大等效应力（主要为轴向弯曲应力）绘制，控制值为3[σ]^t

图5-11　确定锥壳大端连接处的加强图

无需加强时，锥壳大端厚度按式(5-8)计算；

需要增加厚度予以加强时，应在锥壳与圆筒之间设置加强段，锥壳加强段与圆筒加强段应具有相同的厚度 δ_r，步骤如下：

a)按照式(3-1)计算与锥壳相连接的圆筒厚度 δ，该式中的 D_i 取锥壳大端内直径 D_{iL}；

b)按式(5-9)计算：

$$\delta_r = Q_1 \delta \tag{5-9}$$

式中：

Q_1——大端应力增值系数，由图5-12查取。

当 $\delta / R_L < 0.002$ 时，按5.6.4.3确定加强段厚度。

在任何情况下，加强段的厚度不得小于相连接的锥壳厚度。锥壳加强段的长度 L_1 应不小于 $\sqrt{\frac{2D_{iL}\delta_r}{\cos\alpha}}$；圆筒加强段的长度 L 应不小于 $\sqrt{2D_{iL}\delta_r}$。

5.6.4.2　受内压无折边锥壳小端厚度

无折边锥壳小端与圆筒连接时，应按以下步骤确定连接处锥壳小端的厚度：

按图5-13确定是否需要在连接处进行加强；

无需加强时，锥壳小端厚度按式(5-8)计算；

需要增加厚度予以加强时，则应在锥壳与圆筒之间设置加强段，锥壳加强段与圆筒加强段应具有相同的厚度 δ_r，步骤如下：

a)按照式(3-1)计算与锥壳相连接的圆筒厚度 δ，该式中的 D_i 取锥壳小端内直径 D_{is}；

b)按式(5-10)计算：

$$\delta_r = Q_2 \delta \tag{5-10}$$

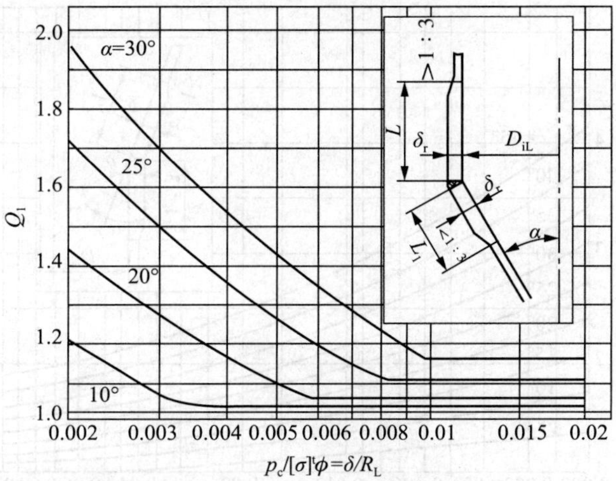

注：曲线系按最大等效应力绘制，控制值为3 $[\sigma]^t$

图 5－12　锥壳大端连接处的 Q_1 值图

式中：

Q_2——小端应力增值系数，由图 5－14 查取。

当 $\delta/R_s<0.002$ 时，按 5.6.4.3 确定加强段厚度。

在任何情况下，加强段的厚度不得小于相连接的锥壳厚度。锥壳加强段的长度 L_1 应不小于 $\sqrt{\frac{2D_{is}\delta_r}{\cos\alpha}}$；圆筒加强段的长度 L 应不小于 $\sqrt{2D_{is}\delta_r}$。

5.6.4.3　当 $\delta/R<0.002$ 时，无折边锥壳加强段的计算。

对于需要加强的无折边锥壳，当 $\delta/R_L<0.002$ 或 $\delta/R_s<0.002$ 时，在计算无折边锥壳加强段时，应按式(5－11)或(5－12)分别计算大端或小端加强段厚度：

$$\delta_r=0.001Q_1D_{iL} \tag{5-11}$$

$$\delta_r=0.001Q_2D_{is} \tag{5-12}$$

上两式中的 Q_1 与 Q_2 由 $p_c/[\sigma]^t\phi=0.002$ 分别查图 5－12 与图 5－14 得到。

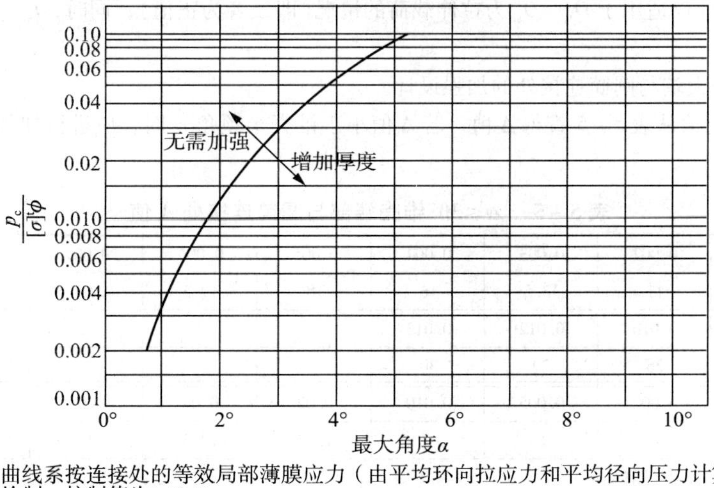

注：曲线系按连接处的等效局部薄膜应力（由平均环向拉应力和平均径向压力计算所得）绘制，控制值为1.1$[\sigma]^t$

图 5－13　确定锥壳小端连接处的加强图

5.6.4.4　在内压和轴向载荷共同作用下无折边锥壳与圆筒连接处的加强设计

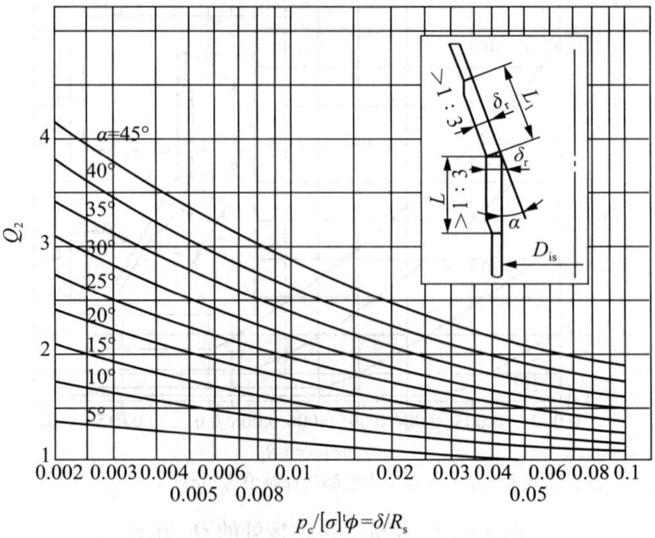

注：曲线系按连接处的等效局部薄膜应力（由平均环向拉应力和平均径向压力计算所得）绘制，控制值为$1.1[\sigma]^t$

图 5-14　锥壳小端连接处的 Q_2 值图

本节计算方法适用于半顶角 $\alpha\leqslant30°$ 的无折边锥壳、在内压与其他轴向载荷（如偏心重量、风载荷、地震载荷等）共同作用时，与圆筒连接处的结构应力校核计算。

在进行锥壳与圆筒连接处的加强结构设计时，首先应分别满足按 5.6.3、5.6.4.1 ~ 5.6.4.3 计算的锥壳厚度。考虑加强圈、锥壳、圆筒间材料不同对加强计算的影响，引入系数是 k，见式（5-13）。

$$k=\begin{cases}1 & \text{不需要增加加强面积时}\\ y/([\sigma]_r^tE_r)\text{且不小于}1 & \text{需要增加加强面积时}\end{cases}\tag{5-13}$$

式中：

y——锥壳与圆筒连接系数，

加强圈设置在圆筒上：$y=[\sigma]_s^tE_s$；

加强圈设置在锥壳上：$y=[\sigma]_c^tE_c$。

本节内压加强设计仅适用于 Q_L、Q_s 为拉伸载荷的情况（即二者为正值）；同时，f_1、f_2 为轴向拉伸时取正值，反之取负值。

5.6.4.4.1　锥壳大端与圆筒连接处的加强设计

用 $p_c/[\sigma]_s^t\phi$ 的比值从表 5-5 查得 Δ 值，若 Δ 值小于锥壳半顶角 α 时，应进行加强设计（中间值用内插法）。

表 5-5　$\alpha\leqslant30°$ 锥壳端部与圆筒连接处 Δ 值

大端	$p_c/[\sigma]_s^t\phi$	0.002	0.003	0.004	0.005	0.006	0.007	0.008	0.009
	Δ/(°)	11	13.5	16	18	19.5	21.5	23	24.5
	$p_c/[\sigma]_s^t\phi$	0.010	0.012	0.013					
	Δ/(°)	26	29	30					
小端	$p_c/[\sigma]_s^t\phi$	0.002	0.005	0.010	0.02	0.04	0.08	0.1	0.125
	Δ/(°)	4	6	9	12.5	17.5	24	27	30

注：对于更大的 $p_c/[\sigma]_s^t\phi$ 值，取 $\Delta=30°$。

需要的加强面积最小值按式（5-14）确定。

$$A_{rL}=\frac{kQ_LD_{iL}\tan\alpha}{2[\sigma]_s^t\phi}\left(1-\frac{\Delta}{\alpha}\right)\tag{5-14}$$

式中，$\phi=1.0$。

锥壳大端与圆筒连接处的有效加强截面积可按式(5－15)计算，如设置加强圈，还应计入加强圈截面积。

$$A_{eL}=0.71(\delta_n-\delta-C)\sqrt{D_{iL}\delta_n}+0.71(\delta_{nc}-\delta_c-C)\sqrt{\frac{D_{iL}\delta_{nc}}{\cos\alpha}} \tag{5-15}$$

校核条件：$A_{eL}\geqslant A_{rL}$。

锥壳与圆筒上所有能用于加强的截面都应在距锥壳与圆筒连接处为$\sqrt{D_{iL}\delta_n/2}$的范围之内，并且要求加强面积的形心应在距连接处$0.25\sqrt{D_{iL}\delta_n/2}$的范围之内。

5.6.4.4.2　锥壳小端与圆筒连接处的加强设计

用$p_c/[\sigma]_s^t\phi$的比值从表5－5查得Δ值，若Δ值小于锥壳半顶角α时，应进行加强设计(中间值用内插法)。

需要的加强面积最小值按式(5－16)计算：

$$A_{rs}=\frac{kQ_sD_{is}\tan\alpha}{2[\sigma]_s^t\phi}\left(1-\frac{\Delta}{\alpha}\right) \tag{5-16}$$

锥壳小端与圆筒连接处的有效加强截面积可按式(5－17)计算，如设置加强圈，还应计入加强圈截面积。

$$A_{es}=0.55(\delta_n-\delta-C)\sqrt{D_{is}\delta_n}+0.55(\delta_{nc}-\delta_c-C)\sqrt{\frac{D_{is}\delta_{nc}}{\cos\alpha}} \tag{5-17}$$

校核条件：$A_{es}\geqslant A_{rs}$。

锥壳及圆筒上所有能用于加强的面积都应在距锥壳与圆筒连接处为$\sqrt{D_{is}\delta_n/2}$的范围之内，并且要求加强截面积的形心在距连接处$0.25\sqrt{D_{is}\delta_n/2}$的范围内。

5.6.5　受内压折边锥壳

5.6.5.1　受内压折边锥壳大端厚度

折边锥壳大端厚度按式(5－18)、式(5－19)计算，取其较大值：

a)过渡段厚度：

$$\delta_r=\frac{Kp_cD_{iL}}{2[\sigma]_c^t\phi-0.5p_c} \tag{5-18}$$

式中　K——系数，见表5－6。

表5－6　系数K值

α	r/D_{iL}					
	0.10	0.15	0.20	0.30	0.40	0.50
10°	0.6644	0.6111	0.5789	0.5403	0.5168	0.5000
20°	0.6956	0.6357	0.5986	0.5522	0.5223	
30°	0.7544	0.6819	0.6357	0.5749	0.5329	
35°	0.7980	0.7161	0.6629	0.5914	0.5407	
40°	0.8547	0.7604	0.6981	0.6127	0.5506	
45°	0.9253	0.8181	0.7440	0.6402	0.5635	
50°	1.0270	0.8944	0.8045	0.6765	0.5804	
55°	1.1608	0.9980	0.8859	0.7249	0.6028	
60°	1.3500	1.1433	1.0000	0.7923	0.6337	

注：中间值用内插法。

b）与过渡段相接处的锥壳厚度：

$$\delta_r = \frac{f p_c D_{iL}}{[\sigma]_c^t \phi - 0.5 p_c} \tag{5-19}$$

式中　f——系数，$f = \frac{1 - \frac{2r}{D_{iL}}(1 - \cos\alpha)}{2\cos\alpha}$，其值见表5－7。

表5－7　系数f值

α	r/D_{iL}					
	0.10	0.15	0.20	0.30	0.40	0.50
10°	0.5062	0.5055	0.5047	0.5032	0.5017	
20°	0.5257	0.5225	0.5193	0.5128	0.5064	
30°	0.5619	0.5542	0.5465	0.5310	0.5155	
35°	0.5883	0.5773	0.5663	0.5442	0.5221	
40°	0.6222	0.6069	0.5916	0.5611	0.5305	0.5000
45°	0.6657	0.6450	0.6243	0.5828	0.5414	
50°	0.7223	0.6945	0.6668	0.6112	0.5556	
55°	0.7973	0.7602	0.7230	0.6486	0.5743	
60°	0.9000	0.8500	0.8000	0.7000	0.6000	

注：中间值用内插法。

5.6.5.2　受内压折边锥壳小端厚度。

当锥壳半顶角$\alpha \leq 45°$时，如需采用折边，其小端过渡段厚度按式（5－10）计算，式中Q_2值由图5－14查取。

当锥壳半顶角$\alpha > 45°$时，小端过渡段厚度仍按式（5－10）计算，但式中Q_2值由图5－15查取。

与过渡段相接的锥壳和圆筒的加强段厚度应与过渡段厚度相同。锥壳加强段的长度L_1应不小于$\sqrt{D_{is}\delta_r/\cos\alpha}$；圆筒加强段的长度$L$应不小于$\sqrt{D_{is}\delta_r}$。

5.6.6　受外压锥壳

5.6.6.1　锥壳承受外压作用时，锥壳的计算长度取当量长度L_e，其计算如下：

a）无折边锥壳或锥壳上相邻两加强圈之间锥壳段［见图5－16a）和b）］的当量长度按式（5－20）计算：

$$L_e = \frac{L_x}{2}\left(1 + \frac{D_s}{D_L}\right) \tag{5-20}$$

b）大端折边锥壳［见图5－16c）］的当量长度按式（5－21）计算：

$$L_e = (r + \delta_r)\sin\alpha + \frac{L_x}{2}\left(1 + \frac{D_s}{D_L}\right) \tag{5-21}$$

c）小端折边锥壳［见图5－16d）］的当量长度按式（5－22）计算：

$$L_e = r_s \frac{D_s}{D_L}\sin\alpha + \frac{L_x}{2}\left(1 + \frac{D_s}{D_L}\right) \tag{5-22}$$

d）折边锥壳［见图5－16e）］的当量长度按式（5－23）计算：

$$L_e = (r+\delta_r)\sin\alpha + = r_s\frac{D_s}{D_L}\sin\alpha + \frac{L_x}{2}\left(1+\frac{D_s}{D_L}\right) \tag{5-23}$$

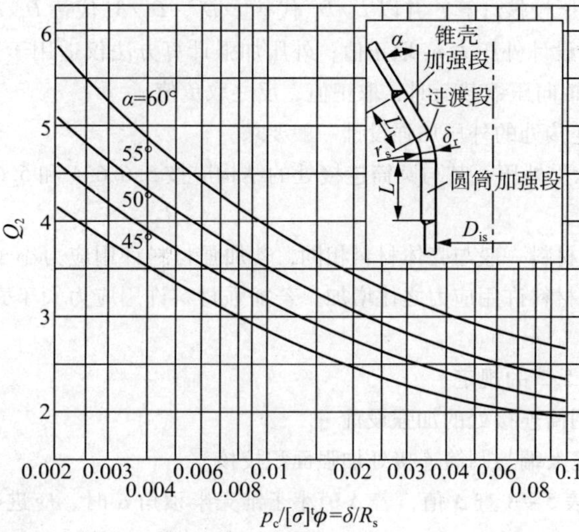

注：曲线系按最大连接处的等效局部薄膜应力（由平均环向拉应力和平均径向压应力计算所得）绘制，控制值为1.1[σ]ᵗ

图 5-15　锥壳小端带过渡段连接的 Q_2 值图

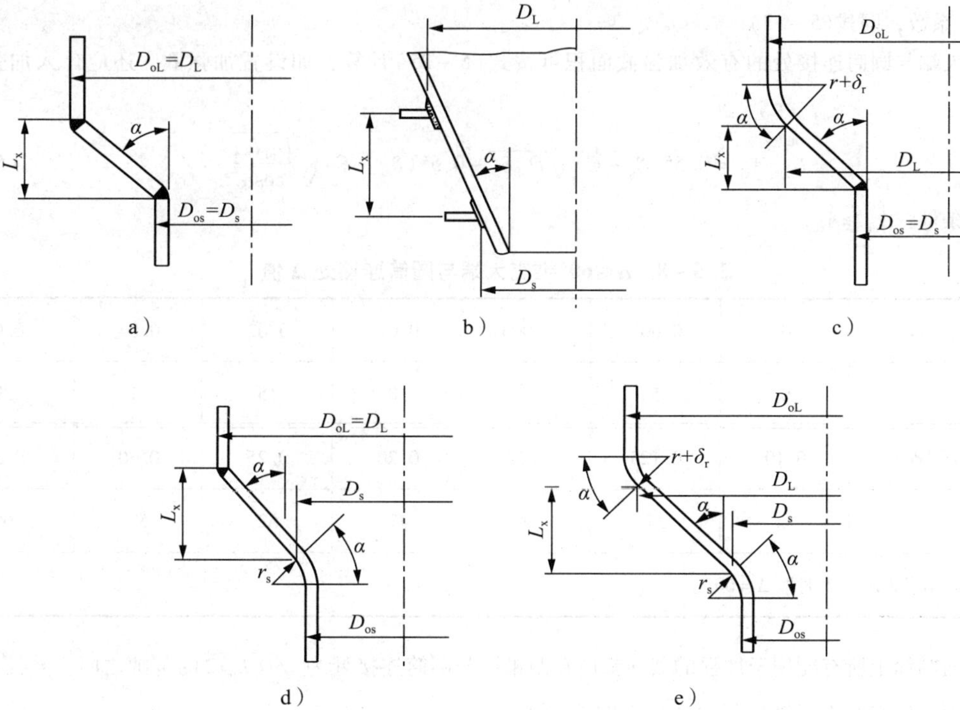

图 5-16　锥壳的当量长度

5.6.6.2　外压锥壳的计算

锥壳(见图 5-16)承受外压，所需的有效厚度按下述方法和步骤确定：

a) 假设锥壳的名义厚度 δ_{nc}；

b) 计算 $\delta_{ec}=(\delta_{nc}-C)\cos\alpha$；

c) 按4.3的规定进行外压校核计算，并以 L_e/D_L 代替 L/D_o，D_L/δ_{ec} 代替 D_o/δ_e；

d) 在外压锥壳计算中，设计外压力 p_c 取正值；外压加强计算方法仅适用于 Q_L、Q_s 为压缩载荷的情况（即二者为正值）；f_1，f_2 为轴向压缩载荷时，取正值，反之取负值。

5.6.6.3　锥壳与圆筒连接处的外压加强设计一般要求

半顶角 $\alpha\leqslant60°$ 的锥壳承受外压，其与圆筒连接处的结构应按5.6.6.4和5.6.6.5进行计算，以确定是否需要加强。

锥壳与圆筒连接处加强材料一般与壳体材料相同，若加强材料许用应力小于壳体材料许用应力，则加强面积应按壳体材料与加强材料许用应力之比增加。若加强材料许用应力大于壳体材料许用应力，则所需加强面积不得减少。

加强圈的设置应满足4.5.2的规定。

5.6.6.4　锥壳大端与圆筒连接处的加强设计

5.6.6.4.1　无折边锥壳大端与圆筒连接处加强面积校核

用 $p_c/[\sigma]_s^t\phi$ 的比值从表5-8查 Δ 值，若 Δ 值小于锥壳半顶角 α 时，应进行加强设计（中间值用内插法）。

需要的加强面积最小值按式(5-24)计算：

$$A_{rL}=\frac{kQ_LD_{oL}\tan\alpha}{2[\sigma]_s^t\phi}\left[1-\frac{1}{4}\left(\frac{p_cD_{oL}-2Q_L}{2Q_L}\right)\frac{\Delta}{\alpha}\right] \qquad (5-24)$$

式中：

k——系数，同式(5-13)。

锥壳大端与圆筒连接处的有效加强截面积可按式(5-25)计算，如设置加强圈，还应计入加强圈截面积。

$$A_{eL}=0.55(\delta_n-C)\sqrt{D_{oL}\delta_n}+0.55(\delta_{nc}-C)\sqrt{\frac{D_{oL}\delta_{nc}}{\cos\alpha}} \qquad (5-25)$$

校核条件：$A_{eL}\geqslant A_{rL}$。

表5-8　$\alpha\leqslant60°$ 锥壳大端与圆筒连接处 Δ 值

$p_c/[\sigma]_s^t\phi$	0	0.002	0.005	0.01	0.02	0.04	0.08
Δ/(°)	0	5	7	10	15	21	29
$p_c/[\sigma]_s^t\phi$	0.10	0.125	0.15	0.20	0.25	0.30	0.35
Δ/(°)	33	37	40	47	52	57	60
注：$p_c/[\sigma]_s^t\phi>0.35$ 时取 $\Delta=60°$。							

锥壳与圆筒上所有能用于加强的截面都应在距锥壳与圆筒连接处为 $\sqrt{D_L\delta_n/2}$ 的范围之内，并且要求加强面积的形心应在距连接处 $0.25\sqrt{D_L\delta_n/2}$ 的范围之内。

5.6.6.4.2　锥壳大端与圆筒连接处作为支撑线的判定

a) 当锥壳大端与圆筒连接处不作为支撑线时，应按图4-1 c-2)所示确定外压计算长度；否则按图4-1b)、e)、f)确定；

b) 选取锥壳大端与圆筒连接处的加强结构，确定与锥壳连接的外压圆筒计算长度 L_L（见图5-17）；

c)按以下步骤计算锥壳大端与圆筒连接处惯性矩：

1)确定外压应力系数 B

由锥壳大端与圆筒连接处的当量截面积 A_{TL}，按式(5-26)计算系数 B 值：

$$B=\frac{F_L D_L}{A_{TL}} \tag{5-26}$$

式中：

$$A_{TL}=\frac{1}{2}L_L(\delta_n-C)+\frac{1}{2}L_c(\delta_{nc}-C)+A_s$$

$$L_c=\sqrt{L_x^2-\frac{(D_L-D_s)^2}{4}}$$

$$F_L=p_c M+f_1\tan\alpha$$

$$M=-\frac{D_L\tan\alpha}{4}+\frac{L_L}{2}+\frac{D_L^2-D_s^2}{6D_L\tan\alpha}$$

2)确定外压应变系数 A

按所用材料，查表4-1确定对应的外压应力系数 B 曲线图，由 B 值查取 A 值；若 B 值超出设计温度下曲线的最大值，则取对应温度曲线右端点的横坐标值为 A 值；若 B 值小于设计温度曲线的最小值，则按式(5-27)计算 A 值：

$$A=1.5B/E_r \tag{5-27}$$

3)确定所需的惯性矩 I

按式(5-28)计算锥壳-圆筒或锥壳-加强圈-圆筒组合截面所需的惯性矩 I 值：

$$I=\frac{AD_L^2A_{TL}}{10.9} \tag{5-28}$$

d)计算锥壳大端与筒体连接处组合结构的有效惯性矩，I_s，应满足 $I_s \geqslant I$；否则应选取更大惯性矩的组合加强结构重新计算 I_s 直至满足要求。

有效惯性矩 I_s 的计算应计入圆筒与锥壳连接线两侧各为 $0.55\sqrt{D_{oL}\delta_n}$ 的壳体，砉两侧壳体有效宽度与相邻加强圈的壳体有效宽度相重叠，则重叠部分每侧各按一半计算。

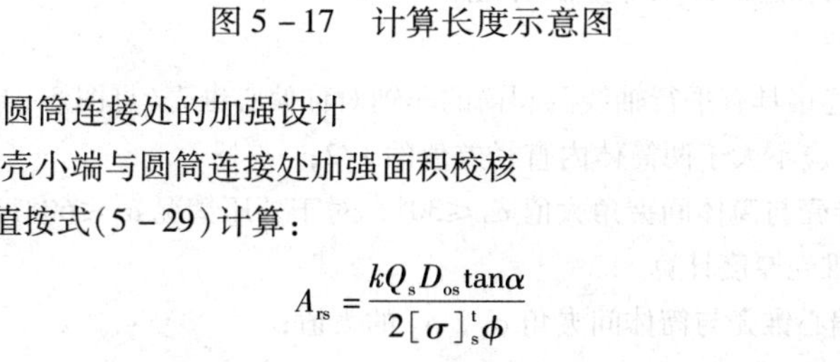

图5-17　计算长度示意图

5.6.6.5　锥壳小端与圆筒连接处的加强设计

5.6.6.5.1　无折边锥壳小端与圆筒连接处加强面积校核

需要的加强面积最小值按式(5-29)计算：

$$A_{rs}=\frac{kQ_sD_{os}\tan\alpha}{2[\sigma]_s^t\phi} \tag{5-29}$$

式中，$\phi=1.0$。

锥壳小端与圆筒连接处的有效加强截面积可按式(5-30)计算，如设置加强圈，还应计入加强圈截面积。

$$A_{es}=0.55(\delta_n-\delta-C)\sqrt{D_{os}\delta_n}+0.55(\delta_{nc}-\delta_c-C)\sqrt{\frac{D_{os}\delta_{nc}}{\cos\alpha}} \quad (5-30)$$

校核条件：$A_{es}\geqslant A_{rs}$。

锥壳及圆筒上所有能用于加强的面积都应在距锥壳与圆筒连接处为$\sqrt{D_s\delta_n/2}$的范围之内，并且要求加强截面积的形心在距连接处$0.25\sqrt{D_s\delta_n/2}$的范围内。

5.6.6.5.2　锥壳小端与圆筒连接处作为支撑线的判定

a)当锥壳小端与圆筒连接处不作为支撑线时，应按图4－1 c－2)所示确定外压计算长度；否则按图4－1b)、e)、f)确定。

b)选取锥壳小端与圆筒连接处的加强结构，确定与锥壳连接的外压圆筒计算长度L_{sm}(见图5－17)。

c)按以下步骤计算锥壳小端与圆筒连接处惯性矩：

1)确定外压应力系数B

由锥壳小端与圆筒连接处的当量截面积A_{Ts}，按式(5－31)计算系数B值：

$$B=\frac{F_sD_s}{A_{Ts}} \quad (5-31)$$

式中：

$$A_{Ts}=\frac{1}{2}L_{sm}(\delta_n-C)+\frac{1}{2}L_c(\delta_{nc}-C)+A_s$$

$$F_s=p_cN+f_2\tan\alpha$$

$$N=\frac{D_s\tan\alpha}{4}+\frac{L_{sm}}{2}+\frac{D_L^2-D_s^2}{12D_s\tan\alpha}$$

2)确定外压应变系数A

按所用材料，查表4－1确定对应的外压应力系数B曲线图，由B值查取A值；若B值超出设计温度下曲线的最大值，则取对应温度曲线右端点的横坐标值为A值；若B值小于设计温度曲线的最小值，则按式(5－27)计算A值；

3)确定所需的惯性矩I

按式(5－32)计算锥壳－圆筒或锥壳－加强圈－圆筒组合截面所需的惯性矩I值：

$$I=\frac{AD_s^2A_{Ts}}{10.9} \quad (5-32)$$

d)计算锥壳小端与筒体连接处组合结构的有效惯性矩I_s，应满足$I_s\geqslant I$；否则应选取更大惯性矩的组合加强结构重新计算I_s直至满足要求。

有效惯性矩I_s的计算可计入圆筒与锥壳连接线两侧各为$0.55\sqrt{D_{os}\delta_n}$的壳体，若两侧壳体有效宽度与相邻加强圈的壳体有效宽度相重叠，则重叠部分每侧各按一半计算。

5.6.6.6　锥壳与圆筒相连的外压计算框图见图5－18。

5.7　偏心锥壳

5.7.1　本节适用于连接具有平行轴线两圆筒的非轴对称偏心锥壳(见图5－19)，同时满足以下要求：

a)两筒体轴线间距L应不大于两筒体内直径差值的1/2；

b)对内压情况偏心锥壳与筒体间夹角大值$\alpha_1\leqslant30°$，对于外压情况$\alpha_1\leqslant60°$；

5.7.2　受内压偏心锥壳厚度计算

a)锥壳半顶角α取偏心锥壳与筒体间夹角α_1、α_2的大值；

b)按5.6.3要求确定偏心锥壳厚度；

c)按5.6.4.1要求确定偏心锥壳大端厚度；

d)按5.6.4.2要求确定偏心锥壳小端厚度；

e)取上述b)、c)、d)的大值作为偏心锥壳的厚度；

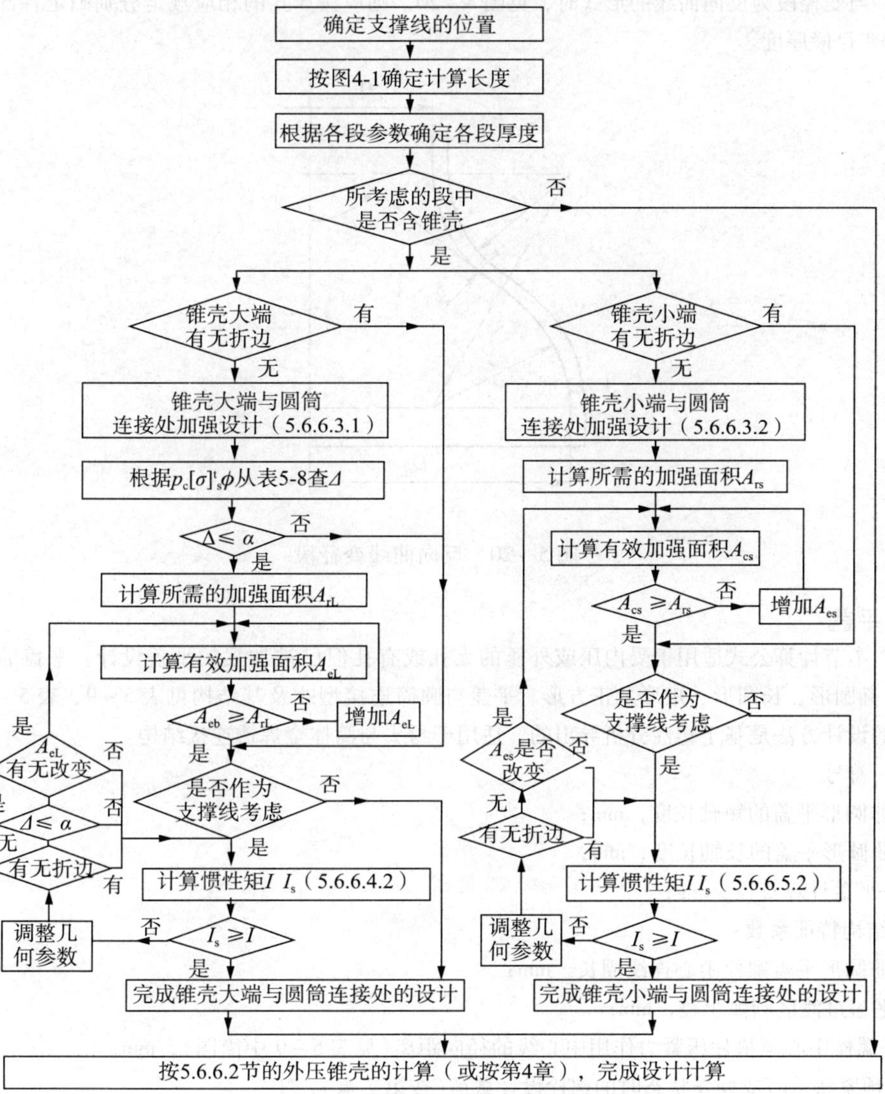

图5－18　锥壳与圆筒连接处外压计算框图

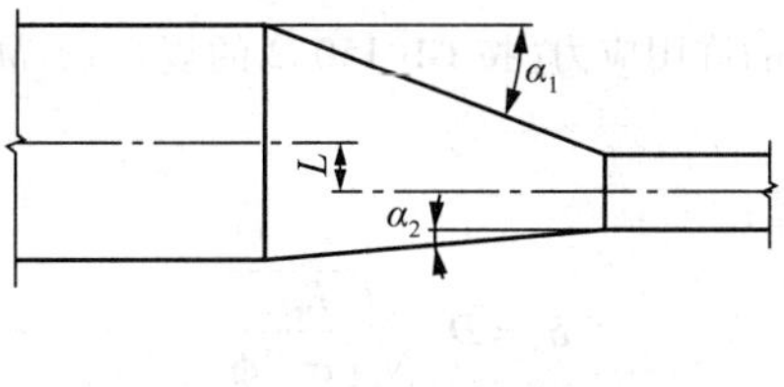

图5－19　偏心锥壳

5.7.3　受外压偏心锥壳厚度计算

受外压偏心锥壳的厚度确定、与圆筒连接处的外压加强设计参照5.6.6，锥壳半顶角α分别取α_1、α_2进行设计，分别满足二者的要求并取大值作为偏心锥壳的厚度。

5.8　变径段

5.8.1　以折边锥壳或无折边锥壳作为变径段时，应按5.6的相应规定进行变径段设计。

5.8.2　当变径段为反向曲线的形式时，见图5－20，则应按5.6的相应规定分别确定各部分厚度，取较大值作为变径段厚度。

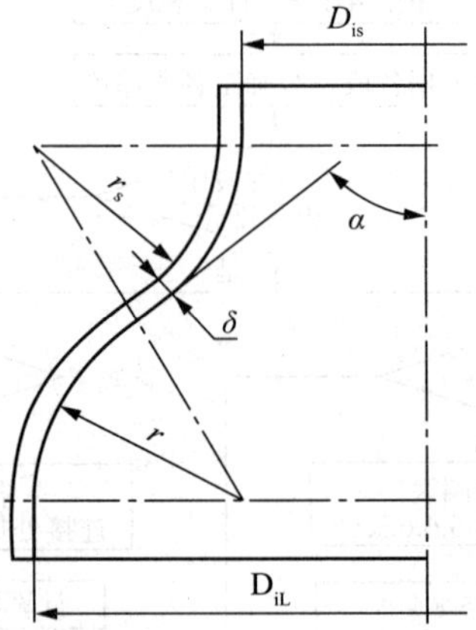

图5－20　反向曲线变径段

5.9　平盖

5.9.1　本节计算公式适用于受内压或外压的无孔或有孔但已被加强的平盖设计。平盖的几何形状包括：圆形、椭圆形、长圆形、矩形及正方形。平盖与圆筒连接型式及其结构见表5－9、表5－10。其中表5－10对应的设计方法是基于塑性分析导出的，适用于封头与筒体全焊透连接结构。

5.9.2　符号

a——非圆形平盖的短轴长度，mm；

b——非圆形平盖的长轴长度，mm；

D_c——平盖计算直径，mm；

K——结构特征系数；

L——非圆形平盖螺栓中心连线周长，mm；

r——平盖过渡区圆弧半径，mm；

L_G——螺栓中心至垫片压紧力作用中心线的径向距离(见表5－9中简图)，mm；

W——预紧状态时或操作状态时的螺栓设计载荷(按第7章)，N；

Z——非圆形平盖的形状系数；

δ_p——平盖计算厚度，mm；

δ_{ep}——平盖有效厚度，mm；

$[\sigma]^t$——设计温度下平盖材料的许用应力(按GB 150.2的规定)，MPa。

5.9.3　圆形平盖厚度

平盖的厚度，按式(5－33)计算：

$$\delta_p = D_c\sqrt{\frac{Kp_c}{[\sigma]^t\phi}} \tag{5-33}$$

对于表5－9中序号9、10所示平盖，应分别取其操作状态及预紧状态的K值代入式(5－33)进行计算，取较大值。对预紧状态，$[\sigma]^t$取常温的许用应力。

对于表5－10中序号11、12、13、14所示平盖宜采用锻件加工制造。如采用轧制板材直接加工制造，则应提出抗层状撕裂性能的附加要求。

表5-9 平盖系数 *K* 选择表

固定方法	序号	简 图	结构特征系数 K	备 注
与圆筒一体或对焊	1	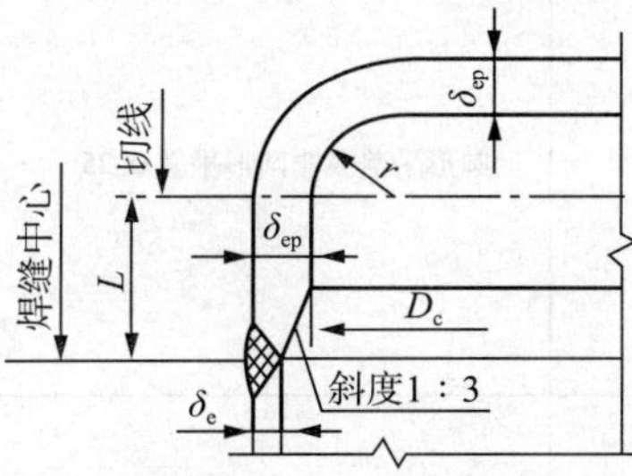	0.145	仅适用于圆形平盖 $p_c \leqslant 0.6$MPa $L \geqslant 1.1\sqrt{D_i\delta_e}$ $r \geqslant 3\delta_{ep}$
角焊缝或组合焊缝连接	2	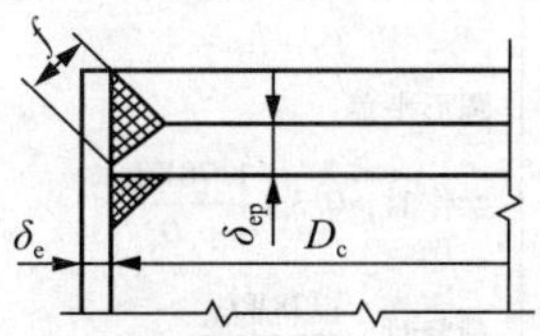	圆形平盖 0.44m（$m=\delta/\delta_e$），且不小于0.3； 非圆形平盖0.44	$f \geqslant 1.4\delta_e$
	3	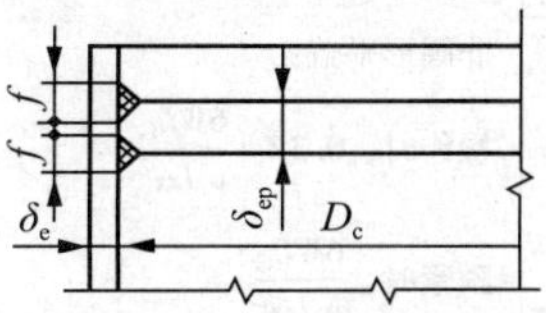	圆形平盖：0.44m（$m=\delta/\delta_e$），且不小于0.3 非圆形平盖：0.44	$f \geqslant \delta_e$
	4	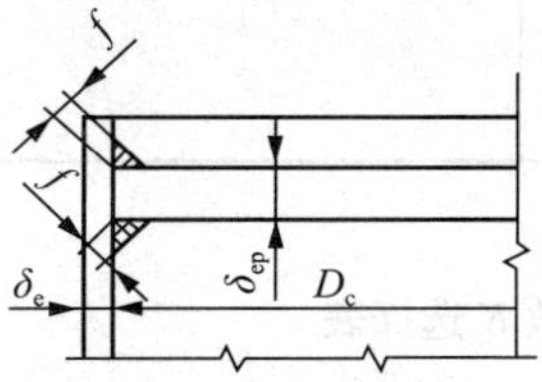	圆形平盖：0.5m（$m=\delta/\delta_e$），且不小于0.3 非圆形平盖：0.5	$f \geqslant 0.7\delta_e$
	5	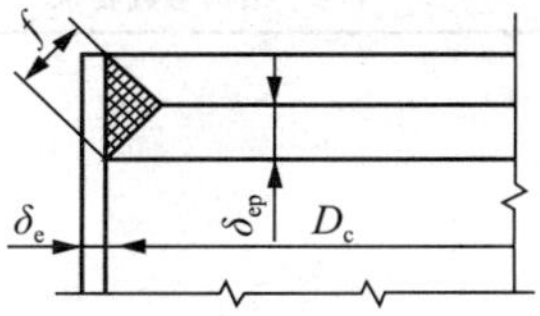		$f \geqslant 1.4\delta_e$
锁底对接焊缝	6	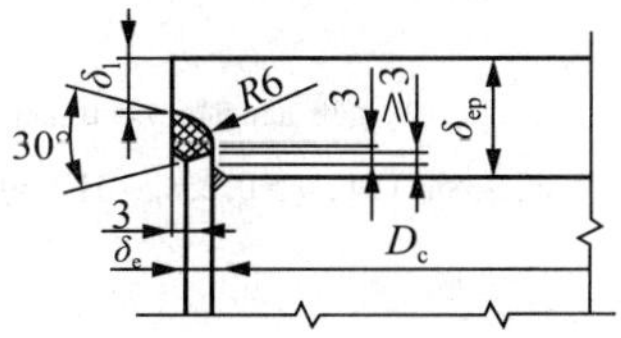	0.44m（$m=\delta/\delta_e$），且不小于0.3	仅适用于圆形平盖，且 $\delta_1 \geqslant \delta_e + 3$mm
	7	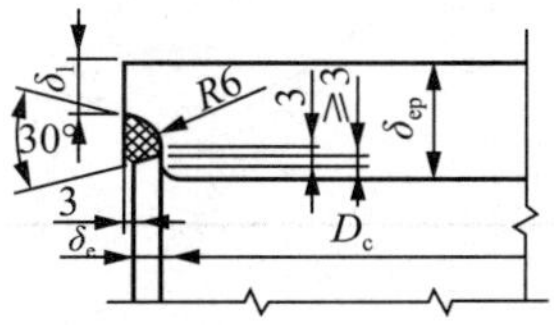	0.5	

续表

固定方法	序号	简图	结构特征系数 K	备注
螺栓连接	8	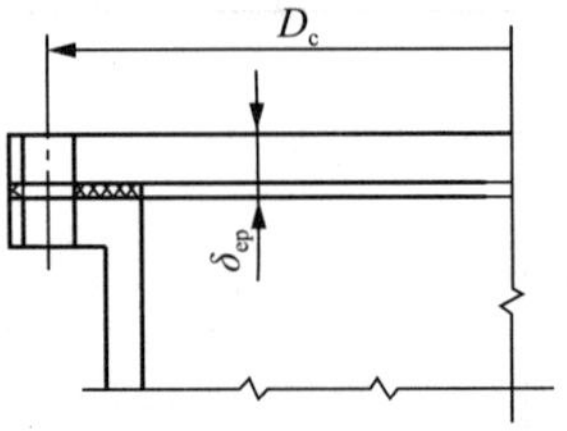	圆形平盖或非圆形平盖 0.25	
	9	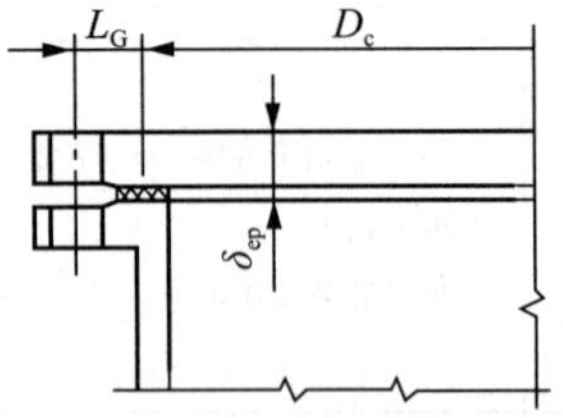	圆形平盖： 操作时，$0.3+\dfrac{1.78WL_G}{p_cD_c^3}$ 预紧时，$\dfrac{1.78WL_G}{p_cD_c^3}$ 非圆形平盖： 操作时，$0.3Z+\dfrac{6WL_G}{p_cL\alpha^2}$ 预紧时，$\dfrac{6WL_G}{p_cL\alpha^2}$	
	10	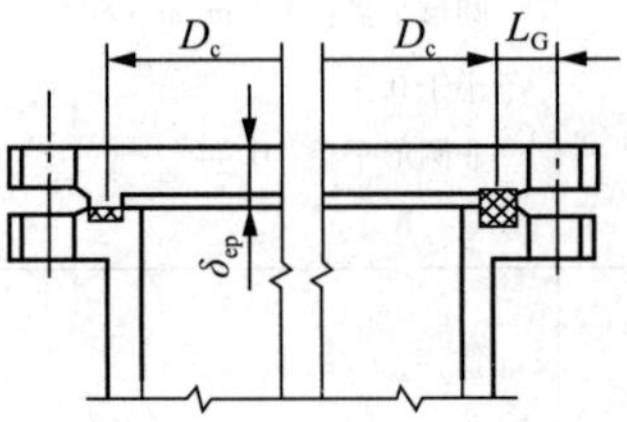		

表 5－10　平盖系数 K 选择表

序号	简图	结构参数要求	系数 K
11	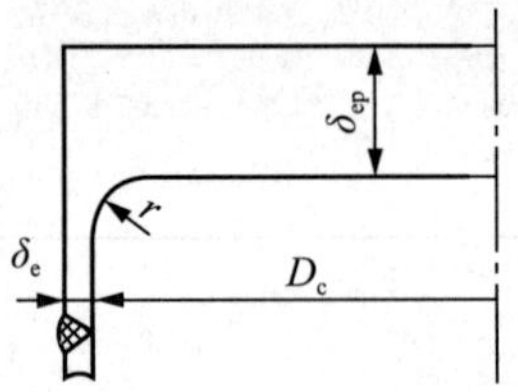	$\delta_e \leqslant 38$ mm 时，$r \geqslant 10$mm； $\delta_e > 38$mm 时，$r \geqslant 0.25\delta_e$，且不超过 20mm	查图 5－21
12	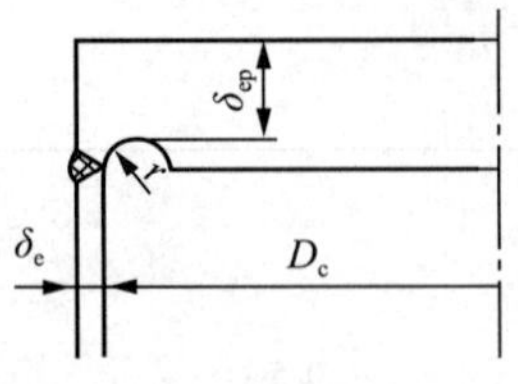		

续表

序　号	简　图	结构参数要求	系数 K
13	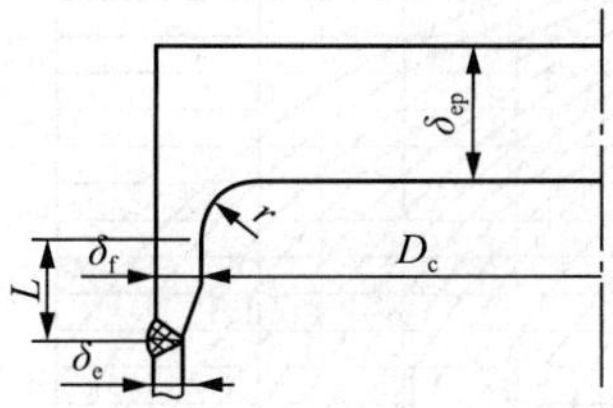	$r \geqslant 3\delta_f$ $L \geqslant 2\sqrt{D_c\delta_e}$ 注：查图 5－21 时，以 δ_f 作为与平盖相连接的圆筒有效厚度 δ_e。	查图 5－21
14	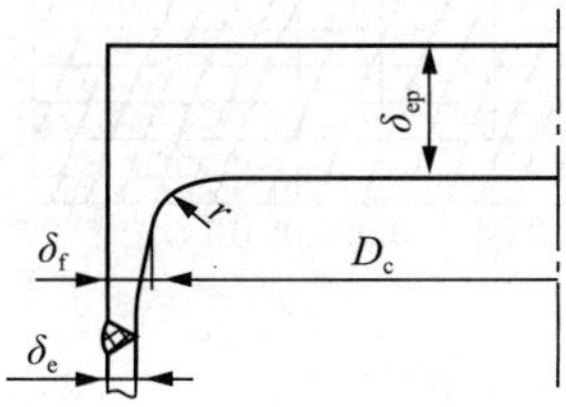	$\delta_f \geqslant 2\delta_e$ $r \geqslant 3\delta_f$	
15	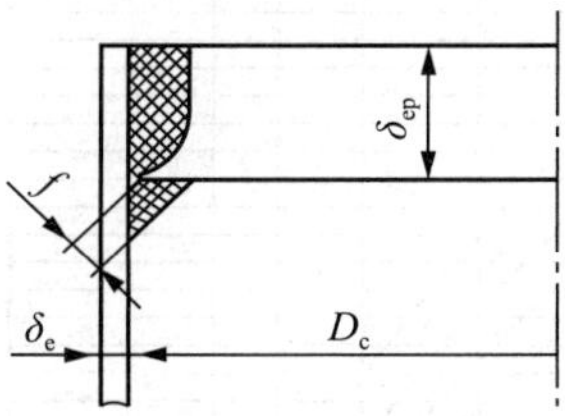		
16	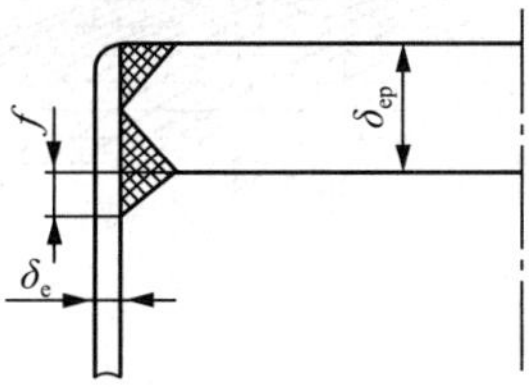	要求全截面熔透接头 $f \geqslant \delta_e$	查图 5－22
17	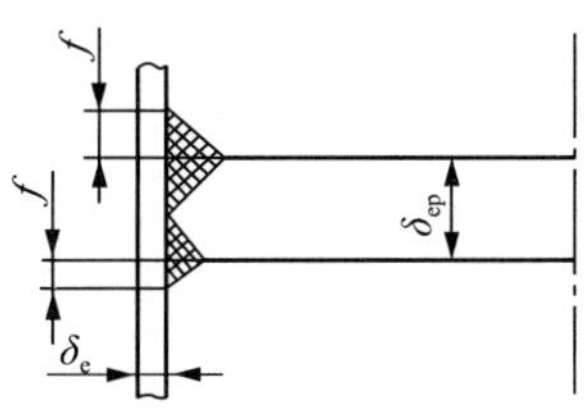		

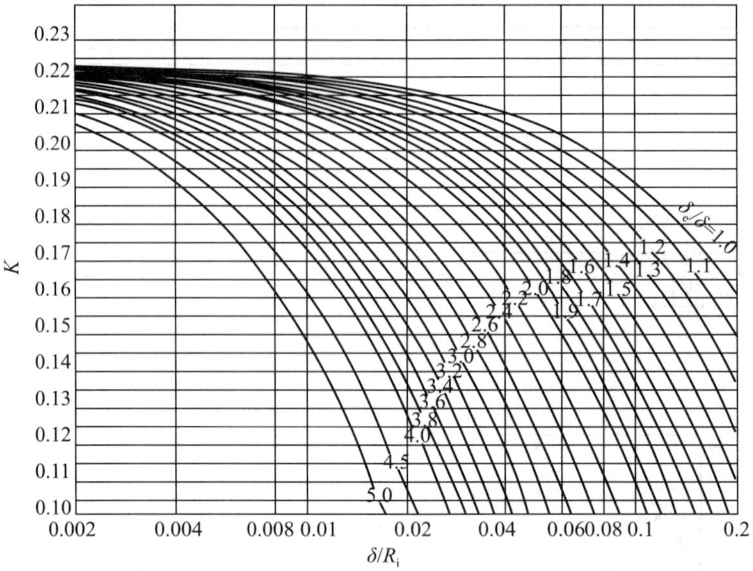

图 5－21　平封头结构特征系数

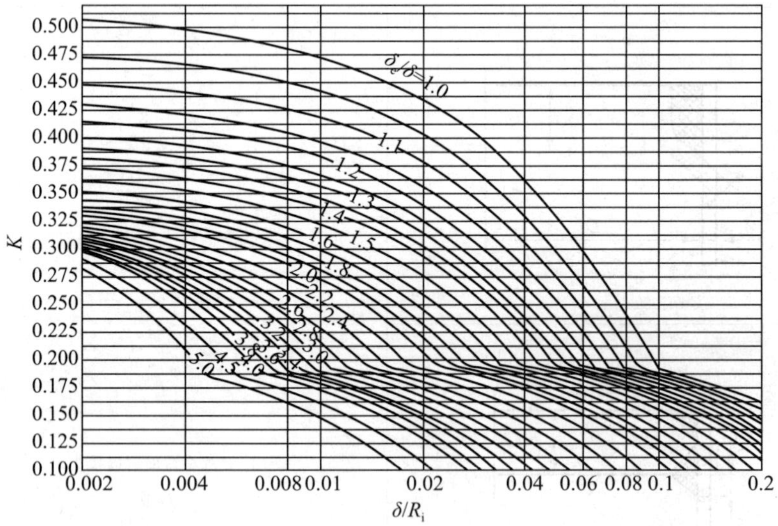

图 5－22　平封头结构特征系数

5.9.4　非圆形平盖厚度

a)对于表 5－9 中序号 2、3、4、5、8 所示平盖，按式(5－34)计算：

$$\delta_p = a\sqrt{\frac{KZp_c}{[\sigma]^t\phi}} \tag{5-34}$$

式中，$Z=3.4-2.4a/b$，且 $Z\leqslant 2.5$。

b)对于表 5－9 中序号 9、10 所示平盖，按式(5－35)计算：

$$\delta_p = a\sqrt{\frac{Kp_c}{[\sigma]^t\phi}} \tag{5-35}$$

注：当预紧时$[\sigma]^t$取常温的许用应力。

5.9.5　加筋圆形平盖厚度

对于如图5－23所示的加筋平盖厚度按式(5－36)计算，且平盖厚度值不小于6 mm。

$$\delta_p = 0.55d\sqrt{\frac{p_c}{[\sigma]^t\phi}} \tag{5-36}$$

式中，当量直径 d 取图5－23所示 d_1 和 d_2 中较大者。

$$d_1 \approx \frac{\sin(180°/n)}{1+\sin(180°/n)}D_c \tag{5-37}$$

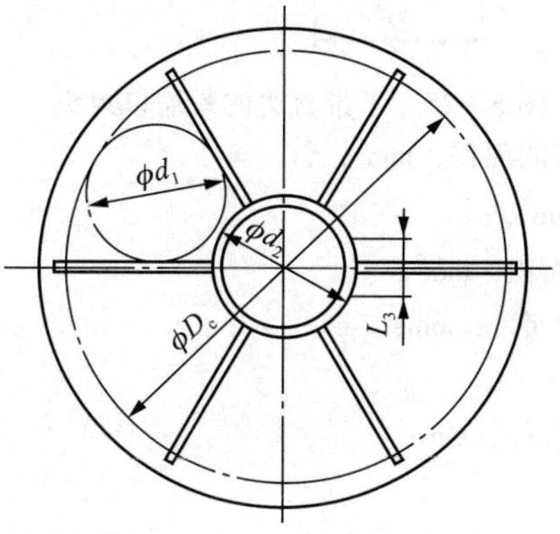

注：图中筋板数 $n \geqslant 6$; $d_1 \approx d_2$; L_3 取相邻径向筋板间的最小间距。

图5－23　加筋平盖结构示意图

筋板与平盖之间应采用双面焊；

如采用矩形截面筋板，其高厚比一般为5～8，且筋板与平盖组合截面(平盖有效宽度见图5－23中 L_3)抗弯模量 W 应满足式(5－38)：

$$W \geqslant 0.08\frac{p_c D_c^3}{n[\sigma]_r^t} \tag{5-38}$$

式中，$[\sigma]_r^t$ 为筋板材料设计温度下的许用应力，MPa。

平盖中心加强圆环截面的抗弯模量不小于加强筋板的截面抗弯模量。

5.10　锻制紧缩口封头

5.10.1　范围及一般要求

紧缩口封头的结构形式见图5－24，直边段的厚度按式(3－1)计算，但其有效厚度不得小于与之对接的圆筒有效厚度；直边段长度 l 一般应不小于50mm。其余尺寸可按结构要求确定。此形式封头可按图5－25所示范围及内容进行强度校核。

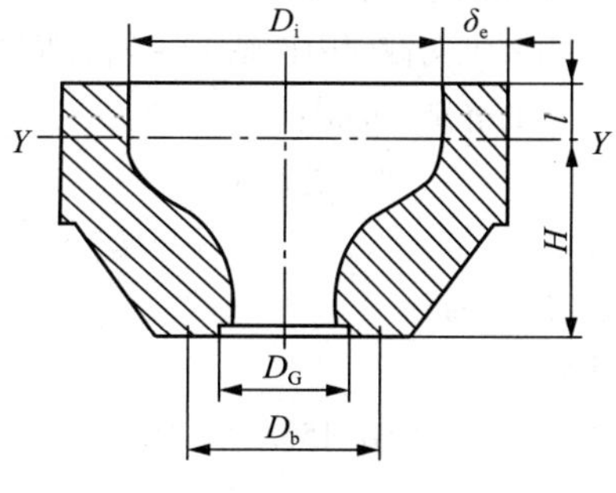

图5－24　带直边的紧缩口封头

5.10.2　符号

A——轴线一侧纵向截面的面积，mm^2；

$A = \sum A_i$

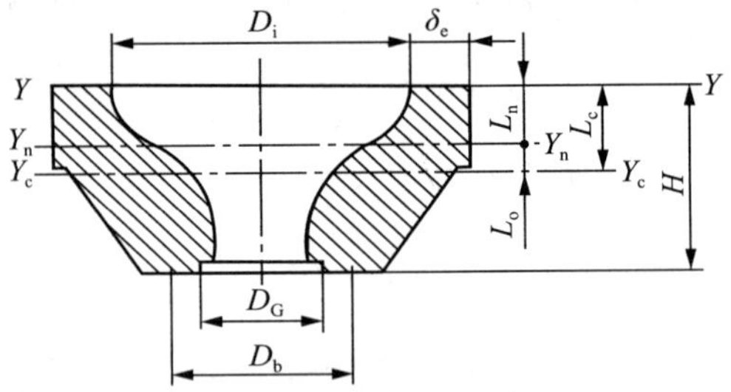

图 5－25　不带直边的紧缩口封头

A_i——轴线一侧纵向截面各分区的面积，mm^2；

A_n——内腔纵向截面的面积，mm^2；

A_{ni}——内腔纵向截面各分区的面积，mm^2；

b——垫片有效密封宽度(见第 7 章)，mm；

D_b——螺栓孔中心圆直径，mm；

D_G——垫片压紧力作用中心圆直径，mm；

D_i——封头内直径，mm；

F——流体静压总轴向力，N；

F_D——作用于法兰内径截面上的流体静压轴向力，N；

F_p——需要的最小垫片压紧力，N；

H——不包括直边段的封头高度，mm；

I——纵向截面的惯性矩，mm^4；

I_i——轴线一侧纵向截面各分区的惯性矩，mm^4；

l——封头直边高度，mm；

M——作用于纵向截面的弯矩，N · mm；

m——垫片系数(见表 7－2)；

p_c——计算压力(见 GB 150.1)，MPa；

r——封头的内腔圆弧半径，mm；

L_c——纵向截面的形心离 $Y-Y$ 轴的距离，mm；

L_{ci}——纵向截面各分区的形心离 $Y-Y$ 轴的距离，mm；

L_i——轴线一侧纵向截面各分区形心离纵向截面中性轴 Y_C-Y_C 的距离，mm；

L_n——内腔纵向截面的形心离 $Y-Y$ 轴的距离，mm；

L_o——纵向截面中性轴 Y_C-Y_C 与内腔纵向截面中性轴 Y_n-Y_n 之间的距离，mm；

W——轴线一侧纵向截面对 $Y-Y$ 轴的静矩，mm^3；

$$W=\sum L_{ci}A_i$$

Z——纵向截面的截面系数，mm^3；

δ_e——封头与圆筒连接处的有效厚度，mm；

σ_m——纵向截面的弯曲应力，MPa；

$[\sigma]^t$——材料在设计温度下的许用应力(见 GB 150.2)，MPa。

5.10.3　弯矩计算

作用于纵向截面的弯矩按式(5－39)计算：

$$M=\frac{1}{6.28}\left[\left(\delta_e+\frac{1}{3}D_i\right)F_D-\left(D_b-\frac{2}{3}D_G\right)F-(D_b-D_G)F_p\right]-p_cA_nL_o \tag{5-39}$$

式中：

$F_D = 0.785D_i^2 p_c$

$F = 0.785D_G^2 p_c$

$F_p = 6.28D_G bmp_c$

$L_o = L_c - L_n$

$A_n = \sum A_{ni}$

5.10.4　截面系数计算

a) 当 $L_c \geqslant \frac{H}{2}$ 时，纵向截面的截面系数按式(5－40)计算：

$$Z = \frac{I}{L_c} \tag{5-40}$$

b) 当 $L_c < \frac{H}{2}$ 时，纵向截面的截面系数按式(5－41)计算：

$$Z = \frac{I}{H - L_c} \tag{5-41}$$

式中：

$I = 2[\sum I_i + \sum (L_i^2 A_i)]$

$L_c = \frac{W}{A}$

几种常用截面的特性见表 5－11。

5.10.5　弯曲应力校核计算

弯曲应力的校核按式(5－42)进行：

$$\sigma_m = \frac{M}{Z} \leqslant 0.8[\sigma]^t \tag{5-42}$$

表 5－11　几种截面的特性

截面	截面面积 A_i	由中性轴至截面最外端距离 S	惯性矩 I_i
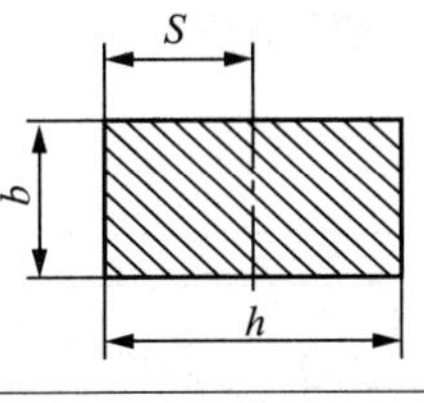	bh	$\frac{h}{2}$	$\frac{bh^3}{12}$
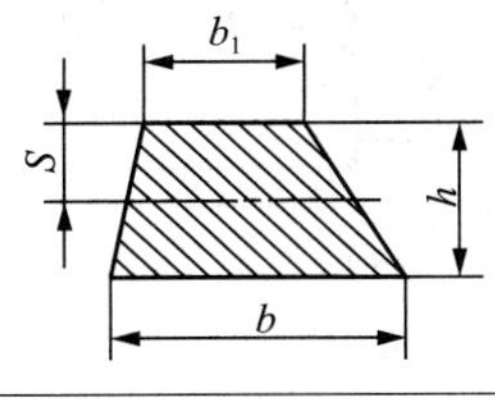	$\frac{(b_1+b)h}{2}$	$\frac{(b_1+2b)h}{3(b_1+b)}$	$\frac{(b_1^2+4b_1b+b^2)h^3}{36(b_1+b)}$
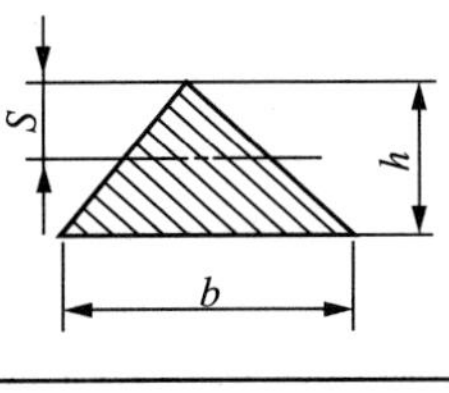	$\frac{bh}{2}$	$\frac{2h}{3}$	$\frac{bh^3}{36}$

续表

截面	截面面积 A_i	由中性轴至截面最外端距离 S	惯性矩 I_i
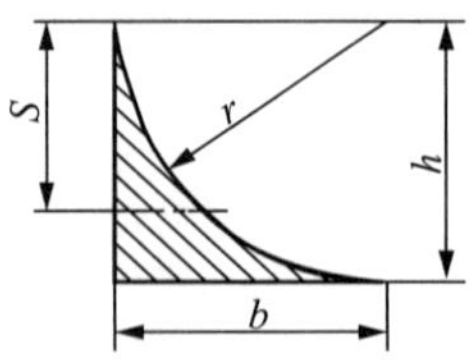	$(b=h=r)$ $0.2146r^2$	$(b=h=r)$ $0.7767r$	$(b=h=r)$ $0.0075r^4$
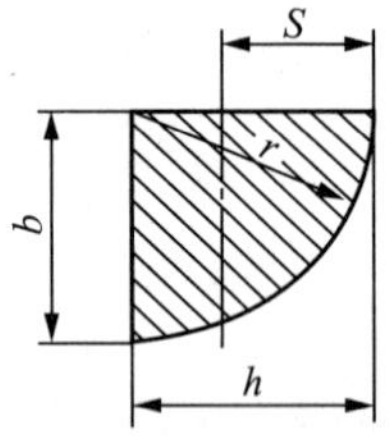	$(b=h=r)$ $\frac{\pi r^2}{4}$	$(b=h=r)$ $0.5754r$	$(b=h=r)$ $0.0552r^4$

5.11 带法兰的凸形封头

5.11.1 适用范围

本节适用于带法兰凸形封头的设计，封头形式如图5－26所示。

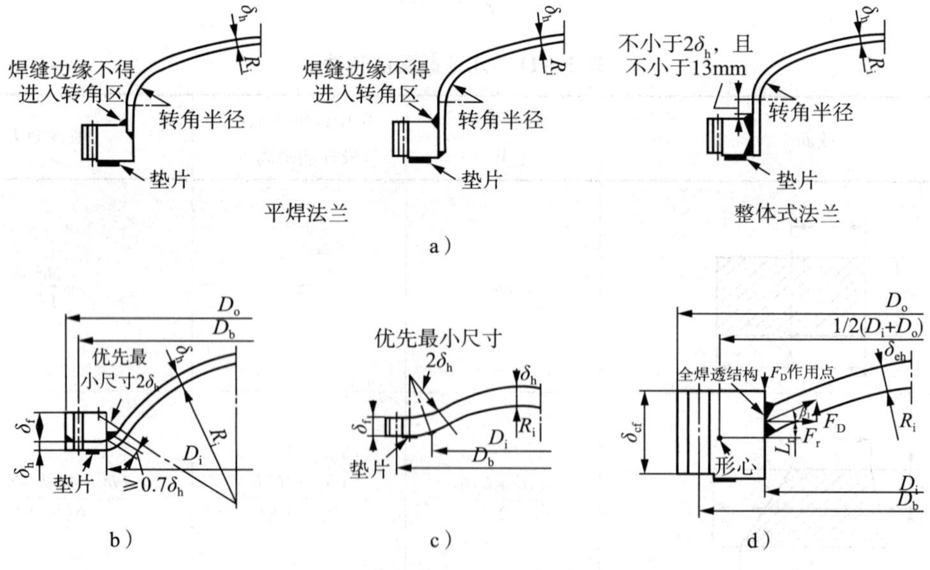

图5－26　带法兰凸形封头

5.11.2 符号

D_o——法兰外直径，mm；

D_b——螺栓中心圆直径，mm；

D_G——垫片压紧力作用中心圆直径，mm；

D_i——法兰内直径，mm；

F_D——封头压力载荷引起的作用在法兰环内直径上的轴向分力（$F_D=0.785D_i^2p_c$），N；
F_r——封头压力载荷引起的作用在法兰环内直径上的径向分力（见表5－12），N；
M_o——总力矩，N·mm；
R_i——封头球面部分内半径，mm；
L_D——F_D 对螺栓中心的力臂，mm；
L_r——F_r 对法兰环截面形心的力臂，mm；
β_1——封头边缘处球壳中面切线与法兰环直径的夹角（见表5－12），（°）；
δ_{ef}——法兰有效厚度，mm；
δ_f——法兰计算厚度，mm；
δ_{eh}——封头有效厚度，mm；
δ_h——封头计算厚度，mm；
δ_{nh}——封头名义厚度，mm。

5.11.3 受内压带法兰凸形封头

除以下另有规定外，对凹面受压封头总力矩 M_o，见7.5.3。

5.11.3.1 图5－26a）所示封头结构的计算

封头计算厚度 δ_h 按5.3.2或5.4.2计算；法兰设计按第7章进行。

5.11.3.2 图5－26b）所示封头结构的计算

a）封头计算厚度按式（5－43）计算：

$$\delta_h=\frac{5p_cR_i}{6[\sigma]^t} \tag{5-43}$$

b）法兰计算厚度 δ_f 按式（5－44）或式（5－45）计算：

对于窄面法兰

$$\delta_f=\sqrt{\frac{M_o}{[\sigma]_f^tD_i}\left(\frac{D_o+D_i}{D_o-D_i}\right)} \tag{5-44}$$

式中：M_o 按7.5.3计算。

对于宽面法兰

$$\delta_f=0.6\sqrt{\frac{p_c}{[\sigma]_f^t}\left[\frac{D_i(D_o+D_i)(D_b-D_i)}{D_o-D_i}\right]} \tag{5-45}$$

5.11.3.3 图5－26c）所示封头结构的计算

a）封头计算厚度按式（5－43）计算；

b）圆形螺栓孔窄面法兰计算厚度按式（5－46）分操作和预紧两种状态计算，且取较大值：

$$\delta_f=Q+\sqrt{\frac{1.875M_o(D_b+D_i)}{[\sigma]_f^tD_i(7D_b-5D_i)}} \tag{5-46}$$

操作状态 Q 按式（5－47）计算，M_o 取 M_p 按式（7－14）计算；

$$Q=\frac{p_cR_i}{4[\sigma]_f^t}\left(\frac{D_b+D_i}{7D_b-5D_i}\right) \tag{5-47}$$

预紧状态 $Q=0$，M_o 取 $M_a[\sigma]_f^t/[\sigma]_f$，其中 M_a 按式（7－11）计算；

c）槽形螺栓孔窄面法兰计算厚度按式（5－48）分操作和预紧两种状态计算，且取较大值：

$$\delta_f=Q+\sqrt{\frac{1.875M_o(D_b+D_i)}{[\sigma]_f^tD_i(3D_b-D_i)}} \tag{5-48}$$

操作状态 Q 按式（5－49）计算，M_o 取 M_p 按式（7－14）计算；

$$Q=\frac{p_cR_i}{4[\sigma]_f^t}\left(\frac{D_b+D_i}{3D_b-D_i}\right) \tag{5-49}$$

预紧状态 $Q=0$，M_o 取 $M_a[\sigma]_f^t/[\sigma]_f$，其中 M_a 按式(7－11)计算；

d)圆形螺栓孔宽面法兰计算厚度按式(5－50)计算：

$$\delta_f = Q + \sqrt{Q^2 + \frac{3D_iQ(D_b - D_i)}{R_i}} \tag{5-50}$$

式中：Q 值按式(5－47)计算；

e)开槽螺栓孔宽面法兰计算厚度，按式(5－50)计算，其中 Q 值按式(5－49)计算；

f)在任何情况下，要求法兰厚度不得小于封头厚度。

5.1 1.3.4　图 5－26d)所示的封头结构的计算

a)封头厚度按式(5－43)计算；

b)法兰应力按表 5－12 校核。

5.1 1.4　受外压(凸面受压)的带法兰凸形封头

a)封头厚度按 4.4 计算；

b)除另有规定外，总力矩 M_o 按 7.5.4 确定；对图 5－26 d)所示封头结构的法兰力矩计算中 $M_p=F_D(L_D-L_G)+F_T(L_T-L_G)-F_rL_r$；式中 L_r 的计算同表 5－12。

c)图 5－26 所示各种形式，除图 5－26a)的法兰按第 7 章计算外，其他的法兰厚度分别按式(5－44)、式(5－45)、式(5－46)、式(5－48)及式(5－50)计算。

表 5－12　受内压带法兰无折边球面封头的法兰计算表

<table>
<tr><td colspan="3">设计条件</td><td colspan="4">垫片及螺栓计算</td></tr>
<tr><td colspan="3">计算压力 p_c =　　MPa</td><td rowspan="2">垫片</td><td>材料</td><td>N =　　mm</td><td>y =　　MPa</td></tr>
<tr><td colspan="3">设计温度 t =　　℃</td><td>外径×内径×厚度</td><td>b =　　mm</td><td>m =</td></tr>
<tr><td rowspan="3">法兰</td><td colspan="2">材料</td><td colspan="2">假设法兰有效厚度 δ_{ef} =　　mm</td><td colspan="2">封头有效厚度 δ_{eh} =　　mm</td></tr>
<tr><td rowspan="2">许用应力</td><td>$[\sigma]_f$ =　　MPa</td><td colspan="2">$F=0.785D_G^2p_c$ =　　N</td><td colspan="2">$F_p=6.28D_Gbmp_c$ =　　N</td></tr>
<tr><td>$[\sigma]_f^t$ =　　MPa</td><td colspan="2">$W_a=3.14bD_Gy$ =　　N</td><td colspan="2">$F+F_p$ =　　N</td></tr>
<tr><td rowspan="3">螺栓</td><td colspan="2">材料</td><td colspan="2">螺栓直径 d_B =　　mm</td><td colspan="2">螺栓数量 n =　　个</td></tr>
<tr><td rowspan="2">许用应力</td><td>$[\sigma]_b$ =　　MPa</td><td colspan="2">$A_{m1}=(F+F_p)/[\sigma]_b^t$ =　　mm^2</td><td colspan="2">$A_{m2}=W_a/[\sigma]_b$ =　　mm^2</td></tr>
<tr><td>$[\sigma]_b^t$ =　　MPa</td><td colspan="2">$A_m=\max\{A_{m1}, A_{m2}\}$ =　　mm^2</td><td colspan="2">A_b =　　mm^2</td></tr>
<tr><td colspan="3">$\beta_1=\arcsin\frac{0.5D_i}{R_i+0.5\delta_{ch}}$ =　　(°)</td><td colspan="2">$W=0.5(A_m+A_b)[\sigma]_b$ =　　N</td><td colspan="2">假设 l =　　mm(l 见图)</td></tr>
<tr><td rowspan="2">预紧情况</td><td colspan="2">法兰受力</td><td colspan="2">力臂</td><td colspan="2">力矩</td></tr>
<tr><td colspan="2">$F_G=W$ =　　N</td><td colspan="2">$L_G=0.5(D_b-D_G)$ =　　mm</td><td colspan="2">$M_a=F_GL_G$ =　　N·mm</td></tr>
</table>

续表

<table>
<tr><td colspan="2">设计条件</td><td colspan="2">垫片及螺栓计算</td></tr>
<tr><td rowspan="5">操作情况</td><td>$F_D = 0.785D_i^2 p_c =$　　N</td><td>$L_D = 0.5(D_b - D_i) =$　　mm</td><td>$M_D = F_D L_D =$　　N · mm</td></tr>
<tr><td>$F_G = F_p =$　　N</td><td>$L_G = 0.5(D_b - D_G) =$　　mm</td><td>$M_G = F_G L_G =$　　N · mm</td></tr>
<tr><td>$F_T = F - F_D =$　　N</td><td>$L_T = 0.5(L_D + L_G) =$　　mm</td><td>$M_T = F_T L_T =$　　N · mm</td></tr>
<tr><td>$F_r = F_D \cot\beta_1 =$　　N</td><td>$L_r = \frac{\delta_{ef}}{2} - \frac{\delta_{eh}}{2\cos\beta_1} - l =$　　mm</td><td>$M_r = F_r L_r =$　　N · mm</td></tr>
<tr><td colspan="3">操作情况下法兰总力矩 $M_p = M_D + M_G + M_T - M_r =$　　N · mm</td></tr>
<tr><td colspan="2">$J_a = \frac{M_a}{[\sigma]_f D_i}\left(\frac{D_o + D_i}{D_o - D_i}\right) =$　　mm²</td><td>$J_P = \frac{M_P}{[\sigma]_f^t D_i}\left(\frac{D_o + D_i}{D_o - D_i}\right) =$　　mm²</td><td>$L = \frac{p_c D_i \sqrt{4R_i^2 - D_i^2}}{8[\sigma]_f^t (D_o - D_i)} =$　　mm</td></tr>
<tr><td colspan="3" rowspan="2">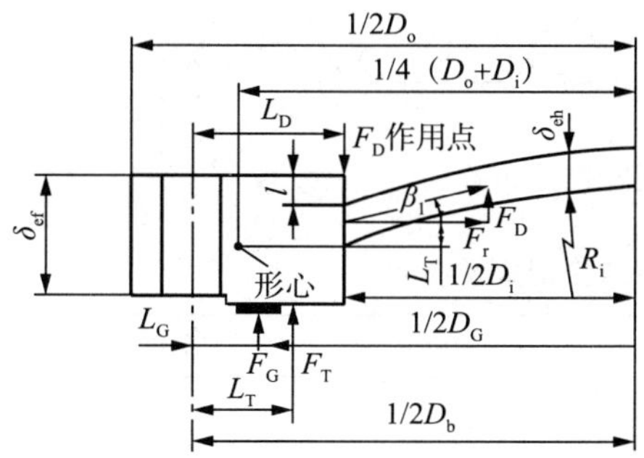
</td><td>法兰厚度</td></tr>
<tr><td>假设的法兰有效厚度 $\delta_{ef} \geq \max\{\delta_{fa}, \delta_{fp}\}$ 且 $\delta_{ef} \geq 2\delta_{eh}$，否则应重新假设 δ_{ef}，直至满足要求。
$\delta_{fa} = \sqrt{J_a} =$　　mm
$\delta_{fp} = L + \sqrt{J_p + L^2} =$　　mm</td></tr>
<tr><td colspan="4">注：表中符号及其值的取法凡未列人本节的符号说明者均按第7章。</td></tr>
</table>

5.12　拉撑结构

5.12.1　范围

本节适用于以棒材、管材或板材支撑（以下简称“拉撑”）的凸型封头、平封头（平板）及筒体的设计。拉撑结构包括焊接与非焊接两种结构。常用结构型式如表5－13。

5.12.2　符号

a——单根拉撑所需截面面积，mm²；

d——拉杆直径，mm；

d_c——拉撑杆间当量圆直径，mm；

K——系数，按表 5－13 由拉撑的连接方法选取；

L——拉撑的间距，mm；

W——单根拉撑所受轴向载荷，N；

δ_p——平板计算厚度，mm；

δ_{ep}——平板名义厚度，mm；

$[\sigma]_g^t$——设计温度下拉撑材料的许用应力，MPa；

$[\sigma]_p^t$——设计温度下被支撑板材料的许用应力，MPa。

5. 12. 3　受拉撑的板厚计算

计算厚度按式(5－51)计算：

$$\delta_p = L\sqrt{\frac{p_c}{[\sigma]_p^t K}} \tag{5-51}$$

对于带夹套容器进行拉撑设计时，夹套及容器的壁厚还需考虑相应的内外压计算要求。对非焊接拉撑连接的平封头，其厚度不得小于 8mm。

5. 12. 3. 1　规则拉撑布置的 L，K 取值

如图 5－27 所示，规则布置拉撑时，拉撑的间距 L，取水平方向、垂直方向、斜向间距 L_1、L_2、L_3 三者的最大值。拉撑常数 K 按表 5－13 取值。

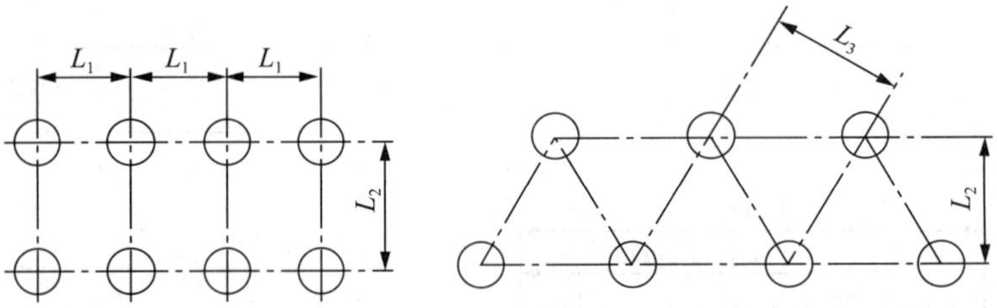

图 5－27　规则的拉撑布置

表 5－13　典型拉撑结构型式及参数

序号	结构型式	K	适用条件
1	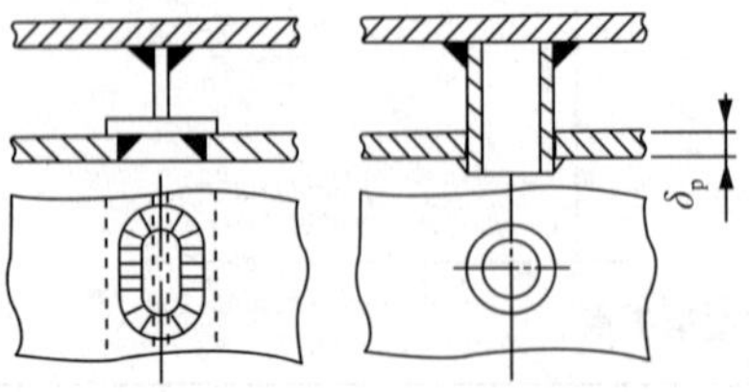	2. 2	夹套设计压力 $p \leq 1.6$ MPa； 夹套板厚≤12mm； 角焊缝根部完全熔合，焊脚尺寸不小于夹套壁厚
2	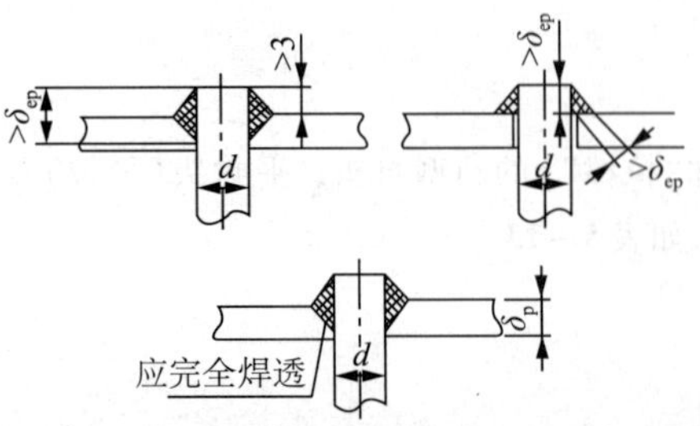	2. 2	适用于焊接棒状或板状拉撑，且板厚 $\delta_p \leq 30$ mm；角焊缝的轴向受剪面积不小于拉杆横截面积的 1. 4 倍

续表

序号	结构型式	K	适用条件
3	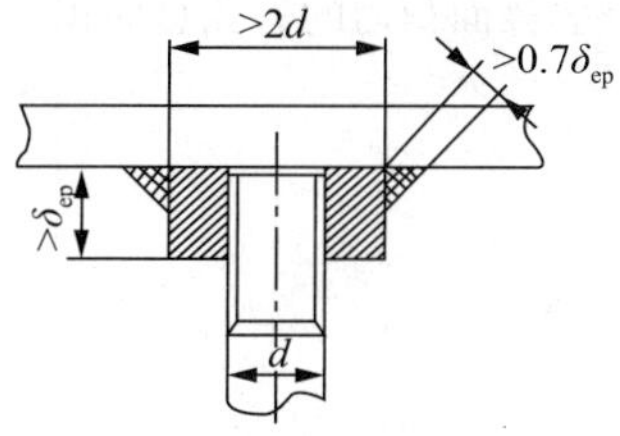	2.0	角焊缝的轴向受剪面积不小于拉杆横截面积的1.4倍
4	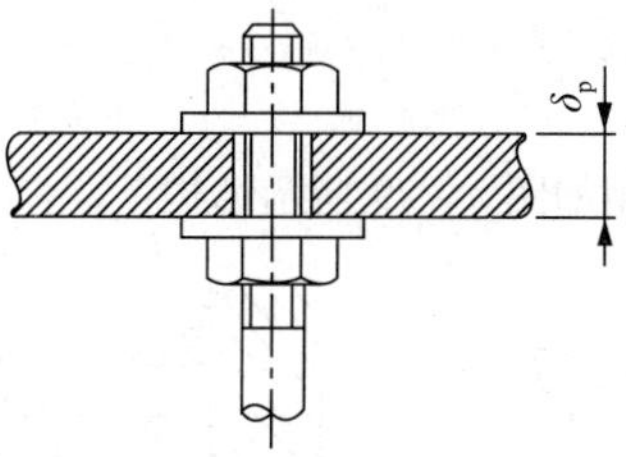	3.2	可在壁板、垫圈、螺母、拉杆的接触面之间加装密封材料或涂料。适用于可能出现渗漏的低压场合。 贯穿平封头的螺纹结构拉撑，平封头内外侧均有螺母和垫圈，垫圈厚度不小于6mm。垫圈外径不小于螺栓直径的2.5倍
		2.8	内外均有螺母，但仅外侧有垫圈（其余条件同上）

5.12.3.2　不规则拉撑布置的 L，K 取值

如图5－28所示，不规则的拉撑布置时，L、K 分别按照下列方法求取：

a）取通过任意3个相邻支撑点的最大当量圆（其内部无拉撑）直径为 d_c，则支撑的间距 $L=d_c/\sqrt{2}$；

b）系数 K 按表5－14选取，支撑点类型按最大当量圆通过的支撑结构确定；一个当量圆具有不同支撑点类型时，K 取平均值。

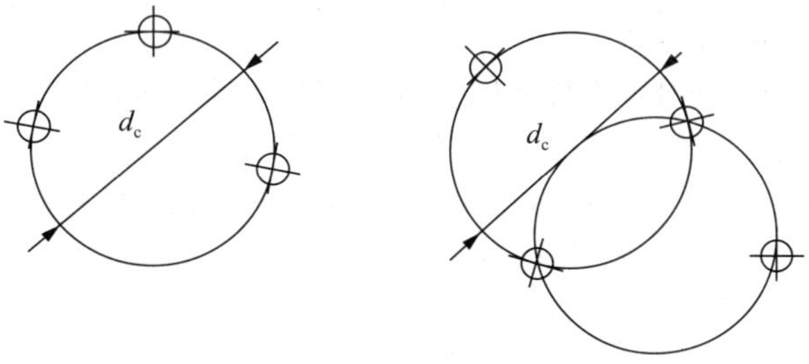

图5－28　不规则支撑设置

表5－14　与支撑点类型相关的系数 K

支撑点类型	K
支撑点在封头圆弧过渡的起点	3.2
管板外周的固定线	3.2
管排中心线	2.0
管状支撑	2.6
其他支点	按表5－13

5.12.4　拉撑的支承载荷 W

a) 无孔板的支承载荷：拉杆与其相邻的所有支撑中心连线的垂直平分线所围成的面积为该拉杆的支撑面积，其上承受的计算压力载荷为该拉杆所承受的支承载荷；

b) 多孔板的支撑载荷：由一根支撑管(杆)的支撑面积减去该面积内的管孔总面积，其上承受的计算压力载荷为该管状拉撑所承受的支承载荷。

5.12.5　单根拉撑所需截面面积

$$a=\frac{1.1W}{[\sigma]_g^t} \tag{5-52}$$

5.12.6　拉撑的设置

a) 采用角接接头设置斜拉撑时，焊接接头的焊缝截面面积，以及平行于筒体轴线方向测得的角接接头焊缝截面面积不得小于拉撑所需最小截面面积的 1.4 倍。

选择斜拉撑结构，封头凹面内不得采用角接接头。

b) 拉撑间距一般不大于 30 倍拉杆直径。

5.13　焊接结构

封头与筒体的焊接结构除满足前述要求外，不允许采用如图 5-29 所示结构：

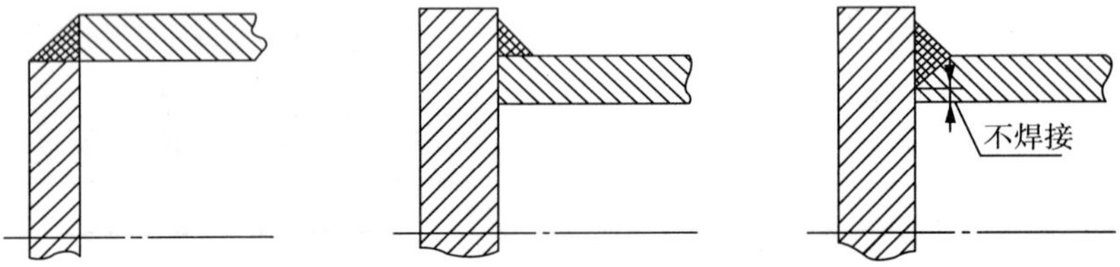

图 5-29　不允许采用的焊接结构

6　开孔与开孔补强

6.1　范围及一般要求

本章规定适用于容器本体的开孔及其补强计算，包括等面积法和分析法。

6.1.1　等面积法适用范围

等面积法适用于压力作用下壳体和平封头上的圆形、椭圆形或长圆形开孔。当在壳体上开椭圆形或长圆形孔时，孔的长径与短径之比应不大于 2.0。本方法的适用范围：

a) 当圆筒内径 $D_i \leqslant 1500$mm 时，开孔最大直径 $d_{op} \leqslant D_i/2$，且 $d_{op} \leqslant 520$ mm；当圆筒内径 $D_i > 1500$mm 时，开孔最大直径 $d_{op} \leqslant D_i/3$，且 $d_{op} \leqslant 1000$ mm；

b) 凸形封头或球壳开孔的最大允许直径 $d_{op} \leqslant D_i/2$；

c) 锥形封头开孔的最大直径 $d_{op} \leqslant D_i/3$，D_i 为开孔中心处的锥壳内直径。

注：开孔最大直径 d_{op} 对椭圆形或长圆形开孔指长轴尺寸。

6.1.2　分析法适用范围

本方法是根据弹性薄壳理论得到的应力分析法，用于内压作用下具有径向接管圆筒的开孔补强设计，其适用范围如下：

$d \leqslant 0.9D$ 且 $\max[0.5, d/D] \leqslant \delta_{et}/\delta_e \leqslant 2$

本方法与等面积法适用的开孔率范围比较见图 6-1。

6.1.3　不另行补强的最大开孔直径

壳体开孔满足下述全部要求时，可不另行补强：

a) 设计压力 $p \leqslant 2.5$ MPa；

b) 两相邻开孔中心的间距(对曲面间距以弧长计算)应不小于两孔直径之和；对于 3 个或以上相邻开

孔，任意两孔中心的间距(对曲面间距以弧长计算)应不小于该两孔直径之和的 2.5 倍；

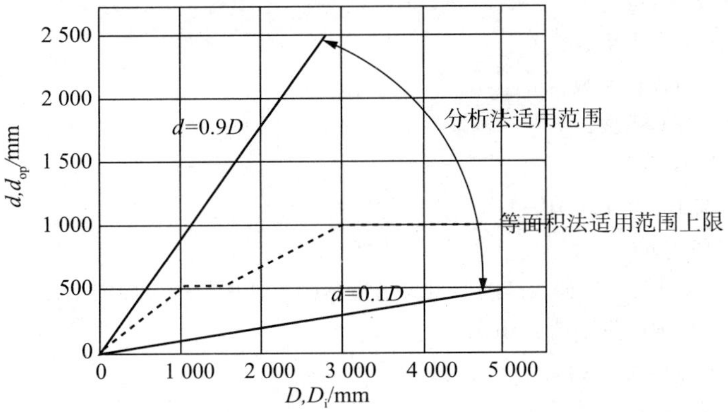

图 6－1　圆筒开孔补强分析法与等面积法适用范围

c)接管外径小于或等于 89 mm；

d)接管壁厚满足表 6－1 要求，表中接管壁厚的腐蚀裕量为 1 mm，需要加大腐蚀裕量时，应相应增加壁厚；

e)开孔不得位于 A、B 类焊接接头上；

f)钢材的标准抗拉强度下限值 R_m≥540 MPa 时，接管与壳体的连接宜采用全焊透的结构型式。

表 6－1　接管壁厚　　mm

接管外径	25	32	38	45	48	57	65	76	89
接管壁厚	≥3.5			≥4.0		≥5.0		≥6.0	

6.1.4　开孔附近的焊接接头

容器上的开孔宜避开容器焊接接头。当开孔通过或邻近容器焊接接头时，则应保证在开孔中心的 $2d_{op}$ 范围内的接头不存在有任何超标缺陷。

6.2　术语、定义和符号

6.2.1　GB 150.1 通用要求中界定的术语和定义适用于本章。

6.2.2　符号

A——开孔削弱所需要的补强截面积，mm^2；

B——补强有效宽度，mm；

C——厚度附加量(按 GB 150.1 规定)，mm；

C_s——圆筒厚度附加量，mm；

C_t——接管厚度附加量，mm；

D——圆筒中面直径，mm；

D_i——圆筒内直径，mm；

D_o——平盖直径，mm；

d_{op}——开孔直径，mm；

d——接管中面直径，mm；

d_o——接管外直径，mm；

f_r——强度削弱系数；

g——接管补强系数；

h——圆筒补强系数；

h_1——外伸接管有效补强高度，mm；

h_2——内伸接管有效补强高度，mm；

K——等效总应力集中系数；

K_m——等效薄膜应力集中系数；

n_{II}——等效薄膜应力校核系数；

n_{IV}——等效总应力校核系数；

p——设计压力，MPa；

p_c——计算压力(按第3章)，MPa；

R——圆筒中面半径，mm；

R_i——球壳或半球形封头内半径，椭圆形封头当量球面或碟形封头球面内半径，mm；

R_m——钢材标准抗拉强度下限值，MPa；

R_{eL}——钢材标准屈服强度，MPa；

r——接管中面半径，mm；

S_1——管孔的轴向节距，mm；

S_2——孔带的单位长度(见图6-6、图6-7)，mm；

S_3——管孔的对角向节距，mm；

S_{II}——等效薄膜应力，MPa；

S_{IV}——等效总应力，MPa；

δ——壳体开孔处的计算厚度，mm；

δ_e——壳体开孔处的有效厚度，mm；

δ_{et}——接管有效厚度，mm；

δ_n——壳体开孔处的名义厚度，mm；

δ_{nt}——接管名义厚度，mm；

δ_p——平盖计算厚度，mm；

δ_t——接管计算厚度，mm；

ϕ——焊接接头系数(按GB 150.1规定)；

ν_1——轴向排孔削弱系数；

ν_2——当量轴向排孔削弱系数；

ν_3——对角向排孔削弱系数；

θ——两相邻开孔中心线与壳体轴线之夹角，(°)；

ρ——开孔率，$\rho = d/D$；

$[\sigma]^t$——设计温度下壳体材料的许用应力(按第GB 150.2规定)，MPa；

$[\sigma]_t^t$——设计温度下接管材料的许用应力(按第GB 150.2规定)，MPa。

6.3 单个开孔补强的等面积法

6.3.1 单个开孔的适用范围

在等面积法的适用范围(见6.1.1)内，满足下列条件的多个开孔均按单个开孔分别设计：

a)壳体上两个开孔中心间距(对曲面间距以弧长计算)不小于该两孔直径之和；

b)平封头(平板)上有多个开孔，任意两开孔直径之和不超过封头直径的0.5倍，任意两相邻开孔中心的间距不小于两孔直径之和。

6.3.2 补强结构型式与补强件材料

6.3.2.1 补强圈补强

补强圈与接管、壳体的焊接结构参见附录D和JB/T 4736。采用该结构补强时，应符合下列规定：

a)低合金钢的标准抗拉强度下限值 $R_m < 540$ MPa；

b)补强圈厚度小于或等于 $1.5\delta_n$；

c)壳体名义厚度 $\delta_n \leqslant 38$mm。

若条件许可，推荐以厚壁接管代替补强圈进行补强，其 δ_{nt}/δ_n 宜控制在0.5~2。

6.3.2.2　整体补强

增加壳体的厚度，或用全截面焊透的结构型式将厚壁接管或整体补强锻件与壳体相焊。结构可参见附录D。

6.3.2.3　补强件材料

补强材料宜与壳体材料相同。若补强材料许用应力小于壳体材料许用应力，则补强面积应按壳体材料与补强材料许用应力之比而增加。若补强材料许用应力大于壳体材料许用应力，则所需补强面积不得减少。

对于接管材料与壳体材料不同时，引入强度削弱系数 $f_r = [\sigma]_t^t/[\sigma]^t$，表示设计温度下接管材料与壳体材料许用应力的比值，当 $f_r > 1.0$ 时，取 $f_r = 1.0$。

6.3.3　壳体开孔补强

6.3.3.1　开孔补强的计算截面选取

所需的最小补强面积应在下列规定的截面上求取：对于圆筒或锥壳开孔，该截面通过开孔中心点与筒体轴线；对于凸形封头或球壳开孔，该截面通过封头开孔中心点，沿开孔最大尺寸方向，且垂直于壳体表面。

对于圆形开孔 d_{op} 取接管内直径加2倍厚度附加量，对于椭圆形或长圆形 d_{op} 取所考虑截面上的尺寸(弦长)加2倍厚度附加量。

6.3.3.2　内压容器

壳体开孔所需补强面积按式(6-1)计算：

$$A = d_{op}\delta + 2\delta\delta_{et}(1 - f_r) \qquad (6-1)$$

式中：

对安放式接管取 $f_r = 1.0$。

δ——计算厚度，mm。按下述方法确定：

a)对于圆筒或球壳开孔，为开孔处的壳体计算厚度；

b)对于锥壳(或锥形封头)开孔，由式(5-8)计算，式中 D_c 取开孔中心处锥壳内直径；

c)若开孔位于椭圆形封头中心80%直径范围内，δ 按式(6-2)计算，否则按式(5-1)计算。

$$\delta = \frac{p_c K_1 D_i}{2[\sigma]^t \phi - 0.5 p_c} \qquad (6-2)$$

式中：

K_1——椭圆形长短轴比值决定的系数，由表5-2查得；

d)若开孔位于碟形封头球面部分内，δ 按式(6-3)计算，否则按式(5-4)计算。

$$\delta = \frac{p_c R_i}{2[\sigma]^t \phi - 0.5 p_c} \qquad (6-3)$$

6.3.3.3　外压容器

壳体开孔所需补强面积按式(6-4)计算：

$$A = 0.5[d_{op}\delta + 2\delta\delta_{et}(1 - f_r)] \qquad (6-4)$$

式中：

对安放式接管取 $f_r = 1.0$；

δ——按外压计算确定的开孔处壳体的计算厚度，mm。

6.3.3.4　容器存在内压与外压两种设计工况时，开孔所需补强面积应同时满足6.3.3.2和6.3.3.3的要求。

6.3.4　平盖开孔补强

6.3.4.1　平盖开单个孔，且开孔直径 $d_{op} \leqslant 0.5D_o$(D_o 取平盖计算直径，对非圆形平盖取短轴长度)时，所需最小补强面积按式(6－5)计算：

$$A = 0.5 d_{op} \delta_p \tag{6－5}$$

式中：

δ_p——平盖计算厚度，按第5章计算，mm。

6.3.4.2　平盖开单个孔，且开孔直径 $d_{op} > 0.5D_o$ 时，其设计计算按6.5的要求。

6.3.5　有效补强范围及补强面积

计算开孔补强时，有效补强范围及补强面积按图6－2中矩形 *WXYZ* 范围确定。

6.3.5.1　有效补强范围

a)有效宽度 *B* 按式(6－6)计算，取二者中较大值；

$$B = \begin{cases} 2d_{op} \\ d_{op} + 2\delta_n + 2\delta_{nt} \end{cases} \tag{6－6}$$

b)有效高度按式(6－7)和式(6－8)计算，分别取式中较小值。

外伸接管有效补强高度：

$$h_1 = \begin{cases} \sqrt{d_{op}\delta_{nt}} \\ \text{接管实际外伸高度} \end{cases} \tag{6－7}$$

内伸接管有效补强高度：

$$h_2 = \begin{cases} \sqrt{d_{op}\delta_{nt}} \\ \text{接管实际内伸高度} \end{cases} \tag{6－8}$$

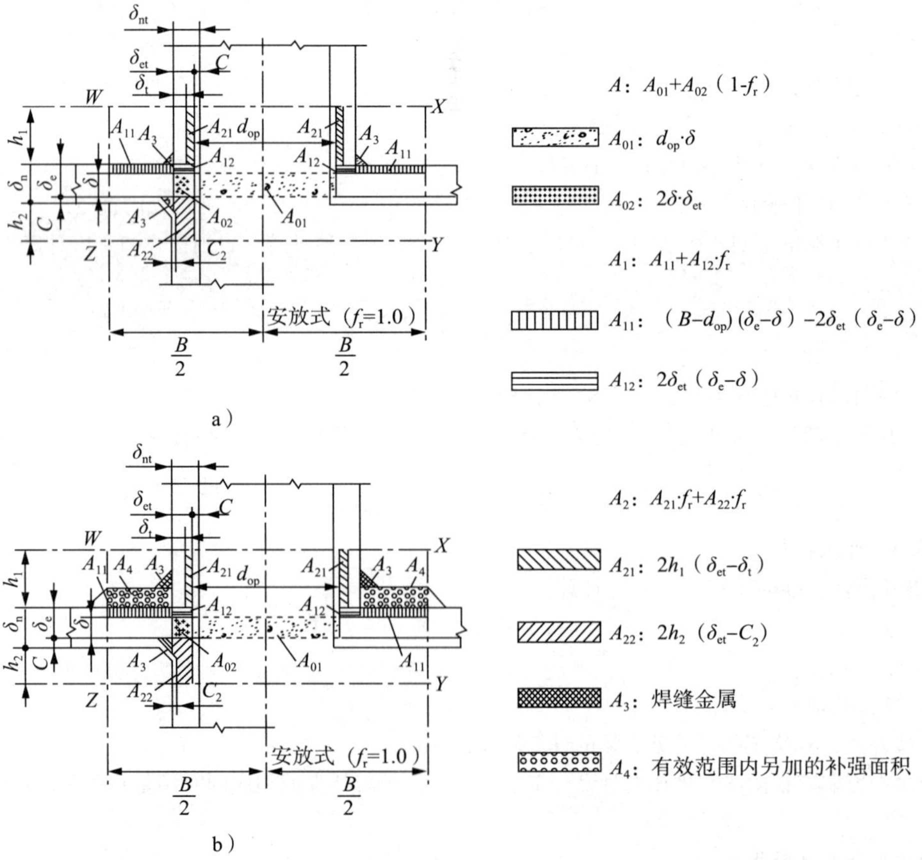

图6－2　有效补强范围

6.3.5.2　补强面积

在有效补强范围内，可作为补强的截面积按式(6-9)计算：

$$A_e = A_1 + A_2 + A_3 \quad (6-9)$$

式中：

A_e——补强面积，mm^2；

A_1——壳体有效厚度减去计算厚度之外的多余面积，按式(6-10)计算，mm^2；

$$A_1 = (B - d_{op})(\delta_e - \delta) - 2\delta_{et}(\delta_e - \delta)(1 - f_r) \quad (6-10)$$

注：对安放式接管取 $f_r = 1.0$。

A_2——接管有效厚度减去计算厚度之外的多余面积，按式(6-11)计算，mm^2；

$$A_2 = 2h_1(\delta_{et} - \delta_t)f_r + 2h_2(\delta_{tr} - C_2)f_r \quad (6-11)$$

A_3——焊缝金属截面积(见图6-2)，mm^2。

若 $A_e \geqslant A$，则开孔不需另加补强；

若 $A_e < A$，则开孔需另加补强，其另加补强面积按式(6-12)计算：

$$A_4 \geqslant A - A_e \quad (6-12)$$

式中：

A_4——有效补强范围内另加的补强面积(见图6-2)，mm^2。

6.4　多个开孔补强的等面积法

6.4.1　壳体多个开孔补强

a)当任意两个相邻开孔的中心距小于两孔直径之和，而使其补强范围彼此重叠时(见图6-3)，在通过两孔中心点连线的壳体法截面内采用联合补强。联合补强的总面积应不小于各孔单独补强所需面积(按6.3.3和6.3.5计算)之和，且两孔之间的补强面积不小于两孔所需总补强面积的50%。

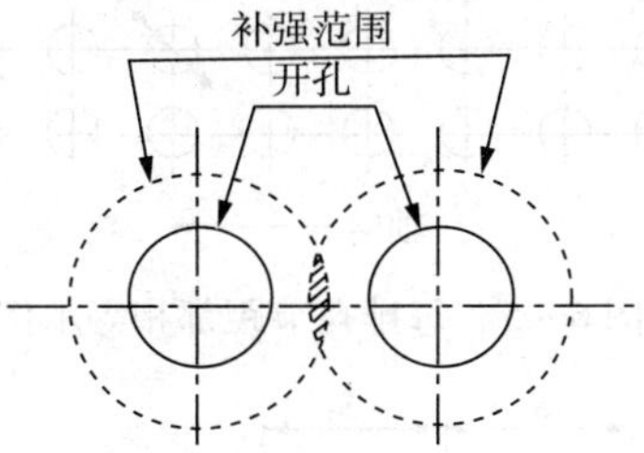

图6-3　相邻开孔

在计算联合补强面积时，任何截面不得重复计入。

多个开孔中心连线在同一直线上时，按逐次配对的开孔处理，重叠部分的面积应按该相邻两孔的直径比分摊。

b)对3个及以上开孔，若两两相邻开孔的中心距小于该两孔直径之和，且采用联合补强时(见图6-4)，则这些相邻开孔的中心距应至少等于其平均直径的4/3倍。任意相邻两孔之间的补强面积应至少等于该两孔所需总补强面积的50%。

若任意两相邻开孔中心距小于其平均直径的4/3倍，则该两孔之间的任何金属均不得用作补强，这些开孔必须按c)的方法进行补强。

c)任何数量并以任意方式排列的相邻开孔，均可作为一个假想孔(其直径包括所有靠近的开孔)进行补强。假想孔的直径不得超过6.1.1规定，所有接管金属均不得用作补强。

d)圆筒上一系列规则排列的开孔，其每个开孔又无法进行单独补强时，应采用6.4.2的方法补强。

e)多个开孔的补强结构型式与补强件材料，参照6.3.2要求。

6.4.2　排孔的补强要求

圆筒全长(或部分)范围内开设排孔时，应用排孔削弱系数代替式(3-1)中的焊接接头系数 ϕ，对该圆

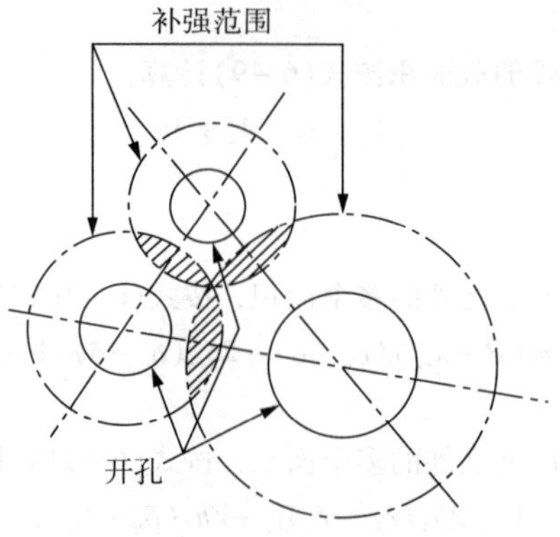

图 6－4　多个开孔

筒(或该部分)厚度进行校核。

a)排孔沿轴向规则分布，管孔节距每排相等时(见图 6－5)，轴向排孔削弱系数 υ_1 按式(6－13)计算；任意一排管孔节距不均匀时(见图 6－6、图 6－7)，平均排孔削弱系数 υ_1 按式(6－14)计算。

$$\upsilon_1=\frac{S_1-d_{op}}{S_1} \tag{6-13}$$

$$\upsilon_1=\frac{S_2-nd_{op}}{S_2} \tag{6-14}$$

式中：

n——S_2 长度内的管孔数。

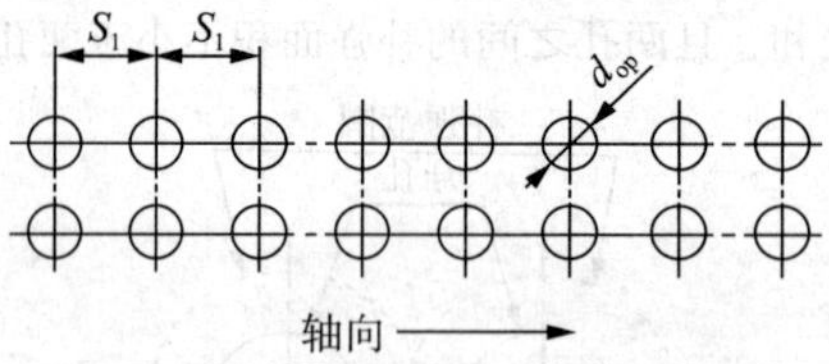

图 6－5　每排孔节距都相等示例

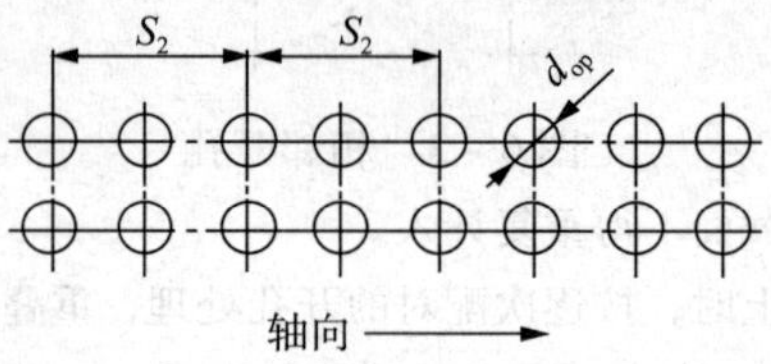

图 6－6　每第二排孔节距不等示例

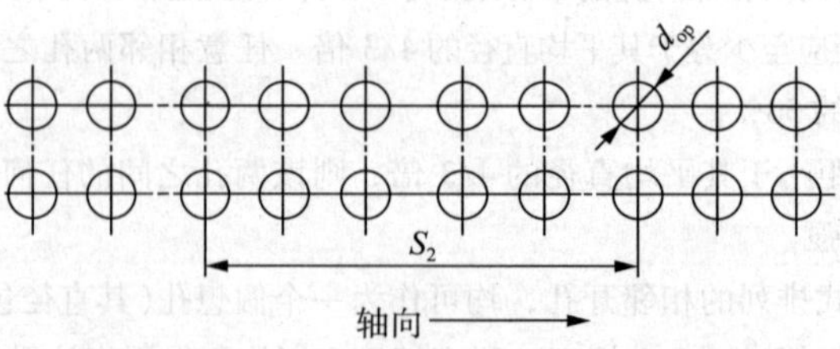

图 6－7　每第二、第三排孔节距不等示例

b)对规则的多排轴向开孔或对角线孔带(见图 6－8)，还应校核当量轴向排孔削弱与对角向排孔削弱：

1)当量轴向排孔削弱系数 υ_2 根据 θ 角与 S_3/d_{op} 由图 6－9 确定；

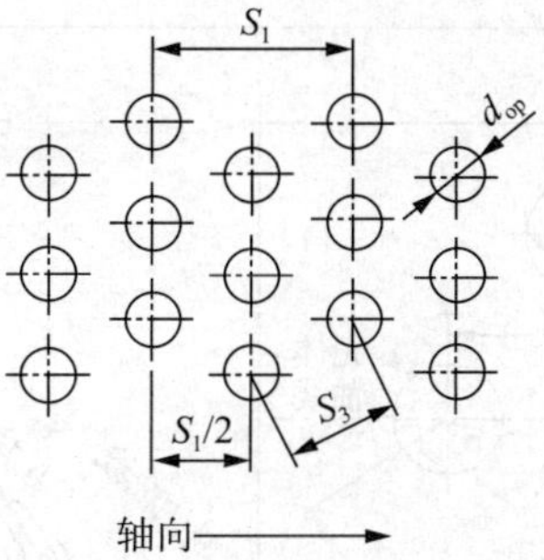

图6-8　对角线排列示例

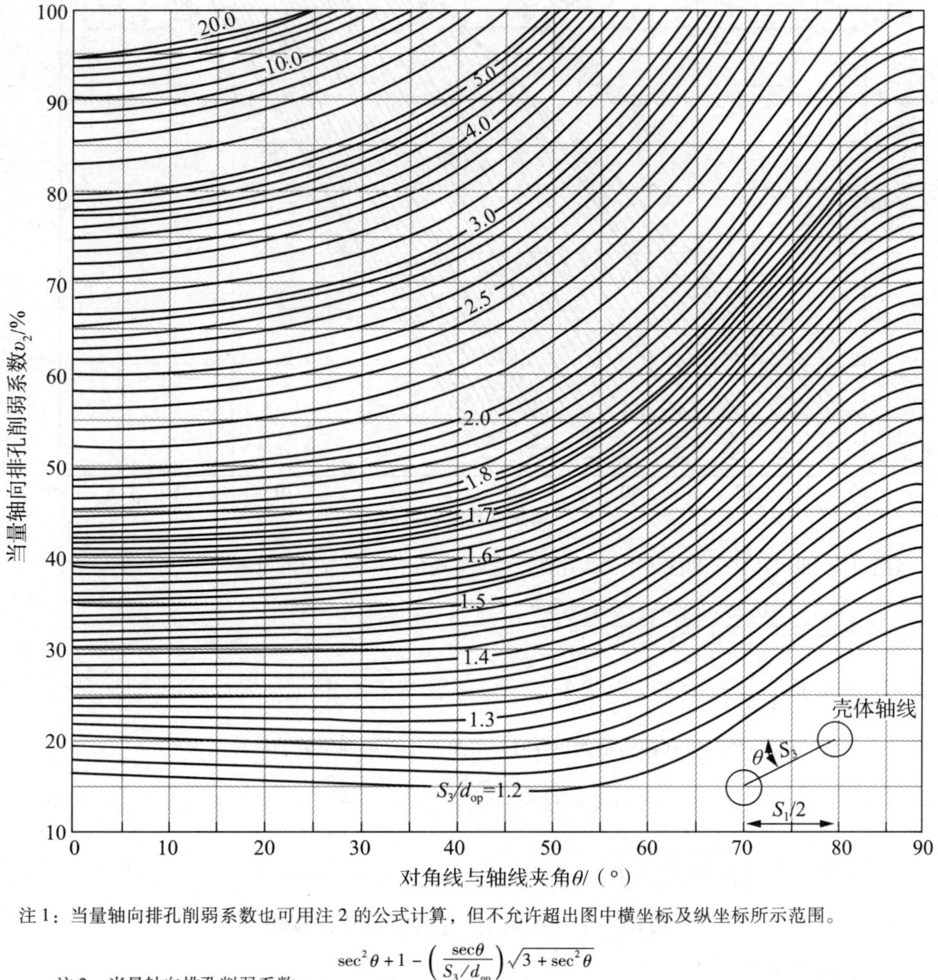

注1：当量轴向排孔削弱系数也可用注2的公式计算，但不允许超出图中横坐标及纵坐标所示范围。

注2：当量轴向排孔削弱系数 $\upsilon_2 = \dfrac{\sec^2\theta + 1 - \left(\dfrac{\sec\theta}{S_3/d_{op}}\right)\sqrt{3+\sec^2\theta}}{1.5+0.5\sec^2\theta}$

图6-9　对角向排孔当量轴向排孔削弱系数计算图

2）按式（6-13）计算轴向排孔削弱系数 υ_1，对角向排孔削弱系数 υ_3 按图6-10由 S_3/S_2 和 υ_1 值查取；

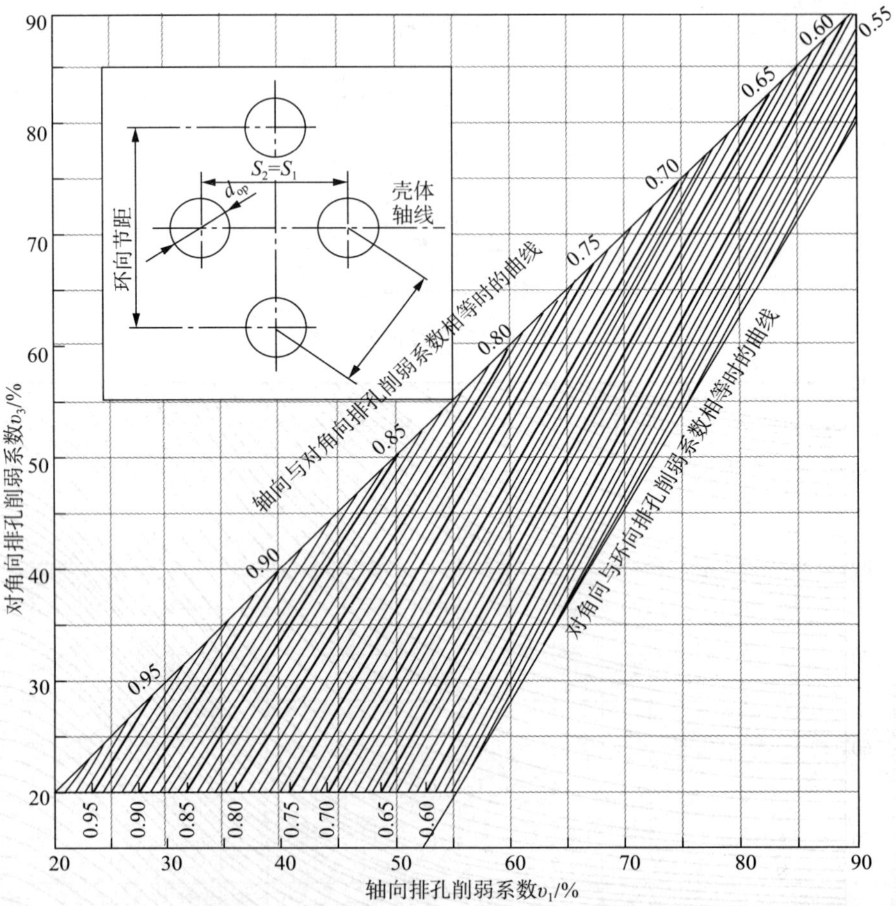

注：1. v_3 也可用注 2 和注 3 中公式计算，并允许超出图中所规定的范围。

2. $v_3=\dfrac{J+0.25-(1-v_1)\sqrt{0.75+J}}{0.375+0.5J}$

其中 $J=\left(\dfrac{S_3}{S_2}\right)^2$。

3. 对角向与环向排孔削弱系数相等时，对角向排孔削弱系数的计算式为：

$$v_3=\frac{2M+1-2(1-v_1)\sqrt{1+M}}{1+M}$$

其中　$M=\left(\dfrac{(1-v_1)}{(2-0.5v_1)}\right)^2$。

图 6－10　对角向排孔削弱系数计算图

3）取 v_1、v_2、v_3 中的最小值。

c）排孔沿轴向不规则分布时，平均排孔削弱系数应取以下小值：

1）在长度等于圆筒内直径（当圆筒内直径超过 1500mm，按 1500mm）的任意排孔段，计算各段孔排削弱系数，取最小者作为平均排孔削弱系数；

2）在长度等于圆筒内半径（当圆筒内半径超过 750mm，按 750mm）的任意排孔段。计算各段孔排削弱系数，取最小者的 1.25 倍作为平均排孔削弱系数；

d）在圆筒上非轴向单排开孔布置，当量轴向排孔削弱系数 v_2 根据 θ 角与 S_3/d_{op} 由图 6－9 确定。

e）必要时，还应校核：圆筒环向排孔间承受的轴向应力不得超过圆筒排孔间承受环向应力的一半。

6.4.3　平盖上开多个孔

采用增加平盖厚度进行补强的方法适用于：平盖危险径向截面上各开孔宽度总和不超过 $D_i/2$，任意相邻两孔中心距大于两孔平均直径的1.5倍且小于或等于2倍。

若平盖厚度按式(5－33)～式(5－35)计算，式中平盖结构特征系数 K 应考虑开孔削弱。按式(6－15)计算削弱系数 υ：

$$\upsilon = \frac{D_c - \Sigma b}{D_c} \tag{6-15}$$

式中：

D_c——平盖计算直径，见表5－9或表5－10，mm；

Σb——平盖危险径向截面上各开孔宽度之总和，mm

按表5－9或表5－10查取 K 后确定系数 K_1：

$$K_1 = \begin{cases} K & 当 K < 0.3 \\ 0.3 & 当 K \geqslant 0.3 \end{cases}$$

当 $K_1/\upsilon \leqslant 0.5$ 时，如 $K_1/\upsilon > K$，则以 K_1/υ 代替式(5－33)～式(5－35)中的 K，否则直接取 K 值计算平盖厚度；当 $K_1/\upsilon \geqslant 0.5$ 时，应采用其他设计方法。

6.5　平盖中心单个圆形开孔($d_{op} \geqslant 0.5D_o$)

6.5.1　用螺栓连接的平盖按第7章作为法兰结构进行计算。

6.5.2　表5－9序号2～7，表5－10所示平盖(若与圆筒对接焊接连接，应是全焊透结构)，开孔带有接管的平盖(平盖与接管连接处应是整体结构或用全焊透连接)或无接管(见图6－11)的平盖，均按以下步骤进行计算，其各项应力及其开口结构需满足相应要求(计算中未注明符号的定义同7.3)。

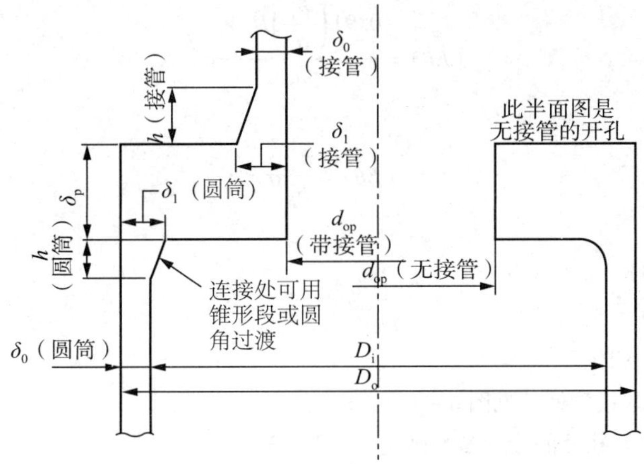

图6－11　中心大开孔的整体平盖示意图

6.5.2.1　略去与平盖连接的圆筒，根据法兰计算的原理，确定平盖的计算力矩和计算应力。

a)计算力矩按式(6－16)计算：

$$M_o = F_D S_D + F_T S_T \tag{6-16}$$

式中：

M_o——计算力矩，N·mm；

F_D——作用力，按式(6－17)计算，N；

$$F_D = 0.785 d_{op}^2 p_c \tag{6-17}$$

S_D——力臂，按式(6－18)计算，mm；

$$S_D = \frac{D_i - (d_{op} + \delta_1)}{2} \tag{6-18}$$

δ_1——厚度（取接管处，见图 6－11），mm；

F_T——作用力，按式（6－19）计算，N；

$$F_T = 0.785 p_c (D_i^2 - d_{op}^2) \tag{6-19}$$

S_T——力臂，按式（6－20）计算，mm。

$$S_T = \frac{D_i - d_{op}}{4} \tag{6-20}$$

b）取 $K = D_o/d$，计算应力按式（6－21）～式（6－23）计算：

$$\sigma_H = \frac{fM_o}{\lambda \delta_1^2 d_{op}} \tag{6-21}$$

$$\sigma_R = \frac{(1.33\delta_p e + 1)M_o}{\lambda \delta_p^2 d_{op}} \tag{6-22}$$

$$\sigma_T = \frac{YM_o}{\delta_p^2 d_{op}} - Z\sigma_R \tag{6-23}$$

式中：

σ_H、σ_R、σ_T——计算应力，MPa；对不带接管的开孔平盖，其 $\sigma_H = \sigma_R = 0$；

f、λ、e、Y、Z——见 7.3，f、λ、e 按照平盖开孔处的接管参数确定，Y、Z 查相应图表得到；

δ_1——厚度（取接管处，见图 6－11），mm。

6.5.2.2　按下列步骤计算圆筒与平盖连接处的应力。

a）按式（6－24）或式（6－25）计算（$E\theta$）：

带接管：

$$(E\theta) = \frac{0.91\left(\frac{\delta_1}{\delta_0}\right)D_{i1}V_I}{fh_o}\sigma_H \tag{6-24}$$

无接管：

$$(E\theta) = \frac{d_{op}}{\delta_p}\sigma_T \tag{6-25}$$

式中：

$$D_{i1} = \begin{cases} D_i + \delta_1 (f < 1.0) \\ D_i + \delta_0 (f \geqslant 1.0) \end{cases};$$

（$E\theta$）——参数，MPa；

δ_1、δ_0——厚度（取接管处，见图 6－11），mm；

V_I、f、h_o——由平盖开孔处的接管参数确定，（见 7.3）。

b）按式（6－26）计算 M_H：

$$M_H = \frac{(E\theta)}{\frac{1.74h_oV_I}{\delta_0^3 D_{i1}} + \frac{(E\theta)}{M_o}\left(1 + \frac{F_I\delta_p}{h_o}\right)} \tag{6-26}$$

式中：

M_H——作用在平封头外径与圆筒连接处的力矩，N · mm；

h_o、V_I、D_{i1}、F_I——由平盖外径处圆筒的参数确定（见 7.3）；

δ_0——厚度（取圆筒处，见图 6－11），mm。

c）按式（6－27）计算 x_1：

$$x_1 = \frac{M_o - M_H\left(1 + \frac{F_I\delta_p}{h_o}\right)}{M_o} \tag{6-27}$$

式中：

x_1——参数；

F_{I}、h_o——由平盖外径处圆筒的参数确定，（见7.3）。

d)按式(6－28)～式(6－30)计算平盖和圆筒连接处的圆筒颈部轴向应力σ_{Hs}、平盖外径处的径向应力σ_{Rs}和环向应力σ_{Ts}：

$$\sigma_{\mathrm{Hs}}=x_1(E\theta)\frac{1.1h_of}{\left(\frac{\delta_1}{\delta_0}\right)^2D_iV_{\mathrm{I}}} \tag{6-28}$$

$$\sigma_{\mathrm{Rs}}=\frac{1.91M_{\mathrm{H}}\left(1+\frac{F_{\mathrm{I}}\delta_p}{h_o}\right)}{D_i\delta_p^2}+\frac{0.64F_{\mathrm{I}}M_{\mathrm{H}}}{D_ih_o\delta_p} \tag{6-29}$$

$$\sigma_{\mathrm{Ts}}=\frac{x_1(E\theta)\delta_p}{D_i}-\frac{0.57\left(1+\frac{F_{\mathrm{I}}\delta_p}{h_o}\right)M_{\mathrm{H}}}{D_i\delta_p^2}+\frac{0.64F_{\mathrm{I}}Z_1M_{\mathrm{H}}}{D_ih_o\delta_p} \tag{6-30}$$

式中：

h_o、V_{I}、f、F_{I}——由平盖外径处圆筒的参数确定，（见7.3）；

δ_1、δ_0——厚度(取圆筒处，见图6－11)，mm；

Z_1——系数，按式(6－31)计算：

$$Z_1=\frac{K^2+1}{K^2-1} \tag{6-31}$$

K——系数，按式(6－32)计算：

$$K=D_o/d_{op} \tag{6-32}$$

6.5.2.3　计算平盖开孔处的应力

平盖开孔处接管的颈部轴向应力σ_{Ho}、开孔处平盖的径向应力σ_{Ro}和环向应力σ_{To}，按式(6－33)～式(6－35)计算：

$$\sigma_{\mathrm{Ho}}=x_1\sigma_{\mathrm{H}} \tag{6-33}$$

$$\sigma_{\mathrm{Ro}}=x_1\sigma_{\mathrm{R}} \tag{6-34}$$

$$\sigma_{\mathrm{To}}=x_1\sigma_{\mathrm{T}}+\frac{0.64F_{\mathrm{I}}Z_2M_{\mathrm{H}}}{D_ih_o\delta_p} \tag{6-35}$$

式中：

F_{I}、h_o——由平盖外径处圆筒的参数确定，见7.3；

Z_2——系数。

$$Z_2=\frac{2K^2}{K^2-1} \tag{6-36}$$

6.5.2.4　应力校核

上述计算中平盖与圆筒连接处的应力σ_{Hs}、σ_{Rs}和σ_{Ts}以及平盖开孔处的应力σ_{Ho}、σ_{Ro}和σ_{To}均应满足7.5.3.4的要求。

6.6　圆筒径向接管开孔补强设计的分析法

本节给出了内压作用下圆筒具有径向平齐接管开孔补强设计的另一种方法，本计算方法是根据弹性薄壳理论得到的圆筒开孔补强的应力分析法，力学模型如图6－12a)。在本方法涵盖的补强适用范围内，与前述等面积补强法具有同样的设计可靠性。

本计算方法可保守地用于带有径向内伸接管的补强计算。

本节给出两种等效的补强计算途径，根据需要可任择其一：

a)等效应力校核；

b)补强结构尺寸设计。

有特殊要求(如核能装置中可按本标准进行设计的容器)的压力容器圆筒开孔补强计算，仅可采用等效应力校核方法。

对于内压与接管外载荷共同作用下的圆筒管开孔补强计算分析方法，将另行单独发布。

6.6.1　适用范围

a)适用于内压作用下具有单个径向接管的圆筒；

b)当圆筒具有两个或两个以上开孔时，相邻两开孔边缘的间距不得小于 $2\sqrt{D_i\delta_n}$；

c)圆筒、接管或补强件的材料，其标准室温屈服强度与标准抗拉强度下限值之比 $R_{eL}/R_m \leqslant 0.8$；

d)接管或补强件与壳体应采用截面全熔透焊缝，从而确保补强结构的整体性；

e)对圆筒或接管进行整体补强，应满足补强范围尺寸(自接管、圆筒交线至补强区边缘的距离：对于圆筒 $l > \sqrt{D_i\delta_n}$，对于接管 $l_t > \sqrt{d_o\delta_{nt}}$)，或整体加厚圆筒体；补强范围内的 A、B 类焊接接头不得有任何超标缺陷，必要时应对此提出无损检测要求；

f)圆筒与接管之间角焊缝的焊脚尺寸应分别不小于 $\delta_n/2$ 和 $\delta_{nt}/2$，接管内壁与圆筒内壁交线处圆角半径在 $\delta_n/8$ 和 $\delta_n/2$ 之间，见图 6-12b)；

g)本设计方法适用下列参数范围：

$$\rho \leqslant 0.9$$

$$\max[0.5,\rho] \leqslant \delta_{et}/\delta_e \leqslant 2$$

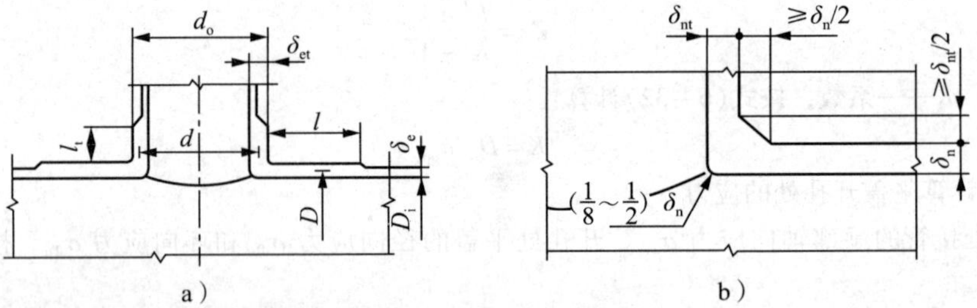

图 6-12　开孔补强设计分析法力学模型

6.6.2　等效应力校核

6.6.2.1　计算步骤

a)按式(6-37)和式(6-38)计算圆筒与接管中面直径 D，d：

$$D = D_i + \delta_e + 2C_s \tag{6-37}$$

$$d = d_o - \delta_{et} \tag{6-38}$$

b)令开孔参数 $\lambda = \rho\sqrt{D/\delta_e} = d/\sqrt{D\delta_e}$，计算 ρ，λ，δ_{et}/δ_e；

c)由 ρ，λ，δ_{et}/δ_e 查曲线图组 6-13，得 K_m 和 K；

d)按式(6-39)和式(6-40)计算等效薄膜应力 S_{II} 和等效总应力 S_{IV}；

$$S_{II} = K_m\frac{pD}{2\delta_e} \tag{6-39}$$

$$S_{IV} = K\frac{pD}{2\delta_e} \tag{6-40}$$

e)校核，按式(6-41)和式(6-42)计算：

$$S_{II} \leqslant n_{II}[\sigma]^t \tag{6-41}$$

$$S_{IV} \leqslant n_{IV}[\sigma]^t \tag{6-42}$$

式中：

n_{II}——取 2.2(对于特殊要求的压力容器，可取 1.5~2.2)；

n_{IV}——取2.6；

$[\sigma]^{t}$——设计温度下材料许用应力，MPa，圆筒、接管和补强件的材料不同时，取其中较小者；

$[\sigma]^{t}_{s}$——设计温度下圆筒材料许用应力，MPa；

$[\sigma]^{t}_{t}$——设计温度下接管材料许用应力，MPa。

6.6.2.2　厚度调整

当不能满足6.6.2.1等效应力校核条件时，考虑结构设计的合理性，有以下两种可能方式调整接管或圆筒厚度；

a）直接适当增加圆筒厚度，按6.6.2.1步骤重新计算，直到满足校核条件。

b）首先增加接管厚度，必要时再增加圆筒厚度：

1）确定圆筒计算厚度δ：

$$\delta=\frac{pD}{2[\sigma]^{t}_{s}} \tag{6-43}$$

2）针对不满足校核条件的S_{II}（或S_{IV}）计算：

$$K'_{m}=n_{\mathrm{II}}\frac{\delta_e}{\delta}\cdot\frac{[\sigma]^{t}}{[\sigma]^{t}_{s}}\quad\left(\text{或 }K'=2.6\frac{\delta_e}{\delta}\cdot\frac{[\sigma]^{t}}{[\sigma]^{t}_{s}}\right) \tag{6-44}$$

3）在曲线图组6-13中，在开孔率$\rho=d/D$的曲线纵坐标K_m（或K）上找到K'_m（或K'）值，过此点沿水平线向右移与对应的λ值竖直线相交，由交点得到该族曲线参数$[\delta_{et}/\delta_e]$值，遇中间值时采用内插法；

4）以$[\delta_{et}/\delta_e]$比例增加接管厚度；

5）在3）中，如果交点超出了$[\delta_{et}/\delta_e]$曲线族的范围，不允许外延取值，应考虑增加圆筒厚度δ_e，再按6.6.2.1重新计算，直到满足校核条件。

6.6.2.3　等效应力校核计算表（见表6-2）

表6-2　圆筒开孔补强等效应力校核计算表

一、已知条件					
设计压力	MPa	$p=$			
设计温度	℃				
		圆筒		接管	
材料许用应力	MPa	$[\sigma]^{t}_{s}=$		$[\sigma]^{t}_{t}=$	
内径（外径）	mm	$D_i=$		$d_o=$	
名义厚度	mm	$\delta_n=$		$\delta_{nt}=$	
厚度附加量	mm	$C_s=$		$C_t=$	
二、参数计算					
		圆筒		接管	
有效厚度	mm	$\delta_e=$	δ_n-C_s	$\delta_{et}=$	$\delta_{nt}-C_t$
中面直径	mm	$D=$	$D_i+\delta_e+2C_s$	$d=$	$d_o-\delta_{et}$
环向薄膜应力	MPa	$\sigma_0=$	$pD/2\delta_e$		
材料许用应力	MPa	$[\sigma]^{t}=$	$\min([\sigma]^{t}_{s},[\sigma]^{t}_{t})$		
参数		$\delta_{et}/\delta_e=$			
参数		$D/\delta_e=$			
开孔率		ρ	d/D		

续表

三、查图					
		路径一		路径二	
ρ 向下、上圆整至		$\rho_{(1)}$	$\rho_{(2)}$	$\rho_{(1)}$	$\rho_{(2)}$
$\lambda=\rho\sqrt{D/\delta_e}$		$\lambda_{(1)}=\rho_{(1)}\sqrt{D/\delta_e}$	$\lambda_{(2)}=\rho_{(2)}\sqrt{D/\delta_e}$	$\lambda=d/\sqrt{D\times\delta_e}$	
查图，K_m =		$K_{m(1)}$	$K_{m(2)}$	$K_{m(1)}$	$K_{m(2)}$
查图，K =		$K_{(1)}$	$K_{(2)}$	$K_{(1)}$	$K_{(2)}$
K_m（按 ρ 内插）					
K（按 ρ 内插）					
四、结果及校核					
等效薄膜应力	MPa	$S_{Ⅱ}$ =	$K_m\sigma_0$	$K_m\sigma_0$	
等效总应力	MPa	$S_{Ⅳ}$ =	$K\sigma_0$	$K\sigma_0$	
许用值[$S_{Ⅱ}$]	MPa	[$S_{Ⅱ}$] =	$n_{Ⅱ}[\sigma]^t$	$n_{Ⅱ}[\sigma]^t$	
许用值[$S_{Ⅳ}$]	MPa	[$S_{Ⅳ}$] =	$2.6[\sigma]^t$	$2.6[\sigma]^t$	
校核		$S_{Ⅱ}\leqslant[S_{Ⅱ}]$ $S_{Ⅳ}\leqslant[S_{Ⅳ}]$			
注：表中并列路径一、路径二，可任择其一。					

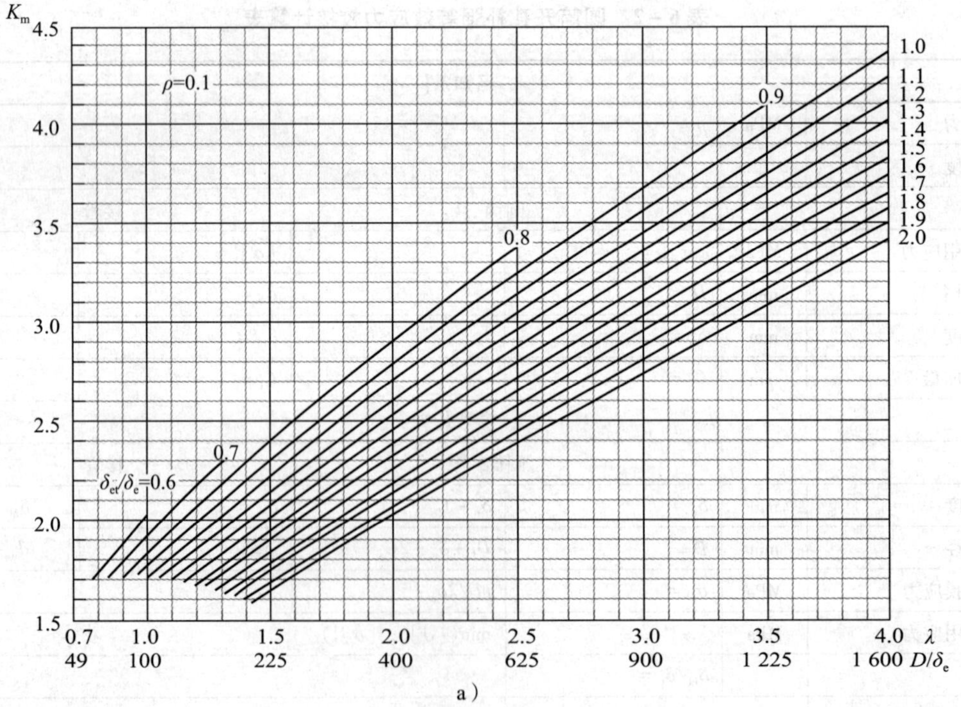

a）

图 6－13

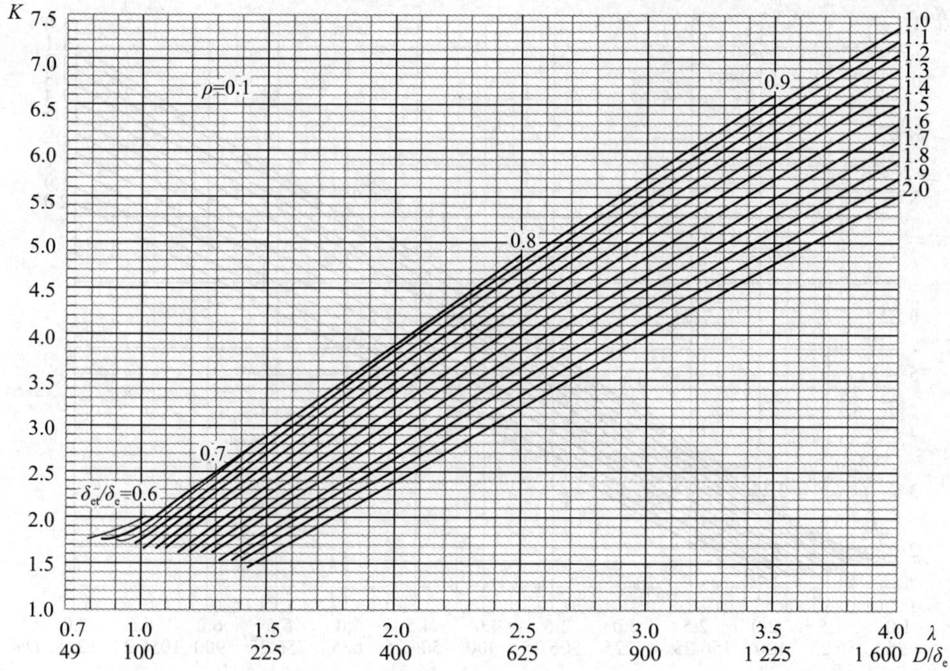
K
7.5
7.0
6.5
6.0
5.5
5.0
4.5
4.0
3.5
3.0
2.5
2.0
1.5
1.0
ρ=0.1
δet/δe=0.6
0.7
0.8
0.9
1.0
1.1
1.2
1.3
1.4
1.5
1.6
1.7
1.8
1.9
2.0
0.7 49
1.0 100
1.5 225
2.0 400
2.5 625
3.0 900
3.5 1 225
4.0 1 600
λ
D/δe

b)

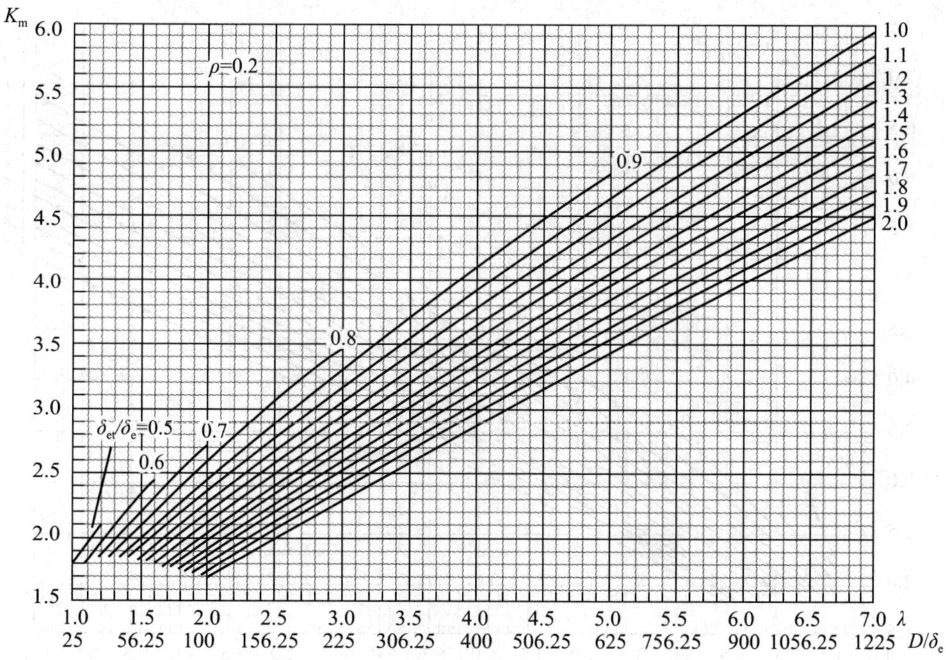
Km
6.0
5.5
5.0
4.5
4.0
3.5
3.0
2.5
2.0
1.5
ρ=0.2
δet/δe=0.5
0.6
0.7
0.8
0.9
1.0
1.1
1.2
1.3
1.4
1.5
1.6
1.7
1.8
1.9
2.0
1.0 25
1.5 56.25
2.0 100
2.5 156.25
3.0 225
3.5 306.25
4.0 400
4.5 506.25
5.0 625
5.5 756.25
6.0 900
6.5 1056.25
7.0 1225
λ
D/δe

c)

图 6－13(续)

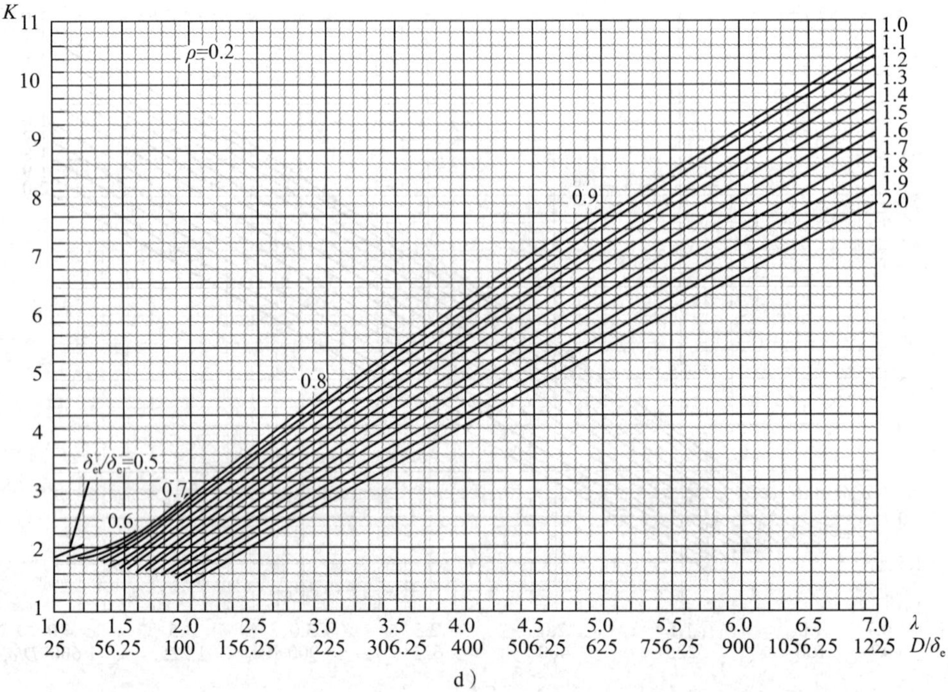

K
11
10
9
8
7
6
5
4
3
2
1
ρ=0.2
0.9
0.8
0.7
0.6
δet/δe=0.5
1.0
1.1
1.2
1.3
1.4
1.5
1.6
1.7
1.8
1.9
2.0
1.0 1.5 2.0 2.5 3.0 3.5 4.0 4.5 5.0 5.5 6.0 6.5 7.0 λ
25 56.25 100 156.25 225 306.25 400 506.25 625 756.25 900 1056.25 1225 D/δe

d）

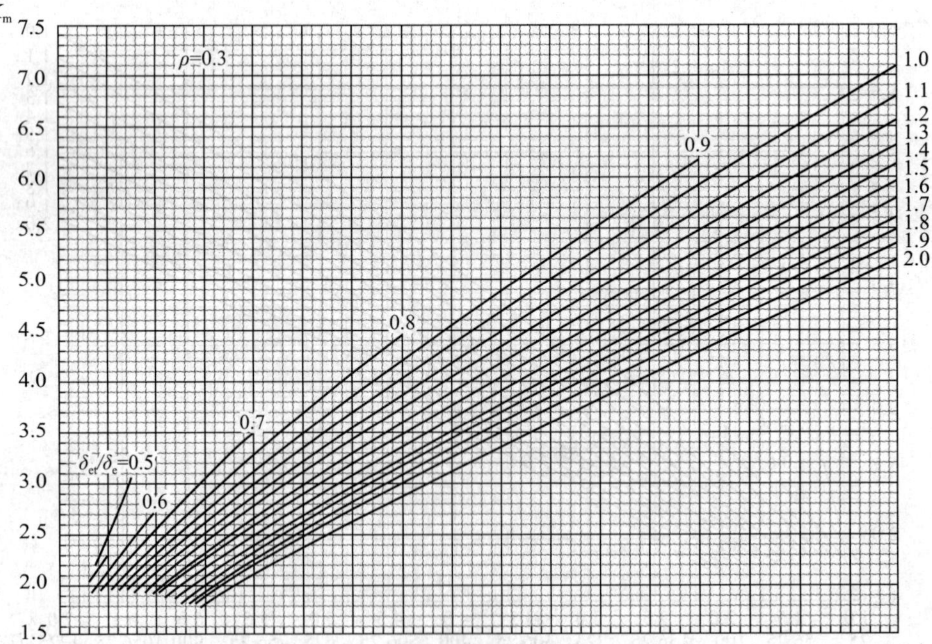

Km
7.5
7.0
6.5
6.0
5.5
5.0
4.5
4.0
3.5
3.0
2.5
2.0
1.5
ρ=0.3
0.9
0.8
0.7
0.6
δet/δe=0.5
1.0
1.1
1.2
1.3
1.4
1.5
1.6
1.7
1.8
1.9
2.0
1.0 1.5 2.0 2.5 3.0 3.5 4.0 4.5 5.0 5.5 6.0 6.5 7.0 7.5 8.0 8.5 9.0 9.5 λ
25 100 225 400 625 900 D/δe

e）

图 6 - 13（续）

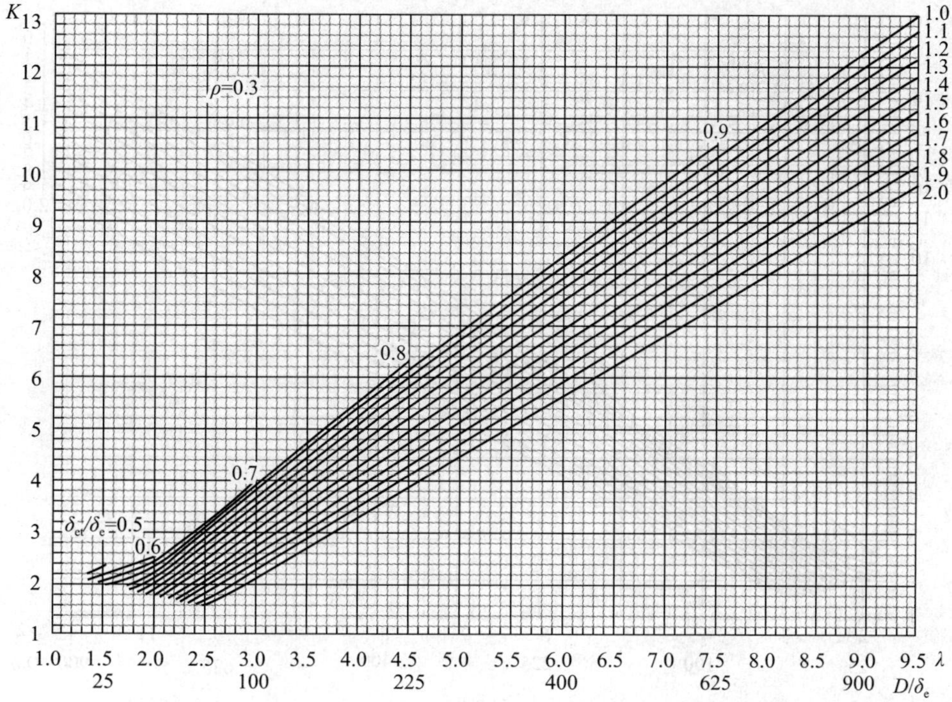
K
ρ=0.3
δet/δe=0.5
0.6
0.7
0.8
0.9
1.0
1.1
1.2
1.3
1.4
1.5
1.6
1.7
1.8
1.9
2.0
λ
D/δe

f）

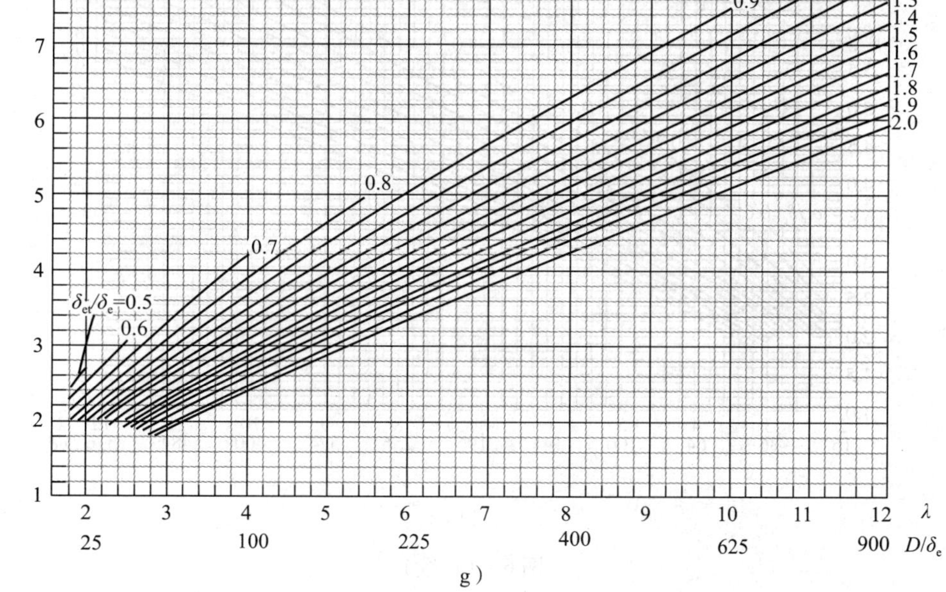
Km
ρ=0.4
δet/δe=0.5
0.6
0.7
0.8
0.9
1.0
1.1
1.2
1.3
1.4
1.5
1.6
1.7
1.8
1.9
2.0
λ
D/δe

g）

图 6－13（续）

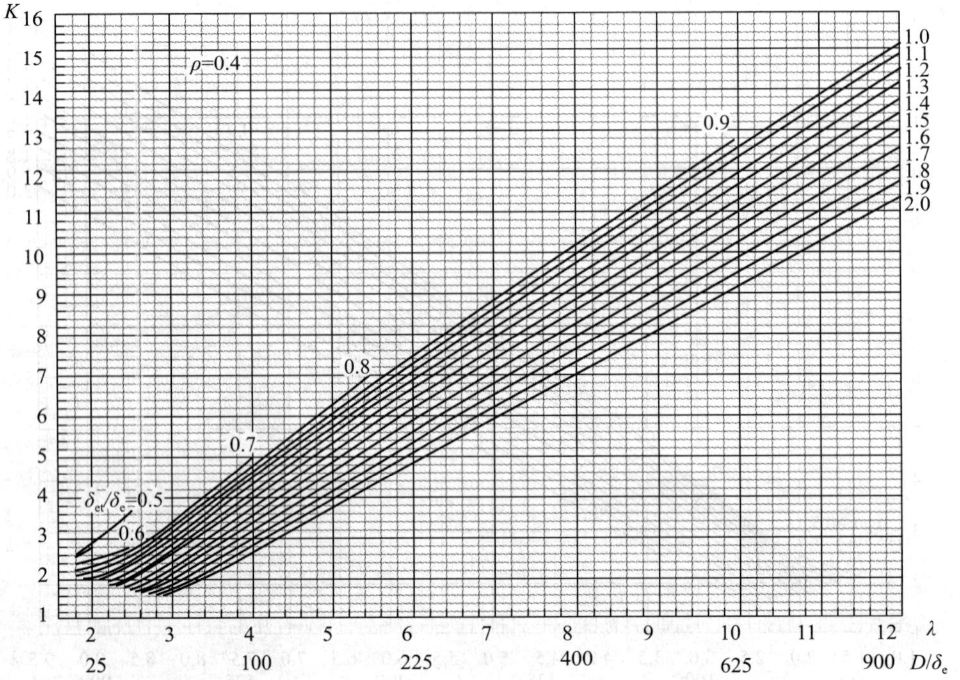
K
ρ=0.4
δ_{et}/δ_e=0.5
0.6
0.7
0.8
0.9
1.0
1.1
1.2
1.3
1.4
1.5
1.6
1.7
1.8
1.9
2.0
λ
D/δ_e
2 3 4 5 6 7 8 9 10 11 12
25 100 225 400 625 900

h)

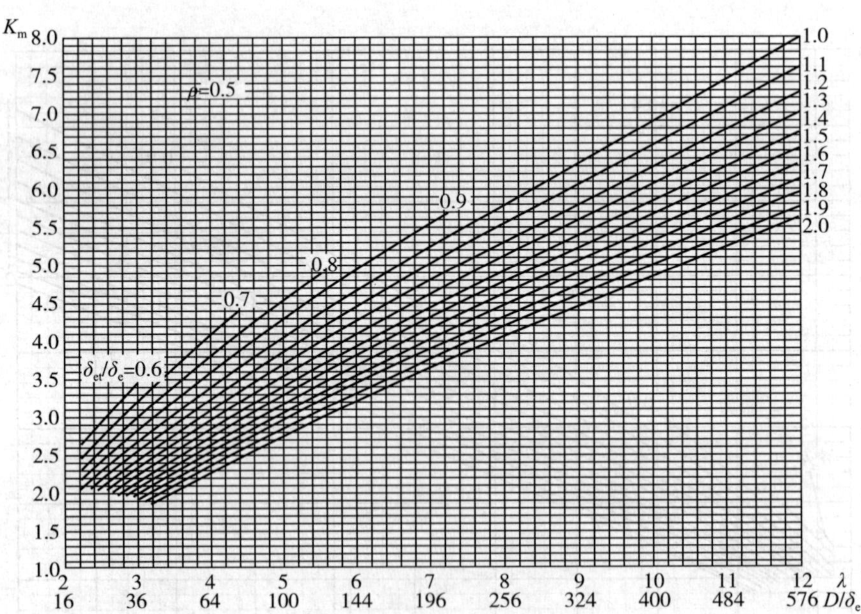
K_m
ρ=0.5
δ_{et}/δ_e=0.6
0.7
0.8
0.9
1.0
1.1
1.2
1.3
1.4
1.5
1.6
1.7
1.8
1.9
2.0
λ
D/δ_e
2 3 4 5 6 7 8 9 10 11 12
16 36 64 100 144 196 256 324 400 484 576

i)

图 6－13(续)

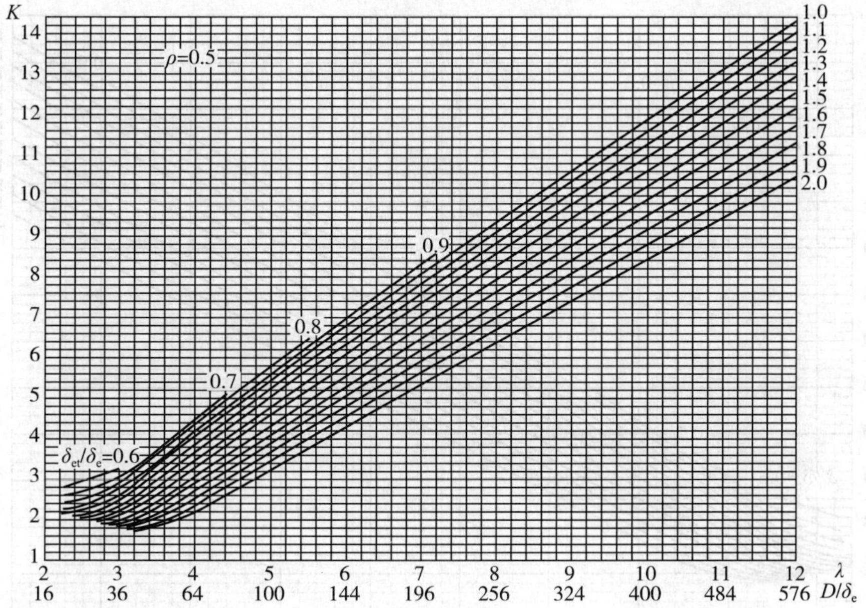
K
14
13
12
11
10
9
8
7
6
5
4
3
2
1
ρ=0.5
0.9
0.8
0.7
δ_{et}/δ_e=0.6
1.0
1.1
1.2
1.3
1.4
1.5
1.6
1.7
1.8
1.9
2.0
2 3 4 5 6 7 8 9 10 11 12 λ
16 36 64 100 144 196 256 324 400 484 576 D/δ_e

j）

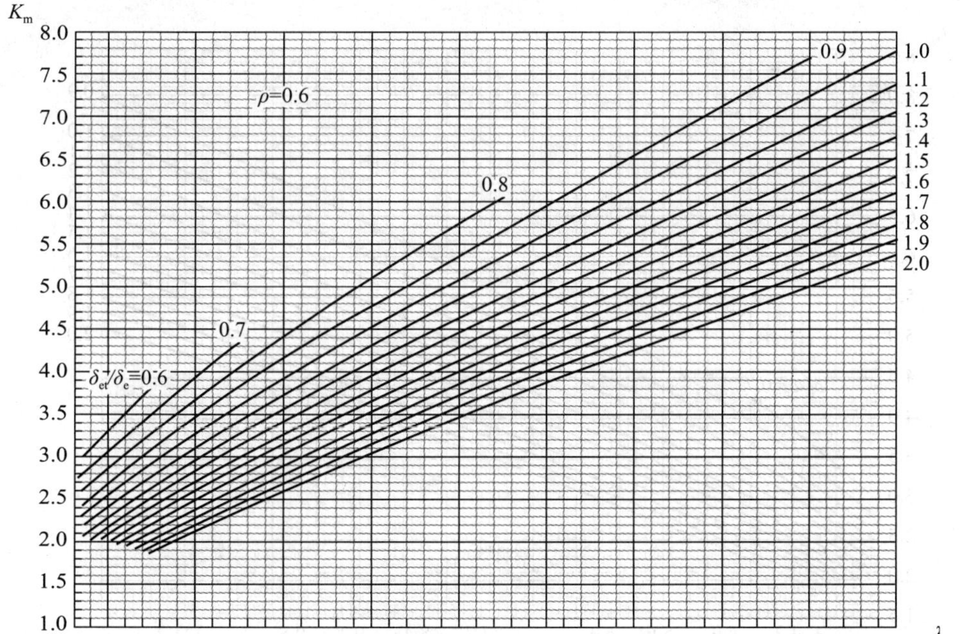
K_m
8.0
7.5
7.0
6.5
6.0
5.5
5.0
4.5
4.0
3.5
3.0
2.5
2.0
1.5
1.0
ρ=0.6
0.9
0.8
0.7
δ_{et}/δ_e=0.6
1.0
1.1
1.2
1.3
1.4
1.5
1.6
1.7
1.8
1.9
2.0
2.683 3 4 5 6 7 8 9 10 11 12 λ
20 25 44.4 69.4 100 136.1 177.8 225 277.8 336.1 400 D/δ_e

k）

图6－13(续)

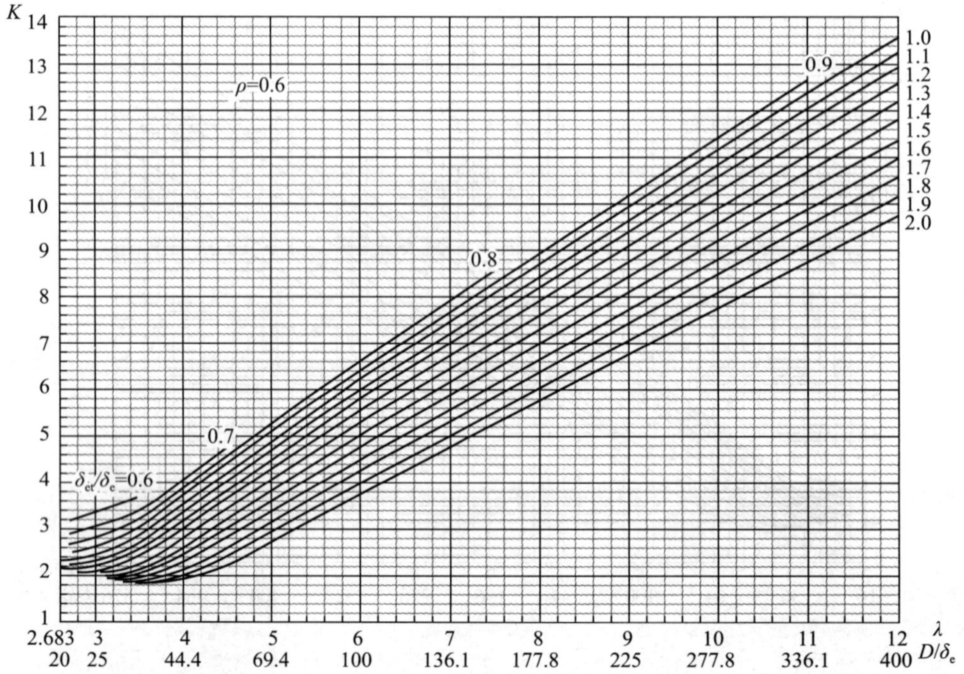
K
ρ=0.6
0.7
0.8
0.9
δet/δe=0.6
1.0
1.1
1.2
1.3
1.4
1.5
1.6
1.7
1.8
1.9
2.0
λ
D/δe
2.683 3 4 5 6 7 8 9 10 11 12
20 25 44.4 69.4 100 136.1 177.8 225 277.8 336.1 400

l）

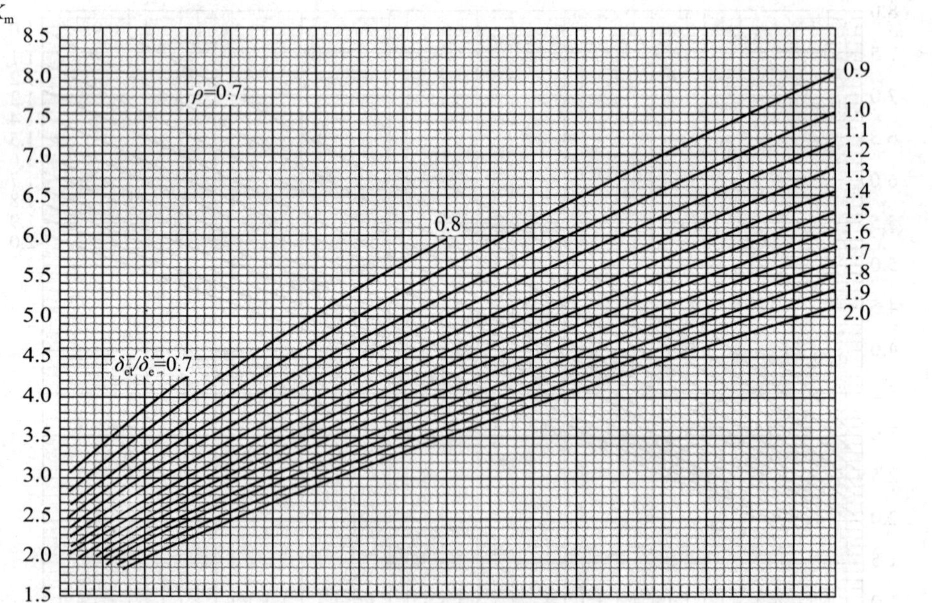
Km
ρ=0.7
0.8
δet/δe=0.7
0.9
1.0
1.1
1.2
1.3
1.4
1.5
1.6
1.7
1.8
1.9
2.0
λ
D/δe
4.2 4.9 5.6 6.3 7.7 8.4 9.1 9.8 11.2
3.0 3.5 4.0 4.5 5.0 5.5 6.0 6.5 7.0 7.5 8.0 8.5 9.0 9.5 10.0 10.5 11.0 11.5 12.0
25 36 49 64 81 100 121 144 169 196 225 256 293.88

m）

图 6－13（续）

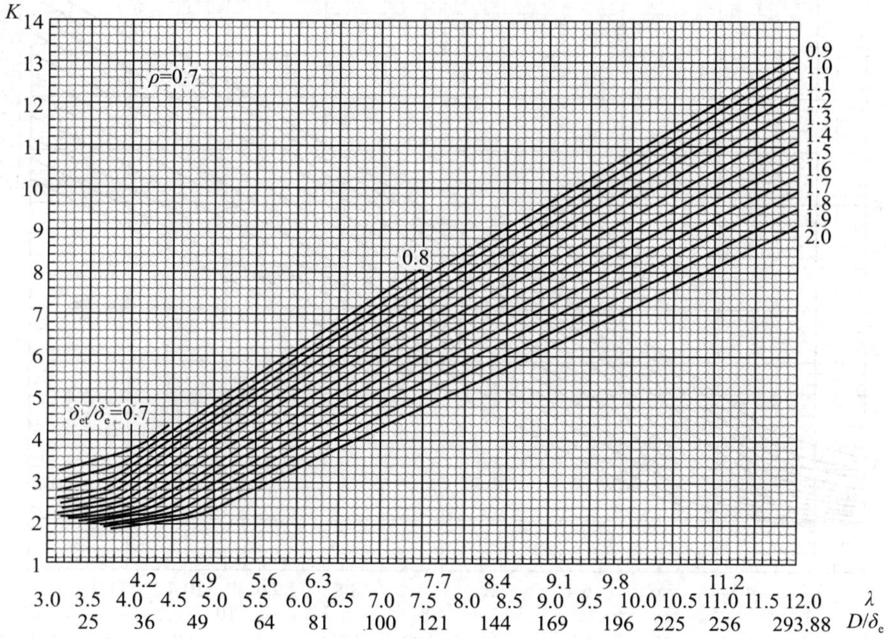
K
ρ=0.7
0.8
δet/δe=0.7
0.9
1.0
1.1
1.2
1.3
1.4
1.5
1.6
1.7
1.8
1.9
2.0
λ
D/δe

n）

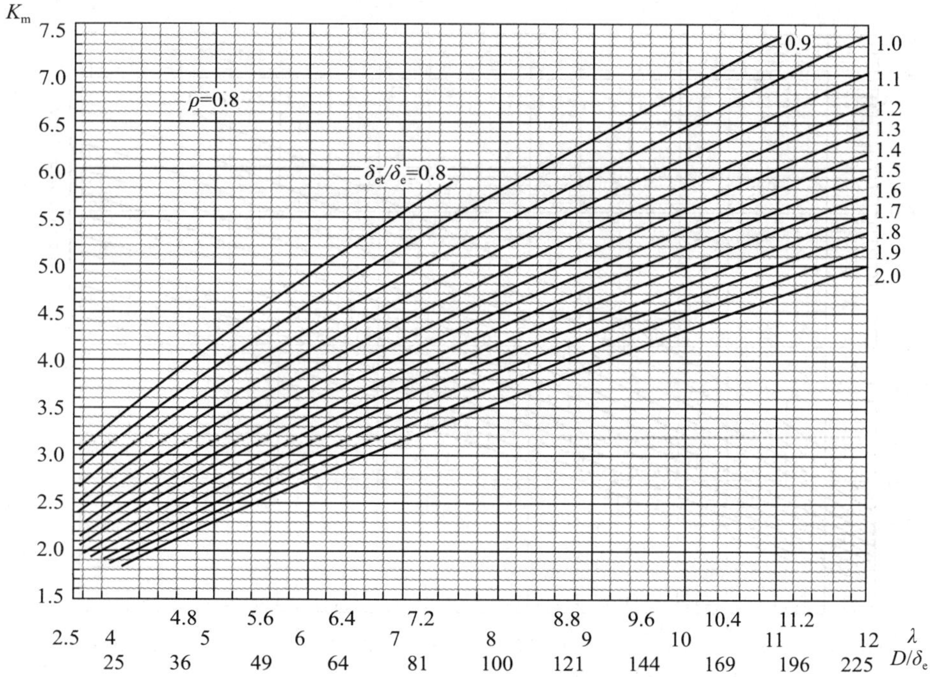
Km
ρ=0.8
δet/δe=0.8
0.9
1.0
1.1
1.2
1.3
1.4
1.5
1.6
1.7
1.8
1.9
2.0
λ
D/δe

o）

图6－13(续)

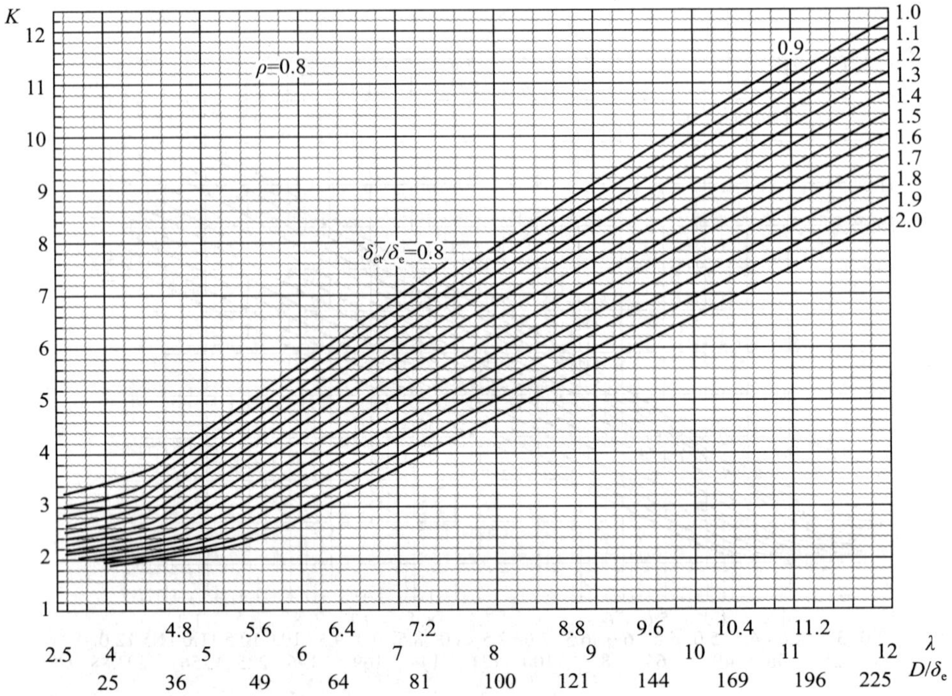
K
ρ=0.8
δet/δe=0.8
0.9
1.0
1.1
1.2
1.3
1.4
1.5
1.6
1.7
1.8
1.9
2.0
4.8 5.6 6.4 7.2 8.8 9.6 10.4 11.2
2.5 4 5 6 7 8 9 10 11 12
λ
25 36 49 64 81 100 121 144 169 196 225
D/δe

p）

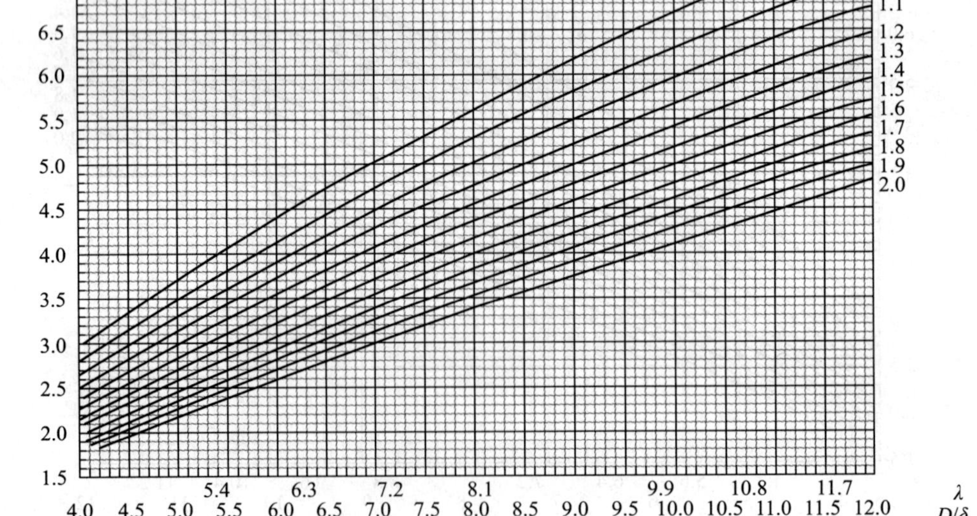
Km
ρ=0.9
δet/δe=0.9
1.0
1.1
1.2
1.3
1.4
1.5
1.6
1.7
1.8
1.9
2.0
5.4 6.3 7.2 8.1 9.9 10.8 11.7
λ
4.0 4.5 5.0 5.5 6.0 6.5 7.0 7.5 8.0 8.5 9.0 9.5 10.0 10.5 11.0 11.5 12.0
D/δe
25 36 49 64 81 100 121 144 169 177.78

q）

图6－13（续）

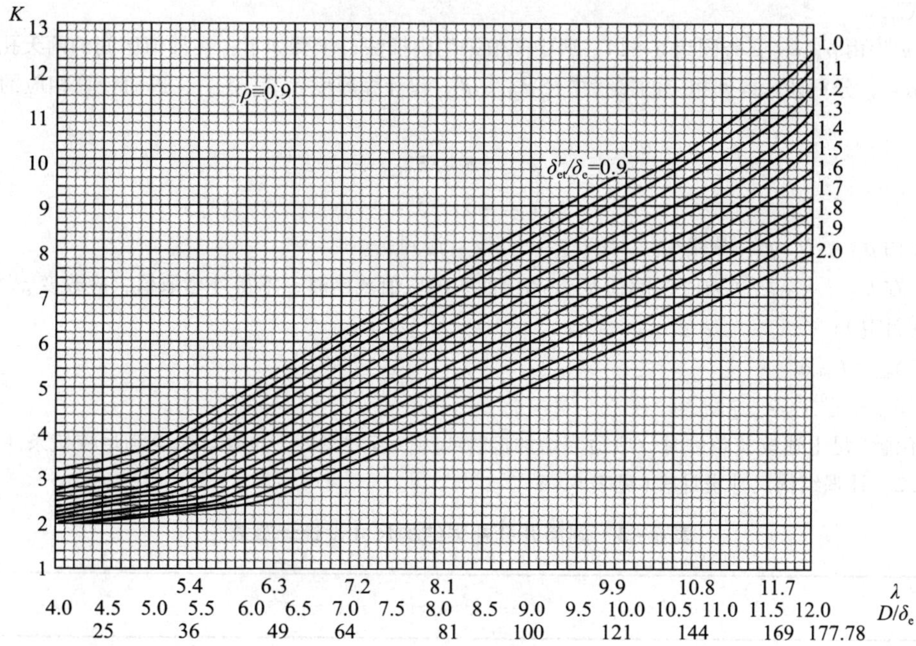

r）

图6-13(续)

6.6.3　补强结构尺寸设计

6.6.3.1　设计计算步骤

a)根据强度与结构设计初步设定圆筒与接管的初始厚度$\delta_e^{(0)}$、$\delta_{et}^{(0)}$；

b)计算圆筒与接管中面半径R、r：

$$R = D/2 = (D_i + \delta_e^{(0)})/2 + C_s$$

$$r = d/2 = (d_0 - \delta_{et}^{(0)})/2$$

c)计算开孔率：

$$\rho = d/D = r/R$$

d)计算中间参数：

$$U = [\sigma]^t/p(= R/\delta = r/\delta_t)$$

e)求取圆筒与接管的计算厚度：

$$\delta = R/U$$

$$\delta_t = r/U$$

f)计算初始补强系数：

$$h^{(0)} = \delta_e^{(0)}/\delta$$

$$g^{(0)} = \delta_{et}^{(0)}/\delta_t$$

g)考虑结构设计的合理性，从以下两种可能方式(见表6-3中方式一和方式二)中任选一种，求取接管或圆筒所需厚度：

1)方式一

令$h = h^{(0)}$，由ρ、U、h查曲线图组6-14，遇中间值采用内插法，得到g_{min}(超出曲线的取值范围时，不得外延取值，应改变$h^{(0)}$取值，重新进行计算)。

计算：$(\delta_t)_{min} = g_{min}\delta_t$

校核：$(\delta_t)_{min} \leqslant \delta_{et}^{(0)}$

2)方式二

令 $g = g^{(0)}$,由 ρ、U、g 查图组 6－14，遇中间值采用内插法，步骤如下：在插值区间的两天孔率端点处 $\rho_{(1)}$、$\rho_{(2)}$，分别计算得到相应的接管中径 $d_{(1)}$、$d_{(2)}$ 和计算厚度 $\delta_{t(1)}$、$\delta_{t(2)}$，进而计算相应的接管补强系数：

$$g_{(1)} = \delta_{et}^{(0)} / \delta_{t(1)}$$

$$g_{(2)} = \delta_{et}^{(0)} / \delta_{t(2)}$$

查图，由 $\rho_{(1)}$、U、$g_{(1)}$ 得到 $h_{(1)}$，由 $\rho_{(2)}$、U、$g_{(2)}$ 得到 $h_{(2)}$；

再以 ρ 在 $h_{(1)}$、$h_{(2)}$ 之间插值，得到 h_{min}(超出曲线的取值范围时，不得外延取值，应改变 $g^{(0)}$ 取值，重新进行计算)；

计算：$\delta_{min} = h_{min}\delta$

校核：$\delta_{min} \leqslant \delta_e^{(0)}$

h)当不能满足上述校核条件时，应适当增加接管或圆筒有效厚度，重新计算至满足校核条件。

6.6.3.2　补强结构尺寸设计表(见表 6－3)

表 6－3　圆筒开孔补强结构尺寸设计计算表

一、已知条件					
设计压力	MPa	$p =$			
设计温度	℃				
		圆筒		接管	
材料许用应力	MPa	$[\sigma]_s^t =$		$[\sigma]_t^t =$	
内径(外径)	mm	$D_i =$		$d_o =$	
名义厚度	mm	$\delta_n =$		$\delta_{nt} =$	
厚度附加量	mm	$C_s =$		$C_t =$	
二、参数计算					
		圆筒		接管	
有效厚度	mm	$\delta_e^{(0)} =$	$\delta_n - C_s$	$\delta_{et}^{(0)} =$	$\delta_{nt} - C_t$
中面直径	mm	$D =$	$D_i + \delta_e^{(0)} + 2C_s$	$d =$	$d_o - \delta_{et}^{(0)}$
材料许用应力	MPa	$[\sigma]^t =$	$\min([\sigma]_s^t, [\sigma]_t^t)$		
中间参数	MPa	$U =$	S_m/p		
计算厚度	mm	$\delta =$	R/U	$\delta_t =$	r/U
补强系数		$h^{(0)} =$	$\delta_e^{(0)}/\delta$	$g^{(0)} =$	$\delta_{et}^{(0)}/\delta_t$
开孔率		ρ	d/D		

续表

三、查图及结果				
ρ 向下、上圆整至		$\rho_{(1)}$ =		$\rho_{(2)}$ =
方式一　令 $h=h^{(0)}$	由 ρ，U，h 查曲线得 g			
查图，由 U、h 查得 g		$g_{(1)}$ =	$g[U, h, \rho_{(1)}]$	$g_{(2)}=g[U, h, \rho_{(2)}]$
按 ρ 内插得 $g_{\min}$		$g_{\min}$ =		
需接管最小壁厚 $(\delta_t)_{\min}$	mm	$(\delta_t)_{\min}$ =	$g_{\min}\delta_t$	
校核		要求 $\delta_{et}^{(0)} \geqslant (\delta_t)_{\min}$		
方式二　令 $g=g^{(0)}$	由 ρ，U，g 查曲线得 h			
接管中径 $d_{(n)}$	mm	$d_{(1)}$ =	$D\rho_{(1)}$	$d_{(2)}=D\rho_{(2)}$
接管计算厚度 $\delta_{t(n)}$	mm	$\delta_{t(1)}$ =	$d_{(1)}/2U$	$\delta_{t(2)}=d_{(2)}/2U$
计算 $g_{(n)}$		$g_{(1)}$	$\delta_{et}^{(0)}/\delta_{t(1)}$	$g_{(2)}=\delta_{et}^{(0)}/\delta_{t(2)}$
查图，由 U，$g_{(n)}$ 查得 h		$h_{(1)}$ =	$h[U, g_{(1)}, \rho_{(1)}]$	$h_{(2)}=h[U, g_{(2)}, \rho_{(2)}]$
按 ρ 内插得 $h_{\min}$	mm	$h_{\min}$ =		
需筒体最小厚度 $\delta_{\min}$		$\delta_{\min}$ =	$h_{\min}\delta$	
校核		要求 $\delta_{e}^{(0)} \geqslant \delta_{\min}$		

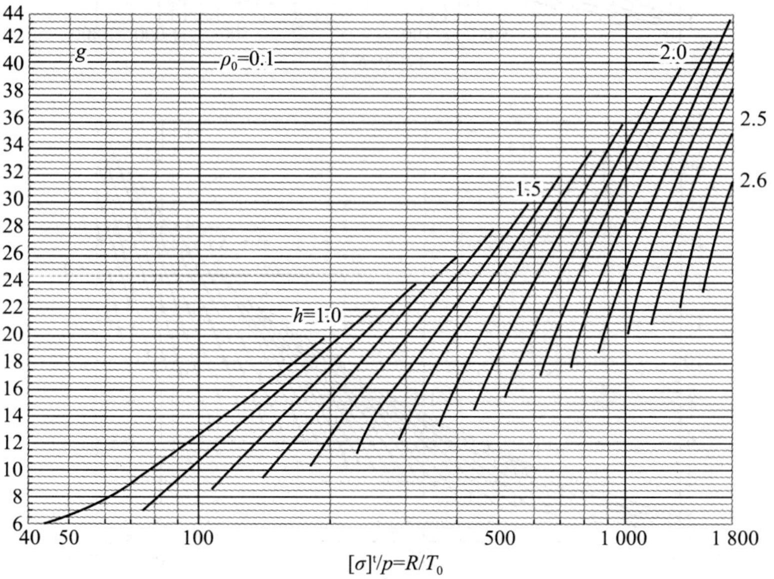

a）

图 6－14

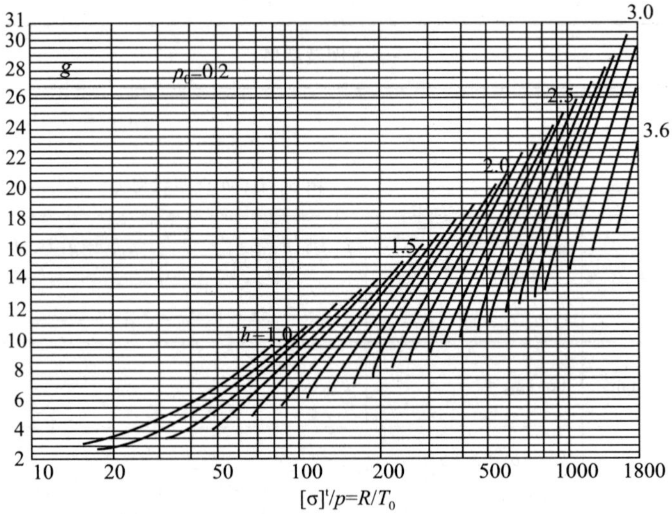
g
ρ_0=0.2
h=1.0
1.5
2.0
2.5
3.0
3.6
[σ]t/p=R/T0

b)

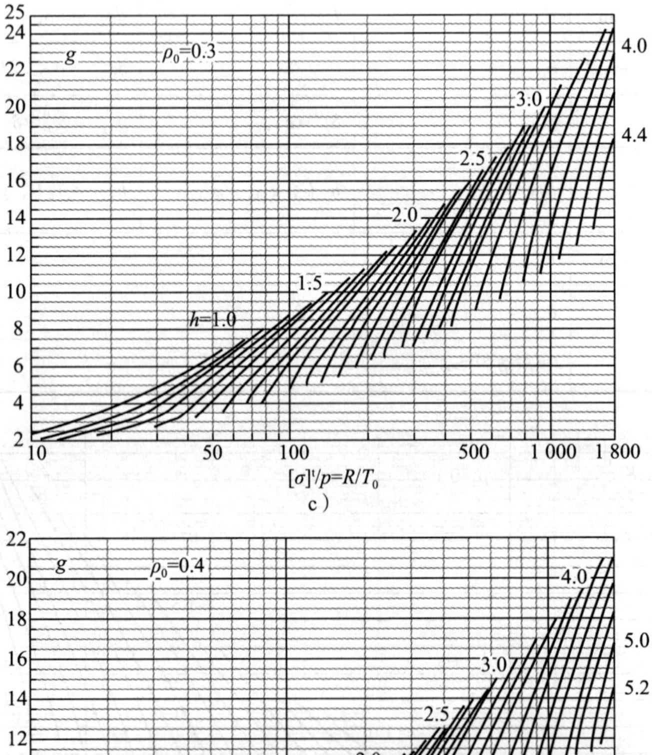
g
ρ_0=0.3
h=1.0
1.5
2.0
2.5
3.0
4.0
4.4
[σ]t/p=R/T0

c)

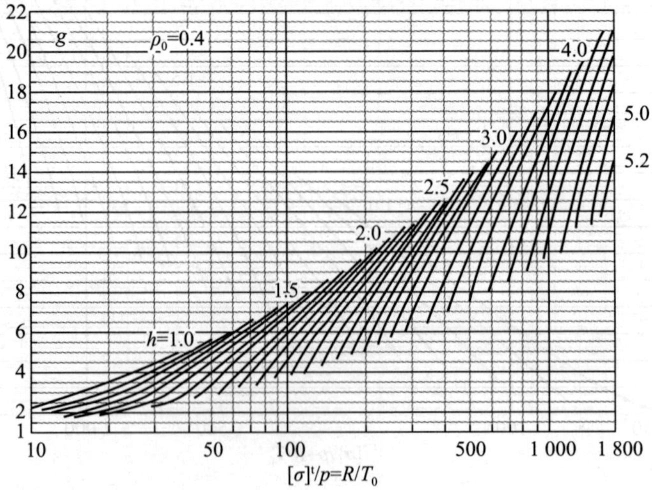
g
ρ_0=0.4
h=1.0
1.5
2.0
2.5
3.0
4.0
5.0
5.2
[σ]t/p=R/T0

d)

图 6－14（续）

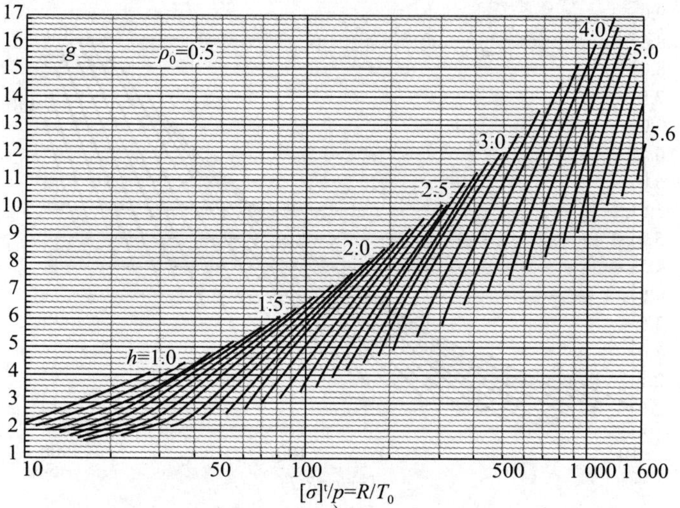
g
ρ_0=0.5
h=1.0
1.5
2.0
2.5
3.0
4.0
5.0
5.6
$[\sigma]^t/p=R/T_0$

e）

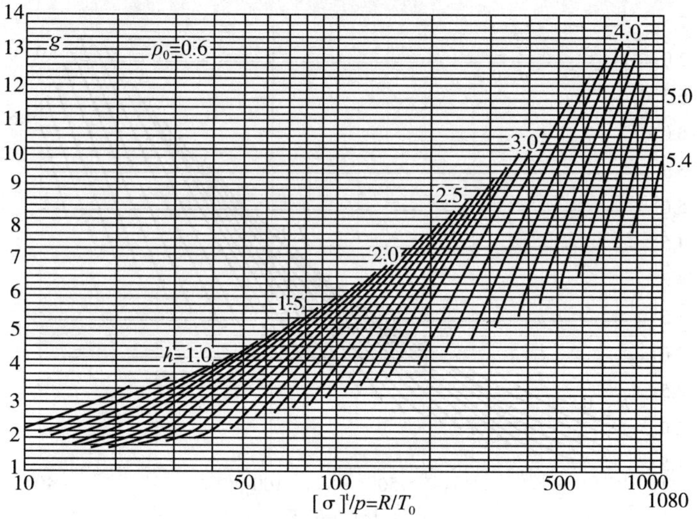
g
ρ_0=0.6
h=1.0
1.5
2.0
2.5
3.0
4.0
5.0
5.4
1080
$[\sigma]^t/p=R/T_0$

f）

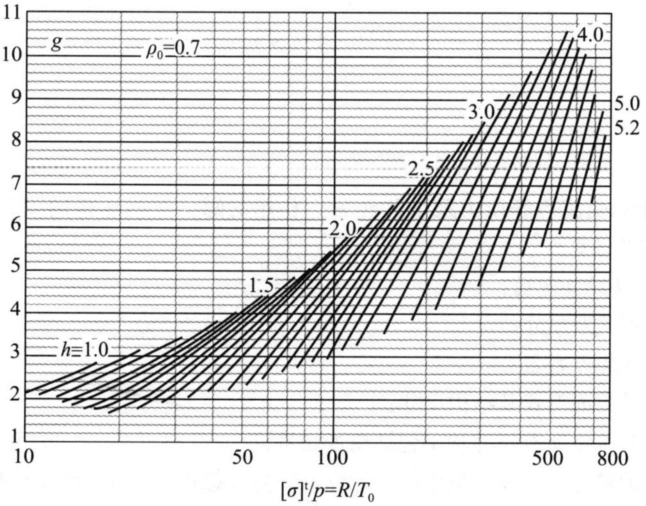
g
ρ_0=0.7
h=1.0
1.5
2.0
2.5
3.0
4.0
5.0
5.2
$[\sigma]^t/p=R/T_0$

g）

图6－14(续)

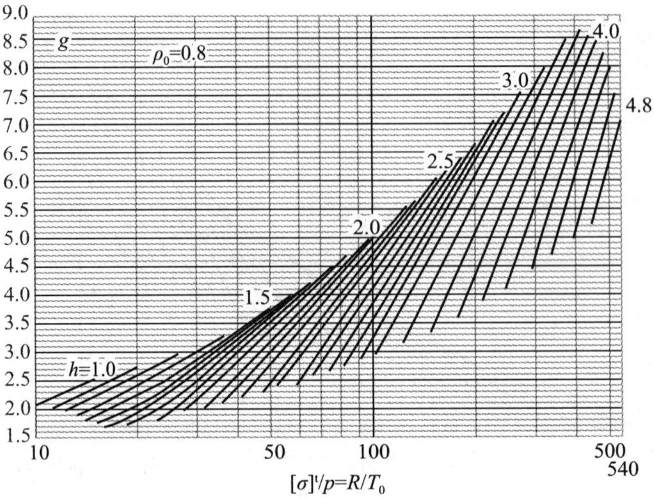

h）

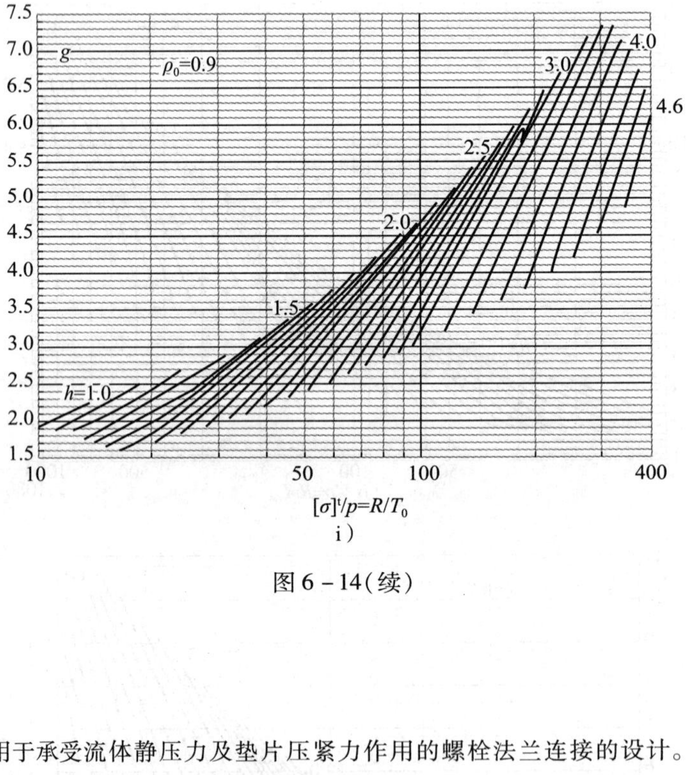

i）

图 6－14（续）

7　法兰

7.1　总则

7.1.1　本章适用于承受流体静压力及垫片压紧力作用的螺栓法兰连接的设计。当选用 JB/T 4700～4707 标准时，可免除本章计算。

7.1.2　螺栓法兰连接设计包括：

a）确定垫片材料、型式及尺寸；

b）确定螺栓材料、规格及数量；

c）确定法兰材料、密封面型式及结构尺寸；

d）进行应力校核，计算中所有尺寸均不包括腐蚀裕量；

e）对承受内压的窄面整体法兰和按整体法兰计算的窄面任意式法兰进行刚度校核。

7.1.3　螺栓、法兰的选材应符合 GB 150.2 的规定。

7.1.4　带颈法兰应采用热轧或锻件经机加工制成，加工后的法兰轴线须与原热轧件或锻件的轴线平行。采用钢板制造带颈法兰时，应符合下列要求：

a)钢板应经超声检测，无分层缺陷；

b)应沿钢板轧制方向切割出板条，经弯制，对焊成为圆环，并使钢板表面成为环的侧面；

c)圆环的对接接头应采用全焊透结构；

d)圆环对接接头应经焊后热处理及100%射线或超声检测，合格标准按JB/T 4700的规定。

7.1.5　碳素钢或低合金钢制法兰在下列任一情况下应经正火热处理：

a)法兰断面厚度大于50 mm；

b)锻制法兰。

7.1.6　用碳素钢或低合金钢板材或型材制造的法兰环对接接头、焊制整体法兰[见图7-1g)]，应经焊后热处理。

7.1.7　螺栓的公称直径应不小于M12，当公称直径大于M48时，应采用细牙螺纹。

7.2　法兰分类

7.2.1　窄面法兰：垫片的接触面位于法兰螺栓孔包围的圆周范围内，常用的窄面法兰结构型式见图7-1、图7-2，计算方法按7.5；

对于特殊结构形式的窄面法兰，如反向法兰计算方法按7.6；筒体端部结构计算按7.7。

7.2.2　宽面法兰：垫片的接触面分布于法兰螺栓中心圆的内外两侧，计算方法按7.8。

7.3　术语、定义和符号

7.3.1　GB 150.1通用要求中的术语和定义适用于本章。

7.3.2　符号

A_a——预紧状态下，需要的螺栓总截面积，mm^2；

A_b——实际使用的螺栓总截面积，mm^2；

A_m——需要的螺栓总截面积，mm^2；

A_p——操作状态下，需要的螺栓总截面积，mm^2；

b——垫片有效密封宽度，mm；

b_o——垫片基本密封宽度(见表7-1)，mm；

D_b——螺栓中心圆直径，mm；

D_G——垫片压紧力作用中心圆直径(见图7-1)，mm；

D_i——法兰或筒体端部结构内直径(应扣除腐蚀裕量)，mm；

D_{i1}——法兰计算直径，mm；

D_o——法兰外直径(对使用活节螺栓槽形螺栓孔的法兰，则为槽孔底部圆直径。对筒体端部结构，则为筒体端部外径)，mm；

D_2——筒体端部密封面外直径，mm；

d_1——参数，见式(7-16)或表7-5，mm^3：

d_B——螺栓公称直径，mm；

d_b——螺栓孔直径，mm；

E——法兰材料的弹性模量(见GB 150.2)，MPa；

e——参数，见式(7-16)或表7-5，mm^{-1}；

F——内压引起的总轴向力，N；

f——整体法兰颈部应力校正系数(法兰颈部小端应力与大端应力的比值)；

F_a——预紧状态下，需要的最小垫片压紧力，N；

F_D——内压引起的作用于法兰内径截面上的轴向力，N；

F_G——窄面法兰垫片压紧力，包括F_a、F_p、W(预紧)三种情况，N；

F_I——整体法兰系数，由图 7-3、表 7-8 查得或按表 7-7 计算；
F_L——带颈松式法兰系数，由图 7-5 查得或按表 7-7 计算；
F_p——操作状态下，需要的最小垫片压紧力，N；
F_T——内压引起的总轴向力 F 与 F_D 之差，N；
h——法兰颈部高度，对筒体端部结构为端部圆柱段的高度，mm；
h_o——参数，见式(7-16)或表 7-5，mm；
J——法兰刚度指数；
K——法兰外径与内径的比值；
$\hat{L}$——相邻螺栓间距(见表 7-3)，mm；
L_A——螺栓中心至法兰颈部(或焊缝)与法兰背面交点的径向距离(见表 7-3)，mm；
L_D——螺栓中心至 F_D 作用位置处的径向距离(见图 7-1)，mm；
L_e——螺栓中心至法兰外径处的径向距离(见表 7-3)，mm；
L_G——螺栓中心至 F_G 作用位置处的径向距离(见图 7-1)，mm；
L_T——螺栓中心至 F_T 作用位置处的径向距离(见图 7-1)，mm；
M——作用于筒体端部纵向截面的弯矩，N · mm；
m——垫片系数，(见表 7-2)；
M_a——法兰预紧力矩，N · mm；
M_o——法兰设计力矩，N · mm；
M_p——法兰操作力矩，N · mm；
N——垫片接触宽度，(见表 7-1)，mm；
n——螺栓数量；
p_c——计算压力，MPa；
T——与 K 相关系数，由图 7-8 或表 7-9 查得；
U——与 K 相关系数，由图 7-8 或表 7-9 查得；
V_I——整体法兰系数，由图 7-4 查得或按表 7-7 和表 7-8 计算；
V_L——带颈松式法兰系数，由图 7-6 查得或按表 7-7 计算；
W——螺栓设计载荷，N；
W_a——预紧状态下，需要的最小螺栓载荷(即预紧状态下，需要的最小垫片压紧力 F_a)，N；
W_p——操作状态下，需要的最小螺栓载荷，N；
Y——与 K 相关系数，由表 7-9 或图 7-8 查得；
y——垫片比压力，由表 7-2 查得，MPa；
Z——与 K 相关系数。由表 7-9 或图 7-8 查得；
Z_g——筒体端部纵向截面的抗弯截面模量，mm^3；
β——系数，按表 7-5 计算；
γ——系数，按表 7-5 计算；
δ_f——法兰有效厚度，mm；
δ_0——法兰颈部小端有效厚度，mm；
δ_1——法兰颈部大端有效厚度，mm；
η——系数，按表 7-5 计算；
λ——系数，见式(7-16)或表 7-5；
σ_H——法兰颈部轴向应力，MPa；
σ_R——法兰环的径向应力，MPa；

σ_T——法兰环的切向应力，MPa；

$[\sigma]_b$——室温下螺栓材料的许用应力(按 GB 150.2)，MPa；

$[\sigma]_b^t$——设计温度下螺栓材料的许用应力(按 GB 150.2)，MPa；

$[\sigma]_f$——室温下法兰材料的许用应力(按 GB 150.2)，MPa；

$[\sigma]_f^t$——设计温度下法兰材料的许用应力(按 GB 150.2)，MPa；

$[\sigma]_n$——室温下圆筒材料的许用应力(按 GB 150.2)，MPa；

$[\sigma]_n^t$——设计温度下圆筒材料的许用应力(按 GB 150.2)，MPa；

τ——切(剪)应力，MPa；

Ψ——系数，按表 7－5 计算。

7.4　法兰型式

7.4.1　法兰按其整体性程度，分为三种型式(见图 7－1)。

7.4.2　松式法兰：法兰未能有效地与容器或接管连接成一整体，不具有整体式连接的同等结构强度。

松式法兰及其载荷作用位置见图 7－1 a－1)、b－1)，典型的松式法兰——活套法兰结构如图 7－1a－1)不带颈的型式(即实线部分)，其计算按表 7－6 进行。对带颈的松式法兰可按整体法兰(表 7－5)计算，但其中系数 V_1、F_1 应以 V_L、F_L 代替，f 取 1.0。力臂 $L_D = L_A + \delta_1$。

7.4.3　整体法兰：法兰、法兰颈部及容器或接管三者能有效地连接成一整体结构。

各种型式的整体法兰及载荷作用位置见图 7－1 c)、d)、e)、f)、g)，其计算按表 7－5 进行。

7.4.4　任意式法兰，如图 7－1h)、i)、j)、k)的焊接法兰，其计算按整体法兰(表 7－5)，但为了简便，当满足下列条件时也可按活套法兰(表 7－6)计算：

a) $\delta_0 \leqslant 15$ mm，$D_i/\delta_0 \leqslant 300$；

b) $p \leqslant 2$ MPa；

c) 设计温度小于或等于 370℃。

松式法兰

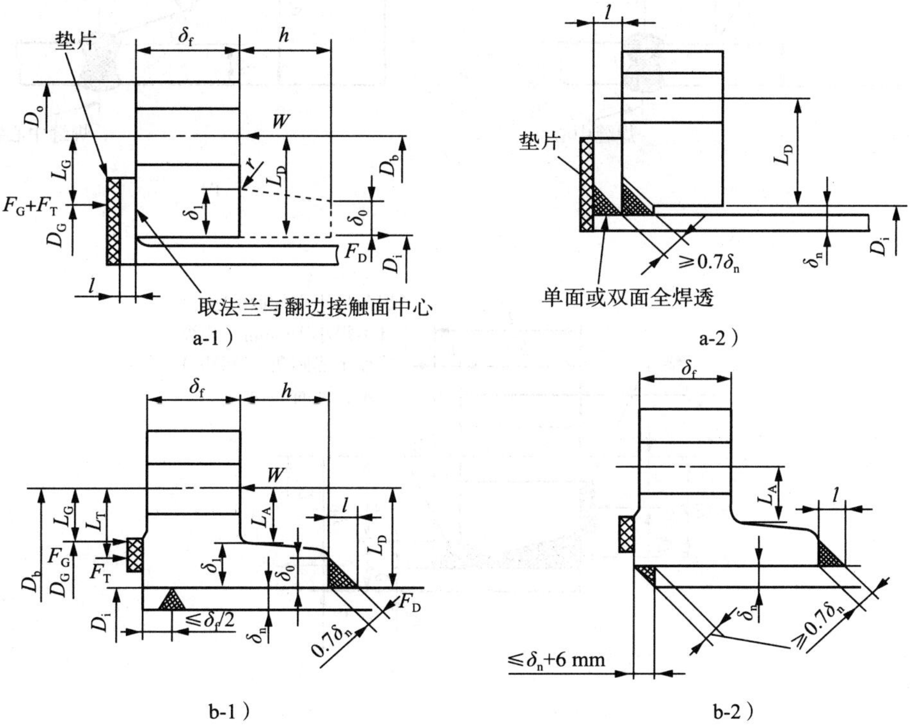

图 7－1　法兰型式

整体法兰

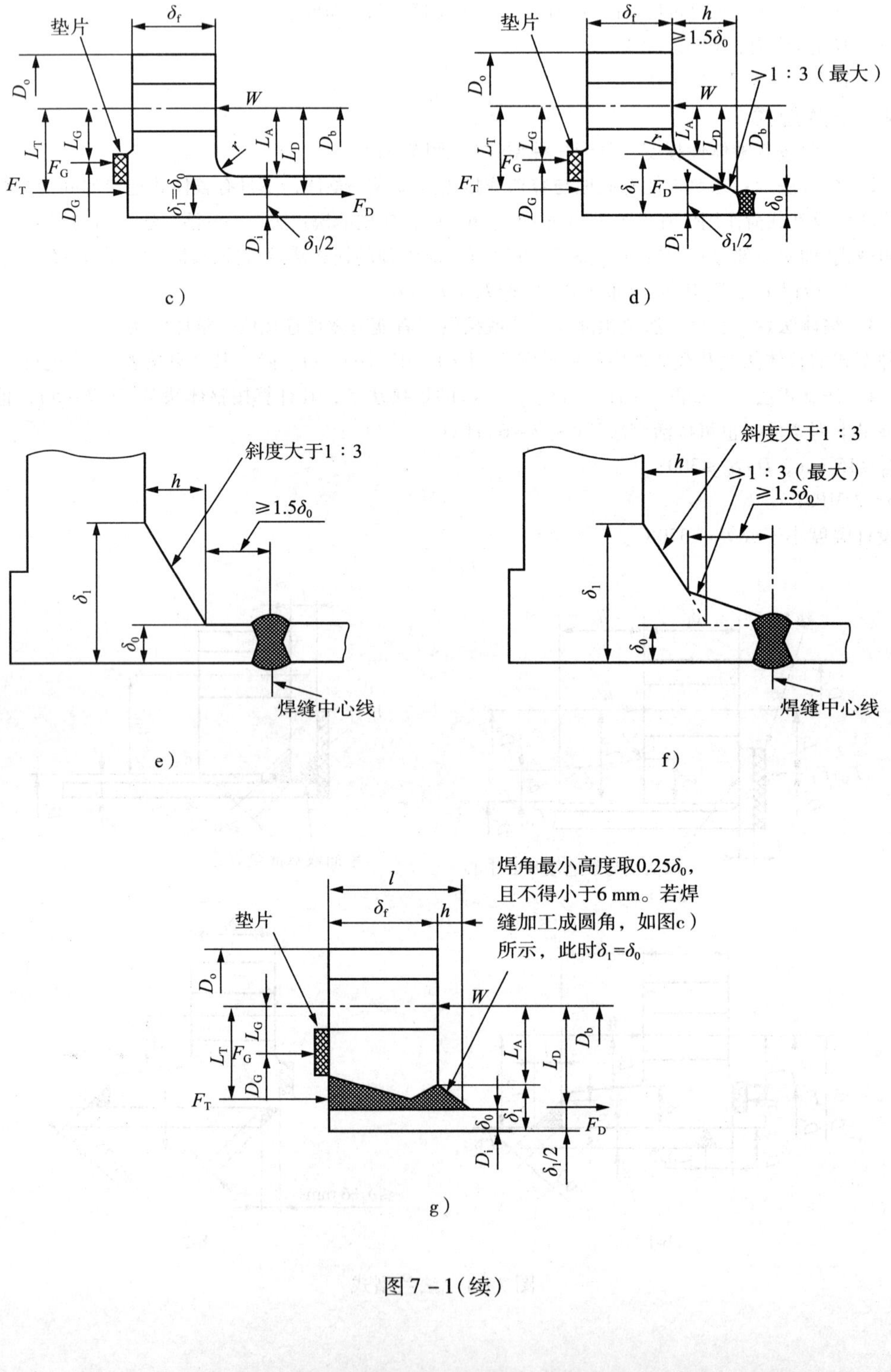
垫片
δf
Do
W
LT
LG
LA
LD
Db
FG
FT
DG
r
δ1=δ0
FD
Di
δ1/2
c)
h
≥1.5δ0
>1：3（最大）
δ1
δ0
d)
斜度大于1：3
焊缝中心线
e)
f)
l
焊角最小高度取0.25δ0，
且不得小于于6 mm。若焊
缝加工成圆角，如图c）
所示，此时δ1=δ0
g)

图 7－1(续)

任意式法兰

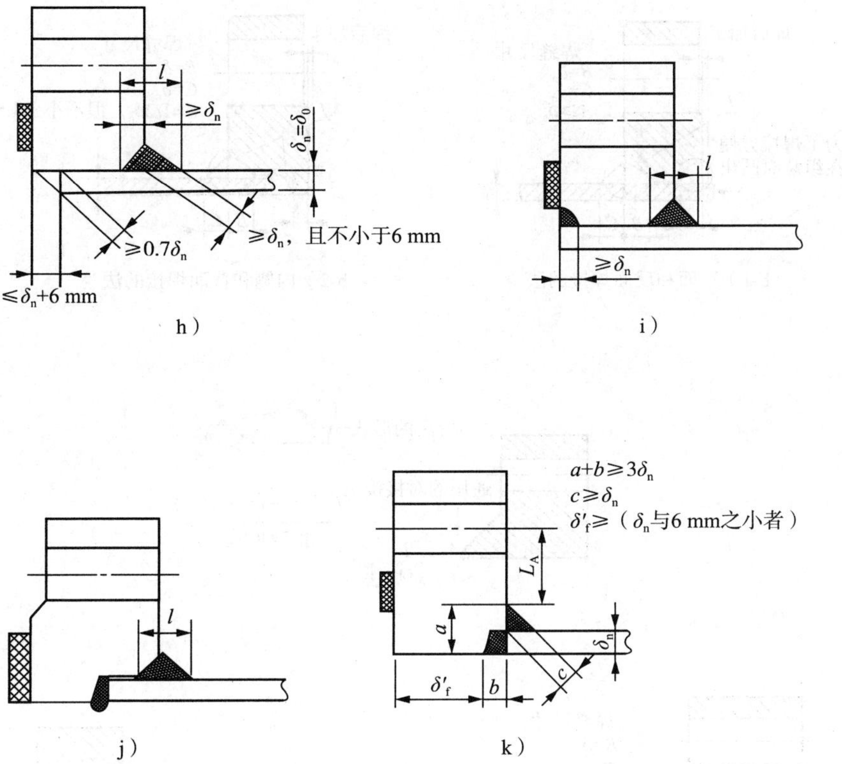

注1：带颈松式法兰，当颈部斜度不大于6°时，计算中取 $\delta_1=\delta_0$。

注2：带颈整体法兰，当颈部斜度大于1∶3时，应采用图中 e)、f)所示结构。

注3：圆角半径 $r \geq 0.25\delta_1$，且不小于4.5 mm。

注4：榫槽、凹凸面及平面密封面的台肩高度不包括在法兰有效厚度内。

图7-1(续)

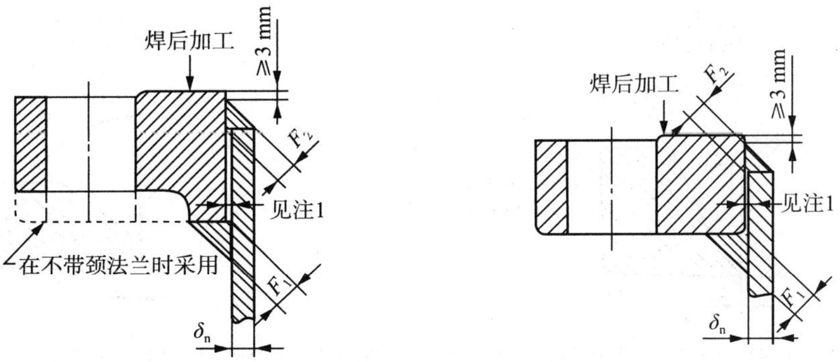

$F_2 \geq 0.75\delta_n$

$F_1=1.0\delta_n$，但不大于16 mm

a-1）带颈平焊法兰

$F_2 \geq 0.7\delta_n$

$F_1=1.0\delta_n$，但不大于10 mm

a-2）平焊法兰

图7-2　法兰结构

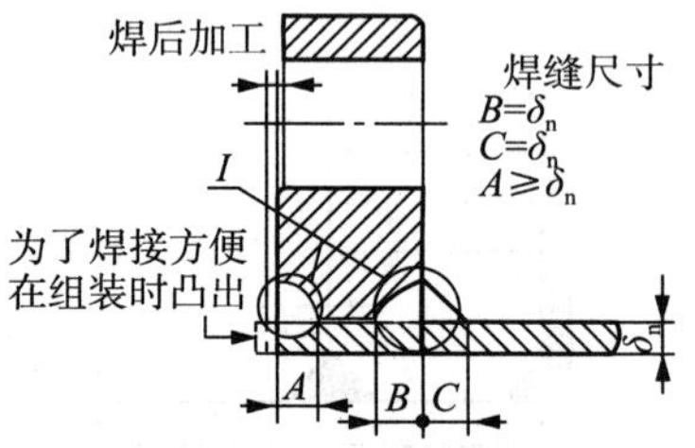

b-1）正面和反面焊接的法兰

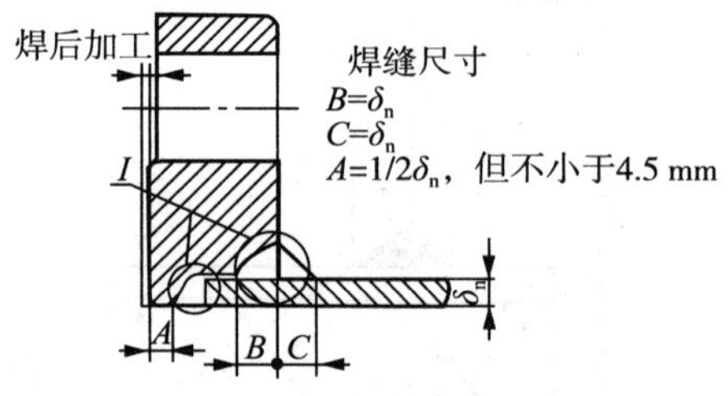

b-2）内侧和背面焊接的法兰

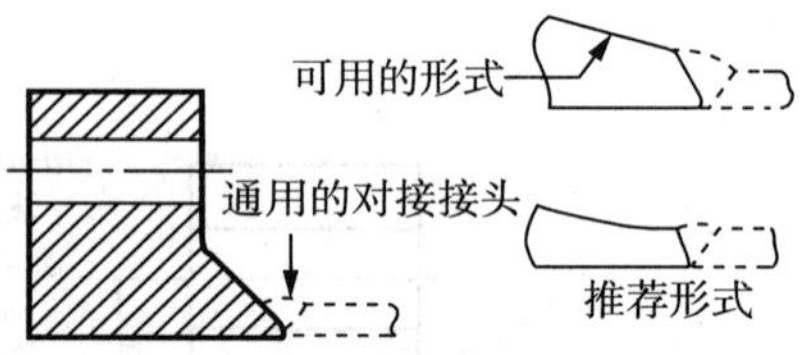

c-1）对焊法兰

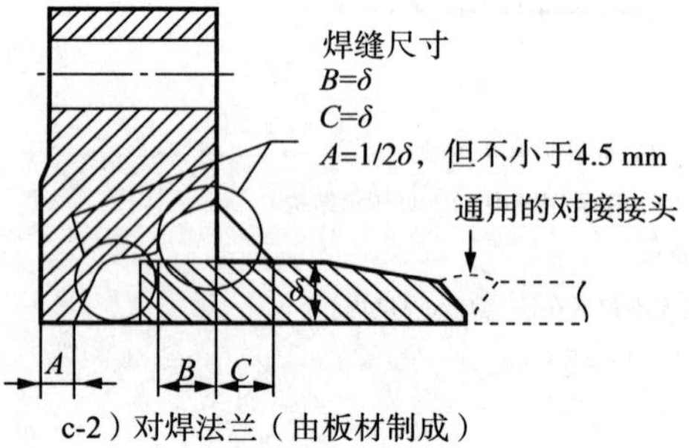

c-2）对焊法兰（由板材制成）

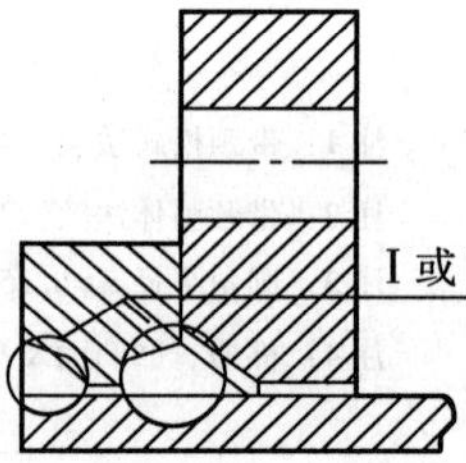

c-3）焊环活套法兰

I

不按比例

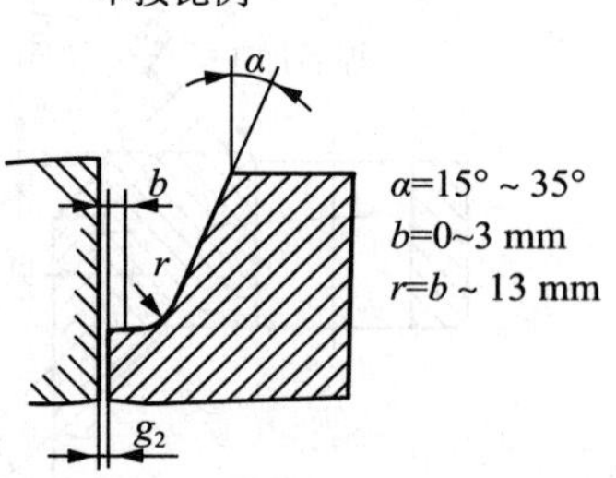

II

不按比例

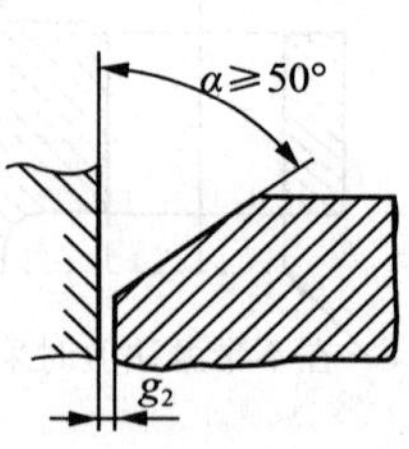

注：1. 图 a－1）、a－2）、b－1）、b－2）法兰内径与圆筒外径间的间隙不得大于3mm，且两侧径向间隙之和不得大于4.5mm。

2. g_2 的最大和最小尺寸根据施焊焊接工艺（例如焊条种类和尺寸）及施焊位置确定。$g_2\leqslant3$mm，且两侧径向间隙之和不得大于4.5mm。

图 7－2（续）

表7-1　垫片基本密封宽度

序号	压紧面形状(简图)	垫片基本密封宽度 b_o	
		Ⅰ	Ⅱ
1a	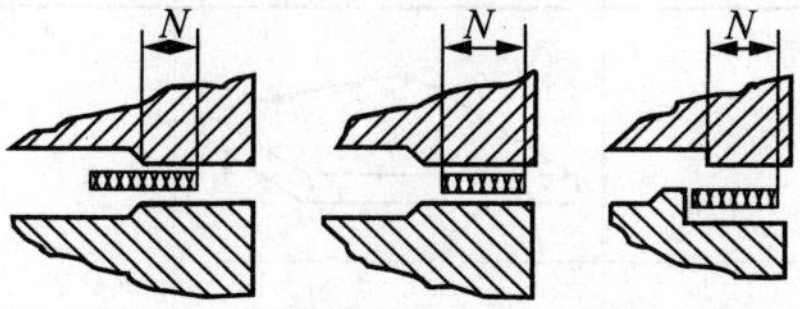	$\frac{N}{2}$	$\frac{N}{2}$
1b	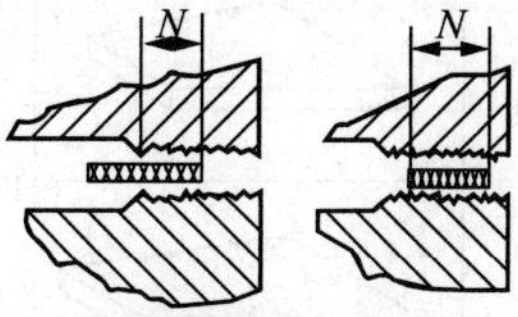		
1c	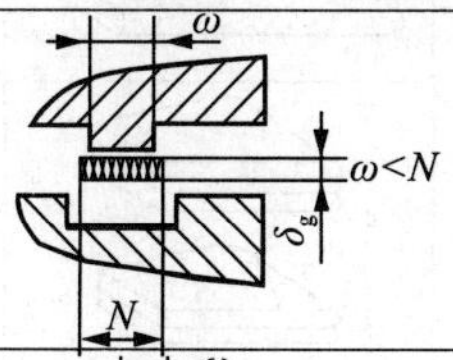	$\frac{\omega+\delta_g}{2}$ $\left(\frac{\omega+N}{4}最大\right)$	$\frac{\omega+\delta_g}{2}$ $\left(\frac{\omega+N}{4}最大\right)$
1d	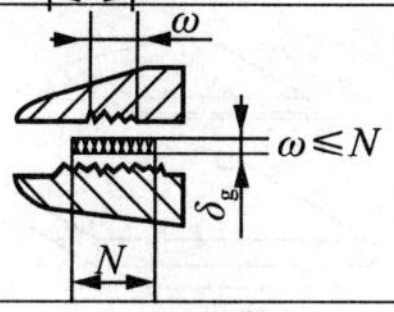		
2	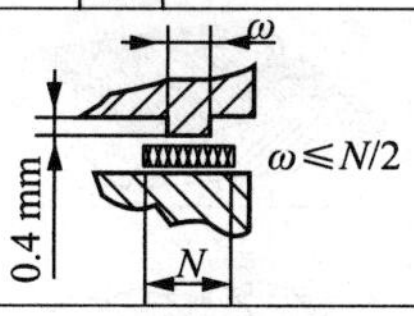	$\frac{\omega+N}{4}$	$\frac{\omega+3N}{8}$
3	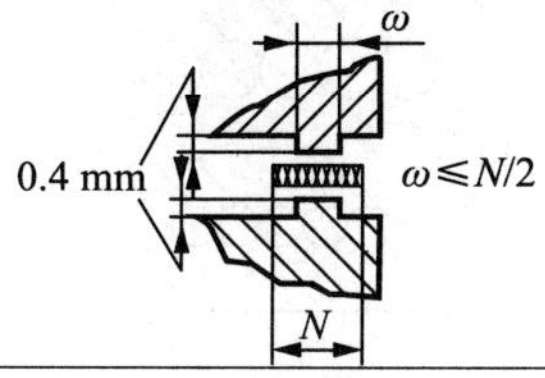	$\frac{N}{4}$	$\frac{3N}{8}$
4	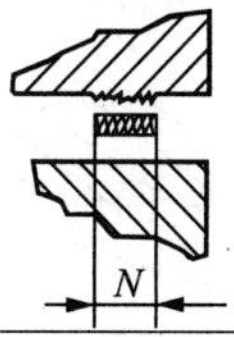	$\frac{3N}{8}$	$\frac{7N}{16}$
5	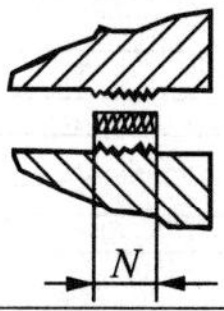	$\frac{N}{4}$	$\frac{3N}{8}$
6	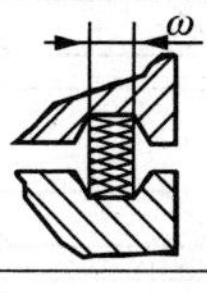	$\frac{\omega}{8}$	

注：对序号4、5，当锯齿浓度不超过0.4mm，齿距不超过0.8mm时，应采用1*b*或1*d*的压紧面形状。

表 7 - 2　常用垫片特性参数

垫片材料		垫片系数 *m*	比压力 *y*/MPa	简图	压紧面形状（见表 7 - 1）	类别（见表 7 - 1）
无织物或含少量石棉纤维的合成橡胶： 肖氏硬度低于 75 肖氏硬度大于等于 75		 0.50 1.00	 0 1.4	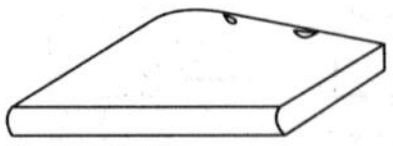	1(a、b、c、d) 4、5	Ⅱ
具有适当加固物的石棉（石棉橡胶板）	厚度 3mm 厚度 1.5mm 厚度 0.75mm	2.00 2.75 3.50	11 25.5 44.8	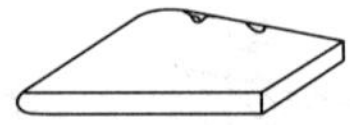		
内有棉纤维的橡胶		1.25	2.8	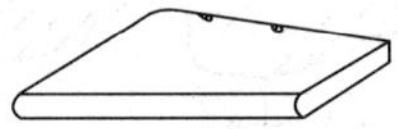		
内有石棉纤维的橡胶，具有金属加强丝或不具有金属加强丝 3 层 2 层 1 层		 2.25 2.50 2.75	 15.2 20 25.5	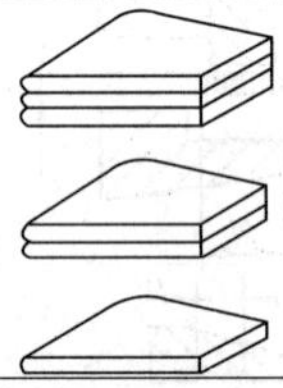		
植物纤维		1.75	7.6	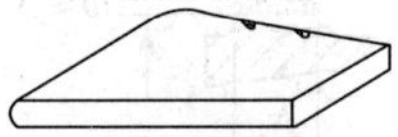	1(a、b、c、d) 4、5	
内填石棉缠绕式金属	碳钢 不锈钢或蒙乃尔	2.50 3.00	69 69	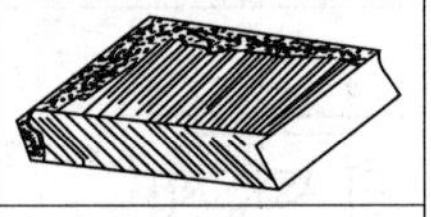	1(a、b)	
波纹金属板类壳内包石棉或波纹金属板内包石棉	软铝 软铜或黄铜 铁或软钢 蒙乃尔或 4% ~6% 铬钢 不锈钢	2.50 2.75 3.00 3.25 3.50	20 26 31 38 44.8	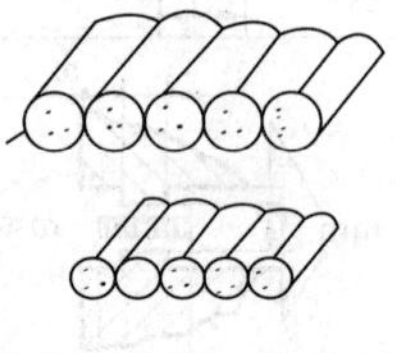		
波纹金属板	软铝 软铜或黄铜 铁或软钢 蒙乃尔或 4% ~6% 铬钢 不锈钢	2.75 3.00 3.25 3.50 3.75	25.5 31 38 44.8 52.4	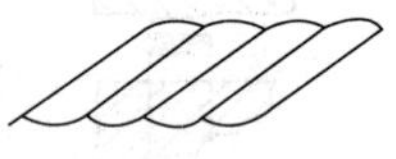	1(a、b，c、d)	
平金属板内包石棉	软铝 软铜或黄铜 铁或软钢 蒙乃尔 4% ~6% 铬钢 不锈钢	3.25 3.50 3.75 3.50 3.75 3.75	38 44.8 52.4 55.2 62.1 62.1	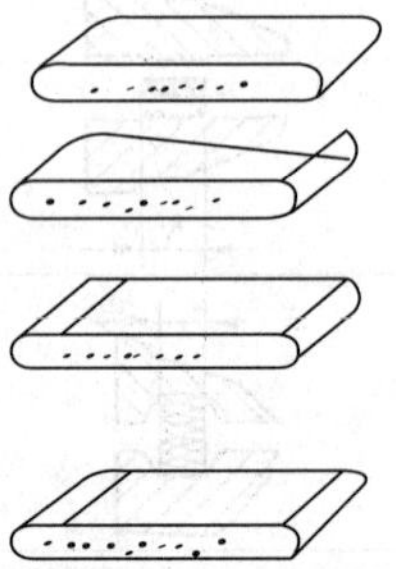	1a、1b、1c、1d、2	

续表

垫片材料		垫片系数 m	比压力 y/MPa	简图	压紧面形状（见表7－1）	类别（见表7－1）
槽形金属	软铝	3.25	38	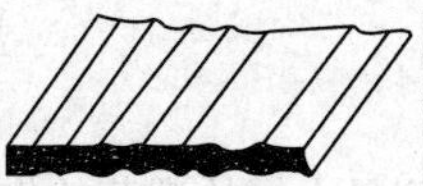	1(a、b、c、d)、2.3	Ⅱ
	软铜或黄铜	3.50	44.8			
	铁或软钢	3.75	52.4			
	蒙乃尔或4%～6%铬钢	3.75	62.1			
	不锈钢	4.25	69.6			
复合柔性石墨波齿金属板	碳钢 不锈钢	3.0	50	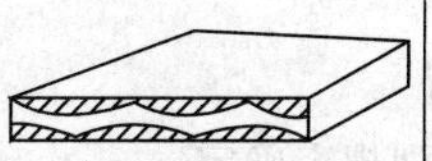	1(a、b)	
金属平板	软铝	4.00	60.7	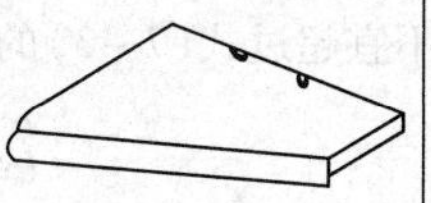	1(a、b、c、d) 2、3、4、5	Ⅰ
	软铜或黄铜	4.75	89.6			
	铁或软钢	5.50	124.1			
	蒙乃尔或4%～6%铬钢	6.00	150.3			
	不锈钢	6.50	179.3			
金属环	铁或软钢	5.50	124.1	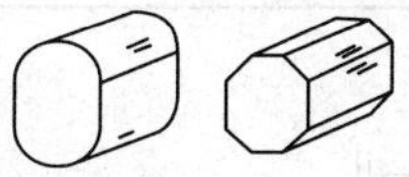	6	
	蒙乃尔或4%～6%铬钢	6.00	150.3			
	不锈钢	6.50	179.3			

注：1. 本表所列各种垫片的 m、y 值及适用的压紧面形状，均属推荐性资料：采用本表推荐的垫片参数(m、y)并按本章规定设计的法兰，在一般使用条件下，通常能得到比较满意的使用效果。但在使用条件特别苛刻的场合，如在氰化物介质中使用的垫片，其参数 m、y，应根据成熟的使用经验谨慎确定。

2. 对于平金属板内包石棉，若压紧面形状为1c、1d或2，垫片表面的搭接接头不应位于凸台侧。

7.5　窄面法兰

7.5.1　垫片

7.5.1.1　各种常用垫片的特性参数(m、y)按表7－2查取。

7.5.1.2　垫片有效密封宽度

选定垫片尺寸，按表7－1确定垫片接触宽度 N 和基本密封宽度 b_o，并按以下规定计算垫片有效密封宽度 b：

当 $b_o \leq 6.4$ mm 时，$b = b_o$；

当 $b_o > 6.4$mm 时，$b = 2.53\sqrt{b_o}$。

7.5.1.3　垫片压紧力作用中心圆直径

垫片压紧力作用中心圆直径按下列规定确定：

a）对于图7－1 a－1）、a－2）所示活套法兰，垫片压紧力作用中心圆直径 D_G 即是法兰与翻边接触面的平均直径。

b）对于其他型式法兰，则按下述规定计算 D_G：

当 $b_o \leq 6.4$mm 时，D_G 等于垫片接触的平均直径；

当 $b_o > 6.4$ mm 时，D_G 等于垫片接触的外径减去 $2b$。

c）对筒体端部结构，D_G 等于密封面平均直径。

7.5.1.4　垫片压紧力

垫片压紧力按下列规定计算：

a) 预紧状态下需要的最小垫片压紧力按式(7－1)计算：

$$F_a = 3.14D_G by \tag{7-1}$$

b) 操作状态下需要的最小垫片压紧力按式(7－2)计算：

$$F_p = 6.28D_G bmp_c \tag{7-2}$$

7.5.1.5　垫片宽度

垫片在预紧状态下受到最大螺栓载荷的作用，当压紧过度将失去密封性能。垫片应有足够的宽度，其值可按经验确定。

7.5.2　螺栓

7.5.2.1　螺栓的布置

螺栓的布置一般按下列规定确定：

a) 法兰径向尺寸 L_A、L_e 及螺栓间距 $\hat{L}$ 的最小值可按表 7－3 选取；

b) 螺栓最大间距 $\hat{L}_{max}$ 不宜超过式(7－3)的计算值：

$$\hat{L}_{max} = 2d_B + \frac{6\delta_f}{m+0.5} \tag{7-3}$$

表 7－3　L_A、L_e、$\hat{L}$ 的最小值

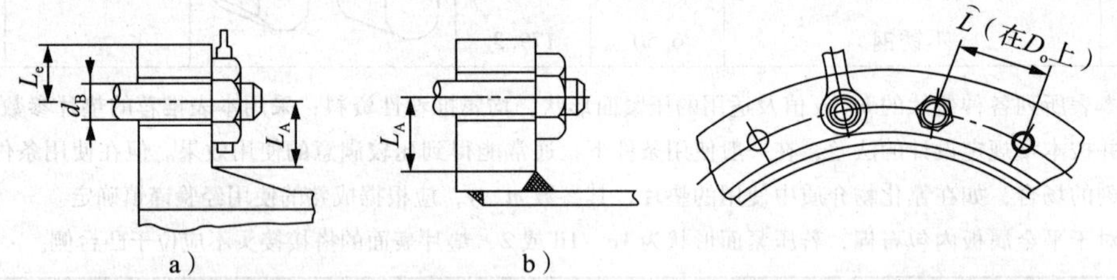

a)　　　　b)

螺栓公称直径 d_B	L_A		L_e	$\hat{L}$	螺栓公称直径 d_B	L_A		L_e	$\hat{L}$
	A 组	B 组				A 组	B 组		
12	20	16	16	32	30	44	35	30	70
16	24	20	18	38	36	48	38	36	80
20	30	24	20	46	42	56		42	90
22	32	26	24	52	48	60		48	102
24	34	27	26	56	56	70		55	116
27	38	30	28	62					

注：1. 表中 A 组数据适用于 a) 图所示的带颈法兰结构。表中 B 组数据适用于 b) 图所示的焊制法兰结构。

2. 对图 7－1 中 a－1)、a－2) 所示的活套法兰，其径向尺寸 L_D 也应满足 A 组 L_A 最小尺寸的要求。

7.5.2.2　螺栓载荷

螺栓载荷按下列规定计算：

a)预紧状态下需要的最小螺栓载荷按式(7－4)计算：

$$W_a = F_a \tag{7-4}$$

b)操作状态下需要的最小螺栓载荷计算：

内压引起的总轴向力 F，按式(7－5)计算：

$$F = 0.785 D_G^2 p_c \tag{7-5}$$

最小螺栓载荷按式(7－6)计算：

$$W_p = F + F_p \tag{7-6}$$

注：对于类似U形管式换热器管板两侧成对法兰的设计中，由于两侧的压力和温度及所用垫片可能不同，因此在螺栓的设计中应兼顾两侧的条件，要求以较大的螺栓载荷和较高的设计温度进行设计，且对法兰设计力矩应以此为基础讲行计算。

7.5.2.3　螺栓面积

螺栓面积按下列规定确定：

a)预紧状态下需要的最小螺栓面积按式(7－7)计算：

$$A_a = \frac{W_a}{[\sigma]_b} \tag{7-7}$$

b)操作状态下需要的最小螺栓面积按式(7－8)计算：

$$A_p = \frac{W_p}{[\sigma]_b^t} \tag{7-8}$$

c)需要的螺栓面积 A_m 取 A_a 与 A_p 中的大值；

d)实际螺栓面积 A_b 应不小于需要的螺栓面积 A_m；

e)最小螺栓截面积以螺纹小径及无螺纹部分的最小直径分别计算，取小值。

7.5.2.4　螺栓设计载荷

螺栓设计载荷按下列规定确定：

a)预紧状态螺栓设计载荷按式(7－9)计算：

$$W = \frac{A_m + A_b}{2}[\sigma]_b \tag{7-9}$$

b)操作状态螺栓设计载荷按式(7－10)计算：

$$W = W_p \tag{7-10}$$

7.5.3　法兰

7.5.3.1　法兰力矩

法兰力矩按下列规定计算：

a)预紧状态的法兰力矩按式(7－11)计算：

$$M_a = \frac{A_m + A_b}{2}[\sigma]_b L_G \tag{7-11}$$

b)操作状态的法兰力矩计算：

作用于法兰内径截面上的内压引起的轴向力 F_D，按式(7－12)计算：

$$F_D = 0.785 D_i^2 p_c \tag{7-12}$$

内压引起的总轴向力 F 与内径截面上的轴向力 F_D 之差 F_T，按式(7－13)计算：

$$F_T = F - F_D \tag{7-13}$$

法兰力矩按式(7－14)计算：

$$M_P = F_D L_D + F_T L_T + F_G L_G \tag{7-14}$$

式中：L_D、L_T、L_G 按表7－4计算。

表 7－4 法兰力矩的力臂 mm

	L_D	L_T	L_G
整体法兰：图 7－1 中 c)、d)、e)、f)、g) 任意式法兰(按整体法兰计算时)： 图 7－1 中 h)、i)、j)、k)	$L_A+0.5\delta_1$	$\frac{L_A+\delta_1+L_G}{2}$	$\frac{D_b-D_G}{2}$
松式法兰：图 7－1 中 b－1)、b－2) 任意式法兰(按活套法兰计算时)： 图 7－1 中 h)、i)、j)、k)	$\frac{D_b-D_i}{2}$	$\frac{L_D+L_G}{2}$	$\frac{D_b-D_G}{2}$
活套法兰：图 7－1 中 a－1)、a－2)	$\frac{D_b-D_i}{2}$	$\frac{D_b-D_G}{2}$	$\frac{D_b-D_G}{2}$

7.5.3.2 法兰设计力矩

法兰设计力矩取式(7－15)大值：

$$M_o=\begin{cases}M_a\dfrac{[\sigma]_f^t}{[\sigma]_f}\\ M_p\end{cases} \tag{7-15}$$

7.5.3.3 法兰应力

7.5.3.3.1 整体法兰、带颈松式法兰以及按整体法兰计算的任意式法兰应力按下列规定计算：

a)轴向应力按式(7－16)计算：

$$\sigma_H=\frac{fM_o}{\lambda\delta_1^2D_i} \tag{7-16}$$

式中：

$$\lambda=\frac{\delta_f e+1}{T}+\frac{\delta_f^3}{d_1}$$

$$e=\frac{F_I}{h_o}$$

$$h_o=\sqrt{D_i\delta_0}$$

$$d_1=\frac{U}{V_I}h_o\delta_0^2$$

当 $D_i<20\delta_1$ 时，以 D_{i1} 代替 D_i；

对带颈松式法兰及 $f<1$ 的整体法兰，$D_{i1}=D_i+\delta_1$；对 $f\geqslant1$ 的整体法兰，$D_{i1}=D_i+\delta_0$；系数 T、U 根据参数 K 由图 7－8 或表 7－9 查得，或按图 7－8 所给公式计算；

整体法兰系数 F_I 由表 7－8 或图 7－3 查得，或按表 7－7 计算；

整体法兰系数 V_I 由表 7－8 或图 7－4 查得，或按表 7－7 计算；

整体法兰颈部应力校正系数 f 由表 7－7 查得，或按表 7－7 计算，当 $f<1$ 时，取 $f=1$；

b)径向应力按式(7－17)计算：

$$\sigma_R=\frac{(1.33\delta_f e+1)M_o}{\lambda\delta_f^2D_i} \tag{7-17}$$

c)环向应力按式(7－18)计算：

$$\sigma_T=\frac{YM_o}{\delta_f^2D_i}-Z\sigma_R \tag{7-18}$$

式中，系数 Y、Z 根据参数 K 由图 7－8 或表 7－9 查得，或按图 7－8 所给公式计算。

7.5.3.3.2 活套法兰以及按活套法兰计算的任意式法兰应力按下列规定计算：

轴向应力：$\sigma_H=0$；

径向应力：$\sigma_R=0$；

环向应力按式(7－19)计算：

$$\sigma_T = \frac{YM_o}{\delta_f^2 D_i} \tag{7-19}$$

式中：系数 Y 同7.5.3.3.1。

7.5.3.3.3　切应力

对如图7－1中a－1)、a－2)的活套法兰，其翻边部分的切应力及图7－1中的b－1)、b－2)、g)、h)、i)、j)的焊接法兰焊缝的切应力应按下列规定进行计算。

a)剪切载荷 W

1)预紧状态的剪切载荷 W 按式(7－9)计算；

2)操作状态的剪切载荷 W 按式(7－10)计算。

b)剪切面积

1)对图7－1中a－1、a－2)所示的法兰，按式(7－20)计算：

$$A_\tau = 3.14 D_i l \tag{7-20}$$

2)对其他法兰，按式(7－21)计算：

$$A_\tau = 3.14 D_\tau l \tag{7-21}$$

式中：

A_τ——剪切面积，mm^2；

D_τ——剪切面计算直径，取圆筒外径，mm；

l——剪切面计算高度，见图7－1所示尺寸，mm。

c)切应力

以预紧和操作两种状态分别按式(7－22)计算切应力 τ：

$$\tau = \frac{W}{A_\tau} \tag{7-22}$$

7.5.3.4　应力校核

应力校核应符合下列规定：

a)轴向应力

1)对图7－1中d)、e)、f)所示的整体法兰：

$$\sigma_H \leqslant \min(1.5[\sigma]_f^t,\ 2.5[\sigma]_n^t)$$

2)对按整体法兰计算的任意法兰及图7－1g)所示的整体法兰：

$$\sigma_H \leqslant \min(1.5[\sigma]_f^t,\ 1.5[\sigma]_n^t)$$

3)对图7－1c)所示的整体法兰及图7－1的b－1)、b－2)所示的带颈松式法兰：

$$\sigma_H \leqslant 1.5[\sigma]_f^t$$

b)径向应力

$$\sigma_R \leqslant [\sigma]_f^t$$

c)环向应力

$$\sigma_T \leqslant [\sigma]_f^t$$

d)组合应力

$$(\sigma_H + \sigma_R)/2 \leqslant [\sigma]_f^t$$

$$(\sigma_H + \sigma_T)/2 \leqslant [\sigma]_f^t$$

e)切应力

预紧和操作两种状态下的切应力应分别小于或等于翻边(或圆锥)材料在常温和设计温度下的许用应力的0.8倍。

7.5.3.5　法兰刚度校核

当法兰在相同的操作条件下有成功的使用经验时，可以免除刚度校核。否则：

对整体法兰和按整体法兰计算的任意法兰，刚度指数按式(7－23)计算：

$$J=\frac{52.14V_{\mathrm{I}}M_{\mathrm{o}}}{\lambda E\delta_0^2K_{\mathrm{I}}h_{\mathrm{o}}} \tag{7－23}$$

式中　K_{I}——刚度系数，取0.3；

E——法兰材料的弹性模量，MPa；当法兰设计力矩 M_{o} 为预紧控制时，E 取常温下的弹性模量，当法兰设计力矩 M_{o} 为操作控制时，取设计温度下的弹性模量；

其他系数同7.5.3.3.1。

校核条件：刚度指数应满足 $J\leqslant1$。

7.5.4　外压法兰

外压法兰可按内压法兰计算，但螺栓面积仅需按预紧状态考虑，按式(7－7)计算。此外，操作状态下的法兰力矩须按式(7－24)确定：

$$M_{\mathrm{P}}=F_{\mathrm{D}}(L_{\mathrm{D}}-L_{\mathrm{G}})+F_{\mathrm{T}}(L_{\mathrm{T}}-L_{\mathrm{G}}) \tag{7－24}$$

计算中计算外压力取正值MPa。

法兰在操作过程中，若分别承受内压和外压的作用，则法兰应按两种压力工况单独进行设计，且应同时满足要求。

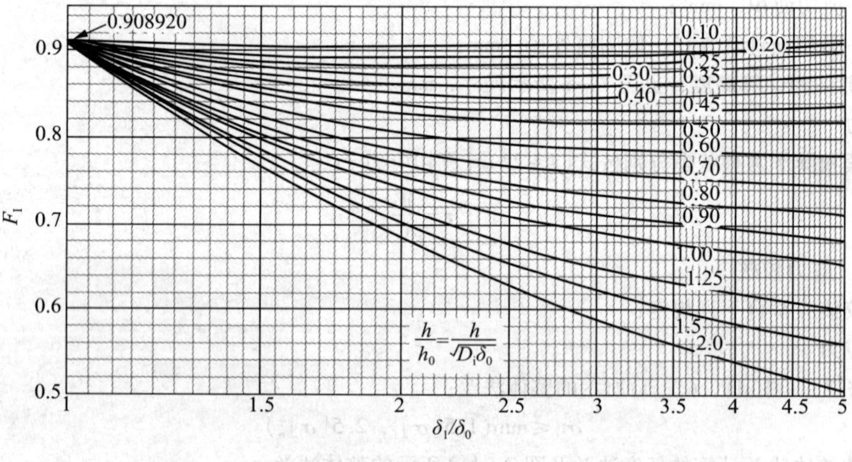

图7－3　F_{I} 值图

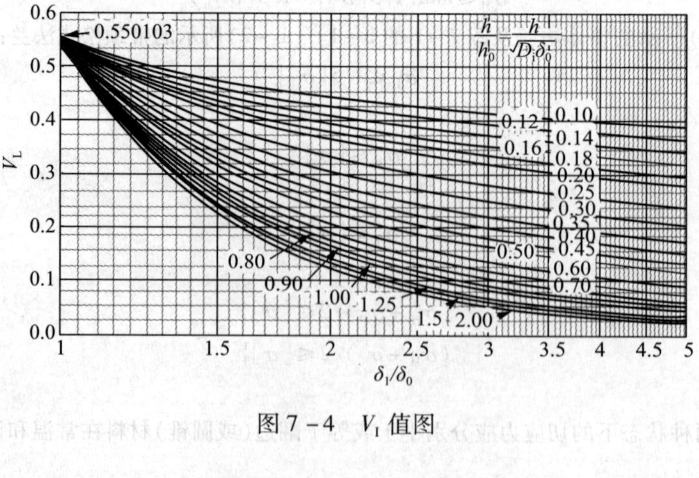

图7－4　V_{I} 值图

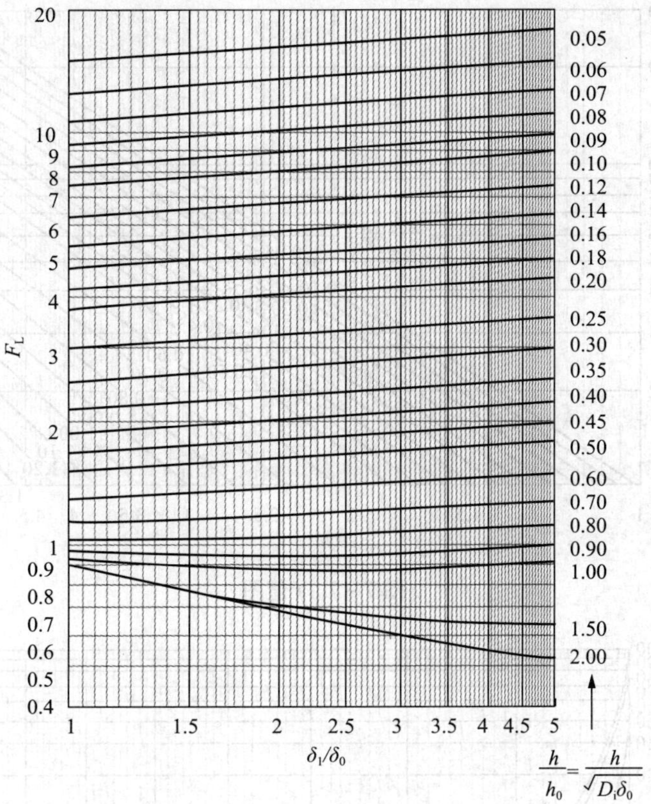

图7－5　F_L 值图

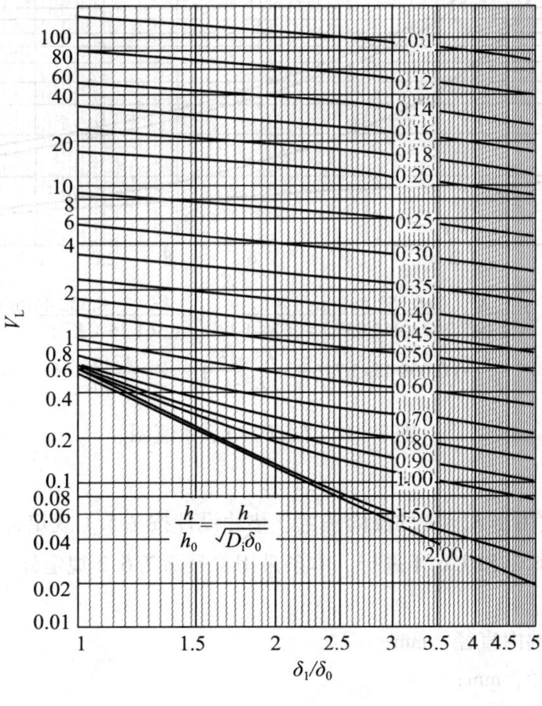

图7－6　V_L 值图

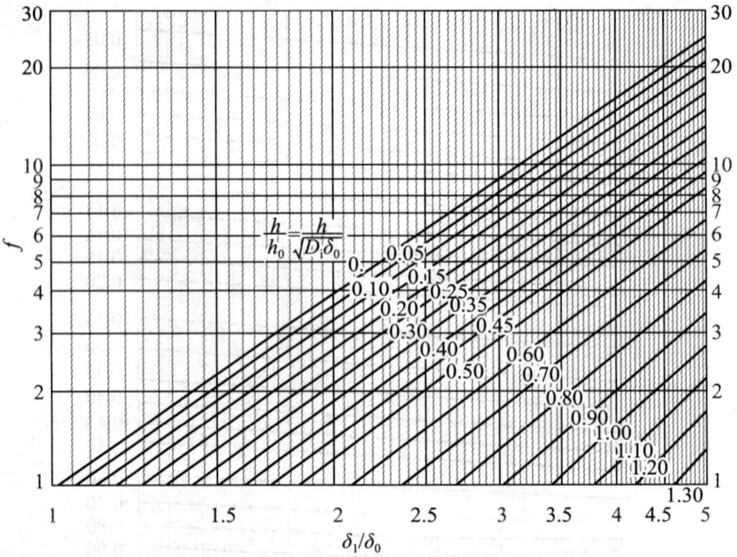

图 7－7　f 值图

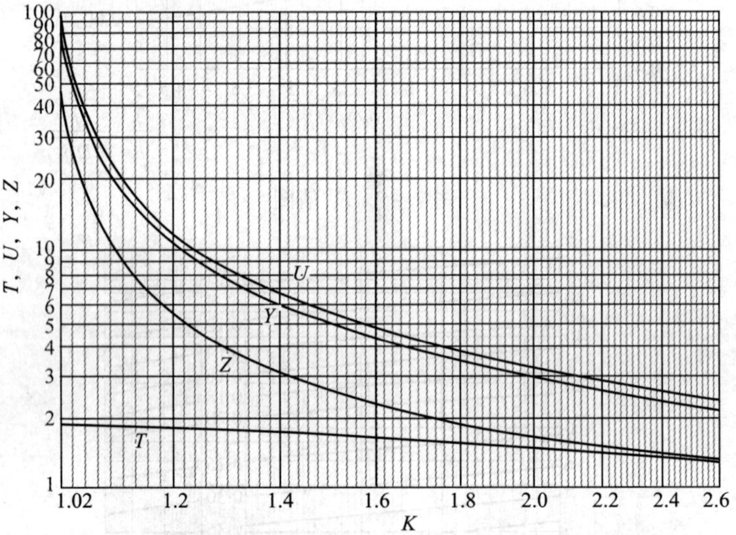

注：$T=\frac{K^2(1+8.552\,46\log K)-1}{(1.047\,20+1.944\,8K^2)-(K-1)}$　$U=\frac{K^2(1+8.552\,46\log K)-1}{1.361\,36(K^2-1)-(K-1)}$

$Y=\frac{1}{K-1}\left(0.668\,45+5.716\,90\frac{K^2\log K}{K^2-1}\right)$　$Z=\frac{K^2+1}{K^2-1}$　$K=D_o/D_1$

图 7－8　T、U、Y、Z 值图

7.6　反向法兰

7.6.1　本条计算方法适用于 $K_r \leqslant 2$ 的反向法兰。垫片设计按 7.5.1 规定，螺栓设计按 7.5.2 规定，法兰力矩、法兰应力计算按 7.6.3 和 7.6.4 进行。本条采用符号除 7.6.2 规定外，其余同 7.3。

7.6.2　符号

D_i——反向法兰颈部小端内直径，mm；

D_f——反向法兰环内直径，mm；

D_o——反向法兰环外直径，mm；

d_r——参数，mm^3；

e_r——参数，mm^{-1}；

F_D——内压引起的作用于法兰颈部小端内径截面上的轴向力，N；

F_G——窄面法兰垫片压紧力，N；

F_r——系数；

F_T——内压引起的总轴向力与 F_D 之差，N；

f_r——系数；

h_{or}——参数，mm；

L_D——螺栓中心至 F_D 作用位置处的径向距离(见图 7－9)，mm；

L_G——螺栓中心至 F_G 作用位置处的径向距离(见图 7－9)，mm；

L_T——螺栓中心至 F_T 作用位置处的径向距离(见图 7－9)，mm；

K_r——反向法兰外径 D_o 与内径 D_f 之比；

T_r——系数；

U_r——系数；

V_r——系数；

Y_r——系数；

λ_r——系数；

ψ_r——系数；

σ_{Hr}——法兰颈部轴向应力，MPa；

σ_{Tr}——法兰外径处环向应力，MPa；

σ_{Rr}——法兰外径处径向应力，MPa；

$\sigma_{Tr'}$——法兰内径处环向应力，MPa。

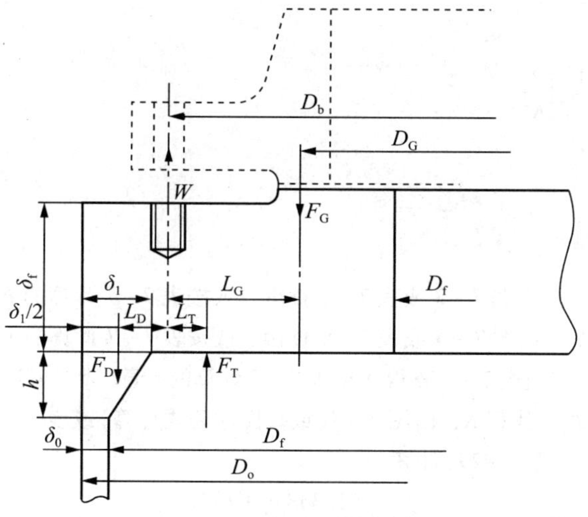

图 7－9　反向法兰

7.6.3　法兰力矩

7.6.3.1　法兰预紧力矩按式(7－11)计算，其中，螺栓中心至 F_G 作用位置处的径向距离 L_G(见图 7－9)按式(7－25)计算：

$$L_G = (D_b - D_G)/2 \tag{7-25}$$

7.6.3.2　法兰操作力矩按式(7－26)计算：

$$M_p = | F_D L_D + F_T L_T - F_G L_G | \tag{7-26}$$

式中：

$F_D = 0.785 D_i^2 p_c$

$F_G = 6.28 D_G bmp_c$

$F_T = 0.785(D_i^2 - D_G^2) p_c$

$L_D = (D_o - D_b - \delta_1)/2$

$L_T = \left(D_b - \frac{D_i + D_G}{2} \right)/2$

当 L_T 为负值时，表示 F_T 作用圆直径大于螺栓中心圆直径 D_b，此时力矩 $F_T L_T$ 为负值。

7.6.3.3　法兰设计力矩取式(7-27)大值：

$$M_o = \begin{cases} M_p \\ M_a \frac{[\sigma]_f^t}{[\sigma]_f} \end{cases} \tag{7-27}$$

7.6.4　法兰应力

法兰应力按下列规定计算：

a)法兰颈部轴向应力按式(7-28)计算：

$$\sigma_{Hr} = \frac{f_r M_o}{\lambda_r \delta_1^2 D_f} \tag{7-28}$$

式中：

$\lambda_r = \frac{\delta_f e_r + 1}{T_r} + \frac{\delta_f^3}{d_r}$

$e_r = F_r / h_{or}$

$h_{or} = \sqrt{D_o \delta_0}$

$d_r = U_r h_{or} \delta_0^2 / V_r$

$U_r = \psi_r U$

$\psi_r = \left[1 + \frac{0.668(K_r + 1)}{Y} \right] \frac{1}{K_r^2}$

$K_r = \frac{D_o}{D_f}$

$T_r = \left(\frac{Z + 0.3}{Z - 0.3} \right) \psi_r T$

系数 F_r 是以 h_{or} 代替 h_o，由图 7-3 或表 7-8 查得、或按表 7-7 计算的 F_I 值；

系数 V_r 是以 h_{or} 代替 h_o，由图 7-4 或表 7-8 查得、或按表 7-7 计算的 V_I 值；

系数 f_r 是以 h_{or} 代替 h_o，由图 7-7 查得或按表 7-7 计算的 f 值，当 $f_r < 1$ 时，取 $f_r = 1$；

系数 T、U、Y、Z 以 K_r，代替 K，由图 7-8(或按图注公式计算)或表 7-9 查取。

b)法兰外径处径向应力按式(7-29)计算：

$$\sigma_{Rr} = \frac{(1.33 \delta_f e_r + 1) M_o}{\lambda_r \delta_f^2 D_f} \tag{7-29}$$

c)法兰外径处环向应力按式(7-30)计算：

$$\sigma_{Tr} = \frac{Y_r M_o}{\delta_f^2 D_f} - Z \sigma_{Rr} \frac{0.67 \delta_f e_r + 1}{1.33 \delta_f e_r + 1} \tag{7-30}$$

式中：$Y_r = \psi_r Y$

d)法兰内径处环向应力按式(7-31)计算：

$$\sigma'_{Tr} = \frac{M_o}{\delta_f^2 D_f} \left[Y - \frac{2K_r^2 \left(\frac{2\delta_f e_r}{3} + 1 \right)}{(K_r^2 - 1)\lambda_r} \right] \tag{7-31}$$

7.6.5　应力校核

σ_{Hr}、σ_{Rr}、σ_{Tt}按7.5.3.4σ_H、σ_R、σ_T的相应规定，$\sigma'_{Tr}\leq[\sigma]^t_f$。

7.7　筒体端部

7.7.1　符号

a——主螺母高度，mm；

C_2——腐蚀裕量，mm；

D——主螺母外接圆直径，mm；

D_o——端部结构外直径，mm；

d_o——主螺栓无螺纹部分直径，mm；

H_g——筒体端部总高度，mm；

h——筒体端部外缘长度，mm；

h_s——螺孔深度，mm；

L——筒体端部直边长度，mm；

r——过渡圆角半径，mm；

α——倾角(见图7-11)，(°)；

δ_n——筒体端部厚度，mm；

σ_m——筒体端部纵向截面弯曲应力，MPa；

其他符号见7.3。

7.7.2　主螺栓

主螺栓元螺纹部分直径d_o按式(7-32)计算：

$$d_o\geq\sqrt{\frac{4A_m}{3.14n}}\tag{7-32}$$

式中：

A_m——需要的螺栓面积，按7.5.2.3确定；

n——螺栓数量，取偶数。

螺栓的螺纹小径应大于等于d_o，推荐采用细牙螺纹M64×4，M80×4，M105×4，M125×4。螺纹旋入端结构型式见图7-10。

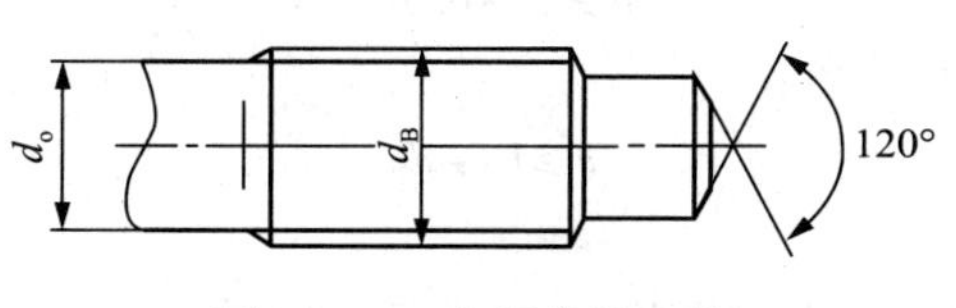

图7-10　主螺栓旋入端

7.7.3　主螺母

主螺母的硬度应略低于主螺栓的硬度。

主螺母高度a按式(7-33)计算：

$$a=(1.0\sim1.1)d_B\tag{7-33}$$

主螺母外接圆直径D按式(7-34)计算：

$$D=(1.70\sim1.75)d_B\tag{7-34}$$

7.7.4　筒体端部

7.7.4.1　端部厚度

端部厚度δ_n(见图7-11)，不得小于按内压确定的圆筒的名义厚度。

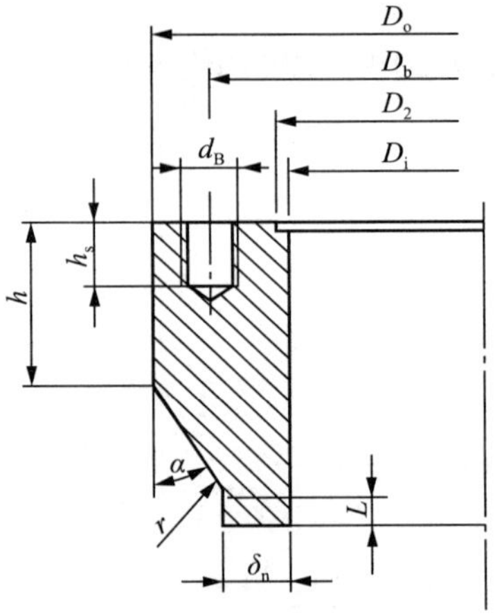

图 7－11　筒体端部结构

7.7.4.2　端部结构

筒体端部的结构可按下列要求确定(见图 7－11)：

a)主螺栓中心圆直径，按式(7－35)计算：

$$D_b \geqslant D_2 + 1.5d_B \tag{7-35}$$

b)筒体端部外径，按式(7－36)计算：

$$D_o \geqslant D_b + 1.8d_B \tag{7-36}$$

c)螺孔有效螺纹深度，按式(7－37)计算：

$$h_1 \geqslant (1.3 \sim 1.5)d_B \tag{7-37}$$

d)螺孔深度：

h_s 等于 h_1 加上螺孔加工工艺所需的无效螺纹长度，mm；

e)过渡圆角 $r \geqslant 0.8\delta_n$，mm；

f)直边长度 $L = 50$ mm；

g)端部外缘长度 h，mm；

当 $\alpha = 30°$时，按式(7－38)计算：

$$h \geqslant h_s + 0.5d_B \tag{7-38}$$

当 $\alpha = 45°$时，按式(7－39)计算：

$$h \geqslant h_s + d_B \tag{7-39}$$

7.7.4.3　应力校核

7.7.4.3.1　作用于筒体端部纵向截面的弯矩，按式(7－40)计算：

$$M = \frac{1}{6.28}\left[\left(\delta_n - C_2 + \frac{1}{3}D_i\right)F_D - \left(D_b - \frac{2}{3}D_G\right)F - (D_b - D_G)F_p\right] - p_c D_i H_g J_o \tag{7-40}$$

式中：

J_o——参数，$J_o = J_c - H_g/2$，mm；

J_c——尺寸，见图 7－12，mm。

7.7.4.3.2　筒体端部纵向截面的抗弯截面系数(见图 7－12)按式(7－41)计算：

$$Z_g = \frac{I_c}{J_c} \tag{7-41}$$

式中：

$I_c = 2[I_1 + A_1 a_1^2 + I_s + A_s a_s^2]$，$mm^4$；

$J_c=\dfrac{A_1J_1+A_sJ_s}{A_1+A_s}$，mm；

$A_1=hB$，mm^2；

$A_s=\dfrac{(H_g-h)(\delta_e+B)}{2}$，mm；

$a_1=J_1-J_c$，mm；

$a_s=J_c-J_s$，mm；

$B=\dfrac{(D_o-D_i)}{2}-C_2$，mm；

$I_1=\dfrac{Bh^3}{12}$，mm^4；

$I_s=\dfrac{(H_g-h)^3(\delta_e^2+4\delta_eB+B^2)}{36(\delta_e+B)}$，$mm^4$；

$J_1=H_g-\dfrac{h}{2}$，mm；

$J_s=\dfrac{(H_g-h)(\delta_e+2B)}{3(\delta_e+B)}$，mm；

$\delta_e=\delta_n-C_2$，mm。

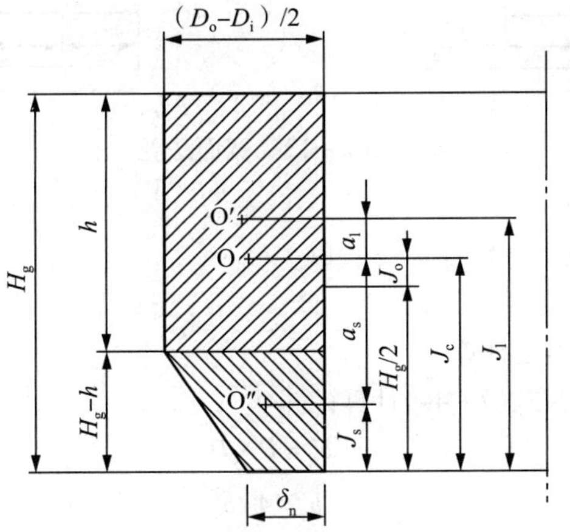

O—筒体端部计算截面形心；
O′—计算截面矩形部分形心；
O″—计算截面梯形部分形心。

图7－12　筒体端部计算图

7.7.4.3.3　筒体端部纵向截面的弯曲应力按式(7－42)校核：

$$\sigma_m=\frac{M}{Z_g}\leqslant[\sigma]_f^t \qquad (7-42)$$

7.8　宽面法兰

7.8.1　本条适用于采用厚度不小于1.5 mm非金属软垫片的宽面法兰(见图7－13)。

7.8.2　符号

b'_o——预紧状态垫片基本密封宽度，mm；

b'——预紧状态垫片有效密封宽度，mm；

$2b''$——操作状态垫片有效密封宽度，mm；

D'_G——垫片压紧力作用中心圆直径，mm；

D——垫片外径或法兰外径，取两者之小值，mm；

F'——内压引起的总轴向力，N；

F'_a——预紧状态需要的最小垫片压紧力，N；

F'_T——内压引起的总轴向力 F' 与作用于法兰内径截面上的内压引起的轴向力 F_D 之差，N；

F'_P——操作状态需要的最小垫片压紧力，N；

F'_R——作用在螺栓中心圆外侧，为平衡 F_D、F'_P、F'_T 产生的力矩所需的轴向力，N；

其他符号见 7.3。

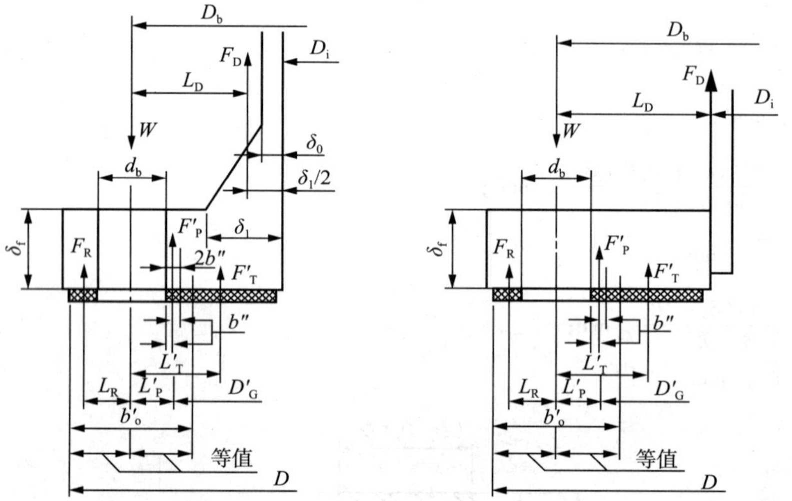

图 7－13　宽面法兰

7.8.3　垫片

常用软垫片的特性参数(m，y)按表 7－2 查取。

7.8.3.1　垫片有效密封宽度

垫片有效密封宽度按下列规定计算：

a)预紧状态有效密封宽度按式(7－44)计算：

$$b'_o = D - D_b \tag{7-43}$$

$$b' = 4\sqrt{b'_o} \tag{7-44}$$

b)操作状态垫片有效密封宽度，$2b'' = 5mm$。

7.8.3.2　垫片压紧力作用中心圆直径 D'_G(见图 7－13)按式(7－45)计算：

$$D'_G = D_b - (d_b + 2b'') \tag{7-45}$$

7.8.3.3　垫片压紧力

垫片压紧力按下列规定计算：

a)预紧状态需要的最小垫片压紧力按式(7－46)计算：

$$F'_a = 3.14 D_b b' y \tag{7-46}$$

b)操作状态需要的最小垫片压紧力按式(7－47)计算：

$$F'_p = 6.28 D'_G b'' m p_c \tag{7-47}$$

7.8.4　螺栓

7.8.4.1　螺栓布置

螺栓的布置一般按下列规定确定：

a)法兰径向尺寸 L_A、L_e 及螺栓间距 $\hat{L}$ 的最小值可按表 7－3 选取；

b)螺栓最大间距 $\hat{L}_{max}$ 不宜超过式(7－48)的计算值：

$$\widehat{L}_{\max}=3d_B+2\delta_f \tag{7-48}$$

7.8.4.2　螺栓载荷

螺栓载荷按下列规定计算：

a）预紧状态螺栓载荷按式（7－49）计算：

$$W_a=F'_a \tag{7-49}$$

b）操作状态螺栓载荷按式（7－50）计算：

$$W_p=F'+F'_p+F_R \tag{7-50}$$

式中：

$F'=0.785(D_b-d_b)^2p_c$

$$F_R=\frac{F_DL_D+F'_pL'_p+F'_TL'_T}{L_R}$$

$F'_T=F'-F_D$

$$L'_T=\frac{(D_b+d_b+2b'')-D_i}{4}$$

$$L'_p=\frac{d_b+2b''}{2}$$

$$L_R=\frac{D-(D_b+d_b)}{4}+\frac{d_b}{2}$$

7.8.4.3　螺栓面积

需要的螺栓面积和实际的螺栓面积按7.5.2.3确定。

7.8.5　法兰

7.8.5.1　法兰设计力矩

法兰设计力矩按式（7－51）计算：

$$M_o=F_RL_R \tag{7-51}$$

7.8.5.2　法兰厚度

法兰厚度按式（7－52）确定：

$$\delta_f=\sqrt{\frac{6M_o}{[\sigma]_f^t(3.14D_b-nd_b)}} \tag{7-52}$$

表7－5　整体法兰计算表

<table>
<tr><td colspan="2">计算压力 p_c</td><td></td><td>MPa</td><td rowspan="2">（垫片简图）</td><td rowspan="5">当 $b_o\leqslant 6.4$ mm 时
$b=b_o$
当 $b_o>6.4$ mm 时
$b=2.53\sqrt{b_o}$</td><td>N</td><td>mm</td></tr>
<tr><td colspan="2">设计温度 t</td><td></td><td>℃</td><td>b_o</td><td>mm</td></tr>
<tr><td colspan="2">法兰材料</td><td></td><td></td><td rowspan="3">法兰压紧面形状垫片外径</td><td>b</td><td>mm</td></tr>
<tr><td colspan="2">螺栓材料</td><td></td><td></td><td>y</td><td>MPa</td></tr>
<tr><td colspan="2">腐蚀裕量 C_2</td><td></td><td>mm</td><td>m</td><td></td></tr>
<tr><td rowspan="2">螺栓许用应力</td><td>设计温度 $[\sigma]_b^t$</td><td></td><td>MPa</td><td colspan="4">$W_a=3.14bD_Gy=$　N</td></tr>
<tr><td>室温　$[\sigma]_b$</td><td></td><td>MPa</td><td colspan="4">$F_p=6.28bD_Gmp_c=$　N</td></tr>
<tr><td rowspan="2">法兰许用应力</td><td>设计温度 $[\sigma]_f^t$</td><td></td><td>MPa</td><td colspan="2">$F=0.785D_G^2p_c=$　N</td><td colspan="2">$F_p+F=$　N</td></tr>
<tr><td>室温　$[\sigma]_f$</td><td></td><td>MPa</td><td colspan="4">$A_m=\max(W_a/[\sigma]_b,\ (F_p+F)/[\sigma]_b^t)=$　mm^2</td></tr>
<tr><td colspan="2">法兰材料弹性模量 E</td><td></td><td>MPa</td><td colspan="4">$A_b=$　mm^2</td></tr>
<tr><td colspan="4">所有尺寸均不包括腐蚀裕量</td><td colspan="4">$W=(A_m+A_b)[\sigma]_b/2=$　N</td></tr>
<tr><td colspan="8">预紧螺栓情况</td></tr>
<tr><td colspan="4">$F_G=W=$　N</td><td colspan="2">$L_G=(D_b-D_G)/2=$　mm</td><td colspan="2">$M_a=F_GL_G=$　N·mm</td></tr>
</table>

续表

操作情况					
$F_D=0.785D_i^2p_c=$	N	$L_D=L_A+0.5\delta_1=$	mm	$F_DL_D=$	N·mm
$F_G=F_p=$	N	$L_G=(D_b-D_G)/2=$	mm	$F_GL_G=$	N·mm
$F_T=F-F_D=$	N	$L_T=(L_A+\delta_1+L_G)/2=$	mm	$F_TL_T=$	N·mm
$M_p=F_DL_D+F_GL_G+F_TL_T=$					N·mm
$M_o=\max\{M_p,\ M_a[\sigma]_f^t/[\sigma]_f\}=$					N·mm

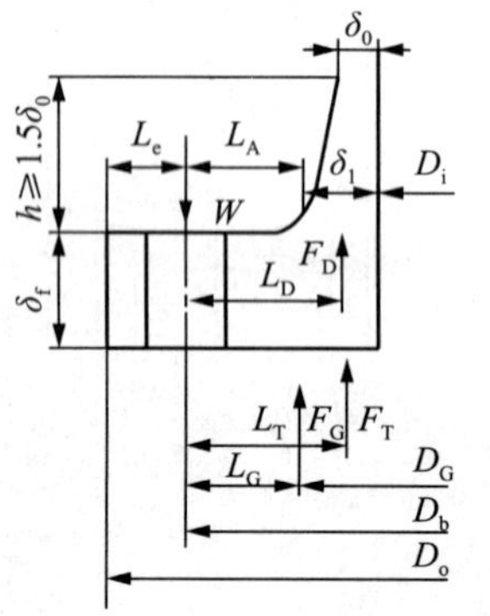

形状常数				
$h_o=\sqrt{D_i\delta_0}=$		$h/h_o=$		
$K=D_o/D_i=$		$\delta_1/\delta_0=$		
查表7-9	$T=$	查图7-3	$F_I=$	
	$Z=$	查图7-4	$V_I=$	
	$Y=$	查图7-7	$f=$	
	$U=$	$e=F_I/h_o=$		
$d_1=(U/V_I)h_o\delta_0^2=$				
δ_f(假设)= mm				
$\psi=\delta_fe+1$				
$\beta=1.33\delta_fe+1$				
$r=\psi/T$				
$\eta=\delta_f^3/d_1$				
$\lambda=\gamma+\eta$				

许用值	应力计算				
$1.5[\sigma]_f^t$或$2.5[\sigma]_n^t$	轴向应力$\sigma_H=fM_o/(\lambda\delta_1^2D_i)$	MPa			
$[\sigma]_f^t=$	径向应力$\sigma_R=\beta M_o/(\lambda\delta_f^2D_i)$	MPa			
$[\sigma]_f^t=$	切向应力$\sigma_T=YM_o/(\delta_f^2D_i)-Z\sigma_R$	MPa			
$[\sigma]_f^t=$	$\max\{(\sigma_H+\sigma_T)/2,\ (\sigma_H+\sigma_R)/2\}$	MPa			
刚度指数$J\leq1$	$J=52.14V_IM_o/(\lambda E\delta_0^2K_1h_o)$				

注：对于带颈的松式法兰，表中系数V_I、F_I应以V_L、F_L代替，f取1.0。

表7-6　活套法兰计算表

计算压力p_c			MPa	(垫片简图)	当$b_o\leq6.4$ mm时	N	mm
设计温度t			℃		$b=b_o$	b_o	mm
法兰材料				法兰压紧面形状垫片外径	当$b_o>6.4$ mm时	b	mm
螺栓材料					$b=2.53\sqrt{b_o}$	y	MPa
腐蚀裕量C_2			mm	$W_a=3.14bD_Gy=$ N		m	
螺栓许用应力	设计温度$[\sigma]_b^t$		MPa	$F_p=6.28bD_Gmp_c=$			N
	室温　$[\sigma]_b$		MPa	$F=0.785D_G^2p_c=$ N		$F_p+F=$	N
法兰许用应力	设计温度$[\sigma]_f^t$		MPa	$A_m=\max(W_a/[\sigma]_b,\ (F_p+F)/[\sigma]_b^t)=$			mm²
	室温　$[\sigma]_f$		MPa	$A_b=$			mm²

续表

所有尺寸均不包括腐蚀裕量	$W=(A_m+A_b)[\sigma]_b/2=$　N	
预紧螺栓情况		
$F_G=W=$　N	$L_G=(D_b-D_G)/2=$　mm	$M_a=F_GL_G=$　N·mm
操作情况		
$F_D=0.785D_i^2p_c=$　N	$L_D=(D_b-D_i)/2=$　mm	$F_DL_D=$　N·mm
$F_G=F_p=$　N	$L_G=(D_b-D_G)/2=$　mm	$F_GL_G=$　N·mm
$F_T=F-F_D=$　N	$L_T=(L_D+L_G)/2=$　mm	$F_TL_T=$　N·mm
$M_p=F_DL_D+F_GL_G+F_TL_T=$　N·mm		
$M_o=\max(M_p,\ M_a[\sigma]_f^t/[\sigma]_f)=$　N·mm		
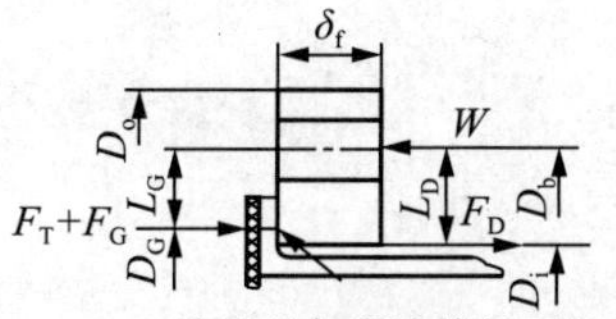 取法兰与翻边接触面的中心 与垫片位置无关 a) 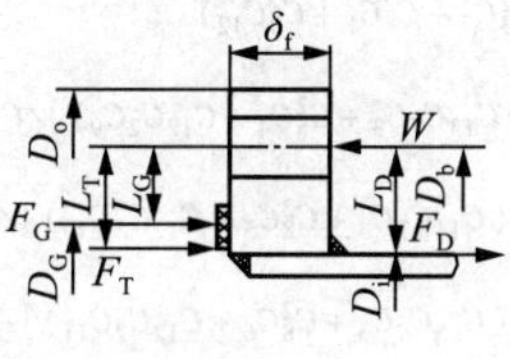 b)		形状常数： $K=D_o/D_i=$ $Y=$ 法兰厚度： $\delta_f=\sqrt{YM_o/([\sigma]_f^tD_i)}$ $=$　mm
注：本表中a)图所示法兰，$L_G=L_T=(D_b-D_G)/2$。		

表7-7　法兰系数 F_I、V_I、f、F_L、V_L 计算式

整体法兰	带颈松式法兰
$F_I=-\dfrac{E_6}{\left(\dfrac{C}{2.73}\right)^{1/4}\dfrac{(1+A)^3}{C}}$ $V_I=\dfrac{E_4}{\left(\dfrac{2.73}{C}\right)^{1/4}(1+A)^3}$ $f=C_{36}/(1+A)$ 当 $\delta_1=\delta_0$ 时， $F_I=0.908\ 920$，$V_I=0.550\ 103$，$f=1$	$F_L=-\dfrac{C_{18}\left(\dfrac{1}{2}+\dfrac{A}{6}\right)+C_{21}\left(\dfrac{1}{4}+\dfrac{11A}{84}\right)+C_{24}\left(\dfrac{1}{70}+\dfrac{A}{105}\right)-\left(\dfrac{1}{40}+\dfrac{A}{72}\right)}{\left(\dfrac{C}{2.73}\right)^{1/4}\dfrac{(1+A)^3}{C}}$ $V_L=\dfrac{\dfrac{1}{4}-\dfrac{C_{24}}{5}-\dfrac{3C_{21}}{2}-C_{18}}{\left(\dfrac{2.73}{C}\right)^{1/4}(1+A)^3}$ $f=1$
以上公式中系数： (1) $A=(\delta_1/\delta_0)-1$　(2) $C=43.68(h/h_o)^4$　(3) $C_1=1/3+A/12$	

续表

(4) $C_2=5/42+17A/336$　(5) $C_3=1/210+A/360$　(6) $C_4=11/360+59A/5040+(1+3A)/C$
(7) $C_5=1/90+5A/1008-(1+A)^3/C$　(8) $C_6=1/120+17A/5040+1/C$
(9) $C_7=215/2772+51A/1232+(60/7+225A/14+75A^2/7+5A^3/2)/C$
(10) $C_8=31/6\,930+128A/45\,045+(6/7+15A/7+12A^2/7+5A^3/11)/C$
(11) $C_9=533/30\,240+653A/73\,920+(1/2+33A/14+39A^2/28+25A^3/84)/C$
(12) $C_{10}=29/3\,780+3A/704-(1/2+33A/14+81A^2/28+13A^3/12)/C$
(13) $C_{11}=31/6048+1763A/665\,280+(1/2+6A/7+15A^2/28+5A^3/42)/C$
(14) $C_{12}=1/2\,925+71A/300\,300+(8/35+18A/35+156A^2/385+6A^3/55)/C$
(15) $C_{13}=761/831600+937A/1663200+(1/35+6A/35+11A^2/70+3A^3/70)/C$
(16) $C_{14}=197/415\,800+103A/332\,640-(1/35+6A/35+17A^2/70+A^3/10)/C$
(17) $C_{15}=233/831\,600+97A/554\,400+(1/35+3A/35+A^2/14+2A^3/105)/C$
(18) $C_{16}=C_1C_7C_{12}+C_2C_8C_3+C_3C_8C_2-(C_3^2C_7+C_8^2C_1+C_2^2C_{12})$
(19) $C_{17}=[C_4C_7C_{12}+C_2C_8C_{13}+C_3C_8C_9-(C_{13}C_7C_3+C_8^2C_4+C_{12}C_2C_9)]/C_{16}$
(20) $C_{18}=[C_5C_7C_{12}+C_2C_8C_{14}+C_3C_8C_{10}-(C_{14}C_7C_3+C_8^2C_5+C_{12}C_2C_{10})]/C_{16}$
(21) $C_{19}=[C_6C_7C_{12}+C_2C_8C_{15}+C_3C_8C_{11}-(C_{15}C_7C_3+C_8^2C_6+C_{12}C_2C_{11})]/C_{16}$
(22) $C_{20}=[C_1C_9C_{12}+C_4C_8C_3+C_3C_{13}C_2-(C_3^2C_9+C_{13}C_8C_1+C_{12}C_4C_2)]/C_{16}$
(23) $C_{21}=[C_1C_{10}C_{12}+C_5C_8C_3+C_3C_{14}C_2-(C_3^2C_{10}+C_{14}C_8C_1+C_{12}C_5C_2)]/C_{16}$
(24) $C_{22}=[C_1C_{11}C_{12}+C_6C_8C_3+C_3C_{15}C_2-(C_3^2C_{11}+C_{15}C_8C_1+C_{12}C_6C_2)]/C_{16}$
(25) $C_{23}=[C_1C_7C_{13}+C_2C_9C_3+C_4C_8C_2-(C_3C_7C_4+C_8C_9C_1+C_2^2C_{13})]/C_{16}$
(26) $C_{24}=[C_1C_7C_{14}+C_2C_{10}C_3+C_5C_8C_2-(C_3C_7C_5+C_8C_{10}C_1+C_2^2C_{14})]/C_{16}$
(27) $C_{25}=[C_1C_7C_{15}+C_2C_{11}C_3+C_6C_8C_2-(C_3C_7C_6+C_8C_{11}C_1+C_2^2C_{15})]/C_{16}$
(28) $C_{26}=-(C/4)^{1/4}$　(29) $C_{27}=C_{20}-C_{17}-5/12+C_{17}C_{26}$　(30) $C_{28}=C_{22}-C_{19}-1/12+C_{19}C_{26}$
(31) $C_{29}=-(C/4)^{1/2}$　(32) $C_{30}=-(C/4)^{3/4}$　(33) $C_{31}=3A/2-C_{17}C_{30}$
(34) $C_{32}=1/2-C_{19}C_{30}$　(35) $C_{33}=0.5C_{26}C_{32}+C_{28}C_{31}C_{29}-(0.5C_{30}C_{28}+C_{32}C_{27}C_{29})$
(36) $C_{34}=1/12+C_{18}-C_{21}-C_{18}C_{26}$　(37) $C_{35}=C_{18}C_{30}$　(38) $C_{36}=(C_{28}C_{35}C_{29}-C_{32}C_{34}C_{29})/C_{33}$
(39) $C_{37}=[0.5C_{26}C_{35}+C_{34}C_{31}C_{29}-(0.5C_{30}C_{34}+C_{35}C_{27}C_{29})]/C_{33}$　(40) $E_1=C_{17}C_{36}+C_{18}+C_{19}C_{37}$
(41) $E_2=C_{20}C_{36}+C_{21}+C_{22}C_{37}$　(42) $E_3=C_{23}C_{36}+C_{24}+C_{25}C_{37}$　(43) $E_4=1/4+C_{37}/12+C_{36}/4-E_3/5-3E_2/2-E_1$
(44) $E_5=E_1(1/2+A/6)+E_2(1/4+11A/84)+E_3(1/70+A/105)$
(45) $E_6=E_5-C_{36}(7/120+A/36+3A/C)-1/40-A/72-C_{37}(1/60+A/120+1/C)$

表 7-8　F_I、V_I 系数

δ_1/δ_0	h/h_o	F_I	V_I	δ_1/δ_0	h/h_o	F_I	V_I
1.00	0.01	0.90892	0.55010	3.00	0.06	0.90807	0.46327
1.00	0.02	0.90892	0.55010	3.00	0.07	0.90767	0.45037
1.00	0.03	0.90892	0.55010	3.00	0.08	0.90717	0.43790
1.00	0.04	0.90892	0.55010	3.00	0.09	0.90658	0.42583
1.00	0.05	0.90892	0.55010	3.00	0.10	0.90588	0.41415
1.00	0.06	0.90892	0.55010				
1.00	0.07	0.90892	0.55010	3.50	0.01	0.90894	0.53341
1.00	0.08	0.90892	0.55010	3.50	0.02	0.90897	0.51727
1.00	0.09	0.90892	0.55010	3.50	0.03	0.90899	0.50166
1.00	0.10	0.90892	0.55010	3.50	0.04	0.90898	0.48656
				3.50	0.05	0.90892	0.47196
1.50	0.01	0.90887	0.54133	3.50	0.06	0.90880	0.45785
1.50	0.02	0.90872	0.53280	3.50	0.07	0.90860	0.44421
1.50	0.03	0.90848	0.52449	3.50	0.08	0.90832	0.43103
1.50	0.04	0.90815	0.51642	3.50	0.09	0.90794	0.41829
1.50	0.05	0.90774	0.50857	3.50	0.10	0.90745	0.40597
1.50	0.06	0.90724	0.50093				
1.50	0.07	0.90666	0.49351	4.00	0.01	0.90897	0.53255
1.50	0.08	0.90600	0.48629	4.00	0.02	0.90908	0.51558
1.50	0.09	0.90527	0.47927	4.00	0.03	0.90922	0.49920
1.50	0.10	0.90447	0.47245	4.00	0.04	0.90937	0.48337
				4.00	0.05	0.90950	0.46808
2.00	0.01	0.90887	0.53774	4.00	0.06	0.90958	0.45331
2.00	0.02	0.90871	0.52573	4.00	0.07	0.90960	0.43906
2.00	0.03	0.90846	0.51408	4.00	0.08	0.90954	0.42529
2.00	0.04	0.90809	0.50276	4.00	0.09	0.90939	0.41200
2.00	0.05	0.90763	0.49178	4.00	0.10	0.90914	0.39917
2.00	0.06	0.90706	0.48112				
2.00	0.07	0.90640	0.47078	4.50	0.01	0.90900	0.53177
2.00	0.08	0.90563	0.46074	4.50	0.02	0.90919	0.51407
2.00	0.09	0.90477	0.45101	4.50	0.03	0.90947	0.49699
2.00	0.10	0.90382	0.44156	4.50	0.04	0.90978	0.48050
				4.50	0.05	0.91009	0.46460
2.50	0.01	0.90888	0.53576	4.50	0.06	0.91038	0.44925
2.50	0.02	0.90877	0.52185	4.50	0.07	0.91062	0.43445
2.50	0.03	0.90858	0.50837	4.50	0.08	0.91079	0.42017
2.50	0.04	0.90830	0.49531	4.50	0.09	0.91087	0.40640
2.50	0.05	0.90792	0.48265	4.50	0.10	0.91084	0.39312
2.50	0.06	0.90745	0.47037				
2.50	0.07	0.90688	0.45848	5.00	0.01	0.90903	0.53103
2.50	0.08	0.90620	0.44696	5.00	0.02	0.90931	0.51265
2.50	0.09	0.90543	0.43580	5.00	0.03	0.90971	0.49492
2.50	0.10	0.90455	0.42499	5.00	0.04	0.91019	0.47783
				5.00	0.05	0.91069	0.46135
3.00	0.01	0.90891	0.53443	5.00	0.06	0.91119	0.44547
3.00	0.02	0.90886	0.51926	5.00	0.07	0.91164	0.43017
3.00	0.03	0.90877	0.50457	5.00	0.08	0.91204	0.41542
3.00	0.04	0.90861	0.49035	5.00	0.09	0.91234	0.40121
3.00	0.05	0.90838	0.47659	5.00	0.10	0.91254	0.38752

表 7-9　系数 *K*、*T*、*Z*、*Y*、*U*

K	*T*	*Z*	*Y*	*U*	*K*	*T*	*Z*	*Y*	*U*
1.001	1.91	1000.50	1899.43	2078.85	1.061	1.89	16.91	32.55	35.78
1.002	1.91	500.50	951.81	1052.80	1.062	1.89	16.64	32.04	35.21
1.003	1.91	333.83	637.56	700.80	1.063	1.89	16.40	31.55	34.68
1.004	1.91	250.50	478.04	525.45	1.064	1.89	16.15	31.08	34.17
1.005	1.91	200.50	383.67	421.72	1.065	1.89	15.90	30.61	33.65
1.006	1.91	167.17	319.71	351.42	1.066	1.89	15.67	30.17	33.17
1.007	1.91	143.36	274.11	301.30	1.067	1.89	15.45	29.74	32.69
1.008	1.91	125.50	239.95	263.75	1.068	1.89	15.22	29.32	32.22
1.009	1.91	111.61	213.40	234.42	1.069	1.89	15.02	28.91	31.79
1.010	1.91	100.50	192.19	211.19	1.070	1.89	14.80	28.51	31.34
1.011	1.91	91.41	174.83	192.13	1.071	1.89	14.61	28.13	30.92
1.012	1.91	83.84	160.38	176.25	1.072	1.89	14.41	27.76	30.51
1.013	1.91	77.43	148.06	162.81	1.073	1.89	14.22	27.39	30.11
1.014	1.91	71.93	137.69	151.30	1.074	1.88	14.04	27.04	29.72
1.015	1.91	67.17	128.61	141.33	1.075	1.88	13.85	26.69	29.34
1.016	1.90	63.00	120.56	132.49	1.076	1.88	13.68	26.36	28.96
1.017	1.90	59.33	111.98	124.81	1.077	1.88	13.56	26.03	28.69
1.018	1.90	56.06	107.36	118.00	1.078	1.88	13.35	25.72	28.27
1.019	1.90	53.14	101.72	111.78	1.079	1.88	13.18	25.40	27.92
1.020	1.90	50.51	96.73	106.30	1.080	1.88	13.02	25.10	27.59
1.021	1.90	48.12	92.21	101.33	1.081	1.88	12.87	24.81	27.27
1.022	1.90	45.96	88.04	96.75	1.082	1.88	12.72	24.52	26.95
1.023	1.90	43.98	84.30	92.64	1.083	1.88	12.57	24.24	26.65
1.024	1.90	42.17	80.81	88.81	1.084	1.88	12.43	24.00	26.34
1.025	1.90	40.51	77.61	85.29	1.085	1.88	12.29	23.69	26.05
1.026	1.90	38.97	74.70	82.09	1.086	1.88	12.15	23.44	25.57
1.027	1.90	37.54	77.97	79.08	1.087	1.88	12.02	23.18	25.48
1.028	1.90	36.22	69.43	76.30	1.088	1.88	11.89	22.93	25.02
1.029	1.90	34.99	67.11	73.75	1.089	1.88	11.76	22.68	24.93
1.030	1.90	33.84	64.91	71.33	1.090	1.88	11.63	22.44	24.66
1.031	1.90	32.76	62.85	69.06	1.091	1.88	11.52	22.22	24.41
1.032	1.90	31.76	60.92	66.94	1.092	1.88	11.40	21.99	24.16
1.033	1.90	30.81	59.11	63.95	1.093	1.88	11.28	21.76	23.91
1.034	1.90	29.92	57.41	63.08	1.094	1.88	11.16	21.54	23.67
1.035	1.90	29.08	55.80	61.32	1.095	1.88	11.05	21.32	23.44
1.036	1.90	28.29	54.29	59.66	1.096	1.88	10.94	21.11	23.20
1.037	1.90	27.54	52.85	58.08	1.097	1.88	10.83	20.91	22.97
1.038	1.90	26.83	51.50	56.59	1.098	1.88	10.73	20.71	22.75
1.039	1.90	26.15	50.21	55.17	1.099	1.88	10.62	20.51	22.39
1.040	1.90	25.51	48.97	53.82	1.100	1.88	10.52	20.31	22.18
1.041	1.90	24.90	47.81	53.10	1.101	1.88	10.43	20.15	22.12
1.042	1.90	24.32	46.71	51.33	1.102	1.88	10.33	19.94	21.92
1.043	1.90	23.77	45.64	50.15	1.103	1.88	10.23	19.76	21.72
1.044	1.90	23.23	44.64	49.05	1.104	1.88	10.14	19.58	21.52
1.045	1.90	22.74	43.69	48.02	1.105	1.88	10.05	19.38	21.30
1.046	1.90	22.05	42.75	46.99	1.106	1.88	9.96	19.33	21.14
1.047	1.90	21.79	41.87	46.03	1.107	1.87	9.87	19.07	20.96
1.048	1.90	21.35	41.02	45.09	1.108	1.87	9.78	18.90	20.77
1.049	1.90	20.92	40.21	44.21	1.109	1.87	9.70	18.74	20.59
1.050	1.89	20.51	39.43	43.34	1.110	1.87	9.62	18.55	20.38
1.051	1.89	20.12	38.68	42.51	1.111	1.87	9.54	18.42	20.25
1.052	1.89	19.74	37.96	41.73	1.112	1.87	9.46	18.27	20.08
1.053	1.89	19.38	37.27	40.69	1.113	1.87	9.38	18.13	19.91
1.054	1.89	19.03	36.60	40.23	1.114	1.87	9.30	17.97	19.75
1.055	1.89	18.69	35.96	39.64	1.115	1.87	9.22	17.81	19.55
1.056	1.89	18.38	35.34	38.84	1.116	1.87	9.15	17.68	19.43
1.057	1.89	18.06	34.74	38.19	1.117	1.87	9.07	17.54	19.27
1.058	1.89	17.76	34.17	37.56	1.118	1.87	9.00	17.40	19.12
1.059	1.89	17.47	33.92	36.95	1.119	1.87	8.94	17.27	18.98
1.060	1.89	17.18	33.64	36.34	1.120	1.87	8.86	17.13	18.80

表7-9(续)

K	*T*	*Z*	*Y*	*U*	*K*	*T*	*Z*	*Y*	*U*
1.121	1.87	8.79	17.00	18.68	1.171	1.85	6.39	12.38	13.60
1.122	1.87	8.72	16.87	18.54	1.172	1.85	6.35	12.31	13.53
1.123	1.87	8.66	16.74	18.40	1.173	1.85	6.32	12.25	13.46
1.124	1.87	8.59	16.62	18.26	1.174	1.85	6.29	12.18	13.39
1.125	1.87	8.53	16.49	18.11	1.175	1.85	6.25	12.10	13.30
1.126	1.87	8.47	16.37	17.99	1.176	1.85	6.22	12.06	13.25
1.127	1.87	8.40	16.25	17.86	1.177	1.85	6.19	12.00	13.18
1.128	1.87	8.34	16.14	17.73	1.178	1.85	6.16	11.93	13.11
1.129	1.87	8.28	16.02	17.60	1.179	1.85	6.13	11.87	13.05
1.130	1.87	8.22	15.91	17.48	1.180	1.85	6.10	11.79	12.96
1.131	1.87	8.16	15.79	17.35	1.181	1.85	6.07	11.76	12.92
1.132	1.87	8.11	15.68	17.24	1.182	1.85	6.04	11.70	12.86
1.133	1.86	8.05	15.57	17.11	1.183	1.85	6.01	11.64	12.79
1.134	1.86	7.99	15.46	16.99	1.184	1.85	5.98	11.58	12.73
1.135	1.86	7.94	15.36	16.90	1.185	1.85	5.95	11.50	12.64
1.136	1.86	7.88	15.26	16.77	1.186	1.85	5.92	11.47	12.61
1.137	1.86	7.83	15.15	16.65	1.187	1.85	5.89	11.42	12.54
1.138	1.86	7.78	15.05	16.54	1.188	1.85	5.86	11.36	12.49
1.139	1.86	7.73	14.95	16.43	1.189	1.85	5.83	11.31	12.43
1.140	1.86	7.68	14.86	16.35	1.190	1.84	5.81	11.26	12.37
1.141	1.86	7.62	14.76	16.22	1.191	1.84	5.78	11.20	12.31
1.142	1.86	7.57	14.66	16.11	1.192	1.84	5.75	11.15	12.25
1.143	1.86	7.53	14.57	16.01	1.193	1.84	5.73	11.10	12.20
1.144	1.86	7.48	14.48	15.91	1.194	1.84	5.70	11.05	12.14
1.145	1.86	7.43	14.39	15.83	1.195	1.84	5.67	11.00	12.08
1.146	1.86	7.38	14.29	15.71	1.196	1.84	5.65	10.95	12.03
1.147	1.86	7.34	14.20	15.61	1.197	1.84	5.62	10.90	11.97
1.148	1.86	7.29	14.12	15.51	1.198	1.84	5.60	10.85	11.92
1.149	1.86	7.25	14.03	15.42	1.199	1.84	5.57	10.80	11.87
1.150	1.86	7.20	13.95	15.34	1.200	1.84	5.55	10.75	11.81
1.151	1.86	7.16	13.86	15.23	1.201	1.84	5.52	10.70	11.76
1.152	1.86	7.11	13.77	15.14	1.202	1.84	5.50	10.65	11.71
1.153	1.86	7.07	13.69	15.05	1.203	1.84	5.47	10.61	11.66
1.154	1.86	7.03	13.61	14.96	1.204	1.84	5.45	10.56	11.61
1.155	1.86	6.99	13.54	14.87	1.205	1.84	5.42	10.52	11.56
1.156	1.86	6.95	13.45	14.78	1.206	1.84	5.40	10.47	11.51
1.157	1.86	6.91	13.37	14.70	1.207	1.84	5.38	10.43	11.46
1.158	1.86	6.87	13.30	14.61	1.208	1.84	5.35	10.38	11.41
1.159	1.86	6.83	13.22	14.53	1.209	1.84	5.33	10.34	11.36
1.160	1.86	6.79	13.15	14.45	1.210	1.84	5.31	10.30	11.32
1.161	1.85	6.75	13.07	14.36	1.211	1.83	5.29	10.25	11.27
1.162	1.85	6.71	13.00	14.28	1.212	1.83	5.27	10.21	11.22
1.163	1.85	6.67	12.92	14.20	1.213	1.83	5.24	10.16	11.17
1.164	1.85	6.64	12.85	14.12	1.214	1.83	5.22	10.12	11.12
1.165	1.85	6.60	12.78	14.04	1.215	1.83	5.20	10.09	11.09
1.166	1.85	6.56	12.71	13.97	1.216	1.83	5.18	10.04	11.03
1.167	1.85	6.53	12.64	13.89	1.217	1.83	5.16	10.00	10.99
1.168	1.85	6.49	12.58	13.82	1.218	1.83	5.14	9.96	10.94
1.169	1.85	6.46	12.51	13.74	1.219	1.83	5.12	9.92	10.90
1.170	1.85	6.42	12.43	13.66	1.220	1.83	5.10	9.89	10.87

表 7 -9(续)

K	T	Z	Y	U	K	T	Z	Y	U
1.221	1.83	5.07	9.84	10.81	1.271	1.81	4.25	8.23	9.05
1.222	1.83	5.05	9.80	10.77	1.272	1.81	4.24	8.21	9.02
1.223	1.83	5.03	9.76	10.73	1.273	1.81	4.22	8.18	8.99
1.224	1.83	5.01	9.72	10.68	1.274	1.81	4.21	8.15	8.96
1.225	1.83	5.00	9.69	10.65	1.275	1.81	4.20	8.13	8.93
1.226	1.83	4.98	9.65	10.60	1.276	1.81	4.18	8.11	8.91
1.227	1.83	4.96	9.61	10.56	1.277	1.81	4.17	8.08	8.88
1.228	1.83	4.94	9.57	10.52	1.278	1.81	4.16	8.05	8.85
1.229	1.83	4.92	9.53	10.48	1.279	1.81	4.15	8.03	8.82
1.230	1.83	4.90	9.50	10.44	1.280	1.81	4.13	8.01	8.79
1.231	1.83	4.88	9.46	10.40	1.281	1.81	4.12	7.98	8.77
1.232	1.83	4.86	9.43	10.36	1.282	1.81	4.11	7.96	8.74
1.233	1.83	4.84	9.39	10.32	1.283	1.80	4.10	7.93	8.71
1.234	1.83	4.83	9.36	10.28	1.284	1.80	4.08	7.91	8.69
1.235	1.83	4.81	9.32	10.24	1.285	1.80	4.07	7.89	8.66
1.236	1.82	4.79	9.29	10.20	1.286	1.80	4.06	7.86	8.64
1.237	1.82	4.77	9.25	10.17	1.287	1.80	4.05	7.84	8.61
1.238	1.82	4.76	9.22	10.13	1.288	1.80	4.04	7.81	8.59
1.239	1.82	4.74	9.18	10.09	1.289	1.80	4.02	7.79	8.56
1.240	1.82	4.72	9.15	10.05	1.290	1.80	4.91	7.77	8.53
1.241	1.82	4.70	9.12	10.02	1.291	1.80	4.00	7.75	8.51
1.242	1.82	4.69	9.08	9.98	1.292	1.80	3.99	7.72	8.48
1.243	1.82	4.67	9.05	9.95	1.293	1.80	3.98	7.70	8.46
1.244	1.82	4.65	9.02	9.91	1.294	1.80	3.97	7.68	8.43
1.245	1.82	4.64	8.99	9.87	1.295	1.80	3.95	7.66	8.41
1.246	1.82	4.62	8.95	9.84	1.296	1.80	3.94	7.63	8.39
1.247	1.82	4.60	8.92	9.81	1.297	1.80	3.93	7.61	8.36
1.248	1.82	4.59	8.89	9.77	1.298	1.80	3.92	7.59	8.33
1.249	1.82	4.57	8.86	9.74	1.299	1.80	3.91	7.57	8.31
1.250	1.82	4.56	8.83	9.70	1.300	1.80	3.90	7.55	8.29
1.251	1.82	4.54	8.80	9.67	1.301	1.80	3.89	7.53	8.27
1.252	1.82	4.52	8.77	9.64	1.302	1.80	3.88	7.50	8.24
1.253	1.82	4.51	8.74	9.60	1.303	1.80	3.87	7.48	8.22
1.254	1.82	4.49	8.71	9.57	1.304	1.80	3.86	7.46	8.20
1.255	1.82	4.48	8.68	9.54	1.305	1.80	3.84	7.44	8.18
1.256	1.82	4.46	8.65	9.51	1.306	1.80	3.83	7.42	8.16
1.257	1.82	4.45	8.62	9.47	1.307	1.80	3.82	7.40	8.13
1.258	1.81	4.43	8.59	9.44	1.308	1.79	3.81	7.38	8.11
1.259	1.81	4.42	8.56	9.41	1.309	1.79	3.80	7.36	8.09
1.260	1.81	4.40	8.53	9.38	1.310	1.79	3.79	7.34	8.07
1.261	1.81	4.39	8.51	9.35	1.311	1.79	3.78	7.32	8.05
1.262	1.81	4.37	8.49	9.32	1.312	1.79	3.77	7.30	8.02
1.263	1.81	4.36	8.45	9.28	1.313	1.79	3.76	7.28	8.00
1.264	1.81	4.35	8.42	9.25	1.314	1.79	3.75	7.26	7.98
1.265	1.81	4.33	8.39	9.23	1.315	1.79	3.74	7.24	7.96
1.266	1.81	4.32	8.37	9.19	1.316	1.79	3.73	7.22	7.94
1.267	1.81	4.30	8.34	9.16	1.317	1.79	3.72	7.20	7.92
1.268	1.81	4.29	8.31	9.14	1.318	1.79	3.71	7.18	7.89
1.269	1.81	4.28	8.29	9.11	1.319	1.79	3.70	7.16	7.87
1.270	1.81	4.26	8.26	9.08	1.320	1.79	3.69	7.14	7.85

表7-9(续)

K	T	Z	Y	U	K	T	Z	Y	U
1.321	1.79	3.68	7.12	7.83	1.371	1.77	3.27	6.31	6.93
1.322	1.79	3.67	7.10	7.81	1.372	1.77	3.27	6.30	6.91
1.323	1.79	3.67	7.09	7.79	1.373	1.77	3.26	6.28	6.90
1.324	1.79	3.66	7.07	7.77	1.374	1.77	3.25	6.27	6.89
1.325	1.79	3.65	7.05	7.75	1.375	1.77	3.25	6.25	6.87
1.326	1.79	3.64	7.03	7.73	1.376	1.77	3.24	6.24	6.86
1.327	1.79	3.63	7.01	7.71	1.377	1.77	3.23	6.22	6.84
1.328	1.78	3.62	7.00	7.69	1.378	1.77	3.22	6.21	6.82
1.329	1.78	3.61	6.98	7.67	1.379	1.77	3.22	6.19	6.81
1.330	1.78	3.60	6.96	7.65	1.380	1.77	3.21	6.18	6.80
1.331	1.78	3.59	6.94	7.63	1.381	1.76	3.20	6.17	6.79
1.332	1.78	3.58	6.92	7.61	1.382	1.76	3.20	6.16	6.77
1.333	1.78	3.57	6.91	7.59	1.383	1.76	3.19	6.14	6.75
1.334	1.78	3.57	6.89	7.57	1.384	1.76	3.18	6.13	6.74
1.335	1.78	3.56	6.87	7.55	1.385	1.76	3.18	6.12	6.73
1.336	1.78	3.55	6.85	7.53	1.386	1.76	3.17	6.11	6.72
1.337	1.78	3.54	6.84	7.51	1.387	1.76	3.16	6.10	6.70
1.338	1.78	3.53	6.82	7.50	1.388	1.76	3.16	6.08	6.68
1.339	1.78	3.52	6.81	7.48	1.389	1.76	3.15	6.07	6.67
1.340	1.78	3.51	6.79	7.46	1.390	1.76	3.15	6.06	6.66
1.341	1.78	3.51	6.77	7.44	1.391	1.76	3.14	6.05	6.64
1.342	1.78	3.50	6.76	7.42	1.392	1.76	3.13	6.04	6.63
1.343	1.78	3.49	6.74	7.41	1.393	1.76	3.13	6.02	6.61
1.344	1.78	3.48	6.72	7.39	1.394	1.76	3.12	6.01	6.60
1.345	1.78	3.47	6.71	7.37	1.395	1.76	3.11	6.00	6.59
1.346	1.78	3.46	6.69	7.35	1.396	1.76	3.11	5.99	6.58
1.347	1.78	3.46	6.68	7.33	1.397	1.76	3.10	5.98	6.56
1.348	1.78	3.45	6.66	7.32	1.398	1.75	3.10	5.96	6.55
1.349	1.78	3.44	6.65	7.30	1.399	1.75	3.09	5.95	6.53
1.350	1.78	3.43	6.63	7.28	1.400	1.75	3.08	5.94	6.52
1.351	1.78	3.42	6.61	7.27	1.401	1.75	3.08	5.93	6.50
1.352	1.78	3.42	6.60	7.25	1.402	1.75	3.07	5.92	6.49
1.353	1.77	3.41	6.58	7.23	1.403	1.75	3.07	5.90	6.47
1.354	1.77	3.40	6.57	7.21	1.404	1.75	3.06	5.89	6.46
1.355	1.77	3.39	6.55	7.19	1.405	1.75	3.05	5.88	6.45
1.356	1.77	3.38	6.53	7.17	1.406	1.75	3.05	5.87	6.44
1.357	1.77	3.38	6.52	7.16	1.407	1.75	3.04	5.86	6.43
1.358	1.77	3.37	6.50	7.14	1.408	1.75	3.04	5.84	6.41
1.359	1.77	3.36	6.49	7.12	1.409	1.75	3.03	5.83	6.40
1.360	1.77	3.35	6.47	7.11	1.410	1.75	3.02	5.82	6.39
1.361	1.77	3.35	6.45	7.09	1.411	1.75	3.02	5.81	6.38
1.362	1.77	3.34	6.44	7.08	1.412	1.75	3.01	5.80	6.37
1.363	1.77	3.33	6.42	7.06	1.413	1.75	3.01	5.78	6.35
1.364	1.77	3.32	6.41	7.04	1.414	1.75	3.00	5.77	6.34
1.365	1.77	3.32	6.39	7.03	1.415	1.75	3.00	5.76	6.33
1.366	1.77	3.31	6.38	7.01	1.416	1.75	2.99	5.75	6.32
1.367	1.77	3.30	6.37	7.00	1.417	1.75	2.98	5.74	6.31
1.368	1.77	3.30	6.35	6.98	1.418	1.75	2.98	5.72	6.29
1.369	1.77	3.29	6.34	6.97	1.419	1.75	2.97	5.71	6.28
1.370	1.77	3.28	6.32	6.95	1.420	1.75	2.97	5.70	6.27

表7-9(续)

K	*T*	*Z*	*Y*	*U*	*K*	*T*	*Z*	*Y*	*U*
1.421	1.75	2.96	5.69	6.26	1.471	1.72	2.72	5.19	5.70
1.422	1.75	2.96	5.68	6.25	1.472	1.72	2.71	5.18	5.69
1.423	1.75	2.95	5.67	6.23	1.473	1.72	2.71	5.18	5.68
1.424	1.74	2.95	5.66	6.22	1.474	1.72	2.71	5.17	5.67
1.425	1.74	2.94	5.65	6.21	1.475	1.72	2.70	5.16	5.66
1.426	1.74	2.94	5.64	6.20	1.476	1.72	2.70	5.15	5.65
1.427	1.74	2.93	5.63	6.19	1.477	1.72	2.69	5.14	5.64
1.428	1.74	2.92	5.62	6.17	1.478	1.72	2.69	5.14	5.63
1.429	1.74	2.92	5.61	6.16	1.479	1.72	2.68	5.13	5.62
1.430	1.74	2.91	5.60	6.15	1.480	1.72	2.68	5.12	5.61
1.431	1.74	2.91	5.59	6.14	1.481	1.72	2.68	5.11	5.60
1.432	1.74	2.90	5.58	6.13	1.482	1.72	2.67	5.10	5.59
1.433	1.74	2.90	5.57	6.11	1.483	1.72	2.67	5.10	5.59
1.434	1.74	2.89	5.56	6.10	1.484	1.72	2.66	5.09	5.58
1.435	1.74	2.89	5.55	6.09	1.485	1.72	2.66	5.08	5.57
1.436	1.74	2.88	5.54	6.08	1.486	1.72	2.66	5.07	5.56
1.437	1.74	2.88	5.53	6.07	1.487	1.72	2.65	5.06	5.55
1.438	1.74	2.87	5.52	6.05	1.488	1.72	2.65	5.06	5.55
1.439	1.74	2.87	5.51	6.04	1.489	1.72	2.64	5.05	5.54
1.440	1.74	2.86	5.50	6.03	1.490	1.72	2.64	5.04	5.53
1.441	1.74	2.86	5.49	6.02	1.491	1.72	2.64	5.03	5.52
1.442	1.74	2.85	5.48	6.01	1.492	1.72	2.63	5.02	5.51
1.443	1.74	2.85	5.47	6.00	1.493	1.71	2.63	5.02	5.51
1.444	1.74	2.84	5.46	5.99	1.494	1.71	2.62	5.01	5,50
1.445	1.74	2.84	5.45	5.98	1.495	1.71	2.62	5.00	5.49
1.446	1.74	2.83	5.44	5.97	1.496	1.71	2.62	4.99	5.48
1.447	1.73	2.83	5.43	5.96	1.497	1.71	2.61	4.98	5.47
1.448	1.73	2.82	5.42	5.95	1.498	1.71	2.61	4.98	5.47
1.449	1.73	2.82	5.41	5.94	1.499	1.71	2.60	4.97	5.46
1.450	1.73	2.81	5.40	5.93	1.500	1.71	2.60	4.96	5.45
1.451	1.73	2.81	5.39	5.92	1.501	1.71	2.60	4.95	5.44
1.452	1.73	2.80	5.38	5.91	1.502	1.71	2.59	4.94	5.43
1.453	1.73	2.80	5.37	5.90	1.503	1.71	2.59	4.94	5.43
1.454	1.73	2.80	5.36	5.89	1.504	1.71	2.58	4.93	5.42
1.455	1.73	2.79	5.35	5.88	1.505	1.71	2.58	4.92	5.41
1.456	1.73	2.79	5.34	5.87	1.506	1.71	2.58	4.91	5.40
1.457	1.73	2.78	5.33	5.86	1.507	1.71	2.57	4.90	5.39
1.458	1.73	2.78	5.32	5.85	1.508	1.71	2.57	4.90	5.39
1.459	1.73	2.77	5.31	5.84	1.509	1.71	2.57	4.89	5.38
1.460	1.73	2.77	5.30	5.83	1.510	1.71	2.56	4.88	5.37
1.461	1.73	2.76	5.29	5.82	1.511	1.71	2.56	4.87	5.36
1.462	1.73	2.76	5.28	5.80	1.512	1.71	2.56	4.86	5.35
1.463	1.73	2.75	5.27	5.79	1.513	1.71	2.55	4.86	5.35
1.464	1.73	2.75	5.26	5.78	1.514	1.71	2.55	4.85	5.34
1.465	1.73	2.74	5.25	5.77	1.515	1.71	2.54	4.84	5.33
1.466	1.73	2.74	5.24	5.76	1.516	1.71	2.54	4.83	5.22
1.467	1.73	2.74	5.23	5.74	1.517	1.71	2.54	4.82	5.31
1.468	1.72	2.73	5.22	5.73	1.518	1.71	2.53	4.82	5.31
1.469	1.72	2.73	5.21	5.72	1.519	1.70	2.53	4.81	5.30
1.470	1.72	2.72	5.20	5.71	1.520	1.70	2.53	4.80	5.29

表7-9(续)

K	T	Z	Y	U	K	T	Z	Y	U
1.521	1.70	2.52	4.79	5.28	1.551	1.69	2.42	4.60	5.05
1.522	1.70	2.52	4.79	5.27	1.552	1.69	2.42	4.59	5.04
1.523	1.70	2.52	4.78	5.27	1.553	1.69	2.42	4.58	5.03
1.524	1.70	2.51	4.78	5.26	1.554	1.69	2.41	4.58	5.03
1.525	1.70	2.51	4.77	5.25	1.555	1.69	2.41	4.57	5.02
1.526	1.70	2.51	4.77	5.24	1.556	1.69	2.41	4.57	5.02
1.527	1.70	2.50	4.76	5.23	1.557	1.69	2.40	4.56	5.01
1.528	1.70	2.50	4.76	5.23	1.558	1.69	2.40	4.56	5.00
1.529	1.70	2.49	4.75	5.22	1.559	1.69	2.40	4.55	4.99
1.530	1.70	2.49	4.74	5.21	1.560	1.69	2.40	4.54	4.99
1.531	1.70	2.49	4.73	5.20	1.561	1.69	2.39	4.54	4.98
1.532	1.70	2.48	4.72	5.19	1.562	1.69	2.39	4.53	4.97
1.533	1.70	2.48	4.72	5.19	1.563	1.68	2.39	4.52	4.97
1.534	1.70	2.48	4.71	5.17	1.564	1.68	2.38	4.51	4.96
1.535	1.70	2.47	4.70	5.17	1.565	1.68	2.38	4.51	4.95
1.536	1.70	2.47	4.69	5.16	1.566	1.68	2.38	4.50	4.95
1.537	1.70	2.47	4.68	5.15	1.567	1.68	2.37	4.50	4.94
1.538	1.69	2.46	4.68	5.15	1.568	1.68	2.37	4.49	4.93
1.539	1.69	2.46	4.67	5.14	1.569	1.68	2.37	4.48	4.92
1.540	1.69	2.46	4.66	5.13	1.570	1.68	2.37	4.48	4.92
1.541	1.69	2.45	4.66	5.12	1.571	1.68	2.36	4.47	4.91
1.542	1.69	2.45	4.65	5.11	1.572	1.68	2.36	4.47	4.91
1.543	1.69	2.45	4.64	5.11	1.573	1.68	2.36	4.46	4.90
1.544	1.69	2.45	4.64	5.10	1.574	1.68	2.35	4.46	4.89
1.545	1.69	2.44	4.63	5.09	1.575	1.68	2.35	4.45	4.89
1.546	1.69	2.44	4.63	5.08	1.576	1.68	2.35	4.44	4.88
1.547	1.69	2.44	4.62	5.07	1.577	1.68	2.35	4.44	4.88
1.548	1.69	2.43	4.62	5.07	1.578	1.68	2.34	4.43	4.87
1.549	1.69	2.42	4.61	5.06	1.579	1.68	2.34	4.42	4.86
1.550	1.69	2.43	4.60	5.05	1.580	1.68	2.34	4.42	4.86

附录 A　(规范性附录)非圆形截面容器(略)

附录 B　(规范性附录)钢带错绕筒体(略)

附录 C
（资料性附录）
密封结构

C.1　总则

本附录规定了圆筒形压力容器用金属平垫密封、双锥密封、伍德密封、卡扎里密封、八角垫和椭圆垫密封、卡箍紧固结构的设计方法。各密封结构型式的适用范围见表 C.1。

表 C.1　适用范围

密封结构型式	设计温度/℃	设计压力/MPa	内直径 D_i/mm
金属平垫密封	0～200	≤16	≤1000
		>16～22	≤800
		>22～35	≤600
双锥密封	0～400	6.4～35	400～3200
伍德密封 卡扎里密封 八角垫和椭圆垫密封 卡箍紧固结构		≤35	

C.2　金属平垫密封

C.2.1　符号

b——平垫片宽度，mm；

D_i——内直径，mm；

δ——平垫片厚度，mm；

δ_p——平盖厚度，mm。

C.2.2　结构

金属平垫密封的结构见图 C.1。

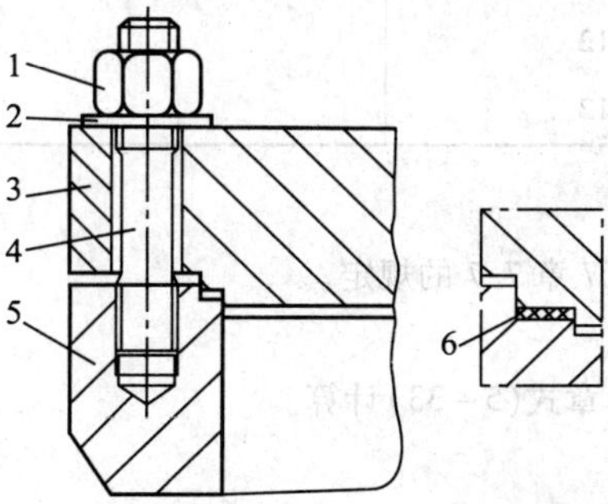

说明：
1—主螺母；
2—垫圈；
3—平盖；
4—主螺栓；
5—筒体端部；
6—平垫片。

图 C.1　金属平垫密封结构

C.2.3　平垫片材料和尺寸

C.2.3.1　平垫片材料

a）退火铝（硬度为 15HBW10/250～30 HBW10/250）；

b）退火紫铜（硬度为 30 HBW10/500～50 HBW10/500）；

c）10 钢。

C. 2. 3. 2　平垫片的宽度 b 和厚度 δ 按表 C. 2 和表 C. 3 选取。

表 C. 2　平垫片宽度 b

设计压力 MPa	内直径 D_i/mm								
	≤100	>100～200	>200～300	>300～400	>400～500	>500～600	>600～700	>700～800	>800～1000
	平垫片宽度/mm								
≤16	6	6	6	7	8	9	10	10	12
>16～22	6	6	7	8	9	10	10	12	—
>22～35	6	7	8	9	10	12	—	—	—

表 C. 3　平垫片厚度 δ　mm

宽度 b	厚度 δ
6	3
7～9	5
10～12	6

C. 2. 4　密封面

密封面尺寸按表 C. 4 确定。平盖和筒体端部的密封面上应各有 2 条深 1mm 的三角形沟槽。密封面配合公差见图 C. 2。

表 C. 4　密封面尺寸　mm

D_i	D_1	h_1	h_2
≤100	D_i+6	$2\delta+1$	2.5δ
>100～200	D_i+8		
>200～400	D_i+10		
>400～600	D_i+12		
>600～800	D_i+12		
>800～1000	D_i+12		

C. 2. 5　筒体端部

筒体端部和主螺栓、主螺母的设计按第 7 章 7. 7 的规定。

C. 2. 6　平盖

平盖的结构见图 C. 3，其厚度 δ_p 按第 5 章式(5－33)计算。

C. 3　双锥密封

C. 3. 1　符号

A——双锥环高度，mm；

B——双锥环厚度，mm；

b——双锥环的有效高度，mm；

C——双锥环外侧面高度，mm；

D_b——螺栓孔中心圆直径，mm；

D_G——密封面平均直径，mm；

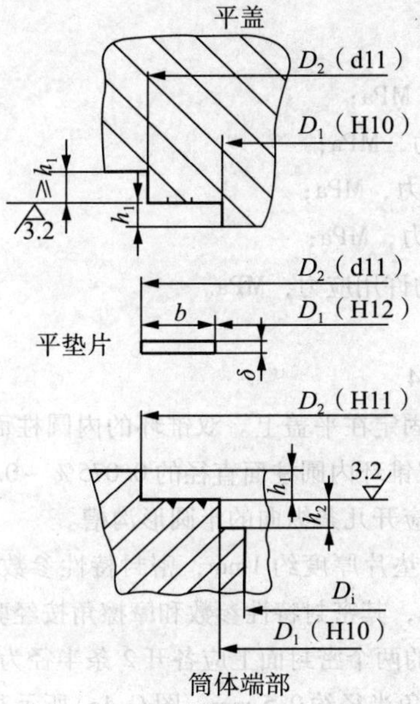

图 C.2　密封面配合公差

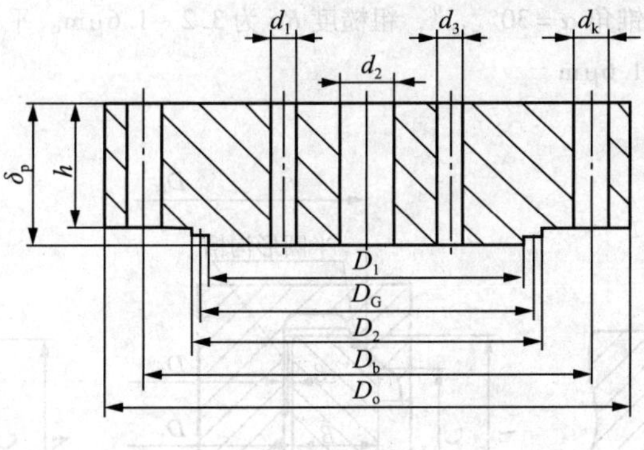

图 C.3　平盖

D_i——内直径，mm；

D_T——平盖支撑面直径，mm；

D_1——双锥环内圆柱面直径，mm；

E——设计温度下材料的弹性模量，MPa；

F——内压引起的轴向力，N；

F_c——双锥环回弹力的轴向分力，N；

F_p——双锥环自紧作用的轴向分力，N；

f——双锥环的截面积，mm^2；

g——单侧径向间隙（见图 C.4），mm；

h_1——厚度（见图 C.5），mm；

p_c——计算压力，MPa；

W——主螺栓总载荷，N；

W_a——预紧状态的螺栓载荷，N；

W_p——操作状态的螺栓载荷，N；

y——密封比压，MPa；

α——双锥环密封面锥角，(°)；

ρ——摩擦角；

τ_a——a—a 环向截面的切应力，MPa；

σ_m——双锥环中点处的弯曲应力，MPa；

σ_{ma}——a—a 环向截面的弯曲应力，MPa；

σ_{oa}——a—a 环向截面的当量应力，MPa；

$[\sigma]^t$——设计温度下元件材料的许用应力，MPa。

C. 3. 2　结构

C. 3. 2. 1　双锥密封结构见图 C. 4。

C. 3. 2. 2　双锥环用托环、螺栓固定在平盖上。双锥环的内圆柱面与平盖的圆柱支承面之间的单侧径向间隙$[g=(D_1-D_T)/2]$应控制在双锥环内圆柱面直径的 0. 075% ~0. 125%。

C. 3. 2. 3　平盖的圆柱支承面上应开几条纵向的半圆形沟槽。

C. 3. 2. 4　密封面之间的软金属垫片厚度约 1mm，密封特性参数按表 7－2。非金属垫片厚度为0. 5 ~ 1mm，软金属丝直径 ds，为 2 ~5 mm，其密封特性参数和摩擦角按经验确定。

C. 3. 2. 5　图 C. 4b) 所示双锥环的两个密封面上应各开 2 条半径为 1 ~1. 5mm，深 1mm 的半圆形沟槽或深 1 mm 的三角形沟槽，沟槽槽口圆角半径约 0. 5 mm；图 C. 4c) 所示双锥环的两个密封面上应各开 1 条或 2 条半圆形沟槽，沟槽直径为 $ds^{+0.1}$ mm。

C. 3. 2. 6　双锥环密封面锥角 $\alpha=30°{}_{-15'}^{\ 0}$，粗糙度 Ra 为 3. 2 ~1. 6μm。平盖及筒体端部密封面锥角 $\alpha=30°{}_{+15'}^{\ 0}$，粗糙度 Ra 为 3. 2 ~1. 6μm。

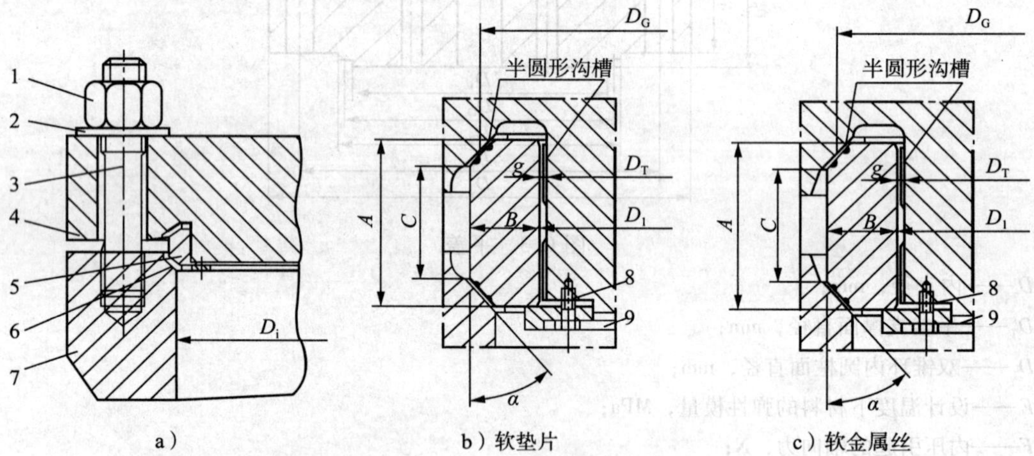

说明：
1—主螺母；
2—垫圈；
3—主螺栓；
4—平盖；
5—双锥环；
6—软垫片或金属丝；
7—筒体端部；
8—螺栓；
9—托环。

图 C. 4　双锥密封结构

C. 3. 3　双锥环、软垫片和软金属丝材料

C. 3. 3. 1　双锥环应选用 35、16Mn、20MnMo、15CrMo、S30408 和 S32168 等的Ⅲ级或Ⅳ级压力容器用锻件。

C. 3. 3. 2　软垫片和软金属丝材料按表 C. 5 选用。

表 C.5　软垫片和软金属丝材料

软垫片	软金属丝
柔性石墨	银
退火铝（硬度为 15 HBW10/250～30 HBW10/250） 退火紫铜（硬度为 30 HBW10/500～50 HBW10/500） 纯铁 奥氏体不锈钢	

C.3.4　双锥环结构尺寸

双锥环结构尺寸按式（C－1）～式（C－3）计算：

$$A=2.7\sqrt{D_i} \tag{C－1}$$

$$C=(0.5\sim0.6)A \tag{C－2}$$

$$B=\frac{A+C}{2}\sqrt{\frac{0.75p_c}{\sigma_m}} \tag{C－3}$$

式中：双锥环中点处的弯曲应力 $\sigma_m=50\sim100$ MPa。

推荐的双锥环的系列结构尺寸见表 C.6。

表 C.6　双锥环的系列结构尺寸

封口内径 D_i/mm	设计压力/MPa	A/mm	B/mm	C/mm	D_1/mm
1000	6.4	85	23	48	975
1200		94	26	54	1171
1400		101	28	58	1369
1600		108	29	62	1569
1800		115	31	66	1766
2000		121	33	69	1964
2200		127	34	72	2164
2400		132	36	75	2361
2600		138	38	79	2558
2800		143	39	82	2757
3000		148	40	84	2957
3200		153	42	87	3154
1000	10	85	25	47	972
1200		94	27	52	1170
1400		101	30	56	1366
1600		108	31	59	1566
1800		115	33	63	1764
2000		121	35	67	1961
2200		127	37	70	2159
2400		132	39	73	2356
2600		138	40	76	2556
2800		143	42	79	2753
3000		148	43	81	2953
3200		153	45	84	3150

续表

封口内径 D_i/mm	设计压力/MPa	A/mm	B/mm	C/mm	D_1/mm
600	20	66	23	33	573
800		76	27	38	768
1000		85	30	43	964
1200		94	33	47	1161
1400		101	36	51	1357
1600		108	38	54	1555
1800		115	40	58	1753
2000		121	43	61	1949
2200		127	45	64	2146
2400		132	46	66	2346
2600		138	48	69	2544
2800		143	50	72	2741
3000		148	52	74	2939
3200		153	54	77	3136
400	35	54	22	27	372
500		60	24	30	469
600		66	27	33	565
700		71	29	36	662
800		76	31	38	760
1000		85	34	43	956
1200		94	38	47	1151
1400		101	41	51	1347
1600		108	44	54	1543
1800		115	46	58	1741
2000		121	49	61	1937
2200		127	51	64	2134
2400		132	53	66	2332
2600		138	56	69	2528
2800		143	58	72	2725
3000		148	60	74	2923
3200		153	62	77	3120

C.3.5 筒体端部

筒体端部、主螺栓和主螺母的设计按7.7的规定。但确定 A_m 时，式(7-4)和式(7-5)中螺栓载荷 W_a、W_p 分别按式(C-4)和式(C-6)计算。

C.3.5.1 预紧状态的主螺栓载荷按式(C-4)计算：

$$W_a = 1.57D_G(A-C)y\frac{\sin(\alpha+\rho)}{\cos\alpha\cos\rho} \tag{C-4}$$

双锥环的密封面平均直径按式(C-5)计算：

$$D_G = D_1 + 2B - \frac{A-C}{2}\tan\alpha \tag{C-5}$$

C.3.5.2 操作状态的主螺栓载荷按式(C-6)计算：

$$W_p = F + F_p + F_c \tag{C-6}$$

内压引起的轴向力按式(C-7)计算：

$$F = 0.785D_G^2p_c \tag{C-7}$$

双锥环自紧作用的轴向分力按式(C-8)计算：

$$F_P = 1.57D_Gbp_c\tan(\alpha-\rho) \tag{C-8}$$

双锥环的有效高度按式(C-9)计算：

$$b=\frac{1}{2}(A+C) \tag{C-9}$$

双锥环回弹力的轴向分力按式(C-10)计算：

$$F_c=3.14f\frac{2g}{D_1}E\tan(\alpha-\rho) \tag{C-10}$$

式中单侧径向间隙 $g=(0.075\%\sim0.125\%)D_1$。钢与钢接触时 $\rho=8°30'$，钢与铜接触时 $\rho=10°31'$，钢与铝接触时 $\rho=15°$。

双锥环的截面积按式(C-11)计算：

$$f=AB-\left(\frac{A-C}{2}\right)^2\tan\alpha \tag{C-11}$$

C.3.6　平盖

平盖结构见图C.5。其厚度 δ_p 按第5章式(5-33)计算，式中 D_c 以 D_G 代入。

作用于平盖 a—a 环向截面的当量应力应按式(C-12)校核：

$$\sigma_{oa}=\sqrt{\sigma_{ma}^2+3\tau_a^2}\leqslant0.7[\sigma]^t \tag{C-12}$$

a—a 环向截面的弯曲应力按式(C-13)计算：

$$\sigma_{ma}=\frac{3W(D_b-D_G)}{3.14D_Gh_1^2} \tag{C-13}$$

a—a 环向截面的切应力按式(C-14)计算：

$$\tau_a=\frac{W}{3.14D_Gh_1} \tag{C-14}$$

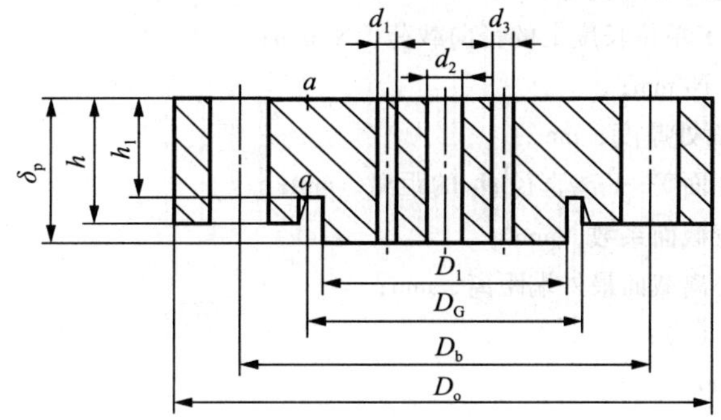

图C.5　平盖

C.4　伍德密封

C.4.1　符号

C——计算系数[见式(C-44)]；

D_a——a—a 环向截面的直径，mm；

D_b——螺栓孔中心圆直径，mm；

D_c——密封接触圆直径，mm；

D_n——筒体端部中性面 Y—Y 的直径，mm；

D_o——外直径，mm；

D_1——牵制环内径，mm；

D_3——牵制环外径，mm；

D_5——顶盖 a—a 环向截面的平均直径，mm；

D_6——直径(见图C.9)，mm；

D_7——直径(见图 C.10)，mm；
d_k——螺栓孔或螺孔直径，mm；
F——内压引起的轴向力，N；
F_a——密封垫密封力的轴向分力，N；
H——力臂(见图 C.10)，mm；
h——厚度(见图 C.7)，mm；
h_1——厚度(见图 C.8)，mm；
h_2——厚度(见图 C.9)，mm；
h_3——厚度(见图 C.10)，mm；
I_c——纵向截面惯性矩，mm^4；
L——特征长度(见图 C.9)，mm；
l——特征长度(见图 C.9)，mm；
l_1、l_2——特征长度(见图 C.10)，mm；
M——纵向截面的弯矩，N·mm；
M_{max}——作用于 $a—a$ 环向截面单位长度上的最大弯矩，N·mm/mm；
M_r——单位长度弯矩，N·mm/mm；
M_1——中性面单位长度的弯矩，N·mm/mm；
M_3、M_4——单位长度弯矩，N·mm/mm；
n——拉紧螺栓数量；
p_c——计算压力，MPa；
Q_r——密封反力引起的径向载荷，N；
q_r——沿中性面 $Y—Y$ 单位长度上的径向载荷，N/mm；
q_1——线密封比压，N/mm；
S——$a—a$ 环向截面处厚度，mm；
S_o——筒体端部中性面 $Y—Y$ 离直径 D_7 的距离，mm；
Z——纵向截面抗弯截面系数，mm^3；
Z_c——纵向截面形心离截面最外端距离，mm；
α——压垫的锥角，(°)；
β——计算系数，mm^{-1}；
δ——牵制环厚度，mm；
δ_1——顶盖厚度，mm；
ρ——摩擦角；
μ——平均壁温下材料的泊松比；
τ_a——$a—a$ 环向截面的切应力，MPa；
τ_b——$b—b$ 环向截面的切应力，MPa；
σ_a——$a—a$ 环向截面拉应力，MPa；
σ_m——弯曲应力，MPa；
σ_{ma}——$a—a$ 环向截面的弯曲应力，MPa；
σ_{mb}——$b—b$ 环向截面的弯曲应力，MPa；
σ_{oa}——$a—a$ 环向截面的当量应力，MPa；
σ_{ob}——$b—b$ 环向截面的当量应力，MPa；
$[\sigma]^t$——设计温度下元件材料的许用应力，MPa。

C.4.2　结构

伍德密封的结构见图C.6。

顶盖和压垫之间按线接触密封设计。为防止密封力过大把密封面压溃，设计中应注意选配适当强度的材料。

压垫的外锥面上应开1~2条环形沟槽。压垫的锥角分别为：

$\alpha=30°\sim35°$；$\beta=5°$；$\nu=5°\sim10°$。

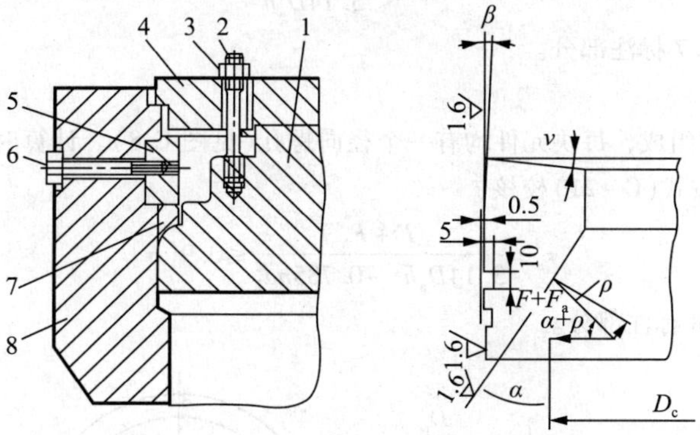

说明：

1—顶盖；2—牵制螺栓；3—螺母；4—牵制环；5—四合环；

6—拉紧螺栓；7—压垫；8—筒体端部。

图C.6　伍德密封结构

C.4.3　载荷

C.4.3.1　内压引起的轴向力按式(C-15)计算：

$$F=0.785D_c^2p_c \tag{C-15}$$

C.4.3.2　预紧状态时，压垫密封力的轴向分力，即牵制螺栓的载荷按式(C-16)计算：

$$F_a=3.14D_cq_1\frac{\sin(\alpha+\rho)}{\cos\rho} \tag{C-16}$$

式中对于碳素钢、低合金钢的线密封比压$q_1=200\text{N/mm}\sim300\text{N/mm}$。钢与钢接触时$\rho=8°30'$，钢与铜接触时$\rho=10°31'$，钢与铝接触时$\rho=15°$。

C.4.4　牵制环

确定牵制环的结构尺寸(见图C.7)，并对作用于纵向截面的弯曲应力和a—a环向截面的当量应力进行强度校核。

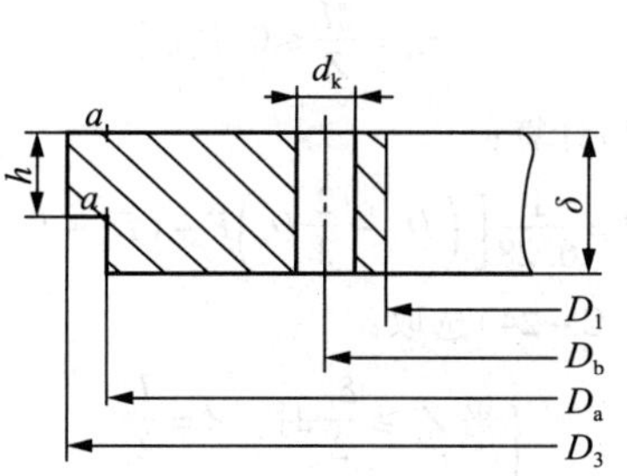

图C.7　牵制环

C.4.4.1　纵向截面的弯曲应力按式(C-17)校核：

$$\sigma_m=\frac{3F_a(D_a-D_b)}{3.14(D_3-D_1-2d_k)\delta^2}\leqslant0.9[\sigma]^t \tag{C-17}$$

C.4.4.2　a—a环向截面的当量应力按式(C-18)校核：

$$\sigma_{oa}=\sqrt{\sigma_{ma}^2+3\tau_a^2}\leqslant 0.9[\sigma]^t \quad (C-18)$$

a—a 环向截面的弯曲应力 σ_{ma} 按式(C－19)计算：

$$\sigma_{ma}=\frac{3F_a(D_a-D_b)}{3.14D_ah^2} \quad (C-19)$$

a—a 环向截面的切应力 τ_a 按式(C－20)计算：

$$\tau_a=\frac{F_a}{3.14D_ah} \quad (C-20)$$

式中：厚度 h 见图 C.7 标注部分。

C.4.5　四合环

四合环系由四块元件组成，每块元件均有一个径向螺孔(见图 C.8)。计算时视为一个圆环，对作用于 a—a 环向截面的切应力按式(C－21)校核：

$$\tau_a=\frac{F+F_a}{3.14D_ah_1-0.785nd_k^2}\leqslant 0.9[\sigma]^t \quad (C-21)$$

式中厚度 h_1 见图 C.8 标注部分。

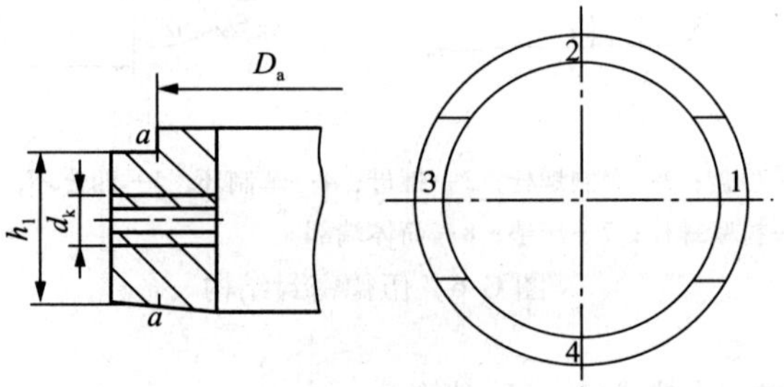

图 C.8　四合环

C.4.6　牵制螺栓

牵制螺栓设计按第 7 章 7.7 的规定，其中 A_m 取预紧状态需要的螺栓面积，即 $A_m=A_a$，式(7－7)中螺栓载荷 W_a 等于 F_a，F_a 按式(C－16)计算。

C.4.7　顶盖

确定顶盖的结构尺寸(见图 C.9)，并对作用于纵向截面的弯曲应力和 a—a 环向截面的当量应力进行强度校核。

C.4.7.1　纵向截面的弯曲应力按式(C－22)校核：

$$\sigma_m=\frac{M}{Z}\leqslant 0.7[\sigma]^t \quad (C-22)$$

纵向截面的弯矩 M 按式(C－23)计算：

$$M=\frac{1}{6.28}\left[\left(D_c-\frac{2}{3}D_c\right)F+(D_c-D_b)F_a\right] \quad (C-23)$$

纵向截面抗弯截面系数 Z 按式(C－24)选取：

$$\begin{cases}\text{当 } Z_c\geqslant\dfrac{\delta_1}{2}\text{时，} Z=\dfrac{I_c}{Z_c}\\ \text{当 } Z_c\geqslant\dfrac{\delta_1}{2}\text{时，} Z=\dfrac{I_c}{\delta_1-Z_c}\end{cases} \quad (C-24)$$

C.4.7.2　a—a 环向截面的当量应力按式(C－25)校核：

$$\sigma_{oa}=\sqrt{\sigma_{ma}^2+3\tau_a^2}\leqslant 0.7[\sigma]^t \quad (C-25)$$

弯曲应力 σ_{ma} 按式(C－26)计算：

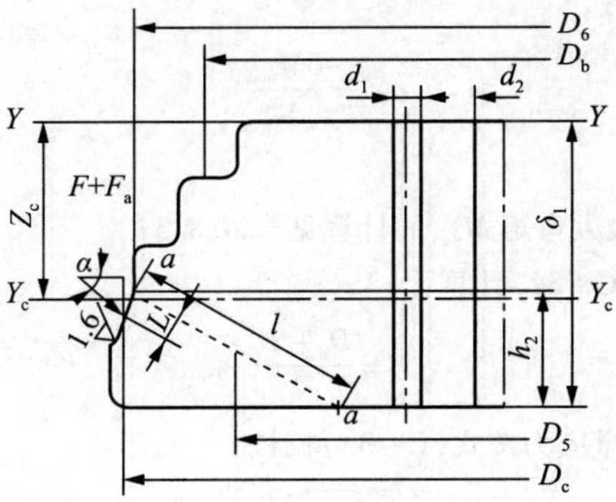

图 C.9 顶盖

$$\sigma_{ma}=\frac{6(F+F_a)L}{3.14D_5l^2\sin\alpha} \tag{C-26}$$

切应力 τ_a 按式(C-27)计算：

$$\tau_a=\frac{F+F_a}{3.14D_5l\sin\alpha} \tag{C-27}$$

顶盖 a—a 环向截面的平均直径 D_5 按式(C-28)计算：

$$D_5=D_6-\frac{h_2}{\tan\alpha} \tag{C-28}$$

其他符号见图 C.9。

C.4.8 筒体端部

确定筒体端部的结构尺寸(见图 C.10)，并对作用于 a—a 和 b—b 环向截面的当量应力进行强度校核。

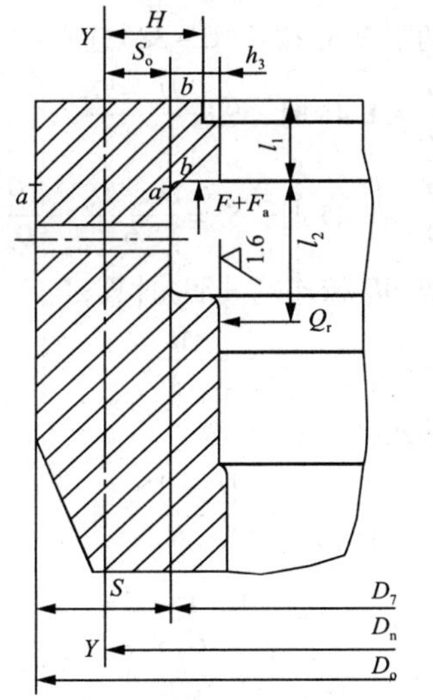

图 C.10 筒体端部

C.4.8.1 a—a 环向截面的当量应力按式(C-29)校核：

$$\sigma_{oa}=\sigma_a+\sigma_{ma}\leqslant 0.9[\sigma]^t \tag{C-29}$$

筒体端部 a—a 环向截面拉应力 σ_a 按式(C-30)计算：

$$\sigma_a=\frac{4(F+F_a)}{3.14(D_o^2-D_7^2)} \tag{C-30}$$

D_7 见图 C.10 标注部分。

弯曲应力 σ_{ma} 按式（C－31）计算：

$$\sigma_{ma}=\frac{6M_{max}}{S^2} \quad (C-31)$$

式中：

a—a 环向截面单位长度上的最大弯矩 M_{max} 的计算见 C. 4. 8. 3；

a—a 环向截面处厚度 S 按式（C－32）计算：

$$S=\frac{D_o-D_7}{2} \quad (C-32)$$

C. 4. 8. 2　b—b 环向截面的当量应力按式（C－33）校核：

$$\sigma_{ob}=\sqrt{\sigma_{mb}^2+3\tau_b^2}\leqslant 0.9[\sigma]^t \quad (C-33)$$

b—b 环向截面的弯曲应力 σ_{mb} 按式（C－34）计算：

$$\sigma_{mb}=\frac{3(F+F_a)h_3}{3.14D_7l_1^2} \quad (C-34)$$

b—b 环向截面的切应力 τ_b 按式（C－35）计算：

$$\sigma_b=\frac{F+F_a}{3.14D_7l_1} \quad (C-35)$$

其他符号见图 C. 10。

C. 4. 8. 3　最大弯矩 M_{max}

C. 4. 8. 3. 1　$F+F_a$ 引起的弯矩 M 按式（C－36）计算：

$$M=(F+F_a)H \quad (C-36)$$

式中力臂 H 按式（C－37）计算：

$$H=S_o+0.5h_3 \quad (C-37)$$

筒体端部中性面 Y—Y 离直径 D_7 的距离 S_o 按式（C－38）选取：

$$\begin{cases}当\dfrac{D_o}{D_7}\leqslant 1.45 时，S_o=\dfrac{D_o-D_7}{4}\\ 当\dfrac{D_o}{D_7}>1.45 时，S_o=\dfrac{D_o-D_7}{6}\quad\dfrac{2D_o+D_7}{D_o+D_7}\end{cases} \quad (C-38)$$

C. 4. 8. 3. 2　中性面单位长度的弯矩 M_1 按式（C－39）计算：

$$M_1=\frac{M}{3.14D_n} \quad (C-39)$$

筒体端部中性面 $Y-Y$ 的直径 D_n 按式（C－40）计算：

$$D_n=D_7+2S_o \quad (C-40)$$

C. 4. 8. 3. 3　计算系数 β 按式（C－41）计算：

$$\beta=\sqrt[4]{\frac{12(1-\mu^2)}{D_n^2S^2}} \quad (C-41)$$

C. 4. 8. 3. 4　根据 βl_1 值查图 C. 11，得 $\left(\dfrac{M_3}{M_1}\right)$ 值和 $\left(\dfrac{M_4}{M_1}\right)$ 值，则：

$$M_3=\left(\frac{M_3}{M_1}\right)M_1 \quad (C-42)$$

$$M_4=\left(\frac{M_4}{M_1}\right)M_1 \quad (C-43)$$

C. 4. 8. 3. 5　系数 C 按式（C－44）计算：

$$C=\frac{l_2}{l_1} \quad (C-44)$$

式中宽度 l_2 见图 C.10。

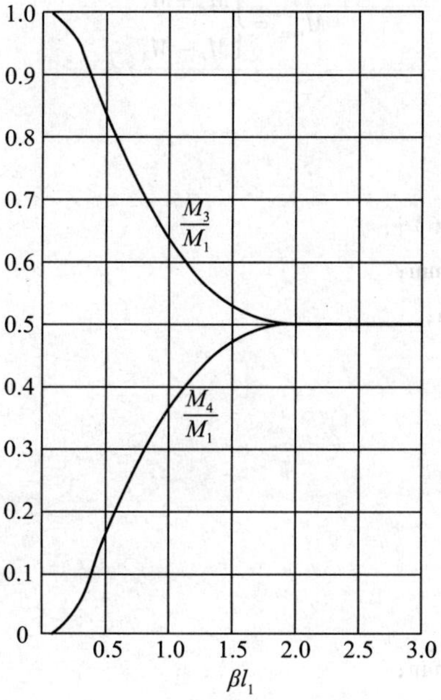

图 C.11

C.4.8.3.6 根据 βl_1 及 C 值查图 C.12 得$(\frac{\beta M_r}{q_r}\times 10)$值。

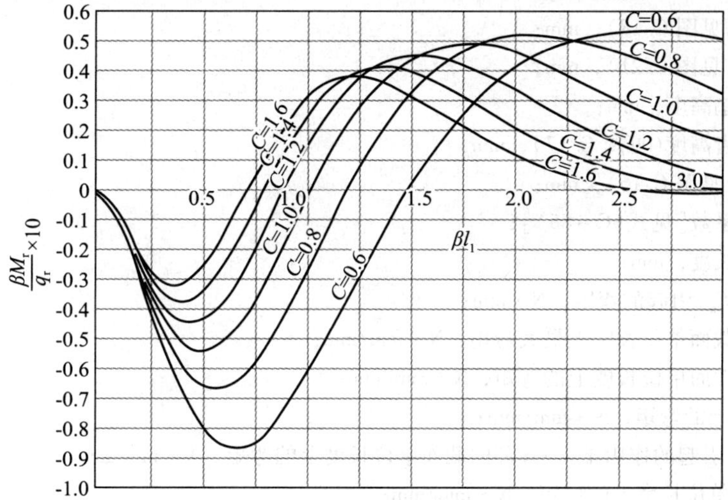

图 C.12

C.4.8.3.7 单位长度弯矩 M_r 按式(C-45)计算：

$$M_r=\left(\frac{\beta M_r}{q_r}\times 10\right)\frac{q_r}{10\beta} \tag{C-45}$$

式中沿中性面 $Y—Y$ 单位长度上的径向载荷 q_r 按式(C-46)计算：

$$q_r=\frac{Q_r}{3.14D_n} \tag{C-46}$$

密封反力引起的径向载荷 Q_r 按式(C-47)计算：

$$Q_r=\frac{F+F_a}{\tan(\alpha+\rho)} \tag{C-47}$$

C.4.8.3.8　最大弯矩 M_{max} 取式（C-48）中绝对值较大者。

$$M_{max} = \begin{cases} M_r + M_3 \\ M_r - M_4 \end{cases} \tag{C-48}$$

C.5　卡扎里密封

C.5.1　符号

b——密封垫宽度，mm；

C——计算系数［见式（C-86）］；

D_b——螺栓孔中心圆直径，mm；

D_G——密封面平均直径，mm；

D_i——密封垫内径，mm；

D_n——中性面的直径，mm；

D——螺纹套筒外径，mm；

D_o——平盖螺纹大径，mm；

D_1——压环内径，mm；

D_2——压环外径，mm；

d_i——平盖螺纹小径，mm；

d_k——螺栓孔或螺孔直径，mm；

F——内压引起的轴向力，N；

F_a——密封垫密封力的轴向分力，N；

H——压环厚度，mm；

H_1——力臂（见图 C.18），mm；

H_2——力臂（见图 C.18），mm；

H_3——力臂（见图 C.21），mm；

h——密封垫高度，mm；

h_1——螺纹齿高度（见图 C.17），mm；

h_2——厚度（见图 C.16），mm；

k——计算系数［见式（C-85）］；

l_1、l_2、l_3——特征长度，mm；

M——$(F+F_a)$引起的弯矩，N·mm；

M_{max}——环向截面单位长度上最大弯矩，N·mm/mm；

M_1——沿中性面单位长度上的弯矩，N·mm/mm；

M_2——F_a 引起的弯矩，N·mm/mm；

M_5——由 F_a 引起的作用于 a—a 环向截面单位长度上的弯矩，N·mm/mm；

m——沿 l_1 单位长度上的弯矩，N·mm/mm；

n——螺纹圈数；

p_c——计算压力，MPa；

S——厚度（见图 C.18），mm；

S_o——筒体端部中性面 Y—Y 离直径 d_i 的距离，mm；

S_{o1}——螺纹套筒中性面 Y—Y 离直径 D_o 的距离，mm；

S_1——厚度（见图 C.21），mm；

t_1——厚度（见图 C.17），mm；

W_a——预紧状态的螺栓载荷，N；

y——密封比压，MPa；

α——楔形角，(°)；

β——系数，mm^{-1}；

δ_p——平盖厚度，mm；

μ——平均壁温下材料的泊松比；

ρ——摩擦角；

τ——切应力，MPa；

σ——拉伸应力，MPa；

σ_a——a—a 环向截面拉应力，MPa；

σ_m——弯曲应力，MPa；

σ_{ma}——a—a 环向截面弯曲应力，MPa；

σ_o——当量应力，MPa；

σ_{oa}——a—a 环向截面当量应力，MPa；

$[\sigma]^t$——设计温度下元件材料的许用应力，MPa。

C.5.2　结构

卡扎里密封结构见图 C.13。

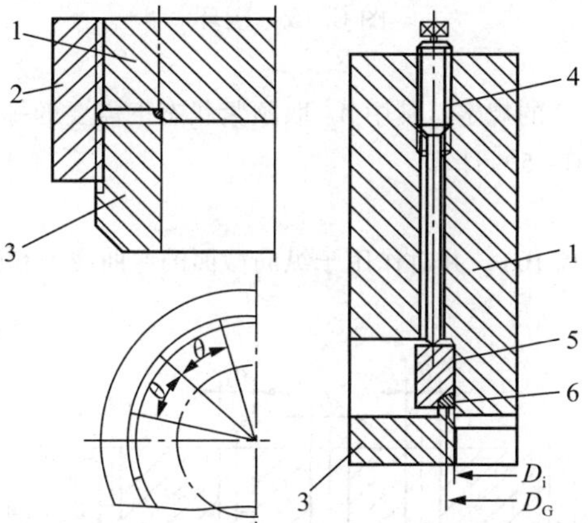

说明：1—平盖；　2—螺纹套筒；　3—筒体端部；
4—顶紧螺栓；　5—压环；　6—密封垫。

图 C.13　卡扎里密封结构

螺纹套筒内壁的上下两段是锯齿形螺纹。为便于与平盖相互连接和快拆，上段用间断锯齿形螺纹，间断部分夹角 θ 应取 10°~30°。

C.5.3　载荷

C.5.3.1　内压引起的轴向力按式(C-49)计算：

$$F = 0.785D_G^2 p_c \tag{C-49}$$

C.5.3.2　密封垫结构见图 C.14。密封力的轴向分力取式(C-50)中计算值较大者。

$$F_a = \begin{cases} 3.14y(D_G b + D_i h\tan\rho) \\ 3.14y(D_i h + D_G b\tan\rho)\tan(\alpha+\rho) \end{cases} \tag{C-50}$$

式中：楔形角 α 可取 30°、45°、60°。钢与钢接触时 $\rho = 8°30'$，钢与铜接触时 $\rho = 10°31'$，钢与铝接触时 $\rho = 15°$。

C.5.4　压环

确定压环的结构尺寸(见图 C.15)，并对作用于纵向截面的弯曲应力按式(C-51)进行校核：

$$\sigma_m = \frac{3F_a(D_b - D_G)}{3.14(D_2 - D_1)H^2} \leqslant 0.9[\sigma]^t \tag{C-51}$$

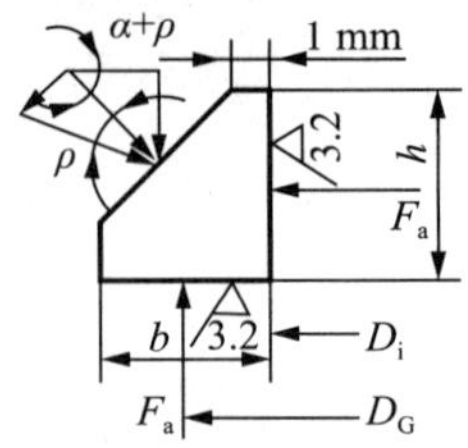

图 C. 14　密封垫

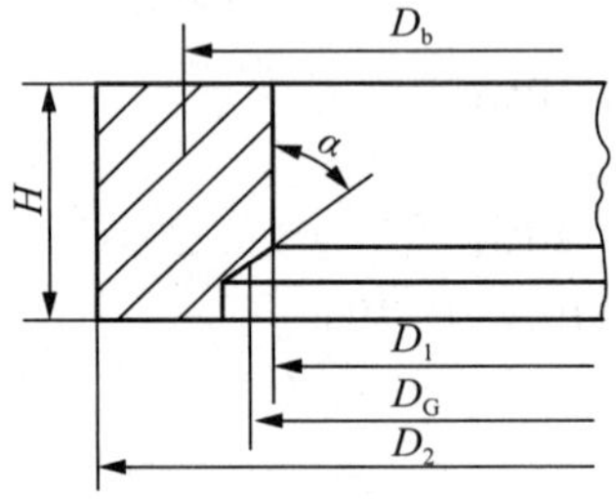

图 C. 15　压环

C. 5. 5　顶紧螺栓

顶紧螺栓的设计按第 7 章 7. 7 的规定，其中 A_m 取预紧状态下需要的螺栓面积，即 $A_m = A_a$，式(7 - 7)中螺栓载荷 W_a 等于 F_aF_a 按式(C - 50)计算。

C. 5. 6　平盖

确定平盖的结构尺寸(见图 C. 16)，并对作用于纵向截面的弯曲应力和间断锯齿形螺纹的当量应力进行强度校核。

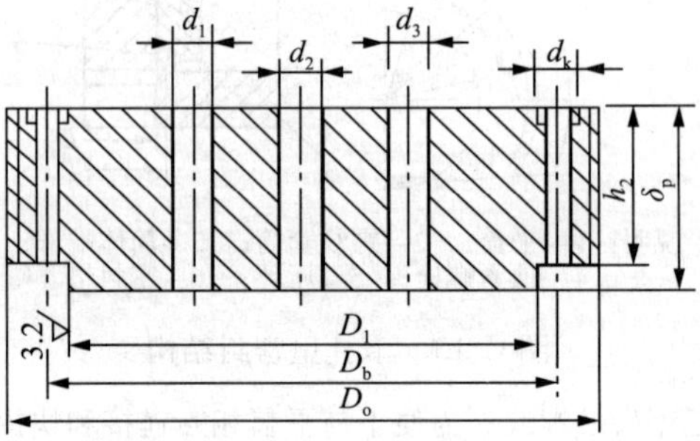

图 C. 16　平盖

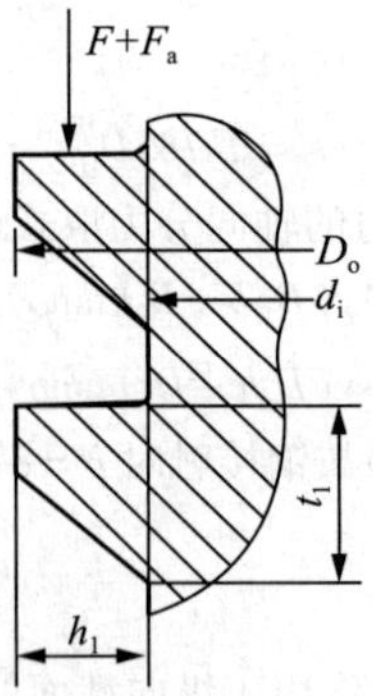

图 C. 17　锯齿形螺纹

C. 5. 6. 1　纵向截面弯曲应力按式(C - 52)校核：

$$\sigma_m=\frac{3\left[\left(D_o-\frac{2}{3}D_1\right)F+(D_o-D_b)F_a\right]}{3.14[(D_1-\Sigma d_i)\delta_p^2+(D_o-D_1-2d_k)h_2^2]}\leqslant 0.7[\sigma]^t \quad (C-52)$$

式中：$\sum d_i=d_1+d_2+d_3+\cdots\cdots$，mm；

厚度 h_2 见图 C.16。

C.5.6.2　间断锯齿形螺纹的当量应力按式(C-53)校核：

$$\sigma_o=\sqrt{\sigma_m^2+3\tau^2}\leqslant 0.7[\sigma]^t \quad (C-53)$$

弯曲应力 σ_m 按式(C-54)计算：

$$\sigma_m=\frac{3(F+F_a)(D_o-d_i)}{3.14d_it_1^2n} \quad (C-54)$$

厚度 t_1 见图 C.17。

切应力 τ 按式(C-55)计算：

$$\tau=\frac{2(F+F_a)}{3.14d_1t_1n} \quad (C-55)$$

C.5.7　筒体端部

确定筒体端部结构尺寸(见图 C.18)，并对作用于 $a—a$ 环向截面的当量应力进行强度校核。

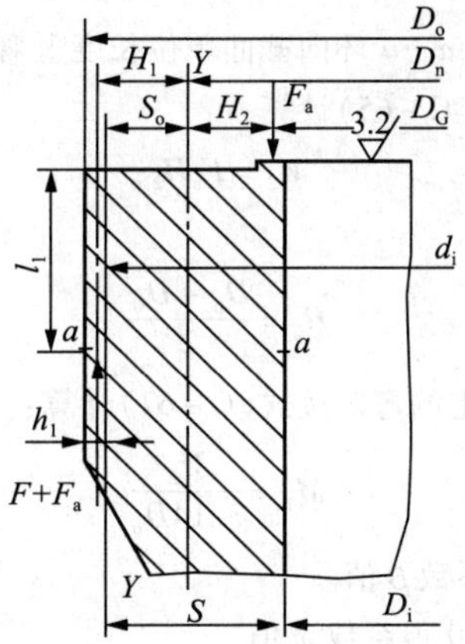

图 C.18　筒体端部

C.5.7.1　拉应力按式(C-56)计算：

$$\sigma_a=\frac{4(F+F_a)}{3.14(d_i^2-D_i^2)} \quad (C-56)$$

C.5.7.2　弯曲应力 σ_{ma}

C.5.7.2.1　由 $F+F_a$ 引起的，作用于 $a—a$ 环向截面单位长度上最大弯矩 M_{max}。

C.5.7.2.1.1　$F+F_a$ 引起的弯矩按式(C-57)计算：

$$M=(F+F_a)H_1 \quad (C-57)$$

力臂 H_1 按式(C-58)计算：

$$H_1=S_o+0.5h_1 \quad (C-58)$$

筒体端部中性面 $Y—Y$ 离直径 d_i 的距离 S_o 按式(C-59)选取：

$$\begin{cases}当\dfrac{d_i}{D_i}\leqslant 1.45时，S_o=\dfrac{d_i-D_i}{4}\\ 当\dfrac{d_i}{D_i}>1.45时，S_o=\dfrac{d_i-D_i}{6}\quad\dfrac{d_i+2D_i}{d_i+D_i}\end{cases} \quad (C-59)$$

C.5.7.2.1.2　沿中性面单位长度上的弯矩按式(C-60)计算：

$$M_1=\frac{M}{\pi D_n} \tag{C-60}$$

筒体端部中性面 Y—Y 的直径 D_n 按式(C-61)计算：

$$D_n=d_i-2S_o \tag{C-61}$$

C.5.7.2.1.3　沿 l_1 单位长度上的弯矩 m 按式(C-62)计算：

$$m=\frac{M_1}{l_1} \tag{C-62}$$

式中长度 l_1 见图 C.18。

C.5.7.2.1.4　计算系数 β 按式(C-63)计算：

$$\beta=\sqrt[4]{\frac{12(1-\mu^2)}{D_n^2S^2}} \tag{C-63}$$

式中厚度 S 见图 C.18。

C.5.7.2.1.5　根据 βl_1 查图 C.19 得 $\left(\frac{\beta}{m}M_{max}\right)$ 值。

C.5.7.2.1.6　最大弯矩 M_{max} 按式(C-64)计算：

$$M_{max}=\left(\frac{\beta}{m}M_{max}\right)\frac{m}{\beta} \tag{C-64}$$

C.5.7.2.2　由 F_a 引起的，作用于 a—a 环向截面单位长度上弯矩 M_5。

C.5.7.2.2.1　F_a 引起的弯矩按式(C-65)计算：

$$M_2=F_aH_2 \tag{C-65}$$

式中：力臂 H_2 按式(C-66)计算：

$$H_2=\frac{D_n-D_G}{2} \tag{C-66}$$

C.5.7.2.2.2　沿中性面单位长度上的弯矩按式(C-67)计算：

$$M_1=\frac{M_2}{3.14D_n} \tag{C-67}$$

C.5.7.2.2.3　按式(C-63)计算系数 β 值。

C.5.7.2.2.4　根据 βl_1 值查图 C.20 得系数 φ 值。

C.5.7.2.2.5　由 F_a 引起的作用于环向截面单位长度上的弯矩 M_5 按式(C-68)计算：

$$M_5=M_1\varphi \tag{C-68}$$

C.5.7.2.3　弯曲应力 σ_{ma} 按式(C-69)计算：

$$\sigma_{ma}=\frac{6(M_{max}+M_5)}{S^2} \tag{C-69}$$

C.5.7.3　a—a 环向截面的当量应力按式(C-70)校核：

$$\sigma_{oa}=\sigma_{ma}+\sigma_a\leqslant 0.9[\sigma]^t \tag{C-70}$$

C.5.8　螺纹套筒

确定螺纹套筒的结构尺寸(见图 C.21)，并对作用于环向截面的当量应力和下段锯齿形螺纹(见图 C.22)的当量应力进行强度校核。

C.5.8.1　环向截面的当量应力按式(C-71)校核：

$$\sigma_o=\sigma_m+\sigma\leqslant 0.9[\sigma]^t \tag{C-71}$$

式(C-71)中拉应力按式(C-72)计算：

$$\sigma=\frac{4(F+F_a)}{3.14(D^2-D_o^2)} \tag{C-72}$$

弯曲应力 σ_m 按式(C-73)计算：

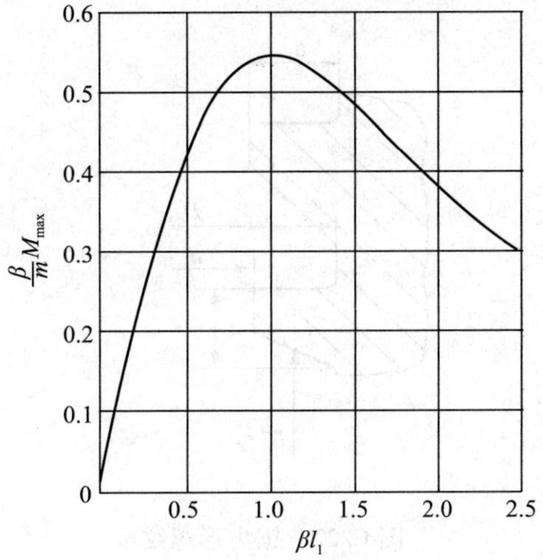

图 C. 19

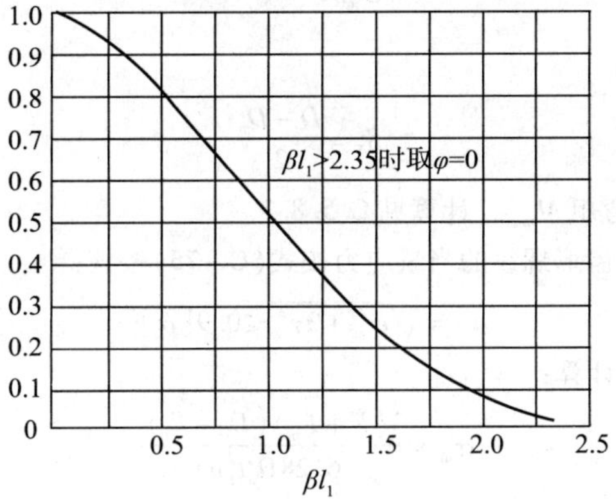

图 C. 20

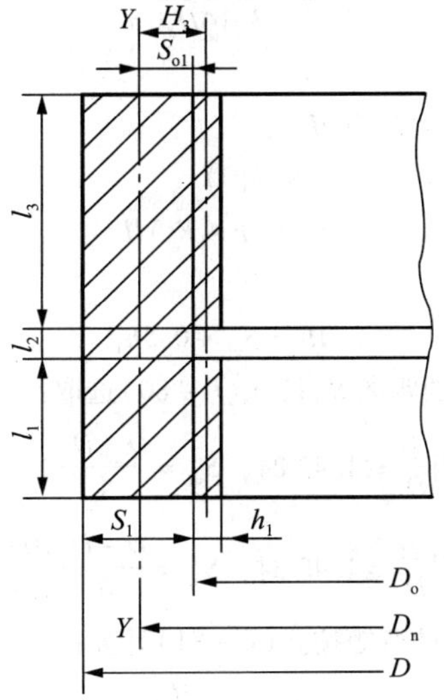

图 C. 21　螺纹套筒

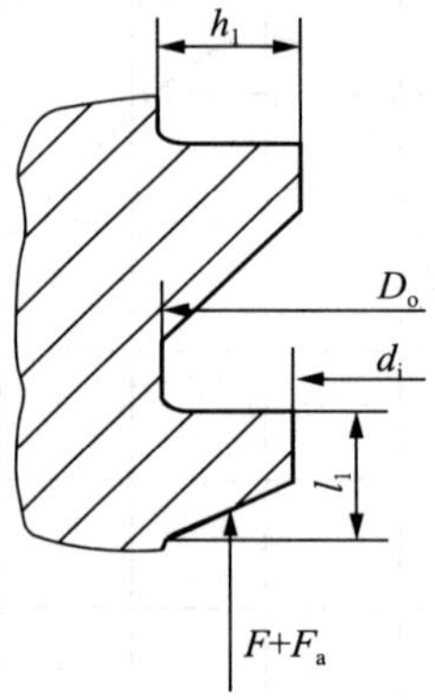

图 C.22　锯齿形螺纹

$$\sigma_m = \frac{6M_{max}}{S_1^2} \tag{C-73}$$

厚度 S_1 按式(C-74)计算：

$$S_1 = \frac{D - D_o}{2} \tag{C-74}$$

环向截面单位长度上最大弯矩 M_{max}，计算见 C.5.8.3。

C.5.8.2　螺纹套筒下段锯齿形螺纹的当量应力按式(C-75)校核：

$$\sigma_o = \sqrt{\sigma_m^2 + 3\tau^2} \leqslant 0.9[\sigma]^t \tag{C-75}$$

弯曲应力 σ_m 按式(C-76)计算：

$$\sigma_m = \frac{3(F + F_a)(D_o - d_i)}{6.28 D_o t_1^2 n} \tag{C-76}$$

切应力 τ 按式(C-77)计算：

$$\tau = \frac{F + F_a}{3.14 D_o t_1 n} \tag{C-77}$$

内径 d_i 和厚度 t_1 见图 C.22。

C.5.8.3　环向截面单位长度上最大弯矩 M_{max}。

C.5.8.3.1　$F + F_a$　引起的弯矩按式(C-78)计算：

$$M = (F + F_a)H_3 \tag{C-78}$$

力臂 H_3 按式(C-79)计算：

$$H_3 = S_{o1} + 0.5h_1 \tag{C-79}$$

螺纹套筒中性面 Y—Y 离直径 D_o 的距离 S_{o1} 按式(C-80)选取：

$$\begin{cases} 当\dfrac{D}{D_o} \leqslant 1.45 时，S_{o1} = \dfrac{D - D_o}{4} \\ 当\dfrac{D}{D_o} > 1.45 时，S_{o1} = \dfrac{D - D_o}{6}\dfrac{2D + D_o}{D + D_o} \end{cases} \tag{C-80}$$

C.5.8.3.2　沿中性面单位长度上的弯矩按式(C-81)计算：

$$M_1 = \frac{M}{3.14 D_n} \tag{C-81}$$

螺纹套筒中性面 Y—Y 的直径 D_n 按式(C-82)计算：

$$D_n = D_o + 2S_{o1} \tag{C-82}$$

C. 5. 8. 3. 3　沿轴向 l_1 单位长度上弯矩 m 按式（C－83）计算：

$$m=\frac{M_1}{l_1} \tag{C-83}$$

式中 l_1 见图 C. 21。

C. 5. 8. 3. 4　计算系数 β 按式（C－84）计算：

$$\beta=\sqrt[4]{\frac{12(1-\mu^2)}{D_n^2 S_1^2}} \tag{C-84}$$

C. 5. 8. 3. 5　根据 βl_1 和 κ、C 值查图 C. 23a）～图 C. 23e）得 $\left(\frac{\beta}{m}M_{\max}\right)$ 值。

式中：κ、C 值分别按式（C－85）和式（C－86）计算：

$$\kappa=\frac{l_3}{l_1} \tag{C-85}$$

$$C=\frac{l_2}{l_1} \tag{C-86}$$

式中：l_2 和 l_3 见图 C. 21。

C. 5. 8. 3. 6　最大弯矩 $M_{\max}$ 按式（C－87）计算：

$$M_{\max}=\left(\frac{\beta}{m}M_{\max}\right)\frac{m}{\beta} \tag{C-87}$$

C. 5. 9　卡扎里密封的另外两种结构形式见图 C. 24 和图 C. 25。

C. 5. 9. 1　内螺纹卡扎里密封各元件的设计同卡扎里密封，但应考虑的载荷分别为：

a）螺栓、压环的载荷只考虑轴向力 F_a，按 C. 5. 3. 2 计算；

b）平盖、筒体端部的载荷只考虑轴向力 F，按 C. 5. 3. 1 计算。

C. 5. 9. 2　改良卡扎里密封各元件的设计计算同卡扎里密封，但主螺栓设计按第 7 章 7. 7 的规定，其中 A_m 取操作状态下需要的螺栓面积，即 $A_m=A_p$，螺栓载荷 W_a 按 $F+F_a$ 进行计算。

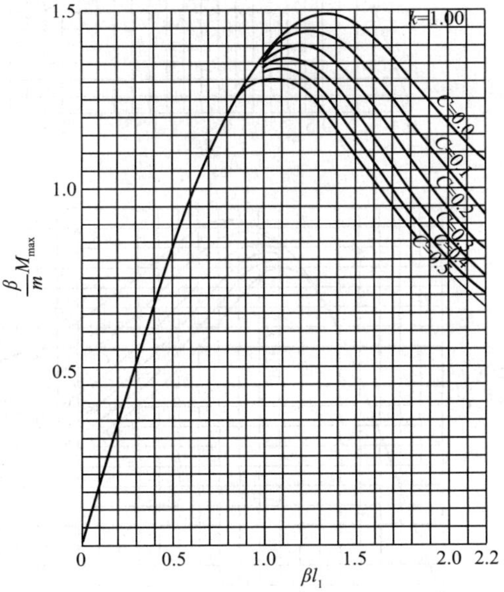

a）

图 C. 23

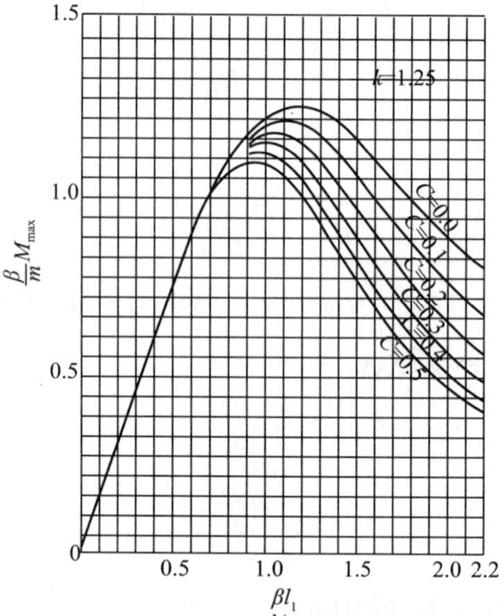

1.5
1.0
0.5
0
$\frac{\beta}{m}M_{max}$
k=1.25
C=0.0
C=0.1
C=0.2
C=0.3
C=0.4
C=0.5
0.5
1.0
1.5
2.0
2.2
βl_1

b)

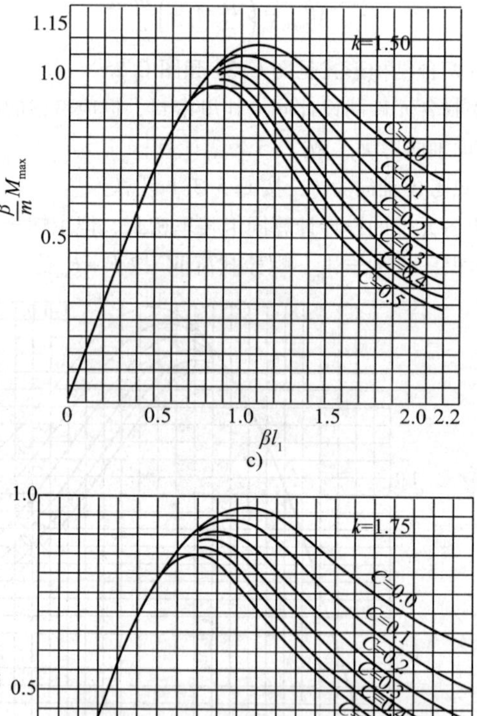

1.15
1.0
0.5
0
$\frac{\beta}{m}M_{max}$
k=1.50
C=0.0
C=0.1
C=0.2
C=0.3
C=0.4
C=0.5
0.5
1.0
1.5
2.0
2.2
βl_1

c)

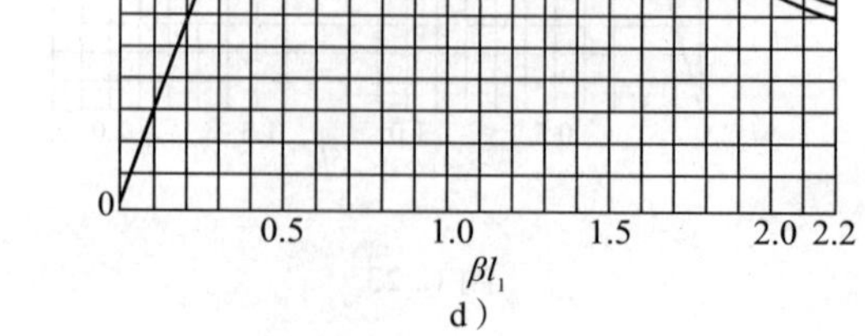

1.0
0.5
0
$\frac{\beta}{m}M_{max}$
k=1.75
C=0.0
C=0.1
C=0.2
C=0.3
C=0.4
C=0.5
0.5
1.0
1.5
2.0
2.2
βl_1

d)

图 C.23(续)

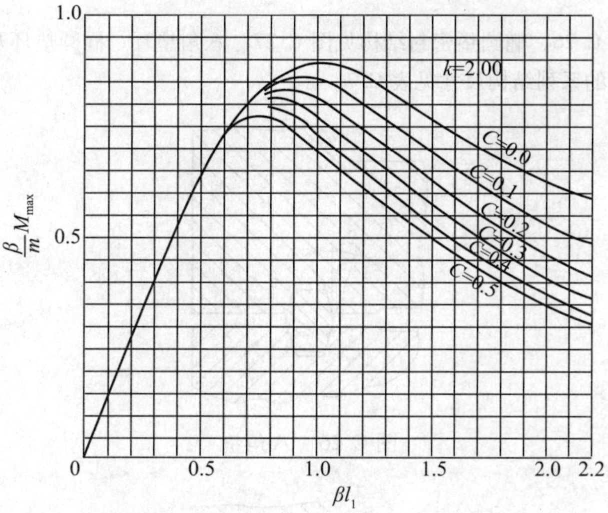

e）

图 C.23（续）

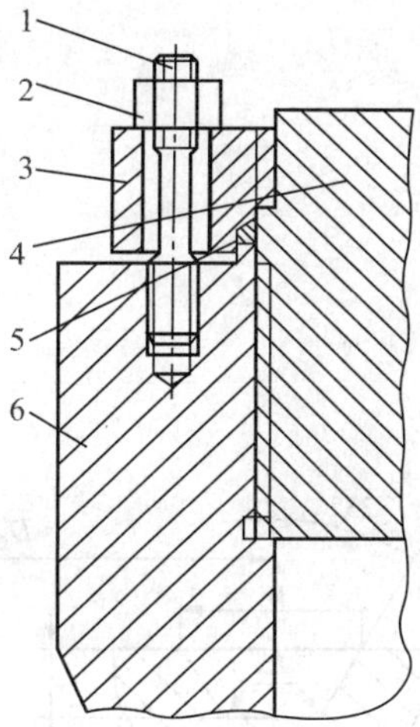

说明：

1—螺栓；　4—平盖；

2—螺母；　5—密封垫；

3—压环；　6—筒体端部。

图 C.24　内螺纹卡扎里密封

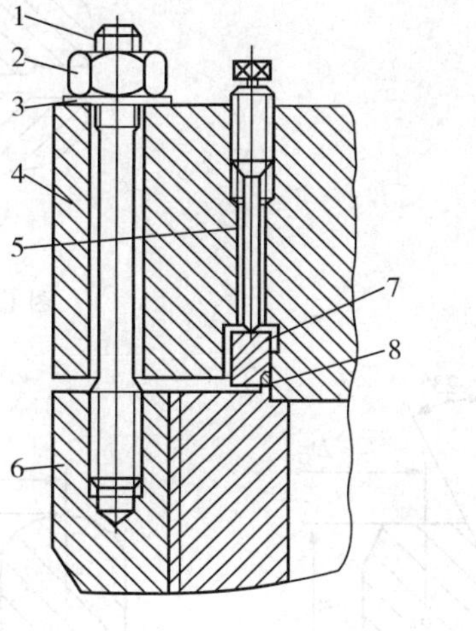

说明：

1—主螺栓；　5—预紧螺栓；

2—主螺母；　6—筒体端部法兰；

3—垫圈；　7—压环；

4—平盖；　8—密封垫。

图 C.25　改良卡扎里密封

C.6　八角垫和椭圆垫密封

C.6.1　符号

b——垫片有效密封宽度，mm；

D_G——密封面平均直径，mm；

m——垫片系数，mm；

p_c——计算压力，MPa；

W_a——预紧状态的螺栓载荷，N；

W_p——操作状态的螺栓载荷，N；

y——密封比压，MPa。

C. 6. 2　结构

八角垫密封结构见图 C. 26，椭圆垫密封结构见图 C. 27。八角垫环、椭圆垫环及环槽结构见图 C. 28。八角垫和椭圆垫密封的系列结构尺寸见表 C. 7。

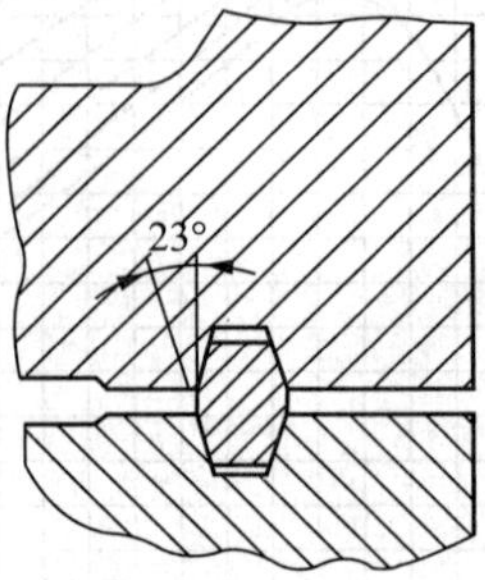

图 C. 26　八角垫

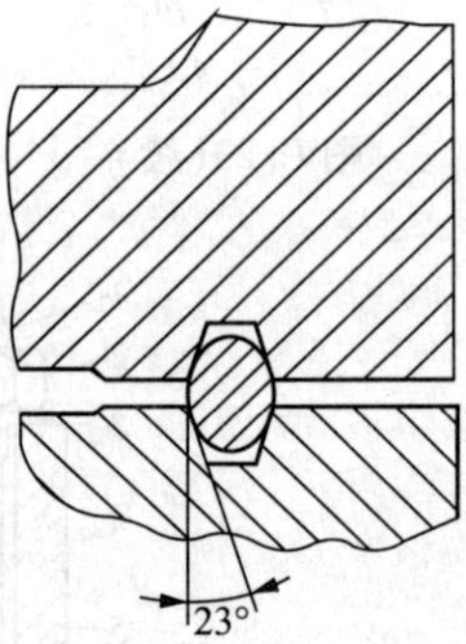

图 C. 27　椭圆垫

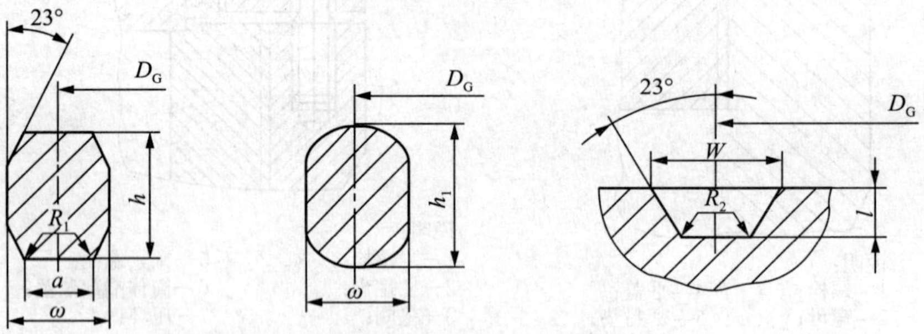

图 C. 28　结构尺寸图

表 C. 7　八角垫和椭圆垫系列结构尺寸

mm

垫环号	垫环和槽中径 D_G	垫环宽 ω	垫环高		八角形平面垫环宽度 a	八角形垫环圆角半径 R_1	槽深 t	槽宽 W	槽内圆角半径 R_2
			椭圆形 h_1	八角形 h					
R11	34. 14	6. 35	11. 11	9. 53	4. 32	1. 6	5. 54	7. 14	0. 8
R12	39. 67	7. 94	14. 29	12. 70	5. 23	1. 6	6. 35	8. 74	0. 8

续表

垫环号	垫环和槽中径 D_G	垫环宽 ω	垫环高		八角形平面垫环宽度 a	八角形垫环圆角半径 R_1	槽深 t	槽宽 W	槽内圆角半径 R_2
			椭圆形 h_1	八角形 h					
R13	42.88	7.94	14.29	12.70	5.23	1.6	6.35	8.74	0.8
R14	44.45	7.94	14.29	12.70	5.23	1.6	6.35	8.74	0.8
R15	47.63	7.94	14.29	12.70	5.23	1.6	6.35	8.74	0.8
R16	50.80	7.94	14.29	12.70	5.23	1.6	6.35	8.74	0.8
R17	57.15	7.94	14.29	12.70	5.23	1.6	6.35	8.74	0.8
R18	60.33	7.94	14.29	12.70	5.23	1.6	6.35	8.74	0.8
R19	65.07	7.94	14.29	12.70	5.23	1.6	6.35	8.74	0.8
R20	68.27	7.94	14.29	12.70	5.23	1.6	6.35	8.74	0.8
R22	82.55	7.94	14.29	12.70	5.23	1.6	6.35	8.74	0.8
R23	82.55	11.11	17.46	15.88	7.75	1.6	7.92	11.91	0.8
R24	95.25	11.11	17.46	15.88	7.75	1.6	7.92	11.91	0.8
R25	101.60	7.94	14.29	12.70	5.23	1.6	6.35	8.74	0.8
R26	101.60	11.11	17.46	15.88	7.75	1.6	7.92	11.91	0.8
R27	107.95	11.11	17.46	15.88	7.75	1.6	7.92	11.91	0.8
R29	114.30	7.94	14.29	12.70	5.23	1.6	6.35	8.74	0.8
R31	123.83	11.11	17.46	15.88	7.75	1.6	7.92	11.91	0.8
R35	136.53	11.11	17.46	15.88	7.75	1.6	7.92	11.91	0.8
R36	149.23	7.94	14.29	12.70	5.23	1.6	6.35	8.74	0.8
R37	149.23	11.11	17.46	15.88	7.75	1.6	7.92	11.91	0.8
R39	161.93	11.11	17.46	15.88	7.75	1.6	7.92	11.91	0.8
R40	171.45	7.94	14.29	12.70	5.23	1.6	6.35	8.74	0.8
R41	180.98	11.11	17.46	15.88	7.75	1.6	7.92	11.91	0.8
R43	193.68	7.94	14.29	12.70	5.23	1.6	6.35	8.74	0.8
R44	193.68	11.11	17.46	15.88	7.75	1.6	7.92	11.91	0.8

续表

垫环号	垫环和槽中径 D_G	垫环宽 ω	垫环高		八角形平面垫环宽度 a	八角形垫环圆角半径 R_1	槽深 t	槽宽 W	槽内圆角半径 R_2
			椭圆形 h_1	八角形 h					
R45	211.12	11.11	17.46	15.88	7.75	1.6	7.92	11.91	0.8
R46	211.14	12.70	19.05	17.46	8.66	1.6	9.53	13.49	1.5
R48	247.65	7.94	14.29	12.70	5.23	1.6	6.35	8.74	0.8
R49	269.88	11.11	17.46	15.88	7.75	1.6	7.92	11.91	0.8
R50	269.88	15.88	22.23	20.64	10.49	1.6	11.13	16.66	1.5
R52	304.80	7.94	14.29	12.70	5.23	1.6	6.35	8.74	0.8
R53	323.85	11.11	17.46	15.88	7.75	1.6	7.92	11.91	0.8
R54	323.85	15.88	22.23	20.64	10.49	1.6	11.13	16.66	1.5
R56	381.00	7.94	14.29	12.70	5.23	1.6	6.35	8.74	0.8
R57	381.00	11.11	17.46	15.88	7.75	1.6	7.92	11.91	0.8
R58	381.00	22.23	28.58	26.99	14.81	1.6	14.27	23.01	1.5
R59	396.88	7.94	14.29	12.70	5.23	1.6	6.35	8.74	0.8
R61	419.10	11.11	17.46	15.88	7.75	1.6	7.92	11.91	0.8
R62	419.10	15.88	22.23	20.64	10.49	1.6	11.13	16.66	1.5
R63	419.10	25.40	33.34	31.75	17.30	2.4	15.88	26.97	2.4
R64	454.03	7.94	14.29	12.70	5.23	1.6	6.35	8.74	0.8
R65	469.90	11.11	17.46	15.88	7.75	1.6	7.92	11.91	0.8
R66	469.90	15.88	22.33	20.64	10.49	1.6	11.13	16.66	1.5
R67	469.90	28.58	36.51	34.93	19.81	2.4	17.48	30.18	2.4
R68	517.53	7.94	14.29	12.70	5.23	1.6	6.35	8.74	0.8
R69	533.40	11.11	17.46	15.88	7.75	1.6	7.92	11.91	0.8
R70	533.40	19.05	25.40	23.81	12.32	1.6	12.70	19.84	1.5
R71	533.40	25.58	36.51	34.93	19.81	2.4	17.48	30.18	2.4
R72	558.80	7.94	14.29	12.70	5.23	1.6	6.35	8.74	0.8

续表

垫环号	垫环和槽中径 D_G	垫环宽 ω	垫环高		八角形平面垫环宽度 a	八角形垫环圆角半径 R_1	槽深 t	槽宽 W	槽内圆角半径 R_2
			椭圆形 h_1	八角形 h					
R73	584.20	12.70	19.05	17.46	8.66	1.6	9.53	13.49	1.5
R74	584.20	19.05	25.40	23.81	12.32	1.6	12.70	19.84	1.5
R75	584.20	31.75	36.69	38.10	22.33	2.4	17.48	33.32	2.4
R76	673.10	7.94	14.29	12.70	5.23	1.6	6.35	8.74	0.8
R77	692.15	15.88	22.23	20.64	10.49	1.6	11.13	16.66	1.5
R78	692.15	25.40	33.34	31.75	17.30	2.4	15.88	26.97	2.4
R79	692.15	34.93	44.45	41.28	24.82	2.4	20.62	36.53	2.4
R82	57.15	11.11	—	15.88	7.75	1.6	7.92	11.91	0.8
R84	63.50	11.11	—	15.88	7.75	1.6	7.92	11.91	0.8
R85	79.38	12.70	—	17.46	8.66	1.6	9.53	13.49	1.5
R86	90.49	15.88	—	20.64	10.49	1.6	11.13	16.66	1.5
R87	100.01	15.88	—	20.64	10.49	1.6	11.13	16.66	1.5
R88	123.83	19.05	—	23.81	12.32	1.6	12.70	19.84	1.5
R89	114.30	19.05	—	23.81	12.32	1.6	12.70	19.84	1.5
R90	155.58	22.23	—	26.99	14.81	1.6	14.27	23.01	1.5
R91	260.35	31.75	—	38.10	22.33	2.4	17.48	33.32	2.4
R93	749.30	19.50	—	23.90	12.32	1.6	12.70	19.84	1.5
R94	800.10	19.50	—	23.90	12.32	1.6	12.70	19.84	1.5
R95	857.25	19.50	—	23.90	12.32	1.6	12.70	19.84	1.5
R96	914.40	22.22	—	26.90	14.81	1.6	14.27	23.01	1.5
R97	965.20	22.22	—	26.90	14.81	1.6	14.27	23.01	1.5
R98	1022.35	28.58	—	26.90	14.81	2.4	14.27	23.01	1.5
R99	234.95	11.11	—	15.88	7.75	1.6	7.92	11.91	0.8
R100	749.30	31.75	—	35.10	19.81	2.4	17.48	30.18	2.3

续表

垫环号	垫环和槽中径 D_G	垫环宽 ω	垫环高		八角形平面垫环宽度 a	八角形垫环圆角半径 R_1	槽深 t	槽宽 W	槽内圆角半径 R_2
			椭圆形 h_1	八角形 h					
R101	800.10	31.75	—	38.10	22.33	2.4	17.48	33.32	2.3
R102	857.25	31.75	—	38.10	22.33	2.4	17.48	33.32	2.3
R103	914.40	31.75	—	38.10	22.33	2.4	17.48	33.32	2.3
R104	965.20	34.92	—	41.10	24.82	2.4	20.62	36.53	2.3
R105	1022.35	34.92	—	41.10	24.82	2.4	20.62	36.53	2.3

C.6.3 垫环材料的硬度应比环槽元件材料的硬度低 30 HBW ~ 40 HBW。垫环材料推荐使用Ⅲ级或者Ⅳ级压力容器锻件，其硬度要求见表 C.8。

C.6.4 垫环、垫环槽的公差要求见表 C.9。

C.6.5 螺栓载荷

C.6.5.1 操作状态的螺栓载荷按式(C-88)计算：

$$W_P = 0.785 D_G^2 p_c + 6.28 b D_G m p_c \quad (C-88)$$

式中垫片有效密封宽度 b 见第 7 章 7.5.1.2；垫片系数 m 见第 7 章表 7-2。

C.6.5.2 预紧状态的螺栓载荷按式(C-89)计算：

$$W_a = 3.14 D_G y \quad (C-89)$$

C.6.6 平盖设计见第 5 章 5.9。

C.6.7 法兰设计见第 7 章。

C.6.8 筒体端部、螺栓及螺母的设计见第 7 章 7.7。

表 C.8 垫环材料及硬度

材料	钢锻件标准	最高硬度	
		HBW	HRB
碳素钢	NB/T 47008	120	70
12Cr5Mo	NB/T 47008	130	74
S11306	NB/T 47010	170	87
S30408	NB/T 47010	160	84
S30403	NB/T 47010	150	81
S31608	NB/T 47010	160	84
S31603	NB/T 47010	150	81

表 C.9 公差范围 mm

尺寸名称		公差范围
垫环宽	ω	±0.20
垫环高	h 和 h_1	±0.50
八角形平面垫环宽度	a	±0.20

续表

尺寸名称			公差范围
槽深		t	+0.40 0
槽宽		W	±0.20
垫环的平均中径		D_G	±0.18
槽的平均中径		D_G	±0.13
垫环圆角半径		R_1	±0.50
槽内圆角半径 R_2		$R_2 \leqslant 2$	+0.80 0
		$R_2 > 2$	±0.80
环槽角度		23°	±0.5°
注 1：槽和八角垫环接触斜面(23°表面)的表面粗糙度 Ra 不高于 3.2μm。 注 2：允许环高有 1.9 mm 的正偏差，但在整个圆周上任何部位的垫环高度差应不大于 0.5 mm。			

C.7　卡箍紧固结构

C.7.1　符号

C——计算系数[见式(C-108)]；

D_b——直径(见图 C.30 和图 C.34)，mm；

D_c——密封接触圆直径，mm；

D_G——密封面平均直径，mm；

D_i——内直径，mm；

D_n——中性面直径，mm；

D_o——外直径，mm；

D_1——直径(见图 C.30)，mm；

D_2——直径(见图 C.31)，mm；

D_3——直径(见图 C.33)，mm；

d_i——螺纹小径，mm；

F——内压引起的轴向力，N；

F_a——密封垫密封力的轴向分力，N；

H——力臂(见图 C.31)，mm；

H_1——力臂(见图 C.33)，mm；

H_2——力臂(见图 C.33)，mm；

h——高度(见图 C.30)，mm；

h_1——高度(见图 C.30)，mm；

h_2——高度(见图 C.31)，mm；

h_3——高度(见图 C.33)，mm；

l_1、l_2——特征长度，mm；

M——$(F+F_a)$引起的弯矩，N·mm；

M_{max}——单位长度上最大弯矩，N·mm/mm；

M_1——沿中性面单位长度上的弯矩，N·mm/mm；

M_2——F_a 引起的弯矩，N·mm；

M_3——单位长度上的弯矩[见式(C－122)]，N·mm/mm；
M_5——单位长度上的弯矩[见式(C－127)]，N·mm/mm；
n——螺栓数量；
p_c——计算压力，MPa；
S——厚度(见图 C.31)，mm；
S_o——卡箍中性面 Y—Y 离直径 D_2 的距离，mm；
S_{o1}——筒体端部中性面 Y—Y 离直径 D_3 的距离，mm；
S_1——厚度(见图 C.33)，mm：
W——紧固螺栓载荷，N；
α——角度(见图 C.34)，(°)；
β——系数，mm^{-1}；
δ_p——平盖厚度，mm；
μ——平均壁温下材料的泊松比；
τ_a——a—a 环向截面的切应力，MPa；
τ_b——b—b 环向截面的切应力，MPa；
σ_a——筒体端部 a—a 环向截面拉应力，MPa；
σ_m——弯曲应力，MPa；
σ_{ma}——a—a 环向截面的弯曲应力，MPa；
σ_{mb}——b—b 环向截面的弯曲应力，MPa；
σ_{oa}——a—a 环向截面的当量应力，MPa；
σ_{ob}——b—b 环向截面的当量应力，MPa；
$[\sigma]^t$——设计温度下元件材料的许用应力，MPa。

C.7.2　结构

卡箍紧固结构见图 C.29。密封环应具有自紧功能。

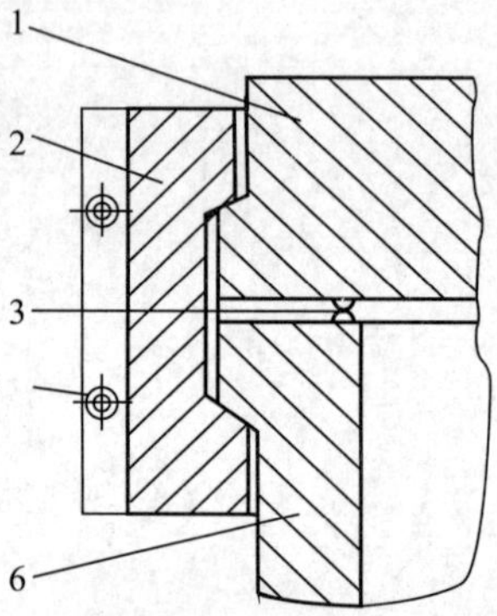

说明：1—平盖；　2—卡箍；　3—密封环；
4,5—紧固螺栓和螺母；　6—筒体端部。

图 C.29　卡箍紧固结构

C.7.3　载荷

C.7.3.1　内压引起的轴向力按式(C－90)计算：

$$F = 0.785 D_G^2 p_c \tag{C－90}$$

C.7.3.2　预紧状态密封环的密封轴向力 F_a，其值根据密封环的形式确定。

C.7.4　平盖

确定平盖的结构尺寸(见图 C.30)，并对作用于纵向截面的弯曲应力和作用于 a—a 环向截面的当量应

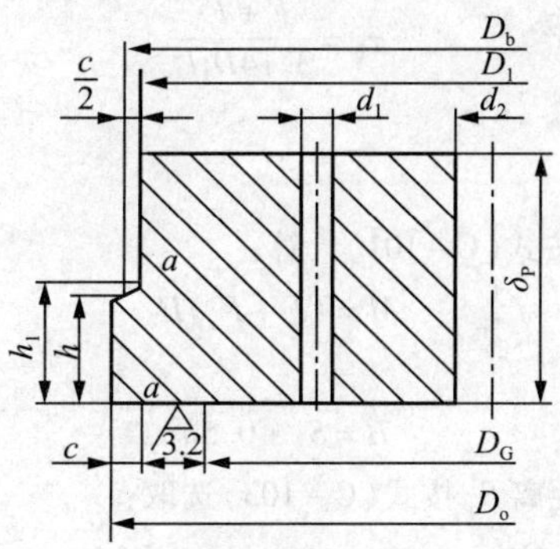

图 C.30　平盖

力进行强度校核。

C.7.4.1　纵向截面的弯曲应力按式(C-91)校核：

$$\sigma_m=\frac{3\left[\left(D_b-\frac{2}{3}D_G\right)F+(D_b-D_G)F_a\right]}{3.14[(D_1-\Sigma d_i)\delta_p^2+(D_o-D_1)h^2]}\leqslant 0.7[\sigma]^t \tag{C-91}$$

式中：$\sum d_i=d_1+d_2+d_3+\cdots\cdots$；

其他符号见图 C.30。

C.7.4.2　a—a 环向截面的当量应力按式(C-92)校核：

$$\sigma_{oa}=\sqrt{\sigma_{ma}^2+3\tau_a^2}\leqslant 0.7[\sigma]^t \tag{C-92}$$

弯曲应力 σ_{ma} 按式(C-93)计算：

$$\sigma_{ma}=\frac{3(F+F_a)(D_b-D_1)}{3.14D_1h_1^2} \tag{C-93}$$

切应力 τ_a 按式(C-94)计算：

$$\tau_a=\frac{F+F_a}{3.14D_1h_1} \tag{C-94}$$

C.7.5　卡箍

确定卡箍结构尺寸(见图 C.31)，并对作用于 a—a 和 b—b 环向截面的当量应力进行强度校核。

C.7.5.1　a—a 环向截面的当量应力按式(C-95)校核：

$$\sigma_{oa}=\sigma_{ma}+\sigma_a\leqslant 0.9[\sigma]^t \tag{C-95}$$

弯曲应力 σ_{ma} 按式(C-96)计算：

$$\sigma_{ma}=\frac{6M_{max}}{S^2} \tag{C-96}$$

a—a 环向截面单位长度上最大弯矩 M_{max} 计算见 C.7.5.3；

拉应力 σ_a 按式(C-97)计算：

$$\sigma_a=\frac{4(F+F_a)}{3.14(D_o^2-D_2^2)} \tag{C-97}$$

其他符号见图 C.31。

C.7.5.2　b—b 环向截面的当量应力按式(C-98)校核：

$$\sigma_{ob}=\sqrt{\sigma_{mb}^2+3\tau_b^2}\leqslant 0.9[\sigma]^t \tag{C-98}$$

弯曲应力 σ_{mb} 按式(C-99)计算：

$$\sigma_{mb}=\frac{3(F+F_a)h_2}{3.14D_2l_1^2} \tag{C-99}$$

切应力 τ_b 按式(C-100)计算：

$$\tau_b = \frac{F + F_a}{3.14D_2 l_1} \quad (C-100)$$

其他符号见图 C.31。

C.7.5.3　最大弯矩 M_{max}

C.7.5.3.1　$F + F_a$ 引起的弯矩按式(C－101)计算:

$$M = (F + F_a)H \quad (C-101)$$

力臂 H 按式(C－102)计算:

$$H = S_o + 0.5h_2 \quad (C-102)$$

卡箍中性面 $Y—Y$ 离直径 D_2 的距离 S_o 按式(C－103)选取:

$$\begin{cases} 当\dfrac{D_o}{D_2} \leqslant 1.45 时，S_o = \dfrac{D - D_o}{4} \\ 当\dfrac{D}{D_o} > 1.45 时，S_o = \dfrac{D_o - D_2}{6} \dfrac{2D_o + D_o}{D + D_o} \end{cases} \quad (C-103)$$

其他符号见图 C.31。

C.7.5.3.2　沿中性面单位长度上的弯矩按式(C－104)计算:

$$M_1 = \frac{M}{3.14D_n} \quad (C-104)$$

中性面直径 D_a 按式(C－105)计算:

$$D_n = D_2 + 2S_o \quad (C-105)$$

C.7.5.3.3　计算系数 β 按式(C－106)计算:

$$\beta = \sqrt[4]{\frac{12(1-\mu^2)}{D_n^2 S^2}} \quad (C-106)$$

厚度 S 按式(C－107)计算:

$$S = \frac{D_o - D_2}{2} \quad (C-107)$$

C.7.5.3.4　计算系数 C 按式(C－108)计算:

$$C = \frac{l_2}{l_1} \quad (C-108)$$

式中长度 l_1、l_2 见图 C.31。

C.7.5.3.5　根据 βl_1 和 C 值查图 C.32 得 $\left(\dfrac{M_{max}}{M_1}\right)$ 值。

C.7.5.3.6　最大弯矩 M_{max} 按式(C－109)计算:

$$M_{max} = \left(\frac{M_{max}}{M_1}\right) M_1 \quad (C-109)$$

C.7.6　筒体端部

确定筒体端部的结构尺寸(见图 C.33)，并对作用于 $a—a$ 和 $b—b$ 环向截面的当量应力进行强度校核。

C.7.6.1　$a—a$ 环向截面的当量应力按式(C－110)校核:

$$\sigma_{oa} = \sigma_{ma} + \sigma_a \leqslant 0.9[\sigma]^t \quad (C-110)$$

弯曲应力 σ_{ma} 按式(C－111)计算:

$$\sigma_{ma} = \frac{6(M_3 + M_5)}{S_1^2} \quad (C-111)$$

弯矩 M_3 计算见 C.7.6.3;

弯矩 M_5 计算见 C.7.6.4。

拉应力 σ_a 按式(C－112)计算:

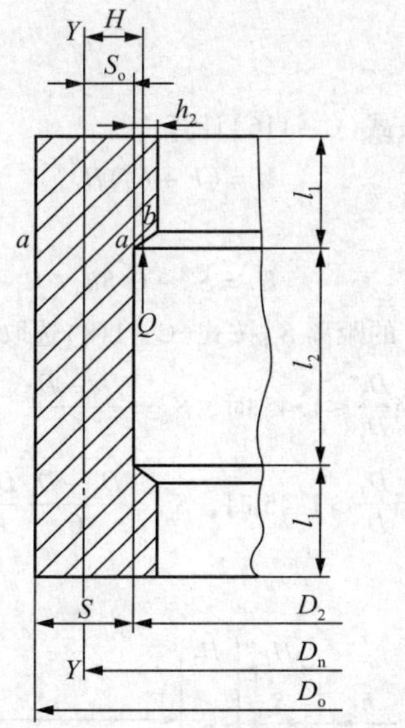

图 C.31　卡箍

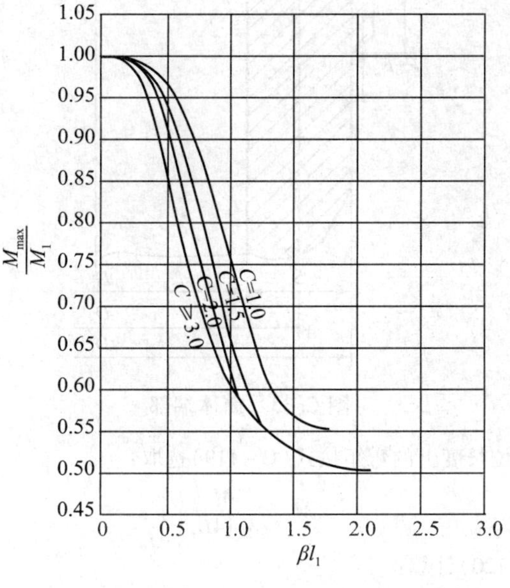

图 C.32

$$\sigma_a = \frac{4(F + F_a)}{3.14(D_3^2 - D_i^2)} \tag{C-112}$$

其他符号见图 C.33。

C.7.6.2　b—b 环向截面的当量应力按式（C-113）校核：

$$\sigma_{ob} = \sqrt{\sigma_{mb}^2 + 3\tau_b^2} \leqslant 0.9[\sigma]^t \tag{C-113}$$

弯曲应力 σ_{mb} 按式（C-114）计算：

$$\sigma_{mb} = \frac{3(F + F_a)h_3}{3.14 D_3 l_1^2} \tag{C-114}$$

切应力 τ_b 按式（C-115）计算：

$$\tau_b = \frac{F + F_a}{3.14 D_3 l_1} \tag{C-115}$$

其他符号见图 C. 33。

C. 7. 6. 3　弯矩 M_3

C. 7. 6. 3. 1　$F+F_a$ 引起的弯矩按式(C－116)计算：

$$M=(F+F_a)H_1 \qquad (C-116)$$

力臂 H_1 按式(C－117)计算：

$$H_1=S_{o1}+0.5h_3 \qquad (C-117)$$

筒体端部中性面 Y—Y 离直径 D_3 的距离 S_{o1} 按式(C－118)选取：

$$\begin{cases} 当\dfrac{D_3}{D_i}\leqslant 1.45 时，S_{o1}=\dfrac{D_3-D_i}{4} \\ 当\dfrac{D_3}{D_i}>1.45 时，S_{o1}=\dfrac{D_3-D_i}{6}\dfrac{D_3+2D_i}{D_3+D_i} \end{cases} \qquad (C-118)$$

其他符号见图 C. 33。

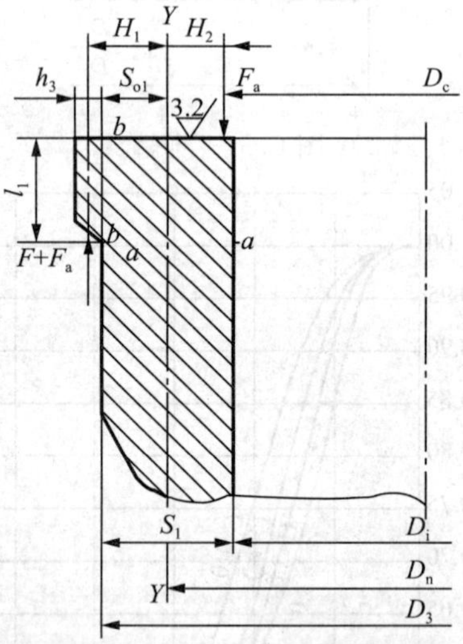

图 C. 33　筒体端部

C. 7. 6. 3. 2　沿中性面单位长度上的弯矩按式(C－119)选取：

$$M_1=\frac{M}{3.14D_n} \qquad (C-119)$$

中性面直径 D_n 按式(C－120)计算：

$$D_n=D_3-2S_{o1} \qquad (C-120)$$

C. 7. 6. 3. 3　计算系数 β 按式(C－121)计算：

$$\beta=\sqrt[4]{\frac{12(1-\mu^2)}{D_n^2S_1^2}} \qquad (C-121)$$

C. 7. 6. 3. 4　根据 βl_1 查图 C. 11 得 $\left(\dfrac{M_3}{M_1}\right)$ 值。

C. 7. 6. 3. 5　弯矩 M_3 按式(C－122)计算：

$$M_3=\left(\frac{M_3}{M_1}\right)M_1 \qquad (C-122)$$

C. 7. 6. 4　弯矩 M_5

C. 7. 6. 4. 1　F_a 引起的弯矩按式(C－123)计算：

$$M_2=F_aH_2 \qquad (C-123)$$

力臂 H_2 按式(C－124)计算：

$$H_2=\frac{D_n-D_c}{2} \tag{C－124}$$

C.7.6.4.2　沿中性面单位长度上的弯矩按式(C－125)计算：

$$M_1=\frac{M_2}{3.14D_n} \tag{C－125}$$

C.7.6.4.3　计算系数 β 按式(C－126)计算：

$$\beta=\sqrt[4]{\frac{12(1-\mu^2)}{D_n^2S_1^2}} \tag{C－126}$$

C.7.6.4.4　根据 βl_1 查图 C.20 得系数 φ 值。

C.7.6.4.5　弯矩 M_5 按式(C－127)计算：

$$M_5=M_1\varphi \tag{C－127}$$

C.7.7　紧固螺栓

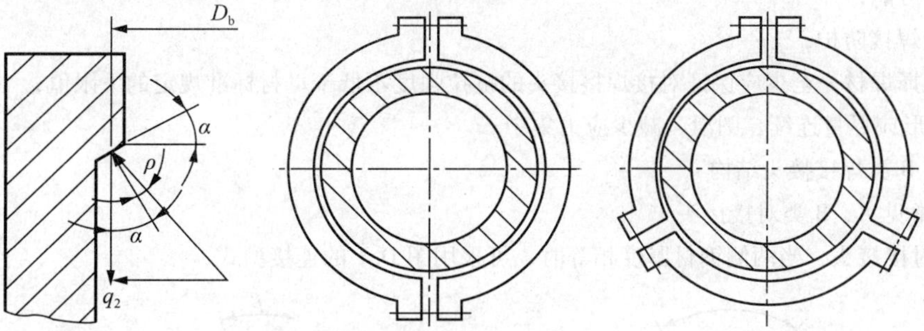

图 C.34　卡箍和紧固螺栓

卡箍上每个紧固端的螺栓数量按式(C－128)计算：

$$n=\frac{4W}{3.14[\sigma]_b^t d_i^2} \tag{C－128}$$

式中紧固螺栓载荷 W 取式(C－129)中计算值较大者；

$$W=\begin{cases} D_b q_2\tan(\alpha+\rho) \\ M_1\beta^2 D_2 l_2\dfrac{\text{sh}2\theta-\sin\theta}{\text{sh}2\theta+\sin\theta}\end{cases} \tag{C－129}$$

$$q_2=\frac{F_a}{3.14D_G} \tag{C－130}$$

$$\theta=\frac{\beta l_2}{2} \tag{C－131}$$

$$\text{sh}2\theta=\frac{e^{2\theta}-e^{-2\theta}}{2} \tag{C－132}$$

直径 D_b(见图 C.34)；

直径 D_2(见图 C.31)；

长度 l_2(见图 C.31)；

弯矩 M_1[见式(C.104)]；

角度 α(见图 C.34)，一般取 $\alpha=5°\sim7°$；

系数 β[见式(C－106)]。

设计温度下螺栓材料的许用应力 $[\sigma]_b^t$ 按 GB 150.2 选取。

C.7.8　螺母设计按第7章7.7的规定。

附录 D
(资料性附录)
焊接接头结构

D.1 附录中给出的焊接接头和坡口的形式及尺寸均基于等强度原则确定。

本附录仅给出一些常用焊接接头结构，供设计及制造时参考选用，焊缝坡口的基本形式及尺寸仅为推荐内容，本附录中各类焊接接头的施焊工艺必须按 NB/T 47014(JB/T 4708)评定合适后采用。

在保证焊接质量的前提下，焊接接头设计应遵循以下原则：

a)焊缝填充金属尽量少；

b)焊接工作量应尽量少，且操作方便；

c)合理选择坡口角度、钝边高、根部间隙等结构尺寸，使之有利于坡口加工有焊透，以减少各种缺陷产生的可能；

d)有利于焊接防护；

e)合理选择焊材，至少应保证对接焊接接头的抗拉强度不低于母材标准规定的下限值；

f)焊缝外形应尽量连续、圆滑，减少应力集中。

D.2 A、B 类焊接接头结构

D.2.1 常见 A、B 类对接接头

A、B 类对接接头，当两侧钢材厚度相等时，可采用图 D.1 的连接型式。

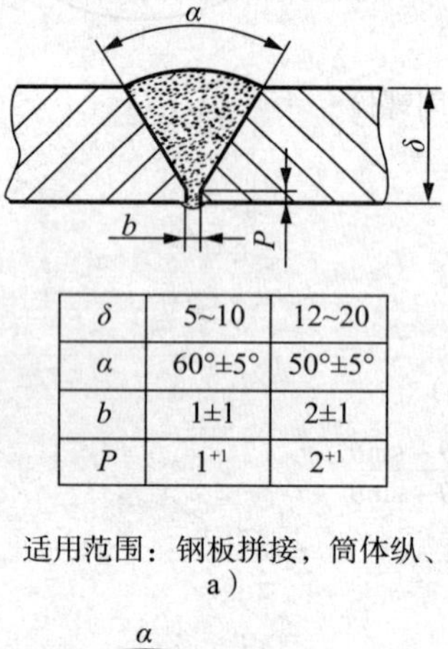

δ	5~10	12~20
α	60°±5°	50°±5°
b	1±1	2±1
P	1^{+1}	2^{+1}

适用范围：钢板拼接，筒体纵、环焊缝

a)

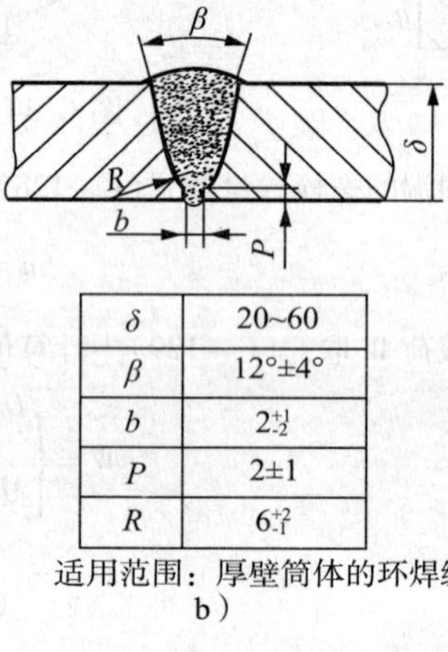

δ	20~60
β	12°±4°
b	2^{+1}_{-2}
P	2±1
R	6^{+2}_{-1}

适用范围：厚壁筒体的环焊缝

b)

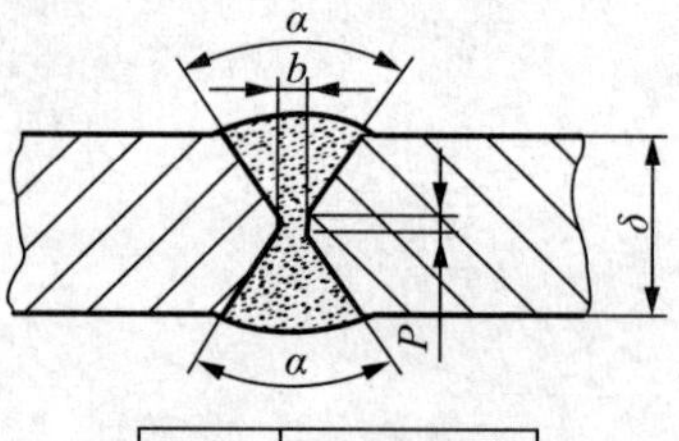

δ	16~60
α	55°±5°
b	2±1
P	2^{+1}

适用范围：钢板拼接，筒体的纵焊缝

c)

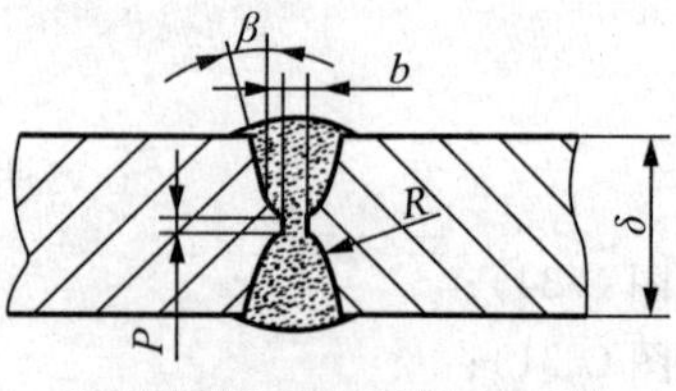

δ	30~90	92~150
β	6°±2°	4°±2°
b	1±1	
P	2±1	
R	6^{+1}	

适用范围：钢板拼接，筒体的纵焊缝

d)

图 D.1

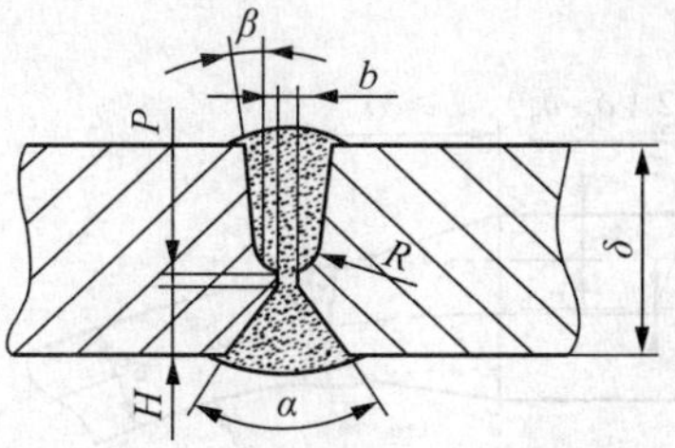

δ	30~60	65~90	95~130
β	10°±2°	8°±2°	6°±2°
α	70°±5°		
b	0^{+2}		
P	3±1		
H	10±1		
R	10±1		

适用范围：筒体的环焊缝

e）

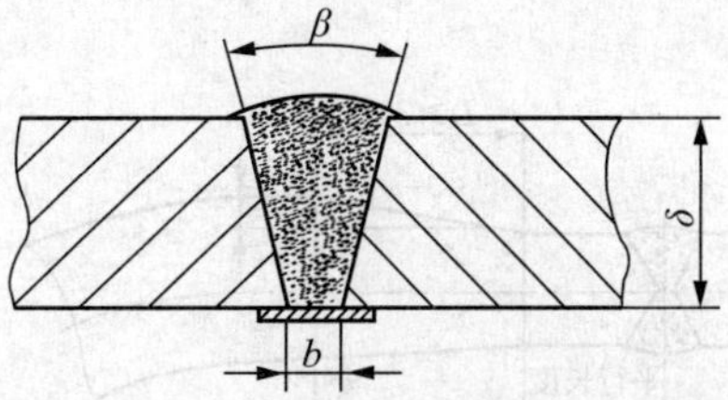

δ	5~30
β	40°±5°
b	7^{+1}

适用范围：不能进行双面焊的且有焊透要求的环向焊缝

f）

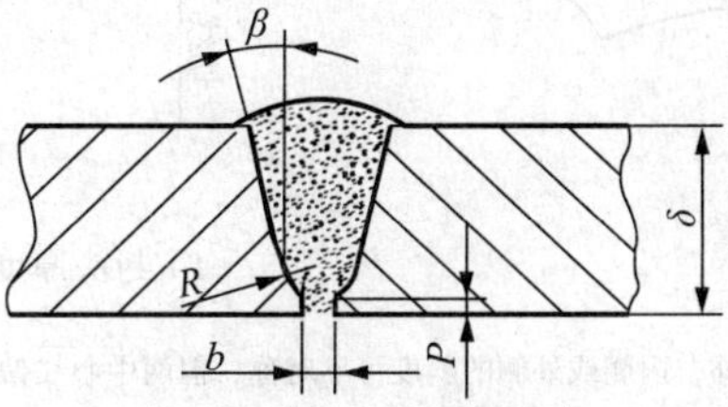

δ	≥22
β	10°±2°
b	$2^{+0.5}$
P	$1^{+0.5}$
R	5±1

适用范围：不能进行双面焊且要求全焊透的纵、环向焊缝

g）

注：图 g）适用于氩弧焊打底或类似焊接方法打底的单面手工电弧焊的焊接接头，一般能达到全焊透的要求。

图 D.1（续）

B 类焊接接头，当两侧钢材厚度不等时，可单面或双面削薄厚板边缘，或采用堆焊方法将薄板边缘焊成斜面，具体见 GB/T 150.4 的相关规定。

D.2.2　圆筒与封头的连接

圆筒与封头的对接接头，可采用图 D.2 的连接型式。

a）封头与圆筒等厚

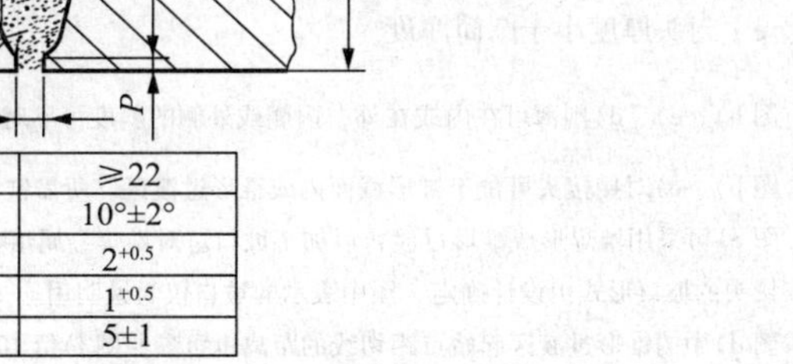

b）封头厚度大于圆筒厚度，且中心线偏移

图 D.2

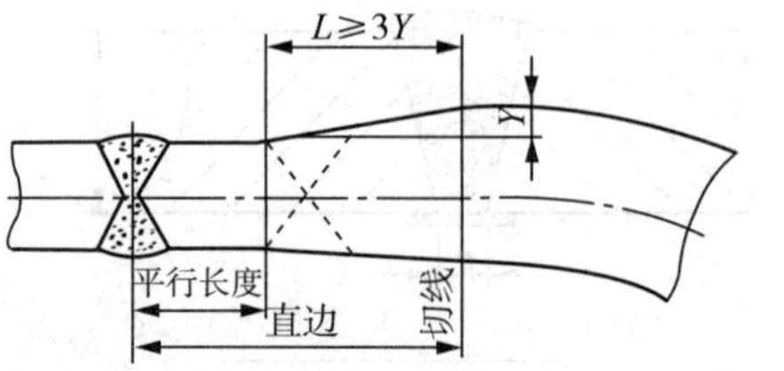

c）封头厚度大于圆筒厚度

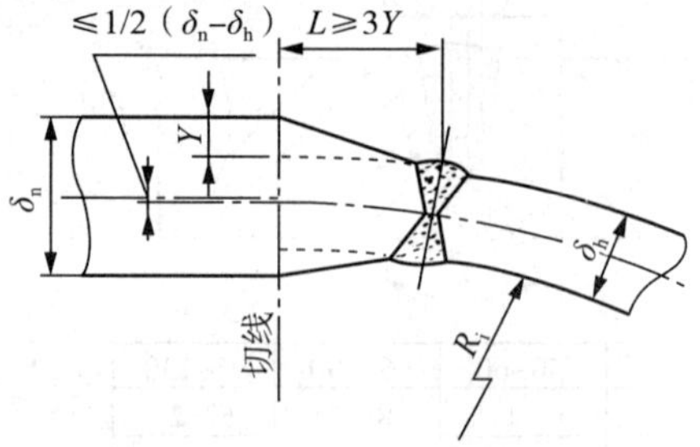

d）封头厚度小于圆筒厚度，且中心线偏移

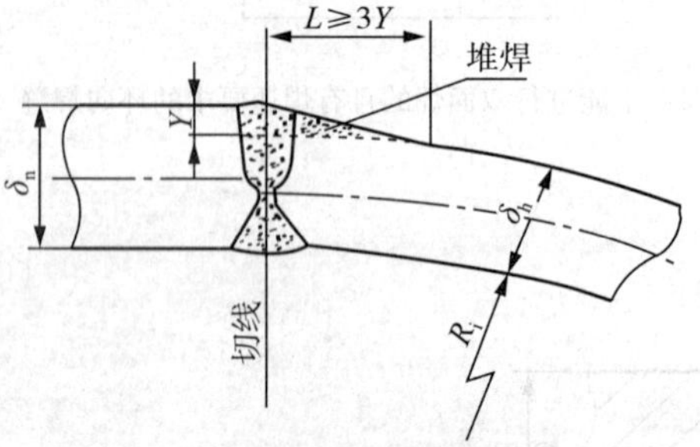

e）封头厚度小于圆筒厚度

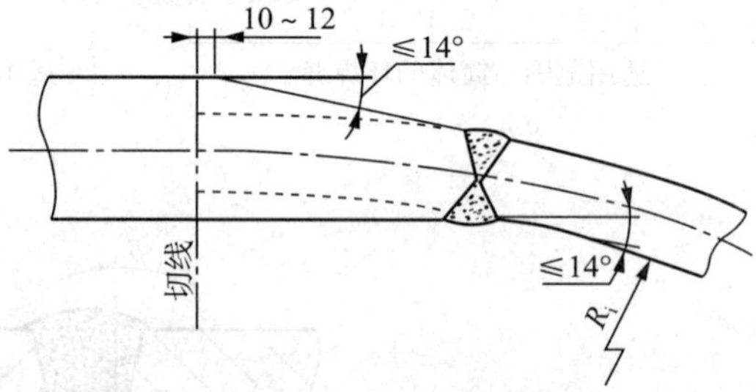

f）封头厚度小于圆筒厚度

注1：图b）、c）、d）削薄可在内或在外，内侧或外侧的斜度可不对称，但两中心线偏差应小于或等于$\frac{1}{2}(\delta_h-\delta_n)$。

注2：图b）、c）对接接头可位于锥形截面内或锥形过渡区。所需锥形长度L不应超过封头切线。

注3：图e）可采用堆焊形成锥形过渡，后加工坡口。对堆焊金属熔敷的整个表面需按要求进行磁粉或渗透检测。

注4：接头的坡口形式由设计确定，图中表示的坡口仅为说明用。

注5：图d）中的锥形过渡区起始点距切线的距离也可参照图f）留10～12 mm的直边段。

图D.2（续）

D.3　接管、凸缘与壳体的连接

本节图中所示为接管、凸缘与壳体的连接常用的接头尺寸，也可根据焊接方法、焊接参数、加工条件以及施焊位置等的具体情况另行确定。

坡口形式的选择应考虑到元件结构、厚度以及材料焊接性等因素的影响。

D.3.1　插入式接管

插入式接管与壳体的连接，如图D.3～图D.5所示。接管与壳体之间的间隙应不大于3 mm。在下列使用条件下，接管内径边角处应倒圆，圆角半径一般取$\delta_{nt}/4$或19 mm两者中的较小值。

a）承受交变载荷的压力容器；

b）低温压力容器；

c）标准抗拉强度下限值R_m≥540 MPa的低合金钢制容器；

d）图样注明有应力腐蚀的容器。

D.3.1.1　无补强圈的接管

无补强圈接管与壳体的连接，如图D.3、图D.4所示。其中截面非全焊透的焊接接头（见图D.3）不适用于有急剧温度梯度的场合以及其他法规中规定的禁用场合。图D.4为全焊透T型接头。

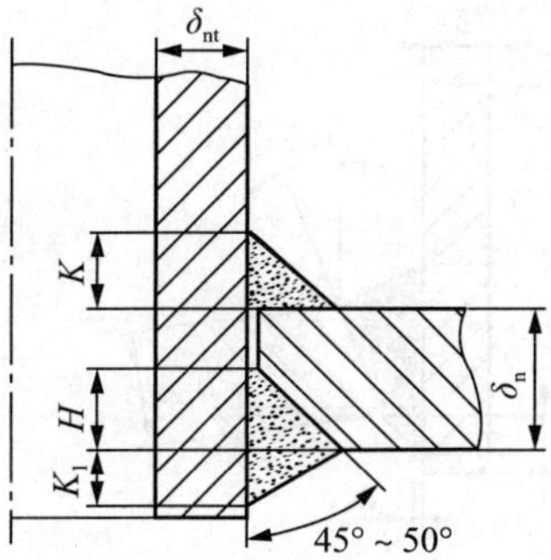

$H=\frac{2}{3}\delta_{nt}$；$K_1\geqslant\frac{1}{2}\delta_{nt}$,且不小于6 mm；

δ_{nt} <6 mm 时，$K=\delta_{nt}$；$\delta_{nt}\geqslant$6 mm时，$K\geqslant$6 mm

a）

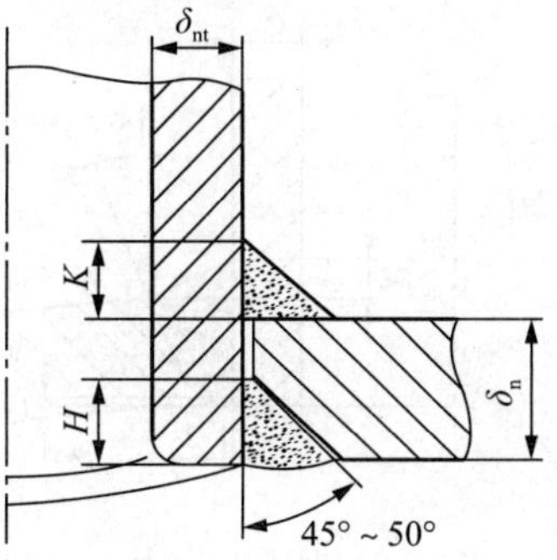

$H=\delta_m$；$K\geqslant\delta_{nt}$，且不小于6 mm

b）

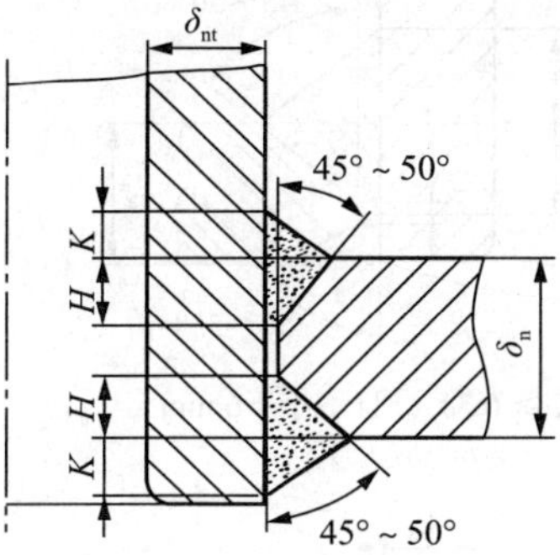

$K\geqslant\frac{1}{2}\delta_{nt}$；且不小于6 mm；$H=\frac{2}{3}\delta_{nt}$

c）

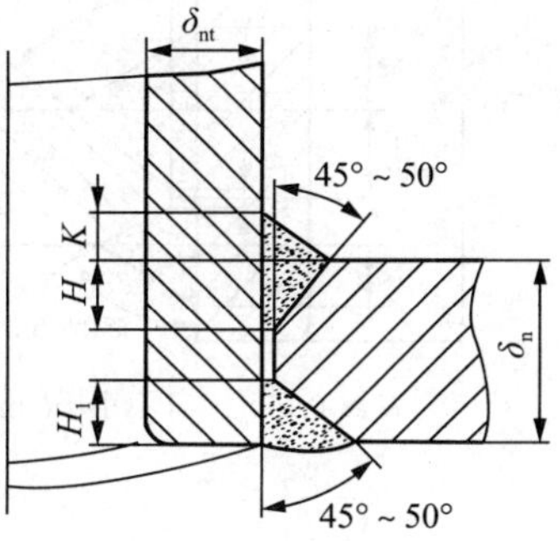

$K\geqslant\frac{1}{2}\delta_{nt}$；且不小于6 mm；$H=\frac{2}{3}\delta_{nt}$；$H_1=\delta_{nt}$

d）

注1：图a）b）适用于壳体厚度$\delta_n\leqslant$16 mm的碳钢和碳锰钢，或$\delta_n\leqslant$25mm的奥氏体钢，且$\delta_{nt}<\frac{\delta_n}{2}$。

注2：图c）d）一般适用于$\delta_{nt}\approx\frac{\delta_n}{2}$，且$\delta_n\leqslant$50 mm。

图 D. 3

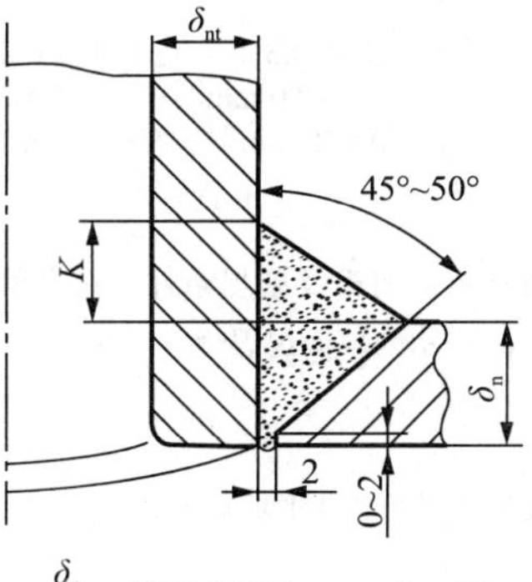

$K\geqslant\frac{\delta_n}{3}$，且不小于6 mm；$\delta_n\leqslant$16 mm

a）

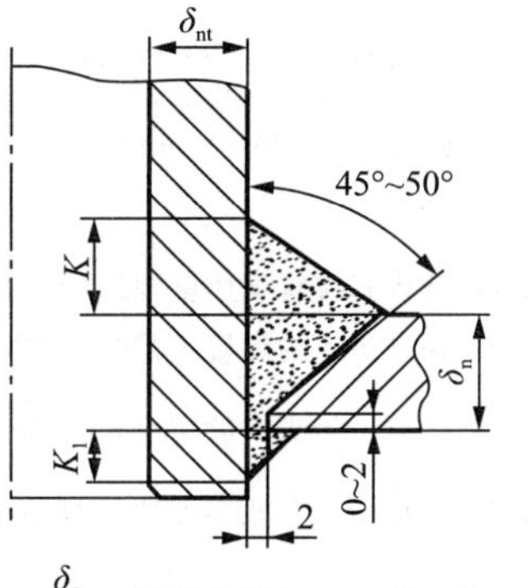

$K\geqslant\frac{\delta_n}{3}$，且不小于6 mm；$K_1\geqslant$6 mm

b）

图 D. 4

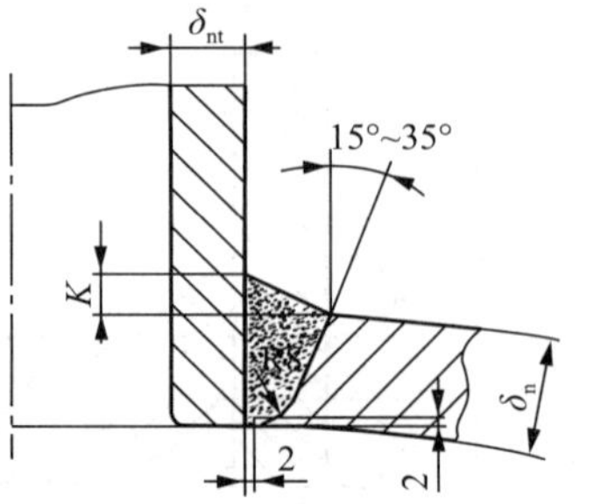

$K \geqslant \frac{\delta_n}{3}$，且不小于6 mm；$\delta_n \leqslant 25$ mm

c）

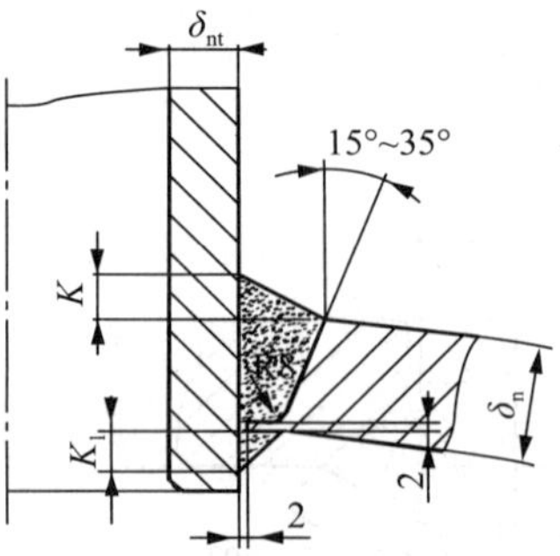

$K \geqslant \frac{\delta_n}{3}$，且不小于6 mm；$K_1 \geqslant 6$ mm

d）

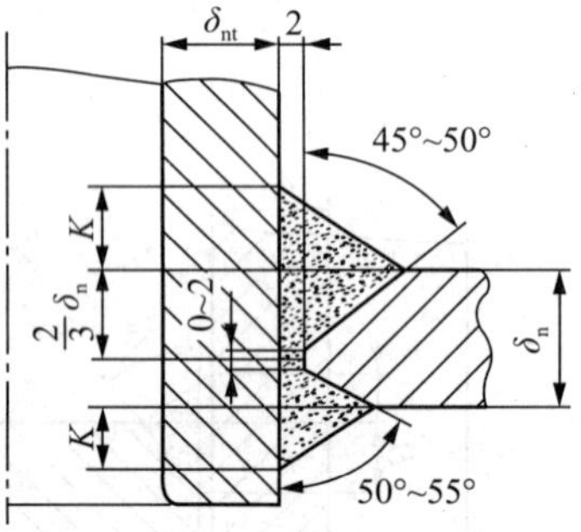

$K \geqslant 0.15\delta_{nt}$，且不小于6 mm

e）

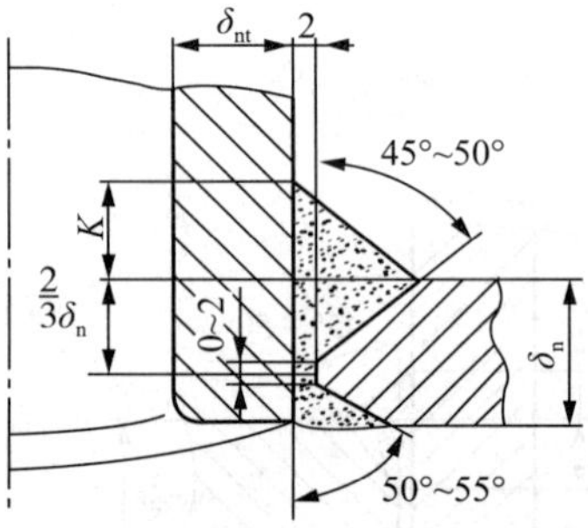

$K \geqslant 0.3\delta_{nt}$，且不小于6 mm

f）

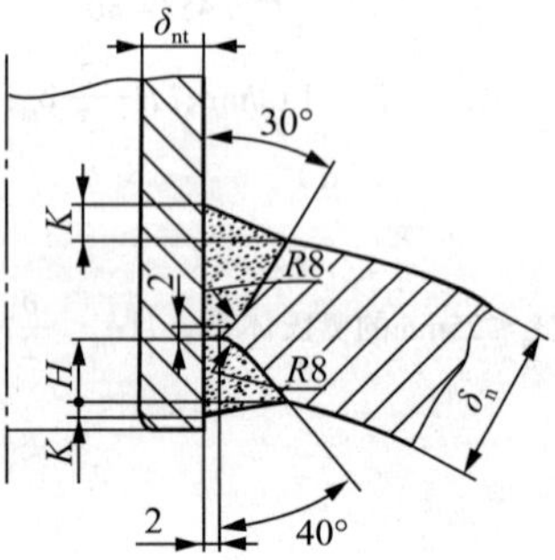

$K \geqslant 0.15\ \delta_{nt}$；且不小于6 mm；
$\delta_n \leqslant 50$ mm时；H=10 mm；
δ_n>50 mm时；H=15 mm；

g）

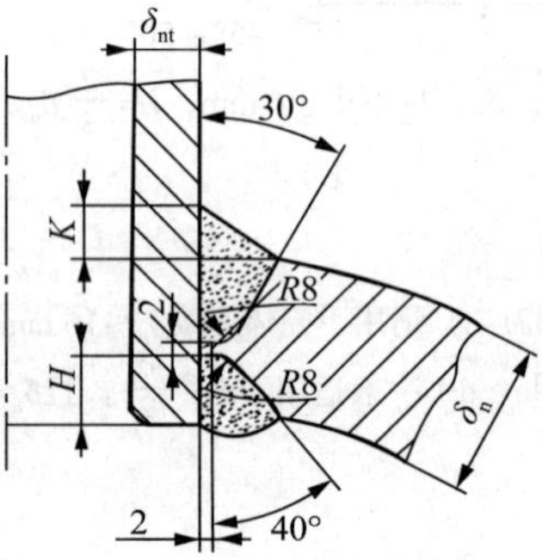

$K \geqslant 0.3\ \delta_{nt}$；且不小于6 mm；
$\delta_n \leqslant 50$ mm时；H=10 mm；
δ_n>50 mm时；H=15 mm；

h）

注1：插入式接管采用全焊透的连接时，应具备从内侧清根及施焊条件。只有采用保证焊透的焊接工艺时，方可采用图a)、c)所示的单面焊焊缝。

注2：图所示接头一般用于 $\delta_{nt} \geqslant \frac{1}{2}\delta_n$。

注3：焊接接头有效厚度超过16 mm时，则应优先选择单边J形坡口形式。

图 D.4(续)

D.3.1.2　带补强圈的接管

带补强圈接管与壳体的连接如图D.5所示。这些结构不适用于有急剧温度梯度的场合。补强圈应与壳体紧密贴合，并开设讯号孔。

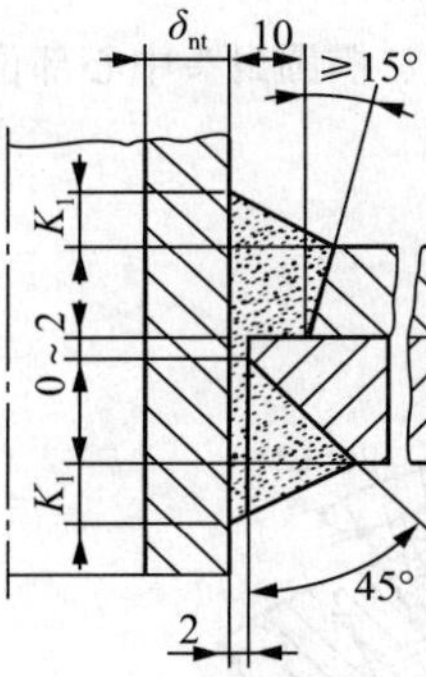

$\delta_c \leqslant 8$ mm 时，$K=\delta_c$；$\delta_c \geqslant 8$ mm时，

$K=0.7\delta_c$，且不小于8 mm；

$K_1 \geqslant \frac{1}{3}\delta_{nt}$，且不小于6 mm

a)

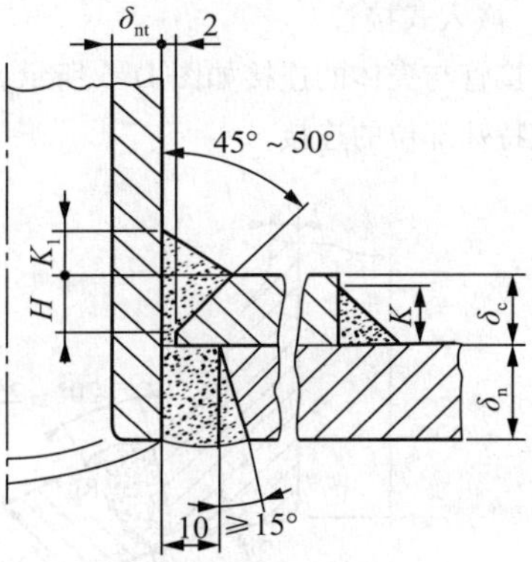

$\delta_c \leqslant 8$ mm 时，$K=\delta_c$；

$\delta_c \geqslant 8$mm时，$K=0.7\delta_c$，且不小于8 mm；

$K_1 \geqslant 6$ mm；$H=\frac{2}{3}\delta_{nt}$

b)

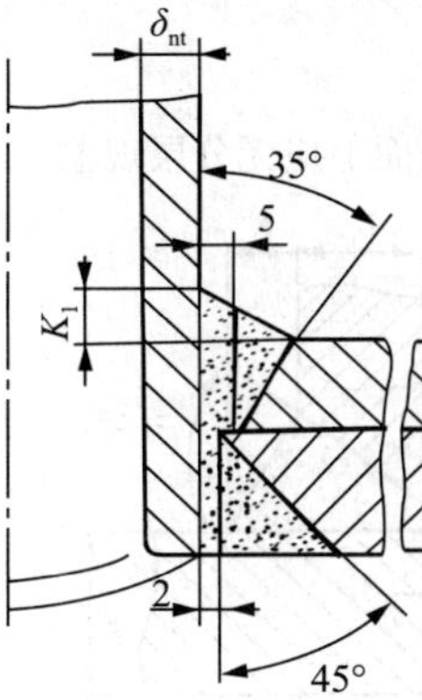

$\delta_c \leqslant 8$ mm 时，$K=\delta_c$；$\delta_c >8$mm时，

$K=0.7\delta_c$,且不小于8 mm；$K_1 \geqslant 6$ mm

c)

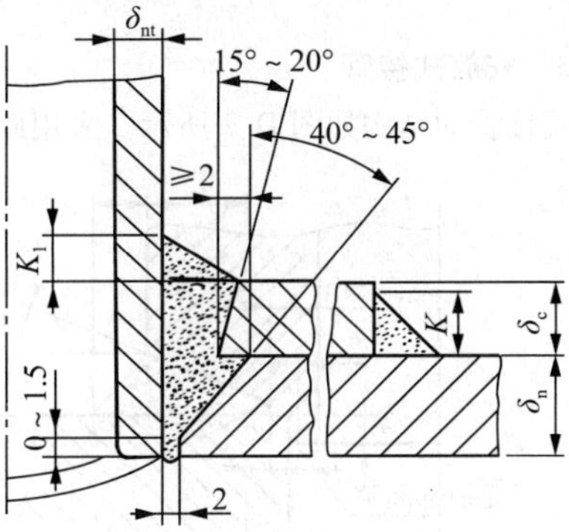

$\delta_c \leqslant 8$ mm 时，$K=\delta_c$;

$\delta_c >8$ mm时，$K=0.7\delta_c$，且不小于8 mm；

$K_1 \geqslant \frac{\delta_{nt}}{3}$，且不小于6 mm

采用焊透的焊接工艺

d)

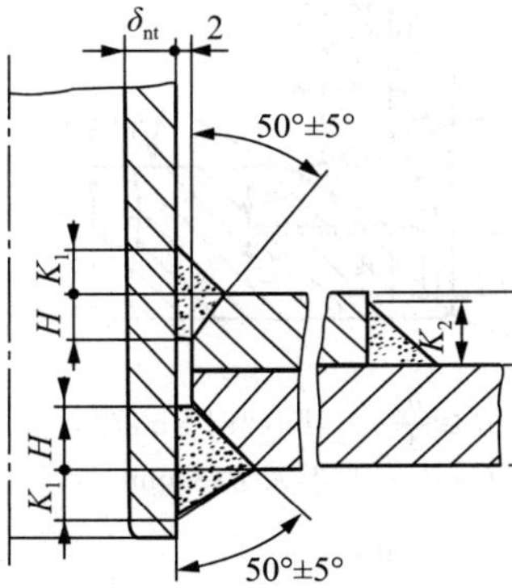

$K_1=\delta_{nt}$,且不小于6 mm；

$\delta_c \leqslant 8$ mm 时，$K_2=\delta_c$;

$\delta_c >8$mm时，$K_2=\max(0.7\delta_c, 8)$；

$H=0.7\delta_{nt}$

e)

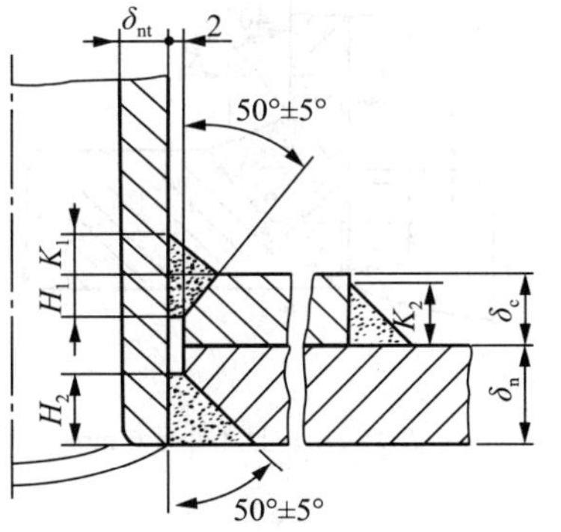

$K_1=\delta_{nt}$,且不小于6 mm；

$\delta_c \leqslant 8$ mm 时，$K_2=\delta_c$;

$\delta_c >8$ mm时，$K_2=\max(0.7\delta_c, 8)$；

$H_1=0.7\delta_{nt}$，$H_2=\delta_{nt}$

f)

图 D. 5

D. 3. 2　嵌入式接管

嵌入式接管与壳体的连接如图 D. 6 所示。图 D. 5a）一般适用于球形封头、椭圆封头中心部位的接管与封头或其他特殊部位的连接。

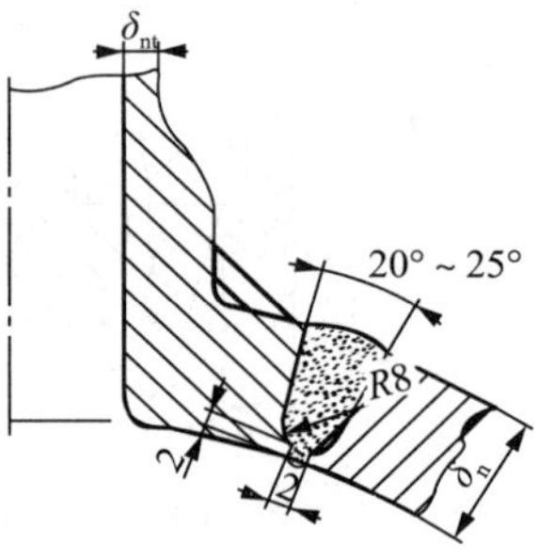

a）

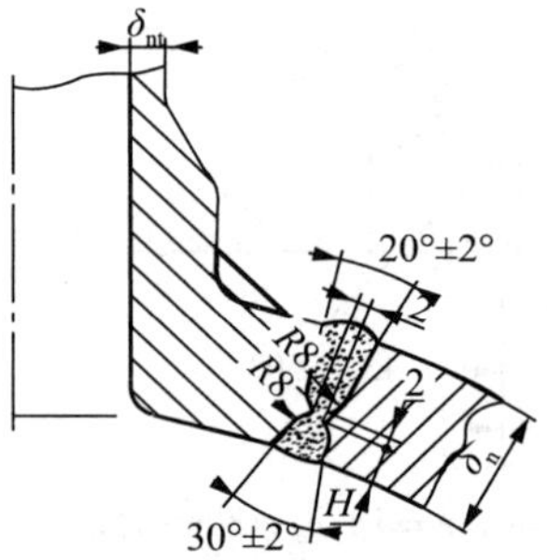

$\delta_n \leqslant$ 50 mm时，H=10 mm；
$\delta_n >$ 50 mm时，H=15 mm

b）

图 D. 6

D. 3. 3　安放式接管

安放式接管的结构如图 D. 7 所示。采用此结构时，壳体开孔处的钢板截面上应无分层现象。

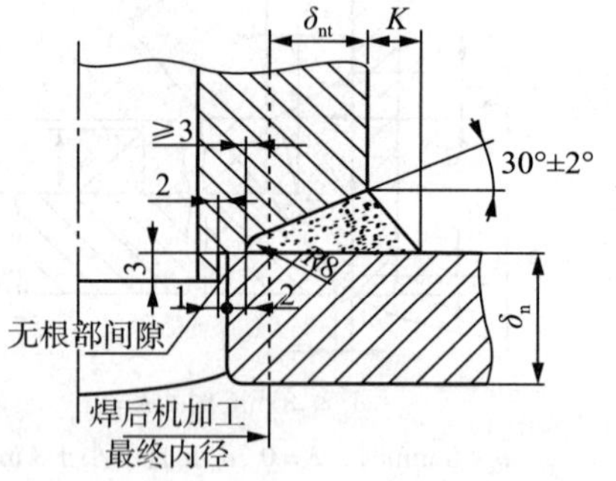

$K \geqslant \frac{\delta_{nt}}{3}$；且不小于6 mm

a）

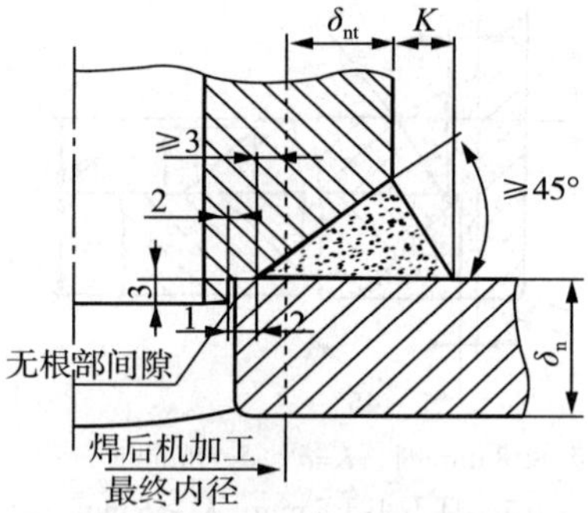

$K \geqslant \frac{\delta_{nt}}{3}$；且不小于5 mm

b）

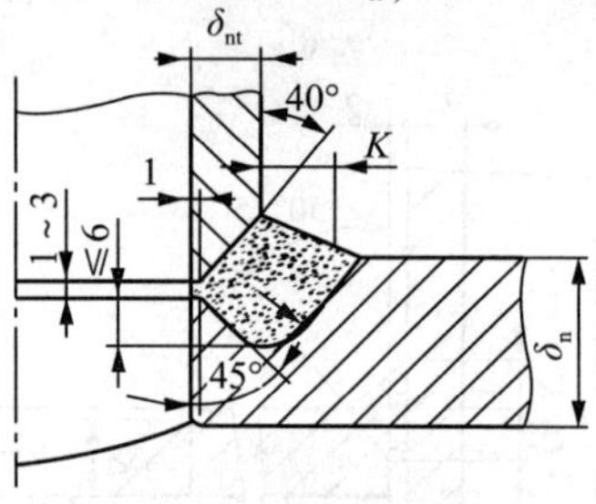

$K \geqslant \frac{\delta_{nt}}{3}$；且不小于6 mm

c）

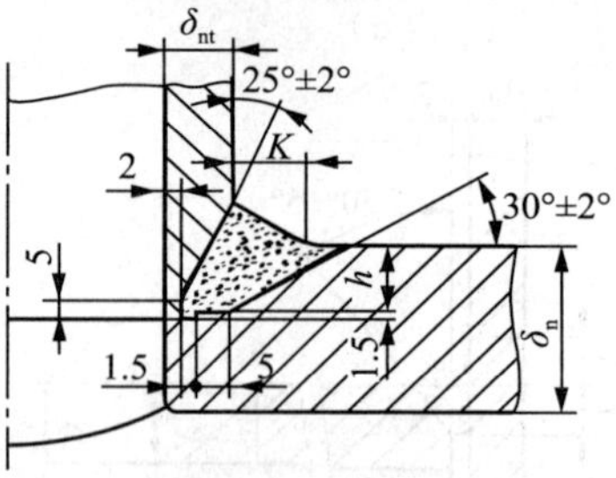

$K \geqslant \frac{\delta_{nt}}{3}$；且不小于6 mm；
$h = \delta_{nt}$；且不大于13 mm

d）

注1：当接管直径与壳体直径之比较小时，一般采用图a）图b）的形式。
注2：图c）一般适用于接管内径小于或等于100 mm。
注3：图d）适用于壳体厚度$\delta_n \leqslant$16 mm的碳钢和碳锰钢，或$\delta_n \leqslant$25 mm的奥氏体钢容器。
对图d），接管内径应大于50 mm，且小于或等于150 mm，壁厚δ_{nt}>6 mm。
注4：图c）、图d）一般适用于平盖开孔，也可用于筒体上的开孔。

图 D. 7

D.3.4 凸缘

D.3.4.1 角焊缝连接

角焊缝连接的凸缘如图 D.8 所示。此结构不适用于承受脉动载荷的容器。焊角尺寸取决于传递载荷的大小，并考虑制造和使用要求，一般情况下，角焊缝的腰高不小于两相焊件中较薄者厚度的 0.7 倍，在任何情况下均不得小于 6mm。

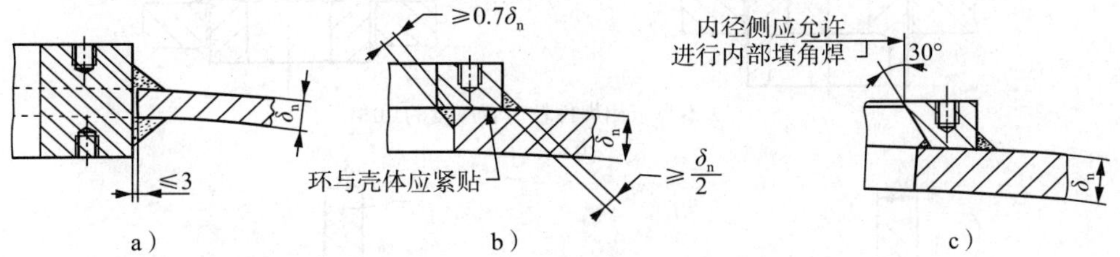

图 D.8

D.3.4.2 对接接头连接

对接接头连接的凸缘如图 D.9 所示。适用于承受脉动载荷的容器。

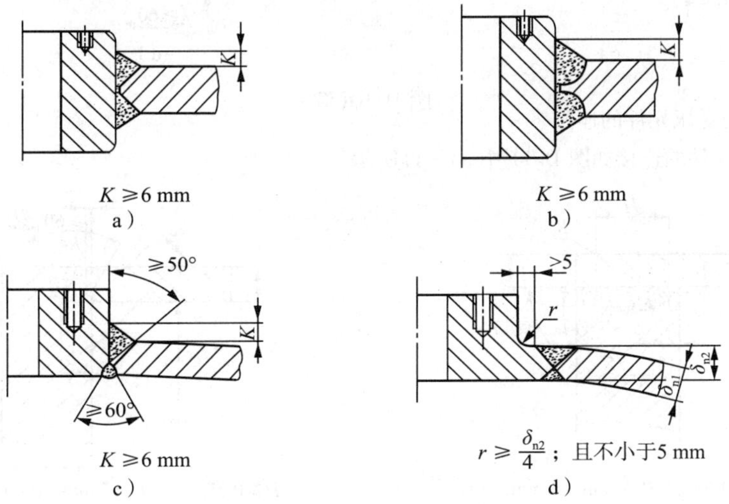

图 D.9

D.3.4.3 小直径凸缘和接管

小直径凸缘和接管的结构如图 D.10 所示。与壳体直接连接的凸缘和接管的公称直径应等于或小于 50mm。其中图 b）、c）、d）一般适用于壳体厚度 $\delta_n \leq 16$ mm 的碳钢和碳锰钢，或 $\delta_n \leq 25$ mm 的奥氏体钢容器。图 a）中壳体与堆焊层的总厚度，应满足螺纹数的要求。

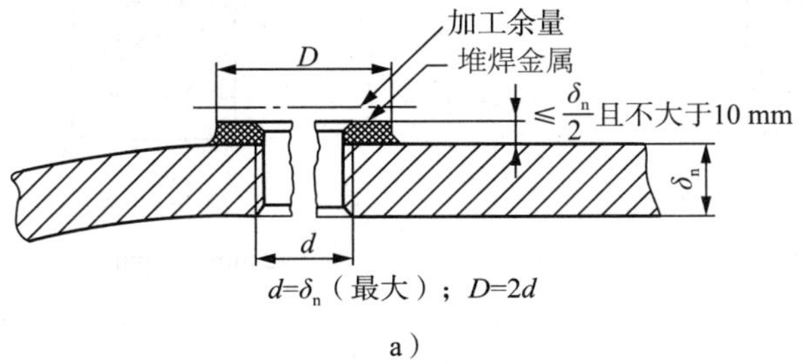

图 D.10

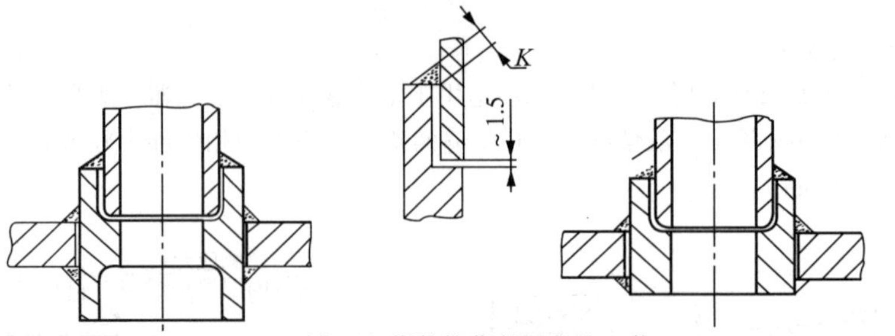

K不小于相焊件较薄者厚度的1.0倍

b）

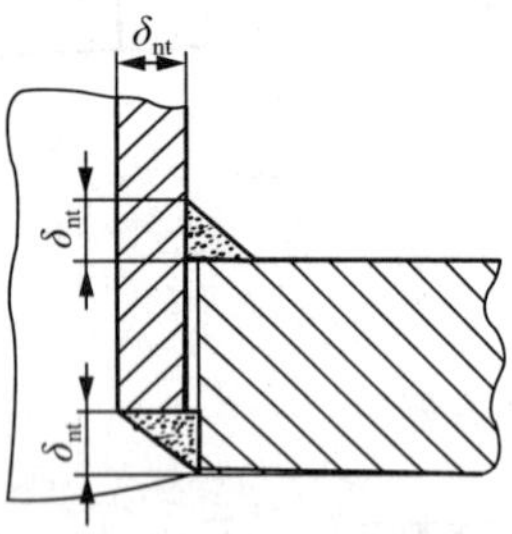

c）

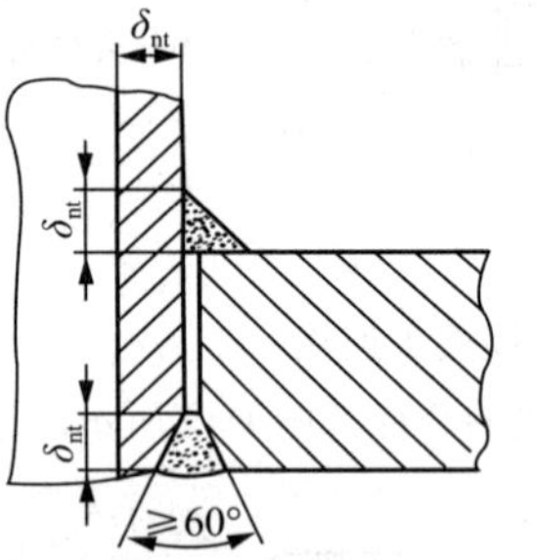

d）

图 D. 10（续）

D. 4　平封头与受压元件的连接

平封头与受压元件的连接如图 D. 11 中 a）~1）所示。

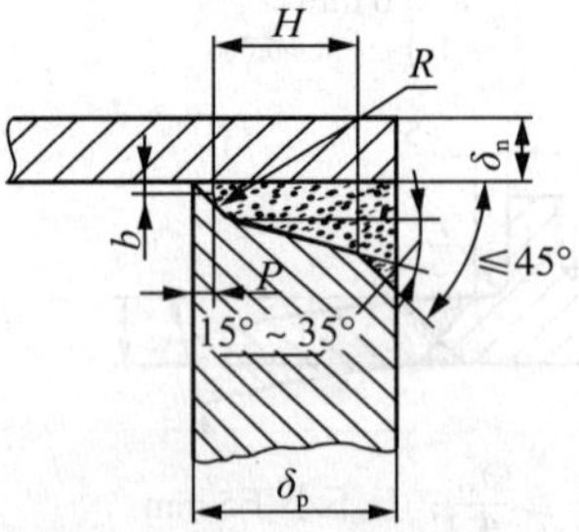

$H \geqslant 1.25\delta_n$；P=2 mm~3 mm；
R=6 mm~13 mm；$b \leqslant 3$ mm

a）

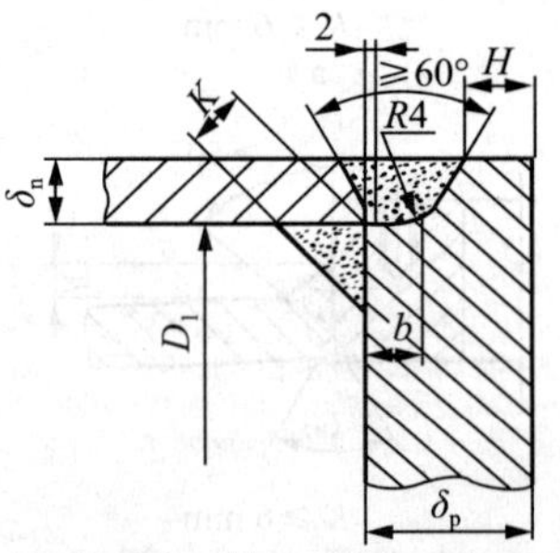

$H \geqslant 0.25\delta_n$，且$K \geqslant 5$ mm；$b \geqslant 6$ mm；
且$H \geqslant \delta_n$或6 mm中较小者

b）

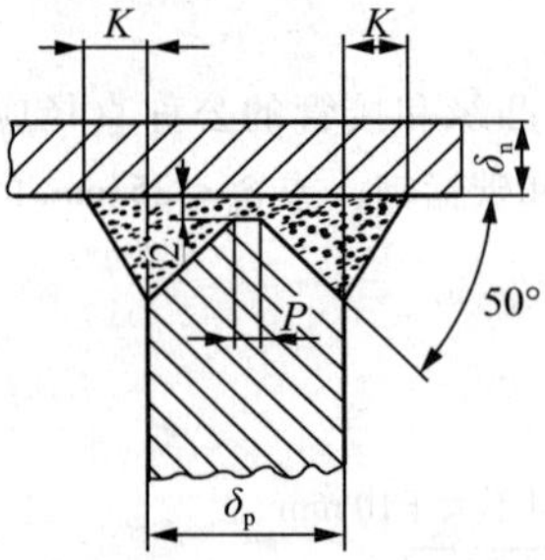

$K=\frac{\delta_n}{3}$，且不小于6 mm；

P=2 mm~3 mm

c）

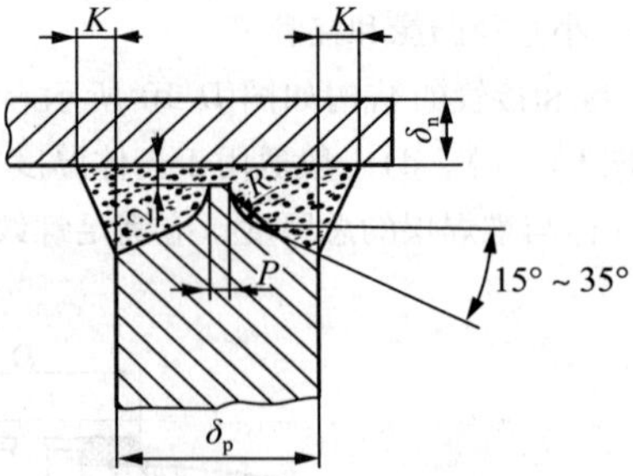

$K=\frac{\delta_n}{3}$，且不小于6 mm；

P=2 mm~3 mm，R=6 mm~10 mm

d）

图 D. 11

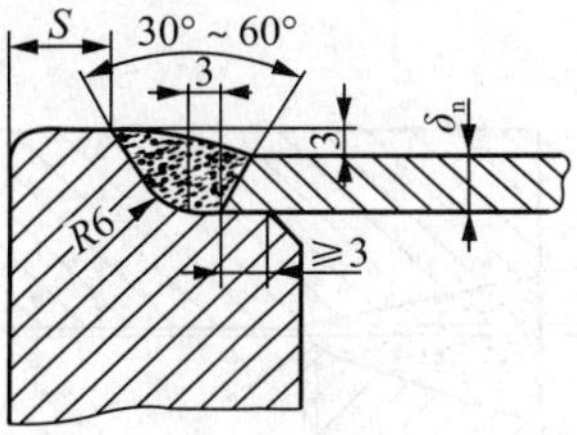

$S \geqslant \delta_n+3$，且不大于6 mm

e）

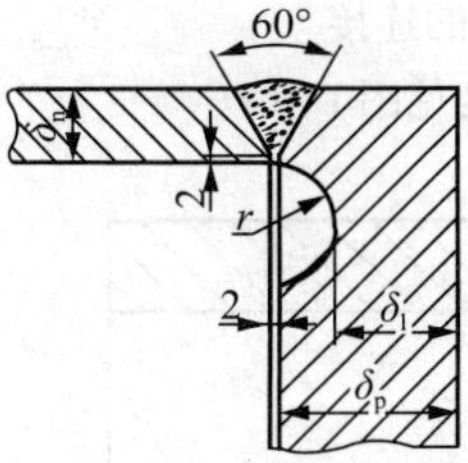

$\delta_1 \geqslant \frac{2}{3}\delta_p$，同时$\delta_1 \geqslant \delta_n$，且不小于5 mm；$r \geqslant 1.5\delta_n$

采用焊透的焊接工艺

f）

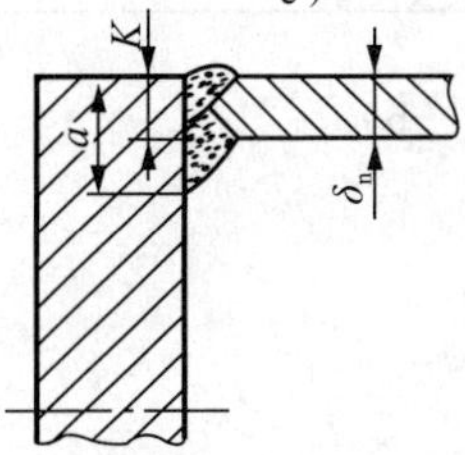

$a \geqslant 2\delta_n$；$K \geqslant \delta_n$

g）

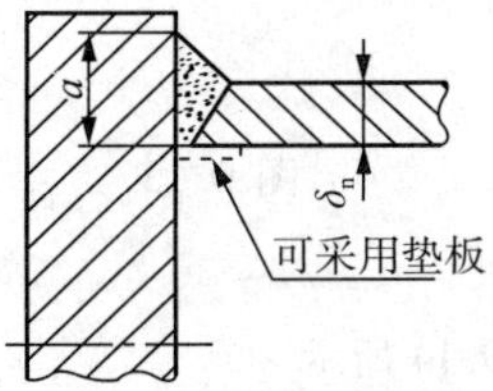

$a \geqslant 2\delta_n$

h）

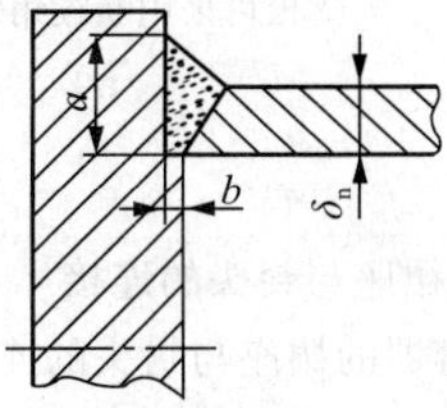

$a+b \geqslant 2\delta_n$；$a \geqslant \delta_n$

i）

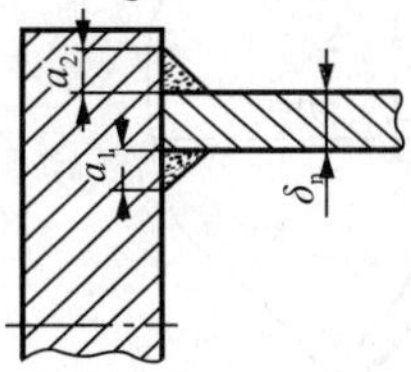

$a_1+a_2 \geqslant 2\delta_n$；

$0.5a_2 \leqslant a_1 \leqslant 2a_2$

j）

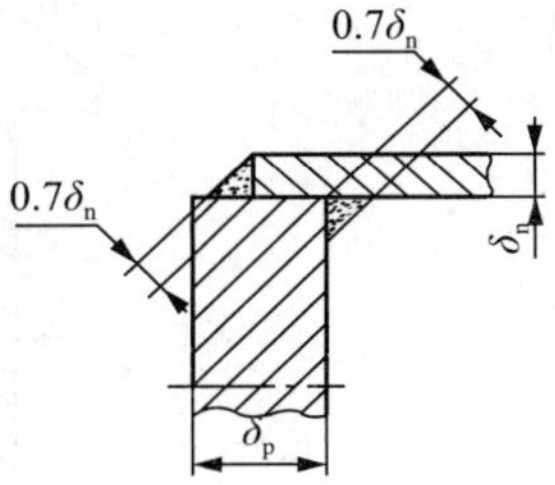

k）

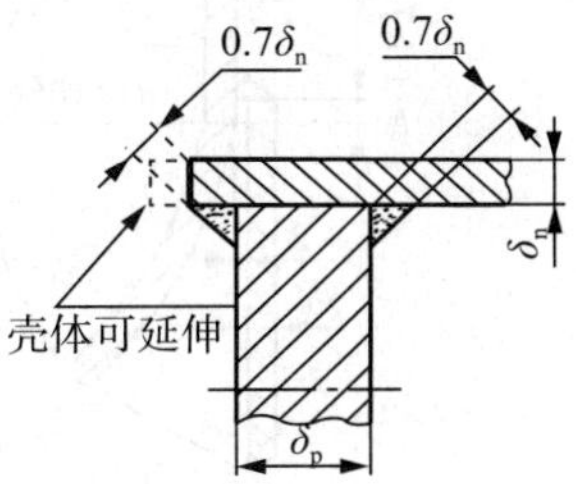

l）

注：图 e）适用于$\delta_n \leqslant 16$的抗拉强度不超过432MPa的碳钢和碳锰钢，不推荐使用在有腐蚀和疲劳工况的容器上。

图 D.11（续）

D.5　凸形封头与圆筒的搭接连接

凸面或凹面受压的椭圆形、碟形封头，其直边长度应不小于图 D.12 中的要求。套装在圆筒内、外侧的封头，直边段应与圆筒紧密贴合。

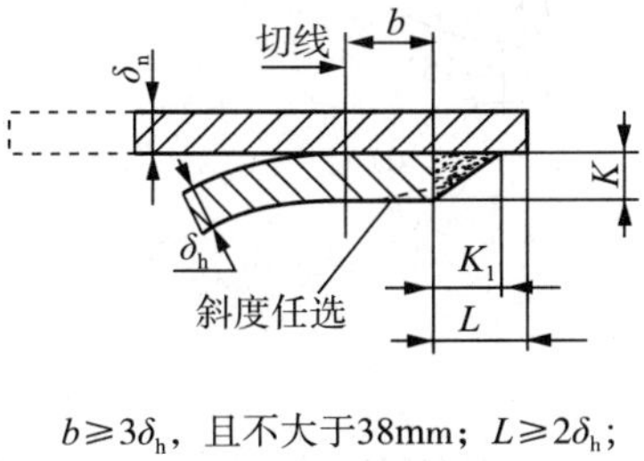

$b \geqslant 3\delta_h$，且不大于38mm；$L \geqslant 2\delta_h$；

$K \geqslant \delta_h$，$K \geqslant 1.3\delta_h$

a）

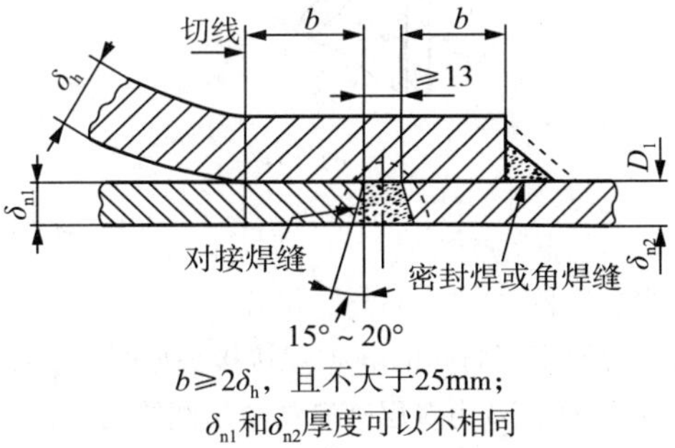

$b \geqslant 2\delta_h$，且不大于25mm；

δ_{n1}和δ_{n2}厚度可以不相同

b）

注：对图 b）结构，设计时取剪应力为两侧可能出现的最大压力差的 1.5 倍。对接焊缝的许用应力为圆筒材料许用应力的70%，角焊缝的许用应力为圆筒材料许用应力的55%。

图 D.12

D. 6　矩形容器侧板间的连接

矩形容器侧板间的连接见图 D. 13。

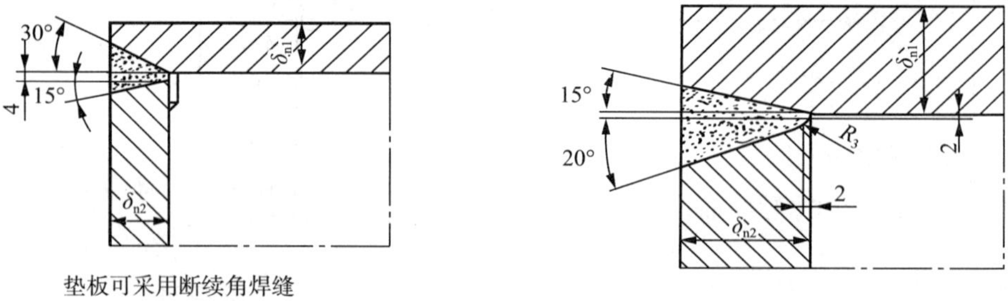

垫板可采用断续角焊缝

a)　　　　b)

图 D. 13

D. 7　裙座与封头的连接

立式容器的裙座与封头的连接如图 D. 14 所示。

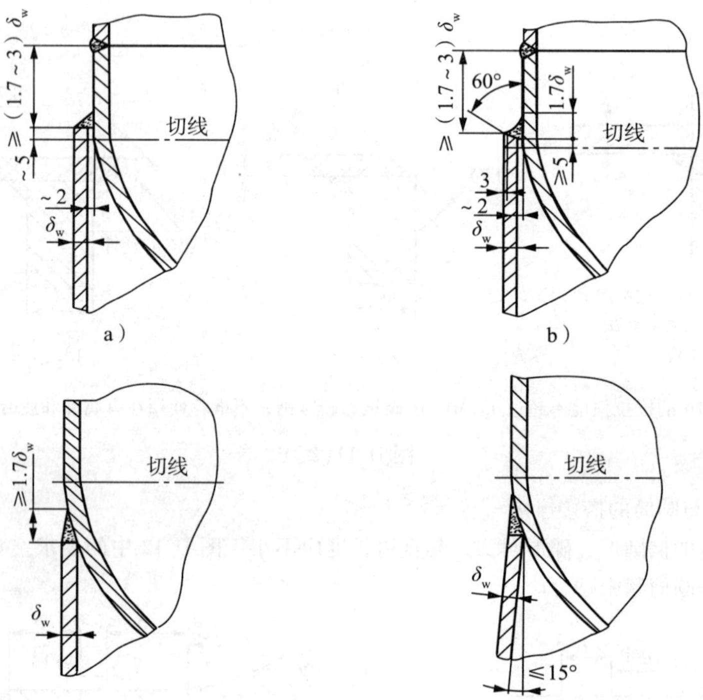

a)　　　　b)

c)　　　　d)

图 D. 14

D. 8　多层容器

D. 8. 1　等厚度圆筒间的 B 类焊接接头见图 D. 15。

图 D. 15 中 a)、b)为多层圆筒与单层圆筒的连接，图 c)、d)、e)为多层圆筒间的连接；图 f)、g)为具有不锈钢内筒的多层圆筒间的连接。

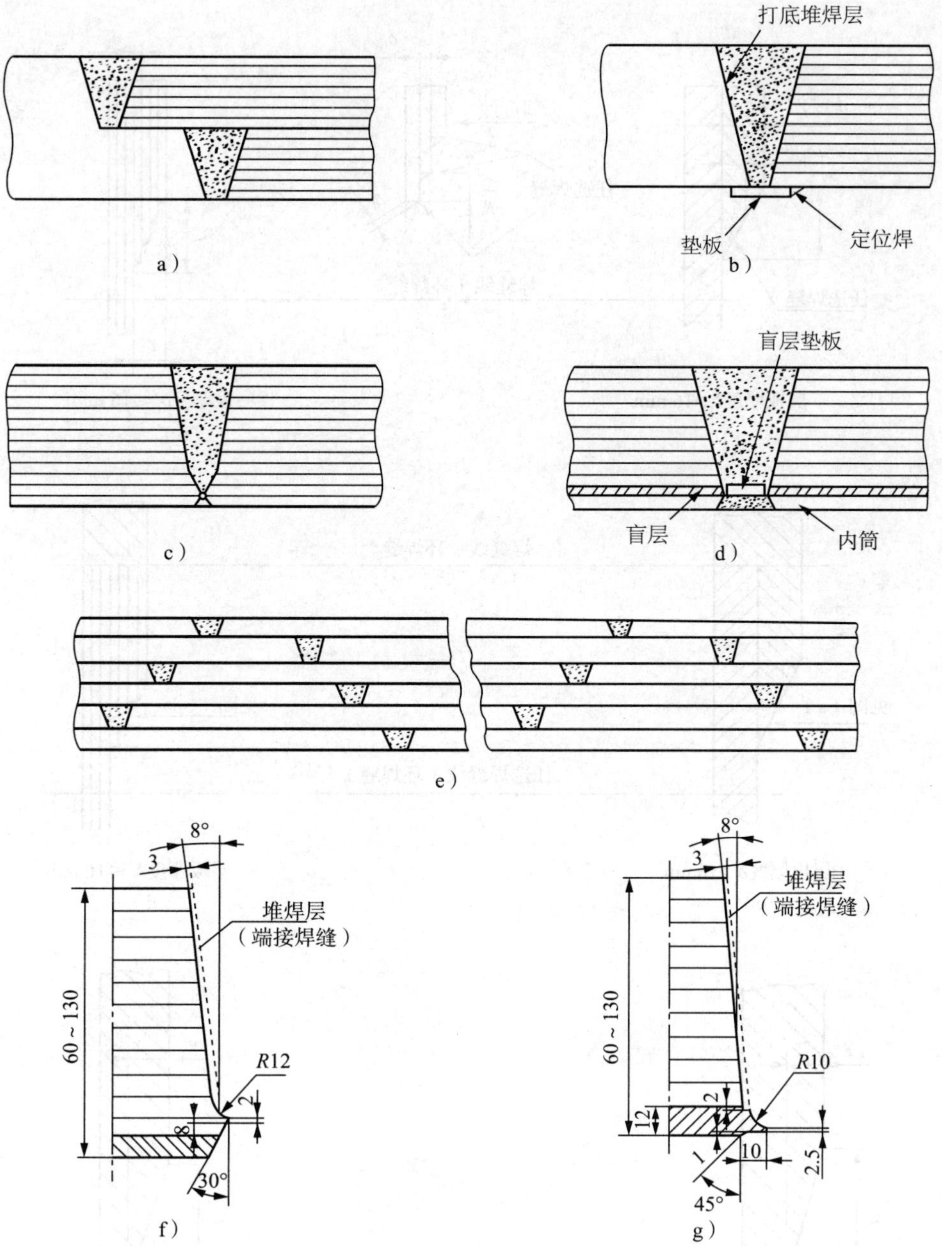

注：对图 b）结构，当单层圆筒要求进行焊后热处理时，为避免对此环缝作焊后消除应力热处理，一般应在加工后的坡口面上堆焊一层厚度等于或大于 3 mm 的不需焊后热处理的焊接材料，先将堆焊后的单层圆筒进行热处理，其后再与多层圆筒相焊。但上述要求不包括多层圆筒需作焊后热处理的情况。

图 D. 15

D. 8. 2　不等厚圆筒间的 B 类焊接接头见图 D. 16。

不等厚圆筒间的连接采用图 D. 16 所示的过渡型式。其中图 a）、b）为厚度不等的多层圆筒间的连接；图中 c）、d）、e）、f）为多层圆筒与厚度不等的单层圆筒间的连接。过渡段的斜边长度 $L \geqslant 3Y$。过渡部分可在筒壁的一侧或两侧。

D. 8. 3　多层圆筒与封头的连接，见图 D. 17。

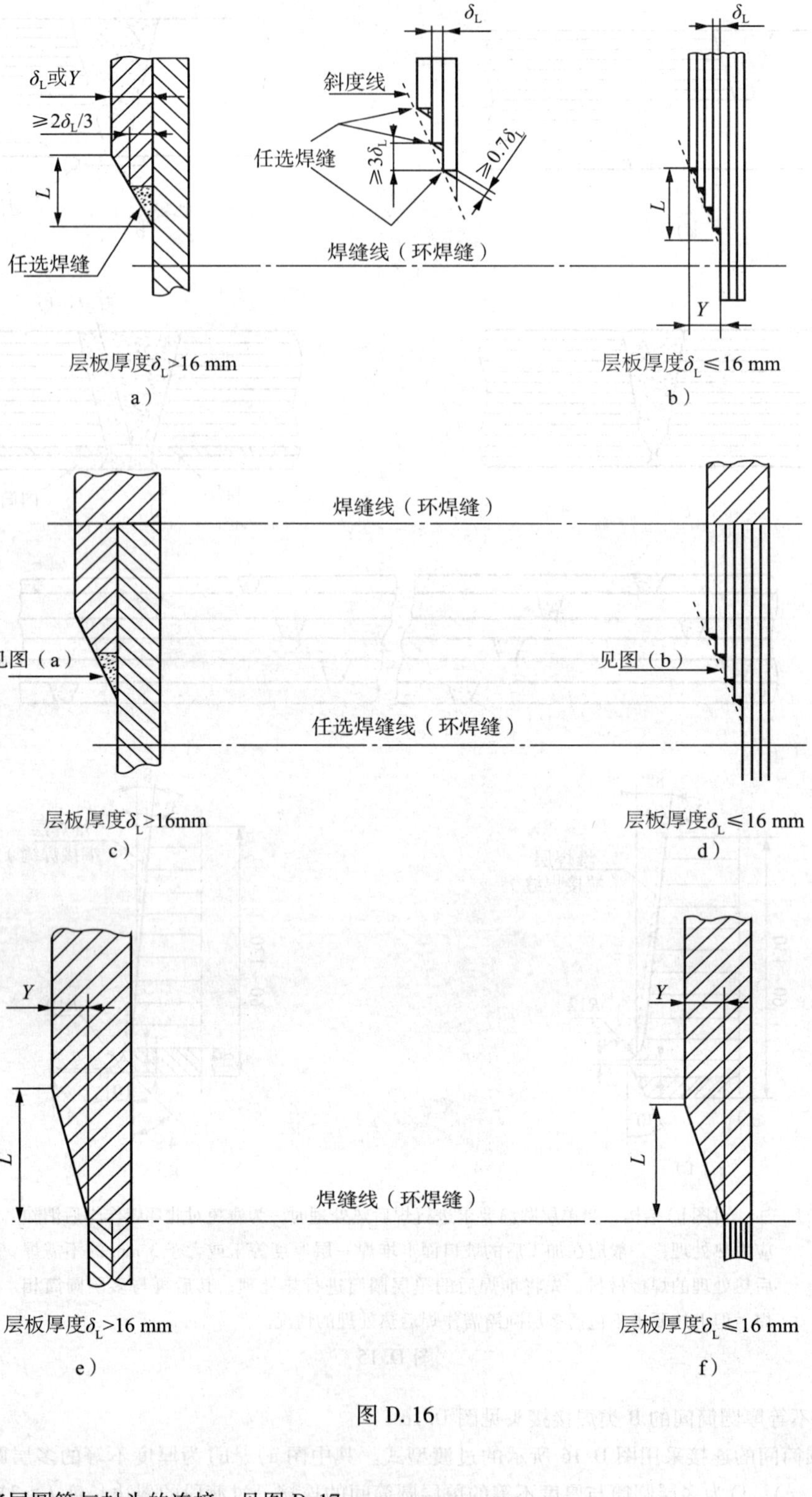

图 D. 16

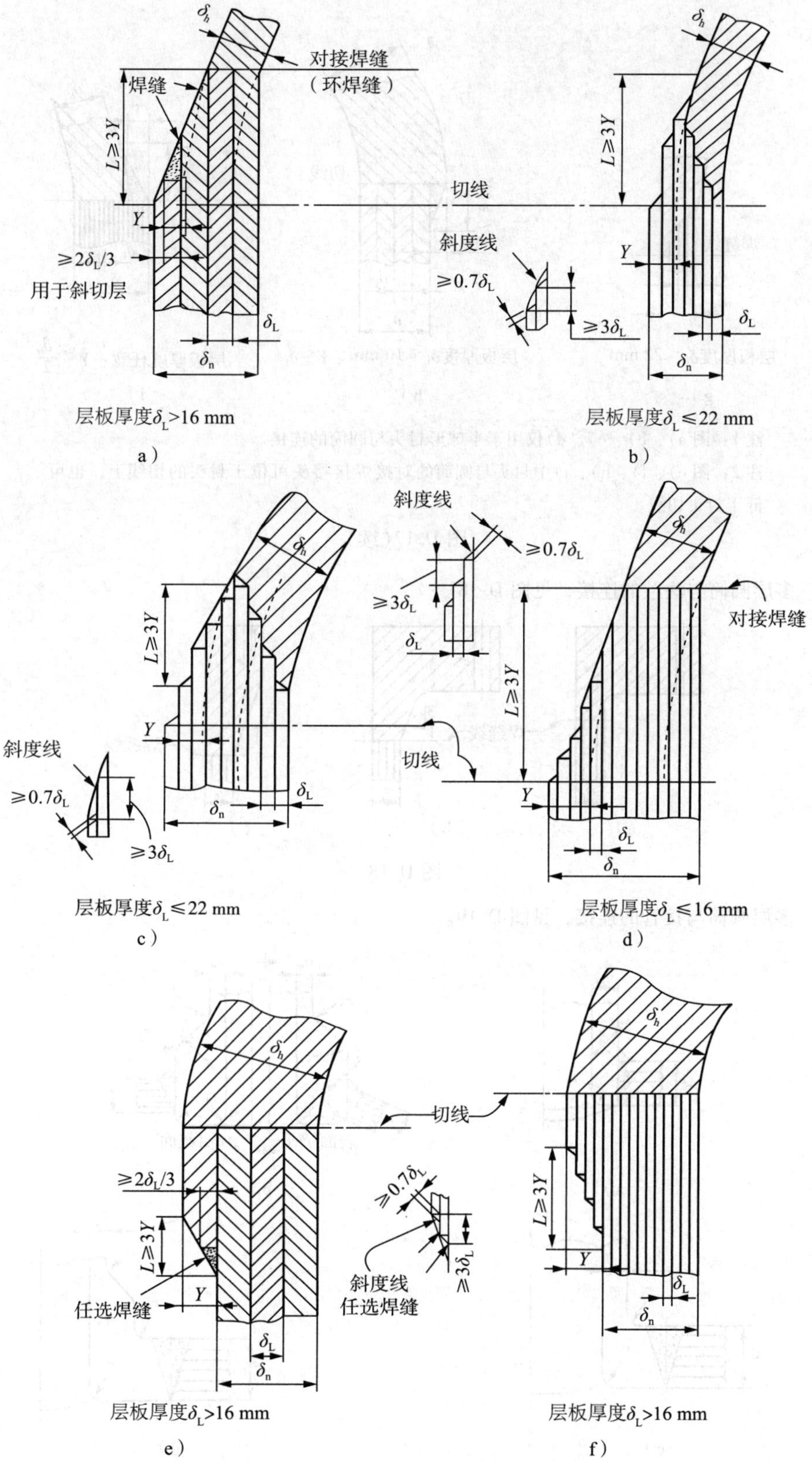
δh
对接焊缝
（环焊缝）
焊缝
L≥3Y
切线
Y
≥2δL/3
用于斜切层
δL
δn
层板厚度δL>16 mm
a）
δh
L≥3Y
斜度线
≥0.7δL
≥3δL
Y
δL
δn
层板厚度δL≤22 mm
b）
斜度线
≥0.7δL
≥3δL
δL
δh
L≥3Y
Y
斜度线
≥0.7δL
≥3δL
δn
δL
层板厚度δL≤22 mm
c）
δh
对接焊缝
切线
L≥3Y
Y
δL
δn
层板厚度δL≤16 mm
d）
δh
切线
≥2δL/3
L≥3Y
任选焊缝
Y
δL
δn
层板厚度δL>16 mm
e）
≥0.7δL
≥3δL
斜度线
任选焊缝
δh
L≥3Y
Y
δL
δn
层板厚度δL>16 mm
f）

图 D. 17

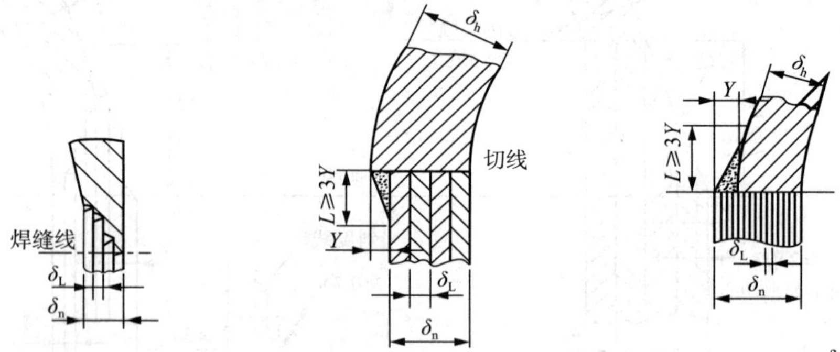

层板厚度$\delta_L \leqslant 22$ mm　　层板厚度$\delta_L \leqslant 16$ mm；$Y \leqslant \delta_L$　　层板厚度任意：$Y \leqslant \frac{\delta_n}{2}$

g）　　h）　　i）

注 1：图 a）、b）、c）、d）仅用于半球形封头与圆筒的连接。

注 2：图 e）、f）、h）、i）中封头与圆筒的对接焊接接头可位于封头的切线上，也可低于封头切线。

图 D. 17（续）

D. 8. 4　多层圆筒与法兰的连接，见图 D. 18。

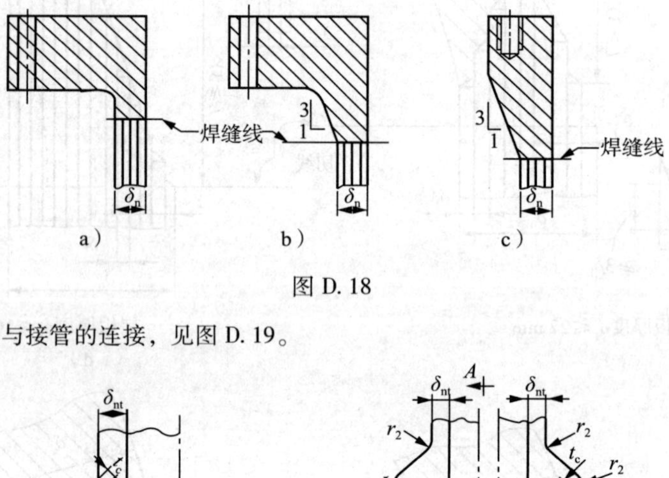

a）　　b）　　c）

图 D. 18

D. 8. 5　多层圆筒与接管的连接，见图 D. 19。

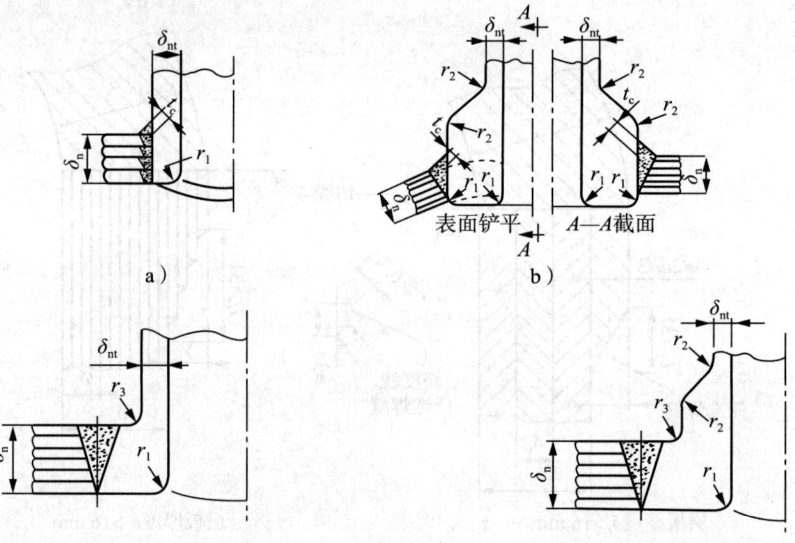

a）　　b）

c）　　d）

图 D. 19

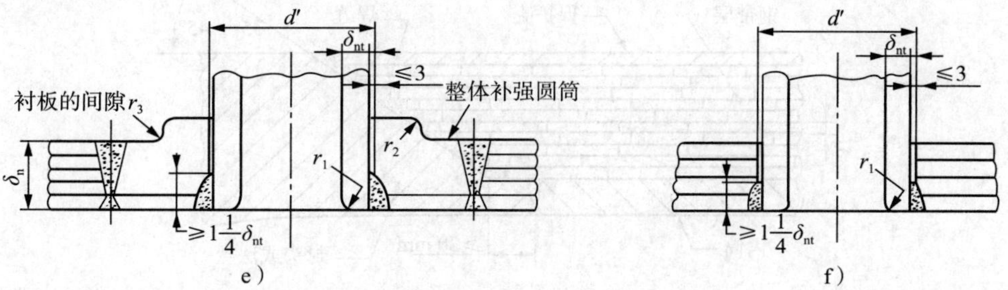

注 1：圆角半径 r_{1min} 取 $\delta_{nt}/4$ 或 19 mm 两者中的较小值；$r_2 \geqslant 6$ mm；$r_{3min}=r_{1min}$；$t_c \geqslant 6$ mm，或不小于 δ_{nt} 和 19 mm 两者中较小值的 0.7 倍。

注 2：对图 e）、f）应设法防止外界杂物进入层板与接管外径间的间隙，但不准用密封焊。

注 3：对图 e）结构，一般适用于公称管径大于 *DN*50 mm 的开孔。

图 D.19（续）

D.8.6　支座，见图 D.20。

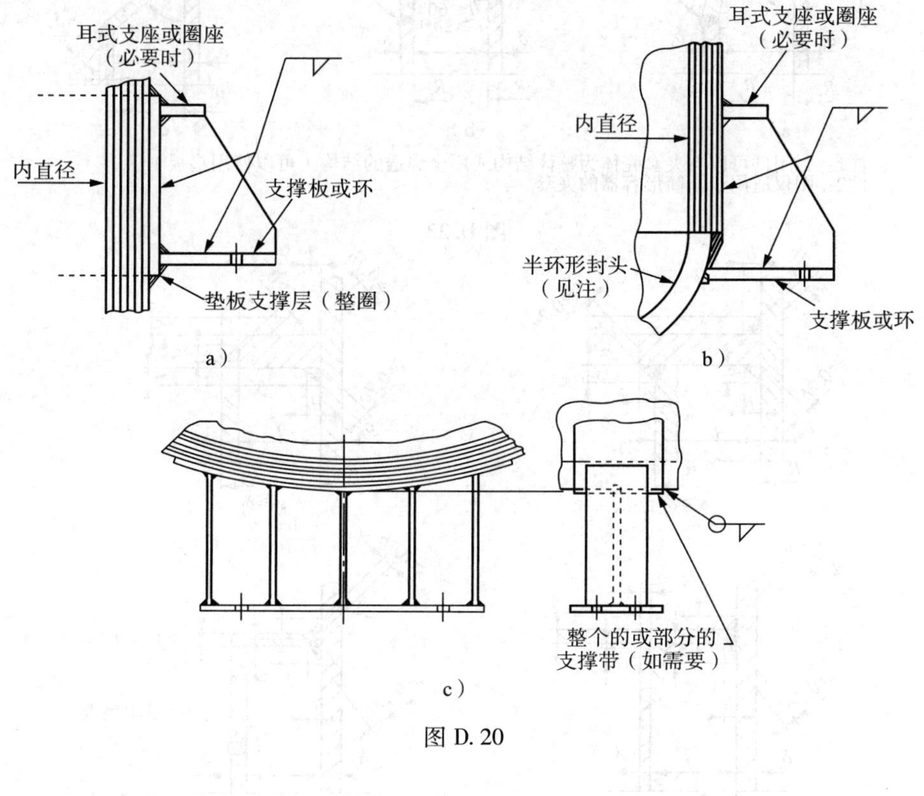

图 D.20

D.9　钢带错绕容器端部焊接结构

钢带错绕容器端部焊接结构见图 D.21。此结构的适用范围等要求见 GB/T 150.3 附录 B。

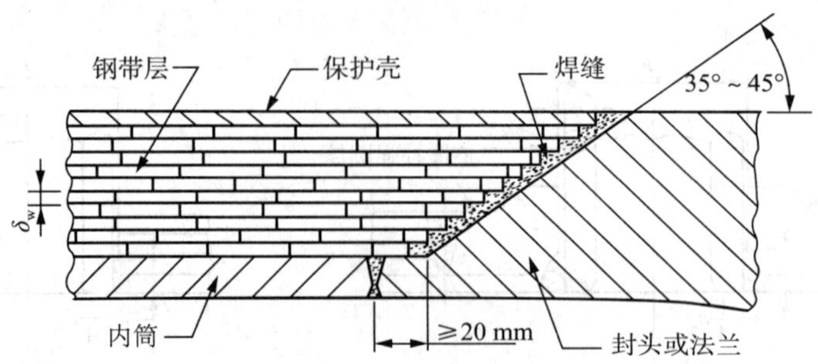

图 D. 21

D. 10　夹套封闭件结构

D. 10. 1　夹套封闭件与内容器的连接见图 D. 22 ~ 图 D. 24。

D. 10. 2　管口、凸缘穿过夹套封闭件的连接见图 D. 25。

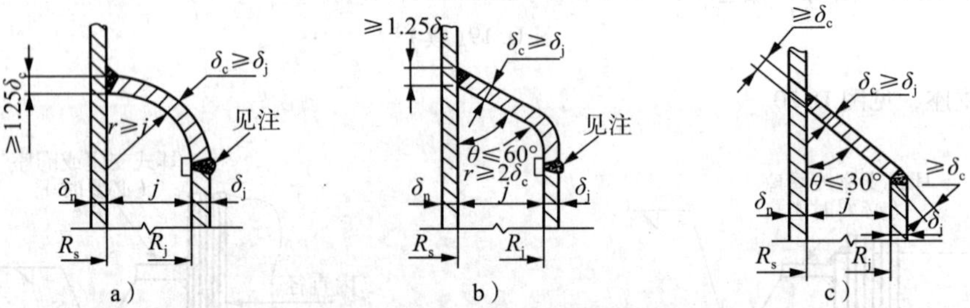

注1：封闭件可以与夹套壳体为整体结构或用全焊透的结构（可以使用垫板）。
注2：图仅适用于圆筒形容器的夹套。

图 D. 22

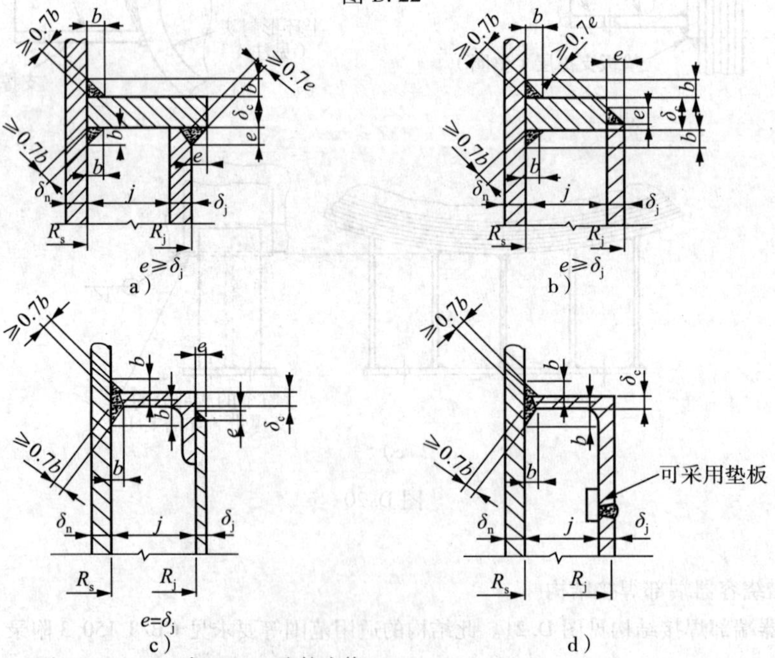

注1：b≥0.75δ_c或0.75δ_n，取较小值。
注2：图a）b）c）d）仅适用于焊在圆筒部分的夹套。
注3：图中：$\delta_j - C \leqslant 16$ mm；δ_c等于2δ_j或$0.707j\sqrt{\frac{p_c}{[\sigma]^t}}+C$两者中的较大值。

图 D. 23

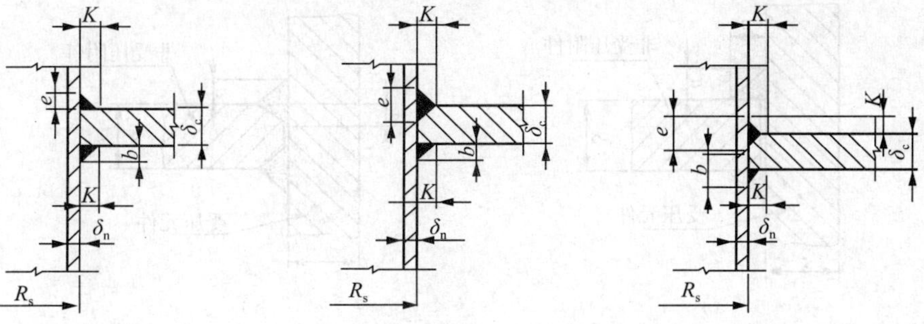

a）　　　　b）　　　　c）

注1：$b+e \geqslant 1.5\delta_n$ 或 $1.5\delta_c$，取较小值。

注2：对于仅用于圆筒部分的夹套，封闭环厚度 δ_c 按图 D.23 中注3计算。

注3：对于封头部分也带夹套的夹套容器，封闭环厚度和最大许用的夹套间隙宽度应由下列公式确定：

$$\delta_c \geqslant 1.414\sqrt{\frac{p_c R_s j}{[\sigma]^t}}+C$$

$$j=\frac{2[\sigma]^t\delta_n^2}{p_c R_j}-0.5(\delta_n+\delta_j)$$

注4：为使（$b+e$）保证所需的最小值而用坡口焊或角焊连接时所需的最小焊角尺寸。

图 D.24

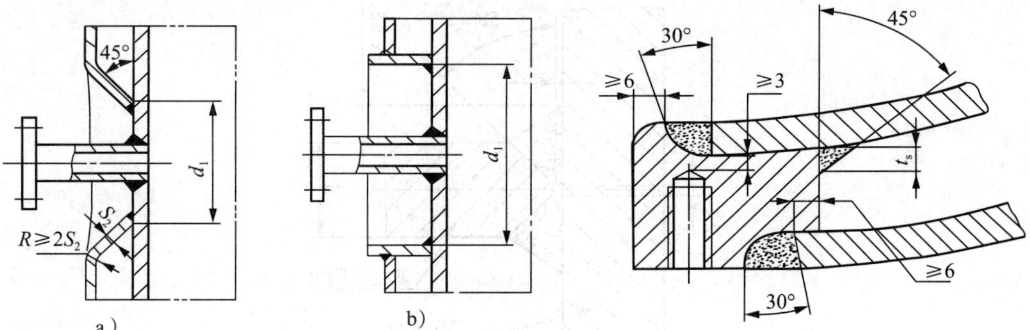

a）　　　　b）　　　　c）

图 D.25

D.11　非受压附件与受压元件的连接

非受压附件与受压元件的连接一般应采用连续焊，根据具体情况可采用角焊缝、部分焊透、全焊透等结构型式。

T型连接的角焊缝高度及部分焊透的深度 a 应不小于附件连接件厚度 S 的1/4，如图 D.26a）、b）所示。图 D.26a）中角焊缝焊脚高度 a 也可取相焊件中较薄者的厚度。

垫板与容器壁的搭接角焊缝焊脚高度及部分焊透的深度 b 应不小于垫板厚度 S 的1/2，如图 D.26c）、d）所示。图 D.26c）中，对于补强圈的焊脚高度 b，当补强圈的厚度不小于8 mm时，其值可取补强圈厚度的70%，且不小于8 mm。

T型连接的全焊透焊接结构见图 D.26e），一般适用于承受较大载荷的设备吊耳等附件与容器壁或其垫板的连接。

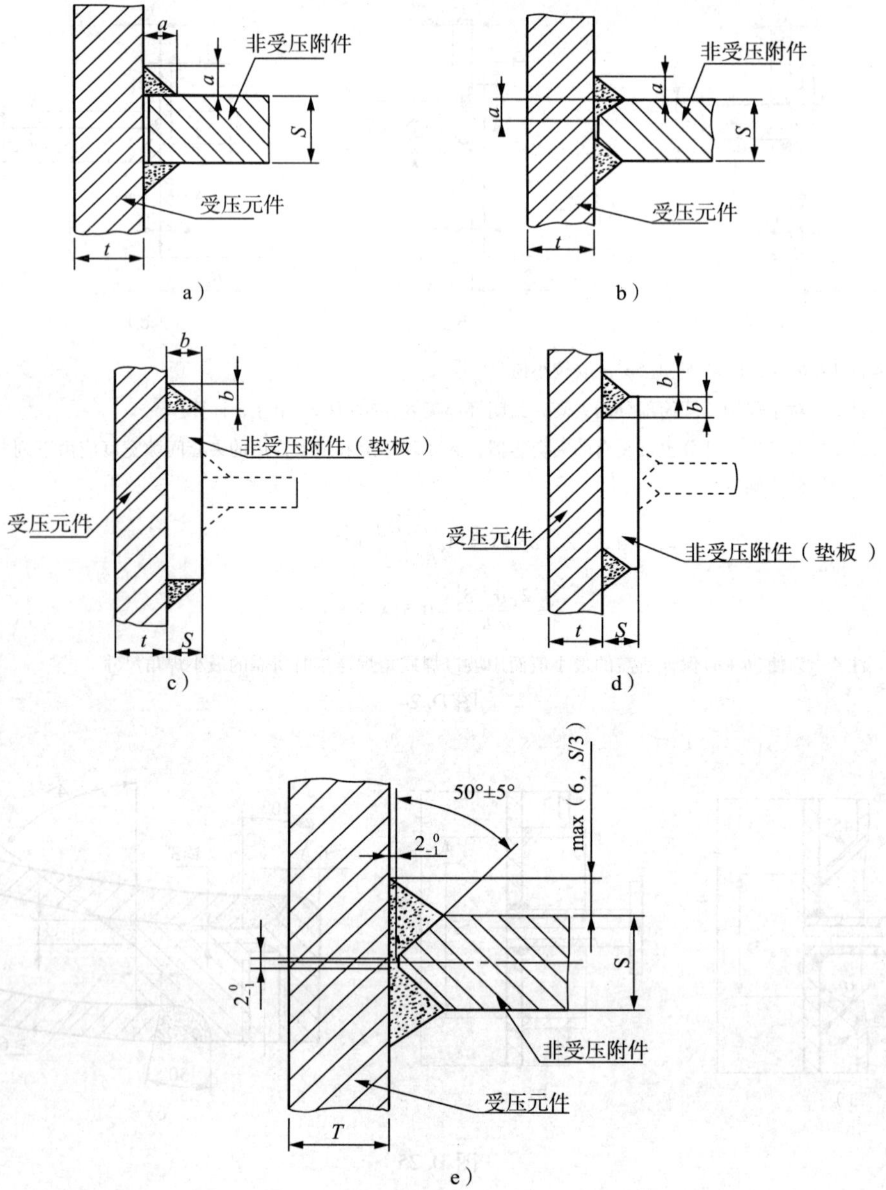

图 D. 26

D. 12　其他

本附录未给出的焊缝坡口的基本形式及尺寸可参照 GB/T 985. 1 和 GB/T 985. 2 的规定。

制造单位可根据所采用的焊接方法等具体情况，在保证焊接质量和设计要求的前提下，对已给出的焊接接头坡口的基本形式及尺寸进行适当的修正。

对于管板与筒体的连接参见 GB 151，法兰与筒体的连接及复合板焊接接头的连接结构尺寸参见相关标准规范。

附录E
(规范性附录)
关于低温压力容器的基本设计要求

E.1　总则

E.1.1　本附录适用于碳素钢和低合金钢制低温容器(设计温度低于－20℃)的设计。对于奥氏体型钢材制低温压力容器(设计温度低于－196℃)的设计：按相关规范标准处理。

E.1.2　对本附录未作规定者，应符合本标准各有关章节的要求。

E.1.3　对于碳素钢和低合金钢制容器，由于环境温度的影响导致操作条件下容器壳体的金属温度低于－20℃时，也应遵循本附录的规定。

注：环境温度系指容器使用地区历年来“月平均最低气温的最低值”。“月平均最低气温”系按当月各天的最低气温相加后除以当月的天数。

E.1.4　对于碳素钢和低合金钢制容器，当壳体或其受压元件使用在“低温低应力工况”下，若其设计温度加50℃(对于不要求焊后热处理的容器，加40℃)后不低于－20℃，除另有规定外不必遵循关于低温容器的规定。

“低温低应力工况”系指壳体或其受压元件的设计温度虽然低于－20℃，但设计应力(在该设计条件下，容器元件实际承受的最大一次总体薄膜和弯曲应力)小于或等于钢材标准常温屈服强度的1/6，且不大于50MPa时的工况。

注：一次应力是为平衡压力与其他机械载荷所必须的法向应力或切应力。

E.2　设计

E.2.1　低温容器用钢材要求应符合GB 150.2的相关规定，其许用应力按相应材料在20℃时的许用应力选取，或按GB 150.1—2011中4.4确定。

E.2.2　当壳体或受压元件使用在“低温低应力工况”下，可以按设计温度加50℃(对于不要求焊后热处理的容器，加40℃)后的温度值选择材料，但不适用于Q235系列钢板。

“低温低应力工况”不适用于钢材标准抗拉强度下限值$R_m \geqslant 540$MPa的材料。

“低温低应力工况”不适用于螺栓材料；螺栓材料的选用应计及螺栓和壳体设计温度间的差异。

E.2.3　容器的结构设计应充分考虑以下因素：

a)结构应尽量简单，减少约束；

b)避免产生过大的温度梯度；

c)应尽量避免结构形状的突然变化，以减小局部应力；

d)接管与壳体连接部位应圆滑过渡，接管端部内壁处倒圆；

e)容器的支座或支腿不得直接焊在壳体上，需设置垫板。

E.2.4　容器焊接接头应按下列要求选用：

a)A类、B类焊接接头应采用双面焊或相当于双面焊的全焊透对接接头。

b)对于B类焊接接头，因结构限制不能采用双面焊时，允许采用焊后不拆除垫板的单面对接接头。

c)C类焊接接头可采用下列形式：

1)平盖与圆筒的连接，应采用全截面焊透的对接接头或T型接头结构形式；

2)平焊法兰或法兰短节与圆筒的连接应采用全截面焊透的结构；若采用非全截面焊透的结构，仅适用于以下范围：

——设计温度$t \geqslant -30$℃或者设计压力$p \leqslant 1.0$ MPa；

——钢材的标准抗拉强度下限值$R_m < 540$ MPa；

3)球冠形封头、半顶角大于30°的锥壳、平盖、管板等部件与壳体的连接：均应采用全截面焊透结构。

d) D 类焊接接头可采用下列形式：

1) 插入式接管、安放式接管、凸缘等与壳体的连接，带补强圈的接管与壳体连接焊缝均应采用全截面焊透结构；

2) 补强圈与壳体搭接的角焊缝不允许存在未焊透。

e) E 类焊接接头除结构要求外应避免间断焊和点焊。

f) 壳体拼接不得采用十字焊缝。

4. 压力容器　第 4 部分：制造、检验和验收

（GB 150.4—2011
部分代替 GB 150—1998）

（略）

5. 石油化工钢制压力容器

(SH/T 3074—2007
代替 SH 3074—1995)

目　　录

1　范围

本标准规定了石油化工钢制压力容器的设计、制造、检验、验收以及表面处理、运输包装等方面的要求。

本标准的适用范围和不适用范围同 GB 150《钢制压力容器》。

2　规范性引用文件

下列文件中的条款通过本标准的引用而成为本标准的条款。凡是注日期的引用文件，其随后所有的修改单(不包括勘误的内容)或修订版均不适用于本标准，然而，鼓励根据本标准达成协议的各方研究是否可使用这些文件的最新版本。凡是不注日期的引用文件，其最新版适用于本标准。

GB 150　钢制压力容器

GB/T 700　碳素结构钢

GB/T 901　等长双头螺柱 B 级

GB/T 1220　不锈钢棒

GB/T 1591　低合金高强度钢

GB/T 3077　合金结构钢

GB/T 3098.2　紧固件机械性能　螺母　粗牙螺纹

GB 3531　低温压力容器用低合金钢钢板

GB/T 4237　不锈钢热轧钢板

GB/T 5777　无缝钢管超声波探伤检测方法

GB/T 5782　六角头螺栓

GB/T 5783　六角头螺栓　全螺纹

GB/T 6170　1 型六角螺母

GB/T 6175　2 型六角螺母

GB 6479　高压化肥设备用无缝钢管

GB 6654　压力容器用钢板

GB/T 7734　复合钢板超声波检测方法

GB/T 8165　不锈钢复合钢板

GB/T 8923　涂装前钢制表面锈蚀等级和除锈等级

GB 9948　石油裂化用无缝钢管

GB 13296　锅炉、热交换器用不锈钢无缝钢管

GB/T 14976　流体输送用不锈钢无缝钢管

GB/T 19066　柔性石墨金属波齿复合垫片

GB 19189—2003　压力容器用调质高强度钢板

GB 50009—2001　建筑结构荷载规范

HG 20592 ~ 20635　钢制管法兰、垫片、紧固件

JB/T 4700　压力容器法兰分类与技术条件

JB/T 4701　甲型平焊法兰

JB/T 4702　乙型平焊法兰

JB/T 4703　长颈对焊法兰

JB/T 4707　等长双头螺柱

JB 4708　钢制压力容器焊接工艺评定

JB/T 4709　钢制压力容器焊接规程

JB/T 4710　钢制塔式容器

JB/T 4711　压力容器涂敷与运输包装

JB/T 4712　鞍式支座

JB/T 4713　腿式支座

JB/T 4724　支承式支座

JB/T 4725　耳式支座

JB 4727　低温压力容器用低合金钢锻件

JB 4728　压力容器用不锈钢锻件

JB/T 4730.3　承压设备无损检测　第3部分：超声枪测

JB/T 4730.4　承压设备无损检测　第4部分：磁粉检测

JB/T 4730.5　承压设备无损检测　第5部分：渗透检测

JB 4733　压力容器用爆炸不锈钢复合钢板

JB 4744　钢制压力容器产品焊接试板的力学性能检验

SH 3022　石油化工设备和管道涂料防腐蚀技术规范

SH/T 3043　石油化工设备管道钢结构表面色和标志规定

SH/T 3075　石油化工钢制压力容器材料选用标准

SH 3088　石油化工塔盘设计规范

SH/T 3404　管法兰用紧固件

SH 3515　大型设备吊装工程施工工艺标准

SH 3524　石油化工钢制塔、容器现场施工工艺标准

SH/T 3527—1999　石油化工不锈钢复合钢焊接规程

TSG R7001—2004　压力容器定期检验规则

压力容器安全技术监察规程(1999 版)

3　术语和定义

GB 150 确立的术语和定义适用于本标准。

4　总则

4.1　GB 150 的全部内容适用于本标准，本标准是结合石油化工容器设计的具体情况，对 GB 150 的补充和具体化。

4.2　本标准未能包括的特殊要求，均应在设计图样上注明。

4.3　低温压力容器的材料、设计、制造与验收可按附录 G 的规定。

5　材料

5.1　石油化工钢制压力容器受压元件用钢的选用原则、钢材标准、热处理状态及许用应力等均应符合 GB 150 的规定。压力容器的受压元件及受力的钢结构件所用的材料，应符合 SH/T 3075 的要求。

5.2　壳体为不锈钢板，厚度大于 12mm 时，宜采用衬里或复合钢板等结构形式。

5.3　受压元件用钢材质量证明书数据不全或未全部包括本标准的技术要求时，应由容器制造部门，按钢材标准及本标准的要求进行复验或补做，合格后方可投料。

5.4　除钢号和标准编号以外，设计单位尚应在图样或技术文件上注明钢材的级别及其他标志。必要

时，图样及技术文件上应注明下列对钢材的附加要求：

a）钢材标准中根据需方要求而需保证的项目；

b）钢材标准中由供需双方协议商定的项目；

c）其他附加要求。

5.5 裙座壳用钢应按受压元件用钢的要求选取。裙座壳和地脚螺栓的设计温度应取使用地区月平均最低气温的最低值加20℃。宜采用Q235—B、Q235—C或16MnR作为直立设备的裙座壳体（不包括过渡段）。裙座壳体的设计温度小于或等于－20℃时，应对材料进行低温冲击试验。

6 设计

6.1 压力

6.1.1 设计压力

6.1.1.1 《压力容器安全监察规程》或工艺系统对容器的设计压力有专门规定时，其设计压力应按规定确定。

6.1.1.2 盛装液化气和液化石油气的容器的设计压力按《压力容器安全技术监察规程》确定，盛装液化石油气的容器内为混合油气时，应由设计单位的工艺专业确定设计压力。

6.1.1.3 在炼油厂催化裂化装置中，沉降器和再生器的设计压力应取主风机出口的最大压力。对于工作压力小于0.1MPa，且在装置中较为重要的塔器（如减压塔等）设计压力可取0.1MPa。

6.1.1.4 对于多腔的容器，应根据各腔的工况，分别确定各腔的设计压力。

6.1.1.5 除6.1.1.1条至6.1.1.4条的规定外，压力容器的设计压力应按表1的规定选取。

表1 设计压力的选取 MPa

类型			设计压力 P	
			炼油	石油化工
内压容器	工作压力 p_0	$0.1 \leqslant p_0 \leqslant 1.8$	$P = p_0 + 0.18$	按照工艺提出的设计条件
		$1.8 < p_0 \leqslant 4.0$	$P = 1.1 p_0$	
		$4.0 < p_0 \leqslant 8.0$	$P = p_0 + 0.4$	
		$8.0 < p_0$	$P = 1.05 p_0$	
	无安全泄放装置			$P = (1.0 \sim 1.1) p_0$
	装有安全阀		$P = (1.05 \sim 1.10) p_0$（当 p_0 偏高时可取下限，反之可取上限），且不低于安全阀开启压力	
	装有爆破片		取不低于爆破片的爆破压力	
	出口管线上装有安全阀			不低于安全阀之开启压力加上流体从容器流至安全阀处的压力降
	容器位于泵进口侧，且无安全控制装置			取有安全泄放装置时的设计压力，且以0.1MPa外压进行校核
	容器位于泵出口侧，且无安全控制装置			取下面三者中的大值： 1）泵正常入口压力加1.2倍泵的正常工作扬程； 2）泵最大入口压力加泵的正常工作扬程； 3）泵正常入口压力加关闭扬程（即泵出口全关闭时的扬程）

6.1.2 计算压力

容器元件两侧承受不同压力时，应以两侧的设计压力分别作为该元件的计算压力。有可靠措施确保两侧同时受压时，可取两侧最大压力差作为计算压力。

6.2 温度

6.2.1 工艺系统对容器的设计温度有专门规定时，设计温度应按其规定确定。

6.2.2 有外保温(或保冷)的过程容器的设计温度，应按表2选取。

表2 设计温度的选取 ℃

最高或最低工作温度 t_0	设计温度 t	
	炼　油	石油化工
$t_0 \leqslant -20$		介质正常操作温度减0~10或取最低介质温度
$-20 < t_0 \leqslant 15$	$t = t_0 - 5$(但仍高于-20)	介质正常操作温度加5~10或取最低介质温度
$t_0 > 15$		介质正常操作温度加15~30或取最高介质温度
$15 < t_0 \leqslant 350$	$t = t_0 + 20$	
$t_0 > 350$	$t = t_0 + (15 \sim 5)$	
注：当 t_0 增加裕量后导致选材跳档时，如碳素钢由于增加裕量后需用铬钼钢，此时设计温度的裕量可考虑少加。		

6.2.3 工作温度低于0℃时，设计温度不得高于元件金属可能达到的最低温度。

6.2.4 容器内介质用蒸汽直接加热或被内置加热元件(如加热盘管、电热元件等)间接加热时，设计温度取正常工作过程中介质被加热后的最高温度。

6.2.5 有内隔热衬里的容器，其设计温度可通过传热计算得到金属温度后确定，并应留一定余量。

6.2.6 容器受压元件两侧与不同温度的介质直接接触时，应按较高侧工作温度确定元件的设计温度。

6.2.7 安装在室外的无保温储罐，当最低设计温度受地区环境温度控制时，可按以下规定选取：

a)盛装压缩气体的储罐，最低设计温度取月平均最低气温的最低值减3℃；

b)盛装液体的体积占容器容积1/4以上的储罐，最低设计温度取月平均最低气温的最低值。

6.3 载荷

6.3.1 进行容器的强度和稳定计算时，钢平台、梯子及塔盘、填料的质量可按表3和表4估算。

表3 平台、梯子及塔盘质量估算值

名称	笼式梯子	开式梯子	钢平台	圆泡帽塔盘	条型泡帽塔盘
质　量	40kg/m	15~24kg/m	150kg/m^2	150kg/m^2	150kg/m^2
名称	舌形塔盘	筛板塔盘	浮阀塔盘	塔盘充液重	
质　量	75kg/m^2	65kg/m^2	75kg/m^2	70kg/m^2	

表4 常用乱堆填料堆积重估算值

填料公称规格	扁环		鲍尔环		阶梯环		矩鞍环	
	结构尺寸 mm	堆积重 kg/m^3	结构尺寸 mm	堆积重 kg/m^3	结构尺寸 mm	堆积重 kg/m^3	结构尺寸 mm	堆积重 kg/m^3
Dg25	25×9.0	506	25×0.6	471	13×0.5	425	21×0.5	431
Dg38	38×12.7	390	38×0.8	424	19×0.8	412	24×0.6	249
Dg50	50×17.0	275	50×0.8	315	25×0.8	314	28×0.8	239

6.3.2 除工程项目另有规定外，风载荷应按GB 50009—2001中第7章的规定或按当地气象部门的资料确定，但均不应小于300N/m^2。

6.3.3 除工程项目另有规定外，雪载荷应按GB 50009—2001中第6章的规定确定。

6.3.4 除工程项目另有规定外，地震载荷应按照JB/T 4710进行计算。

6.4　腐蚀裕量

6.4.1　工艺系统对容器的腐蚀裕量有专门规定时，其腐蚀裕量应按规定确定。

6.4.2　对与工作介质接触的壳体、封头、人(手)孔及内部构件等，应考虑腐蚀裕量。

6.4.3　设备的腐蚀裕量的确定，应符合下列规定：

a)介质为压缩空气、水蒸气或水的碳素钢或低合金钢制的容器，其腐蚀裕量不宜小于1.0mm；

b)除a)以外的其他情况，一般炼油设备可按表5确定，石油化工设备的壳体、封头可按表6确定。但最大腐蚀裕量不宜超过6mm，否则应采取工艺防腐措施或其他防腐材料。

表5　炼油设备的腐蚀裕量 C_2

腐蚀速率 K/(mm/a)	腐蚀裕量/mm					
	塔、反应器	高压换热器壳体	一般容器	换热器壳体(管箱)	隔热衬里容器	裙座
$K \leqslant 0.1$	2	2	1.5	1.5	2	2
$0.1 < K \leqslant 0.2$	4	4	3	3	2	
$0.2 < K \leqslant 0.3$	6	6	4.5	4.5	2	
注：K 为均匀腐蚀的腐蚀速率。						

表6　石油化工设备的腐蚀裕量

腐蚀程度	极轻微腐蚀	轻微腐蚀	腐蚀	严重腐蚀
腐蚀速率 K/(mm/a)	$K < 0.05$	$0.05 < K \leqslant 0.13$	$0.13 < K \leqslant 0.25$	$K > 0.25$
腐蚀裕量 C_2/mm	$0 < C_2 < 1$	$C_2 \geqslant 1$	$C_2 \geqslant 2$	$C_2 \geqslant 3$

6.4.4　下列情况，腐蚀裕量可小于1.0mm：

a)奥氏体不锈钢元件；

b)有可靠的耐腐蚀衬里(如衬铅、衬橡胶、衬塑料等)的基体金属；

c)管壳式换热器的换热管、拉杆、定距管、折流板；

d)法兰的密封面；

e)容器外部构件，如支座(不包括裙座筒体)、基础环、塔顶吊架等，以及用涂漆能有效地防止环境腐蚀的外部构件。

6.4.5　容器接管(包括人，手孔)的腐蚀裕量，可取筒体的腐蚀裕量。

6.4.6　容器内件与筒体材料相同时，容器内件的单面腐蚀裕量，可按表7选取。

表7　容器内件单面的腐蚀裕量

结构形式	受力状态	腐蚀裕量
不可拆卸或无法从人孔取出者	受力	取筒体腐蚀裕量
	不受力	取筒体腐蚀裕量的1/2
可拆卸并可从人孔取出者	受力	取筒体腐蚀裕量的1/4
	不受力	0

6.4.7 容器地脚螺栓根径的腐蚀裕量可取3mm。

6.4.8 对两侧同时与介质接触的元件，应根据两侧不同的操作介质选取不同的腐蚀裕量，两者叠加。

6.5 设计寿命

6.5.1 容器的设计寿命系指在预定的腐蚀裕量下，容器预期达到的使用寿命，一般应在图样中注明。但容器的使用者应按TSG R 7001—2004对容器进行定期检验、定级，特别是当操作条件发生变化时，应根据定期测厚数据，重新估算腐蚀裕量，确定新的使用寿命。

6.5.2 对有腐蚀或磨损的元件，应根据预期的容器设计寿命与介质对金属材料的腐蚀速率的乘积确定腐蚀裕量。

6.5.3 除有特殊要求外，当腐蚀速率小于或等于0.2mm/a时，容器的设计使用寿命可按以下规定确定。

a)炼油设备：

1)一般容器、换热器壳体及管箱，不少于10年：

2)分馏塔类、一般反应器、高压换热器壳体以及其他难予更换的元件或容器，不少于20年；

3)厚壁加氢反应器外壳，不少于30年。

b)石油化工设备：

1)一般容器、换热器壳体及管箱，不少于10年；

2)塔、反应器等主要设备，不少于15年。

6.6 许用应力

6.6.1 耐腐蚀或耐磨损衬里层厚度，不应计入容器元件的强度。

6.6.2 复合钢板或堆焊层容器的许用应力，应按以下原则确定：

a)复合钢板或堆焊层容器的强度计算时，一般只计算基层厚度，基层材料的许用应力按GB 150的规定取值；

b)同时满足下列条件时，可计入复层厚度：

1)复合钢板的贴合质量达到设计要求的钢板技术条件规定的B1或BR1级各项指标者，剪切强度不小于210MPa，且每块复合钢板均应进行剪切试验；

2)对接焊接接头处的复合材料是耐腐蚀的熔敷金属，且应完全熔融；

3)较弱材料的许用应力值，不得小于较强材料许用应力值的70%；

c)复合钢板或堆焊层的强度计算时，可按式(1)或式(2)计入复层厚度，其许用应力取基层材料的规定值。

$[\sigma]_c^t \leq [\sigma]_j^t$ 时： $$\delta_e = \delta_b + \delta_c \frac{[\sigma]_c^t}{[\sigma]_j^t} \quad (1)$$

$[\sigma]_c^t \geq [\sigma]_j^t$ 时： $$\delta_e = \delta_b + \delta_c \quad (2)$$

式中 δ_e——复合钢板的当量计算厚度(不包括腐蚀裕量)，mm；

δ_b——基层厚度，mm；

δ_c——复层厚度(不包括任何可能有的腐蚀裕量)，mm；

$[\sigma]_j^t$——设计温度下基层材料的许用应力，MPa；

$[\sigma]_c^t$——设计温度下复层材料的许用应力，对于堆焊层，则取与其材料化学成分相近的轧制板材的许用应力，MPa。

6.6.3 对于内压容器，当需要计算接管、补强圈与壳体连接的焊接接头强度时，其焊接接头的许用应力，可按表8选取。

表 8　接管、补强圈焊接接头的许用应力　　　　MPa

消除应力热处理	接管壁受剪切	D 类焊接接头		填角焊接接头受剪切
		受拉伸	受剪切	
进行	0.70[σ]	0.74[σ]	0.60[σ]	0.49[σ]
不进行		0.70[σ]	0.56[σ]	0.46[σ]
注：[σ]为焊接接头计算截面处母材的许用应力。				

6.6.4　地脚螺栓材料宜选用符合 GB/T 700 规定的 Q235，最低设计温度低于或等于 -20℃时，应选用符合 GB/T 1591 规定的 Q345—E。Q235 的许用应力$[\sigma]_{bt}$取 147MPa，Q345 的许用应力取 170MPa。如采用其他碳素钢时，则 n_s 大于或等于 1.6；其他低合金钢，则 n_s 大于或等于 2.0。

6.6.5　基础环、盖板及筋板材料的许用应力，碳钢取 147MPa，低合金结构钢取 170MPa。

6.6.6　对于地震载荷或风载荷与其他载荷相组合时，容器壁的组合应力不允许超过许用应力的 1.2 倍；地震载荷和风载荷同时最大作用的组合，可不考虑。

7　结构

7.1　封头

7.1.1　球冠形封头可用作两独立受压空间的中间封头或压力较低的容器的端封头。

7.1.2　各种直径下的球冠形封头，其应用范围可按图 1 确定。

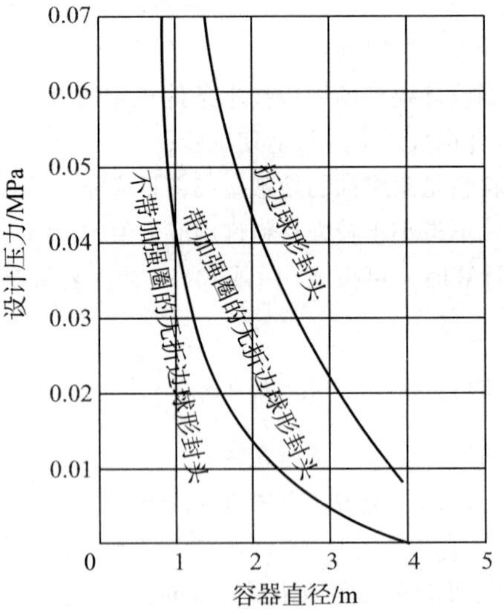

图 1　球冠形封头的应用范围

7.1.3　封头的连接应符合以下规定：

a) 受压的球冠形封头、无折边锥壳与筒体或法兰连接的 T 形对接焊接接头，应采用全焊透结构，并应进行强度计算；

b) 碟形封头或椭圆形封头与法兰连接时，其直边高度应满足图 2 的要求。标准封头不能满足此要求时，宜采取下列措施：

1) 增加直边高度，但最大不得大于标准封头直边高度的 1.5 倍(非标准封头的直边高度值应在设计图样的明细表中注明)；

2)封头与法兰之间增加短节。

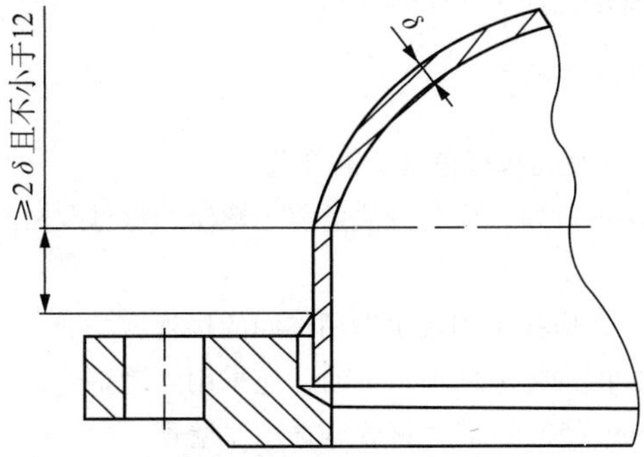

图2　封头直边高度

7.2　法兰

7.2.1　容器法兰

7.2.1.1　压力容器法兰应按 JB/T 4700 ~ JB/T 4703 选用。

7.2.1.2　密封面形式应按下列规定确定：

a)除工程设计另有规定外，容器法兰的密封面形式，宜按本标准附录 C 中表 C.1 选用；

b)采用凹凸面或榫槽面容器法兰时，一般情况下容器顶部法兰的槽面或凹面宜向上，容器侧面的槽面或凹面法兰应位于筒体上(或按图样规定)。

7.2.1.3　公称压力应按下列规定确定：

a)容器法兰压力等级，应根据材料、工作温度和最大允许工作压力按照 JB/T 4700 确定；

b)真空系统容器法兰的公称压力不应小于 0.6MPa。

7.2.2　管法兰

7.2.2.1　除设备改造外，容器上的管法兰应按 HG 20592 ~ HG 20635 选用。

7.2.2.2　管法兰采用凹凸面或榫槽面连接形式时，容器项部和侧面的管口，应配置凹面或槽面法兰；容器底部的管口，可配置凸面或榫面法兰(或按图样规定)。如与阀门等标准件连接时，应视该标准件的密封面形式而定。

7.2.2.3　公称压力应按下列规定确定：

a)工艺系统对容器的管法兰公称压力有专门规定时，应按规定确定；

b)容器的真空度小于 0.08MPa 时，管法兰的公称压力不应低于 0.6MPa；当真空度为 0.08MPa ~ 0.10MPa 时，管法兰的公称压力不应低于 1.0MPa：

c)介质为易爆或毒性程度为高度危害或中度危害时，管法兰的公称压力不应低于 1.0MPa：介质毒性程度为极度危害或强渗透性介质时，管法兰的公称压力应不低于 1.6MPa；

d)容器上的管嘴除应能够承受设计温度下的设计压力外，还应考虑能够承受外部管道的推力和弯矩。一般情况下，开口接管及管法兰所应承受的外载荷见附录 D；

e)管法兰的当量计算压力可按式(3)计算，管法兰公称压力对应工作温度下的最高无冲击工作压力应大于当量计算压力：

$$p_c = \frac{16M}{\pi D_G^3} + \frac{4F}{\pi D_G^2} + p_s \tag{3}$$

式中　p_c——当量计算压力，MPa；

M——外力矩，N·mm；

D_G——垫片载荷作用位置处的直径，mm；

F——轴向外载荷（拉力时计入），N；

p_s——设计内压力（必要时，应计入液体静压力），MPa。

7.2.2.4　对于下列情况，管法兰应采用带颈对焊法兰：

a）管道外载荷较大；

b）三类容器；

c）介质为易燃、易爆或毒性程度为极度危害、高度危害。

7.2.2.5　容器上的备用管法兰开口，应配置法兰盖、螺栓、螺母及密封垫片。

7.3　接管

7.3.1　接管公称直径不同时，应按下列规定选用不同的接管：

a）容器的开口接管公称直径小于或等于300mm时，应采用无缝钢管；

b）开口接管公称直径为15mm～50mm时，接管宜选用厚壁管。

7.3.2　接管的伸出长度L应符合下列规定：

a）对于轴线垂直于容器壳壁的接管，接管的法兰密封面距容器或封头内壁的推荐长度参见附录A；

b）采用对焊法兰的接管，在确定接管长度时，应保证接管和法兰的焊接接头与接管和壳体的焊接接头之间的距离不小于50mm，见图3；

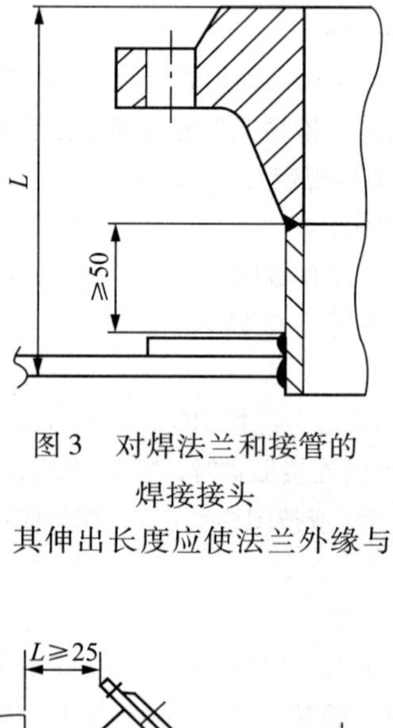

图3　对焊法兰和接管的焊接接头

c）对于轴线不垂直于壳壁的接管，其伸出长度应使法兰外缘与保温层之间的垂直距离不小于25mm，见图4；

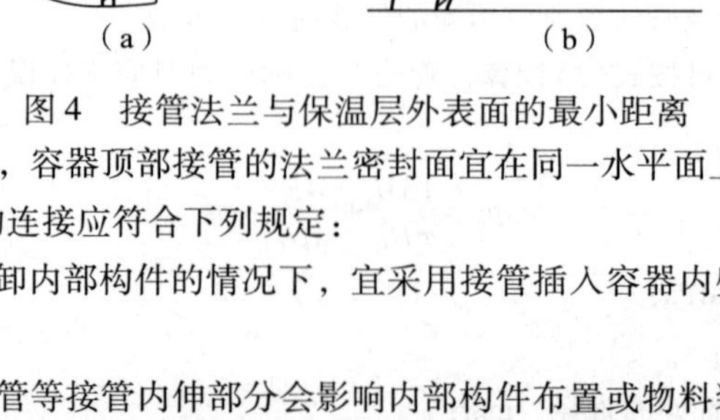

图4　接管法兰与保温层外表面的最小距离

d）为了在平台上操作方便，容器顶部接管的法兰密封面宜在同一水平面上。

7.3.3　接管与容器壳壁的连接应符合下列规定：

a）在不影响生产使用及装卸内部构件的情况下，宜采用接管插入容器内壁的结构，插入深度，应符合图5的要求；

b）物料放净口、放空口接管等接管内伸部分会影响内部构件布置或物料装卸时，接管端部应与容器内

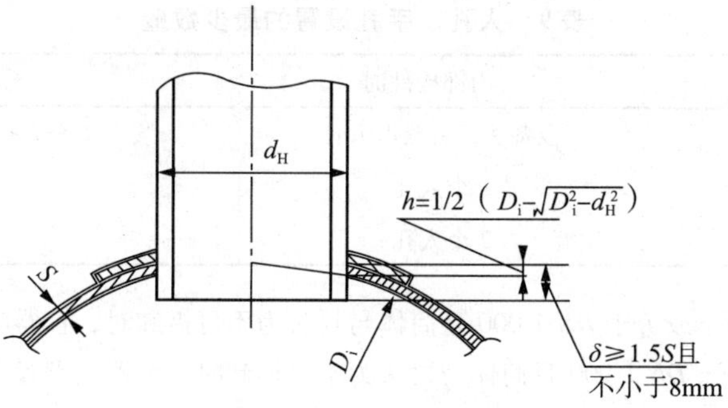

图5　接管插入容器内壁的深度

壁齐平；

c)立式容器的顶部开口或卧式容器的上部开口的接管伸入容器内壁时，在无其他放空口和放净口的情况下，若不影响工艺操作，则应在伸入容器内壁接管的高点开设直径为6~10mm的放气孔；

d)裙座支撑的立式容器，底封头上的开口应引出裙座外部，一般情况下，开口接管在裙座内部不应留有法兰接口。

7.4　垫片

7.4.1　垫片的选用应满足工艺系统特殊的要求。

7.4.2　压力容器法兰常用垫片的选用，参见附录C表C.1。

7.4.3　管法兰常用垫片的选用，参见附录C表C.2。

7.4.4　柔性石墨金属波齿复合垫片，可按GB/T 19066的规定选用。

7.4.5　垫片材质的选用应符合下列原则：

a)压力为低压且温度为中温时，宜选用非金属垫片；温度大于或等于350℃、压力大于或等于6.4MPa时，宜选用金属垫片；在温度、压力有波动的工况下，宜选用回弹性良好或具有一定自紧作用的垫片；

b)不得采用含石棉的垫片；

c)高真空条件下操作时，宜使用橡胶垫片；

d)在介质(如航空汽油、航空煤油等)不允许微量纤维混入的工况下，宜选用以膨胀石墨或聚四氟乙烯作填料的缠绕式垫片，不得选用含纤维性材料的垫片；

e)毒性程度为极度危害(Ⅰ级)、高度危害(Ⅱ级)、中度危害(Ⅲ级)的介质，易燃、易爆、强腐蚀、污染性强的介质和有害气体，宜使用柔性石墨复合垫片或缠绕垫片；

f)与氢氟酸接触的垫片，应采用蒙乃尔—聚四氟乙烯缠绕垫片或布氏硬度不大于HB90的工业纯铁齿形垫片；

g)金属垫片应在完全退火状态下使用，其布氏硬度值应比法兰密封面的布氏硬度值低HB20~HB30；

h)金属环垫或齿形垫片可用于带颈对焊法兰的密封；

i)密封要求极为严格时，可采用密封焊结构。

7.5　紧固件

7.5.1　管法兰和容器法兰用紧固件的选用，参见附录B；

7.5.2　奥氏体不锈钢法兰所选用的螺栓(柱)和螺母的材质，应根据设计温度确定。

7.6　人孔、手孔和检查孔

7.6.1　设置原则

7.6.1.1　容器的每个分隔的受压段，在检修期间不能利用工艺管口或设备法兰对容器内部进行检查或清洗时，应根据工艺要求，按表9规定的数量设置人孔、手孔。

表 9　人孔、手孔设置的最少数量

容器公称直径 mm	有内部构件时	无内部构件时
>300 ~ <1 000	设备法兰可兼做人孔	1 个人孔或设置 2 个手孔
≥1 000 ~ <2 600	1 个人孔	1 个人孔
≥2 600	2 个人孔	1 个人孔

7.6.1.2　容器直径大于或等于 *DN* 1 000 且筒体与封头为不可拆卸时，容器应设置人孔。

7.6.1.3　容器直径小于 *DN* 1 000 且筒体与封头为不可拆卸时，容器应设置人孔或手孔；

7.6.1.4　容器上设置的手孔或其他工艺管口可起检查孔的作用时，可不另设置检查孔。

7.6.1.5　卧式容器筒体长度 *L* 大于或等于 6 000mm 时，可设置 2 个人孔。

7.6.2　结构形式

7.6.2.1　为防止产生死区，或容器内壁有非金属隔热衬里时，应选用带芯人孔。

7.6.2.2　人孔盖的重量超过 35kg 时，应采用回转盖或吊盖等结构的人孔。

7.6.2.3　设置在容器底部或较高部位(离地面或操作平台 2m 以上)的人孔，或设计温度低于 -10℃ 的人孔，人孔盖应有吊杆或铰链支持。

7.6.3　人孔、手孔、检查孔尺寸

7.6.3.1　人孔直径应根据容器直径大小、压力等级、容器内部可拆构件尺寸、检修人员进出方便等因素确定。人孔尺寸宜按下列规定选用：

a)容器直径为 *DN* 1 000 ~ *DN* 1 600 时，宜选用 *DN* 450 人孔；

b)容器直径大于 *DN* 1 600 小于或等于 *DN* 3 000 时，宜选用 *DN* 500 人孔；

c)容器直径大于 *DN* 3 000 时，宜选用 *DN* 500 ~ *DN* 600 人孔。

7.6.3.2　真空或毒性为高度、极度危害介质或设计压力 p 大于 2.5MPa 的容器，宜选小直径人孔。

7.6.3.3　装设人孔的部位受到限制时，可采用不小于 400mm × 300mm 的长圆形人孔。

7.6.3.4　手孔不宜小于 *DN*150。

7.6.3.5　检查孔不宜小于 *DN*80。

7.7　开孔和开孔补强

7.7.1　一般规定

7.7.1.1　壳体上的开孔，应为圆形、椭圆形或长圆形。

7.7.1.2　补强计算时，圆形孔的开孔直径取接管内直径加两倍厚度的附加量。

7.7.1.3　在壳体上开椭圆形或长圆形孔时，孔的长径与短径之比不应大于 2.0，开孔直径取壳体纵向截面上的接管内径加两倍厚度的附加量。

7.7.2　补强结构及其选用

7.7.2.1　局部补强结构可采用补强圈或整体补强元件，必要时可采用补强圈和厚壁管双重补强结构，见图 6。其补强面积，应按 GB 150 的有关规定计算。设计温度大于 350℃ 时，还应考虑温差应力的影响。

7.7.2.2　下列情况均应采用整体补强：

a)疲劳容器及高强度钢(R_m 大于 540MPa)和 Cr - Mo 钢制造的容器；

b)补强圈的厚度超过被补强件壁厚的 1.5 倍或超过最大厚度 δ_{max}(碳钢：δ_{max} 为 32mm；16MnR：δ_{max} 为 30mm)；

c)设计压力 p 大于或等于 5.0MPa；

d)容器壳体名义厚度大于 38mm；

e)介质毒性程度为极度、高度危害介质的压力容器。

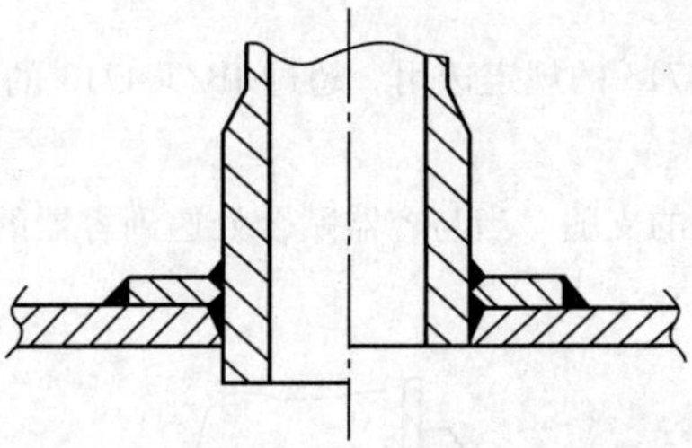

图6 双重补强结构

7.7.2.3 整体补强可采用以下形式：

a)增加筒体或封头的壁厚；

b)整体补强锻件；

c)厚壁管。

7.7.2.4 长圆形开孔的补强板，其周边宽度应处处相等。

7.7.2.5 超出 GB 150 规定范围的大开孔补强，可采用应力分析法进行计算。

7.8 支座

7.8.1 防火层

容器的支座应按规定设置防火层。

7.8.2 耳式支座

7.8.2.1 支承在钢架、墙架或穿越楼板的立式容器，可采用耳式支座。耳式支座宜按 JB/T 4725 的规定选用。

7.8.2.2 耳式支座应均匀布置，数量可采用 4 个。容器直径小于或等于 700mm 时，支座数量可采用 2 个。

7.8.2.3 容器外部无保温层并安装于钢架上时，应采用 A 型或 AN 型耳式支座；容器外部有保温层或支座需安装于楼板上时，应采用 B 型或 BN 型耳式支座。

7.8.2.4 耳式支座附近壳体的局部应力应进行校核。

7.8.3 支承式支座

7.8.3.1 位置距地坪或基础面较近的具有椭圆形或碟形封头的立式容器，可采用支承式支座。支承式支座宜按 JB/T 4724 的规定选用。

7.8.3.2 支承式支座的数量可采用 3 个或 4 个，且均匀布置。

7.8.3.3 支承式支座用于带夹套容器，如夹套不能承受容器重量，应将支座焊于容器的下封头上。见图 7。

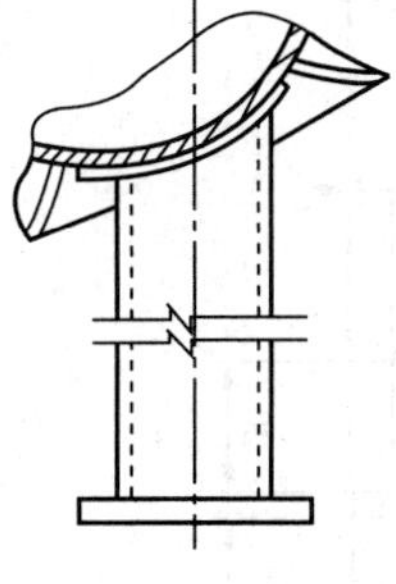

图7 用于夹套容器的支承式支座

7.8.4　腿式支座

7.8.4.1　腿式支座宜按 JB/T 4713 的规定选用。超过 JB/T 4713 的适用范围时，可按附录 E 进行支腿的强度和稳定校核。

7.8.4.2　与容器外壁直接焊接的支腿，当与容器贴合处遇到容器的环焊缝时，应在支腿上切割一个缺口，以便避开壳体环焊缝，见图 8。

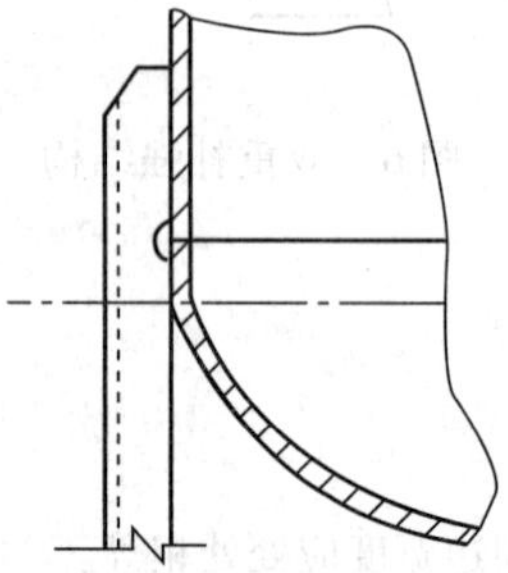

图 8　支腿遇容器环焊缝开缺口的结构示意

7.8.4.3　在多雨地区且露天放置的容器的支腿顶部应加焊顶板，见图 9。

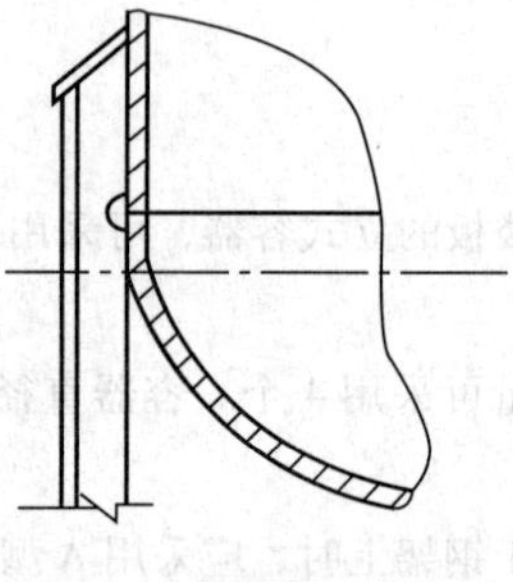

图 9　支腿顶板结构

7.8.4.4　如支腿直接焊在容器上对搬运有妨碍时，可采用螺栓连接的可拆结构，或在安装现场进行焊接。

7.8.5　裙式支座(简称裙座)

7.8.5.1　裙座与容器的连接形式应符合 JB/T 4710 的规定，且应优先选用对接形式。容器壁厚超过 60mm 时，宜采用裙座与容器壳体中径对齐的连接结构。

7.8.5.2　不计入地震载荷和风载荷的容器，基础环和筋板的结构尺寸应符合图 10 和表 10 的要求。

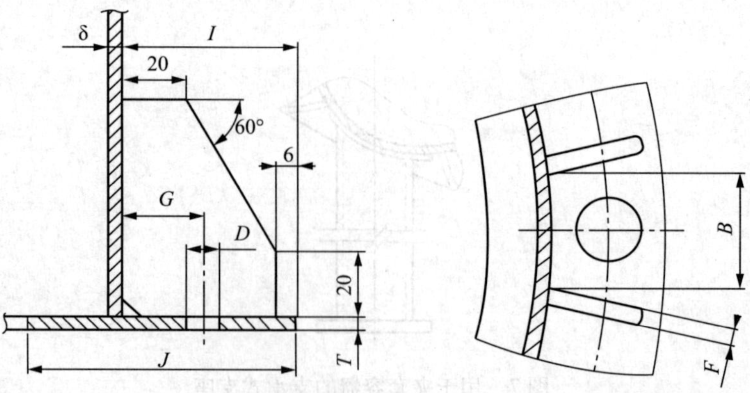

图 10　裙式支座基础环结构

表 10 基础环和筋板的结构尺寸 mm

螺栓规格	D	I	G	J	B	F
M16	18	60	35	120	80	6
M20	22	70	40	140	100	6
M22	24	77	40	150	119	6
M24	26	90	50	180	120	9
M27	30	95	55	180	140	9
M30	33	100	55	200	140	9

注：1. 基础螺栓的数目为 4，8，12，16，20，24 等 4 的倍数。
2. 基础环的厚度 T 由计算决定，且不得小于 14mm（包括附加量）。

7.8.5.3 裙座上应加排气孔或排气管（有保温时），排气管尺寸和数量应符合 JB/T 4710 的要求。

7.8.6 鞍式支座

7.8.6.1 卧式容器的支承，可按 JB/T 4712 的规定选用钢制鞍式支座。

7.8.6.2 卧式容器宜采用双支座，特殊情况下也可选用三支座或多支座。

7.8.6.3 容器的鞍座形式固定侧应采用 F 型标准鞍座；滑动侧应采用 S 型标准鞍座。固定鞍座宜设在接管较多的一侧。

7.8.6.4 滑动支座（S 型）的基础表面上，应预埋一块钢板；需要减小滑动摩擦系数时，也可预埋一块聚四氟乙烯滑板或设置滑动摩擦副等。

7.9 内件

7.9.1 塔盘

塔盘结构设计应符合 SH 3088 的规定，塔盘定位尺寸以支持圈上表面为准。

7.9.2 缓冲板

7.9.2.1 在下列情况下，应在容器介质进口接管处设置缓冲板：

a）介质有腐蚀性或磨蚀性时，当 ρV^2 大于 740❶；

b）介质无腐蚀性或磨蚀性时，当 ρV^2 大于 2355 并直接对容器壁或内件有冲刷时；

c）需要保证进料对内部的稳定操作时。

7.9.2.2 物料进口处的缓冲板结构见图 11。

7.9.2.3 要求液面指示平稳的液面计上部连接管，可设置挡液板。挡液板的结构同缓冲板，见图 11(a)。

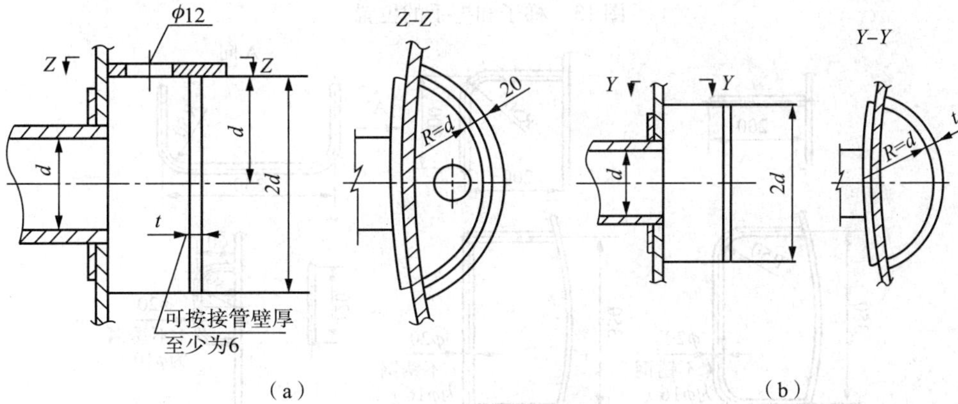

图 11 物料进口缓冲板结构

❶ρ——介质密度，kg/m³；V——介质流速，m/s。

7.9.3 防涡流板

在下列情况下，容器应设防涡流板：

a)容器底部与泵直接相连的出口；

b)需防止旋涡将容器底部杂质带出，影响产品质量或沉积堵塞后面生产系统的液体出口，可设带过滤网的防涡流器；

c)需减少液体夹带的气体出口。

7.9.4 气体出口挡板

气体出口挡板，宜按图 12 的规定设置。

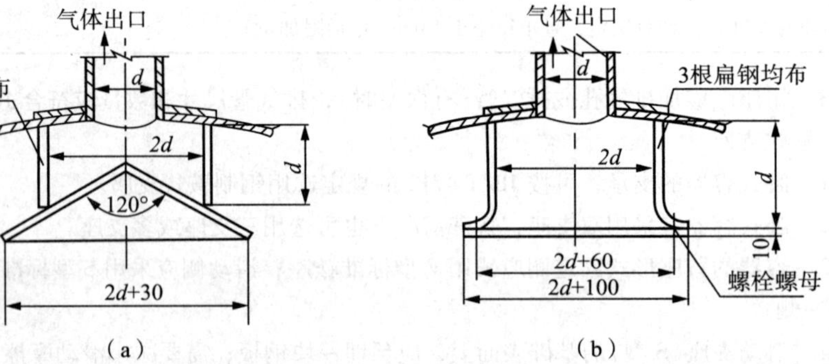

图 12 气体出口挡板结构

7.9.5 内部梯子

7.9.5.1 人孔设在立式容器筒体侧面，且人孔以下无内件可利用时，容器内壁宜设置梯子和把手。梯子和把手的位置和结构尺寸可按图 13 和图 14 设置。梯子宜采用图 14 的形式。

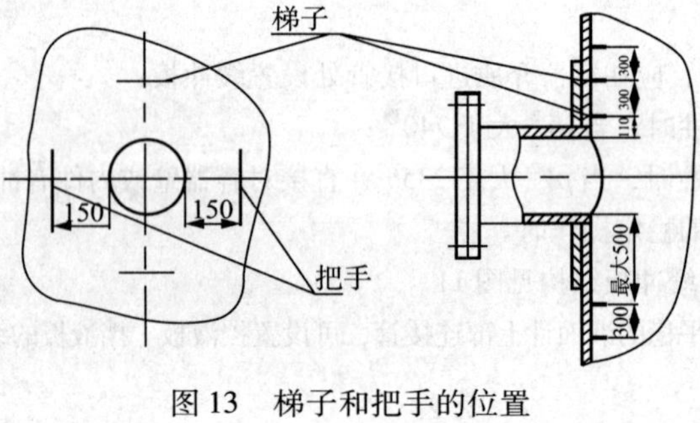

图 13 梯子和把手的位置

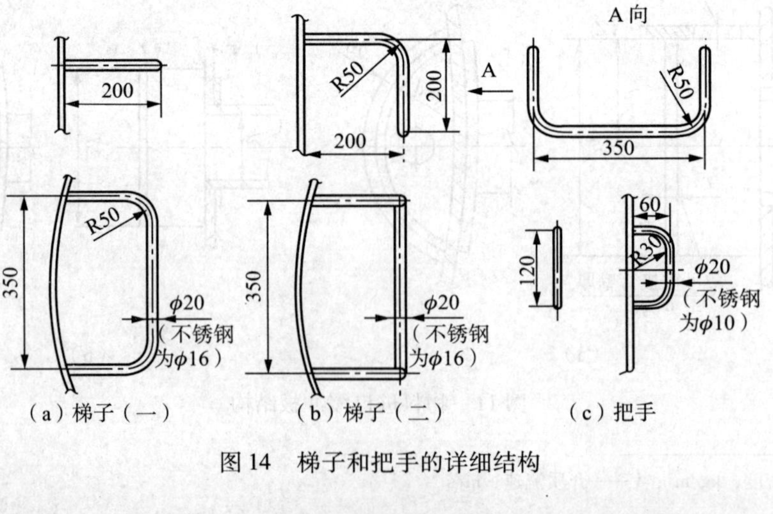

图 14 梯子和把手的详细结构

7.9.5.2 当卧式容器内径为1 200mm～1 400mm时，宜在人孔下部设置一个高度为400mm的"Π"型踏步；当内径大于1 400mm时，宜设置内部斜梯。

7.9.6 塔顶吊柱

有可拆卸内件的塔或立式容器的顶部，宜设置塔顶吊柱。

7.10 设备外部附属件

7.10.1 吊耳

大型设备吊耳的设计应按照SH 3515由吊装单位负责完成。设计单位选用的或制造厂自带的吊装设施，应在吊装单位核算确认后，才能够在现场吊装时采用。

7.10.2 接地板

7.10.2.1 接地板应直接焊于设备壳体或支座上。

7.10.2.2 接地板材料应选用耐大气腐蚀的材料或采取其他防腐措施。

7.10.3 铭牌座

7.10.3.1 立式设备铭牌座宜设置在离地1.5m的高度处。

7.10.3.2 铭牌座方位应选择在设备面临走道的一侧。

7.10.3.3 铭牌座的高度应使铭牌露出保温层20mm以上。

7.10.3.4 铭牌应采用铝、铜或不锈钢制作。

7.11 分段、分片和焊后热处理设备

7.11.1 分段设备

7.11.1.1 分段处的位置，宜为同材质、同一厚度且无开口的两层内件之间的部位，或带一节与底封头相焊的长度不小于500mm过渡段的接口处。

7.11.1.2 在封头或过渡段上至少应带一节筒节，分段处不应设在筒节与封头或过渡段的接缝处。

7.11.1.3 两分段的接口处，均应打上方位母线标志(奥氏体不锈钢表面需作标记时，标记应采用不溶于水、不含金属颜料和无硫、无氯的墨水)。

7.11.1.4 两分段接口处的焊接接头坡口表面应涂以不影响焊接质量的防锈涂料。

7.11.1.5 发运时，两接口处应密闭处理和作临时加固，且应妥善保护。

7.11.1.6 分段设备在工地组装施焊后，应按图样要求进行验收和试压。

7.11.2 分片设备

7.11.2.1 施工单位应与制造厂共同协商坡口形式。坡口表面应涂以不影响焊接质量的防锈涂料。

7.11.2.2 发运前应在制造厂进行预组装，并经施工单位或甲方验收。

7.11.2.3 每片成型板片上均应打上标志，标志号应与排版图一致，奥氏体不锈钢表面的标记应符合本标准7.11.1.3条的规定。排版图应随着设备一起发运至工地。

分片运输的设备在工地按排版图组装施焊后，应按图样要求进行验收和试压。

7.11.3 焊工资格及焊接工艺

容器现场组焊，应符合SH 3524的规定。现场焊接应由具有相应资格的焊工担任，且应按照经评定后的焊接工艺进行焊接。

7.11.4 需作焊后热处理的设备

需作焊后热处理的设备必须将设备上所有焊接附件(如操作平台连接件、保温支承预焊件、吊耳垫板、铭牌支架、接地板等)施焊完毕，所有垫板均应留有透气孔或与筒体断续焊。热处理后，不得再在设备上施焊。

7.12 焊接结构

7.12.1 焊接接头设计

7.12.1.1 容器承压焊缝的坡口形式和尺寸，无特殊要求时，可按下列原则设计：

a)焊接接头填充金属量尽量少，有利于减少焊接残余变形和应力；

b)便于操作，有利于焊工防护；

c)复合钢板的坡口应有利于降低过渡层焊接接头金属的稀释率和减少复层的焊接量，宜采用 SH/T 3527—1999 图 4.1.1 中 b，c，f，g 等节点。

7.12.1.2　下列情况下，应采用全焊透接头，参见附录 F 中的节点形式：

a)储存或处理毒性程度为极度或高度危害介质的压力容器的 A 类、B 类、D 类焊接接头；

b)开孔要求采用整体补强的容器的 A 类、B 类、D 类焊接接头；

c)处理特殊介质(液化气、液氨等)的容器的 A 类、B 类、D 类焊接接头；

d)二类、三类压力容器的 A 类、B 类、D 类焊接接头。

7.12.2　A 类、B 类对接接头设计

7.12.2.1　筒体内径小于 600mm 时，宜采用单面对接焊。筒体内径大于或等于 600mm 时，应采用双面对接焊。

7.12.2.2　单面焊可以根据无损检测的方式，应采用氩弧焊打底或背衬垫板的工艺，并应确保全焊透。

7.12.2.3　A 类、B 类对接焊缝的余高及宽度，应符合 GB 150 的规定。

7.12.3　接管与壳体焊接接头的设计

7.12.3.1　压力容器接管与壳体的焊接，宜采用双面焊。

7.12.3.2　必要时应考虑有利于无损检测的结构，如翻边对接及安放式结构。

7.12.3.3　接管与壳体焊接只能从设备外侧单面焊时，可采用氩弧焊打底或带垫板结构，但标准抗拉强度下限 R_m 大于 540MPa 的高强钢和 Cr—Mo 钢严禁使用永久性垫板。

7.12.4　其他

7.12.4.1　对于翻边对接或安放式接管以及厚壁容器的对接焊缝，接头除要求全焊透外，尚应尽量减少熔敷金属量，宜采用窄间隙焊缝坡口。

7.12.4.2　对于高强度钢(R_m 大于 540MPa)，应采用翻边对接及安放式结构的接管。

7.12.4.3　有抗间隙腐蚀要求时，接触腐蚀介质的一侧应予满焊，不得留有间隙。

7.12.4.4　内件支撑大梁或其支座宜焊接到复合钢扳壳体的基层上。

7.12.4.5　在湿 H_2S 应力腐蚀或液氨应力腐蚀环境下，碳钢和 C—Mn 钢的焊接接头硬度应小于或等于 HB200(包括母材、热影响区和熔敷金属)。

7.12.4.6　鞍式支座的垫板和外加强圈与容器壳体应为连续焊。

7.12.4.7　高强度钢(R_m 大于 540MPa)容器附件的连接板宜与壳体焊透，且不宜采用角焊缝。

8　制造、检验和验收

8.1　原材料的检验

8.1.1　原材料的复验和无损检测

8.1.1.1　压力容器受压元件用的原材料，应符合下列标准和规定的要求：

a)压力容器安全技术监察规程；

b)GB 150；

c)SH/T 3075；

d)本标准或图样要求。

8.1.1.2　制造厂应按本标准 8.1.1.1 条的规定，对入厂材料进行检查和验收，如有疑点或对材料要求的性能数据不全时，制造厂应进行复验或补充，合格后方可投料制造。

8.1.1.3　如钢材生产厂未按本标准 8.1.1.1 条所列标准规定的要求进行无损检测，制造厂应予补做。除图样另有规定外，受压元件用钢的无损检测应按表 11 规定的方法进行。如设计无特殊要求，受压元件用钢无损检测的合格等级应符合表 12 ~ 表 14 的要求。

表 11 受压元件用钢的无损检测方法

材料品种	射线检测	超声检测	磁粉检测	渗透检测
压力容器用钢板	—	JB/T 4730.3	—	—
复合钢板[a]	—		—	—
无缝钢管	—	JB/T 4730.3	JB/T 4730.4	—
不锈钢无缝钢管	—	JB/T 4730.3	—	—
锻轧钢棒(紧固件用)	—	JB/T 4730.3	JB/T 4730.4	—
压力容器用锻件	—	JB/T 4730.3	JB/T 4730.4	JB/T 4730.5
奥氏体钢锻件	—	JB/T 4730.3	—	

[a] 轧制复合钢板无损检测，应符合 GB/T 8165 的规定，超声波检测应符合 GB/T 7734；爆炸法制复合钢板，应符合 JB 4733 的规定，超声波检测应符合该标准的附录 A 中底波反射法的要求。

表 12 钢材超声检测合格等级(钢板、钢管)

材料品种	超声检测合格等级
压力容器用碳钢、低合金钢板	标　准：JB/T 4730.3 适用范围：厚度 6～250mm 合格等级：按 GB 150 第 4.2.9 条规定。对于一般用途碳钢、低合金钢钢板，合格等级不低于Ⅲ级；对于 $PN \geq 10.0$MPa 的单层高压容器及多层高压容器内筒钢板，合格等级不低于Ⅱ级
复合钢板	轧制复合扳 标　准：GB/T 7734 适用范围：总厚大于 8mm 的轧制复合钢板 合格等级：管板及临氢设备用复合板Ⅰ级 热压封头及高压容器用复合板Ⅱ级 一般用复合板Ⅲ级
复合钢板	爆炸法制复合板 标　准：JB 4733 适用范围：总厚度等于或大于 10mm 合格等级：管板及临氢设备用复合板Ⅰ级 热压封头及高压容器用复合板Ⅱ级 一般用复合板Ⅲ级
无缝钢管[a,b]	标　准：JB/T 4730.3 适用范围：外径 12～660mm，壁厚大于或等于 2mm 的压力容器用高压无缝钢管 合格等级：$PN \geq 10.0$MPa　Ⅰ级 $PN < 10.0$MPa　Ⅱ级

续表

材料品种	超声检测合格等级
奥氏体不锈钢无缝钢管[c]	标　　准：JB/T 4730.3 适用范围：外径 12 ~ 400mm，壁厚 2 ~ 35mm 的奥氏体钢无缝钢管 合格等级：$PN \geq 10.0$MPa　Ⅰ级 $PN < 10.0$MPa　Ⅱ级

[a] 壁厚/外径大于 0.2 的高压无缝钢管按Ⅰ级，但内表面人工缺陷深度应小于或等于公称壁厚的 5%。

[b] 高压无缝钢管的表面磁粉检测，应符合 JB/T 4730.4 的规定。

[c] 外径、壁厚大于表列范围的奥氏体不锈钢无缝钢管宜按 GB/T 5777 的规定。

表 13　钢材无损检测合格等级(紧固件钢棒)

材料品种	超声检测合格等级	磁粉检测合格等级
锻轧钢棒（螺柱用）	标　　准：JB/T 4730.3 适用范围：直径大于 36mm 的锻轧钢棒(坯) 要　　求：纵波检测，检测面的粗糙度为 R_a6.3 合格等级：$PN \geq 10.0$MPa 用Ⅰ级	标　　准：JB/T 4730 适用范围：$PN \geq 10.0$MPa 高压用螺栓 合格等级：Ⅰ级，并符合对紧固件的附加验收要求

表 14　锻件无损检测合格等级

材料品种	超声检测合格等级	磁粉检测合格等级	渗透检测合格等级
压力容器用碳钢和低合金钢锻件	标　　准：JB/T 4730.3 要　　求：一般在热处理并机加工后进行，检测面的粗糙度为 R_a6.3。纵波检测，筒型锻件还需按 JB/T 4730.3 附录 C 进行横波检测 合格等级：按 SH/T 3075 的规定	标　　准：JB/T 4730.4 要　　求：锻件经加工后的粗糙度为 R_a6.3 以上 合格等级：Ⅰ级	标　　准：JB/T 4730.5 合格等级：Ⅰ级 要　　求：锻件经加工后进行，受检面不允许作喷砂、喷丸处理
压力容器用奥氏体钢锻件	标　　准：JB/T 4730.3 要　　求：一般在热处理并机加工后进行，检测面的粗糙度为 R_a6.3。一般锻件纵波检测，筒体锻件还需进行横波检测 合格等级：按 SH/T 3075 的规定		

8.1.2　表面质量

8.1.2.1　容器用钢板表面的划痕、轧痕、麻点、氧化皮脱落后的粗糙等局部缺陷的深度，不得超过厚度负偏差的 1/2。

8.1.2.2　锻件的尺寸允差和表面质量应符合下列规定：

a)锻制筒体的内径，在任何主要截面上测定，对于互成 90°的最大与最小直径之差，不得超过该截面设计内径的 0.1%，且不大于 25mm；

b)锻件的厚度在某些局部区域内小于设计厚度，但围绕该区域的邻近区域具有足够的厚度，且减薄区域符合按 GB 150 对补强(开孔)的限制条件时允许使用，必要时，应经应力分析后确定；

c)除关键的机加工表面外，锻件表面允许存在深度不大于公称厚度的5%或1.5mm(取其小者)且长度不大于20mm的重皮、结疤、切削刀痕。但如存在裂纹呈尖锐切口状的缺陷，则不论深度、长度的大小均应打磨清除，并与母材呈圆滑过渡，斜度不大于1:3；

d)缺陷清除后其剩余厚度，应不小于设计厚度，否则应予以补焊(必要时，应经应力分析后确定)。

8.2 加工和成型

8.2.1 受压元件用钢材在加工过程中，标志应予以保留。必要时，应将标志移植到工件上，并保证移植标志的正确、清晰、耐久。

8.2.2 受压元件用的钢板冷加工、冷成形后，如变形率超过下列范围时，应进行消除应力热处理：

a)碳素钢、16MnR：3%(单向拉伸变形率)；其他低合金钢：2.5%(单向拉伸变形率)；

材料的加工变形率按下式计算：

单向拉伸

$$\varepsilon = \frac{\delta}{2R_f}\left(1 - \frac{R_f}{R_0}\right) \times 100\% \tag{4}$$

双向拉伸

$$\varepsilon = \frac{1.5\delta}{2R_f}\left(1 - \frac{R_f}{R_0}\right) \times 100\% \tag{5}$$

式中 ε——钢板变形率,%；

δ——钢板名义厚度，mm；

R_f——钢板弯曲后的中心半径，mm；

R_0——钢板弯曲前的中心半径，对于平板 R_0 为无限大，mm。

b)碳素钢、低合金钢冷加工造成板厚减薄大于板厚的10%者。

8.2.3 钢管冷弯后，如变形率超过下列范围时，应进行热处理：

a)碳素钢、低合金钢的钢管弯管后的外层纤维变形率大于钢管标准规定伸长率 δ_5 的一半时；

b)对于有冲击韧性要求的钢管，其最大变形率大于5%者。

8.2.4 奥氏体不锈钢的热加工，应符合下列要求：

a)加热前应彻底清除表面油污和其他附着物；

b)加热过程中，不得与火焰或固体燃料直接接触，加热温度应均匀；

c)应控制炉膛气氛呈中性或微氧化性，并注意炉膛气氛中的含硫量，对不锈钢应无腐蚀性作用；

d)不锈钢热成形后，应重新进行固溶或稳定化处理。

8.2.5 不锈钢设备在加工过程中应防止表面的划伤，并应注意加工器械造成的铁污染。

8.2.6 壳体上垫板、加强板等应至少开设1个 ϕ10mm 或 M10 的排气、信号孔。加强板与壳体应紧密贴合，最大间隙为3mm。

8.3 切割和焊接

8.3.1 切割

8.3.1.1 火焰切割时的环境温度不得低于0℃，否则应进行预热。标准抗拉强度 R_m 大于540MPa的钢材及Cr—Mo低合金钢材，经火焰切割的坡口表面，应打磨去除淬硬层，然后进行磁粉检测或渗透检测。不锈钢的坡口应采用机加工或等离子切割的方法，不得使用碳弧气刨切割坡口和清根。

8.3.1.2 焊接坡口应保持平整，不得有裂纹、分层、夹渣等缺陷，坡口尺寸应符合图样规定。火焰切割坡口的表面粗糙度应达到 R_a50，否则应进行打磨。

8.3.1.3 火焰切割时的预热要求，应与钢材焊接的预热温度相同。

8.3.1.4 焊接的一般要求、预热和定位焊及焊前准备，应符合JB/T 4709的规定。

8.3.2 焊接

8.3.2.1 钢制压力容器的焊接应按照JB 4708和JB/T 4709进行。

8.3.2.2　钢制压力容器的承压焊缝应尽量避免异种钢焊接(异种钢焊接是指铁素体钢与奥氏体不锈钢、双相不锈钢或镍基合金之间的焊接，不包括堆焊层)，且应符合以下规定：

a)在酸性环境中承压焊缝不得进行异种钢焊接；

b)在非酸性环境中，可以采用镍基合金进行异种钢焊接；

c)对设计温度在300℃以下的一般容器，允许采用奥氏体不锈钢焊材进行异种钢焊接。

8.4　焊后热处理

8.4.1　焊后热处理的设备范围应符合 GB 150 中有关规定。焊后热处理优先在炉内进行。

8.4.2　常用钢号的焊后热处理，可按 JB/T 4709 的规定进行。

8.4.3　如果容器太长无法一次进炉热处理，可以调头分两次进炉，两次热处理重叠部分长度应不小于 1 500mm，且炉外部分应进行保温，减少温度梯度。

8.4.4　壳体纵焊缝以及接管与壳体间的焊缝宜与所在筒节一起进行整体热处理；容器环焊缝的局部热处理加热带宽度应至少包括焊缝边缘两侧各 3 倍壁厚的宽度。

8.4.5　制造厂应有热处理记录表，表上应记录容器或元件的热处理部位、测温点位置、温度升降及保温曲线、使用热源、日期和检验者姓名。热处理记录表应包括在制造厂的产品质量证明书内。

8.5　试板和试样

试板和试样的制备和检验应按照 JB 4744 进行。产品焊接试板应与产品具有同样的受热过程。

8.6　无损检测和压力试验

8.6.1　无损检测

8.6.1.1　磁粉检测和渗透检测应符合下列规定：

a)凡符合 GB 150 有关规定的受压元件及其焊缝，均应作磁粉或渗透检测。铁磁性材料优先作磁粉检测；

b)厚度大于 20mm 的奥氏体不锈钢，在焊缝背面清根后的焊缝表面及与介质接触的焊缝表面，应作渗透检测；

c)表 12 ~ 表 14 中规定的需进行磁粉或渗透检测的材料，其焊缝坡口、清根后的焊根表面、修磨表面、焊缝区及焊补表面，均应作磁粉或渗透检测；

d)磁粉或渗透检测的范围，应包括焊缝、坡口、补焊区四周各 1/2 板厚(但不小于 10mm)的区域；

e)检测应符合 JB/T 4730 的要求，检测结果 Ⅰ 级合格。

8.6.1.2　射线和超声检测应符合下列规定：

a)凡符合 GB 150 中的有关章节规定的受压元件的焊接接头，均应作射线和/或超声检测；

b)射线和/或超声检测的探伤率和合格级别，应符合图样规定；

c)检测应符合 JB/T 4730 的规定。

8.6.2　压力试验

8.6.2.1　液压试验应符合下列规定：

a)液压试验应按 GB 150 中有关章节的规定进行；

b)重叠管壳式热交换器除单台热交换器进行液压试验合格后，尚应进行重叠后的管、壳程液压试验；

c)容器在液压试验后如进行修补，则焊补焊缝应按该焊缝的原检测内容进行检测并达到合格；若主要受压元件焊补深度超过 1/2 壁厚时，需再次进行液压试验；

d)炼油厂催化裂化装置中再生器和沉降器等非金属衬里设备可不进行液压试验，但应进行 100% 射线或超声检测。

8.6.2.2　气压试验应符合 GB 150 有关章节的有关规定。

8.6.3　气密性试验

8.6.3.1　下列情况下，应对容器进行气密性试验：

a)介质为极度危害(Ⅰ级)或高度危害(Ⅱ级)；

b)对真空度有较严格的要求；

c)设计图样上要求不允许有微量的泄漏；

d)设计图样上注明应进行气密性试验。

8.6.3.2 气密性试验应符合 GB 150 的有关规定。

9 表面处理、运输包装

9.1 表面处理

9.1.1 压力容器的表面处理应按照 JB/T 4711 及本标准 9.1.2 条的规定。

9.1.2 表面处理和标记应符合下列规定：

a)所有碳素钢和低合金钢容器的外表面应予以清理、除锈，且不低于 GB/T 8923 中 St3 级的要求；

b)机加工面和焊缝坡口不应涂漆，但现场焊接的坡口应涂一层对焊接质量无害且易去除的保护涂层；

c)当奥氏体不锈钢需标记制造或发运数据时，标记应采用不溶于水、不含金属颜料和无硫、无氯的墨水。炉号和批号允许用钢印或电蚀刻，但不应位于介质接触的一侧；

d)应力腐蚀环境下工作的容器，与介质接触侧不得使用硬质钢印；

e)分段或分片供货的设备，除应在制造厂预组装外，尚应在对口处作好对口及母线标志，并应提供排版图；

f)接触腐蚀性介质的不锈钢表面应除垢并进行酸洗和钝化处理。不锈钢的酸洗和钝化宜采用涂刷酸洗钝化膏进行 100% 的钝化处理，表面处理后，应用清水冲净，并用酚酞试纸检查冲净的程度；

g)各类容器的表面涂漆应符合 SH 3022 及图样的规定；

h)各类容器的表面色和标志色应符合 SH 3043 的规定。

9.2 运输包装

9.2.1 运输包装应按照 JB/T 4711 和 9.2.2 条的规定。

9.2.2 运输包装应符合下列规定：

a)制造厂应负责对每一种零部件进行妥善的包装，包装箱上应有吊耳或标明起吊点。每一件均应标有买方的地址、完整的订货合同号、容器位号、数量和制造厂发货单位。专用工具应另装箱发货，并应标记“专用工具”字样；

b)有禁焊要求的容器应在显著位置标示“严禁焊接”；

c)每批装运货物内，需有一份装箱清单。部件、零件应有标记，或用每箱，每袋和每一台架的货物位号标明所装的货物，并说明是完整的或是一部分；

d)必要时，装运货物应附安装说明书、安装图纸或排版图，该资料应放在最大的板条箱内；

e)内件、支承构件、吊耳和可拆件或其他组装在一起的附件，应按要求标出供组装时识别的件号和配合的符号；

f)螺纹接口应采用与其相同材料制的六角头螺塞堵上；

g)小零件应袋装、箱装或采取其他保护措施，备用管件、紧固件和密封垫片应单独装箱发运，不得用螺栓将其固定在法兰和盖板之间；

h)有坡口的或平口的接管应采用金属盖板或厚型塑料布保护，盖在接管的外侧或内侧进行密封；也可用一金属环形罩盖在接管端部，并与接管外侧密封焊，焊缝不应焊在坡口上；

i)所有法兰接口应采用最小厚度为 4mm、直径与法兰外径相同的钢制盲板加最小厚度为 3mm 的软橡胶垫的方式进行保护和密封，并用螺栓固紧。螺栓直径不得小于 M12，数量不少于 4 个。螺栓数量和规格可按表 15 选取；

表 15　法兰用钢制盲板螺栓尺寸

法兰盘的螺栓孔数	最小螺栓尺寸
4 ~ 28	M12
32 ~ 48	M20

j) 所有容器、箱、包等，均应和运输工具妥善固定；

k) 分片出厂的壳体或球壳片应采用托架，凸面朝上，各片之间，应垫柔性材料；

l) 直立设备，可根据需要设置临时鞍座；

m) 若因装运空间要求而改变或去除接管口、支承构件、吊耳或其他类似附件时，应得到买方书面认可。制造厂应提供装载图，标示出所需重新定位或去除的附件位置，并应提供重新装配、组焊的程序和检验方法；

n) 海上运输的不锈钢压力容器(包括内衬为不锈钢的容器)，内部应充 0.05MPa 的氮气保护，同时封闭所有开口。

附录 A
(资料性附录)
容器开口伸出高度

A.1 除设计另有规定外，容器开口伸出高度列于表 A.1。

A.2 本附录不适用于厚壁容器（δ 大于 50mm）和特殊容器的设计。

A.3 本附录可用于保温厚度小于 150mm 的设计。

表 A.1 容器开口伸出高度 mm

开口公称直径 DN/mm	卧室容器		立式容器		
	h_1	h_2	H_1	H_2	B_L
10 ~ 100	250	200	250	200	$D_i/2+200$
125 ~ 250	250	250	300	250	$D_i/2+250$
≥300	300	300	350	300	$D_i/2+300$

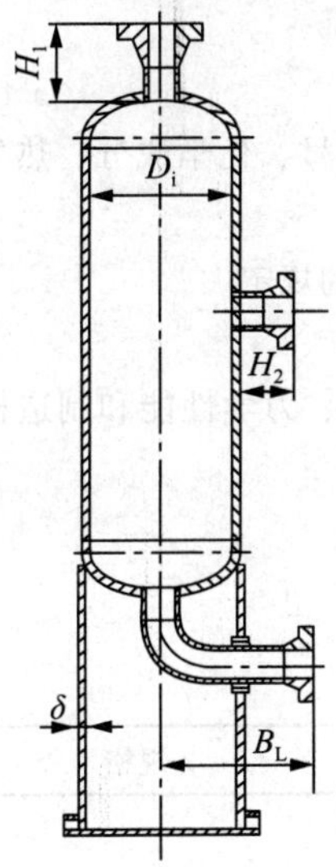

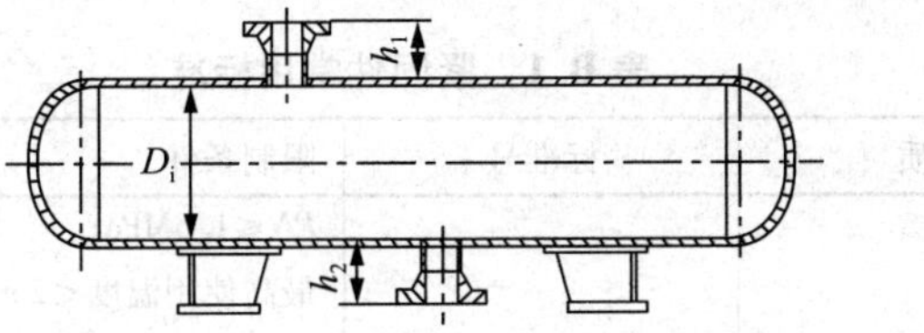

附录 B
(资料性附录)
紧固件

B.1 紧固件

B.1.1 紧固件分商品级紧固件和专用级紧固件。按 GB/T 901、GB/T 6170、GB/T 5782 等标准制造的螺栓(柱)和螺母均为商品级紧固件，仅可使用在一般的容器、设备内件和结构件的连接上。

B.1.2 符合下列所有条件的承压件的连接也可使用商品级紧固件：

a) *PN*≤1.6MPa；

b) 最高使用温度≤200℃；

c) 非剧烈循环载荷场合；

d) 配用非金属软垫片；

e) 操作物料性质不属于易燃、易爆及毒性程度大于中度危害的。

B.2 商品级紧固件

B.2.1 商品级紧固件在图样上应注明产品标准号。

B.2.2 商品级紧固件在图样上应采用“性能等级”代替对螺栓、螺母的材料牌号、化学成分、热处理状态和力学性能的要求。

B.2.3 商品级紧固件螺母与螺栓相匹配的“性能等级”，应符合 GB/T 3098.2 的规定。

B.3 专用级紧固件

B.3.1 专用级紧固件的标准宜按表 B.1 选用。专用级紧固件材料的化学成分、力学性能和制造检验均应符合相应标准的规定。

B.3.2 应优先选用与法兰标准配套的专用级紧固件。

B.3.3 当法兰标准没有配套紧固件时，宜按表 B.1 选用。

表 B.1 紧固件常用标准

名称	材质	标准号	限制条件	规格
六角头螺栓	8.8 级或 6.8 级(商品级)	GB/T 5782(半丝) GB/T 5783(全丝)	*PN*≤1.6MPa； 最高使用温度≤250℃； 非剧烈循环场合； 配用非金属软垫片； 介质非易燃、易爆及毒性程度不大于中度危害	M6 ~ M64
双头螺柱[a]	8.8 级或 6.8 级(商品级)	GB/T 901	*PN*≤1.6MPa； 最高使用温度≤250℃； 非剧烈循环场合； 配用非金属软垫片； 介质非易燃、易爆及毒性程度不大于中度危害	M6 ~ M56
	35 号	SH 3404	≤350℃	M10 ~ M48
		JB/T 4707		M16 ~ M36
	40Cr	SH 3404	<400℃	M10 ~ M39
		JB/T 4707		M16 ~ M36
	40MnB	JB/T 4707	<400℃	M16 ~ M36

续表

名称	材质	标准号	限制条件	规格
双头螺柱[a]	40MaVB	JB/T 4707	<400℃	M16 ~ M36
	35CrMoA	SH 3404	<500℃	M10 ~ M90
		JB/T 4707	<450℃	M16 ~ M36
		HG 20634	<500℃	M14 ~ M90
	25Cr2MoVA	SH 3404	≤538℃	M10 ~ M90
		JB/T 4707		M16 ~ M36
		HG 20634		M14 ~ M90
六角螺母	8 级或 6 级（商品级）	GB/T 6170	PN≤1.6MPa； 最高使用温度≤250℃； 非剧烈循环场合； 配用非金属软垫片； 介质非易燃、易爆及毒性程度不大于中度危害	M1.6 ~ M64
	8 级或 6 级（商品级）	GB/T 6175		M5 ~ M36
六角厚螺母（$m=1.0d$）	25 号，35 号	SH 3404（Ⅱ型）	≤350℃	M10 ~ M48
	40Cr	SH 3404（Ⅱ型）	<400℃	M10 ~ M90
	30CrMo	HG 20634	<400℃	M14 ~ M90
	35CrMoA	SH 3404（Ⅱ型）	≤500℃	M10 ~ M90

注：SH 3404、HG 20634 标准中 M36 以上的为细牙螺纹。

[a] 当使用温度大于 350℃时，双头螺柱应使用 B 级。

附录 C
（资料性附录）
压力容器和接管法兰密封面和常用垫片的选用

C.1 压力容器法兰密封面及常用垫片的选用见表 C.1。

表 C.1 压力容器法兰密封面及常用垫片的选用

介质	法兰公称压力/MPa	工作温度/℃	法兰形式	密封面	垫片 形式	垫片 材料	备注
油品、油气、溶剂、石油化工原料及产品	≤1.6	≤200	甲、乙型平焊	凸面（凹凸）	耐油垫、四氟垫	耐油橡胶非石棉板、聚四氟乙烯板	当介质为易燃、易爆、有毒或强渗透性时，应采用凹凸面法兰
		201～250	长颈对焊	凸面（凹凸）	缠绕垫	0Cr13（0Cr18Ni9）钢带＋非石棉材料（石墨）	
					金属包垫	铁皮（铝皮）＋非石棉材料	
					柔性石墨复合垫	石墨＋金属骨架（0Cr13、0Cr18Ni9 等）	
	2.5	≤200	乙型平焊	凸面（凹凸）	耐油垫	耐油橡胶非石棉板	
					缠绕垫	0Cr13（0Cr18Ni9）钢带＋非石棉材料（石墨）	
					金属包垫	铁皮（铝皮）＋非石棉材料	
					柔性石墨复合垫	石墨＋金属骨架（0Cr13、0Cr18Ni9 等）	
		201～450	长颈对焊	凸面（凹凸）	缠绕垫	0Cr13（0Cr18Ni9）钢带＋非石棉材料（石墨）	
					金属包垫	铁皮（铝皮）＋非石棉材料	
					柔性石墨复合垫	石墨＋金属骨架（0Cr13、0Cr18Ni9 等）	
	4.0	≤40	长颈对焊	凹凸	缠绕垫	0Cr13（0Cr18Ni9）钢带＋非石棉材料（石墨）	
					柔性石墨复合垫	石墨＋金属骨架（0Cr13、0Cr18Ni9 等）	
		41～450	长颈对焊	凹凸	缠绕垫	0Cr13（0Cr18Ni9）钢带＋石墨带	
					金属包垫	铁皮（铝皮）＋非石棉材料	
					柔性石墨复合垫	石墨＋金属骨架（0Cr13、0Cr18Ni9 等）	
	6.4	≤450	长颈对焊	凹凸	缠绕垫	0Cr13（0Cr18Ni9）钢带＋石墨带	
					金属包垫	铁皮（0Cr13）＋非石棉材料	
				梯形槽	金属环垫	10、0Cr13、0Cr18Ni9	

续表

介质	法兰公称压力/MPa	工作温度/℃	法兰形式	密封面	垫片		备注
					形式	材料	
氢气、氢气与油气混合物	4.0	≤450	长颈对焊	凹凸	缠绕垫	0Cr13(0Cr18Ni9)钢带+石墨带	
					金属包垫	0Cr13(0Cr18Ni9)+非石棉材料	
					柔性石墨复合垫	石墨+金属骨架(0Cr13、0Cr18Ni9 等)	
	6.4	≤450	长颈对焊	梯形槽	金属环垫	10、0Cr13、0Cr18Ni9、0Cr17Ni12Mo	
氨	2.5	≤150	乙型平焊	凹凸	橡胶垫	中压橡胶非石棉板	
压缩空气	1.6	≤150	甲、乙型平焊	凸面	橡胶垫	中压橡胶非石棉板	
惰性气体	1.6	≤150	甲、乙型平焊	凸面	橡胶垫	中压橡胶非石棉板	
	4.0	≤60	长颈对焊	凹凸	缠绕垫	0Cr13(0Cr18Ni9)钢带+非石棉材料(石墨)	
					柔性石墨复合垫	石墨+金属骨架(0Cr13、0Cr18Ni9 等)	
	6.4	≤60	长颈对焊	凹凸	缠绕垫	0Cr13(0Cr18Ni9)钢带+非石棉材料(石墨)	
蒸汽 0.3MPa	1.0	≤200	甲、乙型平焊	凸面	橡胶垫	中压橡胶非石棉板	
蒸汽 1.0MPa	1.6	≤280	甲、乙型平焊	凸面	缠绕垫	0Cr13(0Cr18Ni9)钢带+非石棉材料(石墨)	
					柔性石墨复合垫	石墨+金属骨架(0Cr13, 0Cr18Ni9 等)	
蒸汽 3.5MPa	6.4	≤450	长颈对焊	凹凸	缠绕垫	0Cr13(0Cr18Ni9)钢带+非石棉材料(石墨)	
					金属包垫	10(0Cr13、0Cr18Ni9)+非石棉材料	
				梯形槽	金属环垫	10、0Cr13、0Cr18Ni9	
弱酸、弱碱、酸渣、碱渣	≤1.6	≤300	甲、乙型平焊	凸面	橡胶垫	中压橡胶非石棉板	
	≥2.5	≤450	长颈对焊	凹凸	缠绕垫	0Cr13(0Cr18Ni9)钢带+非石棉材料(石墨)	
					柔性石墨复合垫	石墨+金属骨架(0Cr13、0Cr18Ni9 等)	
水	≤1.6	≤300	甲、乙型平焊	凸面	橡胶垫	中压橡胶非石棉板	
剧毒介质	≥1.6		长颈对焊	榫槽面	缠绕垫	0Cr13(0Cr18Ni9)钢带+石墨带	
液化石油气	1.6	≤50	长颈对焊	凸面	耐油垫	耐油橡胶非石棉板	
	2.5	≤50	长颈对焊	凸面	缠绕垫	0Cr13(0Cr18Ni9)钢带+非石棉材料(石墨)	
					柔性石墨复合垫	石墨+金属骨架(0Cr13、0Cr18Ni9 等)	

C.2　接管法兰密封面及常用垫片的选用见表 C.2。

表 C.2　接管法兰密封面及常用垫片的选用

介质	法兰公称压力/MPa	工作温度/℃	法兰形式	垫片 形式	垫片 材料	备注
油品、油气、溶剂、石油化工原料及产品、一般化工介质	1.6	≤200	平焊（凸面）	耐油垫	耐油橡胶非石棉垫	
		201～250	对焊（凸面）	缠绕垫	0Cr13（0Cr18Ni9）钢带＋非石棉材料（石墨）	
				柔性石墨复合垫	石墨＋金属骨架（0Cr13、0Cr18Ni9 等）	
	2.5	≤200	平焊（凸面）	耐油垫	耐油橡胶非石棉垫	
		201～350	对焊（凸面）	缠绕垫	0Cr13（0Cr18Ni9）钢带＋非石棉材料（石墨）	
				金属包垫	铁皮（铝皮）＋非石棉材料	
				柔性石墨复合垫	石墨＋金属骨架（0Cr13、0Cr18Ni9 等）	
		351～450	对焊（凸面）	缠绕垫	0Cr13（0Cr18Ni9）钢带＋非石棉材料（石墨）	
				金属包垫	铁皮（铝皮）＋非石棉材料	
				柔性石墨复合垫	石墨＋金属骨架（0Cr13、0Cr18Ni9 等）	
		451～530	对焊（凸面）	缠绕垫	0Cr13（0Cr18Ni9）钢带＋非石棉材料（石墨）	
				柔性石墨复合垫	石墨＋金属骨架（0Cr13、0Cr18Ni9 等）	
	4.0	≤40	对焊（凹凸）	耐油垫	耐油橡胶非石棉垫	
		41～350	对焊（凹凸）	缠绕垫	0Cr13（0Cr18Ni9）钢带＋非石棉材料（石墨）	
				金属包垫	石墨＋金属骨架（0Cr13、0Cr18Ni9 等）	
				柔性石墨复合垫	0Cr13（0Cr18Ni9、10）＋非石棉	
		351～450	对焊（凹凸）	缠绕垫	0Cr13（0Cr18Ni9）钢带＋石墨带	视情况可用 0Cr17Ni12Mo2
				金属齿形垫	石墨＋金属骨架（0Cr13、0Cr18Ni9 等）	
				柔性石墨复合垫	10、0Cr13、0Cr18Ni9	
		451～530	对焊（凹凸）	缠绕垫	0Cr13（0Cr18Ni9）钢带＋石墨带	
				金属齿形垫	0Cr13、0Cr18Ni9、0Cr17Ni12Mo2	
	6.4 10.0	≤450	对焊（凹凸）	金属齿形垫	10、0Cr13、0Cr18Ni9	视情况可用 0Cr17Ni12Mo2
			对焊（梯形槽）	金属环垫	10、0Cr13、0Cr18Ni9	
		451～530	对焊（凹凸）	金属齿形垫	0Cr13、0Cr18Ni9、0Cr17Ni12Mo2	
			对焊（梯形槽）	金属环垫	0Cr13、0Cr18Ni9、0Cr17Ni12Mo2	

续表

介质		法兰公称压力/MPa	工作温度/℃	法兰形式	垫片		备注
					形式	材料	
低温油气		4.0	-20~0	对焊(凸面)	耐油垫	耐油橡胶非石棉板	
					柔性石墨复合垫	石墨+金属骨架(10、0Cr13、0Cr18Ni9 等)	
压缩空气		1.0	≤150	平焊(凸面)	橡胶垫	中压橡胶棉板	
惰性气体		1.0	≤150	平焊(凸面)	橡胶垫	中压橡胶棉板	
		4.0	≤60	对焊(光凹凸)	缠绕垫	0Cr13(0Cr18Ni9)钢带+非石棉材料	
					柔性石墨复合垫	石墨+金属骨架(10、0Cr13 等)	
		10.0	≤60	对焊(凹凸)	金属齿形垫	10、0Cr13	
				对焊(梯形槽)	金属环垫	10、0Cr13	
液化石油气		1.6	≤50	对焊(凸面)	耐油垫	耐油橡胶非石棉材料	
					柔性石墨复合垫	石墨+金属骨架(10、0Cr13 等)	
		2.5	≤50	对焊(凸面)	耐油垫	0Cr13(0Cr18Ni9)钢带+非石棉材料(石墨)	
					柔性石墨复合垫	石墨+金属骨架(0Cr13、0Cr18Ni9)	
蒸汽	0.3MPa	1.0	≤200	平焊(凸面)	橡胶垫	中压橡胶棉板	
	1.0MPa	1.6	≤280	对焊(凸面)	缠绕垫	0Cr13(0Cr18Ni9)钢带+非石棉材料(石墨)	
					柔性石墨复合垫	石墨+金属骨架(0Cr13、0Cr18Ni9)	
	2.5 MPa	4.0	300	对焊(凸面)(凹凸)	缠绕垫	0Cr13(0Cr18Ni9)钢带+非石棉材料(石墨)	
					柔性石墨复合垫、紫铜垫	石墨+金属骨架(0Cr13、0Cr18Ni9)、紫铜板	
	3.5MPa	6.4	400	对焊(凹凸)	紫铜垫	紫铜板	
		10.0	450	对焊(梯形槽)	金属环垫	0Cr13、0Cr18Ni9	
氢气、氢气与油气混合物		4.0	≤250	对焊(凹凸)	缠绕垫	0Cr13(0Cr18Ni9)钢带+非石棉材料(石墨)	
					柔性石墨复合垫	石墨+金属骨架(0Cr13、0Cr18Ni9 等)	
			251~450	对焊(凹凸)	缠绕垫	0Cr18Ni9(0Cr17Ni12Mo2)钢带+石墨带	
					柔性石墨复合垫	石墨+金属骨架(0Cr18Ni9 等)	
			451~530	对焊(凹凸)	缠绕垫	0Cr18Ni9(0Cr17Ni12Mo2)钢带+石墨	
					金属齿形垫	0Cr18Ni9、0Cr17Ni12Mo2 等	
		6.4 10.0	≤250	对焊(凹凸)	金属齿形垫	0Cr18Ni9、0Cr13、10	
				对焊(梯形槽)	金属环垫		
			251~400	对焊(凹凸)	金属齿形垫	0Cr18Ni9、0Cr13	
				对焊(梯形槽)	金属环垫		
			401~530	对焊(凹凸)	金属齿形垫	0Cr18Ni9、0Cr17Ni12Mo2	
				对焊(梯形槽)	金属环垫		

续表

介质	法兰公称压力/MPa	工作温度/℃	法兰形式	垫片		备注
				形式	材料	
79%~98%硫酸	0.6	≤120	平焊(凸面)	橡胶垫	中压橡胶非石棉板、耐酸碱橡胶板	
≤55%稀硝酸		≤50	扩口活套	聚四氟乙烯包覆垫	聚四氟乙烯+非石棉橡胶板	
≥93%浓硝酸		≤86	铝管口翻边	聚四氟乙烯包覆垫	聚四氟乙烯+氯丁橡胶	
60%~93%硝酸		<60	耐酸钢平焊	聚四氟乙烯垫、非石棉垫	聚四氟乙烯、非石棉板	
酸渣	0.6	≤120	平焊(凸面)	橡胶垫	中压橡胶棉板	
10%~40%碱渣	1.0	≤50	平焊(凸面)	橡胶垫	中压橡胶棉板	
氨	2.5	≤150	平焊(凹凸)	橡胶垫	中压橡胶棉板	
			对焊(凹凸)	柔性石墨复合垫	石墨+金属骨架(10、0Cr13)	
0.6MPa水	0.6	≤100	平焊(凸面)	橡胶垫	中压橡胶棉板	
聚苯乙烯、ABS树脂、一般化工介质(指对碳钢管无腐蚀者)、碳酸钙、硫化钠、氟化钠、氯化钠溶液等。半水煤气、天然气、二段转化气、焦炉气、中温变换气、净化系统、二氧化碳气、甲醇、裂解气、尾气、饱和氯水、干氯水、液氯、尿素、一、二段分馏塔出口尿液、熔融尿素、二段甲胺液、浓氨水、聚乙烯醇原料	0.6	≤200	平焊(凸面)	橡胶垫、塑料垫	中压橡胶非石棉板、软聚氟乙烯板	
	1.0	201~300	对焊(凸面)	橡胶垫、塑料垫	中压橡胶非石棉板、软聚氟乙烯板、耐酸碱橡胶板	
		301~350	对焊(凸面)	缠绕垫	0Cr13(0Cr18Ni9)钢带+非石棉材料(石墨)	
				柔性石墨复合垫	石墨+金属骨架(0Cr13、0Cr18Ni9等)	
	1.6	201~300	对焊(凸面)	橡胶垫	中压橡胶非石棉扳	
		301~350	对焊(凸面)	缠绕垫	0Cr13(0Cr18Ni9)钢带+非石棉材料(石墨)	
				柔性石墨复合垫	石墨+金属骨架(0Cr13、0Cr18Ni9等)	
	2.5	≤200	对焊(凸面)	橡胶垫	中压橡胶非石棉扳	
		201~300	对焊(凸面)	缠绕垫	0Cr13(0Cr18Ni9)钢带+非石棉材料(石墨)	
				柔性石墨复合垫	石墨+金属骨架(0Cr13、0Cr18Ni9等)	
	4.0	201~300	对焊(凹凸)	缠绕垫	0Cr13(0Cr18Ni9)钢带+非石棉材料(石墨)	
				柔性石墨复合垫	石墨+金属骨架(0Cr13、0Cr18Ni9等)	
		-70~-41	对焊(凹凸)	金属包垫	铝皮+非石棉材料	
				柔性石墨复合垫	石墨+金属骨架(0Cr13、0Cr18Ni9)	
含溴醋酸	1.0	≤150	平焊(凸面)	塑料平垫	聚四氟乙烯、高压聚乙烯	
聚甲基丙烯酸甲酯	1. 6	-15~90	平焊(凹凸)	塑料平垫	聚四氟乙烯、高压聚乙烯	
联苯、联苯醚	1.0	≤200	平焊(凹凸)	金属平垫	铝、紫铜	温度大于200℃时用对焊

续表

介质	法兰公称压力/MPa	工作温度/℃	法兰形式	垫片		备注
				形式	材料	
45%～95%熔融碱	1.0	400～500	活套翻边	金属垫片	银 $\delta=3$	
混合二甲苯氧化液	≤4.0	60～230	对焊、松套焊环活动	塑料平垫	聚四氟乙烯	
环氧乙烷	1.0	260	平焊	金属平垫	紫铜	
氢氟酸	4.0	170	对焊(凹凸)	缠绕垫、金属平垫	蒙乃尔合金带＋石墨带、蒙乃尔合金板	
甲醇原料气	32.0	常温	高压螺纹	透镜垫	0Cr13、20	
含甲醇气体		110	高压螺纹	透镜垫	0Cr18Ni9	
循环气		常温	高压螺纹	透镜垫	0Cr13、20	
纯氮气		常温	高压螺纹	透镜垫	0Cr13、20	
粗甲醇		常温	高压螺纹	透镜垫(镀镉)	0Cr13、20	
脂肪酸钴丁醇溶液、丁醛、丁醇溶液、正异丁醛、正异丁醇溶液等		50	高压螺纹	透镜垫	0Cr18Ni9	
氢氮气合成气	22.0	<200	高压螺纹	透镜垫	20、0Cr13	
	32.0	<200	高压螺纹	透镜垫	20、0Cr13	
	32.0	201～400	高压螺纹	透镜垫	0Cr17Ni12Mo2	
尿素合成塔出口液	22.0	120～200	高压螺纹	透镜垫	0Cr17Ni12Mo2Ti	
一段甲胺液	22.0	120～200	高压螺纹	透镜垫	0Cr18Mn10Ni5Mo2Ni	
90%丙烯、10%丙烷、丙烯、CO、H_2气	32.0	常温～140	高压螺纹	透镜垫	20、0Cr13	

附录 D
（资料性附录）
开口接管外载荷校核

D.1　除人孔、手孔和仪表开口外，外接管道的管口应能够承受一定的管线外载荷。各种压力等级下管口应该能承受的管线外载荷见表 D.1；管线外载荷示意见图 D.1。

D.2　当配管提出的管线外载荷大于表 D.1 中的数值时，应按所提数值进行校核计算。

表 D.1　管口作用在器壁上的载荷

经向弯矩	$M_L = b \times (130 \times D^2)$ N · m
环向弯矩	$M_G = b \times (100 \times D^2)$ N · m
合成弯矩	$M_B = b \times (164 \times D^2)$ N · m
扭矩	$M_T = b \times (150 \times D^2)$ N · m
经向力	$F_L = b \times (2000 \times D)$ N
环向力	$F_G = b \times (1500 \times D)$ N
合成剪力	$F_R = b \times (2500 \times D)$ N
轴向拉力或压力	$F_A = b \times (2000 \times D)$ N
注：公式中“D”为接管的公称直径，单位为“英寸”，最大值为 60；“b”值按表 D.2 选取。	

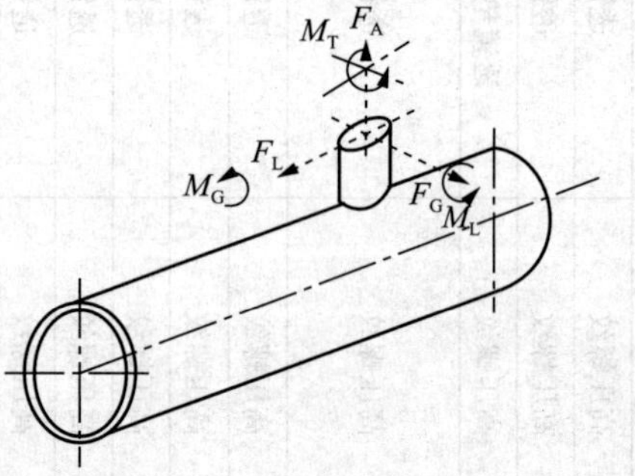

图 D.1　管线外载荷示意

D.3　表 D.1 中的 b 值见表 D.2。

表 D.2　b 值

法兰公称压力等级 PN/MPa(lb)	b 值
2.0(150)	0.3
5.0(300)	0.6
11.0(600)	0.8
15.0(900)	1.8
26.0(1 500)	3.0
42.0(2 500)	3.3

附录 E
(资料性附录)
立式容器支腿计算

E.1 立式容器支腿

立式容器安装位置距地坪或基础面较高，或已超过 JB/T 4713 的适用范围时，可采用角钢、槽钢或工字钢等型钢作支腿。此时，需进行立式容器支腿的强度和稳定校核。

E.2 支腿应力的计算

a) 薄膜应力 σ_m

$$\sigma_m = \frac{R_1 + R_3}{A} = \frac{\dfrac{G}{n} + \dfrac{4M_1}{nD_R}}{A} \tag{E.1}$$

式中 R_1——容器重力引起的支腿底部轴向支反力 $R_1 = G/n$，N；

R_3——倾覆力矩引起的支腿底部轴向支反力 $R_3 = 4M_1/(nD_R)$，N；

A——单根支腿的横截面积，mm^2；

G——容器质量，N；

n——支腿数量，个；

M_1——水平载荷对地面的倾覆力矩 $M_1 = P(H+h)$，N·m；

D_R——地脚螺栓中心圆直径，mm；

其中：

P——水平载荷，N；

H——支腿计算高度(见图 E.1)，mm；

h——容器质量中心至支腿上端距离(见图 E.1)，mm。

b) 弯曲应力 σ_b

支腿上端有最大弯曲应力 $\sigma_b^{上}$ 为：

$$\sigma_b^{上} = \frac{M_3 + M_5}{W} = \frac{(R_1 + R_3)e + \dfrac{1}{4}R_2 H}{W} \tag{E.2}$$

式中 M_3——偏心力矩 $M_3 = (R_1 + R_3)e$，N·m；

M_4——水平力矩 $M_4 = R_2 H$，N·m；

M_5——支腿上端水平力矩 $M_5 = 1/4 M_4$，N·m；

W——单根支腿的相应抗弯截面模量，mm^3；

e——支腿外壁至支腿中心的距离(偏心距)，mm；

R_2——水平反力 $R_2 = P/n$ 或 $R_2 = PI_i/\sum I$，N。

其中：

I_i——单根支腿横截面对垂直于风载或地震力方向的轴线的惯性矩，mm^4；

$\sum I$——所有支腿横截面对垂直于风载或地震力方向的轴线的惯性矩之和，mm^4。

支腿下端截面的弯曲应力 $\sigma_b^{下}$ 为：

$$\sigma_b^{下} = \frac{M_3 - M_6}{W} = \frac{(R_1 + R_3)e - \dfrac{3}{4}R_2 H}{W} \tag{E.3}$$

式中　M_6——支腿下端水平力矩 $M_6=3/4M_4$，N·m。

c)应力校核

$$\sigma_m \leqslant [\sigma]_{cr}$$

$$\sigma_m + \sigma_b^{上} \leqslant [\sigma]$$

式中　$[\sigma]_{cr}$——支腿轴向压缩稳定许用应力(按压杆计算)，MPa；

$[\sigma]$——支腿材料的许用应力，MPa。

E.3　底板与基础间压应力的计算

a)薄膜压缩应力 σ_m 为：

$$\sigma_m = \frac{R_1+R_3}{B} = \frac{\left(\dfrac{G}{n}+\dfrac{4M_1}{nD_R}\right)}{ab} \tag{E.4}$$

式中　B——底板与基础接触面积 $B=ab$，mm^2。

b)弯曲应力 σ_b 为：

$$\sigma_b = \frac{M_3-M_6}{W_B} = \frac{\left(\dfrac{G}{n}+\dfrac{4M_1}{nD_R}\right)e-\dfrac{3}{4}R_2H}{ab^2/6} \tag{E.5}$$

式中 W_B——底板与基础接触面的抗弯截面模量 $W_B=ab^2/6$，mm^3。

基础上最大压应力 σ_j 为：

$$\sigma_j = \sigma_m + \sigma_b \leqslant [\sigma]_j \tag{E.6}$$

式中　$[\sigma]_j$——基础许用压应力，MPa。

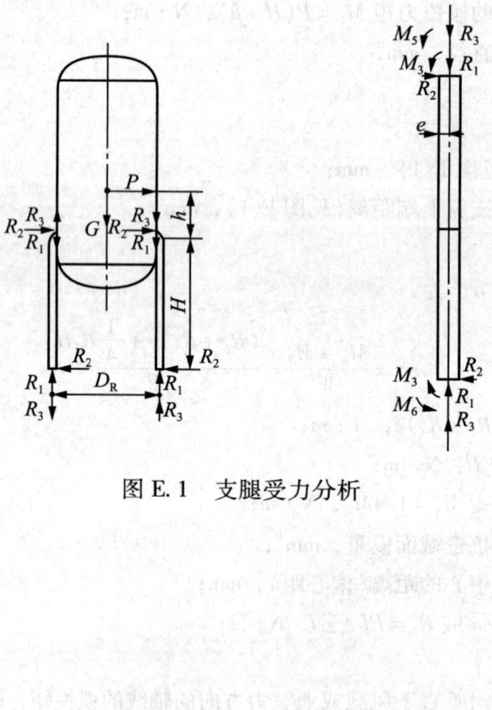

图 E.1　支腿受力分析

附录 F
（资料性附录）
焊接接头节点

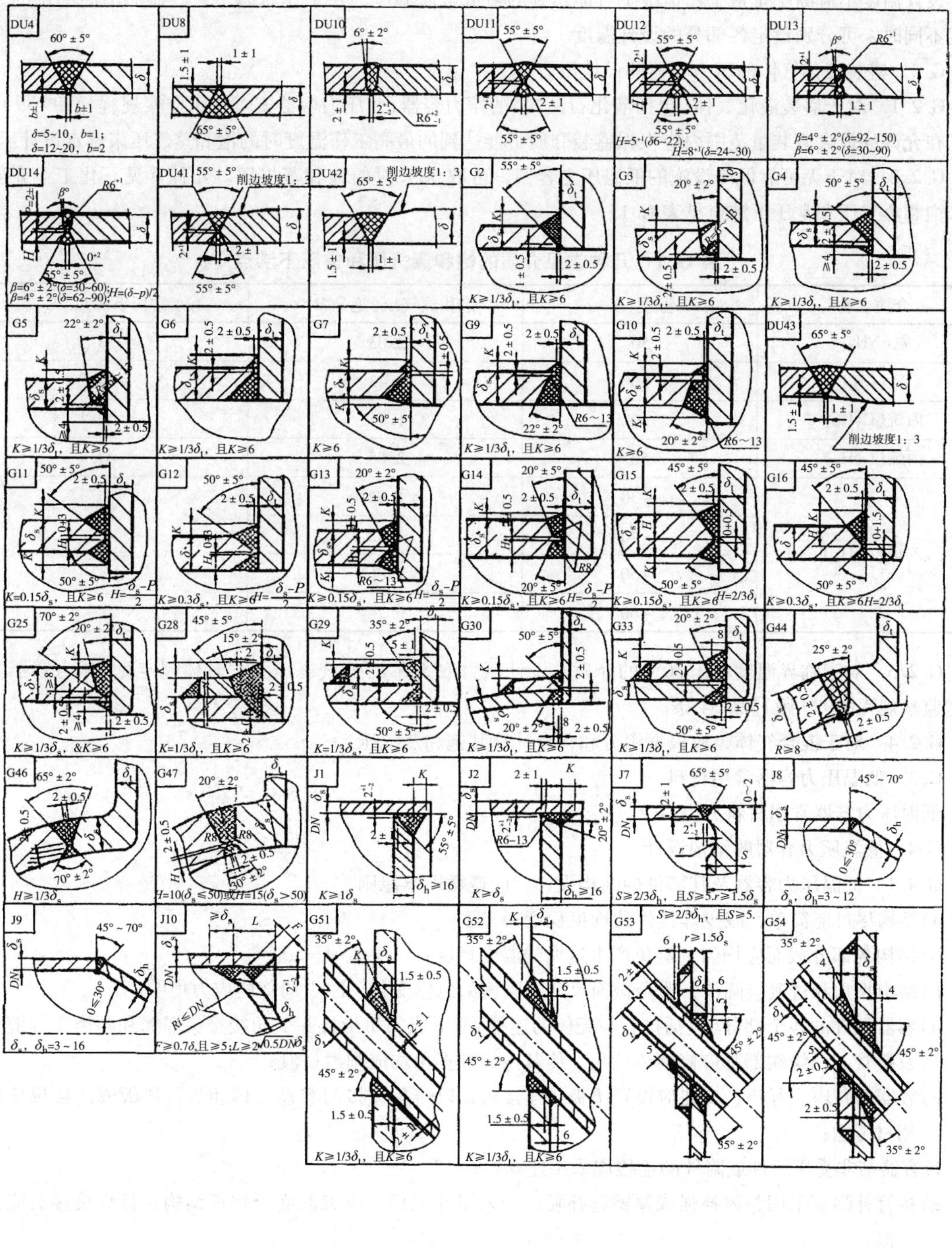

附录 G
(规范性附录)
低温压力容器

G.1　低温压力容器的设计温度

设计温度不应高于正常工作情况下可能达到的最低金属温度。在工作状态下，容器的不同部位的金属温度不同时，可分别设定各部分的设计温度。

G.2　盛装液化气体的压力容器的设计压力

G.2.1　对于盛装液化气体(包括液化石油气)的压力容器，《压力容器安全技术监察规程(1999 版)》规定了在允许的最大盛装量范围内应根据盛装介质可能达到的最高工作温度时的饱和蒸气压来确定设计压力。

G.2.2　对于无可靠保冷设施的低温压力容器，可取 50℃时的饱和蒸气压。几种常见石化工业介质的 50℃饱和蒸气压和常压下沸点见表 G.1。

表 G.1　几种常见介质的饱和蒸气压和常压下沸点

介质名称	温度/℃	饱和蒸气压(绝)/MPa	常压下沸点/℃
氨(NH_3)	50	2.03	-33.5
氯(Cl_2)	50	1.43	-34.0
丙烷(C_3H_8)	50	1.71	-42.1
丙烯(C_3H_6)	50	2.05	-47.7
乙烯(C_2H_4)	-30	1.94	-103.7
	-40	1.45	
	-50	1.06	
	-60	0.75	

G.2.3　对于临界温度小于 50℃的介质，设计压力取 50℃时的气态压力，具体规定见《压力容器安全技术监察规程(1999 版)》第 34 条。

G.2.4　对于混合气体，应根据组分和含量计算其饱和蒸气压。

G.3　低温压力容器常用材料

低温压力容器常用材料见表 G.2。

G.4　低温压力容器的结构设计

G.4.1　低温压力容器及其部件的结构设计，应遵循以下原则：

a)结构尽可能简单，减少焊接件的拘束程度；

b)结构各部分截面应均匀，避免产生过大的温度梯度；

c)结构拐角和过渡应圆滑，避免截面尺寸和刚度的急剧变化，减少局部的应力集中；

d)容器元件的各个部分(包括接管与壳体的连接)所形成的 T 形接头、角接接头焊缝和各类角焊缝，以及接管、凸缘端部都应修磨成圆角，使其内、外拐角均成圆滑过渡；

e)容器的鞍座、耳座、支腿应设置垫板或连接板，以避免直接与容器壳体相焊，垫板或连接板按低温用材考虑；

f)容器与非受压元件或附件的连接应采用连续焊；

g)接管补强宜采用整体补强或厚壁管补强；若采用补强板，应为截面全焊透结构，且焊接接头应圆滑过渡；

h)在结构上应避免焊接接头的集中和交叉；

i)当容器焊有接管及载荷复杂的附件，需焊后消除应力而又不能进行整体热处理时，应考虑部件单独热处理的可能性。

G.4.2 焊接接头的结构设计，应遵循以下原则：

a)A类焊接接头应采用双面对接焊，或采用保证焊透且与双面焊具有同等质量的单面对接焊；

b)B类焊接接头也应采用与A类焊接接头相同的全焊透对接焊接接头。当受结构限制无法采用全焊透对接焊接接头时，允许采用不拆除垫板的带垫板单面焊；

c)C类、D类焊接接头，原则要求采用截面全焊透结构。一般平焊法兰(指管端与法兰环内孔表面成搭接接头)的截面非全焊透结构，仅可用于压力较低(设计压力不大于1.0MPa)、较高温度(设计温度不低于-30℃)的场合，且仅限于标准抗拉强度下限值低于540MPa的材料。

G.5 低温压力容器的制造和检验

G.5.1 低温压力容器制造和检验应按照GB 150进行。

G.5.2 应根据材料标准和订货技术条件对容器用材进行检验验收。有要求时应按规定的项目进行化学成分和力学性能的复验；对于有冲击吸收功要求的低温钢材，应按标准或图样规定逐批或逐张(件)进行冲击试验的复验。

G.5.3 加工成型应遵循以下原则：

a)除非采用热加工成型或采取消除应力热处理的工艺措施，否则应避免一切刻划、打钢印、过量冷变形以及锤击、强力变形组装等能够产生残余应力的操作方法；

b)对于温成型或热成型的容器元件，应采取措施控制成型工艺(如避开回火脆性区)或进行成型后热处理，以保证要求的母材使用状态。

G.5.4 焊接应遵循以下原则：

a)低温压力容器在施焊前应该按JB 4708进行焊接工艺评定。低温用钢焊接接头的低温夏比V型缺口冲击试验的低温冲击功，应达到标准规定的或是设计文件规定的合格指标；

b)焊接技术要求应符合下列规定：

1)低温用钢焊接应严格控制焊接线能量，以较小的焊接电流和多层多道施焊减轻焊道过热，并通过多层焊的重热作用细化晶粒，且多道焊时要控制层间温度；

2)焊接时不得在母材的非焊接接头区内引弧，焊接接头(包括对接接头和角接接头)应严格避免焊接缺陷(如弧坑或焊接接头成型不良)，不得有未焊透、未熔合、裂纹、气孔、咬边等缺陷；

3)应减小焊缝余高，不得有凸形角焊接接头。焊缝表面应呈圆滑过渡，不应有形状急剧的变化；

c)焊后热处理应符合下列规定：

1)GB 150规定钢板厚度大于16mm的碳素钢和低合金钢制低温压力容器或受压元件均应进行焊后热处理，热处理的工艺应与焊接工艺评定时的热处理工艺一致；

2)热处理应包括受压元件与非受压元件的连接焊接接头；

3)对于不等厚对接接头，热处理的控制厚度是指两者较薄者的厚度；对于圆筒体与管板、平封头之间焊接接头热处理控制厚度应为筒体厚度。

表 G.2　低温压力容器常用材料

钢种	使用温度下限/℃	钢板		钢管		锻件		螺栓[c]	
		钢号	钢材标准	钢号	钢材标准	钢号	钢材标准	钢号	钢材标准
碳素钢和低合金钢	-20	20R(正火)[a]	GB 6654	20G(正火)	GB 6479	—	—	—	—
		16MnR(正火)[a]							
		15MnNbR(正火)							
		07MnCrMoVR(调质)[b]	GB 19189						
	-30	16MnDR(正火) (δ>36mm)	GB 3531	10(正火)	GB 9948	20MnMoD (δ>300mm)	JB 4727(调质)	—	—
	-40	16MnDR(正火) (δ≤36mm)	GB 3531	16Mn(正火)	GB 6479	20MnMoD(δ≤300mm) 16MnD(δ≤300mm) 08MnNiCrMoVD (δ≤300mm)	JB 4727(调质)	—	—
		07MnNiCrMoVDR (调质)[b]	GB 19189—2003						
	-45	15MnNiDR(正火, 正火+回火)	GB 3531	09MnD(正火)	GB 150 附录 A	10Ni3MoVD (≤300mm)	JB 4727(调质)	40CrNiMoA (≥M85)	GB/T 3077(调质)
	-50	—							
	-70	09MnNiDR(正火, 正火+回火)	GB 3531	—	—	09MnNiD (δ≤300mm)	JB 4727(调质)	35CrMoA(≥M60) 40CrNiMoA(≤M80)	GB/T 3077(调质)
	-100	—	—	—	—	—	—	30CrMoA(≤M56) 35CrMoA(≤M56)	GB/T 3077(调质)
奥氏体高合金钢	-196	0Cr18Ni9 00Cr19Ni10 0Cr17Ni12Mo2 00Cr17Ni14Mo2	GB/T 4237(固溶)	0Cr18Ni9 00Cr19Ni10 0Cr17Ni17Mo2 00Cr17Ni14Mo2	GB 13296(固溶) GB/T 14976(固溶)	0Cr18Ni9 00Cr19Ni10 0Cr17Ni12Mo2	JB 4728(固溶)	0Cr18Ni9 0Cr18Ni10Ti 0Cr17Ni12Mo2	GB/T 1220(固溶)
	-253	0Cr18Ni9 00Cr19Ni10	GB/T 4237(固溶)	0Cr18Ni9 00Cr19Ni10	GB 13296(固溶) GB/T 14976(固溶)	0Cr18Ni9 00Cr19Ni10	JB 4728(固溶)	0Cr18Ni9 0Cr17Ni12Mo2	GB/T 1220(固溶)

[a] 当使用温度低于 0℃时，超过一定厚度的 20R、16MnR 壳体钢板应进行设计温度下夏比冲击试验。$\delta \leq 25$mm 的 16MnR 钢也可以热轧状态使用。

[b] 07MnCrMoVR、07MnNiCrMoVDR 主要用于冷成型球壳板。

[c] 与螺柱组合使用的螺母用钢，钢号和使用状态相同，但其回火温度应高于螺柱。35CrMoA 螺柱也可配用 30CrMoA 螺母。

用 词 说 明

对本标准条文中要求执行严格程度用的助动词，说明如下：

（一）表示很严格，非这样做不可并具有法定责任时，用词为“必须”（must）：

（二）表示要准确地符合标准而应严格遵守时，用的助动词为：正面词采用“应”（shall）；
反面词采用“不应”或“不得”（shall not）。

（三）表示在几种可能性中推荐特别合适的一种，不提及也不排除其他可能性，或表示是首选的但未必是所要求的，或表示不赞成但也不禁止某种可能性时，用的助动词为：正面词采用“宜”（should）；
反面词采用“不宜”（should not）。

（四）表示在标准的界限内所允许的行动步骤时，用的助动词为：正面词采用“可”（may）；
反面词采用“不必”（need not）。

6. 石油化工钢制压力容器材料选用规范

（SH/T 3075—2009
代替 SH 3074—1995）

目　录

1　范围

本规范规定了石油化工钢制压力容器用钢材的选用原则、使用范围和保证项目、各种钢材的附加技术要求、腐蚀环境对压力容器用钢的要求、低温容器用钢的要求等。

本规范的适用范围和不适用范围同 GB 150《钢制压力容器》。

2　规范性引用文件

下列文件中的条款通过本规范的引用而成为本规范的条款。凡是注日期的引用文件。其随后所有的修改单(包括勘误的内容)或修订版均不适用于本规范，然而，鼓励根据本规范达成协议的各方研究是否可使用这些文件的最新版本。凡是不注日期的引用文件，其最新版本适用于本规范。

GB 150—1998　钢制压力容器

GB/T 699—1999　优质碳素结构钢

GB/T 700—2006　碳素结构钢

GB 713—2008　锅炉和压力容器用钢板

GB 912—2008　碳素结构钢和低合金结构钢　热轧薄钢板及钢带

GB/T 983—1995　不锈钢焊条

GB/T 1220—2007　不锈钢棒

GB/T 1221—2007　耐热钢棒

GB/T 2040—2002　铜及铜合金板材

GB/T 3077—1999　合金结构钢

GB 3087—2008　低中压锅炉用无缝钢管

GB/T 3274—2007　碳素结构钢和低合金结构钢　热轧厚钢板及钢带

GB 3531—2008　低温压力容器用低合金钢钢板

GB/T 3880—1997　铝及铝合金轧制板材

GB/T 4237—2007　不锈钢热轧钢板和钢带

GB/T 4334—2008　金属和合金的腐蚀　不锈钢晶间腐蚀试验方法

GB/T 5117—1995　碳钢焊条

GB/T 5118—1995　低合金钢焊条

GB/T 5293—1999　埋弧焊用碳钢焊丝和焊剂

GB 5310—2008　高压锅炉用无缝钢管

GB/T 6394—2002　金属平均晶粒度测定方法

GB 6479—2000　高压化肥设备用无缝钢管

GB/T 8163—2008　输送流体用无缝钢管

GB 9948—2006　石油裂化用无缝钢管

GB/T 10561—2005　钢中非金属夹杂物含量的测定　标准评级图显微检验法

GB 13296—2007　锅炉、热交换器用不锈钢无缝钢管

GB/T 14957—1994　熔化焊用钢丝

GB/T 14958—1994　气体保护焊用钢丝

GB/T 14976—2002　流体输送用不锈钢无缝钢管

GB 19189—2003　压力容器用调质高强度钢板

GB 24511—2009　承压设备用不锈钢钢板及钢带

JB/T 4709—2000　钢制压力容器焊接规程

JB 4726—2000　压力容器用碳素钢和低合金钢锻件

JB 4727—2000　低温压力容器用低合金钢锻件

JB 4728—2000　压力容器用不锈钢锻件

JB/T 4730.3—2005　承压设备无损检测　第3部分：超声检测

JB 4741—2000　压力容器用镍铜合金热轧板材

JB 4742—2000　压力容器用镍铜合金无缝管

JB 4743—2000　压力容器用镍铜合金锻件

JB/T 4747—2000　压力容器用钢焊条订货技术条件

HG 20580—1998　钢制化工容器设计基础规定

HG 20581—1998　钢制化工容器材料选用规定

HG 20660—2000　压力容器中化学介质毒性危害和爆炸危险程度分类

SH/T 3096—2001　加工高硫原油重点装置主要设备设计选材导则

TSG R0004—2009　固定式压力容器安全技术监察规程

API 934—2000　Materials and Fabrication Requirements for 2 - 1/4Cr - 1Mo&3Cr - 1Mo Steel Heavy Wall Pressure Vessels for High Temperature, High Pressure Hydrogen Service

ASME SECTION Ⅱ Materials

NACE TM—0284—2003　Standard Test Method—Evaluation of Pipeline and Pressure Vessel Steels for Resistance to Hydrogen - Induced Cracking

3　术语和定义

GB 150—1998、HG 20580—1998 和 HG 20581—1998 规定的术语和定义均适用于本标准。

4　一般规定

4.1　压力容器用钢材应符合 GB 150—1998 和国家质量监督检验检疫总局颁发的 TSG R0004—2009《固定式压力容器安全技术监察规程》(以下简称《容规》)的要求。

4.2　压力容器受压元件用钢(板、管、型材、锻材)应采用电炉或氧气转炉冶炼或附加其他精炼方法制成。

4.3　受压元件以及直接与受压元件焊接的非受压元件用钢材，应附有钢厂的钢材质量证明书，至少应包括的内容如下：

a)供方名称；

b)生产日期和发货日期；

c)标准编号；

d)钢号；

e)可追踪的有关钢材冶炼的标识号码，如：炉(批)号、交货状态、重量(净重、毛重)张数和件数；

f)品种名称、尺寸和级别；

g)标准及合同中规定的各项试验结果(包括化学成分、力学性能及供货合同或协议规定的其他项目)；

h)国家安全监察机构认可标志；

i)供方有关部门印章。

4.4　除钢号和标准号以外，必要时图样或技术文件上还应注明对钢材的下列附加要求：

a)钢材标准中根据需方要求给予保证的项目；

b)钢材标准中由供需双方协议商定的项目；

c)其他附加要求。

4.5　压力容器采用国外材料制造时，应符合《容规》第2.9条的规定。

4.6　压力容器采用新研制的材料，应按《容规》第2.10条的规定进行审批后，方可用于制造压力容器。

4.7　用于压力容器受压元件的焊接材料，应按JB/T 4709—2000的规定选用，并应符合JB/T 4747的要求。焊接材料应有质量证明书和清晰、牢固的标记。

4.8　当对材料有更高或特殊要求时，应在图样或相应的技术文件中注明。

5　钢材

5.1　钢材的选用原则

5.1.1　选择压力容器用钢材应考虑如下条件：

a)容器的设计压力、设计温度、介质的特性和操作特点等；

b)钢材的力学性能、化学性能和物理性能；

c)钢材的焊接性能；

d)容器的制造工艺；

e)热处理性能；

f)经济合理性(材料的价格、制造费用)；

g)容器的设计使用寿命。

5.1.2　以强度设计为主的场合，应根据压力、温度、介质等使用限制，依次选用Q235B、Q245R、Q345R等钢材。以刚度、稳定或结构设计为主的场合，宜选用Q235B、Q245R等钢材。

5.1.3　同时符合下列条件的高温压力容器主要受压元件用钢，应按批进行设计温度下的屈服性能试验，其值不得低于相应许用应力值的1.5倍：

a)设计温度大于400℃；

b)设计压力大于等于2.5MPa；

c)钢材厚度大于等于30mm；

d)钢材主要截面以承受一次薄膜应力为主，且其厚度取决于强度计算的结果。

5.1.4　钢板厚度小于8mm时，在碳素钢与低合金钢之间，宜采用碳素钢(多层容器用钢除外)。

5.1.5　不锈钢厚度大于12mm时，宜采用不锈钢衬里、复合、堆焊等结构形式。

5.1.6　不锈钢不宜用作设计温度小于等于500℃的耐热用钢。

5.1.7　不锈钢可用于介质腐蚀性较强(化学腐蚀、电化学腐蚀)、防止铁离子污染或设计温度高于500℃的耐热用钢，也可以用于设计温度低于-100℃至-196℃的低温用钢。

5.1.8　铬钼低合金钢可作为设计温度小于等于550℃的耐热钢或大于200℃的抗氢用钢。

5.1.9　不含稳定化元素(Ti、Nb)，且含碳量大于0.03%的奥氏体不锈钢需经焊接或400℃以上热加工时，不宜用于可能引起不锈钢晶间腐蚀的环境。

5.1.10　奥氏体不锈钢用于可能引起晶间腐蚀的环境(参见附录A)时，应按GB/T 4334—2008进行晶间腐蚀倾向性试验。具体试验方法的选用及其合格要求可按附录B的规定。

5.1.11　工作温度高于350℃的压力容器壳体用含铬12%以上的铁素体不锈钢和马氏体不锈钢，应考虑475℃脆化倾向(400~550℃长期加热后发生的脆化，475℃时最为显著)。

5.1.12　碳素钢和碳锰钢长期在高于425℃温度下使用时，应考虑钢中碳化物相的石墨化倾向。

5.1.13　奥氏体钢的使用温度高于525℃时，钢中碳含量应不小于0.04%。

5.1.14　选择压力容器材料时，应根据容器的设计使用寿命和钢材的耐蚀能力确定钢材的腐蚀裕量。

当所确定的最大腐蚀裕量大于6mm时，应选用耐腐蚀性更好的材料。

5.2 钢材的使用范围和保证项目

5.2.1 碳素钢钢板的使用范围和钢材保证项目见表1。

表1 碳素钢钢板的使用范围和钢材保证项目

钢号	钢板标准	使用状态	厚度/mm	设计压力/MPa	使用温度和介质毒性程度①	钢材保证项目		
						夏比(V型缺口)冲击试验		其他项目
						温度/℃	A_{KV}/J	
Q235B③	GB/T 3274—2007	热轧	3~20	≤1.6	0~350℃，高度或极度危害时禁用	20	≥27(纵向)	化学成分、屈服强度、抗拉强度、伸长率、冷弯试验
Q235C③	GB/T 3274—2007	热轧	3~30	≤2.5	0~400℃，毒性程度不限	0	≥27(纵向)	
Q245R	GB 713—2008	热轧、控轧或正火	3~150	≤35	-20~475℃，②毒性程度不眼	0	≥31(横向)	

① 毒性程度按HG 20660—2000的规定。

② 当使用温度低于钢材保证的冲击试验温度时，应补做不高于使用温度下的冲击试验。其冲击功值应符合材料标准或GB 150的要求。

③ 钢中P≤0.035%，S≤0.035%。

5.2.2 低合金钢钢板的使用范围和钢材保证项目见表2。

表2 低合金钢钢板的使用范围和钢材保证项目

钢号	钢板标准	使用状态	厚度/mm	使用温度 t①/℃	钢材保证项目		
					夏比(V型缺口)冲击试验(横向取样)		其他项目
					温度/℃	A_{KV}/J	
Q345R	GB 713—2008	热轧、控轧或正火	3~200	-20~450	0	34	化学成分、屈服强度、抗拉强度、伸长率、冷弯试验
Q370R		正火	10~60	-20~350	-20	34	
18MnMoNbR		正火+回火	30~100	-10~450	0	41	
13MnNiMoR		正火+回火	30~150	0~400	0	41	
15CrMoR(1Cr-0.5Mo)		正火+回火	6~150	>-20~550	20	31	
14Cr1MoR (1.25Cr-0.5Mo)		正火+回火	6~150	>-20~550	20	34②	
12Cr2Mo1R (2.25Cr-1Mo)		正火+回火	6~150	>-20~575	20	34②	

① 当使用温度低于钢材保证的冲击试验温度时，应补做不高于使用温度下的冲击试验，其冲击功值应符合材料标准或GB 150的要求。

② 14Cr1MoR，12Cr2Mo1R钢板性能要求和使用范围可参照ASME相关标准或由合同双方协商。

5.2.3 常用高合金钢钢板的使用范围和钢材保证项目见表3。

表 3　常用高合金钢钢板的使用范围和钢材保证项目

钢　号	钢板标准	使用状态	厚度/mm	使用温度 t/℃	钢材保证项目
S11306	GB 24511—2009	退火	2 ~ 80	≤600	化学成分、屈服强度、抗拉强度、伸长率、硬度、弯曲性能
S30408		固溶	2 ~ 80	- 196 ~ 700	化学成分、屈服强度、抗拉强度、伸长率、硬度
S32168		固溶、稳定化	2 ~ 80		
S31608		固溶	2 ~ 80		
S31708		固溶	2 ~ 80		
S31668		固溶	2 ~ 80	- 196 ~ 500	
S30403		固溶	2 ~ 80	- 196 ~ 425	
S31603		固溶	2 ~ 80	- 196 ~ 450	
S31703		固溶	2 ~ 80		

5.2.4　常用钢管的使用范围和钢材保证项目见表 4 和表 5。

表 4　碳素钢和低合金钢钢管的使用范围和钢材保证项目

钢　号	钢板标准	使用状态	厚度/mm	使用温度 t/℃	钢材保证项目	
					夏比（V 型缺口）冲击试验要求	其他项目
10/20	GB/T 8163—2008	热轧、冷拔 + 正火	≤10	> - 20 ~ 475	试验温度按相应标准；但低温冲击功的要求见本标准表 15	化学成分、屈服强度、抗拉强度、伸长率、逐根水压试验、压扁试验、扩口试验、逐根超声波检验、非金属夹杂物检验、CrMo 钢管硬度
	GB 9948—2006		≤16	> - 20 ~ 475		
10	GB 6479—2000		<40	> - 20 ~ 475		
16Mn	GB 6479—2000	正火	<40①	- 40 ~ 475		
12CrMo	GB 6479—2000	正火 + 回火	<40	> - 20 ~ 525		
	GB 9948—2006		≤16			
15CrMo	GB 6479—2000	正火 + 回火	<40	> - 20 ~ 550		
	GB 9948—2006		≤16			
1Cr5Mo	GB 6479—2000 GB 9948—2006	正火 + 回火	≤40	> - 20 ~ 600		
			≤30			
12Cr1MoVG	GB 5310—2008	正火 + 回火	≤16	> - 20 ~ 575		除硬度要求外，其余同上。另有：晶粒度检验、显微组织检验和脱碳层检验

①　当用于 - 40 ~ - 20℃时，其壁厚应≤20mm。

表5 常用高合金钢钢管的使用范围和钢材保证项目

钢 号	钢管标准	厚度/mm	使用温度 t/℃	钢材保证项目	
				夏比(V型缺口)冲击试验要求	其他项目
0Cr13	GB/T 14976—2002	≤18	-20~600	冲击功不做为交货条件。根据工况要求，可增加纵向冲击试验	化学成分、屈服强度、抗拉强度、伸长率、逐根水压试验、压扁试验、逐根超声波检验、扩口试验
0Cr18Ni9	GB/T 14976—2002	≤18	-196~700		
0Cr18Ni10Ti	GB 13296—2007	≤13			
	GB/T 14976—2002	≤18			
0Cr17Ni12Mo2	GB 13296—2007	≤13			
	GB/T 14976—2002	≤18			
0Cr19Ni13Mo3	GB 13296—2007	≤13			
	GB/T 14976—2002	≤18			
0Cr18Ni12Mo2Ti	GR 13296—2007	≤13	-196~500		
	GB/T 14976—2002	≤18			
00Cr19Ni10	GR 13296—2007	≤13	-196~425		
	GB/T 14976—2002	≤18			
00Cr17Ni14Mo2	GB 13296—2007	≤13	-196~450		
	GB/T 14976—2002	≤18			
00Cr19Ni13Mo3	GB 13296—2007	≤13			
	GB/T 14976—2002	≤18			

5.2.5 常用碳素钢和低合金钢锻件的使用范围和钢材保证项目见表6。

表6 常用碳素钢和低合金钢锻件的使用范围和钢材保证项目

钢 号	锻件标准	使用状态	公称厚度/mm	使用温度 t①/℃	钢材保证项目		
					夏比(V型缺口)冲击试验		其他项目
					温度/℃	A_{KV}/J	
20	JB 4726—2000	正火	≤200	-20~475	20	≥34	化学成分、屈服强度、抗拉强度、伸长率、Ⅲ、Ⅳ级锻件超声检测
16Mn		正火、正火+回火	≤300	>-20~475	0	≥31	
15CrMo		正火+回火、调质	≤500	>-20~550	20	≥34	
1Cr5Mo		正火+回火	≤500	>-20~600	20	≥34	
		调质					
14Cr1Mo		正火+回火	≤300	>-20~550	20	≥41	
		调质	>300~500				
12Cr2Mo1		正火+回火	≤300	>-20~575	20	≥41	
		调质	>300~500				
20MnMo		调质	≤700	>0~500	0	≥34	

①当使用温度低于钢材保证的冲击试验温度时，应补做不高于使用温度下的冲击试验，其冲击功值应符合材料标准或GB 150的要求。

6　各种钢材的附加技术要求

6.1　钢板

6.1.1　压力容器用碳素钢、低合金铜钢板，凡符合下列条件者，应在正火状态下使用：

a)壳体厚度大于30mm的Q245R和Q345R；

b)法兰、管板、平盖等受压元件的厚度大于50mm的Q245R和Q345R；

6.1.2　压力容器用碳素钢、低合金钢钢板凡符合下列条件者，应逐张进行超声检测，检测方法按JB/T 4730.3—2005的规定：

a)材料为Q245R和Q345R，且厚度大于30mm的钢板，质量等级不低于Ⅱ级；

b)材料为Q370R、13MnNiMoR、18MnMoNbR和铬钼钢，且厚度大于25mm的钢板，质量等级不低于Ⅱ级；

c)用于球形容器上下极板和与支柱连接的赤道板，质量等级不低于Ⅱ级；球形容器用调质高强钢板，质量等级不低于Ⅰ级；

d)最高工作压力大于等于10MPa的容器用钢板，质量等级不低于Ⅱ级；

e)低温容器用碳素钢和低合金钢钢板厚度大于等于20mm时，质量等级不低于Ⅱ级；

f)盛装介质毒性程度为极度、高度危害的容器用钢板，质量等级不低于Ⅱ级；

g)在湿H_2S腐蚀环境中使用厚度大于或等于12mm的钢板，质量等级不低于Ⅱ级；

h)调质状态供货的钢板，质量等级不低于Ⅱ级；

i)多层包扎压力容器内筒用钢板，质量等级不低于Ⅱ级。

6.1.3　用于壳体的碳素钢、低合金钢板的冲击韧性，应符合如下要求：

a)钢板使用温度在0℃以上时，其冲击韧性应符合GB/T 700—2006或GB 713—2008的规定；

b)钢板使用温度小于0℃但不低于-20℃时，应按批进行低温夏比(V形缺口)冲击试验，试验温度为钢材的最低使用温度(最低设计金属温度)，试样为横向，冲击功(三个试样平均值)应符合GB 713—2008表2中值；

c)壳体厚度大于等于50mm的常用碳素钢和低合金钢钢板在容器水压试验水温减17℃的温度下按批进行的夏比(V型缺口)冲击试验(横向)，冲击功应不低于27J；

d)Q245R、Q345R和13MnNiMoR钢板，-20℃冲击功应符合GB 713—2008表2中值；

e)符合下列条件的碳素钢和低合金钢钢板应逐原轧制张进行常温或低温夏比(V型缺口)冲击试验：

1)多层包扎压力容器的内筒钢板；

2)用于壳体厚度大于60mm的钢板；

f)调质状态供货的钢板应逐张进行常温或低温夏比(V型缺口)冲击试验；

g)进行常温或低温夏比V型缺口冲击试验时，三个试样的冲击功平均值不得低于规定值，只允许其中一个试样的冲击功可小于平均值，但不得小于平均值的70%，凡能加工成标准试样者(10mm×10mm×55mm)，不得使用小尺寸冲击试样，当材料无法切取标准试样时，可采用7.5mm×10mm×55mm，5mm×10mm×55mm，其冲击功要求分别为相应标准试样的75%、50%；

h)钢板的纵向及横向冲击功要求，在无其他可靠依据时，可按下列比例折算：

纵向试样：横向试样=1：0.7；

i)考虑压力容器焊接接头的冲击功应不低于母材的规定，因此在订购钢板时应适当考虑提高原材料的冲击功指标。

6.2　锻钢

6.2.1　压力容器用钢锻件应符合JB 4726～4728—2000的要求；压力容器用镍铜合金钢锻件应符合JB 4743—2000的要求。

6.2.2　压力容器用钢锻件的级别应根据锻件的使用条件、规格和质量，按6.2.2.1至6.2.2.3条的规定确定，并在图样上注明。

6.2.2.1 下列锻件应符合Ⅳ级锻件要求：

a)用作圆筒和封头的筒形和碗形锻件；

b)设计压力大于等于10.0MPa，公称厚度大于300mm，且质量大于500kg的锻件。

6.2.2.2 下列锻件应符合Ⅲ级或Ⅲ级以上的要求：

a)设计压力大于等于10.0MPa，公称厚度大于200mm，且质量大于等于500kg的锻件；

b)公称厚度大于300mm的锻件；

c)操作介质的毒性程度为极度或高度危害的锻件；

d)工作温度大于200℃的临氢压力容器用钢锻件；

e)换热器管板锻件；

f)设计压力大于等于1.6MPa的低温容器用钢锻件。

6.2.2.3 压力容器受压元件的其他锻件应不低于Ⅱ级的要求。

6.2.3 当对锻件有晶粒度要求时，应在图样或技术文件上注明，锻件晶粒度应按GB/T 6394的要求进行检验：

a)碳钢和低台金钢锻件应有5级或5级以上的实际晶粒度；

b)不锈钢锻件应有4级或4级以上的实际晶粒度。

6.2.4 当对锻件有非金属夹杂物的要求时，应在图样或技术文件上注明，非金属夹杂物应按GB/T 10561—2005进行检验，要求A、B、C、D和Ds类夹杂物均不大于1.5级，A+C类夹杂物不大于2.5级，B+D+Ds类夹杂物不大于2.5级，且总和不大于4.5级。

6.3 钢管

6.3.1 设计压力小于10.0MPa的压力容器用碳素钢和低合金钢钢管，应根据实际工况的不同要求选择符合GB/T 8163—2008或GB 9948—2006或GB 6479—2000或GB 3087—2008标准的钢管。

6.3.2 设计压力大于等于10.0MPa的压力容器用碳素钢和低合金钢钢管，可根据实际工况的不同要求选择符合GB 6479—2000或GB 5310—2008或GB 9948—2006标准的钢管。

6.3.3 GB 3087—2008中的10号和20号钢管可以代用GB/T 8163—2008中的相应钢号。

6.3.4 管壳式换热器的换热管应选用高级精度的冷拔或冷轧钢管。

6.3.5 常用钢管标准及精度等级见表7。

表7 钢管标准及精度等级

标准号	标准规定的精度等级	备 注
GB/T 3087—2008	不分级	订货时无需注明精度等级
GB/T 8163—2008	不分级	订货时无需注明精度等级
GB 9948[a]—2006	普通级、高级	订货时需注明精度等级
GB 13296[a]—2007	不分级	订货时无需注明精度等级
GB 6479—2000	普通级、高级	订货时需注明精度等级
GB 5310—2008	普通级、高级	订货时需注明精度等级
GB/T 14976—2002	普通级、高级	订货时需注明精度等级

[a] 该钢管标准可用于换热管。

6.3.6 设计压力大于等于10.0MPa的压力容器用碳素钢和低合金钢钢管，应逐根按JB/T 4730.3—2005的要求进行超声检测，Ⅰ级合格。

6.3.7 使用温度低于或等于-20℃的碳素钢和低合金钢管应按表8规定的温度进行冲击试验。因钢材的尺寸限制，无法制备5mm×10mm×55mm冲击试样时，可免做冲击试验。

表 8　钢管的冲击试验温度

材料钢号	使用状态	钢管壁厚/mm	冲击试验温度/℃
10	正火	≤16	-30
20			-20
16Mn			-40
09MnD			-50

6.3.8　用作压力容器壳体的碳素钢和低合金钢管应符合下列要求：

a) C≤0.25%；P≤0.030%；S≤0.020%；

b) 按表 9 的要求复验力学性能，并应符合设计文件的要求；

表 9　用作压力容器壳体的钢管复验要求

设计压力 p/MPa	拉伸试验[a]	常温冲击试验[a]	金相检验
$0.1 \leqslant p < 1.6$	每批取 2 根	—	—
$1.6 \leqslant p < 4.0$	每批取 2 根	每批取 2 根，每根取一组	—
$4.0 \leqslant p < 10.0$	每批取 10%，但不少于 2 根	每批取 10%，但不少于，2 根，每根取一组	—
$p \geqslant 10.0$	逐根	逐根，每根取一组	每批取 2 根

[a] 当钢管根数小于或等于 2 根时，改为每批取 1 根或逐根。

c) Ⅱ、Ⅲ类压力容器壳体用钢管，应按照相应的设备设计要求进行力学性能复验，设备制造厂应逐根按设备液压试验压力进行水压试验。Ⅰ类压力容器壳体用钢管，如钢厂已做水压试验者，可不再复验。

6.4　紧固件

6.4.1　紧固件的使用温度范围及其他限制应符合表 10 的规定。螺柱硬度应比螺母稍高(约 HB30)，其差值可通过选用不同钢材或采用不同热处理制度而获得。

6.4.2　螺柱用钢的力学性能详见 GB 150—1998 表 4－8。

表 10　紧固件的使用温度范围及其他限制

钢号		钢材标准	使用温度范围 t/℃	推荐适用场合
螺柱材料	匹配的螺母材料			
Q235－A 热轧	Q215－A 热轧、Q235－A 热轧	GB/T 700—2006	$0 < t \leqslant 300$	适用于 $p < 2.5$MPa 的容器
35 正火	Q235－A 热轧	GB/T 700—2006	$-20 < t \leqslant 300$	适用于 $p \leqslant 10.0$MPa 的容器。密封要求高时，使用温度宜小于等于 200℃
	20、25 正火	GB/T 699—1999	$-20 < t \leqslant 350$	
40MnB、40MnVB 40Cr 调质	30、45 正火 40Mn 正火	GB/T 699—1999 GB/T 3077—1999	$t \leqslant 400$	

续表

钢号		钢材标准	使用温度范围 t/℃	推荐适用场合
螺柱材料	匹配的螺母材料			
30CrMoA 调质	45 正火 40Mn 正火	GB/T 699—1999 GB/T 3077—1999	$-20<t\leq400$	适用于 $p\geq2.5$MPa 的容器。密封要求高时，使用温度宜小于等于 400℃
30CrMoA 调质	30CrMoA 调质	GB/T 3077—1999	$-100<t\leq500$	
35CrMoA 调质	45 正火 40Mn 正火	GB/T 699—1999 GB/T 3077—1999	$-20<t\leq400$	
	30CrMoA 调质、 35CrMoA 调质	GB/T 3077—1999	$-100\leq t\leq500$	
35CrMoVA 调质	35CrMoA 调质、 35CrMoVA 调质		$-20\leq t\leq425$	
25Cr2MoVA 调质	30CrMoA 调质、 35CrMoA 调质		$-20\leq t\leq500$	适用于 $p\geq2.5$MPa 的容器。密封要求高时，使用温度宜小于等于 450℃
	25Cr2MoVA 调质		$-20\leq t\leq550$	适用于 $p\geq2.5$MPa 的容器。密封要求高时，使用温度宜小于等于 510℃
1Cr5Mo 调质	1Cr5Mo 调质	GB/T 1221—2007	$-20\leq t\leq600$	适用于高温密封
0Cr18Ni9 固熔	1Cr13 固溶	GB/T 1220—2007	$-20\leq t\leq600$	冷作硬化状态的使用温度上限应小于等于 100℃
	0Cr18Ni9 固溶		$-253\leq t\leq700$	
0Cr18Ni10Ti 固熔	0Cr18Ni10Ti 固溶		$-196\leq t\leq700$	
0Cr17Ni12Mo2 固熔	0Cr17Ni12Mo2 固溶		$-253\leq t\leq700$	
40CrNiMoA 固熔	40CrNiMoA 调质、 35CrMoA 调质	GB/T 3077—1999	$-70\leq t\leq350$	
2Cr13 调质	1Cr13 调质、 2Cr13 调质	GB/T 1220—2007	$-20<t\leq400$	

6.4.3 低温螺柱用钢的钢号及冲击功要求见表 11。

表 11 低温螺柱用钢的钢号及冲击功要求

钢号	规格/mm	最低冲击试验温度/℃	冲击功 A_{KV}/J
30CrMoA	≤M56	-100	≥27
35CrMoA	≤M56	-100	≥27
	M60 ~ M80	-70	
40CrNiMoA	M52 ~ M80	-70	≥31
	M85 ~ M140	-50	

6.4.4 石油化工常用的金属材料垫有金属平垫、齿形垫、八角垫和椭圆垫。常用金属材料垫的性能和适用场合见表 12。

表 12　常用金属材料垫的性能和适用场合

材　料	标准号	推荐最高使用温度/℃	最高硬度 HB	适用介质场合举例
软　铁	注①	450	90	260℃以下的蒸汽、冷氢气、空气、干氯气、碱类溶液
08(10)	GB/T 699—1999	450	120	260℃以下的蒸汽、冷氢气、空气、干氯气、碱类溶液
S11203(022Cr12)	GB/T 1220—2007 GB/T 4237—2007	540	130	含硫油品、蒸汽、硫化氢、氨水、中高温氢气
S11348(06Cr13Al)	GB/T 1220—2007 GB/T 4237—2007	540	140	含硫油品、蒸汽、硫化氢、氨水、中高温氢气
S30408(06Cr19Ni10)	GB/T 1220—2007 GB/T 4237—2007	600	160	水和水溶液、污油、污水、高温蒸汽、冷硫酸、一般溶剂(如甲醇、苯类)、冷温碱类溶液、260℃以下的氧气、油品
S30403(022Cr19Ni10)		450	150	
S31668 (06C17Ni12Mo2Ti)	GB/T 1220—2007 GB/T 4237—2007	600	160	高温油品、一般溶剂(如甲醇、苯类)、高温蒸汽、硫酸钠、氢气、尿素
S31603 (022Cr17Ni12Mo2)	GB/T 1220—2007 GB/T 4237—2007	450	150	腐蚀性较高的介质(如硫酸、亚硫酸及其盐类)、氢氧化钾、少量氯化物等但不耐氢氟酸
铝(L2)	GB 3880—1997	400	30	空气、水、干氯气、浓硝酸、260℃以下蒸汽、一般溶剂，不耐盐类和碱类
纯铜(T3)	GB 2040—2002	315	50	260℃以下氧气、蒸汽、一般溶剂

①软铁的化学成分(%)应为：C<0.005；Si<0.40；Mn<0.06；P<0.035；S<0.04。

6.4.5 石油化工常用非金属垫片的性能和适用场合见表 13。

表 13　常用非金属垫片的性能和适用场合

材　料		推荐最高使用压力/MPa	推荐最高使用温度 t/℃	适用的介质场合举例
无石棉垫片		<2.5	0<t≤200	水、海水、硫化氢、空气、氮气、蒸汽
柔性石墨复合垫		<6.3	<450(碳钢芯板) <600(不锈钢芯板)	水、氨、酸、碱、空气、油气、高温烟气、低温液化气、蒸汽、烃类、氢气及各类渗透性强的气体等
聚四氟乙烯包覆垫		<4.0	<150	硫酸、硝酸、盐酸、碱类及各类溶剂、石油类等腐蚀严重的场合，也适用于氧气环境
缠绕式垫片	不锈钢+非石棉带	1.0~25	-50~500	水、海水、硫化氢、空气、氮气、蒸汽、氨、酸、碱、油气、高温烟气、低温液化气、液化石油气及各类渗透性强的气体
	不锈钢+特制石墨带		-193~600	
	不锈钢+聚四氟乙烯带		-193~200	
金属齿型组合垫片	钢芯+柔性石墨	6.3~16	取决于钢芯材料	主要用于中、高压法兰密封
	钢芯+聚四氟乙烯		<200	
金属包垫片	柔性石墨外包薄钢板	6.3	<450	主要用于凹凸式法兰密封

7 腐蚀环境对压力容器用钢的要求

7.1 高温高压临氢环境

高温($t \geq 200℃$)高压氢气会对压力容器钢材造成氢腐蚀，通常临氢压力容器用钢应根据容器的操作温度加28℃和操作氢分压从附录C中选择。临氢厚壁压力容器用铬钼钢的基本要求参见附录D。

7.2 高温($t \geq 240℃$)含硫油环境

处于高温($t \geq 240℃$)含硫油环境的压力容器用钢会产生硫和硫化物引起的腐蚀，根据容器的操作温度和硫含量(质量分数)可从附录E中查取钢材的腐蚀率，按容器的设计使用寿命确定腐蚀裕量，当腐蚀裕量超过6mm/a时，应选用耐蚀性能更好的材料。

7.3 高温($t \geq 240℃$)H_2+H_2S环境

处于高温($t \geq 240℃$)H_2+H_2S环境的压力容器用钢会产生硫化氢腐蚀，根据容器的操作温度和硫化氢浓度(摩尔分数)可从附录F中查取钢材的腐蚀率，按容器的设计使用寿命确定腐蚀裕量，当腐蚀裕量超过6mm/a或对腐蚀产物有限制时，应选用耐蚀性能更好的材料。

7.4 环烷酸(酸值大于0.5mgKOH/g)腐蚀环境

使用温度低于220℃时，设备材料宜选用碳钢：使用温度在220~288℃，可选用S30403(00Cr19Ni10)、S32168(0Cr18Ni10Ti)或其复合材料，若实际生产表明发生了明显的环烷酸腐蚀，则选择S31603(00Cr17Ni14Mo2)或其复合材料；使用温度大于等于288℃时，应根据流遮选用S32168(0Cr18Ni10Ti)、S31603(00Cr17Ni14Mo2)、S31703(00Cr19Ni13Mo3)或其复合材料。炼油厂主要装置压力容器具体选材详见SH/T 3096—2001。

7.5 Ⅰ类湿H_2S腐蚀环境

7.5.1 确定Ⅰ类湿H_2S腐蚀环境的条件参见附录G的G.2.2条。

7.5.2 在Ⅰ类湿H_2S腐蚀环境中使用的碳素钢及碳锰钢应符合7.5.2.1条至7.5.2.4条的要求。

7.5.2.1 材料的强度和使用状态按下列要求：

a)材料标准规定的屈服强度$R_{eL} \leq 355MPa$；

b)材料实测的抗拉强度$R_m \leq 630MPa$；

e)材料使用状态应至少为正火+回火、正火或退火。

7.5.2.2 低碳钢和碳锰钢的碳当量C_E按板厚限制如下：

a)小于等于38mm，$C_E=0.43$；

b)39~64mm，$C_E=0.45$；

c)65~102mm，$C_E=0.46$；

d)大于102mm，$C_E=0.48$。

注：$C_E=C+Mn/6+(Cr+Mo+V)/5+(Ni+Cu)/15$。

7.5.2.3 焊后热处理应按以下要求进行：

a)宜进行焊后消除应力热处理，焊后热处理温度宜取标准要求的上限，以保证焊接接头的硬度达到HB≤200的要求；

b)热处理后，不得在接触介质一侧打钢印。

7.5.2.4 壳体用钢板厚度大于12mm时，应按JB/T 4730.3—2005进行超声检测，应符合Ⅱ级要求。

7.5.3 当容器内部采用不锈钢复合层(或堆焊层)时可不按7.5.2条的规定。

7.6 Ⅱ类湿H_2S腐蚀环境

7.6.1 确定Ⅱ类湿H_2S腐蚀环境的条件参见附录G的G.2.1条。

7.6.2 在Ⅱ类湿H_2S腐蚀环境中工作的压力容器用钢除满足7.5.2条的要求外，还应符合下列要求，以提高钢材抗氢诱导裂纹(HIC)的能力(包括抗应力导向氢诱导裂纹SOHIC和氢鼓泡HB的能力)：

a)钢材熔炼分析的化学成分要求：

S≤0.002%，P≤0.010%，Mn≤1.35%；

b)板厚方向断面收缩率 Z≥35%(三个试样平均值)和25%(单个试样最低值)；

c)抗氢诱导裂纹(HIC)试验：试验方法按 NACE TM—0284—2003，A 溶液，要求：*CLR*≤5%；*CTR*≤1.5%；*CSR*≤0.5%。

7.6.3　当容器内部采用不锈钢复合层(或堆焊层)时可不按7.6.2条的规定。

7.7　NaOH 溶液腐蚀环境

7.7.1　在 NaOH 溶液环境下工作的压力容器选材可按图1进行。

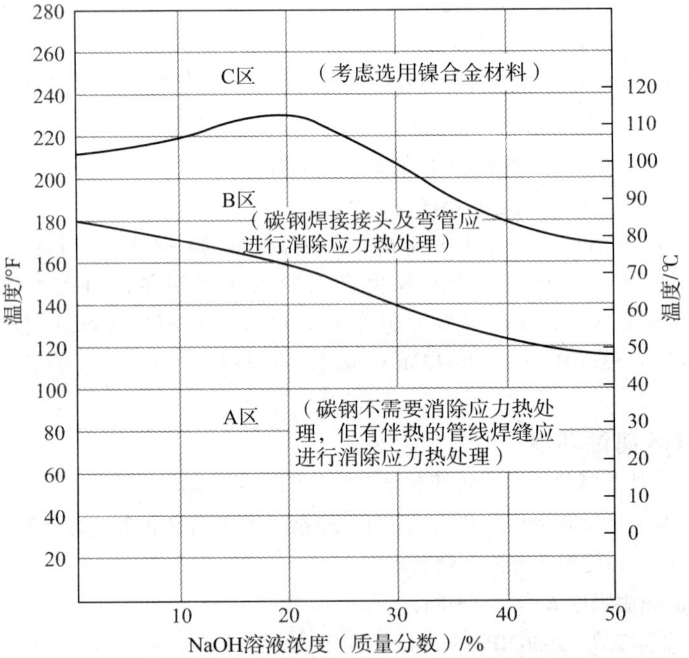

图1　钢材使用在氢氧化钠溶液中的温度与浓度的关系

7.7.2　碳钢制造的压力容器的使用温度和 NaOH 溶液浓度(质量分数)位于图1中A区时不需要消除应力热处理，但伴热管线的焊缝应进行消除应力热处理；超过图1中A区，位于B区时，碳钢焊接接头及弯管应进行消除应力热处理；当位于图1中的C区时，则应选用镍合金材料，当 NaOH 溶液浓度小于5%时，可采用碳钢。在温度低于46℃时，在各种浓度的 NaOH 溶液环境中可使用碳钢且可不考虑进行消除应力热处理(有伴热的管线焊缝除外)。

7.8　液氨应力腐蚀环境

7.8.1　容器接触的介质为液氨，并同时符合下列条件时，即为液氨应力腐蚀环境：

a)介质为液态氨，含水量小于或等于0.2%，且有可能受空气(O_2 或 CO_2)污染的场合；

b)操作温度高于 -5℃。

7.8.2　在液氨应力腐蚀环境中使用的低碳钢和碳锰钢(包括焊接接头)，应符合下列要求：

a)材料要求及限制按7.5.2条；

b)焊后进行消除应力热处理或采用保证硬度不大于 HB185 的焊接工艺施焊；

c)液氨中添加大于等于0.2%的水作缓蚀剂，作为防止应力腐蚀开裂的措施。

7.9　HF 腐蚀环境

HF 腐蚀环境会对压力容器钢材造成腐蚀，同时 HF 属于极度危害介质，因此其用材除考虑腐蚀因素外，还要考虑安全因素。在 HF 腐蚀环境下的压力容器用钢的基本要求见附录 H。

8 低温容器用钢

设计温度低于或等于 -20℃ 的容器属于低温压力容器(简称低温容器)。低温容器用材除满足本规定外，还应符合 GB 150—1998 附录 C 的相关要求。

8.1 低温用碳素钢和低合金钢的要求

8.1.1 低温容器受压元件用钢必须是镇静钢，承受载荷的非受压元件也应是具有相当韧性且焊接性能良好的钢材。

8.1.2 低温用钢应以正火或调质状态供货。

8.1.3 低温用钢均应进行夏比(V 型缺口)冲击试验(符合 GB 150—1998 附录 C 的 C2.1.4 条受压元件用钢除外)。试验温度不得高于容器的设计温度(或最低设计金属温度 MDMT)。除钢材标准规定外，低温用钢材的夏比(V 型缺口)冲击功指标按钢材标准抗拉强度下限值确定，如表 14 所示。

表 14 钢材低温夏比(V 型缺口)冲击功合格指标

钢材标准抗拉强度下限值 R_m/MPa	三个试样的冲击功平均值 A_{KV}①,②/J(试样尺寸 10mm×10mm×55mm)
≤450	18
>450~515	20
>515~650	27
奥氏体钢焊缝金属	31

① 在试验温度下三个试样的冲击功平均值不得低于表中的规定值，其中单个试样的冲击功可小于平均值，但不得小于平均值的 70%。

② 标准抗拉强度下限值大于 650 MPa 的钢材的冲击功值应按标准抗拉强度下限值等于 650MPa 的钢材要求，但低温螺栓用钢冲击功尚应符合表 11 的规定。

8.1.4 厚度大于 20mm 的钢板应逐张按 JB/T 4730.3—2005 进行超声检测，质量等级应不低于Ⅱ级。

8.1.5 标准抗拉强度下限值大于 540MPa 的钢材不适用于低温低应力工况的容器。

8.1.6 设计压力大于等于 1.6MPa 的低温容器用锻件级别应不低于Ⅲ级。

8.2 常用低温钢材

8.2.1 GB 150—1998 中常用低温钢材及使用状态见表 15。设计者应根据经验，选择钢板及其匹配的钢管、锻件和螺柱。

表 15 GB 150—1998 中常用低温钢材及使用状态

钢材	使用温度下限/℃	钢板	钢管	锻件	螺柱①
标准		{1} GB 713—2008 {2} GB 3531—2008 {3} GB 24511—2009 (固溶) {4} GB 19189—2003	{1} GB 6479—2000 {2} GB 9948—2006 {3} GB 13296—2007(固溶) {4} GB/T 14976—2002 (固溶) {5} GB 150—1998 附录 A	{1} JB 4727—2000 (调质) {2} JB 4728—2000 (固溶)	{1} GB/T 3077—1999 (固溶) {2} GB/T 1220—2007 (固溶)

续表

钢材	使用温度下限/℃	钢板	钢管	锻件	螺柱①
碳素钢和低合金钢	-20	{1}Q245R(正火) {1}Q345R(正火) {1}Q370R(正火) {4}07MnCrMoVR(调质)②	{1}20(正火)		
	-30	{2}16MnDR(正火) (δ≥36mm)	{2}10(正火)	{1}20MnMoD (δ≥300mm)	
	-40	{2}16MnDR(正火) (δ≤36mm) {4}07MnNiMoVDR (调质)②	{1}16Mn(正火)	{1}20MnMoD (δ≤300mm) {1}16MnD {1}08MnNiCrMoVD	
	-45	{2}15MnNiDR (正火、正火+回火)	{5}09MnD(正火)	{1}10Ni3MoVD (δ≤300mm)	{1}40CrNiMoA (≥M85)
	-50				
	-70	{2}09MnNiDR (正火、正火+回火)		{1}09MnNiD (δ≤300mm)	{1}35CrMoA (≥M60) {1}40CrNiMoA (≤M80)
	-100				{1}30CrMgA (≤M56) {1}35CrMoA (≤M56)
奥氏体高合金钢③	-196	{3}S30408 {3}S30403 (3)S31608 (3)S31603	{3}，{4}0Cr18Ni9 {3}，{4}00Cr19Ni10 {3}，{4}0Cr17Ni12Mo2 {3}，{4}00Cr17Ni14Mo2	{2}0Cr18Ni9 {2}00Cr19Ni10 {2}0Cr17Ni12Mo2	{2}S30408 {2}S32168 {2}S31608
	-253	{3}S30408 {3}S30403	{3}，{4}0Cr18Ni9 {3}，{4}00Cr19Ni10	{2}0Cr18Ni9 {2}00Cr19Ni10	{2}S30408 {2}S31608

①与螺柱组合使用的螺母用钢，钢号和使用状态与螺柱相同，但螺母用 Cr-Mo 钢的回火温度应高于相应螺柱。35CrMoA 螺柱也可配用 30CrMoA 螺母。

②07MnCrMoVR、07MnNiMoVDR 主要用于冷成形球壳板。

③奥氏体不锈钢的使用温度高于或等于 -196℃时，可免做夏比(V 型缺口)冲击试验。

8.2.2　GB 150—1998 标准常用低温碳素钢和低合金钢钢板冲击功要求见表 16。

表 16　常用低温碳素钢和低合金钢钢板冲击功要求

<table>
<tr><th>钢材牌号</th><th>使用状态</th><th>公称厚度[①]/mm</th><th>最低冲击试验温度/℃</th><th>标准试样冲击功/J</th><th>备　注</th></tr>
<tr><td>Q245R</td><td>正火</td><td>6～36</td><td>-20</td><td>≥24[a]</td><td rowspan="10">横向取样，三个试样的平均值</td></tr>
<tr><td rowspan="2">Q345R</td><td>热轧</td><td><12</td><td>-20</td><td>≥27[a]</td></tr>
<tr><td>正火</td><td>≥12</td><td>-20</td><td>≥27</td></tr>
<tr><td>Q370R</td><td>正火</td><td>10～60</td><td>-20</td><td>≥34[a]</td></tr>
<tr><td>07MnCrMoVR</td><td>调质</td><td>16～50</td><td>-20</td><td>≥47</td></tr>
<tr><td rowspan="2">16MnDR</td><td rowspan="2">正火</td><td>6～36</td><td>-40</td><td rowspan="2">≥27[a]</td></tr>
<tr><td>>36～100</td><td>-30</td></tr>
<tr><td>07MnNiMoVDR</td><td>调质</td><td>16～50</td><td>-40</td><td>≥47</td></tr>
<tr><td>15MnNiDR</td><td>正火，正火+回火</td><td>6～60</td><td>-45</td><td>≥27[a]</td></tr>
<tr><td>09MnNiDR</td><td></td><td>6～60</td><td>-70</td><td>≥27[a]</td></tr>
<tr><td colspan="6">①对于厚度小于 12mm 的钢扳，采用辅助试样；厚度为 6mm～8mm 的钢板，试样为 5mm×10mm×55mm，其冲击功不小于标准试样冲击值的 50%；厚度为 8mm～11mm 的钢板，试佯为 7.5mm×10mm×55mm，其冲击功不小于标准试样冲击值的 75%。厚度大于等于 12mm 的钢板采用标准试样。</td></tr>
</table>

8.2.3　常用的美国 ASME 标准低温钢材见表 17。

表 17　常用的美国 ASME 低温钢材

<table>
<tr><th rowspan="2">使用温度下限/℃</th><th rowspan="2">钢板</th><th colspan="2">钢管</th><th rowspan="2">锻件</th><th rowspan="2">螺栓螺母</th></tr>
<tr><th>Pipe</th><th>Tube</th></tr>
<tr><td>-29</td><td rowspan="2">SA-516 Gr.60，70
SA-662 Gr.B，C</td><td>SA-53 Types. Gr.A，B
SA-106 Gr.A，B</td><td>SA-179</td><td>SA-350 Gr.LF1</td><td>SA-193 Gr.B7
SA-194 Gr.2H</td></tr>
<tr><td>-46</td><td>SA-333 Gr.1</td><td>SA-334 Gr.1</td><td>SA-350
Gr.LF2.C1.1</td><td rowspan="3">SA-320 Gr.L7
SA-194 Gr.4</td></tr>
<tr><td>-60</td><td>SA-203 Gr.A，B
(2.25Ni)
SA-537 C1.1.C1.2
(δ≤75mm)
SA-662 Gr.A</td><td rowspan="2">SA-333 Gr.3
(3.5Ni)</td><td rowspan="2">SA-334 Gr.3
(3.5Ni)</td><td rowspan="2">SA-350 Gr.LF3,
(3.5Ni)</td></tr>
<tr><td>-101</td><td>SA-203Gr.D.E(3.5Ni)</td></tr>
<tr><td>-170</td><td>SA-645(5Ni)</td><td rowspan="2">SA-312 TP.304
SA-312 TP.304L
SA-312 TP.316
SA-312 TP.316L</td><td rowspan="2">SA-213 TP.304
SA-213 TP.304L
SA-213 TP.316
SA-213TP.316L</td><td rowspan="2">SA-182 Gr.F304
SA-182 Gr.F304L
SA-182 Gr.F316</td><td rowspan="2">SA-320
Gr.B8.C1.1A
SA-320
Gr.B8.C1.2
(应变硬化)
SA-194 Gr.8</td></tr>
<tr><td>-196</td><td>SA-353(9Ni)
SA-240 Type.304
SA-240 Type.304L
SA-240 Type.316
SA-240 Type.316L</td></tr>
<tr><td>-254</td><td>SA-240 Type.304
SA-240 Type.304L
SA-240 Type.347</td><td>SA-312 TP.304
SA-312 TP.304L
SA-312 TP.347</td><td>SA-213 TP.304
SA-213 TP.304L
SA-213 TP.347</td><td>SA-182 Gr.F304
SA-182 Cr.F304L
SA-182 Gr.F347</td><td>SA-320
Gr.B8，C1.1A
SA-320
Gr.B8、C1.2
(应变硬化)
SA-194 Cr.8</td></tr>
</table>

续表

注：SA－20　压力容器用钢板通用要求
SA－53　无镀层及热浸镀锌焊接及无缝钢管（Pipe）
SA－106　高温用碳钢无缝管（Pipe）
SA－179　换热器及冷凝器用低碳钢冷拔无缝钢管（Tube）
SA－182　高温用锻（轧）制合金钢管法兰、管件、阀件和零件
SA－193　高温用合金钢和不锈钢螺栓材料
SA－194　高温、高压螺栓用碳钢和合金钢螺母
SA－203　压力容器用镍合金板
SA－213　锅炉、过热器和换热器用铁素体和奥氏体合金钢无缝管（Tube）
SA－240　压力容器用耐热铬和铬镍不锈钢钢板、薄板和钢带
SA－312　奥氏体不锈钢焊接及无缝钢管（Pipe）
SA－320　低温用合金钢螺拴材料
SA－333　低温用焊接及无缝钢管（Pipe）
SA－334　低温用碳钢及合金钢焊接及无缝钢管（Pipe）
SA－350　要求缺口韧性试验的管道零件用碳钢和低合金钢锻件
SA－353　压力容器用二次正火加回火9%镍合金钢板
SA－516　中低温压力容器用碳素钢板
SA－537　压力容器用经热处理碳锰硅钢板
SA－645　压力容器用经特殊热处理5%镍合金钢板
SA－662　中低温压力容器用碳锰钢板

9　焊接材料技术要求

9.1　一般要求

9.1.1　压力容器用焊接材料应分别符合GB/T 983—1995、GB/T 5117—1995、GB/T 5118—1995、GB/T 5293—1999、GB/T 14957—1994、GB/T 14958—1994及JB/T 4747—2002的规定。

9.1.2　焊接材料应根据母材的化学成分、力学性能、焊接性能，并结合压力容器的结构特点、使用条件及焊接方法综合考虑选用，必要时通过试验确定。

9.2　焊接材料质量证明书

9.2.1　焊接材料质量证明书应注明标准号、焊接材料型号、规格、熔敷金属的化学成分、力学性能、药皮含水量（或熔敷金属含氢量）以及相关的特种性能测定，并在明显部位作出清晰的标志。

9.2.2　焊接材料熔敷金属的耐腐蚀性能及铁素体含量等特殊要求根据双方协议内容提供。

9.3　焊接材料的选用原则

9.3.1　碳素钢、低合金钢熔敷金属的力学性能应高于或等于相应母材标准规定的下限值，且抗拉强度不应超过母材标准规定的上限值加30MPa。

9.3.2　高合金钢焊缝金属应符合下列要求：

a）奥氏体不锈钢的焊接材料应选用保证熔敷金属的Cr、Ni、Mo或Cu等主要合金元素的含量不低于母材标准规定的下限值；

b）对于有防止晶间腐蚀要求的焊接接头，应采用熔敷金属中含有稳定化元素Nb（氩弧焊时可含Ti）或保证熔敷金属含碳量小于等于0.04%的焊接材料。

9.3.3　不锈钢复合钢板基层焊缝金属的力学性能应高于或等于相应母材标准规定的下限值，且抗拉强度不应超过基材标准规定的上限值加30MPa。复层焊缝金属应保证耐腐蚀性能。当复合钢板（基层＋复层）有力学性能要求时还应保证其力学性能。

9.3.4　不同钢号相焊的焊缝金属应符合下列要求：

a) 不同强度级别的碳素钢、低合金钢之间的焊接接头应保证抗裂性能和力学性能，且抗拉强度不应超过强度较高母材标准规定的上限值，也不应低于强度较低母材标准规定的下限值，而接头的冲击功值应不低于较低一侧的母材；

b) 奥氏体高合金钢与碳素钢或低合金钢之间的焊接接头应保证抗裂性能和力学性能，宜采用铬镍含量较奥氏体高合金钢母材高的焊接材料。

9.3.5　低合金抗氢钢或耐热钢焊接材料应符合下列要求：

a) Cr－Mo 抗氢钢或耐热钢应选用低氢型焊条；

b) Cr－Mo 抗氢钢或耐热钢应保证焊缝金属的合金（Cr、Mo）含量不低于母材标准规定的下限值，焊接接头的抗拉强度应不低于母材标准规定的下限，且不高于上限值加 30MPa。

9.4 焊接材料的选用

9.4.1　常用钢号推荐选用的焊接材料见 JB/T 4709—2000 中的表 1。

9.4.2　不同钢号相焊推荐选用的焊接材料见 JB/T 4709—2000 中的表 3。

9.4.3　不锈钢复合钢板推荐选用的焊接材料见表 18。

表 18　不锈钢复合钢板推荐选用的焊接材料

不锈钢复合钢板		基层用焊材	过渡焊缝用焊材①	复层用焊材
复材钢号	基材钢号		型号	型号
S11306(0Cr13)	Q235B Q235C Q245R 16Mn Q345R 15CrMoR	按本标准 9.4.1 条选用	E309L－16 E309L－15	E309L－16 E309L－15
S30408(0Cr18Ni9)				E308－16 E308－15
S32168(0Cr18Ni10Ti)				E347－16 E347－15
S30403(00Cr19Ni10)				E308L－16
S31608(0Cr17Ni12Mo2)			E309MoL－16	E316－16 E316－15
S31668(0Cr18Ni12Mo2Ti)				E316L－16
S31708(0Cr19Ni13Mo3)				E317L－16
S31603(00Cr17Ni14Mo2)				E316L－16
S31703(00Cr19Ni13Mo3)				E317L－16

① 过渡焊缝详见 JB/T 4709—2000 中的图 A3。

附录 A
(资料性附录)
不锈钢晶间腐蚀环境

A. 1　奥氏体不锈钢发生晶间腐蚀必须存在电解质的电化学腐蚀环境，而导致其发生的部分介质为：

工业醋酸、硝酸铵、硝酸钙、铬酸、氯化铬、硫酸铜、脂肪酸、氯化铁、硫酸铁、氯氰酸、氢氟酸、顺丁烯二酸、甲酸、硝酸、乙二酸、酚+环烷酸、磷酸、盐雾、海水、硫酸氢钠、亚硫酸盐溶液、二氧化硫(潮湿的)、硫酸、亚硫酸、硫酸+硫酸铜、硫酸+硫酸亚铁、硫酸+甲醇、乳酸、草酸、湿硫化氢、次氯酸钠、原油、苯二酸、高温水、硫酸氢钠、盐酸、尿素反应介质。

A. 2　一般纯的化学品如醇、醛、酮、醚、苯、酚、烷、汽油不会对奥氏体不锈钢产生晶间腐蚀。

附录 B
（规范性附录）
奥氏体不锈钢的晶间腐蚀倾向性试验

B.1　在大于等于60℃且浓度大于等于5%的硝酸中使用的奥氏体不锈钢，应按GB/T 4334—2008方法C不锈钢65%硝酸腐蚀试验方法进行试验，五个周期的平均腐蚀率或三个周期的最大腐蚀率应不大于0.6g/(m^2·h)（相当于0.6mm/a），试样为敏化状态。

B.2　非含钼奥氏体不锈钢（如0Cr18Ni10Ti、00Cr19Ni10、0Cr18Ni9及类似钢材）在B.1条环境以外的环境下：

a）一般要求：按GB/T 4334—2008方法E，弯曲试验后，试样表面不得有晶间腐蚀裂纹：

b）较高要求：按GB/T 4334—2008方法B，平均腐蚀率应不大于1.1g/(m^2·h)。也可按GB/T 4334—2008方法C进行不锈钢65%硝酸腐蚀试验方法试验，其合格指标同B.1条的要求。

B.3　含钼奥氏体不锈钢（如0Cr18Ni12Mo2Ti、00Cr17Ni14Mo2及类似的钢材）：

a）一般要求：按GB/T 4334—2008方法E，弯曲试验后，试样表面不得有晶间腐蚀裂纹：

b）较高要求：按GB/T 4334—2008方法D，腐蚀度比值不大于1.5。也可按GB/T 4334—2008方法B，平均腐蚀率应大于1.1g/(m^2·h)。

B.4　介质有特殊要求时，可进行上述规定以外的晶间腐蚀试验，并规定相应的合格要求。

B.5　允许采用GB/T 4334—2008方法A作为65%硝酸法、硫酸－硫酸铜法、硫酸－硫酸铁法、硝酸－氢氟酸法的筛选试验方法，但用于65%硝酸法的筛选时，不适用于含Mo或含Ti的奥氏体不锈钢。

B.6　奥氏体不锈钢除下列情况外，应以供货状态的试样进行晶间腐蚀倾向试验：

a）焊接结构（包括捍补）用钢材应以供货状态经敏化处理的试样进行试验，焊接接头以焊态试样进行试验；

b）在制造或使用过程中需经历400℃以上加热（固溶处理或稳定化处理除外）的奥氏体不锈钢，应以供货状态经敏化处理的试样进行试验，其焊接接头试样也应经敏化处理。敏化处理的制度一般为650℃保温0.5～2h，双相不锈钢为650℃保温0.5h。

附录 C
（规范性附录）
临氢作业用钢选材图

临氢作业用钢的选材见图 C.1。

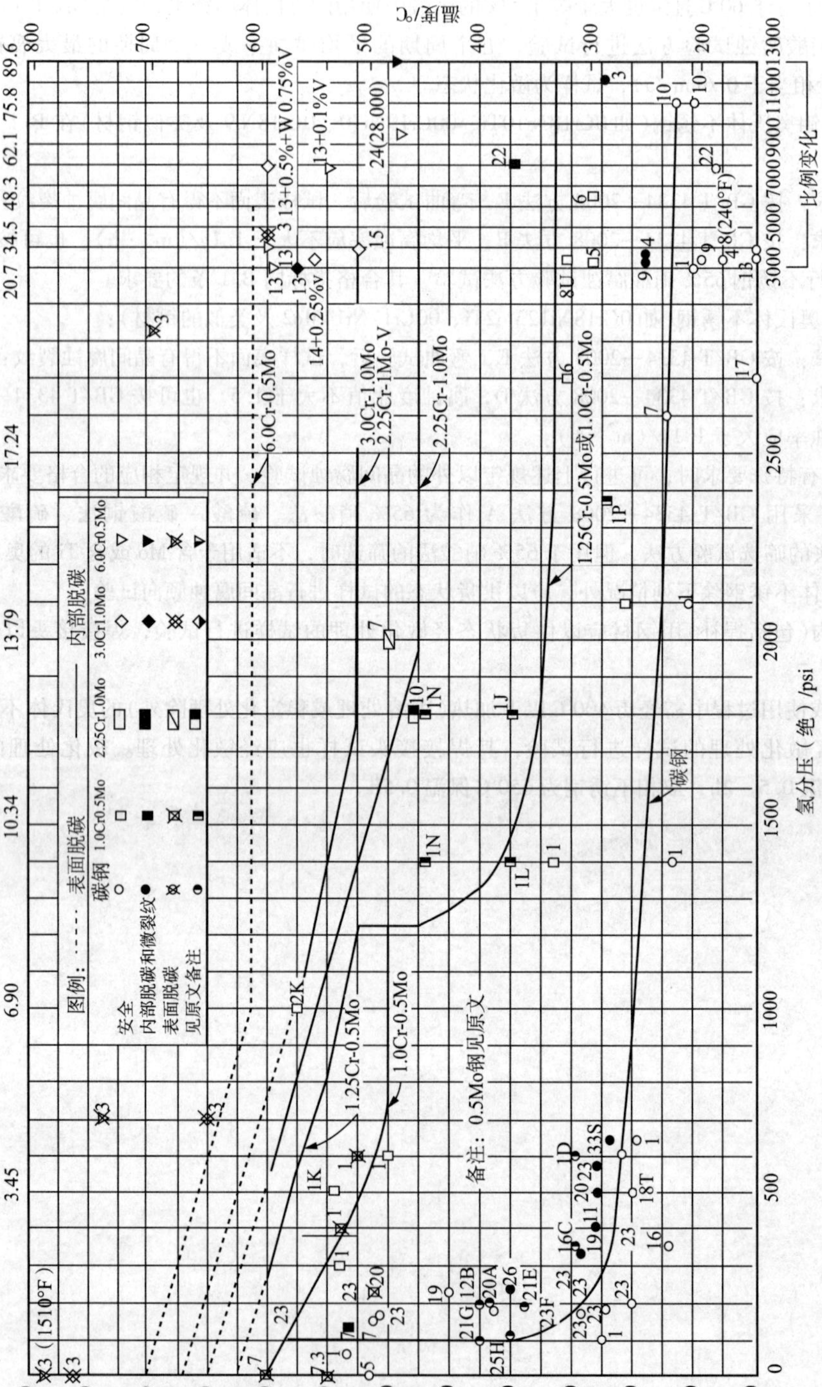

图C.1　临氢作业用钢防止脱碳和微裂的操作极限

附录 D

(规范性附录)

临氢厚壁压力容器用铬钼钢

D.1 临氢压力容器常用的铬钼钢

处于临氢状态下操作的压力容器，氢气会进入钢中，其量随着操作温度和操作氢分压的提高而增加，并和钢中的碳起化学反应生成甲烷，导致钢材破裂，即产生了氢腐蚀。铬钼钢具有优异的抗氢腐蚀性能，且随钢中铬钼含量的增加而提高。临氢压力容器常用的铬钼钢有 1Cr-0.5Mo、1.25Cr-0.5Mo-Si、2.25Cr-1Mo、2.25Cr-1Mo-0.3V、3Cr-1Mo、3Cr-1Mo-0.25V 等。

D.2 回火脆化及防止措施

适用于 2.25Cr-1Mo、2.25Cr-1Mo-0.3V、3Cr-1Mo 和 3Cr-1Mo-0.25V 钢。

D.2.1 回火脆化

铬钼钢长期在 315℃~595℃的温度范围内操作会产生冲击韧性下降、韧脆性转变温度升高的现象，即所谓回火脆化。其中 2.25Cr-1Mo、2.25Cr-1Mo-0.3V、3Cr-1Mo 和 3Cr-1Mo-0.25V 等钢较为明显。另外，铬钼钢又是强度高、淬硬倾向大、易产生氢致裂纹(即通常称谓的延迟裂纹)的钢种。

D.2.2 防止措施

回火脆化是由于微量有害元素 P、Sb、Sn 和 As 沿奥氏体晶界产生偏折所致，其中 P 的影响最大，另外 Si、Mn 元素对脆化起促进作用。控制钢材中的 Si、Mn 含量和微量有害元素含量是防止产生回火脆化的基本措，同时采用评定钢材回火脆化倾向的方法来检测。国内外各公司提出的技术指标并不完全相同，目前较为普遍采用的 API 934—2000 推荐下列技术指标；

a)控制钢材的回火脆化敏感性系数 J：

$$J=(Si+Mn)(P+Sn)\times 10^4\leqslant 100 \qquad (D.1)$$

式中元素以其百分数含量代入，如 0.15% 以 0.15 代入。

b)控制焊缝金属的回火脆化敏感性系数 X：

$$X=(10P+5Sb+4Sn+As)\times 10^{-2}\leqslant 15\times 10^{-6} \qquad (D.2)$$

式中元素以 10^{-6}(ppm)含量代入，如 0.01% 以 100×10^{-6}(ppm)代入。

c)比较和检测钢材的脆化程度是采用在短时间内进行的使钢材产生一定程度脆化的模拟法，即分步冷却(Step cooling)法。其程序如图 D.1 所示。

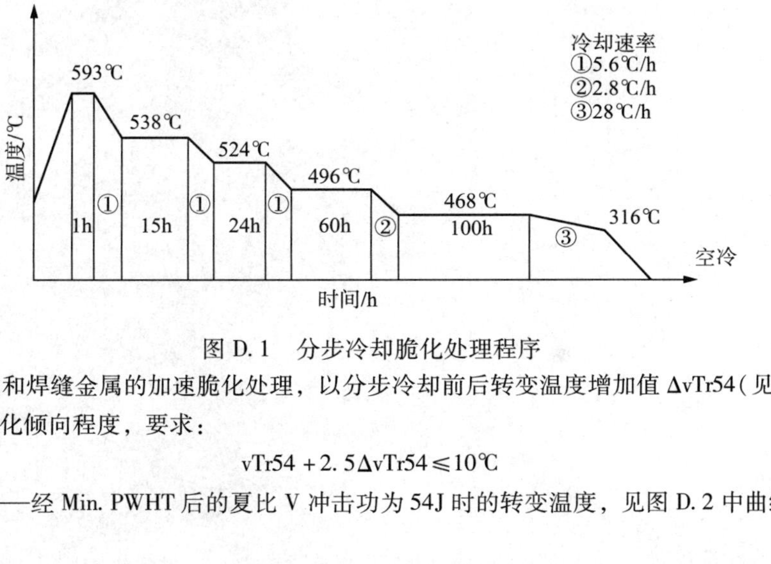

图 D.1 分步冷却脆化处理程序

d)通过对钢材和焊缝金属的加速脆化处理，以分步冷却前后转变温度增加值 ΔvTr54(见图 D.2)来衡量钢材及焊缝金属脆化倾向程度，要求：

$$vTr54+2.5\Delta vTr54\leqslant 10℃ \qquad (D.3)$$

式中 vTr54——经 Min. PWHT 后的夏比 V 冲击功为 54J 时的转变温度，见图 D.2 中曲线 A。

Min. PWHT——最小焊后热处理，指设备可能经受的最小程度的焊后热处理。

ΔvTr54——经 Min. PWHT + S. C(分步冷却)脆化处理后(曲线 B)的夏比 V 冲击功为 54J 时相应于曲线 A 的转变温度增量，如图 D. 2 所示。

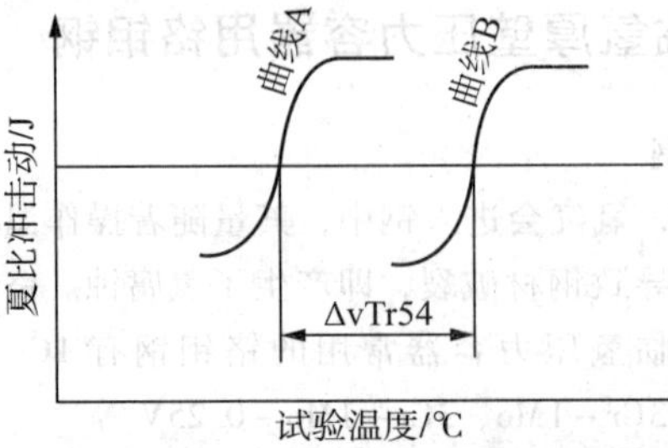

图 D. 2　冲击功与试验温度的关系曲线

图 D. 2　中曲线 A、曲线 B 各取不少于 6 个适当的试验温度进行夏比 V 冲击试验，曲线 A、曲线 B 在每个试验温度下各需 3 个试样，试样的总数不少于(3 × 6 × 2) = 36 个，曲线应平滑完整，并应有上下平台值。

D. 3　铬钼钢制压力容器制造中的特殊要求

D. 3. 1　用于压力容器的铬钼钢钢材须经过正火(淬火)加回火热处理，使钢材晶粒细化、组织均匀稳定、强度与塑性配合适宜，综合性能优异。

D. 3. 2　在铬钼钢压力容器制造过程中，一般除严格控制焊前预热温度外，还要保持焊接过程中的层间温度，焊后尚应采取焊后保温的消氢热处理 DHT(Dehydrogenation heat treatment)或中间消除应力热处理 ISR(Intermediate stress relief)和最终焊后热处理 PWHT(Post weld heat treatment)等多种形式的热处理，方能保证焊接接头具有优良的综合性能。

D. 4　铬钼钢制压力容器使用注意事项

D. 4. 1　铬钼钢长期在 315℃ ~595℃条件下操作时会产生程度不同的回火脆化，即韧性变坏、韧脆转变温度升高。当铬钼钢制容器的使用温度低于或接近韧脆转变温度，应力达到一定的水平时，铬钼钢就可能会发生脆性破坏，当容器壁中实际应力低于铬钼钢屈服强度的 1/5 时，这种形式的破坏几乎可以避免。

D. 4. 2　对铬钼钢制压力容器，如加氢精制和加氢裂化反应器，开工时采取先升温后升压，停工时先降压后降温的方法来防止脆性破坏的发生。

附录 E
(规范性附录)
经修正的 McConomy 曲线

经修正的 McConomy 曲线见图 E.1。硫含量与腐蚀速率的关系见图 E.2。

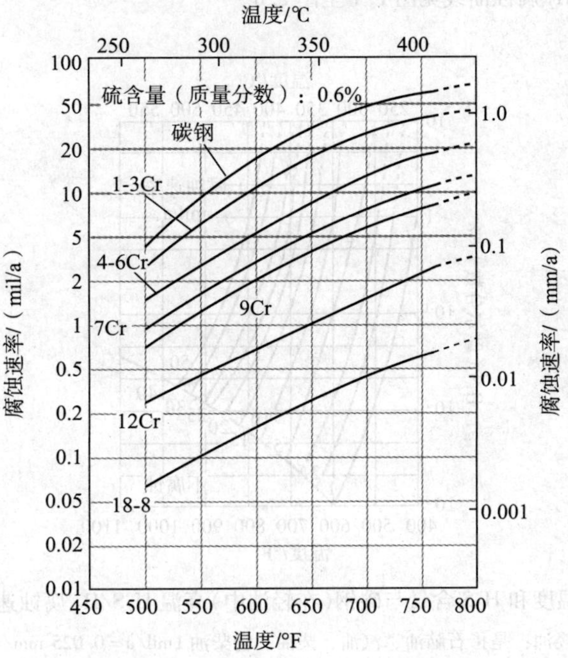

图 E.1　经过修正的 McConomy 曲线，它表示温度与各种钢高温硫腐蚀的关系[硫含量(质量分数)：0.6%]

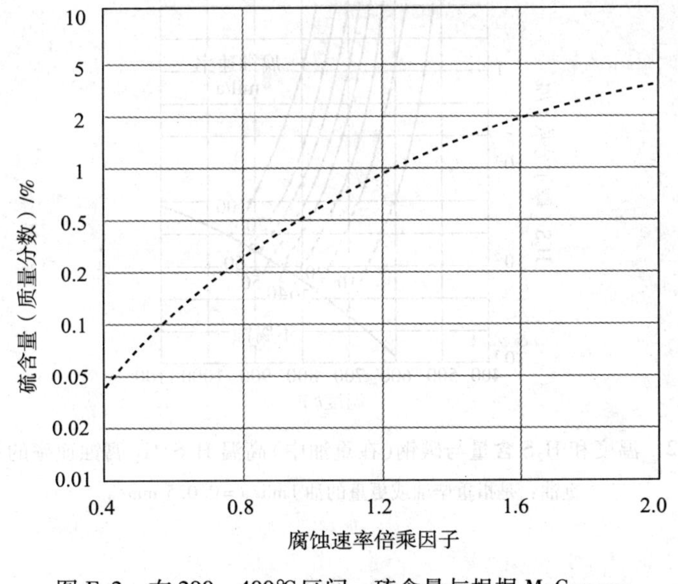

图 E.2　在 290～400℃区间，硫含量与根据 McConomy 曲线所预测的腐蚀速率的关系

附录 F
（规范性附录）
高温 H_2S/H_2 腐蚀曲线

各种钢材的高温 H_2S/H_2 腐蚀曲线见图 F.1 至图 F.8。

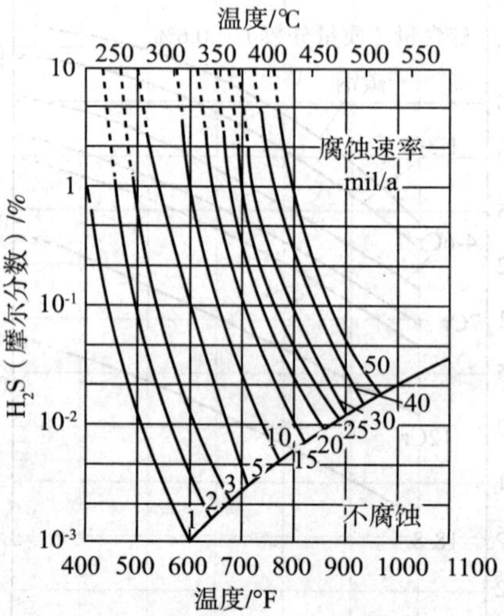

图 F.1　温度和 H_2S 含量与碳钢（在轻油中）高温 H_2S/H_2 腐蚀速率的关系

轻油：是指石脑油、汽油、柴油、轻柴油 1mil/a = 0.025 mm/a

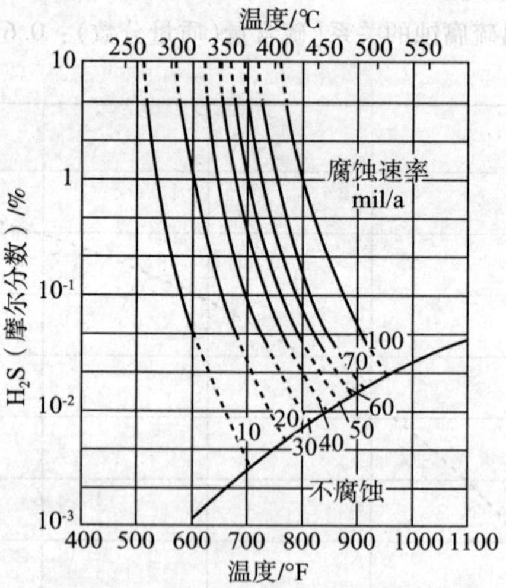

图 F.2　温度和 H_2S 含量与碳钢（在重油中）高温 H_2S/H_2 腐蚀速率的关系

重油：是指重柴油或更重的油 1mil/a = 0.025 mm/a

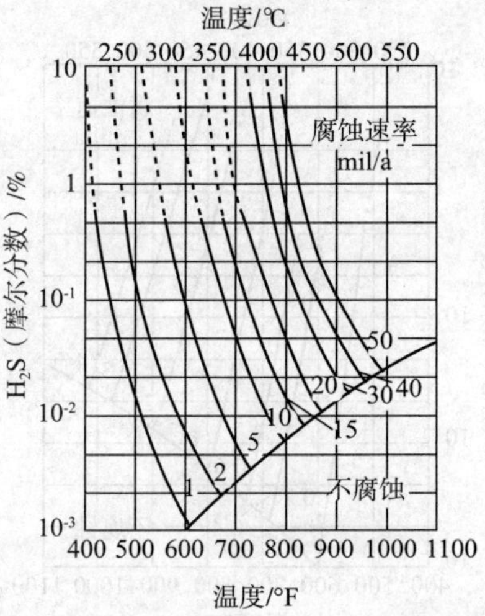

图 F.3 温度和 H_2S 含量与 5Cr－0.5Mo(在轻油中)
高温 H_2S/H_2 腐蚀速率的关系
1mil/a＝0.025 mm/a

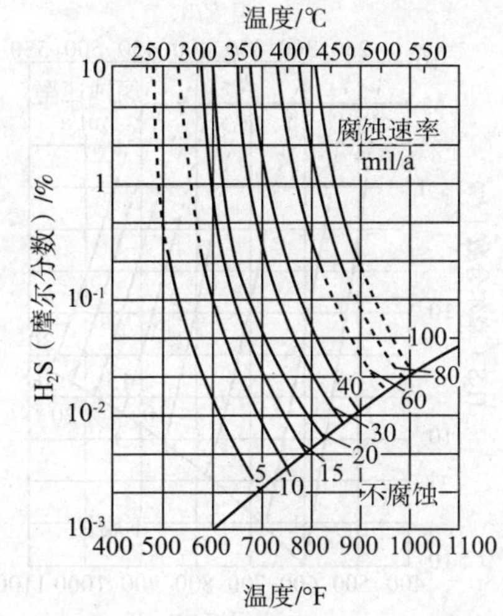

图 F.4 温度和 H_2S 含量与 5Cr－0.5Mo(在重油中)
高温 H_2S/H_2 腐蚀速率的关系
1mil/a＝0.025 mm/a

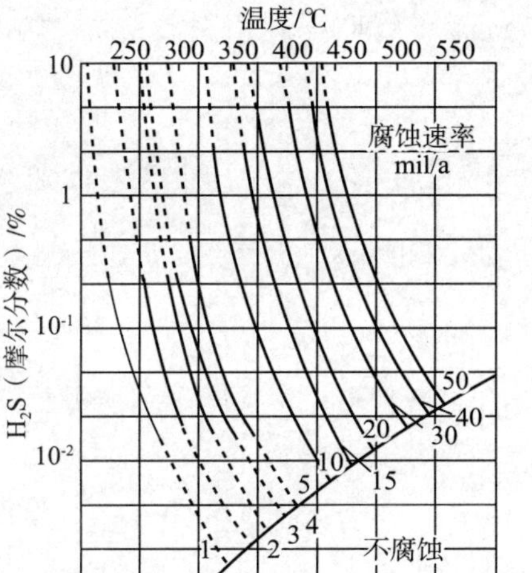

图 F.5 温度和 H_2S 含量与 9Cr－1Mo(在轻油中)
高温 H_2S/H_2 腐蚀速率的关系
1mil/a＝0.025mm/a

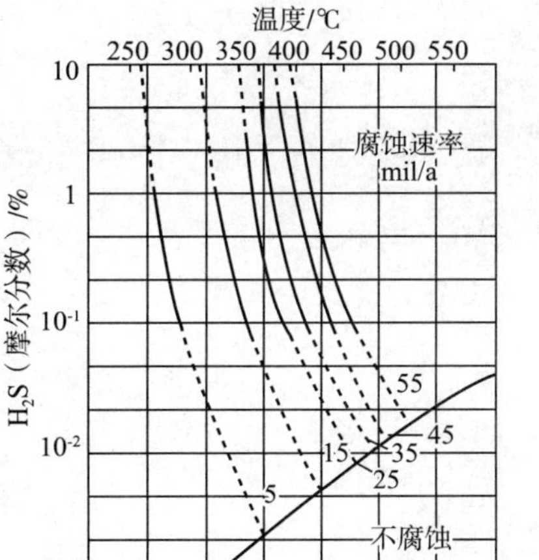

图 F.6 温度和 H_2S 含量与 9Cr－1Mo(在重油中)
高温 H_2S/H_2 腐蚀速率的关系
1mil/a＝0.025mm/a

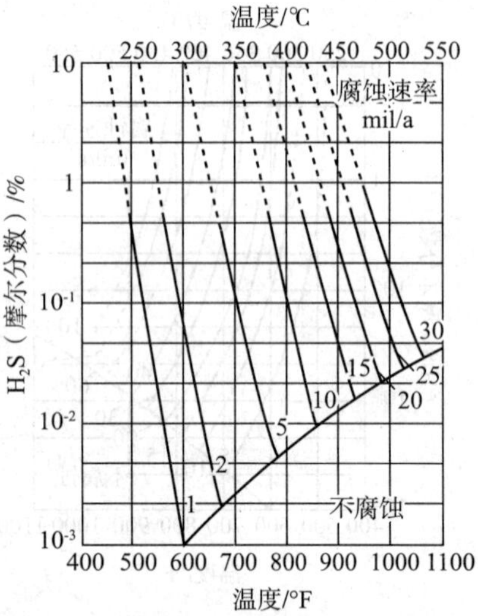

图 F.7　温度和 H_2S 含量与 12Cr 不锈钢高温 H_2S/H_2 腐蚀速率的关系

1mil/a = 0.025 mm/a

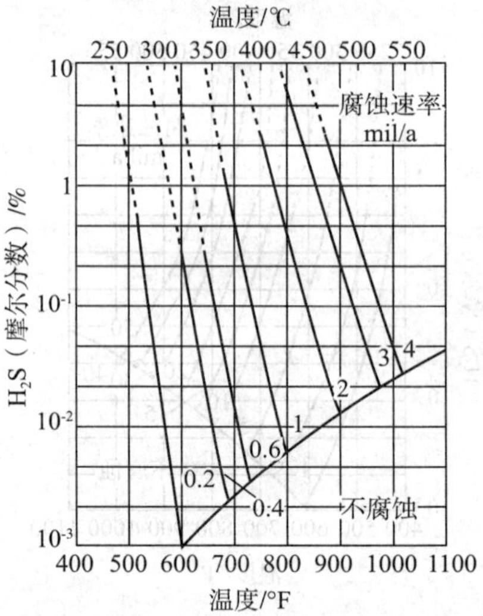

F.8　温度和 H_2S 含量与 18Cr－8Ni 奥氏体不锈钢高温 H_2S/H_2 腐蚀速率的关系

1mil/a = 0.025mm/a

附录G
（资料性附录）
湿H_2S腐蚀环境分类

G.1 湿H_2S腐蚀环境

容器接触的介质在液相中存在游离水，且具备下列条件之一时称为湿H_2S腐蚀环境：

a)游离水中溶解的H_2S浓度大于50 mg/L；

b)游离水的pH值小于4.0，且溶有H_2S；

c)游离水中氰氢酸(HCN)含量大于20 mg/L，并溶有H_2S；

d)气相中的H_2S分压(绝)大于0.3kPa。

G.2 湿H_2S腐蚀环境分类

根据腐蚀机理不同，湿H_2S腐蚀环境可以分为Ⅰ类和Ⅱ类。

G.2.1 Ⅱ类湿H_2S腐蚀(HIC、SOHIC和HB)环境

当容器的工作环境为室温至150℃并符合下列其中任何一条时称为Ⅱ类湿H_2S腐蚀环境：

a)由含水腐蚀产生的氢活性高(High potential for hydrogen activity as result of aqueous corrosion)；

b)H_2S在水中的浓度大于2000 mg/L，且pH值大于7.6；

c)H_2S在水中的浓度大于50 mg/L，且pH值小于4.0；

d)游离水的pH值大于7.6，且水中HCN或氰化物含量大于20 mg/L，并溶有H_2S。

G.2.2 Ⅰ类湿H_2S腐蚀(SSC)环境

湿H_2S腐蚀环境不符合Ⅱ类的即称为Ⅰ类湿H_2S腐蚀环境。

附录 H
（规范性附录）
HF 腐蚀环境下压力容器用钢

H. 1 氢氟酸烷基化装置的酸再生塔应选用 NCu30 镍铜合金（板材 JB 4741—2000，管材 JB 4742—2000，锻件 JB 4743—2000），相当于 Monel 400（板材 SB－127，管材 SB－163 和 SB－165，锻件 SB－564）。

H. 2 其他含氢氟酸介质的容器可采用碳素钢制造，但厚度大于等于 13mm 时应满足以下要求：

a）对钢材的要求

1）炼钢工艺应包括真空脱气；

2）钢材最大硫含量（质量分数）不应超过 0.005%，并采取措施控制夹杂物形状；

3）钢材的使用状态为正火或正火加回火；

4）钢板应按 JB/T 4730.3—2005 进行超声检测，Ⅱ级合格；

5）用于 HF 介质的碳素钢容器及其所有承压件的化学成分（质量分数）应满足以下要求：

$V+Nb\leqslant 0.1\%$；

$Ni+Cu\leqslant 0.2\%$；

$C_E\leqslant 0.4\%$；$C_E=C+Mn/6+(Cr+Mo+V)/5+(Cu+Ni)/15$；

b）制造要求

1）所有受压焊接接头均应为全焊透并进行 100% 射线检测；

2）所有非受压件与受压件的焊接应为连续焊；

3）不得使用冷成形封头，否则应进行消除应力热处理；

4）焊接接头最大允许硬度为 HB 200。

用 词 说 明

对本规范条文中要求执行严格程度用的助动词，说明如下：

(一)表示要求很严格、非这样做不可并具有法定责任时，用的助动词为“必须”(must)；

(二)表示要准确地符合规范而应严格遵守时，用的助动词为：

正面词采用“应”(shall)；

反面词采用“不应”或“不得”(shall not)。

(三)表示在几种可能性中推荐特别合适的一种，不提及也不排除其他可能性，或表示是首选的但未必是所要求的，或表示不赞成但也不禁止某种可能性时，用的助动词为：

正面词采用“宜”(should)；

反面词采用“不宜”(shoul dnot)。

(四)表示在规范的界限内所允许的行动步骤时，用的助动词为：

正面词采用“可”(may)：

反面词采用“不必”(neednot)。

六、电气、仪表与信息

1. 供配电系统设计规范

（GB 50052—2009

代替 GB 50052—95）

目　　录

1 总则

1.0.1 为使供配电系统设计贯彻执行国家的技术经济政策，做到保障人身安全、供电可靠、技术先进和经济合理，制定本规范。

1.0.2 本规范适用于新建、扩建和改建工程的用户端供配电系统的设计。

1.0.3 供配电系统设计应按照负荷性质、用电容量、工程特点和地区供电条件，统筹兼顾，合理确定设计方案。

1.0.4 供配电系统设计应根据工程特点，规模和发展规划，做到远近期结合，在满足近期使用要求的同时，兼顾未来发展的需要。

1.0.5 供配电系统设计应采用符合国家现行有关标准的高效节能、环保、安全、性能先进的电气产品。

1.0.6 本规范规定了供配电系统设计的基本技术要求。当本规范与国家法律、行政法规的规定相抵触时，应按国家法律、行政法规的规定执行。

1.0.7 供配电系统设计除应遵守本规范外，尚应符合国家现行有关标准的规定。

2 术语

2.0.1 一级负荷中特别重要的负荷 vital load in first grade load

中断供电将发生中毒、爆炸和火灾等情况的负荷，以及特别重要场所的不允许中断供电的负荷。

2.0.2 双重电源 duplicate supply

一个负荷的电源是由两个电路提供的，这两个电路就安全供电而言被认为是互相独立的。

2.0.3 应急供电系统(安全设旅供电系统) electric supply systems for safety services

用来维持电气设备和电气装置运行的供电系统，主要是：为了人体和家畜的健康和安全，和/或为避免对环境或其他设备造成损失以符合国家规范要求。

注：供电系统包括电源和连接到电气设备端子的电气回路。在某些场合，它也可以包括设备。

2.0.4 应急电源(安全设施电源) electric source for safety services

用作应急供电系统组成部分的电源。

2.0.5 备用电源 stand - by electric source

当正常电源断电时，由于非安全原因用来维持电气装置或其某些部分所需的电源。

2.0.6 分布式电源 distributed generation

分布式电源主要是指布置在电力负荷附近，能源利用效率高并与环境兼容，可提供电、热(冷)的发电装置，如微型燃气轮机、太阳能光伏发电、燃料电池、风力发电和生物质能发电等。

2.0.7 逆调压方式 inverse voltage regulation mode

逆调压方式就是负荷大时电网电压向高调，负荷小时电网电压向低调，以补偿电网的电压损失。

2.0.8 基本无功功率 basic reactive power

当用电设备投入运行时所需的最小无功功率。如该用电设备有空载运行的可能，则基本无功功率即为其空载无功功率。如其最小运行方式为轻负荷运行，则基本无功功率为在此轻负荷情况下的无功功率。

2.0.9 隔离电器 isolator

在执行工作、维修、故障测定或更换设备之前，为人提供安全的电器设备。

2.0.10 TN 系统 TN system

电力系统有一点直接接地，电气装置的外露可导电部分通过保护线与该接地点相连接。根据中性导体(N)和保护导体(PE)的配置方式，TN 系统可分为如下三类：

1 TN - C 系统，整个系统的 N、PE 线是合一的。

2 TN - C - S 系统，系统中有一部分线路的 N、PE 线是合一的。

3 TN－S 系统，整个系统的 N、PE 线是分开的。

2.0.11 TT 系统 TT system

电力系统有一点直接接地，电气装置的外露可导电部分通过保护线接至与电力系统接地点无关的接地极。

2.0.12 IT 系统 IT system

电力系统与大地间不直接连接，电气装置的外露可导电部分通过保护接地线与接地极连接。

3 负荷分级及供电要求

3.0.1 电力负荷应根据对供电可靠性的要求及中断供电在对人身安全、经济损失上所造成的影响程度进行分级，并应符合下列规定：

1 符合下列情况之一时，应视为一级负荷：

1）中断供电将造成人身伤害时。

2）中断供电将在经济上造成重大损失时。

3）中断供电将影响重要用电单位的正常工作。

2 在一级负荷中，当中断供电将造成人员伤亡或重大设备损坏或发生中毒、爆炸和火灾等情况的负荷，以及特别重要场所的不允许中断供电的负荷，应视为一级负荷中特别重要的负荷。

3 符合下列情况之一时，应视为二级负荷：

1）中断供电将在经济上造成较大损失时。

2）中断供电将影响较重要用电单位的正常工作。

4 不属于一级和二级负荷者应为三级负荷。

3.0.2 一级负荷应由双重电源供电，当一电源发生故障时，另一电源不应同时受到损坏。

3.0.3 一级负荷中特别重要的负荷供电，应符合下列要求：

1 除应由双重电源供电外，尚应增设应急电源，并严禁将其他负荷接入应急供电系统。

2 设备的供电电源的切换时间，应满足设备允许中断供电的要求。

3.0.4 下列电源可作为应急电源：

1 独立于正常电源的发电机组。

2 供电网络中独立于正常电源的专用的馈电线路。

3 蓄电池。

4 干电池。

3.0.5 应急电源应根据允许中断供电的时间选择，并应符合下列规定：

1 允许中断供电时间为 15s 以上的供电，可选用快速自启动的发电机组。

2 自投装置的动作时间能满足允许中断供电时间的，可选用带有自动投入装置的独立于正常电源之外的专用馈电线路。

3 允许中断供电时间为毫秒级的供电，可选用蓄电池静止型不间断供电装置或柴油机不间断供电装置。

3.0.6 应急电源的供电时间，应按生产技术上要求的允许停车过程时间确定。

3.0.7 二级负荷的供电系统，宜由两回线路供电。在负荷较小或地区供电条件困难时，二级负荷可由一回 6kV 及以上专用的架空线路供电。

3.0.8 各级负荷的备用电源设置可根据用电需要确定。

3.0.9 备用电源的负荷严禁接入应急供电系统。

4 电源及供电系统

4.0.1 符合下列条件之一时，用户宜设置自备电源：

1 需要设置自备电源作为一级负荷中的特别重要负荷的应急电源时或第二电源不能满足一级负荷的条件时。

2 设置自备电源比从电力系统取得第二电源经济合理时。

3 有常年稳定余热、压差、废弃物可供发电，技术可靠、经济合理时。

4 所在地区偏僻，远离电力系统，设置自备电源经济合理时。

5 有设置分布式电源的条件，能源利用效率高、经济合理时。

4.0.2 **应急电源与正常电源之间，应采取防止并列运行的措施。当有特殊要求，应急电源向正常电源转换需短暂并列运行时，应采取安全运行的措施。**

4.0.3 供配电系统的设计，除一级负荷中的特别重要负荷外，不应按一个电源系统检修或故障的同时另一电源又发生故障进行设计。

4.0.4 需要两回电源线路的用户，宜采用同级电压供电。但根据各级负荷的不同需要及地区供电条件，亦可采用不同电压供电。

4.0.5 同时供电的两回及以上供配电线路中，当有一回路中断供电时，其余线路应能满足全部一级负荷及二级负荷。

4.0.6 供配电系统应简单可靠，同一电压等级的配电级数高压不宜多于两级；低压不宜多于三级。

4.0.7 高压配电系统宜采用放射式。根据变压器的容量、分布及地理环境等情况，亦可采用树干式或环式。

4.0.8 根据负荷的容量和分布，配变电所应靠近负荷中心。当配电电压为35kV时，亦可采用直降至低压配电电压。

4.0.9 在用户内部邻近的变电所之间，宜设置低压联络线。

4.0.10 小负荷的用户，宜接入地区低压电网。

5 电压选择和电能质量

5.0.1 用户的供电电压应根据用电容量、用电设备特性、供电距离、供电线路的回路数、当地公共电网现状及其发展规划等因素，经技术经济比较确定。

5.0.2 供电电压大于等于35kV时，用户的一级配电电压宜采用10kV；当6kV用电设备的总容量较大，选用6kV经济合理时，宜采用6kV；低压配电电压宜采用220V/380V，工矿企业亦可采用660V；当安全需要时，应采用小于50V电压。

5.0.3 供电电压大于等于35kV，当能减少配变电级数、简化结线及技术经济合理时，配电电压宜采用35kV或相应等级电压。

5.0.4 正常运行情况下，用电设备端子处电压偏差允许值宜符合下列要求：

1 电动机为±5%额定电压。

2 照明：在一般工作场所为±5%额定电压；对于远离变电所的小面积一般工作场所，难以满足上述要求时，可为+5%，-10%额定电压；应急照明、道路照明和警卫照明等为+5%，-10%额定电压。

3 其他用电设备当无特殊规定时为±5%额定电压。

5.0.5 计算电压偏差时，应计入采取下列措施后的调压效果：

1 自动或手动调整并联补偿电容器、并联电抗器的接入容量。

2 自动或手动调整同步电动机的励磁电流。

3 改变供配电系统运行方式。

5.0.6 符合在下列情况之一的变电所中的变压器，应采用有载调压变压器：

1 大于35kV电压的变电所中的降压变压器，直接向35kV、10kV、6kV电网送电时。

2 35kV降压变电所的主变压器，在电压偏差不能满足要求时。

5.0.7 10kV、6kV配电变压器不宜采用有载调压变压器；但在当地10kV、6kV电源电压偏差不能满足要求，且用户有对电压要求严格的设备，单独设置调压装置技术经济不合理时，亦可采用10kV、6kV有载调压变压器。

5.0.8 电压偏差应符合用电设备端电压的要求，大于等于35kV电网的有载调压宜实行逆调压方式，逆调压的范围为额定电压的0～+5%。

5.0.9 供配电系统的设计为减小电压偏差，应符合下列要求：

1 应正确选择变压器的变压比和电压分接头。

2 应降低系统阻抗。

3 应采取补偿无功功率措施。

4 宜使三相负荷平衡。

5.0.10 配电系统中的波动负荷产生的电压变动和闪变在电网公共连接点的限值，应符合现行国家标准《电能质量电压波动和闪变》GB 12326的规定。

5.0.11 对波动负荷的供电，除电动机启动时允许的电压下降情况外，当需要降低波动负荷引起的电网电压波动和电压闪变时，宜采取下列措施：

1 采用专线供电。

2 与其他负荷共用配电线路时，降低配电线路阻抗。

3 较大功率的波动负荷或波动负荷群与对电压波动，闪变敏感的负荷，分别由不同的变压器供电。

4 对于大功率电弧炉的炉用变压器，由短路容量较大的电网供电。

5 采用动态无功补偿装置或动态电压调节装置。

5.0.12 配电系统中的谐波电压和在公共连接点注入的谐波电流允许限值，宜符合现行国家标准《电能质量公用电网谐波》GB/T 14549的规定。

5.0.13 控制各类非线性用电设备所产生的谐波引起的电网电压正弦波形畸变率，宜采取下列措施：

1 各类大功率非线性用电设备变压器，由短路容量较大的电网供电。

2 对大功率静止整流器，采用增加整流变压器二次侧的相数和整流器的整流脉冲数，或采用多台相数相同的整流装置，并使整流变压器的二次侧有适当的相角差，或按谐波次数装设分流滤波器。

3 选用D，ynll接线组别的三相配电变压器。

5.0.14 供配电系统中在公共连接点的三相电压不平衡度允许限值。宜符合现行国家标准《电能质量三相电压允许不平衡度》GB/T 15543的规定。

5.0.15 设计低压配电系统时，宜采取下列措施，降低三相低压配电系统的不对称度：

1 220V或380V单相用电设备接入220V/380V三相系统时，宜使三相平衡。

2 由地区公共低压电网供电的220V负荷，线路电流小于等于60A时，可采用220V单相供电；大于60A时，宜采用220V/380V三相四线制供电。

6 无功补偿

6.0.1 供配电系统设计中应正确选择电动机、变压器的容量，并应降低线路感抗。当工艺条件允许时，宜采用同步电动机或选用带空载切除的间歇工作制设备。

6.0.2 当采用提高自然功率因数措施后，仍达不到电网合理运行要求时，应采用并联电力电容器作为无功补偿装置。

6.0.3 用户端的功率因数值，应符合国家现行标准的有关规定。

6.0.4 采用并联电力电容器作为无功补偿装置时，宜就地平衡补偿。并符合下列要求：

1 低压部分的无功功率，应由低压电容器补偿。

2 高压部分的无功功率，宜由高压电容器补偿。

3 容量较大，负荷平稳且经常使用的用电设备的无功功率，宜单独就地补偿。

4 补偿基本无功功率的电容器组，应在配变电所内集中补偿。

5 在环境正常的建筑物内，低压电容器宜分散设置。

6.0.5 无功补偿容量，宜按无功功率曲线或按以下公式确定：

$$Q_C = P(\tan\Phi_1 - \tan\Phi_2) \quad (6.0.5)$$

式中 Q_C——无功补偿容量，kvar；

P——用电设备的计算有功功率，kW；

$\tan\Phi_1$——补偿前用电设备自然功率因数的正切值；

$\tan\Phi_2$——补偿后用电设备功率因数的正切值，取 $\cos\Phi_2$ 不小于 0.9 值。

6.0.6 基本无功补偿容量，应符合以下表达式的要求：

$$Q_{Cmin} < P_{min}\tan\Phi_{1min} \quad (6.0.6)$$

式中 Q_{Cmin}——基本无功补偿容量，kvar；

P_{min}——用电设备最小负荷时的有功功率，kW；

$\tan\Phi_{1min}$——用电设备在最小负荷下，补偿前功率因数的正切值。

6.0.7 无功补偿装置的投切方式，具有下列情况之一时，宜采用手动投切的无功补偿装置：

1 补偿低压基本无功功率的电容器组。

2 常年稳定的无功功率。

3 经常投入运行的变压器或每天投切次数少于三次的高压电动机及高压电容器组。

6.0.8 无功补偿装置的投切方式，具有下列情况之一时，宜装设无功自动补偿装置：

1 避免过补偿，装设无功自动补偿装置在经济上合理时。

2 避免在轻载时电压过高，造成某些用电设备损坏，而装设无功自动补偿装置在经济上合理时。

3 只有装设无功自动补偿装置才能满足在各种运行负荷的情况下的电压偏差允许值时。

6.0.9 当采用高、低压自动补偿装置效果相同时，宜采用低压自动补偿装置。

6.0.10 无功自动补偿的调节方式，宜根据下列要求确定：

1 以节能为主进行补偿时，宜采用无功功率参数调节；当三相负荷平衡时，亦可采用功率因数参数调节。

2 提供维持电网电压水平所必要的无功功率及以减少电压偏差为主进行补偿时，应按电压参数调节，但已采用变压器自动调压者除外。

3 无功功率随时间稳定变化时，宜按时间参数调节。

6.0.11 电容器分组时，应满足下列要求；

1 分组电容器投切时，不应产生谐振。

2 应适当减少分组组数和加大分组容量。

3 应与配套设备的技术参数相适应。

4 应符合满足电压偏差的允许范围。

6.0.12 接在电动机控制设备侧电容器的额定电流，不应超过电动机励磁电流的 0.9 倍；过电流保护装置的整定值，应按电动机 - 电容器组的电流确定。

6.0.13 高压电容器组宜根据预期的涌流采取相应的限流措施。低压电容器组宜加大投切容量且采用专用投切器件。在受谐波量较大的用电设备影响的线路上装设电容器组时，宜串联电抗器。

7 低压配电

7.0.1 带电导体系统的型式，宜采用单相二线制、两相三线制、三相三线制和三相四线制。

低压配电系统接地型式，可采用 TN 系统、TT 系统和 IT 系统。

7.0.2 在正常环境的建筑物内，当大部分用电设备为中小容量，且无特殊要求时，宜采用树干式配电。

7.0.3 当用电设备为大容量或负荷性质重要，或在有特殊要求的建筑物内，宜采用放射式配电。

7.0.4　当部分用电设备距供电点较远，而彼此相距很近、容量很小的次要用电设备，可采用链式配电，但每一回路环链设备不宜超过5台，其总容量不宜超过10kW。容量较小用电设备的插座，采用链式配电时，每一条环链回路的设备数量可适当增加。

7.0.5　在多层建筑物内，由总配电箱至楼层配电箱宜采用树干式配电或分区树干式配电。对于容量较大的集中负荷或重要用电设备，应从配电室以放射式配电；楼层配电箱至用户配电箱应采用放射式配电。

在高层建筑物内，向楼层各配电点供电时，宜采用分区树干式配电；由楼层配电箱或竖井内配电箱至用户配电箱的配电，应采取放射式配电；对部分容量较大的集中负荷或重要用电设备，应从变电所低压配电室以放射式配电。

7.0.6　平行的生产流水线或互为备用的生产机组，应根据生产要求，宜由不同的回路配电；同一生产流水线的各用电设备，宜由同一回路配电。

7.0.7　在低压电网中，宜选用D，ynll接线组别的三相变压器作为配电变压器。

7.0.8　在系统接地型式为TN及TT的低压电网中，当选用Y，yn0接线组别的三相变压器时，其由单相不平衡负荷引起的中性线电流不得超过低压绕组额定电流的25%，且其一相的电流在满载时不得超过额定电流值。

7.0.9　当采用220V/380V的TN及TT系统接地型式的低压电网时，照明和电力设备宜由同一台变压器供电，必要时亦可单独设置照明变压器供电。

7.0.10　由建筑物外引入的配电线路，应在室内分界点便于操作维护的地方装设隔离电器。

本规范用词说明

1 为便于在执行本规范条文时区别对待，对要求严格程度不同的用词说明如下：
1)表示很严格，非这样做不可的：
正面词采用“必须”；反面词采用“严禁”。
2)表示严格，在正常情况下均应这样做的：
正面词采用“应”；反面词采用“不应”或“不得”。
3)表示允许稍有选择，在条件许可时首先应这样做的：
正面词采用“宜”；反面词采用“不宜”。
4)表示有选择，在一定条件下可以这样做的，采用“可”。
2 条文中指明应按其他有关标准执行的写法为：“应符合……的规定”或“应按……执行”。

引用标准名录

《电能质量 电压波动和闪变》GB 12326
《电能质量 公用电网谐波》GB/T 14549
《电能质量 三相电压允许不平衡度》GB/T 15543

2. 低压配电设计规范

（GB 50054—2011
代替 GB 50054—95）

目　　录

1 总则

1.0.1 为使低压配电设计中，做到保障人身和财产安全、节约能源、技术先进、功能完善、经济合理、配电可靠和安装运行方便，制定本规范。

1.0.2 本规范适用于新建、改建和扩建工程中交流、工频1000V及以下的低压配电设计。

1.0.3 低压配电设计除应符合本规范外，尚应符合国家现行有关标准的规定。

2 术语

2.0.1 预期接触电压 prospective touch voltage

人或动物尚未接触到可导电部分时，可能同时触及的可导电部分之间的电压。

2.0.2 约定接触电压限值 conventional prospective touch voltage limit

在规定的外界影响条件下，允许无限定时间持续存在的预期接触电压的最大值。

2.0.3 直接接触 direct contact

人或动物与带电部分的电接触。

2.0.4 间接接触 indirect contact

人或动物与故障状况下带电的外露可导电部分的电接触。

2.0.5 直接接触防护 protection against direct contact

无故障条件下的电击防护。

2.0.6 间接接触防护 protection against indirect contact

单一故障条件下的电击防护。

2.0.7 附加防护 additional protection

直接接触防护和间接接触防护之外的保护措施。

2.0.8 伸臂范围 arm's reach

从人通常站立或活动的表面上的任一点延伸到人不借助任何手段，向任何方向能用手达到的最大范围。

2.0.9 外护物 enclosure

能提供与预期应用相适应的防护类型和防护等级的外罩。

2.0.10 保护遮栏 protective barrier

为防止从通常可能接近方向直接接触而设置的防护物。

2.0.11 保护阻挡物 protective obstacle

为防止无意的直接接触而设置的防护物。

2.0.12 电气分隔 electrical separation

将危险带电部分与所有其他电气回路和电气部件绝缘以及与地绝缘，并防止一切接触的保护措施。

2.0.13 保护分隔 protective separation

用双重绝缘、加强绝缘或基本绝缘和电气保护屏蔽的方法将一电路与其他电路分隔。

2.0.14 特低电压 extra-low voltage

相间电压或相对地电压不超过交流方均根值50V的电压。

2.0.15 SELV系统 SELV system

在正常条件下不接地，且电压不能超过特低电压的电气系统。

2.0.16 PELV系统 PELV system

在正常条件下接地，且电压不能超过特低电压的电气系统。

2.0.17 FELV系统 FELV system

非安全目的而为运行需要的电压不超过特低电压的电气系统。

2.0.18 等电位联结 equipotential bonding

多个可导电部分间为达到等电位进行的联结。

2.0.19 保护等电位联结 protective - equipotential - bonding

为了安全目的进行的等电位联结。

2.0.20 功能等电位联结 functional - equipotential - bonding

为保证正常运行进行的等电位联结。

2.0.21 总等电位联结 main equipotential bonding

在保护等电位联结中，将总保护导体、总接地导体或总接地端子、建筑物内的金属管道和可利用的建筑物金属结构等可导电部分连接到一起。

2.0.22 辅助等电位联结 supplementary equipotential bonding

在导电部分间用导线直接连通，使其电位相等或接近，而实施的保护等电位联结。

2.0.23 局部等电位联结 local equipotential bonding

在一局部范围内将各导电部分连通，而实施的保护等电位联结。

2.0.24 接地故障 earth fault

带电导体和大地之间意外出现导电通路。

2.0.25 导管 conduit

用于绝缘导线或电缆可以从中穿入或更换的圆形断面的部件。

2.0.26 电缆槽盒 cable trunking

用于将绝缘导线、电缆、软电线完全包围起来且带有可移动盖子的底座组成的封闭外壳。

2.0.27 电缆托盘 cable tray

带有连续底盘和侧边，没有盖子的电缆支撑物。

2.0.28 电缆梯架 cable ladder

带有牢固地固定在纵向主支撑组件上的一系列横向支撑构件的电缆支撑物。

2.0.29 电缆支架 cable brackets

仅有一端固定的、间隔安置的水平电缆支撑物。

2.0.30 移动设备 mobile equipment

运行时可移动或在与电源相连接时易于由一处移到另一处的电气设备。

2.0.31 手持设备 hand - held equipment

正常使用时握在手中的电气设备。

2.0.32 开关电器 switching device

用于接通或分断电路中电流的电器。

2.0.33 开关 switch

在电路正常的工作条件或过载工作条件下能接通、承载和分断电流，也能在短路等规定的非正常条件下承载电流一定时间的一种机械开关电器。

2.0.34 隔离开关 switch - disconnector

在断开位置上能满足对隔离器的隔离要求的开关。

2.0.35 隔离电器 device for isolation

具有隔离功能的电器。

2.0.36 断路器 circuit - breaker

能接通、承载和分断正常电路条件下的电流，也能在短路等规定的非正常条件下接通、承载电流一定时间和分断电流的一种机械开关电器。

2.0.37 矿物绝缘电缆 mineral insulated cables

在同一金属护套内，由经压缩的矿物粉绝缘的一根或数根导体组成的电缆。

3 电器和导体的选择

3.1 电器的选择

3.1.1 低压配电设计所选用的电器，应符合国家现行的有关产品标准，并应符合下列规定：

1 电器应适应所在场所及其环境条件；

2 电器的额定频率应与所在回路的频率相适应；

3 电器的额定电压应与所在回路标称电压相适应；

4 电器的额定电流不应小于所在回路的计算电流；

5 电器应满足短路条件下的动稳定与热稳定的要求；

6 用于断开短路电流的电器应满足短路条件下的接通能力和分断能力。

3.1.2 验算电器在短路条件下的接通能力和分断能力应采用接通或分断时安装处预期短路电流，当短路点附近所接电动机额定电流之和超过短路电流的1%时，应计入电动机反馈电流的影响。

3.1.3 当维护、测试和检修设备需断开电源时，应设置隔离电器。隔离电器宜采用同时断开电源所有极的隔离电器或彼此靠近的单极隔离电器。当隔离电器误操作会造成严重事故时，应采取防止误操作的措施。

3.1.4 **在TN－C系统中不应将保护接地中性导体隔离，严禁将保护接地中性导体接入开关电器。**

3.1.5 隔离电器应符合下列规定：

1 断开触头之间的隔离距离，应可见或能明显标示“闭合”和“断开”状态；

2 隔离电器应能防止意外的闭合；

3 应有防止意外断开隔离电器的锁定措施。

3.1.6 隔离电器应采用下列电器：

1 单极或多极隔离器、隔离开关或隔离插头；

2 插头与插座；

3 连接片；

4 不需要拆除导线的特殊端子；

5 熔断器；

6 具有隔离功能的开关和断路器。

3.1.7 **半导体开关电器，严禁作为隔离电器。**

3.1.8 独立控制电气装置的电路的每一部分，均应装设功能性开关电器。

3.1.9 功能性开关电器可采用下列电器：

1 开关；

2 半导体开关电器；

3 断路器；

4 接触器；

5 继电器；

6 16A及以下的插头和插座。

3.1.10 **隔离器、熔断器和连接片，严禁作为功能性开关电器。**

3.1.11 剩余电流动作保护电器的选择，应符合下列规定：

1 除在TN－S系统中，当中性导体为可靠的地电位时可不断开外，应能断开所保护回路的所有带电导体；

2 剩余电流动作保护电器的额定剩余不动作电流，应大于在负荷正常运行时预期出现的对地泄漏电流；

3 剩余电流动作保护电器的类型，应根据接地故障的类型按现行国家标准《剩余电流动作保护电器的一般要求》GB/Z 6829 的有关规定确定。

3.1.12　**采用剩余电流动作保护电器作为间接接触防护电器的回路时，必须装设保护导体。**

3.1.13　在 TT 系统中，除电气装置的电源进线端与保护电器之间的电气装置符合现行国家标准《电击防护　装置和设备的通用部分》GB/T 17045 规定的Ⅱ类设备的要求或绝缘水平与Ⅱ类设备相同外，当仅用一台剩余电流动作保护电器保护电气装置时，应将保护电器布置在电气装置的电源进线端。

3.1.14　在 IT 系统中，当采用剩余电流动作保护电器保护电气装置，且在第一次故障不断开电路时，其额定剩余不动作电流值不应小于第一次对地故障时流经故障回路的电流。

3.1.15　在符合下列情况时，应选用具有断开中性极的开关电器：

1　有中性导体的 IT 系统与 TT 系统或 TN 系统之间的电源转换开关电器；

2　TT 系统中，当负荷侧有中性导体时选用隔离电器；

3　IT 系统中，当有中性导体时选用开关电器。

3.1.16　在电路中需防止电流流经不期望的路径时，可选用具有断开中性极的开关电器。

3.1.17　在 IT 系统中安装的绝缘监测电器，应能连续监测电气装置的绝缘。绝缘监测电器应只有使用钥匙或工具才能改变其整定值，其测试电压和绝缘电阻整定值应符合下列规定：

1　SELV 和 PELV 回路的测试电压应为 250V，绝缘电阻整定值应低于 0.5MΩ；

2　SELV 和 PELV 回路以外且不高于 500V 回路的测试电压应为 500V，绝缘电阻整定值应低于 0.5MΩ；

3　高于 500V 回路的测试电压应为 1000V，绝缘电阻整定值应低于 1.0MΩ。

3.2　导体的选择

3.2.1　导体的类型应按敷设方式及环境条件选择。绝缘导体除满足上述条件外，尚应符合工作电压的要求。

3.2.2　选择导体截面，应符合下列规定：

1　按敷设方式及环境条件确定的导体载流量，不应小于计算电流；

2　导体应满足线路保护的要求；

3　导体应满足动稳定与热稳定的要求；

4　线路电压损失应满足用电设备正常工作及启动时端电压的要求；

5　导体最小截面应满足机械强度的要求。固定敷设的导体最小截面，应根据敷设方式、绝缘子支持点间距和导体材料按表 3.2.2　的规定确定。

表 3.2.2　固定敷设的导体最小截面

敷设方式	绝缘子支持点间距/m	导体最小截面/mm²	
		铜导体	铝导体
裸导体敷设在绝缘子上	—	10	16
绝缘导体敷设在绝缘子上	≤2	1.5	10
	>2，且≤6	2.5	10
	>6，且≤16	4	10
	>16，且≤25	6	10
绝缘导体穿导管敷设或在槽盒中敷设	—	1.5	10

6　用于负荷长期稳定的电缆，经技术经济比较确认合理时，可按经济电流密度选择导体截面，且应符合现行国家标准《电力工程电缆设计规范》GB 50217 的有关规定。

3.2.3　导体的负荷电流在正常持续运行中产生的温度，不应使绝缘的温度超过表 3.2.3 的规定。

表 3.2.3 各类绝缘最高运行温度(℃)

绝缘类型	导体的绝缘	护套
聚氯乙烯	70	—
交联聚乙烯和乙丙橡胶	90	—
聚氯乙烯护套矿物绝缘电缆或可触及的裸护套矿物绝缘电缆	—	70
不允许触及和不与可燃物相接触的裸护套矿物绝缘电缆	—	105

3.2.4 绝缘导体和无铠装电缆的载流量以及载流量的校正系数，应按现行国家标准《建筑物电气装置 第5部分：电气设备的选择和安装 第523节：布线系统载流量》GB/T 16895.15 的有关规定确定。铠装电缆的载流量以及载流量的校正系数，应按现行国家标准《电力工程电缆设计规范》GB 50217 的有关规定确定。

3.2.5 绝缘导体或电缆敷设处的环境温度应按表 3.2.5 的规定确定。

表 3.2.5 绝缘导体或电缆敷设处的环境温度

<table>
<tr><th>电缆敷设场所</th><th>有无机械通风</th><th>选取的环境温度</th></tr>
<tr><td>土中直埋</td><td>—</td><td>埋深处的最热月平均地温</td></tr>
<tr><td>水下</td><td></td><td>最热月的日最高水温平均值</td></tr>
<tr><td>户外空气中、电缆沟</td><td>—</td><td>最热月的日最高温度平均值</td></tr>
<tr><td rowspan="2">有热源设备的厂房</td><td>有</td><td>通风设计温度</td></tr>
<tr><td>无</td><td>最热月的日最高温度平均值另加5℃</td></tr>
<tr><td rowspan="2">一般性厂房及其他建筑物内</td><td>有</td><td>通风设计温度</td></tr>
<tr><td>无</td><td>最热月的日最高温度平均值</td></tr>
<tr><td>户内电缆沟</td><td rowspan="2">无</td><td rowspan="2">最热月的日最高温度平均值另加5℃</td></tr>
<tr><td>隧道、电气竖井</td></tr>
<tr><td>隧道、电气竖井</td><td>有</td><td>通风设计温度</td></tr>
<tr><td colspan="3">注：数量较多的电缆工作温度大于70℃的电缆敷设于未装机械通风的隧道、电气竖井时，应计入对环境温升的影响，不能直接采取仅加5℃。</td></tr>
</table>

3.2.6 当电缆沿敷设路径中各场所的散热条件不相同时，电缆的散热条件应按最不利的场所确定。

3.2.7 符合下列情况之一的线路，中性导体的截面应与相导体的截面相同：

1 单相两线制线路；

2 铜相导体截面小于等于 $16mm^2$ 或铝相导体截面小于等于 $25mm^2$ 的三相四线制线路。

3.2.8 符合下列条件的线路，中性导体截面可小于相导体截面：

1 铜相导体截面大于 $16mm^2$ 或铝相导体截面大于 $25mm^2$；

2 铜中性导体截面大于等于 $16mm^2$ 或铝中性导体截面大于等于 $25mm^2$；

3 在正常工作时，包括谐波电流在内的中性导体预期最大电流小于等于中性导体的允许载流量；

4 中性导体已进行了过电流保护。

3.2.9 在三相四线制线路中存在谐波电流时，计算中性导体的电流应计入谐波电流的效应。当中性导体电流大于相导体电流时，电缆相导体截面应按中性导体电流选择。当三相平衡系统中存在谐波电流，4芯或5芯电缆内中性导体与相导体材料相同和截面相等时，电缆载流量的降低系数应按表 3.2.9 的规定确定。

表 3.2.9　电缆载流量的降低系数

相电流中三次谐波分量/%	降低系数	
	按相电流选择截面	按中性导体电流选择截面
0～15	1.0	—
>15，且≤33	0.86	—
>33，且≤45	—	0.86
>45	—	1.0

3.2.10　在配电线路中固定敷设的铜保护接地中性导体的截面积不应小于 $10mm^2$，铝保护接地中性导体的截面积不应小于 $16mm^2$。

3.2.11　保护接地中性导体应按预期出现的最高电压进行绝缘。

3.2.12　当从电气系统的某一点起，由保护接地中性导体改变为单独的中性导体和保护导体时，应符合下列规定：

1　保护导体和中性导体应分别设置单独的端子或母线；

2　保护接地中性导体应首先接到为保护导体设置的端子或母线上；

3　中性导体不应连接到电气系统的任何其他的接地部分。

3.2.13　装置外可导电部分严禁作为保护接地中性导体的一部分。

3.2.14　保护导体截面积的选择，应符合下列规定：

1　应能满足电气系统间接接触防护自动切断电源的条件，且能承受预期的故障电流或短路电流；

2　保护导体的截面积应符合式(3.2.14)的要求，或按表 3.2.14 的规定确定：

$$S \geqslant \frac{I}{k}\sqrt{t} \tag{3.2.14}$$

式中　S——保护导体的截面积，mm^2；

I——通过保护电器的预期故障电流或短路电流[交流方均根值(A)]；

t——保护电器自动切断电流的动作时间，s；

k——系数，按本规范式(A.0.1)计算或按表 A.0.2～表 A.0.6 确定。

表 3.2.14　保护导体的最小截面积(mm^2)

相导体截面积	保护导体的最小截面积	
	保护导体与相导体使用相同材料	保护导体与相导体使用不同材料
≤16	S	$\frac{S \times k_1}{k_2}$
>16，且≤35	16	$\frac{16 \times k_1}{k_2}$
>35	$\frac{S}{2}$	$\frac{S \times k_1}{2 \times k_2}$
注：1. S——相导体截面积； 2. k_1——相导体的系数，应按本规范表 A.0.7 的规定确定； 3. k_2——保护导体的系数，应按本规范表 A.0.2～表 A.0.6 的规定确定。		

3　电缆外的保护导体或不与相导体共处于同一外护物内的保护导体，其截面积应符合下列规定：

1）有机械损伤防护时，铜导体不应小于 $2.5mm^2$，铝导体不应小于 $16mm^2$；

2）无机械损伤防护时，铜导体不应小于$4mm^2$，铝导体不应小于$16mm^2$。

4 当两个或更多个回路共用一个保护导体时，其截面积应符合下列规定：

1）应根据回路中最严重的预期故障电流或短路电流和动作时间确定截面积，并应符合公式（3.2.14）的要求；

2）对应于回路中的最大相导体截面积时，应按表3.2.14的规定确定。

5 永久性连接的用电设备的保护导体预期电流超过10mA时，保护导体的截面积应按下列条件之一确定：

1）铜导体不应小于$10mm^2$或铝导体不应小于$16mm^2$；

2）当保护导体小于本款第1项规定时，应为用电设备敷设第二根保护导体，其截面积不应小于第一根保护导体的截面积。第二根保护导体应一直敷设到截面积大于等于$10mm^2$的铜保护导体或$16mm^2$的铝保护导体处，并应为用电设备的第二根保护导体设置单独的接线端子；

3）当铜保护导体与铜相导体在一根多芯电缆中时，电缆中所有铜导体截面积的总和不应小于$10mm^2$；

4）当保护导体安装在金属导管内并与金属导管并接时，应采用截面积大于等于$2.5mm^2$的铜导体。

3.2.15 总等电位联结用保护联结导体的截面积，不应小于配电线路的最大保护导体截面积的1/2，保护联结导体截面积的最小值和最大值应符合表3.2.15的规定。

表3.2.15 保护联结导体截面积的最小值和最大值（mm^2）

导体材料	最小值	最大值
铜	6	25
铝	16	按载流量与$25mm^2$铜导体的载流量相同确定
钢	50	

3.2.16 辅助等电位联结用保护联结导体截面积的选择，应符合下列规定：

1 联结两个外露可导电部分的保护联结导体，其电导不应小于接到外露可导电部分的较小的保护导体的电导；

2 联结外露可导电部分和装置外可导电部分的保护联结导体，其电导不应小于相应保护导体截面积1/2的导体所具有的电导；

3 单独敷设的保护联结导体，其截面积应符合本规范第3.2.14条第3款的规定。

3.2.17 局部等电位联结用保护联结导体截面积的选择，应符合下列规定：

1 保护联结导体的电导不应小于局部场所内最大保护导体截面积1/2的导体所具有的电导；

2 保护联结导体采用铜导体时，其截面积最大值为$25mm^2$。保护联结导体为其他金属导体时，其截面积最大值应按其与$25mm^2$铜导体的载流量相同确定；

3 单独敷设的保护联结导体，其截面积应符合本规范第3.2.14条第3款的规定。

4 配电设备的布置

4.1 一般规定

4.1.1 配电室的位置应靠近用电负荷中心，设置在尘埃少、腐蚀介质少、周围环境干燥和无剧烈振动的场所，并宜留有发展余地。

4.1.2 配电设备的布置应遵循安全、可靠、适用和经济等原则，并应便于安装、操作、搬运、检修、试验和监测。

4.1.3 配电室内除本室需用的管道外，不应有其他的管道通过。室内水、汽管道上不应设置阀门和中间接头；水、汽管道与散热器的连接应采用焊接，并应做等电位联结。配电屏上、下方及电缆沟内不应敷设水、汽管道。

4.2　配电设备布置中的安全措施

4.2.1　落地式配电箱的底部应抬高，高出地面的高度室内不应低于50mm，室外不应低于200mm；其底座周围应采取封闭措施，并应能防止鼠、蛇类等小动物进入箱内。

4.2.2　同一配电室内相邻的两段母线，当任一段母线有一级负荷时，相邻的两段母线之间应采取防火措施。

4.2.3　高压及低压配电设备设在同一室内，且两者有一侧柜顶有裸露的母线时，两者之间的净距不应小于2m。

4.2.4　成排布置的配电屏，其长度超过6m时，屏后的通道应设2个出口，并宜布置在通道的两端；当两出口之间的距离超过15m时，其间尚应增加出口。

4.2.5　当防护等级不低于现行国家标准《外壳防护等级（IP代码）》GB 4208规定的IP2×级时，成排布置的配电屏通道最小宽度应符合表4.2.5的规定。

表4.2.5　成排布置的配电屏通道最小宽度（m）

配电屏各类		单排布置			双排面对面布置			双排背对背布置			多排同向布置			屏侧通道
		屏前	屏后		屏前	屏后		屏前	屏后		屏间	前、后排屏距墙		
			维护	操作		维护	操作		维护	操作		前排屏前	后排屏后	
固定式	不受限制时	1.5	1.0	1.2	2.0	1.0	1.2	1.5	1.5	2.0	2.0	1.5	1.0	1.0
	受限制时	1.3	0.8	1.2	1.8	0.8	1.2	1.3	1.3	2.0	1.8	1.3	0.8	0.8
抽屉式	不受限制时	1.8	1.0	1.2	2.3	1.0	1.2	1.8	1.0	2.0	2.3	1.8	1.0	1.0
	受限制时	1.6	0.8	1.2	2.1	0.8	1.2	1.6	0.8	2.0	2.1	1.6	0.8	0.8

注：1. 受限制时是指受到建筑平面的限制、通道内有柱等局部突出物的限制；
2. 屏后操作通道是指需在屏后操作运行中的开关设备的通道；
3. 背靠背布置时屏前通道宽度可按本表中双排背对背布置的屏前尺寸确定；
4. 控制屏、控制柜、落地式动力配电箱前后的通道最小宽度可按本表确定；
5. 挂墙式配电箱的箱前操作通道宽度，不宜小于1m。

4.2.6　配电室通道上方裸带电体距地面的高度不应低于2.5m；当低于2.5m时，应设置不低于现行国家标准《外壳防护等级（IP代码）》GB 4208规定的IP××B级或IP2×级的遮栏或外护物，遮栏或外护物底部距地面的高度不应低于2.2m。

4.3　对建筑物的要求

4.3.1　配电室屋顶承重构件的耐火等级不应低于二级，其他部分不应低于三级。当配电室与其他场所毗邻时，门的耐火等级应按两者中耐火等级高的确定。

4.3.2　配电室长度超过7m时，应设2个出口，并宜布置在配电室两端。当配电室双层布置时，楼上配电室的出口应至少设一个通向该层走廊或室外的安全出口。配电室的门均应向外开启，但通向高压配电室的门应为双向开启门。

4.3.3　配电室的顶棚、墙面及地面的建筑装修，应使用不易积灰和不易起灰的材料；顶棚不应抹灰。

4.3.4　配电室内的电缆沟，应采取防水和排水措施。配电室的地面宜高出本层地面50mm或设置防水门槛。

4.3.5　当严寒地区冬季室温影响设备正常工作时，配电室应采暖。夏热地区的配电室，还应根据地区气候情况采取隔热、通风或空调等降温措施。有人值班的配电室，宜采用自然采光。在值班人员休息间内宜设给水、排水设施。附近无厕所时宜设厕所。

4.3.6 位于地下室和楼层内的配电室，应设设备运输通道，并应设有通风和照明设施。

4.3.7 配电室的门、窗关闭应密合；与室外相通的洞、通风孔应设防止鼠、蛇类等小动物进入的网罩，其防护等级不宜低于现行国家标准《外壳防护等级(IP代码)》GB 4208规定的IP3×级。直接与室外露天相通的通风孔尚应采取防止雨、雪飘入的措施。

4.3.8 配电室不宜设在建筑物地下室最底层。设在地下室最底层时，应采取防止水进入配电室内的措施。

5 电气装置的电击防护

5.1 直接接触防护措施

(Ⅰ)将带电部分绝缘

5.1.1 带电部分应全部用绝缘层覆盖，其绝缘层应能长期承受在运行中遇到的机械、化学、电气及热的各种不利影响。

(Ⅱ)采用遮栏或外护物

5.1.2 标称电压超过交流方均根值25V容易被触及的裸带电体，应设置遮栏或外护物。其防护等级不应低于现行国家标准《外壳防护等级(IP代码)》GB 4208规定的IP ××B级或IP2×级。为更换灯头、插座或熔断器之类部件，或为实现设备的正常功能所需的开孔，在采取了下列两项措施后可除外：

1 设置防止人、畜意外触及带电部分的防护设施；

2 在可能触及带电部分的开孔处，设置“禁止触及”的标志。

5.1.3 可触及的遮栏或外护物的顶面，其防护等级不应低于现行国家标准《外壳防护等级(IP代码)》GB 4208规定的IP××D级或IP4 ×级。

5.1.4 遮栏或外护物应稳定、耐久、可靠地固定。

5.1.5 需要移动的遮栏以及需要打开或拆下部件的外护物，应采用下列防护措施之一：

1 只有使用钥匙或其他工具才能移动、打开、拆下遮栏或外护物；

2 将遮栏或外护物所保护的带电部分的电源切断后，只有在重新放回或重新关闭遮栏或外护物后才能恢复供电；

3 设置防护等级不低于现行国家标准《外壳防护等级(IP代码)》GB 4208规定的IP××B级或IP2×级的中间遮栏，并应能防止触及带电部分且只有使用钥匙或工具才能移开。

5.1.6 按本规范第5.1.2条设置的遮栏或外护物与裸带电体之间的净距，应符合下列规定：

1 采用网状遮栏或外护物时，不应小于100mm；

2 采用板状遮栏或外护物时，不应小于50mm。

(Ⅲ)采用阻挡物

5.1.7 当裸带电体采用遮栏或外护物防护有困难时，在电气专用房间或区域宜采用栏杆或网状屏障等阻挡物进行防护。阻挡物应能防止人体无意识地接近裸带电体和在操作设备过程中人体无意识地触及裸带电体。

5.1.8 阻挡物应适当固定，但可以不用钥匙或工具将其移开。

5.1.9 采用防护等级低于现行国家标准《外壳防护等级(IP代码)》GB 4208规定的IP××B级或IP2×级的阻挡物时，阻挡物与裸带电体的水平净距不应小于1.25m，阻挡物的高度不应小于1.4m。

(Ⅳ)置于伸臂范围之外

5.1.10 在电气专用房间或区域，不采用防护等级等于高于现行国家标准《外壳防护等级(IP代码)》GB 4208规定的IP××B级或IP2×级的遮栏、外护物或阻挡物时，应将人可能无意识同时触及的不同电位的可导电部分置于伸臂范围之外。

5.1.11 伸臂范围(图5.1.11)应符合下列规定：

1 裸带电体布置在有人活动的区域上方时，其与平台或地面的垂直净距不应小于2.5m；

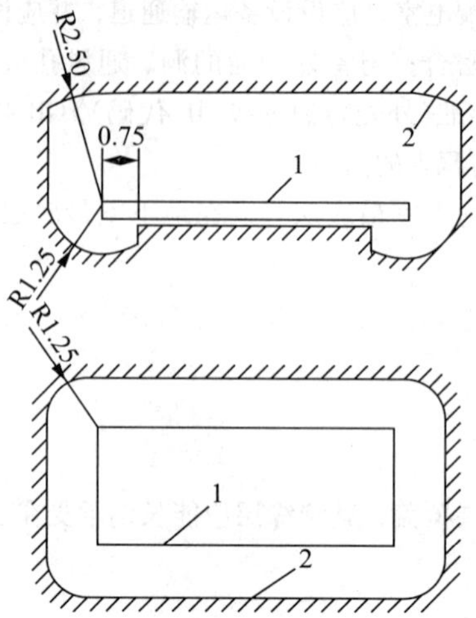

图 5.1.11　伸臂范围(m)

1—平台；2—手臂可达到的界限

2　裸带电体布置在有人活动的平台侧面时，其与平台边缘的水平净距不应小于 1.25m；

3　裸带电体布置在有人活动的平台下方时，其与平台下方的垂直净距不应小于 1.25m，且与平台边缘的水平净距不应小于 0.75m；

4　裸带电体在水平方向的阻挡物、遮栏或外护物，其防护等级低于现行国家标准《外壳防护等级(IP代码)》GB 4208 规定的 IP××B 级或 IP2×级时，伸臂范围应从阻挡物、遮栏或外护物算起；

5　在有人活动区域上方的裸带电体的阻挡物、遮栏或外护物，其防护等级低于现行国家标准《外壳防护等级(IP 代码)》GB 4208 规定的 IP××B 级或 IP2×级时，伸臂范围 2.5m 应从人所在地面算起；

6　人手持大的或长的导电物体时，伸臂范围应计及该物体的尺寸。

(Ⅴ)用剩余电流动作保护器的附加防护

5.1.12　额定剩余动作电流不超过 30mA 的剩余电流动作保护器，可作为其他直接接触防护措施失效或使用者疏忽时的附加防护，但不能单独作为直接接触防护措施。

5.2　间接接触防护的自动切断电源防护措施

(Ⅰ)一般规定

5.2.1　对于未按现行国家标准《建筑物电气装置　第 4—41 部分：安全防护　电击防护》GB 16895.21 的规定采用下列间接接触防护措施者，应采用本节所规定的防护措施：

1　采用Ⅱ类设备；

2　采取电气分隔措施；

3　采用特低电压供电；

4　将电气设备安装在非导电场所内；

5　设置不接地的等电位联结。

5.2.2　在使用Ⅰ类设备、预期接触电压限值为 50V 的场所，当回路或设备中发生带电导体与外露可导电部分或保护导体之间的故障时，间接接触防护电器应能在预期接触电压超过 50V 且持续时间足以引起对人体有害的病理生理效应前自动切断该回路或设备的电源。

5.2.3　电气装置的外露可导电部分，应与保护导体相连接。

5.2.4　建筑物内的总等电位联结，应符合下列规定：

1　每个建筑物中的下列可导电部分，应做总等电位联结：

1)总保护导体(保护导体、保护接地中性导体)；

2)电气装置总接地导体或总接地端子排；

3）建筑物内的水管、燃气管、采暖和空调管道等各种金属干管；

4）可接用的建筑物金属结构部分。

2 来自外部的本条第1款规定的可导电部分，应在建筑物内距离引入点最近的地方做总等电位联结。

3 总等电位联结导体，应符合本规范第3.2.15条~第3.2.17条的有关规定。

4 通信电缆的金属外护层在做等电位联结时，应征得相关部门的同意。

5.2.5 当电气装置或电气装置某一部分发生接地故障后间接接触的保护电器不能满足自动切断电源的要求时，尚应在局部范围内将本规范第5.2.4条第1款所列可导电部分再做一次局部等电位联结；亦可将伸臂范围内能同时触及的两个可导电部分之间做辅助等电位联结。局部等电位联结或辅助等电位联结的有效性，应符合下式的要求：

$$R \leqslant \frac{50}{I_a} \tag{5.2.5}$$

式中 R——可同时触及的外露可导电部分和装置外可导电部分之间，故障电流产生的电压降引起接触电压的一段线路的电阻，Ω；

I_a——保证间接接触保护电器在规定时间内切断故障回路的动作电流，A。

5.2.6 配电线路间接接触防护的上下级保护电器的动作特性之间应有选择性。

（Ⅱ）TN系统

5.2.7 TN系统中电气装置的所有外露可导电部分，应通过保护导体与电源系统的接地点连接。

5.2.8 TN系统中配电线路的间接接触防护电器的动作特性，应符合下式的要求：

$$Z_s I_a \leqslant U_0 \tag{5.2.8}$$

式中 Z_s——接地故障回路的阻抗，Ω；

U_0——相导体对地标称电压，V。

5.2.9 TN系统中配电线路的间接接触防护电器切断故障回路的时间，应符合下列规定：

1 配电线路或仅供给固定式电气设备用电的末端线路，不宜大于5s；

2 供给手持式电气设备和移动式电气设备用电的末端线路或插座回路，TN系统的最长切断时间不应大于表5.2.9的规定。

表5.2.9 TN系统的最长切断时间

相导体对地标称电压/V	220	380	>380
切断时间/s	0.4	0.2	0.1

5.2.10 在TN系统中，当配电箱或配电回路同时直接或间接给固定式、手持式和移动式电气设备供电时，应采取下列措施之一：

1 应使配电箱至总等电位联结点之间的一段保护导体的阻抗符合下式的要求：

$$Z_L \leqslant \frac{50}{U_0} Z_s \tag{5.2.10}$$

式中 Z_L——配电箱至总等电位联结点之间的一段保护导体的阻抗，Ω。

2 应将配电箱内保护导体母排与该局部范围内的装置外可导电部分做局部等电位联结或按本规范第5.2.5条的有关要求做辅助等电位联结。

5.2.11 当TN系统相导体与无等电位联结作用的地之间发生接地故障时，为使保护导体和与之连接的外露可导电部分的对地电压不超过50V，其接地电阻的比值应符合下式的要求：

$$\frac{R_B}{R_E} \leqslant \frac{50}{U_0 - 50} \tag{5.2.11}$$

式中 R_B——所有与系统接地极并联的接地电阻，Ω；

R_E——相导体与大地之间的接地电阻，Ω。

5.2.12 当不符合本规范公式(5.2.11)的要求时，应补充其他有效的间接接触防护措施，或采用局部TT系统。

5.2.13 TN系统中，配电线路采用过电流保护电器兼作间接接触防护电器时，其动作特性应符合本规范第5.2.8条的规定；当不符合规定时，应采用剩余电流动作保护电器。

(Ⅲ)TT系统

5.2.14 TT系统中，配电线路内由同一间接接触防护电器保护的外露可导电部分，应用保护导体连接至共用或各自的接地极上。当有多级保护时，各级应有各自的或共同的接地极。

5.2.15 TT系统配电线路间接接触防护电器的动作特性，应符合下式的要求：

$$R_A I_a \leqslant 50V \qquad (5.2.15)$$

式中 R_A——外露可导电部分的接地电阻和保护导体电阻之和，Ω。

5.2.16 TT系统中，间接接触防护的保护电器切断故障回路的动作电流：当采用熔断器时，应为保证熔断器在5s内切断故障回路的电流；当采用断路器时，应为保证断路器瞬时切断故障回路的电流；当采用剩余电流保护器时，应为额定剩余动作电流。

5.2.17 TT系统中，配电线路间接接触防护电器的动作特性不符合本规范第5.2.15条的规定时，应按本规范第5.2.5条的规定做局部等电位联结或辅助等电位联结。

5.2.18 TT系统中，配电线路的间接接触防护的保护电器应采用剩余电流动作保护电器或过电流保护电器。

(Ⅳ)IT系统

5.2.19 在IT系统的配电线路中，当发生第一次接地故障时，应发出报警信号，且故障电流应符合下式的要求：

$$R_A I_d \leqslant 50V \qquad (5.2.19)$$

式中 I_d——相导体和外露可导电部分间第一次接地故障的故障电流(A)，此值应计及泄漏电流和电气装置全部接地阻抗值的影响。

5.2.20 IT系统应设置绝缘监测器。当发生第一次接地故障或绝缘电阻低于规定的整定值时，应由绝缘监测器发出音响和灯光信号，且灯光信号应持续到故障消除。

5.2.21 IT系统的外露可导电部分可采用共同的接地极接地，亦可个别或成组地采用单独的接地极接地，并应符合下列规定：

1 当外露可导电部分为共同接地，发生第二次接地故障时，故障回路的切断应符合本规范规定的TN系统自动切断电源的要求；

2 当外露可导电部分单独或成组地接地，发生第二次接地故障时，故障回路的切断应符合本规范规定的TT系统自动切断电源的要求。

5.2.22 IT系统不宜配出中性导体。

5.2.23 在IT系统的配电线路中，当发生第二次接地故障时，故障回路的最长切断时间不应大于表5.2.23的规定。

表5.2.23 IT系统第二次故障时最长切断时间

相对地标称电压/相间标称电压/V	切断时间/s	
	没有中性导体配出	有中性导体配出
220/380	0.4	0.8
380/660	0.2	0.4
580/1000	0.1	0.2

5.2.24 IT系统的配电线路符合本规范第5.2.21条第1款规定时，应由过电流保护电器或剩余电流保护器切断故障回路，并应符合下列规定：

1 当IT系统不配出中性导体时，保护电器动作特性应符合下式的要求：

$$Z_c I_e \leqslant \frac{\sqrt{3}}{2} U_0 \tag{5.2.24-1}$$

2 当IT系统配出中性导体时，保护电器动作特性应符合下式的要求：

$$Z_d I_e \leqslant \frac{1}{2} U_0 \tag{5.2.24-2}$$

式中 Z_c——包括相导体和保护导体的故障回路的阻抗，Ω；

Z_d——包括相导体、中性导体和保护导体的故障回路的阻抗，Ω；

I_e——保证保护电器在表5.2.23规定的时间或其他回路允许的5s内切断故障回路的电流，A。

5.3 SELV系统和PELV系统及FELV系统

（Ⅰ）SELV系统和PELV系统

5.3.1 直接接触防护的措施和间接接触防护的措施，除本规范第5.1节和第5.2节规定的防护措施外，亦可采用SELV系统和PELV系统作为防护措施。

5.3.2 SELV系统和PELV系统的标称电压不应超过交流方均根值50V。当系统由自耦变压器、分压器或半导体器件等设备从高于50V电压系统供电时，应对输入回路采取保护措施。特殊装置或场所的电压限值，应符合现行国家标准《建筑物电气装置》GB 16895系列标准中的有关标准的规定。

5.3.3 SELV系统和PELV系统的电源，应符合下列要求之一：

1 由符合现行国家标准《隔离变压器和安全隔离变压器 技术要求》GB 13028的安全隔离变压器供电；

2 具备与本条第1款规定的安全隔离变压器有同等安全程度的电源；

3 电化学电源或与高于交流方均根值50V电压的回路无关的其他电源；

4 符合相应标准，而且即使内部发生故障也保证能使出线端子的电压不超过交流方均根值50V的电子器件构成的电源。当发生直接接触和间接接触时，电子器件能保证出线端子的电压立即降低到等于小于交流方均根值50V时，出线端子的电压可高于交流方均根值50V的电压。

5.3.4 SELV系统和PELV系统的安全隔离变压器或电动发电机等移动式安全电源，应达到Ⅱ类设备或与Ⅱ类设备等效绝缘的防护要求。

5.3.5 SELV系统和PELV系统回路的带电部分相互之间及与其他回路之间，应进行电气分隔，且不应低于安全隔离变压器的输入和输出回路之间的隔离要求。

5.3.6 每个SELV系统和PELV系统的回路导体，应与其他回路导体分开布置。当不能分开布置时，应采取下列措施之一：

1 SELV系统和PELV系统的回路导体应做基本绝缘，并应将其封闭在非金属护套内；

2 不同电压的回路导体，应用接地的金属屏蔽或接地的金属护套隔开；

3 不同电压的回路可包含在一个多芯电缆或导体组内，但SELV系统和PELV系统的回路导体应单独或集中地按其中最高电压绝缘。

5.3.7 SELV系统的回路带电部分严禁与地、其他回路的带电部分或保护导体相连接，并应符合下列要求：

1 设备的外露可导电部分不应与下列部分连接：

1）地；

2）其他回路的保护导体或外露可导电部分；

3）装置外可导电部分。

2 电气设备因功能的要求与装置外可导电部分连接时，应采取能保证这种连接的电压不会高于交流方均根值50V的措施。

3 SELV 系统回路的外露可导电部分有可能接触其他回路的外露可导电部分时，其电击防护除依靠SELV 系统保护外，尚应依靠可能被接触的其他回路的外露可导电部分所采取的保护措施。

5.3.8 SELV 系统，当标称电压超过交流方均根值 25V 时，直接接触防护应采取下列措施之一：

1 设置防护等级不低于现行国家标准《外壳防护等级(IP 代码)》GB 4208 规定的 IP××B 级或 IP2×级的遮栏或外护物；

2 采用能承受交流方均根值 500V、时间为 1min 的电压耐受试验的绝缘。

5.3.9 当 SELV 系统的标称电压不超过交流方均根值 25V 时，除国家现行有关标准另有规定外，可不设直接接触防护。

5.3.10 PELV 系统的直接接触防护，应采用本规范第 5.3.8 条规定的措施。当建筑物内外已设置总等电位联结，PELV 系统的接地配置和外露可导电部分已用保护导体连接到总接地端子上，且符合下列条件时，可不采取直接接触防护措施：

1 设备在干燥场所使用、预计人体不会大面积触及带电部分并且标称电压不超过交流方均根值 25V；

2 在其他情况下，标称电压不超过交流方均根值 6V。

5.3.11 SELV 系统的插头和插座，应符合下列规定：

1 插头应不能插入其他电压系统的插座；

2 其他电压系统的插头应不能插入插座；

3 插座应无保护导体的插孔。

5.3.12 PELV 系统的插头和插座，应符合本规范第 5.3.11 条的第 1 款和第 2 款的要求。

(Ⅱ) FELV 系统

5.3.13 当不必要采用 SELV 系统或 PELV 系统保护或因功能上的原因使用了标称电压小于等于交流方均根值 50V 的电压，但本规范第 5.3.1 条 ~ 第 5.3.12 条的规定不能完全满足其要求时，可采用 FELV 系统。

5.3.14 FELV 系统的直接接触防护，应采取下列措施之一：

1 应装设符合本规范第 5.1 节(Ⅱ)要求的遮栏或外护物；

2 应采用与一次回路所要求的最低试验电压相当的绝缘。

5.3.15 当属于 FELV 系统的一部分的设备的绝缘不能耐受一次回路所要求的试验电压时，设备可接近的非导电部分的绝缘应加强，且应使其能耐受交流方均根值为 1500V、时间为 1min 的试验电压。

5.3.16 FELV 系统的间接接触防护，应采取下列措施之一：

1 当一次回路采用自动切断电源的防护措施时，应将 FELV 系统中的设备外露可导电部分与一次回路的保护导体连接，此时不排除 FELV 系统中的带电导体与该一次回路保护导体的连接；

2 当一次回路采用电气分隔防护时，应将 FELV 系统中的设备外露可导电部分与一次回路的不接地等电位联结导体连接。

5.3.17 FELV 系统的插头和插座，应符合本规范第 5.3.11 条第 1 款、第 2 款的规定。

6 配电线路的保护

6.1 一般规定

6.1.1 配电线路应装设短路保护和过负荷保护。

6.1.2 配电线路装设的上下级保护电器，其动作特性应具有选择性，且各级之间应能协调配合。非重要负荷的保护电器，可采用部分选择性或无选择性切断。

6.1.3 用电设备末端配电线路的保护，除应符合本规范的规定外，尚应符合现行国家标准《通用用电设备配电设计规范》GB 50055 的有关规定。

6.1.4 除当回路相导体的保护装置能保护中性导体的短路，而且正常工作时通过中性导体的最大电流小于其载流量外，尚应采取当中性导体出现过电流时能自动切断相导体的措施。

6.2 短路保护

6.2.1 配电线路的短路保护电器，应在短路电流对导体和连接处产生的热作用和机械作用造成危害之前切断电源。

6.2.2 短路保护电器，应能分断其安装处的预期短路电流。预期短路电流，应通过计算或测量确定。当短路保护电器的分断能力小于其安装处预期短路电流时，在该段线路的上一级应装设具有所需分断能力的短路保护电器；其上下两级的短路保护电器的动作特性应配合，使该段线路及其短路保护电器能承受通过的短路能量。

6.2.3 绝缘导体的热稳定，应按其截面积校验，且应符合下列规定：

1 当短路持续时间小于等于5s时，绝缘导体的截面积应符合本规范公式(3.2.14)的要求，其相导体的系数可按本规范表A.0.7的规定确定；

2 短路持续时间小于0.1s时，校验绝缘导体截面积应计入短路电流非周期分量的影响；大于5s时，校验绝缘导体截面积应计入散热的影响。

6.2.4 当短路保护电器为断路器时，被保护线路末端的短路电流不应小于断路器瞬时或短延时过电流脱扣器整定电流的1.3倍。

6.2.5 短路保护电器应装设在回路首端和回路导体载流量减小的地方。当不能设置在回路导体载流量减小的地方时，应采用下列措施：

1 短路保护电器至回路导体载流量减小处的这一段线路长度，不应超过3m；

2 应采取将该段线路的短路危险减至最小的措施；

3 该段线路不应靠近可燃物。

6.2.6 导体载流量减小处回路的短路保护，当离短路点最近的绝缘导体的热稳定和上一级短路保护电器符合本规范第6.2.3条、第6.2.4条的规定时，该段回路可不装设短路保护电器，但应敷设在不燃或难燃材料的管、槽内。

6.2.7 下列连接线或回路，当在布线时采取了防止机械损伤等保护措施，且布线不靠近可燃物时，可不装设短路保护电器：

1 发电机、变压器、整流器、蓄电池与配电控制屏之间的连接线；

2 断电比短路导致的线路烧毁更危险的旋转电机励磁回路、起重电磁铁的供电回路、电流互感器的二次回路等；

3 测量回路。

6.2.8 并联导体组成的回路，任一导体在最不利的位置处发生短路故障时，短路保护电器应能立即可靠切断该段故障线路，其短路保护电器的装设，应符合下列规定：

1 当符合下列条件时，可采用一个短路保护电器：

1)布线时所有并联导体采用了防止机械损伤等保护措施；

2)导体不靠近可燃物。

2 两根导体并联的线路，当不能满足本条第1款条件时，在每根并联导体的供电端应装设短路保护电器。

3 超过两根导体的并联线路，当不能满足本条第1款条件时，在每根并联导体的供电端和负荷端均应装设短路保护电器。

6.3 过负荷保护

6.3.1 配电线路的过负荷保护，应在过负荷电流引起的导体温升对导体的绝缘、接头、端子或导体周围的物质造成损害之前切断电源。

6.3.2 过负荷保护电器宜采用反时限特性的保护电器，其分断能力可低于保护电器安装处的短路电流值，但应能承受通过的短路能量。

6.3.3 过负荷保护电器的动作特性，应符合下列公式的要求：

$$I_B \leqslant I_n \leqslant I_Z \quad (6.3.3-1)$$

$$I_2 \leqslant 1.45 I_Z \quad (6.3.3-2)$$

式中 I_B——回路计算电流，A；

I_n——熔断器熔体额定电流或断路器额定电流或整定电流，A；

I_Z——导体允许持续载流量，A；

I_2——保证保护电器可靠动作的电流，A。当保护电器为断路器时，I_2 为约定时间内的约定动作电流；当为熔断器时，I_2 为约定时间内的约定熔断电流。

6.3.4 过负荷保护电器，应装设在回路首端或导体载流量减小处。当过负荷保护电器与回路导体载流量减小处之间的这一段线路没有引出分支线路或插座回路，且符合下列条件之一时，过负荷保护电器可在该段回路任意处装设：

1 过负荷保护电器与回路导体载流量减小处的距离不超过3m，该段线路采取了防止机械损伤等保护措施，且不靠近可燃物；

2 该段线路的短路保护符合本规范第6.2节的规定。

6.3.5 除火灾危险、爆炸危险场所及其他有规定的特殊装置和场所外，符合下列条件之一的配电线路，可不装设过负荷保护电器：

1 回路中载流量减小的导体，当其过负荷时，上一级过负荷保护电器能有效保护该段导体；

2 不可能过负荷的线路，且该段线路的短路保护符合本规范第6.2节的规定，并没有分支线路或出线插座；

3 用于通信、控制、信号及类似装置的线路；

4 即使过负荷也不会发生危险的直埋电缆或架空线路。

6.3.6 过负荷断电将引起严重后果的线路，其过负荷保护不应切断线路，可作用于信号。

6.3.7 多根并联导体组成的回路采用一个过负荷保护电器时，其线路的允许持续载流量，可按每根并联导体的允许持续载流量之和计，且应符合下列规定：

1 导体的型号、截面、长度和敷设方式均相同；

2 线路全长内无分支线路引出；

3 线路的布置使各并联导体的负载电流基本相等。

6.4 配电线路电气火灾防护

6.4.1 当建筑物配电系统符合下列情况时，宜设置剩余电流监测或保护电器，其应动作于信号或切断电源：

1 配电线路绝缘损坏时，可能出现接地故障；

2 接地故障产生的接地电弧，可能引起火灾危险。

6.4.2 剩余电流监测或保护电器的安装位置，应能使其全面监视有起火危险的配电线路的绝缘情况。

6.4.3 为减少接地故障引起的电气火灾危险而装设的剩余电流监测或保护电器，其动作电流不应大于300mA；当动作于切断电源时，应断开回路的所有带电导体。

7 配电线路的敷设

7.1 一般规定

7.1.1 配电线路的敷设，应符合下列条件：

1 与场所环境的特征相适应；

2 与建筑物和构筑物的特征相适应；

3 能承受短路可能出现的机电应力；

4 能承受安装期间或运行中布线可能遭受的其他应力和导线的自重。

7.1.2 配电线路的敷设环境，应符合下列规定：

1 应避免由外部热源产生的热效应带来的损害；

2 应防止在使用过程中因水的侵入或因进入固体物带来的损害；

3 应防止外部的机械性损害；

4 在有大量灰尘的场所，应避免由于灰尘聚集在布线上对散热带来的影响；

5 应避免由于强烈日光辐射带来的损害；

6 应避免腐蚀或污染物存在的场所对布线系统带来的损害；

7 应避免有植物和(或)霉菌衍生存在的场所对布线系统带来的损害；

8 应避免有动物的情况对布线系统带来的损害。

7.1.3 除下列回路的线路可穿在同一根导管内外，其他回路的线路不应穿于同一根导管内。

1 同一设备或同一流水作业线设备的电力回路和无防干扰要求的控制回路；

2 穿在同一管内绝缘导线总数不超过8根，且为同一照明灯具的几个回路或同类照明的几个回路。

7.1.4 在同一个槽盒里有几个回路时，其所有的绝缘导线应采用与最高标称电压回路绝缘相同的绝缘。

7.1.5 电缆敷设的防火封堵，应符合下列规定：

1 布线系统通过地板、墙壁、屋顶、天花板、隔墙等建筑构件时，其孔隙应按等同建筑构件耐火等级的规定封堵；

2 电缆敷设采用的导管和槽盒材料，应符合现行国家标准《电气安装用电缆槽管系统 第1部分：通用要求》GB/T 19215.1、《电气安装用电缆槽管系统 第2部分：特殊要求 第1节：用于安装在墙上或天花板上的电缆槽管系统》GB/T 19215.2和《电气安装用导管系统 第1部分：通用要求》GB/T 20041.1规定的耐燃试验要求，当导管和槽盒内部截面积等于大于710mm^{2}时，应从内部封堵；

3 电缆防火封堵的材料，应按耐火等级要求，采用防火胶泥、耐火隔板、填料阻火包或防火帽；

4 电缆防火封堵的结构，应满足按等效工程条件下标准试验的耐火极限。

7.2 绝缘导线布线

(Ⅰ)直敷布线

7.2.1 正常环境的屋内场所除建筑物顶棚及地沟内外，可采用直敷布线，并应符合下列规定：

1 直敷布线应采用护套绝缘导线，其截面积不宜大于6mm^2；

2 护套绝缘导线至地面的最小距离应符合表7.2.1的规定；

3 当导线垂直敷设时，距地面低于1.8m段的导线，应用导管保护；

表7.2.1 护套绝缘导线至地面的最小距离(m)

布线方式		最小距离
水平敷设	屋内	2.5
	屋外	2.7
垂直敷设	屋内	1.8
	屋外	2.7

4 导线与接地导体及不发热的管道紧贴交叉时，应用绝缘管保护；敷设在易受机械损伤的场所应用钢管保护；

5 不应将导线直接埋入墙壁、顶棚的抹灰层内。

(Ⅱ)瓷夹，塑料线夹、鼓形绝缘子、针式绝缘子布线

7.2.2 正常环境的屋内场所和挑檐下的屋外场所，可采用瓷夹或塑料线夹布线。

7.2.3 采用瓷夹、塑料线夹、鼓形绝缘子和针式绝缘子在屋内、屋外布线时，其导线至地面的距离，应符合本规范表7.2.1的规定。

7.2.4 采用鼓形绝缘子和针式绝缘子在屋内、屋外布线时，其导线最小间距，应符合表7.2.4的规定。

表7.2.4 屋内、屋外布线的导线最小间距

支持点间距/m	导线最小间距/mm	
	屋内布线	屋外布线
≤1.5	50	100
>1.5，且≤3	75	100
>3，且≤6	100	150
>6，且≤10	150	200

7.2.5 导线明敷在屋内高温辐射或对导线有腐蚀的场所时，导线之间及导线至建筑物表面的最小净距应符合表7.2.5的规定。

表7.2.5 导线之间及导线至建筑物表面的最小净距

固定点间距/m	≤1.5	>1.5，且≤3	>3，且≤6	>6
最小净距/mm	75	100	150	200

7.2.6 屋外布线的导线至建筑物的最小间距，应符合表7.2.6的规定。

表7.2.6 导线至建筑物的最小间距(mm)

布线方式		最小间距
水平敷设时的垂直间距	在阳台、平台上和跨越建筑物顶	2500
	在窗户上	200
	在窗户下	800
垂直敷设时至阳台、窗户的水平间距		600
导线至墙壁和构架的间距(挑檐下除外)		35

(Ⅲ)金属导管和金属槽盒布线

7.2.7 对金属导管、金属槽盒有严重腐蚀的场所，不宜采用金属导管、金属槽盒布线。

7.2.8 在建筑物闷顶内有可燃物时，应采用金属导管、金属槽盒布线。

7.2.9 同一回路的所有相线和中性线，应敷设在同一金属槽盒内或穿于同一根金属导管内。

7.2.10 暗敷于干燥场所的金属导管布线，金属导管的管壁厚度不应小于1.5mm；明敷于潮湿场所或直接埋于素土内的金属导管布线，金属导管应符合现行国家标准《电气安装用导管系统 第1部分：通用要求》GB/T 20041.1或《低压流体输送用焊接钢管》GB/T 3091的有关规定；当金属导管有机械外压力时，金属导管应符合现行国家标准《电气安装用导管系统 第1部分：通用要求》GB/T 20041.1中耐压分类为中型、重型及超重型的金属导管的规定。

7.2.11 金属导管和金属槽盒敷设时，应符合下列规定：

1 与热水管、蒸汽管同侧敷设时，应敷设在热水管、蒸汽管下方。当有困难时，亦可敷设在热水管、蒸汽管上方，其净距应符合下列要求：

1)敷设在热水管下方时，不宜小于0.2m；在上方时，不宜小于0.3m；

2)敷设在蒸汽管下方时，不宜小于0.5m；在上方时，不宜小于1.0m；

3)对有保温措施的热水管、蒸汽管，其净距不宜小于0.2m。

2 当不能符合本条第1款要求时，应采取隔热措施。

3 与其他管道的平行净距不应小于0.1m。

4 当与水管同侧敷设时，宜将金属导管与金属槽盒敷设在水管的上方。

5 管线互相交叉时的净距，不宜小于其平行的净距。

7.2.12 暗敷于地下的金属导管不应穿过设备基础；金属导管及金属槽盒在穿过建筑物伸缩缝、沉降缝时，应采取防止伸缩或沉降的补偿措施。

7.2.13 采用金属导管布线，除非重要负荷、线路长度小于15m、金属导管的壁厚大于等于2mm，并采取了可靠的防水、防腐蚀措施后，可在屋外直接埋地敷设外，不宜在屋外直接埋地敷设。

7.2.14 同一路径无防干扰要求的线路，可敷设于同一金属导管或金属槽盒内。金属导管或金属槽盒内导线的总截面积不宜超过其截面积的40%，且金属槽盒内载流导线不宜超过30根。

7.2.15 控制、信号等非电力回路导线敷设于同一金属导管或金属槽盒内时，导线的总截面积不宜超过其截面的50%。

7.2.16 除专用接线盒内外，导线在金属槽盒内不应有接头。有专用接线盒的金属槽盒宜布置在易于检查的场所。导线和分支接头的总截面积不应超过该点槽盒内截面积的75%。

7.2.17 金属槽盒垂直或倾斜敷设时，应采取防止导线在线槽内移动的措施。

7.2.18 金属槽盒敷设的吊架或支架，宜在下列部位设置：

1 直线段宜为2~3m或槽盒接头处；

2 槽盒首端、终端及进出接线盒0.5m处；

3 槽盒转角处。

7.2.19 金属槽盒的连接处，不得设在穿楼板或墙壁等孔处。

7.2.20 由金属槽盒引出的线路，可采用金属导管、塑料导管、可弯曲金属导管、金属软导管或电缆等布线方式。导线在引出部分应有防止损伤的措施。

(Ⅳ)可弯曲金属导管布线

7.2.21 敷设在正常环境屋内场所的建筑物顶棚内或暗敷于墙体、混凝土地面、楼板垫层或现浇钢筋混凝土楼板内时，可采用基本型可弯曲金属导管布线。明敷于潮湿场所或直埋地下素土内时，应采用防水型可弯曲金属导管。

7.2.22 可弯曲金属导管布线，管内导线的总截面积不宜超过管内截面积的40%。

7.2.23 可弯曲金属导管布线，其与热水管、蒸汽管或其他管路同侧敷设时，应符合本规范第7.2.11条的规定。

7.2.24 暗敷于现浇钢筋混凝土楼板内的可弯曲金属导管，其表面混凝土覆盖层不应小于15mm。

7.2.25 在可弯曲金属导管有可能受重物压力或明显机械冲击处，应采取保护措施。

7.2.26 可弯曲金属导管布线，导管的金属外壳等非带电金属部分应可靠接地，且不应利用导管金属外壳作接地线。

7.2.27 暗敷于地下的可弯曲金属导管的管路不应穿过设备基础。

(Ⅴ)地面内暗装金属槽盒布线

7.2.28 正常环境下大空间且隔断变化多、用电设备移动性大或敷有多功能线路的屋内场所，宜采用地面内暗装金属槽盒布线，且应暗敷于现浇混凝土地面、楼板或楼板垫层内。

7.2.29 采用地面内暗装金属槽盒布线时，应将同一回路的所有导线敷设在同一槽盒内。

7.2.30 采用地面内暗装金属槽盒布线时，应将电力线路、非电力线路分槽或增加隔板敷设，两种线路交叉处应设置有屏蔽分线板的分线盒。

7.2.31 由配电箱、电话分线箱及接线端子箱等设备引至地面内暗装金属槽盒的线路，宜采用金属管布线方式引入分线盒，或以终端连接器直接引入槽盒。

7.2.32 地面内暗装金属槽盒出线口和分线盒不应突出地面，且应做好防水密封处理。

(Ⅵ)塑料导管和塑料槽盒布线

7.2.33　有酸碱腐蚀介质的场所宜采用塑料导管和塑料槽盒布线，但在高温和易受机械损伤的场所不宜采用明敷。

7.2.34　布线用塑料导管，应符合现行国家标准《电气安装用电缆导管系统　第1部分：通用要求》GB/T 20041.1中非火焰蔓延型塑料导管；布线用塑料槽盒，应符合现行国家标准《电气安装用电缆槽管系统　第1部分：通用要求》GB/T 19215.1中非火焰蔓延型的有关规定。塑料导管暗敷或埋地敷设时，应选用中等机械应力以上的导管，并应采取防止机械损伤的措施。

7.2.35　塑料导管和塑料槽盒不宜与热水管、蒸汽管同侧敷设。

7.2.36　塑料导管和塑料槽盒布线，应符合本规范第7.2.14条、第7.2.15条和第7.2.16条的有关规定。

7.3　钢索布线

7.3.1　钢索布线在对钢索有腐蚀的场所，应采取防腐蚀措施。

7.3.2　钢索上绝缘导线至地面的距离，应符合本规范第7.2.1条第2款的规定。

7.3.3　钢索布线应符合下列规定：

1　屋内的钢索布线，采用绝缘导线明敷时，应采用瓷夹、塑料夹、鼓形绝缘子或针式绝缘子固定；采用护套绝缘导线、电缆、金属导管及金属槽盒或塑料导管及塑料槽盒布线时，可将其直接固定于钢索上；

2　屋外的钢索布线，采用绝缘导线明敷时，应采用鼓形绝缘子、针式或蝶式绝缘子固定；采用电缆、金属导管及金属槽盒布线时，可将其直接固定于钢索上。

7.3.4　钢索布线所采用的钢索的截面积，应根据跨距、荷重和机械强度等因素确定，且不宜小于$10mm^2$。钢索固定件应镀锌或涂防腐漆。钢索除两端拉紧外，跨距大的应在中间增加支持点，其间距不宜大于12m。

7.3.5　在钢索上吊装金属导管或塑料导管布线时，应符合下列规定：

1　支持点之间及支持点与灯头盒之间的最大间距，应符合表7.3.5的规定；

表7.3.5　支持点之间及支持点与灯头盒之间的最大间距(mm)

布线类别	支持点之间	支持点与灯头盒之间
金属导管	1500	200
塑料导管	1000	150

2　吊装接线盒和管道的扁钢卡子宽度，不应小于20mm；吊装接线盒的卡子，不应少于2个。

7.3.6　钢索上吊装护套绝缘导线布线时，应符合下列规定：

1　采用铝卡子直敷在钢索上时，其支持点间距不应大于500mm；卡子距接线盒的间距不应大于100mm；

2　采用橡胶和塑料护套绝缘导线时，接线盒应采用塑料制品。

7.3.7　钢索上采用瓷瓶吊装绝缘导线布线时，应符合下列规定：

1　支持点间距不应大于1.5m；

2　线间距离，屋内不应小于50mm；屋外不应小于100mm；

3　扁钢吊架终端应加拉线，其直径不应小于3mm。

7.4　裸导体布线

7.4.1　除配电室外，无遮护的裸导体至地面的距离，不应小于3.5m；采用防护等级不低于现行国家标准《外壳防护等级(IP代码)》GB 4208规定的IP2×的网孔遮栏时，不应小于2.5m。网状遮栏与裸导体的间距，不应小于100mm；板状遮栏与裸导体的间距。不应小于50mm。

7.4.2 裸导体与需经常维护的管道同侧敷设时，裸导体应敷设在管道的上方。

7.4.3 裸导体与需经常维护的管道以及与生产设备最凸出部位的净距不应小于1.8m；当其净距小于等于1.8m时，应加遮栏。

7.4.4 裸导体的线间及裸导体至建筑物表面的最小净距应符合本规范表7.2.5的规定。硬导体固定点的间距，应符合在通过最大短路电流时的动稳定要求。

7.4.5 桥式起重机上方的裸导体至起重机平台铺板的净距不应小于2.5m；当其净距小于等于2.5m时，在裸导体下方应装设遮栏。除滑触线本身的辅助导线外，裸导体不宜与起重机滑触线敷设在同一支架上。

7.5 封闭式母线布线

7.5.1 干燥和无腐蚀性气体的屋内场所，可采用封闭式母线布线。

7.5.2 封闭式母线敷设时，应符合下列规定：

1 水平敷设时，除电气专用房间外，与地面的距离不应小于2.2m；垂直敷设时，距地面1.8m以下部分应采取防止母线机械损伤措施。母线终端无引出线和引入线时，端头应封闭。

2 水平敷设时，宜按荷载曲线选取最佳跨距进行支撑，且支撑点间距宜为2~3m。

3 垂直敷设时，在通过楼板处应采用专用附件支撑。进线盒及末端悬空时，应采用支架固定。

4 直线敷设长度超过制造厂给定的数值时，宜设置伸缩节。在封闭式母线水平跨越建筑物的伸缩缝或沉降缝处，应采取防止伸缩或沉降的措施。

5 母线的插接分支点，应设在安全及安装维护方便的地方。

6 母线的连接点不应在穿过楼板或墙壁处。

7 母线在穿过防火墙及防火楼板时，应采取防火隔离措施。

7.5.3 封闭式母线外壳及支架应可靠接地，全长应不少于2处与接地干线相连。

7.6 电缆布线

(Ⅰ)一般规定

7.6.1 电缆路径的选择，应符合下列规定：

1 应使电缆不易受到机械、振动、化学、地下电流、水锈蚀、热影响、蜂蚁和鼠害等损伤；

2 应便于维护；

3 应避开场地规划中的施工用地或建设用地；

4 应使电缆路径较短。

7.6.2 露天敷设的有塑料或橡胶外护层的电缆，应避免日光长时间的直晒；当无法避免时，应加装遮阳罩或采用耐日照的电缆。

7.6.3 电缆在屋内、电缆沟、电缆隧道和电气竖井内明敷时，不应采用易延燃的外保护层。

7.6.4 电缆不应在有易燃、易爆及可燃的气体管道或液体管道的隧道或沟道内敷设。当受条件限制需要在这类隧道或沟道内敷设电缆时，应采取防爆、防火的措施。

7.6.5 电力电缆不宜在有热力管道的隧道或沟道内敷设。当需要敷设时，应采取隔热措施。

7.6.6 支承电缆的构架，采用钢制材料时，应采取热镀锌或其他防腐措施；在有较严重腐蚀的环境中，应采取相适应的防腐措施。

7.6.7 电缆宜在进户处、接头、电缆头处或地沟及隧道中留有一定长度的余量。

(Ⅱ)电缆在屋内敷设

7.6.8 无铠装的电缆在屋内明敷，除明敷在电气专用房间外，水平敷设时，与地面的距离不应小于2.5m；垂直敷设时，与地面的距离不应小于1.8m；当不能满足上述要求时，应采取防止电缆机械损伤的措施。

7.6.9 屋内相同电压的电缆并列明敷时，除敷设在托盘、梯架和槽盒内外，电缆之间的净距不应小于35mm，且不应小于电缆外径。1kV及以下电力电缆及控制电缆与1kV以上电力电缆并列明敷时，其净距不应小于 150mm。

7.6.10 在屋内架空明敷的电缆与热力管道的净距，平行时不应小于 1m；交叉时不应小于 0.5m；当净距不能满足要求时，应采取隔热措施。电缆与非热力管道的净距，不应小于 0.15m；当净距不能满足要求时，应在与管道接近的电缆段上，以及由该段两端向外延伸大于等于 0.5m 以内的电缆段上，采取防止电缆受机械损伤的措施。在有腐蚀性介质的房屋内明敷的电缆，宜采用塑料护套电缆。

7.6.11 钢索上电缆布线吊装时，电力电缆固定点间的间距不应大于 0.75m；控制电缆固定点间的间距不应大于 0.6m。

7.6.12 电缆在屋内埋地穿管敷设，或通过墙、楼板穿管时，其穿管的内径不应小于电缆外径的 1.5 倍。

7.6.13 除技术夹层外，电缆托盘和梯架距地面的高度不宜低于 2.5m。

7.6.14 电缆在托盘和梯架内敷设时，电缆总截面积与托盘和梯架横断面面积之比，电力电缆不应大于 40%，控制电缆不应大于 50%。

7.6.15 电缆托盘和梯架水平敷设时，宜按荷载曲线选取最佳跨距进行支撑，且支撑点间距宜为 1.5~3m。垂直敷设时，其固定点间距不宜大于 2m。

7.6.16 电缆托盘和梯架多层敷设时，其层间距离应符合下列规定：

1 控制电缆间不应小于 0.20m；

2 电力电缆间不应小于 0.30m；

3 非电力电缆与电力电缆间不应小于 0.50m；当有屏蔽盖板时，可为 0.30m；

4 托盘和梯架上部距顶棚或其他障碍物不应小于 0.30m。

7.6.17 几组电缆托盘和梯架在同一高度平行敷设时，各相邻电缆托盘和梯架间应有满足维护、检修的距离。

7.6.18 下列电缆，不宜敷设在同一层托盘和梯架上：

1 1kV 以上与 1kV 及以下的电缆；

2 同一路径向一级负荷供电的双路电源电缆；

3 应急照明与其他照明的电缆；

4 电力电缆与非电力电缆。

7.6.19 本规范第 7.6.18 条规定的电缆，当受条件限制需安装在同一层托盘和梯架上时，应采用金属隔板隔开。

7.6.20 电缆托盘和梯架不宜敷设在热力管道的上方及腐蚀性液体管道的下方；腐蚀性气体的管道，当气体比重大于空气时，电缆托盘和梯架宜敷设在其上方；当气体比重小于空气时，宜敷设在其下方。电缆托盘和梯架与管道的最小净距，应符合表 7.6.20 的规定。

表 7.6.20 电缆托盘和梯架与各种管道的最小净距(m)

管道类别		平行净距	交叉净距
有腐蚀性液体、气体的管道		0.5	0.5
热力管道	有保温层	0.5	0.3
	无保温层	1.0	0.5
其他工艺管道		0.4	0.3

7.6.21 电缆托盘和梯架在穿过防火墙及防火楼板时，应采取防火封堵。

7.6.22 金属电缆托盘、梯架及支架应可靠接地，全长不应少于 2 处与接地干线相连。

（Ⅲ）电缆在电缆隧道或电缆沟内敷设

7.6.23　电缆在电缆隧道或电缆沟内敷设时，其通道宽度和支架层间垂直的最小净距，应符合表7.6.23的规定。

表7.6.23　通道宽度和电缆支架层间垂直的最小净距(m)

项目		通道宽度		支架层间垂直最小净距	
		两侧设支架	一侧设支架	电力线路	控制线路
电缆隧道		1.00	0.90	0.20	0.12
电缆沟	沟深≤0.60	0.30	0.30	0.15	0.12
	沟深＞0.60	0.50	0.45	0.15	0.12

7.6.24　电缆隧道和电缆沟应采取防水措施，其底部排水沟的坡度不应小于0.5%，并应设集水坑，积水可经集水坑用泵排出。当有条件时，积水可直接排入下水道。

7.6.25　在多层支架上敷设电缆时，电力电缆应敷设在控制电缆的上层；当两侧均有支架时，1kV及以下的电力电缆和控制电缆宜与1kV以上的电力电缆分别敷设于不同侧支架上。

7.6.26　电缆支架的长度，在电缆沟内不宜大于350mm；在电缆隧道内不宜大于500mm。

7.6.27　电缆在电缆隧道或电缆沟内敷设时，支架间或固定点间的最大间距应符合表7.6.27的规定。

表7.6.27　电缆支架间或固定点间的最大间距(m)

敷设方式		水平敷设	垂直敷设
塑料护套、钢带铠装	电力电缆	1.0	1.5
	控制电缆	0.8	1.0
钢丝铠装		3.0	6.0

7.6.28　电缆沟在进入建筑物处应设防火墙。电缆隧道进入建筑物处以及在进入变电所处，应设带门的防火墙。防火门应装锁。电缆的穿墙处保护管两端应采用难燃材料封堵。

7.6.29　电缆沟或电缆隧道，不应设在可能流入熔化金属液体或损害电缆外护层和护套的地段。

7.6.30　电缆沟盖板宜采用钢筋混凝土盖板或钢盖板。钢筋混凝土盖板的重量不宜超过50kg，钢盖板的重量不宜超过30kg。

7.6.31　电缆隧道内的净高不应低于1.9m。局部或与管道交叉处净高不宜小于1.4m。隧道内应采取通风措施，有条件时宜采用自然通风。

7.6.32　当电缆隧道长度大于7m时，电缆隧道两端应设出口；两个出口间的距离超过75m时，尚应增加出口。人孔井可作为出口，人孔井直径不应小于0.7m。

7.6.33　电缆隧道内应设照明，其电压不应超过36V；当照明电压超过36V时，应采取安全措施。

7.6.34　与电缆隧道无关的管线不得穿过电缆隧道。电缆隧道和其他地下管线交叉时，应避免隧道局部下降。

（Ⅳ）电缆埋地敷设

7.6.35　电缆直接埋地敷设时，沿同一路径敷设的电缆数量不宜超过6根。

7.6.36　电缆在屋外直接埋地敷设的深度不应小于700mm；当直埋在农田时，不应小于1m。在电缆上下方应均匀铺设砂层，其厚度宜为100mm；在砂层应覆盖混凝土保护板等保护层，保护层宽度应超出电缆两侧各50mm。

7.6.37　在寒冷地区，屋外直接埋地敷设的电缆应埋设于冻土层以下。当受条件限制不能深埋时，应采取防止电缆受到损伤的措施。

7.6.38　电缆通过下列地段应穿管保护，穿管内径不应小于电缆外径的1.5倍：

1 电缆通过建筑物和构筑物的基础、散水坡、楼板和穿过墙体等处；

2 电缆通过铁路、道路处和可能受到机械损伤的地段；

3 电缆引出地面2m至地下200mm处的部分；

4 电缆可能受到机械损伤的地方。

7.6.39 埋地敷设的电缆间及其与建筑物、构筑物等的最小净距，应符合现行国家标准《电力工程电缆设计规范》GB 50217的有关规定。

7.6.40 电缆与建筑物平行敷设时，电缆应埋设在建筑物的散水坡外。电缆引入建筑物时，其保护管应超出建筑物散水坡100mm。

7.6.41 电缆与热力管沟交叉，当采用电缆穿隔热水泥管保护时，其长度应伸出热力管沟两侧各2m；采用隔热保护层时，其长度应超过热力管沟两侧各1m。

7.6.42 电缆与道路、铁路交叉时，应穿管保护，保护管应伸出路基1m。

7.6.43 埋地敷设电缆的接头盒下面应垫混凝土基础板，其长度宜超出接头保护盒两端0.6～0.7m。

（Ⅴ）电缆在多孔导管内敷设

7.6.44 电缆在多孔导管内的敷设，应采用塑料护套电缆或裸铠装电缆。

7.6.45 多孔导管可采用混凝土管或塑料管。

7.6.46 多孔导管应一次留足备用管孔数；当无法预计发展情况时，可留1～2个备用孔。

7.6.47 当地面上均匀荷载超过$10t/m^2$或通过铁路及遇有类似情况时，应采取防止多孔导管受到机械损伤的措施。

7.6.48 多孔导管孔的内径不应小于电缆外径的1.5倍，且穿电力电缆的管孔内径不应小于90mm；穿控制电缆的管孔内径不应小于75mm。

7.6.49 多孔导管的敷设，应符合下列规定：

1 多孔导管敷设时，应有倾向人孔井侧大于等于0.2%的排水坡度，并在人孔井内设集水坑，以便集中排水；

2 多孔导管顶部距地面不应小于0.7m，在人行道下面时不应小于0.5m；

3 多孔导管沟底部应垫平夯实，并应铺设厚度大于等于60mm的混凝土垫层。

7.6.50 采用多孔导管敷设，在转角、分支或变更敷设方式改为直埋或电缆沟敷设时，应设电缆人孔井。在直线段上设置的电缆人孔井，其间距不宜大于100m。

7.6.51 电缆人孔井的净空高度不应小于1.8m，其上部人孔的直径不应小于0.7m。

（Ⅵ）矿物绝缘电缆敷设

7.6.52 屋内高温或耐火需要的场所，宜采用矿物绝缘电缆。

7.6.53 矿物绝缘电缆敷设时，其允许最小弯曲半径应符合表7.6.53的规定。

表7.6.53 矿物绝缘电缆允许最小弯曲半径（mm）

电缆外径	<7	≥7，且<12	≥12，且<15	≥15
最小弯曲半径	$2D$	$3D$	$4D$	$6D$

注：D为电缆外径。

7.6.54 矿物绝缘电缆在下列场合敷设时，应将电缆敷设成“S”或“Ω”形。矿物绝缘电缆弯曲半径不应小于电缆外径的6倍：

1 在温度变化大的场合；

2 振动设备的布线；

3 建筑物的沉降缝和伸缩缝之间。

7.6.55 矿物绝缘电缆敷设时，除在转弯处、中间联结器两侧外，应设置固定点固定，固定点的最大间距应符合表7.6.55的规定。

表 7.6.55 矿物绝缘电缆固定点间的最大间距(mm)

电缆外径	固定点间的最大间距	
	水平敷设	垂直敷设
<9	600	800
≥9，且<15	900	1200
≥15	1500	2000

注：当矿物绝缘电缆倾斜敷设时，电缆与垂直方向小于等于30°时，应按垂直敷设间距固定；大于30°时，应按水平敷设间距固定。

7.6.56 敷设的矿物绝缘电缆可能遭受到机械损伤的部位，应采取保护措施。

7.6.57 当矿物绝缘电缆敷设在对铜护套有腐蚀作用的环境或部分埋地、穿管敷设时，应采用有聚氯乙烯护套的电缆。

(Ⅶ)预分支电缆敷设

7.6.58 预分支电缆敷设时，宜将分支电缆紧紧地绑扎在主干电缆上，待主干电缆安装固定后，再将分支电缆的绑扎解开。敷设安装时，不应过分强拉分支电缆。

7.6.59 预制分支电力电缆的主干电缆采用单芯电缆时，应防止涡流效应和电磁干扰，不应使用导磁金属夹具。

7.7 电气竖井布线

7.7.1 多层和高层建筑物内垂直配电干线的敷设，宜采用电气竖井布线。

7.7.2 电气竖井垂直布线时，其固定及垂直干线与分支干线的连接方式，应能防止顶部最大垂直变位和层间垂直变位对干线的影响，以及导线及金属保护管、罩等自重所带来的载重(荷重)影响。

7.7.3 电气竖井内垂直布线采用大容量单芯电缆、大容量母线作干线时，应符合下列要求：

1 载流量要留有裕度；

2 分支容易、安全可靠；

3 安装及维修方便和造价经济。

7.7.4 电气竖井的位置和数量，应根据用电负荷性质、供电半径、建筑物的沉降缝设置和防火分区等因素确定，并应符合下列规定：

1 应靠近用电负荷中心；

2 应避免邻近烟囱、热力管道及其他散热量大或潮湿的设施；

3 不应和电梯、管道间共用同一电气竖井。

7.7.5 电气竖井的井壁应采用耐火极限不低于1h的非燃烧体。电气竖井在每层楼应设维护检修门并应开向公共走廊，检修门的耐火极限不应低于丙级。楼层间应采用防火密封隔离。电缆和绝缘线在楼层间穿钢管时，两端管口空隙应做密封隔离。

7.7.6 同一电气竖井内的高压、低压和应急电源的电气线路，其间距不应小于300mm或采取隔离措施。高压线路应设有明显标志。当电力线路和非电力线路在同一电气竖井内敷设时，应分别在电气竖井的两侧敷设或采取防止干扰的措施；对回路线数及种类较多的电力线路和非电力线路，应分别设置在不同电气竖井内。

7.7.7 管路垂直敷设，当导线截面积小于等于50mm^2、长度大于30m或导线截面积大于50mm^2、长度大于20m时，应装设导线固定盒，且在盒内用线夹将导线固定。

7.7.8 电气竖井的尺寸，除应满足布线间隔及端子箱、配电箱布置的要求外，在箱体前宜有大于等于0.8m的操作、维护距离。

7.7.9 电气竖井内不应设有与其无关的管道。

附录 A 系数 k 值

A. 0. 1 由导体、绝缘和其他部分的材料以及初始和最终温度决定的系数，其值应按下式计算：

$$k=\sqrt{\frac{Q_c(\beta+20℃)}{\rho_{20}}I_n\left(1+\frac{\theta_f-\theta_i}{\beta+\theta_i}\right)} \quad \text{(A. 0. 1)}$$

式中 k——系数；

Q_c——导体材料在20℃时的体积热容量，按表A. 0. 1. 的规定确定 J/(℃ · mm^3)；

β——导体在0℃时电阻率温度系数的倒数，按表 A. 0. 1 的规定确定,℃；

ρ_{20}——导体材料在20℃时的电阻率，按表 A. 0. 1 的规定确定，Ω · mm；

θ_i——导体初始温度,℃；

θ_f——导体最终温度,℃。

表 A. 0. 1 不同材料的参数值

材料	β/℃	Q_c/[J/(℃ · mm^3)]	ρ_{20}/Ω · mm
铜	234. 5	3.45×10^{-3}	17.241×10^{-5}
铝	228	2.5×10^{-3}	28.264×10^{-6}
铅	230	1.45×10^{-3}	214×10^{-6}
钢	202	3.8×10^{-3}	138×10^{-6}

A. 0. 2 非电缆芯线且不与其他电缆成束敷设的绝缘保护导体的初始、最终温度和系数，其值应按表 A. 0. 2 的规定确定。

表 A. 0. 2 非电缆芯线且不与其他电缆成束敷设的绝缘保护导体的初始、最终温度和系数

导体绝缘	温度/℃		导体材料的系数		
	初始	最终	铜	铝	钢
70℃聚氯乙烯	30	160(140)	143(133)	95(88)	52(49)
90℃聚氯乙烯	30	160(140)	143(133)	95(88)	52(49)
90℃热固性材料	30	250	176	116	64
60℃橡胶	30	200	159	105	58
85℃橡胶	30	220	166	110	60
硅橡胶	30	350	201	133	73

注：括号内数值适用于截面积大于 300mm^2 的聚氯乙烯绝缘导体。

A. 0. 3 与电缆护层接触但不与其他电缆成束敷设的裸保护导体的初始、最终温度和系数，其值应按表 A. 0. 3 的规定确定。

表 A. 0. 3 与电缆护层接触但不与其他电缆成束敷设的裸保护导体的初始、最终温度和系数

电缆护层	温度/℃		导体材料的系数		
	初始	最终	铜	铝	钢
聚氯乙烯	30	200	159	105	58
聚乙烯	30	150	138	91	50
氯磺化聚乙烯	30	220	166	110	60

A.0.4 电缆芯线或与其他电缆或绝缘导体成束敷设的保护导体的初始、最终温度和系数，其值应按表 A.0.4 的规定确定。

表 A.0.4 电缆芯线或与其他电缆或绝缘导体成束敷设的保护导体的初始、最终温度和系数

导体绝缘	温度/℃		导体材料的系数		
	初始	最终	铜	铝	钢
70℃聚氯乙烯	70	160(140)	115(103)	76(68)	42(37)
90℃聚氯乙烯	90	160(140)	100(86)	66(57)	36(31)
90℃热固性材料	90	250	143	94	52
60℃橡胶	60	200	141	93	51
85℃橡胶	85	220	134	89	48
硅橡胶	180	350	132	87	47

注：括号内数值适用于截面积大于 $300mm^2$ 的聚氯乙烯绝缘导体。

A.0.5 用电缆的金属护层作保护导体的初始、最终温度和系数，其值应按表 A.0.5 的规定确定。

表 A.0.5 用电缆的金属护层作保护导体的初始、最终温度和系数

电缆绝缘	温度/℃		导体材料的系数			
	初始	最终	铜	铝	铅	钢
70℃聚氯乙烯	60	200	141	93	26	51
90℃聚氯乙烯	80	200	128	85	23	46
90℃热固性材料	80	200	128	85	23	46
60℃橡胶	55	200	144	95	26	52
85℃橡胶	75	220	140	93	26	51
硅橡胶	70	200	135	—	—	—
裸露的矿物护套	105	250	135	—	—	—

注：电缆的金属护层，如铠装、金属护套、同心导体等。

A.0.6 裸导体温度不损伤相邻材料时的初始、最终温度和系数，其值应按表 A.0.6 的规定确定。

表 A.0.6 裸导体温度不损伤相邻材料时的初始、最终温度和系数

裸导体所在的环境	温度/℃				导体材料的系数		
	初始温度	最终温度			铜	铝	钢
		铜	铝	钢			
可见的和狭窄的区域内	30	500	300	500	228	125	82
正常环境	30	200	200	200	159	105	58
有火灾危险	30	150	150	150	138	91	50

A. 0. 7　相导体的初始、最终温度和系数，其值应按表 A. 0. 7 的规定确定。

表 A. 0. 7　相导体的初始、最终温度和系数

导体绝缘		温度/℃		相导体的系数		
		初始温度	最终温度	铜	铝	铜导体的锡焊接头
聚氯乙烯		70	160(140)	115(103)	76(68)	115
交联聚乙烯和乙丙橡胶		90	250	143	94	—
工作温度 60℃的橡胶		60	200	141	93	—
矿物质	聚氯乙烯护套	70	160	115	—	—
	裸护套	105	250	135	—	—

注：括号内数值适用于截面积大于 $300mm^2$ 的聚氯乙烯绝缘导体。

本规范用词说明

1　为便于在执行本规范条文时区别对待，对要求严格程度不同的用词说明如下：

1)表示很严格，非这样做不可的：

正面词采用“必须”；反面词采用“严禁”。

2)表示严格，在正常情况下均应这样做的：

正面词采用“应”；反面词采用“不应”或“不得”。

3)表示允许稍有选择，在条件许可时首先应这样做的：

正面词采用“宜”；反面词采用“不宜”。

4)表示有选择，在一定条件下可以这样做的，采用“可”。

2　条文中指明应按其他有关标准执行的写法为：“应符合……的规定”或“应按……执行”。

引用标准名录

《电力工程电缆设计规范》GB 50217

《通用用电设备配电设计规范》GB 50055

《低压流体输送用焊接钢管》GB/T 3091

《外壳防护等级(IP 代码)》GB 4208

《剩余电流动作保护电器的一般要求》GB/Z 6829

《隔离变压器和安全隔离变压器　技术要求》GB 13028

《建筑物电气装置　第 5 部分：电气设备的选择和安装　第 523 节：布线系统　载流量》GB/T 16895. 6

《建筑物电气装置　第 4－41 部分：安全防护　电击防护》GB 16895. 21

《电击防护　装置和设备的通用部分》GB/T 17045

《电气安装用电缆槽管系统　第 1 部分：通用要求》GB/T 19215. 1

《电气安装用电缆槽管系统　第 2 部分：特殊要求　第 1 节：用于安装在墙上或天花板上的电缆槽管系统》GB/T 19215. 2

《电气安装用导管系统　第 1 部分：通用要求》GB/T 20041. 1

3. 35～110kV 变电站设计规范

（GB 50059—2011
代替 GB 50059—92）

目　录

1　总则

1.0.1　为规范变电站设计，使变电站的设计符合国家的有关政策、法规，达到安全可靠、经济合理的要求，制定本规范。

1.0.2　本规范适用于电压35～110kV、单台变压器容量5000kV·A及以上的新建、扩建和改造工程的变电站设计。

1.0.3　变电站的设计应根据工程的5～10年发展规划进行，做到远、近期结合，应以近期为主，正确处理近期建设与远期发展的关系，并应根据需要预留扩建的可能。

1.0.4　变电站的设计应从全局出发，统筹兼顾，按负荷性质、用电容量、环境特点，结合地区发展水平，合理地确定设计方案。

1.0.5　变电站的设计应坚持节约资源、兼顾社会效益的原则。

1.0.6　变电站的设计，除应符合本规范外，尚应符合国家现行有关标准的规定。

2　站址选择和站区布置

2.0.1　变电站站址的选择，应符合现行国家标准《工业企业总平面设计规范》GB 50187的有关规定，并应符合下列要求：

1　应靠近负荷中心。

2　变电站布置应兼顾规划、建设、运行、施工等方面的要求，宜节约用地。

3　应与城乡或工矿企业规划相协调，并应便于架空和电缆线路的引入和引出。

4　交通运输应方便。

5　周围环境宜无明显污秽，空气污秽时，站址宜设在受污染源影响最小处。

6　变电站应避免与邻近设施之间的相互影响，应避开火灾、爆炸及其他敏感设施，与爆炸危险性气体区域邻近的变电站站址选择及其设计应符合现行国家标准《爆炸和火灾危险环境电力装置设计规范》GB 50058的有关规定。

7　应具有适宜的地质、地形和地貌条件，站址宜避免选在有重要文物或开采后对变电站有影响的矿藏地点，无法避免时，应征得有关部门的同意。

8　站址标高宜在50年一遇高水位上，无法避免时，站区应有可靠的防洪措施或与地区(工业企业)的防洪标准相一致，并应高于内涝水位。

9　变电站主体建筑应与周边环境相协调。

2.0.2　变电站应根据所在区域特点，选择合适的配电装置形式，抗震设计应符合现行国家标准《电力设施抗震设计规范》GB 50260的有关规定。

2.0.3　城市中心变电站宜选用小型化紧凑型电气设备。

2.0.4　变电站主变压器布置除应运输方便外，并应布置在运行噪声对周边环境影响较小的位置。

2.0.5　屋外变电站实体围墙不应低于2.2m。城区变电站、企业变电站围墙形式应与周围环境相协调。

2.0.6　变电站内为满足消防要求的主要道路宽度应为4.0m。主要设备运输道路的宽度可根据运输要求确定，并应具备回车条件。

2.0.7　变电站的场地设计坡度，应根据设备布置、土质条件、排水方式确定，坡度宜为0.5%～2%，且不应小于0.3%；平行于母线方向的坡度，应满足电气及结构布置的要求。道路最大坡度不宜大于6%。当利用路边明沟排水时，沟的纵向坡度不宜小于0.5%，局部困难地段不应小于0.3%。

电缆沟及其他类似沟道的沟底纵坡，不宜小于0.5%。

2.0.8　变电站内的建筑物标高、基础埋深、路基和管线埋深，应相互配合；建筑物内地面标高，宜高出屋外地面0.3m. 屋外电缆沟壁，宜高出地面0.1m。

2.0.9　各种地下管线之间和地下管线与建筑物、构筑物、道路之间的最小净距，应满足安全、检修安装及工艺的要求。

2.0.10 变电站站区绿化规划应与周围环境相适应，并应防止绿化物影响安全运行。

3 电气部分

3.1 主变压器

3.1.1 主变压器的台数和容量，应根据地区供电条件、负荷性质、用电容量和运行方式等条件综合确定。

3.1.2 在有一、二级负荷的变电站中应装设两台主变压器，当技术经济比较合理时，可装设两台以上主变压器。变电站可由中、低压侧电网取得足够容量的工作电源时，可装设一台主变压器。

3.1.3 **装有两台及以上主变压器的变电站，当断开一台主变压器时，其余主变压器的容量(包括过负荷能力)应满足全部一、二级负荷用电的要求。**

3.1.4 具有三种电压的变电站中，通过主变压器各侧绕组的功率达到该变压器额定容量的15%以上时，主变压器宜采用三绕组变压器。

3.1.5 主变压器宜选用低损耗、低噪声变压器。

3.1.6 电力潮流变化大和电压偏移大的变电站，经计算普通变压器不能满足电力系统和用户对电压质量的要求时，应采用有载调压变压器。

3.2 电气主接线

3.2.1 变电站的主接线，应根据变电站在电网中的地位、出线回路数、设备特点及负荷性质等条件确定，并应满足供电可靠、运行灵活、操作检修方便、节约投资和便于扩建等要求。

变电站在满足供电规划的条件下，宜减少电压等级和简化接线。

3.2.2 在满足变电站运行要求的前提下，变电站高压侧宜采用断路器较少或不设置断路器的接线。

3.2.3 35～110kV 电气接线宜采用桥形、扩大桥形、线路变压器组或线路分支接线、单母线或单母线分段的接线。

3.2.4 35～66kV 线路为8回及以上时，宜采用双母线接线。110kV 线路为6回及以上时，宜采用双母线接线。

3.2.5 当变电站装有两台及以上主变压器时，6～10kV 电气接线宜采用单母线分段，分段方式应满足当其中一台主变压器停运时，有利于其他主变压器的负荷分配的要求。

3.2.6 **当需限制变电站6～10kV 线路的短路电流时，可采用下列措施之一：**

1 变压器分列运行；

2 采用高阻抗变压器；

3 在变压器回路中串联限流装置。

3.2.7 接在母线上的避雷器和电压互感器，可合用一组隔离开关。接在变压器引出线上的避雷器，不宜装设隔离开关。

3.3 配电装置

3.3.1 变电站配电装置的设计，应符合现行国家标准《3～110kV 高压配电装置设计规范》GB 50060 的有关规定。

3.3.2 配电装置的设计，应根据变电站负荷性质、环境条件、运行维护的要求，选用资源节约、环境友好、占地省的设备和布置方案。

3.3.3 配电装置的设计应根据工程特点、规模和发展规划，做到远近结合，并应以近期为主。

3.4 无功补偿

3.4.1 变电站无功功率补偿装置型式和容量的确定，应按无功的分布情况，无功功率的大小，无功功率的波动幅度和波动频率，用户谐波电流的发生量和所接入电网的背景谐波值，由供配电系统设计进行统筹安排。

3.4.2 无功补偿装置的设计应符合现行国家标准《并联电容器装置设计规范》GB 50227 的有关规定。

3.4.3 变电站应装设并联电容器装置；必需时应装设交流谐波滤波装置或能根据无功负荷波动自动进行快速调节补偿容量的静补装置。

3.5 过电压保护和接地设计

3.5.1 变电站过电压保护的设计，应符合现行行业标准《交流电气装置的过电压保护和绝缘配合》DL/T 620 的有关规定。

3.5.2 变电站交流电气装置的接地设计，应符合现行行业标准《交流电气装置的接地》DL/T 621 的有关规定。

3.5.3 变电站建筑物的接地，应根据负载性质确定，并应符合现行国家标准《建筑物防雷设计规范》GB 50057 中有关第二类或第三类防雷建筑物接地的规定。

3.6 站用电系统

3.6.1 在有两台及以上主变压器的变电站中，宜装设两台容量相同可互为备用的站用变压器，每台站用变压器容量应按全站计算负荷选择。两台站用变压器可分别接自主变压器最低电压级不同段母线。能从变电站外引入一个可靠的低压备用电源时，亦可装设一台站用变压器。

当 35kV 变电站只有一回电源进线及一台主变压器时，可在电源进线断路器前装设一台站用变压器。

3.6.2 按规划需装设消弧线圈补偿装置的变电站，采用接地变压器引出中性点时，接地变压器可作为站用变压器使用，接地变压器容量应满足消弧线圈和站用电的容量的要求。

3.6.3 站用电接线及供电方式宜符合下列要求：

1 站用电低压配电宜采用中性点直接接地的 TN 系统，宜采用动力和照明共用的供电方式，额定电压宜为 380V/220V。

2 站用电低压母线宜采用单母线分段接线，每台站用变压器宜各接一段母线；也可采用单母线接线，两台站用变压器宜经过切换接一段母线。

3 站用电重要负荷宜采用双回路供电方式。

3.6.4 变电站宜设置固定的检修电源，并应设置漏电保护装置。

3.7 直流系统

3.7.1 变电站的直流母线，宜采用单母线或单母线分段的接线。采用单母线分段时，蓄电池应能切换至任一母线。

3.7.2 操作电源宜采用一组 110V 或 220V 蓄电池，不应设端电池。重要的 110kV 变电站，也可装设 2 组蓄电池。

蓄电池组宜采用性能可靠、维护量少的蓄电池，冲击负荷较大时，亦可采用高倍率蓄电池。

3.7.3 充电装置宜采用高频开关充电装置。

采用高频开关充电装置时，宜配置一套具有热备用部件的充电装置，也可配置两套充电装置。

3.7.4 蓄电池组的容量，应符合下列要求：

1 有人值班变电站应为全站事故停电 1h 的放电容量。

2 无人值班变电站应为全站事故停电 2h 的放电容量。

3 应满足事故放电末期最大冲击负荷的要求。

3.7.5 通信设备的直流电源可独立设置一组专用蓄电池直供或利用站用蓄电池直流变换方式。

3.8 照明

3.8.1 变电站的照明设计，应符合现行国家标准《建筑照明设计标准》GB 50034 的有关规定。

3.8.2 在控制室、屋内配电装置室、蓄电池室及屋内主要通道等处，应装设事故照明。

3.8.3 照明设备的安装位置应满足维修安全要求。

3.8.4 监视屏面应避免明显的反射眩光和直接阳光。

3.8.5 铅酸蓄电池室内的照明，应采用防爆型照明器，不应在蓄电池室内装设非防爆电器。

3.8.6 电缆隧道内的照明电压不宜高于24V，高于24V时，应采取防止触电的安全措施。

3.9 控制室电气二次布置

3.9.1 有人值班变电站的控制室，应位于运行管理方便、电缆总长较短、朝向良好和便于观察屋外主要设备的位置。

3.9.2 控制屏、柜的排列布置，宜与配电装置的间隔排列次序相对应。

3.9.3 控制室的建筑，应按变电站的规划容量在第一期工程中一次建成，屏位应按规划容量确定，并应留有备用屏位的余地。

3.9.4 无人值班变电站不宜设专用的控制室。

3.10 监控及二次接线

3.10.1 站内下列设备宜采用就地操作或控制：

1 6～110kV 配电装置的隔离开关、接地开关；

2 无需远方控制的主变压器中性点接地隔离开关。

3.10.2 无人值班变电站的下列设备，应能远方及就地控制：

1 所有的断路器、电动负荷开关；

2 主变压器有载调压分接开关；

3 需要远方控制的主变压器中性点接地隔离开关。

3.10.3 控制电路应为强电控制电路。远方遥控和站内控制操作之间，应设操作切换闭锁。

3.10.4 有人值班的变电站，宜装设能重复动作、延时自动解除的就地事故信号装置。无人值班的变电站，应装设满足远方运行要求的远动装置。

3.10.5 断路器的控制回路，应有监视信号。

3.10.6 配电装置应装设防止电气误操作闭锁装置。防止电气误操作闭锁装置宜采用机械闭锁，成套开关柜应采用机械闭锁装置。屋内间隔式配电装置，尚应装设防止误入带电间隔的设施。

闭锁连锁回路的电源，应与继电保护、控制信号回路的电源分开。

3.10.7 变电站可根据需要设置时钟同步系统。

3.10.8 变电站的主变压器有载分接开关调节、并联电容器组投切、蓄电池组充电、直流母线电压调节，宜采用自动控制。变电站的主变压器有载分接开关调节和并联电容器组投切自动装置，应具有远动装置的接口。

3.10.9 变电站应配置一套满足全站重要负荷供电的交流不停电电源系统，直流电源应采用站内直流系统，负荷供电采用辐射方式。

3.10.10 变电站可根据需要设置安全技术防范系统。

3.11 继电保护和自动装置

3.11.1 变电站继电保护的设计，应符合现行国家标准《继电保护和安全自动装置技术规程》GB/T 14285 的有关规定。

3.11.2 变电站继电保护和自动装置的设计，还应符合现行国家标准《电力装置的继电保护和自动装置设计规范》GB/T 50062 的有关规定。

3.12 调度自动化

3.12.1 调度自动化系统应根据调度自动化规划设计的要求配置。

3.12.2 调度自动化系统的遥信、遥测、遥控、遥调量，应根据安全监控、调度和保证电能质量，以及节约投资的要求确定。调度自动化系统应满足可靠的自动化信息采集和传送要求。

3.12.3 变电站与相应的调度端间应具备至少1个独立的远动通道或调度数据网，自动化通道应在通信设计中统一组织。

3.12.4 调度自动化系统应采用不间断电源供电。

3.12.5 变电站应按安全分区、网络专用的基本原则配置二次系统安全防护设备。

3.13 计量与测量

3.13.1 变电站计量与测量装置的设计，应符合现行国家标准《电力装置的电测量仪表装置设计规范》GB 50063 的有关规定。

3.13.2 变电站电能计量系统的设计，应符合现行行业标准《电能量计量系统设计技术规程》DL/T 5202的有关规定。

3.14 通信

3.14.1 变电站通信设计，应按变电站的规划容量、调度体制和在电网和通信网中所处的位置因地制宜地配置通信设备。

3.14.2 变电站可根据需要设置下列通信设施：

1 系统调度通信，变电站与其电网调度机构之间应至少具有1个独立的调度通信通道，通信方式可采用光纤通信、微波通信、电力线载波通信、音频电缆通信等。

2 站内通信。

3 与相关运行维护管理部门的通信。

4 与当地市话局的通信。

3.14.3 变电站可根据需要设置通信设备专用的直流电源系统，额定直流电压应为 -48V，应采用浮充供电方式。

3.14.4 变电站不宜设置单独的通信机房。

3.15 电缆敷设

3.15.1 变电站电缆选择与敷设的设计，应符合现行国家标准《电力工程电缆设计规范》GB 50217 的有关规定。

3.15.2 站用电源回路的电缆不宜在同一条通道(沟、隧道、竖井)中敷设，无法避免时，应采取有效的防火阻隔措施。

3.15.3 10kV 及以上高压电力电缆与控制电缆，宜分通道(沟、隧道、竖井)敷设或采取其他有效的防火阻隔措施。

3.15.4 变电站内不宜采用电缆中间接头。

4 土建部分

4.1 一般规定

4.1.1 土建设计应符合现行国家标准《混凝土结构设计规范》GB 50010 和《钢结构设计规范》GB 50017 的有关规定。

4.1.2 建筑物、构筑物及有关设施的设计，应统一规划、造型协调、整体性好，并应便于生产及生活，所选择的结构的类型及材料品种应合理并简化。

4.1.3 建筑物、构筑物的设计应符合下列要求：

1 承载能力极限状态，应按荷载效应的基本组合或偶然组合进行荷载(效应)组合，并应采用下式进行设计：

$$\gamma_0 S \leqslant R \quad (4.1.3-1)$$

式中 γ_0——结构重要性系数；

S——荷载效应组合的设计值；

R——结构构件抗力的设计值，应按现行国家标准《混凝土结构设计规范》GB 50010 和《钢结构设计规范》GB 50017 的有关规定确定。

2 正常使用极限状态，应根据不同的设计要求，采用荷载的标准组合、频遇组合或准永久组合，并应按下式进行设计：

$$S \leqslant C \tag{4.1.3-2}$$

式中　C——结构或结构构件达到正常使用要求的规定限值，应按现行国家标准《混凝土结构设计规范》GB 50010和《钢结构设计规范》GB 50017 的有关规定采用，不宜超过本规范附录 A 的规定。

4.1.4　建筑物、构筑物的安全等级均不应低于二级，相应的结构重要性系数不应小于1.0。

4.1.5　架构、支架及其他构筑物的基础，当验算上拔或倾覆稳定时，荷载效应应按承载能力极限状态下荷载效应的基本组合，分项系数均应为1.0，设计荷载所引起的基础上拔或倾覆弯矩应小于或等于基础的抗拔力或抗倾覆弯矩除以表4.1.5 的稳定系数。当基础处于稳定的地下水位以下时，应计入浮力的影响。

表4.1.5　基本组合基础上拔或倾覆稳定系数 K_S 及 K_G

荷载类型	K_S	K_G
基本组合	1.8	1.3

注：K_S——用于按极限土抗力来计算基础的抗倾覆力矩及按锥形土体计算抗拔力；
K_G——用于按基础自重加阶梯以上土重计算抗倾覆力矩或抗拔力。

4.2　荷载

4.2.1　结构上的荷载可按下列分类：

1　结构自重、导线及避雷线的自重和水平张力，固定的设备重、土重、土压力、水压力等永久荷载；

2　风荷载、冰荷载、雪荷载、活荷载，安装及检修时临时性荷载、地震作用、温度变化等可变荷载；

3　短路电动力、验算(稀有)风荷载及验算(稀有)冰荷载等偶然荷载。

4.2.2　荷载分项系数的采用应符合下列要求：

1　永久荷载和可变荷载的分项系数，应按现行国家标准《建筑结构荷载规范》GB 50009 和《建筑抗震设计规范》GB 50011 的有关规定选取；

2　对结构的倾覆、滑移或漂浮验算有利时，永久荷载的分项系数应取0.9；

3　偶然荷载的分项系数宜取1.0；

4　导线荷载的分项系数应按表4.2.2 中数值取用。

表4.2.2　导线荷载的分项系数

序号	荷载名称	最大风工况	覆冰工况	检修安装工况
1	水平张力	1.3	1.3	1.2
2	垂直荷载	1.3	1.3	1.2
3	侧向风压	1.4	1.4	1.4

注：垂直荷重当其效应对结构抗力有利时其荷载分项系数，可取1.0。

4.2.3　可变荷载的荷载组合值系数应按下列要求采用：

1　房屋建筑的基本组合情况：风荷载组合值系数应取0.6。

2　构筑物的大风情况：连续架构的温度变化作用组合值系数应取0.85。

3　构筑物最严重覆冰情况：风荷载组合值系数应取0.15(冰厚≤10mm)或0.25(冰厚>10mm)。

4　构筑物的安装或检修情况：风荷载组合值系数应取0.15。

5　地震作用情况：建筑物的活荷载组合值系数应取0.5，构筑物的风荷载组合值系数应取0.2，构筑物的冰荷载组合值系数应取0.5。

4.2.4　房屋建筑的楼面、屋面活荷载及有关系数的取值，不应低于表4.2.4 所列的数值。当设备及运输工具的荷载标准值大于表 4.2.4 的数值时，应按实际荷载进行设计。

表 4.2.4 建筑物均布活荷载及有关系数

序号	类别	标准值/（kN/m^2）	组合值系数 Ψ_c	频遇值系数 Ψ_f	准永久值系数 Ψ_q	计算主梁、柱及基础的折减系数	备注
1	不上人屋面	0.5	0.7	0.5	0	1.0	—
2	上人屋面	2.0	0.7	0.5	0.4	1.0	—
3	主控制室、继电器室及通信室的楼面	4.0	1.0	0.9	0.8	0.7	电缆层的电缆系吊在主控制室或继电器室的楼板上时，则应按实际荷载计算
4	主控制楼电缆层楼面	3.0	1.0	0.9	0.8	0.7	—
5	电容器室楼面	4.0～9.0	1.0	0.9	0.8	0.7	—
6	屋内 6kV、10kV 配电装置开关层楼面	4.0～7.0	1.0	0.0	0.8	0.7	用于每组开关重量≤8kN 无法满足时，应按实际荷载计算
7	屋内 35kV 配电装置开关层楼面	4.0～8.0	1.0	0.9	0.8	0.7	用于每组开关重量≤12kN，无法满足时，应按实际荷载计算
8	屋内 110kV 配电装置开关层楼面	4.0～10.0	1.0	0.9	0.8	0.7	用于每组开关重量≤36kN，无法满足时，应按实际荷载计算
9	屋内 110kVGIS 组合电器楼面	10.0	1.0	0.9	0.8	0.7	—
10	办公室及宿舍楼面	2.5	0.7	0.6	0.5	0.85	—
11	楼梯	2.5	0.7	0.6	0.5	—	—
12	室内沟盖板	4.0	0.7	0.6	0.5	1.0	搬运设备需通过盖板时，应按实际荷载计算

注：1. 序号 6、7、8 也适用于成套柜情况。对 3kV、6kV、10kV、35kV、110kV 配电装置区以外的楼面活荷载标准值可采用 $1.0kN/m^2$；

2. 运输通道按运输的最重设备计算；

3. 准永久值系数仅在计算正常使用极限状态的长期效应组合时使用。

4.2.5 构架及其基础宜根据实际受力条件，包括远景可能发生的不利情况，分别按终端或中间构架设计，下列荷载情况应作为承载能力极限状态的四种基本组合，并应按正常使用极限状态的条件对变形及裂缝进行校验：

1 运行情况，取 50 年一遇的设计最大风荷载(无冰、相应气温)、最低气温(无冰、无风)及最严重覆冰(相应气温、风荷载)三种情况及其相应的导线及避雷线张力、自重等。

2 安装情况，指导线及避雷线的架设，应计入梁上作用的人和工具重 2kN，以及相应的风荷载(风速按 10m/s 计取)、导线及避雷线张力、自重等。

3 检修情况，取三相同时上人停电检修及单相跨中上人带电检修两种情况以及相应风荷载(风速按 10m/s 取)、导线张力、自重等。对挡距内无引下线的情况可不加入跨中上人荷载。

4 地震情况，应计及水平地震作用及相应的风荷载或相应的冰荷载、导线及避雷线张力、自重等，地震情况下的结构抗力或承载力调整系数应按现行国家标准《构筑物抗震设计规范》GB 50191 的有关规定选取。

4.2.6 设备支架及其基础应按下列荷载情况作为承载能力极限状态的三种基本组合，并应按正常使用极限状态条件对变形及裂缝进行校验：

1 取 50 年一遇的设计最大风荷载及相应的引线张力、自重等最大风荷载情况。

2 取最大操作荷载及相应的风荷载、相应的引线张力、自重等操作情况。

3 计及水平地震作用及相应的风荷载、相应的引线张力、自重等地震情况，地震情况下的结构抗力或承载力调整系数应按现行国家标准《构筑物抗震设计规范》GB 50191 的有关规定选取。

4.2.7 高型及半高型配电装置的平台、走道及天桥的活荷载标准值，宜采用 1.5kN/m²，装配式板应取 1.5kN 集中荷载验算。在计算梁、柱及基础时，活荷载标准值应乘以折减系数，当荷重面积为 10m²～20m² 时，折减系数宜取 0.7。当荷重面积超过 20m² 时。折减系数宜取 0.6。

4.2.8 室外场地电缆沟荷载应取 4.0kN/m²。

4.3 建筑物

4.3.1 控制楼(室)可根据规模和需要布置成单层或多层建筑。控制室(含继电器室)的净高宜采用 3.0m。电缆夹层的净高宜采用 2.0～2.4m；辅助生产房屋的净高宜采用 2.7～3.0m。

4.3.2 控制室宜具备良好的朝向，宜天然采光，屏位布置及照明设计应避免表盘的眩光。

4.3.3 屋面防水应根据建筑物的性质、重要程度、使用功能要求采取相应的防水等级。主控制楼及屋内配电装置楼等设有重要电气设备的建筑，屋面防水应采用Ⅱ级，其余宜采用Ⅲ级。屋面排水宜采用有组织排水，结构找坡，坡度不应小于 3%。

4.3.4 控制室等对防尘有较高要求的房间，地坪应采用不起尘的材料并应由工艺专业根据工程的具体情况确定是否设置屏蔽措施。

4.4 构筑物

4.4.1 屋外架构、设备支架等构筑物应根据变电站的电压等级、规模、施工及运行条件、制作水平、运输条件，以及当地的气候条件选择合适的结构类型，其外形应做到相互协调。

4.4.2 钢结构构件的长细比不应超出本规范附录 B 的规定。各种架构的受压柱的整体长细比不宜超过 150。计算长度系数应按本规范附录 C 的规定采用。

4.4.3 构筑物应采用有效的防腐措施。钢结构应采用热镀锌、喷锌或其他可靠措施；不宜因防腐要求加大材料规格。

4.4.4 屋外钢结构构件及其连接件，当采用热镀锌防腐时，用材最小规格宜符合表 4.4.4 的规定。

表 4.4.4 屋外镀锌钢构件最小规格(mm)

角钢	钢管厚度	钢板厚度	圆钢	螺栓	地脚螺栓	架构拉条	基础底脚板厚度
∟50×5(弦杆) ∟40×4(腹杆)	3	4	ϕ12	M12	M16	ϕ14	16

4.4.5 人字柱及打拉线(条)柱，其根开与柱高(基础面到柱的交点)之比，分别不宜小于 1/7 和 1/5。

4.4.6 格构式钢梁梁高与跨度之比不宜小于1/25。

4.4.7 架构及设备支架的柱插入基础杯口的深度，除应满足计算要求外，不应小于表4.4.7的规定。

表4.4.7 柱插入基础杯口深度

架构	1.5D	支架	1.0D
注：表中D为柱的直径。柱插人杯口深度还不应小于柱身高度的0.05倍，当施工采取打临时拉线等措施时可不受限制。			

4.5 采暖、通风和空气调节

4.5.1 变电站采暖通风和空气调节系统的设计，应符合现行国家标准《建筑设计防火规范》GB 50016、《采暖通风与空气调节设计规范》GB 50019和《火力发电厂与变电站设计防火规范》GB 50229的有关规定。

4.5.2 变电站的控制室、计算机室、继电保护室、远动通信室、值班室等有空调要求的工艺设备房间，宜设置空调设施。

4.5.3 变压器室宜采用自然通风，当自然通风不能满足排热要求时，可增设机械排风。当变压器为油浸式时，各变压器室的通风系统不应合并。

4.5.4 蓄电池室应根据设备对环境温湿度要求和当地的气象条件，设置通风或降温通风系统，并应符合下列要求：

1 防酸隔爆蓄电池室的通风应采用机械通风，通风量应按空气中的最大含氢量(按体积计)不超过0.7%计算；但换气次数不应少于6次/h，室内空气严禁再循环，并应维持室内负压。吸风口应在靠近顶棚的位置设置。

2 免维护式蓄电池的通风空调设计，应符合下列要求：

1)夏季室内温度应小于或等于30℃；

2)设置换气次数不应少于3次/h的事故排风装置，事故排风装置可兼作通风用。

3 防酸隔爆蓄电池室和免维护式蓄电池室的排风机及其电动机应为防爆型。防酸隔爆蓄电池室通风设施及其管道宜采取防腐措施。

4 蓄电池室不应采用明火采暖。采用电采暖时，应采用防爆型。采用散热器采暖时，应采用焊接的光管散热器，室内不应有法兰、丝扣接头和阀门等。蓄电池室地面下不应设置采暖管道，采暖通风管道不宜穿过蓄电池室的楼板。

4.5.5 配电装置室及电抗器室等其他电气设备房间，宜设置机械通风系统，并宜维持夏季室内温度不高于40℃。配电装置室应设置换气次数不少于10次/h的事故排风机，事故排风机可兼作平时通风用。通风机和降温设备应与火灾探测系统连锁，火灾时应切断通风机的电源。

4.5.6 六氟化硫开关室应采用机械通风，室内空气不应再循环。六氟化硫电气设备室的正常通风量不应少于2次/h，事故时通风量不应少于4次/h。

4.6 给水与排水

4.6.1 变电站生活用水水源应根据供水条件综合比较确定，宜选用已建供水管网供水方式，不宜选用地表水作为水源的方案。

4.6.2 生活用水水质应符合现行国家标准《生活饮用水卫生标准》GB 5749的有关规定。

4.6.3 变电站生活污水、生产废水和雨水宜采用分流制。

4.6.4 变电站生活污水、生产废水应达到排放标准后排放。

5 消防

5.0.1 变电站内建筑物、构筑物的耐火等级，应符合现行国家标准《火力发电厂与变电站设计防火规范》GB 50229的有关规定。

5.0.2 变电站内建筑物、构筑物与站外的民用建筑物、构筑物及各类厂房、库房、堆场、储罐之间的防火净距，应符合现行国家标准《建筑设计防火规范》GB 50016 的有关规定；变电站内部的设备之间、建筑物与构筑物之间及设备与建筑物及构筑物之间的最小防火净距，应符合现行国家标准《火力发电厂与变电站设计防火规范》GB 50229 的有关规定。

5.0.3 变电站应对主变压器等各种带油电气设备及建筑物配备适当数量的移动式灭火器，主控制室等设有精密仪器、仪表设备的房间，应在房间内或附近走廊内配置灭火后不会引起污损的灭火器。移动式灭火器设计应符合现行国家标准《建筑灭火器配置设计规范》GB 50140 的有关规定。

5.0.4 屋外油浸变压器之间，当防火净距小于现行国家标准《火力发电厂与变电站设计防火规范》GB 50229 的规定值时，应设置防火隔墙，墙应高出油枕顶，墙长应大于贮油坑两侧各 1.0m，屋外油浸变压器与油量在 600kg 以上的本回路充油电气设备之间的防火净距，不应小于 5m。

5.0.5 变压器室、电容器室、蓄电池室、电缆夹层、配电装置室，以及其他有充油电气设备房间的门，应向疏散方向开启．当门外为公共走道或其他房间时，应采用乙级防火门。

5.0.6 电缆从室外进入室内的入口处与电缆竖井的出、入口处，以及控制室与电缆层之间，应采取防止电缆火灾蔓延的阻燃及分隔的措施。

5.0.7 变电站火灾探测及报警装置的设置，应符合现行国家标准《火力发电厂与变电站设计防火规范》GB 50229 的有关规定。

5.0.8 火灾探测及报警系统的设计和消防控制设备及其功能，应符合现行国家标准《火灾自动报警系统设计规范》GB 50116 的有关规定。

5.0.9 消防控制室应与变电站控制室合并设置。

6 环境保护

6.0.1 变电站及进出线的电磁场对环境的影响，应符合现行国家标准《电磁辐射防护规定》GB 8702、《环境电磁波卫生标准》GB 9175 和《高压交流架空送电线无线电干扰限值》GB 15707 等的有关规定。

6.0.2 变电站噪声对周围环境的影响，应符合现行国家标准《工厂企业厂界环境噪声排放标准》GB 12348 和《声环境质量标准》GB 3096 的有关规定。

6.0.3 变电站噪声应首先从声源上进行控制，宜采用低噪声设备。

6.0.4 变电站对外排放的水质应符合现行国家标准《污水综合排放标准》GB 8978 的有关规定。

6.0.5 变电站的生活污水，应处理达标后复用或排放。位于城市的变电站，生活污水应排入城市污水系统，并应满足相应排放水质要求。

6.0.6 变电站的选址、设计和建设等各阶段，应符合水土保持的要求，可能产生水土流失时，应采取防止人为水土流失的措施。

7 劳动安全和职业卫生

7.0.1 变电站的生产场所、附属建筑和易燃、易爆的危险场所，以及地下建筑物的防火分区、防火隔断、防火间距、安全疏散和消防通道的设计，应符合现行国家标准《建筑设计防火规范》GB 50016 和《火力发电厂与变电站设计防火规范》GB 50229 的有关规定。

7.0.2 安全疏散处应设置照明和明显的疏散指示标志。

7.0.3 变电站的电气设备的布置应满足带电设备的安全防护距离要求，还应采取隔离防护措施和防止误操作措施；应采取防雷击和安全接地等措施。

7.0.4 变电站的防机械伤害和防坠落伤害的设计，应符合现行国家标准《机械设备防护罩安全要求》GB 8196 的有关规定。

7.0.5 外露部分的机械转动部件应设置防护罩，机械设备应设置必要的闭锁装置。

7.0.6 平台、走道、吊装孔和坑池边等有坠落危险处，应设置栏杆或盖板。

7.0.7　变电站的六氟化硫开关室应设置机械排风设施。

7.0.8　在建筑物内部配置防毒及防化学伤害的灭火器时，应设置安全防护设施。

7.0.9　变电站噪声控制，应符合现行国家标准《工业企业噪声控制设计规范》GBJ 87 和有关工业企业设计卫生标准的规定。

7.0.10　防振动的设计应符合现行国家标准《作业场所局部振动卫生标准》GB 10434 和有关工业企业设计卫生标准的规定。

7.0.11　变电站的防暑、防寒及防潮的设计应符合现行国家标准《采暖通风与空气调节设计规范》GB 50019 和有关工业企业设计卫生标准的规定。

7.0.12　变电站的电磁影响防护设计，应符合现行国家标准《作业场所微波辐射卫生标准》GB 10436 和《电磁辐射防护规定》GB 8702 的有关规定。

8　节能

8.0.1　变压器应采用高效节能型产品，宜采用自冷冷却方式。

8.0.2　站用电耗能指标应采取下列措施降低：

1　应根据室内环境温度变化和相对湿度变化对设备的影响，合理配置空气调节设备。

2　户内安装电气设备，常规运行条件下宜采用自然通风散热，宜减少机械通风。

3　设备操作机构中的防露干燥加热，应采用温、湿自动控制。

4　应采用高光效光源和高效率节能灯具。

5　应合理选取站用变压器的容量。

8.0.3　墙体应采用节能、环保的建筑材料，并应合理设置门窗洞口和尺寸。

附录A 挠度及裂缝的限值

表A 挠度及裂缝的限值

序号	构件类别		挠度限值
1	架构横梁	220kV 及以下	$L/200$（跨中），$L/100$（悬臂）
2	架构单柱（无拉线）		$H/100$
3	人字柱	平面内	$H/200$
		平面外（带端撑）	$H/200$
		平面外（无端撑）	$H/100$
4	设备支架	隔离开关的横梁	$H/300$
		隔离开关的支柱	$H/300$
		其他设备支架柱	$H/200$
5	独立避雷针		$H/100$

注：1. L 及 H 分别为梁的计算跨度及柱的高度，架构的 H 不包括避雷针、地线柱。

2. 计算悬臂构件的挠度限值时，其计算跨度 L 按实际悬臂长度的2倍取用。

3. 各类设备支架的挠度，尚应满足设备对支架提出的特殊要求。

附录 B　钢结构构件的长细比限值

B. 0. 1　钢结构构件容许长细比应符合表 B. 0. 1 的规定。

表 B. 0. 1　钢结构构件容许长细比

构件名称	受压弦杆及支座处受压腹杆	一般受压腹杆	辅助杆	受拉杆	预应力拉条
容许长细比	150	220	250	400	不限

B. 0. 2　格构式钢结构构件的计算长度及长细比，应按表 B. 0. 2 采用。

表 B. 0. 2　格构式钢结构构件计算

简图	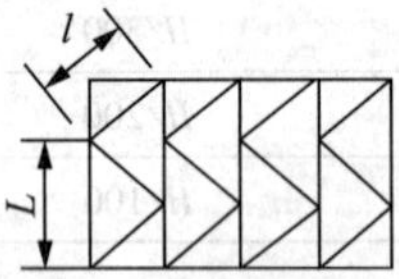	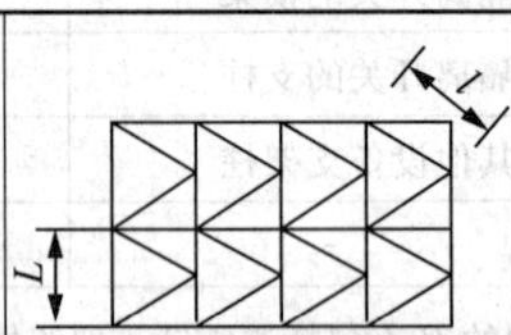	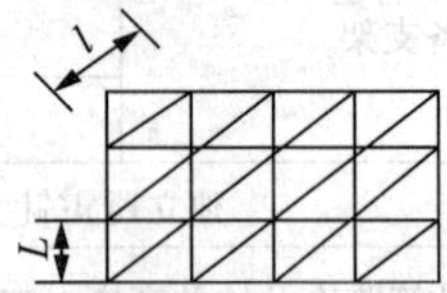	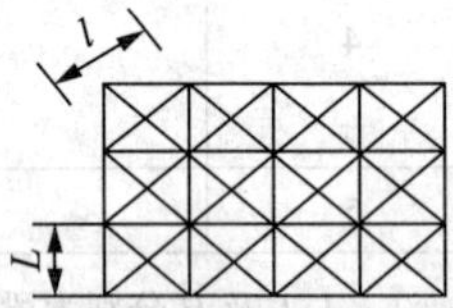
弦杆	$\frac{1.2L}{r_{x-x}}$	$\frac{1.1L}{r_{x-x}}$	$\frac{L}{r_{y_0-y_0}}$	$\frac{L}{r_{y_0-y_0}}$
腹杆	$\frac{l}{r_{y_0-y_0}}$	$\frac{l}{r_{y_0-y_0}}$	$\frac{l}{r_{y_0-y_0}}$	交叉腹杆拉压：$0.5l/r_{y_0-y_0}$ 交叉腹杆均受压：l/r_{x-x}

注：1. 对角钢 r_{x-x} 为平行轴回转半径，$r_{y_0-y_0}$ 为最小轴回转半径，对其他型钢也按此原则。

2. 交叉腹杆系指不断开连接，且交叉点装有连接螺栓的情况。

3. L 及 l 均指中心线尺寸。

4. 本表也适用于三角形断面结构。

附录 C 构架柱计算长度系数

C.0.1 人字柱平面内、外压杆的计算长度系数μ，应按表 C.0.1 的规定取值。

表 C.0.1 人字柱平面内、外压杆的计算长度系数μ

侧面	正面	人字平面内μ		人字平面外μ	
		$\frac{N_1}{N_2}\geq 0.6$	$0\leq\frac{N_1}{N_2}<0.6$	单跨	双跨及以上
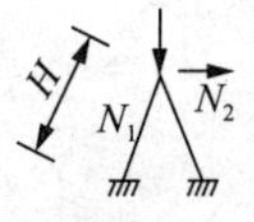	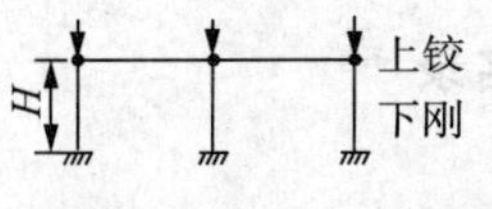	0.8	0.85	$\mu=0.8+0.6\left(1+\frac{N_1}{N_2}\right)$（无端撑） 0.7（有端撑）	0.8（无端撑） 0.7（有端撑）
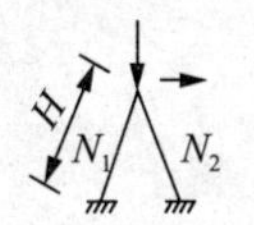	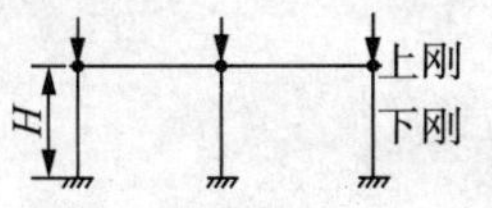	0.7	0.8	$\mu=0.66+0.17\left(1+\frac{N_1}{N_2}\right)+0.1\left(\frac{N_1}{N_2}\right)^2$	0.75

注：1. 人字柱钢管（或钢管混凝土）柱，当水平腹杆与弦杆刚性连接时，允许在计算中计人受拉弦杆对受压弦杆的帮助作用。若人字柱全部节点均为刚接，同时水平腹杆的直径不小于弦杆直径的 3/4，且布置于离地$\frac{H}{2}$～$\frac{2}{3}H$范围内，则受压杆在人字柱平面外的计算长度可取 $H_0=0.6H$。

2. 计算长度 $H_0=\mu H$（H 计算至基础面）。

C.0.2 打拉线（条）柱平面内、外压杆的计算长度系数，应按表 C.0.2 的规定取值。

表 C.0.2 打拉线（条）柱平面内、外压杆的计算长度系数

侧面	正面	拉条平面内μ	拉条平面外μ		
			单跨	双跨	三跨及以上
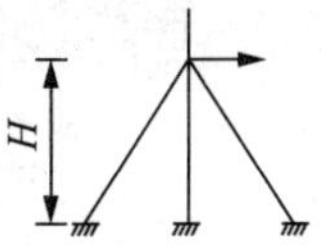	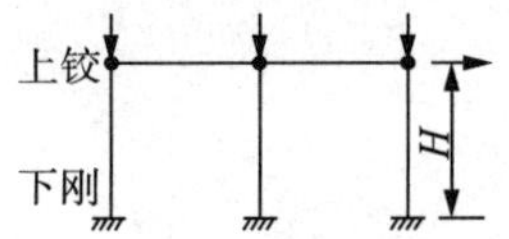	1.0	2.0（无端撑） 0.7（有端撑）	1.6（无端撑） 0.7（有端撑）	1.6（无端撑） 0.7（有端撑）
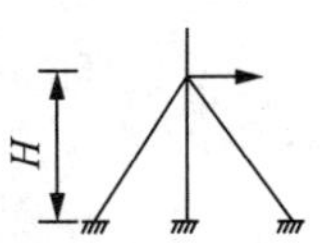	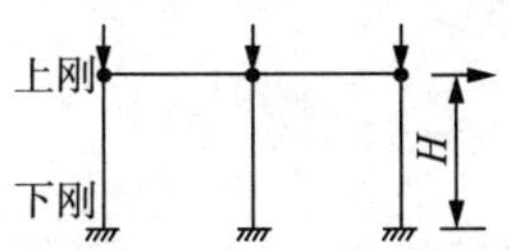	1.0	1.2	1.0	0.95

注：1. 表中图画的为双侧打拉线（条），但对单侧拉线（条）也适用。

2. 计算长度 $H_0=\mu H$。

本规范用词说明

1 为便于在执行本规范条文时区别对待，对要求严格程度不同的用词说明如下：

1)表示很严格，非这样做不可的：正面词采用“必须”；反面词采用“严禁”。

2)表示严格，在正常情况下均应这样做的：正面词采用“应”；反面词采用“不应"或“不得”。

3)表示允许稍有选择，在条件许可时首先应这样做的：正面词采用“宜”；反面词采用“不宜”。

4)表示有选择，在一定条件下可以这样做的，采用“可”。

2 条文中指明应按其他有关标准执行的写法为：“应符合……的规定”或“应按……执行”。

引用标准名录

《建筑结构荷载规范》GB 50009

《混凝土结构设计规范》GB 50010

《建筑抗震设计规范》GB 50011

《建筑设计防火规范》GB 50016

《钢结构设计规范》GB 50017

《采暖通风与空气调节设计规范》GB 50019

《建筑照明设计标准》GB 50034

《建筑物防雷设计规范》GB 50057

《爆炸和火灾危险环境电力装置设计规范》GB 50058

《3~110kV 高压配电装置设计规范》GB 50060

《电力装置的继电保护和自动装置设计规范》GB/T 50062

《电力装置的电测量仪表装置设计规范》GB 50063

《工业企业噪声控制设计规范》GBJ 87

《火灾自动报警系统设计规范》GB 50116

《建筑灭火器配置设计规范》GB 50140

《工业企业总平面设计规范》GB 50187

《构筑物抗震设计规范》GB 50191

《电力工程电缆设计规范》GB 50217

《并联电容器装置设计规范》GB 50227

《火力发电厂与变电站设计防火规范》GB 50229

《电力设施抗震设计规范》GB 50260

《声环境质量标准》GB 3096

《生活饮用水卫生标准》GB 5749

《机械设备防护罩安全要求》GB 8196

《电磁辐射防护规定》GB 8702

《污水综合排放标准》GB 8978

《环境电磁波卫生标准》GB 9175

《作业场所局部振动卫生标准》GB 10434

《作业场所微波辐射卫生标准》GB 10436

《工厂企业厂界环境噪声排放标准》GB 12348

《继电保护和安全自动装置技术规程》GB/T 14285

《高压交流架空送电线无线电干扰限值》GB 15707

《电能量计量系统设计技术规程》DL/T 5202

《交流电气装置的过电压保护和绝缘配合》DL/T 620

《交流电气装置的接地》DL/T 621

4. 3～110kV 高压配电装置设计规范

（GB 50060—2008
代替 GB 50060—92）

目　　录

1 总则

1.0.1 为使3～110kV高压配电装置(简称配电装置)的设计做到安全可靠、技术先进、经济合理、便于检修和维护，制定本规范。

1.0.2 本规范适用于新建和扩建3～110kV高压配电装置工程的设计。

1.0.3 配电装置的设计，应根据电力负荷性质、容量、环境条件和运行、安装、维护等要求，合理地选用设备和制定布置方案。在技术经济合理时应选用效率高、能耗小的电气设备和材料。

1.0.4 配电装置的设计应根据工程特点、规模和发展规划，做到远、近期结合，并应以近期为主，同时应适当留有扩建的余地。

1.0.5 配电装置的设计必须坚持节约用地的原则。

1.0.6 配电装置的设计除应执行本规范外，尚应符合国家现行有关标准的规定。

2 一般规定

2.0.1 配电装置的布置、导体、电气设备以及架构的选择，应满足在当地环境条件下正常运行、安装检修、短路和过电压时的安全要求，并应满足系统10～15年规划容量的要求。

2.0.2 配电装置各回路的相序排列宜一致。可按面对出线，自左至右、由远而近，从上到下的顺序，相序排列为A、B、C。对屋内硬导体及屋外母线桥应有相色标志，A、B、C相色标志应分别为黄、绿、红三色。对于扩建工程应与原有配电装置相序一致。

2.0.3 66～110kV配电装置内的母线排列顺序，宜为靠变压器侧布置的母线为Ⅰ母，靠线路侧布置的母线为Ⅱ母；双层布置的配电装置内的母线排列顺序，宜为下层布置的母线为Ⅰ母、上层布置的母线为Ⅱ母。

2.0.4 110kV屋外敞开式配电装置不应带电检修。

2.0.5 66～110kV敞开式配电装置，母线避雷器和电压互感器宜合用一组隔离开关。

2.0.6 66～110kV敞开式配电装置，断路器两侧隔离开关的断路器侧、线路隔离开关的线路侧，宜配置接地开关。气体绝缘金属封闭开关设备宜设隔离断口。

2.0.7 66～110kV敞开式配电装置，每段母线上应配置接地开关。

2.0.8 66～110kV敞开式配电装置，每组主母线的三相上宜装设电压互感器。当需要监视和检测线路侧有无电压时，出线侧的一相上宜装设电压互感器。

2.0.9 66～110kV配电装置，凡装有断路器的回路均应配置电流互感器。

2.0.10 屋内、屋外配电装置的隔离开关与相应的断路器和接地刀闸之间应装设闭锁装置。屋内配电装置设备低式布置时，还应设置防止误入带电间隔的闭锁装置。

2.0.11 配电装置内充油电气设备的布置，应满足带电观察油位油温时安全方便的要求，并应便于抽取油样。

3 环境条件

3.0.1 屋外配电装置中的电气设备和绝缘子，应根据当地的污秽分级等级采取相应的外绝缘标准及其他防尘、防腐措施，并应便于清扫。发电厂、变电所污秽分级标准应符合本规范附录B的规定。

3.0.2 配电装置中裸导体和电器的环境温度应符合表3.0.2的规定。

表 3.0.2　裸导体和电器的环境温度

类别	安装场所	环境温度/℃	
		最高	最低
裸导体	屋外	最热月平均最高温度	—
	屋内	该处通风设计温度	—
电器	屋外	年最高温度	年最低温度
	屋内电抗器	该处通风设计最高排风温度	—
	屋内其他位置	该处通风设计温度	

注：1. 年最高(或最低)温度为一年中所测得的最高(或最低)温度的多年平均值。
2. 最热月平均最高温度为最热月每日最高温度的月平均值．取多年平均值。
3. 选择屋内裸导体及其他电器的环境温度，若该处无通风设计温度资料时，可取最热月平均最高温度加5℃。

3.0.3　导体和电器的环境相对湿度，应采用当地湿度最高月份的平均相对湿度。在湿热带地区应采用湿热带型电器产品。在亚湿热带地区可采用普通电器产品，但应根据当地运行经验采取防护措施。

3.0.4　周围环境温度低于电器、仪表和继电器的最低允许温度时，应装设有自动温控的加热装置或采取其他保温措施。

在积雪、覆冰严重地区，应采取防止冰雪引起事故的措施。

隔离开关的破冰厚度，不应小于安装场所的最大覆冰厚度。

3.0.5　设计屋外配电装置及导体和电器时的最大风速，可采用离地10m高，30年一遇10min平均最大风速。最大设计风速超过3.5m/s的地区，在屋外配电装置的布置中，宜采取降低电气设备的安装高度、加强设备与基础的固定等措施。

3.0.6　配电装置的抗震设计应符合现行国家标准《电力设施抗震设计规范》GB 50260的有关规定。

3.0.7　海拔超过1000m的地区，配电装置应选择适用于该海拔高度的电器和电瓷产品。其外部绝缘的冲击和工频试验电压应符合现行国家标准《高压输变电设备的绝缘配合》GB 311.1的有关规定。

3.0.8　配电装置设计应降低有关运行场所的连续噪声级。配电装置紧邻居民区时，居民区围墙外侧的噪声标准应符合现行国家标准《城市区域环境噪声标准》GB 3096和《工业企业厂界噪声标准》GB 12348的有关规定。

3.0.9　110kV的电器及金具，在1.1倍最高相电压下，晴天夜晚不应出现可见电晕。

110kV导体的电晕临界电压应大于导体安装处的最高工作电压。

4　导体和电器的选择

4.1　一般规定

4.1.1　选用电器的最高工作电压不得低于所在系统的系统最高运行电压值，电压值的选取应符合现行国家标准《标准电压》GB 156的有关规定。

4.1.2　选用导体的长期允许电流不得小于该回路的持续工作电流。屋外导体应计其日照对载流量的影响。长期工作制电器，在选择其额定电流时，应满足各种可能运行方式下回路持续工作电流的要求。

4.1.3　验算导体和电器动稳定、热稳定以及电器开断电流所用的短路电流，应按系统10～15年规划容量计算。

确定短路电流时，应按可能发生最大短路电流的正常接线方式计算。可按三相短路验算，当单相或两相接地短路电流大于三相短路电流时，应按严重情况验算。

4.1.4　验算导体短路电流热效应的计算时间，宜采用主保护动作时间加相应的断路器全分闸时间。当主保护有死区时，应采用对该死区起作用的后备保护动作时间，并应采用相应的短路电流值。

验算电器短路热效应的计算时间，宜采用后备保护动作时间加相应的断路器全分闸时间。

4.1.5 采用熔断器保护的导体和电器可不验算热稳定；除采用具有限流作用的熔断器保护外，导体和电器应验算动稳定。

采用熔断器保护的电压互感器回路，可不验算动稳定和热稳定。

4.1.6 裸导体的正常最高工作温度不应大于70℃，在计及日照影响时，钢芯铝线及管形导体不宜大于80℃。

特种耐热导体的最高工作温度可根据制造厂提供的数据选择使用，但应计其高温导体对连接设备的影响，并应采取防护措施。

4.1.7 验算额定短时耐受电流时，裸导体的最高允许温度，硬铝及铝合金可取200℃，硬铜可取300℃，短路前的导体温度应采用额定负荷下的工作温度。

4.1.8 按回路正常工作电流选择裸导体截面时，导体的长期允许载流量，应按所在地区的海拔高度及环境温度进行修正。

导体采用多导体结构时，应计及邻近效应和热屏蔽对载流量的影响。

4.1.9 正常运行和短路时，电气设备引线的最大作用力不应大于电气设备端子允许的荷载。屋外配电装置的导体、套管、绝缘子和金具，应根据当地气象条件和不同受力状态进行力学计算。导体、套管、绝缘子和金具的安全系数不应小于表4.1.9的规定。

表4.1.9 导体、套管、绝缘子和金具的安全系数

类别	荷载长期作用时	荷载短时作用时
套管、支持绝缘子	2.50	1.67
悬式绝缘子及其金具	4.00	2.50
软导体	4.00	2.50
硬导体	2.00	1.67

注：1. 表中悬式绝缘子的安全系数系对应于1h机电试验荷载；若对应于破坏荷载。安全系数应分别为5.3和3.3。
2. 硬导体的安全系数系对应于破坏应力；若对应于屈服点应力，安全系数应分别为1.6和1.4。

4.1.10 配电装置中的绝缘水平应符合现行国家标准《工业与民用电力装置的过电压保护设计规范》GBJ 64的有关规定。

4.2 导体的选择

4.2.1 110kV及以下软导线宜选用钢芯铝绞线。

4.2.2 在空气中含盐量较大的沿海地区或周围气体对铝有明显腐蚀的场所，宜选用防腐型铝绞线或铜绞线。

4.2.3 硬导体可选用矩形、双槽形和管形。矩形铝导体的允许载流量应符合本规范附录A的规定。

4.2.4 硬导体的设计应满足不均匀沉陷、温度变化和振动等因素的要求。

4.3 电器的选择

4.3.1 电气设备的绝缘耐受水平应符合现行国家标准《高压输变电设备的绝缘配合》GB 311.1的有关规定。高压电气设备电瓷爬电距离应满足安装地点的污秽条件要求。

4.3.2 35kV及以下电压等级的断路器，宜选用真空断路器或SF_6断路器；66kV和110kV电压等级的断路器宜选用SF_6断路器。

4.3.3 隔离开关应根据正常运行条件和短路故障条件的要求选择。

4.3.4 3～35kV配电装置的电流互感器、电压互感器宜选用树脂浇注绝缘结构；66～110kV配电装置的电流互感器、电压互感器可根据安装使用条件及产品制造水平选择。

4.3.5 35kV及以下采用真空断路器的回路，宜根据被操作回路的负载性质(容性或感性负载)，选用金属氧化物避雷器或阻容吸收器进行过电压保护。

4.3.6 66～110kV配电装置，宜采用金属氧化物进雷器进行过电压保护。

4.3.7　装设在屋外的消弧线圈宜选用油浸式；装设在屋内的消弧线圈宜选用干式。

4.3.8　35kV 及以下电压等级的配电装置宜采用金属封闭开关设备，金属成套开关设备应具备下列功能：

1　防止误分、误合断路器。

2　防止带负荷拉合隔离开关。

3　防止带电挂接地线（合接地开关）。

4　防止带接地线关（合）断路器（隔离开关）。

5　防止误入带电间隔。

4.3.9　3～20kV 屋外支柱绝缘子和穿墙套管的爬电距离，应满足安装地点污秽等级的要求。当不能满足时，可按提高一级或两级电压等级的支柱绝缘子和穿墙套管选择。

5　配电装置

5.1　配电装置内安全净距

5.1.1　屋外配电装置的安全净距不应小于表 5.1.1 所列数值。电气设备外绝缘体最低部位距地小于 2500mm 时，应装设固定遮栏。

5.1.2　屋外配电装置的安全净距，应按图 5.1.2－1、图 5.1.2－2 和图 5.1.2－3 校验。

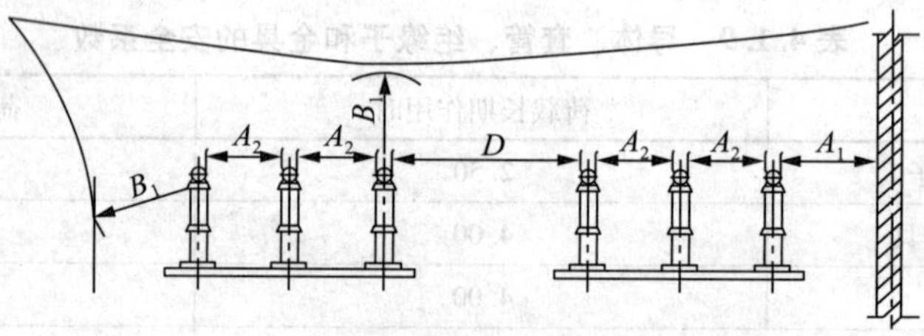

图 5.1.2－1　屋外 A_1、A_2、B_1、D 值校验

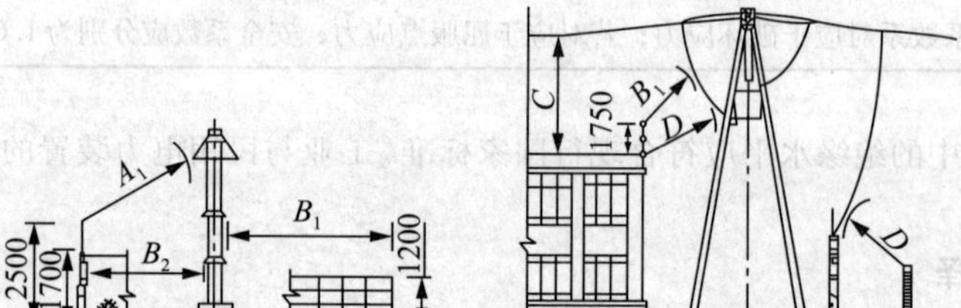

图 5.1.2－2　屋外 A_1、B_1、B_2、C、D 值校验

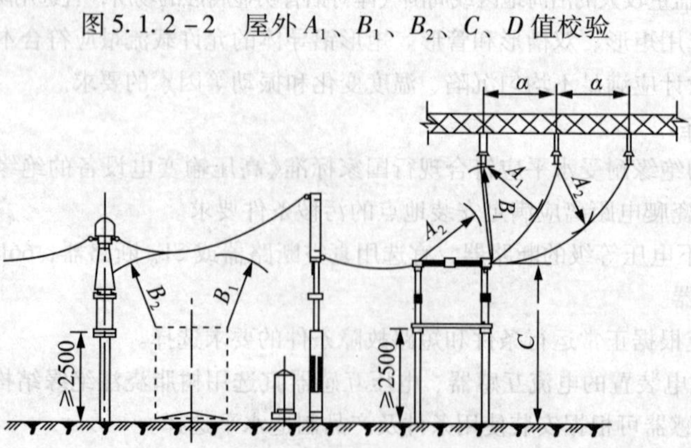

图 5.1.2－3　屋外 A_2、B_1、C 值校验

注：α 为不同相带电部分之间的距离。

表 5.1.1 屋外配电装置的安全净距(mm)

符号	适应范围	系统标称电压/kV					
		3～10	15～20	35	66	110J	110
A_1	1. 带电部分至接地部分之间 2. 网状遮栏向上延伸线距地 2.5m 处与遮栏上方带电部分之间	200	300	400	650	900	1000
A_2	1. 不同相的带电部分之间 2. 断路器和隔离开关的断口两侧引线带电部分之间	200	300	400	650	1000	1100
B_1	1. 设备运输时，其设备外廓至无遮栏带电部分之间 2. 交叉的不同时停电检修的无遮栏带电部分之间 3. 栅状遮栏至绝缘体和带电部分之间 4. 带电作业时带电部分至接地部分之间	950	1050	1150	1400	1650	1750
B_2	网状遮栏至带电部分之间	300	400	500	750	1000	1100
C	1. 无遮栏裸导体至地面之间 2. 无遮栏裸导体至建筑物、构筑物顶部之间	2700	2800	2900	3100	3400	3500
D	1. 平行的不同时停电检修的无遮栏带电部分之间 2. 带电部分与建筑物、构筑物的边沿部分之间	2200	2300	2400	2600	2900	3000

注：1. 110J 指中性点有效接地系统。
2. 海拔超过 1000m 时，A 值应进行修正。
3. 本表所列各值不适用于制造厂的成套配电装置。
4. 带电作业时，不同相或交叉的不同回路带电部分之间，其 B_1 值可在 A_2 值上加 750mm。

5.1.3 屋外配电装置使用软导线时，在不同条件下，带电部分至接地部分和不同相带电部分之间的最小安全净距，应根据表 5.1.3 进行校验，并应采用最大值。

表 5.1.3 带电部分至接地部分和不同相带电部分之间的最小安全净距(mm)

条件	校验条件	设计风速/(m/s)	A 值	系统标称电压/kV			
				35	66	110J	110
雷电过电压	雷电过电压和风偏	10(注)	A_1	400	650	900	1000
			A_2	400	650	1000	1100
工频过电压	1. 最大工作电压、短路和风偏(取10m/s 风速) 2. 最大工作电压和风偏(取最大设计风速)	10 或最大设计风速	A_1	150	300	300	450
			A_2	150	300	500	500

注：在最大设计风速为 35m/s 及以上，以及雷暴时风速较大等气象条件恶劣的地区应采用 15m/s。

5.1.4 屋内配电装置的安全净距不应小于表 5.1.4 所列数值。电气设备外绝缘体最低部位距地小于 2300mm 时，应装设固定遮栏。

表 5.1.4 屋内配电装置的安全净距(mm)

符号	适应范围	系统标称电压/kV								
		3	6	10	15	20	35	66	110J	110
A_1	1. 带电部分至接地部分之间 2. 网状和板状遮栏向上延伸线距地 2300mm 处与遮栏上方带电部分之间	72	100	125	150	180	300	550	850	950

续表

符号	适应范围	系统标称电压/kV								
		3	6	10	15	20	35	66	110J	110
A_2	1. 不同相的带电部分之间 2. 断路器和隔离开关的断口两侧引线带电部分之间	75	100	125	150	180	300	550	900	1000
B_1	1. 栅状遮栏至带电部分之间 2. 交叉的不同时停电检修的无遮栏带电部分之间	825	850	875	900	930	1050	1300	1600	1700
B_2	网状遮栏至带电部分之间	175	200	225	250	280	400	650	950	1050
C	无遮栏裸导体至地(楼)面之间	2500	2500	2500	2500	2500	2600	2850	3150	3250
D	平行的不同时停电检修的无遮栏裸导体之间	1875	1900	1925	1950	1980	2100	2350	2650	2750
E	通向屋外的出线套管至屋外通道的路面	4000	4000	4000	4000	4000	4000	4500	5000	5000

注：1. 110J 指中性点有效接地系统。
2. 海拔超过 1000m 时，A 值应进行修正。
3. 当为板状遮栏时，B_2 值可在 A_1 值上加 30mm。
4. 通向屋外配电装置的出线套管至屋外地面的距离，不应小于表 5.1.1 中所列屋外部分的 C 值。
5. 本表所列各值不适用于制造厂的产品设计。

5.1.5　屋外配电装置的安全净距应按图 5.1.5－1 和图 5.1.5－2 校验。

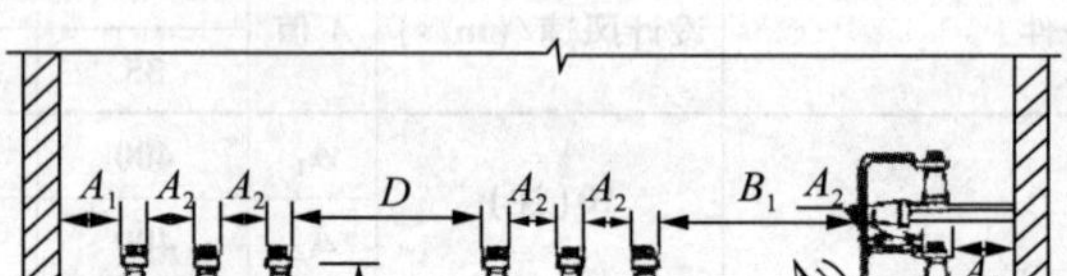

图 5.1.5－1　屋内 A_1、A_2、B_1、B_2、C、D 值校验

5.1.6　配电装置中，相邻带电部分的系统标称电压不同时，相邻带电部分的安全净距应按较高的系统标称电压确定。

5.1.7　屋外配电装置裸露的带电部分的上面和下面，不应有照明、通信和信号线路架空跨越或穿过；屋内配电装置裸露的带电部分上面不应有明敷的照明、动力线路或管线跨越。

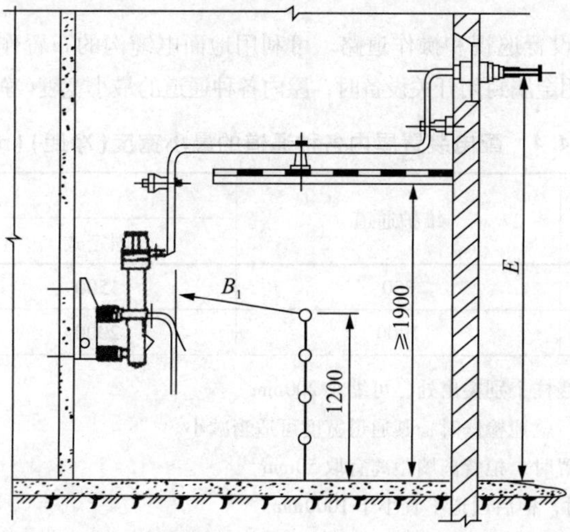

图 5.1.5－2 屋内 B_1、E 值校验

5.2 配电装置型式选择

5.2.1 配电装置型式的选择，应根据设备选型及进出线方式，结合工程实际情况，并与工程总体布置协调，通过技术经济比较确定。在技术经济合理时，应采用占地少的配电装置型式。

5.2.2 66 ~110kV 配电装置宜采用敞开式中型配电装置或敞开式半高型配电装置。

5.2.3 Ⅳ级污秽地区、大城市中心地区、土石方开挖工程量大的山区，66 ~110kV 配电装置，宜采用屋内敞开式配电装置；当技术经济合理时，也可采用气体绝缘金属封闭开关设备配电装置。

5.2.4 地震烈度为 9 度及以上地区的 110kV 配电装置宜采用气体绝缘金属封闭开关设备配电装置。

5.3 配电装置布置

5.3.1 配电装置的布置应结合接线方式、设备型式以及工程总体布置综合因素确定。

5.3.2 3 ~35kV 配电装置采用金属封闭高压开关设备时，应采用屋内布置。

5.3.3 35 ~110kV 配电装置，双母线接线，当采用软母线配普通双柱式或单柱式隔离开关时，屋外敞开式配电装置宜采用中型布置，断路器宜采用单列式布置或双列式布置。

110kV 配电装置，双母线接线，当采用管型母线配双柱式隔离开关时，屋外敞开式配电装置宜采用半高型布置，断路器宜采用单列式布置。

5.3.4 35 ~110kV 配电装置，单母线接线，当采用软母线配普通双柱式隔离开关时，屋外敞开式配电装置应采用中型布置，断路器宜采用单列式布置或双列式布置。

5.3.5 110kV 配电装置，双母线接线，当采用管型母线配双柱式隔离开关时，屋内敞开式配电装置应采用双层布置，断路器宜采用双列式布置。

5.3.6 110kV 配电装置，气体绝缘金属封闭开关设备配电装置可采用户内或户外布置。

5.3.7 110kV 配电装置，当采用管型母线时，管型母线宜选用单管结构。管型母线固定方式可采用支持式。当地震烈度为 8 度及以上时，管型母线固定方式宜采用悬吊式。

支持式管型母线在无冰无风状态下的跨中挠度不宜大于管型母线外直径的 0.5 ~1.0 倍，悬吊式管型母线的挠度可放宽。

采用支持式管型母线时，应采取加装动力双环阻尼消振器、管内加装阻尼线，以及改变支持方式等措施消除母线对端部效应、微风振动及热胀冷缩对支持绝缘子产生的内应力。

5.4 配电装置内的通道与围栏

5.4.1 配电装置的布置，应便于设备的操作、搬运、检修和试验。

5.4.2 中型布置的屋外配电装置内的检修、维护用环形道路宽度不宜小于 3000mm。成环有困难时，应具备回车条件。

5.4.3　屋外配电装置应设置巡视和操作道路。可利用地面电缆沟的布置作为巡视路线。

5.4.4　屋内配电装置采用金属封闭开关设备时，屋内各种通道的最小宽度(净距)，宜符合表5.4.4的规定。

表5.4.4　配电装置屋内各种通道的最小宽度(净距)(mm)

通道分类 / 布置方式	维护通道	操作通道	
		固定式	移开式
设备单列布置时	800	1500	单车长+1200
设备双列布置时	1000	2000	双车长+900

注：1. 通道宽度在建筑物的墙柱个别突出处，可缩小200mm。
2. 移开式开关柜不需进行就地检修时，其通道宽度可适当减小。
3. 固定式开关柜靠墙布置时，柜背离墙距离宜取50mm。
4. 当采用35kV开关柜时，柜后通道不宜小于1000mm。

5.4.5　室内油浸变压器外廓与变压器室四周墙壁的最小净距应符合表5.4.5的规定。就地检修的室内油浸变压器，室内高度可按吊芯所需的最小高度再加700mm，宽度可按变压器两侧各加800mm。

表5.4.5　屋内油浸变压器外廓与变压器室四壁的最小净距(mm)

变压器容量	1000kV·A及以下	1250kV·A及以上
变压器与后壁、侧壁之间	600	800
变压器与门之间	800	1000

5.4.6　设置于屋内的无外壳干式变压器，其外廓与四周墙壁的净距不应小于600mm。干式变压器之间的距离不应小于1000mm，并应满足巡视维修的要求。

5.4.7　66~110kV屋外配电装置，其周围宜设置高度不低于1500mm的围栏，并应在围栏醒目地方设置警示牌。

5.4.8　配电装置中电气设备的栅状遮栏高度不应小于1200mm，栅状遮栏最低栏杆至地面的净距不应大于200mm。

5.4.9　配电装置中电气设备的网状遮栏高度不应小于1700mm，网状遮栏网孔不应大于40mm×40mm。围栏门应装锁。

5.4.10　在安装有油断路器的屋内间隔内应设置遮栏，就地操作的油断路器及隔离开关，应在其操作机构处设置防护隔板，防护隔板的宽度应满足人员操作的范围要求，高度不应小于1900mm。

5.4.11　屋外裸导体母线桥，当外物有可能落在母线上时，应根据具体情况采取防护措施。

5.5　防火与蓄油设施

5.5.1　35kV屋内敞开式配电装置的充油设备应安装在两侧有隔墙(板)的间隔内；66~110kV屋内敞开式配电装置的充油设备应安装在有防爆隔墙的间隔内。

总油量超过100kg的屋内油浸电力变压器，应安装在单独的变压器间内，并应设置灭火设施。

5.5.2　屋内单台电气设备的油量在100kg以上时，应设置贮油设施或挡油设施。挡油设施的容积应按容纳20%油量设计，并应有将事故油排至安全处的设施；当不能满足上述要求时，应设置能容纳100%油量的贮油设施。

排油管的内径不应小于150mm，管口应加装铁栅滤网。

5.5.3　屋外单台电气设备的油量在1000kg以上时，应设置贮油或挡油设施。当设置有容纳20%油量的贮油或挡油设施时，应设置将油排到安全处所的设施，且不应引起污染危害。

当不能满足上述要求时，应设置能容纳 100% 油量的贮油或挡油设施。贮油和挡油设施应大于设备外廓每边各 1000mm，四周应高出地面 100mm。贮油设施内应铺设卵石层，卵石层厚度不应小于 250mm，卵石直径为 50 ~ 80mm。

当设置有油水分离措施的总事故贮油池时，贮油池容量宜按最大一个油箱容量的 60% 确定。

5.5.4 油量为 2500kg 及以上的屋外油浸变压器之间的最小净距应符合表 5.5.4 的规定。

表 5.5.4 屋外油浸变压器之间的最小净距(m)

电压等级	35kV 及以下	66kV	110kV
最小净距	5	6	8

5.5.5 油量为 2500kg 及以上的屋外油浸变压器之间的防火间距不能满足表 5.5.4 的要求时，应设置防火墙。

防火墙的耐火极限不宜小于 4h。防火墙的高度应高于变压器油枕，其长度应大于变压器贮油池两侧各 1000mm。

5.5.6 油量在 2500kg 及以上的屋外油浸变压器或电抗器与本回路油量为 600 ~ 2500kg 的充油电气设备之间的防火间距，不应小于 5000mm。

5.5.7 在防火要求较高的场所，有条件时宜选用非油绝缘的电气设备。

6 气体绝缘金属封闭开关设备配电装置

6.0.1 采用气体绝缘金属封闭开关设备的配电装置，接地开关的配置应满足运行检修的要求。

6.0.2 与气体绝缘金属封闭开关设备配电装置连接并需单独检修的电气设备、母线和出线，均应配置接地开关。

出线回路的线路侧接地开关应采用具有关合动稳定电流能力的快速接地开关。

6.0.3 气体绝缘金属封闭开关设备配电装置母线需装设避雷器时，避雷器和电压互感器可合设一组隔离开关或隔离断口。

6.0.4 气体绝缘金属封闭开关设备配电装置，应在气体绝缘金属封闭开关设备套管与架空线路连接处装设避雷器，避雷器宜采用敞开式金属氧化物避雷器。

6.0.5 气体绝缘金属封闭开关设备配电装置宜采用多点接地方式。外壳和支架上的感应电压，正常运行条件下不应大于 24V，故障条件下不应大于 100V。

6.0.6 在气体绝缘金属封闭开关设备配电装置内，应设置一条贯穿所有气体绝缘金属封闭开关设备间隔的接地母线或环形接地母线。

6.0.7 气体绝缘金属封闭开关设备配电装置每间隔应分为若干个隔室。隔室的分隔应满足正常运行条件和间隔元件设备检修要求。

7 配电装置对建筑物及构筑物的要求

7.1 屋内配电装置对建筑物的要求

7.1.1 长度大于 7000mm 的配电装置室，应设置 2 个出口。长度大于 60000mm 的配电装置室，宜设置 3 个出口；当配电装置室有楼层时，一个出口可设置在通往屋外楼梯的平台处。

7.1.2 屋内敞开式配电装置的母线分段处，宜设置带有门洞的隔墙。

7.1.3 充油电气设备间的门开向不属配电装置范围的建筑物内时，应采用非燃烧体或难燃烧体的实体门。

7.1.4 配电装置室的门应设置向外开启的防火门，并应装弹簧锁，严禁采用门闩；相邻配电装置室之间有门时，应能双向开启。

7.1.5 配电装置室可开固定窗采光，并应采取防止玻璃破碎时小动物进入的措施。

7.1.6　配电装置室的顶棚和内墙应做耐火处理，耐火等级不应低于二级。地（楼）面应采用耐磨、防滑、高硬度地面。

7.1.7　配电装置室有楼层时，楼层楼面应有防渗水措施。

7.1.8　配电装置室应按事故排烟要求装设事故通风装置。

7.1.9　配电装置屋内通道应保证畅通无阻，不得设立门槛，不应有与配电装置无关的管道通过。

7.1.10　布置在屋外配电装置区域内的继电器小室，宜采取防尘、防潮、防强电磁干扰和静电干扰的措施。

7.1.11　建筑物与户外油浸变压器的外廓间距不宜小于10000mm；当其间距小于10000mm，且在5000mm以内时，在变压器外轮廓投影范围外侧各3000mm内的屋内配电装置楼、主控制楼及网络控制楼面向油浸变压器的外墙不应开设门、窗和通风孔；当其间距在5000～10000mm时，在上述外墙上可设甲级防火门。变压器高度以上可设防火窗，其耐火极限不应小于0.90h。

7.2　屋外配电装置对构筑物的要求

7.2.1　计算用气象条件应按当地的气象资料确定。

7.2.2　独立架构应按终端架构设计，连续架构可根据实际受力条件分别按终端或中间架构设计。架构设计时不计算断线受力情况。

7.2.3　架构设计应计算其正常运行、安装、检修时的各种荷载组合。正常运行时，应取设计最大风速、最低气温、最厚覆冰三种情况中最严重者；安装紧线时，不计算导线上人荷载，但应计算安装引起的附加垂直荷载和横梁上人的2000N集中荷载；检修时，对导线跨中有引下线的110kV电压的架构，应计算导线上人荷载，并分别验算单相作业和三相作业的受力状态。此时，导线集中荷载应符合下列规定：

1　单相作业：110kV应取1500N。

2　三相作业：110kV每相应取1000N。

7.2.4　半高型配电装置的架构横梁应计其适当的起吊荷载。

7.3　屋内气体绝缘金属封闭开关设备配电装置对建筑物的要求

7.3.1　屋内气体绝缘金属封闭开关设备配电装置屋内地面宜采用耐磨、防滑、高硬度地面，并应满足气体绝缘金属封闭开关设备对基础不均匀沉降的要求。同一间隔气体绝缘金属封闭开关设备的布置应避免跨土建结构缝。

7.3.2　屋内气体绝缘金属封闭开关设备配电装置的设计，应根据其扩建、安装、检修、运行、维护以及气体回收确定所需的空间和通道。

7.3.3　屋内气体绝缘金属封闭开关设备配电装置两侧应设置安装、检修和巡视的通道。主通道宜靠近断路器侧，宽度宜为2000mm；巡视通道宽度不应小于1000mm。

7.3.4　屋内气体绝缘金属封闭开关设备配电装置应设置起吊设备，起吊设备的容量应满足起吊最大检修单元，以及设备检修的要求。

7.3.5　屋内气体绝缘金属封闭开关设备配电装置宜配备SF_6气体回收装置，低位区应配备SF_6泄漏报警仪及事故排风装置。

附录 A　矩形铝导体长期允许载流量

表 A　矩形铝导体长期允许载流量(A)

导体尺寸 $h \times b$ (mm × mm)	单条		双条		三条		四条	
	平放	竖放	平放	竖放	平放	竖放	平放	竖放
40 × 4	480	503	—	—	—	—	—	—
40 × 5	542	562	—	—	—	—	—	—
50 × 4	586	613	—	—	—	—	—	—
50 × 5	661	692	—	—	—	—	—	—
63 × 6. 3	910	952	1409	1547	1866	2111	—	—
63 × 8	1038	1085	1623	1777	2113	2379	—	—
63 × 10	1168	1221	1825	1994	2381	2665	—	—
80 × 6. 3	1128	1178	1724	1892	2211	2505	2558	3411
80 × 8	1274	1330	1946	2131	2491	2809	2863	3817
80 × 10	1472	1490	2175	2373	2774	3114	3167	4222
100 × 6. 3	1371	1430	2054	2253	2633	2985	3032	4043
100 × 8	1542	1609	2298	2516	2933	3311	3359	4479
100 × 10	1278	1803	2558	2796	3181	3578	3622	4829
125 × 6. 3	1674	1744	2446	2680	2079	3490	3525	4700
125 × 8	1876	1955	2725	2982	3375	3813	3847	5129
125 × 10	2089	2177	3005	3282	3725	4194	4225	5633

注：1. 载流量是按最高允许温度 +70℃、基准环境温度 +25℃、无风、无日照条件计算。

2. 表中导体尺寸：h 为宽度，b 为厚度。

3. 表中当导体为 4 条时，平放、竖放时第二、三片间距皆为 50mm。

附录 B 线路和发电厂、变电所污秽分级标准

B. 0. 1 线路和发电厂、变电所污秽分级，应符合表 B. 0. 1 的规定。

表 B. 0. 1 线路和发电厂、变电所污秽分级标准

污秽等级	污秽特征	盐密/(mg/cm²)	
		线路	发电厂、变电所
0	大气清洁地区及离海岸盐场 50km 以上无明显污秽地区	≤0. 03	
Ⅰ	大气轻度污秽地区，工业区和人口低密集区，离海岸盐场 10～50km 地区，在污闪季节中干燥少雾(含毛毛雨)或雨量较多时	>0. 03～0. 06	≤0. 06
Ⅱ	大气中等污秽地区，轻盐碱和炉烟污秽地区，离海岸盐场 3～10km 地区，在污闪季节中潮湿多雾(含毛毛雨)但雨量较少时	>0. 06～0. 10	>0. 06～0. 10
Ⅲ	大气污染较严重地区。重雾和重盐碱地区，近海岸盐场 1～3km 地区，工业与人口密度较大地区，离化学污染源和炉烟污秽 300～1500m 的较严重污秽地区	>0. 10～0. 25	>0. 10～0. 25
Ⅳ	大气特别严重污染地区，离海岸盐场 1km 以内，离化学污染源和炉烟污秽 300m 以内的地区	>0. 25～0. 35	>0. 25～0. 35

B. 0. 2 各级污秽等级下的爬电比距分级，应符合表 B. 0. 2 的规定。

表 B. 0. 2 各级污秽等级下的爬电比距分级数值

污秽等级	爬电比距/(cm/kV)	
	线路	发电厂、变电所
	110kV 及以下	110kV 及以下
0	1. 39(1. 60)	—
Ⅰ	1. 39～1. 74(1. 60～2. 00)	1. 60(1. 84)
Ⅱ	1. 74～2. 17(2. 00～2. 50)	2. 00(2. 30)
Ⅲ	2. 17～2. 78(2. 50～3. 20)	2. 50(2. 88)
Ⅳ	2. 78～3. 30(3. 20～3. 80)	3. 10(3. 57)

注：1. 线路和发电厂、变电所爬电比距计算时取系统最高工作电压。表中括号内数字为按额定电压计算值。

2. 对电站设备 0 级(110kV 及以下爬电比距为 1. 48cm/kV)，目前保留作为过渡时期的污秽等级。

3. 对处于污秽环境中用于中性点绝缘和经消弧线圈接地系统的电力设备，其外绝缘水平可按高一级选取。

本规范用词说明

1 为便于在执行本规范条文时区别对待，对要求严格程度不同的用词说明如下：

1）表示很严格，非这样做不可的用词：

正面词采用“必须”；反面词采用“严禁”。

2）表示严格，在正常情况下均应这样做的用词：

正面词采用“应”；反面词采用“不应”或“不得”。

3）表示允许稍有选择，在条件许可时首先应这样做的用词：

正面词采用“宜”；反面词采用“不宜”。

表示有选择，在一定条件下可以这样做的用词，采用“可”。

2 本规范中指明应按其他有关标准、规范执行的写法为“应符合……的规定”或“应按……执行”。

5. 石油化工工厂信息系统设计规范

（GB/T 50609—2010
本规范为首次发布）

目 录

1　总则

1.0.1　为规范石油化工工厂信息系统的工程设计，促进工厂信息系统技术先进、安全可靠、经济合理、节能环保，制定本规范。

1.0.2　本规范适用于新建、改建和扩建的石油化工工厂信息系统的工程设计。

1.0.3　石油化工工厂信息系统的设计应遵循近期建设规模与远期发展规划协调一致的原则。

1.0.4　石油化工工厂信息系统的工程设计，除应符合本规范外，尚应符合国家现行有关标准的规定。

2　术语和缩略语

2.1　术语

2.1.1　物资　material

物质资料的简称，包括生产资料和生活资料。企业生产过程中所需要的物资主要指原材料、辅助材料，燃料、动力、配件、工具等。

2.1.2　物料　material

指与产品生产有关的原料、辅助材料、半成品和成品等。

2.1.3　供应链管理　supply chain management

基于最终客户需求，对围绕提供某种共同产品或服务的相关企业的信息资源，以基于Internet技术的软件产品为工具进行管理，从而实现整个渠道商业流程优化的一个平台。即企业实现整个渠道商业流程优化的一个平台。

2.1.4　工厂数据仓库　plant data warehouse

指描述工厂及其组成元素的相关数据、文件和逻辑与物理模型等面向主题的、集成的、相对稳定的、反映历史变化的异构数据集合，实现对工厂数字模型的管理。

2.2　缩略语

2.2.1　APC　先进过程控制　advanced process control

2.2.2　CCR　中央控制室　central control room

2.2.3　CCS　压缩机组控制系统　compressor control system

2.2.4　CCTV　电视监视系统　central control television

2.2.5　CRM　客户关系管理　customer relationship management

2.2.6　DAS　直接连接存储　direct attached storage

2.2.7　DCS　分散型控制系统　distributed control system

2.2.8　EIP　企业信息门户　enterprise information portal

2.2.9　ERP　企业资源计划　enterprise resource planning

2.2.10　FAR　现场机柜室　field auxiliary room

2.2.11　FCS　现场总线控制系统　fieldbus control system

2.2.12　FGS　火灾及气体检测系统　fire and gas detection system

2.2.13　KPI　关键绩效指标　key performance indicator

2.2.14　LIMS　实验室信息管理系统　laboratory information management system

2.2.15　MAS　储运自动化系统　movement automation system

2.2.16　MES　生产执行系统　manufacturing execution system

2.2.17　MMS　机组监控系统　machinery monitoring system

2.2.18　NAS　网络附加存储　network anached storage

2.2.19　OA　办公自动化　office automation

2.2.20　OBS　油品调合系统　oil blending system

2.2.21 OPC 用于过程控制的对象链接嵌入 object linking and embedding(OLE) for process control

2.2.22 OTS 操作员培训仿真系统 operalor training simulator

2.2.23 PAS 在线分析仪系统 process analyzers system

2.2.24 PCS 过程控制系统 process control system

2.2.25 PDA 个人数字助理 personal digital assistant

2.2.26 PLC 可编程逻辑控制器 programmable logic controller

2.2.27 RTO 实时优化 real time optimization

2.2.28 SAN 存储区域网络 storage area network

2.2.29 SCADA 数据采集与监控系统 supervisory control and data acquisition

2.2.30 SCM 供应链管理 supply chain management

2.2.31 SIS 安全仪表系统 safety instrumented system

2.2.32 AMS 仪表设备管理系统 asset management system

3 系统设计

3.1 一般规定

3.1.1 工厂信息系统的设计应遵循安全可靠、经济实用、开放扩展、技术先进、集成优化的原则，并应符合下列规定：

1 应采用模块化、标准化的系统结构，支持灵活配置、功能扩展和性能提升，以及可持续的业务流程重组。

2 应满足业务需求，并应注重实效、投资合理。

3 应采用行业内有成功应用案例的、商品化的国内外成熟产品和开放的、商品化的系统及集成平台。

3.1.2 工厂信息系统应作为企业或工厂规划设计与工程设计的主要内容之一，并应与工艺、仪表、电信等专业的设计相互协调。

3.1.3 工厂信息系统应总体规划、分步实施。

3.1.4 工厂信息系统设计的可行性研究、总体设计，基础设计、详细设计阶段，应包括下列内容：

1 预可行性研究与可行性研究阶段。编制报告，确定总体目标、基本构成和基本功能；提出投资估算和效益分析条件；完成系统的规划设计。为决策提供依据。

2 总体设计阶段。编制总体设计文件，确定设计范围、原则与标准；确定系统目标和总体架构以及主要功能与性能要求；确定运行维护模式及组织、岗位和定员；提出初步概算条件；完成系统的总体方案设计。

3 基础设计阶段。编制基础设计文件，确定设计依据、标准规范；进一步确定系统目标和总体架构；确定各系统及其构成部分(子系统、设备等)的逻辑结构、功能、性能、协议、接口规范等要求和选型原则；确定设备与材料的选用原则与主要性能和环境要求；确定系统间接口和集成方法；确定组织机构与人员编制；提出概算条件；完成系统及其子系统的基础方案设计。

4 详细设计阶段。编制详细设计文件，进一步完善详细方案设计；重点确定布置、部署、施工/实施的具体方案、方法和施工图与说明；提出修正概算或预算条件；完成系统及其子系统的施工/实施设计。

3.1.5 工厂信息系统的基础设施、PCS、MES 和 ERP 的主要子系统应与工厂工程同步建设。

3.2 系统架构

3.2.1 工厂信息系统总体架构应符合图 3.2.1 的要求。

3.2.2 工厂信息系统架构应具有可扩展性，并应根据工厂的实际需要，合理选择相应模块进行信息系统设计。

3.3 设计要素

3.3.1 信息系统基础设施的设计应满足工厂信息管理应用系统的需要，并应留有适当的设计裕量和可

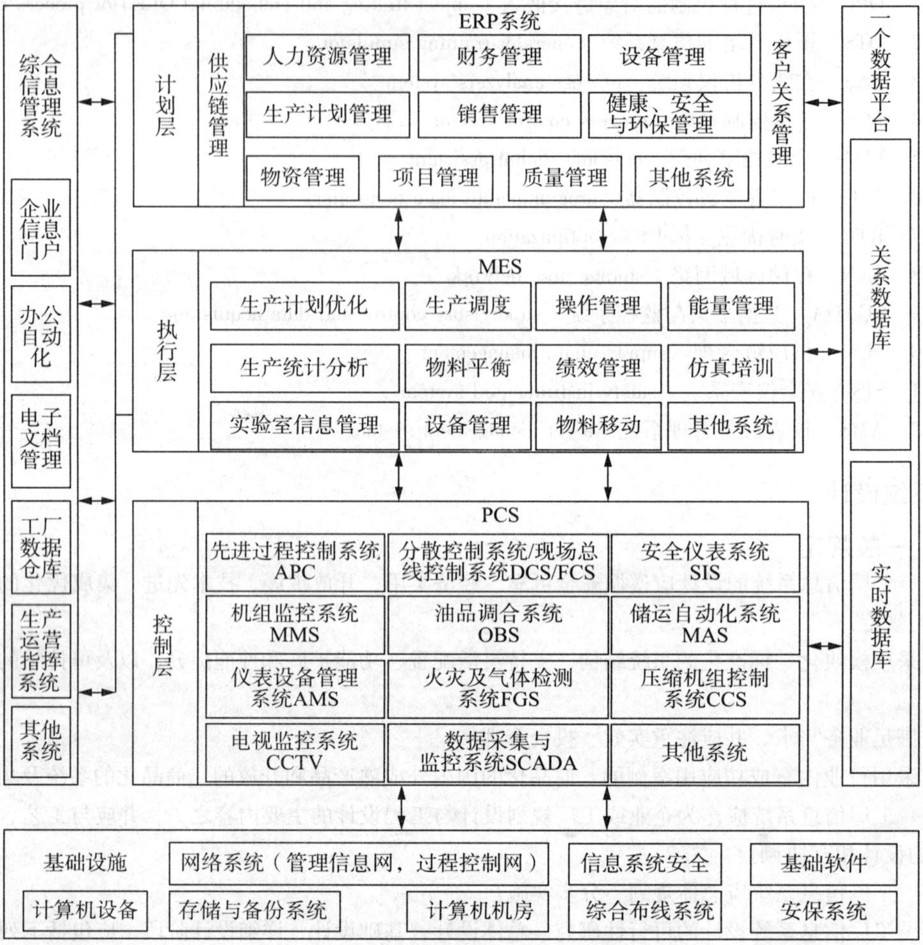

图 3.2.1　工厂信息系统总体架构

扩展性。

3.3.2　过程控制系统的设计应满足全厂生产装置、公用工程和储运系统等控制、监视和管理的需要，并应满足执行层与计划层对数据采集的需要。

3.3.3　MES 的设计应以工厂效益最大化为目标，应能处理生产操作和生产管理数据，形成工厂统一的生产数据集成平台，进行动态的计划与调度。MES 应能基于统一的生产数据集成平台和 LIMS，在数据校正的基础上实现全厂的物料平衡、生产统计分析，集成生产管理的数据，实现生产综合指挥决策支持。

3.3.4　经营管理系统的设计应以财务为核心，并应贯穿计划和执行，应整合优化物流、资金流和信息流，并应满足企业供销管理、生产管理、财务管理的需要。

3.3.5　综合信息管理系统的设计应实现信息资源在更大范围内的整合和利用，并应重点满足企业日常办公和辅助决策的需要。

3.3.6　每个应用系统及其子系统可整体或部分设计，并应避免重复设计，应符合今后的整合要求。

3.3.7　各系统应对业务流程和信息处理流程进行设计和优化。

3.3.8　设备管理子系统可在生产执行系统和经营管理系统中分别设计，功能上应有所侧重、互为补充。也可只在其中一个系统中设计，应包括本规范第 5.2.9 条和第 6.2.5 条的全部功能。

3.3.9　质量和健康安全环保子系统可在生产执行系统或经营管理系统进行设计。

3.4　集成设计

3.4.1　工厂信息系统集成设计(图 3.4.1)，应以工厂信息系统集成模型为基础，并应满足工厂业务流程的需要。

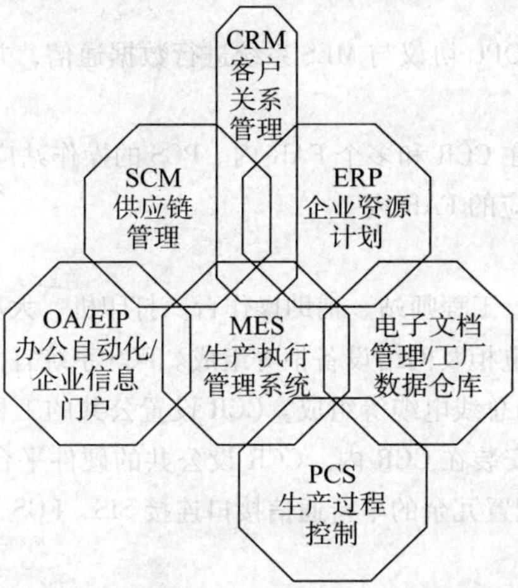

图 3.4.1 工厂信息管理系统集成模型

3.4.2 MES 与 PCS 间的集成应通过实时数据库实现，实时数据库的数据采集和交换宜采用满足标准 OPC 协议的接口完成。

3.4.3 MES、ERP、CRM 以及 SCM 之间的集成设计应满足数据共享的要求，并应符合下列规定：

1 MES 应从 ERP 接收生产计划等信息，并应向 ERP 提供实际生产等信息。

2 MES 应向 CRM 提供客户关心的产品、生产过程等信息，CRM 应向 MES 提供客户使用产品或对产品生产需求信息。

3 MES 应向 SCM 提供原料需求、生产能力和产量等信息，SCM 应向 MES 提供实际订货执行状况及产品销售状况。

4 CRM 应为 ERP 提供客户信息，ERP 应为 CRM 提供产品和服务信息。

5 SCM 应为 ERP 提供市场信息，ERP 应为 SCM 提供库存信息和客户订单信息。

3.4.4 信息系统基础设施应根据数据中心建设的要求，并兼顾安全、环保、节能等方面进行集成设计。

4 过程控制系统

4.1 一般规定

4.1.1 PCS 应设计为用于全厂生产装置、公用工程及辅助设施的集成的自动控制及信息系统。

4.1.2 PCS 应包括 DCS 和/或 FCS、SIS、FGS、CCS、MMS、PLC、SCADA、MAS、仪表设备管理系统、PAS、操作数据管理系统和 APC 等部分。

4.1.3 全厂的石油炼制及石油化工生产装置、公用工程及辅助设施宜采用统一品牌的 DCS 和/或 FCS 作为主控制系统，并应在 CCR 进行集中操作、维护和管理。特殊情况下，也可在现场控制室进行操作。

4.1.4 过程控制系统中的 DCS/FCS、CCS、PLC 等控制系统应采用性能可靠、技术先进、功能完备、互操作性和易维护性均良好的商业化系统及产品。

4.1.5 过程控制系统中的 SIS、FGS、MMS 等安全及保护系统应采用独立性、安全性和可用性均良好的商业化系统及产品，并应取得国际权威安全认证机构的安全认证，FGS 还应取得国家消防电子产品强制性产品质量认证。

4.1.6 过程控制系统应采用可靠的网络构架和安全措施，宜采用开放型系统结构，主控制系统网络应采用冗余、容错的工业级以太网，并应支持 TCP/IP 协议。主控制系统宜支持 Modbus、Profi bus、Foundation Fieldbus、HART 及 OPC 等通信协议。传递控制及安全连锁信号的通信接口应采用冗余方式。

4.1.7　智能电机控制系统、SCADA 及 CCTV 宜通过 Modbus、Profibus 或 TCP/IP 协议与过程控制系统进行实时数据通信。

4.1.8　过程控制系统宜通过 OPC 协议与 MES 系统进行数据通信，并应采用防火墙等网络安全设备进行隔离。

4.1.9　过程控制系统宜安装在 CCR 和多个 FAR 内。PCS 的操作站应设置在相应的 CCR 内，PCS 的控制站及输入/输出单元应设置在相应的 FAR 内。

4.2　设计要素

4.2.1　DCS 系统宜由操作站、工程师站、辅助操作台、打印机、大屏幕显示器、PC 机、控制站、I/O 机柜、安全栅柜或/及端子柜、配电柜及网络设备柜等组成。FCS 系统宜由主控制系统、通信接口、现场总线设备，现场总线辅助设备及现场总线电缆等组成。CCR 设置公共的工程师站宜用于组态维护、故障诊断及开车。APC 和 RTO 的设备也宜安装在 CCR 内。CCR 设公共的硬件平台、数据采集工作站及网络接口宜用于连接信息系统。各控制站应配置冗余的串行通信接口连接 SIS，FGS、CCS、MMS、MAS、PLC、PAS 等子系统。

4.2.2　SIS 应根据生产装置、公用工程及辅助单元的安全完整性等级设计，对重要的安全连锁保护、紧急停车系统及关键设备连锁保护宜设置安全仪表系统回路。SIS 应实现与 DCS 的实时数据通信，SIS 应设工程师站及顺序事件工作站，相应的报警及操作宜通过辅助操作台上的开关和按钮以及 DCS 的操作站来完成。

4.2.3　CCS 和 MMS 设计应符合下列规定：

1　应按装置或工艺单元分别设置 CCS。

2　CCS 应具备压缩机组的调速、防喘振控制、负荷控制、过程控制、连锁保护等功能，并应与装置的 DCS 进行通信。

3　往复式压缩机、鼓风机等控制较简单的机组监控可由装置的 DCS 或 PLC 系统完成，机组的安全连锁保护可由装置的 SIS 完成。

4　大型电动机、汽轮机、压缩机和泵等转动设备机组应设置监控机械变量、运行状态，并具备在线分析和诊断功能的 MMS。

5　机组监控系统的管理站应设置在中央控制室。

6　机组监控系统的控制站应设置在现场机柜室，机组监控系统的操作站应设置在中央控制室。

4.2.4　FGS 应以 FAR 或生产装置为单位设置，并应符合下列规定：

1　各系统应设两路各自冗余的通信网络，一路宜连接到全厂的 FGS 和自动灭火系统，并宜连接到消防站。另一路宜连接到相关装置的 DCS 系统，在中央控制室内应设置用于 FGS 系统的显示、报警的专用的 DCS 操作站。

2　生产装置内可能泄漏或聚集可燃、有毒气体的地方。应分别设置可燃、有毒气体检测器，并应将信号接至装置的火灾及气体检测系统或接到装置的 DCS 系统。

4.2.5　APC 和 RTO 宜根据生产装置的工艺要求采用和实施。

4.2.6　MAS 应与生产装置的自动化承平一致，应能进行集中控制、监测、管理、记录和报警。

4.2.7　工业色谱仪、工业质谱仪、红外线分析仪、微量水分分析仪、氧气分析仪等复杂的在线分析仪组成的 PAS，应包括采样单元、采样前级处理单元、采样预处理单元、分析器单元、回收或放空单元，微处理器单元，通信接口单元、人机界面和打印机等，在线分析仪系统应留有通信接口与 DCS 进行数据通信。

4.2.8　SCADA 应对分布区域较广的设备和水、电、汽、风等公用工程消耗进行监视和控制，并应实现数据采集、参数记录报警、设备监控等功能。

4.2.9　对重要场所和设备进行监视和记录的 CCTV 应根据工厂安全的要求设置。

5 生产执行系统

5.1 一般规定

5.1.1 石油化工工厂 MES 功能模型应符合图 5.1.1 的要求。

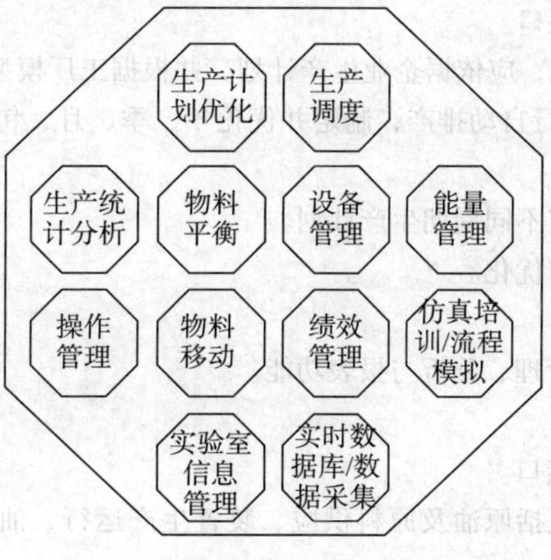

图 5.1.1 石油化工工厂 MES 功能模型

5.1.2 MES 设计宜采用图 5.1.2 所示的逻辑结构。

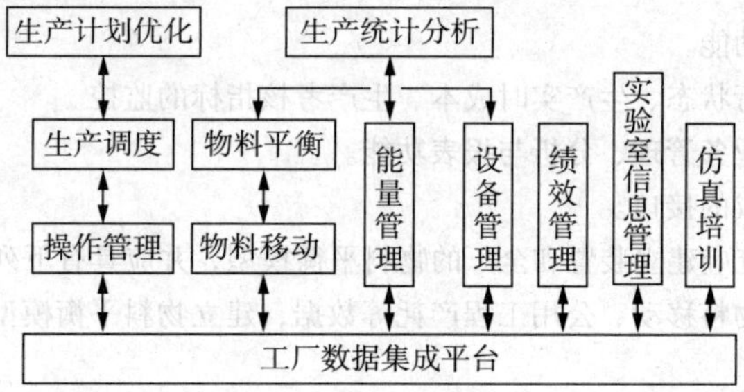

图 5.1.2 MES 逻辑结构

5.1.3 MES 各子系统集成应基于统一的数据集成平台，应提供与过程控制系统，经营管理系统的集成接口。

5.1.4 操作与连锁复杂的主要生产装置应配置 OTS。

5.2 设计要素

5.2.1 实时数据库子系统应实现工厂过程数据的自动采集、存储和处理，并应具有下列功能：

1 数据自动采集，并支持人工录入。

2 开放、标准的数据存储服务。

3 数据整定、监视、整合、发布、查询等处理功能。

4 具备和关系数据库系统的标准接口。

5 系统自身健康监控功能。

6 提供基本的桌面应用。

7 应支持冗余配置。

5.2.2 LIMS 应实现实验室样品和日常业务管理，并应具有下列功能：

1 基于工作流的样品检验分析管理。

2 数据自动采集与手工录入。

3 支持标准或专用的数据采集接口。

4 样品数据的分析管理。

5 报告生成与发布管理。

6 实验室日常业务管理，主要包括工作管理、材料管理、标准溶液管理、设备管理、人员管理、资料档案管理等。

7 实验室数据的归档与备份管理。

8 提供与其他系统的集成接口。

5.2.3 生产计划优化子系统，应依据企业生产计划，并根据工厂模型和约束条件，采用线性规划等数学方法，建立计划排产模型，进行自动排产，制定并优化年、季、月、旬或更短周期生产计划，并应具有下列功能：

1 建立计划排产模型，制定不同周期生产计划。

2 生产计划的跟踪、调整与优化。

3 提供生产计划模拟功能。

4 建立用于生产计划业务管理、分析与报表功能。

5 提供自动学习功能。

6 提供与其他系统集成的接口。

5.2.4 生产调度子系统应包括原油及原料供应、装置生产运行、油品调和与产品出厂等主要调度功能，并应具有下列功能：

1 按照生产计划，对原料进厂、装置生产、物料移动、罐区管理、成品出厂和公用工程消耗进行优化调度。

2 提供详细的调度表功能。

3 实现对重要设备运行状态、生产实时成本、生产考核指标的监控。

4 建立用于生产调度业务管理、分析与报表功能。

5 提供与其他系统集成的接口。

5.2.5 物料平衡子系统应建立装置和全厂的物料平衡模型，并应具有下列功能：

1 基于生产、库存、物料移动、公用工程产耗等数据，建立物料平衡模型，进行物料平衡计算。实现物料平衡。

2 对收集的各种生产过程原始数据进行校正。

3 提供自定义和发布报表及信息查询的功能。

4 提供与其他系统集成的接口。

5.2.6 生产统计分析子系统应实现对生产过程数据、生产计划数据和历史数据的统计与分析，并应具有下列功能：

1 在物料平衡和能力平衡的基础上，对生产过程进行跟踪统计分析，按绩效指标评估生产装置的运行状况。

2 对关键工艺流程系统进行监测、报警及故障诊断，记录关键信息。分析生产过程中实际生产状况与计划指标之间的偏差。

3 计算生产成本。

4 提供反映工厂生产状况的统计分析报表。

5 提供与其他系统集成的接口。

6 提供可视化展示工具，以直观方式展示分析结果，辅助企业高层管理人员进行综合管理指挥决策。

5.2.7 物料移动子系统应对工厂物料移动进行计划．执行，监控和管理，并应具有下列功能：

1 提供工厂界区的原料进厂和成品出厂相关计量信息的进出厂管理。

2 基于罐区和仓储自动化设施，以自动或人工采集的方式获取罐区和仓储的各种信息，实现罐区和仓储管理。

3 提供进出装置物料移动的采集、跟踪和统计，实现装置物料的管理。

4 提供计量活动、计量台账和法定计量数据的计量管理。

5 提供建立物料移动模型，优化物料移动计划，生成移动指令的功能。

6 提供各种物料的移动状态跟踪与监视。

7 提供自定义和发布报表及信息查询的功能。

8 提供与其他系统集成的接口。

5.2.8 操作管理子系统应由操作指令、操作指导、操作监视、事件监视和操作日志等组成，并应具有下列功能：

1 依据加工方案、作业计划及生产活动现状，形成操作指令，并下达给生产装置、罐区和进出厂等操作岗位。

2 为操作指令制定规范的操作流程，按操作流程执行操作指令并反馈操作信息。

3 实时监视操作指令的执行结果以及与目标值之间的偏差。

4 自动检测，记录和传递操作事件并报警。

5 记录关键操作数据、操作过程中出现的问题、操作计划及交接班日志等操作信息。

6 根据安全生产管理和现场巡检工作需要，设置现场移动作业系统。

5.2.9 设备管理子系统应实现设备运行状态的监控以及负荷核算与状态评估等，并应具有下列功能：

1 提供设备运行状态监控功能。

2 提供设备负荷核算与设备状态评估功能。

3 提供自定义和发布报表及信息查询的功能。

4 提供与其他系统集成的接口。

5.2.10 能量管理子系统应依据装置对能量的要求，对全厂的水、电、汽、风等公用工程资源的生产和消耗数据进行收集、平衡和统计管理，并应具有下列功能：

1 建立公用工程能量平衡与优化模型，进行能量平衡计算，实现能量的动态平衡，优化公用工程生产计划。

2 各类公用工程产耗数据的采集和校正。

3 提供统计分析与能耗评价功能。

4 监测关键公用工程设备性能和排放。

5 提供报表生成与查询的功能。

6 提供与其他系统集成的接口。

5.2.11 绩效管理子系统应对生产过程的 KPI 进行计算、记录和监视，并应与计划 KPI 进行对比，同时应具有下列功能：

1 建立绩效指标体系，跟踪收集生产过程中与成本相关的数据。

2 计算、记录、监视 KPI，与计划 KPI 对比分析，报告实际绩效。

3 提供不同级别的成本考核功能。

4 提供自定义和发布报告及信息查询的功能。

5 提供与其他系统集成的接口。

5.2.12 仿真培训子系统应提供多工况下开车、停车、正常操作、异常操作、事故设置与处理、设备故障与处理、紧急状况处理等的操作培训，并应具有下列功能：

1 操作功能应与 DCS 等系统的操作功能相似。

2 实现对生产工艺过程的动态模拟。

3 具备对操作人员的考核功能。

4 提供与 DCS 等控制系统的接口。

6 经营管理系统

6.1 一般规定

6.1.1 经营管理系统应由 ERP、CRM 和 SCM 组成。

6.1.2 系统设计宜采用图 6.1.2 所示的逻辑结构。

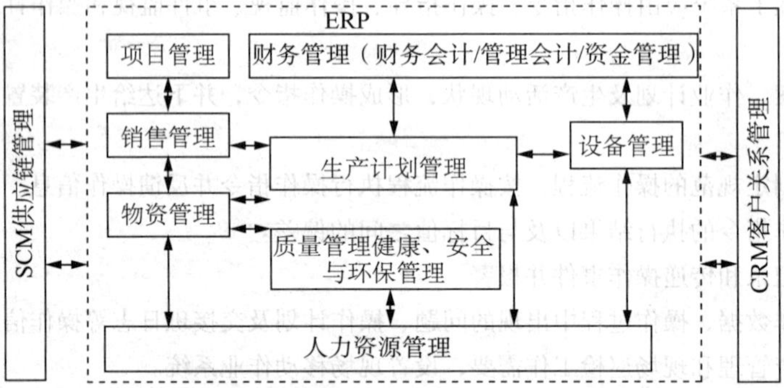

图 6.1.2 经营管理系统逻辑结构

6.1.3 经营管理系统各子系统应集成设计，并应提供与生产执行系统和综合信息管理系统的集成接口。

6.2 设计要素

6.2.1 ERP 应包括财务管理，物资管理，销售管理，生产计划管理，设备管理，质量管理，项目管理，人力资源管理，健康，安全与环保管理等子系统。

6.2.2 财务管理子系统应包括财务会计、管理会计和资金管理等，并应具有下列功能：

1 财务会计：主要记录、核算、反映和分析资金在企业经济活动中的变动过程及其结果。包括总账，应收账、应付账、固定资产管理，现金管理及多币制、工资管理等。

2 管理会计：基于会计核算的数据，将生产经营的成本数据加以收集和分析，进行相应的预测，管理及控制活动。包括财务预算、成本控制、分析预测、绩效评价等。

3 资金管理：对现金、融资与投资等进行管理。

4 能与物资管理、销售、生产计划、项目管理等子系统集成。

6.2.3 物资管理子系统应对物资的流入、流经以及流出活动进行管理，应包括采购管理和库存管理等，并应具有下列功能：

1 物资基础数据管理：通过有效的组织、分类和编码，建立、维护和管理物资的基础数据。

2 供应商管理：建立供应商档案信息，对供应商供货能力、服务水平及其产品质量等进行评估。

3 采购管理：是对采购计划与请购、供应商选择、询价、报价、评标、订单、催交、检验，运输及材料接收等采购全过程的管理。

4 库存管理：对库存进行动态的管理、控制、跟踪和计划，管理物资入库、出库、转库、盘点等业务活动，与财务会计集成，进行成本评估。

5 仓库管理：定义仓库结构与货物存放策略，管理库存位置。

6 付款管理。

7 应能与销售、财务管理、生产计划等子系统集成。

6.2.4 销售管理子系统应对企业内外部资源进行组织和规划，并应对产品销售与分销过程进行业务管理和跟踪监控，同时应具有下列功能：

1 客户信息管理：分类管理客户信息档案，分析客户信息以支持销售活动及生产经营活动。

2 销售订单管理：对预销售、销售订单处理、存货来源、发货、开立发票等产品销售的整个过程进行监控管理。主要功能包括客户信用查询及审核，产品库存查询，产品报价，订单建立、变更及跟踪，交货期确认及交货处理。

3 信用额度控制：对客户信贷状况的管理与信用额度的审查。主要功能包括信贷政策管理、信贷控制、审查、解冻管理、信贷管理、报表管理。

4 发货管理：发货管理根据订单的交货日期对货物装运过程及到期日进行管理。主要功能包括更新订单发货状态及库存记录、生成交运文件及装箱单、生成"过期销售订单交运报告"。

5 票据管理：根据订单状态，在交货完成后，自动生成销售发票。

6 销售统计分析：根据销售订单、交货和发票信息以及各种指标做出统计分析，对销售效果进行评价。

7 能与物资管理、生产计划、财务管理、质量管理等子系统集成。

6.2.5 生产计划管理子系统应制定各种企业资源计划并跟踪执行，并应具有下列功能：

1 销售及运作计划：以销售期望值和运作预算为依据，编制生产、工程及财务资源计划，实现计划跟踪、市场预测、运行分析和条件模拟等各种操作。

2 主生产计划：是企业在一段时期内的总活动安排，是基于生产计划、实际订单和历史销售分析预测产生的一个稳定的计划。

3 物料需求计划：依据主生产计划的产品数量，结合物料清单、确定所需物料的数量，对照库存量，确定物料需求计划的加工量和采购量。

4 能力需求计划：以初步的物料需求计划为基础，进行所用资源负载能力的预测。包括确定能力需求、可用能力和能力需求比较、能力均衡、实现最佳的生产资源配置。

5 生产计划及生产活动控制：依据生产订单，安排和监控工厂生产活动，并为成本结算提供基础数据。

6 能与物资管理、销售、财务管理等子系统集成。

6.2.6 设备管理子系统应对设备维护计划及维护任务有关的活动进行管理，并应具有下列功能：

1 设备基础资料管理：对设备安装位置、设备分类、设备物资清单、设备台账、技术资料等设备档案的管理。

2 预防性维护计划：根据设备运行历史及设备健康状况，结合生产计划，确定维护策略，制定设备维护计划，包括维护项目、工单管理等。

3 检维修管理：包括检修、故障管理、缺陷管理和费用管理等。

4 备品配件管理：包括备品配件计划、实际用量、库存量等管理。

5 资产管理：监控设备资产的状态，包括资产购置和分类、资产变更、资产转移、资产折旧、资产评估、资产废弃、报表管理等。

6 能与物资管理、财务管理等子系统集成。

6.2.7 质量管理子系统应对质量计划、检验和控制的有关活动和信息进行管理，并应提供各类质量信息的查询、监控、分析与决策，同时应具有下列功能：

1 质量计划：根据工艺流程，定义每道检验工序中的检验对象与特性及使用的检测设备。

2 质量检验：根据检验计划，按检验批记录检验要求、检验结果、缺陷及质量判定等数据。

3 质量控制：包括统计性过程控制与控制图，动态检验和供应商评估。

4 质量证书：查询、打印产品的检验结果和质量报告。

5 质最通知：根据缺陷记录，生成质量通知单。

6 质量问题沟通与处理：通知处理不合格产品，处理顾客投评，启动纠正和预防措施。

7 质量文件管理与控制。

8 能与物资管理、销售等子系统集成。

6.2.8 项目管理子系统应对企业总投资预算范围内的各具体投资项目进行管理，并应进行投资结构划分和预算分解，应对计划进行控制，并应具有下列功能：

1 投资结构及预算：将总投资定义为一个或多个投资结构，按照企业的分析和统计要求进行层次划分，并分配相应的预算。

2 项目定义及工作分解：定义项目的总体框架，依据层次结构形式，对项目任务按阶段、功能、对象等进行分解，形成项目结构，按结构确定计划时间，分配预算，关联投资及成本。

3 采购管理：指对服务的采购与合同管理。

4 进度管理：依据项目的执行情况．对项目各个活动的进度、里程碑予以分析和确认，依据赢得值原理对项目进展情况和健康状况进行分析。

5 成本控制：依据项目分解结构和预算，对项目发生的实际成本进行控制。通过成本预测，实现对项目成本的主动控制。

6 项目验收及决算管理：按合同对项目进行阶段性验收和结算，项目结束后，进行竣工决算。

7 统计分析管理：对项目进度、资源、成本、合同等进行统计分析。

8 能与财务管理、人力资源管理、物资管理等子系统集成。

6.2.9 人力资源管理子系统应分析、监控组织结构、人员、薪酬等相关信息和人力资源关键绩效指标，并应具有下列功能：

1 组织结构管理：提供多种预定义组织模式，建立并管理适合企业实际的组织结构。

2 人事管理：实现人员招聘、员工培训与发展、人事成本计划等业务的管理，提供预定义工作流程的功能。

3 薪酬管理：实现员工工时统计、薪资计算，福利和差旅等的管理。

4 统汁分析与报表管理：提供数据统计和报表功能，评估和分析人力资源绩效，模拟编制人力资源规划方案，支持辅助决策。

5 能与财务管理、生产计划管理等子系统集成。

6.2.10 健康、安全与环保管理子系统应对生产过程中事关安全、健康、环保管理的活动和信息进行管理，并应具有下列功能：

1 安全管理：对生产过程与危险作业进行安全管理与监督。

2 职业健康管理：对工作场所可能发生的有害因素职业接触进行监管。

3 环境保护管理：对废水、废气、废渣等处理设施运行状况的监督管理，对周边环境质量的监测统计等。

4 应急管理：对工厂可能发生的重大意外事故的应急响应和管理以及演练培洲。

5 统计分析与报表的管理。

6 能与安保系统、电视监控系统等集成。

6.2.11 SCM 子系统应以市场需求驱动原料供应、生产计划、生产调度、物流配送优化，用数学模型预测市场需求和价格走势，确定合理库存，平衡供应和需求，并应具有下列功能：

1 市场需求预测：通过历史数据和影响未来市场的因素，结合客户信用，综合客户需求、生产供应和库存情况，评估对客户需求的响应度和承诺能力，进行市场需求预测。

2 原料采购与供应优化：原油采购优化应综合考虑产品市场需求，原油库存、原油价格、加工成本、储运成本等因素，优化原油品种构成、评估原油采购的效益。化工原料采购应优化化工原料的工厂内部供应、不同工厂以及不同企业之间的互供。

3 原料配送优化：原料配送应综合考虑原料采购计划、船期安排、码头接卸、库存、管道输送、加工工艺等因素，优化原料配送，满足生产加工对原料的需求。

4 生产优化：炼油生产优化，根据市场需求，利用计划优化，调度优化和油品调和优化模型，编制企业生产计划，为工厂不同周期的生产计划编制、加工方案制定、成品油调和、调度作业安排、开停工方案测算等提供数据支撑；化工生产优化，根据市场需求，考虑生产工艺要求、产品质量，优化生产方案，减少生产切换，降低切换成本。

5　库存优化：应提供供应、库存和需求的关系，平衡库存成本和客户满意度间的关系，进行库存优化，合理控制库存。

6　产品配送优化：包括成品油和化工产品配送，通过需求预测、订单管理，运输优化和车辆管理，实现主动补货、自动分配订单，进行运输优化。

7　供应商管理。

6.2.12　CRM 子系统应通过完善业务功能，优化工作流程，改善企业与客户之间的关系，并应具有下列功能：

1　市场营销：主要包括营销计划的编制、执行和分析管理，客户跟踪管理。产品、定价与竞争信息的知识库管理，营销预算和预测管理，营销策略管理，资料管理等。

2　销售管理：主要包括额度管理，销售力量管理，地域管理，现场销售管理，电话销售管理，佣金管理，日历和日程安排，客户管理，商业机会管理，渠道管理，销售预测，销售建议等。

3　客户服务：主要包括客户关怀，现场服务，服务协议与合同跟踪，客服管理，服务请求管理，问题及解决方法，维修行为安排与调度，呼叫中心、电话、电子邮件及互联网支持等。

7　综合信息管理系统

7.1　一般规定

7.1.1　综合信息管理系统应包括 OA、EIP、电子文档管理、工厂数据仓库、生产运营指挥等子系统。

7.1.2　综合信息管理各子系统应集成设计。

7.1.3　综合信息管理系统应与 MES、ERP 等系统集成设计。

7.2　设计要素

7.2.1　OA 子系统应根据具体的办公业务流程和职能划分，选择下列功能：

1　公文管理。

2　电子邮件。

3　个人事务管理。

4　办公资源管理。

5　行政事务管理。

6　公共信息管理。

7　OA 系统应支持远程访问。

7.2.2　EIP 应提供统一的按角色展现的各种信息和业务系统的平台，并应具有下列功能：

1　整合企业内部和外部多种信息，提供用户访问信息的单一入口。

2　应提供基于角色的内容组织、个性化应用服务和个性化定制功能。

3　应与企业的各种业务系统进行无缝集成。

4　提供统一的信息展示平台。

5　应具备良好的安全机制．支持统一身份认证。

7.2.3　电子文档管理子系统应对工厂全生命周期内产生的所有种类文件进行组织与管理，并应提供基于文件的协同工作平台。应支撑工厂建设与运维管理。并应具有下列主要功能：

1　文件的分类组织、存储、共享、查询、浏览、版本控制、上传与下载、在线审核与批注等基本功能。

2　文件的发布与分发和交换与传递功能。

3　工作流管理功能。

4　通信与讨论功能。

5　交付与档案管理功能。

6 计划与进度检测功能。

7 安全访问控制与审计功能。

8 支持与 MES、经营管理系统、工厂数据仓库、OA、EIP 等系统的集成。

7.2.4 工厂数据仓库子系统应对描述工厂及其组成元素的相关数据、文件和逻辑与物理模型进行组织和管理，并应基于工厂结构建立工厂数字模型、提供协同工作平台、支撑工厂建设与运维管理，同时应具有下列主要功能：

1 工厂数据仓库系统管理工厂建设期间和运营维护期间的各种工厂数据和文件，提供工厂各管理岗位综合信息查询平台。

2 数字模型实现工厂数据在更广泛业务基础上的紧密关联，将工厂当前状况以视图的形式全面实时地展现给各级决策/管理者。

3 根据主题表、数据源、数据抽取规则定义，对由数据、文件、模型构成的异构数据源进行筛选、转换、加工、一致性检查，并支持抽取、导入/装载、发布、更新等管理功能。宜具有“智能交付”功能。

4 对描述工厂的数据、文件和逻辑与物理模型进行分类组织与存储管理，并进行有机关联管理。

5 支持分类和智能查询与浏览，支持数据提取并生成报表。支持逻辑与物理模型浏览，模型浏览包括施工进度、安装过程等的模拟和设计审核等功能。

6 工作流管理支持审批、发布、状态跟踪等管理功能。

7 版本管理与变更管理。

8 安全访问控制与审计功能。

9 支持与 CAD、电子文档管理、MES 和 ERP 等系统的集成。

10 除应具备本条第 1 ~ 9 款的功能外，也可包括本规范第 7.2.3 条的全部功能或部分功能。

7.2.5 生产运营指挥子系统应对分散在不同系统中的离散数据源进行抽取、转换、分析关联和组织，并应将生产运营数据和业务流程进行实时的可视化展示，并应具有下列主要功能：

1 支持异构信息系统的数据采集和灵活的采集策略。

2 基于数据分析与绩效测量的集成化决策支持服务。

3 基于企业组织角色和生产运营流程的实时可视化监控。

4 支持标准浏览器的信息展示，支持与 EIP 的集成。

5 事件监视及报警提示。

8 信息系统基础设施

8.1 一般规定

8.1.1 信息系统基础设施应包括网络系统，计算机设备、基础软件、存储与备份系统、信息系统安全、安保系统、综合布线系统及电子信息系统机房等主要内容。可按应用系统需求减少或扩充信息系统基础设施内容。网络系统应由管理信息网和过程控制网构成，管理信息网应由电信网、安保网和办公与生产管理网构成。

8.1.2 工厂信息系统基础设施应按一体化原则进行统筹设计，可按物理层、链路层、网络层分层设计，并应符合下列规定：

1 管理信息网和过程控制网应一体化统筹设计，应在安全隔离与访问控制策略的基础上，实现两个网络的信息传输。

2 办公与生产管理网，电信网和安保网应一体化设计，应在物理布置上协调设计，应采用支持 TCP/IP 协议的设备或配备编码器实现数据的传输。

8.1.3 以太网应作为多网融合的基准。在过程控制网中宜采用成熟的工业以太网技术。

8.2 网络系统设计要素

8.2.1 办公与生产管理网宜采用星型拓扑结构进行分层设计，应包括核心层、汇聚层和接入层，并应符合下列规定：

1　核心层网络设备宜采用全双工模块化的快速三层以太网交换机，并应进行双机热备和负载均衡等配置。

2　汇聚层网络设备选用应留有适当的背板带宽，并应支持全双工以太网交换机。应适当进行冗余和负载均衡配置。

3　接入层网络设备选用应留有适当的背板带宽，并应支持全双工以太网交换机。应配备足够的端口数，并应支持 IEEE 802.1x 等网络协议。

4　核心交换之间应采用万兆互连，核心层与汇聚层或接入层、汇聚层与接入层的交换机宜采用千兆级互连，宜支持升级到万兆。

8.2.2　服务器接入交换机与核心交换机宜分开设置，宜按需配置光纤和 UTP 接口。

8.2.3　办公与生产管理网应满足可靠性、兼容性、扩展性、可管理性和可维护性及安全性等要求，并应符合下列规定：

1　关键设备、关键部件或模块应冗余配置。

2　物理层，数据链路层、网络层设备应具备手动或自动恢复功能。

3　核心层、汇聚层网络设备应支持 7×24h 运行。

4　接入层交换机应采用 10/100/1000Mbps 自适应的以太网交换模块。

5　设备端口密度在满足当前需求的情况下，应配备 20% 左右的可用扩展空间。

6　应支持 QoS，并应满足视频会议等系统的要求。

7　网络设备应支持 SNMP 网络管理协议。

8　应支持远程管理方式。

9　应支持 IEEE 802.1x、ACL、VLAN 等。

8.2.4　网络系统应支持与外部通信网络的互联。

8.2.5　办公与生产管理网应具备 Internet 接入。

8.2.6　网络系统设计可根据网络覆盖要求和现场环境采用无线网技术。

8.2.7　网络系统宜设计视频会议系统。视频会议系统应支持 H.323、MGCP、SIP 等协议。

8.2.8　过程控制网应提供可读写的 OPC SERVER 软硬件接口。

8.2.9　过程控制网与管理信息网之间应采取安全隔离和访问控制措施。

8.2.10　电话系统应根据重要程度保证一定的冗余，宜构建基于 IP 的电话系统。

8.3　计算机设备设计要素

8.3.1　计算机设备应包括服务器、工作站、外设等。

8.3.2　服务器配备与配置应符合下列规定：

1　应按 ERP、MES、综合信息管理系统和数据库系统等的要求，配备适量的应用服务器和系统管理服务器，并应进行优化整合。

2　关键应用服务器应采用冗余配置。

3　应用系统服务器可采用集群、负载均衡与虚拟化技术。

4　通信服务器应对 I/O 吞吐能力、硬盘 I/O 重点配置。

5　数据库服务器应对 CPU 处理能力、内存容量、I/O 吞吐能力重点配置。

8.3.3　计算机设备设计应根据生产办公需要，配备一定数量、性能良好的台式机、便携机、工作站、PDA 及外设。

8.4　基础软件设计要素

8.4.1　基础软件应由系统支撑类软件和系统管理类软件组成。基础软件配备应按应用系统和硬件环境的实际需要合理选用。

8.4.2　系统支撑类软件应符合下列规定：

1 应按实际需要选择成熟的正式发布版本的操作系统，并应满足最小化配置原则。

2 应按应用系统的配备状况选择配置适当的数据库系统。

3 应选择配备满足用户数量要求、运行稳定的服务器软件。

4 应按需配置集成的开发工具套件和适量的中间件。

5 应部署 DNS、DHCP、网络统一授时服务等系统。

8.4.3 系统管理类软件应符合下列规定：

1 系统管理类软件应具备良好的安全性。

2 网络管理软件应支持标准网管协议。

3 桌面管理软件应具备远程控制、软件分发、计算机软硬件资产管理、补丁管理、报表统计等功能。

4 用户管理软件应支持标准的 LDAP 协议。

8.5 存储与备份系统设计要素

8.5.1 存储系统应由存储设备、存储网络及存储管理软件组成。

8.5.2 存储系统设计可选用 DAS、NAS 和 SAN 结构。数据的集中存储宜采用 SAN 结构实现。

8.5.3 存储系统宜根据工厂规模、地域分布以及应用系统的配备状况相对集中建立。

8.5.4 存储系统设计应符合下列规定：

1 存储系统数据容量应大于三年累计工厂信息系统数据量的 1.5 倍，并应具备良好的扩展性。

2 应具备一定的冗余校对功能，宜采用硬 RAID，并宜支持 RAID0 + 1、RAID5 等级别。

3 应支持磁盘热插拔。

4 应支持 Windows、Unix 或 Linux 等各版本操作系统。

5 应配备适量的 Caehe，并应具备 2 倍以上的扩展空间。

6 应支持双控制器，并应保证系统 7 × 24h 不间断运行。

8.5.5 存储系统设计应符合下列规定：

1 应支持专用或通用的存储管理软件。

2 管理软件应具备对存储系统的配置、定义、性能监视、状态报告等管理功能。

3 管理软件应能进行容量评估、容量扩展、资源使用，并应提供详细的数据积累和报告。

4 管理软件应具备主机到存储系统的 I/O 通道负载平衡和故障切换功能。

8.5.6 备份系统应由备份设备、备份软件、备份策略等构成。

8.5.7 备份系统应按数据级、应用级和业务级进行分级设计。网络系统应至少配备数据级备份系统，关键应用系统可配备应用级或业务级备份系统。备份系统备份的内容与容灾程度应符合现行国家标准《信息安全技术 信息系统灾难恢复规范》GB/T 20988 的有关规定。

8.5.8 备份系统宜采用本地和异地相结合的备份方式设计，并应具备容灾功能，可按需建立容灾中心。

8.5.9 备份策略应采用“全额备份 + 差额备份 + 日志备份”相结合的方式。

8.6 信息系统安全设计要素

8.6.1 信息系统安全等级和工厂信息系统安全保障体系应根据国家现行有关信息系统安全等级保护标准的规定确定。信息系统安全保障体系应由技术和管理体系构成。

8.6.2 技术体系应包括下列主要内容：

1 物理安全应包括物理位置的选择、物理访问控制、防盗窃和防破坏、防雷击、防火、防水和防潮，防静电、温湿度控制，电力供应、电磁防护等内容。

2 网络安全应包括结构安全、访问控制、安全审计、边界完整性检查、入侵防范。恶意代码防范，网络设备防护等内容。

3 主机安全应包括身份鉴别、安全标记、访问控制、可信路径、安全审计、剩余信息保护，入侵防范、恶意代码防范、资源控制等内容。

4 应用安全应包括身份鉴别，安全标记、访问控制、可信路径、安全审计、剩余信息保护、通信完整性、通信保密性、抗抵赖、软件容错、资源控制等内容。

5 数据安全及备份恢复应包括数据完整性、数据保密性、备份和恢复等内容。

8.6.3 管理体系应包括下列主要内容：

1 安全管理制度应包括管理制度的制定和发布，评审和修订等内容。

2 安全管理机构应包括岗位设置、人员配备、授权和审批、沟通和合作、审核和检查等内容。

3 人员安全管理应包括人员录用、人员离岗、人员考核、安全意识教育和培训、外部人员访问管理等内容。

4 系统建设管理应包括系统定级、安全方案设计、产品采购和使用，自行软件开发、外包软件开发，工程实施、测试验收、系统交付、系统备案、等级测评、安全服务商选择等内容。

5 系统运维管理应包括环境管理、资产管理、介质管理、设备管理、监控管理和安全管理中心、网络安全管理、系统安全管理、恶意代码防范管理、密码管理，变更管理、备份与恢复管理、安全事件处置、应急预案管理等内容。

8.6.4 物理安全设计宜符合现行国家标准《信息安全技术 信息系统物理安全技术要求》GB/T 21052的有关规定。应重点保护信息系统设备，设施、介质和信息免遭自然灾害、环境事故、人为，以及各种以物理手段进行的违法犯罪行为导致的破坏和丢失，在系统设备的选择、放置等方面应符合有关防火、防爆、防雷、防腐、HSE 等的规定。

8.6.5 网络构架和软硬件配置应进行安全设计。

8.6.6 信息系统安全应设计有利于实现单点登录、自身安全性能良好的身份鉴别系统。身份鉴别系统应符合下列规定：

1 应具备账户、组织结构、身份认证，授权和审计等管理功能。

2 应遵循本地认证与集中认证相结合。静态口令、动态口令与 PKI 认证相结合，认证、授权与记账服务器冗余配置等原则。

3 应至少具备用户名/口令、令牌/智能卡、PKI、生物特征鉴别、IP 地址和域名，硬件序列号等认证方式中的一种，并应根据系统安全等级选择。

8.6.7 访问控制策略应在物理、网络、主机、应用的各个层面部署，并应符合下列规定：

1 机房应部署门禁系统。

2 应在网络边界部署访问控制设备，应启用访问控制功能。并应根据访问控制列表对数据包和系统资源实现允许或拒绝用户访问。

3 应启用访问控制功能，并应依据安全策略控制用户对资源的访问。

4 应提供访问控制功能控制用户组和用户对系统功能和用户数据的访问。

8.6.8 网络系统应部署病毒防护、关键数据及文档加密等系统。

8.6.9 网络系统应部署入侵检测、漏洞扫描、安全审计等系统。

8.6.10 网络系统应按信息系统安全等级规定进行冗余设计和配置，并应建立适当的冗余恢复机制。

8.6.11 企业应制定信息系统安全策略。

8.6.12 企业应设置信息系统安全管理机构，并应制定相应的安全管理制度，同时应定期组织员工进行安全意识培训。

8.6.13 企业应建立信息系统安全事件应急响应机制，重要信息系统应建立应急顶案。

8.7 安保系统设计要素

8.7.1 工厂应配备和部署生产区域及非生产区域安保系统。

8.7.2 生产区域安保系统应包括监控、巡更、门禁、周界防护报警等。

8.7.3 非生产区域的楼宇安保系统宜配备门禁，公用设施监控、巡更、周界防护报警等。

8.7.4 安保系统应选择开放的软硬件，宜支持多种通信方式，并宜支持以太网连接。

8.7.5 安保系统的设备应具备保护壳体、防拆报警、防短路和开路等功能。

8.7.6 门禁系统应能基于身份鉴别和授权，并应实现出入控制，应提供出入场所和时间等记录功能。

8.7.7 监控设备的分布应满足监控覆盖面和重点监控点的要求。

8.7.8 周界防护报警应根据防护环境和安全要求，采用不同类型和强度的防护系统。

8.7.9 安保系统应与消防系统、生产调度等应用系统集成。

8.8 综合布线系统设计要素

8.8.1 综合布线系统设计应为开放式拓扑结构，应能支持语音、数据、图像、多媒体业务等信息的传递，应符合现行国家标准《建筑与建筑群综合布线工程系统设计规范》GB/T 50311 的有关规定。

8.8.2 综合布线应覆盖生产区域与非生产区域的全部信息点。

8.8.3 管理信息网与过程控制网主干路由宜协调一致，宜共用或一起部署缆线套管、管廊、桥架等设施。主干缆线宜选用单模带护套的光缆。

8.8.4 主干缆线应满足防腐、防火、防雷和防爆的要求，宜埋地敷设。架空敷设时，应采用阻燃线缆。

8.8.5 综合布线系统室外设备应设置保护壳。

8.8.6 综合布线系统可按需在厂区内适当位置设计一个或多个设备间。设备间应符合设备运行环境的要求。

8.8.7 每个信息点应设置不少于两个 RJ45 插座，并应用不同的色标编号标识。

8.8.8 记录、管理与综合布线系统相关的信息宜采用计算机进行。信息应包括综合布线施工图表、设备和缆线位置、用途、使用部门、局域网拓扑结构、传输速率、终端设备配置状况、硬件编号、标识、链路功能和各项主要特征参数、链路完好状况、故障记录，以及缆线走向等内容。

8.9 电子信息系统机房设计要素

8.9.1 电子信息系统机房组成应按计算机运行特点及设备要求确定。可由主机房、辅助区、支持区和行政管理区等组成。

8.9.2 电子信息系统主机房宜远离工厂装置区，宜设置在办公楼内或独立设置，在多层建筑内宜设于第二、三层。

8.9.3 工厂可设立远程异地备份机房，异地备份机房位置的选择应符合本规范第 8.5.7 条的规定。

8.9.4 工厂应在主机房附近设置一定面积的辅助区、支持区和行政管理区。

8.9.5 电子信息系统主机房应配备门禁系统，并应与全厂门禁系统统一部署。

8.9.6 电子信息系统主机房宜设置视频监控系统。并应与全厂视频监控系统连接。

8.9.7 主机房内宜配备环境集中监控系统。

8.9.8 电子信息系统机房宜配置基于 IP 的 Keyboard Video and Mouse 系统。

8.9.9 电子信息系统机房的建筑与结构、空气调节、供配电、照明、电磁屏蔽、给水排水，消防，安全防范、布线等的设计，应符合现行国家标准《电子信息系统机房设计规范》GB 50174 的有关规定。机房等级应至少达到 B 级。

本规范用词说明

1　为便于在执行本规范条文时区别对待，对要求严格程度不同的用词说明如下：

1)表示很严格，非这样做不可的：

正面词采用“必须”；反面词采用“严禁”。

2)表示严格，在正常情况下均应这样做的：

正面词采用“应”；反面词采用“不应”或“不得”。

3)表示允许稍有选择，在条件许可时首先应这样做的：

正面词采用“宜”；反面词采用“不宜”。

4)表示有选择，在一定条件下可以这样做的，采用“可”。

2　条文中指明应按其他有关标准执行的写法为：“应符合……的规定”或“应按……执行”。

引用标准名录

《电子信息系统机房设计规范》GB 50174

《建筑与建筑群综合布线工程系统设计规范》GB/T 50311

《信息安全技术　信息系统灾难恢复规范》GB/T 20988

《信息安全技术　信息系统物理安全技术要求》GB/T 21052

6. 石油化工控制室设计规范

（SH/T 3006—2012
代替 SH 3006—1999）

目　录

1 范围

本规范规定了控制室、中心控制室、现场控制室、现场机柜室的自动控制工程设计的要求。

本规范适用于新建、扩建和改建石油化工工程的控制室、中心控制室、现场控制室和现场机柜室的自动控制设计，也适用于以煤为原料制取燃料和化工产品的企业控制室的自动控制设计。

2 规范性引用文件

下列文件对于本规范的应用是必不可少的。凡是注日期的引用文件，仅注日期的版本适用于本规范。凡是不注日期的引用文件，其最新版本(包括所有的修改单)适用于本规范。

GB 50116 火灾自动报警系统设计规范

GB 50160 石油化工企业设计防火规范

GB 50493 石油化工可燃气体和有毒气体检测报警设计规范

SH/T 3160 石油化工控制室抗爆设计规范

3 术语和定义

下列术语和定义适用于本规范。

3.1 控制室 control room

位于石油化工装置或联合装置内具有生产操作、过程控制、安全保护、仪表维护等功能的建筑物。

3.2 中心控制室 central control room

位于石油化工工厂内具有生产操作、过程控制、安全保护、先进控制与优化、仪表维护、仿真培训、生产管理及信息管理等功能的综合性建筑物。

3.3 现场控制室 local control room

位于石油化工工厂内公用工程、储运系统、辅助单元、成套设备的现场，具有生产操作、过程控制、安全保护等功能的建筑物。

3.4 现场机柜室 field auxiliary room

位于石油化工工厂现场，用于安装仪表、控制系统机柜及其他设备的建筑物。

4 控制室

4.1 一般规定

4.1.1 控制室的工程设计应符合职业卫生、安全和环境保护的要求。有爆炸危险的石油化工装置的控制室设计应符合 SH/T 3160 的规定。

4.1.2 控制室应根据石油化工项目的规模和特点，并结合管理和生产模式的不同要求设置。

4.2 总图位置

4.2.1 控制室位置应符合 GB 50160—2008 中 5.2 节有关控制室布置的规定。

4.2.2 不同装置规模的控制室其总图位置应符合以下规定：

a)联合装置的控制室宜位于联合装置内。应位于爆炸危险区域外；

b)装置的控制室宜位于装置内，应位于爆炸危险区域外。

4.2.3 对于含有可燃、易爆、有毒、有害、粉尘、水雾或有腐蚀性介质的工艺装置，控制室宜位于本地区全年最小频率风向的下风侧。

4.2.4 控制室不宜靠近运输物料的主干道布置。

4.2.5 控制室应远离高噪声源。

4.2.6 控制室应远离振动源和存在较大电磁干扰的场所。

4.2.7 控制室不应与危险化学品库相邻布置。

4.2.8　控制室不宜与总变电所、区域变配电所相邻，如受条件限制相邻布置时，不应共用同一建筑。

4.3　布置和面积

4.3.1　控制室的功能房间和辅助房间可按如下原则设置，并可根据装置规模和操作要求进行调整：

a)功能房间宜包括括操作室、机柜室、工程师室、空调机室、不间断电源装置(UPS)室、备件室等；

b)辅助房间宜包括交接班室、会议室、更衣室、办公室、资料室、休息室、卫生间等。

4.3.2　控制室的功能房间面积应根据控制系统的操作站、机柜和仪表盘等设备数量及布置方式确定。辅助房间的面积应根据实际需要确定。

4.3.3　控制室内房间布置应符合以下规定：

a)操作室宜与机柜室、工程师室相邻布置，并有门相通；

b)机柜室、工程师室与辅助房间相邻时，不宜有门相通；

c)UPS 室宜与机柜室相邻布置；

d)空调机室不宜与操作室、工程师室相邻布置，如受条件限制相邻布置时，应采取减振和隔音措施。空调机室应设通向建筑物室外的门，并应考虑进出设备的需要。

4.3.4　操作室中设备布置应满足下列要求，并预留至少 20% 的扩展空间：

a)应按照人机工程学的要求设计；

b)操作站可按直线、折线或弧线布置，当操作室包括两个或两个以上相对独立工艺装置的操作站时，操作站宜分组布置；

c)火灾报警、可燃气体和有毒气体报警人机界面宜采用与主控制系统相同规格的操作站，当采用仪表盘布置在操作室时，应与操作室内的其他设备协调一致。

4.3.5　机柜室内的机柜宜按照功能相近、方便配线原则和下列规定分行、分段布置，满足安装、接线、检修需要，并预留至少 20% 的扩展空间：

a)安全栅柜、端子柜、继电器柜宜靠近信号电缆入口侧布置；

b)配电柜应布置在靠近电源电缆入口侧；

c)机柜布置时应避免机柜室连接电缆过多交叉。

4.3.6　操作室面积应按以下规定确定：

a)对具有两个操作站的操作室，面积宜为 40～50m^2；每增加一个操作站，面积可增加 5～8m^2，并可根椐所布置的设备数量及布置方式等进行调整；

b)操作站正面距墙(柱)的净距离宜为 3.5～5m；操作站背面距墙(柱)的净距离宜为 1.5～2.5m；操作站侧面距墙(柱)的净距离宜为 2～2.5m；多排操作站之间的净距离不宜小于 2m；当设置大屏幕显示器时，操作站背面距大屏幕的水平净距离不宜小于 3m。

4.3.7　机柜室面积应根椐机柜的尺寸及数量确定，并符合以下规定：

a)成排机柜之间净距离宜为 1.6～2m；

b)机柜距墙(柱)净距离宜为 1.6～2.5m。

4.3.8　工程师室、UPS 室等面积应按设备尺寸、工作要求及安装、维护所需的空间确定。

4.3.9　电力电缆不宜穿越机柜室、工程师室，当受条件限制需要穿过时，应采取屏蔽措施。

4.4　建筑和结构

4.4.1　对于有爆炸危险的石油化工装置，控制室建筑物的建筑、结构应根据抗爆强度计算、分析结果设计

4.4.2　控制室建筑物为抗爆结构时，不应与非抗爆建筑物合并建筑。

4.4.3　控制室建筑物为抗爆结构时宜为一层，不应超过两层。

4.4.4　控制室建筑物耐火等级应为一级。

4.4.5　操作室、工程师室地面宜采用不易起灰尘的防滑建筑材料，也可采用防静电活动地板；机柜室应采用防静电活动地板。防静电活动地板应符合以下规定：

a)应采用普通型或重型活动地板；

b)活动地板设计均布荷载不应小于23000N/m^2；

c)活动地板表面平面度不应大于0.6mm；

d)活动地板的系统电阻值应为$1.0\times10^6\Omega\sim1.0\times10^{10}\Omega$；

e)活动地板面距离基础地面高度不宜小于0.3m；

f)活动地板的基础地面应为不易起灰尘的建筑材料。

4.4.6 控制室活动地板的基础地面与室外地面高差不应小于0.3m；当位于附加2区时，控制室的活动地板的基础地面应高于室外地面，且高差不应小于0.6m。

4.4.7 控制室的内墙墙面应符合以下规定：

a)室内墙面应不积灰，不反光；

b)墙面颜色宜为浅色，色泽自然。

4.4.8 控制室除空调机室以外的区域应做吊顶，并应符合以下规定：

a)操作室、工程师室吊顶距地面的净高不宜小于3.0m；

b)机柜室吊顶距活动地板的净高不宜小于2.8m。

4.4.9 控制室门的设置，应符合以下规定：

a)应满足安全和设备进出的要求；

b)控制室通向室外门的数量应根据控制室建筑面积及建筑设计要求确定；

c)抗爆结构控制室的门应设置隔离前室作为缓冲区；

d)控制室中的机柜室不应设置直接通向建筑物室外的门；

e)应采用阻燃材料。

4.5 采光和照明

4.5.1 抗爆结构的控制室宜采用人工照明；非抗爆结构控制室内的操作室、机柜室和工程师室宜采用人工照明，其他区域可采用自然采光。

4.5.2 距地面0.8m工作面上不同区域照度标准值，应符合以下规定：

a)操作室、工程师室宜为250~300lx；

b)机柜室宜为400~500lx；

c)其他区域宜为300lx。

4.5.3 灯具的选择与分布，应符合以下规定：

a)操作室内不应采用投射型光源；

b)操作室内光源不应对显示屏幕直射和产生眩光。

4.5.4 机柜室灯具的分布应结合机柜的布置，应能照明机柜内部。

4.5.5 不同区域的灯具宜按组分别设置开关，以适应不同照明的需要。

4.5.6 控制室应设置应急照明系统，并应符合以下规定：

a)应急电源应在正常供电中断时，可靠供电20~30min；

b)操作室中操作站工作面的照度标准值不应低于100lx；

c)其他区域照度标准值应为30~50lx。

4.5.7 控制室应设置适量的检修用电源插座。

4.6 采暖、通风、空气调节和环境条件

4.6.1 控制室应进行温度和湿度控制。控制室的操作室、机柜室、工程师室等室温为：冬季20℃±2℃，夏季26℃±2℃，温度变化率小于5℃/h；相对湿度为：40%~60%，湿度变化率小于6%/h。

4.6.2 控制室内的空气应符合以下规定：

a)粒径小于10μm的灰尘浓度小于0.2mg/m^3；

b)有害物质浓度：

H_2S 小于 0.01mg/m^3；

SO_2 小于 0.1mg/m^3；

Cl_2 小于 0.01mg/m^3。

4.6.3　控制室地面振动的幅度和频率应满足控制系统的机械振动条件要求。

4.6.4　控制室内的电磁场条件应满足控制系统的电磁场条件要求。

4.6.5　控制室内的空气调节系统应符合以下规定：

a) 空气调节装置运行信号及公共报警信号宜引入控制系统监视；

b) 当生产装置停车检修时，仍应保证空气调节装置正常运行所需的水、电供应。

4.6.6　设备散热量应按控制系统厂商提供的数据确定，并宜考虑控制系统的扩展。

4.6.7　功能房间宜采用空气调节装置供暖。当采用热水采暖时，管道应焊接。

4.7　进线方式和室内电缆敷设

4.7.1　控制室宜采用架空进线方式。电缆穿墙入口处宜采用专用的电缆穿墙密封模块，并满足抗爆、防火、防水、防尘要求。

4.7.2　当受条件限制或需要时，可采用电缆沟进线方式，并符合以下规定：

a) 电缆穿墙入口处洞底标高应高于室外沟底标高 0.3m 以上，应采取防水密封措施，室外沟底应有排水设施；

b) 电缆穿墙入口处的室外地面区域宜设置保护围堰。

4.7.3　交流电源电缆在操作室、机柜室内敷设时，应采取隔离措施。

4.8　设备的安装和固定

4.8.1　采用防静电活动地板时，机柜应固定在槽钢制作的支撑架上，支撑架应固定在基础地面上。

4.8.2　采用其他地面时，机柜应固定在地面上。

4.9　健康、安全、环保设计要求

4.9.1　控制室内应设置火灾自动报警装置，并符合 GB 50116 的规定。

4.9.2　控制室内应设置消防设施。

4.9.3　控制室的空调引风口、室外门的门斗处、电缆沟和电缆桥架进入建筑物的洞口处，当可燃气体和有毒气体有可能进入时，宜设置可燃气体和有毒气体检测器。

4.9.4　操作室内噪声不应大于 55dB(A)。

4.10　通信和电视监视系统

4.10.1　控制室应设置行政电话和调度电话，宜设置扩音对讲系统、无线通信系统、电视监视系统，电视监视系统控制终端和显示设备宜设置在操作室或调度室。

4.10.2　抗爆结构的控制室设置无线通信系统时，应设置无线信号增强设施，以保证与外界的正常通信。

4.10.3　控制室应设置适量的电话和网络信息插座。

5　中心控制室

5.1　中心控制室的设置应根据石油化工项目的规模和特点，并结合管理和生产模式的不同要求确定。

5.2　中心控制室宜布置在生产管理区。

5.3　中心控制室宜为单独建筑。

5.4　中心控制室不应靠近运输物料的主干道布置。

5.5　中心控制室不应与变配电所相邻。

5.6　中心控制室的功能房间和辅助房间按如下原则设置：

a) 功能房间宜包括操作室、机柜室、工程师室、空调机室、UPS 室、电信设备室、打印机室、过程计算机室、备件室、安全消防监控室等；

b) 辅助房间宜包括交接班室、生产调度室、会议室、更衣室、办公室、资料室、休息室、接待室、培训室、急救设备间、卫生间等。

5.7 中心控制室的功能房间面积应根据控制系统的操作站、机柜和仪表盘等设备数量及布置方式确定。辅助房间的面积根据实际需要确定。

5.8 中心控制室内操作室的火灾报警、可燃气体和有毒气体报警人机界面宜采用与主控制系统相同规格的操作站。

5.9 对于有爆炸危险的石油化工装置，中心控制室建筑物的建筑、结构应根据抗爆强度计算、分析结果设计。

5.10 中心控制室内操作室吊顶距地面的净高不宜小于3.3m。

5.11 中心控制室的设计，本章未作规定者，应按本规范第4章有关规定执行。

6 现场控制室

6.1 现场控制室宜位于或靠近所属的工艺装置区域，应位于爆炸危险区域外；当位于附加2区时，现场控制室的活动地板下地面应高于室外地面，且高差不应小于0.6m。

6.2 现场控制室不宜与变配电所共用同一建筑。当受条件限制需共用建筑物时，应符合GB 50160的规定，并应采取屏蔽措施。

6.3 现场控制室应根据管理模式、控制系统规模、功能要求等设置功能房间和辅助房间。

6.4 现场控制室的面积应根据控制系统的操作站、机柜和仪表盘的数量以及布置方式确定。

6.5 现场控制室宜分隔为操作区和非操作区。

6.6 现场控制室的设计，本章未作规定者，应按本规范第4章有关规定执行。

7 现场机柜室

7.1 现场机柜室应靠近相关的工艺装置和系统单元，用于系统调试、开/停车、日常维护和非正常情况下的生产操作，不具备日常生产操作功能。

7.2 现场机柜室宜位于或靠近所属的工艺装置区域，应位于爆炸危险区域外；当位于附加2区时，现场机柜室的活动地板下地面应高于室外地面，且高差不应小于0.6m。

7.3 现场机柜室宜单独设置。

7.4 抗爆结构现场机柜室的高度宜为一层，不应超过两层。

7.5 现场机柜室的位置应考虑装置电缆的布线，合理减少电缆长度。

7.6 现场机柜室应依据工厂总平面布置及与中心控制室的关系，按装置或生产单元设置，或多装置联合设置。

7.7 现场机柜室的设置应考虑便于工程实施、维护及管理、节省工程费用等。

7.8 对于有爆炸危险的石油化工装置，现场机柜室建筑物的建筑、结构应根据抗爆强度计算、分析结果设计。

7.9 现场机柜室宜设置机柜室、工程师室、UPS室、备件室和空调机室等房间。

7.10 现场机柜室宜设置调度电话、行政电话、扩音对讲和无线通信等设备。

7.11 抗爆结构的现场机柜室设置无线通信系统时，应设置无线信号增强设施，以保证与外界的正常通信。

7.12 现场机柜室不宜设置卫生间。

7.13 现场机柜室的设计，本章未作规定者，应按本规范第4章有关规定执行。

本规范用词说明

1　为便于在执行本规范条文时区别对待，对要求严格程度不同的用词说明如下：

1)表于很严格，非这样做不可的：

正面词采用“必须”；反面词采用“严禁”。

2)表示严格，在正常情况下均应这样做的：

正面词采用“应”；反面词采用“不应”或“不得”。

3)表示允许稍有选择，在条件许可时首先应这样做的：

正面词采用“宜”；反面词采用“不宜”。

4)表示有选择，在一定条件下可以这样做的，采用“可”。

2　条文中指明应按其他有关标准执行的写法为：“应符合……的规定”或“应按……执行”。

7. 石油化工仪表安装设计规范

（SH/T 3104—2000
代替 SYJ 1010—82）

目　录

1 总则

1.0.1 本规范适用于石油化工企业自动控制工程的仪表安装设计。不包括电线、电缆、补偿导线、仪表隔热、伴热和按制室内仪表的安装设计。

1.0.2 执行本规范时，尚应符合国家现行有关标准规范的要求。

2 一般规定

2.0.1 现场仪表的安装位置应满足以下要求：

1 易于接近、观察及操作，必要时设置专用的操作平台和梯子。

2 避开高温、强烈振动的场所。

3 避开静电干扰和电磁干扰，当无法避开时，应采取适当的抗静电干扰、电磁干扰的措施。

4 具有适应现场环境的防护措施。

5 非防水仪表设在室外时，应安装于仪表保护箱内。

6 非防爆仪表用于爆炸危险场所时，应安装于正压式仪表柜内或采取其他防爆措施，并符合有关防爆规范要求。

2.0.2 仪表与工艺过程的连接应满足以下要求：

1 工艺管道上或设备上的仪表连接头(管嘴)、法兰及仪表引压管道的材质和压力等级不应低于工艺管道或设备上连接件的材质和压力等级。

2 除设计另有规定外，仪表测量用介质引压管道的连接法兰最低公称压力，应符合下列规定：

a)A 级管道法兰的公称压力，不宜低于 5.0MPa；

b)B、C 级管道法兰的公称压力，不宜低于 2.0MPa。

3 设计压力不大于 0.6MPa 的蒸汽、空气和水管道，其法兰的公称压力，不宜低于 1.0MPa。

4 除设计另有规定外，法兰密封用垫片应符合下列规定：

a)一般公称压力低于 5.0MPa 的法兰可采用石棉橡胶板垫片或聚四氟乙烯包覆垫片；

b)剧毒，可燃介质或温度高、温差大、受机械振动或压力脉动的管道宜采用缠绕式垫片，并符合表 2.0.2-1 的使用条件；

表 2.0.2-1 缠绕式垫片使用条件

垫片材料	法兰公称压力/MPa	温度范围/℃
奥氏体不锈钢/特制石棉	≤25.0	≤500
奥氏体不锈钢/柔性石墨		-270~600(非氧化介质：800)
奥氏体不锈钢/聚四氟乙烯	≤10.0	-200~260

c)高温、高压管道宜采用金属环垫，其材质应满足介质防腐要求及法兰硬度要求。

5 法兰紧固件材料选用应符合表 2.0.2-2 的规定。

表 2.0.2-2 常用紧固件材料

法兰连接条件	紧固件工作温度/℃							
	-100~-41	-40~-21	-20~39	40~199	200~299	300~449	450~499	500~600
P_N<5.0MPa并采用软质垫片		35/BL_2	BL_3/BL_2	35/BL_2				
P_N≥5.0MPa或采用非软质垫片	35CrMo/30CrMo		35CrMo/35				35CrMo/35CrMo	$25Cr_2MoV_A$/35CrMo

注：1. 斜线上方为螺柱或螺栓材料，斜线下方为螺母材料；

2. 软质垫片系指予紧比压 y<31MPa，垫片系数 m≤2 的垫片，具有更高 y 和 m 值的垫片均属非软质垫片。

6 仪表连接头(管嘴)的长度应根据工艺管道或设备的隔热层厚度确定。螺纹或法兰式仪表连接头(管嘴)的规格见表 2.0.2－3。

表 2.0.2－3 仪表连接头(管嘴)规格

参数	仪表名称		仪表连接头规格	备注
温度	工业水银温度计、温度计套管		直管螺纹 3/4″、M 27×2，法兰 *DN*25	
	热电偶和热电阻		螺纹 M 27×2，法兰 *DN*25、*DN*40 或其他	法兰的压力等级和密封面形式根据需要决定
	双金属温度计		螺纹 M 27×2、M 33×2 或其他	
	耐磨热电偶		法兰 *DN*50 或其他	用于流态化粉状或颗粒状物料或催化剂的设备
	加热炉用热电偶		法兰 *DN*40 或其他	用于加热炉炉膛对流室及烟道的测温
压力	压力表、压力变送器、差压变送器		锥管螺纹 1/2″、1″、3/4″，*DN*20、*DN*25 法兰或其他	3/4″或 1″用于易结焦或含固体颗粒的介质
液位	差压式液位计	玻璃板(管)液位计	锥管螺纹 3/4″、*DN*20 法兰或其他	压力等级根据需要选定
		差压变送器	锥管螺纹 1/2″、3/4″或 *DN*20 法兰	压力等级根据需要选定
		单法兰差压变送器	上为锥管螺纹 1/2″、3/4″或 *DN*20 法兰，下为法兰	下法兰与仪表上的法兰对应
		双法兰差压变送器	法兰或其他	
	外浮筒液位计		法兰	法兰的规格与仪表的法兰对应
	内浮筒液位计		法兰	
	内浮球液位计		法兰	

7 仪表连接头(管嘴)的位置应便于切断阀或测量元件安装和检修。必要时应设置专用的操作平台或梯子。

2.0.3 静压式测量仪表(压力、流量、液位等)引压管道应满足以下要求：

1 导压管宜采用 $\phi14\times2$、$\phi18\times3$ 的不锈钢管道或碳钢管道，也可采用其他管道。

2 导压管的连接可采用承插焊方式、对焊方式或卡套方式连接，也可采用其他连接方式；根部取源阀应采用焊接方式。

3 根部取源阀宜采用闸阀、截止阀或球阀，也可采用其他阀门。

4 放空阀和排污阀宜采用截止阀、闸阀或球阀，并靠近仪表；在下列场合不设放空阀和排污阀：

a)仪表设有放空和排污口；

b)蒸汽或有毒介质；

c)强腐蚀性介质。

5 危险性介质应集中排放。

6 对易堵、腐蚀、黏稠介质和蒸汽宜设置隔离罐(冷凝罐)。

7 流量测量元件的高压侧和低压侧的两个隔离(冷凝)罐应在相同的标高上。

8 测量－29℃以下的低温液体介质时，导压管道应符合以下要求：

a)根部取源阀宜采用具有延伸手柄的低温用不锈钢阀门，并有保冷隔离措施；

b)介质从设备或管道中引出后至仪表前的阀门之间应有足够长度的汽化段(使导压管内温度接近环境温度)并向上倾斜敷设，也可在根部取源阀后采用耐低温隔离液导压；

c)除有特殊要求者外，根部取源阀后的导压管不需进行保冷隔离；

d)低温部分的导压管道材质应为不锈钢，并采取焊接方式。

9 测量350℃以上的高温介质时，可采取以下引压措施：

a)测量气体介质时，用冷介质气体或对工艺无影响的其他冷气体反吹取压；

b)测量液体时，用冷介质液体或对工艺无影响的其他冷液体反冲取压；

c)从仪表连接头(管嘴)开始，采用不锈钢导压管经足够长度的散热段后接取源阀。

10 导压管道的配管应有1∶10的坡度，测量液体时向上倾斜，测量气体时向下倾斜；需要时应设置高点放空阀和低点排污阀。

11 导压管道宜固定于钢结构或平台上，在不可避免时，也可固定于不保温的设备和管道上。

3 温度测量仪表

3.0.1 温度计安装一般采用法兰连接或螺纹连接。对下列情况应采用法兰连接：

1 管道和设备中介质工作压力大于5.0MPa；

2 管道和设备中介质工作温度大于370℃；

3 测量结焦、颗粒、粉状或胶黏介质；

4 合金或衬里的管道和设备；

5 测量苯酚、苛性碱、无机酸或其他腐蚀介质；

6 测量有毒介质；

7 加热炉。

3.0.2 温度测量元件安装应符合以下规定：

1 测量点应设在能灵敏、准确地反映介质温度的位置，不应位于介质不流动的死角处。

2 在直管段上安装时，可垂直或倾斜45°插入管道内，在弯头处或倾斜45°安装时，应与介质逆向。

3 温度计的感温体应全部伸入管道内。

温度计的插入深度(L)按下式计算：

$$L = L_1 + \delta + U \quad (3.0.2-1)$$

式中 L_1——仪表连接头长度，mm；

δ——管壁厚度，mm；

U——浸没长度，mm。

测量液体时： $$U_L = L_S + 40\text{mm} \quad (3.0.2-2)$$

测量气体时： $$U_G = L_S + 25\text{mm} \quad (3.0.2-3)$$

式中 U_L——液体的浸没长度，mm；

U_G——气体的浸没长度，mm；

L_S——温度计敏感段的长度，mm。

注：热电偶的敏感段长度约为20mm，热电阻和双金属温度计约为40mm，压力式温度计的敏感段长度为温包长度。

4 对子直径较小的管道，温度计可在弯头处安装，或扩大管径后安装，对热电偶、热电阻和双金属温度计，管道直径应扩大为80mm或100mm；压力式温度计的扩管管径根据计算后的浸没长度决定：扩大管径部分的长度为250～300mm。

5 测炉膛温度的热电偶保护管末端超过炉管的长度应为50～100mm；水平安装的热电偶插入炉内的悬臂长度不宜超过600mm；安装在回弯头箱内的热电偶的接线盒应在回弯头箱的隔热层外面。

6 炉管测温用表面热电偶的安装应符合以下要求：

a)热电偶与炉膛之间应采用法兰或螺纹连接；

b)热电偶的长度应充分考虑炉管的受热膨胀因素；

c)热电偶的刀刃状端部应紧密焊接固定于炉管上。刀刃长度不少于50mm，靠近刀刃处应用适当的金属卡子将热电偶焊接固定于炉管上。

7 设备上热电偶或热电阻的安装要求：

a)不同标高的热电偶或热电阻宜按同一方位安装；

b)设备本体上的热电偶或热电阻宜水平安装，亦可45°安装，但不应与设备内构件碰撞或插入流体死角处；

c)热电偶或热电阻插入设备内的长度不得小于150mm；

d)分馏塔顶温度的测温点宜位于气相流出线上：其他部位的热电偶或热电阻，应位于液相，或根据工艺要求确定其安装位置。

8 耐磨热电偶保护管末端露出设备上外套管的长度应为100~150mm。

9 储罐上温度计的插入深度不宜小于500mm，安装位置应高于罐内加热盘管600mm。在浮顶罐上安装的温度计不应妨碍浮顶移动。

3.0.3 温度测量元件安装于下列场合时，应外加温度计套管：

1 流动的可燃介质；

2 压力较高的非可燃流体；

3 压力较高的储罐；

4 高速流动的非可燃流体；

5 大口径管道。

3.0.4 温度计套管的使用应符合下列规定：

1 套管的工作压力不应超过相应工作温度下套管的允许最大工作压力；

2 套管的工作流速不应超过套管在相应的工作温度下可承受的最大流速。

4 压力测量仪表

4.0.1 仪表连接头(管嘴)的位置应按下列要求确定：

1 仪表连接头(管嘴)应设在流束稳定的直管段上。不宜设在管道弯曲或流束呈旋涡状处。

2 在水平或倾斜管道上，仪表连接头(管嘴)不应设在管道底部。

3 塔和容器上的仪表连接头(管嘴)宜设在气相段。

4.0.2 压力测量仪表的安装要求如下：

1 压力表应靠近仪表连接头(管嘴)安装。如压力表安装位置离仪表连接头(管嘴)较远，除取源阀外还应在压力表处再加一个切断阀，并加以支撑。

2 如介质温度高于60℃，应在压力表和切断阀之间加冷凝圈(SIPHON)。

3 测量脉冲压力时应安装阻尼器。

4 测量高黏度、腐蚀性或凝固点高于环境温度的介质，应采取隔离、伴热或反吹等措施。

5 测量含有粉尘、固体颗粒的气体压力时、宜采用反吹或隔离等措施。

6 压力变送器宜装在仪表连接头(管嘴)的下方，但在下列情况时宜装在仪表连接头(管嘴)的上方：

a)测量压力较低的湿气体或可凝性气体时；

b)测量真空时；

c)采用反吹气法测量含固体颗粒的气体压力时。

7 测量湿气体或可凝气体压力，而压力变送器只能装在仪表连接头(管嘴)的下方时，应采取措施消除引压管内凝液对测量的影响。

8 测量脉冲、腐蚀、泥浆、易冻介质压力的压力仪表引压管道应有排放阀。

9 测量高压的压力仪表引压管道应有泄压排放阀。

5 流量测量仪表

5.0.1 差压流量测量节流装置的安装应符合以下规定：

1　节流装置应安装在被测介质完全充满的管道上。

2　节流装置的上、下游侧应有一定长度的直管段。上游侧的最小直管段与上游侧的局部阻力件形式和节流孔直径与管道内径的比值($\beta = d/D$)有关。

a)孔板、喷嘴和文丘里喷嘴所要求的上、下游侧最短直管段长度见表5.0.1－1。

表5.0.1－1　孔板、喷嘴和文丘里喷嘴所要求最短直管段长度

阻力件 最小直管段 直径比 $\beta(d/D)\leqslant$	节流件上游侧阻流件形式和最短直管段长度							下游侧(包括表中所列的所有阻流件)
	一个90°弯头或三通(流体仅从一个支管流出)	在同一平面上的两个或多个90°弯头	在不同平面上的两个或多个90°弯头	渐缩管(在1.5D到3D长度内,由2D变为D)	渐扩管(在1D至2D长度内由0.5D变为D)	球型阀全开	全孔球阀或闸阀全开	
0.20	10(6)	14(7)	34(17)	5	16(8)	18(9)	12(6)	4(2)
0.25	10(6)	14(7)	34(17)	5	16(8)	18(9)	12(6)	4(2)
0.30	10(6)	16(8)	34(17)	5	16(8)	18(9)	12(6)	5(2.5)
0.35	12(6)	16(8)	36(18)	5	16(8)	18(9)	12(6)	5(2.5)
0.40	14(7)	18(9)	36(18)	5	16(8)	20(10)	12(6)	6(3)
0.45	14(7)	18(9)	38(19)	5	17(9)	20(10)	12(6)	6(3)
0.50	14(7)	20(10)	40(20)	6(5)	18(9)	22(11)	12(6)	6(3)
0.55	16(8)	22(11)	44(22)	8(5)	20(10)	24(12)	14(7)	6(3)
0.60	18(9)	26(13)	48(24)	9(5)	22(11)	26(13)	14(7)	7(3.5)
0.65	22(11)	32(16)	54(27)	11(6)	25(13)	28(14)	16(8)	7(3.5)
0.70	28(14)	36(18)	62(31)	14(7)	30(15)	32(16)	20(10)	7(3.5)
0.75	36(18)	42(21)	70(35)	22(11)	38(19)	36(18)	24(12)	8(4)
0.80	46(23)	50(25)	80(40)	30(15)	54(27)	44(22)	30(15)	8(4)
对于所有的直径比β	阻流件				上游侧最短直管段			
	直径大于或等于0.5D的对称骤缩				30(15)			
	直径小于或等于0.03D的温度计套管和插孔				5(3)			
	直径在0.03D和0.13D之间的温度计套管和插孔				20(10)			

注：1. 表列数值为位于节流件上游或下游的各种阻流件与节流件之间所需的最短直管段长度。
2. 不带括号的值为“零附加不确定度”的值。
3. 采用括号内的值为“0.5%附加不确定度”的值。
4. 直管段长度均以工艺管道直径D的倍数表示。它应从节流件上游端面量起。

b)经典文丘里管所要求的上游侧最短直管段长度见表5.0.1－2；下游侧直管段，从喉部取压孔处起计算，应为喉管直径的4倍。

表 5.0.1-2 经典文丘管要求上游侧最小直管段

直径比 $\beta(d/D)$	单个90°短半径弯头	在同一平面上两个或多个90°弯头	在不同平面上两个或多个90°弯头	在3.5D长度内由3D变为D的渐缩管	在D长度范围内由0.75D变为D的渐扩管	全开球阀或闸阀
0.30	0.5	1.5 (0.5)	(0.5)	0.5	1.5(0.5)	1.5(0.5)
0.35	0.5	1.5(0.5)	(0.5)	1.5(0.5)	1.5(0.5)	2.5 (0.5)
0.40	0.5	1.5(0.5)	(0.5)	2.5 (0.5)	1.5(0.5)	2.5(1.5)
0.45	1.0 (0.5)	1.5(0.5)	(0.5)	4.5(0.5)	2.5(1.0)	3.5(1.5)
0.50	1.5(0.5)	2.5 (1.5)	(8.5)	5.5(0.5)	2.5(1.5)	3.5(1.5)
0.55	2.5(0.5)	2.5(1.5)	(12.5)	6.5(0.5)	3.5(1.5)	4.5(2.5)
0.60	3.0(1.0)	3.5(2.5)	(17.5)	8.5(0.5)	3.5(1.5)	4.5(2.5)
0.65	4.0(1.5)	4.5(2.5)	(23.5)	9.5(1.5)	4.5(2.5)	4.5(2.5)
0.70	4.0(2.0)	4.5(2.5)	(27.5)	10.5(2.5)	5.5(3.5)	5.5(3.5)
0.75	4.5(3.0)	4.5(3.5)	(29.5)	11.5(3.5)	6.5(4.5)	5.5(3.5)

注：1. 最短直管段的长度均以工艺管道直径 D 的倍数表示。

2. 上游侧直管段从上游取压口平面量起。管道粗糙度应不超过市场上可买到的光滑管子的粗糙度（约 $K/D\leqslant10^{-3}$）。

3. 不带括号的值为“零附加不确定度”。括号内的值为“0.5%的附加不确定度”。

4. 弯头的弯曲半径等于或大于管道直径。

5. 位于喉部取压口下游至少4倍喉部直径处的管件或其他阻流件不影响测量的不确定度。

3 如在水平或倾斜管道上安装节流装置，取压孔位于管道横截面上的方位应符合下列规定：

a)测量气体时，对于湿气体，应在与垂直中心线夹角为 α 范围内；对于干气体，应在水平中心线上半部及水平中心线下方 α 角范围内，α 小于45°；

b)测量蒸汽时，在水平中心线上；

c)测量液体时，在水平中心线上下 α 角范围内，当液体中含有固体颗粒时，在水平中心线上方；液体中含有气体时，在水平中心线的下方，α 小于45°。

见图5.0.1-1取压孔方位。

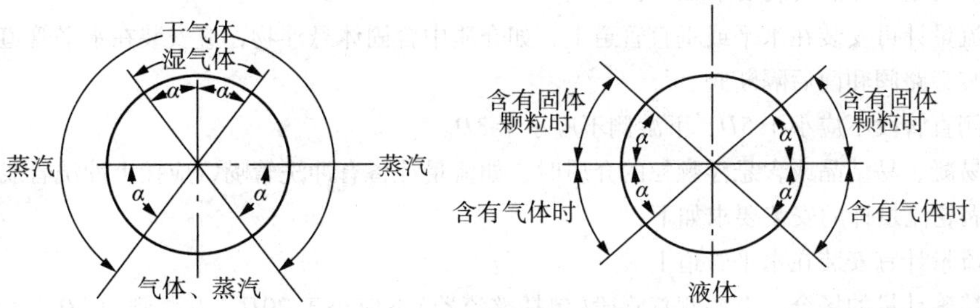

图5.0.1-1 取压孔方位

4 节流装置宜安装在水平管道上，亦可装在垂直管道上（偏心或圆缺孔板除外），应考虑便于安装维护，必要时应设置操作平台。安装在埋地管道时，应设置地井。

5　偏心锐孔板必须安装在水平管道上。如被测液体中含有气体，锐孔应与工艺管道内圆顶点相切，取压孔位于管道横截面的水平中心线上；如测量含凝液的气体或含固体颗粒的液体，锐孔应与工艺管道内圆底点相切。取压孔位于管道顶部或水平中心线上。

5.0.2　均速管流量计的安装应符合以下规定：

注：本务适用于均速管类(例 ITABAR、VERABAR、ANUBA 等)流量计、比托管流量计及其变形产品如 V 形比托管(V－cone)流量计和比托式文丘里管的安装。

1　均速管流量计应安装在被测介质完全充满的管道上。

2　均速管流量计宜安装于水平管道上；当测量气体、蒸汽时，也可安装于垂直管道上。

3　均速管流量计在工艺管道上截面上的插入方位应满足下列要求：

a)在水平管道上安装、测量气体时，应在水平线以上且与水平线夹角 30°～150°的范围内；

b)在水平管道上安装、测量液体和蒸汽时，应在水平线以下且与水平线夹角－130°～－50°的范围内；

c)在垂直管道上安装时，可在与管道中心线垂直的平面内的任意位置；

d)均速管流量计测压孔开孔中心线与管道中心线的偏差应小于 3°；均速管杆中心线与管线垂直度偏差应小于 5°，与管道中心线的偏差应小于 3°。

4　测量精度要求为±1%时，均速管流量计上、下游侧直管段长度应符合表 5.0.2 的要求。测量精度要求为±3%时，至少应有上游侧 3D、下游侧 2D 的直管段长度。

表 5.0.2　均速管流量计上下游侧要求最小直管段

最小直管段 \ 阻力件型式 \ 管道安装方案	上游直管段长度		下游直管段长度
	阻力件在同一平面	阻力件不在同一平面	
上游 1 个 90°弯头，下游 1 个 90°弯头	7	9	3
上游具有同一平面内连续 2 个 90°弯头，下游 1 个 90°弯头	9	14	3
上游具有不同平面内连续 2 个 90°弯头，下游 1 个 90°弯头	19	24	4
上游缩径，下游扩径(工艺管径大于仪表口径)	8		3
上游扩径，下游缩径(工艺管径小于仪表口径)	8		3
上游装有调节阀	24		4

注：最小直管段的长度为表中数值乘以工艺管道直径 D。

5　均速管流量计不可用于测量两相流及工作温度低于饱和温度的蒸汽流量测量。

5.0.3　转子流量计的安装要求如下：

1　转子流量计必须垂直安装，介质的流向必须由下向上。

2　宜安装旁路阀和前后切断阀。

5.0.4　靶式流量计的安装要求如下：

1　靶式流量计可安装在水平或垂直管道上，如介质中含固体悬浮物，应安装在水平管道上。

2　宜安装旁路阀和前后隔断阀。

3　上游侧直管段不应小于 5D，下游侧不应小于 3D。

4　测量易凝、易结晶或含悬浮颗粒的介质时，如流量计备有冲洗管嘴，应接上冲洗管线。

5.0.5　涡轮流量计的安装要求如下：

1　涡轮流量计宜安装在水平管道上。

2　需要精确计量的场合，上游侧直管段(包括整流器)不应小于 20D，下游侧为 5D。一般场合上游侧直管段可为 10D，下游侧为 5D。

3　在连续操作的场合，应安装旁路阀和前后切断阀。

4　上游侧宜装过滤器，如被测液体中含有气体，则上游侧还应装除气器。过滤器、除气器应位于直管段之前。

5.0.6 齿轮和腰轮流量计的安装要求如下：

1 齿轮和腰轮流量计可安装在水平或垂直(直径较小时)管道上，安装在垂直管道上时，齿轮轴或转子(腰轮)应处于水平位置。

2 在连续操作的场合，流量计应安装旁路阀和前后切断阀。

3 上游侧应装过滤器。当液体中含有气体时，上游侧还应装除气器。

4 如在垂直管道上，应按图5.0.6安装。

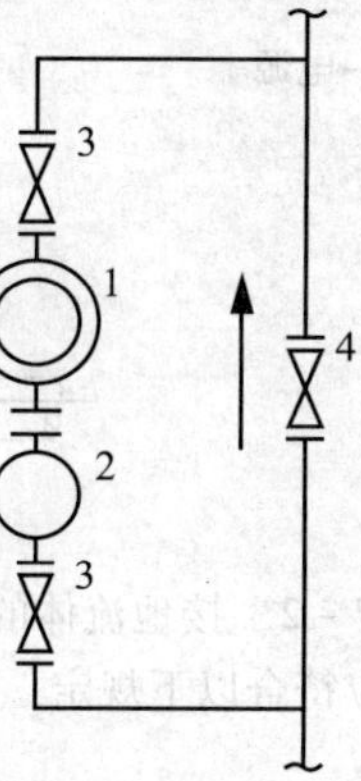

图5.0.6 齿轮和腰轮流量计在垂直管道上的安装

1—流量计 2—过滤器 3—切断阀 4—旁路阀

5 直径大于或等于150mm的流量计和过滤器应加支撑。

5.0.7 电磁流量计的安装要求如下：

1 电磁流量计应安装于被测介质完全充满的管道上。

2 一般计量场合，上游直管段长度不应小于3D，下游直管段长度不小于2D；需要精确计量的场合，上游直管段长度不应小于10D，下游直管段长度不小于3D。

3 插入式电磁流量计在水平或倾斜管道上安装时，探头应安装于管道中心线平面上下45°的范围内，如图5.0.7所示。

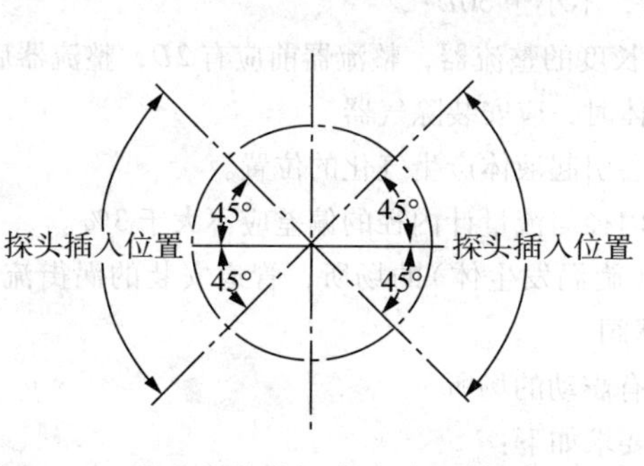

图5.0.7 电磁流量计探头在水平管道上的安装

4 插入式电磁流量计探头中心线应与管道中心线相垂直。

5 当被测流体不接地时，电磁流量计应与工艺管道绝缘隔离，其电源及输出信号应采用变压器隔离，如图5.0.7-1所示。

6 当被测流体接地时，电磁流量计表体与工艺管道应良好地连接并接地，如图5.0.7-2所示。

5.0.8 涡街流量计的安装要求如下：

1 测量液体时涡街流量计应安装于被测介质完全充满的管道上。

2 涡街流量计在水平敷设的管道上安装时，应充分考虑介质温度对变送器的影响。

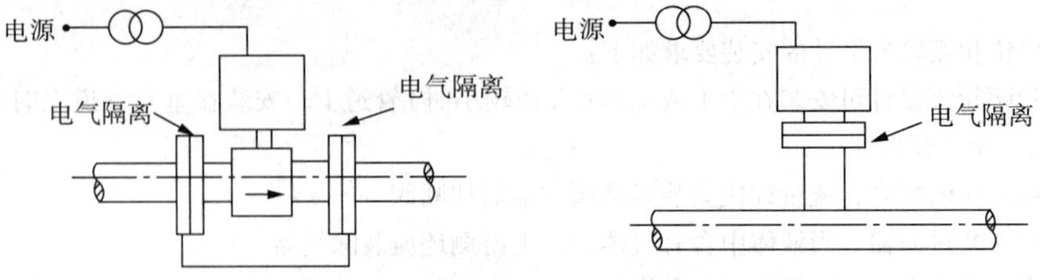

图 5. 0. 7 – 1　不接地流体的电气连接

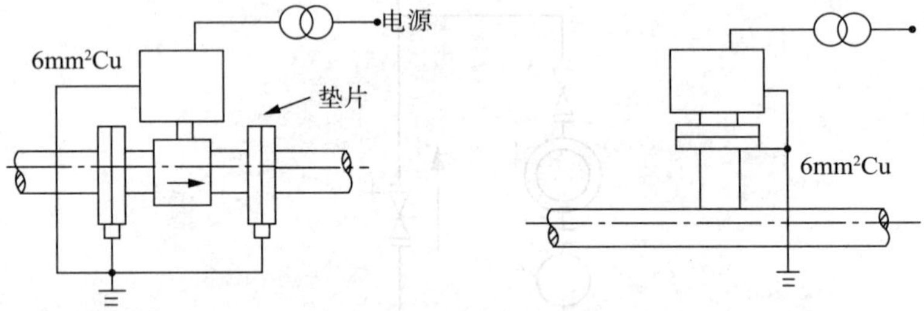

图 5. 0. 7 – 2　接地流体的电气连接

3　涡街流量计在垂直管道上安装时，应符合以下规定：

a）测量气体时，流体可取任意流向；

b）测量液体时，液体应自下而向上流动。

4　涡街流量计下游应具有不小于 5*D*（流量计直径）的直管段长度，涡街流量计上游直管段长度应符合以下规定：

a）当工艺管道直径大于仪表直径（*D*）需缩径时，不小于 15*D*；

b）当工艺管道直径小于仪表直径（*D*）需扩径时，不小于 18*D*；

c）流量计前具有一个 90°弯头或三通时，不小于 20*D*；

d）流量计前具有在同一平面内的连续两个 90°弯头时，不小于 40*D*；

e）流量计前具有不同平面内的连接两个 90°弯头时，不小于 40*D*；

f）流量计装于调节阀下游时，不小于 50*D*；

g）流量计前装有不小于 2*D* 长度的整流器，整流器前应有 2*D*，整流器后应有不小于 8*D* 的直管段长度。

5　被测液体中可能出现气体时，应安装除气器。

6　涡街流量计应安装于不会引起液体产生气化的位置。

7　涡街流量计前后直管段内径与流量计内径的偏差应不大于 3%。

8　对有可能损坏检测元件（旋涡发生体）的场所，管道安装的涡街流量计应加前后截止阀和旁路阀，插入式涡街流量计应安装切断球阀。

9　涡街流量计不宜安装在有震动的场所。

5. 0. 9　质量流量计的安装要求如下：

1　质量流量计应安装于被测介质完全充满的管道上。

2　质量流量计宜安装于水平管道上；当在垂直管道上安装时，流体宜自下而上流动，且出口留有适当的直管长度。

3　当用于测量易挥发性液体（如轻烃，液化气等），应使流量计出口处压力高于液体的饱和蒸气压力；流量计不宜安装于泵入口管道上；当安装于垂直管道上时，应安装于管道的最低处。

4　Ω 型管质量流量计在水平管道上的安装，应符合以下规定：

a）测量气体时，Ω 型管应置于管道上方；

b）测量液体时，Ω 型管应置于管道下方。

5 直管型质量流量计在水平管道上安装时，应充分考虑介质温度对变送器的影响。变送器处的环境温度不应高于60℃。

6 直径大于等于80mm的质量流量计应加支撑。

7 被测液体中可能含有气体时，应加除气器。

8 质量流量计宜加前后切断阀和旁路阀。

5.0.10 气体热质量流量计的安装要求如下：

1 气体热质量流量计宜安装于水平管道上；当气体流速较低或水平直管段长度不能满足要求时，可安装于垂直管道上。

2 气体热质量流量计下游直管段长度应不少于5D(工艺管径)，上游直管段应符合以下规定：

a)上游扩径、缩径、具有一个90°弯头或三通时，不小于10D；

b)上游具有同一平面内连续两个90°弯头时，不小于15D；

c)上游具有不同平面内连续两个90°弯头时，不小于30D；

d)上游装有调节阀时，不小于40D。

3 插入式气体热质量流量计宜安装切断阀。

5.0.11 超声波流量计应按照制造厂的规定进行安装设计。

6 物位测量仪表

6.0.1 物位测量仪表安装的一般要求如下：

1 物位测量仪表的仪表连接头(管嘴)位置应避开进入设备物流的冲击。

2 仪表的观测面应朝向操作通道，周围不应有妨碍维修仪表的物件。物位测量仪表宜安装在平台一端，或加宽平台。

3 物位测量仪表的仪表连接头(管嘴)如在设备的底部，应伸入设备100mm。

4 测量界位时，物位测量仪表的上部仪表连接头(管嘴)必须位于液相层内。

5 数个液位计组合使用时，宜采用连通管安装型式。

6.0.2 玻璃板(管)液位计的安装要求如下：

1 用玻璃板(管)液位计和浮球(浮筒)液位计测量同一液位时，玻璃板(管)液位计的测量范围应包括浮球(浮筒)液位计的测量范围。

2 数个液位计组合使用时，相邻的两个液位计在垂直方向应重迭150~250mm，其水平间距宜为200mm。

3 数个液位计组合使用时，宜采用外接连通管安装，连通管两端应装切断阀，玻璃板(管)液位计装在此管上，可不另装切断阀。

6.0.3 外浮筒液位计的安装要求如下：

1 液位计两端应装切断阀。

2 液位计测量范围的中间位置。

3 顶底式法兰式液位计，上下仪表连接头(管嘴)的间距应至少比测量范围多500mm。

6.0.4 内浮筒液位计的安装要求如下：

1 正常液位应在浮筒的中间位置。

2 液位波动较大时，应加防波管。

6.0.5 内浮球液位计的安装要求如下：

1 液位计安装法兰的水平中心线应与正常液位一致。

2 在浮球活动范围内不应有障碍物，在物流冲击较大的场合应加防冲板。

6.0.6 磁致伸缩式液位计的安装要求如下：

1 磁致伸缩式液位计宜安装于容器顶部或容器侧面引出的连通管顶部。

2 安装于拱顶罐或球罐顶部的磁致伸缩液位计宜采用法兰安装方式，法兰式仪表连接头(管嘴)的内径应大于浮子直径。

3 当安装于容器外的连通管上时，连通管内径应大于浮子外径，连通管应采用非导磁材料(如不锈钢、铝或合金)制作。

6.0.7 超声波及微波(雷达)液(料)位计的安装要求如下：

1 测量液位的场合，宜垂直向下检测安装。

2 测量料位的场合，超声波或微波的波束宜指向料仓底部的出料口。

3 超声波或微波的波束中心距容器壁的距离应大于由束射角、测量范围计算出来的最低液(料)位处的波束半径。

4 超声波或微波的波束途径应避开容器进料流束的喷射范围。

5 超声波或微波的波束途径应避开搅拌器及其他障碍物。

6 超声波或微波液(料)位计的安装，还应符合制造厂的要求。

6.0.8 导波雷达与电容式液位计的安装应符合下列要求：

1 液位计应安装于储罐的顶部，避免与设备内的可动部件相碰；当设备内介质波动剧烈时，应对导波杆(探头)加透孔式保护管固定。

2 液位计在设备外连通管上安装时，应符合下列规定：

a)导波杆(探头)的长度应包括上部和下部测量死区，其端部应低于连通管下部连接口中心至少50mm；

b)采用双杆式探头的导波雷达液位计时，连通管直径不小于80mm；采用单杆式探头的导波雷达液位计时，连通管直径不小于50mm。

3 采用电缆探头式导波雷达液位计测量大液位时，应在设备底部对电缆探头进行拉直固定，液面波动剧烈的场合应加透孔式保护管固定。

4 被测介质温度高时，宜将变送器分离安装。

5 导波雷达与电容式液位计的安装还应符合制造厂的要求。

6.0.9 静压式液位测量仪表的安装应符合以下规定：

1 单法兰式液位计的仪表连接头(管嘴)距罐底距离应大于300mm，且处于易于维护的方位。

2 双法兰远传式差压液位计的安装高度不宜高于容器上的下取压法兰口，并精确计算出零点和负迁移量；对传导毛细管应用角钢或钢管进行固定，环境温度变化大的场所应采取绝热保温措施。

3 采用差压变送器测液位的安装应符合以下要求：

a)上下取压仪表连接头(管嘴)之间距离应大于所需测量范围；下取压仪表连接头(管嘴)距罐底距离不小于200mm，且避开液体抽出口；上取压仪表连接头(管嘴)应避开气相喷入口，无法避开时应采取防冲措施；

b)测量易挥发或易冷凝介质液位时，应在负压侧(气相)加隔离罐或在正负压两侧均加隔离罐，并精确计算出零点和负迁移量；

c)测量蒸汽锅炉汽包液位时，应安装温度自补偿式平衡容器，并宜对导压管进行伴热和隔热保温。

4 采用插入式反吹法测量液位时，插入导压管的端部距罐底距离至少200mm，并切削成斜坡状。

6.0.10 放射性物位仪表的安装应严格按照制造厂的要求进行，并符合中华人民共和国有关卫生和安全防护的规范。

6.0.11 钢带液位计和浮标液位计的安装应符合制造厂的要求。

7 调节阀

7.0.1 调节阀的安装位置规定如下：

1 调节阀的安装位置应满足工艺要求，并便于安装、维修和操作。

2 调节阀不宜装在管沟或管架上。如必须装在高处，应加平台。

3 如调节阀带有事故气源罐、手轮、闭锁阀等辅助装置时，应留有安装和操作的空间。

4 调节阀应靠近相关的就地指示仪表。

7.0.2 调节阀安装尺寸要求如下：

1 调节阀底距地面或平台面的距离应大于250mm。对于反装阀芯的单双座调节阀，宜在阀体下方留出抽出阀芯的空间。

2 顶部与旁路管道的净空距离应大于200mm。调节阀与旁路阀的上下位置应错开。

7.0.3 调节阀的配管要求如下；

1 根据工艺要求和仪表的特殊需要设置调节阀的切断阀和旁路阀。

2 具备下列情况之一者可不装切断阀和旁路阀；

a)操作条件不恶劣(温度不高于225℃、压力不大于0.1MPa的干净介质)、控制非重要参数的、直径大于或等于100mm带手轮的调节阀；

b)顺序控制调节阀；

c)紧急停车联锁阀；

d)直径大于350mm的蝶形调节阀；

e)三通调节阀；

f)有备用电机驱动的蒸汽透平泵的蒸汽调节阀；

g)需要减少危险介质(如氢氟酸、苯酚等)泄漏的场所。

3 对于直径小于25mm的调节阀，可把调节阀装在旁路的上方。

7.0.4 执行机构的配管要求如下：

1 靠放空使气动执行机构快速动作的调节阀，应配置最小操作压差为零的电磁阀。

2 信号中断及气源(或其他动力源)中断时，执行机构应使阀门处于工艺安全的位置；对无自复位能力的双作用气缸执行机构应设事故气源罐。

3 大口径或要求快速动作的气动薄膜式调节蝶阀或调节阀的调节信号气路中应设气动功率放大器和快速排气阀。

4 气动调节阀气源配管应符合以下规定：

a)调节阀安装位置较集中的场所，气源可集中过滤减压；

b)调节阀安装位置较分散的场所，至各阀的气源应分别过滤减压；

c)气缸闸阀的气源宜分别过滤减压，并配有油雾器。

5 液压缸式执行机构的动力油配管应符合以下规定：

a)动力油系统宜安装有互为备用的两套过滤器；

b)液压系统的最高点应装设放气阀；

c)液压系统应设有储能器及备用自动充压设备。

8 工业过程分析仪表

8.0.1 取样点位置的确定应满足以下要求：

1 该点样品能及时、准确地反映过程流体的被测参数的变化，是可测量的工艺流体。

2 该点与过程校正点(一般为调节阀、加热或冷却器)之间的工艺过程滞后时间短。

3 能提供清洁、干燥的样品。

4 能得到适当的样品压力和温度。

5 易于接近、维护。

6 取样器头部宜伸至管道的中心，且取样口背向样品流向。

7 取样点应取在工艺管道的顶部或侧面，不可取在工艺管道底部。

8.0.2 分析仪表的位置应满足以下要求：

1　尽量靠近取样点，易于接近和维护。

2　尽量避开下列场合：

a)热设备或管道的影响；

b)冲击或振动的影响；

c)可能产生机械损伤的场合；

d)强电磁干扰的场合。

8.0.3　取样系统的安装要求如下：

1　取样系统的材质应符合以下规定：

a)不与样品起反应；

b)不从样品中吸取组分；

c)不得通过渗透或扩散使杂质进入样品或从取样系统组件浸出来物质进入样品。

2　取样系统的管路设计应符合下列规定：

a)取样系统的管道和管配件应作脱脂、除油和除污处理，无机械损伤和泄漏；

b)在保证分析仪所需样品流量的前提下．应使取样系统各组件及管容量最小；

c)在管道压降允许的前提下，应使取样系统中样品流速尽可能高；

d)应采取隔热、伴热或冷却措施，保证样品在取样系统中不发生相变或反应；

e)当工艺系统为负压操作时。应采用泵吸法进行采样；

f)工艺过程物流中含有颗粒或粉状催化剂时，取样管路应有除尘、过滤和反吹措施。

3　取样系统应设置快速取样回路。以下情况除外：

a)分析仪直接安装于取样点或靠近取样点；

b)分析可直接放空的气体(如空气，烟道气等)的分析仪表；

c)分析可直接排入污水系统的水分析仪表。

4　快速取样回路应将从工艺物料中取出的样品送回到工艺系统中去。快速取样回路中样品流动的动力宜采用下列方式：

a)工艺管道上取样点与返样点之间的差压；

b)采样和返样机械泵(或气体、蒸汽喷射泵)。

5　对无法经济地送回工艺系统中的分析后废样品的处理应符合下列规定：

a)不允许就地排放烃类和化学类液体，应设专用的样品回收系统；

b)符合卫生排放标准的水样可排入地下雨水排放系统；

c)符合卫生排放标准的气体可就地放空；

d)少量轻烃气体或氢气可引至高处排放到大气中，使其迅速扩散至低于爆炸性气体混合物的下限浓度；

e)有毒气体应采取措施排放至安全地点，不得就地直接排入大气。

8.0.4　样品处理系统应具有下述的部分或全部功能：

1　将样品减压或增压为分析仪所要求的入口压力。

2　将样品减温或增温为分析仪所要求的入口温度。

3　提高样品温度，使气体至少高出其露点10℃，防止高沸点样品成分冷凝；使液体样品至少高出其凝固点20℃，防止结晶析出。

4　将液相样品加热气化为气相分析仪所要求的气态样品。

5　采用分离器、聚集器或干燥器除去非样品水分。

6　滤除样品中的杂质和固体颗粒。

8.0.5　分析仪的安装应符合以下要求：

1　远传取样的分析仪应相对集中地安装于现场分析仪柜、分析仪棚或自动分析器室内。

2 自动分析器室应具有以下功能：

a)处在寒冷地区应具有加热保温设施；

b)处在暑热地区应具有降温设施；

c)通风良好或具有强制通风设施；

d)自动分析器室结构材料应不会产生影响分析仪稳定工作的因素或影响安全的因素；

e)自动分析器室应有供水和排污措施；

f)易于操作人员进入和维护；

g)附设有标准样品钢瓶安装设施；

h)自动分析器室内供电、供风、供汽应设计完善，照明条件良好。

3 自动分析器室内引入有可燃气体或有毒气体样品时，应设可燃气体或有毒气体检测报警仪表。

4 自动分析器室内的出口位置应使工作人员在装置区内发生紧急事故时可以安全撤离。

5 自动分析器室应由专业生产厂制造及内部安装。

6 自动分析器室内的安装位置应符合下列要求：

a)宜放在非爆炸危险场所，如设在1区或2区爆炸场所，必须采用相应的防爆措施；

b)自动分析器室内宜设在管廊附近，尽量缩短取样点及公用工程的距离；

c)自动分析器室内应避开能造成室内震动幅度大于0.1mm，频率超过25Hz的震源。否则应采取减振措施；

d)自动分析器室内不应设在对分析仪造成连续的强磁场干扰的场所；

e)自动分析器室内的位置应方便巡检及操作、维护、检修。

8.0.6 分析仪电气配线的设计应满足有关防爆规范的规定，并采取措施避免电磁干扰及电源对信号的干扰。

9 仪表阀门及管件

9.0.1 仪表导压管上阀门的型式规定如下：

1 一般宜选用承插焊式阀门，也可选用其他类型的阀门。

2 如导压管内是液体，管路最高处应采用截止阀作放空阀。

3 在导压管最低处应用闸阀、球阀或截止阀作排污阀。

4 阀门材质宜为碳钢或不锈钢，亦可根据工艺条件选用其他材质。

9.0.2 仪表导压管上的管件的选用规定如下：

1 弯头、直通、三通或四通接头宜采用承插焊连接方式。

2 引压管道上的可拆卸接头不宜超过3处，可拆卸接头宜采用螺纹或高质量卡套连接方式。

3 管件材质应等于或优于导压管的材质。

9.0.3 气动信号管道及气源管道：

1 供气管应从供气主(支)管上部或侧面引出并装切断阀，供气管的切断阀宜为螺纹连接闸阀或球阀。

2 供气管引至仪表处应安装气源阀。

3 供气管道上的阀门应为金属材质，室内可采用黄铜材质，室外及环境条件恶劣的场合宜采用碳钢或不锈钢阀门；气动信号管道上的管件和阀门宜为不锈钢材质。

4 每台就地气动仪表宜安装一台小型过滤减压阀。

5 气源管道上的管件及阀门宜采用螺纹连接。

6 气动信号管上的管件宜采用卡套连接。

10 仪表的反吹和冲洗系统

10.0.1 对仪表导压管路反吹气系统的要求如下：

1　反吹气系统主要用于吹气法液位测量和流化床压力、差压的测量。宜用净化压缩空气、氮气或脱硫干气作反吹气。

2　吹气点应尽量靠近切断阀，并用限流孔板或转子流量计和截止阀限制反吹吹气量。

a)反吹气压力(绝)应至少为被测介质压力(绝)的两倍；

b)反吹气量应根据吹入速度确定，对流化床的压力、差压测量，吹入速度为1m/s；对一般流量、液位和压力测量，其吹入速度为0.2～0.3m/s。

3　为了防止气源堵塞，应采取下列措施：

a)设置公用的或单个的过滤器；

b)在吹气管路上应装止回阀，可根据具体配管情况，几个吹气点共用一个止回阀，或一层平台上装一个止回阀；

c)流化床(如催化裂化装置的反应器和再生器)的反吹气系统应与仪表供气系统分开，并应使吹气管在吹气点的上方有一段立管，自上而下吹气。

10.0.2　对冲洗系统的要求如下：

1　冲洗液系统主要用于测量高黏度、易凝固、易结焦和含固体杂质等介质的场合。冲洗液不应影响被测介质的质量和腐蚀仪表。冲洗液可选自工艺过程本身的具有一定压力的介质(如顶回流、溶剂等)亦可设置独立的冲洗系统。冲洗液总管应装过滤器和低压报警装置，冲洗液罐应有液位控制和高、低液位报警。

2　冲洗液压力应稳定，并大于被测介质的最大操作压力。

3　每台测量仪表的冲洗液管路上，应设置调节冲洗液量的截止阀、止回阀和切断阀，宜设转子流量计指示冲洗液流量。

4　在连续冲洗系统中，冲洗液用量估算和管径选择：

a)冲洗液流速宜为0.06m/s，连续冲洗时，对于锐孔板流量仪表(取压孔2×ϕ8)冲洗液耗量2×0.015m^3/h；压力仪表(取压孔ϕ12)为0.025m^3/h；差压式液位仪表(取压孔2×ϕ12)为2×0.025m^3/h；

b)冲洗液的循环量不应小于计算耗量的3～5倍；

c)可按表10.0.2选择冲洗液管径。

表10.0.2　冲洗液管径

冲洗液管径/mm	18×3(14×2)	25×3	32×3	45×3.5	57×3.5	89×4
冲洗点数	9	18	28	64	172	420
注：按一个冲洗点耗量为0.03m^3/h计算。						

用词说明

本规范条文中要求执行严格程度的用词，说明如下：

（一）表示很严格，非这样做不可的用词：

正面词采用“必须”；

反面词采用“严禁”。

（二）表示严格，在正常情况下应这样做的用词：

正面词采用“应”；

反面词采用“不应”或“不得”。

（三）表示允许稍有选择，在条件许可时，首先应这样做的用词：

正面词采用“宜”；

反面词采用“不宜”。

表示有选择，在一定条件下可以这样做，采用“可”。

8. 炼油厂用电负荷设计计算方法

（SH/T 3116—2000
代替 SHJ 1067—85）

目　　录

1 总则

1.0.1 为了规范石油化工企业炼油厂建设项目的电力负荷计算，制订本标准。

1.0.2 本标准适用于石油化工企业炼油厂新建、改建和扩建工程设计中的电力负荷计算，包括装置(单元)、变(配)电所和炼油厂的用电负荷计算，以及装置(单元)、炼油厂的年电能消耗量计算。

1.0.3 执行本标准时，尚应符合现行有关强制性标准规范的规定。

2 术语

2.0.1 最大计算负荷

最大负荷班内30min平均负荷中的最大值。

2.0.2 年平均负荷

年电能消耗与一年中工作小时数之比。

2.0.3 同时系数

最大负荷同时出现的概率。

2.0.4 需要系数

最大计算负荷与运行设备容量之比。

2.0.5 用电设备负载率

单台设备的轴功率与其电动机额定功率之比。

2.0.6 最大负荷年利用小时数

年电能消耗量与最大计算负荷之比。

2.0.7 连续工作制

每次连续带负荷运转2h以上者。

2.0.8 短时工作制

每次连续带负荷运转10min以上，2h以下者。

2.0.9 间断工作制

每次从带负荷运转到空载或停止，反复周期地工作，每个工作周期不超过10min。

2.0.10 暂载率

反复断续工作的用电设备在一个工作周期内工作时间的长短称暂载率，一般用百分数表示。

2.0.11 轴功率

由电动机拖动的机泵在设计操作条件下的计算负载功率。

2.0.12 配套设备

按预定的工艺流程和操作条件设计制造的(包括机泵、拖动电机和其他专用设备或容器)成套(组)设备。

3 负荷计算

3.0.1 装置(单元)的用电负荷应采用轴功率逐台计算法计算。机修、仪修、电修、化验室、办公室等单元的用电负荷应采用需要系数法计算。

3.0.2 用电设备容量的确定应符合下列规定：

1 连续工作制电动机的设备容量按铭牌额定容量；

2 短时或间断工作制电动机的设备容量应分类按暂载率归算：

a)起重机用电动机的设备容量归算到暂载率为25%的额定有功功率；

b)电焊机及电焊装置的变压器设备容量归算到暂载率为100%的额定有功功率。

3 电炉变压器的设备容量取额定功率因数下的有功功率；

4 照明设备容量的确定应符合下列规定：

a）白炽灯和碘钨灯的设备容量按灯泡上标出的标称容量计算；

b）荧光灯和金属卤化物灯的设备容量尚应考虑镇流器中的功率损耗。荧光灯的设备容量按灯管上标出标称容量的1.2倍计算；金属卤化物灯的设备容量按灯泡上标出的标称容量的1.1倍计算。采用电子镇流器时可忽略其功率损耗。

5 空调设备容量按其铭牌额定容量。

3.0.3 用轴功率逐台计算法计算装置（单元）的用电负荷时应符合下列规定：

1 装置（单元）的最大计算负荷应按下列公式计算：

$$P_m = K_c \sum_{i=1}^{n} P_{runi} \tag{3.0.3-1}$$

$$Q_m = K_c \sum_{i=1}^{n} Q_{runi} \tag{3.0.3-2}$$

$$S_m = \sqrt{P_m^2 + Q_m^2} \tag{3.0.3-3}$$

式中 P_m——装置（单元）最大计算负荷的有功功率，kW；

Q_m——装置（单元）最大计算负荷的无功功率，kvar；

S_m——装置（单元）最大计算负荷的表观功率，即视在功率，kVA；

$\sum_{i=1}^{n} P_{runi}$——扣除装置（单元）内备用机泵、电动阀、动力插座、检修动力箱等正常不用电的电气设备后，装置（单元）所有运行电气设备计算负荷有功功率之和，kW；

$\sum_{i=1}^{n} Q_{runi}$——扣除装置（单元）内备用机泵、电动阀、动力插座、检修动力箱等正常不用电的电气设备后，装置（单元）所有运行电气设备计算负荷无功功率之和，kvar；

K_c——考虑了电动机最大负荷同时系数及馈电线路损耗后的综合系数，取0.85～1；

n——自然数1，2，3，……。

2 用电设备计算负荷按下列公式计算：

$$P_{run} = \frac{P_a}{\eta_{run}} \tag{3.0.3-4}$$

$$Q_{run} = P_{run} \frac{\sqrt{1-\cos^2\phi_{run}}}{\cos\phi_{run}} \tag{3.0.3-5}$$

$$S_{run} = \sqrt{P_{run}^2 + Q_{run}^2} \tag{3.0.3-6}$$

$$K_r = \frac{P_a}{P_r} \tag{3.0.3-7}$$

$$\eta_{run} = (\eta_a - \eta_b)\frac{K_r - \alpha}{0.25} + \eta_b \tag{3.0.3-8}$$

$$\cos\phi_{run} = (\cos\phi_a - \cos\phi_b)\frac{K_r - \alpha}{0.25} + \cos\phi_b \tag{3.0.3-9}$$

式中 P_{run}——电动机在计算轴功率下运行时计算负荷的有功功率，kW；

Q_{run}——电动机计算负荷的无功功率，kvar；

S_{run}——电动机计算负荷的表观功率，kVA；

P_a——根据装置（单元）在设计能力运行时，机泵所输送介质在设计操作条件下的扬程、流量、温度、密度、黏度及机泵效率等参数计算出的机泵轴功率，kW；

P_r——电动机额定功率，kW；

K_r——电动机负载率；

η_{run}——电动机在计算轴功率下运行时的效率，按公式（3.0.3-8）计算。当$0.75 < K_r \leq 1$时，η_a及η_b分别为电动机在100%和75%负载时的效率，α取0.75；当$0.5 < K_r \leq 0.75$时，η_α及η_b

分别为电动机在75%和50%负载时的效率，α 取0.5；当 $K_r \leqslant 0.5$ 时，按电动机在50%负载时的效率取值；

$\cos\phi_{run}$——电动机在计算轴功率下运行时的功率因数，按公式(3.0.3-9)计算。当 $0.75 < K_r \leqslant 1$ 时，$\cos\phi_a$ 及 $\cos\phi_b$ 分别为电动机在100%和75%负载时的功率因数，α 取0.75；当 $0.5 < K_r \leqslant 0.75$ 时，$\cos\phi_a$ 及 $\cos\phi_b$ 分别为电动机在75%和50%负载时的功率因数，α 取0.5；当 $K_r \leqslant 0.5$ 时，按电动机在50%负载时的功率因数取值；

电动机在 K_r 为1、0.75、0.5时的 η_{run} 和 $\cos\phi_{run}$ 值见附录A表A.0.1。

3 当装置(单元)内有部分用电设备是配套设备，难以确定轴功率时。其轴功率应按下式计算：

$$P_a = \frac{P_r \eta_t}{K_s} \tag{3.0.3-10}$$

式中 η_t——机泵传动系数。直接传动取1，皮带或齿轮传动取0.9；

K_s——负载安全系数，按表3.0.3选取。

表3.0.3 不同配套电动机功率下的负载安全系数 K_s

配套电机功率/kW	<3	3~5.5	7.5~18.5	22~55	>75
K_s	1.5	1.3	1.25	1.15	1.1

3.0.4 用需要系数法确定机修、仪修、电修、化验室、办公室等单元的最大计算时负荷应按下列公式计算：

$$P_m = K_d \sum_{i=1}^{n} P_{ri} \tag{3.0.4-1}$$

$$Q_m = P_m \frac{\sqrt{1-\cos^2\phi}}{\cos\phi} \tag{3.0.4-2}$$

式中 $\sum_{i=1}^{n} P_{ri}$——单元中除去动力插座以外的所有用电的机床、电焊机、电阻炉、电弧炉、吊车、仪器、仪表、空调、照明等设备容量有功功率之和，kW；

K_d——按单元划分的需要系数，按表3.0.4选取；

$\cos\phi$——按单元划分的平均功率因数，按表3.0.4选取。

表观功率的计算公式同公式(3.0.3-3)：

表3.0.4 需要系数 K_d 和平均功率因数 $\cos\phi$

单元名称		K_d	$\cos\phi$
机修		0.2~0.3	0.5~0.65
仪修		0.2~0.4	0.6~0.75
电修		0.1~0.15	0.5~0.65
化验室(间)	有1~2个实验台	0.8~1	0.8
	有3~6个实验台	0.3~0.5	
	中心化验室	0.15~0.3	
办公楼	5000m² 以下	0.7~0.85	0.6~0.9
	5000m² 及以上	0.5~0.7	
空调		0.75~1	0.6
注：1. 本表数据未计及电力变压器的损耗； 2. 空调系数不适用于楼宇集中空调系统。			

3.0.5 变电所和配电所的负荷应按下列公式计算：

1 变压器和电抗器的功率损耗

a) 双卷变压器

$$\Delta P_t = \Delta P_n + \Delta P_r \left(\frac{S_{lm}}{S_r}\right)^2 \quad (3.0.5-1)$$

$$\Delta Q_t = \Delta Q_n + \Delta Q_r \left(\frac{S_{lm}}{S_r}\right)^2 \quad (3.0.5-2)$$

$$\Delta Q_n = I_n S_r \quad (3.0.5-3)$$

$$\Delta Q_r = u_{sh} S_r \quad (3.0.5-4)$$

式中 ΔP_t——变压器的有功损耗，kW；

ΔQ_t——变压器的无功损耗，kvar；

S_{lm}——变压器的低压侧的计算负荷，kVA；

S_r——变压器的额定容量，kVA；

ΔP_n——变压器空载时的有功损耗，kW；

ΔP_r——变压器在额定负载时的有功损耗，kW；

ΔQ_n——变压器空载时的无功损耗，kvar；

I_n——变压器空载电流占额定电流的百分数，%；

ΔQ_r——变压器在额定负载时的无功损耗，kvar；

u_{sh}——变压器短路电压占额定电压的百分数，%。

b) 三卷变压器

$$\Delta P_t = \Delta P_n + \Delta P_{r1}\left(\frac{S_{lm1}}{S_{r1}}\right)^2 + \Delta P_{r2}\left(\frac{S_{lm2}}{S_{r2}}\right)^2 + \Delta P_{r3}\left(\frac{S_{lm3}}{S_{r3}}\right)^2 \quad (3.0.5-5)$$

$$\Delta Q_t = \Delta P_n + \Delta Q_{r1}\left(\frac{S_{lm1}}{S_{r1}}\right)^2 + \Delta Q_{r2}\left(\frac{S_{lm2}}{S_{r2}}\right)^2 + \Delta Q_{r3}\left(\frac{S_{lm3}}{S_{r3}}\right)^2 \quad (3.0.5-6)$$

$$\Delta P_{r1} = \frac{\Delta P_r}{2} \quad (3.0.5-7)$$

$$\Delta P_{r2} = \frac{\Delta P_r}{2}K_2 \quad (3.0.5-8)$$

$$\Delta P_{r3} = \frac{\Delta P_r}{2}K_3 \quad (3.0.5-9)$$

$$\Delta Q_{r1} = 3I_{r1}^2\frac{10U_{r1}^2}{2S_r}(u_{sh1-2} + u_{sh1-3} - u_{sh2-3}) \times 10^{-3} \quad (3.0.5-10)$$

$$\Delta Q_{r2} = 3(K_2 I_{r1})^2\frac{10U_{r1}^2}{2S_r}(u_{sh1-2} + u_{sh2-3} - u_{sh1-3}) \times 10^{-3} \quad (3.0.5-11)$$

$$\Delta Q_{r2} = 3(K_3 I_{r1})^2\frac{10U_{r1}^2}{2S_r}(u_{sh1-3} + u_{sh2-3} - u_{sh1-2}) \times 10^{-3} \quad (3.0.5-12)$$

$$I_{r1} = \frac{S_{r1}}{\sqrt{3}U_{r1}} \quad (3.0.5-13)$$

式中 S_{lm1}、S_{lm2}、S_{lm3}——三卷变压器高、中、低压侧的计算负荷，kVA；

S_{r1}、S_{r2}、S_{r3}——三卷变压器高、中、低压线圈的额定容量，kVA；

ΔP_{r1}、ΔP_{r2}、ΔP_{r3}——三卷变压器高、中、低压线圈在额定负载时的有功损耗，kW；

ΔQ_{r1}、ΔQ_{r2}、ΔQ_{r3}——三卷变压器高、中、低压线圈在额定负载时的无功损耗，kvar；

ΔP_r——三卷变压器高－中或高－低压线圈在额定负载时的有功损耗(kW)，即短路损耗，取最大值；

K_2、K_3——三卷变压器中压和低压线圈额定容量与变压器额定容量的比值，一般为 1、0.67 或 0.5；

u_{sh1-2}、u_{sh1-3}、u_{sh2-3}——三卷变压器高-中、高-低和中-低压线圈短路电压占额定电压的百分比,%；

I_{r1}——三卷变压器高压侧线圈额定电流，A；

U_{r1}——三卷变压器高压侧线圈额定电压，kV。

三卷变压器空载时的无功损耗计算公式同公式(3.0.5-3)。

c)电抗器

$$\Delta P_{ret}=3\Delta P_{retr}\left(\frac{I_m}{I_{retr}}\right)^2 \quad (3.0.5-14)$$

$$\Delta Q_{ret}=3\Delta Q_{retr}\left(\frac{I_m}{I_{retr}}\right)^2 \quad (3.0.5-15)$$

$$I_m=\frac{S_{retm}}{\sqrt{3}U_r} \quad (3.0.5-16)$$

式中 S_{retm}——电抗器回路的计算负荷，kVA；

ΔP_{ret}——电抗器的有功损耗，kW；

ΔQ_{ret}——电抗器的无功损耗，kvar；

ΔP_{retr}——电抗器在额定负载时的一相有功损耗，kW；

ΔQ_{retr}——电抗器在额定负载时的一相无功损耗，kvar；

I_{retr}——电抗器额定电流，A；

I_m——电抗器回路的计算电流，A；

U_r——电抗器额定电压，kV。

2 变电所最大计算负荷

$$P_{sm}=K_t\left(\sum_{i=1}^{n}P_{mi}+\sum_{j=1}^{n}\Delta P_{tj}+\sum_{k=1}^{n}\Delta P_{retk}\right) \quad (3.0.5-17)$$

$$Q_{sm}=K_t\left(\sum_{i=1}^{n}Q_{mi}+\sum_{j=1}^{n}\Delta Q_{tj}+\sum_{k=1}^{n}\Delta Q_{retk}\right) \quad (3.0.5-18)$$

$$S_{sm}=\sqrt{P_{sm}^2+S_{sm}^2} \quad (3.0.5-19)$$

式中 P_{sm}——变电所最大计算负荷的有功功率，kW；

Q_{sm}——变电所最大计算负荷的无功功率，kvar；

S_{sm}——变电所最大计算负荷的表观功率，kVA；

$\sum_{i=1}^{n}P_{mi}$——由变(配)电所供电的装置(单元)最大计算负荷有功功率之和，kW；

$\sum_{l=1}^{n}Q_{mi}$——由变(配)电所供电的装置(单元)最大计算负荷无功功率之和，kvar；

$\sum_{j=1}^{n}\Delta P_{tj}$——变电所内所有变压器有功损耗之和，kW；

$\sum_{j=1}^{n}\Delta Q_{tj}$——变电所内所有变压器无功损耗之和，kvar；

$\sum_{k=1}^{n}\Delta P_{retk}$——变电所内所有电抗器有功损耗之和，kW；

$\sum_{k=1}^{n}\Delta Q_{retk}$——变电所内所有电抗器无功损耗之和，kvar；

K_t——变(配)电所最大负荷同时系数，当变电所只向一个装置(单元)供电时取 1；当变(配)电所向二个及二个以上装置(单元)供电时取 0.95。

3 配电所最大计算负荷

$$P_{dm}=K_t\sum_{i=1}^{n}P_{mi} \quad (3.0.5-20)$$

$$Q_{dm}=K_t\sum_{i=1}^{n}Q_{mi} \tag{3.0.5-21}$$

$$S_{dm}=\sqrt{P_{dm}^2+Q_{dm}^2} \tag{3.0.5-22}$$

式中 P_{dm}——配电所最大计算负荷的有功功率，kW；

Q_{dm}——配电所最大计算负荷的无功功率，kvar；

S_{dm}——配电所最大计算负荷的表观功率，kVA。

4　变电所或配电所的无功功率补偿容量

$$Q_{sc}=P_{sm}(\mathrm{tg}\phi_1-\mathrm{tg}\phi_2) \tag{3.0.5-23}$$

$$Q_{dc}=P_{dm}(\mathrm{tg}\phi_1-\mathrm{tg}\phi_2) \tag{3.0.5-24}$$

式中 Q_{sc}、Q_{dc}——无功补偿容量，kvar；

$\mathrm{tg}\phi_1$——补偿前平均功率因数角的正切值；

$\mathrm{tg}\phi_2$——补偿后平均功率因数角的正切值，按设计目标值确定。

3.0.6　对于380/220V三相四线馈电的回路，其中不对称负荷的设备总容量小于同回路中三相对称负荷的总容量的15%时，全部负荷应按三相对称负荷计算；当超过15%时，每相负荷应按最大相计算。

3.0.7　全厂用电负荷应为所有装置及单元变电所和配电所的计算负荷、厂区供电线路的损耗、总变电所主变压器及电抗器的损耗等几个主要部分的总和。

3.0.8　全厂最大计算负荷应按下式计算：

$$P_{tm}=K_{tt}(\sum_{i=1}^{n}(P_{smi}+P_{dmi})+\sum_{j=1}^{n}\Delta P_{tj}+\sum_{k=1}^{n}\Delta P_{ret\,k}+\sum_{l=1}^{n}\Delta P_{al}) \tag{3.0.8-1}$$

$$Q_{tm}=K_{tt}(\sum_{i=1}^{n}(Q_{smi}+Q_{dmi})+\sum_{j=1}^{n}\Delta Q_{tj}+\sum_{k=1}^{n}\Delta Q_{ret\,k}+\sum_{l=1}^{n}\Delta Q_{al}) \tag{3.0.8-2}$$

$$S_{tm}=\sqrt{P_{tm}^2+Q_{tm}^2} \tag{3.0.8-3}$$

式中 P_{tm}——全厂最大计算负荷的有功功率，kW；

Q_{tm}——全厂最大计算负荷的无功功率，kvar；

S_{tm}——全厂最大计算负荷的表观功率，kVA；

K_{tt}——全厂最大用电负荷的同时系数，取0.85~0.90；

$\sum_{i=1}^{n}(P_{smi}+P_{dmi})$——由总变电所供电的各用电单元最大计算负荷有功功率之和，kW；

$\sum_{j=1}^{n}\Delta P_{tj}$——总变电所所有主变压器有功损耗之和，kW；

$\sum_{k=1}^{n}\Delta P_{ret\,k}$——总变电所所有电抗器有功损耗之和，kW；

$\sum_{l=1}^{n}\Delta P_{al}$——全厂供电线路有功损耗之和(kW)，可取$\sum_{i=1}^{n}P_{mi}$的2%~3%计算；

$\sum_{l=i}^{n}(Q_{smi}+Q_{dmi})$——由总变电所供电的各用电单元最大计算负荷无功功率之和，kvar；

$\sum_{j=1}^{n}\Delta Q_{tj}$——总变电所所有主变压器无功损耗之和，kvar；

$\sum_{k=1}^{n}\Delta Q_{ret\,k}$——总变电所所有电抗器无功损耗之和，kvar；

$\sum_{l=1}^{n}\Delta Q_{al}$——全厂供电线路无功损耗之和，kvar，可取$\sum_{l=1}^{n}\Delta P_{al}$的70%计算。

4　电能消耗计算

4.0.1　电能消耗应包括用电设备电能消耗以及供电线路、变压器和电抗器等的电能损耗四个主要部分。炼油厂的电能消耗应按年电能消耗计算。

1　变压器及电抗器年电能损耗

a)双卷变压器

$$\Delta W_t = \Delta P_n T + \Delta P_r \left(\frac{S_{lm}}{S_r}\right)^2 \tau \qquad (4.0.1-1)$$

式中 ΔW_t——变压器的有功电能损耗，kWh；

T——变压器全年接入供电系统的小时数，h；

τ——最大负荷年损耗小时数(h)，可由表4.0.1-1查得。

表4.0.1-1 最大负荷年利用小时数(T_m)与最大负荷年损耗小时数(τ)的关系

$\cos\phi$ / τ/h / T_m/h	0.80	0.85	0.90	0.95	1.00
1000	1150	750	650	400	250
1500	1300	950	800	600	450
2000	1500	1200	1000	800	700
2500	1700	1500	1250	1100	950
3000	2000	1800	1600	1400	1250
3500	2350	2150	2000	1800	1600
4000	2750	2500	2400	2200	2000
4500	3150	3000	2900	2700	2500
5000	3600	3500	3400	3200	3000
5500	4100	4000	3950	3750	3600
6000	4650	4600	4500	4350	4200
6500	5250	5200	5100	5000	4850
7000	5950	5900	5800	5700	5600
7500	6650	6600	6550	6500	6400
8000	7400		7350		

b)三卷变压器

$$\Delta W_t = \Delta P_n T + \Delta P_{r1}\left(\frac{S_{lm1}}{S_{r1}}\right)^2 \tau_1 + \Delta P_{r2}\left(\frac{S_{lm2}}{S_{r2}}\right)^2 \tau_2 + \Delta P_{r3}\left(\frac{S_{lm3}}{S_{r3}}\right)^2 \tau_3 \qquad (4.0.1-2)$$

式中 τ_1、τ_2、τ_3——高、中、低压线圈最大负荷年损耗小时数(h)，可由表4.0.1-1查得。

c)电抗器

$$\Delta W_{ret} = \Delta P_{ret} \tau \qquad (4.0.1-3)$$

式中 ΔW_{ret}——电抗器的有功电能损耗，kWh。

2 供电线路年电能损耗

$$\Delta W_a = \Delta P_a \tau \qquad (4.0.1-4)$$

式中 ΔW_a——供电线路的有功电能损耗，kWh。

3 装置(单元)年电能消耗计算应分别计算出每年工作时数相同的各组用电设备的年电能消耗，再计算装置(单元)内各供电变压器和电抗器的年电能损耗量，最后将各项相加。

装置(单元)年电能消耗按下式计算：

$$W_u = K_b \sum_{i=1}^{n} P_i T_i + \sum_{j=1}^{n} \Delta W_{tj} + \sum_{i=1}^{n} \Delta W_{ret\,k} \qquad (4.0.1-5)$$

式中 W_u——装置(单元)年电能消耗量，kWh；

P_i——年工作小时数为 T_i 的用电设备计算负荷的有功功率，kW；

T_i——用电设备年工作小时数，h；

K_b——不平衡系数，取0.80~0.95，年工作小时数多时取小值，少时取大值；

$\sum_{j=1}^{n} \Delta W_{tj}$——装置(单元)所有变压器的年有功电能损耗之和，kWh；

$\sum_{k=1}^{n}\Delta W_{\text{retk}}$——装置(单元)所有电抗器的年有功电能损耗之和，kWh。

4 机修、仪修、电修、化验室、办公室等单元的年电能消耗按最大负荷利用小时法计算，计算公式如下：

$$W_{\text{u}}=P_{\text{m}}T_{\text{m}} \tag{4.0.1-6}$$

式中 W_{u}——机修、仪修、电修、化验室、办公室等单元的年电能消耗，kWh；

P_{m}——机修、仪修、电修、化验室、办公室等单元最大计算负荷的有功功率，kW；

T_{m}——最大负荷年利用小时数(h)，见表4.0.1-2。

表4.0.1-2 最大负荷年利用小时数(T_{m})

单元名称	机修	仪修	电修	化验室	办公室
T_{m}/h	1200	1200	1200	3500	600

5 全厂年电能消耗应为厂内所有变(配)电所及由总变电所直配用电设备的年电能消耗和全厂供电线路、总变电所变压器和电抗器的年电能损耗之和，计算公式如下：

$$W_{\text{t0}}=\sum_{i=1}^{n}W_{\text{ui}}+\sum_{j=1}^{n}\Delta W_{\text{tj}}+\sum_{k=1}^{n}\Delta W_{\text{ret k}}+\sum_{l=1}^{n}\Delta W_{\text{al}} \tag{4.0.1-7}$$

简化计算公式如下：

$$W_{\text{t0}}=1.02\sum_{l=1}^{n}W_{\text{ui}} \tag{4.0.1-8}$$

式中 W_{t0}——全厂年电能消耗，kWh；

$\sum_{i=1}^{n}W_{\text{ui}}$——全厂所有装置或单元电能消耗总和，kWh；

$\sum_{j=1}^{n}\Delta W_{\text{tj}}$——全厂所有总变变压器电能损耗总和，kWh；

$\sum_{k=1}^{n}\Delta W_{\text{ret k}}$——全厂所有总变电抗器电能损耗总和，kWh；

$\sum_{l=1}^{n}\Delta W_{\text{a l}}$——全厂所有供电线路电能损耗总和，kWh。

6 当有条件确定最大负荷年利用小时数时，亦可按最大负荷年利用小时法计算全厂、装置(单元)的年电能损耗。

a)装置(单元)的年电能消耗等于其最大计算负荷与最大负荷年利用小时数的乘积，计算公式同公式(4.0.1-6)。

b)全厂年电能消耗，计算公式如下：

$$W_{\text{t0}}=P_{\text{tm}}T_{\text{m}} \tag{4.0.1-9}$$

7 装置(单元)最大负荷年利用小时数近似值按下式计算：

$$T_{\text{m}}=\frac{\sum_{i=1}^{n}P_{\text{i}}T_{\text{i}}+\sum_{j=1}^{n}\Delta W_{\text{tj}}+\sum_{k=1}^{n}\Delta W_{\text{ret k}}}{P_{\text{m}}} \tag{4.0.1-10}$$

附录A 常用电机在不同负载下的效率及功率因数

表 A.0.1 YB 系列电机在不同负载下的效率及功率因数

电机负载率	50%		75%		100%	
电机容量	效率	功率因数	效率	功率因数	效率	功率因数
380V 3000rpm						
0.75	0.787	0.696	0.789	0.805	0.774	0.857
1.1	0.812	0.734	0.809	0.831	0.789	0.873
1.5	0.813	0.673	0.815	0.790	0.802	0.847
2.2	0.838	0.744	0.834	0.836	0.817	0.875
3	0.848	0.751	0.847	0.847	0.834	0.887
4	0.860	0.775	0.860	0.861	0.850	0.894
5.5	0.866	0.798	0.859	0.872	0.851	0.902
7.5	0.874	0.823	0.870	0.887	0.859	0.911
11	0.873	0.823	0.874	0.880	0.868	0.899
15	0.887	0.850	0.887	0.896	0.881	0.909
18.5	0.894	0.850	0.895	0.897	0.890	0.910
22	0.886	0.794	0.890	0.869	0.887	0.895
30	0.892	0.828	0.895	0.889	0.891	0.903
37	0.901	0.853	0.903	0.903	0.899	0.911
45	0.903	0.814	0.908	0.878	0.906	0.895
55	0.935	0.840	0.938	0.894	0.936	0.903
75	0.902	0.848	0.906	0.895	0.905	0.902
90	0.909	0.868	0.912	0.907	0.910	0.908
110	0.925	0.829	0.932	0.880	0.934	0.898
132	0.930	0.815	0.938	0.872	0.940	0.894
160	0.938	0.862	0.944	0.899	0.945	0.908
185	0.942	0.883	0.947	0.910	0.947	0.913
200	0.944	0.876	0.949	0.901	0.950	0.902
380V 1500rpm						
0.55	0.742	0.557	0.755	0.686	0.744	0.768
0.75	0.763	0.570	0.772	0.699	0.758	0.776
1.1	0.788	0.577	0.796	0.707	0.782	0.784
1.5	0.812	0.618	0.813	0.740	0.795	0.804
2.2	0.832	0.661	0.832	0.777	0.818	0.837
3	0.843	0.625	0.848	0.749	0.839	0.818
4	0.860	0.659	0.863	0.772	0.855	0.831
5.5	0.876	0.732	0.873	0.822	0.861	0.860

续表

电机负载率	50%		75%		100%	
电机容量	效率	功率因数	效率	功率因数	效率	功率因数
380V 1500rpm						
7. 5	0. 884	0. 726	0. 880	0. 819	0. 873	0. 861
11	0. 891	0. 718	0. 893	0. 805	0. 888	0. 842
15	0. 901	0. 758	0. 901	0. 830	0. 894	0. 856
18. 5	0. 901	0. 758	0. 904	0. 844	0. 898	0. 876
22	0. 908	0. 796	0. 908	0. 869	0. 900	0. 889
30	0. 914	0. 770	0. 917	0. 852	0. 912	0. 878
37	0. 915	0. 760	0. 920	0. 845	0. 917	0. 873
45	0. 919	0. 774	0. 924	0. 855	0. 922	0. 879
55	0. 933	0. 774	0. 937	0. 845	0. 934	0. 974
75	0. 927	0. 851	0. 929	0. 899	0. 925	0. 901
90	0. 929	0. 830	0. 933	0. 889	0. 931	0. 898
110	0. 937	0. 826	0. 940	0. 876	0. 939	0. 891
132	0. 941	0. 820	0. 945	0. 874	0. 944	0. 892
160	0. 946	0. 847	0. 949	0. 889	0. 947	0. 899
185	0. 944	0. 778	0. 949	0. 845	0. 950	0. 871
200	0. 947	0. 813	0. 951	0. 865	0. 951	0. 882
6000V 3000rpm						
200	0. 942	0. 829	0. 944	0. 890	0. 942	0. 914
220	0. 943	0. 844	0. 945	0. 900	0. 942	0. 920
250	0. 947	0. 879	0. 947	0. 919	0. 944	0. 929
280	0. 949	0. 892	0. 949	0. 926	0. 945	0. 933
315	0. 945	0. 842	0. 947	0. 892	0. 946	0. 908
355	0. 948	0. 857	0. 950	0. 903	0. 948	0. 913
400	0. 951	0. 868	0. 953	0. 909	0. 951	0. 916
450	0. 939	0. 874	0. 941	0. 907	0. 940	0. 917
500	0. 942	0. 857	0. 944	0. 906	0. 944	0. 917
560	0. 946	0. 881	0. 947	0. 917	0. 945	0. 921
630	0. 949	0. 899	0. 950	0. 924	0. 947	0. 922
710	0. 946	0. 875	0. 948	0. 920	0. 941	0. 930
800	0. 948	0. 856	0. 951	0. 904	0. 951	0. 914
900	0. 950	0. 877	0. 953	0. 920	0. 952	0. 930
1000	0. 954	0. 891	0. 956	0. 927	0. 955	0. 934
1250	0. 959	0. 899	0. 961	0. 928	0. 961	0. 935
1600	0. 963	0. 895	0. 965	0. 922	0. 964	0. 925

续表

电机负载率	50%		75%		100%	
电机容量	效率	功率因数	效率	功率因数	效率	功率因数
6000V 1500rpm						
200	0.944	0.804	0.943	0.884	0.943	0.884
220	0.945	0.817	0.945	0.871	0.941	0.886
250	0.947	0.823	0.947	0.874	0.942	0.885
280	0.949	0.826	0.949	0.876	0.945	0.887
315	0.950	0.837	0.950	0.872	0.946	0.888
355	0.952	0.834	0.952	0.880	0.948	0.890
400	0.955	0.847	0.955	0.886	0.950	0.890
450	0.957	0.833	0.959	0.877	0.956	0.884
500	0.959	0.848	0.960	0.883	0.957	0.885
560	0.960	0.854	0.961	0.886	0.958	0.886
630	0.960	0.863	0.960	0.895	0.956	0.895
710	0.962	0.871	0.962	0.899	0.958	0.896
800	0.963	0.865	0.964	0.898	0.961	0.900
900	0.965	0.856	0.966	0.895	0.964	0.903
1000	0.962	0.835	0.964	0.828	0.962	0.884
1250	0.965	0.852	0.966	0.885	0.964	0.884
1600	0.966	0.857	0.967	0.899	0.966	0.908

注：1. 本表根据南阳防爆电机厂提供的数据整理。采用其他电机厂产品时应另提供数据；

2. 本表用于 YBX 电机时效率提高 3%，其余参数不变。

用词说明

对本标准条文中要求执行严格程度不同的用词，说明如下：

（一）表示很严格，非这样做不可的用词：

正面词采用“必须”；

反面词采用“严禁”。

（二）表示严格，在正常情况下应这样做的用词：

正面词采用“应”；

反面词采用“不应”或“不得”。

（三）表示允许稍有选择，在条件许可时，首先应这样做的用词：

正面词采用“宜”；

反面词采用“不宜”。

表示有选择，在一定条件下可以这样做，采用“可”。

七、环境保护

1. 污水综合排放标准

（GB 8978—1996
代替 GB 8978—88）

目　录

为贯彻《中华人民共和国环境保护法》、《中华人民共和国水污染防治法》和《中华人民共和国海洋环境保护法》，控制水污染，保护江河、湖泊、运河、渠道、水库和海洋等地面水以及地下水水质的良好状态，保障人体健康，维护生态平衡，促进国民经济和城乡建设的发展。特制定本标准。

1 主题内容与适用范围

1.1 主题内容

本标准按照污水排放去向，分年限规定了69种水污染物最高允许排放浓度及部分行业最高允许排水量。

1.2 适用范围

本标准适用于现有单位水污染物的排放管理，以及建设项目的环境影响评价、建设项目环境保护设施设计、竣工验收及其投产后的排放管理。

按照国家综合排放标准与国家行业排放标准不交叉执行的原则，造纸工业执行《造纸工业水污染物排放标准(GB 3544—92)》，船舶执行《船舶污染物排放标准(GB 3552—83)》，船舶工业执行《船舶工业污染物排放标准(GB 4286—84)》，海洋石油开发工业执行《海洋石油开发工业含油污水排放标准(GB 4914—85)》。纺织染整工业执行《纺织染整工业水污染物排放标准(GB 4287—92)》，肉类加工工业执行《肉类加工工业水污染物排放标准(GB 13457—92)》，合成氨工业执行《合成氨工业水污染物排放标准(GB 13458—92)》，钢铁工业执行《钢铁工业水污染物排放标准(GB 13456—92)》，航天推进剂使用执行《航天推进剂水污染物排放标准(GB 14374—93)》，兵器工业执行《兵器工业水污染物排放标准(GB 14470.1～14470.3—93和GB 4274～4279—84)》，磷肥工业执行《磷肥工业水污染物排放标准(GB 15580—95)》，烧碱、聚氯乙烯工业执行《烧碱、聚氯乙烯工业水污染物排放标准(GB 15581—95)》，其他水污染物排放均执行本标准。

1.3 本标准颁布后，新增加国家行业水污染物排放标准的行业，按其适用范围执行相应的国家水污染物行业标准，不再执行本标准。

2 引用标准

下列标准所包含的条文，通过在本标准中引用而构成为本标准的条文。

GB 3097—82 海水水质标准

GB 3838—88 地面水环境质量标准

GB 8703—88 辐射防护规定

3 定义

3.1 污水：指在生产与生活活动中排放的水的总称。

3.2 排水量：指在生产过程中直接用于工艺生产的水的排放量。不包括间接冷却水、厂区锅炉、电站排水。

3.3 一切排污单位：指本标准适用范围所包括的一切排污单位。

3.4 其他排污单位：指在某一控制项目中，除所列行业外的一切排污单位。

4 技术内容

4.1 标准分级

4.1.1 排入GB 3838Ⅲ类水域(划定的保护区和游泳区除外)和排入GB 3097中二类海域的污水，执行一级标准。

4.1.2 排入GB 3838中Ⅳ、Ⅴ类水域和排入GB 3097中三类海域的污水，执行二级标准。

4.1.3 排入设置二级污水处理厂的城镇排水系统的污水，执行三级标准。

4.1.4 排入未设置二级污水处理厂的城镇排水系统的污水，必须根据排水系统出水受纳水域的功能要求，分别执行4.1.1和4.1.2的规定。

4.1.5　GB 3838中Ⅰ、Ⅱ类水域和Ⅲ类水域中划定的保护区，GB 3097中一类海域，禁止新建排污口，现有排污口应按水体功能要求，实行污染物总量控制，以保证受纳水体水质符合规定用途的水质标准。

4.2　标准值

4.2.1　本标准将排放的污染物按其性质及控制方式分为二类。

4.2.1.1　第一类污染物，不分行业和污水排放方式，也不分受纳水体的功能类别，一律在车间或车间处理设施排放口采样，其最高允许排放浓度必须达到本标准要求(采矿行业的尾矿坝出水口不得视为车间排放口)。

4.2.1.2　第二类污染物，在排污单位排放口采样，其最高允许排放浓度必须达到本标准要求。

4.2.2　本标准按年限规定了第一类污染物和第二类污染物最高允许排放浓度及部分行业最高允许排水量，分别为：

4.2.2.1　1997年12月31日之前建设(包括改、扩建)的单位，水污染物的排放必须同时执行表1、表2、表3的规定。

4.2.2.2　1998年1月1日起建设(包括改、扩建)的单位，水污染物的排放必须同时执行表1、表4、表5的规定。

4.2.2.3　建设(包括改、扩建)单位的建设时间，以环境影响评价报告书(表)批准日期为准划分。

4.3　其他规定

4.3.1　同一排放口排放两种或两种以上不同类别的污水，且每种污水的排放标准又不同时，其混合污水的排放标准按附录A计算。

4.3.2　工业污水污染物的最高允许排放负荷量按附录B计算。

4.3.3　污染物最高允许年排放总量按附录C计算。

4.3.4　对于排放含有放射性物质的污水，除执行本标准外，还须符合GB 8703—88《辐射防护规定》。

表1　第一类污染物最高允许排放浓度 mg/L

序号	污染物	最高允许排放浓度
1	总汞	0.05
2	烷基汞	不得检出
3	总镉	0.1
4	总铬	1.5
5	六价铬	0.5
6	总砷	0.5
7	总铅	1.0
8	总镍	1.0
9	苯并(a)芘	0.00003
10	总铍	0.005
11	总银	0.5
12	总α放射性	1Bq/L
13	总β放射性	10Bq/L

表2　第二类污染物最高允许排放浓度

（1997年12月31日之前建设的单位）　mg/L

序号	污染物	适用范围	一级标准	二级标准	三级标准
1	pH	一切排污单位	6～9	6～9	6～9
2	色度（稀释倍数）	染料工业	50	180	—
		其他排污单位	50	80	—
3	悬浮物（SS）	采矿、选矿、选煤工业	100	300	—
		脉金选矿	100	500	—
		边远地区砂金选矿	100	800	—
		城镇二级污水处理厂	20	30	—
		其他排污单位	70	200	400
4	五日生化需氧量（BOD_5）	甘蔗制糖、苎麻脱胶、湿法纤维板工业	30	100	600
		甜菜制糖、酒精、味精、皮革、化纤浆粕工业	30	150	600
		城镇二级污水处理厂	20	30	—
		其他排污单位	30	60	300
5	化学需氧量（COD）	甜菜制糖、焦化、合成脂肪酸、湿法纤维板、染料、洗毛、有机磷农药工业	100	200	1000
		味精、酒精、医药原料药、生物制药、苎麻脱胶、皮革、化纤浆粕工业	100	300	1000
		石油化工工业（包括石油炼制）	100	150	500
		城镇二级污水处理厂	60	120	—
		其他排污单位	100	150	500
6	石油类	一切排污单位	10	10	30
7	动植物油	一切排污单位	20	20	100
8	挥发酚	一切排污单位	0.5	0.5	2.0
9	总氰化合物	电影洗片（铁氰化合物）	0.5	5.0	5.0
		其他排污单位	0.5	0.5	1.0
10	硫化物	一切排污单位	1.0	1.0	2.0
11	氨氮	医药原料药、染料、石油化工工业	15	50	—
		其他排污单位	15	25	—
12	氟化物	黄磷工业	10	20	20
		低氟地区（水体含氟量<0.5mg/L）	10	20	30
		其他排污单位	10	10	20
13	磷酸盐（以P计）	一切排污单位	0.5	1.0	—
14	甲醛	一切排污单位	1.0	2.0	5.0
15	苯胺类	一切排污单位	1.0	2.0	5.0
16	硝基苯类	一切排污单位	2.0	3.0	5.0
17	阴离子表面活性剂（LAS）	合成洗涤剂工业	5.0	15	20
		其他排污单位	5.0	10	20

续表

序号	污染物	适用范围	一级标准	二级标准	三级标准
18	总铜	一切排污单位	0.5	1.0	2.0
19	总锌	一切排污单位	2.0	5.0	5.0
20	总锰	合成脂肪酸工业	2.0	5.0	5.0
		其他排污单位	2.0	2.0	5.0
21	彩色显影剂	电影洗片	2.0	3.0	5.0
22	显影剂及氧化物总量	电影洗片	3.0	6.0	6.0
23	元素磷	一切排污单位	0.1	0.3	0.3
24	有机磷农药(以P计)	一切排污单位	不得检出	0.5	0.5
25	粪大肠菌群数	医院*、兽医院及医疗机构含病原体污水	500个/L	1000个/L	5000个/L
		传染病、结核病医院污水	100个/L	500个/L	1000个/L
26	总余氯(采用氯化消毒的医院污水)	医院*、兽医院及医疗机构含病原体污水	<0.5**	>3(接触时间≥1h)	>2(接触时间≥1h)
		传染病、结核病医院污水	<0.5**	>6.5(接触时间≥1.5h)	>5(接触时间≥1.5h)

注：*指50个床位以上的医院。

**加氯消毒后须进行脱氯处理，达到本标准。

表3 部分行业最高允许排水量

(1997年12月31日之前建设的单位)

序号	行业类别				最高允许排水量或最低允许水重复利用率
1	矿山工业	有色金属系统选矿			水重复利用率75%
		其他矿山工业采矿、选矿、选煤等			水重复利用率90%(选煤)
		脉金选矿	重选		16.0m^3/t(矿石)
			浮选		9.0m^3/t(矿石)
			氰化		8.0m^3/t(矿石)
			碳浆		8.0m^3/t(矿石)
2	焦化企业(煤气厂)				1.2m^3/t(焦炭)
3	有色金属冶炼及金属加工				水重复利用率80%
4	石油炼制工业(不包括直排水炼油厂) 加工深度分类： A. 燃料型炼油厂 B. 燃料+润滑油型炼油厂 C. 燃料+润滑油型+炼油化工型炼油厂 (包括加工高含硫原油、页岩油和石油添加剂生产基地的炼油厂)			A	>500万t，1.0m^3/t(原油) (250~500)万t，1.2m^3/t(原油) <250万t，1.5m^3/t(原油)
				B	>500万t，1.5m^3/t(原油) (250~500)万t，2.0m^3/t(原油) <250万t，2.0m^3/t(原油)
				C	>500万t，2.0m^3/t(原油) (250~500)万t，2.5m^3/t(原油) <250万t，2.5m^3/t(原油)

续表

序号	行业类别			最高允许排水量或最低允许水重复利用率
5	合成洗涤剂工业	氯化法生产烷基苯		200.0m^3/t(烷基苯)
		裂解法生产烷基苯		70.0m^3/t(烷基苯)
		烷基苯生产合成洗涤剂		10.0m^3/t(产品)
6	合成脂肪酸工业			200.0m^3/t(产品)
7	湿法生产纤维板工业			30.0m^3/t(板)
8	制糖工业	甘蔗制糖		10.0m^3/t(甘蔗)
		甜菜制糖		4.0m^3/t(甜菜)
9	皮革工业	猪盐湿皮		60.0m^3/t(原皮)
		牛干皮		100.0m^3/t(原皮)
		羊干皮		150.0m^3/t(原皮)
10	发酵、酿造工业	酒精工业	以玉米为原料	100.0m^3/t(酒精)
			以薯类为原料	80.0m^3/t(酒精)
			以糖蜜为原料	70.0m^3/t(酒精)
	味精工业			600.0m^3/t(味精)
	啤酒工业(排水量不包括麦芽水部分)			16.0m^3/t(啤酒)
11	铬盐工业			5.0m^3/t(产品)
12	硫酸工业(水洗法)			15.0m^3/t(硫酸)
13	苎麻脱胶工业			500m^3/t(原麻)或750m^3/t(精干麻)
14	化纤浆粕			本色：150m^3/t(浆)漂白：240m^3/t(浆)
15	黏胶纤维工业(单纯纤维)	短纤维(棉型中长纤维、毛型中长纤维)		300m^3/t(纤维)
		长纤维		800m^3/t(纤维)
16	铁路货车洗刷			5.0m^3/辆
17	电影洗片			5m^3/1000m(35mm的胶片)
18	石油沥青工业			冷却池的水循环利用率95%

表4　第二类污染物最高允许排放浓度

(1998年1月1日后建设的单位)　　mg/L

序号	污染物	适用范围	一级标准	二级标准	三级标准
1	pH	一切排污单位	6~9	6~9	6~9
2	色度(稀释倍数)	一切排污单位	50	80	—
3	悬浮物(SS)	采矿、选矿、选煤工业	70	300	—
		脉金选矿	70	400	—
		边远地区砂金选矿	70	800	—
		城镇二级污水处理厂	20	30	—
		其他排污单位	70	150	400
4	五日生化需氧量(BOD_5)	甘蔗制糖、苎麻脱胶、湿法纤维板、染料、洗毛工业	20	60	600

续表

序号	污染物	适用范围	一级标准	二级标准	三级标准
4	五日生化需氧量(BOD_5)	甜菜制糖、酒精、味精、皮革、化纤浆粕工业	20	100	600
		城镇二级污水处理厂	20	30	—
		其他排污单位	20	30	300
5	化学需氧量(COD)	甜菜制糖、合成脂肪酸、湿法纤维板、染料、洗毛、有机磷农药工业	100	200	1000
		味精、酒精、医药原料药、生物制药、苎麻脱胶、皮革、化纤浆粕工业	100	300	1000
		石油化工工业(包括石油炼制)	60	120	500
		城镇二级污水处理厂	60	120	—
		其他排污单位	100	150	500
6	石油类	一切排污单位	5	10	20
7	动植物油	一切排污单位	10	15	100
8	挥发酚	一切排污单位	0.5	0.5	2.0
9	总氰化合物	一切排污单位	0.5	0.5	1.0
10	硫化物	一切排污单位	1.0	1.0	1.0
11	氨氮	医药原料药、染料、石油化工工业	15	50	—
		其他排污单位	15	25	—
12	氟化物	黄磷工业	10	15	20
		低氟地区(水体含氟量<0.5mg/L)	10	20	30
		其他排污单位	10	10	20
13	磷酸盐(以P计)	一切排污单位	0.5	1.0	—
14	甲醛	一切排污单位	1.0	2.0	5.0
15	苯胺类	一切排污单位	1.0	2.0	5.0
16	硝基苯类	一切排污单位	2.0	3.0	5.0
17	阴离子表面活性剂(LAS)	一切排污单位	5.0	10	20
18	总铜	一切排污单位	0.5	1.0	2.0
19	总锌	一切排污单位	2.0	5.0	5.0
20	总锰	合成脂肪酸工业	2.0	5.0	5.0
		其他排污单位	2.0	2.0	5.0
21	彩色显影剂	电影洗片	1.0	2.0	3.0
22	显影剂及氧化物总量	电影洗片	3.0	3.0	6.0
23	元素磷	一切排污单位	0.1	0.1	0.3
24	有机磷农药(以P计)	一切排污单位	不得检出	0.5	0.5
25	乐果	一切排污单位	不得检出	1.0	2.0
26	对硫磷	一切排污单位	不得检出	1.0	2.0
27	甲基对硫磷	一切排污单位	不得检出	1.0	2.0

续表

序号	污染物	适用范围	一级标准	二级标准	三级标准
28	马拉硫磷	一切排污单位	不得检出	5.0	10
29	五氯酚及五氯酚钠(以五氯酚计)	一切排污单位	5.0	8.0	10
30	可吸附有机卤化物(AOX)(以Cl计)	一切排污单位	1.0	5.0	8.0
31	三氯甲烷	一切排污单位	0.3	0.6	1.0
32	四氯化碳	一切排污单位	0.03	0.06	0.5
33	三氯乙烯	一切排污单位	0.3	0.6	1.0
34	四氯乙烯	一切排污单位	0.1	0.2	0.5
35	苯	一切排污单位	0.1	0.2	0.5
36	甲苯	一切排污单位	0.1	0.2	0.5
37	乙笨	一切排污单位	0.4	0.6	1.0
38	邻-二甲苯	一切排污单位	0.4	0.6	1.0
39	对-二甲苯	一切排污单位	0.4	0.6	1.0
40	间-二甲苯	一切排污单位	0.4	0.6	1.0
41	氯苯	一切排污单位	0.2	0.4	1.0
42	邻-二氯苯	一切排污单位	0.4	0.6	1.0
43	对-二氯苯	一切排污单位	0.4	0.6	1.0
44	对-硝基氯苯	一切排污单位	0.5	1.0	5.0
45	2，4-二硝基氯苯	一切排污单位	0.5	1.0	5.0
46	苯酚	一切排污单位	0.3	0.4	1.0
47	间-甲酚	一切排污单位	0.1	0.2	0.5
48	2，4-二氯酚	一切排污单位	0.6	0.8	1.0
49	2，4，6-三氯酚	一切排污单位	0.6	0.8	1.0
50	邻苯二甲酸二丁酯	一切排污单位	0.2	0.4	2.0
51	邻苯二甲酸二辛酯	一切排污单位	0.3	0.6	2.0
52	丙烯腈	一切排污单位	2.0	5.0	5.0
53	总硒	一切排污单位	0.1	0.2	0.5
54	粪大肠菌群数	医院①、兽医院及医疗机构含病原体污水	500个/L	1000个/L	5000个/L
		传染病、结核病医院污水	100个/L	500个/L	1000个/L
55	总余氯(采用氯化消毒的医院污水)	医院①、兽医院及医疗机构含病原体污水	<0.5②	≥3(接触时间≥1h)	>2(接触时间≥1h)
		传染病、结核病医院污水	<0.5②	>6.5(接触时间≥1.5h)	>5(接触时间≥1.5h)

续表

序号	污染物	适用范围	一级标准	二级标准	三级标准
56	总有机碳(TOC)	合成脂肪酸工业	20	40	—
		苎麻脱胶工业	20	60	—
		其他排污单位	20	30	—
注：其他排污单位：指除在该控制项目中所列行业以外的一切排污单位。 ①指50个床位以上的医院。 ②加氯消毒后须进行脱氯处理，达到本标准。					

表5　部分行业最高允许排水量

(1998年1月1日后建设的单位)

序号	行业类别			最高允许排水量或最低允许水重复利用率	
1	矿山工业	有色金属系统选矿		水重复利用率75%	
		其他矿山工业采矿、选矿、选煤等		水重复利用率90%(选煤)	
		脉金选矿	重选	16.0m^3/t(矿石)	
			浮选	9.0m^3/t(矿石)	
			氰化	8.0m^3/t(矿石)	
			碳浆	8.0m^3/t(矿石)	
2	焦化企业(煤气厂)			1.2m^3/t(焦炭)	
3	有色金属冶炼及金属加工			水重复利用率80%	
4	石油炼制工业(不包括直排水炼油厂) 加工深度分类： A. 燃料型炼油厂 B. 燃料+润滑油型炼油厂 C. 燃料+润滑油型+炼油化工型炼油厂 (包括加工高含硫原油页、岩油和石油添加剂生产基地的炼油厂)			A	>500万t，1.0m^3/t(原油) (250~500)万t，1.2m^3/t(原油) <250万t，1.5m^3/t(原油)
				B	>500万t，1.5m^3/t(原油) (250~500)万t，2.0m^3/t(原油) <250万t，2.0m^3/t(原油)
				C	>500万t，2.0m^3/t(原油) (250~500)万t，2.5m^3/t(原油) <250万t，2.5m^3/t(原油)
5	合成洗涤剂工业	氯化法生产烷基苯		200.0m^3/t(烷基苯)	
		裂解法生产烷基苯		70.0m^3/t(烷基苯)	
		烷基苯生产合成洗涤剂		10.0m^3/t(产品)	
6	合成脂肪酸工业			200.0m^3/t(产品)	
7	湿法生产纤维板工业			30.0m^3/t(板)	
8	制糖工业	甘蔗制糖		10.0m^3/t(甘蔗)	
		甜菜制糖		4.0m^3/t(甜菜)	
9	皮革工业	猪盐湿皮		60.0m^3/t(原皮)	
		牛干皮		100.0m^3/t(原皮)	
		羊干皮		150.0m^3/t(原皮)	

续表

序号	行业类别			最高允许排水量或最低允许水重复利用率
10	发酵、酿造工业	酒精工业	以玉米为原料	100.0m^3/t(酒精)
			以薯类为原料	80.0m^3/t(酒精)
			以糖类为原料	70.0m^3/t(酒精)
		味精工业		600.0m^3/t(味精)
		啤酒行业(排水量不包括麦芽水部分)		16.0m^3/t(啤酒)
11	铬盐工业			5.0m^3/t(产品)
12	硫酸工业(水洗法)			15.0m^3/t(硫酸)
13	苎麻脱胶工业			500m^3/t(原麻)
				750m^3/t(精干麻)
14	黏胶纤维工业单纯纤维		短纤维(棉型中长纤维、毛型中长纤维)	300.0m^3/t(纤维)
			长纤维	800.0m^3/t(纤维)
15	化纤浆粕			本色：150m^3/t(浆)；漂白：240m^3/t(浆)
16	制药工业医药原料药		青霉素	4700 m^3/t(青霉素)
			链霉素	1450m^3/t(链霉素)
			土霉素	1300m^3/t(土霉素)
			四环素	1900m^3/t(四环素)
			洁霉素	9200m^3/t(洁霉素)
			金霉素	3000m^3/t(金霉素)
			庆大霉素	20400m^3/t(庆大霉素)
			维生素C	1200m^3/t(维生素C)
			氯霉素	2700m^3/t(氯霉素)
			新诺明	2000m^3/t(新诺明)
			维生素 B_1	3400m^3/t(维生素 B_1)
			安乃近	180m^3/t(安乃近)
			非那西汀	750 m^3/t(非那西汀)
			呋喃唑酮	2400m^3/t(呋喃唑酮)
			咖啡因	1200m^3/t(咖啡因)
17	有机磷农药工业		乐果①	700m^3/t(产品)
			甲基对硫磷(水相法)①	300m^3/t(产品)
			对硫磷(P_2S_5 法)①	500m^3/t(产品)
			对硫磷($PSCl_3$ 法)①	550m^3/t(产品)
			敌敌畏(敌百虫碱解法)	200m^3/t(产品)
			敌百虫	40m^3/t(产品)(不包括三氮乙醛生产废水)
			马拉硫磷	700m^3/t(产品)

续表

序号	行业类别		最高允许排水量或最低允许水重复利用率
18	除草剂工业	除草醚	$5m^3/t$(产品)
		五氯酚钠	$2m^3/t$(产品)
		五氯酚	$4m^3/t$(产品)
		2甲4氯	$14m^3/t$(产品)
		2，4－D	$4m^3/t$(产品)
		丁草胺	$4.5m^3/t$(产品)
		绿麦隆(以Fe粉还原)	$2m^3/t$(产品)
		绿麦隆(以 Na_2S 还原)	$3m^3/t$(产品)
19	火力发电工业		$8.5m^3/(MW \cdot h)$
20	铁路货车洗刷		$5.0m^3$/辆
21	电影洗片		$5m^3/1000m$(35mm胶片)
22	石油沥青工业		冷却池的水循环利用率95%

注：产品按100%浓度计。

①不包括 P_2S_5、$PSCl_3$、PCl_3 原料生产废水。

5 监测

5.1 采样点

采样点应按4.2.1.1及4.2.1.2第一、二类污染物排放口的规定设置，在排放口必须设置排放口标志，污水水量计量装置和污水比例采样装置。

5.2 采样频率

工业污水按生产周期确定监测频率。生产周期在8h以内的，每2h采样一次；生产周期大于8h的，每4h采样一次。其他污水采样24h不少于2次。最高允许排放浓度按日均值计算。

5.3 排水量

以最高允许排水量或最低允许水重复利用率来控制，均以月均值计。

5.4 统计

企业的原材料使用量、产品产量等，以法定月报表或年报表为准。

5.5 测定方法

本标准采用的测定方法见表6。

表6 测定方法

序号	项目	测定方法	方法来源
1	总汞	冷原子吸收光度法	GB 7468—87
2	烷基汞	气相色谱法	GB/T 14204—93
3	总镉	原子吸收分光光度法	GB 7475—87
4	总铬	高锰酸钾氧化－二苯碳酰二肼分光光度法	GB 7466—87
5	六价铬	二苯碳酰二肼分光光度法	GB 7467—87
6	总砷	二乙基二硫代氯基甲酸银分光光度法	GB 7485—87
7	总铅	原子吸收分光光度法	GB 7475—87

续表

序号	项目	测定方法	方法来源
8	总镍	火焰原子吸收分光光度法	GB 11912—89
		丁二酮肟分光光度法	GB 19910—89
9	苯并(a)芘	乙酰化滤纸层析荧光分光光度法	GB 11895—89
10	总铍	活性炭吸附－铬天菁 S 光度法	17
11	总银	火焰原子吸收分光光度法	GB 11907—89
12	总 α	物理法	2)
13	总 β	物理法	2)
14	pH 值	玻璃电极法	GB 6920—86
15	色度	稀释倍数法	GB 11903—89
16	悬浮物	重量法	GB 41901—89
17	生化需氧量(BOD_5)	稀释与接种法	GB 7488—87
		重铬酸钾紫外光度法	待颁布
18	化学需氧量(COD)	重铬酸钾法	GB 11914—89
19	石油类	红外光度法	GB/T 16488—1996
20	动植物油	红外光度法	GB /T16488—1996
21	挥发酚	蒸馏后用 4－氨基安替比林分光光度法	GB 7490—87
22	总氰化物	硝酸银滴定法	GB 7486—87
23	硫化物	亚甲基蓝分光光度法	GB /T 16489—1996
24	氨氮	钠氏试剂比色法	GB 7478—87
		蒸馏和滴定法	GB 7479—87
25	氟化物	离子选择电极法	GB 7484—87
26	磷酸盐	钼蓝比色法	1)
27	甲醛	乙酰丙酮分光光度法	GB 13197—91
28	苯胺类	*N*－(1－萘基)乙二胺偶氮分光光度法	GB 11889—89
29	硝基苯类	还原－偶氮比色法或分光光度法	1)
30	阴离子表面活性剂	亚甲蓝分光光度法	GB 7494—87
31	总铜	原子吸收分光光度法	GB 7475—87
		二乙基二硫化氨基甲酸钠分光光度法	GB 7474—87
32	总锌	原子吸收分光光度法	GB 7475—87
		双硫腙分光光度法	GB 7472—87
33	总锰	火焰原子吸收分光光度法	GB 11911—89
		高碘酸钾分光光度法	GB 11906—89
34	彩色显影剂	169 成色剂法	3)
35	显影剂及氧化物总量	碘－淀粉比色法	3)
36	元素磷	磷钼蓝比色法	3)
37	有机磷农药(以 P 计)	有机磷农药的测定	GB 13192—91
38	乐果	气相色谱法	GB 13192—91

续表

序号	项目	测定方法	方法来源
39	对硫磷	气相色谱法	GB 13192—91
40	甲基对硫磷	气相色谱法	GB 13192—91
41	马拉硫磷	气相色谱法	GB 13192—91
42	五氯酚及五氯酚钠（以五氯酚计）	气相色谱法	GB 8972—88
		藏红T分光光度法	GB 9803—88
43	可吸附有机卤化物（AOX）（以Cl计）	微库仑法	GB/T 15959—95
44	三氯甲烷	气相色谱法	待颁布
45	四氯化碳	气相色谱法	待颁布
46	三氯乙烯	气相色谱法	待颁布
47	四氯乙烯	气相色谱法	待颁布
48	苯	气相色谱法	GB 11890—89
49	甲苯	气相色谱法	GB 11890—89
50	乙苯	气相色谱法	GB 11890—89
51	邻－二甲苯	气相色谱法	GB 11890—89
52	对－二甲苯	气相色谱法	GB 11890—89
53	间－二甲苯	气相色谱法	GB 11890—89
54	氯苯	气相色谱法	待颁布
55	邻－二氯苯	气相色谱法	待颁布
56	对－二氯苯	气相色谱法	待颁布
57	对－硝基氯苯	气相色谱法	GB 13194—91
58	2，4－二硝基氯苯	气相色谱法	GB 13194—91
59	苯酚	气相色谱法	待颁布
60	间－甲酚	气相色谱法	待颁布
61	2，4－二氯酚	气相色谱法	待颁布
62	2，4，6－三氯酚	气相色谱法	待颁布
63	邻苯二甲酸二丁酯	气相、液相色谱法	待制定
64	邻苯二甲酸二辛酯	气相、液相色谱法	待制定
65	丙烯腈	气相色谱法	待制定
66	总硒	2，3－二氨基萘荧光法	GB 11902—89
67	粪大肠菌群数	多管发酵法	1）
68	余氯量	*N*，*N*－二乙基－1，4－苯二胺分光光度法	GB 11898—89
		N，*N*－二乙基－1，4－苯二胺滴定法	GB 11897—89
69	总有机碳（TOC）	非色散红外吸收法	待制定
		直接紫外荧光法	待制定

注：暂采用下列方法，待国家方法标准发布后，执行国家标准。

1）水和废水监测分折方法（第三版）．中国环境科学出版社，1989年。

2）环境监测技术规范（放射性部分）．国家环境保护局。

3）详见附录D。

6 标准实施监督

6.1 本标准由县级以上人民政府环境保护行政主管部门负责监督实施。

6.2 省、自治区、直辖市人民政府对执行国家水污染物排放标准不能保证达到水环境功能要求时，可以制定严于国家水污染物排放标准的地方水污染物排放标准，并报国家环境保护行政主管部门备案。

附录 A （标准的附录）

关于排放单位在同一个排污口排放两种或两种以上工业污水，且每种工业污水中同一污染物的排放标准又不同时，可采用如下方法计算混合排放时该污染物的最高允许排放浓度($C_{混合}$)。

$$C_{混合}=\frac{\sum_{i=1}^{n}C_iQ_iY_i}{\sum_{i=1}^{n}Q_iY_i}$$

式中 $C_{混合}$——混合污水某污染物最高允许排放浓度，mg/L；

C_i——不同工业污水某污染物最高允许排放浓度，mg/L；

Q_i——不同工业的最高允许排水量，m^3/t(产品)

（本标准未作规定的行业，其最高允许排水量由地方环保部门与有关部门协商确定)；

Y_i——分别为某种工业产品产量(t/d，以月平均计)。

附录B（标准的附录）

工业污水污染物最高允许排放负荷计算：

$$L_{负} = C \times Q \times 10^{-3}$$

式中 $L_{负}$——工业污水污染物最高允许排放负荷，kg/t(产品)；

C——某污染物最高允许排放浓度，mg/L；

Q——某工业的最高允许排水量，m^3/t(产品)。

附录 C （标准的附录）

某污染物最高允许年排放总量的计算：

$$L_{总} = L_{负} \times Y \times 10^{-3}$$

式中 $L_{总}$——某污染物最高允许年排放量，t/a；

$L_{负}$——某污染物最高允许排放负荷，kg/t(产品)；

Y——核定的产品年产量，t(产品)/a。

附录 D （标准的附录）

一、彩色显影剂总量的测定——169 成色剂法

洗片的综合废水中存在的彩色显影剂很难检测出来，国内外介绍的方法一般都仅适用于显影水洗水中的显影剂检测。本方法可以快速地测出综合废水中的彩色显影剂。当废水中同时存在多种彩色显影剂时，用此法测出的量是多种彩色显影剂的总量。

1. 原理

电影洗片废水中的彩色显影剂可被氧化剂氧化，其氧化物在碱性溶液中遇到水溶性成色剂时，立即偶合形成染料。不同结构的显影剂(TSS，CD－2，CD－3)与 169 成色剂偶合成染料时，其最大吸收的光谱波长均在 550nm 处，并在 0～10mg/L 范围内符合比耳定律。

以 TSS 为例，反应如下：

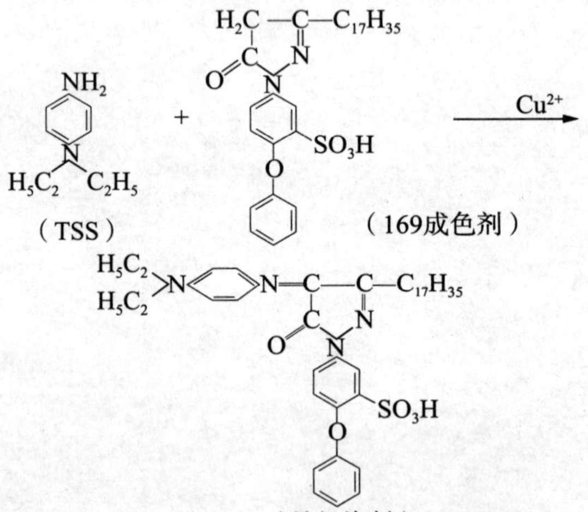

（品红染料）

2. 仪器及设备

721 型或类似型号分光光度计及 1cm 比色槽

50mL、100mL 及 1000mL 的容量瓶

3. 试剂

(1)0. 5% 成色剂；称取 0. 5g 169 成色剂置于有 100mL 蒸馏水的烧杯中。在搅拌下，加入 1～2 粒氢氧化钠，使其完全溶解。

(2)混合氧化剂溶液：将 $CuSO_4 \cdot 5H_2O$ 0. 5g，Na_2CO_3 5. 0g，$NaNO_2$ 5. 0g 以及 NH_4Cl 5. 0g 依次溶解于 100mL 蒸馏水中。

(3)标准溶液：精确称取照相级的彩色显影剂(生产中使用最多的一种)100mg，溶解于少量蒸馏水中。其已溶入 100mg Na_2SO_3 作保护剂，移入 1L 容量瓶中，并加蒸馏水至刻度。此标准溶液相当 0. 1mg/mL，必须在使用前配制。

4. 步骤

(1)标准曲线的制作

在 6 个 50mL 容量瓶中，分别加入以下不同量的显影剂标准液。

编号	加入标准液的毫升数	相当显影剂含量(mg/L)
0	0	0
1	1	2
2	2	4
3	3	6
4	4	8
5	5	10

以上 6 个容量瓶中皆加入 1mg/L 成色剂溶液，并用蒸馏水加至刻度。分别加入 1mg/L 混合氧化剂溶液，摇匀。在 5min 内在分光光度计 550nm 处测定其不同试样生成染料的光密度(以编号 0 为零)，绘制不同显影剂含量的相应光密度曲线。横坐标为 2mg/L，4mg/L，6mg/L，8mg/L，10 mg/L。

(2)水样的测定

取 2 份水样(一般为 20mL)分别置于两个 50mL 的容量瓶中。一个为测定水样，另一个为空白试验。在前者测定水样中加 1mL 成色剂溶液。然后分别在两个瓶中加蒸馏水至刻度，其他步骤同标准曲线的制作。以空白液为零，测出水样的光密度，在标准曲线中查出相应的浓度。

5. 计算

$$从标准曲线中查出的浓度 \times \frac{50}{a} = 废水中彩色显影剂的总量(mg/L)，$$

式中 a——为废水取样的 mL 数。

6. 注意事项

(1)生成的品红染料在 8min 之内光密度是稳定的，故宜在染料生成后 5min 之内测定。

(2)本方法不包括黑白显影剂。

二、显影剂及其氧化物总量的测定方法

电影洗印废水中存在不同量的赤血盐漂白液，将排放的显影剂部分或全部氧化，因此废水中一种情况是存在显影剂及其氧化物，另一种情况是只存在大量的氧化物而无显影剂。本方法测出的结果在第一种情况下是废水中显影剂及氧化物的总量，在第二种情况下是废水中原有显影剂氧化物的含量。

1. 原理

通常使用的显影剂，大都具有对苯二酚、对氨基酚、对苯二胺类的结构。经氧化水解后都能得到对苯二醌。利用溴或氯溴将显影剂氧化成显影剂氧化物，再用碘量法进行碘一淀粉比色法测定。

以米吐尔为例：

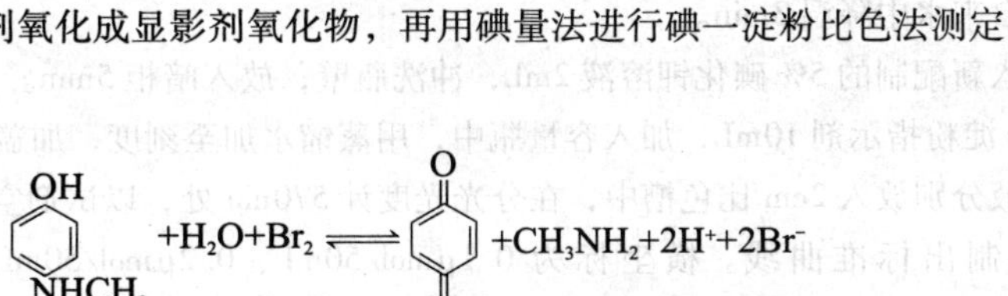

醌是较强的氧化剂。在酸性溶液中，碘离子定量还原对苯二醌为对苯二酚。所释出的当量碘，可用淀粉发生蓝色进行比色测定。

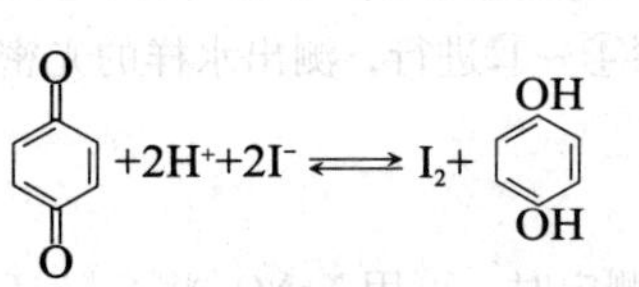

2. 仪器和设备

721 或类似型号分光光度计及 2cm 比色槽，恒温水浴锅，50mL 容量瓶，2mL、5mL 及 10mL 刻度吸管。

3. 试剂

(1)0.1*N* 溴酸钾－溴化钾溶液：称取 2.8g 溴酸钾和 4.0g 溴化钾，用蒸馏水稀释至 1L。

(2)1∶1 磷酸：磷酸加一倍蒸馏水。

(3)饱和氯化钠溶液：称取 40g 氯化钠，溶于 100mL 蒸馏水中。

(4)20% 溴化钾溶液：称取 20g 溴化钾，溶于 100mL 蒸馏水中。

(5)5% 苯酚溶液：取苯酚 5ml，溶于 100mL 蒸馏水中。

(6)5% 碘化钾溶液：称取 5g 碘化钾。溶于 100mL 蒸馏水中。(用时配制，放暗处)

(7)0.2% 淀粉溶液：称 1g 可溶性淀粉，加少量水搅匀，注入沸腾的 500ml 水中，继续煮沸 5min。夏季可加水杨酸 0.2g。

(8)配制标准液

准确称取对苯二酚(分子量为 110.11g)0.276g，如果是照相级米吐尔(分子量为 344.40g)可称取 0.861g，照相级 TSS(分子量为 262.33g)可称取 0.656g，(或根据所使用药品的分子量及纯度另行计算)，溶于 25mL 的 6*N*HCl 中，移入 250mL 容量瓶中，用蒸馏水加至刻度。此溶液浓度为 0.0100*M*。

4. 步骤

(1)标准曲线的制作

①取标准液 25mL，加蒸馏水稀释至 1000ml，此液浓度为 0.00025*M*，即每毫升含对苯二酚 0.25μmol(甲液)。

②取甲液 25mL 用蒸馏水稀释至 250mL，此溶液浓度为 0.000025*M*，即每毫升含对苯二酚 0.025μmol(乙液)。

③取 6 个 50mL 容量瓶，分别加入标准稀释液(乙液)0；0.1μmol；0.2μmol；0.3μmol；0.4μmol；0.5μmol 对苯二酚(即 4.0mL；8.0mL；12.0mL；16.0mL；20.0mL 乙液)，加入适量蒸馏水，使各溶量瓶中大约为 20mL 溶液。

④用刻度吸管加入 1∶1 磷酸 2mL。

⑤用吸管取饱和氯化钠溶液 5mL。

⑥用吸管取 0.1*N* 溴酸钾－溴化钾溶液 2mL，尽可能不要沾在瓶壁上。用极少量的水冲洗瓶壁并摇匀。溶液应是氯溴的浅黄色。放入 35℃ 恒温水浴锅内，放置 15min。

⑦吸取 20% 溴化钾溶液 2mL，沿瓶壁周围加入容量瓶中。摇匀后放在 35℃ 水溶中 5～10min。

⑧用滴管快速加入 5% 苯酚溶液 1mL，立即摇匀，使溴的颜色退去。(如慢慢加入则易生成白色沉淀，无法比色)

⑨降温：放自来水中降温 3min。

⑩用吸管加入新配制的 5% 碘化钾溶液 2mL，冲洗瓶壁；放入暗柜 5min。

⑪吸取 0.2% 淀粉指示剂 10mL，加入容量瓶中，用蒸馏水加至刻度，加盖摇匀后，放暗柜中 20min。

⑫将发色试液分别放入 2cm 比色槽中，在分光光度计 570nm 处，以试剂空白为零，分别测出 5 个溶液的光密度，并绘制出标准曲线。横坐标为 0.1μmol/50mL、0.2μmol/50mL、0.3μmol/50mL、0.4μmol/50mL、0.5μmol/50mL。

(2)水样的测定：

取水样适量(约 1～10mL)放入 50ml 容量瓶中，并加蒸馏水至 20mL 左右，于另一个 50mL 容量瓶中加 20mL 蒸馏水作试剂空白。以下按步骤④～⑫进行，测出水样的光密度，在曲线上查出 50mL 中所含微克分子数。

(3)需排除干扰的水样测定：

当水样中含有六价铬离子而影响测定时，可用 $NaNO_2$ 将 Cr^{6+} 还原成 Cr^{3+}，用过量的尿素、去除多余的 $NaNO_2$ 对本实验的干扰，即可达到消除铬干扰的目的。

准确取适量的水样(约 1～10mL)，放入 50mL 容量瓶中，加入蒸馏水至 20mL 左右，加入 1∶1 磷酸 2mL，再加入3滴10% $NaNO_2$，充分振荡，放入35℃恒温水溶中15min。再加入20%尿素2mL，充分振荡，放入35℃水溶中10min。以下操作按步骤⑤～⑫进行，测出光密度。在曲线上查出50mL中所含微克分子数。

5. 计算

水样中显影剂及氧化物总量C(以对苯二酚计)按下式计算：

$$C=\frac{50\text{mL 中 }\mu\text{mol 数}\times 110}{\text{取样体积(mL)}}\times 1000(\text{mg/L})$$

6. 注意事项

(1)本试验步骤多，时间长，因此要求操作仔细认真。

(2)所用玻璃器皿必须用清洁液洗净。

(3)水浴温度要准确在35℃±1℃，每个步骤反应时间要准确控制。

(4)加入溴酸钾-溴化钾后，必须用蒸馏水冲洗容量瓶壁，否则残留溴酸钾与碘化钾作用生成碘，使光密度增加。

(5)在无铬离子的废水中，水样可不必处理，直接进行测定。

(6)水样如太浓，则预先稀释再进行测定。

三、元素磷的测定——磷钼蓝比色法

本方法的原理：元素磷经苯萃取后氧化形成的钼磷酸为氯化亚锡还原成蓝色铬合物。灵敏度比钒钼磷酸比色法高，并且易于富集，富集后能提高元素磷含量小于0.1 mg/L时检测的可靠性，并减少干扰。

水样中含砷化物、硅化物和硫化物的量分别为元素磷含量的100倍、200倍和300倍时。对本方法无明显干扰。

仪器和试剂：

仪器：分光光度计，3cm比色皿

比色管：50mL

分液漏斗：60mL、125mL、250 mL

磨口锥形瓶：250 mL

试剂：以下试剂均为分析纯：苯、高氯酸、溴酸钾、溴化钾、甘油、氯化亚锡、钼酸铵、磷酸二氢钾、醋酸丁酯、硫酸、硝酸、无水乙醇、酚酞指示剂。

溶液的配制：

磷酸二氢钾标准溶液：准确称取0.4394g干燥过的磷酸二氢钾，溶于少量水中，移入1000mL容量瓶中，定容。此溶液PO_4^{-3}—P含量为0.1mg/mL。取10mL上述溶液于1000mL容量瓶中，定容，得到PO_4^{-3}—P含量为1μg/mL的磷酸二氢钾标准溶液。

溴酸钾-溴化钾溶液：溶解10g溴酸钾和8g溴化钾于400mL水中。

2.5%钼酸铵溶液：称取2.5g钼酸铵，加1:1硫酸溶液70mL，待钼酸铵溶解后再加入30mL水。

2.5%氯化亚锡甘油溶液：溶解2.5g氯化亚锡于100mL甘油中(可在水浴中加热，促进溶解)。

5%钼酸铵溶液：溶解12.5g钼酸铵于150mL水中，溶解后将此液缓慢地倒入100mL1:5的硝酸溶液中。

1%氯化亚锡溶液：溶解1g氯化亚锡于15mL盐酸中，加入85mL水及1.5g抗坏血酸。(可保存4～5天)。

1:1硫酸溶液、1:5硝酸溶液、20%氢氧化钠溶液。

测定步骤：

(一)废水中元素磷含量大于0.05mg/L时，采取水相直接比色，按下列规定操作：

水样预处理：

(A)萃取：移取10～100mL水样于盛有25mL苯的125mL或250mL的分液漏斗中，振荡5min后静置分层，将水相移入另一盛有15mL苯的分液漏斗中，振荡2min后静置，弃去水相，将苯相并入第一支分液漏斗中。加入15min水，振荡1min后静置，弃去水相，苯相重复操作水洗6次。

(B)氧化：在苯相中加入10~15mL溴酸钾－溴化钾溶液。2mL 1∶1硫酸溶液振荡5min，静置2min后加入2mL高氯酸，再振荡5min，移入250mL锥形瓶内，在电热板上缓缓加热以驱赶过量高氯酸和除溴(勿使样品溅出或蒸干)，至白烟减少时，取下冷却。加入少量水及1滴酚酞指示剂，用20%氢氧化钠溶液中和至呈粉红色，加1滴1∶1硫酸溶液至粉红色消失，移入容量瓶中，用蒸馏水稀释至刻度(据元素磷的含量确定稀释体积)。

比色：移取适量上述的稀释液于50mL比色管中，加2mL 2.5%钼酸铵溶液及6滴2.5%氯化亚锡甘油溶液，加水稀释至刻度。混匀，于20~30℃放置20~30min，倾入3cm比色皿中，在分光光度计690m波长处，以试剂空白为零，测光密度。

直接比色工作曲线的绘制：

(A)移取适量的磷酸二氢钾标准溶液，使PO_4^{-3}—P的含量分别为0、1μg、3μg、5μg、7μg……17μg于50mL比色管中，测光密度。

(B)以PO_4^{-3}—P含量为横坐标，光密度为纵坐标，绘制直接比色工作曲线。

(二)废水中元素磷含量小于0.05mg/L时，采用有机相萃取比色。按下列规定操作：

水样预处理：

萃取比色：移取适量的氧化稀释液于60mL分液漏斗已含有3mL的1∶5硝酸溶液中，加入7mL 15%钼酸铵溶液和10mL醋酸丁酯，振荡1min，弃去水相，向有机相加2mL 1%氯化亚锡溶液，摇匀，再加入1mL无水乙醇，轻轻转动分液漏斗，使水珠下降，放尽水相，将有机相倾入3cm比色皿中，在分光光度计630或720nm波长处，以试剂空白为零测光密度。

有机相萃取比色工作曲线的绘制：

(A)移取适量的磷酸二氢钾标准溶液，使PO_4^{-3}—P含量分别为1μg、2μg、3μg、4μg、5μg于60mL分液漏斗中，加入少量的水，以下按上节萃取比色步骤进行。

(B)以PO_4^{3-}—P含量为横坐标，光密度为纵坐标，绘制有机相萃取比色工作曲线。

计算：

用下列公式计算直接比色和有机相萃取比色测得1L废水中元素磷的mg数。

$$P=\frac{G}{\frac{V_1}{V_2}\times V_3}$$

式中　G——从工作曲线查得元素磷量，μg；

V_1——取废水水样体积，mL；

V_2——废水水样氧化后稀释体积，mL；

V_3——比色时取稀释液的体积，mL。

精确度：平行测定两个结果的差数，不应超过较小结果的10%。

取平行测定两个结果的算术平均值作为样品中元素磷的含量，测定结果取两位有效数字。

样品保存：采样后调节水样pH值为6~7，可于塑料瓶或玻璃瓶贮存48h。

附件：

《污水综合排放标准》(GB 8978—1996)
中石化工业COD标准值修改单

1997车12月31日之前建设(包括改、扩)的石化企业，COD一级标准值由100mg/L调整为120mg/L，有单独外排口的特殊石化装置的COD标准值按照一级：160mg/L；二级：250mg/L执行。特殊石化装置指：丙烯腈一腈纶、己内酰胺、环氧氯丙烷、环氧丙烷、间甲酚、BHT、PTA、奈系列和催化剂生产装置。

2. 大气污染物综合排放标准

（GB 16297—1996

代替GB 3548—83、GB 4276—84、
GB 4277—84、GB 4282—84、
GB 4286—84、GB 4911—85、
GB 4912—85、GB 4913—85、
GB 4916—85、GB 4917—85、
GBJ 4—73各标准中的废气部分）

目　　录

1　主题内容与适用范围

1.1　主题内容

本标准规定了33种大气污染物的排放限值，同时规定了标准执行中的各种要求。

1.2　适用范围

1.2.1　在我国现有的国家大气污染物排放标准体系中，按照综合性排放标准与行业性排放标准不交叉执行的原则，锅炉执行GB 13271—91《锅炉大气污染物排放标准》、工业炉窑执行GB 9078—1996《工业炉窑大气污染物排放标准》、火电厂执行GB 13223—1996《火电厂大气污染物排放标准》、炼焦炉执行GB 16171—1996《炼焦炉大气污染物排放标准》、水泥厂执行GB 4915—1996《水泥厂大气污染物排放标准》、恶臭物质排放执行GB 14554—93《恶臭污染物排放标准》、汽车排放执行GB 14761.1~14761.7—93《汽车大气污染物排放标准》、摩托车排气执行GB 14621—93《摩托车排气污染物排放标准》，其他大气污染物排放均执行本标准。

1.2.2　本标准实施后再行发布的行业性国家大气污染物排放标准，按其适用范围规定的污染源不再执行本标准。

1.2.3　本标准适用于现有污染源大气污染物排放管理，以及建设项目的环境影响评价、设计、环境保护设施竣工验收及其投产后的大气污染物排放管理。

2　引用标准

下列标准所包含的条文，通过在本标准中引用而构成为本标准的条文。

GB 3095—1996　环境空气质量标准

GB/T 16157—1996　固定污染源排气中颗粒物测定与气态污染物采样方法

3　定义

本标准采用下列定义：

3.1　标准状态

指温度为273K，压力为101325Pa时的状态。本标准规定的各项标准值，均以标准状态下的干空气为基准。

3.2　最高允许排放浓度

指处理设施后排气筒中污染物任何1h浓度平均值不得超过的限值；或指无处理设施排气筒中污染物任何1h浓度平均值不得超过的限值。

3.3　最高允许排放速率(Maximum allowable emission rate)

指一定高度的排气筒任何1h排放污染物的质量不得超过的限值。

3.4　无组织排放

指大气污染物不经过排气筒的无规则排放。低矮排气筒的排放属有组织排放，但在一定条件下也可造成与无组织排放相同的后果。因此，在执行“无组织排放监控浓度限值”指标时，由低矮排气筒造成的监控点污染物浓度增加不予扣除。

3.5　无组织排放监控点

依照本标准附录C的规定，为判别无组织排放是否超过标准而设立的监测点。

3.6　无组织排放监控浓度限值

指监控点的污染物浓度在任何1h的平均值不得超过的限值。

3.7　污染源

指排放大气污染物的设施或指排放大气污染物的建筑构造(如车间等)。

3.8　单位周界

指单位与外界环境接界的边界。通常应依据法定手续确定边界；若无法定手续，则按目前的实际边界确定。

3.9 无组织排放源

指设置于露天环境中具有无组织排放的设施，或指具有无组织排放的建筑构造(如车间、工棚等)。

3.10 排气筒高度

指自排气筒(或其主体建筑构造)所在的地平面至排气筒出口计的高度。

4 指标体系

本标准设置下列三项指标：

4.1 通过排气筒排放的污染物最高允许排放浓度。

4.2 通过排气筒排放的污染物，按排气筒高度规定的最高允许排放速率。

任何一个排气筒必须同时遵守上述两项指标，超过其中任何一项均为超标排放。

4.3 以无组织方式排放的污染物，规定无组织排放的监控点及相应的监控浓度限值。

该指标按照本标准第9.2条的规定执行。

5 排放速率标准分级

本标准规定的最高允许排放速率，现有污染源分为一、二、三级，新污染源分为二、三级。按污染源所在的环境空气质量功能区类别，执行相应级别的排放速率标准，即：

位于一类区的污染源执行一级标准(一类区禁止新、扩建污染源，一类区现有污染源改建时执行现有污染源的一级标准)；

位于二类区的污染源执行二级标准；

位于三类区的污染源执行三级标准。

6 标准值

6.1 1997年1月1日前设立的污染源(以下简称为现有污染源)执行表1所列标准值。

6.2 1997年1月1日起设立(包括新建、扩建、改建)的污染源(以下简称为新污染源)执行表2所列标准值。

6.3 按下列规定判断污染源的设立日期：

6.3.1 一般情况下应以建设项目环境影响报告书(表)批准日期作为其设立日期。

6.3.2 未经环境保护行政主管部门审批设立的污染源，应按补做的环境影响报告书(表)批准日期作为其设立日期。

7 其他规定

7.1 排气筒高度除须遵守表列排放速率标准值外，还应高出周围200m半径范围的建筑5m以上，不能达到该要求的排气筒，应按其高度对应的表列排放速率标准值严格50%执行。

7.2 两个排放相同污染物(不论其是否由同一生产工艺过程产生)的排气筒，若其距离小于其几何高度之和，应合并视为一根等效排气筒。若有三根以上的近距排气筒，且排放同一种污染物时，应以前两根的等效排气筒，依次与第三、四根排气筒取等效值。等效排气筒的有关参数计算方法见附录A。

7.3 若某排气筒的高度处于本标准列出的两个值之间，其执行的最高允许排放速率以内插法计算，内插法的计算式见本标准附录B；当某排气筒的高度大于或小于本标准列出的最大或最小值时，以外推法计算其最高允许排放速率，外推法计算式见本标准附录B。

7.4 新污染源的排气筒一般不应低于15m。若某新污染源的排气筒必须低于15m时，其排放速率标准值按7.3的外推计算结果再严格50%执行。

7.5 新污染源的无组织排放应从严控制，一般情况下不应有无组织排放存在，无法避免的无组织排放应达到表2规定的标准值。

7.6 工业生产尾气确需燃烧排放的，其烟气黑度不得超过林格曼1级。

8 监测

8.1 布点

8.1.1 排气筒中颗粒物或气态污染物监测的采样点数目及采样点位置的设置，按 GB/T 16157—1996 执行。

8.1.2 无组织排放监测的采样点(即监控点)数目和采样点位置的设置方法，详见本标准附录C。

8.2 采样时间和频次

本标准规定的三项指标，均指任何1h平均值不得超过的限值，放在采样时应做到；

8.2.1 排气筒中废气的采样

以连续1h的采样获取平均值；

或在1h内，以等时间间隔采集4个样品，并计平均值。

8.2.2 无组织排放监控点的采样

无组织排放监控点和参照点监测的采样，一般采用连续1h采样计平均值；

若浓度偏低，需要时可适当延长采样时间；

若分析方法灵敏度高，仅需用短时间采集样品时，应实行等时间间隔采样，采集4个样品计平均值。

8.2.3 特殊情况下的采样时间和频次

若某排气筒的排放为间断性排放，排放时间小于1h，应在排放时段内实行连续采样，或在排放时段内以等时间间隔采集2~4个样品，并计平均值，

若某排气筒的排放为间断性排放，排放时间大于1h，则应在排放时段内按8.2.1的要求采样；

当进行污染事故排放监测时，按需要设置的采样时间和采样频次，不受上述要求限制；

建设项目环境保护设施竣工验收监测的采样时间和频次，按国家环境保护局制定的建设项目环境保护设施竣工验收监测办法执行。

8.3 监测工况要求

8.3.1 在对污染源的日常监督性监测中，采样期间的工况应与当时的运行工况相同，排污单位的人员和实施监测的人员都不应任意改变当时的运行工况。

8.3.2 建设项目环境保护设施竣工验收监测的工况要求按国家环境保护局制定的建设项目环境保护设施竣工验收监测办法执行。

8.4 采样方法和分析方法

8.4.1 污染物的分析方法按国家环境保护局规定执行。

8.4.2 污染物的采样方法按 GB/T 16157—1996 和国家环境保护局规定的分析方法有关部分执行。

8.5 排气量的测定

排气量的测定应与排放浓度的采样监测同步进行，排气量的测定方法按 GB/T 16157—1996 执行。

9 标准实施

9.1 位于国务院批准划定的酸雨控制区和二氧化硫污染控制区的污染源，其二氧化硫排放除执行本标准外，还应执行总量控制标准。

9.2 本标准中无组织排放监控浓度限值，由省、自治区、直辖市人民政府环境保护行政主管部门决定是否在本地区实施，并报国务院环境保护行政主管部门备案。

9.3 本标准由县级以上人民政府环境保护行政主管部门负责监督实施。

表 1　现有污染源大气污染物排放限值

序号	污染物	最高允许排放浓度/(mg/m^3)	最高允许排放速率/(kg/h) 排气筒高度/m	一级	二级	三级	无组织排放监控浓度限值 监控点	浓度/(mg/m^3)
1	二氧化硫	1200(硫、二氧化硫、硫酸和其他含硫化合物生产)	15	1.6	3.0	4.1	无组织排放源上风向设参照点，下风向设监控点①	0.50(监控点与参照点浓度差值)
			20	2.6	5.1	7.7		
			30	8.8	17	26		
			40	15	30	45		
			50	23	45	69		
		700(硫、二氧化硫、硫酸和其他含硫化合物使用)	60	33	64	98		
			70	47	91	140		
			80	63	120	190		
			90	82	160	240		
			100	100	200	310		
2	氮氧化物	1700(硝酸、氮肥和火炸药生产)	15	0.47	0.91	1.4	无组织排放源上风向设参照点，下风向设监控点	0.15(监控点与参照点浓度差值)
			20	0.77	1.5	2.3		
			30	2.6	5.1	7.7		
			40	4.6	8.9	14		
			50	7.0	14	21		
		420(硝酸使用和其他)	60	9.9	19	29		
			70	14	27	41		
			80	19	37	56		
			90	24	47	72		
			100	31	61	92		
3	颗粒物	22(碳黑尘、染料尘)	15	禁排	0.60	0.87	周界外浓度最高点②	肉眼不可见
			20		1.0	1.5		
			30		4.0	5.9		
			40		6.8	10		
		80③(玻璃棉尘、石英粉尘、矿渣棉尘)	15	禁排	2.2	3.1	无组织排放源上风向设参照点，下风向设监控点	2.0(监控点与参照点浓度差值)
			20		3.7	5.3		
			30		14	21		
			40		25	37		
		150(其他)	15	2.1	4.1	5.9	无组织排放源上风向设参照点，下风向设监控点	5.0(监控点与参照点浓度差值)
			20	3.5	6.9	10		
			30	14	27	40		
			40	24	46	69		
			50	36	70	110		
			60	51	100	150		

续表

<table>
<tr><th rowspan="2">序号</th><th rowspan="2">污染物</th><th rowspan="2">最高允许排放浓度/(mg/m³)</th><th colspan="4">最高允许排放速率/(kg/h)</th><th colspan="2">无组织排放监控浓度限值</th></tr>
<tr><th>排气筒高度/m</th><th>一级</th><th>二级</th><th>三级</th><th>监控点</th><th>浓度/(mg/m³)</th></tr>
<tr><td rowspan="8">4</td><td rowspan="8">氯化氢</td><td rowspan="8">150</td><td>15</td><td rowspan="8">禁排</td><td>0.30</td><td>0.46</td><td rowspan="8">周界外浓度最高点</td><td rowspan="8">0.25</td></tr>
<tr><td>20</td><td>0.51</td><td>0.77</td></tr>
<tr><td>30</td><td>1.7</td><td>2.6</td></tr>
<tr><td>40</td><td>3.0</td><td>4.5</td></tr>
<tr><td>50</td><td>4.5</td><td>6.9</td></tr>
<tr><td>60</td><td>6.4</td><td>9.8</td></tr>
<tr><td>70</td><td>9.1</td><td>14</td></tr>
<tr><td>80</td><td>12</td><td>19</td></tr>
<tr><td rowspan="6">5</td><td rowspan="6">铬酸雾</td><td rowspan="6">0.080</td><td>15</td><td rowspan="6">禁排</td><td>0.009</td><td>0.014</td><td rowspan="6">周界外浓度最高点</td><td rowspan="6">0.0075</td></tr>
<tr><td>20</td><td>0.015</td><td>0.023</td></tr>
<tr><td>30</td><td>0.051</td><td>0.078</td></tr>
<tr><td>40</td><td>0.089</td><td>0.13</td></tr>
<tr><td>50</td><td>0.14</td><td>0.21</td></tr>
<tr><td>60</td><td>0.19</td><td>0.29</td></tr>
<tr><td rowspan="8">6</td><td rowspan="8">硫酸雾</td><td rowspan="4">1000(火炸药厂)</td><td>15</td><td rowspan="8">禁排</td><td>1.8</td><td>2.8</td><td rowspan="8">周界外浓度最高点</td><td rowspan="8">1.5</td></tr>
<tr><td>20</td><td>3.1</td><td>4.6</td></tr>
<tr><td>30</td><td>10</td><td>16</td></tr>
<tr><td>40</td><td>18</td><td>27</td></tr>
<tr><td rowspan="4">70(其他)</td><td>50</td><td>27</td><td>41</td></tr>
<tr><td>60</td><td>39</td><td>59</td></tr>
<tr><td>70</td><td>55</td><td>83</td></tr>
<tr><td>80</td><td>74</td><td>110</td></tr>
<tr><td rowspan="8">7</td><td rowspan="8">氟化物</td><td rowspan="4">100(普钙工业)</td><td>15</td><td rowspan="8">禁排</td><td>0.12</td><td>0.18</td><td rowspan="8">无组织排放源上风向设参照点，下风向设监控点</td><td rowspan="8">20μg/m³
(监控点与参照点浓度差值)</td></tr>
<tr><td>20</td><td>0.20</td><td>0.31</td></tr>
<tr><td>30</td><td>0.69</td><td>1.0</td></tr>
<tr><td>40</td><td>1.2</td><td>1.8</td></tr>
<tr><td rowspan="4">11(其他)</td><td>50</td><td>1.8</td><td>2.7</td></tr>
<tr><td>60</td><td>2.6</td><td>3.9</td></tr>
<tr><td>70</td><td>3.6</td><td>5.5</td></tr>
<tr><td>80</td><td>4.9</td><td>7.5</td></tr>
<tr><td rowspan="7">8</td><td rowspan="7">氯气[④]</td><td rowspan="7">85</td><td>25</td><td rowspan="7">禁排</td><td>0.60</td><td>0.90</td><td rowspan="7">周界外浓度最高点</td><td rowspan="7">0.50</td></tr>
<tr><td>30</td><td>1.0</td><td>1.5</td></tr>
<tr><td>40</td><td>3.4</td><td>5.2</td></tr>
<tr><td>50</td><td>5.9</td><td>9.0</td></tr>
<tr><td>60</td><td>9.1</td><td>14</td></tr>
<tr><td>70</td><td>13</td><td>20</td></tr>
<tr><td>80</td><td>18</td><td>28</td></tr>
</table>

续表

序号	污染物	最高允许排放浓度/(mg/m³)	最高允许排放速率/(kg/h)				无组织排放监控浓度限值	
			排气筒高度/m	一级	二级	三级	监控点	浓度/(mg/m³)
9	铅及其化合物	0.90	15	禁排	0.005	0.007	周界外浓度量高点	0.0075
			20		0.007	0.011		
			30		0.031	0.048		
			40		0.055	0.083		
			50		0.085	0.13		
			60		0.12	0.18		
			70		0.17	0.26		
			80		0.23	0.35		
			90		0.31	0.47		
			100		0.39	0.60		
10	汞及其化合物	0.015	15	禁排	1.8×10^{-3}	2.8×10^{-3}	周界外浓度最高点	0.0015
			20		3.1×10^{-3}	4.6×10^{-3}		
			30		10×10^{-3}	16×10^{-3}		
			40		18×10^{-3}	27×10^{-3}		
			50		28×10^{-3}	41×10^{-3}		
			60		39×10^{-3}	59×10^{-3}		
11	镉及其化合物	1.0	15	禁排	0.060	0.090	周界外浓度最高点	0.050
			20		0.10	0.15		
			30		0.34	0.52		
			40		0.59	0.90		
			50		0.91	1.4		
			60		1.3	2.0		
			70		1.8	2.8		
			80		2.5	3.7		
12	铍及其化合物	0.015	15	禁排	1.3×10^{-3}	2.0×10^{-3}	周界外浓度最高点	0.0010
			20		2.2×10^{-3}	3.3×10^{-3}		
			30		7.3×10^{-3}	11×10^{-3}		
			40		13×10^{-3}	19×10^{-3}		
			50		19×10^{-3}	29×10^{-3}		
			60		27×10^{-3}	41×10^{-3}		
			70		39×10^{-3}	58×10^{-3}		
			80		52×10^{-3}	79×10^{-3}		
13	镍及其化合物	5.0	15	禁排	0.18	0.28	周界外浓度最高点	0.050
			20		0.31	0.46		
			30		1.0	1.6		
			40		1.8	2.7		
			50		2.7	4.1		
			60		3.9	5.9		
			70		5.5	8.2		
			80		7.4	11		

续表

序号	污染物	最高允许排放浓度/(mg/m^3)	最高允许排放速率/(kg/h)				无组织排放监控浓度限值	
			排气筒高度/m	一级	二级	三级	监控点	浓度/(mg/m^3)
14	锡及其化合物	10	15	禁排	0.36	0.55	周界外浓度最高点	0.30
			20		0.61	0.93		
			30		2.1	3.1		
			40		3.5	5.4		
			50		5.4	8.2		
			60		7.7	12		
			70		11	17		
			80		15	22		
15	苯	17	15	禁排	0.60	0.90	周界外浓度最高点	0.50
			20		1.0	1.5		
			30		3.3	5.2		
			40		6.0	9.0		
16	甲苯	60	15	禁排	3.6	5.5	周界外浓度最高点	3.0
			20		6.1	9.3		
			30		21	31		
			40		36	54		
17	二甲苯	90	15	禁排	1.2	1.8	周界外浓度最高点	1.5
			20		2.0	3.1		
			30		6.9	10		
			40		12	18		
18	酚类	115	15	禁排	0.12	0.18	周界外浓度最高点	0.10
			20		0.20	0.31		
			30		0.68	1.0		
			40		1.2	1.8		
			50		1.8	2.7		
			60		2.6	3.9		
19	甲醛	30	15	禁排	0.30	0.46	周界外浓度最高点	0.25
			20		0.51	0.77		
			30		1.7	2.6		
			40		3.0	4.5		
			50		4.5	6.9		
			60		6.4	9.8		

续表

序号	污染物	最高允许排放浓度/(mg/m³)	最高允许排放速率/(kg/h)				无组织排放监控浓度限值	
			排气筒高度/m	一级	二级	三级	监控点	浓度/(mg/m³)
20	乙醛	150	15	禁排	0.060	0.090	周界外浓度最高点	0.050
			20		0.10	0.15		
			30		0.34	0.52		
			40		0.59	0.90		
			50		0.91	1.4		
			60		1.3	2.0		
21	丙烯腈	26	15	禁排	0.91	1.4	周界外浓度最高点	0.75
			20		1.5	2.3		
			30		5.1	7.8		
			40		8.9	13		
			50		14	21		
			60		19	29		
22	丙烯醛	20	15	禁排	0.61	0.92	周界外浓度最高点	0.50
			20		1.0	1.5		
			30		3.4	5.2		
			40		5.9	9.0		
			50		9.1	14		
			60		13	20		
23	氰化氢[⑤]	2.3	25	禁排	0.18	0.28	周界外浓度最高点	0.030
			30		0.31	0.46		
			40		1.0	1.6		
			50		1.8	2.7		
			60		2.7	4.1		
			70		3.9	5.9		
			80		5.5	8.3		
24	甲醇	220	15	禁排	6.1	9.2	周界外浓度最高点	15
			20		10	15		
			30		34	52		
			40		59	90		
			50		91	140		
			60		130	200		
25	苯胺类	25	15	禁排	0.61	0.92	周界外浓度最高点	0.50
			20		1.0	1.5		
			30		3.4	5.2		
			40		5.9	9.0		
			50		9.1	14		
			60		13	20		

续表

序号	污染物	最高允许排放浓度/(mg/m^3)	最高允许排放速率/(kg/h)				无组织排放监控浓度限值	
			排气筒高度/m	一级	二级	三级	监控点	浓度/(mg/m^3)
26	氯苯类	85	15	禁排	0.67	0.92	周界外浓度最高点	0.50
			20		1.0	1.5		
			30		2.9	4.4		
			40		5.0	7.6		
			50		7.7	12		
			60		11	17		
			70		15	23		
			80		21	32		
			90		27	41		
			100		34	52		
27	硝基苯类	20	15	禁排	0.060	0.090	周界外浓度最高点	0.050
			20		0.10	0.15		
			30		0.34	0.52		
			40		0.59	0.90		
			50		0.91	1.4		
			60		1.3	2.0		
28	氯乙烯	65	15	禁排	0.91	1.4	周界外浓度最高点	0.75
			20		1.5	2.3		
			30		5.0	7.8		
			40		8.9	13		
			50		14	21		
			60		19	29		
29	苯并[a]芘	0.50×10^{-3}(沥青、碳素制品生产和加工)	15	禁排	0.06×10^{-3}	0.09×10^{-3}	周界外浓度最高点	0.01μg/m^3
			20		0.20×10^{-3}	0.15×10^{-3}		
			30		0.34×10^{-3}	0.51×10^{-3}		
			40		10.59×10^{-3}	0.89×10^{-3}		
			50		0.90×10^{-3}	1.4×10^{-3}		
			60		1.3×10^{-3}	2.0×10^{-3}		
30	光气[6]	5.0	25	禁排	0.12	0.18	周界外浓度最高点	0.10
			30		0.20	0.31		
			40		0.69	1.0		
			50		1.2	1.8		
31	沥青烟	280(吹制沥青)	15	0.11	0.22	0.34	生产设备不得有明显无组织排放存在	
			20	0.19	0.36	0.55		
		80(熔炼、浸涂)	30	0.82	1.6	2.4		
			40	1.4	2.8	4.2		
			50	2.2	4.3	6.6		
		150(建筑搅拌)	60	3.0	5.9	9.0		
			70	4.5	8.7	13		
			80	6.2	12	18		

续表

序号	污染物	最高允许排放浓度/(mg/m³)	最高允许排放速率/(kg/h)				无组织排放监控浓度限值	
			排气筒高度/m	一级	二级	三级	监控点	浓度/(mg/m³)
32	石棉尘	2根(纤维)/cm³或20mg/m³	15	禁排	0.65	0.98	生产设备不得有明显的无组织排放存在	
			20		1.1	1.7		
			30		4.2	6.4		
			40		7.2	11		
			50		11	17		
33	非甲烷总烃	150(使用溶剂汽油或其他混合烃类物质)	15	6.3	12	18	周界外浓度最高点	5.0
			20	10	20	30		
			30	35	63	100		
			40	61	120	170		

①一般应于无组织排放源上风向2~50m范围内设参考点，排放源下风向2~50m范围内设监控点，详见本标准附录C。下同。

②周界外浓度最高点一般应设于排放源下风向的单位周界外10m范围内。如预计无组织排放的最大落地浓度点越出10m范围，可将监控点移至该预计浓度最高点，详见附录C。下同。

③均指含游离二氧化硅10%以上的各种尘。

④排放氯气的排气筒不得低于25m。

⑤排放氰化氢的排气筒不得低于25m。

⑥排放光气的排气筒不得低于25m。

表2 新污染源大气污染物排放限值

序号	污染物	最高允许排放浓度/(mg/m³)	最高允许排放速率/(kg/h)			无组织排放监控浓度限值	
			排气筒高度/m	二级	三级	监控点	浓度/(mg/m³)
1	二氧化硫	960(硫、二氧化硫、硫酸和其他含硫化合物生产) 550(硫、二氧化硫、硫酸和其他含硫化合物使用)	15	2.6	3.5	周界外浓度最高点①	0.40
			20	4.3	6.6		
			30	15	22		
			40	25	38		
			50	39	58		
			60	55	83		
			70	77	120		
			80	110	160		
			90	130	200		
			100	170	270		
2	氮氧化物	1400(硝酸、氮肥和火炸药生产) 240(硝酸使用和其他)	15	0.77	1.2	周界外浓度最高点	0.12
			20	1.3	2.0		
			30	4.4	6.6		
			40	7.5	11		
			50	12	18		
			60	16	25		
			70	23	35		
			80	31	47		
			90	40	61		
			100	52	78		

续表

序号	污染物	最高允许排放浓度/(mg/m³)	最高允许排放速率/(kg/h)			无组织排放监控浓度限值	
			排气筒高度/m	二级	三级	监控点	浓度/(mg/m³)
3	颗粒物	18（碳黑尘、染料尘）	15	0.51	0.74	周界外浓度最高点	肉眼不可见
			20	0.85	1.3		
			30	3.4	5.0		
			40	5.8	8.5		
		60[②]（玻璃棉尘、石英粉尘、矿渣棉尘）	15	1.9	2.6	周界外浓度最高点	1.0
			20	3.1	4.5		
			30	12	18		
			40	21	31		
		120（其他）	15	3.5	5.0	周界外浓度最高点	1.0
			20	5.9	8.5		
			30	23	34		
			40	39	59		
			50	60	94		
			60	85	130		
4	氯化氢	100	15	0.26	0.39	周界外浓度最高点	0.20
			20	0.43	0.65		
			30	1.4	2.2		
			40	2.6	3.8		
			50	3.8	5.9		
			60	5.4	8.3		
			70	7.7	12		
			80	10	16		
5	铬酸雾	0.070	15	0.008	0.012	周界外浓度量高点	0.0060
			20	0.013	0.020		
			30	0.043	0.066		
			40	0.076	0.12		
			50	0.12	0.18		
			60	0.16	0.25		
6	硫酸雾	430（火炸药厂）	15	1.5	2.4	周界外浓度最高点	1.2
			20	2.6	3.9		
			30	8.8	13		
			40	15	23		
		45（其他）	50	23	35		
			60	33	50		
			70	46	70		
			80	63	95		
7	氟化物	90（普钙工业）	15	0.10	0.15	周界外浓度最高点	20μg/m³
			20	0.17	0.26		
			30	0.59	0.38		
			40	1.0	1.5		
		9.0（其他）	50	1.5	2.3		
			60	2.2	3.3		
			70	3.1	4.7		
			80	4.2	6.3		

续表

序号	污染物	最高允许排放浓度/(mg/m³)	最高允许排放速率/(kg/h)			无组织排放监控浓度限值	
			排气筒高度/m	二级	三级	监控点	浓度/(mg/m³)
8	氯气[3]	65	25	0.52	0.78	周界外浓度最高点	0.40
			30	0.87	1.3		
			40	2.9	4.4		
			50	5.0	7.6		
			60	7.7	12		
			70	11	17		
			80	15	23		
9	铅及其化合物	0.70	15	0.004	0.006	周界外浓度最高点	0.0060
			20	0.006	0.009		
			30	0.027	0.041		
			40	0.047	0.071		
			50	0.072	0.11		
			60	0.10	0.15		
			70	0.15	0.22		
			80	0.20	0.30		
			90	0.26	0.40		
			100	0.33	0.51		
10	汞及其化合物	0.012	15	1.5×10^{-3}	2.4×10^{-3}	周界外浓度最高点	0.0012
			20	2.6×10^{-3}	3.9×10^{-3}		
			30	7.8×10^{-3}	13×10^{-3}		
			40	15×10^{-3}	23×10^{-3}		
			50	23×10^{-3}	35×10^{-3}		
			60	33×10^{-3}	50×10^{-3}		
11	镉及其化合物	0.85	15	0.050	0.080	周界外浓度量高点	0.040
			20	0.090	0.13		
			30	0.29	0.44		
			40	0.50	0.77		
			50	0.77	1.2		
			60	1.1	1.7		
			70	1.5	2.3		
			80	2.1	3.2		
12	铍及其化合物	0.012	15	1.1×10^{-3}	1.7×10^{-3}	周界外浓度量高点	0.0008
			20	1.8×10^{-3}	2.8×10^{-3}		
			36	6.2×10^{-3}	9.4×10^{-3}		
			40	11×10^{-3}	16×10^{-3}		
			50	16×10^{-3}	25×10^{-3}		
			60	23×10^{-3}	35×10^{-3}		
			70	33×10^{-3}	50×10^{-3}		
			80	44×10^{-3}	67×10^{-3}		
13	镍及其化合物	4.3	15	0.15	0.24	周界外浓度最高点	0.040
			20	0.26	0.34		
			30	0.88	1.3		
			40	1.5	2.3		
			50	2.3	3.5		
			60	3.3	5.0		
			70	4.6	7.0		
			80	6.3	10		

续表

序号	污染物	最高允许排放浓度/(mg/m^3)	最高允许排放速率/(kg/h)			无组织排放监控浓度限值	
			排气筒高度/m	二级	三级	监控点	浓度/(mg/m^3)
14	锡及其化合物	8.5	15	0.31	0.47	周界外浓度最高点	0.24
			20	0.52	0.79		
			30	1.8	2.7		
			40	3.0	4.6		
			50	4.6	7.0		
			60	6.6	10		
			70	9.3	14		
			80	13	19		
15	苯	12	15	0.50	0.80	周界外浓度最高点	0.40
			20	0.90	1.3		
			30	2.9	4.4		
			40	5.6	7.6		
16	甲苯	40	15	3.1	4.7	周界外浓度最高点	2.4
			20	5.2	7.9		
			30	18	27		
			40	30	46		
17	二甲苯	70	15	1.0	1.5	周界外浓度最高点	1.2
			20	1.7	2.6		
			30	5.9	8.8		
			40	10	15		
18	酚类	100	15	0.10	0.15	周界外浓度最高点	0.080
			20	0.17	0.26		
			30	0.58	0.88		
			40	1.0	1.5		
			50	1.5	2.3		
			60	2.2	3.3		
19	甲醛	25	15	0.26	0.39	周界外浓度最高点	0.20
			20	0.43	0.65		
			30	1.4	2.2		
			40	2.6	3.8		
			50	3.8	5.9		
			60	5.4	8.3		
20	乙醛	125	15	0.050	0.080	周界外浓度最高点	0.040
			20	0.090	0.13		
			30	0.29	0.44		
			40	0.50	0.77		
			50	0.77	1.2		
			60	1.1	1.6		
21	丙烯腈	22	15	0.77	1.2	周界外浓度最高点	0.60
			20	1.3	2.0		
			30	4.4	6.6		
			40	7.5	11		
			50	12	18		
			60	16	25		

续表

序号	污染物	最高允许排放浓度/(mg/m³)	最高允许排放速率/(kg/h)			无组织排放监控浓度限值	
			排气筒高度/m	二级	三级	监控点	浓度/(mg/m³)
22	丙烯醛	16	15	0.52	0.78	周界外浓度最高点	0.40
			20	0.87	1.3		
			30	2.9	4.4		
			40	5.0	7.6		
			50	7.7	12		
			60	11	17		
23	氰化氢[④]	1.9	25	0.15	0.24	周界外浓度最高点	0.024
			30	0.26	0.39		
			40	0.88	1.3		
			50	1.5	2.3		
			60	2.3	3.5		
			70	3.3	5.0		
			80	4.6	7.0		
24	甲醇	190	15	5.1	7.8	周界外浓度最高点	12
			20	8.6	13		
			30	29	44		
			40	50	70		
			50	77	120		
			60	100	170		
25	苯胺类	20	15	0.52	0.78	周界外浓度最高点	0.40
			20	0.87	1.3		
			30	2.9	4.4		
			40	5.0	7.6		
			50	7.7	12		
			60	11	17		
26	氯苯类	60	15	0.52	0.78	周界外浓度最高点	0.40
			20	0.87	1.3		
			30	2.5	3.8		
			40	4.3	6.5		
			50	6.6	9.9		
			60	9.3	14		
			70	13	20		
			80	18	27		
			90	23	35		
			100	29	44		
27	硝基苯类	16	15	0.050	0.080	周界外浓度最高点	0.040
			20	0.090	0.13		
			30	0.29	0.44		
			40	0.50	0.77		
			50	0.77	1.2		
			60	1.1	1.7		
28	氯乙烯	36	15	0.77	1.2	周界外浓度最高点	0.60
			20	1.3	2.0		
			30	4.4	6.6		
			40	7.5	11		
			50	12	18		
			60	16	25		

续表

序号	污染物	最高允许排放浓度/(mg/m^3)	最高允许排放速率/(kg/h) 排气筒高度/m	二级	三级	无组织排放监控浓度限值 监控点	浓度/(mg/m^3)
29	苯并[a]芘	0.30×10^{-3}（沥青及碳素制品生产和加工）	15	0.050×10^{-3}	0.080×10^{-3}	周界外浓度最高点	0.008μg/m^3
			20	0.085×10^{-3}	0.13×10^{-3}		
			30	0.29×10^{-3}	0.43×10^{-3}		
			40	0.50×10^{-3}	0.76×10^{-3}		
			50	0.77×10^{-3}	1.2×10^{-3}		
			60	1.1×10^{-3}	1.7×10^{-3}		
30	光气⑤	3.0	25	0.10	0.15	周界外浓度最高点	0.080
			30	0.17	0.26		
			40	0.59	0.88		
			50	1.0	1.5		
31	沥青烟	140（吹制沥青）	15	0.18	0.27	生产设备不得有明显的无组织排放存在	
			20	0.30	0.45		
		40（熔炼，浸涂）	30	1.3	2.0		
			40	2.3	3.5		
			50	3.6	5.4		
		75（建筑搅拌）	60	5.6	7.5		
			70	7.4	11		
			80	10	15		
32	石棉尘	1根(纤维)/cm^3 或10mg/m^3	15	0.55	0.83	生产设备不得有明显的无组织排放存在	
			20	0.93	1.4		
			30	3.6	5.4		
			40	6.2	9.3		
			50	9.4	14		
33	非甲烷总烃	120(使用溶剂汽油或其他混合烃类物质)	15	10	16	周界外浓度最高点	4.0
			20	17	27		
			30	53	83		
			40	100	150		

①周界外浓度最高点一般应设置于无组织排放源下风向的单位周界外10m范围内，若预计无组织排放的最大落地浓度点越出10m范围，可将监控点移至该预计浓度最高点，详见附录C，下同。

②均指含游离二氧化硅超过10%以上的各种尘。

③排放氯气的排气筒不得低于25m。

④排放氰化氢的排气筒不得低于25m。

⑤排放光气的排气筒不得低于25m。

附录 A
(标准的附录)
等效排气筒有关参数计算

A1　当排气筒 1 和排气筒 2 排放同一种污染物，其距离小于该两个排气筒的高度之和时，应以一个等效排气筒代表该两个排气筒。

A2　等效排气筒的有关参数计算方法如下。

A2.1　等效排气筒污染物排放速率，按式(A1)计算：

$$Q = Q_1 + Q_2 \tag{A1}$$

式中　Q——等效排气筒某污染物排放速率；

Q_1、Q_2——排气筒 1 和排气筒 2 的某污染物排放速率。

A2.2　等效排气筒高度按式(A2)计算：

$$h = \sqrt{\frac{1}{2}(h_1^2 + h_2^2)} \tag{A2}$$

式中　h——等效排气筒高度；

h_1、h_2——排气筒 1 和排气筒 2 的高度。

A2.3　等效排气筒的位置：

等效排气筒的位置，应于排气筒 1 和排气筒 2 的连线上，若以排气筒 1 为原点，则等效排气筒距原点的距离按式(A3)计算：

$$x = \alpha(Q - Q_1)/Q = \alpha Q_2/Q \tag{A3}$$

式中　x——等效排气筒距排气筒 1 的距离；

α——排气筒 1 至排气筒 2 的距离；

Q、Q_1、Q_2——同 A2.1。

附录 B
（标准的附录）
确定某排气筒最高允许排放速率的内插法和外推法

B1 某排气筒高度处于表列两高度之间，用内插法计算其最高允许排放速率，按式(B1)计算：

$$Q = Q_a + (Q_{a+1} - Q_a)(h - h_a)/(h_{a+1} - h_a) \tag{B1}$$

式中 Q——某排气筒最高允许排放速率；

Q_a——比某排气筒低的表列限值中的最大值；

Q_{a+1}——比某排气筒高的表列限值中的最小值；

h——某排气筒的几何高度；

h_a——比某排气筒低的表列高度中的最大值；

h_{a+1}——比某排气筒高的表列高度中的最小值。

B2 某排气筒高度高于本标准表列排气筒高度的最高值，用外推法计算其最高允许排放速率，按式(B2)计算：

$$Q = Q_b(h/h_b)^2 \tag{B2}$$

式中 Q——某排气筒的最高允许排放速率；

Q_b——表列排气筒最高高度对应的最高允许排放速率；

h——某排气筒的高度；

h_b——表列排气筒的最高高度。

B3 某排气筒高度低于本标准表列排气筒高度的最低值，用外推法计算其最高允许排放速率，按式(B3)计算：

$$Q = Q_c(h/h_c)^2 \tag{B3}$$

式中 Q——某排气筒的最高允许排放速率；

Q_c——表列排气筒最低高度对应的最高允许排放速率；

h——某排气筒的高度；

h_c——表列排气筒的最低高度。

附录C
(标准的附录)
无组织排放监控点设置方法

C1 由于无组织排放的实际情况是多种多样的，故本附录仅对无组织排放监控点的设置进行原则性指导，实际监测时应根据情况因地制宜设置监控点。

C2 单位周界监控点的设置方法。

当本标准规定监控点设于单位周界时，监控点按下述原则和方法设置。

C2.1 下列各点为必须遵循的原则。

C2.1.1 监控点一般应设于周界外10m范围内，但若现场条件不允许(例如周界沿河岸分布)，可将监控点移至周界内侧。

C2.1.2 监控点应设于周界浓度最高点。

C2.1.3 若经估算预测，无组织排放的最大落地浓度区域超出10m范围之外，将监控点设置在该区域之内。

C2.1.4 为了确定浓度的最高点，实际监控点最多可设置4个。

C2.1.5 设点高度范围为1.5~15m。

C2.2 下述设点方案仅为示意，供实际监测时参考。

C2.2.1 当具有明显风向和风速时，可参考图C1设点。

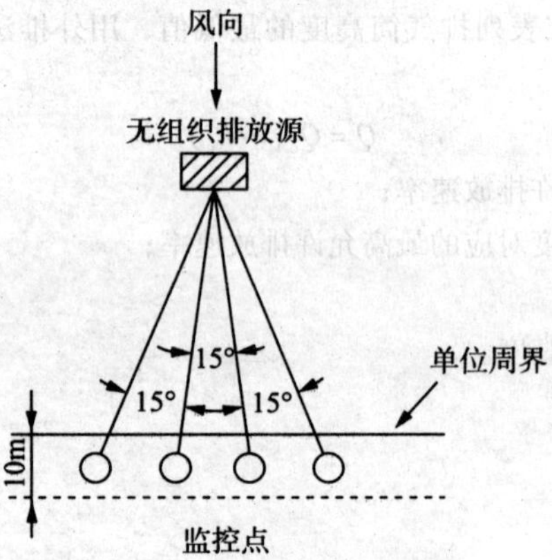

图C1

C2.2.2 当无明显风向和风速时，可根据情况于可能的浓度最高处设置4个点。

C2.3 由4个监控点分别测得的结果，以其中的浓度最高点计值。

C3 在排放源上、下风向分别设置参照点和监控点的方法。

C3.1 下列各点为必须遵循的原则：

C3.1.1 于无组织排放源的上风向设参照点，下风向设监控点。

C3.1.2 监控点应设于排放源下风向的浓度最高点，不受单位周界的限制。

C3.1.3 为了确定浓度最高点，监控点最多可设4个。

C3.1.4 参照点应以不受被测无组织排放源影响，可以代表监控点的背景浓度为原则。参照点只设1个。

C3.1.5 监控点和参照点距无组织排放源最近不应小于2m。

C3.2 下述设点方案仅为示意，供实际监测时参考。

C3.2.1　当具有明显风向和风速时，可参考图 C2 设点。

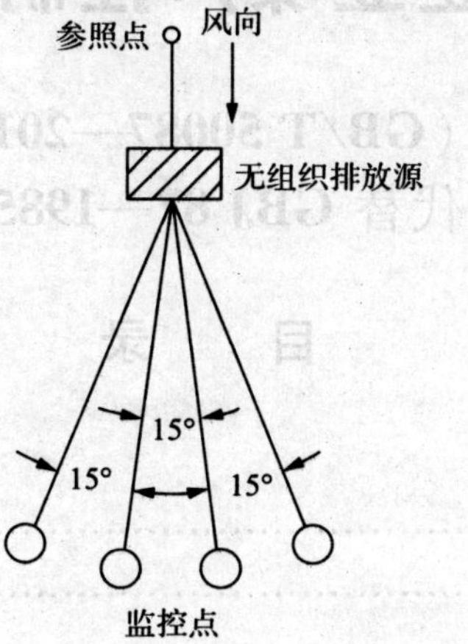

图 C2

C3.3　按上述参考方案的监测结果，以 4 个监控点中的浓度最高点测值与参照点浓度之差计值。

3. 工业企业噪声控制设计规范

（GB/T 50087—2013
代替 GBJ 87—1985）

目　　录

1 总 则

1.0.1 为防止工业企业噪声的危害，保障职工的身体健康，保证安全生产与正常工作，保护环境，制定本规范。

1.0.2 本规范适用于工业企业的新建、改建、扩建与技术改造工程的噪声控制设计。

1.0.3 工业企业的新建、改建和扩建工程的噪声控制设计应与工程设计同时进行。

1.0.4 工业企业噪声控制设计，应对生产工艺、操作维修、降噪效果、技术经济性进行综合分析。

1.0.5 对于生产过程和设备产生的噪声，应首先从声源上进行控制，以低噪声的工艺和设备代替高噪声的工艺和设备；如仍达不到要求，则应采用隔声、消声、吸声、隔振以及综合控制等噪声控制措施。

1.0.6 对于采取相应噪声控制措施后其噪声级仍不能达到噪声控制设计限值的车间及作业场所，应采取个人防护措施。

1.0.7 工业企业噪声控制设计除应符合本规范外，尚应符合国家现行有关标准的规定。

2 术 语

2.0.1 工作场所 workplace

劳动者进行职业活动并由用人单位直接或间接控制的所有工作地点。

2.0.2 脉冲噪声 impulsive noise

具有声压猝增特征的噪声，持续时间不大于1s。

2.0.3 A声级 A-weighted sound pressure level

用A计权网络测得的声压级。

2.0.4 C声级 C-weighted sound pressure level

用C计权网络测得的声压级。

2.0.5 倍频带声压级 octave band sound pressure level

频带宽度为1倍频程时的声压级，基准声压为2×10^{-5}Pa。

2.0.6 噪声敏感建筑物 noise-sensitive buildings

指医院、学校、机关、科研单位、住宅等需要保持安静的建筑物。

2.0.7 对噪声敏感的企业 noise-sensitive enterprise

内部工作性质或使用状况要求安静的企业。

2.0.8 噪声控制专用设备 equipment specified for noise control

专门为控制噪声而设计、生产或制造的设备。

2.0.9 高噪声设备 high noise equipment

辐射噪声对工作环境或生活环境产生明显影响的设备。

2.0.10 隔声 sound insulation

利用隔声材料和隔声结构阻挡声能的传播，把声源产生的噪声限制在局部范围内，或在噪声的环境中隔离出相对安静的场所。

2.0.11 透射系数 transmission coefficient

在给定频率的条件下，通过材料后透射的声能量与入射的声能量之比。

2.0.12 扩散声场 diffuse sound field

能量密度均匀、在各个传播方向作无规分布的声场。

2.0.13 声桥 sound bridge

在双层或多层隔声结构中两层间的刚性连接物、声能以振动的方式通过它在两层中传播。

2.0.14 声闸 sound lock

具有大量声能吸收的小室或走廊，其用途是使室内两边可以相通但声耦合很小，从而提高两个分隔室的隔声能力。

2.0.15　消声器　muffler

具有吸声衬里或特殊形状的气流管道，可有效地降低气流中的噪声。

2.0.16　吸声　sound absor ption

声波通过某种介质或射到某介质表面时，声能减少或转换为其他能量的过程。

2.0.17　隔振　vibration isolation

利用弹性支撑降低系统对外加激励起响应的能力。在稳定状态时，隔振用传递比的倒数表示。

2.0.18　插入损失　insertion loss

在插入噪声控制设备前后，某一测点位置的声压级差。

3　工业企业噪声控制设计限值

3.0.1　工业企业内各类工作场所噪声限值应符合表3.0.1的规定。

表3.0.1　各类工作场所噪声限值

工作场所	噪声限值/dB(A)
生产车间	85
车间内值班室、观察室、休息室、办公室、实验室、设计室室内背景噪声级	70
正常工作状态下精密装配线、精密加工车间、计算机房	70
主控室、集中控制室、通信室、电话总机室、消防值班室，一般办公室、会议室、设计室、实验室室内背景噪声级	60
医务室、教室、值班宿舍室内背景噪声级	55

注：1. 生产车间噪声限值为每周工作5d，每天工作8h等效声级；对于每周工作5d，每天工作时间不是8h，需计算8h等效声级；对于每周工作日不是5d，需计算40h等效声级；

2. 室内背景噪声级指室外传入室内的噪声级。

3.0.2　工业企业脉冲噪声C声级峰值不得超过140dB。

3.0.3　工业企业厂界噪声限值应符合现行国家标准《工业企业厂界环境噪声排放标准》GB 12348的有关规定。

4　工业企业总体设计中的噪声控制

4.1　一般规定

4.1.1　工业企业总体设计中的噪声控制应包括厂址选择、总平面设计、工艺、管线设计与设备选择以及车间布置中的噪声控制。

4.1.2　工业企业噪声控制设计应包括可行性研究报告中噪声控制部分的编写、初步设计说明书中噪声控制部分的编写、施工图设计中各种噪声控制设施的设计以及建设项目竣工后，对于未能满足噪声控制设计目标要求的部分修改与补充设计。

4.2　厂址选择

4.2.1　产生高噪声的工业企业，其厂址选择应符合所在区域总体城乡规划和工业布局的要求，且不宜在噪声敏感建筑物集中区域选择厂址。

4.2.2　产生高噪声的工业企业的厂址，应位于城镇居民集中区的当地常年夏季最小频率风向的上风侧；对噪声敏感的工业企业的厂址，应位于周围主要噪声源的当地常年夏季最小频率风向的下风侧。

4.2.3　对噪声敏感的企业，厂址不宜选择在高噪声环境区域中，并应远离交通干线、飞机场及主要航线。

4.2.4 工业企业的厂址选择，应利用天然缓冲地域。

4.3 总平面设计

4.3.1 工业企业的总平面布置，在满足工艺流程要求的前提下，应符合下列规定：

1 结合功能分区与工艺分区，应将生活区、行政办公区与生产区分开布置，高噪声厂房与低噪声厂房分开布置。工业企业内的主要噪声源宜相对集中，并宜远离厂内外要求安静的区域；

2 主要噪声源及生产车间周围，宜布置对噪声不敏感的、高大的、朝向有利于隔声的建筑物、构筑物。在高噪声区与低噪声区之间，宜布置仓库、料场等；

3 对于室内要求安静的建筑物，其朝向布置与高度应有利于隔声。

4.3.2 工业企业的立面布置，应利用地形、地物隔挡噪声；主要噪声源宜低位布置，对噪声敏感的建筑宜布置在自然屏障的声影区中。

4.3.3 工业企业厂区内交通运输设计，在满足各种使用功能要求的前提下，应符合下列规定：

1 厂区内主要交通运输线路不宜穿过噪声敏感区；

2 在厂区内交通运输线路两侧布置生活、行政设施等建筑物，应与其保持适当距离；

3 在噪声敏感区布置道路，宜采用尽端式布置。

4.3.4 当工业企业总平面设计中采用本规范第4.3.1~4.3.3条措施后，仍不能达到噪声设计标准时，应采取噪声控制措施或在各厂房、建筑物之间设置必要的防护距离。

4.4 工艺、管线设计与设备选型

4.4.1 工业企业的工艺设计，在满足生产要求的前提下，应符合下列规定：

1 应减少冲击性工艺；

2 块状物料输送应降低落差；

3 应采用减少向空中排放高压气体的工艺；

4 采用操作机械化和运行自动化的设备工艺，宜远距离监视操作。

4.4.2 工业企业的管线设计，在满足工艺要求的前提下，应符合下列规定：

1 应降低管道内的流速，管道截面不宜突变，管道连接宜采用顺流走向；

2 管线上阀门宜选用低噪声产品；

3 管道与振动强烈的设备连接，应采用柔性连接；

4 振动强烈的管道的支撑，不宜采用刚性连接；

5 辐射强噪声的管道，宜布置在地下或采取隔声、消声处理措施。

4.4.3 工业企业设计中的设备选型，宜选用噪声较低、振动较小的设备。主要噪声源设备的选择，应收集和比较同类型设备的噪声指标后综合确定。

4.4.4 工业企业设计中的设备选型应包括噪声控制专用设备。

4.5 车间布置

4.5.1 在满足工艺流程要求的前提下，高噪声设备宜相对集中，并宜布置在车间的一隅。当对车间环境仍有明显影响时，则应采取隔声等控制措施。

4.5.2 振动强烈的设备不宜设置在楼板或平台上。

4.5.3 设备布置时，应预留配套的噪声控制专用设备的安装和维修所需的空间。

5 隔声设计

5.1 一般规定

5.1.1 将噪声控制在局部空间范围内的场合应进行隔声设计。

5.1.2 对声源进行的隔声设计，可采用隔声罩或声源所在车间采取隔声围护的结构形式；对噪声传播途径进行的隔声设计，可采用隔声屏障的结构形式；对接收者进行的隔声设计，可采用隔声间的结构形式。

必要时也可同时采用上述几种结构形式。

5.1.3 对车间内独立的强噪声源，在满足操作、维修及通风冷却等要求的情况下，根据隔声罩的插入损失，采用相应形式的隔声罩。隔声罩插入损失可按表 5.1.3 的规定选取。

表 5.1.3 隔声罩的插入损失

隔声罩结构形式	插入损失/dB(A)
固定密封型	30~40
活动密封型	15~30
局部开敞型	10~20
带有通风散热消声器的隔声罩	15~25

5.1.4 声源所在车间采取的隔声围护结构可根据隔声量要求，按本规范第 5.1.7 条的规定进行设计。

5.1.5 对人员多、强噪声源分散的大车间，可设置隔声屏障或带有生产工艺孔洞的隔墙，将车间在平面上划分为几个不同强度的噪声区域。隔声屏障的设计插入损失可在 10~20dB(A) 范围内选取；对高频声源，隔声屏障的设计插入损失可选取较高值。

5.1.6 当不宜对声源作隔声处理，且操作管理人员不定期停留在设备附近时，应在设备附近设置控制、监督、观察、休息用的隔声间。隔声间的设计插入损失，可在 20~50dB(A) 的范围内选取。

5.1.7 组合隔声构件的隔声量设计宜符合下式规定：

$$S_{G1}\tau_1 = S_{G2}\tau_2 = \cdots\cdots S_{Gi}\tau_i \qquad (5.1.7)$$

式中 S_{Gi}——某一构件的面积，m^2；

τi——与构件 S_{Gi} 对应的透射系数。

5.1.8 隔声设计应防止孔洞与缝隙的漏声。对于构件的拼装节点、电缆孔、管道的通过部位等声通道，应进行密封或消声处理设计。

5.2 隔声设计程序和方法

5.2.1 隔声设计应按下列步骤进行：

1 由声源特性和受声点的声学环境估算受声点的各倍频带声压级和 A 声级；

2 确定受声点各倍频带的允许声压级和允许 A 声级；

3 计算各倍频带和 A 声级所需隔声量；

4 选择适当的隔声结构与构件。

5.2.2 受声点各倍频带的声压级估算应符合下列规定：

1 当室内只有一个声源时，估算受声点各倍频带的声压级，应首先查找、估算或测量声源中心频率为 125~4000Hz 的 6 个倍频带的声功率级，然后根据声源特性和声学环境，按下列公式计算：

$$L_P = L_W + 10 \cdot \lg\left(\frac{Q}{A\pi r^2} + \frac{4}{R}\right) \qquad (5.2.2-1)$$

$$R = \frac{S\,\overline{\alpha}}{1-\overline{\alpha}} = \frac{A}{1-\overline{\alpha}} \qquad (5.2.2-2)$$

$$\overline{\alpha} = \frac{\Sigma S_i \alpha_i}{\Sigma S_i} \qquad (5.2.2-3)$$

式中 L_P——受声点各倍频带声压级，dB；

L_W——声源各倍频带声功率级，dB；

Q——声源指向性因素；当声源位于室内几何中心时，$Q=1$；当声源位于室内地面中心或某一墙面中心时，$Q=2$；当声源位于室内某一边线中点时，$Q=4$；当声源位于室内某一角落时，$Q=8$；

r——声源至受声点的距离，m；

R——房间常数，m^2；

S——房间内总表面积，m^2；

$\bar{\alpha}$——房间内某个倍频带的平均吸声系数；

S_i——房间内某一表面积，m^2；

α_i——房间内与 S_i 对应的吸声系数；

A——房间内某个倍频带的总吸声量，m^2。

2 当有多个声源时，可分别求出各声源在受声点产生的声压级，然后按声压级的合成法则计算受声点各倍频带的声压级。

5.2.3 受声点各倍频带的允许声压级应根据本规范第3.0.1条规定的噪声限值计算或按表5.2.3-1取值。倍频带允许声压级应按下列公式计算：

$$L_{Pa} = a + bNR \tag{5.2.3-1}$$

$$NR = L_A - 5 \tag{5.2.3-2}$$

式中 L_{Pa}——各倍频带允许声压级，dB；

NR——噪声评价数；

a、b——与各倍频带声压级有关的常数，按表5.2.3-2的规定确定；

L_A——噪声限值。

表5.2.3-1 倍频带允许声压级

噪声限值/dB(A)	倍频带允许声压级/dB							
	63	125	250	500	1000	2000	4000	8000
85	99	92	86	83	80	78	76	74
80	95	87	82	78	75	73	71	69
75	91	83	77	73	70	68	66	64
70	87	79	72	68	65	62	61	59
65	83	74	68	63	60	57	55	54
60	79	70	63	58	55	52	50	49
55	75	66	59	54	50	47	45	44
50	71	61	54	49	45	42	40	38

表5.2.3-2 与各倍频带声压级有关的常数

倍频程中心频率/Hz	a/dB	b/dB
63	35.5	0.790
125	22.0	0.870
250	12.0	0.930
500	4.8	0.974
1000	0	1.000
2000	-3.5	1.015
4000	-6.1	1.025
8000	-8.0	1.030

5.2.4 受声点各倍频带所需隔声量应按下式计算：

$$TL_a = L_P - L_{Pa} + 5 \tag{5.2.4}$$

式中 TL_a——各倍频带所需隔声量，dB。

5.2.5 隔声结构与隔声构件的设计应满足各倍频带所需隔声量的要求。

5.2.6 隔声罩的结构设计应有足够的吸声衬面，各倍频带的插入损失应满足所需隔声量的要求，可按下式计算：

$$IL = TL_0 + 10 \cdot \lg \frac{A}{S_Z} \tag{5.2.6}$$

式中 IL——各倍频带的插入损失，dB；

TL_0——隔声构件各倍频带的固有隔声量，dB；

A——隔声罩内各倍频带的总吸声量，m^2；

S_Z——隔声构件的透声面积，m^2。

5.2.7 对声源所处车间为近似扩散声场的情况，隔墙或窗户各倍频带所需隔声量，可按下式计算：

$$TL_a = L_{P1} - L_{P2} - 1 \tag{5.2.7}$$

式中 L_{P1}——车间内部各倍频带的声压级，dB；

L_{P2}——车间外部各倍频带的允许声压级，dB。

5.3 隔声结构的选择与设计

5.3.1 设计隔声结构应收集隔声构件固有隔声量的实测数据。

5.3.2 单层隔声结构的设计应符合下列规定：

1 应使被控制噪声源的峰值频率处于结构的共振频率和吻合频率之间；

2 可选用复合隔声结构。

5.3.3 双层隔声结构的设计应符合下列规定：

1 隔声结构的共振频率应低于被控制噪声源的峰值频率；空气层的厚度不宜小于50mm；

2 隔声结构的吻合频率不宜出现在中频段；双层结构各层的厚度不宜相同，或采用不同刚度，或加阻尼；

3 双层结构间的连接应减少出现声桥；

4 双层结构间宜填充多孔吸声材料。

5.3.4 隔声门窗的设计与选用应符合下列规定：

1 在满足隔声要求的前提下应选用定型产品；

2 应防止缝隙漏声，同时门扇和窗扇的隔声性能应与缝隙处理的严密性相适应；

3 对采用单层隔声门不能满足隔声要求的情况，可设计有两道隔声门的声阱；声阱的内壁面，应具有较高的吸声性能；两道门宜错开布置；

4 对采用单层隔声窗不能满足隔声要求的情况，可设计双层或多层隔声窗；

5 特殊情况可设计专用的隔声门窗。

5.3.5 隔声间的设计应符合下列规定：

1 对隔声要求高的隔声间，宜采用以实心砖等建筑材料为主的隔声结构；必要时，墙体与屋盖可采用双层结构，门窗等隔声构件宜采用有两道隔声门的声阱与多层隔声窗；

2 隔声间的组合隔声量可按下列公式计算：

$$TL = 10 \cdot \lg \frac{1}{\tau} \tag{5.3.5-1}$$

$$\bar{\tau} = \frac{\Sigma S_{Gi}\tau_i}{\Sigma S_{Gi}} \tag{5.3.5-2}$$

式中 TL——隔声间的组合隔声量，dB；

$\bar{\tau}$——隔声间的平均透射系数。

3 所有的散热通风以及工艺孔洞，均应设有消声器，其消声量应与隔声间的隔声量相当。

5.3.6 隔声罩的设计应符合下列规定：

1 隔声罩宜采用带有阻尼层的钢板制作，阻尼层厚度宜为金属板厚的1~3倍；

2 隔声罩内壁面与机械设备间应留有一定的空间，各内壁面与设备的空间距离宜大于100mm；

3 隔声罩的内侧面应设吸声层；

4 隔声罩所有的散热通风、排烟以及生产工艺孔洞，均应设有消声器，其消声量应与隔声罩的隔声量相当；

5 应防止隔声罩振动向外辐射噪声。

5.3.7 隔声屏障的设置应靠近声源或接收者。室内设置隔声屏障时，应在室内安装吸声体。

6 消声设计

6.1 一般规定

6.1.1 降低空气动力机械辐射的空气动力性噪声或噪声源隔声围护结构散热通风口、工艺孔洞等辐射出的噪声应进行消声设计。

6.1.2 在空间允许的情况下，消声器装设位置应符合下列规定：

1 空气动力机械进(排)气口敞开的，应在靠近进(排)气口处装设进(排)口消声器；

2 空气动力机械进(排)气口均不敞开的，但管道隔声差，且管道经过空间的噪声不能满足要求时，应装设消声器；

3 噪声源隔声围护结构孔洞辐射噪声的，应在孔洞处装设消声器。

6.1.3 消声器的插入损失，应根据消声设计要求确定。

6.1.4 消声器引起的压力损失应控制在设备正常运行许可的范围内。

6.1.5 消声器产生的气流再生噪声对环境的影响不得超过该环境允许的噪声级。

6.1.6 消声器中气流速度应符合下列规定：

1 空调系统主管道消声器内气流速度不宜大于10m/s；

2 鼓风机、压缩机、燃气轮机的进、排气消声器内气流速度不宜大于30m/s；

3 内燃机进、排气消声器内气流速度不宜大于50m/s；

4 高压排气放空消声器内气流速度不宜大于60m/s。

6.1.7 消声器应坚固耐用，并应满足防潮、防火、防腐、耐高温、耐油污等要求。

6.2 消声设计程序和方法

6.2.1 消声设计应按下列步骤进行：

1 确定噪声源的各倍频带声功率级；

2 根据噪声源位置、噪声控制点(1个或若干个)位置，两者间的噪声传播路径特性以及控制点所在位置的房间特性(或室外环境特性)，预测噪声控制点的各倍频带声压级和A声级；

3 根据噪声控制点允许的倍频带声压级(或A声级)限值，得到控制点的各倍频带声压级(或A声级)超标量；

4 根据超标量确定消声器各倍频带所需的插入损失，并选定满足要求的消声器；

5 根据选定消声器的插入损失和气流再生噪声数值，重新进行步骤2的计算，检查控制点的声压级，控制点的声压级应满足限值的要求；

6 当所选消声器不能满足要求，再根据超标量调整消声器的选型，重复进行步骤2的计算，直至满足要求。

6.2.2 噪声源中心频率为63~8000Hz的8个倍频带的声功率级，应由噪声源设备制造商提供，当设备制造商不能提供，可通过测量、估算或查找资料等方法确定。

6.2.3　消声器的装设位置应根据辐射噪声的部位和传播噪声的途径，按本规范第 6.1.2 条的规定选定。

6.2.4　噪声控制点各倍频带的允许声压级应根据本规范第 3.0.1 条规定的噪声限值，按本规范公式(5.2.3)计算或按表 5.2.3－1 取值。

6.2.5　噪声控制点的预测声压级，可按本规范公式(5.2.2)计算，传播路径上各部件的插入损失和气流再生噪声，应根据各部件制造商提供的资料以及国家现行有关标准进行计算。

6.2.6　消声器的类型应根据噪声频谱特性、所需插入损失、气流再生噪声、空气动力性能以及防潮、防火、防腐蚀等特殊使用要求确定。

6.2.7　消声器的型号选择应根据定型消声器的性能参数确定，也可自行设计符合要求的消声器。

6.2.8　消声器产生的气流再生噪声有影响时，应降低气流速度或简化消声器结构。

6.3　消声器的选择与设计

6.3.1　当噪声呈中高频宽带特性时，消声器的类型可采用阻性形式。阻性消声器的静态消声量，可按下式计算：

$$M=\frac{\varphi(\alpha_0)Pl}{S_X} \tag{6.3.1}$$

式中　M——消声器内无气流情况下的消声量，dB；

$\varphi(\alpha_0)$——消声系数，由法向吸声系数 α_0 决定，可按表 6.3.1 的规定确定；

P——消声器通道内吸声材料的饰面周长，m；

l——消声器的有效长度，m；

S_X——消声器通道截面积，m^2。

表 6.3.1　消声系数

α_0	0.10	0.20	0.30	0.40	0.50	0.60	0.70	0.80	0.90～1.00
$\varphi(\alpha_0)$	0.10	0.20	0.40	0.55	0.70	0.90	1.00	1.20	1.50

6.3.2　设计阻性消声器应防止高频失效的影响，其上限截止频率可按下式计算：

$$f=1.85\frac{c}{D} \tag{6.3.2}$$

式中　f——上限截止频率；

c——声速，常温常压下可取 340m/s；

D——消声器通道截面的当量直径，m。

6.3.3　阻性消声器结构形式的选择应符合下列规定：

1　当量直径不大于 300mm 时，可选用直管式消声器；

2　当量直径大于 300mm 时，可选用片式或折板式消声器，片间距宜取 100～200mm，折板式消声器消声片的弯折应满足视线不能透过的要求，折角角度不宜大于 20°；

3　消声通道可采用正弦波形、流线形或菱形的结构形式，其弯折角度应满足视线不能透过的要求；

4　气流流速较低的通风管道系统，可采用迷宫式消声器，消声器的小室宜为 3～5 个，消声器内的气流速度宜小于 5m/s；

5　对风量不大、风速不高的通风空调系统，可选用消声弯头，消声弯头内的气流速度宜小于 8m/s。

6.3.4　当噪声呈明显低中频脉动特性时，或气流通道内不宜使用阻性吸声材料时，消声器的类型可选用扩张室式。扩张室式消声器的设计应符合下列规定：

1　扩张室式消声器的消声量，可用增加扩张比的方法提高，其消声频率特性，可用改变室长的方法来调节；

2　将几个扩张室串联使用来增大消声量时，各室长度不应相等；

3 应在室内插入长度分别等于室长的1/2与1/4的内接管，内接管宜采用穿孔率不小于30%的穿孔管连接起来；

4 扩张室式消声器的内管管道直径超过400mm时，宜采用多管式。

6.3.5 当噪声呈低中频特性时，消声器的类型可采用共振式，共振式消声器的设计应符合下列规定：

1 单通道共振式消声器，其通道直径不宜超过250mm，对大流量系统可采用多通道，每个通道的宽度可取100～200mm；

2 共振式消声器的腔长、宽、深尺寸均宜小于共振频率波长的1/3，穿孔应集中在共振腔中部均匀分布，穿孔部分长度不宜超过共振频率波长的1/12。

6.3.6 对于下列情形，消声器的类型可选择微穿孔或微缝金属板式：

1 消声器不宜使用多孔吸声材料而又需要在宽频带范围内具有比较高的消声量；

2 消声器需在温度高、湿度大和流速高介质条件下使用。

6.3.7 高压排气放空噪声的消声设计，宜采用节流减压、小孔喷注及节流减压小孔喷注复合等排气放空消声器，排气放空消声器的设计应符合下列规定：

1 节流减压消声器的节流级数，应根据驻压比确定，宜取2～5级，对超高压的情况，也可多至8级；

2 小孔喷注消声器的孔径宜为1～3mm，孔中心距应大于孔径的5倍，总开孔面积应大于原排气口面积的1.5～2倍；

3 节流减压小孔喷注复合消声器可由1～2级节流减压加1级小孔喷注组成。

7 吸声设计

7.1 一般规定

7.1.1 当原有吸声较少、混响声较强的各类车间厂房进行降噪处理时，应进行吸声设计。

7.1.2 吸声处理的降噪量可按表7.1.2的规定估算。

表7.1.2 吸声处理的降噪量

车间厂房类型	一般车间厂房	混响很严重的车间厂房	几何形状特殊（声聚焦）混响极严重的车间厂房
降噪量/dB(A)	3～5	6～10	11～12

7.1.3 吸声设计中应合理地确定吸声处理面积。

7.1.4 吸声设计应满足防火、防潮、防腐、防尘等工艺与安全卫生要求；同时还应满足通风、采光、照明及装修要求，为吸声材料设置的埋件，应满足施工方便、坚固耐用的要求。

7.2 吸声设计程序和方法

7.2.1 吸声设计应按下列步骤进行：

1 确定吸声处理前室内的各倍频带的声压级和总的A声级；

2 确定降噪地点的各倍频带允许声压级和允许总的A声级，计算所需吸声降噪量；

3 确定吸声处理前的室内平均吸声系数；

4 计算吸声处理后应有的室内平均吸声系数；

5 确定吸声材料的类型、数量与安装方式。

7.2.2 车间厂房吸声处理前中心频率为125～4000Hz的6个倍频带的声压级和A声级，可实测或按本规范公式(5.2.2)计算。

7.2.3 降噪地点各倍频带的允许声压级应根据本规范第3.0.1条规定的噪声限值，按本规范公式(5.2.3)计算或按表5.2.3-1取值。所需吸声降噪量可将室内吸声处理前的声压级减去允许声压级得出。

7.2.4 吸声处理前的室内平均吸声系数，可通过测量房间混响时间或计算求得。

7.2.5　吸声处理后应有的室内平均吸声系数，可根据所需降噪量和吸声处理前的室内平均吸声系数，按下式计算：

$$\overline{\alpha}_2=\overline{\alpha}_1\cdot 10^{\frac{\Delta L_P}{10}} \quad (7.2.5)$$

式中　ΔL_P——吸声降噪量，dB；

$\overline{\alpha}_1$——吸声处理前的室内平均无规入射吸声系数；

$\overline{\alpha}_2$——吸声处理后应有的室内平均无规入射吸声系数。

注：公式(7.2.5)适用于 $\overline{\alpha}_2\leqslant 0.5$ 的场合。

7.2.6　吸声构件的种类、数量与安装方式，应根据吸声处理后所需的室内平均吸声系数的要求，按本规范第7.3节的规定确定。

7.2.7　吸声设计的效果，可采用吸声降噪量及室内工作人员的主观感觉效果来评价。吸声降噪量应通过实测吸声处理前后室内相应位置的噪声水平来求得，也可通过测量混响时间求得。

7.3　吸声构件的选择与设计

7.3.1　吸声构件的设计与选择应符合下列规定：

1　吸声材料的吸声系数可由制造商提供，当制造商不能提供，可通过测量、估算或查找资料等方法确定；

2　中高频噪声的吸声降噪设计，可采用常规成型吸声板，密度较小或薄的玻璃棉板等多孔吸声材料，需要时可设置穿孔板等护面材料；

3　宽频带噪声的吸声降噪设计，可在材料背后设置空气层或增加多孔吸声材料的厚度、面密度；

4　低频噪声的吸声降噪设计，可采用穿孔板共振吸声结构，为增加吸声频带宽度，可在共振腔内填充适量的多孔吸声材料；

5　室内湿度较高或有清洁要求的吸声降噪设计，可采用薄膜覆面的多孔吸声材料或单、双层微穿孔板等吸声结构。

7.3.2　吸声处理方式的选择应符合下列规定：

1　所需吸声降噪量较高、房间面积较小的吸声设计，宜对屋顶、墙面同时进行吸声处理；

2　所需吸声降噪量较高、车间面积较大时，车间吸声体面积宜取房间屋顶面积的40%或室内总表面积的15%，对于扁平状大面积车间的吸声设计，可只对屋顶吸声处理；

3　声源集中在车间局部区域而噪声影响整个车间的吸声设计，应在声源所在区域的屋顶及墙面作局部吸声处理，且宜同时设置隔声屏障；

4　吸声降噪设计宜采用空间吸声体的方式；空间吸声体宜靠近声源。

8　隔振降噪设计

8.0.1　当对产生较强振动或冲击，引起固体传声及振动辐射噪声的动力设备进行噪声控制时，应进行隔振降噪设计。

8.0.2　隔振降噪设计的目标值应根据本规范第3.0.1条规定的噪声限值确定。

8.0.3　对于楼板上的隔振系统，其楼下房间内的降噪量可按下式估算：

$$\Delta L_P\approx\Delta L_V\approx 20\cdot\lg\frac{1}{T} \quad (8.0.3)$$

式中　ΔL_P——隔振前、后楼下房间内声压级的改变量，dB；

ΔL_V——隔振前、后楼板振动速度级的改变量，dB；

T——隔振系统的传递率。

8.0.4　隔振降噪设计应按现行国家标准《隔振设计规范》GB 50463的有关规定执行。

本规范用词说明

1　为便于在执行本规范条文时区别对待，对要求严格程度不同的用词说明如下：

1)表示很严格，非这样做不可的：

正面词采用“必须”，反面词采用“严禁”；

2)表示严格，在正常情况下均应这样做的：

正面词采用“应”，反面词采用“不应”或“不得”；

3)表示允许稍有选择，在条件许可时首先应这样做的：

正面词采用“宜”，反面词采用“不宜”；

4)表示有选择，在一定条件下可以这样做的，采用“可”。

2　条文中指明应按其他有关标准执行的写法为：“应符合……规定”或“应按……执行”。

引用标准名录

1　《隔振设计规范》GB 50463

2　《工业企业厂界环境噪声排放标准》GB 12348

4. 石油化工企业环境保护设计规范

（SH 3024—95
代替 SHJ 24—90）

目　录

1 总则

1.0.1 为保证在石油化工企业工程设计中贯彻《中华人民共和国环境保护法》，根据《建设项目环境保护管理办法》及《建设项目环境保护设计规定》的要求，特制订本规范。

1.0.2 本规范适用于石油化工企业新建，扩建、改建工程的设计。

1.0.3 石油化工企业的环境保护设计，应做到全面规划、减少排污、清污分流、分级控制、综合利用、有效处理，以达到防治污染的目的。

1.0.4 环境保护工程，必须与主体工程同时设计，污染防治技术不落实的生产工艺，不得用于设计。

1.0.5 执行本规范时，尚应符合现行的国家、地方和石油化工行业有关标准规范的要求。

2 前期工作和各设计阶段的要求

2.0.1 项目建议书中，应根据建设项目的性质、规模、排放的污染物及建设地区环境现状等资料，对可能造成的环境影响进行简要说明。

2.0.2 可行性研究报告书(设计任务中)中的环境保护部分，应按中国石油化工总公司《石油化工项目可行性研究报告编制规定》的要求编写。

2.0.3 初步设计的环境保护篇(章)，应按《石油化工工厂初步设计内容规定》编写。且大型建设项目的环境保护部分，宜独立成册。

2.0.4 施工图设计，应按已批准的初步设计中环境保护篇(章)的各项措施和要求进行。

3 厂址选择与总图布置

3.0.1 厂址选择，应根据建厂地区的自然条件、社会条件和环境背景资料，结合工厂排放的污染物，进行综合分析论证，阐明不同选址方案对环境影响的差异。

3.0.2 企业的厂区、生产管理区、居住区、废渣堆埋场及污水排放地点，应同时选择，并应符合当地城乡建设规划的要求。

3.0.3 严禁在城市规划确定的居住区、文教区、水源保护区、名胜古迹、风景游览区、温泉，疗养区和自然保护区等区界内选址。

3.0.4 厂址宜选在自然条件有利于废气扩散。废水排放的地区。

3.0.5 厂区和居住区之间，应设卫生防护距离。确定防护距离时，炼油厂应按现行《炼油厂卫生防护距离》(SHJ 1070)的规定进行；石油化工厂、化纤厂及化肥厂，应按批准的环境影响报告书的结论确定。在卫生防护距离范围内，不得建居住的房屋，并应绿化。

3.0.6 石油化工企业的生产管理区，应布置在靠近居住区的一侧，构成企业的非扩建端；同时应合理规划其扩建方向。

3.0.7 对大气污染较严重的装置和有毒有害物料的储运设施，宜布置在工厂生产管理区和人员集中场所全年最小频率风向的上风侧，并应避免布置在窝风地段。

3.0.8 厂区绿化，应按现行《石油化工企业厂区绿化设计规范》(SHJ 8)进行。

3.0.9 放射性物品储存仓库，应布置在人员很少接近的厂区边缘地带，并应按有关放射物品储存规定采取必要的防护措施。

3.0.10 强噪声源，宜远离工厂生产管理区及噪声敏感区。

3.0.11 总图布置，应综合考虑声学因素，合理规划。利用地形、建筑物阻挡噪声传播，并合理隔离噪声源。噪声敏感区宜布置在自然屏障的声影区。

3.0.12 废渣堆埋场，应与居住区、自然水体和地下水源等保持免受污染的距离。

4　污染防治

4.1　一般规定

4.1.1　环境保护，必须作为工厂设计方案比较的内容之一。在选择方案时，宜采用不产生污染或少产生污染的原料和工艺。

4.1.2　设计时，应选择新型端面密封机泵、内浮顶油罐、低噪声空冷器和低噪声电机等密封性好、不易造成环境污染的设备。

4.1.3　生产过程中排出的废水、废气及废渣(液)，首先应考虑综合利用，不能综合利用时，应进行无害化处理或处置。

4.2　水污染防治

4.2.1　严格控制新鲜水用量。新建厂新鲜水的单耗，应达到国内同行业先进水平。

4.2.2　应优先选用不产生或少产生废水的工艺及设备。生产用水，宜多次利用、循环使用及回用，以减少废水的排放量。

4.2.3　当被冷却介质的终温高于38℃，且冷却器对水质无特殊要求时，应采用循环水进行冷却。采用循环水的用水接点，不得同时再接新鲜水管。

4.2.4　介质温度低于135℃的机泵，不得用水冷却。必须用水冷却的机泵及其润滑系统等，除对水质有特殊要求者外，应采用循环水。

4.2.5　积存工艺物料的塔、容器、管道等，应有能将物料排尽的措施。凡在运行中能切断检修。而切断后其物料又不能按正常线路吹扫的换热器，应设物料收集设施，不得排入排水系统。

4.2.6　自采样、溢流、事故及管道低点排出的物料(如油品、溶剂、化学药剂等)，应进入收集系统或其他收集设施。不得就地排放和排入排水系统。

4.2.7　储存化学药剂、废渣(液)的容器，应有排尽、收集措施，不得将上述物料排入排水系统。

4.2.8　凡易受污染场所(如塔区、泵区，换热器区，化工原料罐区及浮顶油罐顶、原油及化工原料装卸台等)的初期雨水和地面冲洗水，应排入相应的排水系统，经处理合格后排放。

4.2.9　未受污染的雨水，可汇入雨水系统直接排入受纳水体，生产废水不得排入雨水管渠。

4.2.10　生产废水，应经监控设施后，方可外排。

4.2.11　采用直流冷却外排的冷却水系统，应设事故隔油及报警设施。

4.2.12　循环水场，应设水质处理设施，不得用增大排污量的方法来维持水质。

4.2.13　下列污水不得稀释排放，应进行预处理，预处理后的水质，应满足污水集中处理设施进水水质要求：

4.2.13.1　含污染物浓度较高的污水、如含油、硫、氨、酚、氰各类有机物质和重金属等的污水；

4.2.13.2　影响污水集中处理效果的污水，如含油乳化液、酸、碱性的污水等；

4.2.13.3　对排水系统会造成腐蚀，淤塞的污水，如苯乙烯、环氧丙烷等装置的污水；

4.2.13.4　温度过高影响污水处理或对排水管道有危害的污水，如电脱盐污水等。

4.2.14　装置(单元)排出口，应设置水质采样和水量监测设施。

4.2.15　污水处理场(站)的处理能力，应考虑开停工、检修、事故等工况。

4.2.16　污水处理场(站)的设计，应有下列控制设施：

4.2.16.1　水量、水质的配水及均衡设施；

4.2.16.2　进、出水水量监测仪表；

4.2.16.3　工厂总排放口，应设监控池及自动连续采样器，不合格污水应返回处理。

4.2.17　严禁采用渗井、渗坑、废矿井等排放有毒有害污水。

4.2.18　工业废水的储存和处理设施，必须进行防腐蚀、防渗漏处理。

4.2.19　输送有毒有害或含有腐蚀性物质的污水沟渠、埋地管道及检查井等，必须进行防渗漏和防腐蚀处理。

4.2.20 原料、燃料、产品的露天堆场和装卸站台及码头，应有防止雨水冲刷物料而造成污染的措施。

4.2.21 输送含硫、含酚等强腐蚀性物质的污水管道，不得埋地敷设。

4.3 废气、粉尘污染防治

4.3.1 凡连续散发有毒有害气体、粉尘，恶臭，酸雾等物质的生产过程，应设计成密闭的生产系统。当需外排时，还应设置除尘、吸收等净化设施。

4.3.2 对含有易挥发物质的原料、成品、中间产品等储存设施，应有防止挥发物逸出的措施，如采用浮顶罐，油气回收等。

4.3.3 各分馏塔顶未冷凝的可燃气，不得直接排入大气，应回收利用。

4.3.4 污染大气的放空尾气，如延迟焦化装置的放空尾气、合成氨池放气等，应回收利用或妥善处理。

4.3.5 由生产装置排出的下列气体，应排入火炬系统：

4.3.5.1 为稳定生产操作而暂时排出的可燃气体；

4.3.5.2 发生事故或安全阀泄放时排出的可燃气体；

4.3.5.3 开停工及检修时，泄压放空排出的可燃气体；

4.3.5.4 机泵等短时间间断排放的可燃气体。

4.3.6 各装置(单元)的放空可燃气体，宜回收利用，不排或少排入火炬。

4.3.7 易挥发的原料、产品，应密闭装卸或浸没装卸。

4.3.8 必须在装置或单元就地直接排入大气的有毒有害气体，必须经环境影响评价论证，并征得环境保护主管部门的认可。

4.3.9 排气筒(管)的设计高度，应根据环境影响报告书(表)的要求确定。

4.3.10 排放有毒有害气体的排气筒(管)，必须设置采样口，采样口的设计，应按《石油化工企业排气筒(管)采样口设计规范》(SH 3056)执行。

4.3.11 易挥发有毒气体的含硫污水，含酚污水等，应采用管道密闭输送。用储罐存放时，罐项放空气，应进行处理。

4.3.12 燃料气系统的分液罐所分离出来的冷凝液，应回收利用或进行处理。

4.3.13 硫磺回收、氧化沥青，氯碱、硝酸和硫酸等装置排出的尾气，必须进行处理。

4.3.14 污水处理场内散发有害气体的处理设备及构筑物，宜密闭，排出的有害气体，宜高空排放或净化处理。

4.3.15 使用溶剂的装置，应设废溶剂回收设施。

4.3.16 对严重散发有毒气体的化学药剂(如二硫化碳、乙基液等)，应密闭储存。

4.4 废渣(液)污染防治

4.4.1 废渣(液)应根据其数量、性质，并结合地区特点选择综合利用或其他无害化处理、处置措施。

4.4.2 有污染的废催化剂或废吸附剂在卸出前，应进行处理，以减少吸附在表面上的油及其他有害物质对环境的污染。

4.4.3 不同的废渣(液)宜单独储存。两种或两种以上废渣(液)混合储存时，应符合下列要求：

4.4.3.1 不产生新的有害有毒物质；

4.4.3.2 不发生有害的化学反应；

4.4.3.3 有利于堆放储存，综合利用或处理。

4.4.4 装卸催化剂或吸附剂时，如确需中间堆放，应有防止流失及扬散的措施。

4.4.5 设备检修及开停工时，排出的废渣(液)，必须设置收集设施，以便进一步处理。

4.4.6 有毒害、易扬尘的废渣(液)装卸和输送时，应采取密闭或增湿等措施。

4.4.7 可燃废渣(液)在焚烧过程产生的有害气体，必须经净化处理；焚烧后的残渣应妥善处置。

4.4.8 对非水溶性工业废渣，应选择适宜地点分层堆埋、压实、上层铺好土，并加以绿化。

4.4.9 对水溶性的有危害的废渣，除满足本规范第4.4.8条要求外，底层及四周，应有防渗漏措施，并设置收水及对浸出液的处理设施。

4.4.10 对毒性较大的废渣(液)，如含汞、镉，有机氯等，应设计隔离型废弃物处置设施。

4.4.11 生产装置及辅助生产设施(如污水处理场等，产生的废渣)，应有妥善处理或处置措施。

4.4.12 含有贵重金属的废渣(液)如废催化剂，应送回收厂回收利用。

4.5 噪声控制

4.5.1 噪声控制设计，应按现行《工业企业噪声控制设计规范》(GBJ 87)进行。由厂内声源辐射至厂界的噪声，其噪声A声级限制值不得超过表4.5.1的规定。

表4.5.1 厂界噪声限制值(dB)

厂区与毗邻区域的环境类别	昼间	夜间
特殊住宅区	45	35
居民、文教区	50	40
一类混合区	55	45
商业中心区、二类混合区	60	50
工业集中区	65	55
交通干线道路两侧	70	55

注：当厂界间存在缓冲地域时(如街道、农田、水田、林带等)，表中所列厂界噪声限制值，可作为缓冲地域外缘的噪声限制值。

4.5.2 环境噪声及设备噪声的测量，应按现行《工业企业噪声测量规范》(GBJ 122)的规定执行。

4.5.3 设计中应选用低噪声的设备。必要时可采取消声、隔声、吸声或综合控制等措施，降低噪声源的噪声。

4.5.4 工艺装置，加热炉和锅炉等的蒸汽或压力气体的放空，应选用适用于该种气体特性的放空消声器，并考虑排气口噪声扩散的指向性。

4.5.5 当火炬噪声影响到环境噪声值要求时，应选用低噪声火炬头。

4.5.6 当低噪声空冷器不能满足环境噪声标准时，应设置吸声或隔声屏等降低其噪声的影响。

4.5.7 对离厂界较近的高噪声源(如锅炉、加热炉、空压站等)，除应采取必要的综合治理设施外，还可利用绿化带或卫生防护距离减弱噪声对环境的影响。

5 管理机构

5.0.1 石油化工生产企业，应设置环保护管理机构。

5.0.2 石油化工公司或石油化工总厂的下属企业，应根据情况，设置相应的环境保护管理机构或配备专职的环境保护管理人员。

6 环境监测

6.0.1 石油化工企业，应根据环境监测的任务及监测范围设置环境监测站。

6.0.2 环境监测的任务和监测项目规定如下：

6.0.2.1 定期监测企业排放的污染物是否符合国家和地方规定的排放标准，其监测项目见表6.0.2-1、表6.0.2-2、表6.0.2-3；

表 6.0.2-1 水质监测项目

行业	第一类监测项目(常规)	第二类监测项目(抽测)
炼油	pH 值、化学耗氧量、挥发酚、石油类物质、氨、氮。	生化需氧量、苯系物、氰化物、硫化物，悬浮物
化工化纤	pH 值、化学耗氧量、挥发酚、石油类物质、苯系物、氰化物①、氨态氮、悬浮物①排放量	生化需氧量、硫化物、阴离子合成洗涤剂②
化肥	pH 值、化学耗氧量、氨态氮	石油类物质③、生化需氧量、挥发酚、氰化物、硫化物③
①未排放此类污染物的企业，可不监测； ②仅要求烷基苯及后续洗涤剂企业； ③仅要求重油为原料的化肥企业。		

表 6.0.2-2 大气及烟气监测项目

行业	第一类监测项目(常规)	第二类监测项目(抽测)
炼油	二氧化硫、氮氧化物、非甲烷烃、硫化氢	一氧化碳、总悬浮颗粒，芳烃、挥发酚、恶臭物质
化工化纤	二氧化硫、氮氧化物、非甲烷烃、芳烃、丙烯腈	总悬浮颗拉、挥发酚、硫化氢、环氧乙烷*、恶臭物质
化肥	二氧化硫、氨态氮、悬浮颗粒	硫化氨、甲醇*
注：带*为未排此类污染物的企业不监测。		

表 6.0.2.2-3 废渣监测项目

行业	第一业监测项目(常规)	第二类监测项目(抽测)
炼油化工化纤化肥	含油率，油含量	热值、重金属(Pb、Cd、Cr、Cu、As)等

6.0.2.2 定期监测企业周围环境质量的变化情况，为污染控制提供依据，其监测项目见表 6.0.2-1、表 6.0.2-2、表 6.0.2-3。

6.0.2.3 定期监测企业内部分级管理指标的实施和达标情况，其监测项目由企业自行决定。

6.0.2.4 定期监测企业内污染物治理设施的运行情况。其监测项目由企业自行决定。

6.0.2.5 完成国家各级环境监测网规定的监测任务。

6.0.3 环境监测站的类型，可分为以下几种：

6.0.3.1 甲型监测站适用于大型石油化工企业；

6.0.3.2 乙型监测站运用于中型石油化工企业；

6.0.3.3 丙型监测站适用于有独立排放口，且不属于 6.0.3.1 款及 6.0.3.2 款的企业；

6.0.3.4 丁型监测站适用于没有独立污水排放口的主要排污厂。

6.0.4 环境监测站的建筑面积、人员及其构成，应根据环境监测任务，项目和频率及监测站的类型确定。

6.0.5 根据监测任务环境监测站，可由大气和废气监测，水质监测，废渣监测，仪器分析，微机数据处理，气象观测，噪声测定等部分组成。

6.0.6 环境监测站的工作内容，应符合《中国石油化工总公司环境监测工作实施细则》的规定。

6.0.7　环境监测站主要仪器设备。可按表6.0.7配置。

表6.0.7　环境监测站主要仪器设备

序号	名称	单位	监测站类型			
			甲	乙	丙	丁
1	万分之一分析天平	台	3~4	2~3	1	1
2	十万分之一分析天平	台	1~2	1	—	—
3	pH 电位计	台	2~3	1~2	1	1
4	气相色谱仪	套	3~1	2~3	1	1
5	分光光度计	台	2~3	1~2	1	1
6	原子吸收分光度计	套	1	1	—	—
7	油分测定仪	台	1~2	1~2	1	1
8	生化培养箱	台	1~2	1	1	—
9	二氧化硫、氮氧化物测定仪	套	1~2	1~2	1	1
10	一氧化碳测定仪	台	1	1	—	—
11	烟气测试仪	套	1~2	1~2	1	1
12	大气自动采样器	套	2~3	1~2	—	—
13	粉尘采样器	台	1~2	1~2	—	—
14	声级计	台	2~3	1~2	1	1
15	红外分光光度计	台	1	1	—	—
16	紫外分光光度计	台	1	—	—	—
17	大容量自动采样器	台	1	1	—	—
18	离子色谱仪	台	1	1	—	—
19	地面气象观测仪	套	1	1	—	—
20	显微镜	台	1	1	—	—
21	微型计算机	台	1	1	—	—
22	采样监测车	辆	1	—	—	—

注：采样监测车，可根据需要各单位自行确定。

7　环境保护投资

7.0.1　炼油厂、石油化工厂、化纤厂和化肥厂中，凡为防治污染、保护环境所设的装置、设备和设施，其投资应全部计入环境保护投资。全部计入环境保护投资的主要设施举例见附录A。

7.0.2　生产需要又为环境保护服务的设施，其投资应部分计入环境保护投资。部分计入环境保护投资的主要设施举例见附录B。某些特殊的环境设施，其投资可按实际投资计入。

7.0.3　环保项目总投资、应列出汇总表其内容包括环境保护项目名称、规模、投资额，且按水、气、渣、噪声防治等项分别列出，并算出环境保护投资占建设投资的百分数。

附录A 全部计入环境保护投资的主要设施举例

表A 全部计入环境保护投资的主要设施举例

类别	环保设施名称
炼油、石油化工、化纤、化肥全厂性环保设施	装置(单元)废水、废气、废渣预处理设施
	烟气脱硫，脱硝设施
	装置(放空)尾气处理或回收设施
	污水废水监控池
	生产废水监控池
	生活污水处理设施
	医院污水处理设施
	外排废水管线及配套设施
	循环水系统排污处理设施
	油轮压舱水、冲洗水处理设施
	污水处理场及废渣处理设施
	碱渣(液)处理设施
	酸渣(液)处理设施
	固体废弃物堆埋扬
	储运系统污油回收设施
	水上漏油防治设施
	厂区绿化及绿化设施
炼油	硫磺回收装置中的尾气处理部分
	催化裂化装置粉尘处理设施
	酸性水气提装置
	含氟废液处理装置
	延迟焦化装置除焦水，冷焦水处理设施
	催化剂、白土装卸设施粉尘防治部分
石油化工	高浓度有机度液回收或焚烧设施，如乙二醇废液综合利用设施、苯酚丙酮废液和间甲酚废液处理设施、已二腈焦油综合利用设施。已二酸高浓度二元酸废水综合利用设施或焚烧炉等
	高浓度有机废水预处理设施，如对苯二甲酸二甲酯、钴、锰有机废水回收处理设施、丙烯睛装置氢氰酸废水回收设施，对二甲苯氧化废水处理设施，芳烃污水预处理设施，乙烯污水处理设施等
	高浓度废气处理设施，如对苯二甲酸二甲醢氧化尾气治理设施、乙烯裂解气脱硫、聚丙烯尾气回收设施等
	废渣处理设施，如苯二甲酸残渣处理设施、醋酸—醋酸钴残渣综合利用设施、对苯二甲酸二甲酯残渣处理设施、聚对苯二甲酸乙二酯残渣处理设施
化纤	尼龙66盐废液综合利用设施或焚烧腈纶生产废水处理系统
	维纶酸性工艺废水中和处理设施
	含腈(氰)废水处理设施
	废丝、废聚物综合利用设施
化肥	合成氨含油污水处理设施及乳化油回收装置
	合成氨含氰污水处理设施
	驱氨除镍处理没施
	变换冷凝液处理设施
	CO_2 冷凝液回收装置
	尿素解吸废液利用设施
	尿素造粒塔增加的高度及采用新型喷头

附录B 部分计入环境保护投资的环保设施举例

表B 部分计入环境保护投资的环保设施举例

装置（设施）名称	环境保护投资占装置（设施）投资的比例
燃料气回收及其火炬系统 罐区、装卸油品油气回收装置 合成氨事故放空设施 尿素尾气放空设施 尿素成品运输和包装系统除尘设施 蒸汽过热炉烟囱 尿素结晶冷却水密闭循环系统 合成氨池放气回收设施 噪声防治措施	40%～50%
干气、液化石油气脱硫装置 汽油、液化石油气脱硫醇装置 CO锅炉 炭黑回收装置 NaSCN回收装置 储运系统浮顶罐 全厂噪声治理设施	15%～25%

附录C 用词说明

本规定条文中要求严格程度的词，在执行时按下述说明区别对待：

C.0.1 表示很严格，非这样做不可的用词：
正面词采用“必须”；
反面词采用“严禁”。

C.0.2 表示严格，在正常情况下均应这样做的用词：
正面词采用“应”；
反面词采用“不应”或“不得”。

C.0.3 表示允许稍有选择，在条件许可时首先应这样做的用词：
正面词采用“宜”或“可”；
反面词采用“不宜”。

5. 石油化工噪声控制设计规范

（SH/T 3146—2004
本规范为首次发布）

目　　录

1 范围

本规范规定了石油化工总体设计的噪声控制原则、噪声控制限值和隔声、吸声、消声、隔振的设计要求。

本规范适用于石油化工新建、改建和扩建等建设工程项目的噪声控制设计。已建生产装置的噪声控制改造工程可参照执行。

2 术语和定义

下列术语和定义适用于本规范。

2.1 声源 sound source

产生振动并存在声波辐射的物体或设备。

2.2 声场 sound field

媒质中有声波存在的区域。

2.3 声压级 sound pressure level

声压与基准声压之比的以10为底的列数乘以20。

注：基准声压为20μPa。

2.4 声级 sound level

用一定的仪表特性和A、B、C计权特性测得的计权声压级。

注：未说明所用的仪表特性和计权特性者均指A声压级。

2.5 A声压级 A－weighted sound pressure level

用A计权网络测得的声压级。

2.6 等效连续[A计权]声[压]级 equivalent[continuous A－Weighted]sound pressure level

在规定的时间内，具有与时间变化的噪声相同均方[A计权]声压的的连续稳态声的[A计权]声级。

2.7 背景噪声 background noise

在发生、检查、测量或记录的系统中与信号存在与否无关的一切干扰。

2.8 再生噪声 regenerated noise

气流在管道中或消声器中产生的噪声。

注：再生噪声的大小与气流速度有关：再生噪声会降低消声器的功能甚至使之完全失效。

2.9 隔振 isolation

利用弹性支撑降低系统对外加激励起响应的能力。

注：在稳定状态时，隔振用传递比的倒数表示。

3 总体设计

3.1 一般规定

3.1.1 噪声控制设计工作应贯穿于建设工程项目各个不同设计阶段，其主要工作内容应包括：

a)建设工程项目环境影响评价、劳动安全卫生预评价和职业病危害预评价中噪声环境影响的预估；

b)环境保护篇章、劳动安全卫生篇章和职业卫生篇章中噪声环境影响分析及噪声源强度控制措施及目标要求；

c)各种噪声控制设施的设计；

d)建设工程项目竣工后，对于未能满足噪声控制设计目标要求的部分作出修改与补充设计。

3.1.2 噪声控制设计应首先从工艺流程设计和设备选型等方面采取措施进行控制，主要包括：

a)采用低噪声工艺流程；

b)设备选型时应优先选用同类设备中的低噪声设备；

c)有高压、高速气体排放时应采取噪声控制措施。

3.1.3 对于治理难度较大，采取噪声治理措施后仍不能达到噪声控制标准要求的岗位或作业场所应采取个人防护措施。

3.1.4 对高噪声源视其声源的频谱特性、噪声强度及所处位置，可采取隔声、消声、吸声、隔振、阻尼减振或综台噪声治理等措施。

3.1.5 所有噪声控制设备或设施不应产生二次污染，根据使用条件应考虑防火、防腐、防潮、耐气(汽)流冲击等要求，其机械加工可类比同类设备规范要求。

3.1.6 新建、改建、扩建等建设工程项目应配备专职或兼职噪声监测及管理人员，并配备所需的装备及设施。

3.1.7 工程投资必须包括噪声控制设备和设施投资及监测仪器装备投资。

3.2 厂址选择及总平面布置

3.2.1 产生高噪声的石油化工建设工程项目，应在工业区选择厂址，不得在噪声敏感区域(如居民区、医疗区、文教区等)选择厂址。

3.2.2 产生噪声较高的生产装置宜位于城镇居民集中区的当地常年夏季最小风频的上风侧。

3.2.3 总平面布置在满足工艺流程与生产运输的前提下，应符合下列规定：

a)主要噪声源相对集中，高、低噪声区分开布置，高噪声区远离厂内、外噪声敏感区域；

b)噪声区与噪声敏感区之间宜布置对噪声不敏感的建(构)筑物，如辅助车间、仓库等；

c)对于要求安静的室内工作岗位，其建筑物期向布置有利于隔声。

3.2.4 生产装置的竖向布置，宜充分利用建筑物或大型非声源设备的遮挡作用将声源与噪声敏感区隔开。

3.2.5 应充分利用天然缓冲地域使噪声敏感区与高噪声区隔开。

3.2.6 在需进行降噪处理的部位必须预留足够的空间。

3.2.7 高噪声区内固定操作岗位必须设置隔声操作室(间)。

3.3 管道、阀门

3.3.1 工艺条件允许时，管道内气体流速宜控制在30m/s以下，管道截面不宜突变。

3.3.2 工艺条件允许时，辐射噪声较高的管道应置于地沟内；对置于地面的辐射噪声较高的管道必须采取噪声控制措施。

3.3.3 管道与振动较大的旋转设备间的连接宜采用柔性连接，强烈振动的管道与支架、建筑物或构筑物间不应有刚性连接。

3.3.4 辐射强噪声的排气放空口应安装放空消声器。

3.3.5 压力调节润、减压阀等应选用低噪声阀门；对产生高噪声的阀门必须采取噪声控制措施。

3.4 工艺机械设备

3.4.1 对辐射噪声的机械设备，应选用低噪声、低振动的同类设备。

3.4.2 对周围环境或操作人员产生干扰的机械设备应采取适宜的噪声控制措施。

4 噪声控制设计限值

4.1 厂区各作业场所等效连续A声级等于或大于85dB(A)时，应优先采用工程措施降低噪声；设备的噪声强度可根据类比或按附录A估算确定，其频带噪声限制值可按附录B查算。

4.2 各工作区域的噪声强度不得超过表1所列限值。工作人员每天接触噪声不足8h的场台，可根据实际接触噪声的时间，按接触时间减半、噪声限制值增加3dB确定其噪声限制值；凡是工作人员接触区域的噪声值无论接触噪声时间长短工作人员接触的工作区域噪声值均不得超过115dB；上述噪声级，应按现行的国家标准测量方法确定。

表 1 各工作区域噪声限值 dB(A)

工作区域	噪声限值
每天连续接触躁声 8h 的生产车间及作业场所	85
车间办公室、化验室、实验室、高噪声车间设置的值班室、操作室等	70①
装置主控室、消防值班室、厂部办公室、各种会议室、设计室、中心实验室、电话总机室、计算机控制室等	60①
工人倒班宿舍、医院(医务室)、技术培训室等	55①

①噪声限值为室内背景噪声级，系在室内无声源发声的条件下，从室外经由墙、门、窗(门窗启闭状况为常规状况)传入室内的室内平均噪声级。

4.3 由厂内声源辐射到厂界的噪声强度不得超过表 2 所列限值。

表 2 厂界噪声限值(Leq) dB(A)

标准类别	适用范围	昼间	夜间
Ⅰ	以居住、文教机关为主的区域	55	45
Ⅱ	居住、商业、工业混杂的区及商业中心区	60	50
Ⅲ	工业区	65	55
Ⅳ	道路、交通干线道路两侧区域	70	55

注：昼间是指 6：00 ~ 22：00 之间的时段；夜间是指 22：00 ~ 次日 6：00 之间的时段：昼间和夜间的时间划分也可按地方习惯和季节变化划定。

5 隔声设计

5.1 一般规定

5.1.1 将噪声控制在局部空间范围内的场合宜按下列规定采用隔声措施：

a)相对独立且噪声辐射较强的声源或壳体辐射噪声明显的设备，宜以使用隔声罩为主；

b)噪声环境中以保护有特殊声学需要的操作岗位或工作场所为目的的噪声控制，宜以使用隔声室为主；

c)室外声场和含有声源的车间、厂房以保护局部作业区域的声学环境为目的时，宜以使用隔声屏障为主。

5.1.2 隔声结构应根据隔声量的要求，可采用单层或双层隔声结构：单层隔声结构的设计应使被控声源的峰值频率处于结构的共振频率 f_0 和吻合频率 f_c 之间，双层结构的共振频率 f_0 应低于被控声源的峰值频率。f_0 和 f_c 可按附录 A 进行估算。

5.1.3 单层隔声结构的频带隔声量可按式(1)估算、平均隔声量可按式(2)和式(3)估算。

$$D_1 = 16 \times \lg p_m + 14 \times \lg f - 29 \tag{1}$$

当 $p_m > 200\text{kg/m}^2$ 时

$$R_1 = 16 \times \lg p_m + 8 \tag{2}$$

当 $p_m \leqslant 200\text{kg/m}^2$ 时

$$R_1 = 13.5 \times \lg p_m + 14 \tag{3}$$

上列式中：

D_1——单层隔声结构的频带隔声量，dB(A)；

R_1——单层隔声结构的平均隔声量，dB(A)；

f——入射声波的频率，Hz；

p_m——材料面密度，kg/m²。

5.1.4　双层隔声结构的频带隔声量可按式(4)估算、平均隔声量可按式(5)和式(6)进行估算。

$$D_2 = 18 \times \lg(p_{m1} + p_{m2}) + 12 \times \lg f - 25 + \Delta TL \tag{4}$$

当 $p_{m1} + p_{m2} > 200\text{kg/m}^2$ 时

$$R_2 = 23\lg(p_{m1} + p_{m2}) - 9 + \Delta TL \tag{5}$$

当 $p_{m1} + p_{m2} \leqslant 200\text{kg/m}^2$ 时

$$R_2 = 13.5\lg(p_{m1} + p_{m2}) + 13 + \Delta TL \tag{6}$$

上列式中：

D_2——双层隔声结构的频带隔声量，dB(A)；

R_2——双层隔声结构的平均隔声量，dB(A)；

f——入射声波的频率，Hz；

p_{m1}、p_{m2}——分别为各层材料的面密度，kg/m²；

ΔTL——附加隔声量，dB(A)，可由图1查得。

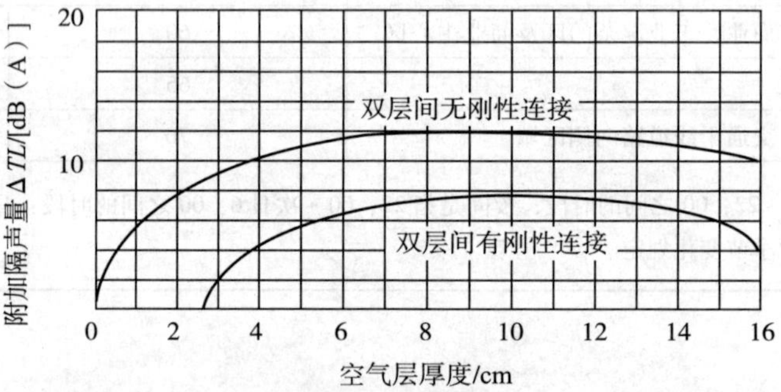

图1　附加隔声量

5.1.5　双层隔声结构间的连接应避免出现声桥，其间宜填充吸声材料。

5.1.6　对于质轻且中间空气层较薄的双层结构或质轻的单层结构宜在其内侧涂阻尼材料以提高固有频率以下的隔声量。

5.2　隔声罩

5.2.1　应根据声源的特点和操作、维修及通风冷却的要求，采用相应型式的隔声罩，隔声罩隔声量可按表3选取。

表3　隔声罩的隔声量　　dB(A)

隔声罩结构型式	A声级隔声量
固定密封型	30～40
活动密封型	15～30
局部敞开型	10～20
带有能风散热消声器型	15～25

5.2.2　隔声罩结构应便于安装与拆卸，便于设备操作与检修，隔声罩可设计成整体式或组装式结构。

5.2.3　隔声罩内侧壁面与设备间距离不得小于100mm；内侧壁面的吸声系数不得小于0.5。

5.2.4　隔声罩罩体与地面或其他刚性体接触处必须采取密封和减振措施，罩内所有拼缝及各种开孔处均应进行声学处理。

5.2.5　对于有散热要求的声源，隔声罩应设置能风散热设施，进风口、排风口应采取消声措施。

5.3 隔声操作室

5.3.1 设有门窗或通风设施的组合结构隔声操作室，各部分隔声量应匹配，其平均隔声量应符合设计要求；组合结构的平均隔声量按公式(7)进行估算。

$$R = 10 \times \lg \frac{\Sigma S_i}{\Sigma \tau_i S_i} \tag{7}$$

式中 R——组合结构的平均隔声量，dB(A)；

S_i——第 i 部分的面积，m^2；

τ_i——第 i 部分的透射系数。

5.3.2 隔声门宜选用填充吸声材料的夹层结构。两层刚性壁的面密度不宜相同，在较薄的刚性壁内侧宜涂 3～4 倍壁厚的阻尼材料，所有拼接缝处应密封。

5.3.3 隔声窗可设计成两层或多层玻璃结构，玻璃的厚度可不相同，各层玻璃宜为不平行安装。对于固定隔声窗，玻璃与窗框间应有密封结构；对于活动隔声窗，玻璃的固定处应采用密封结构，窗扇和窗框间应有密封压紧结构。

5.3.4 活动隔声室的底座与地板(或地面)间应设计有隔振措施，其体积不宜过大，壁面应采用内填吸声材料的夹层结构。

5.3.5 隔声室的设计降噪量，应根据使用功能要求确定，宜在 20～30dB(A)之间选取。

5.4 隔声屏障

5.4.1 对于室外声场，应根据声源和保护范围的大小确定其隔声屏障的位置，对于面声源或线声源，屏障宜靠近保护区；对于点声源，屏障宜靠近声源。保护范围大，屏障宜靠近声源；保护范围小，屏障宜靠近保护区。

5.4.2 屏障朝向声源侧应敷设吸声层。

5.4.3 室内扩散场的隔声屏障与声源的距离应小于混响半径，且应配合进行吸声处理，混响半径可按附录 A 进行计算。

5.4.4 **对于地面声源，隔声屏障必须大于声源和受声点高度，宽度不得小于高度的 3 倍。**

5.4.5 声源种受声点间的屏障的高度或宽度由计算确定，应保证保护对象在声影区内。

5.4.6 隔声屏障构件本身设计隔声量应大于 20dB(A)。

5.4.7 隔声屏障的设计降噪量，可在 5～10dB(A)范围内选取。

5.5 管道、阀门的隔声包扎

5.5.1 对辐射噪声大于 90dB 的工艺管道应采取阻尼或隔声包扎措施。

5.5.2 高压调节阀宜安装阀门隔声箱。

6 吸声设计

6.1 一般规定

6.1.1 室内壁面吸声系数低、声波反射较强、混响声较大的车间、厂房及操作室宜采用吸声措施。室内中高频噪声较明显时宜使用多孔吸声材料；低频噪声较明显时宜采用共振吸声结构。

6.1.2 采取吸声处理的车间、厂房及操作室，其室内平均吸声系数不得小于 0.3。

6.1.3 室内含有一个或多个声源且比较集中的厂房，宜在声源的顶部及声反射较强的部分壁面进行吸声处理。

6.1.4 对于声源分布均匀的厂房，吸声材料宜均匀布置于顶棚及主要声反射壁面。

6.1.5 当声源集中在车间局部区域而噪声影响整个车间时，应在声源所在区域的天花板及壁面作局部吸声处理，且宜同时设置隔声屏障。

6.1.6 采取吸声处理的车间、厂房的吸声降噪效果可按表 4 预测。

表 4　吸声降噪量预估　dB(A)

车间、厂房类型	一般车间、厂房	混响很强的车间、厂房	混响极强的车间、厂房
可达降噪量	3～5	6～10	11～12

6.2　吸声材料与吸声构件的选择

6.2.1　对于中高频噪声宜采用以松软、多孔的吸声材料为主的吸声结构，材料的平均吸声系数不得低于0.5，护面层的孔隙率不得低于20%，且宜在多孔吸声材料后留一定厚度的空气层。

6.2.2　对于低频明显的噪声宜采用孔板共振的吸声结构，其腔深、穿孔率应根据声源频率特性经计算确定。为提商其吸声频带宽度，可在腔内靠近孔板侧填充吸声材料。

6.2.3　对于湿度大、气体中含尘量高或介质具有腐蚀的环境，可选用单层或双层微穿孔扳吸声结构，孔板的厚度宜为0.8～1.0mm，孔径不得大于1.0 mm，穿孔率不得超过3%，孔板与孔板的间距或孔板与刚性壁的间距应为噪声峰值频率1/4波长的奇数倍。

7　消声设计

7.1　一般规定

7.1.1　对各种气体管道及其他空气动力性噪声的控制宜采用消声，消声的主要设备是消声器，并按下述规定选用：

a)对中高频噪声的控制应以阻性或阻抗复合型消声器为主；

b)对中低频噪声控制应以抗性或阻抗复合型消声器为主；

c)对温度高、湿度大介质的噪声控制宜采用微穿孔板消声器；

d)对高压气体排放噪声的控制应使用节流降压型及小孔喷注型消声器。

7.1.2　消声器应有较好的气体动力性能，压力损失应在工艺允许的范围内，再生噪声不得大于背景噪声。

7.1.3　消声器中的气流速度应符合下述规定：

a)空调系统主管道消声器内不大于10m/s；

b)鼓风机、压缩机、燃气轮机的进、排气消声器内不大于30m/s；

c)高压、大排气量放空消声器内不大于50m/s；周围无操作人员时，可适当提高，但不得超过60m/s。

7.2　阻性消声器

7.2.1　阻性消声器的静态消声量可按式(8)进行估算。

$$\Delta L = \phi(\alpha_0)\frac{P}{S}l \tag{8}$$

式中　ΔL——消声器的消声量，dB(A)；

P——消声器通道内吸声材料的饰面周长，m；

S——消声通道截面积，m^2；

l——消声器的有效长度，m；

$\phi(\alpha_0)$——消声系数，根据材料的吸声系数 a_0 由表5查得。

表 5　消声系数

吸声系数 α_0	0.05	0.10	0.15	0.20	0.25	0.30	0.35	0.40	0.45	0.50	0.55	0.6～1
消声系数 $\phi(\alpha_0)$	0.01	0.11	0.17	0.24	0.31	0.39	0.47	0.55	0.64	0.75	0.86	1～1.5

7.2.2 阻性消声器应防止高频、低频失效的影响；其上限截止频率、下限截止频率可按附录A进行估算。

7.2.3 阻性消声器结构型式可按下列规定选择：

a)当管道直径不大于300mm时，可选用直管式消声器；

b)当管道直径大于300 mm时，可选用片式、折板式或蜂窝式等多通道消声器，消声器每个通道的静态消声量可按式(8)估算，并应符合下列规定：

1)通道的线度尺寸不宜超过200mm；

2)吸声片厚度宜取25~120mm；

3)总通流面积宜为管道截面的1.5倍；

c)折板式消声器消声月的弯折角不宜超过20°；

d)为减小消声器的压力损失。通道可为正弦波形、流线形或菱形结构，其弯折角度应使其不透光。

7.2.4 气体流速较低的通风管道系统，可采用迷宫式消声器。消声器的小室可为3~5个。气流速度宜小于5m/s。

7.2.5 对风量不大、风速不高的通风空调系统，可选用消声弯头，其气流速度不宜大于8m/s。

7.2.6 阻性消声器内的多孔纤维性吸声材料填充密度应均匀，厚度宜选取50~150 mm；密度宜为30kg/m^3。

7.3 抗性消声器

7.3.1 抗性消声器宜将几个扩张室串联使用扩大消声频带宽度，各室长度不宜相等。各室之间的连接管插入室内两端部分的长度宜分别等于室长的1/2和1/4。为减小阻力，可用孔管将两端插入管连接，孔管的穿孔率不得小于30%。扩张室消声器的内管管径不宜过大，管径超过400mm时，可采用多管式结构。

7.3.2 共振腔结构消声器的腔长、宽、深尺寸均宜小于共振频率波长的1/3。穿孔应集中于共振腔的中部，穿孔部分长度不宜超过共振频率波长的1/12。

7.3.3 为增加消声频带宽度可多个共振腔串联，其消声量近似为各共振腔消声量之和，且可在腔内侧开孔处粘贴薄而透声的阻尼材料以增加阻尼，提高降噪量。

7.3.4 抗性消声器的设计消声频率应在消声器上限、下限截止频率之间，上限截止频率及消声量可按附录A进行估算。

7.3.5 除声源明显呈现低中频特性外，抗性消声结构宜与阻性消声结构组成阻抗复合消声结构，以增加消声频带宽度。

7.4 节流降压型及小孔喷注型消声器

7.4.1 小孔喷注型消声器降噪量可按附录A估算确定，喷注层内驻压不得低于0.4MPa。

7.4.2 在一级扩容直径足够大并满足喷注条件下，可采用一级扩容代替多级扩容。

7.4.3 喷注层的孔径不得大于3mm，孔心距不得小于孔径的5倍，开孔面积由计算确定。

8 隔振设计

8.1 一般规定

8.1.1 对生产、工作、生活、精密仪器设备及建(构)筑物产生有害影响的动力设备和对周围环境振动反应敏感并影响正常使用的精密仪器设备应采取隔振措施。

8.1.2 对产生振动的管道应采取隔振措施，管道与设备之间宜加柔性接头，管道与地面或建(构)筑物之间宜加隔振装置。

8.2 隔振

8.2.1 设备隔振可选用支承、悬挂或悬挂兼支承等形式。

8.2.2 对于被隔振设备，其质量及底座的刚度如满足设计文件要求时，可将隔振器(垫)置于底座下面，但在下述情况下，应设计钢架结构、混凝土结构或钢架混凝土结构的刚性台座，刚性台座持量应比设备质量大 2 ~ 10 倍：

a) 被隔振设备底座的刚度不足时；

b) 在振动设备下不易直接置放隔振器时；

c) 被隔振对象是由几个单独的设备组成时；

d) 为了使被隔振设备的振动控制在允许振动范围内，应增加隔振系统的质量和质量惯性矩时。

8.2.3　扰力的圆频率 ω 和隔振体系的固有圆频率 ω_0 的比值宜在 2.5 ~ 4 之间选取，其阻尼比宜在 0.04 ~ 0.10 之间选取。对于冲击振动，当振源为矩形脉冲时，脉冲作用时间(t)与隔振体系固有周期 T_0 之比，应小于或等于 0.1；当振源为三角形脉冲时，脉冲作用时间 t 与隔振体系固有周期 T_0 之比应小于或等于 0.2；阻尼比均应在 0.15 ~ 0.30 之间选取。

当扰力以垂向扰力为主，且隔振系统的设置符合本规范 8.2.4 条要求时，可简化为一维振动进行计算。隔振器的选择可按有关产品的技术性能进行。

8.2.4　被隔振设备台座的结构和隔振器的布置应符合下列要求：

a) 缩短隔振系统的重心与扰力作用线之间的距离；

b) 隔振器的平面布置采用对称方式，各支点承受载荷相等，使其刚体中心与隔振系统的重心在同一直线上；

c) 当不能满足 b) 项要求时，积极隔振应使刚体中心与隔振系统的重心的水平偏角不大于所有边长的 5%；消极隔振应使隔振系统的重心与刚体中心重合；

d) 留有隔振器的安装和维修所需空间；

e) 对于积极隔振管道与被隔振设备之间的连接为弹性连接。

8.2.5　对于金属薄板结构的振动，可采用阻尼减振，阻尼材料的厚度应为薄板的 2 ~ 5 倍。

附录 A
(规范性附录)
噪声控制设计估算公式

A.1 与各种声源相距 r 处产生的声压级可按式(A.1)~式(A.5)进行估算。

在自由声场中的点声源

$$L_0 = L_w - 20 \times \lg r - 11 \tag{A.1}$$

在半自由声场中的点声源

$$L_0 = L_w - 20 \times \lg r - 8 \tag{A.2}$$

在自由声场中的线声源

$$L_0 = L_w - 10 \times \lg r - 8 \tag{A.3}$$

在半自由声场中的线声源

$$L_0 = L_w - 10 \times \lg r - 5 \tag{A.4}$$

面声源

$$L_0 = L_w \tag{A.5}$$

上列式中:

L_0——与声源相距 r 处的声压级, dB(A);

L_w——声源的声功率级, dB(A)

r——与声源的距离, m。

A.2 单层隔声结构的共振频率可按式(A.6)进行结算。

$$f_0 = \frac{\pi}{2}\sqrt{\frac{B}{p_m}\left(\frac{1}{a^2}+\frac{1}{b^2}\right)} \tag{A.6}$$

$$B = \frac{E_t^{\ 3}}{12(1-\sigma^2)} \tag{A.7}$$

式中 f_0——单层隔声结构的共振频率。Hz;

B——结构劲度;

p_m——面密度, kg/m²;

E_t——材料的弹性模量, Pa;

a、b——隔声构件的长和宽, m;

σ——泊松比, σ 近似值可取 0.3。

A.3 单层隔声结构的吻合频率可按式(A.8)进行估算。

$$f_c = \frac{c^2}{2\pi}\sqrt{\frac{p_m}{B}} \tag{A.8}$$

式中 f_c——吻合频率, Hz;

c——声速, m/s;

p_m——面密度, kg/m²;

B——结构劲度, 按式(A.7)计算。

A.4 双层隔声结构的共振频率可按式(A.9)进行估算。

$$f_0 = \frac{1}{2\pi}\sqrt{\left(\frac{1}{p_{m1}}+\frac{1}{p_{m2}}\right)\cdot\frac{\rho c^2}{d}} \tag{A.9}$$

式中 f_0——双层隔声结构共振频率, Hz;

p_{m1}、p_{m2}——分别为种材料的面密度，kg/m^2；

ρ——空气密度，kg/m^3；

c——声速，m/s；

d——空气层厚度，m。

A. 5 室内混响声场混响半径可按式(A. 10)、式(A. 11)进得估算。

$$r_0 = 0.14\sqrt{R \cdot Q} \tag{A. 10}$$

$$R = \frac{s\bar{\alpha}}{1-\bar{\alpha}} \tag{A. 11}$$

式中 r_0——混响半径，m；

R——房间常数；

Q——声源的指向性因数，声源在空间均匀向周围辐射时，Q 取 1；声源位于地面或接近墙面时，Q 取 2；声瓣处于两壁面夹角附近时，Q 取 4；声源位于三面夹角处时，Q 取 8；

s——室内总表面积，m^2；

$\bar{\alpha}$——室内平均吸声系数。

A. 6 阻性消声器的上限截止频率可按式(A. 12)进行估算。

$$f_n = 1.85 \times \frac{c}{B_0} \tag{A. 12}$$

式中 f_n——上限截止频率，Hz；

c——声速，m/s；

B_0——消声器通道的当量直径，m。

A. 7 阻性消声器的下限截止频率可按式(A. 13)进行估算。

$$f_x = \beta \frac{c}{h} \tag{A. 13}$$

式中 f_x——下限截止频率，Hz；

c——声速，m/s；

h——吸声材料的厚度，m；

β——与吸声材料、结构有关的系数。

A. 8 抗性消声器的上限截止频率可按式(A. 14)进行估算。

$$f_u = 1.22 \times \frac{c}{d_e} \tag{A. 14}$$

式中 f_u——上限截止频率，Hz；

c——声速，m/s；

d_e——扩张室断面直径或当量直径，m。

A. 9 单级扩张室消声器消声量可按式(A. 15)～式(A. 17)进行估算。

$$\Delta L_1 = 10 \times \lg\left[1 + \frac{1}{4}(m - \frac{1}{m})^2 \sin^2 KL\right] \tag{A. 15}$$

$$m = \frac{s_2}{s_1} \tag{A. 16}$$

$$K = \frac{2\pi}{\lambda} \tag{A. 17}$$

式中 ΔL_1——抗性消声器的降噪量，dB(A)；

m——扩张比；

K——波数；

L——扩张室消声器的长度，m；

s_1——气流通道截面积，m^2；

s_2——扩张室截面积，m^2；

λ——入射声波波长，m。

A. 10　小孔喷注型消声器降噪量可按式(A. 18)、式(A. 19)进行估算。

$$\Delta L_2 = -10 \times \lg\left[\frac{2}{\pi}\left(\tan^{-1}x_A - \frac{x_A}{1 + {x_A}^2}\right)\right] \quad (A.18)$$

$$x_A = 0.165 \times \frac{D}{D_0} \quad (A.19)$$

式中　ΔL_2——小孔喷注消声器的降噪量，dB(A)；

x_A——11200Hz 的斯托罗哈尔数；

D——喷口直径，mm。

D_0 取 1mm。

附录 B
（规范性附录）
倍频带允许声压级

不同噪声限值的倍频带允许声压级可按表 B. 1 查算。

表 B. 1　倍频带允许声压级　　dB(A)

噪声限制值	位频带允许声压级							
	63	125	250	500	1000	2000	4000	8000
90	107	97	90	84	81	80	80	82
85	102	92	85	79	76	75	75	77
80	97	87	80	74	71	70	70	72
75	92	82	75	69	66	65	65	67
70	87	77	70	64	61	60	60	62
65	82	72	65	59	56	55	55	57
60	77	67	60	54	51	50	50	52
55	72	62	55	49	46	45	45	47
50	67	57	50	44	41	40	40	42
45	62	52	45	39	36	35	35	37

用词说明

对本规范条文中要求执行严格程度用的助动词，说明如下：

（一）表示要求很严格，非这样做不可并具有法定责任时，用的助动词为“必须”（must）；

（二）表示要准确地符合标准而应严格遵守时，用的助动词为：

正面词采用“应”（shall）；

反面词采用“不应”或“不得”（shall not）。

（三）表示在几种可能性中推荐特别合适的一种，不提及也不排除其他可能性，或表示是首选的但未必是所要求的，或表示不赞成但也不禁止某种可能性时，用的助动词为：

正面词采用“宜”（should）；

反面词采用“不宜”（should not）。

（四）表示在标准的界限内所允许的行动步骤时，用的助动词为：

正面词采用“可”（may）；

反面词采用“不必”（need not）。

八、安全与职业卫生

1. 建筑物防雷设计规范

[GB 50057—2010

代替 GB 50057—94(2000年版)]

目　录

1 总则

1.0.1 为使建(构)筑物防雷设计因地制宜地采取防雷措施，防止或减少雷击建(构)筑物所发生的人身伤亡和文物、财产损失，以及雷击电磁脉冲引发的电气和电子系统损坏或错误运行，做到安全可靠、技术先进、经济合理，制定本规范。

1.0.2 本规范适用于新建、扩建、改建建(构)筑物的防雷设计。

1.0.3 建(构)筑物防雷设计，应在认真调查地理、地质、土壤、气象、环境等条件和雷电活动规律，以及被保护物的特点等的基础上，详细研究并确定防雷装置的形式及其布置。

1.0.4 建(构)筑物防雷设计，除应符合本规范外，尚应符合国家现行有关标准的规定。

2 术语

2.0.1 对地闪击 lightning flash to earth

雷云与大地(含地上的突出物)之间的一次或多次放电。

2.0.2 雷击 lightning stroke

对地闪击中的一次放电。

2.0.3 雷击点 point of strike

闪击击在大地或其上突出物上的那一点。一次闪击可能有多个雷击点。

2.0.4 雷电流 lightning current

流经雷击点的电流。

2.0.5 防雷装置 lightning protection system(LPS)

用于减少闪击击于建(构)筑物上或建(构)筑物附近造成的物质性损害和人身伤亡，由外部防雷装置和内部防雷装置组成。

2.0.6 外部防雷装置 external lightning protection system

由接闪器、引下线和接地装置组成。

2.0.7 内部防雷装置 internal lightning protection system

由防雷等电位连接和与外部防雷装置的间隔距离组成。

2.0.8 接闪器 air-termination system

由拦截闪击的接闪杆、接闪带、接闪线、接闪网以及金属屋面、金属构件等组成。

2.0.9 引下线 down-conductor system

用于将雷电流从接闪器传导至接地装置的导体。

2.0.10 接地装置 earth-termination system

接地体和接地线的总合，用于传导雷电流并将其流散入大地。

2.0.11 接地体 earth electrode

埋入土壤中或混凝土基础中作散流用的导体。

2.0.12 接地线 earthing conductor

从引下线断接卡或换线处至接地体的连接导体；或从接地端子、等电位连接带至接地体的连接导体。

2.0.13 直击雷 direct lightning flash

闪击直接击于建(构)筑物、其他物体、大地或外部防雷装置上，产生电效应、热效应和机械力者。

2.0.14 闪电静电感应 lightning electrostatic induction

由于雷云的作用，使附近导体上感应出与雷云符号相反的电荷，雷云主放电时，先导通道中的电荷迅速中和，在导体上的感应电荷得到释放，如没有就近泄入地中就会产生很高的电位。

2.0.15 闪电电磁感应 lightning electromagnetic induction

由于雷电流迅速变化在其周围空间产生瞬变的强电磁场，使附近导体上感应出很高的电动势。

2.0.16　闪电感应　lightning induction

闪电放电时，在附近导体上产生的雷电静电感应和雷电电磁感应，它可能使金属部件之间产生火花放电。

2.0.17　闪电电涌　lightning surge

闪电击于防雷装置或线路上以及由闪电静电感应或雷击电磁脉冲引发，表现为过电压、过电流的瞬态波。

2.0.18　闪电电涌侵入　lightning surge on incoming services

由于雷电对架空线路、电缆线路或金属管道的作用，雷电波，即闪电电涌，可能沿着这些管线侵入屋内，危及人身安全或损坏设备。

2.0.19　防雷等电位连接　lightning equipotential bonding(LEB)

将分开的诸金属物体直接用连接导体或经电涌保护器连接到防雷装置上以减小雷电流引发的电位差。

2.0.20　等电位连接带　bonding bar

将金属装置、外来导电物、电力线路、电信线路及其他线路连于其上以能与防雷装置做等电位连接的金属带。

2.0.21　等电位连接导体　bonding conductor

将分开的诸导电性物体连接到防雷装置的导体。

2.0.22　等电位连接网络　bonding network(BN)

将建(构)筑物和建(构)筑物内系统(带电导体除外)的所有导电性物体互相连接组成的一个网。

2.0.23　接地系统　earthing system

将等电位连接网络和接地装置连在一起的整个系统。

2.0.24　防雷区 lightning protection zone(LPZ)

划分雷击电磁环境的区，一个防雷区的区界面不一定要有实物界面，如不一定要有墙壁、地板或天花板作为区界面。

2.0.25　雷击电磁脉冲　lightning electromagnetic impulse(LEMP)

雷电流经电阻、电感、电容耦合产生的电磁效应，包含闪电电涌和辐射电磁场。

2.0.26　电气系统　electrical system

由低压供电组合部件构成的系统。也称低压配电系统或低压配电线路。

2.0.27　电子系统　electronic system

由敏感电子组合部件构成的系统。

2.0.28　建(构)筑物内系统　internal system

建(构)筑物内的电气系统和电子系统。

2.0.29　电涌保护器　surge protective device(SPD)

用于限制瞬态过电压和分泄电涌电流的器件。它至少含有一个非线性元件。

2.0.30　保护模式　modes of protection

电气系统电涌保护器的保护部件可连接在相对相、相对地、相对中性线、中性线对地及其组合，以及电子系统电涌保护器的保护部件连接在线对线、线对地及其组合。

2.0.31　最大持续运行电压　maximum continuous operating voltage(U_c)

可持续加于电气系统电涌保护器保护模式的最大方均根电压或直流电压；可持续加于电子系统电涌保护器端子上，且不致线起电涌保护器传输特性减低的最大方均根电压或直流电压。

2.0.32　标称放电电流　nominal discharge current(I_n)

流过电涌保护器 8/20μs 电流波的峰值。

2.0.33　冲击电流　impulse current(I_{imp})

由电流幅值 I_{peak} 电荷 Q 和单位能量 W/R 所限定。

2.0.34 以 I_{imp} 试验的电涌保护器 SPD tested with I_{imp}

耐得起 10/350μs 典型波形的部分雷电流的电涌保护器需要用 I_{imp} 电流做相应的冲击试验。

2.0.35 Ⅰ级试验 class Ⅰ test

电气系统中采用Ⅰ级试验的电涌保护器要用标称放电电流 I_n、1.2/50μs 冲击电压和最大冲击电流 I_{imp} 做试验。Ⅰ级试验也可用 T1 外加方框表示，即[T1]。

2.0.36 以 I_n 试验的电涌保护器 SPD tested with I_n

耐得起 8/20μs 典型波形的感应电涌电流的电涌保护器需要用 I_n 电流做相应的冲击试验。

2.0.37 Ⅱ级试验 class Ⅱ test

电气系统中采用Ⅱ级试验的电涌保护器要用标称放电电流 I_n、1.2/50μs 冲击电压和 8/20μs 电流波最大放电电流 I_{max} 做试验。Ⅱ级试验也可用 T2 外加方框表示，即[T2]。

2.0.38 以组合波试验的电涌保护器 SPD tested with a combination wave

耐得起 8/20μs 典型波形的感应电涌电流的电涌保护器需要用 I_{sc} 短路电流做相应的冲击试验。

2.0.39 Ⅲ级试验 class Ⅲ test

电气系统中采用Ⅲ级试验的电涌保护器要用组合波做试验。组合波定义为由 2Ω 组合波发生器产生 1.2/50μs 开路电压 U_{oc} 和 8/20μs 短路电流 I_{sc}。Ⅲ级试验也可用 T3 外加方框表示，即[T3]。

2.0.40 电压开关型电涌保护器 voltage switching type SPD

无电涌出现时为高阻抗，当出现电压电涌时突变为低阻抗。通常采用放电间隙、充气放电管、硅可控整流器或三端双向可控硅元件做电压开关型电涌保护器的组件。也称“克罗巴型”电涌保护器。具有不连续的电压、电流特性。

2.0.41 限压型电涌保护器 voltage limiting type SPD

无电涌出现时为高阻抗，随着电涌电流和电压的增加，阻抗连续变小。通常采用压敏电阻、抑制二极管作限压型电涌保护器的组件。也称“箝压型”电涌保护器。具有连续的电压、电流特性。

2.0.42 组合型电涌保护器 combination type SPD

由电压开关型元件和限压型元件组合而成的电涌保护器，其特性随所加电压的特性可以表现为电压开关型、限压型或电压开关型和限压型皆有。

2.0.43 测量的限制电压 measured limiting voltage

施加规定波形和幅值的冲击波时，在电涌保护器接线端子间测得的最大电压值。

2.0.44 电压保护水平 voltage protection level(U_p)

表征电涌保护器限制接线端子间电压的性能参数，其值可从优先值的列表中选择。电压保护水平值应大于所测量的限制电压的最高值。

2.0.45 1.2/50μs 冲击电压 1.2/50μs voltage impulse

规定的波头时间 T_1 为 1.2μs、半值时间 T_2 为 50μs 的冲击电压。

2.0.46 8/20μs 冲击电流 8/20μs current impulse

规定的波头时间 T_1 为 8μs、半值时间 T_2 为 20μs 的冲击电流。

2.0.47 设备耐冲击电压额定值 rated impulse withstand volrage of equipment(U_w)

设备制造商给予的设备耐冲击电压额定值，表征其绝缘防过电压的耐受能力。

2.0.48 插入损耗 insertion loss

电气系统中，在给定频率下，连接到给定电源系统的电涌保护器的插入损耗为电源线上紧靠电涌保护器接入点之后，在被试电涌保护器接入前后的电压比，结果用 dB 表示。电子系统中，由于在传输系统中插入一个电涌保护器所引起的损耗，它是在电涌保护器插入前传递到后面的系统部分的功率与电涌保护器插入后传递到同一部分的功率之比。通常用 dB 表示。

2.0.49 回波损耗 return loss

反射系数倒数的模。以分贝(dB)表示。

2.0.50　近端串扰　near-end crosstalk(NEXT)

串扰在被干扰的通道中传输，其方向与产生干扰的通道中电流传输的方向相反。在被干扰的通道中产生的近端串扰，其端口通常靠近产生干扰的通道的供能端，或与供能端重合。

3　建筑物的防雷分类

3.0.1　建筑物应根据建筑物的重要性、使用性质、发生雷电事故的可能性和后果，按防雷要求分为三类。

3.0.2　在可能发生对地闪击的地区，遇下列情况之一时，应划为第一类防雷建筑物：

1　凡制造、使用或贮存火炸药及其制品的危险建筑物，因电火花而引起爆炸、爆轰，会造成巨大破坏和人身伤亡者。

2　具有0区或20区爆炸危险场所的建筑物。

3　具有1区或21区爆炸危险场所的建筑物．因电火花而引起爆炸，会造成巨大破坏和人身伤亡者。

3.0.3　在可能发生对地闪击的地区，遇下列情况之一时，应划为第二类防雷建筑物：

1　国家级重点文物保护的建筑物。

2　国家级的会堂、办公建筑物、大型展览和博览建筑物、大型火车站和飞机场、国宾馆，国家级档案馆、大型城市的重要给水泵房等特别重要的建筑物。

注：飞机场不含停放飞机的露天场所和跑道。

3　国家级计算中心、国际通信枢纽等对国民经济有重要意义的建筑物。

4　国家特级和甲级大型体育馆。

5　制造、使用或贮存火炸药及其制品的危险建筑物。且电火花不易引起爆炸或不致造成巨大破坏和人身伤亡者。

6　具有1区或21区爆炸危险场所的建筑物，且电火花不易引起爆炸或不致造成巨大破坏和人身伤亡者。

7　具有2区或22区爆炸危险场所的建筑物。

8　有爆炸危险的露天钢质封闭气罐。

9　预计雷击次数大于0.05次/a的部、省级办公建筑物和其他重要或人员密集的公共建筑物以及火灾危险场所。

10　预计雷击次数大于0.25次/a的住宅、办公楼等一般性民用建筑物或一般性工业建筑物。

3.0.4　在可能发生对地闪击的地区，遇下列情况之一时，应划为第三类防雷建筑物：

1　省级重点文物保护的建筑物及省级档案馆。

2　预计雷击次数大于或等于0.01次/a，且小于或等于0.05次/a的部、省级办公建筑物和其他重要或人员密集的公共建筑物，以及火灾危险场所。

3　预计雷击次数大于或等于0.05次/a，且小于或等于0.25次/a的住宅、办公楼等一般性民用建筑物或一般性工业建筑物。

4　在平均雷暴日大于15d/a的地区，高度在15m及以上的烟囱、水塔等孤立的高耸建筑物；在平均雷暴日小于或等于15d/a的地区，高度在20m及以上的烟囱、水塔等孤立的高耸建筑物。

4　建筑物的防雷措施

4.1　基本规定

4.1.1　各类防雷建筑物应设防直击雷的外部防雷装置，并应采取防闪电电涌侵入的措施。

第一类防雷建筑物和本规范第3.0.3条第5~7款所规定的第二类防雷建筑物，尚应采取防闪电感应的措施。

4.1.2　各类防雷建筑物应设内部防雷装置，并应符合下列规定：

1　在建筑物的地下室或地面层处，下列物体应与防雷装置做防雷等电位连接：

1）建筑物金属体。

2）金属装置。

3）建筑物内系统。

4）进出建筑物的金属管线。

2　除本条第1款的措施外，外部防雷装置与建筑物金属体、金属装置、建筑物内系统之间，尚应满足间隔距离的要求。

4.1.3　本规范第3.0.3条第2～4款所规定的第二类防雷建筑物尚应采取防雷击电磁脉冲的措施。其他各类防雷建筑物，当其建筑物内系统所接设备的重要性高，以及所处雷击磁场环境和加于设备的闪电电涌无法满足要求时，也应采取防雷击电磁脉冲的措施。防雷击电磁脉冲的措施应符合本规范第6章的规定。

4.2　第一类防雷建筑物的防雷措施

4.2.1　第一类防雷建筑物防直击雷的措施应符合下列规定：

1　应装设独立接闪杆或架空接闪线或网。架空接闪网的网格尺寸不应大于5m×5m或6m×4m。

2　排放爆炸危险气体、蒸气或粉尘的放散管、呼吸阀、排风管等的管口外的下列空间应处于接闪器的保护范围内：

1）当有管帽时应按表4.2.1的规定确定。

2）当无管帽时，应为管口上方半径5m的半球体。

3）接闪器与雷闪的接触点应设在本款第1项或第2项所规定的空间之外。

表4.2.1　有管帽的管口外处于接闪器保护范围内的空间

装置内的压力与周围空气压力的压力差/kPa	排放物对比于空气	管帽以上的垂直距离/m	距管口处的水平距离/m
<5	重于空气	1	2
5～25	重于空气	2.5	5
≤25	轻于空气	2.5	5
>25	重或轻于空气	5	5

注：相对密度小于或等于0.75的爆炸性气体规定为轻于空气的气体；相对密度大于0.75的爆炸性气体规定为重于空气的气体。

3　排放爆炸危险气体、蒸气或粉尘的放散管、呼吸阀、排风管等，当其排放物达不到爆炸浓度、长期点火燃烧、一排放就点火燃烧，以及发生事故时排放物才达到爆炸浓度的通风管、安全阀，接闪器的保护范围应保护到管帽，无管帽时应保护到管口。

4　独立接闪杆的杆塔、架空接闪线的端部和架空接闪网的每根支柱处应至少设一根引下线。对用金属制成或有焊接、绑扎连接钢筋网的杆塔、支柱，宜利用金属杆塔或钢筋网作为引下线。

5　独立接闪杆和架空接闪线或网的支柱及其接地装置与被保护建筑物及与其有联系的管道、电缆等金属物之间的间隔距离（图4.2.1），应按下列公式计算，且不得小于3m：

1）地上部分：

$$当\ h_x < 5R_i\ 时：S_{a1} \geqslant 0.4(R_i + 0.1h_x) \tag{4.2.1-1}$$

$$当\ h_x \geqslant 5R_i\ 时：S_{a1} \geqslant 0.1(R_i + h_x) \tag{4.2.1-2}$$

2）地下部分：

$$S_{e1} \geqslant 0.4R_i \tag{4.2.1-3}$$

式中　S_{a1}——空气中的间隔距离，m；

S_{e1}——地中的间隔距离，m；

R_i——独立接闪杆、架空接闪线或网支柱处接地装置的冲击接地电阻，Ω；

h_x——被保护建筑物或计算点的高度，m。

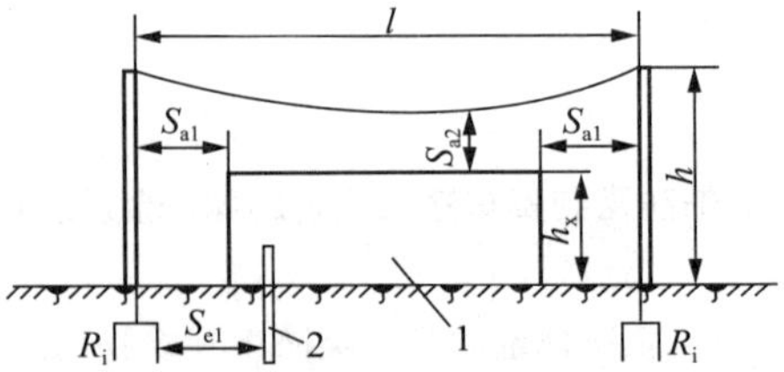

图 4.2.1　防雷装置至被保护物的间隔距离

1—被保护建筑物；2—金属管道

6　架空接闪线至屋面和各种突出屋面的风帽、放散管等物体之间的间隔距离（图 4.2.1），应按下列公式计算，且不应小于 3m：

1）当$(h+\frac{l}{2})<5R_i$时：

$$S_{a2} \geqslant 0.2R_i + 0.03(h+\frac{l}{2}) \tag{4.2.1-4}$$

2）当$(h+\frac{l}{2})\geqslant 5R_i$时：

$$S_{a2} \geqslant 0.05R_i + 0.06(h+\frac{l}{2}) \tag{4.2.1-5}$$

式中　S_{a2}——接闪线至被保护物在空气中的间隔距离，m；

h——接闪线的支柱高度，m；

l——接闪线的水平长度，m。

7　架空接闪网至屋面和各种突出屋面的风帽、放散管等物体之间的间隔距离，应按下列公式计算，且不应小于 3m：

1）当$(h+l_1)<5R_i$时：

$$S_{a2} \geqslant \frac{1}{n}[0.4R_i + 0.06(h+l_1)] \tag{4.2.1-6}$$

2）当$(h+l_1)\geqslant 5R_i$时：

$$S_{a2} \geqslant \frac{1}{n}[0.1R_i + 0.12(h+l_1)] \tag{4.2.1-7}$$

式中　S_{a2}——接闪网至被保护物在空气中的间隔距离，m；

l_1——从接闪网中间最低点沿导体至最近支柱的距离，m；

n——从接闪网中间最低点沿导体至最近不同支柱并有同一距离 l_1 的个数。

8　独立接闪杆、架空接闪线或架空接闪网应设独立的接地装置，每一引下线的冲击接地电阻不宜大于 10Ω。在土壤电阻率高的地区，可适当增大冲击接地电阻，但在 3000Ω · m 以下的地区，冲击接地电阻不应大于 30Ω。

4.2.2　第一类防雷建筑物防闪电感应应符合下列规定：

1　建筑物内的设备、管道、构架、电缆金属外皮、钢屋架、钢窗等较大金属物和突出屋面的放散管、风管等金属物，均应接到防闪电感应的接地装置上。

金属屋面周边每隔 18～24m 应采用引下线接地一次。

现场浇灌或用预制构件组成的钢筋混凝土屋面，其钢筋网的交叉点应绑扎或焊接，并应每隔 18～24m 采用引下线接地一次。

2　平行敷设的管道、构架和电缆金属外皮等长金属物，其净距小于 100mm 时，应采用金属线跨接，跨接点的间距不应大于 30m；交叉净距小于 100mm 时，其交叉处也应跨接。

当长金属物的弯头、阀门、法兰盘等连接处的过渡电阻大于 0.03Ω 时，连接处应用金属线跨接。对有不少于 5 根螺栓连接的法兰盘，在非腐蚀环境下，可不跨接。

3　防闪电感应的接地装置应与电气和电子系统的接地装置共用，其工频接地电阻不宜大于 10Ω。防闪电感应的接地装置与独立接闪杆、架空接闪线或架空接闪网的接地装置之间的间隔距离，应符合本规范第 4.2.1 条第 5 款的规定。

当屋内设有等电位连接的接地干线时，其与防闪电感应接地装置的连接不应少于 2 处。

4.2.3　第一类防雷建筑物防闪电电涌侵入的措施应符合下列规定：

1　室外低压配电线路应全线采用电缆直接埋地敷设，在入户处应将电缆的金属外皮、钢管接到等电位连接带或防闪电感应的接地装置上。

2　当全线采用电缆有困难时，应采用钢筋混凝土杆和铁横担的架空线，并应使用一段金属铠装电缆或护套电缆穿钢管直接埋地引入。架空线与建筑物的距离不应小于 15m。

在电缆与架空线连接处，尚应装设户外型电涌保护器。电涌保护器、电缆金属外皮、钢管和绝缘子铁脚、金具等应连在一起接地，其冲击接地电阻不应大于 30Ω。所装设的电涌保护器应选用Ⅰ级试验产品。其电压保护水平应小于或等于 2.5kV，其每一保护模式应选冲击电流等于或大于 10kA；若无户外型电涌保护器，应选用户内型电涌保护器，其使用温度应满足安装处的环境温度，并应安装在防护等级 IP54 的箱内。

当电涌保护器的接线形式为本规范表 J.1.2 中的接线形式 2 时，接在中性线和 PE 线间电涌保护器的冲击电流，当为三相系统时不应小于 40kA，当为单相系统时不应小于 20kA。

3　当架空线转换成一段金属铠装电缆或护套电缆穿钢管直接埋地引入时，其埋地长度可按下式计算：

$$l \geq 2\sqrt{\rho} \qquad (4.2.3)$$

式中　l——电缆铠装或穿电缆的钢管埋地直接与土壤接触的长度，m；

ρ——埋电缆处的土壤电阻率，Ωm。

4　在入户处的总配电箱内是否装设电涌保护器应按本规范第 6 章的规定确定。当需要安装电涌保护器时，电涌保护器的最大持续运行电压值和接线形式应按本规范附录 J 的规定确定；连接电涌保护器的导体截面应按本规范表 5.1.2 的规定取值。

5　电子系统的室外金属导体线路宜全线采用有屏蔽层的电缆埋地或架空敷设，其两端的屏蔽层、加强钢线、钢管等应等电位连接到入户处的终端箱体上，在终端箱内是否装设电涌保护器应按本规范第 6 章的规定确定。

6　当通信线路采用钢筋混凝土杆的架空线时，应使用一段护套电缆穿钢管直接埋地引入，其埋地长度可按本规范式(4.2.3)计算，且不应小于 15m。在电缆与架空线连接处，尚应装设户外型电涌保护器。电涌保护器、电缆金属外皮、钢管和绝缘子铁脚、金具等应连在一起接地，其冲击接地电阻不应大于 30Ω。所装设的电涌保护器应选用 D1 类高能量试验的产品，其电压保护水平和最大持续运行电压值应按本规范附录 J 的规定确定，连接电涌保护器的导体截面应按本规范表 5.1.2 的规定取值，每台电涌保护器的短路电流应等于或大于 2kA，若无户外型电涌保护器，可选用户内型电涌保护器，但其使用温度应满足安装处的环境温度，并应安装在防护等级 IP54 的箱内。在入户处的终端箱内是否装设电涌保护器应按本规范第 6 章的规定确定。

7　架空金属管道，在进出建筑物处，应与防闪电感应的接地装置相连。距离建筑物 100m 内的管道，宜每隔 25m 接地一次，其冲击接地电阻不应大于 30Ω。并应利用金属支架或钢筋混凝土支架的焊接、绑扎钢筋网作为引下线，其钢筋混凝土基础宜作为接地装置。

埋地或地沟内的金属管道，在进出建筑物处应等电位连接到等电位连接带或防闪电感应的接地装置上。

4.2.4　当难以装设独立的外部防雷装置时，可将接闪杆或网格不大于 5m×5m 或 6m×4m 的接闪网或由其混合组成的接闪器直接装在建筑物上，接闪网应按本规范附录 B 的规定沿屋角、屋脊、屋檐和檐角等易受雷击的部位敷设；当建筑物高度超过 30m 时，首先应沿屋顶周边敷设接闪带，接闪带应设在外墙外表面或屋檐边垂直面上，也可设在外墙外表面或屋檐边垂直面外，并应符合下列规定：

1 接闪器之间应互相连接。

2 引下线不应少于 2 根，并应沿建筑物四周和内庭院四周均匀或对称布置，其间距沿周长计算不宜大于 12m。

3 排放爆炸危险气体、蒸气或粉尘的管道应符合本规范第 4.2.1 条第 2、3 款的规定。

4 建筑物应装设等电位连接环，环间垂直距离不应大于 12m，所有引下线、建筑物的金属结构和金属设备均应连到环上。等电位连接环可利用电气设备的等电位连接干线环路。

5 外部防雷的接地装置应围绕建筑物敷设成环形接地体，每根引下线的冲击接地电阻不应大于 10Ω，并应和电气和电子系统等接地装置及所有进入建筑物的金属管道相连，此接地装置可兼作防雷电感应接地之用。

6 当每根引下线的冲击接地电阻大于 10Ω 时，外部防雷的环形接地体宜按下列方法敷设：

1) 当土壤电阻率小于或等于 500Ωm 时，对环形接地体所包围面积的等效圆半径小于 5m 的情况，每一引下线处应补加水平接地体或垂直接地体。

2) 本款第 1 项补加水平接地体时，其最小长度应按下式计算：

$$l_r = 5 - \sqrt{\frac{A}{\pi}} \tag{4.2.4-1}$$

式中 $\sqrt{\frac{A}{\pi}}$——环形接地体所包围面积的等效圆半径，m；

l_r——补加水平接地体的最小长度，m；

A——环形接地体所包围的面积，m^2。

3) 本款第 1 项补加垂直接地体时，其最小长度应按下式计算：

$$l_v = \frac{5 - \sqrt{\frac{A}{\pi}}}{2} \tag{4.2.4-2}$$

式中 l_v——补加垂直接地体的最小长度，m。

4) 当土壤电阻率大于 500Ωm、小于或等于 3000Ωm，且对环形接地体所包围面积的等效圆半径符合下式的计算时，每一引下线处应补加水平接地体或垂直接地体：

$$\sqrt{\frac{A}{\pi}} < \frac{11\rho - 3600}{380} \tag{4.2.4-3}$$

5) 本款第 4 项补加水平接地体时，其最小总长度应按下式计算。

$$l_r = \left(\frac{11\rho - 3600}{380}\right) - \sqrt{\frac{A}{\pi}} \tag{4.2.4-4}$$

6) 本款第 4 项补加垂直接地体时，其最小总长度应按下式计算：

$$l_v = \frac{\left(\frac{11\rho - 3600}{380}\right) - \sqrt{\frac{A}{\pi}}}{2} \tag{4.2.4-5}$$

注：按本款方法敷设接地体以及环形接地体所包围的面积的等效圆半径等于或大于所规定的值时，每根引下线的冲击接地电阻可不作规定。共用接地装置的接地电阻接 50Hz 电气装置的接地电阻确定，应为不大于按人身安全所确定的接地电阻值。

7 当建筑物高于 30m 时，尚应采取下列防侧击的措施：

1) 应从 30m 起每隔不大于 6m 沿建筑物四周设水平接闪带并应与引下线相连。

2) 30m 及以上外墙上的栏杆、门窗等较大的金属物应与防雷装置连接。

8 在电源引入的总配电箱处应装设 I 级试验的电涌保护器。电涌保护器的电压保护水平值应小于或等

于 2.5kV。每一保护模式的冲击电流值。当无法确定时，冲击电流应取等于或大于 12.5kA。

9 电源总配电箱处所装设的电涌保护器，其每一保护模式的冲击电流值，当电源线路无屏蔽层时宜按式(4.2.4-6)计算。当有屏蔽层时宜按式(4.2.4-7)计算：

$$I_{imp}=\frac{0.5I}{nm} \tag{4.2.4-6}$$

$$I_{imp}=\frac{0.5IR_s}{n(mR_s+R_c)} \tag{4.2.4-7}$$

式中 I——雷电流(kA)，取 200kA；

n——地下和架空引入的外来金属管道和线路的总数；

m——每一线路内导体芯线的总根数；

R_s——屏蔽层每公里的电阻，Ω/km；

R_c——芯线每公里的电阻，Ω/km。

10 电源总配电箱处所装设的电涌保护器，其连接的导体截面应按本规范表 5.1.2 的规定取值，其最大持续运行电压值和接线形式应按本规范附录 J 的规定确定。

注：当电涌保护器的接线形式为本规范表 J.1.2 中的接线形式 2 对，接在中性线和 PE 线间电涌保护器的冲击电流，当为三相系统时不应小于本条第 9 款规定值的 4 倍。当为单相系统时不应小于 2 倍。

11 当电子系统的室外线路采用金属线时，在其引入的终端箱处应安装 D1 类高能量试验类型的电涌保护器，其短路电流当无屏蔽层时，宜按式(4.2.4-6)计算，当有屏蔽层时宜接式(4.2.4-7)计算；当无法确定时应选用 2kA。选取电涌保护器的其他参数应符合本规范第 J.2 节的规定，连接电涌保护器的导体截面应按本规范表 5.1.2 的规定取值。

12 当电子系统的室外线路采用光缆时，在其引入的终端箱处的电气线路侧，当无金属线路引出本建筑物至其他有自己接地装置的设备时，可安装 B2 类慢上升率试验类型的电涌保护器，其短路电流应按本规范表 J.2.1 的规定确定，宜选用 100A。

13 输送火灾爆炸危险物质的埋地金属管道，当其从室外进入户内处设有绝缘段时，应在绝缘段处跨接符合下列要求的电压开关型电涌保护器或隔离放电间隙：

1)选用 I 级试验的密封型电涌保护器。

2)电涌保护器能承受的冲击电流按式(4.2.4-6)计算，取 $m=1$。

3)电涌保护器的电压保护水平应小于绝缘段的耐冲击电压水平，无法确定时，应取其等于或大于 1.5kV 和等于或小于 2.5kV。

4)输送火灾爆炸危险物质的埋地金属管道在进入建筑物处的防雷等电位连接，应在绝缘段之后管道进入室内处进行，可将电涌保护器的上端头接到等电位连接带。

14 具有阴极保护的埋地金属管道，在其从室外进入户内处宜设绝缘段，应在绝缘段处跨接符合下列要求的电压开关型电涌保护器或隔离放电间隙：

1)选用 I 级试验的密封型电涌保护器。

2)电涌保护器能承受的冲击电流接式(4.2.4-6)计算，取 $m=1$。

3)电涌保护器的电压保护水平应小于绝缘段的耐冲击电压水平，并应大于阴极保护电源的最大端电压。

4)具有阴极保护的埋地金属管道在进入建筑物处的防雷等电位连接，应在绝缘段之后管道进入室内处进行，可将电涌保护器的上端头接到等电位连接带。

4.2.5 当树木邻近建筑物且不在接闪器保护范围之内时，树木与建筑物之间的净距不应小于 5m。

4.3 第二类防雷建筑物的防雷措施

4.3.1 第二类防雷建筑物外部防雷的措施，宜采用装设在建筑物上的接闪网、接闪带或接闪杆，也可采用由接闪网、接闪带或接闪杆混合组成的接闪器。接闪网、接闪带应按本规范附录 B 的规定沿屋角、屋脊、屋檐和檐角等易受雷击的部位敷设，并应在整个屋面组成不大于 10m × 10m 或 12m × 8m 的网格；当建筑物高度超过 45m 时，首先应沿屋顶周边敷设接闪带，接闪带应设在外墙外表面或屋檐边垂直面上，也可设在外墙外表面或屋檐边垂直面外。接闪器之间应互相连接。

4.3.2　突出屋面的放散管、风管、烟囱等物体，应按下列方式保护：

1　排放爆炸危险气体、蒸气或粉尘的放散管、呼吸阀、排风管等管道应符合本规范第 4.2.1 条第 2 款的规定。

2　排放无爆炸危险气体、蒸气或粉尘的放散管、烟囱，1 区、21 区、2 区和 22 区爆炸危险场所的自然通风管，0 区和 20 区爆炸危险场所的装有阻火器的放散管、呼吸阀、排风管，以及本规范第 4.2.1 条第 3 款所规定的管、阀及煤气和天然气放散管等，其防雷保护应符合下列规定：

1）金属物体可不装接闪器，但应和屋面防雷装置相连。

2）除符合本规范第 4.5.7 条的规定情况外，在屋面接闪器保护范围之外的非金属物体应装接闪器，并应和屋面防雷装置相连。

4.3.3　专设引下线不应少于 2 根，并应沿建筑物四周和内庭院四周均匀对称布置。其间距沿周长计算不应大于 18m。当建筑物的跨度较大。无法在跨距中间设引下线时，应在跨距两端设引下线并减小其他引下线的间距，专设引下线的平均间距不应大于 18m。

4.3.4　外部防雷装置的接地应和防闪电感应、内部防雷装置、电气和电子系统等接地共用接地装置，并应与引入的金属管线做等电位连接。外部防雷装置的专设接地装置宜围绕建筑物敷设成环形接地体。

4.3.5　利用建筑物的钢筋作为防雷装置时，应符合下列规定：

1　建筑物宜利用钢筋混凝土屋顶、梁、柱、基础内的钢筋作为引下线。本规范第 3.0.3 条第 2 ~ 4 款、第 9 款、第 10 款的建筑物，当其女儿墙以内的屋顶钢筋网以上的防水和混凝土层允许不保护时，宜利用屋顶钢筋网作为接闪器；本规范第 3.0.3 条第 2 ~ 4 款、第 9 款、第 10 款的建筑物为多层建筑，且周围很少有人停留时，宜利用女儿墙压顶板内或檐口内的钢筋作为接闪器。

2　当基础采用硅酸盐水泥和周围土壤的含水量不低于 4% 及基础的外表面无防腐层或有沥青质防腐层时，宜利用基础内的钢筋作为接地装置。当基础的外表面有其他类的防腐层且无桩基可利用时，宜在基础防腐层下面的混凝土垫层内敷设人工环形基础接地体。

3　敷设在混凝土中作为防雷装置的钢筋或圆钢，当仅为一根时，其直径不应小于 10mm。被利用作为防雷装置的混凝土构件内有箍筋连接的钢筋时，其截面积总和不应小于一根直径 10mm 钢筋的截面积。

4　利用基础内钢筋网作为接地体时，在周围地面以下距地面不应小于 0.5m，每根引下线所连接的钢筋表面积总和应按下式计算：

$$S \geqslant 4.24 k_c^2 \tag{4.3.5}$$

式中　S——钢筋表面积总和，m^2；

k_c——分流系数，按本规范附录 E 的规定取值。

5　当在建筑物周边的无钢筋的闭合条形混凝土基础内敷设人工基础接地体时，接地体的规格尺寸应按表 4.3.5 的规定确定。

表 4.3.5　第二类防雷建筑物环形人工基础接地体的最小规格尺寸

闭合条形基础的周长/m	扁钢/mm	圆钢，根数 × 直径/mm
≥60	4 × 25	2 × ϕ10
40 ~ 60	4 × 50	4 × ϕ10 或 3 × ϕ12
<40	钢材表面积总和≥4.24m^2	

注：1. 当长度相同、截面相同时，宜选用扁钢；
2. 采用多根圆钢时，其敷设净距不小于直径的 2 倍；
3. 利用闭合条形基础内的钢筋作接地体时可按本表校验，除主筋外，可计入箍筋的表面积。

6 构件内有箍筋连接的钢筋或成网状的钢筋，其箍筋与钢筋、钢筋与钢筋应采用土建施工的绑扎法、螺丝、对焊或搭焊连接。单根钢筋、圆钢或外引预埋连接板、线与构件内钢筋应焊接或采用螺栓紧固的卡夹器连接。构件之间必须连接成电气通路。

4.3.6 共用接地装置的接地电阻应按50Hz电气装置的接地电阻确定，不应大于按人身安全所确定的接地电阻值。在土壤电阻率小于或等于3000Ωm时，外部防雷装置的接地体符合下列规定之一以及环形接地体所包围面积的等效圆半径等于或大于所规定的值时，可不计及冲击接地电阻；但当每根专设引下线的冲击接地电阻不大于10Ω时，可不按本条第1、2款敷设接地体：

1 当土壤电阻率ρ小于或等于800Ωm时，对环形接地体所包围面积的等效圆半径小于5m的情况，每一引下线处应补加水平接地体或垂直接地体。当补加水平接地体时，其最小长度应按本规范式(4.2.4-1)计算；当补加垂直接地体时，其最小长度应按本规范式(4.2.4-2)计算。

2 当土壤电阻率大于800Ωm、小于或等于3000Ωm，且对环形接地体所包围的面积的等效圆半径小于按下式的计算值时，每一引下线处应补加水平接地体或垂直接地体：

$$\sqrt{\frac{A}{\pi}}<\frac{\rho-550}{50} \tag{4.3.6-1}$$

3 本条第2款补加水平接地体时，其最小总长度应按下式计算：

$$l_{r}=\left(\frac{\rho-550}{50}\right)-\sqrt{\frac{A}{\pi}} \tag{4.3.6-2}$$

4 本条第2款补加垂直接地体时，其最小总长度应按下式计算：

$$l_{v}=\frac{\left(\frac{\rho-550}{50}\right)-\sqrt{\frac{A}{\pi}}}{2} \tag{4.3.6-3}$$

5 在符合本规范第4.3.5条规定的条件下，利用槽形、板形或条形基础的钢筋作为接地体或在基础下面混凝土垫层内敷设人工环形基础接地体，当槽形、板形基础钢筋网在水平面的投影面积或成环的条形基础钢筋或人工环形基础接地体所包围的面积符合下列规定时，可不补加接地体：

1) 当土壤电阻率小于或等于800Ωm时，所包围的面积应大于或等于79m^2。

2) 当土壤电阻率大于800Ωm且小于或等于3000Ωm时，所包围的面积应大于或等于按下式计算的值：

$$A\geqslant\pi\left(\frac{\rho-550}{50}\right)^{2} \tag{4.3.6-4}$$

6 在符合本规范第4.3.5条规定的条件下，对6m柱距或大多数柱距为6m的单层工业建筑物，当利用柱子基础的钢筋作为外部防雷装置的接地体并同时符合下列规定时，可不另加接地体：

1) 利用全部或绝大多数柱子基础的钢筋作为接地体。

2) 柱子基础的钢筋网通过钢柱，钢屋架，钢筋混凝土柱子、屋架、屋面板、吊车梁等构件的钢筋或防雷装置互相连成整体。

3) 在周围地面以下距地面不小于0.5m，每一柱子基础内所连接的钢筋表面积总和大于或等于0.82m^2。

4.3.7 本规范第3.0.3条第5～7款所规定的建筑物，其防闪电感应的措施应符合下列规定：

1 建筑物内的设备、管道、构架等主要金属物，应就近接到防雷装置或共用接地装置上。

2 除本规范第3.0.3条第7款所规定的建筑物外，平行敷设的管道、构架和电缆金属外皮等长金属物应符合本规范第4.2.2条第2款的规定，但长金属物连接处可不跨接。

3 建筑物内防闪电感应的接地干线与接地装置的连接，不应少于2处。

4.3.8 防止雷电流流经引下线和接地装置时产生的高电位对附近金属物或电气和电子系统线路的反击，应符合下列规定：

1 在金属框架的建筑物中，或在钢筋连接在一起、电气贯通的钢筋混凝土框架的建筑物中，金属物或线路与引下线之间的间隔距离可无要求；在其他情况下，金属物或线路与引下线之间的间隔距离应按下式计算：

$$S_{a3} \geqslant 0.06 k_c l_x \tag{4.3.8}$$

式中 S_{a3}——空气中的间隔距离，m；

l_x——引下线计算点到连接点的长度(m)，连接点即金属物或电气和电子系统线路与防雷装置之间直接或通过电涌保护器相连之点。

2 当金属物或线路与引下线之间有自然或人工接地的钢筋混凝土构件、金属板、金属网等静电屏蔽物隔开时，金属物或线路与引下线之间的间隔距离可无要求。

3 当金属物或线路与引下线之间有混凝土墙、砖墙隔开时，其击穿强度应为空气击穿强度的1/2。当间隔距离不能满足本条第1款的规定时，金属物应与引下线直接相连，带电线路应通过电涌保护器与引下线相连。

4 在电气接地装置与防雷接地装置共用或相连的情况下，应在低压电源线路引入的总配电箱、配电柜处装设Ⅰ级试验的电涌保护器。电涌保护器的电压保护水平值应小于或等于2.5kV。每一保护模式的冲击电流值，当无法确定时应取等于或大于12.5kA。

5 当Yyn0型或Dyn11型接线的配电变压器设在本建筑物内或附设于外墙处时。应在变压器高压侧装设避雷器；在低压侧的配电屏上，当有线路引出本建筑物至其他有独自敷设接地装置的配电装置时，应在母线上装设Ⅰ级试验的电涌保护器，电涌保护器每一保护模式的冲击电流值，当无法确定时冲击电流应取等于或大于12.5kA；当无线路引出本建筑物时，应在母线上装设Ⅱ级试验的电涌保护器，电涌保护器每一保护模式的标称放电电流值应等于或大于5kA。电涌保护器的电压保护水平值应小于或等于2.5kV。

6 低压电源线路引入的总配电箱、配电柜处装设Ⅰ级试验的电涌保护器，以及配电变压器设在本建筑物内或附设于外墙处，并在低压侧配电屏的母线上装设Ⅰ级试验的电涌保护器时，电涌保护器每一保护模式的冲击电流值，当电源线路无屏蔽层时可按本规范式(4.2.4-6)计算，当有屏蔽层时可按本规范式(4.2.4-7)计算，式中的雷电流应取等于150kA。

7 在电子系统的室外线路采用金属线时，其引入的终端箱处应安装D1类高能量试验类型的电涌保护器，其短路电流当无屏蔽层时可按本规范式(4.2.4-6)计算，当有屏蔽层时可按本规范式(4.2.4-7)计算，式中的雷电流应取等于150kA；当无法确定时应选用1.5kA。

8 在电子系统的室外线路采用光缆时。其引入的终端箱处的电气线路侧，当无金属线路引出本建筑物至其他有自己接地装置的设备时可安装B2类慢上升率试验类型的电涌保护器，其短路电流宜选用75A。

9 输送火灾爆炸危险物质和具有阴极保护的埋地金属管道，当其从室外进入户内处设有绝缘段时应符合本规范第4.2.4条第13款和第14款的规定，在按本规范式(4.2.4-6)计算时，式中的雷电流应取等于150kA。

4.3.9 高度超过45m的建筑物，除屋顶的外部防雷装置应符合本规范第4.3.1条的规定外，尚应符合下列规定：

1 对水平突出外墙的物体，当滚球半径45m球体从屋顶周边接闪带外向地面垂直下降接触到突出外墙的物体时。应采取相应的防雷措施。

2 高于60m的建筑物，其上部占高度20%并超过60m的部位应防侧击，防侧击应符合下列规定：

1)在建筑物上部占高度20%并超过60m的部位，各表面上的尖物、墙角、边缘、设备以及显著突出的物体，应按屋顶上的保护措施处理。

2)在建筑物上部占高度20%并超过60m的部位，布置接闪器应符合对本类防雷建筑物的要求，接闪器应重点布置在墙角、边缘和显著突出的物体上。

3)外部金属物，当其最小尺寸符合本规范第5.2.7条第2款的规定时，可利用其作为接闪器，还可利用布置在建筑物垂直边缘处的外部引下线作为接闪器。

4)符合本规范第4.3.5条规定的钢筋混凝土内钢筋和符合本规范第5.3.5条规定的建筑物金属框架，当作为引下线或与引下线连接时，均可利用其作为接闪器。

3 外墙内、外竖直敷设的金属管道及金属物的顶端和底端，应与防雷装置等电位连接。

4.3.10 有爆炸危险的露天钢质封闭气罐，当其高度小于或等于60m、罐顶壁厚不小于4mm时，或当其高度大于60m、罐顶壁厚和侧壁壁厚均不小于4mm时，可不装设接闪器，但应接地，且接地点不应少于2处，两接地点间距离不宜大于30m，每处接地点的冲击接地电阻不应大于30Ω。当防雷的接地装置符合本规范第4.3.6条的规定时，可不计及其接地电阻值，但本规范第4.3.6条所规定的10Ω可改为30Ω。放散管和呼吸阀的保护应符合本规范第4.3.2条的规定。

4.4 第三类防雷建筑物的防雷措施

4.4.1 第三类防雷建筑物外部防雷的措施宜采用装设在建筑物上的接闪网、接闪带或接闪杆，也可采用由接闪网、接闪带和接闪杆混合组成的接闪器。接闪网、接闪带应按本规范附录B的规定沿屋角、屋脊、屋檐和檐角等易受雷击的部位敷设，并应在整个屋面组成不大于20m×20m或24m×16m的网格；当建筑物高度超过60m时，首先应沿屋顶周边敷设接闪带，接闪带应设在外墙外表面或屋檐边垂直面上，也可设在外墙外表面或屋檐边垂直面外。接闪器之间应互相连接。

4.4.2 突出屋面物体的保护措施应符合本规范第4.3.2条的规定。

4.4.3 专设引下线不应少于2根，并应沿建筑物四周和内庭院四周均匀对称布置，其间距沿周长计算不应大于25m。当建筑物的跨度较大，无法在跨距中间设引下线时．应在跨距两端设引下线并减小其他引下线的间距，专设引下线的平均间距不应大于25m。

4.4.4 防雷装置的接地应与电气和电子系统等接地共用接地装置，并应与引人的金属管线做等电位连接。外部防雷装置的专设接地装置宜围绕建筑物敷设成环形接地体。

4.4.5 建筑物宜利用钢筋混凝土屋面、梁、柱、基础内的钢筋作为引下线和接地装置，当其女儿墙以内的屋顶钢筋网以上的防水和混凝土层允许不保护时，宜利用屋顶钢筋网作为接闪器，以及当建筑物为多层建筑，其女儿墙压顶板内或檐口内有钢筋且周围除保安人员巡逻外通常无人停留时，宜利用女儿墙压顶板内或檐口内的钢筋作为接闪器，并应符合本规范第4.3.5条第2款、第3款、第6款规定，同时应符合下列规定：

1 利用基础内钢筋网作为接地体时，在周围地面以下距地面不小于0.5m深，每根引下线所连接的钢筋表面积总和应按下式计算：

$$S \geqslant 1.89k_c^2 \tag{4.4.5}$$

2 当在建筑物周边的无钢筋的闭合条形混凝土基础内敷设人工基础接地体时，接地体的规格尺寸应按表4.4.5的规定确定。

表4.4.5 第三类防雷建筑物环形人工基础接地体的最小规格尺寸

闭合条形基础的周长/m	扁钢/mm	圆钢，根数×直径/mm
≥60	—	1×ϕ10
40～60	4×20	2×ϕ8
<40	钢材表面积总和≥1.89m²	

注：1. 当长度相同、截面相同时，宜选用扁钢；
2. 采用多根圆钢时，其敷设净距不小于直径的2倍；
3. 利用闭合条形基础内的钢筋作接地体时可按本表校验，除主筋外，可计入箍筋的表面积。

4.4.6 共用接地装置的接地电阻应按50Hz电气装置的接地电阻确定，不应大于按人身安全所确定的接地电阻值。在土壤电阻率小于或等于3000Ωm时，外部防雷装置的接地体当符合下列规定之一以及环形接地体所包围面积的等效圆半径等于或大于所规定的值时可不计及冲击接地电阻；当每根专设引下线的冲击接地电阻不大于30Ω，但对本规范第3.0.4条第2款所规定的建筑物则不大于10Ω时，可不按本条第1款敷设接地体：

1 对环形接地体所包围面积的等效圆半径小于5m时，每一引下线处应补加水平接地体或垂直接地体。当补加水平接地体时，其最小长度应按本规范式(4.2.4－1)计算；当补加垂直接地体时，其最小长度应按本规范式(4.2.4－2)计算。

2 在符合本规范第4.4.5条规定的条件下，利用槽形、板形或条形基础的钢筋作为接地体或在基础下面混凝土垫层内敷设人工环形基础接地体，当槽形、板形基础钢筋网在水平面的投影面积或成环的条形基础钢筋或人工环形基础接地体所包围的面积大于或等于79m² 时，可不补加接地体。

3 在符合本规范第4.4.5条规定的条件下，对6m柱距或大多数柱距为6m的单层工业建筑物，当利用柱子基础的钢筋作为外部防雷装置的接地体并同时符合下列规定时，可不另加接地体：

1)利用全部或绝大多数柱子基础的钢筋作为接地体。

2)柱子基础的钢筋网通过钢柱，钢屋架，钢筋混凝土柱子、屋架、屋面板、吊车梁等构件的钢筋或防雷装置互相连成整体。

3)在周围地面以下距地面不小于0.5m深，每一柱子基础内所连接的钢筋表面积总和大于或等于0.37m²。

4.4.7 防止雷电流流经引下线和接地装置时产生的高电位对附近金属物或电气和电子系统线路的反击，应符合下列规定：

1 应符合本规范第4.3.8条第1～5款的规定，并应按下式计算：

$$S_{a3} \geqslant 0.04 k_c l_x \tag{4.4.7}$$

2 低压电源线路引入的总配电箱、配电柜处装设Ⅰ级试验的电涌保护器，以及配电变压器设在本建筑物内或附设于外墙处，并在低压侧配电屏的母线上装设Ⅰ级试验的电涌保护器时，电涌保护器每一保护模式的冲击电流值，当电源线路无屏蔽层时可按本规范式(4.2.4－6)计算，当有屏蔽层时可按本规范式(4.2.4－7)计算，式中的雷电流应取等于100kA。

3 在电子系统的室外线路采用金属线时，在其引入的终端箱处应安装D1类高能量试验类型的电涌保护器，其短路电流当无屏蔽层时可按本规范式(4.2.4－6)计算，当有屏蔽层时可按本规范式(4.2.4－7)计算，式中的雷电流应取等于100kA；当无法确定时应选用1.0kA。

4 在电子系统的室外线路采用光缆时，其引入的终端箱处的电气线路侧，当无金属线路引出本建筑物至其他有自己接地装置的设备时，可安装B2类慢上升率试验类型的电涌保护器，其短路电流宜选用50A。

5 输送火灾爆炸危险物质和具有阴极保护的埋地金属管道，当其从室外进入户内处设有绝缘段时，应符合本规范第4.2.4条第13款和第14款的规定，当按本规范式(4.2.4－6)计算时，雷电流应取等于100kA。

4.4.8 高度超过60m的建筑物，除屋顶的外部防雷装置应符合本规范第4.4.1条的规定外，尚应符合下列规定：

1 对水平突出外墙的物体，当滚球半径60m球体从屋顶周边接闪带外向地面垂直下降接触到突出外墙的物体时，应采取相应的防雷措施。

2 高于60m的建筑物，其上部占高度20%并超过60m的部位应防侧击，防侧击应符合下列规定：

1)在建筑物上部占高度20%并超过60m的部位，各表面上的尖物、墙角、边缘、设备以及显著突出的物体，应按屋顶的保护措施处理。

2)在建筑物上部占高度20%并超过60m的部位，布置接闪器应符合对本类防雷建筑物的要求，接闪器应重点布置在墙角、边缘和显著突出的物体上。

3)外部金属物，当其最小尺寸符合本规范第5.2.7条第2款的规定时。可利用其作为接闪器，还可利用布置在建筑物垂直边缘处的外部引下线作为接闪器。

4)符合本规范第4.4.5条规定的钢筋混凝土内钢筋和符合本规范第5.3.5条规定的建筑物金属框架，当其作为引下线或与引下线连接时均可利用作为接闪器。

3 外墙内、外竖直敷设的金属管道及金属物的顶端和底端，应与防雷装置等电位连接。

4.4.9 砖烟囱、钢筋混凝土烟囱，宜在烟囱上装设接闪杆或接闪环保护。多支接闪杆应连接在闭合环上。

当非金属烟囱无法采用单支或双支接闪杆保护时，应在烟囱口装设环形接闪带，并应对称布置三支高出烟囱口不低于0.5m的接闪杆。

钢筋混凝土烟囱的钢筋应在其顶部和底部与引下线和贯通连接的金属爬梯相连。当符合本规范第4.4.5条的规定时，宜利用钢筋作为引下线和接地装置，可不另设专用引下线。

高度不超过40m的烟囱，可只设一根引下线，超过40m时应设两根引下线。可利用螺栓或焊接连接的一座金属爬梯作为两根引下线用。

金属烟囱应作为接闪器和引下线。

4.5 其他防雷措施

4.5.1 当一座防雷建筑物中兼有第一、二、三类防雷建筑物时，其防雷分类和防雷措施宜符合下列规定：

1 当第一类防雷建筑物部分的面积占建筑物总面积的30%及以上时，该建筑物宜确定为第一类防雷建筑物。

2 当第一类防雷建筑物部分的面积占建筑物总面积的30%以下。且第二类防雷建筑物部分的面积占建筑物总面积的30%及以上时，或当这两部分防雷建筑物的面积均小于建筑物总面积的30%，但其面积之和又大于30%时，该建筑物宜确定为第二类防雷建筑物。但对第一类防雷建筑物部分的防闪电感应和防闪电电涌侵入，应采取第一类防雷建筑物的保护措施。

3 当第一、二类防雷建筑物部分的面积之和小于建筑物总面积的30%，且不可能遭直接雷击时，该建筑物可确定为第三类防雷建筑物；但对第一、二类防雷建筑物部分的防闪电感应和防闪电电涌侵入，应采取各自类别的保护措施；当可能遭直接雷击时，宜按各自类别采取防雷措施。

4.5.2 当一座建筑物中仅有一部分为第一、二、三类防雷建筑物时，其防雷措施宜符合下列规定：

1 当防雷建筑物部分可能遭直接雷击时，宜按各自类别采取防雷措施。

2 当防雷建筑物部分不可能遭直接雷击时，可不采取防直击雷措施，可仅按各自类别采取防闪电感应和防闪电电涌侵入的措施。

3 当防雷建筑物部分的面积占建筑物总面积的50%以上时，该建筑物宜按本规范第4.5.1条的规定采取防雷措施。

4.5.3 当采用接闪器保护建筑物、封闭气罐时，其外表面外的2区爆炸危险场所可不在滚球法确定的保护范围内。

4.5.4 固定在建筑物上的节日彩灯、航空障碍信号灯及其他用电设备和线路应根据建筑物的防雷类别采取相应的防止闪电电涌侵入的措施，并应符合下列规定：

1 无金属外壳或保护网罩的用电设备应处在接闪器的保护范围内。

2 从配电箱引出的配电线路应穿钢管。钢管的一端应与配电箱和PE线相连；另一端应与用电设备外壳、保护罩相连，并应就近与屋顶防雷装置相连。当钢管因连接设备而中间断开时应设跨接线。

3 在配电箱内应在开关的电源侧装设Ⅱ级试验的电涌保护器，其电压保护水平不应大于2.5kV，标称放电电流值应根据具体情况确定。

4.5.5 粮、棉及易燃物大量集中的露天堆场，当其年预计雷击次数大于或等于0.05时，应采用独立接闪杆或架空接闪线防直击雷。独立接闪杆和架空接闪线保护范围的滚球半径可取100m。

在计算雷击次数时，建筑物的高度可按可能堆放的高度计算，其长度和宽度可按可能堆放面积的长度和宽度计算。

4.5.6 在建筑物引下线附近保护人身安全需采取的防接触电压和跨步电压的措施，应符合下列规定：

1 防接触电压应符合下列规定之一：

1）利用建筑物金属构架和建筑物互相连接的钢筋在电气上是贯通且不少于10根柱子组成的自然引下线，作为自然引下线的柱子包括位于建筑物四周和建筑物内的。

2) 引下线 3m 范围内地表层的电阻率不小于 50kΩm，或敷设 5cm 厚沥青层或 15cm 厚砾石层。

3) 外露引下线，其距地面 2.7m 以下的导体用耐 1.2/50μs 冲击电压 100kV 的绝缘层隔离，或用至少 3mm 厚的交联聚乙烯层隔离。

4) 用护栏、警告牌使接触引下线的可能性降至最低限度。

2　防跨步电压应符合下列规定之一：

1) 利用建筑物金属构架和建筑物互相连接的钢筋在电气上是贯通且不少于 10 根柱子组成的自然引下线，作为自然引下线的柱子包括位于建筑物四周和建筑物内的。

2) 引下线 3m 范围内地表层的电阻率不小于 50kΩm，或敷设 5cm 厚沥青层或 15cm 厚砾石层。

3) 用网状接地装置对地面做均衡电位处理。

4) 用护栏、警告牌使进入距引下线 3m 范围内地面的可能性减小到最低限度。

4.5.7　对第二类和第三类防雷建筑物，应符合下列规定：

1　没有得到接闪器保护的屋顶孤立金属物的尺寸不超过下列数值时，可不要求附加的保护措施：

1) 高出屋顶平面不超过 0.3m。

2) 上层表面总面积不超过 1.0m^2。

3) 上层表面的长度不超过 2.0m。

2　不处在接闪器保护范围内的非导电性屋顶物体，当它没有突出由接闪器形成的平面 0.5m 以上时，可不要求附加增设接闪器的保护措施。

4.5.8　在独立接闪杆、架空接闪线、架空接闪网的支柱上，严禁悬挂电话线、广播线、电视接收天线及低压架空线等。

5　防雷装置

5.1　防雷装置使用的材料

5.1.1　防雷装置使用的材料及其应用条件，宜符合表 5.1.1 的规定。

表 5.1.1　防雷装置的材料及使用条件

材料	使用于大气中	使用于地中	使用于混凝土中	耐腐蚀情况		
				在下列环境中能耐腐蚀	在下列环境中增加腐蚀	与下列材料接触形成直流电耦合可能受到严重腐蚀
铜	单根导体，绞线	单根导体，有镀层的绞线，铜管	单根导体，有镀层的绞线	在许多环境中良好	硫化物有机材料	—
热镀锌钢	单根导体，绞线	单根导体，钢管	单根导体，绞线	敷设于大气、混凝土和无腐蚀性的一般土壤中受到的腐蚀是可接受的	高氯化物含量	铜
电镀铜钢	单根导体	单根导体	单根导体	在许多环境中良好	硫化物	
不锈钢	单根导体，绞线	单根导体，绞线	单根导体，绞线	在许多环境中良好	高氯化物含量	—

续表

材料	使用于大气中	使用于地中	使用于混凝土中	耐腐蚀情况		
				在下列环境中能耐腐蚀	在下列环境中增加腐蚀	与下列材料接触形成直流电耦合可能受到严重腐蚀
铝	单根导体，绞线	不适合	不适合	在含有低浓度硫和氯化物的大气中良好	碱性溶液	铜
铅	有镀铅层的单根导体	禁止	不适合	在含有高浓度硫酸化合物的大气中良好	—	铜不锈钢

注：1. 敷设于黏土或潮湿土壤中的镀锌钢可能受到腐蚀；
2. 在沿海地区，敷设于混凝土中的镀锌钢不宜延伸进入土壤中；
3. 不得在地中采用铅。

5.1.2 防雷等电位连接各连接部件的最小截面，应符合表5.1.2的规定。连接单台或多台Ⅰ级分类试验或D1类电涌保护器的单根导体的最小截面，尚应按下式计算：

$$S_{min} \geq I_{imp}/8 \tag{5.1.2}$$

式中 S_{min}——单根导体的最小截面，mm^2；
I_{imp}——流入该导体的雷电流，kA。

表5.1.2 防雷装置各连接部件的最小截面

<table>
<tr><th colspan="3">等电位连接部件</th><th>材料</th><th>截面/mm²</th></tr>
<tr><td colspan="3">等电位连接带(铜、外表面镀铜的钢或热镀锌钢)</td><td>Cu(铜)、Fe(铁)</td><td>50</td></tr>
<tr><td colspan="3" rowspan="3">从等电位连接带至接地装置或各等电位连接带之间的连接导体</td><td>Cu(铜)</td><td>16</td></tr>
<tr><td>Al(铝)</td><td>25</td></tr>
<tr><td>Fe(铁)</td><td>50</td></tr>
<tr><td colspan="3" rowspan="3">从屋内金属装置至等电位连接带的连接导体</td><td>Cu(铜)</td><td>6</td></tr>
<tr><td>Al(铝)</td><td>10</td></tr>
<tr><td>Fe(铁)</td><td>16</td></tr>
<tr><td rowspan="5">连接电涌保护器的导体</td><td rowspan="3">电气系统</td><td>Ⅰ级试验的电涌保护器</td><td rowspan="5">Cu(铜)</td><td>6</td></tr>
<tr><td>Ⅱ级试验的电涌保护器</td><td>2.5</td></tr>
<tr><td>Ⅲ级试验的电涌保护器</td><td>1.5</td></tr>
<tr><td rowspan="2">电子系统</td><td>D1类电涌保护器</td><td>1.2</td></tr>
<tr><td>其他类的电涌保护器(连接导体的截面可小于1.2mm²)</td><td>根据具体情况确定</td></tr>
</table>

5.2 接闪器

5.2.1 接闪器的材料、结构和最小截面应符合表5.2.1的规定。

表 5.2.1　接闪线(带)、接闪杆和引下线的材料、结构与最小截面

材料	结构	最小截面/mm^2	备注⑩
铜，镀锡铜①	单根扁铜	50	厚度 2mm
	单根圆铜⑦	50	直径 8mm
	铜绞线	50	每股线直径 1.7mm
	单根圆铜③④	176	直径 15mm
铝	单根扁铝	70	厚度 3mm
	单根圆铝	50	直径 8mm
	铝绞线	50	每股线直径 1.7mm
铝合金	单根扁形导体	50	厚度 2.5mm
	单根圆形导体	50	直径 8mm
	绞线	50	每股线直径 1.7mm
	单根圆形导体③	176	直径 15mm
	外表面镀铜的单根圆形导体	50	直径 8mm，径向镀铜厚度至少 70μm，铜纯度 99.9%
热浸镀锌钢②	单根扁钢	50	厚度 2.5mm
	单根圆钢⑨	50	直径 8mm
	绞线	50	每股线直径 1.7mm
	单根圆钢③④	176	直径 15mm
不锈钢⑤	单根扁钢⑥	50⑧	厚度 2mm
	单根圆钢⑥	50⑧	直径 8mm
	绞线	70	每股线直径 1.7mm
	单根圆钢③④	176	直径 15mm
外表面镀铜的钢	单根圆钢(直径 8mm)	50	镀铜厚度至少 70μm，铜纯度 99.9%
	单根扁钢(厚 2.5mm)		

①热浸或电镀锡的锡层最小厚度为 1μm；

②镀锌层宜光滑连贯、无焊剂斑点，镀锌层圆钢至少 22.7g/m^2、扁钢至少 32.4g/m^2；

③仅应用于接闪杆。当应用于机械应力没达到临界值之处，可采用直径 10mm、最长 1m 的接闪杆，并增加固定；

④仅应用于入地之处；

⑤不锈钢中，铬的含量等于或大于 16%，镍的含量等于或大于 8%，碳的含量等于或小于 0.08%；

⑤对埋于混凝土中以及与可燃材料直接接触的不锈钢，其最小尺寸宜增大至直径 10mm 的 78mm^2(单根圆钢)和最小厚度 3mm 的 75mm^2(单根扁钢)；

⑦在机械强度没有重要要求之处，50mm^2(直径 8mm)可减为 28mm^2(直径 6mm)。并应减小固定支架间的间距；

⑧当温升和机械受力是重点考虑之处，50mm^2 加大至 75mm^2；

⑨避免在单位能量 10MJ/Ω 下熔化的最小截面是铜为 16mm^2、铝为 25mm^2、钢为 50mm^2、不锈钢为 50mm^2；

⑩截面积允许误差为 −3%。

5.2.2　接闪杆采用热镀锌圆钢或钢管制成时，其直径应符合下列规定：

1　杆长 1m 以下时，圆钢不应小于 12mm，钢管不应小于 20mm。

2　杆长 1m～2m 时，圆钢不应小于 16mm，钢管不应小于 25mm。

3　独立烟囱顶上的杆，圆钢不应小于 20mm，钢管不应小于 40mm。

5.2.3 接闪杆的接闪端宜做成半球状，其最小弯曲半径宜为4.8mm，最大宜为2.7mm。

5.2.4 当独立烟囱上采用热镀锌接闪环时，其圆钢直径不应小于12mm；扁钢截面不应小于100mm²，其厚度不应小于4mm。

5.2.5 架空接闪线和接闪网宜采用截面不小于50mm² 热镀锌钢绞线或铜绞线。

5.2.6 明敷接闪导体固定支架的间距不宜大于表5.2.6的规定。固定支架的高度不宜小于150mm。

表5.2.6 明敷接闪导体和引下线固定支架的间距

布置方式	扁形导体和绞线固定支架的间距/mm	单根圆形导体固定支架的间距/mm
安装于水平面上的水平导体	500	1000
安装于垂直面上的水平导体	500	1000
安装于从地面至高20m垂直面上的垂直导体	1000	1000
安装在高于20m垂直面上的垂直导体	500	1000

5.2.7 除第一类防雷建筑物外，金属屋面的建筑物宜利用其屋面作为接闪器，并应符合下列规定：

1 板间的连接应是持久的电气贯通，可采用铜锌合金焊、熔焊、卷边压接、缝接，螺钉或螺栓连接。

2 金属板下面无易燃物品时，铅板的厚度不应小于2mm，不锈钢、热镀锌钢、钛和铜板的厚度不应小于0.5mm，铝板的厚度不应小于0.65mm，锌板的厚度不应小于0.7mm。

3 金属板下面有易燃物品时，不锈钢、热镀锌钢和钛板的厚度不应小于4mm，铜板的厚度不应小于5mm，铝板的厚度不应小于7mm。

4 金属板应无绝缘被覆层。

注：薄的油漆保护层或1mm厚沥青层或0.5mm厚聚氯乙烯层均不应属于绝缘被覆层。

5.2.8 除第一类防雷建筑物和本规范第4.3.2条第1款的规定外，屋顶上永久性金属物宜作为接闪器，但其各部件之间均应连成电气贯通，并应符合下列规定：

1 旗杆、栏杆、装饰物、女儿墙上的盖板等，其截面应符合本规范表5.2.1的规定，其壁厚应符合本规范第5.2.7条的规定。

2 输送和储存物体的钢管和钢罐的壁厚不应小于2.5mm；当钢管、钢罐一旦被雷击穿，其内的介质对周围环境造成危险时，其壁厚不应小于4mm。

3 利用屋顶建筑构件内钢筋作接闪器应符合本规范第4.3.5条和第4.4.5条的规定。

5.2.9 除利用混凝土构件钢筋或在混凝土内专设钢材作接闪器外，钢质接闪器应热镀锌。在腐蚀性较强的场所，尚应采取加大截面或其他防腐措施。

5.2.10 不得利用安装在接收无线电视广播天线杆顶上的接闪器保护建筑物。

5.2.11 专门敷设的接闪器应由下列的一种或多种方式组成：

1 独立接闪杆。

2 架空接闪线或架空接闪网。

3 直接装设在建筑物上的接闪杆、接闪带或接闪网。

5.2.12 专门敷设的接闪器，其布置应符合表5.2.12的规定。布置接闪器时，可单独或任意组合采用接闪杆、接闪带、接闪网。

表5.2.12 接闪器布置

建筑物防雷类别	滚球半径 h_r/m	接闪网网格尺寸/m
第一类防雷建筑物	30	≤5×5或≤6×4
第二类防雷建筑物	45	≤10×10或≤12×8
第三类防雷建筑物	60	≤20×20或≤24×16

5.3 引下线

5.3.1 引下线的材料、结构和最小截面应按本规范表5.2.1的规定取值。

5.3.2 明敷引下线固定支架的间距不宜大于本规范表5.2.6的规定。

5.3.3 引下线宜采用热镀锌圆钢或扁钢，宜优先采用圆钢。

当独立烟囱上的引下线采用圆钢时，其直径不应小于12mm；采用扁钢时，其截面不应小于100mm^2，厚度不应小于4mm。

防腐措施应符合本规范第5.2.9条的规定。

利用建筑构件内钢筋作引下线应符合本规范第4.3.5条和第4.4.5条的规定。

5.3.4 专设引下线应沿建筑物外墙外表面明敷，并应经最短路径接地；建筑外观要求较高时可暗敷，但其圆钢直径不应小于10mm，扁钢截面不应小于80mm^2。

5.3.5 建筑物的钢梁、钢柱、消防梯等金属构件，以及幕墙的金属立柱宜作为引下线，但其各部件之间均应连成电气贯通，可采用铜锌合金焊、熔焊、卷边压接、缝接、螺钉或螺栓连接；其截面应按本规范表5.2.1的规定取值；各金属构件可覆有绝缘材料。

5.3.6 采用多根专设引下线时，应在各引下线上距地面0.3～1.8m处装设断接卡。

当利用混凝土内钢筋、钢柱作为自然引下线并同时采用基础接地体时，可不设断接卡，但利用钢筋作引下线时应在室内外的适当地点设若干连接板。当仅利用钢筋作引下线并采用埋于土壤中的人工接地体时，应在每根引下线上距地面不低于0.3m处设接地体连接板。采用埋于土壤中的人工接地体时应设断接卡，其上端应与连接板或钢柱焊接。连接板处宜有明显标志。

5.3.7 在易受机械损伤之处，地面上1.7m至地面下0.3m的一段接地线．应采用暗敷或采用镀锌角钢、改性塑料管或橡胶管等加以保护。

5.3.8 第二类防雷建筑物或第三类防雷建筑物为钢结构或钢筋混凝土建筑物时，在其钢构件或钢筋之间的连接满足本规范规定并利用其作为引下线的条件下，当其垂直支柱均起到引下线的作用时，可不要求满足专设引下线之间的间距。

5.4 接地装置

5.4.1 接地体的材料、结构和最小尺寸应符合表5.4.1的规定。利用建筑构件内钢筋作接地装置应符合本规范第4.3.5条和第4.4.5条的规定。

5.4.2 在符合本规范表5.1.1规定的条件下，埋于土壤中的人工垂直接地体宜采用热镀锌角钢、钢管或圆钢；埋于土壤中的人工水平接地体宜采用热镀锌扁钢或圆钢。

接地线应与水平接地体的截面相同。

表5.4.1 接地体的材料、结构和最小尺寸

材料	结构	最小尺寸			备注
		垂直接地体直径/mm	水平接地体/mm^2	接地板/mm	
铜、镀锡铜	铜绞线	—	50	—	每股直径1.7mm
	单根圆铜	15	50	—	—
	单根扁铜	—	50	—	厚度2mm
	铜管	20	—	—	壁厚2mm
	整块铜板	—	—	500×500	厚度2mm
	网格铜板	—	—	600×600	各网格边截面25mm×2mm，网格网边总长度不少于4.8m

续表

<table>
<tr><td rowspan="2">材料</td><td rowspan="2">结构</td><td colspan="3">最小尺寸</td><td rowspan="2">备注</td></tr>
<tr><td>垂直接地体直径/mm</td><td>水平接地体/mm²</td><td>接地板/mm</td></tr>
<tr><td rowspan="6">热镀锌钢</td><td>圆钢</td><td>14</td><td>78</td><td>—</td><td></td></tr>
<tr><td>钢管</td><td>20</td><td>—</td><td>—</td><td>壁厚 2mm</td></tr>
<tr><td>扁钢</td><td>—</td><td>90</td><td>—</td><td>厚度 3mm</td></tr>
<tr><td>钢板</td><td>—</td><td>—</td><td>500×500</td><td>厚度 3mm</td></tr>
<tr><td>网格钢板</td><td>—</td><td></td><td>600×600</td><td>各网格边截面 30mm×3mm，网格网边总长度不少于 4.8m</td></tr>
<tr><td>型钢</td><td>注 3</td><td></td><td>—</td><td></td></tr>
<tr><td rowspan="3">裸钢</td><td>铜绞线</td><td></td><td>70</td><td></td><td>每股直径 1.7mm</td></tr>
<tr><td>圆钢</td><td>—</td><td>78</td><td>—</td><td>—</td></tr>
<tr><td>扁钢</td><td>—</td><td>75</td><td>—</td><td>厚度 3mm</td></tr>
<tr><td rowspan="2">外表面镀铜的钢</td><td>圆钢</td><td>14</td><td>50</td><td></td><td rowspan="2">镀铜厚度至少 250μm，铜纯度 99.9%</td></tr>
<tr><td>扁钢</td><td>—</td><td>90（厚 3mm）</td><td>—</td></tr>
<tr><td rowspan="2">不锈钢</td><td>圆形导体</td><td>15</td><td>78</td><td></td><td>—</td></tr>
<tr><td>扁形导体</td><td>—</td><td>100</td><td></td><td>厚度 2mm</td></tr>
</table>

注：1. 热镀锌钢的镀锌层应光滑连贯、无焊剂斑点，镀锌层圆钢至少 $22.7g/m^2$、扁钢至少 $32.4g/m^2$；
2. 热镀锌之前螺纹应先加工好；
3. 不同截面的型钢，其截面不小于 $290mm^2$，最小厚度 3mm，可采用 50mm×50mm×3mm 角钢；
4. 当完全埋在混凝土中时才可采用裸钢；
5. 外表面镀铜的钢，铜应与钢结合良好；
6. 不锈钢中，铬的含量等于或大于 16%，镍的含量等于或大于 5%，钼的含量等于或大于 2%，碳的含量等于或小于 0.08%；
7. 截面积允许误差为 -3%。

5.4.3 人工钢质垂直接地体的长度宜为 2.5m。其间距以及人工水平接地体的间距均宜为 5m，当受地方限制时可适当减小。

5.4.4 人工接地体在土壤中的埋设深度不应小于 0.5m，并宜敷设在当地冻土层以下，其距墙或基础不宜小于 1m。接地体宜远离由于烧窑、烟道等高温影响使土壤电阻率升高的地方。

5.4.5 在敷设于土壤中的接地体连接到混凝土基础内起基础接地体作用的钢筋或钢材的情况下，土壤中的接地体宜采用铜质或镀铜或不锈钢导体。

5.4.6 在高土壤电阻率的场地，降低防直击雷冲击接地电阻宜采用下列方法：

1 采用多支线外引接地装置。外引长度不应大于有效长度，有效长度应符合本规范附录 C 的规定。

2 接地体埋于较深的低电阻率土壤中。

3 换土。

4 采用降阻剂。

5.4.7 防直击雷的专设引下线距出入口或人行道边沿不宜小于 3m。

5.4.8 接地装置埋在土壤中的部分，其连接宜采用放热焊接；当采用通常的焊接方法时，应在焊接处做防腐处理。

5.4.9　接地装置工频接地电阻的计算应符合现行国家标准《工业与民用电力装置的接地设计规范》GBJ 65 的有关规定，其与冲击接地电阻的换算应符合本规范附录 C 的规定。

6　防雷击电磁脉冲

6.1　基本规定

6.1.1　在工程的设计阶段不知道电子系统的规模和具体位置的情况下，若预计将来会有需要防雷击电磁脉冲的电气和电子系统，应在设计时将建筑物的金属支撑物、金属框架或钢筋混凝土的钢筋等自然构件，金属管道、配电的保护接地系统等与防雷装置组成一个接地系统，并应在需要之处预埋等电位连接板。

6.1.2　当电源采用 TN 系统时，从建筑物总配电箱起供电给本建筑物内的配电线路和分支线路必须采用 TN－S 系统。

6.2　防雷区和防雷击电磁脉冲

6.2.1　防雷区的划分应符合下列规定：

1　本区内的各物体都可能遭到直接雷击并导走全部雷电流，以及本区内的雷击电磁场强度没有衰减时，应划分为 $LPZ0_A$ 区。

2　本区内的各物体不可能遭到大于所选滚球半径对应的雷电流直接雷击，以及本区内的雷击电磁场强度仍没有衰减时，应划分为 $LPZ0_B$ 区。

3　本区内的各物体不可能遭到直接雷击，且由于在界面处的分流，流经各导体的电涌电流比 $LPZ0_B$ 区内的更小，以及本区内的雷击电磁场强度可能衰减，衰减程度取决于屏蔽措施时，应划分为 LPZ1 区。

4　需要进一步减小流入的电涌电流和雷击电磁场强度时，增设的后续防雷区应划分为 LPZ2…n 后续防雷区。

6.2.2　安装磁场屏蔽后续防雷区、安装协调配合好的多组电涌保护器，宜按需要保护的设备的数量、类型和耐压水平及其所要求的磁场环境选择（图 6.2.2）。

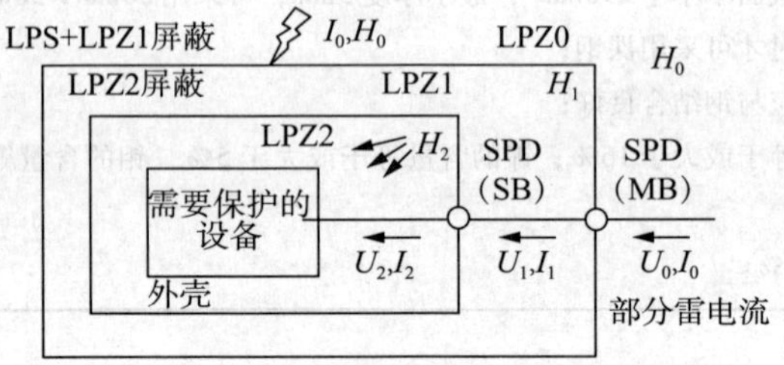

（a）采用大空间屏蔽和协调配合好的电涌保护器保护

注：设备得到良好的防导入电涌的保护，U_2 大大小于 U_0 和 I_2 大大小于 I_0，以及 H_2 大大小于 H_0 防辐射磁场的保护。

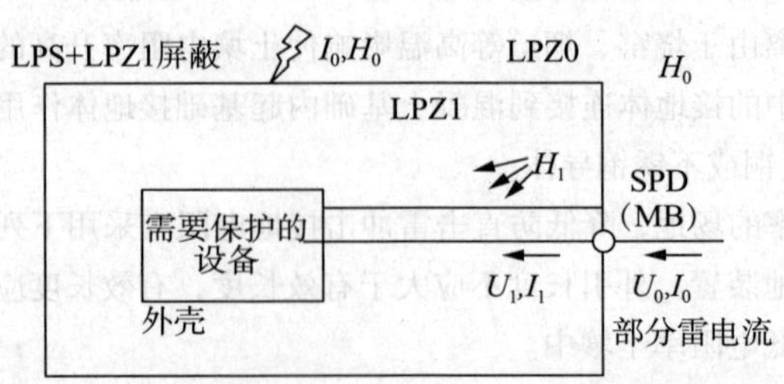

（b）采用LPZ1大空间屏蔽和进户处安装电涌保护器的保护

注：设备得到防导入电涌的保护，U_1 小于 U_0 和 I_1 小于 I_0，以及 H_1 小于 H_0 防辐射磁场的保护。

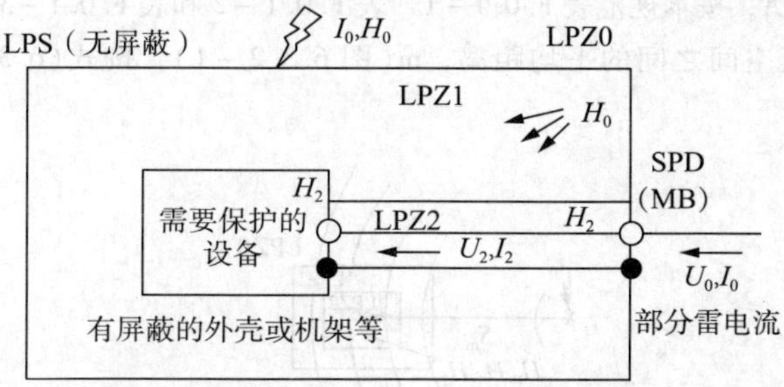

（c）采用内部线路屏蔽和在进入LPZ1处安装电涌保护器的保护

注：设备得到防线路导入电涌的保护，U_2 小于 U_0 和 I_2 小于 I_0，以及 H_0 小于 H_0 防辐射磁场的保护。

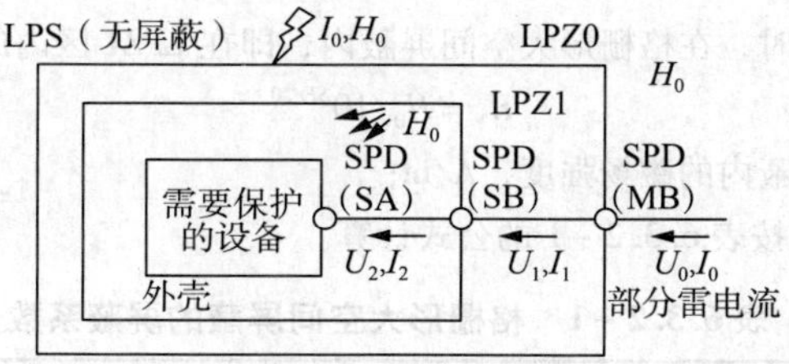

（d）仅采用协调配合好的电涌保护器保护

注：设备得到防线路导入电涌的保护。U_2 大大小于 U_0 和 I_2 大大小于 I_0，但不需防 H_0 辐射磁场的保护。

图 6.2.2　防雷击电磁脉冲

MB—总配电箱；SB—分配电箱；SA—插座

6.2.3　在两个防雷区的界面上宜将所有通过界面的金属物做等电位连接。当线路能承受所发生的电涌电压时，电涌保护器可安装在被保护设备处，而线路的金属保护层或屏蔽层宜首先于界面处做一次等电位连接。

注：$LPZ0_A$ 与 $LPZ0_B$ 区之间无实物界面。

6.3　屏蔽、接地和等电位连接的要求

6.3.1　屏蔽、接地和等电位连接的要求宜联合采取下列措施：

1　所有与建筑物组合在一起的大尺寸金属件都应等电位连接在一起，并应与防雷装置相连。但第一类防雷建筑物的独立接闪器及其接地装置应除外。

2　在需要保护的空间内，采用屏蔽电缆时其屏蔽层应至少在两端，并宜在防雷区交界处做等电位连接，系统要求只在一端做等电位连接时，应采用两层屏蔽或穿钢管敷设，外层屏蔽或钢管应至少在两端，并宜在防雷区交界处做等电位连接。

3　分开的建筑物之间的连接线路，若无屏蔽层，线路应敷设在金属管、金属格栅或钢筋成格栅形的混凝土管道内。金属管、金属格栅或钢筋格栅从一端到另一端应是导电贯通，并应在两端分别连到建筑物的等电位连接带上；若有屏蔽层，屏蔽层的两端应连到建筑物的等电位连接带上。

4　对由金属物、金属框架或钢筋混凝土钢筋等自然构件构成建筑物或房间的格栅形大空间屏蔽，应将穿入大空间屏蔽的导电金属物就近与其做等电位连接。

6.3.2　对屏蔽效率未做试验和理论研究时，磁场强度的衰减应按下列方法计算：

1　闪电击于建筑物以外附近时，磁场强度应按下列方法计算：

1）当建筑物和房间无屏蔽时所产生的无衰减磁场强度，相当于处于 $LPZ0_A$ 和 $LPZ0_B$ 区内的磁场强度，应按下式计算：

$$H_0 = i_0/(2\pi S_a) \qquad (6.3.2-1)$$

式中　H_0——无屏蔽时产生的无衰减磁场强度，A/m；

i_0——最大雷电流，A，按本规范表 F. 0. 1 – 1、表 F. 0. 1 – 2 和表 F. 0. 1 – 3 的规定取值；

S_a——雷击点与屏蔽空间之间的平均距离，m(图 6. 3. 2 – 1)，按式(6. 3. 2 – 6)或式(6. 3. 2 – 7)计算。

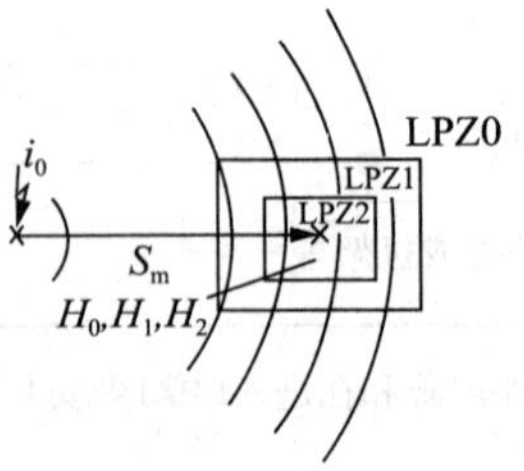

图 6. 3. 2 – 1　附近雷击时的环境情况

2)当建筑物或房间有屏蔽时，在格栅形大空间屏蔽内，即在 LPZ1 区内的磁场强度，应按下式计算：

$$H_1 = H_0/10^{SF/20} \tag{6.3.2-2}$$

式中　H_1——格栅形大空间屏蔽内的磁场强度，A/m；

SF——屏蔽系数(dB)，按表 6. 3. 2 – 1 的公式计算。

表 6. 3. 2 – 1　格栅形大空间屏蔽的屏蔽系数

材料	SF/dB	
	25kHz①	1MHz②或 250kHz
铜/铝	20 × 10g(8. 5/ω)	20 × log(8. 5/ω)
铜③	$20 \times \log [(8.5/\omega)/\sqrt{1+18\times10^{-6}/r^2}]$	20 × log(8. 5/ω)

①适用于首次雷击的磁场；

②1MHz 适用于后续雷击的磁场，250kHz 适用于首次负级性雷击的磁场；

③相对磁导系数 $\mu_r \approx 200$；

注：1. ω 为格栅形屏蔽的网格宽(m)；r 为格栅形屏蔽网格导体的半径(m)；

2. 当计算式得出的值为负数时取 SF = 0；若建筑物具有网格形等电位连接网络，SF 可增加 6dB。

2　表 6. 3. 2 – 1 的计算值应仅对在各 LPZ 区内距屏蔽层有一安全距离的安全空间内才有效(图 6. 3. 2 – 2)，安全距离应按下列公式计算：

当 $SF \geqslant 10$ 时：

$$d_{s/1} = \omega^{SF/10} \tag{6.3.2-3}$$

当 $SF < 10$ 时：

$$d_{s/1} = \omega \tag{6.3.2-4}$$

式中　$d_{s/1}$——安全距离，m；

ω——格栅形屏蔽的网格宽，m；

SF——按表 6. 3. 2 – 1 计算的屏蔽系数，dB。

3　在闪电击在建筑物附近磁场强度最大的最坏情况下，按建筑物的防雷类别、高度、宽度或长度可确定可能的雷击点与屏蔽空间之间平均距离的最小值(图 6. 3. 2 – 3)，可按下列方法确定：

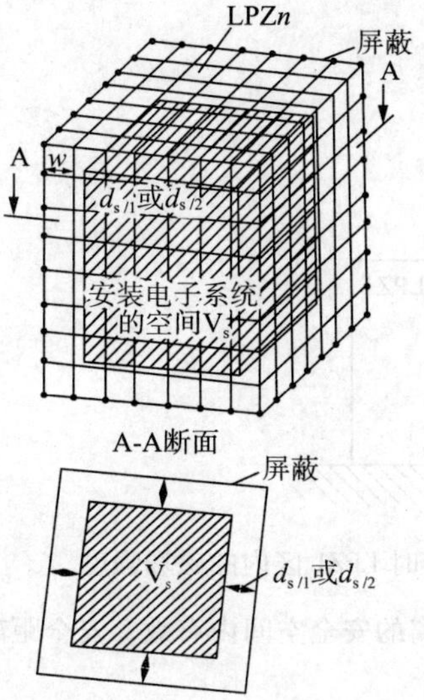

图 6.3.2-2　在 LPZn 区内供安放电气和电子系统的空间

注：空间 V_s 为安全空间。

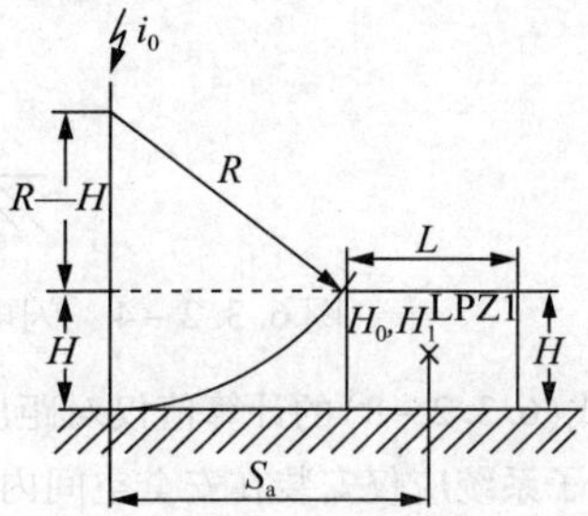

图 6.3.2-3　取决于滚球半径和建筑物尺寸的最小平均距离

1）对应三类防雷建筑物最大雷电流的滚球半径应符合表 6.3.2-2 的规定。滚球半径可按下式计算：

$$R = 10(i_0)^{0.65} \qquad (6.3.2-5)$$

式中　R——滚球半径，m；

i_0——最大雷电流（kA），按本规范表 F.0.1-1、表 F.0.1-2 或表 F.0.1-3 的规定取值。

表 6.3.2-2　与最大雷电流对应的滚球半径

防雷建筑物类别	最大雷电流 i_0/kA			对应的滚球半径 R/m		
	正极性首次雷击	负极性首次雷击	负极性后续雷击	正极性首次雷击	负极性首次雷击	负极性后续雷击
第一类	200	100	50	313	200	127
第二类	150	75	37.5	260	165	105
第三类	100	50	25	200	127	81

2）雷击点与屏蔽空间之间的最小平均距离，应按下列公式计算：

当 $H < R$ 时：

$$s_a = \sqrt{H(2R-H)} + L/2 \qquad (6.3.2-6)$$

当 $H \geqslant R$ 时：

$$s_a = R + L/2 \qquad (6.3.2-7)$$

式中　H——建筑物高度，m；

L——建筑物长度，m。

根据具体情况建筑物长度可用宽度代入。对所取最小平均距离小于式（6.3.2-6）或式（6.3.2-4）计算值的情况，闪电将直接击在建筑物上。

4　在闪电直接击在位于 $LPZ0_A$ 区的格栅形大空间屏蔽或与其连接的接闪器上的情况下，其内部 LPZ1 区内安全空间内某点的磁场强度应按下式计算（图 6.3.2-4）：

$$H_1 = k_H \cdot i_0 \cdot \omega / (d_w \cdot \sqrt{d_r}) \qquad (6.3.2-8)$$

式中　H_1——安全空间内某点的磁场强度，A/m；

d_r——所确定的点距 LPZ1 区屏蔽顶的最短距离，m；

d_w——所确定的点距 LPZ1 区屏蔽壁的最短距离，m；

k_H——形状系数$(1/\sqrt{m})$，取 $k_H = 0.01(1/\sqrt{m})$；

ω——LPZ1 区格栅形屏蔽的网格宽，m。

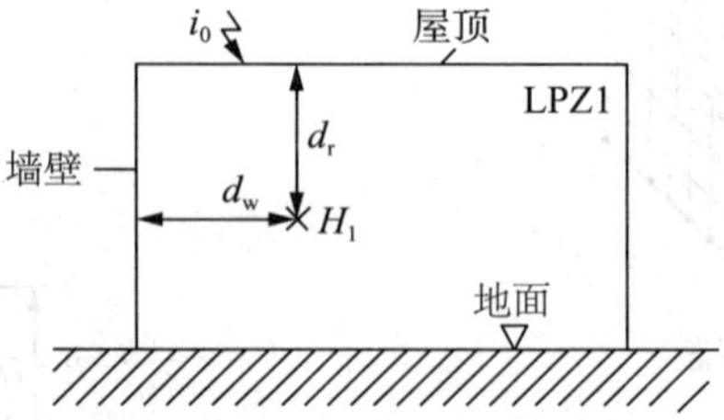

图 6.3.2－4　闪电直接击于屋顶接闪器时 LPZ1 区内的磁场强度

5　式(6.3.2－8)的计算值仅对距屏蔽格栅有一安全距离的安全空间内有效，安全距离应按下列公式计算，电子系统应仅安装在安全空间内：

当 $SF \geqslant 10$ 时：

$$d_{s/2} = \omega \cdot SF/10 \tag{6.3.2-9}$$

当 $SF < 10$ 时：

$$d_{s/2} = \omega \tag{6.3.2-10}$$

式中　$d_{s/2}$——安全距离，m。

6　LPZ$n+1$ 区内的磁场强度可按下式计算：

$$H_{n+1} = H_n / 10^{SF/20} \tag{6.3.2-11}$$

式中　H_n——LPZn 区内的磁场强度，A/m；

H_{n+1}——LPZ$n+1$ 区内的磁场强度，A/m；

SF——LPZ$n+1$ 区屏蔽的屏蔽系数。

安全距离应按式(6.3.2－3)或式(6.3.24)计算。

7　当式(6.3.2－11)中的 LPZn 区内的磁场强度为 LPZ1 区内的磁场强度时，LPZ1 区内的磁场强度应按以下方法确定：

1)闪电击在 LPZ1 区附近的情况，应按本条第 1 款式(6.3.2－1)和式(6.3.2－2)确定。

2)闪电直接击在 LPZ1 区大空间屏蔽上的情况，应按本条第 4 款式(6.3.2－8)确定，但式中所确定的点距 LPZ1 区屏蔽顶的最短距离和距 LPZ1 区屏蔽壁的最短距离应按图 6.3.2－5 确定。

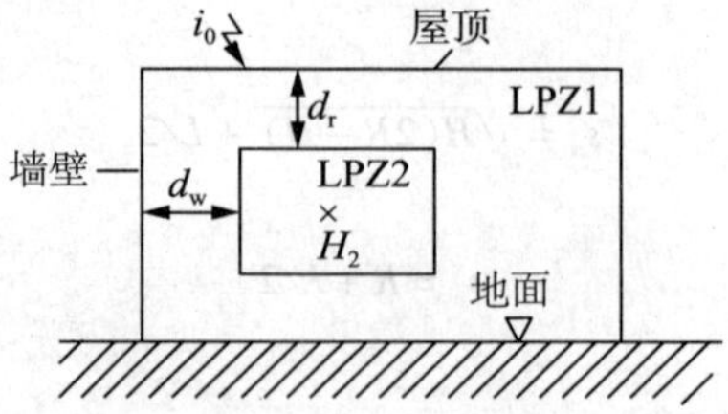

图 6.3.2－5　LPZ2 区内的磁场强度

6.3.3　接地和等电位连接除应符合本规范的有关规定外，尚应符合下列规定：

1　每幢建筑物本身应采用一个接地系统(图 6.3.3)。

2　当互相邻近的建筑物之间有电气和电子系统的线路连通时，宜将其接地装置互相连接，可通过接地线、PE 线、屏蔽层、穿线钢管、电缆沟的钢筋、金属管道等连接。

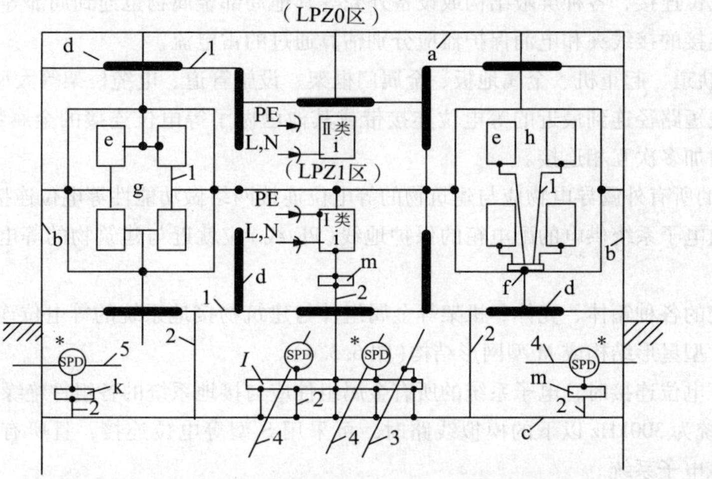

图6.3.3 接地、等电位连接和接地系统的构成

a—防雷装置的接闪器及可能是建筑物空间屏蔽的一部分；b—防雷装置的引下线及可能是建筑物空间屏蔽的一部分；c—防雷装置的接地装置(接地体网络、共用接地体网络)以及可能是建筑物空间屏蔽的一部分，如基础内钢筋和基础接地体；d—内部导电物体．在建筑物内及其上不包括电气装置的金属装置，如电梯轨道，起重机，金属地面，金属门框架，各种服务性设施的金属管道，金属电缆桥架，地面、墙和天花板的钢筋；e—局部电子系统的金属组件；f—代表局部等电位连接带单点连接的接地基准点(ERP)；g—局部电子系统的网形等电位连接结构；h—局部电子系统的星形等电位连接结构；i—固定安装有PE线的Ⅰ类设备和无PE线的Ⅱ类设备；k—主要供电气系统等电位连接用的总接地带、总接地母线、总等电位连接带。也可用作共用等电位连接带；l—主要供电子系统等电位连接用的环形等电位连接带、水平等电位连接导体，在特定情况下采用金属板。也可用作共用等电位连接带。用接地线多次接到接地系统上做等电位连接，宜每隔5m连一次；m—局部等电位连接带；1—等电位连接导体；2—接地线；3—服务性设施的金属管道；4—电子系统的线路或电缆；5—电气系境的线路或电缆；*—进入LPZ1区处、用于管道、电气和电子系统的线路或电缆等外来服务性设施的等电位连接。

6.3.4 穿过各防雷区界面的金属物和建筑物内系统，以及在一个防雷区内部的金属物和建筑物内系统，均应在界面处附近做符合下列要求的等电位连接：

1 所有进入建筑物的外来导电物均应在$LPZ0_A$或$LPZ0_B$与LPZ1区的界面处做等电位连接。当外来导电物、电气和电子系统的线路在不同地点进入建筑物时，宜设若干等电位连接带，并应将其就近连到环形接地体、内部环形导体或在电气上贯通并连通到接地体或基础接地体的钢筋上。环形接地体和内部环形导体应连到钢筋或金属立面等其他屏蔽构件上，宜每隔5m连接一次。

对各类防雷建筑物，各种连接导体和等电位连接带的截面不应小于本规范表5.1.2的规定。

当建筑物内有电子系统时，在已确定雷击电磁脉冲影响最小之处，等电位连接带宜采用金属板，并应与钢筋或其他屏蔽构件做多点连接。

2 在$LPZ0_A$与LPZ1区的界面处做等电位连接用的接线夹和电涌保护器，应采用本规范表F.0.1－1的雷电流参量估算通过的分流值。当无法估算时，可按本规范式(4.2.4－6)或式(4.2.4－7)计算，计算中的雷电流应采用本规范表F.0.1－1的雷电流。尚应确定沿各种设施引入建筑物的雷电流。应采用向外分流或向内引入的雷电流的较大者。

在靠近地面于$LPZ0_B$与LPZ1区的界面处做等电位连接用的接线夹和电涌保护器，仅应确定闪电击中建筑物防雷装置时通过的雷电流；可不计及沿全长处在$LPZ0_B$区的各种设施引入建筑物的雷电流，其值应仅为感应电流和小部分雷电流。

3 各后续防雷区界面处的等电位连接也应采用本条第1款的规定。

穿过防雷区界面的所有导电物、电气和电子系统的线路均应在界面处做等电位连接。宜采用一局部等电位连接带做等电位连接，各种屏蔽结构或设备外壳等其他局部金属物也连到局部等电位连接带。

用于等电位连接的接线夹和电涌保护器应分别估算通过的雷电流。

4 所有电梯轨道、起重机、金属地板、金属门框架、设施管道、电缆桥架等大尺寸的内部导电物，其等电位连接应以最短路径连到最近的等电位连接带或其他已做了等电位连接的金属物或等电位连接网络，各导电物之间宜附加多次互相连接。

5 电子系统的所有外露导电物应与建筑物的等电位连接网络做功能性等电位连接。电子系统不应设独立的接地装置。向电子系统供电的配电箱的保护地线（PE 线）应就近与建筑物的等电位连接网络做等电位连接。

一个电子系统的各种箱体、壳体、机架等金属组件与建筑物接地系统的等电位连接网络做功能性等电位连接，应采用 S 型星形结构或 M 型网形结构（图 6.3.4）。

当采用 S 型等电位连接时，电子系统的所有金属组件应与接地系统的各组件绝缘。

6 当电子系统为 300kHz 以下的模拟线路时，可采用 S 型等电位连接，且所有设施管线和电缆宜从 ERP 处附近进入该电子系统。

S 塑等电位连接应仅通过唯一的 ERP 点，形成 S_s 型连接方式（图 6.3.4）。设备之间的所有线路和电缆当无屏蔽时，宜与成星形连接的等电位连接线平行敷设。用于限制从线路传导来的过电压的电涌保护器，其引线的连接点应使加到被保护设备上的电涌电压最小。

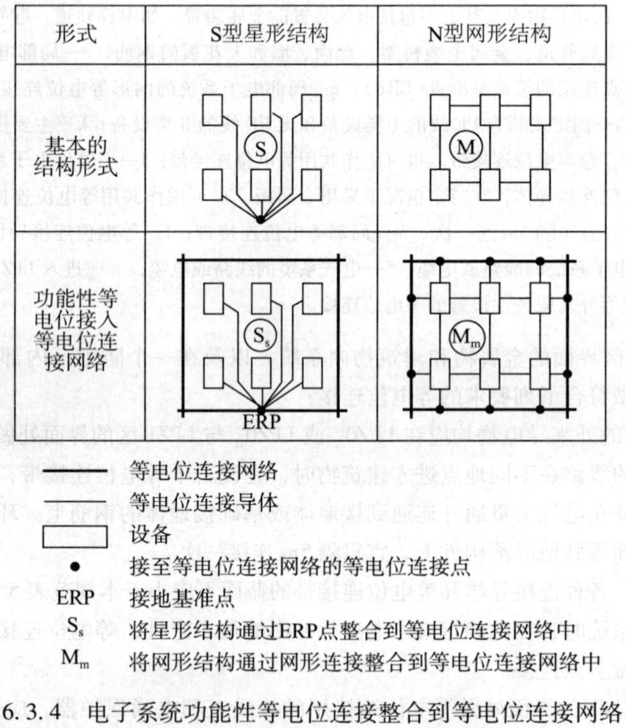

图 6.3.4 电子系统功能性等电位连接整合到等电位连接网络中

7 当电子系统为兆赫兹级数字线路时，应采用 M 型等电位连接，系统的各金属组件不应与接地系统各组件绝缘。M 型等电位连接应通过多点连接组合到等电位连接网络中去，形成 M_m 型连接方式。每台设备的等电位连接线的长度不宜大于 0.5m，并宜设两根等电位连接线安装于设备的对角处，其长度相差宜为 20%。

6.4 安装和选择电涌保护器的要求

6.4.1 复杂的电气和电子系统中，除在户外线路进入建筑物处，$LPZ0_A$ 或 $LPZ0_B$ 进入 LPZ1 区，按本规范第 4 章要求安装电涌保护器外，在其后的配电和信号线路上应按本规范第 6.4.4～6.4.8 条确定是否选择和安装与其协调配合好的电涌保护器。

6.4.2　两栋定为LPZ1区的独立建筑物用电气线路或信号线路的屏蔽电缆或穿钢管的无屏蔽线路连接时，屏蔽层流过的分雷电流在其上所产生的电压降不应对线路和所接设备引起绝缘击穿，同时屏蔽层的截面应满足通流能力(图6.4.2)。计算方法应符合本规范附录H的规定。

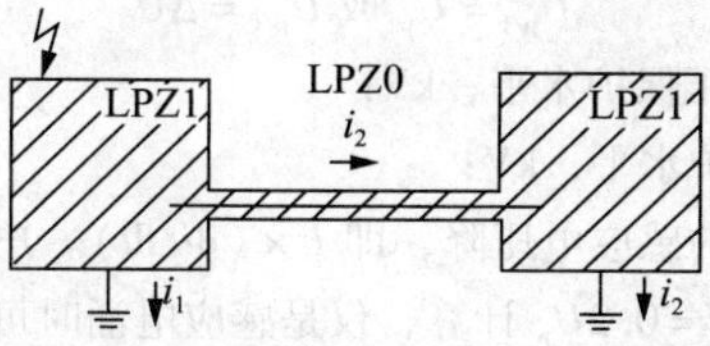

图6.4.2　用屏蔽电缆或穿钢管线路将两栋独立的LPZ1区连接在一起

6.4.3　LPZ1区内两个LPZ2区之间用电气线路或信号线路的屏蔽电缆或屏蔽的电缆沟或穿钢管屏蔽的线路连接在一起，当有屏蔽的线路没有引出LPZ2区时，线路的两端可不安装电涌保护器(图6.4.3)。

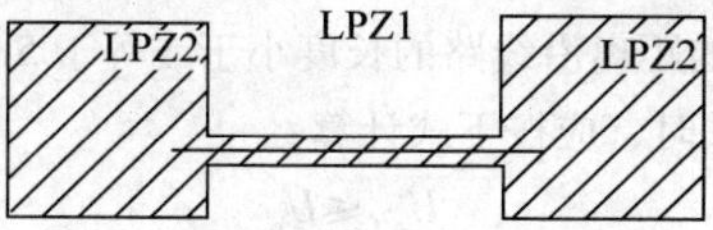

图6.4.3　用屏蔽的线路将两个LPZ2区连接在一起

6.4.4　需要保护的线路和设备的耐冲击电压，220/380V三相配电线路可按表6.4.4的规定取值；其他线路和设备，包括电压和电流的抗扰度，宜按制造商提供的材料确定。

表6.4.4　建筑物内220/380V配电系统中设备绝缘耐冲击电压额定值

设备位置	电源处的设备	配电线路和最后分支线路的设备	用电设备	特殊需要保护的设备
耐冲击电压类别	Ⅳ类	Ⅲ类	Ⅱ类	Ⅰ类
耐冲击电压额定值 U_w/kV	6	4	2.5	1.5

注：1. Ⅰ类——含有电子电路的设备，如计算机、有电子程序控制的设备；
2. Ⅱ类——如家用电器和类似负荷；
3. Ⅲ类——如配电盘，断路器，包括线路、母线、分线盒、开关，插座等固定装置的布线系统，以及应用于工业的设备和永久接至固定装置的固定安装的电动机等的一些其他设备；
4. Ⅳ类——如电气计量仪表、一次线过流保护设备、滤波器。

6.4.5　电涌保护器安装位置和放电电流的选择，应符合下列规定：

1　户外线路进入建筑物处，即$LPZ0_A$或$LPZ0_B$进入LPZ1区，所安装的电涌保护器应按本规范第4章的规定确定。

2　靠近需要保护的设备处，即LPZ2区和更高区的界面处，当需要安装电涌保护器时，对电气系统宜选用Ⅱ级或Ⅲ级试验的电涌保护器，对电子系统宜按具体情况确定，并应符合本规范附录J的规定，技术参数应按制造商提供的、在能量上与本条第1款所确定的配合好的电涌保护器选用，并应包含多组电涌保护器之间的最小距离要求。

3　电涌保护器应与同一线路上游的电涌保护器在能量上配合，电涌保护器在能量上配合的资料应由制造商提供。若无此资料，Ⅱ级试验的电涌保护器，其标称放电电流不应小于5kA；Ⅲ级试验的电涌保护器，其标称放电电流不应小于3kA。

6.4.6　电涌保护器的有效电压保护水平，应符合下列规定：

1　对限压型电涌保护器：

$$U_{p/f} = U_p + \Delta U \quad (6.4.6-1)$$

2　对电压开关型电涌保护器，应取下列公式中的较大者：

$$U_{p/f} = U_p \text{ 或 } U_{p/f} = \Delta U \quad (6.4.6-2)$$

式中　$U_{p/f}$——电涌保护器的有效电压保护水平，kV；

U_p——电涌保护器的电压保护水平，kV；

ΔU——电涌保护器两端引线的感应电压降，即 $L\times(di/dt)$。户外线路进入建筑物处可按 1kV/m 计算，在其后的可按 $\Delta U = 0.2U_p$ 计算，仅是感应电涌时可略去不计。

3　为取得较小的电涌保护器有效电压保护水平，应选用有较小电压保护水平值的电涌保护器，并应采用合理的接线，同时应缩短连接电涌保护器的导体长度。

6.4.7　确定从户外沿线路引入雷击电涌时，电涌保护器的有效电压保护水平值的选取应符合下列规定：

1　当被保护设备距电涌保护器的距离沿线路的长度小于或等于 5m 时，或在线路有屏蔽并两端等电位连接下沿线路的长度小于或等于 10m 时，应按下式计算：

$$U_{p/f} \leqslant U_w \quad (6.4.7-1)$$

式中　U_w——被保护设备的设备绝缘耐冲击电压额定值，kV。

2　当被保护设备距电涌保护器的距离沿线路的长度大于 10m 时，应按下式计算：

$$U_{p/f} \leqslant \frac{U_w - U_i}{2} \quad (6.4.7-2)$$

式中　U_i——雷击建筑物附近，电涌保护器与被保护设备之间电路环路的感应过电压(kV)，按本规范第 6.3.2 条和附录 G 计算。

3　对本条第 2 款，当建筑物或房间有空间屏蔽和线路有屏蔽或仅线路有屏蔽并两端等电位连接时，可不计及电涌保护器与被保护设备之间电路环路的感应过电压，但应按下式计算：

$$U_{p/f} \leqslant \frac{U_w}{2} \quad (6.4.7-3)$$

4　当被保护的电子设备或系统要求按现行国家标准《电磁兼容　试验和测量技术　浪涌(冲击)抗扰度试验》GB/T 17626.5 确定的冲击电涌电压小于 U_w 时，式(6.4.7-1)～式(6.4.7-3)中的 U_w 应用前者代入。

6.4.8　用于电气系统的电涌保护器的最大持续运行电压值和接线形式，以及用于电子系统的电涌保护器的最大持续运行电压值，应按本规范附录 J 的规定采用。连接电涌保护器的导体截面应按本规范表 5.1.2 的规定取值。

附录A 建筑物年预计雷击次数

A. 0. 1 建筑物年预计雷击次数应按下式计算：

$$N = k \times N_g \times A_e \quad (A.0.1)$$

式中 N——建筑物年预计雷击次数，次/a；

k——校正系数，在一般情况下取1；位于河边、湖边、山坡下或山地中土壤电阻率较小处、地下水露头处、土山顶部、山谷风口等处的建筑物，以及特别潮湿的建筑物取1.5；金属屋面没有接地的砖木结构建筑物取1.7；位于山顶上或旷野的孤立建筑物取2；

N_g——建筑物所处地区雷击大地的年平均密度，次/km²/a；

A_e——与建筑物截收相同雷击次数的等效面积，km²。

A. 0. 2 雷击大地的年平均密度，首先应按当地气象台、站资料确定；若无此资料，可按下式计算：

$$N_g = 0.1 \times T_d \quad (A.0.2)$$

式中 T_d——年平均雷暴日，根据当地气象台、站资料确定，d/a。

A. 0. 3 与建筑物截收相同雷击次数的等效面积应为其实际平面积向外扩大后的面积。其计算方法应符合下列规定：

1 当建筑物的高度小于100m时，其每边的扩大宽度和等效面积应按下列公式计算（图A. 0. 3）：

$$D = \sqrt{H(200 - H)} \quad (A.0.3-1)$$

$$A_e = [LW + 2(L + W)\sqrt{H(200 - H)} + \pi H(200 - H)] \times 10^{-6} \quad (A.0.3-2)$$

式中 D——建筑物每边的扩大宽度，m；

L、W、H——分别为建筑物的长、宽、高，m。

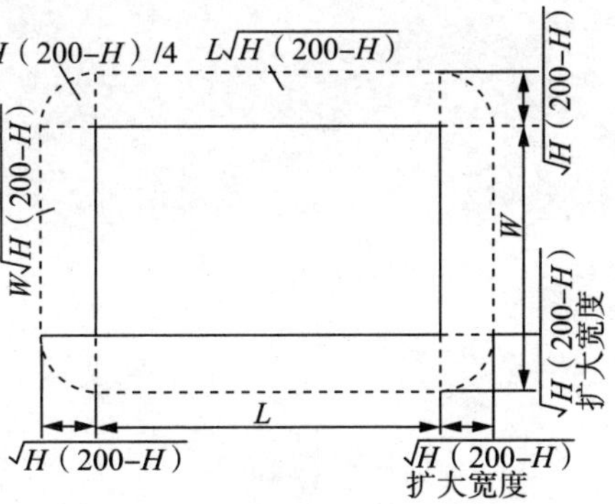

图A. 0. 3 建筑物的等效面积

注：建筑物平面面积扩大后的等效面积如图A. 0. 3中周边虚线所包围的面积。

2 当建筑物的高度小于100m，同时其周边在2D范围内有等高或比它低的其他建筑物，这些建筑物不在所考虑建筑物以$h_r = 100$（m）的保护范围内时，按式（A. 0. 3－2）算出的A_e可减去（$D/2$）×（这些建筑物与所考虑建筑物边长平行以米计的长度总和）×10^{-6}（km²）。

当四周在2D范围内都有等高或比它低的其他建筑物时，其等效面积可按下式计算：

$$A_e = \left[LW + (L + W)\sqrt{H(200 - H)} + \frac{\pi H(200 - H)}{4}\right] \times 10^{-6} \quad (A.0.3-3)$$

3 当建筑物的高度小于100m，同时其周边在2D范围内有比它高的其他建筑物时，按式（A. 0. 3－2）

算出的等效面积可减去 $D\times$(这些建筑物与所考虑建筑物边长平行以米计的长度总和)$\times10^{-6}$(km^2)。

当四周在 $2D$ 范围内都有比它高的其他建筑物时，其等效面积可按下式计算：

$$A_e = LW\times10^{-6} \quad (A.0.3-4)$$

4 当建筑物的高度等于或大于100m时，其每边的扩大宽度应按等于建筑物的高度计算；建筑物的等效面积应按下式计算：

$$A_e = [LW + 2H(L+W) + \pi H^2]\times10^{-6} \quad (A.0.3-5)$$

5 当建筑物的高度等于或大于100m，同时其周边在 $2H$ 范围内有等高或比它低的其他建筑物，且不在所确定建筑物以滚球半径等于建筑物高度(m)的保护范围内时。按式(A.0.3-5)算出的等效面积可减去 $(H/2)\times$(这些建筑物与所确定建筑物边长平行以米计的长度总和)$\times10^{-6}$(km^2)。

当四周在 $2H$ 范围内都有等高或比它低的其他建筑物时，其等效面积可按下式计算：

$$A_e = \left[LW + H(L+W) + \frac{\pi H^2}{4}\right]\times10^{-6} \quad (A.0.3-6)$$

6 当建筑物的高度等于或大于100m，同时其周边在 $2H$ 范围内有比它高的其他建筑物时，按式(A.0.3-5)算出的等效面积可减去 $H\times$(这些其他建筑物与所确定建筑物边长平行以米计的长度总和)$\times10^{-6}$(km^2)。

当四周在 $2H$ 范围内都有比它高的其他建筑物时，其等效面积可按式(A.0.3-4)计算。

7 当建筑物各部位的高不同时，应沿建筑物周边逐点算出最大扩大宽度，其等效面积应按每点最大扩大宽度外端的连接线所包围的面积计算。

附录 B 建筑物易受雷击的部位

B. 0. 1 平屋面或坡度不大于 1/10 的屋面，檐角、女儿墙、屋檐应为其易受雷击的部位(图 B. 0. 1)。

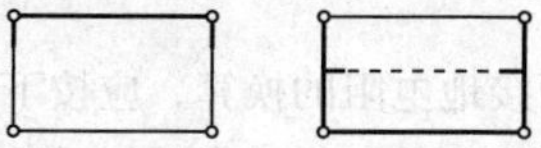

(a) 平屋面 (b) 坡度不大于1/10

图 B. 0. 1 建筑物易受雷击的部位(一)

注：——表示易受雷击部位，- - - - 表示不易受雷击的屋脊或屋檐，
○表示雷击率最高部位。

B. 0. 2 坡度大于 1/10 且小于 1/2 的屋面，屋角、屋脊、檐角、屋檐应为其易受雷击的部位(图 B. 0. 2)。

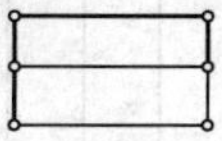

图 B. 0. 2 建筑物易受雷击的部位(二)

注：——表示易受雷击部位，○表示雷击率最高部位。

B. 0. 3 坡度不小于 1/2 的屋面，屋角、屋脊、檐角应为其易受雷击的部位(图 B. 0. 3)。

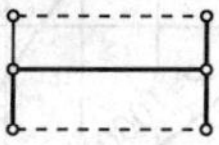

图 B. 0. 3 建筑物易受雷击的部位(三)

注：——表示易受雷击部位，- - -表示不易受雷击的屋脊或屋檐，
○表示雷击率最高部位。

B. 0. 4 对图 B. 0. 2 和图 B. 0. 3，在屋脊有接闪带的情况下，当屋檐处于屋脊接闪带的保护范围内时，屋檐上可不设接闪带。

附录C　接地装置冲击接地电阻与工频接地电阻的换算

C. 0. 1　接地装置冲击接地电阻与工频接地电阻的换算，应按下式计算：

$$R_{\sim} = A \times R_{i} \quad (C.0.1)$$

式中　$R_{\sim}$——接地装置各支线的长度取值小于或等于接地体的有效长度 l_e，或者有支线大于 l_e 而取其等于 l_e 时的工频接地电阻，Ω；

A——换算系数，其值宜按图 C. 0. 1 确定；

R_i——所要求的接地装置冲击接地电阻，Ω。

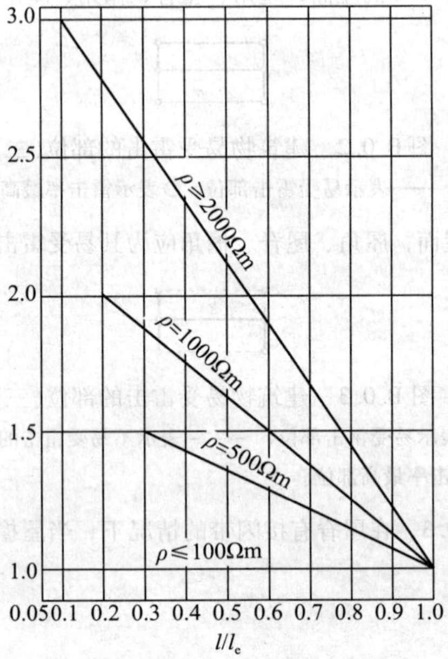

图 C. 0. 1　换算系数 A

注：l 为接地体最长支线的实际长度，其计量与 l_e 类同；

当 l 大于 l_e 时，取其等于 l_e。

C. 0. 2　接地体的有效长度应按下式计算：

$$l_e = 2\sqrt{\rho} \quad (C.0.2)$$

式中　l_e——接地体的有效长度，应按图 C. 0. 2 计量，m；

ρ——敷设接地体处的土壤电阻率，Ωm。

C. 0. 3　环绕建筑物的环形接地体应按下列方法确定冲击接地电阻：

1　当环形接地体周长的一半大于或等于接地体的有效长度时，引下线的冲击接地电阻应为从与引下线的连接点起沿两侧接地体各取有效长度的长度算出的工频接地电阻，换算系数应等于 1。

2　当环形接地体周长的一半小于有效长度时，引下线的冲击接地电阻应为以接地体的实际长度算出的工频接地电阻再除以换算系数。

C. 0. 4　与引下线连接的基础接地体，当其钢筋从与引下线的连接点量起大于 20m 时，其冲击接地电阻应为以换算系数等于 1 和以该连接点为圆心、20m 为半径的半球体范围内的钢筋体的工频接地电阻。

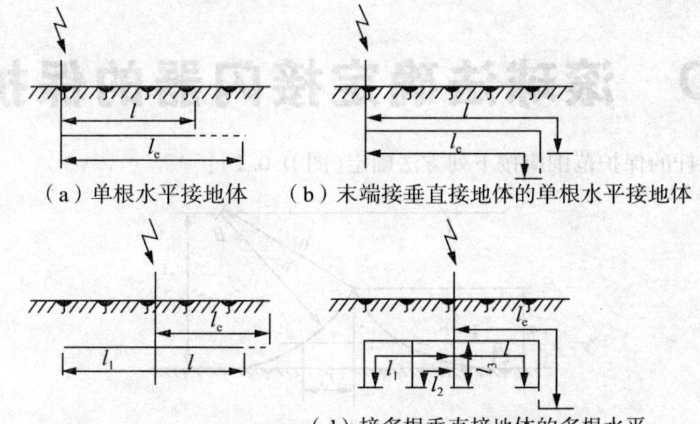

（a）单根水平接地体　（b）末端接垂直接地体的单根水平接地体

（c）多根水平接地体，$l_1 \leq l$　（d）接多根垂直接地体的多根水平接地体，$l_1 \leq l$、$l_2 \leq l$、$l_3 \leq l$

图 C. 0. 2　接地体有效长度的计量

附录 D　滚球法确定接闪器的保护范围

D. 0. 1　单支接闪杆的保护范围应按下列方法确定（图 D. 0. 1）：

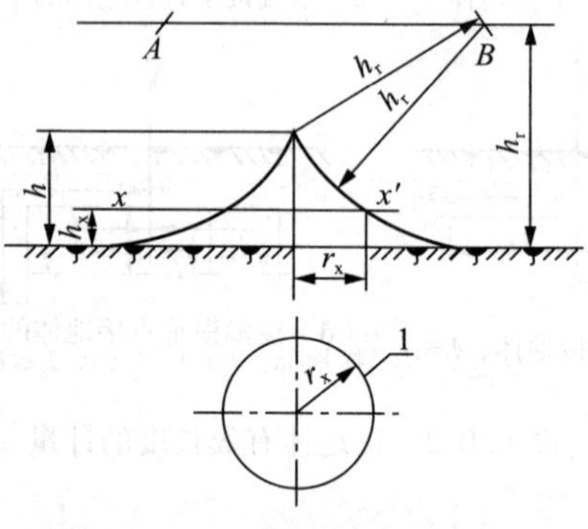

图 D. 0. 1　单支接闪杆的保护范围

1—xx′平面上保护范围的截面

1　当接闪杆高度 h 小于或等于 h_r 时：

1）距地面 h_r 处作一平行于地面的平行线。

2）以杆尖为圆心，h_r 为半径作弧线交于平行线的 A、B 两点。

3）以 A、B 为圆心，h_r 为半径作弧线，弧线与杆尖相交并与地面相切。弧线到地面为其保护范围。保护范围为一个对称的锥体。

4）接闪杆在 h_x 高度的 xx'平面上和地面上的保护半径，应按下列公式计算：

$$r_x = \sqrt{h(2h_r - h)} - \sqrt{h_x(2h_r - h_x)} \quad (D. 0. 1-1)$$

$$r_0 = \sqrt{h(2h_r - h)} \quad (D. 0. 1-2)$$

式中　r_x——接闪杆在 h_x 高度的 xx'平面上的保护半径，m；

h_r——滚球半径，按本规范表 6. 2. 1 和第 4. 5. 5 条的规定取值，m；

h_x——被保护物的高度，m；

r_0——接闪杆在地面上的保护半径，m。

2　当接闪杆高度 h 大于 h_r 时，在接闪杆上取高度等于 h_r 的一点代替单支接闪杆杆尖作为圆心。其余的做法应符合本条第 1 款的规定。式（D. 0. 1-1）和式（D. 0. 1-2）中的 h 用 h_r 代入。

D. 0. 2　两支等高接闪杆的保护范围，在接闪杆高度 h 小于或等于 h_r 的情况下，当两支接闪杆距离 D 大于或等于 $2\sqrt{h(2h_r - h)}$ 时，应各按单支接闪杆所规定的方法确定；当 D 小于 $2\sqrt{h(2h_r - h)}$ 时，应按下列方法确定（图 D. 0. 2）：

1　$AEBC$ 外侧的保护范围，应按单支接闪杆的方法确定。

2　C、E 点应位于两杆间的垂直平分线上。在地面每侧的最小保护宽度应按下式计算：

$$b_0 = CO = EO = \sqrt{h(2h_r - h) - \left(\frac{D}{2}\right)^2} \quad (D. 0. 2-1)$$

3　在 AOB 轴线上，距中心线任一距离 x 处，其在保护范围上边线上的保护高度应按下式计算：

$$h_x = h_r - \sqrt{(h_r - h)^2 + \left(\frac{D}{2}\right)^2 - x^2} \quad (D. 0. 2-2)$$

该保护范围上边线是以中心线距地面 h_r 的一点 O' 为圆心，以 $\sqrt{(h_r-h)^2+\left(\frac{D}{2}\right)^2}$ 为半径所作的圆弧 AB。

4　两杆间 $AEBC$ 内的保护范围，ACO 部分的保护范围应按下列方法确定：

1）在任一保护高度 h_x 和 C 点所处的垂直平面上。应以 h_x 作为假想接闪杆，并应按单支接闪杆的方法逐点确定（图 D.0.2 中 1—1 剖面图）。

2）确定 BCO、AEO、BEO 部分的保护范围的方法与 ACO 部分的相同。

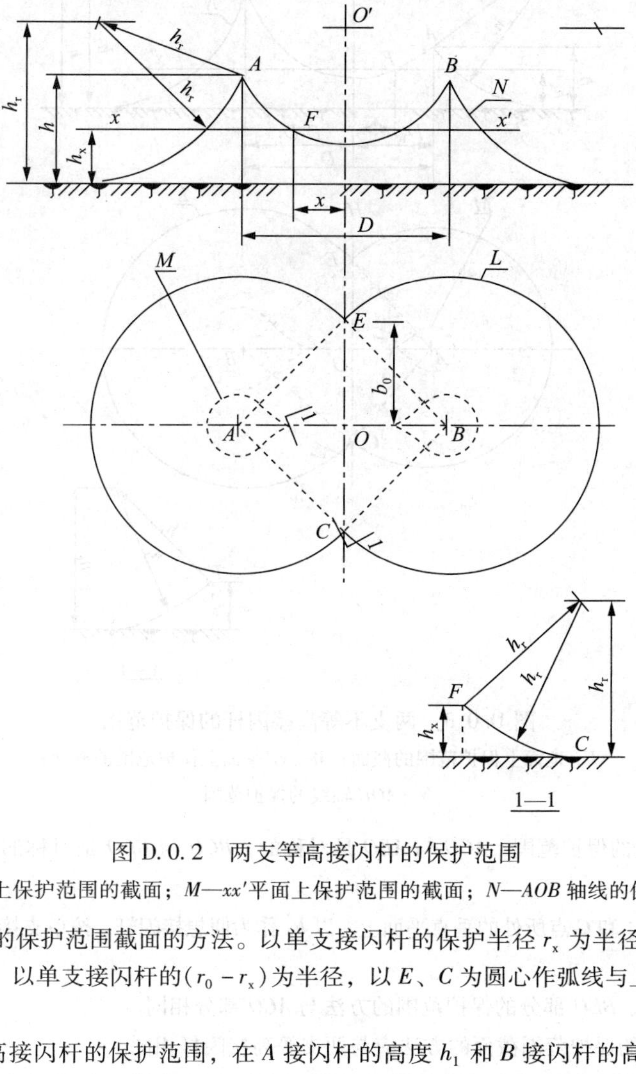

图 D.0.2　两支等高接闪杆的保护范围

L—地面上保护范围的截面；M—xx'平面上保护范围的截面；N—AOB 轴线的保护范围

5　确定 xx'平面上的保护范围截面的方法。以单支接闪杆的保护半径 r_x 为半径，以 A、B 为圆心作弧线与四边形 $AEBC$ 相交；以单支接闪杆的 (r_0-r_x) 为半径，以 E、C 为圆心作弧线与上述弧线相交（图 D.0.2 中的粗虚线）。

D.0.3　两支不等高接闪杆的保护范围，在 A 接闪杆的高度 h_1 和 B 接闪杆的高度 h_2 均小于或等于 h_r 的情况下，当两支接闪杆距离 D 大于或等于 $\sqrt{h_1(2h_r-h_1)}+\sqrt{h_2(2h_r-h_2)}$ 时，应各按单支接闪杆所规定的方法确定；当 D 小于 $\sqrt{h_1(2h_r-h_1)}+\sqrt{h_2(2h_r-h_2)}$ 时，应按下列方法确定（图 D.0.3）：

1　$AEBC$ 外侧的保护范围应按单支接闪杆的方法确定。

2　CE 线或 HO'线的位置应按下式计算：

$$D_1=\frac{(h_r-h_2)^2-(h_r-h_1)^2+D^2}{2D} \tag{D.0.3-1}$$

3　在地面每侧的最小保护宽度应按下式计算：

$$b_0=CO=EO=\sqrt{h_1(2h_r-h_1)-D_1^2} \tag{D.0.3-2}$$

4 在 AOB 轴线上，A、B 间保护范围上边线位置应按下式计算；

$$h_x = h_r - \sqrt{(h_r - h_1)^2 + D_1^2 - x^2} \qquad (D.0.3-3)$$

式中 x——距 CE 线或 HO'线的距离。

该保护范围上边线是以 HO'线上距地面 h_r 的一点 O'为圆心，以 $\sqrt{(h_r - h_1)^2 + D_1^2}$ 为半径所作的圆弧 AB。

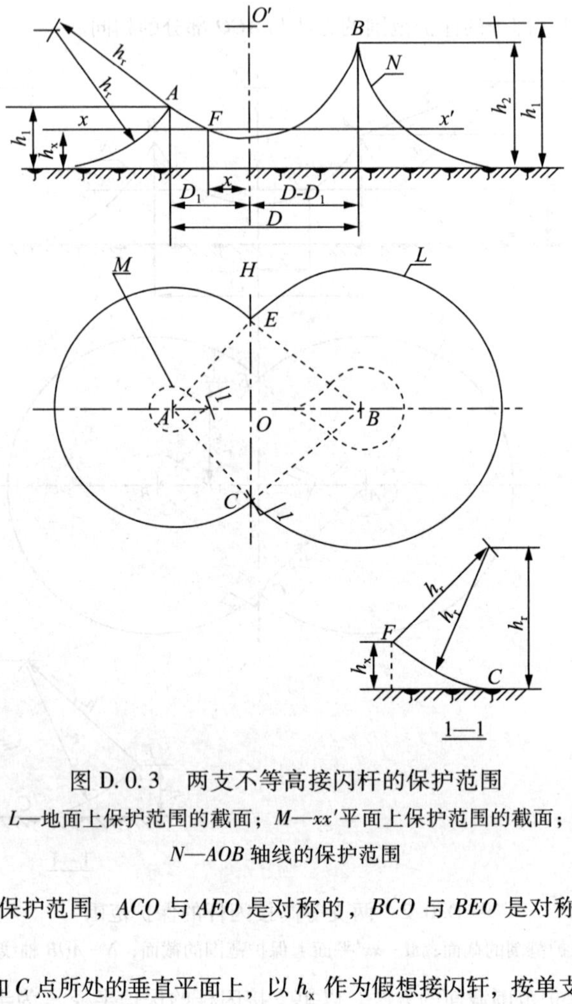

图 D.0.3 两支不等高接闪杆的保护范围

L—地面上保护范围的截面；*M*—*xx'*平面上保护范围的截面；

N—*AOB* 轴线的保护范围

5 两杆间 $AEBC$ 内的保护范围，ACO 与 AEO 是对称的，BCO 与 BEO 是对称的，ACO 部分的保护范围应按下列方法确定：

1）在任一保护高度 h_x 和 C 点所处的垂直平面上，以 h_x 作为假想接闪轩，按单支接闪杆的方法逐点确定（图 D.0.3 的 1—1 剖面图）。

2）确定 AEO、BCO、BEO 部分的保护范围的方法与 ACO 部分相同。

6 确定 xx'平面上的保护范围截面的方法应与两支等高接闪杆相同。

D.0.4 矩形布置的四支等高接闪杆的保护范围，在 h 小于或等于 h_r 的情况下，当 D_3 大于或等于 $2\sqrt{h(2h_r - h)}$ 时，应各按两支等高接闪杆所规定的方法确定；当 D_3 小于 $2\sqrt{h(2h_r - h)}$ 时，应按下列方法确定（图 D.0.4）：

1 四支接闪杆外侧的保护范围应各按两支接闪杆的方法确定。

2 B、E 接闪杆连线上的保护范围见图 D.0.4 中 1—1 剖面图，外侧部分应按单支接闪杆的方法确定。两杆间的保护范围应按下列方法确定：

1）以 B、E 两杆杆尖为圆心、h_r 为半径作弧线相交于 O 点，以 O 点为圆心、h_r 为半径作弧线，该弧线与杆尖相连的这段弧线即为杆间保护范围。

2）保护范围最低点的高度 h_0 应按下式计算：

$$h_0=\sqrt{h_r^2-\left(\frac{D_3}{2}\right)^2}+h-h_r \qquad (D.0.4-1)$$

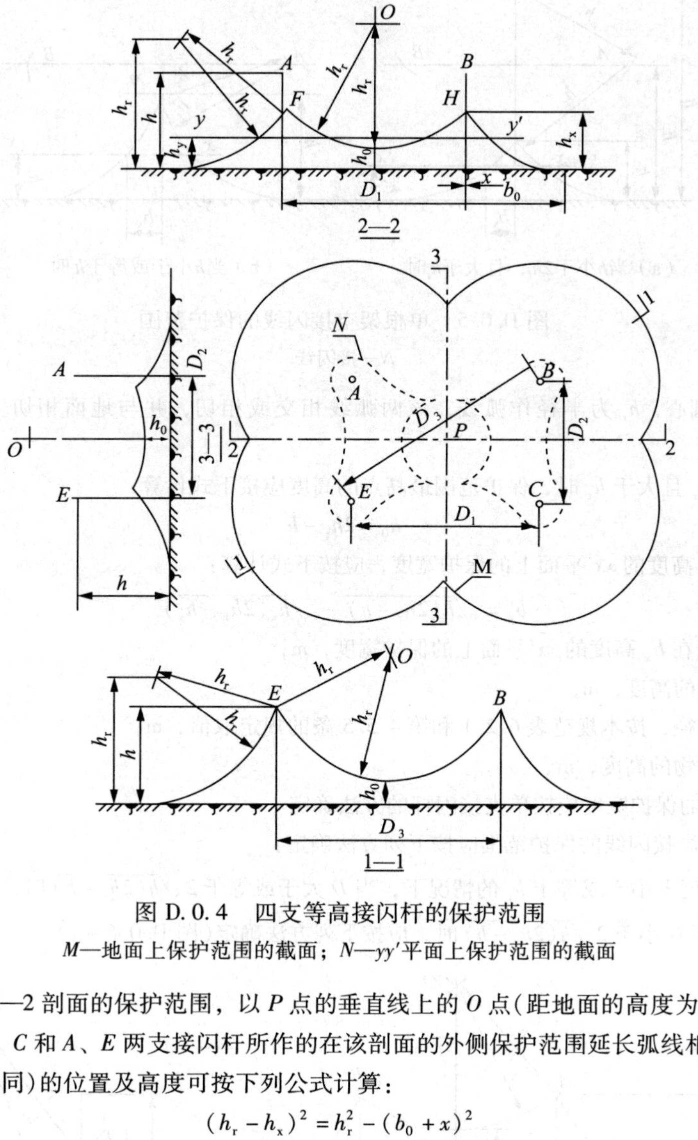

图 D.0.4　四支等高接闪杆的保护范围

M—地面上保护范围的截面；*N*—*yy*′平面上保护范围的截面

3　图 D.0.4 中 2—2 剖面的保护范围，以 P 点的垂直线上的 O 点（距地面的高度为 h_r+h_0）为圆心、h_r 为半径作弧线，与 B、C 和 A、E 两支接闪杆所作的在该剖面的外侧保护范围延长弧线相交于 F、H 点。

F 点（H 点与此类同）的位置及高度可按下列公式计算：

$$(h_r-h_x)^2=h_r^2-(b_0+x)^2 \qquad (D.0.4-2)$$

$$(h_r+h_0-h_x)^2=h_r^2-\left(\frac{D_1}{2}-x\right)^2 \qquad (D.0.4-3)$$

4　确定图 D.0.4 中 3—3 剖面保护范围的方法应符合本条第 3 款的规定。

5　确定四支等高接闪杆中间在 h_0 至 h 之间于 h_y 高度的 yy' 平面上保护范围截面的方法为以 P 点（距地面的高度为 h_r+h_0）为圆心、$\sqrt{2h_r(h_y-h_0)-(h_y-h_0)^2}$ 为半径作圆或弧线，与各两支接闪杆在外侧所作的保护范围截面组成该保护范围截面（图 D.0.4 中虚线）。

D.0.5　单根接闪线的保护范围，当接闪线的高度 h 大于或等于 $2h_r$ 时，应无保护范围；当接闪线的高度 h 小于 $2h_r$ 时，应按下列方法确定（图 D.0.5）。确定架空接闪线的高度时应计及弧垂的影响。在无法确定弧垂的情况下，当等高支柱间的距离小于 120m 时，架空接闪线中点的弧垂宜采用 2m，距离为 120～150m 时宜采用 3m。

1 距地面 h_r 处作一平行于地面的平行线。

2 以接闪线为圆心、h_r 为半径，作弧线交于平行线的 A、B 两点。

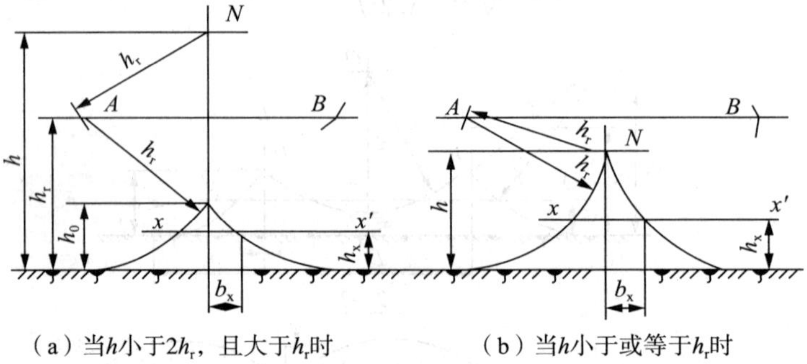

图 D.0.5 单根架空接闪线的保护范围

N—接闪线

3 以 A、B 为圆心，h_r 为半径作弧线，该两弧线相交或相切，并与地面相切。弧线至地面为保护范围。

4 当 h 小于 $2h_r$ 且大于 h_r 时，保护范围最高点的高度应按下式计算：

$$h_0 = 2h_r - h \tag{D.0.5-1}$$

5 接闪线在 h_x 高度的 xx' 平面上的保护宽度，应按下式计算：

$$b_x = \sqrt{h(2h_r - h)} - \sqrt{h_x(2h_r - h_x)} \tag{D.0.5-2}$$

式中 b_x——接闪线在 h_x 高度的 xx' 平面上的保护宽度，m；

h——接闪线的高度，m；

h_r——滚球半径，按本规范表 6.2.1 和第 4.5.5 条的规定取值，m；

h_x——被保护物的高度，m。

6 接闪线两端的保护宽度应按单支接闪杆的方法确定。

D.0.6 两根等高接闪线的保护范围应按下列方法确定：

1 在接闪线高度 h 小于或等于 h_r 的情况下，当 D 大于或等于 $2\sqrt{h(2h_r - h)}$ 时，应各按单根接闪线所规定的方法确定；当 D 小于 $2\sqrt{h(2h_r - h)}$ 时，应按下列方法确定（图 D.0.6-1）：

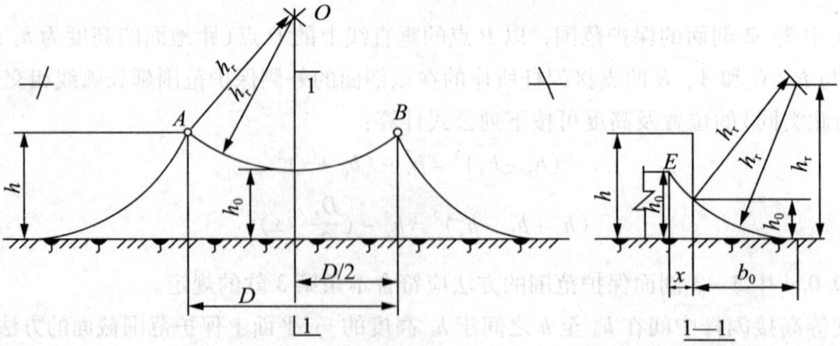

图 D.0.6-1 两根等高接闪线在高度 h 小于或等于 h_r 时的保护范围

1）两根接闪线的外侧，各按单根接闪线的方法确定。

2）两根接闪线之间的保护范围按以下方法确定：以 A、B 两接闪线为圆心，h_r 为半径作圆弧交于 O 点，以 O 点为圆心、h_r 为半径作弧线交于 A、B 点。

3）两根接闪线之间保护范围最低点的高度按下式计算：

$$h_0 = \sqrt{h_r^2 - (D/2)^2} + h - h_r \tag{D.0.6-1}$$

4）接闪线两端的保护范围按两支接闪杆的方法确定，但在中线上 h_0 线的内移位置按以下方法确定（图 D.0.6-1 中 1—1 剖面）：以两支接闪杆所确定的保护范围中最低点的高度 $h'_0 = h_r - \sqrt{(h_r - h)^2 + (D/2)^2}$ 作为假想接闪杆，将其保护范围的延长弧线与 h_0 线交于 E 点。内移位置的距离也可按下式计算：

$$x = \sqrt{h_0(2h_r - h_0)} - b_0 \tag{D.0.6-2}$$

式中 b_0——按式（D.0.2-1）计算。

2 在接闪线高度 h 小于 $2h_r$ 且大于 h_r，接闪线之间的距离 D 小于 $2h_r$ 且大于 $2[h_r - \sqrt{h(2h_r - h)}]$ 的情况下，应按下列方法确定（图 D.0.6-2）：

1）距地面 h_r 处作一与地面平行的线。

2）以 A、B 两接闪线为圆心，h_r 为半径作弧线交于 O 点并与平行线相交或相切于 C、E 点。

3）以 O 点为圆心、h_r 为半径作弧线交于 A、B 点。

4）以 C、E 为圆心，h_r 为半径作弧线交于 A、B 并与地面相切。

5）两根接闪线之间保护范围最低点的高度按下式计算：

$$h_0 = \sqrt{h_r^2 - (D/2)^2} + h - h_r \tag{D.0.6-3}$$

6）最小保护宽度 b_m 位于 h_r 高处，其值按下式计算：

$$b_m = \sqrt{h(2h_r - h)} + \frac{D}{2} - h_r \tag{D.0.6-4}$$

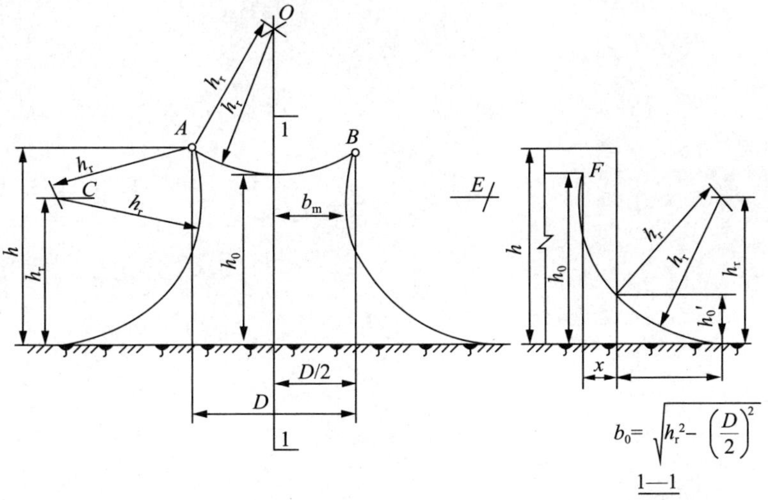

图 D.0.6-2 两根等高接闪线在高度 h 小于 $2h_r$ 且大于 h_r 时的保护范围

7）接闪线两端的保护范围按两支高度 h_r 的接闪杆确定，但在中线上 h_0 线的内移位置按以下方法确定（图 D.0.6-2 的 1—1 剖面）：以两支高度 h_r，的接闪杆所确定的保护范围中点最低点的高度 $h'_0 = (h_r - D/2)$ 作为假想接闪杆，将其保护范围的延长弧线与 h_0 线交于 F 点。内移位置的距离也可按下式计算：

$$x = \sqrt{h_0(2h_r - h_0)} - \sqrt{h_r^2 - (\frac{D}{2})^2} \tag{D.0.6-5}$$

D.0.7 本规范图 D.0.1～图 D.0.5、图 D.0.6-1 和图 D.0.6-2 中所画的地面也可是位于建筑物上的接地金属物、其他接闪器。当接闪器在地面上保护范围的截面的外周线触及接地金属物、其他接闪器时，各图的保护范围均适用于这些接闪器；当接地金属物、其他接闪器是处在外周线之内且位于被保护部位的边沿时，应按下列方法确定所需断面的保护范围(图 D. 0. 7)：

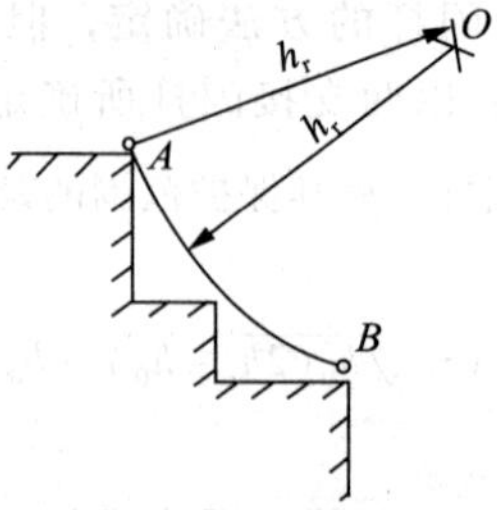

图 D. 0. 7　确定建筑物上任两接闪器在所需断面上的保护范围

A—接闪器；B—接地金属物或接闪器

1　应以 A、B 为圆心、h_r 为半径作弧线相交于 O 点。

2　应以 O 点为圆心、h_r 为半径作弧线 AB，弧线 AB 应为保护范围的上边线。

本规范图 D. 0. 1 ~ 图 D. 0. 5、图 D. 0. 6 - 1 和图 D. 0. 6 - 2 中凡接闪器在"地面上保护范围的截面"的外周线触及的是屋面时，各图的保护范围仍有效，但外周线触及的屋面及其外部得不到保护，内部得到保护。

附录 E　分流系数 k_c

E.0.1　单根引下线时，分流系数应为 1；两根引下线及接闪器不成闭合环的多根引下线时，分流系数可为 0.66，也可按本规范图 E.0.4　计算确定；图 E.0.1(c)适用于引下线根数 n 不少于 3 根，当接闪器成闭合环或网状的多根引下线时，分流系数可为 0.44。

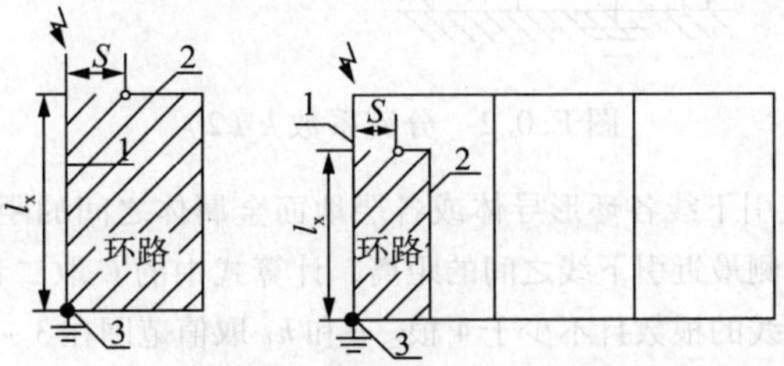

(a)单根引下线　(b)两根引下线及接闪器不成闭合环的多根引下线

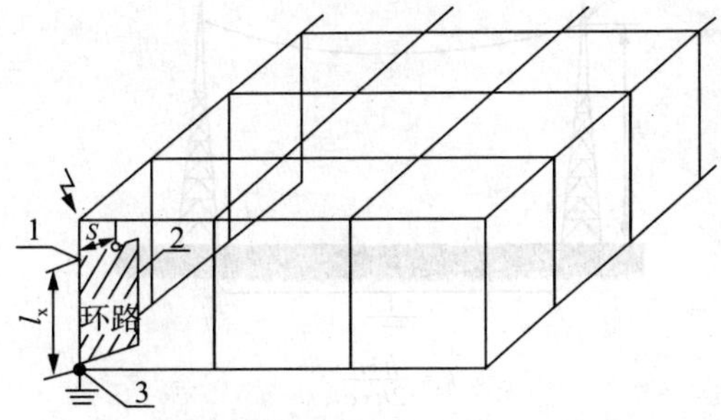

(c)接闪器成闭合环或网状的多根引下线

图 E.0.1　分流系数 k_c(1)

1—引下线；2—金属装置或线路；3—直接连接或通过电涌保护器连接；

注：1. S 为空气中间隔距离，l_x 为引下线从计算点到等电位连接点的长度；

2. 本图适用于环形接地体。也适用于各引下线设独自的接地体且各独自接地体的冲击接地电阻与邻近的差别不大于 2 倍；若差别大于 2 倍时，$k_c=1$；

3. 本图适用于单层和多层建筑物。

E.0.2　当采用网格型接闪器、引下线用多根环形导体互相连接、接地体采用环形接地体，或利用建筑物钢筋或钢构架作为防雷装置时，分流系数宜按图 E.0.2 确定。

E.0.3　在接地装置相同的情况下，即采用环形接地体或各引下线设独自接地体且其冲击接地电阻相近，按图 E.0.1 和图 E.0.2 确定的分流系数不同时，可取较小者。

E.0.4　单根导体接闪器按两根引下线确定时，当各引下线设独自的接地体且各独自接地体的冲击接地电阻与邻近的差别不大于 2 倍时，可按图 E.0.4 计算分流系数；若差别大于 2 倍时，分流系数应为 1。

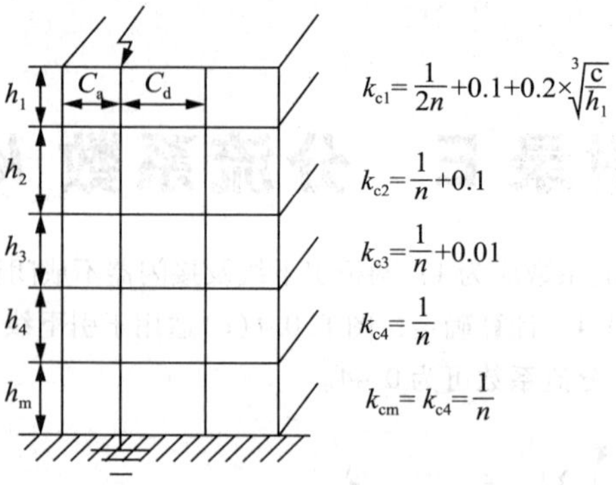

图 E. 0. 2　分流系数 k_c(2)

注：1. $h_1\sim h_m$ 为连接引下线各环形导体或各层地面金属体之间的距离，C_a、C_d 为某引下线顶雷击点至两侧最近引下线之间的距离，计算式中的 C 取二者较小值，n 为建筑物周边和内部引下线的根数且不少于 4 根。c 和 h_1 取值范围在 3～20m。

2. 本图适用于单层至高层建筑物。

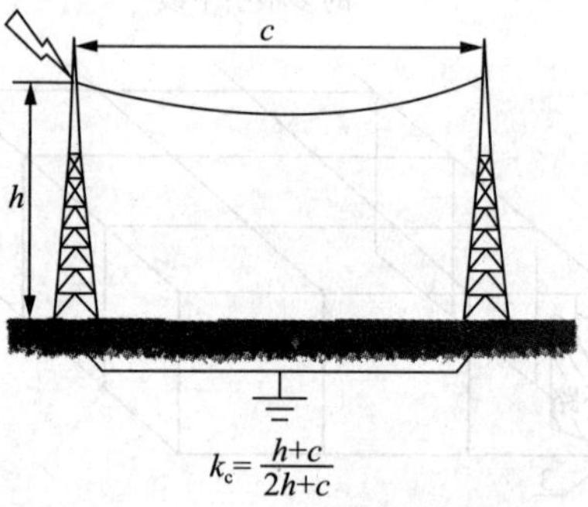

图 E. 0. 4　分流系数 k_c(3)

附录 F 雷电流

F.0.1 闪电中可能出现的三种雷击见图 F.0.1-1，其参量应按表 F.0.1-1～表 F.0.1-4 的规定取值。雷击参数的定义应符合图 F.0.1-2 的规定。

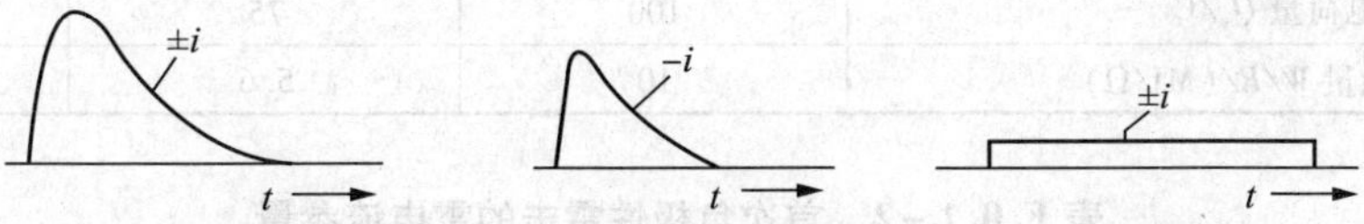

（a）短时首次雷击（b）首次以后的短时后续雷击（c）长时间雷击

图 F.0.1-1 闪电中可能出现的三种雷击

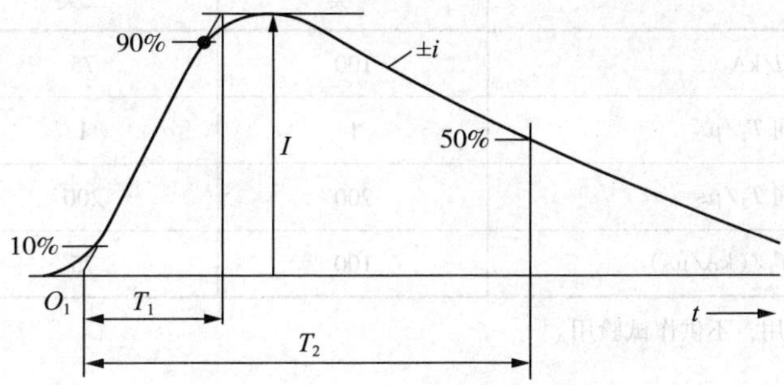

（a）短时雷击（典型值T_2<2ms）

I—峰值电流（幅值）；T_1—波头时间；T_2—半值时间

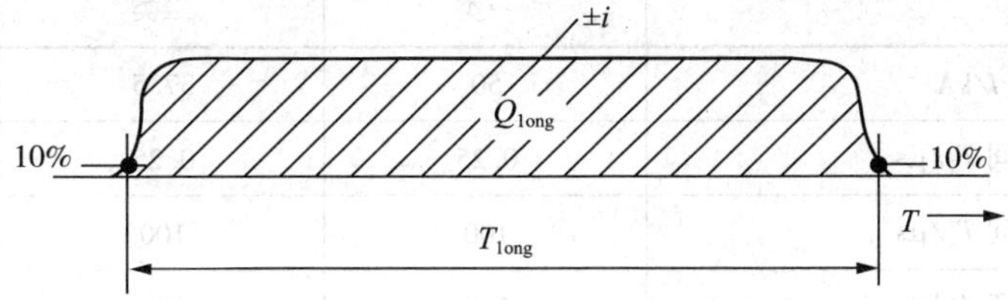

（b）长时间雷击（典型值2ms<T_{long}<1s）

T_{long}—波头及 波尾幅值为峰值 10%两点之间的时间间隔；

Q_{long}—长时间雷击的电荷量

图 F.0.1-2 雷击参数定义

注：1. 短时雷击电流波头的平均陡度(average steepness of the front of short stroke current)是在时间间隔(t_2-t_1)内电流的平均变化率，即用该时间间隔的起点电流与末尾电流之差[$i(t_2)-i(t_1)$]除以(t_2-t_1)[见图 F.0.I-2(a)]。

2. 短时雷击电流的波头时间 T_1(front time of short stroke current T_1)是一规定参数，定义为电流达到10%和90%幅值电流之间的时间间隔乘以 1.25，见图 F.0.1-2(a)。

3. 短时雷击电流的规定原点 O_1(virtual origin of short stroke current O_1)是连接雷击电流波头 10%和 90%参考点的延长直线与时间横坐标相交的点，它位于电流到达 10%幅值电流时之前 0.1T_1 处，见图 F.0.1-2(a)。

4 短时雷击电流的半值时间 T_z(tirne to half value of short stroke current T_2)是一规定参数，定义为规定原点 O_1 与电流降至幅值一半之间的时间间隔，见图 F.0.1-2(a)。

表 F.0.1-1 首次正极性雷击的雷电流参量

雷电流参数	防雷建筑物类别		
	一类	二类	三类
幅值 I/kA	200	150	100
波头时间 T_1/μs	10	10	10
半值时间 T_2/μs	350	350	350
电荷量 Q_s/C	100	75	50
单位能量 W/R/(MJ/Ω)	10	5.6	2.5

表 F.0.1-2 首次负极性雷击的雷电流参量

雷电流参数	防雷建筑物类别		
	一类	二类	三类
幅值 I/kA	100	75	50
波头时间 T_1/μs	1	1	1
半值时间 T_2/μs	200	200	200
平均陡度 I/T_1/(kA/μs)	100	75	50

注：本波形仅供计算用，不供作试验用。

表 F.0.1-3 首次负极性以后雷击的雷电流参量

雷电流参数	防雷建筑物类别		
	一类	二类	三类
幅值 I/kA	50	37.5	25
波头时间 T_1/μs	0.25	0.25	0.25
半值时间 T_2/μs	100	100	100
平均陡度 I/T_1/(kA/μs)	200	150	100

表 F.0.1-4 长时间雷击的雷电流参量

雷电流参数	防雷建筑物类别		
	一类	二类	三类
电荷量 Q_1/C	200	150	100
时间 T/s	0.5	0.5	0.5

注：平均电流 $I \approx Q_1/T$。

附录 G　环路中感应电压和电流的计算

G. 0. 1　格栅形屏蔽建筑物附近遭雷击时，在 LPZ1 区内环路的感应电压和电流(图 G. 0. 1)在 LPZ1 区，其开路最大感应电压宜按下式计算：

$$U_{oc/max}=\mu_0 \cdot b \cdot l \cdot H_{1/max}/T_1 \tag{G. 0. 1－1}$$

式中　$U_{oc/max}$——环路开路最大感应电压，V；

μ_0——真空的磁导系数，其值等于 $4\pi\times10^{-7}$(V · s)/(A · m)；

b——环路的宽，m；

l——环路的长，m；

$H_{1/max}$——LPZ1 区内最大的磁场强度(A/m)，按本规范式(6. 3. 2－2)计算；

T_1——雷电流的波头时间，s。

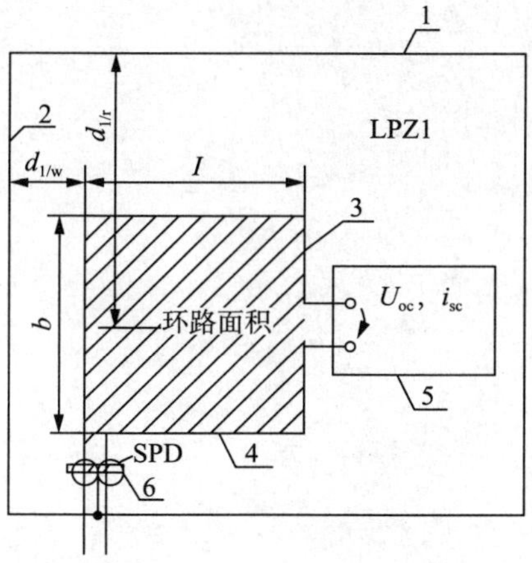

图 G. 0. 1　环路中的感应电压和电流

1—屋顶；2—墙；3—电力线路；4—信号线路；
5—信号设备；6—等电位连接带

注：1. 当环路不是矩形时，应转换为相同环路面积的矩形环路；
2. 图中的电力线路或信号线路也可是邻近的两端做了等电位连接的金属物。

若略去导线的电阻(最坏情况)，环路最大短路电流可按下式计算：

$$i_{sc/max}=\mu_0 \cdot b \cdot l \cdot H_{1/max}/L \tag{G. 0. 1－2}$$

式中　$i_{sc/max}$——最大短路电流，A；

L——环路的自电感(H)，矩形环路的自电感可按公式(G. 0. 1－3)计算。

矩形环路的自电感可按下式计算：

$$L=\{0.8\sqrt{l^2+b^2}-0.8(l+b)+0.4\cdot l\cdot \ln[(2b/r)/(1+\sqrt{1+(b/l)^2})]+0.4\cdot b\cdot \ln[(2l/r)/(1+\sqrt{1+(l/b)^2})]\}\times10^{-6} \tag{G. 0. 1－3}$$

式中　r——环路导体的半径，m。

G. 0. 2　格栅形屏蔽建筑物遭直接雷击时，在 LPZ1 区内环路的感应电压和电流(图 G. 0. 1)在 LPZ1 区 V_s 空间内的磁场强度 H_1 应按本规范式(6. 3. 2－8)计算。根据图 G. 0. 1 所示无屏蔽线路构成的环路，其开路最大感应电压宜按下式计算：

$$U_{oc/max}=\mu_0 \cdot b \cdot \ln(1+l/d_{1/w}) \cdot k_H \cdot (\omega/\sqrt{d_{1/r}}) \cdot i_{0/max}/T_1 \qquad (G.0.2-1)$$

式中 $d_{1/w}$——环路至屏蔽墙的距离(m)，根据本规范式(6.3.2－9)或式(6.3.2－10)计算，$d_{1/w}$等于或大于$d_{s/2}$；

$d_{1/r}$——环路至屏蔽屋顶的平均距离，m；

$i_{0/max}$——$LPZ0_A$区内的雷电流最大值，A；

k_H——形状系数$(1/\sqrt{m})$，取$k_H=0.01(1/\sqrt{m})$；

ω——格栅形屏蔽的网格宽，m。

若略去导线的电阻(最坏情况)，最大短路电流可按下式计算：

$$i_{sc/max}=\mu_0 \cdot b \cdot \ln(1+l/d_{1/w}) \cdot k_H \cdot (\omega/\sqrt{d_{1/r}}) \cdot i_{0/max}/L \qquad (G.0.2-2)$$

G.0.3 在LPZn区(n等于或大于2)内环路的感应电压和电流在LPZn区V，空间内的磁场强度H_n看成是均匀的情况下(见本规范图6.3.2－2)，图G.0.1所示无屏蔽线路构成的环路，其最大感应电压和电流可按式(G.0.1－1)和式(G.0.1－2)计算，该两式中的$H_{1/max}$应根据本规范式(6.3.2－2)或式(6.3.2－11)计算出的$H_{n/max}$代入。式(6.3.2－2)中的H_1用$H_{n/max}$代入，H_o用$H_{(n-1)/max}$代入。

附录H 电缆从户外进入户内的屏蔽层截面积

H.0.1 在屏蔽线路从室外 $LPZO_A$ 或 $LPZO_B$ 区进入 LPZ1 区的情况下，线路屏蔽层的截面应按下式计算：

$$S_c \geqslant \frac{I_f \times \rho_c \times L_c \times 10^6}{U_w} \quad (H.0.1)$$

式中 S_c——线路屏蔽层的截面，mm^2；

I_f——流入屏蔽层的雷电流（kA），按本规范式（4.2.4－7）计算，计算中的雷电流按本规范表 F.0.1－1的规定取值；

ρ_c——屏蔽层的电阻率（Ωm），20℃时铁为 138×10^{-9} Ωm，铜为 17.24×10^{-9} Ωm，铝为 28.264×10^{-9} Ωm；

L_c——线路长度（m），按本附录表 H.0.1－1 的规定取值；

U_w——电缆所接的电气或电子系统的耐冲击电压额定值（kV），设备按本附录表 H.0.1－2 的规定取值，线路按本附录表 H.0.1－3 的规定取值。

表 H.0.1－1 按屏蔽层敷设条件确定的线路长度

屏蔽层敷设条件	L_c/m
屏蔽层与电阻率 ρ（Ωm）的土壤直接接触	当实际长度 $\geqslant 8\sqrt{\rho}$ 时，取 $L_c=8\sqrt{\rho}$； 当实际长度 $<8\sqrt{\rho}$ 时，取 L_c = 线路实际长度
屏蔽层与土壤隔离或敷设在大气中	L_c = 建筑物与屏蔽层最近接地点之间的距离

表 H.0.1－2 设备的耐冲击电压额定值

设备类型	耐冲击电压额定值 U_w/kV
电子设备	1.5
用户的电气设备（U_n < 1kV）	2.5
电网设备（U_n < 1kV）	6

表 H.0.1－3 电缆绝缘的耐冲击电压额定值

电缆种类及其额定电压 U_n/kV	耐冲击电压额定值 U_w/kV
纸绝缘通信电缆	1.5
塑料绝缘通信电缆	5
电力电缆 $U_n \leqslant 1$	15
电力电缆 $U_n=3$	45
电力电缆 $U_n=6$	60
电力电缆 $U_n=10$	75
电力电缆 $U_n=15$	95
电力电缆 $U_n=20$	125

H.0.2 当流入线路的雷电流大于按下列公式计算的数值时，绝缘可能产生不可接受的温升：

对屏蔽线路：

$$I_f = 8 \times S_c \qquad (H.0.2-1)$$

对无屏蔽的线路：

$$I'_f = 8 \times n' \times S'_c \qquad (H.0.2-2)$$

式中　I'_f——流入无屏蔽线路的总雷电流，kA；

n'——线路导线的根数；

S'_c——每根导线的截面，mm^2。

H.0.3　本附录也适用于用钢管屏蔽的线路，对此，式(H.0.1)和式(H.0.2-1)中的 S_c 为钢管壁厚的截面。

附录 J 电涌保护器

J.1 用于电气系统的电涌保护器

J.1.1 电涌保护器的最大持续运行电压不应小于表 J.1.1 所规定的最小值；在电涌保护器安装处的供电电压偏差超过所规定的 10% 以及谐波使电压幅值加大的情况下，应根据具体情况对限压型电涌保护器提高表 J.1.1 所规定的最大持续运行电压最小值。

表 J.1.1 电涌保护器取决于系统特征所要求的最大持续运行电压最小值

电两保护器接于	配电网络的系统特征				
	TT 系统	TN－C 系统	TN－S 系统	引出中性线的 IT 系统	无中性线引出的 IT 系统
每一相线与中性线间	$1.15U_0$	不适用	$1.15U_0$	$1.15U_0$	不适用
每一相线与 PE 线间	$1.15U_0$	不适用	$1.15U_0$	$\sqrt{3}U_0$①	相间电压①
中性线与 PE 线间	$U_0$①	不适用	$U_0$①	$U_0$①	不适用
每一相线与 PEN 线间	不适用	$1.15U_0$	不适用	不适用	不适用

注：1. 标有①的值是故障下最坏的情况，所以不需计及 15% 的允许误差。

2. U_0 是低压系统相线对中性线的标称电压，即相电压 220V。

3. 此表基于按现行国家标准《低压配电系统的电涌保护器(SPD)第 1 部分：性能要求和试验方法》GB 18802.1 做过相关试验的电涌保护器产品。

J.1.2 电涌保护器的接线形式应符合表 J.1.2 的规定。具体接线图见图 J.1.2－1～图 J.1.2－5。

表 J.1.2 根据系统特征安装电涌保护器

电涌保护器接于	电涌保护器安装处的系统特征							
	TT 系统		TN－C 系统	TN－S 系统		引出中性线的 IT 系统		不引出中性线的 IT 系统
	按以下形式连接			按以下形式连接		按以下形式连接		
	接线形式 1	接线形式 2		接线形式 1	接线形式 2	接线形式 1	接线形式 2	
每根相线与中性线间	+	○	不适用	+	○	+	○	不适用
每根相线与 PE 线间	○	不适用	不适用	○	不适用	○	不适用	○
中性线与 PE 线间	○	○	不适用	○	○	○	○	不适用
每根相线与 PEN 线间	不适用	不适用	○	不适用	不适用	不适用	不适用	不适用
各相线之间	+	+	+	+	+	+	+	+

注：○表示必须，＋表示非强制性的，可附加选用。

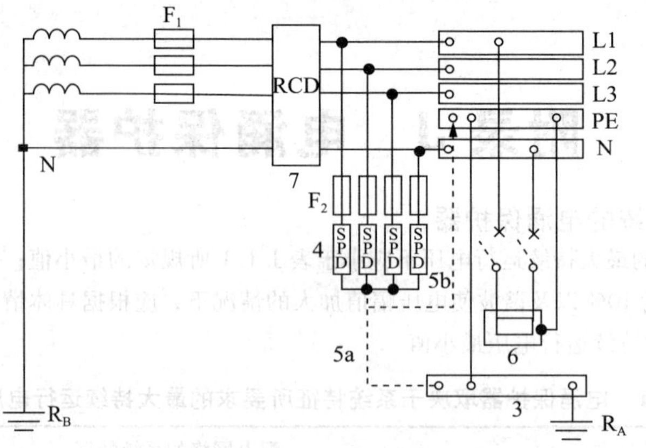

图 J. 1. 2 – 1　TT 系统电涌保护器安装在进户处剩余电流保护器的负荷侧

3—总接地端或总接地连接带；4—U_p 应小于或等于 2. 5kV 的电涌保护器；

5—电涌保护器的接地连接线，5a 或 5b；6—需要被电涌保护器保护的设备；

7—剩余电流保护器（RCD），应考虑通雷电流的能力；

F_1—安装在电气装置电源进户处的保护电器；F_2—电涌保护器制造厂要求装设的过电流保护电器；

R_A—本电气装置的接地电阻；R_B—电源系统的接地电阻；L1、L2、L3—相线 1、2、3

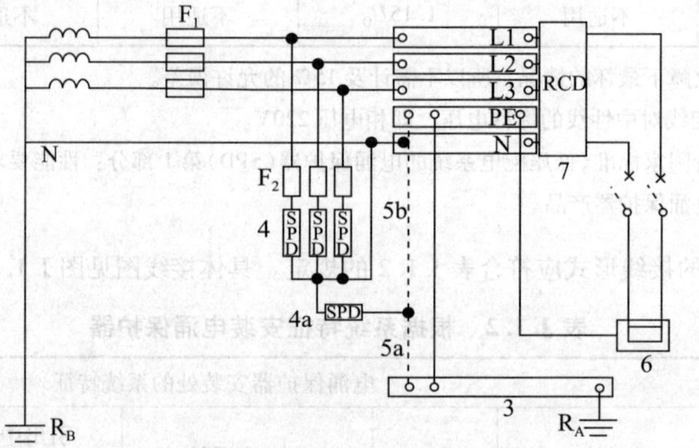

图 J. 1. 2 – 2　TT 系统电涌保护器安装在进户处剩余电流保护器的电源侧

3—总接地端或总接地连接带；4、4a—电涌保护器，它们串联后构成的 U_p 应小于或等于 2. 5kV；

5—电涌保护器的接地连接线，5a 或 5b；6—需要被电涌保护器保护的设备；

7—安装于母线的电源侧或负荷侧的剩余电流保护器（RCD）；

F_1—安装在电气装置电源进户处的保护电器；

F_2—电涌保护器制造厂要求装设的过电流保护电器；

R_A—本电气装置的接地电阻；

R_B—电源系统的接地电阻；

L1、L2、L3—相线 1、2、3

注：在高压系统为低电阻接地的前提下，当电源变压器高压侧碰外壳短路产生的过电压加于 4a 电涌保护器时该电涌保护器应按现行国家标准《低压配电系统的电涌保护器（SPD）第 1 部分：性能要求和试验方法》GB 18802. 1 做 200ms 或按厂家要求做更长时间耐 1200V 暂态过电压试验。

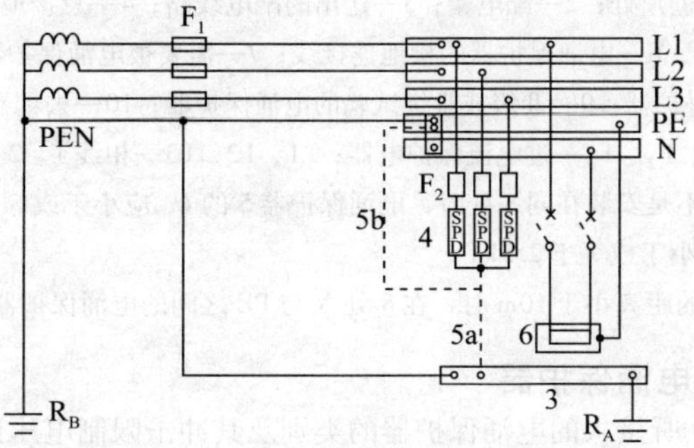

图 J. 1. 2 – 3　TN 系统安装在进户处的电涌保护器

3—总接地端或总接地连接带；4—U_p 应小于或等于 2.5kV 的电涌保护器；

5—电涌保护器的接地连接线，5a 或 5b；6—需要被电涌保护器保护的设备；

F_1—安装在电气装置电源进户处的保护电器；

F_2—电涌保护器制造厂要求装设的过电流保护电器；

R_A—本电气装置的接地电阻；R_B—电源系统的接地电阻；L1、L2、L3—相线 1、2、3

注：当采用 TN – C – S 或 TN – S 系统时，在 N 与 PE 线连接处电涌保护器用三个，在其以后 N 与 PE 线分开 10m 以后安装电涌保护器时用四个，即在 N 与 PE 线间增加一个，见图 J. 1. 2 – 5 及其注。

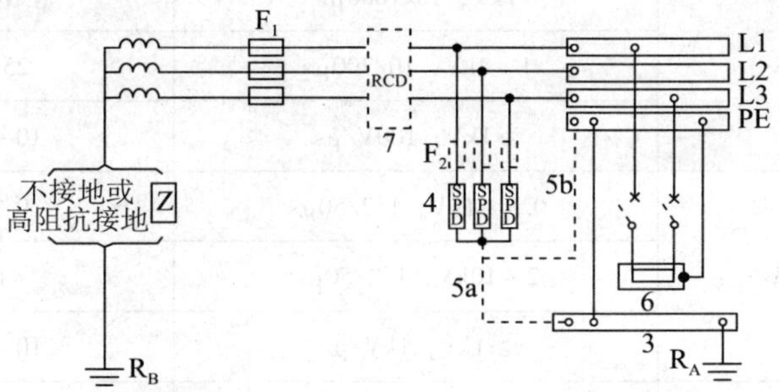

图 J. 1. 2 – 4　IT 系统电涌保护器安装在进户处剩余电流保护器的负荷侧

3—总接地端或总接地连接带；4—U_P，应小于或等于 2.5kV 的电涌保护器；

5—电涌保护器的接地连接线，5a 或 5b；6—需要被电涌保护器保护的设备；7—剩余电流保护器（RCD）；

F_1—安装在电气装置电源进户处的保护电器；F_2—电涌保护器制造厂要求装设的过电流保护电器；

R_A—本电气装置的接地电阻；R_B—电源系统的接地电阻；L1、L2、L3—相线 1、2、3

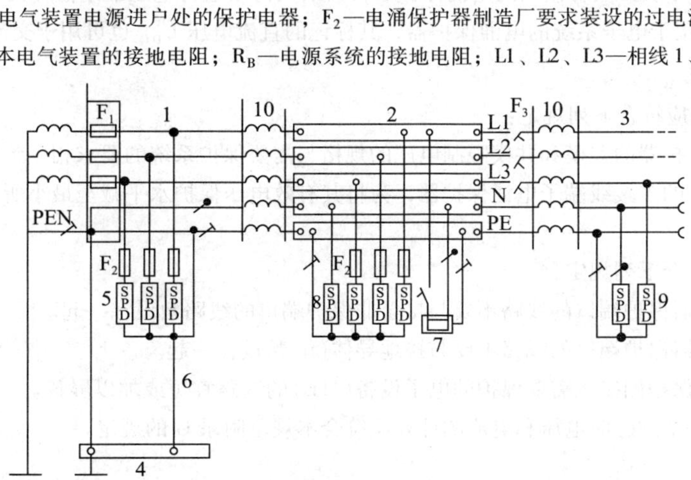

图 J. 1. 2 – 5　Ⅰ级、Ⅱ级和Ⅲ级试验的电涌保护器的安装（以 TN – C – S 系统为例）

1—电气装置的电源进户处；2—配电箱；3—送出的配电线路；4—总接地端或总接地连接带；
5—Ⅰ级试验的电涌保护器；6—电涌保护器的接地连接线；7—需要被电涌保护器保护的固定安装的设备；
8—Ⅱ级试验的电涌保护器；9—Ⅱ级或Ⅲ级试验的电涌保护器；10—去耦器件或配电线路长度；
F_1、F_2、F_3—过电流保护电器；L1、L2、L3—相线1、2、3

注：1 当电涌保护器5和8不是安装在同一处时，电涌保护器5的 U_p 应小于或等于2.5kV；电涌保护器5和8可以组合为一台电涌保护器，其 U_p 应小于或等于2.5kV。

2 当电涌保护器5和8之间的距离小于10m时，在8处N与PE之间的电涌保护器可不装。

J.2 用于电子系统的电涌保护器

J.2.1 电信和信号线路上所接入的电涌保护器的类别及其冲击限制电压试验用的电压波形和电流波形应符合表J.2.1的规定。

表 J.2.1 电涌保护器的类别及其冲击限制电压试验用的电压波形和电流波形

类别	试验类型	开路电压	短路电流
A1	很慢的上升率	≥1kV 0.1kV/μs～100kV/s	10A，0.1～2A/μs ≥1000μs(持续时间)
A2	AC		
B1	慢上升率	1kV，10/1000μs	100A，10/1000μs
B2		1～4kV，10/700μs	25～100A，5/300μs
B3		≥1kV，100V/μs	10～100A，10/1000μs
C1	快上升率	0.5～1kV，1.2/50μs	0.25～1kA，8/20μs
C2		2～10kV，1.2/50μs	1～5kA，8/20μs
C3		≥1kV，1kV/μs	10～100A，10/1000μs
D1	高能量	≥1kV	0.5～2.5kA，10/350μs
D2		≥1kV	0.6～2.0kA，10/250μs

J.2.2 电信和信号线路上所接入的电涌保护器，其最大持续运行电压最小值应大于接到线路处可能产生的最大运行电压。用于电子系统的电涌保护器，其标记的直流电压 U_{DC} 也可用于交流电压 U_{AC} 的有效值，反之亦然，$U_{DC}=\sqrt{2}U_{AC}$。

J.2.3 合理接线应符合下列规定：

1 应保证电涌保护器的差模和共模限制电压的规格与需要保护系统的要求相一致(图J.2.3－1)。

2 接至电子设备的多接线端子电涌保护器，为将其有效电压保护水平减至最小所必需的安装条件，见图J.2.3－2。

3 附加措施应符合下列规定：

1)接至电涌保护器保护端口的线路不要与接至非保护端口的线路敷设在一起。

2)接至电涌保护器保护端口的线路不要与接地导体(p)敷设在一起。

3)从电涌保护器保护侧接至需要保护的电子设备(ITE)的线路宜短或加以屏蔽。

4 雷击时在环路中的感应电压和电流的计算应符合本规范附录G的规定。

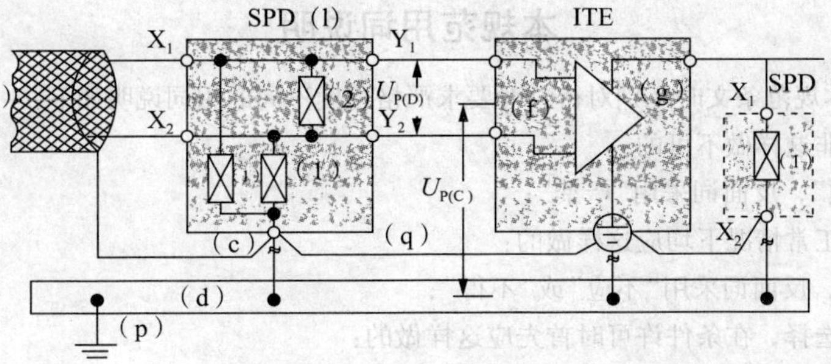

图 J. 2. 3－1 防需要保护的电子设备(ITE)的供电电压输入端及其信号端的差模和共模电压的保护措施的例子

(c)—电涌保护器的一个连接点，通常，电涌保护器内的所有限制共模电涌电压元件都以此为基准点；
(d)—等电位连接带；(f)—电子设备的信号端口；(g)—电子设备的电源端口；
(h)—电子系统线路或网络；(l)—符合本附录表 J. 2. 1 所选用的电涌保护器；
(o)—用于直流电源线路的电涌保护器；(p)—接地导体；
$U_{P(C)}$—将共模电压限制至电压保护水平；$U_{P(D)}$—将差模电压限制至电压保护水平；
X_1、X_2—电涌保护器非保护侧的接线端子，在它们之间接入(1)和(2)限压元件；
Y_1、Y_2—电涌保护器保护侧的接线端子；
(1)—用于限制共模电压的防电涌电压元件；(2)—用于限制差模电压的防电涌电压元件

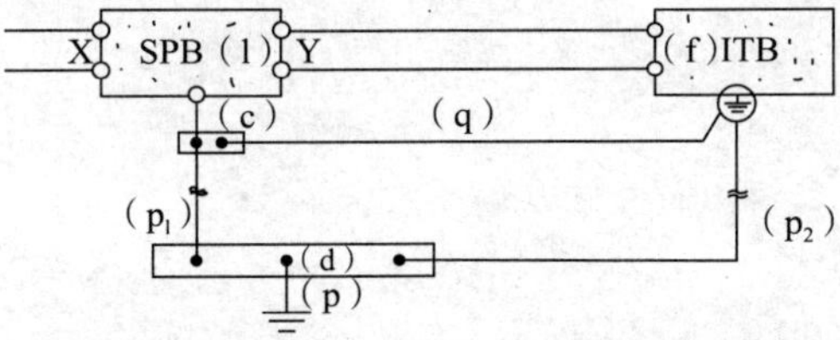

图 J. 2. 3－2 将多接线端子电涌保护器的有效电压保护水平减至最小所必需的安装条件的例子

(c)—电涌保护器的一个连接点，通常，电涌保护器内的所有限制共模电涌电压元件都以此为基准点；
(d)—等电位连接带；(f)—电子设备的信号端口；(l)—符合本附录表 J. 2. 1 所选用的电涌保护器；
(p)—接地导体；(p_1)、(p_2)—应尽可能短的接地导体，当电子设备(ITE)在远处时可能无(p_2)；
(q)—必需的连接线(应尽可能短)；
X、Y—电涌保护器的接线端子，X 为其非保护的输入端，Y 为其保护侧的输出端

本规范用词说明

1 为便于在执行本规范条文时区别对待，对要求严格程度不同的用词说明如下：

1）表示很严格，非这样做不可的：

正面词采用“必须”，反面词采用“严禁”；

2）表示严格，在正常情况下均应这样做的：

正面词采用“应”，反面词采用“不应”或“不得”；

3）表示允许稍有选择，在条件许可时首先应这样做的：

正面词采用“宜”，反面词采用“不宜”；

4）表示有选择，在一定条件下可以这样做的，采用“可”。

2　条文中指明应按其他有关标准执行的写法为：“应符合……的规定”或“应按……执行”。

引用标准名录

《工业与民用电力装置的接地设计规范》GBJ 65

《电磁兼容 试验和测量技术　浪涌（冲击）抗扰度试验》GB/T 17626.5

《低压配电系统的电涌保护器（SPD）　第 1 部分：性能要求和试验方法》GB 18802.1

2. 工业企业设计卫生标准

（GB Z1—2010 代替 GBZ1—2002）

目　　录

1 范围

本标准规定了工业企业选址与总体布局、工作场所、辅助用室以及应急救援的基本卫生学要求。

本标准适用于工业企业新建、改建、扩建和技术改造、技术引进项目(以下统称建设项目)的卫生设计及职业病危害评价。

事业单位和其他经济组织建设项目的卫生设计及职业病危害评价、建设项目施工期持续数年或施工规模较大、因各种特殊原因需要的临时性工业企业设计，以及工业园区的总体布局等可参照本标准执行。

2 规范性引用文件

下列文件中的条款通过本标准的引用而成为本标准的条款。凡是注日期的引用文件，其随后所有的修改单(不包括勘误的内容)或修订版均不适用于本标准，然而，鼓励根据本标准达成协议的各方研究是否可使用这些文件的最新版本。凡是不注日期的引用文件，其最新版本适用于本标准。

GBZ 2.1 工作场所有害因素职业接触限值 第1部分：化学有害因素

GBZ 2.2 工作场所有害因素职业接触限值 第2部分：物理因素

GBZ 158 工作场所职业病危害警示标识

GBZ/T 194 工作场所防止职业中毒卫生工程防护措施规范

GBZ/T 195 有机溶剂作业场所个人职业病防护用品使用规范

GBZ/T 223 工作场所有毒气体检测报警装置设置规范

GB 3095 环境空气质量标准

GB 16297 大气污染物综合排放标准

GB/T 16758 排风罩的分类及技术条件

GB 18083 以噪声污染为主的工业企业卫生防护距离标准

GB/T 18664 呼吸防护用品的选择、使用与维护

GB 18871 电离辐射防护与辐射源安全基本标准

GB 50019 采暖通风与空气调节设计规范

GB/T 50033 建筑采光设计标准

GB 50034 建筑照明设计标准

GB 50073 洁净厂房设计规范

GB 50187 工业企业总平面设计规范

GBJ 87 工业企业噪声控制设计规范

3 术语和定义

下列术语和定义适用于本标准。

3.1 卫生标准 health standards

为实施国家卫生法律法规和有关卫生政策，保护人体健康，在预防医学和临床医学研究与实践的基础上，对涉及人体健康和医疗卫生服务事项制定的各类技术规定。

3.2 工作场所 workplace

劳动者进行职业活动、并由用人单位直接或间接控制的所有工作地点。

3.3 工作地点 work site

劳动者从事职业活动或进行生产管理而经常或定时停留的岗位或作业地点。

3.4 职业性有害因素 occupational hazards

又称职业病危害因素，在职业活动中产生和(或)存在的、可能对职业人群健康、安全和作业能力造成不良影响的因素或条件，包括化学、物理、生物等因素。

3.5 职业接触限值 occupational exposure limits，OELs

劳动者在职业活动过程中长期反复接触，对绝大多数接触者的健康不引起有害作用的容许接触水平，是职业性有害因素的接触限制量值。化学有害因素的职业接触限值包括时间加权平均容许浓度、短时间接触容许浓度和最高容许浓度三类。物理因素职业接触限值包括时间加权平均容许限值和最高容许限值

3.6 自然疫源地 natural infectious focus

某些传染病的病原体在自然界的野生动物中长期存在并造成动物间流行的地区。

3.7 卫生防护距离 hygienic buffer zone

从产生职业性有害因素的生产单元(生产区、车间或工段)的边界至居住区边界的最小距离。即在正常生产条件下，无组织排放的有害气体(大气污染物)自生产单元边界到居住区的范围内，能够满足国家居住区容许浓度限值相关标准规定的所需的最小距离。

3.8 全年(夏季)最小频率风向 annual(summer) minimum frequency of wind direction 全年(或夏季)各风向中频率出现最少的风向。

3.9 夏季主导风向 summer prevailing wind direction

累年夏季各风向中最高频率的风向。

3.10 粉尘 dust

能够较长时间悬浮于空气中的固体微粒。

3.11 生产性粉尘 industrial dust

在生产过程中形成的粉尘。按粉尘的性质分力：无机粉尘(inorganic dust，含矿物性粉尘、金属性粉尘、人工合成的无机粉尘)；有机粉尘(organic dust，含动物性粉尘、植物性粉尘、人工合成有机粉尘)；混合性粉尘(mixed dust，混合存在的各类粉尘)。

3.12 毒物 toxicant[toxic substance(s)]

在一定条件下，较低剂量能引起机体功能性或器质性损伤的外源性化学物质。

3.13 生产性毒物 industrial toxicant(toxic substance)

生产过程中产生或存在于工作场所空气中的各种毒物。

3.14 高温作业 work(job) under heat stress

在高气温、或有强烈的热辐射、或伴有高气湿相结合的异常气象条件下，WBGT 指数超过规定限值的作业。

3.15 寒冷环境 cold environment

环境温度、湿度、风速等负荷联合作用于人体，引起人体更多散热，导致人体发生冷应激反应的环境状态。

3.16 低温作业 work(job) under cold stress

平均气温≤5℃的作业。

3.17 噪声 noise

一切有损听力、有害健康或有其他危害的声响。

3.18 生产性噪声 industrial noise

在生产过程中产生的噪声。按噪声的时间分布分为连续声(continuous noise)和间断声(intermit tent noise)；声级波动＜3dB(A)的噪声为稳态噪声(steady noise)，声级波动≥3dB(A)的噪声为非稳态噪声；持续时间≤0.5s，间隔时间＞1s，声压有效值变化≥40dB(A)的噪声为脉冲噪声(impulsive noise)。

3.19 振动 vibration

一个质点或物体在外力作用下沿直线或弧线围绕平衡位置来回重复的运动。

3.20 手传振动 hand－transmitted vibration

又称手臂振动(hand-arm vibration)或局部振动(segmental vibration)，指生产中使用振动工具或接触受振动工件时，直接作用或传递到人手臂的机械振动或冲击。

3.21　全身振动 whole-body vibration

人体足部或臀部接触并通过下肢或躯干传导到全身的振动。

3.22　电离辐射 ionizing radiation

能使受作用物质发生电离现象的辐射，即波长 <100nm 的电磁辐射。

3.23　非电离辐射 non-ionizing radiation

波长 >100nm 不足以引起生物体电离的电磁辐射。

3.24　辅助用室 work-related welfare facilities

为保障生产经营正常运行、劳动者生活和健康而设置的非生产用房。

3.25　工效学 ergon omics

以人为中心，研究人、机器设备和工作环境之间的相互关系，实现人在生产劳动及其他活动中的健康、安全、舒适和高效的一门学科。

4　总则

4.1　工业企业建设项目的设计应贯彻《中华人民共和国职业病防治法》，坚持“预防为主，防治结合”的卫生工作方针，落实职业病危害“前期预防”控制制度，保证工业企业建设项目的设计符合卫生要求。

4.2　工业企业建设项目的设计应优先采用有利于保护劳动者健康的新技术、新工艺、新材料、新设备，限制使用或者淘汰职业病危害严重的工艺、技术、材料；对于生产过程中尚不能完全消除的生产性粉尘、生产性毒物、生产性噪声以及高温等职业性有害因素，应采取综合控制措施，使工作场所职业性有害因素符合国家职业卫生标准要求，防止职业性有害因素对劳动者的健康损害。

4.3　承担工业企业卫生设计的设计人员应了解职业卫生相关法律、法规、标准以及职业病防治知识，掌握建设项目使用和存在的职业性有害因素、危害的分布、毒作用特点和有关的预防控制技术。

4.4　可能产生职业病危害的建设项目，其职业病危害防护设施应与主体工程同时设计，同时施工，同时投入生产使用。在可行性论证阶段编制的可行性论证报告应包括职业卫生相关内容，并进行职业病危害预评价；在设计阶段编制的初步设计应包括职业卫生专篇，职业病危害严重的建设项目还应编制职业病危害防护设施设计专篇。

4.5　应根据工业企业生产性质和规模、职业病危害程度（强度）及劳动者人数等，兼顾工效学原理设计职业卫生管理组织机构及人员编制。人员编制可参考附录 A 表 A.1。

4.6　项目预算设计应包括职业病防治经费。

5　选址、总体布局与厂房设计

5.1　选址

5.1.1　工业企业选址应依据我国现行的卫生、安全生产和环境保护等法律法规、标准和拟建工业企业建设项目生产过程的卫生特征及其对环境的要求、职业性有害因素的危害状况，结合建设地点现状与当地政府的整体规划，以及水文、地质、气象等因素，进行综合分析而确定。

5.1.2　工业企业选址宜避开自然疫源地；对于因建设工程需要等原因不能避开的，应设计具体的疫情综合预防控制措施。

5.1.3　工业企业选址宜避开可能产生或存在危害健康的场所和设施，如垃圾填埋场、污水处理厂、气体输送管道，以及水、土壤可能已被原工业企业污染的地区；建设工程需要难以避开的，应首先进行卫生学评估，并根据评估结果采取必要的控制措施。设计单位应明确要求施工单位和建设单位制定施工期间和投产运行后突发公共卫生事件应急救援预案。

5.1.4　向大气排放有害物质的工业企业应设在当地夏季最小频率风向被保护对象的上风侧，并应符合国家规定的卫生防护距离要求（参照附录 B），以避免与周边地区产生相互影响。对于目前国家尚未规定卫生防护距离要求的，宜进行健康影响评估，并根据实际评估结果作出判定。

5.1.5 在同一工业区内布置不同卫生特征的工业企业时，宜避免不同有害因素产生交叉污染和联合作用。

5.2 总体布局

5.2.1 平面布置

5.2.1.1 工业企业厂区总平面布置应明确功能分区，可分为生产区、非生产区、辅助生产区。其工程用地应根据卫生要求，结合工业企业性质、规模、生产流程、交通运输、场地自然条件、技术经济条件等合理布局。

5.2.1.2 工业企业总平面布置，包括建(构)筑物现状、拟建建筑物位置、道路、卫生防护、绿化等应符合 GB 50187 等国家相关标准要求。

5.2.1.3 工业企业厂区总平面功能分区原则应遵循：分期建设项目宜一次整体规划，使各单体建筑均在其功能区内有序合理，避免分期建设时破坏原功能分区；行政办公用房应设置在非生产区；生产车间及与生产有关的辅助用室应布置在生产区内；产生有害物质的建筑(部位)与环境质量较高要求的有较高洁净要求的建筑(部位)应有适当的间距或分隔。

5.2.1.4 生产区宜选在大气污染物扩散条件好的地段，布置在当地全年最小频率风向的上风侧；产生并散发化学和生物等有害物质的车间，宜位于相邻车间当地全年最小频率风向的上风侧；非生产区布置在当地全年最小频率风向的下风侧；辅助生产区布置在两者之间。

5.2.1.5 工业企业的总平面布置，在满足主体工程需要的前提下，宜将可能产生严重职业性有害因素的设施远离产生一般职业性有害因素的其他设施，应将车间按有无危害、危害的类型及其危害浓度(强度)分开；在产生职业性有害因素的车间与其他车间及生活区之间宜设一定的卫生防护绿化带。

5.2.1.6 存在或可能产生职业病危害的生产车间、设备应按照 GBZ 158 设置职业病危害警示标识。

5.2.1.7 可能发生急性职业病危害的有毒、有害的生产车间的布置应设置与相应事故防范和应急救援相配套的设施及设备，并留有应急通道。

5.2.1.8 高温车间的纵轴宜与当地夏季主导风向相垂直。当受条件限制时，其夹角不得 $<45°$。

5.2.1.9 高温热源应尽可能地布置在车间外当地夏季主导风向的下风侧；不能布置在车间外的高温热源应布置在天窗下方或靠近车间下风侧的外墙侧窗附近。

5.2.2 竖向布置

5.2.2.1 放散大量热量或有害气体的厂房宜采用单层建筑。当厂房是多层建筑物时，放散热和有害气体的生产过程宜布置在建筑物的高层。如必须布置在下层时，应采取有效措施防止污染上层工作环境。

5.2.2.2 噪声与振动较大的生产设备宜安装在单层厂房内。当设计需要将这些生产设备安置在多层厂房内时，宜将其安装在底层，并采取有效的隔声和减振措施。

5.2.2.3 含有挥发性气体、蒸气的各类管道不宜从仪表控制室和劳动者经常停留或通过的辅助用室的空中和地下通过；若需通过时，应严格密闭，并应具备抗压、耐腐蚀等性能，以防止有害气体或蒸气逸散至室内。

5.3 厂房设计

5.3.1 厂房建筑方位应能使室内有良好的自然通风和自然采光，相邻两建筑物的间距一般不宜小于二者中较高建筑物的高度。

5.3.2 以自然通风为主的厂房，车间天窗设计应满足卫生要求：阻力系数小，通风量大，便于开启，适应不同季节要求，天窗排气口的面积应略大于进风窗口及进风门的面积之和。热加工厂房应设置天窗挡风板，厂房侧窗下缘距地面不宜高于 1.2m。

5.3.3 高温、热加工、有特殊要求和人员较多的建筑物应避免西晒。厂房侧窗上方宜设置遮阳、遮雨的固定板(棚)，避免阳光直射，方便雨天通风。

5.3.4 产生噪声、振动的厂房设计和设备布局应采取降噪和减振措施。

5.3.5 车间办公室宜靠近厂房布置，但不宜与处理危险、有毒物质的场所相邻。应满足采光、照明、通风、隔声等要求。

5.3.6 空调厂房及洁净厂房的设计按 GB 50073 等有关现行国家标准执行。

6 工作场所基本卫生要求

6.1 防尘、防霉

6.1.1 优先采用先进的生产工艺、技术和无毒(害)或低毒(害)的原材料，消除或减少尘、毒职业性有害因素；对于工艺、技术和原材料达不到要求的，应根据生产工艺和粉尘、毒物特性，参照 GBZ/T 194 的规定设计相应的防尘、防毒通风控制措施，使劳动者活动的工作场所有害物质浓度符合 GBZ 2.1 要求；如预期劳动者接触浓度不符合要求的，应根据实际接触情况，参考 GBZ/T 195、GB/T 18664 的要求同时设计有效的个人防护措施。

6.1.1.1 原材料选择应遵循无毒物质代替有毒物质，低毒物质代替高毒物质的原则。

6.1.1.2 对产生粉尘、毒物的生产过程和设备(含露天作业的工艺设备)，应优先采用机械化和自动化，避免直接人工操作。为防止物料跑、冒、滴、漏，其设备和管道应采取有效的密闭措施，密闭形式应根据工艺流程、设备特点、生产工艺、安全要求及便于操作、维修等因素确定，并应结合生产工艺采取通风和净化措施。对移动的扬尘和逸散毒物的作业。应与主体工程同时设计移动式轻便防尘和排毒设备。

6.1.1.3 对于逸散粉尘的生产过程，应对产尘设备采取密闭措施；设置适宜的局部排风除尘设施对尘源进行控制；生产工艺和粉尘性质可采取湿式作业的，应采取湿法抑尘。当湿式作业仍不能满足卫生要求时，应采用其他通风、除尘方式。

6.1.2 产生或可能存在毒物或酸碱等强腐蚀性物质的工作场所应设冲洗设施；高毒物质工作场所墙壁、顶棚和地面等内部结构和表面应采用耐腐蚀、不吸收、不吸附毒物的材料，必要时加设保护层；车间地面应平整防滑，易于冲洗清扫；可能产生积液的地面应做防渗透处理，并采用坡向排水系统，其废水纳入工业废水处理系统。

6.1.3 贮存酸、碱及高危液体物质贮罐区周围应设置泄险沟(堰)。

6.1.4 工作场所粉尘、毒物的发生源应布置在工作地点的自然通风或进风口的下风侧；放散不同有毒物质的生产过程所涉及的设施布置在同一建筑物内时，使用或产生高毒物质的工作场所应与其他工作场所隔离。

6.1.5 防尘和防毒设施应依据车间自然通风风向、扬尘和逸散毒物的性质、作业点的位置和数量及作业方式等进行设计。经常有人来往的通道(地道、通廊)，应有自然通风或机械通风，并不宜敷设有毒液体或有毒气体的管道。

6.1.5.1 通风、除尘、排毒设计应遵循相应的防尘、防毒技术规范和规程的要求。

a)当数种溶剂(苯及其同系物、醇类或醋酸酯类)蒸气或数种刺激性气体同时放散于空气中时，应按各种气体分别稀释至规定的接触限值所需要的空气量的总和计算全面通风换气量。除上述有害气体及蒸气外，其他有害物质同时放散于空气中时，通风量仅按需要空气量最大的有害物质计算。

b)通风系统的组成及其布置应合理，能满足防尘、防毒的要求。容易凝结蒸气和聚积粉尘的通风管道、几种物质混合能引起爆炸、燃烧或形成危害更大的物质的通风管道，应设单独通风系统，不得相互连通。

c)采用热风采暖、空气调节和机械通风装置的车间，其进风口应设置在室外空气清洁区并低于排风口，对有防火防爆要求的通风系统，其进风口应设在不可能有火花溅落的安全地点，排风口应设在室外安全处。相邻工作场所的进气和排气装置，应合理布置，避免气流短路。

d)进风口的风量，应按防止粉尘或有害气体逸散至室内的原则通过计算确定。有条件时，应在投入运行前以实测数据或经验数值进行实际调整。

e)供给工作场所的空气一般直接送至工作地点。放散气体的排出应根据工作场所的具体条件及气体密度合理设置排出区域及排风量。

f) 确定密闭罩进风口的位置、结构和风速时，应使罩内负压均匀，防止粉尘外逸并不致把物料带走。

g) 下列三种情况不宜采用循环空气：

——空气中含有燃烧或爆炸危险的粉尘、纤维，含尘浓度大于或等于其爆炸下限的25%时；

——对于局部通风除尘、排毒系统，在排风经净化后，循环空气中粉尘、有害气体浓度大于或等于其职业接触限值的30%时；

——空气中含有病原体、恶臭物质及有害物质浓度可能突然增高的工作场所。

h) 局部机械排风系统务类型排气罩应参照 GB/T 16758 的要求，遵循形式适宜、位置正确、风量适中、强度足够、检修方便的设计原则，罩口风速或控制点风速应足以将发生源产生的尘、毒吸入罩内，确保达到高捕集效率。局部排风罩不能采用密闭形式时，应根据不同的工艺操作要求和技术经济条件选择适宜的伞形排风装置。

i) 输送含尘气体的风管宜垂直或倾斜敷设，倾斜敷设时，与水平面的夹角应 >45°。如必须设置水平管道时，管道不应过长，并应在适当位置设置清扫孔，方便清除积尘，防止管道堵塞。

j) 按照粉尘类别不同，通风管道内应保证达到最低经济流速。为便于除尘系统的测试，设计时应在除尘器的进出口处设可开闭式的测试孔，测试孔的位置应选在气流稳定的直管段，测试孔在不测试时应可以关闭。在有爆作性粉尘及有毒有害气体净化系统中，宜设置连续自动检测装置。

k) 为减少对厂区及周边地区人员的危害及环境污染，散发有毒有害气体的设备所排出的尾气以及由局部排气装置排出的浓度较高的有害气体应通过净化处理设备后排出；直接排入大气的，应根据排放气体的落地浓度确定引出高度，使工作场所劳动者接触的落点浓度符合 GBZ 2.1 的要求，还应符合 GB 16297 和 GB 3095 等相应环保标准的规定。

l) 含有剧毒、高毒物质或难闻气味物质的局部排风系统，或含有较高浓度的爆炸危险性物质的局部排风系统所排出的气体，应排至建筑物外空气动力阴影区和正压区之外。

6.1.5.2 在生产中可能突然逸出大量有害物质或易造成急性中毒或易燃易爆的化学物质的室内作业场所，应设置事故通风装置及与事故排风系统相连锁的泄漏报警装置。

a) 事故通风宜由经常使用的通风系统和事故通风系统共同保证，但在发生事故时，必须保证能提供足够的通风量。事故通风的风量宜根据工艺设计要求通过计算确定，但换气次数不宜 <12 次/h。

b) 事故通风通风机的控制开关应分别设置在室内、室外便于操作的地点。

c) 事故排风的进风口，应设在有害气体或有爆炸危险的物质放散量可能最大或聚集最多的地点。对事故排风的死角处，应采取导流措施。

d) 事故排风装置排风口的设置应尽可能避免对人员的影响：

——事故排风装置的排风口应设在安全处，远离门、窗及进风口和人员经常停留或经常通行的地点；

——排风口不得朝向室外空气动力阴影区和正压区。

6.1.5.3 在放散有爆炸危险的可燃气体、粉尘或气溶胶等物质的工作场所．应设置防爆通风系统或事故排风系统。

6.1.6 应结合生产工艺和毒物特性，在有可能发生急性职业中毒的工作场所，根据自动报警装置技术发展水平设计自动报警或检测装置。

6.1.6.1 检测报警点应根据 GBZ/T XX 的要求，设在存在、生产或使用有毒气体的工作地点，包括可能释放高毒、剧毒气体的作业场所，可能大量释放或容易聚集的其他有毒气体的工作地点也应设置检测报警点。

6.1.6.2 应设置有毒气体检测报警仪的工作地点，宜采用固定式，当不具备设置固定式的条件时，应配置便携式检测报警仪。

6.1.6.3 毒物报警值应根据有毒气体毒性和现场实际情况至少设警报值和高报值。预报值为 MAC 或 PC—STEL 的 1/2，无 PC—STEL 的化学物质，预报值可设在相应超限倍数值的 1/2；警报值为 MAC 或 PC—STEL 值，无 PC—STEL 的化学物质，警报值可设在相应的超限倍数值；高报值应综合考虑有毒气体毒性、作业人员情况、事故后果、工艺设备等各种因素后设定。

6.1.7　可能存在或产生有毒物质的工作场所应根据有毒物质的理化特性和危害特点配备现场急救用品，设置冲洗喷淋设备、应急撤离通道、必要的泄险区以及风向标。泄险区应低位设置且有防透水层，泄漏物质和冲洗水应集中纳入工业废水处理系统。

6.2　防暑、防寒

6.2.1　防暑

6.2.1.1　应优先采用先进的生产工艺、技术和原材料，工艺流程的设计宜使操作人员远离热源，同时根椐其具体条件采取必要的隔热、通风、降温等措施，消除高温职业危害。

6.2.1.2　对于工艺、技术和原材料达不到要求的，应根据生产工艺、技术、原材料特性以及自然条件，通过采取工程控制措施和必要的组织措施，如减少生产过程中的热和水蒸气释放、屏蔽热辐射源，加强通风，减少劳动时间，改善作业方式等，使室内和露天作业地点 WBGT 指数符合 GBZ 2.2 的要求。对于劳动者室内和露天作业 WBGT 指数不符合标准要求的，应根据实际接触情况采取有效的个人防护措施。

6.2.1.3　应根据夏季主导风向设计高温作业厂房的朝向，使厂房能形成穿堂风或能增加自然通风的风压。高温作业厂房平面布置呈“L”型、“Ⅱ”型或“Ⅲ”型的，其开口部分宜位于夏季主导风向的迎风面。

6.2.1.4　高温作业厂房宜设有避风的天窗，天窗和侧窗宜便于开关和清扫。

6.2.1.5　夏季自然通风用的进气窗的下端距地面不宜 >1.2m，以便空气直接吹向工作地点；冬季需要自然通风时，应对通风设计方案进行技术经济比较，并根据热平衡的原则合理确定热风补偿系统容量，进气窗下端一般不宜 <4m 时；若 <4m 时，宜采取防止冷风吹向工作地点的有效措施。

6.2.1.6　以自然通风为主的高温作业厂房应有足够的进、排风面积。产生大量热、湿气、有害气体的单层厂房的附属建筑物占用该厂房外墙的长度不得超过外墙全长的 30%，且不宜设在厂房的迎风面。

6.2.1.7　产生大量热或逸出有害物质的车间，在平面布置上应以其最长边作为外墙。若四周均为内墙时，应采取向室内送入清洁空气的措施。

6.2.1.8　热源应尽量布置在车间外面；采用热压为主的自然通风时，热源应尽量布置在天窗的下方；采用穿堂风为主的自然通风时，热源应尽量布置在夏季主导风向的下风侧；热源布置应便于采用各种有效的隔热及降温措施。

6.2.1.9　车间内发热设备设置应按车间气流具体情况确定，一般宜在操作岗位夏季主导风向的下风侧、车间天窗下方的部位。

6.2.1.10　高温、强热辐射作业，应根据工艺、供水和室内微小气候等条件采用有效的隔热措施，如水幕、隔热水箱或隔热屏等。工作人员经常停留或靠近的高温地面或高温壁板，其表面平均温度不应 >40℃，瞬间最高温度也不宜 >60℃。

6.2.1.11　当高温作业时间较长。工作地点的热环境参数达不到卫生要求时，应采取降温措施。

a) 采用局部送风降温措施时，气流达到工作地点的风速控制设计应符合以下要求：

——带有水雾的气流风速为 3 ~ 5m/s，雾滴直径应 <100μm；

——不带水雾的气流风速，劳动强度Ⅰ级的应控制在 2 ~ 3m/s，Ⅱ级的控制在 3 ~ 5m/s，Ⅲ级的控制在 4 ~ 6m/s。

b) 设置系统式局部送风时，工作地点的温度和平均风速应符合表 1 的规定。

6.2.1.12　工艺上以湿度为主要要求的空气调节车间，除工艺有特殊要求或已有规定者外，不同湿度条件下的空气温度应符合表 2 的规定。

6.2.1.13　高温作业车间应设有工间休息室。休息室应远离热源，采取通风、降温、隔热等措施，使温度≤30℃；设有空气调节的休息室室内气温应保持在 24 ~ 28℃。对于可以脱离高温作业点的，可设观察(休息)室。

6.2.1.14　特殊高温作业，如高温车间桥式起重机驾驶室、车间内的监控室、操作室、炼焦车间拦焦车驾驶室等应有良好的隔热措施，热辐射强度应 <700W/m^2，室内气温不应 >28℃。

表1 工作地点的温度和平均风速

热辐射强度/(W/m²)	冬季		夏季	
	温度/℃	风速/(m/s)	温度/℃	风速/(m/s)
350~700	20~25	1~2	26~31	1.5~3
701~1400	20~25	1~3	26~30	2~4
1401~2100	18~22	2~3	25~29	3~5
2101~2800	18~22	3~4	24~28	4~6

注：1. 轻度强度作业时，温度宜采用表中较高值，风速宜采用较低值；重强度作业时，温度宜采用较低值．风速宜采用较高值；中度强度作业时其数据可按插入法确定。
2. 对于夏热冬冷(或冬暖)地区．表中夏季工作地点的温度．可提高2℃。
3. 当局部送风系统的空气需要冷却或加热处理时，其室外计算参数，夏季应采用通风室外计算温度及相对湿度；冬季应采用采暖室外计算温度。

表2 空气调节厂房内不同湿度下的温度要求(上限值)

相对湿度/%	<55	<65	<75	<85	≥85
温度/℃	30	29	28	27	26

6.2.1.15 当作业地点日最高气温≥35℃时，应采取局部降温和综合防暑措施，并应减少高温作业时间。

6.2.2 防寒

6.2.2.1 凡近十年每年最冷月平均气温≤8℃的月数≥3个月的地区应设集中采暖设施，<2个月的地区应设局部采暖设施。当工作地点不固定，需要持续低温作业时，应在工作场所附近设置取暖室。

6.2.2.2 冬季寒冷环境工作地点采暖温度应符合表3要求。

表3 冬季工作地点的采暖温度(干球温度)

体力劳动强度级别	采暖温度/℃
Ⅰ	≥18
Ⅱ	≥16
Ⅲ	≥14
Ⅳ	≥12

注：1. 体力劳动强度分级见GBZ 2.2，其中Ⅰ级代表轻劳动，Ⅱ级代表中等劳动，Ⅲ级代表重劳动，Ⅳ级代表极重劳动。
2. 当作业地点劳动者人均占用较大面积(50~100m²)、劳动强度Ⅰ级时，其冬季工作地点采暖温度可低至10℃．Ⅱ级时可低至7℃，Ⅲ级时可低至5℃。
3. 当室内散热量<23W/m³时，风速不宜>0.3m/s；当室内散热量≥23W/m³时，风速不宜>0.5m/s。

6.2.2.3 采暖地区的生产辅助用室冬季室温宜符合表4中的规定。

表 4　生产辅助用室的冬季温度

辅助用室名称	气温/℃
办公室、休息室、就餐场所	≥18
浴室、更衣室、妇女卫生室	≥25
厕所、盥洗室	≥14
注：工业企业辅助建筑，风速不宜>0.3m/s。	

6.2.2.4　工业建筑采暖的设置、采暖方式的选择应按照 GB 50019，根据建筑物规模、所在地区气象条件、能源状况、能源及环保政策等要求，采用技术可行、经济合理的原则确定。

6.2.2.5　冬季采暖室外计算温度≤-20℃的地区，为防止车间大门长时间或频繁开放而受冷空气的侵袭，应根据具体情况设置门斗、外室或热空气幕。

6.2.2.6　设计热风采暖时，应防止强烈气流直接对人产生不良影响，送风的最高温度不得超过70℃，送风宜避免直接面向人，室内气流一般应为0.1～0.3m/s。

6.2.2.7　产生较多或大量湿气的车间，应设计必要的除湿排水防潮设施。

6.2.2.8　车间围护结构应防止雨水渗透，冬季需要采暖的车间，围护结构内表面（不包括门窗）应防止凝结水汽，特殊潮湿车间工艺上允许在墙上凝结水汽的除外。

6.3　防噪声与振动

6.3.1　防噪声

6.3.1.1　工业企业噪声控制应按 GBJ 87 设计，对生产工艺、操作维修、降噪效果进行综合分析，采用行之有效的新技术、新材料、新工艺、新方法。对于生产过程和设备产生的噪声，应首先从声源上进行控制，使噪声作业劳动者接触噪声声级符合 GBZ 2.2 的要求。采用工程控制技术措施仍达不到 GBZ 2.2 要求的，应根据实际情况合理设计劳动作息时间，并采取适宜的个人防护措施。

6.3.1.2　产生噪声的车间与非噪声作业车间、高噪声车间与低噪声车间应分开布置。

6.3.1.3　工业企业设计中的设备选择，宜选用噪声较低的设备。

6.3.1.4　在满足工艺流程要求的前提下，宜将高噪声设备相对集中，并采取相应的隔声、吸声、消声、减振等控制措施。

6.3.1.5　为减少噪声的传播，宜设置隔声室。隔声室的天棚、墙体、门窗均应符合隔声、吸声的要求。

6.3.1.6　产生噪声的车间，应在控制噪声发生源的基础上，对厂房的建筑设计采取减轻噪声影响的措施，注意增加隔声、吸声措施。

6.3.1.7　非噪声工作地点的噪声声级的设计要求应符合表 5 的规定设计要求：

表 5　非噪声工作地点噪声声级设计要求

地点名称	噪声声级/dB(A)	工效限值/dB(A)
噪声车间观察（值班）室	≤75	≤55
非噪声车间办公室、会议室	≤60	
主控室、精密加工室	≤70	

6.3.2　防振动

6.3.2.1　采用新技术、新工艺、新方法避免振动对健康的影响，应首先控制振动源，使手传振动接振强度符合 GBZ 2.2 的要求，全身振动强度不超过表 6 规定的卫生限值。采用工程控制技术措施仍达不到要求的，应根据实际情况合理设计劳动作息时间，并采取适宜的个人防护措施。

表6 全身振动强度卫生限值

工作日接触时间(t, h)	卫生限值/(m/s²)	工作日接触时间(t, h)	卫生限值/(m/s²)
$4<t\leq8$	0.62	$0.5<t\leq1.0$	2.40
$2.5<t\leq4$	1.10	$t\leq0.5$	3.60
$1.0<t\leq2.5$	1.40		

6.3.2.2 工业企业设计中振动设备的选择，宜选用振动较小的设备。

6.3.2.3 产生振动的车间，应在控制振动发生源的基础上，对厂房的建筑设计采取减轻振动影响的措施。对产生强烈振动的车间应采取相应的减振措施，对振幅、功率大的设备应设计减振基础。

6.3.2.4 受振动(1~80Hz)影响的辅助用室(如办公室、会议室、计算机房、电话室、精密仪器室等)。其垂直或水平振动强度不应超过表7中规定的设计要求。

表7 辅助用室垂直或水平振动强度卫生限值

接触时间(t, h)	卫生限值/(m/s²)	工效限值/(m/s²)
$4<t\leq8$	0.31	0.098
$2.5<t\leq4$	0.53	0.17
$1.0<t\leq2.5$	0.71	0.23
$0.5<t\leq1.0$	1.12	0.37
$t\leq0.5$	1.8	0.57

6.4 防非电离辐射与电离辐射

6.4.1 产生工频电磁场的设备安装地址(位置)的选择应与居住区、学校、医院、幼儿园等保持一定的距离，使上述区域电场强度最高容许接触水平控制在4kV/m以下。

6.4.2 对有可能危及电力设施安全的建筑物、构筑物进行设计时，应遵循国家有关法律、法规要求。

6.4.3 在选择极低频电磁场发射源和电力设备时，应综合考虑安全性、可靠性以及经济社会效益；新建电力设施时，应在不影响健康、社会效益以及技术经济可行的前提下，采取合理、有效的措施以降低极低频电磁场的接触水平。

6.4.4 对于在生产过程中有可能产生非电离辐射的设备，应制定非电离辐射防护规划，采取有效的屏蔽、接地、吸收等工程技术措施及自动化或半自动化远距离操作，如预期不能屏蔽的应设计反射性隔离或吸收性隔离措施，使劳动者非电离辐射作业的接触水平符合GBZ 2.2的要求。

6.4.5 设计劳动定员时应考虑电磁辐射环境对装有心脏起搏器病人等特殊人群的健康影响。

6.4.6 电离辐射防护应按GB 18871及相关国家标准执行。

6.5 采光和照明

6.5.1 工作场所采光设计按GB/T 50033执行。

6.5.2 工作场所照明设计按GB 50034执行。

6.5.3 照明设计宜避免眩光，充分利用自然光，选择适合目视工作的背景，光源位置选择宜避免产生阴影。

6.5.3.1 照明设计宜采取相应措施减少来自窗户眩光，如工作台方向设计宜使劳动者侧对或背对窗户，采用百叶窗、窗帘、遮盖布或树木，或半透明窗户等。

6.5.3.2 应减少裸光照射或使用深颜色灯罩，以完全遮蔽眩光或确保眩光在视野之外，避免来自灯泡眩光的影响。

6.5.3.3 应采取避免间接眩光(反射眩光)的措施，如合理设置光源位置，降低光源亮度，调整工作场所背景颜色。

6.5.3.4 在流水线从事关键技术工作岗位间的隔板不应影响光线或照明。

6.5.3.5 应使设备和照明配套，避免孤立的亮光光区．提高能见度及适宜光线方向。

6.5.4 应根据工作场所的环境条件，选用适宜的符合现行节能标准的灯具。

6.5.4.1 在潮湿的工作场所，宜采用防水灯具或带防水灯头的开敞式灯具。

6.5.4.2 在有腐蚀性气体或蒸气的工作场所，宜采用防腐蚀密闭式灯具。若采用开敞式灯具，各部分应有防腐蚀或防水措施。

6.5.4.3 在高温工作场所，宜采用散热性能好、耐高温的灯具。

6.5.4.4 在粉尘工作场所，应按粉尘性质和生产特点选择防水、防高温、防尘、防爆炸的适宜灯具。

6.5.4.5 在装有锻锤、大型桥式吊车等振动、摆动较大的工作场所使用的灯具，应有防振和防脱落措施。

6.5.4.6 在需防止紫外线照射的工作场所，应采用隔紫灯具或无紫光源。

6.5.4.7 在含有可燃易爆气体及粉尘的工作场所，应采用防爆灯具和防爆开关。

6.6 工作场所微小气候

6.6.1 工作场所的新风应来自室外，新风口应设置在空气清洁区，新风量应满足下列要求：非空调工作场所人均占用容积 $<20m^3$ 的车间，应保证人均新风量 $\geq 30m^3/h$；如所占容积 $>20m^3$ 时，应保证人均新风量 $\geq 20m^3/h$。采用空气调节的车间，应保证人均新风量 $\geq 30m^3/h$。洁净室的人均新风量应 $\geq 40m^3/h$。

6.6.2 封闭式车间人均新风量宜设计为 $30 \sim 50m^3/h$。微小气候的设计宜符合表 8 的要求。

表 8 封闭式车间微小气候设计要求

参数	冬季	夏季
温度/℃	20～24	25～28
风速/(m/s)	≤0.2	≤0.3
相对湿度/%	30～60	40～60
注：过渡季节微小气候计算参数取冬季、夏季差值。		

7 辅助用室基本卫生要求

7.1 一般规定

7.1.1 应根据工业企业生产特点、实际需要和使用方便的原则设置辅助用室，包括车间卫生用室(浴室、更/存衣室、盥洗室以及在特殊作业、工种或岗位设置的洗衣室)、生活室(休息室、就餐场所、厕所)、妇女卫生室，并应符合相应的卫生标准要求。

7.1.2 辅助用室应避开有害物质、病原体、高温等职业性有害因素的影响。建筑物内部构造应易于清扫，卫生设备便于使用。

7.1.3 浴室、盥洗室、厕所的设计，一般按劳动者最多的班组人数进行设计。存衣室设计计算人数应按车间劳动者实际总数计算。

7.1.4 工业园区内企业共用辅助用室的，应统筹考虑园区内各企业的特点。

7.2 车间卫生用室

7.2.1 应根据车间的卫生特征设置浴室、更/存衣室、盥洗室，其卫生特征分级见表 9。

表9 车间卫生特征分级

卫生特征	1级	2级	3级	4级
有毒物质	易经皮肤吸收引起中毒的剧毒物质(如有机磷农药、三硝基甲苯、四乙基铅等)	易经皮肤吸收或有恶臭的物质，或高毒物质(如丙烯腈、吡啶、苯酚等)	其他毒物	不接触有害物质或粉尘，不污染或轻度污染身体(如仪表、金属冷加工、机械加工等)
粉尘		严重污染全身或对皮肤有刺激的粉尘(如碳黑、玻璃棉等)	一般粉尘(棉尘)	
其他	处理传染性材料、动物原料(如皮毛等)	高温作业、井下作业	体力劳动强度Ⅲ级或Ⅳ级	

注：虽易经皮肤吸收，但易挥发的有毒物质(如苯等)可按3级确定。

7.2.2 浴室

7.2.2.1 车间卫生特征1级、2级的车间应设浴室；3级的车间宜在车间附近或厂区设置集中浴室；4级的车间可在厂区或居住区设置集中浴室。浴室可由更衣间、洗浴间和管理间组成。

7.2.2.2 浴室内一般按4个~6个淋浴器设一具盥洗器。淋浴器的数量，可根据设计计算人数按表10计算。

表10 每个淋浴器设计使用人数(上限值)

车间卫生特征	1级	2级	3级	4级
人数	3	6	9	12

注：需每天洗浴的炎热地区，每个淋浴器使用人数可适当减少。

7.2.2.3 女浴室和卫生特征1级、2级的车间浴室不得设浴池。

7.2.2.4 体力劳动强度Ⅲ级或Ⅳ级者可设部分浴池，浴池面积一般可按1个淋浴器相当于$2m^2$面积进行换算，但浴池面积不宜$<5m^2$。

7.2.3 更/存衣室

7.2.3.1 车间卫生特征1级的更/存衣室应分便服室和工作服室。工作服室应有良好的通风。

7.2.3.2 车间卫生特征2级的更/存衣室，便服室、工作服室可按照同室分柜存放的原则设计。以避免工作服污染便服。

7.2.3.3 车间卫生特征3级的更/存衣室，便服室、工作服室可按照同柜分层存放的原则设计。更衣室与休息室可合并设置。

7.2.3.4 车间卫生特征4级的更/存衣柜可设在休息室内或车间内适当地点。

7.2.4 盥洗设施

7.2.4.1 车间内应设盥洗室或盥洗设备。接触油污的车间，应供给热水。盥洗水龙头的数量应根据设计计算人数按表11计算。

表11 盥洗水龙头设计数量

车间卫生特征级别	每个水龙头的使用人数(人)
1、2	20~30
3、4	31~40

7.2.4.2　盥洗设施宜分区集中设置。厂房内的盥洗室应做好地面排水，厂房外的盥洗设施还宜设置雨篷并应防冻。

7.2.5　应根据职业接触特征，对易沾染病原体或易经皮肤吸收的剧毒或高毒物质的特殊工种和污染严重的工作场所设置洗消室、消毒室及专用洗衣房等。

7.2.6　低温高湿的重负荷作业如冷库和地下作业等，应设工作服干燥室。

7.3　生活用室

7.3.1　生活用室的配置应与产生有害物质或有特殊要求的车间隔开，应尽量布置在生产劳动者相对集中、自然采光和通风良好的地方。

7.3.2　应根据生产特点和实际需要设置休息室或休息区。休息室内应设置清洁饮水设施。女工较多的企业，应在车间附近清洁安静处设置孕妇休息室或休息区。

7.3.3　就餐场所的位置不宜距车间过远，但不能与存在职业性有害因素的工作场所相邻设置，并应根据就餐人数设置足够数量的洗手设施。就餐场所及所提供的食品应符合相关的卫生要求。

7.3.4　厕所不宜距工作地点过远，并应有排臭、防蝇措施。车间内的厕所，一般应为水冲式，同时应设洗手池、洗污池。寒冷地区宜设在室内。除有特殊需要，厕所的蹲位数应按使用人数设计。

7.3.4.1　男厕所：劳动定员男职工人数<100人的工作场所可按25人设1个蹲位；>100人的工作场所每增50人增设1个蹲位。小便器的数量与蹲位的数量相同。

7.3.4.2　女厕所：劳动定员女职工人数<100人的工作场所可按15人设1~2个蹲位；>100人的工作场所，每增30人。增设1个蹲位。

7.4　妇女卫生室

7.4.1　人数最多班组女工>100人的工业企业，应设妇女卫生室。

7.4.2　妇女卫生室由等候间和处理间组成。等候间应设洗手设备及洗涤池。处理间内应设温水箱及冲洗器。冲洗器的数量应根据设计计算人数确定。人数最多班组女工人数为100~200人时，应设1具冲洗器，>200人时。每增加200人增设1个。

7.4.3　人数最多班组女工人数为40~100人的工业企业，可设置简易的温水箱及冲洗器。

8　应急救援

8.1　生产或使用有毒物质的、有可能发生急性职业病危害的工业企业的劳动定员设计应包括应急救援组织机构(站)编制和人员定员。

8.1.1　应急救援机构(站)可设在厂区内的医务所或卫生所内，设在厂区外的应考虑应急救援机构(站)与工业企业的距离及最佳响应时间。

8.1.2　应急救援组织机构急救人员的人数宜根据工作场所的规模、职业性有害因素的特点、劳动者人数，按照0.1%~5%的比例配备。并对急救人员进行相关知识和技能的培训。有条件的企业，每个工作班宜至少安排1名急救人员。

8.2　生产或使用剧毒或高毒物质的高风险工业企业应设置紧急救援站或有毒气体防护站。

8.2.1　紧急救援站或有毒气体防护站使用面积可参考附录A表A.2。

8.2.2　有毒气体防护站的装备应根据职业病危害性质、企业规模和实际需要确定，并可参考附录A表A.3配置。

8.2.3　应根据车间(岗位)毒害情况配备防毒器具，设置防毒器具存放柜。防毒器具在专用存放柜内铅封存放，设置明显标识，并定期维护与检查，确保应急使用需要。

8.2.4　站内采暖、通风、空调、给水排水、电器、照明等配套设备应按相应国家标准、规范配置。

8.3　有可能发生化学性灼伤及经皮肤黏膜吸收引起急性中毒的工作地点或车间，应根据可能产生或存在的职业性有害因素及其危害特点，在工作地点就近设置现场应急处理设施。急救设施应包括。不断水的冲淋、洗眼设施；气体防护柜；个人防护用品；急救包或急救箱以及急救药品；转运病人的担架和装置；

急救处理的设施以及应急救援通讯设备等。

8.3.1 应急救援设施应有清晰的标识，并按照相关规定定期保养维护以确保其正常运行。

8.3.2 冲淋、洗眼设施应靠近可能发生相应事故的工作地点。

8.3.3 急救箱应当设置在便于劳动者取用的地点，配备内容可根据实际需要参照附录 A 表 A.4 确定，并由专人负责定期检查和更新。

8.4 工业园区内设置的应急救援机构(站)应统筹考虑园区内各企业的特点，满足各企业应急救援的需要。

8.5 对于生产或使用有毒物质的、且有可能发生急性职业病危害的工业企业的卫生设计应制定应对突发职业中毒的应急救援预案。

附录 A
（规范性附录）
正确使用说明

A.1 工业企业建设项目卫生设计的目的是贯彻《中华人民共和国职业病防治法》，坚持“预防为主，防治结合”的卫生工作方针，落实职业病危害源头控制的“前期预防”制度，保证工业企业建设项目的设计符合卫生要求。

A.2 本标准规定的适用范围涵盖了职业病防治法规定的所有用人单位，既包括企业，也包括事业单位和个体经济组织。施工期持续数年或施工规模较大，存在多种职业病危害及危害较大的建设项目或因施工等特殊需要的临时性工业企业设计，或工业园区的总体布局等可参照本标准执行。

A.3 工业企业建设项目卫生设计应遵循职业病危害的预防控制对策，职业病危害的预防控制对策包括对职业病危害发生源、传播途径、接触者三个方面的控制。发生源的控制原则及优先措施是：替代、改变工艺、密闭、隔离、湿式作业、局部通风及维护管理；传播途径的控制对策及优先措施是：清理、全面通风、密闭、自动化远距离操作、监测及维护管理；接触者的控制原则及优先措施是：培训教育、劳动组织管理、个体医学监护、配备个人防护用品以及维护管理等。

A.4 工业企业卫生设计人员应通过各种方式学习、熟悉职业卫生相关法律、法规、标准，了解职业病防治知识，根据职业病危害评价结果进行工业企业的卫生设计。

A.5 对本标准条文执行严格程度的用词，采用以下写法：

A.5.1 表示很严格，非这样做不可的用词：正面词一般采用“应”，反面词一秀采用“不应”或“不得”。

A.5.2 表示一般情况下均应这样做，但硬性规定这样做有困难的用词：采用“应尽量”或“尽可能”。

A.5.3 表示允许有选择，在一定条件下，可以这样做的，采用“可”。

A.5.4 表示允许稍有选择。在条件许可时，首先应这样做的用词：正面词一般采用“宜”或“一般”反面词一般采用“不宜”。

A.5.5 条文中必须按指定的标准、规范或其他有关规定执行的写法为“按……执行”或“符合……要求”，非必须按所指定的标准、规范或其他规定执行的写法为“参照……”。

A.6 职业卫生管理组织机构和职业卫生管理人员设置或配备原则可参考表 A.1。

表 A.1 职业卫生管理组织机构和职业卫生管理人员设置或配备参考原则

职业病危害分类	劳动者人数	职业卫生管理组织机构及管理人员
严重	>1000 人	设置机构，配备专职人员 >2 人
	300 ~ 1000 人	设置机构或配备专职人员 ≥2 人
	>300 人	设置机构或配备专职人员
一般危害	>300 人	配备专职人员
	<300 人	配备专职或兼职人员
轻微		可配备兼职人员

A.7 为区别于环境卫生选址要求，本标准的选址与总体布局卫生学要求突出了工业企业周边环境对劳动者健康的影响以及工业企业之间的相互影响，有关环境评价选址要求参见相关标准。

A.8 有关工作场所职业病危害因素强度(浓度)的卫生学要求分别在 GBZ 2.1、GBZ 2.2 和本标准中给出，GBZ 2.1、GBZ 2.2 给出的工作场所职业病危害因素强度(浓度)限值称为工作场所职业接触限值，本标准暂时保留的部分物理因素强度暂称为卫生限值，并将在适当时机纳入 GBZ 2.1 或 GBZ 2.2。

A.9 规定产生工频电磁场设备安装地址(位置)周边居住区、学校、医院、幼儿园等区域的电场强度 <4kV/m 是指该区域的最高容许接触水平、长期慢性的健康影响特别是致癌效应尚有待于进一步研究。

A.10 紧急救援站或有毒气体防护站使用面积可参见表 A.2。

表 A.2 紧急救援站或有毒气体防护站使用面积

职工人数/人	最小使用面积/m^2	职工人数/人	最小使用面积/m^2
<300	20	2001~3500	100
300~1000	30	3501~10000	120
1001~2000	60	>10000	200

A.11 有毒气体防护站的装备可参考表 A.3 配置。

表 A.3 有毒气体防护站装备参考配置表

装备名称	数量	备注
万能校验器	2~3 台	
空气或氧气充装泵	1~2 台	
天平	1~2 台	
采样器、胶管	按需要配备	
快速检测分析仪器(包括测爆仪、测氧仪和毒气监测仪)	按需要配备	
器材维修工具(包括台钳、钳工工具)	1 套	
电话	2 部	
录音电话	1 部	
生产调度电话	1 部	
对讲机	2 对	
事故警铃	1 只	
气体防护作业(救护)车	1~2 辆	设有声光报警器，备有空气呼吸器、苏生器、安全帽、安全带、全身防毒衣、防酸碱胶皮衣裤、绝缘棒、绝缘靴、手套、被褥、担架、防爆照明等抢救用的器具
空气呼吸器	根据技术防护人员及驾驶员人数确定	
过滤式防毒面具	每人 1 套	

A.12 急救箱配备内容可根据工业企业规模、职业病危害性质、接触人数等实际需要参照表 A.4 确定。

表 A.4 急救箱配置参考清单

药品名称	储存数量	用途	保质(使用)期限
医用酒精	1瓶	消毒伤口	
新洁尔灭酊	1瓶	消毒伤口	
过氧化氢溶液	1瓶	清洗伤口	
0.9%的生理盐水	1瓶	清洗伤口	
2%碳酸氢钠	1瓶	处置酸灼伤	
2%醋酸或3%硼酸	1瓶	处置碱灼伤	
解毒药品	按实际需要	职业中毒处置	有效期内
脱脂棉花、棉签	2包、5包	清洗伤口	
脱脂棉签	5包	清洗伤口	
中号胶布	2卷	粘贴绷带	
绷带	2卷	包扎伤口	
剪刀	1个	急救	
镊子	1个	急救	
医用手套、口罩	按实际需要	防止施救者被感染	
烫伤软膏	2支	消肿/烫伤	
保鲜纸	2包	包裹烧伤、烫伤部位	
创可贴	8个	止血护创	
伤湿止痛膏	2个	淤伤、扭伤	
冰袋	1个	淤伤、肌肉拉伤或关节扭伤	
止血带	2个	止血	
三角巾	2包	受伤的上肢、固定敷料或骨折处等	
高分子急救夹板	1个	骨折处理	
眼药膏	2支	处理眼睛	有效期内
洗限液	2支	处理眼睛	有效期内
防暑降温药品	5盒	夏季防暑降温	有效期内
体温计	2支	测体温	
急救、呼吸气囊	1个	人工呼吸	
雾化吸入器	1个	应急处置	
急救毯	1个	急救	
手电筒	2个	急救	
急救使用说明	1个		

附录 B
（规范性附录）
工业企业卫生防护距离标准

B.1 为方便参阅工业企业卫生防护距离标准．本标准收集并汇总了国家相关标准要求。考虑到这些标准今后可能修订，本附录给出标准发布日期。

B.2 表中注日期的引用文件，其随后所有的修改单(不包括勘误的内容)或修订版均不适用于本标准。

B.3 卫生防护距离按所在地区近五年平均风速规定。

B.4 以噪声污染为主的工业企业卫生防护距离按标准 GB 18083 执行。

表 B.1 工业企业卫生防护距离标准(m)

企业类型		规模	风速/(m/s)			标准
			<2	2~4	>4	
氯丁橡胶厂			2000	1600	1200	GB 11655—89
盐酸造纸厂			1000	800	600	GB 11654—89
黄磷厂			1000	800	600	GB 11656—89
铜冶炼厂(密闭鼓风炉型)			1000	800	600	GB 11657—89
聚氯乙烯树脂厂		<10000t/a	1000	800	600	GB 11658—89
		≥10000t/a	1200	1000	800	
铅蓄电池厂		<10000kVA	600	400	300	GB 11659—89
		≥10000kVA	800	500	400	
炼铁厂			1400	1200	1000	GB 11660—89
焦化厂			1400	1000	800	GB 11661—89
烧结厂			600	500	400	GB 11662—89
硫酸厂			600	600	400	GB 11663—89
钙镁磷肥厂			1000	800	600	GB 11664—89
普通过磷酸钙厂			800	600	600	GB 11665—89
小型氮肥厂	合成氨(万吨率)	<25000t/a	1200	800	600	GB 11666—89
		≥25000t/a	1600	1000	800	
水泥厂	年产水泥，$\times 10^4$t	≥50×10^4t/a	600	500	400	GB 18068—2000
		<50×10^4t/a	500	400	300	
硫化碱厂			600	500	400	GB 18069—2000
油漆厂			700	600	500	GB 18070—2000
氯碱厂	生产规模	<10000t/a	800	600	400	GB 18071—2000
		≥10 000t/a	1000	800	600	
塑料厂	生产规模	<1000t/a	100	100	100	GB 18072—2000

续表

<table>
<tr><th colspan="3" rowspan="2">企业类型</th><th rowspan="2">规模</th><th colspan="3">风速/(m/s)</th><th rowspan="2">标准</th></tr>
<tr><th><2</th><th>2~4</th><th>>4</th></tr>
<tr><td rowspan="2">炭素厂</td><td colspan="2" rowspan="2">年产石墨电极</td><td>>10000t/a</td><td>1000</td><td>800</td><td>600</td><td rowspan="2">GB 18073—2000</td></tr>
<tr><td>≤10000t/a</td><td>800</td><td>600</td><td>500</td></tr>
<tr><td colspan="3">内燃机厂</td><td></td><td>400</td><td>300</td><td>200</td><td>GB 18074—2000</td></tr>
<tr><td colspan="3">汽车制造厂</td><td></td><td>500</td><td>400</td><td>300</td><td>GB 18075—2000</td></tr>
<tr><td colspan="3">石灰厂</td><td></td><td>300</td><td>200</td><td>100</td><td>GB 18076—2000</td></tr>
<tr><td colspan="3">石棉制品厂</td><td></td><td>300</td><td>300</td><td>200</td><td>GB 18077—2000</td></tr>
<tr><td rowspan="2">制胶厂</td><td colspan="2" rowspan="2">生产规模</td><td><1500t/a</td><td>600</td><td>300</td><td>200</td><td rowspan="2">GB 18079—2000</td></tr>
<tr><td>≥1500t/a</td><td>700</td><td>500</td><td>400</td></tr>
<tr><td rowspan="2">缫丝厂</td><td colspan="2" rowspan="2">缫丝规模</td><td><5000 绪</td><td>200</td><td>150</td><td>100</td><td rowspan="2">GB 18080—2000</td></tr>
<tr><td>≥5000 绪</td><td>250</td><td>200</td><td>150</td></tr>
<tr><td rowspan="2">火葬场</td><td colspan="2" rowspan="2">年焚尸量</td><td>>4000 具</td><td>500</td><td>400</td><td>300</td><td rowspan="2">GB 18081—2000</td></tr>
<tr><td>≤4000 具</td><td>700</td><td>600</td><td>500</td></tr>
<tr><td rowspan="2">皮革厂</td><td colspan="2" rowspan="2">年制革</td><td><20 万张</td><td>500</td><td>400</td><td>300</td><td rowspan="2">GB 18082—2000</td></tr>
<tr><td>≥20 万张</td><td>600</td><td>500</td><td>400</td></tr>
<tr><td rowspan="2">肉类联合加工厂</td><td colspan="2" rowspan="2">班屠宰量</td><td><2000 头</td><td>700</td><td>500</td><td>400</td><td rowspan="2">GB 18078—2000</td></tr>
<tr><td>≥2000 头</td><td>800</td><td>600</td><td>500</td></tr>
<tr><td rowspan="4">炼油厂</td><td rowspan="4">原油含硫量(%)</td><td rowspan="2">年加工原油≥250万吨</td><td>≥0.5</td><td>1500</td><td>1300</td><td>1000</td><td rowspan="4">GB 8195—1987</td></tr>
<tr><td><0.5</td><td>1300</td><td>1000</td><td>800</td></tr>
<tr><td rowspan="2">年加工原油量<250万吨</td><td>≥0.5</td><td>1300</td><td>1000</td><td>800</td></tr>
<tr><td><0.5</td><td>1000</td><td>800</td><td>800</td></tr>
<tr><td rowspan="3">煤制气厂</td><td colspan="2" rowspan="3">煤气储存量</td><td><100t/d</td><td>2000</td><td></td><td></td><td rowspan="3">GB/T 17222—1998</td></tr>
<tr><td>100~300t/d</td><td>3000</td><td></td><td></td></tr>
<tr><td>>300t/d</td><td>4000</td><td></td><td></td></tr>
</table>

注：1. 随后所有的修改单(不包括勘误的内容)或修订版均适用于本标准。

2. 卫生防护距离按所在地近5年平均风速规定。

3. “t/a”为“吨/年”，“t/d”为“吨/天”。

3. 工作场所有害因素职业接触限值
第 1 部分:化学有害因素

（GBZ 2.1—2007 代替
GBZ 2—2002）

目　录

1 范围

本部分规定了工作场所化学有害因素的职业接触限值。

本部分适用于工业企业卫生设计及存在或产生化学有害因素的各类工作场所。适用于工作场所卫生状况、劳动条件、劳动者接触化学因素的程度、生产装置泄露、防护措施效果的监测、评价、管理及职业卫生监督检查等。

本部分不适用于非职业性接触。

2 规范性引用文件

下列文件中的条款通过本部分的引用而成为本部分的条款。凡是注日期的引用文件，其随后所有的修改单(不包括勘误的内容)或修订版均不适用于本标准，然而，鼓励根据本部分达成协议的各方研究是否可使用这些文件的最新版本。凡是不注日期的引用文件，其最新版本适用于本部分。

GBZ 1 工业企业设计卫生标准

GBZ 159 工作场所空气中有害物质监测的采样规范

GBZ/T 160 工作场所空气有毒物质测定

3 术语和定义

下列术语和定义适用于本标准：

3.1　职业接触限值 occupational exposure limits，OELs

职业性有害因素的接触限制量值。指劳动者在职业活动过程中长期反复接触，对绝大多数接触者的健康不引起有害作用的容许接触水平。化学有害因素的职业接触限值包括时间加权平均容许浓度、短时间接触容许浓度和最高容许浓度三类。

3.1.1　时间加权平均容许浓度 permissible concentration - time weighted average，PC - TWA

以时间为权数规定的8h工作日、40h工作周的平均容许接触浓度。

3.1.2　短时间接触容许浓度 permissible concentration - short term exposure limit，PC - STEL

在遵守PC - TWA前提下容许短时间(15min)接触的浓度。

3.1.3　最高容许浓度 maximum allowable concentration，MAC

工作地点、在一个工作日内、任何时间有毒化学物质均不应超过的浓度。

3.2　超限倍数 excursion limits

对未制定PC - STEL的化学有害因素，在符合8h时间加权平均容许浓度的情况下，任何一次短时间(15min)接触的浓度均不应超过的PC - TWA的倍数值。

3.3　工作场所 workplace

劳动者进行职业活动的所有地点。

3.4　工作地点 work site

劳动者从事职业活动或进行生产管理而经常或定时停留的岗位作业地点。

3.5　化学有害因素 chemical hazardous agents

本标准所指化学有害因素除包括化学物质、粉尘外，还包括生物因素。

3.6　总粉尘 total dust

可进入整个呼吸道(鼻、咽和喉、胸腔支气管、细支气管和肺泡)的粉尘，简称总尘。技术上系用总粉尘采样器按标准方法在呼吸带测得的所有粉尘。

3.7　空气动力学直径 aerodynamic diameter，d_{ae}

某颗粒物(任何形状和密度)与相对密度为1的球体在静止或层流空气中若沉降速率相等，则球体的直径视作该颗粒物的空气动力学直径。

3.8　呼吸性粉尘 respirable dust

按呼吸性粉尘标准测定方法所采集的可进入肺泡的粉尘粒子，其空气动力学直径均在7.07μm以下，空气动力学直径5μm粉尘粒子的采样效率为50%，简称呼尘。

4　卫生要求

4.1　工作场所空气中化学物质容许浓度

工作场所空气中化学物质容许浓度见表1。

表1　工作所空气中化学物质容许浓度

序号	中文名	英文名	化学文摘号（CAS No.）	OELs/(mg/m^3)			备注
				MAC	PC－TWA	PC－STEL	
1	安妥	Antu	86－88－4	—	0.3	—	—
2	氨	Ammonia	7664－41－7	—	20	30	—
3	2－氨基吡啶	2－Aminopyridine	504－29－0	—	2	—	皮
4	氨基磺酸铵	Ammonium sulfamate	7773－06－0	—	6	—	—
5	氨基氰	Cyanamide	420－04－2	—	2	—	—
6	奥克托今	Octogen	2691－41－0	—	2	4	—
7	巴豆醛	Crotonaldehyde	4170－30－3	12	—	—	—
8	百草枯	Paraquat	4685－14－7	—	0.5	—	—
9	百菌清	Chlorothalonil	1897－45－6	1	—	—	G2B
10	钡及其可溶性化合物(按Ba计)	Barium and soluble compounds, as Ba	7440－39－3(Ba)	—	0.5	1.5	—
11	倍硫磷	Fenthion	55－38－9	—	0.2	0.3	皮
12	苯	Benzene	71－43－2	—	6	10	皮，G1
13	苯胺	Aniline	62－53－3	—	3	—	皮
14	苯基醚(二苯醚)	Phenyl ether	101－84－8	—	7	14	—
15	苯硫磷	EPN	2104－64－5	—	0.5	—	皮
16	苯乙烯	Styrene	100－42－5	—	50	100	皮，G2B
17	吡啶	Pyridine	110－86－1	—	4	—	—
18	苄基氯	Benzyl chloride	100－44－7	5	—	—	G2A
19	丙醇	Propyl alcohol	71－23－8	—	200	300	—
20	丙酸	Propionic acid	79－09－4	—	30	—	—
21	丙酮	Acetone	67－64－1	—	300	450	—
22	丙酮氰醇(按CN计)	Acetone cyanohydrin, as CN	75－86－5	3	—	—	皮
23	丙烯醇	Allyl alcohol	107－18－6	—	2	3	皮
24	丙烯腈	Acrylonitrile	107－13－1	—	1	2	皮，G2B
25	丙烯醛	Acrolein	107－02－8	0.3	—	—	皮
26	丙烯酸	Acrylic acid	79－10－7	—	6	—	皮

续表

序号	中文名	英文名	化学文摘号 (CAS No.)	OELs/(mg/m³)			备注
				MAC	PC－TWA	PC－STEL	
27	丙烯酸甲酯	Methyl aorylate	96－33－3	—	20	—	皮，敏
28	丙烯酸正丁酯	*n*－Butyl acrylate	141－32－2	—	25	—	敏
29	丙烯酰胺	Acrylamide	79－06－1	—	0.3	—	皮，G2A
30	草酸	Oxalic acid	144－62－7	—	1	2	—
31	重氮甲烷	Diazomethane	334－88－3	—	0.35	0.7	—
32	抽余油(60～220℃)	Raffinate(60℃～220℃)		—	300	—	—
33	臭氧	Ozone	10028－15－6	0.3	—	—	—
34	滴滴涕(DDT)	Dichlorodiphenyltri－chloroetbane(DDT)	50－29－3	—	0.2	—	G2B
35	敌百虫	Trichlorfon	52－68－6	—	0.5	1	—
36	敌草隆	Diuron	330－54－1	—	10	—	—
37	碲化铋(按 Bi_2Te_3 计)	Bismuth telluride. as Bi_2Te_3	1304－82－1	—	5	—	—
38	碘	Iodine	7553－56－2	1	—	—	—
39	碘仿	Iodoform	75－47－8	—	10	—	—
40	碘甲烷	Methyl iodide	74－88－4	—	10	—	皮
41	叠氮酸蒸气	Hydrazoic acid vapor	7782－79－8	0.2	—	—	—
42	叠氮化钠	Sodium azide	26628－22－8	0.3	—	—	—
43	丁醇	Butyl alcohol	71－36－3	—	100	—	—
44	1，3－丁二烯	1，3－Butadiene	106－99－0	—	5	—	G2A
45	丁醛	Butylaldehyde	123－72－8	—	5	10	—
46	丁酮	Methyl ethyl ketone	78－93－3	—	300	600	—
47	丁烯	Butylene	25167－67－3	—	100	—	—
48	毒死蜱	Chlorpyrifos	2921－88－2	—	0.2	—	皮
49	对苯二甲酸	Terephthalic acid	100－21－0	—	8	15	—
50	对二氯苯	*p*－Dichlorobenzene	106－46－7	—	30	60	G2B
51	对茴香胺	*p*－Anisidine	104－94－9	—	0.5	—	皮
52	对硫磷	Parathion	56－38－2	—	0.05	0.1	皮
53	对特丁基甲苯	*p*－Tert－butyltoluene	98－51－1	—	6	—	—
54	对硝基苯胺	*p*－Nitroaniline	100－01－6	—	3	—	皮
55	对硝基氯苯	*p*－Nitrochlorobenzene	100－00－5	—	0.6	—	皮
56	多次甲基多苯基多异氰酸酯	Polymetyhlene polyphenyl isocyanate(PMPPI)	57029－46－6	—	0.3	0.5	—
57	二苯胺	Diphenylamine	122－39－4	—	10	—	—

续表

序号	中文名	英文名	化学文摘号（CAS No.）	OELs/（mg/m³） MAC	PC－TWA	PC－STEL	备注
58	二苯基甲烷二异氰酸酯	Diphenylmethane di－isocyanate	101－68－8	—	0.05	0.1	—
59	二丙二醇甲醚	Dipropylene glycol methyl ether	34590－94－8	—	600	900	皮
60	2－N－二丁氨基乙醇	2－N－Dibutylamin-oeth anol	102－81－8	—	4	—	皮
61	二噁烷	1，4－Dioxane	123－91－1	—	70	—	皮 G2B
62	二氟氯甲烷	Chlorodifluoromethane	75－45－6	—	3500	—	—
63	二甲胺	Dimethylamine	124－40－3	—	5	10	—
64	二甲苯(全部异构体)	Xylene(all isomers)	1330－20－7；95－47－6；108－38－3	—	50	100	—
65	二甲基苯胺	Dimethylanilne	121－69－7	—	5	10	皮
66	1，3－二甲基丁基乙酸酯(乙酸仲己酯)	1，3－Dimethylbutyl acetate(sec－hexyl ac-etate)	108－84－9	—	300	—	—
67	二甲基二氯硅烷	Dimethyl dichlorosi-lane	75－78－5	2	—	—	—
68	二甲基甲酰胺	Dimethylformamide (DMF)	68－12－2	—	20	—	皮
69	3，3－二甲基联苯胺	3，3－Dimethylbenzi-dine	119－93－7	0.02	—	—	皮，G2B
70	*N*，*N*－二甲基乙酰胺	Dimethyl acetamide	127－19－5	—	20	—	皮
71	二聚环戊二烯	Dicyclopentadiene	77－73－6	—	25	—	—
72	二硫化碳	Carbon disulfide	75－15－0	—	5	10	皮
73	1，1－二氯－1－硝基乙烷	1，1－Dichloro－1－nitroethane	594－72－9	—	12	—	—
74	1，3－二氯丙醇	1，3－Dichloropropanol	96－23－1	—	5	—	皮
75	1，2－二氯丙烷	1，2－Dichloropropane	78－87－5	—	350	500	—
76	1，3－二氯丙烯	1，3－Dichloropropene	542－75－6	—	4	—	皮，G2B
77	二氯二氟甲烷	Dichlorodifluoromethane	75－71－8	—	5000	—	—
78	二氯甲烷	Dichloromethane	75－09－2	—	200	—	G2B
79	二氯乙炔	Dichloroacetylene	7572－29－4	0.4	—	—	—
80	1，2－二氯乙烷	1，2－Dichloroethane	107－06－2	—	7	15	G2B
81	1.2－二氯乙烯	1，2－Dichloroethylene	540－59－0	—	800	—	—
82	二缩水甘油醚	Diglycidyl ether	2238－07－5	—	0.5	—	—

续表

序号	中文名	英文名	化学文摘号（CAS No.）	OELs/（mg/m³）			备注
				MAC	PC－TWA	PC－STEL	
83	二硝基苯（全部异构体）	Dinitrobenzene (all iso－mers)	528－29－0；99－65－0；100－25－4	—	1	—	皮
84	二硝基甲苯	Dinitrotoluene	25321－14－6	—	0.2	—	皮，G2B(2，4－二硝基甲苯；2，6－二硝基甲苯)
85	4，6－二硝基邻苯甲酚	4，6－Dinitro－o－cresol	534－52－1	—	0.2	—	皮
86	二硝基氯苯	Dinitrochlorobenzene	25567－67－3	—	0.6	—	皮
87	二氧化氮	Nitrogen dioxide	10102－44－0	—	5	10	—
88	二氧化硫	Sulfur dioxide	7446－09－5	—	5	10	—
89	二氧化氯	Chlorine dioxide	10049－01－4	—	0.3	0.8	—
90	二氧化碳	Carbon dioxide	124－38－9	—	9000	18000	—
91	二氧化锡（按Sn计）	Tin dioxide，as Sn	1332－29－2	—	2	—	—
92	2－二乙氨基乙醇	2－Diethylaminoethanol	100－37－8	—	50	—	皮
93	二亚乙基三胺	Diethylene triamine	111－40－0	—	4	—	皮
94	二乙基甲酮	Diethyl ketone	96－22－0	—	700	900	—
95	二乙烯基苯	Divinyl benzene	1321－74－0	—	50	—	—
96	二异丁基甲酮	Diisobutyl ketone	108－83－8	—	145	—	—
97	二异氰酸甲苯酯（TDI）	Toluene－2，4－diisocyaate（TDI）	584－84－9	—	0.1	0.2	敏，G2B
98	二月桂酸二丁基锡	Dibutyltin ditaurate	77－58－7	—	0.1	0.2	皮
99	钒及其化合物（按V计） 五氧化二钒烟尘钒铁合金尘	Vanadium and com－pounds，as V Vanadium pentoxide fume、dust Ferrovanadium alloydust	7440－62－6（V）	— —	0.05 1	— —	— —
100	酚	Phenol	108－95－2	—	10	—	皮
101	呋喃	Furan	110－00－9	—	0.5	—	G2B
102	氟化氢（按F计）	Hydrogen fluoride，as F	7664－39－3	2	—	—	—
103	氟化物（不含氟化氢）（按F计）	Fluorides（except HF），as F		—	2	—	—
104	锆及其化合物（按Zr计）	Zirconium and com－pounds，as Zr	7440－67－7（Zr）	—	5	10	—

续表

序号	中文名	英文名	化学文摘号（CAS No.）	OELs/（mg/m³） MAC	PC－TWA	PC－STEL	备注
105	镉及其化合物（按 Cd 计）	Cadmium and com－pounds，as Cd	7440－43－9（Cd）	—	0.01	0.02	G1
106	汞－金属汞（蒸气）	Mercury metal（vapor）	7439－97－6	—	0.02	0.04	皮
107	汞－有机汞化合物（按 Hg 计）	Mercury organic com－pounds，as Hg	—	—	0.01	0.03	皮
108	钴及其氧化物（按 Co 计）	Cobalt and oxides，as Co	7440－48－4（Co）	—	0.05	0.1	G2B
109	光气	Phosgene	75－44－5	0.5	—	—	—
110	癸硼烷	Decaborane	17702－41－9	—	0.25	0.75	皮
111	过氧化苯甲酰	Benzoyl Peroxide	94－36－0	—	5	—	—
112	过氧化氢	Hydrogen peroxide	7722－84－1	—	1.5	—	—
113	环己胺	Cyclohexylamine	108－91－8	—	10	20	—
114	环己醇	Cyclohexanol	108－93－0	—	100	—	皮
115	环己酮	Cyclohexanone	108－94－1	—	50	—	皮
116	环己烷	Cyclohexane	110－82－7	—	250	—	—
117	环氧丙烷	Propylene oxide	75－56－9	—	5	—	敏，G2B
118	环氧氯丙烷	Epichlorohydrin	106－89－8	—	1	2	皮，G2A
119	环氧乙烷	Ethylene oxide	75－21－8	—	2	—	G1
120	黄磷	Yellow phosphorus	7723－14－0	—	0.05	0.1	—
121	己二醇	Hexylene glycol	107－41－5	100	—	—	—
122	1，6－己二异氰酸酯	Hexamethylene diiso－cyanate	822－06－0	—	0.03	—	—
123	己内酰胺	Caprolactam	105－60－2	—	5	—	—
124	2－己酮	2－Hexanone	591－78－6	—	20	40	皮
125	甲拌磷	Thimet	298－02－2	0.01	—	—	皮
126	甲苯	Toluene	108－88－3	—	50	100	皮
127	*N*－甲苯胺	*N*－Methyl aniline	100－61－8	—	2	—	皮
128	甲醇	Methanol	67－56－1	—	25	50	皮
129	甲酚（全部异构体）	Cresol（all isomers）	1319－77－3；95－48－7；108－39－4；106－44－5	—	10	—	皮
130	甲基丙烯腈	Methylacrylonitrile	126－98－7	—	3	—	皮
131	甲基丙烯酸	Methacrylic acid	79－41－4	—	70	—	—
132	甲基丙烯酸甲酯	Methyl methacrylate	80－62－6	—	100	—	敏
133	甲基丙烯酸缩水甘油酯	Glycidyl methacrylate	106－91－2	5	—	—	—

续表

序号	中文名	英文名	化学文摘号（CAS No.）	OELs/（mg/m^3）			备注
				MAC	PC－TWA	PC－STEL	
134	甲基肼	Methyl hydrazine	60－34－4	0.08	—	—	皮
135	甲基内吸磷	Methyl demeton	8022－00－2	—	0.2	—	皮
136	18－甲基炔诺酮（炔诺孕酮）	18－Methyl norgestrel	6533－00－2	—	0.5	2	—
137	甲硫醇	Methyl mercaptan	74－93－1	—	1	—	—
138	甲醛	Formaldehyde	50－00－0	0.5	—	—	敏，G1
139	甲酸	Formic acid	64－18－6	—	10	20	—
140	甲氧基乙醇	2－Methoxyethanol	109－86－4	—	15	—	皮
141	甲氧氯	Methoxychlor	72－43－5	—	10	—	—
142	间苯二酚	Resorcinol	108－46－3	—	20	—	—
143	焦炉逸散物（按苯溶物计）	Coke oven emissions, as benzene soluble matter	—	—	0.1	—	G1
144	肼	Hydrazine	302－01－2	—	0.06	0.13	皮，G2B
145	久效磷	Monocrotophos	6923－22－4	—	0.1	—	皮
146	糠醇	Furfuryl alcohol	98－00－0	—	40	60	皮
147	糠醛	Furfural	98－01－1	—	5	—	皮
148	考的松	Cortisone	53－06－5	—	1	—	—
149	苦味酸	Picric acid	88－89－1	—	0.1	—	—
150	乐果	Rogor	60－51－5	—	1	—	皮
151	联苯	Biphenyl	92－52－4	—	1.5	—	—
152	邻苯二甲酸二丁酯	Dibutyl phthalate	84－74－2	—	2.5	—	—
153	邻苯二甲酸酐	Phthalic anhydride	85－44－9	1	—	—	敏
154	邻二氯苯	*o*－Diehlorobenzene	95－50－1	—	50	100	
155	邻茴香胺	*o*－Anisidine	90－04－0	—	0.5	—	皮，G2B
156	邻氯苯乙烯	*o*－Chlorostyrene	2038－87－47	—	250	400	—
157	邻氯苄叉丙二腈	*o*－Chlorobenzylidene malononitrile	2698－41－1	0.4	—	—	皮
158	邻仲丁基苯酚	*o*－sec－Butylphenol	89－72－5	—	30	—	皮
159	磷胺	Phosphamidon	13171－21－6	—	0.02	—	皮
160	磷化氢	Phosphine	7803－51－2	0.3	—	—	—
161	磷酸	Phosphoric acid	7664－38－2	—	1	3	—
162	磷酸二丁基苯酯	Dibutyl phenyl phos－phate	2528－36－1	—	3.5	—	皮
163	硫化氢	Hydrogen sulfide	7783－06－4	10	—	—	—

续表

序号	中文名	英文名	化学文摘号（CAS No.）	OELs/（mg/m^3）			备注
				MAC	PC-TWA	PC-STEL	
164	硫酸钡（按Ba计）	Barium sulfate，as Ba	7727-43-7	—	10	—	—
165	硫酸二甲酯	Dimethyl sulfate	77-78-1	—	0.5	—	皮，G2A
166	硫酸及三氧化硫	Sulfuric acid and sul fur trioxide	7664-93-9	—	1	2	G1
167	硫酰氟	Sulfuryl fluoride	2699-79-8	—	20	40	—
168	六氟丙酮	Hexafluoroacetone	684-16-2	—	0.5	—	皮
169	六氟丙烯	Hexafluoropropylene	116-15-4	—	4	—	—
170	六氟化硫	Sulfur hexafluoride	2551-62-4	—	6000	—	—
171	六六六	Hexachlorocyclohexane	608-73-1	—	0.3	0.5	G2B
172	γ-六六六	γ-Hexachlorocyclo-hexane	58-89-9	—	0.05	0.1	皮，G2B
173	六氯丁二烯	Hexachlorobutadiene	87-68-3	—	0.2	—	皮
174	六氯环戊二烯	Hexachlorocyclopen-tadiene	77-47-4	—	0.1	—	—
175	六氯萘	Hexachloronaphthalene	1335-87-1	—	0.2	—	皮
176	六氯乙烷	Hexachloroethane	67-72-1	—	10	—	皮，G2B
177	氯	Chlorine	7782-50-5	1	—	—	—
178	氯苯	Chlorobenzene	108-90-7	—	50	—	—
179	氯丙酮	Chloroacetone	78-95-5	4	—	—	皮
180	氯丙烯	Allyl chloride	107-05-1	—	2	4	—
181	β-氯丁二烯	Chloroprene	126-99-8	—	4	—	皮，G2B
182	氯化铵烟	Ammonium chloride fume	12125-02-9	—	10	20	—
183	氯化苦	Chloropicrin	76-06-2	1	—	—	—
184	氯化氢及盐酸	Hydrogen chloride and chlorhydric acid	7647-01-0	7.5	—	—	—
185	氯化氰	Cyanogen chloride	506-77-4	0.75	—	—	—
186	氯化锌烟	Zinc chloride fume	7646-85-7	—	1	2	—
187	氯甲甲醚	Chloromethyl methyl ether	107-30-2	0.005	—	—	G1
188	氯甲烷	Methyl chloride	74-87-3	—	60	120	皮
189	氯联苯（54%氯）	Chlorodiphenyl （54% C1）	11097-69-1	—	0.5	—	皮，G2A
190	氯萘	Chloronaphthalene	90-13-1	—	0.5	—	皮
191	氯乙醇	Ethylene chlorohydrtin	107-07-3	2	—	—	皮
192	氯乙醛	Chloroacetaldehyde	107-20-0	3	—	—	—
193	氯乙酸	Chloroacetic acid	79-11-8	2	—	—	皮

续表

序号	中文名	英文名	化学文摘号（CAS No.）	OELs/（mg/m^3） MAC	PC－TWA	PC－STEL	备注
194	氯乙烯	Vinyl chloride	75－01－4	—	10	—	C1
195	α－氯乙酰苯	α － Chloroacetophenone	532－27－4	—	0.3	—	—
196	氯乙酰氯	Chtoroacetyl chloride	79－04－9	—	0.2	0.6	皮
197	马拉硫磷	Malathion	121－75－5	—	2	—	皮
198	马来酸酐	Maleic anhydride	108－31－6	—	1	2	敏
199	吗啉	Morpholine	110－91－8	—	60	—	皮
200	煤焦油沥青挥发物（按苯溶物计）	Coal tar pitch volatiles, as Benzene soluble matters	65996－93－2	—	0.2	—	G1
201	锰及其无机化合物（按 MnO_2 计）	Manganese and inorganic compounds, as MnO_2	7439－96－5（Mn）	—	0.15	—	—
202	钼及其化合物（按 Mo 计）	Molybdenum and compounds, as Mo	7439－98－7（Mo）				
	钼，不溶性化合物	Molybdenum and in soluble compounds		—	6	—	—
	可溶性化合物	soluble compounds		—	4	—	—
203	内吸磷	Demeton	8065－48－3	—	0.05	—	皮
204	萘	Naphthalene	91－20－3	—	50	75	皮，G2B
205	2－萘酚	2－Naphthol	2814－77－9	—	0.25	0.5	—
206	萘烷	Decalin	91－17－8	—	60	—	—
207	尿素	Urea	57－13－6	—	5	10	—
208	镍及其无机化合物（按 Ni 计）	Nickel and inorganic compounds. as Ni	7440－02－0（Ni）				G1（镍化合物），G2B（金属镍和镍合金）
	金属镍与难溶性镍化合物	Nickel metal and in soloble compounds		—	1	—	
	可溶性镍化合物	Soluble nickel compounds		—	0.5	—	
209	铍及其化合物（按 Be 计）	Beryllium and compounds, as Be	7440－41－7（Be）	—	0.0005	0.001	G1
210	偏二甲基肼	Unsymmetric dimethylhydrazine	57－14－7	—	0.5	—	皮，G2B
211	铅及其无机化合物（按 Pb 计）	Lead and inorganic Compounds, as Pb	7439－92－1（Pb）				G2B（铅），G2A（铅的无机化合物）
	铅尘	Lead dust		—	0.05	—	
	铅烟	Lead fume		—	0.03	—	

续表

序号	中文名	英文名	化学文摘号（CAS No.）	OELs/（mg/m^3）			备注
				MAC	PC－TWA	PC－STEL	
212	氢化锂	Lithium hydride	7580－67－8		0.025	0.05	—
213	氢醌	Hydroquinone	123－31－9	—	1	2	—
214	氢氧化钾	Potassium hydroxide	1310－58－3	2	—	—	—
215	氢氧化钠	Sodium hydroxide	1310－73－2	2	—	—	—
216	氢氧化铯	Cesium hydroxide	21351－79－1	—	2	—	—
217	氰氨化钙	Calcium cyanamide	156－62－7	—	1	3	—
218	氰化氢（按CN计）	Hydrogen cyanide, as CN	74－90－8	1	—	—	皮
219	氰化物（按CN计）	Cyanides, as CN	460－19－5（CN）	1	—	—	皮
220	氰戊菊酯	Fen valerate	51630－58－1	—	0. 05	—	皮
221	全氟异丁烯	Perfluoroisobutylene	382－21－8	0.08	—	—	—
222	壬烷	Nonane	111－84－2	—	500	—	—
223	溶剂汽油	Solvent gasolines		—	300	—	—
224	乳酸正丁酯	*n*－Butyl lactate	138－22－7	—	25	—	—
225	三次甲基三硝基胺（黑索今）	Cyclonite（RDX）	121－82－4	—	1.5	—	皮
226	三氟化氯	Chlorine trifluoride	7790－91－2	0.4	—	—	—
227	三氟化硼	Boron trifluoride	7637－07－2	3	—	—	—
228	三氟甲基次氟酸酯	Trifluoromethyl hy－pofluorite		0.2	—	—	—
229	三甲苯磷酸酯	Tricresyl phosphate	1330－78－5	—	0.3	—	皮
230	1，2，3－三氯丙烷	1，2，3－Trchloropr－opane	96－18－4	—	60	—	皮，G2A
231	三氯化磷	Phosphorus trichloride	7719－12－2	—	1	2	—
232	三氯甲烷	Trichloromethane	67－66－3	—	20	—	G2B
233	三氯硫磷	Phosphorous thiochlo-ride	3982－91－0	0.5	—	—	—
234	三氯氢硅	Trichlorosilane	10025－28－2	3	—	—	—
235	三氯氧磷	Phosphorus oxychloride	10025－87－3	—	0.3	0.6	—
236	三氯乙醛	Trichloroacetaldehyde	75－87－6	3	—	—	—
237	1，1，1－三氯乙烷	1, 1, 1－trichloroethane	71－55－6	—	900	—	—
238	三氯乙烯	Trichloroethylene	79－01－6	—	30	—	G2A
239	三硝基甲苯	Trinitrotoluene	118－96－7	—	0.2	0.5	皮

续表

序号	中文名	英文名	化学文摘号（CAS No.）	OELs/（mg/m^3）			备注
				MAC	PC－TWA	PC－STEL	
240	三氧化铬、铬酸盐、重铬酸盐（按 Cr 计）	Chromium trioxide、chromate、dichromate，as Cr	7440－47－3（Cr）	—	0.05	—	G1
241	三乙基氯化锡	Triethyltin chloride	994－31－0	—	0.05	0.1	皮
242	杀螟松	Sumithion	122－14－5	—	1	2	皮
243	砷化氢（胂）	Arsine	7784－42－1	0.03	—	—	G1
244	砷及其无机化合物（按 As 计）	Arsenic and morganic compounds，as As	7440－38－2（As）	—	0.01	0.02	C1
245	升汞（氯化汞）	Mercuric chloride	7487－94－7	—	0.025	—	—
246	石蜡烟	Paraffin wax fume	8002－74－2	—	2	4	—
247	石油沥青烟（按苯溶物计）	Asphalt（petroleum）fume，as benzene solu－ble matter	8052－42－4	—	5	—	G2B
248	双（巯基乙酸）二辛基锡	Bis（mercaptoacetate）dioctyltin	26401－97－8		0.1	0.2	—
249	双丙酮醇	Diacetone alcohol	123－42－2	—	240	—	—
250	双硫醒	Disulfiram	97－77－8	—	2	—	—
251	双氯甲醚	Bis（chloromethyl）ether	542－88－1	0.005	—	—	G1
252	四氯化碳	Carbon tetrachloride	56－23－5	—	15	25	皮，G2B
253	四氯乙烯	Tetrachloroethylene	127－18－4	—	200	—	G2A
254	四氢呋喃	Tetrahydrofuran	109－99－9	—	300	—	—
255	四氢化锗	Germanium tetrahy-dride	7782－65－2	—	0.6	—	—
256	四溴化碳	Carbon tetrabromide	558－13－4	—	1.5	4	—
257	四乙基铅（按 Pb 计）	Tetraethyl lead，as Pb	78－00－2	—	0.02	—	皮
258	松节油	Turpentine	8006－64－2	—	300	—	—
259	铊及其可溶性化合物（按 Tl 计）	Thallium and soluble compounds，as Tl	7440－28－0（Tl）	—	0.05	0.1	皮
260	钽及其氧化物（按 Ta 计）	Tantalum and oxide，as Ta	7440－25－7（Ta）	—	5	—	—
261	碳酸钠（纯碱）	Sodium carbonate	3313－92－6	—	3	6	—
262	羰基氟	Carbonyl fluoride	353－50－4	—	5	10	—
263	羰基镍（按 Ni 计）	Nickel carbonyl，as Ni	13463－39－3	0.002	—	—	G1
264	锑及其化合物（按 Sb 计）	Antimony and com-pounds，as Sb	7440－36－0（Sb）	—	0.5	—	—

续表

序号	中文名	英文名	化学文摘号（CAS No.）	OELs/（mg/m³）			备注
				MAC	PC－TWA	PC－STEL	
265	铜（按 Cu 计） 铜尘 铜烟	Copper，as Cu Copper dust Copper fume	7440－50－8	 — —	 1 0.2	 — —	 — —
266	钨及其不溶性化合物（按 W 计）	Tungsten and insoluble compounds，as W	7440－33－7（W）	—	5	10	—
267	五氟氯乙烷	Chloropentafluoroethane	76－15－3	—	5000	—	—
268	五硫化二磷	Phosphorus pentasulfide	1314－80－3	—	1	3	—
269	五氯酚及其钠盐	Pentachlorophenol and sodium salts	87－86－5	—	0.3	—	皮
270	五羰基铁（按 Fe 计）	Iron pentacarbonyl，as Fe	13463－40－6	—	0.25	0.5	—
271	五氧化二磷	Phosphorus pentoxide	1314－56－3	1	—	—	—
272	戊醇	Amyl alcohol	71－41－0	—	100	—	—
273	戊烷（全部异构体）	Pentane（all isomers）	78－78－4；109－66－0；463－82－1	—	500	1000	—
274	硒化氢（按 Se 计）	Hydrogen selenide，as Se	7783－07－5	—	0.15	0.3	—
275	硒及其化合物（按 Se 计）（不包括六氟化硒、硒化氢）	Selenium and compounds，as Se（except hexafluoride，hydrogen selenide）	7782－49－2（Se）	—	0.1	—	—
276	纤维素	Cellulose	9004－34－6	—	10	—	—
277	硝化甘油	Nitroglycerine	55－63－0	1	—	—	皮
278	硝基苯	Nitrobenzene	98－95－3	—	2	—	皮，G2B
279	1－硝基丙烷	1－Nitropropane	108－03－2	—	90	—	—
280	2－硝基丙烷	2－Nitropropane	79－46－9	—	30	—	G2B
281	硝基甲苯（全部异构体）	Nitrotoluene（all isomers）	88－72－2；99－08－1；99－99－0	—	10	—	皮
282	硝基甲烷	Nitromethane	75－52－5	—	50	—	G2B
283	硝基乙烷	Nitroethane	79－24－3	—	300	—	—
284	辛烷	Octane	111－65－9	—	500	—	—
285	溴	Bromine	7726－95－6	—	0.6	2	—

续表

序号	中文名	英文名	化学文摘号（CAS No.）	OELs/（mg/m³）			备注
				MAC	PC - TWA	PC - STEL	
286	溴化氢	Hydrogen bromide	10035 - 10 - 6	10	—	—	—
287	溴甲烷	Methyl bromide	74 - 83 - 9	—	2	—	皮
288	溴氰菊酯	Deltamethrin	52918 - 63 - 5	—	0.03	—	—
289	氧化钙	Calcium oxide	1305 - 78 - 8	—	2	—	—
290	氧化镁烟	Magnesium oxide fume	1309 - 48 - 4	—	10	—	—
291	氧化锌	Zinc oxide	1314 - 13 - 2	—	3	5	—
292	氧乐果	Omethoate	1113 - 02 - 6	—	0.15	—	皮
293	液化石油气	Liquified petroleum gas (L. P. G.)	68476 - 85 - 7	—	1000	1500	—
294	一甲胺	Monomethylamine	74 - 89 - 5	—	5	10	—
295	一氧化氮	Nitric oxide(Nitrogen monoxide)	10102 - 43 - 9	—	15	—	—
296	一氧化碳 非高原	Carbon monoxide not in high altitude area	630 - 08 - 0	—	20	30	—
	高原 海拔 2000 ~ 3000m	In high altitude area 2000 ~ 3000m		20	—	—	—
	海拔 >3000m	>3000m		15	—	—	—
297	乙胺	Ethylamine	75 - 04 - 7	—	9	18	皮
298	乙苯	Ethyl benzene	100 - 41 - 4	—	100	150	G2B
299	乙醇胺	Ethanolamine	141 - 43 - 5	—	8	15	—
300	乙二胺	Ethylenediamine	107 - 15 - 3	—	4	10	皮
301	乙二醇	Ethylene glycol	107 - 21 - 1	—	20	40	—
302	乙二醇二硝酸酯	Ethylene glycol dinitrate	628 - 96 - 6	—	0.3	—	皮
302	乙酐	Acetic anhydride	108 - 24 - 7	—	16	—	—
304	*N* - 乙基吗啉	*N* - Ethylmorpholine	100 - 74 - 3	—	25	—	皮
305	乙基戊基甲酮	Ethyl amyl ketone	541 - 85 - 5	—	130	—	—
306	乙腈	Acetonitrile	75 - 05 - 8	—	30	—	皮
307	乙硫醇	Ethyl mercaptan	75 - 08 - 1	—	1	—	—
308	乙醚	Ethyl ether	60 - 29 - 7	—	300	500	—
309	乙硼烷	Diborane	19287 - 45 - 7	—	0.1	—	—
310	乙醛	Acetaldehyde	75 - 07 - 0	45	—	—	G2B
311	乙酸	Acetic acid	64 - 19 - 7	—	10	20	—
312	2 - 甲氧基乙基乙酸酯	2 - Methoxyethyl acetate	110 - 49 - 6	—	20	—	皮
313	乙酸丙酯	Propyl acetate	109 - 60 - 4	—	200	300	—

续表

序号	中文名	英文名	化学文摘号（CAS No.）	OELs/（mg/m³）			备注
				MAC	PC－TWA	PC－STEL	
314	乙酸丁酯	Butyl acetate	123－86－4	—	200	300	—
315	乙酸甲酯	Meththyl acetate	79－20－9	—	200	500	—
316	乙酸戊酯（全部异构体）	Amyl acetate （all isomers）	628－63－7	—	100	200	—
317	乙酸乙烯酯	Vinyl acetate	108－05－4	—	10	15	G2B
318	乙酸乙酯	Ethyl acetate	141－78－6	—	200	300	—
319	乙烯酮	Ketene	463－51－4	—	0.8	2.5	—
320	乙酰甲胺磷	Acephate	30560－19－1	—	0.3	—	皮
321	乙酰水杨酸（阿司匹林）	Acetytsalicylic acid （aspirin）	50－78－2	—	5	—	—
322	2－乙氧基乙醇	2－Ethoxyethanol	110－80－5	—	18	36	皮
323	2－乙氧基乙基乙酸酯	2－Ethoxyethyl acetate	111－15－9	—	30	—	皮
324	钇及其化合物（按Y计）	Yttrium and compounds（as Y）	7440－65－5	—	1	—	—
325	异丙胺	Isopropylamine	75－31－0	—	12	24	—
326	异丙醇	Isopropyl alcohol（IPA）	67－63－0	—	350	700	—
327	*N*－异丙基苯胺	*N*－Isopropylaniline	768－52－5	—	10	—	皮
328	异稻瘟净	Iprobenfos	26087－47－8	—	2	5	皮
329	异佛尔酮	Isophorone	78－59－1	30	—	—	—
330	异佛尔酮二异氰酸酯	Isophorone diisocya－nate（IPDI）	4098－71－9	—	0.05	0.1	—
331	异氰酸甲酯	Methyl isocyanate	624－83－9	—	0.05	0.08	皮
332	异亚丙基丙酮	Mesityl oxide	141－79－7	—	60	100	—
333	铟及其化合物（按In计）	Indium and com－pounds，as In	7440－74－6（In）	—	0.1	0.3	—
334	茚	Indene	95－13－6	—	50	—	—
335	正丁胺	*n*－butylamine	109－73－9	15	—	—	皮
336	正丁基硫醇	*n*－buryl mercaptan	109－79－5	—	2	—	—
337	正丁基缩水甘油醚	*n*－butyl glycidyl ether	2426－08－6	—	60	—	—
333	正庚烷	*n*－Heptane	142－82－5	—	500	1000	—
339	正己烷	*n*－Hexane	110－54－3	—	100	180	皮

注：1. 备注中（皮）的说明详见附录A的A.7；
2. 备注中（敏）的说明详见附录A的A.8；
3. 备注中（G1）、（G2A）、（G2B）的说明详见附录A的A.9

4.2 工作场所空气中粉尘容许浓度

工作场所空气中粉尘容许浓度见表2。

表2 工作场所空气中粉尘容许浓度

序号	中文名	英文名	化学文摘号（CAS No.）	PC－TWA/(mg/m³)		备注
				总尘	呼尘	
1	白云石粉尘	Dolomite dust		8	4	—
2	玻璃钢粉尘	Fiberglass reinforced plastic dust		3	—	—
3	茶尘	Tea dust		2	—	—
4	沉淀 SiO_2（白炭黑）	Precipitated silica dust	112926－00－8	5	—	—
5	大理石粉尘	Marble dust	1317－65－3	8	4	—
6	电焊烟尘	Welding fume		4	—	G2B
7	二氧化钛粉尘	Titanium dioxide dust	13463－67－7	8	—	—
8	沸石粉尘	Zeolite dust		5	—	—
9	酚醛树脂粉尘	Phenolic aldehyde resin dust		6	—	—
10	谷物粉尘（游离 SiO_2 含量＜10%）	Grain dust (free SiO_2 ＜10%)		4	—	—
11	硅灰石粉尘	Wollastonite dust	13983－17－0	5	—	—
12	硅藻土粉尘（游离 SiO_2 含量＜10%）	Diatomite dust (free SiO_2 ＜10%)	61790－53－2	6	—	—
13	滑石粉尘（游离 SiO_2 含量＜10%）	Talc dust (free SiO_2 ＜10%)	14807－96－6	3	1	—
14	活性炭粉尘	Active carbon dust	64365－11－3	5	—	—
15	聚丙烯粉尘	Polypropylene dust		5	—	—
16	聚丙烯腈纤维粉尘	Polyacrylonitrile fiber dust		2	—	—
17	聚氯乙烯粉尘	Polyvinyl chloride (PVC) dust	9002－86－2	5	—	—
18	聚乙烯粉尘	Polyethylene dust	9002－88－4	5	—	—
19	铝尘 铝金属、铝合金粉尘 氧化铝粉尘	Aluminum dust: Metal & alloys dust Aluminium oxide dust	7429－90－5	 3 4	 — —	 — —
20	麻尘 （游离 SiO_2 含量＜10%） 亚麻 黄麻 苎麻	Flax, jute and ramie dust (free SiO_2 ＜10%) Flax Jute Ramie		 1.5 2 3	 — — —	 — — —
21	煤尘（游离 SiO_2 含量＜10%）	Coal dust (free SiO_2 ＜10%)		4	2.5	—
22	棉尘	Cotton dust		1	—	—
23	木粉尘	Wood dust		3	—	G1

续表

序号	中文名	英文名	化学文摘号（CAS No.）	PC－TWA/（mg/m^3）		备注
				总尘	呼尘	
24	凝聚 SiO_2 粉尘	Condensed silica dust		1.5	0.5	—
25	膨润土粉尘	Bentonite dust	1302－78－9	6	—	—
26	皮毛粉尘	Fur dust		8	—	—
27	人造玻璃质纤维	Man－made vitreous fiber				
	玻璃棉粉尘	Fibrous glass dust		3	—	—
	矿渣棉粉尘	Slag wool dust		3	—	—
	岩棉粉尘	Rock wool dust		3	—	—
28	桑蚕丝尘	Mulberry silk dust		8	—	—
29	砂轮磨尘	Grinding wheel dust		8	—	—
30	石膏粉尘	Gypsum dust	10101－41－4	8	4	—
31	石灰石粉尘	Limestone dust	1317－65－3	8	4	—
32	石棉（石棉含量＞10%）	Asbestos（Asbestos＞10%）	1332－21－4			
	粉尘	dust		0.8	—	G1
	纤维	Asbestos fibre		0.8f/ml	—	—
33	石墨粉尘	Graphite dust	7782－42－5	4	2	—
34	水泥粉尘（游离 SiO_2 含量＜10%）	Cement dust（free SiO_2＜10%）		4	1.5	—
35	炭黑粉尘	Carbon black dust	1333－86－4	4	—	G2B
36	碳化硅粉尘	Silicon carbide dust	409－21－2	8	4	—
37	碳纤维粉尘	Carbon fiber dust		3	—	—
38	矽尘	Silica dust	14808－60－7			G1（结晶型）
	10%≤游离 SiO_2 含量≤50%	10%≤free SiO_2≤50%		1	0.7	
	50%＜游离 SiO_2 含量≤80%	50%＜free SiO_2≤80%		0.7	0.3	
	游离 SiO_2 含量＞80%	free SiO_2＞80%		0.5	0.2	
39	稀土粉尘（游离 SiO_2 含量＜10%）	Rare-earth dust（free SiO_2＜10%）		2.5	—	—
40	洗衣粉混合尘	Detergent mixed dust		1	—	—
41	烟草尘	Tobacco dust		2	—	—
42	萤石混合性粉尘	Fluorspar mixed dust		1	0.7	—
43	云母粉尘	Mica dust	12001－26－2	2	1.5	—
44	珍珠岩粉尘	Perlite dust	93763－70－3	8	4	—
45	蛭石粉尘	Vermiculite dust		3	—	—
46	重晶石粉尘	Barite dust	7727－43－7	5	—	—
47	其他粉尘①	Particles not otherwise regulated		8	—	—

①指游离 SiO_2 低于10%，不含石棉和有毒物质，而尚未制定容许浓度的粉尘，表中列出的各种粉尘（石棉纤维尘除外），凡游离 SiO_2 高于10%者，均按矽尘容许浓度对待。

注：备注中（G1），（G2B）的说明详见附录A的A.9。

4.3　工作场所空气中生物因素容许浓度

工作场所空气中生物因素容许浓度见表3。

表3　工作场所空气中生物因素容许浓度

序号	中文名	英文名	化学文摘号（CAS No.）	OELs			备注
				MAC	PC－TWA	PC－STEL	
1	白僵蚕孢子	Beauveria bassiana		6×10^7（孢子数/m^3）	—	—	—
2	枯草杆菌蛋白酶	Subtilisins	1395－21－7；9014－01－1	—	15ng/m^3	30ng/m^3	敏
注：备注中（敏）的说明详见附录A的A.8							

5　超限倍数

对粉尘和未制定PC－STEL的化学物质，采用超限倍数控制其短时间接触水平的过高波动。在符合PC－TWA的前提下，粉尘的超限倍数是PC－TWA的2倍；化学物质的超限倍数见表4。

表4　化学物质超限倍数与PC－TWA的关系

PC－TWA/（mg/m^3）	最大越限倍数
PC－TWA＜1	3
1≤PC－TWA＜10	2.5
10≤PC－TWA＜100	2.0
PC－TWA≥100	1.5

6　监测检验方法

工作场所有害物质的测定按GBZ 159《工作场所空气中有害物质监测的采样规范》和GBZ/T 160《工作场所空气有毒物质测定》进行检测，在无上述规定时，也可用国内外公认的测定方法执行。

附录A
（规范性附录）
正确使用说明

A.1 工作场所化学有害因素职业接触限值是用人单位监测工作场所环境污染情况，评价工作场所卫生状况和劳动条件以及劳动者接触化学有害因素的程度的重要技术依据，也可用于评估生产装置泄漏情况，评价防护措施效果等。工作场所化学有害因素职业接触限值也是职业卫生监督管理部门实施职业卫生监督检查、职业卫生技术服务机构开展职业病危害评价的重要技术法规依据。

A.2 在实施职业卫生监督检查，评价工作场所职业卫生状况或个人接触状况时，应正确运用时间加权平均容许浓度、短时间接触容许浓度或最高容许浓度的职业接触限值，并按照有关标准的规定，进行空气采样、监测，以期正确地评价工作场所化学有害因素的污染状况和劳动者接触水平。

A.3 PG－TWA的应用：8h时间加权平均容许浓度（PC－TWA）是评价工作场所环境卫生状况和劳动者接触水平的主要指标。职业病危害控制效果评价，如建设项目竣工验收、定期危害评价、系统接触评估、因生产工艺、原材料、设备等发生改变需要对工作环境影响重新进行评价时，尤应着重进行TWA的检测、评价。个体检测是测定TWA比较理想的方法，尤其适用于评价劳动者实际接触状况，是工作场所化学有害因素职业接触限值的主体性限值。定点检测也是测定TWA的一种方法，要求采集一个工作日内某一工作地点，各时段的样品，按各时段的持续接触时间与其相应浓度乘积之和除以8，得出8h工作日的时间加权平均浓度（TWA）。定点检测除了反映个体接触水平，也适用评价工作场所环境的卫生状况。

定点检测可按下式计算出时间加权平均浓度：

$$C_{\mathrm{TWA}}=(C_1T_1+C_2T_2+\cdots\cdots+C_nT_n)/8 \quad (\mathrm{A.1})$$

式中 C_{TWA}——8h工作日接触化学有害因素的时间加权平均浓度，mg/m^3；

8——一个工作日的工作时间（h）工作时间不足8h者，仍以8b计；

C_1，$C_2\cdots\cdots C_n$——T_1，$T_2\cdots\cdots T_n$ 时间段接触的相应浓度；

T_1，$T_2\cdots\cdots T_n$——C_1，$C_2\cdots\cdots C_n$ 浓度下相应的持续接触时间。

［例1］ 乙酸乙酯的PC－TWA为200mg/m^3，劳动者接触状况为400mg/m^3，接触3h；160mg/m^3，接触2h；120mg/m^3，接触3h。代入上述公式，$C_{\mathrm{TWA}}=(400\times3+160\times2+120\times3)\div8=235mg/m^3$。此结果$>200mg/m^3$，超过该物质的PC－TWA。

［例2］ 同样是乙酸乙酯，若劳动者接触状况为；300mg/m^3，接触2h；200mg/m^3，接触2h；180mg/m^3，接触2h；不接触，2h。代入上述公式，$C_{\mathrm{TWA}}=(300\times2+200\times2+180\times2+0\times2)\div8=170mg/m^3$，结果$<200mg/m^3$，则未超过该物质的PC－TWA。

A.4 PC－STEL的应用

A.4.1 PC－STEL是与PC－TWA相配套的短时间接触限值，可视为对PC－TWA的补充。只用于短时间接触较高浓度可导致刺激、窒息、中枢神经抑制等急性作用，及其慢性不可逆性组织损伤的化学物质。

A.4.2 在遵守PC－TWA的前提下，PC－STEL水平的短时间接触不引起：①刺激作用；②慢性或不可逆性损伤；③存在剂量－接触次数依赖关系的毒性效应；④麻醉程度足以导致事故率升高、影响逃生和降低工作效率。即使当日的TWA符合要求时，短时间接触浓度也不应超过PC－STEL。当接触浓度超过PC－TWA，达到PC－STEL水平时，一次持续接触时间不应超过15min，每个工作日接触次数不应超过4次，相继接触的间隔时间不应短于60min。

A.4.3 对制定有PC－STEL的化学物质进行监测和评价时，应了解现场浓度波动情况，在浓度最高的时段按采样规范和标准检测方法进行采样和检测。

A.5 MAC的应用：MAC主要是针对具有明显刺激、窒息或中枢神经系统抑制作用，可导致严重急性损害的化学物质而制定的不应超过的最高容许接触限值，即任何情况都不容许超过的限值。最高浓度的检测应在了解生产工艺过程的基础上，根据不同工种和操作地点采集能够代表最高瞬间浓度的空气样品再进行检测。

A.6 超限倍数的应用：许多有PC-TWA的物质尚未制定PC-STEL。对于粉尘和未制定PC-STEL的化学物质，即使其8h TWA没有超过PC-TWA，也应控制其漂移上限。因此，可采用超限倍数控制其短时间接触水平的过高波动。超限倍数所对应的浓度是短时间接触浓度，采样和检测方法同PC-STEL。

[举例]

1）三氯乙烯的PC-TWA为30mg/m^3，查表4，其超限倍速数为2。测得短时间（15min）接触浓度为100mg/m^3，是PC-TWA的3.3倍，>2，不符合超限倍数要求。

2）己内酰胺的PC-TWA为5mg/m^3，查表4，其超限倍数为2.5。测得短时间（15min）接触浓度为12mg/m^3，是PC-TWA的2.4倍，<2.5，符合超限倍数要求。

3）石墨粉尘的PC-TWA为4mg/m^3（总尘）和2mg/m^3（呼尘），其超限倍数为2。测得总尘和呼尘的短时间（15min）接触浓度分别为19mg/m^{3}和9mg/m^3，分别是PC-TWA的2.375倍和2.25倍，均>2，不符合超限倍数要求。

4）煤尘的PC-TWA为4mg/m^3（总尘）和2.5mg/m^3（呼尘），其超限倍数为2。测得总尘和呼尘的短时间（15min）接触浓度分别为8mg/m^{3}和5mg/m^3。分别是相应PC-TWA的2倍，均≤2倍的PC-TWA，符合超限倍数要求。

A.7 在备注栏内标有（皮）的物质（如有机磷酸酯类化合物，芳香胺，苯的硝基、氨基化合物等），表示可因皮肤、黏膜和眼睛直接接触蒸气、液体和固体，通过完整的皮肤吸收引起全身效应。使用（皮）的标识旨在提示即使空气中化学物质浓度等于或低于PC-TWA时，通过皮肤接触也可引起过量接触。对于那些标有（皮）的标识且OELs低的物质，在接触高浓度，特别是在皮肤大面积、长时间接触的情况下，需采取特殊预防措施以减少或避免皮肤的直接接触。当难以准确定量其接触程度时，也必需采取措施预防皮肤的大量吸收。对化学物质标识（皮）并未考虑该化学物质引起刺激、皮炎和致敏作用的特性，对那些可引起刺激或腐蚀效应但没有全身毒性的化学物质也未标以（皮）的标识。患有皮肤病时可明显影响皮肤吸收。

A.8 在备注栏内标（敏），是指已被人或动物资料证实该物质可能有致敏作用，但并不表示致敏作用是制定PC-TWA所依据的关键效应，也不表示致敏效应是制定PC-TWA的唯一依据。使用（敏）的标识不能明显区分所致敏的器官系统，未标注（敏）标识的物质并不表示该物质没有致敏能力，只反映目前尚缺乏科学证据或尚未定论。使用（敏）的标识旨在保护劳动者避免诱发致敏效应，但不保护那些已经致敏的劳动者。减少对致敏物及其结构类似物的接触，可减少个体过敏反应的发生率。对某些敏感的个体，防止其特异性免疫反应的唯一方法是完全避免接触致敏物及其结构类似物。应通过工程控制措施和个人防护用品以有效地减少或消除接触。对工作中接触已知致敏物的劳动者，必须进行教育和培训（如检查潜在的健康效应、安全操作规程及应急知识）。应通过上岗前体检和定期健康监护，尽早发现特异易感者，及时调离接触。

A.9 致癌性标识按国际癌症组织（IARC）分级，在备注栏内用（G1）、（G2A）、（G2B）标识，作为参考性资料。化学物质的致癌性证据来自于流行病学、毒理学和机理研究。国际癌症研究中心（IARC）将潜在化学致癌性物质分类为；G1：确认人类致癌物（carcinogenic to humans）；G2A：可能人类致癌物（probably carcinogenic to humans）；G2B：可疑人类致癌物（possibly carcinogenic to humans）；G3：对人及动物致癌性证据不足（not classifiable as to carcinogenicity to humans）和G4：未列为人类致癌物（probablynot carcinogenic to humans）。本标准引用国际癌症组织（1ARC）的致癌性分级标识G1、G2A、G2B，作为职业病危害预防控制的参考。对于标有致癌性标识的化学物质，应采取技术措施与个人防护，减少接触机会。尽可能保持最低接触水平。

A.10　对分别制定了总粉尘和呼吸性粉尘 PC－TWA 的粉尘，应同时测定总粉尘和呼吸性粉尘的时间加权平均浓度。按照 BMRC(British Medical Research Council，BMRC)分离曲线要求，呼尘的 d_{ae} 应在 7.07μm 以下，其中 d_{ac} 5μm 粉尘颗粒的采集率为 50%。

A.11　当工作场所中存在两种或两种以上化学物质时，若缺乏联合作用的毒理学资料，应分别测定各化学物质的浓度，并按各个物质的职业接触限值进行评价。

A.12　当两种或两种以上有毒物质共同作用于同一器官、系统或具有相似的毒性作用(如刺激作用等)，或已知这些物质可产生相加作用时，则应按下列公式计算结果，进行评价：

$$C_1/L_1 + C_2/L_2 + \cdots\cdots + C_n/L_n = 1 \tag{A.2}$$

式中　C_1，C_2……C_n——各化学物质所测得的浓度；

L_1，L_2……L_n——各化学物质相应的容许浓度限值。

据此算出的比值≤1 时，表示未超过接触限值，符合卫生要求；反之，当比值＞1 时，表示超过接触限值，则不符合卫生要求。

A.13　本标准应由受过职业卫生专业训练的专业人员使用。本标准不适用于非职业性接触。

A.14　有害因素职业接触限值是基于科学性和可行性制定的，所规定的限值不能理解为安全与危险程度的精确界限，也不能简单地用以判断化学物质毒性等级。

4. 工作场所有害因素职业接触限值
第 2 部分:物理因素

（GBZ 2.2—2007
代替 GBZ 2—2002）

目　　录

1 范围

本部分规定了工作场所物理因素职业接触限值。

本部分适用于存在或产生物理因素的各类工作场所。适用于工作场所卫生状况、劳动条件、劳动者接触物理因素的程度、生产装置泄露、防护措施效果的监测、评价、管理，工业企业卫生设计及职业卫生监督检查等。

本部分不适用于非职业性接触。

2 规范性引用文件

下列文件中的条款通过本部分的引用而成为本部分的条款。凡是注日期的引用文件，其随后所有的修改单(不包括勘误的内容)或修订版均不适用于本部分，然而，鼓励根据本部分达成协议的各方研究是否可使用这些文件的最新版本。凡是不注日期的引用文件．其最新版本适用于本部分。

GBZ 1　工业企业设计卫生标准

GBZ 2. 1　工作场所有害因素职业接触限值　第 1 部分：化学有害因素

GB/T 3947　声学名词术语

GBZ/T 189. 1　工作场所物理因素测量　超高频辐射

GBZ/T 189. 2　工作场所物理因素测量　高频电磁场

GBZ/T 189. 3　工作场所物理因素测量　工频电场

GBZ/T 189. 4　工作场所物理因素测量　激光辐射

GBZ/T 189. 5　工作场所物理因素测量　微波辐射

GBZ/T 189. 6　工作场所物理因素测量　紫外辐射

GBZ/T 189. 7　工作场所物理因素测量　高温

GBZ/T 189. 8　工作场所物理因素测量　噪声

GBz/T 189. 9　工作场所物理因素测量　手传振动

GBZ/T 189. 10　工作场所物理因素测量　体力劳动强度分级

GBZ/T 189. 11　工作场所物理因素测量　体力劳动时的心率

3 术语和定义

GBZ2. 1 中 3. 1，3. 3，3. 4 确定的术语和定义适用于本部分。

4 超高频辐射职业接触限值 occupational exposure limits for ultrahigh frequency radiation in the workplace

4. 1 术语和定义

4. 1. 1　超高频辐射　ultra high frequency radiation

又称超短波，指频率为 30 ~ 300MHz 或波长为 10 ~ 1m 的电磁辐射，包括脉冲波和连续波。

4. 1. 2　脉冲波 pulse wave

以脉冲调制所产生的超高频辐射。

4. 1. 3　连续波 continuous wave

以连续振荡所产生的超高频辐射。

4. 1. 4　功率密度 power density

单位面积上的辐射功率，以 P 表示，单位为 mW/cm^2。

4. 2 卫生要求

一个工作日内超高频辐射职业接触限值见表 1。

表1　工作场所超高频辐射职业接触限值

接触时间	连续波		脉冲波	
	功率密度/(mW/cm²)	电场强度/(V/m)	功率密度/(mW/cm²)	电场强度/(V/m)
8h	0.05	14	0.025	10
4h	0.1	19	0.05	14

4.3　测量方法

按 CBZ/T 189.1 规定的方法测量。

5　高频电磁场职业接触限值 occupational exposure limits for high frequency electromagnetic field

5.1　术语和定义

高频电磁场 high frequency electromagnetic field

频率为 100kHz～30MHz，相应波长为 3km～10m 范围的电磁场。

5.2　卫生要求

8h 卫生场所高频电磁场职业接触限值见表2。

表2　工作场所高频电磁场职业接触限值

频率 f，MHz	电场强度/(V/m)	磁场强度/(A/m)
$0.1 \leqslant f \leqslant 3.0$	50	5
$3.0 < f \leqslant 30$	25	—

5.3　测量方法

按 GBZ/T 189.2 规定的方法测量。

6　工频电场职业接触限值 occupational exposure limits for power frequency electric field in the workplace

6.1　术语和定义

工频电场 power frequency electric field

频率为 50Hz 的极低频电场。

6.2　卫生要求

8h 工作场所工频电场职业接触限值见表3。

表3　工作场所工频电场职业接触限值

频率/Hz	电场强度/(kV/m)
50	5

6.3　测定方法

按 GBZ/T 189.3 规定的方法测量。

7　激光辐射职业接触限值 occupational exposure limits for laser radiation in the workplace

7.1　术语和定义

7.1.1　激光 laser

波长为 200nm～1mm 之间的相干光辐射。

7.1.2　照射量 radiant

受照面积上光能的面密度，单位为 J/cm²。

7.1.3　辐照度 irradiance

单位面积照射的辐射通量，单位为 W/cm^2。

7.1.4　校正因子（C_A 和 C_B）correction factors

激光生物学作用是波长的函数，为评判等价效应而引进的数学因子。C_A 和 C_B 分别为红外和可见光波段的校正因子。

7.2　卫生要求

7.2.1　8h 眼直视激光束的职业接触限值（见表 4）。

表 4　眼直视激光束的职业接触限值

光谱范围	波长/nm	照射时间/s	照射量/(J/cm^2)	辐照度/(W/cm^2)
紫外线	200～308	1×10^{-9}～3×10^{4}	3×10^{-3}	
	309～314	1×10^{-9}～3×10^{4}	6.3×10^{-2}	
	315～400	1×10^{-9}～10	$0.56t^{1/4}$	
	315～400	1×10～1×10^{3}	1.0	
	315～400	1×10^{3}～3×10^{4}		1×10^{-3}
可见光	400～700	1×10^{-9}～1.2×10^{-5}	5×10^{-7}	
	400～700	1.2×10^{-5}～10	$2.5t^{3/4}\times10^{-3}$	
	400～700	10～10^{4}	$1.4C_B\times10^{-2}$	
	400～700	1×10^{4}～3×10^{4}		$1.4C_B\times10^{-6}$
红外线	700～1050	1×10^{-9}～1.2×10^{-5}	$5C_A\times10^{-7}$	
	700～1050	1.2×10^{-5}～1×10^{3}	$2.5C_At^{3/4}\times10^{-3}$	
	1050～1400	1×10^{-9}～3×10^{-5}	5×10^{-6}	
	1050～1400	3×10^{-5}～1×10^{3}	$12.5t^{3/4}\times10^{-3}$	
	700～1400	1×10^{4}～3×10^{4}		$4.44C_A\times10^{-4}$
远红外线	1400～1×10^{6}	1×10^{-9}～1×10^{-7}	0.01	
	1400～1×10^{6}	1×10^{-7}～10	$0.56t^{1/4}$	
	1400～1×10^{6}	>10		0.1
注：t 为照射时间。				

7.2.2　8h 激光照射皮肤的职业接触限值（见表 5）。

表 5　激光照射皮肤的职业接触限值

光谱范围	波长/nm	照射时间/s	照射量/(J/cm^2)	辐照度/(W/cm^2)
紫外线	200～400	1×10^{-9}～3×10^{4}	同表 4	
可见光与红外线	400～1400	1×10^{-9}～3×10^{-7}	$2C_A\times10^{-2}$	
		1×10^{-7}～10	$1.1C_At^{1/4}$	
		10～3×10^{4}		$0.2C_A$
远红外线	1400～1×10^{6}	1×10^{-9}～3×10^{4}	同表 4	
注：t 为照射时间。				

7.2.3　波长（λ）与校正因子的关系为：波长 400～700nm，$C_A=1$；波长 700～1050nm，$C_A=10^{0.002}(\lambda-700)$；波长 1050～1400nm，$C_A=5$；波长 400～550nm，$C_B=1$；波长 550～700nm，$C_B=10^{0.015(\lambda-550)}$

7.3　测量方法

按 GBZ/T 189.4 规定的方法测量。

8　微波辐射职业接触限值 occupational exposure limits for microwave radiation in the workplace

8.1　术语和定义

8.1.1　微波　microwave

频率为300MHz～300GHz、波长为1mm～1m范围内的电磁波，包括脉冲微波和连续微波。

8.1.2　脉冲微波与连续微波　pulse microwave & continuous microwave

脉冲微波指以脉冲调制的微波。

连续微波指不用脉冲调制的连续振荡的微波。

8.1.3　固定微波辐射与非固定微波辐射 fixed microwave radiation & nonfixed microwave radiation

固定微波辐射是指固定天线(波束)的辐射；或运转天线的 $t_0/T>0.1$ 的辐射。

非固定微波辐射是指运转天线的 $t_0/T<0.1$ 的辐射。

式中 t_0 指接触者被测位所受辐射大于或等于主波束最大平均功率密度50%的强度时的时间，T指天线运转一周时间。

8.1.4　肢体局部微波辐射与全身微波辐射　partial－body microwave radiation & whole－body micro－wave radiation

肢体局部微波辐射指微波设备操作过程中，仅手或脚部受辐射。

全身微波辐射指除肢体局部外的其他部位，包括头、胸、腹等一处或几处受辐射。

8.1.5　平均功率密度及日剂量　average power density & daily dose

平均功率密度表示单位面积上一个工作日内的平均辐射功率。

日剂量表示一日接受辐射的总能量，等于平均功率密度与受辐射时间(按照8h计算)的乘积，单位为 $\mu W\cdot h/cm^2$ 或 $mW\cdot h/cm^2$。

8.2　卫生要求

工作场所微波辐射职业接触限值见表6。

表6　工作场所微波职业接触限值

类型		日剂量/($\mu W\cdot h/cm^2$)	8h平均功率密度/($\mu W/cm^2$)	非8h平均功率密度/($\mu W/cm^2$)	短时间接触功率密度/(mW/cm^2)
全身辐射	连续微波	400	50	400/t	5
	脉冲微波	200	25	200/t	5
肢体局部辐射	连续微波或脉冲微波	4000	500	4000/t	5
注：t为受辐射时间，单位为h。					

8.3　测量方法

按 GBZ/T 189.5 规定的方法测量。

9　紫外辐射职业接触限值 occupational exposure limits for ultraviolet radiation in the workplace

9.1　术语和定义

紫外辐射 ultraviolet radiation

又称紫外线（ultraviolet light），指波长为 100～400nm 的电磁辐射。

9.2　卫生要求

8h 工作场所紫外辐射职业接触限值见表 7。

表 7　工作场所紫外辐射职业接触限值

紫外光谱分类	8h 职业接触限值	
	辐照度/（$\mu W/cm^2$）	照射量/（mJ/cm^2）
中波紫外线（280nm≤λ＜315nm）	0.26	3.7
短波紫外线（100nm≤λ＜280nm）	0.13	1.8
电焊弧光	0.24	3.5

9.3　测量方法

按 GBZ/T 189.6 规定的方法测量。

10　高温作业职业接触限值 occupational exposure limits for heat stress work in the workplace

10.1　术语和定义

10.1.1　高温作业 heat stress work

在生产劳动过程中，工作地点平均 WBGT 指数≥25℃的作业。

10.1.2　WBGT 指数 wet bulb globe temperature index

又称湿球黑球温度，是综合评价人体接触作业环境热负荷的一个基本参量，单位为℃。

10.1.3　接触时间率 exposure time rate

劳动者在一个工作日内实际接触高温作业的累计时间与 8h 的比率。

10.1.4　本地区室外通风设计温度 local outside ventilation design temperature

近十年本地区气象台正式记录每年最热月份的每日 13～14 时的气温平均值。

10.2　卫生要求

10.2.1　接触时间率 100%，体力劳动强度为Ⅳ级，WBGT 指数限值为 25℃；劳动强度分级每下降一级，WBGT 指数限值增加 1～2℃；接触时间率每减少 25%，WBGT 限值指数增加 1～2℃，见表 8。

10.2.2　本地区室外通风设计温度≥30℃的地区，表 8 中规定的 WBGT 指数相应增加 1℃。

表 8　工作场所不同体力劳动强度 WBGT 限值（℃）

接触时间率	体力劳动强度			
	Ⅰ	Ⅱ	Ⅲ	Ⅳ
100%	30	28	26	25
75%	31	29	28	26
50%	32	30	29	28
25%	33	32	31	30

注：体力劳动强度分级按本标准第 14 章执行，实际工作中可参考附录 B。

10.3　测量方法

按 GBZ/T 189.7 规定的方法测量。

11　噪声职业接触限值 occupational exposure limits for noise in the workplace

11.1 术语和定义

11.1.1 生产性噪声 industrial noise

在生产过程中产生的一切声音。

11.1.2 稳态噪声 steady noise

在观察时间内，采用声级计“慢挡”动态特性测量时，声级波动 < 3dB(A)的噪声。

11.1.3 非稳态噪声 nonsteady noise

在观察时间内，采用声级计“慢挡”动态特性测量时，声级波动≥3dB(A)的噪声。

11.1.4 脉冲噪声 impulsire noise

噪声突然爆发又很快消失，持续时间≤0.5s，间隔时间 > 1s，声压有效值变化≥40dB(A)的噪声。

11.1.5 A计权声压级(A声级) A－weighted sound pressure level，L_{pA}，L_A

用A计权网络测得的声压级。

11.1.6 等效连续A计权声压级(等效声级) equivalent continuous A－weighted sound pressure level，L_{Aeq}，L_{Aeq}

在规定的时间内，某一连续稳态噪声的A计权声压，具有与时变的噪声相同的均方A计权声压。则这一连续稳态声的声级就是此时变噪声的等效声级，单位用dB(A)表示。

11.1.7 按额定8h工作日规格化的等效连续A计权声压级(8h等效声级) normalization of equivalent continuous A－weighted sound pressure level to a nominal 8h working day，$L_{EX,8h}$

将一天实际工作时间内接触的噪声强度等效为工作8h的等效声级。

11.1.8 按额定每周工作40h规格化的等效连续A计权声压级(每周40h等效声级) normalization of equivalent continuous A－weighted sound pressure level to a nominal 40h working week $L_{EX,W}$非每同5d工作制的特殊工作场所接触的噪声声级等效为每周工作40h的等效声级。

11.2 卫生要求

11.2.1 噪声职业接触限值

每周工作5d，每天工作8h，稳态噪声限值为85dB(A)，非稳态噪声等效声级的限值为85dB(A)；每周工作5d，每天工作时间不等于8h，需计算8h等效声级，限值为85dB(A)；每周工作不是5d，需计算40h等效声级，限值为85dB(A)，见表9。

表9　工作场所噪声职业接触限值

接触时间	接触限值/dB(A)	备注
5d/w，=8h/d	85	非稳态噪声计算8h等效声级
5d/w，≠8h/d	85	计算8h等效声级
≠5d/w	85	计算40h等效声级

11.2.2 脉冲噪声工作场所，噪声声压级峰值和脉冲次数不应超过表10的规定。

表10　工作场所脉冲噪声职业接触限值

工作日接触脉冲次数 n/次	声压级峰值/dB(A)
$n\leqslant 100$	140
$100 < n\leqslant 1000$	130
$1000 < n\leqslant 10000$	120

11.3 测量方法

按GBZ/T 189.8规定的方法测量。

12　手传振动职业接触限值 occupational exposure limits for hand - transmitted vibration in the workplace

12.1　术语和定义

12.1.1　手传振动 hand - transmitted vibration

生产中使用手持振动工具或接触受振工件时，直接作用或传递到人的手臂的机械振动或冲击。

12.1.2　日接振时间　daily exposure duration to vibration

工作日中使用手持振动工具或接触受振工件的累积接振时间，单位为 h。

12.1.3　频率计权振动加速度　frequency - weighted acceleration to vibration

按不同频率振动的人体生理效应规律计权后的振动加速度，单位为 m/s^2。

12.1.4　4h 等能量频率计权振动加速度 4 hours energy equivalent frequency - weighted accelerationto vibration

在日接振时间不足或超过 4h 时，将其换算为相当于接振 4h 的频率计权振动加速度值。

12.2　卫生要求

手传振动 4h 等能量频率计权振动加速度限值见表 11。

表 11　工作场所手传振动职业接触跟值

接触时间	等能量频率计权振动加速度/(m/s^2)
4h	5

12.3　测量方法

按 GBZ/T 189.9 规定的方法测量。

13　煤矿井下采掘工作场所气象条件　meteorologieal requirements in the underground workplace of coal mine

13.1　卫生要求

13.1.1　井下采掘工作场所气象条件应符合表 12 的规定。

表 12　井下采掘工作场所气象条件

干球温度/℃	相对湿度/%	风速 v/(m/s)	备注
不高于 28	不规定	$0.5 < v \leq 1.0$	上限
不高于 26	不规定	$0.3 < v \leq 0.5$	—
不低于 18	不规定	$v \leq 0.3$	增加工作服保暖量

13.1.2　本标准规定的风速如与生产工艺或防爆要求相抵触时可不受此限制。

13.1.3　井下作业环境气温较低时服装保暖量应适当增加。

13.2　测量方法

工作场所温湿度的测定应用通风温湿度计，风速的测定可应用热球式或叶状风速仪。

14　体力劳动强度分级 classification of physical workload

14.1　术语和定义

14.1.1　能量代谢率　energy metabolic rate

从事某工种的劳动者在工作日内各类活动(包括休息)的能量消耗的平均值，以单位时间(每分钟)内每平方米体表面积的能量消耗值表示，单位是 kJ/(min · m^2)。

14.1.2　劳动时间率 working time rate

劳动者在一个工作日内实际工作时间与日工作时间(8h)的比率，以百分率表示。

14.1.3　体力劳动性别系数 sex - based coefficient of physical work

相同体力强度引起的男女不同生理反应的系数。在计算体力劳动强度指数时，男性系数为1，女性系数为1.3。

14.1.4　体力劳动方式系数　pattern coefficient of physical work

在相同体力强度下，不同劳动方式引起的生理反应的系数。在计算体力劳动强度指数时，“搬”的方式系数为1，“扛”的方式系数为0.40、“推/拉”的方式系数为0.05。

14.1.5　体力劳动强度指数　intensity index of physical work

区分体力劳动强度等级的指数。指数大，反映体力劳动强度大；指数小，反映体力劳动强度小。

14.2　体力劳动强度分级

体力劳动强度分为四级，见表13。

表13　体力劳动强度分级表

体力劳动强度级别	劳动强度指数 n
Ⅰ	$n \leqslant 15$
Ⅱ	$15 < n \leqslant 20$
Ⅲ	$20 < n \leqslant 25$
Ⅳ	$n > 25$

14.3　测量方法

按 GBZ/T 189.10 规定的方法测量。

14.4　实际工作中体力劳动强度分级的职业描述可参考附录B。

15　体力工作时心率和能量消耗的生理限值 physiological limits on heart rate and energy consumption during physical work

15.1　术语和定义

能量消耗 energy consumption

人体为维持生理功能和各种活动所消耗的能量，单位为kJ。

15.2　卫生要求

15.2.1　工作日内从事任何单项体力工作时，最大心率值不应超过150次/min各单项作业时最大心率值平均不应超过120次/min。

15.2.2　人工作日(8h)总能量消耗不应超过6276kJ/d[或7.824 kJ/(min·m^2)]。

15.3　测量方法

15.3.1　工作场所体力劳动时心率的测量方法

按 GBZ/T 189.11 规定的方法测量。

15.3.2　工作场所体力劳动时人工作日(8h)总能量消耗的测量方法

按 GBZ/T 189.10 规定的方法测量。

附录A
（规范性附录）
正确使用说明

A.1 工作场所物理因素职业接触限值，是用于监督、监测工作场所及工作人员物理因素职业危害状况、生产装置泄漏情况，评价工作场所卫生状况的重要依据。目的在于保护劳动者免受物理性职业性有害因素危害，预防职业病。

A.2 在实施职业卫生监督管理、评价工作场所物理因素职业危害或个人接触状况时，应正确运用接触限值，并按照国家颁布的相关测量方法进行测量和分析。

A.3 本标准规定的接触限值为上限值。

A.4 电磁辐射的功率密度用于表示超高频、微波和激光的辐射强度。

A.5 超高频辐射

A.5.1 在远区场，功率密度与电场强度 E(V/m)之间的关系如下：

$$P=\frac{E^2}{3\,770} \tag{A.1}$$

式中 P——功率密度，mW/cm²；

E——电场强度，V/m。

A.5.2 测量时，可选择功率密度或电场强度。

A.6 离频电磁场

A.6.1 工作场所高频电磁场接触限值适用于接触高频电磁辐射的各类作业，但不适用于环境照射及作为医疗或诊断为目的的照射。

A.6.2 频率在3MHz以下的高频电磁场，可选择电场强度或磁场强度。

A.7 工频电场

A.7.1 工频电场职业接触限值适用于交流输电系统中接触电磁场的电力工作人员及带电工作人员。

A.7.2 因工作需要必须进入超过接触限值的工频电场地点或延长接触时间时，应采取有效防护措施；带电作业人员应该处在“全封闭式”的屏蔽装置中操作，或应穿包括面部的屏蔽服。

A.8 微波辐射

A.8.1 工作场所微波辐射接触限值适用于接触微波辐射的各类作业，不包括居民所受环境辐射及接受微波诊断或治疗的辐射。

A.8.2 脉冲微波固定辐射和非固定辐射的平均功率密度限值相同。

A.8.3 肢体局部辐射不区分连续微波和脉冲微波。

A.8.4 短时间暴露功率密度 $>1\text{mW/cm}^2$ 时，除控制暴露时间(按日剂量接触限值计算)外，还需使用个人防护。

A.9 紫外辐射

A.9.1 本限值适用于人工紫外辐射。

A.9.2 紫外线混合光源包括各段波长紫外线的光源，如电焊弧光。

A.9.3 测量时，可选择辐照度或照射量。

A.10 工作场所手传振动接触限值适用于生产中使用手持振动工具或手接触受振工件的作业。

在日接振时间不足或超过4h时，要将其换算为相当于接振4h的频率计权振动加速度值，可用式

(A.2)计算：

$$a_{hw(4)} = \sqrt{\frac{T}{4} a_{hw}(T)} \quad (A.2)$$

式中　$a_{hw}(T)$——频率计权振动加速度；

T——日接振时间，h/d。

A.11　煤矿井下采掘作业地点气象条件

A.11.1　煤矿井下采掘作业地点气象条件适用于煤矿井下采掘作业，也适用于其他矿井下的采掘作业。

A.11.2　表12中的上限及下限值均不是舒适限值。在上限条件下，劳动者仍有一定的闷热感；在下限的条件下，部分人尚有“稍冷”感。但在此标准范围内可保证劳动者不发生中暑，并能防止常见病、多发病的高发。

附录 B
（资料性附录）
常见职业体力劳动强度分级

表 B.1 常见职业体力劳动强度分级表

体力劳动强度分级	职业描述
Ⅰ（轻劳动）	坐姿：手工作业或腿的轻度活动（正常情况下，如打字、缝纫、脚踏开关等）；立姿：操作仪器，控制、查看设备，上臂用力为主的装配工作
Ⅱ（中等劳动）	手和臂持续动作（如锯木头等）；臂和腿的工作（如卡车、拖拉机或建筑设备等运输操作）；臂和躯干的工作（如锻造、风动工具操作、粉刷、间断搬运中等重物、除草、锄田、摘水果和蔬菜等）
Ⅲ（重劳动）	臂和躯干负荷工作（如搬重物、铲、锤锻、锯刨或凿硬木、割草、挖掘等）
Ⅳ（极重劳动）	大强度的挖掘、搬运，快到极限节律的极强活动

5. 含密封源仪表的放射卫生防护要求

（GBZ 125—2009
代替 GBZ 125—2002，GBZ 137—2002）

目　录

1　范围

本标准规定了源容器和含密封放射源(以下简称“密封源”)的检测仪表的放射防护与安全要求，以及放射防护检验和检查要求。

本标准适用于基于粒子注量测量的含密封源的检测仪表(以下简称检测仪表)，包括料位计、密度计、湿度计、核子秤等。

2　规范性引用文件

下列标准中的条款通过本标准的引用而成为本标准的条款。凡是注日期的引用文件，其随后所有的修改单(不包括勘误的内容)或修订版本均不适用于本标准，然而，鼓励根据本标准达成协议的各方研究是否可使用这些文件的最新版本。凡不注日期的引用文件，其最新版本适用于本标准。

GB 4075　密封放射源一般要求和分级

GB 11806　放射性物质安全运输规程

GB 14052　安装在设备上的同位素仪表的辐射安全性能要求

GB 18871　电离辐射防护与辐射源安全基本标准

GBZ 128　职业性外照射个人监测规范

GBZ/T 208　基于危险指数的放射源分类

3　术语和定义

下列术语和定义适用于本标准。

3.1　源容器　radioactive source container

放置密封源使其处于正确的几何位置，并提供足够的屏蔽防护，以使周围辐射水平低于规定值的容器。源容器上还可设置控制有用线束通和断的源闸以及辐射状态指示器等。

3.2　有用线束　useful beam

通过源容器的窗、光栏、圆锥孔或其他形状准直器件的辐射。

4　对源容器的放射防护要求

4.1　用于支持和容纳密封源的部件应做到既能牢固、可靠的固定密封源，又便于密封源的装拆。

4.2　在不同的使用条件下，检测仪表中源容器的安全性能应符合 GB 14052 的相应要求。

4.3　源容器应有能防止未经授权的人员进行密封源安装与拆卸操作的结构与部件，例如具有由外表面不可直接视见的隐式组装结构，或具有使用特殊的专用工具时才能组装、拆卸源容器的零部件、安全锁等。

4.4　当源容器设有限束器、源闸时，应满足下列要求：

a) 当透射式检测仪表探测器处于距密封源最远使用位置时，以密封源为中心的有用线束的立体角不应超出无屏蔽体探测器或探测器的屏蔽体；

b) 源闸在“开”、“关”状态的相应位置应可分别锁定，并有明显的“开”、“关”状态指示；

c) 如果源闸为遥控或伺服控制的，则遥控电路或伺服控制电路发生故障时，源闸应自动关闭；

d) 安装在物料传送带旁侧的源容器的源闸：在传送带运行时，应自动开启；在传送带停止运行时，应自动关闭；

e) 上述 c)，d) 两项，当源闸自动关闭意外故障时，应有手动关闭源闸的设施。

4.5　邻近密封源的部件应选用散射线、轫致辐射少且耐辐照的材料。

4.6　源容器的生产厂家应给出容器中可装载密封源的核素和最大活度。

4.7　检测仪表在不同场所使用时，见附录 A 所标示的位置的周围剂量当量率应满足表 1 的要求。

表1　不同使用场所对检测仪表外围辐射的剂量控制要求

检测仪表使用场所	下列不同距离②的周围剂量 $\dot{H}^*$ 当量率 $\dot{H}^*$ 控制值，μSv/h	
	5cm	100cm
对人员的活动范围不限制	$\dot{H}^* < 2.5$	$\dot{H}^* < 0.25$
在距源容器外表面1m的区域内很少有人停留	$2.5 \leqslant \dot{H}^* < 25$	$0.25 \leqslant \dot{H}^* < 2.5$
在距源容器外表面3m的区域内不可能有人进入或放射工作场所设置了监督区①	$25 \leqslant \dot{H}^* < 250$	$2.5 \leqslant \dot{H}^* < 25$
只能在特定的放射工作场所使用、并按控制区、监督区①分区管理	$250 \leqslant \dot{H}^* < 1000$	$25 \leqslant \dot{H}^* < 100$

①监督区边界剂量率为2.5μSV/b。

②距测量头或源部件及探头表面的距离，详见附录A图A.1～图A.5。

4.8　源容器外表面应有牢固的标牌并清晰地标明下列内容：

a)符合GB 18871规定的电离辐射标志；

b)制造厂家、出厂日期、产品型号和系列号；

c)核素的化学符号和质量数、密封源的活度及活度的测量日期；

d)符合GB 14052规定的检测仪表的类别和安全性能等级的代号。

5　检测仪表的放射防护与安全要求

5.1　生产和销售要求

5.1.1　检测仪表中的密封源的质量应符合GB 4075的要求。在满足工作需求的条件下，应选用活度低、贯穿能力弱、放射毒性低的密封源。

5.1.2　当需要以远距离控制的方式把密封源输送到源容器外部时，检测仪表应：

a)具有在控制台和源容器上醒目显示密封源工作状态的指示部件；

b)配有监视密封源工作状态的剂量测量仪器。

5.1.3　检测仪表生产厂家应按GB 14052　规定的密封源容器安全性能进行产品的型式试验和出厂检验，应向用户提产品出厂检验合格的证件。

5.1.4　检测仪表的随机文件应包括：

a)检测仪表技术特性的文件中应列出与4.2、4.6～4.8有关的内容与技术数据；

b)检测仪表检验(含本标准表2不同类检验与检查项目)合格的证明文件；

c)有关密封源和源容器安装、拆卸、检修、运输、贮存及退役、放射事故预防、异常事件应急处置、检测仪表使用许可证件办理等放射防护方面的注意事项；

d)给出检测仪表在工作状态时相应于2.5μSv/h周围剂量当量率辐射区范围的等剂量曲线图或表。

5.1.5　在许可的范围内生产与销售，建立生产与销售检测仪表和其密封源的台账，按国家法规建立管理制度(见附录B)。

5.2　贮存要求

密封源、含密封源的源容器的贮存，检修检测仪表时含密封源的源容器的临时存放应满足下列要求：

a)具有防盗、防火、防爆、防腐蚀、防潮湿的贮存条件；按安全保卫审管要求设置防盗锁等安全措施；

b)由经授权的专人管理，建立收贮台账和定期清点制度；建立领取、借出收回登记和安全状态检查、剂量测量制度；

c)具有屏蔽防护措施，使非放射工作人员可能到达的任何位置上的周围剂量当量率小于2.5μSv/h；

d)密封源存放处应设有醒目的"电离辐射警告标志"(见GB 18871)。

5.3 使用要求

5.3.1 在许可的范围内使用检测仪表和其密封源，建立台账，按国家法规建立管理制度(见附录B)。

5.3.2 新购入的检测仪表应按本标准进行放射防护与安全验收检验。

5.3.3 检测仪表的固定使用场所，源容器应安装牢固、可靠，应采取安保措施防止丢失密封源，阻止人员进入源容器与受检物之间的有用线束区域。

5.3.4 涉及密封源的安装、检查、维修的操作人员必须熟悉源容器的结构，掌握放射防护技能，取得放射工作人员资格证书，并得到操作授权。

5.3.5 在监督区内的放射工作人员、各类检测仪表放射源换装和检测仪表涉源维修时的放射工作人员，应按GBZ 128进行个人剂量监测。

5.3.6 退役的密封源应按放射性危险物品严格管理，退回生产厂家或转送退役源保管部门，并有永久的档案。

5.3.7 在检测仪表的源容器场所的醒目位置设置清晰的"电离辐射警告标志"(见GB 18871)。

5.4 运输要求

密封源、含密封源的源容器的运输应遵守GB 11806的要求。

5.5 事故应急要求

5.5.1 对检测仪表及其使用的密封源，应根据其可能发生的放射事故风险，按GBZ/T 208判断危险指数和相应的放射源危险分类，为事故应急准备提供依据。主要的检测仪表的危险分类列于附录C。

5.5.2 根据生产、使用、贮存密封源和检测仪表的情况及可能发生的放射事故的风险，按国家规定的放射事故分类要求，制定相应的放射事故应急预案，做好应急准备。

5.5.3 发生放射源丢失、失控以及其他放射事故时，应立即启动本单位的应急预案，采取应急措施，保护好事故现场，防止事故进一步扩大，并立即向当地辐射安全监管部门报告。

5.5.4 配合监管部门处置放射事故，直至消除事故的危险状况，并做好事故结案。

6 放射防护检验和检查

6.1 检验检查项目

检测仪表的放射防护性能检验检查项目要求列于表2。

表2 检测仪表的放射防护性能检验检查项目和要求

项 目	条款序号	验收检验	常规检验
源容器的结构和工作状态指示	4.4；5.1.2	直观检验	直观检验
源闸的工作	4.4b)、c)、d)、e)	循环操作10次	循环操作10次
源容器的标牌检查	4.8	√	√
仪表的随机文件检查	5.1.4	√	×
源容器的安装场所检查	4.4a)；5.3.3；5.3.7	√	√
密封源在贮存位置时源容器的外围剂量和2.5μSv/h剂量边界	4.7	√	×
密封源在工作位置时源容器的外围剂量和2.5μSv/h剂量边界	4.7；5.1.4d)	√	见注：2

注：1. 表中"√"表示应检验，"×"表示不需检验。

2. 仪表固定安装时，每年至少一次；仪表移动应用时，逐次检验。

6.2 对源容器的检查

6.2.1 查验源容器和检测仪表生产厂家的随机文件及检测仪表用户保存的生产厂家随机文件，该文件应表明源容器的安全性能符合 GB 14052 的要求。

6.2.2 对用户使用的检测仪表源容器工作状态指示的检验，采取直观查验，至少每年查验一次。

6.3 检测仪表外围辐射剂量的测量仪器与方法

6.3.1 测量仪器应适合待测射线的辐射类型、能量和辐射水平；具有计量检定证书，并在检定证书有效期内使用。

6.3.2 密封源在贮存位置(源闸关闭)时，源容器外围辐射剂量测量点如下：

a)用测量仪器在源容器表面巡测，找到最高辐射剂量位置；

b)以密封源为坐标原点，有用线束中心轴方向为Z轴，垂直于Z轴平面内任选相互垂直的X、Y轴(a)项探测出的最高剂量点处于其中一轴)。在X、Y、Z轴线的正负方向上，距源容器表面5cm和100cm的位置上进行测量；

c)源容器和探测器位于待测物两侧的透射式仪表，在有用线束轴上，源容器和探头的相邻表面之间的距离小于或等于10cm时，不必在二者之间的区域内测量。当该距离大于10cm时，进行测量(见附录A图A.6)；

6.3.3 密封源在工作位置(源闸开启)时，源容器外围辐射剂量的测量，应：

a)对透射式仪表(被检测体处于密封源和探测器之间的仪表)，在无待测物的条件下测量；

b)对反散射式仪表(密封源和探测器处于被检测体同侧的仪表)，在有待测物的条件下测量。测量点应包括：附录A各图所示位置；预计剂量较高的位置；人员可近距离接触辐射源的位置；人员停留时间长的位置等；

c)确定相应于$\dot{H}^*(10)$为2.5μSv/h的等剂量边界位置。

6.3.4 距6.3.2所述边界外5cm处的测量，所记录的周围剂量当量率应是$10cm^2$面积上的读数平均值，并相应于$\dot{H}^*(0.07)$。距6.3.2所述边界外100cm处的测量和6.3.3c)的测量，所记录的周围剂量当量率应是$100cm^2$面积上的读数平均值，并相应于$\dot{H}^*(10)$。

6.3.5 测量点与边界的距离应以防护剂量测量仪器探测器的中心位置计量。距6.3.2所述边界外5cm处的检测，当测量仪器的探测器头的体积较大时，可以防护剂量仪器的探头贴近仪表相应表面位置进行近似测量。

6.3.6 对于含中子源的仪表，应使用中子和γ辐射测量仪分别进行测量，其周围剂量当量率应是中子和伴随γ辐射两者的周围剂量当量率之和。

6.4 测量记录与结果计算

6.4.1 测量记录

应按实验室认证或认可要求，建立规范的测量记录表，并按规范填写测量结果。

6.4.2 周围剂量当量率计算

由测读值按下式计算测点的周围剂量当量率：

$$\dot{H}^* = \frac{(A_a - A_0)}{f_1} \times f_2 \tag{1}$$

式中 $\dot{H}^*$——测点周围剂量当量率；

A_a——测点处的稳定读出值或重复测读的平均值；

A_0——本底测读的平均值(在远离源容器处测读，通常连续测读5次)；

f_1——能量响应因子；

f_2——测量仪器刻度因子，由计量检定证书给出。

6.5 评价

6.5.1 按4.8 d)中的安全性能等级代号评价测量结果与源容器标牌上标注的剂量率的一致性。

6.5.2 按4.7表1评价检测仪表使用场所的适宜性。

附录 A
（规范性附录）
源容器外围的周围剂量当量率测量区示意图

A.1　检测仪表的源容器外围的周围剂量当量率测量区示意图(图 A.1 ~ 图 A.5)

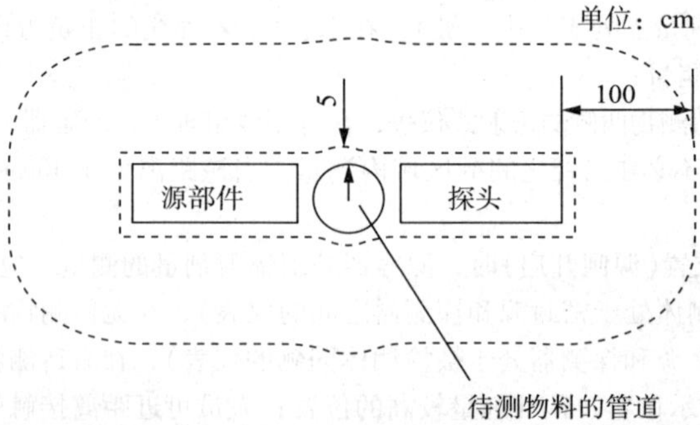

图 A.1　密度计源容器外围的周围剂量当量率测量区示意图

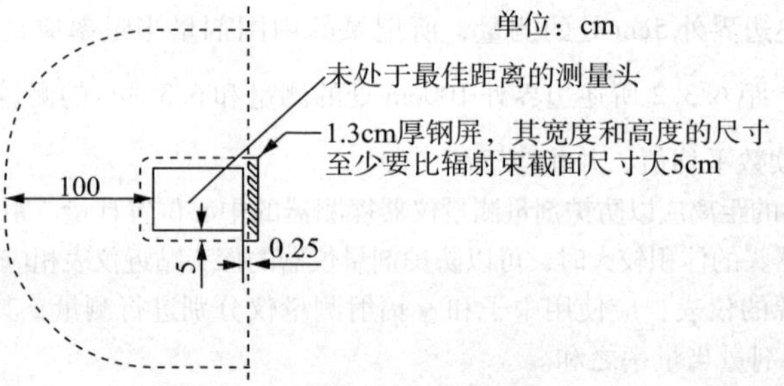

图 A.2　料位计源容器外围的周围剂量当量率测量区示意图

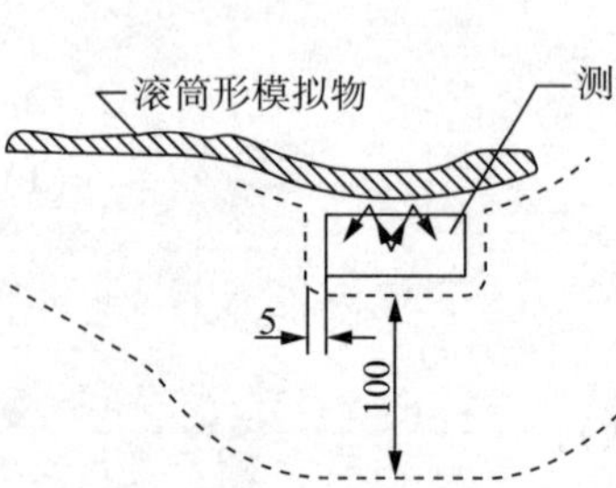

图 A.3　β、γ 反散射式测量仪表源容器外围的周围剂量当量率测量区示意图

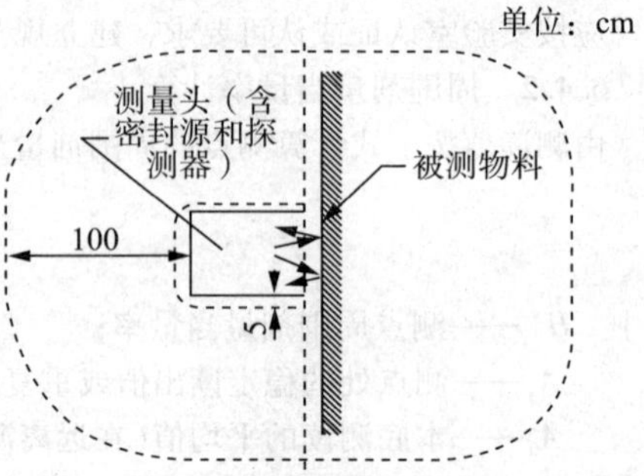

图 A.4　表面反散射式测量仪表源容器外围的周围剂量当量率测量区示意图

A.2　透射式检测仪表探头与源容器相邻表面之间的距离小于、等于或大于 10cm 时，源闸“开”或“关”状态下，源容器外围的周围剂量当量率测量区等距离轮廓线示意图，如图 A.6。

单位：cm

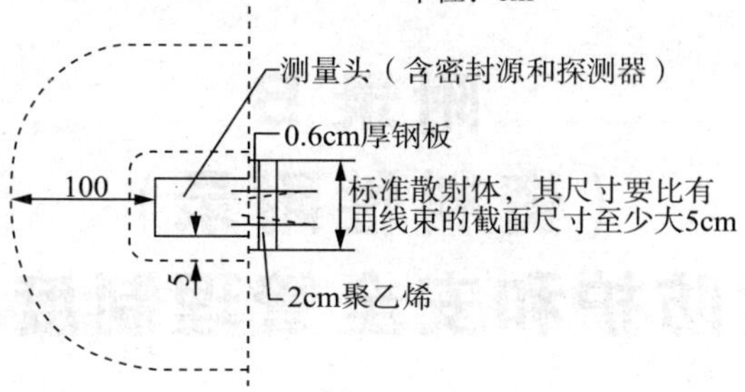

图 A.5　反散射式中子测量仪表外围的周围剂量当量率测试区示意图

单位：cm

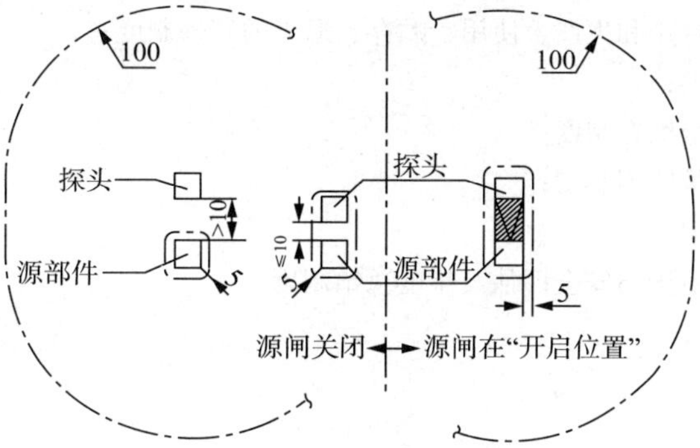

图 A.6　等距离轮廓线示意图

附录 B
（资料性附录）
放射防护和安全管理制度目录

B. 1　生产和使用含密封源检测仪表单位的放射防护和安全管理制度参考目录如下：

1）放射防护管理组织及职责；

2）放射源和检测仪表许可管理制度；

3）放射源和检测仪表的台账和生产、使用、贮存、退役的管理制度；

4）放射工作人员管理制度；

5）安全操作、维护和安全检查制度；

6）装置、场所和人员剂量监测制度；

7）放射事故应急处理预案；

8）放射源和检测仪表的防护与安全评估及年度总结制度。

附录 C
（资料性附录）
常见含密封源检测仪表所用密封源的危险分类

C.1 常见含密封源检测仪表所用密封源的放射性核素、活度典型值及其危险分类见表 C.1（按照 GBZ/T 208 给出③）：

表 C.1 某些含密封源检测仪表所用密封源的放射性核素、活度及类别

实践	放射性核素	使用量/A(TBq)			危险活度 D/TB$_q$	A/D 指数			候选类别②			IAEA 类别①
		Ma	Mi	Ty		Ma	Mi	Ty	Ma	Mi	Ty	
料位计	^{137}Cs	1.9E－1	3.7E－2	1.9E－1	1E－1	1.9E＋0	3.7E－1	1.9E＋0	3	4	3	3
	^{60}Co	3.7E－1	3.7E－3	1.9E－1	3E－2	1.2E＋1	1.2E－1	6.2E＋0	2	4	3	
核子秤	^{137}Cs	1.5E＋0	1.1E－4	1.1E－1	1E－1	1.5E＋1	1.1E－3	1.1E＋0	2	5	3	3
	^{252}C	1.4E－3	1.4E－3	1.4E－3	2E－2	6.8E－2	6.8E－2	6.8E－2	4	4	4	
螺旋管道测量仪	^{137}Cs	1.9E－1	7.4E－2	7.4E－2	1E－1	1.9E＋0	7.4E－1	7.4E－1	3	4	4	3
测井源	^{241}Am/Be	8.5E－1	1.9E－2	7.4E－1	6E－2	1.4E＋1	3.1E－1	1.2E＋1	2	4	2	3
	^{137}Cs	7.4E－2	3.7E－2	7.4E－2	1E－1	7.4E－1	3.7E－1	7.4E－1	4	4	4	
	^{252}Cf	4.1E－3	1.0E－3	1.1E－3	2E－2	2.0E－1	5.0E－2	5.6E－2	4	4	4	
测厚仪	^{85}Kr	3.7E－2	1.9E－3	3.7E－2	3E＋1	1.2E－3	6.2E－5	1.2E－3	5	5	5	4
	^{90}Sr	7.4E－3	3.7E－4	3.7E－3	1E＋0	7.4E－3	3.7E－4	3.7E－3	5	5	5	
	^{241}Am	2.2E－2	1.1E－2	2.2E－2	6E－2	3.7E－1	1.9E－1	3.7E－1	4	4	4	
	^{147}Pm	1.9E－3	7.4E－5	1.9E－3	4E＋1	4.6E－5	1.9E－6	4.6E－5	5	5	5	
	^{244}Cm	3.7E－2	7.4E－3	1.5E－2	5E－2	7.4E－1	1.5E－1	3.0E－1	4	4	4	
料位计	^{241}Am	4.4E－3	4.4E－4	2.2E－3	6E－2	7.4E－2	7.4E－3	3.7E－2	4	5	4	4
	^{137}Cs	2.4E－3	1.9E－3	2.2E－3	1E－1	2.4E－2	1.9E－2	2.2E－2	4	4	4	
湿度仪	^{241}Am/Be	3.7E－3	1.9E－3	1.9E－3	6E－2	6.2E－2	3.1E－2	3.1E－2	4	4	4	4
密度计	^{137}Cs	3.7E－4	3.0E－4	3.7E－4	1E－1	3.7E－3	3.0E－3	3.7E－3	5	5	5	4
湿度计密度计	^{241}Am/Be	3.7E－3	3.0E－4	1.9E－3	6E－2	6.2E－2	4.9E－3	3.1E－2	4	5	4	4
	^{137}Cs	4.1E－4	3.7E－5	3.7E－4	1E－1	4.1E－3	3.0E－4	3.7E－3	5	5	5	
	^{226}Ra	1.5E－4	7.4E－5	7.4E－5	4E－2	3.7E－3	1.9E－3	1.9E－3	5	5	5	
	^{252}Cf	2.6E－6	1.1E－6	2.2E－6	2E－2	1.3E－1	5.6E－5	1.1E－4	5	5	5	

① Ma、Mi、Ty 分别指最大值、最小值、典型值。

② 候选类别为按国家环保部《放射源分类办法》确定的类别。

③ 取自 GBZ/T 208 引用的 1AEA EPR－D－VALUES 2006 b。

6. 职业性接触毒物危害程度分级

（GBZ 230—2010
本规范为首次发布）

目 录

1 范围

本标准规定了职业性接触毒物危害程度分级的依据。

本标准适用于职业性接触毒物危害程度的分级。

本标准也是工作场所职业病危害分级以及建设项目职业病危害评价的依据之一。

2 规范性引用文件

下列文件对于本文件的应用是必不可少的。凡是注日期的引用文件，仅注日期的版本适用于本文件。凡是不注日期的引用文件，其最新版本(包括所有的修改单)适用于本文件。

GB/T 21604—2008 化学品 急性皮肤刺激/腐蚀性试验方法

GB/T 21609—2008 化学品 急性眼睛刺激/腐蚀性试验方法

3 术语和定义

下列术语和定义适用于本文件。

3.1 职业性接触毒物 occwpational exposure to toxicant

劳动者在职业活动中接触的以原料、成品、半成品、中间体、反应副产物和杂质等形式存在，并可经呼吸道、经皮肤或经口进入人体而对劳动者健康产生危害的物质。

3.2 危害 hazard

职业性接触毒物可能导致的劳动者的健康损害和不良健康影响；

3.3 毒物危害指数 toxicant hazardous index，THI

综合反映职业性接触毒物对劳动者健康危害程度的量值。

4 分级原则

4.1 职业性接触毒物危害程度分级，是以毒物的急性毒性、扩散性、蓄积性、致癌性、生殖毒性、致敏性、刺激与腐蚀性、实际危害后果与预后等9项指标为基础的定级标准。

4.2 分级原则是依据急性毒性、影响毒性作用的因素、毒性效应、实际危害后果等4大类9项分级指标进行综合分析、计算毒物危害指数确定。每项指标均按照危害程度分5个等级并赋予相应分值(轻微危害：0分；轻度危害：1分；中度危害：2分；高度危害：3分；极度危害：4分)；同时根据各项指标对职业危害影响作用的大小赋予相应的权重系数。依据各项指标加权分值的总和，即毒物危害指数确定职业性接触毒物危害程度的级别。

4.3 我国的产业政策明令禁止的物质或限制使用(含贸易限制)的物质，依据产业政策，结合毒物危害指数划分危害程度。

5 分级依据

5.1 毒性效应指标

5.1.1 急性毒性：包括急性吸入半数致死浓度 LC_{50}、急性经皮半数致死量 LD_{50}。

5.1.2 刺激与腐蚀性：根据毒物对眼睛、皮肤或黏膜刺激作用的强弱划分评分等级。

5.1.3 致敏性：根据对人致敏报告及动物实验数据划分评分等级。

5.1.4 生殖毒性：根据对人生殖毒性的报告及动物实验数据划分评分等级。

5.1.5 致癌性：根据 IARC 致癌性分类划分评分等级；属于明确人类致癌物的，直接列为极度危害。

5.2 影响毒物作用的因素指标

5.2.1 扩散性：以毒物常温下或工业中使用对状态及其挥发性(固体为扩散性)作为评分指标。

5.2.2 蓄积性：以毒物的蓄积性强度或在体内的代谢速度作为评分指标，根据蓄积系数或生物半减期划分评分等级。

5.3 实际危害后果指标

根据中毒病死率和危害预后情况划分评分等级。

5.4 产业政策指标

将我国政府已经列入禁止使用名单的物质直接列为极度危害。列入限制使用(含贸易限制)名单的物质，毒物危害指数低于高度危害分级的，直接列为高度危害；毒物危害指数在极度或高度危害范围内的，依据毒物危害指数进行分级。

6 危害程度等级划分和毒物危害指数计算

6.1 危害程度分级

职业接触毒物危害程度分为轻度危害(Ⅳ级)、中度危害(Ⅲ级)、高度危害(Ⅱ级)和极度危害(Ⅰ级)4个等级。

6.2 职业性接触毒物分项指标危害程度分级和评分按表1的规定，毒物危害指数计算公式：

$$THI=\sum_{i=1}^{n}(k_i \cdot F_i) \tag{1}$$

式中 THI——毒物危害指数；

k——分项指标权重系数；

F——分项指标积分值。

6.3 危害程度的分级范围

轻度危害(Ⅳ级)：$THI<35$；

中度危害(Ⅲ级)：$THI \geqslant 35 \sim <50$；

高度危害(Ⅱ级)：$THI \geqslant 50 \sim <65$；

极度危害(Ⅰ级)：$THI \geqslant 65$。

表1 职业性接触毒物危害程度分级和评分依据

分项指标		极度危害	高度危害	中度危害	轻度危害	轻微危害	权重系数
积分值		4	3	2	1	0	
急性吸入 LC_{50}	气体①/(cm^3/m^3)	<100	≥100 ~ <500	≥500 ~ <2500	≥2500 ~ <20000	≥20000	5
	蒸气/(mg/m^3)	<1500	≥500 ~ <2000	≥2000 ~ <10000	≥10000 ~ <20000	≥20000	
	粉尘和烟雾/(mg/m^3)	<50	≥50 ~ <500	≥500 ~ <1000	≥1000 ~ <5000	≥5000	
急性经口 LD_{50}/(mg/kg)		<5	≥5 ~ <50	≥50 ~ <300	≥300 ~ <2000	≥2000	
急性经皮 LD_{50}/(mg/kg)		<50	≥50 ~ <200	≥200 ~ <1000	≥1000 ~ <2000	≥2000	1
刺激与腐蚀性		pH≤2或pH≥11.5；腐蚀作用或不可逆损伤作用	强刺激作用	中等刺激作用	轻刺激作用	无刺激作用	2
致敏性		有证据表明该物质能引起人类特定的呼吸系统致敏或重要脏器的变态反应性损伤	有证据表明该物质能导致人类皮肤过敏	动物试验证据充分，但无人类相关证据	现有动物试验证据不能对该物质的致敏性做出结论	无致敏性	2

续表

分项指标	极度危害	高度危害	中度危害	轻度危害	轻微危害	权重系数
生殖毒性	明确的人类生殖毒性：已确定对人类的生殖能力、生育或发育造成有害效应的毒物，人类母体接触后可引起子代先天性缺陷	推定的人类生殖毒性：动物试验生殖毒性明确，但对人类生殖毒性作用尚未确定因果关系，推定对人的生殖能力或发育产生有害影响	可疑的人类生殖毒性：动物试验生殖毒性明确，但无人类生殖毒性资料	人类生殖毒性未定论：现有证据或资料不足以对毒物的生殖毒性作出结论	无人类生殖毒性：动物试验阴性，人群调查结果未发现生殖毒性	3
致癌性	Ⅰ组，人类致癌物	ⅡA 组，近似人类致癌物	ⅡB 组，可能人类致癌物	Ⅲ组，未归入人类致癌物	Ⅳ组，非人类致癌物	4
实际危害后果与预后	职业中毒病死率≥10%	职业中毒病死率＜10%；或致残（不可逆损害）	器质性损害（可逆性重要脏器损害），脱离接触后可治愈	仅有接触反应	无危害后果	5
扩散性（常温或工业使用时状态）	气态	液态，挥发性高（沸点＜50℃）；固态，扩散性极高（使用时形成烟或烟尘）。	液态，挥发性中（沸点≥50℃～＜150℃）；固态，扩散性高（细微而轻的粉末，使用时可见尘雾形成，并在空气中停留数分钟以上）	液态，挥发性低（沸点≥150℃）；固态，晶体、粒状固体、扩散性中，使用时能见到粉尘但很快落下，使用后粉尘留在表面	固态，扩散性低（不会破碎的固体小球（块），使用时几乎不产生粉尘）	3
蓄积性（或生物半减期）	蓄积系数（动物实验，下同）＜1；生物半减期≥4000h	蓄积系数≥1～＜3；生物半减期≥400h～＜4000h	蓄积系数≥3～＜5；生物半减期≥40h～＜400 h	蓄积系数＞5；生物半减期≥4h～＜40h	生物半减期＜4h	1

注：1. 急性毒性分级指标以急性吸入毒性和急性经皮毒性为分级依据。无急性吸入毒性数据的物质，参照急性经口毒性分级。无急性经皮毒性数据、且不经皮吸收的物质，按轻微危害分级；无急性经皮毒性数据、但可经皮肤吸收的物质，参照急性吸入毒性分级。

2. 强、中、轻和无刺激作用的分级依据 GB/T 21604 和 GB/T 21609。

3. 缺乏蓄积性、致癌性、致敏性、生殖毒性分级有关数据的物质的分项指标暂按极度危害赋分。

4. 工业使用在 5 年内的新化学品。无实际危害后果资料的，该分项指标暂按极度危害赋分；工业使用在 5 年以上的物质，无实际危害后果资料的，该分项指标按轻微危害赋分。

5. 一般液态物质的吸入毒性按蒸气类划分。

① $1cm^3/m^3 = 1ppm$，ppm 与 mg/m^3 在气温为 20℃，大气压为 101.3 kPa（760 mmHg）的条件下的换算公式为：$1ppm = 24.04/M_r mg/m^3$，其中 M_r 为该气体的相对分子质量。

附录　A
（规范性附录）
正确使用本标准说明

A.1　职业性接触毒物危害程度分级标准是职业性接触毒物危害程度分级的技术依据，也是工作场所职业病危害分级－有毒作业分级和建设项目职业病危害分类管理的重要技术依据。本标准适用于常见职业性接触毒物的分级，也是职业卫生监督管理部门实施职业卫生分类管理、职业卫生技术服务机构开展职业病危害评价的重要技术法规依据。

A.2　各项指标分级的依据是可获得的可靠的科学数据，数据应用的优先顺序依次为：国家技术标准、国际组织正式颁布的文件(数据)、区域组织或其他国家的官方数据、教科书、文献资料。

A.3　急性毒性指标按 GHS 规定分级、赋分。经口或吸入毒性依据首选动物试验为大鼠，急性皮肤毒性依据首选动物试验为大鼠或兔子。如果缺乏首选试验物种的急性毒性数据，而有多个其他动物物种的急性毒性试验数据，则应科学判断，在有效、良好规范的试验中选出最适当的急性毒性数据。

A.4　急性吸入毒性以 4h 暴露试验为基础，根据 1h 暴露试验获得的现有吸入毒性数据的转换，对于气体和蒸气，应除以因子 2；对于粉尘和烟雾，应除以因子 4。根据 2h 暴露或 3h 暴露试验获得的吸入毒性数据的转换，参照 1h 暴露试验数据转换方法处理。

A.5　本标准分级依据的部分指标是动物试验数据，如果所获得的数据不一致时，应以可赋予较高分值的数据为准。例如：某毒物的 LC_{50} 有两个数据，一个是 450mg/m^3，另一个是 550mg/m^3，按分级标准，前者应划分为极度危害，赋 4 分；后者应划分为高度危害，赋 3 分。因此，应以前者为准，采用 450mg/m^3 这一数据。

A.6　蓄积性包括物质蓄积和功能蓄积。蓄积性一般用蓄积系数表示，但生物半减期也反映物质的蓄积性。本标准把蓄积系数和生物半减期两个指标均作为分级依据。当有蓄积系数数据可用对，按蓄积系数分级；没有蓄积系数数据可用时，按生物半减期分级；如果毒物的毒性作用由其代谢产物引起的，则按该代谢产物的生物半减期分级。

A.7　毒物危害指数是影响毒物危害程度各项指标的综合加权积分值，综合反映职业性接触毒物对劳动者健康危害程度的可能性，不能理解为职业性接触毒物的实际危害程度。毒物危害指数计算举例见表 A.1、表 A.2。

表 A.1　职业性接触丙酮危害指数计算举例

积分指标		文献资料数据	危害分值(F)	权重系数(k)
急性吸入 LC_{50}	气体/(cm^3/m^3)			
	蒸气/(mg/m^3)	50 100(8h，大鼠吸入)	0	5
	粉尘和烟雾/(mg/m^3)			
急性经口 LD_{50}/(mg/kg)		5800(大鼠)	0	
急性经皮 LD_{50}/(mg/kg)		>15700(兔)	0	1
刺激与腐蚀性		强刺激性	3	2
致敏性		无致敏性	0	2
生殖毒性		生殖毒性资料不足	1	3

续表

积分指标	文献资料数据	危害分值(*F*)	权重系数(*k*)
致癌性	非人类致癌物	0	4
实际危害后果与预后	可引起不可逆损害	3	5
扩散性(常温或工业使用时状态)	无色易挥发液体	2	3
蓄积性(或生物半减期)	生物半减期19h～31h	1	1
毒物危害指数	$THI=\sum_{i=1}^{n}(k_i\cdot F_i)=31$		
职业危害程度分级	轻度危害(Ⅳ级)		

A.8　职业性接触毒物危害程度分级标准是基于科学性和可行性制定的，是综合分析各种影响毒物危害程度的指标得出的分级标准，它所规定的界值不能理解为职业危害程度分级的精确界限。

A.9　本标准各项指标的分级标准是依据现有可获得数据、资料制定的，这些依据也将随着科学研究的深入而发生变化，因此，应用本标准对应注意最新的科学研究成果。

A.10　本标准不适用于非职业性接触毒物的分级。

A.11　本标准应由受过职业卫生专业训练的专业人员使用。

表 A.2　职业性接触三氯乙烯危害指数计算举例

积分指标		文献资料数据	危害分值(*F*)	权重系数(*k*)
急性吸入 LC_{50}	气体/(cm^3/m^3)			5
	蒸气/(mg/m^3)	137752，1h(大鼠吸入)；(换算为4h大鼠吸入值为68 876)	0	
	粉尘和烟雾/(mg/m^3)			
急性经口 LD_{50}/(mg/kg)		4920(大鼠)	0	1
急性经皮 LD_{50}/(mg/kg)		无资料	—	
刺激与腐蚀性		强刺激作用	3	2
致敏性		强致敏性	4	2
生殖毒性		动物生殖毒性明确但无人类生殖毒性资料	2	3
致癌性		ⅡA(IARC)	3	4
实际危害后果与预后		职业中毒病死率为33%(1999年1月～至今)	4	5
扩散性(常温或工业使用时状态)		无色、透明、易挥发，具有芳香味液体；沸点87℃	2	3
蓄积性(或生物半减期)		尿中三氯乙酸(TCA)排出较慢，一次接触后大部分2d～3d后排除，每日接触则持续上升，可达第一天的7倍～12倍，至周末达最高浓度。	2	1
毒物危害指数		$THI=\sum_{i=1}^{n}(k_i\cdot F_i)=60$		
职业危害程度分级		高度危害(Ⅱ级)(注：三氯乙烯为贸易严格限制物质。)		

7. 石油化工企业职业安全卫生设计规范

（SH 3047—93

本规范为首次发布）

目　　录

1 总 则

1.0.1 为了在设计中贯彻“安全第一、预防为主”的方针，保障石油化工企业劳动者在劳动过程中的安全与健康，促进石油化工工业的发展，特制定本规范。

1.0.2 本规范适用于石油化工企业新建、扩建、改建工程的设计。

1.0.3 职业安全卫生设施应与主体工程同时设计。

1.0.4 建设项目的初步设计文件必须有职业安全卫生专篇，其内容应符合中国石油化工总公司《石油化工工厂初步设计内容规定》的要求。

1.0.5 经批准的职业安全卫生初步设计方案，应在施工图设计中贯彻执行。如需要作原则性修改应报原审批部门批准。

1.0.6 执行本规范时，尚应符合国家现行有关标准规范的要求。

2 通则

2.1 一般规定

2.1.1 工程项目的设计，应从工艺过程及所用物料和产成品的特点出发，按其危害人体的途径和程度，进行危险性分析采取必要的防范措施。

2.1.2 研究成果应经过生产性试验鉴定，具备职业安全卫生的设计条件时，才能在工程设计中推广使用。

2.1.3 在工程设计中应采取以下措施：

2.1.3.1 选用先进的工艺及设备，消除或减少有害源；

2.1.3.2 采取报警、连锁、泄放等预防性措施防止危害；

2.1.3.3 采取遥控及隔离等措施防止危害蔓延；

2.1.3.4 配备必要的救护、消防设施，以减少伤害；

2.1.3.5 提高机械化自动化水平改善劳动条件。

2.1.4 生产设备的安全卫生设计，应按《生产设备安全卫生设计总则》执行。

2.2 防火、防爆

2.2.1 石油化工企业防火设计应按《石油化工企业设计防火规范》执行。

2.2.2 爆炸和火灾危险环境内电气设备和仪表等的电力设计应符合《爆炸和火灾危险环境电力装置设计规范》的要求。

建筑物设计应按《建筑设计防火规范》执行。

2.2.3 压力容器设计应按《钢制压力容器》、《压力容器安全技术监察规程》、《钢制管壳式换热器》执行，炼油厂钢制压力容器设计尚应符合《炼油厂钢制压力容器设计技术规定》的要求。

2.2.4 工艺生产装置的管道布置设计应按《石油化工企业管道布置设计通则》执行。

2.2.5 处理易凝固、易沉积的危险性物料时，设备和管道应有防止堵塞和便于疏通的措施。

2.2.6 铅封的阀门和盲板，应在管道及仪表流程图上注明。

2.2.7 物料倒流会产生危险的设备、管道，应根据具体情况设置自动切断阀、止回阀或中间容器等。

2.2.8 在不正常情况下，物料串通会产生危险时，应根据具体情况采取防止措施。

2.2.9 对超过正常范围会产生严重危害的工艺变量，应设相应的报警、联锁等设施。

2.2.10 在仪表供电电源或气源发生故障时，应保证调节阀的阀位处于安全位置。

2.2.11 对有失控可能的工艺过程，应根据不同情况，采取下列一种或几种应急措施：

2.2.11.1 停止加入催化剂(引发剂)；

2.2.11.2 加入使催化剂失效的物料；

2.2.11.3 排出物料或停止加入物料；

2.2.11.4 紧急泄压，

2.2.11.5 停止供热或由加热转为冷却；

2.2.11.6 加入烯释物料；

2.2.11.7 加入易挥发性物料；

2.2.11.8 通入惰性气体；

2.2.11.9 与灭火系统联锁。

2.2.12 可燃气体(包括氢气)压缩机厂房，必须保证有足够的泄压面积和通风换气量。

2.2.13 喷淋冷却水、消防水幕、灭火蒸汽和事故用惰性气体管道等的人工控制阀门，应设在距危险点较远和便于操作的地点。

2.2.14 发生故障可能导致危险的泵，应有备用。

2.2.15 抗震设计应按《建筑抗震设计规范》、《石油化工企业非埋地管道抗震设计通则》、《石油化工设备抗震设计规范》等有关规范执行。

2.2.16 甲$_B$、乙$_A$类可燃液体的采样，宜采用循环密闭采样系统。

2.2.17 可燃气体报警仪的设置，应按《石油化工企业设计防火规范》执行。

2.2.18 火炬及可燃气放空系统的设计，应按《石油化工企业燃料气系统和可燃气体排放系统设计规范》执行。

2.3 防雷、防静电

2.3.1 建筑物和构筑物的防雷设计应按《建筑防雷设计规范》执行。

2.3.2 工艺生产装置的生产区和储运系统罐区等的防雷设计应按《石油化工企业设计防火规范》、《石油库设计规范》执行。

2.3.3 工艺生产装置和储运系统防静电设施的设计，应按《石油化工企业设计防火规范》、《防止静电事故通用导则》等规范执行。

2.4 防 腐 蚀

2.4.1 储存或输送腐蚀性物料的设备、管道及与其接触的仪表等，应根据介质的特殊性采取防腐蚀、防泄漏措施。

输送腐蚀性物料的管道不宜埋地敷设。

2.4.2 储存、输送酸、碱等强腐蚀性化学物料的储罐、泵、管道等应按其特性选材，其周围地面、排水管道及基础应作防腐处理。

2.4.3 输送酸、碱等强腐蚀性化学物料泵的填料函或机械密封周围，宜设置安全护罩。

2.4.4 从设备及管道排放的腐蚀性气体或液体，应加以收集、处理，不得任意排放。

2.4.5 腐蚀性介质的测量仪表管线，应有相应的隔离、冲洗、吹气等防护措施。

2.4.6 强腐蚀液体的排液阀门，宜设双阀。

2.5 防坠落、防滑

2.5.1 操作人员进行操作、维护、调节、检查的工作位置，距坠落基准面高差超过2m，且有坠落危险的场所，应配置供站立的平台和防坠落的栏杆、安全盖板、防护板等。

2.5.2 梯子、平台和栏杆的设计，应按《固定式钢直梯》、《固定式钢斜梯》、《固定式工业防护栏杆》和《固定式工业钢平台》等有关标准执行。

2.5.3 梯子、平台和易滑倒的操作通道地面应有防滑措施。

2.5.4 每层平台的直梯口应有防操作人员坠落的措施，相邻两层的直梯宜错开设置。

2.5.5 经常操作的阀门宜设在便于操作的位置。

2.6 安全色、安全标志

2.6.1 凡容易发生事故危及生命安全的场所和设备，均应有安全标志，并按《安全标志》进行设置。

2.6.2 凡需要迅速发现并引起注意以防发生事故的场所、部位应涂安全色。安全色应按《安全色》、

《安全色使用导则》选用。

2.6.3　阀门布置比较集中，易因误操作而引发事故时，应在阀门附近标明输送介质的名称、符号或设明显的标志。

2.6.4　生产场所与作业地点的紧急通道和紧急出入口均应设置明显的标志和指示箭头。

2.7　防尘、防毒

2.7.1　防尘、防毒的设计，在满足工艺要求的前提下，可报据危害特点，采取下列措施：

2.7.1.1　不用或少用有毒物料，以无毒代替有毒，以低毒代替高毒；

2.7.1.2　采用密闭、负压或湿式的作业，应在不能密闭的尘毒逸散口，采取局部通风排毒和除尘等措施；

2.7.1.3　应设置通风排毒、净化、除尘系统，使作业场所及其周围环境尘毒浓度达到卫生标准，必要时可增加机械送风，保证新鲜、洁净的空气送到工人作业点或呼吸带；

2.7.1.4　设置监测和报警系统及时发现危害。

2.7.2　烟尘、粉尘、纤维尘可能积落的操作室或厂房，其内部表面宜光滑，少棱角。

2.7.3　有毒有害的散装物料，宜密闭装卸、输送。

2.7.4　不得采用明渠排放含有挥发性毒物的废水、废液。

2.7.5　非饮用水管道严禁与生活饮用水管道连接。

2.7.6　极度危害（Ⅰ级）和高度危害（Ⅱ级）的职业性接触毒物的取样，宜采用密闭循环系统。

2.7.7　易挥发物料的储罐（包括装置内的中间储罐）排出的有毒气体，应回收或进行处理。

2.7.8　在有毒液体容易泄漏的场所，应用不易渗透的建筑材料铺砌地面，并设围堰。

2.7.9　极度危害（Ⅰ级）、高度危害（Ⅱ级）的职业性接触毒物和高温及强腐蚀性物料的液面指示，不得采用玻璃管液面计。

2.7.10　输送生产用有毒物料、腐蚀性介质和污水等的管道不得穿越居住区或人员集中的生产管理区。

2.7.11　液氯及液氨的装卸应有防止污染环境的措施。液氯装卸严禁采用橡胶管。

2.7.12　有可能泄漏Ⅰ级、Ⅱ级职业性接触毒物的操作平台宜有斜梯与地面相通。

2.7.13　含有易挥发的毒物料的污水池应密闭，排出的气体应予净化或高空排放。

2.7.14　可能积聚有毒气体的阀井中的阀门开关手轮应设在地面上。

2.7.15　输送极度危害物质（如丙烯腈、氢氰酸等）的泵房与其他泵房应分隔设置。

2.7.16　有刺激性气体的机泵房如设隔声操作间，该操作间应有朝向室外一侧的门。

2.7.17　在固体成品包装储运厂房内宜采用蓄电池叉车。

2.7.18　在容易泄漏极度危害（Ⅰ级）、高度危害（Ⅱ级）的职业性接触毒物的场所宜设毒物监测报警仪。

2.7.19　在装卸料处或粉尘可能超标的作业场所宜设送风式头盔的供应空气接口。

2.8　卫生设施

2.8.1　应根据生产特点和实际需要按《工业企业设计卫生标准》的规定，设置卫生用室、生活用室和女工卫生用室。

2.8.2　生产过程中接触强酸、强碱和易经皮肤吸收的毒物（如四乙基铅、丙烯腈、氢氰酸、乙腈、二甲基甲酰胺、苯酚等）的场所，应设现场人身冲洗设施和洗眼器。

2.9　辐射防护

2.9.3　电离辐射或非电离辐射作业的设计应按《辐射防护规定》、《放射卫生防护基本标准》、《作业场所超高频辐射卫生标准》等标准执行。

2.9.4　放射源附近应设安全标志。

2.10　防高温、防寒、防湿

2.10.1　作业场所的防高温、防寒、防湿设计应按《工业企业设计卫生标准》执行。

2.10.2 采暖通风设计应按《石油化工企业采暖通风与空气调节设计规范》、《合成纤维厂采暖通风与空气调节设计规范》执行。

2.10.3 当高温厂房中的作业地点不便于采取隔热措施或采取隔热措施后仍不能满足卫生要求时，宜采取局部降温措施。

2.10.4 在工厂内应设置饮水供应设施。

2.10.5 取样口的高度离操作人员站立的地面与平台不宜超过1.3m。高温物料的取样应经冷却。

2.10.6 表面温度超过60℃的设备和管道，在下列范围内应设防烫伤隔热层：

2.10.6.1 距地面或工作台高度2.1 m以内者；

2.10.6.2 距操作平台周围0.75m以内者。

2.10.7 产生大量湿气的厂房，应采取通风除湿措施，并防止顶棚滴水和地面积水。

2.11 采光与照明

2.11.1 工厂的采光与生产照明、事故照明、检修照明设计，应按《工业企业采光设计标准》、《工业企业照明设计标准》执行。

2.11.2 需要经常观察的主要操作岗位和爬梯处应减少眩光。

2.11.3 照明开关应设在便于使用和容易识别的地点。

2.12 噪声与振动控制

2.12.1 噪声控制的设计应符合《工业企业噪声控制设计规范》的规定。

2.12.2 厂区内各类地点的噪声限值应符合表2.12.2的规定。

表2.12.2 厂区内各类地点噪声限值标准

序号	地点类别	噪声限制/dB
1	生产车间及操作场所(工人每天连续接触噪声8小时)	90
2	车间值班室、车间控制室	65
3	计算机房，精密加工车间(正常工作状态)	70
4	车间所属办公室、化验室、会议室、高噪声车间控制室	70
5	主控制室，交换机室、消防值班室	60
6	厂部所属办公室、会议室、设计室、中心化验室(包括试验、化验，计量)、资料图书室	60
7	医务室、教室、哺乳室、托儿所、工人倒班宿舍	55
8	电话会议室	50

注：1. 对于工人每天接触噪声不足8小时的场合，可根据实际接触噪声的时间，按接触时间减半噪声限值增加3 dB的原则，确定其噪声限值。

2. 表中除序号1和序号3的地点外，噪声限值均为室内背景噪声级。

3. 本表所列室内背景噪声级，系在室内无声源发声的条件下，从室外经由墙、门、窗(门窗启闭为常规状况)传入室内的平均噪声级。

2.12.3 应选用低噪声的设备，必要时可采取消声、隔声、吸声、隔振或综合控制措施。

2.12.4 管道设计与调节阀的选型应做到防止振动和噪声，管道截面不宜突变；管道与强烈振动的设备连接处应具有一定的柔性。

对辐射强噪声的管道，应采取隔声、消声措施。

2.12.5 需要经常观察、监视设备运转的场所，若强噪声源不宜进行降噪处理时，应设隔声工作间。

2.12.6 强噪声气体动力机械的进排气口为敞开时，应在进、排气管的适当位置设消声器。

2.12.7 产生强振动或冲击的机械设备，其基础应单独设置，并宜采取减振降噪措施。

2.12.8　对噪声超标的放空口应设置消声器。

3　厂址选择及总平面布置

3.1　厂址选择

3.1.1　石油化工企业的生产区、居住区、生活饮用水水源，码头、废渣堆(埋)场等的用地和工业废水的排放点，应同时选定合理布局，并应符合《工业企业设计卫生标准》等标准规范及当地建设规划的要求。

3.1.2　厂址应避免选定在下列地区：

3.1.2.1　地震断层和基本烈度九度以上的地震区；

3.1.2.2　很严重的湿陷性黄土地区或厚度大的新近堆积黄土、高压缩性的饱和黄土等地段；

3.1.2.3　有泥石流、滑坡、流沙、溶洞等严重危害地段；

3.1.2.4　不能确保安全的水库下游；

3.1.2.5　地方病流行区；

3.1.2.6　放射性本底值高的地区。

3.1.3　厂址选定在受洪水或内涝威胁的地带时，必须有可靠的防洪、排洪措施。

3.1.4　生产区宜选在空气污染物本底浓度低和扩散条件好的地段，居住区应选在生产区全年最小频率风向的下风侧。

3.1.5　炼油厂与居住区之间的卫生防护距离应符合《炼油厂卫生防护距离》的规定；石油化工厂与居住区间的卫生防护距离应按有关部门批准的环境影响评价报告书确定。卫生防护距离内不应设置经常居住的房屋并应绿化。

3.2　总平面布置

3.2.1　工厂总平面应根据工艺流程及单元的生产特点、毒性类别和火灾危险性，并结合地形、风向等条件，按功能分区集中布置。

3.2.2　厂区布置应符合下列要求：

3.2.2.1　产生危害较大的有害气体、烟、雾、粉尘等有害物质的单元，宜布置在厂区全年最小频率风向的上风侧；

3.2.2.2　产生较大噪声的单元或噪声源宜布置在远离有低噪声要求的地段；

3.2.2.3　液化烃罐组和可燃液体罐组宜布置在场地低于工艺装置、全厂性重要设施及人员集中场所的地段；

3.2.2.4　空分站应布置在空气较洁净的地段，其吸风口应位于散发乙炔及其他烃类气体场所全年最小频率风向的下风侧；

3.2.2.5　存贮放射性物质的仓库，应布置在人员较少接近的厂区边缘地带；

3.2.2.6　消防站的位置应符合《石油化工企业设计防火规范》的要求；

3.2.2.7　厂内道路的布置应合理组织人流和车流，并满足消防要求；人流和车流集中的干道应避免与运输繁忙的铁路平交；

3.2.2.8　车辆出入频繁的单元，宜布置在厂区边缘地带；

3.2.2.9　总平面及单元平面布置应为建筑物创造良好的朝向、采光和自然通风的条件。

3.2.3　高填深挖土石方地段应有防止滑坡、塌方的措施。

3.2.4　厂内道路、铁路及装卸设施的设计应符合《厂矿道路设计规范》、《工业企业标准轨距铁路设计规范》、《工业企业厂内运输安全规程》等有关标准的规定。

3.2.5　厂区绿化设计应按《石油化工企业厂区绿化设计规范》执行。

4 炼油装置

4.1 催化裂化，催化裂解

4.1.1 汽轮机放汽口与主风机进气口的直线距离不应小于10m。

4.1.2 催化剂及助燃剂的装卸宜采取密闭管道输送方式。

4.1.3 装钝化剂应采用负压吸入方式。

4.2 延迟焦化

4.2.1 加热炉应布置在焦炭塔全年最小频率风向的上风侧。加热炉烟囱与焦炭塔顶操作间距离小于15m时，加热炉的烟囱出口应高于焦炭塔顶3m。

4.2.2 焦炭塔的吹汽、冷焦的放空气应进入回收系统。

4.2.3 焦炭塔塔顶操作室应有隔热、防寒措施。并设与装置控制室和高压水泵房联系的直通电话。

4.2.4 四通阀附近及焦炭塔顶部应设灭火蒸汽喷头等消防设施。

4.3 催化重整、加氢及制氢

4.3.1 新氢压缩机、循环氢压缩机、反应进料泵、反应加热炉等应设置声光报警系统和联锁停车设施。

4.3.2 高压分离器应设置高、低液位报警和超压报警。

4.3.3 甲烷化反应器应设超温报警。

4.3.4 二硫化碳储罐、计量罐必须有水封、水喷淋和防日晒设施。应设放置二硫化碳桶的水池和水冲洗设施。

4.3.5 制氢脱二氧化硫放空口应高于装置最高设备3m以上。

4.3.6 加氢装置应有防止高压系统的物料窜入低压系统的措施。

4.4 氢氟酸烷基化

4.4.1 装置控制室、配电间等不宜在朝向设备的一侧开门。

4.4.2 在装置控制室附近应设安全专用室。室内应备有安全防护服、中和池、人身冲洗设施、洗眼器、应急药品等。

4.4.3 在主分馏塔进料泵、回流泵和再生塔进料泵附近，应设置人身中和池，事故淋浴器及洗眼器。在装置内应设置设备工具中和池。

4.4.4 在氢氟酸可能泄漏的地方应设置冲洗设施。

4.4.5 在含酸设备人孔处应设置呼吸空气供应系统。

4.4.6 储存和输送含氢氟酸介质的设备、管道的法兰边缘应涂变色漆。

4.4.7 直梯的护圈及操作平台宽度应比常规设计的宽0.3m。为操作液面计旋塞设置的平台左右两侧应有1.5m的自由空间，正前方应有1.0m的自由空间。液面计旋塞应装在便于操作的位置。

4.4.8 装置内的酸区地面应设围堰，酸区废水应排至碱中和池，碱中和池应设高液位报警。

4.4.9 装置四周宜设围栏或警戒标志。在酸区的明显位置应设危险标志牌。

4.4.10 在装置内应设风向标。

4.4.11 循环水回水总管应设置pH自动显示仪。

4.4.12 含酸废气应用碱液中和，再经气液分离后排往火炬。

4.5 硫酸烷基化

4.5.1 装置应设含酸物料和非酸物料超压保护泄放系统。含酸物料系统中酸排放罐分出的含酸烃类气体，应经过碱中和后排放。

4.5.2 酸、碱废液应经中和后排入排水系统。

4.6 氧化沥青

4.6.1 氧化反应塔顶应设置爆破片。为防止塔内气相温度超高，应有切断进料、增大塔顶注水量、减少通风量、通入安全蒸汽的措施。

4.6.2　沥青成型机进料口上方，应设排气罩和防沥青外溅设施。作业地点应设移动式轴流风机。

4.6.3　尾气应有密闭回收和处理设施。

4.7　制硫及尾气处理

4.7.1　燃烧炉和焚烧炉应设安全联锁系统。

4.7.2　由液态硫黄脱除的含硫化氢气体应送焚烧炉处理。

4.7.3　硫黄成型不宜采用敞开式自然冷却。

4.7.4　硫黄成型、计量、包装岗位应设通风除尘设施。

4.7.5　在装置内应设风向标。

4.7.6　硫化氢取样应采取密闭方式。

4.8　溶剂脱蜡

4.8.1　干、湿溶剂罐、滤液罐、含油蜡罐等应采用氮封。

4.8.2　脱蜡过滤机内应有氧含量监测报警没施。

4.9　糠醛、酚精制

4.9.1　糠醛和酚的储罐应采用氮气密封或油封等措施。

4.9.2　接触糠醛的设备和管道不得用空气吹扫，糠醛储罐应有防腐措施。

4.9.3　含糠醛的污水、污油应排至回收罐处理。回收罐应设在装置的全年最小频率风向的上风侧，排出气体应吸收处理。

4.9.4　酚精制装置的大型容器组、框架各层和取样口等人员操作处应设置水冲洗设施。

4.9.5　装置内应设回收残液的低位罐。

4.9.6　与酚接触的垫片不得用铜质或铝质材料。

4.9.7　溶酚间应设置通风设施。

4.10　白土精制

4.10.1　白土装卸宜采用密闭方式。

4.10.2　过滤机厂房应设局部通风。

4.10.3　过滤宜采用自动板框过滤机，成品宜在密闭状态下收集。

5　化工装置(略)

6　化纤装置(略)

7　化肥装置

7.1　合成氨

7.1.1　以天然气或轻油为原料的蒸汽转化炉应设置水碳比自动调节系统，并应设报警、自动停车等联锁设施。

7.1.2　对二段炉应采取空气比例自动调节和温度超限报警措施。在空气管道上应设止回阀、自动快速切断阀和通入蒸汽或氮气的设施。

7.1.3　以渣油为原料的部分氧化法气化炉必须设氧油比和蒸汽油比的自动调节系统，并应设过氧、超温报警和自动停车的联锁设施。

7.1.4　渣油系统应设循环回路吹扫系统和蒸汽伴热管。

7.1.5　脱碳、脱硫和铜洗的吸收塔塔釜应设液位调节、报管和自动停车联锁设施。塔后分离器应有自动排液和液位报警措施。

脱碳系统的再生塔应设爆破片。

7.1.6 中变炉和低变炉宜设超温报警设施。甲烷化炉应设超温报警和自动停炉措施。

7.1.7 溶液配制设备的投料口应设盖及排气管。

7.1.8 氨蒸发器应设液位自动调节和低压报警。

7.1.9 合成系统水冷器的供水应低压报警。

7.1.10 液氧泵应设报警和控制设施。

液氧泵的入口管上应设过滤器、止回阀；排出管上应设止回阀和安全阀；脱气管上应设止回阀。

7.1.11 布置在室外的液氨储罐应隔热或设喷淋冷却措施，储罐的排气应经回收或处理。

7.1.12 可燃气体和易燃液体的设备、管道应接地。可燃气体放空管宜设蒸汽或氮气灭火接管。

空分系统的冷箱和冷箱中的设备、管道应接地。

7.2 尿素

7.2.1 在高压洗涤器系统应采取下列措施：

7.2.1.1 高压洗涤器的填料段应设置防爆空间和防爆隔板；

7.2.1.2 调温水的进口温度不得低于130℃，高压洗涤器的液体出口应设低温报警；

7.2.1.3 高压洗涤器的出口尾气管应有蒸汽、氮气或二氧化碳气的接管。

7.2.2 水溶液全循环法生产尿素的尿素合成塔出口压力调节阀的供气应设缓冲罐和低压报警。报警信号应同时在控制室、二氧化碳压缩机厂房和高压泵房显示。

7.2.3 合成塔应设超压报警和自动停车联锁设施。

7.2.4 尾气、储罐排出的废气和安全阀的排气均应高空排放。

7.2.3 高压冲洗水泵应备有事故电源。

7.2.6 高压液氨泵和高压甲铵泵的泵房应设机械通风。

7.2.7 造粒塔应设安全直梯。

8 公用设施

8.1 储运

8.1.1 油品储运设施的设计，应按《石油库设计规范》和《石油化工企业设计防火规范》执行。

8.1.2 可燃液体和液化烃码头的防火设计，应按《装卸油品码头防火设计规范》执行。

8.1.3 可燃液体储罐不宜与液化烃、化学药剂等储罐布置在同一罐组内，有毒物料应单独布置在一个罐区内。

8.1.4 可燃液体、液化烃的装卸输送泵与化学药剂的装卸输送泵宜分开布置；输送Ⅰ级、Ⅱ级职业性接触毒物物料的泵应单独布置。

8.1.5 挥发性酸(盐酸、硝酸、氢氟酸等)储罐的呼气应设水洗吸收或经水封再排入大气。有毒物料储罐放出的气体应按其毒性大小采取吸收处理或高点排放措施。

8.1.6 极度、高度危害有毒物料和强腐蚀液体的储罐周围应设围堰并用防渗防腐材料铺砌。

8.1.7 可燃液体大鹤管装灌宜采用油气集中回收或高点排放设施。油气排出管应装设阻火器。

8.1.8 可燃液体储罐量油孔内严禁安装与量油无关的配件。

8.1.9 不隔热的液化烃管道上应设安全阀，其出口应接至火炬系统。不隔热的易燃可燃轻质液体的管道亦应采取管道泄压保护措施。

8.1.10 用压缩空气压卸输送酸碱等腐蚀性液体时，压卸用的空气压力不应超过0.4MPa，调节压缩空气的阀门应远离罐车或压送罐。

8.1.11 储存装卸化学药剂及易挥发或有毒、恶臭物的场所宜设置卫生间及冲洗设施。

8.1.12 清洗罐车(洗槽)应配备呼吸空气供应设施。

8.2 锅炉

8.2.1 蒸汽锅炉房的设计应按《工业锅炉房设计规范》、《蒸汽锅炉安全技术监察规程》、《锅炉压力容器安全监察暂行条例》执行。当锅炉压力大于2.5MPa，温度高于400℃时，应按《小型火力发电厂设计技术规定》执行。

8.3 供电

8.3.1 供电系统的设计，应按国家有关规范执行。

8.3.2 有爆炸危险场所的电气设备和电力线路、变电所的设计，应按《爆炸和火灾危险环境电力装置设计规范》执行。

8.4 电信

8.4.1 电信站的设计，应按《石油化工企业生产装置电信设计规范》和《工业企业通信设计规范》执行。

8.4.2 通信线路严禁与二线一地式电力线路同杆架设。

8.4.3 对易发生事故的主要检查点，应设与控制室联系的直通电话。

8.5 污水处理

8.5.1 易挥发有毒，恶臭物质的污水隔油池，调节池应加阻燃型盖板、排气管排出的污染物宜净化处理或高空排放。

8.5.2 污水处理场的生产、生活用室的位置，宜位于全年最小频率风向的下风侧。

8.6 机修、仪修、电修

8.6.1 机修、仪修、电修的设计应按《机械工业职业安全卫生设计规定》等有关规范执行。

8.7 消防

8.7.1 消防站的设置．应按《石油化工企业设计防火规范》执行。

8.7.2 消防站的报警通讯设计，应按《石油化工企业生产装置电信设计规范》执行。

8.7.3 消防站应配备消防人员的安全防护用具。

9 职业安全卫生机构

9.0.1 企业应按有关规定设职业安全卫生管理机构并配备所需的设施。

9.0.2 企业应按有关规定设职业病防治机构。

9.0.3 大量生产或使用极度危害物的车间，如氰化钠(钾)、丙烯腈的车间应设急救室。

10 职业安全卫生投资

10.0.1 下列各项费用应列入企业的职业安全卫生投资概算：

10.0.1.1 主要生产环节职业安全卫生专项防范设施费用：

(1)特征1、2级的车间卫生用室、女工用室及其室内设施；

(2)隔声操作室及放空消声器；

(3)剧毒化学品库房及放射源库；

(4)防高温及防湿的通风设施；

(5)防尘防毒设施；

(6)事故淋浴及洗眼器等。

10.0.1.2 检测装备和设施费用：

(1)可燃气体报警仪；

(2)有毒气体报警及监测仪；

(3)火灾报警；

(4)尘毒、辐射、噪声等的监测仪器及采样车。

10.0.1.3 职业安全卫生机构设施费用：

(1)安全教育室、教学用具等；

(2)安全卫生管理机构设施，

(3)职业病防治机构设施。

10.0.1.4　事故应急措施费用：

(1)急救室设施；

(2)消防站及消防设施。

10.0.2　职业安全卫生专篇应列出职业安全卫生投资占工程总投资的百分数。

附录A 常用的有关标准规范目录

表A 常用的有关标准规范

序号	名称	编号、文号
1	蒸汽锅炉安全技术监察规程	劳人锅[1987]4号通知颁发
2	化学危险物品安全管理条例	国发[1987]14号通知颁发
3	压力容器安全技术监察规程	劳锅字[1990]8号通知颁发
4	气瓶安全监察规程	劳锅字[1989]12号通知颁发
5	生活饮用水卫生标准	GB 5749—85
6	职业性接触毒物危害程度分级	GB 5044—85
7	生产设备安全卫生设计总则	GB 5083—85
8	工业用化学产品采样安全通则	GB 3723—83
9	氯气安全规程	GB 11984—89
10	工业企业厂内运输安全规程	GB 4387—84
11	工业企业铁路道口安全标准	GB 6389—86
12	安全色	GB 2893—82
13	安全色使用导则	GB 6527. 2—86
14	安全防护屏	GB 8197—87
15	安全标志	GB 2894—82
16	炼油厂卫生防护距离标准	GB 8195—87
17	防止静电事故通用导则	GB 12158—90
18	放射卫生防护基本标准	GB 4792—84
19	密封放射源分级	GB 4075—83
20	辐射防护规定	GB 8703—88
21	作业场所超高频辐射卫生标准	GB 10437—89
22	机械设备防护罩安全要求	GB 8196—87
23	钢制压力容器	GB 150—89
24	固定式工业钢平台	GB 4053. 4—83
25	固定式钢直梯	GB 4053. 1—83
26	固定式钢斜梯	GB 4053. 2—83
27	固定式工业防护栏杆	GB 4053. 3—83
28	石油化工工厂初步设计内容规定	SHSG 033—88
29	石油化工企业设计防火规范	GB 50160—92
30	石油化工企业工艺装置设备布置设计通则	SHJ 11—89
31	石油化工企业信号报警联锁系统设计规范	SHJ 18—90
32	石油化工企业管道布置设计通则	SHJ 12—80

续表

序号	名称	编号、文号
33	石油化工企业采暖通风与空气调节设计规范	SHJ 4—88
34	石油化工企业厂区绿化设计规范	SHJ 8—89
35	石油化工企业厂内道路设计规范	SHJ 23—90
36	化工企业总图运输设计规范	HGJ 1—85
37	石油化工企业燃料气系统和可燃气体排放系统设计规范	SHJ 9—89
38	炼油厂总平面布置设计技术规定	SYJ 1050—84
40	石油化工企业非埋地管道抗震设计通则	SHJ 39—91
41	石油化工企业给水排水系统设计规范	SHJ 15—90
42	石油化工企业给水排水管道设计规范	SHJ 34—91
43	石油库设计规范	GBJ 74—84
44	石油化工企业储运系统泵房设计规范	SHJ 14—90
45	石油化工企业储运系统罐区设计规范	SHJ 7—38
46	石油化工企业控制室和自动分析室设计规范	SHJ 6—88
47	石油化工企业照度设计规定	SHJ 27—90
48	石油化工企业建筑设计规范	SHJ 17—90
49	石油化工企业生产装置电信设计技术规定	SHJ 28—90
50	石油化工企业设备管道表面色和标志	SHJ 43—91
51	炼油厂钢制压力容器设计技术规定	SYJ 1047—83
52	石油化工企业生产装置电力设计技术规定	SHJ 38—91
53	石油化工企业环境保护设计规范	SHJ 24—90
54	合成纤维厂环境保护设计规范	SHJ 25—90
55	合成纤维厂采暖通风与空气调节设计规范	SHJ 42—91
56	炼油厂铁路装卸油设施设计技术规定	SYJ 1020—82
57	工业企业噪声控制设计规范	GBJ 87—85
58	工业企业噪声测量规范	GBJ 122—88
59	建筑设计防火规范	GBJ 16—87
80	厂矿道路设计规范	GBJ 22—87
61	工业建筑防腐蚀设计规范	GBJ 46—82
82	建筑抗震设计规范	GBJ 11—89
83	火灾自动报警系统设计规范	GBJ 116—88
64	工业企业通信设计规范	GBJ 42—81
65	建筑防雷设计规范	GBJ 57—83
66	工业锅炉房设计规范	GBJ 41—79
67	低压配电装置及线路设计规范	GBJ 54—83
68	工业与民用供电系统设计规范	GBJ 52—83
69	工业与民用35千伏变电所设计规范	GBJ 59—83
70	工业与民用35千伏高压配电装置设计规范	GBJ 60—83

续表

序号	名称	编号、文号
71	工业与民用10千伏及以下变电所设计规范	GBJ 53—83
72	小型火力发电厂设计规范	GBJ 49—83
73	工业企业标准轨距铁路设计规范	GBJ 12—87
74	放射防护规定	GB J 8—74
75	机械工业职业安全卫生设计规定	JBJ 18—88
76	工业企业设计卫生标准	TJ 36—79
77	氧气站设计规范	GB 50030—91
78	压缩空气站设计规范	GB J 29—90
79	工业企业采光设计标准	GB 50033—91
80	工业企业照明设计标准	TJ 34—79
81	爆炸和火灾危险环境电力装置设计规范	GB 50058—92
82	消防站建筑设计标准(试行)	GNJ 1—81
83	城镇消防站布局与技术装备配备标准	GNJ 1—82
84	装卸油品码头防火设计规范(试行)	交通部标准

附录 B　用词说明

本规范条文中要求严格程度的用词，在执行时按下述说明区别对待：

B. 0. 1　表示很严格，非这样做不可的用词：

正面词采用“必须”；

反面词采用“严禁”。

B. 0. 2　表示严格，在正常情况下应这样做的词：

正面词采用“应”；

反面词采用“不应”或“不得”。

B. 0. 3　表示允许稍有选择，在条件许可时首先应这样做的用词；

正面词采用“宜”或“可”；

反面词采用“不宜”。

8. 石油化工静电接地设计规范

（SH 3097—2000 本规范为首次发布）

目　　录

1 总则

1.0.1 为了防止和减少静电危害，保障石油化工企业安全生产，在石油化工设计中，贯彻预防为主的方针，采取防静电措施，做到技术先进、经济合理、安全适用，特制定本规范。

1.0.2 本规范适用于石油化工企业存在静电危害的新建、扩建和改建工程的静电接地设计。

1.0.3 静电接地是防止静电危害的主要措施之一。石油化工企业的防静电设计，应由工艺、配管、设备、储运、通风、电气等专业相互配合，综合考虑，并采取下列防止静电危害措施：

1 改善工艺操作条件，在生产、储运过程中应尽量避免大量产生静电荷；

2 防止静电积聚，设法提供静电荷消散通道，保证足够的消散时间，泄漏和导走静电荷；

3 选择适用于不同环境的静电消除器械，对带电体上积聚着的静电荷进行中和及消散；

4 屏蔽或分隔屏蔽带静电的物体，同时屏蔽体应可靠接地；

5 在设计工艺装置或制作设备时，应尽量避免存在高能量静电放电的条件，如在容器内避免出现细长的导电性突出物和未接地的孤立导体等；

6 改善带电体周围环境条件，控制气体中可燃物的浓度，使其保持在爆炸极限以外；

7 防止人体带电。

1.0.4 静电接地设计，除应符合本规范外，尚应符合国家现行有关强制性标准规范的规定。

静电接地体的接地电阻计算，应符合现行国家标准《工业与民用电力装置的接地设计规范》GBJ 65—83的有关规定。

2 名词术语

2.0.1 工业静电 industrial static electricity

静电是对观测者处于相对静止的电荷。由它所引起的磁场效应较之电场效应可以忽略不计。静电可由物质的接触与分离、静电感应、介质极化和带电微粒的附着等物理过程而产生。工业静电是生产、储运过程中在物料、装置、人体、器材和构筑物上产生和积累起来的静电。

2.0.2 带电体 electrified body

正负电荷数量不相等，对外界显示电的特性的物体或系统。

2.0.3 带电区 electrified area

带电体上积聚静电的部位。

2.0.4 物质静电特征参数

1 体积电阻率 volume resistivity

表征物体内导电性能的物理量。它是单位横截面积、单位长度上材料的电阻值，其单位为欧[姆]·米(Ω·m)

2 表面电阻率 surface resistivity

表征物体表面导电性能的物理量。它是正方形材料两对边间的电阻值，与物体厚度及正方形大小无关，其单位为欧[姆](Ω)。

3 电导率 conductivity

表征材料导电性能的物理量。其与电场强度之乘积等于传导电流密度，即 $\sigma E = j$。电导率的单位为西[门子]/米(S/m)。

2.0.5 静电起电、积聚和消散

1 静电起电 electrostatic electrification

由于物体的接触分离、静电感应、介质极化和带电微粒的附着等原因，使物体正负电荷失去平衡或电荷分布不均，而在宏观上呈现带电的过程。

2 静电积聚 electrostatic accumulation

由于某种起电因素使物体上静电起电的速率超过静电消散的速率而在其上呈现静电荷的积累过程。

3　静电泄漏 electrostatic leakage

带电体上的电荷通过带电体自身或其他物体等途径向大地传导而使之部分或全部消失的过程。

4　静电消散 electrostatic dissipation[decay]

带电体上的电荷由于静电中和、静电泄漏、静电放电而使之部分或全部消失的过程。

5　静电静置时间 time of repose；time of rest

在有静电危险的场所进行生产时，由设备停止操作到物料(通常为液体)所带静电消散至安全值以下，允许进行下一步操作所需要的时间间隔。

6　电荷弛豫时间 relaxation time of charge

带电体上的电荷(或电位)消散(或下降)至其初始值的1/e时所需要的时间。

7　杂散电流 stray current

任何不按指定的通路而流动的电流，这些非指定的通路可以是大地、与大地接触的管线和其他金属物体或构筑物。

2.0.6　静电放电现象

1　静电放电 electrostatic discharge

当带电体周围的场强超过周围介质的绝缘击穿场强时，因介质产生电离而使带电体上的电荷部分或全部消失的现象。

2　静电放电能量 electrostatic discharge energy

带电体所形成的静电场，通过静电放电所释放出来的总能量。

3　电晕放电 corona discharge

发生在不均匀的、场强很高的电场中的辉光放电。电晕放电时，在电极周围有微弱发光的电晕层。

4　刷形放电 brush discharge

指发生于带电量大的绝缘体与导体之间空气介质中的一种放电形式。该放电形式放电通道不集中，呈分枝状。

5　传播型刷形放电 brush discharge with propagation form

在高速起电场所及静电非导体背面衬有接地导体的情况下，在静电非导体上所发生的放电能量集中、引燃能力强，并带有声光特征的一种放电。

6　火花放电 spark discharge

由于分隔两电极间的空气或其他电介质材料突然被击穿，使电流急剧上升，电压急剧下降，引起带有瞬间闪光、并有集中通道的短暂放电现象。

7　尖端放电 discharge at sharp point

在带电导体曲率半径很小处所发生的放电现象。

2.0.7　材料

1　静电导体 static conductor

一种具有较低的电阻率，除非使它与地绝缘，否则其上难于积聚静电荷的材料。

2　静电非导体 static non-conduotor

一种具有很高的电阻率，因此能在其上积聚足够数量的静电荷而引起各种静电现象的材料。

3　导静电材料 static conductive material

指金属和碳等电导率大的材料，以及用其他方法(如在绝缘材料中掺入导电材料等)使物体具有导静电性能的材料。

4　防静电织物 anti-static fabric

通过某种工艺方法，使纤维表面电阻率降低，从而形成或生产出的一种具有防止静电积聚的织物。

2.0.8　静电安全及灾害预防

1 静电安全 electrostatic safety

指在生产过程及各种环境(系统)中，不发生由于静电现象而导致人的伤害、设备损坏或财产损失的状况和条件。

2 静电故障 electrostatic accident

由于某种静电现象的作用，导致生产系统、设备、工艺过程、材料、产品等发生故障、损害(如生产率下降、产品质量不良，以至失效、破坏等)的现象或事件。

3 静电灾害 electrostatic disaster

由于静电放电而导致发生财产损失或人员伤亡的危害，损害的现象或意外事件(如火灾、爆炸、静电电击以及由此而造成的二次事故等)。

4 静电电击 electrostatic shock

由于带电体向人体，或带静电的人体向接地的导体，以及人体相互间发生静电放电，其所产生的瞬间冲击电流通过人体而引起的病理生理效应。

5 二次事故 secondary accident

由于静电电击使人体失去平衡，导致人员由高空坠落或触及其他障碍物而引起的伤害；或造成已存在的火灾、爆炸的后果进一步扩大等危害的现象或事件。

6 静电危险场所 area of electrostatic hazards

空间存在可由静电引爆的爆炸性混合物，或对其进行直接加工、处理和操作等工艺作业场所的统称。

2.0.9 静电接地

1 静电接地系统 electrosmtic earthing system

带电体上的电荷向大地泄漏、消散的外界导出通道。

2 直接静电接地 direct static earthing

通过金属导体使物体接地的一种接地方式。

3 间接静电接地 indirect static earthing

通过非金属导电材料或防静电材料以及防静电制品使物体接地的一种接地方式。

4 连接 connection

将彼此间没有良好导电通路的物体进行导电性连接，使相互间大体上处于相同电位的措施。

5 静电接地的电阻分类

a 静电泄漏电阻 leakage resistance of static electricity

物体在不带电的情况下，物体的被测点对大地的总电阻。

b 静电接地电阻 earthing resistance of static electricity

指静电接地系统的对地电阻。

直接静电接地电阻为接地体或自然接地体的对地电阻和接地线电阻的总和。间接静电接地电阻为被接地物体的接地极与大地之间的总电阻，主要由导电、防静电材料或防静电制品的电阻决定。

3 一般规定

3.1 静电接地的范围

3.1.1 在生产加工、储运过程中，设备、管道、操作工具及人体等，有可能产生和积聚静电而造成静电危害时．应采取静电接地措施。

3.1.2 在进行静电接地时，必须注意下列部位的接地：

1 装在设备内部而通常从外部不能进行检查的导体；

2 装在绝缘物体上的金属部件；

3 与绝缘物体同时使用的导体；

4 被涂料或粉体绝缘的导体；

5　容易腐蚀而造成接触不良的导体；

6　在液面上悬浮的导体。

3.1.3　各种静电消除器的接地端，应按产品说明书的要求进行接地。

3.1.4　在下列情况下，可不采取专用的静电接地措施(计算机、电子仪器等除外)：

1　当金属导体已与防雷、电气保护、防杂散电流．电磁屏蔽等的接地系统有电气连接时；

2　当埋入地下的金属构造物、金属配管、构筑物的钢筋等金属导体间有紧密的机械连接，并在任何情况下金属接触面间有足够的静电导通性时；

3　当金属管段已作阴极保护时。

3.2　静电接地方式

3.2.1　需要进行静电接地的物体，应根据物体的类型采取下列静电接地方式：

1　静电导体应采用金属导体进行直接静电接地。

2　人体与移动式设备应采用非金属导电材料或防静电材料以及防静电制品进行间接静电接地。

3　静电非导体除应间接静电接地外，尚应配合其他的防静电措施。

3.3　静电接地系统的接地电阻

3.3.1　静电接地系统静电接地电阻值不应大于$10^6\Omega$。专设的静电接地体的对地电阻值不应大于100Ω，在山区等土壤电阻率较高的地区，其对地电阻值也不应大于1000Ω。

3.3.2　当其他接地装置兼作静电接地时，其接地电阻值应根据该接地装置的要求确定。

3.4　静电接地端子和接地板

3.4.1　应在设备、管道的一定位置上，设置专用的接地连接端子，作为静电接地的连接点。

3.4.2　接地连接端子的位置应符合下列要求：

1　不易受到外力损伤；

2　便于检查维修；

3　便于与接地干线相连；

4　不妨碍操作；

5　尽量避开容易积聚可燃混合物以及容易锈蚀的地点。

3.4.3　静电接地端子有下列几种：

1　设备、管道外壳(包括设备支座、耳座)上预留出的裸露金属表面。

2　设备、管道的金属螺栓连接部位。

3　接地端子排板。

4　专用的金属接地板。

3.4.4　专用金属接地板的设置应符合下列要求：

1　金属接地板可焊(或紧固)于设备、管道的金属外壳或支座上。

2　金属接地板的材质，应与设备、管道的金属外壳材质相同。

3　金属接地板的截面不宜小于50×10(mm)，最小有效长度对小型设备宜为60mm，大型设备宜为110mm。如设备有保温层，该板应伸出保温层外。

接地用螺栓规格不应小于M10。

4　当选用钢筋混凝土基础作静电接地体时，应选择适当部位预埋200×200×6(mm)钢板，在钢板上再焊专用的金属接地板。预埋钢板的锚筋应与基础主钢筋(或通过一段钢筋)相焊接。

3.5　静电接地支线和连接线

3.5.1　静电接地支线和连接线，应采用具有足够机械强度、耐腐蚀和不易断线的多股金属线或金属体，规格按表3.5.1选用。

3.6　静电接地干线和接地体

3.6.1　静电接地干线和接地体应与其他用途的接地装置综合考虑，统一布置。可利用保护接地干线、防雷电感应接地干线作为静电接地干线使用，否则应专门设置静电接地干线和接地体。

表 3.5.1 静电接地支线、连接线的最小规格

设备类型	接地支线	连接线
固定设备	$16mm^2$ 多股铜芯电线 ϕ8mm 镀锌圆钢 12×4(min)镀锌扁钢	$6mm^2$ 铜芯软绞线或软铜编织线
大型移动设备	$16mm^2$ 铜芯软绞线或橡套铜芯软电缆	
一般移动设备	$10mm^2$ 铜芯软绞线或橡套铜芯软电缆	
振动和频繁移动的器件	$6mm^2$ 铜芯软绞线	

3.6.2 静电接地干线的布置。应符合下列要求：

1 有利于设备、管道及需要在现场作静电接地的移动物体的接地；

2 静电接地干线在装置内宜闭合环形布置，不同标高的接地干线之间至少应有两处连接。

3.6.3 下列接地干线或线路不得用于静电接地：

1 照明回路的工作零线和三相四线制系统中的中性线；

2 整流所各级电压的交流、直流保护接地系统；

3 直流回路的专用接地干线；

4 防雷引下线(兼有引流作用的金属设备本体除外)。

3.6.4 静电接地体的设计应符合下列要求：

1 当静电接地干线与保护接地干线在建构筑物内有两点相连时，可不另设静电接地体；

2 应充分利用自然接地体以及其他用途的接地体；

3 接地干线和按地体材质宜选用耐腐蚀材料，当选用镀锌钢材时，钢材规格可按表 3.6.4 选用。

表 3.6.4 静电接地干线和接地体用钢材的最小规格

名称	单位	规格	
		地上	地下
扁钢	截面积/mm^2 厚度/mm	100 4(5)	160 4(5)
圆钢 角钢 钢管	直径/mm 规格/mm 直径/mm	12(14)	14 50×5 50
注：括号内数字为2类腐蚀环境中用钢材的推荐规格。			

3.7 静电接地的连接

3.7.1 接地端子与接地支线连接，应采用下列方式：

1 固定设备宜用螺栓连接；

2 有振动、位移的物体，应采用挠性线连接；

3 移动式设备及工具，应采用电瓶夹头、鳄式夹钳、专用连接夹头或磁力连接器等器具连接，不应采用接地线与被接地体相缠绕的方法。

3.7.2 静电接地的连接应符合下列要求：

1 当采用搭接焊连接时，其搭接长度必须是扁钢宽度的两倍或圆钢直径的6倍：

2 当采用螺栓连接时，其金属接触面应去锈、除油污，并加防松螺帽或防松垫片。

3 当采用电池夹头、鳄式夹钳等器具连接时，有关连接部位应去锈、除油污。

4 具体规定

4.1 固定设备

4.1.1 固定设备(塔、容器、机泵、换热器、过滤器等)的外壳，应进行静电接地。若为覆土设备一般可不做静电接地。

4.1.2 直径大于或等于2.5m及容积大于或等于$50m^3$的设备，其接地点不应少于两处，接地点应沿设备外围均匀布置，其间距不应大于30m。

4.1.3 有振动性能的固定设备，其振动部件应采用截面不小于$6mm^2$的铜芯软绞线接地，严禁使用单股线。有软连接的几个设备之间应采用铜芯软绞线跨接。

4.1.4 转动物体的接地，可采用导电润滑脂或专用接地设施(如在无爆炸、无火灾危险环境内可采用滑环和电刷等)进行接地，但类似于阀杆、轴承转动部分可不必进行上述连接。容易积聚静电荷的皮带或传送带，宜采用导电橡胶制品。

4.1.5 皮带传动的机组及其皮带的防静电接地刷、防护罩，均应接地。

4.1.6 可燃粉尘的袋式集尘设备。织入袋体的金属丝的接地端子应接地。

4.1.7 设备内部的各部件之间的活动连接或滑动连接等部位，应保持其接触电阻值在1000Ω以下。

4.1.8 固定设备与接地线或连接线宜采用螺栓连接，连接端子可设置在设备的侧面，设备联合金属支座的侧面或端部位置，接地端子与接地线的材料选择应符合本规范第3.4.4条与第3.5节中有关条款。

4.1.9 与地绝缘的金属部件(如法兰、胶管接头、喷嘴等)，应采用铜芯软绞线跨接引出接地。

4.2 储罐

4.2.1 储罐内各金属构件(搅拌器、升降器、仪表管道、金属浮体等)。必须与罐体等电位连接并接地。

4.2.2 在罐项取样操作平台上，操作口的两侧应各设一组接地端子，为取样绳索、检尺等工具按地用。

4.2.3 浮顶罐的浮船、罐壁、活动走梯等活动的金属构件与罐壁之间，应采用截面不小于$25mm^2$铜芯软绞线进行连接，连接点不应少于两处。浮船与罐壁之间的密封圈应采用导静电橡胶制作。设置于罐顶的挡雨板应采用截面为$6\sim10mm^2$的铜芯软绞线与顶板连接。

4.2.4 当储罐内壁涂漆时，漆的导电性能应高于被储液体，其体积电阻率应在$10^8\Omega\cdot m$以下。

4.2.5 为消除人体静电，在扶梯进口处，应设置接地金属棒，或在已接地的金属栏杆上留出一米长的裸露金属面。

4.2.6 与储罐管线相连接的法兰，如需防杂散电流和电化学腐蚀时，可选用电阻为$10^4\Omega\sim10^6\Omega$的绝缘法兰连接。

4.3 管道系统

4.3.1 管道在进出装置区(含生产车间厂房)处、分岔处应进行接地。长距离无分支管道应每隔100m接地一次。

4.3.2 平行管道净距小于100mm时，应每隔20m加跨接线。当管道交叉且净距小于100mm时，应加跨接线。

4.3.3 当金属法兰采用金属螺栓或卡子紧固时，一般可不必另装静电连接线。但应保证至少有两个螺栓或卡子间具有良好的导电接触面。

4.3.4 工艺管道的加热伴管，应在伴管进汽口、回水口处与工艺管道等电位连接。

4.3.5 风管及保温层的保护罩当采用薄金属板制作对，应咬口并利用机械固定的螺栓等电位连接。

4.3.6 金属配管中间的非导体管段，除需做特殊防静电处理外，两端的金属管应分别与接地干线相连，或用截面不小于$6mm^2$的铜芯软绞线跨接后接地。

4.3.7 非导体管段上的所有金属件均应接地。

4.3.8 地下直埋金属管道可不做静电接地。

4.4 铁路栈台与罐车

4.4.1 栈台区域内的金属管道、设备、构筑物、铁路钢轨等应等电位连接并接地，还应构成接地网。

4.4.2 区域内铁路钢轨的两端应接地，区域内与区域外钢轨间的电气通路应绝缘隔离。每根钢轨间应是良好的电气通路，平行钢轨之间应跨接，每个鹤位处宜跨接一次并接地。跨接线可用 $1\times19-14.9mm^2$ 镀锌钢绞线，接地线可用双根 $\phi5mm$ 镀锌铁线，并用塞钉铆进钢轨。

4.4.3 在操作平台梯子入口处，应设置人体静电接地金属棒。每个鹤位平台处应设置接地端子，接地端子宜用接地线与按地干线直接相连。罐车及储罐用带有接地夹的软金属线与按地端子连接。

4.4.4 金属注液管与固定管道、钢架等应进行等电位连接并接地，其静电接地电阻应小于 $10^6\Omega$。

4.4.5 非金属注液软管宜采用防静电材料制作。

4.4.6 罐车的罐体、车体应与注液管系统以及栈台钢架等电位连接。在装卸作业前，应用专用接地线与平台接地端子连接，装卸完毕将顶盖盖好后方可拆除。

4.5 汽车站台与罐车

4.5.1 站台区域内的金属管道、设备、构筑物等应进行等电位连接并接地。

4.5.2 在操作平台梯子入口处或平台上，应设置人体静电接地棒。

4.5.3 储罐汽车在装卸作业前，应采用专用接地线及接地夹将汽车、储罐与装卸设备等电位连接。作业完毕封闭储罐盖后方可拆除。接地设备宜与装卸泵联锁。

4.5.4 注液管系统应符合本规范第4.4.4条和第4.4.5条的要求。

4.6 码头

4.6.1 码头区内的金属管道、设备、构架包括码头引桥，栈桥的金属构件，基础钢筋等应进行等电位连接并接地。装卸栈台或船位陆上部分应设接地装置。

4.6.2 较大码头区，区域内的管线应符合本规范第4.3.1~第4.3.7条的要求。

4.6.3 装卸栈台应符合本规范第4.4节及4.5节的要求。

4.6.4 在船位陆上入口处，应设置消除人体静电的接地装置。

4.6.5 为防止杂散电流，应采取以下措施：

1 输液臂或输液管上，使用绝缘法兰或一段不导电软管，其电阻值在 $2.5\times10^4\sim2.5\times10^6\Omega$ 之间；

2 岸与船的人行通路不能全金属连接；

3 码头护舷设施与靠泊轮船之间应绝缘。

4 岸上一侧的金属物只能与码头岸上的接地装置相连。

4.7 粉体加工与储运设备

4.7.1 在填料与出料部分，应采取下列静电接地措施：

1 金属和非金属导体容器以及附近的所有金属设备，包括料管，应进行等电位连接并接地；

2 盛装高体积电阻率粉料的容器，除应按本规范第4.7.1－1条的要求进行外，在可能的条件下，宜将一根或多根接地板(管、棒)垂直插入容器内，实施粉体内的静电分隔屏蔽；

3 装粉料用的袋、桶应放在地面上或接地台面上。

4.7.2 将粉体加入可燃性溶剂中时，应采取下列静电接地措施：

1 操作人员必须接地；

2 用导电材料作漏斗、斜槽等填充装置，并将其与容器进行等电位连接后接地；

3 盛装溶剂或粉料的容器应用导电材料制作并进行接地。盛装粉料的容器允许涂抹小于2mm厚的绝缘层。

4.7.3 在粉体筛分、研磨、混合部分，所有导体部件，包括筛网。应进行等电位连接并接地。活动部件宜采用挠性连接。接受容器应按本规范第4.7.1条的要求进行。

4.7.4　粉体采用气流输送时，管道应采用导电材料，除应符合本规范第4.3节的要求外，管段法兰必须跨接并接地。

4.7.5　在粉尘分离器中，所有导体部件，包括过滤器支撑柱头、框架，应进行等电位连接并接地。

4.7.6　大型料仓内部不应有突出的接地导体，如设置料位报警器等必须采取防静电燃爆措施。料仓顶部进料口和排风口，应与仓顶取平。

4.8　气体与蒸汽的喷出设备

4.8.1　在气体与蒸汽的喷出设备上，所有的导体部件应进行等电位连接并接地。

4.8.2　用蒸汽(或气体)清洗储罐等设备时，喷射器应与被喷物以及周围的金属体等电位连接并进行接地。

4.8.3　装在软管上的金属喷嘴、接头等，应采用下列静电接地措施：

1　使用导电性或防静电软管时，应使喷嘴、接头等与软管可靠地连接并接地。

2　装在软管上的金属喷嘴、接头等金属部件，可用专用接地线与接地装置连接。

3　在使用气体或蒸汽喷出设备作业前，应将专用的接地线连接好，作业完毕后方可拆除。

4.9　化纤设备

4.9.1　输送带托辊和终端皮带滚轮应与料斗采取跨接方式将其接地。

4.9.2　在设备上被非导体隔绝的孤立金属部件，应采取跨接方式将其接地。

4.9.3　滚动轴、搅拌器旋转部件的静电接地电阻大于$10^6\Omega$时，可使用导电性润滑剂或滑动电刷等进行接地。

4.9.4　气流输送设备应符合本规范第4.7.4条的要求。

4.10　人体静电接地

4.10.1　操作人员在可能产生静电危害的场所，应采取下列措施：

1　应正确使用各种防静电防护用品(如防静电鞋、防静电工作服、防静电手套等)，不得穿戴合成纤维及丝绸衣物。

2　操作人员应徒手或徒手戴防静电手套触摸接地金属物体后方可进入工作场所。

3　禁止在爆炸危险场所穿脱衣服、帽子等。

4.10.2　在人体带电易产生静电危害的场所，应采取下列措施：

1　工作台面应敷设导电橡胶板。凳子的座面应用导电材料制作。如果工作台、凳子的支腿是非金属材料或有塑料(橡胶)套脚时。则台面及座面应有接地措施。

2　应敷设导静电地面，导静电地面的体积电阻率应为$1.0\times10^5\sim1.0\times10^8\Omega\cdot m$，其导电性能应长期稳定，不易发尘，尚应定期洒水和清除绝缘污物等。

4.11　计算机房与电子仪表室的静电接地

计算机房与电子仪表室的静电接地应符合国标《电子计算机机房设计规范》GB 50174—93的规定。

附录A 静电接地的检测方法

A.0.1 静电接地的检测，应在被检测对象不带电的条件下进行。被测对象包括设备中的接地系统、非金属材料、防静电产品等。

A.0.2 设备接地测量应符合下列规定：

1 设备的金属零部件之间、设备与专用接地极之间的接触电阻、跨接电阻，可用普通万用表测量；

2 设备接地极电阻，包括接地极与土壤的接触电阻，以及土壤的流散电阻。可用ZC系列接地摇表测量。接地极与电流电极间距应为40m，电压电极与电流电极间距应为20m；

3 设备中的非金属器件(如用于接地的非金属零件、绝缘法兰等)的电阻测量规定如下：

当电阻小于1MΩ时，可用普通万用表或高阻计测量；

当电阻大于或等于1MΩ时，可用500V以上高阻计或兆欧表测量。

A.0.3 非金属材料导电性能测量应符合下列规定：

1 板材、薄膜等的体积电阻率和表面电阻率：

a 当体积电阻率大于或等于$10^6\Omega \cdot m$时，按《固体电工绝缘电阻、体积电阻系数和表面电阻系数试验方法》GB 1410—78规定测量，测量仪表可用ZC36、ZC43等高阻计。试样尺寸：方形100×100(mm)或圆形ϕ100mm。

b 当体积电阻率小于$10^6\Omega \cdot m$时，按《导电和抗静电橡胶电阻率(系数)的测定方法》GB 2439—81规定测量，其中静电计和电流表输入阻抗大于$10^{12}\Omega$。

试样尺寸：长70~150mm，宽10~150mm。

2 纤维泄漏电阻，按《纤维泄漏电阻测试方法》FJ 551-85进行测量，其中试样量为2g±0.1g。测试仪器则采用RC充放电原理的纤维泄漏电阻测试仪。

3 轻质石油产品电导率，按《轻质石油产品电导率测定法》GB 6539—86进行测量。样品油大于1L，测量仪器为油品电导率测试仪。

A.0.4 防静电产品导电性能测量应符合下列规定：

1 防静电鞋、导静电鞋电阻。按《防静电胶底鞋、导电胶底鞋电阻值测量方法》GB 4386—84进行测量。当$R \geq 1.5\times10^5\Omega$时，测量电压取500V±25V；当$R<1.5\times10^5\Omega$时，测量电压取100V±5V，测试电功率不大于3W。

2 地板、地毯等铺地物电阻，用2个ϕ60mm±2mm(重量2kg±0.2kg，黄铜镀铬)专用电极测量，测量电极距离为1m，非柔性地面可在电极下垫导电海绵(直径ϕ60mm、厚5~6mm，体积电阻率$0.1\sim1\Omega \cdot m$)。测量仪器可采用绝缘电阻测试仪，直流开路电压500V，短路电流5mA。

附录 B　静电接地工作的注意事项

B. 0. 1　在可能产生静电危害的场所，对移动设备、工具的静电接地应按下列程序：

1　在工艺操作或运输之前，必须做好接地工作。

2　工艺操作或运输完毕后，经过规定的静置时间，方可拆除接地线。

3　接地线连接点位置宜避开火灾、爆炸危险场所，且不应在装卸作业区的下风向。

B. 0. 2　生产过程中，当设备、管道等局部检修会造成有关物体静电连接回路断路时，应做好临时性跨接，检修后应及时复原，并重新测定电阻值。

B. 0. 3　应正确使用接地用具和材料，并经常检查，确保电气通路完好性。如接地连接有断裂点，在恢复其连接前，应采取措施确保周围环境无爆炸、火灾的危险。

B. 0. 4　易燃、易爆物品的取样器、检尺和测温用的金属用具，工作时不允许与金属器壁相碰撞。

用词说明

对本规范条文中要求执行严格程度不同的用词，说明如下：

(一)表示很严格，非这样做不可的用词

正面词采用“必须”；

反面词采用“严禁”。

(二)表示严格，在正常情况下应这样做的用词

正面词采用“应”；

反面词采用“不应”或“不得”。

(三)表示允许稍有选择，在条件许可时，首先应这样做的用词

正面词采用“宜”；

反面词采用“不宜”。

表示有选择，在一定条件下可以这样做，采用“可”。

石油化工静电接地设计规范

（SH 3097—2000）

条文说明

目　录

1 总则

1.0.3 本条强调指出了静电接地仅是防止静电危害的措施之一，静电接地对静电导体(特别是金属)上的自由静电荷能起到很好的导流作用，而对于一部分静电非导体上的自由电荷，则需要经过一定的静置时间，才能导入大地。那种认为只要将设备接地，就没有静电危害了的说法是不全面的，必须澄清这一概念。

静电接地系统是给从带电体泄漏出来的静电荷，提供一条导入大地的通道，如果没有其他条件相配合，它只能导走金属体上的自由电荷。

石油化工企业近些年所发生的静电事故，分析原因是多种多样的，它不是单一的、孤立的一种因素。因此作好防静电设计，必须相关专业密切配合。

避免静电的大量产生，通常采取下列措施：1)根据静电起电的规律，对接触起电的有关物料，尽量选用在带电序列中位置较邻近的，或对产生正负电荷的物料加以适当组合，达到起电最小的目的；2)在生产工艺的设计上，对有关物料尽量做到接触面积、压力较小，接触次数较少，运动和分离速度较慢以及减小处理规模等。

做好带电物体的静电接地，并采取增泄措施。通常的做法有：1)对由于摩擦而能持续产生静电的部位、大量储存带电体的容器和移动式装置等，尽量使用金属材料制作，如需要涂漆。选择漆的电阻率应小于带电体的电阻率；2)对不能使用金属材料的部位，尽量选用材质均匀、导电性能好的橡胶、树脂、纤维或塑料等制作；3)在工艺条件允许的情况下，设置调温调湿设备，保证相对湿度不低于50%～65%，或定期向地面洒水；4)对于高带电的物料，在接近排放口前的适当位置装设静电缓和器；5)在某些物料中，添加少量适宜的防静电添加剂，以降低其电阻率。

目前，静电消除器械有高压电源式、感应式和放射源式等类型的静电消除器。在选择时要注意下列事项：1)设置场所的着火危险性；2)设置场所的温度、湿度等环境条件；3)带电物体的种类、使用状态及带电状态等。

静电屏蔽是一项重要的防静电措施。就技术领域划分，静电屏蔽不属于本规范的范畴。只是静电屏蔽体需要接地，此为静电接地的一种。静电屏蔽有整体屏蔽与分隔屏蔽之分。整体屏蔽是指以屏蔽导体覆盖带电物体的整体，带电物体产生的静电作用，被屏蔽导体封入内部。分隔屏蔽是使带电物体一部分以屏蔽导体从空间或表面进行覆盖，用屏蔽导体隔开带电物体，. 增加了带电物体静电电容，降低了静电电位。

在爆炸危险区域内，发生爆炸事故须具备两个条件：1)可燃物的浓度在爆炸极限以内；2)存在足以点燃可燃物的火花、电弧或高温。排除其中之一，则可达到安全的目的。

人体对静电来说，可视为导体。所以只要人体接地即可防止带电。但是，由于作业者通常不停留在一定的场所，因步行和作业动作而继续带电。人体静电有可能是危险场所的点火源，清洁厂房的污染源。电子装置的电磁干扰源。

2 名词术语

2.0.1 工业静电

工业静电是在工业生产、储运过程中产生和积累起来的。它对安全生产、产品质量有极大的影响。石油化工生产的特点是高温高压、易燃易爆、有毒有害。在生产场所内，塑料、橡胶、搪瓷等材料以及各类油品随处可见，而粉碎、撕裂、摩擦、流送、喷射、搅拌、冲刷、晃动、采样、检尺等工序普遍存在。这也就是说，产生静电危害的根源存在于人们的日常工作环境之中。因此，了解工业静电的产生机理，分析其危害特点，对探讨和掌握防静电危害的措施，是十分重要的。

静电产生的主要途径如下：1)同类或不同类物体间紧密接触后迅速分离；2)物体上附着了带静电的微粒；3)通过感应或极化作用，使不带电的物体起电。

带电体上带有的静电量，是静电产生量和消散量相平衡后的稳定值。

2.0.2　物质静电特征参数

体积电阻率是随着物质混有杂质的多少及温度的变化而变化。它是评价物质易于带电的参数。

表面电阻率是随着物体表面的吸湿状态及脏污程度等的不同而变化。

电导率是电阻率的倒数。

2.0.3　静电起电、积聚和消散

静置时间的作用是使带电体得到必要的时间，足以把所带的静电荷泄漏出来并导入大地，这是静电接地技术中的一个重要环节。无论是连续性或间歇性生产和储运。对于在3.2.1中提及的静电非导体，设置静置时间是必需的。

液体流过泵、过滤器或高速流过管道时，其带电量会激增。因此，控制流速并在必要部位设置一定长度的管段或缓和器，以使液体中静电荷得到充分地泄漏。如在精细过滤器的出口，液体先通过缓和器后再输出罐装。一般认为液体在管段内以安全流速流动30s，电荷密度就能下降到安全值以下。“弛豫时间”可称为液体在运动中的“静置时间”。

对非导电液体。缓和管段长度可采用下列公式计算。

$$L/V=3\tau$$

其中　L/V——停留时间(即液体在缓和区域内的时间)，s；

L——缓和区域的长度，m；

V——区域内的流速，m/s；

τ——液体的弛豫时间，s。

而弛豫时间由下式给定：

$$\tau=\varepsilon_r\varepsilon_e/K$$

其中　ε_r——液体的相对介电常数；

ε_e——真空介电常数(8.85×10^{-12}，F/m)；

K——液体电导率，ps/m。

2.0.4　材料

物质的静电学分类，各国的分类情况不同。我国在已颁布实施的国家标准《防止静电事故通用导则》GB 12158—90以及化工标准《化工企业静电接地设计规程》HGJ 28—90中，将物质分为三类：静电导体、静电亚导体、静电非导体。

参考国外规范，在石油化工企业中，将物质分为两类较为明了。需要说明的是：物质的导电性是随着它的电阻率变化而改变，决不是用一个数量界限就能将物质断然分割成为“导电”或“不导电”

由于物质的定量数据不统一，故定义中未加定量上的内涵。

各国对物质分类见表1。

表1　各国对物质分类表

国别	静电导体	静电亚导体	静电非导体
英国	$\geqslant10^{-9}$S/m		$<10^{-9}$S/m
日本	$>10^{-8}$S/m	$10^{-10}\sim10^{-8}$S/m	$<10^{-10}$S/m
德国	$\leqslant10^{4}\Omega\cdot$m		$>10^{4}\Omega\cdot$m
澳大利亚	$\leqslant10^{8}\Omega\cdot$m(固体) $\geqslant10^{-9}$S/m(液体)		$>10^{8}\Omega\cdot$m(固体) $\leqslant10^{-9}$S/m(液体)

2.0.5　静电安全及灾害预防

大致列出静电危害的主要种类，特别提请注意由静电放电引起的火灾爆炸事故。

2.0.6　静电接地

静电接地系统可用一个简单的模型图 1 来说明。

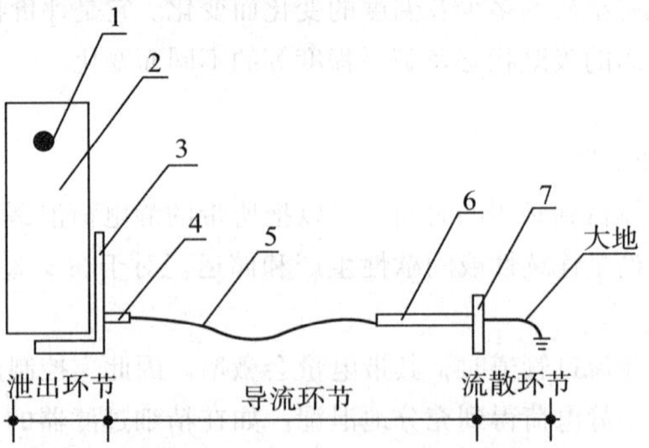

1—带电区；　4—接地端子；
2—带电体的泄漏通道；　5—接地支线；
3—设备支架、外壳；　6—接地干线；
7—接地体

图 1　静电接地模型

带电区至大地，整个系统的总电阻值为静电泄漏电阻，而由设备外壳至大地的电阻称为静电接地电阻，接地体至大地的电阻称为接地体对地电阻。

3　一般规定

3.1　静电接地的范围

3.1.1　本条是将静电接地的范围作了原则性的规定。对于在有爆炸、火灾危险的场所，可能产生的静电危害已越来越多地受到人们的重视。而在非爆炸、火灾危险场所，由于设备、管道、电子仪器等的静电会导致妨碍生产和造成静电电击等，也应进行静电接地。

对于物体能否产生静电危害，要进行具体分析。要特别注意因静电感应而带电的问题。经常产生静电的场合有：

1　经过料槽或风力输送机的粉末物质；

2　从管道和软管口喷出的蒸气、空气或气体，而这时的蒸气中带有水份，空气或气体流中含有微粒物质；

3　运转中的非导体传动皮带或输送皮带；

4　行驶中的车辆；

5　进行着相互接触并改变相对位置的运动物体。通常这些物体为不同的液体或固体；

6　搅拌与混合物料时；

7　刮削和破碎物料时。

3.1.2　需要接地的物体因疏忽而未进行接地，往往容易成为产生静电故障甚至静电危害的原因。所以特别强调一些容易忽略的部位。

这几个部位容易形成孤立导体，有可能因静电感应而带电，又因泄漏通道的不畅，静电荷积聚。一旦有放电的条件，所有的静电荷能通过放电点瞬间全部放掉，会造成事故。

3.1.3　本条归纳了几种不必采用专用的静电接地措施的情况。其理由如下：

防雷、电气保护、防杂散电流、电磁屏蔽等的接地系统的接地电阻值，对于满足静电接地的要求已是足够了。

当金属导体间有紧密的机械连接，其接触面间的电阻甚小，就静电接地系统要求的泄漏电阻值 $10^6\Omega$ 来说，这些单个连接点的电阻值可以忽略不计，静电电流是微安级的，因此可以认为，其导通性满足静电要求。

作阴极保护的管段，其静电导通性已满足静电连接的要求，如果再作接地，会破坏阴极保护回路的直流电通路。

3.2 静电接地方式

3.2.1 静电学按照物质的电阻率将物体分为静电导体和静电非导体。而物体又有固体、液体、气体、粉体等类型之分。

静电导体和人体与移动设备的接地连接方式具体作法，可参见“具体规定”的有关章节。

非导体的带电量，一般来说，取决于非导体的电导率或表面电阻率。对于液体和粉体，视其电导率，而固体则以表面电阻率为带电指标。非导体的电导率很高时，通过间接方式接地，能起到防止带电的效果。但为了防止带电，还需要相当长的时间，即静置时间。

根据国外资料(日本的《静电安全指南》)介绍，非导体的带电量，见表2。

表2 非导体带电性的指标

带电程度	带电电位/kV	电导率/(S/m)	体积电阻率/Ω·m	表面电阻率/Ω
几乎无	<0.1	$>10^{-8}$	$<10^{8}$	$<10^{10}$
少	0.1~1	$10^{-10}\sim10^{-8}$	$10^{8}\sim10^{10}$	$10^{10}\sim10^{12}$
一般	1~10	$10^{-12}\sim10^{-10}$	$10^{10}\sim10^{12}$	$10^{12}\sim10^{14}$
多	>10	$<10^{-12}$	10^{12}	$>10^{14}$

有些静电非导体，可以认为静电接地已不能解决物体带电问题，只有通过静电消除器等措施来进行静电防护。但感应式静电消除器也是需要进行接地才会起作用的。

3.3 静电接地系统的接地电阻

3.3.1 将 10^{6}Ω 作为静电泄漏电阻的安全界限，参考了国标《防止静电事故通用导则》GB 12158—90、《液体石油产品静电安全规程》GB 13348—92、日本《静电安全指南》、英国《防静电通用规范》BS5958 和美国《静电作业规范》NFPA 77—93。日本《静电安全指南》中，列出了一个判断带电状态的粗略标准，见表3。

表3 日本判断带电状态的标准

泄漏电阻/Ω	带电状态
$<10^{6}$	不带电
$>10^{6}\sim<10^{8}$	稍带电
$>10^{8}\sim<10^{10}$	带电
$>10^{10}\sim<10^{12}$	带电量大
$>10^{12}$	大量带电

3.3.2 其他用途的接地装置，其接地电阻值均已满足静电接地的要求。

3.4 静电接地端子和接地板

3.4.1~3.4.2 对于静电接地端子和连接板的设置，此处只作了原则性规定。在工程设计中，需要根据具体情况，如设备、管道位置及接地干线的布置，来确定其方位与高度。

3.4.3 裸露的金属表面为未锈蚀的金属面，可用于焊接、夹接接地端子、接地支线等。

金属螺栓连接部位可兼用于紧固接地支线。

接地端子排板设于现场，供移动物体现场静电接地用。端子排板分为框架式与母线式。母线式端子见电气装置标准图集《接地装置安装图》(D563)。框架式端子排板见图2。

3.4.4 设备有保温层，其金属接地板伸出保温层的长度应大于接地连接用的最小有效长度(60mm 或 110mm)。

钢筋混凝土基础的钢板预埋件，是静电接地体引出的重要部件。电气专业提出需要设预埋件的位置，由土建专业进行埋件设计。

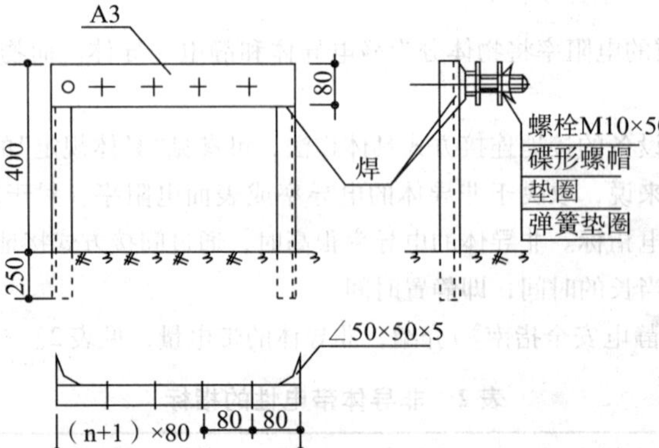

图2　框架式接地端子排板

专用接地板组装示意图见图3。

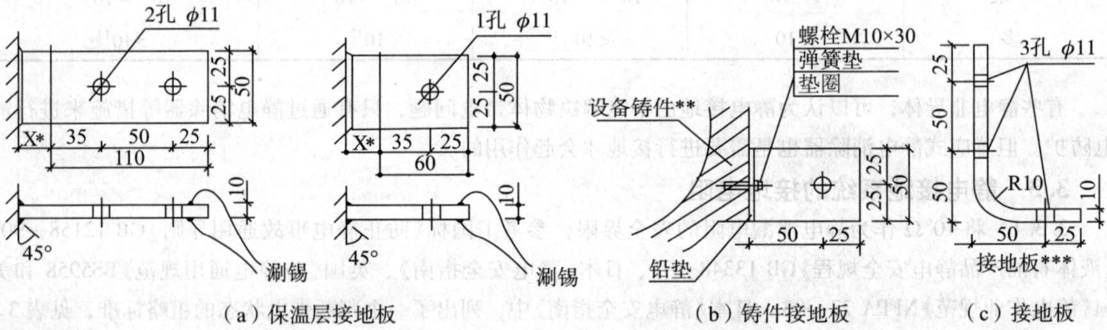

*X 为保温层厚度　** 铸件的接地部位设置凸台，有丝扣孔
*** 接地板与接地线连接端，长度可为125，钻2孔ϕ11。

图3　专用接地板组装示意

3.5　静电接地支线和连接线

3.5.1　静电的电流甚小，因此接地连接系统用材料不需要进行载流量的核算。提出接地支线的最小截面积和对材质的要求，是从机械强度和防腐角度考虑的。接地支线和连接线的规格，可根据实际情况和经验进行选用。

3.6　静电接地干线和接地体

3.6.1　在石油化工的工程设计中，有许多的接地系统需要设计，如防雷、电气保护、防静电和防杂散电流等接地系统。这些接地系统采用共用接地较为适合。从电气安全的观点看，最经济实用的接地措施是总等电位连接的共用接地。电气专业在进行接地干线平面设计时，应当与其他专业配合，全面安排。

3.6.2　静电接地干线在同一标高的平面里，呈闭合环形布置并和不同标高的接地干线之间两点连接，是为了确保接地连接的可靠性。对于某些平面内只有少数设备需要静电接地，而且设备布置在厂房的一侧时，可以不必在厂房内作环形布置，只需与相邻标高的干线作两点连接。

3.6.3　三相四线制中的中性线（N线），在三相负荷不平衡时或一相断线时，对地会有较高的电位，如利用其作为静电接地线，则将电位引入设备而造成事故。

整流所的保护接地系统将有泄漏电流存在。

直流回路的专用接地线有可能带高电位。

静电接地系统(除兼有引流作用的金属设备本体外)与雷电引流线不相连接，是保证引流线完整性的措施。

3.6.4　保护接地系统能充分满足静电接地的要求。

静电接地干线和接地体可根据实际情况和经验选用。

4　具体规定

4.1　固定设备

4.1.1~4.1.6　与地绝缘的金属，如固定塑料法兰的金属螺栓、油面上的金属浮体等要特别注意接地连接。可用镀锌薄钢板大垫圈、镀锌钢丝和可挠多股金属线等相互连接并引出接地。

板框过滤器、油品过滤器、结片机等是易产生静电的设备要注意接地。

固定设备接地端子的位置见图4所示；具有振动部件的设备接地方法见图5所示。

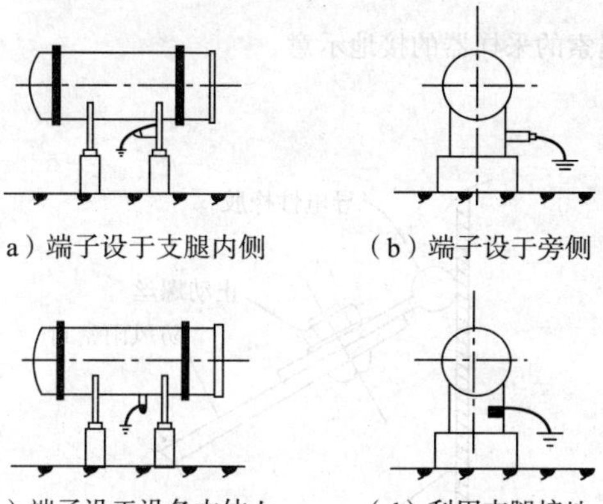

（a）端子设于支腿内侧　（b）端子设于旁侧

（c）端子设于设备本体上　（d）利用支腿接地

图4　固定设备接地端子位置

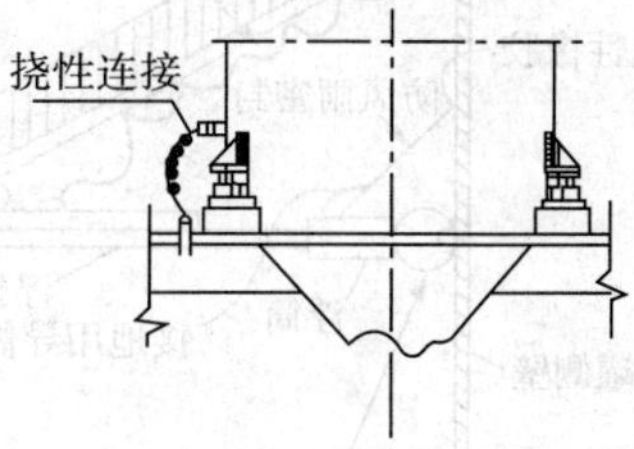

图5　振动设备接地方案

4.2　储　罐

4.2.1　储罐内的各金属构件，尤其是金属浮体如果接地不良，容易形成孤立导体。当带有静电荷的油品注入储罐时，它将收集聚电荷，对地形成电位，在一定的条件下，极易发生火花放电而导致危害。

4.2.2　金属取样器及检尺工具必须可靠接地，也是为了防止形成孤立导体。操作平台上设置的接地端子应避开气体排放口。使用导电性绳索的取样器的接地方式见图6所示。在取样器端也可使用焊接。接地线的安装是在作业开始前进行，作业结束后方可拆除。

如果能采用具有防静电性能的材料制成的工具是最方便的。

4.2.3　为防止静电感应而带静电，浮顶储罐的浮顶应与储罐本体(外壁)之间进行跨接。一般是采用$25mm^2$的铜芯软绞线，沿斜梯敷设至罐壁。防风雨密封的储罐壁一侧的端头应使用导电性橡胶材料制造。浮顶的一侧尚应用$10mm^2$的铜绞线每隔3m跨接一次。做法请参见图7及图8。

4.2.4　轻质油品其电阻率一般在$10^{11}\Omega\cdot m$以上属静电非导体。带电体上电荷的消散需要一个相当长的时间(称为逸散时间)，因此当罐壁使用防7腐涂料时，只要涂料的电阻率小于被储介质的电阻率就不会防碍电荷的逸散。推荐值按《液体石油产品静电安全规程》GB 13348—92的规程。

4.2.5　人体带电所造成的危害已屡见不鲜。上罐前采用人体触摸接地的方式进行人体放电是必须的。上罐入口端的接地体可另设金属棒，横装在入口处，挡住人员登罐，必须推开金属棒完成放电后才可上罐，其安装较为麻烦。另一种方式是可利用一段扶梯(约1m长)，不涂防腐涂料，供人体放电用。金属棒的安装示意见图9。

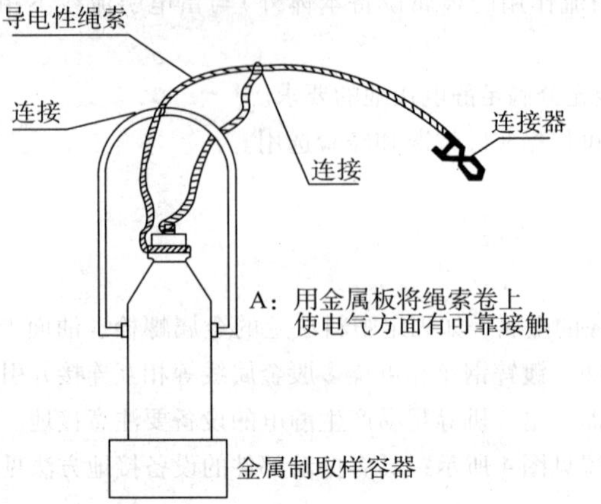

图 6　使用导电性绳索的采样器的接地示意

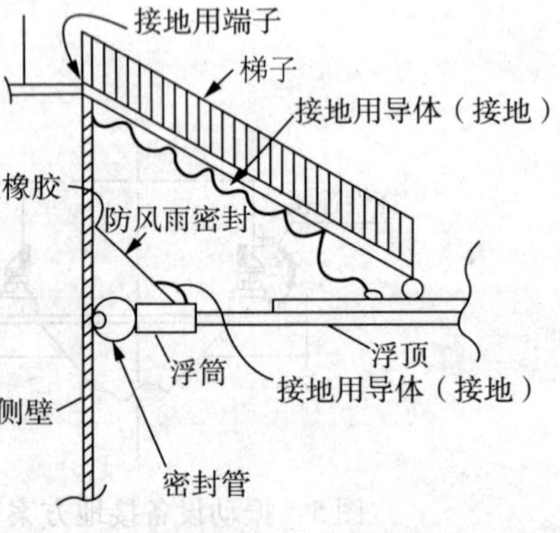

图 7　浮顶与储罐本体跨接

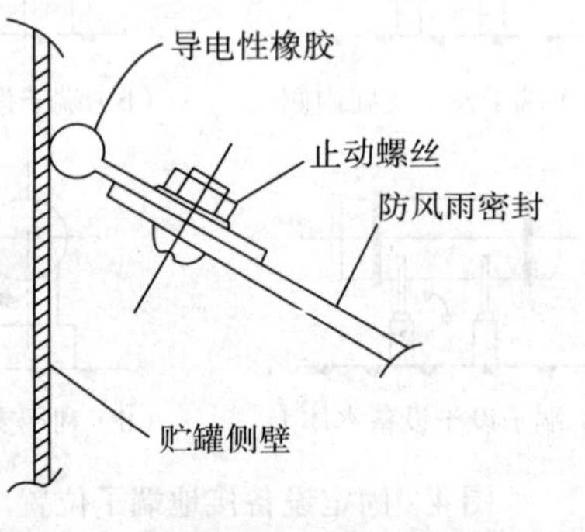

图 8　防风雨密封与储罐侧壁的跨接

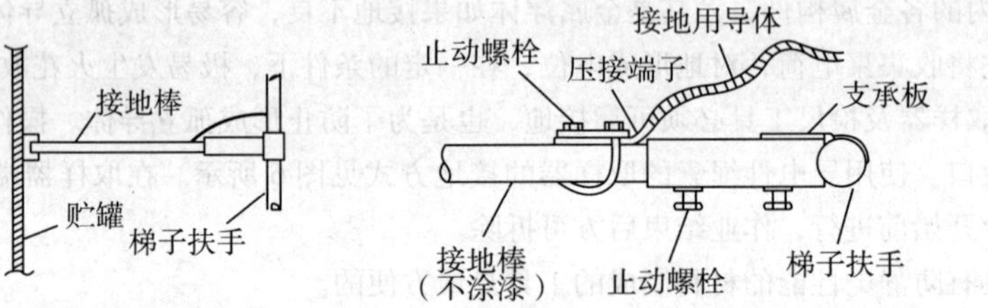

（a）接地棒　　（b）接地棒的安装

图 9　用接地棒消除静电

4.3　管道系统

4.3.1～4.3.2　厂内管线进入工艺装置或建筑物按防雷设计要求均有接地，已满足静电接地要求。厂内管线带的静电接地一般要单独设计，要引起重视以免漏项。管线接地点大致有三个地方要注意：1. 接入泵过滤器、缓和器等设备处是静电量的变化所在，也是接地方便处；2. 管线的分岔处一般考虑为接地点；3. 平行的管线直管段一般 80～100m 的间隔处支架上设有管线支座，也是方便的接地点。

4.3.4　当有蒸汽伴管时，与其工艺管道的连接可参见图 10。

4.3.5　常规的作法，参见图 11。

4.3.6～4.3.7　强调非导体管段上的金属件必须接地，尤其中间的金属接头不要遗忘，以防造成静电积聚。对软管上金属金具的接地参见图 12。

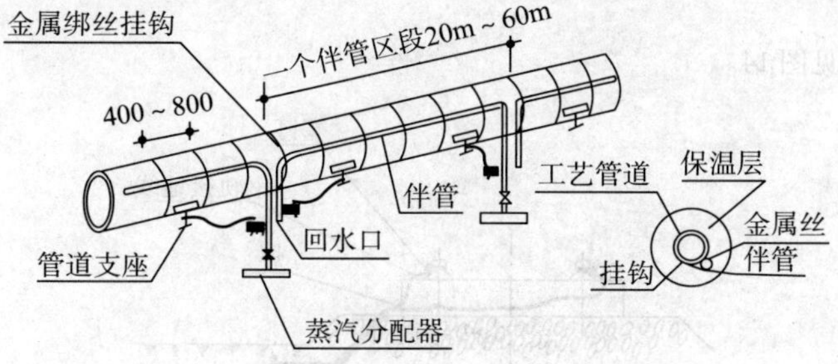

图 10　蒸汽伴管与工艺管道连接示意

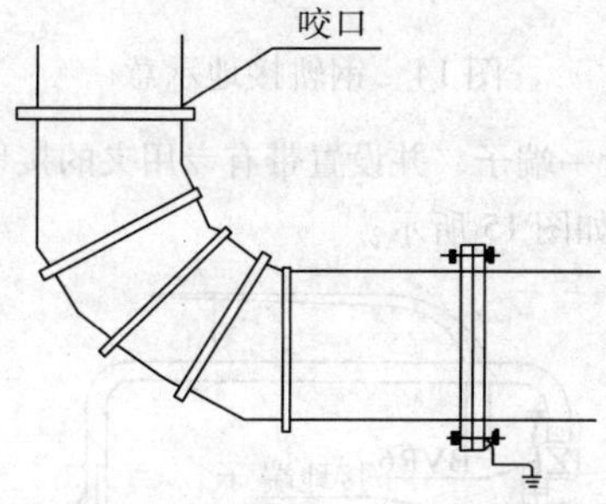

图 11　风管、保温层罩连接

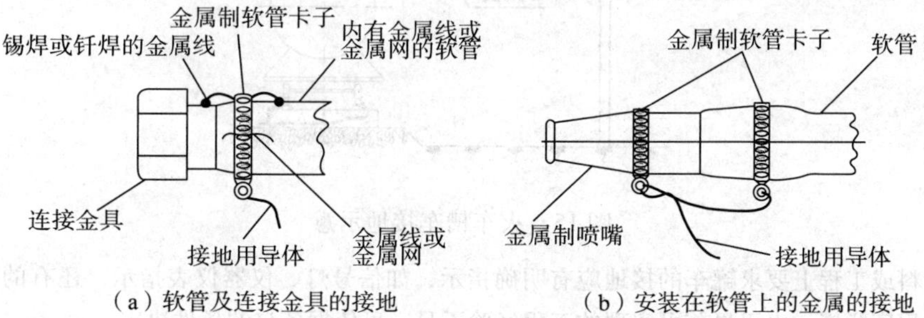

(a) 软管及连接金具的接地　　(b) 安装在软管上的金属的接地

图 12　软管连接金具的接地

4.3.8　直埋地下管线与土壤接触足以达到静电接地电阻值的要求。

4.4　铁路栈台与罐车

4.4.1 ~ 4.4.2　在爆炸危险区域及附近的所有金属管道、设备、构筑物、铁路钢轨等进行等电位连接并接地是防止静电危害的基本方法之一，铁路钢轨在区域内部也应与接地网相连。而为防止外部杂散电流引入，铁轨在区域内外部交接处应进行绝缘隔离。

轨端的跨接为通常的做法参见图 13。

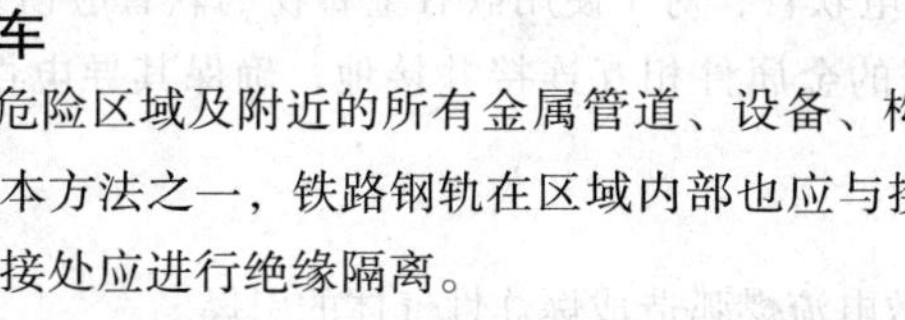

图 13　轨端跨接示意

轨道接地示意图参见图14。

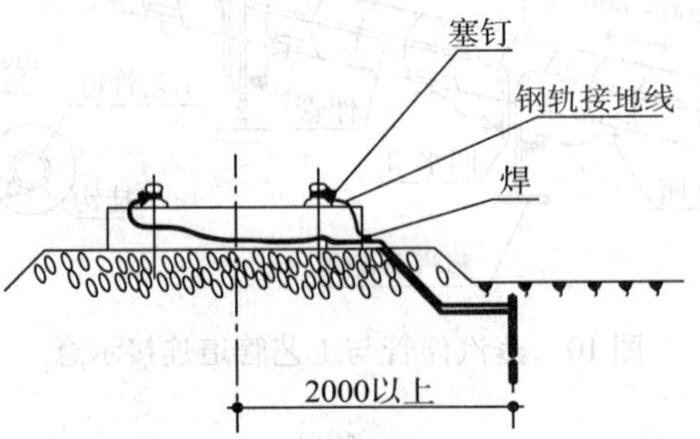

图14 钢轨接地示意

4.4.3 为方便作业，每一鹤位设一端子，并设置带有专用夹的接地线。用于与罐车相连，接地端子宜使用专用线接入接地网。一般的接法如图15所示。

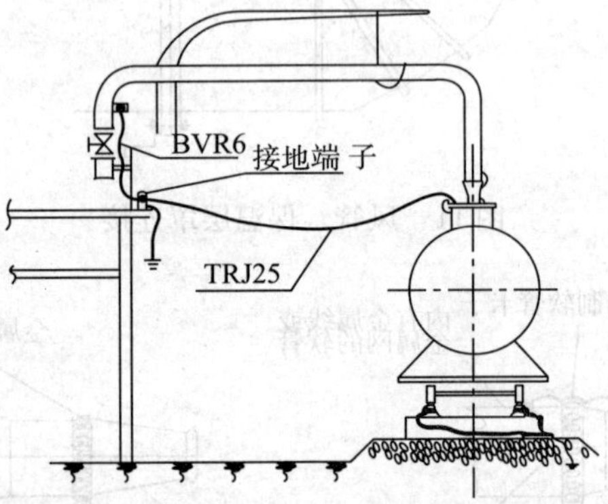

图15 火车槽车接地示意

另有些资料或工程上要求罐车的接地应有明确指示，如信号灯、仪器仪表指示，还有的提出要与输液泵的操作进行程序联锁。由于目前可实现的工程经验不足，可依据各自的条件决定。

4.5 汽车站台与罐车

4.5.1～4.5.4 汽车罐车与火车罐车基本状况和操作要求是一致的。对于汽车罐车可能要更多的注意软管注送问题。本规范推荐使用防静电软管，对于使用嵌有金属物的软管应慎重，在使用中注意其电阻变化，两端及中间的金属连接件、镶嵌的金属件相互连接并接地，确保其导电性连接，保证管路的电阻在$10^6\Omega$以下。

4.6 码 头

4.6.5 码头主要问题是防止杂散电流燃弧造成爆炸性气体的引燃。

绝缘法兰的使用可参见图16。

4.7 粉体加工与储运设备

4.7.1～4.7.6 生产粉体物质的设备中，绝缘的导体容易带电。如粉体物质通过一段绝缘的金属管道或风道时，管道或风道可能带电到高电位，并且能够对地产生高能量的电火花。悬浮的或成堆的带电粉体物质，可通过感应或接触，使其周围的绝缘导体带电。如将粉体物质注入非接地的金属容器时，可能使容器产生火花放电。因此，装置的全部导体部件必须接她。

在粉体物质生产系统中，存在着火危险时，除了采取必要的防静电措施外，还要避免周围存在点火能量很小的混合物。这样采用的安全措施有：在粉体注入与排出时，以适当的低速度进行；防止出现较大的粉尘云，限制处理规模、尽量减小可燃气体浓度。有条件时，使筒仓充惰性气体。

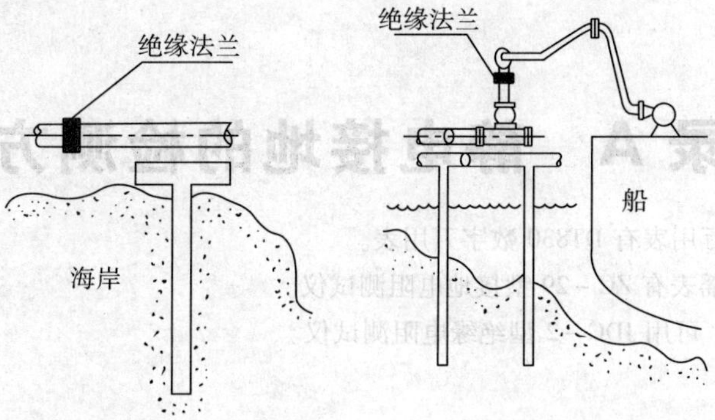

图 16　绝缘法兰使用示意

4.8　气体与蒸汽的喷出设备

4.8.1～4.8.3　纯气体或气体混合物(如空气)的运动，通常产生的静电很少。气体中混有的悬浮液粒或固体微粒，高速喷离喷嘴时带上静电，可能使其附近的绝缘导体带电。

对于含有颗粒物质的任何压缩气体的逸散或释放(如带水的压缩空气的喷射等)，都存在引起可燃性气体蒸汽着火的危险，因此在爆炸危险场所，要极力防止它们喷出。

4.9　人体静电接地

4.9.1～4.9.2　人体活动、接触带电粒子或感应都能使人体带电。影响人体带电的因素有：一是人体本身的因素，也就是人体本身的电容值与电阻值，人体电容值大约在 100～1000pF 之间，一般在 100～150pF 的范围内变化，而人体的电阻值则变化较大，10^3～$10^6\Omega$ 相差几个数量级，人体的充电电流一般在 10^{-9}A 的数量级。二是服装、鞋帽等接触物因素。三是地板、地毯、墙壁、温湿度环境因素等。

人体带电易产生静电危害的场所，通常作法见图 17。

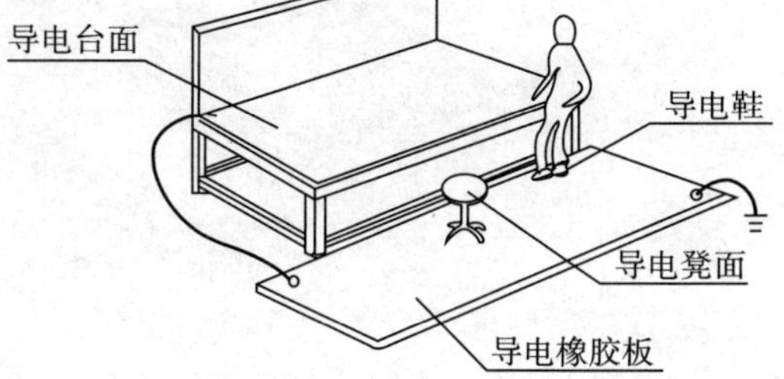

图 17　人体静电接地环境示意

在有低压动力电源的场所，为了防止人体触电，要控制可能通过人体的电流。一般通过人体的电流要小于 5mA。因此，防静电材料阻值不是越低越好。

附录 A　静电接地的检测方法

A. 0. 2　常用的普通万用表有 DT830 数字万用表。

常用的 ZC 系列接地摇表有 ZC－29 型接地电阻测试仪。

当电阻大于 1MΩ 时，可用 JDC－2 型绝缘电阻测试仪。

9. 天然气凝液安全规范

（SY/T 5719—2006
代替 SY 5719—1995）

目　录

1 范围

本标准规定了天然气凝液生产、储存、充装、运输及使用的基本安全要求。

本标准适用于石油企业所有生产、储存、充装、运输和使用天然气凝液的单位和用户。

2 规范性引用文件

下列文件中的条款通过本标准的引用而成为本标准的条款。凡是注日期的引用文件，其随后所有的修改单(不包括勘误的内容)或修订版均不适用于本标准，然而，鼓励根据本标准达成协议的各方研究是否可使用这些文件的最新版本。凡是不注日期的引用文件，其最新版本适用于本标准。

GB J 16—87 建筑设计防火规范

GB J 140 建筑灭火器配置设计规范

GB 150—1998 钢制压力容器

GB 151 管壳式换热器

GB 3836.1 爆炸性气体环境用电气设备 第1部分：通用要求

GB 9053 稳定轻烃

GB 12158 防止静电事故通用导则

GB 12337 钢制球形储罐

GB 13348 液体石油产品静电安全规程

GB 18564 汽车运输液体危险货物常压容器(罐体)通用技术条件

GB 50057 建筑物防雷设计规范

GB 50183 石油和天然气工程设计防火规范

GB 50251 输气管道工程设计规范

GB 50253 输油管道工程设计规范

JB 4710 钢制塔式容器

SY/T 5225 石油天然气钻井、开发、储运防火防爆安全生产技术规程

SY 5984 油(气)田容器、管道和装卸设施接地装置安全检查规定

SY 5985 液化石油气安全管理规定

SY/T 6070 轻烃储库运行管理规范

SY/T 6356 液化石油气储运

SY 6503 可燃气体检测报警器使用规范

TSG R7001 压力容器定期检验规则

劳部发[1994]262号液化气体汽车罐车安全监察规程

3 术语和定义

下列术语和定义适用于本标准。

天然气凝液 gas liquids

从油气田原油挥发气或天然气中回收、分离的烃类混合物的总称。

4 生产厂(站)的安全设计

4.1 厂(站)的防火安全设计应符合GBJ 16—87及GB 50183的有关规定。

4.2 厂(站)介质为天然气凝液的各种工艺塔、器、罐及管道按GB 150，GB 151，GB 12337，JB 4710，GB 50251及GB 50253进行设计。寒冷地区的容器材质可按GB 150—1998中附录C选用。

4.3 厂(站)的一般安全技术要求应符合SY 5985的有关规定，厂(站)内灭火器的配备应符合GBJ 140

的有关规定。

4.4 天然气凝液生产、储存及充装设施的设计，必须委托具有相关资质的设计单位完成。设计应采用先进的工艺技术和设备。

4.5 厂(站)内应有防雷防静电装置，应符合 GB 50057，GB 12158，GB 13348 和 SY 5984 的有关规定。

4.6 新厂(站)防爆区域内的电气设备设计安装应符合 GB 3836.1 的要求，可燃气体报警装置的安装按 SY 6503 的规定执行。

4.7 火炬系统的设计应符合 GB 50183 的有关规定。

5 生产和检修

5.1 生产

5.1.1 天然气凝液的生产装置不应跑、冒、滴、漏。空气不应进入负压运行的塔、器、管线内。

5.1.2 按 SY 6503 的有关规定，定期检查可燃气体报警装置，定期调校，确保准确报警。

5.1.3 生产过程中应严格按操作规程进行操作，不应超温超压。

5.1.4 应定期对各类阀门进行检查和维修，保证阀门严密，不渗不漏，开关灵活。

5.1.5 应定期对仪器仪表进行监控、维护，保证装置自控、显示系统准确可靠。

5.5.6 应定期对用电设备进行检查。

5.1.7 装置或外输管线内需要加入甲醇时，应按操作规程进行。操作人员需配戴防毒面具、手套等防护用品。

5.1.8 装置加热系统应严格执行点火程序，并严格控制燃气(油)压力、空气量及被加热介质的温度。

5.1.9 天然气凝液不应排入污水系统中。

5.1.10 生产过程中应对放水点进行检查。对天然气凝液管线易冻部位应加装伴热，装置内天然气凝液因含水冻堵管线时，不应用明火烘烤。冬季停工时，冷却水系统应采取防冻措施。

5.1.11 应控制空冷器出口气体温度，避免生成水合物和冰而阻塞管程。

5.1.12 仪表风系统温度应控制在露点以上。

5.2 检修

5.2.1 检修时应设专(兼)职人员负责检修的安全管理工作。

5.5.2 制定切实可行的检修方案，经批准后方可组织实施。

5.5.3 检修人员在进入压力容器内部进行工作前，使用单位应按 TSG R7001 的要求，做好设备清理和置换，达到要求后方可进入。

5.5.4 装置停车、置换后，应按检修方案所制定的盲板图加装盲板。盲板应由专人装卸，并做好记录。

5.2.5 容器中的硫化物应清除干净，并及时移到装置区外的指定地点处理。

5.2.6 装置中凝液不应就地排放。

6 储运

6.1 储库和外输管道

6.1.1 储库和外输管道的安全要求按 SY/T 6070，SY/T 6356 的规定执行。

6.1.2 外输管道运行情况应定期进行检测。外输管道应设专人负责安全检查。

6.1.3 管道终点接收的压力应控制在比天然气凝液饱和蒸气压高 100kPa 以上。

6.1.4 冬季天然气凝液用管线输送时，根据需要可加入适量的防冻剂。

6.2 充装站

6.2.1 充装站的设计应按 GB 50183 及 SY/T 5225 的要求执行。充装站应布置在天然气凝液厂(站)和储罐区域常年最小风频上风侧的厂边缘或厂外地区，且通风良好。

6.2.2 装卸车场的进出口宜分开设置；当进出口合用时，站内应设回车场。

6.2.3 装卸车场应采用现浇混凝土地面，应有不小于0.05的向外坡度。

6.2.4 装卸车车位之间的距离应不小于4m。

6.2.5 站内无缓冲罐时，在距离卸车车位10m以外的装卸管道上，应设便于操作的紧急切断阀。

6.3 天然气凝液罐车

6.3.1 天然气凝液罐车的设计、制造、充装和运输按劳部发[1994]262号《液化气体汽车罐车安全监察规程》及GB 18564的有关规定执行。

6.3.2 罐车每侧应至少配备一只5kg以上的干粉灭火器。

6.3.3 罐车应设有静电排除设施和排气消火装置。

6.4 天然气凝液罐车的装卸

6.4.1 天然气凝液罐车的充装单位应派专人在充装前对罐车进行检查，并做好记录。发现有下列情况之一，不应充装：

a)汽车罐车使用证或准运证已超过有效期。

b)汽车罐车的漆色、铭牌和标志不符合劳部发[1994]262号《液化气体汽车罐车安全监察规程》及GB 18564的规定，与所装介质不符或脱落不宜识别。

c)汽车罐车未按规定进行定期检验。

d)防护用具、服装、专用检修工具和备品、备件没有随车携带。

e)随车必带的文件和资料不符合劳部发[1994]262号《液化气体汽车罐车安全监察规程》及GB 18564的规定或与实物不符。

f)余压不符合劳部发[1994]262号《液化气体汽车罐车安全监察规程》的规定。

g)罐体或安全附件、阀门等有异常。

6.4.2 罐车应按指定的位置停车，关闭汽车发动机并用手闸制动。有滑动可能时，应加防滑块。

6.4.3 装卸作业现场严禁烟火，不应使用易产生火花的工具和用品，罐车罐及凝液管线均应静电接地。

6.4.4 在正常装卸作业时，不应随意起动车辆。车辆发动前应用携带式可燃气体报警器检查周围可燃气体含量，合格后方可发动车辆。

6.4.5 汽车罐车充装量不应超过允许的最大充装重量。充装时应有液面计、流量计、地磅或其他计量装置。充装完毕应复查充装重量或液位，如有超装应妥善处理，否则严禁驶离充装单位。

6.4.6 饱和蒸气压相当于GB 9053中Ⅱ号轻烃的天然气凝液可用常压罐车或密闭罐车输送。大于1.8MPa的凝液应用管道输送，其他压力的天然气凝液应用相应压力等级的罐车密闭充装运输。

6.4.7 开口充装天然气凝液的罐车应有计量装置，充装人员不应在罐口检尺。充装液管应伸到罐内底部并固定好，不应采用喷射的方法充装，并应控制充装凝液的流速。

6.4.8 新制造的汽车罐车或检修后首次充装的汽车罐车，充装易燃、易爆介质前应经抽真空处理，或充氮置换处理，要求真空度不应低于0.087MPa，或罐内气体含氧量不应大于3%，且应由处理单位出具证明文件。

6.4.9 罐车装卸作业完成后，应填写装卸记录并妥善保存。

6.4.10 凡遇下列情况之一，不应装卸作业：

a)遇有雷雨天气或附近有明火时。

b)周围有易燃、易爆或有毒介质泄漏时。

c)罐体内压力异常时。

6.5 罐车的行驶和停放

6.5.1 汽车罐车行驶时，应遵守下列规定：

a)应严格遵守国家交通管理法规的规定，行驶时按汽车罐车的设计限速行驶，保持与前车的距离，严禁违章超车，并按指定路线行驶。

b)押运员应随车押运。

c)车上不应吸烟。

d)过隧道、涵洞、立交桥等应注意标高并减速行驶。

6.5.2　汽车罐车的停放应遵守下列要求：

a)不应停靠在机关、学校、厂矿、桥梁、仓库和人员稠密等地方。

b)停车位置应通风良好，停车地点附近不应有明火。

c)停车检修时应使用不产生火花的工具，不应有明火作业。

d)途中停车如果超过6h，应在当地公安部门指定的安全地点或有“道路危险货物运输中转许可证”的专用停车场停放。

e)途中发生故障，维修时间长或故障程度危及安全时，应立即将汽车罐车转移到安全场地，并由专人看管，方可进行维修。

f)重新行车前应对全车进行认真检查，遇有异常情况应妥善处理，达到要求后方可行车。

g)停车时驾驶员和押运员不应同时离开车辆。

6.5.3　汽车罐车在行驶或停放过程中出现事故等意外情况，应妥善处理，并及时与当地有关部门取得联系。

7　用户

7.1　用户应熟悉天然气凝液的物理化学性质。

7.2　天然气凝液应用作化工原料。

7.3　罐车到用户后应及时卸液，罐车不应兼作储罐用。

7.4　不应采用蒸汽直接注入罐车罐体升压或直接加热罐车罐体的方法卸液。

7.5　罐车卸液后，罐内应留有余压。

7.6　在寒冷地区，车库内外温差太大时，车库应有专人看管、检查，并有可靠的安全泄压措施。

九、建筑与结构

1. 钢结构设计规范

(GB 50017—2003 代替 GBJ 17—88)

目　录

1 总则

1.0.1 为在钢结构设计中贯彻执行国家的技术经济政策，做到技术先进、经济合理、安全适用、确保质量，特制定本规范。

1.0.2 本规范适用于工业与民用房屋和一般构筑物的钢结构设计，其中，由冷弯成型钢材制作的构件及其连接应符合现行国家标准《冷弯薄壁型钢结构技术规范》GB 50018 的规定。

1.0.3 本规范的设计原则是根据现行国家标准《建筑结构可靠度设计统一标准》GB 50068 制订的。按本规范设计时，取用的荷载及其组合值应符合现行国家标准《建筑结构荷载规范》GB 50009 的规定；在地震区的建筑物和构筑物，尚应符合现行国家标准《建筑抗震设计规范》GB 50011、《中国地震动参数区划图》GB 18306 和《构筑物抗震设计规范》GB 50191 的规定。

1.0.4 设计钢结构时，应从工程实际情况出发，合理选用材料、结构方案和构造措施，满足结构构件在运输、安装和使用过程中的强度、稳定性和刚度要求，并符合防火、防腐蚀要求。宜优先采用通用的和标准化的结构和构件，减少制作、安装工作量。

1.0.5 **在钢结构设计文件中，应注明建筑结构的设计使用年限、钢材牌号、连接材料的型号(或钢号)和对钢材所要求的力学性能、化学成分及其他的附加保证项目。此外，还应注明所要求的焊缝形式，焊缝质量等级、端面刨平顶紧部位及对施工的要求。**

1.0.6 对有特殊设计要求和在特殊情况下的钢结构设计，尚应符合现行有关国家标准的要求。

2 术语和符号

2.1 术语

2.1.1 强度 strength

构件截面材料或连接抵抗破坏的能力。强度计算是防止结构构件或连接因材料强度被超过而破坏的计算。

2.1.2 承载能力 load - carrying capacity

结构或构件不会因强度、稳定或疲劳等因素破坏所能承受的最大内力；或塑性分析形成破坏机构时的最大内力；或达到不适应于继续承载的变形时的内力。

2.1.3 脆断 brittle fracture

一般指钢结构在拉应力状态下没有出现警示性的塑性变形而突然发生的脆性断裂。

2.1.4 强度标准值 characteristic value of strength

国家标准规定的钢材屈服点(屈服强度)或抗拉强度。

2.1.5 强度设计值 design value of strength

钢材或连接的强度标准值除以相应抗力分项系数后的数值。

2.1.6 一阶弹性分析 first order elastic analysis

不考虑结构二阶变形对内力产生的影响，根据未变形的结构建立平衡条件，按弹性阶段分析结构内力及位移。

2.1.7 二阶弹性分析 second order elastic analysis

考虑结构二阶变形对内力产生的影响，根据位移后的结构建立平衡条件，按弹性阶段分析结构内力及位移。

2.1.8 屈曲 buckling

杆件或板件在轴心压力、弯矩、剪力单独或共同作用下突然发生与原受力状态不符的较大变形而失去稳定。

2.1.9 腹板屈曲后强度 post - buckling strength of web plate

腹板屈曲后尚能继续保持承受荷载的能力。

2.1.10 通用高厚比 normalized web slenderness

参数，其值等于钢材受弯、受剪或受压屈服强度除以相应的腹板抗弯、抗剪或局部承压弹性屈曲应力之商的平方根。

2.1.11 整体稳定 overall stability

在外荷载作用下，对整个结构或构件能否发生屈曲或失稳的评估。

2.1.12 有效宽度 effective width

在进行截面强度和稳定性计算时，假定板件有效的那一部分宽度。

2.1.13 有效宽度系数 effective width factor

板件有效宽度与板件实际宽度的比值。

2.1.14 计算长度 effective length

构件在其有效约束点间的几何长度乘以考虑杆端变形情况和所受荷载情况的系数而得的等效长度，用以计算构件的长细比。计算焊缝连接强度时采用的焊缝长度。

2.1.15 长细比 slenderness ratio

构件计算长度与构件截面回转半径的比值。

2.1.16 换算长细比 equivalent slenderness ratio

在轴心受压构件的整体稳定计算中，按临界力相等的原则，将格构式构件换算为实腹构件进行计算时所对应的长细比或将弯扭与扭转失稳换算为弯曲失稳时采用的长细比。

2.1.17 支撑力 nodal bracing force

为减小受压构件(或构件的受压翼缘)的自由长度所设置的侧向支承处，在被支撑构件(或构件受压翼缘)的屈曲方向，所需施加于该构件(或构件受压翼缘)截面剪心的侧向力。

2.1.18 无支撑纯框架 unbraced frame

依靠构件及节点连接的抗弯能力，抵抗侧向荷载的框架。

2.1.19 强支撑框架 frame braced with strong bracing system

在支撑框架中，支撑结构(支撑桁架、剪力墙、电梯井等)抗侧移刚度较大，可将该框架视为无侧移的框架。

2.1.20 弱支撑框架 frame braced with weak bracing system

在支撑框架中，支撑结构抗侧移刚度较弱，不能将该框架视为无侧移的框架。

2.1.21 摇摆柱 leaning column

框架内两端为铰接不能抵抗侧向荷载的柱。

2.1.22 柱腹板节点域 panel zone of column web

框架梁柱的刚接节点处，柱腹板在梁高度范围内的区域。

2.1.23 球形钢支座 spherical steel bearing

使结构在支座处可以沿任意方向转动的钢球面作为传力的铰接支座或可移动支座。

2.1.24 橡胶支座 couposite rubber and steel support

满足支座位移要求的橡胶和薄钢板等复合材料制品作为传递支座反力的支座。

2.1.25 主管 chord member

钢管结构构件中，在节点处连续贯通的管件，如桁架中的弦杆。

2.1.26 支管 bracing member

钢管结构中，在节点处断开并与主管相连的管件，如桁架中与主管相连的腹杆。

2.1.27 间隙节点 gap joint

两支管的趾部离开一定距离的管节点。

2.1.28 搭接节点 overlap joint

在钢管节点处，两支管相互搭接的节点。

2.1.29　平面管节点　uniplanar joint

支管与主管在同一平面内相互连接的节点。

2.1.30　空间管节点　multiplanar joint

在不同平面内的支管与主管相接而形成的管节点。

2.1.31　组合构件　built - up member

由一块以上的钢板(或型钢)相互连接组成的构件，如工字形截面或箱形截面组合梁或柱。

2.1.32　钢与混凝土组合梁　composite　steel and concrete beam

由混凝土翼板与钢梁通过抗剪连接件组合而成能整体受力的梁。

2.2　符号

2.2.1　作用和作用效应设计值

F——集中荷载；

H——水平力；

M——弯矩；

N——轴心力；

P——高强度螺栓的预拉力；

Q——重力荷载；

R——支座反力；

V——剪力。

2.2.2　计算指标

E——钢材的弹性模量；

E_c——混凝土的弹性模量；

G——钢材的剪变模量；

N_t^a——一个锚栓的抗拉承载力设计值；

N_r^b、N_v^b、N_c^b——一个螺栓的抗拉、抗剪和承压承载力设计值；

N_t^r、N_v^r、N_c^r——一个铆钉的抗拉、抗剪和承压承载力设计值；

N_v^c——组合结构中一个抗剪连接件的抗剪承载力设计值；

N_t^{pj}、N_c^{pj}——受拉和受压支管在管节点处的承载力设计值；

S_b——支撑结构的侧移刚度(产生单位侧倾角的水平力)；

f——钢材的抗拉、抗压和抗弯强度设计值；

f_v——钢材的抗剪强度设计值；

f_{ce}——钢材的端面承压强度设计值；

f_{sr}——钢筋的抗拉强度设计值；

f_y——钢材的屈服强度(或屈服点)；

f_t^a——锚栓的抗拉强度设计值；

f_t^b、f_v^b、f_c^b——螺栓的抗拉、抗剪和承压强度设计值；

f_t^r、f_v^r、f_c^r——铆钉的抗拉、抗剪和承压强度设计值；

f_t^w、f_v^w、f_c^w——对接焊缝的抗拉、抗剪和抗压强度设计值；

f_f^w——角焊缝的抗拉、抗剪和抗压强度设计值；

f_c——混凝土抗压强度设计值；

Δu——楼层的层间位移；

$[\upsilon_Q]$——仅考虑可变荷载标准值产生的挠度的容许值；

$[\upsilon_T]$——同时考虑永久和可变荷载标准值产生的挠度的容许值；

σ——正应力；

σ_c——局部压应力；

σ_f——垂直于角焊缝长度方向，按焊缝有效截面计算的应力；

$\Delta\sigma$——疲劳计算的应力幅或折算应力幅；

$\Delta\sigma_e$——变幅疲劳的等效应力幅；

$[\Delta\sigma]$——疲劳容许应力幅；

σ_{cr}、$\sigma_{c,cr}$、τ_{cr}——板件在弯曲应力、局部压应力和剪应力单独作用时的临界应力；

τ——剪应力；

τ_f——沿角焊缝长度方向，按焊缝有效截面计算的剪应力；

ρ——质量密度。

2.2.3　几何参数

A——毛截面面积；

A_n——净截面面积；

H——柱的高度；

H_1、H_2、H_3——阶形柱上段、中段(或单阶柱下段)、下段的高度；

I——毛截面惯性矩；

I_t——毛截面抗扭惯性矩；

I_ω——毛截面扇性惯性矩；

I_n——净截面惯性矩；

S——毛截面面积矩；

W——毛截面模量；

W_n——净截面模量；

W_p——塑性毛截面模量；

W_{Pn}——塑性净截面模量；

a、g——间距；间隙；

b——板的宽度或板的自由外伸宽度；

b_0——箱形截面翼缘板在腹板之间的无支承宽度；混凝土板托顶部的宽度；

b_s——加劲肋的外伸宽度；

b_e——板件的有效宽度；

d——直径；

d_e——有效直径；

d_0——孔径；

e——偏心距；

h——截面全高；楼层高度；

h_{c1}——混凝土板的厚度；

h_{c2}——混凝土板托的厚度；

h_e——角焊缝的计算厚度；

h_f——角焊缝的焊脚尺寸；

h_w——腹板的高度；

h_0——腹板的计算高度；

i——截面回转半径；

l——长度或跨度；

l_1——梁受压翼缘侧向支承间距离；螺栓（或铆钉）受力方向的连接长度；

l_0——弯曲屈曲的计算长度；

l_ω——扭转屈曲的计算长度；

l_w——焊缝的计算长度；

l_z——集中荷载在腹板计算高度边缘上的假定分布长度；

s——部分焊透对接焊缝坡口根部至焊缝表面的最短距离；

t——板的厚度；主管壁厚；

t_s——加劲肋厚度；

t_w——腹板的厚度；

α——夹角；

θ——夹角；应力扩散角；

λ_b——梁腹板受弯计算时的通用高厚比；

λ_s——梁腹板受剪计算时的通用高厚比；

λ_c——梁腹板受局部压力计算时的通用高厚比；

λ——长细比；

λ_0、λ_{yz}、λ_z、λ_{uz}——换算长细比。

2.2.4　计算系数及其他

C——用于疲劳计算的有量纲参数；

K_1、K_2——构件线刚度之比；

k_s——构件受剪屈曲系数；

O_v——管节点的支管搭接率；

n——螺栓、铆钉或连接件数目；应力循环次数；

n_1——所计算截面上的螺栓（或铆钉）数目；

n_f——高强度螺栓的传力摩擦面数目；

n_v——螺栓或铆钉的剪切面数目；

α——线膨胀系数；计算吊车摆动引起的横向力的系数；

α_E——钢材与混凝土弹性模量之比；

α_e——梁截面模量考虑腹板有效宽度的折减系数；

α_f——疲劳计算的欠载效应等效系数；

α_0——柱腹板的应力分布不均匀系数；

α_y——钢材强度影响系数；

α_1——梁腹板刨平顶紧时采用的系数；

α_{2i}——考虑二阶效应框架第 i 层杆件的侧移弯矩增大系数；

β——支管与主管外径之比；用于计算疲劳强度的参数；

β_b——梁整体稳定的等效临界弯矩系数；

β_f——正面角焊缝的强度设计值增大系数；

β_m、β_t——压弯构件稳定的等效弯矩系数；

β_1——折算应力的强度设计值增大系数；

γ——栓钉钢材强屈比；

γ_0——结构的重要性系数；

γ_x、γ_y——对主轴 x、y 的截面塑性发展系数；

η——调整系数；

η_b——梁截面不对称影响系数；

η_1、η_2——用于计算阶形柱计算长度的参数；

μ——高强度螺栓摩擦面的抗滑移系数；柱的计算长度系数；

μ_1、μ_2、μ_3——阶形柱上段、中段(或单阶柱下段)、下段的计算长度系数；

ξ——用于计算梁整体稳定的参数；

ρ——腹板受压区有效宽度系数；

φ——轴心受压构件的稳定系数；

φ_b、φ'_b——梁的整体稳定系数；

ψ——集中荷载的增大系数；

ψ_n、ψ_a、ψ_d——用于计算直接焊接钢管节点承载力的参数。

3 基本设计规定

3.1 设计原则

3.1.1 本规范除疲劳计算外，采用以概率理论为基础的极限状态设计方法，用分项系数设计表达式进行计算。

3.1.2 承重结构应按下列承载能力极限状态和正常使用极限状态进行设计：

1 承载能力极限状态包括：构件和连接的强度破坏、疲劳破坏和因过度变形而不适于继续承载，结构和构件丧失稳定，结构转变为机动体系和结构倾覆。

2 正常使用极限状态包括：影响结构、构件和非结构构件正常使用或外观的变形，影响正常使用的振动，影响正常使用或耐久性能的局部损坏(包括混凝土裂缝)。

3.1.3 设计钢结构时，应根据结构破坏可能产生的后果，采用不同的安全等级。

一般工业与民用建筑钢结构的安全等级应取为二级，其他特殊建筑钢结构的安全等级应根据具体情况另行确定。

3.1.4 按承载能力极限状态设计钢结构时，应考虑荷载效应的基本组合，必要时尚应考虑荷载效应的偶然组合。

按正常使用极限状态设计钢结构时，应考虑荷载效应的标准组合，对钢与混凝土组合梁，尚应考虑准永久组合。

3.1.5 计算结构或构件的强度、稳定性以及连接的强度时，应采用荷载设计值(荷载标准值乘以荷载分项系数)；计算疲劳时，应采用荷载标准值。

3.1.6 对于直接承受动力荷载的结构：在计算强度和稳定性时，动力荷载设计值应乘动力系数；在计算疲劳和变形时，动力荷载标准值不乘动力系数。

计算吊车梁或吊车桁架及其制动结构的疲劳和挠度时，吊车荷载应按作用在跨间内荷载效应最大的一台吊车确定。

3.2 荷载和荷载效应计算

3.2.1 设计钢结构时，荷载的标准值、荷载分项系数、荷载组合值系数、动力荷载的动力系数等，应按现行国家标准《建筑结构荷载规范》GB 50009 的规定采用。

结构的重要性系数 γ_0 应按现行国家标准《建筑结构可靠度设计统一标准》GB 50068 的规定采用，其中对设计使用年限为 25 年的结构构件，γ_0 不应小于 0.95。

注：对支承轻屋面的构件或结构(檩条、屋架、框架等)，当仅有一个可变荷载且受荷水平投影面积超过 $60m^2$ 时，屋面均布活荷载标准值应取为 $0.3kN/m^2$。

3.2.2 计算重级工作制吊车梁(或吊车桁架)及其制动结构的强度、稳定性以及连接(吊车梁或吊车桁架、制动结构、柱相互间的连接)的强度时，应考虑由吊车摆动引起的横向水平力(此水平力不与荷载规范规定的横向水平荷载同时考虑)，作用于每个轮压处的此水平力标准值可由下式进行计算：

$$H_k = \alpha P_{k,max} \tag{3.2.2}$$

式中 $P_{k,max}$——吊车最大轮压标准值；

α——系数，对一般软钩吊车 $\alpha=0.1$，抓斗或磁盘吊车宜采用 $\alpha=0.15$，硬钩吊车宜采用 $\alpha=0.2$。

注：现行国家标准《起重机设计规范》GB/T 3811 将吊车工作级别划分为 A1～A8 级。在一般情况下，本规范中的轻级工作制相当于 A1～A3 级；中级工作制相当于 A4、A5 级；重级工作制相当于 A6～A8 级，其中 A8 属于特重级。

3.2.3 计算屋盖桁架考虑悬挂吊车和电动葫芦的荷载时，在同一跨间每条运行线路上的台数：对梁式吊车不宜多于 2 台；对电动葫芦不宜多于 1 台。

3.2.4 计算冶炼车间或其他类似车间的工作平台结构时，由检修材料所产生的荷载，可乘以下列折减系数：

主梁：0.85；

柱(包括基础)：0.75。

3.2.5 结构的计算模型和基本假定应尽量与构件连接的实际性能相符合。

3.2.6 建筑结构的内力一般按结构静力学方法进行弹性分析，符合本规范第 9 章的超静定结构，可采用塑性分析。采用弹性分析的结构中，构件截面允许有塑性变形发展。

3.2.7 框架结构中，梁与柱的刚性连接应符合受力过程中梁柱间交角不变的假定，同时连接应具有充分的强度承受交汇构件端部传递的所有最不利内力。梁与柱铰接时，应使连接具有充分的转动能力，且能有效地传递横向剪力与轴心力。梁与柱的半刚性连接只具有有限的转动刚度，在承受弯矩的同时会产生相应的交角变化，在内力分析时，必须预先确定连接的弯矩－转角特性曲线，以便考虑连接变形的影响。

3.2.8 框架结构内力分析宜符合下列规定：

1 框架结构可采用一阶弹性分析。

2 对 $\frac{\sum N\cdot\Delta u}{\sum H\cdot h}>0.1$ 的框架结构宜采用二阶弹性分析，此时应在每层柱顶附加考虑由公式(3.2.8－1)计算的假想水平力 H_{ni}。

$$H_{ni}=\frac{\alpha_y Q_i}{250}\sqrt{0.1+\frac{1}{n_s}} \tag{3.2.8-1}$$

式中 Q_i——第 i 楼层的总重力荷载设计值；

n_s——框架总层数；当 $\sqrt{0.2+1/n_s}>1$ 时，取此根号值为 1.0；

α_y——钢材强度影响系数，其值：Q235 钢为 1.0；Q345 钢为 1.1；Q390 钢为 1.2；Q420 钢为 1.25。

对无支撑的纯框架结构，当采用二阶弹性分析时，各杆件杆端的弯矩 $M_{Ⅱ}$ 可用下列近似公式进行计算：

$$M_{Ⅱ}=M_{Ⅰb}+\alpha_{2i}M_{Ⅰs} \tag{3.2.8-2}$$

$$\alpha_{2i}\frac{1}{1-\frac{\sum N\cdot\Delta u}{\sum H\cdot h}} \tag{3.2.8-3}$$

式中 $M_{Ⅰb}$——假定框架无侧移时按一阶弹性分析求得的各杆件端弯矩；

$M_{Ⅰs}$——框架各节点侧移时按一阶弹性分析求得的杆件端弯矩；

α_{2i}——考虑二阶效应第 i 层杆件的侧移弯矩增大系数；

$\sum N$——所计算楼层各柱轴心压力设计值之和；

$\sum H$——产生层间侧移 Δu 的所计算楼层及以上各层的水平力之和；

Δu——按一阶弹性分析求得的所计算楼层的层间侧移，当确定是否采用二阶弹性分析时，Δu 可近似采用层间相对位移的容许值[Δu]，[Δu]见本规范附录 A 第 A.2 节；

h——所计算楼层的高度。

注：1 当按公式(3.2.8－3)计算的 $\alpha_{2i}>1.33$ 时，宜增大框架结构的刚度。

2 本条规定不适用于山形门式刚架或其他类似的结构以及按本规范第 9 章进行塑性设计的框架结构。

3.3 材料选用

3.3.1 为保证承重结构的承载能力和防止在一定条件下出现脆性破坏，应根据结构的重要性、荷载特征、结构形式、应力状态、连接方法、钢材厚度和工作环境等因素综合考虑，选用合适的钢材牌号和材性。

承重结构的钢材宜采用Q235钢、Q345钢、Q390钢和Q420钢，其质量应分别符合现行国家标准《碳素结构钢》GB/T 700和《低合金高强度结构钢》GB/T 1591的规定。当采用其他牌号的钢材时，尚应符合相应有关标准的规定和要求。

3.3.2 下列情况的承重结构和构件不应采用Q235沸腾钢：

1 焊接结构。

1） 直接承受动力荷载或振动荷载且需要验算疲劳的结构。

2） 工作温度低于－20℃时的直接承受动力荷载或振动荷载但可不验算疲劳的结构以及承受静力荷载的受弯及受拉的重要承重结构。

3） 工作温度等于或低于－30℃的所有承重结构。

2 非焊接结构。工作温度等于或低于－20℃的直接承受动力荷载且需要验算疲劳的结构。

3.3.3 承重结构采用的钢材应具有抗拉强度、伸长率、屈服强度和硫、磷含量的合格保证，对焊接结构尚应具有碳含量的合格保证。

焊接承重结构以及重要的非焊接承重结构采用的钢材还应具有冷弯试验的合格保证。

3.3.4 对于需要验算疲劳的焊接结构的钢材，应具有常温冲击韧性的合格保证。当结构工作温度不高于0℃但高于－20℃时，Q235钢和Q345钢应具有0℃冲击韧性的合格保证；对Q390钢和Q420钢应具有－20℃冲击韧性的合格保证。当结构工作温度不高于－20℃时，对Q235钢和Q345钢应具有－20℃冲击韧性的合格保证；对Q390钢和Q420钢应具有－40℃冲击韧性的合格保证。

对于需要验算疲劳的非焊接结构的钢材亦应具有常温冲击韧性的合格保证。当结构工作温度不高于－20℃时，对Q235钢和Q345钢应具有0℃冲击韧性的合格保证；对Q390钢和Q420钢应具有－20℃冲击韧性的合格保证。

注：吊车起重量不小于50t的中级工作制吊车梁，对钢材冲击韧性的要求应与需要验算疲劳的构件相同。

3.3.5 钢铸件采用的铸钢材质应符合现行国家标准《一般工程用铸造碳钢件》GB/T 11352的规定。

3.3.6 当焊接承重结构为防止钢材的层状撕裂而采用Z向钢时，其材质应符合现行国家标准《厚度方向性能钢板》GB/T 5313的规定。

3.3.7 对处于外露环境，且对耐腐蚀有特殊要求的或在腐蚀性气态和固态介质作用下的承重结构，宜采用耐候钢，其质量要求应符合现行国家标准《焊接结构用耐候钢》GB/T 4172的规定。

3.3.8 钢结构的连接材料应符合下列要求：

1 手工焊接采用的焊条，应符合现行国家标准《碳钢焊条》GB/T 5117或《低合金钢焊条》GB/T 5118的规定。选择的焊条型号应与主体金属力学性能相适应。对直接承受动力荷载或振动荷载且需要验算疲劳的结构，宜采用低氢型焊条。

2 自动焊接或半自动焊接采用的焊丝和相应的焊剂应与主体金属力学性能相适应，并应符合现行国家标准的规定。

3 普通螺栓应符合现行国家标准《六角头螺栓　C级》GB/T 5780和《六角头螺栓》GB/T 5782的规定。

4 高强度螺栓应符合现行国家标准《钢结构用高强度大六角头螺栓》GB/T 1228、《钢结构用高强度大六角螺母》GB/T 1229、《钢结构用高强度垫圈》GB/T 1230、《钢结构用高强度大六角头螺栓、大六角螺母、垫圈技术条件》GB/T 1231或《钢结构用扭剪型高强度螺栓连接副》GB/T 3632、《钢结构用扭剪型高强度螺栓连接副　技术条件》GB/T 3633的规定。

5 圆柱头焊钉(栓钉)连接件的材料应符合现行国家标准电弧螺栓焊用《圆柱头焊钉》GB/T 10433的规定。

6 铆钉应采用现行国家标准《标准件用碳素钢热轧圆钢》GB/T 715中规定的BL2或BL3号钢制成。

7　锚栓可采用现行国家标准《碳素结构钢》GB/T 700 中规定的 Q235 钢或《低合金高强度结构钢》GB/T 1591 中规定的 Q345 钢制成。

3.4　设计指标

3.4.1　钢材的强度设计值，应根据钢材厚度或直径按表 3.4.1－1 采用。钢铸件的强度设计值应按表 3.4.1－2 采用。连接的强度设计值应按表 3.4.1－3 至表 3.4.1－5 采用。

表 3.4.1－1　钢材的强度设计值（N/mm^2）

钢材		抗拉、抗压和抗弯	抗剪	端面承压（刨平顶紧）
牌号	厚度或直径 /mm	f	f_v	f_{ce}
Q235 钢	≤16	215	125	325
	>16～40	205	120	
	>40～60	200	115	
	>60～100	190	110	
Q345 钢	≤16	310	180	400
	>16～35	295	170	
	>35～50	265	155	
	>50～100	250	145	
Q390 钢	≤16	350	205	415
	>16～35	335	190	
	>35～50	315	180	
	>50～100	295	170	
Q420 钢	≤16	380	220	440
	>16～35	360	210	
	>35～50	340	195	
	>50～100	325	185	

注：表中厚度系指计算点的钢材厚度，对轴心受拉和轴心受压构件系指截面中较厚板件的厚度。

表 3.4.1－2　钢铸件的强度设计值（N/mm^2）

钢号	抗拉、抗压和抗弯 f	抗剪 f_v	端面承压（刨平顶紧） f_{ce}
ZG200－400	155	90	260
ZG230－450	180	105	290
ZG270－500	210	120	325
ZG310－570	240	140	370

表 3.4.1－3　焊缝的强度设计值(N/mm^2)

焊接方法和焊条型号	构件钢材		对接焊缝				角焊缝
	牌号	厚度或直径(mm)	抗压 f_c^w	焊缝质量为下列等级时，抗拉 f_t^w		抗剪 f_v^w	抗拉、抗压和抗剪 f_f^w
				一级、二级	三级		
自动焊、半自动焊和 E43 型焊条的手工焊	Q235 钢	≤16	215	215	185	125	160
		>16～40	205	205	175	120	
		>40～60	200	200	170	115	
		>60～100	190	190	160	110	
自动焊、半自动焊和 E50 型焊条的手工焊	Q345 钢	≤16	310	310	265	180	200
		>16～35	295	295	250	170	
		>35～50	265	265	225	155	
		>50～100	250	250	210	145	
自动焊、半自动焊和 E55 型焊条的手工焊	Q390 钢	≤16	350	350	300	205	220
		>16～35	335	335	285	190	
		>35～50	315	315	270	180	
		>50～100	295	295	250	170	
	Q420 钢	≤16	380	380	320	220	220
		>16～35	360	360	305	210	
		>35～50	340	340	290	195	
		>50～100	325	325	275	185	

注：1 自动焊和半自动焊所采用的焊丝和焊剂，应保证其熔敷金属的力学性能不低于现行国家标准《埋弧焊用碳钢焊丝和焊剂》GB/T 5293 和《低合金钢埋弧焊用焊剂》GB/T 12470 中相关的规定。

2 焊缝质量等级应符合现行国家标准《钢结构工程施工质量验收规范》GB 50205 的规定。其中厚度小于 8mm 钢材的对接焊缝，不应采用超声波探伤确定焊缝质量等级。

3 对接焊缝在受压区的抗弯强度设计值取 f_c^w，在受拉区的抗弯强度设计值取 f_t^w。

4 表中厚度系指计算点的钢材厚度，对轴心受拉和轴心受压构件系指截面中较厚板件的厚度。

表 3.4.1－4　螺栓连接的强度设计值(N/mm^2)

螺栓的性能等级、锚栓和构件钢材的牌号		普通螺栓						锚栓	承压型连接高强度螺栓		
		C 级螺栓			A 级、B 级螺栓						
		抗拉 f_t^b	抗剪 f_v^b	承压 f_c^b	抗拉 f_t^b	抗剪 f_v^b	承压 f_c^b	抗拉 f_t^a	抗拉 f_t^b	抗剪 f_v^b	承压 f_c^b
普通螺栓	4.6 级、4.8 级	170	140	—	—	—	—	—	—	—	—
	5.6 级	—	—	—	210	190	—	—	—	—	—
	8.8 级	—	—	—	400	320	—	—	—	—	—
锚栓	Q235 钢	—	—	—	—	—	—	140	—	—	—
	Q345 钢	—	—	—	—	—	—	180	—	—	—

续表 3.4.1－4

螺栓的性能等级、锚栓和构件钢材的牌号		普通螺栓						锚栓	承压型连接高强度螺栓		
		C 级螺栓			A 级、B 级螺栓						
		抗拉 f_t^b	抗剪 f_v^b	承压 f_c^b	抗拉 f_t^b	抗剪 f_v^b	承压 f_c^b	抗拉 f_t^a	抗拉 f_t^b	抗剪 f_v^b	承压 f_c^b
承压型连接高强度螺栓	8.8 级	—	—	—	—	—	—	—	400	250	—
	10.9 级	—	—	—	—	—	—	—	500	310	—
构件	Q235 钢	—	—	305	—	—	405	—	—	—	470
	Q345 钢	—	—	385	—	—	510	—	—	—	590
	Q390 钢	—	—	400	—	—	530	—	—	—	615
	Q420 钢	—	—	425	—	—	560	—	—	—	655

注：1. A 级螺栓用于 $d \leqslant 24$mm 和 $l \leqslant 10d$ 或 $l \leqslant 150$mm（按较小值）的螺栓；B 级螺栓用于 $d > 24$mm 或，$l > 10d$ 或 $l > 150$mm（按较小值）的螺栓。d 为公称直径，l 为螺杆公称长度。

2. A、B 级螺栓孔的精度和孔壁表面粗糙度，C 级螺栓孔的允许偏差和孔壁表面粗糙度，均应符合现行国家标准《钢结构工程施工质量验收规范》GB 50205 的要求。

表 3.4.1－5　铆钉连接的强度设计值（N/mm^2）

铆钉钢号和构件钢材牌号		抗拉（钉头拉脱）f_t	抗剪 f_v		承压 f_c	
			Ⅰ类孔	Ⅱ类孔	Ⅰ类孔	Ⅱ类孔
铆钉	BL2 或 BL3	120	185	155	—	—
构件	Q235 钢	—	—	—	450	365
	Q345 钢	—	—	—	565	460
	Q390 钢	—	—	—	590	480

注：1　属于下列情况者为Ⅰ类孔：

1）在装配好的构件上按设计孔径钻成的孔；

2）在单个零件和构件上按设计孔径分别用钻模钻成的孔；

3）在单个零件上先钻成或冲成较小的孔径，然后在装配好的构件上再扩钻至设计孔径的孔。

2　在单个零件上一次冲成或不用钻模钻成设计孔径的孔属于Ⅱ类孔。

3.4.2　计算下列情况的结构构件或连接时，第 3.4.1 条规定的强度设计值应乘以相应的折减系数。

1. 单面连接的单角钢：

1）按轴心受力计算强度和连接乘以系数　0.85；

2）按轴心受压计算稳定性：

等边角钢乘以系数　$0.6 + 0.0015\lambda$，但不大于 1.0；

短边相连的不等边角钢乘以系数　$0.5 + 0.0025\lambda$，但不大于 1.0；

长边相连的不等边角钢乘以系数　0.70；

λ 为长细比，对中间无联系的单角钢压杆，应按最小回转半径计算，当 $\lambda < 20$ 时，取 $\lambda = 20$；

2. 无垫板的单面施焊对接焊缝乘以系数　0.85；

3. 施工条件较差的高空安装焊缝和铆钉连接乘以系数　0.90；

4. 沉头和半沉头铆钉连接乘以系数　0.80。

注：当几种情况同时存在时，其折减系数应连乘。

3.4.3　钢材和钢铸件的物理性能指标应按表 3.4.3 采用。

表 3.4.3 钢材和钢铸件的物理性能指标

弹性模量 E (N/mm^2)	剪变模量 G (N/mm^2)	线膨胀系数 α (以每℃计)	质量密度 ρ (kg/m^3)
206×10^4	79×10^3	12×10^{-6}	7850

3.5 结构或构件变形的规定

3.5.1 为了不影响结构或构件的正常使用和观感，设计时应对结构或构件的变形(挠度或侧移)规定相应的限值。一般情况下，结构或构件变形的容许值见本规范附录 A 的规定。当有实践经验或有特殊要求时，可根据不影响正常使用和观感的原则对附录 A 的规定进行适当地调整。

3.5.2 计算结构或构件的变形时，可不考虑螺栓(或铆钉)孔引起的截面削弱。

3.5.3 为改善外观和使用条件，可将横向受力构件预先起拱，起拱大小应视实际需要而定，一般为恒载标准值加 1/2 活载标准值所产生的挠度值。当仅为改善外观条件时，构件挠度应取在恒荷载和活荷载标准值作用下的挠度计算值减去起拱度。

4 受弯构件的计算

4.1 强 度

4.1.1 在主平面内受弯的实腹构件(考虑腹板屈曲后强度者参见本规范第 4.4.1 条)，其抗弯强度应按下列规定计算：

$$\frac{M_x}{\gamma_x W_{nx}}+\frac{M_y}{\gamma_y W_{ny}}\leqslant f \tag{4.1.1}$$

式中 M_x、M_y——同一截面处绕 x 轴和 y 轴的弯矩(对工字形截面：x 轴为强轴，y 轴为弱轴)；

W_{nx}、W_{ny}——对 x 轴和 y 轴的净截面模量；

γ_x、γ_y——截面塑性发展系数；对工字形截面，$\gamma_x=1.05$，$\gamma_y=1.20$；对箱形截面，$\gamma_x=\gamma_y=1.05$；对其他截面，可按表 5.2.1 采用；

f——钢材的抗弯强度设计值。

当梁受压翼缘的自由外伸宽度与其厚度之比大于 $13\sqrt{235/f_y}$ 而不超过 $15\sqrt{235/f_y}$ 时，应取 $\gamma_x=1.0$。f_y 为钢材牌号所指屈服点。

对需要计算疲劳的梁，宜取 $\gamma_x=\gamma_y=1.0$。

4.1.2 在主平面内受弯的实腹构件(考虑腹板屈曲后强度者参见本规范第 4.4.1 条)，其抗剪强度应按下式计算：

$$\tau=\frac{VS}{It_w}\leqslant f_v \tag{4.1.2}$$

式中 V——计算截面沿腹板平面作用的剪力；

S——计算剪应力处以上毛截面对中和轴的面积矩；

I——毛截面惯性矩；

t_w——腹板厚度；

f_v——钢材的抗剪强度设计值。

4.1.3 当梁上翼缘受有沿腹板平面作用的集中荷载、且该荷载处又未设置支承加劲肋时，腹板计算高度上边缘的局部承压强度应按下式计算：

$$\sigma_c=\frac{\psi F}{t_w l_z}\leqslant f \tag{4.1.3-1}$$

式中 F——集中荷载，对动力荷载应考虑动力系数；

ψ——集中荷载增大系数；对重级工作制吊车梁，$\psi=1.35$；对其他梁，$\psi=1.0$；

l_z——集中荷载在腹板计算高度上边缘的假定分布长度，按下式计算：

$$l_z = a + 5h_y + 2h_R \tag{4.1.3-2}$$

a——集中荷载沿梁跨度方向的支承长度，对钢轨上的轮压可取50mm；

h_y——自梁顶面至腹板计算高度上边缘的距离；

h_R——轨道的高度，对梁顶无轨道的梁 $h_R = 0$；

f——钢材的抗压强度设计值。

在梁的支座处，当不设置支承加劲肋时，也应按公式(4.1.3－1)计算腹板计算高度下边缘的局部压应力，但 Ψ 取1.0。支座集中反力的假定分布长度，应根据支座具体尺寸参照公式(4.1.3－2)计算。

注：腹板的计算高度 h_0；对轧制型钢梁，为腹板与上、下翼缘相接处两内弧起点间的距离；对焊接组合梁，为腹板高度；对铆接(或高强度螺栓连接)组合梁，为上、下翼缘与腹板连接的铆钉(或高强度螺栓)线间最近距离(见图4.3.2)。

4.1.4　在梁的腹板计算高度边缘处，若同时受有较大的正应力、剪应力和局部压应力，或同时受有较大的正应力和剪应力(如连续梁中部支座处或梁的翼缘截面改变处等)时，其折算应力应按下式计算：

$$\sqrt{\sigma^2 + \sigma_c^2 - \sigma\sigma_c + 3\tau^2} \leqslant \beta_1 f \tag{4.1.4-1}$$

式中　σ、τ、σ_c——腹板计算高度边缘同一点上同时产生的正应力、剪应力和局部压应力，τ 和 σ_c 应按公式(4.1.2)和公式(4.1.3－1)计算，σ 应按下式计算：

$$\sigma = \frac{M}{I_n} y_1 \tag{4.1.4-2}$$

σ 和 σ_c 以拉应力为正值，压应力为负值；

I_n——梁净截面惯性矩；

y_1——所计算点至梁中和轴的距离；

β_1——计算折算应力的强度设计值增大系数；当 σ 与 σ_c 异号时，取 $\beta_1 = 1.2$；当 σ 与 σ_c 同号或 $\sigma_c = 0$ 时，取 $\beta_1 = 1.1$。

4.2　整体稳定

4.2.1　符合下列情况之一时．可不计算梁的整体稳定性：

1　有铺板(各种钢筋混凝土板和钢板)密铺在梁的受压翼缘上并与其牢固相连、能阻止梁受压翼缘的侧向位移时。

2　H型钢或等截面工字形简支梁受压翼缘的自由长度 l_1 与其宽度 b_1 之比不超过表4.2.1所规定的数值时。

表4.2.1　H型钢或等截面工字形简支梁不需计算整体稳定性的最大 l_1/b_1 值

钢号	跨中无侧向支承点的梁		跨中受压翼缘有侧向支承点的梁，不论荷载作用于何处
	荷载作用在上翼缘	荷载作用在下翼缘	
Q235	13.0	20.0	16.0
Q345	10.5	16.5	13.0
Q390	10.0	15.5	12.5
Q420	9.5	15.0	12.0
注：其他钢号的梁不需计算整体稳定性的最大 l_1/b_1 值，应取Q235钢的数值乘以 $\sqrt{235/f_y}$。			

对跨中无侧向支承点的梁，l_1 为其跨度；对跨中有侧向支承点的梁，l_1 为受压翼缘侧向支承点间的距离(梁的支座处视为有侧向支承)。

4.2.2　除4.2.1条所指情况外，在最大刚度主平面内受弯的构件，其整体稳定性应按下式计算：

$$\frac{M_x}{\varphi_b W_x} \leqslant f \tag{4.2.2}$$

式中 M_x——绕强轴作用的最大弯矩；

W_x——按受压纤维确定的梁毛截面模量；

φ_b——梁的整体稳定性系数，应按附录 B 确定。

4.2.3 除 4.2.1 条所指情况外，在两个主平面受弯的 H 型钢截面或工字形截面构件，其整体稳定性应按下式计算：

$$\frac{M_x}{\varphi_b W_x}+\frac{M}{\gamma_y W_y}\leqslant f \tag{4.2.3}$$

式中 W_x、W_y——按受压纤维确定的对 x 轴和对 y 轴毛截面模量；

φ_b——绕强轴弯曲所确定的梁整体稳定系数，见 4.2.2 条。

4.2.4 不符合 4.2.1 条 1 款情况的箱形截面简支梁，其截面尺寸(图 4.2.4)应满足 $h/b_0\leqslant 6$，$l_1/b_0\leqslant 95(235/f_y)$。

符合上述规定的箱形截面简支梁，可不计算整体稳定性。

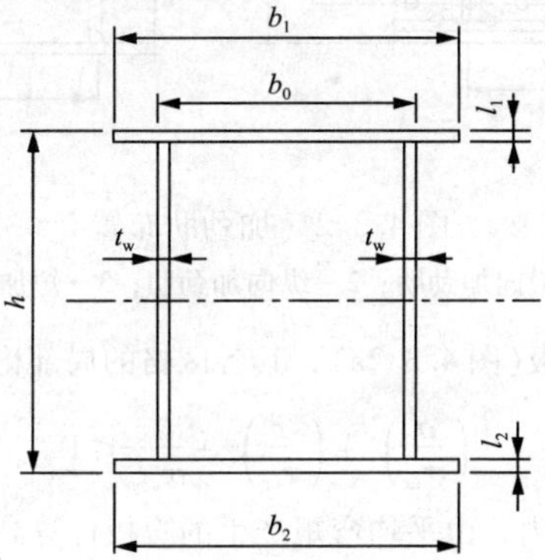

图 4.2.4 箱形截面

4.2.5 梁的支座处，应采取构造措施，以防止梁端截面的扭转。

4.2.6 用作减小梁受压翼缘自由长度的侧向支撑，其支撑力应将梁的受压翼缘视为轴心压杆按 5.1.7 条计算。

4.3 局部稳定

4.3.1 承受静力荷载和间接承受动力荷载的组合梁宜考虑腹板屈曲后强度，按本规范第 4.4 节的规定计算其抗弯和抗剪承载力；而直接承受动力荷载的吊车梁及类似构件或其他不考虑屈曲后强度的组合梁，则应按本规范第 4.3.2 条的规定配置加劲肋。当 $h_0/t_w>80\sqrt{235/f_y}$ 时，尚应按本规范第 4.3.3 条至第 4.3.5 条的规定计算腹板的稳定性。

轻、中级工作制吊车梁计算腹板的稳定性时，吊车轮压设计值可乘以折减系数 0.9。

4.3.2 组合梁腹板配置加劲肋应符合下列规定(图 4.3.2)：

1 当 $h_0/t_w\leqslant 80\sqrt{235/f_y}$ 时，对有局部压应力($\sigma_c\neq 0$)的梁，应按构造配置横向加劲肋；但对无局部压应力($\sigma_c=0$)的梁，可不配置加劲肋。

2 当 $h_0/t_w>80\sqrt{235/f_y}$ 时，应配置横向加劲肋。其中，当 $h_0/t_w>170\sqrt{235/f_y}$(受压翼缘扭转受到约束，如连有刚性铺板、制动板或焊有钢轨时)或 $h_0/t_w>150\sqrt{235/f_y}$(受压翼缘扭转未受到约束时)，或按计算需要时，应在弯曲应力较大区格的受压区增加配置纵向加劲肋。局部压应力很大的梁，必要时尚宜在受压区配置短加劲肋。

任何情况下，h_0/t_w 均不应超过 250。

此处 h_0 为腹板的计算高度(对单轴对称梁，当确定是否要配置纵向加劲肋时，h_0 应取腹板受压区高度 h_c 的 2 倍)，t_w 为腹板的厚度。

3　梁的支座处和上翼缘受有较大固定集中荷载处，宜设置支承加劲肋。

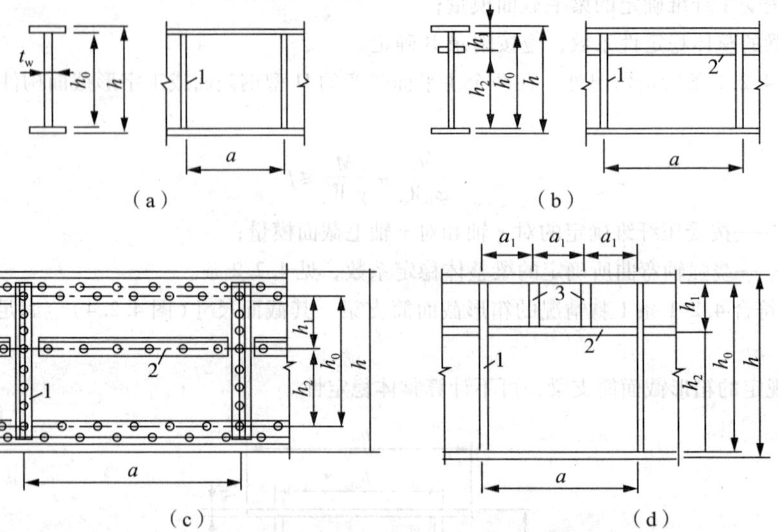

图 4.3.2　加劲肋布置

1—横向加劲肋；2—纵向加劲肋；3—短加劲肋

4.3.3　仅配置横向加劲肋的腹板(图 4.3.2a)，其各区格的局部稳定应按下式计算：

$$\left(\frac{\sigma}{\sigma_{cr}}\right)^2+\left(\frac{\tau}{\tau_{cr}}\right)^2+\frac{\sigma_c}{\sigma_{c,cr}}\leqslant 1 \qquad (4.3.3-1)$$

式中　　σ——所计算腹板区格内，由平均弯矩产生的腹板计算高度边缘的弯曲压应力；

τ——所计算腹板区格内，由平均剪力产生的腹板平均剪应力，应按 $\tau=V/(h_w t_w)$ 计算，h_w 为腹板高度；

σ_c——腹板计算高度边缘的局部压应力，应按公式(4.1.3-1)计算，但取式中的 $\psi=1.0$；

σ_{cr}、τ_{cr}、$\sigma_{c,cr}$——各种应力单独作用下的临界应力，按下列方法计算：

1) σ_{cr} 按下列公式计算：

当 $\lambda_b\leqslant 0.85$ 时：

$$\sigma_{cr}=f \qquad (4.3.3-2a)$$

当 $0.85<\lambda_b\leqslant 1.25$ 时；

$$\sigma_{cr}=[1-0.75(\lambda_b-0.85)]f \qquad (4.3.3-2b)$$

当 $\lambda_b>1.25$ 时：

$$\sigma_{cr}=1.1f/\lambda_b^2 \qquad (4.3.3-2c)$$

式中　λ_b——用于腹板受弯计算时的通用高厚比；

当梁受压翼缘扭转受到约束时：

$$\lambda_b=\frac{2h_c/t_w}{177}\sqrt{\frac{f_y}{235}} \qquad (4.3.3-2d)$$

当梁受压翼缘扭转未受到约束时：

$$\lambda_b=\frac{2h_c/t_w}{153}\sqrt{\frac{f_y}{235}} \qquad (4.3.3-2e)$$

h_c——梁腹板弯曲受压区高度，对双轴对称截面 $2h_c=h_0$。

2) τ_{cr} 按下列公式计算：

当 $\lambda_s\leqslant 0.8$ 时：

$$\tau_{cr}=f_v \tag{4.3.3-3a}$$

当 $0.8<\lambda_s\leqslant 1.2$ 时：

$$\tau_{cr}=[1-0.59(\lambda_s-0.8)]f_v \tag{4.3.3-3b}$$

当 $\lambda_s>1.2$ 时：

$$\tau_{cr}=1.1f_v/\lambda_s^2 \tag{4.3.3-3c}$$

式中 λ_s——用于腹板受剪计算时的通用高厚比。

当 $a/h_0\leqslant 1.0$ 时：

$$\lambda_s=\frac{h_0/t_w}{41\sqrt{4+5.34(h_0/a)^2}}\sqrt{\frac{f_y}{235}} \tag{4.3.3-3d}$$

当 $a/h_0>1.0$ 时：

$$\lambda_s=\frac{h_0/t_w}{41\sqrt{5.34+4(h_0/a)^2}}\sqrt{\frac{f_y}{235}} \tag{4.3.3-3e}$$

3）$\sigma_{c,cr}$ 按下列公式计算：

当 $\lambda_c\leqslant 0.9$ 时：

$$\sigma_{c,cr}=f \tag{4.3.3-4a}$$

当 $0.9<\lambda_c\leqslant 1.2$ 时：

$$\sigma_{c,cr}=[1-0.79(\lambda_c-0.9)]f \tag{4.3.3-4b}$$

当 $\lambda_c>1.2$ 时：

$$\sigma_{c,cr}=1.1f/\lambda_c^2 \tag{4.3.3-4c}$$

式中 λ_c——用于腹板受局部压力计算时的通用高厚比。

当 $0.5\leqslant a/h_0\leqslant 1.5$ 时：

$$\lambda_c=\frac{h_0/t_w}{28\sqrt{10.9+13.4(1.83-a/h_0)^3}}\sqrt{\frac{f_y}{235}} \tag{4.3.3-4d}$$

当 $1.5<a/h_0\leqslant 2.0$ 时：

$$\lambda_c=\frac{h_0/t_w}{28\sqrt{18.9-5a/h_0}}\sqrt{\frac{f_y}{235}} \tag{4.3.3-4e}$$

4.3.4 同时用横向加劲肋和纵向加劲肋加强的腹板（图 4.3.2b、c），其局部稳定性应按下列公式计算：

1 受压翼缘与纵向加劲肋之间的区格：

$$\frac{\sigma}{\sigma_{cr1}}+\left(\frac{\tau}{\tau_{cr1}}\right)^2+\left(\frac{\sigma_c}{\sigma_{c,cr1}}\right)^2\leqslant 1.0 \tag{4.3.4-1}$$

式中 σ_{cr1}、τ_{cr1}、$\sigma_{c,cr1}$ 分别按下列方法计算：

1）σ_{cr1} 按公式(4.3.3-2)计算，但式中的 λ_b 改用下列 λ_{b1} 代替。

当梁受压翼缘扭转受到约束时：

$$\lambda_{b1}=\frac{h_1/t_w}{75}\sqrt{\frac{f_y}{235}} \tag{4.3.4-2a}$$

当梁受压翼缘扭转未受到约束时：

$$\lambda_{b1}=\frac{h_1/t_w}{64}\sqrt{\frac{f_y}{235}} \tag{4.3.4-2b}$$

式中 h_1——纵向加劲肋至腹板计算高度受压边缘的距离。

2）τ_{cr1} 按公式(4.3.3-3)计算，将式中的 h_0 改为 h_1。

3）$\sigma_{c,cr1}$ 按公式(4.3.3-2)计算，但式中的 λ_b 改用下列 λ_{c1} 代替。

当梁受压翼缘扭转受到约束时：

$$\lambda_{c1}=\frac{h_1/t_w}{56}\sqrt{\frac{f_y}{235}} \tag{4.3.4-3a}$$

当梁受压翼缘扭转未受到约束时：

$$\lambda_{c1}=\frac{h_1/t_w}{40}\sqrt{\frac{f_y}{235}} \tag{4.3.4-3b}$$

2　受拉翼缘与纵向加劲肋之间的区格：

$$\left(\frac{\sigma_2}{\sigma_{cr2}}\right)^2+\left(\frac{\tau}{\tau_{cr2}}\right)^2\frac{\sigma_{c2}}{\sigma_{c,cr2}}\leqslant 1.0 \tag{4.3.4-4}$$

式中　σ_2——所计算区格内由平均弯矩产生的腹板在纵向加劲肋处的弯曲压应力；

σ_{c2}——腹板在纵向加劲肋处的横向压应力，取 $0.3\sigma_c$。

1）σ_{cr2}按公式（4.3.3－2）计算，但式中的 λ_b 改用下列 λ_{b2}代替。

$$\lambda_{b2}=\frac{h_2/t_w}{194}\sqrt{\frac{f_y}{235}} \tag{4.3.4-5}$$

2）τ_{cr2}按公式（4.3.3－3）计算，将式中的 h_0 改为 h_2（$h_2=h_0-h_1$）。

3）$\sigma_{c,cr2}$按公式（4.3.3－4）计算，但式中的 h_0 改为 h_2，当 $a/h_2>2$ 时，取 $a/h_2=2$。

4.3.5　在受压翼缘与纵向加劲肋之间设有短加劲肋的区格（图 4.3.2d），其局部稳定性按式（4.3.4－1）计算。该式中的 σ_{cr1} 仍按 4.3.4 条 1 款之 1）计算；τ_{cr1}按式（4.3.3－3）计算，但将 h_0 和 a 改为 h_1 和 a_1（a_1 为短加劲肋间距）；$\sigma_{c,cr1}$按式（4.3.3－2）计算，但式中 λ_b 改用下列 λ_{c1}代替。

当梁受压翼缘扭转受到约束时：

$$\lambda_{c1}=\frac{a_1/t_w}{87}\sqrt{\frac{f_y}{235}} \tag{4.3.5a}$$

当梁受压翼缘扭转未受到约束时：

$$\lambda_{c1}=\frac{a_1/t_w}{73}\sqrt{\frac{f_y}{235}} \tag{4.3.5b}$$

对 $a_1/h_1>1.2$ 的区格，公式（4.3.5）右侧应乘以 $1/\left(0.4+0.5\dfrac{a_1}{h_1}\right)^{\frac{1}{2}}$

4.3.6　加劲肋宜在腹板两侧成对配置，也可单侧配置，但支承加劲肋、重级工作制吊车梁的加劲肋不应单侧配置。

横向加劲肋的最小间距应为 $0.5h_0$，最大间距应为 $2h_0$（对无局部压应力的梁，当 $h_0/t_w\leqslant 100$ 时，可采用 $2.5h_0$）。纵向加劲肋至腹板计算高度受压边缘的距离应在 $h_c/2.5\sim h_c/2$ 范围内。

在腹板两侧成对配置的钢板横向加劲肋，其截面尺寸应符合下列公式要求：

外伸宽度：

$$b_s\geqslant\frac{h_0}{30}+40\qquad(\text{mm}) \tag{4.3.6-1}$$

厚度：

$$t_s\geqslant\frac{b_s}{15} \tag{4.3.6-2}$$

在腹板一侧配置的钢板横向加劲肋，其外伸宽度应大于按公式（4.3.6－1）算得的 1.2 倍，厚度不应小于其外伸宽度的 1/15。

在同时用横向加劲肋和纵向加劲肋加强的腹板中，横向加劲肋的截面尺寸除应符合上述规定外，其截面惯性矩 I_z 尚应符合下式要求：

$$I_z\geqslant 3h_0t_w^3 \tag{4.3.6-3}$$

纵向加劲肋的截面惯性矩 I_y，应符合下列公式要求：

当 $a/h_0 \leqslant 0.85$ 时：

$$I_y \geqslant 1.5 h_0 t_w^3 \tag{4.3.6-4a}$$

当 $a/h_0 > 0.85$ 时：

$$I_y \geqslant \left(2.5 - 0.45\frac{a}{h_0}\right)\left(\frac{a}{h_0}\right)^2 h_0 t_w^3 \tag{4.3.6-4b}$$

短加劲肋的最小间距为 $0.75h_1$。短加劲肋外伸宽度应取横向加劲肋外伸宽度的 0.7 ~ 1.0 倍，厚度不应小于短加劲肋外伸宽度的 1/15。

注：1 用型钢(H 型钢、工字钢、槽钢、肢尖焊于腹板的角钢)做成的加劲肋，其截面惯性矩不得小于相应钢板加劲肋的惯性矩。

2 在腹板两侧成对配置的加劲肋，其截面惯性矩应按梁腹板中心线为轴线进行计算。

3 在腹板一侧配置的加劲肋，其截面惯性矩应按与加劲肋相连的腹板边缘为辅线进行计算。

4.3.7 梁的支承加劲肋，应按承受梁支座反力或固定集中荷载的轴心受压构件计算其在腹板平面外的稳定性。此受压构件的截面应包括加劲肋和加劲肋每侧 $15t_w\sqrt{235/f_y}$ 范围内的腹板面积，计算长度取 h_0。

当梁支承加劲肋的端部为刨平顶紧时，应按其所承受的支座反力或固定集中荷载计算其端面承压应力(对突缘支座尚应符合本规范第 8.4.12 条的要求)；当端部为焊接时，应按传力情况计算其焊缝应力。

支承加劲肋与腹板的连接焊缝，应按传力需要进行计算。

4.3.8 梁受压翼缘自由外伸宽度 b 与其厚度 t 之比，应符合下式要求：

$$\frac{b}{t} \leqslant 13\sqrt{\frac{235}{f_y}} \tag{4.3.8-1}$$

当计算梁抗弯强度取 $\gamma_x = 1.0$ 时，b/t 可放宽至 $15\sqrt{235/f_y}$。

箱形截面梁受压翼缘板在两腹板之间的无支承宽度 b_0 与其厚度 t 之比，应符合下式要求：

$$\frac{b_0}{t} \leqslant 40\sqrt{\frac{235}{f_y}} \tag{4.3.8-2}$$

当箱形截面梁受压翼缘板设有纵向加劲肋时，则公式(4.3.8-2)中的 b_0 取为腹板与纵向加劲肋之间的翼缘板无支承宽度。

注：翼缘板自由外伸宽度 b 的取值为：对焊接构件，取腹板边至翼缘板(肢)边缘的距离；对轧制构件，取内圆弧起点至翼缘板(肢)边缘的距离。

4.4 组合梁腹板考虑屈曲后强度的计算

4.4.1 腹板仅配置支承加劲肋(或尚有中间横向加劲肋)而考虑屈曲后强度的工字形截面焊接组合梁(图 4.3.2a)，应按下式验算抗弯和抗剪承载能力：

$$\left(\frac{V}{0.5V_u} - 1\right)^2 + \frac{M - M_f}{M_{eu} - M_f} \leqslant 1 \tag{4.4.1-1}$$

$$M_f = \left(A_{f1}\frac{h_1^2}{h_2} + A_{f2}h_2\right)f \tag{4.4.1-2}$$

式中 M、V——梁的同一截面上同时产生的弯矩和剪力设计值；计算时，当 $V < 0.5V_u$，取 $V = 0.5V_u$；当 $M < M_f$，取 $M = M_f$；

M_f——梁两翼缘所承担的弯矩设计值；

A_{f1}、h_1——较大翼缘的截面积及其形心至梁中和轴的距离；

A_{f2}、h_2——较小翼缘的截面积及其形心至梁中和轴的距离；

M_{eu}、V_u——梁抗弯和抗剪承载力设计值。

1 M_{eu} 应按下列公式计算：

$$M_{eu} = \gamma_x \alpha_e W_x f \tag{4.4.1-3}$$

$$\alpha_e = 1 - \frac{(1-\rho)h_c^3 t_w}{2I_x} \tag{4.4.1-4}$$

式中 α_e——梁截面模量考虑腹板有效高度的折减系数；

I_x——按梁截面全部有效算得的绕 x 轴的惯性矩；

h_c——按梁截面全部有效算得的腹板受压区高度；

γ_x——梁截面塑性发展系数；

ρ——腹板受压区有效高度系数。

当 $\lambda_b \leq 0.85$ 时：

$$\rho = 1.0 \tag{4.4.1-5a}$$

当 $0.85 < \lambda_b \leq 1.25$ 时：

$$\rho = 1 - 0.82(\lambda_b - 0.85) \tag{4.4.1-5b}$$

当 $\lambda_b > 1.25$ 时：

$$\rho = \frac{1}{\lambda_b}\left(1 - \frac{0.2}{\lambda_b}\right) \tag{4.4.1-5c}$$

式中　λ_b——用于腹板受弯计算时的通用高厚比，按公式(4.3.3-2d)、(4.3.3-2e)计算。

2　V_u 应按下列公式计算：

当 $\lambda_s \leq 0.8$ 时：

$$V_u = h_w t_w f_v \tag{4.4.1-6a}$$

当 $0.8 < \lambda_s \leq 1.2$ 时：

$$V_u = h_w t_w f_v[1 - 0.5(\lambda_s - 0.8)] \tag{4.4.1-6b}$$

当 $\lambda_s > 1.2$ 时：

$$V_u = h_w t_w f_v / \lambda_s^{1.2} \tag{4.4.1-6c}$$

式中　λ_s——用于腹板受剪计算时的通用高厚比，按公式(4.3.3-3d)、(4.3.3-3e)计算。

当组合梁仅配置支座加劲肋时，取公式(4.3.3-3e)中的 $h_0/a=0$。

4.4.2　当仅配置支承加劲肋不能满足公式(4.4.1-1)的要求时，应在两侧成对配置中间横向加劲肋。中间横向加劲肋和上端受有集中压力的中间支承加劲肋，其截面尺寸除应满足公式(4.3.6-1)和公式(4.3.6-2)的要求外，尚应按轴心受压构件参照第4.3.7条计算其在腹板平面外的稳定性，轴心压力应按下式计算：

$$N_s = V_u - \tau_{cr} h_w t_w + F \tag{4.4.2-1}$$

式中　V_u——按公式(4.4.1-6)计算；

h_w——腹板高度；

τ_{cr}——按公式(4.3.3-3)计算；

F——作用于中间支承加劲肋上端的集中压力。

当腹板在支座旁的区格利用屈曲后强度亦即 $\lambda_s > 0.8$ 时，支座加劲肋除承受梁的支座反力外尚应承受拉力场的水平分力 H，按压弯构件计算强度和在腹板平面外的稳定。

$$H = (V_u - \tau_{cr} h_w t_w)\sqrt{1 + (a/h_0)^2} \tag{4.4.2-2}$$

对设中间横向加劲肋的梁，a 取支座端区格的加劲肋间距。对不设中间加劲肋的腹板，a 取梁支座至跨内剪力为零点的距离。

H 的作用点在距腹板计算高度上边缘 $h_0/4$ 处。此压弯构件的截面和计算长度同一般支座加劲肋。当支座加劲肋采用图4.4.2的构造形式时，可按下述简化方法进行计算：加劲肋1作为承受支座反力R的轴心压杆计算，封头肋板2的截面积不应小于按下式计算的数值：

$$A_c = \frac{3h_0 H}{16ef} \tag{4.4.2-3}$$

注：1 腹板高厚比不应大于250。

2 考虑腹板屈曲后强度的梁，可按构造需要设置中间横向加劲肋。

3 中间横向加劲肋间距较大($a > 2.5h_0$)和不设中间横向加劲肋的腹板，当满足公式(4.3.3-1)时，可取 $H=0$。

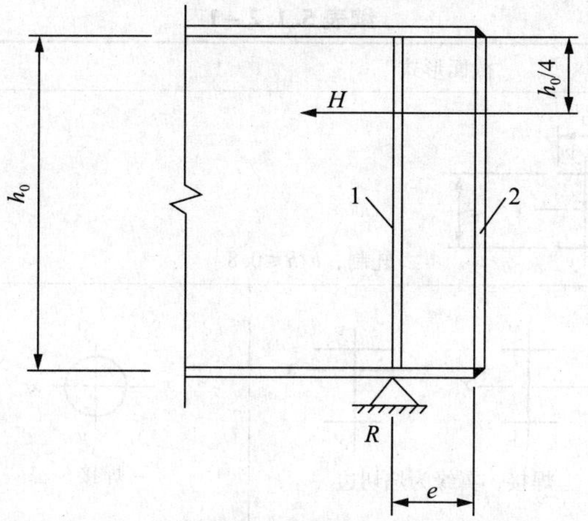

图 4.4.2 设置封头肋板的梁端构造

5 轴心受力构件和拉弯、压弯构件的计算

5.1 轴心受力构件

5.1.1 轴心受拉构件和轴心受压构件的强度，除高强度螺栓摩擦型连接处外，应按下式计算：

$$\sigma = \frac{N}{A_n} \leqslant f \tag{5.1.1-1}$$

式中 N——轴心拉力或轴心压力；

A_n——净截面面积。

高强度螺栓摩擦型连接处的强度应按下列公式计算：

$$\sigma = \left(1 - 0.5\frac{n_1}{n}\right)\frac{N}{A_n} \leqslant f \tag{5.1.1-2}$$

$$\sigma = \frac{N}{A} \leqslant f \tag{5.1.1-3}$$

式中 n——在节点或拼接处，构件一端连接的高强度螺栓数目；

n_1——所计算截面(最外列螺栓处)上高强度螺栓数目；

A——构件的毛截面面积。

5.1.2 实腹式轴心受压构件的稳定性应按下式计算：

$$\frac{N}{\varphi A} \leqslant f \tag{5.1.2-1}$$

式中 φ——轴心受压构件的稳定系数(取截面两主轴稳定系数中的较小者)，应根据构件的长细比、钢材屈服强度和表 5.1.2-1、表 5.1.2-2 的截面分类按附录 C 采用。

表 5.1.2-1 轴心受压构件的截面分类(板厚 t<40mm)

截面形式	对 x 轴	对 y 轴
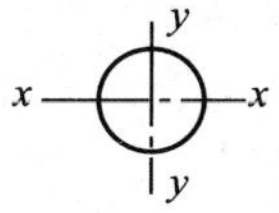 轧制	a 类	a 类

续表 5.1.2－1

截面形式	对 *x* 轴	对 *y* 轴
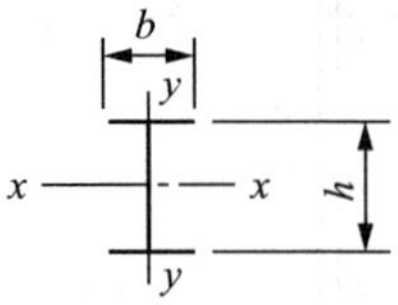 轧制，*b*/*h*≤0.8	a 类	b 类
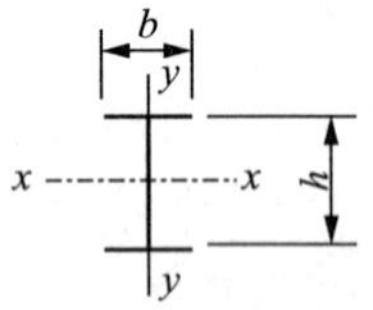 轧制，*b*/*h*＞0.8；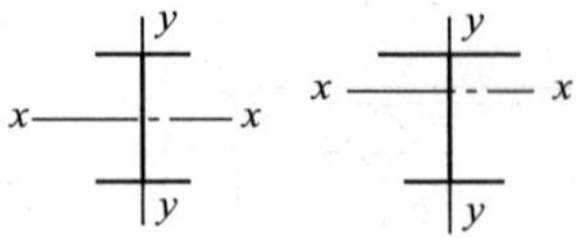 焊接，翼缘为焰切边；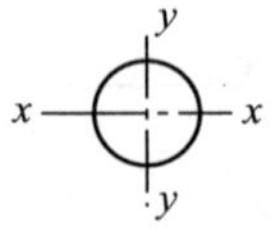 焊接	b 类	b 类
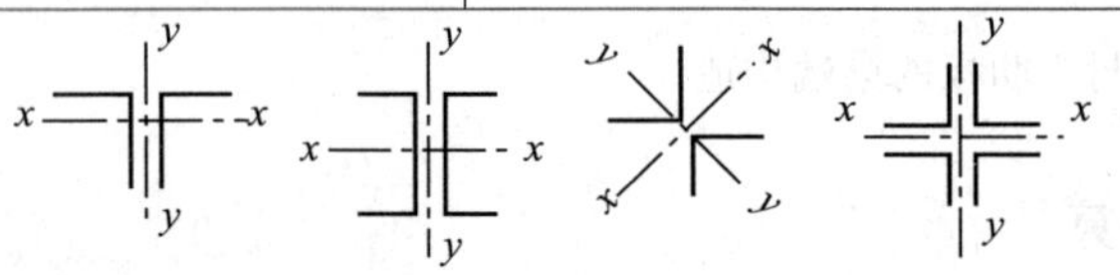 轧制；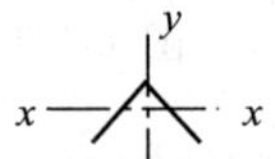 轧制等边角钢		
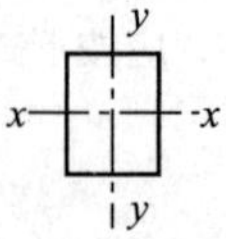 轧制，焊接(板件宽厚比＞20)；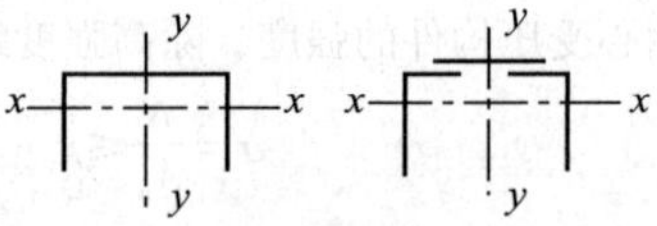 轧制或焊接		
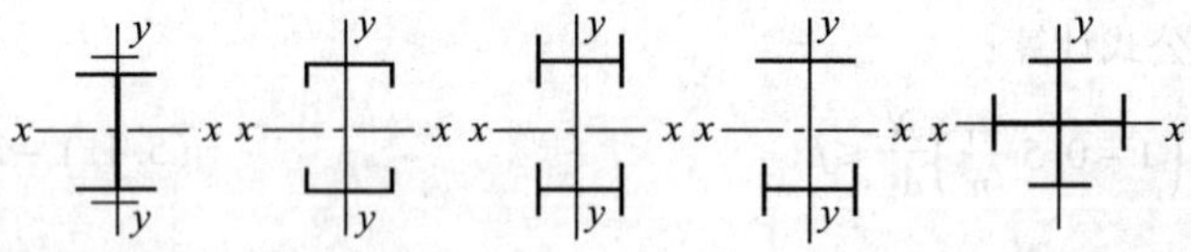 焊接；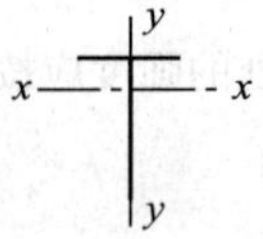 轧制截面和翼缘为焰切边的焊接截面		
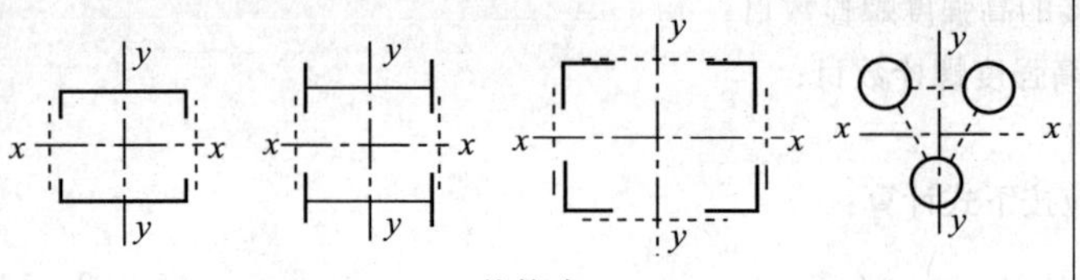 格构式；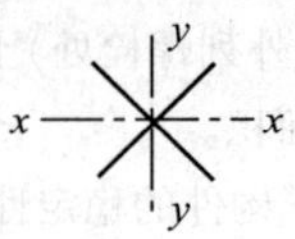 焊接，板件边缘焰切		
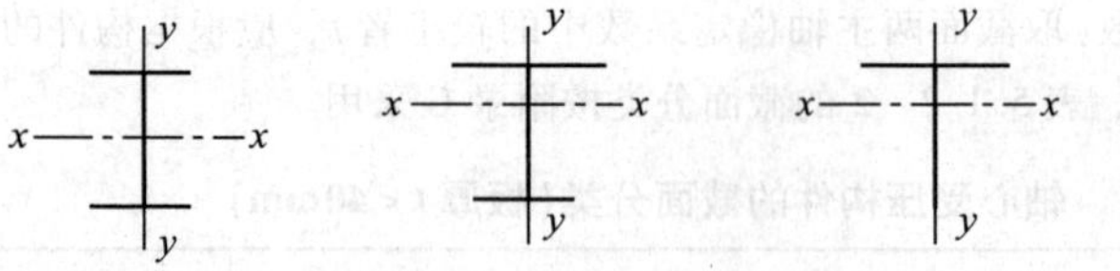 焊接，翼缘为轧制或剪切边	b 类	c 类
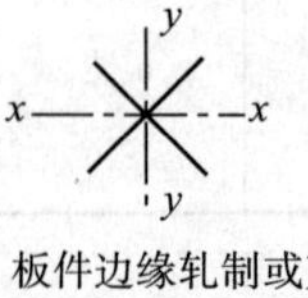 焊接，板件边缘轧制或剪切；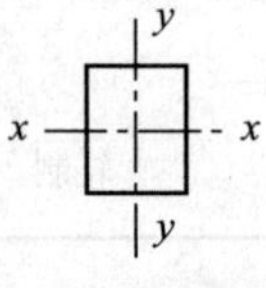 焊接，板件宽度厚比≤20	c 类	c 类

表 5.1.2－2　轴心受压构件的截面分类(板厚 $t \geqslant 40mm$)

截面形式		对 x 轴	对 y 轴
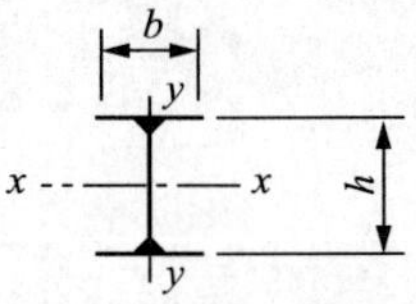 轧制工字形或 H 形截面	$t<80mm$	b 类	c 类
	$t \geqslant 80mm$	c 类	d 类
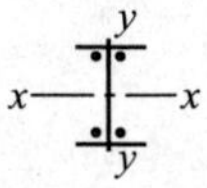 焊接工字形截面	翼缘为焰切边	b 类	b 类
	翼缘为轧制或剪切边	c 类	d 类
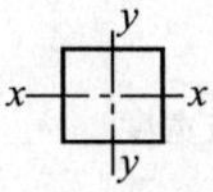 焊接箱形截面	板件宽厚比 >20	b 类	b 类
	板件宽厚比 ≤20	c 类	c 类

构件长细比 λ 应按照下列规定确定：

1　截面为双轴对称或极对称的构件：

$$\lambda_x = l_{0x}/i_x \qquad \lambda_y = l_{0y}/i_y \tag{5.1.2-2}$$

式中　l_{0x}、l_{0y}——构件对主轴 x 和 y 的计算长度；

i_x、i_y——构件截面对主轴 x 和 y 的回转半径。

对双轴对称十字形截面构件，λ_x 或 λ_y 取值不得小于 $5.07b/t$(其中 b/t 为悬伸板件宽厚比)。

2　截面为单轴对称的构件，绕非对称轴的长细比 λ_x 仍按式(5.1.2－2)计算，但绕对称轴应取计及扭转效应的下列换算长细比代替 λ_y：

$$\lambda_{yz} = \frac{1}{\sqrt{2}}\left[(\lambda_y^2+\lambda_z^2)+\sqrt{(\lambda_y^2+\lambda_z^2)^2-4(1-e_0^2/i_0^2)\lambda_y^2\lambda_z^2}\right]^{\frac{1}{2}} \tag{5.1.2-3}$$

$$\lambda_z^2 = i_0^2 A/(I_t/25.7+I_\omega/l_\omega^2) \tag{5.1.2-4}$$

$$i_0^2 = e_0^2 + i_x^2 + i_y^2$$

式中　e_0——截面形心至剪心的距离；

i_0——截面对剪心的极回转半径；

λ_y——构件对对称轴的长细比；

λ_z——扭转屈曲的换算长细比；

I_t——毛截面抗扭惯性矩；

I_ω——毛截面扇性惯性矩；对 T 形截面(轧制、双板焊接、双角钢组合)、十字形截面和角形截面可近似取 $I_\omega=0$；

A——毛截面面积；

l_ω——扭转屈曲的计算长度，对两端铰接端部截面可自由翘曲或两端嵌固端部截面的翘曲完全受到约束的构件，取 $l_\omega = l_{0y}$。

3　单角钢截面和双角钢组合 T 形截面绕对称轴的 λ_{yz} 可采用下列简化方法确定：

1）等边单角钢截面(图 5.1.2a)：

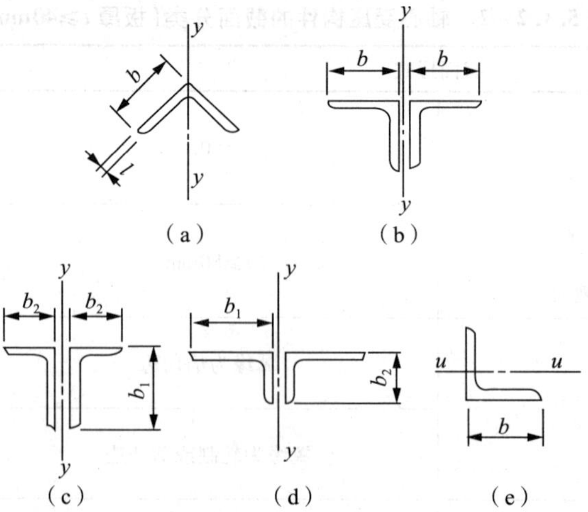

图 5.1.2　单角钢截面和双角钢组合 T 形截面

b—等边角钢肢宽度；b_1—不等边角钢长肢宽度；b_2—不等边角钢短肢宽度

当 $b/t \leqslant 0.54 l_{0y}/b$ 时：

$$\lambda_{yz} = \lambda_y \left(1 + \frac{0.85 b^4}{l_{0y}^2 t^2}\right) \tag{5.1.2-5a}$$

当 $b/t > 0.54 l_{0y}/b$ 时：

$$\lambda_{yz} = 4.78 \frac{b}{t} \left(1 + \frac{l_{0y}^2 t^2}{13.5 b^4}\right) \tag{5.1.2-5b}$$

式中　b、t——分别为角钢肢的宽度和厚度。

2）等边双角钢截面（图 5.1.2b）：

当 $b/t \leqslant 0.58 l_{0y}/b$ 时：

$$\lambda_{yz} = \lambda_y \left(1 + \frac{0.475 b^4}{l_{0y}^2 t^2}\right) \tag{5.1.2-6a}$$

当 $b/t > 0.58 l_{0y}/b$ 时：

$$\lambda_{yz} = 3.9 \frac{b}{t} \left(1 + \frac{l_{0y}^2 t^2}{18.6 b^4}\right) \tag{5.1.2-6b}$$

3）长肢相并的不等边双角钢截面（图 5.1.2c）：

当 $b_2/t \leqslant 0.48 l_{0y}/b_2$ 时；

$$\lambda_{yz} = \lambda_y \left(1 + \frac{1.09 b_2^4}{l_{0y}^2 t^2}\right) \tag{5.1.2-7a}$$

当 $b_2/t > 0.48 l_{0y}/b_2$ 时：

$$\lambda_{yz} = 5.1 \frac{b_2}{t} \left(1 + \frac{l_{0y}^2 t^2}{17.4 b_2^4}\right) \tag{5.1.2-7b}$$

4）短肢相并的不等边双角钢截面（图 5.1.2d）：

当 $b_1/t \leqslant 0.56 l_{0y}/b_1$ 时，可近似取 $\lambda_{yz} = \lambda_y$。否则应取

$$\lambda_{yz} = 3.7 \frac{b_1}{t} \left(1 + \frac{l_{0y}^2 t^2}{52.7 b_1^4}\right)$$

4　单轴对称的轴心压杆在绕非对称主轴以外的任一轴失稳时，应按照弯扭屈曲计算其稳定性。当计算等边单角钢构件绕平行轴（图 5.1.2e 的 u 轴）稳定时，可用下式计算其换算长细比 λ_{uz}，并按 b 类截面确定 φ 值：

当 $b/t \leq 0.69 l_{0u}/b$ 时：

$$\lambda_{uz} = \lambda_u \left(1 + \frac{0.25b^4}{l_{0u}^2 t^2}\right) \tag{5.1.1-8a}$$

当 $b/t > 0.69 l_{0u}/b$ 时：

$$\lambda_{uz} = 5.4b/t \tag{5.1.2-8b}$$

式中 $\lambda_u = l_{0u}/i_u$；l_{0u} 为构件对 u 轴的计算长度，i_u 为构件截面对 u 轴的回转半径。

注：1　无任何对称轴且又非极对称的截面（单面连接的不等边单角钢除外）不宜用作轴心受压构件。

2　对单面连接的单角钢轴心受压构件，按 3.4.2 条考虑折减系数后，可不考虑弯扭效应。

3　当槽形截面用于格构式构件的分肢，计算分肢绕对称轴（y 轴）的稳定性时，不必考虑扭转效应，直接用 λ_y 查出 φ_y 值。

5.1.3　格构式轴心受压构件的稳定性仍应按公式（5.1.2-1）计算，但对虚轴（图 5.1.3a 的 x 轴和图 5.1.3b、c 的 x 轴和 y 轴）的长细比应取换算长细比。换算长细比应按下列公式计算：

1　双肢组合构件（图 5.1.3a）：

当缀件为缀板时：

$$\lambda_{0x} = \sqrt{\lambda_x^2 + \lambda_1^2} \tag{5.1.3-1}$$

当缀件为缀条时：

$$\lambda_{0x} = \sqrt{\lambda_x^2 + 27\frac{A}{A_{1x}}} \tag{5.1.3-2}$$

式中　λ_x——整个构件对 x 轴的长细比；

λ_1——分肢对最小刚度轴 1—1 的长细比，其计算长度取为：焊接时，为相邻两缀板的净距离；螺栓连接时，为相邻两缀板边缘螺栓的距离

A_{1x}——构件截面中垂直于 x 轴的各斜缀条毛截面面积之和。

2　四肢组合构件（图 5.1.3b）：

当缀件为缀板时：

$$\lambda_{0x} = \sqrt{\lambda_x^2 + \lambda_1^2} \tag{5.1.3-3}$$

$$\lambda_{0y} = \sqrt{\lambda_y^2 + \lambda_1^2} \tag{5.1.3-4}$$

当缀件为缀条时：

$$\lambda_{0x} = \sqrt{\lambda_x^2 + 40\frac{A}{A_{1x}}} \tag{5.1.3-5}$$

$$\lambda_{0y} = \sqrt{\lambda_y^2 + 40\frac{A}{A_{1y}}} \tag{5.1.3-6}$$

式中　λ_y——整个构件对 y 轴的长细比；

A_{1y}——构件截面中垂直于 y 轴的各斜缀条毛截面面积之和。

3　缀件为缀条的三肢组合构件（图 5.1.3c）：

$$\lambda_{0x} = \sqrt{\lambda_x^2 + \frac{42A}{A_1(1.5 - \cos^2\theta)}} \tag{5.1.3-7}$$

$$\lambda_{0y} = \sqrt{\lambda_y^2 + \frac{42A}{A_1 \cos^2\theta}} \tag{5.1.3-8}$$

式中　A_1——构件截面中各斜缀条毛截面面积之和；

θ——构件截面内缀条所在平面与 x 轴的夹角。

注：1　缀板的线刚度应符合 8.4.1 条的规定。

2　斜缀条与构件轴线间的夹角应在 40°～70°范围内。

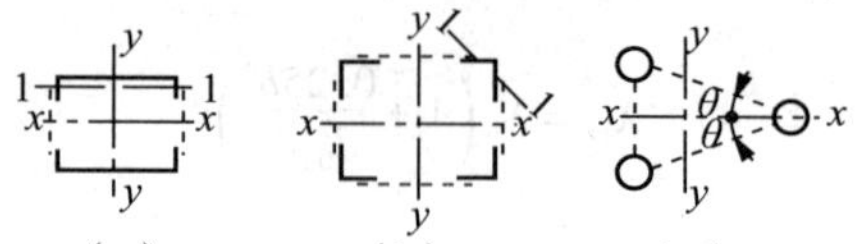

（a）　　（b）　　（c）

图 5.1.3　格构式组合构件截面

5.1.4　对格构式轴心受压构件：当缀件为缀条时，其分肢的长细比 λ_1 不应大于构件两方向长细比（对虚轴取换算长细比）的较大值 λ_{max} 的 0.7 倍；当缀件为缀板时，λ_1 不应大于 40，并不应大于 λ_{max} 的 0.5 倍（当 $\lambda_{max}<50$ 时，取 $\lambda_{max}=50$）。

5.1.5　用填板连接而成的双角钢或双槽钢构件，可按实腹式构件进行计算，但填板间的距离不应超过下列数值：

受压构件：　　　　40i；

受拉构件：　　　　80i。

i 为截面回转半径，应按下列规定采用：

1　当为图 5.1.5a、b 所示的双角钢或双槽钢截面时，取一个角钢或一个槽钢对与填板平行的形心轴的回转半径；

2　当为图 5.1.5c 所示的十字形截面时，取一个角钢的最小回转半径。

受压构件的两个侧向支承点之间的填板数不得少于 2 个。

（a）　　（b）　　（c）

图 5.1.5　计算截面回转半径时的轴线示意图

5.1.6　轴心受压构件应按下式计算剪力：

$$V=\frac{Af}{85}\sqrt{\frac{f_y}{235}} \tag{5.1.6}$$

剪力 V 值可认为沿构件全长不变。

对格构式轴心受压构件，剪力 V 应由承受该剪力的缀材面（包括用整体板连接的面）分担。

5.1.7　用作减小轴心受压构件（柱）自由长度的支撑，当其轴线通过被撑构件截面剪心时，沿被撑构件屈曲方向的支撑力应按下列方法计算：

1　长度为 l 的单根柱设置一道支撑时，支撑力 F_{b1} 为：

当支撑杆位于柱高度中央时：

$$F_{b1}=N/60 \tag{5.1.7-1a}$$

当支撑杆位于距柱端 αl 处时（$0<\alpha<1$）：

$$F_{b1}=\frac{N}{240\alpha(1-\alpha)} \tag{5.1.7-1b}$$

式中　N——被撑构件的最大轴心压力。

2　长度为 l 的单根柱设置 m 道等间距（或间距不等但与平均间距相比相差不超过 20%）支撑时，各支承点的支撑力 F_{bm} 为：

$$F_{bm}=N/[30(m+1)] \tag{5.1.7-2}$$

3　被撑构件为多根柱组成的柱列，在柱高度中央附近设置一道支撑时，支撑力应按下式计算：

$$F_{bn}=\frac{\sum N_i}{60}\left(0.6+\frac{0.4}{n}\right) \tag{5.1.7-3}$$

式中　n——柱列中被撑柱的根数；

$\sum N_i$——被撑柱同时存在的轴心压力设计值之和。

4 当支撑同时承担结构上其他作用的效应时，其相应的轴力可不与支撑力相叠加。

5.2 拉弯构件和压弯构件

5.2.1 弯矩作用在主平面内的拉弯构件和压弯构件，其强度应按下列规定计算：

$$\frac{N}{A_n} \pm \frac{M_x}{\gamma_x W_{nx}} \pm \frac{M_y}{\gamma_y W_{ny}} \leqslant f \qquad (5.2.1)$$

式中 γ_x、γ_y——与截面模量相应的截面塑性发展系数，应按表 5.2.1 采用。

表 5.2.1 截面塑性发展系数 γ_x、γ_y

项次	截面形式	γ_x	γ_y
1	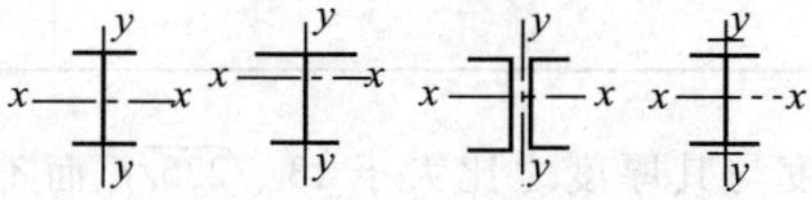	1.05	1.2
2	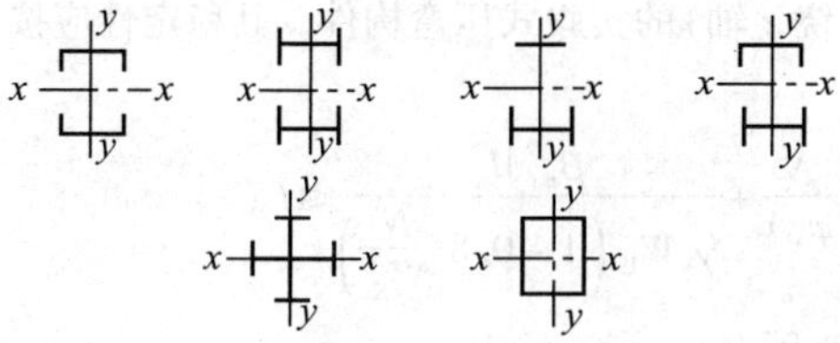		1.05
3	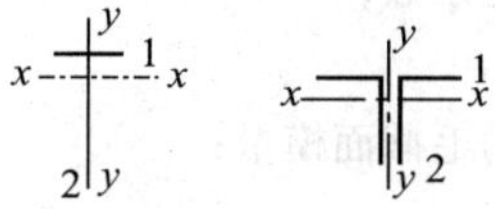	$\gamma_{x1}=1.05$ $\gamma_{x2}=1.2$	1.2
4	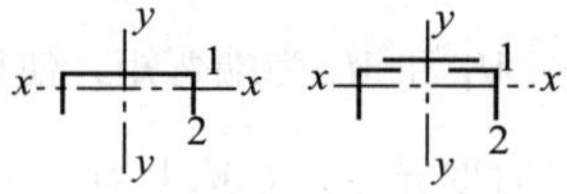		1.05
5	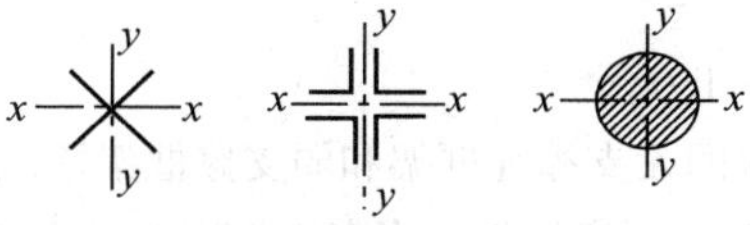	1.2	1.2
6	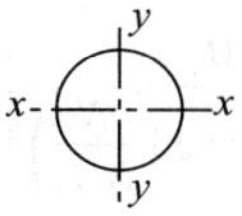	1.15	1.15

续表 5.2.1

项次	截面形式	γ_x	γ_y
7	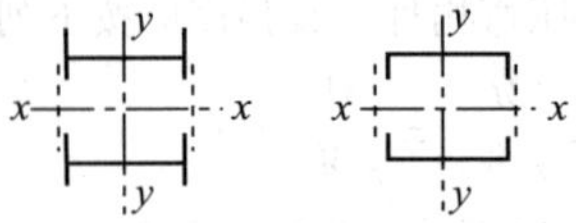	1.0	1.05
8	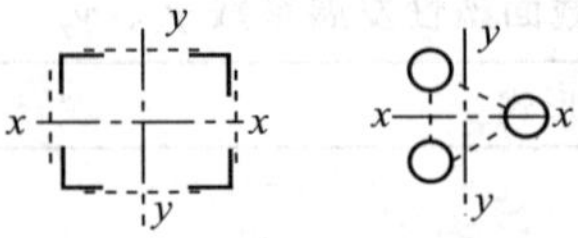		1.0

当压弯构件受压翼缘的自由外伸宽度与其厚度之比大于 $13\sqrt{235/f_y}$ 而不超过 $15\sqrt{235/f_y}$ 时，应取 $\gamma_x = 1.0$。

需要计算疲劳的拉弯、压弯构件，宜取 $\gamma_x = \gamma_y = 1.0$。

5.2.2　弯矩作用在对称轴平面内（绕 x 轴）的实腹式压弯构件，其稳定性应按下列规定计算：

1　弯矩作用平面内的稳定性：

$$\frac{N}{\varphi_x A} + \frac{\beta_{mx} M_x}{\gamma_x W_{1x}\left(1 - 0.8\dfrac{N}{N'_{Ex}}\right)} \leqslant f \tag{5.2.2-1}$$

式中　N——所计算构件段范围内的轴心压力；

N'_{Ex}——参数，$N'_{Ex} = \pi^2 EA/(1.1\lambda_x^2)$；

φ_x——弯矩作用平面内的轴心受压构件稳定系数；

M_x——所计算构件段范围内的最大弯矩；

W_{1x}——在弯矩作用平面内对较大受压纤维的毛截面模量；

β_{mx}——等效弯矩系数，应按下列规定采用：

1）框架柱和两端支承的构件：

①无横向荷载作用时：$\beta_{mx} = 0.65 + 0.35\dfrac{M_2}{M_1}$，$M_1$ 和 M_2 为端弯矩，使构件产生同向曲率（无反弯点）时取同号；使构件产生反向曲率（有反弯点）时取异号，$|M_1| \geqslant |M_2|$；

②有端弯矩和横向荷载同时作用时：使构件产生同向曲率时，$\beta_{mx} = 1.0$；使构件产生反向曲率时，$\beta_{mx} = 0.85$；

③无端弯矩但有横向荷载作用时：$\beta_{mx} = 1.0$。

2）悬臂构件和分析内力未考虑二阶效应的无支撑纯框架和弱支撑框架柱，$\beta_{mx} = 1.0$。

对于表 5.2.1 的 3、4 项中的单轴对称截面压弯构件，当弯矩作用在对称轴平面内且使翼缘受压时，除应按公式（5.2.2-1）计算外，尚应按下式计算：

$$\left|\frac{N}{A} - \frac{\beta_{mx} M_x}{\gamma_x W_{2x}\left(1 - 1.25\dfrac{N}{N'_{Ex}}\right)}\right| \leqslant f \tag{5.2.2-2}$$

式中　W_{2x}——对无翼缘端的毛截面模量。

2　弯矩作用平面外的稳定性：

$$\frac{N}{\varphi_y A} + \eta\frac{\beta_{tx} M_x}{\varphi_b W_{1x}} \leqslant f \tag{5.2.2-3}$$

式中　φ_y——弯矩作用平面外的轴心受压构件稳定系数，按 5.1.2 条确定；

φ_b——均匀弯曲的受弯构件整体稳定系数，按附录B计算，其中工字形（含H型钢）和T形截面的非悬臂（悬伸）构件可按附录B第B.5节确定；对闭口截面 $\varphi_b=1.0$；

M_x——所计算构件段范围内的最大弯矩；

η——截面影响系数，闭口截面 $\eta=0.7$，其他截面 $\eta=1.0$；

β_{tx}——等效弯矩系数，应按下列规定采用：

1）在弯矩作用平面外有支承的构件，应根据两相邻支承点间构件段内的荷载和内力情况确定：

①所考虑构件段无横向荷载作用时：$\beta_{tx}=0.65+0.35\dfrac{M_2}{M_1}$，$M_1$ 和 M_2 是在弯矩作用平面内的端弯矩，使构件段产生同向曲率时取同号；产生反向曲率时取异号，$|M_1|\geqslant|M_2|$；

②所考虑构件段内有端弯矩和横向荷载同时作用时：使构件段产生同向曲率时，$\beta_{tx}=1.0$；使构件段产生反向曲率时，$\beta_{tx}=0.85$；

③所考虑构件段内无端弯矩但有横向荷载作用时：$\beta_{tx}=1.0$。

2）弯矩作用平面外为悬臂的构件，$\beta_{tx}=1.0$。

5.2.3 弯矩绕虚轴（x 轴）作用的格构式压弯构件，其弯矩作用平面内的整体稳定性应按下式计算；

$$\frac{N}{\varphi_x A}+\frac{\beta_{mx}M_x}{W_{1x}\left(1-\varphi_x\dfrac{N}{N'_{Ex}}\right)}\leqslant f \qquad (5.2.3)$$

式中 $W_{1x}=I_x/y_0$，I_x 为对 x 轴的毛截面惯性矩，y_0 为由 x 轴到压力较大分肢的轴线距离或者到压力较大分肢腹板外边缘的距离，二者取较大者；φ_x、N'_{Ex} 由换算长细比确定。

弯矩作用平面外的整体稳定性可不计算，但应计算分肢的稳定性，分肢的轴心力应按桁架的弦杆计算。对缀板柱的分肢尚应考虑由剪力引起的局部弯矩。

5.2.4 弯矩绕实轴作用的格构式压弯构件，其弯矩作用平面内和平面外的稳定性计算均与实腹式构件相同。但在计算弯矩作用平面外的整体稳定性时，长细比应取换算长细比，φ_b 应取1.0，

5.2.5 弯矩作用在两个主平面内的双轴对称实腹式工字形（含H形）和箱形（闭口）截面的压弯构件，其稳定性应按下列公式计算：

$$\frac{N}{\varphi_x A}+\frac{\beta_{mx}M_x}{\gamma_x W_x\left(1-0.8\dfrac{N}{N'_{Ex}}\right)}+\eta\frac{\beta_{ty}M_y}{\varphi_{by}W_y}\leqslant f \qquad (5.2.5-1)$$

$$\frac{N}{\varphi_y A}+\eta\frac{\beta_{tx}M_x}{\varphi_{bx}W_x}+\frac{\beta_{my}M_y}{\gamma_y W_y\left(1-0.8\dfrac{N}{N'_{Ey}}\right)}\leqslant f \qquad (5.2.5-2)$$

式中 φ_x、φ_y——对强轴 $x—x$ 和弱轴 $y—y$ 的轴心受压构件稳定系数；

φ_{bx}、φ_{by}——均匀弯曲的受弯构件整体稳定性系数，按附录B计算，其中工字形（含H型钢）截面的非悬臂（悬伸）构件 φ_{bx} 可按附录B第B.5节确定，φ_{by} 可取1.0；对闭口截面，取 $\varphi_{bx}=\varphi_{by}=1.0$，

M_x、M_y——所计算构件段范围内对强轴和弱轴的最大弯矩；

N'_{Ex}、N'_{Ey}——参数，$N'_{Ex}=\pi^2EA/(1.1\lambda_x^2)$，$N'_{Ey}=\pi^2EA/(1.1\lambda_y^2)$；

W_x、W_y——对强轴和弱轴的毛截面模量；

β_{mx}、β_{my}——等效弯矩系数，应按5.2.2条弯矩作用平面内稳定计算的有关规定采用；

β_{tx}、β_{ty}——等效弯矩系数，应按5.2.2条弯矩作用平面外稳定计算的有关规定采用。

5.2.6 弯矩作用在两个主平面内的双肢格构式压弯构件，其稳定性应按下列规定计算：

1 按整体计算：

$$\frac{N}{\varphi_x A}+\frac{\beta_{mx}M_x}{W_{1x}\left(1-\varphi_x\dfrac{N}{N'_{Ex}}\right)}+\frac{\beta_{ty}M_y}{W_{1y}}\leqslant f \qquad (5.2.6-1)$$

式中　W_{1y}——在 M_y 作用下，对较大受压纤维的毛截面模量。

2　按分肢计算：

在 N 和 M_x 作用下，将分肢作为桁架弦杆计算其轴心力，M_y 按公式(5.2.6－2)和公式(5.2.6－3)分配给两分肢(图 5.2.6)，然后按 5.2.2 条的规定计算分肢稳定性。

分肢1：
$$M_{y1}=\frac{I_1/y_1}{I_1/y_1+I_2/y_2}\cdot M_y \tag{5.2.6-2}$$

分肢2：
$$M_{y2}=\frac{I_2/y_2}{I_1/y_1+I_2/y_2}\cdot M_y \tag{5.2.6-3}$$

式中　I_1、I_2——分肢 1、分肢 2 对 y 轴的惯性矩；

y_1、y_2——M_y 作用的主轴平面至分肢 1、分肢 2 轴线的距离。

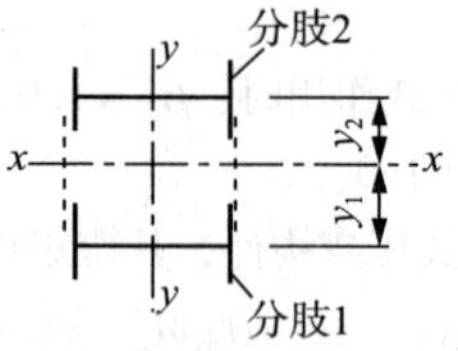

图 5.2.6　格构式构件截面

5.2.7　计算格构式压弯构件的缀件时，应取构件的实际剪力和按本规范公式(5.1.6)计算的剪力两者中的较大值进行计算。

5.2.8　用作减小压弯构件弯矩作用平面外计算长度的支撑，应将压弯构件的受压翼缘(对实腹式构件)或受压分肢(对格构式构件)视为轴心压杆按本规范第 5.1.7 条的规定计算各自的支撑力。

5.3　构件的计算长度和容许长细比

5.3.1　确定桁架弦杆和单系腹杆(用节点板与弦杆连接)的长细比时，其计算长度 l_0 应按表 5.3.1 采用。

表 5.3.1　桁架弦杆和单系腹杆的计算长度 l_0

项次	弯曲方向	弦杆	腹杆	
			支座斜杆和支座竖杆	其他腹杆
1	在桁架平面内	l	l	$0.8l$
2	在桁架平面外	l_1	l	l
3	斜平面	—	l	$0.9l$

注：1. l 为构件的几何长度(节点中心间距离)；l_1 为桁架弦杆侧向支承点之间的距离。

2. 斜平面系指与桁架平面斜交的平面．适用于构件截面两主轴均不在桁架平面内的单角钢腹杆和双角钢十字形截面腹杆。

3. 无节点板的腹杆计算长度在任意平面内均取其等于几何长度(钢管结构除外)。

当桁架弦杆侧向支承点之间的距离为节间长度的 2 倍(图 5.3.1)且两节间的弦杆轴心压力不相同时，则该弦杆在桁架平面外的计算长度，应按下式确定(但不应小于 $0.5l_1$)：

$$l_0=l_1\left(0.75+0.25\frac{N_2}{N_1}\right) \tag{5.3.1}$$

式中　N_1——较大的压力，计算时取正值；

N_2——较小的压力或拉力，计算时压力取正值，拉力取负值。

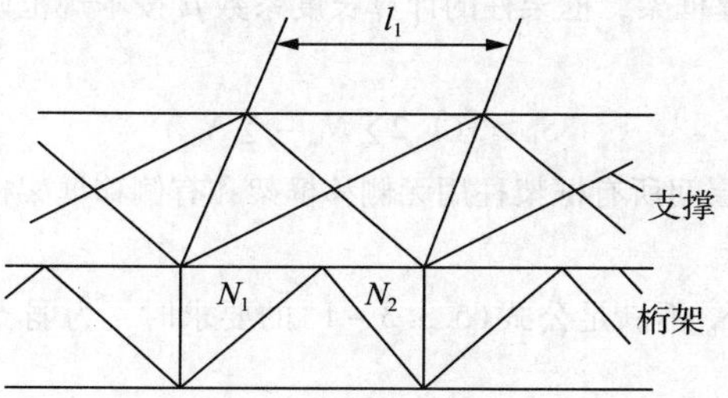

图5.3.1 弦杆轴心压力在侧向支承点间有变化的桁架简图

桁架再分式腹杆体系的受压主斜杆及K形腹杆体系的竖杆等，在桁架平面外的计算长度也应按公式(5.3.1)确定(受拉主斜杆仍取 l_1)；在桁架平面内的计算长度则取节点中心间距离。

5.3.2 确定在交叉点相互连接的桁架交叉腹杆的长细比时，在桁架平面内的计算长度应取节点中心到交叉点间的距离；在桁架平面外的计算长度，当两交叉杆长度相等时，应按下列规定采用：

1 压杆。

1)相交另一杆受压，两杆截面相同并在交叉点均不中断，则：

$$l_0 = l\sqrt{\frac{1}{2}\left(1+\frac{N_0}{N}\right)}$$

2)相交另一杆受压，此另一杆在交叉点中断但以节点板搭接，则：

$$l_0 = l\sqrt{1+\frac{\pi^2}{12}\cdot\frac{N_0}{N}}$$

3)相交另一杆受拉，两杆截面相同并在交叉点均不中断，则：

$$l_0 = l\sqrt{\frac{1}{2}\left(1-\frac{3}{4}\cdot\frac{N_0}{N}\right)} \geqslant 0.5l$$

4)相交另一杆受拉，此拉杆在交叉点中断但以节点板搭接，则：

$$l_0 = l\sqrt{1-\frac{3}{4}\cdot\frac{N_0}{N}} \geqslant 0.5l$$

当此拉杆连续而压杆在交叉点中断但以节点板搭接，若 $N_0 \geqslant N$ 或拉杆在桁架平面外的抗弯刚度 $EI_y \geqslant \frac{3N_0 l^2}{4\pi^2}\left(\frac{N}{N_0}-1\right)$ 时，取 $l_0 = 0.5l$。

式中 l 为桁架节点中心间距离(交叉点不作为节点考虑)；N 为所计算杆的内力；N_0 为相交另一杆的内力，均为绝对值。两杆均受压时，取 $N_0 \leqslant N$，两杆截面应相同。

2 拉杆，应取 $l_0 = l$。

当确定交叉腹杆中单角钢杆件斜平面内的长细比时，计算长度应取节点中心至交叉点的距离。

5.3.3 单层或多层框架等截面柱，在框架平面内的计算长度应等于该层柱的高度乘以计算长度系数 μ。框架分为无支撑的纯框架和有支撑框架，其中有支撑框架根据抗侧移刚度的大小，分为强支撑框架和弱支撑框架。

1 无支撑纯框架。

1)当采用一阶弹性分析方法计算内力时，框架柱的计算长度系数 μ 按本规范附录D表D-2有侧移框架柱的计算长度系数确定。

2)当采用二阶弹性分析方法计算内力且在每层柱顶附加考虑公式(3.2.8-1)的假想水平力 H_{ni} 时，框架柱的计算长度系数 $\mu = 1.0$。

2 有支撑框架。

1)当支撑结构(支撑桁架、剪力墙、电梯井等)的侧移刚度(产生单位侧倾角的水平力)S_b 满足公式

(5. 3. 3 – 1)的要求时，为强支撑框架，框架柱的计算长度系数 μ 按本规范附录 D 表 D – 1 无侧移框架柱的计算长度系数确定。

$$S_b \geqslant 3(1.2\sum N_{bi} - \sum N_{0i}) \qquad (5.3.3-1)$$

式中　$\sum N_{bi}$、$\sum N_{0i}$——第 i 层层间所有框架柱用无侧移框架和有侧移框架柱计算长度系数算得的轴压杆稳定承载力之和。

2) 当支撑结构的侧移刚度 S_b 不满足公式(5. 3. 3 – 1)的要求时，为弱支撑框架，框架柱的轴压杆稳定系数 φ 按公式(5. 3. 3 – 2)计算。

$$\varphi = \varphi_0 + (\varphi_1 - \varphi_0)\frac{S_b}{3(1.2\sum N_{bi} - \sum N_{0i})} \qquad (5.3.3-2)$$

式中　φ_1、φ_0——分别是框架柱用附录 D 中无侧移框架柱和有侧移框架柱计算长度系数算得的轴心压杆稳定系数。

5. 3. 4　单层厂房框架下端刚性固定的阶形柱，在框架平面内的计算长度应按下列规定确定：

1　单阶柱：

1) 下段柱的计算长度系数 μ_2：当柱上端与横梁铰接时，等于按本规范附录 D 表 D – 3(柱上端为自由的单阶柱)的数值乘以表 5. 3. 4 的折减系数；当柱上端与横梁刚接时，等于按本规范附录 D 表 D – 4(柱上端可移动但不转动的单阶柱)的数值乘以表 5. 3. 4 的折减系数。

表 5. 3. 4　单层厂房阶形柱计算长度的折减系数

<table>
<tr><th colspan="4">厂房类型</th><th rowspan="2">折减系数</th></tr>
<tr><th>单跨或多跨</th><th>纵向温度区段内一个柱列的柱子数</th><th>屋面情况</th><th>厂房两侧是否有通长的屋盖纵向水平支撑</th></tr>
<tr><td rowspan="4">单跨</td><td>等于或少于 6 个</td><td>—</td><td>—</td><td rowspan="2">0. 9</td></tr>
<tr><td rowspan="3">多于 6 个</td><td rowspan="2">非大型混凝土屋面板的屋面</td><td>无纵向水平支撑</td></tr>
<tr><td>有纵向水平支撑</td><td rowspan="3">0. 8</td></tr>
<tr><td>大型混凝土屋面板的屋面</td><td>—</td></tr>
<tr><td rowspan="3">多跨</td><td rowspan="3">—</td><td rowspan="2">非大型混凝土屋面板的屋面</td><td>无纵向水平支撑</td></tr>
<tr><td>有纵向水平支撑</td><td rowspan="2">0. 7</td></tr>
<tr><td>大型混凝土屋面板的屋面</td><td>—</td></tr>
<tr><td colspan="5">注：有横梁的露天结构(如落锤车间等)，其折减系数可采用 0. 9。</td></tr>
</table>

2) 上段柱的计算长度系数 μ_1，应按下式计算：

$$\mu_1 = \frac{\mu_2}{\eta_1} \qquad (5.3.4-1)$$

式中　η_1——参数，按附录 D 表 D – 3 或表 D – 4 中公式计算。

2　双阶柱：

1) 下段柱的计算长度系数 μ_3：当柱上端与横梁铰接时，等于按附录 D 表 D – 5(柱上端为自由的双阶柱)的数值乘以表 5. 3. 4 的折减系数；当柱上端与横梁刚接时，等于按附录 D 表 D – 6(柱上端可移动但不转动的双阶柱)的数值乘以表 5. 3. 4 的折减系数。

2) 上段柱和中段柱的计算长度系数 μ_1 和 μ_2，应按下列公式计算：

$$\mu_1 = \frac{\mu_3}{\eta_1} \tag{5.3.4-2}$$

$$\mu_2 = \frac{\mu_3}{\eta_2} \tag{5.3.4-3}$$

式中　η_1、η_2——参数，按附录D表D-5或表D-6中的公式计算。

注：对截面均匀变化的楔形柱，其计算长度的取值参见现行国家标准《冷弯薄壁型钢结构技术规范》GB 50018。

5.3.5　当计算框架的格构式柱和桁架式横梁的惯性矩时，应考虑柱或横梁截面高度变化和缀件（或腹杆）变形的影响。

5.3.6　在确定下列情况的框架柱计算长度系数时应考虑：

1　附有摇摆柱（两端铰接柱）的无支撑纯框架柱和弱支撑框架柱的计算长度系数应乘以增大系数η：

$$\eta = \sqrt{1 + \frac{\sum (N_1/H_1)}{\sum (N_f/H_f)}} \tag{5.3.6}$$

式中　$\sum (N_f/H_f)$——各框架柱轴心压力设计值与柱子高度比值之和；

$\sum (N_1/H_1)$——各摇摆柱轴心压力设计值与柱子高度比值之和。

摇摆柱的计算长度取其几何长度。

2　当与计算柱同层的其他柱或与计算柱连续的上下层柱的稳定承载力有潜力时，可利用这些柱的支持作用，对计算柱的计算长度系数进行折减，提供支持作用的柱的计算长度系数则应相应增大。

3　当梁与柱的连接为半刚性构造时，确定柱计算长度应考虑节点连接的特性。

5.3.7　框架柱沿房屋长度方向（在框架平面外）的计算长度应取阻止框架柱平面外位移的支承点之间的距离。

5.3.8　受压构件的长细比不宜超过表5.3.8的容许值。

表5.3.8　受压构件的容许长细比

项次	构件名称	容许长细比
1	柱、桁架和天窗架中的杆件	150
	柱的缀条、吊车梁或吊车桁架以下的柱间支撑	
2	支撑（吊车梁或吊车桁架以下的柱间支撑除外）	200
	用以减小受压构件长细比的杆件	

注：1. 桁架（包括空间桁架）的受压腹杆，当其内力等于或小于承载能力的50%时，容许长细比值可取200。
2. 计算单角钢受压构件的长细比时，应采用角钢的最小回转半径，但计算在交叉点相互连接的交叉杆件平面外的长细比时，可采用与角钢肢边平行轴的回转半径。
3. 跨度等于或大于60m的桁架，其受压弦杆和端压杆的容许长细比值宜取100，其他受压腹杆可取150（承受静力荷载或间接承受动力荷载）或120（直接承受动力荷载）。
4. 由容许长细比控制截面的杆件，在计算其长细比时，可不考虑扭转效应。

5.3.9　受拉构件的长细比不宜超过表5.3.9的容许值。

5.4　受压构件的局部稳定

5.4.1　在受压构件中，翼缘板自由外伸宽度b与其厚度t之比，应符合下列要求：

1　轴心受压构件：

$$\frac{b}{t} \leqslant (10 + 0.1\lambda)\sqrt{\frac{235}{f_y}} \tag{5.4.1-1}$$

式中　λ——构件两方向长细比的较大值；当$\lambda < 30$时，取$\lambda = 30$；当$\lambda > 100$时，取$\lambda = 100$。

表 5.3.9　受拉构件的容许长细比

项次	构件名称	承受静力荷载或间接承受动力荷载的结构		直接承受动力荷载的结构
		一般建筑结构	有重级工作制吊车的厂房	
1	桁架的杆件	350	250	250
2	吊车梁或吊车桁架以下的柱间支撑	300	200	—
3	其他拉杆、支撑、系杆等（张紧的圆钢除外）	400	350	—

注：1. 承受静力荷载的结构中．可仅计算受拉构件在竖向平面内的长细比。
2. 在直接或间接承受动力荷载的结构中，单角钢受拉构件长细比的计算方法与表 5.3.8 注 2 相同。
3. 中、重级工作制吊车桁架下弦杆的长细比不宜超过 200。
4. 在设有夹钳或刚性料耙等硬钩吊车的厂房中，支撑(表中第 2 项除外)的长细比不宜超过 300。
5. 受拉构件在永久荷载与风荷载组合作用下受压时，其长细比不宜超过 250。
6. 跨度等于或大于 60m 的桁架，其受拉弦杆和腹杆的长细比不宜超过 300(承受静力荷载或间接承受动力荷载)或 250(直接承受动力荷载)。

2　压弯构件：

$$\frac{b}{t}\leqslant 13\sqrt{\frac{235}{f_y}} \tag{5.4.1-2}$$

当强度和稳定计算中取 $\gamma_x = 1.0$ 时，b/t 可放宽至 $15\sqrt{235/f_y}$。

注：翼缘板自由外伸宽度 b 的取值为：对焊接构件，取腹板边至翼缘板(肢)边缘的距离；对轧制构件，取内圆弧起点至翼缘板(肢)边缘的距离．

5.4.2　在工字形及 H 形截面的受压构件中，腹板计算高度 h_0 与其厚度 t_w 之比，应符合下列要求：

1　轴心受压构件：

$$\frac{h_0}{t_w}\leqslant (25+0.5\lambda)\sqrt{\frac{235}{f_y}} \tag{5.4.2-1}$$

式中　λ——构件两方向长细比的较大值；当 $\lambda<30$ 时，取 $\lambda=30$；当 $\lambda>100$ 时，取 $\lambda=100$。

2　压弯构件：

当 $0\leqslant\alpha_0\leqslant 1.6$ 时：

$$\frac{h_0}{t_w}\leqslant (16\alpha_0+0.5\lambda+25)\sqrt{\frac{235}{f_y}} \tag{5.4.2-2}$$

当 $1.6<\alpha_0\leqslant 2.0$ 时：

$$\frac{h_0}{t_w}\leqslant (48\alpha_0+0.5\lambda-26.2)\sqrt{\frac{235}{f_y}} \tag{5.4.2-3}$$

$$\alpha_0=\frac{\sigma_{max}-\sigma_{min}}{\sigma_{max}}$$

式中　σ_{max}——腹板计算高度边缘的最大压应力，计算时不考虑构件的稳定系数和截面塑性发展系数；

σ_{min}——腹板计算高度另一边缘相应的应力，压应力取正值，拉应力取负值；

λ——构件在弯矩作用平面内的长细比；当 $\lambda<30$ 时，取 $\lambda=30$；当 $\lambda>100$，取 $\lambda=100$。

5.4.3　在箱形截面的受压构件中，受压翼缘的宽厚比应符合 4.3.8 条的要求。

箱形截面受压构件的腹板计算高度 h_0 与其厚度 t_w 之比，应符合下列要求：

1 轴心受压构件：

$$\frac{h_0}{t_w} \leqslant 40\sqrt{\frac{235}{f_y}} \tag{5.4.3}$$

2 压弯构件的 h_0/t_w。不应超过公式(5.4.2－2)或公式(5.4.2－3)右侧乘以0.8后的值(当此值小于 $40\sqrt{235/f_y}$ 时，应采用 $40\sqrt{235/f_y}$)。

5.4.4 在T形截面受压构件中，腹板高度与其厚度之比，不应超过下列数值：

1 轴心受压构件和弯矩使腹板自由边受拉的压弯构件：

热轧部分T形钢：$(15+0.2\lambda)\sqrt{235/f_y}$

焊接T形钢：$(13+0.17\lambda)\sqrt{235/f_y}$

2 弯矩使腹板自由边受压的压弯构件：

当 $\alpha_0 \leqslant 1.0$ 时：$15\sqrt{235/f_y}$

当 $\alpha_0 > 1.0$ 时：$18\sqrt{235/f_y}$

λ 和 α_0 分别按5.4.1条和5.4.2条的规定采用。

5.4.5 圆管截面的受压构件，其外径与壁厚之比不应超过 $100(235/f_y)$。

5.4.6 H形、工字形和箱形截面受压构件的腹板，其高厚比不符合本规范第5.4.2条或第5.4.3条的要求时，可用纵向加劲肋加强，或在计算构件的强度和稳定性时将腹板的截面仅考虑计算高度边缘范围内两侧宽度各为 $20t_w\sqrt{235/f_y}$ 的部分(计算构件的稳定系数时，仍用全部截面)。

用纵向加劲肋加强的腹板，其在受压较大翼缘与纵向加劲肋之间的高厚比，应符合本规范第5.4.2条或第5.4.3条的要求。

纵向加劲肋宜在腹板两侧成对配置，其一侧外伸宽度不应小于 $10t_w$，厚度不应小于 $0.75t_w$。

6 疲劳计算

6.1 一般规定

6.1.1 直接承受动力荷载重复作用的钢结构构件及其连接，当应力变化的循环次数 n 等于或大于 5×10^4 次时，应进行疲劳计算。

6.1.2 本章规定不适用于特殊条件(如构件表面温度大于150℃，处于海水腐蚀环境，焊后经热处理消除残余应力以及低周－高应变疲劳条件等)下的结构构件及其连接的疲劳计算。

6.1.3 疲劳计算采用容许应力幅法，应力按弹性状态计算，容许应力幅按构件和连接类别以及应力循环次数确定。在应力循环中不出现拉应力的部位可不计算疲劳。

6.2 疲劳计算

6.2.1 对常幅(所有应力循环内的应力幅保持常量)疲劳，应按下式进行计算：

$$\Delta\sigma \leqslant [\Delta\sigma] \tag{6.2.1-1}$$

式中 $\Delta\sigma$——对焊接部位为应力幅，$\Delta\sigma=\sigma_{max}-\sigma_{min}$；对非焊接部位为折算应力幅，$\Delta\sigma=\sigma_{max}-0.7\sigma_{min}$；

σ_{max}——计算部位每次应力循环中的最大拉应力(取正值)；

σ_{min}——计算部位每次应力循环中的最小拉应力或压应力(拉应力取正值，压应力取负值)；

$[\Delta\sigma]$——常幅疲劳的容许应力幅(N/mm²)，应按下式计算：

$$[\Delta\sigma]=\left(\frac{C}{n}\right)^{1/\beta} \tag{6.2.1-2}$$

n——应力循环次数；

C、β——参数，根据本规范附录E中的构件和连接类别按表6.2.1采用。

表 6.2.1　参数 C、β

构件和连接类别	1	2	3	4	5	6	7	8
C	1940×10^{12}	861×10^{12}	3.26×10^{12}	2.18×10^{12}	1.47×10^{12}	0.96×10^{12}	0.65×10^{12}	0.41×10^{12}
β	4	4	3	3	3	3	3	3

注：公式(6.2.1－1)也适用于剪应力情况。

6.2.2　对变幅(应力循环内的应力幅随机变化)疲劳，若能预测结构在使用寿命期间各种荷载的频率分布、应力幅水平以及频次分布总和所构成的设计应力谱，则可将其折算为等效常幅疲劳，按下式进行计算：

$$\Delta\sigma_e \leqslant [\Delta\sigma] \tag{6.2.2－1}$$

式中　$\Delta\sigma_e$——变幅疲劳的等效应力幅，按下式确定：

$$\Delta\sigma_e = \left[\frac{\sum n_i(\Delta\sigma_i)^\beta}{\sum n_i}\right]^{1/\beta} \tag{6.2.2－2}$$

$\sum n_i$——以应力循环次数表示的结构预期使用寿命；

n_i——预期寿命内应力幅水平达到 $\Delta\sigma_i$ 的应力循环次数。

6.2.3　重级工作制吊车梁和重级、中级工作制吊车桁架的疲劳可作为常幅疲劳，按下式计算：

$$\alpha_f \cdot \Delta\sigma \leqslant [\Delta\sigma]_{2\times10^6} \tag{6.2.3}$$

式中　α_f——欠载效应的等效系数，按表 6.2.3－1 采用；

$[\Delta\sigma]_{2\times10^6}$——循环次数 n 为 2×10^6 次的容许应力幅，按表 6.2.3－2 采用。

表 6.2.3－1　吊车梁和吊车桁架欠载效应的等效系数 α_f

吊车类别	α_f
重级工作制硬钩吊车(如均热炉车间夹钳吊车)	1.0
重级工作制软钩吊车	0.8
中级工作制吊车	0.5

表 6.2.3－2　循环次数 n 为 2×10^6 次的容许应力幅(N/mm²)

构件和连接类别	1	2	3	4	5	6	7	8
$[\Delta\sigma]_{2\times10^6}$	176	144	118	103	90	78	69	59

注：表中的容许应力幅是按公式(6.2.1－2)计算的。

7　连接计算

7.1　焊缝连接

7.1.1　焊缝应根据结构的重要性、荷载特性、焊缝形式、工作环境以及应力状态等情况，按下述原则分别选用不同的质量等级：

1　在需要进行疲劳计算的构件中，凡对接焊缝均应焊透，其质量等级为：

1)作用力垂直于焊缝长度方向的横向对接焊缝或 T 形对接与角接组合焊缝，受拉时应为一级，受压时应为二级；

2)作用力平行于焊缝长度方向的纵向对接焊缝应为二级。

2　不需要计算疲劳的构件中，凡要求与母材等强的对接焊缝应予焊透，其质量等级当受拉时应不低于二级，受压时宜为二级。

3　重级工作制和起重量 $Q\geqslant50$t 的中级工作制吊车梁的腹板与上翼缘之间以及吊车桁架上弦杆与节

点板之间的T形接头焊缝均要求焊透，焊缝形式一般为对接与角接的组合焊缝，其质量等级不应低于二级。

4 不要求焊透的T形接头采用的角焊缝或部分焊透的对接与角接组合焊缝，以及搭接连接采用的角焊缝，其质量等级为：

1)对直接承受动力荷载且需要验算疲劳的结构和吊车起重量等于或大于50t的中级工作制吊车梁，焊缝的外观质量标准应符合二级；

2)对其他结构，焊缝的外观质量标准可为三级。

7.1.2 对接焊缝或对接与角接组合焊缝的强度计算。

1 在对接接头和T形接头中，垂直于轴心拉力或轴心压力的对接焊缝或对接与角接组合焊缝，其强度应按下式计算：

$$\sigma = \frac{N}{l_w t} \leqslant f_t^w \text{ 或 } f_c^w \tag{7.1.2-1}$$

式中 N——轴心拉力或轴心压力；

l_w——焊缝长度；

t——在对接接头中为连接件的较小厚度；在T形接头中为腹板的厚度；

f_t^w、f_c^w——对接焊缝的抗拉、抗压强度设计值。

2 在对接接头和T形接头中，承受弯矩和剪力共同作用的对接焊缝或对接与角接组合焊缝，其正应力和剪应力应分别进行计算。但在同时受有较大正应力和剪应力处(例如梁腹板横向对接焊缝的端部)，应按下式计算折算应力：

$$\sqrt{\sigma^2 + 3\tau^2} \leqslant 1.1 f_t^w \tag{7.1.2-2}$$

注：1 当承受轴心力的板件用斜焊缝对接，焊缝与作用力间的夹角 θ 符合 $\tan\theta \leqslant 1.5$ 时，其强度可不计算。

2 当对接焊缝和T形对接与角接组合焊缝无法采用引弧板和引出板施焊时，每条焊缝的长度计算时应各减去2t。

7.1.3 直角角焊缝的强度计算。

1 在通过焊缝形心的拉力、压力或剪力作用下：

正面角焊缝(作用力垂直于焊缝长度方向)：

$$\sigma_f = \frac{N}{h_e l_w} \leqslant \beta_f f_f^w \tag{7.1.3-1}$$

侧面角焊缝(作用力平行于焊缝长度方向)：

$$\tau_f = \frac{N}{h_e l_w} \leqslant f_f^w \tag{7.1.3-2}$$

2 在各种力综合作用下，σ_f 和 τ_f 共同作用处：

$$\sqrt{\left(\frac{\sigma_f}{\beta_f}\right)^2 + \tau_f^2} \leqslant f_f^w \tag{7.1.3-3}$$

式中 σ_f——按焊缝有效截面($h_e l_w$)计算，垂直于焊缝长度方向的应力；

τ_f——按焊缝有效截面计算，沿焊缝长度方向的剪应力；

h_e——角焊缝的计算厚度，对直角角焊缝等于 $0.7h_f$，h_f 为焊脚尺寸(图7.1.3)；

l_w——角焊缝的计算长度，对每条焊缝取其实际长度减去 $2h_f$；

f_f^w——角焊缝的强度设计值；

β_f——正面角焊缝的强度设计值增大系数：对承受静力荷载和间接承受动力荷载的结构，$\beta_f = 1.22$；对直接承受动力荷载的结构，$\beta_f = 1.0$。

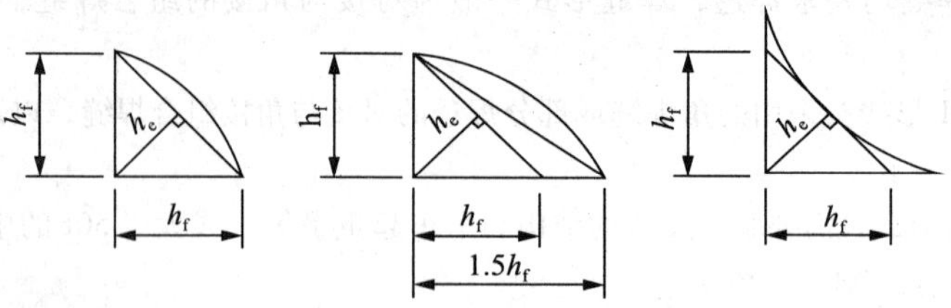

（a）　　（b）　　（c）

图 7.1.3　直角角焊缝截面

7.1.4　两焊脚边夹角 α 为 $60° \leqslant \alpha \leqslant 135°$ 的T形接头，其斜角角焊缝(图7.1.4)的强度应按公式(7.1.3－1)至公式(7.1.3－3)计算，但取 $\beta_f = 1.0$，其计算厚度为：$h_e = h_f \cos\frac{\alpha}{2}$（根部间隙 b、b_1 或 $b_2 \leqslant 1.5\text{mm}$）或 $h_e = \left[h_f - \frac{b(\text{或}\, b_1、b_2)}{\sin\alpha}\right]\cos\frac{\alpha}{2}$（$b$、$b_1$ 或 $b_2 > 1.5\text{mm}$ 但 $\leqslant 5\text{mm}$）。

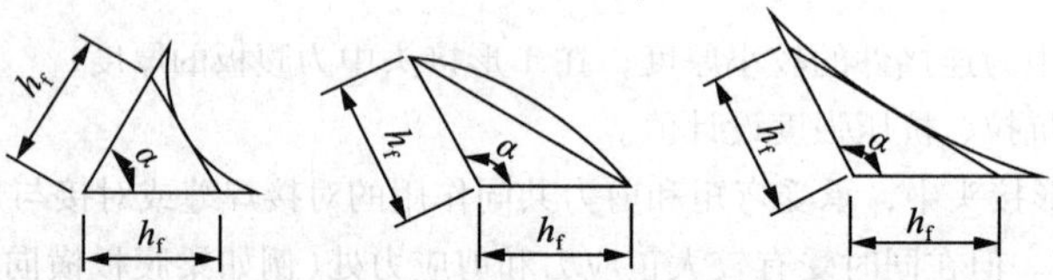

（a）　　（b）　　（c）

图 7.1.4－1　T形接头的斜角角焊缝截面

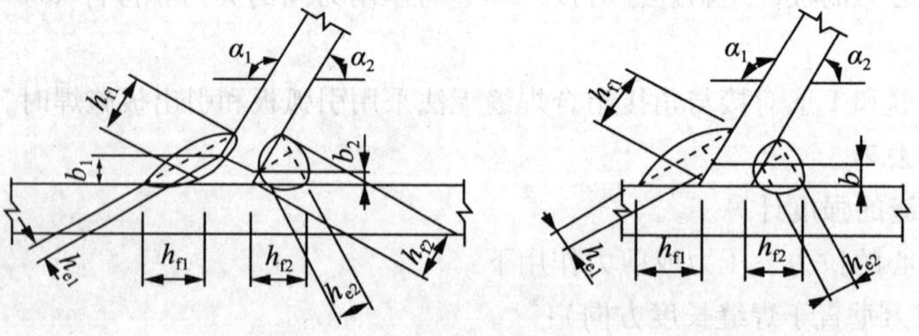

（a）　　（b）

图 7.1.4－2　T形接头的根部间隙和焊缝截面

7.1.5　部分焊透的对接焊缝(图7.1.5a、b、d、e)和T形对接与角接组合焊缝(图7.1.5c)的强度，应按角焊缝的计算公式(7.1.3－1)至公式(7.1.3－3)计算，在垂直于焊缝长度方向的压力作用下，取 $\beta_f = 1.22$，其他受力情况取 $\beta_f = 1.0$，其计算厚度应采用：

V形坡口(图7.1.5a)：当 $\alpha \geqslant 60°$ 时，$h_e = s$；当 $\alpha < 60°$ 时，$h_e = 0.75s$。

单边V形和K形坡口(图7.1.5b、c)：当 $\alpha = 45° \pm 5°$，$h_e = s - 3$。

U形、J形坡口(图7.1.5d、e)：$h_e = s$。

s 为坡口深度，即根部至焊缝表面(不考虑余高)的最短距离(mm)；α 为V形、单边V形或K形坡口角度。

当熔合线处焊缝截面边长等于或接近于最短距离 s 时(图7.1.5b、c、e)，抗剪强度设计值应按角焊缝的强度设计值乘以0.9。

7.2　紧固件(螺栓、铆钉等)连接

7.2.1　普通螺栓、锚栓和铆钉连接应按下列规定计算：

1 在普通螺栓或铆钉受剪的连接中，每个普通螺栓或铆钉的承载力设计值应取受剪和承压承载力设计

值中的较小者。

受剪承载力设计值：

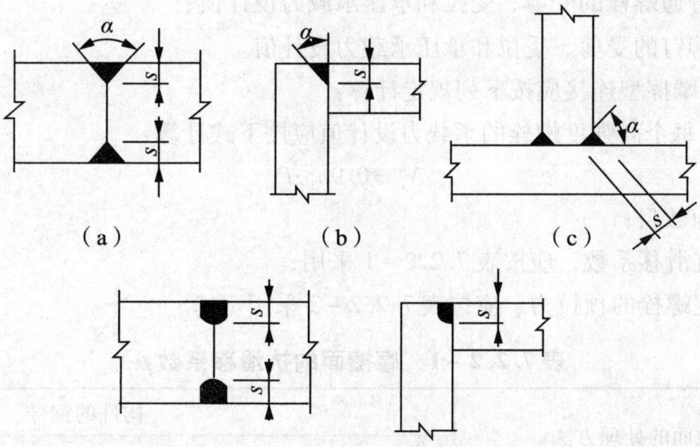

图 7.1.5 部分焊透的对接焊缝和其与角焊缝的组合焊缝截面

普通螺栓 $$N_v^b = n_v \frac{\pi d^2}{4} f_v^b \qquad (7.2.1-1)$$

铆钉 $$N_v^r = n_v \frac{\pi d_0^2}{4} f_v^r \qquad (7.2.1-2)$$

承压承载力设计值：

普通螺栓 $$N_c^b = d \sum t \cdot f_c^b \qquad (7.2.1-3)$$

铆钉 $$N_c^r = d_0 \sum t \cdot f_c^r \qquad (7.2.1-4)$$

式中 n_v——受剪面数目；

d——螺栓杆直径；

d_0——铆钉孔直径；

$\sum t$——在不同受力方向中一个受力方向承压构件总厚度的较小值；

f_v^b、f_c^b——螺栓的抗剪和承压强度设计值；

f_v^r、f_c^r——铆钉的抗剪和承压强度设计值。

2 在普通螺栓、锚栓或铆钉杆轴方向受拉的连接中，每个普通螺栓、锚栓或铆钉的承载力设计值应按下列公式计算：

普通螺栓 $$N_t^b = \frac{\pi d_e^2}{4} f_t^b \qquad (7.2.1-5)$$

锚栓 $$N_t^a = \frac{\pi d_e^2}{4} f_t^a \qquad (7.2.1-6)$$

铆钉 $$N_t^r = \frac{\pi d_0^2}{4} f_t^r \qquad (7.2.1-7)$$

式中 d_e——螺栓或锚栓在螺纹处的有效直径；

f_t^b、f_t^a、f_t^r——普通螺栓、锚栓和铆钉的抗拉强度设计值。

3 同时承受剪力和杆轴方向拉力的普通螺栓和铆钉，应分别符合下列公式的要求：

普通螺栓 $$\sqrt{\left(\frac{N_v}{N_v^b}\right)^2 + \left(\frac{N_t}{N_t^b}\right)^2} \leqslant 1 \qquad (7.2.1-8)$$

$$N_v \leqslant N_c^b \qquad (7.2.1-9)$$

铆钉 $$\sqrt{\left(\frac{N_v}{N_v^r}\right)^2 + \left(\frac{N_t}{N_t^r}\right)^2} \leqslant 1 \qquad (7.2.1-10)$$

$$N_v \leqslant N_c^r \tag{7.2.1-11}$$

式中 N_v、N_t——某个普通螺栓或铆钉所承受的剪力和拉力；

N_v^b、N_t^b、N_c^b——一个普通螺栓的受剪、受拉和承压承载力设计值；

N_v^r、N_t^r、N_c^r——一个铆钉的受剪、受拉和承压承载力设计值。

7.2.2 高强度螺栓摩擦型连接应按下列规定计算：

1 在抗剪连接中，每个高强度螺栓的承载力设计值应按下式计算：

$$N_v^b = 0.9 n_f \mu P \tag{7.2.2-1}$$

式中 n_f——传力摩擦面数目；

μ——摩擦面的抗滑移系数，应按表7.2.2-1采用；

P——一个高强度螺栓的预拉力，应按表7.2.2-2采用。

表7.2.2-1 摩擦面的抗滑移系数μ

在连接处构件接触面的处理方法	构件的钢号		
	Q235钢	Q345钢、Q390钢	Q420钢
喷砂(丸)	0.45	0.50	0.50
喷砂(丸)后涂无机富锌漆	0.35	0.40	0.40
喷砂(丸)后生赤锈	0.45	0.50	0.50
钢丝刷清除浮锈或未经处理的干净轧制表面	0.30	0.35	0.40

表7.2.2-2 一个高强度螺栓的预拉力P(kN)

螺栓的性能等级	螺栓公称直径/mm					
	M16	M20	M22	M24	M27	M30
8.8级	80	125	150	175	230	280
10.9级	100	155	190	225	290	355

2 在螺栓杆轴方向受拉的连接中，每个高强度螺栓的承载力设计值取 $N_t^b = 0.8P$。

3 当高强度螺栓摩擦型连接同时承受摩擦面间的剪力和螺栓杆轴方向的外拉力时，其承载力应按下式计算：

$$\frac{N_v}{N_v^b} + \frac{N_t}{N_t^b} \leqslant 1 \tag{7.2.2-2}$$

式中 N_v、N_t——某个高强度螺栓所承受的剪力和拉力；

N_v^b、N_t^b——一个高强度螺栓的受剪、受拉承载力设计值。

7.2.3 高强度螺栓承压型连接应按下列规定计算：

1 承压型连接的高强度螺栓的预拉力P应与摩擦型连接高强度螺栓相同。连接处构件接触面应清除油污及浮锈。

高强度螺栓承压型连接不应用于直接承受动力荷载的结构。

2 在抗剪连接中，每个承压型连接高强度螺栓的承载力设计值的计算方法与普通螺栓相同，但当剪切面在螺纹处时，其受剪承载力设计值应按螺纹处的有效面积进行计算。

3 在杆轴方向受拉的连接中，每个承压型连接高强度螺栓的承载力设计值的计算方法与普通螺栓相同。

4 同时承受剪力和杆轴方向拉力的承压型连接的高强度螺栓，应符合下列公式的要求：

$$\sqrt{\left(\frac{N_v}{N_v^b}\right)^2 + \left(\frac{N_t}{N_t^b}\right)^2} \leqslant 1 \tag{7.2.3-1}$$

$$N_v \leqslant N_c^b/1.2 \quad (7.2.3-2)$$

式中 N_v、N_t——某个高强度螺栓所承受的剪力和拉力；

N_v^b、N_t^b、N_c^b——一个高强度螺栓的受剪、受拉和承压承载力设计值。

7.2.4 在构件的节点处或拼接接头的一端，当螺栓或铆钉沿轴向受力方向的连接长度 l_1 大于 $15d_0$ 时，应将螺栓或铆钉的承载力设计值乘以折减系数 $\left(1.1-\frac{l_1}{150d_0}\right)$。当 l_1 大于 $60d_0$ 时，折减系数为0.7，d_0 为孔径。

7.2.5 在下列情况的连接中，螺栓或铆钉的数目应予增加：

1 一个构件借助填板或其他中间板件与另一构件连接的螺栓(摩擦型连接的高强度螺栓除外)或铆钉数目，应按计算增加10%。

2 当采用搭接或拼接板的单面连接传递轴心力，因偏心引起连接部位发生弯曲时，螺栓(摩擦型连接的高强度螺栓除外)或铆钉数目，应按计算增加10%。

3 在构件的端部连接中，当利用短角钢连接型钢(角钢或槽钢)的外伸肢以缩短连接长度时，在短角钢两肢中的一肢上，所用的螺栓或铆钉数目应按计算增加50%。

4 当铆钉连接的铆合总厚度超过铆钉孔径的5倍时，总厚度每超过2mm，铆钉数目应按计算增加1%(至少应增加一个铆钉)，但铆合总厚度不得超过铆钉孔径的7倍。

7.2.6 连接薄钢板采用的自攻螺钉、钢拉铆钉(环槽铆钉)、射钉等应符合有关标准的规定。

7.3 组合工字梁翼缘连接

7.3.1 组合工字梁翼缘与腹板的双面角焊缝连接，其强度应按下式计算：

$$\frac{1}{2h_e}\sqrt{\left(\frac{VS_f}{I}\right)^2+\left(\frac{\psi F}{\beta_f l_z}\right)^2} \leqslant f_f^w \quad (7.3.1)$$

式中 S_f——所计算翼缘毛截面对梁中和轴的面积矩；

I——梁的毛截面惯性矩。

公式(7.3.1)中，F、ψ 和 l_z 应按4.1.3条采用；β_f 应按7.1.3条采用。

注：1 当梁上翼缘受有固定集中荷载时，宜在该处设置顶紧上翼缘的支承加劲肋，此时取 $F=0$。

2 当腹板与翼缘的连接焊缝采用焊透的T形对接与角接组合焊缝时，其强度可不计算。

7.3.2 组合工字梁翼缘与腹板的铆钉(或摩擦型连接高强度螺栓)的承载力，应按下式计算：

$$a\sqrt{\left(\frac{VS_f}{I}\right)^2+\left(\frac{\alpha_1 \psi F}{l_z}\right)^2} \leqslant n_1 N_{min}^r \text{或} n_1 N_v^b \quad (7.3.2)$$

式中 a——翼缘铆钉(或螺栓)间距；

α_1——系数；当荷载 F 作用于梁上翼缘而腹板刨平顶紧上翼缘板时，$\alpha_1=0.4$；其他情况，$\alpha_1=1.0$；

n_1——在计算截面处铆钉(或螺栓)的数量；

N_{min}^r——一个铆钉的受剪和承压承载力设计值的较小值；

N_v^b——一个摩擦型连接的高强度螺栓的受剪承载力设计值。

注：当梁上翼缘受有固定集中荷载时，宜在该处设置顶紧上翼缘的支承加劲肋，此时取 $F=0$。

7.4 梁与柱的刚性连接

7.4.1 当工字形梁翼缘采用焊透的T形对接焊缝而腹板采用摩擦型连接高强度螺栓或焊缝与H形柱的翼缘相连，满足下列要求时，柱的腹板可不设置横向加劲肋：

1 在梁的受压翼缘处，柱腹板厚度 t_w。应同时满足：

$$t_w \geqslant \frac{A_{fc} f_b}{b_e f_c} \quad (7.4.1-1)$$

$$t_w \geqslant \frac{h_c}{30}\sqrt{\frac{f_{yc}}{235}} \quad (7.4.1-2)$$

式中　A_{fc}——梁受压翼缘的截面积；

f_c——柱钢材抗拉、抗压强度设计值；

f_b——梁钢材抗拉、抗压强度设计值；

b_e——在垂直于柱翼缘的集中压力作用下，柱腹板计算高度边缘处压应力的假定分布长度，参照公式(4.1.3-2)计算；

h_c——柱腹板的宽度；

f_{yc}——柱钢材屈服点。

2　在梁的受拉翼缘处，柱翼缘板的厚度 t_c 应满足：

$$t_c \geqslant 0.4\sqrt{A_{ft}f_b/f_c} \tag{7.4.1-3}$$

式中　A_{ft}——梁受拉翼缘的截面积。

7.4.2　由柱翼缘与横向加劲肋包围的柱腹板节点域应按下列规定计算：

1　抗剪强度应按下式计算：

$$\frac{M_{b1}+M_{b2}}{V_p} \leqslant \frac{4}{3}f_v \tag{7.4.2-1}$$

式中　M_{b1}、M_{b2}——分别为节点两侧梁端弯矩设计值；

V_p——节点域腹板的体积。柱为H形或工字形截面时，$V_p = h_b h_c t_w$，柱为箱形截面时，$V_p = 1.8h_b h_c t_w$；

t_w——柱腹板厚度；

h_b——梁腹板高度。

当柱腹板节点域不满足公式(7.4.2-1)的要求时，对H形或工字形组合柱宜将腹板在节点域加厚。腹板加厚的范围应伸出梁上、下翼缘外不小于150mm处。对轧制H型钢或工字钢柱，亦可贴焊补强板加强。补强板上下边可不伸过柱腹板的横向加劲肋或伸过加劲肋之外各150mm。补强板与加劲肋连接的角焊缝应能传递补强板所分担的剪力，焊缝的计算厚度不宜小于5mm。当补强板伸过加劲肋时，加劲肋仅与补强板焊接，此焊缝应能将加劲肋传来的剪力全部传给补强板，补强板的厚度及其连接强度，应按所承受的力进行设计。补强板侧边应用角焊缝与柱翼缘相连，其板面尚应采用塞焊与柱腹板连成整体，塞焊点之间的距离不应大于较薄焊件厚度的 $21\sqrt{235/f_y}$ 倍。对轻型结构亦可采用斜向加劲肋加强。

2　腹板的厚度 t_w 应满足下式要求：

$$t_w \geqslant \frac{h_c + h_b}{90} \tag{7.4.2-2}$$

7.4.3　梁柱连接节点处柱腹板横向加劲肋应满足下列要求：

1　横向加劲肋应能传递梁翼缘传来的集中力，其厚度应为梁翼缘厚度的0.5～1.0倍；其宽度应符合传力、构造和板件宽厚比限值的要求。

2　横向加劲肋的中心线应与梁翼缘的中心线对准，并用焊透的T形对接焊缝与柱翼缘连接。当梁与H形或工字形截面柱的腹板垂直相连形成刚接时，横向加劲肋与柱腹板的连接也宜采用焊透对接焊缝。

3　箱形柱中的横向加劲隔板与柱翼缘的连接，宜采用焊透的T形对接焊缝，对无法进行电弧焊的焊缝，可采用熔化嘴电渣焊。

4　当采用斜向加劲肋来提高节点域的抗剪承载力时，斜向加劲肋及其连接应能传递柱腹板所能承担剪力之外的剪力。

7.5　连接节点处板件的计算

7.5.1　连接节点处板件在拉、剪作用下的强度应按下列公式计算：

$$\frac{N}{\sum(\eta_i A_i)} \leqslant f \tag{7.5.1-1}$$

$$\eta_i = \frac{1}{\sqrt{1+2\cos^2\alpha_i}} \tag{7.5.1-2}$$

式中　N——作用于板件的拉力；

A_i——第 i 段破坏面的截面积，$A_i=tl_i$；当为螺栓(或铆钉)连接时，应取净截面面积；

t——板件厚度；

l_i——第 i 破坏段的长度，应取板件中最危险的破坏线的长度(图 7.5.1)；

η_i——第 i 段的拉剪折算系数；

α_i——第 i 段破坏线与拉力轴线的夹角。

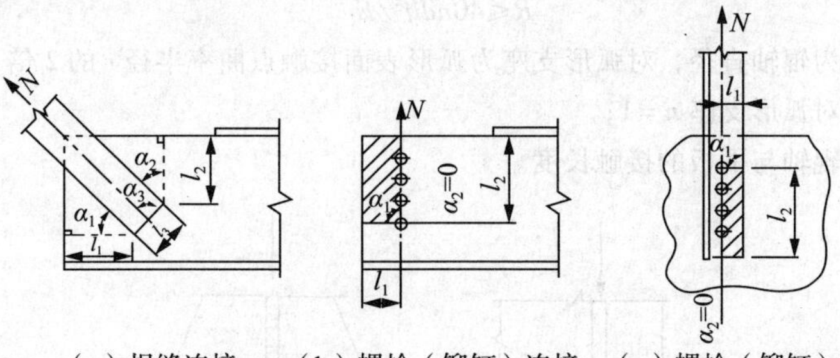

(a)焊缝连接　(b)螺栓(铆钉)连接　(c)螺栓(铆钉)连接

图 7.5.1　板件的拉、剪撕裂

7.5.2　桁架节点板(杆件为轧制 T 形和双板焊接 T 形截面者除外)的强度除可按公式(7.5.1-1)计算外，也可用有效宽度法按下式计算：

$$\sigma=\frac{N}{b_e t}\leqslant f \tag{7.5.2}$$

式中　b_e——板件的有效宽度(图 7.5.2)；当用螺栓(或铆钉)连接时(图 7.5.2b)，应减去孔径。

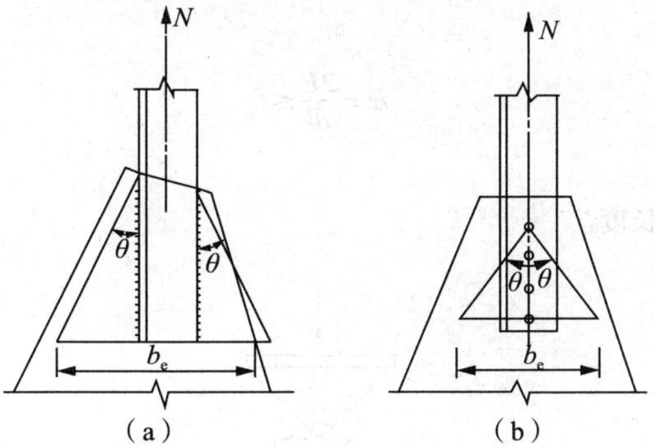

(a)　(b)

图 7.5.2　板件的有效宽度

注：θ 为应力扩散角，可取 30°。

7.5.3　桁架节点板在斜腹杆压力作用下的稳定性可用下列方法进行计算：

1　对有竖腹杆相连的节点板，当 $c/t\leqslant 15\sqrt{235/f_y}$ 时(c 为受压腹杆连接肢端面中点沿腹杆轴线方向至弦杆的净距离)，可不计算稳定。否则，应按附录 F 进行稳定计算。在任何情况下，c/t 不得大于 $22\sqrt{235/f_y}$。

2　对无竖腹杆相连的节点板，当 $c/t\leqslant 10\sqrt{235/f_y}$ 时，节点板的稳定承载力可取为 $0.8b_e tf$。当 $c/t>10\sqrt{235/f_y}$ 时，应按本规范附录 F 进行稳定计算，但在任何情况下，c/t 不得大于 $17.5\sqrt{235/f_y}$。

7.5.4　当用 7.5.1～7.5.3 条方法计算桁架节点板时，尚应满足下列要求：

1　节点板边缘与腹杆轴线之间的夹角不应小于 15°；

2　斜腹杆与弦杆的夹角应在 30°～60°之间；

3　节点板的自由边长度 l_f 与厚度 t 之比不得大于 $60\sqrt{235/f_y}$，否则应沿自由边设加劲肋予以加强。

7.6　支　座

7.6.1　梁或桁架支于砌体或混凝土上的平板支座(参见图 8.4.12a)，其底板应有足够面积将支座压力传给砌体或混凝土，厚度应根据支座反力对底板产生的弯矩进行计算。

7.6.2　弧形支座(图 7.6.2a)和辊轴支座(图 7.6.2b)中圆柱形弧面与平板为线接触，其支座反力 R 应满足下式要求：

$$R \leqslant 40ndlf^2/E \tag{7.6.2}$$

式中　d——对辊轴支座为辊轴直径，对弧形支座为弧形表面接触点曲率半径 r 的 2 倍；

n——辊轴数目，对弧形支座 $n=1$；

l——弧形表面或辊轴与平板的接触长度。

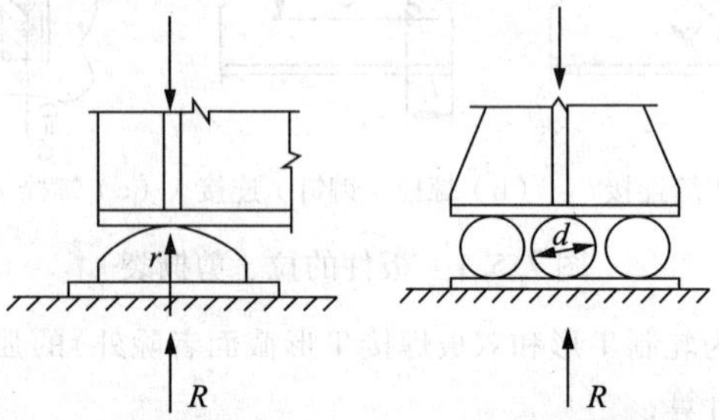

（a）弧形支座　　（b）辊轴支座

图 7.6.2　弧形支座与辊轴支座示意图

7.6.3　铰轴式支座的圆柱形枢轴(图 7.6.3)，当两相同半径的圆柱形弧面自由接触的中心角 $\theta \geqslant 90°$ 时，其承压应力应按下式计算：

$$\sigma = \frac{2R}{dl} \leqslant f \tag{7.6.3}$$

式中　d——枢轴直径；

l——枢轴纵向接触面长度。

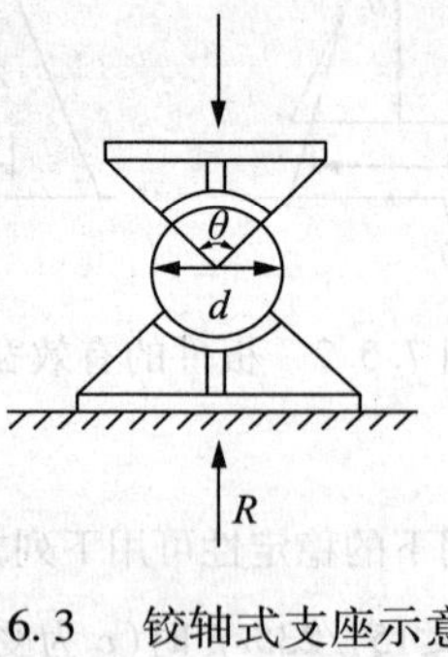

图 7.6.3　铰轴式支座示意图

7.6.4　对受力复杂或大跨度结构，为适应支座处不同转角和位移的需要，宜采用球形支座或双曲形支座。

7.6.5　为满足支座位移的要求采用橡胶支座时，应根据工程的具体情况和橡胶支座系列产品酌情选用。设计时还应考虑橡胶老化后能更换的可能性。

7.6.6　轴心受压柱或压弯柱的端部为铣平端时，柱身的最大压力直接由铣平端传递，其连接焊缝或螺栓应按最大压力的 15% 或最大剪力中的较大值进行抗剪计算；当压弯柱出现受拉区时，该区的连接尚应按最大拉力计算。

8 构造要求

8.1 一般规定

8.1.1 钢结构的构造应便于制作、运输、安装、维护并使结构受力简单明确，减小应力集中，避免材料三向受拉。以受风载为主的空腹结构，应尽量减小受风面积。

8.1.2 在钢结构的受力构件及其连接中，不宜采用：厚度小于4mm的钢板；壁厚小于3mm的钢管；截面小于∠45×4或∠56×36×4的角钢(对焊接结构)，或截面小于∠50×5的角钢(对螺栓连接或铆钉连接结构)。

8.1.3 焊接结构是否需要采用焊前预热或焊后热处理等特殊措施，应根据材质、焊件厚度、焊接工艺、施焊时气温以及结构的性能要求等综合因素来确定，并在设计文件中加以说明。

8.1.4 结构应根据其形式、组成和荷载的不同情况，设置可靠的支撑系统。在建筑物每一个温度区段或分期建设的区段中，应分别设置独立的空间稳定的支撑系统。

8.1.5 单层房屋和露天结构的温度区段长度(伸缩缝的间距)，当不超过表8.1.5的数值时，一般情况可不考虑温度应力和温度变形的影响。

表8.1.5 温度区段长度值(m)

结构情况	纵向温度区段（垂直屋架或构架跨度方向）	横向温度区段(沿屋架或构架跨度方向)	
		柱顶为刚接	柱顶为铰接
采暖房屋和非采暖地区的房星	220	120	150
热车间和采暖地区的非采暖房屋	180	100	125
露天结构	120	—	—

注：1. 厂房柱为其他材料时，应按相应规范的规定设置伸缩缝。围护结构可根据具体情况参照有关规范单独设置伸缩缝。

2. 无桥式吊车房屋的柱间支撑和有桥式吊车房屋吊车梁或吊车桁架以下的柱间支撑，宜对称布置于温度区段中部。当不对称布置时，上述柱间支撑的中点(两道柱间支撑时为两支撑距离的中点)至温度区段端部的距离不宜大于表8.1.5纵向温度区段长度的60%。

3. 当有充分依据或可靠措施时，表中数字可予以增减。

8.2 焊缝连接

8.2.1 焊缝金属应与主体金属相适应。当不同强度的钢材连接时，可采用与低强度钢材相适应的焊接材料。

8.2.2 在设计中不得任意加大焊缝，避免焊缝立体交叉和在一处集中大量焊缝，同时焊缝的布置应尽可能对称于构件形心轴。

焊件厚度大于20mm的角接接头焊缝，应采用收缩时不易引起层状撕裂的构造。

注：钢板的拼接当采用对接焊缝时，纵横两方向的对接焊缝，可采用十字形变叉或T形交叉；当为T形交叉时，交叉点的间距不得小于200mm。

8.2.3 对接焊缝的坡口形式，宜根据板厚和施工条件按有关现行国家标准的要求选用。

8.2.4 在对接焊缝的拼接处：当焊件的宽度不同或厚度在一侧相差4mm以上时，应分别在宽度方向或厚度方向从一侧或两侧做成坡度不大于1：2.5的斜角(图8.2.4)；当厚度不同时，焊缝坡口形式应根据较薄焊件厚度按第8.2.3条的要求取用。

注：直接承受动力荷载且需要进行疲劳计算的结构，本条所指斜角坡度不应大于1：4。

8.2.5 当采用部分焊透的对接焊缝时，应在设计图中注明坡口的形式和尺寸，其计算厚度 h_e(mm)不得小于 $1.5\sqrt{t}$，t(mm)为焊件的较大厚度。

在直接承受动力荷载的结构中，垂直于受力方向的焊缝不宜采用部分焊透的对接焊缝。

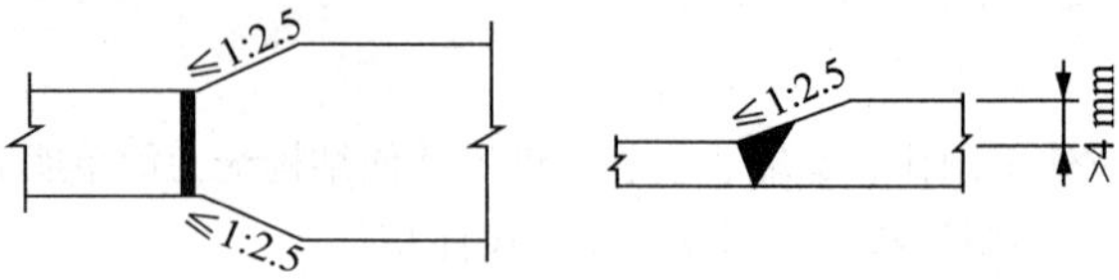

（a）不同宽度　　（b）不同厚度

图 8.2.4　不同宽度或厚度钢板的拼接

8.2.6　角焊缝两焊脚边的夹角 α 一般为 90°（直角角焊缝）。夹角 $\alpha > 135°$ 或 $\alpha < 60°$ 的斜角角焊缝，不宜用作受力焊缝（钢管结构除外）。

8.2.7　角焊缝的尺寸应符合下列要求：

1　角焊缝的焊脚尺寸 h_f（mm）不得小于 $1.5\sqrt{t}$，t（mm）为较厚焊件厚度（当采用低氢型碱性焊条施焊时，t 可采用较薄焊件的厚度）。但对埋弧自动焊，最小焊脚尺寸可减小 1mm；对 T 形连接的单面角焊缝，应增加 1mm。当焊件厚度等于或小于 4mm 时，则最小焊脚尺寸应与焊件厚度相同。

2　角焊缝的焊脚尺寸不宜大于较薄焊件厚度的 1.2 倍（钢管结构除外），但板件（厚度为 t）边缘的角焊缝最大焊脚尺寸，尚应符合下列要求：

1）当 $t \leqslant 6$mm 时，$h_f \leqslant t$；

2）当 $t > 6$mm 时，$h_f \leqslant t-(1\sim2)$mm。

圆孔或槽孔内的角焊缝焊脚尺寸尚不宜大于圆孔直径或槽孔短径的 1/3。

3　角焊缝的两焊脚尺寸一般为相等。当焊件的厚度相差较大且等焊脚尺寸不能符合本条第 1、2 款要求时，可采用不等焊脚尺寸，与较薄焊件接触的焊脚边应符合本条第 2 款的要求；与较厚焊件接触的焊脚边应符合本条第 1 款的要求。

4　侧面角焊缝或正面角焊缝的计算长度不得小于 $8h_f$ 和 40mm。

5　侧面角焊缝的计算长度不宜大于 $60h_f$，当大于上述数值时，其超过部分在计算中不予考虑。若内力沿侧面角焊缝全长分布时，其计算长度不受此限。

8.2.8　在直接承受动力荷载的结构中，角焊缝表面应做成直线形或凹形。焊脚尺寸的比例：对正面角焊缝宜为 1∶1.5（长边顺内力方向）；对侧面角焊缝可为 1∶1。

8.2.9　在次要构件或次要焊缝连接中，可采用断续角焊缝。断续角焊缝焊段的长度不得小于 $10h_f$ 或 50mm，其净距不应大于 $15t$（对受压构件）或 $30t$（对受拉构件），t 为较薄焊件的厚度。

8.2.10　当板件的端部仅有两侧面角焊缝连接时，每条侧面角焊缝长度不宜小于两侧面角焊缝之间的距离；同时两侧面角焊缝之间的距离不宜大于 $16t$（当 $t > 12$mm）或 190mm（当 $t \leqslant 12$mm），t 为较薄焊件的厚度。

8.2.11　杆件与节点板的连接焊缝（图 8.2.11）宜采用两面侧焊，也可用三面围焊，对角钢杆件可采用 L 形围焊，所有围焊的转角处必须连续施焊。

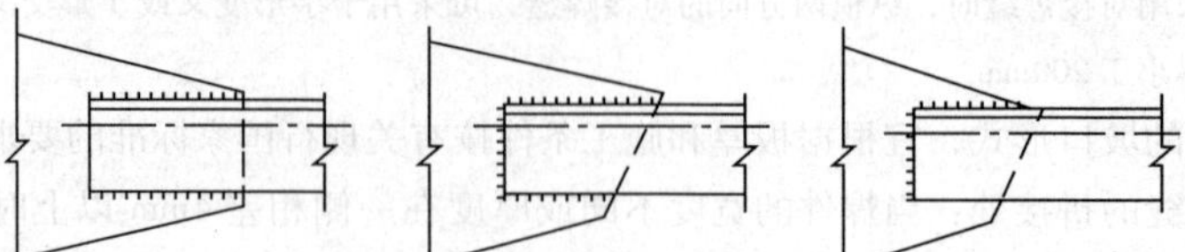

（a）两面侧焊　　（b）三面围焊　　（c）L形围焊

图 8.2.11　杆件与节点板的焊缝连接

8.2.12　当角焊缝的端部在构件转角处做长度为 $2h_f$ 的绕角焊时，转角处必须连续施焊。

8.2.13　在搭接连接中，搭接长度不得小于焊件较小厚度的 5 倍，并不得小于 25mm。

8.3 螺栓连接和铆钉连接

8.3.1 每一杆件在节点上以及拼接接头的一端，永久性的螺栓(或铆钉)数不宜少于2个。对组合构件的缀条，其端部连接可采用1个螺栓(或铆钉)。

8.3.2 高强度螺栓孔应采用钻成孔。摩擦型连接的高强度螺栓的孔径比螺栓公称直径 d 大1.5～2.0mm；承压型连接的高强度螺栓的孔径比螺栓公称直径 d 大1.0～1.5mm。

8.3.3 在高强度螺栓连接范围内，构件接触面的处理方法应在施工图中说明。

8.3.4 螺栓或铆钉的距离应符合表8.3.4的要求。

表8.3.4 螺栓或铆钉的最大、最小容许距离

名称	位置和方向			最大容许距离 (取两者的较小值)	最小容许距离
中心间距	外排(垂直内力方向或顺内力方向)			$8d_0$ 或 $12t$	$3d_0$
	中间排	垂直内力方向		$16d_0$ 或 $24t$	
		顺内力方向	构件受压力	$12d_0$ 或 $18t$	
			构件受拉力	$16d_0$ 或 $24t$	
	沿对角线方向			—	
中心至构件边缘距离	顺内力方向			$4d_0$ 或 $8t$	$2d_0$
	垂直内力方向	剪切边或手工气割边			$1.5d_0$
		轧制边、自动气割或锯割边	高强度螺栓		$1.5d_0$
			其他螺栓或铆钉		$1.2d_0$

注：1. d_0 为螺栓或铆钉的孔径，t 为外层较薄板件的厚度。

2. 钢板边缘与刚性构件(如角钢、槽钢等)相连的螺栓或铆钉的最大间距，可按中间排的数值采用。

8.3.5 C级螺栓宜用于沿其杆轴方向受拉的连接，在下列情况下可用于受剪连接：

1 承受静力荷载或间接承受动力荷载结构中的次要连接；

2 承受静力荷载的可拆卸结构的连接；

3 临时固定构件用的安装连接。

8.3.6 对直接承受动力荷载的普通螺栓受拉连接应采用双螺帽或其他能防止螺帽松动的有效措施。

8.3.7 当型钢构件拼接采用高强度螺栓连接时，其拼接件宜采用钢板。

8.3.8 沉头和半沉头铆钉不得用于沿其杆轴方向受拉的连接。

8.3.9 沿杆轴方向受拉的螺栓(或铆钉)连接中的端板(法兰板)，应适当增强其刚度(如加设加劲肋)，以减少撬力对螺栓(或铆钉)抗拉承载力的不利影响。

8.4 结构构件

(Ⅰ)柱

8.4.1 在缀件面剪力较大或宽度较大的格构式柱，宜采用缀条柱。

缀板柱中，同一截面处缀板(或型钢横杆)的线刚度之和不得小于柱较大分肢线刚度的6倍。

8.4.2 当实腹式柱的腹板计算高度 h_0 与厚度 t_w 之比 $h_0/t_w > 80\sqrt{235/f_y}$ 时，应采用横向加劲肋加强，其间距不得大于 $3h_0$。

横向加劲肋的尺寸和构造应按第4.3.6条的有关规定采用。

8.4.3 格构式柱或大型实腹式柱，在受有较大水平力处和运送单元的端部应设置横隔，横隔的间距不得大于柱截面长边尺寸的9倍和8m。

(Ⅱ)桁 架

8.4.4　焊接桁架应以杆件形心线为轴线，螺栓（或铆钉）连接的桁架可采用靠近杆件形心线的螺栓（或铆钉）准线为轴线，在节点处各轴线应交于一点（钢管结构除外）。

当桁架弦杆的截面变化时，如轴线变动不超过较大弦杆截面高度的5%，可不考虑其影响。

8.4.5　分析桁架杆件内力时，可将节点视为铰接。对用节点板连接的桁架，当杆件为H形、箱形等刚度较大的截面，且在桁架平面内的杆件截面高度与其几何长度（节点中心间的距离）之比大于1/10（对弦杆）或大于1/15（对腹杆）时，应考虑节点刚性所引起的次弯矩。

8.4.6　当焊接桁架的杆件用节点板连接时，弦杆与腹杆、腹杆与腹杆之间的间隙不应小于20mm，相邻角焊缝焊趾间净距不应小于5mm。

当桁架杆件不用节点板连接时，相邻腹杆连接角焊缝焊趾间净距不应小于5mm（钢管结构除外）。

8.4.7　节点板厚度一般根据所连接杆件内力的大小确定，但不得小于6mm。节点板的平面尺寸应适当考虑制作和装配的误差。

8.4.8　跨度大于36m的两端铰支承的桁架，在竖向荷载作用下，下弦弹性伸长对支承构件产生水平推力时，应考虑其影响。

（Ⅲ）梁

8.4.9　焊接梁的翼缘一般用一层钢板做成，当采用两层钢板时，外层钢板与内层钢板厚度之比宜为0.5～1.0。不沿梁通长设置的外层钢板，其理论截断点处的外伸长度 l_1 应符合下列要求：

端部有正面角焊缝：

当 $h_f \geq 0.75t$ 时：　$l_1 \geq b$

当 $h_f < 0.75t$ 时：　$l_1 \geq 1.5b$

端部无正面角焊缝：　$l_1 \geq 2b$

b 和 t 分别为外层翼缘板的宽度和厚度；h_f 为侧面角焊缝和正面角焊缝的焊脚尺寸。

8.4.10　铆接（或高强度螺栓摩擦型连接）梁的翼缘板不宜超过三层，翼缘角钢面积不宜少于整个翼缘面积的30%，当采用最大型号的角钢仍不能符合此要求时，可加设腋板（图8.4.10）。此时角钢与腋板面积之和不应少于翼缘总面积的30%。

当翼缘板不沿梁通长设置时，理论截断点处外伸长度内的铆钉（或摩擦型连接的高强度螺栓）数目，应按该板1/2净截面面积的抗拉、抗压承载力进行计算。

8.4.11　焊接梁的横向加劲肋与翼缘板相接处应切角，当切成斜角时，其宽约 $b_s/3$（但不大于40mm），高约 $b_s/2$（但不大于60mm），见图8.4.11，b_s 为加劲肋的宽度。

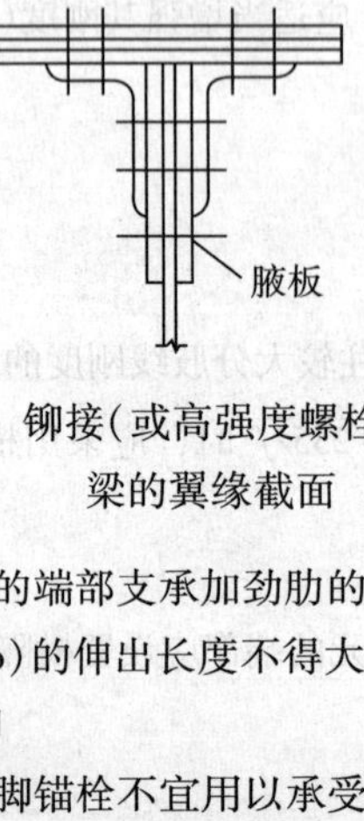

图8.4.10　铆接（或高强度螺栓摩擦型连接）梁的翼缘截面

图8.4.11　加劲肋的切角

8.4.12　梁的端部支承加劲肋的下端，按端面承压强度设计值进行计算时，应刨平顶紧，其中突缘加劲板（图8.4.12b）的伸出长度不得大于其厚度的2倍。

（Ⅳ）柱　脚

8.4.13　柱脚锚栓不宜用以承受柱脚底部的水平反力，此水平反力由底板与混凝土基础间的摩擦力（摩擦系数可取 0.4)或设置抗剪键承受。

8.4.14 柱脚锚栓埋置在基础中的深度，应使锚栓的拉力通过其和混凝土之间的粘结力传递。当埋置深度受到限制时，则锚栓应牢固地固定在锚板或锚梁上，以传递锚栓的全部拉力，此时锚栓与混凝土之间的粘结力可不予考虑。

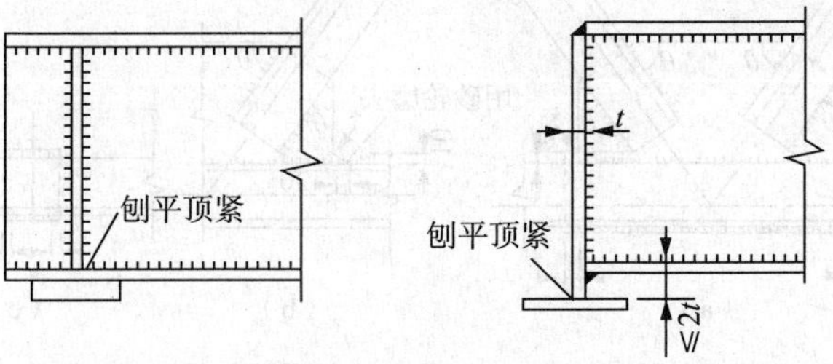

（a）平板支座　　（b）突缘支座

图 8.4.12 梁的支座

8.4.15 插入式柱脚中，钢柱插入混凝土基础杯口的最小深度 d_{in} 可按表 8.4.15 取用，但不宜小于 500mm，亦不宜小于吊装时钢柱长度的 1/20。

表 8.4.15 钢柱插入杯口的最小深度

柱截面形式	实腹柱	双肢格构柱(单杯口或双杯口)
最小插入深度 d_{in}	$1.5h_c$ 或 $1.5d_c$	$0.5h_c$ 和 $1.5b_c$(或 d_c)的较大值

注：1. h_c 为柱截面高度(长边尺寸)；b_c 为柱截面宽度；d_c 为圆管柱的外径。

2. 钢柱底端至基础杯口底的距离一般采用 50mm，当有柱底板时，可采用 200mm。

8.4.16 预埋入混凝土构件的埋入式柱脚，其混凝土保护层厚度以及外包式柱脚外包混凝土的厚度均不应小于 180mm。

钢柱的埋入部分和外包部分均宜在柱的翼缘上设置圆柱头焊钉(栓钉)，其直径不得小于 16mm，水平及竖向中心距不得大于 200mm。

埋入式柱脚在埋入部分的顶部应设置水平加劲肋或隔板。

8.5 对吊车梁和吊车桁架(或类似结构)的要求

8.5.1 焊接吊车梁的翼缘板宜用一层钢板，当采用两层钢板时，外层钢板宜沿梁通长设置，并应在设计和施工中采取措施使上翼缘两层钢板紧密接触。

8.5.2 支承夹钳或刚性料耙硬钩吊车以及类似吊车的结构，不宜采用吊车桁架和制动桁架。

8.5.3 焊接吊车桁架应符合下列要求：

1 在桁架节点处，腹杆与弦杆之间的间隙 a 不宜小于 50mm，节点板的两侧边宜做成半径 r 不小于 60mm 的圆弧；节点板边缘与腹杆轴线的夹角 θ 不应小于 30°(图 8.5.3-1)；节点板与角钢弦杆的连接焊缝，起落弧点应至少缩进 5mm(图 8.5.3-1a)；节点板与 H 形截面弦杆的 T 形对接与角接组合焊缝应予焊透，圆弧处不得有起落弧缺陷，其中重级工作制吊车桁架的圆弧处应予打磨，使之与弦杆平缓过渡(图 8.5.3-1b)。

2 杆件的填板当用焊缝连接时，焊缝起落弧点应缩进至少 5mm(图 8.5.3-1c)，重级工作制吊车桁架杆件的填板应采用高强度螺栓连接。

3 当桁架杆件为 H 形截面时，节点构造可采用图 8.5.3-2 的形式。

8.5.4 吊车梁翼缘板或腹板的焊接拼接应采用加引弧板和引出板的焊透对接焊缝，引孤板和引出板割去处应予打磨平整。焊接吊车梁和焊接吊车桁架的工地整段拼接应采用焊接或高强度螺栓的摩擦型连接。

8.5.5 在焊接吊车梁或吊车桁架中，对 7.1.1 条中要求焊透的 T 形接头对接与角接组合焊缝形式宜如图 8.5.5 所示。

8.5.6　吊车梁横向加劲肋的宽度不宜小于90mm。在支座处的横向加劲肋应在腹板两侧成对设置，并与梁上下翼缘刨平顶紧。中间横向加劲肋的上端应与梁上翼缘刨平顶紧，在重级工作制吊车梁中，中间横向加劲肋亦应在腹板两侧成对布置，而中、轻级工作制吊车梁则可单侧设置或两侧错开设置。

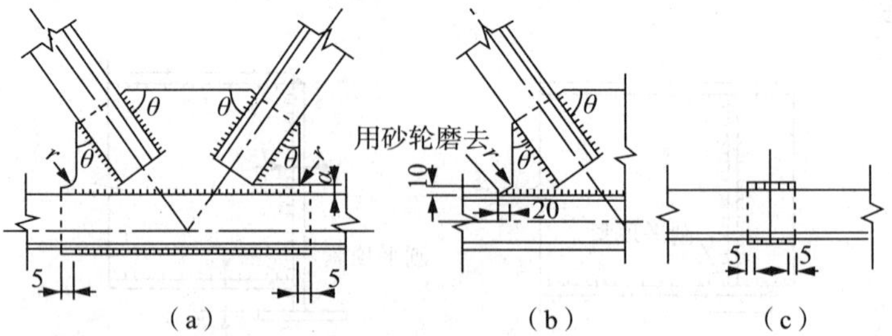

图 8.5.3－1　吊车桁架节点（一）

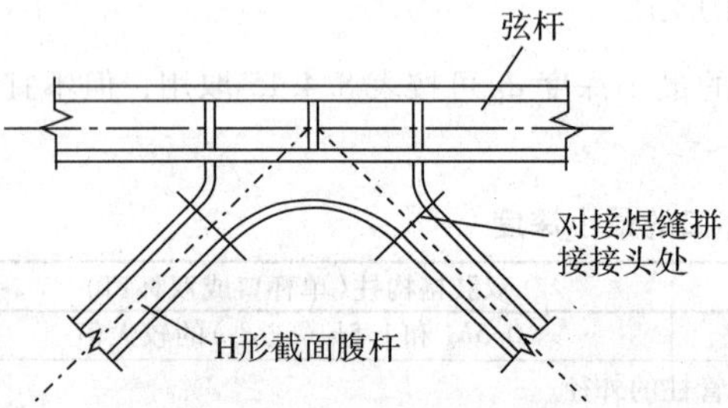

图 8.5.3－2　吊车桁架节点（二）

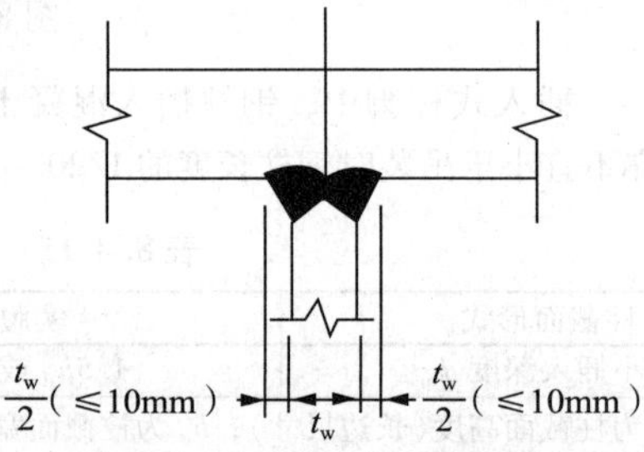

图 8.5.5　焊透的 T 形接头对接与角接组合焊缝

在焊接吊车梁中，横向加劲肋（含短加劲肋）不得与受拉翼缘相焊，但可与受压翼缘焊接。端加劲肋可与梁上下翼缘相焊，中间横向加劲肋的下端宜在距受拉下翼缘 50～100mm 处断开，其与腹板的连接焊缝不宜在肋下端起落弧。

当吊车梁受拉翼缘（或吊车桁架下弦）与支撑相连时，不宜采用焊接。

8.5.7　直接铺设轨道的吊车桁架上弦，其构造要求应与连续吊车梁相同。

8.5.8　重级工作制吊车梁中，上翼缘与柱或制动桁架传递水平力的连接宜采用高强度螺栓的摩擦型连接，而上翼缘与制动梁的连接，可采用高强度螺栓摩擦型连接或焊缝连接。

吊车梁端部与柱的连接构造应设法减少由于吊车梁弯曲变形而在连接处产生的附加应力。

8.5.9　当吊车桁架和重级工作制吊车梁跨度等于或大于12m，或轻、中级工作制吊车梁跨度等于或大于18m时，宜设置辅助桁架和下翼缘（下弦）水平支撑系统。当设置垂直支撑时，其位置不宜在吊车梁或吊车桁架竖向挠度较大处。

对吊车桁架，应采取构造措施，以防止其上弦因轨道偏心而扭转。

8.5.10　重级工作制吊车梁的受拉翼缘板（或吊车桁架的受拉弦杆）边缘，宜为轧制边或自动气割边，当用手工气割或剪切机切割时，应沿全长刨边。

8.5.11　吊车梁的受拉翼缘（或吊车桁架的受拉弦杆）上不得焊接悬挂设备的零件，并不宜在该处打火或焊接夹具。

8.5.12　吊车钢轨的接头构造应保证车轮平稳通过。当采用焊接长轨且用压板与吊车梁连接时，压板与钢轨间应留有一定空隙（约1mm），以使钢轨受温度作用后有纵向伸缩的可能。

8.6　大跨度屋盖结构

8.6.1　大跨度屋盖结构系指跨度等于或大于60m的屋盖结构，可采用桁架、刚架或拱等平面结构以及网架、网壳、悬索结构和索膜结构等空间结构。

8.6.2　大跨度屋盖结构应考虑构件变形、支承结构位移、边界约束条件和温度变化等对其内力产生的影响；同时可根据结构的具体情况采用能适应变形的支座以释放附加内力。

8.6.3 对有悬挂吊车的屋架，按永久和可变荷载标准值计算的挠度容许值可取跨度的1/500，按可变荷载标准值计算时可取1/600。对无悬挂吊车的屋架，按永久和可变荷载标准值计算的挠度容许值可取跨度的1/250；当有吊天棚时，按可变荷载标准值计算的挠度容许值可取跨度的1/500。

8.6.4 大跨度屋盖结构当杆件内力较大或动力荷载较大时，其节点宜采用高强度螺栓的摩擦型连接(管结构除外)。

8.6.5 对大跨度屋盖结构应进行吊装阶段的验算，吊装方案的选定和吊点位置等都应通过计算确定，以保证每个安装阶段屋盖结构的强度和整体稳定。

8.7 提高寒冷地区结构抗脆断能力的要求

8.7.1 结构形式和加工工艺的选择应尽量减少结构的应力集中。在工作温度等于或低于－30℃的地区，焊接构件宜采用较薄的组成板件。

8.7.2 在工作温度等于或低于－20℃的地区，焊接结构的构造宜符合下列要求：

1 在桁架节点板上，腹杆与弦杆相邻焊缝焊趾间净距不宜小于2.5t(t为节点板厚度)。

2 凡平接或T形对接的节点板，在对接焊缝处，节点板两侧宜做成半径r不小于60mm的圆弧并预打磨，使之平缓过渡(参见图8.5.3－1b)。

3 在构件拼接部位，应使拼接件自由段的长度不小于5t，t为拼接件厚度(图8.7.2)。

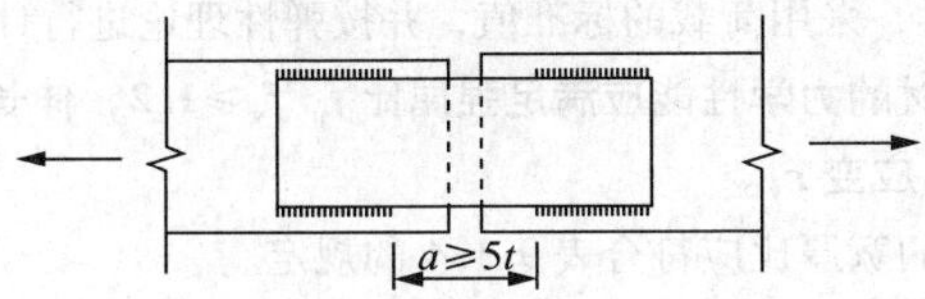

图8.7.2 盖板拼接处的构造

8.7.3 在工作温度等于或低于－20℃的地区，结构施工宜满足下列要求：

1 安装连接宜采用螺栓连接；

2 受拉构件的钢材边缘宜为轧制边或自动气割边。对厚度大于10mm的钢材采用手工气割或剪切边时，应沿全长刨边；

3 应采用钻成孔或先冲后扩钻孔；

4 对接焊缝的质量等级不得低于二级。

8.8 制作、运输和安装

8.8.1 结构运送单元的划分，除应考虑结构受力条件外，尚应注意经济合理，便于运输、堆放和易于拼装。

8.8.2 结构的安装连接应采用传力可靠、制作方便、连接简单、便于调整的构造形式。

8.8.3 安装连接采用焊接时，应考虑定位措施，将构件临时固定。

8.9 防护和隔热

8.9.1 钢结构除必须采取防锈措施(除锈后涂以油漆或金属镀层等)外，尚应在构造上尽量避免出现难于检查、清刷和油漆之处以及能积留湿气和大量灰尘的死角或凹槽。闭口截面构件应沿全长和端部焊接封闭。

钢结构防锈和防腐蚀采用的涂料、钢材表面的除锈等级以及防腐蚀对钢结构的构造要求等，应符合现行国家标准《工业建筑防腐蚀设计规范》GB 50046和《涂装前钢材表面锈蚀等级和除锈等级》GB/T 8923的规定。在设计文件中应注明所要求的钢材除锈等级和所要用的涂料(或镀层)及涂(镀)层厚度。

除有特殊需要外，设计中一般不应因考虑锈蚀而再加大钢材截面的厚度。

8.9.2 设计使用年限大于或等于25年的建筑物，对使用期间不能重新油漆的结构部位应采取特殊的防锈措施。

8.9.3 柱脚在地面以下的部分应采用强度等级较低的混凝土包裹(保护层厚度不应小于50mm)，并应

使包裹的混凝土高出地面不小于150mm。当柱脚底面在地面以上时，柱脚底面应高出地面不小于100mm。

8.9.4　钢结构的防火应符合现行国家标准《建筑设计防火规范》GBJ 16 和《高层民用建筑设计防火规范》GB 50045 的要求，结构构件的防火保护层应根据建筑物的防火等级对各不同的构件所要求的耐火极限进行设计。防火涂料的性能、涂层厚度及质量要求应符合现行国家标准《钢结构防火涂料》GB 14907 和国家现行标准《钢结构防火涂料应用技术规范》CECS 24 的规定。

8.9.5　受高温作用的结构，应根据不同情况采取下列防护措施：

1　当结构可能受到炽热熔化金属的侵害时，应采用砖或耐热材料做成的隔热层加以保护；

2　当结构的表面长期受辐射热达150℃以上或在短时间内可能受到火焰作用时，应采取有效的防护措施(如加隔热层或水套等)。

9　塑性设计

9.1　一般规定

9.1.1　本章规定适用于不直接承受动力荷载的固端梁、连续梁以及由实腹构件组成的单层和两层框架结构。

9.1.2　采用塑性设计的结构或构件，按承载能力极限状态设计时，应采用荷载的设计值，考虑构件截面内塑性的发展及由此引起的内力重分配，用简单塑性理论进行内力分析。

按正常使用极限状态设计时，采用荷载的标准值，并按弹性理论进行计算。

9.1.3　按塑性设计时，钢材的力学性能应满足强屈比 $f_u/f_y\geqslant1.2$，伸长率 $\delta_5\geqslant15\%$，相应于抗拉强度 f_u 的应变 ε_u 不小于20倍屈服点应变 ε_y。

9.1.4　塑性设计截面板件的宽厚比应符合表9.1.4的规定。

表9.1.4　板件宽厚比

截面形式	翼缘	腹板
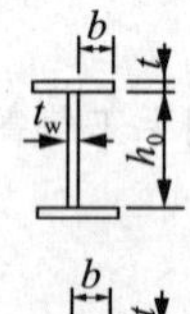 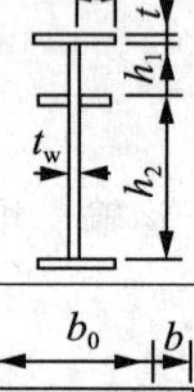	$\frac{b}{t}\leqslant9\sqrt{\frac{235}{f_y}}$	当 $\frac{N}{Af}<0.37$ 时： $\frac{h_0}{t_w}\left(\frac{h_1}{t_w}、\frac{h_2}{t_w}\right)\leqslant\left(72-100\frac{N}{Af}\right)\sqrt{\frac{235}{f_y}}$ 当 $\frac{N}{Af}\geqslant0.37$ 时： $\frac{h_0}{t_w}\left(\frac{h_1}{t_w}、\frac{h_2}{t_w}\right)\leqslant35\sqrt{\frac{235}{f_y}}$
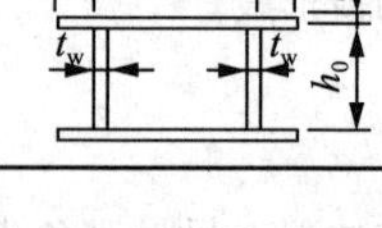	$\frac{b_0}{t}\leqslant30\sqrt{\frac{235}{f_y}}$	与前项工字形截面的腹板相同

9.2　构件的计算

9.2.1　弯矩 M_x(对H形和工字形截面 x 轴为强轴)作用在一个主平面内的受弯构件，其弯曲强度应符合下式要求：

$$M_x\leqslant W_{pnx}f \tag{9.2.1}$$

式中　W_{pnx}——对 x 轴的塑性净截面模量。

9.2.2　受弯构件的剪力 V 假定由腹板承受，剪切强度应符合下式要求：

$$V\leqslant h_w t_w f_v \tag{9.2.2}$$

式中　h_w、t_w——腹板高度和厚度；

f_v——钢材抗剪强度设计值。

9.2.3 弯矩作用在一个主平面内的压弯构件，其强度应符合下列公式的要求：

当$\frac{N}{A_n f}\leqslant 0.13$时：

$$M_x \leqslant W_{pnx} f \tag{9.2.3-1}$$

当$\frac{N}{A_n f}>0.13$时：

$$M_x \leqslant 1.15\left(1-\frac{N}{A_n f}\right) W_{pnx} f \tag{9.2.3-2}$$

式中 A_n——净截面面积。

压弯构件的压力 N 不应大于 $0.6A_n f$，其剪切强度应符合公式(9.2.2)的要求。

9.2.4 弯矩作用在一个主平面内的压弯构件，其稳定性应符合下列公式的要求：

1 弯矩作用平面内：

$$\frac{N}{\varphi_x A f}+\frac{\beta_{mx} M_x}{W_{px} f\left(1-0.8\frac{N}{N'_{Ex}}\right)}\leqslant 1 \tag{9.2.4-1}$$

式中 W_{px}——对 x 轴的塑性毛截面模量。

φ_x、N'_{Ex}和β_{mx}应按第 5.2.2 条计算弯矩作用平面内稳定的有关规定采用。

2 弯矩作用平面外：

$$\frac{N}{\varphi_y A f}+\eta\frac{\beta_{tx} M_x}{\varphi_b W_{px} f}\leqslant 1 \tag{9.2.4-2}$$

φ_y、φ_b、η 和 β_{tx}应按 5.2.2 条计算弯矩作用平面外稳定的有关规定采用。

9.3 容许长细比和构造要求

9.3.1 受压构件的长细比不宜大于 $130\sqrt{235/f_y}$。

9.3.2 在构件出现塑性铰的截面处，必须设置侧向支承。该支承点与其相邻支承点间构件的长细比 λ_y，应符合下列要求：

当$-1\leqslant\frac{M_1}{W_{px} f}\leqslant 0.5$时：

$$\lambda_y \leqslant\left(60-40\frac{M_1}{W_{px} f}\right)\sqrt{\frac{235}{f_y}} \tag{9.3.2-1}$$

当$0.5<\frac{M_1}{W_{px} f}\leqslant 1.0$时：

$$\lambda_y \leqslant\left(45-10\frac{M_1}{W_{px} f}\right)\sqrt{\frac{235}{f_y}} \tag{9.3.2-2}$$

式中 λ_y——弯矩作用平面外的长细比，$\lambda_y = l_1/i_y$，l_1 为侧向支承点间距离，i_y 为截面回转半径；

M_1——与塑性铰相距为 l_1 的侧向支承点处的弯矩；当长度 l_1 内为同向曲率时，$M_1/(W_{px} f)$为正；当为反向曲率时，$M_1/(W_{px} f)$为负。

对不出现塑性铰的构件区段，其侧向支承点间距应由本规范第 4 章和第 5 章内有关弯矩作用平面外的整体稳定计算确定。

9.3.3 用作减少构件弯矩作用平面外计算长度的侧向支撑，其轴心力应分别按本规范第 4.2.6 条或第 5.2.8 条确定。

9.3.4 所有节点及其连接应有足够的刚度，以保证在出现塑性铰前节点处各构件间的夹角保持不变。构件拼接和构件间的连接应能传递该处最大弯矩设计值的 1.1 倍，且不得低于 $0.25W_{px} f$。

9.3.5 当板件采用手工气割或剪切机切割时，应将出现塑性铰部位的边缘刨平。

当螺栓孔位于构件塑性铰部位的受拉板件上时，应采用钻成孔或先冲后扩钻孔。

10 钢管结构

10.1 一般规定

10.1.1 本章规定适用于不直接承受动力荷载，在节点处直接焊接的钢管(圆管、方管或矩形管)桁架结构。

10.1.2 圆钢管的外径与壁厚之比不应超过 $100(235/f_y)$；方管或矩形管的最大外缘尺寸与壁厚之比不应超过 $40\sqrt{235/f_y}$。

10.1.3 热加工管材和冷成型管材不应采用屈服强度 f_y 超过 $345N/mm^2$ 以及屈强比 $f_y/f_u>0.8$ 的钢材，且钢管壁厚不宜大于 25mm。

10.1.4 在满足下列情况下，分析桁架杆件内力时可将节点视为铰接：

1 符合各类节点相应的几何参数的适用范围；

2 在桁架平面内杆件的节间长度或杆件长度与截面高度(或直径)之比不小于 12(主管)和 24(支管)时。

10.1.5 若支管与主管连接节点偏心不超过式(10.1.5)限制时，在计算节点和受拉主管承载力时，可忽略因偏心引起的弯矩的影响，但受压主管必须考虑此偏心弯矩 $M=\Delta N\times e$(ΔN 为节点两侧主管轴力之差值)的影响。

$$-0.55\leqslant e/h(\text{或 } e/d)\leqslant 0.25 \quad (10.1.5)$$

式中 e——偏心距，符号如图 10.1.5 所示；

d——圆主管外径；

h——连接平面内的矩形主管截面高度。

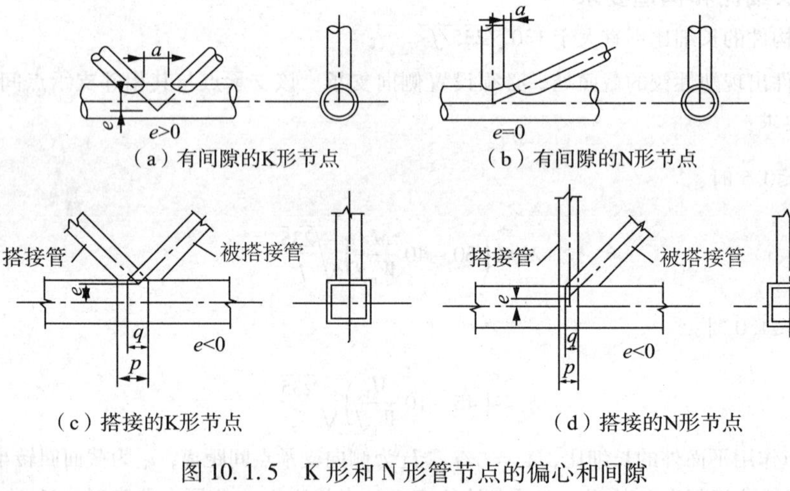

图 10.1.5 K 形和 N 形管节点的偏心和间隙

10.2 构造要求

10.2.1 钢管节点的构造应符合下列要求：

1 主管的外部尺寸不应小于支管的外部尺寸，主管的壁厚不应小于支管壁厚，在支管与主管连接处不得将支管插入主管内；

2 主管与支管或两支管轴线之间的夹角不宜小于 30°；

3 支管与主管的连接节点处，除搭接型节点外，应尽可能避免偏心；

4 支管与主管的连接焊缝，应沿全周连续焊接并平滑过渡；

5 支管端部宜使用自动切管机切割，支管壁厚小于 6mm 时可不切坡口。

10.2.2 在有间隙的K形或N形节点中(图10.1.5a、b)，支管间隙 a 应不小于两支管壁厚之和。

10.2.3 在搭接的K形或N形节点中(图10.1.5c、d)，其搭接率 $O_v = q/p \times 100\%$ 应满足 $25\% \leqslant O_v \leqslant 100\%$，且应确保在搭接部分的支管之间的连接焊缝能可靠地传递内力。

10.2.4 在搭接节点中，当支管厚度不同时，薄壁管应搭在厚壁管上；当支管钢材强度等级不同时，低强度管应搭在高强度管上。

10.2.5 支管与主管之间的连接可沿全周用角焊缝或部分采用对接焊缝、部分采用角焊缝。支管管壁与主管管壁之间的夹角大于或等于120°的区域宜用对接焊缝或带坡口的角焊缝。角焊缝的焊脚尺寸 h_f 不宜大于支管壁厚的2倍。

10.2.6 钢管构件在承受较大横向荷载的部位应采取适当的加强措施，防止产生过大的局部变形。构件的主要受力部位应避免开孔，如必须开孔时，应采取适当的补强措施。

10.3 杆件和节点承载力

10.3.1 直接焊接钢管结构中支管和主管的轴心内力设计值不应超过由本规范第5章确定的杆件承载力设计值。支管的轴心内力设计值亦不应超过节点承载力设计值。

10.3.2 在节点处，支管沿周边与主管相焊，焊缝承载力应等于或大于节点承载力。

在管结构中，支管与主管的连接焊缝可视为全周角焊缝按本规范公式(7.1.3-1)进行计算，但取 $\beta_f = 1$。角焊缝的计算厚度沿支管周长是变化的，当支管轴心受力时，平均计算厚度可取 $0.7h_f$。焊缝的计算长度可按下列公式计算：

1 在圆管结构中，取支管与主管相交线长度：

当 $d_i/d \leqslant 0.65$ 时：

$$l_w = (3.25d_i - 0.025d)\left(\frac{0.534}{\sin\theta_i} + 0.466\right) \tag{10.3.2-1}$$

当 $d_i/d > 0.65$ 时：

$$l_w = (3.81d_i - 0.389d)\left(\frac{0.534}{\sin\theta_i} + 0.466\right) \tag{10.3.2-2}$$

式中 d、d_i——分别为主管和支管外径；

θ_i——支管轴线与主管轴线的夹角。

2 在矩形管结构中，支管与主管交线的计算长度应按下列规定计算：

对于有间隙的K形和N形节点：

当 $\theta_i \geqslant 60°$ 时；

$$l_w = \frac{2h_i}{\sin\theta_i} + b_i \tag{10.3.2-3}$$

当 $\theta_i \leqslant 50°$ 时：

$$l_w = \frac{2h_i}{\sin\theta_i} + 2b_i \tag{10.3.2-4}$$

当 $50° < \theta_i < 60°$ 时，l_w 按插值法确定。

对于T、Y和X形节点(见图10.3.4)：

$$l_w = \frac{2h_i}{\sin\theta_i} \tag{10.3.2-5}$$

式中 h_i、b_i——分别为支管的截面高度和宽度。

当支管为圆管、主管为矩形管时，焊缝计算长度取为支管与主管的相交线长度减去 d_i。

10.3.3 主管和支管均为圆管的直接焊接节点承载力应按下列规定计算，其适用范围为：$0.2 \leqslant \beta \leqslant 1.0$；$d_i/t_i \leqslant 60$；$d/t \leqslant 100$，$\theta \geqslant 30°$，$60° \leqslant \phi \leqslant 120°$($\beta$ 为支管外径与主管外径之比；d_i、t_i 为支管的外径和壁厚；d、t 为主管的外径和壁厚；θ 为支管轴线与主管轴线之夹角；ϕ 为空间管节点支管的横向夹角，即支管轴线在主管横截面所在平面投影的夹角)。

为保证节点处主管的强度，支管的轴心力不得大于下列规定中的承载力设计值：

1　X 形节点(图 10.3.3a)：

1)受压支管在管节点处的承载力设计值 N_{cX}^{pj} 应按下式计算：

$$N_{cX}^{pj}=\frac{5.45}{(1-0.81\beta)\sin\theta}\psi_{n}t^{2}f \tag{10.3.3-1}$$

式中　ψ_n——参数，$\psi_n=1-0.3\frac{\sigma}{f_y}-0.3\left(\frac{\sigma}{f_y}\right)^2$，当节点两侧或一侧主管受拉时，则取 $\psi_n=1$；

f——主管钢材的抗拉、抗压和抗弯强度设计值；

f_y——主管钢材的屈服强度；

σ——节点两侧主管轴心压应力的较小绝对值。

2)受拉支管在管节点处的承载力设计值 N_{tX}^{pj} 应按下式计算：

$$N_{tX}^{pj}=0.78\left(\frac{d}{t}\right)^{0.2}N_{cX}^{pj} \tag{10.3.3-2}$$

2　T 形(或 Y 形)节点(图 10.3.3b 和 c)：

1)受压支管在管节点处的承载力设计值 N_{cT}^{pj} 应按下式计算：

$$N_{cT}^{pj}=\frac{11.51}{\sin\theta}\left(\frac{d}{t}\right)^{0.2}\Psi_{n}\Psi_{d}t^{2}f \tag{10.3.3-3}$$

式中　Ψ_d——参数；当 $\beta\leqslant0.7$ 时，$\Psi_d=0.069+0.93\beta$；当 $\beta>0.7$ 时，$\Psi_d=2\beta-0.68$。

2)受拉支管在管节点处的承载力设计值 N_{tT}^{pj} 应按下式计算：

当 $\beta\leqslant0.6$ 时：

$$N_{tT}^{pj}=1.4N_{cT}^{pj} \tag{10.3.3-4}$$

当 $\beta>0.6$ 时：

$$N_{tT}^{pj}=(2-\beta)N_{cT}^{pj} \tag{10.3.3-5}$$

3　K 形节点(图 10.3.3d)：

1)受压支管在管节点处的承载力设计值 N_{cK}^{pj} 应按下式计算：

$$N_{cK}^{pj}=\frac{11.51}{\sin\theta_c}\left(\frac{d}{t}\right)^{0.2}\Psi_{n}\Psi_{d}\Psi_{a}t^{2}f \tag{10.3.3-6}$$

式中　θ_c——受压支管轴线与主管轴线之夹角；

Ψ_a——参数，按下式计算：

$$\Psi_{a}=1+\frac{2.19}{1+\frac{7.5a}{d}}\left(1-\frac{20.1}{6.6+\frac{d}{t}}\right)(1-0.77\beta) \tag{10.3.3-7}$$

a——两支管间的间隙；当 $a<0$ 时，取 $a=0$。

2)受拉支管在管节点处的承载力设计值 N_{tK}^{pj} 应按下式计算：

$$N_{tK}^{pj}=\frac{\sin\theta_c}{\sin\theta_t}N_{cK}^{pj} \tag{10.3.3-8}$$

式中　θ_t——受拉支管轴线与主管轴线之夹角。

4　TT 形节点(图 10.3.3e)：

1)受压支管在管节点处的承载力设计值 N_{cTT}^{pj} 应按下式计算：

$$N_{cTT}^{pj}=\Psi_{g}N_{cT}^{pj} \tag{10.3.3-9}$$

式中　$\Psi_g=1.28-0.64\frac{g}{d}\leqslant1.1$，$g$ 为两支管的横向间距。

2)受拉支管在管节点处的承载力设计值 N_{tTT}^{pj} 应按下式计算：

$$N_{tTT}^{pj}=N_{tT}^{pj} \tag{10.3.3-10}$$

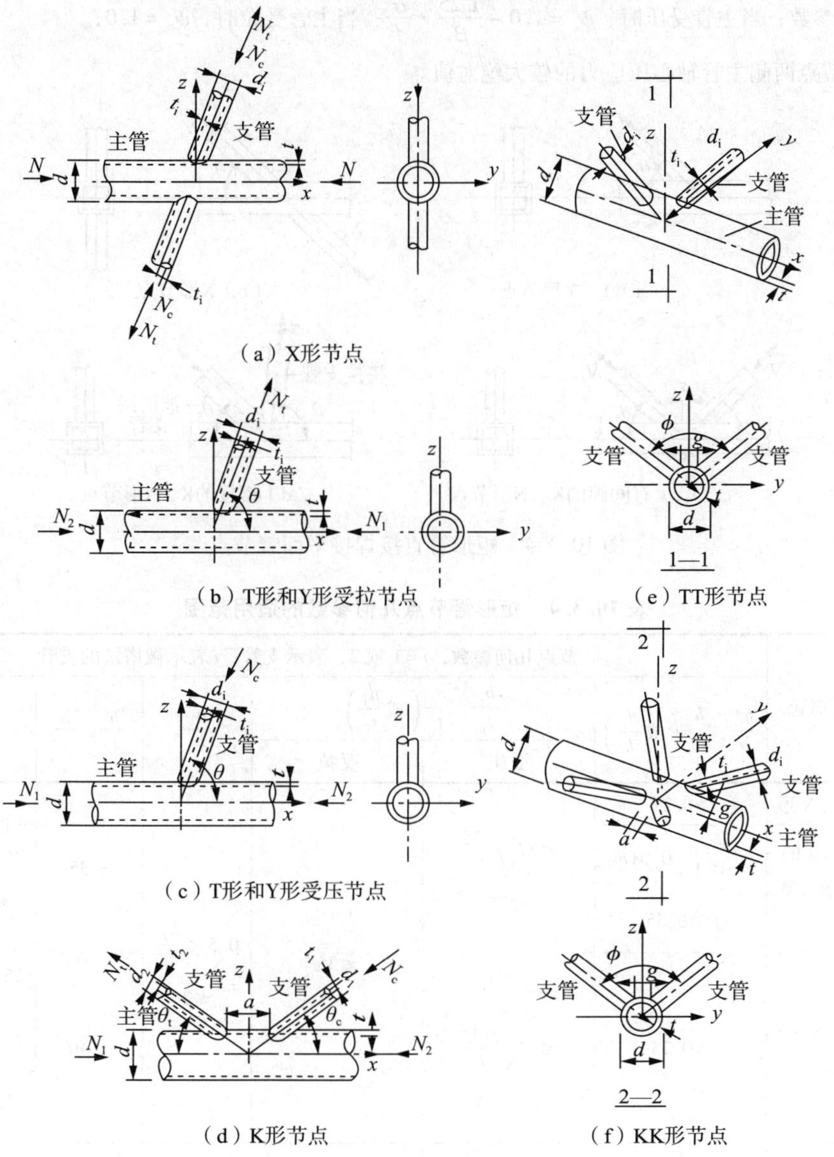

图 10.3.3　圆管结构的节点形式

5　KK 形节点(图 10.3.3f)：

受压或受拉支管在管节点处的承载力设计值 N_{cKK}^{pj} 或 N_{tKK}^{pj} 应等于 K 形节点相应支管承载力设计值 N_{cK}^{pj} 或 N_{tK}^{pj} 的 0.9 倍。

10.3.4　矩形管直接焊接节点(图 10.3.4)的承载力应按下列规定计算，其适用范围如表 10.3.4 所示。

为保证节点处矩形主管的强度，支管的轴心力 N_i 和主管的轴心力 N 不得大于下列规定的节点承载力设计值：

1　支管为矩形管的 T、Y 和 X 形节点(图 10.3.4a、b)：

1)当 $\beta \leqslant 0.85$ 时，支管在节点处的承载力设计值 N_i^{pj} 应按下式计算：

$$N_i^{pj} = 1.8\left(\frac{h_i}{bc\sin\theta_i} + 2\right)\frac{t^2 f}{c\sin\theta_i}\psi_n \qquad (10.3.4-1)$$

$$c = (1-\beta)^{0.5}$$

式中 ψ_n——参数；当主管受压时，$\psi_n = 1.0 - \frac{0.25}{\beta} \cdot \frac{\sigma}{f}$；当主管受拉时，$\psi_n = 1.0$；

σ——节点两侧主管轴心压应力的较大绝对值。

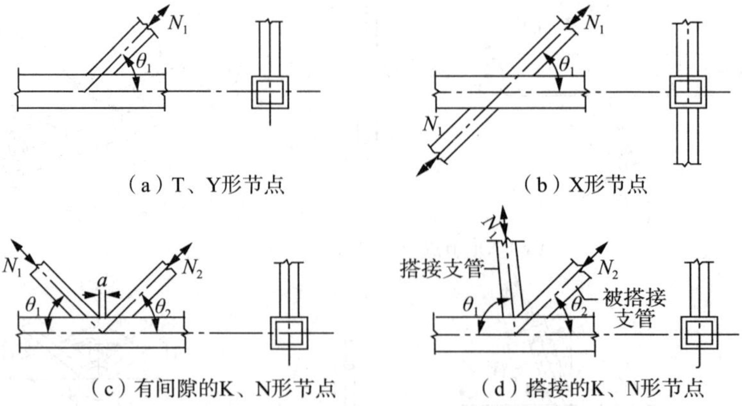

（a）T、Y形节点 （b）X形节点

（c）有间隙的K、N形节点 （d）搭接的K、N形节点

图 10.3.4 矩形管直接焊接平面管节点

表 10.3.4 矩形管节点几何参数的适用范围

管截面形式		节点形式	节点几何参数，$i=1$ 或 2，表示支管；j 表示被塔接的支管					
			$\frac{b_i}{b}$、$\frac{h_i}{b}\left(或\frac{d_i}{b}\right)$	$\frac{b_i}{t_i}$、$\frac{h_i}{t_i}\left(或\frac{d_i}{t_i}\right)$ 受压	受拉	$\frac{h_i}{b_i}$	$\frac{b}{t}$、$\frac{h}{t}$	a 或 O_v b_i/b_j、t_i/t_j
主管为矩形管	支管为矩形管	T、Y、X 形	≥0.25	$\leqslant 37\sqrt{\frac{235}{f_{yi}}}$ ≤35	≤35	$0.5 \leqslant \frac{h_i}{b_i} \leqslant 2$	≤35	
		有间隙的 K 形和 N 形	$\geqslant 0.1 + \frac{0.01b}{t}$ $\beta \geqslant 0.35$					$0.5(1-\beta) \leqslant \frac{a}{b} \leqslant 1.5(1-\beta)$* $a \geqslant t_1 + t_2$
		搭接 K 形和 N 形	≥0.25	$\leqslant 33\sqrt{\frac{235}{f_{yi}}}$			≤40	$25\% \leqslant O_v \leqslant 100\%$ $\frac{t_i}{t_j} \leqslant 1.0$，$1.0 \geqslant \frac{b_i}{b_j} \geqslant 0.75$
	支管为圆管		$0.4 \leqslant \frac{d_i}{b} \leqslant 0.8$	$\leqslant 44\sqrt{\frac{235}{f_{yi}}}$	≤50	用 d_i 取代 b_i 之后，仍应满足上述相应条件		

注：1. 标注 * 处当 $a/b > 1.5(1-\beta)$，则按 T 形或 Y 形节点计算。

2. b_i、h_i、t_i 分别为第 i 个矩形支管的截面宽度、高度和壁厚；

d_i、t_i 分别为第 i 个圆支管的外径和壁厚；

b、h、t 分别为矩形主管的截面宽度、高度和壁厚；

a 为支管间的间隙，见图 10.3.4；

O_v 为搭接率，见第 10.2.3 条；

β 为参数；对 T、Y、X 形节点，$\beta = \frac{b_i}{b}$ 或 $\frac{d_i}{b}$；对 K、N 形节点，$\beta = \frac{b_1 + b_2 + h_1 + h_2}{4b}$ 或 $\beta = \frac{d_1 + d_2}{2b}$；

f_{yi} 为第 i 个支管钢材的屈服强度。

2）当 $\beta = 1.0$ 时，支管在节点处的承载力设计值 N_i^{pj} 应按下式计算：

$$N_i^{pj}=2.0\left(\frac{h_i}{\sin\theta_i}+5t\right)\frac{tf_k}{\sin\theta_i}\Psi_n \quad (10.3.4-2)$$

当为 X 形节点，$\theta_i<90°$ 且 $h\geqslant h_i/\cos\theta_i$ 时，尚应按下式验算：

$$N_i^{pj}=\frac{2htf_v}{\sin\theta_i} \quad (10.3.4-3)$$

式中 f_k——主管强度设计值；当支管受拉时，$f_k=f$；当支管受压时，对 T、Y 形节点，$f_k=0.8\varphi f$；对 X 形节点，$f_k=(0.65\sin\theta_i)\varphi f$；$\varphi$ 为按长细比 $\lambda=1.73\left(\frac{h}{t}-2\right)\left(\frac{1}{\sin\theta_i}\right)^{0.5}$ 确定的轴心受压构件的稳定系数；

f_v——主管钢材的抗剪强度设计值。

3）当 $0.85<\beta<1.0$ 时，支管在节点处承载力的设计值应按公式（10.3.4－1）与（10.3.4－2）或公式（10.3.4－3）所得的值，根据 β 进行线性插值。此外，还不应超过下列二式的计算值：

$$N_i^{pj}=2.0(h_i-2t_i+b_e)t_if_i \quad (10.3.4-4)$$

$$b_e=\frac{10}{b/t}\cdot\frac{f_yt}{f_{yi}t_i}\cdot b_i\leqslant b_i$$

当 $0.85\leqslant\beta\leqslant1-\frac{2t}{b}$ 时：

$$N_i^{pj}=2.0\left(\frac{h_i}{\sin\theta_i}+b_{ep}\right)\frac{tf_v}{\sin\theta_i} \quad (10.3.4-5)$$

$$b_{ep}=\frac{10}{b/t}\cdot b_i\leqslant b_i$$

式中 h_i、t_i、f_i——分别为支管的截面高度、壁厚以及抗拉（抗压和抗弯）强度设计值。

2 支管为矩形管的有间隙的 K 形和 N 形节点（图 10.3.4c）：

1）节点处任一支管的承载力设计值应取下列各式的较小值：

$$N_i^{pj}=1.42\frac{b_1+b_2+h_1+h_2}{b\sin\theta_i}\left(\frac{b}{t}\right)^{0.5}t^2f\Psi_n \quad (10.3.4-6)$$

$$N_i^{pj}=\frac{A_vf_v}{\sin\theta_i} \quad (10.3.4-7)$$

$$N_i^{pj}=2.0\left(h_i-2t_i+\frac{b_i+b_e}{2}\right)t_if_i \quad (10.3.4-8)$$

当 $\beta\leqslant1-\frac{2t}{b}$ 时，尚应小于：

$$N_i^{pj}=2.0\left(\frac{h_i}{\sin\theta_i}+\frac{b_i+b_{ep}}{2}\right)\frac{tf_v}{\sin\theta_i} \quad (10.3.4-9)$$

式中 A_v——弦杆的受剪面积，按下列公式计算：

$$A_v=(2h+ab)t \quad (10.3.4-10)$$

$$a=\sqrt{\frac{3t^2}{3t^2+4a^2}} \quad (10.3.4-11)$$

2）节点间隙处的弦杆轴心受力承载力设计值为：

$$N^{pj}=(A-a_vA_v)f \quad (10.3.4-12)$$

式中 a_v——考虑剪力对弦杆轴心承载力的影响系数，按下式计算：

$$a_v=1-\sqrt{1-\left(\frac{V}{V_p}\right)^2} \quad (10.3.4-13)$$

$$V_p=A_vf_v$$

V——节点间隙处弦杆所受的剪力，可按任一支管的竖向分力计算。

3　支管为矩形管的搭接的 K 形和 N 形节点(图 10. 3. 4d)：

搭接支管的承载力设计值应根据不同的搭接率 O_v 按下列公式计算(下标 j 表示被搭接的支管)：

1)当 $25\% \leqslant O_v < 50\%$ 时：

$$N_i^{pj} = 2.0\left[(h_i - 2t_1)\frac{O_v}{0.5} + \frac{b_e + b_{ej}}{2}\right]t_i f_i \tag{10.3.4-14}$$

$$b_{ej} = \frac{10}{b_j/t_j} \cdot \frac{t_j f_{yj}}{t_i f_{yi}} b_i \leqslant b_i$$

2)当 $50\% \leqslant O_v < 80\%$ 时：

$$N_i^{pj} = 2.0\left(h_i - 2t_i + \frac{b_e + b_{ej}}{2}\right)t_i f_i \tag{10.3.4-15}$$

3)当 $80\% \leqslant O_v \leqslant 100\%$ 时：

$$N_i^{pj} = 2.0\left(h_i - 2t_i + \frac{b_i + b_{ej}}{2}\right)t_i f_i \tag{10.3.4-16}$$

被搭接支管的承载力应满足下式要求：

$$\frac{N_j^{pj}}{A_j y j_{yj}} \leqslant \frac{N_i^{pj}}{A_i f_{yi}} \tag{10.3.4-17}$$

4　支管为圆管的各种形式的节点：

当支管为圆管时，上述各节点承载力的计算公式仍可使用，但需用 d_i 取代 b_i 和 h_i，并将各式右侧乘以系数 π/4，同时应将式(10. 3. 4 - 10)中的 α 值取为零。

11　钢与混凝土组合梁

11.1　一般规定

11. 1. 1　本章规定一般用于不直接承受动力荷载由混凝土翼板与钢梁通过抗剪连接件组成的组合梁。

组合梁的翼板可用现浇混凝土板，亦可用混凝土叠合板或压型钢板混凝土组合板，其中混凝土板应按现行国家标准《混凝土结构设计规范》GB 50010 的规定进行设计。

11. 1. 2　混凝土翼板的有效宽度 b_e(图 11. 1. 2)应按下式计算：

$$b_e = b_0 + b_1 + b_2 \tag{11.1.2}$$

式中　b_0——板托顶部的宽度；当板托倾角 $\alpha < 45°$时，应按 $\alpha = 45°$计算板托顶部的宽度；当无板托时，则取钢梁上翼缘的宽度；

b_1、b_2——梁外侧和内侧的翼板计算宽度，各取梁跨度 l 的 1/6 和翼板厚度 h_{c1} 的 6 倍中的较小值。此外，b_1 尚不应超过翼板实际外伸宽度 s_1；b_2 不应超过相邻钢梁上翼缘或板托间净距 s_0 的 1/2。当为中间梁时，公式(11. 1. 2)中的 b_1 等于 b_2。

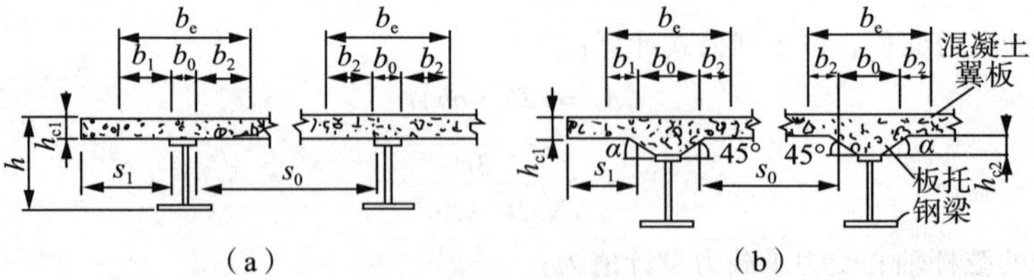

图 11. 1. 2　混凝土翼板的计算宽度

图 11. 1. 2 中，h_{c1} 为混凝土翼板的厚度，当采用压型钢板混凝土组合板时，翼板厚度 h_{c1} 等于组合板的总厚度减去压型钢板的肋高，但在计算混凝土翼板的有效宽度时，压型钢板混凝土组合板的翼板厚度 h_{c1} 可取有肋处板的总厚度；h_{c2} 为板托高度，当无板托时，$h_{c2} = 0$。

11. 1. 3　组合梁(含部分抗剪连接组合梁和钢梁与组合板构成的组合梁)的挠度应按弹性方法进行计

算，并应按本规范第 11.4.2 条的规定考虑混凝土翼板和钢梁之间的滑移效应对组合梁的抗弯刚度进行折减。

对于连续组合梁，在距中间支座两侧各 0.15l(l 为梁的跨度)范围内，不计受拉区混凝土对刚度的影响，但应计入翼板有效宽度 b_e 范围内配置的纵向钢筋的作用，其余区段仍取折减刚度，除按此验算其挠度外，尚应按现行国家标准《混凝土结构设计规范》GB 50010 的规定验算负弯矩区段混凝土最大裂缝宽度 w_{max}。

在组合梁的强度、挠度和裂缝计算中，可不考虑板托截面。

组合梁尚应按有关规定进行混凝土翼板的纵向抗剪验算。

11.1.4 组合梁施工时，若钢梁下无临时支承，则混凝土硬结前的材料重量和施工荷载应由钢梁承受，钢梁应按本规范第 3 章和第 4 章规定计算其强度、稳定性和变形。施工完成后的使用阶段，组合梁承受的续加荷载产生的变形应与施工阶段钢梁的变形相叠加。

11.1.5 在强度和变形满足的条件下，组合梁交界面上抗剪连接件的纵向水平抗剪能力不能保证最大正弯矩截面上抗弯承载力充分发挥时，可以按照部分抗剪连接进行设计。用压型钢板做混凝土底模的组合梁，亦宜按照部分抗剪连接组合梁设计。部分抗剪连接限用于跨度不超过 20m 的等截面组合梁。

11.1.6 按本章规定考虑全截面塑性发展进行组合梁的强度计算时，钢梁钢材的强度设计值 f 应按本规范第 3.4.1 和 3.4.2 条的规定采用，当组成板件的厚度不同时，可统一取用较厚板件的强度设计值。组合梁负弯矩区段所配负弯矩钢筋的强度设计值按现行国家标准《混凝土结构设计规范》GB 50010 的有关规定采用。连续组合梁采用弹性分析计算内力时，考虑塑性发展的内力调幅系数不宜超过 15%。

组合梁中钢梁的受压区，其板件的宽厚比应满足本规范第 9 章第 9.1.4 条的要求。

11.2 组合梁设计

11.2.1 完全抗剪连接组合梁的抗弯强度应按下列规定计算：

1 正弯矩作用区段：

1)塑性中和轴在混凝土翼板内(图 11.2.1－1)，即 $Af \leq b_e h_{c1} f_c$ 时：

$$M \leq b_e x f_c y \tag{11.2.1－1}$$

$$x = Af/(b_e f_c) \tag{11.2.1－2}$$

式中 M——正弯矩设计值；

A——钢梁的截面面积；

x——混凝土翼板受压区高度；

y——钢梁截面应力的合力至混凝土受压区截面应力的合力间的距离；

f_c——混凝土抗压强度设计值。

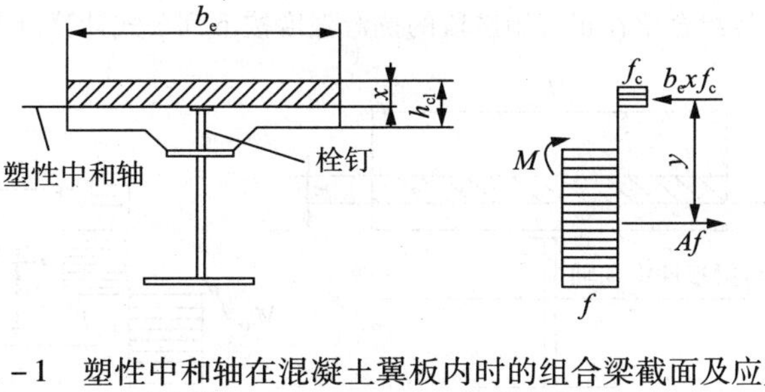

图 11.2.1－1 塑性中和轴在混凝土翼板内时的组合梁截面及应力图形

2)塑性中和轴在钢梁截面内(图 11.2.1－2)，即 $Af > b_e h_{c1} f_c$ 时：

$$M \leq b_e h_{c1} f_c y_1 + A_c f y_2 \tag{11.2.1－3}$$

$$A_c = 0.5(A - b_e h_{c1} f_c / f) \tag{11.2.1－4}$$

式中 A_c——钢梁受压区截面面积；

y_1——钢梁受拉区截面形心至混凝土翼板受压区截面形心的距离；

y_2——钢梁受拉区截面形心至钢梁受压区截面形心的距离。

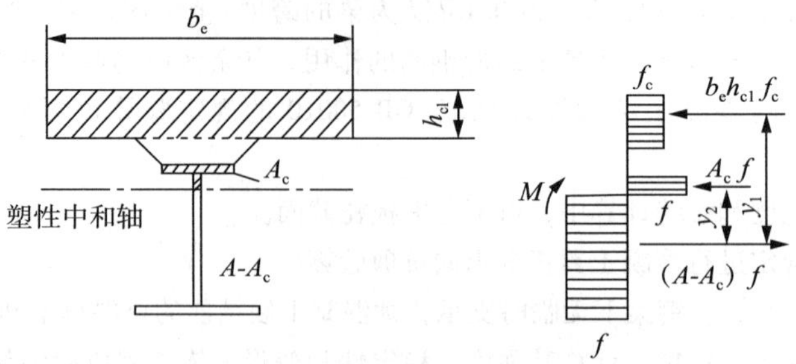

图 11.2.1－2　塑性中和轴在钢梁内时的组合梁截面及应力图形

2　负弯矩作用区段(图 11.2.1－3)：

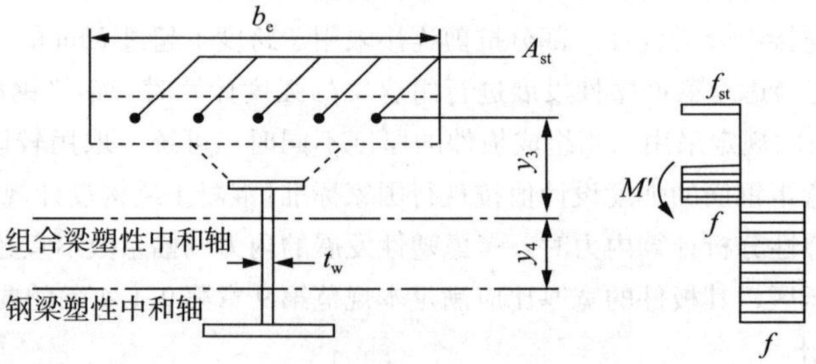

图 11.2.1－3　负弯矩作用时组合梁截面及应力图形

$$M' \leqslant M_s + A_{st} f_{st}(y_3 + y_4/2) \tag{11.2.1－5}$$

$$M_s = (S_1 + S_2) f \tag{11.2.1－6}$$

式中　M'——负弯矩设计值；

S_1、S_2——钢梁塑性中和轴(平分钢梁截面积的轴线)以上和以下截面对该轴的面积矩；

A_{st}——负弯矩区混凝土翼板有效宽度范围内的纵向钢筋截面面积；

f_{st}——钢筋抗拉强度设计值；

y_3——纵向钢筋截面形心至组合梁塑性中和轴的距离；

y_4——组合梁塑性中和轴至钢梁塑性中和轴的距离。当组合梁塑性中和轴在钢梁腹板内时，取 $y_4 = A_{st} f_{st}/(2t_w f)$；当该中和轴在钢梁翼缘内时，可取 y_4 等于钢梁塑性中和轴至腹板上边缘的距离。

11.2.2　部分抗剪连接组合梁在正弯矩区段的抗弯强度按下列公式计算(图 11.2.2)：

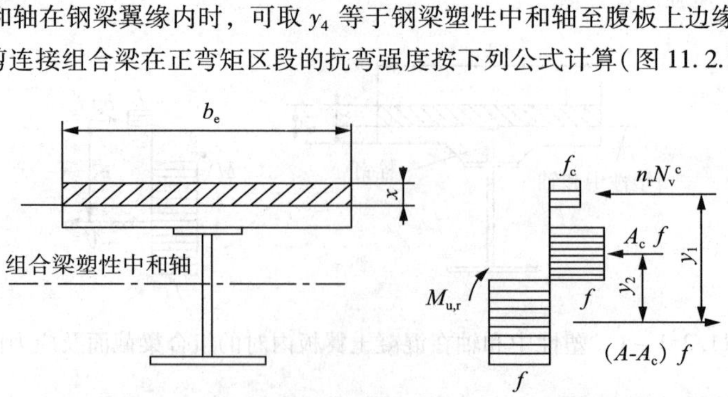

图 11.2.2　部分抗剪连接组合梁计算简图

$$x = n_r N_v^c / (b_e f_c) \tag{11.2.2－1}$$

$$A_c = (Af - n_r N_v^c)/(2f) \tag{11.2.2－2}$$

$$M_{u,r}=n_rN_v^c y_1+0.5(Af-n_rN_v^c)y_2 \qquad (11.2.2-3)$$

式中 $M_{u,r}$——部分抗剪连接时组合梁截面抗弯承载力；

n_r——部分抗剪连接时一个剪跨区的抗剪连接件数目；

N_v^c——每个抗剪连接件的纵向抗剪承载力，按本规范第11.3节的有关公式计算。

部分抗剪连接组合梁在负弯矩作用区段的抗弯强度则按 $n_rN_v^c$ 和 $A_{st}f_{st}$ 两者中的较小值计算。

11.2.3 组合梁截面上的全部剪力，假定仅由钢梁腹板承受，应按本规范公式(9.2.2)进行计算。

11.2.4 用塑性设计法计算组合梁强度时，在下列部位可不考虑弯矩与剪力的相互影响：

1 受正弯矩的组合梁截面；

2 $A_{st}f_{st}\geqslant 0.15Af$ 的受负弯矩的组合梁截面。

11.3 抗剪连接件的计算

11.3.1 组合梁的抗剪连接件宜采用栓钉，也可采用槽钢、弯筋或有可靠依据的其他类型连接件。栓钉、槽钢及弯筋连接件的设置方式如图11.3.1所示；一个抗剪连接件的承载力设计值由下列公式确定：

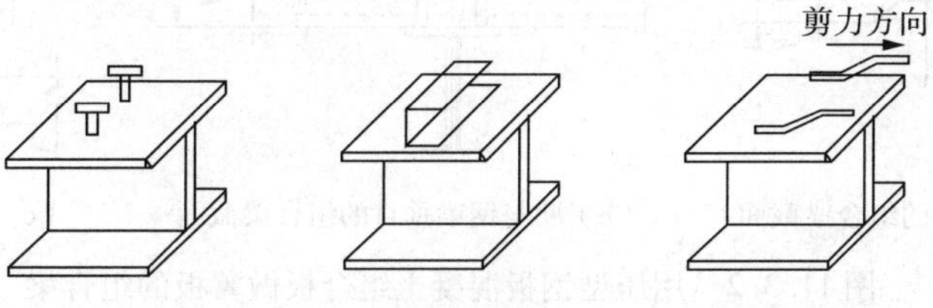

（a）栓钉连接件　（b）槽钢连接件　（c）弯筋连接件

图11.3.1 连接件的外形及设置方向

1 圆柱头焊钉(栓钉)连接件：

$$N_v^c=0.43A_s\sqrt{E_cf_c}\leqslant 0.7A_s\gamma f \qquad (11.3.1-1)$$

式中 E_c——混凝土的弹性模量；

A_s——圆柱头焊钉(栓钉)钉杆截面面积；

f——圆柱头焊钉(栓钉)抗拉强度设计值；

γ——栓钉材料抗拉强度最小值与屈服强度之比。

当栓钉材料性能等级为4.6级时，取 $f=215(\mathrm{N/mm^2})$，$\gamma=1.67$。

2 槽钢连接件：

$$N_v^c=0.26(t+0.5t_w)l_c\sqrt{E_cf_c} \qquad (11.3.1-2)$$

式中 t——槽钢翼缘的平均厚度；

t_w——槽钢腹板的厚度；

l_c——槽钢的长度。

槽钢连接件通过肢尖肢背两条通长角焊缝与钢梁连接，角焊缝按承受该连接件的抗剪承载力设计值 N_v^c 进行计算。

3 弯筋连接件：

$$N_v^c=A_{st}f_{st} \qquad (11.3.1-3)$$

式中 A_{st}——弯筋的截面面积；

f_{st}——弯筋的抗拉强度设计值。

11.3.2 对于用压型钢板混凝土组合板做翼板的组合梁(图11.3.2)，其栓钉连接件的抗剪承载力设计值应分别按以下两种情况予以降低：

1 当压型钢板肋平行于钢梁布置(图11.3.2a)，$b_w/h_e<1.5$ 时，按公式(11.3.1-1)算得的 N_v^c 应乘以折减系数 β_v 后取用。β_v 值按下式计算：

$$\beta_v = 0.6\frac{b_w}{h_e}\left(\frac{h_d - h_e}{h_e}\right) \leqslant 1 \tag{11.3.2-1}$$

式中　b_w——混凝土凸肋的平均宽度，当肋的上部宽度小于下部宽度时(图 11.3.2c)，改取上部宽度；

h_e——混凝土凸肋高度；

h_d——栓钉高度。

2　当压型钢板肋垂直于钢梁布置时(图 11.3.2b)，栓钉抗剪连接件承载力设计值的折减系数按下式计算：

$$\beta_v = \frac{0.85}{\sqrt{n_0}} \cdot \frac{b_w}{h_e}\left(\frac{h_d - h_e}{h_e}\right) \leqslant 1 \tag{11.3.2-2}$$

式中　n_0——在梁某截面处一个肋中布置的栓钉数，当多于 3 个时，按 3 个计算。

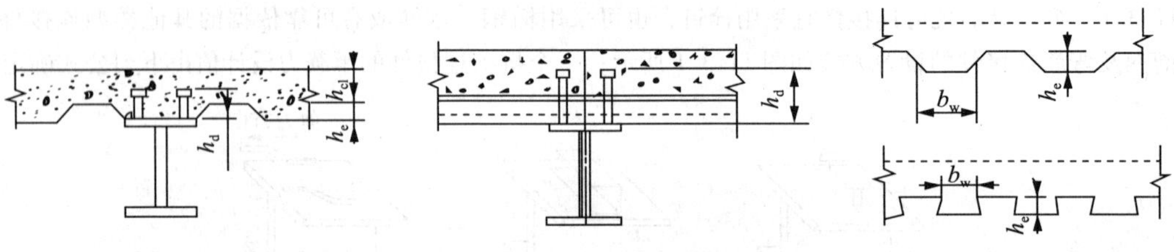

(a) 肋与钢梁平行的组合梁截面　　(b) 肋与钢梁垂直的组合梁截面　　(c) 压型钢板组合板剖面

图 11.3.2　用压型钢板混凝土组合板做翼板的组合梁

11.3.3　位于负弯矩区段的抗剪连接件，其抗剪承载力设计值 N_v^c 应乘以折减系数 0.9(中间支座两侧)和 0.8(悬臂部分)。

11.3.4　抗剪连接件的计算，应以弯矩绝对值最大点及零弯矩点为界限，划分为若干个剪跨区(图 11.3.4)，逐段进行。每个剪跨区段内钢梁与混凝土翼板交界面的纵向剪力 V_s 按下列方法确定：

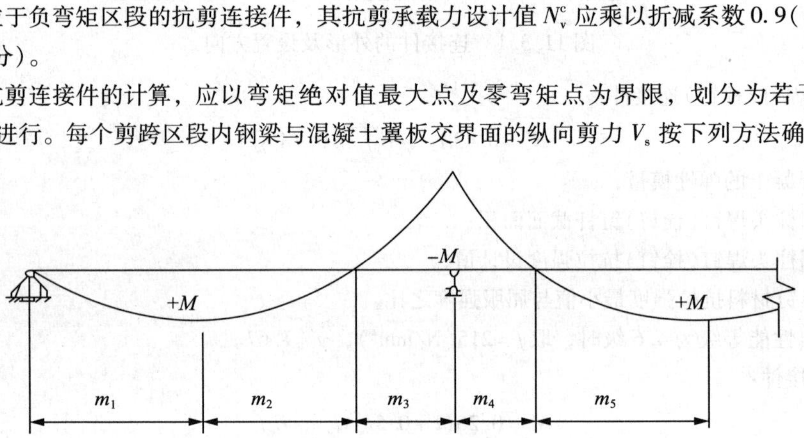

图 11.3.4　连续梁剪跨区划分图

1　位于正弯矩区段的剪跨，V_s 取 Af 和 $b_e h_{c1} f_c$ 中的较小者。

2　位于负弯矩区段的剪跨：

$$V_s = A_{st} f_{st} \tag{11.3.4-1}$$

按照完全抗剪连接设计时，每个剪跨区段内需要的连接件总数 n_f，按下式计算：

$$n_f = V_s / N_v^c \tag{11.3.4-2}$$

部分抗剪连接组合梁，其连接件的实配个数不得少于 n_f 的 50%。

按公式(11.3.4-2)算得的连接件数量，可在对应的剪跨区段内均匀布置。当在此剪跨区段内有较大集中荷载作用时，应将连接件个数 n_f 按剪力图面积比例分配后再各自均匀布置。

注：当采用栓钉和槽钢抗剪件时，在图 11.3.4 中可将剪跨区 m_2 和 m_3、m_4 和 m_5 分别合并为一个区配置抗剪连接件，合并为一个区段后的 $V_s = b_e h_{c1} f_c + A_{st} f_{st}$。建议在合并区内采用完全抗剪连接。

11.4　挠度计算

11.4.1　组合梁的挠度应分别按荷载的标准组合和准永久组合进行计算，以其中的较大值作为依据。

挠度计算可按结构力学公式进行，仅受正弯矩作用的组合梁，其抗弯刚度应取考虑滑移效应的折减刚度，连续组合梁应按变截面刚度梁(见第 11.1.3 条)进行计算。在上述两种荷载组合中，组合梁应各取其相应的折减刚度。

11.4.2　组合梁考虑滑移效应的折减刚度 B 可按下式确定：

$$B=\frac{EI_{eq}}{1+\xi} \tag{11.4.2}$$

式中　E——钢梁的弹性模量；

I_{eq}——组合梁的换算截面惯性矩；对荷载的标准组合，可将截面中的混凝土翼板有效宽度除以钢材与混凝土弹性模量的比值 α_E 换算为钢截面宽度后，计算整个截面的惯性矩；对荷载的准永久组合，则除以 $2\alpha_E$ 进行换算；对于钢梁与压型钢板混凝土组合板构成的组合梁，取其较弱截面的换算截面进行计算，且不计压型钢板的作用；

ξ——刚度折减系数，按 11.4.3 条进行计算。

11.4.3　刚度折减系数 ξ 按下式计算(当 $\xi\leqslant 0$ 时，取 $\xi=0$)：

$$\xi=\eta\left[0.4-\frac{3}{(jl)^2}\right] \tag{11.4.3-1}$$

$$\eta=\frac{36Ed_cpA_0}{n_skhl^2} \tag{11.4.3-2}$$

$$j=0.81\sqrt{\frac{n_skA_1}{EI_0p}}\quad(\mathrm{mm}^{-1}) \tag{11.4.3-3}$$

$$A_0=\frac{A_{cf}A}{\alpha_EA+A_{cf}} \tag{11.4.3-4}$$

$$A_1=\frac{I_0+A_0d_c^2}{A_0} \tag{11.4.3-5}$$

$$I_0=I+\frac{I_{cf}}{\alpha_E} \tag{11.4.3-6}$$

式中　A_{cf}——混凝土翼板截面面积；对压型钢板混凝土组合板的翼板，取其较弱截面的面积，且不考虑压型钢板；

A——钢梁截面面积；

I——钢梁截面惯性矩；

I_{cf}——混凝土翼板的截面惯性矩；对压型钢板混凝土组合板的翼板，取其较弱截面的惯性矩，且不考虑压型钢板；

d_c——钢梁截面形心到混凝土翼板截面(对压型钢板混凝土组合板为其较弱截面)形心的距离；

h——组合梁截面高度；

l——组合梁的跨度，mm；

k——抗剪连接件刚度系数，$k=N_v^c$，N/mm；

p——抗剪连接件的纵向平均间距，mm；

n_s——抗剪连接件在一根梁上的列数；

α_E——钢材与混凝土弹性模量的比值。

注：当按荷载效应的准永久组合进行计算时，公式(11.4.3-4)和(11.4.3-6)中的 α_E 应乘以 2。

11.5　构造要求

11.5.1　组合梁截面高度不宜超过钢梁截面高度的 2.5 倍；混凝土板托高度 h_{c2} 不宜超过翼板厚度 h_{c1} 的 1.5 倍；板托的顶面宽度不宜小于钢梁上翼缘宽度与 $1.5h_{c2}$ 之和。

11.5.2　组合梁边梁混凝土翼板的构造应满足图 11.5.2 的要求。有板托时，伸出长度不宜小于 h_{c2}；无板托时，应同时满足伸出钢梁中心线不小于 150mm、伸出钢梁翼缘边不小于 50mm 的要求。

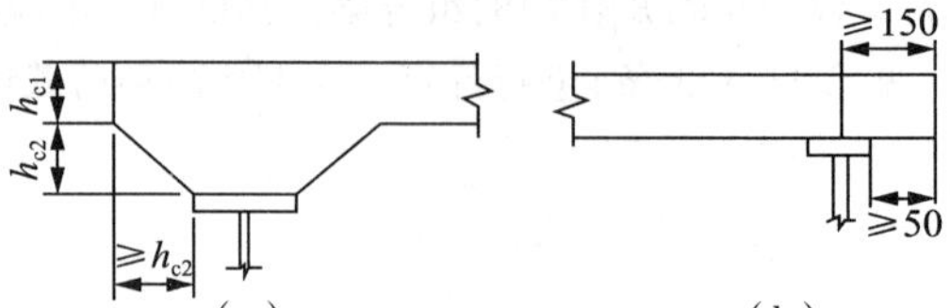

图 11.5.2　边梁构造图

11.5.3　连续组合梁在中间支座负弯矩区的上部纵向钢筋及分布钢筋，应按现行国家标准《混凝土结构设计规范》GB 50010 的规定设置。

11.5.4　抗剪连接件的设置应符合以下规定：

1　栓钉连接件钉头下表面或槽钢连接件上翼缘下表面高出翼板底部钢筋顶面不宜小于 30mm；

2　连接件沿梁跨度方向的最大间距不应大于混凝土翼板（包括板托）厚度的 4 倍，且不大于 400mm；

3　连接件的外侧边缘与钢梁翼缘边缘之间的距离不应小于 20mm；

4　连接件的外侧边缘至混凝土翼板边缘间的距离不应小于 100mm；

5　连接件顶面的混凝土保护层厚度不应小于 15mm。

11.5.5　栓钉连接件除应满足本规范第 11.5.4 条要求外，尚应符合下列规定：

1　当栓钉位置不正对钢梁腹板时，如钢梁上翼缘承受拉力，则栓钉杆直径不应大于钢梁上翼缘厚度的 1.5 倍；如钢梁上翼缘不承受拉力，则栓钉杆直径不应大于钢梁上翼缘厚度的 2.5 倍。

2　栓钉长度不应小于其杆径的 4 倍。

3　栓钉沿梁轴线方向的间距不应小于杆径的 6 倍；垂直于梁轴线方向的间距不应小于杆径的 4 倍。

4　用压型钢板做底模的组合梁，栓钉杆直径不宜大于 19mm，混凝土凸肋宽度不应小于栓钉杆直径的 2.5 倍；栓钉高度 h_d 应符合 $(h_e+30) \leq h_d \leq (h_e+75)$ 的要求（图 11.3.2）。

11.5.6　弯筋连接件除应符合本章第 11.5.4 条要求外，尚应满足以下规定：弯筋连接件宜采用直径不小于 12mm 的钢筋成对布置，用两条长度不小于 4 倍（Ⅰ级钢筋）或 5 倍（Ⅱ级钢筋）钢筋直径的侧焊缝焊接于钢梁翼缘上，其弯起角度一般为 45°，弯折方向应与混凝土翼板对钢梁的水平剪力方向相同。在梁跨中纵向水平剪力方向变化的区段，必须在两个方向均设置弯起钢筋。从弯起点算起的钢筋长度不宜小于其直径的 25 倍（Ⅰ级钢筋另加弯钩），其中水平段长度不宜小于其直径的 10 倍。弯筋连接件沿梁长度方向的间距不宜小于混凝土翼板（包括板托）厚度的 0.7 倍。

11.5.7　槽钢连接件一般采用 Q235 钢，截面不宜大于[12.6。

11.5.8　钢梁顶面不得涂刷油漆，在浇灌（或安装）混凝土翼板以前应清除铁锈、焊渣、冰层、积雪、泥土和其他杂物。

附录 A 结构或构件的变形容许值

A.1 受弯构件的挠度容许值

A.1.1 吊车梁、楼盖梁、屋盖梁、工作平台梁以及墙架构件的挠度不宜超过表 A.1.1 所列的容许值。

表 A.1.1 受弯构件挠度容许值

项次	构件类别	挠度容许值	
		$[v_T]$	$[v_Q]$
1	吊车梁和吊车桁架(按自重和超重量最大的一台吊车计算挠度) (1)手动吊车和单梁吊车(含悬挂吊车) (2)轻级工作制桥式吊车 (3)中级工作制桥式吊车 (4)重级工作制桥式吊车	l/500 l/800 l/1000 l/1200	—
2	手动或电动葫芦的轨道梁	l/400	—
3	有重轨(重量等于或大于 38kg/m)轨道的工作平台梁 有轻轨(重量等于或小于 24kg/m)轨道的工作平台梁	l/600 l/400	—
4	楼(屋)盖梁或桁架，工作平台梁(第 3 项除外)和平台板 (1)主梁或桁架(包括设有悬挂起重设备的梁和桁架) (2)抹灰顶棚的次梁 (3)除(1)、(2)款外的其他梁(包括楼梯梁) (4)屋盖檩条 支承无积灰的瓦楞铁和石棉瓦屋面者 支承压型金属板，有积灰的瓦楞铁和石棉瓦等屋面者 支承其他屋面材料者 (5)平台板	 l/400 l/250 l/250 l/150 l/200 l/200 l/150	 l/500 l/350 l/300 — — — —
5	墙架构件(风荷载不考虑阵风系数) (1)支柱 (2)抗风桁架(作为连续支柱的支承时) (3)砌体墙的横梁(水平方向) (4)支承压塑金属板、瓦楞铁和石棉瓦墙面的横梁(水平方向) (5)带有玻璃窗的横梁(竖直和水平方向)	 — — — — l/200	 l/400 l/1000 l/300 l/200 l/200

注：1. l 为受弯构件的跨度(对悬臂梁和伸臂梁为悬伸长度的 2 倍)。
2. $[v_T]$为永久和可变荷载标准值产生的挠度(如有起拱应减去拱度)的容许值；$[v_Q]$为可变荷载标准值产生的挠度的容许值。

A.1.2 冶金工厂或类似车间中设有工作级别为 A7、A8 级吊车的车间，其跨间每侧吊车梁或吊车桁架的制动结构，由一台最大吊车横向水平荷载(按荷载规范取值)所产生的挠度不宜超过制动结构跨度的 1/2200。

A.2 框架结构的水平位移容许值

A.2.1 在风荷载标准值作用下，框架柱顶水平位移和层间相对位移不宜超过下列数值：

1　无桥式吊车的单层框架的柱顶位移　$H/150$

2　有桥式吊车的单层框架的柱顶位移　$H/400$

3　多层框架的柱顶位移　$H/500$

4　多层框架的层间相对位移　$H/400$

H为自基础顶面至柱顶的总高度；h为层高。

注：1　对室内装修要求较高的民用建筑多层框架结构，层间相对位移宜适当减小。无墙壁的多层框架结构，层间相对位移可适当放宽。

2　对轻型框架结构的柱顶水平位移和层间位移均可适当放宽。

A.2.2　在冶金工厂或类似车间中设有A7、A8级吊车的厂房柱和设有中级和重级工作制吊车的露天栈桥柱，在吊车梁或吊车桁架的顶面标高处，由一台最大吊车水平荷载（按荷载规范取值）所产生的计算变形值，不宜超过表A.2.2所列的容许值。

表 A.2.2　柱水平位移（计算值）的容许值

项次	位移的种类	按平面结构图形计算	按空间结构图形计算
1	厂房柱的横向位移	$H_c/1250$	$H_c/2000$
2	露天栈桥柱的横向位移	$H_c/2500$	—
3	厂房和露天栈桥柱的纵向位移	$H_c/4000$	—

注：1. H_c为基础顶面至吊车梁或吊车桁架顶面的高度。

2. 计算厂房或露天栈桥柱的纵向位移时，可假定吊车的纵向水平制动力分配在温度区段内所有柱间支撑或纵向框架上。

3. 在设有A8级吊车的厂房中，厂房柱的水平位移容许值宜减小10%。

4. 在设有A6级吊车的厂房柱的纵向位移宜符合表中的要求。

附录 B 梁的整体稳定系数

B.1 等截面焊接工字形和轧制 H 型钢简支梁

等截面焊接工字形和轧制 H 型钢(图 B.1)简支梁的整体稳定系数 φ_b 应按下式计算：

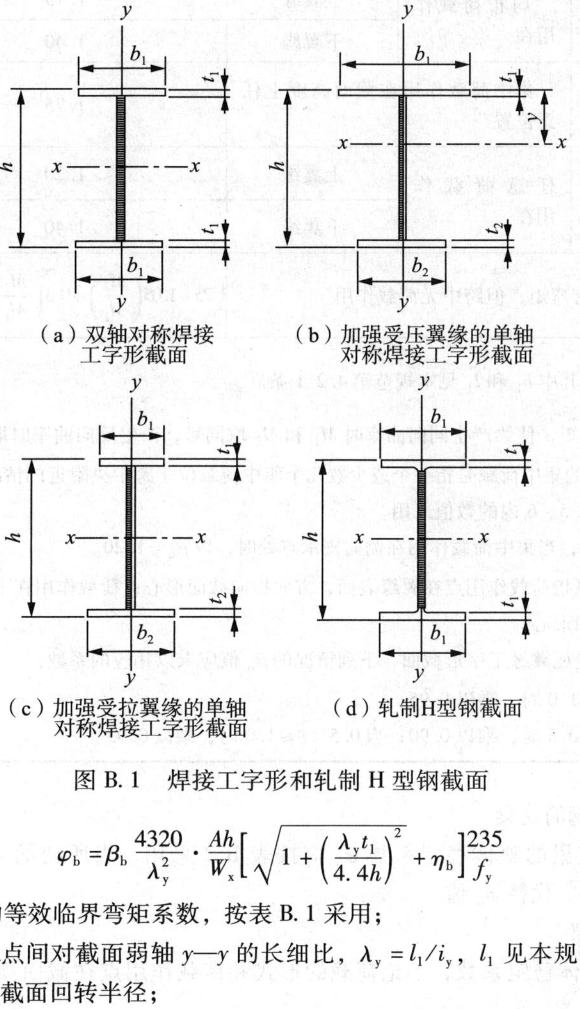

图 B.1 焊接工字形和轧制 H 型钢截面

$$\varphi_b=\beta_b\frac{4320}{\lambda_y^2}\cdot\frac{Ah}{W_x}\left[\sqrt{1+\left(\frac{\lambda_y t_1}{4.4h}\right)^2}+\eta_b\right]\frac{235}{f_y} \qquad (B.1-1)$$

式中 β_b——梁整体稳定的等效临界弯矩系数，按表 B.1 采用；

λ_y——梁在侧向支承点间对截面弱轴 y—y 的长细比，$\lambda_y=l_1/i_y$，l_1 见本规范第 4.2.1 条，i_y 为梁毛截面对 y 轴的截面回转半径；

A——梁的毛截面面积；

h、t_1——梁截面的全高和受压翼缘厚度；

η_b——截面不对称影响系数；对双轴对称截面(图 B.1a、d)：$\eta_b=0$；对单轴对称工字形截面(图 B.1b、c)：加强受压翼缘：$\eta_b=0.8(2\alpha_b-1)$；加强受拉翼缘：$\eta_b=2\alpha_b-1$；$\alpha_b=\frac{I_1}{I_1+I_2}$，式中 I_1 和 I_2 分别为受压翼缘和受拉翼缘对 y 轴的惯性矩。

当按公式(B.1-1)算得的 φ_b 值大于 0.6 时，应用下式计算的 φ'_b 代替 φ_b 值：

$$\varphi'_b=1.07-\frac{0.282}{\varphi_b}\leqslant 1.0 \qquad (B.1-2)$$

注：公式(B.1-1)亦适用于等截面铆接(或高强度螺栓连接)简支梁，其受压翼缘厚度 t_1 包括翼缘角钢厚度在内。

表 B.1　H 型钢和等截面工字形简支梁的系数 β_b

项次	侧向支承	荷　载		$\xi \leqslant 2.0$	$\xi > 2.0$	适用范围
1	跨中无侧向支承	均布荷载作用在	上翼缘	$0.69+0.13\xi$	0.95	图 B.1 a、b 和 d 的截面
2			下翼缘	$1.73-0.20\xi$	1.33	
3		集中荷载作用在	上翼缘	$0.73+0.18\xi$	1.09	
4			下翼缘	$2.23-0.28\xi$	1.67	
5	跨度中点有一个侧向支承点	均布荷载作用在	上翼缘	1.15		图 B.1 中的所有截面
6			下翼缘	1.40		
7		集中荷载作用在截面高度上任意位置		1.75		
8	跨中有不少于两个等距离侧向支承点	任意荷载作用在	上翼缘	1.20		
9			下翼缘	1.40		
10	梁端有弯矩，但跨中无荷载作用			$1.75-1.05\left(\frac{M_2}{M_1}\right)+0.3\left(\frac{M_2}{M_1}\right)^2$，但≤2.3		

注：1. ξ 为参数，$\xi=\frac{l_1 t_1}{b_1 h}$，其中 b_1 和 l_1 见本规范第 4.2.1 条。

2. M_1、M_2 为梁的端弯矩，使梁产生同向曲率时 M_1 和 M_2 取同号，产生反向曲率时取异号，$|M_1| \geqslant |M_2|$

3. 表中项次 3、4 和 7 的集中荷载是指一个或少数几个集中荷载位于跨中央附近的情况，对其他情况的集中荷载，应按表中项次 1、2、5、6 内的数值采用。

4. 表中项次 8、9 的 β_b，当集中荷载作用在侧向支承点处时，取 $\beta_b=1.20$。

5. 荷载作用在上翼缘系指荷载作用点在翼缘表面，方向指向截面形心；荷载作用在下翼缘系指荷载作用点在冀缘表面，方向背向截面形心。

6. 对 $\alpha_b>0.8$ 的加强受压翼缘工字形截面，下列情况的 β_b 值应乘以相应的系数：

项次 1：当 $\xi \leqslant 1.0$ 时，乘以 0.95；

项次 3：当 $\xi \leqslant 0.5$ 时，乘以 0.90；当 $0.5<\xi \leqslant 1.0$ 时，乘以 0.95。

B.2　轧制普通工字钢简支梁

轧制普通工字钢简支梁的整体稳定系数 φ_b 应按表 B.2 采用，当所得的 φ_b 值大于 0.6 时，应按公式(B.1－2)算得相应的 φ'_b 代替 φ_b 值。

B.3　轧制槽钢简支梁

轧制槽钢简支梁的整体稳定系数，不论荷载的形式和荷载作用点在截面高度上的位置，均可按下式计算：

$$\varphi_b=\frac{570bt}{l_1 h}\cdot\frac{235}{f_y} \tag{B.3}$$

式中　h、b、t——分别为槽钢截面的高度、翼缘宽度和平均厚度。

按公式(B.3)算得的 φ_b 大于 0.6 时，应按公式(B.1—2)算得相应的 φ'_b 代替 φ_b 值。

B.4　双轴对称工字形等截面(含 H 型钢)悬臂梁

双轴对称工字形等截面(含 H 型钢)悬臂梁的整体稳定系数，可按公式(B.1－1)计算，但式中系数 β_b 应按表 B.4 查得，$\lambda_y=l_1/i_y$(l_1 为悬臂梁的悬伸长度)。当求得的 φ_b 大于 0.6 时，应按公式(B.1－2)算得相应的 φ'_b 值代替 φ_b 值。

表 B.2 轧制普通工字钢简支梁的 φ_b

项次	荷载情况			工字钢型号	自由长度 l_1/m								
					2	3	4	5	6	7	8	9	10
1	跨中无侧向支承点的梁	集中荷载作用于	上翼缘	10～20	2.00	1.30	0.99	0.80	0.68	0.58	0.53	0.48	0.43
				22～32	2.40	1.48	1.09	0.86	0.72	0.62	0.54	0.49	0.45
				36～63	2.80	1.60	1.07	0.83	0.68	0.56	0.50	0.45	0.40
2			下翼缘	10～20	3.10	1.95	1.34	1.01	0.82	0.69	0.63	0.57	0.52
				22～40	5.50	2.80	1.84	1.37	1.07	0.86	0.73	0.64	0.56
				45～63	7.30	3.60	2.30	1.62	1.20	0.96	0.80	0.69	0.60
3		均布荷载作用于	上翼缘	10～20	1.70	1.12	0.84	0.68	0.57	0.50	0.45	0.41	0.37
				22～40	2.10	1.30	0.93	0.73	0.60	0.51	0.45	0.40	0.36
				45～63	2.60	1.45	0.97	0.73	0.59	0.50	0.44	0.38	0.35
4			上翼缘	10～20	2.50	1.55	1.08	0.83	0.68	0.56	0.52	0.47	0.42
				22～40	4.00	2.20	1.45	1.10	0.85	0.70	0.60	0.52	0.46
				45～63	5.60	2.80	1.80	1.25	0.95	0.78	0.65	0.55	0.49
5	跨中有侧向支承点的梁（不论荷载作用点在截面高度上的位置）			10～20	2.20	1.39	1.01	0.79	0.66	0.57	0.52	0.47	0.42
				22～40	3.00	1.80	1.24	0.96	0.76	0.65	0.56	0.49	0.43
				45～63	4.00	2.20	1.38	1.01	0.80	0.66	0.56	0.49	0.43

注：1. 同表 B.1 的注 3、5。
2. 表中 φ_b 适用于 Q235 钢。对其他钢号，表中数值应乘以 $235/f_y$。

表 B.4 双轴对称工字形等截面（含 H 型钢）悬臂梁的系数 β_b

项次	荷载形式		$0.60 \leq \xi \leq 1.24$	$1.24 < \xi \leq 1.96$	$1.96 < \xi \leq 3.10$
1	自由端一个集中荷载作用在	上翼缘	$0.21+0.67\xi$	$0.72+0.26\xi$	$1.17+0.03\xi$
2		下翼缘	$2.94-0.65\xi$	$2.64-0.40\xi$	$2.15-0.15\xi$
3	均布荷载作用在上翼缘		$0.62+0.82\xi$	$1.25+0.31\xi$	$1.66+0.10\xi$

注：1. 本表是按支承端为固定的情况确定的，当用于由邻跨延伸出来的伸臂梁时，应在构造上采取措施加强支承处的抗扭能力。
2. 表中 ξ 见表 B.1 注 1。

B.5 受弯构件整体稳定系数的近似计算

均匀弯曲的受弯构件，当 $\lambda_y \leq 120\sqrt{235/f_y}$ 时，其整体稳定系数 φ_b 可按下列近似公式计算：

1 工字形截面（含 H 型钢）：

双轴对称时：

$$\varphi_b = 1.07 - \frac{\lambda_y^2}{44000} \cdot \frac{f_y}{235} \tag{B.5-1}$$

单轴对称时：

$$\varphi_b = 1.07 - \frac{W_x}{(2\alpha_b + 0.1)Ah} \cdot \frac{\lambda_y^2}{14000} \cdot \frac{f_y}{235} \tag{B.5-2}$$

2 T 形截面（弯矩作用在对称轴平面，绕 x 轴）：

1）弯矩使翼缘受压时：

双角钢 T 形截面：

$$\varphi_b = 1 - 0.0017\lambda_y \sqrt{f_y/235} \tag{B.5-3}$$

剖分 T 型钢和两板组合 *T* 形截面：

$$\varphi_b = 1 - 0.0022\lambda_y \sqrt{f_y/235} \tag{B.5-4}$$

2）弯矩使翼缘受拉且腹板宽厚比不大于 $18\sqrt{235/f_y}$ 时：

$$\varphi_b = 1 - 0.0005\lambda_y \sqrt{f_y/235} \tag{B.5-5}$$

按公式（B.5－1）至公式（B.5－5）算得的 φ_b 值大于 0.6 时，不需按公式（B.1－2）换算成 φ'_b 值；当按公式（B.5－1）和公式（B.5－2）算得的 φ_b 值大于 1.0 时，取 $\varphi_b = 1.0$。

附录C 轴心受压构件的稳定系数

表 C-1 a类截面轴心受压构件的稳定系数 φ

$\lambda\sqrt{\frac{f_y}{235}}$	0	1	2	3	4	5	6	7	8	9
0	1.000	1.000	1.000	1.000	0.999	0.999	0.998	0.998	0.997	0.996
10	0.995	0.994	0.993	0.992	0.991	0.989	0.988	0.986	0.985	0.983
20	0.981	0.979	0.977	0.976	0.974	0.972	0.970	0.968	0.966	0.964
30	0.963	0.961	0.959	0.957	0.955	0.952	0.950	0.948	0.946	0.944
40	0.941	0.939	0.937	0.934	0.932	0.929	0.927	0.924	0.921	0.919
50	0.916	0.913	0.910	0.907	0.904	0.900	0.897	0.894	0.890	0.886
60	0.883	0.879	0.875	0.871	0.867	0.863	0.858	0.854	0.849	0.844
70	0.839	0.834	0.829	0.824	0.818	0.813	0.807	0.801	0.795	0.789
80	0.783	0.776	0.770	0.763	0.757	0.750	0.743	0.736	0.728	0.721
90	0.714	0.706	0.699	0.691	0.684	0.676	0.668	0.661	0.653	0.645
100	0.638	0.630	0.622	0.615	0.607	0.600	0.592	0.585	0.577	0.570
110	0.563	0.555	0.548	0.541	0.534	0.527	0.520	0.514	0.507	0.500
120	0.494	0.488	0.481	0.475	0.469	0.463	0.457	0.451	0.445	0.440
130	0.434	0.429	0.423	0.418	0.412	0.407	0.402	0.397	0.392	0.387
140	0.383	0.378	0.373	0.369	0.364	0.360	0.356	0.351	0.347	0.343
150	0.339	0.335	0.331	0.327	0.323	0.320	0.316	0.312	0.309	0.305
160	0.302	0.298	0.295	0.292	0.289	0.285	0.282	0.279	0.276	0.273
170	0.270	0.267	0.264	0.262	0.259	0.256	0.253	0.251	0.248	0.246
180	0.243	0.241	0.238	0.236	0.233	0.231	0.229	0.226	0.224	0.222
190	0.220	0.218	0.215	0.213	0.211	0.209	0.207	0.205	0.203	0.201
200	0.199	0.198	0.196	0.194	0.192	0.190	0.189	0.187	0.185	0.183
210	0.182	0.180	0.179	0.177	0.175	0.174	0.172	0.171	0.169	0.168
220	0.166	0.165	0.164	0.162	0.161	0.159	0.158	0.157	0.155	0.154
230	0.153	0.152	0.150	0.149	0.148	0.147	0.146	0.144	0.143	0.142
240	0.141	0.140	0.139	0.138	0.136	0.135	0.134	0.133	0.132	0.131
250	0.130	—	—	—	—	—	—	—	—	—

注：见表 C-4 注。

表 C－2　b类截面轴心受压构件的稳定系数 φ

$\lambda\sqrt{\frac{f_y}{235}}$	0	1	2	3	4	5	6	7	8	9
0	1.000	1.000	1.000	0.999	0.999	0.998	0.997	0.996	0.995	0.994
10	0.992	0.991	0.989	0.987	0.985	0.983	0.981	0.978	0.976	0.973
20	0.970	0.967	0.963	0.960	0.957	0.953	0.950	0.946	0.943	0.939
30	0.936	0.932	0.929	0.925	0.922	0.918	0.914	0.910	0.906	0.903
40	0.899	0.895	0.891	0.887	0.882	0.878	0.874	0.870	0.865	0.861
50	0.856	0.852	0.847	0.842	0.838	0.833	0.828	0.823	0.818	0.813
60	0.807	0.802	0.797	0.791	0.786	0.780	0.774	0.769	0.763	0.757
70	0.751	0.745	0.739	0.732	0.726	0.720	0.714	0.707	0.701	0.694
80	0.688	0.681	0.675	0.668	0.661	0.655	0.648	0.641	0.635	0.628
90	0.621	0.614	0.608	0.601	0.594	0.588	0.581	0.575	0.568	0.561
100	0.555	0.549	0.542	0.536	0.529	0.523	0.517	0.511	0.505	0.499
110	0.493	0.487	0.481	0.475	0.470	0.464	0.458	0.453	0.447	0.442
120	0.437	0.432	0.426	0.421	0.416	0.411	0.406	0.402	0.397	0.392
130	0.387	0.383	0.378	0.374	0.370	0.365	0.361	0.357	0.353	0.349
140	0.345	0.341	0.337	0.333	0.329	0.326	0.322	0.318	0.315	0.311
150	0.308	0.304	0.301	0.298	0.295	0.291	0.288	0.285	0.282	0.279
160	0.276	0.273	0.270	0.267	0.265	0.262	0.259	0.256	0.254	0.251
170	0.249	0.246	D. 244	0.241	0.239	0.236	0.234	0.232	0.229	0.227
180	0.225	0.223	0.220	0.218	0.216	0.214	0.212	0.210	0.208	0.206
190	0.204	0.202	0.200	0.198	0.197	0.195	0.193	0.191	0.190	0.188
200	0.186	0.184	0.183	0.181	0.180	0.178	0.176	0.175	0.173	0.172
210	0.170	0.169	0.167	0.166	0.165	0.163	0.162	0.160	0.159	0.158
220	0.156	0.155	0.154	0.153	0.151	0.150	0.149	0.148	0.146	0.145
230	0.144	0.143	0.142	0.141	0.140	0.138	0.137	0.136	0.135	0.134
240	0.133	0.132	0.131	0.130	0.129	0.128	0.127	0.126	0.125	0.124
250	0.123	—	—	—	—	—	—	—	—	—

注：见表 C－4 注。

表 C－3 c 类截面轴心受压构件的稳定系数 φ

$\lambda\sqrt{\frac{f_y}{235}}$	0	1	2	3	4	5	6	7	8	9
0	1.000	1.000	1.000	0.999	0.999	0.998	0.997	0.996	0.995	0.993
10	0.992	0.990	0.988	0.986	0.983	0.981	0.978	0.976	0.973	0.970
20	0.966	0.959	0.953	0.947	0.940	0.934	0.928	0.921	0.915	0.909
30	0.902	0.896	0.890	0.884	0.877	0.871	0.865	0.858	0.852	0.846
40	0.839	0.833	0.826	0.820	0.814	0.807	0.801	0.794	0.788	0.781
50	0.775	0.768	0.762	0.755	0.748	0.742	0.735	0.729	0.722	0.715
60	0.709	0.702	0.695	0.689	0.682	0.676	0.669	0.662	0.656	0.649
70	0.643	0.636	0.629	0.623	0.616	0.610	0.604	0.597	0.591	0.584
80	0.578	0.572	0.566	0.559	0.553	0.547	0.541	0.535	0.529	0.523
90	0.517	0.511	0.505	0.500	0.494	0.488	0.483	0.477	0.472	0.467
100	0.463	0.458	0.454	0.449	0.445	0.441	0.436	0.432	0.428	0.423
110	0.419	0.415	0.411	0.407	0.403	0.399	0.395	0.391	0.387	0.383
120	0.379	0.375	0.371	0.367	0.364	0.360	0.356	0.353	0.349	0.346
130	0.342	0.339	0.335	0.332	0.328	0.325	0.322	0.319	0.315	0.312
140	0.309	0.306	0.303	0.300	0.297	0.294	0.291	0.288	0.285	0.282
150	0.280	0.277	0.274	0.271	0.269	0.266	0.264	0.261	0.258	0.256
160	0.254	0.251	0.249	0.246	0.244	0.242	0.239	0.237	0.235	0.233
170	0.230	0.228	0.226	0.224	0.222	0.220	0.218	0.216	0.214	0.212
180	0.210	0.208	0.206	0.205	0.203	0.201	0.199	0.197	0.196	0.194
190	0.192	0.190	0.189	0.187	0.186	0.184	0.182	0.181	0.179	0.178
200	0.176	0.175	0.173	0.172	0.170	0.169	0.168	0.166	0.165	0.163
210	0.162	0.161	0.159	0.158	0.157	0.156	0.154	0.153	0.152	0.151
220	0.150	0.148	0.147	0.146	0.145	0.144	0.143	0.142	0.140	0.139
230	0.138	0.137	0.136	0.135	0.134	0.133	0.132	0.131	0.130	0.129
240	0.128	0.127	0.126	0.125	0.124	0.124	0.123	0.122	0.121	0.120
250	0.119	—	—	—	—	—	—	—	—	—

注：见表 $C-4$ 注。

表 C－4　d 类截面轴心受压构件的稳定系数 φ

$\lambda\sqrt{\frac{f_y}{235}}$	0	1	2	3	4	5	6	7	8	9
0	1.000	1.000	0.999	0.999	0.998	0.996	0.994	0.992	0.990	0.987
10	0.984	0.981	0.978	0.974	0.969	0.965	0.960	0.955	0.949	0.944
20	0.937	0.927	0.918	0.909	0.900	0.891	0.883	0.874	0.865	0.857
30	0.848	0.840	0.831	0.823	0.815	0.807	0.799	0.790	0.782	0.774
40	0.766	0.759	0.751	0.743	0.735	0.728	0.720	0.712	0.705	0.697
50	0.690	0.683	0.675	0.668	0.661	0.654	0.646	0.639	0.632	0.625
60	0.618	0.612	0.605	0.598	0.591	0.585	0.578	0.572	0.565	0.559
70	0.552	0.546	0.540	0.534	0.528	0.522	0.516	0.510	0.504	0.498
80	0.493	0.487	0.481	0.476	0.470	0.465	0.460	0.454	0.449	0.444
90	0.439	0.434	0.429	0.424	0.419	0.414	0.410	0.405	0.401	0.397
100	0.394	0.390	0.387	0.383	0.380	0.376	0.373	0.370	0.366	0.363
110	0.359	0.356	0.353	0.350	0.346	0.343	0.340	0.337	0.334	0.331
120	0.328	0.325	0.322	0.319	0.316	0.313	0.310	0.307	0.304	0.301
130	0.299	0.296	0.293	0.290	0.288	0.285	0.282	0.280	0.277	0.275
140	0.272	0.270	0.267	0.265	0.262	0.260	0.258	0.255	0.253	0.251
150	0.248	0.246	0.244	0.242	0.240	0.237	0.235	0.233	0.231	0.229
160	0.227	0.225	0.223	0.221	0.219	0.217	0.215	0.213	0.212	0.210
170	0.208	0.206	0.204	0.203	0.201	0.199	0.197	0.196	0.194	0.192
180	0.191	0.189	0.188	0.186	0.184	0.183	0.181	0.180	0.178	0.177
190	0.176	0.174	0.173	0.171	0.170	0.168	0.167	0.166	0.164	0.163
200	0.162	—	—	—	—	—	—	—	—	—

注：1. 表 C－1 至表 C－4 中的 φ 值系按下列公式算得：

当 $\lambda_n=\frac{\lambda}{\pi}\sqrt{f_y/E}\leqslant 0.215$ 时：

$$\varphi=1-\alpha_1\lambda_n^2$$

当 $\lambda_n>0.215$ 时：

$$\varphi=\frac{1}{2\lambda_n^2}\left[(\alpha_2+\alpha_3\lambda_n+\lambda_n^2)-\sqrt{(\alpha_2+\alpha_3\lambda_n+\lambda_n^2)^2-4\lambda_n^2}\right]$$

式中，α_1、α_2、α_3 为系数，根据本规范表 5.1.2 的截面分类，按表 C－5 采用。

2. 当构件的 $\lambda=\sqrt{f_y/235}$ 值超出表 C－1 至表 C－4 的范围时，则 φ 值按注 1 所列的公式计算。

表 C－5　系数 α_1、α_2、α_3

截面类别		α_1	α_2	α_3
a 类		0.41	0.986	0.152
b 类		0.65	0.965	0.300
c 类	$\lambda_n \leqslant 1.05$	0.73	0.906	0.595
	$\lambda_n > 1.05$		1.216	0.302
d 类	$\lambda_n \leqslant 1.05$	1.35	0.868	0.915
	$\lambda_n > 1.05$		1.375	0.432

附录 D 柱的计算长度系数

表 D－1 无侧移框架柱的计算长度系数 μ

K_2 \ K_1	0	0.05	0.1	0.2	0.3	0.4	0.5	1	2	3	4	5	≥10
0	1.000	0.990	0.981	0.964	0.949	0.935	0.922	0.875	0.820	0.791	0.773	0.760	0.732
0.05	0.990	0.981	0.971	0.955	0.940	0.926	0.914	0.867	0.814	0.784	0.766	0.754	0.726
0.1	0.981	0.971	0.962	0.946	0.931	0.918	0.906	0.860	0.807	0.778	0.760	0.748	0.721
0.2	0.964	0.955	0.946	0.930	0.916	0.903	0.891	0.846	0.795	0.767	0.749	0.737	0.711
0.3	0.949	0.940	0.931	0.916	0.902	0.889	0.878	0.834	0.784	0.756	0.739	0.728	0.701
0.4	0.935	0.926	0.918	0.903	0.889	0.877	0.866	0.823	0.774	0.747	0.730	0.719	0.693
0.5	0.922	0.914	0.906	0.891	0.878	0.866	0.855	0.813	0.765	0.738	0.721	0.710	0.685
1	0.875	0.867	0.860	0.846	0.834	0.823	0.813	0.774	0.729	0.704	0.688	0.677	0.654
2	0.820	0.814	0.807	0.795	0.784	0.774	0.765	0.729	0.686	0.663	0.648	0.638	0.615
3	0.791	0.784	0.778	0.767	0.756	0.747	0.738	0.704	0.663	0.640	0.625	0.616	0.593
4	0.773	0.766	0.760	0.749	0.739	0.730	0.721	0.688	0.648	0.625	0.611	0.601	0.580
5	0.760	0.754	0.748	0.737	0.728	0.719	0.710	0.677	0.638	0.616	0.601	0.592	0.570
≥10	0.732	0.726	0.721	0.711	0.701	0.693	0.685	0.654	0.615	0.593	0.580	0.570	0.549

注：1. 表中的计算长度系数 μ 值系按下式算得：

$$\left[\left(\frac{\pi}{\mu}\right)^2+2(K_1+K_2)-4K_1K_2\right]\frac{\pi}{\mu}\cdot\sin\frac{\pi}{\mu}-2\left[(K_1+K_2)\left(\frac{\pi}{\mu}\right)^2+4K_1K_2\right]\cos\frac{\pi}{\mu}+8K_1K_2=0$$

式中，K_1、K_2 分别为相交于柱上端、柱下端的横梁线刚度之和与柱线刚度之和的比值。当梁远端为铰接时，应将横梁线刚度乘以 1.5；当横梁远端为嵌固时，则将横梁线刚度乘以 2。

2. 当横梁与柱铰接时，取横梁线刚度为零。
3. 对底层框架柱：当柱与基础铰接时，取 $K_2=0$（对平板支座可取 $K_2=0.1$）；当柱与基础刚接时，取 $K_2=10$。
4. 当与柱刚性连接的横梁所受轴心压力 N_b 较大时，横梁线刚度应乘以折减系数 α_N：

横梁远端与柱刚接和横梁远端铰支时：$\alpha_N=1-N_b/N_{Eb}$

横梁远端嵌固时：$\alpha_N=1-N_b/(2N_{Eb})$

式中，$N_{Eb}=\pi^2EI_b/l^2$，I_b 为横梁截面惯性矩，l 为横梁长度。

表 D-2　有侧移框架柱的计算长度系数 μ

K_2 \ K_1	0	0.05	0.1	0.2	0.3	0.4	0.5	1	2	3	4	5	≥10
0	∞	6.02	4.46	3.42	3.01	2.78	2.64	2.33	2.17	2.11	2.08	2.07	2.03
0.05	6.02	4.16	3.47	2.86	2.58	2.42	2.31	2.07	1.94	1.90	1.87	1.86	1.83
0.1	4.46	3.47	3.01	2.56	2.33	2.20	2.11	1.90	1.79	1.75	1.73	1.72	1.70
0.2	3.42	2.86	2.56	2.23	2.05	1.94	1.87	1.70	1.60	1.57	1.55	1.54	1.52
0.3	3.01	2.58	2.33	2.05	1.90	1.80	1.74	1.58	1.49	1.46	1.45	1.44	1.42
0.4	2.78	2.42	2.20	1.94	1.80	1.71	1.65	1.50	1.42	1.39	1.37	1.37	1.35
0.5	2.64	2.31	2.11	1.87	1.74	1.65	1.59	1.45	1.37	1.34	1.32	1.32	1.30
1	2.33	2.07	1.90	1.70	1.58	1.50	1.45	1.32	1.24	1.21	1.20	1.19	1.17
2	2.17	1.94	1.79	1.60	1.49	1.42	1.37	1.24	1.16	1.14	1.12	1.12	1.10
3	2.11	1.90	1.75	1.57	1.46	1.39	1.34	1.21	1.14	1.11	1.10	1.09	1.07
4	2.08	1.87	1.73	1.55	1.45	1.37	1.32	1.20	1.12	1.10	1.08	1.08	1.06
5	2.07	1.86	1.72	1.54	1.44	1.37	1.32	1.19	1.12	1.09	1.08	1.07	1.05
≥10	2.03	1.83	1.70	1.52	1.42	1.35	1.30	1.17	1.10	1.07	1.06	1.05	1.03

注：1. 表中的计算长度系数 μ 值系按下式算得：

$$\left[36K_1K_2-\left(\frac{\pi}{\mu}\right)^2\right]\sin\frac{\pi}{\mu}+6(K_1+K_2)\frac{\pi}{\mu}\cdot\cos\frac{\pi}{\mu}=0$$

式中，K_1、K_2 分别为相交于柱上端、柱下端的横梁线刚度之和与柱线刚度之和的比值。当横梁远端为铰接时，应将横梁线刚度乘以 0.5；当横梁远端为嵌固时，则应乘以 2/3。

2. 当横梁与柱铰接时，取横梁线刚度为零。

3. 对底层框架柱：当柱与基础铰接时，取 $K_2=0$（对平板支座可取 $K_2=0.1$）；当柱与基础刚接时，取 $K_2=10$。

4. 当与柱刚性连接的横梁所受轴心压力 N_b 较大时，横梁线刚度应乘以折减系数 α_N：

横梁远端与柱刚接时：$\alpha_N=1-N_b/(4N_{Eb})$

横梁远端铰支时：$\alpha_N=1-N_b/N_{Eb}$

横梁远端嵌固时：$\alpha_N=1-N_b/(2N_{Eb})$

N_{Eb} 的计算式见表 D-1 注 4。

表 D－3　柱上端为自由的单阶柱下段的计算长度系数 μ_2

简图	η_1 \ K_1	0.06	0.08	0.10	0.12	0.14	0.16	0.18	0.20	0.22	0.24	0.26	0.28	0.3	0.4	0.5	0.6	0.7	0.8
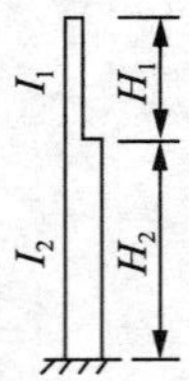 $K_1=\frac{I_1}{I_2}\cdot\frac{H_2}{H_1}$ $\eta_1=\frac{H_1}{H_2}\sqrt{\frac{N_1}{N_2}\cdot\frac{I_2}{I_1}}$ N_1——上段柱的轴心力； N_2——下段柱的轴心力	0.2	2.00	2.01	2.01	2.01	2.01	2.01	2.01	2.02	2.02	2.02	2.02	2.02	2.02	2.03	2.04	2.05	2.06	2.07
	0.3	2.01	2.02	2.02	2.02	2.03	2.03	2.03	2.04	2.04	2.05	2.05	2.05	2.06	2.08	2.10	2.12	2.13	2.15
	0.4	2.02	2.03	2.04	2.04	2.05	2.06	2.07	2.07	2.08	2.09	2.09	2.10	2.11	2.14	2.18	2.21	2.25	2.28
	0.5	2.04	2.05	2.06	2.07	2.09	2.10	2.11	2.12	2.13	2.15	2.16	2.17	2.18	2.24	2.29	2.35	2.40	2.45
	0.6	2.06	2.08	2.10	2.12	2.14	2.16	2.18	2.19	2.21	2.23	2.25	2.26	2.28	2.36	2.44	2.52	2.59	2.66
	0.7	2.10	2.13	2.16	2.18	2.21	2.24	2.26	2.29	2.31	2.34	2.36	2.38	2.41	2.52	2.62	2.72	2.81	2.90
	0.8	2.15	2.20	2.24	2.27	2.31	2.34	2.38	2.41	2.44	2.47	2.50	2.53	2.56	2.70	2.82	2.94	3.06	3.16
	0.9	2.24	2.29	2.35	2.39	2.44	2.48	2.52	2.56	2.60	2.63	2.67	2.71	2.74	2.90	3.05	3.19	3.32	3.44
	1.0	2.36	2.43	2.48	2.54	2.59	2.64	2.69	2.73	2.77	2.82	2.86	2.90	2.94	3.12	3.29	3.45	3.59	3.74
	1.2	2.69	2.76	2.83	2.89	2.95	3.01	3.07	3.12	3.17	3.22	3.27	3.32	3.37	3.59	3.80	3.99	4.17	4.34
	1.4	3.07	3.14	3.22	3.29	3.36	3.42	3.48	3.55	3.61	3.66	3.72	3.78	3.83	4.09	4.33	4.56	4.77	4.97
	1.6	3.47	3.55	3.63	3.71	3.78	3.85	3.92	3.99	4.07	4.12	4.18	4.25	4.31	4.61	4.88	5.14	5.38	5.62
	1.8	3.88	3.97	4.05	4.13	4.21	4.29	4.37	4.44	4.52	4.59	4.66	4.73	4.80	5.13	5.44	5.73	6.00	6.26
	2.0	4.29	4.39	4.48	4.57	4.65	4.74	4.82	4.90	4.99	5.07	5.14	5.22	5.30	5.66	6.00	6.32	6.63	6.92
	2.2	4.71	4.81	4.91	5.00	5.10	5.19	5.28	5.37	5.46	5.54	5.63	5.71	5.80	6.19	6.57	6.92	7.26	7.58
	2.4	5.13	5.24	5.34	5.44	5.54	5.64	5.74	5.84	5.93	6.03	6.12	6.21	6.30	6.73	7.14	7.52	7.89	8.24
	2.6	5.55	5.66	5.77	5.88	5.99	6.10	6.20	6.31	6.41	6.51	6.61	6.71	6.80	7.27	7.71	8.13	8.52	8.90
	2.8	5.97	6.09	6.21	6.33	6.44	6.55	6.67	6.78	6.89	6.99	7.10	7.21	7.31	7.81	8.28	8.73	9.16	9.57
	3.0	6.39	6.52	6.64	6.77	6.89	7.01	7.13	7.25	7.37	7.48	7.59	7.71	7.82	8.35	8.86	9.34	9.80	10.24

注：表中的计算长度系数 μ_2 值系按下式计算得出：

$$\eta_1 K_1\cdot \mathrm{tg}\frac{\pi}{\mu_2}\cdot \mathrm{tg}\frac{\pi\eta_1}{\mu_2}-1=0$$

表 D-4　柱上端可移动但不转动的单阶柱下段的计算长度系数 μ_2

简图	η_1 \ K_1	0.06	0.08	0.10	0.12	0.14	0.16	0.18	0.20	0.22	0.24	0.26	0.28	0.3	0.4	0.5	0.6	0.7	0.8
	0.2	1.96	1.94	1.93	1.91	1.90	1.89	1.88	1.85	1.85	1.84	1.83	1.82	1.81	1.76	1.72	1.68	1.65	1.62
	0.3	1.96	1.94	1.93	1.92	1.91	1.89	1.88	1.87	1.86	1.85	1.84	1.83	1.82	1.77	1.73	1.70	1.66	1.63
	0.4	1.96	1.95	1.94	1.92	1.91	1.90	1.89	1.88	1.87	1.86	1.85	1.84	1.83	1.79	1.75	1.72	1.68	1.66
	0.5	1.96	1.95	1.94	1.93	1.92	1.91	1.90	1.89	1.88	1.87	1.86	1.85	1.85	1.81	1.77	1.74	1.71	1.69
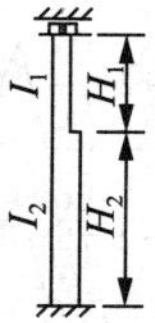	0.6	1.97	1.96	1.95	1.94	1.93	1.92	1.91	1.90	1.90	1.89	1.88	1.87	1.87	1.83	1.80	1.78	1.75	1.73
	0.7	1.97	1.97	1.96	1.95	1.94	1.94	1.93	1.92	1.92	1.91	1.90	1.90	1.89	1.86	1.84	1.82	1.80	1.78
	0.8	1.98	1.98	1.97	1.96	1.96	1.95	1.95	1.94	1.94	1.93	1.93	1.93	1.92	1.90	1.88	1.87	1.86	1.84
	0.9	1.99	1.99	1.98	1.98	1.98	1.97	1.97	1.97	1.97	1.96	1.96	1.96	1.95	1.94	1.93	1.93	1.92	1.92
	1.0	2.00	2.00	2.00	2.00	2.00	2.00	2.00	2.00	2.00	2.00	2.00	2.00	2.00	2.00	2.00	2.00	2.00	2.00
$K_1=\frac{I_1}{I_2}\cdot\frac{H_2}{H_1}$	1.2	2.03	2.04	2.04	2.05	2.06	2.07	2.07	2.08	2.08	2.09	2.10	2.10	2.11	2.13	2.15	2.17	2.18	2.20
$\eta_1=\frac{H_1}{H_2}\sqrt{\frac{N_1}{N_2}\cdot\frac{I_2}{I_1}}$	1.4	2.07	2.09	2.11	2.12	2.14	2.16	2.17	2.18	2.20	2.21	2.22	2.23	2.24	2.29	2.33	2.37	2.40	2.42
N_1——上段柱的	1.6	2.13	2.16	2.19	2.22	2.25	2.27	2.30	2.32	2.34	2.36	2.37	2.39	2.41	2.48	2.54	2.59	2.63	2.67
轴心力；	1.8	2.22	2.27	2.31	2.35	2.39	2.42	2.45	2.48	2.50	2.53	2.55	2.57	2.59	2.69	2.76	2.83	2.88	2.93
N_2——下段柱的	2.0	2.35	2.41	2.46	2.50	2.55	2.59	2.62	2.66	2.69	2.72	2.75	2.77	2.80	2.91	3.00	3.08	3.14	3.20
轴心力	2.2	2.51	2.57	2.63	2.68	2.73	2.77	2.81	2.85	2.89	2.92	2.95	2.98	3.01	3.14	3.25	3.33	3.41	3.47
	2.4	2.68	2.75	2.81	2.87	2.92	2.97	3.01	3.05	3.09	3.13	3.17	3.20	3.24	3.38	3.50	3.59	3.68	3.75
	2.6	2.87	2.94	3.00	3.06	3.12	3.17	3.22	3.27	3.31	3.35	3.39	3.43	3.46	3.62	3.75	3.86	3.95	4.03
	2.8	3.06	3.14	3.20	3.27	3.33	3.38	3.43	3.48	3.53	3.58	3.62	3.66	3.70	3.87	4.01	4.13	4.23	4.32
	3.0	3.26	3.34	3.41	3.47	3.54	3.60	3.65	3.70	3.75	3.80	3.85	3.89	3.93	4.12	4.27	4.40	4.51	4.61

注：表中的计算长度系数 μ_2 值系按下式计算得出：

$$\mathrm{tg}\frac{\pi\eta_1}{\mu_2}+\eta_1K_1\cdot\mathrm{tg}\frac{\pi}{\mu_2}=0$$

表 D－5　柱上端为自由的双阶柱下段的计算长度系数 μ_3

η_1	K_1 / K_2 / η_2	0.05: 0.2	0.3	0.4	0.5	0.6	0.7	0.8	0.9	1.0	1.1	1.2	0.10: 0.2	0.3	0.4	0.5	0.6	0.7	0.8	0.9	1.0	1.1	1.2
0.2	0.2	2.02	2.03	2.04	2.05	2.05	2.06	2.07	2.08	2.09	2.10	2.10	2.03	2.03	2.04	2.05	2.06	2.07	2.08	2.08	2.09	2.10	2.11
	0.4	2.08	2.11	2.15	2.19	2.22	2.25	2.29	2.32	2.35	2.39	2.42	2.09	2.12	2.16	2.19	2.23	2.26	2.29	2.33	2.36	2.39	2.42
	0.6	2.20	2.29	2.37	2.45	2.52	2.60	2.67	2.73	2.80	2.87	2.93	2.21	2.30	2.38	2.46	2.53	2.60	2.67	2.74	2.81	2.87	2.93
	0.8	2.42	2.57	2.71	2.83	2.95	3.06	3.17	3.27	3.37	3.47	3.56	2.44	2.58	2.71	2.84	2.96	3.07	3.17	3.28	3.37	3.47	3.56
	1.0	2.75	2.95	3.13	3.30	3.45	3.60	3.74	3.87	4.00	4.13	4.25	2.76	2.96	3.14	3.30	3.46	3.60	3.74	3.88	4.01	4.13	4.25
	1.2	3.13	3.38	3.60	3.80	4.00	4.18	4.35	4.51	4.67	4.82	4.97	3.15	3.39	3.61	3.81	4.00	4.18	4.35	4.52	4.68	4.83	4.98
0.4	0.2	2.04	2.05	2.05	2.06	2.07	2.08	2.09	2.09	2.10	2.11	2.12	2.07	2.07	2.08	2.08	2.09	2.10	2.11	2.12	2.12	2.13	2.14
	0.4	2.10	2.14	2.17	2.20	2.24	2.27	2.31	2.34	2.37	2.40	2.43	2.14	2.17	2.20	2.23	2.26	2.30	2.33	2.36	2.39	2.42	2.46
	0.6	2.24	2.32	2.40	2.47	2.54	2.62	2.68	2.75	2.82	2.88	2.94	2.28	2.36	2.43	2.50	2.57	2.64	2.71	2.77	2.84	2.90	2.96
	0.8	2.47	2.60	2.73	2.85	2.97	3.08	3.19	3.29	3.38	3.48	3.57	2.53	2.65	2.77	2.88	3.00	3.10	3.21	3.31	3.40	3.50	3.59
	1.0	2.79	2.98	3.15	3.32	3.47	3.62	3.75	3.89	4.02	4.14	4.26	2.85	3.02	3.19	3.34	3.49	3.64	3.77	3.91	4.03	4.16	4.28
	1.2	3.18	3.41	3.62	3.82	4.01	4.19	4.36	4.52	4.68	4.83	4.98	3.24	3.45	3.65	3.85	4.03	4.21	4.38	4.54	4.70	4.85	4.99
0.6	0.2	2.09	2.09	2.10	2.10	2.11	2.12	2.12	2.13	2.14	2.15	2.15	2.22	2.19	2.18	2.17	2.18	2.18	2.19	2.19	2.20	2.20	2.21
	0.4	2.17	2.19	2.22	2.25	2.28	2.31	2.34	2.38	2.41	2.44	2.47	2.31	2.30	2.31	2.33	2.35	2.38	2.41	2.44	2.47	2.49	2.52
	0.6	2.32	2.38	2.45	2.52	2.59	2.66	2.72	2.79	2.85	2.91	2.97	2.48	2.49	2.54	2.60	2.66	2.72	2.78	2.84	2.90	2.96	3.02
	0.8	2.56	2.67	2.79	2.90	3.01	3.11	3.22	3.32	3.41	3.50	3.60	2.72	2.78	2.87	2.97	3.07	3.17	3.27	3.36	3.46	3.55	3.64
	1.0	2.88	3.04	3.20	3.36	3.50	3.65	3.78	3.91	4.04	4.16	4.26	3.04	3.15	3.28	3.42	3.56	3.70	3.83	3.95	4.08	4.20	4.31
	1.2	3.26	3.46	3.66	4.86	4.04	4.22	4.38	4.55	4.70	4.85	5.00	3.40	3.56	3.74	3.91	4.09	4.26	4.42	4.58	4.73	4.88	5.03
0.8	0.2	2.29	2.24	2.22	2.21	2.21	2.22	2.22	2.22	2.23	2.23	2.24	2.63	2.49	2.43	2.40	2.38	2.37	2.37	2.36	2.36	2.37	2.37
	0.4	2.37	2.34	2.34	2.36	2.38	2.40	2.43	2.45	2.48	2.51	2.54	2.71	2.59	2.55	2.54	2.54	2.55	2.57	2.59	2.61	2.63	2.65
	0.6	2.52	2.52	2.56	2.61	2.67	2.73	2.79	2.85	2.91	2.96	3.02	2.86	2.76	2.76	2.78	2.82	2.86	2.91	2.96	3.01	3.07	3.12
	0.8	2.74	2.79	2.88	2.98	3.08	3.17	3.27	3.36	3.46	3.55	3.63	3.06	3.02	3.06	3.13	3.20	3.29	3.37	3.46	3.54	3.63	3.71
	1.0	3.04	3.15	3.28	3.42	3.56	3.69	3.82	3.95	4.07	4.19	4.31	3.33	3.35	3.44	3.55	3.67	3.79	3.90	4.03	4.15	4.26	4.37
	1.2	3.39	3.55	3.73	3.91	4.08	4.25	4.42	4.58	4.73	4.88	5.02	3.65	3.73	3.86	4.02	4.18	4.34	4.49	4.64	4.79	4.94	5.08
1.0	0.2	2.69	2.57	2.51	2.48	2.46	2.45	2.45	2.44	2.44	2.44	2.44	3.18	2.95	2.84	2.77	2.73	2.70	2.68	2.67	2.66	2.65	2.65
	0.4	2.75	2.64	2.60	2.59	2.59	2.59	2.60	2.62	2.63	2.65	2.67	3.24	3.03	2.93	2.88	2.85	2.84	2.84	2.84	2.85	2.86	2.87
	0.6	2.86	2.78	2.77	2.79	2.83	2.87	2.91	2.96	3.01	3.06	3.10	3.36	3.16	3.09	3.07	3.08	3.09	3.12	3.15	3.19	3.23	3.27
	0.8	3.04	3.01	3.05	3.11	3.19	3.27	3.35	3.44	3.52	3.61	3.69	3.52	3.37	3.34	3.36	3.41	3.46	3.53	3.60	3.67	3.75	3.82
	1.0	3.29	3.32	3.41	3.52	3.64	3.76	3.89	4.01	4.13	4.24	4.35	3.74	3.64	3.67	3.74	3.83	3.93	4.03	4.14	4.25	4.35	4.46
	1.2	3.60	3.69	3.83	3.99	4.15	4.31	4.47	4.62	4.77	4.92	5.06	4.00	3.97	4.05	4.17	4.31	4.45	4.59	4.73	4.87	5.01	5.14
1.2	0.2	3.16	3.00	2.92	2.87	2.84	2.81	2.80	2.79	2.78	2.77	2.77	3.77	3.47	3.32	3.23	3.17	3.12	3.09	3.07	3.05	3.04	3.03
	0.4	3.21	3.05	2.98	2.94	2.92	2.90	2.90	2.90	2.90	2.91	2.92	3.82	3.53	3.39	3.31	3.26	3.22	3.20	3.19	3.19	3.19	3.19
	0.6	3.30	3.15	3.10	3.08	3.08	3.10	3.12	3.15	3.18	3.22	3.26	3.91	3.64	3.51	3.45	3.42	3.42	3.42	3.43	3.45	3.48	3.50
	0.8	3.43	3.32	3.30	3.33	3.37	3.43	3.49	3.56	3.63	3.71	3.78	4.04	3.80	3.71	3.68	3.69	3.72	3.76	3.81	3.86	3.92	3.98
	1.0	3.62	3.57	3.60	3.68	3.77	3.87	3.98	4.09	4.20	4.31	4.42	4.21	4.02	3.97	3.99	4.05	4.12	4.20	4.29	4.39	4.48	4.58
	1.2	3.88	3.88	3.98	4.11	4.25	4.39	4.54	4.68	4.83	4.97	5.10	4.43	4.30	4.31	4.38	4.48	4.60	4.72	4.85	4.98	5.11	5.24
1.4	0.2	3.66	3.46	3.36	3.29	3.25	3.23	3.20	3.19	3.18	3.17	3.16	4.37	4.01	3.82	3.71	3.63	3.58	3.54	3.51	3.49	3.47	3.45
	0.4	3.70	3.50	3.40	3.35	3.31	3.29	3.27	3.26	3.26	3.26	3.26	4.41	4.06	3.88	3.77	3.70	3.66	3.63	3.60	3.59	3.58	3.57
	0.6	3.77	3.58	3.49	3.45	3.43	3.42	3.42	3.43	3.45	3.47	3.49	4.48	4.15	3.98	3.89	3.83	3.80	3.79	3.78	3.79	3.80	3.81
	0.8	3.87	3.70	3.64	3.63	3.64	3.67	3.70	3.75	3.81	3.86	3.92	4.59	4.28	4.13	4.07	4.04	4.04	4.06	4.08	4.12	4.16	4.21
	1.0	4.02	3.89	3.87	3.90	3.96	4.04	4.12	4.22	4.31	4.41	4.51	4.74	4.45	4.35	4.32	4.34	4.38	4.43	4.50	4.58	4.66	4.74
	1.2	4.23	4.15	4.19	4.27	4.39	4.51	4.64	4.77	4.91	5.04	5.17	4.92	4.69	4.63	4.65	4.72	4.80	4.90	5.10	5.13	5.24	5.36

简图

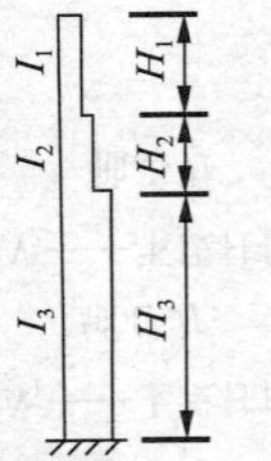

$K_1 = \frac{I_1}{I_3} \cdot \frac{H_3}{H_1}$

$K_2 = \frac{I_2}{I_3} \cdot \frac{H_3}{H_2}$

$\eta_1 = \frac{H_1}{H_3}\sqrt{\frac{N_1}{N_3} \cdot \frac{I_3}{I_1}}$

$\eta_3 = \frac{H_2}{H_3}\sqrt{\frac{N_2}{N_3} \cdot \frac{I_3}{I_2}}$

N_1——上段柱的轴心力；

N_2——中段柱的轴心力；

N_3——下段柱的轴心力

续表 D－5

简图

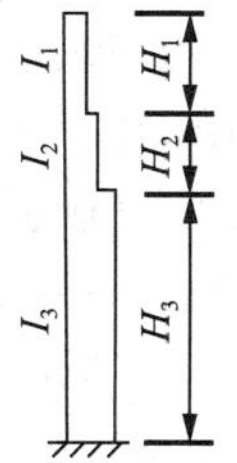

$K_1=\frac{I_1}{I_3}\cdot\frac{H_3}{H_1}$

$K_2=\frac{I_2}{I_3}\cdot\frac{H_3}{H_2}$

$\eta_1=\frac{H_1}{H_3}\sqrt{\frac{N_1}{N_3}\cdot\frac{I_3}{I_1}}$

$\eta_2=\frac{H_2}{H_3}\sqrt{\frac{N_2}{N_3}\cdot\frac{I_3}{I_2}}$

N_1——上段柱的轴心力；

N_2——中段柱的轴心力；

N_3——下段柱的轴心力

η_1	K_1	0.20											0.30										
	K_2 / η_2	0.2	0.3	0.4	0.5	0.6	0.7	0.8	0.9	1.0	1.1	1.2	0.2	0.3	0.4	0.5	0.6	0.7	0.8	0.9	1.0	1.1	1.2
0.2	0.2	2.04	2.04	2.05	2.06	2.07	2.08	2.08	2.09	2.10	2.11	2.12	2.05	2.05	2.06	2.07	2.08	2.09	2.09	2.10	2.11	2.12	2.13
	0.4	2.10	2.13	2.17	2.20	2.24	2.27	2.30	2.34	2.37	2.40	2.43	2.12	2.15	2.18	2.21	2.25	2.28	2.31	2.35	2.38	2.41	2.44
	0.6	2.23	2.31	2.39	2.47	2.54	2.61	2.68	2.75	2.82	2.88	2.94	2.25	2.33	2.41	2.48	2.56	2.63	2.69	2.76	2.83	2.89	2.95
	0.8	2.46	2.60	2.73	2.85	2.97	3.08	3.18	3.29	3.38	3.48	3.57	2.49	2.62	2.75	2.87	2.98	3.09	5.20	3.30	3.39	3.49	3.58
	1.0	2.79	2.98	3.15	3.32	3.47	3.61	3.75	3.89	4.02	4.14	4.26	3.82	3.00	3.17	3.33	3.48	3.63	3.76	3.90	4.02	4.15	4.27
	1.2	3.18	3.41	3.62	3.82	4.01	4.19	4.36	4.52	4.68	4.83	4.98	3.20	3.43	3.64	3.83	4.02	4.20	4.37	4.53	4.69	4.84	4.99
0.4	0.2	2.15	2.13	2.13	2.14	2.14	2.15	2.15	2.16	2.17	2.17	2.18	2.26	2.21	2.20	2.19	2.19	2.20	2.20	2.21	2.21	2.22	2.23
	0.4	2.24	2.24	2.26	2.29	2.32	2.35	2.38	2.41	2.44	2.47	2.50	2.36	2.33	2.33	2.35	2.38	2.40	2.43	2.46	2.49	2.51	2.54
	0.6	2.40	2.44	2.50	2.56	2.63	2.69	2.76	2.82	2.88	2.94	3.00	2.54	2.54	2.58	2.63	2.69	2.75	2.81	2.87	2.93	2.99	3.04
	0.8	2.66	2.74	2.84	2.95	3.05	3.15	3.25	3.35	3.44	3.53	3.62	2.79	2.83	2.91	3.01	3.10	3.20	3.30	3.39	3.48	3.57	3.66
	1.0	2.98	3.12	3.25	3.40	3.54	3.68	3.81	3.94	4.07	4.19	4.30	3.11	3.20	3.32	3.46	3.59	3.72	3.85	3.98	4.10	4.22	4.33
	1.2	3.35	3.53	3.71	3.90	4.08	4.25	4.41	4.57	4.73	4.87	5.02	3.47	3.60	3.77	3.95	4.12	4.28	4.45	4.60	4.75	4.90	5.04
0.6	0.2	2.57	2.42	2.37	2.34	2.33	2.32	2.32	2.32	2.32	2.32	2.33	2.93	2.68	2.57	2.52	2.49	2.47	2.46	2.45	2.45	2.45	2.45
	0.4	2.67	2.54	2.50	2.50	2.51	2.52	2.54	2.56	2.58	2.61	2.63	3.02	2.79	2.71	2.67	2.66	2.66	2.67	2.69	2.70	2.72	2.74
	0.6	2.83	2.74	2.73	2.76	2.80	2.85	2.90	2.96	3.01	3.06	3.12	3.17	2.98	2.93	2.93	2.95	2.98	3.02	3.07	3.11	3.16	3.21
	0.8	3.06	3.01	3.05	3.12	3.20	3.29	3.38	3.46	3.55	3.63	3.72	4.37	3.24	3.23	3.27	3.33	3.41	3.48	3.56	3.64	3.72	3.80
	1.0	3.34	3.35	3.44	3.56	3.68	3.80	3.92	4.04	4.15	4.27	4.38	3.63	3.56	3.60	3.69	3.79	3.90	4.01	4.12	4.23	4.34	4.45
	1.2	3.67	3.74	3.88	4.03	4.19	4.35	4.50	4.65	4.80	4.94	5.08	3.94	3.92	4.02	4.15	4.29	4.43	4.58	4.72	4.87	5.01	5.14
0.8	0.2	3.25	2.96	2.82	2.74	2.69	2.66	2.64	2.62	2.61	2.61	2.60	3.78	3.38	3.18	3.06	2.98	2.93	2.89	2.86	2.84	2.83	2.82
	0.4	3.33	3.05	2.93	2.87	2.84	2.83	2.83	2.83	2.84	2.85	2.87	3.85	3.47	3.28	3.18	3.12	3.09	3.07	3.06	3.06	3.06	3.06
	0.6	3.45	3.21	3.12	3.10	3.10	3.12	3.14	3.18	3.22	3.26	3.30	3.96	3.61	3.46	3.39	3.36	3.35	3.36	3.38	3.41	3.44	3.47
	0.8	3.63	3.44	3.39	3.41	3.45	3.51	3.57	3.64	3.71	3.79	3.86	4.12	3.82	3.70	3.67	3.68	3.72	3.76	3.82	3.88	3.94	4.01
	1.0	3.86	3.73	3.73	3.80	3.88	3.98	4.08	4.18	4.29	4.39	4.50	4.32	4.07	4.01	4.03	4.08	4.16	4.24	4.33	4.43	4.52	4.62
	1.2	4.13	4.07	4.13	4.24	4.36	4.50	4.64	4.78	4.91	5.05	5.18	4.57	4.38	4.38	4.44	4.54	4.66	4.78	4.90	5.03	5.16	5.29
1.0	0.2	4.00	3.60	3.39	3.26	3.18	3.13	3.08	3.05	3.03	3.01	3.00	4.68	4.15	3.86	3.69	3.57	3.49	3.43	3.38	3.35	3.32	3.30
	0.4	4.06	3.67	3.48	3.37	3.30	3.26	3.23	3.21	3.21	3.20	3.20	4.73	4.21	3.94	3.78	3.68	3.61	3.57	3.54	3.51	3.50	3.49
	0.6	4.15	3.79	3.63	3.54	3.50	3.48	3.49	3.50	3.51	3.54	3.57	4.82	4.33	4.08	3.95	3.87	3.83	3.80	3.80	3.80	3.81	3.83
	0.8	4.29	3.97	3.84	3.80	3.79	3.81	3.85	3.90	3.95	4.01	4.07	4.94	4.49	4.28	4.18	4.14	4.13	4.14	4.17	4.20	4.25	4.29
	1.0	4.48	4.21	4.13	4.13	4.17	4.23	4.31	4.39	4.48	4.57	4.66	5.10	4.70	4.53	4.48	4.48	4.51	4.56	4.62	4.70	4.77	4.85
	1.2	4.70	4.49	4.47	4.52	4.60	4.71	4.82	4.94	5.07	5.19	5.31	5.30	4.95	4.84	4.83	4.88	4.96	5.05	5.15	5.26	5.37	5.48
1.2	0.2	4.76	4.26	4.00	3.83	3.72	3.65	3.59	3.54	3.51	3.48	3.46	5.58	4.93	4.57	4.35	4.20	4.10	4.01	3.95	3.90	3.86	3.83
	0.4	4.81	4.32	4.07	3.91	3.82	3.75	3.70	3.67	3.65	3.63	3.62	5.62	4.98	4.64	4.43	4.29	4.19	4.12	4.07	4.03	4.01	3.98
	0.6	4.89	4.43	4.19	4.05	3.98	3.93	3.91	3.89	3.89	3.90	3.91	5.70	5.08	4.75	4.56	4.44	4.37	4.32	4.29	4.27	4.26	4.26
	0.8	5.00	4.57	4.36	4.26	4.21	4.20	4.21	4.23	4.26	4.30	4.34	5.80	5.21	4.91	4.75	4.66	4.61	4.59	4.59	4.60	4.62	4.65
	1.0	5.15	4.76	4.59	4.53	4.53	4.55	4.60	4.66	4.73	4.80	4.88	5.93	5.38	5.12	5.00	4.95	4.94	4.95	4.99	5.03	5.09	5.15
	1.2	5.34	5.00	4.88	4.87	4.91	4.98	5.07	5.17	5.27	5.38	5.49	6.10	5.59	5.38	5.31	5.30	5.33	5.39	5.46	5.54	5.63	5.73
1.4	0.2	5.53	4.94	4.62	4.42	4.29	4.19	4.12	4.06	4.02	3.98	3.95	6.49	5.72	5.30	5.03	4.85	4.72	4.62	4.54	4.48	4.43	4.38
	0.4	5.57	4.99	4.68	4.49	4.36	4.27	4.21	4.16	4.13	4.10	4.08	6.53	5.77	5.35	5.10	4.93	4.80	4.71	4.64	4.59	4.55	4.51
	0.6	5.64	5.07	4.78	4.60	4.49	4.42	4.38	4.35	4.33	4.32	4.32	6.59	5.85	5.45	5.21	5.05	4.95	4.87	4.82	4.78	4.76	4.74
	0.8	5.74	5.19	4.92	4.77	4.69	4.64	4.62	4.62	4.63	4.65	4.67	6.68	5.96	5.59	5.37	5.24	5.15	5.10	5.08	5.06	5.06	5.07
	1.0	5.86	5.35	5.12	5.00	4.95	4.94	4.96	4.99	5.03	5.09	5.15	6.79	6.10	5.76	5.58	5.48	5.43	5.41	5.41	5.44	5.47	5.51
	1.2	6.02	5.55	5.36	5.29	5.28	5.31	5.37	5.44	5.52	5.61	5.71	6.93	6.28	5.98	5.84	5.78	5.76	5.79	5.83	5.89	5.95	6.03

注：表中的计算长度系数 μ_3 值系按下式算得：

$$\frac{\eta_1 K_1}{\eta_2 K_2}\cdot \mathrm{tg}\frac{\pi\eta_1}{\mu_3}\cdot \mathrm{tg}\frac{\pi\eta_2}{\mu_3}+\eta_1 K_1\cdot \mathrm{tg}\frac{\pi\eta_1}{\mu_3}\cdot \mathrm{tg}\frac{\pi}{\mu_3}+\eta_2 K_2\cdot \mathrm{tg}\frac{n\eta_2}{\mu_3}\cdot \mathrm{tg}\frac{\pi}{\mu_3}-1=0$$

表 D-6　柱顶可移动但不转动的双阶柱下段的计算长度系数 μ_3

简图

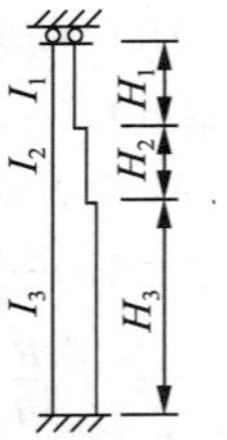

$K_1=\frac{I_1}{I_3}\cdot\frac{H_3}{H_1}$

$K_2=\frac{I_2}{I_3}\cdot\frac{H_3}{H_2}$

$\eta_1=\frac{H_1}{H_3}\sqrt{\frac{N_1}{N_3}\cdot\frac{I_3}{I_1}}$

$\eta_2=\frac{H_2}{H_3}\sqrt{\frac{N_2}{N_3}\cdot\frac{I_3}{I_2}}$

N_1——上段柱的轴心力；

N_2——中段柱的轴心力；

N_3——下段柱的轴心力

η_1	K_1 / K_2 / η_2	0.05											0.10										
		0.2	0.3	0.4	0.5	0.6	0.7	0.8	0.9	1.0	1.1	1.2	0.2	0.3	0.4	0.5	0.6	0.7	0.8	0.9	1.0	1.1	1.2
0.2	0.2	1.99	1.99	2.00	2.00	2.01	2.02	2.02	2.03	2.04	2.05	2.06	1.96	1.96	1.97	1.97	1.98	1.98	1.99	2.00	2.00	2.01	2.02
	0.4	2.03	2.06	2.09	2.12	2.16	2.19	2.22	2.25	2.29	2.32	2.35	2.00	2.02	2.05	2.08	2.11	2.14	2.17	2.20	2.23	2.26	2.29
	0.6	2.12	2.20	2.28	2.36	2.43	2.50	2.57	2.64	2.71	2.77	2.83	2.07	2.14	2.22	2.29	2.36	2.43	2.50	2.56	2.63	2,69	2.75
	0.8	2.28	2.43	2.57	2.70	2.82	2.94	3.04	3.15	3.25	3.34	3.43	2.20	2.35	2.48	2.61	2.73	2.84	2.94	3.05	3.14	3.24	3.33
	1.0	2.53	2.76	2.96	3.13	3.29	3.44	3.59	3.72	3.85	3.98	4.10	2.41	2.64	2.83	3.01	3.17	3.32	3.46	3.59	3.72	3.85	3.97
	1.2	2.86	3.15	3.39	3.61	3.80	3.99	4.16	4.33	4.49	4.64	4.79	2.70	2.99	3.23	3.45	3.65	3.84	4.01	4.18	4.34	4.49	4.64
0.4	0.2	1.99	1.99	2.00	2.01	2.01	2.02	2.03	2.04	2.04	2.05	2.06	1.96	1.97	1.97	1.98	1.98	1.99	2.00	2.00	2.01	2.02	2.03
	0.4	2.03	2.06	2.09	2.13	2.16	2.19	2.23	2.26	2.29	2.32	2.35	2.00	2.03	2.06	2.09	2.12	2.15	2.18	2.21	2.24	2.27	2.30
	0.6	2.12	2.20	2.28	2.36	2.44	2.51	2.58	2.64	2.71	2.77	2.84	2.08	2.15	2.23	2.30	2.37	2.44	2.51	2.57	2.64	2.70	2.76
	0.8	2.29	2.44	2.58	2.71	2.83	2.94	3.05	3.15	3.25	3.35	3.44	2.21	2.36	2.49	2.62	2.73	2.85	2.95	3.05	3.15	3.24	3.34
	1.0	2.54	2.77	2.96	3.14	3.30	3.45	3.59	3.73	3.85	3.98	4.10	2.43	2.65	2.84	3.02	3.18	3.33	3.47	3.60	3.73	3.85	3.97
	1.2	2.87	3.15	3.40	2.61	3.81	3.99	4.17	4.33	4.49	4.65	4.79	2.71	3.00	3.24	3.46	3.66	3.85	4.02	4.19	4.34	4.49	4.64
0.6	0.2	1.99	1.98	2.00	2.01	2.02	2.03	2.04	2.04	2.05	2.06	2.07	1.97	1.98	1.98	1.99	2.00	2.00	2.01	2.02	2.02	2.03	2.04
	0.4	2.04	2.07	2.10	2.14	2.17	2.20	2.23	2.27	2.30	2.33	2.36	2.01	2.04	2.07	2.10	2.13	2.16	2.19	2.22	2.26	2.29	2.32
	0.6	2.13	2.21	2.29	2.37	2.45	2.52	2.59	2.65	2.72	2.78	2.84	2.09	2.17	2.24	2.32	2.39	2.46	2.52	2.59	2.65	2.71	2.77
	0.8	2.30	2.45	2.59	2.72	2.84	2.95	3.06	3.16	3.26	3.35	3.44	2.23	2.38	2.51	2.64	2.75	2.86	2.97	3.07	3.16	3.26	3.35
	1.0	2.56	2.78	2.97	3.15	3.31	3.46	3.60	3.75	3.86	3.99	4.11	2.45	2.68	2.86	3.03	3.19	3.34	3.48	3.61	3.74	3.86	3.98
	1.2	2.89	3.17	3.41	3.62	3.82	4.00	4.17	4.34	4.50	4.65	4.80	2.74	3.02	3.26	3.48	3.67	3.86	4.03	4.20	4.35	4.50	4.65
0.8	0.2	2.00	2.01	2.02	2.02	2.03	2.04	2.05	2.05	2.06	2.07	2.08	1.99	1.99	2.00	2.01	2.01	2.02	2.03	2.04	2.04	2.05	2.06
	0.4	2.05	2.08	2.12	2.15	2.18	2.21	2.25	2.28	2.31	2.34	2.37	2.03	2.06	2.09	2.12	2.15	2.19	2.22	2.25	2.28	2.31	2.34
	0.6	2.15	2.23	2.31	2.39	2.46	2.53	2.60	2.67	2.73	2.79	2.85	2.12	2.19	2.27	2.34	2.41	2.48	2.55	2.61	2.67	2.73	2.79
	0.8	2.32	2.47	2.61	2.73	2.85	2.96	3.07	3.17	3.27	3.36	3.45	2.27	2.41	2.54	2.66	2.78	2.89	2.99	3.09	3.18	3.28	3.37
	1.0	2.59	2.80	2.99	3.16	3.32	3.47	3.61	3.74	3.87	3.99	4.11	2.49	2.70	2.89	3.06	3.21	3.36	3.50	3.63	3.76	3.88	4.00
	1.2	2.92	3.19	3.42	3.63	3.83	4.01	4.18	4.35	4.51	4.66	4.81	2.78	3.05	3.29	3.50	3.69	3.88	4.05	4.21	4.37	4.52	4.66
1.0	0.2	2.02	2.02	2.03	2.04	2.05	2.05	2.06	2.07	2.08	2.09	2.09	2.01	2.02	2.03	2.04	2.04	2.05	2.06	2.07	2.07	2.08	2.09
	0.4	2.07	2.10	2.14	2.17	2.20	2.23	2.26	2.30	2.33	2.36	2.39	2.06	2.10	2.13	2.16	2.19	2.22	2.25	2.28	2.31	2.34	2.37
	0.6	2.17	2.26	2.33	2.41	2.48	2.55	2.62	2.68	2.75	2.81	2.87	2.16	2.24	2.31	2.38	2.45	2.51	2.58	2.64	2.70	2.76	2.82
	0.8	2.36	2.50	2.63	2.76	2.87	2.98	3.08	3.19	3.28	3.38	3.47	2.32	2.46	2.58	2.70	2.81	2.92	3.02	3.12	3.21	3.30	3.39
	1.0	2.62	2.83	3.01	3.18	3.34	3.48	3.62	3.75	3.88	4.01	4.12	2.55	2.75	2.93	3.09	3.25	3.39	3.53	3.66	3.78	3.90	4.02
	1.2	2.95	3.21	3.44	3.65	3.82	4.02	4.20	4.36	4.52	4.67	4.81	2.84	3.10	3.32	3.53	3.72	3.90	4.07	4.23	4.39	4,54	4.68
1.2	0.2	2.04	2.05	2.06	2.06	2.07	2.08	2.09	2.09	2.10	2.11	2.12	2.07	2.08	2.08	2.09	2.09	2.10	2.11	2.11	2.12	2.13	2.13
	0.4	2.10	2.13	2.17	2.20	2.23	2.26	2.29	2.32	2.35	2.38	2.41	2.13	2.16	2.18	2.21	2.24	2.27	2.30	2.33	2.35	2.38	2.41
	0.6	2.22	2.29	2.37	2.44	2.51	2.58	2.64	2.71	2.77	2.83	2.89	2.24	2.30	2.37	2.43	2.50	2.56	2.63	2.68	2.74	2.80	2.86
	0.8	2.41	2.54	2.67	2.78	2.90	3.00	3.11	3.20	3.30	3.39	3.48	2.41	2.53	2.64	2.75	2.86	2.96	3.06	3.15	3.24	3.33	3.42
	1.0	2.68	2.87	3.04	3.21	3.36	3.50	3.64	3.77	3.90	4.02	4.14	2.64	2.82	2.98	3.14	3.29	3.43	3.56	3.69	3.81	3.93	4.04
	1.2	3.00	3.25	3.47	3.67	3.86	4.04	4.21	4.37	4.53	4.68	4.83	2.92	3.16	3.37	3.57	3.76	3.93	4.10	4.26	4.41	4.56	4.70
1.4	0.2	2.10	2.10	2.10	2.11	2.11	2.12	2.13	2.13	2.14	2.15	2.15	2.20	2.18	2.17	2.17	2.17	2.18	2.18	2.19	2.19	2.20	2.20
	0.4	2.17	2.19	2.21	2.24	2.27	2.30	2.33	2.36	2.39	2.41	2.44	2.26	2.26	2.27	2.29	2.32	2.34	2.37	2.39	2.42	2.44	2.47
	0.6	2.29	2.35	2.41	2.48	2.55	2.61	2.67	2.74	2.80	2.86	2.91	2.37	2.41	2.46	2.51	2.57	2.63	2.68	2.74	2.80	2.85	2.91
	0.8	2.48	2.60	2.71	2.82	2.93	3.03	3.13	3.23	3.32	3.41	3.50	2.53	2.62	2.72	2.82	2.92	3.01	3.11	3.20	3.29	3.37	3.46
	1.0	2.74	2.92	3.08	3.24	3.39	3.53	3.66	3.79	3.92	4.04	4.15	2.75	2.90	3.05	3.20	3.34	3.47	3.60	3.72	3.84	3.96	4.07
	1.2	3.06	3.29	3.50	3.70	3.89	4.06	4.23	4.39	4.55	4.70	4.84	3.02	3.23	3.43	3.62	3.80	3.97	4.13	4.29	4.44	4.59	4.73

续表

简图	η_1	K_1 / K_2 / η_2	0.20											0.30										
			0.2	0.3	0.4	0.5	0.6	0.7	0.8	0.9	1.0	1.1	1.2	0.2	0.3	0.4	0.5	0.6	0.7	0.8	0.9	1.0	1.1	1.2
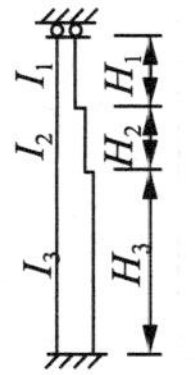	0.2	0.2	1.94	1.93	1.93	1.93	1.93	1.93	1.94	1.94	1.95	1.95	1.96	1.92	1.91	1.90	1.89	1.89	1.89	1.90	1.90	1.90	1.90	1.91
		0.4	1.96	1.98	1.99	2.02	2.04	2.07	2.09	2.12	2.15	2.17	2.20	1.95	1.95	1.96	1.97	1.99	2.01	2.04	2.06	2.08	2.11	2.13
		0.6	2.02	2.07	2.13	2.19	2.26	2.32	2.38	2.44	2.50	2.56	2.62	1.99	2.03	2.08	2.13	2.18	2.24	2.29	2.35	2.41	2.46	2.52
		0.8	2.12	2.23	2.35	2.47	2.58	2.68	2.78	2.88	2.98	3.07	3.15	2.07	2.16	2.27	2.37	2.47	2.57	2.66	2.75	2.84	2.93	3.01
		1.0	2.28	2.47	2.65	2.82	2.97	3.12	3.26	3.39	3.51	3.63	3.75	2.20	2.37	2.53	2.69	2.83	2.97	3.10	3.23	3.35	3.46	3.57
		1.2	2.50	2.77	3.01	3.22	3.42	3.60	3.77	3.93	4.09	4.23	4.38	2.39	2.63	2.85	3.05	3.24	3.42	3.58	3.74	3.89	4.03	4.17
	0.4	0.2	1.93	1.93	1.93	1.93	1.94	1.94	1.95	1.95	1.96	1.96	1.97	1.92	1.91	1.91	1.90	1.90	1.91	1.91	1.91	1.92	1.92	1.92
		0.4	1.97	1.98	2.00	2.03	2.05	2.08	2.11	2.13	3.16	2.19	2.22	1.95	1.96	1.97	1.99	2.01	2.03	2.05	2.08	2.10	2.12	2.15
		0.6	2.03	2.08	2.14	2.21	2.27	2.33	2.40	2.46	2.52	2.58	2.63	2.00	2.04	2.09	2.14	2.20	2.26	2.31	2.37	2.42	2.48	2.53
		0.8	2.13	2.25	2.37	2.48	2.59	2.70	2.80	2.90	2.99	3.08	3.17	2.08	2.18	2.28	2.39	2.49	2.59	2.68	2.77	2.86	2.95	3.03
		1.0	2.29	2.49	2.67	2.83	2.99	3.13	3.27	3.40	3.53	3.64	3.76	2.22	2.39	2.55	2.71	2.85	2.99	3.12	3.24	3.36	3.48	3.59
		1.2	2.52	2.79	3.02	3.23	3.43	3.61	3.78	3.94	4.10	4.24	4.39	2.41	2.65	2.87	3.07	3.26	3.43	3.60	3.75	3.90	4.04	4.18
$K_1=\frac{I_1}{I_3}\cdot\frac{H_3}{H_1}$	0.6	0.2	1.95	1.95	1.95	1.95	1.96	1.96	1.97	1.97	1.98	1.98	1.99	1.93	1.93	1.92	1.92	1.93	1.93	1.93	1.94	1.94	1.95	1.95
		0.4	1.98	2.00	2.02	2.05	2.08	2.10	2.13	2.16	2.19	2.21	2.24	1.96	1.97	1.99	2.01	2.03	2.06	2.08	2.11	2.13	2.16	2.18
		0.6	2.04	2.10	2.17	2.23	2.30	2.36	2.42	2.48	2.54	2.60	2.66	2.02	2.06	2.12	2.17	2.23	2.29	2.35	2.40	2.46	2.51	2.57
$K_2=\frac{I_2}{I_3}\cdot\frac{H_3}{H_2}$		0.8	2.15	2.27	2.39	2.51	2.62	2.72	2.82	2.92	3.01	3.10	3.19	2.11	2.21	2.32	2.42	2.52	2.62	2.71	2.80	2.89	2.98	3.06
		1.0	2.32	2.52	2.70	2.86	3.01	3.16	3.29	3.42	3.55	3.66	3.78	2.25	2.42	2.59	2.74	2.88	3.02	3.15	3.27	3.39	3.50	3.61
		1.2	2.55	2.82	3.05	3.26	3.45	3.63	3.80	3.96	4.11	4.26	4.40	2.44	2.69	2.91	3.11	3.29	3.46	3.62	3.78	3.93	4.07	4.20
$\eta_1=\frac{H_1}{H_3}\sqrt{\frac{N_1}{N_3}\cdot\frac{I_3}{I_1}}$	0.8	0.2	1.97	1.97	1.98	1.98	1.99	1.99	2.00	2.01	2.01	2.02	2.03	1.96	1.95	1.96	1.96	1.97	1.97	1.98	1.98	1.99	1.99	2.00
		0.4	2.00	2.03	2.06	2.08	2.11	2.14	2.17	2.20	2.22	2.25	2.28	1.99	2.01	2.03	2.05	2.08	2.10	2.13	2.15	2.18	2.21	2.23
		0.6	2.08	2.14	2.21	2.27	2.34	2.40	2.46	2.52	2.58	2.64	2.69	2.05	2.10	2.16	2.22	2.28	2.34	2.40	2.45	2.51	2.56	2.81
		0.8	2.19	2.32	2.44	2.55	2.66	2.76	2.86	2.96	3.05	3.13	3.22	2.15	2.26	2.37	2.47	2.57	2.67	2.76	2.85	2.94	3.02	3.10
$\eta_2=\frac{H_2}{H_3}\sqrt{\frac{N_2}{N_3}\cdot\frac{I_3}{I_2}}$		1.0	2.37	2.57	2.74	2.90	3.05	3.19	3.33	3.45	3.58	3.69	3.81	2.30	2.48	2.64	2.79	2.93	3.07	3.19	3.31	3.43	3.54	3.65
		1.2	2.61	2.87	3.09	3.30	3.49	3.66	3.83	3.99	4.14	4.29	4.42	2.50	2.74	2.96	3.15	3.33	3.50	3.66	3.81	3.96	4.10	4.23
N_1——上段柱的轴心力;	1.0	0.2	2.01	2.02	2.03	2.03	2.04	2.05	2.05	2.06	2.07	2.07	2.08	2.01	2.02	2.02	2.03	2.04	2.04	2.05	2.06	2.06	2.07	2.07
		0.4	2.06	2.09	2.11	2.14	2.17	2.20	2.23	2.25	2.28	2.31	2.33	2.05	2.08	2.10	2.13	2.16	2.18	2.21	2.23	2.26	2.28	2.31
		0.6	2.14	2.21	2.27	2.34	2.40	2.46	2.52	2.58	2.63	2.69	2.74	2.13	2.19	2.25	2.30	2.36	2.42	2.47	2.53	2.58	2.63	2.68
		0.8	2.27	2.39	2.51	2.62	2.72	2.82	2.91	3.00	3.09	3.18	3.26	2.24	2.35	2.45	2.55	2.65	2.74	2.83	2.92	3.00	3.08	3.16
		1.0	2.46	2.64	2.81	2.96	3.10	3.24	3.37	3.50	3.61	3.73	3.84	2.40	2.57	2.72	2.86	3.00	3.13	3.25	3.37	3.48	3.59	3.70
		1.2	2.69	2.94	3.15	3.35	3.53	3.71	3.87	4.02	4.17	4.32	4.46	2.60	2.83	3.03	3.22	3.39	3.56	3.71	3.86	4.01	4.14	4.28
N_2——中段柱的轴心力;	1.2	0.2	2.13	2.12	2.12	2.13	2.13	2.14	2.14	2.15	2.15	2.16	2.16	2.17	2.16	2.16	2.16	2.16	2.16	2.17	2.17	2.18	2.18	2.19
		0.4	2.18	2.19	2.21	2.24	2.26	2.29	2.31	2.34	2.36	2.38	2.41	2.22	2.22	2.24	2.26	2.28	2.30	2.32	2.34	2.36	2.39	2.41
		0.6	2.27	2.32	2.37	2.43	2.49	2.54	2.60	2.65	2.70	2.76	2.81	2.29	2.33	2.38	2.43	2.48	2.53	2.58	2.62	2.67	2.72	2.77
N_3——下段柱的轴心力		0.8	2.41	2.50	2.60	2.70	2.80	2.89	2.98	3.07	3.15	3.23	3.32	2.41	2.49	2.58	2.67	2.75	2.84	2.92	3.00	3.08	3.16	3.23
		1.0	2.59	2.74	2.89	3.04	3.17	3.30	3.43	3.55	3.66	3.78	3.89	2.56	2.69	2.83	2.96	3.09	3.21	3.33	3.44	3.55	3.66	3.76
		1.2	2.81	3.03	3.23	3.42	3.59	3.76	3.92	4.07	4.22	4.36	4.49	2.74	2.94	3.13	3.30	3.47	3.63	3.78	3.92	4.06	4.20	4.33
	1.4	0.2	2.35	2.31	2.29	2.28	2.27	2.27	2.27	2.27	2.27	2.28	2.28	2.45	2.40	2.37	2.35	2.35	2.34	2.34	2.34	2.34	2.34	2.34
		0.4	2.40	2.37	2.37	2.38	2.39	2.41	2.43	2.45	2.47	2.49	2.51	2.48	2.45	2.44	2.44	2.45	2.46	2.48	2.49	2.51	2.53	2.55
		0.6	2.48	2.49	2.52	2.56	2.61	2.65	2.70	2.75	2.80	2.85	2.89	2.55	2.54	2.56	2.60	2.63	2.67	2.71	2.75	2.80	2.84	2.88
		0.8	2.60	2.66	2.73	2.82	2.90	2.98	3.07	3.15	3.23	3.31	3.38	2.64	2.68	2.74	2.81	2.89	2.96	3.04	3.11	3.18	3.25	3.33
		1.0	2.77	2.88	3.01	3.14	3.26	3.38	3.50	3.62	3.73	3.84	3.94	2.77	2.87	2.98	3.09	3.20	3.32	3.43	3.53	3.64	3.74	3.84
		1.2	2.97	3.15	3.33	3.50	3.67	3.83	3.98	4.13	4.27	4.41	4.54	2.94	3.09	3.26	3.41	3.57	3.72	3.86	4.00	4.13	4.26	4.39

注:表中的计算长度系数 μ_3 值系按下式算得:

$$\frac{\eta_1K_1}{\eta_2K_2}\cdot\mathrm{ctg}\frac{\pi\eta_1}{\mu_3}\cdot\mathrm{ctg}\frac{\pi\eta_2}{\mu_3}+\frac{\eta_1K_1}{(\eta_2K_2)^2}\cdot\mathrm{ctg}\frac{\pi\eta_1}{\mu_3}\cdot\mathrm{ctg}\frac{\pi}{\mu_3}+\frac{1}{\eta_2K_2}\cdot\mathrm{ctg}\frac{\pi\eta_2}{\mu_3}\cdot\mathrm{ctg}\frac{\pi}{\mu_3}-1=0$$

附录 E　疲劳计算的构件和连接分类

表 E　构件和连接分类

项次	简图	说 明	类别
1	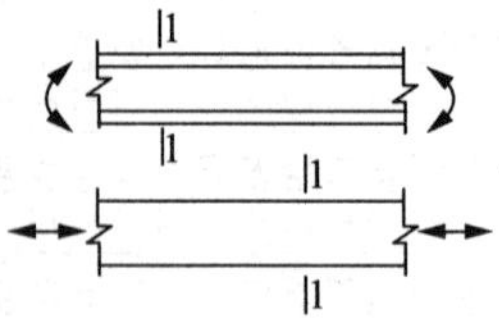	无连接处的主体金属 (1)轧制型钢 (2)钢板 a. 两边为轧制边或刨边 b. 两侧为自动，半自动切割边(切割质量标准应符合现行国家标准《钢结构工程施工质量验收规范》GB 50205)	 1 1 2
2	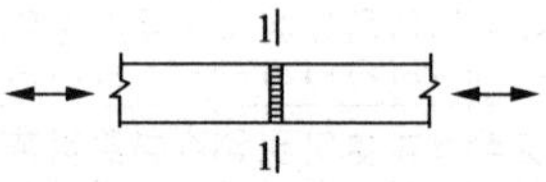	横向对接焊缝附近的主体金属 (1)符合现行国家标准《钢结构工程施工质量验收规范》GB 50205的一级焊缝 (2)经加工、磨平的一级焊缝	 3 2
3	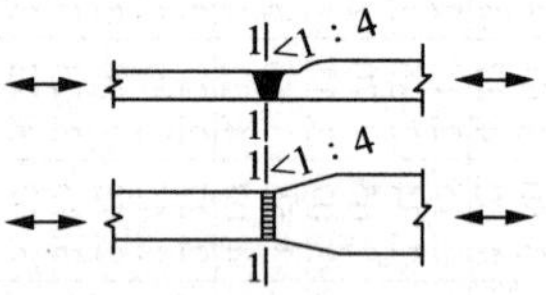	不同厚度(或宽度)横向对接焊缝附近的主体金属，焊缝加工成平滑过渡并符合一级焊缝标准	2
4	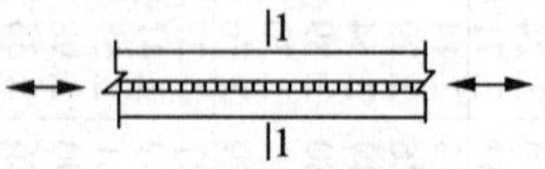	纵向对接焊缝附近的主体金属，焊缝符合二级焊缝标准	2
5	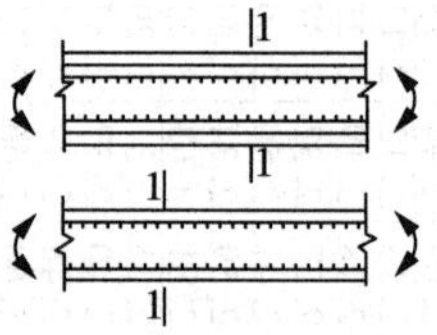	翼缘连接焊缝附近的主体金属 (1)翼缘板与腹板的连接焊缝 a. 自动焊，二级T形对接和角接组合焊缝 b. 自动焊，角焊缝，外观质量标准符合二级 c. 手工焊，角焊缝，外观质量标准符合二级 (2)双层翼缘板之间的连接焊缝 a. 自动焊，角焊缝，外观质量标准符合二级 b. 手工焊，角焊缝，外观质量标准符合二级	 2 3 4 3 4
6	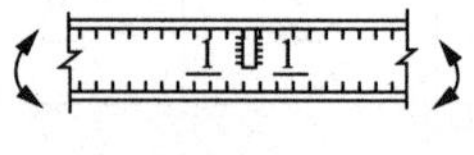	横向加劲肋端部附近的主体金属 (1)肋端不断弧(采用回焊) (2)肋端断弧	 4 5

续表

项次	简图	说 明	类别
7	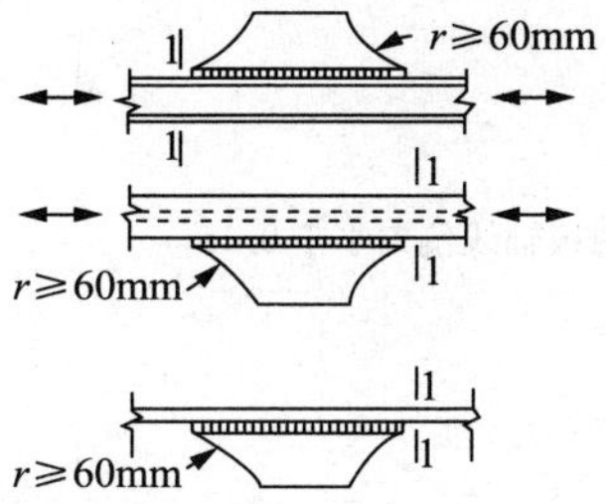	梯形节点板用对接焊缝焊于梁翼缘、腹板以及桁架构件处的主体金属，过渡处在焊后铲平、磨光、圆滑过渡，不得有焊接起弧、灭弧缺陷	5
8	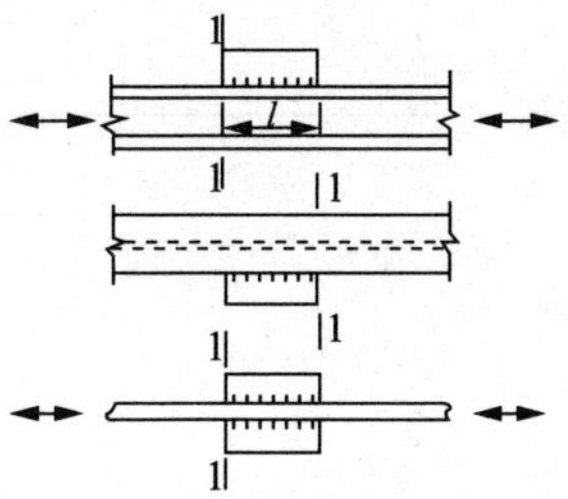	矩形节点板焊接于构件翼缘或腹板处的主体金属，l＞150mm	7
9	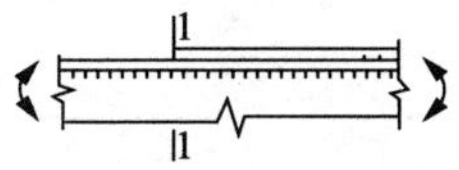	翼缘板中断处的主体金属(板端有正面焊缝)	7
10	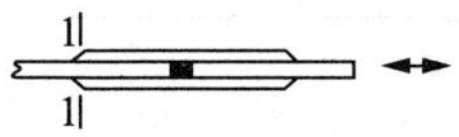	向正面角焊缝过渡处的主体金属	6
11	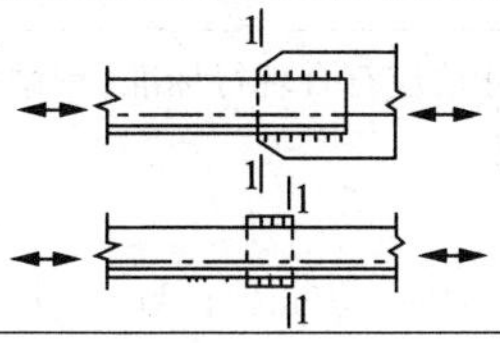	两侧面角焊缝连接端部的主体金属	8
12	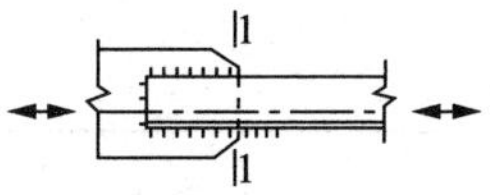	三面围焊的角焊缝端部主体金属	7
13	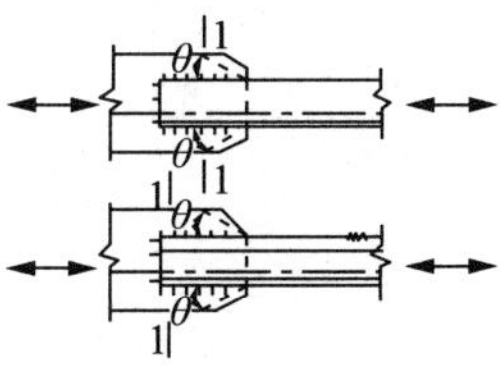	三面围焊或两侧面角焊缝连接的节点板主体金属(节点板计算宽度按应力扩散角 θ 等于30°考虑)	7
14	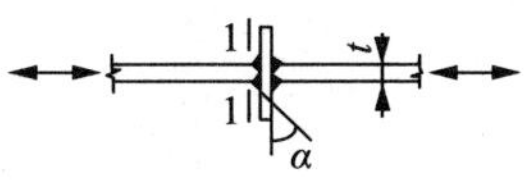	K形坡口T形对接与角接组合焊缝处的主体金属，两板轴线偏离小于0.15t，焊缝为二级，焊趾角 $\alpha \leq 45°$	5

续表

项次	简图	说 明	类别
15	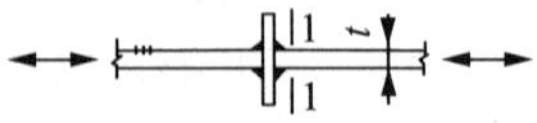	十字接头角焊缝处的主体金属，两板轴线偏离小于0.15t	7
16	角焊缝	按有效截面确定的剪应力幅计算	8
17	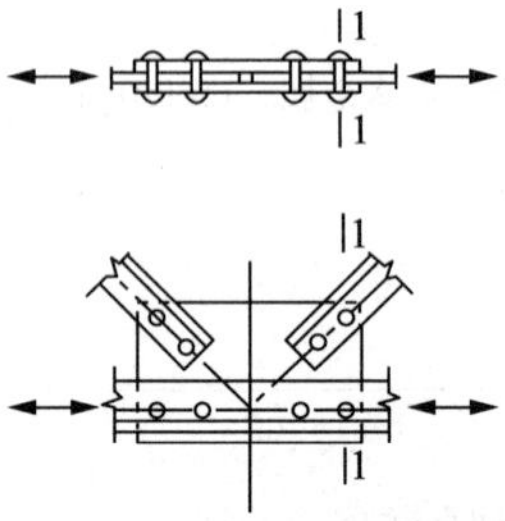	铆钉连接处的主体金属	3
18	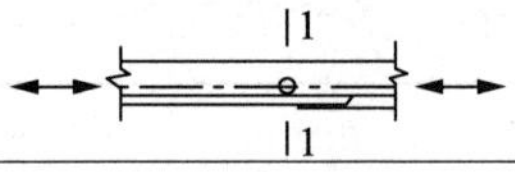	连系螺栓和虚孔处的主体金属	3
19	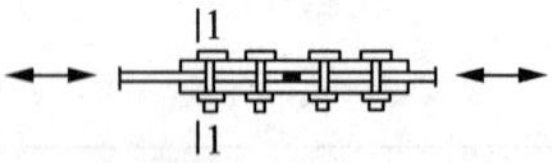	高强度螺栓摩擦型连接处的主体金属	2

注：1. 所有对接焊缝及T形对接和角接组合焊缝均需焊透。所有焊缝的外形尺寸均应符合现行标准《钢结构焊缝外形尺寸》JB 7949的规定。

2. 角焊缝应符合本规范第8.2.7条和8.2.8条的要求。

3. 项次16中的剪应力幅$\Delta\tau=\tau_{max}-\tau_{min}$，其中$\tau_{min}$的正负值为：与$\tau_{max}$同方向时，取正值；与$\tau_{max}$反方向时，取负值。

4. 第17、18项中的应力应以净截面面积计算，第19项应以毛截面面积计算。

附录F 桁架节点板在斜腹杆压力作用下的稳定计算

F.0.1 基本假定。

1 图F.0.1中$B-A-C-D$为节点板失稳时的屈折线，其中$\overline{BA}$平行于弦杆，$\overline{CD}\perp\overline{BA}$。

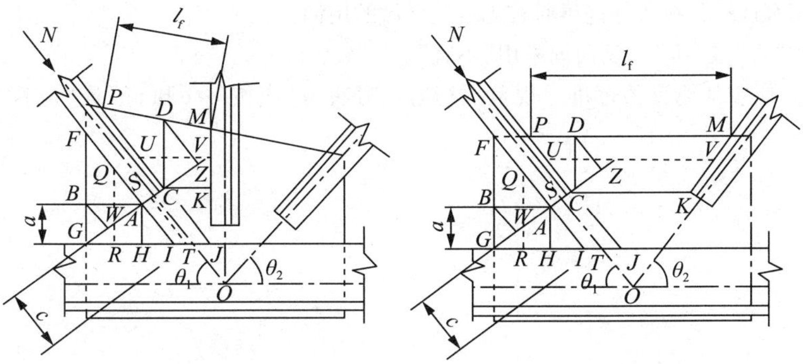

（a）有竖杆时　　（b）无竖杆时

图F.0.1 节点板稳定计算简图

2 在斜腹杆轴向压力N的作用下，$\overline{BA}$区（$FBGHA$板件）、$\overline{AC}$区（$AIJC$板件）和$\overline{CD}$区（$CKMP$板件）同时受压，当其中某一区先失稳后，其他区即相继失稳，为此要分别计算各区的稳定。

F.0.2 计算方法：

$\overline{BA}$区：

$$\frac{b_1}{(b_1+b_2+b_3)}N\sin\theta_1\leqslant l_1t\varphi_1f \tag{F.0.2-1}$$

$\overline{AC}$区：

$$\frac{b_2}{(b_1+b_2+b_3)}N\leqslant l_2t\varphi_2f \tag{F.0.2-2}$$

$\overline{CD}$区：

$$\frac{b_3}{(b_1+b_2+b_3)}N\cos\theta_1\leqslant l_3t\varphi_3f \tag{F.0.2-3}$$

式中 t——节点板厚度；

N——受压斜腹杆的轴向力；

l_1、l_2、l_3——分别为屈折线$\overline{BA}$、$\overline{AC}$、$\overline{CD}$的长度；

φ_1、φ_2、φ_3——各受压区板件的轴心受压稳定系数，可按b类截面查取；其相应的长细比分别为：$\lambda_1=2.77\frac{\overline{QR}}{t}$，$\lambda_2=2.77\frac{\overline{ST}}{t}$，$\lambda_3=2.77\frac{\overline{UV}}{t}$；式中 $\overline{QR}$、$\overline{ST}$、$\overline{UV}$为$\overline{BA}$、$\overline{AC}$、$\overline{CD}$三区受压板件的中线长度；其中$\overline{ST}=c$；$b_1(\overline{WA})$、$b_2(\overline{AC})$、$b_3(\overline{CZ})$为各屈折线段在有效宽度线上的投影长度。

对 $l_2/t>60\sqrt{235/f_y}$ 且沿自由边加劲的无竖腹杆节点板（l_1 为节点板自由边的长度），亦可用上述方法进行计算，只是仅需验算 $\overline{BA}$ 区和 $\overline{AC}$ 区，而不必验算 $\overline{CD}$ 区。

本规范用词说明

1　为了便于在执行本规范条文时区别对待，对要求严格程度不同的用词说明如下：

1）表示很严格，非这样做不可的用词：

正面词采用“必须”；反面词采用“严禁”。

2）表示严格，在正常情况下均应这样做的用词：

正面词采用“应”；反面词采用“不应”或“不得”。

3）表示允许稍有选择，在条件许可时首先应这样做的用词：

正面词采用“宜”或“可”；反面词采用“不宜”。

2　条文中指定应按其他有关标准、规范执行时，写法为“应按……执行”或“应符合……要求（或规定）”。

2. 钢制储罐地基基础设计规范

（GB 50473—2008 本规范为首次发布）

目　录

1　总　则

1.0.1　为保障钢制储罐地基基础的设计，做到经济合理、安全适用、技术先进和保护环境，制定本规范。

1.0.2　本规范适用于储存介质自重不大于 $10kN/m^3$ 的原油、石化产品及其他类似液体的常压(包括微内压)立式圆筒形钢制储罐地基基础(以下简称“储罐地基基础”)的设计。

本规范不适用于储存低温、介质毒性程度为极度或高度危害介质、酸或碱腐蚀介质及高架储罐地基基础的设计。

1.0.3　储罐地基基础的设计除应执行本规范外，尚应符合国家现行有关标准的规定。

2　术语和符号

2.1　术　语

2.1.1　固定顶储罐　fixed roof tank

罐顶周边与罐壁顶端刚性连接的储罐。

2.1.2　浮顶储罐　floating roof tank

浮顶随液面变化而上下升降的储罐，包括外浮顶储罐和内浮顶储罐。

2.1.3　护坡式基础　slope protected foundation

由罐壁外的混凝土护坡或碎石护坡和护坡内的填料层、砂垫层、沥青砂绝缘层等共同组成的储罐基础。

2.1.4　环墙式基础　ringwall foundation

由罐壁下的钢筋混凝土环墙和环墙内的填料层、砂垫层、沥青砂绝缘层等共同组成的储罐基础。

2.1.5　外环墙式基础　outside ringwall foundation

由罐壁外的钢筋混凝土环墙和环墙内的填料层、砂垫层、沥青砂绝缘层等共同组成的储罐基础。

2.1.6　桩基基础　pile foundation

由灌注桩或预制桩和连接于桩顶的钢筋混凝土桩承台及承台上的填料层、砂垫层、沥青砂绝缘层等共同组成的储罐基础。

2.2　符　号

2.2.1　作用和作用效应

F_t——环墙单位高度环向力设计值；

F_{t0}——外环墙单位高度环向力设计值；

f_a——修正后的地基承载力特征值；

F_k——相应于荷载效应标准组合时，上部结构传至基础顶面的竖向力值；

G_k——基础自重和基础上的土重的合重；

g_k——罐壁底端传至环墙顶端的竖向线分布荷载标准值；

M_R——抗滑力矩；

M_s——滑动力矩；

P_k——相应于荷载效应标准组合时，基础底面平均压力值；

P_0——对应于荷载效应准永久组合时储罐基础计算底面处的附加压力；

S——地基最终沉降量；

$\Delta S_i'$——在计算深度范围内，第 i 层土的计算沉降量；

$\Delta S_n'$——在由计算深度向上取厚度为 ΔZ 的土层计算沉降量。

2.2.2　计算指标

E_{si}——储罐基础底面下第 i 层土的压缩模量；

$E_{s0.1-0.2}$——地基土在 100 ~ 200kPa 压力作用时的压缩模量；

f_{ak}——地基承载力特征值；

f_y——普通钢筋的抗拉强度设计值；

γ_c——环墙的重度；

γ_L——罐内使用阶段储存介质的重度；

γ_m——环墙内各层填充材料的平均重度；

γ_w——水的重度。

2.2.3 几何参数

A——储罐基础底面面积；

A_s、A_{s0}——环墙、外环墙单位高环向钢筋的截面面积；

b——环墙厚度；

b_1——外环墙内侧至罐壁内侧距离；

D_t——储罐罐壁底圈内直径；

H——罐底至外环墙底高度；

h——环墙高度；

h_L——环墙顶面至罐内最高储液面(介质)高度；

h_w——环墙顶面至罐内最高储水面高度；

i——坡度；

R——环墙、外环墙中心线半径；

R_h——外环墙内侧半径；

R_t——储罐底圈内半径。

2.2.4 计算系数及其他

K——环墙侧压力系数；

$\bar{\alpha}_i$——平均附加应力系数；

β——罐壁伸入环墙顶面宽度系数；

γ——罐体自重分项系数；

γ_0——重要性系数；

γ_{Qm}——环墙内各层填充材料自重分项系数；

γ_{Qw}——水自重分项系数；

Ψ_s——沉降计算经验系数。

3 基本规定

3.1 一般规定

3.1.1 储罐地基基础工程在设计前，应对建筑场地进行岩土工程勘察。

3.1.2 储罐地基基础设计等级应符合现行国家标准《建筑地基基础设计规范》GB 50007 的有关规定。

3.1.3 当储罐基础地基为特殊性土及地震作用地基土有液化，或地基土的承载力及沉降差不能满足设计要求时，应对地基进行处理或采取深基础等措施；当有不良地质作用和地质灾害时，应进行专门的岩土工程勘察。

3.1.4 建筑场地岩土工程勘察应符合现行国家标准《岩土工程勘察规范》GB 50021 的有关规定，并应满足下列要求：

1 储罐中心及边缘宜布置勘探点，勘探点数量应根据储罐的型式、容积、地基复杂程度等确定。详细勘察阶段每台储罐地基勘探点数量也可按表 3.1.4－1 采用，其中控制性勘探点的数量宜取勘探点总数的 1/5～1/3。

表 3.1.4－1　每台储罐地基勘探点数量

地基复杂程度	储罐公称容积/m^3					
	≤5000	10000	20000～30000	50000	100000	150000
简单场地	3	3～5	5	5～9	10～13	13～16
中等复杂场地	3～4	5～7	5～9	9～13	13～21	16～25
复杂场地	4～5	6～9	9～12	13～18	21～25	25～30

2　勘探孔深度应符合下列要求：

1）一般性勘探孔深度可根据地基情况和储罐的容积按表 3.1.4－2 确定，或到基岩顶面；

2）控制性勘探孔深度，土质地基应按一般性勘探孔的深度加 10m；岩质地基应按一般性勘探孔的深度加 5m，并宜进入中风化基岩不小于 1m。

表 3.1.4－2　一般性勘探孔深度

储罐公称容积/m^3	一般地基/m	软土地基/m
≤5000	1.0～1.2D_t	1.2～1.5D_t
10000	1.0～1.2D_t	1.2～1.5D_t
20000～30000	0.9～1.0D_t	1.0～1.1D_t
50000	0.7～0.8D_t	0.8～0.9D_t
≥100000	0.6～0.7D_t	0.7～0.8D_t

3　岩土工程勘察报告应包括下列内容：

1）一般地基：应包括场地地形地貌、地质构造、场地的地震效应、不良地质作用、地层成层条件、各岩土层的物理力学性质、场地的稳定性、岩土的均匀性、岩土的承载力特征值，压缩系数、压缩模量、地下水、土和水对建筑材料的腐蚀性、土的标准冻结深度，以及由于工程建设可能引起的工程问题等的结论和建议，并附勘探点平面布置图、工程地质剖面图、地质柱状图以及有关测试图表等；

2）软土地基：除按一般地基要求外，尚应包括土层的组成、土的分类、分布范围，垂直方向和水平方向的渗透系数和固结系数、固结压力和孔隙比的关系、三轴固结不排水抗剪强度、无侧限抗压强度、不固结不排水三轴抗剪强度和有效内摩擦角、内聚力、十字板原位抗剪强度，灵敏度，以及地基处理方法的建议等；

3）山区地基：除按一般地基要求外，尚应探明建筑场区地基的滑坡、岩溶、土洞、崩塌、泥石流等不良地质现象，并对场地的稳定性作出评价，确定地基的不均匀性的分布范围，以及对地基处理方法的建议等；

4）特殊性土地基：除按一般地基要求外，尚应按相关国家现行标准提供对特殊土地基的利用、整治和改造的建议。

3.1.5　储罐基础下的耕土层、软弱土、暗塘、暗沟及生活垃圾等均应清除，并应采用素土、级配砂石或灰土分层压（夯）实，压（夯）实后地基土的力学性质宜与同一基础下未经处理的上层相一致，当清除有困难时，应采取有效的处理措施。

3.1.6　储罐基础不宜建在部分坚硬、部分松软的地基上，当无法避免时，应采取有效的处理措施。

3.1.7　当储罐不设置锚固螺栓时，储罐基础设计可不计入风荷载作用。

3.1.8 当储罐不设置锚固螺栓时，非桩基基础设计可不计入地震作用，但应满足抗震措施要求。

3.1.9 当场地土、地下水对混凝土有腐蚀性时，应对储罐基础采取防腐蚀措施，并应符合现行国家标准《工业建筑防腐蚀设计规范》GB 50046 的有关规定。

3.2 基础选型

3.2.1 储罐基础的型式可分为护坡式基础、环墙式基础、外环墙式基础和桩基基础。

3.2.2 储罐基础选型应根据储罐的型式、容积、场地地质条件、地基处理方法、施工技术条件和经济合理性等综合确定。

3.2.3 储罐基础根据场地和地质条件选型时，应符合下列规定：

1 当天然地基承载力特征值大于或等于基底平均压力、地基变形满足本规范第 6.1.3 条规定的允许值且场地不受限制时，宜采用护坡式基础，也可采用环墙式或外环墙式基础(图 3.2.3-1～图 3.2.3-3)。

2 当天然地基承载力特征值小于基底平均压力、但地基变形满足本规范第 6.1.3 条规定的允许值，且经过地基处理后或经充水预压后能满足承载力的要求时，宜采用环墙式基础，也可采用外环墙式基础或护坡式基础(图 3.2.3-1～图 3.2.3-3)。

3 当天然地基承载力特征值小于基底平均压力、地基变形不能满足本规范第 6.1.3 条规定的允许值、地震作用下地基有液化土层，经过地基处理或充水预压后能满足承载力的要求和本规范第 6.1.3 条规定的允许值要求或液化土层消除程度满足有关规定时，宜采用环墙式基础(图 3.2.3-2)；当地基处理有困难或不做处理时，宜采用桩基基础(图 3.2.3-4)。

4 当建筑场地受限制及储罐设备有特殊要求时，应采用环墙式基础(图 3.2.3-2)。

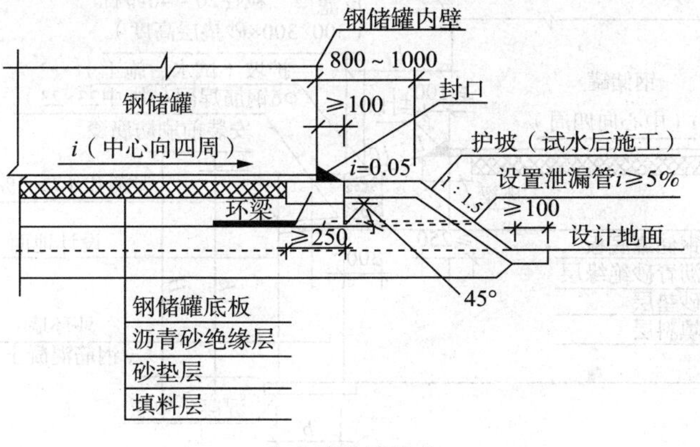

（a）素土护坡式

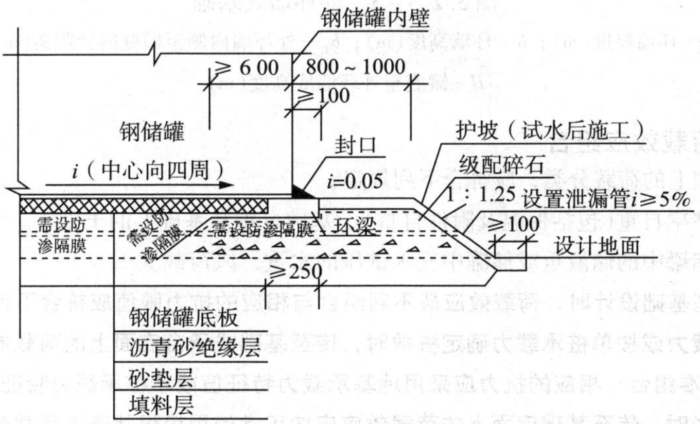

（b）碎石环墙护坡式

图 3.2.3-1 护坡式基础

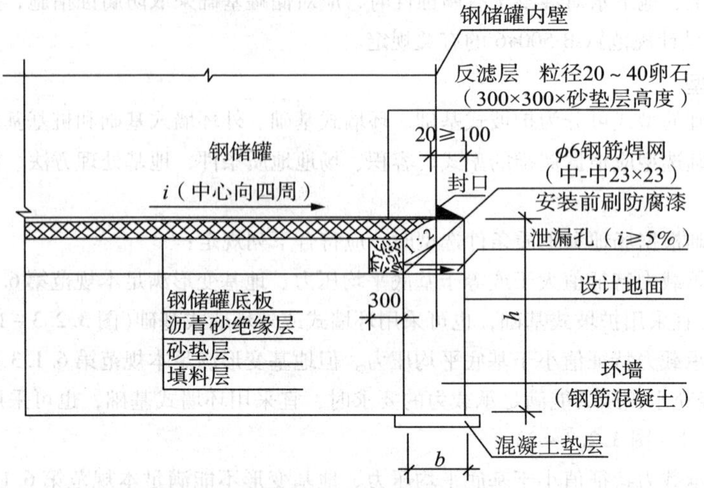

图 3.2.3－2　环墙式基础

b—环墙厚度（m）；h—环墙高度（m）

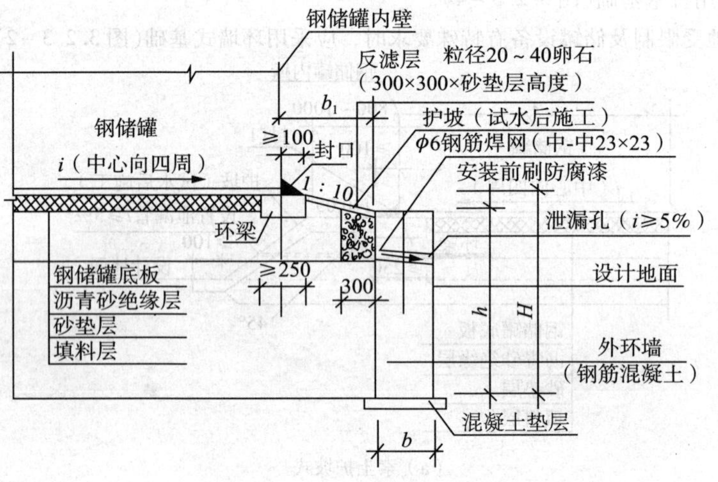

图 3.2.3－3　外环墙式基础

b—环墙厚度（m）；h—环墙高度（m）；b_1—外环墙内侧至罐壁内侧距离（m）；
H—罐底至外环墙底高度（m）

3.3　荷载及荷载效应组合

3.3.1　储罐基础上的荷载分类，应符合下列规定：

1　永久荷载：储罐自重（包括保温及附件自重）、基础自重和基础上的土重等。

2　可变荷载：储罐中的储液重或储罐中充水试压的水重，风荷载。

3.3.2　储罐地基基础设计时，荷载效应最不利组合与相应的抗力限值应符合下列规定：

1　验算地基承载力或按单桩承载力确定桩数时，传至基础或承台底面上的荷载效应应按正常使用极限状态下荷载效应的标准组合；相应的抗力应采用地基承载力特征值或单桩承载力特征值。

2　计算地基变形时，传至基础底面上的荷载效应应按正常使用极限状态下荷载效应的准永久组合，不应计入风荷载和地震作用；相应的限值应为储罐地基变形允许值。

3　计算地基稳定时，荷载效应应按承载能力极限状态下荷载效应的基本组合，但其分项系数均应

为1.0。

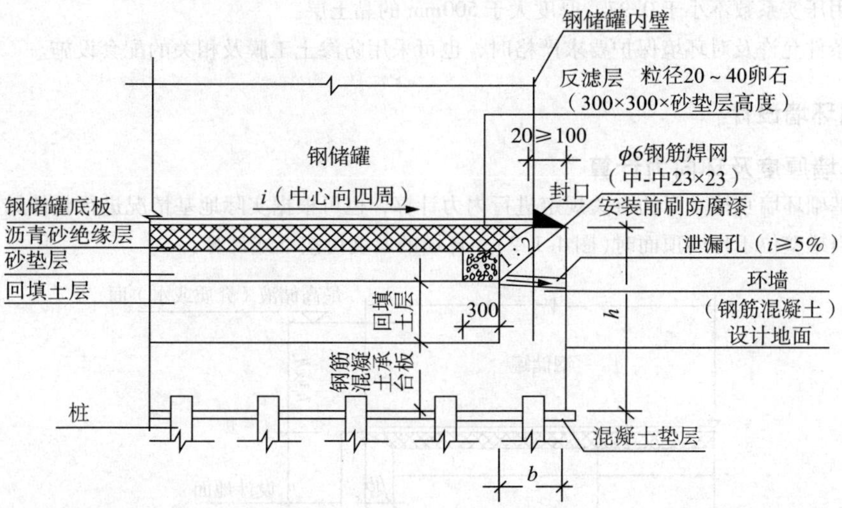

图3.2.3－4 桩基基础

4 在计算基础环墙环向力和承台内力、确定配筋及验算材料强度时，上部结构传至基础的荷载效应组合，应按承载能力极限状态下荷载效应的基本组合，并应采用相应的分项系数。当需验算基础裂缝宽度时，应按正常使用极限状态下荷载效应的标准组合。

3.3.3 基本组合永久荷载分项系数，应符合下列规定：

1 储罐自重（包括保温及附件自重）应取1.2。

2 基础自重和基础上的土重应取1.2。

3.3.4 基本组合可变荷载分项系数，应符合下列规定：

1 储罐中充水试压时水重应取1.1。

2 储罐中储液应取1.3。

3 储罐的风荷载应符合现行国家标准《建筑结构荷载规范》GB 50009的有关规定。

3.3.5 准永久值系数，应符合下列规定：

1 储罐充水试压时水重应取0.85。

2 储罐中储液应取1.0。

3.4 抗震设防

3.4.1 大型罐区工程应对建筑场地进行地震安全性评价。

3.4.2 容积大于50000m^{3}的储罐基础抗震设防分类应为乙类；容积小于或等于50000m^{3}的储罐基础抗震设防分类应为丙类。

3.4.3 饱和砂土和饱和粉土的液化判别和地基处理，应符合下列要求：

1 抗震设防烈度为6度时，容积小于或等于50000m^{3}的储罐可不进行判别和地基处理，容积大于50000m^{3}的储罐应按抗震设防烈度为7度的要求进行判别和地基处理。

2 抗震设防烈度为7度和8度时，应进行判别和地基处理，并应根据储罐基础的抗震设防类别和地基的液化等级采取抗液化措施。

3.4.4 储罐基础的地震作用计算应符合现行国家标准《构筑物抗震设计规范》GB 50191的有关规定。

3.5 环境保护

3.5.1 当储罐基础坐落在静流水源地或储存不可降解介质，且储罐存储介质泄漏会污染地下水或附近环境时，储罐基础部分应采取防渗漏措施。

3.5.2 储罐基础设计时，应设置渗漏检测设施。

3.5.3　储罐基础可采取下列防渗漏措施：

1　可采用压实系数不小于0.97、厚度大于500mm的黏土层。

2　经济条件允许及对环境保护要求严格时，也可采用防渗土工膜及相关的配套设施。

4　基础环墙设计

4.1　环墙厚度及环向力计算

4.1.1　基础环墙宜按本章的有关规定进行内力计算，也可根据实际地基情况进行整体结构分析。

4.1.2　当罐壁位于环墙顶面时（图4.1.2），环墙的厚度可按下式计算：

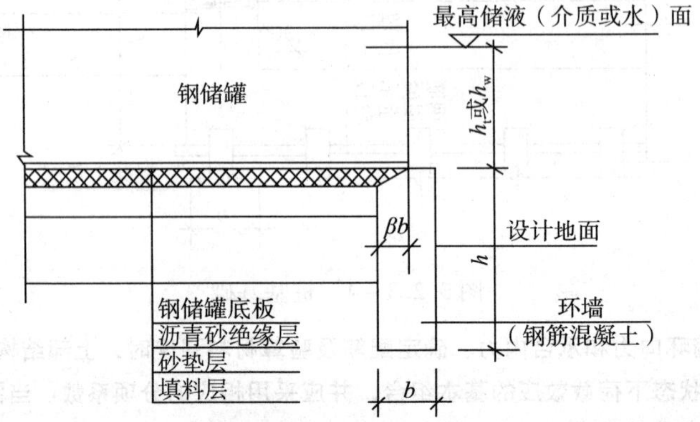

图4.1.2　环墙示意

$$b=\frac{g_k}{(1-\beta)\gamma_L h_L-(\gamma_c-\gamma_m)h} \tag{4.1.2}$$

式中　b——环墙厚度，m；

g_k——罐壁底端传至环墙顶端的竖向线分布荷载标准值（当有保温层时，尚应包括保温层的荷载标准值），kN/m；

β——罐壁伸入环墙顶面宽度系数，可取0.4～0.6；

γ_c——环墙的重度，kN/m³；

γ_L——罐内使用阶段储存介质的重度，kN/m³；

γ_m——环墙内各层材料的平均重度，kN/m³；

h_L——环墙顶面至罐内最高储液面高度，m；

h——环墙高度，m。

4.1.3　环墙（图4.1.2）单位高度环向力设计值，可按下列公式计算：

1　充水试压时，可按下式计算：

$$F_t=\left(\gamma_{Qw}\gamma_w h_w+\frac{1}{2}\gamma_{Qm}\gamma_m h\right)KR \tag{4.1.3-1}$$

式中　F_t——环墙单位高度环向力设计值，kN/m；

γ_{Qw}、γ_{Qm}——水、环墙内各层材料自重分项系数，γ_{Qw}可取1.1，γ_{Qm}可取1.2；

γ_w、γ_m——水的重度、环墙内各层材料的平均重度（kN/m³），γ_w可取9.8，γ_m宜取18.0；

h_w——环墙顶面至罐内最高储水面高度，m；

K——侧压力系数，一般地基可取0.33，软土地基可取0.5；

R——环墙中心线半径，m。

2　正常使用时，可按下式计算：

$$F_t=\left(\gamma_{QL}\gamma_L h_L+\frac{1}{2}\gamma_{Qm}\gamma_m h\right)KR \tag{4.1.3-2}$$

式中 F_t——环墙单位高度环向力设计值，kN/m；

γ_{QL}——使用阶段储存介质分项系数，取1.30；

γ_L——使用阶段储存介质的重度，kN/m^3；

h_L——环墙顶面至罐内最高储液面高度，m。

4.1.4 外环墙（图4.1.4）单位高度环向力设计值，可按下列公式计算：

1 当 $b_1 \leqslant H$ 时，可按下列公式计算：

1）在45°扩散角以下的部分：

充水试压时：

γ

$$F_{t0} = \left(\frac{1}{2}\gamma_{Qm}\gamma_m H + \gamma\frac{g_k}{2b_1} + \gamma_{Qw}\gamma_w h_w \frac{{R_t}^2}{{R_h}^2}\right)KR \tag{4.1.4-1}$$

正常使用时：

$$F_{t0} = \left(\frac{1}{2}\gamma_{Qm}\gamma_m H + \gamma\frac{g_k}{2b_1} + \gamma_{QL}\gamma_1 h_L \frac{R_t^2}{R_h^2}\right)KR \tag{4.1.4-2}$$

2）在45°扩散角以上的部分：

$$F_{t0} = \left(\frac{1}{2}\gamma_{Qm}\gamma_m b_1\right)KR \tag{4.1.4-3}$$

2 当 $b_1 > H$ 时可按下式计算：

$$F_{t0} = \frac{1}{2}\gamma_{Qm}\gamma_m HKR \tag{4.1.4-4}$$

式中 F_{t0}——外环墙单位高度环向力设计值，kN/m；

γ——罐体自重分项系数，可取1.2；

b_1——外环墙内侧至罐壁内侧距离，m；

R_h——外环墙内侧半径，m；

R_t——储罐底圈内半径，m；

H——罐底至外环墙底高度，m；

R——外环墙中心线半径，m。

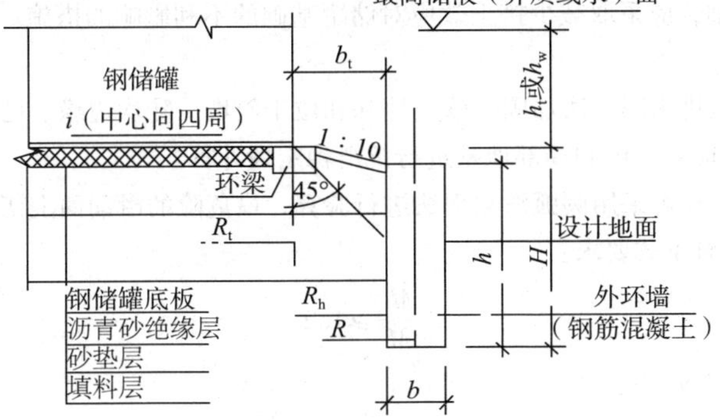

图4.1.4 外环墙示意

4.2 环墙截面配筋

4.2.1 环墙单位高度环向钢筋的截面面积，可按下式计算：

$$A_s = \frac{\gamma_0 F_t}{f_y} \tag{4.2.1}$$

式中 A_s——环墙单位高度环向钢筋的截面面积，mm^2；

γ_0——重要性系数，取1.0；

f_y——钢筋的抗拉强度设计值，kN/mm²；

F_t——环墙单位高度环向力设计值，kN/m；取式 4. 1. 3 - 1 和式 4. 1. 3 - 2 的较大值。

4. 2. 2 外环墙单位高度环向钢筋的截面面积，可按下式计算：

$$A_{s0} = \frac{\gamma_0 F_{t0}}{f_y} \tag{4.2.2}$$

式中 A_{s0}——外环墙单位高度环向钢筋的截面面积，mm²；

F_{t0}——外环墙单位高度环向力设计值，kN/m；当 $b_1 \leqslant H$ 时，在 45°扩散角以下的部分取式 4. 1. 4 - 1 和式 4. 1. 4 - 2 的较大值。

5 地基承载力及稳定性计算

5. 1 承载力计算

5. 1. 1 对天然地基或处理后的地基上的储罐基础，其底面(持力层顶面)处的压力应符合下式要求：

$$P_k \leqslant f_a \tag{5.1.1}$$

式中 P_k——相应于荷载效应标准组合时，基础底面平均压力值，kN/m²；

f_a——修正后的地基承载力特征值，kN/m²。

5. 1. 2 储罐基础底面处的平均压力设计值可按下式计算：

$$P_k = \frac{F_k + G_k}{A} \tag{5.1.2}$$

式中 F_k——相应于荷载效应标准组合时，上部结构传至基础顶面的竖向力，kN；

G_k——基础自重和基础上的土重，kN；

A——储罐基础底面面积，m²；对环墙式基础，计算直径应取环墙外直径；对护坡式、外环墙式基础，计算直径应取储罐罐壁底圈内直径。

5. 1. 3 储罐桩基基础的设计应符合下列规定：

1 基桩可采用预制方桩、钢筋混凝土灌注桩和预应力管桩等。

2 桩基设计应符合现行国家标准《建筑地基基础设计规范》GB 50007 和《建筑桩基技术规范》JGJ 94 的有关规定。

3 挤土桩的桩筏基础，应采取减少挤土效应对储罐基础的不利影响的措施。

5. 2 稳定性计算

5. 2. 1 对于采用预压排水固结法加固的软土地基和位于斜坡、陡坎边缘、已填塞或掩埋的旧河道，以及深坑边缘地带的地基，应对整体和局部地基进行抗滑稳定性计算。

5. 2. 2 地基抗滑稳定性可采用圆弧滑动面法进行验算，最危险的滑动面上诸力对滑动中心所产生的抗滑力矩与滑动力矩，应符合下式要求：

$$\frac{M_R}{M_s} \geqslant 1.2 \tag{5.2.2}$$

式中 M_R——抗滑力矩，kN · m；

M_s——滑动力矩，kN · m。

6 地基变形计算

6. 1 一般规定

6. 1. 1 地基变形特征可分为储罐基础沉降、储罐基础整体倾斜(平面倾斜)、储罐基础周边不均匀沉降(非平面倾斜)及储罐中心与储罐周边的沉降差(储罐基础锥面坡度)。

6. 1. 2 计算地基变形时，应符合下列规定：

1 由于荷载、地基不均匀等因素引起的地基变形，对不同型式与容积的储罐应按不同允许变形值来控制。

2　储罐基础应根据在充水预(试)压期间和使用期间的地基变形值，确定储罐基础预抬高后的标高及与管线的连接形式和施工顺序；对于外环墙式基础，应验算地基变形稳定的储罐罐壁底端标高，储罐罐壁底端标高应高于外环墙顶标高，且走道向外坡度不应小于0.1。

6.1.3　储罐地基变形允许值应按表6.1.3采用：

表6.1.3　储罐地基变形允许值

储罐地基变形特征	储罐型式	储罐底圈内直径	沉降差允许值
整体倾斜（任意直径方向）	浮顶罐与内浮顶罐	$D_t \leqslant 22$	$0.0070D_t$
		$22 < D_t \leqslant 30$	$0.0060D_t$
		$30 < D_t \leqslant 40$	$0.0050D_t$
		$40 < D_t \leqslant 60$	$0.0040D_t$
		$60 < D_t \leqslant 80$	$0.0035D_t$
		$D_t > 80$	$0.0030D_t$
	固定顶罐	$D_t \leqslant 22$	$0.015D_t$
		$22 < D_t \leqslant 30$	$0.010D_t$
		$30 < D_t \leqslant 40$	$0.009D_t$
		$40 < D_t \leqslant 60$	$0.008D_t$
罐周边不均匀沉降	浮顶罐与内浮顶罐	—	$\Delta S/l \leqslant 0.0025$
	固定顶罐	—	$\Delta S/l \leqslant 0.0040$
储罐中心与储罐周边的沉降差	沉降稳定后≥0.008		

注：1. D_t 为储罐罐壁底圈内直径，m；
2. ΔS 为储罐周边相邻测点的沉降差，mm；
3. l 为储罐周边相邻测点的间距，mm。

6.1.4　储罐安装前，基础正锥形顶面自中心向周边的坡度宜为15‰～35‰。

6.2　变形计算

6.2.1　当储罐基础处于下列情况之一时，应做变形量计算：

1　当储罐地基基础设计等级为甲级或乙级时。

2　当天然地基承载力不能满足要求或地基土有软弱土层时。

3　当储罐基础有可能发生倾斜时。

4　当储罐基础持力层有厚薄不均匀的地基土时。

6.2.2　地基沉降量可采用分层总和法进行计算，最终沉降量可按下式计算：

$$S = \Psi_s S' = \Psi_s \sum_{i=1}^{n} \frac{P_0}{E_{si}} (Z_i \overline{\alpha}_i - Z_{i-1} \overline{\alpha}_{i-1}) \tag{6.2.2}$$

式中　S——地基最终沉降量，mm；

S'——按分层总和法计算出的地基沉降量，mm；

Ψ_s——沉降计算经验系数，可按现行国家标准《建筑地基基础设计规范》GB 50007的有关规定采用；

n——储罐基础沉降计算深度范围内所划分的土层数(图6.2.2)；

P_0——对应于荷载效应准永久组合时储罐基础计算底面处的附加压力，kPa，见本规范第6.2.3条；

E_{si}——储罐基础底面下第i层土的压缩模量，MPa，应取土的自重压力至土的自重压力与附加压力之和的压力段计算；

Z_i、Z_{i-1}——储罐基础底面至第i层土、第i-1层土底面的距离，m；

$\bar{\alpha}_i$、$\bar{\alpha}_{i-1}$——储罐基础底面计算点至第 i 层土、第 i－1 层土底面范围内平均附加应力系数，可按附录 A 采用。

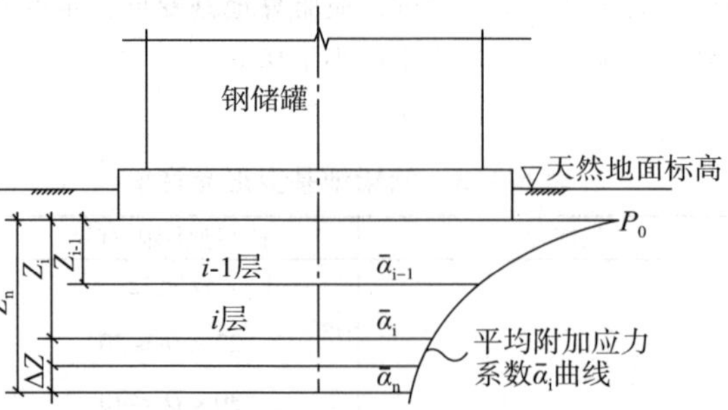

图 6.2.2　储罐基础沉降计算的分层示意

Z_n—地基变形计算深度，m

6.2.3　地基变形计算深度(图 6.2.2)，应符合下式要求：

$$\Delta S'_n \leqslant 0.025 \sum_{i=1}^{n} \Delta S'_i \tag{6.2.3}$$

式中　$\Delta S'_i$——在计算深度范围内，第 i 层土的计算变形值；

$\Delta S'_n$——由计算深度向上取厚度为 ΔZ 的土层计算变形值，ΔZ(图 6.2.2)宜按表 6.2.3 确定：

表 6.2.3　ΔZ 值

D_t(m)	$8 < D_t \leqslant 15$	$15 < D_t \leqslant 30$	$30 < D_t \leqslant 60$	$60 < D_t \leqslant 80$	$80 < D_t \leqslant 100$	$D_t > 100$
ΔZ(m)	0.92～1.11	1.11～1.32	1.32～1.53	1.53～1.62	1.62～1.68	1.68

如确定的计算深度下部仍有较软土层时，应继续计算。

注：地基变形计算深度 Z_n，当为环墙式储罐基础时，储罐周边和储罐中心处均自环墙底面算起，P_0 值为环墙底面处的附加压力，当环墙底至填料层之间的原土层较厚时，尚应计算该土层的附加变形值；当为护坡式、外环墙式储罐基础时，储罐周边和储罐中心处均自填料层底面算起，P_0 值为填料层底面处的附加压力。

6.2.4　桩基础变形计算应按现行国家标准《建筑地基基础设计规范》GB 50007 的有关规定执行，变形允许值应满足本规范表 6.1.3 的要求。

6.3　地基变形观测

6.3.1　地基变形观测应符合下列要求：

1　在储罐充水预(试)压和投产使用期间，应对储罐基础的地基变形进行观测；变形观测应在储罐基础完工后、储罐充水前、充水过程、充满水稳压阶段、放水过程、放水后及投产使用等各个时段进行。

2　充水预压地基应进行沉降观测，软土地基尚宜进行水平位移观测，倾斜观测及孔隙水压力测试等。

3　变形观测应设专人定期进行，在充水预压阶段每天不应少于 1 次并应作好记录，测量精度宜采用Ⅱ级水准测量。

4　充水预压过程中如发现储罐地基基础沉降有异常，应立即停止充水，并应待处理后继续充水。

5　充水预压的监测与监测报告的编制尚应符合国家现行标准《石油化工钢储罐地基充水预压监测规程》SH/T 3123 的有关规定。

6.3.2　每台储罐基础应设置沉降观测点；沉降观测点宜沿罐基础周边均匀布置，沉降观测点设置数量应符合表 6.3.2 的要求。

7　基础构造与材料

7.1　构　造

7.1.1　当选用护坡式、外环墙式基础时，宜在罐壁底面位置设置一道钢筋混凝土环梁。环梁可采用矩形截面梁，环梁宽可按本规范式4.1.2计算确定，且不宜小于250mm；环梁高可与环梁宽相同。钢筋混凝土环梁的配筋可按构造要求配置。

表6.3.2 沉降观测点设置数量

储罐公称容积/m^3	沉降观测点数量/个	储罐公称容积/m^3	沉降观测点数量/个
1000及以下	4	20000	16
2000	4	30000	24
3000	8	50000	24
5000	8	100000	26
10000	12	150000	32

7.1.2 储罐基础顶面周边高出设计地面高度(不含预抬高的高度)不宜小于300mm。

7.1.3 储罐基础顶面应设置沥青砂绝缘层；沥青砂绝缘层厚度宜为80～150mm，压实系数不应小于0.95。中砂与石油沥青的重量配比宜为93∶7；基础表面的沥青砂绝缘层在任意方向上不应有突起的棱角，从中心向周边拉线测量基础表面凹凸度不应超过25mm。

7.1.4 沥青砂绝缘层下面，应设置中粗砂垫层；中粗砂垫层厚度不宜小于300mm。压实系数不应小于0.96。

7.1.5 中粗砂垫层下回填土层的压实系数不应小于0.96。

7.1.6 护坡式基础顶面的人行道宽度宜为800～1000mm。

7.1.7 护坡式基础的护坡坡度宜为1∶1.5，当采用混凝土或碎石灌浆护坡时，护坡厚度不宜小于100mm；当采用浆砌毛石护坡时，护坡厚度不应小于200mm。护坡施工应待储罐充水试压后进行。

7.1.8 除基岩地基外，环墙式基础的埋深(以沉降基本稳定为准)不宜小于600mm，在地震区，当地基土有液化可能时，埋深不宜小于1000mm；在寒冷地区储罐基础埋深宜满足冻土深度要求，无法满足时应采取防冻胀措施。

7.1.9 钢筋混凝土环墙厚度不宜小于250mm，环墙顶面应在储罐内壁向中心20mm处做成1∶2的坡度，储罐内壁至环墙外缘尺寸不宜小于100mm(图7.1.14)。

7.1.10 储罐基础应设置泄漏孔。泄漏孔应沿储罐周均匀设置，泄漏孔间距宜为10～15m，孔径宜为Φ50，泄漏孔进口处孔底宜与砂垫层底标高相同，并应以不小于5%的坡度坡向环墙外侧；泄漏孔出口处应高于设计地面，进口处应设置由砾石和粒径为20～40mm的卵石组成反滤层和钢筋滤网(图3.2.3-1～图3.2.3-4)。

7.1.11 钢筋混凝土环墙顶面宜设置厚度为20～30mm的1∶2水泥砂浆或厚度为50mm的C30细石混凝土找平层，环墙顶面的水平度在表面任意10m弧长上不应超过±3.5mm，在整个圆周上，从平均的标高计算不应超过±6.5mm。

7.1.12 钢筋混凝土环墙不宜开缺口。当罐体安装要求必需留施工缺口时，环向钢筋应错开截断，待罐体安装结束后，应采用比环墙混凝土强度等级高一级的微膨胀混凝土立即将缺口封堵密实，钢筋接头应采用焊接。

7.1.13 钢筋混凝土环墙的环向受力钢筋的混凝土保护层最小厚度不应小于40mm。

7.1.14 钢筋混凝土环墙的配筋(图7.1.14)，应符合下列要求：

1 环向受力钢筋的截面最小总配筋率不应小于0.4%，且应按环墙的全截面面积计算。对于公称容积不小于10000m^3或建在软土、软硬不一地基上的储罐，环墙顶端和底端宜各增加两根附加环向钢筋，钢筋直径应与环墙的环向受力筋相同。

2 环墙每侧竖向钢筋的最小配筋率不应小于0.15%，钢筋直径宜为12～18mm，间距宜为150～200mm，竖向钢筋宜为封闭式。

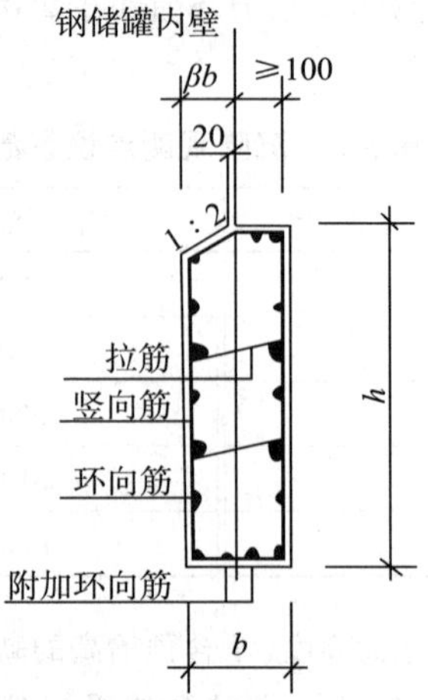

图 7.1.14　环墙配筋

7.1.15　环向受力钢筋接头应采用机械连接或焊接连接。

7.1.16　钢筋混凝土环墙弧长大于 40m 时，宜留宽度为 900～1000mm 的后浇带，并应在保证钢筋连续的原则下分段浇灌，后浇带应采用提高一个强度等级的微膨胀混凝土浇灌，或采取其他有效措施。当有成熟的经验和可靠的保证措施时，后浇带的间距可适当放宽。

7.1.17　储罐前操作平台的基础应与钢筋混凝土环墙基础分开。

7.1.18　当储罐内储存介质最高温度高于 90℃时，与罐底接触的罐基础表面，应采取隔热措施。

7.1.19　储罐底板外周边应封口，封口应采用能适应罐底板变形的构造措施及材料，并应在储罐充水试压完毕和罐体未保温前进行。

7.2　材　料

7.2.1　填料层的回填土宜采用黏性土，不得采用淤泥、耕土、膨胀土、冻土，以及有机杂质含量大于 5% 的土料。

7.2.2　砂垫层宜采用质地坚硬的中、粗砂，也可采用最大粒径不大于 20mm 的砂石混合料，不得含有草根等有机杂质，含泥量不得大于 5%，不得采用粉砂和冰结砂。

7.2.3　沥青砂绝缘层应采用中砂配制，含泥量不得大于 5%。

7.2.4　用于沥青砂绝缘层的沥青材料，当储罐内介质温度低于 80℃时，宜采用 60 号甲、乙道路石油沥青，也可采用 30 号甲、乙建筑石油沥青；当储罐内介质温度等于或高于 80℃时，宜采用 30 号甲、乙建筑石油沥青。

7.2.5　储罐基础环墙的混凝土强度等级不应低于 C25；环向钢筋宜采用 HRB335 级或 HRB400 级钢筋，竖向钢筋宜采用 HPB235 级或 HRB335 级钢筋。

附录A 圆形面积上均布荷载作用下各点平均附加应力系数 $\bar{\alpha}_i$

表A 圆形面积上均布荷载作用下各点平均附加应力系数 $\bar{\alpha}_i$

Z/R	r/R										
	0.0	0.1	0.2	0.3	0.4	0.5	0.6	0.7	0.8	0.9	1.0
0.0	1.00000	1.00000	1.00000	1.00000	1.00000	1.00000	1.00000	1.00000	1.00000	1.00000	0.50000
0.1	0.99975	0.99974	0.99971	0.99965	0.99954	0.99932	0.99884	0.99762	0.99334	0.96698	0.49186
0.2	0.99808	0.99801	0.99778	0.99732	0.99650	0.99498	0.99184	0.98461	0.96439	0.89180	0.48391
0.3	0.99381	0.99359	0.99291	0.99157	0.98920	0.98497	0.97697	0.96056	0.92302	0.82577	0.47580
0.4	0.98623	0.98578	0.98439	0.98173	0.97715	0.96933	0.95558	0.93014	0.88005	0.77323	0.46759
0.5	0.97508	0.97435	0.97208	0.96784	0.96075	0.94916	0.92999	0.89737	0.83959	0.73070	0.45927
0.6	0.96053	0.95949	0.95630	0.95044	0.94088	0.92585	0.90222	0.86451	0.80259	0.69518	0.45088
0.7	0.94302	0.94169	0.93762	0.93025	0.91852	0.90064	0.87367	0.83266	0.76894	0.66467	0.44242
0.8	0.92313	0.92154	0.91671	0.90805	0.89455	0.87450	0.84519	0.80226	0.73824	0.63786	0.43393
0.9	0.90149	0.89968	0.89422	0.88455	0.86969	0.84809	0.81729	0.77346	0.71009	0.61386	0.42542
1.0	0.87868	0.87670	0.87076	0.86033	0.84451	0.82189	0.79027	0.74626	0.68412	0.59207	0.41693
1.1	0.85520	0.85310	0.84682	0.83587	0.81942	0.79620	0.76427	0.72058	0.66004	0.57207	0.40849
1.2	0.83147	0.82929	0.82279	0.81151	0.79471	0.77124	0.73936	0.69634	0.63759	0.55353	0.40012
1.3	0.80782	0.80560	0.79897	0.78752	0.77058	0.74712	0.71570	0.67344	0.61659	0.53625	0.39184
1.4	0.78450	0.78225	0.77557	0.76409	0.74718	0.72392	0.69287	0.65180	0.59688	0.52004	0.38368
1.5	0.76168	0.75944	0.75277	0.74134	0.72459	0.70166	0.67125	0.63131	0.57832	0.50477	0.37565
1.6	0.73950	0.73728	0.73067	0.71936	0.70286	0.68036	0.65068	0.61191	0.56080	0.49035	0.36776
1.7	0.71804	0.71585	0.70933	0.69820	0.68200	0.66000	0.63109	0.59352	0.54424	0.47669	0.36004
1.8	0.69735	0.69519	0.68879	0.67788	0.66203	0.64056	0.61246	0.57607	0.52854	0.46372	0.35249
1.9	0.67745	0.67534	0.66907	0.65840	0.64292	0.62202	0.59472	0.55950	0.51366	0.45138	0.34512
2.0	0.65836	0.65629	0.65017	0.63975	0.62485	0.60433	0.57784	0.54375	0.49952	0.43963	0.33793
2.1	0.64006	0.63804	0.63207	0.62191	0.60722	0.58746	0.56176	0.52877	0.48607	0.42842	0.33093
2.2	0.62254	0.62058	0.61475	0.60486	0.59057	0.57137	0.54645	0.51451	0.47326	0.41772	0.32411
2.3	0.60578	0.60386	0.59819	0.58856	0.57467	0.55602	0.53185	0.50092	0.46106	0.40749	0.31749
2.4	0.58974	0.58788	0.58236	0.57299	0.55949	0.54138	0.51793	0.48797	0.44941	0.39770	0.31106
2.5	0.57441	0.57260	0.56723	0.55812	0.54499	0.52740	0.50465	0.47561	0.43830	0.38834	0.30482
2.6	0.55975	0.55798	0.55276	0.54390	0.53113	0.51404	0.49196	0.46381	0.42767	0.37935	0.29876
2.7	0.54572	0.54428	0.53892	0.53030	0.51789	0.50129	0.47985	0.45254	0.41751	0.37074	0.29288
2.8	0.53230	0.53063	0.52568	0.51730	0.50523	0.48909	0.46826	0.44176	0.40779	0.36248	0.28718
2.9	0.51946	0.51784	0.51302	0.50486	0.49312	0.47742	0.45718	0.43144	0.39848	0.35455	0.28166
3.0	0.50716	0.50558	0.50089	0.49295	0.48152	0.46626	0.44625	0.42156	0.38955	0.34693	0.27630

续表 A

Z/R	r/R										
	0.0	0.1	0.2	0.3	0.4	0.5	0.6	0.7	0.8	0.9	1.0
3.1	0.49539	0.49385	0.48928	0.48154	0.47042	0.45556	0.43642	0.41209	0.38099	0.33961	0.27111
3.2	0.48410	0.48620	0.47815	0.47061	0.45978	0.44531	0.42668	0.40302	0.37278	0.33257	0.26608
3.3	0.47327	0.47181	0.46747	0.46013	0.44957	0.43548	0.41734	0.39431	0.36489	0.32579	0.26120
3.4	0.46289	0.46146	0.45723	0.45007	0.43978	0.42605	0.40837	0.38594	0.35730	0.31926	0.25648
3.5	0.45292	0.45153	0.44740	0.44042	0.43039	0.41700	0.39977	0.37791	0.35001	0.31140	0.25190
3.6	0.44335	0.44199	0.43796	0.43115	0.42136	0.40830	0.39150	0.37019	0.34300	0.30692	0.24745
3.7	0.43415	0.43282	0.42889	0.42224	0.41268	0.39994	0.38354	0.36275	0.33624	0.30107	0.24315
3.8	0.42530	0.42400	0.42016	0.41367	0.40434	0.39189	0.37589	0.35560	0.32973	0.29543	0.23897
3.9	0.41678	0.41552	0.41177	0.40542	0.39631	0.38415	0.36852	0.34871	0.32346	0.28999	0.23492
4.0	0.40859	0.40735	0.40369	0.39748	0.38858	0.37670	0.36143	0.34208	0.31741	0.28743	0.23098
4.1	0.40070	0.39949	0.39590	0.38984	0.38113	0.36951	0.35459	0.33567	0.31158	0.27965	0.22717
4.2	0.39309	0.39191	0.38840	0.38247	0.37395	0.36259	0.34799	0.32950	0.30594	0.27474	0.22347
4.3	0.38575	0.38460	0.38116	0.37536	0.36702	0.35591	0.34163	0.32354	0.30050	0.26999	0.21987
4.4	0.37868	0.37754	0.37418	0.36850	0.36034	0.34946	0.33548	0.31778	0.29524	0.26539	0.21638
4.5	0.37184	0.37074	0.36744	0.36188	0.35389	0.34323	0.32955	0.31222	0.29015	0.26094	0.21299
4.6	0.36525	0.36416	0.36094	0.35548	0.34765	0.33722	0.32381	0.30684	0.28523	0.25663	0.20969
4.7	0.35887	0.35781	0.35465	0.34930	0.34163	0.33140	0.31827	0.30164	0.28047	0.25245	0.20649
4.8	0.35271	0.35166	0.34856	0.34332	0.33580	0.32578	0.31290	0.29660	0.27586	0.24840	0.20330
4.9	0.34674	0.34572	0.34268	0.33754	0.33017	0.32034	0.30771	0.29173	0.27139	0.24448	0.20035
5.0	0.34097	0.33997	0.33699	0.33195	0.32471	0.31507	0.30268	0.28701	0.26706	0.24067	0.19741
5.1	0.33539	0.33440	0.33148	0.32653	0.31943	0.30997	0.27781	0.28243	0.26287	0.23697	0.19454
5.2	0.32998	0.32901	0.32614	0.32128	0.91431	0.30502	0.29390	0.27800	0.25879	0.23338	0.19176
5.3	0.32473	0.32378	0.32096	0.31619	0.30935	0.30023	0.28852	0.27370	0.25484	0.22990	0.18904
5.4	0.31965	0.31872	0.31595	0.31126	0.30454	0.29558	0.28408	0.26952	0.25100	0.22651	0.18640
5.5	0.31472	0.31380	0.31108	0.30648	0.29987	0.29107	0.27977	0.26547	0.24728	0.22322	0.18383
5.6	0.30993	0.30903	0.30636	0.30183	0.29534	0.28669	0.27559	0.26153	0.24366	0.22002	0.18132
5.7	0.30529	0.30440	0.30177	0.29733	0.29094	0.28244	0.27152	0.25771	0.24014	0.21691	0.17888
5.8	0.30078	0.29991	0.29732	0.29295	0.28667	0.27831	0.26758	0.25400	0.23672	0.21389	0.17650
5.9	0.29640	0.29554	0.29300	0.28870	0.28252	0.27430	0.26374	0.25039	0.23340	0.21094	0.17418
6.0	0.29214	0.29130	0.28880	0.28456	0.27849	0.27040	0.26001	0.24687	0.23016	0.20807	0.17191
6.1	0.28800	0.28717	0.28471	0.28054	0.27457	0.26661	0.25639	0.24346	0.22701	0.20528	0.16970
6.2	0.28397	0.28316	0.28073	0.27663	0.27075	0.26292	0.25286	0.24013	0.22394	0.20255	0.16755
6.3	0.28006	0.27926	0.27687	0.27283	0.26704	0.25932	0.24942	0.23689	0.22096	0.19990	0.16545
6.4	0.27625	0.27546	0.27310	0.26913	0.26343	0.25583	0.24607	0.23374	0.21805	0.19732	0.16339
6.5	0.27253	0.27176	0.26944	0.26552	0.25991	0.25242	0.24282	0.23067	0.21521	0.19480	0.16139
6.6	0.26892	0.26815	0.26587	0.26201	0.25648	0.24911	0.23964	0.22767	0.21245	0.19234	0.15943
6.7	0.26540	0.26464	0.26239	0.25859	0.25314	0.24587	0.23655	0.22475	0.20976	0.18994	0.15752
6.8	0.26197	0.26122	0.25901	0.25526	0.24988	0.24272	0.23353	0.22191	0.20713	0.18760	0.15565
6.9	0.25862	0.25789	0.25570	0.25201	0.24671	0.23965	0.23059	0.21913	0.20456	0.18531	0.15382
7.0	0.25536	0.25464	0.25248	0.24884	0.24361	0.23666	0.22772	0.21642	0.20206	0.18229	0.15204

续表 A

Z/R	r/R									
	1.1	1.2	1.3	1.4	1.5	1.6	1.7	1.8	1.9	2.0
0.0	0.00000	0.00000	0.00000	0.00000	0.00000	0.00000	0.00000	0.00000	0.00000	0.00000
0.1	0.02797	0.00486	0.00148	0.00060	0.00030	0.00016	0.00010	0.00006	0.00004	0.00003
0.2	0.08870	0.02535	0.00398	0.00420	0.00215	0.00121	0.00074	0.00047	0.00032	0.00022
0.3	0.13779	0.05306	0.02338	0.01156	0.00629	0.00368	0.00229	0.00150	0.00102	0.00072
0.4	0.17284	0.07979	0.04009	0.02167	0.01250	0.00764	0.00489	0.03260	0.00225	0.00160
0.5	0.19774	0.10279	0.05685	0.03306	0.02014	0.01279	0.00844	0.00575	0.00404	0.00291
0.6	0.21558	0.12178	0.07233	0.04460	0.02846	0.01875	0.01272	0.00887	0.00633	0.00462
0.7	0.22839	0.13717	0.08602	0.05560	0.03691	0.02511	0.01749	0.01246	0.00905	0.00670
0.8	0.23752	0.14951	0.09785	0.06570	0.04508	0.03155	0.02251	0.01635	0.01207	0.00906
0.9	0.24391	0.15934	0.10791	0.07475	0.05274	0.03784	0.02757	0.02039	0.01530	0.01163
1.0	0.24819	0.16709	0.11637	0.08274	0.05978	0.04381	0.03253	0.02447	0.01863	0.01434
1.1	0.25085	0.17313	0.12342	0.08969	0.06613	0.04937	0.03729	0.02847	0.02196	0.01712
1.2	0.25221	0.17775	0.12924	0.09569	0.07180	0.05449	0.04177	0.03233	0.02525	0.01989
1.3	0.25256	0.18121	0.13399	0.10081	0.07681	0.05913	0.04593	0.03599	0.02843	0.02263
1.4	0.25211	0.18369	0.13781	0.10515	0.08119	0.06330	0.04976	0.03942	0.03146	0.02528
1.5	0.25100	0.18536	0.14085	0.10879	0.08500	0.06702	0.05325	0.04261	0.03433	0.02782
1.6	0.24938	0.18635	0.14319	0.11181	0.08828	0.07031	0.05641	0.04555	0.03701	0.03024
1.7	0.24735	0.18677	0.14496	0.11428	0.09108	0.07319	0.05923	0.04823	0.03950	0.03251
1.8	0.24499	0.18672	0.14621	0.11627	0.09344	0.07571	0.06176	0.05067	0.04179	0.03464
1.9	0.24237	0.18628	0.14704	0.11784	0.09542	0.07789	0.06399	0.05287	0.04389	0.03661
2.0	0.23956	0.18552	0.14749	0.11903	0.09706	0.07976	0.06595	0.05483	0.04581	0.03843
2.1	0.23660	0.18448	0.14763	0.11990	0.09838	0.08134	0.06767	0.05659	0.04754	0.04011
2.2	0.23352	0.18322	0.14749	0.12049	0.09943	0.08267	0.06916	0.05815	0.04911	0.04164
2.3	0.23037	0.18178	0.14713	0.12084	0.10024	0.09378	0.07044	0.05952	0.05051	0.04303
2.4	0.22716	0.18018	0.14656	0.12096	0.10083	0.08467	0.07152	0.06071	0.05175	0.04428
2.5	0.22392	0.17847	0.14584	0.12091	0.10123	0.08538	0.07244	0.06175	0.05286	0.04541
2.6	0.22067	0.17666	0.14497	0.12069	0.10146	0.08593	0.07320	0.06265	0.05383	0.04643
2.7	0.21742	0.17477	0.14398	0.12033	0.10155	0.08633	0.07381	0.06341	0.05469	0.04733
2.8	0.21419	0.17282	0.14290	0.11985	0.10151	0.08659	0.07430	0.06404	0.05543	0.04813
2.9	0.21098	0.17084	0.14173	0.11927	0.10135	0.08674	0.07467	0.06457	0.05606	0.04884
3.0	0.20781	0.16882	0.14050	0.11860	0.10109	0.08579	0.07493	0.06500	0.05660	0.04945
3.1	0.20467	0.16678	0.13922	0.11786	0.10074	0.08674	0.07510	0.06533	0.05705	0.04999
3.2	0.20158	0.16474	0.13789	0.11705	0.10032	0.08661	0.07519	0.06558	0.05742	0.05044
3.3	0.19854	0.16269	0.13652	0.11618	0.09984	0.08641	0.07521	0.06576	0.05772	0.05083
3.4	0.19555	0.16064	0.13513	0.11528	0.09929	0.08614	0.07515	0.06587	0.05795	0.05115
3.5	0.19262	0.15860	0.13372	0.11433	0.09870	0.08582	0.07504	0.06591	0.05812	0.05142
3.6	0.18974	0.15658	0.13230	0.11336	0.09806	0.08544	0.07487	0.06590	0.05823	0.05163
3.7	0.18691	0.15458	0.13087	0.11236	0.09739	0.08503	0.07465	0.06584	0.05830	0.05179
3.8	0.18415	0.15260	0.12944	0.11234	0.09669	0.08457	0.07439	0.06574	0.05832	0.05190
3.9	0.18144	0.15064	0.12801	0.11030	0.09596	0.08409	0.07410	0.06560	0.05829	0.05197
4.0	0.17880	0.14870	0.12658	0.10926	0.09521	0.08357	0.07377	0.06542	0.05823	0.05200

续表 A

Z/R	r/R									
	1.1	1.2	1.3	1.4	1.5	1.6	1.7	1.8	1.9	2.0
4.1	0.17621	0.14679	0.12516	0.10820	0.09445	0.08303	0.07341	0.06520	0.05814	0.05200
4.2	0.17367	0.14492	0.12375	0.10715	0.09367	0.08247	0.07303	0.06496	0.05801	0.05197
4.3	0.17120	0.14307	0.12235	0.10609	0.09288	0.08189	0.07262	0.06469	0.05786	0.05191
4.4	0.16878	0.14125	0.12097	0.10503	0.09208	0.08130	0.07219	0.06440	0.05768	0.05182
4.5	0.16641	0.13946	0.11959	0.10398	0.09127	0.08070	0.07175	0.06409	0.05748	0.05171
4.6	0.16410	0.13771	0.11824	0.10293	0.09046	0.08008	0.07129	0.06377	0.05725	0.05157
4.7	0.16184	0.13598	0.11690	0.10188	0.08965	0.07946	0.07083	0.06342	0.05701	0.05142
4.8	0.15964	0.13429	0.11557	0.10084	0.08884	0.07883	0.07034	0.06307	0.05676	0.05125
4.9	0.15747	0.13263	0.11427	0.09981	0.08803	0.07819	0.06986	0.06270	0.05649	0.05106
5.0	0.15537	0.13100	0.11298	0.09879	0.08722	0.07756	0.06936	0.06232	0.05621	0.05086
5.1	0.15331	0.12940	0.11172	0.09778	0.08641	0.07692	0.06886	0.06193	0.05591	0.05065
5.2	0.15130	0.12783	0.11047	0.09678	0.08561	0.07628	0.06835	0.06153	0.05561	0.05042
5.3	0.14934	0.12626	0.10924	0.09580	0.08481	0.07564	0.06784	0.06113	0.05530	0.05019
5.4	0.14742	0.12478	0.10803	0.09482	0.08402	0.07500	0.06733	0.06072	0.05498	0.04994
5.5	0.14554	0.12330	0.10684	0.09385	0.08324	0.07436	0.06681	0.06031	0.05465	0.04969
5.6	0.14371	0.12185	0.10567	0.09290	0.08246	0.07373	0.06630	0.05989	0.05432	0.04943
5.7	0.14191	0.12043	0.10452	0.09196	0.08169	0.07309	0.06578	0.05947	0.05399	0.04919
5.8	0.14016	0.11903	0.10339	0.09103	0.08093	0.07247	0.06526	0.05905	0.05365	0.04889
5.9	0.13844	0.11767	0.10228	0.09012	0.08017	0.07184	0.06475	0.05863	0.05330	0.04862
6.0	0.13677	0.11633	0.10118	0.08922	0.07943	0.07122	0.06424	0.05821	0.05296	0.04834
6.1	0.13513	0.11501	0.10011	0.08833	0.07869	0.07061	0.06373	0.05779	0.05261	0.04805
6.2	0.13352	0.11372	0.09905	0.08746	0.07796	0.07000	0.06322	0.05737	0.05226	0.04777
6.3	0.13195	0.11246	0.09802	0.08659	0.07724	0.06940	0.06272	0.05694	0.05191	0.04748
6.4	0.13042	0.11122	0.09700	0.08575	0.07653	0.06880	0.06221	0.05652	0.05156	0.04718
6.5	0.12891	0.11001	0.09599	0.08491	0.07583	0.06821	0.06172	0.05610	0.05121	0.04689
6.6	0.12744	0.10882	0.09501	0.08409	0.07513	0.06763	0.06122	0.05569	0.05085	0.04660
6.7	0.12600	0.10765	0.09404	0.08327	0.07445	0.06705	0.06073	0.05527	0.05050	0.04630
6.8	0.12459	0.10651	0.09309	0.08248	0.07378	0.06648	0.06025	0.05486	0.05015	0.04601
6.9	0.12321	0.10538	0.09216	0.08169	0.07311	0.06591	0.05976	0.05445	0.04980	0.04571
7.0	0.12186	0.10428	0.09124	0.08092	0.07245	0.06535	0.05929	0.05404	0.04946	0.04542

注：1. R——圆形面积的半径，m；

2. Z——计算点离基础底面的垂直距离，m；

3. r——计算点距圆形面积中心的水平距离，m。

本规范用词说明

1　为便于在执行本规范条文时区别对待，对要求严格程度不同的用词说明如下：

1)表示很严格，非这样做不可的用词：

正面词采用“必须”，反面词采用“严禁”。

2)表示严格，在正常情况下均应这样做的用词：

正面词采用“应”，反面词采用“不应”或“不得”。

3)表示允许稍有选择，在条件许可时首先应这样做的用词：

正面词采用“宜”，反面词采用“不宜”；

表示有选择，在一定条件下可以这样做的用词，采用“可”。

2　本规范中指明应按其他有关标准、规范执行的写法为“应符合……的规定”或“应按……执行”。

3. 石油化工采暖通风与空气调节设计规范

（SH/T 3004—2011 代替 SH 3004—1999）

目　　录

1 范围

本规范规定了石油化工建筑采暖通风与空气调节、防火与防爆的设计要求。

本规范适用于新建、扩建、改建的石油化工企业生产厂房及辅助建筑物的采暖通风与空气调节设计。

2 规范性引用文件

下列文件中的条款通过本规定的引用而成为本规范的条款。凡是注日期的引用文件，其随后所有的修改(不包括勘误的内容)或修订版均不适用本规范，然而，鼓励根据本规范达成协议的各方研究是否可使用这些文件的最新版本。凡是不注日期的引用文件，其最新版本适用于本规范。

GB 3095 环境空气质量标准

GB 8978 污水综合排放标准

GB 16297 大气污染物综合排放标准

GB 50016 建筑设计防火规范

GB 50243 通风与空气调节工程施工质量验收规范

GBZ1 工业企业设计卫生标准

SH/T 3017 石油化工生产建筑设计规范

JB/T 8439 高压电机使用于高海拔地区的防电晕技术要求

3 采暖

3.1 一般规定

3.1.1 位于累年日平均温度稳定低于或等于5℃的日数大于或等于90天的地区的生产厂房及辅助建筑物，当室内经常有人停留或生产对室内温度有一定要求时，应设置集中采暖。

3.1.2 位于累年日平均温度稳定低于或等于5℃的日数为60～89天，或累年日平均温度稳定低于或等于5℃的日数为45～59天，且历年最冷月平均相对湿度的平均值等于或大于75%的地区的生产厂房及辅助建筑物，当操作人员比较集中和经常停留，且厂区有余热可资利用时，经技术经济比较，可设置集中采暖。

3.1.3 位于本规范第3.1.1条和第3.1.2条规定地区以外的生产厂房及辅助建筑物，当生产对室内温度有特殊要求时，可设置集中采暖。

3.1.4 设置集中采暖地区的生产厂房，当生产对室内温度无特殊要求，且每名工人占用的建筑面积超过100m^2时，不宜设置全面采暖，但应在固定工作地点设置局部采暖。当工作地点不固定时，应设置取暖室。

3.1.5 集中采暖系统的热媒，应根据厂区供热情况经技术经济比较确定，首先应利用生产余热，并宜采用热水作热媒。当厂区供热以生产用蒸汽为主，在不违反卫生、技术和节能要求的条件下，可采用蒸汽作热媒。

3.1.6 设计集中采暖时，冬季室内计算温度应按房间用途、生产特点、劳动强度、自动化与机械化水平、维修及人员停留情况等综合考虑确定。对于一般生产厂房和辅助房间的室内采暖计算温度，可参照本规范附录A确定。

3.2 采暖系统

3.2.1 采暖系统制式的选择，宜符合下列规定：

a) 热媒为热水时，多层建筑物采用单管系统；

b) 热媒为蒸汽时，采用上行下给式双管系统。

3.2.2 散热器的选择规定如下：

a) 放散粉尘或防尘要求较高的生产厂房，应采用易于清扫的散热器；

b) 放散腐蚀性气体的生产厂房或相对湿度较大的房间，应采用耐腐蚀的散热器；

c） 辅助房间、化验室和仪表控制室等，宜采用外形美观的散热器；

d） 蒸汽采暖系统，不应采用钢制柱型、板式和扁管式等散热器。

3.2.3 符合下列情况之一时，应采用热风采暖：

a） 生产有特殊要求，不允许用散热器采暖时；

b） 能与机械送风系统合并时；

c） 防火、防爆和卫生要求，应采用全新风的热风采暖时；

d） 厂房容积较大，其他采暖方式不能满足要求时；

e） 利用循环空气采暖经济合理时。

循环空气采暖应符合 GBZ1 和本规范 6.2.3 条的规定。

3.2.4 热风采暖的厂房，当为间断生产且需设值班采暖时，宜采用联合采暖（即热风采暖和散热器采暖）。

3.2.5 位于严寒地区的工业厂房，即冬季通风室外计算温度低于或等于 -10℃ 的地区，全新风的热风采暖不应少于两个系统或一个系统两台风机。当一个系统或一台通风机故障时，一个系统的最小供热量，尚应能维持新风和采暖的最低水平，且室内温度不得低于 5℃。

3.2.6 暖风机或空气加热器的散热量应有 1.2～1.3 的安全系数。

3.2.7 采用暖风机热风采暖时，应符合下列规定：

a） 应根据厂房内部的几何形状，工艺设备布置情况及气流作用范围等因素，设计暖风机台数及位置；

b） 热媒为蒸汽时，每台暖风机应单独设置阀门和疏水装置。

3.2.8 符合下列条件之一时，宜设置空气幕：

a） 位于严寒地区或寒冷地区的生产厂房，对经常开启的外门，且不设门斗和前室时；

b） 生产厂房，当生产要求不允许降低室内温度时或经技术经济比较设置热空气幕合理时。

3.2.9 符合下列条件之一，经技术经济比较合理时，可采用电采暖：

a） 环保有特殊要求的区域；

b） 远离集中热源的独立建筑；

c） 采用热泵的场所。

3.2.10 对上下连通的多层厂房设计采暖时，应考虑热气流上升的影响，其热量竖向分配应自下向上递减。

注：对于加盖的安装孔，不视为上下连通。

3.2.11 金属辐射板采暖，可用于生产厂房的局部区域或局部工作地点采暖，经技术经济比较合理时，也可用于全面采暖。对热媒温度要求如下：

a） 当采用热水作热媒时，热水平均温度不宜低于 110℃；

b） 采用蒸汽作热媒时，蒸汽压力不应低于 0.2MPa；

c） 应符合本规范 6.1.1 的规定。

3.2.12 在同一建筑物内，采暖用的热水或蒸汽管道应与生产、生活用的热水或蒸汽管道分开设置。散热器采暖系统宜与热风采暖系统或通风、空气调节加热系统的管道分开设置。

3.2.13 对于有腐蚀性气体的房间，管道及散热器表面应采取特殊防腐措施。

3.2.14 符合下列情况之一时，采暖管道应保温：

a） 管道敷设在地沟、闷顶、非采暖房间或易被冻结的地方；

b） 房间或地点对通过的管道要求保温时；

c） 管道的无益热损失较大时。

4 通风

4.1 一般规定

4.1.1 对放散有害物质和爆炸危险性物质的石油化工生产装置，应从工艺、总图、建筑、设备和通风等方面在设计上采取综合的保证安全和防止污染的措施。

4.1.2 工艺设计对可能放散和泄漏有害物质的生产装置应加强密闭、隔离和负压操作措施，并宜采用机械化、自动化操作。有剧毒物质的生产过程应在密闭或负压下进行，采用自动化或隔离操作。

4.1.3 放散有爆炸危险性物质的生产装置宜露天设置，当必需设置在厂房内时，宜采用敞开、半敞开式建筑。

4.1.4 放散热或有害物质的生产过程及厂房布置，应符合下列要求：

a) 放散极毒、剧毒和较毒物质的生产过程布置在同一建筑物内时，应予隔开；

b) 应划出明确的操作和检修地带，操作地带宜靠外窗侧布置；

c) 应避免采用多跨度厂房；

d) 在多层建筑物内，放散热和有害气体的生产过程应布置在上层。当应布置在下层时，应采取防止污染上层空气的措施；

e) 对于自然通风的厂房，宜将热和有害物质的散发源布置在天窗下或排风孔附近。

注1：极毒物质是指车间空气中有害物质的最高容许浓度小于0.1mg/m^3 的物质，如四乙基铅、三硝基甲苯、有机磷等。

注2：剧毒物质是指车间空气中有害物质的最高容许浓度为0.1～1mg/m^3 的物质，如氯、苯酚、丙烯腈等。

注3：较毒物质是指车间空气中有害物质的最高容许浓度大于1mg/m^3 的物质，如乙腈、氯化氢、氮氧化物等。

4.1.5 生产极毒、剧毒物质的厂房不应布置在山谷、盆地或背着全年最大频率风向的山坡上。

4.1.6 放散有害物质的生产装置的控制室和值班室，应布置在全年最小频率风向的下风侧。以自然通风为主的生产厂房，应按有利于夏季自然通风的风向布置。

4.1.7 机械通风送入车间的空气中有害气体、蒸气及粉尘的含量，不应超过车间空气中有害物质最高容许浓度的30%。当超过时，应从清洁地区取风或设置空气净化装置。

4.1.8 向大气排放空气中的有害物质含量，应符合GBZ1、GB 3095、GB 16297和GB 8978等的要求。达不到要求时，应采取有效的净化措施。

4.1.9 放散热、蒸汽或有害物质的厂房，应首先采用局部排风，当局部排风达不到要求时，应辅以全面排风或采用全面排风。

4.1.10 设计局部排风或全面排风时，应首先采用自然通风，当自然通风达不到生产工艺要求时，应辅以机械通风或采用自然与机械的联合通风。

4.1.11 放散粉尘的厂房，应根据生产特点和粉尘特性设置相应的除尘装置。

4.1.12 全面通风量可按下列方法之一确定：

a) 根据散入厂房有害物质数量通过计算确定：

1)同时放散有害物质、余热和余湿时，应按其中所需最大的风量计算；

2)同时放散数种溶剂(苯及其同系物或醇类或醋酸脂类)的蒸气，或数种刺激性气体(三氧化硫及二氧化硫或氟化氢及其盐类等)时，应按各种气体分别稀释至最高允许浓度所需风量的总和计算。其他有害物质同时放散于空气中时，应仅按需要风量最大的有害物质计算；

b) 根据同类或类似生产的厂房的实测资料确定；

c) 无法按第a)项或第b)项确定通风量时，可根据厂房容积大小、设备布置密度、设备先进水平和安全设施完善程度等因素，按本规范附录B的换气次数确定。

4.1.13 凡属下列情况之一时，应单独设置排风系统：

a) 两种或两种以上的有害物质混合后能引起燃烧或爆炸时；

b） 混合后能形成毒害更大或腐蚀性的混合物、化合物时；

c） 混合后易使蒸汽凝结并聚积粉尘时；

d） 散发剧毒物质的房间和设备；

e） 建筑物内设有储存易燃易爆物质的单独房间或有防火防爆要求的单独房间。

4.2 自然通风

4.2.1 放散热量的生产厂房及辅助建筑物的自然通风，可仅按热压作用计算。

4.2.2 自然通风的进、排风口，应充分利用门、窗，达不到要求时，可采用可关闭的洞口、高侧窗、风帽、天窗等。

4.2.3 自然通风的气流组织，不应使污染气流吹向非污染区，且不得影响局部排风的控制气流。

4.2.4 利用天窗排风的生产厂房，符合下列情况之一时，应设置避风天窗。

a） 夏热冬冷和夏热冬暖地区（即累年最热月平均温度高于或等于28℃的地区），室内散热量大于 $23W/m^3$；

b） 其他地区，室内散热量大于 $35W/m^3$；

c） 不允许气流倒灌时。

4.2.5 放散极毒物质的生产厂房不得采用自然通风。周围空气被粉尘或其他有害物质严重污染的生产厂房，不应采用自然通风。

4.3 机械通风

4.3.1 要求空气清洁的房间，室内应保持正压。放散粉尘、有害气体或有爆炸危险物质的房间，应保持负压。当要求空气清洁程度不同的房间连在一起，且有门(孔)相通时，应使气流从较清洁的房间流向污染较严重的房间。

4.3.2 全面或局部排风系统，应直接从有害物质放散地点或室内污染最严重的地带排风，污染气流不得从操作地带和经常有人停留的地带通过。

4.3.3 放散有爆炸危险性物质或有害气体、蒸气的厂房，当有害物质放散点不易确定时，全面排风量的分配宜符合下列要求：

a） 放散温度下气体或蒸气的密度比室内空气轻，或虽比室内空气重，但厂房内放散的显热全年均能形成稳定的上升气流时，宜从房间上部区域排出；

b） 放散温度下气体或蒸气的密度比室内空气重，且厂房放散的显热不致形成稳定的上升气流或放散易挥发的液体（如苯、乙醚等），在挥发时吸收空气中热量致使气体或蒸气沉聚在下部区域时，宜从下部区域排出总排风量的2/3，从上部区域排出总排风量的1/3，且不应小于每小时1次换气；

c） 房间高度小于或等于6m，或面积小于或等于 $150m^2$，或换气次数大于或等于8次/h的厂房，符合本条第a)项的条件时，可仅从上部区域排风；符合本条第b)项的条件时，可仅从下部区域排风。

注1：相对密度小于或等于0.75的气体视为比空气轻，当其相对密度大于0.75时，视为比空气重。

注2：地面上2m以内为下部区域。

注3：上、下部区域的排风量包括该区域内的局部排风量。

4.3.4 全面排风系统吸风口的布置，应符合下列规定：

a） 位于房间上部区域的吸风口，用于排除可燃气体或蒸气时，吸风口上缘距顶棚平面或屋顶的距离不大于0.4m；

b） 用于排除氢气与空气混合物时，吸风口上缘距顶棚平面或屋顶的距离不大于0.1m；

c） 位于房间下部区域的吸风口，其下缘距地板间距不大于0.3m；

d） 因房屋结构造成有爆炸危险气体排出的死角处，应设置导流设施。

4.3.5 位于厂区内不产生但可能积聚爆炸危险性气体或有害气体、蒸气的地下、半地下生产房间或地坑，应对下部地带进行机械通风，宜采用6次/h换气。

4.3.6 局部排风罩宜采用密闭形式，当不能采用密闭形式时，可根据不同的工艺操作要求和技术经济条件选择适宜的排风罩。

4.3.7 在有害物质的放散点(如装料、卸料口等)应装设局部排风罩，排风罩宜采用与工艺设备组合一体的密闭罩。

4.3.8 由全面排风系统或局部排风系统排出的含有极毒物质的空气，应采取净化处理后排放。

4.3.9 局部排风系统排出的空气，属于下列情况之一时，应采用高排风筒或高速气流(即喷射排放)排至建筑物的空气动力阴影区和正压区以上：

a) 含有剧毒物质或极难闻气味物质；

b) 位于非爆炸危险区域，排出含有浓度较高的爆炸危险性物质。

注1：建筑物的空气动力阴影区指室外大气气流撞击在建筑物的迎风面上形成的气流弯曲现象，导致屋顶和背风面等的静压减小而形成的负压区(静压力比大气压力小)。

注2：建筑物的正压区指建筑物的迎风面上由于大气气流的撞击作用而使静压力高于大气压力的区域。

4.3.10 对于放散爆炸危险性物质或剧毒物质的生产厂房，当集中式全面机械排风系统的排风口与机械送风系统的进风口水平距离大于或等于20m时，排风口应高出建筑物屋项1m以上；小于20m时，排风口应高出进风口6m以上。

4.3.11 下列房间的排风系统应分开设置：

a) 放散爆炸危险性物质的房间和一般房间；

b) 放散极毒物质的房间、放散剧毒物质的房间和放散较毒物质的房间。

4.3.12 排出的空气中含有两种或两种以上物质，混合后会出现下列情况之一时，其局部排风系统应分开设置：

a) 引起燃烧或爆炸；

b) 产生更为有害的混合物或化合物；

c) 易于沉淀或凝结。

4.3.13 属下列情况之一时，应设置能自动切换的备用通风机，并应在控制室、操作室或工作地点设置通风机运行状态显示信号：

a) 放散极毒物质厂房的局部排风和全面排风系统；

b) 排除空气中含有剧毒物质的局部排风系统。

4.3.14 排除空气中含有极毒、剧毒物质的排风系统的供电负荷等级应与工艺等级相同。

4.3.15 机械送风系统进风口位置，应符合下列要求：

a) 应设在室外空气较清洁的地点，且符合本规范第4.1.7条的规定；

b) 应设在排风口的上风侧且低于排风口；

c) 进风口的底部距室外地坪不宜小于2m，当设在绿化地带时，不宜小于1m；

d) 应避免进风、排风短路；

e) 降温用的进风口，宜设在建筑物的背阴处。

4.3.16 设置集中采暖且有排风的生产厂房及辅助建筑物，当采用自然补风不能满足室内卫生条件、生产工艺要求或在技术经济上不合理时，应设置机械补风系统。设置机械送风系统时，应进行风量平衡及热平衡计算。

4.3.17 放散有害气体或蒸气的生产厂房的送风，应送至工作地带。向工作地带送风会加速有害物质挥发扩散或放散粉尘的生产厂房的送风，宜送至上部地带。

4.3.18 除尘系统不应太大，且宜按工艺生产线划分配套设置，其排风量可按系统的全部吸风点同时工作计算。按生产线配套的除尘系统，宜设置程序控制联锁，除尘系统应开于生产线开车之前，停于生产线停车之后。

4.3.19 对除尘器收集的粉尘或排出的含尘污水，应采取回收或处理措施。含尘污水的排放，应符合GB 8978和GBZ1的要求。

4.3.20　当收集的粉尘允许直接纳入工艺流程时，除尘器宜布置在生产设备(皮带运输机、料仓等)的上部。当收集的粉尘不允许直接纳入工艺流程时，应设储尘斗及采取回收或处理措施。

4.3.21　放散粉尘的生产厂房，宜采用湿法冲洗措施，当工艺不允许湿法冲洗且防尘要求严格时，宜采用真空吸尘系统。

4.3.22　分析化验室一个房间设有两个及两个以上排风系统时，各系统应同时运行。

4.3.23　一个通风系统带有多个通风柜时，宜采用变风量系统。

4.3.24　中心分析化验室设有集中空调或集中补风时，送、排风系统宜采用变风量系统。

4.4　事故通风

4.4.1　可能突然产生大量有害气体或爆炸危险性气体的建筑物，应设事故排风装置。

4.4.2　事故排风量应根据有害气体或爆炸危险性气体的性质和散发量，通过计算确定。当缺乏资料时，可按正常排风和事故排风总量不应小于12次/h计算；但对甲、乙类生产的泵房和压缩机室，应在正常排风量外，再附加不小于8次/h的事故排风量。以换气次数确定排风量时，房间容积应按本规范附录B的规定计算。

注：生产厂房的火灾危险性按SH/T 3017的规定分为甲、乙、丙、丁、戊五类。

4.4.3　事故排风系统的设置，应符合下列规定：

a)　正常的排风系统已能满足事故排风量要求时，可不另设事故排风系统；

b)　正常的排风系统不能满足事故排风量要求时，应按风量的不足部分另设事故排风系统；

c)　当无经常使用的排风系统时，应设事故排风系统。

4.4.4　当事故排风系统不能使用通风机直接排出爆炸危险性气体或蒸气时，可采用诱导排风系统或送风式事故通风系统。

4.4.5　事故排风的吸风口的设置，应符合下列规定：

a)　应设在爆炸危险性气体或有害气体、蒸气散发量可能最大的地点；

b)　对于在放散温度下比空气轻的可燃气体或蒸气，吸风口应紧贴顶棚布置，其上缘距顶棚不宜大于0.4m；

c)　当正常排风系统兼作事故排风时，宜在可能发生事故的设备附近布置一定数量的吸风口。

4.4.6　事故排风排风口的设置，应符合下列规定：

a)　不应布置在人员经常停留或经常通行的地点；

b)　排风口与机械送风系统进风口的水平距离小于20m时，应高出进风口6m以上；

c)　当排放的空气中含有可燃气体或蒸气时，排风口距发火源应大于20m以外；

d)　排风口不得向不易扩散的地段排放。

4.4.7　设计事故排风时，在符合本规范4.4.6条要求的情况下，可在外墙(或外窗)上设置轴流式通风机或屋面上设置屋顶通风机向室外排风，但应防止气流短路。

4.4.8　放散极毒物质的厂房，不应设置事故排风，当应设置时，应采取净化处理后排放。

4.4.9　放散剧毒物质或爆炸危险性物质的厂房，当设置有毒气体或可燃气体检测、报警装置时，事故通风机应与其联锁。

4.4.10　一般厂房事故排风不需设置补风系统；对于无窗的密闭房间应设置机械补风系统，事故排风系统应与补风系统联锁。

4.4.11　事故通风的通风机电气开关应分别设置在室内和室外便于操作的地点，其供电可靠性等级应与工艺等级相同。

4.5　设备与风管

4.5.1　通风机应根据所输送介质的特性，按下列要求选用：

a)　温度高于80℃时，应选用耐高温风机；

b)　含有腐蚀性物质时，应选用防腐通风机；

c） 含有爆炸危险性物质时，应选用防爆通风机；

d） 含有极毒物质时，应选用特制的密封性能好的通风机；

e） 含尘量大于100mg/m^3，或含有粒状粉尘和纤维时，应选用排尘通风机。

4.5.2 在同一通风系统中采用两台或两台以上通风机并联或串联工作时，其型号和性能应相同。

4.5.3 风管的截面尺寸，宜按GB 50243中的规定执行。

4.5.4 通风设备、风管及配件等，应根据其所处环境和输送的气体或粉尘的温度、腐蚀性等，采用防腐材料制作和采取相应的防腐蚀措施。

4.5.5 除尘系统的风管，宜采用圆形钢制风管，其接头和接缝应严密、平滑；风管宜垂直或倾斜（与水平面夹角大于45°）敷设；小坡度或水平敷设的管段不宜过长，并应采取防止积尘的措施；在容易积尘的异形管件附近，应设置密闭清扫孔。

4.5.6 排除空气中含有极毒物质的风管，不应穿过其他房间和过道。

4.5.7 排除空气中含有剧毒物质的风管，不应穿过其他房间，如应穿过时，该段风管应处于负压段，管道应全部焊制，且不得装有阀门。

4.5.8 排除空气中含有较毒物质的风管，不宜穿过其他房间。

4.5.9 服务于放散极毒或剧毒物质的厂房的送风机室，应单独设置。

4.5.10 排除空气中含有极毒物质的局部排风设备，应布置在单独房间内。

4.5.11 排除空气中含有剧毒物质的局部排风设备，应与一般排风设备分开布置，并宜独立布置在与所服务的生产厂房相隔离的单独房间内或室外。

4.5.12 生产厂房及其辅助建筑物内的热风采暖、通风与空气调节系统的风管布置，防火阀等的布置，均应符合GB 50016的要求。

4.5.13 与通风机等振动设备连接的风管，应装设柔性接头。

4.5.14 对于排除有害气体或含有粉尘的通风系统，其风管的排风口宜采用锥形风帽或防雨风帽。

5 空气调节

5.1 一般规定

5.1.1 下列厂房和辅助房间，当采用一般的采暖通风达不到对室内温度、相对湿度等要求时，应设置空气调节：

a） 工艺生产过程对室内温湿度有特殊要求的生产厂房；

b） 使用要求较高的房间，如集散型控制系统（以下简称DCS）控制室、中央控制室（CCR）、现场机柜间（FAR）、常规仪表控制室、在线分析室、物性检验室和精密仪器室等；

c） 周围环境恶劣而不允许经常开启门、窗的房间；

d） 有人员舒适性要求的生产操作及生产管理类房间；

e） 采用采暖通风虽能达到人体舒适和满足室内热湿环境要求，但不经济的房间。

5.1.2 在满足使用要求的条件下，应尽可能减少空气调节房间的面积和散热、散湿设备。当采用局部空气调节或局部区域空气调节能满足要求时，不应采用全室性空气调节。当冬、夏季采用不同的空气调节基数能满足使用要求时，应分别采用不同的室内温湿度基数。对于有高大空间的生产厂房，仅要求下部区域保持一定的温湿度时，宜采用分层式送风或下部送风的气流组织方式。

5.1.3 空气调节房间宜集中布置。对室内温湿度基数和精度要求相同的工艺生产设备、仪器仪表等，宜布置在同一空气调节房间内。室内温湿度基数要求相近的空气调节房间宜相邻布置。

5.1.4 空气调节房间不宜靠近振动、噪声较大和产生大量粉尘、腐蚀性气体的场所。

5.1.5 在满足噪声、振动、防水和气流组织等条件下，柜式空调机可设置在空气调节房间内。

5.1.6 空气调节装置及其制冷装置宜选用机电仪一体化设备。

5.1.7 空气调节房间空气的温湿度、洁净度，应根据工艺生产装置、控制仪表设备、分析检验仪器及卫生要求确定。

对于无特殊要求的控制室，其温湿度及有害物质最高容许浓度可按表 1 采用：

表 1　控制室温湿度及有害物质最高容许浓度

生产工况	项　目		房　间 常规仪表控制室	房　间 DCS、CCR、FAR 控制室
运行	温度	冬	18 ~ 20℃	20℃ ± 2℃
		夏	25 ~ 30℃	26℃ ± 2℃
		变化率		< 5℃/h
	相对湿度	冬	40% ~ 70%	50% ± 10%
		夏		
		变化率	—	< 6%/h
停运	温度		—	10 ~ 32℃
	相对湿度		—	20% ~ 80%
任何工况	有害物质最高容许度 /(mg/m³)	尘埃	0.2	0.2
		H_2S	—	0.015
		SO_2	—	0.15

5.1.8　不放散有害物质的空气调节房间应保持正压，其正压值不应大于 50Pa。

5.1.9　空气调节用人工冷源制冷方式的选择，应根据制冷量、电源、水源、热源及建筑物用途等情况，经技术经济比较确定。符合下列条件之一时，宜采用热力式制冷：

a)　厂内有可利用的余热资源时；

b)　厂内供热能力夏季有富裕时。

5.1.10　围护结构的传热系数，应根据建筑物的用途和空气调节的类别，通过技术经济比较确定。对于工艺性空气调节不应大于表 2 所规定的数值；对于舒适性空气调节，应符合国家现行有关节能设计标准的规定。

表 2　围护结构传热系数 *K* 值

室温允许波动范围/℃		±0.2	±0.5	大于或等于 ±1
K 值/(W/m²·℃)	屋顶		—	0.8
	顶棚	0.5	0.8	0.9
	外墙	—	0.8	1.0
	内墙和楼板	0.7	0.9	1.1

5.2　负荷计算

5.2.1　除方案设计或基础工程设计阶段可使用冷负荷指标进行必要的估算外，应对空气调节房间进行逐项逐时的冷负荷计算。

5.2.2　空气调节房间的夏季得热量，应按下列各项计算确定：

a)　生产设备、管道的散热量；

b)　通过围护结构传入室内的热量；

c)　透过外窗进入室内的太阳辐射热量；

d)　人体散热量；

e)　照明散热量；

f) 物料散热量；

g) 渗透空气带入室内的热量；

h) 伴随各种散湿过程产生的潜热量。

5.2.3 在确定生产设备、管道及仪器仪表等散热量时，宜采用制造厂提供的数据，当缺乏这些数据时，应通过调查或实测确定。

5.2.4 空气调节房间的夏季冷负荷，应根据各项得热量的种类和性质以及房间的蓄热特性，分别进行计算，并按各项逐时冷负荷的综合最大值确定。对于通过围护结构进入室内的不稳定传热量、透过外窗进入室内的太阳辐射热量、人体散热量以及非全天使用的设备、照明灯具的散热量等形成的冷负荷，应按不稳定传热方法计算确定，不应把上述得热量的逐时值直接作为各相应时刻冷负荷的即时值。

5.2.5 空气调节房间的夏季计算散湿量，应按下列各项确定：

a) 化学反应过程的散湿量；

b) 各种潮湿表面、液面或液流的散湿量；

c) 物料散湿量；

d) 设备散湿量；

e) 人体散湿量及渗透空气带入室内的湿量。

5.2.6 空气调节系统的夏季冷负荷，应根据所服务房间的同时使用情况、空气调节系统的类型及调节方式，按各房间逐时冷负荷的综合最大值或各房间夏季冷负荷的累计值确定，并应计入新风冷负荷以及通风机、风管、水泵、冷水管和水箱温升引起的附加冷负荷。

5.2.7 空气调节系统的冬季热负荷与采暖房间的热负荷计算相同，只是室外计算温度应采用冬季空气调节室外计算温度。

5.3 系统设计

5.3.1 空气调节系统的划分，应按室内温湿度基数及允许波动范围、单位送风量的热湿扰量、使用班次和运行时间等因素综合考虑确定。对于室温允许波动范围小于±0.5℃或相对湿度波动范围小于±5%、消声或空气的洁净度要求较高的房间，宜设单独的系统。

5.3.2 对于全年使用的集中式空气调节系统，应具备各季节多工况的经济运行的可能性。

5.3.3 对于放散有爆炸危险性物质、有害或难闻气味及腐蚀性物质且无法局部排除的空气调节房间，应采用直流式空气调节系统。

5.3.4 空气调节系统的新风量，应符合下列规定：

a) 不小于人员所需新风量与补偿排风并保持室内正压所需风量两项风量中的较大值；

b) 人员所需新风量应保证每人不小于 $30m^3/h$；

c) 对于无窗的抗爆控制室和无窗建筑物，人员所需新风量按总空调风量的5%～10%计取，且应保证每人不小于 $50m^3/h$。

5.3.5 空气调节系统，特别是无窗建筑物或过渡季节使用大量新风的空气调节系统，应有排风出路，且应满足新风量变化的需要。

5.3.6 空气调节房间内的气流组织，应根据下列因素综合考虑，通过计算确定：

a) 工艺生产过程、设备、仪器仪表等对气流组织的要求；

b) 室内温度、相对湿度、空气洁净度、允许风速及噪声标准；

c) 室内工艺生产设备、控制仪表盘及操作地带的布置；

d) 室内热、湿负荷的分布；

e) 建筑物的特点及内部装修等。

5.3.7 空气调节房间内如有局部热源，应采取隔热或排热措施，并置于要求保持一定温湿度的设备、仪器仪表或工作区气流的下风侧。

5.3.8 控制室的气流组织，对操作室和机柜间，宜采用上送上回或上送侧回的方式。

5.3.9　常规仪表控制室气流组织宜采用侧送或上送的送风方式，并应能满足仪表盘前、后的冷却要求。

5.3.10　空气调节装置的空气处理方式，宜采用循环水蒸发冷却和天然冷源冷却，当达不到要求时再采用人工冷源冷却。

5.3.11　空气调节系统采用人工冷源且为直接喷水处理空气时，冷水系统应与生产装置的冷水系统分开设置。

5.3.12　空气调节系统的热源应充分利用生产余热，热媒宜采用热水或蒸汽。符合下列条件之一时，可采用电加热器：

a)　某些房间的温湿度需要单独进行控制的室温调节加热器，当安装和选用热水或蒸汽加热器有困难或不经济时；

b)　室温允许波动范围小于 ±1℃时的室温调节加热器；

c)　热水或蒸汽的热源不能满足空气调节系统要求时。

5.3.13　空气调节系统的新风和回风(不包括二次回风)应过滤。过滤设备宜采用无纺布作滤料的过滤器或板式过滤器。

5.3.14　空调房间空气调节系统的新风中所含有害的化学物质浓度超过规定要求时，应对新风进行吸附净化处理。

5.3.15　服务于控制室的空气调节装置，应符合下列规定：

a)　空气调节装置运行信号及主要参数宜引入控制室监视；

b)　当生产装置停车检修时，控制室仍应保证空气调节装置正常运行所需的水、电供应；

c)　控制室的空气调节装置应考虑备用。

5.3.16　使用要求较高的空气调节房间内顶棚上的风口型式与布置，应与安装在顶棚上的灯具、火灾探测器、灭火剂喷嘴及建筑装修等相协调。

5.3.17　空气调节系统的消声与隔振设施，应根据生产和使用要求、噪声和振动的频率特性及传播方式，通过计算确定。当空气调节系统为房间内的主要噪声源时，系统的消声设计应符合表3的规定：

表3　空气调节房间允许噪声标准

房间类别	噪声/dB(A)	
	不宜大于	不得大于
一般生产厂房	85	90
控制室(操作间)	55	65
机柜间	65	75
精密设备和仪器室、物性检验室等	50	60

5.3.18　抗爆建筑物的通风空调设备，应与火灾报警系统联锁，当发生火灾时，火灾报警系统输出信号，自动切断通风空调设备的电源。

5.3.19　有抗爆要求的建筑物，在与外界连接的管道开口处应设置与结构抗爆等级相应的抗爆阀，并应在与外界连接的风道上设置电动气体密闭切断阀。

5.3.20　抗爆建筑物的新风入口处应设置可燃气体、有毒气体监测器，当监测器信号报警时，设在新风入口和排风管道上的电动气体密闭切断阀联锁应关闭，且新风空气净化机、排风机联锁停机。

5.3.21　抗爆建筑物的送、排风机系统，应能排除火灾后产生的废气，并对室内通风换气。

5.3.22　抗爆建筑物的空调控制系统应独立设置，自动完成空调的运行状态变化，同时宜将运行信号送至控制中心的DCS，实现远程监视。

6 防火与防爆

6.1 采暖系统的防火防爆

6.1.1 放散可燃气体、蒸气或粉尘的生产厂房，散热器采暖的热媒温度，应比放散物质的引燃温度至少低20%，且应符合下列规定：

a) 放散物质为可燃粉尘时，热水不应超过130℃，蒸汽不应超过110℃，但输煤廊的采暖蒸汽温度可不超过130℃；

b) 放散物质为可燃气体、蒸气时，热水温度不应高于150℃，蒸汽温度不宜高于130℃。

6.1.2 瓶装的可燃或不燃压缩气体和液化气体(如乙炔、氢、氧、甲烷、液化石油气、液氨等)的灌注和贮存房间，采暖散热器宜设置遮热板。遮热板应采用不燃烧材料制作，与散热器表面的距离不小于0.1m。

6.1.3 下列厂房应采用直流式热风采暖：

a) 生产过程中放散的粉尘受到水、蒸汽的作用能引起燃烧、爆炸或能产生爆炸危险性气体的厂房；

b) 散热器采暖的热媒温度，不符合本规范6.1.1条规定的厂房。

6.1.4 放散与采暖管道接触能引起燃烧、爆炸的气体、蒸汽、粉尘或纤维的房间，采暖管道不应穿过，如必需穿过时，应用不燃烧材料隔热。

6.1.5 采暖管道不得与输送可燃气体、腐蚀性气体或闪点低于或等于120℃的可燃液体的管道在同一条管沟内敷设。

6.1.6 放散比室内空气重的可燃和爆炸危险性气体、蒸气的甲、乙类生产厂房，或放散可燃粉尘的厂房，采暖管道不应采用地沟敷设，当必需采用时，应在地沟内填满细砂，并密封沟盖板。

6.1.7 热媒温度高于110℃的供热管道不应穿过输送有爆炸危险混合物的风管，亦不得沿上述风管外壁敷设；当上述风管与热媒管道交叉敷设时，热媒温度应至少比爆炸危险的气体、蒸汽、粉尘或气溶胶等物质的自燃点低20%。

6.2 通风与空气调节系统的防火防爆

6.2.1 甲、乙类生产厂房和处在爆炸危险区域内的辅助建筑物的送风系统与正压室、电动机正压通风系统的室外进风口位置。除执行本规范4.3.15的规定外，尚应符合下列要求：

a) 设在爆炸危险区域以外；

b) 设在无火花溅落的安全地点；

c) 在厂房内所有设施均采取防爆措施后，甲、乙类生产厂房送风系统的进风口可设在爆炸危险区域2区内。爆炸危险区域的划分，应符合GB 50058的规定。

6.2.2 用于甲、乙类生产厂房的送风系统，可共用同一进风口，但应与丙、丁、戊类生产厂房和辅助建筑物及其他通风系统的进风口分设；对有防火防爆要求的通风系统，其进风口应设在不可能有火花溅落的安全地点，排风口应设在室外安全处。

6.2.3 下列厂房不应采用循环空气：

a) 甲、乙类生产厂房，以及含有甲、乙类物质的其他厂房；

b) 丙类生产厂房，如空气中含有燃烧或爆炸危险的粉尘、纤维，含尘浓度大于或等于其爆炸下限的25%时；

c) 对排除含尘空气的局部排风系统，当排风净化后，其含尘浓度仍大于或等于工作区容许浓度的30%时。

6.2.4 对于安装在甲、乙类生产厂房内的全面和局部排风系统，以及安装在其他类生产厂房内用于排除空气中含有爆炸危险性物质的局部排风系统，其排风机和电动机应采用防爆型，且排风机和电动机应直接传动。安装在排风机室的排风机和电动机，亦应采用防爆型，但允许采用三角皮带传动。

6.2.5 甲、乙类生产厂房的送风系统，其送风机和电动机的选用，应符合下列要求：

a） 当安装在爆炸危险区域内时，应用防爆型；

b） 当安装在爆炸危险区域以外，且送风干管上设有止回阀时，可用普通型。

6.2.6 正压室、电动机正压通风系统的通风机和电动机，均应为防爆型。当正压室、电动机正压通风系统的通风机和电动机安装在爆炸危险区域以外，且送风干管上设有止回阀时，可用普通型。

6.2.7 对于使用少量燃烧物质和爆炸危险性物质的化验室、分析室，其通风柜排风系统的排风机和电动机，可采用非防爆型。

6.2.8 服务于甲、乙类生产厂房的通风设备的布置，规定如下：

a） 送风设备和排风设备不应布置在同一通风机室内；

b） 当与丙、丁、戊类生产厂房的送风设备布置在同一个送风机室内时，应在每个送风机的出口处装设止回阀；

c） 全面排风系统和排除空气中含有可燃物质或爆炸危险性物质的局部排风系统的设备，可布置在同一排风机室内。

6.2.9 用于净化含有爆炸危险性粉尘空气的干式除尘器，应布置在生产厂房外，且距有门窗孔洞的外墙不应小于10m，或布置在单独的建筑物内；但符合下列条件之一时，除尘器可布置在生产厂房内的单独房间中：

a） 除尘器具有连续清灰能力；

b） 定期清灰的除尘器，风量不大于15 000m^3/h且集尘斗中总贮尘量不大于60kg。

6.2.10 用于净化爆炸下限大于65g/m^3的可燃粉尘、纤维和碎屑的干式除尘器，当布置在生产厂房内时，应同其排风机布置在单独房间内。

6.2.11 排除有爆炸危险物质的局部排风系统，其干式除尘器不得布置在经常有人或短时间有大量人员停留的房间（如工人休息室、会议室等）的下面；如与上述房间贴邻布置时，应用耐火极限不小于3.00h的实体墙和耐火极限不小于1.50h楼板隔开。

6.2.12 用干净化及输送爆炸下限小于或等于65g/m^3的有爆炸危险的粉尘、纤维和碎屑的干式除尘器及风管，应设置泄压装置。必要时，干式除尘器应采用不产生火花的材料制作。

6.2.13 排除空气中含有爆炸危险物质的排风系统和甲、乙类生产厂房的全面和局部通风系统的设备和风管，不应布置在地下室、半地下室内，但当生产厂房位于地下室或半地下室时除外。

6.2.14 甲、乙类生产厂房的通风系统和排除、输送有燃烧或爆炸危险混合物的通风设备及管道，均应采取防静电接地措施（包括法兰跨接），不应采用容易积聚静电的绝缘材料制作。

6.2.15 通风、空气调节系统的风管，均应采用非燃烧材料制作。对接触腐蚀性介质的风管及柔性接头，可采用难燃烧材料制作。

6.2.16 排除、输送有燃烧或爆炸危险气体、蒸气和粉尘的排风管应采用金属管道，并应直接通到室外安全处，不应暗设。

6.2.17 通风、空气调节系统的风管，有下列情况之一时，应设防火阀：

a） 穿越防火分区处；

b） 穿越通风、空气调节机房的隔墙和楼板处；

c） 穿过重要的或火灾危险性大的房间隔墙和楼板处；

d） 穿越防火分隔处的变形缝两侧；

e） 垂直风管与每层水平风管交接处的水平管段上，但当建筑内每个防火分区的通风、空气调节系统均独立设置时，该防火分区内的水平风管与垂直总管的交接处可不设置防火阀。

6.2.18 处理有爆炸危险粉尘和碎屑的除尘器、过滤器、管道，均应设置泄压装置。净化有爆炸危险性粉尘的干式除尘器和过滤器应布置在系统的负压段上。

6.2.19 在甲、乙类生产厂房易于放散或积聚可燃和爆炸危险性气体、蒸气的地点和正压室内，宜设置数量不少于两个能发出报警信号的可燃气体监测器，其报警浓度应不大于下列数值：

a) 甲、乙类生产厂房为爆炸下限的50%；

b) 正压室为爆炸下限的25%。

6.2.20 甲、乙类生产厂房的通风系统．宜在生产控制室、操作室或便于观察和操作的地点，设置运行信号灯。

6.2.21 通风、空气调节装置，应与室内火灾自动报警系统联锁，当火灾报警信号动作时，应自动切断通风、空气调节装置的电源。

6.2.22 通风与空气调节系统设备与风管的绝热材料、用于加湿器的加湿材料、消声材料及其粘结剂等，宜采用不燃烧材料，当确有困难时，可采用燃烧产物毒性较小且烟密度等级小于等于50的难燃材料。

风管内设有电加热器时，电加热器的开关应与风机的启停联锁控制。电加热器前后各0.8m范围内的风管和穿过设置有火源等容易起火房间的风管，均应采用不燃烧材料。

6.2.23 甲、乙类生产厂房内的通风系统和排除空气中含有爆炸危险性物质的局部排风系统的活动部件及阀件，应采取防爆措施。

6.2.24 甲、乙、丙类生产厂房的风管，以及排除有爆炸危险性物质的局部排风系统的风管，不宜穿过其他房间。必需穿过时，应采用密实焊接、无接头、非燃烧材料制作的通过式风管。通过式风管穿过房间的防火墙、隔墙和楼板处应用防火材料封堵。

6.2.25 排除有爆炸危险性物质和含有剧毒物质的排风系统，正压段不得穿过其他房间。排除有爆炸危险性物质的排风管上，各支管节点处不应设置调节阀，但应对两个管段结合点及各支管之间进行静压平衡计算。排除含有剧毒物质的排风系统，其正压段不宜过长。

6.2.26 有爆炸危险厂房的排风管道及排除有爆炸危险性物质的风管，不应穿过防火墙，其他风管不宜穿过防火墙和不燃性楼板等防火分隔物。如应穿过时，应在穿过处设防火阀。在防火阀两侧各2m范围内的风管及其保温材料，应采用不燃材料。风管穿过处的缝隙应用防火材料封堵。

6.2.27 对于排除有害气体或含有粉尘的通风系统，其风管的排风口宜采用锥形风帽或防雨风帽。

7 煤化工

7.1 煤气化框架宜设置真空清扫系统，由该系统兼管煤仓间不宜水冲洗部位积尘的清扫。

7.2 真空清扫设备本体及灰斗应预留氮封接口，并配电动调节阀，以防止煤粉的荫燃。

7.3 输煤系统的地下建筑，宜采用机械进风、机械排风的通风方式。通风量可按换气次数不少于15次/h计算。

7.4 地下建筑通风的进风口，应设在室外空气清洁的地点。

7.5 煤仓间皮带层，当无通向室外的侧窗时，宜设置机械排风，换气量按5次/h设计，煤仓间皮带层不宜设置机械送风和暖风机采暖。

7.6 电梯机房应设置机械通风，通风量按换气次数不少于10次/h计算。当机械通风不能满足要求时，宜设置以夏季降温为主的空气调节装置。当电梯机房位于防爆区时，通风空调设备应为防爆型的，通风机与电机应直接连接。

7.7 厂区内的总降压站、总变配电站、装置变配电站等的配电装置室夏季室内环境温度不宜高于35℃。在夏热冬暖和夏热冬冷地区应设置空气调节装置降温。

7.8 厂区内的总降压站、总变配电站、装置变配电站等的配电装置室，宜设置不少于10次/h的机械排风。

7.9 发电机组的出线小室应设机械通风以排除室内余热，且保证换气次数不少于10次/h。当通风不能满足要求时，应设置空气调节装置。

7.10 六氟化硫(SF_6)电气设备室及设备检修室应设置机械通风。排风宜由下部排风系统和上部排风系统共同保证。换气次数不少于4次/h。

7.11 六氟化硫(SF_6)电气设备室及设备检修室的通风设备、风管及其附件应采取防腐措施。

7.12 柴油发电机室应设置机械通风。排风量按夏季排风温度不超过40℃计算，且换气次数不应少于10次/h。

7.13 柴油发电机室通风系统的通风机及电机应为防爆型，并应直接连接。

8 正压室

8.1 位于爆炸危险区域的房间，当室内安装有非防爆型的仪表、电气设备等，且不能做局部防爆处理时，应设计正压通风。

8.2 正压室的围护结构应严密，宜设固定窗和两道密闭门，如设可开启窗，应采用密闭型。面对爆炸危险装置的墙上不应开窗。管道、电缆、管沟等穿过地面、屋顶及墙时，应做密封处理。正压室的外门应有自锁式手柄，不得采用自由式的弹簧门。

8.3 正压室内的有害物质允许浓度、温湿度、空气流速、噪声级和洁净度等，应与同类用途的非正压房间的要求相同。

8.4 在门窗关闭的条件下，正压室应保持25~60Pa的正压值。

8.5 送入正压室的新风量应取下列各项中的最大值：

a) 为保证室内正压值所必需的新风量，当缺少资料时，按附录C的正压室换气次数计算的新风量；

b) 为稀释室内有害物质所必需的新风量；

c) 室内工作人员每人不小于$30m^3/h$的新风量。

注：室内的排风量或其他耗用的空气量应另计入新风量中。

8.6 正压室应设余压排风口。余压排风口可为余压阀式或过滤式，其安装位置应利于室内空气的置换，且宜面对常年最小频率的风向或采取防倒灌措施。

8.7 正压通风系统应设置备用机组或通风机，其供电负荷等级应与工艺等级相同。

8.8 正压室的两道密闭门宜装设不同时开启的联锁装置，或装设同时开启的报警信号装置。

8.9 正压通风系统宜与室内其他仪表、电气设备的电源设程序联锁。应先开启正压通风系统，置换室内空气，置换合格[见本规范6.2.19条b]并达到设计正压值后，再向其他仪表、电气设备供电；应在室内其他仪表、电气设备的电源切断后，方可关闭正压通风系统。正压通风系统的电气开关装置如设在正压室内，应采用防爆型。

8.10 正压室内应设正压指示仪表和失压报警装置，且与正压通风系统联锁。当室内正压值低于25Pa持续1min后，应发出报警信号，并使备用通风机自动投入运行。

9 电动机正压通风

9.1 安装在爆炸危险区域的正压型电动机及其附属设备，应设计正压通风。

9.2 正压通风的电动机及其附属设备，在运行中可能发生泄漏的外壳及连接管道内的每一部位，应保持不低于50Pa的正压值。

9.3 电动机及其附属设备的正压通风量、空气阻力及空气参数等，应采用制造厂提供的数据。当缺乏资料时，风冷式电动机的正压通风量不应小于电动机冷却需要的空气量，进风温度不宜超过40℃，出风温度不宜高于55℃。

当风冷式电动机处于海拔1000m以上的地区时，正压通风的进风温度应根据制造厂的数据确定，当缺乏资料时，可按现行JB/T 8439高压电机使用于高海拔地区的防电晕技术要求执行。

9.4 空气闭路循环式正压通风系统，应设补风定压通风机，补风点宜设于循环冷却通风机的入口侧，补风量由计算确定，但不得小于循环冷却通风量的10%。

9.5 空气直流式电动机正压通风系统的排风，应排至爆炸危险区域以外；当采取有效地防止火花和炽热颗粒从电气设备及其通风系统排出的措施时，可排入爆炸危险环境2区内。

9.6 空气闭路循环式电动机正压通风系统，应在电动机外壳和通风系统利于其内部置换的位置装设可启闭的排风口。

9.7 电动机正压通风系统应设置备用通风机。当一个正压通风系统固定服务于一个机组的电动机，且机组有备用时，可不设置备用通风机。

9.8 电动机的正压通风系统应设置正压指示，进排风温度检测仪表和失压报警及联锁装置，当电动机内的正压值低于50Pa时，应发出报警信号，备用通风机自动投入运行。

9.9 正压通风系统宜与电动机的电源联锁，应先开启通风机，置换系统内及电动机内的气体，置换合格(见本规范6.2.19条b)并达到设计正压值后，再接通电动机的电源；应在电动机的电源切断后，方可关闭通风机。

9.10 电动机正压通风系统的供电可靠性等级应与工艺等级相同。

附录 A
（资料性附录）
室内计算温度

表 A.1　室内计算温度

序号	房间名称	冬季		夏季		备注
		温度/℃	相对湿度/%	温度/℃	相对湿度/%	
1	常规仪表控制室、操作室办公室、交接班室、值班室、体息室	20	40～70	≤28	40～70	
2	会议室、分析室①、化验室①、更衣室	18～20	—	≤28①	—	
3	浴室更衣室	23	—	—	—	
4	浴室	25	—	—	—	
5	走廊、楼梯间、厕所	16	—	—	—	
6	消防站车库	10	—	—	—	
7	压缩机房、泵房、水处理厂房、汽车库	5	—	—	—	
8	有防冻要求的全厂性仓库	5	—	—	—	
9	酸库、化学品库、钢瓶滚动间、低温库	—	—	—	—	①
10	仪修间、电修间	16	—	—	—	
11	自动机键室、测量室、载波室、交换台	18	—	—	—	电话站
12	成品包装间	14	—	—	—	
13	空调机室、通风机室	5	—	≤38	—	
14	UPS 室	—	—	≤30	—	
15	配电室	—	<70	≤35	<70	①
16	电缆间	≤38	—	≤38	—	
17	电梯机房	—	—	≤38	—	
18	物性检测室	23±2	50±5	23±2	50±5	
19	DCS 控制室（中央控制室、现场机柜间）	20±2	50±10	26±2	50±10	

注：控制室的有害物最高允许浓度：尘：0.2mg/m³；H_2S：0.015mg/m³；SO_2：0.15mg/m³；温度变化率：<5℃/h；湿度变化率：<6%/h。

①按工艺要求设计。当不能满足要求时，应设计空调。

附录B
(规范性附录)
石油化工车间换气次数

石油化工车间换气次数见表B.1、表B.2和表B.3。

表B.1 石油化工车间换气次数

序号	有害物质名称	换气次数/(次/h)		
		设备间	泵 房	压缩机室
1	氨	4~6	5~6	5~6
2	氢、甲烷、乙烷、丙烷、丁烷、乙烯	4~6	6~8	6~8
3	乙醇、异丙醇、丙烯、丁烯、丁二烯、醋酸乙酯、醋酸丙酯、丙烯酸甲酯、乙醚	5~6	8~10	6~8
4	氯、二氯乙烷、二氯乙烯、氯化苯、氯甲烷、氯乙烷、甲醇、甲醚	8~10	12~15	—
5	氯乙烯	12	12	12
6	苯、甲苯、氯丙苯、苯乙烯、环己烷、环己酮、环己醇	8~10	10~12	—
7	苯酚、丙酮	6~8	8~10	—
8	乙炔、乙醛、二氧化氮	6~10	—	10
9	液化石油气、一氧化碳	8~10	10	8
10	氟	20	—	—
11	氟化氢、氰化氢	15~20	20	—
12	丙烯腈	6~8	8~10	—
13	硫酸、盐酸、硝酸、硫化氢	5~8	8	—
14	汞	20	—	—
15	原油、汽油、煤油	4~6	5~6	—
16	热沥青	6~8	—	—
17	四乙基铅	40	—	—
18	二硫化碳	30	—	—
19	光气($COCl_2$)	10	—	—

注：房间高度小于或等于6m时，通风量按房间实际容积计算；房间高度大于6m时，通风量按6m以下房间容积计算。

表 B.2 辅助车间通风换气次数

序号	房间名称	主要有害物名称	换气次数/(次/h)
1	加氯间、储氯库	氯气	12～15
2	配氨间	氨气	6
3	蓄电池室	酸雾、氢气	4
4	配电室		8～10
5	配酸间、酸库及酸计量间	酸雾	6
6	化学药品库		a
7	毒品库、X 光室、暗室		5
8	化学分析室、化学试验室(需要机械通风时)		5
9	辛烷值试验室、槽罐车清洗厂房		7
注：工艺有特殊要求时，按工艺要求设计。			

表 B.3 压缩机厂房的换气次数

序号	工艺过程名称	有害物质名称	生产类别	有无爆炸危险	换气次数/(次/h)
1	空气压缩厂房	空气	戊	无	—
2	氧气压缩厂房	氧	乙	无	—
3	氢气压缩厂房	氢	甲	有	8
4	氮气压缩厂房	氮	戊	无	—
5	合成氨压缩厂房	氢氮混合	甲	有	6～8
6	水煤气压缩厂房	一氧化碳	甲	有	8
7	天然气加压	天然气	甲	有	10
8	天然气液化	甲烷	甲	有	10
9	合成甲醇压缩	一氧化碳、氢	甲	有	8
10	尿素二氧化碳压缩	二氧化碳	戊	无	—
11	硝酸加压吸收	氮氧化物	戊	无	6
12	制冷压缩机	氨	乙	有	5
13	氯气干燥、氯气液化	氯	乙	无	10
14	乙烯裂解器、氯乙烯、乙烯循环器	乙烯	甲	有	10
15	环氧氯丙烷、丙烯气压缩	丙烯	甲	有	8
16	丁二烯、反应气体压缩	丁二烯	甲	有	8
17	丁辛醇合成气压缩	一氧化碳、氢、丙烯	甲	有	8
18	异丁烯压缩	丁烯	甲	有	8
19	石油液化气压缩	丙烷、丁烷	甲	有	10
20	天然气制乙炔提浓压缩机	乙炔	甲	有	10
21	乙醇		甲	有	8

附录 C
（规范性附录）
正压室换气次数

正压室换气次数规定见表 C。

表 C　正压室换气次数

室内正压值/Pa	换气次数/(次/h)		
	无外窗的房间	有外窗、密封性较好的房间	有外窗、密封性较差的房间
20	2	3	4
30	3	4	5
40	4	5	6
50	5	6	7
60	6	7	8

用词说明

对本规范条文中要求执行严格程度不同的助动词，说明如下：

(一)表示要求很严格、非这样做不可并具有法定责任时，用的助动词为“必须”(must)；

(二)表示要准确地符合规范而应严格遵守时，用的助动词为：

正面词采用“应”(shall)；

反面词采用“不应”或“不得”(shall not)。

(三)表示在几种可能性中推荐特别合适的一种，不提及也不排除其他可能性，或表示是首选的但未必是所要求的，或表示不赞成但也不禁止某种可能性时，用的助动词为：

正面词采用“宜”(should)；

反面词采用“不宜”(should not)。

(四)表示在规范的界限内所允许的行动步骤时，用的助动词为：

正面词采用“可”(may)；

反面词采用“不必”(need not)。

4. 石油化工生产建筑设计规范

（SH/T 3017—2013 代替 SH3017—1999）

目 录

1 范围

本规范规定了石油化工生产建筑设计的要求。

本规范适用于新建、扩建和改建的石油化工生产建筑物和辅助生产建筑物的设计。

2 规范性引用文件

下列文件对于本规范的应用是必不可少的。凡是注日期的引用文件，仅注日期的版本适用于本规范。凡是不注日期的引用文件，其最新版本(包括所有的修改单)适用于本规范。

GB 50009 建筑结构荷载规范

GB 50016 建筑设计防火规范

GB 50019 采暖通风与空气调节设计规范

GB 50037 建筑地面设计规范

GB 50046 工业建筑防腐蚀设计规范

GB 50058 爆炸和火灾危险环境电力装置设计规范

GB 50160 石油化工企业设计防火规范

GB 50222 建筑内部装修设计防火规范

GB 50345 屋面工程技术规范

GB 50565 纺织工程设计防火规范

GB 8624 建筑材料及制品燃烧性能分级

GB/T 50033 建筑采光设计标准

JGJ 113 建筑玻璃应用技术规程

SH/T 3014 石油工业企业储运系统泵房设计规范

SH/T 3146 石油化工噪声控制设计规范

SH 3137 石油化工钢结构防火保护技术规范

GB 50779 石油化工控制室抗爆设计规范

GB 4053 固定式钢梯及平台安全要求

SJ/T 10796 防静电活动地板通用规范

3 术语

下列术语适用于本规范。

3.1 主要生产建筑物 Production Building

直接为满足生产工艺需要而建造的各类建筑物。如：压缩机厂房、各类泵房、聚合物造粒厂房、聚合物后处理(包装)厂房、变配电站(室)、独立控制类建筑等。

3.2 辅助生产建筑物 Assistant Production Building

间接服务于生产工艺需要或为了满足生产管理、消防及生产人员工作时段内生活需要而建造的各类建筑物。如：化验室、环保监测站、消防站等。

4 一般规定

4.1 建筑物火灾危险性分类、耐火等级，应按 GB 50016《建筑设计防火规范》和 GB 50160《石油化工企业设计防火规范》的有关规定执行，火灾危险性分类、耐火等级举例，见本规范附录 A。

4.2 建筑物的总平面布置及防火间距、防火分区、安全疏散，应执行 GB 50160《石油化工企业设计防火规范》的有关规定，尚应符合 GB 50016《建筑设计防火规范》的规定。

4.3 建筑物防烟与排烟，应按 GB 50016《建筑设计防火规范》及相关标准的有关规定执行。

4.4 钢结构生产厂房设计

4.4.1 结构形式宜采用门式刚架或钢排架，屋面板及围护墙体宜采用双面钢板保温体系。

4.4.2 建筑物耐火保护应符合 GB 50016《建筑设计防火规范》的有关规定；构筑物耐火保护可按 GB 50160《石油化工企业设计防火规范》、SH 3137《石油化工钢结构防火保护技术规范》的有关规定执行。

4.5 建筑防爆

4.5.1 有爆炸危险的甲、乙类厂房（仓库）宜独立设置，生产厂房宜采用敞开或半敞开的建筑形式，封闭式厂房围护结构宜采用轻型建筑体系。

4.5.2 有爆炸危险的甲、乙类厂房（仓库），其防爆措施应符合 GB 50016《建筑设计防火规范》的有关规定，有防爆要求的建筑物举例，见本规范附录 A。

4.5.3 封闭厂房泄压设计应符合下列要求：

a) 厂房设置泄压设施时，泄压设计应符合 GB 50016《建筑设计防火规范》的有关规定；

b) 泄压设施宜优先采用轻质屋面板，其次是轻质墙体和易于泄压的门窗，泄压屋面应采取防冰雪积聚措施；

c) 采用轻质墙体和易于泄压的门窗作为泄压设施时，其布置应避开疏散通道、人员密集场所和主要交通道路，并宜靠近有爆炸危险的部位；

d) 有爆炸危险的厂房（仓库）的门窗，其玻璃均应采用安全玻璃。门、窗作为泄压构造时应采用厚度不大于 7mm 的夹层玻璃或厚度不大于 4mm 的钢化玻璃；玻璃尺寸应符合 JGJ 113《建筑玻璃应用技术规程》的相关要求；

e) 甲类厂房泄压比值 C 不宜小于 0.16；乙类厂房泄压比值 C 不宜小于 0.11。

4.5.4 散发较空气重的可燃气体、可燃蒸汽的甲类厂房以及有粉尘纤维爆炸危险的乙类厂房，应采用不发火花楼、地面。采用绝缘材料作整体面层时，应采取防静电措施。厂房内不宜设置地沟，当必须设置时，沟内应充砂，穿基础墙洞采用防火材料填塞密封，沟盖板应固定密闭，地沟应密封至本厂房外出口 1m 处。可燃气体的密度与爆炸极限举例见表 4.5.4。

表 4.5.4 可燃气体的密度与爆炸极限（举例）

气体名称	分子式	密度	爆炸极限范围/%
甲烷	CH_4	0.554	5.3～14
乙烷	C_2H_6	1.04	3.2～12.5
丙烷	C_3H_8	1.56	4.2～9.5
丁烷	C_4H_{10}	0.551～0.573	1.6～8.5
乙炔	C_2H_2	0.91	2.55～80
乙烯	C_2H_4	0.975	3～29
丙烯	C_3H_6	1.46	2～11
氯乙烯	C_2H_3Cl	0.912	3.6～26.4
丁二烯	C_4H_6	0.621	2.16～11.47
丁烯、异丁烯	C_4H_8	0.59～0.62	1.7～9
氢	H_2	0.07	4.1～75
氨	NH_3	0.597	15.7～27.4
一氧化碳	CO	0.967	12.5～75
天然气		0.52～1.50	4～16

4.6 建筑物的屋面防水应执行 GB 50345《屋面工程技术规范》的有关规定，屋面防水等级举例见本规范 6.1.2 条的规定。

4.7 厂房内应有良好的自然通风，并充分利用天然采光。建筑物的采光设计标准应执行 GB/T 50033《建筑采光设计标准》中的有关规定。

4.8 建筑物的防腐蚀设计应执行 GB 50046《工业建筑防腐蚀设计规范》的有关规定，有防腐要求的建筑物举例，见本规范附录 A。

4.9 建筑物噪声控制应执行国家及 SH/T 3146《石油化工噪声控制设计规范》的有关规定，有隔声、吸声要求的建筑物举例，见本规范附录 A。

5 主要生产建筑物和辅助生产建筑物

5.1 控制室及现场机柜间

5.1.1 控制室的总平面布置，应符合下列要求：

a) 在易燃、易爆、有腐蚀、有毒、有粉尘生产装置的控制室，应布置在常年最小频率风向的下风侧；

b) 中央控制室宜单独设置，应远离振源、噪声源和有电磁干扰等场所。当与变配电室、化验室等组成综合建筑物时，中央控制室宜设在一层，且不宜与高压配电室、变压器间相邻近，若不能避免时，其隔墙宜采取屏蔽墙构造措施。

5.1.2 控制室的建筑设计，应符合下列要求：

a) 控制室的功能设置应根据生产需要确定。通常由生产操作用房、辅助设备用房、辅助生产用房等组成。生产操作用房包括操作室、机柜间、工程师站、数据备份间等；辅助设备用房包括 UPS 电源室、空调机房、通讯设备间等：辅助生产用房包括备品备件间、交接班室、更衣室等。各房间位置的设置应符合下列要求：

1) 操作室与机柜间、工程师站应相邻布置，并设置门相通，室与室之间宜用墙隔开；

2) 操作室、机柜间、工程师站与辅助用房毗邻时，应用墙隔开，不宜有门相通；

3) 操作室、机柜间不宜与空调机室等有噪音的房间相邻，若必须毗邻时，应采取减振和阻隔噪声措施；

4) UPS 电源室宜与机柜间相邻布置；

b) 建筑面积大于 $300m^2$ 的控制室及建筑面积大于 $500m^2$ 的无人值守的现场机柜间，其安全出口不应少于 2 个，严寒、寒冷地区、风沙大的地区、设中央空气调节系统及有抗爆要求的控制室的外门，应设置门斗或前室：

c) 操作室、机柜间、工程师站不应设置直接通向室外的门，外门应向疏散方向开启，应采用平开门并在门上配置闭门器，且不应开向有爆炸及有火灾危险的场所：

d) 窗应采用密闭窗，开启部分应设置纱扇；

e) 控制室应设置吊顶，其距地面的净高度不宜小于 3m，吊顶构造燃烧性能等级不应低于 A2 级；

f) 机柜间应采用防静电楼、地面；操作室、工程师站宜采用防滑不起尘地面，或防静电楼、地面。

5.1.3 控制室室内外高差应不小于 600mm，且活动地板下基础地面标高应不小于室外地面 300mm。空调机房室内外高差不宜小于 300mm。

5.1.4 有抗爆要求的控制室应符合 GB 50779《石油化工控制室抗爆设计规范》的有关规定。

5.1.5 现场机柜间的设计可参照控制室设计的相关要求执行。

5.2 压缩机厂房

5.2.1 压缩机厂房的总平面布置，应符合下列要求：

a) 应远离有防振要求的精密仪表和设备，远离有防噪声要求的控制室、化验室、办公室等；

b) 可燃气体压缩机厂房与其他建筑物的防火间距，应满足 GB 50160《石油化工企业设计防火规范》的要求。

5.2.2　压缩机厂房宜采用敞开或半敞开的建筑形式。基础抬高式带操作平台的压缩机厂房，其建筑面积按单层计算。

5.2.3　当生产或维护要求压缩机厂房必须采用封闭式建筑时，其泄压设计应符合本规范 4.5.3 的要求。

5.2.4　当工艺生产要求辅助用房和压缩机厂房合建时，宜集中布置在厂房山墙的一端。当生产要求必须沿厂房纵向布置时，可集中布置在厂房一侧，但毗邻长度，不应超过厂房长度的1/3。

5.2.5　当专用控制室、电压不大于10kV 的专用配电室及其他辅助房间与可燃气体压缩机厂房毗邻设置时，其隔墙应采用耐火极限不低于4.00h 的防爆墙，且该墙上不得设置门窗洞口。控制室、配电室的外门窗应位于爆炸危险区范围之外，且应设置直通室外的疏散楼梯或安全出口。

5.2.6　甲、乙类各层平面建筑面积大于150m^2 的封闭压缩机厂房设置安全出口不应少于二个。当疏散楼梯为室外梯时，应采用耐火极限不低于1.00h 的隔墙与厂房进行分隔，其两端距室外梯平台外边缘长度2m 的范围内不得开设除疏散门外的门窗洞口。

5.2.7　敞开式、半敞开式压缩机厂房安全疏散设计按 GB 50160—2008《石油化工企业设计防火规范》中 5.2.26 条的规定执行。

5.2.8　压缩机厂房操作平台的形式，应符合下列要求：

a)　检修部位和固定仪表盘部位的平台，宜采用钢筋混凝土结构，且应用颜色区分标明检修平台的荷载重量；

b)　厂房操作平台、安装孔的栏杆，应设置踢脚板。

5.2.9　压缩机厂房高位油箱位置，应尽量布置在室外钢支架上，不应布置在厂房屋架部位。

5.2.10　采用桥式吊车的可燃气体压缩机厂房，当其厂房长度大于54m 时，宜设置两个吊车梯。

5.2.11　氯气压缩机厂房应设隔离操作室，操作室应设有直接通往室外的安全出口，观察窗应采用固定的密闭窗，并采用钢化玻璃。

5.2.12　具有下列条件之一的压缩厂房，屋顶应设置通风屋脊、风帽或采取其他排风措施：

a)　厂房内可能散发氯、氧化氮等有毒气体；

b)　厂房内散发较空气轻的可燃气体；

c)　封闭式厂房或操作平台以上为封闭的厂房。

5.2.13　散发较空气重的有害气体的压缩机厂房，沿外墙底部宜设置百页窗。

5.2.14　散发较空气重的可燃气体压缩机厂房，其楼地面面层材料，应为不发火花和不产生静电的面层材料。

5.3　变配电室

5.3.1　变配电室的建筑设计，应符合下列要求：

a)应根据变配电室的供配电系统电压等级和变压器容量确定要执行的相应电气设计规范，根据该规范对建筑方面的要求进行设计；

b)变配电室的功能设置应根据生产需要确定。通常由生产操作用房、辅助设备用房、辅助生产用房等组成，生产操作用房包括高压配电室、低压配电室、电容器室、变压器室、控制室、UPS 电源室（蓄电池室）、柴油发电机房等。辅助设备用房包括电缆室、空调机房等。辅助生产用房包括值班室、维修间、更衣室、资料室等。房间布置及安全疏散应符合下列要求：

1)　多层变配电室的变压器室应设在底层，设在二层以上的配电室应设搬运设备的通道、平台或孔洞，应至少设一个通向室外的安全出口；

2)　长度大于7m 的配电室应设两个出入口，并宜布置在配电室的两端。长度大于60m 时，应增加一个中间疏散出口；

3)　布置有电气设备的配电房间内不宜设柱子，不应有与其无关的管道和线路通过，并严禁设水池；

4）生产操作用房的门应向外开启。生产操作用房通向公共走道和其他房间的门应为乙级防火门；配电装置室中间隔墙上的门应采用由不燃材料制作的双向弹簧门，不得采用无框玻璃门；

5）变配电室与控制室(值班室)的门应直通或经过通道相通，控制室(值班室)应有直接通向户外或通向走道的门；

c）变配电室不宜设置变形缝，如设置则变形缝两侧必须设双墙构造并采用可靠的防水措施；

d）电气控制室吊顶的净高不应低于2.4m；

e）室内外高差不应小于300mm，在GB 50058《爆炸和火灾危险环境电力装置设计规范》定义的附加二区范围内的配电室设备层地面应高于室外地面，且高差不应小于600mm：

f）外门窗应采用金属门窗或金属百页窗，并应附设金属纱窗。高压配电室及高低压配电装置合设的配电室宜设固定窗，窗台距室外地坪不宜低于1.8m；低压配电室可设开启窗；电容器室不宜设采光窗。

5.3.2 电缆层的建筑设计，应符合下列要求：

a）长度大于7m的电缆层应设置两个出入口，并宜布置在电缆层两端。当长度大于60m时，应增设一个中间疏散出口；

b）电缆层的梁底净高不应低于1.8m，

c）电缆层通向公共走道或其他房间的门应为向外开启的乙级防火门；

d）地下式或半地下式电缆层应采取有效防水、排水措施；

e）封闭电缆层应设置百叶窗或采用机械通风措施。

5.3.3 蓄电池室的建筑设计，应符合下列要求：

a）蓄电池室(含配酸室)，不宜朝阳布置，当朝阳布置时，应采取遮阳措施；

b）酸性蓄电池室地面、墙面、顶棚的面层材料应耐腐蚀，地面坡向地漏，坡度不宜小于2%，建筑防腐蚀按GB 50046《工业建筑防腐蚀设计规范》执行；

c）蓄电池室门窗应严密，室内宜采用机械排风。

5.3.4 作为备用电源的柴油发电机房与配电室合建时，应符合下列要求：

a）柴油发电机房宜设在底层，并设单独的出入口；

b）柴油发电机的基础应与主体结构脱开；

c）柴油发电机的废气排气口不宜面向装置；

d）柴油发电机房应设储油间，储油间与其他房间的隔墙应采用防火墙。

5.3.5 变压器围栏高度不应小于1.8m。露天变压器裸露式母线穿墙时，洞口上沿宜加设挡雨板，挑出长度不应小于300mm。

5.3.6 露天的可燃油油浸变压器外廓与外墙的距离小于5m时，在下列范围内，外墙不应有门、窗或通风孔：

a）油量大于1000kg时，变压器高度加3m及外廓两侧各加3m；

b）油量小于或等于1000kg时，变压器总高度加3m及外廓两侧各加1.5m。

5.3.7 变压器室、电缆层、变配电室、电容器室等应设置防止雨、雪和蛇、鼠类小动物从门窗、电缆沟等进入室内的设施。

5.3.8 电缆沟沟底应有坡度和集水坑，或采取其他有效排除积水的措施。

5.4 泵房

5.4.1 泵房的设计应满足生产工艺的要求。储运系统泵房设置应符合SH/T 3014《石油工业企业储运系统泵房设计规范》中相关规定。

5.4.2 按火灾危险性分类附录A中属甲、乙类的泵房应为单层建筑。

5.4.3 甲、乙类泵房，宜独立设置，并应采用敞开式或半敞开式，当必须采用封闭式建筑时，应按防爆厂房的要求进行设计，其泄压设计应符合本规范4.5.3的要求。

5.4.4 甲类泵房宜单独布置。如必须与乙类泵房组合布置时，应分别布置在不同的房间内，其中间隔墙应为防火墙，防火墙的设置应符合 GB 50016《建筑设计防火规范》的相关要求，其两侧的门窗距离不应小于 4. 5m。

5. 4. 5 甲、$乙_A$类泵房内不得设置有人值守的辅助房间。

5. 4. 6 泵房的门应向外开启，甲、乙、丙类泵房的安全疏散门，不应少于两个；当面积小于等于 $100m^2$ 时，可设一个安全出口。

5. 4. 7 地下式、半地下式泵房应采取必要的通风、采暖和采光措施。

5. 4. 8 甲、$乙_A$类泵房不应采用地下或半地下的建筑形式，其地面不应设地沟或地坑，并宜在侧墙下部采取通风措施。

5. 4. 9 泵房地面应设有不小于 0. 5% 的坡度，坡向排水口。

5. 4. 10 泵房内应设有检修场地。地下式、半地下式泵房宜利用出入口平台检修。

5. 4. 11 设有起重设备的泵房，其室内净高应通过计算确定。

5. 5 聚合物造粒厂房

5. 5. 1 厂房内设置的过氧化物库应靠外墙布置，应采用耐火极限不低于 4. 00h 且能抗爆的墙体和耐火极限不低于 1. 50h 的钢筋砼楼板与其他部分隔开，并应满足《建筑设计防火规范》GB 50016 有关泄爆要求，泄压比 *C* 值不小于 0. 11。

5. 5. 2 当热油单元与主厂房贴邻设置时，应采用防火墙将其与主厂房分隔。

5. 5. 3 当生产工艺有粉尘防爆要求时，应符合下列规定：

a） 在粉尘防爆区域内，楼地面应采用不发火花面层，并尽可能增大开窗面积；

b） 应选用防爆型电梯。

5. 5. 4 厂房的安全出口应不少于两个，封闭厂房的室内疏散楼梯应设置封闭楼梯间。

5. 5. 5 厂房的建筑高度大于 32m 时，每个防火分区宜设置一部消防电梯。当防爆电梯与消防电梯兼用时，应采用带消防功能的防爆电梯。

注：带消防功能的防爆电梯是指满足《建筑设计防火规范》GB 50016 有关消防电梯设置要求中除运行时间外其他所有功能要求的防爆电梯。

5. 5. 6 底层挤压机操作层宜采用不起尘的地面面层；设备四周应按需要做排水沟。

5. 5. 7 厂房屋面应为上人屋面。

5. 6 聚合物后处理(包装)厂房

5. 6. 1 厂房柱网布置应满足包装机安装、检修的要求。

5. 6. 2 当防火墙上由于工艺要求需设不能封闭的洞口时，应设置消防水幕。

5. 6. 3 厂房与成品仓库贴邻建设时，应设防火墙分隔，墙上设置的供叉车通行的门洞，应设置防火卷帘门。

5. 6. 4 厂房内设置的办公室、休息室，应采用耐火极限不低于 2. 50h 的不燃烧体隔墙和不低于 1. 00h 的楼板与厂房隔开，并应至少设置 1 个独立的安全出口。如隔墙上需开设相互连通的门时，应采用乙级防火门。

5. 6. 5 厂房的安全出口不应少于两个，室内疏散楼梯应为封闭楼梯间。

5. 6. 6 厂房地面宜采用耐磨、不起尘的面层。

5. 7 合成纤维厂房

5. 7. 1 合成纤维厂房的火灾危险性分类参见 GB 50160《石油化工企业设计防火规范》及 GB 50565《纺织工程设计防火规范》。

5. 7. 2 厂房的建筑设计，应符合下列要求：

a） 厂房的平面形状宜规整；

b） 厂房设计应满足生产工艺的要求，合理选用通风形式、充分利用自然采光。

5. 7. 3 火灾危险性为甲、乙类的工段，应采取防爆、泄压措施。

5.7.4　厂房内设有空调系统时，其外围护墙体应设置保温构造措施。

5.7.5　厂房有防腐蚀要求时，建筑设计应符合下列规定：

a）经常有腐蚀性液体作用和需要冲洗的厂房，电气动力配线和工艺管道等，应架空设置，不应设在地沟内；

b）建筑物的墙、柱、基础等构件，不应兼作有腐蚀介质的排水沟或地坑、储槽、风道的侧壁和底板。

5.7.6　厂房有防爆要求时，建筑设计除应满足本规范4.5条规定外，尚应满足下列规定：

a）宜采用钢筋混凝土框架结构；

b）厂房内的爆炸危险区域与非爆炸危险区域之间应采取防护分隔措施；

c）爆炸危险区域内不应设置办公室、休息室等辅助用房；

d）爆炸危险区域内不宜设置吊顶。

5.8　硫磺仓库

5.8.1　建筑物局部采用封闭式墙体，室内空间应具有良好的自然通风和采光。

5.8.2　当需要设置水喷淋灭火系统或水幕隔火构造措施时，应同时考虑消防水收集、处理和排放的设施。

5.8.3　宜采用钢筋混凝土结构形式。当采用钢柱时，宜在其表面设置细石混凝土保护层，其厚度不小于50mm，高度不小于4m。硫磺仓库的围护结构不宜采用轻钢类复合墙板。

5.8.4　当采用钢屋架时，应做耐火保护层，耐火极限不应低于1.00h。

5.8.5　硫磺仓库的地面面层材料应具有耐磨和耐弱酸腐蚀的功能，如涂刷聚胺脂类或环氧树脂类地面涂料等。

5.9　消防站

5.9.1　石油化工生产区域内消防站的设置、规模的确定及位置，符合GB 50160《石油化工企业设计防火规范》的相关规定。

5.9.2　位于抗震设防烈度为6度~9度地区的消防站建筑，应按乙类建筑进行抗震设计，并按本地区设防烈度提高1度采取抗震构造措施。

5.9.3　消防站应设有消防车库、通讯室、值班室、值勤宿舍、药剂器材库、修理间、蓄电池室、训练场、训练塔等。

5.9.4　消防车库的设计应保障车辆停放、出动、维护保养和非常时期执勤备战的需要。

a）消防车库应布置在建筑物正面一层便于车辆迅速出动的部位。车位的基本尺寸应符合下列要求：

1）车库内消防车外缘之间的净距不小于2m；

2）消防车外缘至边墙、柱子表面的距离不小于1m；

3）消防车外缘至后墙表面的距离不小于2.5m；

4）消防车外缘至前门垛的距离不小于1m；

5）车库的净高（地面至顶板突出部分）不小于车高加0.6m。

b）消防车库至少应设置一个车位的修理间和检修坑。修理间应采用防火墙与其他部位隔开，其位置不宜靠近通讯室；

c）消防车库内、外沟管盖板的承载能力，应按最大吨位消防车的满载轮压进行设计。车库地面和墙面应便于清洗，车库内的墙面宜设有高度不小于1.2m的水泥墙裙，且地面应有排水设施；

d）消防车库每个车位都应设有独立的大门并宜设自动开启装置，门的宽度应不小于车宽加1m，高度应不小于车高加0.3m，车库平开大门开启后，应有自动锁定装置。车库大门上方如不设亮窗时，应在门扇上安装采光玻璃。门上方应设置宽度不小于1m的防护挑檐，防护挑檐的耐火极限应不小于1.00h。

5.9.5　通讯室内的地面、墙壁、顶棚的表面应平整、光滑、不易积聚灰尘。通讯室应设在靠近车库出口的一侧，通讯室与车库之间的墙和传递窗，应采取隔音措施。

5.9.6　值勤宿舍宜布置在建筑物一层并靠近车库，如必须布置在车库后侧时，应在车库与宿舍之间设置净宽度不小于2.1m宽的走廊；布置在二层时，必须设置直通车库直径为7～8cm的滑杆，滑杆的数量易按一个执勤战斗班设一根。在滑杆的底部应设置直径不小于0.8m的弹性垫，楼板上人孔直径宜为0.9～1m，其周围应设置防护设施。

5.9.7　蓄电池室应与通讯室、车库毗连。其出入口处宜设有套间或门斗，门均应向外开。蓄电池室应设有酸类或碱类的贮存间。

5.9.8　消防站内的走道、楼梯等供迅速出动用的通道的净宽，单面布置房间时不应小于1.4m，双面布置房间时不应小于2m，楼梯净宽不应小于1.4m。通道两侧的墙面应平整、无突出物。楼梯踏步应平缓，楼梯倾角不应大于30°。

5.9.10　训练塔的建筑设计，应符合下列要求：

a）训练塔宜设在靠近训练场尽端的部位，其正面应设有长度不小于35m的跑道；

b）训练塔层数应不少于四层，如有高难度训练科目，层数可适当增加；

c）训练塔正面的窗口每层不少于两个，窗间墙的宽度为1m，训练塔窗口的尺寸为1.2m×1.8m，窗口距离塔边不得小于0.65m，窗台宽为0.4m(突出塔壁0.1m)，每层窗台距该层地面的高度为0.8m；

d）塔内设净宽不小于0.7m的内楼梯；

e）层高为3.5m，在训练塔每层内侧应设置不小于1.5m宽的平台，顶层应设置楼板；

f）从塔边侧距地面3m高处起设置消防梯，通至塔顶，宽度不小于0.5m；

g）地面到训练塔一层窗口的高度4.3m。

5.10 中心化验室及环保监测站

5.10.1　中心化验室总平面布置，应符合下列要求：

a）中心化验室应位于非爆炸危险区域，并位于有害物散发的全年最小频率风向下风侧，建筑物宜南北向布置；

b）中心化验室应远离振源、噪声源、粉尘、电磁干扰及其他有害介质源；

c）中心化验室不应与甲、$乙_A$类建筑物布置在同一栋建筑物内。

5.10.2　中心化验室的建筑设计，应符合下列要求：

a）中心化验室建筑物不宜超过三层，层高不应低于3.9m，当房间单面布置时，走廊净宽不应小于1.8m，房间双面布置时，中间走廊净宽不应小于2.4m；如果室内设有吊项，房间净高不应低于2.8m；

b）化验室门应向外开启并带观察窗。用于进出设备的门的洞口尺寸不应小于1.2m×2.4m。双扇疏散门，宜采用大小开启扇；

c）化验室的窗宜采用平开密闭窗并附纱扇，设置窗帘盒；

d）化验室室内地面，应采用平整、光洁、不起尘、易于清洁的饰面材料，必要时采用防腐蚀、防水、防滑楼地面；

e）化验室的室内外高差不应小于600mm；

f）化验室的墙面和顶棚应光洁、无眩光、防潮、不起尘、不积尘。

5.10.3　中心化验室的平面布置，应符合下列要求：

a）气相色谱分析室、仪器分析室、热值测定室、试剂配制室、试剂库、样品贮存间及天平室应避免阳光直射；

b）天平室应避免受振动影响，应布置在离化学分析室和标准溶液配制室较近的位置，且应设置前室；

c）配电室的上方不宜布置仪器分析室，其上层房间不应设置给排水点；

d）钢瓶间应布置在主体建筑物外或贴邻建造，应采取防雨、遮阳、防火、防爆等构造措施；

1）宜设在中心化验室非主入口侧，并应采取遮阳防晒措施，当钢瓶间与建筑物贴邻建造时，隔墙应为防爆墙；

2） 通风良好，并具有足够的泄爆面积，室内地面应有防火花、防静电措施；

e） 药剂间应布置在主体建筑物外，应采取防雨、遮阳、防火、防爆等构造措施。

5.10.4 环境保护监测站参照中心化验室执行。

6 建筑构造

6.1 屋面

6.1.1 屋面防水等级和设防要求应符合国家标准 GB 50345《屋面工程技术规范》的规定。

6.1.2 控制室、现场机柜室、中心化验室及环境保护监测站、变配电室屋面防水等级应为Ⅰ级防水。

6.1.3 甲、乙类生产装置界区内的建筑物屋面，保温材料燃烧性能等级应不低于 A2 级，防水材料燃烧性能等级不应低于 C 级。当保温材料或防水材料的燃烧性能等级不满足要求时应采用不燃材料进行覆盖。

6.1.4 抗爆建筑物屋面不应采用装配式架空隔热构造。

6.2 墙体

6.2.1 防火墙、防爆防护墙、泄爆墙的构造应符合 GB 50016《建筑设计防火规范》的相关规定；防爆防护墙体宜选用钢筋混凝土墙构造。

6.2.2 抗爆墙的设计应符合 GB 50779《石油化工控制室抗爆设计规范》的要求，其构造形式及厚度应由结构计算确定。

6.2.3 采用中央空气调节系统及抗爆建筑物宜选用外墙外保温构造体系。甲、乙类生产装置界区内生产建筑物墙体保温材料的燃烧性能等级应不低于 A2 级。

6.2.4 防辐射屏蔽接地墙，一般采用实心墙体挂金属网抹灰的构造做法或 300 厚的钢筋混凝土墙体，要求较高的应由委托方提出相关数据，根据要求咨询国家权威机构以确定构造方案。

6.2.5 厂房的屋面和墙面当采用双面彩色压型钢板夹芯板时，其产品应符合 JC/T 869《金属面岩棉、矿渣棉夹芯板》的有关规定。其设计要求如下：

a） 彩色压型钢板的厚度不应小于 0.5mm；

b） 夹芯材料应选用岩棉或矿渣棉材质，不应采用有机合成类材料，其厚度不应低于 50mm。

6.2.6 无保温、密闭要求的简易或临时性建筑物，或半敞开式的其他建筑物，当采用单层彩色压型钢板时，彩色压型钢板的厚度不应小于 0.7mm。

6.3 楼地面

6.3.1 耐冲击的楼地面：宜采用细石混凝土面层、彩色混凝土面层，强度等级应不低于 C20。

6.3.2 耐磨楼地面：宜采用金属或石英砂骨料耐磨楼地面，也可采用地砖、石材、自流平类涂料等面层。

6.3.3 防静电楼地面：无架空要求，可采用燃烧性能等级不应低于 B 级的防静电地板贴面或防静电涂层面层；有架空要求的宜采用钢质或铝质防静电架空活动地板，其架空高度不应低于 200mm，活动地板面层材料的燃烧性能等级不应低于 B 级，其各项性能指标及安装均应符合 SJ/T 10796《防静电活动地板通用规范》的相关要求。

6.3.4 不发火花楼地面：宜采用细石混凝土、水泥石屑、水磨石、沥青砂浆、沥青混凝土等面层，其骨料为不发火花的石灰石、白云石和大理石等，面层分格的嵌条应采用不发火花的材料配置；亦可采用不产生静电作用的绝缘材料作整体面层。

6.3.5 防腐地面面层材料的选择应根据腐蚀性介质的类别、性质、浓度以及对建筑结构材料的腐蚀性等级等条件，结合设备安装和生产过程中的机械磨损等要求，按国家标准 GB 50046《工业建筑防腐蚀设计规范》的相关规定执行。

6.4 门窗

6.4.1 甲、乙类装置区内的建筑物应采用金属门窗。

6.4.2 门：

a） 门类型的选择应符合下列要求：

1） 石油化工企业生产厂房及辅助生产建筑的外门，当门宽度大于或等于3m时，宜选用彩钢夹芯板大门、钢板大门或卷帘门；彩钢夹芯板大门夹芯材料应选用矿物棉材质；

2） 使用中开启频繁或经常有车辆通行的外门，应优先选用电动或手动推拉门、上翻门或金属卷帘门；

3） 无采光通风要求的内门，不应设门亮子。封闭楼梯间的门上设亮子时，不应开启；

4） 安全疏散门严禁选用折叠门、推拉门、卷帘门；

5） 有抗爆要求的门应选用抗爆防护门；

6） 生产建筑及生产装置区域内辅助生产建筑的内门，不应采用推拉门；

7） 门扇玻璃应选用夹层或钢化玻璃，不得采用无框玻璃门。

b） 门洞口尺寸的确定应符合下列要求：

1） 门洞口尺寸应满足人流疏散、车辆通行、设备运输等使用要求，并符合国家标准GBJ2《建筑模数协调统一标准》的有关规定；

2） 在确定生产建筑外门洞口尺寸时，应留有必要的净空。一般门洞口的净宽、净高应比产品、设备或运输工具的最大外廓尺寸大300mm；

3） 无亮子门洞的最小高度不应小于2.1m。无疏散要求通向屋顶的门、贮藏室、管道井、电缆夹层门的高度，设计有困难时，可适当减小，但不宜小于1.8m。

c） 门的开启应符合下列要求：

1） 生产及辅助生产建筑的外门，应向外开启；

2） 安全疏散门应向疏散方向开启；

3） 开向疏散走道及楼梯间的门扇开足时，不应影响走道及楼梯平台的疏散宽度。

6.4.3 窗：

a） 生产中产生大量余热或有害气体的厂房，应设置通风、排气天窗，但跨度小于或等于12m，屋架下弦高度大于或等于6m的单层厂房，可不设天窗，而采取其他通风、排气措施，多风沙及多雨地区，天窗宜设置挡风板或挡雨板；

b） 控制室、中心化验室、变配电室等有防虫要求的生产建筑，外窗开启扇应设纱窗，开启扇不宜采用中悬窗；

c） 观察窗的设计，应符合下列要求：

1） 高噪声车间为工人设置的起噪声屏蔽作用的观察室、操作室、值班室等，应设置隔声观察窗；

2） 观察窗一般采用单层或双层密闭窗。单层窗玻璃厚度应大于6mm或采用中空玻璃。双层窗宜选用厚度不同的玻璃，且互不平行，间距应不小于60mm。

6.4.4 玻璃：

a） 建筑玻璃的选用应符合国家标准.JGJ 113《建筑玻璃应用技术规程》中的相关规定；

b） 甲、乙类生产装置区域内建筑用玻璃应采用夹层或钢化玻璃。

6.5 室内装修

6.5.1 室内装修材料的选择其燃烧性能等级应不低于B级。

6.5.2 控制类建筑顶棚和墙面的装修构造材料燃烧性能等级应不低于A2级，地面和其他部位的装修构造材料燃烧性能等级不应低于B级。

6.5.3 吊顶应采用燃烧性能等级不低于A2级的构造体系。

6.6 栏杆扶手

6.6.1 栏杆应采用坚固、耐久的材料制作，并能承受《建筑结构荷载规范》GB 50009规定的水平荷载。

6.6.2 室内楼梯栏杆扶手高度自踏步前缘算起不宜小于0.9m，靠楼梯井一侧水平长度超过0.5m时，杆扶手高度不应低于1.05m。

6.6.3 阳台、外廊、室内回廊、内天井、上人屋面及室外楼梯等临空高度在24m以下时，栏杆扶手高度不应低于1.05m，临空高度在24m及24m以上时，栏杆扶手高度不应低于1.1m，栏杆离楼面或屋面0.1m高度内不宜留空。

6.6.4 室外疏散楼梯，栏杆扶手高度不应小于1.1m。

6.6.5 生产厂房的固定式钢梯及平台应按GB 4053《固定式钢梯及平台安全要求》的有关规定执行。

6.7 严寒地区建筑构造

6.7.1 上人屋面刚性层下应设隔离层，且刚性层与山墙、女儿墙交接处应设30mm宽胀缝并用柔性密封材料嵌填。刚性层分格缝其纵横间距应小于等于6m，分格缝用柔性防水密封材料嵌填。

6.7.2 室外台阶、坡道设600mm～900mm深防冻胀垫层，对于冻害严重地区，防冻胀层厚度可根据当地实际经验确定，主入口等重要台阶应设置架空构造，基础应埋至标准冻深以下。散水设300mm～600mm深防冻胀垫层，结构层每2m设一道横缝。

6.7.3 严寒地区土壤标准冻深大于600mm，且冻深范围内为冻胀或强冻胀土，当采用混凝土垫层的不采暖房间地面，应设防冻胀层，防冻胀层作法及厚度应满足GB 50037《建筑地面设计规范》的有关规定，设防冻胀层的混凝土垫其纵向缩缝、横向缩缝应采用平头缝，间距不宜大于3m。

6.7.4 控制室、化验室、操作室等房间门设在外墙时，应设置防寒门斗或前室。

6.7.5 室外通风孔不应直通室外以防止冷风及雨雪倒灌。

6.7.6 采暖房间的外门应采用保温门。

6.7.7 寒冷地区和严寒地区采暖的生产厂房及辅助生产建筑，其外窗的保温性能，应符合国家标准GB 50019《采暖通风与空气调节设计规范》的有关规定。建筑外窗层数见表6.7.7。

表6.7.7 生产厂房外窗层数

建筑类别	室内外温差/℃	层数	
		外窗	天窗
干燥或正常湿度状况的生产厂房及辅助生产建筑	<36	单层	单层
	≥36	双层	单层
潮湿的生产厂房及辅助生产建筑	<31	单层	单层
	≥31	双层	单层
注：表内所列室内外温差，系指冬季室内计算温度和采暖室外计算温度之差。			

6.7.8 有工艺性空气调节的房间，窗应采用双层窗或单框双玻璃窗。

附录 A
（资料性附录）
主要生产建筑及辅助生产建筑特征表

主要生产建筑及辅助生产建筑特征表见表 A。

表 A 主要生产建筑及辅助生产建筑特征表（举例）

类别	名称		火灾危险性分类	耐火等级（下限）	防爆要求	防腐要求	隔（吸）声要求	清洁要求	附注
炼油部分	液化石油气泵房		甲$_A$	二	有				
	二硫化碳泵房		甲$_B$	二	有	有			
	原油、汽油、苯、甲苯、对二甲苯及丙酮泵房		甲$_B$	二	有				
	热油泵房、溶剂油泵房		丙$_B$	二					
	硫磺仓库、硫磺成型机房	颗粒度小于 2mm	乙	二	有				
		颗粒度大于等于 2mm	丙						
	炼油泵房、四注泵房		乙$_A$	二		有			
	柴油泵房	轻柴油	乙$_B$	二	有				
		重柴油	丙$_A$						
	石蜡、润滑油、燃料油泵房		丙$_B$	二					
	石蜡成型、氧化，沥青氧化、石蜡、沥青仓库		丙	二					
	酸碱泵房		戊	二		有			
石油化工部分	管式炉裂解乙烯、丙烯装置	裂解气压缩机厂房	甲	二	有		有		考虑隔噪声
		乙烯、丙烯制冷厂房	甲$_A$	二	有				
	丁烯氧化脱氢制丁二烯装置	生成气压缩机厂房	甲	二	有		有		考虑隔噪声
		分离、反应厂房	甲	二	有				
	丙烯腈装置	反应、精制泵房	甲	二	有				
		空压制冷厂房	甲	二	有				
		四效蒸发厂房	戊	二					
		废物处理间	丁	三					
		硫铵回收厂房	丙	二		有			
	苯乙烯装置	苯烃化厂房	甲	二	有				
		乙基苯脱氢厂房、精馏泵房	甲	二	有				
	丁苯橡胶乳胶	化学品配制厂房 碳氢相	甲	二	有				
		化学品配制厂房 水相	戊	二					
		聚合及脱气厂房	甲	二	有				
		后处理（凝聚、干燥、包装）厂房、仓库	丙	二					

续表

类别		名称	火灾危险性分类	耐火等级（下限）	防爆要求	防腐要求	隔（吸）声要求	清洁要求	附注
石油化工部分	丁苯橡胶（溶液）顺丁橡胶	催化剂及助剂配制厂房	甲	二	有				
		聚合厂房	甲	二	有				
		单体及溶剂回收厂房	甲	二	有				
		后处理（脱水、干燥、包装）厂房、仓库	丙	二					
	尼龙6（己内酰胺）	苯加氢厂房	甲	二	有				
		氢气压缩机厂房	甲	二	有				考虑隔噪声
		己内酰胺厂房、环乙烷肟化厂房	乙	二					
		己内酰胺切片及包装厂房	丙	二					
		硫铵回收厂房	丙	二		有			
	聚乙烯	循环气压缩机房	甲$_A$	二	有		有		考虑隔噪声
		乙烯压缩机房	甲$_A$	二	有		有		
		聚合脱气厂房	甲$_A$	二	有				
		后处理厂房	丙	二	有				粉尘防爆
	聚丙烯	聚合厂房	甲	二	有				
		催化剂制备厂房	甲	二	有				
		聚合物后处理厂房	丙	二	有				粉尘防爆
	聚酯	甲苯歧化及混合二甲苯异构化	甲	二	有				露天框架
		分馏	甲	二	有				露天框架
		混合二甲苯分离	甲	二	有				露天框架
		氧化	甲	二	有	有			露天框架
		精制	甲	二	有	有			露天框架
		缩聚主厂房	丙	二			有		考虑隔噪声
		成品包装厂房及仓库	丙	二	有				粉尘防爆
		热油及乙二醇回收	丙	二					露天框架
	合成氨及煤焦、制氢装置	造气厂房	甲	二	有				
		脱硫、硫回收厂房	甲	二	有	有			
		氢氮气压缩机房	甲	二	有		有		考虑隔噪声
		氨库	乙	二	有	有			
	尿素装置	尿素主框架	乙	二		有			
		造粒塔及转运站	丙	二		有			
		散装仓库、包装厂房袋装库、装车站台	丙	二		有			
	硝酸装置	硝酸厂房、硝酸仓库硝酸车站台	乙	二		有			
	硝酸铵装置	硝铵车间	乙	二	有	有			
		造粒塔	甲	二	有	有			
		包装厂房、仓库	甲	二	有	有			

续表

类别	名称		火灾危险性分类	耐火等级（下限）	防爆要求	防腐要求	隔（吸）声要求	清洁要求	附注
公用工程部分	给排水	污水提升泵房	乙	二		有			
		循环水泵房、加药间	戊	二		有			仅加药间有防腐要求
		消防泵站	戊	二					
		消防站	丁	二					
	供热	锅炉房、凝结水站、换热站	丁、戊	一、二	有				每小时锅炉的总蒸发量不超过4T的燃煤锅炉房耐火等级可采用三级
		化学水处理站	戊	三		有			
		排渣泵房	丁、戊	三					
	供电	主厂房（汽机房、除氧间、集控楼、煤仓间）	丁	二					
		油浸变压器室	丙	一					
		干式变压器室	丁	二					
		电容器室（有可燃介质）	丙	二					
		干式电容器室	丁	二					
		油浸电抗器室	丙	二					
		干式电抗器室	丁	二					
		高（低）压配电室：单台设备油量60kg以上	丙	二					防潮、防虫及小动物
		高（低）压配电室：单台设备油量60kg以下	丁	二					防潮、防虫及小动物
		高（低）压配电室：无含油电气设备	戊	二					防潮、防虫及小动物
		电缆夹层：用A类阻燃电缆	丁	二					
		电缆夹层：用一般电缆	丙						
		柴油发电机室	丙	二					
	维修	机修厂房、电修厂房、建修厂房	丁、戊	三					见注2
		仪修厂房	丁、戊	三				有	
	其他	中心（央）化验室	丙	二	有	有		有	含装置化验空钢瓶间外置
		控制室、机柜间	丁	二			有	有	
		消防站	丁	二					
		气防站	丁	二					
		危险品库、化学品库		二					见注1
		汽车库	丁	三					
		全厂仓库（备品备件、设备材料、劳保用品等）	丁	三					
		空分站	乙	二	有				

续表

类别	名称		火灾危险性分类	耐火等级（下限）	防爆要求	防腐要求	隔(吸)声要求	清洁要求	附注
压缩机厂房	空气压缩机房	有油	丁	二			有		考虑隔噪声
		无油	戊						
	氧气压缩机房		乙	二			有		考虑隔噪声
	液化石油气压缩机房		甲	二	有		有		考虑隔噪声
	氢气压缩机房		甲	二	有		有		考虑隔噪声
	一氧化碳压缩机房		甲	二	有		有		考虑隔噪声
	氨压缩机房		乙	二	有		有		考虑隔噪声
	合成气压缩机房		甲	二	有		有		考虑隔噪声
	水煤气压缩机房		甲	二	有		有		考虑隔噪声
	天然气压缩机房		甲	二	有		有		考虑隔噪声
	乙烯、丙烯压缩、制冷机房		甲	二	有		有		考虑隔噪声
	二氧化碳压缩机房		戊	二			有		考虑隔噪声
	惰性气体压缩机房(氮气、氦气等)		戊	二			有		考虑隔噪声

注：1. 危险品库、化学品库根据所储存的化学品介质情况及相关的国家标准来确定火灾危险性、耐火等级、防爆、防腐等要求。

2. 维修厂房根据厂房内所使用的化学品介质情况及相关的国家标准来确定火灾危险性分类。

本规范用词说明

1　为便于在执行本规范条文时区别对待，对要求严格程度不同的用词说明如下：

1）表示很严格，非这样做不可的：

正面词采用“必须”；反面词采用“严禁”。

2）表示严格，在正常情况下均应这样做的：

正面词采用“应”；反面词采用“不应”或“不得”。

3）表示允许稍有选择，在条件许可时首先应这样做的：

正面词采用“宜”；反面词采用“不宜”。

4）表示有选择，在一定条件下可以这样做的，采用“可”。

2　条文中指明应按其他有关标准执行的写法为：“应符合……的规定”或“应按……执行”。

5. 石油化工塔型设备基础设计规范

（SH/T 3030—2009 代替 SH 3030—1997）

目　录

1 范围

本规范规定了石油化工企业塔型设备基础的结构形式、材料要求、荷载及地震作用、结构计算、地基与基础以及构造要求等。

本规范适用于石油化工企业塔型设备基础及地面以上总高度大于或等于10m的立式容器基础（均简称塔基础）设计。

2 规范性引用文件

下列文件中的条款通过本规范的引用而成为本规范的条款。凡是注日期的引用文件，其随后所有的修改单（不包括勘误的内容）或修订版均不适用于本规范，然而，鼓励根据本规范达成协议的各方研究是否可使用这些文件的最新版本。凡是不注日期的引用文件，其新版本适用于本规范。

GB 50007 建筑地基基础设计规范
GB 50009 建筑结构荷载规范
GB 50010—2002 混凝土结构设计规范
GB 50011 建筑抗震设计规范
GB 50017 钢结构设计规范
GB 50046 工业建筑防腐蚀设计规范
GB 50119 混凝土外加剂应用技术规范
GB/T 5313 厚度方向性能钢板
SH 3135 石油化工钢结构防火保护技术规范
SH/T 3147 石油化工构筑物抗震设计规范

3 主要符号

下列符号适用于本规范。

3.1 作用、作用效应及相关系数

F_{Evk}——塔型设备作用于基础或框架顶部总竖向地震作用标准值；
F_k——相应于荷载效应标准组合时，上部结构传至基础顶面的竖向力值；
F_T——框架顶部总竖向荷载设计值；
F_{T1}、F_{T2}——框架顶部塔—1、2的竖向荷载设计值；
G_1——环梁自重设计值；
G_2——柱自重设计值；
G_{Eq}——塔型设备在正常操作状态下重力荷载代表值；
G_k——基础自重及其上部土重；
M_0——在板顶总竖向荷载及弯矩作用下，板跨中弯矩设计值；
M_{01}、M_{02}——n_1、n_2截面处板横向跨中弯矩设计值；
M_{03}——柱宽b_0范围内的弯矩设计值；
M_{0F}——在板顶总竖向荷载作用下，板跨中弯矩设计值；
M_{0T}——在板顶弯矩作用下，板跨中弯矩设计值；
M_1、M_2——框架底层柱上、下端弯矩设计值；
M_{BA}、M_{BC}——B支座处梁左、右端的弯矩设计值；
M_{ED}、M_{EF}——E支座处梁左、右端的弯矩设计值；
M_D——梁端弯矩设计值；
M_i——框架底层以上各层柱上下端弯矩设计值；

M_k——相应于荷载效应标准组合时，作用于基础底面的弯矩值；

M_n、M_{n+1}——节点上、下柱端弯矩设计值；

M_q——在板顶均布荷载作用下，板跨中弯矩设计值；

M_T——框架顶部弯矩设计值；

M_{T1}、M_{T2}——框架顶部塔—1、2 的弯矩设计值；

$\overline{M}_{BA}$、$\overline{M}_{BC}$——假定中支座固定时中支座处梁左、右端的弯矩设计值；

N_j——柱的轴向力设计值；

P_a——框架横梁上地脚螺栓处竖向荷载设计值；

P_i——环梁上地脚螺栓处竖向荷载设计值；

P_k——相应于荷载效应标准组合时，基础底板处的平均压力值；

P_1——当基础底面与地基土之间不出现零应力区，计算基础底板承载力时的荷载设计值；

P_2——当基础底面与地基土之间出现零应力区，计算基础底板承载力时的荷载设计值；

p_{kmax}、p_{kmin}——相应于荷载效应标准组合时，基础底板边缘的最大和最小压力值；

q——板面的均布荷载；

q_{wk}——塔型设备沿高度作用的风荷载标准值；

R——结构构件抗力设计值；

S——承载能力极限状态荷载效应组合设计值；

S_{Ehk}——按塔基础水平地震作用标准值计算的作用效应值；

S_{Evk}——按塔基础竖向地震作用标准值计算的作用效应值；

S_{Gk}——按正常操作状态下重力荷载标准值计算的作用效应值；

S_{Qk}——按平台活荷载标准值计算的作用效应值；

S_{Tk}——按塔基础自重及其上部土重之和标准值计算的作用效应值；

S_w——按风荷载标准值计算的作用效应值；

S'_{GK}——按充水试压状态下重力荷载标准值计算的作用效应值；

S'_W——按基本风压 $0.15kN/m^2$ 计算的作用效应值；

S''_{GK}——按停产检修状态下重力荷载标准值计算的作用效应值；

T_D——梁端扭矩设计值；

V_c——冲切破坏锥体以外的荷载设计值；

V——柱的剪力设计值；

V_{zmax}——柱的最大剪力设计值；

W_0——基本风压；

W_m——计算层以上水平荷载设计值总和；

W_n——计算层以上作用于框架各层节点上的水平荷载设计值；

α_{vmax}——竖向地震影响系数的最大值；

β_z——高度 Z 处的风振系数；

γ_0——结构重要性系数；

γ_{Eh}——水平地震作用的分项系数；

γ_{Ev}——竖向地震作用的分项系数；

γ_G——重力荷载分项系数；

γ_Q——平台活荷载分项系数；

γ_{RE}——承载力抗震调整系数；

γ_w——风荷载分项系数；

μ_e——塔型设备风荷载扩大系数；

μ_s——塔型设备风荷载体型系数；

μ_z——高度 Z 处风压高度变化系数；

ψ_c——平台活荷载组合系数；

ψ_q——平台活荷载准永久值系数；

ψ_w——风荷载组合系数。

3.2 材料性能、几何参数及其他

a——基础底面受压面积的宽度；

b——矩形基础底板沿倾斜方向的边长；

D_0、D_i——塔型设备外径、内径；

d_1——圆环(板)形基础底板的外径；

f_a——经修正后的地基承载力特征值；

f_{aE}——地基抗震承载力特征值；

f_t——混凝土轴心抗拉强度设计值；

h——从基础底板顶面至设备顶面的总高度；

h_{ci}——框架各层顶面到基础底板顶面的高度；

h_0——截面的有效高度；

h_a——基础底板总厚度；

h_{1a}——基础底板外边缘厚度；

h_{2a}——圆环形基础底板内边缘厚度；

h'_{ci}——框架各层的层高；

I——基础底板的惯性矩；

J_X、J_Y——柱截面 x、y 轴的惯性矩；

l_a——钢筋锚固长度；

l_1——钢筋搭接长度；

n_1——地脚螺栓数量；

n_2——柱的根数；

r_0——环梁上地脚螺栓所在圆的半径；

r_1——圆形基础底板半径或圆环形基础底板外半径；

r_2——圆筒外半径或圆柱半径；

r_3——圆筒内半径；

r_4——圆环形基础底板内半径；

r_a——圆孔洞半径；

r_c——基础环梁中心处半径；

r_q——塔裙底座螺栓中心圆周的半径；

S_1、S_2——基础倾斜方向两端边缘的最终沉降值；

S_s——冲切破坏锥体截面上边周长；

S_t——冲切破坏锥体截面下边周长；

T_1——塔型设备的基本自振周期；

W——基础底板的抵抗矩；

δ_2——塔型设备保温层厚度；

ξ_a——地基抗震承载力调整系数；

ω——柱中心和塔基础中心的连线与水平荷载方向之间的夹角。

4 结构形式

4.1 塔基础宜采用下列结构形式：

a)钢筋混凝土塔基础：圆筒式、圆柱式、环形框架式、方形框架式、板式框架式的独立和联合塔基础（图1）；

b)钢结构塔基础：方形有支撑框架结构和方形无支撑框架结构。

4.2 圆筒式、圆柱式塔基础的筒(柱)身和基础底板的外形宜采用圆形或多边形。

4.3 钢筋混凝土方形框架式塔基础顶部宜采用正八边形梁系结构；当塔型设备直径较小或梁系结构不能满足地脚螺栓布置的要求时，宜采用板式框架结构。

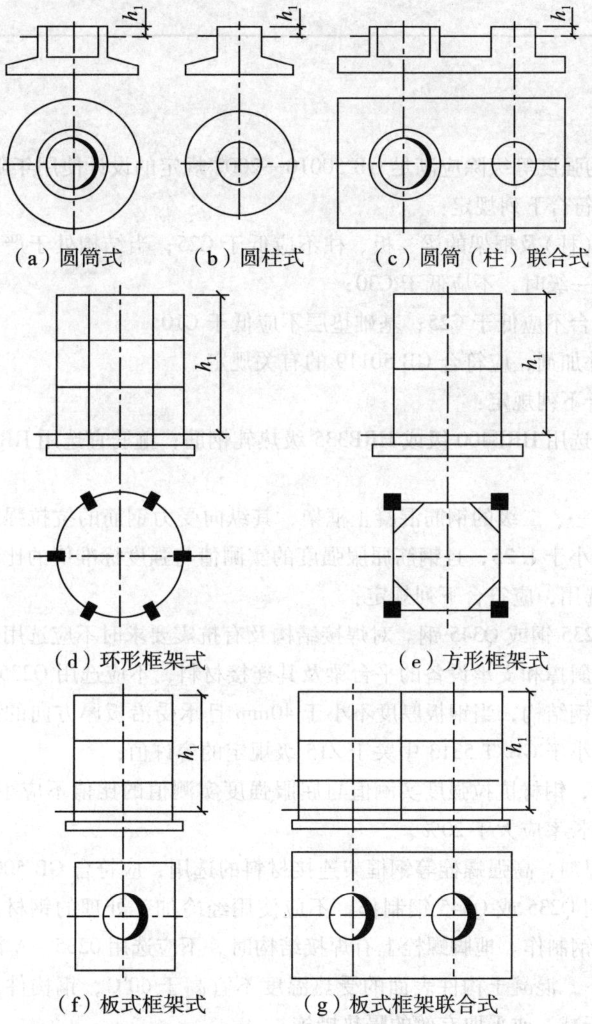

图1 塔基础结构形式

4.4 当塔基础地面以上部分采用钢结构时，宜优先采用方形有支撑框架结构，当不能满足设备及管线布置要求时，也可采用方形无支撑框架结构，但框架梁柱连接均应为刚接；连接节点宜采用焊接或高强螺栓连接。

4.5 钢筋混凝土塔基础结构形式，应考虑生产要求、结构构件布置合理、施工方便等因素，宜按表1选用。

表1 塔基础结构形式

h_1/m	D_0/m	塔基础结构形式
$h_1 \leqslant 0.5$	$D_0 \leqslant 3.0$	圆柱式
	$D_0 > 3.0$	圆筒式
$0.5 < h_1 \leqslant 3.0$	$D_0 \leqslant 1.8$	圆柱式
	$D_0 > 1.8$	圆筒式
$h_1 > 3.0$	$D_0 \leqslant 1.8$	圆柱式
	$1.8 < D_0 \leqslant 3.0$	圆筒式
	$D_0 > 3.0$	环形、方形框架式或板式框架式

注：1. h_1—塔基础顶面至设计地面的高度。

2. D_0—塔型设备外径。

5 材料

5.1 塔基础混凝土的强度等级除应满足 GB 50010—2002 规定的设计使用年限为50年的结构混凝土耐久性的基本要求外，尚应符合下列规定：

a) 钢筋混凝土圆筒(柱)及框架的梁、板、柱不应低于 C25；当结构处于严寒和寒冷地区时，或框架结构抗震等级为一级时，不应低于 C30；

b) 基础底板或桩承台不应低于 C25；基础垫层不应低于 C10。

5.2 混凝土中掺用外加剂，应符合 GB 50119 的有关规定。

5.3 钢筋选用应符合下列规定：

a) 纵向受力钢筋宜选用 HRB400 级或 HRB335 级热轧钢筋；箍筋宜选用 HRB335 级或 HPB235 级热轧钢筋；

b) 结构抗震等级为一、二级的钢筋混凝土框架，其纵向受力钢筋的抗拉强度实测值与屈服强度实测值的比值，不应小于 1.25，且钢筋屈服强度的实测值与强度标准值的比值，不应大于 1.3。

5.4 钢框架钢材的选用，应符合下列规定：

a) 钢框架宜选用 Q235 钢或 Q345 钢。对焊接结构及有抗震要求时不应选用 Q235－A 钢；

b) 钢框架梁、柱、斜撑和支承设备的平台梁及其连接材料，不应选用 Q235 沸腾钢；

c) 采用焊接连接的钢结构，当钢板厚度不小于 40mm 且承受沿板厚方向的拉力时，钢板厚度方向的截面收缩率不应小于 GB/T 5313 中关于 Z15 级规定的容许值；

d) 当有抗震要求时，钢材抗拉强度实测值与屈服强度实测值的比值不应小于 1.2，钢材应有明显的屈服台阶，且伸长率应大于 20%。

5.5 焊条、焊丝、焊剂、高强螺栓等钢框架连接材料的选用，应符合 GB 50017 中的有关规定。

5.6 地脚螺栓宜采用 Q235 或 Q345 钢制作，不应使用经冷加工处理的钢材。当工作温度等于或低于 －20℃时，不应采用沸腾钢制作。地脚螺栓上有焊接结构时，不应选用 0235－A 钢。

5.7 正常操作情况下，混凝土构件表面的受热温度不宜高于 60℃，钢构件表面的受热温度不宜高于 150℃，否则应考虑强度折减，或采取有效的隔热措施。

6 荷载及地震作用

6.1 荷载分类

塔基础上的荷载分为下列二类：

a) 永久荷载：包括结构自重、固定设备及其保温重、管线及其保温重、附设在设备上的平台、栏杆、梯子重、正常操作介质重、防火保护层重、土重；

b) 可变荷载：包括风荷载、平台活荷载、充水荷载。

6.2 平台活荷载

6.2.1 计算框架式塔基础的平台板、次梁及楼梯时，活荷载标准值，可按实际情况采用，但不宜小于 $4.0kN/m^2$。

6.2.2 计算框架式塔基础的主梁、柱及基础时，可按均布荷载考虑，框架平台活荷载标准值采用 $2.0kN/m^2$，塔体上平台活荷载标准值取 $0.5\ kN/m^2$。

6.2.3 当对结构有利时，平台活荷载可取零。

6.3 风荷载

6.3.1 塔型设备沿高度作用的风荷载标准值，应按下式计算：

$$q_{wk}=\beta_z\mu_s\mu_z(1+\mu_e)(D_0+2\delta_2)W_0 \tag{1}$$

式中 q_{wk}——塔型设备沿高度作用的风荷载标准值，kN/m；

β_z——高度 Z 处的风振系数；

μ_s——塔型设备风荷载体型系数；

μ_z——高度 Z 处风压高度变化系数，按 GB 50009 规定采用；

μ_e——塔型设备风荷载扩大系数；

D_0——塔型设备外径，对变截面塔，可根据具体部位尺寸计算，m；

δ_2——塔型设备保温层厚度，m；

W_0——基本风压，kN/m^2。

6.3.2 高度 Z 处的风振系数，应按下列规定确定：

a) 当塔型设备的基本自振周期 $T_1 \geqslant 0.25s$ 时，应考虑风压脉动对结构顺风向风振的影响。塔型设备的基本自振周期 T_1：可按附录 A 规定计算；

b) 结构高度 Z 处的风振系数，按 GB 50009 的有关规定计算。

6.3.3 独立塔型设备的风荷载体型系数取 0.6，对于多塔排列的塔型设备的风荷载体型系数，按 GB 50009 的有关规定计算。

6.3.4 塔型设备的风荷载扩大系数按表 2 采用。

表 2 塔型设备风荷载扩大系数 μ_e

D_i/m	0.6	0.7	0.8	0.9	1.0	1.2	1.4	1.6
独立平台(有直梯)	0.47	0.43	0.40	0.38	0.35	0.30	0.29	0.28
联合平台(无斜梯)	0.74	0.66	0.60	0.56	0.52	0.46	0.44	0.40
联合平台(有斜梯)	1.07	0.96	0.88	0.81	0.74	0.66	0.61	0.55

注：1. 表中 D_i 为塔型设备内径，当为变直径时，可按各段高度和内径求加权平均值。

2. 管线的风荷载影响已包括在内。

3. 表中数据适用于平台平均垂直间距 $h_s \leqslant 3.5m$，当平台平均垂直间距 $h_s > 3.5m$ 时，表中数值乘以折减系数 η，$\eta = 3.5/h_s$。

4. 当 D_i 为表中中间值时，μ_e 可用插入法计算。

表 2(续) 塔型设备风荷载扩大系数 μ_e

D_i/m	1.8	2.0	2.2	2.4	2.6	2.8	3.0	3.2
独立平台(有直梯)	0.26	0.24	0.23	0.23	0.22	0.21	0.20	0.20
联合平台(无斜梯)	0.36	0.34	0.31	0.30	0.29	0.28	0.26	0.25
联合平台(有斜梯)	0.51	0.47	0.43	0.41	0.40	0.37	0.35	0.35

表 2(续)　塔型设备风荷载扩大系数 μ_e

D_i/m	3.4	3.6	3.8	4.0	4.5	5.0	5.5	≥6.0
独立平台(有直梯)	0.19	0.19	0.19	0.18	0.17	0.17	0.16	0.15
联合平台(无斜梯)	0.25	0.24	0.23	0.22	0.21	0.20	0.20	0.19
联合平台(有斜梯)	0.33	0.31	0.31	0.30	0.27	0.26	0.24	0.22

6.3.5　基本风压(W_0)应按 GB 50009 取值，但不应小于 0.35kN/m²。

6.4　地震作用

6.4.1　框架式钢筋混凝土塔基础、钢结构塔基础及总高度(含设备高度)大于或等于 65m 的圆筒或圆柱式塔基础等宜采用振型分解反应谱法进行水平地震作用和作用效应计算。

6.4.2　计算塔型设备的竖向地震作用时，可只考虑塔型设备作用于基础或框架顶部的竖向地震作用，其标准值按下式计算。

$$F_{Evk} = \pm \alpha_{vman} G_{Eq} \tag{2}$$

式中　F_{Evk}——塔型设备作用于基础或框架顶部总竖向地震作用标准值，kN；

α_{vman}——竖向地震影响系数的最大值，取水平地震影响系数最大值的 65%；

G_{Eq}——塔型设备在正常操作状态下重力荷载代表值。

6.4.3　塔型设备正常操作状态下重力荷载代表值，应取设备永久重力荷载的标准值与设备平台活荷载的组合值之和。设备平台活荷载的组合系数采用 0.5。

7　荷载和地震效应组合

7.1　计算结构构件的强度、稳定性和连接强度时，应采用承载能力极限状态下荷载效应的基本组合。验算钢构件变形时，应采用正常使用极限状态下荷载效应的标准组合。验算钢筋混凝土构件裂缝宽度时，应采用正常使用极限状态下荷载效应的标准组合，并考虑长期作用的影响。

7.2　承载能力极限状态下，塔基础应分别按正常操作、充水试压、停产检修、地震作用四种工况进行效应组合，取其最不利情况进行构件设计。

7.3　荷载名称及代号见表 3，塔基础荷载和地震效应组合内容见表 4。

表 3　荷载名称及代号

荷载名称	代号	荷载名称	代号
塔体自重	(1)	平台及钢梯重	(8)
塔体防火及保温层重	(2)	风荷载	(9)
塔内操作介质重	(3)	基本风压取 0.15kN/m² 的风荷载	(10)
塔内充水重	(4)	地震作用	(11)
管线自重及保温层重	(5)	框架平台活荷载	(12)
管线内操作介质重	(6)	塔体平台活荷载	(13)
管线内充水重	(7)	塔基础自重	(14)

表4　塔基础荷载和地震效应组合内容

荷载状态	组合内容
正常操作	(1)+(2)+(3)+(5)+(6)+(8)+(9)+(12)+(13)+(14)
充水试压	(1)+(2)+(4)+(5)+(7)+(8)+(10)+(12)+(13)+(14)
停产检修	(1)+(2)+(5)+(8)+(9)+(12)+(13)+(14)
地震作用	(1)+(2)+(3)+(5)+(6)+(8)+0.2x(9)+(11)+(12)+(13)+(14)

7.4　塔基础在正常操作、充水试压和停产检修状态下，结构构件的承载力应符合下式规定：

$$\gamma_0 S \leqslant R \tag{3}$$

式中　S——承载能力极限状态荷载效应组合设计值；

γ_0——结构重要性系数，取1.0；

R——结构构件抗力设计值。

7.5　正常操作状态下，塔基础荷载效应组合设计值，应按下式计算：

$$S = \gamma_G S_{Gk} + \gamma_w S_w + \gamma_Q \psi_c S_{Qk} \tag{4}$$

式中　γ_G——重力荷载分项系数，按表5取值；

S_{Gk}——按正常操作状态下重力荷载标准值计算的作用效应值；

γ_w——风荷载分项系数，按表5取值；

S_w——按风荷载标准值计算的作用效应值；

γ_Q——平台活荷载分项系数，按表5取值；

ψ_c——平台活荷载组合系数，按表5取值；

S_{Qk}——按平台活荷载标准值计算的作用效应值。

7.6　充水试压状态下，塔基础荷载效应组合设计值，应按下式计算：

$$S = \gamma_G S'_{Gk} + \gamma_w S'_w + \gamma_Q \psi_c S_{Qk} \tag{5}$$

式中　S'_{Gk}——按充水试压状态下重力荷载标准值计算的作用效应值；

S'_w——按基本风压0.15kN/m^{2}计算的作用效应值。

7.7　停产检修状态下，塔基础荷载效应组合设计值，应按下式计算：

$$S = \gamma_G S''_{Gk} + \gamma_w S_w + \gamma_Q \psi_c S_{Qk} \tag{6}$$

式中　S''_{Gk}——按停产检修状态下重力荷载标准值计算的作用效应值。

7.8　荷载分项系数，组合系数、准永久值系数，应按表5规定取值。

表5　荷载分项系数、组合系数、准永久值系数

荷载名称	分项系数	组合系数	准永久值系数	备注
塔体自重、防火及保温层重 管线自重及保温层重 塔体上平台及钢梯重 上部结构和基础重 介质重	对由可变荷载效应控制的组合取1.20 对由永久荷载效应控制的组合取1.35	—	—	当其效应对结构有利时取1.0
充水重	1.1	—	—	
平台活荷载	1.4	0.7(0.5)	0.6	括号内数字用于地震组合
风荷载	1.4	1.0(0.2)	0	括号内数字用于地震组合
注：采用安装(检修)平台活荷载时，其分项系数取1.3。				

8　结构计算

8.1　一般规定

8.1.1　塔型设备基础的结构安全等级均为二级。

8.1.2　框架式塔基础框架应按乙类构筑物进行抗震设计。

8.1.3　现浇钢筋混凝土框架式塔基础的结构抗震等级，应按 SH/T 3147 的有关规定确定。

8.1.4　钢框架式塔基础受压构件的长细比不应大于 150；钢框架式塔基础受拉构件的长细比不应大于 250；当有抗震要求时，还应满足 GB 50011 中有关长细比的规定。

8.1.5　钢框架式塔基础的主要受弯构件(框架梁、设备梁)的最大挠度，不应大于计算跨度的 1/400；次要受弯构件(平台梁)的最大挠度，不应大于计算跨度的 1/250。

8.1.6　钢框架要求焊透的对接焊缝的质量等级不应低于二级：主要构件的贴角焊缝的外观质量等级不应低于二级；其他焊缝的质量等级不应低于三级。

8.1.7　框架式塔基础均不进行结构的疲劳验算。

8.1.8　塔基础结构计算时，应考虑管道荷载对塔基础产生的偏心影响。

8.2　圆筒、圆柱结构

圆筒结构应按沿周边均匀配置钢筋的钢筋混凝土圆环形偏心受压构件设计，圆柱结构应按沿周边均匀配置钢筋的钢筋混凝土圆柱形偏心受压构件设计，其正截面受压承载力按 GB 50010 的规定计算。

8.3　环形框架结构

8.3.1　环形框架宜按空间计算，也可简化为平面结构、体系进行内力分析。

8.3.2　环梁的竖向荷载设计值，可按下列公式计算：

a)当水平荷载方向重合于地脚螺栓轴线时[图 2(a)]：

$$P_i = \frac{F_T}{n_1} + \frac{2M_T}{n_1 r_0}\cos\left(\frac{2i-2}{n_1}\right)\pi \tag{7}$$

b)当水平荷载方向位于相邻两个地脚螺栓间的中心线上时[图 2(b)]：

$$P_i = \frac{F_T}{n_1} + \frac{2M_T}{n_1 r_0}\cos\left(\frac{2i-1}{n_1}\right)\pi \tag{8}$$

上述式中：

P_i——环梁上地脚螺栓处竖向荷载设计值，kN；

F_T——框架顶部总竖向荷载设计值，kN；

n_1——地脚螺栓数量；

r_0——环梁上地脚螺栓所在圆的半径，m；

i——螺栓编号顺序数；

M_T——框架顶部弯矩设计值，kN · m。

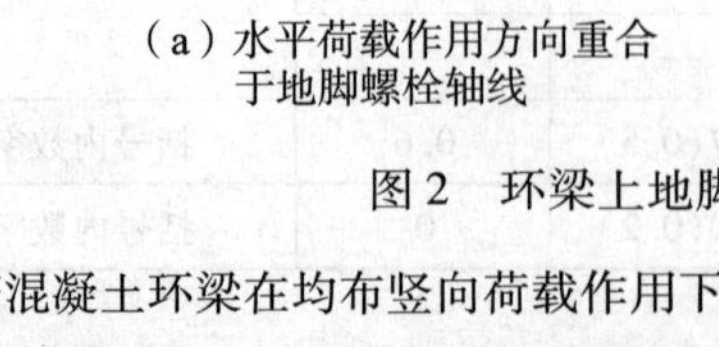

(a)水平荷载作用方向重合于地脚螺栓轴线

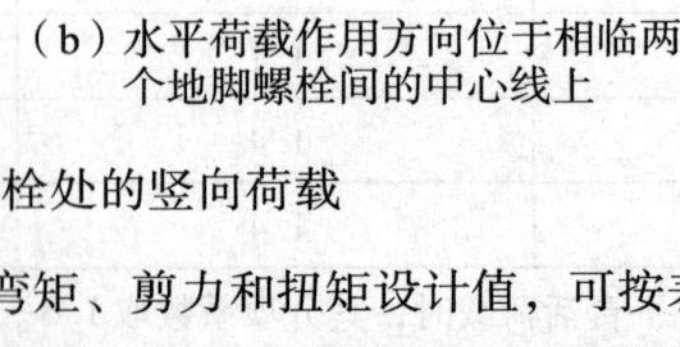

(b)水平荷载作用方向位于相临两个地脚螺栓间的中心线上

图 2　环梁上地脚螺栓处的竖向荷载

8.3.3　钢筋混凝土环梁在均布竖向荷载作用下的弯矩、剪力和扭矩设计值，可按表 6 计算。

表 6　钢筋混凝土环梁在均布竖向荷载作用下的弯矩、剪力、扭矩计算公式

	圆弧梁的支柱数	圆弧梁跨中与支座夹角 ψ	弯矩		最大剪力 V_{max}/kN	最大扭矩 T_{max}/kN · m	最大扭矩处与跨中轴线夹角 φ
			跨中 M_C /kN · m	支座 M_A、M_B /kN · m			
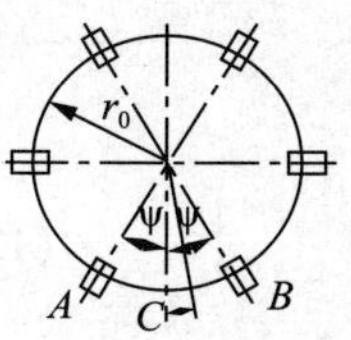	4	45°	$0.1107gr_0^2$	$-0.2146gr_0^2$	$0.7854gr_0^2$	$0.0311gr_0^2$	25°48′
	6	30°	$0.0472gr_0^2$	$-0.0931gr_0^2$	$0.5236gr_0^2$	$0.0095gr_0^2$	17°16′
	8	22.5°	$0.0262gr_0^2$	$-0.0519gr_0^2$	$0.3927gr_0^2$	$0.0040gr_0^2$	12°58′

注：1. g 为圆弧梁上单位长度的均布荷载设计值，kN/m。

2. 本表适用于环梁梁高不小于梁宽的环梁。

8.3.4　顶部弯矩（M_T）作用下钢筋混凝土环梁上地脚螺栓所产生的集中竖向荷载及水平圆弧梁在集中竖向荷载作用下的弯矩、剪力、扭矩，可按附录 B 计算。

8.3.5　环形框架柱的轴向力设计值，可按下列规定计算：

a）当水平荷载方向对称并重合于柱轴线时（图 3a））；

$$N_j = \frac{F_T + G_1}{n_2} + G_2 \pm \frac{2M_T}{n_2 r_0}\cos\left(\frac{2j-2}{n_2}\right)\pi \pm \frac{\Sigma 2h_{ci}W_n}{n_2 r_0}\cos\left(\frac{2j-2}{n_2}\right)\pi \tag{9}$$

b）当水平荷载方向对称但不重合于柱轴线时（图 3b））

$$N_j = \frac{F_T + G_1}{n_2} + G_2 \pm \frac{2M_T}{n_2 r_0}\cos\left(\frac{2j-1}{n_2}\right)\pi \pm \frac{\Sigma 2h_{ci}W_n}{n_2 r_0}\cos\left(\frac{2j-1}{n_2}\right)\pi \tag{10}$$

上述式中：

N_j——柱的轴向力设计值，kN；

n_2——柱的根数；

G_1——环梁自重设计值，kN；

G_2——柱自重设计值，kN；

j——柱编号的顺序数；

W_n——计算层以上作用于框架各层节点上的水平荷载设计值；

h_{ci}——框架各层顶面到基础底板顶面的高度，m。

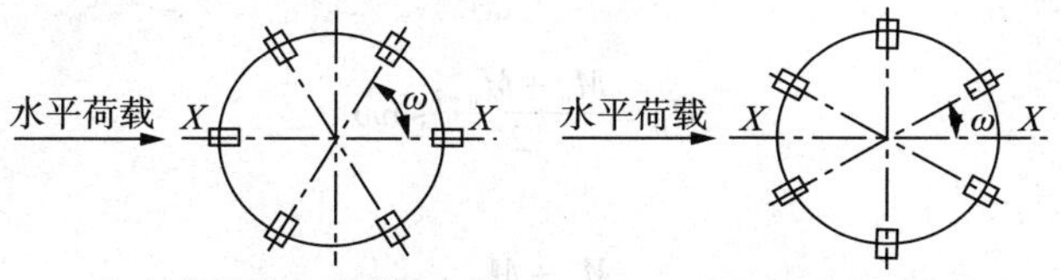

（a）柱最大竖向荷载方位　　（b）环梁最大竖向荷载方位

图 3　柱和环梁的最大竖向荷载方位

8.3.6　水平荷载作用下的柱端弯矩，可采用反弯点法近似计算，各柱承受的剪力可按图 3 的荷载方位用刚度分配法计算。

8.3.6.1　柱的剪力可按下列公式计算：

$$V = 2W_m \frac{\sin^2\omega + K_0\cos^2\omega}{n_2(1 + K_0)} \tag{11}$$

$$K_0 = \frac{J_X}{J_Y} \tag{12}$$

上述式中：

V——柱的剪力设计值，kN；

ω——柱中心和塔基础中心的连线与水平荷载方向之间的夹角；

W_m——计算层以上水平荷载设计值总和，kN；

J_X、J_Y——柱截面 X、Y 轴的惯性矩，m^4；沿环形框架平面的径向为 Y 轴，切向为 X 轴。

8.3.6.2 柱的最大剪力，可按下列公式计算：

a）当 $K_0>1$ 时，（$\omega=0°$、$180°$）

$$V_{zmax}=\frac{2W_mK_0}{n_2(1+K_0)} \tag{13}$$

b）当 $K_0<1$ 时，（$\omega=90°$、$270°$）

$$V_{zmax}=\frac{2W_m}{n_2(1+K_0)} \tag{14}$$

c）当 $K_0=1$ 时，

$$V_{zmax}=\frac{W_m}{n_2} \tag{15}$$

上述式中：

V_{zmax}——柱的最大剪力设计值，kN。

8.3.6.3 柱端弯矩，可按下列公式计算：

a）底层柱上端：

$$M_1=V\frac{h'_{ci}}{3} \tag{16}$$

b）底层柱下端：

$$M_2=V\frac{2h'_{ci}}{3} \tag{17}$$

c）其余各层柱的上、下端：

$$M_i=V\frac{h'_{ci}}{2} \tag{18}$$

上述式中：

M_1、M_2——框架底层柱上、下端弯矩设计值，kN·m；

M_i——框架底层以上各层柱上下端弯矩设计值，kN·m；

h'_{ci}——框架各层的层高，m。

8.3.6.4 在柱端弯矩作用下，梁端所产生的弯矩和扭矩，可按下列公式计算：

a）梁端弯距：

$$M_D=\frac{M_n+M_{n+1}}{2}\sin\omega \tag{19}$$

b）梁端扭距：

$$T_D=\frac{M_n+M_{n+1}}{2}\cos\omega \tag{20}$$

上述式中 ：

M_n、M_{n+1}——节点上、下柱端弯矩设计值，kN·m；

M_D——梁端弯矩设计值，kN·m；

T_D——梁端扭矩设计值，kN·m。

8.4 方形框架结构

8.4.1 方形框架可按平面框架计算。在竖向荷载作用下框架横梁上竖向荷载设计值，可按下式计算（图4）。

$$P_a=\frac{F_T}{n_1} \tag{21}$$

式中 P_a——框架横梁上地脚螺栓处的竖向荷载设计值，kN。

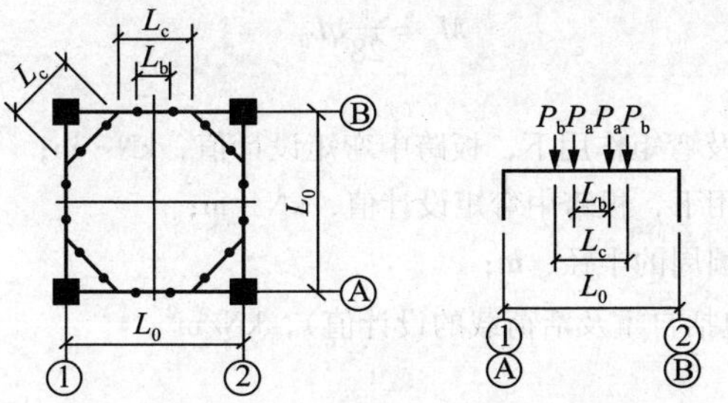

P_b——框架横梁上斜梁处的竖向荷载设计值

图 4　方形框架横梁上在竖向荷载作用下的竖向荷载分布示意

8.4.2　项部弯矩作用下在框架梁上所产生的竖向荷载设计值(图 5)，可按附录 C 所列公式计算。

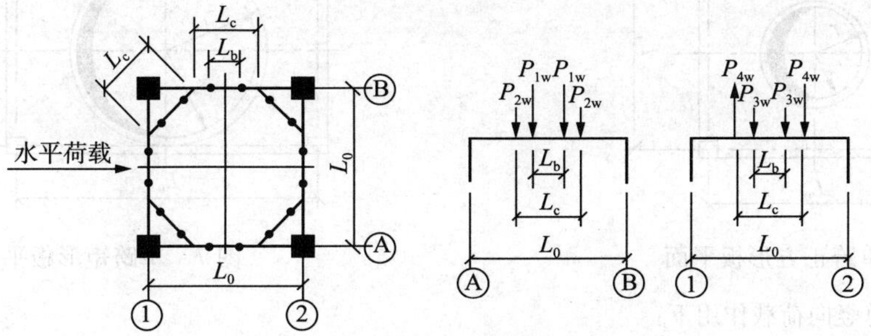

图 5　方形框架弯距作用下在横梁上所产生的竖向荷载分布示意

8.5　板式框架结构

8.5.1　等厚的板式框架，其板的内力可按弹性理论分析计算。当板厚度不超过 1/5 板边长时，板可简化为二维计算，超过 1/5 时，宜按三维计算。板的开洞直径与柱距之比不宜大于 0.85，也不宜小于 0.3。板的厚度不宜小于柱截面高度。

8.5.2　板的内力计算也可采用有限元法，划分网格时，柱中心及螺栓位置必须在划分单元的节点上；且所划分单元的边长比，不应超过 1∶3。

8.5.3　当塔型设备的地脚螺栓多于 10 个时，板的内力可采用 8.5.3.1 至 8.5.3.4 所述下列简化计算方法。

8.5.3.1　塔居中布置的单跨正方形板(图 6)的跨中弯矩设计值，可按下列公式计算：

a)　在板顶总竖向荷载及弯矩作用下：

当 $L_0=2r_q$ 时

$$M_0=0.091F_Tr_q+0.159M_T \tag{22}$$

当 $L_0>2r_q$ 时

$$M_0=(0.125L_0-0.159r_q)F_T+0.159\left(\frac{L_0}{r_q}-1\right)M_T \tag{23}$$

b)　在板顶均布荷载作用下：

当 $L_0=2r_q$ 时

$$M_q=\frac{1}{40}qL_0{}^3 \tag{24}$$

当 $L_0>2r_q$ 且 $r_a/L_0=0.4$ 时

$$M_q=\frac{1}{40}qL_0{}^3 \tag{25}$$

当 $L_0>2r_q$ 且 $r_a/L_0=0.35$ 时

$$M_q=\frac{1}{33}qL_0{}^3 \tag{26}$$

当 $L_0>2r_q$ 且 $r_a/L_0=0.3$ 时

$$M_q = \frac{1}{28} q L_0^3 \tag{27}$$

上述式中：

M_0——在板顶总竖向荷载及弯矩作用下，板跨中弯矩设计值，kN·m；

M_q——在板顶均布荷载作用下，板跨中弯矩设计值，kN·m；

r_q——塔裙底座螺栓中心圆周的半径，m；

q——板面的均布荷载(包括自重及活荷载的设计值)，kN/m^2；

L_0——框架跨度，m；

r_a——圆孔洞半径，m。

8.5.3.2　塔居中布置的单跨矩形板(图7)跨中弯矩，可按下列公式计算：

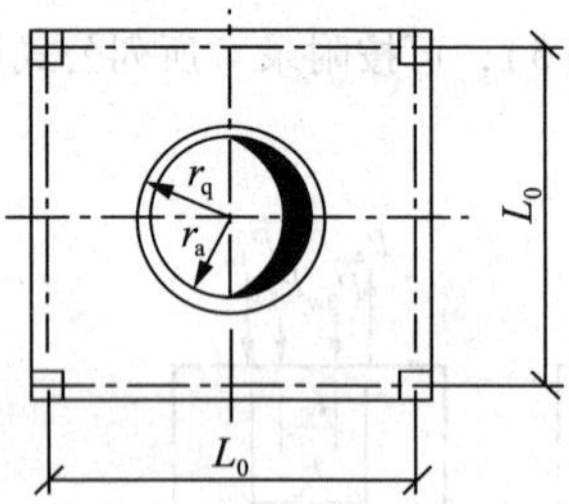

图6　单跨正方形板平面

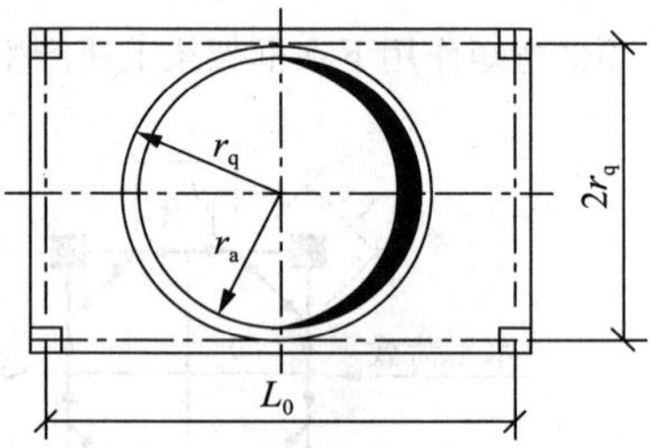

图7　单跨矩形板平面

a)　在板顶总竖向荷载作用下：

$$M_{0E} = (0.125 - 0.159 \frac{r_q}{L_0}) F_T L_0 \tag{28}$$

b)　在板顶弯矩作用下：

$$M_{0T} = (0.1294 \frac{L_0}{r_q} - 0.1) M_T \tag{29}$$

c)　在板顶均布荷载作用下：

$$M_q = (0.15 \frac{r_q}{L_0} + 0.333 \frac{r_q^3}{L_0^3} - 0.393 \frac{r_q^2}{L_0^2}) q L_0^3 \tag{30}$$

上述式中：

M_{0F}——在板顶总竖向荷载作用下，板跨中弯矩设计值，kN·m；

M_{0T}——在板顶弯矩作用下，板跨中弯矩设计值，kN·m。

8.5.3.3　两跨连续板，板在纵向可视为支承在铰接支座上的等截面连续梁，梁宽可取洞边到板边的距离；板在横向可视为简支梁。当每跨板仅有一个塔，且其中心与板的纵向形心轴重合时(图8)，板的内力可按以下方法计算：

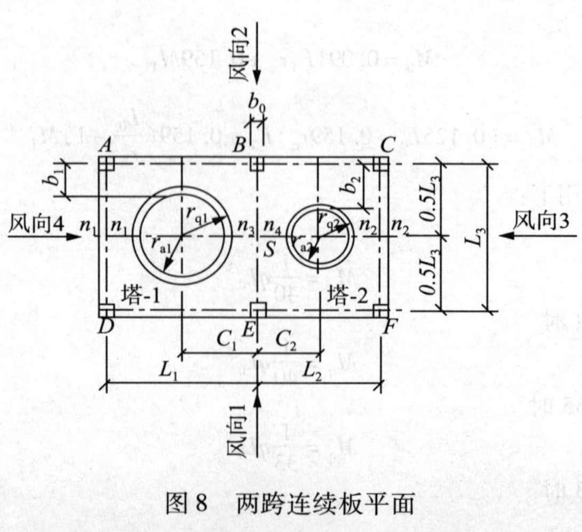

图8　两跨连续板平面

a） 在板顶总竖向荷载及弯矩作用下，板的纵向弯矩，可按下列公式计算：

——中间支座 B 或 E 处

$$M_{BA}=M_{BC}=M_{ED}=M_{EF} \tag{31}$$

$$M_{BA}=\overline{M}_{BA}-\frac{L_2b_1}{L_2b_1+L_1b_2}(\overline{M}_{BA}+\overline{M}_{BC}) \tag{32}$$

$$\overline{M}_{BA}=K_nF_{T1}L_1+K_mM_{T1} \tag{33}$$

$$\overline{M}_{BC}=K_nF_{T2}L_2+K_mM_{T2} \tag{34}$$

——跨中处

跨中弯矩可按在集中荷载作用下的简支梁计算，但计算出的弯矩应乘以扩大系数 1.2。其梁上的集中荷载（见图 9）可按下列公式计算（公式及图 9 中有括号者适用于 BC 跨）；

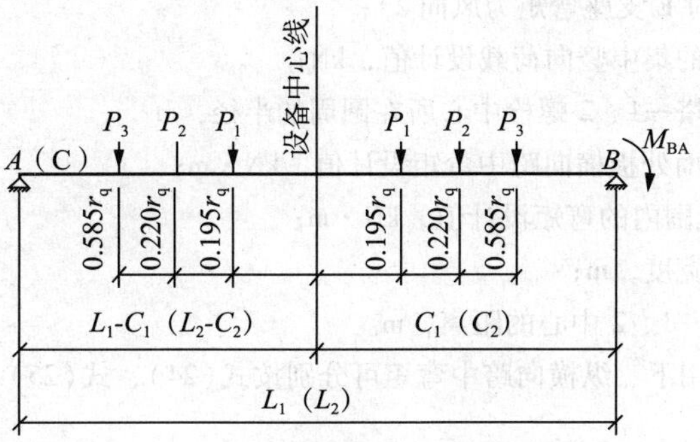

图 9 简支梁集中荷载

$$P_1=0.0625F_{T1}+0.1226\frac{M_{T1}}{r_{q1}} \tag{35}$$

$$(P_1=0.0625F_{T2}+0.1226\frac{M_{T2}}{r_{q2}}) \tag{36}$$

$$P_2=0.0625F_{T1}+0.0948\frac{M_{T1}}{r_{q1}} \tag{37}$$

$$(P_2=0.0625F_{T2}+0.0948\frac{M_{T2}}{r_{q2}}) \tag{38}$$

$$P_3=0.125F_{T1}+0.0373\frac{M_{T1}}{r_{q1}} \tag{39}$$

$$(P_3=0.125F_{T2}+0.0373\frac{M_{T2}}{r_{q2}}) \tag{40}$$

b） 在板顶总竖向荷载及弯矩作用下，板的横向跨中弯矩（图 8）可按下列公式计算：

——边跨（风向 3 或风向 4）：

对截面 n_1—n_1

$$M_{01}=(0.125L_3-0.159r_{q1})F_{T1}+\frac{L_3-r_{q1}}{2\pi r_{q1}}M_{T1} \tag{41}$$

对截面 n_2—n_2

$$M_{02}=(0.125L_3-0.159r_{q2})F_{T2}+\frac{L_3-r_{q2}}{2\pi r_{q2}}M_{T2} \tag{42}$$

——中跨：

对截面 S—n_3 和截面 S—n_4 的弯矩可分别取用 M_{01} 和 M_{02}。

在柱宽 b_0 范围内弯矩值可按下列公式计算：

$$M_{03}=\frac{b_0}{C_1+C_2-r_{q1}-r_{q2}}(M_{01}+M_{02}) \tag{43}$$

上述式中 ：

M_{BA}、M_{BC}——B 支座处梁左、右端的弯矩设计值，kN · m；

M_{ED}、M_{EF}——E 支座处梁左、右端的弯矩设计值，kN · m；

$\overline{M}_{BA}$、$\overline{M}_{BC}$——假定中支座固定时中支座处梁左、右端的弯矩设计值，kN · m；

k_m、k_n——系数，见表 7；

L_1、L_2、L_3——梁的纵、横向各跨跨度，m；

F_{T1}、F_{T2}——框架顶部塔—1、2 的竖向荷载设计值，kN；

M_{T1}、M_{T2}——框架顶部塔—1、2 的弯矩设计值，kN · m；（塔—1、2 塔裙底座处弯矩，对 B 支座弯矩风向 1，对 E 支座弯矩为风向 2）；

P_1、P_2、P_3——梁上各点的集中竖向荷载设计值，kN；

r_{q1}、r_{q2}——塔裙底座塔—1、2 螺栓中心所在圆周的半径，m；

M_{01}、M_{02}——n_1、n_2 截面处板横向跨中弯矩设计值，kN · m；

M_{03}——柱宽 b_0 范围内的弯矩设计值，kN · m；

b_0——柱的截面宽度，m；

C_1、C_2——中柱至塔—1、2 中心的距离，m。

c） 在板面均布荷载作用下、纵横向跨中弯矩可分别按式(24)、式(25)、式(26)、式(27)、式(30)计算。

8.5.3.4 板跨中弯矩沿洞截面非均匀分布，洞边到板边缘由大逐渐减小，其差值约为 15%，配置钢筋时，应按此值调整。

表 7 K_n、K_m 系数值

参数		C_1/r_{q1}（或 C_2/r_{q2}）									
		1.1		1.2		1.3		1.4		1.5	
		K_n	K_m	K_n	K_m	K_n	K_m	K_n	K_m	K_n	K_m
$\frac{r_{q1}}{L_1}$或$\frac{r_{q2}}{L_2}$	1/2.1	0.04729	0.1570								
	1/2.2	0.05092	0.1700	0.05122	0.1565						
	1/2.3	0.05404	0.1846	0.05474	0.1794	0.05407	0.1731				
	1/2.4			0.05776	0.1924	0.05752	0.1875	0.05609	0.1789		
	1/2.5			0.06036	0.2048	0.06051	0.2013	0.05952	0.1948	0.05746	0.1856
	1/2.6					0.06309	0.2143	0.06250	0.2091	0.06089	0.2012
	1/2.7							0.06508	0.2228	0.06389	0.2161
	1/2.8							0.06731	0.2358	0.06650	0.2303
	1/2.9									0.06876	0.2439
	1/3.0									0.07072	0.2570

8.6 结构抗震验算

8.6.1 塔基础的抗震验算，应符合 SH/T 3147 的有关规定。

8.6.2 抗震设防烈度为6度以及抗震设防烈度为7度且场地类别为Ⅰ类、Ⅱ类的圆筒式、圆柱式塔基础，可不进行抗震验算，但应满足抗震措施要求。

8.6.3 抗震设防烈度为7度时，仅考虑水平地震作用；抗震设防烈度为8度和9度时，应同时考虑竖向地震作用和水平地震作用的不利组合。

8.6.4 抗震设防烈度为7度至9度，楼层屈服强度系数小于0.5的钢筋混凝土框架式塔基础，宜按GB 50011中有关规定进行高于本地区设防烈度的罕遇地震作用下薄弱层(部分)的抗震验算。

8.6.5 塔基础在地震作用下，结构构件的承载力应符合下式规定：

$$S = R/\gamma_{RE} \tag{44}$$

式中 γ_{RE}——承载力抗震调整系数，按SH/T 3147有关规定取值。

8.6.6 地震作用效应与其他荷载效应的组合设计值，应按下式计算：

$$S = \gamma_G S_{Gk} + \gamma_{Eh} S_{Ehk} + \gamma_{Ev} S_{Evk} + \gamma_w \psi_w S_w + \gamma_Q \Psi_c S_{Qk} \tag{45}$$

式中 γ_{Eh}——水平地震作用的分项系数，按表8取值；

S_{Ehk}——按塔基础水平地震作用标准值计算的作用效应值；

γ_{Ev}——竖向地震作用的分项系数，按表8取值；

S_{Evk}——按塔基础竖向地震作用标准值计算的作用效应值；

ψ_w——风荷载组合系数，按表5取值。

表8 地震作用分项系数

地震作用		水平地震作用分项系数	竖向地震作用分项系数
仅考虑水平地震作用		1.3	—
仅考虑竖向地震作用		—	1.3
同时考虑水平和竖向地震作用	水平地震作用为主	1.3	0.5
	竖向地震作用为主	0.5	1.3

9 地基与基础

9.1 地基承载力验算

9.1.1 验算塔基础在各种荷载工况下的地基承载力时，作用于基础底面上的荷载效应，应采用正常使用极限状态下荷载效应的标准组合。

9.1.2 塔基础在正常操作及充水试压工况下，基础底面不应出现零应力区。

9.1.3 塔基础在停产检修工况下及地震作用下，基础底面允许出现零应力区，但零应力区的面积不应大于基础底面积的15%。

9.1.4 在偏心荷载作用下，天然地基承载力应按下列规定验算：

$$p_k = \frac{F_k + G_k}{A} \leqslant f_a \tag{46}$$

$$p_{kmax} = \frac{F_k + G_k}{A} + \frac{M_k}{W} \leqslant 1.2 f_a \tag{47}$$

$$p_{kmin} = \frac{F_k + G_k}{A} - \frac{M_k}{W} \tag{48}$$

上述式中：

p_k——相应于荷载效应标准组合时，基础底板处的平均压力值，kPa；

p_{kmax}、p_{kmin}——相应于荷载效应标准组合时，基础底板边缘的最大和最小压力值，kPa；

F_k——相应于荷载效应标准组合时，上部结构传至基础顶面的竖向力值，kN；

G_k——基础自重及其上部土重，kN；

M_k——相应于荷载效应标准组合时，作用于基础底面的弯矩值，kN · m；

W——基础底板的抵抗矩，m^3；

f_a——经修正后的地基承载力特征值，kPa。

当 $p_{kmin}<0$ 时的圆形基础

$$p_{kmax}=\frac{F_k+G_k}{\xi r_1^{\ 2}}\leqslant 1.2f_a \tag{49}$$

相应的受压面积宽度按下式计算：

$$a=\tau r_1 \tag{50}$$

式中　a——基础底面受压面积的宽度，m；

ξ、τ——系数，见表9。

表9　ξ、τ 系数值

e/r_1	0.25	0.26	0.27	0.28	0.29	0.30	0.31	0.32	0.33	0.34	0.35	0.36	0.37
τ	2.000	1.960	1.932	1.890	1.853	1.820	1.787	1.755	1.723	1.692	1.660	1.630	1.600
ξ	1.571	1.539	1.509	1.481	1.450	1.421	1.392	1.364	1.336	1.308	1.279	1.251	1.224

表9(续)　ξ、τ 系数值

e/r_1	0.38	0.39	0.40	0.41	0.42	0.43	0.44	0.45	0.46	0.47	0.48	0.49	0.50
τ	1.570	1.542	1.512	1.482	1.455	1.428	1.399	1.371	1.343	1.316	1.288	1.261	1.234
ξ	1.196	1.170	1.142	1.115	1.090	1.064	1.308	1.010	0.984	0.959	0.933	0.908	0.883

表9(续)　ξ、τ 系数值

e/r_1	0.51	0.52	0.53	0.54	0.55	0.56	0.57	0.58	0.59	0.60	0.61	0.62	0.63
τ	1.207	1.181	1.154	1.128	1.102	1.075	1.049	1.023	0.998	0.972	0.946	0.921	0.895
ξ	0.857	0.833	0.808	0.784	0.759	0.735	0.711	0.688	0.664	0.641	0.618	0.596	0.573

表9(续)　ξ、τ 系数值

e/r_1	0.64	0.65	0.66	0.67	0.68	0.69	0.70	0.71	0.72	0.73	0.74	0.75	0.76
τ	0.870	0.845	0.820	0.794	0.769	0.744	0.720	0.695	0.670	0.645	0.621	0.596	0.572
ξ	0.551	0.529	0.507	0.486	0.465	0.444	0.423	0.403	0.382	0.363	0.343	0.324	0.305

9.1.5　当采用地震作用效应进行天然地基承载力验算时，地基抗震承载力的特征值，应按下式计算：

$$f_{aE}=\zeta_a f_a \tag{51}$$

式中　f_{aE}——基础自重及其上部土重，kN，地基抗震承载力特征值；

ζ_a——地基抗震承载力调整系数，按 GB 50011 有关规定取值。

9.2 地基变形计算

9.2.1 塔基础应进行地基变形计算，且不应大于表 10 规定的地基变形允许值。

9.2.2 计算塔基础的地基变形时，作用于基础底面上的荷载效应，应采用正常使用极限状态下荷载效应的准永久组合值，不考虑风及地震作用的影响，按下式计算：

$$S = S_{Gk} + S_{Tk} + \psi_q S_{Qk} \tag{52}$$

式中 S_{Tk}——按塔基础自重及其上部土重之和标准值计算的作用效应值；

ψ_q——平台活荷载的准永久值系数，按表 5 取值。

9.2.3 地基的最终沉降量，应按 GB 50007 中有关规定计算。

9.2.4 塔基础的地基变形允许值应符合表 10 的规定，基础的倾斜值，应按下式计算：

$$\mathrm{tg}\theta = \frac{S_2 - S_1}{d_1(\text{或 } b)} \tag{53}$$

式中 S_1、S_2——基础倾斜方向两端边缘的最终沉降值，mm；

d_1——圆环(板)形基础底板的外径，mm；

b——矩形基础底板沿倾斜方向的边长，mm。

表 10 塔基础的地基变形允许值

<table>
<tr><th colspan="2" rowspan="2">变形特征</th><th colspan="2">地基土类别</th></tr>
<tr><th>砂土和中、低压缩性黏性土</th><th>高压缩性黏性土</th></tr>
<tr><td colspan="2">基础沉降量/mm</td><td>100</td><td>200</td></tr>
<tr><td colspan="2">一般塔型设备(立式容器、填料塔和折流塔等)基础的倾斜</td><td colspan="2">0.004</td></tr>
<tr><td rowspan="2">分馏类的塔型设备(板式塔、常压塔、减压塔类等)基础的倾斜</td><td>D_i >3 200(mm)</td><td colspan="2">0.0025</td></tr>
<tr><td>D_i ≤3 200(mm)</td><td colspan="2">0.004</td></tr>
</table>

9.2.5 当生产有特殊要求时，塔基础的地基变形应满足工艺要求。

9.2.6 框架式塔基础的柱基为独立基础时，相邻柱基间的沉降差不宜大于 0.002 倍柱间距。

9.3 基础设计与计算

9.3.1 计算圆筒、圆柱及圆环式塔基础底扳强度时，底板土压力视为均布荷载，其计算简图见图 10、图 11、图 12，其值按以下公式计算：

a) 当基础底面压力 $p_{min} \geqslant 0$ 对：

$$p_1 = \frac{F}{A} + \frac{M}{I} \cdot \frac{r_1 + r_2}{2} \tag{54}$$

b) 当基础底面与地基土之间出现零应力区时：

$$p_2 = p_{max}\left(1 - \frac{r_1 - r_2}{2a}\right) - \frac{G}{A} \tag{55}$$

上述式中：

p_1——当基础底面与地基土之间不出现零应力区，计算基础底板承载力时的荷载设计值，kN/m^2；

p_2——当基础底面与地基土之间出现零应力区，计算基础底板承载力时的荷载设计值，kN/m^2；

I——基础底板的惯性矩，m^4。

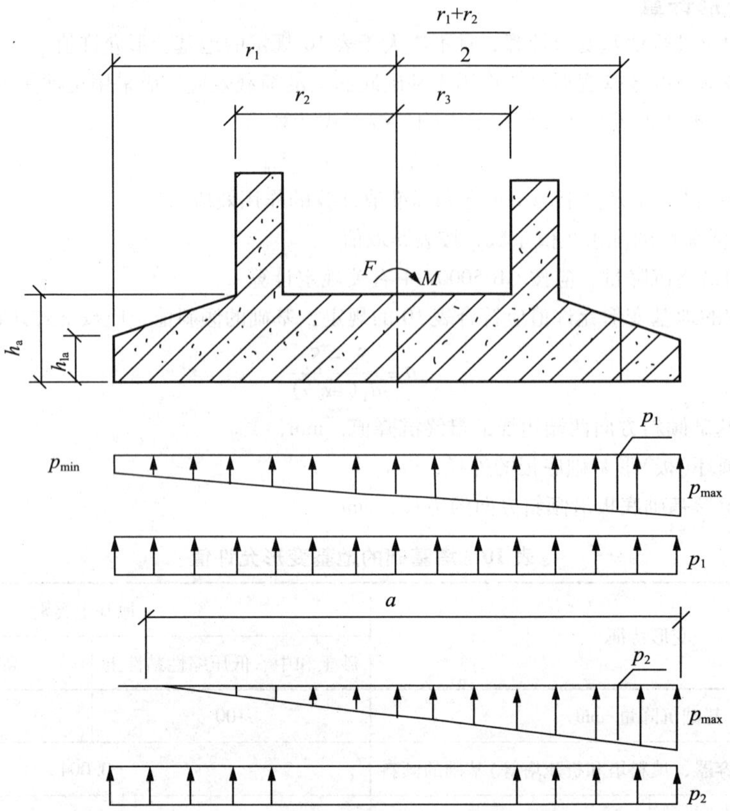

图 10　圆筒形基础底板计算荷载

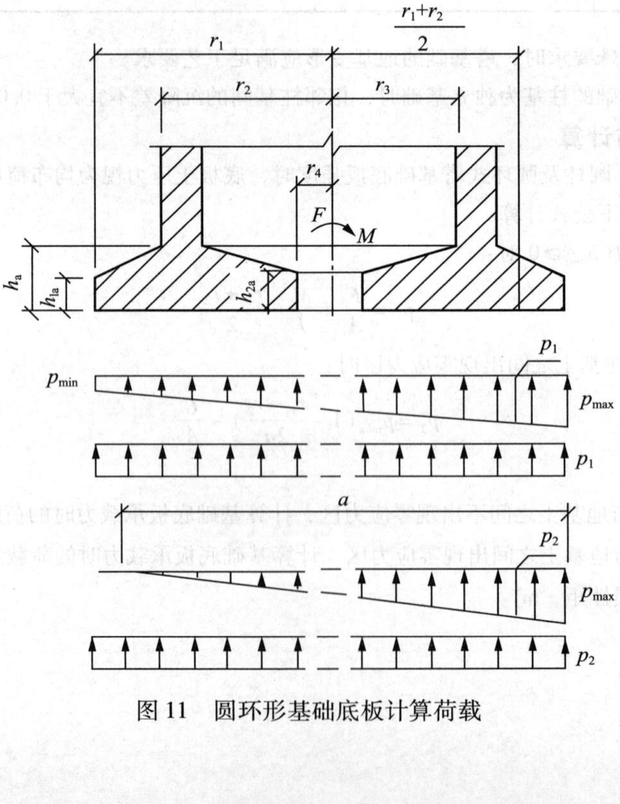

图 11　圆环形基础底板计算荷载

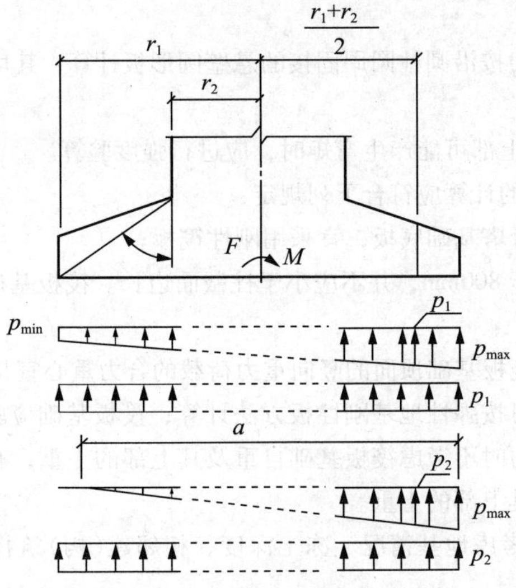

图 12　圆柱形基础底板计算荷载

9.3.2　在筒壁或圆柱与底板交接处的冲切强度按下式计算:

$$V_c \leqslant 0.35 f_t (S_s + S_t) h_0 \tag{56}$$

式中　V_c——冲切破坏锥体以外的荷载设计值，N;

f_t——混凝土轴心抗拉强度设计值，N/m^2;

S_s——冲切破坏锥体截面上边周长，mm；筒壁、圆柱外边缘周长 $S_s = 2\pi r_2$，筒壁内边缘周长 $S_s = 2\pi r_3$;

S_t——冲切破坏锥体截面下边周长，mm；筒壁、圆柱外边缘周长 $S_t = 2\pi(r_2 + h_0)$，筒壁内边缘周长 $S_t = 2\pi(r_3 - h_0)$;

h_0——截面的有效高度，mm。

9.3.3　冲切破坏锥体以外的荷载设计值，按以下公式计算:

a) 当验算筒壁、圆柱外边缘处底板的 h_0 时:

$$V_c = p_i \pi [r_1^2 - (r_2 + h_0)^2] \tag{57}$$

式中　p_i——由 p_1、p_2 中取最大值。

b) 当验算筒壁内边缘处底板的 h_0 时:

$$V_c = p_i \pi (r_3 - h_0)^2 \tag{58}$$

9.3.4　圆形基础底板的内力可按弹性理论计算:

a)　圆筒式基础底板的弯矩，按两组荷载分别计算，取其包络值(圆形板式基础底板的内力)，按底板各点正负弯矩最大值配置截面各点上下层的钢筋面积；底板的剪力，按两组荷载计算，取大值验算截面;

第一组荷载: p_i 取用 p_1、p_2 中大值计算(图 13);

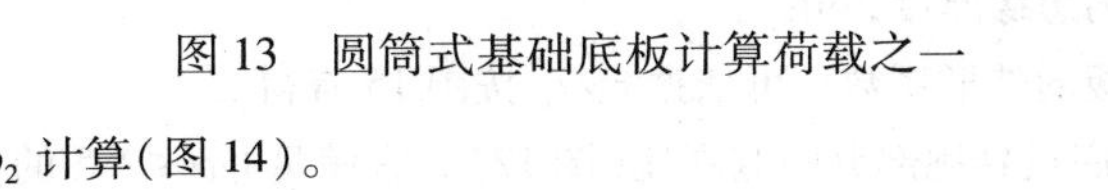

图 13　圆筒式基础底板计算荷载之一

第二组荷载: p_i 取用 p_2 计算(图 14)。

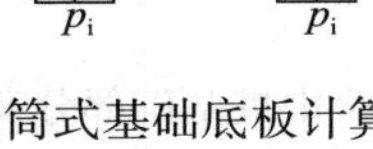

图 14　圆筒式基础底板计算荷载之二

b） 圆柱式基础底板的内力按沿圆柱圆周固接的悬壁圆形板计算，其均布荷载 p_i 可取用 p_1、p_2 中的最大值。

9.3.5 基础底板悬壁部分上部可能产生弯矩时，应进行强度验算。

9.3.6 联合式塔基础底板的计算应符合下列规定：

a） 两个或两个以上的联合塔基础底板，宜采用刚性筏板；

b） 刚性筏板厚度不宜小于800mm，并不应小于柱截面边长。筏板基础的悬挑长度，不宜大于2.5倍板厚度；

c） 正常生产时，作用在筏板基础顶面的竖向重力荷载的合力重心宜与基础底板形心相重合；

d） 刚性筏板基础的内力可按弹性地基刚性板方法计算；筏板基础应验算抗冲切、抗剪切强度；无脱离区计算筏板基础内力时不考虑筏板基础自重及其上部的土重；有脱离区计算筏板基础内力时应考虑筏板基础自重及其上部的土重。

9.3.7 塔基础的埋深，应考虑地基情况、冻土深度、相邻建（构）筑物基础以及地下埋管等因素综合确定，但不宜小于1.5m。

9.3.8 当框架式塔基础采用每柱独立基础时，抗震等级为一、二级的钢筋混凝土框架基础，应设置基础连梁。方形框架应在纵横两向设置，环形框架应沿环向设置。

9.3.9 当框架式塔基础采用整板式基础时，宜采用刚性底板。板的厚度不宜小于柱跨的1/8～1/6（地基承载力特征值小者取小值），且不宜小于0.6m，并不应小于柱截面边长；板的悬挑长度不宜大于2.5倍板厚度，且从柱边算起的净悬挑长度不宜小于板厚度。

9.3.10 当塔基础采用圆板或环形板扩展基础时（图10、图11），其基础尺寸宜符合下列规定：

a） 圆筒形基础

$$\frac{r_1-r_2}{2.2}\leqslant h_a\geqslant\frac{r_3}{4} \tag{59}$$

$$h_{1a}\geqslant h_a/2 \tag{60}$$

b） 环形板基础

$$r_4\geqslant\phi_c\cdot r_c \tag{61}$$

$$\frac{r_1-r_2}{2.2}\leqslant h_a\geqslant\frac{r_3-r_4}{3} \tag{62}$$

$$h_{1a}\geqslant h_a/2\geqslant h_{2a} \tag{63}$$

上述式中：

r_c——基础环梁中心处半径，m；

r_1——圆形基础底板半径或圆环形基础底板外半径，m；

r_2——圆筒外半径或圆柱半径，m；

r_3——圆筒内半径，m；

r_4——圆环形基础底板内半径，m；

h_a——基础底板总厚度，m；

h_{1a}——基础底板外边缘厚度，m；

h_{2a}——圆环形基础底板内边缘厚度，m；

ϕ_c——圆环形板基础底板的外形系数，可依据 r_1/r_c 按图15查得。

9.3.11 圆柱式塔基础底板悬挑部分的宽高比（图12），宜满足 $tg\alpha\leqslant2.5$ 的要求。

9.3.12 进行基础底板的内力计算和抗冲切强度验算时，上部结构传来的荷载效应组合，应采用承载力极限状态下荷载效应组合的设计值。

9.3.13 当采用桩基础时，可按GB 50007中桩基础部分有关规定进行设计与计算。

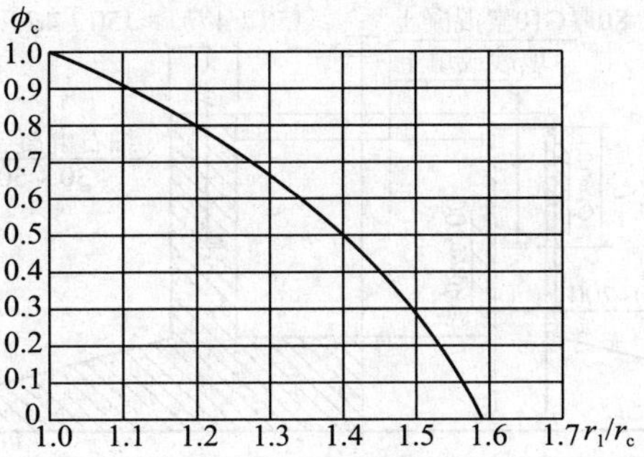

图 15 圆环形基础底板外形系数

10 构造要求

10.1 一般规定

10.1.1 塔基础结构顶面二次浇灌层宜采用高于基础一个强度等级的细石混凝土或高强无收缩灌浆料，其厚度宜为 30～50mm。

10.1.2 混凝土保护层最小厚度应符合表 11 的规定，且不小于受力钢筋的直径。

表 11 混凝土保护层最小厚度 mm

构件名称	圆筒的筒壁	圆柱	框架结构		基础底板和底梁	
			板	梁、柱	有垫层	无垫层
最小保护层厚度	35	35	25	35	40	70

注：1. 当结构处于三类环境时，表中保护层厚度应再增加 5mm。
2. 梁柱中箍筋和构造钢筋的保护层不应小于 15mm。

10.1.3 钢筋的锚固、接头、焊接、弯钩、配筋率，均应符合 GB 50010 的规定。

10.1.4 根据地下水、土的腐蚀程度，设计地面以下的结构构件表面需要防腐蚀时，应按 GB 50046 的有关规定进行防腐处理。

10.1.5 当塔型设备的介质有腐蚀性时，与其接触的结构构件表面，应根据塔内介质的腐蚀性质，应按 GB 50046 的有关规定进行防腐设计。

10.2 圆筒式塔基础的构造

10.2.1 筒壁结构的构造(图 16)，应符合下列规定：

a) 筒壁的厚度，应根据塔型设备裙座宽度确定，且不应小于 300mm。地脚螺栓中心到边缘距离不应小于 4 倍地脚螺栓直径，也不应小于 150mm，地脚螺栓应埋设在筒壁受力钢筋网以内；

b) 筒壁按双层钢筋配置；

c) 筒壁内回填砂或土，顶部浇灌 80mm 厚强度等级为 C10 的混凝土。

10.2.2 基础底板的构造，应符合下列规定：

a) 基础底板边缘厚度不应小于 250mm；

b) 基础底板的配筋，应根据受力情况确定，一般可按图 17、图 18，图 19 三种受力情况配置，当有其中两种以上受力情况者，各种受力情况分别取最大值配置钢筋。

10.2.3 地脚螺栓宜采用直埋；当直径小于等于 32mm 时，宜采用直钩式，弯钩长度采用 4 倍螺栓直径；当直径大于 32mm 时，宜采用锚板式或爪式。地脚螺栓锚固长度从二次浇灌层底面算起，可按表 12 采用。锚板式地脚螺栓的锚板形式及尺寸可按表 13 采用。

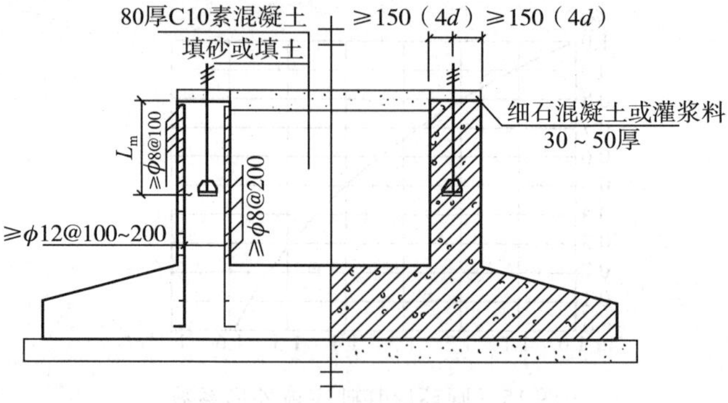

图 16　圆筒式塔基础筒壁的构造及配筋

10.3　圆柱式塔基础的构造

10.3.1　圆柱式塔基础配筋及构造（图 20）应满足下列要求：

a）圆柱式竖向钢筋配筋率，不应小于 0.05%；

b）地脚螺栓中心到边缘距离不应小于 4 倍地脚螺栓直径，也不应小于 150mm，地脚螺栓应埋设在圆柱受力钢筋网以内。

10.3.2　地脚螺栓应符合 10.2.3 条之规定。

10.4　框架式塔基础的构造

10.4.1　框架式塔基础的梁、板、柱和基础的构造均应符合 GB 50010 的规定。

10.4.2　板式框架顶板转角处，板的上下层均应配置八字筋，每角单层不应少于 4 根，其直径不应小于 18mm，间距不大于 150mm（图 21）。

10.4.3　板式框架顶板箍筋宜为封闭式，直径不应小于 10mm。

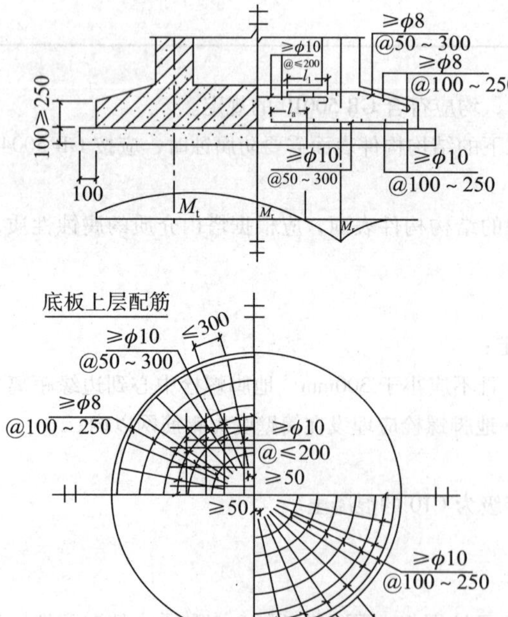

l_a—钢筋锚固长度；　l_1—钢筋搭接长度。

图 17　底板受力情况一的配筋

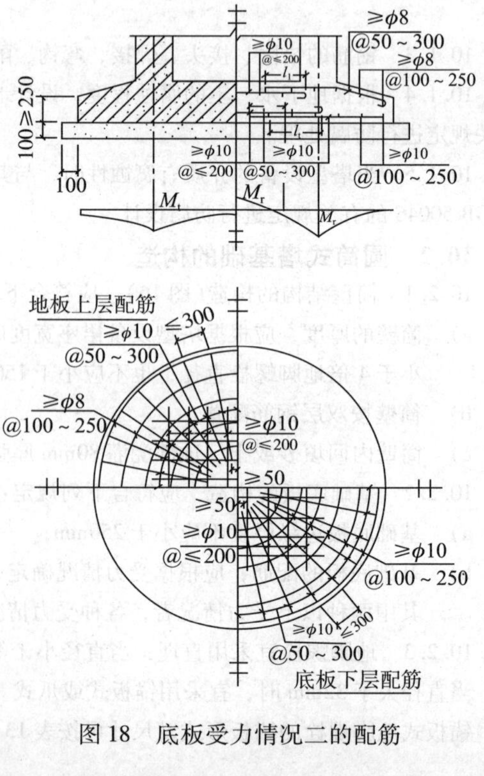

图 18　底板受力情况二的配筋

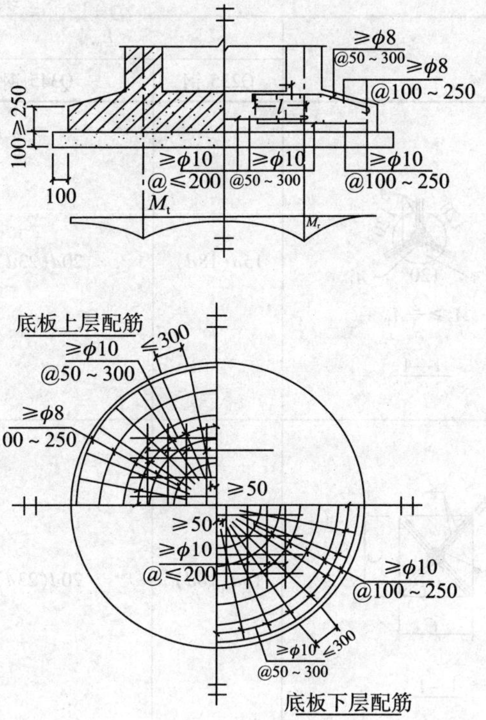

图 19　底板受力情况三的配筋

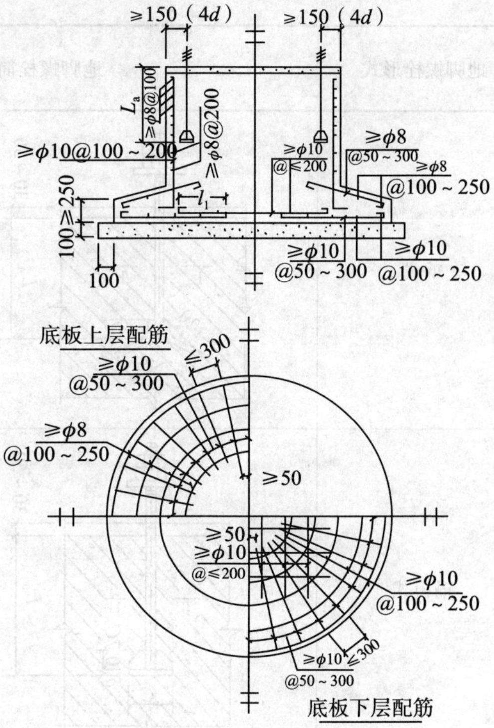

图 20　圆柱式塔基础配筋及构造

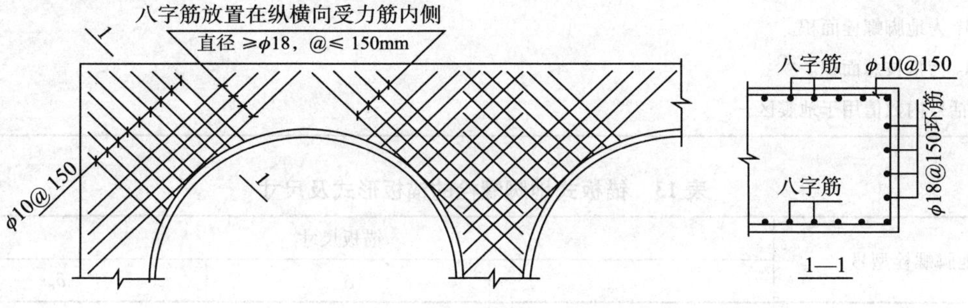

图 21　板式框架顶板配筋构造

表 12　地脚螺栓锚固长度

地脚螺栓形式	地脚螺栓简图	L_m	
		Q235 钢	Q345 钢
直钩式	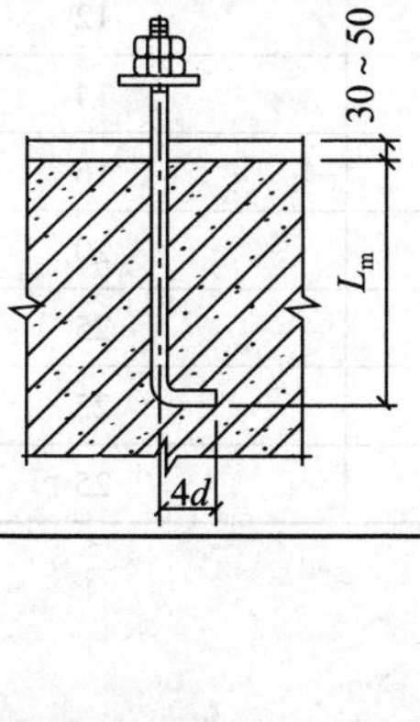	25*d*(30*d*)	30*d*(35*d*)

续表

地脚螺栓形式	地脚螺栓简图	L_m	
		Q235 钢	Q345 钢
爪式	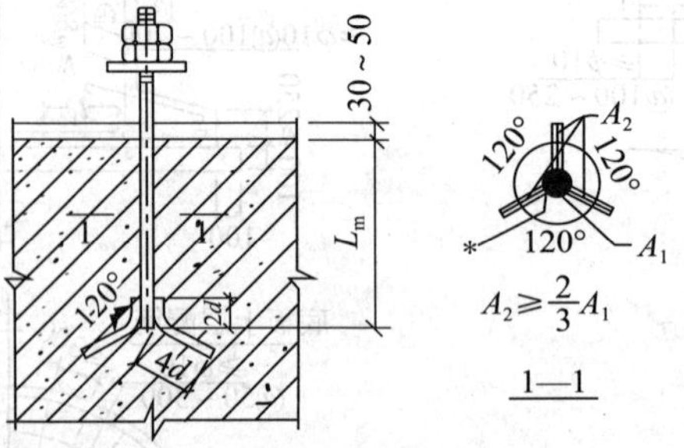	$15d(18d)$	$20d(23d)$
锚板式	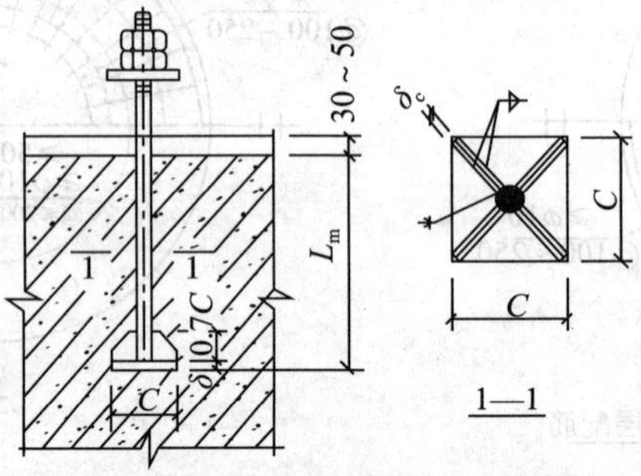	$15d(18d)$	$20d(23d)$

注：1. d 为地脚螺栓直径。
2. L_m 为地脚螺栓锚固长度。
3. A_1 为地脚螺栓面积。
4. A_2 为爪枝总面积。
5. 括号内数值用于地震区。

表 13　锚板式地脚螺栓的锚板形式及尺寸　mm

地脚螺栓型号	锚板尺寸		
	c	δ	δ_c
M20	80	10	6
M22	80	10	6
M24	80	10	6
M27	100	10	8
M30	100	10	8
M36	100	12	8
M42	120	14	8
M48	150	16	10
M56	180	20	10
M64	200	25	10
M68	250	25	12
M72	250	25	12

续表

地脚螺栓型号	锚板尺寸		
	c	δ	δ_c
M76	280	26	12
M80	280	28	14
M85	300	30	14
M90	320	32	14
M95	350	34	16
M100	350	36	16

10.4.4 板式框架的板柱连接处，板上层钢筋沿外侧每个方向伸入柱内不少于4根，柱钢筋可不伸入板内。

10.4.5 钢筋混凝土框架式塔基础的顶层梁(板)上的地脚螺栓中心距梁(板)边距离不宜小于120mm，且宜采用预埋套管式，上下均采用双螺帽固定，其构造及套管规格见表14。

表14 套管式地脚螺栓 mm

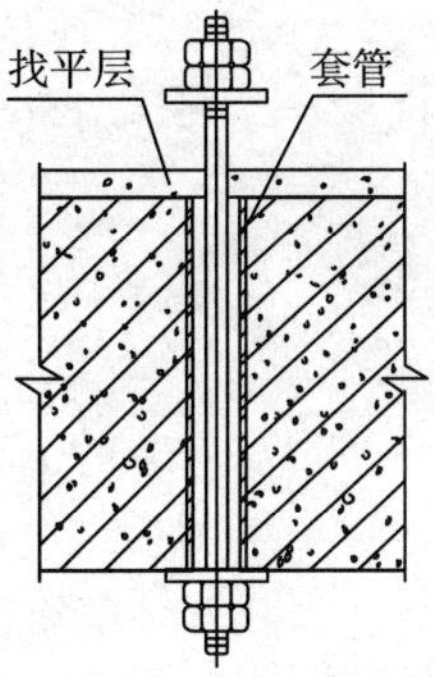

简图	地脚螺栓型号	套管规格(外径×壁厚)	垫板规格(边长×板厚)
	M20	ϕ45×2.5	60×8
	M22	ϕ50×2.5	70×10
	M24	ϕ50×2.5	75×10
	M27	ϕ57×3	80×12
	M30	ϕ57×3	90×12
	M36	ϕ70×3	110×16
	M42	ϕ70×3	130×18
	M48	ϕ76×3	145×20
	M56	ϕ83×3.5	160×22
	M64	ϕ89×3.5	170×24
	M68	ϕ95×3.5	195×26
	M72	ϕ102×3.5	220×30
	M76	ϕ102×3.5	230×36
	M80	ϕ108×4	240×36
	M85	ϕ114×4	255×40
	M90	ϕ114×4	270×42
	M95	ϕ127×4	285×44
	M100	ϕ127×4	300×46

10.4.6 筏板基础的筏板受力钢筋直径不应小于12mm，间距应为100mm至200mm，最小配筋百分率不应小于0.15%，受力钢筋均应双层双向配筋。

10.4.7 当筏板基础的筏板长度大于30m时，宜设置一道后浇带，板带宽不宜小于800mm，用强度等级高一级的微膨胀混凝土灌缝，有经验时，也可采取其他措施。

10.4.8 框架式塔基础的抗震构造措施，应符合SH/T 3147的有关规定。

10.4.9 钢筋混凝土框架式塔基础结构构件尺寸，宜符合下列规定：

a）顶层设备梁的高度，不宜小于计算跨度的1/5，且净跨度与截面高度之比不宜小于4；梁的宽度不宜小于梁高度的1/2；

b）下层梁的宽度不宜小于柱宽（矩形柱指长边长）的1/2；

c）柱子净高度与截面高度之比不宜小于4；

d）平台板厚度不宜小于100mm。

10.4.10　基础内插筋与框架柱纵向钢筋连接，应符合下列规定：

a）基础内预埋插筋的数量、直径、间距以及钢筋种类，应与柱内纵向钢筋相同；

b）插筋与柱内纵向筋连接，宜采用机械连接或焊接，当受拉钢筋直径不小于25mm，受压钢筋直径不小于32mm时，不宜采用绑扎搭接；

c）采用焊接或机械连接时，同一接头区段内的接头面积率不应大于50%，接头区段长度为35d；

d）当采用绑扎搭接时，每侧钢筋少于4根时，可在同一平面上搭接，搭接长度取1.6l_a；每侧钢筋4根至8根时，应在两个平面上依次搭接，搭接长度取1.4.l_a；每侧钢筋多于8根时，应在三个平面上依次搭接，搭接长度取1.2l_a。

10.4.11　钢框架柱基础的构造，应符合下列规定：

a）地脚螺栓中心至基础边缘的距离，不应小于4倍地脚螺栓直径，且不应小于150mm；柱脚底板边缘至基础边缘的距离，不应小于50mm；

b）基础顶面高出地坪不宜小于200mm，项面宜预留40mm厚的二次浇灌层，待钢柱安装找正后，用无收缩灌浆料或高出基础混凝土一个强度等级的细石混凝土浇灌；

c）基础短柱内的配筋由计算确定，竖向钢筋直径不宜小于16mm，间距不宜大于250mm，箍筋直径不宜小于8mm，地脚螺栓范围内的箍筋间距不宜大于100mm；

d）柱脚底板下宜设置抗剪键。

10.4.12　钢框架柱基础的地脚螺栓宜采用直埋。

10.4.13　所有钢结构构件应采取有效的防腐措施。

10.4.14　钢框架的耐火保护，应符合现行SH 3135的有关规定。

附录A
（规范性附录）
塔型设备的基本自振周期计算

A.1 计算风荷载时，塔型设备的基本自振周期，可按下列公式计算：

a） 圆筒（柱）式塔基础，塔的壁厚 $\delta_1 \leqslant 30$mm：

当 $h^2/D_0 < 700$ 时，

$$T_1 = 0.35 + 0.85 \times 10^{-3}\frac{h^2}{D_0} \tag{A.1}$$

当 $h^2/D_0 \geqslant 700$ 时，

$$T_1 = 0.25 + 0.99 \times 10^{-3}\frac{h^2}{D_0} \tag{A.2}$$

式中 T_1——塔型设备的基本自振周期，s；

h——从基础底板顶面至设备顶面的总高度，m；

D_0——塔型设备外径，对变直径塔，可按各段高度和外径求加权平均外径，m。

b） 框架式塔基础，塔的壁厚 $\delta_1 \leqslant 30$mm：

$$T_1 = 0.56 + 0.40 \times 10^{-3}\frac{h^2}{D_0} \tag{A.3}$$

c） 当数个塔由联合平台连成一排时，垂直于排列方向的各塔的基本自振周期（T_1）值可采用主塔（即周期最大的塔）的基本自振周期。平行于排列方向的各塔基本自振周期（T_1）值，则采用主塔基本自振周期乘以折减系数0.9。

A.2 地震作用时塔型设备的基本自振周期，按本规范公式（A.1）、（A.2）、（A.3）计算时，应乘以震时周期加长系数1.15。

注：对于壁厚 $\delta_1 > 30$mm 的塔型设备，尚无统一计算方法，其自振周期可按现行有关理论计算：

附录B （资料性附录）顶部弯矩 M_T 作用下在环梁上地脚螺栓处所产生的集中竖向荷载计算公式及水平圆弧梁在集中竖向荷载作用下弯矩、剪力、扭矩计算公式

顶部弯矩 M_T 作用下在环梁上地脚螺栓处所产生的集中竖向荷载计算公式及水平圆弧梁在集中竖向荷载作用下弯矩、剪力矩可按表 B.1 计算。

表 B.1 顶部弯矩 M_T 作用下在环梁上地脚螺栓处所产生的集中竖向荷载计算公式及水平圆弧梁在集中竖向荷载作用下弯矩、剪力、扭矩计算公式

圆弧梁支柱数	地脚螺栓数	荷载简图	框架顶部弯矩作用下地脚螺栓处产生的集中竖向荷载/kN P_1	P_2	P_3	最大剪力 V_{max}/kN	环梁高宽比	跨中弯矩 M_C /kN·m	支座弯矩 M_A、M_B /kN·m	最大扭矩 M_{kmax} /kN·m	最大扭矩处与跨中轴线夹角 φ
4	8	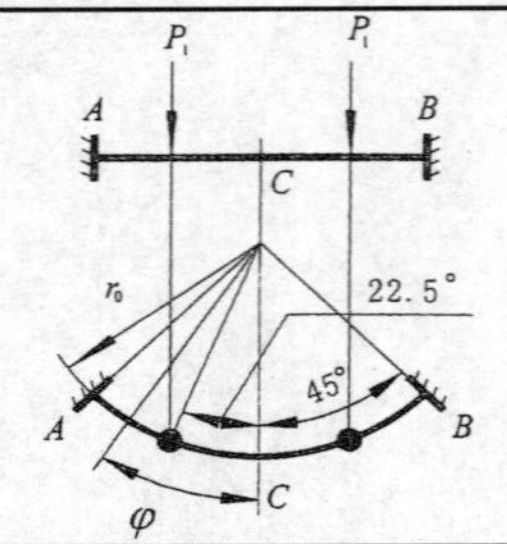	$\frac{M_T}{4.33r_0}$	—	—	P_1+P_a	1.0	$0.08145(P_1+P_a)r_0$	$-0.32509(P_1+P_a)r_0$	$0.03391(P_1+P_a)r_0$	26°41′
							1.2	$0.07951(P_1+P_a)r_0$	$-0.32646(P_1+P_a)r_0$	$0.03304(P_1+P_a)r_0$	26°35′
							1.5	$0.07653(P_1+P_a)r_0$	$-0.32857(P_1+P_a)r_0$	$0.03171(P_1+P_a)r_0$	26°26′
							1.75	$0.074(P_1+P_a)r_0$	$-0.33036(P_1+P_a)r_0$	$0.03059(P_1+P_a)r_0$	26°19′
							2.0	$0.07161(P_1+P_a)r_0$	$-0.33205(P_1+P_a)r_0$	$0.02953(P_1+P_a)r_0$	26°11′
	12	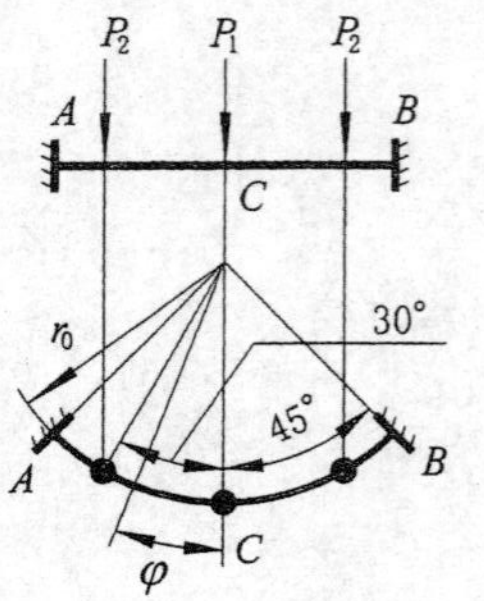	$\frac{M_T}{6r_0}$	$\frac{M_T}{6.93r_0}$	—	$\frac{P_1}{2}+P_2+1.5P_a$	1.0	$[0.18357(P_1+P_a)+0.03392(P_2+P_a)]r_0$	$-[0.22375(P_1+P_a)+0.23483(P_2+P_a)]r_0$	$[0.03172(P_1+P_a)+0.01354(P_2+P_a)]r_0$	23°31′
							1.2	$[0.18184(P_1+P_a)+0.03287(P_2+P_a)]r_0$	$-[0.22498(P_1+P_a)+0.23558(P_2+P_a)]r_0$	$[0.03118(P_1+P_a)+0.01297(P_2+P_a)]r_0$	23°15′
							1.5	$[0.17916(P_1+P_a)+0.03125(P_2+P_a)]r_0$	$-[0.22687(P_1+P_a)+0.23672(P_2+P_a)]r_0$	$[0.03035(P_1+P_a)+0.01212(P_2+P_a)]r_0$	22°50′
							1.75	$[0.17689(P_1+P_a)+0.02987(P_2+P_a)]r_0$	$[0.22848(P_1+P_a)+0.2377(P_2+P_a)]r_0$	$[0.02965(P_1+P_a)+0.01142(P_2+P_a)]r_0$	22°28′
							2.0	$[0.17474(P_1+P_a)+0.02857(P_2+P_a)]r_0$	$[0.22999(P_1+P_a)+0.23862(P_2+P_a)]r_0$	$[0.02899(P_1+P_a)+0.01076(P_2+P_a)]r_0$	22°8′

续表

圆弧梁支柱数	地脚螺栓数	荷载简图	框架顶部弯矩作用下地脚螺栓处产生的集中竖向荷载/kN			最大剪力 $/V_{max}$ kN	环梁高宽比	跨中弯矩 M_C /kN·m	支座弯矩 M_A、M_B /kN·m	最大扭矩 M_{kmax} /kN·m	最大扭矩处与跨中轴线夹角 φ
			P_1	P_2	P_3						
4	16	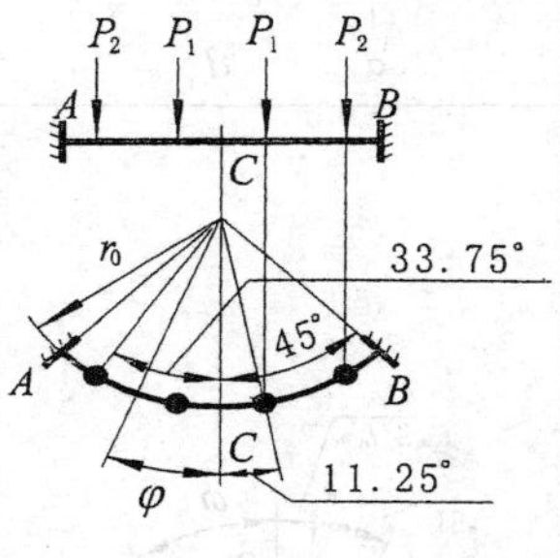	$\frac{M_T}{8.16r_0}$	$\frac{M_T}{9.62r_0}$	—	$P_1+P_2+2P_a$	1.0	$[0.19708(P_1+P_a)$ $+0.01837(P_2+P_a)]r_0$	$[0.41622(P_1+P_a)$ $+0.1821(P_2+P_a)]r_0$	$[0.05615(P_1+P_a)$ $+0.00709(P_2+P_a)]r_0$	22°43′
							1.2	$[0.19403(P_1+P_a)$ $+0.01772(P_2+P_a)]r_0$	$-[0.41837(P_1+P_a)$ $+0.18256(P_2+P_a)]r_0$	$[0.05503(P_1+P_a)$ $+0.00679(P_2+P_a)]r_0$	22°32
							1.5	$[0.18934(P_1+P_a)$ $+0.01672(P_2+P_a)]r_0$	$[0.42168(P_1+P_a)$ $+0.18327(P_2+P_a)]r_0$	$[0.05332(P_1+P_a)$ $+0.00633(P_2+P_a)]r_0$	22°15′
							1.75	$[0.18535(P_1+P_a)$ $+0.01587(P_2+P_a)]r_0$	$-[0.42451(P_1+P_a)$ $+0.18387(P_2+P_a)]r_0$	$[0.05188(P_1+P_a)$ $+0.00595(P_2+P_a)]r_0$	22°
							2.0	$[0.18159(P_1+P_a)$ $+0.01507(P_2+P_a)]r_0$	$-[0.42717(P_1+P_a)$ $+0.18444(P_2+P_a)]r_0$	$[0.05054(P_1+P_a)$ $+0.00559(P_2+P_a)]r_0$	21°47′
	20	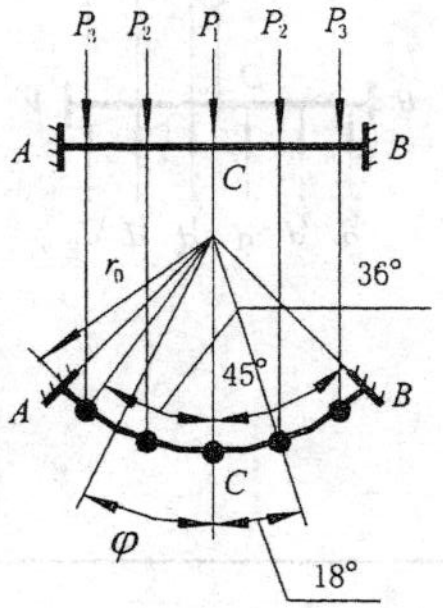	$\frac{M_T}{10r_0}$	$\frac{M_T}{10.52r_0}$	$\frac{M_T}{12.36r_0}$	$\frac{P_1}{2}+P_2+P_3+2.5P_a$	1.0	$[0.18357(P_1+P_a)$ $+0.12115(P_2+P_a)$ $0.01147(P_3+P_a)]r_0$	$-[0.22375(P_1+P_a)$ $+0.36833(P_2+P_a)$ $+0.14832(P_3+P_a)]r_0$	$[0.03183(P_1+P_a)$ $+0.04365(P_2+P_a)$ $+0.00454(P_3+P_a)]r_0$	23°19′
							1.2	$[0.18184(P_1+P_a)$ $+0.11871(P_2+P_a)$ $+0.01103(P_3+P_a)]r_0$	$-[0.22498(P_1+P_a)$ $+0.37005(P_2+P_a)$ $0.14863(P_3+P_a)]r_0$	$[0.03122(P_1+P_a)$ $+0.04264(P_2+P_a)$ $+0.00434(P_3+P_a)]r_0$	23°10′
							1.5	$[0.17916(P_1+P_a)$ $+0.11496(P_2+P_a)$ $+0.01036(P_3+P_a)]r_0$	$-[0.022687(P_1+P_a)$ $+0.3727(P_2+P_a)$ $+0.14911(P_3+P_a)]r_0$	$[0.0303(P_1+P_a)$ $+0.04109(P_2+P_a)$ $+0.00403(P_3+P_a)]r_0$	22°55′
							1.75	$[0.17689(P_1+P_a)$ $+0.11177(P_2+P_a)$ $+0.00978(P_3+P_a)]r_0$	$-[0.22848(P_1+P_a)$ $+0.37495(P_2+P_a)$ $0.14952(P_3+P_a)]r_0$	$[0.02952(P_1+P_a)$ $+0.03978(P_2+P_a)$ $+0.00378(P_3+P_a)]r_0$	22°43′
							2.0	$[0.17474(P_1+P_a)$ $+0.10876(P_2+P_a)$ $+0.00924(P_3+P_a)]r_0$	$-[0.22999(P_1+P_a)$ $+0.32646(P_2+P_a)$ $0.12521(P_3+P_a)]r_0$	$[0.02879(P_1+P_a)$ $+0.03855(P_2+P_a)$ $+0.00354(P_3+P_a)]r_0$	22°32′

续表

圆弧梁支柱数	地脚螺栓数	荷载简图	框架顶部弯矩作用下地脚螺栓处产生的集中竖向荷载/kN P_1	P_2	P_3	最大剪力 $/V_{max}$ kN	环梁高/宽比	跨中弯矩 M_C /kN·m	支座弯矩 M_A、M_B /kN·m	最大扭矩 M_{kmax} /kN·m	最大扭矩处与跨中轴线夹角 φ
4	24	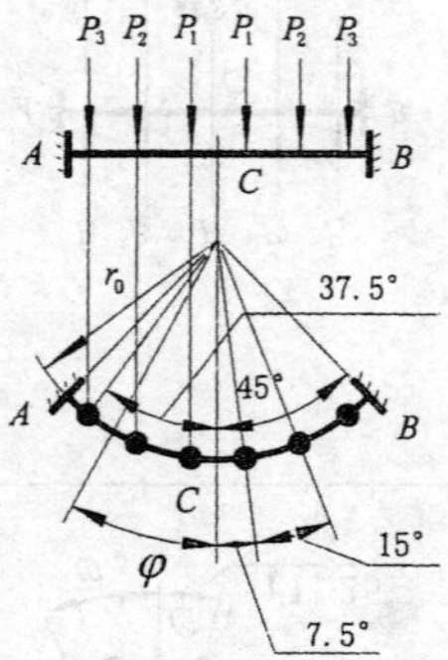	$\frac{M_T}{12.1r_0}$	$\frac{M_T}{12.99r_0}$	$\frac{M_T}{15.13r_0}$	$P_1+P_2+P_3+3P_a$	1.0	$[0.24781(P_1+P_a)$ $+0.08145(P_2+P_a)$ $+0.00783(P_3+P_a)]r_0$	$-[0.43354(P_1+P_a)$ $+0.32509(P_2+P_a)$ $+0.12499(P_3+P_a)$	$[0.05967(P_1+P_a)$ $+0.03274(P_2+P_a)$ $+0.00318(P_3+P_a)]r_0$	23°57′
							1.2	$[0.24452(P_1+P_a)$ $+0.07951(P_2+P_a)$ $+0.00751(P_3+P_a)]r_0$	$-[0.43586(P_1+P_a)$ $+0.32646(P_2+P_a)$ $+0.12521(P_3+P_a)]r_0$	$[0.05848(P_1+P_a)$ $+0.03183(P_2+P_a)$ $+0.00303(P_3+P_a)]r_0$	23°48′
							1.5	$[0.23948(P_1+P_a)$ $+0.07653(P_2+P_a)$ $+0.00703(P_3+P_a)]r_0$	$[0.43946(P_1+P_a)$ $+0.32857(P_2+P_a)$ $+0.12556(P_3+P_a)$	$[0.05666(P_1+P_a)$ $+0.03045(P_2+P_a)$ $+0.00281(P_3+P_a)]r_0$	23°36′
							1.75	$[0.23518(P_1+P_a)$ $+0.074(P_2+P_a)$ $+0.00661(P_3+P_a)]r_0$	$-[0.44246(P_1+P_a)$ $+0.33036(P_2+P_a)$ $+0.12585(P_3+P_a)]r_0$	$[0.05513(P_1+P_a)$ $+0.02928(P_2+P_a)$ $0.00263(P_3+P_a)]r_0$	23°25′
							2.0	$[0.23112(P_1+P_a)$ $+0.07161(P_2+P_a)$ $+0.00623(P_3+P_a)]r_0$	$-[0.44533(P_1+P_a)$ $+0.33205(P_2+P_a)$ $+S0.12612(P_3+P_a)]r_0$	$[0.0537(P_1+P_a)$ $+0.02817(P_2+P_a)$ $+0.00246(P_3+P_a)]r_0$	23°14′
6	12	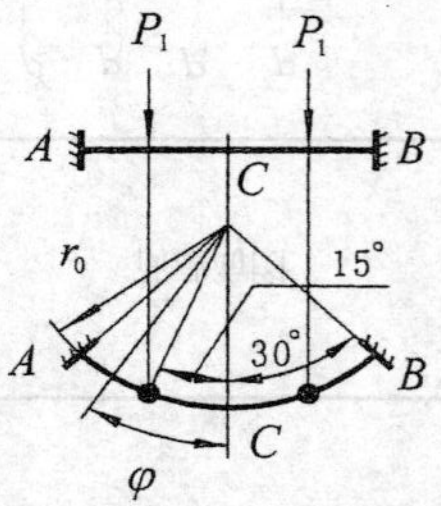	$\frac{M_T}{6.21r_0}$	—	—	P_1+P_a	1.0	$0.0601(P_1+P_a)r_0$	$-0.20677(P_1+P_a)r_0$	$0.01721(P_1+P_a)r_0$	18°17′
							1.2	$0.05928(P_1+P_a)r_0$	$-0.20748(P_1+P_a)r_0$	$0.01695(P_1+P_a)r_0$	18°14′
							1.5	$0.05791(P_1+P_a)r_0$	$-0.20866(P_1+P_a)r_0$	$0.01653(P_1+P_a)r_0$	18°10′
							1.75	$0.05666(P_1+P_a)r_0$	$-0.20975(P_1+P_a)r_0$	$0.01614(P_1+P_a)r_0$	18°6′
							2.0	$0.05538(P_1+P_a)r_0$	$-0.21086(P_1\ \ P_a)r_0$	$0.01574(P_1+P_a)r_0$	18°2′

续表

圆弧梁支柱数	地脚螺栓数	荷载简图	框架顶部弯矩作用下地脚螺栓处产生的集中竖向荷载/kN			最大剪力 $/V_{max}$ kN	环梁高宽比	跨中弯矩 M_C /kN·m	支座弯矩 M_A、M_B /kN·m	最大扭矩 M_{kmax} /kN·m	最大扭矩处与跨中轴线夹角 φ
			P_1	P_2	P_3						
6	18	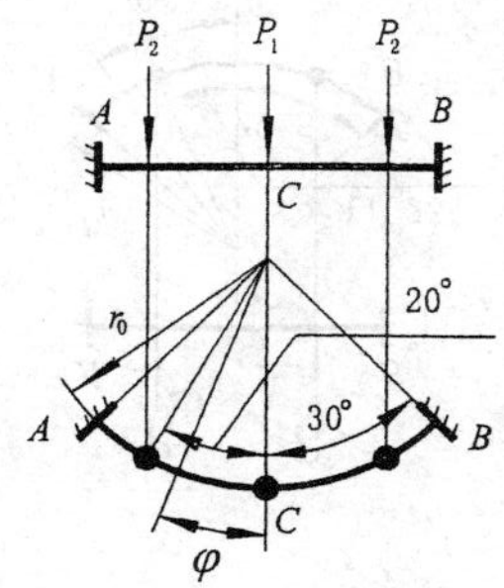	$\frac{M_T}{9r_0}$	$\frac{M_T}{9.58r_0}$	—	$\frac{P_1}{2}+P_2+1.5P_a$	1.0	$[0.12679(P_1+P_a)+0.02599(P_2+P_a)]r_0$	$-[0.1402(P_1+P_a)+0.15114(P_2+P_a)]r_0$	$[0.01523(P_1+P_a)+0.0076(P_2+P_a)]r_0$	17°
							1.2	$[0.12605(P_1+P_a)+0.02553(P_2+P_a)]r_0$	$-[0.14084(P_1+P_a)+0.15154(P_2+P_a)]r_0$	$[0.01506(P_1+P_a)+0.00741(P_2+P_a)]r_0$	16°52′
							1.5	$[0.12484(P_1+P_a)+0.02479(P_2+P_a)]r_0$	$-[0.14189(P_1+P_a)+0.15218(P_2+P_a)]r_0$	$[0.0148(P_1+P_a)+0.00711(P_2+P_a)]r_0$	16°40′
							1.75	$[0.12371(P_1+P_a)+0.0241(P_2+P_a)]r_0$	$-[0.141286(P_1+P_a)+0.15278(P_2+P_a)]r_0$	$[0.01456(P_1+P_a)+0.00683(P_2+P_a)]r_0$	16°28′
							2.0	$[0.12257(P_1+P_a)+0.0234(P_2+P_a)]r_0$	$-[0.14385(P_1+P_a)+0.15338(P_2+P_a)]r_0$	$[0.01431(P_1+P_a)+0.00656(P_2+P_a)]r_0$	16°17′
	24	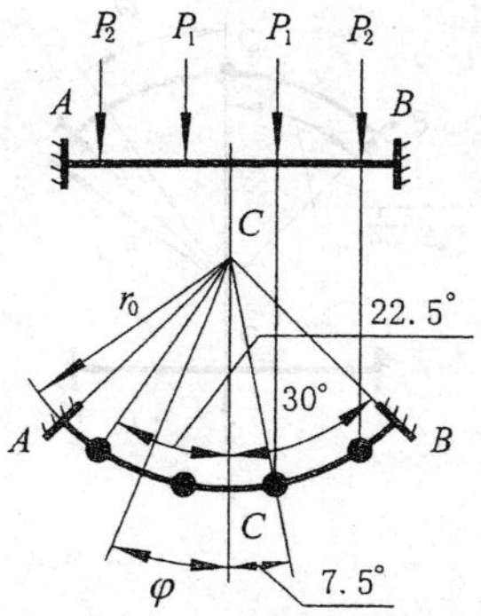	$\frac{M_T}{12.1r_0}$	$\frac{M_T}{12.99r_0}$	—	$P_1+P_2+2P_a$	1.0	$[0.13963(P_1+P_a)+0.01439(P_2+P_a)]r_0$	$-[0.26176(P_1+P_a)+0.11807(P_2+P_a)]r_0$	$[0.0275(P_1+P_a)+0.00397(P_2+P_a)]r_0$	16°1′
							1.2	$[0.13833(P_1+P_a)+0.01411(P_2+P_a)]r_0$	$-[0.26289(P_1+P_a)+0.11831(P_2+P_a)]r_0$	$[0.02716(P_1+P_a)+0.00387(P_2+P_a)]r_0$	15°56′
							1.5	$[0.13619(P_1+P_a)+0.01365(P_2+P_a)]r_0$	$-[0.26474(P_1+P_a)+0.11871(P_2+P_a)]r_0$	$[0.02661(P_1+P_a)+0.00372(P_2+P_a)]r_0$	15°48′
							1.75	$[0.13422(P_1+P_a)+0.01322(P_2+P_a)]r_0$	$-[0.26644(P_1+P_a)+0.11908(P_2+P_a)]r_0$	$[0.0261(P_1+P_a)+0.00357(P_2+P_a)]r_0$	15°40′
							2.0	$[0.13222(P_1+P_a)+0.01279(P_2+P_a)]r_0$	$-[0.26818(P_1+P_a)+0.11945(P_2+P_a)]r_0$	$[0.02559(P_1+P_a)+0.00343(P_2+P_a)]r_0$	15°32′

续表

圆弧梁支柱数	地脚螺栓数	荷载简图	框架顶部弯矩作用下地脚螺栓处产生的集中竖向荷载/kN P_1	P_2	P_3	最大剪力 $/V_{max}$ kN	环梁高宽比	跨中弯矩 M_C /kN·m	支座弯矩 M_A、M_B /kN·m	最大扭矩 M_{kmax} /kN·m	最大扭矩处与跨中轴线夹角 φ
8	8	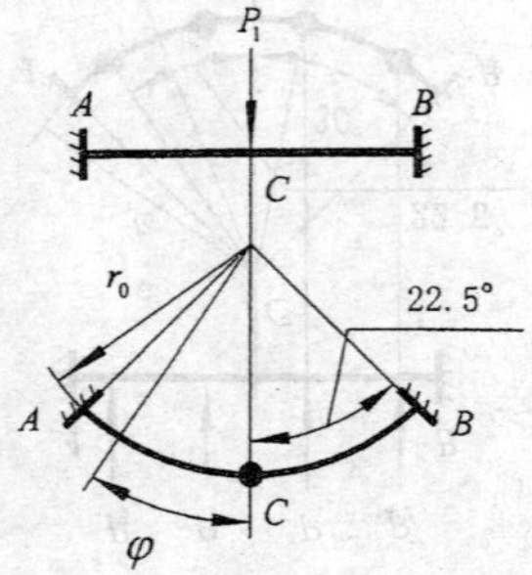	$\frac{M_T}{4r_0}$	—	—	$\frac{P_1+P_a}{2}$	1.0	$0.09639(P_1+P_a)r_0$	$-0.10229(P_1+P_a)r_0$	$0.00921(P_1+P_a)r_0$	10°55′
							1.2	$0.09603(P_1+P_a)r_0$	$-0.10262(P_1+P_a)r_0$	$0.00914(P_1+P_a)r_0$	10°53′
							1.5	$0.09543(P_1+P_a)r_0$	$-0.10317(P_1+P_a)r_0$	$0.00903(P_1+P_a)r_0$	10°49′
							1.75	$0.09486(P_1+P_a)r_0$	$-0.1037(P_1+P_a)r_0$	$0.00892(P_1+P_a)r_0$	10°45′
							2.0	$0.09426(P_1+P_a)r_0$	$-0.10426(P_1+P_a)r_0$	$0.00881(P_1+P_a)r_0$	10°41′
	16	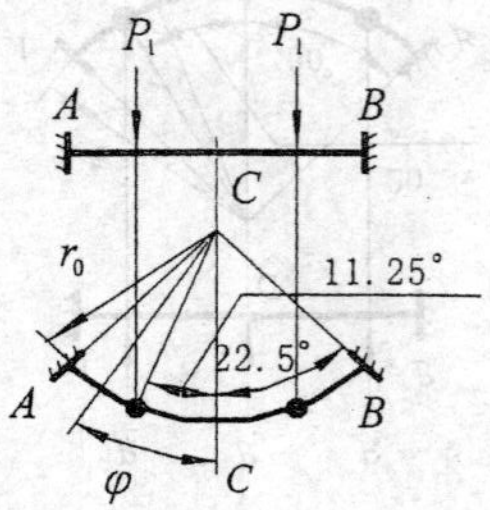	$\frac{M_T}{8.16r_0}$	—	—	P_1+P_a	1.0	$0.04677(P_1+P_a)r_0$	$-0.15188(P_1+P_a)r_0$	$0.01017(P_1+P_a)r_0$	13°52′
							1.2	$0.04637(P_1+P_a)r_0$	$-0.15225(P_1+P_a)r_0$	$0.01007(P_1+P_a)r_0$	13°50′
							1.5	$0.0457(P_1+P_a)r_0$	$-0.15287(P_1+P_a)r_0$	$0.00991(P_1+P_a)r_0$	13°48′
							1.75	$0.04505(P_1+P_a)r_0$	$-0.15347(P_1+P_a)r_0$	$0.00976(P_1+P_a)r_0$	13°46′
							2.0	$0.04438(P_1+P_a)r_0$	$-0.15409(P_1+P_a)r_0$	$0.0096(P_1+P_a)r_0$	13°44′

续表

圆弧梁支柱数	地脚螺栓数	荷载简图	框架顶部弯矩作用下地脚螺栓处产生的集中竖向荷载/kN			最大剪力 $/V_{max}$ kN	环梁高宽比	跨中弯矩 Mc /kN·m	支座弯矩 M_A、M_B /kN·m	最大扭矩 M_{kmax} /kN·m	最大扭矩处与跨中轴线夹角 φ
			P_1	P_2	P_3						
8	24	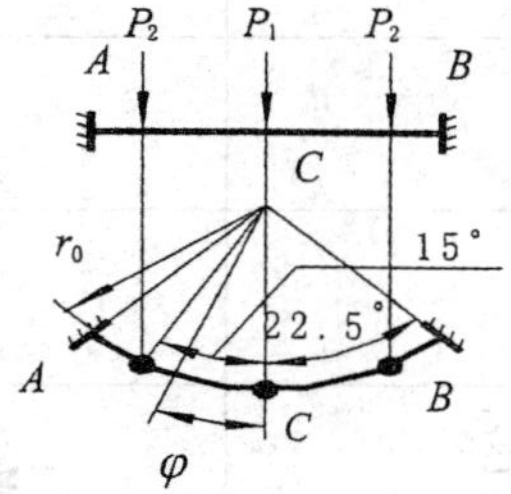	$\frac{M_T}{12r_0}$	$\frac{M_T}{12.42r_0}$	—	$\frac{P_1}{2}+P_2+1.5P_a$	1.0	$[0.09639(P_1+P_a)+0.02047(P_2+P_a)]r_0$	$-[0.10229(P_1+P_a)+0.11161(P_2+P_a)]r_0$	$[0.00881(P_1+P_a)+0.00466(P_2+P_a)]r_0$	13°10′
							1.2	$[0.09603(P_1+P_a)+0.02025(P_2+P_a)]r_0$	$-[0.10262(P_1+P_a)+0.11182(P_2+P_a)]r_0$	$[0.00875(P_1+P_a)+0.00459(P_2+P_a)]r_0$	13°6′
							1.5	$[0.09543(P_1+P_a)+0.01988(P_2+P_a)]r_0$	$-[0.10317(P_1+P_a)+0.11216(P_2+P_a)]r_0$	$[0.00865(P_1+P_a)+0.00447(P_2+P_a)]r_0$	13°
							1.75	$[0.09486(P_1+P_a)+0.01953(P_2+P_a)]r_0$	$-[0.1037(P_1+P_a)+0.11248(P_2+P_a)]r_0$	$[0.00856(P_1+P_a)+0.00436(P_2+P_a)]r_0$	12°53′
							2.0	$[0.09426(P_1+P_a)+0.01916(P_2+P_a)]r_0$	$-[0.10426(P_1+P_a)+0.11282(P_2+P_a)]r_0$	$[0.00846(P_1+P_a)+0.00424(P_2+P_a)]r_0$	12°47′
	32	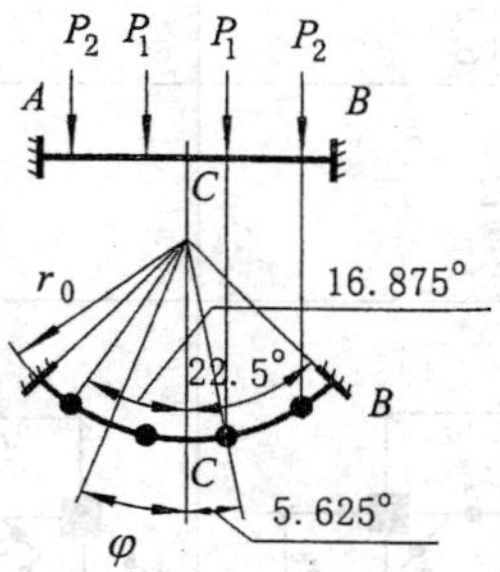	$\frac{M_T}{16.08r_0}$	$\frac{M_T}{16.72r_0}$	—	$P_1+P_2+2P_a$	1.0	$[0.10713(P_1+P_a)+0.01141(P_2+P_a)]r_0$	$-[0.19131(P_1+P_a)+0.08747(P_2+P_a)]r_0$	$[0.01605(P_1+P_a)+0.00243(P_2+P_a)]r_0$	12°17′
							1.2	$[0.10651(P_1+P_a)+0.01128(P_2+P_a)]r_0$	$-[0.19188(P_1+P_a)+0.0876(P_2+P_a)]r_0$	$[0.01592(P_1+P_a)+0.00239(P_2+P_a)]r_0$	12°14′
							1.5	$[0.10545(P_1+P_a)+0.01105(P_2+P_a)]r_0$	$-[0.19286(P_1+P_a)+0.08781(P_2+P_a)]r_0$	$[0.01571(P_1+P_a)+0.00233(P_2+P_a)]r_0$	12°10′
							1.75	$[0.101445(P_1+P_a)+0.01083(P_2+P_a)]r_0$	$-[0.19379(P_1+P_a)+0.08801(P_2+P_a)]r_0$	$[0.01552(P_1+P_a)+0.00227(P_2+P_a)]r_0$	12°6′
							2.0	$[0.10339(P_1+P_a)+0.0106(P_2+P_a)]r_0$	$-[0.19447(P_1+P_a)+0.08822(P_2+P_a)]r_0$	$[0.01531(P_1+P_a)+0.00221(P_2+P_a)]r_0$	12°2′

注:1. 表中 $P_a=F_T/n_1$。

2. 表中最大扭矩计算公式及最大扭矩与跨中轴线夹角因与 F_T 及 M_T 的大小有关,表中取近似值。

3. 可采用内插法求出表中钢筋混凝土环梁高度比没有列出的计算公式。

附录 C(资料性附录)
方形框架梁弯矩(M_T)作用下地脚螺栓处所产生的集中竖向荷载分布计算公式

方形框架梁弯矩(M_T)作用下地脚螺栓处所产生的集中竖向荷载，可按表 C.1 计算。

表 C.1　方形框架梁弯矩(M_T)作用下地脚螺栓处所产生的集中竖向荷载分布计算公式

简图	地脚螺栓数量	集中竖向荷载							
		P_1	P_2	P_3	P_4	P_5	P_6	P_7	P_8
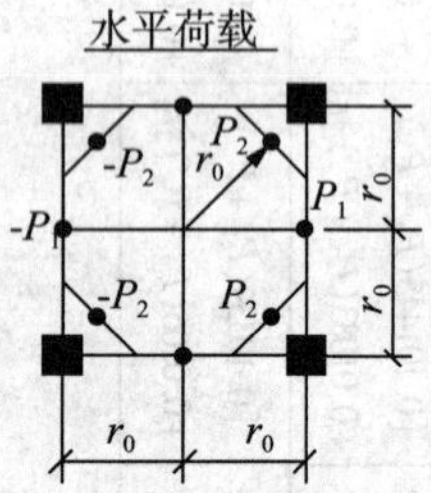	8	$\frac{M_T}{4r_0}$	$\frac{M_T}{5.66r_0}$	—	—	—	—	—	—
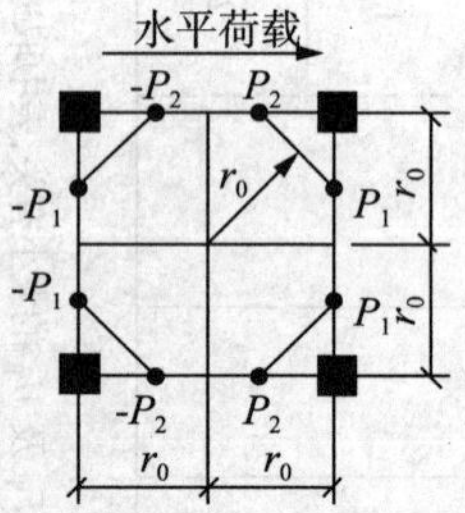	8	$\frac{M_T}{4.33r_0}$	$\frac{M_T}{10.45r_0}$	—	—	—	—	—	—
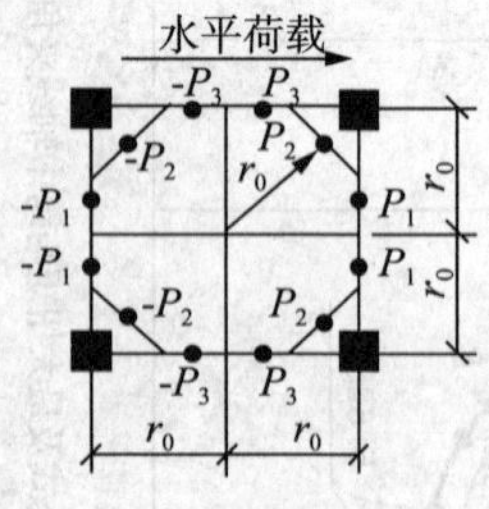	12	$\frac{M_T}{6.21r_{00}}$	$\frac{M_T}{8.49r_0}$	$\frac{M_T}{23.18r_0}$	—	—	—	—	—
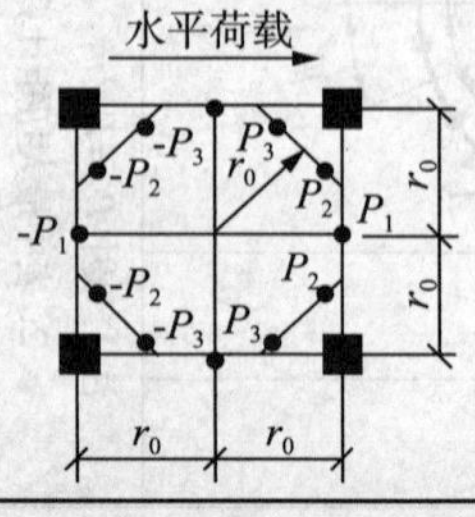	12	$\frac{M_T}{6r_0}$	$\frac{M_T}{6.93r_0}$	$\frac{M_T}{12r_0}$	—	—	—	—	—

续表

简图	地脚螺栓数量	集中竖向荷载							
		P_1	P_2	P_3	P_4	P_5	P_6	P_7	P_8
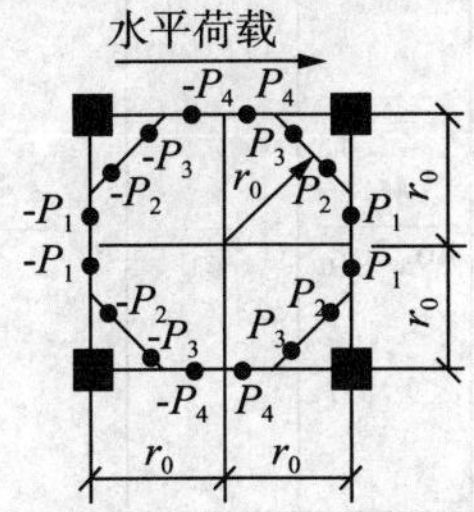	16	$\frac{M_T}{8.16r_0}$	$\frac{M_T}{9.62r_0}$	$\frac{M_T}{14.4r_0}$	$\frac{M_T}{41.01r_0}$	—	—	—	—
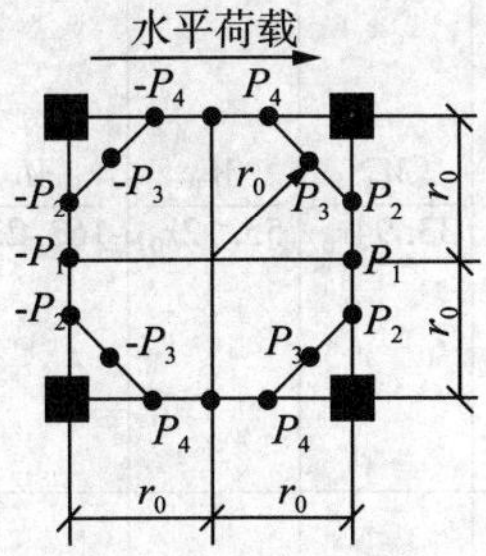	16	$\frac{M_T}{8r_0}$	$\frac{M_T}{8.66r_0}$	$\frac{M_T}{11.31r_0}$	$\frac{M_T}{20.91r_0}$	—	—	—	—
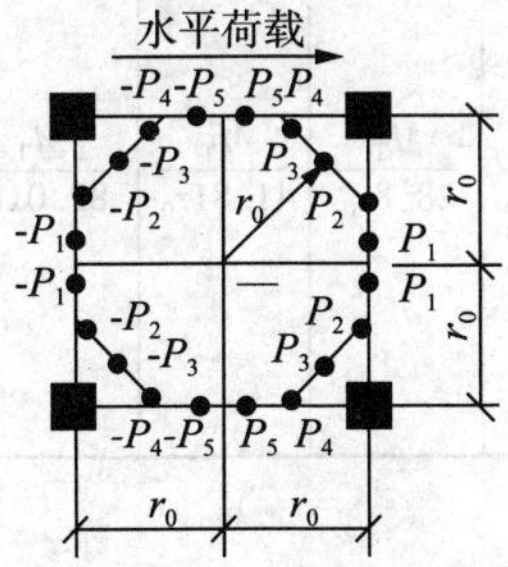	20	$\frac{M_T}{10.13r_0}$	$\frac{M_T}{11.22r_0}$	$\frac{M_T}{14.14r_0}$	$\frac{M_T}{22.03r_0}$	$\frac{M_T}{63.92r_0}$	—	—	—
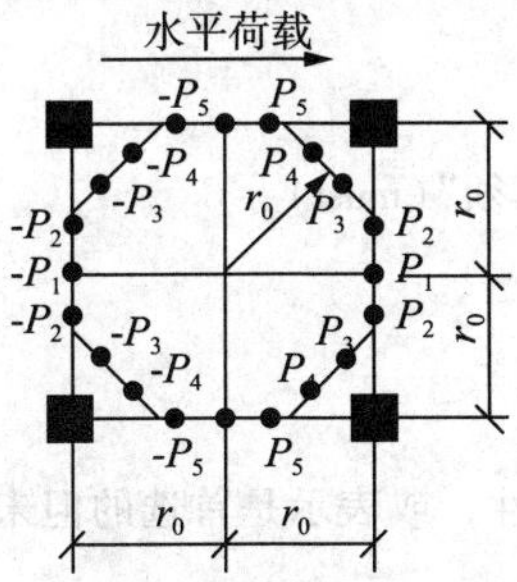	20	$\frac{M_T}{10r_0}$	$\frac{M_T}{10.52r_0}$	$\frac{M_T}{12.36r_0}$	$\frac{M_T}{17.01r_0}$	$\frac{M_T}{32.36r_0}$	—	—	—
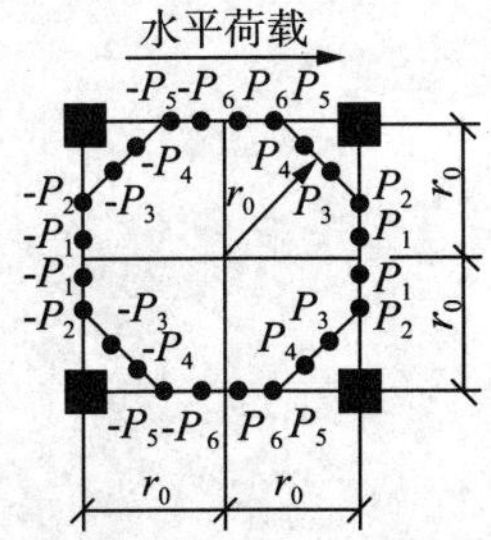	24	$\frac{M_T}{12.1r_0}$	$\frac{M_T}{12.99r_0}$	$\frac{M_T}{15.13r_0}$	$\frac{M_T}{19.71r_0}$	$\frac{M_T}{31.36r_0}$	$\frac{M_T}{91.99r_0}$	—	—

续表

简图	地脚螺栓数量	集中竖向荷载							
		P_1	P_2	P_3	P_4	P_5	P_6	P_7	P_8
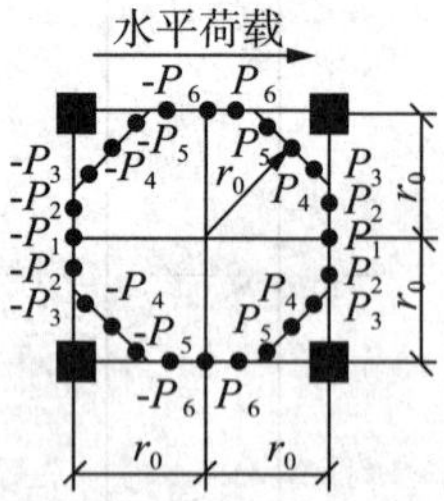	24	$\frac{M_T}{12r_0}$	$\frac{M_T}{12.42r_0}$	$\frac{M_T}{13.86r_0}$	$\frac{M_T}{16.97r_0}$	$\frac{M_T}{24r_0}$	$\frac{M_T}{46.36r_0}$	—	—
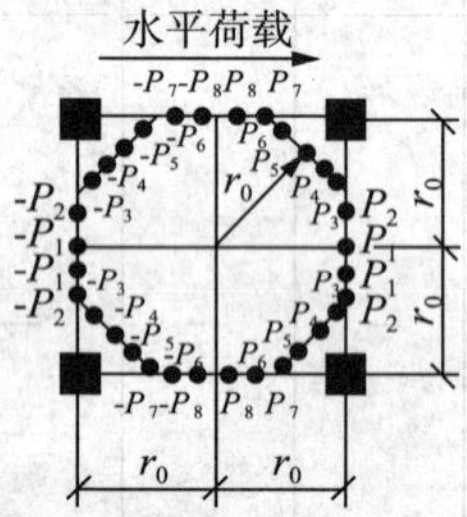	32	$\frac{M_T}{16.08r_0}$	$\frac{M_T}{16.72r_0}$	$\frac{M_T}{18.14r_0}$	$\frac{M_T}{20.7r_0}$	$\frac{M_T}{25.22r_0}$	$\frac{M_T}{33.94r_0}$	$\frac{M_T}{55.12r_0}$	$\frac{M_T}{163.23r_0}$
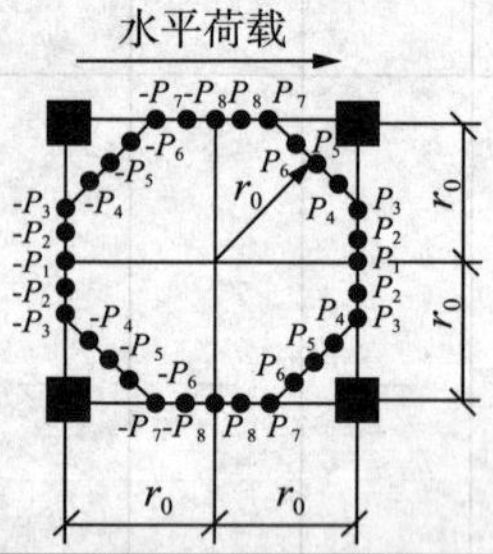	32	$\frac{M_T}{16r_0}$	$\frac{M_T}{16.31r_0}$	$\frac{M_T}{17.32r_0}$	$\frac{M_T}{19.24r_0}$	$\frac{M_T}{22.63r_0}$	$\frac{M_T}{28.8r_0}$	$\frac{M_T}{41.81r_0}$	$\frac{M_T}{82.01r_0}$

用词说明

对本规范条文中要求执行严格程度用的助动词，说明如下：

（一）表示要求很严格、非这样做不可并具有法定责任时，用的助动词为“必须”（must）；

（二）表示要准确地符合规范而应严格遵守时，用的助动词为：

正面词采用“应”（shall）；

反面词采用“不应”或“不得”（shall not）。

（三）表示在几种可能性中推荐特别合适的一种，不提及也不排除其他可能性，或表示是首选的但未必是所要求的，或表示不赞成但也不禁止某种可能性时，用的助动词为：

正面词采用“宜”（should）；

反面词采用“不宜”（should not）。

（四）表示在规范的界限内所允许的行动步骤时，用的助动词为：

正面词采用“可”（may）；

反面词采用“不必”（need not）。

6. 石油化工管架设计规范

(SH/T 3055—2007 代替 SH 3055—1993)

目　录

1　范围

本规范规定了石油化工管架的基本规定、荷载和地震作用计算、管架计算、管架结构构造和管墩等设计规定。

本规范适用于石油化工用管架、管墩设计。

本规范不适用于管道本身作受力结构及其他跨越江河的大型跨越管架的设计。

2　规范性引用文件

下列文件中的条款通过本规范的引用而成为本规范的条款。凡是注日期的引用文件，其随后所有的修改单(不包括勘误的内容)或修订版均不适用于本规范。然而，鼓励根据本规范达成协议的各方研究是否可使用这些文件的最新版本。凡是不注日期的文件，其最新版本适用于本规范。

GB/T 8923 涂装前钢材表面锈蚀等级和除锈等级

GB 50007—2002 建筑地基基础设计规范

GB 50009—2001 建筑结构荷载规范

GB 50010—2002 混凝土结构设计规范

GB 50011—2001 建筑抗震设计规范

GB 50017—2003 钢结构设计规范

GB 50046 工业建筑防腐蚀设计规范

SH 3137 石油化工钢结构防火保护技术规范

3　术语和定义

下列术语和定义适用于本规范。

3.1　管架 pipe rack

支撑架空管道的各种结构总称。

3.2　管墩 pipe sleeper

支撑高度较低管道的墩式结构。

3.3　活动管架 sliding pipe rack

管道支座与管架为滑动或滚动连接，管道与管架之间可产生相对位移的管架。

3.3.1　刚性活动管架 rigid sliding pipe rack

活动管架(柱)刚度较大，管道受热膨胀时，管架的水平位移不能满足管道受热变形的需要，管道与管架之间产生相对位移的管架。

3.3.2　柔性活动管架 flexible sliding pipe rack

活动管架(柱)刚度较小，管道受热膨胀时，管架的水平位移能满足管道受热变形的需要，管道与管架之间不产生相对位移的管架。

3.4　固定管架 fixed pipe rack anchor pipe rack

管道支座与管架为固定连接，管道与管架之间不允许产生相对位移的管架。

4　主要符号

下列主要符号适用于本规范。

4.1　作用和作用效应符号

F_{gk}——管架承受的管道轴向水平推力标准值(以下简称轴向水平推力)；

F_{uk}——管架沿管道轴向位移折算的等效水平推力标准值(以下简称等效水平推力)；

F'_{uk}——管道与管架摩擦产生的管道水平推力标准值；

F_{tk}——管道补偿器弹力标准值；
G_k——正常操作时管道荷载标准值；
f_a——修正后的地基承载力特征值；
p_k——基础底面处的平均压力标准值；
p_{kmax}——基础底面边缘处的最大压力标准值；
w_0——基本风压；
δ——单位力作用于架顶时产生的架顶位移。

4.2 几何参数

d——管道外径（包括保温层）；
l_d——前后相邻管架间管道长度之半。

4.3 计算系数及其他

W_n——管架径向风荷载标准值；
W_t——竖向弯管风荷载标准值；
k_j——牵制系数；
n——管道根数；
n_0——固定管道根数；
q_{vk}——管道竖向均布荷载标准值；
Δ——主要热管道膨胀量；
μ_z——风压高度变化系数；
μ_j——钢与钢的静摩擦系数；
μ_s——风荷载体型系数。

5 基本规定

5.1 管架、管墩的建筑结构安全等级应为二级，设计基准期为50年。

5.2 管架、管墩的抗震设防类别为丙类。

5.3 管架、管墩基础设计等级为丙级。

5.4 混凝土耐久性应符合GB 50010—2002的要求。

5.5 管架分类如下：

a） 按结构形式可分为：独立式管架（可分为刚性管架和柔性管架）、跨越式管架、纵梁（桁架）式管架、拉杆式管架、吊索式管架和特种管架；
b） 按管道在管架上的支承条件分为：固定管架和活动管架；
c） 按材料分为：混凝土管架、钢管架和组合管架；
d） 按受力情况分为：普通管架和特种管架。

5.6 同时具备下列条件的管架称为特种管架：

a） 支撑直径大于等于500mm的振动管道；
b） 支撑的管道根数不多于3根；
c） 管架高度大于10m。

5.7 独立式活动管架可采用刚性管架，亦可采用柔性管架。当管架较低或管道膨胀量较大时，应按刚性管架设计；当管架较高且管道膨胀量较小时，宜采用柔性管架。

5.8 刚、柔性管架可按下列判别式确定：

刚性管架 $$F_{uk} \geq F_{gk} \tag{1}$$

柔性管架 $$F_{uk} < F_{gk} \tag{2}$$

式中 F_{gk}——轴向水平推力；

F_{uk}——等效水平推力。

5.9　外形简单、改建可能性不大的管架，宜采用混凝土结构；外形复杂，振动管道较多，改建可能性较大的管架，宜采用钢结构。

5.10　纵梁式管架应符合下列规定：

a）每侧应设置至少一根通长纵梁；

b）伸缩缝间距：钢结构不宜大于120m，混凝土结构不宜大于70m；

c）在每个温度区段的中间部位，应设置纵向上、下柱间支撑。

5.11　主要支承振动管道的管架，应按刚性管架设计，宜采用钢结构。

5.12　特种管架宜采用空间钢构架。

5.13　钢结构管架的梁柱节点，宜采用刚接。

5.14　管架构件的最大挠度计算值不应超过表1规定的挠度限值。

表1　构件挠度限值

构件类型	挠度限值
混凝土梁： 当 l_0 <7m 时 当 9m≥l_0≥7m 时 当 l_0 >9m 时	 $l_0/200$ $l_0/250$ $l_0/300$
横、纵向钢梁	$l_0/250$
钢桁架 纵向钢托梁	$l_0/500$ $l_0/400$

注：1. 表中 l_0 为构件计算跨度。

2. 如构件施工制作时预先起拱，在验算挠度时，可将计算所得的挠度值减去合理起拱值。

3. 计算悬臂构件的挠度限值时，其计算跨度 l_0 按实际悬臂长度的2倍取值。

4. 纵向钢桁架的挠度限值可根据实际工程情况适当放宽。

5.15　当梁柱节点为铰接时，混凝土管架柱计算长度，应按表2采用。

表2　混凝土梁柱铰接管架柱计算长度

管架类型		单跨		双跨	
		轴向	径向	轴向	径向
独立式管架	单层	(1.25～1.50)H	1.50H	(1.25～1.50)H	1.25H
	多层	1.25H	1.25H	1.25H	1.00H
纵梁式管架	单层	1.00H	1.50H	1.00H	1.25H
	多层	1.00H	1.25H	1.00H	1.00H

注：1. 表中轴向、径向指管道轴线方向和直径方向。

2. 表中(1.25～1.50)的取值，取决于管道对管架梁作用的大小；若管道重量大、根数多取小值，反之取大值。

3. H——柱高度，m；对于单层管架，取基础顶面至梁底的高度；对于多层管架，一般取基础顶面至下层梁底的高度。

5.16　当梁柱节点为刚接时，混凝土管架柱计算长度，应按表3采用。

表 3 梁柱刚接管架柱计算长度

管架类型		单跨		双跨		T 型架	
		轴向	径向	轴向	径向	轴向	径向
独立式管架	单层	$(1.25\sim1.50)H$	$1.50H$	$(1.25\sim1.50)H$	$1.00H$	$(1.25\sim1.50)H$	$2.00H$
	多层	$1.25H$	$1.25H$	$1.25H$	$1.00H$		
纵梁式管架	单层	$1.00H$	$1.50H$	$1.00H$	$1.00H$		
	多层	$1.00H$	$1.25H$	$1.00H$	$1.00H$		

注：1. 表中轴向、径向指管道轴线方向和直径方向。

2. 表中$(1.25\sim1.50)$的取值，取决于管道对管架梁作用的大小；若管道重量大、根数多取小值，反之取大值。

3. H—柱高度，m；对于单层管架，取基础顶面至梁底的高度；对于多层管架，一般取基础顶面至下层梁底的高度。

5.17 独立式钢管架柱轴向计算长度应按表 3 的规定采用，径向计算长度等于柱高乘以计算长度系数，计算长度系数按 GB 50017—2003 的规定采用。

5.18 钢结构构件的长细比不宜超过表 4 的容许值。

表 4 钢结构构件的容许长细比

构件名称		容许长细比
固定管架柱		120
刚性管架柱		150
柔性管架柱		200
柱间交叉支撑		300
一般柱间人字撑		200
柱间支撑上横杆		150
纵梁式管架的纵梁	受拉	300
	受压	150

注：纵梁式管架的受压纵梁，当其内力等于或小于承载能力的 50% 时，容许长细比值可取 200。

5.19 混凝土管架柱的长细比不宜超过表 5 的容许值。

表 5 混凝土管架柱的容许长细比

构件名称	容许长细比
固定管架柱	25
刚性管架柱	30
柔性管架柱	40

注：长细比计算对应考虑与柱计算方向相对应的计算长度和柱截面尺寸。

5.20 管架混凝土强度等级，钢筋混凝土梁柱不应低于 C25；钢筋混凝土基础不应低于 C25；素混凝土基础不应低于 C20。

5.21 管墩混凝土强度等级，活动管墩不应低于 C20；固定管墩不应低于 C25。

5.22 钢筋宜采用 HRB400、HRB335 和 HPB235 钢筋；型钢和钢板宜采用 Q235、Q345 钢；地脚螺栓宜采用 Q235 钢。

5.23　钢管架构件除必须采取防锈措施(除锈后涂以油漆或金属镀层等)外，构造上尚宜避免出现难于检查、清刷和油漆之处以及能积留湿气和大量灰尘的死角或凹槽。闭口截面构件应沿全长和端部焊接封闭。钢材表面的除锈等级应符合 GB/T 8923 的规定。

5.24　管架的防腐蚀应符合 GB 50046 的要求。

5.25　钢管架的防火应符合 SH 3137 的要求。

6　管架荷载和地震作用

6.1　竖向荷载

6.1.1　竖向荷载应包括结构自重、管道自重、设备重、附件重、保温重、介质重或试压时的水重、顶棚重、电缆和桥架重。

6.1.2　作用于管架横梁上的管道竖向荷载，宜按下列规定计算：

a）多根密排管道，宜按均布荷载计算；当遇有一根管道作用于梁上的荷载大于 10kN 时，该管道应单独按集中荷载考虑；

b）当预留管道无法确定时，可按图 1、式(3)所示进行计算；在选择计算区段时，应考虑该区段的代表性，并考虑后续管道可能出现的不利布置。

$$q_{vk}=\frac{\sum_{i=1}^{n}F_i}{l} \tag{3}$$

式中　q_{vk}——管道竖向均布荷载标准值，kN/m；

F_i——第 i 单根管道的竖向荷载标准值，kN；

l——管道计算区段长度，m；

n——管道计算区段内的管道根数(应大于 4 根)。

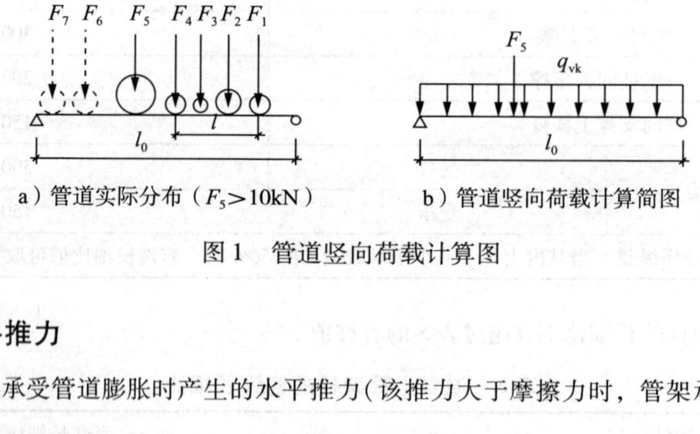

a）管道实际分布（F_5>10kN）　　b）管道竖向荷载计算简图

图 1　管道竖向荷载计算图

6.2　管道水平推力

6.2.1　活动管架承受管道膨胀时产生的水平推力(该推力大于摩擦力时，管架承受摩擦力)应按下列规定确定：

a）活动管架构件支承的管道符合下列条件之一者，水平推力可忽略不计：

1)输送介质的温度不超过 40℃；

2)管道至少 10 根，且最高温度(包括扫线温度)低于 130℃；

3)主要热管道重量与全部管道重量之比小于 0.15；

注：主要热管道是指计算某构件时，对该构件产生最不利水平推力的那根管道。

b）刚性管架水平推力，应按下式计算：

$$F_{gk}=k_j G_k \mu_j \tag{4}$$

式中　k_j——牵制系数，按本规范 6.2.2 和 6.2.3 条计算；

G_k——主要热管所在层正常操作时管道的竖向荷载标准值，kN；

μ_j——钢与钢的摩擦系数，取 0.3。

c） 柔性管架水平推力，应按下式计算：

混凝土管架：
$$F_{uk}=\frac{3B_s k_j \Delta}{H^3} \tag{5}$$

钢管架：
$$F_{uk}=\frac{3EIk_j \Delta}{H^3} \tag{6}$$

式中 B_s———管道轴向，管架的短期刚度；

Δ——主要热管道膨胀量。

d） 活动管架水平推力作用点在梁顶。

6.2.2 计算牵制系数 k_j 时，主要热管道质量与全部管道质量之比 a 按下列原则计算：

a） 计算梁时，考虑该层梁上的全部管道重量，并从中选用一根主要热管道计算 a 值；

b） 计算柱和基础时，考虑整个管架上的全部管道重量，并从各层主要热管道中选用一根起控制作用的主要热管道计算 a 值，管架水平推力作用在主要热管道所在的层。

注1：计算柱和基础时，主要热管所在层与相邻层间距较大时，相邻层管道对主要热管所在层管道的牵制作用减小，此时牵制系数应加大。

注2：计算柱和基础时，当顶层有较大管道且与下层管道间距较大时，可分成上下两部分，分别计算水平推力。

6.2.3 牵制系数 k_j 应按下列原则取值：

当管道根数 $n<3$ 时；$k_j=1.0$

当管道根数 $n=3$ 时：

当 $a<0.5$ 时：$k_j=0.5$

当 $a>0.7$ 时：$k_j=1.0$

当 $0.5\leqslant a\leqslant 0.7$ 时，用插值；

当管道根数，$n\geqslant 4$ 时：

当 $a\geqslant 0.8$ 时：$k_j=1.0$

当 $a<0.6$ 时：$k_j=0.5-(0.6-a)^{1.8}$

当 $0.6\leqslant a<0.8$，时用插值；

当 $k_j<0.2$ 时：$k_j=0.2$。

6.2.4 固定管架的水平推力为管道补偿器弹力和活动管架的反作用力。设计时应根据配管专业提供的水平推力，并考虑两侧活动管架的不平衡水平推力。

6.2.5 固定管架水平推力作用点：挡板式在梁顶以下1/3的梁上挡板高度处；焊接式在管道中心处(图2)。

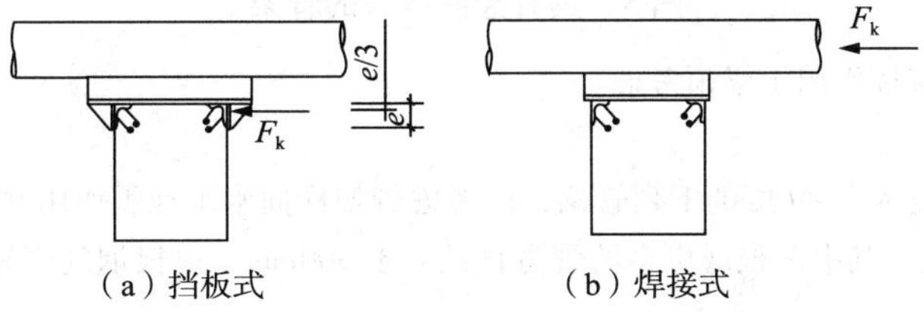

（a）挡板式　　（b）焊接式

注：e 为挡板高度

图2 固定管架荷载作用点

6.3 风荷载

6.3.1 作用于管架横向的风荷载包括管道径向风荷载、管架柱及纵向构件风荷载。管架柱纵向构件的风荷载可按 GB 50009—2001 计算。管道径向风荷载应按下式计算：

$$W_n=\mu_s\mu_z w_0 d l_d \tag{7}$$

式中 W_n——管道径向风荷载标准值，kN；

μ_s——风荷载体型系数，按表6选取；

μ_z——风压高度变化系数，按 GB 50009 采用；

d——管道外径(包括保温层)，多根管道一般取平均外径，m；

l_d——前后相邻管架间管道长度之半，m。

表6 风荷载体型系数

管道根数	体型系数，μ_s
单根	0.6
两根	0.9
三、四根	1.2
≥五根	1.4

注：1. 上述 μ_s 值适用于 $w_0d^2 \geq 0.015$ 的情况。当 $w_0d^2 \leq 0.002$ 时，应乘1.7后采用；当 $0.002 < w_0d^2 < 0.015$ 时，可按中间插入法计算。

2. 当按多根管道计算的值小于按最粗管道单根计算的值时，取单根管道计算的值。

3. 过马路桁架可能有广告牌，设计时应考虑。

6.3.2 对于支承竖向弯管的管架(见图3)，竖向弯管风荷载应按下式计算：

$$W_t = \mu'_s \mu_z w_0 l_h \Sigma d \tag{8}$$

式中 W_t——竖向弯管风荷载标准值，kN；

μ'_s——竖向弯管风荷载体型系数。单根管道时 $\mu'_s = 0.6$；两根管道时按 GB 50009—2001 上下双管取值；两根以上管道时 $\mu'_s = 1.3$；

l_h——竖向弯管高度，m。

注1：上述 μ'_s 值适用于 $w_0d^2 \geq 0.015$ 的情况。当 $w_0d^2 \leq 0.002$ 时，应乘1.7后采用；当 $0.002 < w_0d^2 < 0.015$ 时，可按中间插入法计算。

注2：该风荷载加水平推力不应大于总摩擦力。

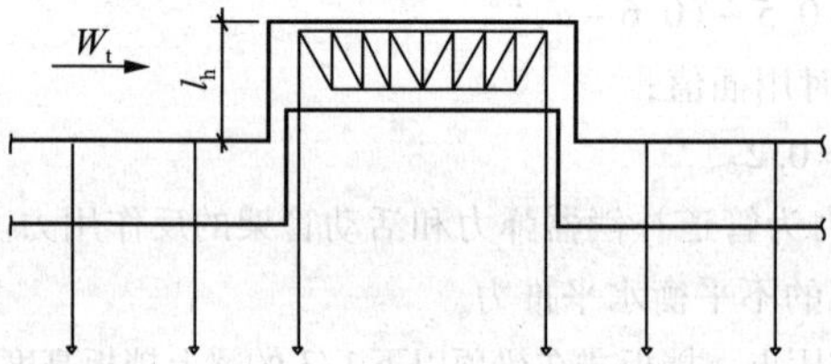

图3 具有竖向弯管的管架

6.3.3 管道风荷载应按作用于梁顶考虑。

6.4 地震作用

6.4.1 抗震设防烈度为7~9度的下列管架，应考虑管架横向水平地震作用并进行抗震验算：

a)管架上铺设的管道，其中三根或更多的管道直径大于500mm、单根烟气管道、转油管道和高温高压油气管道；

b)带重型顶盖的管架；

c)带空冷器或换热器平台的管架。

6度区的管架和7~9度区除上述以外的其他管架，可不进行管架横向水平抗震验算，但应符合现行抗震规范抗震措施要求。

6.4.2 抗震设防烈度为8度和9度时，跨度大于等于24m的管道或支承管道的桁架，应考虑竖向地震作用，竖向地震作用标准值可分别取总重力荷载代表值的10%和20%。

6.4.3 计算地震作用时，管架的重力荷载代表值应取结构、管道和介质自重标准值和各可变荷载组合值之和。作用在管架上的各可变荷载的组合值系数均取0.5。

6.5 管道振动荷载

6.5.1 下列管道属于振动管道:

a)直径大于等于200mm的蒸汽管道;

b)往复泵输送的液体管道;

c)时开时停、扫线频繁的原油、重油管道;

d)活塞式压缩机输送的气体管道;

e)装有快速切断阀的管道;

f)生产过程中突然升温增压的管道(如紧急放空线、去火炬管道):

g)转油管道、烟气管道;

h)温度大于200℃的高压管道;

i)其他容易产生振动的管道。

6.5.2 当计算支承振动管道的管架构件(基础除外)及其连接的强度时,所有振动管道的竖向荷载应乘以动力系数,并以此计算管道水平推力。对刚性活动管架和固定管架,动力系数取1.3。当配管专业按事故状态提供荷载值时,荷载不应乘以动力系数,也不应乘分项系数。

6.5.3 当计算支承振动管道的固定管架构件(基础除外)及其连接的强度时,补偿器反弹力应乘以1.3的动力系数。

6.5.4 对于不设限制振动设施的振动管道,应根据实际情况确定动力系数。

6.6 荷载效应组合

6.6.1 管架设计应按承载能力极限状态和正常使用极限状态分别进行荷载效应组合,并应取各自最不利的效应组合进行设计。

6.6.2 管架基本荷载分类、荷载代号、荷载分项系数,按表7确定。

表7 荷载代号及分项系数

荷载分类	荷载代号	荷载分项系数
结构自重,管道自重,附件、保温隔热、衬里重、设备重,电缆和仪表桥架重	(1)	1.2
管道操作介质重	(2)	1.2
管道平台操作活荷载	(3)	1.3
管道试压充水水重	(4)	1.1
活动管架水平推力	(5)	1.3
活动管架反作用于固定管架的水平推力	(6)	1.3
管道膨胀弹性反作用力	(7)	1.3
风荷载	(8)	1.4
水平地震作用	(9)	1.3
竖向地震作用	(10)	1.3

注:1. 振动管道的竖向力和水平力应乘动力系数。
2. 考虑施工时管壁厚度的增加和使用过程中保温材料容重的增加,荷载(1)的荷载分项系数可适当提高。
3. 当恒载效应起控制作用时,荷载(1)、(2)的荷载分项系数取1.35。

6.6.3 管架承载能力极限状态,应按表8采用荷载效应基本组合和地震作用效应组合,取最不利者进行设计。

表 8　承载能力极限状态效应组合

组合情况	参加组合内容
活动管架正常操作	(1)+(2)+(3)+(5)+(8)
固定管架正常操作	(1)+(2)+(3)+(6)+(7)+(8)
管线试压	(1)+(3)+(4)+(8)×β
水平地震作用	(1)+(2)+(9)
竖向地震作用	(1)+(2)+(10)

注：1. 特种管架β=0.6，其他管架β=1.0。
2. 荷载代号(1)~(10)的意义见表7。

6.6.4　工程分期建设时，应考虑各期工程的管道情况，按表8进行荷载效应组合，取其最不利者进行设计。

6.6.5　管架正常使用极限状态，应验算梁(或桁架)竖向挠度，并按表9进行效应组合。混凝土管架应按荷载效应标准组合并考虑荷载长期作用影响的刚度进行计算；钢管架考虑荷载效应标准组合。

表 9　正常使用极限状态荷载效应标准组合

组合情况	参加组合内容
活动管架正常操作	(1)+(2)+(3)+(8)
固定管架正常操作	(1)+(2)+(3)+(8)
管线试压	(1)+(3)+(4)

注：1. 活动管架、固定管架上支承的管道，均应考虑充水试压。
2. 正常使用极限状态效应组合时，分项系数均取1.0。

6.6.6　混凝土管架计算荷载长期作用影响的刚度时，可变荷载的准永久值系数ψ_q可按下列规定采用：

管道操作介质重　　$\psi_q=1.0$

管道平台操作活动荷载　　$\psi_q=0.5$

管道振动力　　$\psi_q=0.7$

7　管架计算

7.1　独立式管架

7.1.1　独立式管架内力，应分别按下列要求进行平面内、平面外计算：

a)　管架柱按双向偏心受压构件设计。T型管架柱，还应进行抗扭计算；

b)　活动管架梁应按双向受弯计算。固定管架梁应按双向受弯兼受扭计算：计算受扭时，两端按固定考虑；

c)　当计算多层管架柱和基础时，轴向水平推力(或等效水平推力)作用在主要热管道所在层。

7.1.2　独立式活动管架宜采用刚性管架。当采用柔性管架时，管架的水平变位应满足管道受热膨胀的要求。

7.1.3　独立式管架结构基本自振周期计算和管架计算简图分别参见附录A和附录B。

7.2　纵梁式管架

7.2.1　纵梁式管架结构应以一个温度区段作为一个计算单元，管架横梁承受管道的竖向荷载和水平推力。

7.2.2　管架纵梁应能传递纵向拉力，并承受横向进出管道荷载和其他荷载。

7.2.3 纵梁的纵向拉力可按下式计算：

$$N_k = \sum_{i=1}^{n_0}(F_{tk} + \sum_{i=1}^{n_j} F_{gdt}) \tag{9}$$

式中 N_k——纵梁的纵向水平拉力标准值；

F_{tk}——作用于固定管架的管道补偿器弹力标准值；由配管专业提供；

F_{gdt}——活动刚性管架通过管道作用于固定管架的反作用力标准值；

n_0——固定管道根数(操作和扫线温度均不高于40℃的管道不考虑)；

n_j——固定管道至膨胀弯(或其它型式补偿器)前第一个管架之间活动管架数。

7.2.4 纵梁式管架的柱间支撑宜按构造要求设置。当受力较大需要计算强度时，柱间支撑承受两侧不平衡纵向力标准值可按下式计算：

$$N_{nek} = N_{kmax} - 0.8N_{kmin} \tag{10}$$

式中 N_{nek}——柱间支撑承受两侧不平衡纵向力标准值；

N_{kmax}——柱间支撑两侧纵梁承受水平拉力标准值的较大值；

N_{kmin}——柱间支撑两侧纵梁承受水平拉力标准值的较小值。

7.2.5 管架柱可不考虑管道水平推力作用。多层管架的纵梁只有一层时，宜考虑无纵梁处固定管架水平推力对柱产生的弯矩。

7.3 跨越式管架

7.3.1 跨越式管架和相邻第一个低管架(见图4)、相邻高低跨管架的竖向荷载和水平推力，均应乘以1.5的增大系数。若有振动管道，尚应按本规范6.5条规定，对振动管道乘以动力系数。

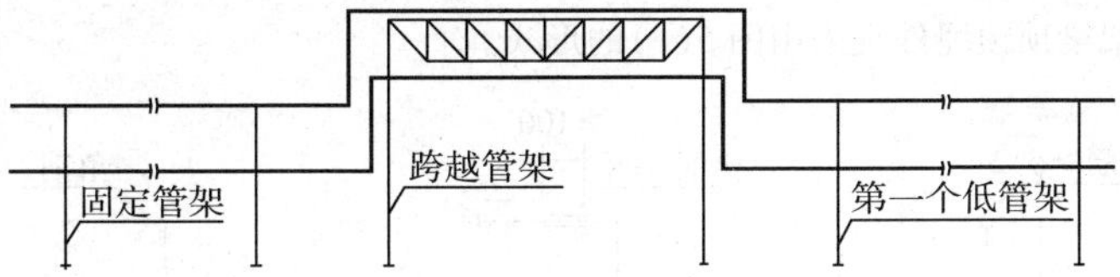

图4 跨越管架

7.3.2 计算跨越式管架的管道水平推力时，应考虑下列二种情况：

a)不带桁架的跨越式管架，宜按柔性管架设计。计算架顶变位时，管道长度取跨度的1/2；

b)带桁架跨越式管架与两侧的固定管架在同一轴线上时，可不考虑跨越式管架架顶的水平推力。

7.4 特种管架

7.4.1 特种管架支承振动管道，受力与普通管架相同。

7.4.2 当管道为滑动支座时，等效水平推力应按下列公式计算：

按刚性管架假定：

$$F'_{uk} = G_k\mu_j \tag{11}$$

按柔性管架假定：

$$F_{uk} = \frac{\Delta}{\delta} \tag{12}$$

式中 F'_{uk}——磨擦产生的管道水平推力标准值，kN；

Δ——管架最大允许位移，mm；

δ——单位力作用于架顶时产生的架顶位移，mm/kN，$\delta = \frac{H^3}{3EI_0}$；

I_0——整个管架沿管道轴线方向的截面惯性矩，mm^4。

结构计算时，取上述二式结果和管道轴向水平推力标准值三者的较小值。

7.4.3 当管道为滚动支座时，水平推力标准值应按下列公式计算并取其较小值：

按刚性管架假定：

$$F'_{uk} = G_k\mu_g \tag{13}$$

按柔性管架假定：按7.4.2条公式(12)计算

式中　μ_g——钢与钢滚动摩擦系数，取 0.1。

7.5　管架基础

7.5.1　活动管架基础的底面压力，应符合下式要求：

$$p_k \leqslant f_a \tag{14}$$

受偏心荷载作用时，除应满足公式 14 的要求外，尚应符合下式要求：

$$p_{kmax} \leqslant 1.2 f_a \tag{15}$$

式中　p_k——基础底面处的平均压力标准值；

p_{kmax}——基础底面边缘处的最大压力标准值；

f_a——修正后的地基承载力特征值。

7.5.2　计算固定管架基础时，除应满足式(14)和式(15)要求外，正常操作状态下零应力区面积应不超过基底总面积的 15%。

8　管架结构构造

8.1　混凝土管架梁断面不宜小于 200mm × 250mm；柱断面不宜小于 250mm × 250mm。

8.2　受力钢筋的混凝土保护层最小厚度，应根据混凝土耐久性及防腐要求确定，但不应小于下列值：

管架梁、柱：35mm；

有垫层基础：40mm；

无垫层基础：70mm。

8.3　混凝土管架梁顶应按图 5(a)或图 5(b)设通长预埋件。当管架需要设导向支座时，预埋件宜采用图 5(b)形式。固定管架梁顶预埋件宜采用图 5(c)的形式。

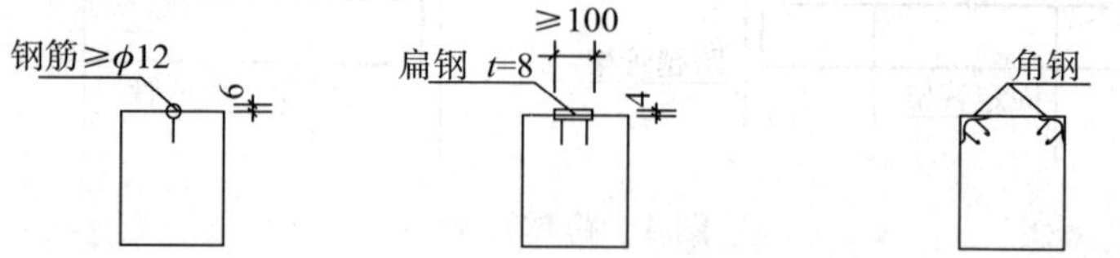

（a）活动管架梁预埋件-1　（b）活动管架梁预埋件-2　（c）固定管架梁预埋件

图 5　管架梁预埋件

8.4　混凝土管架的箍筋，宜符合下列要求：

a)“T”型管架的柱和固定管架梁的箍筋，应做成抗扭箍筋；

b)下列范围内柱的箍筋应按 GB 50011—2001 的要求设置并不低于本条要求，箍筋间距不应大于 100mm，箍筋直径不应小于 8mm：

1)固定管架、“T”型管架、跨越管架、特种管架和其它主要支承振动管道的管架、抗震设防烈度为 7 度 ~9 度区的管架，在柱顶以下 500mm 范围内和柱底至地坪以上 500mm 范围内；

2)柱间支撑与柱连接点中心上下各 300mm 范围内。

8.5　混凝土“T”型管架柱，其主筋伸入梁中的长度，应不小于 40 倍主筋直径。

8.6　装配式混凝土管架梁柱铰接节点，应符合图 6 的规定。

8.7　固定管架、跨越管架、特种管架和其他主要支承振动管道的管架、设有柱间支撑的管架、抗震设防烈度为 7 度 ~9 度区的管架，梁柱铰接节点预埋角钢的锚筋，不宜少于 4φ12，锚固长度不应小于 30 倍锚筋直径；当锚固长度不能满足时，应采取相应的措施。

8.8　纵向悬臂式管架悬臂梁的下部钢筋应不少于 2φ12。

8.9　固定管架的钢梁，宜采用封闭截面形式，不宜采用单根轧制工字钢或槽钢。

8.10　纵梁式管架柱间支撑，应满足下列要求：

a)柱间支撑宜各层连续设置，下柱支撑应确保水平力能直接传给基础；

b)交叉支撑在交叉点宜设节点板；

c)柱间支撑节点板的厚度不应小于8mm。

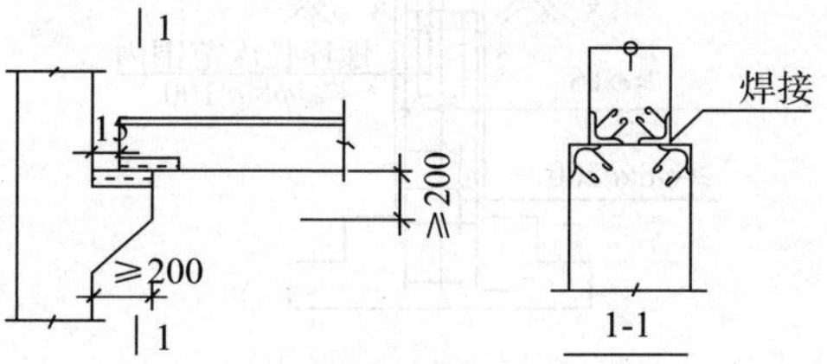

（a）下层梁柱节点

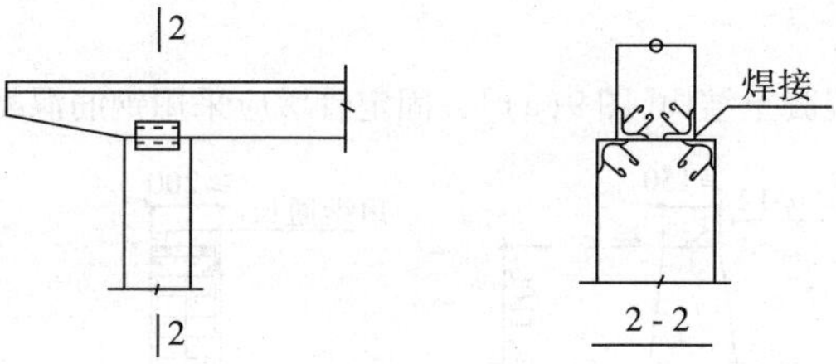

（b）顶层梁柱节点

图6　梁柱节点

8.11　纵梁式钢管架伸缩缝处纵梁，可如图7所示设椭圆孔。

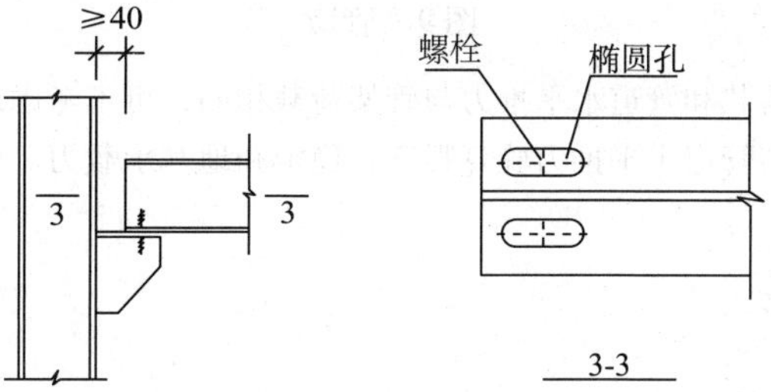

图7　钢管架伸缩缝构造

8.12　纵梁式管架采用混凝土或钢桁架纵梁时，伸缩缝处纵梁，可采用滚动支座。

8.13　设防烈度为7度~9度时，活动管架顶层梁端，应按下列规定设置挡板：

a)在管道直线段，每隔一个管架设一个；

b)管道转弯处必须设置；

c)每个特种管架上均应设置。

8.14　对特种管架和柱间支撑处的基础，地脚螺栓中心到混凝土基础边缘的距离，应不小于150mm且不小于4倍地脚螺栓直径；对一般管架基础，应不小于100mm且不小于4倍地脚螺栓直径。柱脚板边缘到基础边缘的距离，不宜小于50mm。

8.15　管架基础最小埋深不得小于700mm。冻土地区的管架基础，应符合GB 50007—2002中有关冻土地基的规定，有经验时基础埋深可适当减小。

8.16　钢管架基础顶面，应预留30~50mm的二次浇灌层，待柱安装后用比基础混凝土强度等级高一级的细石混凝土填实。基础顶面高出设计地面的高度，不宜小于150mm。

8.17　钢管架柱基础短柱构造配筋，应符合图8的要求。

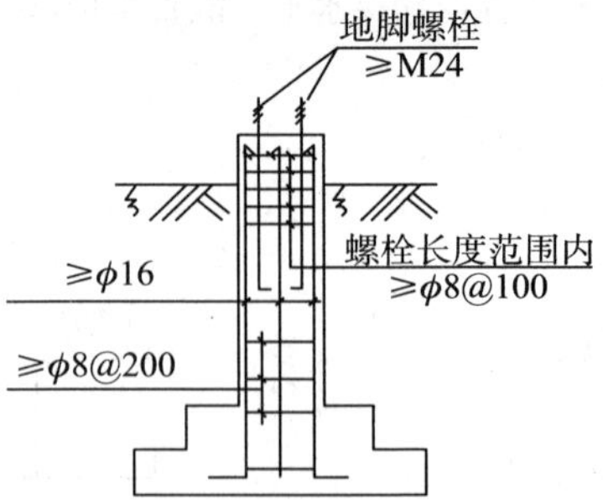

图 8 钢柱基础短柱配筋构造

9 管墩

9.1 活动管墩宜采用素混凝土结构[图 9(a)]，固定管墩应采用钢筋混凝土结构[图 9(b)]。

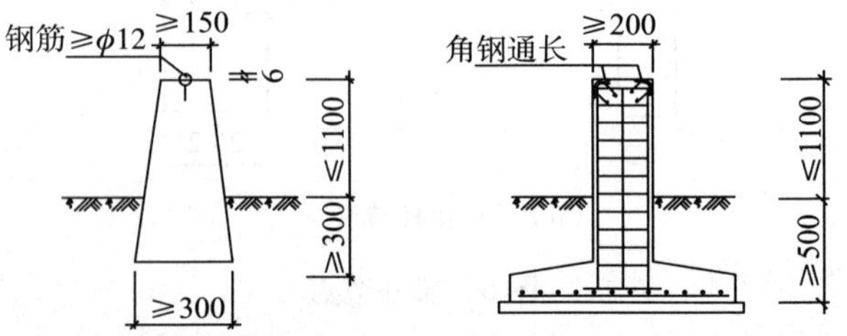

(a) 混凝土活动管墩 (b) 钢筋混凝土固定管墩

图 9 管墩

9.2 作用于管墩的竖向荷载和管道水平推力与管架荷载相同，可不考虑地震作用。

9.3 管墩应按竖向荷载与管道水平推力验算强度、稳定和地基承载力。

附录A
（资料性附录）
独立式管架结构基本自振周期计算

独立式管架结构基本自振周期可按图A.1和公式（A.1）计算：

$$T_1 = 2\pi\sqrt{\frac{G_{eq}}{gk}} \tag{A.1}$$

式中 T_1——管架基本自振周期；

g——重力加速度，取9.8m/s^2；

k——等效刚度：

钢管架（梁柱铰接时）：$k = \frac{3E\Sigma I}{H^3}$

混凝土管架（梁柱铰接时）：$k = \frac{3\Sigma B_s}{H^3}$；

E——钢管架柱钢材的弹性模量；

I——钢管架柱的截面惯性矩；

B_s——混凝土管架柱的短期刚度；

G_{eq}——结构等效总重力荷载，单层管架取总重力荷载代表值；二层以上管架为：

$$G_{eq} = G_n + \sum_{i=1}^{n-1}\left(\frac{H_i}{H_n}\right)^2 G_i$$

H_1，$H_2 \cdots H_n$——分别为各层管架到基础面的距离；

G_1，$G_2 \cdots G_n$——分别集中于H_1，$H_2 \cdots H_n$处的重力荷载代表值。

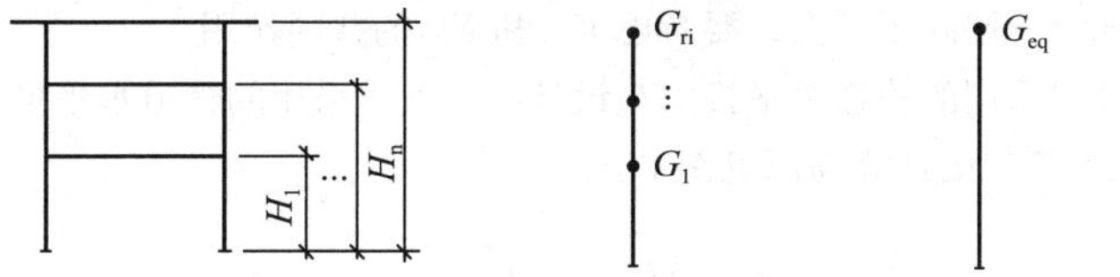

(a)结构简图　(b)质点分布　(c)等效水平质点

图A.1　管架基本自振周期计算简图

附录 B
（资料性附录）
独立式管架计算简图

B. 1　独立式单层刚性管架的计算简图见图 B. 1。

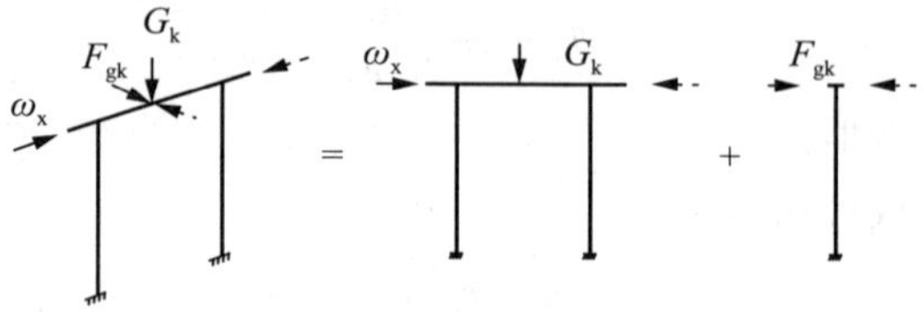

图 B. 1　单层刚性管架计算简图

图中竖向荷载 G_k 和水平推力 F_{gk}，仅表示荷载作用方向，不表示集中荷载或均布荷载。图中未表示梁柱连接方式（以下各简图亦相同）。

B. 2　独立式双层刚性管架的计算简图见图 B. 2。

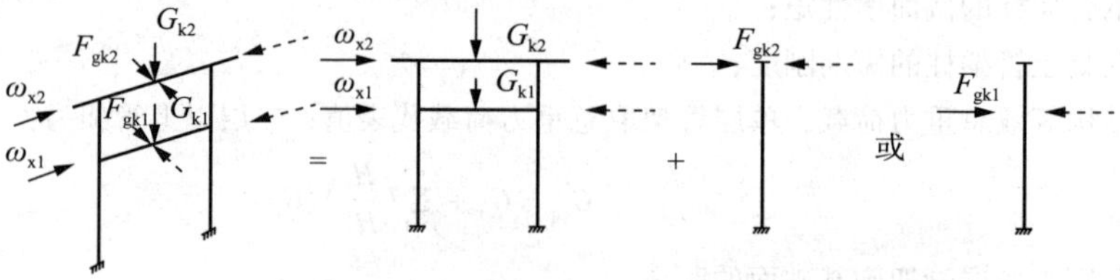

图 B. 2　双层刚性管架计算简图

设计柱和基础时，如上下层间距较大，要考虑 F_{gk1} 和 F_{gk2} 的共同作用。

双层刚性管架，设计梁采用的管道水平推力与设计柱、基础采用的管道水平推力不相同。

B. 3　独立式单层柔性管架的计算简图见图 B. 3。

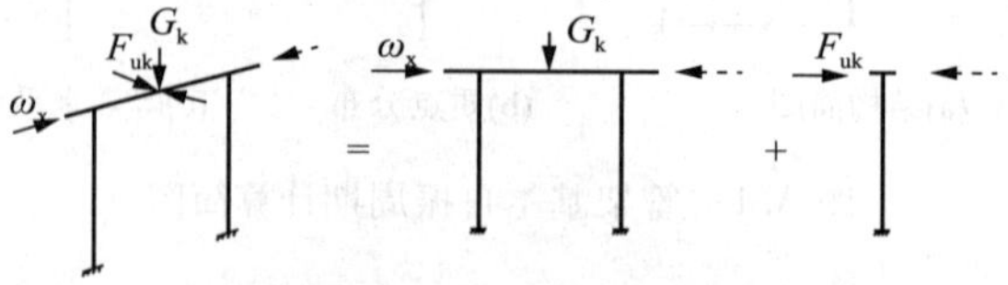

图 B. 3　单层柔性管架计算简图

B. 4　独立式双层柔性管架的计算简图见图 B. 4。

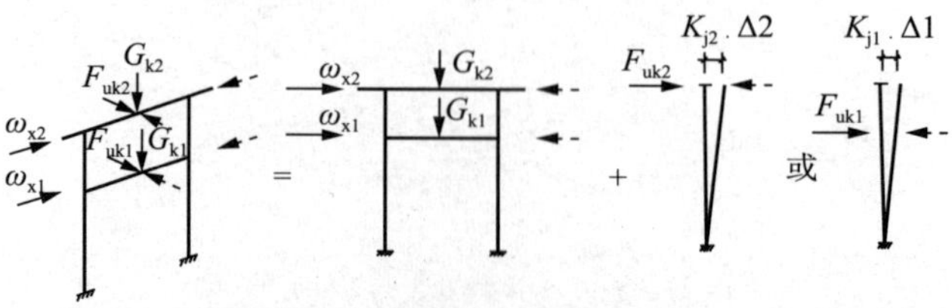

图 B. 4　双层柔性管架计算简图

用词说明

对本规范条文中要求执行严格程度用的助动词，说明如下：

(一)表示要求很严格、非这样做不可并具有法定责任时，用的助动词为“必须”(must)；

(二)表示要准确地符合规范而应严格遵守时，用的助动词为：

正面词采用“应”(shall)；

反面词采用“不应”或“不得”(shall not)。

(三)表示在几种可能性中推荐特别合适的一种，不提及也不排除其他可能性，或表示是首选的但未必是所要求的，或表示不赞成但也不禁止某种可能性时，用的助动词为：

正面词采用“宜”(should)；

反面词采用“不宜”(should not)。

(四)表示在规范的界限内所允许的行动步骤时，用的助动词为：

正面词采用“可”(may)；

反面词采用“不必”(need not)。

7. 石油化工控制室抗爆设计规范

（SH/T 3160—2009 本规范为首次发布）

目　　录

1 范围

本规范规定了石油化工控制室抗爆设计的要求。

本规范适用于新建的石油化工控制室的抗爆设计。改建或扩建的石油化工控制室的抗爆设计可参照执行。

2 规范性引用文件

下列文件中的条款通过本规范的引用而成为本规范的条款。凡是注日期的引用文件，其随后所有的修改单(不包括勘误的内容)或修订版均不适用于本规范，然而，鼓励根据本规范达成协议的各方研究是否可使用这些文件的最新版本。凡是不注日期的引用文件，其最新版本适用于本规范。

GB 50007 建筑地基基础设计规范

GB 50009 建筑结构荷载规范

GB 50010 混凝土结构设计规范

GB 50011 建筑抗震设计规范

GB 50019 采暖通风与空气调节设计规范

3 术语和主要符号

下列术语和主要符号适用于本规范。

3.1 术语

3.1.1 抗爆控制室 blast-resisrant control building

能满足企业生产及人身安全的需要，技术经济合理，抵抗来自建筑物外部爆炸冲击波的控制室。

3.1.2 抗爆防护门 blast-resistant door

能够抵抗来自建筑物外部爆炸冲击波的特种建筑用门。

3.1.3 抗爆人员通道门 blast-resistant access door

能满足人员正常进、出建筑物所需要的抗爆防护门。

3.1.4 抗爆设备通道门 blast-resistant equipment door

用于满足大型设备进出建筑物要求的抗爆防护门。

3.1.5 抗爆防护窗 blast-resistant window

能够抵抗来自建筑物外部爆炸冲击波的特种建筑用外窗。

3.1.6 安全玻璃 safety glass

符合强度要求的夹层玻璃或钢化玻璃。

3.1.7 隔离前室 air lock

设在人员通道上的内置式前室，是防止室外有害气体进入室内、保持室内正气压的建筑构造措施。

3.1.8 抗爆阀 blast-resistant valve

安装在抗爆建筑物的进风口、排风口上，能够抵抗来自建筑物外部爆炸冲击波的风阀。

3.2 主要符号

a——质点运动加速度；

A_s——构件配筋面积；

b——构件截面宽度；

C——结构或结构构件达到正常使用要求的规定限值；

C_e——侧墙、后墙及屋面荷载等效系数；

C_d——阻力系数；

d——构件截面高度；

D——冲击波前进方向建筑物宽度；

DIF——动力荷载提高系数；

E_c——混凝土弹性模量；

E_s——钢筋弹性模量；

f_{dc}——混凝土的动力设计强度；

f_{du}——钢筋的动力强度极限值；

f_{dy}——钢筋的动力设计强度；

F_t——作用在构件上的力(时间的函数)；

f_u——钢筋强度极限值；

f_{yk}——钢筋强度标准值；

f'_{ck}——混凝土抗压强度标准值；

f_y——钢筋屈服强度；

I——构件截面惯性矩；

I_{cr}——形成裂缝时的混凝土截面惯性距；

I_g——混凝土构件对形心轴的毛截面惯性距，忽略钢筋影响；

I_w——正压冲量；

K_L——荷载或刚度传递系数；

K_{Lm}——考虑了荷载、刚度、质量的传递系数；

K_m——质量传递系数；

k——构件刚度；

L——冲击波前进方向结构构件的长度；

L_w——冲击波波长；

L_0——构件跨度；

M_e——等效质量；

m——构件质量；

P——构件冲击荷载，与所考虑的构件对应的峰值爆炸荷载；

P_a——作用在侧墙及屋面上的存效冲击波超压；

P_{atm}——环境标准大气压；

P_b——作用在后墙上的有效冲击波超压；

P_r——峰值反射压力；

P_s——停滞压力；

P_{so}——爆炸冲击波峰值入射超压；

q_o——峰值动压；

R——结构构件抗力的设计值；

R_d——结构构件的动力承载能力，表述为与冲击波压力和作用时间等效的静力荷载；

S——停滞压力点至建筑物边缘的最小距离；

S_{GK}——按永久荷载标准值 G_K 计算的荷载效应值；

S_{QiK}——按可变荷载标准值 Q_{iK} 计算的荷载效应值；

S_{BK}——爆炸荷载效应值；

SIF——强度提高系数；

T_N——质点振动周期；

t_a——冲击波到达后墙时间；

t_c——反射压持续时间；

t_d——正压作用时间；

t_e——前墙正压等效作用时间；

t_r——侧墙及屋面有效冲击波超压升压时间；

t_{rb}——后墙上有效冲击波超压升压时间；

U——波速；

X_m——结构构件弹塑性变位；

X_y——结构构件弹性极限变位；

y——质点位移；

γ_G——永久荷载分项系数；

γ_{Qi}——可变荷载分项系数；

γ_B——爆炸荷载分项系数；

ρ——非预应力受拉钢筋的配筋率；

ρ'——非预应力受压钢筋的配筋率；

μ——结构构件的延性比；

$[\mu]$——结构构件的允许延性比；

θ——结构构件的弹塑性转角；

$[\theta]$——结构构件的弹塑性转角允许值；

Δ——跨中变形；

Ψ_{ci}——可变荷载 Q_i 的组合值系数；

α——能量吸收系数；

τ——持续时间系数。

4 总平面布置

4.1 新建石油化工厂宜将控制室布置在生产管理区。

4.2 设在厂区或生产装置区域内的抗爆控制室，其总平面应根据该区域安全分析(评估)报告的结果进行布置或调整；否则，与甲、乙类工艺装置的间距不应小于30m(布置参见附录A)，并应同时符合下列要求：

a)应布置在非爆炸危险区域内；

b)宜布置在工艺装置的一侧，四周不应同时布置甲、乙类装置，且布置控制室的场地不应低于相邻装置区的地坪；

c)应独立设置，不得与非抗爆建筑物合并建造；

d)宜位于甲类设备全年最小频率风向的下风侧；

e)至少应在两个方向设置人员的安全出口，且不得直接面向甲、乙类工艺装置。

5 建筑设计

5.1 一般规定

5.1.1 建筑物耐火等级不应小于二级。

5.1.2 建筑屋面防水等级不应低于Ⅱ级；屋面不得采用装配式架空隔热构造，女儿墙高度应在满足屋面泛水构造要求的同时取最小值，并应采用钢筋混凝土结构形式。

5.1.3 建筑平面宜为矩形，层数宜为一层。

5.1.4 建筑物应采用钢筋混凝土结构形式，其受力体系的布置(如框架柱、建筑内部的剪力墙等)、外墙墙体构造及厚度应通过结构计算确定。

5.1.5 建筑物不得设置变形缝。

5.1.6 控制室外门、隔离前室内门应选用抗爆防护门。面向甲、乙类工艺装置的外墙上不得设置窗，其他外墙上不宜设置窗。

5.1.7　在人员通道外门的室内侧，应设隔离前室(布置参见附录B)。

5.1.8　室外电缆进入室内应采用电缆沟进线的方式(构造参见附录C)，基础墙体洞口采用防火材料封闭，沟内充砂。不得在室内地面以上的外墙上开设电缆进线洞口。

5.1.9　室内、外地面高差不应小于600mm，其中活动地板下基础地面与室外地面的高差不应小于300mm。空气调节设备机房室内、外高差不应小于300mm。

5.2　建筑门窗

5.2.1　抗爆防护门应符合下列要求：

a)控制室外门、隔离前室内门应选用抗爆防护门，其耐火完整性不应小于1.0h；

b)人员通道抗爆门，其构造及性能应符合下列要求：

1)洞口尺寸不宜大于1500mm×2400mm；

2)计算荷载：与所在建筑墙面计算冲击波超压相同，隔离前室内门计算冲击波超压为外门计算冲击波超压的50%；在计算荷载的作用下，该门应处于弹性状态，可正常开启；

3)门扇应向外开启，配置逃生门锁及抗爆门镜，门框与门扇之间应密封并应设置自动闭门器；

4)隔离前室内、外门应具备不同时开启联锁功能；

c)设备通道抗爆门，用于满足大型设备进出建筑物的要求，其构造及性能应符合下列要求：

1)门洞口的大小应以设备的尺寸为依据进行设计；

2)计算荷载：与所在建筑墙面计算冲击波超压相同，在计算荷载的作用下，该门可处于弹塑性状态，但不应达到屈服极限值；

3)门扇上不应镶嵌玻璃窗，并应向外开启；

4)配置抗爆门锁。

5.2.2　窗应符合下列要求：

a)外窗应选用固定抗爆防护窗，计算荷载与所在建筑墙面计算冲击波超压相同；

b)在承重内墙上设置的内窗应采用净面积不宜大于$1m^2$的安全玻璃。

5.3　建筑构造

5.3.1　外墙不得设置普通雨蓬、挑沿等附属装饰物。

5.3.2　墙体保温宜采用外墙外保温构造，保温材料应选用燃烧性能等级为A级的材料，其外层装饰面应选用整体构造形式。

5.3.3　室内装修材料的燃烧性能等级不得低于B1级。

5.3.4　吊顶构造应符合下列要求：

a)周边与建筑外墙之间应设置变形缝，宽度不应小于50mm；

b)钢制主龙骨材料厚度不应小于1.0mm，布置间距不应大于1.2m，表面应镀锌；

c)面板应选择密度小的材料(如铝合金扣板、轻质矿棉吸音板等)；不得选用水泥及玻璃制品装饰板材；

d)自重大于1kg的灯具应采用钢筋吊杆直接固定在混凝土屋面板上，吊杆直径不宜小于8mm。

5.3.5　室内与结构受力构件相连接的玻璃隔墙，应选用金属框架及安全玻璃。

6　结构设计

6.1　一般规定

6.1.1　按照本规范进行设计的控制室，当遭受相当于设计取定的爆炸荷载作用时，可能局部损坏，但经一般修理应可以继续使用。

6.1.2　抗爆控制室宜采用钢筋混凝土框架－剪力墙结构体系。

6.1.3　控制室抗爆设计，应根据抗爆要求和受力情况做到结构各个部位抗力相协调。

6.1.4　控制室结构在爆炸荷载作用下，其动力分析可近似采用单自由度体系动力分析的方法或等效静荷载分析方法。

6.1.5 控制室结构在爆炸荷载作用下，应验算结构承载力及变形，对结构裂缝可不进行验算。

6.2 材料

6.2.1 混凝土的强度等级不应低于C30。

6.2.2 钢筋宜采用HRB400级和HRB335级钢筋，并应符合下列要求：

a)屈服强度实测值与强度标准值的比值不应大于1.3；

b)抗拉强度实测值与抗拉屈服强度实测值的比值不应小于1.25。

6.3 爆炸的冲击波参数

6.3.1 控制室抗爆设计采用的峰值入射超压及相应的正压作用时间应根据石油化工装置性质以及平面布置等因素综合评估确定。若没有进行评估时，也可按照下列规定确定，并在设计文件中说明：

· 冲击波峰值入射超压21kPa，正压作用时间100ms；

· 或冲击波峰值入射超压69kPa，正压作用时间20ms；

· 爆炸冲击波形：时间为零时至正压作用时间，峰值入射超压从最大到零的三角形分布。

6.3.2 冲击波各参数按下列规定确定：

a)波速：

$$U = 345(1 + 0.0083P_{so})^{0.5} \tag{1}$$

式中 U——波速，m/s；

P_{so}——爆炸冲击波峰值入射超压，kPa。

b)峰值动压：

$$q_o = 2.5P_{so}^2/(7P_{atm} + P_{so}) \approx 0.0032P_{so}^2 \tag{2}$$

式中 q_o——峰值动压，kPa；

P_{atm}——环境标准大气压，kPa。

c)冲击波的波长：

$$L_w = U \cdot t_d \tag{3}$$

式中 L_w——冲击波波长，m；

t_d——正压作用时间，s。

6.4 作用在建筑物上的爆炸荷载

6.4.1 作用在封闭矩形建筑物前墙、侧墙、屋面以及后墙上的爆炸荷载简化图形如图1所示。

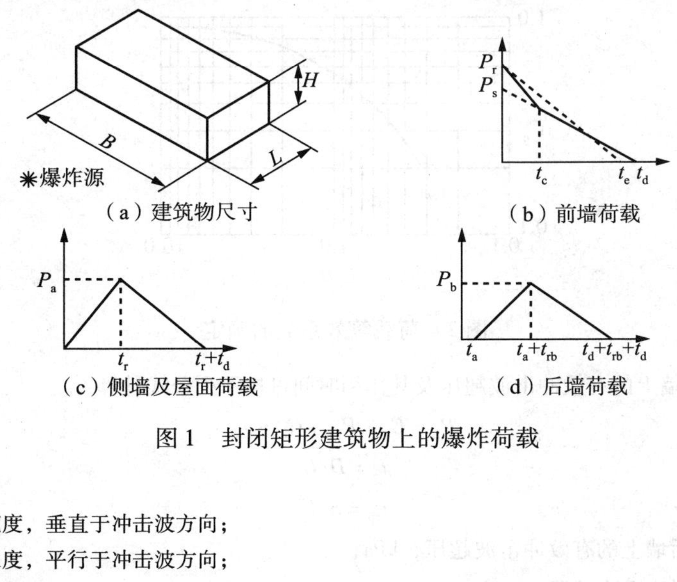

图1 封闭矩形建筑物上的爆炸荷载

图例：

B——建筑物宽度，垂直于冲击波方向；

L——建筑物长度，平行于冲击波方向；

H——建筑物高度。

6.4.2　作用在前墙上的三角形等效冲击波荷载应按下列公式计算：

a）峰值反射压力：

$$P_r = (2 + 0.0073 P_{so}) \cdot P_{so} \tag{4}$$

式中　P_r——峰值反射压力，kPa。

b）停滞压力：

$$P_s = P_{so} + C_d \cdot q_o \tag{5}$$

式中　P_s——停滞压力，kPa；

C_d——阻力系数，取决于障碍物表面的形状及朝向。对于封闭矩形建筑物，前墙的阻力系数取 +1.0。

c）前墙正压等效作用时间：

$$t_c = 3S/U < t_d \tag{6}$$

$$t_e = 2I_w/P_r = (t_d - t_c) \cdot P_s/P_r + t_c \tag{7}$$

$$I_w = 0.5 \cdot (P_r - P_s) \cdot t_c + 0.5 \cdot P_s \cdot t_d \tag{8}$$

式中　I_w——正压冲量；

S——停滞压力点至建筑物边缘的最小距离，取 H 或 B/2 中的较小值；

t_c——反射压持时间，s；

t_e——前墙正压等效作用时间，s。

6.4.3　作用在侧墙上以及平屋顶建筑物（屋面坡度 <10°）屋面上的有效冲击波超压及其升压时间可按下列公式计算：

$$P_a = C_e \cdot P_{so} + C_d \cdot q_o \tag{9}$$

$$t_r = L/U \tag{10}$$

式中　P_a——作用在侧墙及屋面上的有效冲击波超压，kPa；

t_r——侧墙及屋面有效冲击波超压升压时间，s；

C_d——侧墙及屋面阻力系数，取 -0.4；

C_e——侧墙及屋面荷载等效系数，按 L_w/L 值查图 2；

L——冲击波前进方向结构构件的长度；若冲击波前进方向与建筑物长度方向垂直，则 L 取建筑物名义单位宽度，m。

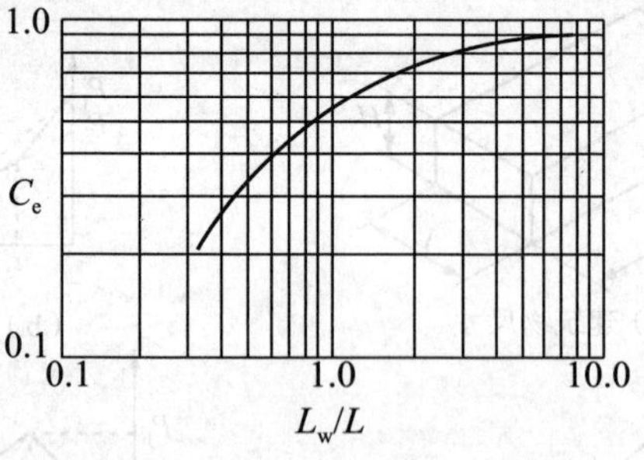

图2　荷载等效系数的确定

6.4.4　作用在后墙上的有效冲击波超压及其作用时间可按下列公式计算：

$$P_b = C_e \cdot P_{so} + C_d \cdot q_o \tag{11}$$

$$t_a = D/U \tag{12}$$

$$t_{rb} = S/U \tag{13}$$

式中　P_b——作用在后墙上的有效冲击波超压，kPa；

t_a——冲击波到达后墙时间，s；

t_{rb}——后墙上有效冲击波超压升压时间，s；

C_d——后墙阻力系数，取 -0.4；

C_e——后墙荷载等效系数，按 L_w/L 值查图 2；

D——冲击波前进方向建筑物宽度，m。

6.4.5 单自由度体系等效静荷载分析方法构件等效静荷载的计算见附录 E。

6.5 荷载效应组合

6.5.1 在没有爆炸荷载参与时，对于承载力极限状态以及正常使用极限状态，结构构件的荷载效应组合按现行国家标准的规定进行计算。在有爆炸荷载参与时，不考虑风、雪荷载、地震作用参与组合。

6.5.2 在有爆炸荷载参与时，对于承载力极限状态，结构构件各种荷载效应组合应按下式计算：

$$R \geqslant \gamma_G S_{GK} + \gamma_B S_{BK} + \sum_{i=1}^{n} \gamma_{Qi} \psi_{ci} S_{QiK} \tag{14}$$

式中 R——结构构件抗力的设计值；

S_{GK}——按永久荷载标准值 G_K 计算的荷载效应值；

S_{QiK}——按可变荷载标准值 Q_{iK} 计算的荷载效应值；

S_{BK}——爆炸荷载效应值；

γ_G，γ_{Qi}，γ_B——分别为永久荷载、可变荷载、爆炸荷载的分项系数，均取 1.0；

ψ_{ci}——可变荷载 Q_i 的组合值系数，按现行国家标准 GB 50011 的规定采用，可不考虑屋面活荷载。

6.5.3 在有爆炸荷载参与时，对于正常使用极限状态，结构构件各种荷载效应组合应按下式计算：

$$C \geqslant S_{GK} + S_{BK} \tag{15}$$

式中 C——结构或结构构件达到正常使用要求的规定限值。

6.6 结构动力计算

6.6.1 钢筋混凝土结构构件，宜按照弹塑性工作阶段设计。对于受弯构件，其抗剪承载力应比抗弯承载力高 20%。

6.6.2 在爆炸荷载作用下，结构构件的延性比可按下式确定：

$$\mu = X_m / X_y \tag{16}$$

$$\mu \leqslant [\mu] \tag{17}$$

式中 μ——结构构件的延性比；

X_m——结构构件弹塑性变位，mm；

X_y——结构构件弹性极限变位，mm；

$[\mu]$——结构构件的允许延性比，按表 1 采用。

表 1 钢筋混凝土结构构件的允许延性比

受力状态	受 弯	大偏心受压	小偏心受压	中心受压
$[\mu]$	3.0	2.0	1.5	1.2

6.6.3 在爆炸荷载作用下，结构构件的弹塑性转角可按下式确定：

$$\theta = \mathrm{atctan}\left[\frac{2\Delta}{L_0}\right] \cdot \frac{180}{\pi} \tag{18}$$

$$\theta \leqslant [\theta] \tag{19}$$

式中 θ——结构构件的弹塑性转角，(°)，见图 3；

Δ——跨中变形，mm；

L_0——构件跨度，mm；

$[\theta]$——结构构件的弹塑性转角允许值，(°)，按表 2 采用。

表 2 钢筋混凝土结构构件的弹塑性转角允许值[θ]

结构构件	支座转角
板	4°
梁，墙(受弯)	2°
柱	2°
墙(与爆炸荷载方向平行，主要承受剪力)	1.5°

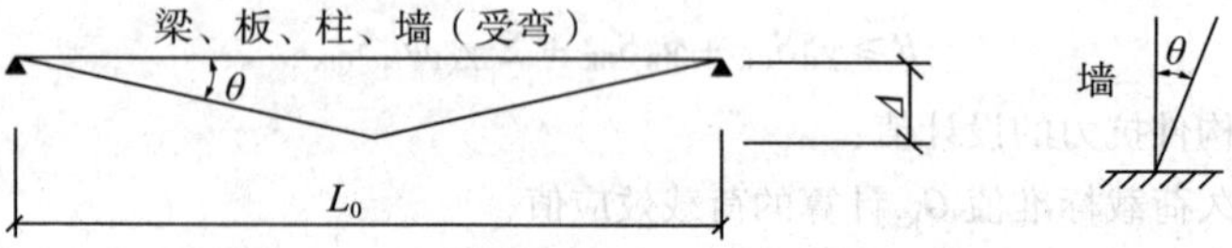

图 3 构件弹塑性转角示意图

6.6.4 采用单自由度体系进行构件的动力分析时，其等效质量的运动方程可按下式表达：

$$K_{Lm}=K_m/K_L \tag{20}$$

$$K_{Lm}\cdot m\cdot a+k\cdot y=F_t \tag{21}$$

式中 K_{Lm}——考虑了荷载、刚度、质量的传递系数；

K_m——质量传递系数，计算方法见附录 D；

m——构件质量，kg；

a——质点运动加速度，m/s^2；

K_L——荷载或刚度传递系数，计算方法见附录 D；

k——构件刚度，计算方法见附录 D；

y——质点位移，m；

F_t——作用在构件上的力(时间的函数)，N。

6.6.5 采用单自由度体系进行构件的弹塑性动力分析时，其等效质量和振动周期可按下式计算：

$$M_e=K_m\cdot m \tag{22}$$

$$T_N=2\pi\cdot\sqrt{\frac{M_e}{K_L\cdot k}} \tag{23}$$

式中 M_e——等效质量，kg；

T_N——质点振动周期，s。

6.6.6 构件截面惯性矩应考虑混凝土构件开裂的影响，并按下式计算：

$$I=0.5(I_g+I_{cr}) \tag{24}$$

$$I_{cr}=\frac{bc^3}{3}+nA_s(d-c)^2 \tag{25}$$

$$c=\frac{-nA_s+\sqrt{nA_s(nA_s+2bd)}}{b} \tag{26}$$

$$n=E_s/E_c \tag{27}$$

式中 I——构件截面惯性矩，mm^4；

I_g——混凝土构件对形心轴的毛截面惯性矩，忽略钢筋影响，mm^4；

I_{cr}——形成裂缝时的混凝土截面惯性矩，mm^4；

E_s——钢筋弹性模量，N/mm^2；

E_c——混凝土弹性模量，N/mm^2；

b——构件截面宽度，mm；

d——构件截面高度，mm；

A_s——构件配筋面积，mm^2。

6.7 截面设计

6.7.1 构件的承载力可按照现行 GB 50010 进行计算，其中所用材料强度设计值要用材料的动力设计强度代替。

6.7.2 材料的动力设计强度应考虑荷载的瞬时和动力效应，并按下列公式计算：

$$f_{du} = SIF \cdot DIF \cdot f_u \tag{28}$$

$$f_{dy} = SIF \cdot DIF \cdot f_{yk} \tag{29}$$

$$f_{dc} = SIF \cdot DIF \cdot f_{ck} \tag{30}$$

式中 f_{du}——钢筋的动力强度极限值，N/mm^2；

f_{dy}——钢筋的动力设计强度，N/mm^2；

f_{dc}——混凝土的动力设计强度，N/mm^2；

SIF——强度提高系数，按表 3 取值；

DIF——动力荷载提高系数，按表 3 取值；

f_u——钢筋强度极限值，N/mm^2；

f_{yk}——钢筋强度标准值，N/mm^2；

f'_{ck}——混凝土抗压强度标准值，N/mm^2。

表 3 材料的动力荷载提高系数及强度提高系数

提高系数		钢筋		混凝土
		f_{dy}/f_{yk}	f_{du}/f_u	f_{dc}/f_{ck}'
SIF		1.10		1.00
DIF	受弯	1.17	1.05	1.19
	受压	1.10	1.00	1.12
	受剪	1.10	1.00	1.10
	粘结	1.17	1.05	1.00

6.7.3 在爆炸荷载作用下，混凝土的弹性模量可取静荷载作用时的 1.2 倍，钢材的弹性模量及钢材和混凝土材料的泊松比，可不考虑动荷载的影响。

6.7.4 对不直接承受或者传递爆炸荷载的结构构件，可不考虑结构振动引起的动力作用。

6.8 结构构造

6.8.1 抗爆结构构件的钢筋强度等级以及配筋面积应按计算确定，不得任意提高钢筋强度等级和加大配筋面积。

6.8.2 剪力墙两端和门框墙应设暗柱加强。

6.8.3 屋面板及外墙应双面配筋，单面配筋率不应小于 0.25%，且不大于 1.5%。屋面板的最小厚度应不小于 125mm，墙体的最小厚度不小于 200mm。

6.8.4 框架、剪力墙配筋及构造要求不应低于 GB 50011 二级框架、二级剪力墙的相关要求。框架顶层端节点处，宜采用框架梁钢筋伸入框架柱中的锚固方式。

6.8.5 钢筋接头不宜采用焊接接头。

6.8.6　独立基础应设系梁。

6.9　基础设计

6.9.1　在没有爆炸荷载参与时，基础设计应按 GB 50007 的规定进行计算。

6.9.2　在有爆炸荷载参与时，基础设计应进行地基土承载力验算、基础抗倾覆及抗滑移验算。

6.9.3　设计时应采用以下同时组合的动力反应最大值：

a) 反射压力；

b) 屋顶爆炸荷载；

c) 恒、活荷载。

6.9.4　当采用天然地基时，基础设计应符合下列要求：

a) 进行地基土承载力验算时，爆炸荷载作用情况下地基土的允许承载力可取其特征值的 1.6 倍；

b) 验算基础抗倾覆时，基础抗不平衡侧向动力荷载的倾覆安全系数取 1.2，不考虑活荷载的影响：

c) 抗滑移验算时，抗滑移安全系数取 1.05。考虑基础的被动土压力增加抗滑能力时，基础的被动土压力取不平衡荷载的 1.5 倍，不平衡荷载取总动水平荷载减去摩擦阻力。

6.9.5　当采用桩基础时，基础设计应符合下列要求：

a) 桩基础在爆炸荷载作用下的允许垂直承载力可取其垂直承载力特征值的 1.6 倍；

b) 桩基础在爆炸荷载作用下的水平允许承载力可取其水平极限承载力。计入基础的被动土压力与桩共同抵抗爆炸水平力时，桩基的最终水平承载力及作用在基础墙及基础上的被动抗力组合后，应不小于所有所需水平抗力的 1.5 倍。

6.9.6　基础埋深不应小于 1.5m。设计时可考虑地坪对基础的嵌固作用。

7　通风与空调

7.1　一般规定

7.1.1　抗爆控制室的暖通空调设计除了执行本规范外，还应执行国家现行的有关标准、规范。

7.1.2　重要房间与一般房间的空调系统宜分开设置。

注：控制室、机柜间、工程师站、UPS 室、辅助电气设备室、电信室等为重要房间；交接班室、资料室、办公室、会议室等房间为一般房间。

7.1.3　当重要房间与一般房间合用一个空调系统时，空调系统的温度、湿度传感器应设在机柜室等最重要的房间。

7.1.4　通风空调系统的供电可靠性应与生产装置一致。

7.1.5　空调机加湿用水，应符合加湿器对水质的要求。

7.1.6　通风空调管道应采用不燃材料制作。接触腐蚀性气体的风管及柔性接头，可采用难燃烧材料制作。

7.1.7　通风空调系统的防火阀、空调设备宜与建筑物的火灾报警及自动灭火系统联锁。火灾发生时自动关闭防火阀并切断空调系统的电源。

7.1.8　新风及回风应过滤，新风过滤器采用中效过滤器。

注：大气尘计数效率：粒径≥1μm，70% > η > 20%，初阻力≤80Pa。

7.1.9　当空调机设有备用时，运行空调机与备用空调机之间应设置故障自动切换。

7.2　室内空气计算参数

7.2.1　一般房间的室内空气计算参数执行 GB 50019 的有关规定。

7.2.2　重要房间的室内空气计算参数应符合表 4 的规定。

表 4　重要房间的室内空气计算参数①

房间名称	夏季		冬季		新风量	噪声不宜大于/dB(A)	噪声不得大于/dB(A)
	温度/℃	相对湿度/%	温度/℃	相对湿度/%			
控制室	26±2	50±10	20±2	50±10	$50m^3$/h·人	55	65
机柜室	26±2	50±10	20±2	50±10	0.3 次/h	55	70
工程师站	26±2	50±10	20±2	50±10	$50m^3$/h·人	55	65
电信室	26±2	50±10	20±2	50±10	$50m^3$/h·人	55	65
电池室					$50m^3$/h·人	55	65
空调机房			5				

① 房间的含尘浓度应小于 0.2mg/m^3。

重要房间的 H_2S 的浓度应小于 15mg/m^3；SO_2 的浓度应小于 170mg/m^3。

重要房间的温度变化率应小予 5℃/h；相对湿度变化率应小于 6%/h。

7.3　空调系统

7.3.1　重要房间的空调系统应采用全空气空调系统；一般房间的空调系统宜采用全空气空调系统。

7.3.2　空调机宜选用自带冷源的风冷式单元空调机，空调机安装在空调机房内。当建筑物面积较小没有条件设置空调机房时，空调机可直接设在空调房间内，但应采取防止加湿水、冷凝水泄漏的措施。

7.3.3　重要房间空调系统的空调机应设置备用，当其中一台空调机发生故障时，其他空调机应仍能 100% 满足要求。空调机总的制冷量应留有 15%～20% 的裕量。

7.3.4　当夏季空调冷源采用冷水机组时，应设置备用机组，备用原则为 $n+1$，n 为运行机组的台数。

7.3.5　当空调冷源为厂区供给的冷冻水时，若制冷站的制冷机未设置备用机组，则空调机应采用双冷源型，或采用自带冷源的空调机。

7.4　新风系统与排风系统

7.4.1　新风的引入口及排风系统的排出口均应加装与建筑围护结构同等抗爆等级的抗爆阀。直径小于或等于 150 的洞口可不加抗爆阀。

7.4.2　抗爆阀应确保在建筑物外发生爆炸时自动关闭，当外部空气压力恢复正常时自动复位。

7.4.3　抗爆阀宜直接安装在建筑围护结构上。

7.4.4　新风引入口应有防雨及防止鸟和昆虫进入的措施。

7.4.5　当生产装置设有可燃、有毒气体探测报警系统时，新风引入口应设置相应的可燃、有毒气体探测报警器。且在进风和排风管上应设置密闭性能良好的电动密闭阀，当可燃、有毒气体探测器报警的同时联锁关闭密闭阀及新风机和排风机。

7.4.6　当新风中的 H_2S、SO_2 等腐蚀性气体的浓度超过规定要求时，应增加化学过滤器进行处理。

7.5　空调机房

7.5.1　空调机房应设在抗爆建筑物内，并尽可能靠近空气处理机组所服务的区域。

7.5.2　空调机的室外机宜安装在地面上。

7.6　控制及显示

7.6.1　现场机柜间空调设备的运行状态信号应引至 DCS。

附录 A
（资料性附录）
抗爆控制室区域典型布置图

抗爆控制室区域典型布置如图 A. 1。

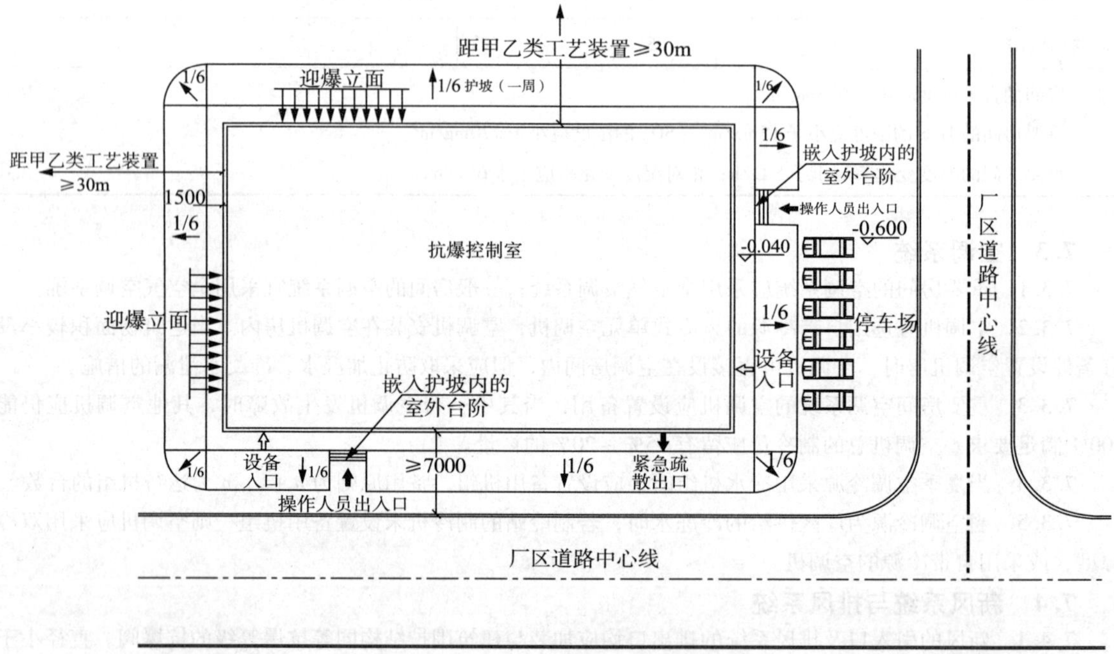

图 A. 1　抗爆控制室区域典型布置图

附录 B
（资料性附录）
抗爆控制室典型平面布置图

抗爆控制室典型平面布置图如图 B.1。

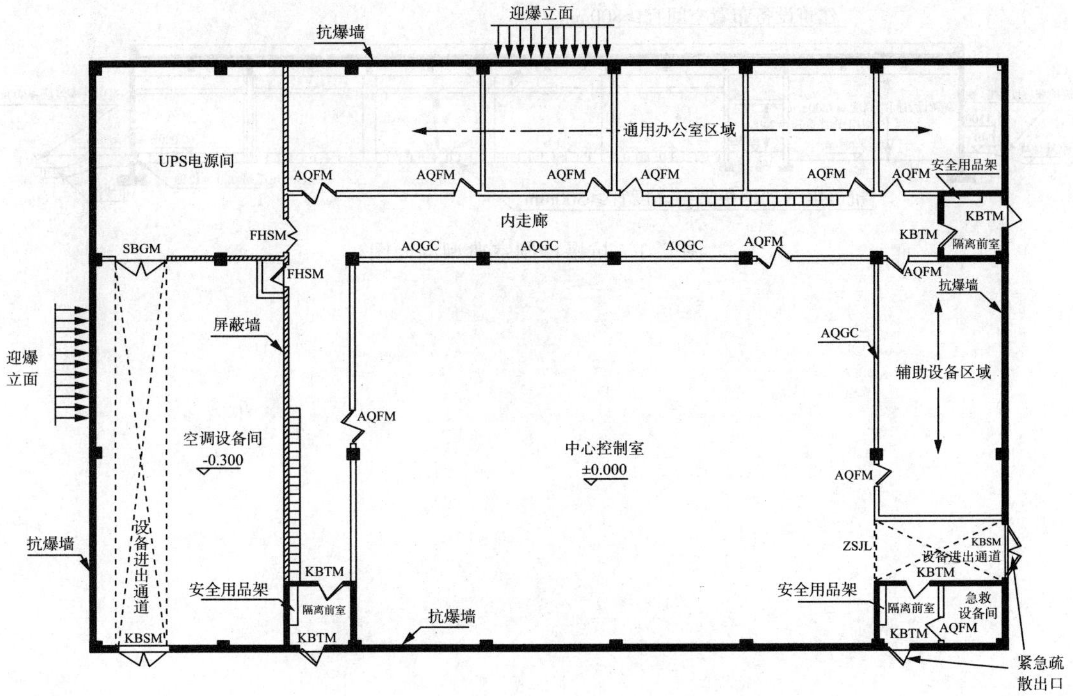

KBTM	人员通道抗爆门	操作人员日常主要出入口。门扇上配置自动闭门器。
ZSJL	装饰卷帘门	平时用于封闭设备通道；需要紧急疏散时应可迅速、方便地开启。
KBSM	设备通道抗爆门	平时关闭，只有在建设或检修期间开启，用于大型设备进出建筑物的通道。
AQGC	安全隔断窗	金属框架玻璃隔断墙，玻璃应采用安全玻璃。不得使用 PVC 框料。
FHSM	防火隔声门	隔声量≥40dB 的乙级防火门。用于设备的日常维护和检修。
SBGM	平开钢大门	普通钢门。
KBQ	抗爆墙	构造应根据力学计算的结果确定。
AQFM	安全房间门	普通木门或金属框架玻璃门，门扇玻璃为安全玻璃。不得使用 PVC 框料。
PBQ	屏蔽墙	隔声量≥40dB，耐火极限应≥3.0h，并根据需要设置电磁屏蔽构造。

图 B.1 抗爆控制室典型平面布置图

附录 C
（资料性附录）
抗爆控制室典型剖面图

抗爆控制室典型剖面图如图 C. 1。

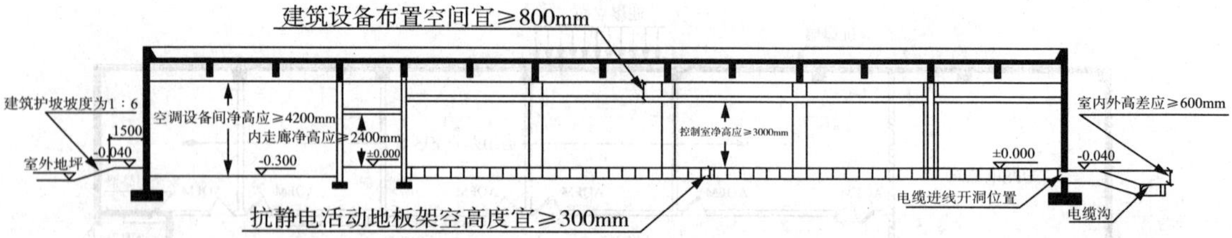

图 C. 1　抗爆控制室典型剖面图

附录 D （规范性附录）各种支座条件、荷载形式下单自由度构件的动力计算参数

各种支座条件、荷载形式下单自由度构件的动力计算参数见表 D.1 至表 D.3。

表 D.1　两端简支

荷载图	应变范围	荷载传递系数 K_L	质量传递系数 K_m①	均布质量传递系数 K_m	弯曲抗力 R_b	刚度系数 k	动力反应 V
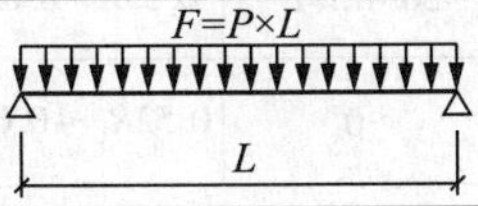	弹性	0.64	—	0.50	$8M_{pc}$②$/L$	$384EI/5L^3$	$0.39R+0.11F$
	塑性	0.50	—	0.33	$8M_{pc}$②$/L$	0	$0.38Ru+0.12F$
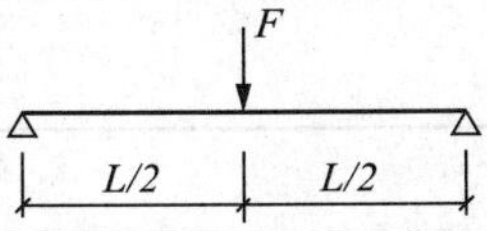	弹性	1.00	1.00	0.49	$4M_{pc}$②$/L$	$48EI/L^3$	$0.78R-0.28F$
	塑性	1.00	1.00	0.33	$4M_{pc}$②$/L$	0	$0.75Ru-0.25F$
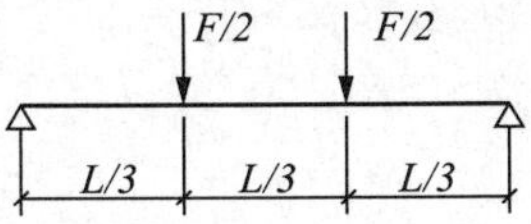	弹性	0.87	0.76	0.52	$6M_{pc}$②$/L$	$56.4EI/L^3$	$0.525R-0.025F$
	塑性	1.00	1.00	0.56	$6M_{pc}$②$/L$	0	$0.52Ru-0.02F$

① 集中质量平均分布在每个集中荷载作用处。

② M_{pc}为跨中极限抗弯承载力。

表 D.2　一端简支一端固定

荷载图	应变范围	荷载传递系数 K_L	质量传递系数 K_m①	均布质量传递系数 K_m	弯曲抗力 R_b	刚度系数 k	动力反应 V
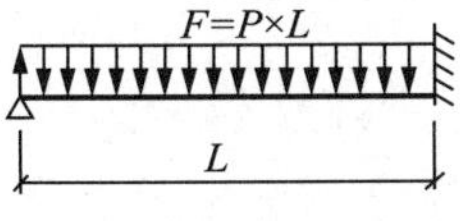	弹性	0.58	—	0.45	$8M_{pc}b/L$	$185EI/L^3$	$V_1=0.26R+0.12F$ $V_2=0.43R+0.19F$
	弹塑性	0.64	—	0.5	$4(M_{ps}$② $+2M_{pc}$②$)/L$	$384EI/5L^3$	$0.39R+0.11F+M_{ps}$②$/L$
	塑性	0.50	—	0.33	$4(M_{ps}$② $+2M_{pc}$②$)/L$	0	$0.38R_U+0.12F+M_{ps}$②$/L$
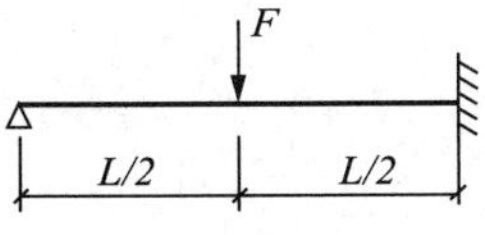	弹性	1.00	1.00	0.43	$16M_{pc}$②$/3L$	$107EI/L^3$	$V_1=0.25R+0.07F$ $V_2=0.54R+0.14F$
	弹塑性	1.00	1.00	0.49	$2(M_{ps}$② $+2M_{pc}$②$)/L$	$48EI/5L^3$	$0.78R-0.28F\pm M_{ps}$②$/L$
	塑性	1.00	1.00	0.33	$2(M_{ps}$② $+2M_{pc}$②$)/L$	0	$0.75R_U-0.25F\pm M_{ps}$②$/L$
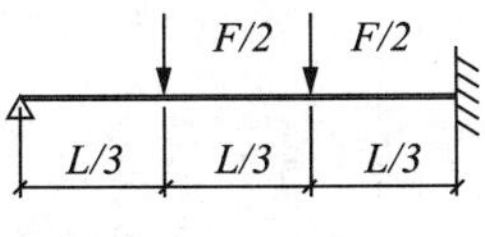	弹性	0.81	0.67	0.45	$6M_{pc}$②$/L$	$132EI/L^3$	$V_1=0.17R+0.17F$ $V_2=0.33R+0.33F$
	弹塑性	0.87	0.76	0.52	$2(M_{ps}$② $+3M_{pc}$②$)/L$	$56EI/L^3$	$0.525R-0.025F\pm M_{ps}$②$/L$
	塑性	1.00	1.00	0.56	$2(M_{ps}$② $+3M_{ps}$②$)/L$	0	$0.52R_U-0.02F\pm M_{ps}$②$/L$

① 集中质量平均分布在每个集中荷载作用处。

② M_{pc}为跨中极限抗弯承载力，M_{ps}为支座极限抗弯承载力。

表 D. 3　两端固定

荷载图	应变范围	荷载传递系数 K_L	质量传递系数 K_m①	均布质量传递系数 K_m	弯曲抗力 R_b	刚度系数 k	动力反应 V
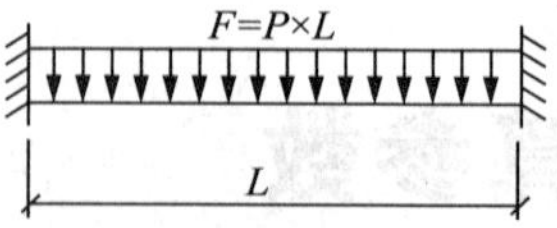	弹性	0.53	—	0.41	$12M_{ps}$②$/L$	$384EI/L^3$	$0.36R+0.14F$
	弹塑性	0.64	—	0.50	$8(M_{ps}$②$+M_{pc}$②$)/L$	$384EI/5L^3$	$0.39R+0.11F$
	塑性	0.50	—	0.33	$8(M_{ps}$②$+M_{pc}$②$)/L$	0	$0.38R_U+0.12F$
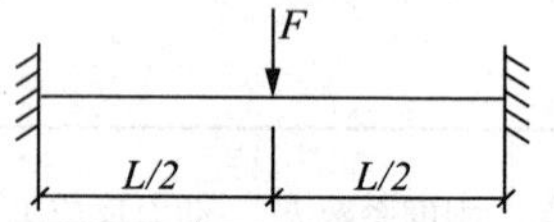	弹性	1.00	1.00	0.37	$4(M_{ps}$②$+M_{pc}$②$)/L$	$192EI/L^3$	$0.71R-0.21F$
	塑性	1.00	1.00	0.33	$4(M_{ps}$②$+M_{pc}$②$)/L$	0	$0.75R_U-0.25F$
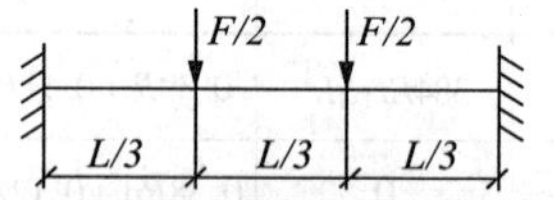	弹性	0.87	0.76	0.52	$6(M_{ps}$②$+M_{pc}$②$)/L$	$56.4EI/L^3$	$0.53R-0.03F$
	塑性	1.00	1.00	0.56	$6(M_{ps}$②$+M_{pc}$②$)/L$	0	$0.52R_U-0.02F$

① 集中质量平均分布在每个集中荷载作用处。

② M_{pc}为跨中极限抗弯承载力，M_{ps}为支座极限抗弯承载力。

附录 E
（规范性附录）
常用结构的等效静荷载标准值

在冲击荷载作用方向上构件的动承载力，可以使用考虑动力反应的等效静力计算方法进行。一般可按下式进行计算：

$$R_d = \frac{P}{\frac{\sqrt{a}}{\pi\tau} + \frac{a \cdot \tau}{2\mu(\tau + 0.637)}} \tag{E.1}$$

$$a = 2\mu - 1 \tag{E.2}$$

$$\mu = X_m / X_y \tag{E.3}$$

$$\tau = T_d / T_N \tag{E.4}$$

式中 R_d——结构构件的动力承载能力，表述为与冲击波压力和作用时间等效的静力荷载，kPa；

P——构件冲击荷载，与所考虑的构件对应的峰值爆炸荷载，kPa；

a——能量吸收系数；

τ——持续时间系数；

T_d——冲击荷载作用时间，ms。

也可根据不同的荷载形状查图 E.1 和图 E.2 计算。

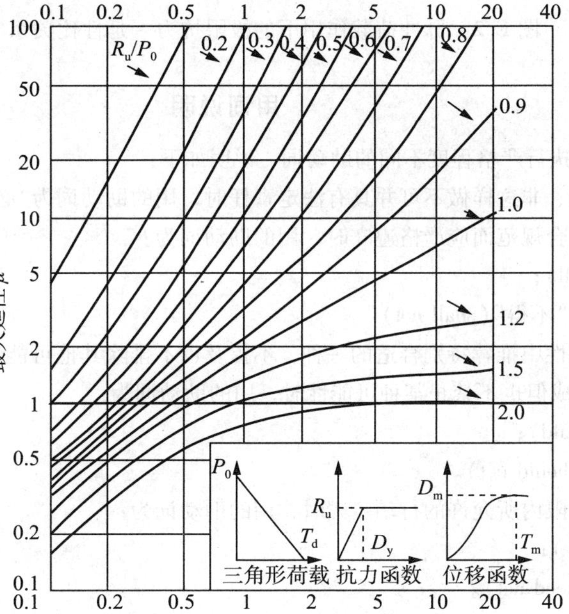

D_y—屈服位移；
D_m—最大位移；
R_u—极限抗力；
T_m—最大位移对应的作用时间。

图 E.1 三角形荷载下的极限抗力－延性比关系

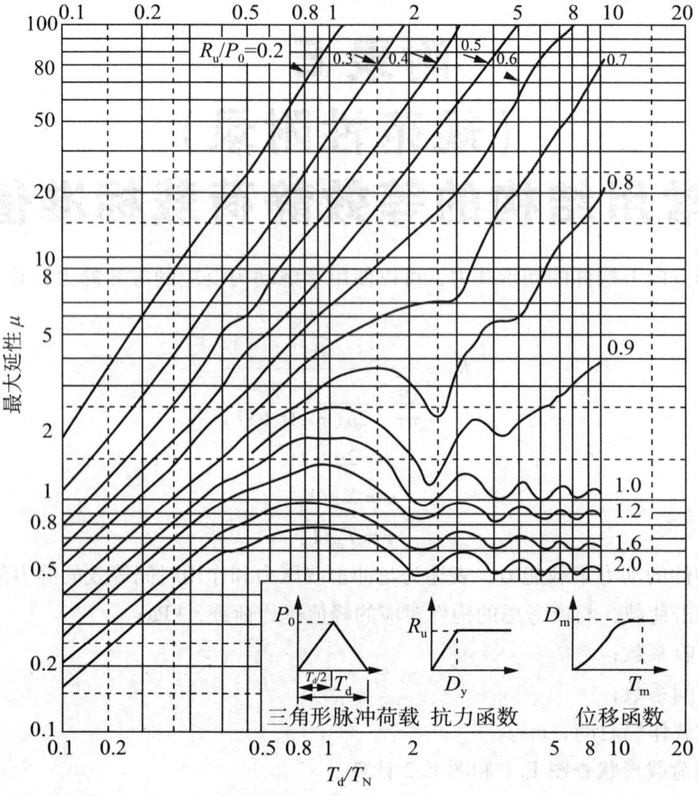

图 E.2　脉冲荷载作用下的极限抗力－延性比关系

用词说明

对本规范条文中要求执行严格程度不同的助动词，说明如下：

(一)表示要求很严格、非这样做不可并具有法定责任时，用的助动词为“必须”(must)。

(二)表示要准确地符合规范而应严格遵守时，用的助动词为：

正面词采用“应”(shall)；

反面词采用“不应”或“不得”(shall not)。

(三)表示在几种可能性中推荐特别合适的一种，不提及也不排除其他可能性，或表示是首选的但未必是所要求的，或表示不赞成但也不禁止某种可能性时，用的助动词为：

正面词采用“宜”(should)；

反面词采用“不宜”(should not)。

(四)表示在规范的界限内所允许的行动步骤时，用的助动词为：

正面词采用“可”(may)；

反面词采用“不必”(need not)。

第五章　炼油厂工程建设常用标准目录

本章列出了炼油厂工程建设中使用的典型的标准规范目录。

每一个项目都有其特点，使用的标准规范也不大相同。应根据项目的特点，列出适用的标准规范。每一个标准规范都有其时效性，因此在使用标准规范时必须查询最新信息，收集到现行的标准规范（包括修改通知单、局部修改条文、勘误表等）。

本目录收集的标准的时效截至2014年5月31日。

一、常用国内标准

（一）国家标准（GB、GB/T、GBZ）

序号	标准编号	标准名称
1	GB 150.1—2011	压力容器　第1部分：通用要求
2	GB 150.2—2011	压力容器　第2部分：材料
3	GB 150.3—2011	压力容器　第3部分：设计
4	GB 150.4—2011	压力容器　第4部分：制造、检验和验收
5	GB 151—1999	管壳式换热器
6	GB/T 156—2007	标准电压
7	GB/T 196—2003	普通螺纹　基本尺寸
8	GB/T 197—2003	普通螺纹　公差
9	GB/T 228.1—2010	金属材料　拉伸试验　第1部分：室温试验方法
10	GB/T 229—2007	金属材料　夏比摆锤冲击试验方法
11	GB/T 231.1—2009	金属材料　布氏硬度试验　第1部分：试验方法
12	GB/T 232—2010	金属材料　弯曲试验方法
13	GB 252—2011	普通柴油
14	GB 253—2008	煤油
15	GB 311.1—2012	绝缘配合　第1部分：定义、原则和规则
16	GB/T 324—2008	焊缝符号表示法
17	GB 438—1977	1号喷气燃料
18	GB 439—1990	航空喷气机润滑油
19	GB 440—1977	20号航空润滑油
20	GB 443—1989	L－AN全损耗系统用油
21	GB/T 446—2010	全精炼石蜡
22	GB/T 491—2008	钙基润滑脂
23	GB/T 492—1989	钠基润滑脂
24	GB/T 494—2010	建筑石油沥青
25	GB/T 498—2014	石油产品及润滑剂　分类方法和类别的确定
26	GB/T 507—2002	绝缘油　击穿电压测定法
27	GB/T 699—1999	优质碳素结构钢

续表

序号	标准编号	标准名称
28	GB/T 700—2006	碳素结构钢
29	GB/T 702—2008	热轧钢棒尺寸、外形、重量及允许偏差
30	GB/T 706—2008	热轧型钢
31	GB/T 708—2006	冷轧钢板和钢带的尺寸、外形、重量及允许偏差
32	GB/T 709—2006	热轧钢板和钢带的尺寸、外形、重量及允许偏差
33	GB 713—2008	锅炉和压力容器用钢板
34	GB 755—2008	旋转电机　定额和性能
35	GB 912—2008	碳素结构钢和低合金结构钢热轧薄钢板和钢带
36	GB/T 983—2012	不锈钢焊条
37	GB/T 984—2001	堆焊焊条
38	GB/T 985. 1—2008	气焊、焊条电弧焊、气体保护焊和高能束焊的推荐坡口
39	GB/T 985. 2—2008	埋弧焊的推荐坡口
40	GB/T 985. 4—2008	复合钢的推荐坡口
41	GB/T 1028—2000	工业余热术语、分类、等级及余热资源量计算方法
42	GB/T 1202—1987	粗石蜡
43	GB/T 1220—2007	不锈钢棒
44	GB/T 1221—2007	耐热钢棒
45	GB/T 1228—2006	钢结构用高强度　大六角头螺栓
46	GB/T 1229—2006	钢结构用高强度　大六角螺母
47	GB/T 1230—2006	钢结构用高强度　垫圈
48	GB/T 1231—2006	钢结构用高强度　大六角头螺栓、大六角螺母、垫圈技术条件
49	GB/T 1576—2008	工业锅炉水质
50	GB/T 1591—2008	低合金高强度结构钢
51	GB 1787—2008	航空活塞式发动机燃料
52	GB 1788—1979	2 号喷气燃料
53	GB 1790—2012	医药凡士林
54	GB/T 1804—2000	一般公差　未注公差的线性和角度尺寸的公差
55	GB/T 2449—2006	工业硫磺
56	GB 2536—2011	电工流体　变压器和开关用的未使用过的矿物绝缘油
57	GB 2585—2007	铁路用热轧钢轨
58	GB/T 2588—2000	设备热效率计算通则
59	CB/T 2589—2008	综合能耗计算通则
60	GB/T 2624. 1—2006	用安装在圆形截面管道中的差压装置测量满管流体流量　第 1 部分：一般原理和要求
61	GB/T 2624. 2—2006	用安装在圆形截面管道中的差压装置测量满管流体流量　第 2 部分：孔板
62	GB/T 2624. 3—2006	用安装在圆形截面管道中的差压装置测量满管流体流量　第 3 部分：喷嘴和文丘里喷嘴

续表

序号	标准编号	标准名称
63	GB/T 2624. 4—2006	用安装在圆形截面管道中的差压装置测量满管流体流量　第4部分：文丘里管
64	GB/T 2625—1981	过程检测和控制流程图用图形符号和文字代号
65	GB/T 2988—2012	高铝砖
66	GB/T 2992. 1—2011	耐火砖形状尺寸　第1部分：通用砖
67	GB/T 2994—2008	高铝质耐火泥浆
68	GB/T 3077—1999	合金结构钢
69	GB/T 3091—2008	低压流体输送用焊接钢管
70	GB 3095—2012	环境空气质量标准
71	GB 3096—2008	声环境质量标准
72	GB/T 3274—2007	碳素结构钢和低合金结构钢　热轧厚钢板和钢带
73	GB/T 3277—1991	花纹钢板
74	GB/T 3280—2007	不锈钢冷轧钢板和钢带
75	GB/T 3405—2011	石油苯
76	GB/T 3406—2010	石油甲苯
77	GB/T 3407—2010	石油混合二甲苯
78	GB/T 3422—2008	连续铸铁管
79	GB/T 3484—2009	企业能量平衡通则
80	GB/T 3485—1998	评价企业合理用电技术导则
81	GB/T 3486—1993	评价企业合理用热技术导则
82	GB 3531—2008	低温压力容器用低合金钢钢板
83	GB/T 3632—2008	钢结构用扭剪型高强度螺栓连接副
84	GB/T 3811—2008	起重机设计规范
85	GB 3836. 1—2010	爆炸性环境　第1部分：设备　通用要求
86	GB 3836. 2—2010	爆炸性环境　第2部分：由隔爆外壳“d”保护的设备
87	GB 3836. 3—2010	爆炸性环境　第3部分：由增安型“e”保护的设备
88	GB 3836. 4—2010	爆炸性环境　第4部分：由本质安全型“i”保护的设备
89	GB 3836. 5—2004	爆炸性气体环境用电气设备　第5部分：正压外壳型“p”
90	GB 3836. 6—2004	爆炸性气体环境用电气设备　第6部分：油浸型“o”
91	GB 3836. 7—2004	爆炸性气体环境用电气设备　第7部分：充砂型“q”
92	GB 3836. 8—2003	爆炸性气体环境用电气设备　第8部分：“n”型电气设备
93	GB 3836. 9—2006	爆炸性气体环境用电气设备　第9部分：浇封型“m”
94	GB 3836. 14—2000	爆炸性气体环境用电气设备　第14部分：危险场所分类
95	GB 3836. 15—2000	爆炸性气体环境用电气设备　第15部分：危险场所电气安装(煤矿除外)
96	GB 3836. 16—2006	爆炸性气体环境用电气设备　第16部分：电气装置的检查和维护(煤矿除外)
97	GB 3836. 17—2007	爆炸性气体环境用电气设备　第17部分：正压房间或建筑物的结构和使用
98	GB 3836. 18—2010	爆炸性环境　第18部分：本质安全系统
99	GB 3836. 19—2010	爆炸性环境　第19部分：现场总线本质安全概念(FISCO)

续表

序号	标准编号	标准名称
100	GB 3836. 20—2010	爆炸性环境　第 20 部分：设备保护级别(EPL)为 Ga 级的设备
101	GB 3838—2002	地表水环境质量标准
102	GB/T 3840—1991	制定地方大气污染物排放标准的技术方法
103	GB/T 3994—2013	黏土质隔热耐火砖
104	GB/T 3995—2006	高铝质隔热耐火砖
105	GB 4053. 1—2009	固定式钢梯及平台安全要求　第 1 部分：钢直梯
106	GB 4053. 2—2009	固定式钢梯及平台安全要求　第 2 部分：钢斜梯
107	GB 4053. 3—2009	固定式钢梯及平台安全要求　第 3 部分：工业防护栏杆及钢平台
108	GB/T 4171—2008	耐候结构钢
109	GB 4208—2008	外壳防护等级(IP 代码)
110	GB/T 4213—2008	气动调节阀
111	GB/T 4238—2007	耐热钢钢板和钢带
112	GB 4387—2008	工业企业厂内铁路、道路运输安全规程
113	GB 4452—2011	室外消火栓
114	GB/T 4728. 12—2008	电气简图用图形符号　第 12 部分：二进制逻辑元件
115	GB/T 4797. 1—2005	电工电子产品自然环境条件　温度和湿度
116	GB 4853—2008	食品级白油
117	GB 4962—2008	氢气使用安全技术规程
118	GB/T 4989—2013	热电偶用补偿导线
119	GB 5085. 1—2007	危险废物鉴别标准　腐蚀性鉴别
120	GB 5085. 2—2007	危险废物鉴别标准　急性毒性初筛
121	GB 5085. 3—2007	危险废物鉴别标准　浸出毒性鉴别
122	GB 5085. 4—2007	危险废物鉴别标准　易燃性鉴别
123	GB 5085. 5—2007	危险废物鉴别标准　反应性鉴别
124	GB 5085. 6—2007	危险废物鉴别标准　毒性物质含量鉴别
125	GB 5085. 7—2007	危险废物鉴别标准　通则
126	GB/T 5117—2012	非合金钢及细晶粒钢焊条
127	GB/T 5118—2012	热强钢焊条
128	GB 5310—2008	高压锅炉用无缝钢管
129	GB/T 5313—2010	厚度方向性能钢板
130	GB/T 5487—1995	汽油辛烷值测定法(研究法)
131	GB/T 5671—2014	汽车通用锂基润滑脂
132	6B 5749—2006	生活饮用水卫生标准
133	GB/T 5777—2008	无缝钢管超声波探伤检验方法
134	GB/T 5780—2000	六角头螺栓　C 级
135	GB/T 5782—2000	六角头螺栓
136	GB/T 5836. 1—2006	建筑排水用硬聚氯乙烯(PVC - U)管材

续表

序号	标准编号	标准名称
137	GB/T 5836. 2—2006	建筑排水用硬聚氯乙烯(PVC－U)管件
138	GB 5903—2011	工业闭式齿轮油
139	GB 5904—1986	轻负荷喷油回转式空气压缩机油
140	GB/T 6144—2010	合成切削液
141	GB/T 6422—2009	用能设备能量测试导则
142	GB/T 6451—2008	油浸式电力变压器技术参数和要求
143	GB 6479—2013	高压化肥设备用无缝钢管
144	GB 6537—2006	3 号喷气燃料
145	GB/T 6733—1986	电容器凡士林
146	GB/T 6907—2005	锅炉用水和冷却水分析方法　水样的采集方法
147	GB 7189—2010	食品级石蜡
148	GB/T 7306. 2—2000	55°密封管螺纹　第 2 部分：圆锥内螺纹与圆锥外螺纹
149	GB/T 7323—2008	极压锂基润滑脂
150	GB/T 7324—2010	通用锂基润滑脂
151	GB/T 7632—1987	机床用润滑剂的选用
152	GB/T 7716—2002	工业用丙烯
153	GB/T 7932—2003	气动系统通用技术条件
154	GB/T 8023—1987	液体石油产品黏度温度计算图
155	GB/T 8163—2008	输送流体用无缝钢管
156	GB/T 8165—2008	不锈钢复合钢板和钢带
157	GB/T 8174—2008	设备及管道绝热效果的测试与评价
158	GB/T 8175—2008	设备及管道绝热设计导则
159	GB 8195—2011	石油加工业卫生防护距离
160	GB/T 8923. 1—2011	涂覆涂料前钢材表面处理　表面清洁度的目视评定　第 1 部分：未涂覆过的钢材表面和全面清除原有涂层后的钢材表面的锈蚀等级和处理等级
161	GB/T 8923. 2—2008	涂覆涂料前钢材表面处理　表面清洁度的目视评定　第 2 部分：已涂覆过的钢材表面局部清除原有涂层后的处理等级
162	GB/T 8923. 3—2009	涂覆涂料前钢材表面处理　表面清洁度的目视评定　第 3 部分：焊缝、边缘和其他区域的表面缺陷的处理等级
163	GB 8978—1996	污水综合排放标准
164	GB 9078—1996	工业炉窑大气污染物排放标准
165	GB/T 9222—2008	水管锅炉受压元件强度计算
166	GB/T 9711—2011	石油天然气工业　管线输送系统用钢管
167	GB 9948—2013	石油裂化用无缝钢管
168	GB/T 10002. 1—2006	给水用硬聚氯乙烯(PVC－U)管材
169	GB/T 10002. 2—2003	给水用硬聚氯乙烯(PVC－U)管件
170	GB/T 10002. 3—2011	给水用硬聚氯乙烯(PVC－U)阀门

续表

序号	标准编号	标准名称
171	GB 10070—1988	城市区域环境振动标准
172	GB/T 10478—2006	液化气体铁道罐车
173	GB/T 10699—1998	硅酸钙绝热制品
174	GB 11118.1—2011	液压油(L－HL、L－HM、L－HV、L－HS、L－HG)
175	GB 11120—2011	涡轮机油
176	GB 11121—2006	汽油机油
177	GB 11122—2006	柴油机油
178	GB/T 11132—2008	液体石油产品烃类的测定　荧光指示剂吸附法
179	GB/T 11148—2008	石油沥青溶解度测定法
180	GB 11174—2011	液化石油气
181	GB/T 11263—2010	热轧 H 型钢和剖分 T 型钢
182	GB/T 11835—2007	绝热用岩棉、矿渣棉及其制品
183	GB/T 12145—2008	火力发电机组及蒸汽动力设备水汽质量
184	GB 12337—1998	钢制球形储罐
185	GB 12348—2008	工业企业厂界环境噪声排放标准
186	GB/T 12459—2005	钢制对焊无缝管件
187	GB 12476.1—2013	可燃性粉尘环境用电气设备　第 1 部分：通用要求
188	GB 12476.2—2010	可燃性粉尘环境用电气设备　第 2 部分：选型和安装
189	GB 12476.3—2007	可燃性粉尘环境用电气设备　第 3 部分：存在或可能存在可燃性粉尘的场所分类
190	GB 12476.4—2010	可燃性粉尘环境用电气设备　第 4 部分：本质安全型“iD”
191	GB 12476.6—2010	可燃性粉尘环境用电气设备　第 6 部分：浇封保护型“mD”
192	GB 12476.7—2010	可燃性粉尘环境用电气设备　第 7 部分：正压保护型“pD”
193	GB 12476.8—2010	可燃性粉尘环境用电气设备　第 8 部分：试验方法　确定粉尘最低点燃温度的方法
194	GB 12476.9—2010	可燃性粉尘环境用电气设备　第 9 部分：试验方法　粉尘层电阻率的测定方法
195	GB 12476.10—2010	可燃性粉尘环境用电气设备　第 10 部分：试验方法　粉尘与空气混合物最小点燃能量的测定方法
196	GB/T 12494—1990	食品机械专用白油
197	GB/T 12606—1999	钢管漏磁探伤方法
198	GB/T 12670—2008	聚丙烯(PP)树脂
199	GB 12691—1990	空气压缩机油
200	GB/T 12716—2011	60°密封管螺纹
201	GB/T 12771—2008	流体输送用不锈钢焊接钢管
202	GB/T 12777—2008	金属波纹管膨胀节通用技术条件
203	GB 12981—2012	机动车辆制动液
204	GB 13223—2011	火电厂大气污染物排放标准
205	GB/T 13234—2009	企业节能量计算方法

续表

序号	标准编号	标准名称
206	GB 13271—2001	锅炉大气污染物排放标准
207	GB/T 13277. 1—2008	压缩空气　第1部分：污染物净化等级
208	GB/T 13295—2013	水及燃气用球墨铸铁管、管件和附件
209	GB 13296—2013	锅炉、热交换器用不锈钢无缝钢管
210	GB/T 13401—2005	钢板制对焊管件
211	GB 13690—2009	化学品分类和危险性公示　通则
212	GB 13895—1992	重负荷车辆齿轮油(GL-5)
213	GB/T 13957—2008	大型三相异步电动机基本系列技术条件
214	GB 14052—1993	安装在设备上的同位素仪表的辐射安全性能要求
215	GB/T 14099. 3—2009	燃气轮机　采购　第3部分：设计要求
216	GB/T 14285—2006	继电保护和安全自动装置技术规程
217	GB/T 14383—2008	锻制承插焊和螺纹管件
218	GB/T 14549—1993	电能质量　公共电网谐波
219	GB 14554—1993	恶臭污染物排放标准
220	GB/T 14848—1993	地下水质量标准
221	GB 14907—2002	钢结构防火涂料
222	GB/T 14957—1994	熔化焊用钢丝
223	GB/T 14976—2012	流体输送用不锈钢无缝钢管
224	GB/T 14982—2008	黏土质耐火泥浆
225	GB 15179—1994	食品机械润滑脂
226	GB/T 15180—2010	重交通道路石油沥青
227	GB/T 15316—2009	节能监测技术通则
228	GB/T 15317—2009	燃煤工业锅炉节能监测
229	GB/T 15544. 1—2013	三相交流系统短路电流计算　第1部分：电流计算
230	GB/T 15587—2008	工业企业能源管理导则
231	GB 15603—1995	常用化学危险品贮存通则
232	GB 15618—1995	土壤环境质量标准
233	GB 15763. 1—2009	建筑用安全　玻璃　第1部分：防火玻璃
234	GB 15763. 2—2005	建筑用安全　玻璃　第2部分：钢化玻璃
235	GB 15763. 3—2009	建筑用安全　玻璃　第3部分：夹层玻璃
236	GB 15763. 4—2009	建筑用安全　玻璃　第4部分：均质钢化玻璃
237	GB/T 15910—2009	热力输送系统节能监测
238	GB 16297—1996	大气污染物综合排放标准
239	GB/T 16400—2003	绝热用硅酸铝棉及其制品
240	GB/T 16508. 3—2013	锅壳锅炉　第3部分：设计与强度计算
241	GB 16629—2008	植物油抽提溶剂
242	GB/T 16630—2012	冷冻机油

续表

序号	标准编号	标准名称
243	GB 16663—1996	醇基液体燃料
244	GB 16749—1997	压力容器波形膨胀节
245	GB/T 17038—1997	内燃机车柴油机油
246	GB 17167—2006	用能单位能源计量器具配备和管理通则
247	GB/T 17261—2011	钢制球形储罐型式与基本参数
248	GB/T 17395—2008	无缝钢管尺寸、外形、重量及允许偏差
249	GB/T 17411—2012	船用燃料油
250	GB 17602—1998	工业己烷
251	GB/T 17719—2009	工业锅炉及火焰加热炉烟气余热资源量计算方法与利用导则
252	GB 17859—1999	计算机信息系统　安全保护等级划分准则
253	GB 17930—2013	车用汽油
254	GB 18218—2009	危险化学品重大危险源辨识
255	GB 18351—2013	车用乙醇汽油(E10)
256	GB/T 18442.1—2011	固定式真空绝热深冷压力容器　第1部分：总则
257	GB/T 18442.2—2011	固定式真空绝热深冷压力容器　第2部分：材料
258	GB/T 18442.3—2011	固定式真空绝热深冷压力容器　第3部分：设计
259	GB/T 18442.4—2011	固定式真空绝热深冷压力容器　第4部分：制造
260	GB/T 18442.5—2011	固定式真空绝热深冷压力容器　第5部分：检验与试验
261	GB/T 18442.6—2011	固定式真空绝热深冷压力容器　第6部分：安全防护
262	GB 18484—2001	危险废物焚烧污染控制标准
263	GB 18597—2001	危险废物贮存污染控制标准
264	GB 18598—2001	危险废物填埋污染控制标准
265	GB 18599—2001	一般工业固体废物贮存、处置场污染控制标准
266	GB 18918—2002	城镇污水处理厂污染物排放标准
267	GB/T 18921—2002	城市污水再生利用　景观环境用水水质
268	GB/T 18984—2003	低温管道用无缝钢管
269	GB/T 19066.1—2008	柔性石墨金属波齿复合垫片　尺寸
270	GB/T 19066.3—2003	柔性石墨金属波齿复合垫片　技术条件
271	GB 19147—2013	车用柴油(Ⅴ)
272	GB 19159—2012	车用液化石油气
273	GB 19592—2004	车用汽油清净剂
274	GB/T 20269—2006	信息安全技术　信息系统安全管理要求
275	GB/T 20270—2006	信息安全技术　网络基础安全技术要求
276	GB/T 20271—2006	信息安全技术　信息系统通用安全技术要求
277	GB/T 20279—2006	信息安全技术　网络和终端设备隔离部件安全技术要求
278	GB 20419—2006	农用柴油机油

续表

序号	标准编号	标准名称
279	GB/T 20420—2006	润滑剂、工业用油和相关产品(L类) E组(内燃机油) 二冲程汽油发动机油(EGB、EGC和EGD)
280	GB/T 20801.1—2006	压力管道规范 工业管道 第1部分：总则
281	GB/T 20801.2—2006	压力管道规范 工业管道 第2部分：材料
282	GB/T 20801.3—2006	压力管道规范 工业管道 第3部分：设计和计算
283	GB/T 20801.4—2006	压力管道规范 工业管道 第4部分：制作与安装
284	GB/T 20801.5—2006	压力管道规范 工业管道 第5部分：检验与试验
285	GB/T 20801.6—2006	压力管道规范 工业管道 第6部分：安全防护
286	GB/T 20828—2014	柴油机燃料调合用生物柴油(BD100)
287	GB/T 20901—2007	石油石化行业能源计量器具配备和管理要求
288	GB 20950—2007	储油库大气污染物排放标准
289	GB/T 21448—2008	埋地钢质管道阴极保护技术规范
290	GB/T 21449—2008	水－乙二醇型难燃液压液
291	GB/T 21604—2008	化学品 急性皮肤刺激性/腐蚀性试验方法
292	GB/T 21609—2008	化学品 急性眼刺激性/腐蚀性试验方法
293	GB/T 21835—2008	焊接钢管尺寸及单位长度重量
294	GB/T 22030—2013	车用乙醇汽油调合组分油
295	GB 22160—2008	食品级微晶蜡
296	GB/T 22336—2008	企业节能标准体系编制通则
297	GB/T 23111—2008	非自动衡器
298	GB/T 23331—2012	能源管理体系 要求
299	GB/T 23799—2009	车用甲醇汽油(M85)
300	GB/T 23932—2009	建筑用金属面绝热夹芯板
301	GB 23971—2009	有机热载体
302	GB/T 24337—2009	电能质量 公用电网间谐波
303	GB 24511—2009	承压设备用不锈钢钢板及钢带
304	GB/T 25199—2014	生物柴油调合燃料(B5)
305	GB 25989—2010	炉用燃料油
306	GB/T 50001—2010	房屋建筑制图统一标准
307	GB/T 50002—2013	建筑模数协调标准
308	GB 50003—2011	砌体结构设计规范
309	GB/T 50006—2010	厂房建筑模数协调标准
310	GB 50007—2011	建筑地基基础设计规范
311	GB 50009—2012	建筑结构荷载规范
312	GB 50010—2010	混凝土结构设计规范
313	GB 50011—2010	建筑抗震设计规范
314	GB 50012—2012	Ⅲ、Ⅳ级铁路设计规范

续表

序号	标准编号	标准名称
315	GB 50013—2006	室外给水设计规范
316	GB 50014—2006	室外排水设计规范
317	GB 50015—2003	建筑给水排水设计规范
318	GB 50016—2006	建筑设计防火规范
319	GB 50017—2003	钢结构设计规范
320	GB 50018—2002	冷弯薄壁型钢结构技术规范
321	GB 50019—2003	采暖通风与空气调节设计规范（民用建筑供暖通风与空气调节部分见 GB 50736）
322	GB 50021—2001	岩土工程勘察规范
323	GB 50029—2014	压缩空气站设计规范
324	GB 50030—2013	氧气站设计规范
325	GB 50033—2013	建筑采光设计标准
326	GB 50034—2013	建筑照明设计标准
327	GB 50037—2013	建筑地面设计规范
328	GB 50040—1996	动力机器基础设计规范
329	GB 50041—2008	锅炉房设计规范
330	GB 50045—1995	高层民用建筑设计防火规范
331	GB 50046—2008	工业建筑防腐蚀设计规范
332	GB 50049—2011	小型火力发电厂设计规范
333	GB 50050—2007	工业循环冷却水处理设计规范
334	GB 50051—2013	烟囱设计规范
335	GB 50052—2009	供配电系统设计规范
336	GB 50053—1994	20kV 及以下变电所设计规范
337	GB 50054—2011	低压配电设计规范
338	GB 50055—2011	通用用电设备配电设计规范
339	GB 50056—1993	电热设备电力装置设计规范
340	GB 50057—2010	建筑物防雷设计规范
341	GB 50058—2014	爆炸危险环境电力装置设计规范
342	GB 50059—2011	35 ~ 100kV 变电站设计规范
343	GB 50060—2008	3 ~ 110kV 高压配电装置设计规范
344	GB/T 50062—2008	电力装置的继电保护和自动装置设计规范
345	GB/T 50063—2008	电力装置的电测量仪表装置设计规范
346	GB/T 50064—2014	交流电气装置的过电压保护和绝缘配合设计规范
347	GB/T 50065—2011	交流电气装置的接地设计规范
348	GB 50067—1997	汽车库、修车库、停车场设计防火规范
349	GB 50068—2001	建筑结构可靠度设计统一标准
350	GB 50069—2002	给水排水工程构筑物结构设计规范

续表

序号	标准编号	标准名称
351	GB 50074—2002	石油库设计规范
352	GB/T 50083—1997	建筑结构设计术语和符号标准
353	GB 50084—2001	自动喷水灭火系统设计规范
354	GB/T50087—2013	工业企业噪声控制设计规范
355	GB 50091—2006	铁路车站及枢纽设计规范
356	GB 50093—2013	自动化仪表工程施工及质量验收规范
357	GB 50094—2010	球形储罐施工规范
358	GB/T 50102—2003	工业循环水冷却设计规范
359	GB/T 50104—2010	建筑制图标准
360	GB/T 50105—2010	建筑结构制图标准
361	GB 50108—2008	地下工程防水技术规范
362	GB/T 50109—2006	工业用水软化除盐设计规范
363	GB/T 50114—2010	暖通空调制图标准
364	GB 50115—2009	工业电视系统工程设计规范
365	GB 50116—2013	火灾自动报警系统设计规范
366	GB/T 50121—2005	建筑隔声评价标准
367	GB 50126—2008	工业设备及管道绝热工程施工规范
368	GB 50128—2014	立式圆筒形钢制焊接储罐施工规范
369	GB 50135—2006	高耸结构设计规范
370	GB 50140—2005	建筑灭火器配置设计规范
371	GB 50151—2010	泡沫灭火系统设计规范
372	GB 50155—1992	采暖通风与空气调节术语标准
373	GB 50156—2012	汽车加油加气站设计与施工规范
374	GB 50160—2008	石油化工企业设计防火规范
375	GB 50166—2007	火灾自动报警系统施工及验收规范
376	GB 50169—2006	电气装置安装工程接地装置施工及验收规范
377	GB 50174—2008	电子信息系统机房设计规范
378	GB 50176—1993	民用建筑热工设计规范
379	GB 50177—2005	氢气站设计规范
380	GB 50178—1993	建筑气候区划标准
381	GB 50183—2004	石油天然气工程设计防火规范
382	GB 50184—2011	工业金属管道工程施工质量验收规范
383	GB 50187—2012	工业企业总平面设计规范
384	GB 50189—2005	公共建筑节能设计标准
385	GB 50198—2011	民用闭路监视电视系统工程技术规范
386	GB 50200—1994	有线电视系统工程技术规范
387	GB 50201—1994	防洪标准(注：修编标准时该编号变更)

续表

序号	标准编号	标准名称
388	GB 50201—2012	土方与爆破工程施工及验收规范
389	GB 50202—2002	建筑地基基础工程施工质量验收规范
390	GB 50203—2011	砌体结构工程施工质量验收规范
391	GB 50204—2002	混凝土结构工程施工质量验收规范
392	GB 50205—2001	钢结构工程施工质量验收规范
393	GB 50217—2007	电力工程电缆设计规范
394	GB 50219—1995	水喷雾灭火系统设计规范
395	GB 50222—1995	建筑内部装修设计防火规范
396	GB 50223—2008	建筑工程抗震设防分类标准
397	GB 50227—2008	并联电容器装置设计规范
398	GB 50229—2006	火力发电厂与变电站设计防火规范
399	GB 50231—2009	机械设备安装工程施工及验收通用规范
400	GB 50235—2010	工业金属管道工程施工规范
401	GB 50236—2011	现场设备、工业管道焊接工程施工规范
402	GB 50242—2002	建筑给水排水及采暖工程施工质量验收规范
403	GB 50243—2002	通风与空调工程施工质量验收规范
404	GB 50260—2013	电力设施抗震设计规范
405	GB 50261—2005	自动喷水灭火系统施工及验收规范
406	GB 50265—2010	泵站设计规范
407	GB 50274—2010	制冷设备、空气分离设备安装工程施工及验收规范
408	GB 50275—2010	风机、压缩机、泵安装工程施工及验收规范
409	GB 50281—2006	泡沫灭火系统施工及验收规范
410	GB 50311—2007	综合布线系统工程设计规范
411	GB/T 50314—2006	智能建筑设计标准
412	GB 50316—2000	工业金属管道设计规范(2008 年版)
413	GB/T 50328—2001	建设工程文件归档整理规范
414	GB 50330—2013	建筑边坡工程技术规范
415	GB 50335—2002	污水再生利用工程设计规范
416	GB 50341—2003	立式圆筒形钢制焊接油罐设计规范
417	GB 50345—2012	屋面工程技术规范
418	GB 50351—2014	储罐区防火堤设计规范
419	GB 50352—2005	民用建筑设计通则
420	GB/T 50441—2007	石油化工设计能耗计算标准
421	GB/T 50448—2008	水泥基灌浆材料应用技术规范
422	GB 50453—2008	石油化工建(构)筑物抗震设防分类标准
423	GB 50461—2008	石油化工静设备安装工程施工质量验收规范
424	GB 50473—2008	钢制储罐地基基础设计规范

续表

序号	标准编号	标准名称
425	GB 50474—2008	隔热耐磨衬里技术规范
426	GB 50475—2008	石油化工全厂性仓库及堆场设计规范
427	GB 50483—2009	化工建设项目环境保护设计规范
428	GB 50484—2008	石油化工建设工程施工安全技术规范
429	GB 50493—2009	石油化工可燃气体和有毒气体检测报警设计规范
430	GB 50517—2010	石油化工金属管道工程施工质量验收规范
431	GB 50542—2009	石油化工厂区管线综合技术规范
432	GB/T 50609—2010	石油化工工厂信息系统设计规范
433	GB/T 50660—2011	大中型火力发电厂设计规范
434	GB 50683—2011	现场设备、工业管道焊接工程施工质量验收规范
435	GB/T 50746—2012	石油化工循环水场设计规范
436	GB 50747—2012	石油化工污水处理设计规范
437	GB 50779—2012	石油化工控制室抗爆设计规范
438	GBJ 22—1987	厂矿道路设计规范
439	GBZ 1—2010	工业企业设计卫生标准
440	GBZ 2. 1—2007	工业场所有害因素职业接触限值　第 1 部分：化学有害因素
441	GBZ 2. 2—2007	工业场所有害因素职业接触限值　第 2 部分：物理因素
442	GBZ 114—2006	密封放射源及密封 γ 放射源容器的放射卫生防护标准
443	GBZ 125—2009	含密封源仪表的放射卫生防护要求
444	GBZ 158—2003	工业场所职业病危害警示标识
445	GBZ 230—2010	职业性接触毒物危害程度分级

（二）行业标准

序号	标准编号	标准名称
(1)电力行业标准(DL、DL/T)		
1	DL/T 401—2002	高压电缆选用导则
2	DL/T 620—1997	交流电气装置的过电压保护和绝缘配合
3	DL/T 621—1997	交流电气装置的接地
4	DL/T 742—2001	冷却塔塑料部件技术条件
5	DL/T 869—2012	火力发电厂焊接技术规程
6	DL/T 892—2004	电站汽轮机技术条件
7	DL/T 5054—1996	火力发电厂汽水管道设计技术规定
8	DL/T 5068—2006	火力发电厂化学设计技术规程
9	DL/T 5143—2002	变电所给水排水设计规程
10	DL/T 5153—2002	火力发电厂厂用电设计技术规定
11	DL/T 5174—2003	燃气－蒸汽联合循环电厂设计规定
12	DL 5190. 2—2012	电力建设施工技术规范　第 2 部分：锅炉机组

续表

序号	标准编号	标准名称
13	DL 5190. 3—2012	电力建设施工技术规范　第3部分：汽轮发电机组
14	DL 5190. 5—2012	电力建设施工技术规范　第5部分：管道及系统
15	DL/T 5204—2005	火力发电厂油气管道设计规程
(2)化工行业标准(HG、HG/T)		
16	HG/T 20517—1992	钢制低压湿式气柜
17	HG/T 20521—1992	化工蒸汽系统设计规定
18	HG/T 20580—2011	钢制化工容器设计基础规定
19	HG/T 20581—2011	钢制化工容器材料选用规定
20	HG/T 20582—2011	钢制化工容器强度计算规定
21	HG/T 20583—2011	钢制化工容器结构设计规定
22	HG/T 20584—2011	钢制化工容器制造技术要求
23	HG/T 20585—2011	钢制低温压力容器技术规定
24	HG/T 20592—2009	钢制管法兰(PN系列)
25	HG/T 20606—2009	钢制管法兰用非金属平垫片(PN系列)
26	HG/T 20607—2009	钢制管法兰用聚四氟乙烯包覆垫片(PN系列)
27	HG/T 20609—2009	钢制管法兰用金属包覆垫片(PN系列)
28	HG/T 20610—2009	钢制管法兰用缠绕式垫片(PN系列)
29	HG/T 20611—2009	钢制管法兰用具有覆盖层的齿形组合垫(PN系列)
30	HG/T 20612—2009	钢制管法兰用金属环形垫(PN系列)
31	HG/T 20613—2009	钢制管法兰用紧固件(PN系列)
32	HG/T 20614—2009	钢制管法兰、垫片、紧固件选配规定(PN系列)
33	HG/T 20615—2009	钢制管法兰(Class系列)
34	HG/T 20623—2009	大直径钢制管法兰(Class系列)
35	HG/T 20627—2009	钢制管法兰用非金属平垫片(Class系列)
36	HG/T 20628—2009	钢制管法兰用聚四氟乙烯包覆垫片(Class系列)
37	HG/T 20630—2009	钢制管法兰用金属包覆垫片(Class系列)
38	HG/T 20631—2009	钢制管法兰用缠绕式垫片(Class系列)
39	HG/T 20632—2009	钢制管法兰用具有覆盖层的齿形组合垫(Class系列)
40	HG/T 20633—2009	钢制管法兰用金属环形垫(Class系列)
41	HG/T 20634—2009	钢制管法兰用紧固件(Class系列)
42	HG/T 20635—2009	钢制管法兰、垫片、紧固件选配规定(Class系列)
43	HG/T 20666—1999	化工企业腐蚀环境电力设计规程
44	HG/T 21514—2005	钢制人孔和手孔的类型与技术条件
45	HG/T 21515—2005	常压人孔
46	HG/T 21516—2005	回转盖板式平焊法兰人孔
47	HG/T 21517—2005	回转盖带颈平焊法兰人孔
48	HG/T 21518—2005	回转盖带颈对焊法兰人孔

续表

序号	标准编号	标准名称
49	HG/T 21519—2005	垂直吊盖板式平焊法兰人孔
50	HG/T 21520—2005	垂直吊盖带颈平焊法兰人孔
51	HG/T 21521—2005	垂直吊盖带颈对焊法兰人孔
52	HG/T 21522—2005	水平吊盖板式平焊法兰人孔
53	HG/T 21523—2005	水平吊盖带颈平焊法兰人孔
54	HG/T 21524—2005	水平吊盖带颈对焊法兰人孔
55	HG/T 21525—2005	常压旋柄快开人孔
56	HG/T 21526—2005	椭圆形回转盖快开人孔
57	HG/T 21527—2005	回转拱盖快开人孔
58	HG/T 21528—2005	常压手孔
59	HG/T 21529—2005	板式平焊法兰手孔
60	HG/T 21530—2005	带颈平焊法兰手孔
61	HG/T 21531—2005	带颈对焊法兰手孔
62	HG/T 21532—2005	回转盖带颈对焊法兰手孔
63	HG/T 21533—2005	常压快开手孔
64	HG/T 21534—2005	旋柄快开手孔
65	HG/T 21535—2005	回转盖快开手孔
66	HG 21594—1999	不锈钢人、手孔分类与技术条件
67	HG 21595—1999	常压不锈钢人孔
68	HG 21596—1999	回转盖不锈钢人孔
69	HG 21597—1999	回转拱盖快开不锈钢人孔
70	HG 21598—1999	水平吊盖不锈钢人孔
71	HG 21599—1999	垂直吊盖不锈钢人孔
72	HG 21600—1999	椭圆快开不锈钢人孔
73	HG 21601—1999	常压快开不锈钢手孔
74	HG 21602—1999	平盖不锈钢手孔
75	HG 21603—1999	回转盖快开不锈钢手孔
76	HG 21604—1999	旋柄快开不锈钢手孔
(3)环境保护行业标准(HJ、HJ/T)		
77	HJ/T 76—2007	固定污染源烟气排放连续监测系统技术要求及检测方法
78	HJ/T 91—2002	地表水和污水监测技术规范
79	HJ/T 125—2003	清洁生产标准　石油炼制业
80	HJ/T 164—2004	地下水环境监测技术规范
(4)机械行业标准(JB、JB/T)		
81	JB/T 1119—1999	卡子
82	JB/T 1205—2001	塔盘技术条件
83	JB/T 1613—1993	锅炉受压元件焊接技术条件

续表

序号	标准编号	标准名称
84	JB/T 2190—1993	锅炉人孔和头孔装置
85	JB/T 3695—2008	电动葫芦桥式起重机
86	JB/T 4710—2005	钢制塔式容器
87	JB/T 4711—2003	压力容器涂敷与运输包装
88	JB/T 4712. 1—2007	容器支座　第 1 部分：鞍式支座
89	JB/T 4712. 2—2007	容器支座　第 2 部分：腿式支座
90	JB/T 4712. 3—2007	容器支座　第 3 部分：耳式支座
91	JB/T 4712. 4—2007	容器支座　第 4 部分：支承式支座
92	JB/T 4718—1992	管壳式换热器用金属包垫片
93	JB/T 4719—1992	管壳式换热器用缠绕垫片
94	JB/T 4720—1992	管壳式换热器用非金属垫片
95	JB/T 4721—1992	外头盖侧法兰
96	JB/T 4730. 1—2005	承压设备无损检测　第 1 部分：通用要求
97	JB/T 4730. 2—2005	承压设备无损检测　第 2 部分：射线检测
98	JB/T 4730. 3—2005	承压设备无损检测　第 3 部分：超声检测
99	JB/T 4730. 4—2005	承压设备无损检测　第 4 部分：磁粉检测
100	JB/T 4730. 5—2005	承压设备无损检测　第 5 部分：渗透检测
101	JB/T 4730. 6—2005	承压设备无损检测　第 6 部分：涡流检测
102	JB/T 4731—2005	钢制卧式容器
103	JB 4732—1995	钢制压力容器——分析设计标准
104	JB/T 4736—2002	补强圈
105	JB/T 4746—2002	钢制压力容器用封头
106	JB/T 5897—2014	防爆桥式起重机
107	JB/T 8953. 2—1999	燃气－蒸汽联合循环设备采购　汽轮机
108	JB/T 8974—2011	TAW 系列增安型无刷励磁同步电动机技术条件
109	JB/T 10219—2011	防爆梁式起重机
110	JB/T 10563—2006	一般用途离心通风机　技术条件
(5)建筑工业行业标准(JGJ、JGJ/T)		
111	JGJ 16—2008	民用建筑电气设计规范
112	JGJ 36—2005	宿舍建筑设计规范
113	JGJ 64—1989	饮食建筑设计规范
114	JGJ 67—2006	办公建筑设计规范
115	JOJ 79—2012	建筑地基处理技术规范
116	JGJ 81—2002	建筑钢结构焊接技术规程
117	JGJ 91—1993	科学实验建筑设计规范
118	JGJ 94—2008	建筑桩基技术规范
119	JGJ 107—2010	钢筋机械连接技术规程

续表

序号	标准编号	标准名称
120	JGJ 113—2009	建筑玻璃应用技术规程
121	JGJ 133—2001	金属与石材幕墙工程技术规范
122	JGJ 137—2001	多孔砖砌体结构技术规范
(6)交通行业标准(JTJ、JTS)		
123	JTJ 237—1999	装卸油品码头防火设计规范
124	JTS 165—2013	海港总体设计规范
(7)能源行业标准(NB、NB/T)		
125	NB/T 47001—2009(JB/T 4713)	钢制液化石油气卧式储罐　型式与基本参数
126	NB/T 47002.1—2009	压力容器用爆炸焊接复合板　第1部分：不锈钢-钢复合板
127	NB/T 47002.2—2009	压力容器用爆炸焊接复合板　第2部分：镍-钢复合板
128	NB/T 47002.3—2009	压力容器用爆炸焊接复合板　第3部分：钛-钢复合板
129	NB/T 47002.4—2009	压力容器用爆炸焊接复合板　第4部分：铜-钢复合板
130	NB/T 47003.1—2009(JB/T 4735.1)	钢制焊接常压容器
131	NB/T 47003.2—2009(JB/T 4735.2)	固体料仓
132	NB/T 47004—2009(JB/T 4752)	板式热交换器
133	NB/T 47005—2009(JB/T 4753)	板式蒸发装置
134	NB/T 47006—2009(JB/T 4757)	铝制板翅式热交换器
135	NB/T 47007—2010(JB/T 4758)	空冷式热交换器
136	NB/T 47008—2010(JB/T 4726)	承压设备用碳素钢和合金钢锻件
137	NB/T 47009—2010(JB/T 4727)	低温承压设备用低合金钢锻件
138	NB/T 47010—2010(JB/T 4728)	承压设备用不锈钢和耐热钢锻件
139	NB/T 47012—2010(JB/T 4750)	制冷装置用压力容器
140	NB/T 47013.7—2012(JB/T 4730.7)	承压设备无损检测　第7部分：目视检测
141	NB/T 47013.8—2012(JB/T 4730.8)	承压设备无损检测　第8部分：泄漏检测
142	NB/T 47013.9—2012(JB/T 4730.9)	承压设备无损检测　第9部分：声发射检测
143	NB/T 47013.10—2010(JB/T.4730.10)	承压设备无损检测　第10部分：衍射时差法超声检测
144	NB/T 47014—2011(JB 4708)	承压设备焊接工艺评定
145	NB/T 47015—2011(JB/T 4709)	压力容器焊接规程
146	NB/T 47016—2011(JB/T 4744)	承压设备产品焊接试件的力学性能检验
147	NB/T 47017—2011	压力容器视镜
148	NB/T 47018.1—2011(JB/T 4747)	承压设备用焊接材料订货技术条件　第1部分：采购通则
149	NB/T 47018.2—2011(JB/T 4747)	承压设备用焊接材料订货技术条件　第2部分：钢焊条
150	NB/T 47018.3—2011(JB/T 4747)	承压设备用焊接材料订货技术条件　第3部分：气体保护电弧焊钢焊丝和填充丝
151	NB/T 47018.4—2011(JB/T 4747)	承压设备用焊接材料订货技术条件　第4部分：埋弧焊钢焊丝和焊剂
152	NB/T 47018.5—2011(JB/T 4747)	承压设备用焊接材料订货技术条件　第5部分：堆焊用不锈钢焊带和焊剂
153	NB/T 47018.6—2011(JB/T 4747)	承压设备用焊接材料订货技术条件　第6部分：铝及铝合金焊丝和填充丝

续表

序号	标准编号	标准名称
154	NB/T 47018.7—2011(JB/T 4747)	承压设备用焊接材料订货技术条件　第7部分：钛及钛合金焊丝和填充丝
155	NB/T 47019.1—2011	锅炉、热交换器用管订货技术条件　第1部分：通则
156	NB/T 47019.2—2011	锅炉、热交换器用管订货技术条件　第2部分：规定室温性能的非合金钢和合金钢
157	NB/T 47019.3—2011	锅炉、热交换器用管订货技术条件　第3部分：规定高温性能的非合金钢和合金钢
158	NB/T 47019.4—2011	锅炉、热交换器用管订货技术条件　第4部分：低温用低合金钢
159	NB/T 47019.5—2011	锅炉、热交换器用管订货技术条件　第5部分：不锈钢
160	NB/T 47019.6—2011	锅炉、热交换器用管订货技术条件　第6部分：铁素体/奥氏体型双相不锈钢
161	NB/T 47019.7—2011	锅炉、热交换器用管订货技术条件　第7部分：有色金属　铜和铜合金
162	NB/T 47019.8—2011	锅炉、热交换器用管订货技术条件　第8部分：有色金属　钛和钛合金
163	NB/T 47020—2012(JB/T 4700)	压力容器法兰分类与技术条件
164	NB/T 47021—2012(JB/T 4701)	甲型平焊法兰
165	NB/T 47022—2012(JB/T 4702)	乙型平焊法兰
166	NB/T 47023—2012(JB/T 4703)	长颈对焊法兰
167	NB/T 47024—2012(JB/T 4704)	非金属软垫片
168	NB/T 47025—2012(JB/T 4705)	缠绕垫片
169	NB/T 47026—2012(JB/T 4706)	金属色垫片
170	NB/T 47027—2012(JB/T 4707)	压力容器法兰用紧固件
(8)石油化工行业标准(SH、SH/T)		
171	SH 0164—1992	石油产品包装、贮运及交货验收规则
172	SH 0527—1992	延迟石油焦(生焦)
173	SH/T 0663—1998	汽油中某些醇类和醚类测定法(气相色谱法)
174	SH/T 1486.1—2008	石油对二甲苯
175	SH/T 1613.1—1995	石油邻二甲苯
176	SH/T 3003—2000	石油化工合理利用能源设计导则
177	SH/T 3004—2011	石油化工采暖通风与空气调节设计规范
178	SH 3005—1999	石油化工自动化仪表选型设计规范
179	SH/T 3006—2012	石油化工控制室设计规范
180	SH/T 3007—2007	石油化工储运系统罐区设计规范
181	SH 3008—2000	石油化工厂区绿化设计规范
182	SH 3009—2013	石油化工可燃性气体排放系统设计规范
183	SH/T 3010—2013	石油化工设备和管道绝热工程设计规范
184	SH 3011—2001	石油化工工艺装置布置设计规范
185	SH 3012—2011	石油化工金属管道布置设计规范
186	SH/T 3013—2000	石油化工厂区竖向布置设计规范
187	SH/T 3014—2012	石油化工储运系统泵区设计规范

续表

序号	标准编号	标准名称
188	SH 3015—2003	石油化工企业给水排水系统设计规范
189	SH 3016—1990(SHJ 16—90)	石油化工企业循环水场设计规范
190	SH/T 3017—2013	石油化工生产建筑设计规范
191	SH/T 3018—2003	石油化工安全仪表系统设计规范
192	SH/T 3019—2003	石油化工仪表管道线路设计规范
193	SH/T 3020—2013	石油化工仪表供气设计规范
194	SH/T 3021—2013	石油化工仪表及管道隔离和吹洗设计规范
195	SH/T 3022—2011	石油化工设备和管道涂料防腐蚀设计规范
196	SHJ/T 3023—2005	石油化工厂内道路设计规范
197	SH 3024—1995	石油化工企业环境保护设计规范
198	SH/T 3027—2003	石油化工企业照度设计标准
199	SH/T 3028—2007	石油化工装置电信设计规范
200	SH 3029—1991	石油化工企业排气筒和火炬塔架设计规范
201	SH/T 3030—2009	石油化工塔型设备基础设计规范
202	SH/T 3031—2013	石油化工逆流式机械通风冷却塔结构设计规范
203	SH/T 3032—2002	石油化工企业总体布置设计规范
204	SH/T 3033—2007	石油化工企业汽车、叉车运输设施设计规范
205	SH 3034—2012	石油化工给水排水管道设计规范
206	SH/T 3035—2007	石油化工工艺装置管径选择导则
207	SH/T 3036—2012	一般炼油装置用火焰加热炉
208	SH/T 3037—2002	炼油厂加热炉炉管壁厚计算
209	SH 3038—2000	石油化工企业生产装置电力设计技术规范
210	SH/T 3039—2003	石油化工非埋地管道抗震设计通则
211	SH/T 3040—2012	石油化工管道伴管和夹套管设计规范
212	SH 3041—2002	石油化工管道柔性设计规范
213	SH 3043—2003	石油化工设备管道钢结构表面色和标志规定
214	SH/T 3045—2003	石油化工管式炉热效率设计计算
215	SH 3046—1992	石油化工立式圆筒形钢制焊接储罐设计规范
216	SH 3047—1993	石油化工企业职业安全卫生设计规范
217	SH 3048—1999	石油化工钢制设备抗震设计规范
218	SH/T 3053—2002	石油化工企业厂区总平面布置设计规范
219	SHJ/T 3054—2005	石油化工厂区管线综合设计规范
220	SH/T 3055—2007	石油化工管架设计规范
221	SH 3056—1994	石油化工企业排气筒(管)采样口设计规范
222	SH/T 3057—2007	石油化工落地式离心泵基础设计规范
223	SH/T 3058—2005	石油化工冷换设备和容器基础设计规范
224	SH/T 3059—2012	石油化工管道设计器材选用规范

续表

序号	标准编号	标准名称
225	SH/T 3060—2013	石油化工企业供电系统设计规范
226	SH/T 3061—2009	石油化工管式炉基础设计规范
227	SH/T 3062—2007	石油化工球罐基础设计规范
228	SH/T 3064—2003	石油化工钢制通用阀门选用、检验及验收
229	SH/T 3065—2005	石油化工管式炉急弯弯管技术标准
230	SH/T 3066—2005	石油化工反应器再生器框架设计规范
231	SH/T 3067—2007	石油化工钢筋混凝土冷换框架设计规范
232	SH/T 3068—2007	石油化工钢储罐地基与基础设计规范
233	SH/T 3070—2005	石油化工管式炉钢结构设计规范
234	SH 3071—2013	石油化工电气设备抗震鉴定标准
235	SH/T 3073—2004	石油化工管道支吊架设计规范
236	SH/T 3074—2007	石油化工钢制压力容器
237	SH/T 3075—2009	石油化工钢制压力容器材料选用标准
238	SH 3076—2013	石油化工建筑物结构设计规范
239	SH/T 3077—2012	石油化工钢结构冷换框架设计规范
240	SH/T 3079—2012	石油化工焦炭塔框架设计规范
241	SH/T 3080—2013	石油化工横流式机械通风冷却塔结构设计规范
242	SH/T 3081—2003	石油化工仪表接地设计规范
243	SH/T 3082—2003	石油化工仪表供电设计规范
244	SH/T 3083—1997	石油化工钢储罐地基处理技术规范
245	SH 3085—1997	石油化工管式炉碳钢和铬钼钢炉管焊接技术条件
246	SH 3086—1998	石油化工管式炉钢结构工程及部件安装技术条件
247	SH 3087—1997	石油化工管式炉耐热钢铸件技术标准
248	SH/T 3088—2012	石油化工塔盘技术规范
249	SH 3090—1998	石油化工铁路设计规范
250	SH/T 3091—2012	石油化工压缩机基础设计规范
251	SH/T 3092—2013	石油化工分散控制系统设计规范
252	SH 3093—1999	石油化工企业卫生防护距离
253	SH/T 3094—2013	石油化工排雨水明沟设计规范
254	SH 3095—2000	石油化工污水处理设计规范
255	SH/T 3096—2012	高硫原油加工装置设备和管道设计选材导则
256	SH 3097—2000	石油化工静电接地设计规范
257	SH/T 3098—2011	石油化工塔器设计规范
258	SH 3099—2000	石油化工给水排水水质标准
259	SH/T 3103—2009	石油化工中心化验室设计规范
260	SH/T 3104—2013	石油化工仪表安装设计规范
261	SH/T 3107—2000	石油化工液体物料铁路装卸车设施设计规范

续表

序号	标准编号	标准名称
262	SH/T 3108—2000	炼油厂全厂性工艺及热力管道设计规范
263	SH/T 3113—2000	石油化工管式炉燃烧器工程技术条件
264	SH/T 3114—2000	石油化工管式炉耐热铸铁件工程技术条件
265	SH/T 3115—2000	石油化工管式炉轻质浇注料衬里工程技术条件
266	SH/T 3116—2000	炼油厂用电负荷设计计算方法
267	SH/T 3117—2013	石油化工设计热力工质消耗量计算方法
268	SH/T 3118—2000	石油化工蒸汽喷射式抽空器设计规范
269	SH/T 3119—2000	石油化工钢制套管换热器设计规范
270	SH/T 3120—2000	石油化工喷射式混合器设计规范
271	SH/T 3121—2000	炼油装置工艺设计规范
272	SH/T 3122—2013	炼油装置工艺管道流程设计规范
273	SH/T 3123—2001	石油化工钢储罐地基充水预压监测规程
274	SH/T 3126—2013	石油化工仪表及管道伴热和绝热设计规范
275	SH/T 3128—2002	一般炼油装置火焰加热炉陶瓷纤维衬里
276	SH/T 3129—2012	高酸原油加工装置设备和管道设计选材导则
277	SH/T 3131—2002	石油化工电气设备抗震设计规范
277	SH/T 3132—2013	石油化工钢筋混凝土水池结构设计规范
278	SH 3136—2003	液化烃球形储罐安全设计规范
279	SH/T 3137—2013	石油化工钢结构防火保护技术规范
280	SH/T 3143—2012	石油化工往复压缩机工程技术规范
281	SH/T 3144—2012	石油化工离心、轴流压缩机工程技术规范
282	SH/T 3145—2012	石油化工特殊用途汽轮机工程技术规范
283	SH/T 3146—2004	石油化工噪声控制设计规范
284	SH/T 3147—2004	石油化工构筑物抗震设计规范
285	SH/T 3153—2007	石油化工企业电信设计规范
286	SH/T 3154—2009	石油化工非金属衬里管道技术规范
287	SH/T 3159—2009	石油化工岩土工程勘察规范
288	SH/T 3160—2009	石油化工控制室抗爆设计规范
289	SH/T 3161—2011	石油化工非金属管道技术规范
290	SH/T 3164—2012	石油化工仪表系统防雷设计规范
291	SH/T 3167—2012	钢制焊接低压储罐
292	SH/T 3168—2011	石油化工装置(单元)竖向设计规范
293	SH/T 3169—2012	长输油气管道站场布置规范
294	SH/T 3401—2013	石油化工钢制管法兰用非金属平垫片
295	SH/T 3402—2013	石油化工钢制管法兰用聚四氟乙烯包覆垫片
296	SH/T 3403—2013	石油化工钢制管法兰用金属环垫
297	SH/T 3404—2013	石油化工钢制管法兰用紧固件

续表

序号	标准编号	标准名称
298	SH/T 3405—2012	石油化工钢管尺寸系列
299	SH/T 3406—2013	石油化工钢制管法兰
300	SH/T 3407—2013	石油化工钢制管法兰用缠绕式垫片
301	SH/T 3408—2012	石油化工钢制对焊管件
302	SH/T 3410—2012	石油化工锻钢制承插焊和螺纹管件
303	SH 3501—2011	石油化工有毒、可燃介质钢制管道工程施工及验收规范
304	SH/T 3506—2007	管式炉安装工程施工及验收规范
305	SH/T 3507—2011	石油化工钢结构工程施工质量验收规范
306	SH/T 3510—2011	石油化工设备混凝土基础工程施工质量验收规范
307	SH/T 3516—2012	催化裂化装置轴流压缩机－烟气轮机能量回收机组施工及验收规范
308	SH/T 3517—2013	石油化工钢制管道工程施工技术规程
309	SH/T 3521—2013	石油化工仪表工程施工技术规程
310	SH/T 3522—2003	石油化工隔热工程施工工艺标准
311	SH/T 3523—2009	石油化工铬镍不锈钢、铁镍合金和镍合金焊接规程
312	SH/T 3526—2004	石油化工异种钢焊接规程
313	SH/T 3527—2009	石油化工不锈钢复合钢焊接规程
314	SH/T 3528—2005	石油化工钢储罐地基与基础施工及验收规范
315	SH/T 3529—2005	石油化工厂区竖向工程施工及验收规范
316	SH/T 3533—2013	石油化工给水排水管道工程施工及验收规范
317	SH/T 3534—2012	石油化工筑炉工程施工质量验收规范
318	SH/T 3535—2012	石油化工混凝土水池工程施工及验收规范
319	SH/T 3549—2012	酸性环境可燃流体输送管道施工及验收规范
320	SH/T 3550—2012	石油化工建设工程项目施工技术文件编制规范
321	SH/T 3603—2009	石油化工钢结构防腐蚀涂料应用技术规程
322	SH/T 3604—2009	石油化工水泥基无收缩灌浆材料应用技术规程
323	SH/T 3610—2012	石油化工筑炉工程施工技术规程
324	SH/T 3611—2012	酸性环境可燃流体输送管道焊接规程
325	SH/T 3904—2005	石油化工建设工程项目竣工验收规定
(9)石油天然气行业标准(SY、SY/T)		
326	SY/T 0011—2007	天然气净化厂设计规范
327	SY 0031—2012	石油工业用加热炉安全规程
328	SY/T 0045—2008	原油电脱水设计规范
329	SY/T 0048—2009	石油天然气工程总图设计规范
330	SY/T 0076—2008	天然气脱水设计规范
331	SY/T 0077—2008	天然气凝液回收设计规范
332	SY/T 0407—2012	涂装前钢材表面处理规范
333	SY/T 0414—2007	钢质管道聚乙烯胶黏带防腐层技术标准
334	SY/T 0460—2010	天然气净化装置设备与管道安装工程施工技术规范

续表

序号	标准编号	标准名称
335	SY 4209—2008	石油天然气建设工程施工质量验收规范天然气净化厂建设工程
336	SY/T 5037—2012	普通流体输送管道用埋弧焊钢管
337	SY/T 5038—2012	普通流体输送管道用直缝高频焊钢管
338	SY/T 5719—2006	天然气凝液安全规范
339	SY/T 6344—2010	易燃和可燃液体规范
340	SY/T 6772—2009	气体防护站设计规范
341	SY/T 6781—2010	高含硫化氢天然气净化厂公众安全防护距离
(10)黑色冶金行业标准(YB、YB/T)		
342	YB/T 164—2009	铁水预处理用 Al_2O_3 - SiC - C 砖
343	YB 3301—2005	焊接 H 型钢
344	YB/T 4001.1—2007	钢格栅板及配套件 第 1 部分：钢格栅板
345	YB/T 5055—1993	起重机钢轨

(三)中国工程建设标准化协会标准

序号	标准编号	标准名称
1	CECS 31：2006	钢制电缆桥架工程设计规范
2	CECS 102：2002	门式刚架轻型房屋钢结构技术规程
3	CECS 106：2000	铝合金电缆桥架技术规程
4	CECS 129：2001	埋地给水排水玻璃纤维增强热固性树脂夹砂管管道工程施工及验收规程
5	CECS 138：2002	给水排水工程钢筋混凝土水池结构设计规程
6	CECS 154：2003	建筑防火封堵应用技术规程

二、常用国际和国外标准

(一)国际标准

序号	标准编号	标准名称
(1)国际标准化组织标准		
1	ISO 7 - 1：1994	用螺纹密封的管螺纹 第 1 部分：尺寸、公差和标识 Pipe threads where pressure-tight joints are made on the threads—Part 1：Dimensions，tolerances and designation
2	ISO 148 - 1：2009	金属材料 夏比摆锤冲击试验 第 1 部分：试验方法 Metallic materials—Charpy pendulum impact test—Part 1：Test method
3	ISO 544：2011	焊接耗材 焊接填料交货技术条件 产品类型、尺寸、公差和标识 Welding consumables—Technical delivery conditions for filler materials and fluxes—Type of product，dimensions，tolerances and markings
4	ISO 559：1991	清水和污水用管 Steel tubes for water and sewage
5	ISO 630 - 1：2011	结构钢 第 1 部分：热轧产品的一般交货技术条件 Structural steels—Part 1：General technical delivery conditions for hot-rolled products
6	ISO 630 - 2：2011	结构钢 第 2 部分：通用结构钢的交付技术条件 Structural steels—Part 2：Technical delivery conditions for structural steels for general purposes
7	ISO 630 - 3：2012	结构钢 第 3 部分：细粒结构钢的交货技术条件 Structural steels—Part 3：Technical delivery conditions for finegrain structural steels

续表

序号	标准编号	标准名称
8	ISO 630－4：2012	结构钢　第 4 部分：高屈服强度淬火和回火结构钢板的交货技术条件 Structural steels—Part 4：Technical delivery conditions for highyield-strength quenched and tempered structural steel plates
9	ISO 724：1993	ISO 一般用途米制螺纹　基本尺寸 ISO general－purpose metric screw threads—Basic dimensions
10	ISO 965－1：2013	ISO 一般用途米制螺纹　公差　第 1 部分：原则和基本数据 ISO general－purpose metric screw threads—Tolerances—Part 1：Principles and basic data
11	ISO 1035－1：1980	热轧钢棒材　第 1 部分：圆钢尺寸 Hot－rolled steel bars—Part 1：Dimensions of round bars
12	ISO 1035－2：1980	热轧钢棒材　第 2 部分：方钢尺寸 Hot－rolled steel bars—Part 2：Dimensions of square bars
13	ISO 1035－3：1980	热轧钢棒材　第 3 部分：扁钢尺寸 Hot－rolled steel bars—Part 3：Dimensions of flat bars
14	ISO 1035－4：1982	热轧钢棒材　第 4 部分：尺寸偏差 Hot－rolled steel bars—Part 4：Tolerances
15	ISO 1127：1992	不锈钢管　尺寸、公差和单位长度的公称重量 Stainless steel tubes—Dimensions，tolerances and conventional masses per unit length
16	ISO 1452－1：2009	供水以及在压力下地下与地上废水和污水排放用塑料管道系统　未增塑的聚氯乙烯(PVC－U)　第 1 部分：总则 Plastics piping systems for water supply and for buried and above－ground drainage and sewerage under pressure—Unplasticized poly(vinyl chloride)(PVC－U)—Part 1：General
17	ISO 1452－2：2009	供水以及在压力下地下与地上废水和污水排放用塑料管道系统　未增塑的聚氯乙烯(PVC－U)　第 2 部分：管子 Plastics piping systems for water supply and for buried and above－ground drainage and sewerage under pressure—Unplasticized poly(vinyl chloride)(PVC－U)—Part 2：Pipes
18	ISO 1452—3：2009	供水以及在压力下地下与地上废水和污水排放用塑料管道系统　未增塑的聚氯乙烯(PVC－U)　第 3 部分：配件 Plastics piping systems for water supply and for buried and above－ground drainage and sewerage under pressure—Unplasticized poly(vinyl chloride)(PVC－U)—Part 3：Fittings
19	ISO 1452－4：2009	供水以及在压力下地下与地上废水和污水排放用塑料管道系统　未增塑的聚氯乙烯(PVC－U)　第 4 部分：阀门 Plastics piping systems for water supply and for buried and above－ground drainage and sewerage under pressure—Unplasticized poly(vinyl chloride)(PVC－U)—Part 4：Valves

续表

序号	标准编号	标准名称
20	ISO 1452－5：2009	供水以及在压力下地下与地上废水和污水排放用塑料管道系统　未增塑的聚氯乙烯(PVC－U)　第5部分：系统的适用性 Plastics piping systems for water supply and for buried and above－ground drainage and sewerage under pressure—Unplasticized poly(vinyl chloride)(FVC－U)—Part 5：Fitness for purpose of the system
21	ISO 2531：2009	输水用球墨铸铁管、配件、附件及其接头 Ductile iron pipes，fittings，accessories and their joints for water applications
22	ISO 2553：2013	焊接及相关工艺　图纸上的符号表示　焊接接头 Welding and allied processes—Symbolic representation on drawings—Welded joints
23	ISO 2719：2002	闪点的测定　宾斯基－马丁闭口杯法 Determination of flash point—Pensky－Martens closed cup method
24	ISO 2768－1：1989	一般公差　第1部分：未注公差的线性和角度尺寸的公差 General tolerances—Part 1：Tolerances for linear and angular dimensions without individual tolerance indications
25	ISO 3183：2012	石油和天然气工业　运输系统管道用钢管 Petroleum and natural gas industries—Steel pipe for pipeline transportation systems
26	ISO 3633：2002	建筑物内污染废水排放系统用硬聚氯乙烯(PVC－U)塑料管道系统(低温和高温) Plastics piping systems for soil and waste discharge(low and high temperature) inside buildings—Unplasticized poly(vinyl chloride)(PVC－U)
27	ISO 3977－3：2004	燃气轮机　采购　第3部分：设计要求 Gas turbines—Procurement—Part 3：Design requirements
28	ISO 4014：2011	六角头螺栓　产品等级A和B级 Hexagon head bolts—Product grades A and B
29	ISO 4016：2011	六角螺栓　产品等级C级 Hexagon head bolts—Product grade C
30	ISO 4144：2003	管道　符合ISO 7－1螺纹标准的不锈钢配件 Pipework—Stainless steel fittings threaded in accordance with ISO 7－1
31	ISO 4200：1991	光端焊接和无缝钢管　管的尺寸和单位长度重量的一览表 Plain end steel tubes，welded and seamless—General tables of dimensions and masses per unit length
32	ISO 4267－2：1988	石油和液态石油产品　油量的估算　第2部分：动态计量 Petroleum and liquid petroleum products—Calculation of oil quantities—Part 2：Dynamic measurements
33	ISO 4414：2010	气流动力　系统及其组件总则与安全要求 Pneumatic fluid power—General rules and safety requirements for systems and their components

续表

序号	标准编号	标准名称
34	ISO 4512：2000	石油和液体石油产品　储罐中的液位测量设备　手工法 Petroleum and liquid petroleum products—Equipment for measurement of liquid levels in storage tanks—Manual methods
35	ISO 4633：2002	橡胶密封　供水、排水和污水管道用密封圈　材料规范 Rubber seals—Joint rings for water supply，drainage and sewerage pipelines—Specification for materials
36	ISO 4925：2005	道路车辆　液压系统非石油基制动液规格 Road vehicles—Specification of non - petroleum - base brake fluids for hydraulic systems
37	ISO 4978：1983	焊接气瓶用轧制扁钢制品 Flat rolled steel products for welded gas cylinders
38	ISO 4995：2008	结构及热轧薄钢板 Hot - rolled steel sheet of structural quality
39	ISO 4996：2007	高屈服强度结构及热轧薄钢板 Hot - rolled steel sheet of high yield stress structural quality
40	ISO 5019 - 1：1984	耐火砖　尺寸　第 1 部分：矩形砖 Refractory bricks—Dimensions—Part 1：Rectangular bricks
41	ISO 5019 - 2：1984	耐火砖　尺寸　第 2 部分：拱形砖 Refractory bricks—Dimensions—Part 2：Arch bricks
42	ISO 5019 - 3：1984	耐火砖　尺寸　第 3 部分：蓄热室用直形格子砖 Refractory bricks—Dimensions—Part 3：Rectangular checker bricks for regenerative furnaces
43	ISO 5019 - 5：1984	耐火砖　尺寸　第 5 部分：拱脚砖 Refractory bricks—Dimensions—Part 5：Skewbacks
44	ISO 5167 - 1：2003	用圆截面管道中插入的压差装置测量流体流量　第 1 部分：一般原则和要求 Measurement of fluid flow by means of pressure differential devices inserted in circular cross - section conduits running full—Part 1：General principles and requirements
45	ISO 5167 - 2：2003	用圆截面管道中插入的压差装置测量流体流量　第 2 部分：孔板 Measurement of fluid flow by means of pressure differential devices inserted in circular - cross section conduits running full—Part 2：Orifice plates
46	ISO 5167 - 3：2003	用圆截面管道中插入的压差装置测量流体流量　第 3 部分：喷嘴和文丘里喷嘴 Measurement of fluid flow by means of pressure differential devices inserted in circular - cross section conduits running full—Part 3：Nozzles and venturi nozzles
47	ISO 5167 - 4：2003	用圆截面管道中插入的压差装置测量流体流量　第 4 部分：文丘里管 Measurement of fluid flow by means of pressure differential devices inserted in circular cross - section conduits running full—Part 4：Venturi tubes
48	ISO 5208：2008	工业用阀门　金属阀门的压力试验 Industrial valves—Pressure testing of metallic valves
49	ISO 5252：1991	钢管　公差系列 Steel tubes—Tolerance systems

续表

序号	标准编号	标准名称
50	ISO 6506－1：2005	金属材料　布氏硬度试验　第1部分：试验方法 Metallic materials—Brinell hardness test—Part 1：Test method
51	ISO 6508－1：2005	金属材料　洛氏硬度试验　第1部分：试验方法(A、B、C、D、E、F、G、H、K、N、T标尺) Metallic material—Rockwell hardness test—Part 1：Test method (Scales A，B，C，D，E，F，G，H，K，N，T)
52	ISO 6892－1：2009	金属材料　拉伸试验　第1部分：室温下的试验方法 Metallic materials—Tensile testing—Part 1：Method of test at room temperature
53	ISO 7205：1986	放射性核索测量仪　为固定装置设计的测量仪 Radionuclide gauges—Gauges designed for permanent installation
54	ISO 7438：2005	金属材料　弯曲试验 Metallic materials—Bend test
55	ISO 7452：2013	热轧结构钢板　尺寸和形状偏差 Hot－rolled steel plates—Tolerances on dimensions and shape
56	ISO 8068：2006	润滑剂、工业用油和相关产品(L类)T族(涡轮)　涡轮用润滑油规范 Lubricants，industrial oils and related products (class L) family T (turbines)—Specification for lubricating oiis for turbines
57	ISO 8143：2010	建筑设备和工业装置用绝热产品　硅酸钙产品 Thermal insulation products for building equipment and industrial installations—Calcium silicate products
58	ISO 8217：2012	石油产品　燃料(F类)　船用燃料规格 Petroleum products—Fuels(class F)—Specifications of marine fuels
59	ISO 8501－1：2007	涂覆涂料前钢材表面处理　表面清洁度的目视评定　第1部分：未涂覆过的钢材表面和全面清除原有涂层后的钢材表面的锈蚀等级和处理等级 Preparation of steel substrates before application of paints and related products—Visual assessment of surface cleanliness—Part 1：Rust grades and preparation grades of uncoated steel substrates and of steel substrates after overall removal of previous coatings
60	ISO 8501－2：1994	涂覆涂料前钢材表面处理　表面清洁度的目视评定　第2部分：已涂覆过的钢材表面局部清除原有涂层后的处理等级 Preparation of steel substrates before application of paints and related products—Visual assessment of surface cleanliness—Part 2：Preparation grades
61	ISO 8501－3：2006	涂覆涂料前钢材表面处理　表面清洁度的目视评定　第3部分：焊缝、边缘和其他区域的表面缺陷的处理等级 Preparation of steel substrates before application of paints and related products—Visual assessment of surface cleanliness—Part 3：Preparation grades of welds，edges and other areas with surface imperfections

续表

序号	标准编号	标准名称
62	ISO 8503 - 1：2012	涂装油漆和有关产品前钢材预处理　喷射清理钢材的表面粗糙度特性　第 1 部分：磨料喷射清理表面粗糙度的 ISO 评定比较样板块的技术要求和定义 Preparation of steel substrates before application of paints and related products—Surface roughness characteristics of blast - cleaned steel substrates—Part 1：Specifications and definitions for ISO surface profile comparators for the assessment of abrasive - cleaned surfaces
63	ISO 8573 - 1：2010	压缩空气　第 1 部分：污染物和纯度级别 Compressed air—Part 1：Contaminants and purity classes
64	ISO 8681：1986	石油产品和润滑剂　分类法　等级的定义 Petroleum products and lubricants—Method of classification—Definition of classes
65	ISO 9017：2001	金属材料焊缝破坏性试验　断裂试验 Destructive tests on welds in metallic materials—Fracture test
66	ISO 9328 - 2：2011	承压用扁钢制品　交货技术条件　第 2 部分：具有指定高温性能的非合金和合金钢 Steel flat products for pressure purposes—Technical delivery conditions—Part 2：Non - alloy and alloy steels with specified elevated temperature properties
67	ISO 9329 - 1：1989	承压用无缝钢管　交货技术条件　第 1 部分：规定室温性能的非合金钢 Seamless steel tubes for pressure purposes—Technical delivery conditions—Part 1：Unalloyed steels with specified room temperature properties
68	ISO 9329 - 2：1997	承压用无缝钢管　交货技术条件　第 2 部分：规定高温性能的非合金钢和合金钢 Seamless steel tubes for pressure purposes—Technical delivery conditions—Part 2：Unalloyed and alloyed steels with specified elevated temperature propertie
69	ISO 9692 - 1：2013	焊接和相关工艺　接头制备型式　第 1 部分：钢的手动金属电弧焊、气体保护金属电板焊、气焊、钨极惰性气体保护电弧焊和镭射焊接 Welding and allied processes—Types for joint preparation —Part 1：Manual metal - arc welding，gas - shielded meta Larc welding，gas welding，TIG welding and beam welding of steels
70	ISO 9692 - 2：1998	焊接和相关工艺　接头的制备　第 2 部分：钢的埋弧焊 Welding and allied processes—Joint preparation—Part 2：Submerged arc welding of steels
71	ISO 9692 - 4：2003	焊接和相关工艺　接头制备推荐　第 4 部分：复合钢 Welding and allied processes—Recommendations for joint preparation —Part 4：Clad steels
72	ISO 10440 - 2：2001	石油及天然气工业　回转式容积压缩机　第 2 部分：封装式空气压缩机(无油) Petroleum and natural gas industries—Rotary - type positive - displacement compressors—Part 2：Packaged air compressors（oil free）
73	ISO 10893 - 3：2011	钢管的无损检测　第 3 部分：用于纵向和/或横向缺陷探测的无缝和焊接铁磁性钢管(埋弧焊除外)自动全周边磁漏检测 Non - destructive testing of steel tubes. Part 3：Automated full peripheral flux leakage testing of seamless and welded(except submerged arc - welded) ferromagnetic steel tubes for the detection of longitudinal and/or transverse imperfections

续表

序号	标准编号	标准名称
74	ISO 10893－10：2011	钢管的无损检测　第10部分：用于纵向和/或横向缺陷探测的无缝和焊接钢管(埋弧焊除外)自动全周边超声波检测 Non－destructive testing of steel tubes—Part 10：Automated full peripheral ultrasonic testing of seamless and welded(except submerged arc－welded) steel tubes for the detection of longitudinal and/or transverse imperfections
75	ISO 10933：1997	燃气输配用聚乙烯(PE)阀门 Polyethylene (PE) valves for gas distribution systems
76	ISO 11158：2009	润滑剂、工业油和相关产品(L类)　H族(液压系统)　HH、HL、HM、HV和HG各品种的规范 Lubricants, industrial oils and related products (class L)—Family H (Hydraulic systems)—Specifications for categories HH, HL, HM, HV and HG
77	ISO 12543－1：2011	建筑玻璃　夹层玻璃和夹层安全玻璃　第1部分：定义和零部件的描述 Glass in building—Laminated glass and laminated safety glass—Part 1：Definitions and description of component parts
78	ISO 12543－2：2011	建筑玻璃　夹层玻璃和夹层安全玻璃　第2部分：夹层安全玻璃 Glass in building—Laminated glass and laminated safety glass—Part 2：Laminated safety glass
79	ISO 12543－3：2011	建筑玻璃　夹层玻璃和夹层安全玻璃　第3部分：夹层玻璃 Glass in building—Laminated glass and laminated safety glass—Part 3：Laminated glass
80	ISO 12543－4：2011	建筑玻璃　夹层玻璃和夹层安全玻璃　第4部分：耐久性检验方法 Glass in building—Laminated glass and laminated safety glass—Part 4：Test methods for durability
81	ISO 12543－5：2011	建筑玻璃　夹层玻璃和夹层安全玻璃　第5部分：尺寸和板边精加工 Glass in building—Laminated glass and laminated safety glass—Part 5：Dimensions and edge finishing
82	ISO 12543－6：2011	建筑玻璃　夹层玻璃和夹层安全玻璃　第6部分：外观 Glass in building—Laminated glass and laminated safety glass—Part 6：Appearance
83	ISO 12922：2012	润滑油、工业用油和相关产品(L类)　H组(液压系统)　HFAE, HFAS, HFB, HFC, HFDR和HFDU各品种的规格 Lubricants, industrial oils and related products (class L)—Family H (Hydraulic systems)—Specifications forhydraulic fluids in categories HFAE, HFAS, HFB, HFC, HFDR and HFDU
84	ISO 12925－1：1996	润滑剂、工业润滑油和相关产品(L级)　C组(齿轮)　第1部分：密式齿轮系统用润滑油规格 Lubricants, industrial oils and related products(class L)—Family C (Gears)—Part 1：Specifications for lubricants for enclosed gear systems
85	ISO 13738：2011	润滑剂、工业润滑油和有关产品(L类)　E组(内燃机油)　二冲程汽油机油规格(EGB、EGC、EGD) Lubricants, industrial oils and related products(class L)—Family E (Internal combustion engine oils)—Specifications for two－stroke－cycle gasoline engine oils(categories EGB, EGC and EGD)

续表

序号	标准编号	标准名称
86	ISO 13976：2005	结构质量和特厚的成卷热轧钢薄板 Hot - rolled steel sheet in coils of structural quality and heavy thickness
87	ISO 15589 - 1：2003	石油和天然气工业　输送管道系统的阴极防护　第 1 部分：陆地管道 Petroleum and natural gas industries—Cathodic protection of pipeline transportation systems—Part 1：On - land pipelines
88	ISO 15848 - 2：2006	工业阀门　泄漏的测量、试验和鉴定程序　第 2 部分：阀门的产品验收试验 Industrial valves—Measurement，test and qualification procedures for fugitive emissions—Part 2：Production acceptance test of valves
89	ISO 16160：2012	制品热轧钢板　尺寸及形状公差 Hot - rolled steel sheet products—Dimensional and shape tolerances
90	ISO 16162：2012	冷轧钢板产品　尺寸及形状公差 Cold - rolled steel sheet products—Dimensional and shape tolerances
91	ISO/IEC 17025：2005	检测和校准实验室能力的通用要求 General requirements for the competence of testing and calibration laboratories
92	ISO 19819：2004	金属材料　液氦拉伸试验 Metallic materials—Tensile testing in liquid helium
93	ISO 23711：2003	弹性体密封件　排水管道接口密封件材料要求　弹性塑料 Elastomeric seals—Requirements for materials for pipe joint seals used in water and drainage applications—Thermoplastic elastomers
(2)国际电工委员会标准		
94	IEC 60034 - 1：2010	旋转电机　第 1 部分：额定值和性能 Rotating electrical machines—Part 1：Rating and performance
95	IEC 60038：2009	IEC 标准电压 IEC standard voltages
96	IEC 60071 - 1：2011	绝缘配合　第 1 部分：定义、原则和规则 Insulation co-ordination—Part 1：Definitions，principles and rules
97	IEC 60079 - 0：2011	爆炸性环境　第 0 部分：设备　通用要求 Explosive atmospheres—Part 0：Equipment—General requirements
98	IEC 60079 - 1：2007	爆炸性环境　第 1 部分：由隔爆外壳“d”保护的设备 Explosive atmospheres—Part 1：Equipment protection by flameproof enclosures“d”
99	IEC 60079 - 2：2007	爆炸性环境　第 2 部分：正压外壳型“P”保护的设备 Explosive atmospheres—Part 2：Equipment protection by pressurized enclosure“p”
100	IEC 60079 - 5：2007	爆炸性环境　第 5 部分：用充砂型“q”保护设备 Explosive atmospheres—Part 5：Equipment protection by powder filling “q”
101	IEC 60079 - 6：2007	爆炸性环境　第 6 部分：用油浸型“o”保护设备 Explosive atmospheres—Part 6：Equipment protection by oil immersion “o”
102	IEC 60079 - 7：2006	爆炸性环境　第 7 部分：用增安型“e”保护设备 Explosive atmospheres—Part 7：Equipment protection by increased safety“e”

续表

序号	标准编号	标准名称
103	IEC 60079－10－1：2008	爆炸性环境　第10－1部分：区域分类　爆炸性气体环境 Explosive atmospheres—Part 10－1：Classification of areas—Explosive gas atmospheres
104	IEC 60079－10－2：2009	爆炸性环境　第10－2部分：区域分类　可燃性粉尘环境 Explosive atmospheres—Part 10－2：Classification of areas—Combustible dust atmospheres
105	IEC 60079－11：2011	爆炸性环境　第11部分：用本质安全型"i"保护设备 Explosive atmospheres—Part 11：Equipment protection by intrinsic safety"i"
106	IEC 60079－13：2010	爆炸性环境　第13部分：用增压室"P"保护设备 Explosive atmospheres—Part 13：Equipment protection by pressurized room"p"
107	IEC 60079－14：2014	爆炸性环境　第14部分：电气设施设计、选择和安装 Explosive atmospheres—Part 14：Electrical installations design, selection and erection
108	IEC 60079－15：2010	爆炸性环境　第15部分：用"n"防护型保护设备 Explosive atmospheres—Part 15：Equipment protection by type of protection"n"
109	IEC 60079－17：2013	爆炸性环境　第17部分：电气设施的检查和维护 Explosive atmospheres—Part 17：Electrical installations inspection and maintenance
110	IEC 60079－18：2009	爆炸性环境　第18部分：用包封型"m"保护设备 Explosive atmospheres—Part 18：Equipment protection by encapsulation"m"
111	IEC 60079－25：2010	爆炸性环境　第25部分：本质安全电气系统 Explosive atmospheres. Part 25：Intrinsically safe electrical systems
112	IEC 60079－26：2006	爆炸性环境　第26部分：有Ga设备保护级(EPL)的设备 Explosive atmospheres—Part 26：Equipment with equipment protection level (EPL) Ga
113	IEC 60156：1995	绝缘液体　工频下击穿电压的测定　试验方法 Insulating liquids—Determination of the breakdown voltage at power frequency—Test method
114	IEC 60296：2012	电工用液体　变压器和开关设备用的未使用过的矿物绝缘油 Fluids for electrotechnical applications—Unused mineral insulating oils for transformers and switchgear
115	IEC 60529：2013	外壳防护等级(IP代码) Degrees of protection provided by enclosures (IP code)
116	IEC 60534－2－1：2011	工业过程控制阀　第2－1部分：流通能力　安装条件下流体流量的校准公式 Industrial－process control valves—Part 2－1：Flow capacity—Sizing equations for fluid flow under installed conditions
117	IEC 60584－3：2007	热电偶　第3部分：延长电缆和补偿电缆　公差和识别系统 Thermocouples—Part 3：Extension and compensating cables—Tolerances and identification system
118	IEC 60721－2－1：2013	环境条件分类　第2－1部分：自然界出现的环境条件　温度和湿度 Classification of environmental conditions—Part 2－1：Environmental conditions appearing in nature—Temperature and humidity

续表

序号	标准编号	标准名称
119	IEC 60751：2008	工业铂电阻温度计和铂温度传感器 Industrial platinum resistance thermometers and platinum temperature sensors
120	IEC 60909 -0：2001	三相交流系统短路电流　第0部分：电流计算 Short-circuit currents in three-phase a. c. systems—Part 0：Calculation of currents
121	IEC 60909 -3：2009	三相交流系统短路电流　第3部分：两个独立的同时对地短路、部分短路电流流入大地情况下的电流 Short - circuit currents in three - phase AC systems—Part 3：Currents during two separate simultaneous line - to - earth short circuits and partial short - circuit currents flowing through earth
122	IEC 61241 -2 -1：1994	可燃性粉尘环境用电气设备　第2部分：试验方法　第1节：粉尘最低引燃温度的测定方法 Electrical apparatus for use in the presence of combustible dust —Part 2：Test methods—section 1：methods for determining the minimum ignition temperatures of dust
123	IEC 61241 -2 -3：1994	可燃性粉尘环境用电气设备　第2部分：试验方法　第3节：粉尘/空气混合物的最小引燃能量的测定方法 Electrical apparatus for use in the presence of combustible dust—Part 2：Test methods—Section 3：Method for determining minimum ignition energy of dust/air mixtures
124	IEC 61241 -4：2001	可燃性粉尘环境用电气设备　第4部分："pD"保护类型 Electrical apparatus for use in the presence of combustible dust—Part 4：Type of protection" pD"
125	IEC 61508 -1：2010	电气、电子、程序可控电子安全相关系统的功能安全　第1部分：一般要求 Functional safety of electrical/electronic/programmable electronic safety - related systems—Part 1：General requirements
126	IEC 61508 -2：2010	电气、电子、程序可控电子安全相关系统的功能安全　第2部分：电气、电子、程序可控电子安全相关系统的要求 Functional safety of electrical/electronic/programmable electronic safety - related systems—Part 2：Requirements for electrical/electronic/programmable electronic safety - related systems
127	IEC 61508 -3：2010	电气、电子、程序可控电子安全相关系统的功能安全　第3部分：软件要求 Functional safety of electrical/electronic/programmable electronic safety - related systems—Part 3：Software requirements
128	IEC 61508 -4：2010	电气、电子、程序可控电子安全相关系统的功能安全　第4部分：定义和缩略语 Functional safety of electrical/electronic/programmable electronic safety - related systems—Part 4：Definitions and abbreviations
129	IEC 61508 -5：2010	电气、电子、程序可控电子安全相关系统的功能安全　第5部分：安全完整性水平的测定方法实例 Functional safety of electrical/electronic/programmable electronic safety - related systems—Part 5：Examples of methods for the determination of safety integrity levels

续表

序号	标准编号	标准名称
130	IEC 61508－6：2010	电气、电子、程序可控电子安全相关系统的功能安全　第6部分：IEC 61508－2和IEC 61508－3的应用指南 Functional safety of electrical/electronic/programmable electronic safety－related systems—Part 6：Guidelines on the application of IEC 61508－2 and IEC 61508－3
131	IEC 61508－7：2010	电气、电子、程序可控电子安全相关系统的功能安全　第7部分：技术和措施综述 Functional safety of electrical/electronic/programmable electronic safety－related systems—Part 7：Overview of techniques and measures
132	IEC 61511－1：2003	功能安全　加工工业部门用安全仪表系统　第1部分：框架、定义、系统、硬件和软件的要求 Functional safety—Safety instrumented systems for the process industry sector—Part 1：Framework，definitions，system，hardware and software requirements
133	IEC 61511－2：2003	功能安全　加工工业部门用安全仪表系统　第2部分：IEC 61511－1的应用指南 Functional safety—Safety instrumented systems for the process industry sector—Part 2：Guidelines for the application of IEC 61511－1
134	IEC 61511－3：2003	功能安全　加工工业部门用安全仪表系统　第3部分：所要求的安全整体水平的测定指南 Functional safety—Safety instrumented systems for the process industry sector—Part 3：Guidance for the determination of the required safety integrity levels

（二）区域标准

序号	标准编号	标准名称
(1)欧洲标准化委员会标准		
1	EN 228：2012	机动车燃料　无铅汽油　要求和试验方法 Automotive fuels—Unleaded petrol—Requirements and test methods
2	EN 589：2008	机动车用燃料　液化石油气　要求和试验方法 Automotive fueis—LPG—Requirements and test methods
3	EN 590：2013	机动车燃料　柴油　要求和试验方法 Automotive fuels—Diesel—Requirements and test methods
4	EN 10025－1－2004	结构钢热轧制品　第1部分：一般交货条件 Hot rolled products of structural steels—Part l：General technical delivery conditions
5	EN 10025－3－2004	结构钢热轧产品　第3部分：正火或正火轧制可焊细粒结构钢交货技术条件 Hot rolled products of structural steels—Part 3：Technical delivery conditions for normalized/normalized rolled weldable fine grain structural steels
6	EN 10025－4－2004	结构钢热轧产品　第4部分：热机械轧制可焊接细晶粒结构钢交货技术条件 Hot rolled products of structural steels—Part 4：Technical delivery conditions for thermomechanical rolled weldable fine grain structural steels

续表

序号	标准编号	标准名称
7	EN 10025 - 5 - 2004	结构钢热轧产品　第5部分：改进型耐大气腐蚀结构钢交货技术条件 Hot rolled products of structural steels—Part 5：Technical delivery conditions for structural steels with improved atmospheric corrosion resistance
8	EN 10025 - 6 - 2004	结构钢热轧产品　第6部分：淬火和回火高屈服强度结构钢扁平产品交货技术条件 Hot rolled products of structural steels—Part 6：Technical delivery conditions for flat products of high yield strength structural steels in the quenched and tempered condition
9	EN 10164 - 2004	产品表面垂直变形特性改进的钢产品　交货技术条件 Steel products with improved deformation properties perpendicular to the surface of the product—Technical delivery conditions
10	EN 10216 - 1 - 2013	承压无缝钢管　交货技术条件　第1部分：规定室温特性的非合金钢管 Seamless steel tubes for pressure purposes—Technical delivery conditions—Part 1：Non - alloy steel tubes with specified room temperature properties
11	EN 10216 - 2 - 2013	承压用无缝钢管　交货技术条件　第2部分：规定高温性能合金和非合金钢管 Seamless steel tubes for pressure purposes—Technical delivery conditions—Part 2：Non - alloy and alloy steel tubes with specified elevated temperature properties
12	EN 10216 - 5 - 2004	承压无缝钢管　交货技术条件　第5部分：不锈钢管 Seamless steel tubes for pressure purposes—Technical delivery conditions—Part 5：Stainless steel tubes
13	EN 14015：2004	环境温度和高温下液体储存用现场加工、地面立式柱形焊接平底钢罐的设计与制作 Specification for the design and manufacture of site built，vertical，cylindrical，flat - bottomed，above ground，welded，steel tanks for the storage of liquids at ambient temperature and above
14	EN 14179 - 1 - 2005	建筑物玻璃　长时间热处理的热钢化钙钠硅酸盐安全玻璃　第1部分：定义和描述 G1ass in building—Heat soaked thermally toughened soda lime silicate safety glass—Part 1：Definition and description
15	EN 14509 - 2013	自持式双面玻璃金属装饰的绝热 - 隔声板工厂制作产品规范 Self - supporting double skin metal faced insulating panels—Factory made products—Specifications

（三）国外先进标准

（1）美国学会（协会）标准

序号	标准编号	标准名称
1. 美国石油学会标准		
1	API STD 520 PT I—2014	炼油厂压力泄放装置尺寸、选型和安装　第I部分：尺寸和选型 Sizing，selection，and installation of pressure - relieving devices in refineries—Part I—Sizing and selection

续表

序号	标准编号	标准名称
2	API RP 520 PTII—2003	炼油厂压力泄放装置尺寸、选型和安装　第Ⅱ部分：安装 Sizing，selection，and installation of pressure - relieving devices in refineries—Part II—Installation
3	API STD 537—2008	一般炼油和石油化工行业用火炬 Flare details for general refinery and petrochemical service
4	API STD 607—2010	软座直角回转阀耐火试验 Fire test for quarter - turn valves and valves equipped with nonmetallic seats
5	API STD 610 - 2010	石油、化工和气体工业用离心泵 Centrifugalpumps for petroleum，petrochemical and natural gas industries
6	API STD 611 - 2008	石油、化工和气体行业用通用汽轮机 General - purpose steam turbines for petroleum，chemical，and gas industry services
7	API STD 612 - 2005	石油、石油化学和天然气工业装置用特种汽轮机 Petroleum，petrochemical and natural gas Industries—Steam turbines—Special - purpose applications
8	API STD 614 - 2008	润滑、密封和控制油系统及辅助设备 Lubrication，shaft - sealing and oil - control systems and auxiliaries
9	API STD 617 - 2002	石油、化工和气体工业用离心式压缩机 Axial and centrifugal compressors and expander - compressors for petroleum，chemical and gas industry services
10	API STD 618 - 2007	石油、化工和气体工业用往复式压缩机 Reciprocating compressors for petroleum，chemical，and gas industry services
11	API STD 620—2013	大型焊接低压储罐的设计与建造 Design and construction of large，welded，low - pressure storage tanks
12	API STD 650 - 2013	原油焊接储罐 Welded tanks for oil storage
13	API STD 671 - 2007	炼油厂用特种联轴器 Special purpose couplings for petroleum，chemicaland gas industry services
14	API STD 675 - 2012	石油、工和气体工业用正排量计量泵 Positive displacement Pumps—ontrolled volume for petroleum，chemical，and gas industry services
15	API STD 682 - 2014	离心泵和回转泵用轴封系统 Pumps—Shaft sealing systems for centrifugal and rotary pumps
2. 美国机械工程师学会标准		
19	ASME B1. 20. 1 - 2013	普通 NPT 锥管螺纹 Pipe threads，general purpose(inch)

续表

序号	标准编号	标准名称
20	ASME B1. 20. 2M - 2006	普通 60°管螺纹 Pipe threads, 60 deg, general purpose
21	ASME B16. 5—2013	管法兰及法兰配件(NPS 1/2 至 NPS 24 公制或英制) Pipe flanges and flanged fittings NPS 1/2 through NPS 24 metric/inch standard
17	ASME B16. 9 - 2012	工厂制造锻钢对焊配件 Factory - made wrought buttwelding fittings
18	ASME B16. 11 - 2011	锻造配件的承插焊接和螺纹 Forged fittings, socket - welding and threaded
22	ASME B16. 47—2011	大直径管钢制法兰(NPS26 至 NPS60 公别或英制标准) Large diameter steel flanges NPS 26 through NPS 60 metric/inch standard
23	ASME B31. 1 - 2014	动力管道 Power piping
24	ASME B31. 3 - 2012	工艺管道 Process piping
25	ISO 4512: 2000	石油和液体石油产品　储罐中的液位测量设备　手工法 Petroleum and liquid petroleum products—Equipment for measurement of liquid levels in storage tanks—Manual methods
26	ISO 4633: 2002	橡胶密封　供水、排水和污水管道用密封圈　材料规范 Rubber seals—Joint rings for water supply, drainage and sewerage pipelines—Specification for materials
27	ISO 4925: 2005	道路车辆　液压系统非石油基制动液规格 Road vehicles—Specification of non - petroleum - base brake fluids for hydraulic systems
28	ISO 4978: 1983	焊接气瓶用轧制扁钢制品 Flat rolled steel products for welded gas cylinders
29	ISO 4995: 2008	结构及热轧薄钢板 Hot - rolled steel sheet of structural quality
30	ISO 4996: 2007	高屈服强度结构及热轧薄钢板 Hot - rolled steel sheet of high yield stress structural quality
31	ISO 5019 - 1: 1984	耐火砖　尺寸　第 1 部分: 矩形砖 Refractory bricks—Dimensions—Part 1: Rectangular bricks
32	ISO 5019 - 2: 1984	耐火砖　尺寸　第 2 部分: 拱形砖 Refractory bricks—Dimensions—Part 2: Arch bricks
33	ISO 5019 - 3: 1984	耐火砖　尺寸　第 3 部分: 蓄热室用直形格子砖 Refractory bricks—Dimensions—Part 3: Rectangular checker bricks for regenerative furnaces
34	ISO 5019 - 5: 1984	耐火砖　尺寸　第 5 部分: 拱脚砖 Refractory bricks—Dimensions—Part 5: Skewbacks

续表

序号	标准编号	标准名称
35	ISO 5167－1：2003	用圆截面管道中插入的压差装置测量流体流量　第1部分：一般原则和要求 Measurement of fluid flow by means of pressure differential devices inserted in circular cross－section conduits running full—Part 1：General principles and requirements
36	ISO 5167－2：2003	用圆截面管道中插入的压差装置测量流体流量　第2部分：孔板 Measurement of fluid flow by means of pressure differential devices inserted in circular－cross section conduits running full—Part 2：Orifice plates
37	ISO 5167－3：2003	用圆截面管道中插入的压差装置测量流体流量　第3部分：喷嘴和文丘里喷嘴 Measurement of fluid flow by means of pressure differential devices inserted in circular－cross section conduits running full—Part 3：Nozzles and venturi nozzles
38	ISO 5167－4：2003	用圆截面管道中插入的压差装置测量流体流量　第4部分：文丘里管 Measurement of fluid flow by means of pressure differential devices inserted in circular cross－section conduits running full—Part 4：Venturi tubes
39	ISO 5208：2008	工业用阀门　金属阀门的压力试验 Industrial valves—Pressure testing of metallic valves
40	ISO 5252：1991	钢管　公差系列 Steel tubes—Tolerance systems
41	ISO 6506－1：2005	金属材料　布氏硬度试验　第1部分：试验方法 Metallic materials—Brinell hardness test—Part 1：Test method
42	ISO 6508－1：2005	金属材料　洛氏硬度试验　第1部分：试验方法（A、B、C、D、E、F、G、H、K、N、T标尺） Metallic material—Rockwell hardness test—Part 1：Test method（Scales A，B，C，D，E，F，G，H，K，N，T）
43	ISO 6892－1：2009	金属材料　拉伸试验　第1部分：室温下的试验方法 Metallic materials—Tensile testing—Part 1：Method of test at room temperature
44	ISO 7205：1986	放射性核索测量仪　为固定装置设计的测量仪 Radionuclide gauges—Gauges designed for permanent installation
45	ISO 7438：2005	金属材料　弯曲试验 Metallic materials—Bend test
46	ISO 7452：2013	热轧结构钢板　尺寸和形状偏差 Hot－rolled steel plates—Tolerances on dimensions and shape
47	ISO 8068：2006	润滑剂、工业用油和相关产品（L类）T族（涡轮）　涡轮用润滑油规范 Lubricants，industrial oils and related products（class L）family T（turbines）—Specification for lubricating oils for turbines
48	ISO 8143：2010	建筑设备和工业装置用绝热产品　硅酸钙产品 Thermal insulation products for building equipment and industrial installations—Calcium silicate products
49	ISO 8217：2012	石油产品　燃料（F类）　船用燃料规格 Petroleum products—Fuels（class F）—Specifications of marine fuels

续表

序号	标准编号	标准名称
50	ISO 8501 -1：2007	涂覆涂料前钢材表面处理　表面清洁度的目视评定　第1部分：未涂覆过的钢材表面和全面清除原有涂层后的钢材表面的锈蚀等级和处理等级 Preparation of steel substrates before application of paints and related products—Visual assessment of surface cleanliness—Part 1：Rust grades and preparation grades of uncoated steel substrates and of steel substrates after overall removal of previous coatings
51	ISO 8501 -2：1994	涂覆涂料前钢材表面处理　表面清洁度的目视评定　第2部分：已涂覆过的钢材表面局部清除原有涂层后的处理等级 Preparation of steel substrates before application of paints and related products—Visual assessment of surface cleanliness—Part 2：Preparation grades
52	ISO 8501 -3：2006	涂覆涂料前钢材表面处理　表面清洁度的目视评定　第3部分：焊缝、边缘和其他区域的表面缺陷的处理等级 Preparation of steel substrates before application of paints and related products—Visual assessment of surface cleanliness—Part 3：Preparation grades of welds，edges and other areas with surface imperfections
3. 美国材料与试验学会标准		
53	ASTM A182/A182M -2013	高温用锻制或轧制合金钢和不锈钢管法兰、锻制管件、阀门及零件的规格 Standard specification for forged or rolled alloy and stainless steel pipe flanges，forged fittings，and valves and parts for high - temperature service
54	ASTM A269 -2013	通用奥氏体不锈钢无缝管和焊接管的规格 Standard specification for seamless and welded austenitic stainless steel tubing for general service
55	ASTM A312/312M -2014	无缝焊接重冷处理奥氏体不锈钢管标准规范 Standard specification for seamless，welded，and heavily cold worked austenitic stainless steel pipes
56	ASTM A335/A335M -2011	高温作业用无缝铁素体合金钢管标准规范 Standard specification for seamless ferritic alloy-steel pipe for high-temperature service
57	ASTM A691/691M -2009	高温下高压用电熔焊碳素钢和合金钢管的规格 Standard specification for carbon and alloy steel pipe，electric - fusion - welded for high - pressure service at high temperatures
58	ASTM A999/A999M -2014	合金钢管和不锈钢管通用要求规格 Standard specification for general requirements for alloy and stainless steel pipe
59	ASTM C533 -2013	硅酸盐砖和管状隔热材料标准规范 Standard specification for calcium silicate block and pipe thermal insulation
60	ASTM C892 -2010	高温纤维毡隔热材料规格 Standard specification for high - temperature fiber blanket thermal insulation
61	ASTM D86 -2012	石油产品在大气压力条件下蒸馏的标准试验方法 Standard test method for distillation of petroleum products at atmospheric pressure

续表

序号	标准编号	标准名称
62	ASTM D312 - 2000	屋面用沥青规格 Standard specification for asphalt used in roofing
63	ASTM D341 - 2009	液态石油产品黏度 - 温度图规程 Standard practice for viscosity - temperature charts for liquid petroleum products
64	ASTM D396 - 2013C	燃油规格 Standard specification for fuel oils
65	ASTM D910 - 2013A	航空汽油规格 Standard specification for aviation gasolines
66	ASTM D975 - 2014	柴油规格 Standard specification for diesel fuel oils
67	ASTM D1160 - 2013	石油产品减压下蒸馏的试验方法 Standard Test Method for Distillation of Petroleum Products at Reduced Pressure
68	ASTM D1319 - 2013	用荧光指示剂吸附法测定液态石油产品中烃类的试验方法 Standard test method for hydrocarbon types in liquid petroleum products by fluorescent indicator adsorption
69	ASTM D1835 - 2013	液化石油(LP)气标准规范 Standard specification for liquefied petroleum(LP) gases
70	ASTM D1836 - 2007	商品已烷规格 Standard specification for commercial hexanes
71	ASTM D2042 - 2009	沥青材料在三氯乙烯中溶解度的试验方法 Standard test method for solubility of asphalt materials in trichloroethylene
72	ASTM D2359 - 2012	精制苯 - 535 规格 Standard specification for refined benzene - 535
73	ASTM D2699 - 2013B	火花点火发动机燃料研究法辛烷值试验方法 Standard test method for research octane number of spark - ignition engine fuel
74	ASTM D3699 - 2013B	炼油规格 Standard specification for kerosine
75	ASTM D4485 - 2011C	机油性能的标准规范 Standard specification for performance of active API service category engine oils
76	ASTM D4734 - 2012	精制苯 545 规格 Standard specification for refined benzene - 545
77	ASTM D4814 - 2014B	汽车火花点火发动机燃料规格 Standard specification for automotive spark - ignition engine fuel
78	ASTM D5606 - 2009	甲苯二异氰酸盐原料用甲苯的规格 Standard specification for toluene for toluene diisocyanate (TDI) feedstock

续表

序号	标准编号	标准名称
79	ASTM D5797 - 2013	汽车火花点火发动机用燃料甲醇(M70 - M85)的规格 Standard specification for fuel methanol (M70 - M85) for automotive spark - ignition engines
80	ASTM D6751 - 2012	中间馏出燃料用生物柴油调和燃料(B100)的规格 Standard specification for biodiesel fuel blend stock(B100) for middle distillate fuels
4.【美国】流体控制学会标准		
81	FCI 70 - 2 - 2013	调节阀泄漏等级 Control valve seat leakage
5. 美国仪表学会标准		
82	ISA - 75. 01. 01 - 2012	工业过程调节阀　第2 - 1 部分：流动能力　符合安装后的流体流动要求的尺寸计算 Industrial - process control valves—Part 2 - 1：Flow capacity—Sizing equations for fluid flow under installed conditions
83	ISA - 75. 17 - 1989	调节阀噪声预估 Control valves aerodynamic noise predication

(2)日本标准

序号	标准编号	标准名称
1	JIS A9504 - 2011	人造矿物纤维保温材料 Man made mineral fibre thermal insulation materials
2	JIS A9510 - 2009	无机多孔质保温材料 Inorganic porous thermal insularion materials
3	JIS B8501—2013	钢制焊接油罐 Welded steel tanks for oil storage
4	JIS G3192 - 2008	热轧型钢的形状、尺寸、质量及其偏差 Dimensions, mass and permissible variations of hot rolled steel sections
5	JIS G3460 - 2013	低温管道用钢管 Steel tubes for low temperature service
6	JIS G3464 - 2013	低温热交换器用钢管 Steel heat exchanger tubes for low temperature service
7	JIS K 2202 - 2012	汽车用汽油 Motor gasoline
8	JIS K 2204 - 2007	柴油 Diesel fuel
9	JIS K2207 - 1996	石油沥青 Petroleum asphalts
10	JIS K2220 - 2013	润滑脂 Lubricating grease
11	JIS K2238 - 1993	机械油 Machine oils